핵심 유전학

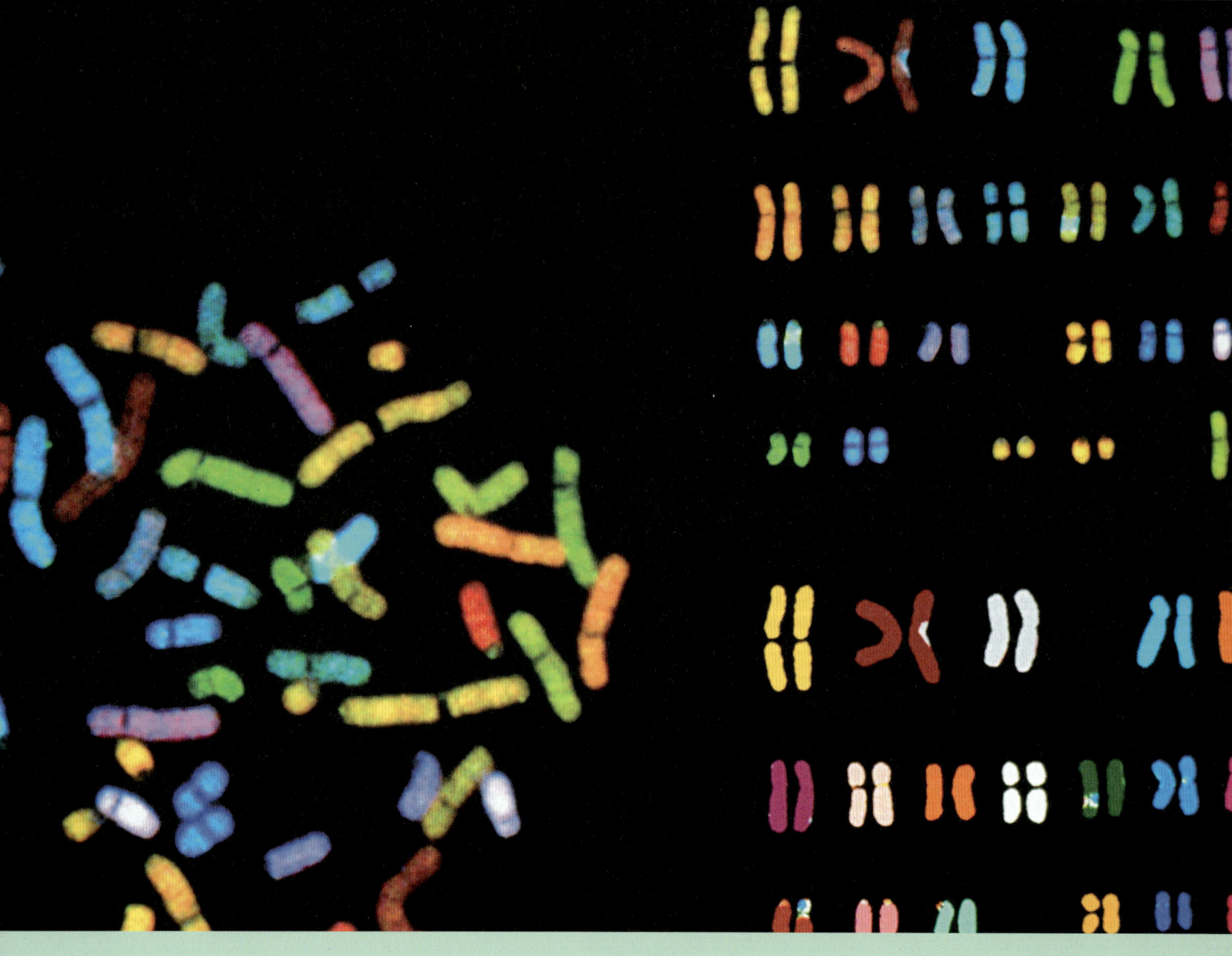

핵심 유전학 6판

Essentials of Genetics SIXTH EDITION

William S. Klug • Michael R. Cummings • Charlotte A.Spencer 저

황혜진 역

(주)바이오사이언스출판

국립중앙도서관 출판시도서목록(CIP)

핵심 유전학 / 저자: William S. Klug, Michael R. Cummings,
Charlotte A.Spencer ; 역자: 황혜진 — 6판. —
서울 : 바이오사이언스, 2010
p. ; cm

원표제: Essentials of genetics
원서의 제6판을 번역판
영어 원작을 한국어로 번역
ISBN 978-89-92709-16-3 93470 : ₩30000
유전학[遺傳學]
476.1-KDC4
576.2-DDC21 CIP2010000376

핵심 유전학 6판

6판 1쇄 인쇄: 2010년 3월 2일 2쇄: 2015년 3월 2일
6판 1쇄 발행: 2010년 3월 8일 2쇄: 2015년 3월 10일

저 자: William S. Klug • Michael R. Cummings • Charlotte A.Spencer
역 자: 황 혜 진
발행인: 한 상 정
발행처: (주)바이오사이언스출판
주 소: 137-060 서울특별시 서초구 효령로2길 10, 201호(방배동, 호산빌딩)
전 화: (02)581-4057~8 팩 스: (02)581-4059
이메일: inquiry@biosciencepub.com
홈페이지: http://www.biobooks.co.kr
ISBN: 978-89-92709-16-3 93470

등록번호: 제22-3079호
값 30,000원

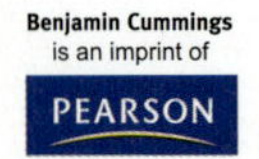

www.pearsonhighered.com

(주)바이오사이언스출판

헌사

선구자적 진화유전학자였던 테오도시우스 도브잔스키가 1973년에 발표했던 논문이자 제목은 이제 널리 인용되는 말이다: “생물학에서는 어떤 것도 진화를 벗어나서는 말이 되지 않는다.” 21세기 첫 10년을 지나 유전체학의 시대로 더 깊이 들어가면서 이제 다음과 같이 말하는 것도 마찬가지로 적절할 것 같다: “생물학적 과정의 모든 측면에서 유전적 기초가 명확해지기 전까지는, 생물학에 대한 우리의 지식은 항상 불완전한 것으로 머물게 될 것이다”라고. 우리는 이제 이러한 목적을 실현하는 데 빠르게 다가가고 있다.

이러한 원리를 이루는 과거와 현재의 발견들을 알고 유전학을 공부했으니 우리 모두는 얼마나 운이 좋은 것인가. 그것은 분석적 사고라는 감각과 발견에 젖어 드는 일이다. 과학 문헌과 매체에서 대단히 흥미롭고 중요한 무엇인가가 보고되지 않는 일주일은 거의 없다.

그래서 우리는 이 책을 생물학의 핵심 원리가 유전학이라고 생각하게 된 모든 이들에게 바친다. 그리고 특별히, 이제 그들의 공부를 시작하는 학생들을 언급하고 싶다. 우리는 이 책이 여러분의 과학적 지평을 넓혀주는 값진 통찰력과 영감을 제공해주기를 바란다.

W. S. 클룩

M. R. 커밍스

C. A. 스펜서

저자들에 관하여

윌리엄 S. 클룩(William S. Klug)은 현재 뉴저지 어윙에 있는 뉴저지 대학의 생물학 교수로 재직 중이다(이전에는 트렌튼 주립 대학에 있었다). 1974년에 처음 생물학부장으로 선출된 이후 17년간 이 자리를 지켜왔다. 그는 인디애나 크로포드빌에 있는 와바시 대학의 생물학과를 졸업하고 일리노이즈의 에반스톤에 있는 노스웨스턴 대학에서 이학박사 학위를 받았다. 뉴저지 대학으로 옮기기 전에, 그는 와바시 대학에서 조교수로 있었는데 그곳에서 처음 유전학과 일반생물학 및 전자현미경학을 가르쳤다. 그의 연구 관심 분야는 초파리에서의 난자형성과정에 대한 초미세구조와 분자유전학에 관한 것이었다. 그는 지난 37년간 해마다 생물학과 학생들을 대상으로 인류 유전학과 분자 유전학의 고등 세미나 과정과 더불어 유전학을 가르쳐왔다. 그는 최근 뉴저지 대학이 학생들을 독려하여 가장 높은 성취를 할 수 있도록 한 교직원에게 수여하는 올해의 교수상을 수상했다. 또한 2004년에는 시그마 파이 인터내셔널로부터 우수 교수상을 받기도 했으며, 같은 해에 올해의 교육자상 후보에 올라 뉴저지 연구개발 위원회로부터 상을 받았다.

마이클 R. 커밍스(Michael R. Cummings)는 현재 일리노이즈 시카고의 일리노이 기술연구소에서 생물학, 화학 및 물리학 분과의 연구 교수로 재직 중이다. 그는 시카고의 일리노이 대학에서 생물학과와 분자 유전학과에서 25년 이상 일했었다. 또한 노스웨스턴 대학과 플로리다 주립대학에서 근무하기도 했었다. 그는 미네소타의 위노나에 있는 세인트 메리 대학에서 학사 학위를 받고, 일리노이즈 에반스톤의 노스웨스턴 대학에서 석사와 박사 학위를 받았다. 이 책과 자매서들 외에도, 그는 비전공자를 위해 일반생물학과 인류 유전학에 대한 교재를 집필하기도 했다. 그의 연구 관심은 인간의 차단부동원체형 염색체에서 이질염색질 부분에 대한 물리적 지도작성과 분자적 구조에 집중되어 있다. 학부생들을 위해서는 멘델 유전학과 분자 유전학, 인류 유전학, 그리고 일반생물학을 가르치고 있으며 교직원, 학생회, 그리고 졸업생들이 수여하는 우수 강의상을 여러 차례 수상한 바 있다.

샤롯 A. 스펜서(Charlotte A. Spencer)는 현재 캐나다 앨버타의 에드먼턴에 소재한 앨버타 대학의 종양학부에서 조교수로 재직 중이다. 그녀는 앨버타 대학 생화학과에서 근무하기도 했었다. 그녀는 브리티시 컬럼비아 대학의 미생물학과를 졸업하고 앨버타 대학에서 유전학으로 이학박사 학위를 받았다. 이후 워싱턴 시애틀의 프레드 허친슨 암연구 센터에서 박사후과정 연수를 마쳤다. 그녀의 연구 관심은 암세포에서의 RNA 중합효소 II에 의한 전사 조절, DNA 바이러스에 감염된 세포, 그리고 세포주기 중 분열기를 거치는 세포들에 관한 것이다. 그녀는 학부생과 대학원생들을 대상으로 생화학, 유전학, 분자 생물학, 그리고 종양학 과목을 가르쳤다. 그리고 유전학의 개념(*Concepts of Genetics*)과 핵심 유전학(*Essentials of Genetics*)을 비롯한 여러 책들에서 유전학, 기술, 사회 부분을 담당했다. 그리고, 학부생들과 비전공자들을 대상으로 한 프렌티스 홀 출판사의 생물학 탐구(Exploring Biology) 시리즈에 여러 권의 소책자를 집필하기도 했다.

역자 서문

4판부터 손을 대기 시작한 번역이 벌써 6판과 7판에까지 이르게 되었다. 처음에는 단지 수업을 위한 도구였는데, 5판이 책으로 나오고 몇 년 동안 교재로 사용하다 보니 허술한 점이 많이 눈에 띄어 책을 만드는 데 대한 부담과 책임감을 느끼고 책이 단순히 활자들의 모음이 아님을 깊이 깨닫게 되었다. 이제 생각해 보니 책은 얼굴, 몸, 꼬리뿐 아니라 영혼을 갖는 생물인가 하는 야릇한 감상에 젖게 된다. 어쨌든 한동안 사용했던 5판보다는 좀 더 시간과 정성을 많이 들였다고 단언할 수 있겠다. 물론 여기에는 바이오사이언스 문정구 사장님 이하 많은 편집실 직원들의 노고가 크다는 점을 말해두고 싶다. 이 책이 나온다면 게으른 역자를 지원해준 다른 분들의 공 때문이다.

단 몇 해 만에 바뀌는 책의 내용 때문에 게으른 역자는 설 자리가 없는 분야가 유전학이 아닐까 한다. 배우는 여러분이라면 2~3년마다 개정되는 내용이 흥미롭기를 떠나 피곤할지도 모르겠다. 하지만 가르치는 입장에서는 조금이라도 새롭고 조금이라도 이해하기 쉬운 개정이 이루어졌다면 주저할 까닭이 없다. 5판보다는 좀 더 논리적이고 새로워졌으니 이제 여러분께 추가된 내용과 더 나은 학습 방법을 제공하고자 한다. 이 책은 Pearson Education의 “*Essentials of Genetics*” 6판에 대한 한국어판이다. 현재 7판이 출판되었으나 책이 지나치게 간결하여 6판의 내용에 7판의 좋은 내용을 첨가하여 책을 마련하였다(“유전체학 탐구” 내용 추가). 더하여 가르치는 직업을 가지신 분들을 위한 프리젠테이션 자료를 추가하였다. 영어 국제화 시대라고는 하지만 영어가 익숙하지 않은 많은 학습자들은 단지 영어 때문에 학습 내용을 이해하기 어려운 점이 있으리라 생각해서, 보다 수월한 생각의 공유를 위한 작업을 선물하게 되었으니 많은 사용과 후기가 있길 바란다. 책의 번역과 관련한 오류가 있다면 그것은 전적으로 역자의 책임이니 발견하시면 hzhwang@ewha.ac.kr 혹은 hzhwang@freechal.com으로 연락 주시면 더 나은 책이 되는 데 큰 보탬이 되겠다. 저자의 바람대로 사고의 지평을 넓히는 데 도움이 되는 책이길 기원한다.

2010년 2월

역자 황 혜 진

역자 소개

황 혜 진

일반생물학 및 유전학 관련과목 강사
(이화여자대학교, 성균관대학교, 가톨릭대학교)
박사학위 취득학교: 이화여자대학교

서 문

핵심 유전학(*Essentials of Genetics*)은 좀 더 자세한 자매서인 유전학의 개념(*Concepts of Genetics*) 보다 좀 더 간략하고 기본적인 책을 요구하는 수업을 위해 쓰여진 책이다. 전체적으로, 현대적이며, 그리고 높은 수준을 유지하면서 내용을 다루면서도, 핵심 유전학 책은 학부생 초기의 생물학 전공자 및 농학, 화학, 엔지니어링, 임학, 심리학, 그리고 야생동물 관리 등 다양한 다른 분야의 전공자들이 보다 쉽게 접근할 수 있도록 쓰여졌다. 교재가 다른 많은 책들보다 간략하기 때문에, 이 책은 한 학기나 반 학기 동안 다루기에 용이할 것이다.

목표

자매서보다 150 페이지 가량이 짧지만 개정하는 동안 우리는 두 책 모두 동일하게 다음 목표를 이루려고 했다.

- 자세한 것보다는 개념을 강조했다.
- 복잡한 분석적 소재들보다는 이해할 수 있는 설명을 제공하기 위해 간결하고 명확하게 서술하려고 했다.
- 각 단원들의 내용과 전체 단원들을 세심하게 구성하려고 하였다.
- 우리가 어떻게, 무엇을 알고 있는지를 설명하는 방법으로서의 과학을 지속적으로 강조하고자 하였다.
- 어떻게 정보가 얻어졌으며, 또 그것이 발전하고 성장함에 따라 원리 내에 어떻게 확장되었는지를 아름답게 밝혀주는 유전학의 역사를 풍부하게 소개했다.
- 문제 풀이를 강조하여 학생들이 분석적으로 사고하고 유전학적 지식들을 적용하여 확장시킬 수 있도록 이끌고자 했다.
- 가장 최신의 흥미로운 분야를 제공하고자 하였다.
- 눈길을 끌며 교육적으로도 유용한 원색의 그림과, 마찬가지로 유용한 사진들을 넣어 개념 발달을 돕도록 했다.

세부 차례

차 례

CHAPTER 5

성 결정과 성 염색체 104

CHAPTER 6

염색체 돌연변이: 숫자와 배열의 변화 126

CHAPTER 7

진핵생물의 연관과 염색체 지도 149

CHAPTER 8

세균과 박테리오파아지의 유전자 지도 작성 179

CHAPTER 9

DNA의 구조와 분석 204

CHAPTER 10

DNA의 복제와 합성 232

CHAPTER 11

염색체 구조와 DNA 서열의 조직화 256

CHAPTER 12

유전자 암호와 전사 277

CHAPTER 13

번역과 단백질 305

CHAPTER 14

유전자 돌연변이, DNA 회복, 그리고 가동성 인자 334

CHAPTER 23

진화 유전학 569

CHAPTER 24

보전 유전학 594

CHAPTER

1 유전학 입문

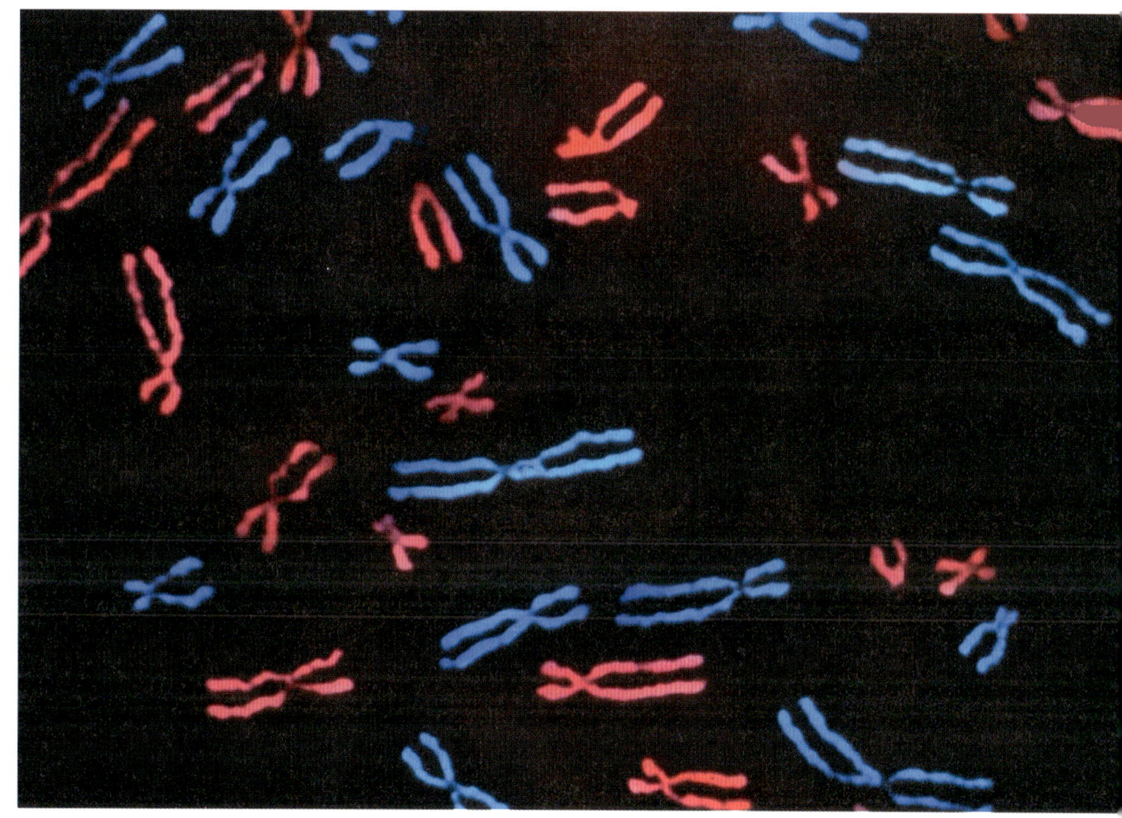

사람의 중기 염색체들, 각각은 공동의 동원체에서 결합되어 있는 두 개의 자매 염색분체로 이루어져 있다

단원 개념

- 멘델은 식물인 완두를 사용하여 전달 유전학의 기본원리를 발견했다. 다른 연구자들의 업적으로 유전자들이 염색체상에 존재하며, 돌연변이 계통이 염색체상의 유전자 지도 작성에 사용될 수 있음을 알게 되었다.
- DNA가 유전정보를 암호화한다는 것의 발견, DNA 구조의 발견, 유전자 발현 기작의 확립 등이 분자 유전학의 기초를 형성했다.
- 재조합 DNA 기술의 발달로 유전학이 크게 발전했으며, 이것은 인간 유전체 프로젝트를 포함한 유전체 서열화의 기초가 되었다.
- 과학자들은 재조합 DNA 기술을 이용하여 농업, 의학, 그리고 산업을 포함한 여러 분야에서 상품을 생산하고 서비스를 제공한다. 유전공학의 응용은 유전자 조작 생물의 특허 및 유전자 치료와 관련한 많은 법적, 윤리적 문제를 일으켰다.
- 20세기 초반부터 유전학에 모델 생물들이 사용되었다. 이들 생물로부터 얻어진 유전적 지식들은 재조합 DNA 기술 및 유전체학과 연합되어 인간의 생물학과 질병 연구에 유용한 모델이 되도록 했다.
- 유전학적 기술은 정책, 법, 그리고 이러한 기술이 사용되는 데 있어서의 관례들보다 빠르게 발전한다. 교육과 참여는 이러한 기술을 현명하게 사용하기 위한 핵심 요소다.

21세기 초에 살고 있는 현재 우리의 시각에서 보면, 유전적 기술과 사회의 상호작용이 정확히 어느 시점부터 우리 생활에 영향을 미치기 시작했는지 의문을 가지게 된다. 재조합 DNA 기술이 인슐린을 생산하는 데 사용되었던 때일까, 유전공학에 의해 생산된 최초의 식품이 시장에 나왔을 때일까, 아니면 유전자 치료가 처음으로 유전 질병을 치료하는 데 사용되었을 때였을까? 이는 모두 사회에 영향을 미치는 방법으로 유전학적 지식이 사용되었던 큰 사건들이기는 하지만, 유전적 기술이 직접적으로 온 나라 사람들에게 영향을 미치게 된 사건에 대해 초점을 맞추어 보자. 이 사건은 유전학이 사회에 얼마나 큰 영향을 미치는지를 보여주며, 발전과 응용이 더 진전됨에 따라 미래에 미치는 영향이 어떠할지에 대한 예측을 제공한다.

1998년 12월, 섬나라인 아이슬란드의 27만 주민들 사이에 논쟁이 일어났다. 몇 달간의 격렬하고 뜨거운 논쟁의 시기가 지나고 아이슬란드의 의회는, 아이슬란드에 본부를 두고 있는 deCODE라는 생화학 회사에 IHD(Icelandic Health Sector Database)라고 불리는 데이터베이스를 만들고 운영하는 독점적 권한을 주는 법을 통과시켰다. 이 데이터베이스는 모든 아이슬란드 주민들의 의료기록들로부터 나온 자세한 정보를 포함하는 것이다. 이 데이터베이스의 기록들은 익명이 보장되도록 암호화될 것이다. 이 법은 또한 deCODE가 국립 문서보관서로부터 종합적인 가계도 자료를 이용하여 IHD의 의료정보와 상호참조를 할 수 있도록 했다. 그리고 deCODE는 이들 두 데이터베이스로부터 얻은 정보에 아이슬란드인 제공자로부터 수집한 DNA 프로파일 결과를 연계시킬 수 있다. 의료기록, 가계도 자료, 그리고 유전적 정보가 종합되면 이것은 deCODE사가 배타적으로 이용할 수 있는 강력한 자원이 될 것이며, 뿐만 아니라 이 정보를 12년간 다른 회사들이나 연구자들에게 판매할 수 있다.

이것은 가타카(*Gattaca*) 같은 영화의 시나리오가 아니라, 우리가 새로운 세기를 열면서 맞이하는, 유전학-사회 상호작용의 한 예다. 아이슬란드에서의 이러한 데이터베이스 개발은 다른 나라에서도 역시 비슷한 사업이 생기도록 했다. 가장 큰 것은 "UK Biobank"를 만들기 위한 노력으로, 2003년 영국에서 시작되었다. 여기서는, 초기 120만 명의 거주자들 집단으로부터 50만 명의 영국인들에 대한 유전적 정보를 포함한 거대 데이터베이스가 만들어질 것이다. 이 데이터베이스는 복합형질을 조절하는 감수성 유전자들을 찾는 데 사용될 것이다. 에스토니아, 라트비아, 스웨덴, 싱가포르, 그리고 통가 공화국 등에서 국가적 차원의 데이터베이스를 개발하려는 유사한 사업들이 발표되어 유전학 기술의 세계적 영향을 실감케 했다. 미국에서는 위스콘신 주의 마시필드에 있는 마시필드 병원, 일리노이 주 시카고의 노스웨스턴 대학, 그리고 워싱턴 D.C. 하워드 대학에서 수만 명 수준인 좀 더 작은 규모의 프로그램들이 진행되고 있다.

왜 deCODE사가 그러한 프로젝트를 위해 아이슬란드를 골랐을까? 아이슬란드인들은 여러 가지 원인 때문에 유전적으로 동일하게된 거의 유일한 민족의 대표적 사례다. 이런 높은 수준의 유전적 연관성은 약 1000년 전 주로 스칸디나비아인과 켈트족에서 기원한 소수 집단에 의해 세워졌기 때문이다. 게다가 질병과 국가적 재앙으로 인해 일시적 인구 감소가 유전적 다양성을 더 감소시켰으며, 수십 년 전까지만 해도 이 집단에 새로운 유전자를 도입할 이주자들도 거의 없었다. 따라서 복잡한 질환들을 조절하는 유전자를 찾기 위해 노력하는 유전학자들에게 아이슬란드 집단은 엄청난 보물이다. 건강관리 시스템이 국가에서 지원되기 때문에, 모든 주민의 의료 기록들은 1900년대의 것까지 보존되어 있다. 계보학적 정보는 국립 문서보관소(National Archives)와 교회 기록으로부터 얻을 수 있는데, 거의 모든 주민들과 아이슬란드에 살았던 것으로 추정되는 75만 명 중 50만 명 이상에 대한 기록이다. 관련 논란에도 불구하고, 이 사업은 이미 여러 성공을 거두고 있다. deCODE사의 과학자들은 천식, 심장 질환, 발작, 골다공증과 같은 가장 흔한 질병들 25가지 이상에 대해 관련 유전자들을 규명했다.

이러한 성공의 이면에는 프라이버시 문제, 동의와 상업화 문제들이 있다 – 이들은 유전적 기술을 적용하는 데서 생겨나는 많은 논쟁들의 핵심이다. 과학자들과 비과학자들 모두 유전정보의 운명과 통제, 그리고 언제 어떻게 유전학적 기술이 사용될지를 결정하는 데 있어 법과 사회의 역할에 대해 논쟁한다. 10년 이내에 한 사람의 유전체를 서열화하는데 1,000달러 미만의 비용만으로도 가능하도록 기술이 발전할 것이다. 의사들은 환자 유전체의 서열화를 마치 현재의 혈액 검사처럼 일상적으로 요구하게 될 수도 있다. 과학사의 어느 때보다도, 지금 신기술을 둘러싼 윤리적 문제를 다루는 것이 그 기술에서 얻는 지식만큼이나 중요하다.

여러분이 유전학 공부를 시작할 때는 위에 언급한 문제와 논쟁들에 대해 민감하게 남아 있길 바란다. 이 과학에 빠져드는 것이 이보다 더 흥미진진했던 적은 없었으며, 또한 사회에 대한 조심성이 이토록 분명하게 요구되었던 적도 없었다. 유전학은 앞서 우생학 운동에서 강압적이고 차별적인 인권 침해를 통한 사회공학을 정당화시키는 데 잘못 이용되었었다. 이 책은 여러분이 현대 유전학과 그 대한 원리에 대한 전반적 이해를 얻을 수 있도록 할 것이다. 이러한 이해를 통해 여러분은 단순한 직감이나 반사적인 반응에 의한 것이 아닌, 사실에 기초한 의견을 형성할 수 있을 것이다. 내내 여러분이 이 공부를 즐기기를 바라지만, 초보 유전학자로서 책임감도 진심으로 가져주기를 바란다.

1.1 멘델에서 DNA까지: 1세기 내의 진보

유전적 과정이란 생명체에 독특한 것으로 생명 자체의 이해에 필수적이기 때문에 유전학은 생물학을 아우르고 그 핵심으로 작용한다. 따라서 유전학이 길고 풍부한 역사를 갖는 것은 놀랄 만한 일이 아니다. 이 역사에 관한 시작점은 1860년대의 중앙 유럽에 있는 한 수도원의 정원이다.

형질의 전달에 대한 멘델의 연구

이 정원(그림 1-1)에서 어거스틴 수도회의 수도사였던 그레고르 멘델(Gregor Mendel)은 완두를 사용하여 근 10년에 걸친 일련의 실험을 수행했다. 이 연구에서 멘델은 형질이 부모에서 자손에게 정량적이고 예측 가능한 방식으로 전달된다는 것을 보여주었다.

그림 1-1 그레고르 멘델이 완두를 가지고 실험을 수행했던 수도원의 정원. 1866년에 멘델은 전달 유전학의 주요 가정들을 제시했다.

그는 완두식물의 키나 꽃의 색깔 등 완두의 형질들이 분명한 유전 단위[우리가 현재 **유전자**(gene)라고 부르는]에 의해 조절된다는 결론을 내렸다. 나아가 그는 한 형질을 조절하는 유전자들이 쌍으로 존재하며, 한 유전자쌍의 구성원들은 배우자 형성 중에 따로 분리된다고 주장했다. 그의 연구는 1866년에 발표되었지만 1900년경, 칼 코렌스(Carl Correns)와 그 외 연구자들에 의해 그의 실험이 다시 부분적으로 재현되어 그의 발견이 재발견될 때까지 거의 알려지지 않았었다. 여러 사람들에 의한 확인을 거쳐 멘델의 발견은 완두와 인간을 포함한 기타 여러 고등생물들에서 형질의 전달을 일으키는 기본 원리로 인식되었다. 그의 연구는 유전과 변이에 관한 생물학의 한 분야로 정의되는 **유전학**(genetics)의 기초를 마련하였다. 그레고르 멘델과 유전학의 시작에 관한 이야기는 로빈 M. 헤닉(Robin M. Henig)이 쓴 「정원의 수도사: 유전학의 아버지, 그레고르 멘델의 잊혀진 천재성과 재발견(*The Monk in the Garden: The Lost and Found Genius of Gregor Mendel, the Father of Genetics*)」을 참고하기 바란다.

유전의 염색체설: 멘델과 감수분열의 통합

멘델의 연구는 염색체가 발견되기 이전에 이루어졌다. 그의 연구가 발표되고 20년 후에, 현미경의 발달로 연구자들이 염색체(그림 1-2)를 확인할 수 있었고, 각 생물들이 독특한 수의 **이배체 수**(diploid number, $2n$)의 염색체를 가짐을 알 수 있었다. 예를 들어,

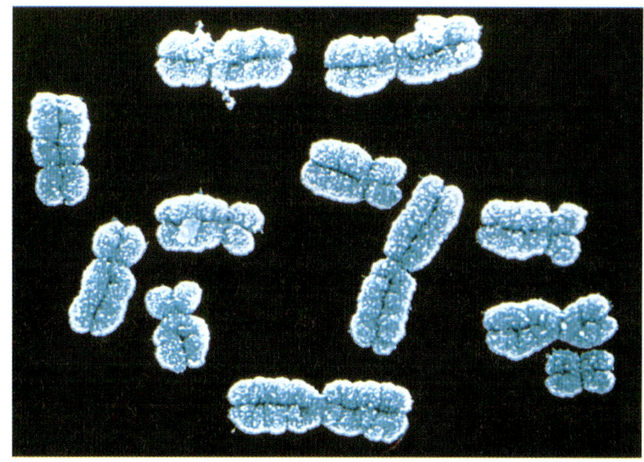

그림 1-2 인간의 체세포분열 중기 염색체들. 주사전자현미경 하에서 관찰한 것으로 색을 입힌 상이다.

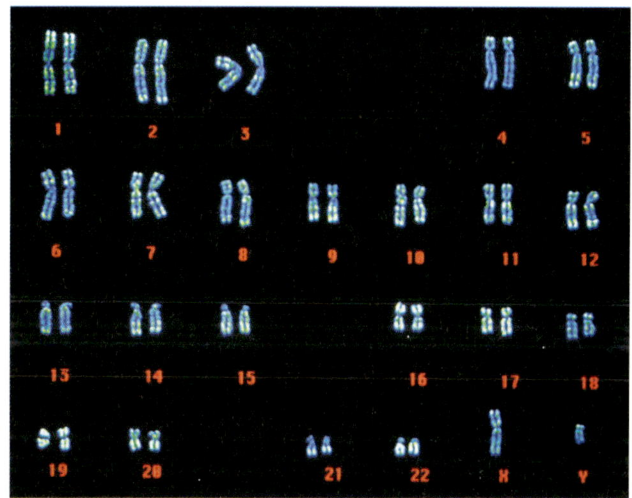

그림 1-3 인간 남성의 염색체 세트. 색을 입혀 가시화한 상이다. 이러한 방법으로 배열된 염색체 세트를 핵형(karyotype)이라고 부른다.

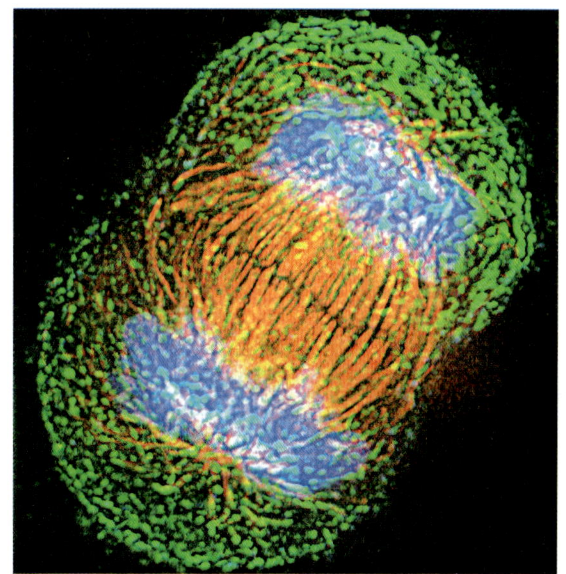

그림 1-4 체세포분열(후기)에 염색체들(푸르게 염색된 것)이 분리되어 이동한다.

사람은 46의 이배체 수를 가진다(그림 1-3). 이배체 세포의 염색체들은 쌍으로 존재하며, **상동염색체**(homologous chromosome)라고 불린다. 각 상염색체쌍의 구성 염색체들은 크기와 동원체의 위치가 같다. 동원체는 세포분열 중에 방추사가 결합하는 구조다.

19세기의 마지막 10년 동안의 연구자들도 두 가지 형태의 세포분열, 즉 유사분열(체세포분열)과 감수분열(생식세포분열) 중에 나타나는 염색체들의 행동에 대해서 기술하였다. **유사분열**(mitosis)(그림 1-4) 중에는, 염색체들이 복제되어 딸세포들이 이배체의 염색체들을 물려받게 되는 방식으로 염색체들이 분배된다. **감수분열**(meiosis)은 동물에서의 배우자 형성, 식물(대부분)에서의 포자형성과 관계된다. 감수분열에 의해 생성된 세포들은 상동염색체쌍 중 오직 한 구성원들만 받는다. 따라서 염색체는 **반수체 수**(haploid number, *n*)가 된다. 만약 두 배우자로부터 생겨나는 자손이, 그들의 부모나 유성적으로 생식하는 종들의 다른 구성원들에 특이적인 염색체 수를 일정하게 유지하게 위해서는, 염색체 수에 있어서의 이러한 감소는 필수적이다.

20세기 초, 월터 서턴(Walter Sutton)과 테오도어 보베리(Theodore Boveri)는 각각 독립적으로, 유전자들과 염색체들이 몇 가지 공통된 특징을 가지며, 감수분열 중의 염색체 행동이 배우자 형성과정 중의 유전자들의 행동과 동일하다는 것에 주목했다. 예를 들어, 유전자와 염색체들은 쌍으로 존재하고, 각 유전자쌍의 구성원들과 염색체쌍의 구성원들은 배우자 형성시 서로 분리된다. 이러한 공통점에 기초하여, 그들은 유전자가 염색체에 의해 운반된다고 제안했다(그림 1-5). 이러한 제안은 **유전의 염색체설**(chromosome theory of inheritance)의 기초가 되었다. 이것은 유전되는 형질들은 배우자를 통해 염색체상에 위치한 유전자들에 의해 확실하게 운반되며, 유전적 연속성이 세대를 거쳐 유지되도록 한다고 주장한다.

I

scute bristles, *sc*
white eyes, *w*
ruby eyes, *rb*
crossveinless wings, *cv*
singed bristles, *sn*
lozenge eyes, *lz*
vermilion eyes, *v*
sable body, *s*
scalloped wings, *sd*
Bar eyes, *B*
carnation eyes, *car*
little fly, *lf*

그림 1-5 초파리의 1번 염색체. 여러 유전자의 위치를 보여준다. 염색체들은 수 천 개의 유전자를 포함할 수 있다.

유전적 변이

유전의 염색체설이 제안된 것과 거의 동시에, 과학자들은 초파리(*Drosophila melanogaster*)에서 나타나는 형질들의 유전을 연구하기 시작했다. 흰 눈 초파리(그림 1-6)가 정상(야생형) 붉은 눈 파리들이 담겨진 병에서 발견되었다. 이 변이는 **돌연변이**(mutation)에 의해 생긴 것으로, 눈 색깔을 조절하는 유전자에서의 유전적 변화다. 돌연변이들은 유전적 변화로 정의되며, 모든 유전적 변이의 근원이다.

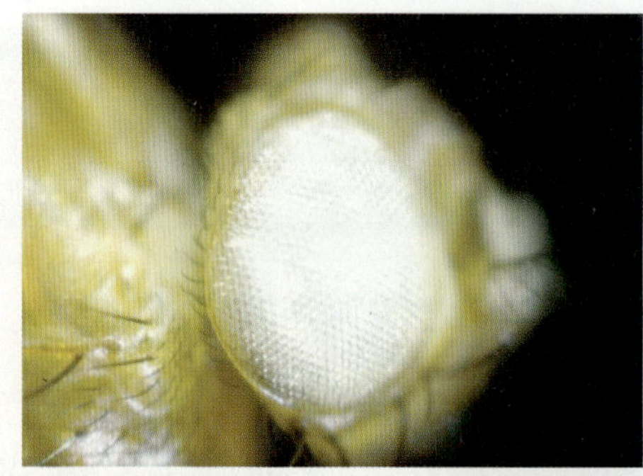

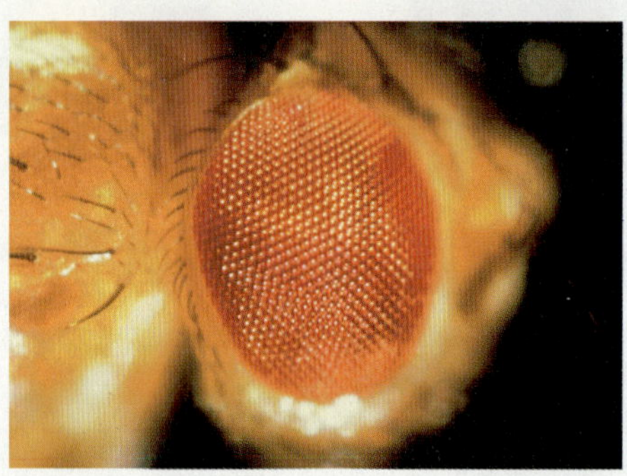

그림 1-6 초파리의 정상 눈 색(아래)과 흰 눈 돌연변이(위).

초파리에서 발견된 다양한 눈 색 유전자는 눈 색을 조절하는 한 유전자의 모든 **대립인자**(allele; 대립유전자)들이다. 대립인자는 한 유전자의 다른 형태로 정의된다. 다른 대립인자는 생물에서 관찰 가능한 특징들, 혹은 **표현형**(phenotype)에서의 차이를 만들 수 있다. 한 생물이 가지는 대립인자의 세트를 **유전자형**(genotype)이라고 한다. 돌연변이 유전자들을 마커(표식자)로 사용함으로써, 유전학자들은 염색체상에서 유전자들의 위치를 정할 수 있었다.

유전자의 화학적 성질에 대한 탐구: DNA냐, 단백질이냐?

흰 눈 초파리에 대한 연구는 돌연변이 형질이 단일 염색체를 따라 추적되는 유전양상을 가졌음을 보여줌으로써, 유전자가 염색체에 의해 이동한다는 생각을 확고히 해주었다. 일단 이러한 생각이 정립되자, 연구자들은 염색체의 어떠한 화학적 성분이 유전정보를 운반하는지로 관심을 돌렸다. 1920년대가 되자, 단백질과 데옥시리보핵산(deoxyribonucleic acid, DNA)이 염색체의 주요 화학성분임이 밝혀졌다. 단백질들은 세포에서 가장 많은 성분이다. 굉장히 많은 종류의 단백질이 존재하고, 핵이나 세포질에 모두 다 분포하기 때문에, 많은 과학자들은 단백질이 유전정보를 운반하는 것으로 확인되리라 생각했다.

1944년, 뉴욕 록펠러 연구소의 에이버리(Avery), 맥리오드(MacLeod), 그리고 매카티(McCarty) 세 연구자는 세균에서의 유전정보 운반체가 DNA임을 보여주었다. 매우 분명한 정보였음에도 불구하고, 이것은 당시의 많은 영향력 있는 과학자들에게 확신을 심어주지는 못했다. 유전정보 전달물질로서의 DNA의 역할에 대한 추가적 증거들은 **박테리오파아지**(bacteriophage; 짧게는 phage)라고 불리는 바이러스들로 작업하던 다른 연구자들로부터

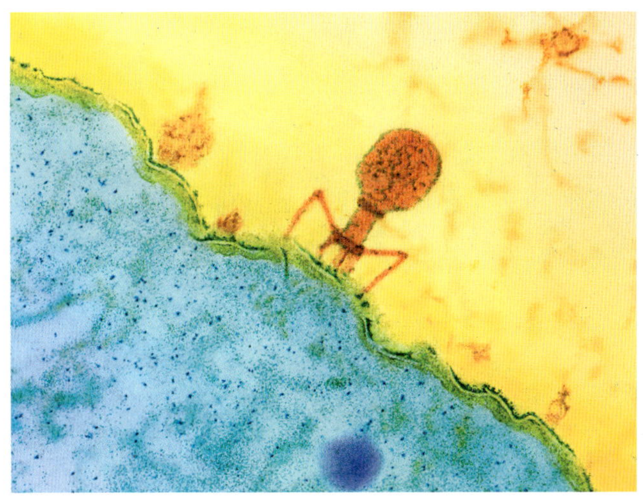

그림 1-7 전자현미경으로 본 대장균 세포를 감염시키고 있는 박테리오파아지.

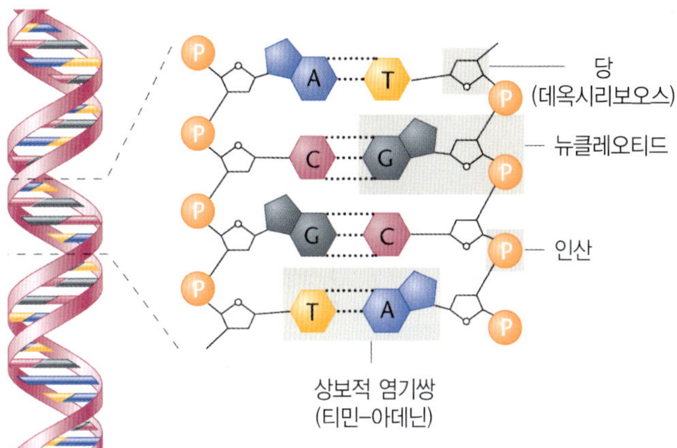

그림 1-8 DNA 구조의 요약. 왼쪽은 DNA의 이중나선 성질을 보여주며 오른쪽은 각 가닥을 구성하는 화학적 성분들을 표현하고 있다.

나왔다. 파아지는 세균인 대장균(*Escherichia coli*)(그림 1-7) 세포를 감염시켜 죽인다. 이들 바이러스는 하나의 DNA 핵심을 둘러싸고 있는 단백질 외피로 구성된다. 이들의 실험은 바이러스의 단백질 외피가 세균세포의 외부에 남는 반면 DNA는 세포 내로 들어가 더 많은 파아지를 합성하고 조립하도록 지시한다는 것을 보여주었다. 이 연구는 DNA가 유전정보를 운반한다는 추가적 증거였다. 다음 수년간에 걸친 연구는 단백질이 아니라 DNA가 유전물질이라는 확고한 증거를 제공하였고, DNA의 구조를 확립하는 연구의 토대를 마련하였다.

1.2 이중나선의 발견은 분자 유전학의 시대를 열었다

일단 DNA 형태의 핵산이 유전정보를 운반한다는 것이 받아들여지자, DNA의 구조를 밝히고 이 분자에 저장된 정보가 발현되어 관찰 가능한 표현형이 생기는 기작에 대해 연구노력이 집중되었으며, 이로써 분자 유전학이 생겨나게 되었다. 이것이 성취된 후, 과학자들은 DNA 분자들의 특정 지역을 분리하고 복사하는 법을 알게 되었고 재조합 DNA 기술의 시대가 열렸다.

DNA와 RNA의 구조

DNA는 긴 사다리 모양의 분자로, 서로 꼬여서 이중나선을 형성한다. 나선의 각 가닥은 **뉴클레오티드**(nucleotide)라고 불리는 단위체들로 구성된 선형 분자다. DNA에는 네 가지 서로 다른 뉴클레오티드가 존재한다. 각 DNA 뉴클레오티드는 네 가지의 질소 포함 염기들-A(아데닌), G(구아닌), T(티민), 혹은 C(시토신) 중 하나를 포함한다. 이들 네 가지 염기는 유전적 알파벳, 혹은 **유전암호**(genetic code)를 구성한다. 이들 알파벳은 다양한 조합을 이루어 궁극적으로는 단백질의 아미노산 서열을 지정한다. 20세기의 가장 위대한 발견이 제임스 왓슨(James Watson)과 프란시스 크릭(Francis Crick)에 의해 1953년에 이루어졌는데, 이들은 DNA의 두 가닥이 서로 완벽하게 상보적임을 밝혔다. 즉, 이중나선 사다리의 가로대는 항상 A＝T 혹은 G≡C 염기쌍으로 구성된다는 것이다. 뒤의 장에서 다루겠지만, 아데닌(adenine)과 티민(thymine) 사이, 그리고 구아닌(guanine)과 시토신(cytosine) 사이의 이러한 **상보적 관계**(complementary relationship)는 유전적 기능에 있어 필수적인 것이다. 이 관계는 DNA의 복제(replication)와 유전자 발현(expression) 모두의 기초로 작용한다. 이 두 과정 중에, DNA 가닥들은 상보적인 분자의 합성에 대해 주형으로 작용한다. DNA의 구조와 성분에 대한 두 가지 그림이 그림 1-8에 나타나 있다.

또 다른 핵산인 RNA는 화학적으로 DNA와 유사하다. RNA는 뉴클레오티드 내에 약간 다른 당(리보오스 대 데옥시리보오스)을 포함하며, 티민 대신에 우라실(uracil, U) 염기를 가진다. 그리고 DNA가 이중나선인 데 반해 RNA는 일반적으로 단일가닥이다. 중요한 것은 DNA 가닥과 상보적 구조를 형성할 수 있다는 것이다.

유전자 발현: DNA에서 표현형까지

이미 지적했던 것처럼, 뉴클레오티드 상보성은 유전자 발현의 기초다. 유전자의 발현과정은 핵에서 시작되는데, DNA의 한 가닥에서 뉴클레오티드 서열이 상보적인 RNA 서열로 **전사**(transcription)되는 것이다(그림 1-9). 일단 하나의 RNA 분자가 전사되면, 그것은 세포질로 이동하여 단백질 합성을 지시한다. 이것은 RNA-**전령 RNA**(messenger RNA, 줄여서 mRNA)라고 불리는-가 **리보솜**(ribosome)에 결합할 때 이루어진다. mRNA의 지시 하에서 이루어지는 단백질의 합성을 **번역**(translation)이라고 한다(그림 1-9의 아랫부분). 유전자의 최종산물인 단백질은 아미노산 단량체(monomer)들로 구성된 중합체(polymer)다. 모든 살아 있는 생물체의 단백질에는 20가지의 서로 다른 아미노산이 존재한다.

어떻게 mRNA에 저장된 정보가 단백질 사슬이 합성될 때 특정 아미노산이 삽입되도록 지시할 수 있을까? mRNA에 암호화된 정보는 유전암호라고 불리며, 세 개의 뉴클레오티드가 직선형으로 연결된 것이다. **코돈**(codon)이라고 불리는 각 삼중 뉴클레오티드(triplet)는 DNA에 저장된 정보에 상보적이며, 단백질에 특정 아미노산이 삽입되도록 지정한다. 이것은 **운반 RNA**(transfer RNA,

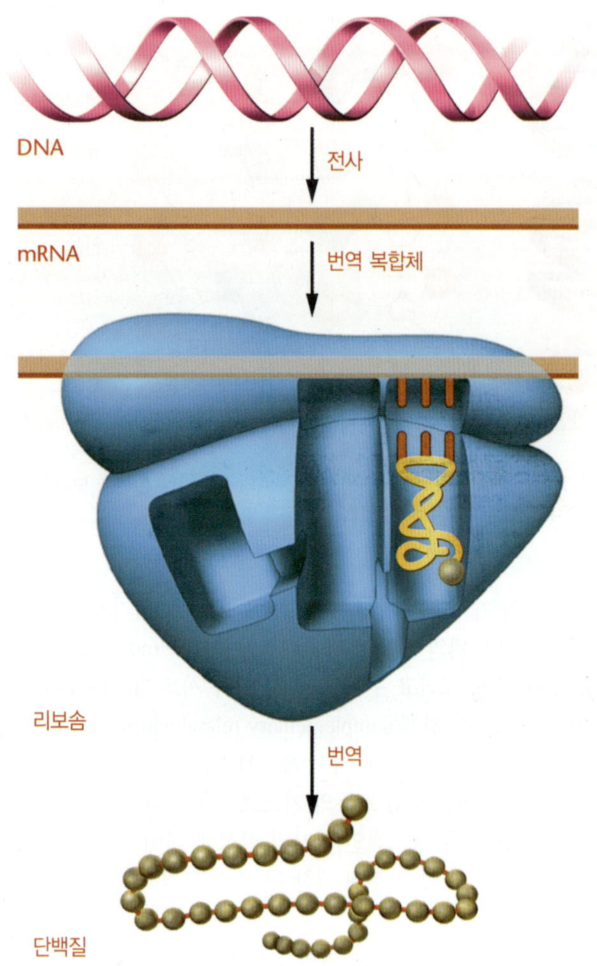

그림 1-9 유전자 발현은 DNA가 mRNA로 전사되는 과정(위)과 리보솜 위에서의 mRNA 번역과정(중앙)으로 단백질이 생기는 과정(아래)을 포함한다.

tRNA)라고 불리는 어댑터 분자에 의해 이루어진다. 리보솜 내에서, tRNA들은 mRNA 코돈에 암호화된 정보들을 인식하여 번역과정 동안 단백질에 적당한 아미노산이 삽입되도록 그것을 운반해 준다.

위에서 논의한 바와 같이, DNA는 RNA를 만든다. 대부분의 RNA는 단백질이 합성되도록 처리되어 DNA의 정보가 RNA로, 다시 단백질로 흘러가도록 방향이 정해진다. 이러한 과정들은 유전학의 **중심원리**(central dogma)라고 알려져 있으며, 매우 특이적으로 발생한다. 오직 네 글자의 알파벳(A, T, C, G)만을 이용하여, 유전자들은 매우 특수한 단백질의 합성을 지시한다. 이들 단백질은 종합적으로, 모든 생물학적 기능을 위한 기초로 작용한다.

단백질과 생물학적 기능

위에 언급했듯이, 단백질은 유전자 발현의 최종산물이다. 이 분자들은 생명의 특징들이 생겨나도록 한다. 생물학적 기능의 다양성은 단백질이 20가지의 서로 다른 아미노산으로 구성된다는 데 그 이유가 있다. 하나의 단백질 사슬이 100개의 아미노산 길이이며, 각 아미노산 위치에 20가지의 아미노산이 올 수 있다면, 이런 조건으로 얻을 수 있는 서로 다른 종류의 단백질(독특한 서열로 구성된) 수는

그림 1-10 한 단백질의 3차원적 형태. 이 단백질의 아미노산 서열은 리본으로 표현되었다.

$$20^{100}$$

이다. 20^{10}이 5×10^{12}(1조가 넘는 수)보다 크므로 20^{100}은 얼마나 클지 상상해 보라! 분명히, 진화는 생물학적 체제의 근간으로 작용할 수 있는 거대한 구조적 다양성을 가지는 분자 집단을 확보한 것이다. 반면, RNA나 DNA는 네 종류의 단위체만으로 구성된다. 단순한 구조는 유전암호의 충실한 저장과 전달에 유리하다.

가장 큰 단백질 범주에 **효소**(enzyme)가 포함된다. 이들 분자는 생물학적 촉매제로 작용하며, 지구에 존재하는 조건 하에서 생명이 유지될 수 있는 속도로 화학반응이 진행되도록 하는 데 필수적이다. 반응에서의 활성화 에너지를 낮추어 줌으로써, 체온에서 효소의 지시 아래 대사가 진행된다.

효소 외에도 세포와 생물들에 필수적인 수많은 단백질이 존재한다. 적혈구에서 산소와 결합하는 색소인 **헤모글로빈**(hemoglobin), 이자 호르몬인 **인슐린**(insulin), 결합조직 분자인 **콜라겐**(collagen), 털의 구조 분자인 **케라틴**(keratin), 진핵생물에서 염색체의 구조를 이루는 데 필수적인 **히스톤**(histone), 수축성 근육 단백질인 **액틴**(actin)과 **미오신**(myosin), 그리고 면역계의 항체 분자인 **면역글로불린**(immunoglobulin) 등이다. 그렇게 다양한 기능이 가능한 것은 단백질의 3차원적 형태가 무척 다양하기 때문이다(그림 1-10). 이러한 형태는 그 분자를 구성하는 아미노산의 직선상 서열에 의해 결정된다. 다시 처음으로 돌아가 이러한 서열은 RNA로 전달되었다가 단백질 합성에 쓰였던, 유전자의 DNA에 저장되었던 정보에 따른 것이다. DNA는 RNA를 만들고 RNA는 단백질을 만든다.

유전자형과 표현형의 관계: 겸상 적혈구 빈혈증

일단 단백질이 합성되면 그것의 활동이나 세포에서의 위치가 표현형을 만드는 역할을 하게 된다. 돌연변이가 유전자를 변화시킬

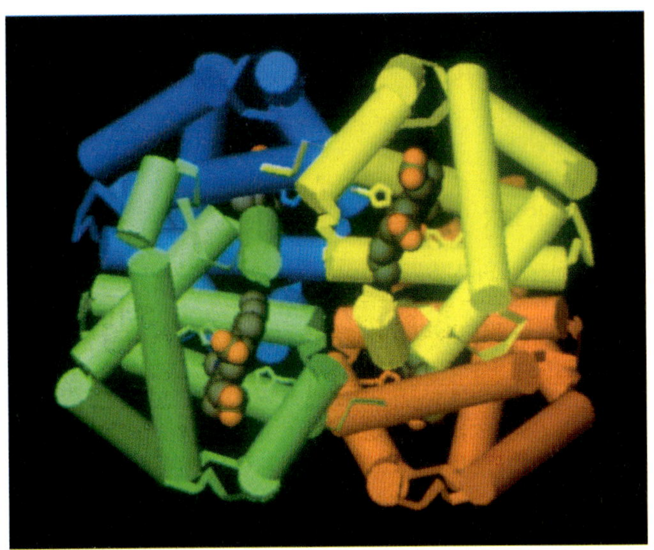

그림 1-11 헤모글로빈 분자. 두 개의 알파 사슬과 두 개의 베타 사슬이 보인다. 베타 사슬을 만드는 유전자에서의 돌연변이는 비정상적 헤모글로빈을 생산하여 겸상 적혈구 빈혈증을 일으킨다.

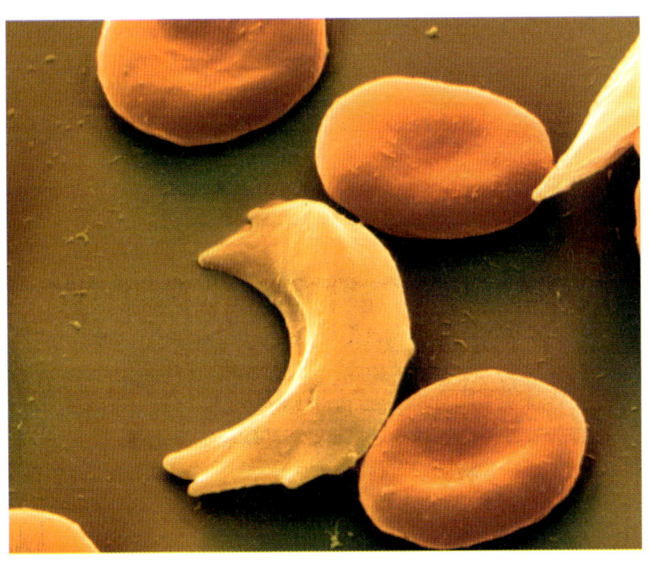

그림 1-13 정상 적혈구(둥근 것)와 겸상 적혈구 세포. 이 겸상세포들은 모세혈관과 작은 혈관들을 막는다.

때는, 암호화되는 단백질의 기능이 없어지거나 변화될 수 있고, 따라서 표현형 변화를 유발할 수 있다. 단백질 합성에서 표현형에 이르는 이러한 연속적 사건을 추적하기 위해, 인간의 유전성 질병인 겸상 적혈구 빈혈증(sickle-cell anemia)에 대해 살펴보도록 하자. 겸상 적혈구 빈혈증은, 폐로부터 신체의 세포들에 산소를 운반해 주는 단백질인 헤모글로빈의 돌연변이 형태에 의해 유발된다(그림 1-11). 헤모글로빈은 α-글로빈과 β-글로빈, 두 종류의 단백질로 구성되는 복합 분자로 이들은 각기 다른 유전자에서 암호화된다. 기능적인 헤모글로빈 한 분자는 2개의 α-글로빈과 2개의 β-글로빈 단백질들을 포함한다. 겸상 적혈구 빈혈증에서는 β-글로빈을 암호화하는 유전자에서의 돌연변이가 이 단백질의 146개 아미노산 중 하나의 아미노산이 대체되도록 한다. 그림 1-12는 DNA 서열의 일부, mRNA 코돈들, 그리고 정상 형태와 돌연변이 형태의 β-글로빈에 대한 아미노산 서열을 보여준다. 겸상 적혈구 빈혈증에서의 돌연변이는, 하나의 DNA 뉴클레오티드 변화가 mRNA에서의 6번째 코돈인 GAG를 GUG로 바뀌게 했고, 다시 이것은 β-글로빈의 6번째 아미노산을 글루탐산에서 발린으로 변화시켰다. 나머지 145개의 아미노산은 이 돌연변이에 의해 변하지 않는다.

β-글로빈 유전자에서 두 개의 돌연변이 사본을 가진 사람들은 겸상 적혈구 빈혈증을 가진다. 돌연변이 β-글로빈 단백질들은 산소 농도가 낮아지면 적혈구에서 헤모글로빈 분자들이 중합되도록 하여 적혈구 세포의 모양이 왜곡되도록 하는 긴 사슬을 만든다(그림 1-13). 혈구세포들이 낫 모양이 되면, 이들은 작은 혈관이나 모세혈관에서의 혈류 흐름을 방해하여 심한 통증을 일으키며 심장, 뇌, 근육, 그리고 신장 손상을 일으킨다. 겸상 적혈구 빈혈증은 심장마비나 발작을 유발할 수 있으며, 치료되지 않으면 치명적일 수 있다. 그리고 변형된 혈구세포들은 약하고 쉽게 부서지기 쉬우므로, 순환계에서 적혈구 감소로 인해 빈혈을 일으킨다. 따라서 이 질병의 모든 증상은 β-글로빈 분자에서의 146개 아미노산 중 하나의 아미노산을 변화시킨, 한 유전자의 단일 뉴클레오티드 변화에 의한 것이다. 이것은 유전자형과 표현형 사이의 밀접한 관계를 잘 보여준다.

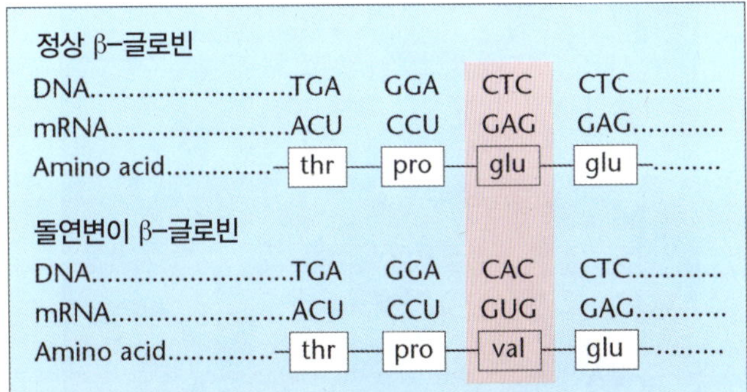

그림 1-12 β-글로빈 유전자를 암호화하는 DNA에서의 단일 뉴클레오티드 변화(CTC → CAC)는 변화된 mRNA 코돈(GAG → GUG)을 생성시키고, 다른 아미노산이 삽입되도록 한다(glu → val). 변형된 상태의 β-글로빈 단백질은 겸상 적혈구 빈혈증을 일으킨다.

1.3 유전체학은 재조합 DNA 기술로부터 성장했다

1970년대 초반, 세균이 바이러스 DNA를 특정 부위에서 절단하는 효소를 가지고 있기 때문에 바이러스 감염으로부터 자신을 보호할 수 있다는 것이 과학자들에 의해 밝혀지면서 재조합 DNA의 시대가 시작되었다. DNA가 잘리면, 바이러스 DNA는 파아지 입자의 합성을 지시할 수 없게 된다. 과학자들은 곧 **제한효소**(restriction enzyme)라고 불리는 그 효소들이 생물의 DNA를 특정 부위에서 절단하여 항상 같은 단편들을 만들어 내도록 하는 데 사용될 수 있다는 것을 깨달았다. 이것은 이들 DNA 단편을 많은 수로 복제할 수 있도록 하는, DNA 클로닝이 개발되도록 하는 무대를 마련했다.

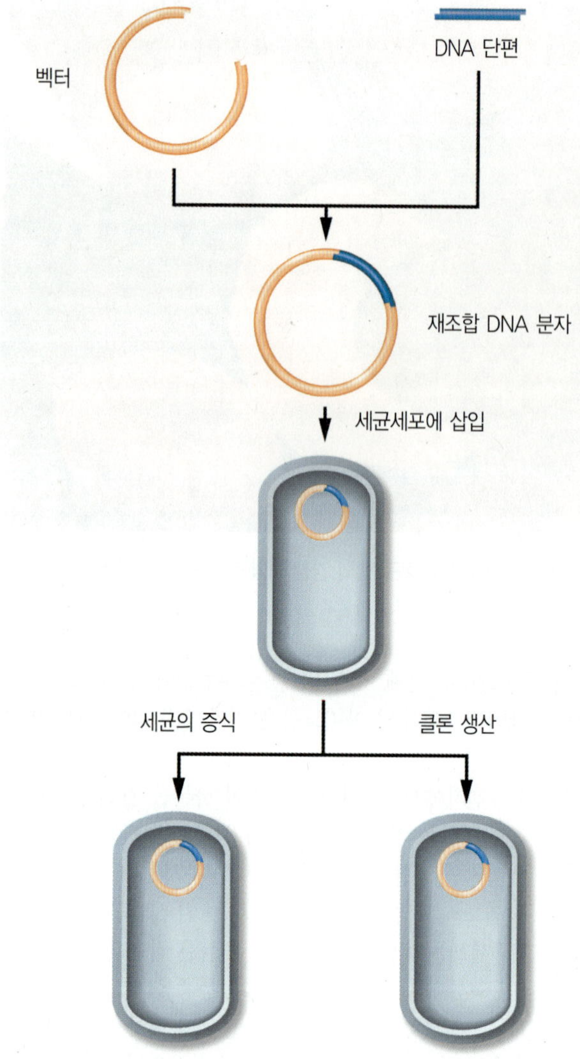

그림 1-14 클로닝 과정에서는, 벡터와 제한효소에 의해 잘려진 DNA 단편이 결합되어 재조합 DNA 분자가 생성된다. 이것이 세균세포로 이동되고, 거기서 세균세포가 증식할 때 복제됨으로써 클론화된다.

재조합 DNA 분자의 생산과 DNA 클로닝

제한효소가 특정 DNA 조각들을 만든다는 것이 밝혀지자, 곧 이들 단편을 벡터(vector)라고 불리는 운반용 DNA 분자에 삽입시키는 방법이 개발되어 **재조합 DNA**(recombinant DNA) 분자가 만들어졌고, 이 재조합 DNA들은 이제 세균세포 내로 도입되어 수천, 수만 개의 복사본, 즉 **클론**(clone)을 만들어 낼 수 있게 되었다(그림 1-14). 이렇게 복제된 사본들은 세균세포로부터 회수될 수 있고, 대량의 복제 DNA 단편들이 분리될 수 있었다. 일단 클로닝에 의해 다량의 특정 DNA 사본들을 얻을 수 있게 되자, 이들은 여러 가지 방법으로 사용될 수 있었다: 유전자를 분리하고, 유전자의 구성과 발현을 연구하며, 그들의 뉴클레오티드 서열과 진화를 연구하는 데 사용되었다. 연구를 위해 특정 DNA를 대량으로 준비하는 데 사용된 것 외에도, 재조합 DNA 기술은 생명공학 산업의 기초가 되었다(다음 절에 설명됨).

기술들이 점차 세련되면서, 점점 더 큰 DNA 조각들을 클론화하는 것이 가능해졌고, 한 생물이 가지는 핵의 모든 DNA를 포함하는 **유전체**(genome)를 복제할 수 있는 길이 마련되었다. 전 유전체를 포함하는 클론들의 집합을 유전체 라이브러리(genomic library)라고 부른다. 이제는 수많은 생물체의 유전체 라이브러리들이 사용된다.

유전체 서열화: 인간 유전체 프로젝트

일단 유전체 라이브러리들이 사용 가능해지자, 과학자들은 한 생물의 유전체에서 뉴클레오티드 서열을 해독할 수 있도록, 잘 조직화된 방법으로 유전체 라이브러리의 모든 클론을 서열화할 수 있는 방법에 대해 고민하기 시작했다. 인간 유전체 프로젝트(Human Genome Project)는 1990년, 인간의 유전체와 유전학 연구에 사용되는 몇몇 모델 생물의 유전체를 서열화화기 위해 연방정부의 지원을 바탕으로 한 국제적 노력으로 시작되었다. 비슷한 시기에, 산업 자본에 기댄 다른 유전체 사업들도 시작되었다. 1995년에 생명공학 회사의 과학자들에 의해 자유 생활을 하는 세균(그림 1-15)의 유전체가 최초로 서열화되어 보고되었다.

2001년에는, 공공 기금으로 지원을 받는 인간 유전체 프로젝트는 셀레라 지노믹스(Celera Genomics)사의 지원을 받는 사립 유전체 사업이 인간 유전체에서 유전자를 포함하고 있는 부분의 약 96 % 정도에 해당하는 인간의 유전체 서열 초안을 밝혔다고 발표했다. 2003년에는 유전자 암호화 서열의 나머지 부분이 완성되었고 정확성도 개선되었다. 연구는 이제 유전체의 나머지 부분의 서열화에 집중되고 있다. 이 과정 중에 유전학 연구에 사용되는 다섯 가지 생물체, 즉 세균(*Escherichia coli*), 효모(*Saccharomyces cerevisiae*), 선충(*Caenorhabditis elegans*), 그리고 초파리(*Drosophila melanogaster*)와 생쥐(*Mus musculus*)의 유전체 역시 서열화되었다.

여러 유전체 사업들이 이루어지고 더 많은 유전체 서열이 데이터베이스에 축적되면서, 유전체에 대한 연구를 뜻하는 **유전체학**(genomics)이라고 불리는 새로운 분야가 나타나게 되었다. 유전체학(지노믹스)은 유전자와 유전체의 구조, 기능, 그리고 진화를 연구하기 위해 데이터베이스의 뉴클레오티드 서열정보를 이용한

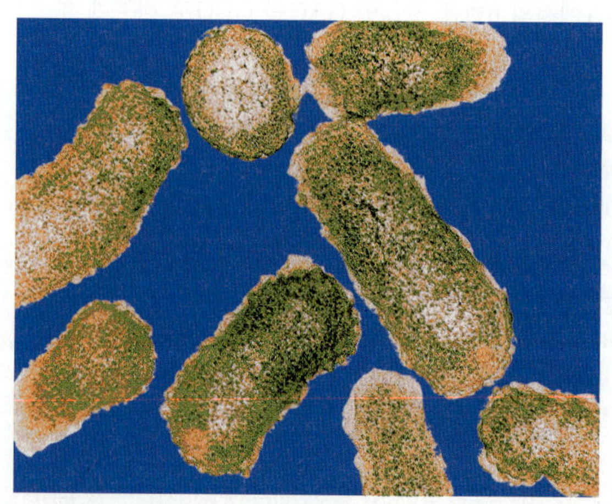

그림 1-15 자유생활을 하는 생물로는 최초로 유전체 서열화가 *Haemophilus influenzae*의 채색 전자현미경상 이 세균은 사람에서 호흡기 감염이나 세균성 뇌수막염을 일으킨다.

다. 유전체학은 생물학을 실험실에 기반한 과학에서, 정보기술과 실험이 연합된 과학으로 변모시켰다. 유전학자들과 여러 생물학자들은 핵산 서열, 단백질 서열, 그리고 유전자 상호작용 네트워크 등을 포함하고 있는 데이터베이스의 정보를 이용하여 몇달 혹은 몇 년씩 걸릴 실험적 문제에 대한 해답을 수분 내에 얻을 수 있게 되었다.

재조합 DNA 기술은 연구의 속도를 향상시켜 유전체 사업과 유전체학을 포함하는 새로운 분야의 학문을 생겨나게 했을 뿐 아니라, 여러 가지 산업과 의학에도 적용될 수 있었다. 이런 DNA 기반 기술들은 미국 경제를 구성하는 주요 구성원으로 성장했다.

1.4 유전공학의 영향은 점점 커지고 있다

조용히, 그리고 크게 관심을 끌지 않은 채 미국에서의 생명공학 산물과 서비스는 일상생활에 있어 많은 분야를 크게 변화시켰다. 인간들은 미생물, 식물, 그리고 동물들을 수천 년 동안 이용해 왔지만, 재조합 DNA 기술과 유전공학의 발달은 새로운 방식으로 유전자 조작 생물들을 만들어 냈고, 우리는 우리 삶을 개선하기 위해 그들과 그들의 산물을 이용할 수 있게 되었다. 유전공학(genetic engineering)은 재조합 DNA 기술을 이용하여 살아 있는 생물들의 유전적 조성을 변화시키는 것을 뜻한다. 생명공학(biotechnology)은 유전적으로 조작된 생물을 포함하여 모든 살아 있는 생물과 그 산물을 상업적으로 이용하는 것이다. 유전공학 상품들은 이제 슈퍼마켓, 의사의 진찰실, 약국, 백화점, 병원과 의원, 농장, 과수원, 경찰, 법원 명령에 의한 자녀 양육, 그리고 심지어 산업적 화학약품 생산에서도 발견할 수 있다. 우리는 소소한 일상에 유전공학이 미치는 영향에 대해서도 살펴볼 것이다.

식물, 동물, 그리고 식품 공급

유전자 조작 농작물들은 유전공학에서 가장 빠르게 성장하고 있는 분야 중의 하나다. 제초제 저항성이나 해충 저항성, 바이러스 내성, 기름 함량 증가 등과 같은 형질들에 관심이 집중되고 있다(표 1.1). 현재 10여 가지의 유전자 조작 식물들이 미국에서의 상업적 사용 승인을 기다리고 있으며, 야외 실험에 들어가 있는 것도 10개가 넘는다. 제초제-저항성 옥수수와 콩이 1990년대 중반에 처음 심어졌고, 이제는 생산되고 있는 옥수수의 약 40%와 콩의 80%가 유전적으로 조작된 것이다. 그리고 카놀라의 60% 이상, 면화 생산의 70%가 유전적으로 조작된 품종으로부터 재배된 것이다. 미국에서 생산되는 식품의 60% 이상이 유전적으로 조작된 작물로부터 나온 성분을 포함하고 있는 것으로 추산된다.

표 1.1 작물들에서 유전적으로 변형된 형질들

제초제 저항성
옥수수, 대두, 벼, 면화, 사탕무, 카놀라

곤충 저항성
옥수수, 면화, 감자

바이러스 저항성
감자, 노란 호박, 파파야

변형된 기름 함량
대두, 카놀라

지연 숙성
토마토

그림 1-16 돌리. 성체의 유선세포에서 얻은 유전물질로부터 클론화된 핀 도르셰 양. 옆에 첫째 새끼양인 보니가 함께 있다.

이러한 농업적 변모에 논란이 없지는 않다. 비판론자들은 제초제 저항성 작물의 사용은 화학적 잡초 관리에 대한 의존성을 증가시키고 결국에는 제초제에 저항성을 가진 잡초가 나타나게 할 것이라고 우려한다. 다른 사람들은 유전적으로 조작된 형질들이 야생종으로 옮겨져서 생태계에 회복 불가능한 변화를 초래할지도 모른다고 걱정한다. 이러한 걱정에 대해선 19장에서 살펴보기로 하자.

유전공학은 또한 작물의 영양 가치를 증대시키는 데에도 사용된다. 세계 인구의 1/3 이상이 쌀을 주식으로 하지만 대부분의 벼 품종들은 비타민 A를 거의 포함하고 있지 않다. 비타민 A 결핍증은 해마다 50만 명 이상의 아동들에게 실명을 유발한다. 황금쌀이라고 불리는 유전자 조작 벼 품종은 신체에서 비타민 A로 전환되는 두 가지 성분을 매우 많이 포함하고 있다. 황금쌀은 현재 경작이 가능하며 좀 더 효율적인 변종들이 개발 중에 있다. 밀, 옥수수, 콩, 그리고 카사바를 포함하여 여러 작물이 비타민이나 무기질 함량을 증가시킴으로써 영양가치를 높이기 위해 변형되고 있다.

양이나 소와 같은 가축들은 25년 이상 주로 배아 분리(embryo splitting)라는 방법에 의해 상업적으로 복제되어 왔다. 1996년, 돌리(Dolly)라는 양(그림 1-16)은 핵이식(nuclear transfer)에 의해 복제되었는데, 이 방법은 이미 다 자란 성체 양의 체세포에서 핵을 꺼내, 핵을 제거한 난자에 이동시키는 것이다. 이러한 핵이식법은 바람직한 형질을 가진 자손들을 수십, 수백 마리까지 생산할 수 있게 한다. 핵이식에 의한 복제는 농업, 스포츠, 그리고 의학 등에 많이 응용된다. 일부 유용 형질들, 예를 들어 높은 우유 생산성

그림 1-17 특허를 얻은 최초의 유전자 조작 생물. *onc* 계통의 생쥐는 여러 형태의 암에 취약하도록 유전자 조작된 것이다. 이 생쥐들은 암 발생과 새로운 항암제 설계를 위한 연구에 사용되도록 고안된 것이다.

이나 경주마의 속도 같은 형질들은 성체가 될 때까지 나타나지 않는다; 이러한 형질들을 가진 동물들은 이제 이들 성체에서 분화된 세포들을 이용하여 복제될 수 있다. 의학적 응용을 위해서는, 연구자들이 인간의 유전자를 동물에 이식하여 이들 동물이 성체가 되었을 때 젖에서 인간의 단백질을 생산하도록 한다. 인간의 단백질을 가장 많이 만들어 내는 동물들을 선택하고 교배함으로써 생물의약 회사들은 인간 단백질을 똑같이 많이 만드는 한 무리의 동물들을 생산할 수 있다. 인간의 단백질은 약으로 사용되며, 형질전환 동물들의 단백질들은 이제 폐기종(emphysema) 같은 질병을 치료하기 위해 검사된다. 만약 성공적이라면, 이러한 단백질은 곧 상업적 이용이 가능해질 것이다.

형질전환 생물체는 누가 소유하는가?

일단 만들어지면 형질전환 식물이나 동물에 대한 특허를 낼 수 있는가? 그 답은 '예' 다. 미국 고등법원은 1980년 생명체에 대한 특허를 인정했고, 재조합 DNA 기술에 의해 변형되었던 최초의 생물은 1988년에 특허를 얻었다(그림 1-17). 그 이후로, 10여 가지의 동식물이 특허를 얻었다. 생명체 특허에 대한 윤리 문제에 대해서는 논쟁이 분분하다. 특허 지지자들은, 비용 회수를 가능하게

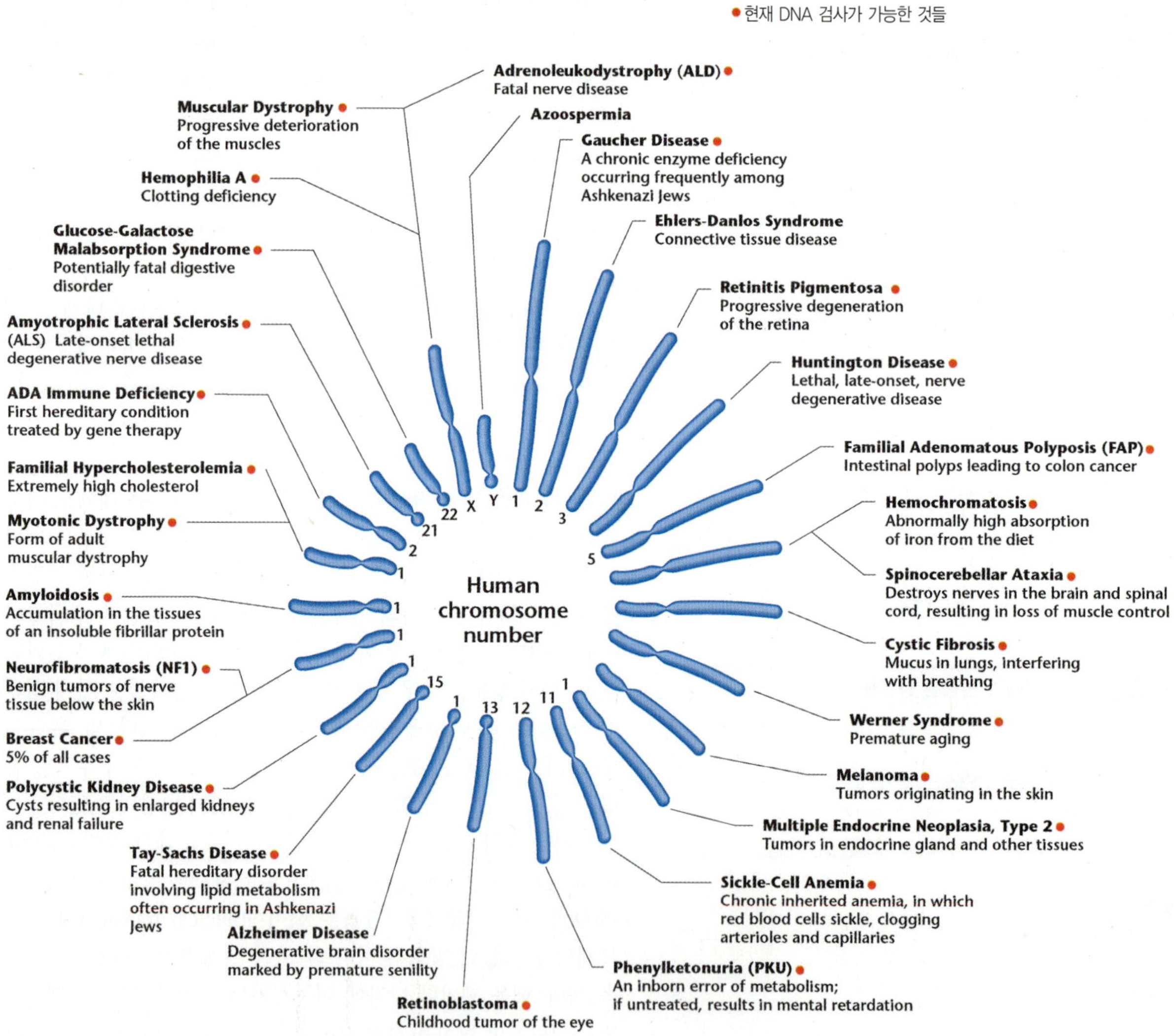

● 현재 DNA 검사가 가능한 것들

Adrenoleukodystrophy (ALD) ● Fatal nerve disease
Azoospermia
Gaucher Disease ● A chronic enzyme deficiency occurring frequently among Ashkenazi Jews
Ehlers-Danlos Syndrome Connective tissue disease
Retinitis Pigmentosa ● Progressive degeneration of the retina
Huntington Disease ● Lethal, late-onset, nerve degenerative disease
Familial Adenomatous Polyposis (FAP) ● Intestinal polyps leading to colon cancer
Hemochromatosis ● Abnormally high absorption of iron from the diet
Spinocerebellar Ataxia ● Destroys nerves in the brain and spinal cord, resulting in loss of muscle control
Cystic Fibrosis ● Mucus in lungs, interfering with breathing
Werner Syndrome ● Premature aging
Melanoma ● Tumors originating in the skin
Multiple Endocrine Neoplasia, Type 2 ● Tumors in endocrine gland and other tissues
Sickle-Cell Anemia ● Chronic inherited anemia, in which red blood cells sickle, clogging arterioles and capillaries
Phenylketonuria (PKU) ● An inborn error of metabolism; if untreated, results in mental retardation
Retinoblastoma ● Childhood tumor of the eye
Alzheimer Disease Degenerative brain disorder marked by premature senility
Tay-Sachs Disease ● Fatal hereditary disorder involving lipid metabolism often occurring in Ashkenazi Jews
Polycystic Kidney Disease ● Cysts resulting in enlarged kidneys and renal failure
Breast Cancer ● 5% of all cases
Neurofibromatosis (NF1) ● Benign tumors of nerve tissue below the skin
Amyloidosis ● Accumulation in the tissues of an insoluble fibrillar protein
Myotonic Dystrophy ● Form of adult muscular dystrophy
Familial Hypercholesterolemia ● Extremely high cholesterol
ADA Immune Deficiency ● First hereditary condition treated by gene therapy
Amyotrophic Lateral Sclerosis ● (ALS) Late-onset lethal degenerative nerve disease
Glucose-Galactose Malabsorption Syndrome ● Potentially fatal digestive disorder
Hemophilia A ● Clotting deficiency
Muscular Dystrophy ● Progressive deterioration of the muscles
Human chromosome number
X Y 1 2 3 5 11 12 13 15 21 22

그림 1-18 인간의 염색체 세트 도표. 돌연변이 형태가 유전질환을 일으키는 몇몇 유전자들의 위치를 보여준다. DNA 분석으로 진단이 가능한 조건은 붉은 점으로 표시되어 있다.

하는 연구 결과에 대한 특허권이 없다면, 생명공학 회사들은 대규모의 연구 개발 자금을 투자하지 않을 것이라고 주장한다. 나아가, 특허는 회사가 새로운 상품을 시장에 내놓는 데 따른 위험성으로부터 이득을 취할 수 있기 때문에 새로운 상품을 개발하도록 하는 인센티브라고 항변한다. 비판론자들은 작물 같은 생물체들에 대한 특허는 식품 생산에 대한 소유권을 소수의 생명공학 회사에 집중시킴으로써, 농부들이 이들 회사에서 생산되는 종자와 살충제에 대해 경제적으로 의존하게 하며, 질병이나 해충에 대한 중요한 저항성 유전자를 가졌을지도 모르는 지역 작물을 포기하게 하여 작물의 유전적 다양성을 감소시킬 것이라고 주장한다. 생명공학과 그 사용에 따른 여러 문제를 해결하기 위해서는 대중적 자각, 교육, 그리고 계몽된 사회정책, 그리고 입법과정 등의 복합적인 노력이 필요하다.

유전학과 의학에서의 유전공학

유전자 검사나 유전자 치료 같은 유전공학적 적용은 의학에서 중요한 부분으로 빠르게 자리를 잡아가고 있다. 이 기술들은 21세기 의학적 관행을 변모시키게 될 것이다. 미국 내에서 1,000만 명 이상의 사람들이 유전적 질병으로 고생하며, 출산을 앞둔 모든 부부들이 유전적 이상을 가진 아이를 임신했을 가능성이 약 3%라는 추산에 의해 유전질환의 진단과 치료법의 중요성이 매우 강조된다. 많은 수의 유전질환에 대한 분자적 기초가 알려져 있다(그림 1-18). 겸상 적혈구 빈혈증, 낭포성 섬유증, 혈우병, 근이영양증, 페닐케톤뇨증, 그리고 기타 여러 질병의 유전자들이 클로닝되었다. 이들 클론화된 유전자들은 영향을 받은 태아의 산전 진단에 사용된다. 그리고 부모들은 여러 가지 유전질환에 대해 자신들의 '보인자' 상태를 점검 받는다. 유전자 검사와 유전 상담이 결합되어 부부들이 자신들의 임신에 대해 잘 알고 결정할 수 있도록 객관적 정보를 제공한다. 현재, 수백 가지의 유전질환에 대해 유전자 검사가 가능하며, 이 수는 앞으로 유전자가 발견, 분리, 그리고 클론화됨에 따라 점점 더 늘어날 것이다. 유전자 검사와 유전자 치료 같은 기술들의 사용은 풀리지 않는 윤리적 우려를 촉발시켰다.

누군가가 돌연변이 유전자를 가지고 있어서 그의 자손에서 질병이 발생할 것인지를 알아보기 위해 한 번에 하나의 유전자를 검사하는 것 대신에, 기술의 발달로 인해 한 개인의 유전체를 모두 검색하여 그 개인이 유전질환을 발달시킬 가능성이나 그러한 아이를 가질 확률을 검사하는 것이 가능할 것이다. 이러한 기술은 **DNA 마이크로어레이**(DNA microarray) 혹은 **DNA 칩**(DNA chip)이라고 불린다(그림 1-19). 각 마이크로어레이는 수천 개의 유전자들을 포함하고 있다. 사실상, 인간의 유전체를 포함하고 있는 마이크로어레이는 이미 상용화되어 있어서 어떤 개인이 어떤 유전질환을 가지고 있는지, 혹은 그러한 병을 발달시킬 것인지를 알아보기 위해 그 사람의 전체 유전체를 검색하는 것이 가능하다. DNA 마이크로어레이는 여러 가지 다른 응용이 가능하며, 특히 특정 형태의 암에 맞는 치료법 개발을 위한 한 단계로 암 세포들의 유전자 발현을 검사하는 데도 사용될 수 있다.

유전질환을 검사하는 것 외에도, 의사들은 **유전자 치료**(gene therapy)라는 과정에서 정상 유전자들을 유전질환 환자들에게로

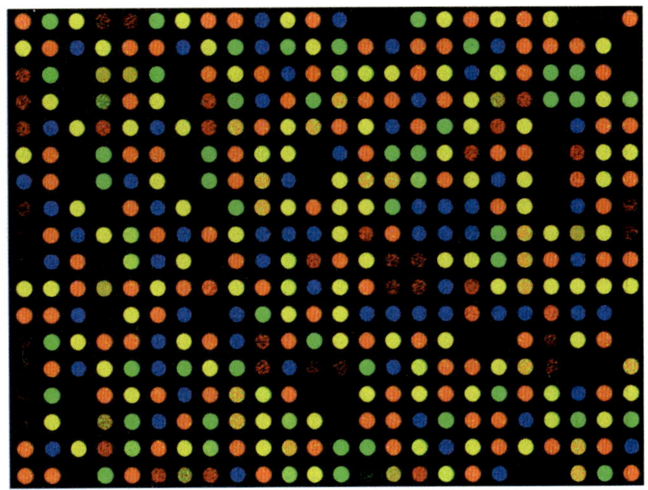

그림 1-19 DNA 마이크로어레이. 이 어레이들은 수천 개의 필드를 포함하고 있으며, 여기에는 DNA 분자들이 붙어 있다. 이러한 마이크로어레이를 이용하면 유전자의 돌연변이 사본을 찾기 위해 개인의 DNA를 검사할 수 있다.

이식할 수 있게 되었다. 초창기의 성공에도 불구하고 치료 실패와 환자의 사망들로 인해 이 기술의 발달은 더뎠다. 유전자 전달의 새로운 방법들은 관련 위험성들을 감소시킬 수 있을 것이며, 유전자 치료법은 유전질환을 치료하는 중요한 도구가 될 것이다. 인간의 질병에 대한 분자적 기초에 대해 더 많이 알수록, 더 많은 치료법이 개발될 수 있다. 인간 유전질환에 대한 이러한 연구 대다수에 모델 생물들이 사용된다.

1.5 유전적 연구는 모델 생물체의 사용에 의존적이다

1900년대에 멘델의 업적이 재발견된 후, 다양한 생물에 대한 유전적 연구를 바탕으로 멘델이 기술했던 유전의 원리가 동물과 식물 모두에서 보편적으로 중요한 것이라는 사실이 확인되었다. 여러 가지 수많은 생물들에 대한 연구들이 계속 되었지만, 유전학자들은 점차로 일부 생물들, 즉 초파리(*Drosophila*)나 생쥐(*Mus musculus*) 같은 일부 생물들에 관심을 집중시켰다(그림 1-20). 그러한 생물들은 두 가지 이유 때문에 인기가 있었다. 첫째, 유전적 기구가 대부분의 생물들에서 동일하다는 것이 분명했다. 둘째, 이들 종은 유전적 연구에 편리한 몇 가지 이점을 가지고 있었다. 그들은 쉽게 자라고 상대적으로 생의 주기가 짧을 뿐 아니라 자손을 많이 생산하고 유전적 분석이 매우 단순하다. 시간이 지나면서 연구자들은 이들 생물종에 대해 다수의 돌연변이주 목록을 만들게 되었다. 이들 돌연변이는 신중하게 연구되었고 성격이 파악되었다. 그리고 유전자의 위치가 밝혀졌다. 다른 생물을 위한 실험적 모델로 사용하면서 이들은 **모델 생물**(model organism)이 되었는데, 이들은 유전질환이나 기타 질환 및 정상적인 세포내 사건들을 포함하는 생물학적 과정들을 연구하는 데 사용되는 생물들로 정의된다. 모델 생물들은 나중에 다시 설명하겠지만, 노화, 암, 면역체계, 그리고 행동 등을 포함한 여러 가지 생물학적 분야들의 연구에 사용된다.

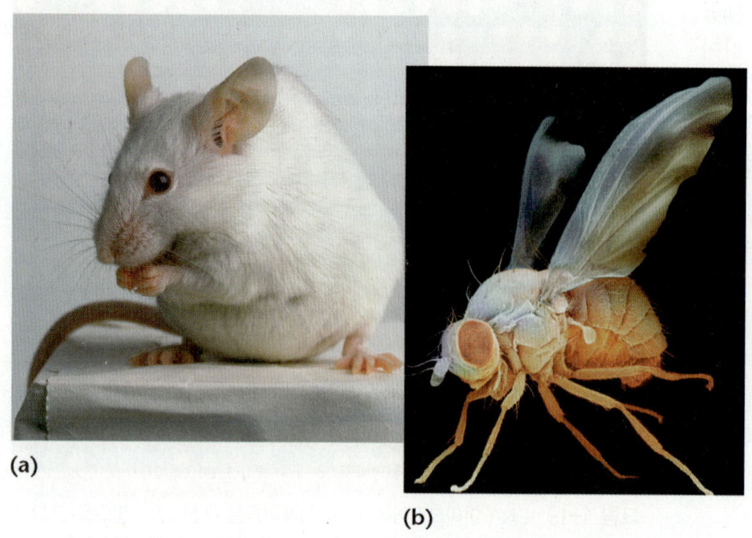

그림 1-20 유전적 분석에 사용된 제1세대의 모델 생물들. (a) 생쥐, (b) 초파리.

현대의 유전적 모델 생물

점차로, 유전학자들은 그들의 모델 생물체 집단에 미생물(세균인 *E. coli*와 효모인 *S. cerevisiae*)을 포함한 다른 종들을 추가하게 되었다(그림 1-21). 이들 중 일부는 앞서 말한 이유 때문에 선택되었지만 다른 것들은 좀 더 쉽게 연구될 수 있는 다른 유전적 이유 때문에 뽑히기도 했다.

좀 더 최근에는, 모델 생물로 세 가지 종이 더 개발되었다. 모두 배발생 연구를 위해 선택된 것이다. 발생과 생리를 연구하기 위해 예쁜꼬마선충(*Caenorhabditis elegans*)[그림 1-22(a)]이 모델 생물로 뽑혔다. 이것은 작고 쉽게 자라며, 수백 개의 세포만으로 이루어진 하나의 신경계를 가진다. 애기장대(*Arabidopsis thaliana*)[그림 1-22(b)]는 생활주기가 짧은, 작은 식물로 실험실에서 키울 수 있다. 이것은 꽃의 발생 연구에 최초로 사용되었지만 식물 생물학의 다른 분야 연구에도 모델 생물이 되었다. 제브라피시인 *Danio rerio*[그림 1-22(c)]는 척추동물 발생 연구에 유용한 몇 가지 장점을 가진다; 작고, 빠르게 번식하며 알-배아-유충이 모두 투명하다. 원래 유전 기작 연구를 위해 개발되었지만, 현대의 모델 생물들은 이제 인간의 여러 유전질환의 원인과 기구를 밝히고, 이들 질환을 치료하기 위한 새로운 치료법을 개발하는 데 사용되고 있다.

모델 생물과 인간의 질병

재조합 DNA 기술의 발달과 유전체 서열화 사업의 결과는 모든 생명이 공통의 기원을 가진다는 것을 확실히 해준다. 결론적으로, 서로 다른 생물체들에서 비슷한 기능을 하는 유전자들은 DNA의 구조와 기능이 비슷하거나 동일하다. 그리고 종간의 유전자 이동을 통해 세균, 곰팡이, 식물, 그리고 동물들에 이르기까지 인간의 질병에 대한 모델을 개발할 수 있게 되었다(표 1.2). 이러한 이유들 때문에, 인간 유전체 프로젝트는 인간 유전체 외에도 다섯 가지의 모델 생물에 대한 유전체 서열화를 수행했다. 다른 유전체 사업은 기타 여러 생물에 대한 수백 개의 유전체뿐 아니라 다른 모델 생물의 유전체도 서열화했다.

대장암과 같은 인간의 질병을 연구하는 데 대장균을 사용하는 것은 이상하게 보일지 모르지만 DNA 수리(일부 형태의 대장암에서는 DNA 수리과정에 결함이 있다)의 기초적 과정들과 관련 유전자들(대장균에서는 *mutL*이고 사람에서는 *MLH1*이다)은 두 생물에서 동일하다. 보다 중요한 것은 대장균이 키우기 쉽다(20분마다 분열한다)는 장점을 갖는다는 것과, 유전자의 작용을 이해

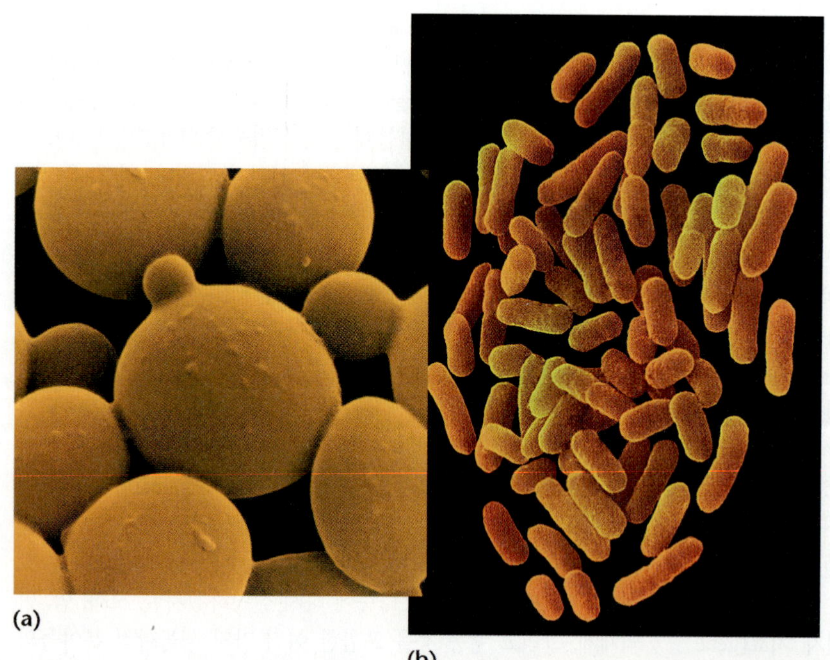

그림 1-21 모델 생물이 된 미생물들. (a) 효모(*Saccharomyces*), (b) 대장균(*E. coli*).

표 1.2 모델 생물을 사용하여 연구되는 세포과정과 인간 질병들

생물	세포 과정들	인간의 질병들
E. coli	DNA 수리	대장암 및 기타 암들
Yeast	세포주기	암, 베르너 증후군
Drosophila	신호전달	암
C. elegans	신호전달	당뇨병
Zebrafish	발생경로	심혈관질환
Mouse	유전자 발현	레쉬-니한 증후군 낭포성 섬유층 취약X 증후군 기타 여러 질병들

하기 위해 *mutL* 유전자에서 새로운 돌연변이를 만들고 연구하는 것이 쉽다는 것이다. 이러한 지식은 결국 인간에서의 대장암 치료제 및 치료법 개발에 이용될 것이다.

초파리를 포함한 다른 모델 생물들은 인간의 특수한 질병을 연구하는 데 사용된다. 뇌 구조의 이상, 성체형 신경계 퇴화, 그리고 망막 퇴화와 같은 시각 결손을 포함한 신경계 이상을 표현형으로 가지는 초파리의 돌연변이 유전자들이 밝혀졌다. 유전체 사업에서 얻어진 정보들은 이들 유전자 대부분이 인간에서의 해당 유전자가 존재하는 것들임을 시사한다. 예를 들어, 색소성 망막염(retinitis pigmentosa)이라고 불리는 인간의 복잡한 망막질환에 관여하는 유전자들은 초파리에서 망막 퇴화에 관여하는 유전자와 동일하다. 초파리에서의 이 유전자 돌연변이에 대한 연구는 이 복잡한 질병을 분석하고, 관여하는 유전자들의 기능을 규명하는 데 도움을 줄 것이다.

재조합 DNA 기술을 이용함으로써, 연구자들은 초파리를 인간의 신경계 질환을 연구하는 모델로 사용하고 있다. 여기서는, 인간의 질병 유전자들이 초파리로 도입된다. 인간의 돌연변이 유전자 연구 외에도 형질전환 초파리들은, 인간의 질병 유전자 발현에 영향을 주는 유전자 연구와 이들 유전자의 활성에 영향을 미치는 치료제들을 검사하는 데 이용되고 있다. 이러한 연구가 인간에서 수행되기는 매우 어렵거나 불가능하다. 헌팅턴병(Huntington disease), 마차도-조세프병(Machado-Joseph disease), 근긴장성 이영양증(myotonic dystrophy), 그리고 알츠하이머병(Alzheimer disease) 등 인간의 많은 신경퇴행성 질병을 연구하는데 이러한 유전자 전달 접근법이 사용되고 있다.

책을 읽어 나가면서, 여러분은 기초적인 생물학적 과정들에 대한 유전적 분석에서 이들 모델 생물을 계속 만나게 될 것이다. 이들은 유전학에서의 역사가 길 뿐 아니라 인간의 유전적 질병과 감염성 질환을 연구하는 데 있어서의 첨단에 있음을 기억하라. 효모에서 한 유전자가 어떻게 한 과정을 조절하는가를 이해하는 것은 인간의 정상세포에서 같은 과정이 같은 유전자에 의해서 어떻게 조절되는지를 이해하는 것과 관련된다.

모델 생물들을 개발하고 이용하는 것은 유전학과 생명공학이 일상의 많은 측면을 빠르게 변화시키는 방법 중의 하나일 뿐이다. 다음 절의 논의에서처럼, 우리는 이러한 기술이 어떻게 언제 수용될 만하고 유용할 것인지에 대한 합의에 도달해야 한다.

(a)

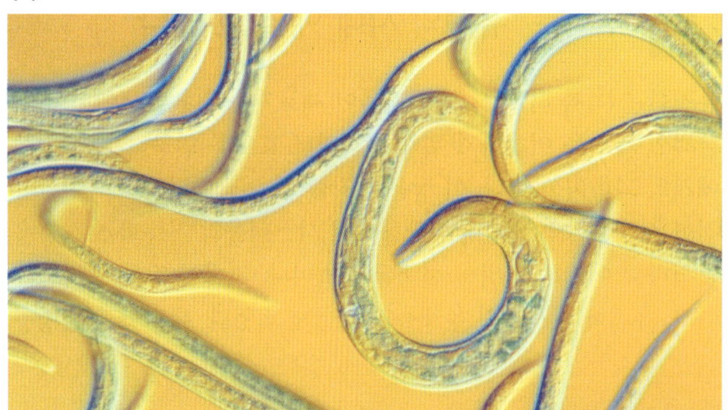

(b)

(c)

그림 1-22 유전학에서의 새로운 모델 생물들. (a) 선충인 *C. elegans*, (b) 식물인 *A. thaliana*, (c) 제브라피시인 *D. rerio*.

1.6 우리는 "유전학 시대"에 살고 있다

유전학은 이제 더 이상, 과학자들이 세포기능이나 발생에서의 기본적인 과정을 이해하기 위해 초파리나 효모를 연구하는, 실험실에서의 과학이 아니다. 이 장을 시작할 때 언급했던 바와 같이, 유전학은 생물학의 핵심이며 생물학적 시스템들의 기능과 오작동을 분석하고 이해하기 위해 선택된 방법이다. 지식이 점차 증가함에 따라, 유전학은 사회적 문제들과 엮이게 되었다. 유전학과 생명공학에서의 그 적용은 사회적 관습, 공공 정책, 그리고 법들보다 훨씬 빠르게 발전했다. 다른 과학적 원리들 역시 그 지식이 팽창하는 것은 사실이지만, 유전학에서 나타나는 정보의 성장에 비견될 만한 것은 별로 없다. 유전학을 공부하는 것이 이렇게 흥미로운 적은 없었으며, 이 원리가 사회에 미치는 영향이 이처럼 지대했던 적도 없었다. 우리는 이 과정을 마칠 즈음에서 여러분이 현대는 "유전학 시대"라는 표현에 동의하게 될 것이라 확신하며, 사회에서의 유전학과 그 응용에 대한 대화에 참여자가 되어 생각해 보기를 촉구하는 바다.

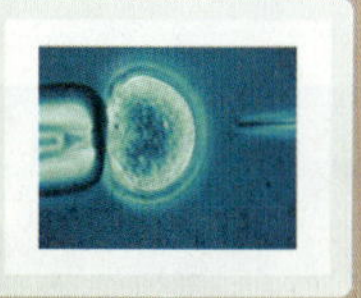

유전학, 기술, 그리고 사회

유전학과 사회: 과학과 기술의 응용과 그 영향

유전학 공부를 시작하면서, 우리는 여러분이 각 장의 끝에서 발견할 수 있는 이 책의 특징에 대해 알아주었으면 한다: **유전학, 기술, 그리고 사회**라는 에세이다. 이들 에세이에서는, 우리들 각자의 삶에 영향을 미치는, 따라서 일반적으로 사회에 영향을 미치는, 유전학들로부터 나온 다양한 주제를 다루고 있다. 유전학은 현대 생활의 모든 측면을 건드린다. 유전학적 기술은 의학, 농업, 법, 제약 산업, 그리고 생명공학 등에 대한 우리의 접근법을 빠르게 변화시켰다. 이제 우리는 질병을 진단하고 그 발생 경로를 살피며 자궁 내에서의 유전적 결함을 찾기 위해 무수히 많은 유전자 검사를 사용한다. DNA에 기초한 방법으로 과학자들은 우리 인간 자신을 포함하여 많은 생물들의 진화 경로를 추적할 수 있게 되었다. 우리는 이제 유전자 전달 기술을 이용하여 질병 저항성, 한발 저항성 작물들을 설계하고, 보다 생산성이 높은 가축들을 만들 수 있다. 우리는 DNA 프로파일링을 적용하여 친부를 확인하고 살인사건을 조사한다. 유전체학 연구에서 얻어진 정보에 기초한 생명공학은 산업에 극적인 영향을 미쳤다. 생명공학 산업은 매 10년마다 2배씩 성장하고 있으며, 해마다 70만 개의 일자리와 500억 달러의 수입을 창출하고 있다.

이렇게 빠르게 변화하는 유전자 기반 기술들에 따라 일련의 어려운 윤리적 딜레마들에 부딪히게 되었다. 유전정보는 누가 소유하고 관리하여야 하나? 유전자에 의해 향상된 동식물들은 인간이나 환경에 안전한 것인가? 우리는 생명체에 대해, 그리고 그들에서 얻은 DNA에 대해 특허를 내고 그것을 상업화함으로써 이득을 취할 권리를 갖는가? 우리는 어떻게 유전체학 기술들이 단지 부유한 사람들뿐 아니라 모든 사람에게 사용가능한 것이 되도록 할 수 있는가? 새로운 생식 기술들에 수반되는 사회적 문제는 무엇인가? 의료 보험 회사와 고용주들이 사람들에 대해 유전자 검사를 하고 골라낼 수 있게 허락해야 할까? 우리는 이제 모두 복잡한 개인적, 사회적 선택을 하기 위해 유전학을 이해해야 하는 시기에 와 있다.

유전학, 기술, 그리고 사회라는 에세이의 목적은 유전학과 유전체학에 기초한 새로운 기술을 소개할 뿐 아니라 사회들과 접해 있는 주제들을 소개하려는 데 있다. 또한 이와 관련된 사회적, 윤리적 문제들에 대해서도 탐구해 보도록 할 것이다. 우리는 이들 에세이들이 현대 유전학의 수많은 사회적 영향과 그 응용에 대한 여러분의 탐험에 있어 입구가 되기를 희망한다. 다음 칼럼에서는 이들 에세이에서 기초가 된 주제들을 나열해 놓았다(괄호 안의 숫자는 관련 장들을 표시한 것이다). 유전학 수업에서 모든 장을 다루는 것은 아닐지라도, 우리는 여러분이 관심 가는 장에서 다음 에세이들을 발견하길 바란다. 좋은 독서가 되었으면 한다.

단원 요약

1. 완두에 대한 멘델의 연구는 부모에서 자손으로 전달되는 유전자의 전달 원리를 확립했고 유전학의 기초를 마련했다.
2. 유전자와 염색체들은 유전의 염색체설에 있어서 기초적인 단위이다. 그리고 표현형을 조절하는 유전정보가 어떻게 전달되는지를 설명해 준다.
3. 분자 유전학은 DNA가 RNA를 만들고 다시 이것이 단백질을 만든다는 중심원리에 기초하여 전달 유전학이라고 불리는 멘델 유전학의 토대로 작용한다.
4. 재조합 DNA 기술은 생물체의 유전자를 벡터에 넣어 클론화할 수 있게 함으로써, 분자 유전학에서 사용되는 더 심오한 기술들의 기초가 된다.
5. 유전체학은 생물의 전체적인 유전적 조성이 서열화되고 그 유전자들의 구조와 기능이 탐구되는 재조합 DNA 기술의 한 응용분야다. 인간 유전체 프로젝트는 유전체학의 한 예다.
6. 유전공학은 농업, 제약 산업, 그리고 의학 분야를 혁신시켰다. 이것은 의학적으로 중요한 유전자 산물들의 대량 생산을 가능하게 했다. 유전자 검사는 유전 질병을 가진 개인들을 찾아내고 영향을 받은 아이를 갖게 될 위험성을 알려준다.
7. 유전학에서 모델 생물의 사용은 유전적 기작에 대한 우리의 이해를 발달시켰으며 재조합 DNA 기술과 접목되어 인간의 유전질환에 대한 모델을 개발하는 데 사용된다.
8. 유전적 기술은 사회의 많은 측면에 영향을 미친다. 정책과 법의 발달은 생명공학의 발전과 사용보다 뒤처진다.

주요 용어

DNA 마이크로어레이(DNA microarrays)
DNA 칩(DNA chip)
감수분열(meiosis)
뉴클레오티드(nucleotide)
대립인자(allele)
돌연변이(mutation)
리보솜(ribosome)
면역글로불린(immunoglobulin)
모델 생물(model organisms)
미오신(myosin)
박테리오파아지(bacteriophage)
반수체 수(haploid (n) number)
번역(translation)
상동염색체(homologous chromosome)
상보적 관계(complementary relationship)
액틴(actin)
운반 RNA(transfer RNA, tRNA)
유사분열(mitosis)
유전암호(genetic code)
유전의 염색체설(chromosome theory of inheritance)
유전자(gene)
유전자 치료(gene therapy)
유전자형(genotype)
유전체(genome)
유전체학(genomics)
유전학(genetics)
이배수체(diploid number, $2n$)
인슐린(insulin)
재조합 DNA(recombinant DNA)
전령 RNA(messenger RNA, mRNA)
전사(transcription)
제한 효소(restriction enzyme)
중심원리(central dogma)
케라틴(keratin)
코돈(codon)
콜라겐(collagen)
클론(clone)
파아지(phage)
표현형(phenotype)
헤모글로빈(hemoglobin)
효소(enzyme)
히스톤(histone)

연습문제 및 토론문제

1. 어떻게 형질이 세대를 거쳐 전달되는지에 대한 멘델의 결론에 대해 설명해 보라.
2. 유전의 염색체설이란 무엇이고, 그것이 멘델의 발견과 어떻게 관련되는지 설명하라.
3. 유전자형과 표현형을 정의하고 이들이 어떻게 관련되는지 설명하라.
4. 대립인자란 무엇인가? 만약 개인들이 유전자를 쌍으로 가진다면 한 유전자에 대해 두 개 이상의 대립인자가 존재할 수 있는가?
5. 당시의 지식을 고려하여 왜 DNA가 유전정보를 운반한다는 것을 일부 과학자들이 받아들이지 못했는지 설명하라.
6. 염색체와 유전자를 비교하라.
7. 유전정보는 DNA에 어떻게 암호화되는가?
8. 분자 유전학의 중심원리를 설명하고 그것이 어떻게 현대 유전학의 근간이 되는지 설명하라.
9. 다섯 개의 아미노산 길이로 된 단백질에서 독특한 아미노산 서열을 가진 서로 다른 단백질은 몇 가지나 가능한가?
10. DNA를 클로닝하는 데 있어서 제한효소와 벡터의 기능에 대해 설명하라.
11. 생명공학 회사가 미국의 작물에 미치는 영향은 무엇인가?
12. 유전자 조작 생물에 대한 특허를 지지하는 쪽과 반대하는 쪽의 주장들을 요약하라.
13. 우리는 우리 유전체에 모두 약 20,000~25,000개의 유전자를 가지고 있다. 지금까지 이들 유전자 중 6,000개 이상에 대해 특허가 출원되었다. 여러분은 회사나 개인들이 인간의 유전자에 대해 특허를 가질수 있도록 해야 한다고 생각하는가? 그 이유는 무엇인가?
14. 모델 생물들의 사용은 인간의 질병을 조절하는 유전자들에 대한 우리의 지식을 어떻게 발전시켰는가?
15. 만약 여러분이 여러분의 가계에 늦게 발병하는 파괴적인 유전병이 유전되며, 20세가 되면 그 질병에 대해 검사를 받을 수 있다는 것을 알고 있다면, 여러분이 보인자인지 알고 싶겠는가? 여러분이 40세가 되면 그 대답은 바뀌겠는가?

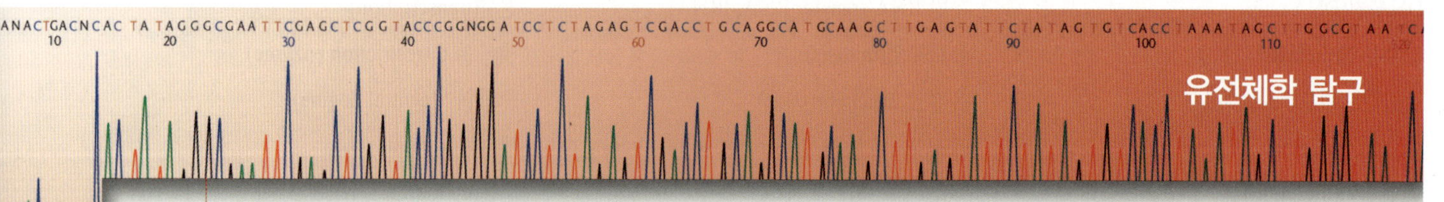

유전체학 탐구

유전체학(Genomics), 생물정보학(Bioinformatics), 그리고 단백질체학(Proteomics) 학습을 위한 인터넷 자료들

유전체학은 유전학에서 가장 빠르게 변화하고 있는 분야다. 이 분야의 새로운 정보들은 놀라운 속도로 축적되고 있다. 현대 유전학에서 유전체학, 단백질체학, 생물정보학 및 기타 다른 "~체학(~omics)"의 발전을 따라잡는 일은 정말로 버거운 일이다. 결과적으로, 유전학자들, 분자생물학자들, 그리고 여러 과학자들은 새로운 정보들을 공유하고 비교하기 위해 온라인 데이터베이스에 의존하고 있다.

여러 단원 끝에 나오는 **유전체학 탐구(Exploring Genomics)**의 목적은 여러분들에게 세계의 과학자들이 유전체학과 단백질체학 및 관련 분야들에서 나온 정보들을 공유하고 분석하며, 비교 및 저장하는 데 사용하는 인터넷 데이터베이스를 소개하기 위한 것이다. 우리는 이 놀랍고 새로운 정보 창고–세계에서 가장 공개적으로 얻기 쉬운 자료들로 구성된–들을 탐험하면서 그곳에서 발견한 서열들과 구조 자료들을 분석하기 위한 생물정보학적 접근들을 어떻게 이용하는지 보여주려고 한다. 유전체학 탐구에서 제시된 연습문제들은 한 가지 이상의 특수한, 혹은 유용한 데이터베이스에 대한 기초적인 소개 후에 여러분이 그 연습문제들을 통해 데이터베이스를 이용하여 해당 단원에서 논의된 중요한 개념들을 확장시키거나 강화하도록 도와줄 것이다. 연습문제들은 여러분이 데이터베이스들을 항해하는 방법을 학습할 수 있도록 도와줄 것이지만 여러분의 탐구가 이러한 경험에만 국한될 필요는 없다. 유전체학에 대한 학습에서 재밌는 부분이란 바로 여러분 스스로가 우수한 데이터베이스들을 탐험함으로써 여러분이 관심을 가지는 어떠한 주제에 대해 가장 최근의 정보를 얻을 수 있다는 것이다. 여러분이 이러한 탐험을 즐기기를 바란다!

정답 Solutions to Problems and Discussion Questions

2. 멘델의 유전에 대한 모델과 염색체의 행동 사이에 대한 비교에 기초하여, 유전의 염색체설이 출현하게 되었다. 이것은 유전되는 형질들이, 배우자에 의해 전달되는 염색체 상의 유전자에 의해 조절된다는 것이다.

4. 한 유전자의 변이체들은 대립인자라고 불린다. 집단 내에는 그러한 변이체들이 많이 있을 수 있지만, 이배체 생물 하나는 오로지 그러한 대립인자들을 2개만 가질 수 있다.

6. 유전자(genes)는 뉴클레오티드의 직선상 서열이며 보통 전사와 번역을 통해 단백질을 생산함으로써 영향을 미친다. 유전자들은 유전의 기능적 단위이다. 이들은 단백질과 연합하여 염색체(chromosome)를 형성한다.

8. 분자 유전학의 중심원리(central dogma)는 DNA, RNA, 그리고 protein 사이의 관계를 말하는 것이다.

10. 제한효소(restriction enzyme) 즉 엔도뉴클레아제(endonuclease)들은 특정 염기서열의 이중나선 DNA를 절단한다. 벡터가 동일한 효소로 처리되면, 상보적 말단이 형성되고, 그러한 말단들은 기원에 관계없이 완전한 이중나선 구조로 재조합되어 연결될 수 있다.

12. 생물 특허의 지지자들은 그러한 생물을 만들고 그것을 발견한 대가가 회수될 수 있도록 해야 한다고 주장한다. 다른 사람들은, 자연적인 물질들은 개인적으로 소유될 수 없으며 일단 소수의 회사들에 의해 소유되면 자유로운 기업 활동이 경직될 수 있다고 주장한다. 개인이나 회사가 특허산물들을 매우 필요로 해도, 특허산물들에 대한 접근이 제한될 수 있다.

14. 모델 생물들은 인간 질병들에 영향을 미치는 유전자들을 이해하는 데 유용할 뿐만 아니라 꼭 필요하다. 유전적/분자적 시스템들이 여러 계통들에 걸쳐 매우 보존되어 있다는 점을 감안하면, 한 생물에서 밝혀진 것은 보통 모든 생물에 적용된다. 대부분의 모델 생물들은 성장이 쉽고, 유전적으로 이해가 용이하거나, 혹은 자손이 많은 것과 같은 특징들을 가지며, 이러한 점 때문에 유전학 연구에 특히 많은 정보를 제공한다.

CHAPTER

2 체세포분열과 생식세포분열

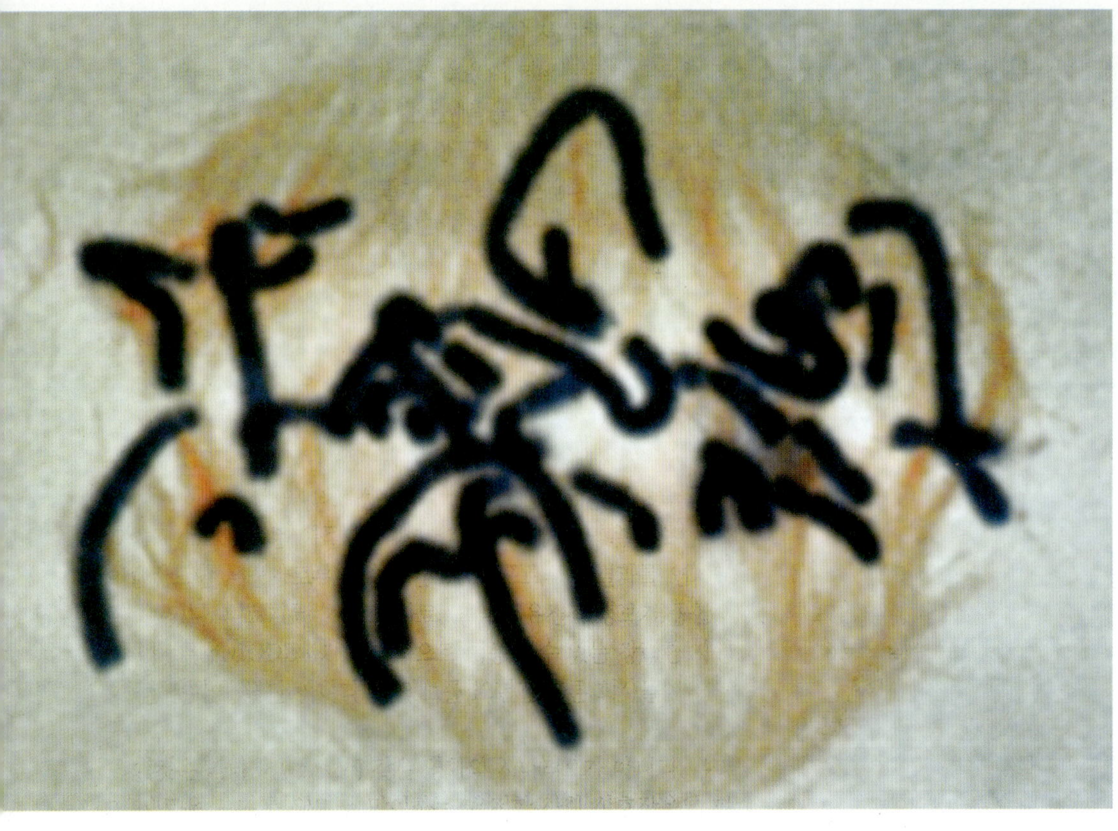

핵분열의 전중기에서 보이는 염색체들, 하이만투스(Haemanthus, 백합목 수선화과의 식물)라는 꽃의 세포에서 얻은 것이다

단원 개념

- 유성 생식하는 종들에서 세포와 세포, 생물체와 생물체 사이의 유전적 지속성은 각각 체세포분열과 감수분열이라는 과정을 통해 유지된다.
- 이배체의 진핵세포들은 그들의 유전정보를 상동염색체쌍에 저장하며, 각 쌍의 한 구성원은 모계로부터, 다른 한 구성원은 부계로부터 유래한 것이다.
- 체세포분열은 세포의 증식과정에서 복제된 염색체들을 딸세포로 분배하는 기작이다.
- 체세포분열은 하나의 이배체 세포를 2개의 이배체 딸세포로 변환시킨다.
- 감수분열의 과정은 상동염색체쌍의 한 구성원들을 배우자나 포자로 분배하여 이배체 염색체 수를 절반으로 감소시킨다.
- 감수분열은 상동염색체쌍의 부계 염색체와 모계 염색체를 배우자나 포자로 분배할 때 다양한 조합에 의한 유전적 다양성을 만든다.
- 유전물질이 응축되어 염색체라고 불리는 뚜렷한 구조물이 되는 것은 체세포분열과 감수분열의 과정 중에 발생한다.

모든 생명체 내에는 유전물질이라고 일컬어지는 물질이 존재한다. 특정 바이러스를 제외하면 이러한 물질은 핵산인 DNA로 구성된다. DNA 분자는 유전자라고 불리는 단위로 조직화되며, 유전자의 산물은 세포의 대사활성을 지시한다. 유전자들의 나열로 되어 있는 DNA는 염색체라고 불리는 구조로 조직화되어 유전정보의 전달매체로 사용된다. 염색체들이 세포에서 세포로, 또는 생물체에서 그들의 후손으로 전달되는 방식은 매우 정확해야 한다. 이 장에서는 어떻게 세포와 생물체 사이에서 유전적 지속성이 유지되는지에 대해 고찰해 보도록 하자.

두 가지 주요 과정이 진핵세포와 관련된다: **체세포분열**(또는 유사분열, mitosis)과 **생식세포분열**(또는 감수분열, meiosis)이다.* 이들 두 과정의 기작이 여러 가지 면에서 비슷하지만, 결과는 상당히 다르다. 체세포분열 결과 모세포와 동일한 염색체 수를 가지는 2개의 세포가 생긴다. 그러나 감수분열은 유전물질의 양과 염색체 수를 반으로 줄어들게 한다. 이러한 감소는 유성생식으로 하여금 다음 세대에서 유전물질의 양이 두 배로 늘어나지 않도록 하는 데 필수적이다. 엄격히 말하면, 체세포분열은 유전요소들이 정확하고 동등하게 딸세포로 나누어지는 세포주기의 일부이다. 감수분열은 특정한 형태의 세포가 분열하여 성세포–**배우자**(gamete)나 **포자**(spores)–의 생산을 이끄는 세포분열의 일부이다. 이 과정은 하나의 생물에서 유전정보를 후손에 전달하는 필수적인 과정이다.

정상적으로는, 염색체들은 세포의 생애 중에서 체세포분열기와 감수분열기에만 볼 수 있다. 세포가 분열을 겪지 않을 때에는 유전물질들은 염색체가 풀려서 핵 속에서 퍼진 그물 같은 모양을 만든다. 우리는 유전적 기능에 특별히 중요한 세포 구성성분들을 강조하여 간단히 세포구조에 대해 살펴보게 될 것이다. 그 다음 이장의 나머지 부분에서는 세포분열 중의 염색체들의 행동에 대하여 살펴보자.

학습 방법

이 장에서는 어떻게 체세포(유사분열)들과 생식세포(감수분열)들에서 염색체들이 세포분열 중에 두 세포로 나뉘는지에 대해 초점을 맞추었다. 세포 내에서 쌍을 이루는 염색체들의 존재는 유전학의 핵심 개념이다. 여러분이 이러한 주제를 공부할 때에는 다음과 같은 몇 가지 기본적인 질문에 대해 답할 수 있도록 노력해야 한다.

1. 염색체들이 상동적 쌍으로 존재한다는 것을 어떻게 알 수 있는가?
2. 체세포분열 초기가 아니라 간기에 DNA 복제가 일어난다는 것은 어떻게 알 수 있는가?
3. 체세포분열의 여러 단계를 구성하는 사건들에 대해서는 어떻게 알 수 있는가?
4. 분열 중인 염색체가 염색질(chromatin)에서 유래한 것임은 어떻게 알 수 있는가?

* 이 책에서는 mitosis와 meiosis를 '체세포분열'과 '생식세포분열'로 번역하였다. 그러나 이 단어들은 '체세포분열의 핵분열' 및 '생식세포분열의 핵분열'을 의미하는 경우가 많고 이때의 용어는 '유사분열' 혹은 '감수분열'이 더 적합할 수 있다. –역주

2.1 세포의 구조는 유전적 기능과 밀접하게 연관되어 있다

체세포분열과 생식세포분열을 설명하기에 앞서, 세포의 구조에 대해 간략히 살펴보는 것이 도움이 될 것이다. 앞으로 보게 되겠지만, 인(nucleolus), 리보솜(ribosome) 그리고 중심립(centriole) 등의 많은 요소들이 직간접적으로 유전적인 과정들과 관련된다. 다른 구성성분인 미토콘드리아와 엽록체도 그들 자신의 독특한 유전정보를 가지고 있다. 원핵성인 세균의 세포와 진핵세포 사이의 구조적인 차이를 비교해 보는 것도 도움이 될 것이다. 세포의 구조와 기능에 있어서의 변이는 각 세포형태에서의 특정한 유전적 발현에 따른 것이다.

1940년 이전에는 세포구조에 대한 우리의 지식이라는 것이 광학현미경 하에서 우리가 볼 수 있는 것에 국한되었었다. 1940년쯤에 투과전자현미경(transmission electron microscope)이 개발 초기 단계에 있었고 1950년에 이르자, 세포의 미세구조에 대한 많은 세세한 점이 드러나게 되었다. 전자현미경 하에서, 세포들은 매우 조직적이고 정확한 구조로 보인다. 소용돌이 모양의 세포막, 세포 소기관, 미세소관, 과립, 그리고 필라멘트들로 이루어진 새로운 세계가 모습을 드러냈다. 이러한 발견들은 생물학의 전체 분야에서의 생각들을 혁신시켰다. 우리는 유전학에 관계된 세포구조의 이러한 측면들에 대해 관심을 가지게 될 것이다. 그림 2-1에 나타나 있는 전형적인 동물세포는 우리가 논의하게 될 대부분의 구조물을 보여준다.

모든 세포는 **원형질막**(또는 세포막, plasma membrane)에 의해 둘러싸여 있으며, 이것은 세포의 경계를 한정하는 외부 껍데기로, 세포가 접촉하고 있는 외부환경과 세포의 경계를 구분 짓는다. 이 세포막은 수동적인 것이 아니라, 능동적으로 세포의 물질 출입을 조절한다. 세포막에 더하여, 식물세포들은 **세포벽**(cell wall)이라고 하는 외부껍질을 더 가지고 있다. 이 단단한 구조물의 한 가지 중요한 요소가 **셀룰로오스**(cellulose)라고 하는 다당류이다.

모두 다 그렇지는 않아도, 대부분의 동물세포는 원형질막을 덮고 있는 **세포외투**(cell coat)를 가진다. 당단백질과 다당류들로 이루어져 있는 세포외투의 화학적 구성은 식물이나 세균세포에서 나타나는 구조와는 다르다. 세포외투는 여러 기능 중에서도 세포 표면에서의 생화학적 정체성을 제공하며, 세포 표면에서 나타나는 이런 형태의 세포적 독자성은 유전적으로 조절된다. 예를 들어, **AB**나 **MN 항원**과 같은 다양한 항원결정소들이 적혈구 세포 표면에서 발견된다. 다른 세포들에는 조직과 기관 이식 중에 면역반응을 촉진하는 **조직적합성 항원**(histocompatibility antigen)들이 존재한다. 다양한 **수용체 분자**(receptor molecule)는 세포의 표면에서 중요한 요소들로 작용한다. 이들은 특정 화학 신호가 세포막을 지나 세포 안으로 전달되도록 하는 인식 부위이다.

핵과 기타 막성 소기관(membranous organelle)의 존재는 진핵

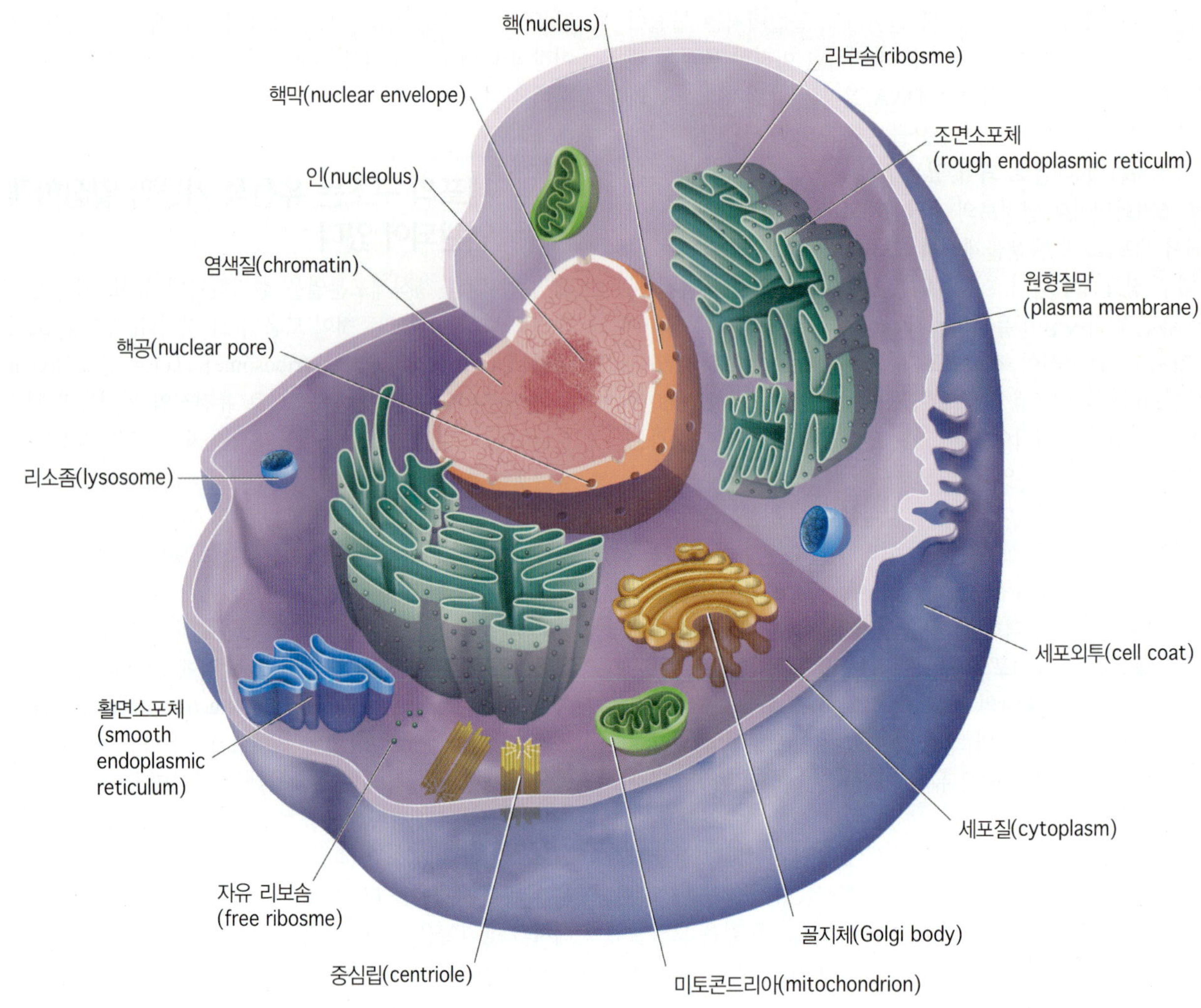

그림 2-1 일반화시켜 나타낸 동물세포. 본문에 논의된 세포내 성분들을 강조하여 나타냈다.

세포의 특징이다. **핵**(mucleus)은 유전물질인 DNA를 저장하고 있으며 DNA는 산성, 염기성인 단백질들과 어우러져 가느다란 섬유를 구성한다. 세포주기에서 비분열기에는 이들 섬유들이 풀리고 흩어져서 **염색질**(chromatin, 크로마틴)로 나타난다. 곧 다루어질 논의에서와 같이, 체세포분열과 생식세포분열 중에 크로마틴 섬유들이 꼬이고 응축되어 **염색체**(chromosome)라고 불리는 구조가 된다. 핵에 나타나는 또 하나의 구조물은 바로 **인**(nucleolus)으로, 모양이 일정치 않으며 여기에서 리보솜 RNA가 합성되고 초기 리보솜 조립이 일어난다. rRNA를 암호화하는 DNA 부위를 통틀어 **인 형성 부위**(nucleolus organizer region 혹은 NOR)라고 한다.

핵막과 막성 소기관의 결핍이 원핵생물(prokaryote)의 특징이다. 대장균(*Escherichia coli*)과 같은 세균에서는 유전물질이 길고 원형인 DNA 분자로 존재하며, **핵양체**(nucleoid)로 불리는 부위에 몰려 있다. DNA의 일부가 세포막에 붙어 있지만 일반적으로 핵양체는 세포 전체에서 커다란 부분을 구성한다. DNA가 비록 뭉쳐 있긴 하지만, 진핵세포의 유사분열기의 특징인 염색체가 나타나도록 하는 광범위한 꼬임현상은 일어나지 않는다. 또한 이들 생물에서의 DNA는 진핵세포의 DNA에서처럼 광범위한 단백질과의 연계도 나타나지 않는다. 그림 2-2에서는 세포분열을 거쳐 두 개의 세균이 형성되는 과정을 보여주며, 세균의 염색체를 가지는 핵양체 지역이 잘 나타나 있다. 원핵세포는 뚜렷한 인을 가지지 않으나, rRNA 분자를 지정하는 유전자들을 가진다.

진핵세포의 핵을 제외한, 원형질막에 의해 둘러싸인 나머지 부분을 **세포질**(cytoplasm)이라고 하며 모든 세포 소기관(cellular organelle)을 포함한다. 세포질은 입자성이 아닌 세포액(cytosol)이라고 하는 콜로이드성 물질로 이루어지는데 세포 소기관 전체를 둘러싸고 있다. 이들 구성성분 외에도, 광범위한 미세관계와 필라멘트들이 세포골격(cytoskeleton)을 구성하여 세포질 내에서의 구조를 지탱하는 격자를 제공한다. 주로 튜불린으로 구성된 미세소관과, 액틴으로 구성된 미세섬유로 이루어진 이 구조적 얼개는 세포의 모양을 유지하고 세포의 운동성을 촉진시키며, 다양한 세포 소기관을 붙들고 있는 역할을 한다.

그러한 세포 소기관 중의 하나가 막으로 이루어진 **소포체**(endoplasmic reticulum, ER)로, 세포질 부분을 구획화하여 생화학적인 합성에 필요한 표면적을 극대화시키고 있다. ER은 매끄럽게 보일 수도 있는데 이러한 경우 지방산과 인지질의 합성을 위한 장소로 쓰인다. 혹은 소포체가 거칠게 보일 수도 있는데 이는 리보솜이 붙어 있기 때문이다. 리보솜은 전령 RNA(mRNA)에 포함

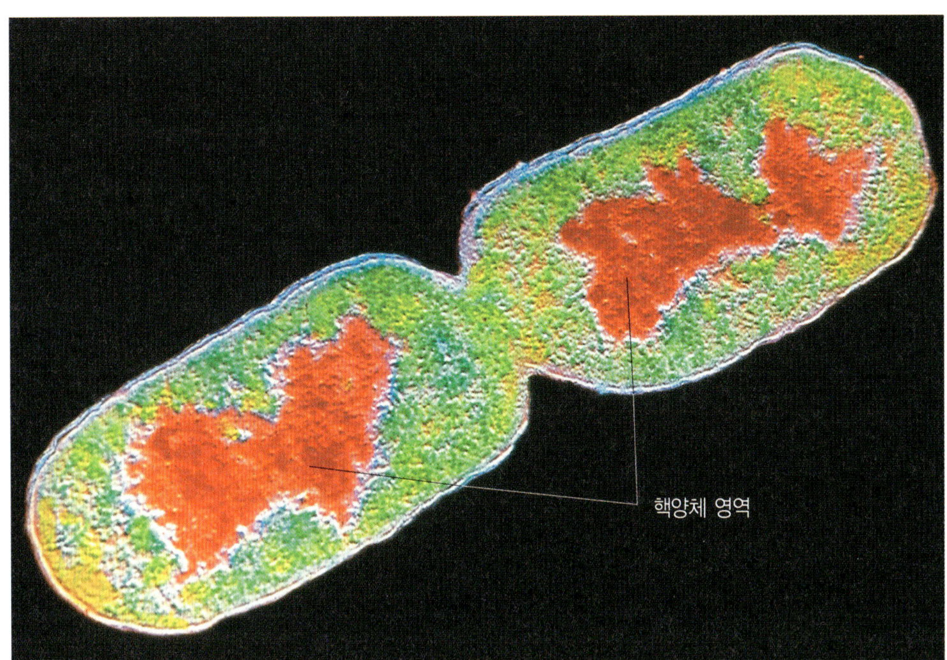

그림 2-2 세포분열 중인 *E. coli*의 고화질 전자현미경상(color-enhanced electron micrograph). 붉은색으로 나타나는 뚜렷한 두 부분은 딸세포로 나뉘어 들어간 염색체 부분으로 핵양체(nucleoid)라 불린다.

된 유전정보가 단백질로 해독되는 자리로 쓰인다.

진핵세포의 활성에 있어 세 가지 세포질 구조가 매우 중요한데, 미토콘드리아, 엽록체, 그리고 중심체가 그것이다. **미토콘드리아**(mitochondria)는 동물과 식물 세포 모두에서 나타나며 세포호흡의 산화적 과정을 위한 장소이다. 이러한 화학반응들은 고에너지 분자인 아데노신 삼인산(adenosine triphosphate, ATP)을 다량 생산해 내도록 한다. **엽록체**(chloroplast)는 식물, 조류, 그리고 몇몇 원생생물에서 발견된다. 이 소기관은 지구상의 주요 에너지 포착 과정인 광합성과 관계된다. 미토콘드리아와 엽록체 둘 다 핵에서 발견되는 것과는 다른 형태의 DNA를 포함한다. 게다가, 이들 소기관은 그들 스스로 유전정보를 복제, 전사, 번역한다. 미토콘드리아와 엽록체의 유전 기구가 원핵세포의 그것과 매우 닮았다는 사실은 매우 흥미로운 것이다. 이러저러한 관찰로 인해 이들 소기관은 한때 원시 자유생활을 하던 생물로서 원시 진핵세포와 공생관계를 확립한 것이라는 제안이 나오게 되었다. 이러한 학설은 이들 세포 소기관의 진화적 기원을 설명하는 것으로 **내공생설**(endosymbiont hypothesis)이라고 불린다.

동물세포와 몇몇 식물세포는 **중심립**(centriole)이라고 불리는 한 쌍의 복잡한 구조물을 가지고 있다. 이들 세포내 소체들은 **중심체**[centrosome: 중앙부에 1쌍의 중심립(centriole)과 이것을 둘러싼 과립상 또는 섬유상의 중심자외주물질(pericentriolar material)로 이루어진다-역주]라고 불리는 특수화된 지역에 위치하고 있으며 유사분열과 감수분열에서 작용하는 방추사의 형성과 밀접하게 연관된다. 어떤 생물체에서는 중심립이 기저체(basal body)라는 또 다른 구조로부터 유도된다. 이것은 섬모나 편모의 형성과 관련된 것이다. 수년 동안, 많은 보고들이 중심립과 기저체가 DNA를 포함하며 이것이 이들 구조물의 복제와 관련이 있다고 주장했었다. 현재로서는 이러한 생각들이 사실이 아닌 것으로 받아들여지고 있다.

중심립에 의한 **방추사**(spindle fiber)의 형성은 유사분열과 감수분열 중의 초기에 일어난다. 미세소관의 배열로 이루어진 이들 섬유들은 세포분열기에 염색체들을 움직여 서로 나누어지도록 하는 데 중요한 역할을 한다. 미세소관은 튜불린이라는 폴리펩티드 소단위의 중합체로 이루어진다.

2.2 이배체 생물에서 염색체들은 상동적 쌍으로 존재한다

유사분열과 감수분열의 과정을 논할 때는 상동염색체의 개념을 이해하는 것이 중요하다. 그러한 이해는 앞으로 우리가 배울 멘델의 유전학을 다루는 데도 매우 중요한 것이다. 염색체는 세포분열 중에 가장 쉽게 관찰된다. 자세히 보면 염색체는 독특한 길이와 모양으로 보인다. 각각의 염색체는 **동원체**(centromere)라고 불리는 응축되고 압축된 부위를 가진다. 이는 염색체의 일반적인 모양을 결정하는 역할을 한다. 그림 2-3은 염색체 길이를 따라 서로 다른 위치에 존재하는 동원체를 가진 여러 가지 염색체를 보여준다. 동원체를 중심으로 양쪽으로 뻗어나간 염색체 부위를 염색체의 "완(팔, arm)"이라고 한다. 동원체의 위치에 따라 팔의 비율이 서로 달라진다. 그림 2-3에서 보이는 바와 같이, 염색체들은 동원체의 위치를 기초로, **중부 동원체형**(metacentric), **차중부 동원체형**(submetacentric), **차단부 동원체형**(acrocentric), 혹은 **단부 동원체형**(telocentric)으로 분류된다. 관행적으로, 더 짧은 쪽의 팔이 동원체 위로 표시되며 **p완**[p는 "작다(petite)"를 표시함. 단완이라고도 함-역주]이라고 불린다. 동원체 밑의 더 긴 쪽을 **q완**(여기서 q는 그저 p의 다음 알파벳으로 나타낸 것이다. 장완이라고도 한다-역주)이라 한다.

체세포분열과 관련해서는 몇 가지 특이한 점들이 관찰된다. 첫째, 같은 종의 구성원에서 유래된 모든 체세포는 동일한 수의 염색체를 가진다. 대부분의 경우에, 이것은 **이배체 수**(diploid number, $2n$)로 표현된다. 여기서 모든 염색체의 길이와 동원체의

동원체 위치	명명	중기의 모양	후기의 모양
중앙	중부 동원체형 (Metacentric)	p완, 동원체, q완	이동
중앙과 말단의 사이	차중부 동원체형 (Submetacentric)		
말단 근처	차단부 동원체형 (Acrocentric)		
말단	단부 동원체형 (Telocentric)		

그림 2-3 동원체의 위치와 그에 따른 염색체들의 분류. 후기에 나타나는 염색체들의 모양이 동원체의 위치에 의해 결정되는 것에 유의하라.

위치가 조사되면, 두 번째의 일반적 특징이 분명해진다. 거의 모든 염색체는 이 두 기준에 비추어 아주 유사한 쌍으로 존재한다는 것이다. 각 쌍의 구성 염색체는 **상동염색체**(homologous chromosome)라고 한다. 특정 길이와 동원체 위치를 나타내는 각 염색체에 대해 이와 똑같은 특징을 보이는 또 다른 염색체가 존재하는 것이다.

염색체쌍의 법칙에 대한 예외도 있다. 세균과 바이러스들은 오직 하나의 염색체를 가지며, 효모나 곰팡이, 이끼 같은 선태류의 식물들은 생활사의 대부분을 반수체 상태로 지낸다. 즉, 그들은 그들의 삶 대부분의 과정 동안 상동염색체의 한 구성원만을 가진다는 뜻이다.

그림 2-4는 서로 다른 상동염색체쌍들의 외양을 설명해 주고 있다. 여기서는 사람의 세포분열기 염색체들을 사진으로 찍어 오려내어 서로 짝짓기를 해준 것으로 **핵형**(karyotype)을 나타내준다. 보는 바와 같이 사람은 46인 $2n$을 가지며, 자세히 보면 동원체의 위치와 크기가 매우 다양함을 알 수 있다. 46개의 염색체 각각이 분명히 하나의 동원체로 연결된 두 개의 나란한 **자매염색분체**(sister chromatid)로 구성되어 있음에 주목할 필요가 있다. 이들 염색체가 분열을 계속하게 되면, 서로서로의 복사판인 그 염색분체들은 나뉘어져 세포분열이 진행됨에 따라 각기 새로운 세포로 들어가게 된다.

염색체들의 반수(n)는 이배체 숫자의 1/2과 같다. 반수체 염색

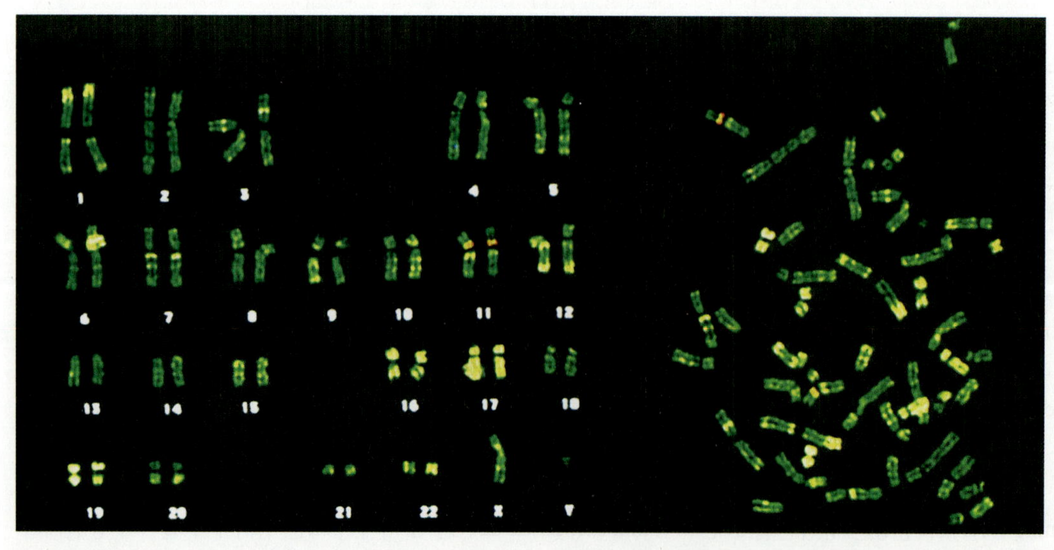

그림 2-4 성인 남자의 분열 세포에서 얻어진 중기 염색체들(오른쪽)과 이 중기 시료를 이용한 핵형분석(karyotype)(왼쪽). X와 Y 염색체를 제외한 모든 염색체는 상동염색체들의 쌍으로 존재한다. 각 염색체는 뚜렷한 이중구조로서 동원체를 공유하는 한 쌍의 염색분체로 이루어진다.

표 2.1 다양한 생물체들의 염색체 반수(Haploid Number of Chromosomes)

일반명	학명	반수체 수
Black bread mold	*Aspergillus nidulans*	8
Broad bean	*Vicia faba*	6
Cat	*Felis domesticus*	19
Cattle	*Bos taurus*	30
Chicken	*Gallus domesticus*	39
Chimpanzee	*Pan troglodytes*	24
Corn	*Zea mays*	10
Cotton	*Gossypium hirsutum*	26
Dog	*Canis familiaris*	39
Evening primrose	*Oenothera biennis*	7
Frog	*Rana pipiens*	13
Fruit fly	*Drosophila melanogaster*	4
Garden onion	*Allium cepa*	8
Garden pea	*Pisum sativum*	7
Grasshopper	*Melanoplus differentialis*	12
Green alga	*Chlamydomonas reinhardi*	18
Horse	*Equus caballus*	32
House fly	*Musca domestica*	6
House mouse	*Mus musculus*	20
Human	*Homo sapiens*	23
Jimson weed	*Datura stramonium*	12
Mosquito	*Culex pipiens*	3
Mustard plant	*Arabidopsis thaliana*	5
Pink bread mold	*Neurospora crassa*	7
Potato	*Solanum tuberosum*	24
Rhesus monkey	*Macaca mulatta*	21
Roundworm	*Caenorhabditis elegans*	6
Silkworm	*Bombyx mori*	28
Slime mold	*Dictyostelium discoidium*	7
Snapdragon	*Antirrhinum majus*	8
Tobacco	*Nicotiana tabacum*	24
Tomato	*Lycopersicon esculentum*	12
Water lily	*Nymphaea alba*	80
Wheat	*Triticum aestivum*	21
Yeast	*Saccharomyces cerevisiae*	16
Zebrafish	*Danio rerio*	25

체 세트에 포함되어 있는 유전자들은 모두 합해져 종의 **유전체**(게놈, genome)를 구성한다. 표 2.1에 나열된 예들은 동물과 식물에서 발견되는 다양한 n값을 보여주고 있다.

상동염색체쌍은 중요한 유전적 유사성을 가진다. 그들은 염색체 길이를 따라 동일한 유전자 자리를 포함하고 있는데 각각을 **좌위**(locus, 복수 loci)라고 한다. 그러므로 그들은 유전적 능력에 있어서 동일하다. 유성 생식하는 생물에서는 각 염색체쌍의 한 구성원은 모계 쪽에서(난자를 통해), 그리고 다른 하나는 부계 쪽에서(정자를 통해) 온 것이다. 그러므로 각 이배체 생물들은 **양친 유전**(biparental inheritance) 결과로 각 유전자를 두 개의 복사본으로 가지게 된다. 전달 유전학에 관한 다음 장에서 보게 될 것처럼, 한 쌍을 이루는 두 유전자 사본들은 각각 동일한 특성이나 형질에 영향을 미치지만 반드시 똑같지는 않다. 같은 종으로 이루어진 집단 내에서는 수많은 형태의 동일한 유전자들이 존재할 수 있는데 이를 **대립인자**(혹은 대립유전자, allele)라고 한다.

반수체 숫자, 이배체 숫자, 그리고 상동염색체들에 대한 개념적 문제들은 감수분열의 과정을 이해하는 데 중요하다. 배우자나 포자의 형성 중에는 감수분열이 염색체를 이배체 수에서 반수체 수로 전환시킨다. 결과적으로 반수체인 배우자나 포자는 정확하게 각 상동염색체쌍의 한 구성원만을 포함하게 된다-즉, 완전한 반수체 세트를 구성한다. 수정에서 두 배우자의 융합이 일어남에 따라 배수체 숫자가 회복된다: 즉, 접합자는 두 개의 완전한 반수체 세트들을 가지게 되는 것이다. 그러므로 세대를 거듭해도 유전물질의 일관성이 유지된다.

염색체들의 상동적인 짝짓기 개념에 중요한 예외가 존재한다. 많은 종에서 **성 결정 염색체**(sex-determining chromosome)들로 이루어진 한 쌍은 종종 크기나 동원체의 위치, 장완과 단완의 비율, 혹은 유전적 내용들에 있어서 상동적이지 않다. 예를 들어, 사람에서는 여성의 경우 두 개의 상동성 X 염색체를 갖지만 남성은 하나의 X 염색체 외에 하나의 Y 염색체를 더 가진다(그림 2-4). X 염색체와 Y염색체는 엄격히 상동적이지 않다. Y 염색체는 비교적 작으며 X 염색체에 포함된 유전자 좌위의 대부분이 결핍되어 있다. 그럼에도 불구하고, 감수분열에 있어서 그들은 상동체로 행동하며 남성에 의해 생산되는 배우자들은 하나의 X, 혹은 하나의 Y 염색체를 받게 된다.

2.3 체세포성 핵분열은 염색체들을 분열하는 세포들로 분배한다

체세포분열의 과정은 모든 진핵성 생물에 필수적이다. 원생생물과 몇몇 곰팡이 그리고 조류 등의 유사분열(세포분열 단계로서의)은 무성생식의 기초를 제공한다. 다세포 이배체 생물들은 **접합자**(zygote)라고 하는 단세포 수정란으로 삶을 시작한다. 접합자의 분열 능력과 여기서 얻어지는 딸세포들은 생물의 발달과 성장에 있어서 기초가 된다. 성체에서의 분열 능력은 상처의 회복과 특정 조직들에서의 세포 교환의 형태로 뚜렷이 나타난다. 예를 들어, 사람 표피의 피부세포들은 지속적으로 떨어져 나가고 교체된다. 척추동물에서 체세포분열은 또한 그들의 핵을 퇴화시켜 적혈구의 공급을 보충할 망상적혈구들을 지속적으로 생산해 내기도 한다. 비정상적인 상황 하에서는 체세포들이 그들의 세포분열을 조절하지 못하여 종양을 생성하기도 한다.

유전물질은 **핵분열**(nuclear division, karyokinesis) 중에 딸세포로 나뉘어 들어간다. 이 과정은 상당히 복잡하고 고도의 정확성을 요구한다. 염색체들은 우선 정확하게 복제되고 나누어져야만 한다. 마지막 결과는 두 딸세포의 핵들을 형성하는 것인데, 각 핵들은 모세포의 것과 동일한 조성의 염색체를 가진다.

핵분열에 이어 **세포질분열**(cytoplasmic division, cytokinesis)이 일어난다. 덜 복잡한 세포질분열은 세포의 크기를 두 부분으로 나누는 기작과 새로 생긴 두 세포를 뚜렷한 세포막으로 둘러싸는 것을 요구한다. 세포질의 소기관들은 각자 자신들을 늘리는데, 기존의 막성 구조물로부터 만들어지거나 혹은 새로 합성된다. 이러한 구조들의 연이은 증가는 딸세포의 세포질을 재구성하기 위한 적절하고 합당한 기작이다.

보통 세포분열이 일어난 후 딸세포들의 처음 크기는 모세포의 대략 반 정도이다. 그러나 새로 만들어진 세포의 핵은 원래의 핵보다 그다지 작지 않다. DNA에 대한 정량 분석은 딸세포의 유전물질이 모세포의 것과 동일함을 보여준다.

간기와 세포주기

많은 세포들이 분열기와 비분열기 사이의 반복을 지속한다. 한 번의 분열이 완결되고 다음 분열이 시작되기까지의 사건들이 **세포주기**(cell cycle)를 구성한다(그림 2-5). 세포주기에서 분열 사이의 간격을 나타내는 **간기**(interphase)부터 살펴보자. 한때는 간기의 생화학적 활성이 오로지 세포의 성장과 정상적인 기능을 위한 것이라고 생각한 적이 있었으나, 지금은 간기 중에 분열을 일으키기 위해 필수적인 또 다른 생화학적 단계, 즉 각 염색체 내의 DNA 복제가 일어난다고 알고 있다. 세포가 분열을 시작하기 전에 일어나는 DNA 합성의 이 시기는 **S기**(S phase)라고 부른다. 합성의 개시와 완료는 방사능 전구체가 DNA로 통합되는 것을 모니터함으로써 추적될 수 있다.

이러한 특징의 자세한 조사는 DNA 합성이 일어나지 않을 때의 간기에 두 시기가 있음을 보여준다. 이 시기는 각각 **G1**(gap I)과 **G2**(gap II)로 표기된다. 이들 간격에서는 S기에서와 마찬가지로 집중적인 대사활성, 세포의 성장, 그리고 세포의 분화가 발생한다. G2기 말까지 세포의 부피는 거의 두 배가 되고 DNA는 복제되며 분열(M)이 시작된다. 핵분열 후 지속적으로 분열하는 세포들은 그림 2-5에서와 같이 이러한 순환(G1, S, G2, M)을 계속하여 반복한다.

시험관 내(*in vitro* = in glass)의 연구들에 기초하여 세포분열에 관한 많은 것들이 알려졌다. 배양시켜 자라도록 하면, 서로 다른 많은 생물체에서 얻어진 다양한 형태의 세포들은 16시간 안에 세

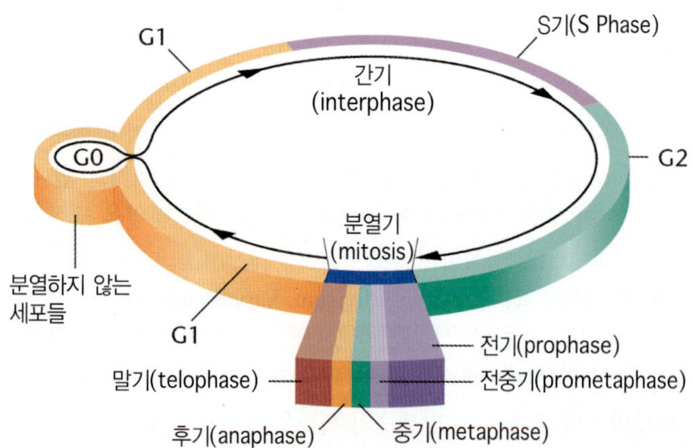

그림 2-5 임의의 세포주기를 이루는 단계들. 분열기(M)를 거친 세포는 간기의 G1기로 들어간다. 세포들은 비분열 세포가 될 수도 있고(G0), G1기를 통과하여 DNA 합성(S)을 일으킨 후 세포주기를 완수하도록(G2와 M) 세포주기가 지속될 수도 있다. 세포분열 후에는 두 딸세포가 생산되고 세포주기는 이 두 세포로부터 새롭게 시작된다.

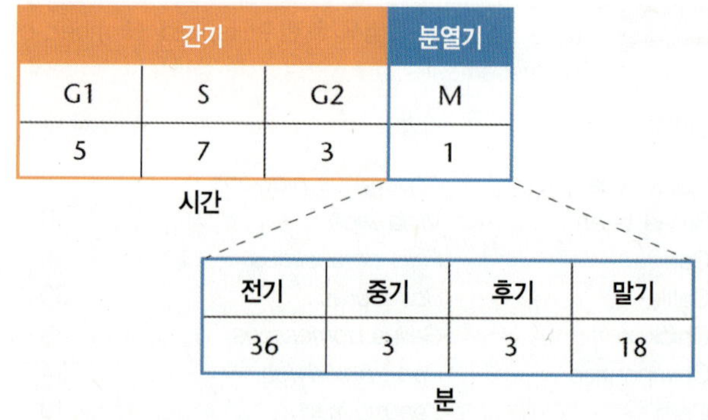

간기			분열기
G1	S	G2	M
5	7	3	1

시간

전기	중기	후기	말기
36	3	3	18

분

그림 2-6 배양 중인 인간세포에서 1회의 세포주기를 완성시키는 데 소요되는 시간들. 세포의 종류나 상태에 따라 시간이 다양할 수 있다.

포주기를 완성한다. 세포분열의 실제적인 과정은 전체 세포주기에서 1시간 미만인 작은 일부를 차지할 뿐이다. 간기의 S와 G2기의 길이는 세포의 형태마다 상당히 일관적이다. 소비하는 시간에 있어 가장 변화를 많이 나타내는 시기는 G1 단계이다. 그림 2-6은 전형적인 세포에서 이들 간격의 상대적인 길이를 나타낸 것이다.

G1기는 세포의 증식과 그 조절을 연구하는 데 있어 많은 관심의 대상이 된다. G1 후기의 한 지점에서 모든 세포는 두 경로 중에서 하나를 택하게 된다. 그들은 세포주기에서 빠져나와 잠잠해지는 **G0 상태**(G0 stage)로 들어가기도 하고(그림 2-5를 보라), DNA 합성을 시작하도록 결정되어 세포주기를 완성할 수도 있다. G0로 진입하는 세포들은 살아 있으며 대사 활성을 나타내긴 하지만 증식하지는 않는다. 암세포들은 분명히 G0로의 진입을 피하거나 혹은 이를 아주 빠르게 통과하는 것이다. 어떤 세포는 G0로 진입하여 다시는 세포주기로 되돌아가지 않는다. 또 다른 세포는 G0 상태로 남아 있지만 G1으로 되돌아가도록 자극을 받을 수 있어서 그로 인해 세포주기로 다시 재진입하기도 한다.

세포학적으로, 간기는 눈에 보이는 염색체가 없는 것이 특징이다. 대신에 염색체 형태를 구성했던 크로마틴 섬유(염색사)들이 이전의 세포분열 이후에 풀리고 흩어져 핵을 채우고 있다[그림 2-7(a)]. 일단 G1, S, 그리고 G2가 완결되면 분열이 시작된다. 분열은 격렬하고 지속적인 활성을 나타내는 역동적인 시기이다. 논의를 위한 목적으로 전체 과정을 분명한 단계들로 나누고, 특정 사건들을 각각 지정해 보도록 하자. 이러한 과정들은 일어나는 순서대로, 전기(prophase), 전중기(prometaphase), 중기(metaphase), 후기(anaphase), 말기(telophase) 등으로 부른다. 이것이 그림 2-7에 현미경 사진과 그림으로 도식화되어 있다.

전기

종종 분열시기의 절반 이상이 **전기**(prophase)[그림 2-7(b)]에 소모되는데, 이 시기는 몇 가지 중요한 활동들이 특징적이다. 모든 동물세포에서 간기의 초기 사건 중 하나가 두 쌍의 중심립(centriole)이 세포의 양극으로 이동하는 사건이다. 이러한 구조들은 분화된 세포질 지역의 핵막 바로 바깥 부분에서 발견되는데 이를 **중심체**(centrosome)라고 부른다. 각 쌍의 중심립은 성숙한 한 단위와 더 작고 새롭게 형성된 중심립으로 구성되는 것으로 믿어진다.

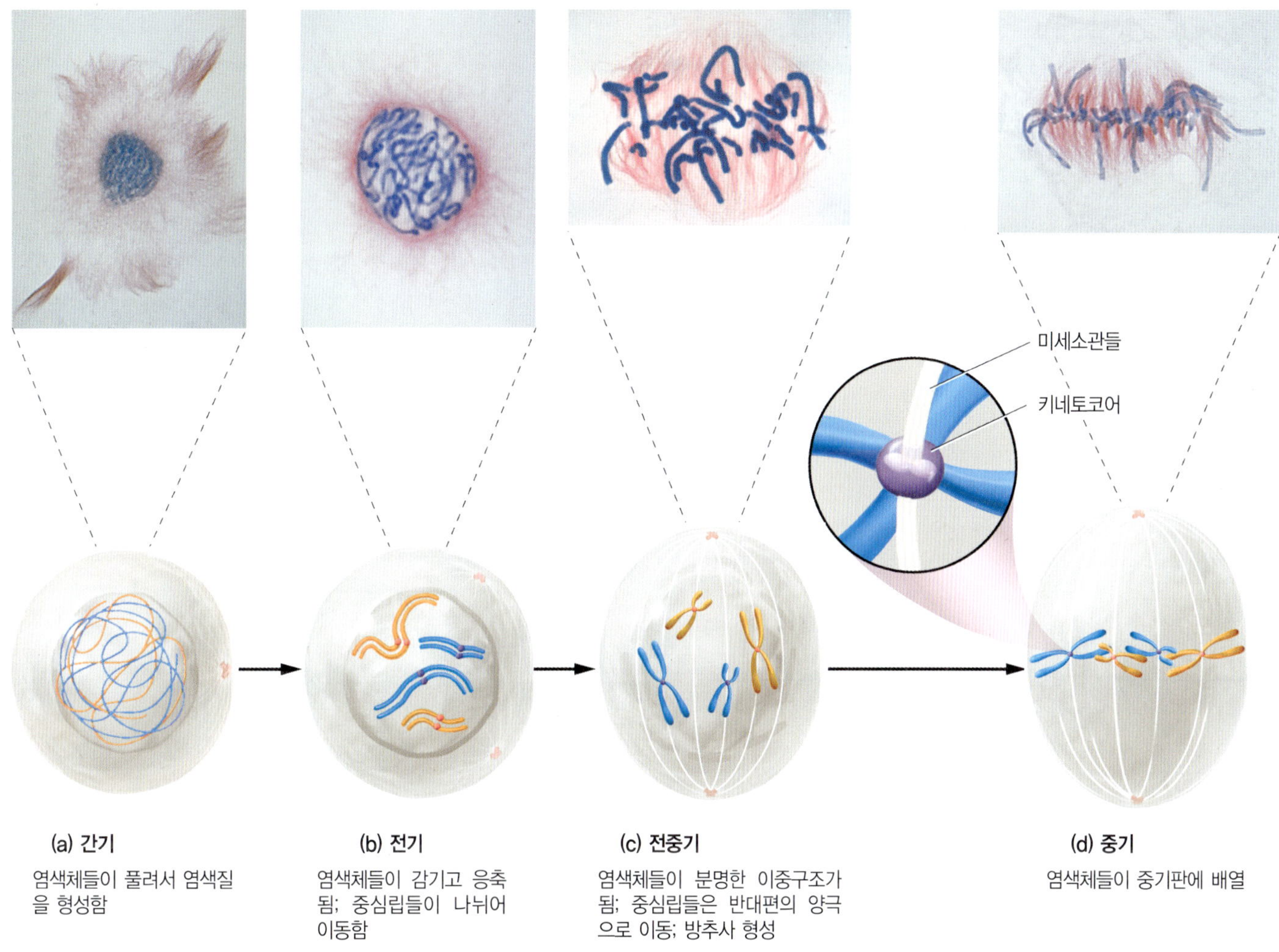

그림 2-7 이배체 수가 4인 동물세포의 체세포분열. 각 단계에서 발생하는 사건들은 본문에 설명하였다. 두 상동염색체쌍 중에서 하나는 길고 중부동원체성(metacentric)인 데 반해 다른 하나는 짧고 차중부 동원체성(submetacentric)으로 나타냈다. 각 쌍의 모계 염색체와 부계 염색체는 다른 색깔로 표시되었다. 식물세포의 말기인 (f) 단계에서는 세포판(cell plate)의 형성과 중심체가 없음을 나타냈다. 각 단계를 보여주는 광학현미경상은 하이만투스라는 꽃에서부터 얻어진 것으로, 이 식물은 4개보다 훨씬 많은 염색체를 가지고 있다.

중심립의 이동으로 세포의 반대편 양끝에 두 극이 생긴다. 그들의 이동 후에, 중심립들은 세포질의 미세소관들을 일련의 방추사로 정렬시켜 이들 두 극 사이를 가로지르도록 한다. 이것은 염색체의 분리가 일어나는 축을 형성한다. 흥미롭게도, 대부분의 식물세포(몇몇 예외가 있긴 하지만), 곰팡이, 그리고 어떤 조류들은 중심립이 결여되어 있는 것으로 보인다. 그럼에도 불구하고 분열기의 방추사는 아주 뚜렷하다. 그러므로 중심립은 방추사의 형성에 필요한 일반적인 것은 아니다.

중심립이 이동함에 따라 핵막은 소실되고 점차로 사라진다. 비슷한 방식으로 인도 핵 안에서 분해된다. 이러한 사건들이 일어나는 동안 풀어진 크로마틴 섬유들의 응축이 시작되어 뚜렷한 실뭉치 같은 구조, 즉 염색체를 만들 때까지 계속되어 눈에 보이게 된다. 간기의 후기가 가까워지면 각 염색체들은 동원체(centromere)라고 불리는 잘록한 한 지점을 제외하면 세로로 나뉜 실질적으로 이중의 구조가 된 것이 뚜렷해진다(그림 2-4를 보라). 각 염색체에서 나누어져 있는 이 두 부분을 **염색분체**(chromatid)라고 한다. 염색분체들의 각 쌍에 포함되어 있는 DNA는 한 염색체의 복제상을 나타내는 것이므로, 이들 염색분체는 유전적으로 똑같다. 그러므로 그들은 자매염색분체(sister chromatid)라고 한다. 사람에서는 46의 이배체 수를 나타내며 전기 말에 세포학적 표본을 만들게 되면 46개의 염색체들이 이전에 핵이었던 지역에 마구 흩어져 있는 것으로 나타난다.

전중기와 중기

다음 단계에서 두드러진 사건은 동원체 부분에 의해 적도판으로 끌려가는 염색체의 이동이다. 어떤 설명에서는 **전중기**(prometaphase)라는 용어가 이 염색체 이동의 시기를 설명하는데[그림 2-7(c)], **중기**(metaphase)라는 용어는 이동 후의 염색체의 모양을 설명하는데 엄격하게 적용된다. **적도판**(equatorial plane)이란 **중기판**(metaphase plate)이라고 불리기도 하며, 세포의 중선 부위를 지칭하는 것으로 방추사에 의해 생성되는 축에 직각으로 놓여진 평면을 말한다.

염색체의 이동은 방추사가 **키네토코어**(kinetochore)라고 불리는 각 염색체의 동원체와 연관된 구조에 부착함으로써 이루어진

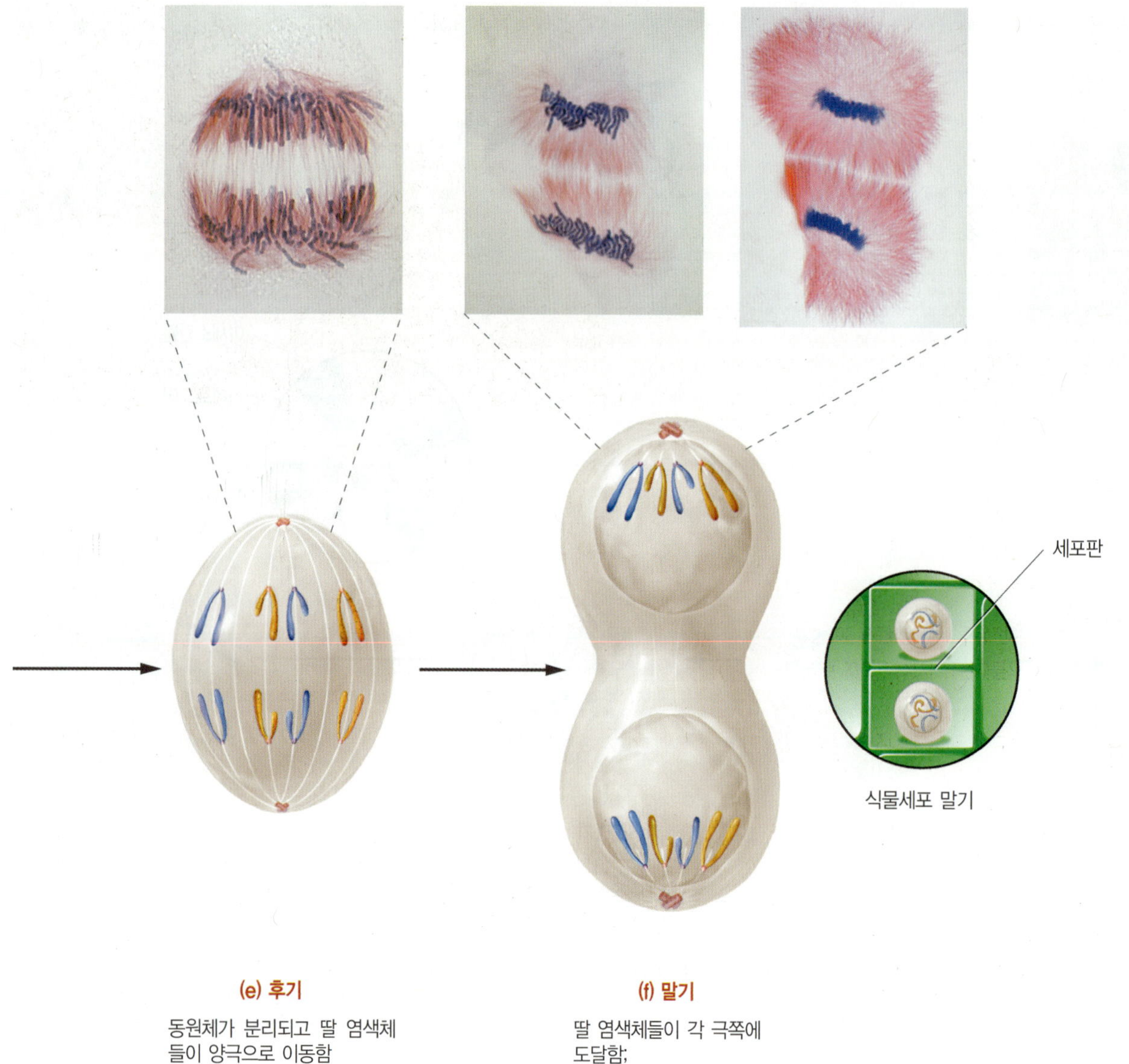

(e) 후기
동원체가 분리되고 딸 염색체들이 양극으로 이동함

(f) 말기
딸 염색체들이 각 극쪽에 도달함;

그림 2-7 (계속)

다. 이 구조물은 여러 겹으로 된 단백질 판들로 이루어져 있는 것으로 각 동원체의 반대쪽들에 형성되며 각 염색체의 두 자매염색분체에 밀접하게 연관되어 있다. 일단 방추사를 형성한 미세소관들이 붙게 되면, 자매염색분체들은 이제 다음 후기 단계 중에 양극으로 끌려갈 준비가 된 것이다.

중기가 완료된 시기에 각 동원체는 염색체 팔들을 바깥쪽으로 아무렇게나 내민 상태로 적도판에 일렬로 배열된다. 이러한 모양이 그림 2-7(d)에 나타나 있다.

후기

분열하는 세포의 염색체 분포에 필수적인 사건이 가장 짧은 단계인 **후기**(anaphase)에 일어난다. 이 시기 중에 각 염색체의 자매염색분체들이 서로 분리되어 세포의 양극으로 이동한다. 완전한 분리가 일어나기 위해서는 각 동원체 부분이 반드시 두 개로 나뉘어야 한다. 이 사건이 후기의 시작을 알린다. 일단 이것이 일어나면, 각 염색분체는 **딸 염색체**(daughter chromosome)로 간주된다.

딸 염색체들의 양극으로의 이동은 동원체-방추사 부착에 의존적이다. 최근의 연구들은 염색체의 이동이 일련의 특정 단백질, 보통 구동 단백질(motor protein)이라고 불리는 단백질들의 활성에 기인하고 있음을 보여준다. 이들 단백질은 ATP 가수분해에 의해 생산되는 에너지를 사용하며, 그들의 활성이 세포 내의 **분자모터**(molecular motor)를 구성한다고 말한다. 이들 모터는 분열하는 세포 내의 여러 위치에서 작용하지만 모두 미세소관의 활성에 관여하며 궁극적으로 세포의 양극으로 염색체를 이동시키는 역할을 한다. 각 염색체의 동원체들은 염색체의 팔들이 그 뒤를 따라가는 것으로 보아 이동 중에 길을 이끄는 것으로 보인다. 동원체의 위치는 그림 2-3에서 보는 바와 같이 분리 시에 염색체들의 모양을 결정한다.

후기 동안 일어나는 단계들은 동일한 세트의 염색체들을 가진 각 딸세포를 만들어 내는 데 필수적이다. 사람의 세포들에서는 양쪽 극에 원래 자매염색분체들의 쌍이었던 46개의 염색체가 존재하게 된다. 그림 2-7(e)는 완료되기 바로 전의 후기 상태를 보여준다.

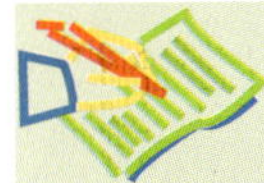

이 문제를 풀어보자

이 부분은 앞으로 각 장마다 여러 번 나올 것이다. 이것은 각 장의 마지막 부분인 연습문제에서 한 문제를 지정하는 것으로 시작되는데, 각 문제는 바로 앞에 제시된 내용과 연관이 있는 것이다. 문제에 대한 설명 후에는 이 문제를 풀기 위한 분석적인 통찰을 제공하는 힌트가 주어질 것이다. 이제 시작해 보자.

38페이지의 5번 문제는 체세포분열 중에 상동염색체쌍에 일어나는 일을 이해하고 있는지에 관한 것이다.

힌트: 이 문제를 푸는 데는, 체세포분열 전 과정에 걸쳐 상동염색체들은 쌍을 이루지 않으며 각자 행동한다는 것을 이해하는 것이 중요하다.

말기

말기(telophase)는 분열의 마지막 단계로 그림 2-7(f)에 그려져 있다. 처음에는 양극 각각에 완전한 세트의 염색체들이 존재한다. 가장 중요한 사건은 **세포질분열**(cytokinesis)로, 세포질의 분리 혹은 나눔 현상이다. 하나의 세포에서 두 개의 딸세포가 생성되기 위해서는 세포질분열은 필수적인 과정이다. 그 기작은 식물과 동물 세포에서 매우 다르다. 식물세포에서는 **세포판**(cell plate)이 합성되어 중기판(metaphase plate) 부위를 가로질러 쌓인다. 그러나 동물세포에서는 풍선의 가운데 주위를 줄로 말아 꼭 묶은 것과 같은 방식으로 세포질의 함입이 일어난다. 마지막 결과는 동일하다: 독립된 두 개의 세포가 얻어진다.

세포질분열 과정이 생물의 세포마다 다양하다는 것은 놀랄 일이 아니다. 식물세포는 좀 더 일정한 모양이며 구조적으로 견고해서 원형질막 주위에 새로운 세포벽 물질을 점착시키는 기작을 요구한다. 말기에 쌓인 세포판은 **중층**(middle lamella)이 된다. 곧이어 1, 2차 세포벽층이 딸세포들 사이의 양쪽에서 중판과 세포막 사이에 쌓이게 된다. 동물세포에서는 세포막의 완전한 함입으로 인해 새로 분열한 세포들의 특징인 **세포열**(cell furrow)이 생긴다.

분열기에서 간기로의 전이에 필요한 또 다른 사건은 말기 끝에 시작된다. 그것은 전기에 발생했던 사건의 일반적인 역전현상으로 표현할 수 있다. 각각의 새로운 세포에서는 핵막이 염색체 주위에 다시 생겨나는 동안 염색체들이 풀어져서 다시 크로마틴이 된다. 인도 점차 재생되어 간기 초기의 핵에 나타난다. 방추사 역시 사라진다. 말기가 완료되면 세포는 간기로 진입한다.

2.4 감수분열은 생식세포와 포자에서 염색체 수를 이배체 수에서 반수체 수로 감소시킨다

감수분열의 과정은 체세포의 유사분열 과정과는 달리 유전물질의 양을 절반으로 감소시킨다. 이배체로 존재하는 체세포의 분열이 완전한 이배체 조성을 가지는 딸세포들을 만들어 내는 데 반해, 생식세포의 감수분열은 반수체의 염색체로 구성된 배우자나 포자를 만들어 낸다. 그런 다음 유성생식의 과정 중에서 배우자들은 수정에 의해 연합되어 부모세포에서와 같은 완전한 이배체 조성을 회복한다. 그림 2-8은 두 쌍의 상동염색체를 따라 두 과정을 비교해 놓은 것이다.

감수분열의 정의에 따라 생식세포에서는 반수체 배우자나 포자들이 상동염색체쌍의 구성원들을 하나씩 정확하게 나눠 가져야 하기 때문에 고도로 특수화되어야만 한다. 성공적으로 완료되면 감수분열은 세대에서 세대로 유전적 지속성을 보장하는 방법이 된다.

유성생식의 과정은 또한 종의 구성원들 사이에서 유전적 다양성을 보장한다. 여러분은 감수분열을 배우면서 이 과정이 모계나 부계에서 유래한 염색체들이 독특한 조합으로 반수체 조성을 형성한 배우자를 만든다는 것을 알게 될 것이다. 배우자들 사이에 커다란 유전적 다양성이 있으므로, 수정에 있어서도 수많은 종류의 염색체 조합이 가능하다. 나아가 우리는 **교차**(crossing over)라고 불리는 감수분열 중의 사건이 상동염색체쌍 사이에서 유전물질을 교환하도록 한다는 것도 알게 될 것이다. 이러한 과정으로 그들이 유래했던 모계나 부계의 상동염색체들의 모자이크로 이루어진 온전한 염색체들이 만들어지게 되고, 나아가 그들에서 생긴 자손들과 배우자들에서의 유전적 다양성을 더욱 증가시킨다. 그러므로 유성생식은 유전물질을 섞어 종종 부모의 어떤 쪽과도 매우 다른 자손을 만들어 내기도 한다. 이 과정은 중요한 형태의 종 내 유전적 재조합 기구이다.

생식세포분열의 개요

앞서의 논의에서 우리는 무엇이 생식세포분열의 목표로 간주되어야 하는지를 알아보았다. 우리가 이 과정을 조직적으로 단계별로 살펴보기에 앞서, 어떻게 배수체 세포들이 반수체의 배우자나 포자를 만드는지 간단히 살펴보기로 하자. 여러분은 다음 논의 과정 동안 그림 2-8의 생식세포분열 과정을 참고하도록 하라.

여러분은 지금까지, 체세포분열에서는 상동염색체쌍의 부계 혹은 모계에서 유래된 구성 염색체들이 각각 분열과정 동안 자율적으로 행동함을 보아 왔다. 이와는 대조적으로 생식세포분열 초기에는 상동염색체들이 쌍을 형성한다; 즉, 접합(synapse)하게 된다. 나란히 쌍을 이룬 각 구조는 처음에는 **2가**(bivalent)라고 부르는데 이들은 결국 하나의 단위체가 되어 4개의 염색분체들로 구성된 **사분체**(tetrad)가 된다. 네 염색분체의 존재는 (2가 염색체를 구성하는) 두 상동염색체가 실상 복제된 것임을 증명하는 것이다. 그러므로 반수체를 획득하기 위해서는 두 번의 분열이 필수적이다.

감수분열 I에서는 하나의 염색체를 나타내는 동원체의 수가 이 분열 후에 절반으로 줄어들기 때문에 **감소분열**(reductional division)로 설명된다. 두 개의 상동염색체를 나타내는 각 사분체의 구성이 나뉘어 **이분체**(dyad)를 생성한다. 각 이분체는 공동의 동원체로 연결된 두 개의 염색분체로 구성된다. 분열 후에도 동원체의 수가 동일하게 유지되므로 **동등분열**(equational division)이

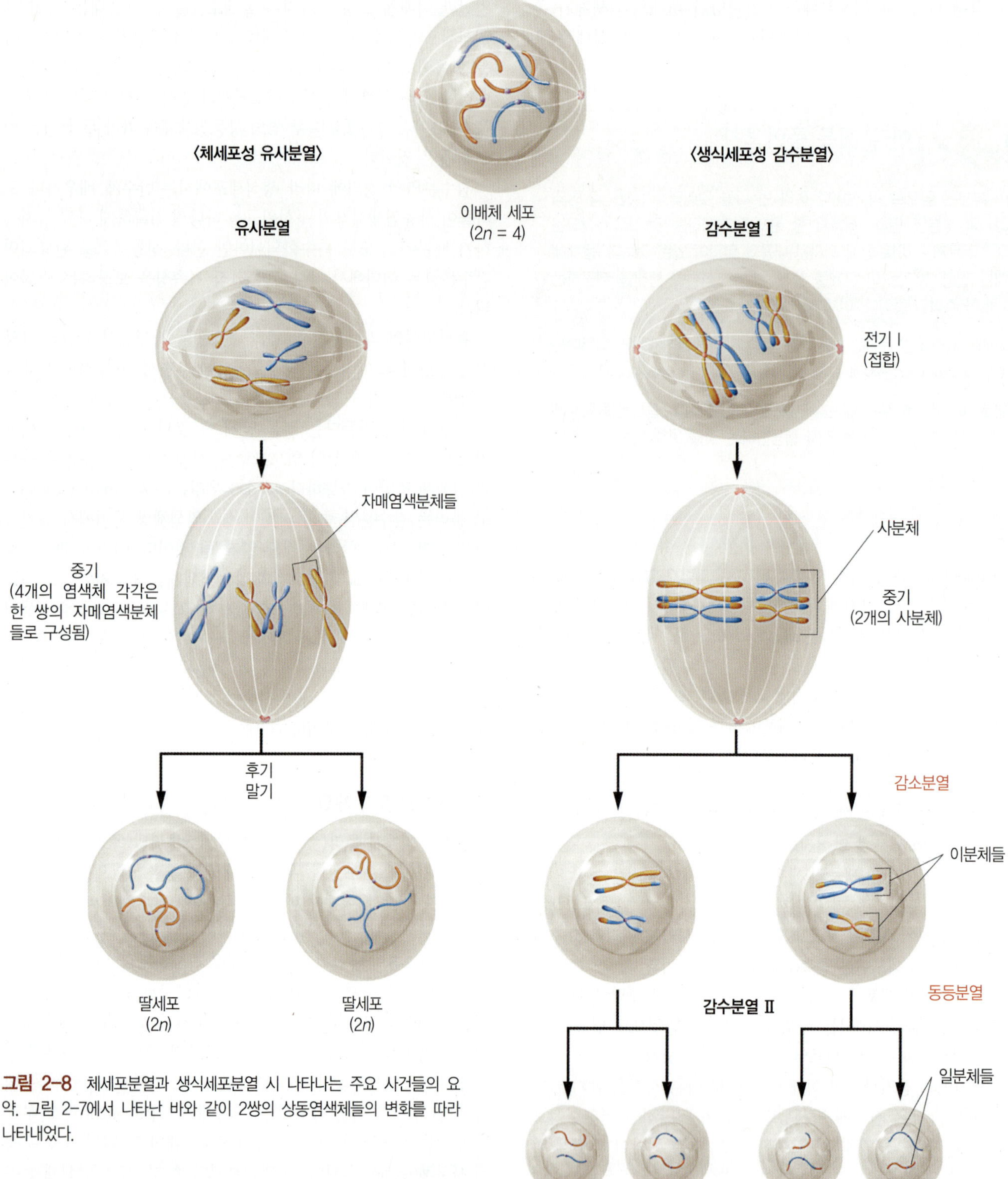

그림 2-8 체세포분열과 생식세포분열 시 나타나는 주요 사건들의 요약. 그림 2-7에서 나타난 바와 같이 2쌍의 상동염색체들의 변화를 따라 나타내었다.

라고 설명되는 감수분열 II 과정 중에는, 각 이분체가 각각 하나의 염색체인 두 개의 **일분체**(monad)로 나뉜다. 그러므로 두 번의 분열로 4개의 반수체 세포를 생산할 수 있다.

첫 번째 감수분열: 전기 I

이제 감수분열을 자세하게 알아보도록 하자. 체세포성 유사분열에서와 같이, 감수분열은 연속적인 과정이다. 그러나 논의의 편리를 위해 분열의 각 과정별로 이름을 붙여놓았다. 유전적인 관점에서 3개의 사건들이 초기 단계인 **전기 I**(prophase I)의 특징이다 (그림 2-9). 첫째, 유사분열에서와 마찬가지로, 간기에 존재하던 크로마틴은 두꺼워지고 꼬여서 눈에 보이는 염색체들이 된다. 둘째, 유사분열과는 달리, 상동염색체쌍의 각 구성원은 **접합과정**(synapsis)을 겪는다. 셋째, 짝을 이룬 상동체들 사이에서 물질 교

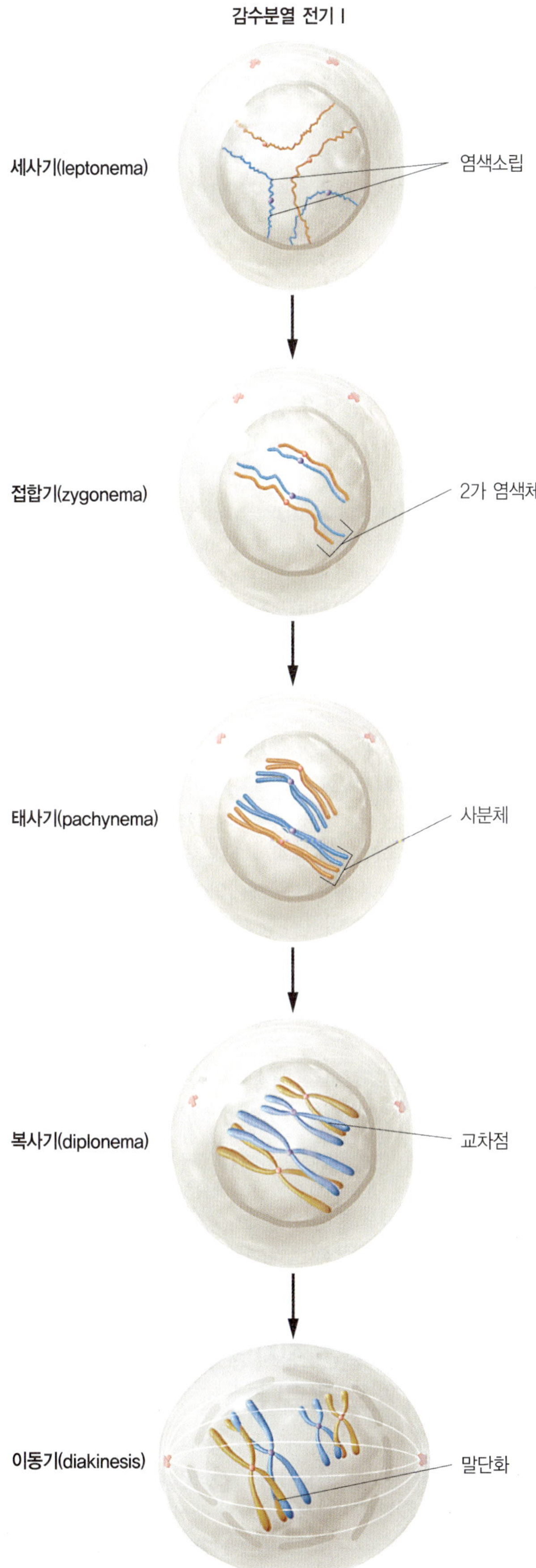

그림 2-9 그림 2-8에서 그려진 염색체들에 대한 감수분열 전기 I의 하위단계들.

환과정인 교차(crossing over)가 발생한다. 이들 유전적 사건들의 복잡성 때문에, 감수분열의 이 시기는 더 자세한 다섯 단계들로 나뉜다; 세사기(leptonema), 접합기(zygonema), 태사기(pachynema), 복사기(diplonema, 또는 겹섬유기)* 그리고 이동기(diakinesis)이다. 이들 다섯 단계들에 대해 논의할 때에는, 생식세포분열의 가장 초기 단계에 금방 뚜렷해지는 것은 아닐지라도, 염색체의 DNA가 전간기 중에 이미 복제되었다는 것을 염두에 두어야 한다.

세사기(Leptonema): 세사기 단계(leptotene stage) 중에는 간기의 크로마틴 물질이 응축을 시작하며, 아직 팽창되어 보이긴 하지만 염색체들이 나타나게 된다. 각 염색체를 따라 줄에 꿰인 구슬을 닮은 국부적 응축형태인 **염색소립**(chromomere)이 생긴다. 최근의 증거들은 상동체들의 초기 쌍 형성에 앞서 매우 필수적인 과정인 상동성 탐색(homology search)이라고 불리는 과정이 이때 시작됨을 제시한다.

접합기(Zygonema): 접합기 단계(zygotene stage) 중에는 염색체들은 계속 짧아지고 두꺼워진다. **상동성 탐색과정**(homology search) 중에 상동염색체들은 처음 서로서로 나란히 배열하게 된다. 이것은 소위 '대강 맞춰보기' 과정으로 접합기의 끝 무렵에 완성된다. 효모에서는 상동체들이 약 300 nm 정도 떨어져 있으며 접합기의 끝 무렵이 되면 측면요소(lateral element)라고 불리는 구조가 쌍을 이룬 상동체들 사이에 생겨난다. 생식세포분열이 진행됨에 따라 측면요소의 전체 길이는 증가하고, 좀 더 확장된 초구조적 요소인 **접합복합체**(synaptonemal complex)가 두 상동체 사이에서 형성되기 시작한다.

접합기가 완료되면, 쌍을 이룬 상동체들은 2가(bivalent)라고 불린다. 각 2가 염색체의 두 구성원은 이미 그들의 DNA를 복제했지만 시각적으로는 각 구성원이 아직 이중구조를 형성하지 못했기 때문에 각 종에서 2가 염색체들의 수는 반수(n)와 동일하다.

태사기(Pachynema): 접합기에서 태사기 단계(pachytene stage)로의 전이에서는 염색체들의 꼬임과 단축화 현상은 계속되고 접합복합체가 각 2가 염색체의 두 구성원 사이에서 발달하게 된다. 이것은 접합(synapsis)이라고 불리는 좀 더 밀착된 쌍 형성을 유도한다. 효모의 접합기 때의 특징인 대강의 짝 맞추기와 비교해 보면, 상동체들은 이제 약 100 nm 정도 밖에 떨어져 있지 않다.

태사기 중에는 각 상동체들이 각각 이중구조라는 것이 처음으로 확실해져서 각 염색체의 DNA의 초기 복제에 대한 시각적인 증거를 제공할 수 있게 된다. 그러므로 각 2가 염색체들은 4개의 염색분체들을 포함하고 있는 것이다. 유사분열에서는 복사체들이 자매염색분체(sister chromatid)로 불리는 반면, 상동염색체 쌍의 모계, 부계에서 나온 염색체들은 비자매염색분체(nonsister chromatid)라고 불린다. 감수분열에서 네 구성원으로 형성된 구조는 또한 사분체(tetrad)라고도 불리며 각 사분체는 두 쌍의 자매

* 이 단어들은 이들 단계의 명사형이다. 형용사형은 leptotene, zygotene, pachytene, 그리고 diplotene으로 쓴다.

염색분체를 포함하고 있다.

복사기(Diplonema): 연이은 **복사기 단계**(diplotene stage) 중에는 각 사분체가 두 쌍의 자매염색분체로 이루어져 있음이 더욱 뚜렷해진다. 각 사분체 내에서 각 자매염색분체의 쌍은 나뉘기 시작한다. 그러나 하나 혹은 그 이상의 부분들에서 염색분체들이 서로 감겨 있어서 접촉한 상태로 남아 있다. 그러한 부분 각각은 교차점, 혹은 **키아즈마**(chiasma, 복수는 chiasmata)라고 부르는데, 비자매염색분체들이 위에 언급했던 교차라는 과정을 통해 유전물질을 교환하는 곳으로 생각된다. 비록 염색체들 사이의 물리적인 교환이 이전 태사기 중에 발생하지만, 교차의 결과는 복제된 염색체들이 나뉘기 시작할 때에야 비로소 눈에 보이는 것이다. 교차는 유전적 다양성의 중요한 원천이다. 미리 지적한 바와 같이 유전물질의 새로운 조합들은 이 시기 중에 형성된다.

이동기(Diakinesis): 전기 I의 마지막 단계는 **이동기**(diakinesis)이다. 염색체들은 서로 당겨져 떨어져 나가지만 비자매염색분체들은 키아즈마타를 통해 아직도 느슨하게 연결되어 있다. 분리가 진행되면서, 키아즈마타는 사분체의 끝 쪽으로 움직인다. 이 과정은 **말단화**(terminalization)라고 불리며 복사기의 후기 중에 시작된다. 전기 I의 이 하위 단계 중에 인과 핵막이 소실되며 각 사분체의 두 동원체가 새로 생긴 방추사에 부착한다. 전기 I이 완료되면, 각 사분체 구조물의 동원체들은 세포의 적도판에 위치하게 된다.

중기, 후기, 그리고 말기 I

감수분열의 나머지 과정은 그림 2-10에 그려져 있다. 첫 감수분열 전기 이후의 단계들은 체세포분열에서 일어나는 것들과 유사하다. 첫 번째 분열의 **중기 I**(metaphase I)에, 염색체들은 최대한으로 짧고 두꺼워진다. 각 사분체 끝 쪽의 키아즈마타가 나타나고 이것이 비자매염색분체들을 붙들고 있는 유일한 요소인 것으로 보인다. 각 사분체는 방추사와 상호작용하여 중기판으로의 이동을 촉진한다. 첫 후기 이전의 각 사분체의 배열은 무작위적이다. 각 사분체의 절반은 이쪽이나 저쪽으로 무작위적으로 당겨지고 나머지 절반도 반대쪽 극으로 이동하게 된다.

감수분열 I기의 단계들 중에는 하나의 동원체가 한 쌍의 자매염색분체들을 함께 붙들고 있게 된다. 이것은 아직은 분열하지 않는다. **후기 I**(anaphase I)에, 각 사분체의 절반(한 쌍의 자매염색분체–**이분체**라고 불림)이 분열하는 세포의 양쪽 극을 향하여 당겨진다. 이러한 분열 현상은 우리가 **분리**(disjunction)라고 일컫는 물리적 기초를 이루어 염색체들이 서로 나뉘도록 한다. 나중에 살펴보겠지만, 때때로 감수분열에 실수가 발생하여 분리가 이루어지지 않을 수도 있다. **비분리**(nondisjunction)라는 용어는 그러한 실수를 설명하는 말이다. 정상적인 후기 I이 완료되면, 양극의 각 이분체(dyad)는 동일한 반수의 이분체들로 양극에 나타난다.

만일 교차가 첫 감수분열 전기에 발생하지 않았다면, 양 극의 각 이분체는 부계나 혹은 모계의 염색분체 한 가지로 이루어질 것이다. 그러나 교차에 의해 생긴 교환들로 인해 부계나 모계 근원의 모자이크성 염색분체들이 생긴다.

많은 생물체에서 **말기 I**(telophase I)이 되면 핵막이 이분체들 주위에 형성된다. 다음으로, 핵은 짧은 간기로 진입한다. 다른 경우에는 세포들이 첫 후기에서 바로 두 번째 감수분열기로 진행하기도 한다. 만일 간기가 발생하는 경우에라도, 염색체들은 그들이 두 개의 염색분체로 이미 이루어진 후에는 복제되지 않는다. 일반적으로, 감수분열기의 말기는 유사분열의 해당시기보다 훨씬 짧다.

두 번째 감수분열

두 번째 감수분열은 **감수분열 II**(meiosis II)라고 불리며, 각 배우자나 포자가 원래의 사분체에서 오직 하나의 염색분체만을 받는 필수적인 과정이다. 감수분열 II기의 특징적 단계들이 그림 2-10의 오른쪽 절반에 나타나 있다. **전기 II**(prophase II) 중에 각 이분체는 공통의 동원체에 의해 부착되어 있는 한 쌍의 염색분체들로 이루어진다. **중기 II**(metaphase II)에는, 이 동원체들이 적도판에 위치한다. 이들이 분열하게 되면 **후기 II**(anaphase II)가 시작되고 각 이분체의 염색분체들은 반대쪽 극으로 당겨진다. 이분체들의 수는 반수와 같기 때문에, **말기 II**(telophase II)에는 양극에 각 상동염색체쌍의 한쪽 구성원들만이 존재한다. 각 염색체는 이제 일분체(monad)로 된다. 말기 II에 세포질분열이 일어나고 나면 한 번의 감수분열 사건으로 4개의 반수체 배우자들이 얻어진다. 감수분열의 결과로, 반수체 상태가 얻어질 뿐만 아니라, 교차가 일어난다면 각 일분체가 부계와 모계의 유전정보를 조합해서 가질 수 있게 된다. 결과적으로, 어떤 배우자에 의해 생기는 자손들일지라도 원래 그의 조부모들에 존재하던 유전정보의 혼합물을 받게 된다. 그러므로 감수분열은 다음 세대의 유전적 변이의 수준을 매우 증가시킨다.

이 문제를 풀어보자

38페이지의 14번 문제는 감수분열 과정 중에 상동염색체쌍의 부계와 모계 구성원들에 어떤 일이 생기는지에 대한 이해를 점검하는 것이다.

힌트: 이 문제를 푸는 데는 감수분열 과정 중에 부계와 모계 상동염색체들이 짝을 이룬다는 것을 이해하는 것이 중요하다. 일단 각 염색분체들이 복제되어 감수분열 초기에 사분체가 형성되면 각각의 원래 쌍들은 후기 I기에 두 개의 이분체가 만들어지도록 한 단위로 행동한다.

2.5 배우자의 발달은 정자형성과정과 난자형성과정에서 서로 다르다

대부분의 동물종에서, 감수분열 중에 발생하는 사건들은 배우자형성과정에 참여하는 모든 세포에서 유사하긴 하지만, 웅성배우자의 생산(정자형성과정)과 자성배우자의 생산(난자형성과정) 사이에는 분명한 차이가 존재한다. 그림 2-11은 이러한 과정들을 정리해 놓은 것이다.

정자형성과정(spermatogenesis)은 웅성 생식기관인 정소에서 발생한다. 이 과정은 **정원세포**(spermatogonium)라고 불리는 비

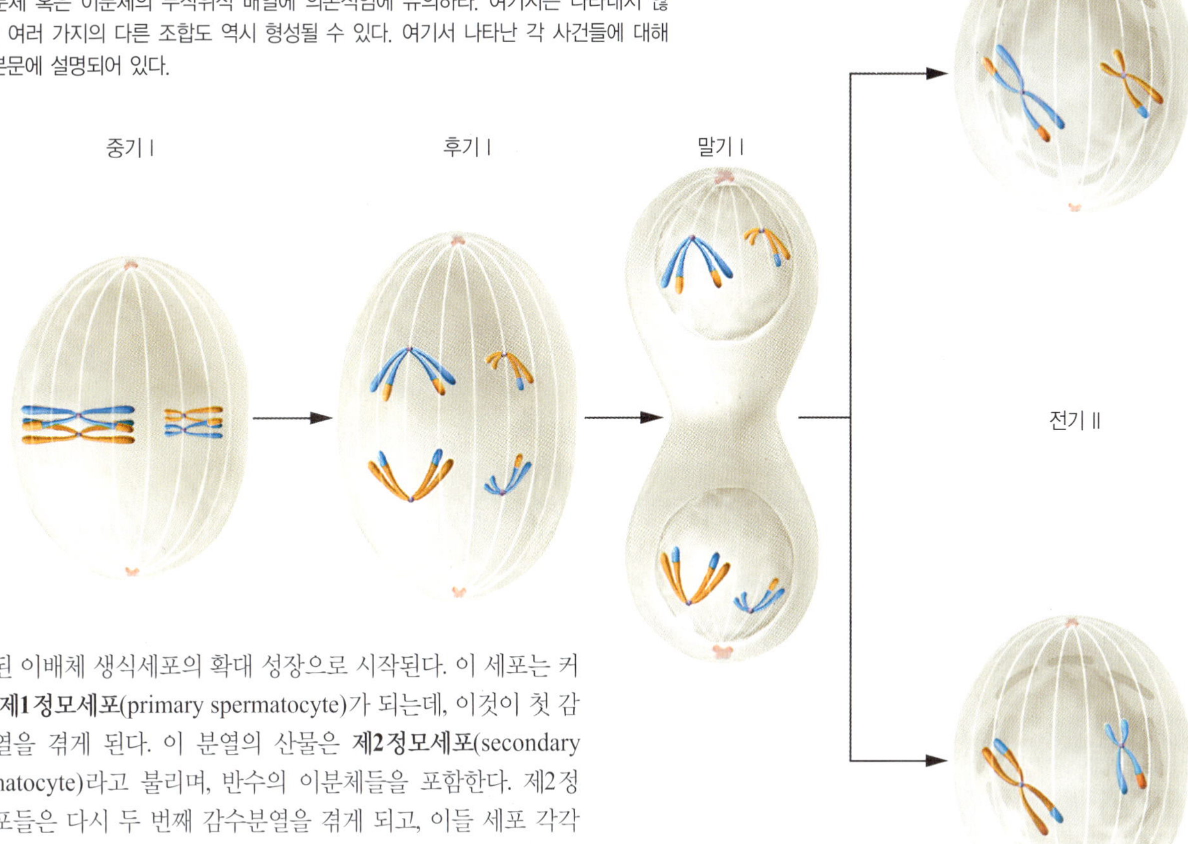

그림 2-10 이배체 수가 4($2n$ = 4)인 동물세포에서의 감수분열. 중기 I에서 시작되었다. 말기 II에 생성된 세포들의 염색체 조합은 중기 I과 중기 II 중에 형성된 적도판상의 각 사분체 혹은 이분체의 무작위적 배열에 의존적임에 유의하라. 여기서는 나타내지 않았지만 여러 가지의 다른 조합도 역시 형성될 수 있다. 여기서 나타난 각 사건들에 대해서는 본문에 설명되어 있다.

분화된 이배체 생식세포의 확대 성장으로 시작된다. 이 세포는 커져서 **제1정모세포**(primary spermatocyte)가 되는데, 이것이 첫 감수분열을 겪게 된다. 이 분열의 산물은 **제2정모세포**(secondary spermatocyte)라고 불리며, 반수의 이분체들을 포함한다. 제2정모세포들은 다시 두 번째 감수분열을 겪게 되고, 이들 세포 각각은 두 개의 반수체 **정세포**(spermatid)들을 생산해 낸다. 정세포들은 **정자발달과정**(spermiogenesis)이라는 일련의 발달적 변화를 지나 매우 특수화되고 운동성을 가지는 **정충**(spermatozoa), 혹은 **정자**(sperm)가 된다. 정자형성과정 중에 생기는 모든 정자세포는 동일한 양의 유전물질과 세포질을 받는다.

정자형성과정은 성숙한 웅성 동물체에서 연속적이거나, 혹은 그 동물의 생식주기에 의해 개시과정이 결정되는 주기에 따라 일어날 수 있다. 1년 단위로 생식을 하는 동물들은 연속적으로 정자를 생산하는 반면, 산란기가 일정한 계절로 국한되어 있는 것들은 오직 그 시기에만 정자를 생산한다.

동물의 **난자형성과정**(oogenesis)에서, **난자**(egg)의 형성(단수, ovum; 복수, ova)은 자성 생식기인 난소에서 일어난다. 두 번의 감수분열로 생기는 딸세포들은 동일한 양의 유전물질을 받게 되지만, 동일한 양의 세포질을 받지는 않는다. 대신 각 분열 중에, **난원세포**(oogonium)로부터 유래한 **제1난모세포**(primary oocyte) 세포질의 대부분이 2개의 딸세포 중 하나로 집중된다. 세포질의 집중현상은 성숙한 난자의 주요한 기능이 수정 후에 배를 발달시키는데 영양을 제공하는 것이기 때문에 필수적인 것이다.

난자형성과정의 첫 감수분열 후기 중에 제1난모세포의 사분체들이 나뉘고 이분체들이 양극으로 이동한다. 첫 말기 중에는 한쪽 극에 존재하는 이분체들이 **제1극체**(first polar body)를 형성하면서 매우 적은 양의 세포질로 둘러싸인 채 떨어져 나가게 된다. 이러한 첫 감수분열에 의해 생산된 나머지 딸세포가 대부분의 세포질을 포함하며, **제2난모세포**(secondary oocyte)로 불리게 된다. 제1극체는 다시 분열하지 않을 수도 있고 분열하여 두 개의 작은 반수체 세포를 생산할 수도 있다. 제2난모세포에서 두 번째 감수분열을 거치면 성숙한 난자가 생산된다. 이 과정 중에 제2난모세포의 세포질은 다시 불균등하게 분열하여 하나의 **난세포**(ootid)와 **제2극체**(second polar body)를 생산한다. 난자는 분화하여 성숙한 난자가 된다.

정자형성과정의 분열과는 달리, 난자형성과정에서 일어나는 2회의 감수적 분열은 연속적이지 않다. 어떤 동물종에서는 두 번의 분열들이 연이어 일어나기도 한다. 그러나 사람을 포함한 여러 동물종에서는 모든 난원세포의 첫 분열이 태아의 난소에서 시작되지만 전기 I에서 멈추게 된다. 수년이 지나고 나서야 배란에 앞서 각 난모세포가 감수분열을 다시 시작한다. 두 번째 분열은 수정 후에야 완료된다.

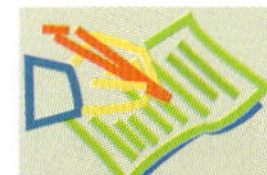

이 문제를 풀어보자

38페이지의 9번 문제는 난자형성과정 중의 감수분열에 대한 이해를 요구한다.

힌트: 이 문제에 대답하기 위해서는 감수분열 I기에 상동염색체쌍의 각 구성원들 사이에 교차가 발생한다는 사실을 생각해야 한다.

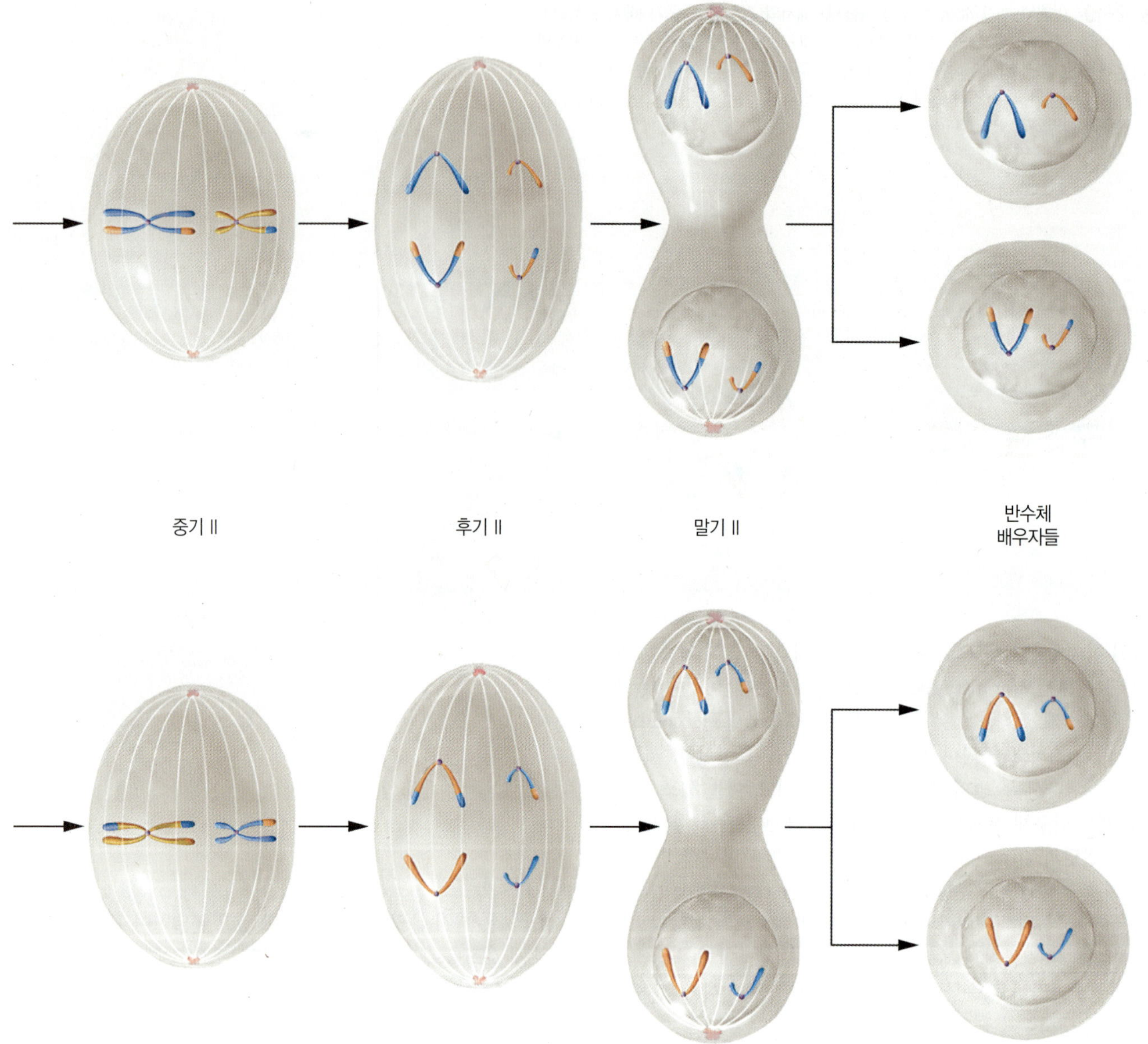

그림 2-10 (계속)

2.6 감수분열은 모든 이배체 생물의 성공적 유성생식에 있어 매우 중요하다

감수분열 과정은 모든 이배체 생물들의 성공적인 유성생식에 필수적이다. 이것은 유전정보의 이배체 양이 절반으로 줄어드는 기작이다. 동물에서 감수분열은 배우자의 형성을 유도하는 반면, 식물에서는 반수체의 포자를 생산하고 이들은 다시 반수체 배우자들의 형성을 유도한다.

각 배수체 생물은 그 유전정보를 상동염색체쌍의 형태로 가진다. 각 쌍은 모계와 부계로부터 얻은 하나씩의 염색체들로 이루어진다. 감수분열 후에 반수체 세포들은 잠정적으로 각 상동염색체 쌍의 부계 혹은 모계 대표자들을 포함하게 된다. 그러나 첫 감수분열 전기에 발생하는 교차의 과정은 유전정보를 뒤섞는다. 각 상동염색체 쌍의 부계와 모계 염색체들 사이에 교차가 발생하며 이 염색체들은 배우자들로 독립적으로 분리되어 들어간다. 이 결과로 배우자들 사이에는 굉장한 유전적 다양성이 존재하게 된다.

곰팡이와 식물의 생활사에서 감수분열의 중요성을 간단히 짚고 넘어가는 것이 좋겠다. 많은 수의 곰팡이에서, 생활사의 우세기는 반수체의 영양체세포 시기이다. 이들은 감수분열을 통해 생기며 체세포분열에 의해 증식한다. 다세포 식물들에서는 생활사가 이배체 **포자체 시기**(sporophyte stage)와 반수체 **배우체 시기**(gametophyte stage) 사이를 반복함으로써 이루어진다(그림 2-12). 이러한 "세대교번(alteration of generations)" 과정에서 식물마다 다른 어느 한 시기가 우세할 수는 있지만, 감수분열의 과정들과 수정은 포자체와 배우체 시기를 연결하는 "다리(bridge)"를 이룬다. 그러므로 감수분열은 식물 생활사의 필수적인 요소다.

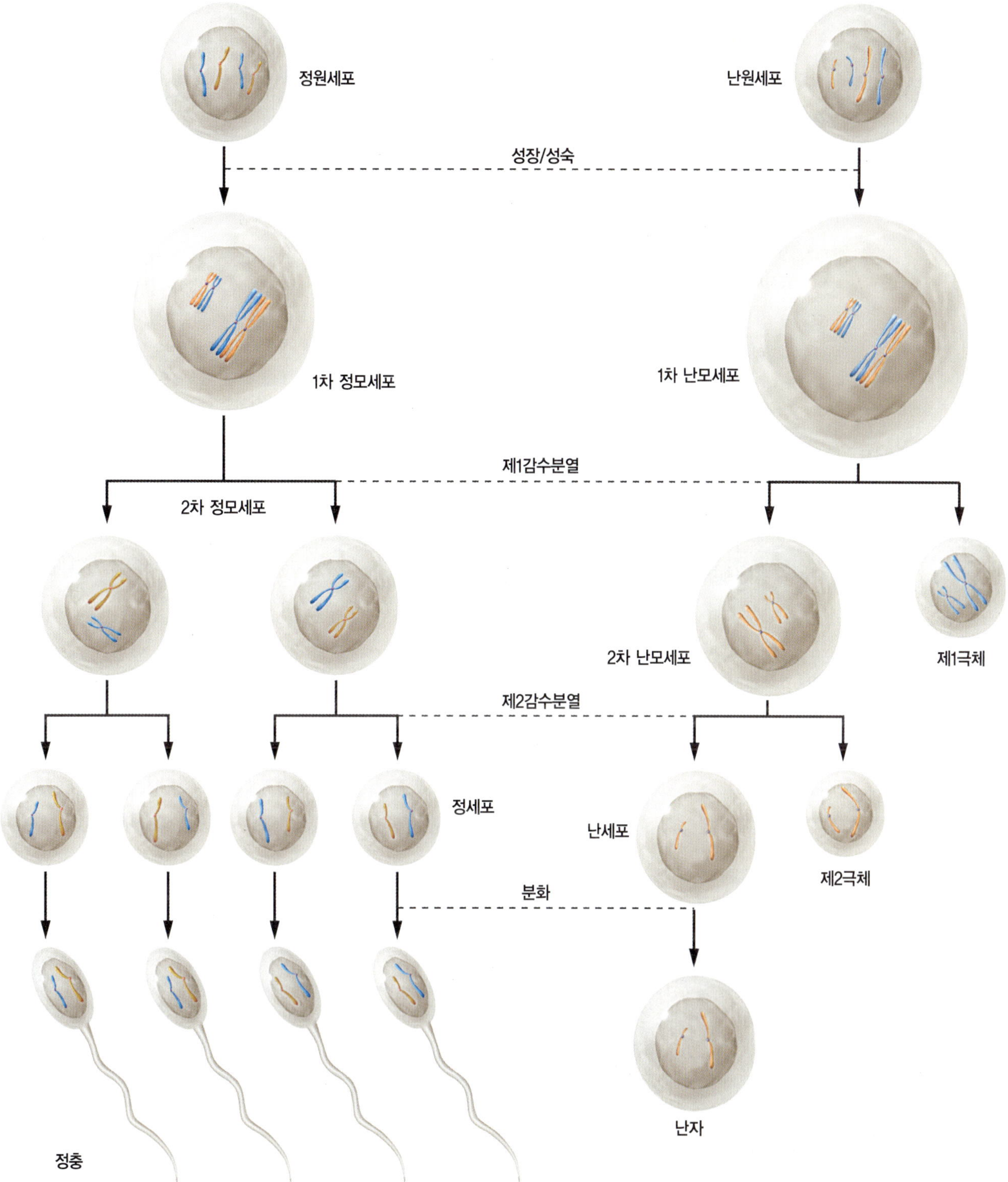

그림 2-11 동물세포의 정자형성과정(spermatogenesis)와 난자형성과정(oogenesis).

2.7 전자현미경은 체세포분열과 생식세포분열의 세포학적 성질을 잘 드러내 준다

이 장에서 우리는 지금까지 체세포분열과 생식세포분열 중의 염색체들에 초점을 맞추어 세포분열과 배우자형성과정 중에 이들의 행동을 강조하면서 살펴보았다. 한 가지 재미있는 질문은 왜 염색체들이 간기에는 보이지 않다가 체세포분열과 생식세포분열의 다양한 단계에서 나타나게 되는가 하는 것이다. 전자현미경을 사용한 실험은 왜 염색체들이 분열 시기에만 나타나는지를 명백히 보여준다.

간기 중에는 산만하게 펼쳐진 염색사(크로마틴 섬유)들만이 핵 내에 존재한다[그림 2.13(a)]. 그러나 일단 체세포분열이 시작되

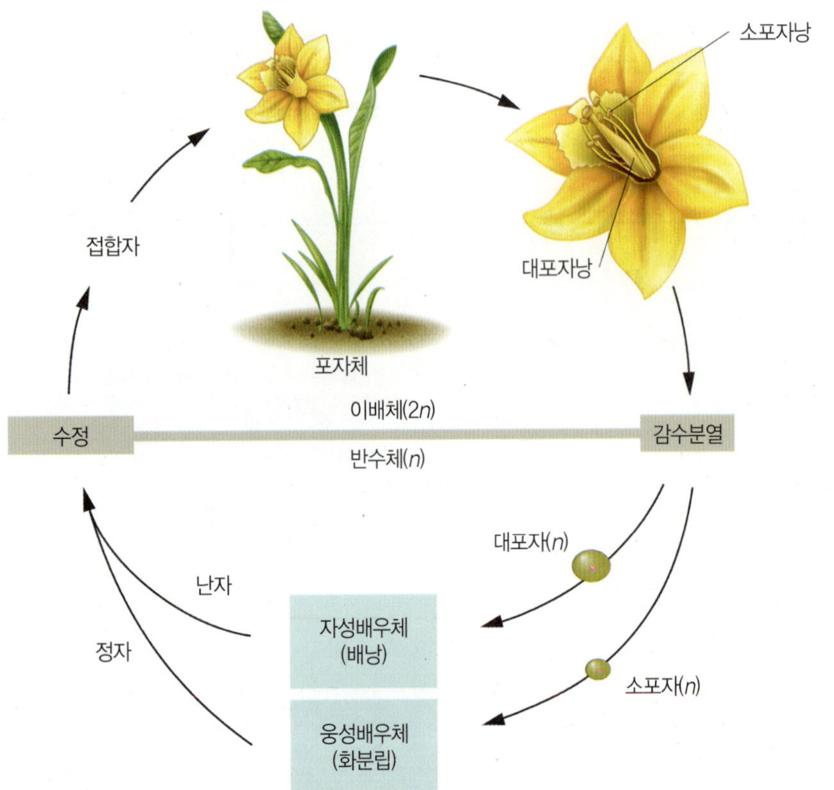

그림 2-12 다세포 식물의 이배체 포자체(sporophyte)(2n)와 반수체의 배우체(gametophyte)(n) 사이의 교번. 감수분열 과정과 수정이 두 생활사를 연결시킨다. 여기서는 피자식물(angiosperm)을 나타낸 것으로 포자체 시기가 우세한 상으로 나타난다.

면, 섬유들은 꼬이고 접혀 전형적인 분열기 염색체로 두꺼워진다[그림 2.13(b)]. 만일 그 분열기 염색체들을 이루는 염색사들이 풀어지게 된다면, 각 섬유들을 나타내는 구역들은 간기의 염색질(크로마틴) 부분과 유사하게 보일 것이다[그림 2.13(c)]. 염색사의 말단은 거의 보이지 않는다. 대신 각 섬유들은 항상 안쪽으로 고리를 형성하는 것처럼 나타난다. 그러한 섬유들은 분명히 서로 꼬이고 말려서 분열기 염색체들의 일반적인 형태를 형성한다. 체세포분열의 말기 후반부터 간기의 G1기 중에, 지속되던 염색체들이 풀려서 크로마틴의 특이적인 긴 섬유 모양을 형성하게 되는데, 이 크로마틴은 DNA와 그에 연관된 단백질, 특히 히스톤이라고 불리는 단백질들로 이루어진다. 전사와 복제 중 DNA가 가장 효율적으로 기능하는 것이 바로 이러한 물리적 배열을 이루었을 때이다.

다양한 상태의 꼬임 형태로 존재하는 분열기 염색체에 대한 전자현미경적 관찰은 어니스트 드프로(Ernest DuPraw)로 하여금 그림 2-13(d)에서와 같은 **접힘-섬유 모형**(folded-fiber model)을 가정하게 하였다. 중기에는 각 염색체가 동원체 부위에서 연결된 두 개의 염색분체로 이루어진다. 염색

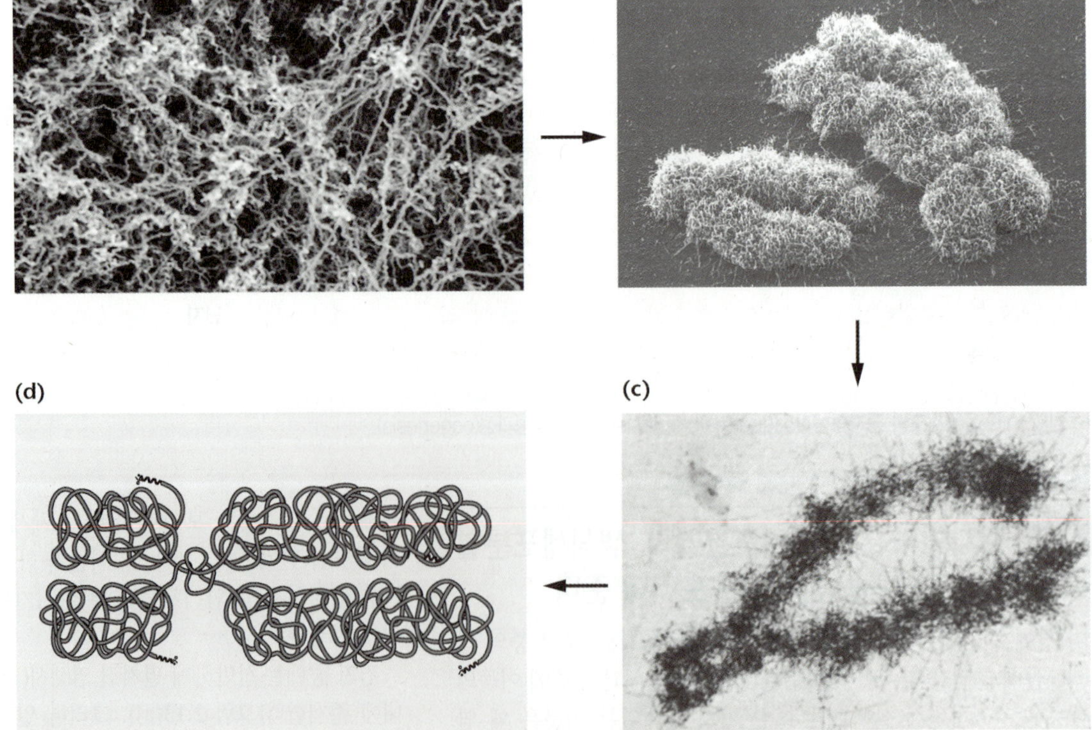

그림 2-13 간기 핵의 특징인 염색사(a)를, 세포분열 중인 염색질에서 형성된 중기 염색체들인 (b) 및 (c)와 비교한 것. (d)는 분열 중인 염색체의 모식도로서 염색체의 다양한 부분들과 염색질이 어떻게 밀집되어 있는가를 보여준다. (a)와 (c)는 투과전자현미경상이고 (b)는 주사전자현미경상이다.

분체의 각 팔은 실타래같이 감긴 하나의 섬유로 이루어져 있는 것으로 보인다. 이 섬유는 빽빽이 감겨진 이중가닥 DNA와 단백질로 이루어진다. 잘 정돈된 감김-꼬임-응축 과정이 간기의 염색질이 더 응축된 분열기 염색체들로 전이하게 되는 데 관여하는 것으로 보인다. 간기에서 전기로의 상 변이과정 중에는 크로마틴 섬유 내에서 DNA의 길이가 5,000배나 짧아지는 것으로 추정된다!

단원 요약

1. 세포의 구조는 정교하고 복잡하다. 많은 세포 구성성분이 직접 혹은 간접적으로 유전적인 과정과 연계되어 있다.
2. 이배체 생물들에서 염색체들은 상동염색체쌍으로 존재한다. 각 쌍은 같은 크기, 같은 동원체 위치, 그리고 동일한 유전자 위치 등을 보인다. 각 쌍의 한 염색체는 모계에서, 다른 한 염색체는 부계로부터 온 것이다.
3. 체세포분열과 생식세포분열은 세포들이 염색체에 포함된 유전 정보를 자손세포들에게 정확하고 질서정연한 방법으로 전달하는 기작이다.
4. 유사분열(mitosis)은 체세포분열 주기의 일부로 모든 진핵생물의 특징이다. 세포주기는 유사분열에 앞선 G1, S, 그리고 G2 단계를 포함한다.
5. 유사분열(mitosis) 혹은 핵분열(nuclear division)은 세포 재생산의 기초가 된다. 조상세포들과 유전적으로 동일한 딸세포들이 생기게 된다.
6. 유사분열은 분명한 몇 단계로 나뉠 수 있다: 전기, 전중기, 중기, 후기, 그리고 말기. 염색질이 염색체로 응축되는 것은 전기에 일어난다. 전중기에는 염색체들이 이중구조로 나타나며, 이들은 한 쌍의 염색분체들로 이루어져 있다. 중기에는 염색체들이 세포의 중기판에 일렬로 나타난다. 후기에는 각 염색체의 염색분체들이 양쪽의 극을 향하여 끌려간다. 말기에는 특징적인 세포질분열(cytokinesis)에 의해 딸세포들이 완성된다.
7. 감수분열은 유성생식의 근간으로 이배체 세포들이 반수체의 배우자나 포자로 바뀌는 과정이다. 염색체 복제와 두 번의 연속적인 분열 결과, 각 반수체 세포들은 한 쌍의 상동염색체 중 하나의 염색체만을 받는다.
8. 생식세포분열은 여성과 남성 사이에서 차이가 있다. 정자형성과정에서는 세포질의 부피가 동일하게 나누어져 4개체의 반수체 정자세포가 만들어진다. 한편, 난자형성과정에서는 세포질이 하나의 난세포에 집중되고 다른 반수체 유전물질들은 극체로 만들어진다. 여분의 세포질은 수정 후 접합자의 발달에 기여한다.
9. 감수분열에서는 모계와 부계 염색분체들 사이의 교차과정에서 일어나는 유전물질의 교환과 배우체에 무작위로 나뉘어 들어가는 과정에 의해 광범위한 유전적 변이가 생겨난다. 그리고 감수분열은 곰팡이와 식물의 생활주기에서 세대 교번 사이를 이어주는 다리 역할을 한다.
10. 간기에서 특징적으로 나타나는 염색사들은, 꼬이고 응축함으로써 분열 중인 염색체들을 형성한다.

주요 용어

1차 난모세포(primary oocyte)
1차 정모세포(primary spermatocyte)
2가의(bivalent)
2차 난모세포(secondary oocyte)
2차 정모세포(secondary spermatocyte)
AB 항원(AB antigen)
G0 단계(G0 stage)
G1 (gap I)
G2 (gap II)
MN 항원(MN antigen)
P완(p arm)
q완(q arm)
S기(S phase)
간기(interphase)
감소분열(reductional division)
감수분열 II(meiosis II)
감수분열, 생식세포분열(meiosis)
교차(crossing over)
교차점(chiasma)
난세포(ootid)
난원세포(oogonium)
난자(ova)
난자형성과정(oogenesis)
내공생가설(endosymbiont hypothesis)
단부(telocentric)
대립인자(allele)
동등분열(equational division)
동원체(centromere)
딸염색체(daughter chromosome)
말기(telophase)
말기 I(telophase I)
말기 II(telophase II)
말단화(terminalization)
미토콘드리아(mitochondria)
방추사(spindle fibers)
배우자(gamete)
배우체 시기(gametophyte stage)
복사기(diplotene stage)
분리(disjunction)
분자모터(molecular motor)
비분리(nondisjunction)
사분체(tetrad)

상동성 탐색(homology search)
상동염색체(homologous chromosome)
성-결정 염색체(sex-determining chromosome)
세사기(leptotene stage)
세포벽(cell wall)
세포열(cell furrow)
세포외투(cell coat)
세포주기(cell cycle)
세포질(cytoplasm)
세포질분열(cytokinesis)
세포판(cell plate)
소포체(endoplasmic reticulum, ER)
수용체 분자(receptor molecule)
양친 유전(biparental inheritance)
염색분체(chromatid)
염색소립(chromomere)
염색질(크로마틴, chromatin)
염색체(chromosome)
엽록체(chloroplast)
원형질막(plasma membrane)
유사분열, 체세포분열(mitosis)
유전체(genome)
이동기(diakinesis)
이배체 수(diploid number, $2n$)
이분체(dyad)
인(nucleolus)
인형성자(nucleolus organizer region, NOR)
일분체(monad)
자매염색분체(sister chromatid)
전기(prophase)
전기 I(prophase I)
전기 II(prophase II)
전중기(prometaphase)
접합(synapsis)
접합 복합체(synaptonemal complex)
접합기(zygotene stage)
접합자(zygote)
접힘-섬유 모형(folded-fiber model)
정세포(spermatid)
정원세포(spermatogonium)
정자(sperm)
정자발달과정(spermiogenesis)
정자형성과정(spermatogenesis)
정충(spermatozoa)
제1극체(first polar body)
제2극체(second polar body)
조직적합성 항원(histocompatibility antigen)
좌위(locus)
중기(metaphase)
중기 I(metaphase I)
중기 II(metaphase II)
중기판(metaphase plate)
중부 동원체형(metacentric)
중심립(centriole)
중심체(centrosome)
중층(middle lamella)
차단부 동원체성(acrocentric)
차중부 동원체성(submetacentric)
키네토코어(방추사부착점, kinetochore)
태사기(pachytene stage)
포자(spore)
포자체 시기(sporophyte stage)
핵(nucleus)
핵분열(karyokinesis)
핵양체(nucleoid)
핵형(karyotype)
후기(anaphase)
후기 I(anaphase I)
후기 II(anaphase II)

통찰과 해법

각 장마다 연습문제 앞에 놓여 있는 이 '해법과 통찰' 부분은 유전적 분석에서 유용한 접근법을 보여주는 예문과 답을 제공함으로써, 여러분이 여기서 얻은 통찰로 그 다음 문제들을 푸는 데 도움이 되도록 한 것이다.

1. 이배체 수가 $2n = 6$인 생물체에서, 다음 시기에는 몇 개의 염색체들이 중기판에 배열하게 되는가? 각 시기의 모양을 설명하라.

(a) 체세포분열의 경우, (b) 감수분열 1기, (c) 감수분열 2기에 각각 어떻게 되는가?

해법:

(a) 체세포분열에서는, 상동염색체들이 접합하지 않으므로 염색체 각각이 한 쌍의 자매염색분체로 이루어진 6개의 이중구조로 존재할 것이다.

(b) 감수분열 1기에서는, 상동염색체들의 접합이 일어나므로 구조물의 수가 3으로 줄어든다. 이 구조물 각각은 사분체(tetrad)로 자매염색분체 두 쌍으로 이루어진다.

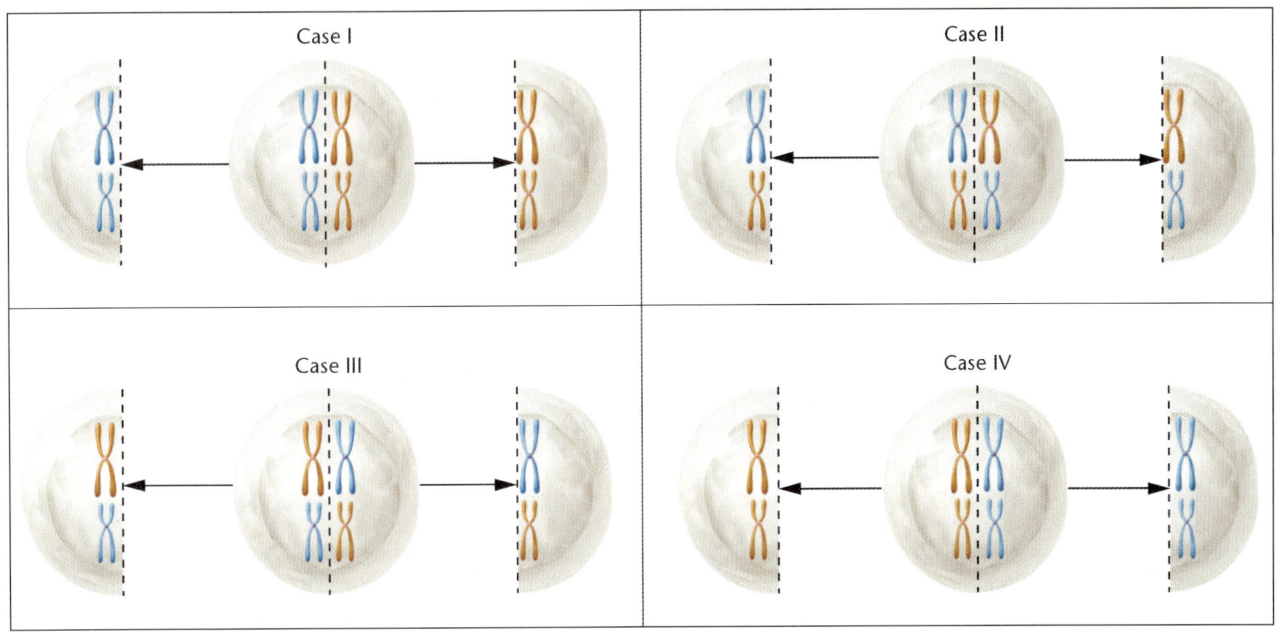

2번 풀이

(c) 감수분열 2기에서는, 1기와 마찬가지로 3개의 구조물로 존재하지만 이 경우는 이미 한 번의 분열을 거쳐 이분체(dyad) 상태이다. 각 이분체는 한 쌍의 자매염색분체이다. 교차가 일어났을 때는, 각 염색분체는 전기 I 기간 중에 얻은 비자매염색분체 일부를 포함하게 된다.

2. 교차를 무시하고, 그림 2-10의 감수분열 과정에 대하여, 감수분열 1기의 중기에 일어날 수 있는 모든 가능한 배열 상태를 그려보라.

해법: 위 그림에서와 같이 $n = 2$일 때는 4가지 경우가 가능하다.

3. 앞의 문제에서 A와 a의 두 대립인자를 가지는 한 유전자가 그림에서처럼 좀 더 큰 두 염색체들에 존재한다고 가정하라. 두 대립인자(B와 b)를 가진 두 번째 유전자가 작은 염색체상에 존재한다고 하고, 감수분열 I기 후에 각 조합(AB, Ab, aB, ab)이 생길 가능성을 계산하라.

해법: 그림을 참고하면,

Case I	AB와 ab	
Case II	Ab와 aB	
Case III	aB와 Ab	
Case IV	ab와 AB	
합계:	$AB = 2$	$(p = 1/4)$
	$Ab = 2$	$(p = 1/4)$
	$aB = 2$	$(p = 1/4)$
	$ab = 2$	$(p = 1/4)$

4. 교차가 일어나지 않는다고 가정할 때, 전기 I 중에 사분체의 조성을 설명하라. 한 번의 교차는 그 구조에 어떠한 영향을 미치는가?

해법: 감수분열 중인 사분체는 4개의 염색분체를 포함하며, 두 쌍으로 이루어져 있다. 각 쌍의 구성원들은 서로서로의 복제물로, 자매염색분체라고 불린다. 이들 자매염색분체는 동원체에 의해 붙어 있다. 사분체 중 한 쌍의 구성원은 모계로부터 온 것이고 또 다른 한 쌍은 부계로부터 온 것이다. 모계와 부계의 염색분체들은 비자매염색분체이다. 이 둘 사이에서 일어난 한 번의 교차는 부계와 모계의 염색분체들의 일부를 교환하게 함으로써 연루된 두 염색분체가 물리적으로 사분체 내에서 포개어진 상태인 키아즈마를 이루게 한다.

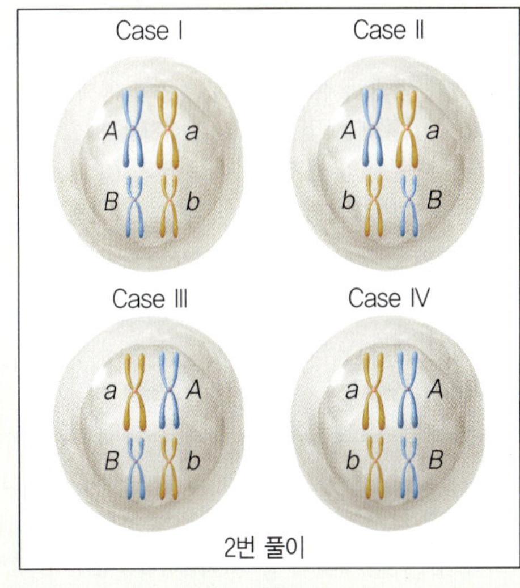

2번 풀이

연습문제 및 토론문제

1. 다음 세포내 성분들은 유전정보의 저장, 발현 혹은 전달에 있어서 어떠한 역할을 담당하는가? (a) 크로마틴, (b) 인, (c) 리보솜, (d) 미토콘드리아, (e) 중심립, (f) 동원체.

2. 상동염색체들, 이배체, 그리고 반수체의 개념들에 대해 설명해 보라. 상동염색체인 두 염색체가 공유하는 특징들은 무엇인가?

3. 만약 한 생물의 두 염색체가 같은 길이에 동원체의 위치도 비슷하지만 상동염색체는 아니라면 이들은 무엇이 다를까?

4. 체세포분열 각 단계에서의 특징적인 사건들에 대해서 설명하라.

5. 만약 한 생물이 이배체 수가 $2n = 16$이라면, 유사분열의 전기가 끝날 때에는 몇 개의 염색분체가 관찰될까? 분열 후기 중에는 몇 개의 염색체들이 양극으로 이동할까?

6. 동원체의 위치를 기준으로 염색체는 어떻게 불리는가?

7. 식물과 동물에서의 체세포분열 말기를 비교하라.

8. 세포주기의 각 상(phase)과 각 상의 특징적인 사건들을 설명하라.

9. 동물세포의 난자생성을 보여주는 그림 2-11을 잘 살펴보라. 제2극체(제2감수분열에서 유래한)의 유전자형은 난세포의 유전자형과 항상 일치할까? 그 이유는?

10. 감수분열과 유사분열의 결과를 비교하라.

11. 다음 용어들을 정의하고 설명하라: (a) 접합, (b) 2가, (c) 키아즈마타, (d) 교차, (e) 염색소립, (f) 염색분체, (g) 사분체, (h) 이분체, (i) 일분체.

12. 감수분열 전기 1의 가장 초기의 과정 중에 나타날 때, 자매염색분체와 비자매염색분체의 유전물질의 내용과 기원이 어떠한지 비교해 보라. 중기 I 과정 중에 중기판에 배열하는 사분체 시기에는 유전물질이 어떻게 변화하는가?

13. 두 가지 형태의 세포분열 결과를 생각할 때, 왜 생식세포분열시에는 상동염색체쌍이 형성되는 것이 필요하고 체세포분열시에는 필요하지 않을까?

14. 어떤 생물체가 이배체이고 제1난모세포의 염색체 수가 16이라고 하면, (a) 전기 1에는 몇 개의 사분체가 존재할까? (b) 전기 II에는 몇 개의 이분체가 존재할까? (c) 후기 II에는 몇 개의 일분체들이 양극으로 이동할까?

15. 정자형성과정과 난자형성과정을 비교하라. 극체 형성의 중요성은 무엇인가?

16. 왜 감수분열이 유사분열과 달리 상당한 유전적 변이를 일으키는지 설명하라.

17. 하나의 이배체 세포가 C1/C2, M1/M2, S1/S2로 표시되는 3쌍의 상동염색체를 가지고 있으며 교차는 일어나지 않는다고 하면, 다음 시기에 몇 가지의 서로 다른 염색체 조합이 존재하겠는가? (a) 체세포분열 후 딸세포들에서, (b) 첫 감수분열 중기에, (c) 두 번의 분열 후 생긴 반수체 세포들에서.

18. 앞의 문제에서 네 번째 상동염색체쌍(W1과 W2)이 추가된다면 서로 다른 반수체 세포의 수는 몇 개인지 예측하라.

19. 반수체 수가 $n = 6$인 한 동물의 난자형성과정 중에서, 하나의 이분체가 감수분열 II에서 비분리를 일으켰다. 두 번째 감수분열이 끝나고 그 이분체는 난자에 그대로 남게 되었다. 다음 과정에서는 몇 개의 염색체가 존재하는가? (a) 성숙한 난자 (b) 제2극체 (c)정상적인 정자와 수정한 후.

20. 반수체 수가 10인 생물이 10개의 염색체 모두를 어머니쪽 상동체로 가질 확률은?

21. 제1감수분열 전기 중에서, (a) 언제 교차가 발생하는가, (b) 접합이 일어나는 시기는? (c) 어떤 단계에서 염색체가 가장 적게 응축되는가? 그리고 (d) 키아즈마타가 처음 보이는 시기는?

22. 식물의 생활사에서 감수분열의 역할을 설명하라.

23. 체세포분열기의 염색체와 염색사(chromatin fiber)를 비교하라. 두 구조물은 어떤 연관이 있는가?

24. 분열 중인 염색체의 접힘 섬유 모델(folded-fiber model)에 대해 설명하라.

25. 여러분은 12개의 염색체를 가지는 어떤 생물에서 만들어진 중기 염색체 프레파라아트(슬라이드)를 받았다. 2개는 분명히 나머지 염색체보다 훨씬 작았으며 길이와 동원체 위치가 같은 것으로 보였다. 이들 두 염색체에 대해 여러분이 알 수 있는 것을 모두 설명하라.

26~31번 문제까지는 세 쌍의 상동염색체 AA, BB, CC를 가지는 이배체 세포를 고려하여 대답하라. 각 쌍은 모계쪽 구성원(A^m 등)과 부계쪽 구성원(A^p 등)을 포함한다. 이러한 표시들을 이용하여 요구된 염색분체 조성을 그려봄으로써 여러분이 체세포분열과 감수분열을 얼마나 잘 이해하고 있는지 증명해 보라. 각 염색분체가 언제 복제 결과로 쌍을 이루는지, 언제 접합에 의해 쌍을 이룬 것인지 확실히 하라. 커다란 종이를 사용하여 친구와 함께 작업해도 좋다. 이러한 협동적 학습은 이 교재의 문제들을 풀 때 매우 유용한 접근법이 될 수 있다.

26. 체세포분열하는 세포에서, 중기에는 어떠한 염색분체 조합이 존재할 것인가? 후기가 끝날 때에는 양극에는 어떠한 조합이 존재할 것인가?

27. 감수분열 I기 중에, 교차가 발생하지 않았다고 가정하면, 전기가 완료되었을 때는 어떠한 염색분체 조합이 존재할까? 초기 후기 중에 이동이 시작될 때 염색분체들의 가능한 배열을 모두 그려보라.

28. 감수분열 II기의 전기 중에는 여러분이 27번 문제에서 그린 것 외에 다른 가능한 염색체 조합이 생기는가? 있다면 그려보라.

29. 감수분열 II기에서 가능한 모든 염색분체들의 조합을 그려보라.

30. 제1감수분열 중에 C 염색체 중 어떤 것도 중기에 분리되지 않아 제2감수분열 중에 이분체들로 분리되었다. 이것이 감수분열 1과 2의 후기 과정 중에 생기는 배열에 어떠한 변화를 일으킬지 그려보라.

31. 얻어진 배우자(30번 문제에서) 각각이 정상적인 반수체 배우자와 수정한다고 가정하라. 어떤 조합이 얻어질까? 몇 퍼센트의 접합자가 이배체이면서 각 염색체쌍에 하나의 부계 염색체와 하나의 모계 염색체를 포함하게 될까?

유전체학 탐구

펍메드(PubMed): 생물의학 문헌의 검색

유전체학과 생물의학 분야에서 빠른 발전이 이루어지는 지금과 같은 시대에는 과학자들이 다양한 온라인 데이터베이스들을 잘 사용할 수 있어야 한다. 이들은 DNA와 단백질의 서열, 유전체 데이터, 염색체 지도, 마이크로어레이 유전자 발현 정보 및 분자 구조에 대한 접근뿐 아니라 데이터 처리에 필요한 생물정보학적 도구들을 제공한다. **펍메드(PubMed)**는 생물의학 분야에서 발표된 문헌 자료들을 탐색하고 읽을 수 있는 중요한 도구다.

펍메드는 인터넷 기반의 탐색 시스템으로 미국 국립 의학 도서관(National Library of Medicine)의 국립 생명공학기술 정보센터(National Center of Biotechnology Information, NCBI)에 의해 개발되었다. 펍메드를 이용하면 4600여 가지의 생물의학 관련 잡지들에서 1500만 개 이상의 논문들에 접근할 수 있다. 이 잡지들 중 다수는 문헌 전문을 대학 도서관들을 통해 온라인으로 접근할 수 있도록 하고 있으며, 일부 잡지들은 일정 기간 내의 문헌들에 대해서는 무료로 대중의 접근을 허용하기도 한다.

이에 대한 연습으로 우리는 튜불린(tubulin), 인간의 암(human cancer), 그리고 암치료(cancer therapy) 및 정자형성 과정의 유전학(genetics of spermatogenesis) 사이의 관계에 대한 다음 질문에 답을 찾기 위한 펍메드 항해를 시작해 보자.

■ 연습 1: 튜불린, 암, 그리고 체세포분열(mitosis)

이 장에서 우리는 세포주기 중에서의 튜불린과 미세소관의 역동적 행동에 대한 내용을 배웠다. 암세포들은 지속적이고 조절되지 않는 형태의 체세포분열을 특징으로 한다.

튜불린과 미세소관이 암의 발생에 기여할 가능성이 있을까? 이러한 주요 구조들이 암치료의 표적이 될 수 있겠는가?

1. 여러분의 답을 찾기에 앞서 다음 사이트에 접속하라: **http://www.ncbi.nlm.nih.gov/pubmed/**.
2. 탐색 상자(SEARCH)에 "tubulin cancer"라고 쳐 넣고, "go" 버튼을 눌러 탐색을 수행하라.
3. 몇 가지 실험 논문들을 골라 요약(abstract) 부분을 읽어보라.

암과 튜불린의 상관관계에 대한 질문에 답하기 위해서는 아마도 더 작은 수의 논문들, 예를 들어 리뷰 논문(review article)에 국한해 탐색하기를 원할 수도 있다. 이를 위해서는:

1. 페이지의 오른쪽 상단 근처에 있는 "결과물 거르기(Filter your results)" 섹션에 제시된 "All", "Review"와 "Free full text" 중에서 "Review"를 선택하면 3000개 이상의 리뷰 논문들이 제시될 것이다.
2. 만약 찾고자 하는 논문의 출판일이나, 저자, 잡지명을 선택하고 싶다면 "Search" 박스 옆에 제시된 "고급 검색(Advanced search)"을 선택하여 검색하면 원하는 논문을 찾을 수 있다.

만약 학교 도서관에서 접속권을 구매했거나 개인적으로 구독하는 것, 혹은 무료 접속 등에 의해 접속이 가능하면, 요약문이나 논문 전체를 살펴보라. 수업 시간에 동료들과 여러분의 경험에 대해 토론하거나 간단한 보고서로 의견을 교환하도록 하라. 여러분의 탐색 결과 배우게 된 가장 중요한 점 두 가지를 설명하고 탐색 과정 중에 여러분이 만났던 정보 출처를 확인해 보라.

■ 연습 2: 인간의 정자형성과정에서의 질병들

연습 1에서 설명한 방법을 이용하여, 결함이 있는 정자형성과정에 관련된 인간 질병 몇 가지를 찾아보라. 어떠한 유전자들이 인간의 정자형성과정에 관여하는가? 어떻게 이들 유전자의 결함이 불임 질병을 유발하는가? 여러분이 배운 것에 대해 구두로, 혹은 간단한 보고서를 만들어 발표해 보고 정보의 출처가 어떤 것이었는지도 밝혀보라.

정답

Solutions to Problems and Discussion Questions

2. 상동인 염색체들은 전체적인 길이를 포함하여 많은 특징들을 공유한다; 동원체의 위치(중부동원체성, 편부동원체성, 차단부동원체성, 단부동원체성); 밴드 패턴; 유전자의 형태와 위치; 자기방사 패턴 등. 이배수성(diploidy)은 종종 $2n$이라는 표시와 연계되어 사용된다. 이것은 상동염색체쌍의 두 구성원들이 모두 존재한다는 뜻이다. 반수체성(haploidy)은, 특히 각 반수체 세포들이 각 상동염색체쌍의 구성 염색체 중 하나의 염색체만을 가진다는 사실을 나타낸다.

6. 중부동원체성(metacentric) 염색체는 동원체가 중앙에 위치하며(a), 편부동원체성(submetacentric) 염색체는 동원체가 중앙에서 벗어나 있고(b), 차단부동원체성(acrocentric) 염색체의 경우에는 동원체가 한쪽 끝을 향해 위치하며(c), 단부동원체성(telocentric) 염색체(d)는 동원체가 염색체 말단에 위치한다. 후기 염색체 배열들은 이와 같은 동원체의 위치에 영향을 받는다.

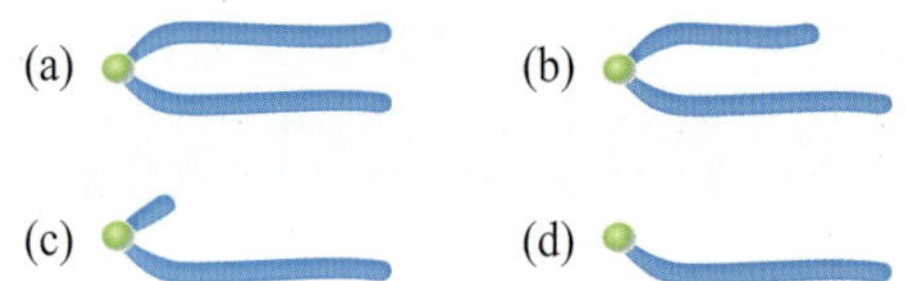

8. 세포주기의 주요 구분은 간기와 분열기를 포함한다. 간기는 G1, G0, S 그리고 G2의 네 단계로 이루어진다. S기 중에는 염색체 DNA가 배가 된다. 핵분열과정(karyokinesis)을 통해 핵이 분열되는 반면, 세포질분열(cytokinesis) 중에는 세포질이 나뉘게 된다.

10. 염색체적 지속성이 유지되는 체세포분열과 비교하면, 감수분열은 상동염색체들 사이에서 유전물질이 교환될 기회를 제공하고 염색체 수가 감소되도록 한다.

12. 자매염색분체(sister chromatid)들은 DNA 복제 중에 발생할 수 있는 돌연변이를 제외하면 유전적으로 동일하다. 비자매염색분체들은 상동염색체들 상에서는 유전적으로 유사하지만, 비상동염색체들 상에서라면 유전적으로 다르다. 만약 교차가 발생하면, 같은 동원체에 부착되어 있는 염색분체들이라도 더 이상 동일하지는 않게 된다.

14. (a) 8개의 사분체(tetrad).
(b) 8개의 이분체(dyads).
(c) 8개의 단일체(monad)가 양극으로 이동한다.

16. 첫째, 감수분열 후기 I에서 염색체의 독립적 분배를 통해, 딸세포들(2차 정모세포 혹은 2차 난모세포들)은 서로 다른 모계 및 부계 기원 염색체 조합을 가지게 된다. 둘째로, 체세포분열 세포들에서보다 훨씬 빈번하게 발생하는 교차에 의해 모계와 부계 기원의 염색체들이 분절을 교환하고, 따라서 딸세포들(2차 정모세포와 2차 난모세포들)이 유전적으로 독특할 가능성이 훨씬 증가하게 된다.

18. 또 다른 염색체쌍이 추가되면 16개의 조합이 될 것이다.

20. $(1/2)^{10}$

22. 속씨식물에서, 감수분열로 소포자(microspores; male)와 대포자(megaspores; female)가 형성되어 반수체의 암수 배우체 시기가 시작된다. 소배우체와 대배우체는 각각 수배우자와 암배우자를 생산한다. 수정 후에는 포자체(sporophyte)가 형성된다.

24. 섬유 접힘 모형은 각 염색분체가 실타래 같이 하나의 섬유가 감겨 구성되어 있다는 것에 기초한 것이다. 각 섬유는 DNA와 단백질로 구성된다. 감김과정은 체세포분열이나 감수분열의 전기 중에 간기의 크로마틴(염색질)이 좀 더 응축된 염색체로 전환되는 중에 발생한다. 그러한 응축현상은 각 염색분체 내 DNA의 길이가 5000배나 줄어들도록 한다. 그러한 전환은 간기말~전기 시작 때 염색체 응축시에 발생한다. 이러한 과정에 의해 점차적으로 짧아지고 두꺼워져서 전형적인 중기 염색체가 된다.

26. 복제된 염색체들 A^m, A^p, B^m, B^p, C^m 그리고 C^p가 중기 배열을 할 것이고, 동원체가 분리되어 자매염색분체들이 후기에 양극으로 이동한다.

28. 앞의 문제에서 여러분이 8개의 가능한 조합을 발견했다면, 이 문제에서 새로 추가되는 것은 없다.

30. 제 I 감수분열 말에 염색체 C의 비분리 결과물은 다음과 같다.

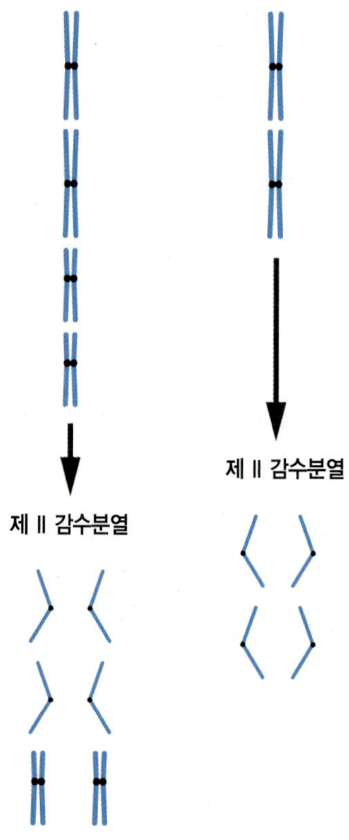

제 II 감수분열 말에는 이 문제가 언급했던 대로 C 염색체는 제 II 감수분열 중에 1분체가 아닌 2분체로 분리된다면, A, B 염색체에 대해서는 1분체, C 염색체에 대해서는 2분체(왼쪽 세포)가 나올 수 있다.

CHAPTER

멘델 유전학

그레고르 요한 멘델.
1866년, 완두를 사용한 실험 결과로 전달 유전학의 주요 가정들을 제시했다

단원 개념

- 유전은 유전자라고 불리는 분명한 요소들에 저장되어 있는 정보에 의해 조절된다.
- 유전자들은 염색체라고 불리는 운반자에 의해 한 세대에서 그 다음 세대로 전달된다.
- 쌍으로 존재하는 염색체들은 양친 유전의 기초를 제공한다.
- 배우자형성과정 중에는 그레고르 멘델에 의해 설명된 첫째 가정에 따라 염색체들이 분배된다. 이 가정은 19세기 완두 정원에서 이루어진 그의 연구에 기초한 것이다.
- 멘델의 가정들은 배우자형성과정 중에 상동염색체들이 다른 상동염색체 쌍들과는 독립적으로 나뉘어 분배된다고 설명하고 있다.
- 확률로 표현되는 유전적 비율들은 기회분산에 종속적이며, 통계적으로 측정될 수 있다.
- 가계도 분석은 인간 형질들의 유전과 관련된 예측을 가능하게 한다.

생물학적 형질들의 유전 현상은 수천 년 동안 인식되어 왔지만, 이에 관여하는 기작에 대한 최초의 중요한 통찰은 약 135여 년 전에 이루어졌다. 1866년, 그레고르 요한 멘델(Gregor Johann Mendel)은 유전학의 공식적 원리의 기초가 되었던 일련의 실험들에 대한 결과를 발표하였다. 멘델의 연구는 세기가 바뀌도록 거의 언급되지 않았었지만 후에 분명한 유전 단위로서의 유전자의 개념이 확립되었다. 염색체들의 구성원으로서 유전자들이 어떻게 자손으로 전달되고 어떻게 형질들을 조절하는가가 분명해졌다. 20세기 내내 연구가 꾸준히 진행되었다. 실제로 가장 최근에 이루어진 분자 수준의 연구들은 1900년대 초 이래로 생물학적 연구의 가장 최전선을 계속 유지해 왔다.

멘델이 완두(*Pisum sativum*, garden pea)를 사용하여 유전연구를 시작했을 당시는 염색체나 혹은 감수분열의 역할과 기구 등에 대해 알려진 것이 거의 없던 시기였다. 그럼에도 불구하고, 그는 불연속적인 **유전단위**(units of inheritance)가 있음을 확신하고 이들이 배우자 형성 중에 어떻게 행동하는지를 예측하였다. 연이은 연구자들은 세포학적 자료를 가지고 그들이 관찰한 감수분열 중의 염색체의 행동과, 유전에 있어서의 멘델의 원리를 연결시킬 수 있게 되었다. 일단 이러한 연결이 확립되고 나자, 멘델의 가정들은 **전달 유전학**(transmission genetics)이라고 알려진 학문의 기초로 받아들여지게 되었다.

학습 방법

이번 장에서는 어떻게 멘델이 유전을 설명하는 기본 가정들을 유도할 수 있었는지에 초점을 맞추었다. 여러분이 이러한 주제를 공부할 때는 다음과 같은 몇 가지의 기본적인 질문에 답할 수 있도록 노력해야 한다.

1. 직접 관찰할 수 없었음에도, 어떻게 멘델은 기본적인 유전적 구성분들로서의 단위요소가 존재한다는 것을 알았는가?
2. 우리는 어떻게 우성 형질을 나타내는 생물체가 동형접합성인지 이형접합성인지를 알 수 있는가?
3. 유전적인 자료를 다룸에 있어서 우리는 어떻게 예상 비율에서 벗어나는 결과가, 다른 독립적인 요소에 의한 것이 아니라 단순히 기회에 의한 것이라는 사실을 알 수 있는가?
4. 한 형질이 인간에서 어떻게 유전되는지는 어떻게 알 수 있는가?

3.1 멘델은 유전의 패턴을 연구하기 위해 실험적 접근법을 이용했다

요한 멘델(Johann Mendel)은 1822년 중부 유럽 하인젠도르프(Heinzendorf)라는 마을의 한 농가에서 태어났다. 고등학교에서는 우수한 학생이었고, 그 후에는 수년 동안 철학을 공부하여 1843년 브루노(Brno)-지금은 체코 공화국의 일부-에 있는 성 토머스라는 어거스틴 수도원에 입학하여 그레고르라는 이름을 받았다. 1849년에 그는 목회직을 떠나 수년 동안 교사로서 살게 된다. 1851년부터 1853년까지 그는 비엔나 대학에서 물리학과 식물학을 공부하게 된다. 1854년에 브루노로 돌아온 다음 16년 동안 물리학과 자연과학을 가르쳤다. 멘델은 전 생애에 걸친 연구에 수도원으로부터의 지원을 받았다.

1856년, 멘델은 완두를 가지고 그의 첫 잡종화 실험을 실행했다. 멘델의 이력에서 이 연구 시기는 1868년까지 지속되는데, 이때는 그가 대수도원장으로 선출되었을 때였다. 그는 유전학에 관심을 계속 가지고 있었지만 새로운 임무에 대부분의 시간을 소비했다. 1884년 멘델은 신장질환으로 사망한다. 지방 신문은 다음과 같은 헌사를 썼다:

> "그의 죽음은 불쌍한 사람들로부터 후원자와, 고결한 심성을 가진 훌륭한 인간이자 따뜻한 친구였고, 자연과학의 장려자였으며, 모범적인 목회자였던 한 사람을 앗아갔습니다."

멘델은 1865년 어떤 완두 계통들 사이에서 간단한 유전적 교배 결과를 처음 보고하였다. 물론 그의 보고가 유전을 지지하는 실험적 증거를 제공하기 위한 첫 시도는 아니었으나, 다른 사람이 실패했던 곳에서 멘델이 성공한 것은 적어도 부분적으로는 그의 세련된 실험 디자인과 분석에 기인한 것으로 볼 수 있다.

멘델은 실험 생물학에 필요한 좋은 방법론에 대한 놀라운 통찰을 보여주었다. 그는 기르기 쉽고, 인공 교배가 가능한 생물을 선택했다. 완두는 자연적으로는 자가 수정하는 식물이지만 실험적으로 이계 교배를 쉽게 할 수 있다. 완두는 한 계절 내에 성숙하여 생식까지 잘 일어난다. 그리고 멘델은 눈으로 볼 수 있는 7가지 형질(단위 형질)을 선택했는데, 이들 각각은 서로 반대되는 **형질**(trait)이나 모양을 대표하는 것이다(그림 3-1). 예를 들어, 줄기의 높이라는 특징에 대해서 그는 키가 큰 것(tall)과 작은 것(dwarf)을 가지고 실험했다. 그는 종자의 모양과 색깔, 꼬투리의 모양과 색깔, 그리고 꼬투리와 꽃의 배열을 포함하는 6가지 또 다른 대조적 특징들의 쌍을 선택하였다. 그는 지역 종자 상인으로부터 순계를 얻을 수 있었는데 자가 수정하는 식물의 순계 안에서는 형질들이 세대가 바뀌어도 변하지 않는 것으로 나타난다.

적당한 생물체를 선택했음에 더하여, 몇 가지 다른 요인들도 멘델의 성공을 도왔다. 그는 각 실험에서 대조되는 형질을 한 가지 혹은 몇 가지로 제한했던 것이다. 또한 정확한 양적 기록을 유지했는데, 이는 유전학 실험에 있어 필수요소다. 자신의 자료 분석으로부터 멘델은 전달 유전학의 원리가 되었던 가정들을 유도하였다.

멘델 실험의 결과는 그의 사후, 그 세기가 바뀔 때까지도 제대로 인정받지 못하였다. 그러나 염색체의 기능과 행동을 연구하던 유전학자들에 의해 멘델의 논문들이 재발견되자, 그의 가정들이 함유한 뜻이 당장에 분명해지게 되었다. 그는 유전형질의 전달에 대한 기초를 발견했었던 것이다!

특징	대립형질들		F_1 결과	F_2 결과	F_2 비율
종자	round/wrinkled		all round	5474 round 1850 wrinkled	2.96:1
	yellow/green		all yellow	6022 yellow 2001 green	3.01:1
콩깍지	full/constricted		all full	882 full 299 constricted	2.95:1
	green/yellow		all green	428 green 152 yellow	2.82:1
꽃의 색	violet/white		all violet	705 violet 224 white	3.15:1
꽃의 위치	axial/terminal		all axial	651 axial 207 terminal	3.14:1
줄기 길이	tall/dwarf		all tall	787 tall 277 dwarf	2.84:1

그림 3-1 7쌍의 대립형질에 대한 요약과 완두(*Pisum sativum*)를 사용한 멘델의 7가지 단성 잡종 실험 결과. 각 경우에서 한 가지 형질을 나타내는 식물로부터 얻어진 화분들이 다른 형질을 나타내는 난세포를 수정시키는 데 사용되었다. F_1 세대에서는 모든 식물에서 두 가지 형질 중 하나(우성)만이 나타난다. 대립형질(열성)은 F_2 식물의 약 1/4에서 다시 나타난다.

3.2 단성 잡종 교배는 어떻게 한 형질이 다음 세대로 전달되는지를 보여준다

멘델의 가장 간단한 교배 실험들은 오직 한 쌍의 대립형질에 관한 것이다. 이러한 각각의 교배 실험을 **단성 잡종 교배**(monohybrid cross)라고 한다. 단성 잡종 교배는 두 종류의 부모 계통에서 서로 대조되는 형태나 특징을 보이는 개체들을 교배함으로써 이루어진다. 우선, 우리는 그러한 교배의 자손 첫 세대를 조사하고, 이 첫 세대의 개체들을 **자가 교배**(selfing, self-fertilization)하여 얻은 자손을 조사하게 된다. 원래의 부모들을 $\mathbf{P_1}$ 혹은 **부모세대**(parental generation), 그들의 자손들을 $\mathbf{F_1}$, 혹은 **첫째 자손 세대**(first filial generation), F_1 세대의 자가 수정으로 얻어진 개체들을 $\mathbf{F_2}$, 혹은 **둘째 자손 세대**(second filial generation)라고 한다. 물론 우리는 필요하다면 그 이상의 세대들에 대해서도 계속 조사할 수 있다.

긴 줄기(tall) 혹은 짧은 줄기(dwarf)를 가진 순계 완두들 내에서의 교배가 멘델의 단성 잡종 실험에서 대표적이다. 키가 큰 것과 작은 것은 줄기 높이라는 특징의 대조적 형태 혹은 형질들이다. 키가 큰 것과 작은 식물들이 서로 간에 교배하지 않거나 다른 계통과 교배되지 않는다면 그들은 자가 교배를 거쳐 순계를 이루게 되며, 세대를 지나도 그들의 대표 형질을 계속 표현하게 된다. 그러나 멘델이 키가 큰 것과 작은 것을 교배시켰을 때 그 결과로 얻어진 F_1 세대는 오직 키가 큰 식물들뿐이었다. 멘델은 이 F_1 세대의 구성원들을 자가 교배하면, 1064개체의 F_2 식물 중 787개체가 키가 큰 반면, 277개체는 키가 작음을 발견했다. 이 교배(그림 3-1)에서 키가 작은 형질은 F_1에서는 사라졌다가 F_2 세대에 다시 나타남에 주목하라.

유전적 자료들은 보통 비율로 표현되고 분석된다. 이 특정한 실험에 대해 수많은 동일한 P_1 교배가 행해졌고, 수많은 F_1 식물–모두 키가 큰–들이 얻어졌다. 1064개체의 F_1 식물들 중에서 787개체가 크고, 277개체가 작다는 것은 비율로 2.84:1.0, 약 3:1로 나타낼 수 있다.

멘델은 다른 쌍의 대립형질에 대해서도 같은 실험을 하였다. 이들 교배의 결과가 그림 3-1에 나타나 있다. 모든 경우에서 방금 설명한 '큰 것–작은 것'의 경우와 마찬가지 결과가 얻어졌다. 모든 F_1 자손들은 부모의 한쪽과 동일하였다. F_2 자손들에서는 대략의 비율이 3:1로 얻어졌다. 3/4이 F_1 부모의 한쪽과 같았고, 1/4이 F_1에서는 보이지 않았던 반대쪽 형질을 나타냈다.

이 단성 잡종 실험에서 한 가지 짚고 넘어가야 할 것은, 각각의 경우에서 유전의 F_1과 F_2 패턴들이 어떤 P_1 식물이 화분을 제공했는지 혹은 난세포를 제공했는지에 관계없이 모두 비슷한 결과였다는 것이다. 이렇게 교배 실험은 두 가지 방식으로 이루어질 수 있는데–즉, 작은 식물을 큰 식물의 화분으로 수분시키거나,

혹은 그 반대로 수분시키는 방법이다. 이러한 교배를 **상반교잡**(reciprocal cross)이라고 한다. 그러므로 멘델의 단성 잡종 실험 결과들은 성에 의존하지 않는다.

이러한 결과들을 설명하기 위해 멘델은 각 형질에 대해 입자로 이루어진 단위요소의 존재를 제안했다. 그는 이러한 요소들이 유전의 기본 단위로 사용되고, 각 식물에서 발현되는 다양한 형질을 결정하며, 세대를 거쳐 변화하지 않고 전달된다고 주장하였다. 이러한 일반적인 생각을 이용하여 멘델은 어떻게 그러한 요소들이 단성 잡종 교배의 결과를 설명할 수 있는지에 대한 정확한 가설을 세울 수 있었다.

멘델의 처음 세 가지 가설

단성 잡종 실험의 일관적인 결과를 사용하여 멘델은 다음과 같은 유전의 세 가지 가정, 혹은 법칙들을 유도해 내었다.

1. 쌍을 이루는 단위요소들(Unit factors in pairs)

유전적 특징들은 각 개체에 쌍으로 존재하는 단위요소들에 의해 조절된다.

키가 큰 것과 작은 것에 대한 단성 잡종 교배에서, 특정 **단위요소**(unit factor)는 각 형질을 나타낸다. 이러한 요소들이 쌍으로 존재하므로 세 가지 조합이 가능하다: 두 요소 모두 키가 큰 것, 두 요소 모두 키가 작은 것, 한 요소는 키가 크고 다른 하나는 키가 작은 것. 모든 개체들은 이러한 세 가지 조합 중에 하나를 가질 것이고 그것이 줄기의 길이를 결정하게 된다.

2. 우성/열성(Dominance/recessiveness)

한 가지 특징에 대하여 상반된 인자들이 한 개체 내에 존재할 때는 하나의 단위요소가 다른 하나에 대해 우성으로 작용하고 이때 남은 하나는 열성이라고 불린다.

각 단성 잡종 교배 실험에서 F_1 세대에서 표현되는 형질은 **우성**(dominant) 단위인자에 의해 조절된다. 발현되지 않는 형질은 **열성**(recessive) 요소에 의해 조절된다. 이러한 우성/열성 관계는 상반된 요소가 쌍으로 존재할 때만 유지된다. 우성, 혹은 열성이라는 용어는 그 형질을 지칭할 때도 사용된다. 이러한 경우에 긴 줄기는 짧은 줄기에 대해 우성이라고 말한다.

3. 분리(Segregation)

배우자 형성 중에, 쌍으로 이루어진 단위요소들은 무작위로 나누어지므로 각 배우자는 동일한 확률로 한 인자 혹은 다른 인자를 받게 된다.

어떤 개체가 닮은 인자들의 쌍을 가진다면(즉, 두 개가 모두 키가 큰 형질을 지정하는 경우), 배우자는 모두 한 개의 키가 큰 요소를 가진다. 한 개체가 서로 닮지 않은 단위요소를 가진 경우에는(예를 들어, 하나는 키가 큰 것, 하나는 작은 것) 각 배우자는 50%의 확률로 키가 크거나 혹은 키가 작은 요소를 가진다.

이러한 가정들은 단성 잡종 교배 실험에 대한 적당한 설명을 제공한다. 예를 들어, '키가 큰 것/ 작은 것' 의 교배를 사용해 보자. 멘델은 키 큰 P_1 식물이 모두 동일한 단위요소들을 가질 것이고 마찬가지로 키 작은 P_1 식물들도 동일한 단위요소들을 가질 것으로 추론했다. 키 큰 식물의 배우자들은 **분리**(segregatim)의 결과 모두 하나의 키 큰 단위요소들을 가지게 된다. 마찬가지로 키 작은 식물의 배우자도 모두 키가 작은 단위요소들을 가진다. 수정 이후에 모든 F_1 식물들은 부모로부터 각각 하나씩의 단위요소들을 받는데, 하나는 키 큰 부모로부터 온 키가 큰 요소와, 작은 부모로부터 온 키가 작은 요소 하나씩을 받아 다시 쌍을 이루게 된다. 키가 큰 것이 작은 것에 대해 우성이므로 모든 F_1 식물들은 키가 크다.

F_1 식물이 다시 배우자를 만들 때는, 분리의 가정에 의해 각 배우자는 무작위로 키가 큰 요소, 혹은 키가 작도록 하는 요소 중 어느 하나만을 받게 된다. F_1의 자가 교배에 의해 무작위로 수정이 일어날 것이고 4가지의 F_2 조합들이 동등한 빈도로 나오게 된다.

(1) 큰 것/큰 것
(2) 큰 것/작은 것
(3) 작은 것/큰 것
(4) 작은 것/작은 것

조합 (1)과 (4)에 의해 각각 키가 큰 것과 작은 식물이 나오게 된다. 우성/열성 가정에 따르면 조합 (2)와 (3)의 경우 모두 키가 큰 식물을 나타나게 한다. 그러므로 F_2는 3/4의 큰 식물과 1/4의 작은 식물로 구성되리라 예상된다. 이것이 대략 멘델이 키 큰 것과 작은 식물의 교배에서 관찰한 내용이다. 다른 단성 잡종 교배에서도 비슷한 패턴이 관찰되었다(그림 3-1을 보라).

현대의 유전학적 용어

단성 잡종 교배와 멘델의 첫 세 가지 가정을 설명하기 위해 우리는 단위요소들을 나타내는 몇 가지 새로운 용어들과 기호들을 사용하여야 한다.

키가 크거나 혹은 작은 것은 단위요소에 포함된 정보의 가시적 발현이다. 이러한 형질의 물리적 양상을 가리켜 개체의 **표현형**(phenotype)이라고 한다. 멘델의 단위요소는 현대 유전학자들이 **유전자**(gene)라고 부르는 유전인자를 나타낸다. 식물의 키처럼 어떤 주어진 형질에 대한 표현형은 **대립인자**(allele; 대립유전자)라고 부르는 한 개의 유전자에 의해 결정된다. 예를 들어, 키가 큰 것과 작은 것에 대한 유전요소들은 완두라는 식물의 키를 결정하는 대립인자들이다.

관례적으로, 열성 형질의 처음 문자를 문제의 형질을 기호화하는 데 사용한다. 이탤릭체 소문자는 열성 형질에 대한 대립인자를 지시하는 것이고, 이탤릭 대문자는 우성 형질의 대립인자를 나타낸다. 그러므로 우리는 작은 대립인자에 대해서는 *d*를, 큰 대립인자에 대해서는 *D*를 사용한다. 대립인자들은 한 개체 내에 존재하는 두 단위요소를 나타낼 때는 쌍으로 쓰이고(*DD*, *Dd*, 혹은 *dd*), 이들 기호를 **유전자형**(genotype)이라고 부른다. 이 용어는 한 개체의 유전적 조성이 반수체인지 배수체인지를 나타낸다. 유전자형을 읽음으로써 개체의 표현형을 알 수 있다: *DD*와 *Dd*는 크고, *dd*는 작다. 두 대립인자가 같을 때(*DD* 또는 *dd*) 그 개체를 **동형접합성**(homozygous) 혹은 **동형접합체**(homozygote)라고 말한다; 대립인자가 서로 다를 때(*Dd*)는 **이형접합성**(heterozygous) 혹은 **이형접합체**(heterozygote)라는 말을 사용한다. 그림 3-2에서는 단성 잡종 교배를 설명하는데 이러한 기호와 용어들이 사용되었다.

현대 유전학자들에 흔한 뒷궁리나 편향 없이 작업을 하였으므로, 멘델의 분석적 추론은 매우 뛰어난 과학적 업적으로 평가되어야 한다. 비교적 간단하지만 정확하게 수행된 실험적 기초 위에서 그는 유전의 불연속적 입자가 존재할 뿐 아니라 어떻게 그것이 세대를 거쳐 전달되는지도 설명할 수 있었다.

퍼네트 사각형

수정과정 중에 접합자의 재조합으로 생기는 유전자형과 표현형은 **퍼네트 사각형**(Punnett squares)을 만들어 쉽게 살펴볼 수 있는데,

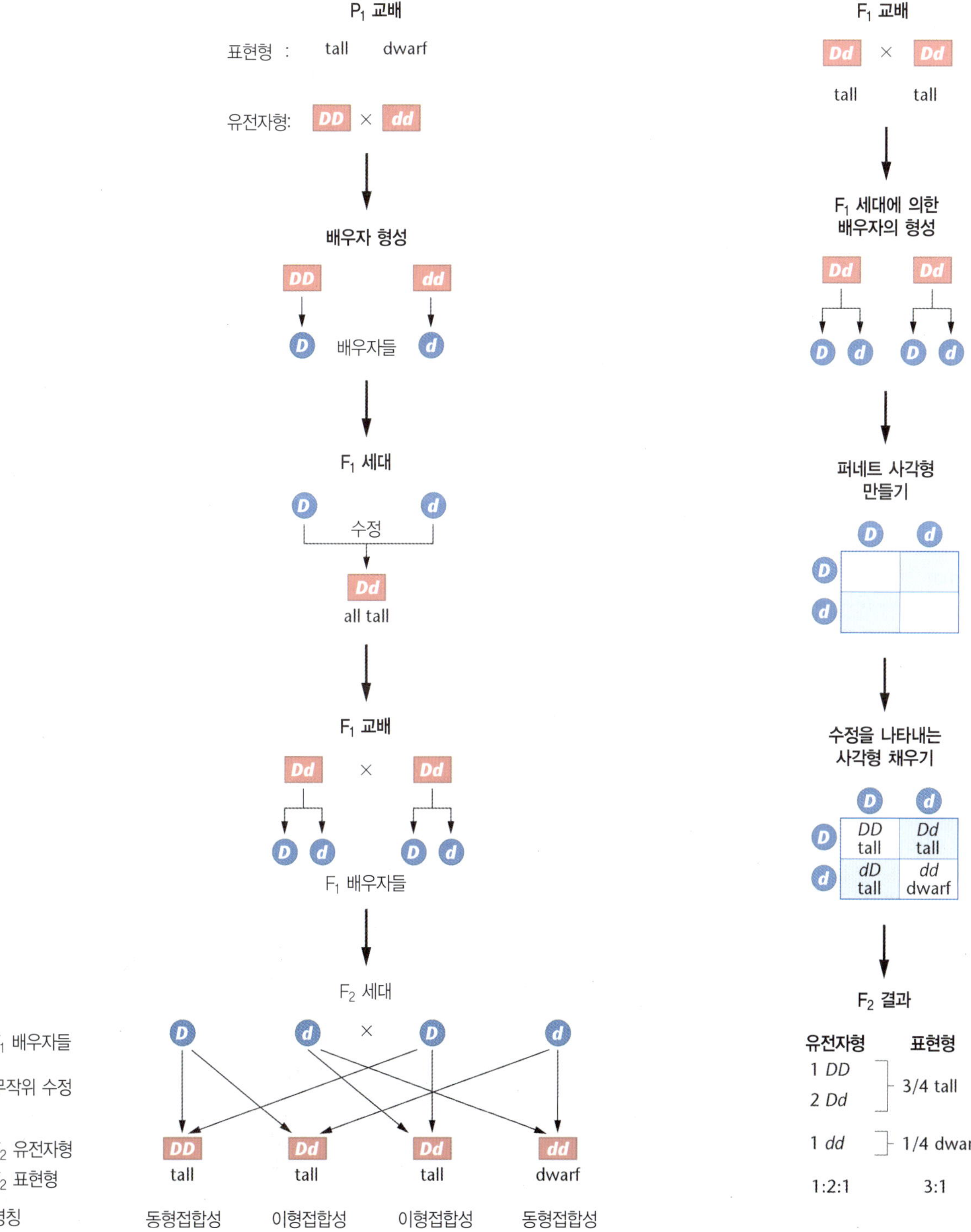

그림 3-2 키가 큰 완두(*D*)와 작은 완두(*d*) 사이의 단성 잡종 교배. 개체들은 사각형으로 나타냈고, 배우자들은 원으로 표시했다.

그림 3-3 그림 3-2에서 나타낸 교배 $F_1 \times F_1$에서 F_2의 비율을 얻는 퍼네트 사각형.

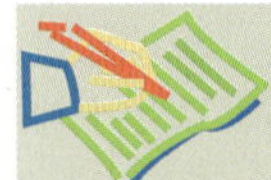

이 문제를 풀어보자

62페이지의 5번 문제는 멘델식 교배에 관한 것으로, 여러분은 여러 경우에서의 부모의 유전자형과 유전양식을 결정하여야 한다.

힌트: 첫 단계는 몇 개의 유전자들이 관여하는지를 결정하는 것이다. 이것을 위해서는, 자료를 멘델식 교배의 특징인 비율로 전환하여야 한다. 이 문제의 경우에서는, 우선 어느 F_2의 비율이 멘델의 3:1 단성 잡종 비율과 맞는지 확인하여라.

이 방법을 처음 고안한 레지널드 C. 퍼네트(Reginald C. Punnett)의 이름을 따른 것이다. 그림 3-3은 $F_1 \times F_1$ 단성 잡종 교배에 대한 이러한 분석법을 보여준다. 가능한 배우자 각각을 세로줄과 가로줄에 위치시키게 되는데 맨 왼쪽의 세로줄은 암배우자를, 위쪽의 가로줄은 수배우자를 표현한 것이다. 배우자들을 세로줄과 가로줄에 넣고 암배우자와 수배우자의 유전정보 조합을 교차하는 칸에 넣음으로써 새로운 세대가 예측된다. 그러므로 이 과정은 모든 가능한 무작위 수정 사건의 목록을 보여주게 된다. 모든 가능한 자손의 유전자형들과 표현형들은 각 칸에 들어간 기호를 읽음으로써 확인할 수 있다.

퍼네트 사각형 방법은 특히 유전학을 처음 배우거나 문제를 풀 때 유용하게 사용된다. 그림 3-3에서 F_2 세대의 3:1 표현형 비와 1:2:1 유전자형 비가 만들어지는 경우에 주목하라.

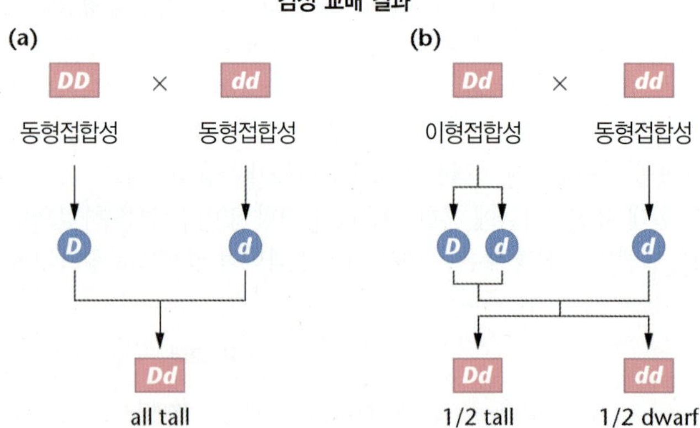

그림 3-4 한 가지 특징에 대한 검정 교배. (a)에서는 키 큰 부모가 동형접합성이다. (b)에서는 키 큰 부모가 이형접합성이다. 키가 큰 부모 각각의 유전자형은, 각 개체들이 동형접합성이고 열성인 키 작은 식물과 교배하여, 자손을 조사함으로써 결정될 수 있다.

검정 교배: 단일 특징

F_2 세대에서 키가 큰 식물들은 *DD*나 *Dd* 유전자형일 것이라고 예상된다. 여기에서 유전자형을 구분할 수 있는 방법이 있는지 물을 수 있다. 멘델은 동식물 육종에서 오늘날까지 사용되는 비교적 간단한 방법을 고안해냈는데, 이를 **검정 교배**(testcross)라고 한다. 우성 표현형을 나타내지만 유전자형을 모르는 생물체는 열성 동형접합성 개체와 교배된다. 예를 들어, 그림 3-4(a)에서처럼 유전

어떻게 멘델의 콩들이 주름지게 되었나?: 분자적 설명

주름진 콩을 이용한 멘델의 선구적인 교배실험이 있은 지 100년이 훨씬 넘은 최근에서야 우리는 어떻게 *wrinkled* 유전자가 콩을 주름지게 하는지 알게 되었다. 이 유전자의 야생형은 **starch branching enzyme I(SBEI)**이라는 단백질을 암호화한다. 이 효소는 씨앗이 성숙할 때 고도로 가지가 쳐진 전분 분자들의 형성을 촉매한다.

주름진 콩은 이 유전자의 돌연변이형을 동형접합으로 갖는 데서 기인하는데, 이들은 효소활성이 결여되어 있다. 가지가 씨앗 내에서 전분이 합성되는 동안 가지의 생성지점이 방해를 받는다. 결국 이것은 더 많은 당의 축적을 일으키고 씨앗이 발달하는 동안 가지의 생성기점이 수분 함량을 증가시킨다. 내부에서 삼투압이 발생하여 물 손실이 일어나게 되는데 결국에는 씨앗의 성숙 중에 주름진 외양을 만든다. 반대로 적어도 한 사본 이상의 정상 유전자(우성 대립인자에 대해 동형접합성이거나 이형접합성인)를 가진 씨앗은 전분을 합성하고 삼투균형을 맞춰 물 손실을 최소화한다. 결국 매끄러운 씨앗 껍질이 만들어진다.

SBEI 유전자가 클론화되고 분석되어, 유전자형과 표현형 사이의 관계에 더 많은 통찰을 제공하였다. 흥미롭게도 돌연변이 유전자들은 800 염기쌍의 외부 서열을 포함하고 있었는데 이것이 정상 서열을 망가뜨린다. 이 외부 조각은 **가동성인자**(transposable elements)라는 서열과 매우 닮아 있다. 이들 서열은 생물체의 유전체 내에서 자리를 옮길 수 있는 능력을 가진다. 이와 유사한 전이인자들이 옥수수, 파슬리, 금어초, 초파리, 그리고 인간을 포함한 여러 생물에서 발견되었다.

주름진 완두와 둥근 완두. 멘델의 단성 잡종 교배에서 사용된 표현형 형질들이다.

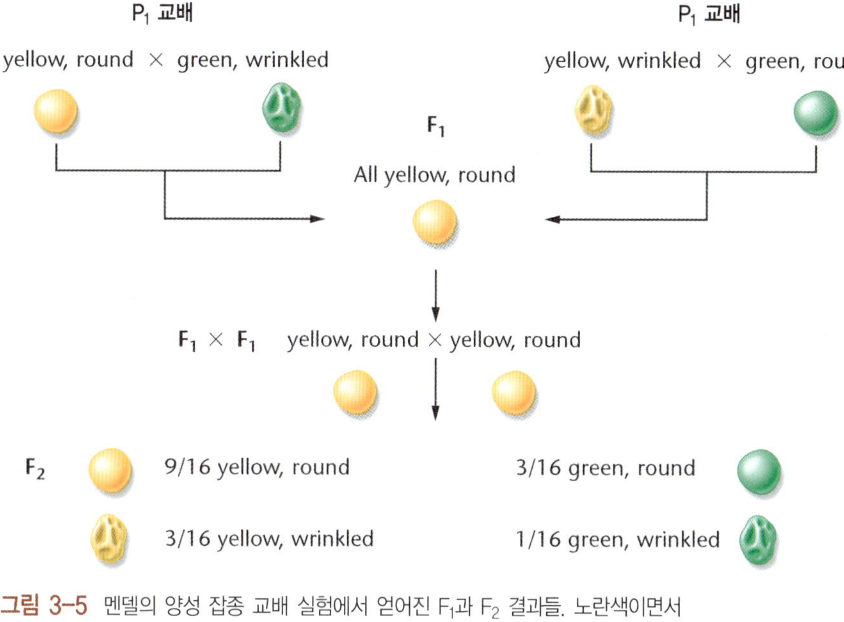

그림 3-5 멘델의 양성 잡종 교배 실험에서 얻어진 F_1과 F_2 결과들. 노란색이면서 둥근 것과 녹색이면서 주름진 식물 사이의 교배 및 노란색이면서 주름진 것과 녹색이면서 둥근 완두 사이의 교배를 나타냈다.

자형이 *DD*인 키 큰 식물이 유전자형이 확실한 *dd* 식물인 키 작은 것과 검정 교배된다면, 모든 자손들은 표현형적으로는 키가 큰 식물이 될 것이고, 이들의 유전자형은 *Dd*가 될 것이다. 그러나 그림 3-4(b)에서처럼, *Dd*인 키 큰 식물이 *dd*인 작은 식물과 교배된다면 자손의 반은 *Dd*인 키가 큰 식물이 되고 나머지 반은 *dd*인 작은 식물이 될 것이다. 그러므로 키 큰 식물과 작은 식물의 비가 1:1이면 모르는 유전자형인 키 큰 식물은 유전적으로 이형접합성임을 증명하는 것이다. 검정 교배는 분리된 단위요소가 키가 크거나 작은 형질을 조절한다는 멘델의 결론을 다시 한번 강조한 것이다.

3.3 멘델의 양성 잡종 교배는 독특한 F_2 비율을 만든다

단성 잡종 교배의 자연스러운 확장으로, 멘델은 동시에 두 특징을 조사하는 실험을 고안했다. 두 쌍의 대조되는 형질들을 포함하는 이러한 교배를 **양성 잡종 교배**(dihybrid cross), 혹은 두 인자 교배(two-factor cross)라고 한다. 예를 들어, 노란색이고 둥근 완두를 가진 완두식물이 녹색이고 주름진 완두와 교배된다면, 그림 3-5에서와 같은 결과가 나올 것이고, F_1 자손들은 모두 노랗고 둥글 것이다. 그러므로 노란색은 녹색에 대해서 우성이고, 둥근 것은 주름진 것에 대해 우성임이 분명하다. F_1 개체가 자가 교배되면 F_2 식물의 대략 9/16이 노랗고 둥글게 나타나며, 3/16은 노랗고 주름진 것으로, 3/16은 녹색이면서 둥글게, 1/16은 녹색이고 주름진 형질을 표현한다.

그림 3-5에 이 교배의 변형이 실려 있다. 두 형질 모두 우성인 P_1(노랗고 둥근)과 두 형질 모두 열성인 식물(녹색이고 주름진)을 교배하는 대신, 노랗고 주름진 씨를 가진 식물과 녹색이고 둥근 씨를 가진 식물을 교배했다. P_1 식물의 표현형이 바뀌었음에도 불구하고 F_1과 F_2에서 얻어지는 결과에는 변함이 없다. 이것이 왜 이러한지 다음 절에서 분명히 해보자.

멘델의 4번째 가정: 독립적 분배

우리는 양성 잡종 교배의 결과를, 이론적으로 따로 수행된 두 단성 잡종 실험으로 가정하여 가장 쉽게 이해할 수 있다. 서로 독립적으로 유전되는 두 쌍의 형질들을 생각해 보자. 즉 어떤 식물이 노랗거나 녹색인 씨를 가지는 확률이 이 식물이 둥글거나 주름진 씨를 가지는 확률에 전혀 영향을 못 미친다는 뜻이다. 그러면 노란색은 녹색에 대해 우성이기 때문에 처음의 이론적 실험에서 모든 F_1 식물들은 노란 씨앗을 가지게 될 것이다. 두 번째 이론 실험에서는 둥근 것이 주름진 것에 대해 우성이므로 모든 F_1 식물들은 둥근 씨앗을 가지게 될 것이다. 멘델이 양성 잡종 교배의 F_1 식물들을 조사했을 때 우리가 방금 예상한 것처럼 모두 노란색이고 둥근 것이었다.

첫 번 실험의 F_2 결과는 3/4이 노란색이고 1/4이 녹색이다. 마찬가지로 두 번째 실험의 결과도 3/4이 둥글고 1/4이 주름진 것이다. 그림 3-5는 양성 잡종 교배에서 12/16의 F_2 식물이 노란색인

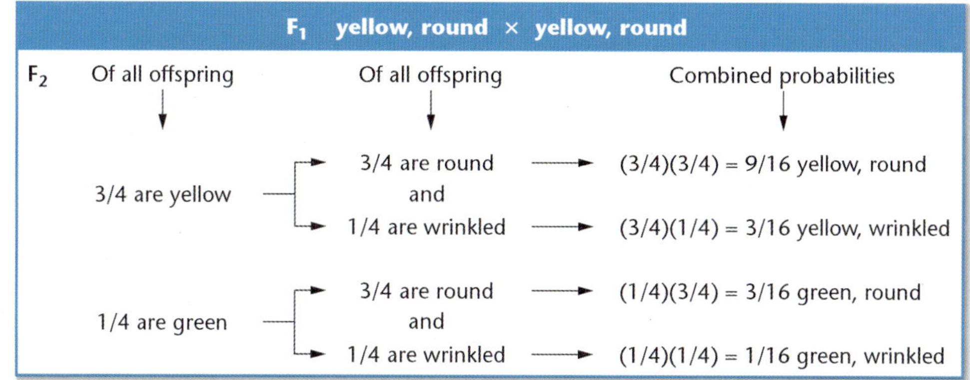

그림 3-6 두 가지 독립 유전형질에 대한 F_2 표현형들이 조합되어 나올 확률을 계산한 것. 각 개체가 노란색이거나 녹색일 확률은 둥글거나 주름질 확률과는 독립적이다.

반면, 4/16이 녹색이었는데 이는 예상된 3:1(3/4:1/4)의 비율을 나타내는 것이다. 비슷하게 12/16의 F_2 식물이 둥근 씨앗이고 4/16이 주름진 씨앗으로 3:1(3/4:1/4)의 비율이 반복된다.

대조되는 형질들의 두 쌍이 독립적으로 유전된다는 것이 확실하므로, 우리는 모든 가능한 F_2 표현형의 빈도를 확률의 **곱셈 법칙**(product law)을 적용하여 예측할 수 있다. "두 독립 사건이 동시에 일어날 때 두 결과가 조합되어 나올 가능성은 사건의 개별 가능성을 곱한 것(product)과 같다." 예를 들어, F_2 식물이 노란색이면서 둥근 씨앗을 가질 확률은 모든 F_2 식물의 3/4이 노란색이고 모든 F_2 식물의 3/4이 둥글게 나올 것이므로 (3/4)(3/4), 즉 9/16이다. 같은 방식으로 다른 3가지 F_2 표현형의 확률을 계산할 수 있다: 노란(3/4) 것이면서 주름진(1/4) 씨앗은 3/16으로 예측되며, 녹색이고(1/4) 둥근 것(3/4)은 3/16, 녹색(1/4)이면서 주름진(1/4) 것은 1/16으로 예상된다. 이러한 계산들이 그림 3-6에 나와 있다.

이제 왜 F_1과 F_2의 결과가 처음 교배에서, 둥글고 노란 것과 주름지고 녹색인 것이 교배되든, 주름지고 노란 것과 둥글고 녹색인 것이 교배되든 간에, 동일한 결과가 나오게 되는지 확실해졌다. 두 교배에서 모든 식물의 F_1 유전자형이 동일하다. 즉, 각 식물은 두 유전자 쌍에 대해 이형접합성이다. 결과적으로 F_2 세대는 두 교배에서 역시 똑같게 된다.

많은 수의 양성 잡종 교배 실험의 결과가 비슷하게 나오는 것을 기초로 멘델은 **독립적 분배**(independent assortment)라는 4번째 가정을 제안하였다: 배우자형성과정 중에는 단위요소쌍들이 서로 독립적으로 분배된다.

이 가정은 어떤 단위요소쌍이라도 그 분리는 다른 쌍에 독립적으로 일어난다는 것을 명시하는 것이다. 분리의 결과로 각 배우자들은 단위요소들의 모든 쌍에서 한 구성원만을 받게 된다. 한 쌍에 대해서는 어느 쪽의 단위요소를 받느냐하는 것이 다른 쌍의 분리 결과에 영향을 미치지 않는다. 그러므로 독립적 분배라는 가정에 따르면 모든 가능한 배우자의 조합이 동등한 빈도로 만들어진다.

그림 3-7의 퍼네트 사각형은 이 F_2 세대의 형성에 어떻게 독립적 분배가 작용하는지 보여준다. F_1 식물들에 의해 생산된 배우자의 형성을 자세히 살펴보자. 분리의 사건은 모든 배우자가 G나 g 중 하나와 W나 w 대립인자 중 하나씩을 받도록 한다. 독립적 분배는 4개의 모든 조합들(GW, Gw, gW, gw)이 동등한 확률로 형성되도록 한다.

모든 $F_1 \times F_1$ 수정 사건에서, 각 접합자는 각 부모로부터 동일

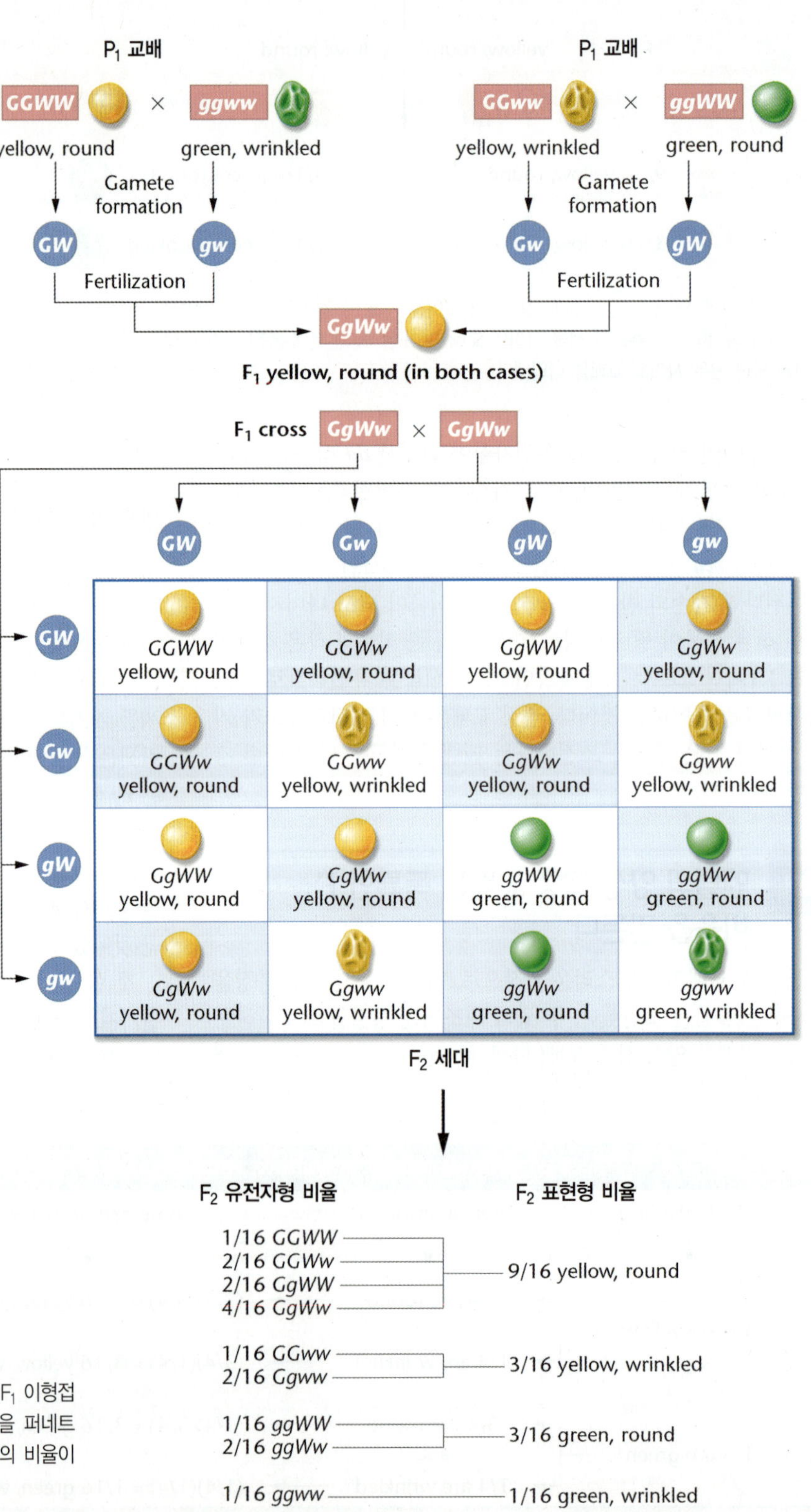

그림 3-7 그림 3-5에 나타낸 양성 잡종 교배의 분석. F_1 이형접합성 식물들은 자가 수분되어 F_2 세대를 생산하며 이것을 퍼네트 사각형을 이용하여 계산하였다. F_2의 표현형과 유전자형의 비율이 나타나 있다.

한 확률로 4가지 조합 중 하나를 받게 된다. 충분히 많은 수의 자손이 생성되었다면 9/16는 노랗고 둥글며, 3/16은 노랗고 주름진 것, 3/16은 녹색이고 둥글며, 1/16은 녹색에 주름진 것이 되어 **멘델의 9:3:3:1의 잡종비**라고 하는 것이 나오게 된다. 이것은 분리와 독립적 분배를 포함하는 확률적 사건에 기초한 이론적인(이상적인) 비율이다. 만약 적은 수의 자손이 얻어졌다면 기회적으로 작용하는 편차 때문에 실제적인 결과는 이 이상적인 비율에 꼭 맞지 않을 수도 있다.

검정 교배: 두 가지 특징

두 가지 우성 형질을 표현하지만 유전자형을 모르는 개체에 대하여도 검정 교배를 적용시킬 수 있다. 예를 들어, 노랗고 둥근 표현형이 F_2에서 표현되었다면 이것은 *GGWW* 혹은 *GGWw*, *GgWW*, 그리고 *GgWw* 유전자형에서 유래한 것이다. 만약 노랗고 둥근 씨앗의 F_2 식물이 동형접합성이면서 열성인, 녹색의 주름진(*ggww*) 씨앗을 나타내는 개체와 교배된다면, 자손의 분석을 통해 그 노랗고 둥근 식물의 실제 유전자형을 알 수 있다. 상기의 유전자형 각각은 검정 교배에서 서로 다른 세트의 배우자들을 만들 것이며, 결과적으로, 나온 자손의 표현형들도 달라질 것이다. 이 개념을 확실히 이해하려면 이 4가지 교배 각각의 결과가 어떨지 직접 분석해 보는 것이 도움이 될 것이다.

이 문제를 풀어보자

62페이지의 7번 문제는 멘델식 양성 잡종 교배에 관한 것으로, 여러분은 여러 경우에서 부모의 유전자형을 결정하여야 한다.

힌트: 각 경우에서, 여러분이 확실히 알고 있는 모든 것을 적어라. 이 과정은 여러분이 결정해야 할 필요가 있는 것들을 분명히 하는 데 있어서의 문제점을 줄여준다. 예를 들어, (b)의 경우처럼 주름지고 노란 식물은 열성의 주름 대립인자에 대해 동형접합성이며, 노란 형질에 대해서는 적어도 하나의 우성 대립인자를 가질 것이다. 이렇게 결정되면, 여러분은 자엽 색깔에 대한 나머지 대립인자만 결정하면 된다.

3.4 3성 잡종 교배는 멘델의 원리가 여러 형질의 유전에도 적용됨을 증명해 준다

지금까지 우리는 두 쌍의 대조되는 형질을 가진 개체들에 의한 유전을 고려해 보았다. 멘델은 분리와 독립적 분배의 동일한 과정을 3쌍의 대립형질, 소위 **3성 잡종 교배**(trihybrid cross) 혹은 3요소 교배(three-factor cross)라고 일컫는 과정에도 적용하였다.

비록 3성 잡종 교배가 양성 잡종 교배보다 다소 복잡하기는 하지만 그 결과는 분리와 독립적 분배의 원리를 잘 따른다면 쉽게 계산될 수 있다. 예를 들어, 그림 3-8에 나타난 교배를 생각해 보자. 여기서는 이론적인 대립형질들의 유전자쌍이 *A*, *a*, *B*, *b*, *C*, *c*라는 기호로 표시되어 있다. *AABBCC*와 *aabbcc* 개체의 교배에서 모든 F_1 개체들은 세 유전자쌍 모두에 대해 이형접합성이다. 그들의 유전자형은 *AaBbCc*로, 표현형적으로 우성인 *A*, *B*, *C* 형질을 나타낸다. 이 F_1 개체가 부모로 작용하면 각각 서로 다른 종류의 배우자가 같은 빈도로 생산된다. 이 점에서 64개의 칸으로 이루어진 퍼네트 사각형을 구성할 수 있다. 이 방법은 많은 수의 요소들을 포함한 교배에서는 매우 귀찮은 것이 되므로, 비율을 예상하기 위한 다른 방법이 고안되었다.

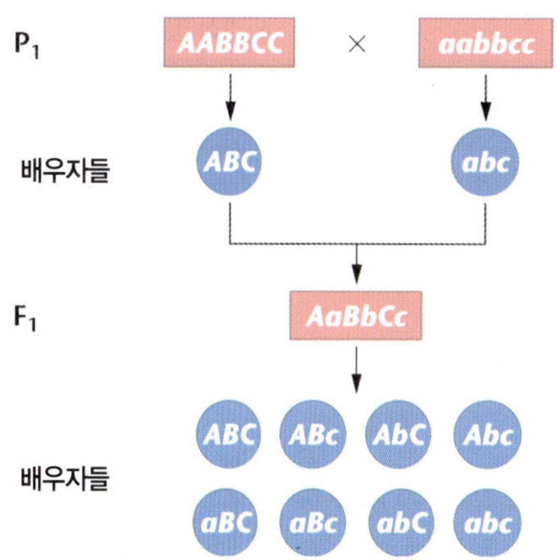

그림 3-8 3성 잡종 교배에서의 P_1과 F_1 배우자들의 형성.

분지법

그림 3-6에서 나타난 바와 같이 **분지법**(forked-line method)을 사용하여 각 대립되는 쌍의 형질을 따로따로 고려한 후에 이들 결과를 조합하는 것이 훨씬 쉬울 수 있다. 이 방법은 **분지 도해법**(branch diagram)이라고도 하는데 양성 잡종 실험에서 확립된 확률의 법칙을 간단히 적용한 것에 기초한 것이다. 각 유전자쌍은 배우자형성과정 중에 독립적으로 행동한다고 가정한다.

단성 잡종 교배 *AA* × *aa*가 행해질 때 우리는 다음과 같은 사실을 알고 있다:

1. 모든 F_1 개체들은 *Aa*의 유전자형을 가지며 표현형은 *A* 대립인자에 의해 표현되는데, 다음 논의에서부터는 "*A* 표현형"이라고 부르도록 한다.
2. F_2 세대는 3:1의 비율로 *A* 표현형 혹은 *a* 표현형을 가지는 개체들로 구성된다.

동일한 일반화가 *BB* × *bb*와 *CC* × *cc* 교배에 대해서도 가능하다. 그러므로 F_2 세대에서는 모든 개체 중 3/4이 표현형 *A*를 타나내며, 또 3/4이 *B*, 또한 3/4이 *C*를 표현할 것이다. 비슷한 방식으로, 모든 개체 중 1/4이 표현형 *a*를, 1/4이 *b*를, 또 1/4이 *c*를 표현하게 된다. 각 표현형 조합을 나타내는 개체들의 비는 이들 세 유전자쌍이 배우자형성과정에서 독립적으로 분배된 이후에 무작위적 과정으로 수정된다고 가정하면 쉽게 예상이 가능하다. 간단히 확률의 곱셈 법칙을 적용하면 된다. 그림 3-9는 F_2 세대에서 표현의 비를 계산하는데 분지법을 사용하는 것을 보여준다. 3성 잡종의 비는 27:9:9:9:3:3:3:1로 나온다. 모든 유전자쌍이 독립적으로 분배된다면, 어떤 수의 유전자쌍에 대해서도 같은 방법으로 교배를 분석할 수 있다. 하지만 항상 이렇지는 않다는 것을 후에

F_2 3성 잡종 표현형들의 생성

A or a	B or b	C or c	Combined proportion
3/4 A	3/4 B	3/4 C	(3/4)(3/4)(3/4) ABC = 27/64 ABC
		1/4 c	(3/4)(3/4)(1/4) ABc = 9/64 ABc
	1/4 b	3/4 C	(3/4)(1/4)(3/4) AbC = 9/64 AbC
		1/4 c	(3/4)(1/4)(1/4) Abc = 3/64 Abc
1/4 a	3/4 B	3/4 C	(1/4)(3/4)(3/4) aBC = 9/64 aBC
		1/4 c	(1/4)(3/4)(1/4) aBc = 3/64 aBc
	1/4 b	3/4 C	(1/4)(1/4)(3/4) abC = 3/64 abC
		1/4 c	(1/4)(1/4)(1/4) abc = 1/64 abc

그림 3-9 분지법(forked-line method)을 사용한 F_2 3성 잡종의 표현형비 계산 결과. 이 방법은 각 표현형의 예상 출현 확률에 기초한 것이다.

보게 될 것이다. 그렇더라도, 이것은 멘델의 형질들에 대해서는 모두 사실이다.

이 문제를 풀어보자

62페이지의 15번 문제는 분지법을 사용하여 많은 수의 3성 잡종 교배 결과를 결정하라는 것이다.

힌트: 분지법을 사용하는 데 있어서는 각 유전자쌍을 따로 고려하라. 예를 들어, 이 문제의 경우에서는 우선 *A/a* 유전자의 교배 결과만 예상하고, 그 다음 다시 *B/b* 유전자쌍, 그리고 마지막으로 *C/c* 유전자들에 대해 생각하라. 그리고 나서, 분지법을 사용하여 각 교배의 결과를 찾도록 한다.

3.5 20세기 초에 멘델 업적이 재발견되었다

멘델의 실험은 1856년에 시작되어 1865년에 브륀(Brünn)의 자연과학회에서 발표되었고 다음해에 발간되었다. 그러나 그의 발견들이 자주 논의 및 거론된 반면, 그의 중요성은 35년 동안 인정받지 못했다. 멘델 연구의 중요성이 왜 바로 인정받지 못했나를 설명하는 많은 이유들이 제시되어 왔다.

무엇보다도, 확률적 사건을 수학적으로 분석하는 것을 적용한 멘델의 방법은 그 당시에는 생물학적 연구에 있어서는 흔치 않은 것이었다. 아마도 그의 접근법이 멘델 시대의 사람들에게는 상당히 이상스럽게 보였던 모양이다. 좀 더 중요하게는 그의 결론이 생명체들 사이의 변이의 원인에 대한 당시의 이론에 잘 맞지 않았다. 자연적인 변이의 원인은 진화론을 공부하는 사람들을 혼란시켰다. 찰스 다윈(Charles Darwin)과 앨프레드 러셀 월리스(Alfred Russel Wallace)에 의해 제시된 가설에 자극받은 이들은 **연속변이**(continuous variation)-이에 의해 자손이 그들 부모들의 형질의 혼합체가 된다-를 믿었다. 앞서 말한 바와 같이 멘델은 변이가 불연속적이고 입자성인 단위체들-이들은 **불연속적인 변이**(discontinuous variation)를 초래한다-에 기인한다고 가정했던 것이다. 예를 들어, 멘델은 양성 잡종 교배의 F_2 자손들은 단순히 기존의 단위요소들의 새로운 조합에 의해 생성된 형질을 표현하는 것일 뿐이라고 제안했던 것이다. 결과적으로 멘델의 가설들은 변이의 원인에 대한 진화론자들의 선입견에 잘 맞지 않았던 것이다.

19세기 후반에 획기적인 관찰이 멘델 업적의 재탄생을 위한 장을 마련하였다: 월터 플레밍(Walter Flemming)이 도롱뇽(salamander) 세포의 핵에서 염색체를 발견하였던 것이다. 1879년에 플레밍은 세포분열 과정에서 이러한 실 같은 구조물이 어떻게 행동하는가를 기술하였다. 플레밍의 이러한 발견과 많은 세포학자들의 연구 결과, 핵 속에 있는 불연속적인 단위체의 존재는 유전에 대한 생각에 있어 불가분의 요소가 되었다. 이러한 생각들이 멘델의 발견을 재조사하도록 과학자들을 부추기게 되었던 것이다.

20세기 초반에 행해진 연구는 멘델 연구에 대한 새로운 관심을 불러일으켰다. 멘델의 실험과 유사한 잡종화 실험들이 독립적으로 세 식물학자에 의해 수행되었다: 휴고 더프리스(Hugo De Vries), 카를 코렌스(Karl Correns), 그리고 에리히 체르마크(Erich Tschermak) 등이 그들이다. 더프리스의 연구는 단위형질에 초점이 맞추어진 것으로 몇 가지 식물종을 이용한 그의 실험에서 분리의 원리를 증명할 수 있었다. 분명 그는, 기존의 문헌을 조사하고 자신의 결론을 예상하는 멘델이 업적을 발견했던 것으로 보인다. 코렌스와 체르마크 역시 멘델의 것과 비슷한 결론들에 도달했다.

1902년, 두 세포학자 월터 서턴(Walter Sutton)과 테오도어 보베리(Theodor Boveri)는 각각 그들이 발견한 생식세포분열 중의 염색체들의 행동과, 멘델의 분리 법칙 및 독립적 분배가 연관이 있다는 논문들을 발표한다. 그들은 감수분열 중의 염색체들의 분리가 이들 두 원리의 세포학적 기초가 된다고 지적하였다. 비록 그들은 멘델의 단위요소가 아마도 염색체상의 유전자가 아닌 염색체 자체라고 생각하였지만, 그들의 발견은 멘델 연구의 중요성을 다시 확립시켜 주었고, 이것은 뒤이은 유전적 연구의 토대가 되었다. 서턴과 보베리는 다음 20년 동안 발달된 **유전의 염색체설**(chromosomal theory of inheritance)을 제창한 것으로 인정받는다.

단위요소, 유전자, 그리고 상동염색체들

멘델 법칙과 서턴 및 보베리의 관찰 사이의 관계가 전달 유전학의 현대적 해석을 위한 기초가 되었으므로 다음 주제로 넘어가기에 앞서 이 관계에 대해 심도 있게 다루어보고자 한다.

우리가 2장에서 지적한 바와 같이 각 종들은 그들의 체세포 핵 내에(배우자는 제외하고) 정해진 숫자의 염색체들을 가진다. 이배체 생물에서 이 숫자는 **이배체 수**(diploid number, $2n$)라고 하고 그 종의 특징이 된다. 배우자형성과정에서 이 숫자는 정확히 반이 되고(n), 수정과정에서 두 배우자가 조합되면 다시 이배체 수가 만들어진다. 그러나 감수분열 중에는 이 염색체 수가 무작위로 줄어드는 것이 아니다. 초기 세포학자들에겐 염색체들의 이배체 수가 그들의 형태적인 모양새와 행동에 의해 구별이 가능한 상동염색체들의 조합임이 분명해 보였다. 배우자들은 각 쌍의 한 구성원만을 포함한다. 배우자의 염색체 요소는 상당히 특이적인 것으로, 각 배우자의 염색체 수는 체세포 염색체 수의 절반과 같다.

이러한 기본적 정보를 가지고, 우리는 단위요소들의 행동과 염색체, 그리고 유전자 사이의 관계를 살펴볼 수 있다. 그림 3-10은 멘델의 가정 3가지와 그 각각에 대한 염색체적 설명을 보여주고 있다. 단위인자들은 실제로는 염색체들의 상동염색체쌍에 위치한 유전자들이다[그림 3-10(a)]. 각 상동염색체쌍의 구성원들은 배우자형성 중에 분리되어 나뉘게 된다[그림 3-10(b)]. 두 가지의 서로 다른 배열이 가능하며, 이들이 나타나 있다.

독립적 분배의 법칙을 설명하기 위해 우리는 주어진 상동염색체쌍의 구성원들을 구별해야만 한다. 각 쌍의 한 구성원은 **모계**(maternal parent) 쪽에서 온 것이고, 다른 하나는 **부계**(paternal parent) 쪽에서 유래한 것이다. 색을 달리하여 각 부모 계통을 표현하였다. 그림 3-10(c)에서는 상동염색체 각 쌍의 독립적 분배를 나타냈고, 각 배우자는 각 염색체쌍의 한 구성원만을 받는다. 모

(a) 쌍으로 된 단위요소들(제1감수분열 전기)

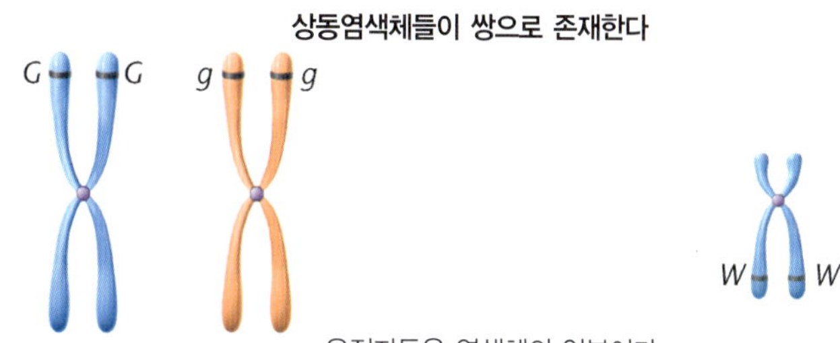

(b) 배우자 형성시 단위인자들의 분리(제1감수분열 후기)

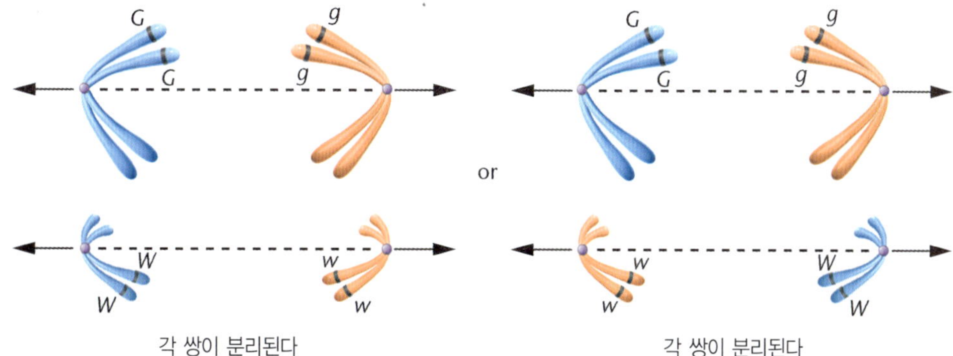

(c) 분리되는 단위인자들의 독립적 분배(여러 감수분열 사건에 따른)

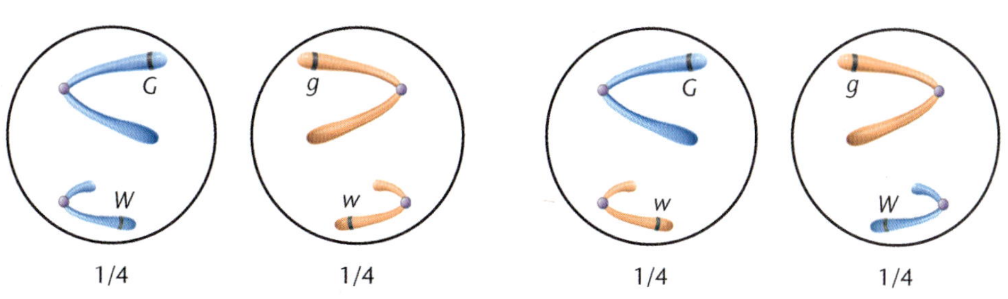

그림 3-10 멘델의 가정들인 (a) 한 쌍의 단위요소, (b) 분리(segregation), (c) 독립적 분배(independent assortment)와, 상동염색체상의 유전자 존재 및 감수분열시 이들의 행동 사이의 연관관계.

든 가능한 조합들이 형성된다. 만약 멘델의 양성 잡종 교배(G, g와 W, w)에서 사용한 기호들을 이 도식에 첨가하면 왜 네 가지 형태의 배우자가 같은 수로 생성되는지 알 수 있다. 멘델의 단위요소쌍들(이 예에서는 G와 W)이 독립적인 행동을 하는 이유는, 그들이 서로 다른 쌍의 상동염색체상에 존재하기 때문이다.

생명체들의 표현형적 다양성을 관찰함으로써 염색체들의 수보다 훨씬 많은 수의 유전자들(genes)이 있음을 쉽게 추측할 수 있다. 그러므로 각 상동염색체들은 한 형질 이상의 유전정보를 가지고 있다. 현재 받아들여지고 있는 개념은 염색체란 많은 수의 유전자가 직선상으로 배열된 정보 보유 단위라는 것이다. 멘델의 단위요소들(예를 들어, 줄기의 길이가 길 것인지 짧을 것인지를 결정하는)은, 사실상 한 쌍의 상동염색체상에 위치한 한 쌍의 유전자를 구성하는 것이다. 어떤 특정 유전자가 위치하는 주어진 염색체상의 장소를 그 유전자의 **좌위**(locus, 복수는 loci)라고 한다. G나 g와 같이 대립인자들(alleles)로 불리는, 주어진 유전자에 의해 차지된 서로 다른 형태들은, 줄기 길이 등과 같은 동일한 형질들을 결정하는 약간 다른 유전정보를 포함하고 있는 것이다. 대립인자들은 같은 유전자의 다른 형태들이다. 비록 우리가 두 가지 서로 다른 대립인자를 가지는 유전자를 살펴보았지만 대부분의 유전자들은 대립유전자의 형태를 두 가지 이상 가진다. 이제 두 염색체가 상동염색체쌍으로 분류되기 위해 필요한 기준들을 살펴봄으로 이 절을 마치고자 한다:

1. 염색체가 확실한 형태로 나타나는 체세포분열과 감수분열 중에는, 상동염색체의 두 구성원들은 크기가 같고 동원체의 위치도 같다.
2. 감수분열의 초기 단계 중에는 상동염색체가 쌍을 이룬다, 혹은 접합한다(synapse).
3. 비록 현미경으로는 일반적으로 잘 보이지 않지만 상동염색체들은 선상으로 배열된 동일한 유전자 좌위들로 이루어진다.

3.6 독립적 분배는 광범위한 유전적 변이를 일으킨다

독립적 분배의 한 가지 중요한 결과는 유전적으로 같지 않은 배우자 개체들을 생산한다는 것이다. 어떤 상동염색체쌍의 두 구성원이 유전적으로 동일한 경우가 거의 드물기 때문에 유전적 변이가 생긴다. 그러므로 독립적 분배는 모든 가능한 염색체 조합을 만들어냄으로써 확장된 유전적 다양성이 초래된다.

서로 다른 염색체 조성들을 가진 가능한 배우자의 수가 2^n임을 살펴보았었다. 여기서 n은 반수체의 수이다. 그러므로 한 종의 반수체 수가 4라면, 2^4 혹은 16개의 서로 다른 배우자 조합들이 독립적 분배의 결과로 생길 수 있다. 비록 이 숫자도 상당히 크지만 인간의 경우는 $n = 23$이므로 2^{23}을 계산한다면, 우리는 8×10^6 혹은 800만 이상의 서로 다른 배우자들이 나타날 수 있음을 발견할 수 있다. 수정은 부, 모 각각에서 생산된 약 8×10^6개의 가능한 배우자들 사이에서 단 하나의 사건을 대표하는 것이므로, 각각의 자손은 $(8 \times 10^6)^2$ 혹은 64×10^{12}개로 이루어진 가능한 유전정보 조합 중 하나를 표현하는 것이 된다! 일란성 쌍생아를 제외하면, 인간종의 각 구성원들이 독특한 외모와 개인적 특성을 나타낸다는 것은 놀랄 일이 못된다. 이 조합의 수는 지금까지 지구상에 살아온 인간의 수보다도 많다! 독립적 분배의 결과 생기는 유전적 다양성은 모든 생물체들의 진화적 과정에 대단히 중요한 것이다.

3.7 확률의 법칙은 유전적 사건을 설명하는 데 도움을 준다

유전적 비율들은 확률로 가장 적당히 표현됨을 기억하라 – 예를 들어, 3/4의 키 큰 것:1/4의 작은 것과 같은 식이다. 이러한 값들은 각 수정 사건의 결과를 예측하도록 해준다. 키가 크게 될 유전적 가능성을 가진 접합자의 확률이 3/4이고, 키가 작게 될 가능성이 1/4이다. 가능성의 범위는 0, 즉 **확실히 일어나지 않을 경우**에서부터 **확실히 일어날 때**인 1.0까지이다. 둘 혹은 그 이상의 사건들이 독립적으로 동시에 일어날 때의 가능한 결과들에 대한 각각의 가능성을 계산할 수 있다. 이것은 곱셈 법칙의 응용으로부터 얻어진다. 이는 앞의 독립적 분리에 대한 논의에서 언급한 것처럼, 둘 혹은 그 이상의 사건이 동시에 일어날 확률은 그들이 각각 따로 일어날 확률의 곱과 같다는 것이다. 만약에 고려 중인 사건들의 각 결과가 다른 사건의 결과에 의해 영향을 받지 않는다면 둘 혹은 그 이상의 사건들은 서로 독립적이다.

곱셈 법칙의 이용을 설명하기 위해 1페니 동전을 던지는 경우(P)와 5센트짜리 동전(N)을 동시에 던지는 경우 앞면(H)이 나오는 경우와 뒷면(T)이 나오는 경우의 조합을 조사해 보자. 다음과 같은 4가지 가능한 결과들이 있다:

$$(P_H{:}N_H) = (1/2)(1/2) = 1/4$$
$$(P_T{:}N_H) = (1/2)(1/2) = 1/4$$
$$(P_H{:}N_T) = (1/2)(1/2) = 1/4$$
$$(P_T{:}N_T) = (1/2)(1/2) = 1/4$$

각 동전을 던질 때 앞면이 나오거나 뒷면이 나올 확률은 1/2이고 한 동전을 던지는 결과는 다른 동전을 던지는 결과에 연관되어 있지 아니하다. 모든 가능한 4가지 조합들은 동등한 확률로 일어날 것으로 예상된다.

만약 우리가 두 사건이 서로 독립적이지만 한 가지 방법 이상으로도 얻어질 수 있을 때의 가능성을 계산하고 싶다면 **덧셈 법칙**(sum law)을 적용하면 된다. 예를 들어, 1페니 동전과 5센트 동전을 던질 때 한 번은 앞면, 한 번은 뒷면이 나올 확률은? 이러한 경우에는 1페니 동전에서 앞면이 나오든, 5센트 동전이 앞면이 나오든 상관하지 않으므로 두 동전이 서로 다른 면의 결과를 나타낸 경우들을 고려하면 된다. 위에서 본 것처럼 요구된 결과가 두 가지 방법에 의해 얻어지므로, 각각의 확률 1/4를 합하면 모든 확률은,

$$(1/4) + (1/4) = 1/2$$

가 된다.

모든 던지는 사건 중의 1/2이 요구된 결과를 나타낼 것으로 예상된다.

이러한 간단한 확률의 법칙들은 전달 유전학의 논의 전반에 걸쳐, 또한 유전 문제를 풀 때도 매우 유용하다. 사실상, 우리는 이미 멘델의 양성 잡종과 3성 잡종 교배에서 표현형 결과를 계산하는 분지법에서 이미 곱셈의 법칙을 적용했었다. 교배의 결과를 알고 싶을 때는 각 가능한 결과들의 확률을 계산하기만 하면 된다. 이러한 계산의 결과로 우리는 각 표현형 또는 유전자형을 나타내는 자손의 비를 예측할 수 있다.

확률을 다룰 때 기억해야 할 중요한 점이 있다. 가능한 결과들의 예상들이란, 커다란 표본 크기에 기초한다는 것이다. 우리가 양성 잡종 교배에서 자손의 9/16가 두 우성 형질을 표현할 것이라고 예상하는 것은 표본 크기가 작을 때는 있음직하지 않은데, 매 16개의 자손마다 정확하게 9개가 그러하기는 어렵기 때문이다. 대신에 우리의 예상은 자손의 수가 많을 경우에는 대략 9/16의 자손이 그럴 것이라는 것이다. 더 작은 표본 크기에서 예상된 비율과의 차이는 기회에 의한 것인데, 다음 절의 통계에 대한 논의에서 우리가 조사하게 될 주제이다. 우리가 살펴볼 것처럼, 순전히 기회에 의한 편차의 영향은 표본 크기가 증가함에 따라 점점 줄어들게 된다.

3.8 카이 제곱 분석법은 유전적 자료들에 대한 기회의 영향을 평가할 수 있게 한다

멘델의 3:1 단성 잡종과 9:3:3:1의 양성 잡종 비율들은 다음과 같은 가정들에 근거한 이론적인 예측들이다: (1) 각 대립인자들은 우성이거나 열성이다; (2) 분리가 발생한다; (3) 독립적 분배가 일어난다; 그리고 (4) 수정은 무작위적이다. 끝의 세 가지 가정들은 기회 사건들에 의해 영향을 받으며 임의적 변동(random fluctuation)에 종속적이다. 이러한 개념은 **기회편차**(chance deviation; 우연에 의한 차이)라고 부르는데, 동전을 여러 번 던져 앞면, 혹은 뒷면이 나오는 것을 기록하는 것으로 쉽게 설명될 수 있다. 매회 던질 때마다 앞면이 나올 확률 1/2과 뒷면이 나올 확률 1/2이 존재한다. 그러므로 여러 번 던졌을 때 예상되는 비율은 1:1이다. 동전을 1000번 던졌다면 통상 500번의 앞면과 500번의 뒷면이 관찰될 것이다. 이론적인 비율로부터 얼마간의 변동(예를 들어, 486번은 앞면, 514번은 뒷면)이 생길 수 있는데 이는 기회(우연)에 의한 것이다.

던지는 전체 횟수가 줄어들수록 기회편차의 영향은 증가한다. 예를 들어, 하나의 동전이 4번만 던져졌다면, 4번 던진 것 모두 앞면이거나 뒷면이라고 해도 그다지 놀랄 일이 못된다. 그러나 동전을 1000번 던진다면 모두 앞면이 나오거나 모두 뒷면이 나올 경우는 거의 상상할 수 없다. 아마 여러분도 그런 결과는 불가능하다고 생각할 것이다. 실상, 1000번의 던짐에 있어 모두 앞면 혹은 모두 뒷면이 나올 확률은 $(1/2)^{1000}$이다. $(1/2)^{20}$이 약 100만분의 1보다 조금 작으므로, $(1/2)^{1000}$의 확률로 일어날 사건이라는 것은 실제로 불가능하다.

여기서 두 가지 요점이 중요하게 다루어진다:

1. 동전을 던지는 것과 마찬가지로, 독립적 분배와 수정의 결과는 기회편차 때문에 예상 발생비율과 차이가 나는 무작위적 변동(random fluctuation)에 종속적이다.

2. 표본 크기가 커질수록, 예상 결과들의 평균적인 편차는 줄어든다. 그러므로 더 큰 표본 크기는 마지막 결과에 대한 기회편차의 영향을 감소시킨다.

카이 제곱 검정과 해석

유전학에서 관찰된 편차를 평가할 수 있는가 하는 것은 대단히 중요한 기술이다. 자료가 주어진 비율, 예를 들어 1:1, 3:1, 혹은 9:3:3:1 등에 맞는가를 판단할 때 **영가설**(null hypothesis, H_0)이라는 것을 세운다. 이 가설은, **측정값**(혹은 비율)과 **예상값**(혹은 비율) 사이에 차이가 없다고 가정하기 때문에 이러한 이름으로 불린다. 분명한 차이는 순전히 기회에 의한 것으로 간주된다. 이러한 기초 위에서 영가설은 (1) 거부되거나, 혹은 (2) 거부될 수 없다(채택된다-영가설이 채택된다는 것은 두 값 사이에 차이가 없다는 뜻이다-역주). 만약 영가설이 거부된다면, 관측된 차이는 순전히 기회 때문만은 아니라는 것이다. 영가설과 그에 따른 가정들을 다시 알아보자. 만약 영가설이 거부되지 못했다면 관측된 편차는 기회에 의한 것이다.

이러한 영가설을 평가하기 위해 고안된 가장 간단한 통계적 시험법 중 하나가 **카이 제곱 분석법**(χ^2 analysis)이다. 이 검정법은 표본 크기뿐 아니라 예상된 비율의 각 요소 내에서 관찰된 편차를 고려하여 이들을 하나의 숫자값으로 만들어 준다. 이 값(χ^2)은 관찰된 차이가 얼마나 자주 기회에 의한 결과로 발생할 수 있는지를 평가하는 데 사용된다. 카이 제곱 분석에 사용되는 공식은

$$\chi^2 = \Sigma \frac{(o - e)^2}{e}$$

이다. 이 방정식에서 o는 주어진 범위에 대한 관찰값이고 e는 그 범위에 대한 기대값이다. Σ(그리스 문자로 시그마는 합에 대한 기호이다)는 비율의 각 범위에 대한 계산값들의 합을 나타낸다. $(o - e)$가 각 경우의 편차(d)이므로, 방정식은 다시

$$\chi^2 = \Sigma \frac{d^2}{e}$$

으로 된다. 표 3.1(a)는 가상적인 단성 잡종 교배의 F_2 결과에 대한 χ^2 계산의 단계를 보여준다. 이들 자료들을 분석한다면, 각 세로 칸들에 계산된 값들을 넣으면서 왼쪽에서 오른쪽으로 작업해 나갈 것이다. 편차(d)가 음수이든 양수이든 상관없이 이 숫자가 제곱이 되면 양수가 된다. 표 3.1(b)는 가상적인 양성 잡종 교배의 F_2 결과들을 분석한 것이다. 이 양성 잡종의 예에서 어떻게 각 숫자들이 계산된 것인지 확실히 이해하도록 하라.

카이 제곱 검정의 마지막 단계는 χ^2값을 해석하는 것이다. 그러기 위해 처음에 **자유도**(degree of freedom, df)값을 결정해야 한다. 이 값은 $n-1$과 같으며, 여기서 n은 각 자료점이 분리될 수 있는 서로 다른 범주들의 수를 뜻한다. 3:1의 비율에서 $n = 2$이고,

표 3.1 카이 제곱 분석

(a) 단성 잡종 교배

예상 비율	예상값 (*o*)	예상값 (*e*)	편차 (*o* − *e*)	편차^2 (d^2)	d^2/e
3/4	740	3/4(1000) = 750	740 − 750 = −10	$(-10)^2$ = 100	100/750 = 0.13
1/4	260	1/4(1000) = 250	260 − 250 = +10	$(+10)^2$ = 100	100/250 = 0.40
	총 = 1000				χ^2 = 0.53
					p = 0.48

(b) 양성 잡종 교배

예상 비율	(*o*)	(*e*)	(*o* − *e*)	(d^2)	d^2/e
9/16	587	567	+ 20	400	0.71
3/16	197	189	+ 8	64	0.34
3/16	168	189	− 21	441	2.33
1/16	56	63	− 7	49	0.78
	총 = 1008				χ^2 = 4.16
					p = 0.26

따라서 *df*는 2 − 1 = 1이 된다. 9:3:3:1의 비율에서는 *n* = 4이고 *df* = 3이다. 자유도는 범위의 수가 많을수록 더 많은 편차가 기회의 결과로 생길 수 있으므로 반드시 고려되어야 한다.

일단 자유도를 결정했으면, χ^2값은 상응하는 **확률값**(*p*)으로 해석할 수 있다. 이 계산이 조금 복잡하기 때문에 우리는 통상 *p*값을 표준 표나 표준 그래프로부터 추출하여 사용한다. **그림 3-11**은 다양한 자유도에서 넓은 범위의 χ^2값과 *p*값을 그래프와 표로 보여준 것이다. *p*값을 결정하는데 그래프를 사용해 보자. **그림 3-11(b)**의 설명은 어떻게 표를 사용하는지 설명해 준다.

*p*를 결정하려면 다음 단계들을 수행하도록 한다:

1. 횡축(가로축 혹은 *x*축)에 대한 χ^2값을 위치시킨다.
2. 이 점으로부터 적절한 *df* 값을 나타내는 그래프까지 세로선을 긋는다.
3. 이 점에서 왼쪽으로 종축(세로 축 혹은 *y*축)에 교차할 때까지 횡선을 긋는다.
4. 내삽법에 의해 상응하는 *p*값을 측정한다.

표 3.1에서 우리의 첫 표본(단성 잡종 교배)을 사용하여 이 방법으로 계산한 *p*값은 0.48이다[**그림 3-11(a)**]. 양성 잡종 교배에 대해서 이 값을 구할 수 있는지 이 방법을 사용해 보라. χ^2값은 4.16이고 *df* = 3, 대략의 *p*값은 0.26이다. 그래프보다는 표를 이용하면 두 *p*값들이 0.20과 0.50 사이에 있음이 확인된다. 이를 확인하려면 표를 조사해 보라.

확률값의 해석

지금까지 *p*값을 발견하는 것만 생각했었다. χ^2분석의 가장 중요한 면은 이 *p*값이 의미하는 바가 무엇인지를 이해하는 것이다. 설명을 위해 표 3.1(b)에서의 양성 잡종 교배(*p* = 0.26)의 예를 이용해 보자. 이 예에서 *p*값은 만약 우리가 같은 실험을 여러 번 반복하면 26%의 시도에서 첫 시도에서 보인 것 이상의 기회편차를 나타내리라는 것이다. 반대로 74%의 시도에서는 우연한 결과에 의해 처음 관찰된 것보다 작은 편차를 나타낼 것이다. 따라서 *p*값은 가설(여기서는 9:3:3:1의 비율)이 절대적으로 그렇다거나 혹은 부정된다는 것은 아니다. 대신 우리가 영가설을 기각하거나 혹은 채택할 수 있도록 상대적인 기준이 생긴다. 이 기준은 종종 *p*값이 0.05일 때가 가장 많다. 카이 제곱 검정에 적용될 때, 0.05보다 작은 *p*값은, 결과에서 관찰된 편차가 오직 우연에 의해 얻을 수 있는 경우는 5% 미만의 횟수에서만 그렇다는 뜻이다. 그러한 *p*값은 관찰값과 예상값 사이의 차이는 상당한 것이며, 따라서 영가설을 기각할 수 있도록 해준다.

한편 0.05보다 큰 *p*값(0.05~1.0)은, 관찰된 편차가 오직 기회에 의해 얻을 수 있는 경우가 5% 이상이라는 것을 뜻한다. 결론은 영가설을 기각할 수 없다. 그러므로 0.26이라는 *p*값으로는 독립적 분배가 이 결과를 설명한다는 가설의 평가는 거부되지 못한다. 그러므로 관찰된 편차는 기회에 의한 것으로 생각될 수 있다.

여기서 마지막으로 영가설이 거부되는 경우를 생각해 보는 것이 적당할 것이다. 즉, $p \leq 0.05$인 경우이다. 자료가 독립적 분배를 나타내는 9:3:3:1로 나온다는 영가설을 검정한다고 가정해 보자. 만약 영가설이 거부된다면 이 자료에 대한 해석은 어떠한 것인가? 연구자들은 우선 영가설에 숨어 있는 가정들을 재검토한다. 우리는 분리가 두 유전자쌍에 대해 믿을 수 있게 작동한다고 가정했었다. 또한 수정은 무작위로 일어나며 모든 배우자들의 생존도 유전자형에 관계없이 동일하다 – 즉, 모든 배우자들이 동등하

(a)

(b)

	확률(p)					
df	0.90	0.50	0.20	0.05	0.01	0.001
1	0.02	0.46	1.64	3.84	6.64	10.83
2	0.21	1.39	3.22	5.99	9.21	13.82
3	0.58	2.37	4.64	7.82	11.35	16.27
4	1.06	3.36	5.99	9.49	13.28	18.47
5	1.61	4.35	7.29	11.07	15.09	20.52
6	2.20	5.35	8.56	12.59	16.81	22.46
7	2.83	6.35	9.80	14.07	18.48	24.32
8	3.49	7.34	11.03	15.51	20.09	26.13
9	4.17	8.34	12.24	16.92	21.67	27.88
10	4.87	9.34	13.44	18.31	23.21	29.59
15	8.55	14.34	19.31	25.00	30.58	37.30
25	16.47	24.34	30.68	37.65	44.31	52.62
50	37.69	49.34	58.16	67.51	76.15	86.60

χ^2값

영가설을 기각하지 못함
영가설을 기각함

그림 3-11 (a) χ^2값을 p값으로 전환하는 그래프. (b) 주어진 df와 p값에 대한 χ^2 표. $p = 0.05$에서의 값보다 큰 χ^2값은 영가설을 기각하도록 한다. 우리의 예에서는 $\chi^2 = 0.53$, 자유도 1에서 p값이 0.20과 0.50 사이의 값으로 전환된다. 그래프 (a)에서 내삽하면 좀 더 정확한 p값인 0.48을 얻는다. (a)와 (b)에서는 영가설을 기각하지 못한다.

게 수정에 참여한다고 가정했었다. 마지막으로 수정 이후에 모든 어린 단계와 성체가 된 개체들이 그들의 유전자형에 상관없이 동등한 생존력을 갖는다고 가정했었다. 만약 이러한 가정들의 어느 하나라도 맞지 않는다면, 원래의 가설은 반드시 무효가 될 필요는 없다.

한 가지 예가 이것을 명확히 할 수 있을 것이다. 초파리들 사이의 양성 잡종 교배가 3/16의 돌연변이 날개 초파리들(실은, 수정 단계에서 발생하는 돌연변이 접합자의 비율)을 만들었다는 영가설을 가정해 보자. 그러나 이들 돌연변이 배아는 유아발달 단계에서 뿐 아니라 어린 성체로 발달하는 중에 날개를 만드는 유전자형을 가진 초파리들에 비해 잘 생존하지 못할 수도 있다. 결과적으로 자료가 모여지면 3/16보다 적은 수의 날개 없는 파리들이 존재할 것이다. 다른 요소가 작용했기 때문에, 이 영가설을 기각하는 것만으로 분리나 독립적 분배라는 가정의 유효성을 무시할 수 없다.

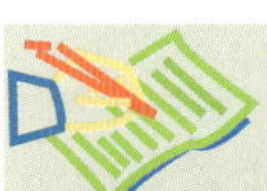

이 문제를 풀어보자

63페이지의 18번 문제는 χ^2 분석을 적용하여 자료들이 몇 가지 비율에 맞는지를 결정하라는 것이다.

힌트: χ^2을 계산할 때는 우선 예상 비율을 사용하여 결과가 어떻게 나와야 하는지를 결정하라. 그런 다음, 차례로 각 경우에서의 편차를 결정하고 각 범주들에 대해 d^2/e를 계산하라.

3.9 가계도는 인간의 유전 양식을 드러내 준다

우리는 이제, 계획된 교배도 불가능하고, 연구를 위한 자손의 수도 많지 않은 인간의 표현형 유전 양식은 어떻게 결정할 수 있는지 살펴볼 것이다. 유전을 연구하는 전통적 방법은 가계도를 작성하는 것으로, 이것은 각 세대의 구성원들이 문제의 형질을 가졌는지 그렇지 않은지를 표시해 준다. 그러한 가족 구성원들에 대한 표를 **가계도**(pedigree)라고 부른다. 가계도를 분석함으로써, 우리는 어떻게 연구되는 형질들이 유전되는지를 예측할 수 있다. 예를 들어, 우성 대립인자에 의한 것인가 아니면 열성 대립인자에 의한 것인가?와 같은 질문에 답을 얻을 수 있다. 동일한 형질에 대해 많은 수의 가계도가 조사되면, 우리는 종종 유전의 양식을 확인할 수 있다.

가계도 기호들

가계도 구성에는 다양한 기호들이 사용된다. 그림 3-12는 그러한 관례를 보여주고 있다: 동그라미는 여성을, 네모는 남성을 표현한다. 부모들은 단일 가로선으로 연결되고, 세로선은 그들의 자손을 표시한다. 만약 부모들이 **친족내**(consanguineous) 결혼으로 인한

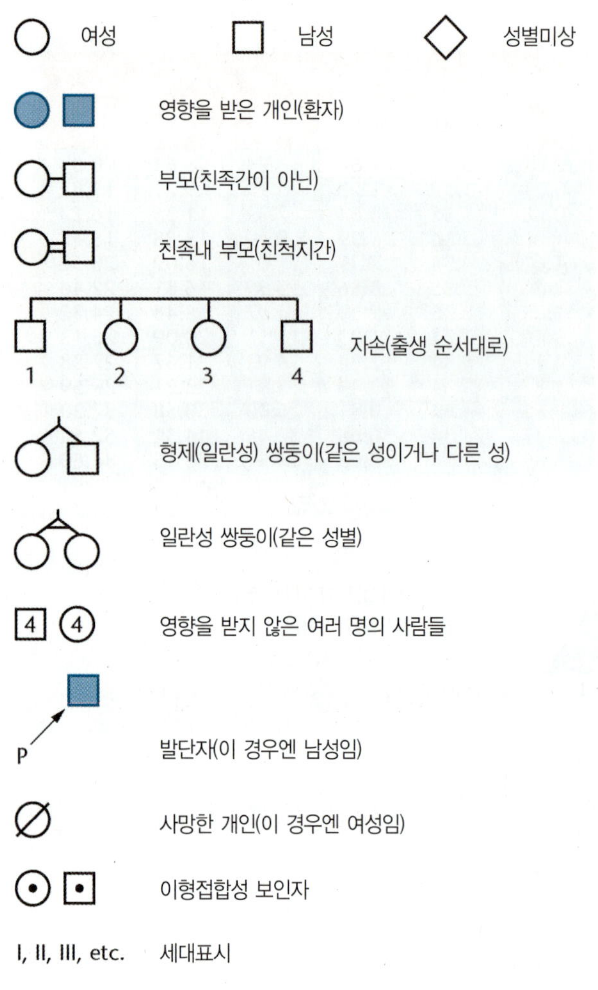

그림 3-12 인간의 가계도에서 흔히 사용되는 기호들.

친척간이라면, 그들은 이중의 가로선으로 연결된다. 자손들은 **형제자매**(sib, 또는 sibling)라고 불리며 **자매선**(sibship line)인 가로선으로 연결된다. 형제자매들은 출생 순서대로 왼쪽에서 오른쪽으로 놓이고 아라비아 숫자로 번호가 매겨진다. 각 세대는 로마숫자로 표시된다. 만약 어떤 사람의 성을 모를 경우에는 마름모로 표시한다. 한 가계도가 하나의 형질만을 추적할 때는, 원, 네모, 그리고 마름모들은 그 표현형이 발현되었다고 생각되면 검게 칠해지고 그렇지 않으며 칠해지지 않는다. 어떤 가계도에서는, 열성 형질을 발현하지 않는 개인들이지만 확실히 이형접합성 보인자라고 생각되는 경우, 칠해지지 않은 원이나 네모 안에 검은 점을 찍기도 한다. 개인이 사망했고 표현형이 알려져 있지 않은 경우엔 원이나 네모 위에 사선을 긋는다.

쌍둥이들은 자매선에 갈라진 사선으로 연결된다. **일란성**(monozygotic, identical) **쌍둥이**에 대해서는 이 사선들이 가로선으로 한 번 더 연결된다. **이란성**(dizygotic, fraternal) **쌍둥이**인 경우는 이 가로선이 없다. 기호 내에 들어 있는 숫자는 같거나 혹은 모르는 표현형을 가진 형제들의 수를 나타낸다. 표현형이 의사나 유전학자의 관심을 끌게 된 개인을 가리켜 **발단자**(proband)라고 하며 화살표로 연결된 **p**로 표시한다. 이 용어는 남성이나 여성에 모두 적용될 수 있다.

가계도 분석

그림 3-13에 두 가계도가 그려져 있다. 앞의 것은 **백색증**(albinism)과 같이 상염색체성 열성 유전을 나타내는 형질에 대한 대표적인 가계도를 표현하고 있다. 첫 번 세대의 아버지(I-1)가 이환되어 있다. 환자 부모가 있는 희귀한 열성 형질의 특징은 그 형질이 다음 세대에서의 자손들에서는 "사라진다"는 것이다. 열성 형질임을 감안하면, 자손 중 누구도 질병을 나타내지 않으므로, 이환되지 않은 어머니(I-2)는 정상 동형접합성 개인이라고 결론지을 수 있다. 그녀가 이형접합성이었다면, 자손의 절반이 백색증을 표현했을 것이라고 예측할 수 있다. 그러나 표본(3명의 자손들)이 너무 작으므로 확신할 수는 없다.

더 이상의 증거들이 열성형질을 예측하는 데 도움을 준다. 만약 백색증이 우성 형질로 유전된다면 II-3 개인은 그의 자손인 III-3과 III-4에 이 질병을 전달하기 위해 자신도 이를 표현했어야 한다. 그러나 그는 질병을 표현하지 않았다. 세 번째 세대(III열)를 구성하는 자손들을 조사하면 백색증이 열성이라는 가설을 더욱 확신할 수 있다. 만약 그렇다면 II-3과 II-4들은 둘 다 이형접합성이고 그들 자손의 대략 1/4이 질환에 연루될 것이다. 6명 중 2명이 백색증을 보였다. 예상된 비율과의 이러한 차이는 몇 명의 자손만 있는 결혼에서는 예상치 못할 만한 값은 아니다. 일단 백색증이 상염색체 열성 형질이라는 것을 확신하게 되면, 우리는 II-3과 II-4 개인들을 나타내는 네모와 원 안에 검은 점을 넣어 그릴 수 있다. 마지막으로, 상염색체성 형질들의 특징은 남, 녀 모두가 같은 확률로 영향을 받는다는 것임을 알 수 있다. 4장에서는 성을 결정하는 X 염색체상에 위치하는 유전자가 표현되는 가계도에 대해 조사하게 될 것이다. 이러한 형질들은 남자 자손들에게 훨씬 흔히 발생하며, 이환된 아버지는 절대로 아들에게 형질을 전달하지 않는 등 X-연관 형질들의 유전에만 한정된 확실한 제한성을 볼 수 있다.

두 번째 가계도는 헌팅턴병(Huntington disease) 같이 상염색체에서 우성 대립인자에 의해 나타나는 형질들의 유전을 보여준다. 우성 형질을 나타내는 가계도를 구분하는 열쇠는 모든 이환된 자손들은 그들의 한쪽 부모도 역시 그 형질을 발현한다는 것이다. 물론 우연에 의해 자손 중 누구도 그 우성 대립인자를 물려받지 않을 수도 있다. 그렇다면 그 형질은 더 이상의 세대에는 존재하지 않게 될 것이다. 열성 형질과 마찬가지로, 유전자가 상염색체성이라면, 남성이나 여성 모두 동일하게 영향을 받는다.

상염색체성 우성 질병은 집단 내에 매우 드물게 나타나며, 대부분 이환된 개인이 양쪽 부모로부터 돌연변이 인자들을 물려받을 가능성은 거의 없다. 따라서 대부분의 경우에서는, 환자는 그 우성 대립인자에 대해 이형접합성이다. 결과적으로, 대략 자손의 절반만이 그 형질을 물려받는다. 이것을 그림 3-13의 두 번째 가계도에서 확인할 수 있다. 나아가, 한 돌연변이가 우성이고, 한 사본만으로도 돌연변이 표현형을 나타내기에 충분하다면, 동형접합자들은 더 심각하게 영향을 받을 가능성이 높으며, 아마도 생존하지 못할 것이다. 이에 대한 설명이 **가족성 고지혈증**(familial hypercholesterolemia)에 대한 우성 유전자이다. 이형접합자들은

(a) 상염색체 열성 형질

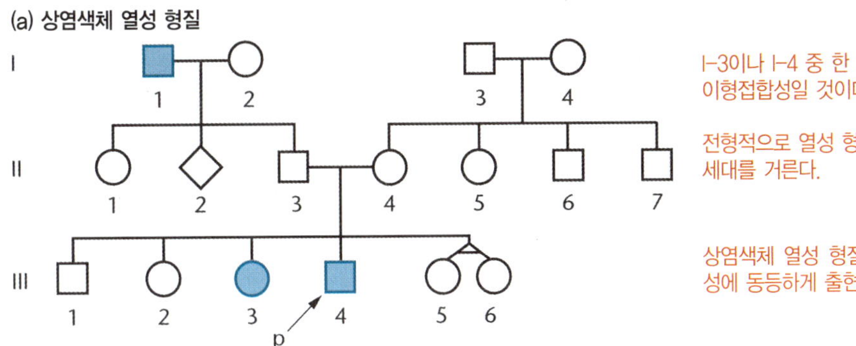

I-3이나 I-4 중 한 명은 이형접합성일 것이다.

전형적으로 열성 형질들은 세대를 거른다.

상염색체 열성 형질들은 양쪽 성에 동등하게 출현한다.

(b) 상염색체 우성 형질

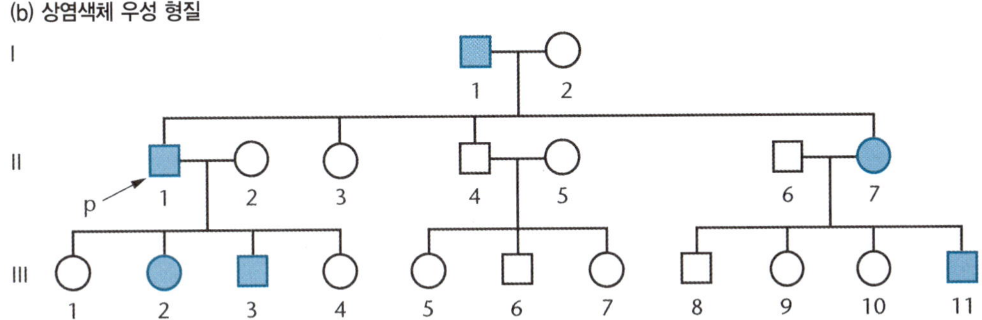

I-1은 우성 대립인자에 대해 이형접합성이다.

우성 형질들은 거의 항상 매 세대에 나타난다.

영향을 받은 개인들은 모두 이환된 한쪽 부모를 가진다. 우성 상염색체성 형질들은 양쪽 성 모두에 동등하게 나타난다.

그림 3-13 두 가지 특징에 대한 대표적인 가계도. 각각은 3세대에 걸쳐 추적되었다.

LDL이라고 불리는 저밀도 지질 단백질(low density lipoprotein)에 대한 수용체에 결함을 보인다. 결과적으로, 혈액에서 세포 내로 흡수되는 콜레스테롤이 너무 적고 혈장내 LDL의 수치가 증가한다. 그러한 이형접합성 개인들은 40대나 그 이전에 심장 마비를 일으킨다. 이형접합자들이 정상인에 비해 약 2배 정도의 LDL 수치를 가지는 반면, 동형접합자들을 거의 발견되지 않는다. 그들은 LDL 수용체가 없으며, LDL 수치는 정상 범위보다 10배나 높다. 그들은 인생의 초기에 심장 마비를 일으킬 확률이 높은데, 심지어 5세 이전에 발생하기도 하며 대부분은 20세에 도달하기 전에 심장 마비로 사망하게 된다.

많은 형질의 가계도 분석은 역사적으로, 인간의 유전학 연구에 매우 가치 있는 탐구 방법이 되어 왔다. 그러나 그러한 접근법은 자손을 많이 남기는 고안된 교배에 의해 제공되는 것과 같은 결론을 이끌어 내기에는 일반적으로 확실성이 부족하다. 그럼에도 불구하고, 같은 형질이나 질병에 대한 여러 독립적 가계도들을 분석하면, 종종 상당히 일관성 있는 결론들이 얻어진다. 표 3.2는 여러 가지 사람의 형질들과 우성 혹은 열성 표현에 따른 그들의 분류를 목록으로 작성한 것이다. 이들 형질 중 몇몇을 조절하는 유전인자들은 성을 결정하는 염색체에 위치한다. 4장에서는 X-연관 형질들에 대한 가계도에 대해 알아보도록 하자.

표 3.2 사람에서 나타나는 대표적인 우성, 열성 형질들

열성 형질	우성 형질
Albinism	Achondroplasia
Alkaptonuria	Brachydactyly
Ataxia telangiectasia	Congenital stationary night blindness
Color blindness	Ehler-Danlos syndrome
Cystic fibrosis	Hypotrichosis
Duchenne muscular dystrophy	Huntington disease
Galactosemia	Hypercholesterolemia
Hemophilia	Marfan syndrome
Lesch-Nyhan syndrome	Neurofibromatosis
Phenylketonuria	Phenylthiocarbamide (PTC) tasting
Sickle-cell anemia	Porphyria
Tay-Sachs disease	Widow's peak

이 문제를 풀어보자

63페이지의 26번 문제는 근시(myopia)에 대한 가계도를 조사하고 이 형질이 우성인지 열성인지를 예상하라는 것이다.

힌트: 우선 찾아야 할 것 중의 하나는 그 형질을 발현하는 개인이다. 그러나 그 부모 중 누구도 그 형질을 발현하지 않는다. 그러한 관찰은 그 형질이 우성일 가능성을 매우 낮춘다.

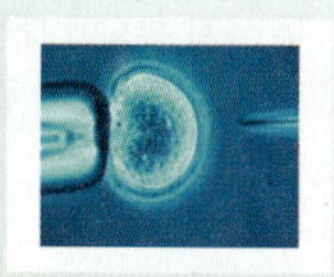

유전학, 기술, 그리고 사회

테이-삭스병: 인간의 열성 질병에 대한 분자적 기초

테이-삭스병(Tay-Sachs disease, TSD)은 유전성 질환으로, 고쳐지지 않는 중추신경계의 파괴를 유발한다. TSD를 가진 아기는 태어날 때는 영향을 받지 않으며 약 6개월이 될 때까지는 정상적으로 발달하기 때문에 더 비극적이다. 부모들은 자신들의 아기가 정상이라고 믿었다가 점차 정신적, 육체적 능력의 상실을 목격하게 될 것이다. 이 질병은 매우 심각해서, 이환된 아기들은 종종 한두 살 내에 눈과 귀가 멀고, 정신박약이 되며, 마비를 일으킨다. 대부분은 다섯 살을 넘기지 못한다. 1800년대에 이 질병의 증상을 처음 기술한 사람과 그 병에 연관되었던 인물인 워렌 테이(Warren Tay)와 버나드 삭스(Bernard Sachs)의 이름을 딴 것으로, 이 질병은 상염색체성 열성 질병의 양상을 분명히 보여준다. 대부분 그 질병에 대한 직접적인 가족력을 갖고 있지 않은, 영향을 받지 않은 두 이형접합성 부모들은 1/4의 확률로 이 질환에 걸린 아이를 갖게 된다. 이 질병은 고전적 멘델 유전 양식을 분명히 드러내며, 관련 유전자의 단백질 산물이 밝혀져 지금은 이 질병의 분자적 기초를 잘 이해하고 있다. TSD는 헥소스아미니다제 A(hexose aminidase A, Hex-A)라는 한 효소의 기능 상실에 기인한다. 이 효소는 정상적으로는 리소좀에서 발견되며 이 소기관은 세포에 의한 재활용을 위해 커다란 분자들을 분해한다. Hex-A는 강글리오시드(ganglioside)인 GM2를 분해하는 데 필요한데, 이 분자는 신경 세포막의 지질 구성성분이다. 기능적인 Hex-A가 없으면, 강글리오시드는 뇌의 신경세포에 축적되고 신경계의 왜곡을 유발한다. 하나의 정상 유전자 사본을 가지는 TSD 이형접합성 보인자들은 정상적인 Hex-A 양의 절반 정도만을 생산하지만, 질병의 증상을 나타내지는 않는다. 오직 하나의 유전자(하나의 야생형 대립인자) 활성만으로도 신경계의 정상적 발달과 기능에 충분하다는 이러한 관찰은 열성 돌연변이의 분자적 기초를 잘 설명해 준다. 돌연변이에 의해 두 유전자가 모두 망가졌을 때만 돌연변이 표현형이 분명해진다.

테이-삭스병의 원인 유전자는 15번 염색체상에 존재하며 Hex-A 효소의 알파 소단위를 암호화한다. Hex-A는 다른 많은 효소들과 마찬가지로, 단백질의 4차 구조를 나타내며 여러 개의 폴리펩티드 소단위들로 구성되어 있다. 1985년에 이 유전자가 분리된 이후로, 50가지 이상의 돌연변이들이 TSD를 일으키는 것으로 밝혀졌다. 비록 대부분의 질병 형태는 기능적인 Hex-A가 전혀 만들어지지 않는 유아형이지만, 드물게 나중에 발병하는 경우도 있는데, 이들 환자들은 Hex-A 활성이 크게 감소되어 있다. 나중에 발병하는 TSD는 환자가 20대나 30대가 되기까지 추적되지 않으며, 일반적으로 유아형에서보다는 덜 심각하다. 증상으로는 수전증을 포함하여 언어장애, 근육 약화, 그리고 균형 상실 등이 나타난다.

테이-삭스병은 일반 집단에서보다 독일계 유태인들(Ashkenazi Jews–중앙 및 동부 유럽인의 후손인 유태인들)에서 거의 100배나 더 흔하게 나타나며, 프랑스계 캐나다인 집단과 루이지애나의 케이준 집단(Cajun population)에서도 높은 빈도로 발생한다. 미국에서는 대략 27명의 독일계 유태인당 한 명이 TSD의 이형접합성 보인자이다. 대조적으로, 일반 집단과 스페인계 유태인 집단(Sephardic Jew–스페인과 포르투갈 사람들)에서의 보인자 비율은 250명당 한 명이다.

아직 TSD에 대한 효과적인 치료법은 없지만, 보인자 검색에서의 최근 발달은 이 질병이 빈번한 집단에서의 발병률을 낮추는 데 도움을 준다. 보인자들은 Hex-A 활성이나 특이적인 돌연변이를 추적하는 DNA 검사로 규명될 수 있다. 양친이 모두 보인자인 경우, 매 임신마다 산전진단을 사용하여 태아의 이환 여부를 알 수 있다. 그리고 TSD 신생아를 위한 잠정적 치료법으로 현재는 강글리오시드 합성 억제제와 Hex-A 효소 대체요법이 고려되고 있다.

참고문헌

Fernandes. F., and Shapiro, B. 2004. Tay-Sachs Disease. *Arch. Neurol.* 61: 1466-1468.

단원 요약

1. 1세기도 더 이전에 멘델은 완두에서의 유전양식을 연구하여 전달 유전학의 원리를 확립시켰다.
2. 멘델의 가정들은 표현형적 발현의 유전에 대한 기초를 설명하는 데 도움을 준다. 그는 후에 대립인자로 불리게 된 유전요소가 한 쌍으로 존재하며, 형질 발현의 결정에 우성/열성의 관계가 나타남을 보여주었다.
3. 멘델은 유전요소들이 배우자 형성 중에 분리되어야만 하며, 그러한 각 배우자들은 동일한 확률로 두 유전요소 중 하나만을 받게 된다고 가정했다.
4. 독립적 분배에 대한 멘델의 가정은 한 쌍의 단위요소가 다른 쌍의 단위요소들과는 독립적으로 분리된다고 하는 것이다. 결과적으로, 배우자들의 모든 가능한 조합들은 동일한 확률로 형성될 것이다.
5. 1800년대 후반에 염색체가 발견되고, 곧이어 감수분열시 염색체들의 행동이 연구되자 멘델 단위요소들과 감수분열시의 염색체의 행동을 연관시켜 그의 연구가 다시 태어나게 되었다.
6. 퍼네트 사각형법과 분지법(forked line method)은 둘 혹은 그 이상의 유전자쌍이 연관된 교배로부터 표현형(그리고 유전자형)의 확률을 예측하는 데 사용된다.

7. 유전적 비율은 확률로 표현된다. 그러므로 유전적 교배 결과를 이끌어 내는 것은 확률의 법칙에 대한 이해를 필요로 한다.
8. 통계적 분석은 실험 결과의 타당성을 검증하는 데 사용된다. 유전학에서는 기회편차에 의한 예상비로부터의 차이가 예측될 수 있다.
9. 카이 제곱 분석은 영가설, 즉 예상값과 관측값 사이에 실질적인 차이가 없다는 명제를 평가하는 데 사용된다. 마찬가지로, 이것은 관찰된 차이가 기회편차에 의한 것인지 아닌지에 대한 확률을 검사해 준다.
10. 가계도 분석은 수 세대를 거친 사람의 형질에 대한 유전양식을 연구하는 데 사용되는 방법이다. 이것은 종종 사람의 형질과 질병들에 대한 유전양식을 결정하는 기초를 제공한다.

주요 용어

F_1 세대(F_1 generation, first filial)

F_2 세대(F_2 generation, second filial)

P_1 세대(P_1 generation, parental)

가계도(pedigree)

가동성 인자(transposable element)

가족성 고지혈증(familial hypercholesterolemia)

검정 교배(testcross)

곱셈의 법칙(product law)

기회편차(chance deviation)

단성 잡종 교배(monohybrid cross)

단위인자(unit factor)

대립인자(allele)

덧셈의 법칙(sum law)

독립적 분배(independent assortment)

동형접합자(homozygote)

멘델의 9:3:3:1 잡종비(Mendel's 9:3:3:1 dihybrid ratio)

모계(maternal parent)

발단자(proband)

백색증(albinism)

부계(paternal parent)

분리(segregation)

분지도해법(branch diagram)

분지법(forked-line method)

불연속적 변이(discontinuous variation)

삼성 잡종 교배(trihybrid cross)

상반교잡, 상호교배(reciprocal cross)

양성 잡종 교배(dihybrid cross)

연속변이(continuous variation)

열성(recessive)

영가설(null hypothesis)

우성의(dominant)

유전 단위(unit of inheritance)

유전의 염색체설(chromosomal theory of inheritance)

유전자(gene)

유전자형(genotype)

이란성 쌍둥이(dizygotic twins)

이배체 수(diploid number, $2n$)

이형접합자(heterozygote)

일란성 쌍둥이(identical twins)

일란성 쌍둥이(monozygotic twins)

자가교배(selfing)

자매선(sibship line)

자유도(degrees of freedom, *df*)

전달유전학(transmission genetics)

전분 가지화 효소(starch-branching enzyme, *SBEI*)

좌위(locus)

친족간의(consanguineous)

카이제곱 검정(chi-square(χ^2) analysis)

테이-삭스병(Tay-Sachs disease)

퍼네트 사각형(Punnett square)

표현형(phenotype)

헥소스아미니다제 A(hexosaminidase A, Hex-A)

형제 자매(sib (sibling))

형제쌍둥이; 이란성쌍둥이(fraternal twins)

형질(trait)

확률값(probability value, *p*)

통찰과 해법

학생으로서 여러분은 유전학 문제를 풀어내어 전달 유전학에 대한 여러분의 지식을 증명할 것을 요구받게 될 것이다. 이러한 과제들에 대한 성공은 이론을 잘 이해하는 것뿐 아니라 많은 실질적 유전 상황에 대한 이론의 응용력을 나타내는 것이다. 대부분의 학생들은 유전학 문제를 푸는 것이 상당히 어렵지만 가치가 있다는 것을 발견한다. 이 절에서는 여러분에게 이러한 과정에 필수적인 논리적 추론을 위한 기본적인 통찰을 제공하고자 한다.

유전학 문제들은 많은 점에서 단어로 된 산수문제와 유사하다. 취해지는 접근이 똑같은데: (1) 문제를 신중히 분석한다; (2) 단어들을 각각을 정의하는 기호로 바꾼다; 그리고 (3) 문제를 풀기 위한 특수 기법을 선택하고 적용한다. 처음 두 과정이 중요하다. 세 번째 과정은 매우 기계적인 것이다.

가장 단순한 형태의 문제는 P_1 세대에 대한 모든 필요한 정보들을 언급하고 여러분에게 F_1이나 F_2 세대의 표현형이나 유전자형에 대해 예측된 비율을 요구하는 것이다. 이런 형태의 문제를 만났을 때는 항상 다음과 같은 단계들을 따르도록 한다:

1. P_1 세대의 개체들에서 모든 가능한 유전자형을 결정한다.
2. P_1 부모들에 의해 어떠한 배우자들이 생기는지 결정한다.
3. 퍼네트 사각형법이나 분지법을 사용하여 배우자들을 조합하라. 상황이 매우 간단하다면, 자세히 살펴보는 것만으로도 가능하다. F_1 표현형들을 직접 읽어내도록 한다.
4. F_2 세대에 대한 정보를 얻기 위해 위 과정을 반복한다.

주어진 정보로부터 유전자형을 결정하기 위해서는 전달 유전학의 기초 이론을 잘 이해하고 있어야 한다.

다음 문제를 생각해 보자: 초파리에서 열성 돌연변이 대립인자인 검정(black)은 동형접합성일 때 매우 어두운 체색을 유발한다. 이에 대해 야생형(정상형)의 초파리 체색은 회색(gray)이다. 체색이 검정인 암컷과 정상인 수컷(아버지는 검정이었음)이 교배되었을 때 예상되는 F_1의 표현형 비는 어떻게 되는가?

이 문제를 풀기 위해서는 분리에 대한 원리뿐 아니라 우성, 열성에 대해서도 이해하고 있어야 한다. 게다가 여러분은 수컷 부모의 아버지에 대한 정보도 이용해야만 한다. 여기 이 문제를 푸는 방법이 있다:

1. 모계가 검정이므로 분명 돌연변이 대립인자에 동형접합성이다(*bb*).

2. 부계는 회색이므로 적어도 우성 대립인자(*B*)를 하나 이상 가진다. 부계 쪽의 아버지가 검정이었으므로, 이 대립인자들을 포함하는 염색체를 하나 받았다. 따라서 부계는 분명 이형접합성(*Bb*)이다. 여기서부터 문제는 단순하다:

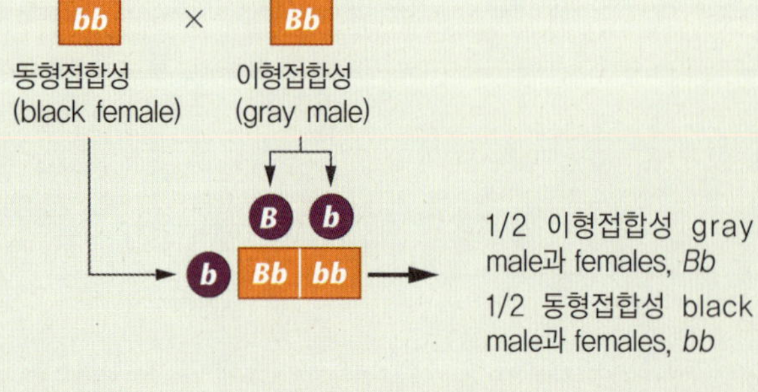

이 접근을 다음 문제들에 적용해 보자.

1. 멘델은 작업 중에 통통한 꼬투리가 수축된 꼬투리에 비해 우성이고 둥근 씨앗이 주름진 씨앗에 대해 우성임을 발견하였다. 둥근 씨앗이면서 통통한 꼬투리를 가진 완두 계통과 주름진 씨앗에 수축된 콩 꼬투리를 가진 완두계통의 교배에서 F_1 세대에는 모두 통통한 꼬투리에 둥근 씨앗을 얻었다. F_2 세대에서는 전형적인 비율 9:3:3:1의 비율로 나타나는 표현형들의 자손을 얻을 수 있었다. 이 정보를 이용하여 동형접합성인, 수축된 꼬투리에 둥근 완두와 통통한 꼬투리에 주름진 완두식물을 교배했을 때 예상되는 F_1과 F_2 세대의 자손들의 비율은 어떠할 것인가?

해법: 우선 각 대립형질쌍에 대한 유전자 기호를 정의한다. 표현형을 나타내기 위해 열성 형질에 대해서는 첫 자를 소문자로 사용하고, 우성 형질을 표현하려면 대문자를 사용한다. 그러므로 *C*와 *c*는 통통하고 수축된 꼬투리 그리고 *W*와 *w*는 둥글고 주름진 표현형을 각각 나타낸다.

이제, P_1 세대의 유전자형을 결정하고, 배우자를 만들며, F_1 세대를 구성하고 그 표현형을 읽어보자.

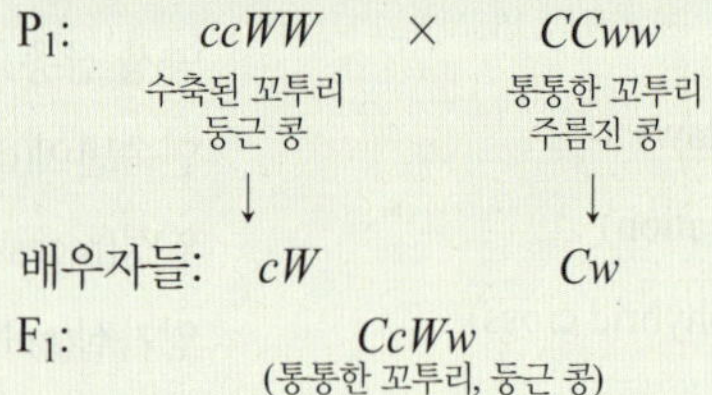

여러분은 당장에 F_1 세대가 우성 형질들을 둘 다 표현하며 두 유전자쌍에 대해 이형접합성임을 알 수 있다. 그러므로 F_2 세대는 고전적인 멘델비 9:3:3:1을 나타낼 것이라 예상할 수 있다. 어찌 되었든 이것을 확인하기 위해 분지법을 사용해서 계속 작업을 해 보자. 두 유전자쌍이 모두 이형접합성이기 때문에 독립적 분리가 예상되므로 각 유전자쌍을 따로 생각해서 F_2의 결과를 예측할 수 있다.

모든 F_2 자손은 다음과 같은 확률로 나타난다.

$Cc \times Cc$		$Ww \times Ww$	
↓		↓	
CC	(통통한 꼬투리)	WW	(둥근 콩)
Cc		Ww	
cC		wW	
cc (수축된 꼬투리)		ww (주름진 콩)	

분지법은 9:3:3:1의 표현형 비를 확인시켜준다. 이는 (9/16):(3/16):(3/16):(1/16)의 비율로 나타남을 기억하라. 마지막 확률을 계산하는데 곱셈의 법칙을 응용함에 유의하라.

3/4 통통한 꼬투리
- 3/4 둥근 콩 —(3/4)(3/4)→ 9/16 통통한 꼬투리에 둥근 콩
- 1/4 주름진 콩 —(3/4)(1/4)→ 3/16 통통한 꼬투리에 주름진 콩

1/4 수축된 꼬투리
- 3/4 둥근 콩 —(1/4)(3/4)→ 3/16 수축된 꼬투리에 둥근 콩
- 1/4 주름진 콩 —(1/4)(1/4)→ 1/16 수축된 꼬투리에 주름진 콩

2. 유전자형과 표현형을 모르는 식물의 교배를 생각해 보자. 다음과 같은 종류의 자손을 얻었다고 할 때 교배에 사용된 부모 식물의 유전자형과 표현형은 어떠한 것일까?

F_1: 3/8 통통한 꼬투리(full pod), 둥근 씨앗(round)
3/8 통통한 꼬투리, 주름진 씨앗(wrinkled)
1/8 수축된 꼬투리(constricted pod), 둥근 씨앗
1/8 수축된 꼬투리, 주름진 씨앗

해법: 이 문제는 여러분이 거꾸로 작업해야 하기 때문에 좀 더 어렵고 날카로운 통찰을 요구한다. 가장 좋은 접근은 꼬투리 모양의 결과와 씨앗의 모양을 따로 생각하는 것이다.

모든 식물 중 3/8 + 3/8 = 3/4 이 통통한 꼬투리였고, 1/8 + 1/8 = 1/4가 수축된 것이었다. 부모로 작용하는 다양한 유전적 조합들 중에서 어떠한 것이 3/4:1/4의 비율을 만들어 낼 것인가? 이 비율이 멘델의 단성 잡종 교배의 F_2 결과이기 때문에 우리는 모르는 두 부모가 단성 잡종의 F_1에서처럼 같은 유전적 특징을 공유한다고 제안할 수 있다; 그들은 틀림없이 꼬투리 모양을 조절하는 유전자에 대해 이형접합성인 *Cc*일 것이다.

이 가설을 받아들이기 전에 씨앗의 모양을 조절하는 가능한 유전적 조합에 대해 생각해 보자. 이 특징 하나만을 생각해 본다면 3/8 + 1/8 = 4/8(1/2)가 둥글고, 3/8 + 1/8 = 4/8(1/2)이 주름진 것으로 표현된 것을 알 수 있다. 그러한 비율이 나오기 위해서는 부모가 모두 이형접합성이면 안되는데, 그렇다면 그들이 자손이 3/4:1/4의 표현형을 나타날 것이기 때문이다. 그들은 또 둘 다 동형접합성일 수도 없다. 그렇다면 자손이 모두 한 가지 표현형만을 나타낼 것이기 때문이다. 그러므로 우리는 부모 중 하나는 동형접합성이고 다른 하나는 이형접합성일 경우의 가설을 확인하여야 한다. *WW* × *Ww*이라는 가능성은 이 교배가 항상 한 가지 표현형을 나타내게 하므로 적당하지 않다. 결국 *Ww* × *ww*라는 가능성만 남게 된다. 이러한 교배의 자손들은 1/2 *Ww*(둥근 것):1/2*ww*(주름진 것)로 정확하게 우리가 찾는 비율과 일치하게 생산된다.

이제 우리의 가설과 교배의 결과로 예상된 것을 조합해 보자. 우리의 해법에서는 오직 표현형만을 고려할 것이므로 우성이 되었든 열성이 되었든 두 번째 대립인자를 표현하는데 그냥 줄표(−)를 사용한다.

3/4 *C*− ⟨ 1/2 *Ww* → 3/8 *C*−통통하고, 둥근 것
3/4 *C*− ⟨ 1/2 *ww* → 3/8 *C*−*ww* 통통하고, 주름진 것
1/4 *cc* ⟨ 1/2 *Ww* → 1/8 *ccWw* 수축되고, 둥근 것
1/4 *cc* ⟨ 1/2 *ww* → 1/8 *ccww* 수축되고, 주름진 것

위에서 보는 것처럼, 이 교배는 우리의 처음 정보에 따른 자손들을 만든다. 그러므로 이 문제를 푼 것이 된다. 전의 해법에서 표현형의 사용과 대조적으로 이번 풀이에서는 분지법에서 유전자형들을 사용했음에 유의하라.

3. 유전자형이 *CcWw*인 식물이 유전자형이 *CcWw*와 *Ccww*인 부모로부터 나올 확률을 계산해 보라.

해법: 두 유전자쌍이 직접 우성과 열성을 증명하고 배우자 형성시 독립적으로 작용하기 때문에 우리는 두 독립된 결과(*Cc*와 *Ww*)를 포함하는 각 확률들만 계산하면 된다:

$Cc \times Cc \longrightarrow 1/4\ CC{:}1/2\ Cc{:}1/4\ cc$
$Ww \times Ww \longrightarrow 1/2\ Ww{:}1/2\ ww$
$p = (1/2\ Cc)(1/2\ Ww) = 1/4\ CcWw$

4. 실험실에서 유전학을 듣는 여학생이 긴 날개를 가진 정상초파리와 덤피 돌연변이(*dumpy* mutation)를 발현하는 날개가 없는 초파리를 교배하는 실험을 하였다. 그녀는 이 돌연변이 형질이 열성이라고 믿고 있다. F_1 세대에서 모든 초파리들은 긴 날개를 가지고 있었다. 다음 결과들은 F_2에서 나온 형질들이다.

792마리의 긴 날개 초파리
208마리의 덤피 날개 초파리

학생은 덤피 날개가 열성으로 유전한다는 가설을 세우고, F_2에서 나온 자료들을 카이 제곱 검정법을 사용하여 테스트하고자 한다.

(a) 가정된 비율은 무엇인가?
(b) 카이 제곱 검정이 이 가설을 지지하는가?
(c) 이 자료가 덤피 돌연변이에 대하여 제시하는 것은?

해법:

(a) 학생은 F_2 자료들(792:208)이 열성 유전자들에 대한 멘델비인 3:1 단성 잡종비에 맞는다고 가정하였다.

(b) χ^2 분석의 처음 단계는 3:1인지 예상 결과를 계산하는 것이다. 그 다음 편차(*d*)와 남은 숫자들을 계산한다.

Ratio	*o*	*e*	*d*	d^2	d^2/e
3/4	792	750	42	1764	2.35
1/4	208	250	−42	1764	7.06
	total = 1000				

$$\chi^2 = \Sigma \frac{d^2}{e}$$

$$= 2.35 + 7.06$$
$$= 9.41$$

우리는 그림 3-11을 참조하여 *p*값을 결정할 수 있다. 이 값은 우리가 편차가 기회에 의한 것인지 알 수 있게 해준다. 두 가지 가능한 결과들(n)이 있으므로 자유도(df)는 $n - 1 = 1$이다. 그림 3-11의 표는 *p*가 0.01과 0.001 사이의 값임을 보여준다. 그래프는 약 0.001로 예측되었다. $p < 0.05$이므로 우리는 영가설을 기각한다. 따라서 자료는 3:1의 비율에 맞지 않는다.

(c) 우리가 멘델의 3:1 비율을 단성 잡종의 유효한 표현형으로 받아들인다면 많은 가정들이 만들어진다. 우리의 숨은 가정들을 조사하면 왜 영가설이 기각되는지 알 수 있다. 우리는 모든 유전자형들이 동일하게 생존력이 있고, 긴 날개를 만드는 유전자형이 덤피 날개형을 나타내는 유전자형과 동일하게 수정으로부터 성체가 될 때까지 살아남는 것으로 가정했었다. 심화된 연구는 덤피 날개 초파리들이 정상 초파리보다 다소 덜 생존력이 있음을 보여줄 수도 있다. 결과적으로 우리는 모든 자손들 중 1/4보다 적은 수의 초파리들이 덤피 날개형을 표현한다고 예상할 수 있다. 이러한 관찰은 이것이 원인임을 증명하진 못하지만 자료로부터 드러난다.

연습문제 및 토론문제

앞으로 이 책의 유전학 문제를 풀 때에는, 주어진 정보나 다른 자료가 제시되지 않을 경우 항상 P_1 세대의 구성원은 동형접합자로 가정하여 풀도록 하라.

1. 흰색 기니피그와 검은색 기니피그 사이의 교배에서, F_1 세대의 모든 자손들이 검은색이었다. F_2 세대가 약 3/4의 검은색과 1/4의 흰색 기니피그로 구성되어 있었다. 이 교배를 그려보고 유전자형과 표현형을 밝혀라.

2. 사람에서 백색증은 단순한 열성 형질로 유전된다. 다음 설명된 가족들에서 부모와 자손들의 유전자형을 결정해 보라. 두 가지의 유전자형이 가능하면 둘 다를 설명해 보라. (a) 두 명의 정상 부모들이 5명의 자손을 낳았고 이들 중 4명이 정상, 1명이 백색증이다. (b) 정상 남자가 백색증인 여자와의 사이에서 6명의 자녀를 얻었고 이들 모두 정상이었다.

3. 2번 문제에서 멘델의 어떠한 가정이 증명되는가?

4. 멘델의 작업에 있어서 완두는 왜 좋은 실험재료가 되었는가?

5. 비둘기들은 단색(plain)의 깃털과 체크무늬(checkered) 깃털을 가진다. 잘 제어된 교배실험에서 다음과 같은 자료가 얻어졌다.

P_1 교배	F_1 자손 Checkered	Plain
(a) checkered × checkered	36	0
(b) checkered × plain	38	0
(c) plain × plain	0	35

그리고 F_1 자손들은 선택적으로 교배되어 다음과 같은 결과를 얻었다. (F_1 비둘기를 낳은 P_1 교배는 괄호 안에 표시되었다.)

$F_1 \times F_1$ 교배	F_2 자손 Checkered	Plain
(d) checkered (a) × plain (c)	34	0
(e) checkered (b) × plain (c)	17	14
(f) checkered (b) × checkered (b)	28	9
(g) checkered (a) × checkered (b)	39	0

체크무늬 깃털과 단색 깃털은 어떻게 유전되는가? (b)의 교배 결과를 예측하라.

6. 멘델은 둥근 씨앗에 노란 자엽을 가진 완두와, 주름진 씨앗에 녹색 자엽을 가진 완두를 교배하였다. 모든 F_1 식물들은 둥근 씨앗에 노란 자엽을 가지고 있었다. 퍼네트 사각형과 분지법을 사용하여 F_2 세대까지 이 교배를 도해하여 보라.

7. 다음 교배들로부터 나온 자손들의 표현형을 분석하여 부모식물의 유전자형을 결정하여라.

부모 식물	자손
(a) round, yellow × round, yellow	3/4 round, yellow
	1/4 wrinkled, yellow
(b) round, yellow × wrinkled, yellow	6/16 wrinkled, yellow
	2/16 wrinkled, green
	6/16 round, yellow
	2/16 round, green
(c) round, yellow × wrinkled, green	1/4 round, yellow
	1/4 round, green
	1/4 wrinkled, yellow
	1/4 wrinkled, green

8. 7번 문제에서 검정 교배가 있는가? 그렇다면 어느 것인가?

9. 7번 문제의 교배들에서는 증명되지만 문제 1번이나 5번의 교배들에서는 증명되지 않는 멘델의 가정은?

10. 멘델의 4가지 가정과 상동염색체, 유전자, 대립인자들 그리고 감수분열의 과정들을 연계시켜 설명해 보라.

11. 염색체들 사이의 상동성에 대한 기초는 무엇인가?

12. 동형접합성(homozygosity)과 이형접합성(heterozygosity)을 구분하여라.

13. 초파리에서는, 회색(gray) 체색이 에보니(ebony) 체색에 대해 우성이다. 반면, 긴 날개(long wing)는 흔적 날개(vestigial wing)에 대해 우성이다. 다음 교배들을 F_2까지 분석하고, 각 세대에서의 유전자형의 비와 표현형의 비를 결정하라. P_1 개체들은 동형접합성이라고 가정하라.
(a) gray, long × ebony, vestigial
(b) gray, vestigial × ebony, long
(c) gary, long × gray, vestigial

14. 다음과 같은 유전자형을 가진 개체들에 의해 얼마나 많은 형태의 배우자들이 형성될 수 있는가? 각 경우에서 그들은 어떠한가? (a) *AaBb*, (b) *AaBB*, (c) *AaBbCc*, (d) *AaBBcc*, (e) *AaBbcc*, 그리고 (f) *AaBbCcDdEe*?

15. 분지법을 이용하여 다음 3성 잡종 교배의 유전자형의 비와 표현형의 비율을 결정하여라.
(a) *AaBbCc* × *AaBBCC*
(b) *AaBBCc* × *aaBBCc*
(c) *AaBbCc* × *AaBbCc*

16. 멘델은 둥글고 녹색인 씨앗의 완두와, 주름지고 노란색인 완두를 교배시켰다. 모든 F_1 식물들이 둥글고 노란색의 씨앗을 맺었다. 이들 F_1 식물들을 검정 교배한 결과를 예상해 보라.

17. 아래는 멘델의 2가지 단성 잡종 교배 실험의 F_2 결과를 보여준 것이다. 카이 제곱 검정을 사용하여 검정할 영가설을 말하라. 두 교배들에 대해 χ^2값을 계산하고, p값을 결정하라. 어떤 교배가

더 큰 차이를 보이는가?

(a) 통통한 꼬투리	882
수축된 꼬투리	299
(b) 보라색 꽃	705
흰색 꽃	224

18. 멘델의 양성 잡종 교배들 중 하나에서, 그는 315개의 둥글고 노란색, 108개의 둥글고 녹색, 101개의 주름지고 노란색, 그리고 32개의 주름지고 녹색인 씨앗의 F_2 식물들을 얻었다. 이들 자료를 카이 제곱 검정을 사용하여 (a) 이들이 9:3:3:1의 비율에 잘 맞는지; (b) 둥근 것:주름진 것의 비가 3:1에 맞는지; (c) 노란 것:녹색인 것의 비가 3:1의 비율에 잘 맞는지 분석해 보라.

19. 한 유전학자가 두 표현형 집단으로 분리되는 자료를 평가하는데, 250:150의 비율을 관찰했다. 그는 두 가지 서로 다른 영가설을 이용하여 카이 제곱 검정을 수행하기로 했다: (a) 자료는 3:1에 비율에 맞는다; (b) 자료는 1:1의 비율에 맞는다. 각 가설에 대해 χ^2값을 계산하라. 각 가설에 대해 어떤 결론을 내릴 수 있는가?

20. 어느 영가설을 기각하는데 대한 기초는 임의적이다. 연구자는 이 영가설을 기각하는데 사용되는 p값을 높이거나 낮춤으로써 좀 더 혹은 좀 덜 엄격한 기준을 사용할 수 있다. $p = 0.10$의 기준을 사용한다면 영가설을 기각하지 못하는데 더 엄격한 것이 될까, 혹은 덜 엄격한 것이 될까? 설명하여라.

21. 독립적으로 분배되는 세 유전자쌍 *A*/*a*, *B*/*b*, *C*/*c*에 대해, 이들 각각은 전형적인 우성(*A*−, *B*−, *C*−)과 열성(*aa*, *bb*, *cc*)을 나타낸다. *AaBbCC*와 *AABbCc*의 부모들로부터 *AABbCc* 자손을 얻을 확률은 얼마인가?

22. 21번 문제의 부모들에서 삼중 열성 개체가 얻어질 확률은?

23. 21번 문제의 부모들에서 얻어진 모든 자손들 중에서 세 가지 우성 형질을 모두 표현하는 것의 비율은?

24. 다음 가계도에서, 유전양식과 각 개인들의 유전자형을 예상하여 보라. *A*와 *a* 대립인자가 형질의 발현을 조절한다고 가정한다.

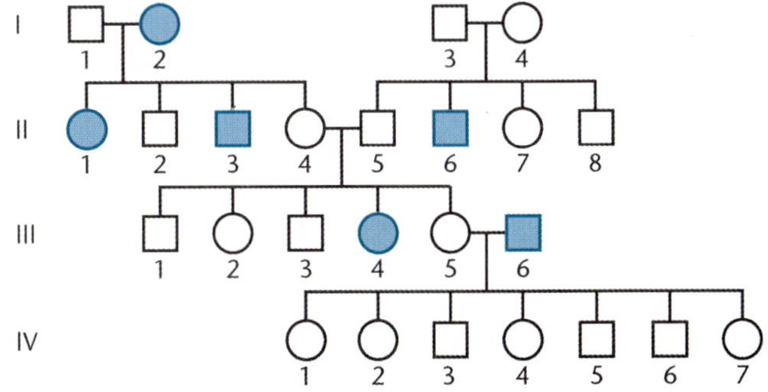

25. 24번 문제의 가계도에 의해 증명되는 멘델의 가정은 무엇인가? 모두 나열하고 이들 가정을 정의하라.

26. 다음 가계도는 사람에서 근시(myopia)의 유전을 나타낸다. 이 질환이 우성 형질인지 열성 형질로 유전되는지 예상해 보라. 그 예상에 근거하여 각 개인들이 가질 가장 가능한 유전자형을 말해보라.

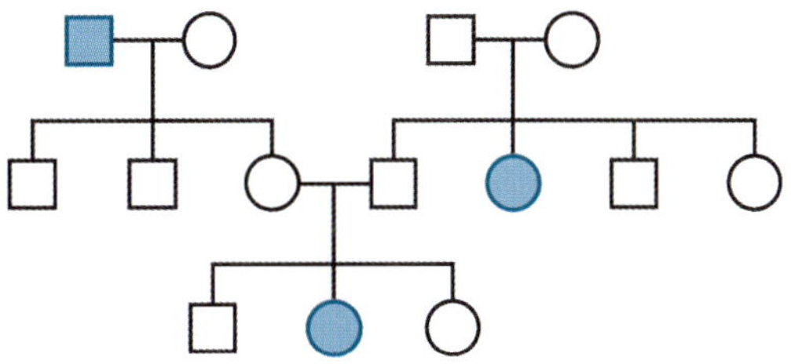

27. 다음 제한적인 가계도로부터 발현되는 각 형질들의 유전양상과 관련하여 가능한 모든 결론들을 말해보라. (각 경우는 서로 다른 형질에 기초한 것이다.)

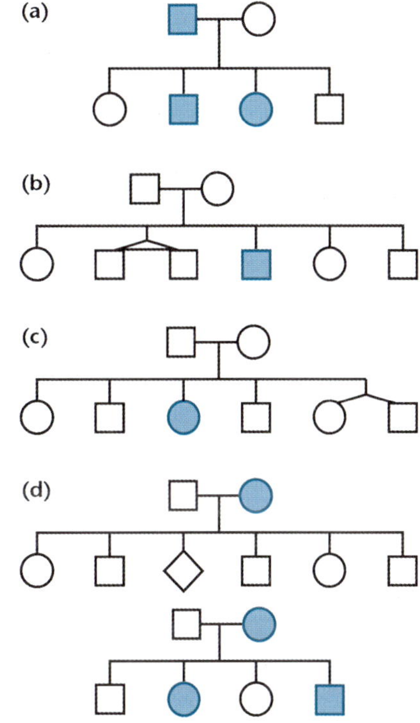

28. 두 가지 순계의 완두식물이 교배되었다. 하나의 부모는 둥글고(round), 말단에 꼬투리를 맺으며(terminal), 보라색 꽃(violet)에 잘록한 꼬투리(constricted)를 가지는 반면, 다른 하나는 대조되는 형질, 즉 주름지고(wrinkled), 곁가지에 열매를 맺으며(axial), 흰 꽃(white), 통통한 꼬투리(full)를 표현한다. 대조되는 이러한 네 쌍의 형질은 네 가지 유전자에 의해 조절되며 각각은 서로 다른 염색체상에 존재한다. F_1 세대에서는 둥글고, 곁가지 형이며, 보라색이고 통통한 형질만 나타났다. F_2에서는 멘델의 형질에서 가능한 모든 조합들이 나타났다.
    (a) F_1 결과를 바탕으로 이들 형질의 유전에 대해 어떠한 결론을 얻을 수 있는가?
    (b) F_2 결과에서 어떠한 표현형들이 가장 빈번하게 나타나는가? 이들 표현형의 발현빈도를 예상할 수 있는 수학적 표현을 사용해 보라.
    (c) 어떠한 F_2 표현형이 가장 드물게 나타나는가? 이 빈도 예측을 수학적으로 표현해 보라.
    (d) F_2 세대에서 얼마나 자주 P_1 표현형과 같은 것이 나타나는가?
    (e) F_1 식물이 검정 교배된다면, 얼마나 많은 표현형들이 생길까? 위에서 언급된 F_2 세대들에서의 표현형들 수와 이 숫자

가 어떻게 비교될 수 있겠는가?

29. 테이-삭스병(TSD)은 보통 5세 이전에 사망하게 하는 선천성 대사질환이다. 여러분이 유전상담자이고, 표현형적으로 정상인 어느 부부를 인터뷰한다고 하자. 남편은 아버지 쪽 사촌(여자)이 TSD로 사망했고, 부인은 외삼촌이 TSD이다. 양쪽 가계에서 더 알려진 사례는 없고 친족간 결혼이 이루어진 적도 없었다. 이 형질은 이 집단에서 매우 드물다는 것을 가정하라.
    (a) 표준 가계도 기호들을 사용하여 이들 가계도를 그리고 연관 개인들을 표시하라.
    (b) 이 부부가 여러분에게 자신들이 둘 다 TSD 대립인자에 대해 이형접합성일 확률을 계산해 달라고 부탁했다.
    (c) 그들은 또한 그들 둘 다 이형접합성이 아닐 확률도 알고 싶어 했다.
    (d) 그들 중 한 명은 이형접합성이지만 나머지 한 명은 그렇지 않을 확률도 요청했다.
    [힌트: (b), (c), (d)의 답은 모두 더하면 1.0이 된다.]

30. 야생형(정상) 초파리 *Drosophila melanogaster*는 반듯한 날개(straight wings)와 긴 강모(long bristles)를 가진다. 분리된 돌연변이주들은 구부러진 날개(curled wings)와 짧은 강모(short bristles)를 가진다. 이 두 돌연변이 형질을 나타내는 유전자들은 서로 다른 염색체상에 존재한다. 아래 교배들의 자료를 자세히 조사하라. (a) 각 돌연변이에 대해, 우성인지 열성인지 결정하라. 각 경우에서 어떠한 교배들이 여러분의 답을 지지할 수 있는지 골라보라; 그리고 (b) 유전자 기호를 결정하고 각 교배에 대해 부모들의 유전자형을 말해보라.

	자손의 수			
Cross	straight wings, long bristles	straight wings, short bristles	curled wings, long bristles	curled wings, short bristles
1 straight, short × straight, short	30	90	10	30
2 straight, long × straight, long	120	0	40	0
3 curled, long × straight, short	40	40	40	40
4 straight, short × straight, short	40	120	0	0
5 curled, short × straight, short	20	60	20	60

31. 토마토를 사용하여 멘델의 법칙을 평가하려고 한다. 키가 큰 순계의 변종(*SS*)이 순계의 키 작은 변종(*ss*)과 교배되었다. 이형접합성인 키 큰 식물(*Ss*)들이 교배되어 다음 두 세트의 F_2를 생산했다.

Set I	Set II
30 tall	300 tall
5 short	50 short

    (a) 카이 제곱 분석을 이용하여, 두 자료의 결과를 분석하라. 두 경우에서 χ^2값을 계산하고, p값을 추정하라.
    (b) (a)의 분석으로부터, 실험 세팅에 있어서 큰 자료 세트를 만드는 것의 중요성에 대해 여러분은 어떠한 결론을 내릴 수 있는가?

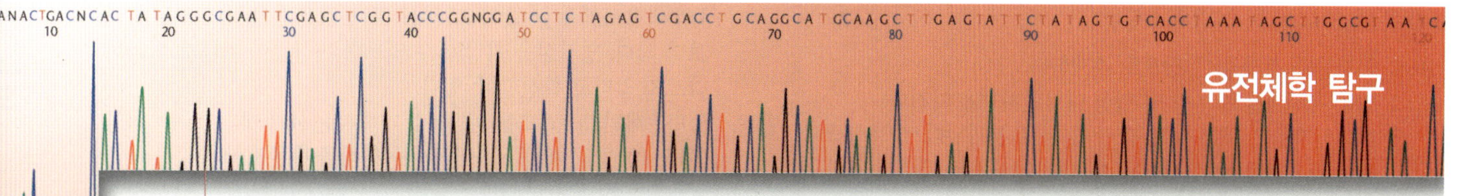

인간에서의 멘델식 유전에 관한 온라인 서비스

인간에서의 멘델식 유전에 관한 온라인 서비스(Online Mendelian Inheritance in Man, OMIM) 데이터베이스는 멘델 방식으로 유전되는 인간의 유전자들과 유전질병들의 목록이라고 할 수 있다. 일염색체성이나 삼염색체성(염색체가 하나 없거나 혹은 하나를 더 가짐으로써 발생하는)과 같은 주요 염색체 이상에 기인한 유전질병들은 포함되지 않는다. OMIM 데이터베이스는 원래 존스 홉킨스 대학의 빅터 맥쿠직(Victor McKusick) 박사가 쓴 '인간의 멘델식 유전(*Mendelian Inheritance in Man*)' 이라는 책을 매일 갱신하는 것이다. 과학자들은 **인간 유전체 프로젝트(Human Genome Project)**에 의해 생산된 서열 자료와 함께 OMIM을 중요한 정보 출처로 사용한다.

OMIM에 들어가면 DNA와 단백질 서열, 염색체 지도, 질병에 대한 설명, 그리고 연관 논문들을 포함한 풍부한 정보들과의 링크를 발견할 수 있다. 이번 연습에서는 OMIM을 탐색하여 인간의 열성 유전질병인 겸상 적혈구 빈혈증과 기타 다른 멘델식 유전질병에 대한 질문에 답을 구해보도록 한다.

■ 연습 1: 겸상 적혈구 빈혈증

이 장에서는 단일 유전자 열성 질환의 예로 겸상 적혈구 빈혈증을 소개했다. 여러분은 이제 OMIM 데이터베이스를 탐색함으로써 이 질병에 대해 더 많은 것을 알게 될 것이다.

1. 탐색을 시작하기 위해 OMIM 사이트 **(http://www.ncbi.nlm.nih.gov/omim)**의 주소에 접속하라.
2. "SEARCH" 박스에 "sickle-cell anemia"라고 입력하고 "Go" 버튼을 눌러 탐색을 수행하라.
3. 첫 표제를 고르라(#603903).
4. 왼편 칼럼에 제시된 주제 목록을 잘 살펴보고 겸상 적혈구 빈혈증에 대한 정보들을 읽어보라.
5. 페이지 하단에서 한두 개의 참고문헌을 골라 PubMed에서 그 요약본을 찾아보라.
6. 이제 살펴본 정보들을 이용하여 다음 질문에 답해보라:
   a. 겸상 적혈구 빈혈증을 가진 개인들은 어떤 유전자가 돌연변이가 된 것인가?
   b. 이 질병의 주요 증상은 어떤 것인가?
   c. 겸상 적혈구 빈혈증에 대한 최초의 과학적 설명은 어떤 것이었나?
   d. OMIM 데이터베이스로부터 알게 된 이 질병의 2가지 다른 특징은 무엇이 있는지 설명하고 이러한 정보를 발견한 곳이 어디였는지 말해보라.

■ 연습 2: 기타 열성 혹은 우성 질병들

인간에서 열성 혹은 우성 형질로 유전되는 또 다른 질병들을 골라서 위에서 제시된 방법대로 따라 해보라. 여러분이 원하면 OMIM의 링크를 따라가서 다른 데이터베이스를 이용할 수도 있다.

여러분의 탐색에서 얻은 재미있는 정보들 몇 가지에 대해 설명해보고 그 과정에서 여러분이 만난 정보 출처가 어떤 곳이었는지도 말해보라.

정답 ■ ■ ■ ■ ■ ■ Solutions to Problems and Discussion Questions

2. (a) 백색증 아이가 나온다는 사실은 각 부모가 아이에게 *a* 유전자를 제공해야 함을 요구하므로 부모들은 둘 다 반드시 이형접합성(*Aa*) 이어야 한다. (b) 여성은 반드시 *aa* 이다. 모든 아이들이 정상이므로, 남성은 *Aa*가 아니라 *AA* 임을 고려하게 된다. 그러나 남성은 *Aa*일 수 있다. 그러한 상황 하에서는 6명의 아이가 모두 정상일 가능성은 1/64이다.

6. 기호:

w = wrinkled seeds g = green cotyledons
W = round seeds G = yellow cotyledons

$P_1 = WWGG \times wwgg$

생산된 배우자들: 각 유전자쌍의 한 구성원은 각 배우자로 "분리되어" 들어간다.

F_1: $WwGg$
$F_1 \times F_1$: $WwGg \times WwGg$
9/16 $W\_G\_$ round seeds, yellow cotyledons
3/16 W_gg round seeds, green cotyledons
3/16 $wwG\_$ wrinkled seeds, yellow cotyledons
3/16 $wwgg$ wrinkled seeds, green cotyledons

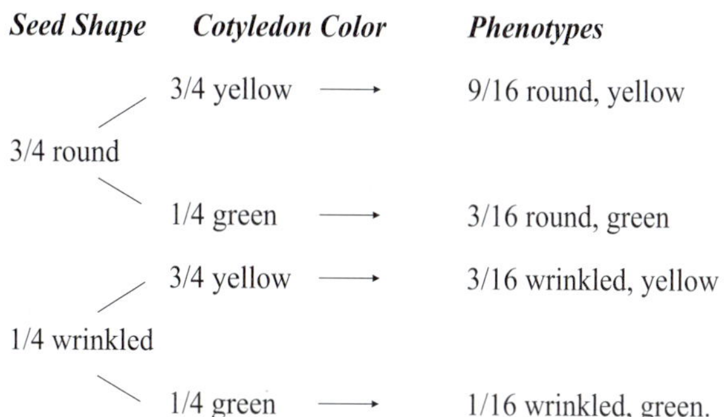

8. 문제7의 (c)가 이 설명에 부합한다.

10. 1. 인자들(유전자들)은 쌍으로 존재한다.
 2. 일부 유전자들은 우성 및 열성 대립인자들을 가진다.
 3. 대립인자들은 배우자 형성 중에 서로 분리된다. 상동염색체들이 후기 I에 서로 분리될 때, 대립인자들은 감수분열 기구의 양쪽 극들로 이동할 것이다.
 4. 하나의 유전자쌍은 다른 유전자쌍들과는 독립적으로 분리된다. 같은 상동염색체쌍에 존재하는 서로 다른 유전자쌍들(충분히 멀리 떨어져 있다면)이나 비상동염색체쌍에 존재하는 유전자쌍들은 감수분열 중에 독립적으로 나뉘게 된다.

12. 동형접합성(homozygosity)이란 한 쌍의 유전자가 동일한 유전자들로 되어 있는 조건(즉, AA or GG or *hh*)을 말하며, 이형접합성(heterozygosity)이란 한 쌍의 유전자들이 서로 다른 경우를 뜻한다(즉, *Aa* or *Gg* or *Bb*)

14. (a) 4: *AB, Ab, aB, ab*
 (b) 2: *AB, aB*
 (c) 8: *ABC, ABc, AbC, Abc, aBC, aBc, abC, abc*
 (d) 2: *ABc, aBc*
 (e) 4: *ABc, Abc, aBc, abc*
 (f) $2^5 = 32$

16. 자손들은 다음과 같이 전형적인 1:1:1:1의 비율로 나온다.

 1/4 *WwGg* (round, yellow)
 1/4 *Wwgg* (round, green)
 1/4 *wwGg* (wrinkled, yellow)
 1/4 *wwgg* (wrinkled, green)

18.

Expected ratio	*Observed (o)*	*Expected (e)*
9/16	315	312.75
3/16	108	104.25
3/16	101	104.25
1/16	32	34.75

$\chi^2 = 0.47$

χ^2 값은 자유도 3에서 0.90보다 큰 확률값과 연관된다. 관찰된 값과 예상치는 심각하게 차이 나는 것이 아니다. (b)와 (c)를 다루기 위해서는, 표현형이 다음과 같은 경우, 단성 잡종 비율에 대해 관찰값을 살펴보는 것이 더 쉽다:

smooth, yellow	315
smooth, green	108
wrinkled, yellow	101
wrinkled, green	32

매끈한 것(smooth): 주름진 것(wrinkled)의 단성 잡종비는 총 423(315 + 108): 133(101 + 32)이다.

Expected ratio	*Observed (o)*	*Expected (e)*
3/4	423	417
1/4	133	139

1의 자유도에서 χ^2 값이 0.35이므로, *p* 값은 0.50보다 크고 0.90보다 작다. 영가설을 기각할 수 없으며 관찰값이 기대값과 과히 다르지 않다고 확신할 수 있다.

(c) 문제의 노랑:초록 비율에 대해서는 416개의 노랑 식물(315+101)과 140개(108+32)의 녹색식물이 존재한다.

Expected ratio	*Observed (o)*	*Expected (e)*
3/4	416	417
1/4	140	139

자유도 1에서 χ^2 값은 0.01이고, *p* 값은 0.90보다 크다. 우리는 영가설을 기각할 수 없으며 관찰값들이 예상값에서 크게 벗어나지 않는다고 확신할 수 있다.

20. $p = 0.05$ 대신 $p = 0.10$을 영가설을 기각하는 "임계"값으로 사용하면, 더 많은 영가설을 기각하게 된다. 임계 *p* 값이 증가함에 따라, 영가설을 기각하는데 더 작은 χ^2 값을 취하게 된다. 영가설을 기각하는데 예상값과 관찰값 사이의 차이가 더 작게 된다. 그러므로 영가설을 채택하는 데 있어 엄격함이 더 증가하게 된다.

22. *AaBbCC* × *AABbCc* 교배에서 *aabbcc*를 얻을 확률은 0이다.

24. 열성 유전자들은 세대를 거를 수 있으며, 부모에 보인자 상태로 존재할 수 있다. 예를 들어, II-4 와 II-5 가 표현형적으로 영향을 받은 딸(III-4)을 낳았음에 주목하라. 이러한 기준만으로 보면, 그 유전자는 열성인 것으로 보인다.

 I-1 (*Aa*), I-2 (*aa*), I-3 (*Aa*), I-4 (*Aa*)
 II-1 (*aa*), II-2 (*Aa*), II-3 (*aa*), II-4 (*Aa*), II-5 (*Aa*),
 II-6 (*aa*), II-7 (*AA* or A*a*), II-8 (*AA* or *Aa*)
 III-1 (*AA* or *Aa*), III-2 (*AA* or *Aa*), III-3 (*AA* or *Aa*),
 III-4 (*aa*), III-5 (probably *AA*), III-6 (*aa*)
 IV-1 through IV-7 (all *Aa*).

26. 그 유전자는 상염색체 열성으로 유전된다.

 I-1 (*aa*), I-2 (*Aa* or *AA*), I-3 (A*a*), I-4 (A*a*)
 II-1 (*Aa*), II-2 (*Aa*), II-3 (*Aa*), II-4 (*Aa*), II-5 (*aa*),
 II-6 (*AA* or *Aa*), II-7 (*AA* or *Aa*)
 III-1 (*AA* or *Aa*), III-2 (*aa*), III-3 (*AA* or *Aa*)

28. (a) 각 부모가 동형접합성이고(순계), F_1에서는 둥글고(round), 액상(axial)이며, 보라색이고(violet), 통통한(full) 표현형들만이 발현되었으므로, 이들은 우성일 것이다. 모든 유전자들이 비상동염색체 상에 존재하므로, 독립적 분배가 일어날 것이다.
 (b) 둥글고, 액생이며, 보라색에 통통한(round, axial, violet and full) 표현형은 가장 흔한 표현형이 될 것이다:
 $3/4 \times 3/4 \times 3/4 \times 3/4$
 (c) 주름지고, 정생이며, 희고, 수축된(wrinkled, terminal, white, and constricted) 것은 가장 적게 나올 것이다:
 $1/4 \times 1/4 \times 1/4 \times 1/4$
 (d) $(3/4 \times 3/4 \times 3/4 \times 3/4) + (1/4 \times 1/4 \times 1/4 \times 1/4) = 82/256$

(e) 검정교배 자손에서는 F_2 세대에서 16가지의 서로 다른 표현형이 나오는 것과 마찬가지로, 16가지의 서로 다른 표현형들이 나올 것이다.

30. (a) 자료는 곧은 날개(straight)가 굽은 날개(curled)에 우성이고 짧은(short) 강모가 긴(long) 강모에 대해 우성임을 시사한다.

가능한 기호는 다음과 같다(*Drosophila* 기호 사용):

straight wings = w^+ curled wings = w

short bristles = b^+ long bristles = b

(b) Cross 1: w^+/w; b^+/b × w^+/w; b^+/b

Cross 2: w^+/w; b/b × w^+/w; b/b

Cross 3: w/w; b/b × w^+/w; b^+/b

Cross 4: w^+/w^+; b^+/b × w^+/w; b^+/b

(one parent could be w^+/w)

Cross 5: w/w; b^+/b × w^+/w; b^+/b

CHAPTER

4 멘델 비율의 변형

닭의 볏 모양에서의 유전성 변이. 두 개의 유전자쌍에 의해 조절된다

호두볏(Walnut)

완두볏(Pea)

장미볏(Rose)

홑볏(Single)

단원 개념

- 대립인자들이 멘델의 원리에 따라 부모에서 자손으로 전달되지만, 그들은 종종 멘델이 관찰했던 분명한 우성/열성 관계를 나타내지 않는다.
- 많은 경우에서, 멘델 유전학과는 대조적으로, 둘 이상의 유전자가 단일 특징의 표현형에 영향을 미칠 수 있는 것으로 알려져 있다.
- 멘델 유전의 또 다른 예외는 성염색체 상에 있는 유전자들의 존재이다. 여기서는 성들 중의 한 쪽이 그 염색체의 한 구성원만을 포함한다.
- 멘델 원리들에 대한 다양한 예외로 인해, 단성 잡종 교배, 양성 잡종 교배, 3성 잡종 교배로부터 얻어지는 표준적인 비율에서 벗어나는 표현형 비율이 나타난다.
- 표현형들은 종종 유전자와, 그것이 발현되는 환경 모두의 영향을 받은 결과이다.
- 핵외 유전현상은 미토콘드리아와 엽록체의 DNA에 존재하는 유전자들의 발현 결과로 나타난다. 이들은 멘델식 유전양상을 변화시킨다. 그러한 유전자들은 종종 암배우자에 의해 전달된다.

3장에서 전달 유전학의 가장 간단한 원리들에 대해 논의했었다. 우리는 유전자들이 상동염색체쌍에 존재하며 이들 염색체는 배우자 형성 중에 서로 나누어져(segregate) 독립적으로 분배(assort independently)되고 독립적으로 한 벌로 맞춰진다는 것을 살펴보았었다. 어버이에서 자손으로 유전자가 전달되는 기본 원리들이 이 두 가지 가정이다. 그러나 유전자 발현이 단순한 우성/열성 양식에 부합하지 않거나, 한 가지 형질의 발현에 한 쌍 이상의 유전자들이 영향을 미칠 때는 전통적인 3:1과 9:3:3:1의 비율은 보통 변형을 일으킨다. 좀 더 복잡한 양식의 유전현상이 나타나겠지만 멘델에 의해 확립된 근본적인 원리는 이러한 경우들에 있어서도 계속 유지된다.

이 장에서는 첫 논의를 오직 한 세트의 유전자들에 의해 조절되는 형질들의 유전에 대해서만으로 제한하려고 한다. 상동염색체쌍을 가지는 이배체 생물들에서는 각 유전자 두 복사본들이 그러한 형질에 영향을 미친다. 유전자의 복사본은 반드시 동일할 필요는 없는데 그 이유는 유전자의 대체 형태 혹은 대립인자들이 집단 내에서 나타나기 때문이다. 어떻게 대립인자들이 주어진 표현형에 영향을 미치는가 하는 것이 우리의 주된 초점이다. 그 다음, 어떻게 하나의 표현형이 하나 이상의 유전자 세트에 의해 조절되는지, 때때로는 유전자 상호작용으로 설명되는 상황에 대해 고려하고자 한다.

지금까지는 상염색체(autosome)라고 불리는 X와 Y 이외의 염색체들에 대해서만 논의를 했었다. X 염색체상에 존재하는 유전자들의 경우를 조사함으로써, 멘델비율 변형의 또 다른 예인 X-연관을 설명할 수 있다. 변형된 비율에 대한 우리의 논의에는 X 염색체상의 유전자들에 의한 것이 아니라 개체가 가지는 성에 의해 표현형에 영향을 미치는 한성 유전(sex-limited inheritance)과 종성 유전(sex-influenced inheritance)도 역시 포함될 것이다. 그리고 주어진 표현형이 어떻게 세포 혹은 개체가 발견되는 전체적 환경에 따라 달라지는지에 대해서도 논의할 것이다. 이러한 논의는 표현형적 발현이 한 개체가 가지는 유전자형에 의해서만 결정되는 것이 아니라는 것을 지적한다. 마지막으로, 소기관에 존재하는 DNA가 개체의 표현형에 영향을 미치는 핵외 유전(extranuclear inheritance)에 대한 논의로 마치게 될 것이다.

학습 방법

이 장에서는 어떻게 유전자들이 단순한 멘델 유전 양식을 변화시키는 방법으로 표현형을 조절하는지에 초점을 맞추고 있다. 여러분이 이러한 주제를 공부할 때에는 다음과 같은 기본적인 질문에 답할 수 있어야 한다.

1. 전형적인 멘델비에 맞지 않는 유전 양식을 설명하기 위해 초기의 유전학자들은 어떠한 실험적 접근을 시도했는가?
2. 유전학자들은 둘 혹은 그 이상의 유전자쌍이 서로 상호작용하는 표현형적 특질의 유전을 어떻게 확인할 수 있었는가?
3. 한 가지 형질에 관여하는 유전자의 수는 어떻게 알 수 있는가?
4. 우리는 어떠한 관찰들로 다양한 질적 유전 양식들을 구별할 수 있는가?
5. 어떻게 특정 유전자가 성 결정 염색체 위에 존재하는지(예를 들어, X-연관 유전이 존재하는지) 알 수 있는가?
6. 핵외 유전은 어떻게 발견되었나?

4.1 대립인자들은 여러 가지 방법으로 표현형들을 바꾼다

1900년대 초 멘델의 연구가 재발견된 후에, 연구자들은 유전자가 개인의 표현형에 영향을 미치는 방법에 초점을 맞추게 되었다. 각 유전 형태는 관찰된 유전연구의 자료가 예상되는 멘델 비율을 정확하게 확인시켜 주지 못할 때 더 자세하게 조사되었고, 멘델의 이론을 변형하고 확장시키는 가설들이 제시되어 특수하게 설계된 교배들에 의해 검증되었다. 이로써 얻어진 설명들은 상동염색체쌍의 특정 좌위에 존재하는 하나 혹은 그 이상의 유전자들에 의해 표현형이 조절된다는 원리에 부합하였다.

다양한 유전 양식을 이해하기 위해서는, 우선 대립인자의 잠재적인 기능을 조사해 보아야 한다. 대립인자들은 같은 유전자의 또 다른 형태들이다. 집단 내에서 가장 빈번한 형태의 대립인자, 즉 우리가 임의로 정상이라고 표시하는 대립인자는 종종 **야생형 대립인자**(wild-type allele)라고 언급된다. 이러한 평범한 대립인자는 보통 우성이다-예를 들어, 정원 완두의 키가 큰 대립인자 같은 경우이다-그러므로 이들의 산물은 세포 내에서 활성적이다. 야생형 대립인자들은 물론, 야생형의 해당 표현형을 나타나게 하며, 특정 좌위의 모든 돌연변이에 대해 표준으로 비교된다.

돌연변이 대립인자는 변형된 유전정보를 포함하며, 종종 변형된 유전자 산물을 만들어 낸다. 예를 들어, 사람의 집단에서는 사람 헤모글로빈의 β-사슬을 암호화하는 유전자에 대해 많은 대립인자들이 존재한다. 그러한 모든 대립인자들은 β-사슬 폴리펩티드의 합성에 필요한 정보를 저장하고 있지만 각 대립인자는 같은 분자의 약간 다른 형태를 지정한다. 일단 만들어지면, 한 대립인자의 산물은 그것의 변형된 기능을 가질 수도 있고 그렇지 않을 수도 있다.

돌연변이의 과정은 새로운 대립인자들의 근원이 된다. 한 생물을 관찰할 때 새로운 대립인자가 인식되려면 그것은 반드시 표현형을 변화시켜야 한다. 새로운 표현형은 그 유전자에 의해 조절되는 세포내 산물의 기능적 활성 변화에 기인한 것이다. 종종, 돌연변이는 특정한 야생형의 기능을 잃게 하거나 변화시킨다. 예를 들어, 하나의 유전자가 특정 효소의 합성을 책임지고 있는 것이라면, 그 유전자에서의 돌연변이는 효소의 형태를 바꾸거나 혹은 효소의 기질에 대한 친화성을 없애버릴 수도 있다. 그러한 경우는 **기능상실 돌연변이**(loss of function mutation)라고 정의된다. 만약 그러한 상실이 완벽하다면, 그 돌연변이는 소위 **영 대립인자**(null allele)라고 불리는 상태를 만든다.

반대로, 다른 돌연변이가 야생형 산물의 기능을 촉진시킬 수도 있다. 이런 일이 일어나는 대부분은 유전자 산물의 양이 증가한 경우이다. 그럴 때는 돌연변이가, 고려되는 유전자의 전사에 영향을 미치는 것일 수 있다. 이런 경우는 **기능획득 돌연변이**(gain of function mutation)라고 불리며, 일반적으로 우성 변이인데, 이배체 생물의 한 사본이 정상 표현형을 바꾸는 데 충분하기 때문이다. 기능획득 돌연변이의 예로는, 세포주기를 조절하는 **원암유전자**(protooncogene)가 유전적으로 변화하여, 과다한 유전자 산물을 만들어 조절을 받지 않게 하는 **암유전자**(oncogene)가 생기는 것을 들 수 있다.

기능획득과 기능상실 돌연변이의 개념에 대해 소개했지만, 하나의 돌연변이가 기능 변화를 일으키지 않는 대립인자를 만들 가능성도 있다는 것에 주목할 필요가 있다. 이런 경우에는 표현형 변이가 뚜렷하지 않기 때문에 그 돌연변이는 당장 드러나지 않을 수도 있다. 그러나 그러한 돌연변이는 만약 그 유전자의 DNA 서열을 직접 조사하면 추적이 가능하다.

마지막으로, 비록 하나의 표현형적 형질이 하나의 돌연변이에 의해 영향을 받을 수도 있지만, 형질들은 종종 하나 이상의 유전자들에 의해 영향을 받는다는 것을 기억하라. 예를 들어, 효소반응의 경우에는 대부분이 최종산물(예, 아미노산)을 합성하는 복잡한 대사경로들의 일부를 이룬다. 다양한 반응 중 어느 곳에서 일어난 돌연변이라도 동일한 영향-즉, 최종산물의 합성 실패-을 미친다. 그러므로 최종산물과 관계된 표현형적인 형질들은 종종 하나 이상의 유전자에 의해 영향을 받는다.

다음 몇 장에서 논의되는 많은 교배들 각각에서는 단지 하나 혹은 관련된 소수의 유전자쌍들이 관여한다. 각 교배들에서 고려되지 않은 모든 유전자들은 설명된 유전 패턴들에 영향을 미치지 않는다고 가정한다는 것을 기억하라.

4.2 유전학은 여러 가지 방법으로 대립인자를 표시한다

앞에서, 매우 단순한 멘델 형질들에 대해 열성 형질의 첫 글자를 따서 대립인자들을 부호로 나타냈었다. 소문자 이탤릭체는 열성 대립인자를 나타낸다. 같은 글자를 대문자로 쓰면 우성 대립인자를 나타낸다. 그러므로 키가 크거나 작은 것에 대해서는 작은 것이 열성이며, *D*와 *d*가 이들 해당 형질들을 나타내는 대립인자들을 표시한다. 멘델은 그의 단위요소들을 표시하는데 이러한 대문자, 소문자 방법을 사용했다.

또 한 가지 유용한 체계가 과일 파리인 *Drosophila melanogaster*의 연구에서 야생형과 돌연변이형을 구별하기 위해 개발되었다. 이 체계는 돌연변이 형질 이름의 첫 글자, 혹은 두 개 혹은 세 글자의 조합을 사용한다. 만약 형질이 열성이면, 소문자가 사용된다; 우성인 경우 대문자가 사용된다. 대조되는 야생형의 형질은 같은 글자로 표시되지만, 첨자 +와 함께 사용된다. 예를 들어, *ebony*(검은 체색)는 초파리에서 열성 체색 돌연변이다. 정상 야생형 체색은 회색이다. 위에서 설명한 체계를 사용하면, *ebony*는 부호 *e*로 나타내어지는 반면, 회색은 e^+로 표시된다. 이를 나타내는 좌위는 야생형 대립인자(e^+)이거나 혹은 돌연변이 대립인자(e)에 의해 점유될 수 있다. 그러므로 이배체 초파리는 이들 세 유전자형 중의 하나를 나타낼 것이다:

e^+/e^+	회색 동형접합자(야생형)
e^+/e	회색 이형접합자(야생형)
e/e	ebony 동형접합자(돌연변이형)

문자들 사이의 빗금은 두 대립인자가 두 상동염색체상의 같은 좌위에 있음을 나타내는 것이다. 만약 우리가 초파리의 우성 날개 돌연변이인 *Wrinkled*(*Wr*, 주름진)에 대해 고려한다면 Wr^+/Wr^+, Wr^+/Wr, Wr/Wr 과 같은 세 가지 표시가 가능하다. 마지막 두 유전자형은 주름진 날개 표현형을 나타낸다.

이 체계의 한 가지 이점은 편리하게 더 간략히 하여 나타낼 수 있다는 것이다: 야생형 대립인자는 단순히 그냥 + 표시로 표시될 수 있다. *ebony*를 예로 들면, 세 가지 가능한 유전자형은,

$+/+$	회색 동형접합자(야생형)
$+/e$	회색 이형접합자(야생형)
e/e	ebony 동형접합자(돌연변이형)가 될 것이다.

이 체계는 둘 혹은 세 개의 유전자들이 같은 염색체에 연관되어 있어 동시에 고려되어야 할 경우에 특히 유용하다. 만일 우성이 존재하지 않는다면, 단순히 대문자 이탤릭체 문자와 대체되는 대립인자들을 표시하는 첨자를 사용한다(예, R^1과 R^2, L^M과 L^N, I^A와 I^B). 이들을 사용하는 것은 다음 절에서 명확해질 것이다.

우리가 유전적 부호를 지정하기 위한 표준관례를 적용한다고 하더라도, 다양한 생물들에서 유전적 명명에 대한 많은 변형 체계들이 사용된다. 보통, 유전자의 기능을 반영하도록 선택된 부호나 돌연변이 유전자에 의해 유발되는 질병이 사용되기도 한다. 예를 들어, 효모의 *cdk*는 cyclin *d*ependent *k*inase 유전자의 약자로, 이것의 산물은 세포주기 조절에 관여한다. 세균에서 leu^- 는 류신 생합성 유전자인 leu^+에 돌연변이가 일어나 기능이 저해된 것을 뜻한다. *dnaA*는 세균에서 DNA 복제에 관계된 유전자를 뜻하는 것이다(그리고 DnaA는 그 유전자에 의해 만들어지는 단백질을 나타내는 것이다). 특별히 사람의 경우에는 유전자를 대문자들로 표시한다: *BRCA1*은 유방암에 취약한 사람의 유전자를 나타낸다. 이렇게 서로 다른 체계들이 사용되어 때로는 혼란스럽기도 하지만, 이들 모두가 유전자들을 나타내는 유용한 방법이다.

4.3 불완전 혹은 부분 우성에서는 어떤 대립인자도 우성이 아니다

대비되는 형질들을 가진 부모를 교배하면 중간형의 표현형을 나타내는 자손이 생산될 수 있다. 예를 들어, 붉은색의 분꽃이나 금어초를 흰 꽃의 식물과 교배시키면, 자손은 분홍색의 꽃을 피운다. 중간색인 분홍 꽃 F_1에서는 일부의 붉은 색소가 생산된다. 따라서 붉은 것도 혹은 흰 것도 우성이 아니다. 이러한 상황은 **불완전**(incomplete) 혹은 **부분적**(partial) **우성**(dominance)이라고 알려져 있다.

만약 이 표현형이 하나의 유전자에 의해 조절되고 두 대립인자

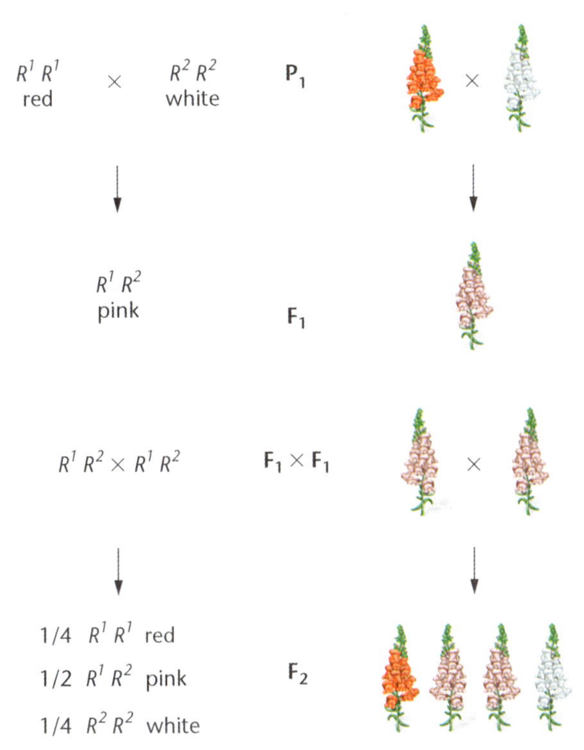

그림 4-1 금어초(snapdragons)의 꽃 색깔에서 나타나는 불완전 우성.

중 어느 것도 우성이 아니라면, F_1(분홍) × F_1(분홍)의 교배 결과가 예상될 수 있다. 얻어지는 F_2 세대가 그림 4-1에 나타나 있으며 오직 한 쌍의 대립인자가 이들 표현형들을 결정짓는다는 가설을 확인해 준다. F_2 세대의 유전자형의 비(1:2:1)는 멘델의 단성 잡종 교배에서와 동일하다. 그러나 어떤 대립인자도 열성이 아니기 때문에, 우리는 대문자나 소문자를 부호로 선택할 수 없다. 대신에 붉은 것과 흰 것에 대해 R^1과 R^2로 표시했다. W^1와 W^2를 사용할 수도 있고, 혹은 C^W와 C^R처럼 "색깔(color)"을 나타내는 C와 흰색이나 붉은색을 나타내는 W나 R을 첨자로 이용할 수도 있을 것이다.

명백한 표현형의 중간적 발현에 의해 얻어지는 불완전 우성의 분명한 예들은 극히 드물다. 그러나 완전한 우성이 분명할 때라도, 표현형이 아니라 유전자 산물에 대한 신중한 조사는 종종 중간 정도의 유전자 발현이 있음을 드러낸다. 한 예가 사람의 생화학적 질환인 **테이-삭스병**(Tay-Sachs disease)으로 동형접합성 열성 개인들은 치명적인 지질 저장성 질환으로 심각하게 영향을 받아서 1~3세의 신생아 때 사망하게 된다(앞 장의 GTS 에세이 참조). 이환된 개인들에서는 정상적으로 지질대사에 관여하는 효소인 **헥소스아미니다제**(hexoseaminidase)의 활성이 전혀 없다. 돌연변이 유전자 사본을 하나 가진 이형접합자들은 표현형적으로는 정상이지만 동형접합성 정상 개인에서 발견되는 효소활성의 50%만을 발현한다. 다행스럽게도, 이러한 수준의 효소활성은 정상적인 생화학적 기능을 수행하는데 적절한 것이다. 이러한 상황은 효소질환들에 있어서는 흔한 것이다.

4.4 공우성에서는 이형접합자의 두 대립인자가 뚜렷이 드러난다

한 유전자의 두 대립인자가 두 가지의 뚜렷하게 추적되는 유전자 산물을 만들어 내면, 불완전 우성이나 우성/열성과는 다른 상황이 발생한다. 그러한 경우에, 이형접합자에서의 두 대립인자가 동시에 발현되는 것을 **공우성**(codominance)이라고 부른다. 사람에서 **MN식 혈액형**이 이러한 상황을 설명할 수 있으며 적혈구 세포 표면에서 발견되는 당단백질이라고 불리는 분자들에 의한 특징이다. 사람집단에서는 두 가지 형태의 당단백질이 존재하는데 바로 M과 N이다. 한 개인은 둘 중 하나 혹은 둘 다를 나타낼 수 있다.

MN 체계는 4번 염색체에서 발견되는 상염색체성 좌위의 조절하에 있으며 두 대립인자는 L^M과 L^N으로 표기된다. 사람들은 이배체성이므로, 3가지의 조합이 가능하며, 뚜렷한 혈액형은 다음과 같이 얻어진다:

유전자형	표현형
L^ML^M	M
L^ML^N	MN
L^NL^N	N

예상된 바와 같이, MN형의 부모들 사이에서 얻어진 자녀들은 세 가지 모두의 혈액형을 나타낼 수 있다:

$$L^ML^N \times L^ML^N$$
$$\downarrow$$
$$1/4\ L^ML^M$$
$$1/2\ L^ML^N$$
$$1/4\ L^NL^N$$

다시 한번 1:2:1의 유전자형 비율이 얻어진다.

공우성 유전은 두 대립인자로부터 나온 뚜렷이 다른 유전자 산물의 발현이 특징이다. 이러한 특징이 공우성을 이형접합자가 중간으로 섞인 표현형을 발현시키는 불완전 우성과 구별시켜 준다.

4.5 집단 내에서는 다중의 대립인자들이 존재할 수 있다

어떤 유전자에 저장되는 정보는 광범위한 것이고, 돌연변이들은 이 정보를 많은 방법으로 변형시킬 수 있다. 각 변화는 잠정적으로 서로 다른 대립인자를 만들어 낸다. 그러므로 어떤 특정 유전자에 대해서, 한 집단에 존재하는 구성원들 내에 존재하는 대립인자의 수가 반드시 두 개로 제한될 필요는 없다. 같은 유전자에 대해 3개, 혹은 그 이상의 대립인자들이 발견될 때, **다중 대립인자**(또는 복대립인자, multiple alleles)가 존재한다고 말하며, 이들은 독특한 유전 양식을 나타낸다. 다중 대립인자들은 오직 집단 내에서만 연구될 수 있다는 것을 기억하는 것이 중요하다. 어떤 이배체 개체라도 같은 유전자에 대해서는 서로 다른 대립인자에 의해 차지될 수 있는 두 개의 상동유전자 좌위만을 갖는다. 그러나 한 종의 집단에서는 같은 유전자에 대해 많은 대체 형태들이 존재할 수 있다.

ABO식 혈액형 집단

다중 대립인자의 가장 단순한 예는 하나의 유전자에 대해 3개의 대체성 대립인자들이 존재하는 것이다. 이러한 상황은 1900년 초에 카를 란트슈타이너(Karl Landsteiner)에 의해 발견된, 사람에서의 **ABO식 혈액형 그룹**(ABO blood group)에 의해 설명될 수 있다. ABO 체계는 MN 혈액형과 마찬가지로 적혈구 세포 표면에 존재하는 항원에 의해 나타난다. A와 B 항원들은 MN 항원들과는 다르며 9번 염색체상에 존재하는 다른 유전자에 의해 조절된다. MN 체계에서와 같이 ABO 체계에서 대립인자들의 한 가지 조합은 공우성 유전양식을 나타낸다.

A나 B 항원에 대한 항체를 포함하고 있는 항혈청을 사용하여 개인들을 조사하면, 4개의 표현형이 나타난다. 각 개인은 A항원(A 표현형), B항원(B 표현형), A와 B 항원(AB 표현형), 혹은 항원 없음(O 표현형)을 가진다. 1924년에 이들 표현형은 한 유전자의 세 가지 대립인자의 결과로 유전된다는 가설이 제시되었었다. 이러한 가설은 많은 가족들의 혈액형 연구에 기초한 것이었다.

비록 서로 다른 명칭을 사용할 수 있지만, 우리는 이들 세 대립인자들을 구별하는데 I^A, I^B, 그리고 I^O를 사용한다. I라는 명칭은 항원의 또 다른 용어인 동종응집원(isoagglutinogen)을 나타낸다. 만약 I^A와 I^B 대립인자들이 각각 A와 B 항원들을 생산하고 I^O이 항원을 만들지 않는다는 것을 감안하면, 다양한 유전자형의 목록과 각각의 표현형은 다음과 같다:

유전자형	항원	표현형
I^AI^A	A	A
I^AI^O	A	
I^BI^B	B	B
I^BI^O	B	
I^AI^B	A, B	AB
I^OI^O	없음	O

이와 같은 지정들에서 I^A와 I^B 대립인자들은 I^O 대립인자에 대해 우성으로 행동하지만, 서로서로는 공우성적이다. 인간의 혈액형에 대한 우리의 지식은 몇 가지 실용적인 측면을 가지는데, 가장 중요한 것은 수혈에서의 화합성이다.

봄베이 혈액형

ABO 혈액형의 생화학적 기초를 조심스럽게 점검해 보자. A와 B 항원들은 실제로 적혈구의 세포막에서 삐져나와 있는, 지질분자에 달라붙어 있는 탄수화물 그룹(당)이다. A와 B 항원의 특이성은 탄수화물 그룹의 말단 당에 기초한다. A와 B 항원 모두 **H 기질**(H substance)이라고 불리는 전구 분자로부터 유래한 것으로,

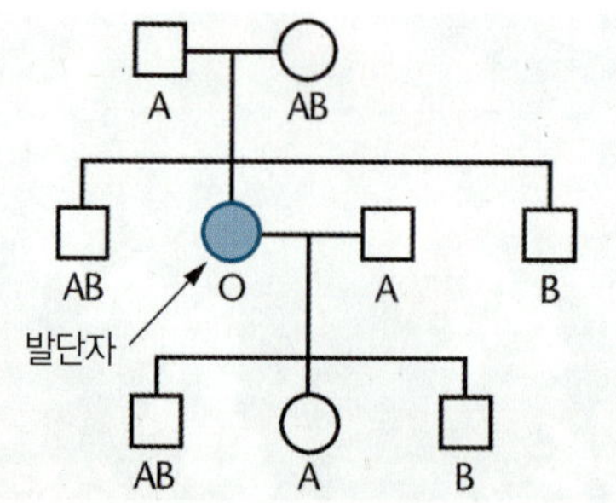

그림 4-2 봄베이 혈액형을 나타내는 여인의 부분적 가계도. 기능적으로 그녀의 ABO 혈액형 그룹은 O형으로 행동한다. 그녀는 유전적으로는 B형이다.

이 기질에 말단 당들이 첨가되는 것이다.

아주 희귀한 예가, 1952년 봄베이에 사는 어느 여인에서 처음으로 발견되었는데, H 기질이 불완전하게 형성된다. 결과적으로, 이 기질은 효소가 정상적으로 말단 당들의 어떤 것을 붙이기에도 부적당한 형태이다. 이러한 조건은 **봄베이 표현형**(Bombay phenotype)이라고 불리는 O형의 혈액형을 나타나게 한다. 이것은 A와 B 항원을 조절하는 좌위와는 별개의 좌위에 생긴 매우 드문 열성 돌연변이 때문에 나타나는 것으로 밝혀졌다. 그 유전자는 이제 *FUT1*(fucosyl trasnferase라는 효소를 암호화함)라고 표시되는데, 그 돌연변이에 동형접합성인 사람은 완전한 H 기질을 합성하지 못한다. 그러므로 이러한 개인은 I^A나 I^B 대립인자를 가지고 있는 경우라고 할지라도 *hh* 유전자형을 나타내는 경우라면, A나 B 항원은 첨가되지 못한다. 이러한 정보는 왜 봄베이에 사는 이 여자가 그녀의 부모가 모두 AB형이었음에도(그러므로 그녀는 O형을 가질 수 없다) O형을 나타냈으며 그녀의 아이들에게 I^B 대립인자를 물려주었는지를 설명할 수 있다(그림 4-2).

초파리의 흰 눈 좌위

식물과 동물의 많은 표현형들이 다중 대립인자에 의한 유전에 의해 조절된다는 것이 알려졌다. 예를 들어, 초파리에서는 사실상 거의 모든 좌위에서 많은 대립인자들이 알려져 있다. 1912년 토마스 H. 모건(Thomas H. Morgan)과 캘빈 브리지스(Calvin Bridges)에 의해 발견된 흰 눈을 유발하는 열성 돌연변이는 100개 이상의 대립인자들이 이 좌위를 차지하는 한 가지 예다. 이러한 대립인자 시리즈에서 눈 색깔은 *white* 대립인자처럼 완전히 색소가 없는 것에서부터 *white-satsuma* 대립인자의 경우 짙은 루비색, *white-apricot* 대립인자의 경우인 오렌지색, *white-buff* 대립인

이 문제를 풀어보자

99페이지의 27번 문제는 토끼에서 털색을 조절하는 다중 대립인자들에 관한 것이다.

힌트: 다양한 대립인자들의 우성 순서에 먼저 주목하라. 집단 내에 두 개 이상의 대립인자가 존재한다고 해도, 개체는 이들 중 최대 2개만 포함할 수 있다는 것도 기억하라. 그러므로 배우자로의 대립인자 분배는 분리의 법칙에 따라 이루어진다.

표 4.1 초파리(*Drosophila melanogaster*)의 흰 눈 유전자 좌위에 존재하는 대립인자들 몇 가지와 그들의 눈 색깔 표현형

대립인자	이름	눈 색
w	*white*	pure white
w^{a}	*white-apricot*	yellowish orange
w^{bf}	*white-buff*	light buff
w^{bl}	*white-blood*	yellowish ruby
w^{cf}	*white-coffee*	deep ruby
w^{e}	*white-eosin*	yellowish pink
w^{mo}	*white-mottled orange*	light mottled orange
w^{sat}	*white-satsuma*	deep ruby
w^{sp}	*white-spotted*	fine grain, yellow mottling
w^{t}	*white-tinged*	light pink

자의 담황색에 이르기까지 매우 다양하다. 이들 대립인자들은 각각 w, w^{sat}, w^{a}, 그리고 w^{bf} 등으로 표시된다. 각 경우에서 이들 돌연변이 눈들의 색소 양은 야생형 벽돌색깔에서 발견되는 것보다 20% 정도 미만으로 줄어든다. 표 4.1은 이러한 여러 흰 눈 대립인자들과 그 색깔 표현형들의 목록이다.

4.6 치사 대립인자는 필수적인 유전자들을 대표한다

한 생물의 생존에는 많은 유전자 산물들이 필수적이다. 기능이 없는 유전자 산물을 합성하도록 하는 돌연변이들은 때로는 이형접합자 상태에서는 그냥 견딜 수 있는 조건이 되기도 한다; 즉, 하나의 야생형 대립인자가 생존에 필요한 산물을 충분하게 생산할 수도 있다는 뜻이다. 그러나 그러한 돌연변이는 열성 **치사 대립인자**(lethal allele)로 행동하며, 동형접합성 열성 개체들은 살아남지 못할 것이다. 사망하는 시기는 그 산물이 언제 필요한가에 달려 있다. 예를 들어, 포유동물에서는 발생 중이나 어린 시기, 혹은 성체가 되어서 사망하기도 한다.

몇몇 경우에서 동형접합자일 때 치사효과를 나타내는 대립인자는 이형접합자일 때 역시 독특한 돌연변이 표현형을 나타내기도 한다. 그러한 대립인자들은 열성 치사성으로 작용하지만 동시에 표현형에 대해서는 우성으로 작용한다. 예를 들어, 쥐에서 노란 털색을 나타내는 돌연변이가 21세기 초에 발견되었다. 노란 털색은 그림 4-3에서 보는 바와 같이 정상 쥐색(야생형 아구티) 표현형과는 다르다. 두 계통 사이의 다양한 교배조합들은 비정상적인 결과를 산출한다. 이러한 결과들은 한 쌍의 대립인자들에 기초하여 설명된다. 털색깔과 관련하여, 돌연변이인 노란색 대립인자(A^{Y})는 야생형인 쥐색(agouti) 대립인자(A)에 대해 우성이다. 그러나 노란색 대립인자는 또한 동형접합성 열성 치사인자로 작용한다. 두 사본이 존재하면 쥐는 출생 전에 죽는다. 그러므로 동형접합성 노란색 쥐는 태어나지 않는다. 이들 세 가지 교배들에 대한 유전적 기초가 그림 4-3에 나와 있다.

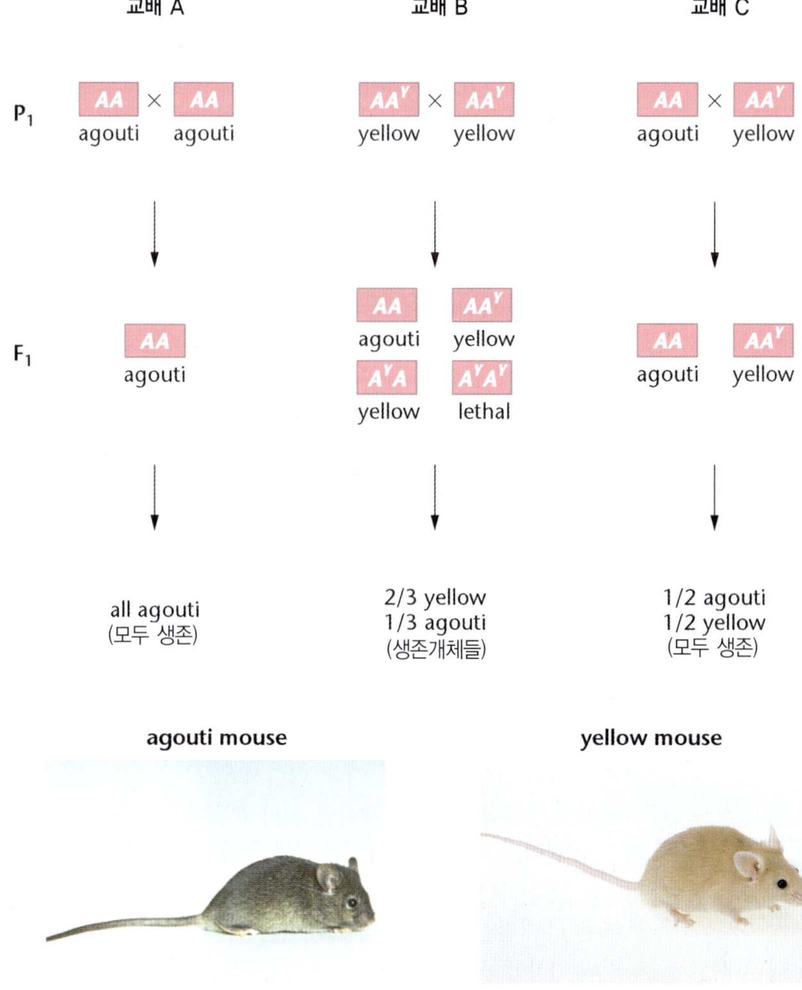

그림 4-3 쥐의 야생형 쥐색(아구티) 대립인자(A)와 돌연변이 황색인자(A^{Y})가 연관된 세 가지 교배에서의 유전 양식. 돌연변이 대립인자는 정상 대립인자(A)에 대해 우성으로 작용하여 털 색깔을 조절하지만 동형접합성 치사인자로도 작용함에 유의하라. 유전자형이 $A^{Y}A^{Y}$인 개체는 살지 못한다.

우성 치사 대립인자로 행동하는 것으로 알려진 다른 돌연변이 유전자들이 있는데, 여기서는 대립인자가 하나만 존재해도 개체의 죽음을 일으킨다. 사람에서 **헌팅턴병**(Huntington disease; 이전에는 헌팅턴 무도병으로 언급되었었다)이라고 불리는 질환은 상염색체 우성 대립인자 H에 의해 발생하는 것으로, 이형접합자(Hh)에서 질병의 발생은 보통 어른이 될 때까지 지연된다. 이후 이환된 개인들은 죽기까지 점차적인 신경 및 운동성 퇴화를 겪는다. 이러한 치사성 질환은 전형적으로는 약 40세 정도로 늦게 발현이 되므로 특히 비

교배들				
A: 쥐색	×	쥐색	⟶	모두 쥐색
B: 노란색	×	노란색	⟶	2/3 노란색: 1/3 쥐색
C: 쥐색	×	노란색	⟶	1/2 노란색: 1/2 쥐색

극적이다. 이 정도가 되면 이환된 개인은 이미 가정을 가지게 된다. 자녀들은 각각 50%의 확률로 이 치사성 대립인자를 물려받으며 이 대립인자를 그들 자손들에게 전달함으로써 결국 질병을 더 퍼트리게 된다. 미국의 포크 가수이자 작곡자였던 우디 거스리(Woody Guthrie)는 이 질병으로 39세 때 사망했다.

우성 치사 대립인자들은 아주 드물게 관찰된다. 이들이 집단 내에 존재하려면, 헌팅턴병에서와 같이, 이환된 개인은 그 대립인자에 의해 치사성이 발현되기 이전에 생식을 해야만 한다. 만일 모든 이환된 개인들이 생식 연령에 도달하기 전에 죽는다면, 그 돌연변이 유전자는 다음 세대로 전달되지 못할 것이고 그 돌연변이는 새로운 돌연변이에 의해 다시 생겨나지 않는 한 그 집단 내에서 사라지게 될 것이다.

4.7 두 가지 양식을 가지는 두 유전자쌍의 조합은 9:3:3:1의 비율을 변형시킨다

지금까지 논의된 예들은 멘델의 3:1로 이루어지는 F_2 단성 잡종비를 변형시킨다. 그러므로 양성 잡종 교배에서 이들 두 유전양식과의 조합은 전통적인 9:3:3:1의 비율을 변형시키게 될 것이다. 불완전 우성, 공우성, 다중 대립인자들, 그리고 치사성 유전자들의 유전양식에 대한 기초가 확립되었다면, 이제 우리는 동시에 발생하는 두 형태의 유전이 관여된 상황을 다룰 수 있다. 각 형질을 조절하는 유전자들이 같은 염색체상에 연관되어 있지 않다면 멘델의 독립적 분배에 관한 원리가 이 상황에 적용된다.

예를 들어, 두 사람의 결혼에서 이들이 모두 백색증(albinism)을 일으키는 상염색체 열성 유전자에 대해 이형접합성이고 혈액형이 모두 AB형일 때를 고려해 보라. 이들의 아이 각각에서 특정 표현형이 조합되어 나올 확률은 얼마인가? 백색증은 단순하게 멘델식으로 유전하고, 혈액형은 다중 대립인자 I^A, I^B, I^O에 의해 결정된다. 이 질문에 대한 해답은 분지법을 사용하여 그림 4-4에 도식화되어 있다. 이 양성 잡종 교배는 전통적인 4가지 표현형이 9:3:3:1의 비율을 나타내지 않는 대신, 6가지 표현형이 3:6:3:1:2:1의 비율로 나타난다. 이것은 서로 다른 유전 양식이 조합될 때 가능한, 다양한 변형비를 나타내는 예 중 하나다.

4.8 표현형은 종종 하나 이상의 유전자에 의해 영향을 받는다

멘델의 연구가 재발견된 직후, 실험은 뚜렷한 표현형을 나타내는 개개의 특징들이 종종 한 개 이상의 유전자들의 조절 하에 있음을 보여주었다. 이것은 매우 중요한 발견이었는데, 그 이유는 표현형에 대한 유전적 영향이 멘델에 의해 설명된 것보다 훨씬 복잡하다는 것을 드러냈기 때문이다. 식물과 동물의 몸체 각 부분들의 발달을 조절하는 개개의 유전자들이 있다기보다는, 표현형적 특징들이 많은 유전자들과 그들의 산물들 간의 상호작용에 의해 영향을 받을 수 있다는 것이 점차 뚜렷해졌다.

유전자 상호작용(gene interaction)이라는 말은 종종 여러 개의 유전자들이 특정한 형질들에 영향을 미친다는 생각을 설명하는데 사용된다. 그러나 이것이 둘 혹은 그 이상의 유전자, 혹은 그 산물들이 반드시 직접 상호작용하여 특정 표현형에 영향을 미친다는 뜻은 아니다. 그보다는, 많은 유전자 산물의 세포내 기능이 공통된 표현형의 발달에 기여한다는 뜻이다. 예를 들어, 곤충의 복안과 같은 기관의 발달은 굉장히 복잡하며, 다수의 표현형적 발현–크기, 모양, 질감, 색깔 등–들을 나타내는 기관을 만든다. 눈의 발달은 그것의 형성을 유도하는 발달 사건들의 복잡한 연속작용에 의해 잘 설명될 수 있다. 이러한 과정은 **후생설**(epigenesis)이라는 발달개념의 좋은 예가 된다. 이에 따라 발달의 각 후속과정이 이들 감각기관의 복잡성을 증가시키며, 하나 혹은 그 이상의 유전자들의 조절과 영향을 받게 된다.

상위성

유전자 상호작용의 가장 훌륭한 예는 **상위성**(epistasis) 현상을 보이는 것들이다. "멈춤(stoppage)"이라는 그리스말에서 온 것으로, 상위성은 하나의 유전자나 유전자쌍의 발현이 다른 유전자나 유전자쌍의 발현을 가로막거나, 혹은 변형시키는 경우다. 관여된 유전자들은 때로는 가리는 효과(masking)가 일어날 때처럼, 상반되는 방법으로 동일한 일반적 표현형 특징의 발현을 조절한다. 그러나 다른 경우에서는 관여된 유전자들은 상보적이거나 협동적인 방법으로 힘을 발휘한다.

예를 들어, 열성 대립인자들이 동형접합성으로 존재하면, 두 번째 좌위(혹은 여러 개의 다른 좌위들)의 다른 대립인자들의 발현을 방해하거나 무효화하는 경우다. 이러한 경우에서 첫 번째 좌위의 대립인자들은 두 번째 좌위에 대해 상위적(epistatic)이라고 말하며, 두 번째 좌위의 대립인자들을 첫 번째 대립인자들에 대해 하위적(hypostatic)이라고 한다. 다른 예에서는 첫 번째 좌위의 한 우성 대립인자가 두 번째 유전자 좌위의 대립인자들의 발현에 영향을 미치는 것이다. 세 번째 경우에서는 두 유전자쌍이 서로 상보적이어서 적어도 하나의 우성 대립인자가 특정 표현형을 발현하는데 요구되는 경우다.

이미 논의되었던 봄베이 표현형은 동형접합성 열성 조건이 두 번째 좌위의 발현을 가리는 예다. 여기서 *FUTI* 유전자의 돌연변이형이 동형접합성으로 존재하면, I^A나 I^B 대립인자들의 발현을 가린다. 적어도 하나의 *FUTI* 대립인자를 가지는 개인만이 A나 B 항원을 만들 수 있다. 결과적으로 야생형 대립인자가 없는 경우 I^A 혹은 I^B 대립인자를 포함하는 개인은 각 항원을 만들 수 있는 능력의 여하에 관계없이 O형 표현형을 나타낸다. 그림 4-5에 두 좌위가 이형접합성인 개인들 사이의 결혼 결과가 나타나 있다. 만약 이런 많은 사람들이 아이를 가진다면, 자손에서의 표현형의 비는 3 A:6 AB:3 B:4 O가 나타날 것으로 예상할 수 있다.

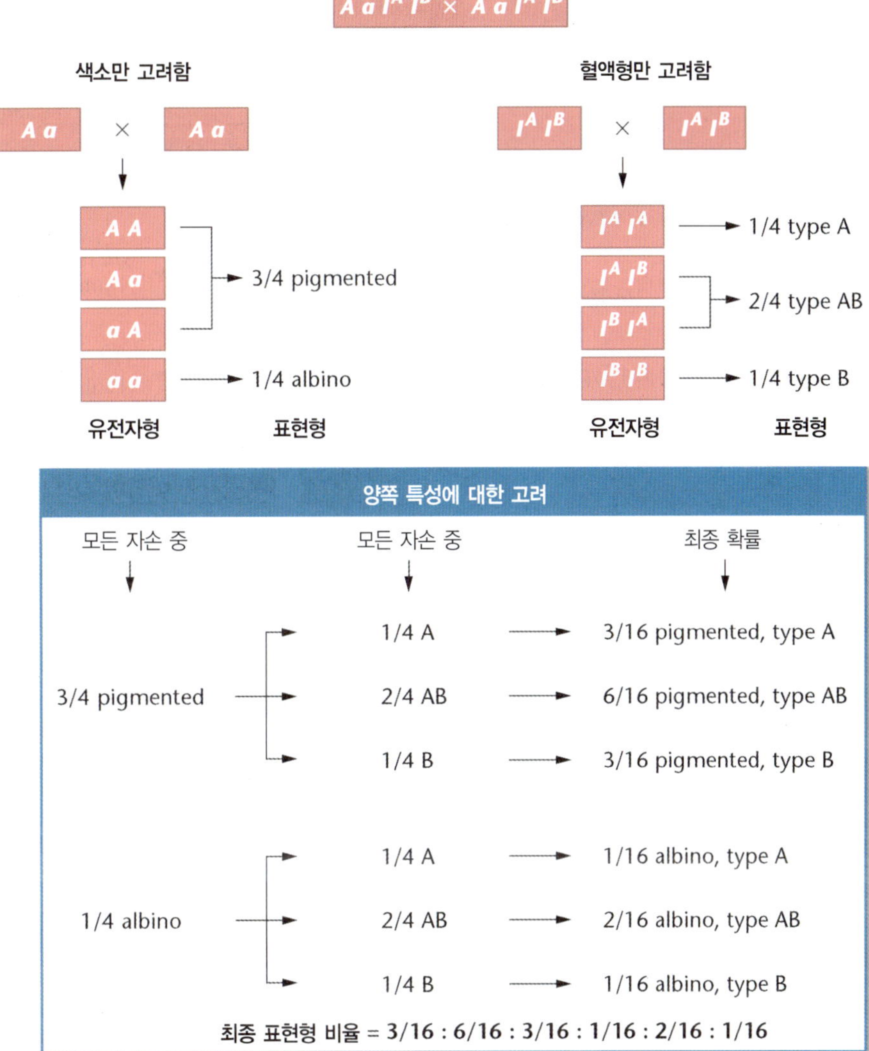

그림 4-4 사람의 ABO 혈액형과 백색증이 연관된 혼인에서 분지법을 사용한 확률 계산.

이러한 교배를 조사하고 표현형 비를 예상하는 데 다음과 같은 점들에 유의하여야 한다:

1. 이 교배에는 그림 4-4에 보여준 변형된 양성 잡종과 비교하여 중요한 차이가 존재한다: 오직 하나의 특징–혈액형–만이 관계되어 있다. 그림 4-4의 변형된 양성 잡종 교배에서는 혈액형과 피부의 색소침착이 독립된 표현형적 특질로 얻어졌었다.
2. 오직 하나의 특성만이 얻어진다고 하더라도 표현형의 비는 16분수로 나타난다. 만일 우리가 H 기질과 그것을 조절하는 유전자쌍에 대해 알고 있다면, A와 B 항원들을 조절하는 것 외에 두 번째의 유전자쌍이 이 표현형 발현에 관여하고 있다는 사실을 확신할 수 있게 된다. 하나의 특징을 연구할 때 그 비율이 16분수(예를 들어, 3:6:3:4)로 나타나는 것은 두 유전자쌍이 고려 중인 그 형질의 발현과정에 "상호작용"함을 시사하는 것이다.

유전자 상호작용의 연구는 고전적인 멘델의 양성 잡종 F_2의 비율(9:3:3:1)을 다른 방식으로 변형시키는 많은 수의 유전 패턴들이 있다는 것을 보여준다. 다음 몇 가지 예들에서 상위성은 다양한 방식들로 4개의 표현형 범주들을 하나 혹은 그 이상으로 묶어주는 역할을 한다. 이들 네 가지 그룹들의 생성이 그림 4-6에 몇몇 변형된 비율과 함께 나타나 있다.

우리가 이들 혹은 다른 예들을 논의할 때는 몇 가지 가정을 만들고 어떤 관례들을 받아들여야 하는데:

1. 각 경우에서 뚜렷한 표현형 집단들이 생산되며, 각각의 집단들은 분명하게 다른 것들과 구별 가능하다. 그러한 특질들은 불연속적 변이들로 나타나며, 여기서 표현형 범주들은 서로서로 뚜렷이 다르고 질적으로도 다른 것들이다.
2. 각 교배에서 고려되는 유전자들은 연관되어 있지 않으며 따라서 배우자 형성기에 서로 독립적으로 분리된다. 그러므로 여러분은 각 경우에서 대립인자들을 A, a 그리고 B, b로 표

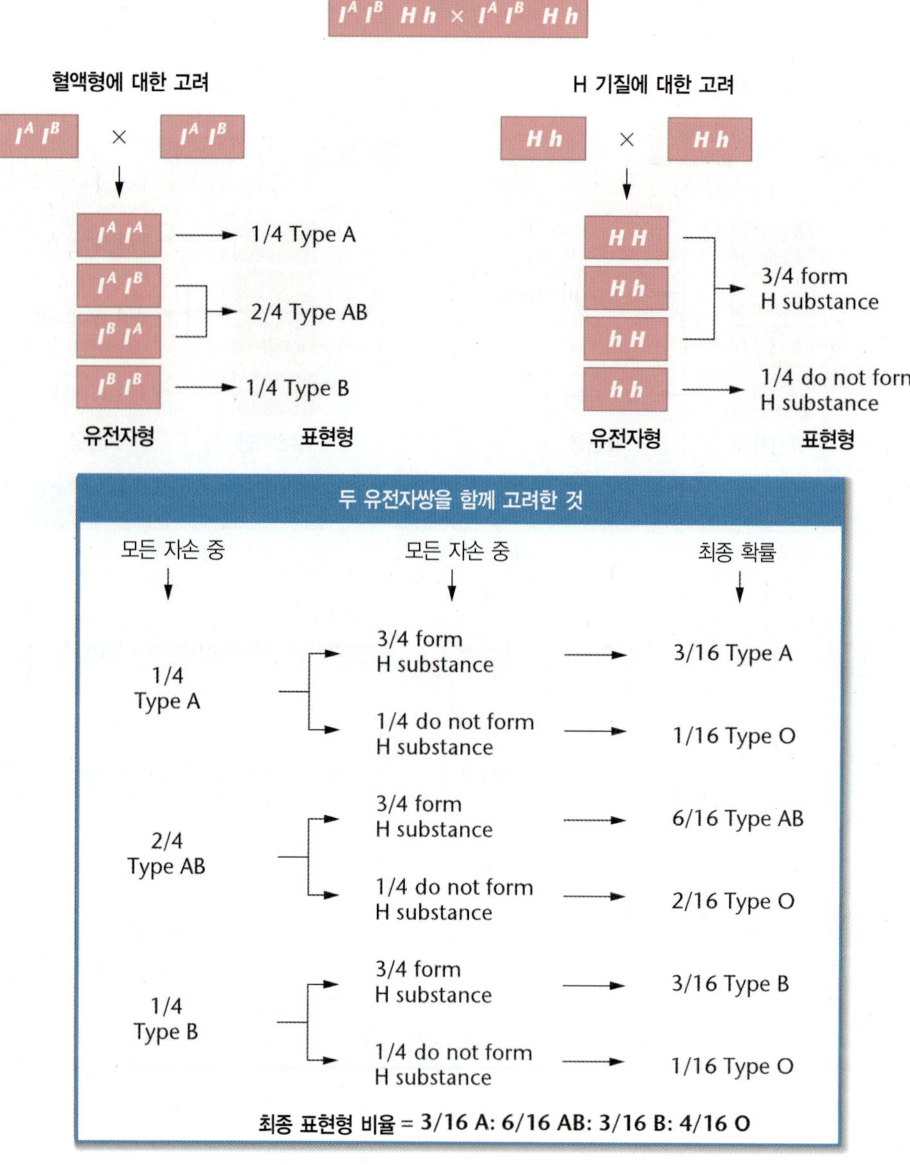

그림 4-5 ABO식 혈액형을 결정하는 두 가지 유전자가 이형접합성인 개인들 사이의 혼인 결과. 최종적으로, 표현형들은 두 유전자를 따로 고려한 후 분지법을 이용한 결과들을 조합함으로써 계산된다.

시하여 서로 다른 교배들의 결과를 쉽게 비교할 수 있다.

3. 어떤 유전자쌍의 두 대립인자 사이에서 완전한 우성이 존재한다고 가정하면 *AA*와 *Aa*, 혹은 *BB*와 *Bb* 등은 그들의 유전적 효과가 동일하며, 따라서 우리는 *A*− 혹은 *B*−와 같은 표시를 사용하여 두 조합을 나타낸다. 여기에서 줄표(−)는 표현형에 대한 영향 없이 양쪽 대립인자 중 어떤 것이라도 존재할 수 있다는 것을 나타낸다.
4. 모든 P_1 교배들은 동형접합성 개체들(예, *AABB* × *aabb*, *AAbb* × *aaBB*, 혹은 *aaBB* × *AAbb*)로 이루어진다. 그러므로 각 F_1 세대는 유전자형 *AaBb*의 이형접합자들만으로 구성된다.
5. 각 예에서 이들 이형접합성 부모로부터 얻어진 F_2 세대가 우리 분석의 주된 관심사다. 두 유전자가 관여하면(그림 4-6에서처럼), F_2 유전자형은 4가지 범주들로 나온다: 9/16 *A*−*B*−, 3/16 *A*−*bb*, 3/16 *aaB*−, 그리고 1/16 *aabb*. 우성 때문에, 각 범주들의 모든 유전자형은 그 표현형에 미치는 효과가 동일하다.

우리의 첫 사례는 쥐의 털 색깔 유전이다(그림 4-7). 정상적인 야생형 털색은 쥐색(agouti)으로 각각의 털에 색소 띠가 교대로 나타남으로써 형성되는 회색 패턴이다. 쥐색은 검은색(non-agouti) 털에 대해 우성이고 검은색은 열성 돌연변이 *a*에 의해 유발된다. 그러므로 *A*−는 쥐색털을 나타나게 하는 반면 *aa*는 검은색 털을 생산한다. 독립된 좌위의 열성 돌연변이는 동형접합성일 경우 색소 침착을 없애 다른 좌위의 유전자형에 상관없이 흰색쥐(*bb*)를 만든다. 적어도 하나의 *B* 대립인자는 사람에서의 *H* 대립인자(*FUT1*)가 ABO 혈액형의 발현을 허락하는 것과 같은 방식으로

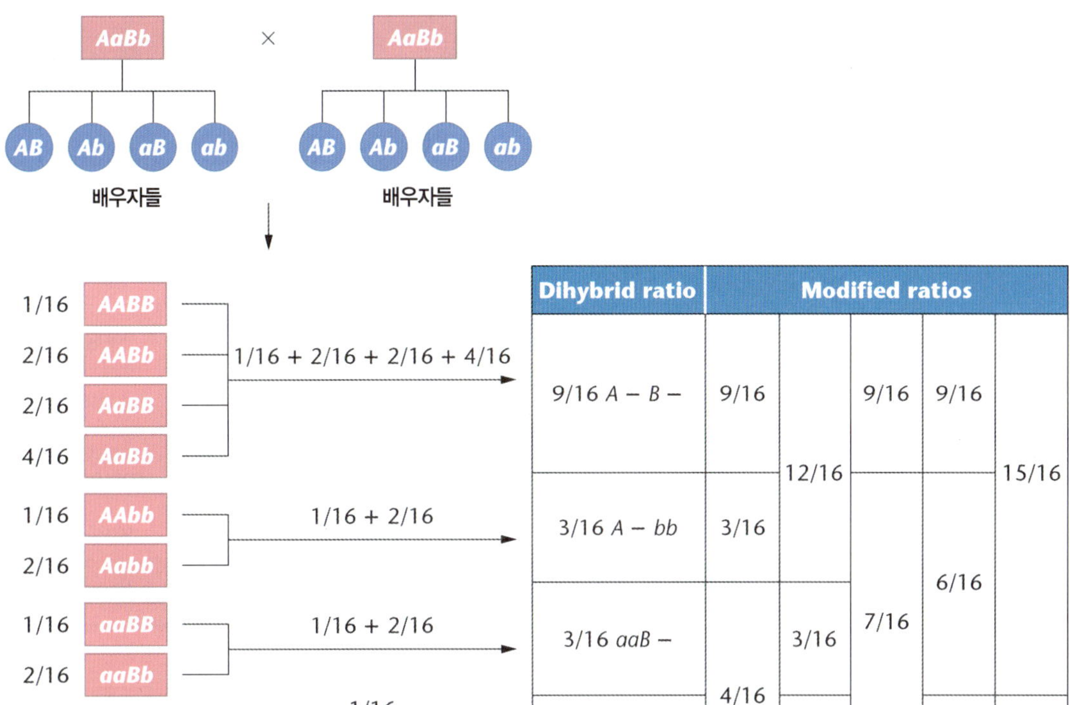

그림 4-6 두 유전자에 대해 이형접합성인 개체들 사이의 교배에서 생성되는 9가지의 독특한 유전자형과 이들로부터 만들어지는 다양한 변형 양성 잡종 비율들.

색소화를 일으킬 수 있다. 쥐색(*AABB*)과 흰색(*aabb*) 사이의 교배에서 F_1의 구성원들은 모두 *AaBb*이고 쥐색털을 가진다. F_1 이형접합자들 사이의 교배에서 나온 F_2 자손들에서는 다음의 유전자형과 표현형들이 관찰된다:

F_1: *AaBb* × *AaBb*

↓

F_2의 비율	유전자형	표현형	최종 표현형 비
9/16	*A–B–*	쥐색	
3/16	*A–bb*	흰색	9/16 쥐색
3/16	*aaB–*	검은색	4/16 흰색
1/16	*aabb*	흰색	3/16 검은색

우리는 관찰된 9:3:4의 F_2 비율을 만드는 유전자 상호작용을 다음과 같은 두 단계 과정으로 나타낼 수 있겠다:

	유전자 *B*		유전자 *A*	
	↓		↓	
전구체 분자	⟶	검은 색소	⟶	쥐색 패턴
(색깔 없음)	*B–*		*A–*	

B 대립인자가 존재하는 경우, 검은 색소는 색이 없는 물질로부터 만들어질 수 있다. *A* 대립인자가 존재하면, 검은 색소는 털의 발생과정 중에 쥐색 표현형을 만드는 방식으로 침착된다. 만일 *aa* 유전자형이라면, 모든 털이 검은색으로 남을 것이다. *bb* 유전자형이라면, *A* 혹은 *a* 대립인자 존재에 상관없이 검은 색소는 생산되지 않고 쥐는 흰색이 될 것이다. 그러므로 *bb* 유전자형은 *A* 유전자의 발현을 가리거나 억제하는 것으로 상위성을 나타낸다.

두 번째 형태의 상위성은 하나의 유전자 좌위에 존재하는 우성 대립인자가 두 번째 좌위에 존재하는 대립인자의 발현을 가릴 때 발생한다. 예를 들어, 그림 4-7의 사례 2는 여름 호박의 열매 색깔을 다루고 있다. 여기에서 우성 대립인자 *A*는 두 번째 좌위의 유전자형 *B*에 관계없이 흰색의 열매를 만든다. 우성 *A* 대립인자가 없으면(*aa* 유전자형), *BB*나 *Bb*는 노란색을 나타내는 반면 *bb*는 녹색을 나타낸다. 그러므로 두 개의 흰색 이형접합자(*AaBb*)를 교배하면, 이러한 형태의 상위성 때문에 재미있는 표현형 비가 발생하게 된다:

F_1: *AaBb* × *AaBb*

↓

F_2의 비율	유전자형	표현형	최종 표현형 비
9/16	*A–B–*	흰색	
3/16	*A–bb*	흰색	12/16 흰색
3/16	*aaB–*	노란색	3/16 노란색
1/16	*aabb*	녹색	1/16 녹색

자손들 중에서 9/16이 *A–B–*이고 흰색이다. 3/16은 *A–bb* 유전자

사례	생물	특징	F_2 표현형들 9/16	3/16	3/16	1/16	변형비율
1	Mouse	Coat color	agouti	albino	black	albino	9:3:4
2	Squash	Color	white		yellow	green	12:3:1
3	Pea	Flower color	purple	white			9:7
4	Squash	Fruit shape	disc	sphere		long	9:6:1
5	Chicken	Color	white		colored	white	13:3
6	Mouse	Color	white-spotted	white	colored	white-spotted	10:3:3
7	Shepherd's purse	Seed capsule	triangular			ovoid	15:1
8	Flour beetle	Color	6/16 sooty : 3/16 red	black	jet	black	6:3:3:4

그림 4-7 변형된 양성 잡종 F_2 표현형 비율의 기초. 이중 이형접합성 F_1 개체들 사이의 교배로부터 얻어진 것이다. 그림 4-6과 이 그림 상단의 4가지 유전자형 그룹들은 이러한 비율을 나타내기 위해 여러 가지 방법으로 조합된다.

형을 가지므로 역시 흰색이다. 나머지 호박의 3/16이 노란색($aaB-$), 1/16이 녹색($aabb$)이다. 조합해 보면, 변형된 비 12:3:1이 나온다.

우리의 세 번째 예(그림 4-7의 사례 3)는 윌리엄 베이트슨(William Bateson)과 레지널드 퍼네트(Reginald Punnett: 퍼네트 평방을 고안한)에 의해 처음 발견된 것으로, 흰색 꽃인 스위트피의 두 계통 사이의 교배에서 증명된다. 예상 밖으로, F_1 식물은 모두 자주색이고, F_2는 9/16의 자주색과 7/16의 흰색의 비율로 나타난다. 이러한 결과들에 대해 제시된 설명은 두 유전자쌍 중 적어도 하나의 우성 대립인자가 자주색 꽃을 나타나게 하는 데 필요하다는 것이다. 다른 모든 유전자형 조합들은 어느 하나의 열성 대립인자가 동형접합성일 때 다른 좌위의 우성 대립인자의 발현을 가리기 때문에 흰색 꽃을 나타나게 한다.

교배는 다음과 같다:

P_1: $AAbb \times aaBB$
흰색 흰색
↓
F_1: 모두 $AaBb$ (자주색)
↓

F_2의 비율	유전자형	표현형	최종 표현형 비
9/16	$A-B-$	자주색	
3/16	$A-bb$-	흰색	9/16 자주색
3/16	$aaB-$	흰색	7/16 흰색
1/16	$aabb$	흰색	

이제 어떻게 두 유전자쌍이 그러한 결과들을 산출했는지 나타내어 보자.

	유전자 A		유전자 B	
	↓		↓	
전구체 물질 (색깔 없음)	⟶ $A-$	중간산물 (무색)	⟶ $B-$	최종산물 (자주색)

각 유전자쌍에서 적어도 한 개의 우성대립인자가 양쪽의 생화학적 반응을 일으켜 최종산물을 생산함으로써 자주색 꽃을 만드는 데 필요하다. 위의 교배에서는, 이러한 사건이 F_2 자손의 9/16에서 발생했다. 다른 모든 식물들(7/16)은 흰색 꽃을 가진다.

전술한 예들은 어떻게 두 유전자가 "상호작용"하여 공통의 표현형에 영향을 미치는가를 설명한다. 다른 예들에서는, 두 개 이상의 유전자와 산물들이 표현형적 발현을 조절하는 것에 관한 것이다.

새로운 표현형들

다른 경우, 유전자쌍의 상호작용에 의해 F_2 세대에서 양성 잡종비를 변화시킬 뿐 아니라, 전혀 새로운 형태의 표현형이 나올 수도 있다. 그림 4-7의 사례 4는 여름 호박 *Cucurbita pepo*의 열매 모양 유전을 나타낸다. 원반 모양의 열매($AABB$)를 가진 식물이 길쭉한 모양의 열매($aabb$)와 교배되면, F_1 세대는 모두 원반 모양의 열매를 나타낸다. 그러나 F_2 자손들에서는, 부모의 열매 모양을 나타내는 것과 더불어 새로운 모양의 열매-구형-가 나타난다. 모양의 다양성이 그림 4-8에 나타나 있다.

F_2 세대는 9:6:1의 변형된 비율을 나타내며 다음과 같이 생산된다.

F_1: *AaBb* × *AaBb*
원반 원반
↓

F_2의 비율	유전자형	표현형	최종 표현형 비
9/16	*A−B−*	원반형	9/16 원반형
3/16	*A−bb−*	구형	6/16 구형
3/16	*aaB−*	구형	
1/16	*aabb*	길쭉한 것	1/16 길쭉한 것

유전자 상호작용의 이러한 예에서는 두 개의 유전자쌍 모두가 열매의 모양에 동일하게 영향을 미친다. 각 좌위에서의 우성 대립인자는 어떤 인자든 구형의 열매를 만든다. 그러나 두 우성인자가 모두 존재하면(*A*와 *B*), 열매는 넓적해져서 원반 모양을 나타낸다.

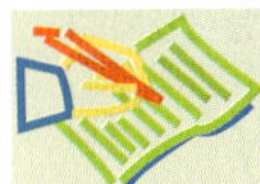

이 문제를 풀어보자

97페이지의 7번 문제는 단일 특징인 꽃의 색깔에 관한 것이다. 이들은 세 가지 변이형을 나타낸다. 여러분은 이 꽃 색깔 유전에 몇 개의 유전자들이 관여하는지를 결정하고, 각 꽃 색깔 표현형에 맞는 유전자형을 지정하여야 한다.

힌트: 가장 중요한 정보가 자료에 제시되어 있다. 여러분은 주어진 원 자료들을 분석하여 의미 있는 비율의 숫자로 전환하여야 한다. 이것은 얼마나 많은 유전자쌍들이 그 형질에 관여하는지를 알려준다. 그런 후에, 표현형 비율과 맞춰주는 방식으로 유전자형 비율을 묶을 수 있다.

기타 변형된 양성 잡종비

그림 4-7의 나머지 예들(5-8)은 양성 잡종비의 부가적인 변형을 나타내며 유전자 상호작용의 또 다른 예들을 보여준다. 8가지 예들 모두에서 2가지 공통점이 있다. 하나는 각각의 예에 적합한 설명을 하는 데 있어서 분리와 독립적 분배의 법칙을 전혀 위반하지 않아도 된다는 것이다. 그러므로 이들 예들에서 첨가된 유전의 복잡성이 멘델이 내린 결론의 타당성을 손상시키지 않는다. 둘째로, 각 예들에서 F_2 표현형의 비는 16분수들로 표현된다. 유전 양식이 알려져 있지 않은 교배들에서 비슷한 관찰들이 얻어지면 그것은 두 유전자쌍이 관찰된 표현형을 조절한다는 것을 시사하는 것이다. 유전적 문제를 분석하는 데 있어서도 동일한 추론이 가능하다.

4.9 상보성 검정은 비슷한 표현형을 만드는 두 돌연변이가 같은 유전자의 대립인자인지를 결정할 수 있게 한다

둘 다 비슷한 표현형을 생산하는 두 돌연변이가 독립적으로 분리되면, 재미있는 상황이 발생한다. 두 연구자가 각기 다른 연구실에서 독립적으로 날개 없는 초파리를 분리하여 순계를 확립한 후 열성 돌연변이에 의한 표현형임을 증명했다고 가정하자. 우리는 두 계통이 모두 같은 유전자에 돌연변이들을 포함하고 있다고 생각할 수도 있다. 그러나 우리는 많은 유전자들이 날개의 형성에 관여하며, 그 중 어떤 것에서의 돌연변이라도 발달 중의 날개 형성을 방해할 수 있다는 것을 알고 있다. **상보성 검정**(complementation analysis)이라고 불리는 실험적 접근이 이러한 두 돌연변이가 같은 유전자에 있는지를 결정하도록 할 수 있다−즉, 그들이 대립인자인지 혹은 독립된 유전자들에서의 돌연변이인지를 알 수 있다.

그림 4-8 다양한 과일 모양을 나타내는 여름 호박(summer squash). 원반 모양(흰색), 길쭉한 모양(오렌지색), 그리고 구형(왼쪽 아래)이 뚜렷하게 나타난다.

우리의 분석은 다음과 같은 간단한 질문에 답을 구하는 것이다: 비슷한 표현형을 나타내는 두 돌연변이가 같은 유전자에 있는가, 혹은 서로 다른 유전자에 존재하는 것인가? 이에 대한 답을 찾기 위해, 우리는 두 돌연변이주를 교배하고 F_1 세대를 분석할 수 있다. 두 가지 결과가 나올 수 있으며 각 교배에 대한 해설이 그림 4-9와 아래 논의에 나와 있다. 하나의 돌연변이에 대해 m^a, 또 다른 돌연변이에 대해 m^b를 사용하여 두 가지 경우를 생각해 볼 수 있다. 이제 m^a와 m^b가 같은 유전자의 대립인자가 맞는지 실험적으로 결정해 보자.

사례 1. 모든 자손이 정상 날개를 발달시킨다.

해석: 두 열성 돌연변이는 독립적인 유전자들에 있으며 서로 대립인자가 아니다. 교배 후에 모든 F_1 초파리들은 두 유전자에 대해 이형접합성이다. 상보성(complementation)이 일어난다고 말할 수 있다. 각각의 돌연변이가 독립된 유전자에 존재하며, F_1 초파리는 두 좌위에서 이형접합성이어서 두 유전자의 정상적인 산물이 생산된다(각 유전자들의 정상적인 사본으로부터). 결과적으로 날개가 발달한다.

사례 2. 모든 자손들이 날개를 형성하지 못했다.

해석: 두 돌연변이는 같은 유전자에서 영향을 받은 것으로 이들은 서로 대립인자들이다. 상보성은 일어나지 않는다. 두 돌연변이

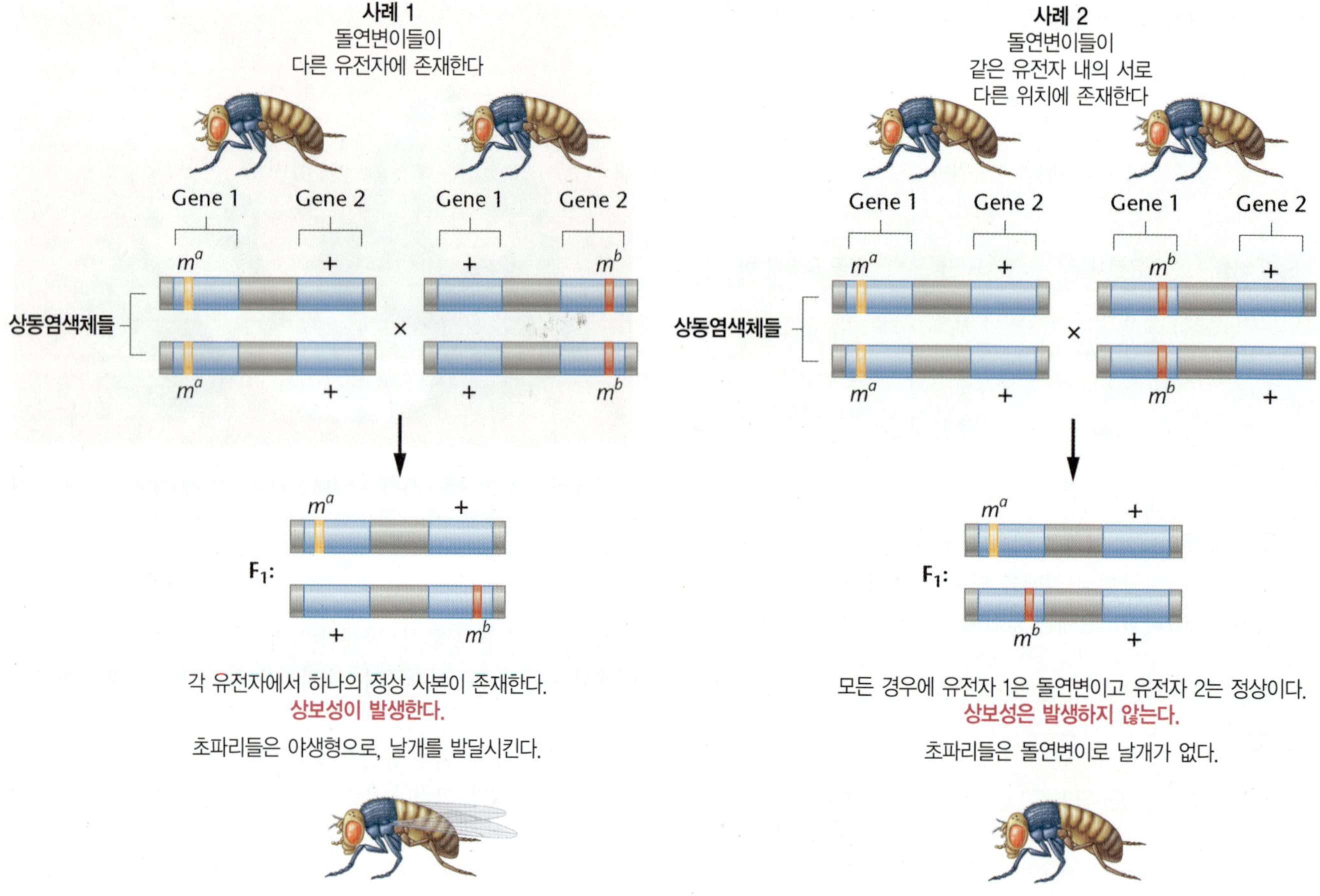

그림 4-9 초파리의 두 가지 날개 없는 돌연변이(m^a와 m^b)에 대한 상보성 검정으로 나타난 서로 다른 결과. 사례 1의 경우에서는 돌연변이들이 같은 유전자의 대립인자들이 아닌 반면, 사례 2의 경우에서는 돌연변이들이 같은 유전자의 대립인자들이다.

가 같은 유전자에 영향을 미쳤기 때문에, F_1 초파리들은 두 돌연변이 대립인자에 대해 동형접합성(m^a 대립인자와 m^b 대립인자)이다. 정상적인 유전자 산물이 생산되지 않는다. 이들 필수적인 산물들이 없기 때문에, 날개는 형성되지 않는다.

상보성 분석은 초파리 유전학자 에드워드 B. 루이스(Edward B. Lewis)에 의해 처음으로 고안된 것으로, 같은 표현형을 나타내는 어떤 수의 돌연변이들이라도 검사할 수 있다. 그러한 분석은 오직 하나의 유전자가 관여되었다거나, 혹은 둘 또는 그 이상의 유전자들이 관여되어 있음을 나타내 줄 수 있을 것이다. 어떤 단일 유전자에 존재하는 것으로 판정된 모든 돌연변이들은 같은 **상보성 그룹**(complementation group)에 속한다고 언급하기도 한다. 그리고 이들은 서로 다른 그룹의 돌연변이들을 보완해 줄 수 있다. 같은 형질에 영향을 미치는 많은 수의 돌연변이들을 사용하여 상보성 검사를 수행한다면, 그 형질을 결정하는 데 관여하는 유전자들의 총 숫자를 예상할 수 있다.

4.10 X-연관은 X 염색체상의 유전자들을 설명한다

많은 동물들과 몇몇 식물종에서는, 한쪽의 성이 성을 결정하는 서로 닮지 않은 염색체쌍을 포함한다. 많은 경우, 이들은 X와 Y 염색체로 표시된다. 예를 들어, 초파리와 인간을 포함한 모든 포유동물에서는 남성이 하나의 X와 하나의 Y 염색체를 포함하는 반면, 여성은 두 개의 X 염색체를 가진다. Y 염색체는 감수분열 중에 X 염색체와 상동체로 행동하며 소수의 유전자만을 가지고 있는데 이들은 X 염색체에 존재하는 어떤 유전자와도 상동적이지는 않다. 앞으로 살펴보게 될 것처럼, 이러한 상황은 독특한 유전양식을 만들어 내며, **X-연관**(X-linkage)이라는 말이 사용된다.

아래 논의에서는, X 염색체상에는 존재하지만 Y 염색체에는 없는 유전자들의 유전 패턴에 대해 초점을 맞출 것이다. 이러한 상황은 이 장의 주요 테마인 멘델 비율의 변형을 초래한다.

초파리의 X-연관

X-연관에 대한 첫 번째 예들은 1920년경 토마스 H. 모건(Thomas H. Morgan)이 초파리의 흰 눈 돌연변이에 관한 연구를 하면서 보고되었다(그림 4-10). 정상적인 야생형 붉은 눈은 흰 눈 돌연변이에 대해 우성이다. 우리는 이 예를 **X-연관**(X-linkage)을 설명하는 데 사용하고자 한다.

모건의 연구는 흰 눈 형질의 유전 양식이, 이 돌연변이 인자를 가지는 부모의 성과 분명하게 연관되어 있음을 밝혔다. 전형적인

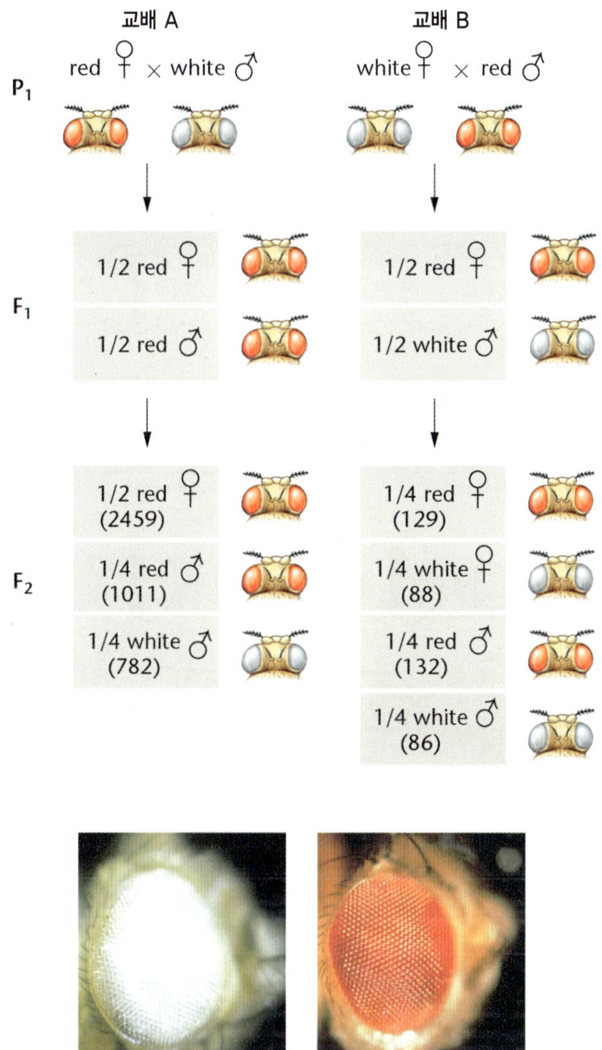

그림 4-10 초파리(*Drosophila melanogaster*)에서 X-연관 흰 눈 돌연변이가 관계된 모건(T.H. Morgan)의 상반교잡 결과. 실질적인 F_2 자료들이 괄호 안에 나타나 있다. 사진은 흰 눈과 벽돌색 야생형 눈을 보여준다.

단성 잡종 교배의 결과와는 달리, 흰 눈 혹은 붉은 눈인 파리들 사이의 상반교잡(reciprocal cross)은 동일한 결과들을 만들지 않는다. 대조적으로, 멘델의 모든 단성 잡종 교배에서 F_1이나 F_2 자료들은 어떤 P_1 부모가 열성 형질을 나타내느냐와 관계없이 거의 비슷하게 나온다. 모건의 분석은 흰 눈 좌위가 상염색체 중의 하나에 있는 것이 아니라 X 염색체상에 있다는 결론을 이끌었다. 여기서 유전자와 형질은 모두 X-연관이라고 말할 수 있다.

흰 눈과 붉은 눈 초파리들 사이의 상반교잡이 그림 4-10에 나타나 있다. F_1과 F_2 세대들에서 표현형의 비가 분명하게 차이가 나며 이것은 P_1의 흰 눈 부모가 암컷이냐 수컷이냐에 따라 결정된다.

모건은 이러한 관찰을 수컷 초파리와 암컷 초파리 사이의 성염색체 조성에서 발견되는 차이와 연결시켰다. 그는 흰 눈을 만드는 열성 대립인자가 X 염색체에서 발견될 것이지만, 그에 해당하는 대립인자가 Y 염색체에는 있지 않다고 가정했다. 그러므로 암컷들은 각각의 X 염색체에 하나씩 두 개의 유전자 부위들을 가지지만 수컷들은 그들이 가진 하나의 X 염색체상에 존재하는 한 개의 유전자만을 가지게 된다.

X-연관 유전에 대한 모건의 해설이 그림 4-11에 나와 있으며, 그의 결과에 대한 논리적인 설명을 제공한다. Y 염색체는 X 염색체에 존재하는 대부분의 유전자에 대해 상동성이 결여되어 있으므로, 수컷의 X 염색체상에 존재하는 어떤 대립인자들이라도 직접적으로 그들의 표현형을 발현시킨다. 수컷들은 X-연관된 유전자들에 대해서는 동형접합성이나 이형접합성이 불가능하기 때문에 이러한 조건은 **반접합성**(hemizygous)이라고 언급된다.

X-연관의 한 가지 결과는 **유전의 십자형 패턴**(crisscross pattern of inheritance)으로, 표현형적 형질들이 동형접합성 모계로부터 모든 아들들에 전달된 열성 X-연관 유전자들에 의해 조절된다. 이러한 패턴은 열성 형질을 나타내는 암컷이 두 X 염색체들에서 모두 돌연변이 인자를 가지기 때문에 발생한다. 모든 수컷 자손들은 그 어미의 두 X 염색체 중 하나를 물려받으며 그 X 염색체에 존재하는 모든 대립인자에 대해 반접합성이기 때문에, 모든 아들들은 어미와 같이 동일한 열성 X-연관 형질들을 발현하게 된다.

모건의 연구는 위대한 역사적 중요성을 가진다. 1910년까지, 멘델의 연구와 감수분열 중의 염색체들의 행동 사이에서의 연관성은 **유전의 염색체설**(chromosome theory of inheritance)에 대한 기초를 제공하였다. X 염색체가 연관된 1920년경의 연구는 이러한 가설을 지지하는 최초의 확고한 실험적 증거로 간주된다. 이후 20년 동안 이러한 발견들로 인해 발전적인 연구가 수행되었으며, 이들 결과는 이러한 가설을 지지하는 부정할 수 없는 증거들을 제공하였다.

사람에서의 X-연관 유전

표 4.2에서 보는 것과 같이, 사람에서는 많은 유전자들과, 이들에 의해 조절되는 관련 형질들이 X염색체와 연관되어 있는 것으로 생각된다. 이들 X-연관 형질들은 유전양식의 십자형 패턴 때문에 가계도(pedigree)에서 쉽게 발견될 수 있다. 사람의 **색맹**(color blindness)에 대한 가계도가 그림 4-12에 나와 있다. I세대의 엄마는 이 형질을 그녀의 모든 아들들에게 전했지만 딸들은 그 누구도 형질을 나타내지 않는다. 만약 II세대의 자손이 정상인 개인들과 결혼하게 되는 경우, 색맹인 아들들은 모두 정상인 아들과 정상인 딸들을 생산하는 반면(III-1, 2, 3); 정상 시각을 가진 딸들은 정상 시각의 딸들(III-4, 6, 7)뿐 아니라 색맹이거나(III-8) 혹은 정상 시각인 아들(III-5)을 낳게 될 것이다.

X-연관된 유전자가 전달되는 방식 때문에, 상염색체성 질환들을 유전 받는 것과는 대조적으로, 특이한 상황들이 열성 X-연관 질환들과 관련될 수 있다. 예를 들어, 어떤 X-연관 질환은 이환된 개인을 생식연령에 도달하기 이전에 쇠약하게 하거나 혹은 이들에게 치명적일 수 있으며 남성들에게서 더욱 배타적으로 발생한다. 이것은 집단 내에서 그 치명적인 인자의 근원이 그 질환을 발현시키지 않는 "보인자(carrier)"라고 하는 이형접합성 여성들이기 때문에 그렇다. 이들은 이 대립인자를 그녀들의 아들 절반에게 전달하며, 이 아들들은 그들이 반접합성이기 때문에 이 질환을 발병시킨다. 이형접합성인 여성들은 역시 딸들의 절반에도 이 인자를

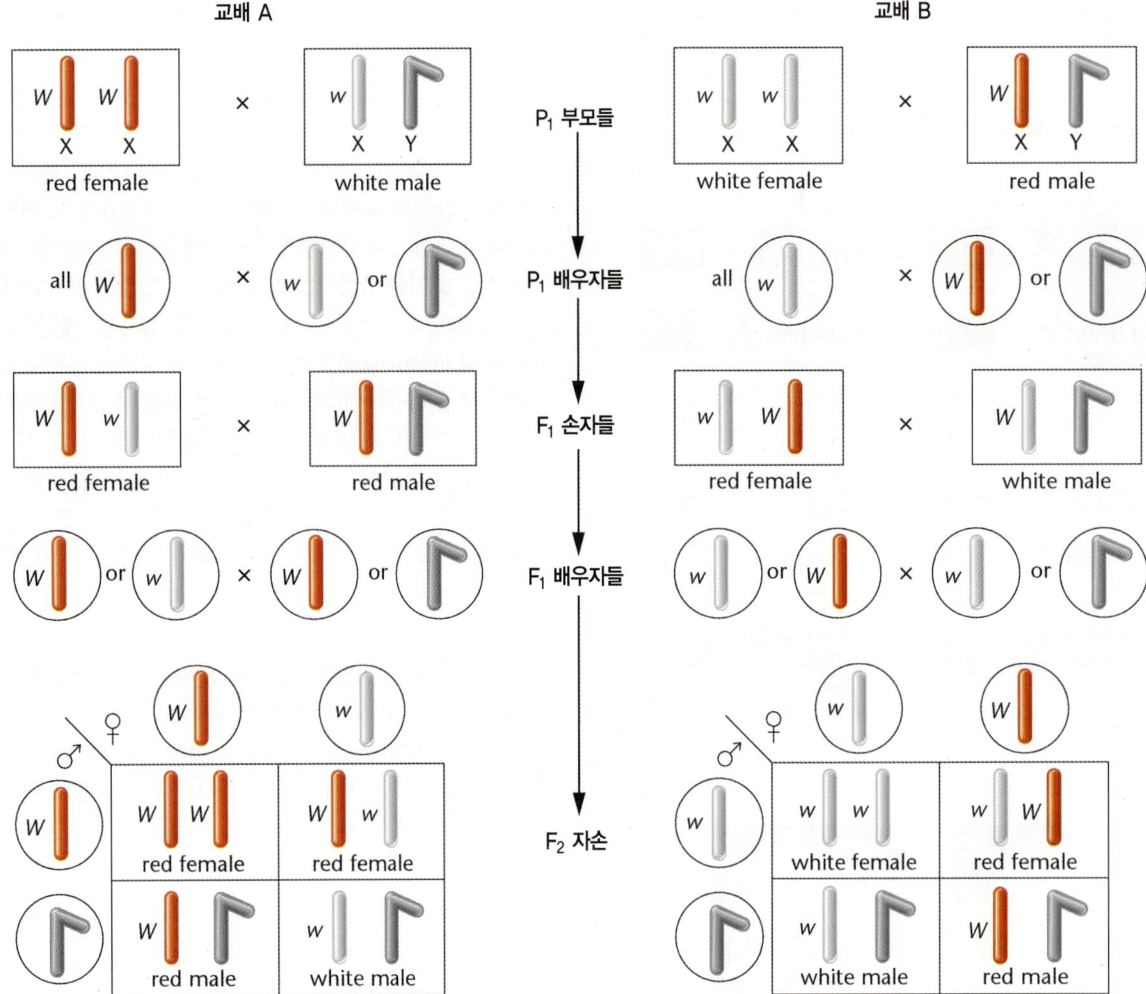

그림 4-11 그림 4-10에서 나타난 X-연관 교배의 결과를 염색체로 설명한 것.

표 4.2 사람의 X-연관 형질들

조건	특성들
색맹, deutan형	녹색 불감증
색맹, protan형	적색 불감증
파브리병	갈락토시다아제 A 결핍; 심장과 신장 결손, 조기 사망
G-6-PD 결핍증	포도당-6-인산 탈수소효소 결핍, 잠두를 포함한 식품이나 약에 함유된 프리마퀸(primaquines)을 섭취하면 심한 빈혈증이 나타남
혈우병 A	혈액 응고 결핍증의 전형적 형태; 응고인자 VIII의 결핍
혈우병 B	크리스마스병; 응고인자 IX 결핍
헌터병	뮤코다당류 축적질환으로 이두론산 설파타제(iduronate sulfatase) 효소 결핍에 기인함; 단신, 굽은 손가락, 안면 특이성, 느린 정신 지체, 청각장애
건피증	스테로이드 설파타제(steroid sulfatase) 효소 결핍; 비늘이 떨어지는 건성 피부, 특히 말단부에서 심함
레쉬-니한 증후군	하이포크산틴-구아닌 포스포리보실 트랜스퍼라제(hypoxanthine-guanine phosphoribosyl transferase, HGPRT) 효소 결핍증으로 운동장애 및 정신 지체, 자해, 조기 사망 등이 나타남
뒤센 근이영양증	진행성인 수명 단축 질환, 근육퇴화와 약화가 특징임; 때로는 정신 지체를 수반함; 디스트로핀(dystrophin) 단백질의 결핍이 원인임

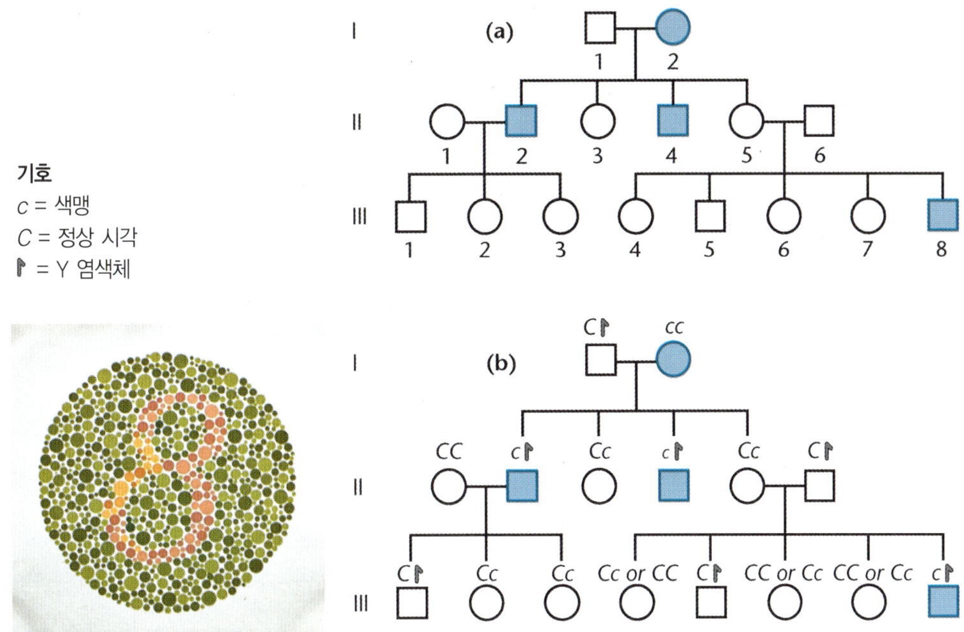

그림 4-12 (a) 사람의 X-연관 색맹 형질에 대한 가계도. (b) 가계도에서 나타난 각 개인들의 가장 가능한 유전자형들. 사진은 이시하라 색맹 도표(Ishihara color-blindness chart)이다. 정상 색각을 가진 사람들이 8을 보는 데 반해 적녹 색맹인 사람은 3을 본다.

전달시키며 이들은 보인자가 되지만 질병을 나타내지는 않는다. 그러한 X-연관 질환 중의 하나가 뒤센 근이영양증(Duchenne muscular dystrophy)이다. 이 질환은 6세 이전에 발병하며 종종 20세 이전에 죽는다. 정상적으로는 남자에서만 발생한다.

이 문제를 풀어보자

99페이지의 23번 문제는 세 가계도가 X-연관과 부합하는지를 결정하는 것이다.

힌트: X-연관에서는, 반접합성 때문에 남자의 유전자형이 금방 결정될 수 있다. 그러므로 이런 형태의 문제를 푸는 열쇠는 그 형질을 발현하지 않는 여성의 가능한 유전자형들을 고려하는 것이다.

4.11 한성 유전과 종성 유전에서는 개인의 성이 표현형에 영향을 미친다

또 다른 경우들에서는, 반드시 X 염색체상에 유전자가 존재하지 않아도, 유전이 개인의 성에 영향을 받는다. 개체의 성이 어떤 표현형의 발현에 결정적인 역할을 하는 많은 예들이 여러 생물체에서 밝혀져 있다. 몇몇 경우에서는, 특정 표현형이 전적으로 한쪽 성에만 한정되기도 하고; 다른 예들에서는 개체의 성이 이쪽이나 저쪽의 성에 제한되지 않는 어떤 표현형의 발현정도에 영향을 미치기도 한다. 이러한 차이가 **한성 유전**(sex-limited inheritance)을 **종성 유전**(sex-influenced inheritance)과 구별시킨다.

집에서 기르는 닭들에서는 꼬리와 목의 깃털이 수컷과 암컷에서 종종 차이가 나는(그림 4-13) 한성 유전을 나타낸다. 수탉의 깃털은 길고 좀 더 굽어져 있으며, 점무늬가 있는 반면, 암탉의 깃털은 짧고 좀 덜 곱슬거린다. 이러한 깃털 표현형의 유전은 상염색체상에 존재하는 한 쌍의 대립인자에 의해 조절되는데 이들의 발현은 개체의 성호르몬에 의해 변형된다.

아래의 표에서 보는 바와 같이, 암탉의 깃털은 우성 대립인자 *H*에 의한 것이지만; 열성 *h* 인자의 동형접합성에는 상관하지 않으며 모든 암컷들에서 암컷 깃털을 가지게 한다. *hh* 인자형은 오로지 수컷에서만 수컷 깃털을 나타나게 한다.

유전자형	표현형	
	♀	♂
HH	암컷 깃털	암컷 깃털
Hh	암컷 깃털	암컷 깃털
hh	암컷 깃털	수컷 깃털

가금류의 어떤 품종에서는 암컷 깃털이나 수컷 깃털의 대립인자가 집단 내에 고착되어 있다. 레그호온(Leghorn) 품종에서는 모든 개체들이 *hh* 유전자형이어서, 결과적으로 수컷은 항상 암컷과 깃털만으로도 구별이 가능하다. 세브라이트 밴텀(Sebright bantam)들은 모두 *HH*이므로, 결과적으로 깃털 표현형으로는 암수를 구별할 수 없다.

한성 유전의 또 다른 예가 젖소의 우유 생산을 담당하는 상염색체상의 유전자다. 우유 생산의 양에 영향을 미치는 모든 유전자형에 상관없이, 이들 유전자들은 암컷에서만 발현된다.

종성 유전의 예들에 사람의 대머리 유형(pattern baldness)과, 양의 어떤 품종에서의 뿔 형성[예, 도싯 뿔 양 (Dorset Horn sheep)], 그리고 소에서의 모피 패턴이 포함된다. 그러한 경우들에서는, 상

그림 4-13 가금류에서 보이는 암탉 깃털(왼쪽)과 수탉 깃털(오른쪽). 암탉의 깃털들은 짧으며 굴곡이 적다.

염색체의 유전자들이 남성이나 여성에서 대조적 표현형이 발현되도록 하지만, 이들 유전자들의 발현은 개체의 호르몬 조성에 의존적이다. 그러므로 이형접합성 유전자형이 한쪽 성에서 한 가지 표현형을 발현시키면서도 다른 쪽 성에서는 아주 대조적인 표현형을 나타나게 할 수도 있다. 예를 들어, 사람에서 대머리 유형은 머리 꼭대기의 털이 매우 얇아지도록 하는데(그림 4-14) 다음과 같은 방식으로 유전된다:

유전자형	표현형	
	♀	♂
BB	대머리	대머리
Bb	정상	대머리
bb	정상	정상

비록 여성들이 대머리 유형을 나타낼 수 있다고 하더라도 이 표현형은 남성들에서 훨씬 흔하다. 여성들이 *BB* 유전자형을 유전받았을 경우에도 표현형은 남성에서 노년에 발현되는 것보다 훨씬 덜 뚜렷하다.

이 문제를 풀어보자

97페이지의 12번 문제는 고양이에서 색깔 점들의 유전에 관한 것이다. 여러분은 유전 양식을 결정하기 위해 F_1과 F_2에서의 비율을 분석하여야 한다.

힌트: 자료가 암컷과 수컷 자손에서 달라짐에 특히 유의하라. F_2의 비율은 성에 따라 다르다(즉, 수컷에서는 3/8이 마호가니인 데 반해 암컷에서는 1/8만이 마호가니다). 이것은 여러분에게 교배의 결과에 성 차이가 영향을 미칠 가능성을 생각나게 할 것이다. 이러한 경우에는, X-연관, 한성 유전, 혹은 종성 유전 등이 관여했는지를 고려하여야 한다.

그림 4-14 대머리 양식(종성 유전). 사람의 성에 영향을 받는 상염색체 형질 중의 하나다.

4.12 표현형적 발현이 항상 유전자형을 직접 표현하는 것은 아니다

이제 **표현형 발현**(phenotypic expression)에 대해 고려해 보자. 이전의 논의에서 우리는 어떤 개체의 유전자형은 항상 직접적으로 표현형으로 나타난다고 가정했었다. 예를 들어, 열성 *d* 인자를 가진 동형접합성 개체(*dd*)는 항상 키가 작은 완두로 나타났었다. 우리는 유전적 발현을 마치 "암상자" 안에서 기능적인 유전자 산물이 개체의 집합적 표현형을 결정하는 것으로 논의했다. 그러나 상황은 훨씬 복잡하다. 대부분의 유전자 산물은 세포라는 내적 환경 안에서 기능하는 것이며, 또한 세포도 서로서로 다양한 방법으로 영향을 끼친다. 더 나아가 개체는 다양한 환경적 영향 하에서 존재하게 된다. 그러므로 유전자 발현과 결과적 표현형은, 매우 빈번하게 개인이 가진 특정 유전자형의 외적 환경에 의해 변형된다. 마지막 부분에서 우리는 이러한 유전적 발현이 변형되는 것으로 알려진 몇 가지 중요한 사례들에 관해 살펴보려고 한다.

유전도와 발현도

어떤 돌연변이 유전자형들이 항상 특징적인 표현형을 나타내는 반면, 다른 것들은 정상(야생형)과 구별되지 않는 일정 비율의 개체들을 생산하기도 한다. 조사되는 유전자형의 **유전도**와 **발현도**를 결정함으로써 특정 형질의 발현정도가 정량적으로 연구될 수 있다. 적어도 어느 정도의 돌연변이 유전자형을 발현하는 개체들의 백분율이 그 돌연변이의 **유전도**(penetrance)를 결정한다. 예를 들어, 초파리에서는 많은 돌연변이 인자들의 표현형적 발현이 야생형과 겹칠 수 있다. 만약 15%의 돌연변이 초파리가 야생형 외모를 보인다면, 이 돌연변이 유전자는 85%의 유전도를 가진다고 말한다.

반대로, **발현도**(expressivity)는 돌연변이 유전자형의 발현 범위(range of expression)를 나타낸다. 열성 돌연변이 유전자 *eyeless*를 호모상태로 받은 초파리는 정상 눈을 가진 것으로부터 약간 줄어든 것, 한 쪽 혹은 두 눈이 모두 없어진 것까지의 표현형을 생산할 수 있다(그림 4-15). 평균 눈의 감소범위가 1/4~1/2까지이지만 발현도 범위는 눈이 완전히 없는 것부터 완전히 정상인 것까지 나타난다.

eyeless 유전자의 발현과 같은 이러한 예들은 표현형적 변이가 일어나는 원인을 결정하기 위한 실험에 기초를 제공한다. 만약 실험실 환경이 일정하였지만 변이가 계속 관찰된다면 이것은 다른 유전자가 *eyeless* 유전자를 변형했거나 이에 영향을 주었다고 판단될 수 있을 것이지만, 그 반대라면 표현형적 발현은 유전적 배경을 갖지 않으며 단지 온도, 습도, 영양 등의 환경적 요소가 개입한 것이라고 해석할 수 있다. *eyeless*의 표현형 변이는 실험에 의해 유전적 요소와 환경적 요소 둘 모두가 발현에 영향을 미치는 것으로 밝혀졌다.

유전적 배경: 억제와 위치효과

잠정적 표현형을 결정하는 책임 유전자의 발현과 **유전적 배경**(genetic background)의 특정 효과를 측정하는 것은 어려운 일이지만, 유전적 배경의 두 가지 효과가 잘 연구되어 있다.

첫째, 유전체 전체의 다른 유전자들이 문제의 유전자에 의해 생산되는 표현형에 영향을 미칠 수 있다. **유전적 억제**(genetic suppression)라는 현상이 그 예다. 초파리에서 *sable* 억제자(*suppressor of sable; su-s*), *forked* 억제자(*suppressor of forked; su-f*), 그리고 *Hairy-wing* 억제자(*suppressor of Hairy-wing; su-Hw*) 같은 돌연변이 유전자들은 각각 *sable*, *forked*, 그리고 *Hairy-wing* 돌연변이에 동형접합성인 개체(혹은 반접합성 개체)에서 정상적 표현형을 완전히 회복시키거나 부분적으로 회복시킨다. 예를 들어, *forked*와 *su-f* 둘 다에 돌연변이를 가지는 반접합성 초파리는 정상 강모를 가진다. 각 경우에서, 억제자 유전자는 원 돌연변이의 예상 표현형적 발현을 역전시킨다. 억제자 유전자들은 1차적 유전자 효과를 변형시키는 유전적 배경의 훌륭한 예가 된다.

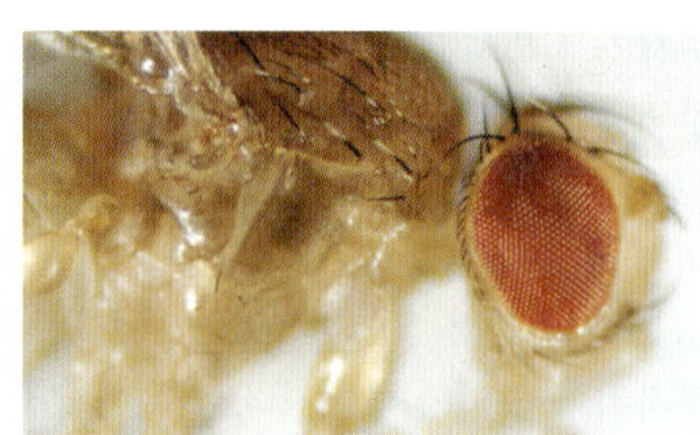
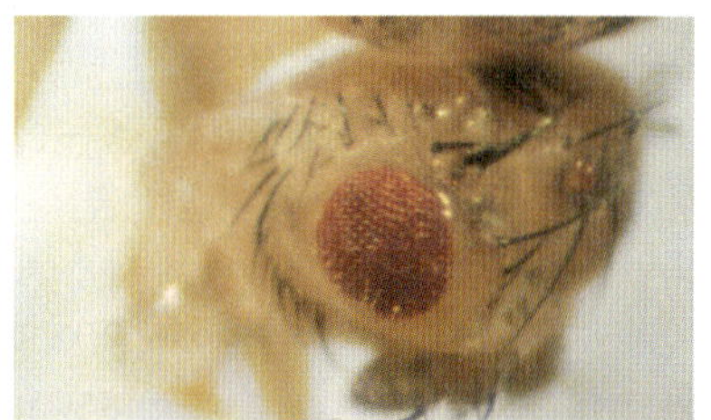
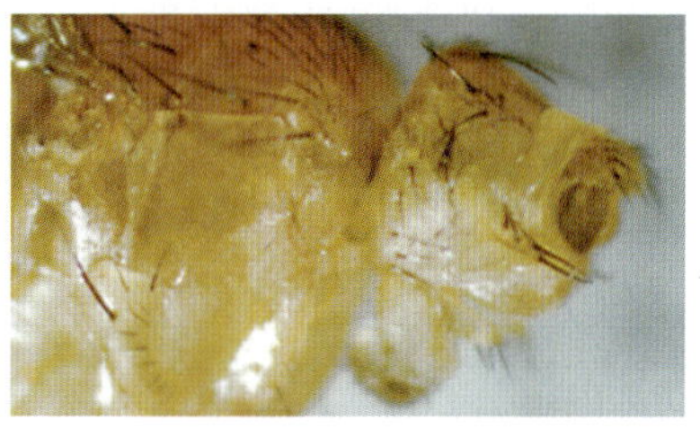

그림 4-15 초파리의 눈 없는 돌연변이에서 나타나는 다양한 발현도(expressivity). 표현형에서의 단계적 변화는 야생형에서 눈이 없는 부분적 감소까지 다양하다.

둘째, 다른 유전물질과의 관계에서 한 유전자의 물리적 위치가 그 유전자의 발현에 영향을 미칠 수 있다. 그러한 상황은 **위치효과**(position effect)라고 불린다. 예를 들어, 한 염색체 부위의 위치가 바뀌거나 혹은 재배열되면(전좌나 역위라고 부르는 사건에 의해), 그 염색체 지역에 있는 유전자의 정상적인 발현이 바뀔 수 있다. 이것은 특히, 영구적으로 응축되어 유전적으로 불활성 상태, 즉 **이질염색질**(heterochromatin)이라고 불리는 염색체 영역 근처나 그 안으로 유전자가 이동했을 때 그러하다.

온도의 영향

화학적 활성은 반응물질의 운동에너지에 의존적이고 이것은 또 환경의 온도에 영향을 받는다. 따라서 우리는 온도가 표현형에 영향을 미칠 것으로 기대할 수 있다. 한 예가 달맞이꽃으로 23°C에서 자라면 붉은색 꽃이 피고, 18°C에서 자라면 흰 꽃이 핀다. 좀 더 놀라운 예는 샴 고양이와 히말라야 토끼인데, 체온이 조금 낮은 부분, 특히 코, 귀, 발 등에서는 검은색 털이 생긴다(그림 4-16). 이들 동물에서는 색소를 생산하는 효소가 몸 말단의 낮은 온도에서는 기능적이지만 몸의 나머지 부분인 약간 체온이 높은 부분에서는 촉매능을 상실하는 것으로 보인다.

온도에 의해 그러한 표현형들이 영향을 받는 돌연변이들은 **조건적 돌연변이**(conditional mutation)의 예가 된다. 위의 예들은 **온도 감수성 돌연변이**(temperature-sensitive mutation)라고 불린다. 이러한 돌연변이들은 바이러스와 세균, 곰팡이 초파리 등을 포함한 다양한 생물들에서 알려져 있다. 극단적인 경우, 한 돌연변이 인자를 가지는 생물은 한 온도에서는 돌연변이 표현형을 나타내지만, 다른 온도에서 자랄 때는 야생형을 나타내기도 한다. 이러한 온도의 영향을 이용하여, 발달 중의 필수과정을 저해하기 때문에 정상적으로는 개체에 치명적인 돌연변이를 연구할 수 있다. 예를 들어, 어떤 세균 바이러스가 허용적 조건(permissive condition)인 25°C에서 배양되고, 유전자 산물이 기능적이라면, 감염 과정은 정상적으로 진행되어 새로운 바이러스들이 생산된다; 그러나 온도 감수성 돌연변이들을 가지고 있는 세균 바이러스가 42°C(제한 조건, restrictive condition)에서 키워진 세균에 감염되면, 감염과정은 이 필수적인 유전자 산물이 요구되는 지점(예, 바이러스 조립)까지만 진행될 것이다. 유도되거나 분리될 수도 있는 온도 감수성 돌연변이들의 이용은 바이러스 유전학의 연구에 크게 도움이 되었다.

유전적 발현의 개시

모든 유전자가 한 개체의 생애에 한꺼번에 발현되는 것은 아니다. 대부분의 경우에 어떤 유전자가 발현되는 나이는 성장과 발달의

(a)

(b)

그림 4-16 (a) 히말라야 토끼. (b) 샴 고양이. 이들은 주둥이, 귀, 발 등의 털색이 검다. 이러한 검은색 털 부분은 색소 생산을 맡고 있는 온도 감수성 대립인자에 의한 것이다.

순서에 부응하여 이루어진다. 사람에서는 태아, 유아, 청소년기, 성인 등의 시기가 각각 다른 유전적 정보를 요구하게 된다. 따라서 많은 심각한 유전적 질병들이 출생 후에 바로 나타나지 않을 수도 있다. 사람의 경우, **테이-삭스병**(Tay-Sachs disease)은 상염색체 열성으로 유전되며 헥소스아미니다제 A(hexososeaminidase A)의 비정상적 기능에 의해 유발되는 지질 대사질환이다. 신생아는 태어난 지 몇 달 동안은 정상처럼 보인다. 그러다가 발육 부진, 마비, 시력상실이 시작되어 3세 정도가 되면 상태악화로 사망하게 된다.

레쉬-니한 증후군(Lesch-Nyhan syndrome)은 X-연관 열성질환으로 유전되며 비정상의 핵산 대사(질소화된 퓨린 염기의 생화학적 보상경로)에 의해 혈액과 조직에 요산(uric acid)이 축적되고, 정신 지체, 마비, 입술과 손가락의 자해 등을 일으키는 것이 특징이다. 이 질환은 하이포크산틴-구아닌 포스포리보실 전이효소(hypoxanthin-guanine phosphoribosyl transferase, HGPRT)를 암호화하는 유전자에서의 돌연변이에 기인한다. 첫 징후가 발생하기 이전인 신생아 때 6개월 내지 8개월 정도는 정상이다.

또 다른 예가 **뒤센 근이영양증**(Duchenne muscular dystrophy, DMD)으로 X-연관 열성질환이며 점진적인 근육 소실이 발생한다. 보통 3~5세까지는 진단되지 않는다. 현대 의학의 개입으로도 이 질환은 종종 20대 초반이 되면 치명적이 된다.

아마도 발병의 나이와 관련한 인간의 질환 중 가장 변이가 심한 것이 **헌팅턴병**(Huntington disease)일 것이다. 상염색체 우성으로 유전되는 헌팅턴병은 대뇌피질의 전두엽에 영향을 미쳐서 여기서 점진적인 세포사멸이 10년 이상에 걸쳐 일어나도록 한다. 뇌의 퇴화로 경련적인 통제 불가능의 행동이 일어나고, 지력과 감정의 왜곡, 그리고 결국에는 죽음에 이르게 된다. 발병은 모든 나이에서 나타나는 것으로 보고되어 있지만 30~50세 사이에서 가장 빈번하고, 38세가 평균 발병연령이다.

이러한 조건들은 정상적인 유전자의 결정적 발현시기가 사람을 포함한 생물체의 생활사 전체에서 매우 다양하다는 생각을 지지해준다. 유전자 산물은 특정 시기에 더 중요하게 작용할 수 있다. 나아가 생체의 내적 생리환경이 나이에 따라 변한다는 것이다.

유전적 예상현상

표현형 발현이 유전적으로 시작되는 것에 대한 연구는, 어떤 유전병의 경우 세대를 거치면서 좀 더 이른 나이에, 더 심각하게 발현될 수 있다는 것이 밝혀지면서 더 흥미를 끌게 되었다. 이러한 현상을 **유전적 예상현상**(genetic anticipation)*이라고 부른다.

근긴장성 근이영양증(myotonic dystrophy, DM)은 가장 흔한 성인성 근무력증으로 유전적 예상현상을 분명히 보여준다. 상염색체 우성으로 유전되는 이 질환에 걸린 개인들은 그 증세의 심각도에 있어 매우 심한 차이를 보인다. 약한 경우의 개인은 성인이 되었을 때 백내장을 앓는 정도이면서 근육퇴화는 보이지 않지만, 심한 경우 심각한 근병변(myopathy)과 정신박약 증세도 일으킬 수 있다. 가장 심각한 경우는 출생 후 바로 사망하는 경우다. 1989년 C. J. 호웰러(C. J. Howeler)와 그 동료들은 세대가 거듭될수록 증세가 심해지고 더 이른 시기에 나타난다는 것을 확인했다. 그들은 61쌍의 부모-자식을 연구한 결과 60건의 사례에서 질환을 앓고 있는 부모를 둔 아이들이 더 이른 시기에 발병하며, 표현형 발현 시기도 더 빨랐다.

1992년, DM 돌연변이와 그 예상현상을 설명할 수 있을 만한 분자적 규명이 이루어졌다. 다음에서 다루게 되겠지만 DM 유전자에는 특징적으로 반복되는 유전자 서열이 존재하며 이 반복횟수는 매우 불안정하다. 정상적인 개인에서 이 반복횟수는 5번 정도이며, 약하게 연루된 사람의 경우는 50회, 심각하게 질환을 앓는 사람의 경우는 1000회가 넘는 반복서열을 가진다는 것이 증명되었다. 가장 놀랄 만한 관찰은 다음 세대에서 이 반복 부위의 크기가 증가한다는 사실이다. 아직은 어떻게 이 반복된 서열의 크기가 표현형 발현과 그 시작에 영향을 미치는지 확실하게 알 수는 없지만 그 연관관계는 매우 확실하다. 사람의 몇몇 유전성 질환(fragile-X syndrome, Kennedy disease, Huntington disease 등)들이 이러한 특정부위의 크기와 질환의 심각성 사이에 관계를 드러낸다.

* 표현 촉진이라고 번역하는 사람도 있으나 사용빈도를 고려하여 원문대로 직역한 용어를 사용함 –역주

유전체 각인

수정 후에 특정 대립인자가 위치하는 염색체의 부모 기원에 따라, 유전자쌍의 한 구성원이 불활성화되어(silencing) 표현형이 결정되는 표현형 발현에 관한 몇 가지 예가 있다. 이러한 현상은 **유전체 각인 현상**(genomic imprinting), 혹은 **부모 각인**(parental imprinting)이라고 불린다. 몇몇 종에서 어떤 염색체 부위에 있는 유전자들이 어떤 형태로든 자신의 부모 쪽 기원에 대한 "기억(imprint)"을 유지하기 때문에 특정 유전자들은 발현될 수도 있고, 유전적으로 조용한 상태, 즉 발현되지 않는 상태로 나타날 수 있다. 이것은 닫혀지지 않은 대립인자의 직접적 표현형 발현을 이끈다.

각인 단계는 이 현상을 이해하는 데 필수적인 문제인데, 배우자 형성 시기나 혹은 그 이전에 일어나는 것으로 생각되며, 정자형성 혹은 난자형성 조직에서 염색체 부위나 유전자를 서로 다르게 구별하는 표시를 생기게 할 수 있다. 이 과정은 유전자가 엄마에서 아들로, 손녀로 전달되면서 각인이 바뀔 수 있기 때문에 돌연변이와는 다른 것이다.

1991년에 좀 더 자세한 정보가 얻어졌는데 그 중 하나가 쥐에서 인슐린 유사 성장인자 II(insulin like growth factor II, *Igf*2)를 생산하는 유전자에 대한 것이다. 두 개의 정상 대립인자를 가지는 쥐는 크기가 정상이지만 두 개의 돌연변이 인자를 가지는 쥐는 이 성장인자의 결핍으로 왜소하다. 이형접합성인 쥐(하나의 대립인자는 정상이고 다른 하나는 돌연변이; 그림 4-17)의 크기는 정상 유전자를 어느 쪽에서 받았느냐에 따라 다른데, 정상 인자를 부계 쪽에서 받으면 크기가 정상이고, 모계 쪽에서 받게 되면 왜소한 쥐가 나온다. 이러한 사실은 정상적인 *Igf*2 유전자가 암컷에서 난자 형성과정에서 각인되지만 그것이 수컷의 정자형성 조직을 거치는 동안에는 매우 정상적으로 작동하는 것으로 추정할 수 있다.

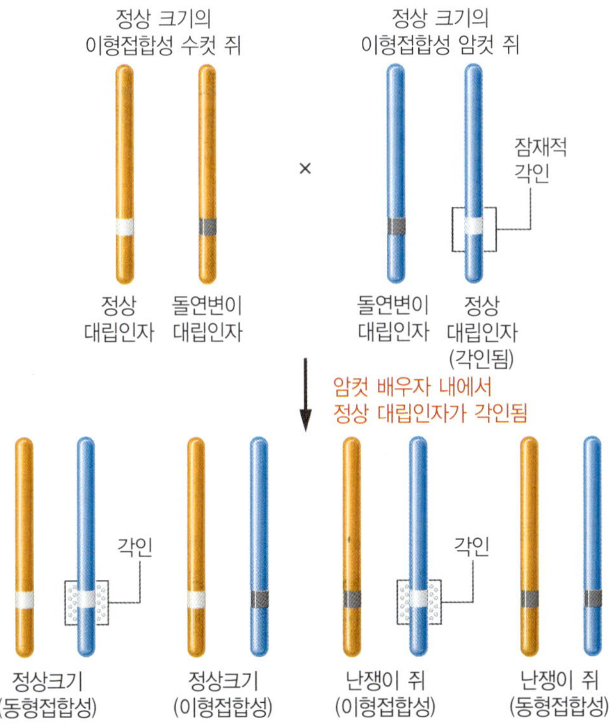

그림 4-17 쥐의 *Igf*2 유전자에서 나타나는 각인(imprinting) 효과. 동형접합성 조건에서는 난쟁이 쥐들이 나온다. 부계로부터 정상 대립인자를 받은 이형접합성 자손들은 크기가 정상이다. 모계로부터 정상 대립인자를 받은 이형접합자들은 각인되었으며 난쟁이가 된다.

사람에서는 두 가지 특이한 유전질환이 15번 염색체의 차별적 각인현상에 따른 것으로 생각된다. 두 경우 모두 질환은 15번 염색체쌍의 같은 부위(15q11-15) 결실에 의한 것인데, 첫 번째 질환은 **프레더-윌리 증후군**(Prader-Willi syndrome, PWS)으로, 결실을 포함한 염색체가 정자를 통해 유전된다. 만약 이 염색체가 난자를 통해 전달되면 완전히 다른 질환인 **엔젤만 증후군**(Angelman syndrome, AS)이 발생한다.

두 경우에서 매우 다른 표현형이 나타나는데, PWS은 심각한 섭식장애, 비만, 당뇨는 물론 정신박약이 특징이지만, AS는 정신박약과 함께 불수의적인 근수축(무도병)과 발작이 동반된다. 우리는 여기서 염색체 15번의 관련 부위가 암 배우자와 수 배우자가 형성될 때 서로 다르게 각인되며 부계, 모계 부분이 모두 정상 발달에 필요하다고 결론지을 수 있겠다.

과학자들은 어떻게 염색체의 일부분이 각인되는지를 조사하고 있다. 최초의 신호가 무엇인지는 아직 분명하지 않지만, 현재의 생각은 시토신이 포함된 질소화된 염기쌍의 메틸화가 연루된다는 점이다. 그러한 설명은 DNA의 시토신 메틸화가 유전자 발현을 저해한다는 사실에 기초한 것이다.

4.13 핵외 유전은 멘델 양식을 변형시킨다

유전학의 역사에서 간혹 어떤 보고들은 멘델 유전학의 기본 원리들-표현형은 양친의 염색체에 존재하는 핵의 유전자에 의해 유전된다는-에 도전한다. 마지막 절에서는 멘델 유전학이 기초하고 있는 전통적인 "핵의 양친 유전"에 의해 기술되었던 양식에서 벗어나는 여러 가지 예에 대해 고려해 보려고 한다. 다음의 예들에서는 전달되는 유전정보가 핵에 있지 않은 경우에 대해 초점을 맞출 것이다. 첫 예는 한 개체의 표현형이 미토콘드리아나 엽록체의 DNA에 포함된 유전자 발현에 영향을 받는 것으로 **소기관 유전**(organelle heredity)으로 언급된다. 두 번째 예에서는 개체의 표현형이 양친의 한쪽 배우자-주로 모계-에서만 발현되는 유전정보에 의해 결정되는 것으로, 수정에 의해 생겨난 접합자는 핵이 아니라 세포질을 통해 전달된 유전자 산물에 의해 영향을 받는다. 결과적으로, 표현형은 개체의 유전자형에 의한 것이 아니라 모계의 유전자형에 의해 영향을 받는다. 이러한 현상은 **모계 효과**(maternal effect)라고 한다.

처음에는 그러한 관찰에 매우 회의적이었다. 그러나 분자 유전학의 발달과 미토콘드리아와 엽록체에서의 DNA 발견으로 **핵외 유전**(extranuclear inheritance)은 유전학의 중요한 분야로 인식되고 있다.

소기관의 유전: 엽록체와 미토콘드리아의 DNA

엽록체와 미토콘드리아에 관련된 유전 양식의 예를 조사해 보도록 하자. 이들 소기관에서 DNA가 발견되기 전에는 이들의 유전

화분의 기원	밑씨의 위치		
	흰 가지	녹색 가지	얼룩 가지
흰 가지	White	Green	White, green, or variegated
녹색 가지	White	Green	White, green, or variegated
얼룩 가지	White	Green	White, green, or variegated

그림 4-18 다양한 분꽃 가지들 사이의 교배에서 얻어진 자손들. 이 사진은 분꽃의 얼룩무늬뿐 아니라 꽃 색깔의 변이도 보여준다.

이 핵의 유전자가 아니라 세포질의 어떤 것과 연관되어 있다는 것 말고는 형질 전달에 대한 정확한 기작이 불분명했었다. 게다가 전달은 모계 생식질을 통한 모친으로부터 가장 흔히 발생하여, 상반 교잡의 결과가 달랐다. 그런 핵외 유전 양식은 이제 **소기관 유전**(organelle heredity)이라고 불릴 수 있다.

엽록체와 미토콘드리아의 돌연변이에 의한 유전 양식의 분석은 두 가지 이유 때문에 매우 어렵다. 첫째, 이들 소기관의 기능은 핵과 소기관의 DNA 두 가지 모두에서 생기는 유전자 산물에 의존적이어서, 소기관의 기능에 영향을 미치는 유전적 기원을 찾는다는 것이 힘들다. 둘째로는 많은 미토콘드리아와 엽록체가 한 자손에 기여하고 있으므로 오로지 하나나 소수의 기관들만이 돌연변이를 가진 경우, 해당 돌연변이 형질은 잘 드러나지 않는다. **이형세포질**(heteroplasmy)이라 불리는 이러한 조건은 돌연변이가 없는 소기관들이 야생형의 기능을 제공하기 때문에 정상 세포를 만들 수 있다. 그러므로 이들의 분석은 멘델 형질보다 훨씬 복잡하다.

엽록체: 분꽃의 얼룩무늬

1908년에 카를 코렌스(Carl Correns; 멘델의 업적을 재발견한 사람 중 한 명)는 엽록체의 전달과 관련된 최초의 예를 보고했다. 코렌스는 분꽃(*Mirabilis jalapa*)의 한 변이를 발견했는데, 이들은 희거나, 녹색, 혹은 점박이 무늬가 있는 잎이 달린 가지들을 가지고 있었다. 얼룩덜룩한 잎의 흰색 부분은 녹색을 나타내는 엽록소가 없었다. 엽록소는 엽록체 안에서 빛을 흡수하는 색소이다.

코렌스는 어떻게 이러한 형질의 유전이 일어나는지 궁금했다. 그림 4-18에 정리된 대로, 모든 가능한 교배 조합에서 이 유전은 난자 제공자의 표현형에 따라 결정된다. 예를 들어, 종자들이(자손) 녹색 잎을 가진 가지들의 난자로부터 유도된 것이라면 화분 제공자의 표현형과는 관계가 없이 모든 자손들은 녹색 잎을 가진다. 코렌스는 이 유전이 모계의 세포질을 통한다고 결론지었는데, 그것은 화분이 접합자의 세포질에 거의 기여하지 않으며 이 경우 자손의 표현형에 거의 영향을 미칠 수 없었기 때문이다.

잎의 색깔이 엽록체와 관련이 있으므로, 그 소기관이나 이 소기관에 영향을 미치는 세포질의 어떤 것에 존재하는 유전정보가 이 유전을 일으키는 게 분명했다. 잎의 얼룩무늬에서 녹색 엽록소를 없애는 유전적 "결함(defect)"은 엽록소에 위치한 DNA의 돌연변이라는 것이 확실하다.

이 문제를 풀어보자

101페이지의 37번 문제는 클라미도모나스에서의 돌연변이가 관여된 교배의 유전적 결과를 예측하고 어떻게 그 형질의 유전이 발생하는지를 설명하라는 것이다.

힌트: 이 문제의 결과와 관련하여, 그 형질의 유전이 단일 부모에 의한 것인지, 양친에 의한 것인지 두 가지 가능성에 대해 고려하라.

미토콘드리아 돌연변이: 붉은빵곰팡이의 *poky*와 효모의 *petite* 돌연변이

미토콘드리아 기능에 영향을 미치는 돌연변이가 발견되어 연구된 결과 이들 역시도 특징적인 유전적 체계를 가지고 있음이 밝혀졌다. 엽록체와 마찬가지로, 미토콘드리아 돌연변이들은 세포질을 통해 유전된다. 이번 논의에서는 미토콘드리아의 돌연변이들과 이로 인한 핵외 유전 현상 사이의 연관 관계에 대해 강조하고자 한다.

1952년에 메리 B. 미첼(Mary B. Mitchell)과 허셀 K. 미첼(Hersel K. Mitchell)은 빵 곰팡이인 *Neurospora crassa*에 대한 연구를 수행하였다. 이들은 천천히 자라는 돌연변이주를 발견하였고 *poky*라 명명했다. 느린 성장은 비정상의 미토콘드리아 기능 때문인데, 특히 전자전달에 필수적인 특정 시토크롬과 연관된다. 야생형과 *poky* 돌연변이주와의 유전적 교배 결과, *poky*가 세포질을 통하는 핵외 유전형질임이 제시되었다. 만일 모친 쪽을 *poky*로 하고 부친 쪽을 야생형으로 하면 모든 자손은 *poky*가 된다. *poky*가 부친 쪽인 상반교잡에서는 정상 야생형의 콜로니들이 형성된다.

미토콘드리아 돌연변이에 대한 또 다른 연구들이 효모인 *Saccharomyces cerevisiae*를 사용하여 수행되었다. 1956년, 보리스 에프러시(Boris Ephrussi)와 동료들에 의한 기술에 따르면 *petite*라고 명명된 돌연변이주는 매우 작은 크기의 콜로니를 만든다(그림 4-19). 많은 독립적 *petite* 돌연변이들을 분석한 결과 이들이 동일한 특징을 갖는다는 것이 밝혀졌는데, 이들은 정상적인 전자전달에 관여하는 세포 호흡과정에 결손이 있었다. 이 생물은 조건적 혐기성으로서 해당과정을 통한 발효로 자랄 수 있다; 그러므로 이들은 혐기적으로 에너지를 생산함으로써 미토콘드리아 기능의 소실을 극복할 수 있다.

petite 돌연변이들의 복잡한 유전학은 이 돌연변이의 일부가 핵의 돌연변이 때문이라는 것도 밝혀주었다. 이들은 멘델식으로 유전하며 미토콘드리아 기능은 핵과 세포소기관의 유전자 산물 모두에 의존적이다. 이들 대다수는 세포질 유전을 나타내며 이것은 미토콘드리아의 DNA에 돌연변이가 있다는 것을 시사한다.

미토콘드리아 돌연변이: 사람의 유전질환

미토콘드리아의 유전학에 대한 우리의 지식은 이제 매우 넓어졌다. 인간 미토콘드리아에서 발견된 DNA는 완전히 서열화되었으며 16,569 염기쌍을 포함하고 있다. 미토콘드리아의 유전자 산물들이 밝혀져 다음과 같은 것들을 포함하고 있음이 알려졌다.

13개의 단백질, 유산소성 세포호흡에 필요

22개의 tRNA, 번역에 필요

2개의 rRNA, 번역에 필요

한 세포의 에너지 공급이 주로 유기 세포호흡에 의존적이므로, 미토콘드리아의 어떤 유전자라도 돌연변이에 의해 파괴된다면 그 생물에 심각한 영향을 미칠 수 있다. 이것은 앞서 살펴본 효모의 *petite* 돌연변이에서 논의한 것인데, 이 생물이 혐기적으로 호흡할 능력이 없다면 치명적인 돌연변이일 수 있는 것이다. 사실상, mtDNA는 두 가지 이유로 돌연변이에 특히 취약하다. 한 가지는 mtDNA 손상에 대한 수리 능력은 핵의 DNA를 수리하는 능력과 동등하지 않은 것으로 보인다는 점이고, 둘째는 세포호흡에 의해 만들어진 자유 라디칼들(매우 돌연변이를 잘 일으키는 독성의)이 호흡 소기관에 높은 농도로 축적되어 mtDNA의 돌연변이율을 증가시킬 것으로 보이기 때문이다.

다행스럽게도, 하나의 접합자는 난자를 통해 많은 수의 소기관들을 받으므로, 그 중 몇 개의 소기관이 돌연변이를 가졌다고 해도, 그 효과는 정상 소기관들에 의해 희석되어 세포가 정상적으로 기능하게 된다. 최초의 소기관들에서 해로운 돌연변이가 생겼거나 존재했다면, 성인이 되었을 때 정상 소기관과 비정상 소기관들이 다양한 정도로 혼재한 세포들을 가지게 된다. 유전학적 관점에서 보면 이러한 이형세포질 조건은 이 유전에 대한 분석을 매우 어렵게 한다.

다른 생물들과 마찬가지로, 사람의 질환이 유전적으로 바뀐 미토콘드리아에 기인한 것이라고 하려면 다음과 같은 몇 가지 기준을 만족시켜야 한다:

1. 유전이 멘델 양식이 아니라 모계 유전을 나타내야 한다.
2. 질병이 이 소기관의 생물에너지에 관한 기능 손상을 반영한 것이어야 한다.
3. 미토콘드리아 유전자들에 하나 이상의 특정 유전자 돌연변이를 포함해야만 한다.

인간의 몇 가지 질병들이 이러한 특징을 만족시킨다. 예를 들어, 사립체(미토콘드리아)성 근병증의 하나인 **노화 적색 섬유성 근간대성 간질**(myoclonic epilepsy and ragged-red fiber disease, MERRF)은 모계 유전 양식을 나타낸다. 이환된 어머니의 자손만이 이 병을 전달 받는 반면, 이환된 아버지의 자손들은 정상이다. 이 드문 질환을 가진 개인들은 운동실조증(ataxia), 청각장애, 치매, 그리고 간질 발작을 나타낸다. 이 질환은 "누더기의 붉은(ragged-red)" 골격근 섬유 때문에 이런 이름이 붙여졌는데, 이 섬

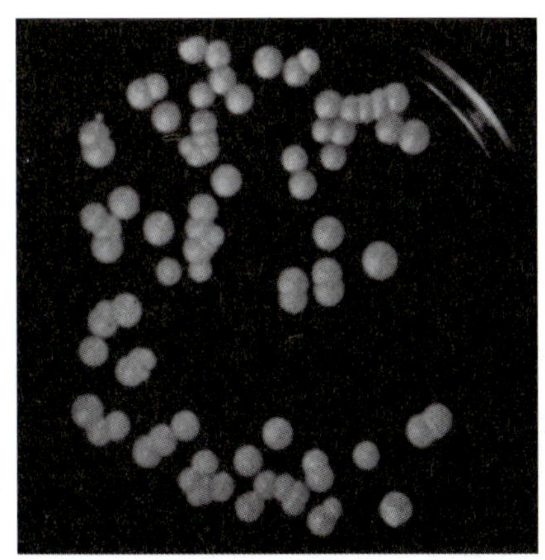

정상 콜로니들

Petite 콜로니들

그림 4-19 효모에서 나타나는 정상 콜로니와 *petite* 돌연변이 콜로니를 비교한 사진.

유들은 비정상 미토콘드리아의 증식 때문에 붉은 조각 무늬를 나타낸다(그림 4-20). 뇌의 기능은 에너지를 많이 요구하므로 이러한 질환에 영향을 받는다. 따라서 위에 언급한 신경적 증상들이 수반된다.

MERRF를 일으키는 돌연변이가 미토콘드리아 유전자에 존재하는 것으로 밝혀졌으며 이 소기관 내의 번역을 방해하는 것으로 알려져 있다. 따라서 이 질환의 발현은 매우 다양하다.

MERRF를 나타내는 개인의 세포는 이형세포질성(heteroplasmy)을 나타내 정상 미토콘드리아와 비정상 미토콘드리아가 섞여 있다. 서로 다른 환자들은 이 두 비율이 다르고 같은 개인에서도 조직마다 이 비율이 달라서 비정상 미토콘드리아의 수준은 다양하게 나타난다. 이형세포질성이 아니라면, 미토콘드리아의 기능이 세포에 필수적이며 이 소기관의 DNA에 의해 암호화되는 유전자에 의존적이라는 것을 고려할 때 아마도 이 질병은 치사성이었을 것이다.

두 번째 질환은 **레버의 유전성 안신경증**(Leber' s hereditary optic neuropathy, LHON)으로서, 이 역시 미토콘드리아 DNA의 이상뿐 아니라 모계 유전을 나타낸다. 이 질환은 급작스런 양안의 실명이 특징적이다. 시력 상실은 평균 27세 때 나타나지만, 발현 시기는 상당히 다양하다. 4개의 돌연변이가 규명되었으며 이들 모두가 정상적인 산화적 인산화를 방해한다. 50% 이상의 경우에서, 세포의 호흡에 필수적인 NADH 탈수소효소의 소단위를 암호화하는 미토콘드리아 유전자의 특정 위치에 존재하는 돌연변이에 기인한다. 이 돌연변이는 어머니의 미토콘드리아를 통해 모든 자손들에게 전달된다. 많은 LHON의 경우에서 가족력이 없다는 것이 흥미롭다; 상당수가 "특발성(sporadic)"으로 새로 생긴 돌연변이에 기인한 것이다.

(a)

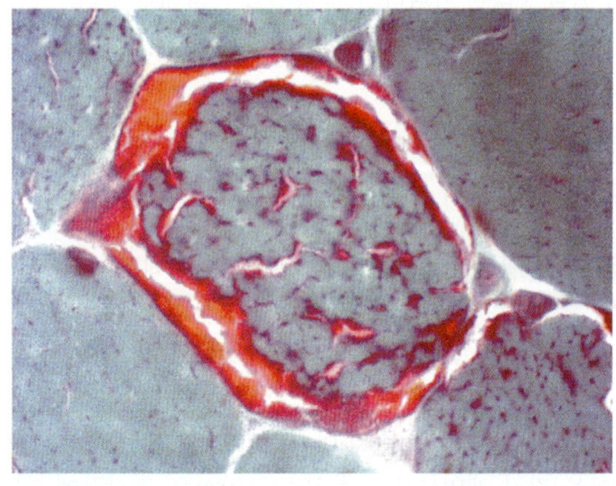

(b)

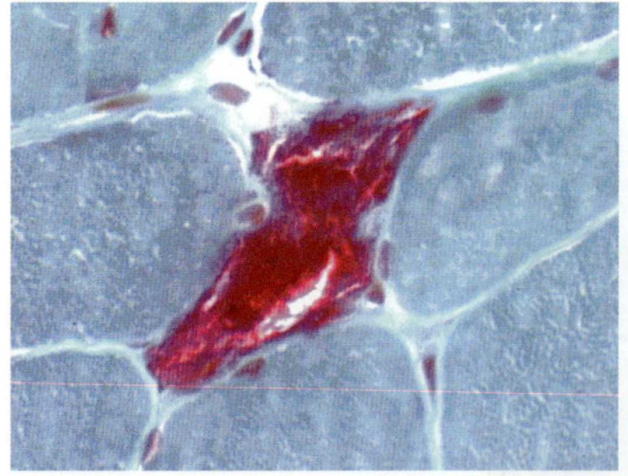

그림 4-20 MERRF 환자에서 얻은 골격근 근육세포의 누더기 붉은(ragged-red) 섬유. (a) 느린 근섬유의 증식(반점이 있는 세포질과 붉은 가장자리를 보라). (b) 미토콘드리아가 대부분의 세포 구조물을 대신하고 있는 뚜렷한 증식.

모계 효과: 달팽이의 회전 방향

이제 핵외 유전에 대한 우리의 논의를 소기관 유전이 관여하지 않는 경우를 살펴봄으로써 마치고자 한다. **모계 효과**(maternal effect) 역시 어머니에 의한 영향을 설명하는 것으로, 여기서 자손들의 표현형은 난자에 존재하는 유전자 산물의 조절에 영향을 받는다. 암컷 배우자의 핵 유전자들은 전사되어 유전자 산물(단백질이거나 아직 번역 안 된 mRNA이거나)들이 난자의 세포질에 축적된다. 수정 후에 이들 산물은 새로 형성된 세포에 분산되어 발달 초기 중에 형성되는 형질이나 패턴에 영향을 미친다. 달팽이에서의 이러한 재미있는 예가 특정 형질에 대한 모계유전체의 영향을 잘 설명해 준다.

모계 효과의 한 예는 달팽이 *Limnaea peregra*에 관한 것으로, 이들은 몇몇 계통이 왼손 꼬임을 가진 껍데기를 만드는데(*dd*) 반해, 다른 계통들은 오른손 꼬임의 껍데기(*DD* 혹은 *Dd*)를 나타낸다. 이러한 달팽이들은 양성으로서 타가교배 혹은 자가교배를 하는 다양한 교배 양식을 가진다.

그림 4-21은 순계의 달팽이들 사이에서 이루어진 상반교잡을 나타낸다. 이들 교배는 왼쪽 꼬임과 오른쪽 꼬임 달팽이들 사이의 두 교배가 모두 이형접합성 자손을 생산하기는 하지만 서로 다른 결과를 나타낸다. 자손들에 대한 자세한 조사는 그들의 표현형이 암컷 부모의 유전자형에 기초한다는 것을 드러낸다. 이러한 결론을 가설로 받아들인다면, 연속적인 자가수정 결과로 얻어진 자손들을 조사함으로써 이 가설을 검증할 수 있다. 각 경우에서 이 가설은 지지된다. *DD*나 *Dd*의 어미는 오로지 오른손 꼬임의 자손만 만든다. *dd* 어미는 왼손 꼬임의 자손만 만든다. 자손의 꼬임 양상은 부모의 표현형과는 관계없이 난자를 만드는 부모의 유전자형에 의해 결정된다.

이 달팽이의 초기 발생 사건들을 잘 조사한 결과 수정 후 첫 번째 난할에서의 방추사의 방향이 꼬임의 방향을 결정한다는 것을 알 수 있었다. 방추사의 방향은 난소에서 난자를 발달시키는 데 영향을 미치는 모계의 유전자에 의해 결정되는 것으로 보인다. 그리고 이 방추사의 방향이 수정 후 세포분열에 영향을 미쳐 성체의 꼬임 양식을 설정한다. 오른쪽 대립인자(*D*)는 오른쪽 꼬임을 만드는 유전자 산물을 만든다. 만일 오른쪽 꼬임의 난자로부터 난자 세포질이 아직 분열하지 않은 왼쪽 꼬임의 난자에 주입되면 이들은 오른쪽 꼬임으로 분열한다. 그러나 반대의 실험에서 왼쪽 꼬임의 세포질을 주입하면 아무런 영향도 미치지 못한다. 분명히 이 왼쪽 꼬임 대립인자는 불활성 유전자 산물을 암호화하는 전통적인 열성 돌연변이 인자에 기인한 것으로 보인다.

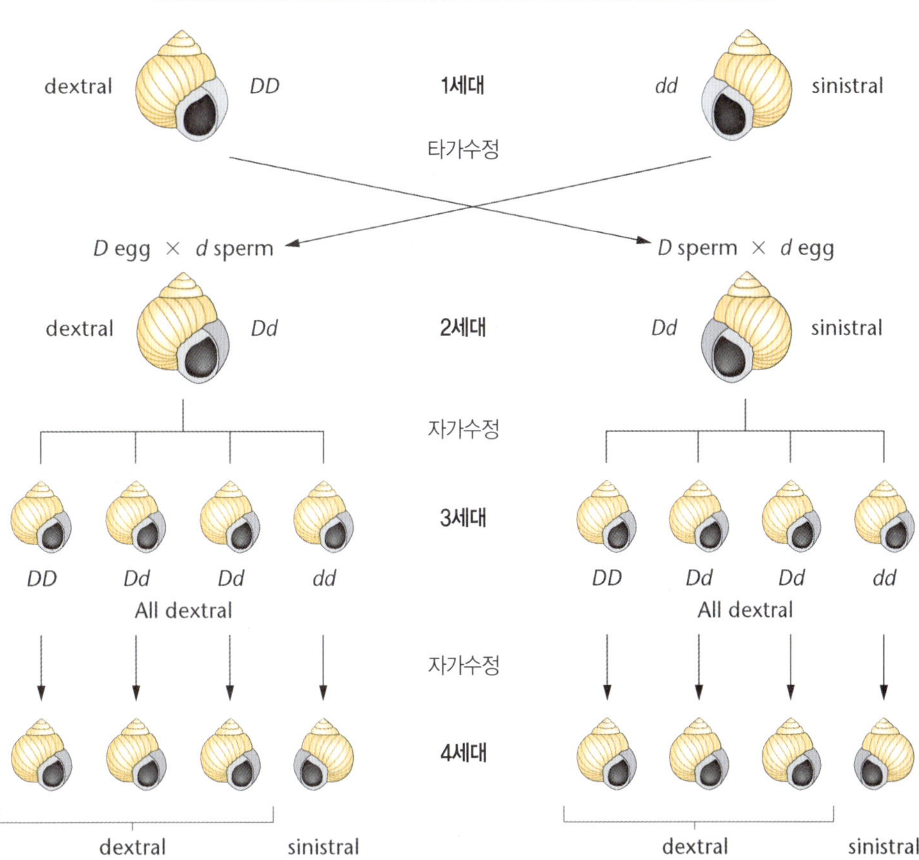

그림 4-21 달팽이 *Limnaea peregra*에서 나타나는 꼬임의 유전. 꼬임 현상은 오른쪽(dextral)이거나 왼쪽(sinistral)이다. II 세대와 III 세대에서 모계 효과가 뚜렷하다. 여기서는 자손의 유전자형보다는 어미의 유전자형이 자손의 표현형을 조절한다. 사진은 왼쪽 꼬임과 오른쪽 꼬임의 달팽이들이 섞여 있는 모습을 보여준다.

그러므로 우리는 *DD*나 *Dd*인 암컷은 *D* 유전자 산물을 합성하는 난모세포를 만들며 이것이 난자 세포질에 축적된다고 결론지을 수 있다. 만일 이 난모세포가 감수분열 후에 *d* 유전자만을 받았고 *d*를 포함한 정자에 의해 수정된다고 해도, 결과적으로 얻어진 *dd* 달팽이는 오른쪽 꼬임이 된다.

초파리에서의 배발생

좀 더 최근에 보고된 모계 효과의 예는 노랑 초파리(*Drosophila melanogaster*)의 배발생을 조절하는 유전자들에 관한 것이다. 20장에서 더 자세히 다루겠지만, 초파리 배발생에 대한 유전적 조절은 아주 매혹적인 이야기다. 모계 효과 유전자들의 단백질 산물들은 다른 유전자들을 활성화시키고, 이것이 다시 또 다른 유전자들을 활성화시킨다. 이러한 단계적 유전자 활성화는 초파리들이 정상 파리가 되도록 하는 순차적인 발생을 이끈다. 1995년 그들의 발견으로 노벨 생리의학상을 공동 수상했던 에드워드 B. 루이스(Edward B. Lewis)와 크리스티앙 뉘슬라인-폴하르트(Christiane Nüsslein-Volhard), 그리고 에릭 비샤우스(Eric Wieschaus)의 광범위한 연구는 어떻게 이들과 여러 유전자들이 기능하는지를 밝혔다. 모계 효과를 설명하는 유전자가 발달 중인 난자에서 합성되어 수정 전에 난자에 저장되는 산물들을 만든다. 수정이 일어나면 이들 산물은 발생이 진행됨에 따라 공간적인 구성을 결정하는 분자 농도 구배를 형성한다.

예를 들면, *bicoid*(*bcd*) 유전자는 초파리 앞 부분의 발생을 지정하는 데 중요한 역할을 담당한다. 이 돌연변이에 동형접합성인 어미(bcd^-/bcd^-)로부터 생긴 배아는 정상적이라면 성체 파리의 머리와 가슴부로 발달할 앞부분을 발생시키지 못한다. 어미가 적어도 하나의 야생형 대립인자(bcd^+) 사본을 가진 배아는 배아 자체가 그 돌연변이에 동형접합성이라고 해도 정상적으로 발달할 수 있다. 모계 효과(maternal effect)의 개념에 따르면, 배아의 유전자형(genotype of the embryo)이 아니라 어미의 유전자형(genotype of the female parent)이 자손의 표현형을 결정한다.

20장에서 이에 대한 일반적인 주제에 대해 논의하게 될 때, 초기 발생 중에 발현되어 전통적인 멘델 양식으로 유전적 영향을 미치는 "접합자의 유전자(zygotic gene)"뿐만 아니라 모계 효과를 설명하는 다른 유전자들의 여러 예를 살펴보게 될 것이다.

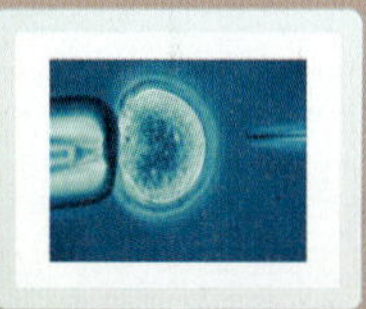

유전학, 기술, 그리고 사회

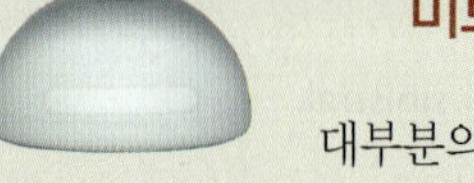

미토콘드리아 DNA와 로마노프 왕가의 미스테리

대부분의 평가에서, 러시아의 마지막 황제인 니콜라스 2세는 수준 이하의 군주였다. 그는 1904~1905년 사이에 벌어진 러-일 전쟁에서의 패전으로 고소되었고, 그의 통치기간은 무능과 부패로 얼룩져 있었다. 그렇다고는 해도, 그가 마땅히 1918년 어느 여름날, 그와 그의 가족에게 떨어진 운명을 맞아야 할 정도는 아니었다. 앞으로 살펴보게 될 것처럼, 그 사건에 대한 완전한 이해는 모두가 미토콘드리아 DNA에 의해 이루어졌다.

1917년 강제 폐위로 300년간의 로마노프가에 의한 통치가 종식되었다. 니콜라스 황제와 그 황제 가족들은 서부 시베리아의 예카테린버그로 추방되었다. 거기에서 그들은 격렬한 반제국주의자들인 볼셰비키들의 손을 벗어나 있었던 것으로 생각된다. 볼셰비키들은 당시 국가 통치권을 얻기 위해 싸우고 있었다. 그러나 볼셰비키는 결국 로마노프 가족들을 체포했다. 1918년 7월 어느 날, 니콜라스 황제와 알렉산드라 황제비(빅토리아 여왕의 증손녀), 그들의 다섯 아이(올가, 22세; 타티아나, 21세; 마리, 19세; 아나스타샤, 17세; 그리고 알렉세이, 13세), 그리고 그들의 주치의와 세 명의 하인은 깨워져 그들이 갇혀 있던 집의 아래층으로 불려 내려왔다. 거기서 그들은 사진을 찍기 위해 그랬던 것 같이 벽을 등지고 두 줄로 세워졌다. 그러나 총을 가진 11명의 남자는 방을 향해 총을 발사했다. 자신들의 탄약을 모두 사용한 후에는 시체를 총검으로 찌르고 총개머리 판으로 얼굴을 가격했다. 시체들은 끌려나와 갱도에 버려졌다가 이틀 후에 얕은 무덤에 처박힌 후에 황산 세례를 받고 묻혔다. 거기서 그들은 60년 이상 잠들어 있었다.

로마노프가의 죽음에 대해서 곧 의문이 일기 시작했다. 니콜라스와 알렉산드라의 자녀들이 그 유혈이 낭자한 밤에 모두 그들의 부모와 함께 사망한 것일까? 아니면 막내딸인 아나스타샤는 도망을 갔을까? 몇 년 동안, 아나스타샤가 기적적으로 그 처형장을 탈출했을 것이라는 가능성은 수많은 책, 할리우드 영화, 발레, 브로드웨이의 연극, 그리고 가장 최근의 만화영화에까지 영향을 미쳤다. 이 모든 만들어진 이야기들에는 아나스타샤가 다시 나타나 로마노프 왕가의 유일한 생존자로서의 상속권을 주장한다. 더 궁금하게 한 것 중 하나는 안나 앤더슨(Anna Anderson)이었다. 1920년 베를린 운하에서 자살을 시도하다 끌려 나오고 2년 후에, 그녀는 아나스타샤 대공비라고 주장하기 시작했다. 정신병력과 러시아어를 하지 못했음에도 불구하고, 그녀는 많은 사람들을 확신하게 만들었다.

1979년에 의문에 대한 해명이 시작되었다. 시베리아의 지질학자와 모스크바의 영화제작자가 황제의 가족일 것으로 생각되는 네 개의 두개골을 발견한 것이었다. 글래스노스트가 확립된 후 1991년이 되어서야 발굴이 이루어졌다. 모두 1,000개의 뼈 조각이 회수되었고 9개의 골격으로 조립되었다-5명의 여성과 4명의 남성이었다. 뼈 측정과, 두개골에 사진을 덧씌우는 컴퓨터 분석으로 잔해들이 잠정적으로 살해된 로마노프 가족의 것이라고 밝혀졌다. 그러나 아직 두 구의 시체가 없었다. 딸(아나스타샤라고 믿어짐)과 아들 알렉세이였다.

잔해의 신원확인을 위한 다음 단계에는 DNA에 대한 연구가 이용되었고, 러시아의 법의학 DNA 분석가였던 파벨 이바노프(Pavel Ivanov)와 영국의 법의과학 연구소의 피터 길(Peter Gill)의 공동 작업이 이루어졌다. 그들의 목표는 잔해들 사이의 가족 관계를 확립하고, 살아 있는 친척들과의 비교를 통해 그 가족들이 정말로 로마노프가인지를 결정하는 것이었다. 그들은 9구의 골격들에서 얻은 뼈 조각을 액체 질소에 얼려서 고운 가루로 만든 다음, 소량의 DNA를 추출했다. 그것은 핵의 DNA와 미토콘드리아의 DNA(mtDNA)로 이루어져 있었다. 각 골격들에 대한 유전체 DNA 타이핑으로 이들의 가족관계가 명확해졌고, 정말로 한 명의 공주와 알렉세이가 빠져 있음이 확인되었다. 이제, 마지막 증거로 로마노프가에 속하는 뼈들이 mtDNA 분석을 기다리고 있었다.

미토콘드리아 DNA는 몇 가지 이유 때

문에 법의학 연구에 이상적이다. 첫째, 한 사람의 세포에 존재하는 모든 미토콘드리아는 난자에 존재하던 미토콘드리아에서 기인한 것이므로, mtDNA는 엄격하게 모계에서 자손으로 전달된다. 그러므로 mtDNA 서열들은 감수분열 중에 모계 염색체와 부계 염색체 사이에서 재조합을 일으키는 교차의 복잡한 영향을 고려하지 않고도, 모계 쪽을 연구하는 데 사용될 수 있다. 그리고 mtDNA는 작고(약 16,600 bp), 한 세포당 500~1000개의 사본이 존재하기 때문에 핵의 DNA보다 완전하게 얻기가 쉽다.

이바노프 연구팀은 9개의 골격 시료에서 mtDNA에서 매우 변이가 높은 두 부분의 DNA를 증폭하였고 이들 지역의 뉴클레오티드 서열을 결정했다. 그들은 이들 서열들을 살아 있는 로마노프 친척들의 것과 비교함으로써, 예카테린버그의 잔해들을 확실하게 규명하기를 바랐다. 알렉산드라 황제비로부터 나온 서열들은 그녀의 증조카인 영국 필립왕자의 것과 정확하게 맞아 신원이 확인되었다. 그러나 황제에 대해서는 인증이 좀 더 복잡했다.

황제의 서열은 유일하게 생존한 친척 둘을 설득하여 연구에 참여케함으로써 이들의 것과 비교되었다. 제니아 케레메테프-스피리 백작부인(Countess Xenia Cheremeteff-Sfiri; 황제의 대종손녀)과 파이페 공작(Duke of Fife) 3세인 제임스 조지 알렉산더 바네르만 카네기(James George Alexander Bannerman Carnegie)(좀 더 먼 친척으로 황제의 증조할머니까지 올라간 계통의 자손)이다. 이들과의 비교는 놀라웠다. mtDNA의 16,169 위치에서 황제는 C 혹은 T의 염기 중 하나를 가지고 있었다. 백작부인과 공작은 모두 T만 갖고 있었다. 이러한 결과는 니콜라스 황제가 그의 세포에 그 DNA의 16,169 위치에서 염기가 다른 두 집단의 미토콘드리아를 가지고 있다는 뜻이다. 이러한 조건은 이형세포질(heteroplasmy)이라고 불리며 이제는 10~20%의 사람들이 이렇다고 믿어진다.

잠정적인 황제와 살아 있는 두 명의 친척들 사이의 이런 모호함은 잔해들의 확인에 의문을 던졌다. 다행스럽게도, 러시아 정부는 1899년에 결핵으로 사망했던 황제의 동생인 조지 로마노프 대공(Grand Duke Georgij Romanov)의 유해를 분석하자는 요청을 받아들였다. 대공의 mtDNA는 16,169 위치에서 동일한 이형세포질 변이인 C 혹은 T를 가지고 있었다. 예카테린버그의 뼈들은 왕가의 것임이 결정된 것이다. 수년간의 논란이 풀렸고, 이렇게 확인된 니콜라스 II세, 알렉산드라 황제비, 그리고 세 명의 딸은 그들이 살해된 지 80년만인 1998년 7월 17일에 세인트 페테르스부르크에 있는 성 베드로와 바울 성당(St. Peter and Paul Cathedral)에 묻혔다.

그러나 이러한 DNA 분석은 아나스타샤의 운명에 대한 미스테리를 풀지는 못했다. 그녀가 1918년에 부모, 언니, 그리고 동생과 같이 죽었을까? 아니면 안나 앤더슨이 사실을 말했으며 그녀가 도망친 공녀일 가능성이 있을까? 또 다른 연구에서 안나 앤더슨이 1984년에 죽기 5년 전에 받았던 수술에서 보존되었던 장 조직으로부터 그녀의 핵과 mtDNA가 회수되었다. 이 DNA에 대한 분석은 그녀가 아나스타샤가 아니며, 오히려 프란치스카 샨츠코프스카(Franziska Schanzkowska)라는 이름의 폴란드 농부였다는 것을 확인시켜 주었다.

만약 아나스타샤의 잔해가 그녀의 가족들 사이에 없었고 안나 앤더슨은 가짜였다면, 도대체 아나스타샤에게 무슨 일이 있었던 것일까? 대부분의 증거들은 아나스타샤와 남동생인 알렉세이가 다른 사람들과 공동묘지에서 함께 발견되지 않은 것은, 그들이 죽임을 당한 이틀 후에 시신이 불타고 재가 흩어져버렸기 때문에 발견되지 않은 것임을 시사하고 있다. 할리우드 영화의 결말과는 영 다르게 말이다.

참고문헌

Gibbons, A. 1998. Calibrating the mitochondrial clock. *Science* 279: 28-29.

Ivanov, P., et al. 1996. Mitochondrial DNA sequence heteroplasmy in the Grand Duke of the Russia Georgij Romanov establishes the authenticity of the remains of Tsar Nicholas II. *Nat. Genet*. 12: 417-420.

Masse, R. 1996. *The Romanovs: The final chapter*. New York: Ballantine Books.

Stoneking, M. et al. 1995. Establishing the identity of Anna Anderson Manahan. *Nat. Genet*. 9: 9-10.

단원 요약

1. 멘델의 연구가 재발견된 이후로 전달 유전학 연구가 확장되어 유전의 많은 변이 양식을 포함하게 되었다. 많은 경우에 있어 표현형들은 둘 혹은 그 이상의 유전자들에 의해 영향을 받을 수 있다.
2. 불완전 혹은 부분적 우성은 두 가지 대립인자에 대해 이형접합성인 개체에서 중간형태의 표현형이 생길 때 나타난다.
3. 공우성은 이형접합성 개체에서 두 대립인자가 모두 뚜렷하게 발현될 때 나타난다.
4. 이배체 생물들은 주어진 유전자좌에서 오로지 두 대립인자만을 가지기 때문에 다중(복) 대립인자의 개념은 집단에서 적용된다. 집단 안에서는 같은 유전자좌에 여러 대립인자들이 존재할 수 있다.
5. 치사 돌연변이들은 보통 발달 단계에서 필수적인 유전자 산물의 합성이 일어나지 않거나 불활성화됨으로써 발생한다. 그러한 돌연변이들은 열성이거나 우성일 수 있다. 헌팅턴병을 일으키는 것과 같은 어떤 치사 유전자들은 성인이 될 때까지 발현되지 않는다.
6. 멘델의 고전적인 F_2 비율은 유전자 상호작용이 표현형적 변이를 일으키는 경우에서 종종 변형된다.
7. 상위성(epistasis)은 둘 혹은 그 이상의 유전자들이 하나의 형질에 영향을 미칠 때 발생한다. 보통, 유전자들 중 하나의 발현이 다른 유전자 혹은 유전자들의 발현을 가리게 된다.
8. 상보성 분석(complementation analysis)은 비슷한 표현형을 나타내는, 독립적으로 분리된 돌연변이들이, 한 유전자의 대립인자들인지 아니면 다른 유전자들인지를 결정해 준다.
9. X 염색체상에 존재하는 유전자들은 X-연관이라고 언급되는 독특한 유전 양식을 나타낸다.

10. 한성 유전(sex-limited)과 종성 유전(sex-influenced)은 생물의 성이 상염색체 위에 존재하는 유전자에 의해 조절되는 표현형에 영향을 미칠 때 나타난다.

11. 표현형적 발현이 항상 유전자형을 직접적으로 반영하는 것은 아니다. 유전도(penetrance)는 주어진 집단에서 상응하는 돌연변이 표현형을 나타내는 개체들의 백분율을 나타내는 것이다. 한편, 발현도(expressivity)는 주어진 유전자형의 표현형적 범위를 나타낸다.

12. 발달, 성장, 나이 듦의 시기가 달라짐에 따라 다른 유전자 산물이 필요하므로 생물체에서 유전자 발현의 개시 시기가 다양해진다.

13. 유전적 예상현상(genetic anticipation)은 세대가 거듭됨에 따라 표현형의 발현이 더 이른 시기에 나타나고 더 심각해지는 현상을 일컫는다.

14. 유전체 각인(genomic imprinting)은 부계나 모계 염색체의 일부가 변형(표시되거나 각인된다)되어 표현형 발현에 영향을 미치는 과정이다. 발현은 모계나 부계 중 어느 쪽이 돌연변이 대립인자를 제공했는지에 의존적이다.

15. 유전 양식은 때로는 핵 유전자가 양친에 의해 전달됨으로써 예상되는 결과와는 다를 수 있다. 그러한 경우에서는 표현형이 종종 난자를 통해 전달되는 핵 외의 유전적 정보에 따르는 것으로 보인다.

16. 소기관 유전은 자손에 전달되는 엽록체나 미토콘드리아 DNA의 유전자형에 기초하고 있다. 엽록체 돌연변이들은 식물의 광합성 능력에 영향을 미치며, 미토콘드리아 돌연변이는 세포 호흡을 통한 에너지의 생산능력에 상당한 영향력을 행사한다. 이러한 돌연변이들은 이들 소기관의 기능 상실에 관련한 표현형을 나타낸다.

17. 모계 영향성 양식은 난자의 모계 유전자형에 의해 조절되는 핵의 유전자 산물이 초기 발달에 영향을 미칠 때 생긴다.

주요 용어

ABO 혈액형 그룹(ABO blood group)
H 기질(H substance)
MN 혈액형 그룹(MN blood group)
X-연관(X-linkage)
공우성(codominance)
근간장성 근이영양증(myotonic dystrophy, DM)
기능상실 돌연변이(loss of function mutation)
기능획득 돌연변이(gain of function mutations)
노화 적색 섬유성 근간대성 간질(myoclonic epilepsy and ragged-red fiber disease, MERRF)
다중 대립인자(복대립인자, multiple alleles)
대머리 유형(pattern baldness)
뒤센 근이영양증(Duchenne muscular dystrophy, DMD)
레버의 유전성 안신경증(Leber's hereditary optic neuropathy, LHON)
레쉬-니한 증후군(Lesch-Nyhan syndrome)
모계 효과(maternal effect)
반접합성(hemizygous)
발현도(expressivity)
봄베이 표현형(Bombay phenotype)
부분 우성(partial dominance)
불완전 우성(incomplete dominance)
상보성 그룹(complementation group)
상보성 분석(complementation analysis)
상위성(epistasis)
색맹(color blindness)
소기관 유전(organelle heredity)
암 유전자(oncogenes)
야생형 대립인자(wild-type allele)
엔젤만 증후군(Angelman syndrome, AS)
영 대립인자(null allele)
온도 감수성 돌연변이(temperature-sensitive mutation)
원암유전자(proto-oncogene)
위치 효과(position effect)
유전도(침투도, penetrance)
유전의 십자형 패턴(crisscross pattern of inheritance)
유전의 염색체설(chromosome theory of inheritance)
유전자 상호작용(gene interaction)
유전적 배경(genetic background)
유전적 억제(genetic suppression)
유전적 예상현상(genetic anticipation)
유전체 각인(genomic (or parental) imprinting)
이질 세포질(heteroplasmy)
이질 염색질(heterochromatin)
조건적 돌연변이(conditional mutation)
종성유전(sex-influenced inheritance)
치사 대립인자(lethal allele)
테이-삭스병(Tay Sachs disease)
표현형 발현(phenotypic expression)
프레더-윌리 증후군(Prader-Willi syndrome, PWS)
한성유전(sex-limited inheritance)
핵외 유전(extranuclear inheritance)
헌팅턴병(Huntington disease)
헥소스아미니다제(hexosaminidase)
후생설(epigenesis)

통찰과 해법

유전학 문제들은 그들이 두 개의 독립적 특징, 다중 대립인자, 불완전우성, 혹은 상위성 등을 포함하게 되면 점점 복잡해진다. 가장 어려운 경우들은 실험실이나 야외연구 중에 선구적인 유전학자들에게 이러한 문제들이 닥치는 것이다. 그들은 유전자형을 모르는 부모들의 자손을 관찰함으로써 거꾸로 작업하여 유전양식을 결정해야만 했다.

1. 닭의 볏 모양 유전에 관한 문제를 생각해 보라. 호도볏, 장미볏, 완두볏 그리고 홑볏으로 나타나는 닭의 볏들은 뚜렷하게 관찰되는 형질들이다(이 장의 표지에 있는 사진을 참고하라). 어떻게 이들이 유전되며, 각 교배의 P_1의 유전자형은 무엇일까? 이들 질문들에 답하기 위해 다음 자료들을 이용하라:

교배 1: 홑볏 × 홑볏	⟶	모두 홑볏
교배 2: 호도볏 × 호도볏	⟶	모두 호도볏
교배 3: 장미볏 × 완두볏	⟶	모두 호도볏
교배 4: 3번 교배의 $F_1 \times F_1$		
호도볏 × 호도볏	⟶	93 호도볏
		28 장미볏
		32 완두볏
		10 홑볏

해법: 처음 보기에 이 문제는 상당히 어려워 보인다. 그러나 겉으로 어려워 보이는 다른 문제들에서와 마찬가지로, 조직적 접근과 각 단계에 대한 분석을 적용함으로써 문제를 해결할 수 있다. 접근법은 두 단계를 포함한다. 첫째는 유용한 정보를 얻기 위해 자료를 세심히 분석하는 것이다. 일단 분명히 유용한 어떤 것을 발견하면, 그 다음엔 경험적인 접근을 따르도록 한다; 즉, 어느 정도까지는 가설을 세우고 그것을 자료에 대하여 검정해 보는 것이다. 모든 자료의 경우와 부합하는 유전 양식을 찾는 것이다.

(a) 예를 들어, 위 자료는 두 가지 당장에 유용한 사실들을 제공하고 있다. 하나는 교배 1에서, 홑볏이 순계라는 것이고, 둘째로는 교배 2의 P_1 호도볏 계통이 순계인 데 반해, 호도볏 표현형은 장미볏과 완두볏 사이의 교배(교배 3)에서도 나타난다는 것이다. 이들 F_1 호도볏들을 교배했을 때는(교배 4), 모든 네 가지 볏 모양이 약 9:3:3:1의 비율로 나왔다는 것이다. 이러한 관찰은, 결과로 얻어진 자료가 멘델의 양성 잡종 교배비와 같은 것으로, 두 유전자쌍이 관여한다는 것을 시사하는 것이다. 오로지 한 가지 형질(볏의 모양)이 관여하고 있기 때문에 상위성이 나타날 수 있다. 이는 작업가설로 사용될 수 있으며, 이제부터는 여러분이 어떻게 두 개의 유전자쌍이 "상호작용(interact)"하여 각 표현형이 나오게 되는지 제시해 보라.

(b) 대립 유전자쌍을 A, a와 B, b라 부른다면, 교배 4에서 호도볏이 9/16 만큼 표현되었기 때문에 $A-B-$는 호도볏이 나오리라고 예상할 수 있다. 또한 교배 2에서 유전자형이 $AABB \times AABB$이며, 여기서 호도볏은 순계인 것으로 보인다고 가정할 수 있다. ($A-$는 AA 혹은 Aa 그리고 $B-$는 BB 혹은 Bb를 각각 나타낸다는 것을 상기하라.)

(c) 홑볏이 모든 자손 중 1/16에서 표현되므로, 이 표현형이 $aabb$ 유전자형의 결과라고 가정할 수 있다. 이것은 교배 1과 부합한다.

(d) 이제 장미볏과 완두볏에 대한 유전자형을 결정하기만 하면 된다. 가장 논리적인 예상은 적어도 하나의 우성 A 혹은 B 대립인자가 이중 열성 조건의 다른 대립인자쌍과 조합되어 이들 표현형을 나타내는 것으로 볼 수 있다. 예를 들어,

$$A-bb \longrightarrow \text{장미볏}$$

$$aaB- \longrightarrow \text{완두볏}$$

만약에 교배 3에서 $AAbb$(장미볏)가 $aaBB$(완두볏)과 교배된다면 모든 자손들은 $AaBb$(호도볏)가 될 것이다. 이것은 자료와 일치하며, 여러분은 이제 교배 4만 확인하면 된다. 우리는 이들 호도볏 유전자형이 $AaBb$(위)이라고 예상할 수 있으며, 다음 $AaBb$(호도볏) × $AaBb$(호도볏) 교배로부터

9/16	$A-B-$	(호도볏)
3/16	$A-bb$	(장미볏)
3/16	$aaB-$	(완두볏)
1/16	$aabb$	(홑볏)

으로 예상할 수 있다.

우리의 예상은 주어진 자료와 일치한다. 처음 두 유전자 쌍의 상호작용에 의한 상위성에 대한 가설은 이제 전체적으로 일치하는 것으로 판명되었으며 문제가 풀리게 된다.

이러한 예는 전달 유전학에 대한 기본적 이론 지식의 필요성을 증명하는 것이다. 그 다음은 여러분이 단계적인 방법으로 답을 향한 진전을 가능하게 하는 단서들을 찾는 것이다. 문제 풀이에 통달하는 것은 많은 연습을 요구하지만 여러분에게 많은 만족감을 줄 것이다. 다음 문제들에 대하여 일반적인 접근을 적용해 보라.

2. 무에서 꽃의 색깔은 빨강, 자주, 혹은 흰색이다. 무의 먹을 수 있는 부분은 길쭉하거나 달걀형이다. 꽃의 색깔만 본다면, 빨간색 꽃과 흰색 꽃을 교배하면 모두 자주색 꽃이 나온다. 이들 우성이 뚜렷하지 않은 F_1의 자주색 꽃들을 교배하면 F_2 세대는 1/4의 빨강, 1/2의 자주, 1/4의 흰 꽃으로 구성된다. 무의 모양에 관해서는, 길쭉한 것이 달걀형에 우성인 멘델 유전 양식을 나타낸다.
(a) 순계인 빨간 꽃의 길쭉한 무와 흰 꽃의 달걀형 무를 교배시켜 나온 F_1과 F_2의 표현형을 결정해 보라.
해법: 이것은 색깔을 조절하는 유전자쌍이 불완전 우성을 나타내는 변형된 양성 잡종 교배이다. 모양은 통상적으로 조절된다. 우선, 유전자 기호를 마련한다.

RR = red	$O-$ = long
Rr = purple	oo = oval
rr = white	

P_1: $RROO \times rroo$
(red long) (white oval)
F_1: all $RrOo$ (purple long)
$F_1 \times F_1$: $RrOo \times RrOo$

F_2	1/4 *RR*	3/4 *O*–	3/16 *RRO*–	red long
		1/4 *oo*	1/16 *RRoo*	red oval
	1/2 *Rr*	3/4 *O*–	6/16 *RrO*–	purple long
		1/4 *oo*	2/16 *Rroo*	purple oval
	1/4 *rr*	3/4 *O*–	3/16 *rrO*–	white long
		1/4 *oo*	1/16 *rroo*	white oval

F_2가 분지법에 의해 만들어진 것에 유의하라. 우선, 우리는 교배된 F_1 부모형에 대해 색깔 유전자들($Rr \times Rr$)로, 다음 모양에 대해서는 ($Oo \times Oo$)로 생각했다.

(b) 빨갛고 달걀형인 무와, 유전자형과 표현형을 모르는 식물의 교배에서 다음과 같은 결과를 얻었다. 위 식물의 표현형과 유전자형을 결정하라.

자손들:

103 빨강, 길쭉(red long): 101 빨강, 달걀형(red oval)

98 자주, 길쭉(purple long): 100 자주, 달걀형(purple oval)

해법: 두 가지 형질들이 독립적으로 유전되므로 따로 생각할 수 있다. 자료들은 1/4: 1/4: 1/4: 1/4의 비를 나타낸다. 우선, 색깔을 고려해 보자.

P_1:	red × ???(unknown)	
F_1:	204 red	(1/2)
	198 purple	(1/2)

붉은 식물이 틀림없이 *RR*일 것이므로, 모르는 식물의 유전자형은 *Rr*이어야 이 결과가 나와 자주색이 될 수 있다.

이제 모양에 대한 고려를 해보자.

P_1:	oval × ??? (unknown)	
F_1:	201 long	(1/2)
	201 oval	(1/2)

이제, 달걀형이냐 길쭉한 것이냐에 대한 형질을 생각해 보자. 달걀형 식물이 틀림없이 *oo*일 것이므로, 모르는 식물의 유전자형은 *Oo*이어야 이 결과를 나타내어 길쭉한 것이 된다. 그러므로 모르는 식물은 *RrOo* (purple, long)이 된다.

3. 사람에서 적록 색맹은 X-연관 열성 형질로 유전된다. 정상 시각을 가졌지만 그 아버지가 색맹이었던 여자가, 정상 시각을 가진 남자와 결혼하였다. 이들 부부에서 생긴 아들과 딸의 색각이 어떨지 예상해 보라.

해법: 이 여자는 아버지에게서 돌연변이 대립인자를 포함한 X 염색체를 물려받았으므로 이형접합성이다. 그녀의 남편은 정상이다. 따라서 부모의 유전자형은

Cc × *C*↾(↾는 Y 염색체이다.)

이고, 모든 딸들은 정상이다(*CC* 혹은 *Cc*). 아들의 반은 색맹이거나(*c*↾), 정상 시각(*C*↾)을 가진다.

4. 다음 가상적인 가계도를 분석하여 어떻게 이 형질이 유전되는지에 대해 가장 부합하는 해석을 정하고 예외나 모순이 있다면 설명해 보라.

해법: 이 형질은 영향을 받은 남자로부터 한 명을 제외한 모든 자손에게 전달되었지만 어머니를 통해서는 전달되지 않았다. IV-7번 개인(여자)은 예외이다.

5. 4번 문제의 설명이 Y 염색체상의 유전자 때문이라고 할 수 있는가?

해법: 아니다. 남자 부모가 그의 아들과 딸 모두에 형질을 전달하였다.

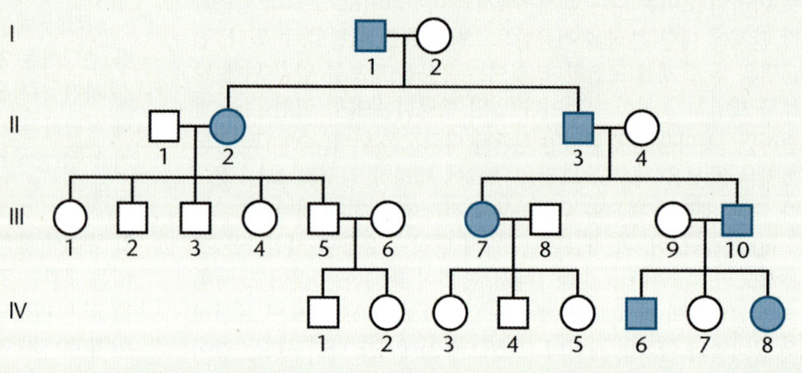

연습문제 및 토론문제

1. 쇼트혼(Shorthorn) 계통의 소에서, 털색은 붉거나(red), 희거나(white) 혹은 색이 섞여 있는 로운(roan)이다. 로운은 붉은색과 흰 털이 섞여 있는 중간형이다. 여러 교배를 통해 다음과 같은 자료를 얻었다.

red × red	⟶ all red
white × white	⟶ all white
red × white	⟶ all roan
roan × roan	⟶ 1/4 red: 1/2 roan: 1/4 white

털색은 어떻게 유전되는가? 각 교배에서 부모와 자손의 유전자형은 무엇인가?

2. 불완전 우성과 공우성을 비교하여라.

3. 인간에서의 ABO식 혈액형에 관하여, 다음의 어머니와 아버지의 유전자형을 결정하라:
아버지: 혈액형은 B형이고 그의 어머니는 O형 혈액형이었다.
어머니: A형 혈액형이지만 그녀의 아버지는 B형 혈액형이었다.
이 부부의 자손에서 나타날 수 있는 혈액형을 예측하라. 그리고 각각의 비율을 예상하라.

4. 여우에서, 한 유전자에 두 대립인자 *P*와 *p*가 있다. *PP*는 치사성이고, *Pp*는 백금색 털, *pp*는 은색 털을 나타낸다. 백금색 털을 가진 여우가 근친교배하면 비율은 어떻게 얻어지는가? *P* 대립인자는 치사성을 일으키는데 우성으로 작용하는가, 열성으로 작용

하는가? 백금색 털을 나타내는 데에는 어떻게 작용하는가?

5. 독립적인 상염색체들에 있는 세 쌍의 유전자는 꽃의 색깔과 모양 그리고 이 식물의 키를 결정한다. 첫째 유전자쌍은 불완전 우성을 나타내며 꽃 색깔은 붉거나(red), 분홍(pink: 이형접합자), 그리고 희다(white). 두 번째 유전자쌍은 우성의 가면 모양(personate) 꽃 혹은 열성의 태양 모양(peloric) 꽃을 만든다. 세 번째 유전자쌍은 우성의 키가 큰 식물, 혹은 열성의 키 작은 형질을 만든다. 붉은색이면서, 가면 모양이 꽃을 가졌고, 키가 큰 동형접합성 식물을 희고, 태양 모양 꽃을 가졌고 키가 작은 동형접합성 식물과 교배시켰다. F_1의 유전자형과 표현형을 결정하라. F_1 식물들끼리 교배가 된다면, 자손의 어느 정도가 F_1 식물과 같은 표현형을 나타내겠는가?

6. 5번 문제의 식물에서, 꽃은 붉거나, 희거나 혹은 분홍이다; 그리고 꽃의 모양은 가면 모양이거나 태양 모양이다. 다음 교배들에 대하여 P_1과 F_1 유전자형을 결정하라:

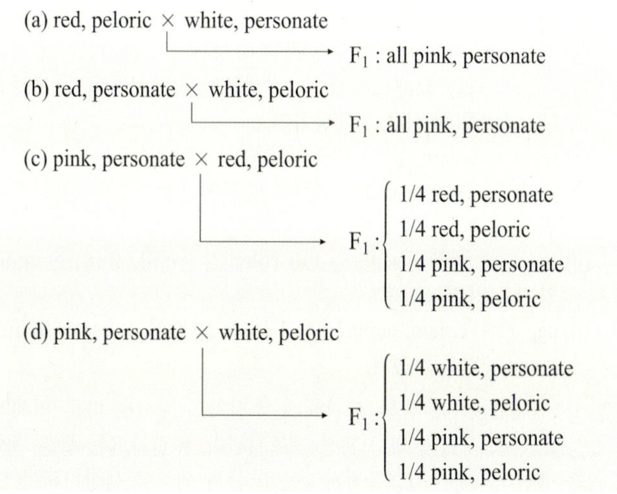

(a)의 F_1과 (b)의 F_1을 교배하면 표현형의 비는 어떻게 나오는가?

7. 몇몇 식물에서, 붉은 색소인 시아니딘(cyanidin)은 무색의 전구물질로부터 합성된다. 시아니딘에 수산기(—OH)의 첨가가 일어나면 자주색으로 변한다. 무작위로 선택된 두 자주색 식물 사이의 교배에서, 다음 결과과 관찰되었다:

94 자주색 : 31 붉은색: 43 무색

이들 꽃 색깔을 결정하는 데 몇 개의 유전자가 관여하는가? 어떤 유전자형 조합이 어떤 표현형을 만드는가? 위의 자주색 × 자주색 교배를 그려보라.

8. 쥐에서, 독립적으로 분리되는 다음 두 상염색체 유전자의 유전자형이 털색을 결정한다.

$A-B-$(gray); $A-bb$(yellow): $aaB-$(black): $aabb$(cream)

독립적인 상염색체 위의 세 번째 유전자쌍은 어떠한 털색이 나올지를 결정한다. *CC*와 *Cc* 유전자형은 *A*와 *B* 대립인자의 발현에 따라 털색이 결정되도록 하지만, *cc*유전자형은 *A*, *B* 대립인자들이 존재해도 흰색이 되도록 한다. 다음과 같은 교배들의 F_1 표현형비를 결정해 보라. (a) *AAbbCC* × *aaBBcc*; (b) *AaBBCC* × *AABbcc*; (c) *AaBbCc* × *AaBbcc*.

9. 8번 문제의 유전패턴에서, 다음 F_1 자손들을 만드는 모두의 유전자형과 표현형을 예상하라. (a) 9/16 gray: 3/16 yellow: 3/16 black: 1/16 cream; (b) 9/16 gray: 3/16 yellow: 4/16 albino; (c) 27/64 gray: 16/64 albino: 9/64 yellow: 9/64 black: 3/64 cream.

10. 남편과 아내, 이 둘의 부모가 X-연관 열성 조건인 적록 색맹이었음에도 불구하고 정상 시각을 가진 부부가 있다. 그들의 첫째 아이가 (a) 정상 시각을 가진 아들일 확률은? (b) 정상시각을 가진 딸일 확률은? (c) 색맹인 아들일 확률은? (d) 색맹인 딸일 확률은?

11. 인간에서, ABO식 혈액형은 상염색체성 다중 대립인자들의 조절 하에 있다. 적록 색맹은 열성 X-연관 형질이다. 부모가 모두 A형이고 정상시각인데, O형에 색맹인 아들을 낳았다. 그들의 다음 아이가 딸이고 정상 시각에 O형의 혈액형을 가질 확률은?

12. 점박이 소에서 색이 있는 부분은 마호가니 색이거나 붉은색이다. 만일 붉은 암소와 마호가니 수소가 각각 순계에서 유래했으며, 서로 교배되어 F_2를 생산한다면 다음과 같은 결과가 얻어진다.

F_1: 1/2 마호가니 수컷: 1/2 붉은 암소
F_2: 3/8 마호가니 수컷: 1/8 붉은 수컷: 1/8 마호가니 암컷:3/8붉은 암컷

처음 교배가 상반교잡으로 이루어져도(마호가니 암소와 붉은 수컷), 같은 결과가 얻어진다. 어떻게 이 털색이 유전적으로 결정되는지를 가정하여 이 결과를 설명하여라. 또 이 교배를 도해해 보라.

13. 고양이에서, 노란 털은 *b* 대립인자에 의해 결정되고 검은 털은 *B* 대립인자에 의해 결정된다. 이형접합성 조건은 거북껍질이라고 알려진 털 패턴을 만든다. 이들 유전자는 X-연관성이다. 검은 수컷과 거북껍질 털을 가진 암컷 사이의 교배에서 기대되는 자손은 어떤 것인가? 거북껍질 수컷 자손이 나올 확률은?

14. 초파리에서 X-연관 열성 돌연변이인 *scalloped*(*sd*)는 불규칙한 날개 가장자리를 만든다. 다음과 같은 조건의 F_1과 F_2를 그려보라.
(a) scalloped 암컷과 정상 수컷이 교배되었다.
(b) scalloped 수컷과 정상 암컷이 교배되었다.
이들 결과를 *scalloped* 유전자가 상염색체 위에 있을 경우 얻어지는 결과와 비교해 보라.

15. 초파리에서의 또 다른 열성 돌연변이는 *ebony*(*e*)로, 상염색체(3번 염색체)에 위치하며 야생형 파리에 비해 짙은 체색을 만든다. scalloped 날개에 정상 체색인 암컷과 ebony 체색에 정상 날개를 가진 수컷을 교배시켰을 때 어떤 표현형의 F_1과 F_2 암수 자손들이 나오겠는가? 이 문제를 퍼네트 사각형법과 분지법을 사용하여 풀어보라.

16. 초파리에서 *vermilion*은 X-연관되어 있으며, 눈 색깔이 밝은 빨강으로 나타나게 한다. *brown*은 상염색체상에 있는 열성 돌연변이로 눈 색깔이 갈색으로 나타나게 한다. 두 돌연변이를 모두 가지게 되면 눈 색은 희게 된다. 다음 교배들의 F_1과 F_2 결과들을 예상해 보라.
    (a) vermilion 암컷 × brown 수컷
    (b) brown 암컷 × vermilion 수컷
    (c) white 암컷 × 야생형 수컷

17. 돼지에서, 털색은 sandy, red, 혹은 white 로 나타난다. 한 유전학자가 모두 다른 색깔 털을 가진 순계의 돼지들을 모든 가능한 조합으로 수년간 교배하는 실험을 했다. 심지어 전국에서 순계의 돼지들을 모아 연구했다. 아래 교배의 1에서 4까지에서, 그녀는 중요한 문제에 봉착했다: 그녀의 컴퓨터가 망가져서 F_2 자료를 모두 잃었다. 그녀는 그럼에도 불구하고 아래의 제한된 자료만을 가지고 작업하여 유전의 양식과 관여하는 유전자의 수를 결정할 수 있었다. 그리고 각 털색에 유전자형을 지정했다. 아래 교배들로부터 사용할 수 있는 자료에 기초하여 그녀의 분석을 재현해 보라.

Cross	P_1	F_1	F_2
1	sandy × sandy	All red	Data lost
2	red × sandy	All red	3/4 red:1/4 sandy
3	sandy × white	All sandy	3/4 sandy:1/4 white
4	white × red	All red	Data lost

유전 양식을 설명하고 관련 털색에 대한 유전자형을 지정하는 가설을 만들 때, 잃어버린 자료인 F_2 세대의 결과를 예상해 보라.

18. 유전학 연구가 금지된 외계의 혹성에서 온 한 유전학자가 순종인 개구리 두 계통을 가지고 왔다. 한 계통은 "립-잇, 립-잇(rib-it, rib-it)"하고 울며 자주색 눈을 갖고 있었고, 다른 계통은 "니-딥, 니-딥(knee-deep, knee-deep)"하고 울며 녹색 눈을 갖는다. 그는 두 계통을 교배하여 F_1 개구리를 얻었는데, 모두 "립-잇"하고 울며 파란 눈을 가지고 있었다. 많은 수의 F_2 세대들에서는 다음과 같은 표현형들의 비로 나타났다.

    27/64 푸른 눈, 립-잇 울음(utterer)
    12/62 녹색 눈, 립-잇 울음
    9/64 푸른 눈, 니-딥 낮은 울음(mutterer)
    9/64 자주색 눈, 립-잇 울음
    4/64 녹색 눈 니-딥 낮은 울음
    3/64 자주색 눈, 니-딥 낮은 울음

    (a) 눈 색깔과 울음소리의 유전에 관계하는 모든 유전자 쌍은 몇 개인가?
    (b) 이들 중 몇 개가 눈 색을 조절하는가? 울음소리는?
    (c) 모든 표현형에 대해 유전자 표시를 지정하고 P_1, F_1, 그리고 F_2 개구리들의 유전자형을 말해보라.
    (d) 수년 후에, 이 개구리 유전학자는 모든 6가지의 F_2 표현형들에 대한 순계를 분리할 수 있었다. 푸른 눈의 낮은 울음소리를 내는 개구리와 자주색 눈의 립-잇 울음소리를 내는 계통 사이의 교배에서 얻어진 F_1과 F_2 표현형의 비를 말해 보라.

19. 문제 18번에서, 개구리 유전학자의 또 다른 교배실험에서, 립-잇 utterer이면서 자주색 눈을 가진 개구리들이 교배되었고 이들의 자손은 다음과 같았다. 부모의 유전자형은 어떤 것인가?

    9/16 자주, 립-잇 utterer
    3/16 자주, 니-딥 mutterer
    3/16 녹색, 립-잇 utterer
    1/16 녹색, 니-딥 mutterer

20. 소에서의 털색은 전부 흰색을 띠는 것과 전부 검은 것, 혹은 희고 검은 반점이 있는 것으로 나타난다. 순종의 흰 소가 순종의 검은 소와 교배되면 F_1은 모두 흰 개체로 나타난다. 여러 번의 $F_1 \times F_1$ 교배를 수행하여 다음과 같은 비율이 F_2 세대에서 관찰되었다.

    12/16 전부 흰색
    3/16 검정/흰색 얼룩이
    1/16 전부 검은색

    몇 개의 유전자쌍이 관여하며 어떤 유전자형이 어떤 표현형을 나타내는지를 결정하여 털색과 패턴을 조절하는 유전양식을 설명하여라. 점박이 소 계통의 순계를 분리하는 것이 가능한가? 만일 그렇다면 점박이 소의 유전자형은 어떤 것인가? 만일 불가능하다면 왜 그런지 설명해 보라.

21. 기니피그에서, 털색을 조절하는 좌위는 다음 네 가지 대립인자들 중 하나에 의해 점유된다: C (full color), c^k (sepia), c^d (cream), 혹은 c^a (albino)이다. 이들이 이형접합자로 있을 때에는 이들 대립인자 사이에 점진적인 우성관계가 존재한다: $C > c^k > c^d > c^a$. 다음 교배들에서 각 개체들의 유전자형을 결정하고 자손들의 표현형 비율을 예상하라:
    (a) sepia × cream, 둘 다 albino 양친을 가졌다.
    (b) sepia × cream, sepia는 albino 양친이고 cream은 sepia 양친을 가졌다.
    (c) sepia × cream, sepia는 full color 양친이고, cream은 sepia 양친을 가졌다.
    (d) sepia × cream, sepia는 full color 양친이고, cream도 full color 양친을 가졌다.

22. 잉꼬(parakeet)에서 두 상염색체 유전자들은(서로 다른 염색체상에 존재) 깃털의 색소 생산을 조절한다. 유전자 *B*는 푸른 색소를 생산하도록 하고, 유전자 *Y*는 노란색 색소를 생산하도록 한다. 각 유전자좌의 열성 돌연변이들은 해당 색소의 결핍으로 나타난다. 녹색 잉꼬 두 마리를 교배하여 녹색, 푸른색, 노란색, 그리고 흰색 자손을 얻었다.
    (a) 이 정보에 기초하여 이 유전 양식을 설명하라. 여러분의 대답에 다음과 같은 것들이 포함되도록 하라: 녹색 부모들의 유전자형, 네 가지 표현형의 유전자형, 전체 자손에서 각 표현형 집단이 나타내는 비율.
    (b) 부모(녹색) 잉꼬들은 두 순계 사이의 교배에서 얻어진 것이다. 녹색 부모 잉꼬들을 생산할 수 있었던 순계들 사이의 교배 두 가지는? 각 교배들에 대해 유전자형과 표현형을 표시하여라.

23. 다음 세 가계도가 각각 X-연관 열성 형질과 일치하는지를 고려하라. 왜 그런지 한두 줄로 간단히 설명하라.

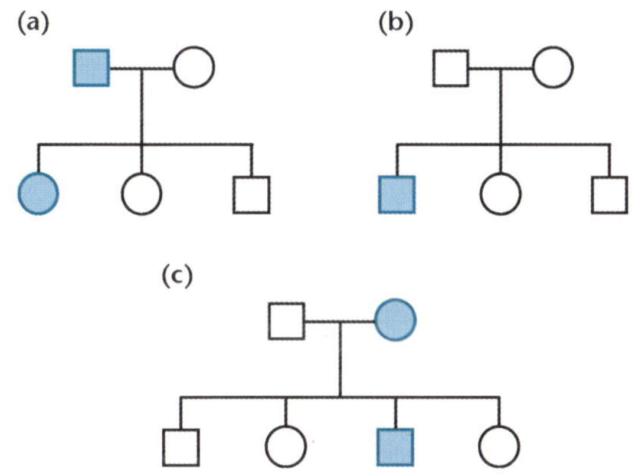

24. 다음 세 가계도는 모두 인간의 형질에 관한 것이다.

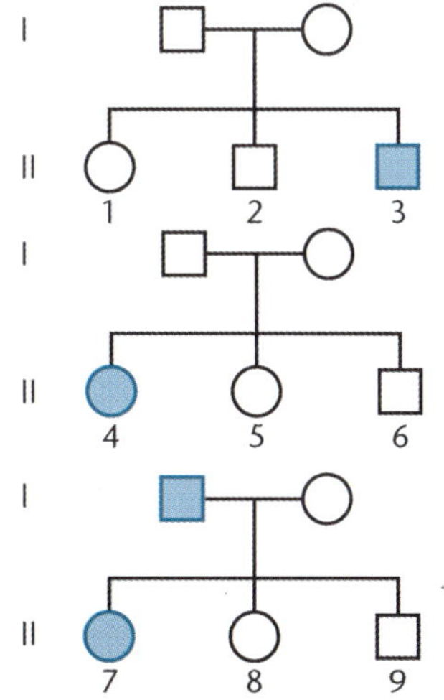

(a) 있다면 다음 어떤 조건의 세트가 배제될 수 있는가?
우성이면서 X-연관
우성이면서 상염색체성
열성이면서 X-연관
열성이면서 상염색체성

(b) 여러분이 배제시킨 조건에 대해, II 세대의 1~9번 사람들 중에서 여러분이 그 조건을 배제하도록 하는데 반드시 필요한 사람은 누구인가? 아무것도 배제되지 않는다면 '해당없음'이라고 쓰라.

(c) (a)와 (b)에서 내린 여러분의 결론에 비추어, II-1, II-6, 그리고 II-9의 유전자형을 나타내어라. 한 가지 이상이 가능하다면 모두 써보라. 유전자형에 대해서는 *A*와 *a*를 사용하라.

25. 초파리에 세 가지 상염색체성 열성 돌연변이가 존재한다. tan 눈색(*r1*, *r2*, *r3*)을 가지는 모두는 독립적으로 분리하므로 상보성 검정(complementation analysis)에 사용되었다. 그 결과는 다음과 같다. 만약 있다면, 어느 것이 서로서로 대립인자인가? 여기에 나타나지 않은 교배, 즉 *r2* × *r3* 의 결과는 어떠할지 예상해 보라.

교배 1: *r1* × *r2* ⟶ F_1 : 모두 야생형 눈
교배 2: *r1* × *r3* ⟶ F_1 : 모두 tan 눈

26. 래브라도 리트리버는 털이 검은색(black), 갈색(brown), 혹은 금색(golden)이다. 각 색깔들은 순계로 교배될 수 있는 반면, 여러 교배로부터 나온 자손들을 조사하면 다양한 결과가 나올 수 있다. 이 교배들은 부모가 반드시 순계일 필요는 없다. 아래의 결과는 일부 확률들을 보여준다. 이들 자료와 부합하는 유전 양식을 제안해 보라. 그리고 각 교배에서 부모의 해당 유전자형을 나타내라. 각 색깔에서 순계인 강아지들의 유전자형을 나타내어라.

(a) black	×	brown	⟶	all black
(b) black	×	brown	⟶	1/2 black 1/2 brown
(c) black	×	brown	⟶	3/4 black 1/4 golden
(d) black	×	golden	⟶	all black
(e) black	×	golden	⟶	4/8 golden 3/8 black 1/8 brown
(f) black	×	golden	⟶	2/4 golden 1/4 black 1/4 brown
(g) brown	×	brown	⟶	3/4 brown 1/4 golden
(h) black	×	black	⟶	9/16 black 4/16 golden 3/16 brown

27. 토끼에서 일련의 다중 대립인자들이 다음과 같은 방식으로 털 색깔을 조절한다: *C*는 모든 다른 대립인자에 대해 우성이고 완

전한 털 색깔을 만든다. 친칠라 표현형은 c^{ch} 대립인자에 의한 것으로 C 말고 다른 대립인자에 대해서는 우성이다. c^a에 대해서만 우성인 c^h 대립인자는 히말라야 털 색깔을 만든다. 그러므로 우성의 순서는 $C > c^{ch} > c^h > c^a$ 이다. 다음과 같은 세 가지 교배에 대해 P_1의 표현형과 F_1 세대의 표현형이 나타나 있다.

	P_1 Phenotypes		F_1 Phenotypes
	Himalayan × Himalayan	⟶	albino
(a)			× ⟶ ??
	full color × albino	⟶	chinchilla
	albino × chinchilla	⟶	albino
(b)			× ⟶ ??
	full color × albino	⟶	full color
	chinchilla × albino	⟶	Himalayan
(c)			× ⟶ ??
	full color × albino	⟶	Himalayan

P_1 세대의 유전자형과 F_1 세대의 유전자형을 결정하고 F_1 개체들 사이의 각 교배를 예상해 보라.

Full color　Chinchilla
Himalayan　Albino

28. 말은 크레멜로(cremello; 밝은 크림색), 체스트넛(chestnut; 붉은 갈색), 혹은 팔로미노(palomino; 꼬리와 갈기에 흰 털이 있는 황금색)이다.

Chestnut

Palomino

Cremello

이들 표현형 중에서, 팔로미노만이 순계로 교배되지 않는다. 다음 결과가 관찰되었다.

cremello × palomino	⟶	1/2 cremello
		1/2 palomino
chestnut × palomino	⟶	1/2 chestnut
		1/2 palomino
palomino × palomino	⟶	1/4 chestnut
		1/2 palomino
		1/4 cremello

(a) 이러한 결과로부터 유전자 기호를 사용하여 어떠한 유전자형이 어떠한 표현형을 결정하는지를 표시하고 유전 양식을 결정하라.
(b) 크레멜로와 체스트넛 사이의 초기 교배에서 F_1과 F_2의 결과를 예측하라.

29. 쥐의 색깔은 C 대립인자가 존재할 때만 생긴다. *cc* 유전자형의 개체들은 색깔을 나타내지 않는다. 색깔이 있다면 *A*와 *a* 대립인자들에 의해 결정되는데, *AA*나 *Aa*는 아구티(agouti) 색을 나타내고 *aa*는 검은색을 나타낸다.
(a) *AACC*와 *aacc* 쥐들 사이에서 얻어진 F_1과 F_2의 유전자형과 표현형의 비는?
(b) 유전자형을 모르는 아구티 암컷과 *aacc* 유전자형을 가진 수컷 사이의 3가지 교배에서 다음과 같은 표현형비를 얻었을 때 어미의 유전자형은 어떤 것이었을까?

(1)	(2)	(3)
8 아구티	9 아구티	4 아구티
8 흰색	10 검정	5 검정
		10 흰색

30. 1~5까지 다섯 쌍의 결혼이 다음 표와 같이 이루어졌다. 부모의 ABO식 혈액형과 MN식 혈액형이 나타나 있다.

Parental Phenotypes	Offspring
(1) A, M × A, N	(a) A, N
(2) B, M × B, M	(b) O, N
(3) O, N × B, N	(c) O, MN
(4) AB, M × O, N	(d) B, M
(5) AB, MN × AB, MN	(e) B, MN

각 결혼에서는 (a)~(e)까지의 자손 중 하나가 얻어진다. 각 자손들을 그들의 부모와 연결시켜라. 한 세트는 한 번만 연결된다. 맞는 답이 하나 이상인가?

31. 덱스터(Dexter) 소와 케리(Kerry) 소들에서 이들 동물은 뿔이 있거나 없다. 덱스터는 짧은 다리를 가지는 반면 케리는 긴 다리를 가진다. 뿔이 없는 케리와 뿔이 있는 덱스터 사이에서 많은 자손들이 얻어졌는데, 반은 뿔이 없는 덱스터였고, 반은 뿔이 있는 케리였다. 이들 두 형태의 F_1 소들을 교배하여 다음과 같은 F_2 비율이 얻어졌다.

3/8 뿔 없는 덱스터	3/8 뿔 없는 케리
1/8 뿔 있는 덱스터	1/8 뿔 있는 케리

한 유전학자가 이들 자료에 궁금증을 품고 이 소를 십수 년간 교배한 농부를 인터뷰했다. 그녀는 케리가 순종이고 덱스터는 순종이 아니고 케리만큼 자손을 많이 생산하지도 않았다는 사실을 알았다. 이러한 관찰에 대한 유전적 설명을 만들어 보라.

Kerry cow

Dexter bull

32. 핵외 유전의 사례를 (a) 멘델식 상염색체 유전과 구분하라; (b) X-연관 유전과는 어떻게 다른가?

33. 달팽이에서 *Dd* 오른쪽 꼬임과 *Dd* 왼쪽 꼬임 달팽이 사이의 교배에서 그림 4-21과 같은 교배를 가정하면 어떤 결과를 예상할 수 있겠는가? *Dd* 오른쪽 꼬임 달팽이가 난자만 생산하고 *Dd* 왼쪽 꼬임 달팽이가 정자만 생산한다면 어떤 일이 생기겠는가?

34. 달팽이의 교배에서, 한쪽 달팽이들은 난자가 오른쪽 꼬임을 만들도록 하지만 유전자형은 모른다. 다른 달팽이의 유전자형과 표현형 역시 알려져 있지 않다. 모든 F_1 자손들은 오른쪽 꼬임을 나타낸다. F_1 달팽이들 중 10개를 뽑아 자가교배시켰다. 1/2이 오른쪽 꼬임의 자손을 생산했고, 반면에 다른 절반은 왼쪽 꼬임 달팽이였다. 원래의 부모로 사용되었던 달팽이들의 유전자형은?

35. 초파리에서 전-후 체축의 설정은 난자형성과정 후에 성숙한 난자에 합성되어 축적된 다양한 유전자 산물들에 의해 초기에 조절된다. 이들 유전자의 돌연변이는 배아발달과정에서 축의 기형을 일으키며 이것은 모계 효과를 보여준다. 그러한 돌연변이들은 핵외 유전을 보여주는 소기관 유전에 관여하는 돌연변이들과 어떻게 다른가? 모계 효과와 소기관 유전을 대비시킬 수 있는 돌연변이 유전자들을 포함한 일련의 교배를 고안하고 결과를 예상해 보라.

36. 모계 효과 돌연변이인 *bicoid*(*bcd*)는 열성이다. bicoid 단백질이 없는 경우에는 배발생이 완결되지 못한다. bicoid에 이형접합성인 암컷(bcd^+/bcd^-)과, 이 돌연변이에 동형접합성인 수컷(bcd^-/bcd^-) 사이의 교배를 생각해 보라.
   (a) 어떻게 이 돌연변이에 대해 수컷 동형접합성이 존재할 수 있는가?
   (b) 설명된 교배에서의 F_1과 F_2에서의 결과를 예상해 보라(정상 혹은 발생 실패).

37. 클라미도모나스(*Chlamydomonas*)는 진핵세포성 녹조류이며, 진핵세포의 단백질 합성을 저해하는 항생제인 에리트로마이신(erythromycin)에 민감하다. 이 조류에는 두 가지의 교배형이 있는데, 하나는 mt^+이고 다른 하나는 mt^-이다. 만약 이 항생제에 감수성인 mt^+세포가 항생제 저항성인 mt^-세포와 교배되었다면, 모든 자손들은 항생제 감수성이다. 상반교잡(저항성 mt^+와 감수성 mt^-)은 모든 자손들을 저항성 세포로 만든다. 저항성에 대한 돌연변이가 엽록체 DNA에 있다고 가정하면 이 교배들로부터 여러분이 얻을 수 있는 결론은 무엇인가?

정답 Solutions to Problems and Discussion Questions

2. 불완전 우성(incomplete dominance)은 이형접합자가 동형접합자들에 의해 나타나는 양 극단 사이의 중간으로 나타나는 양적인 표현형으로 보일 수 있다. 공우성(codominance)은 이형접합자에서의 두 대립인자들이 모두 표현되는 질적 방식으로 보일 수 있다.

4. $Pp \times Pp$ →
   1/4 *PP* (lethal)
   2/4 *Pp* (platinum)
   1/4 *pp* (silver)

   따라서 살아남은 여우들의 비율은 2/3의 플래티넘(2/3과 1.3의 실버(1/3 silver)가 된다. *P* 대립인자는 치사성에서는 열성으로 행동하지만(동형접합성에서만 나타남), 털 색에서는 우성으로 행동한다.

6. 꽃의 색: *RR* = red; *Rr* = pink; *rr* = white

   꽃의 모양: *P* = personate; *p* = peloric
   (a) $RRpp \times rrPP \longrightarrow RrPp$
   (b) $RRPP \times rrpp \longrightarrow RrPp$
   (c) $RrPp \times RRpp \longrightarrow$ *RRPp*, *RRpp*, *RrPp*, *Rrpp*
   (d) $RrPp \times rrpp \longrightarrow$ *rrPp*, *rrpp*, *RrPp*, *Rrpp*

   (a)의 F_1과 (b)의 F_1은 둘 다 이중 이형접합자인데, 다음과 같은 예상이 가능하다:

$$RrPp \times RrPp$$

1/4 red	╱ 3/4 personate →	3/16 red, personate
	╲ 1/4 peloric →	1/16 red, peloric
2/4 pink	╱ 3/4 personate →	6/16 pink, personate
	╲ 1/4 peloric →	2/16 pink, peloric
1/4 white	╱ 3/4 personate →	3/16 white, personate
	╲ 1/4 peloric →	1/16 white, peloric

8. 이것은 유전자 상호작용(새로운 표현형)의 한 예로, 노란 것과 검은 것(이중 돌연변이)이 상호작용하여 크림색의 표현형을 만드는 것이다. 그리고 여기서 *cc* 유전자형이 알비노(albino)를 만드는 상위성이 존재한다.

   (a) *AaBbCc* ⟶ gray (*C* allows pigment).
   (b) *A_B_Cc* ⟶ gray (*C* allows pigment).
   (c) 이 부분에서는 분지법을 이용하라.

3/4 *A_*	3/4 *B_*	1/2 *Cc* ⟶	9/32 gray
		1/2 *cc* ⟶	9/32 albino
	1/4 *bb*	1/2 *Cc* ⟶	3/32 yellow
		1/2 *cc* ⟶	3/32 albino
1/4 *aa*	3/4 *B_*	1/2 *Cc* ⟶	3/32 black
		1/2 *cc* ⟶	3/32 albino
	1/4 *bb*	1/2 *Cc* ⟶	1/32 cream
		1/2 *cc* ⟶	1/32 albino

   표현형을 조합하면(항상 모두의 합이 1.0인지 계산하라):

16/32	albino;
9/32	gray;
3/32	yellow;
3/32	black;
1/32	cream

10. (a) 1/4
   (b) 1/2
   (c) 1/4
   (d) zero

12. *RR* = red, *Rr* = red in females,
   Rr = mahogany in males,
   rr = mahogany.
   P_1 = female: *RR* (red) × male: *rr* (mahogany)
   F_1 = *Rr* = females red; male mahogany
   1/2 femaesl (red)
   1/2 males (mahogany)
   F_2: 1/4 *RR*; 2/4 *Rr*; 1/4 *rr*
   자손의 절반은 수컷이고 절반은 암컷이므로, 분명히 하기 위해 F_2를 다음과 같이 쓸 수 있다:

	1/2 females	1/2 males
1/4 *RR*	1/8 red	1/8 red
2/4 *Rr*	2/8 red	2/8 mahogany
1/4 *rr*	1/8 mahogany	1/8 mahogany

14. 기호: Normal wing margins = X^+; scaloped = X^{sd}

   (a) P_1: $X^{sd}X^{sd} \times X^+/Y$ ⟶
   F_1: 1/2 $X \times /X^{sd}$ (female, normal)
   1/2 X^{sd}/Y (male, scalloped)
   F_2: 1/4 X^+X^{sd} (female, normal)
   1/4 $X^{sd}X^{sd}$ (female, scalloped)
   1/4X^+/Y (male, normal)
   1/4 X^{sd}/Y (male, scalloped)

   (b) P_1: $X^+/X \times X^{sd}/Y$ ⟶
   F_1: 1/2 X^+X^{sd} (female, normal)
   1/2 X^+/Y (male, normal)
   F_2: 1/4 X^+X^+ (female, normal)
   1/4 X^+X^{sd} (female, normal)
   1/4 X^+/Y (male, normal)
   1/4 X^{sd}/Y (male, scalloped)

   만약 *scalloped* 유전자가 X-연관이 아니라면, 모든 F_1 자손들은 야생형(표현형적으로)일 것이고 normal과 scalloped의 비율은 F_2에서 3:1의 비율이 될 것이다.

16. (a) P_1: $X^v X^v$; +/+ × X^+/Y; b^r/b^r
   F_1: 1/2 $X+X^v$; +/b^r (female, normal)
   1/2 X^vY; +/b^r (male, vermilion)

   F_2:

Eye color(X)	Eye color (autosomal)	
1/4 females, normal	3/4 normal	(3/6)
	1/4 brown	(1/16)
1/4 females, vermilion	3/4 normal	(3/16)
	1/4 brown	(1/16)
1/4 males, normal	3/4 normal	(3/16)
	1/4 brown	(1/16)
1/4 males, vermilion	3/4 normal	(3/16)
	1/4 brown	(1/16)

   3/16 females, normal
   1/16 females, brown
   3/16 females, vermilion
   1/16 females, white
   3/16 males, normal
   1/16 males, brown
   3/16 males, vermilion
   1/16 males, white

   (b) P_1: X^+X^+; b^r/b^r × X^v/Y; +/+ ⟶
   F_1: 1/2 X^+X^v; +/b^r (female, normal)
   1/2 X^+Y; +/b^r (male, normal)
   F_2: 6/16 females, normal
   2/16 females, brown
   3/16 males, normal
   1/16 males, brown
   3/16 males, vermilion
   1/16 males, white

   (c) P_1: X^vX^v; b^r/b^r × X^v/Y; +/+ ⟶
   F_1: 1/2 X^+X^v; +/b^r (female, normal)
   1/2 X^v/Y; +/b^r (male, vermilion)

F_2: 3/16 females, normal
1/16 females, brown
3/16 females, vermilion
1/16 females, white
3/16 males, normal
1/16 males, brown
3/16 males, vermilion
1/16 males, white

18. (a) 두 개의 유전자쌍이 하나의 형질에 관여하며, 다른 한 쌍의 유전자가 다른 형질에 관여할 것으로 가설을 세울 수 있다.
(b) 울음소리(Croaking)는 하나의 유전자쌍(우성/열성)에 기인하고, 눈 색은 두 개의 유전자쌍에 의한 것이다. 눈 색과 관련하여 9:3:4의 비율이 나타나므로, 일종의 유전자 상호작용(상위)이 있음을 알 수 있다.
(c) 기호: 울음소리(Croaking): $R\_$ = rib-it; rr = knee-deep
눈 색: 가장 흔한 표현형이 푸른 눈이므로, $A\_B\_$ 를 유전자형으로 놓는다. 자주색 집단에 대해서는, "하나의 3/16 그룹"에 대해 A_bb 유전자형을 이용한다. "4/16" 집단(녹색)은 $aaB_$와 $aabb$가 될 것이다.
(d) $AABBrr \times AAbbRR$ 교배는 푸른색 눈에 립-잇(rib-it)으로 우는 F_1 ($AABbRr$)을 생산한다. F_2는 A 좌위에 대한 동형접합성과 B 및 R 좌위의 이형접합성 때문에 9:3:3:1의 패턴을 따를 것이다.
9/16 AAB_R = blue-eyed, rib-it
3/16 AAB_rr = blue-eyed, knee-deep
3/16 $AAbbR\_$ = purple-eyed, rib-it
1/16 $AAbbrr$ = purple-eyed, knee-deep

20. $A\_B\_$ = (solid white) 9/16
$aaB\_$ = (solid white) 3/16
A_bb = (black-and-white spotted) 3/16
$aabb$ = (solid black) 1/16
점박이 표현형을 나타내는 "bb"를 선택하는 것은 임의적이다. $AAbb$ 순종의 검정-흰색 점박이 소를 얻을 수도 있다.

22. (a) 녹색 색소를 생산하는 두 가지 경로를 예상할 수 있다:
⟶ B ⟶ blue pigment ↘
green pigment
⟶ Y ⟶ yellow pigment ↗
$YyBb$ (green) × $YyBb$ (green)
9/16 $Y\_B\_$ (green)
3/16 $yyB\_$ (blue)
3/16 Y_bb (yellow)
1/16 $yybb$ (albino)
or(b) P_1: $YYBB$ (green) × $yybb$ (albino)
$YYbb \times yyBB$
↓
$YyBb$
이들 F_1들의 교배는 F_2에서 관찰되는 비율을 만든다.

24. (a,b) 가계도를 잘 살펴보면, 이 조건은 우성이 아님을 알 수 있는데, 그것이 자손(II-3 and II-4)에서는 나타났지만 처음 두 사례의 부모들에서는 나타나지 않았기 때문이다. 따라서 이 조건은 열성(recessive)이다. 두 번째 결혼에서, 아버지는 색이 칠해져 있지 않지만 그 딸(II-4)은 색이 칠해져 있음에 유의하라. 그 조건이 열성이라면 또한 반드시 상염색체성(autosomal)일 것이다.
(c) II − 1 = AA or Aa
II − 6 = AA or Aa
II − 9 = Aa

26. 기호:
$A\_B\_$ = black
A_bb = golden
$aabb$ = golden
$aaB\_$ = brown
bb 조합은 A 좌위에 대해 상위성이다.
(a) $AAB\_ \times aaBB$ (다른 조합도 가능하지만, 각각이 A와 B 우성 대립인자들을 가진 자손들만을 만들어야 한다)
(b) $AaB\_ \times aaBb$ (다른 조합도 가능하다)
(c) $AABb \times aabb$
(d) $AABB \times Aabb$
(e) $AaBb \times Aabb$
(f) $AaBb \times aabb$
(g) $aaBb \times aaBb$
(h) $AaBb \times AaBb$
순종을 만드는 유전자형들은 다음과 같다:
black = $AABB$
golden = all genotypes which are bb
brown = $aaBB$

28. (a) 이것은 불완전 우성의 한 예로, 세 번째 교배에서 보이는 바와 같이, 이형접합자(palomino)가 전형적인 1:2:1의 비율을 만든다. 그러므로, 우리는 다음과 같은 기호를 결정할 수 있다:
$C^{ch}C^{ch}$ = chestnut
$C^{c}C^{c}$ = cremello
$C^{ch}C^{c}$ = palomino
(b) 크레멜로(cremello)와 체스트넛(chestnut) 사이의 교배로 얻어진 F_1은 모두 팔로미노(palomino)일 것으로 예상된다. 따라서 F_2는 (a)의 세 번째 교배에서와 같이 1:2:1의 비율로 나타날 것이다.

30. Cross #1 = (c)
Cross #2 = (d)
Cross #3 = (b)
Cross #4 = (e)
Cross #5 = (a)
각 부모/자식 결합이 오직 한 번만 사용될 수 있다면 다른 조합은 없다.

32. 핵 외 유전으로, 그 표현형은 자손의 세포질 대부분에 기여하는 부모의 핵(모계 효과)이나 세포질(소기관 혹은 감염) 조건에 의해 결정된다. 표준적인 멘델비율(3:1)은 보통 존재하지 않는다. 일반적으로, 상호교배의 결과는 다르게 나타난다. X-연관 유전에서의 패턴은 종종 할아버지에서 시작되어 보인자 엄마를 통해 아들에게 전달되는 것으로 나타난다. 염색체 외 유전의 패턴들은 종종 자손의 성에 의해 영향을 받지는 않는다.

34. 어머니가 분명히 Dd였으므로, 아버지는 dd였을 것이다.

36. (a) bcd^-/bcd^- 수컷의 존재는 모계 효과로 설명될 수 있다: 어미가 bcd^+/bcd^-였다.
(b) female bcd^+/bcd^- × male bcd^-/bcd^-의 교배는 모계효과 때문에 정상적인 배발생 과정으로 F_1을 생산할 것이다. F_2에서는 any cross having bcd^+/bcd^- 어미를 가지는 어떤 교배라도 표현형적으로 정상인 배아를 가질 것이다. 동형접합성 bcd^-/bcd^- 어미가 관련된 교배는 배발생 과정에 문제가 발생할 것이다.

CHAPTER

5 성 결정과 성 염색체

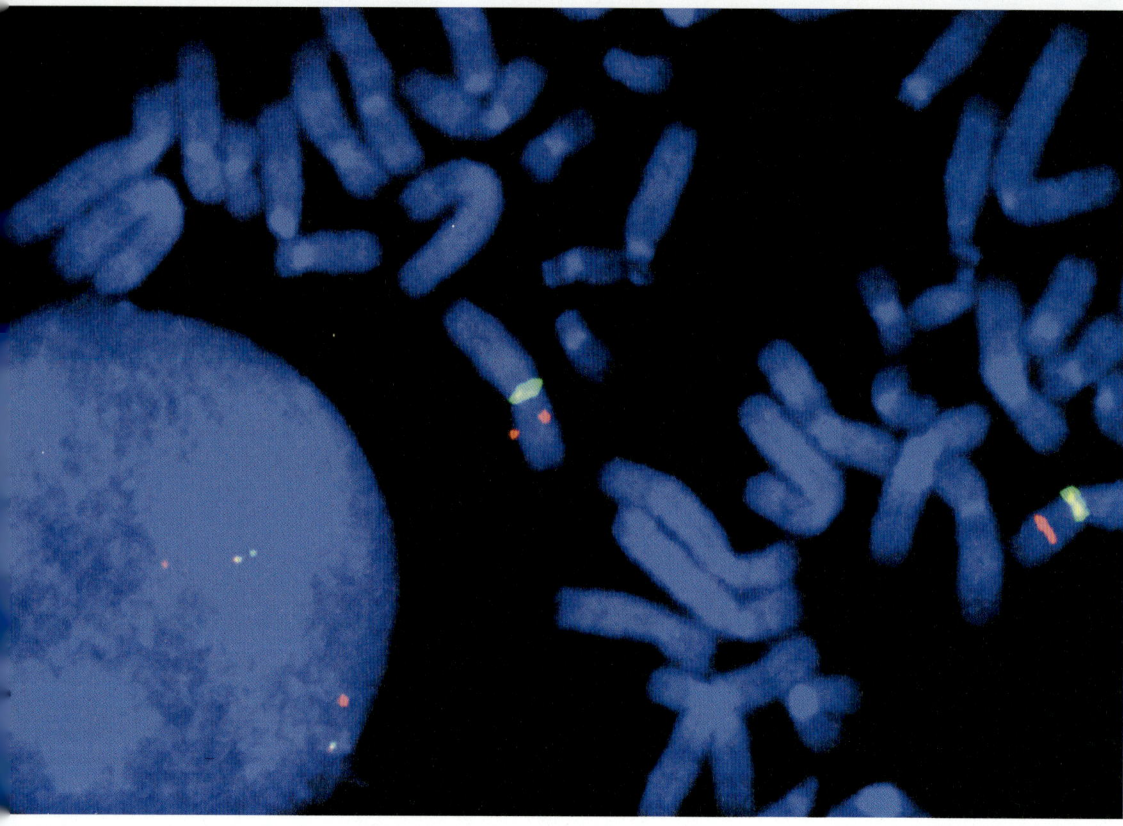

인간의 X 염색체. 형광현장 혼성화 (fluorescence in situ hybridization, FISH)법으로 밝게 처리되어 있다. 특정 탐침자는 DNA의 특정 서열에 부착한다. 녹색 형광은 X 염색체의 동원체 서열에 특이적인 것이다. 붉은 형광은 X-연관 유전자인 뒤센 근이영양증 (Duchene muscular dystrophy, DMD)에 특이적인 것이다

단원 개념

- 종 내의 유전적 변이를 크게 증가시키는 유성생식에는 성 분화를 일으키는 기작이 필요하다.
- 유전적 기작의 다양성이 진화하여 생물체들의 성적 이형성(sexual dimorphism)이 생겨나게 했다.
- 하나의 염색체상에 존재하는 특수한 유전자들이 종종 발생 중에 남성성 혹은 여성성을 일으킨다.
- 인간에서는, 이배체 수를 넘는 부가적인 X나 Y 염색체들의 존재가 용인될 수 있지만 종종 독특한 표현형을 나타내는 증후군을 유발하기도 한다.
- 성 결정 염색체들의 분리에 의해 이론적으로는 인간의 성비가 1:1이 되어야 하지만, 이 비율은 수태시에는 남성에 훨씬 유리하다.
- 포유동물에서는, 여성이 2개의 X 염색체를 포함하며 남성은 하나의 X 염색체를 갖는다. 그러나 여성에 더 존재하는 유전정보들은 발달 초기에 하나의 X 염색체를 무작위로 불활성화 시킴으로써 유전자량이 보정된다.
- 일부 파충류들에서는, 알의 부화 온도가 자손의 성을 결정한다.

생물학의 세계에서는 넓은 범위의 생식법과 생활사들이 발견된다. 한 가지는 유성생식하지 않는 것이 확실한 경우로, 무성 생식하는 생물들이 존재한다. 다른 종들은 짧은 시기 동안의 유성생식과 긴 무성생식 기간 사이를 왔다갔다 하며 존재하기도 한다. 그러나 대부분의 이배체 진핵생물들에서는 유성생식 방법만이 종의 새로운 구성원을 만드는 자연스러운 기작이다. 부모에서 자손으로, 잘 정돈된 유전적 단위체들의 정확한 전달과, 그로부터 얻어지는 표현형적 변이성은, 감수분열 중에 일어나는 분리와 독립적 분배의 과정에 의존적이다. 감수분열은 반수체 배우자들을 만들어 수정을 거치고 자손을 만듦으로써 그들 종의 특징적인 이배체 염색체 수를 유지하도록 한다. 그러므로 감수분열은 같은 종 내 구성원들 사이의 유전적 일관성을 유지할 수 있도록 한다.

유성 생식하는 모든 생물체들의 영속성에 관여하는 이러한 사건들은, 궁극적으로 수정과정에서의 효과적인 배우자들의 연합에 의존적이다. 한편, 수정의 기초인 개체들 사이의 성공적인 교잡은 개체들에서의 성 분화의 형태들에 의존한다. 명백하지는 않지만, 이러한 분화는 세균이나 단세포 조류처럼 낮은 진화상의 생물들에서도 나타난다. 진화적으로 고등한 형태의 생물에서 성들의 분화는, 각 종들에서 남성과 여성이라는, 표현형적인 두 가지 형태(이형성)로 매우 뚜렷하다. 철과 화성의 고대 상징인 창과 방패(♂), 그리고 구리와 금성의 상징인 거울(♀)은 개체들에 의해 획득된 남성성이나 여성성을 표현한다.

X-Y쌍처럼 서로 다른 **이형성 염색체**(heteromorphic chromosome)들이 종종 이쪽 혹은 저쪽 성을 결정짓기 때문에 이들을 **성 염색체**(sex chromosome)들이라고 부르고, 유전자보다는 염색체가 성을 결정짓게 된다. 앞으로 살펴볼 것처럼, 이들 유전자들 중 얼마간은 성 염색체상에 존재하지만, 다른 것들은 상염색체에도 존재한다. 많은 연구 결과 성 염색체 시스템에는 연관된 생물들 사이에서도 상당한 변이가 존재함이 밝혀졌는데 이는 성 결정을 조절하는 기작들이 많은 경우에 있어 빠른 진화를 겪었다는 것을 보여준다.

이 장에서는 우선 유전학에서 자주 사용되는 3가지 생물–녹조류의 하나인 클라미도모나스(*Chlamydomonas*); 옥수수(*Zea mays*); 그리고 선형동물인 예쁜꼬마선충(*C. elegans*)–을 조사함으로써 대표적인 성 결정 양식 몇 가지를 알아보고자 한다. 이들 생물은 다양한 생물체들의 생활에서 성분화가 담당하는 서로 다른 역할을 극명하게 보여줄 것이다. 그리고 포유동물을 대표하는 우리들 종 사람과, 선구적인 성 결정 연구가 수행된 초파리를 가지고 성 차이의 결정에 대한 유전적 기초에 대하여 무엇이 알려져 있는지 조금 더 깊게 알아보고자 한다.

5.1 생활사는 성의 분화에 의존적이다

다세포 생물에서는 배우자가 생성되는 성선발달에만 관여하는 1차 성분화(primary sexual differentiation)와, 유선과 외부 성기 같은 분명한 차이를 포함한 개체의 전체적인 외양이 관여되는 2차 성분화를 구분 짓는 것이 중요하다. 식물과 동물에서는 **단성**(unisexual), **자웅이주**(dioecious), 혹은 **암수딴몸**(gonochoric)이라는 말은 다 동등하게 쓰인다. 그들은 한 개체가 남성 혹은 여성의 한 가지 성 기관만을 가진다는 뜻이다. 반대로 **양성**(bisexual), **자웅동주**(monoecious), 그리고 **암수한몸**(hermaphroditic)이라는 것은 한 개체가 여성과 남성의 두 가지 생식기관을 모두 갖는 것을 말하는 것으로, 식물과 동물계에 공통적으로 나타난다. 이들 생물은 두 가지 성의 번식력이 있는 배우자를 생산할 수 있다. **간성**(intersex)이라는 말은 일반적으로 대부분 불임인 중간 상태의 성적 분화를 가지는 개체들을 일컫는 데 사용된다.

학습 방법

이 장에서는 다양한 생물들에서 어떻게 성이 결정되는가 하는 것과 성과 관련한 현상들에는 어떠한 것들이 있는지에 초점을 맞출 것이다. 여러분이 이러한 주제를 공부할 때는 다음과 같은 기본적인 질문들에 대답할 수 있도록 노력해야 한다.

1. Y 염색체 같은 이형 염색체가 성의 결정에 필수적인가 아닌가 하는 것은 어떻게 알 수 있는가?
2. 초파리가 포유동물의 염색체 조성과 같은 성염색체 조합을 가짐에도 불구하고 포유동물과는 다른 성 결정 양식을 사용한다는 것은 어떻게 알 수 있는가?
3. 사람을 포함한 포유동물이 양쪽의 성에서 X와 Y 염색체에 의해 야기되는 X 염색체 산물의 양적인 문제를 어떻게 해결하는지는 어떻게 알 수 있는가?
4. 인간의 출생시 성비는 남아가 약간 높게 나타나지만 수태시의 성비는 상당히 남아 선호적이라는 것을 어떻게 알게 되었나?
5. 어떤 생물체(몇몇 파충류들)에서의 성은 환경적으로 결정된다. 어떤 환경이 이들 생물의 성을 결정하는지는 어떻게 알 수 있는가?

클라미도모나스

녹조류인 클라미도모나스(*Chlamydomonas*)의 생활사(그림 5-1)는 드문 유성생식 시기를 나타내는 생물의 대표적 전형이다. 이러한 생물들은 일생의 대부분을 무성적인 유사분열에 의해 딸세포를 만드는 반수체 상태로 지낸다. 그러나 질소의 고갈 등 영양조건이 나빠지는 상태에서는 몇몇 딸세포들은 배우자로 기능하게 된다. 수정을 거치면, 이배체 접합자가 만들어져 나쁜 환경조건을 견딜 수 있게 된다. 조건이 다시 적당하게 변하면, 감수분열이 시작되어 반수체의 영양세포들이 다시 생산된다.

이러한 종들에서는 무성적으로 생산되는 반수체 영양세포들과, 유성적인 생식이 관여된 반수체 배우자들 사이에 가시적인 차이가 거의 없다. 접합 중에 융합하는 두 배우자는 형태적으로 구분이 불가능하여 **동형배우자**(isogametes)로 불린다. 그리고 이러한 생물종들을 **동형배우자성**(isogamous)이라고 한다.

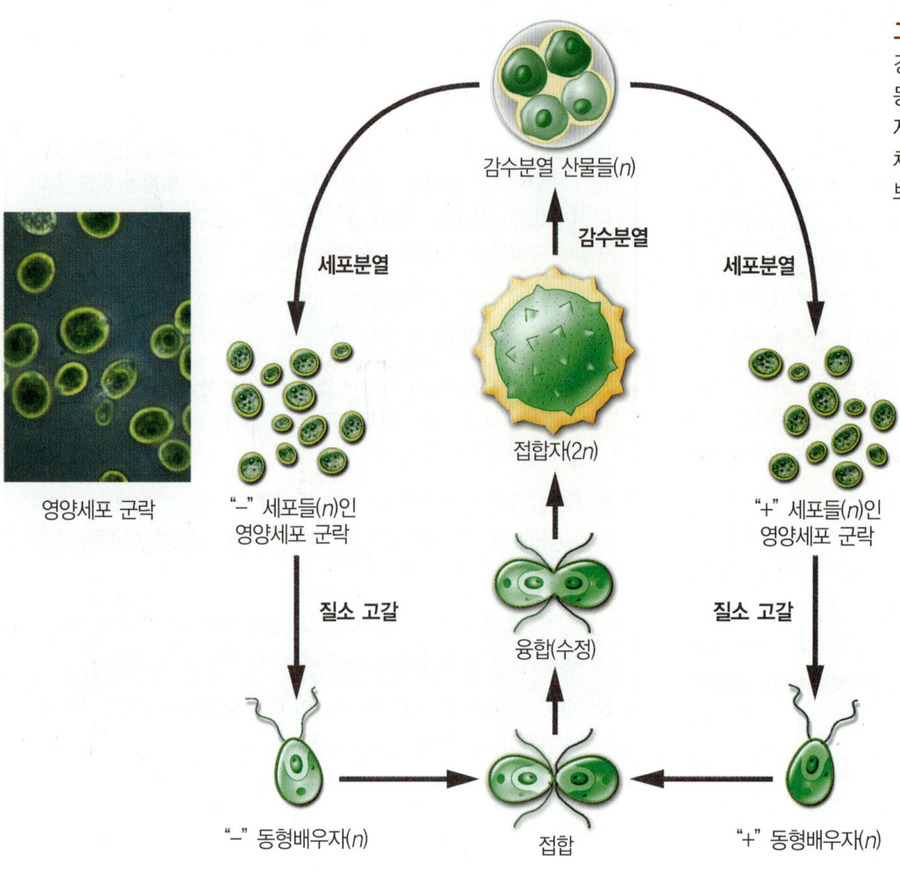

그림 5-1 클라미도모나스의 생활사. 좋지 않은 환경조건들은 수정시에 융합할 수 있는 상대편 교배형 동형배우자 형성을 촉진시킨다. 이로써 얻어진 접합자는 감수분열을 거쳐 각 교배형인 두 가지의 반수체 세포를 만든다. 사진은 이 녹조류의 영양세포들을 보여준다.

1954년에 루스 사거(Ruth Sager)와 샘 그라니크(Sam Granik)는 클라미도모나스의 배우자들이 분열하여 두 종류의 교배형을 만들 수 있다는 것을 보여주었다. 하나의 반수체 세포로부터 얻어진 클론들을 가지고 실험한 결과 그들은 주어진 한 클론의 세포가 몇몇 클론들하고는 접합을 하지만 모든 클론들과 접합하지는 않는다는 사실을 보여주었다. 그들이 더 많은 수의 교잡능을 검사했을 때 모두는 두 교잡 범주인 mt^+ 혹은 mt^- 중 한 가지로 구분이 되었다. "플러스(+)" 세포들은 오직 "마이너스(−)"세포들하고만 접합을 하였다. 수정과 감수분열을 거쳐 생긴 4개의 반수체 세포인 유주자(zoospore)들은 두 개의 +형과 두 개의 −형으로 이루어진다.

진행된 연구 결과 플러스 세포와 마이너스 세포들은 화학적으로 다르다는 것이 알려졌다. 한 가지 교잡형의 클론들인 클라미도모나스의 세포 추출액을 다른 교잡형의 세포 추출물과 섞었을 때 응집현상이 일어난다. 같은 형의 세포추출액은 응집을 일으키지 않는다. 이러한 관찰은, 이들 배우자 사이의 형태적 유사성에도 불구하고, 이들 사이에 화학적인 차이가 있음을 말해준다. 그러므로 이 조류에서는 분화가 일어났다는 형태적인 표식은 없지만, 성 분화의 원시적인 방법이 존재한다.

옥수수

이미 2장에서 언급한 바와 같이(그림 2-12를 보라), 많은 식물의 생활사들은 반수체인 배우체(gametophyte) 시기와 배수체인 포자체(sporophyte) 시기를 교대로 나타낸다. '감수분열과 수정'은 이 두 단계를 연결시키는 과정이다. 옥수수(*Zea mays*)는 포자체 시기와 이 시기를 나타내는 형태적인 구조가 생활사 중 더 우세하게 나타나는 자웅동주 식물의 전형이다. 암 구조와 수 구조가 둘다, 다 자란 한 식물 내에 존재하게 된다. 그러므로 이 식물의 생활사에서 보이는 것처럼(그림 5-2), 성의 결정은 같은 생물체의 서로 다른 조직에서 다르게 발생하는 것이다. **수술(stamen)**들(모여서 옥수수 술을 이룬다)은 이배체의 소포자 모세포를 만드는데 이들 각각은 감수분열을 거쳐 4개의 반수체 소포자를 만든다. 각 반수체 소포자들은 발달하여 성숙한 웅성 소포자체–화분립–가 된다. 이들은 두 개의 정핵(sperm nuclei)을 가진다.

동등한 자성 대포자 모세포로 알려진 이배체 세포들이 포자체의 **암술(pistil)**에 존재한다. 감수분열을 거쳐 4개의 반수체 대포자 중 한 개만 살아남는다. 이것은 보통 3번의 유사분열을 거쳐 배낭에 둘러싸인 총 8개의 반수체 핵을 만든다. 이들 중 2개의 핵이 배낭의 중심부에 있으며 배젖핵(endosperm nuclei)을 형성한다. 정핵이 들어오게 되는 배낭 끝의 주공(micropyle)에 3개의 핵이 위치하는데 난핵(oocyte nucleus)과 두 개의 협조체(synergids)이다. 배낭 반대편에 3개의 반족핵(antipodal nuclei) 뭉치가 존재한다.

화분립이 암술머리의 주두(stigma)에 접촉하게 되면 수분이 일어나 화분관이 배낭을 향하여 자라게 된다. 주공에서 접촉이 일어나며 두 개의 정핵은 배낭으로 들어온다. 한 개의 정핵은 반수체인 난핵과 융합하고 다른 정핵은 두 개의 배젖핵들과 융합한다. 이 과정은 **중복수정(double fertilization)**이라고 알려져 있으며 각각 이배체의 접합자핵과 삼배체의 배젖핵을 만든다. 옥수수 한 자

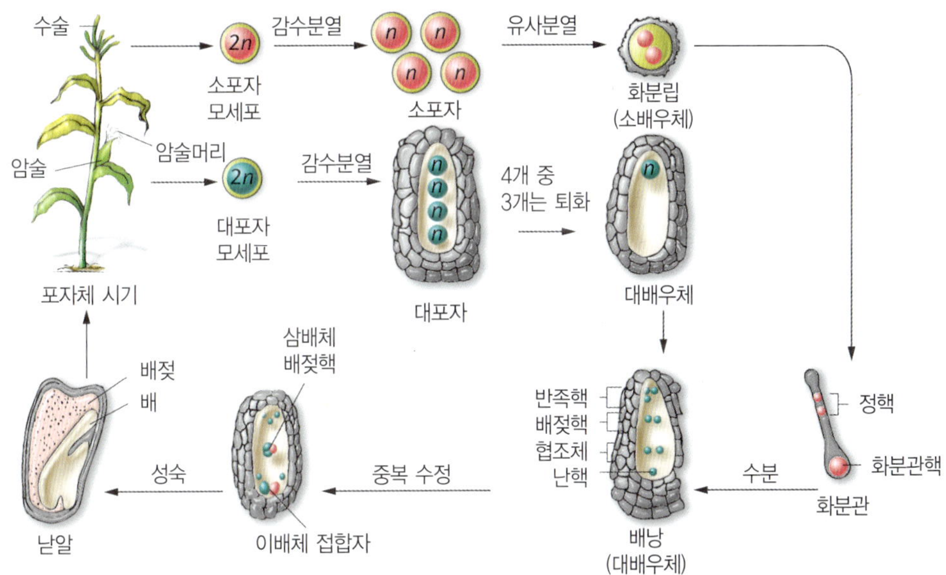

그림 5-2 옥수수(*Zea mays*)의 생활사. 이배체인 포자체는 수술과 암술을 가지고 있으며 이들은 반수체 소포자와 대포자를 만든다. 이것이 발달하여 화분과 배낭이 되며 이들은 각각 정자와 난자들을 보유한다. 수정을 거치면 낟알 안에서 배가 자라고 배유에 의해 영양이 공급된다. 낟알이 발아하면 새로운 포자체(성숙한 옥수수 식물)가 생기고 생활사가 반복된다.

루는 약 1000개의 이런 구조물들을 포함하는 것이다. 이 구조물 한 개가 옥수수 씨알맹이 한 개로 발달하는 것이다. 각 옥수수 씨알맹이 한 개는 발아하여 새로운 포자체인 옥수수 식물이 된다.

자성과 웅성 배우자를 만드는 조직들이 동일한 유전적 조성을 가지는, 옥수수 같은 자웅동주 식물에서는, 성결정과 분화의 기작이 처음엔 매우 이해되기 어려운 것이었다. 그러나 정상적인 옥수수 수술과 암술의 형성을 방해하는 많은 수의 돌연변이 유전자들의 발견은 이들 유전자의 산물이 여러 가지 방법으로 자성이나 웅성 조직의 분화에 영향을 미침으로써 성 결정에 중요한 역할을 한다는 생각을 지지한다.

예를 들어, 성 반전을 초래하는 돌연변이 유전자는 귀중한 정보를 제공한다. 동형접합성일 때는 *tassel seed(ts)*로 구분되는 모든 돌연변이들은 술 생산을 방해하고 자성 구조물을 형성하게 한다. 그러므로 하나의 유전자가 정상적인 자웅동주 식물을 기능적인 자성 식물로 변형시킬 수 있다. 반대로, 열성 돌연변이들인 *silkless(sk)*와 *barren stalk(ba)*는 암술의 형성을 방해하여 기능적인 웅성 생식기만을 가지는 식물로 발달시킬 수 있다.

이러한 돌연변이 연구들에서 얻어진 자료들은 이들 유전자의 야생형 대립인자들의 산물이 성 결정을 조절하는데 서로 상호작용한다는 사실을 시사한다. 발달과정 중에 어떤 세포들은 자성이나 웅성으로 되도록 "결정"된다. 자성이나 웅성 구조로 성분화가 되면 자성이나 웅성 배우자가 생산된다.

예쁜꼬마선충

선충의 하나인 *C. elegans*는 유전학 연구에서 아주 인기 있는 생물인데[그림 5-3(a)], 특히 발생의 유전적 조절을 연구하는 데 유용하다. 이는 성체가 정확하게 959개의 세포로 이루어지고 이들 세포의 정확한 계보가 배 발달이 시작될 때부터 정확하게 추적될 수 있다는 사실에 근거한 것이다. 연구되어온 많은 흥미로운 표현형들 중에서 행동적 변형은 흥미를 끄는 주제다.

이들 벌레는 두 가지 성적 표현형을 가진다: 정소만 가지는 웅성(male)과, 정소와 난소를 모두 가지는 자웅동체(hermaphrodite)가 그것이다. 자웅동체의 유충발달 과정 중에는 정자를 만드는 정소가 형성되어 정자를 저장한다. 난소도 역시 발달되지만 난자형성은 수일 후 성체에 도달하기 전까지는 일어나지 않는다. 만들어진 난자들은 자가수정 과정으로 저장된 정자에 의해 수정된다.

이 과정의 결과는 상당히 흥미롭다[그림 5-3(b)]. 얻어지는 생물들의 대부분은 어미처럼 자웅동체인데 1% 미만의 자손들이 수컷이 된다. 성체가 되면 그들은 자웅동체와 교배하여 반수의 수컷과 반수의 자웅동체 자손을 만든다.

웅성을 결정짓는 유전적 신호는 X 염색체와 상염색체 둘 다에 존재하는 유전자들에 의해 제공된다. *C. elegans*는 Y 염색체가 결여되어 있다. 자웅동체들은 두 개의 X염색체를 가지는 반면 웅성 개체들은 한 개의 X 염색체만을 가진다. 상염색체들의 쌍에 대한 X 염색체의 비가 이들 벌레의 성을 결정하는 것으로 믿어진다. 이 비율이 1.0이면 자웅동체가 되고 이 비율이 0.5이면 웅성 개체가 된다. 이형성 Y 염색체의 결여는 이 생물에서는 별스러운 일이 아니다.

(a)

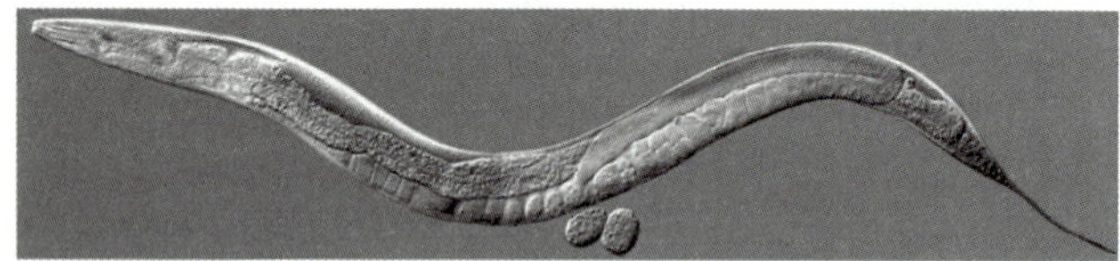

(b)

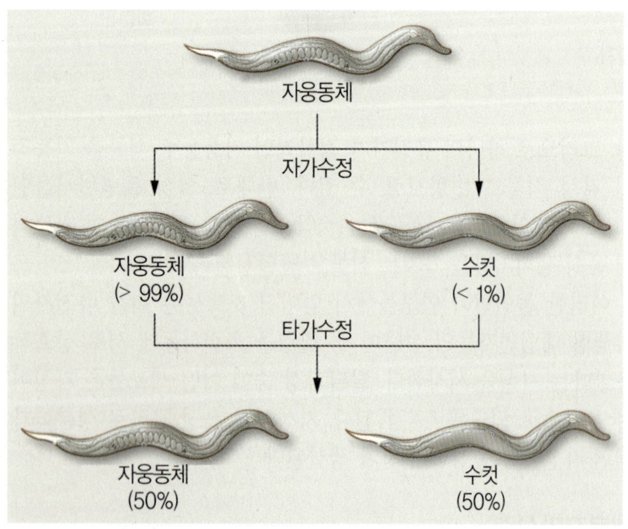

그림 5-3 (a) 양성 선충류인 예쁜꼬마선충(*C. elegans*)의 현미경 사진. (b) 하나의 양성개체가 자가생식한 결과와 양성개체와 수컷이 교배한 결과.

이 문제를 풀어보자

123페이지의 22번 문제는 바다의 벌레에서 성 결정을 밝히기 위한 실험법을 고안하라는 것이다.

힌트: 성 결정에 영향을 미치는 알려지지 않은 요소들이 첨가된 실험을 고안하는 것이 분명한 접근법이 될 것이다. 또 다른 방법으로는, 유전적 분석을 하는 것으로, 정상적인 결과를 변형시키는 돌연변이에 대한 연구도 가능할 것이다.

5.2 X와 Y 염색체들은 20세기 초에 성의 결정과 연관되었다

어떻게 성이 결정되는가 하는 것은 오랫동안 유전학자들을 혼란케 했다. 1891년에 H. 헨킹(H. Henking)은 어떤 곤충들에서 정자의 핵내 구조물을 발견했고 이를 X 소체(X-body)라고 이름 붙였다. 수년 후에 클레런스 매클렁(Clarance McClung)은 어떤 메뚜기 정자가 이상한 유전적 구조물을 가지고 있음을 보고 이를 이형염색체(heterochromosome)라고 불렀다. 그러나 나머지에서는 이러한 구조물을 볼 수 없었다. 그는 실수로 이형염색체의 존재와 웅성 자손의 생산을 연결시켰던 것이다. 1906년에 에드먼드 B. 윌슨(Edmund B. Wilson)은 그가 곤충 프로테노(*Protenor*)의 암컷 체세포에서 X 염색체 2개를 포함한 14개의 염색체를 증명하면서 헨킹과 매클렁의 발견을 분명히 했다. 난자형성과정 중에 짝수의 감소가 일어나 1개의 X가 포함된 7개의 염색체를 가지는 배우자가 생산된다. 한편 웅성 체세포는 한 개의 X 염색체를 포함한 13개의 염색체만을 가진다. 정자형성과정 중에는 X가 없는 6개의 염색체를 가진 배우자나, X 중 하나를 포함한 7개의 염색체를 가진 배우자가 생산된다. X를 가진 정자에 의한 수정은 암컷 자손을 만들고 X가 없는 정자에 의한 수정은 수컷 자손을 만든다[그림 5-4(a)].

웅성 배우자에서의 X 염색체의 부재나 존재는 이 종에서 성 결정을 위한 효과적인 기작을 제공하며, 이 결과로 얻어진 자손의 성비를 1:1로 유지할 수 있게 해준다. 이제는 **XX/XO** 또는 **성 결정의 프로테노 양식**(*Protenor* mode of sex determination)이라고 불리는 이 기작은 분리과정 중에 웅성 배우자의 반으로 X 염색체가 무작위로 들어가는 데 기인한다. 이미 살펴본 것처럼, *C. elegans*는 성 결정에 있어 이러한 시스템을 보여준다.

윌슨은 또 반시목(hemipteran) 곤충인 *Lygaeus turicus*를 가지고 실험을 하였는데, 이 생물은 두 성이 모두 14개의 염색체를 가진다. 상염색체는 12개다. 게다가 암컷은 2개의 X 염색체를 가지며 수컷은 한 개의 X 염색체와 **Y 염색체**(Y chromosome)라고 이름 붙인 약간 작은 이형 염색체를 가진다. 이 종에서 암컷들은 (6A + X) 조성을 가진 오직 한 종류의 배우자만을 만들지만 수컷들은 동일한 수의 (6A + X)와 (6A + Y) 조성의 두 가지 배우자를 생산한다. 그러므로 무작위적인 수정이 있은 후 동일한 수의 수컷 자손과 암컷 자손이 독특한 염색체 조성을 가지고 태어나게 된다.

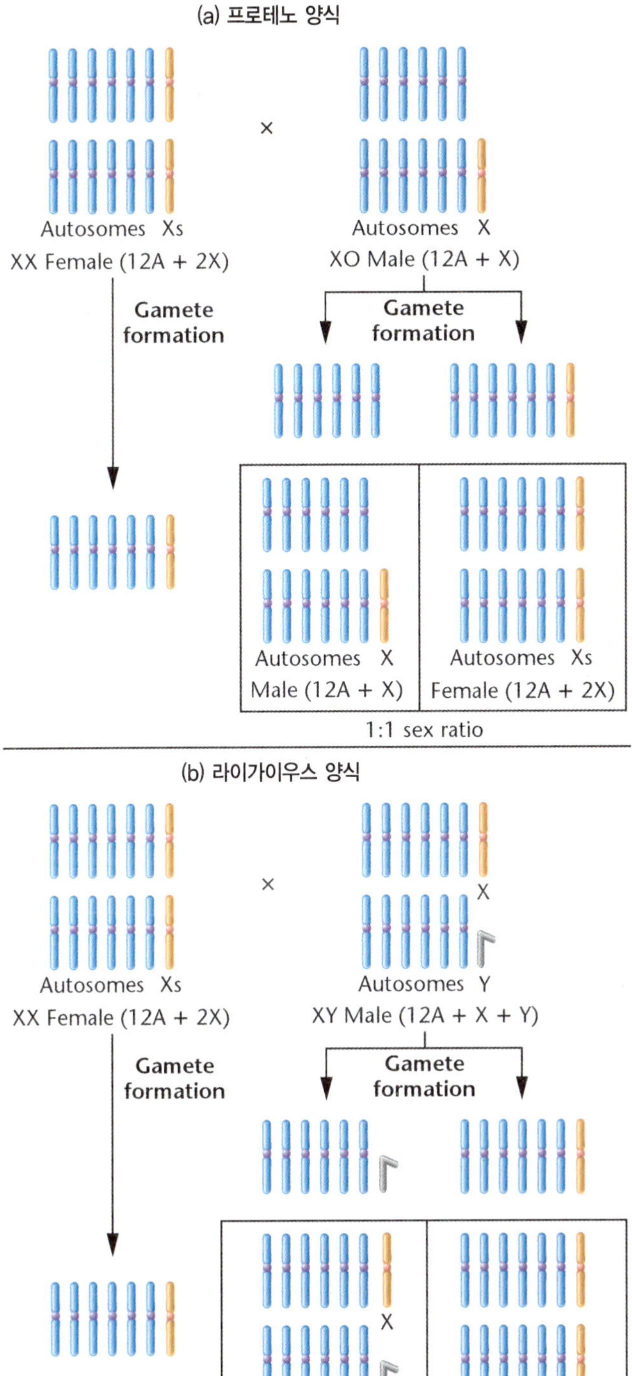

그림 5-4 (a) 프로테노(*Protenor*) 양식으로 성이 결정되는 경우 이형배우자인 성(위 예에서는 남성)이 XO이고, X 염색체를 포함하거나 포함하지 않는 배우자들을 생산하게 된다. (b) 라이가이우스(*Lygaeus*) 방식으로 성이 결정되는 경우는 이형배우자인 성(이 예에서도 역시 남성)은 XY가 되고, X 혹은 Y 염색체를 포함한 배우자들을 생산한다. 이 두 예에서 자손의 염색체 조성은 이들의 성을 결정한다.

이러한 성 결정 양식을 **라이가이우스 형**(*Lygaeus* mode of sex determination) 혹은 **XX/XY형**이라고 한다[그림 5-4(b)].

*Protenor*와 *Lygaeus* 곤충에서 수컷은 서로 닮지 않은 배우자들을 생산한다. 결과적으로 그들은 **이형배우자를 생산하는 성**(heterogametic sex)으로 설명된다. 그들의 배우자는 궁극적으로 이 종에서 효과적으로 자손의 성을 결정하는 것이다. 이러한 경우들에서 닮은 성염색체를 가진 암컷은 **동형배우자를 생산하는 성**(homogametic sex)이고 염색체 수와 형태에 있어 한 종류의 배우자를 만든다.

수컷이 항상 이형배우자성인 것은 아니다. 다른 생물들에서는 암컷이 두 가지 종류의 배우자를 만드는, 성 결정 양식의 *Protenor* (XX/XO) 혹은 *Lygaeus*(XX/XY) 양식을 나타낸다. 예로는 나방과 나비, 그리고 대부분의 새들과 몇몇 물고기, 파충류, 양서류, 그리고 적어도 한 종의 식물(*Fragaria orientalis*)이다. 암컷이 이형배우자성인 상황을 구분하기 위해서 연구자들은 XX/XY 대신 **ZZ/ZW**라는 표시를 사용하는데 여기서 ZW는 이형배우자성 암컷을 나타낸다.

가금류(닭 등)에서의 상황은 어떤 성이 이형배우자성인지 구별하여 *Protenor* 혹은 *Lygaeus* 양식 중 어느 것이 작동하는지를 결정하는 것이 매우 어렵다는 것을 보여준다. 유전적인 증거는 암컷이 이형배우자성임을 지지하는 데 반해 닭의 독특한 염색체 수(78) 때문에 성염색체의 세포학적 구분이 1961년까지 가능하지 않았다. 결국 성 염색체가 발견되었을 때, 암컷이 이형 염색체(W 염색체)를 가진 서로 닮지 않은 염색체쌍을 가지는 것이 판명되었다. 따라서 닭은 정말로 암컷이 이형배우자성이며 성 결정 양식은 *Lygaeus* 형임이 확인되었다.

5.3 Y 염색체는 사람에서 남성을 결정한다

우리 자신의 종인 사람에서 성 결정을 이해하려는 첫 시도는 이미 100여 년에 시작되었으며 분열하는 세포의 염색체를 조사하는 것이 포함되어 있었다. 사람의 이배체 염색체 수를 정확하게 결정하려는 노력들이 있었으나, 상당히 많은 수의 염색체들 때문에 분석은 힘든 일이었다. 1912년에 H. 폰 비니발터(H. von Winiwarter)는 정모세포 형성의 중기 시료로부터 47개의 염색체를 세었다. 사람에서의 성 결정은 48개의 염색체를 가진 여성에서 부가적 염색체가 존재하기 때문인 것으로 생각되었다. 그러나 1920년대 테오필러스 페인터(Theophilus Painter)는 정소조직의 세포에서 45~48개 사이의 염색체를 관찰하였으며, 이제는 오직 남성에서만 있는 것으로 알려진 작은 Y 염색체도 발견하였다. 그의 원래 논문에서 페인터는 사람에서 이배체 수인 46개를 선호하였으나, 나중에는 남성과 여성에서 모두 48개라는 잘못된 결론을 내렸다.

30년 동안, 이 숫자가 받아들여졌다. 그리고 1956년, 조 힌 치오(Joe Hin Tjio)와 알버트 레반(Albert Levan)은 염색체 시료를 준비하는 좀 더 나은 방법을 발견하였다. 발전된 기술로 놀라울 정도로 명확한 중기 상태가 나타났고, 사람의 이배체 수는 46개임이 확실해졌다. 같은 해 말에 C. E. 포드(C. E. Ford)와 존 L. 해머

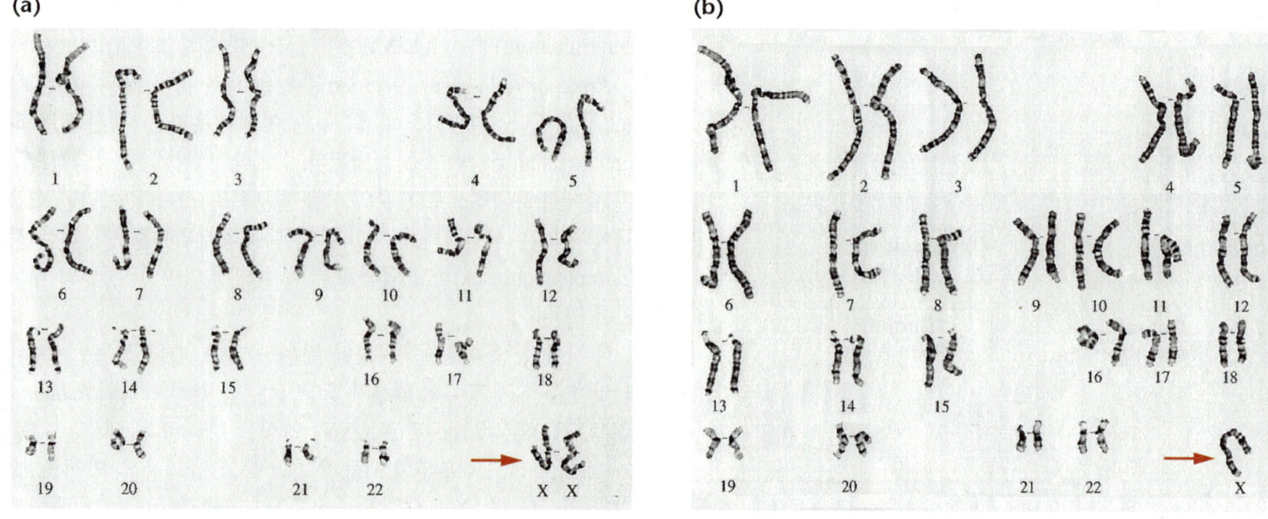

그림 5-5 정상 여자와 정상 남자의 전통적인 핵형분석. 각각은 22쌍의 상염색체와 두 개의 성 염색체를 포함한다. 여성(a)은 동일한 두 개의 X 염색체를 가지는 반면 남성(b)은 하나의 X와 하나의 Y 염색체를 가진다.

튼(John L. Hamerton)은 정소 조직을 가지고 이 발견을 확인하였다. 사람의 익숙한 핵형(그림 5-5)은 치오와 레반의 기술에 기초한 것이다.

23쌍의 사람 염색체 중에서 한 쌍은, 남성과 여성에서 그 모양새가 다르다. 이들 두 염색체는 X와 Y 염색체로 표시된다. 사람의 여성은 두 개의 X 염색체를 가지며, 남성은 X 염색체 하나와 Y 염색체 하나를 가진다.

우리는 이러한 관찰이 Y 염색체가 남성성을 결정짓는다는 결론을 내리기에 충분하다고 믿을 수 있다. 그러나 여러 가지 다른 해석이 가능하다. Y 염색체는 성 결정에 아무런 역할도 하지 않을 수 있다; 두 개의 X 염색체의 존재는 여성성의 원인이 될 수 있다; 혹은 남성성은 두 번째 X 염색체의 부재에 의한 것일 수 있다. 어떤 설명이 맞는지 그에 대한 증거는 사람의 성 염색체 조성에 대한 다양성 연구에서 나왔다. 그러한 조사들은 Y 염색체가 사람에서 정말로 남성성을 결정한다는 것을 드러냈다.

클라인펠터 증후군과 터너 증후군

1940년경, 과학자들은 사람에서 **클라인펠터 증후군**(Klinefelter syndrome)**(47,XXY)**과 **터너 증후군**(Turner syndrome)**(45,X)**이라는 비정상적 성 발달이 특징인 두 가지 기형을 발견하였다.* 클라인펠터 증후군을 가진 개인들은 통상 남성의 성기와 내부 도관들을 가지지만 정소의 발달이 미약하고 정자를 생산하지 못한다. 그들은 보통 키가 크고 팔다리가 길며 손과 발이 크다. 비록 몇 가지 남성적인 발달이 일어나긴 하지만 여성적인 성 발달이 완전히 억제되는 것은 아니다. 가슴이 약간 커지는(gynecomastia) 현상이 보통이고, 엉덩이도 종종 둥글어진다. 이러한 애매한 성 발달은 비정상적인 사회성 발달을 초래할 수 있다. 지적인 능력은 종종 보통 이하이다.

터너 증후군에 연루된 개인은 여성의 외부생식기와 내부도관을 가지지만 난소가 제대로 발달하지 않는다. 다른 특징적인 이상은 작은 키(일반적으로 5피트 미만)와 목뒤 피부의 처짐, 그리고 가슴이 제대로 발달하지 않는 것 등이다. 넓고 방패 같은 가슴이 종종 언급된다. 지력은 보통 수준이다.

1959년에 이들 증후군을 가진 개인들의 핵형이 결정되었고 이러한 이상들이 성염색체와 연관 있음이 밝혀졌다. 클라인펠터 증후군을 가진 개인들은 X 염색체를 하나 더 가지고 있었다. 거의 대부분이 44개의 상염색체와 XXY 조성을 가진다[그림 5-6(a)]. 이러한 핵형을 가진 사람들은 47,XXY로 표시된다. 터너 증후군을 가진 사람들은 종종 일염색체성(monosomic)이고 45개의 염색체를 가져 오직 한 개의 X 염색체를 보유한다. 이들은 45,X로 표현된다[그림 5-6(b)]. 이러한 염색체 조성을 나타내는 방법들에 유의하라. 숫자는 존재하는 염색체 총수를 말하는 것이고 쉼표 뒤의 정보는 정상 이배체 내용물에서 달라진 것을 표시하는 것이다. 두 상태 모두 **비분리**(nondisjunction)에 의한 것인데, 이는 X 염색체가 감수분열 시 적절히 나뉘지 못했기 때문이다(그림 6-1을 보라).

클라인펠터와 터너 핵형들, 그리고 그들 각각의 성적 표현형은 우리들로 하여금 Y 염색체가 사람에서 남성성을 결정짓는다는 결론을 내릴 수 있게 한다. Y 염색체가 없는 경우, 개인의 성은 한 개의 X 염색체를 가진 경우라고 할지라도 여성이다. 클라인펠터 증후군을 가진 개인의 Y 염색체는 그 발현이 완전하지 않은 경우에라도 남성을 결정하는 데 충분하다. 비슷하게, 터너 증후군을 가진 개인에서처럼 Y 염색체가 없는 경우 남성성은 나타나지 않는다.

클라인펠터 증후군은 1,000명의 남아당 2명 정도의 빈도로 나타난다. 48,XXXY, 혹은 48,XXYY 또는 49,XXXXY이거나 49,XXXYY 등의 핵형들은 표현형적으로 47,XXY와 비슷하지만, 발현정도는 X 염색체 수를 많이 가진 개인들에서 종종 더 심각하게

*대부분의 증후군 이름들은 최초 발견자의 이름을 따서 소유격(예, kimefelter' s)으로 사용하기도 하지만 현재의 추세는 비소유격 형태가 선호된다.

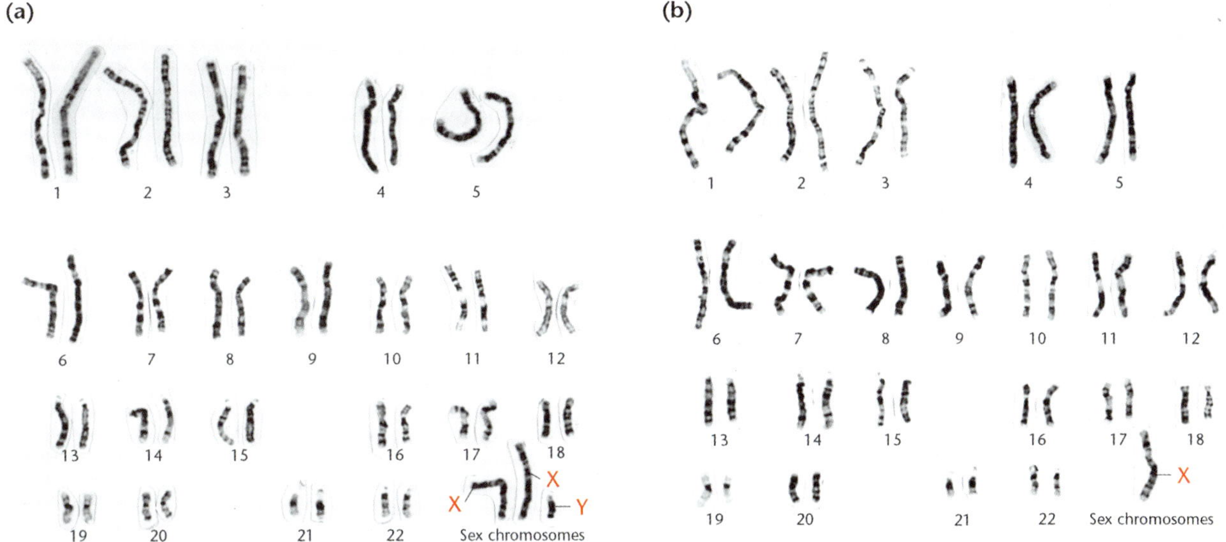

그림 5-6 여러 가지 핵형. (a) 클라인펠터 증후군(47,XXY)과 (b) 터너 증후군(45,X).

나타난다.

터너 증후군은, 체세포들이 두 가지 서로 다른 핵형을 가지는 모자이크라고 불리는 사람들을 포함하여 45,X 이외의 핵형에 의해서도 생길 수 있다. 모자이크(mosaic) 세포들은 초기 발달 단계에서 유사분열의 실수에 의해 생기는데 가장 흔한 염색체 조합은 45,X/46,XY와 45,X/46,XX이다. 그러므로 정상 핵형을 가지고 생명을 시작한 배아라도, 핵형의 혼합을 보이는 세포를 가진 개인에서는 이러한 증후군을 나타내도록 할 수도 있는 것이다.

터너 증후군은 2,000명의 여아당 한 명꼴로 발견되는데 이 빈도는 클라인펠터의 경우보다 훨씬 낮은 것이다. 그러나 대부분의 45,X인 태아는 자궁 안(*in utero*)에서 죽어 자연 유산된다. 따라서 터너 증후군의 빈도는 임신 시기에는 훨씬 높을 수 있다.

47,XXX 증후군

정상 상염색체 세트와 세 개의 X 염색체의 존재(**47,XXX**)는 여성의 분화를 가져온다. 이 증후군은 1,200명의 여아 출생당 한 명꼴로 나타나는데 이의 발현은 상당히 가변적이다. 흔히, 47,XXX 여성은 완전히 정상이다. 다른 경우에는 2차 성징의 지연, 불임, 그리고 정신박약적 특징이 나타나기도 한다. 드물게 48,XXXX와 49,XXXXX 핵형들이 보고된 바 있다. 이들 핵형과 관련된 증후들은 비슷하지만 47,XXX보다 더 분명하다. 그러므로 많은 경우에 있어 부가적인 X 염색체의 존재는 정상적인 여성의 발달에 필요한 미세한 유전적인 균형을 깨트리는 것으로 보인다.

47,XYY 상태

성 염색체를 포함한 인간의 또 다른 상태가 **47,XYY**로, 광범위하게 연구되어 왔다. 부가적인 Y 염색체만 아니라면 정상적인 남성 핵형을 가졌을 정상 이배체에서, Y 염색체가 유일한 변형인 이 조건에 대한 연구는 1965년, 패트리시아 제이콥스(Patricia Jacobs)에 의해 시작되었다. 그녀는 스코틀랜드의 최고안전 감옥에 수감된 수형자들 중 315명 중 9명이 47,XYY 핵형임을 발견하였다. 이러한 남성들은 평균키보다 훨씬 크고 반사회적(비폭력적인) 범죄의 결과로 투옥되었다. 연구된 9명의 남성 중에서 7명이 정상에 준하는 지적능력을 가졌으며, 모두가 인격장애를 겪고 있었다. 몇몇 다른 연구들도 비슷한 결과를 내놓았다.

이러한 염색체 조성과 범죄행동의 가능성에 대한 연결은 비상한 관심을 끌어서 범죄 집단과 비범죄 집단에서 47,XYY 조성의 표현형과 빈도에 대한 광범위한 조사들이 잇따르게 되었다. 표준 이상의 키와(일반적으로 6피트 이상) 평균 수준의 지능들이 일반적으로 증명되었고 이러한 핵형을 나타내는 남성의 빈도는 실제로 감옥에 들어가지 않은 사람들의 집단에서보다 형무소나 정신기관에서 더 높게 나타났다(표 5.1). 특별히 연관된 의문은 투옥되지 않은 XYY 남성들에 의해 나타나는 특징들에 관한 것이다. 유일하게 일관성 있는 관련성은 그러한 개인들이 6피트 이상으로 키가 크다는 것이다.

이러한 문제를 다루는 한 연구가 47,XYY 개인들의 출생을 규명하고, 그들이 성인으로 발달하는 중에 나타내는 행동 양식을 추적하기 위해 시작되었다. 1974년까지 두 명의 연구자인 스탠리 월저(Stanley Walzer)와 파크 제럴드(Park Gerald)는 보스턴 여성 병원의 15,000명의 출산에서 약 20명의 XYY 신생아를 찾아냈다. 그러나 그들은 곧 그들의 연구를 중단하라는 압력을 받게 되었다. 이 연구를 반대하는 사람들은 이러한 연구가 정당화될 수 없으며, 이러한 핵형을 가진 개인들에게 심각한 해를 입힐 수 있다고 주장했다. 반대자들은 (1) 이전에 행해진 커다란 집단연구에서도 부가적인 Y 염색체와 비정상 행동 사이에 어떠한 관계도 밝혀진 바가 없으며, (2) 이 연구에서 이러한 개인을 "낙인(labeling)" 찍는 것이 자기 충족적인 예언을 일으킬 수 있다는 주장을 펼쳤다. 즉, 이 연구의 참여 결과로 부모, 친척, 그리고 친구들이 47,XYY로 판명된 개인을 다르게 취급하여 궁극에는 예정된 반사회적인 행동을 하게 할 수 있다는 것이다. 정부 보조기관과 하버드 의과대학측의 지원에도 불구하고 월저와 제럴드는 1975년에 이 연구를 그만두었다.

좀 더 최근에, 많은 XYY 남성들이 어떤 형태의 반사회적인 행

표 5.1 여러 조건에서의 XYY의 빈도

조건	제한점	연구된 수	XYY	
			수	빈도 (%)
표준집단	신생아들	28,366	29	0.10
정신-수형	키 제한 없음	4239	82	1.93
수형	키 제한 없음	5805	26	0.44
정신	키 제한 없음	2562	8	0.31
정신-수형	키 제한	1048	48	4.61
수형	키 제한	1683	31	1.84
정신	키 제한	649	9	1.38

출처: Compiled from data presented in Hook, 1973, Tables 1-8. © 1973 by the American Association for the Advancement of Science.

동도 하지 않으며 정상적인 삶을 유지한다는 것이 분명해졌다. 그러므로 우리는 Y 염색체와 남성의 행동문제의 소인 사이에는 높지만 일정치 않은 관계가 있다는 결론을 내려야만 한다.

사람에서의 성 분화

일단 연구자들이 남성성에 필요한 유전정보가 Y 염색체에 들어 있다고 결정을 하게 되자, 그들은 성 결정을 책임지는 "신호"를 제공할 수 있는 특정 유전자나 유전자들을 꼭 집어내고자 시도하였다. 이 주제에 깊이 들어가기에 앞서, 어떻게 인간이 성적으로 이형인 남성과 여성으로 발달하는지 좀 더 잘 이해하기 위해, 성 분화가 어떻게 일어나는지 생각해 보는 것이 유용할 것이다. 초기 발달과정 중에 모든 인간의 배아는 자웅동체 시기를 지난다. 임신 5주째가 되면 배아의 신장에서 유도된 한 쌍의 융기가 생식원 융기(gonadal primordia)를 형성한다. 원생식세포(primordial germ cell)는 이 융기로 이동하여 바깥쪽 표피(cortex)와 안쪽 수질(medulla)을 형성한다. 표피는 난소로 발생할 수 있고, 수질은 정소로 발생할 수 있다. 이에 더하여, 두 세트의 비분화 성기인 볼프관(Wolffian duct, male)과 뮐러관(Mullerian duct, female)이 각 배아 안에 존재하게 된다.

만약 생식선 융기(genital ridge)의 세포들이 XY 염색체 조성이라면 임신 7주째엔 수질(medullary)이 정소(testis)로 발달하기 시작한다. 그러나 Y 염색체가 없다면 남성 발달은 일어나지 않으며 생식선 융기의 피질(cortex)은 난소조직을 형성한다. 남성과 여성의 도관계가 동시에 발달할 수 있으나 한 가지 도관계(duct system)의 발달은 다른 도관계의 발달을 저해한다. 많은 증거에 따르면 남성에서는, 일단 정소발달이 시작되면 이로부터 남성으로의 분화에 필수적인 두 가지 호르몬이 생산된다.

남성 발달이 없으면, 임신 12주째부터는 난소 안의 원생식세포(oogonia)가 감수분열을 시작하여 제1난모세포가 생긴다. 임신 25주째가 되면 모든 난모세포가 감수분열 상태에서 멈추고 사춘기 시기인 10~15세가 될 때까지 유지된다. 한편, 남성에서는 사춘기가 될 때까지는 제1정모세포가 생기지 않는다.

Y 염색체와 남성의 발달

X 염색체와는 달리 Y 염색체는 오랫동안 유전적으로 비어 있다고 생각되어 왔다. 비록 Y 염색체가 X 염색체보다는 훨씬 적은 유전자만을 포함하고 있기는 하지만, 현재에는 이러한 생각이 일부만이 사실이라고 받아들여진다. 최근의 연구는 Y 염색체에 잠정적인 유전적 기능을 가진 많은 유전자와 부위들이 있음을 보여준다. 일부는 X 염색체상에 해당 유전자가 존재하고 일부는 X 염색체상에 대립인자가 없다. 예를 들어, Y 염색체의 양 말단에 있는 소위 **유사 상염색체 부위**(pseudoautosomal regions, **PARs**)는 X 염색체와 유사성이 있어 감수분열시 짝을 이루고 재조합한다. 이러한 짝 이룸은 웅성 배우자형성과정 중 X와 Y의 분리에 대단히 중요하다. 염색체의 나머지 95% 부분을 Y 염색체의 비재조합 부분(nonrecombining region of the Y, **NRY**)이라고 칭해졌으나 최근 들어 연구자들은 이 부분을 **Y의 남성 특이적 부분**(male-specific region of the Y, **MSY**)이라고 부른다. 앞으로 살펴보겠지만, MSY의 일부는 X 염색체의 유전자들과 역시 상동성이 있고 어떤 부분은 그렇지 않다.

사람의 Y 염색체가 그림 5-7에 도해되어 있다. MSY는 기능적인 유전자들을 가진 **진정염색질 부위**(euchromatic region)와 유전자가 없는 **이질염색질 부위**(heterochromatic region)로 나뉜다. Y 염색체의 단완내 PAR 근처의 진정염색질 안에는 **성 결정 부위**(sex-determining region Y, **SRY**)라고 불리는, 남성의 발달을 조절하는 중요한 유전자가 있다. 사람에서 Y 염색체의 부재는 거의 항상 여성의 발달을 일으키며, 이 유전자는 X 염색체에는 없다. *SRY*는 비분화된 배아의 성조직을 정소로 발달시키는 유전자 산물을 만든다. 이 산물은 **정소결정인자**(testis determining factor, **TDF**)라고 불린다. *SRY*(혹은 밀접하게 관련된 산물)는 지금까지 조사된 모든 포유동물에 존재하므로, 이 분화 그룹은 동물에 필수적인 기능을 한다는 것을 시사한다.

사람들의 성 염색체 조성이 그들이 표현형적 성과 일치하지 않는 희귀한 개인들에서, 이러한 DNA 서열의 존재나 부재를 규명해 보면, *SRY*가 남성의 결정을 책임지는 유전자임을 알 수 있다.

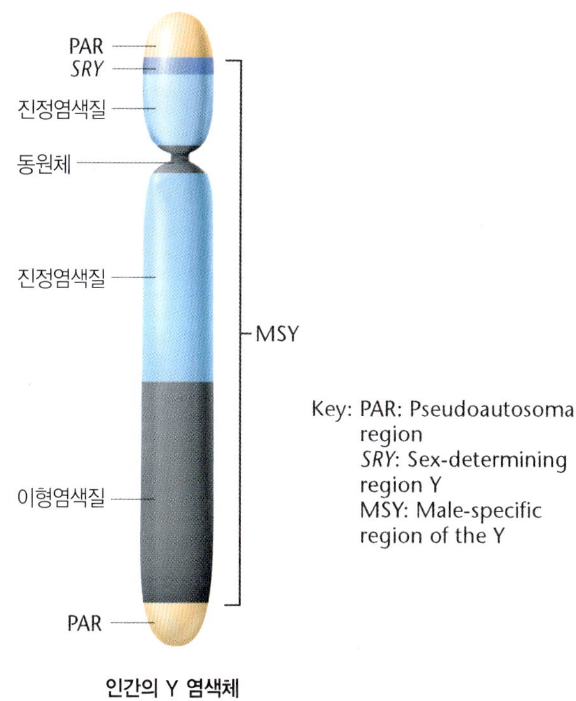

그림 5-7 인간의 Y 염색체상의 다양한 부위들.

예를 들어, 어떤 남자들은 두 개의 X를 가지고 있으나 Y 염색체를 가지지 않는 경우가 있다. 흔히, 이들은 그들의 X 염색체 중 하나에 부착된 *SRY*를 포함한 Y 염색체의 일부를 가진다. 어떤 여자들은 하나의 X와 하나의 Y 염색체를 가진다. 그들의 Y는 거의 항상 *SRY* 부분을 잃어버린 상태다. 이러한 관찰들은 *SRY*가 남성발달의 주요 신호를 제공하는 역할을 한다는 사실을 강하게 주장하는 것이다.

이러한 결론을 더욱 지지하는 것이 바로 **유전자도입 쥐**(transgenic mice)를 이용한 실험이다. 이러한 동물들은 발달하는 배아의 유전적 조성 내로 통합될 수 있는 외부 DNA를 주사한 수정란으로부터 발생한 것이다. 정상적인 쥐에서는, 사람의 *SRY*와 동등한 *Sry*를 지정하는 하나의 염색체 부위가 밝혀졌다. 정상 XX 쥐의 난자들에 쥐의 *Sry*를 포함한 DNA가 주입되었을 때 자손의 대부분이 수컷이 되었다.

광범위한 조사들에 있어서의 의문점은, 어떻게 이 유전자의 산물이 특정하게 배아의 성선 조직을 난소가 아니라 정소로 발달하게 하는가였다. 다른 상염색체상의 많은 유전자들은 *SRY*에 의해 시작되는 유전적 발현의 순차적 사건(cascade)의 일부인 것으로 믿어진다. 그러한 상염색체 유전자 하나가 사람의 *SOX9*이다. 다른 것으로는 *WT1*인데 사람의 11번 염색체에서 발견된 것으로, 원래는 윌름 종양(Wilms tumor)과 연관된 원암유전자(oncogene)로 밝혀진 것이다. 이것은 신장과 성선에 영향을 미친다. 또 다른 것으로는 *SF1*이 있는데, 이것은 스테로이드 대사에 영향을 미치는 효소의 조절에 관여한다. 쥐에서는 이 유전자가 수컷과 암컷 모두의 성선융기에서 처음 활동하며 정소형성이 분명해지는 발달 시기까지 유지된다. 이때는 그 발현이 수컷에서만 유지되고 암컷에서는 사라진다. 이러한 여러 유전자들과 성 결정 사이의 관계는 우리로 하여금 남성과 여성이 사람에서 어떻게 발달하게 되는지에 대해 좀 더 완전하게 이해할 수 있게 한다.

데이비드 페이지(David Page)와 많은 동료들에 의해 이루어진 최근의 몇몇 발견은 Y 염색체상의 MSY 부위에 대해, 논리적으로 완벽한 그림을 제공했다. 이들의 연구는 모든 염색체의 DNA를 서열화한 인간 유전체 프로젝트에서 얻어진 자료에 기초하고 있다. 페이지는 지난 수십 년간 Y 염색체에 대한 연구의 선두를 지켜왔다.

MSY는 약 23 Mb로 구성되며 3부분으로 나뉠 수 있다. 첫 번째 지역은 **X-전이부**(X-transposed region)이다. 이것은 약 15%의 MSY를 포함하며, 인류 진화과정 중(약 300만~400만 년 전)에 X 염색체로부터 유래한 것이다. 이 X-전이부는 현대의 Xq21부위와 99%의 상동성을 가진다. 두 유전자가 이 부위에 존재한다.

두 번째 지역이 **X-퇴화부**(X-degenerative region)로 표시된다. MSY의 약 20%를 포함하는 이 지역은 X 염색체에 존재하는 부분과 약간 관련이 있는 서열을 포함한다. 이 부분은 27개의 단일 사본 유전자들과 **위 유전자**(pseudogene)(그 서열이 퇴화되어 진화됨에 따라 비기능적이 된 것)들을 포함한다. X-전이부에 존재하는 유전자들과 더불어, 이 모든 것들은 X 염색체의 해당 유전자들과 상동성을 가진다. 이들 27개의 유전적 단위들은 전사될 수 있는 14 DNA 부분을 가지며 단일 사본으로 존재한다. 이들 중 하나가 이전에 논의한 *SRY* 유전자이다. 다른 X-퇴화부 유전자들은 신체의 모든 부분에서 발현되는 단백질이지만 *SRY*는 정소에서만 발현된다.

세 번째 지역은 **증폭부**(ampliconic region)라고 하며, 약 30%의 MSY로 구성되며, 정소 발달과 밀접하게 연관된 대부분의 유전자를 포함한다. 이들 유전자는 X 염색체상에 해당 유전자가 없는 것으로, 그들의 발현은 정소에 국한된다. 60개의 전사 단위가 이 지역의 9개 유전자군(gene family)으로 나뉘어 있으며 대부분은 여러 사본으로 나타난다. 각 유전자군의 구성원들은 거의 동일한(>98%) DNA 서열을 가진다. 각 반복 단위는 **증폭단위**(amplicon; 앰플리콘)라고 하며 Y 염색체의 장완과 단완 부분의 진정염색질 부위에 흩어져 있는 7개의 단편에 포함되어 있다. 증폭부의 유전자들은 정소의 발달과 기능에 특이적인 단백질들을 만들며, 이들 유전자 중 많은 것에서 나오는 산물들이 남성의 생식력(fertility)과 직접적으로 관련이 있다. 현재는 인간 집단에서 남성의 생식력 대부분이 이들 유전자의 돌연변이들과 관련될 수 있다고 믿어진다.

이 문제를 풀어보자

123페이지의 28번 문제는 상염색체상의 유전자인 *SOX9*에 관한 것이다. 돌연변이가 되면 정상적인 남성 발달을 방해하는 것으로 나타난다. 여러분은 여러 가지 관찰에 기초하여 결론을 이끌어내야 한다.

힌트: 일부 유전자들은 다른 염색체상에서 발견되는 다른 유전자들–이 경우에서는 아마도 Y 염색체상의 한 유전자일 것–의 발현 결과로 활성화되어 정상적인 산물을 생산한다.

이러한 발견들은 이 독특한 염색체에 존재하는 유전정보에 대한 해설적인 그림을 제공한다. 이러한 정보들은, 20년 전에 유행했던, 사람의 Y 염색체를 유전적으로 비어 있는 것으로 설명하는 소위 "버려진 땅" 가설을 반박한다. 이러한 지식은 어떻게 남성이 결정되는지에 대한 좀 더 명확한 그림을 제공한다. 게다가 이러한 정보는 인간 진화의 과정에서 Y 염색체의 기원에 대한 중요한 단서를 제공해 준다.

5.4 사람에서 남성과 여성의 비율은 1.0이 아니다

모양이 다른 성 염색체가 종의 한쪽 성에만 존재하는 것은 남, 녀 자손의 비를 동등하게 생산할 수 있는 기구가 된다. 이 조절력은 X와 Y(혹은 Z와 W) 염색체가 감수분열 중에 분리되어 이형배우자성인 쪽의 배우자 중 절반이 염색체 하나를, 나머지 배우자 절반이 다른 염색체 하나를 받는다는 가정에 기초하고 있다. 5.3절에서 배운 바와 같이 상동적으로 짝지어지는 작은 유사 유전자 영역이 사람의 X 염색체와 Y 염색체 모두에 존재한다. 두 가지 형태의 배우자가 수정에 있어서 동등한 성공도를 가지며, 두 성은 발생 중에 동등한 생존력을 가진다고 가정하면, 1.0의 남녀 성비가 얻어진다.

양 성들을 동등한 수로 생산하도록 하는 잠재력을 가정하고, 남성 자손들과 여성 자손들의 실제 비율이 조사되면, 이것을 **성비**(sex ratio)라고 한다. 보통 두 가지 측정 방법이 사용된다. **1차 성비**(primary sex ratio)는 집단 내에서 수태된 여아에 대한 남아의 비를 나타내는 것이다. **2차 성비**(secondary sex ratio)는 출생 당시의 비율을 반영한다. 2차 성비가 더 결정하기 쉽지만, 불균형적인 태아 사망 혹은 배아 사망을 반영하지는 못한다는 단점이 있다.

1969년, 세계 인구조사 자료에서 인류 집단의 2차 성비가 결정되었을 때, 이 비율은 정확한 1.0이 아닌 것으로 나타났다. 예를 들어, 미국의 코카서스 집단에서 이 비율은 1.06에 약간 못 미치는 것으로 나타나, 100명의 여아에 대해 약 106명의 남아가 태어나는 것으로 보였다. 1995년, 이 비율은 약간 더 떨어져 1.05가 되었다. 미국의 아프리카-미국계 집단에서 이 비율은 1.025이다. 다른 나라들에서는 남아의 출생이 이들 값보다 훨씬 높다. 예를 들어, 한국에서는 2차 성비가 1.15에 달한다.

이러한 비율에도 불구하고, 1차 성비가 1.0일 가능성이 있으며, 수태와 출생 사이에서 이 비율이 변화할 수 있다. 1.0을 초과하는 2차 성비에 대해서는 선천적으로 여아 사망률이 남아 사망률보다 더 높다고 생각할 수도 있다. 그러나 이 가설은 사실이 아닌 것으로 나타났다. 사실상 그 반대 현상이 일어난다. 1948년에 보고된 카네기 대학의 연구에 따르면, 약 6,000명의 배아와 태아가 유산이나 임신 이상으로 조사되었는데, 남아의 태아사망률이 더 높은 것으로 나타났다고 한다. 이 연구에서 얻어진 자료에는 미국의 코카서스인들에서의 1차 성비가 약 1.079인 것으로 추정되었다. 좀 더 최근의 자료들에서는 이 수치가 좀 더 높아져서 1.20과 1.60 사이인데 이것은 사람 집단에서 여아보다는 남아가 더 많이 임신된다는 것을 시사한다.

왜 1.0이라는 예상된 1차 성비와 이렇게 차이가 나는가 하는 것은 확실하지 않다. 적절한 설명을 위해서는 이론적인 비율이 기초하고 있는 다음과 같은 가정들을 조사해 보아야만 한다.

1. 분리의 법칙 때문에, 남성은 동등한 숫자의 X 포함 정자 및 Y 포함 정자를 만든다.
2. 각 형태의 정자는 동등한 생존력을 가지며 여성의 생식기관에서 동등한 운동성을 가진다.
3. 난자의 표면은 두 형태의 정자를 동등하게 받아들인다(구별하지 않는다).

이러한 가정들에 대해 직접적인 실험적 반증들이 있는 것은 아니지만 사람의 Y 염색체는 X 염색체보다 더 작으며, 따라서 무게도 더 작다. 그러므로 Y를 포함한 정자가 X를 포함한 정자보다 더 작으며 따라서 더 좋은 운동성을 보유할 가능성이 있다고 생각할 수 있다. 이것이 사실이라면 남성 접합자를 만드는 수정 사건이 증가할 것이며, 이것은 관찰된 1차 성비에 대한 가능한 설명 하나가 된다.

5.5 인간 및 다른 포유동물에서의 양적 보상은 과도한 X-연관 유전자의 발현을 억제한다

정상 여자에 존재하는 두 개의 X 염색체들과 남자에서 존재하는 한 개의 X 염색체는 두 성에서 상염색체들이 동일한 수로 존재한다는 것과 비교할 때 매우 독특한 것이다. 이론적인 바탕에서만 보면, 이러한 불균형은 모든 X-연관 유전자들에 대해 남자와 여자에서 "유전적 양(genetic dosage)" 문제를 일으킬 것으로 생각된다. 여성들은 모든 X-연관 유전자들을 두 배로 생산할 능력이 있는 것이다. 다양한 증후군들을 나타내는 남녀 모두에서의 부가적인 X 염색체들은 이러한 양적인 문제를 더욱 심각하게 나타나도록 할 것이다. 이번에는 **양적 보상**(dosage compensation)을 가능하게 하는 유전적 기작들을 증명하는, X-연관 유전자 발현을 밝힌 연구들에 대해 알아보자.

바 소체

암컷 고양이들을 이용한 머리 L. 바(Murray L. Barr)와 에와트 G. 베르트람(Ewart G. Bertram)의 연구, 그리고 키스 무어(Keith Moore)의 인간에 대한 연속적 연구는, 포유동물에서 X 염색체의 양적 불균형을 보정해 주는 유전적 기구의 존재를 증명해 주었다. 바와 베르트람은 암컷 고양이의 간기 신경세포에서 어둡게 염색되는 소체를 발견했으나 수컷 고양이의 유사세포에서는 이것을 발견할 수 없었다. 사람에서 이 소체는 여성의 구강점막 세포나 섬유아세포 등에서 쉽게 발견되지만 남성의 세포에서는 나타나지 않는다(그림 5-8). 약 1 μm 지름의, 고도로 응축된 구조는 간기 세포의 핵막에 붙어 있다. 이 구조는 DNA의 포일겐 반응(Feulgen reaction)으로 염색된다.

현재의 실험적 증거들은 **성염색질 소체**(sex chromatin body),

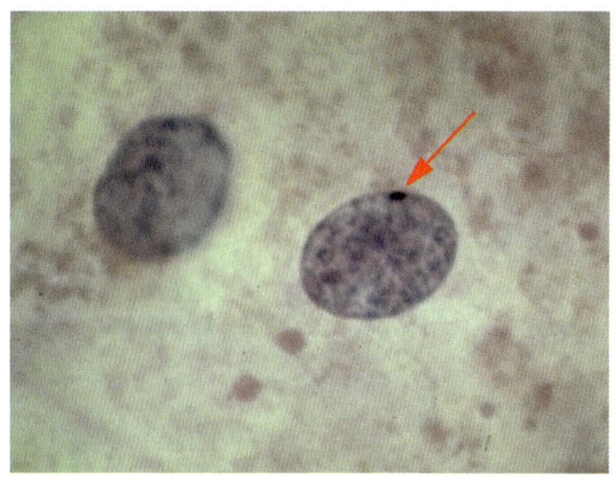

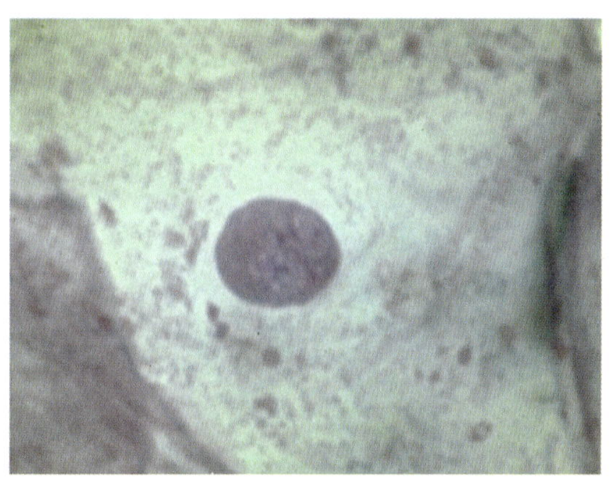

그림 5-8 바 소체(Barr body)를 형성하지 못하는 남자의 뺨 상피세포(아래)와 바 소체가 뚜렷이 드러나는 여자의 세포를 비교한 현미경 사진(위 사진에서 화살표가 바 소체를 가리킨다). 성 염색질체(sex chromatin body)라고도 불리는 이 구조물은 불활성화된 X 염색체를 나타낸다.

혹은 단순히 **바 소체**(Barr body)라 불리는 이 소체가, 불활성화된 X 염색체라는 것을 증명해 준다. 스스모 오노(Susumo Ohno)는 최초로, 바 소체가 두 X 염색체 중 하나에서 생기는 것이라고 제시했다. 이 가설은 정량적 보상에 대한 기구를 제공하는 것으로 매우 매력적인 것이었다. 여성의 세포들에서 두 X 염색체 중 하나가 불활성이라면 여성과 남성에서 발현될 수 있는 유전정보의 양은 동일할 것이다. 이 가설을 지지하는 간접적인 증거가 이 장의 초반에 설명했던 성염색체 증후군들에 대한 연구로부터 얻어졌다. 얼마나 많은 X 염색체들이 존재하든, 하나만 빼고 나머지 모든 X 염색체들은 불활성화되는 것으로 보이며, 따라서 바 소체로 나타난다. 예를 들어, 45,X 여성인 터너 증후군에는 바 소체가 없고, 47,XXY 남성인 클라인펠터 증후군에서는 하나의 바 소체, 47,XXX인 여성은 2개의 바 소체, 그리고 48,XXXX 여성은 3개의 바 소체가 나타나는 식이다(그림 5-9). 그러므로 바 소체의 수는 [*N* − *1*] 규칙을 따르며, 여기서 *N*은 존재하는 X 염색체의 수이다.

하나만 제외하고 모든 X 염색체를 불활성화시키는 이 기작은, 양적 보상에 대한 우리의 이해를 증진시키지만, 다른 문제들에 대한 우리의 인식을 더 복잡하게 한다. 그 이유는, 정상인 여자의 두 X 염색체 중 하나가 불활성화된다면, 왜 터너 증후군인 여자는 완전한 정상이 아닌가? 3중 X 혹은 4중 X 핵형(47,XXX와 48,XXXX)을 가지는 여자들은 왜 정상이 아닌가? 나아가, 클라인펠터 증후군(47,XXY)에서는 X 염색체 불활성화가 효과적으로 46,XY인 개체와 같은 상황을 만들 것인데 왜 이들 남자는 핵 내부에 존재하는 부가적인 X 염색체들에 의해 영향을 받는가 하는 문제들이 제기되기 때문이다.

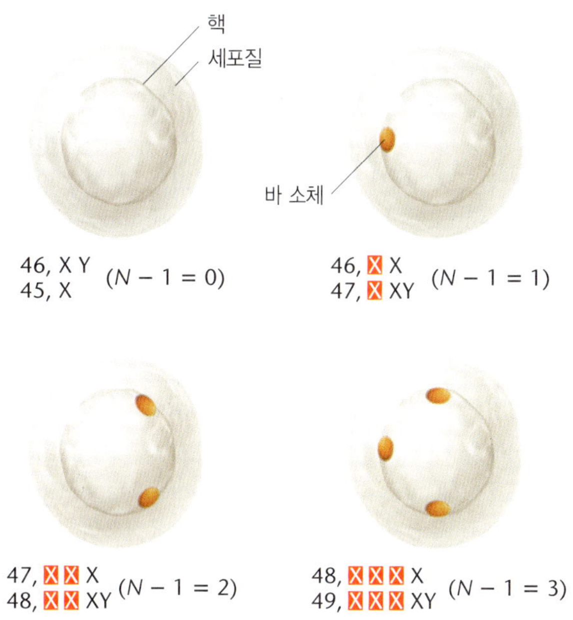

그림 5-9 사람의 다양한 핵형들의 경우에서 나타나는 바 소체. 하나를 제외한 모든 X 염색체(*N* − 1)가 불활성화된다.

한 가지 가능한 설명은, 염색체 불활성화가 생식조직으로 발달이 결정된 세포들의 매우 초기 단계에서는 일어나지 않는다는 것이다. 또 하나의 설명은 바 소체를 구성한 각 X 염색체 전체가 불활성화되지는 않는다는 것이다. 어느 가설이 옳든, 부가적인 X 염색체들의 분명한 불활성화에도 불구하고, 특정 X-연관 유전자들의 과도한 발현이 그래도 나타난다.

라이언의 가설

포유동물의 여성에서, 하나의 X 염색체는 모계 기원을 가지며, 다른 하나는 부계에서 기원한 것이다. 어느 쪽이 불활성화되나? 불활성화가 무작위적인가? 모든 체세포들에서 같은 염색체가 불활성화되는가? 1961년, 마리 라이언(Mary Lyon)과 라이엔 러셀(Liane Russell)은 독립적으로 이 같은 질문에 답하는 하나의 가설을 제시하였다. 그들은 X 염색체들의 불활성화는 배 발달 초기 어떤 시점의 체세포들에서 무작위로 일어나며 일단 불활성화가 일어나면, 모든 자손 세포들은 같은 X 염색체를 불활성화시킨다는 것이다.

이 설명은 **라이언의 가설**(Lyon hypothesis)로 불리는데, X-연관 털색 유전자에 이형접합성인 암컷 쥐의 관찰에 기초한 것이다. 이들 이형접합성 암컷들의 색소 침착은 얼룩무늬로 나타나는데, 한쪽 얼룩은 하나의 X 염색체상에 존재하는 유전자를 발현하며 다른 얼룩은 나머지 X 염색체상에 존재하는 인자를 발현한다. 실제로, 그러한 표현형적 유형은 인접한 세포 덩어리들에서 서로 다른 X 염색체들이 불활성화된다면 나타날 수 있는 것이다. 비슷한 모자이크 유형이 검은색과 연노랑 털 무늬의 거북껍질 암고양이나 캘리코 암고양이에서 나타난다(그림 5-10). 이러한 X-연관 털색 유형은 수컷 고양이에서는 나타나지 않는데 이들은 모든 세포에서 하나의 모계 X 염색체만을 가지므로 오직 하나의 X-연관 털색 대립인자만을 가지는 반접합성이기 때문이다.

라이언의 가설을 지지하는 가장 직접적인 증거는 인간 섬유아세포에서의 유전자 발현연구로부터 나왔다. 생검 시료에서 개개의 세포들이 분리되어 시험관에서 배양이 될 수 있다. 하나의 세포에서 유래한 각 배양을 **클론**(clone)이라고 부른다. **포도당-6-인산 탈수소효소**(glucose-6-phosphate dehydrogenase, G6PD)의 합성은 X-연관 유전자에 의해 조절된다. 이 유전자의 수많은 돌연변이 대립인자들이 추적되었고, 그들의 유전자 산물들은 전기영동시 이동 패턴이 달라 야생형 효소들과 쉽게 구분될 수 있다.

*G6PD*의 서로 다른 대립인자를 가진 여성의 섬유아세포들이 채취되어 연구되었다. 라이언의 가설은, 만약 발달 초기에 무작위로 X 염색체의 불활성화가 일어나고 그 모든 자손세포들에서 영원히 그 불활성화가 유지된다면, 그러한 여성들은 두 가지 형태의 클론, 즉 오로지 한 종류의 전기영동형 G6PD를 보이는 두 종류 세포를 비슷한 비율로 가질 것이라고 예상했다.

1963년, 로널드 데이비드슨(Ronald Davidson)과 그 동료들은 한 명의 이형접합성 여성에서 얻어진 14 클론을 대상으로 실험을 수행하였다. 일곱 개는 한 종류의 효소를 발현하는 것으로 나타났고 다른 일곱 개는 또 다른 형태의 효소를 발현했다. 그러므로 G6PD 돌연변이에 대한 연구들은 모계 혹은 부계 X 염색체의 무작위적이고 지속적인 불활성화를 강력하게 지지한다.

라이언의 가설은 일반적으로는 사실로 받아들여진다; 사실상, X 염색체가 바 소체로 불활성화되는 것을 그 이름을 따서 **라이온화**(lyonization)라고 부르기도 한다. 이 가설을 확장하면, 포유동물의 여성은 모든 이형접합성 X-연관 대립인자에 대해 모자이크이다–따라서 신체의 일부는 모계에서 유래한 대립인자만을 발현하고 다른 신체 부분은 부계에서 유래한 인자만을 발현한다. 두 가지 재미있는 예가 바로 **적-녹 색맹**(red-green color blindness)과 **무한성 외배엽 이형성증**(anhidrotic ectodermal dysplasia)으로, 두 가지 모두 X-연관 열성 질환들이다. 전자의 경우, 반접합성 남성들은 완전히 모든 망막세포가 색맹이다. 그러나 이형접합성인 여성들은 망막세포들이 결함 있는 색깔 인식 부위와 그렇지 않은 부분으로 모자이크를 보일 수 있다. 무한성외배엽 이형성증에 반접합성인 남성은 이가 없으며 머리털이 드물고 땀샘이 결여되어 있다. 이 질환에 이형접합성인 여성의 피부는 땀샘을 가진 조직과 그렇지 않은 부분이 무작위로 나타난다. 양쪽 예들에서, 이형접합성인 여성의 초기 발생에서 X 염색체들 중 하나의 무작위적 불활성화가 이러한 현상을 나타나게 한다.

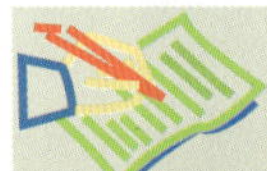

이 문제를 풀어보자

124페이지의 32번 문제는 최초의 복제 고양이인 카본 카피(CC)에 관한 것이다. 이것은 캘리코 고양이의 체세포 핵에서 유래된 것이다. 여러분은 CC가 그의 유전적 공여자와 동일하게 보일 확률에 대해 논하라.

힌트: 공여자의 핵은 성체 고양이의 분화된 난소세포에서 유래한 것이고 그 자체는 오직 하나의 X 염색체를 이미 불활성화시킨 상태다.

불활성화의 기작: 각인

라이언의 가설에서 가장 이해되지 못하는 부분이 바로 포유류에서의 염색체 불활성화 기작이다. 어찌되었든, 포유동물 여성의 X

(a)

(b)

그림 5-10 캘리코 고양이(a)에서는 오렌지색 털과 검은색 털이 무작위로 분포하는데 이것은 라이언의 가설(Lyon hypothesis)을 입증한다. 거북 껍질 고양이(b)로부터 캘리코를 구분 짓는 흰털 부위들은 다른 유전자(*S*) 때문이다.

염색체들 중 하나(혹은 그 이상)에서 DNA나, 그에 부착되는 히스톤 단백질들이 변형되어 그 염색체를 구성하는 대부분의 유전자들이 불활성화(silenced)된다. 어떤 변형이든, 연속된 염색체 복제와 세포분열에도 같은 염색체가 불활성화된 채로 남아 있게 하는 방식으로 기억이 만들어진다. 이렇게 한쪽 상동체의 유전자는 발현되지 않고 다른 나머지 상동체의 유전자만 발현되도록 하는 과정을 **각인**(imprinting)이라고 한다. 이 용어는 유전자 발현이 후성적으로(epigenetically) 변형되는 여러 경우에 적용된다.

최근의 연구들은 이러한 문제를 규명하기 시작했다. 사람의 X 염색체 중에서 한 부분은 **X-불활성화 센터**(X-inactivation center, Xic)라고 불리며 이것이 바로 주요 조절 단위이다. 염색체 단완(p arm)의 말단에 위치한 이 부분의 유전적 발현은 불활성화되는 X 염색체에서만 일어난다. Xic의 발현과 X 염색체 불활성화의 일치된 관계가 이 부분이 불활성화 과정에서 중요한 유전적 요소라는 결론을 지지한다.

Xic는 약 1 Mb(10^6 염기쌍) 길이로 4개의 유전자를 포함한다. 이들 중 하나인 ***XIST(X-inactive specific transcript)***가 현재는 가장 중요한 것으로 믿어진다. 쥐에서도 역시 상동 부위(Xic)와 유전자(*Xist*)가 존재하는데, 이를 대상으로 대부분의 연구가 이루어져 왔다. 쥐의 *Xist* 유전자에 의해 전사되는 RNA에 대해 몇 가지 재미있는 관찰이 이루어졌다. 하나는, 이 RNA 산물이 상당히 큰데도 소위 **ORF**(open reading frame)라고 불리는, 단백질로 번역되는 부분이 결여되어 있다는 것이다. 그러므로 이 RNA는 번역되지는 않는다. 그러나 대신 핵 안에서 아마도 염색체 불활성화에 구조적 역할을 하는 것으로 생각된다. 이러한 발견은 *XIST*와 *Xist* 유전자의 이 RNA 산물이 X 염색체를 넓게 에워싸서 어떤 종류의 분자 "우리(cage)"로 작용하여 불활성화를 일으키는 것이라는 믿음을 불러일으킨다.

둘째는, *Xist*의 전사가 모든 X 염색체에서는 처음에는 매우 낮은 수준으로 일어난다는 것이다. 그러나 불활성화가 일단 시작되면, 전사는 불활성화된 X 염색체들에서만 지속적으로 증폭된다. 1996년, 그레미 페니(Graeme Penny)가 이끄는 연구팀이 *Xist*의 전사가 이 염색체 불활성화에 매우 중요하다는 증거를 제공하였다. 이들 연구자들은 표적 결실(7 kb)을 이 유전자에 도입할 수 있었다. 결과적으로 이 돌연변이를 포함하는 염색체는 불활성화되지 못했다.

몇 가지 의아한 질문이 남는데, 첫째는 둘 이상의 X 염색체를 가지는 세포에서 어떠한 종류의 "계산" 기구가 하나만 남기고 나머지 염색체들을 불활성화되도록 지시하는가? 하는 것과, 둘째로는 무엇이 활성인 염색체의 *Xist*가 전사되지 않도록 Xic를 "억제"하는가?, 셋째로, 어떻게 동일한 염색체 혹은 염색체들의 불활성화가 라이언 가설이 요구하는 대로 자손세포에서도 그대로 유지되는가? 하는 것이다. 불활성화 신호는 세포가 분열할 때 어떻게든 안정적으로 남아 있어야만 할 것이다. 이들 질문에 대한 해답이 어떻든, 우리는 포유동물들에서 어떻게 정량적 보상이 확립되는지를 이해하는 단계로 흥미로운 발걸음을 뗀 셈이다.

5.6 초파리에서 성은 상염색체에 대한 성 염색체의 비율로 결정된다

노랑 초파리(*Drosophila melanogaster*)(와 여러 초파리종)에서의 수컷이나 암컷은 일반적으로 사람과 같은 성 염색체 조성(수컷은 XY이고 암컷은 XX이다)을 가지기 때문에, 우리는 이 Y 염색체가 이들 파리에서도 웅성(maleness)을 일으킬 것으로 추측하기 쉽다. 그러나 1916년 캘빈 브리지스(Calvin Bridges)의 멋진 실험은 이것이 사실이 아님을 보여주었다. 그는 상당히 여러 가지의 염색체 조성을 가진 파리들을 연구하여 Y 염색체는 이 생물의 성 결정에 참여하지 않는다는 결론을 내렸다. 브리지스는 X 염색체들과 상염색체들이 함께 성 결정에 참여한다는 제안을 내놓았다. Y 염색체가 결여된 선충류인 예쁜꼬마선충(*C. elegans*)에서 성 염색체들과 상염색체들이 모두 성 결정에 필수적인 것이었음을 기억할 것이다.

사람과 초파리에서의 성 결정 기구의 가장 두드러진 차이는 XXY와 XO 성 염색체 조합에 관계된 것이다. 사람에서 발견된 바와는 대조적으로, 브리지스는 XXY 파리들은 정상적인 암컷이고 XO 파리들은 불임성 수컷임을 발견했다. XXY 파리들에서 Y 염색체의 존재는 웅성을 유도하지 못했으며, XO 파리에서의 Y 염색체 부재가 여성화를 이끌어내지는 못한다. 이들 자료로부터 그는 초파리에서의 Y 염색체에 웅성 결정요소가 결여되어 있으나, XO 수컷이 불임인 것으로 보아 웅성 생식력에 필수적인 유전적 요소를 포함하고 있다는 결론을 내렸다.

브리지스는 염색체의 반수체 조성을 3 복사체로 가지는 삼배성 암컷($3n$)의 자손들을 연구함으로써 초파리에서의 성 결정 양식을 규명할 수 있었다. 초파리는 반수체 수가 4이므로 성 염색체 쌍과 3쌍의 상염색체들을 가진다. 삼배성 암컷들은 분명히 드물게 생기는 이배성 난자가 정상 반수체 정자에 의해 수정됨으로써 생긴다. 삼배성 암컷들은 약간 큰 몸체에 조악한 강모와 눈을 가지지만 생식할 수 있다. 각 염색체들의 수가 홀수(3)이므로, 감수분열 중에는 대다수의 염색체들이 여러 종류의 비정상 염색체 조성을 가진 자손을 만드는 배우자들로 분산되어 들어간다. 성적 표현형들, 염색체 조성, 그리고 브리지스의 설명 사이의 관계가 그림 5-11에 나타나 있다.

브리지스는 성 결정에서 필수적인 요소가 상염색체(A) 반수세트에 대한 X 염색체들의 비율이라는 것을 깨달았다. 정상적인 (2X:2A) 상태와 삼배성(3X:3A)인 암컷들은 각각 그 비율이 1.0이고 둘 다 암컷이 된다. 이 비율이 1을 초과하는 (3X:2A 혹은 1.5가 되는) 경우 소위 **초자성**(superfemale)이 나온다. 이러한 암컷은 다소 약하고 불임성이며 감소된 생존력을 가지므로 이제는 **변이자성**(metafemale)이라는 말로 불린다.

정상적인 (XY:2A)와 불임인 (XO:2A) 수컷은 각각 1:2 혹은 0.5의 비율을 가진다. 이 비율은 XY:3A 수컷에서 1:3 혹은 0.33으로 감소되면 불임성인 **변이웅성**(metamale)이 생긴다. 브리지스에 의해 얻어진 다른 초파리들은 X:A 비율이 0.5와 1.0 사이에 존재하기도 한다. 이들 파리는 일반적으로 크고 다양한 표현형적 이

그림 5-11 초파리의 염색체 구성. 상염색체 세트에 대한 X 염색체들의 비율과 그에 따른 성 형태. 참고로 정상 이배체 수컷의 염색체 구성(XY/2A)은 왼쪽에 나타냈다.

정상 이배체 수컷

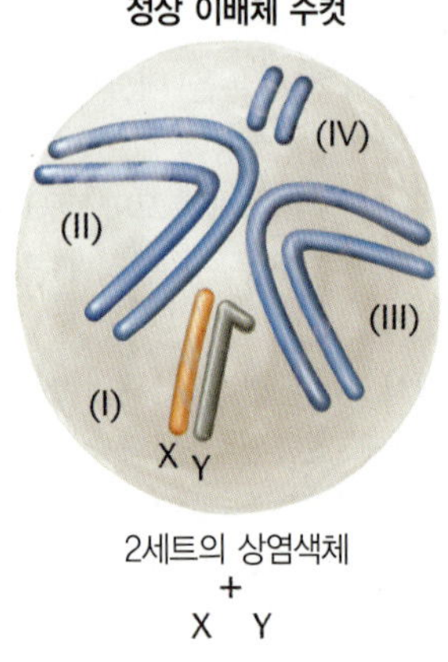

2세트의 상염색체
+
X Y

염색체 조성	염색체의 양식	상염색체 세트에 대한 X 염색체의 비율	성별 형태
	3X/2A	1.5	변이 암컷
	3X/3A	1.0	암컷
	2X/2A	1.0	암컷
	3X/4A	0.75	간성
	2X/3A	0.67	간성
	X/2A	0.50	수컷
	XY/2A	0.50	수컷
	XY/3A	0.33	변이 수컷

상 및 부수적인 양성 생식기를 나타냈다. 그들은 모두 불임이고 수컷과 암컷 모두의 표현형을 나타내므로 **간성**(intersex)으로 표기된다.

브리지스의 결과들은 초파리에서 수컷으로 발달시키는 요소가 성 염색체상에 존재하지 않고 대신 상염색체상에서 발견됨을 시사한다. 그러나 몇몇 암컷 결정인자들은 X 염색체상에 존재한다. 그러므로 1차 성 결정과 관련하여 하나씩의 상염색체와 하나의 Y 염색체를 가지는 수컷의 배우자들은 수컷 자손들이 되는데, 이것은 Y 염색체가 존재하기 때문이 아니라 두 번째 X 염색체가 없기 때문이다. 이런 성 결정 양식은 **유전적 균형 이론**(genic balance theory)으로 설명된다. 브리지스는 웅성에 대한 역치는 X:A 비율이 1:2(X:2A)일 때 이루어지지만 부가적인 X의 존재(XX:2A)가 이 균형을 바꾸고 따라서 암컷으로 분화시키게 된다고 제안했다.

많은 돌연변이 유전자들이 초파리에서 성 결정에 관여하는 것으로 밝혀졌다. 열성 상염색체성 유전자인 *transformer*(*tra*)는 50년 전에 알프레드 H. 스터트번트(Alfred H. Sturtevant)에 의해 발견된 것으로 단일 상염색체 유전자가 성 결정에 중대한 영향을 미칠 수 있음을 보여준다. *tra*에 동형접합성인 암컷은 불임인 수컷으로 성이 전환되지만 동형접합성인 수컷은 영향을 받지 않는다.

최근에 알려진 또 다른 유전자 *Sex-lethal*(*Sxl*)도 결정적인 역할을 하는 것으로 보이는데, 성 결정에 "주 변환기(master switch)"로 작용한다. X-연관성 *Sxl* 유전자의 활성화는 상염색체에 대한 X 염색체의 비가 1.0이라는 것에 의존적인데, 암컷의 발달에 필수적이다. 예를 들어, 활성화의 부재는 X:A비가 0.5인 경우에 나타나며 이때엔 수컷의 발달이 일어난다. 흥미로운 것은 *Sxl* 유전자의 불활성화를 초래하는 돌연변이는 암컷 배아를 죽이지만 수컷 배아에는 영향이 없는데, 이것은 이미 설명한 이 유전자의 역할에 부합하는 것이다. 어떻게 이 비율이 *Sxl* 좌위에 영향을 미치는지는 아직도 명확하지 않지만, 이 질문에 대한 몇 가지 통찰을 제공한다. *Sxl* 좌위는 유전자 발현 체계의 일부로 다른 유전자들, 즉 위에 언급한 *tra*, *dsx*(*doublesex*) 및 다른 유전자들을 조절한다. 야생형의 *tra* 대립인자는 암컷에서만 *Sxl* 유전자 산물에 의해 활성화되고 이것이 다시 *dsx* 발현에 순차적으로 영향을 미칠 수 있다. 어떻게 *dsx* 유전자의 첫 RNA 전사체가 처리되느냐에 따라 dsx

단백질은 수컷이나 암컷에 특이적인 유전자들을 활성화할 수 있다. 이러한 순차적 조절(cascade)의 각 단계들은 **RNA 스플라이싱**(RNA splicing)이라고 하는 과정을 요구하며 여기에서 RNA 조각들이 단백질 번역에 앞서 "이어붙이기"된다. *Sxl* 유전자의 경우 그 전사체는 여러 가지 다른 형태로 이어붙이기 될 수 있고 이러한 현상을 **교체 스플라이싱**(또는 선택적 접합, alternative splicing)이라고 한다. 서로 다른 두 개의 RNA 전사체가 암컷과 수컷에서 각각 한 유전자에 의해 생산될 수 있다. 암컷이 되려고 하는 경우 이 전사체는 활동적이고 유전자 발현의 순차적 조절을 시작하도록 하여, 궁극적으로 암컷의 발달을 유도한다. 수컷이 되려고 하는 경우, 이 전사체는 불활성이며 따라서 수컷의 분화가 일어나도록 한다.

5.7 온도의 변화는 파충류에서의 성을 결정한다

우리는 이 장을 환경, 특히 온도가 성 결정에 심각한 영향을 미치는 파충류들에 관한 예를 다루는 것으로 마치고자 한다. 이러한 정보를 이끌어낸 연구들은 이전의 어떤 연구들보다도 성 결정의 1차적 기초에 대한 사실들을 잘 드러내 준다.

많은 파충류에서 성은, 이미 언급했던 다른 생물들에서와 마찬가지로 수태 당시의 성 염색체의 조성에 의하여 미리 결정이 된다. 예를 들어, 독사를 포함하여 많은 종류의 뱀들에서 ZZ/ZW 양식이 효과를 발휘하며 암컷이 이형배우자 성이다. 그러나 보아뱀과 비단뱀(python)에서는 양쪽 성에서 성 염색체를 구분할 수 없다. 도마뱀에서는 XX/XY와 ZZ/ZW 체계 둘 다 발견되는데, 종에 따라 다르다. 모든 악어, 대부분의 거북이, 몇몇 도마뱀을 포함한 다른 파충류들 종에서 성 결정은 배 발달 중의 결정적 기간(임계기간) 동안의 알의 부화온도에 따라 결정된다.

재미있게도, 세 가지 뚜렷한 온도 의존성 성 결정 양식이 드러나는데, 그림 5-12와 같은 것들이다. 처음 두 가지에서는, 낮은 온도가 100% 암컷을, 그리고 높은 온도에서는 100% 수컷을 결정하거나(case I), 단지 그 반대인 상황이 발생한다(case II). 세 번째 양식(case III)에서는 낮거나 높은 온도는 100% 암컷을 만드는 반면, 중간의 온도는 다양한 정도로 수컷을 생산한다. 세 번째 양식은 다양한 종류의 악어, 거북이, 그리고 도마뱀들에서 나타난다. 물론 이들 종 중 다른 구성원에서는 다른 성 결정 양식이 나타나기도 한다.

두 가지 관찰에 주목할 필요가 있는데, 첫째는 세 가지 양식 중 어떤 온도에서는 암컷과 수컷 모두가 발생한다는 것이고, 둘째는 핵심온도(pivotal temperature, T_p)는 비교적 좁아서 보통 5°C 안쪽인데 때로는 1°C에 머무는 경우도 있다: 이들 관찰에 의해 야기되는 주요 질문은 온도에 의해 영향 받는 대사적 혹은 생리 활성 인자들은 무엇인가? 하는 것이다.

답은 스테로이드들과(주로 에스트로겐) 이들의 합성에 관계되어 있는 효소들이다. 연구에 따르면 에스트로겐, 안드로겐, 그리고 이들의 합성을 조절하는 효소들에 대한 온도의 효과가 난소와 정소의 성 분화에 관여하고 있음을 분명히 보여준다. 특히 한 가지 효소인 아로마테이즈(aromatase)는 안드로겐(테스토스테론과 같은 남성호르몬)을 에스트로겐(에스트라디올과 같은 여성호르몬)으로 바꿔준다. 이들 효소의 활성은 성 분화 활성에 따른 경로와 관련되어 있으며 난소 발달에 있어서는 높게, 정소 발달 때는 낮게 유지된다. 클로드 퓨(Claude Pieau)와 그 동료들을 포함한 이 분야의 연구자들은 열감수성 요소가 파충류의 아로마테이즈 유전자 전사를 매개하여 온도-의존성 성 분화를 이끌 것이라고 제안하고 있다. 몇 가지 다른 유전자들도 이 매개과정에 참여하는 것으로 보인다.

성 분화에 있어서 성 스테로이드의 개입은 새, 물고기 및 양서류에서 보고되고 있으며, 따라서 에스트로겐에 의한 성 결정 양식은 비포유류 척추동물의 특징인 것으로 보인다. 이와 같은 시스템의 조절은 많은 파충류에서는 온도 의존적인 반면, 많은 다른 생물체에서는 성 염색체(XX/XY 혹은 ZZ/ZW)에 의해 이루어진다.

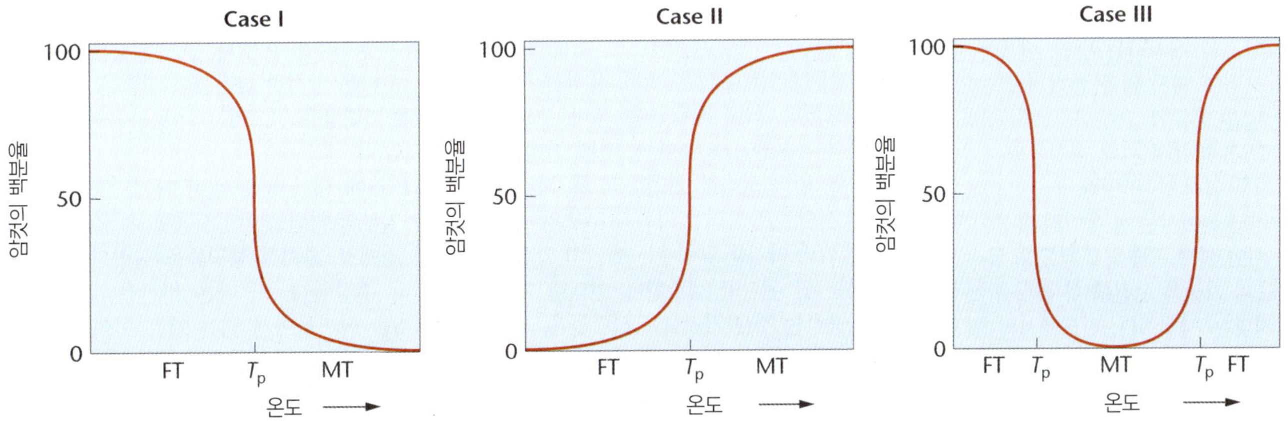

그림 5-12 파충류에서의 3가지 온도 의존성 성 결정(temperature-sensitive sex determination, TSD) 양식들. 상대적으로 중요한 온도인 T_p(pivotal temperature)가 배 발달의 결정적 과정에서 중요하게 작용한다. (FT = 암컷 결정 온도; MT = 수컷 결정 온도).

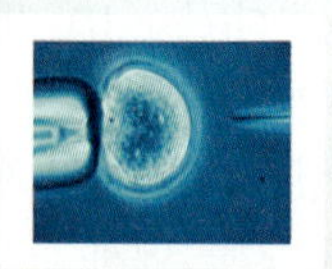

유전학, 기술, 그리고 사회

성별의 문제: 사람에서의 성 선택

아기의 성을 선택하려는 욕망은 널리 퍼져 있는 인간이 본성이다. 지금까지 사람들은 그들의 자손에서 자신들이 선호하는 성을 선택하려는 다양하고도 기괴한 방법들을 사용해왔다. 중세 유럽에서는 예비 부모들이 침대 밑에 망치를 두면 아들을, 가위를 두면 여자 아이를 임신하는 데 도움을 준다고 믿었다. 오른쪽 고환의 정자는 아들을 만들고 왼쪽 고환의 정자는 딸을 만든다는 고대의 믿음에 기초한 관습도 있었다. 고대 그리스의 남자는 성교 시에 남아를 임신시키기 위해 오른쪽으로 눕곤 했다. 18세기에 이르러서도 유럽 사람들은 아들 상속자를 얻기 위해 왼쪽 고환을 묶어버리곤 했다.

몇몇 문화에서는 자손의 성을 조절하려는 노력이 더 어두운 면을 가지고 있는데 여아살해가 그것이다. 고대 그리스에서는 여자 아이의 살인이 너무나 흔해서 일부지역에서는 남아:여아의 비가 4:1에 육박하기도 했다. 어느 사회에서는 심지어 현재까지도 여아 살해가 행해진다. 인도의 일부 시골에서는 1990년대에 이르기까지 수백의 가족들이 이러한 관습을 받아들인다고 보도되었다. 1997년, 세계보건기구(World Health Organization)는 중국에서 여아에 대한 정부의 무관심 때문에 5,000만 명 가량의 여자들이 사라진 것으로 보이는 인구자료를 보고했다. 여아 살해의 관습은 가난과 오래된 전통에서 생긴다. 이러한 문화에서는 아들이 일을 하며 수입과 안전을 제공하는 반면, 딸들은 수입에도 보탬이 되지 않을 뿐더러 그들의 결혼에 많은 혼수가 요구되기 때문이다. 이러한 조건 하에서는 왜 여성들의 지위가 낮은지를 쉽게 알 수 있다.

최근 들어서는 성 특이적 유산이 전통적인 여아 살해 관습을 대체했다. 양수검사와 초음파 기술은 산전에 성 결정을 제공하는 수지맞는 사업이다. 인도에서의 연구들은 수십만 명의 태아들이 여아라는 이유로 유산된다고 한다. 성 특이적 유산의 결과로 1991년 인도의 남자:여자의 비율은 1000:927이었다. 일부 북쪽 지역에서는 이 비율이 1000:600에 이르기도 했다. 비록 성 결정과 여아의 선택적 유산이 1990년대 중반에 인도와 중국에서 불법화되기는 했지만 이 관습은 계속되는 것으로 생각된다.

서부 산업국가에서는 유전학과 생식 기술의 발달로 착상 전에 아이의 성을 선택할 수 있는 방법을 부모들에게 제공한다. 시험관 수정을 거쳐 배아들은 성별 검사를 받는다. 성 선택된 배아들만이 착상된다. 성 선택의 가장 간단하고 안전한 방법은 착상 전 성 선택(preimplantation gender selection, PGS)으로, X를 함유한 정충과 Y를 함유한 정충을 분리하는 것이다. 현재까지 고안된 유일하게 효과적인 PGS는 그들의 DNA 양에 기초한 정자의 분류법을 포함하고 있다. 서로 다른 X와 Y 염색체의 크기 때문에, X를 포함한 정자는 Y 정자보다 2.8~3.0%의 DNA를 더 포함하고 있다. DNA의 형광 염색으로 처리한 정자 시료가 형광활성 세포분류기(fluorescence-activated cell sorter, FACS)에서 레이저 광선을 통과해 홈을 지나가게 된다. 이 기계는 DNA 형광성의 강도에 기초하여 정자를 두 부류로 분류한다. 이 기술을 사용하면 인간의 정자는 X나 Y 염색체 부류들로 분류될 수 있으며 각각 85%와 75% 정도까지 농축될 수 있다. 분류된 정자들은 표준적인 자궁내 수정에 사용된다. Genetics & IVF 사(버지니아 페어팩스)는 FDA에서 승인된 임상 시도에 현재 이 방법을 사용 중이다. 2002년 1월 현재, 419건의 임신이 이 방법으로 이루어졌다. 이 회사는 약 80%의 성공률로 원하는 성을 얻을 수 있다고 보고했다.

이 PGS는 수많은 법적, 윤리적 논란을 일으켰다. 어떤 사람들은 예비 부모들이 기본 출산권과 더불어 성 선택 기술을 사용할 법적 권리를 가진다고 생각한다. 다른 사람들은 이러한 자유가 부모의 명세서에 따라 아기를 맞춰주는 데까지 확장되어서는 안 된다고 생각한다. 이러한 기술을 사용하는 것을 지지하는 사람들은, 자손들이나 사회에 대한 잠정적인 위험보다 이득이 더 많다고 말한다. PGS의 의료적 사용은 분명히 이로운 예다. 혈우병이나 뒤센타입의 근무력증과 같은, X-연관성 질환을 전달할 위험에 있는 사람들은 이제 이러한 병을 표현하지 않는 딸을 골라 임신함으로써 더 많은 기회를 가질 수 있다. 500가지 이상의 X-연관 질환들이 밝혀지고 있고 이들은 약 1,000명당 한 명꼴로 발현된다. PGS는 그러한 가족들의 고통을 훨씬 감소시킬 수 있을 것이다.

점점 더 많은 사람들이 PGS를 비의료적 목적으로, 즉 가족의 "균형"을 맞추기 위해 사용한다. 의도적으로 자손의 성을 고를 수 있는 능력은 인구 과밀을 막고 원하는 성의 자손을 얻기 위해 계속적으로 출산을 하는 데 따른 경제적 비용을 감소시킨다. 어떤 경우에서는 PGS가 여아의 유산을 감소시킨다. 또한 PGS는 아기를 좀더 "원하는" 상황을 만듦으로써 아이와 부모 모두의 행복을 증진시킬 수도 있다.

한편, 다른 사람들은 PGS가 개인이나 공공의 선(善) 어느 것도 만족시키지 못한다고 주장한다. PGS는 한 성이 다른 성보다 우월하다는 생각에 기초한 성 차별적인 것이며 아기를 성에 결부시키는 것을 더 증가시킬 것이라는 주장이다. 어떤 이들은 PGS를 많이 사용하는 것이 성 차별과 성비 불균형을 더욱 증가시킬 것으로 걱정한다. 혹자는 성 차별주의가 성비에 따른 것이 아니며 남자와 여자에 대한 경제적 질의 척도나 교육을 통해 다루어져야 한다고 느낀다. 서방국가들에서 현재까지의 경험은 성비 불균형이 PGS로 인한 것이 아님을 제시한다. 미국에서 PGS를 사용한 절반 이상의 부부들이 여아를 원했다. 그러나 몇몇 아시아 국가들에 퍼진 PGS는 좀 더 문젯거리일 수 있다. 인도나 중국은 이미 수많은 장성한 남자들이 결혼을 할 수 없는 부작용을 일으키는 성비 불균형을 겪고 있다.

PGS에 대한 몇몇 비판자들은 이 기술을 일부의 사람들만이 사용할 수 있게 되면 경제적, 사회적 불평등을 심화시킬 것이라 주장한다. 또 다른 비판은 우리가 PGS를 받아들이게 되는 것은 아이를 좀 더 사회적으로 받아들이기 쉬운 형질을 가지도록 하는(예를 들어, 피부색 등) 다른 유전적 조작을 받아들이는 문을 여는 것이 될 것으로 우려한다. PGS가 사회 전반에 미치는 전체 영향을 예측하는 것은 어려운 일이지만, 이제 이러한 성 선택의 마술사는 병 밖으로 나와 다시는 병 안으로 들어가려고 하지 않을 것이다.

참고문헌

Sill, E. S., Kirman, I., Thatcher, S.S.III, and Palermo, G.D. 1998. Sex-selection of human spermatozoa: Evolution of current techniques and applications. *Arch. Gynecol. Obstet.* 261:109-115.

Robertson, J. A. 2001. Preconception gender selection. *Am J. Bioethics* 1:2-9.

웹 사이트

Microsort technique, Genetics & IVF Institute, Fairfax, Virginia. **http://www.microsort.net**

Female Infanticide, Gendercide Watch. **http://www.gendercide.org/case_infanticide.html**

단원 요약

1. 유성 생식은 궁극적으로 성분화에 의존하며, 이것은 성 결정 기작의 다양성에 의해 이루어진다.
2. 성 분화의 유전적 기초는 종종 두 성 간의 서로 다른 염색체 조성과 관계된다. 이형배우자를 만드는 성은 하나의 염색체가 결여되어 있거나 혹은 Y 염색체나 W 염색체라고 불리는 독특한 이형염색체를 포함한다.
3. 사람에서는 변화된 성염색체 조성을 가진 사람들에 대한 연구로, Y 염색체가 남성의 분화를 일으킨다는 것이 밝혀졌다. Y 염색체의 부재는 여성의 분화를 일으킨다. 초파리에서의 이와 유사한 연구는 Y 염색체의 이러한 역할을 배제시키며, 대신에 Y 염색체와 상염색체 간의 숫자적 균형이 중요한 요소임을 증명해 주었다.
4. 사람에서의 수태 시 1차 성비는 남성이 더 높다. 배아와 태아의 발달과정에서 남성의 사망률이 여성의 사망률보다 더 높다. 출생 시의 2차 성비는 그래도 남성이 약간 더 높게 나타난다.
5. 양적 보상 기구(dosage compensation mechanism)는 오직 하나의 X 염색체만을 가지는 남성과 비교하여 2개의 X 염색체를 가지는 여성에서 X-연관 발현을 제한한다. 포유류에서의 보상은 발달 초기에 모계 혹은 부계의 X 염색체를 불활성화시킨다. 이 과정에 의해 여성의 체세포에서 바 소체가 나타난다.
6. 라이언의 가설은, 발달 초기에 모계 혹은 부계의 X 염색체가 무작위로 불활성화되며, 각 세포의 후손들은 모두 같은 X 염색체를 불활성화시키게 된다고 주장한다. 그러므로 포유류의 암컷은 그들의 이형접합성 X-연관 대립인자들에 관해서는 유전적인 모자이크로 발생하게 된다.
7. 많은 파충류들에서, 배 발생 단계 중 임계 시기의 부화 온도가 종종 성 결정을 일으킨다. 온도는 성 분화와 관계된 스테로이드의 대사에 관여하는 효소들의 활성에 영향을 미친다.

주요 용어

1차 성비(primary sex ratio)
2차 성비(secondary sex ratio)
47,XXX
47,XYY
RNA 스플라이싱(RNA splicing)
X-불활성화 센터(X-inactivation center, Xic)
X-불활성화 특이 전사체(*X-inactive specific transcript, XIST*)
Y 염색체(Y chromosome)
Y의 남성 특이 영역(male-specific region of the Y, MSY)
*Y*의 성결정 영역(*sex-determining region Y, SRY*)
ZZ/ZW
각인(imprinting)
간성(intersex)
개방 해독틀(open reading frame, ORF)
대체 스플라이싱(alternative splicing)
단성의(unisexual)
동형배우자(isogamete)
동형배우자를 만드는 성(homogametic sex)
동형배우자성(isogamous)
성 결정의 라이가이우스 양식(*Lygaeus* mode of sex determination) (XX/XY)
라이온 가설(Lyon hypothesis)
라이온화(lyonization)
무한성 외배엽 이형성증(anhidrotic ectodermal dysplasia)
바 소체(Barr body)
변이웅성(수컷, metamale)
변이자성(암컷, metafemale)
비분리(nondisjunction)
성 결정의 프로테노 양식(*Protenor* mode of sex determination) (XX/XO)
성 염색질체(sex chromatin body)
성 염색체(sex chromosomes)
성비(sex ratio)
암수딴몸(자웅이체, gonochoric)
앰플리콘(증폭단위, amplicon)
양성의(bisexual)
양적 보상(dosage compensation)
위유전자(pseudogenes)
유사상염색체 영역(pseudoautosomal regions, PARs)
유전적 균형 이론(genic balance theory)

유전자도입 쥐(transgenic mice)
이형 염색체(heteromorphic chromosomes)
이형배우자를 만드는 성(heterogametic sex)
자웅동주(monoecious)
자웅동체의(hermaphroditic)
자웅이주(dioecious)
적녹 색맹(red-green color blindness)
정소 결정인자(testes determing factor, TDF)
착상 전 성선택(preimplantation gender selection, PGS)
클라인펠터 증후군(Klinefelter syndrome) (47,XXY)
클론(clone)
터너 증후군(Turner syndrome) (45,X)

통찰과 해법

1. 초파리에서 X 염색체들이 서로 달라붙어서 ($\hat{XX}$) 늘 같이 몰려다니는 수가 있다. 어떤 초파리들은 이렇게 달라붙은 X 염색체와 Y 염색체를 포함한다.
(a) 그러한 초파리의 성은? 왜 그렇게 되는지 설명하라.
(b) 주어진 답에서, 이러한 초파리와 정상적인 반대 성의 초파리를 교배했을 때 나오는 자손의 성비는?
(c) 이들 자손이 서로 교배를 했다면 결과는?

해법:
(a) 초파리는 암컷이다. 상염색체 쌍에 대한 X 염색체의 비가 1.0이므로 정상적인 암컷 초파리가 생긴다. 초파리에서 Y 염색체는 성 결정에 영향을 미치지 않는다.
(b) 모든 초파리들이 두 개의 상염색체 세트를 가진다. 그러나 각 자손들은 다음과 같은 성 염색체 조성 중 하나를 가지게 된다.
① $\hat{XX}$X → 3염색체성인 초자성(metafemale) 개체
② $\hat{XX}$Y → 모계와 같은 암컷
③ XY → 정상 수컷
④ YY → 발달하지 못함.
(c) 부착 X 염색체를 가지는 암컷이 세대를 통하여 유지되는 순계가 형성될 것이다.

2. 세포 표면의 항원인 Xg는 X 염색체상의 유전자에서 암호화된다. Y 염색체상에는 이와 동등한 인자가 없다. 이 유전자의 공우성 대립인자들이 발견되었는데, *Xg1*과 *Xg2*이다. 유전자형이 *Xg2*/*Xg2*인 여자가 유전자형이 *Xg1*/Y인 남자와 결혼하여 유전자형이 *Xg1*/*Xg2*/Y인 클라인펠터 증후군 아들을 낳았다. 적당한 유전용어를 사용하여 어떻게 이러한 개체가 생겨났는지 간단히 설명하라. 부모의 어느 쪽에서, 그리고 감수분열 어디에서 실수가 발생했는가?

해법: 클라인펠터 증후군인 아들의 유전자형이 *Xg1*/*Xg2*/Y이므로, *Xg1* 대립인자와 Y 염색체를 그의 아버지로부터 받았음이 틀림없다. 그러므로 비분리 현상은 아버지의 감수분열 I기 중에 발생한 것이다.

연습문제 및 토론문제

1. 성 결정과 관련하여, (a) 동형성(homomorphic)과 이형성(heteromorphic) 염색체가 뜻하는 바는 무엇인가?; (b) 동형배우자성(isogamous)과 이형배우자성(heterogamous) 생물체가 뜻하는 바는?
2. 옥수수 같은 식물과 예쁜꼬마선충과 같은 동물의 생활사를 비교해 보라.
3. 클라미도모나스, 옥수수, 그리고 예쁜꼬마선충의 생활사에서 성 분화의 역할에 대해 논하라.
4. 성 분화(sexual differentiation)와 성 결정(sex determination) 개념을 구별해 보라.
5. 성 결정에서 프로테노(*Protenor*) 양식과 라이가이우스(*Lygaeus*) 양식을 비교하여라.
6. 초파리와 사람의 성 결정에 있어서의 주요 차이점을 설명하라.
7. 어떤 특이적 관찰(증거)이, 초파리와 사람의 성 결정에 대해 여러분들이 내린 결론을 지지하는가?
8. 정상적인 남성 배우자와의 수정 이후에, 인간의 여성 배우자에서의 비분리가 어떻게 클라인펠터나 터너 증후군 자손을 유발할 수 있는가?
9. 어느 쪽이 이형배우자성인 성인지 알려지지 않은 어떤 곤충이 발견되었다. 감소된 날개(*reduced wing*, *rw*)에 대해 X-연관인 열성 돌연변이가 발견되었다. 다음의 경우들에서, 감소된 날개 암컷과 정상 날개의 수컷 사이의 교배로부터 얻어지는 F_1과 F_2 세대를 비교하라. (a) 암컷이 이형배우자성 성이다; (b) 수컷이 이형배우자성 성이다.
10. 9번 문제의 답에 기초하여, 이들 교배의 결과에 따른 성 결정에 프로테노 양식과 라이가이우스 양식을 구분하는 것이 가능한가?
11. 소가 성이 다른 두 송아지 쌍둥이를 임신했다. 쌍둥이 암소는 보통 불임이고 생식기관이 남성화된다. 이 송아지는 프리마틴(freemartin)이라고 한다. 소에서는 쌍둥이들이 태반을 공유할 수 있으며, 태아의 순환계도 공유하게 된다. 왜 프리마틴이 생기는지 예상해 보라.

12. 이 장의 해법과 통찰 부분에서 설명한 부착 X인 암컷 파리가 열성 X-연관인 흰 눈 표현형을 나타낸다. 이것이 X-연관 열성인 미소날개 표현형을 나타내는 수컷과 교배되었다. 이 교배의 결과 얻어진 자손을 성, 눈 색깔, 그리고 날개의 크기 등에 관련하여 설명해 보라.

13. 드물게, 암컷 배우자의 부착 X 염색체들은 분리되기도 한다고 가정하라. 12번 문제의 부계 표현형에 기초하여 F_1 세대의 어떤 결과가 암컷의 감수분열 중에 발생하는 이러한 사건을 시사하는가?

14. 사람에서 Y 염색체상에 포함된 남성을 결정하는 유전자들은 감수분열 중에 X 염색체와 시냅스를 이루는 제한된 부분에는 위치할 수가 없다고 한다. 만일 그러한 유전자들이 이 부위에 존재한다면 어떠한 결과가 나올까?

15. 바 소체란 무엇인가? 세포의 어디에서 발견되는가?

16. 다음과 같은 개인들의 간기세포에서 바 소체의 수는 몇 개로 추정되는가?: 클라인펠터 증후군; 터너 증후군; 그리고 핵형이 47,XYY이거나 47,XXX 혹은 48,XXXX인 경우의 사람들.

17. 라이온 가설을 정의하라.

18. X-연관성인 *G6PD* 유전자의 한 가지 대립인자에 동형접합성인 여자에서 라이언의 가설이 검사될 수 있는가? 그 이유를 설명하라.

19. X-연관성인 적-녹 색맹 형질에 대해 이형접합성인 인간 여성의 망막에 대해 라이온의 가설이 미치는 잠재적 효과를 예측하여라.

20. 고양이 사육사들은 X-연관 캘리코 털 패턴과 거북껍질 패턴들을 나타내는 고양이들은 대부분이 암컷이라는 것을 알고 있다. 어떻게 그럴까?

21. 정상적인 이배체 개인들의 유전정보 발현에 대하여, 양적 보상 기구에 대한 분명한 필요성이 시사하는 것은 무엇인가?

22. 바다 생물인 *Bonellia viridis*는 성 결정에 환경이 극단적인 영향을 미치는 생물의 하나다. 미분화된 유충은 자유유영 개체인 암컷으로 분화하거나, 혹은 성체 암컷의 구부에 부착하는 수컷으로 분화하게 된다. 만일 암컷의 구부에 짧은 시간 동안 정착했던 수컷을 떼어 바닷물에 넣으면 이들은 간성(intersex)으로 발달하게 된다. 만일 유충들을 암컷의 구부들이 준비된 수족관에서 강제로 발달을 시킬 경우 이들은 모두 수컷이 된다. 이러한 성 결정 양식을 포유류의 성 결정 양식과 비교해 보라. *Bonellia viridis*의 성 결정 기구를 밝히기 위한 실험을 제시해 보라.

23. 인간에서의 성비가 1.20이나 1.60만큼 높다는 것은 어떻게 알 수 있는가?

24. 왜 인간에서 남아의 수태 비율이 여아의 수태 비율보다 높은지를 설명할 수 있는 가능한 가설을 모두 제시해 보라.

25. 쥐에서, *Sry* 유전자(5.3절을 보라)는 Y 염색체상에서 수컷의 감수분열 중에 X 염색체와 짝을 이루는 유사 상염색체 부분 중 하나에 매우 가깝게 위치하고 있다. 이러한 정보가 주어졌을 때, 두 개의 X 염색체를 가지는 비정상적인 수컷이 어떻게 생기는지를 설명하는 모델을 제시해 보라(Y 염색체의 *Sry* 포함 조각이 X 염색체에 부착되어 있었다).

26. 사람의 눈에서 적색과 녹색을 감지하는 단백질을 암호화하는 유전자들은 X 염색체상에 나란히 존재하며 공통의 조상형 색소 유전자로부터 진화한 것으로 생각된다. 이 두 단백질은 아미노산 서열에서 76%의 상동성을 가진다. 두 개의 X 염색체상에 이들 유전자를 하나씩 가진 정상 시각의 여자가 녹색 감지 유전자 하나를 가졌지만 적색 감지 유전자를 갖지 않아 적색 색맹이 된 아들을 낳았다. 이러한 관찰을 설명할 수 있는 염색체 수준에서의 설명(감수분열 과정 중)을 만들어 보라.

27. 생쥐에서, X-연관 우성 돌연변이인 고환여성화(*Testicular feminization, Tfm*)는 성 분화 중에 정소호르몬인 테스토스테론에 대한 정상적인 반응이 일어나지 않게 한다. X 염색체상의 *Tfm* 대립인자에 돌연변이를 가진 XY 생쥐는 정소를 발달시키지만, 더 이상의 남성 분화는 일어나지 않는다－이런 동물의 외부생식기는 여성이다. 이러한 정보로부터 포유류에서의 성 결정과 성 분화에 있어 *Tfm* 유전자 산물과 X, Y 염색체들의 역할에 대해 어떠한 결론을 내릴 수 있겠는가? 여러분이 생쥐의 염색체를 조작할 수 있는 유전공학자라고 가정하고, 여러분의 설명을 확인하기 위한 실험을 고안할 수 있겠는가?

28. Campomelic dysplasia(CMD1)는 뼈와 연골 형성에 이상을 보이는 선천성 증후군이다. 이것은 17번 염색체에 위치한 상염색체 우성 돌연변이에 의해 유발된다. 다음과 같은 관찰을 고려하고 어떠한 결론을 내릴 수 있는지 말해 보라.
    (a) 이 증후군을 가지며 46,XY인 핵형을 나타내는 사람들 중에 약 75%에서 성이 바뀌어 있어 다양한 여성형 특징을 타나낸다.
    (b) 이 유전자의 비돌연변이형은 *SOX9*이라고 불리며 XY 남성에서 성선의 발달 시 발현된다. 그러나 XX 여성에서는 발현되지 않는다.
    (c) *SOX9* 유전자는 Y 연관 *SRY* 유전자와 71%의 암호서열 상동성을 가진다.
    (d) 46,XX 핵형을 나타내는 CMD1 환자들은 여성으로 발달하며 성선의 이상은 나타내지 않는다.

29. 말벌(*Bracon hebetor*)에서는, 처녀생식(parthenogenesis; 미수정란이 발생을 개시하는)으로 반수체 생물이 생기는 것이 드물지 않다. 모든 반수체들은 수컷이다. 수정으로부터 자손이 생기게 되면, 모두 암컷이 된다. P.W. 화이팅(P. W. Whiting)은 9개의 대립인자(X_a, X_b, ...등)를 가진 X-연관 유전자가 성을 결정한다는 것을 밝혔다. 동형접합성이거나 반접합성 조건은 수컷을 발달시키고, 이형접합성 조건은 암컷이 생기도록 한다. 만약 X_a/X_b 암컷이 X_a 수컷과 교배되어, 50%의 수정란과 50%의 미수정란을 낳았다면 암컷과 수컷 자손의 비율은 어떻게 되겠는가?

30. 아래의 두 그래프는 수정란의 초기 발달과정 중에 환경의 온도에 대하여 수컷의 발생빈도가 어느 정도인지를 나타낸 것이다. (a)는 거북이고 (b)는 대부분의 도마뱀들이다. 이들의 성 결정에 온도가 어떠한 영향을 미치는지 다음 자료를 해석하라.

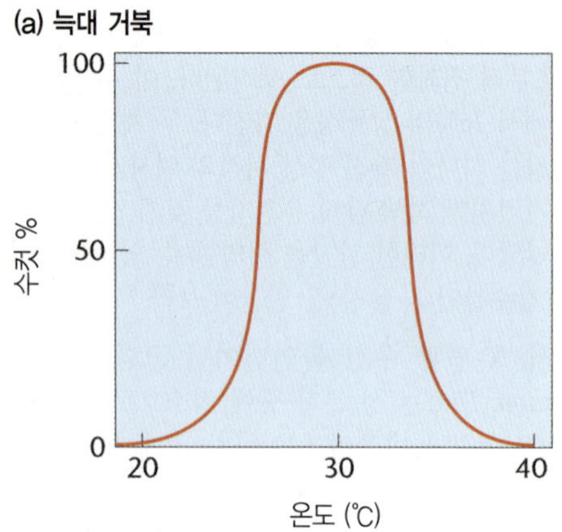

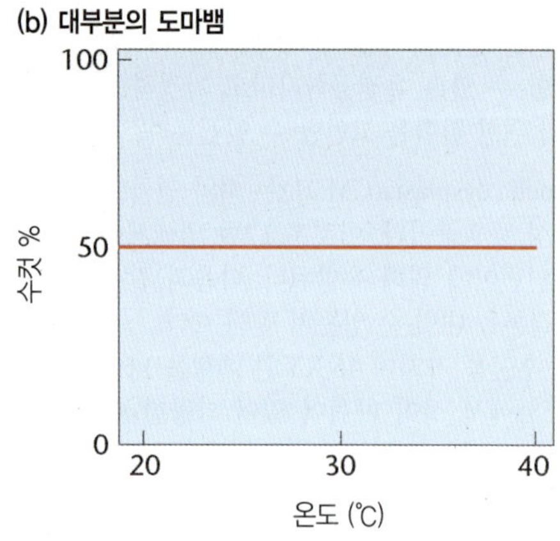

31. CC(Carbon Copy)는 최초의 복제 고양이로 레인보우(원 고양이)의 난소세포에서 만들어졌다. 이 세포의 이배체 핵을 뽑아 무핵란에 주입했다. 결과적으로 얻어진 접합자를 페트리접시에서 분열하도록 한 후 이 배아를 대리모 고양이에 착상시켜 CC를 태어나게 했다. 레인보우는 캘리코 고양이다. CC의 대리모 고양이는 태비다. 유전학자들은 캘리코 고양이의 복제 결과에 매우 관심을 가졌는데, 그 이유는 캘리코가 오렌지색과 검은색의 얼룩이일지 그냥 단순 오렌지색이거나 단순 검은색일지 확실치 않았기 때문이다. 라이언의 가설을 고려하여 이러한 불확실성의 근거를 설명하라.

최초의 복제 고양이인 CC(Carbon Copy)(아기 고양이)가 자신의 대리모와 함께 있다.

32. 31번 문제의 CC가 검은색과 오렌지색, 그리고 흰 부분을 가진 캘리코라고 하면, CC가 레인보우하고 동일할 것으로 예상될까? 그 이유를 말해 보라.

33. CC가 태어날 때(31번 문제), 이 녀석은 오렌지색은 하나도 나타나지 않는, 검정색과 흰색의 패치로 이루어져 있었다. 유전학 수업을 들었던 학생들은 이러한 결과에 놀라지 않았다. 체세포인 난소세포가 복제과정에서 핵의 공여자로 사용되었음을 이용하여 어떻게 이러한 결과가 발생했는지 설명해 보라.

정답 Solutions to Problems and Discussion Questions

4. 성의 분화는 세포, 조직, 그리고 기관들이 성결정의 유전적 기작에 의해 제공되는 신호에 대해 반응하는 것이다. 달리 말해, 그것에 의해 성이 생기도록 하는 신호발달 경로에 관여하는 유전자가 존재한다. 성의 분화는 그러한 유전적 신호들에 대해 일어나는 복잡한 반응이다.

6. 초파리에서 성을 결정하는 것은 X 염색체에 대한 상염색체들의 반수 세트의 수 사이에 존재하는 균형이다. 사람에서는, Y 염색체 상에 존재하는 작은 부분이 남성성을 결정한다.

8. 1차 비분리(primary nondisjunction)에서는, 배우자의 절반이 두 개의 X 염색체를 가지는 대신, 상대편 배우자들은 X 염색체를 가지지 않는다. Y 염색체를 가진 정자세포에 의해 수정되면, 두 개의 X 염색체를 가진 암배우자들은 XXY 클라인펠터 증후군을 생산할 것이다. "X 염색체가 없는" 암배우자와 X 포함 정자와의 수정은 터너 증후군을 만들 것이다.

10. 아니다. Y 염색체가 이 교배에서 추적될 수 없기 때문에, 성 결정의 두 양식을 구분할 방법이 없다.

12. 흰 눈 표현형을 가진 암컷 자손과 미소날개(miniature wing) 표현형을 가지는 수컷을 보게 될 것이다.

14. 감수분열 조직에서 염색체 접합이 종종 교차를 동반하기 때문에, 교차를 통해 Y 염색체 상의 성 결정 좌위가 X 염색체로 이동하는 것은 성결정 기작에 매우 해로울 것이다. .

16. 주어진 세포에서 바 소체의 수를 결정하는 간단한 공식은 N-1 이다. 여기서 N은 X 염색체의 수이다.

Klinefelter syndrome (XXY)	= 1
Turner syndrome (XO)	= 0
47, XYY	= 0
47, XXX	= 2
48, XXXX	= 3

18. 세포학적 혹은 분자적 표식자를 사용할 수 없다면, 동형접합성 X-연관 유전자들에 대해 라이언의 가설을 검증할 수 없다. 검사는 대립인자의 차이를 밝히는 과정을 요구한다.

20. 수컷들은 보통 하나의 X 염색체만을 가진다; 그러므로 그러한 모자이크 현상은 일어날 수 없다. 암컷들은 보통 두 개의 X 염색체들을 가진다. XXY인 캘리코(calico) 고양이 수컷의 사례가 있다.

22. 포유동물에서, 성결정의 방식은 Y 염색체의 일부분에 의존적이다. 보넬리아(*Bonellia viridis*)에서는, 암컷의 구기(주둥이)가 수컷을 만드는 형태적, 생리적, 그리고 행동 발달적 패턴을 일으키는 물질을 포함하고 있다. 이러한 기작을 밝히기 위해, 구기의 서로 다른 화학적 추출물들을 검사함으로써 활성물질들을 분리하고 규명하려는 시도를 할 수 있다. 돌연변이 분석은 보통 발생과정에 대한 핵심적인 접근법을 제공한다. 생물의 특징에 근거하여, 암컷이나 수컷 발달시 변화를 일으키는 돌연변이들을 분리할 수 있다. 셋째로, 미세조직 이식법을 이용하여 암컷의 화학적 신호에 대해 배아의 어느 해부학적 "센터"가 반응하는지를 결정할 수 있다.

24. 감수분열의 후기 I에 Y 염색체가 종종 극쪽으로 이동하여 좀 더 생존력 있는 정자 세포들을 생산한다고 제안함으로써 남녀의 비율을 1:1에서 벗어나게 하는 이유를 찾을 수 있다. 혹은 Y-포함 정자가 여성의 생식관에서 살아남을 가능성이 더 크다고 가정할 수도 있고, 난자 표면이 Y-포함 정자에 좀 더 수용적이라고 생각할 수도 있겠지만 현재까지 그 기작은 불확실하다.

26.

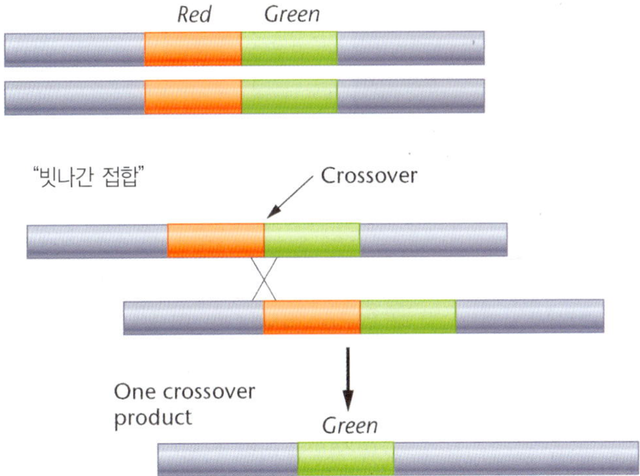

28. (a) 성결정의 남성-결정 체계에서 유전자 수준, 유전자 산물, 수용체 등의 수준에서 무엇인가 결여되었다.
   (b) *SOX9* 유전자나 혹은 그 산물은 남성의 발달에 관여할 것이다. 아마도 *SRY*에 의해 활성화될 것이다.
   (c) *SOX9* 유전자와 *SRY* 유전자 사이에는 아마도 일종의 진화적 연관 관계가 있을 것이다. 여러 유전자들과 위유전자(pseudogene)들이 *SRY*와 상동이라는 많은 증거들이 있다.
   (d) 정상 여성의 발달은 *SOX9* 유전자나 유전자 산물을 요구하지 않는다.

30. 늑대거북(snapping turtles)에서는, 성 결정이 온도에 매우 영향을 많이 받아서, 수컷은 26~34°C의 온도에서 많이 태어난다. 반대로, 도마뱀류들은 20~40°C 온도 범위에서는 온도보다는 다른 요인에 의해 성을 결정하는 것으로 보인다.

32. CC의 흰색 패치들은 상염색체의 *S* 유전자에 의한 것으로, 그 유전자가 발현되는 세포 계통들에서 색소의 형성을 방해하기 때문에 생긴다. 동형접합성인 *SS* 고양이들은 이형접합성인 *Ss* 고양이들보다 더 하얗고, *S* 대립인자에 기인하는 완전한 패치 형태가 없다. 따라서 흰색 패치의 분포는 레인보우와 다를 것으로 기대된다. 그리고 X 염색체 불활성이 무작위로 발생하므로, CC는 무작위적 X 염색체 불활성화만으로 따져도 그 유전적 어미와는 다른 패치 형태를 가질 것이다.

CHAPTER

염색체 돌연변이: 숫자와 배열의 변화

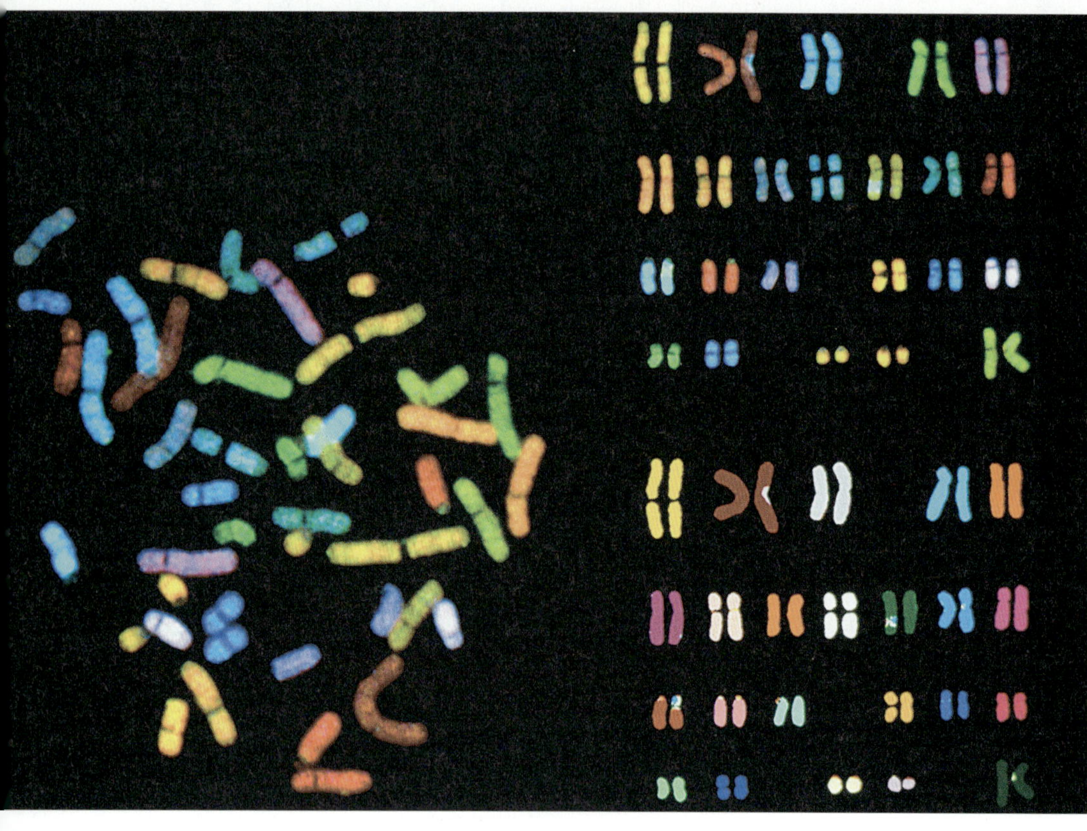

핵분열의 전중기에서 보이는 염색체들, 하이만투스(Haemanthus, 백합목 수선화과의 식물)라는 꽃의 세포에서 얻은 것이다

단원 개념

- 감수분열 중에 염색체들이 적절하게 분리되지 못하면 배우자의 염색체 숫자에 변이가 생기고, 이에 따라 그러한 배우자들로부터 염색체 수 이상을 가지는 자손이 생기게 된다.
- 식물들은 종종 비정상적인 양의 유전정보에 대해서도 관용을 나타내지만 그에 따른 독특한 표현형을 나타낸다. 그러한 유전적 변이는 식물의 진화에 중요한 요소가 되어왔다.
- 동물에서는 유전정보가 미묘한 균형을 이루고 있어서, 이배체 생물 내에서 염색체 혹은 그 일부가 소실되거나 늘어나는 것은 종종 치사를 일으키거나 비정상적 표현형이 나타나게 할 수 있다.
- 이배체 생물은 유전체 내에서 유전정보의 재배열을 견딜 수 있지만 이러한 사건들은 배우자의 생존능이나 그 배우자로부터 발생한 생물의 표현형에 영향을 미칠 수 있다.
- 인간의 염색체들은 취약부분(fragile site)이라고 알려진, 절단에 민감한 부분을 포함하며, 비정상적 표현형이 나타나도록 할 수 있다.

앞에서 우리는 어떻게 돌연변이와 대립인자가 개체의 표현형에 영향을 미치는지, 어떻게 형질이 부모로부터 자손으로 멘델 원리에 따라 전해지는지를 강조했었다. 이 장에서는 개개 유전자의 변이보다는 좀 더 큰 범위의 변화 – 염색체 수준에서의 변화 – 에 기인하는 표현형 변화를 살펴보려고 한다.

비록 대부분의 이배성 종들은 정확하게 두 벌의 염색체 세트만을 가지지만 이러한 패턴에서 벗어나는 많은 경우가 알려져 있다. 이러한 변형들은 염색체의 총수가 변한다든가, 염색체상의 유전자 혹은 조각 일부가 결실, 혹은 중복되거나, 염색체 내에서 혹은 염색체 사이에서 유전물질의 재조합이 일어나는 경우다. 모든 것을 고려하여 그러한 변화들을 **염색체 돌연변이**(chromosome mutations) 혹은 **염색체 이상**(chromosome aberrations)이라고 부르며 유전자 돌연변이와 구별한다. 멘델 법칙에 의하면 염색체들은 유전의 단위요소들이기 때문에 염색체의 이상은 예상 가능한 방식으로 자손에 전달되어 독특한 결과를 초래한다.

생물체의 유전요소는 아주 미묘하게 균형 잡혀 있기 때문에, 내용상 혹은 유전정보의 위치가 유전체 내에서 아주 미소하게 변화했다고 하더라도, 표현형적 변이 형태를 만들어낼 수 있다. 좀 더 큰 변화는 치명적이기도 해서 동물을 죽일 수도 있다. 이 장 전반에 걸쳐 이러한 염색체 이상을 살펴보고, 이러한 이상을 가지는 생물체들의 표현형적 결과와, 이러한 개체의 자손에서 그 이상이 어떠한 영향을 미치는지에 대해서도 알아보자. 또한 진화과정에서 염색체 이상이 어떠한 역할을 하는지에 대해서도 논해보기로 한다.

6.1 염색체 숫자의 변이를 설명하는 데 특정한 용어들이 사용된다

여러 형태의 염색체 숫자 변이에 대한 논의를 시작하기에 앞서 이러한 변화들을 설명하는 용어들을 분명히 할 필요가 있다. 가장 일반적으로 알려진 이상은 **이수성**(aneuploidy)으로 생물체가 염색체를 하나 혹은 그 이상을 얻거나 잃어서 완전한 세트를 형성하지 못한 경우다. 이배성에서 염색체 하나를 잃은 경우 **일염색체성**(monosomy)이라고 한다. 한 개의 염색체를 더 얻었을 경우 **삼염색체성**(trisomy)이 된다. 이러한 변화들은 **배수성**(euploidy)과 대조적인데, 배수성은 완전한 염색체 세트(haploid set)가 관여된 경우로, 만약 두 벌 이상 존재한다면 **다배성**(polyploid)라는 말이 적용된다. 염색체 3벌을 가지는 생물체를 **삼배성**(triploid)이라고 하며, 4벌을 가지는 경우엔 **사배성**(tetraploid)이라고 한다. 표 6.1은 앞으로 논의될 이수성 및 배수성 변이들과 그 안에서 나타나는 하위 변화들에 대해 정리한 자료다.

6.2 염색체 수의 이상은 비분리에서 비롯된다

염색체 소실이나 획득현상 등의 이상을 포함한 사례에 대해 고려할 때는 그러한 이상을 일으키는 원인을 조사하는 것이 유용하다. 예를 들어, 5장에서 살펴본 것처럼, 사람에서 성 결정 염색체의 숫자가 바뀌었다면 어떤 증후군이 생기겠는가? 기억하겠지만 X 염색체를 얻을 경우(47,XXY), 혹은 잃은 경우 (45,X), 그렇지 않았으면 이배성 유전체였을 개체는 각각 **클라인펠터 증후군**(Klinefelter syndrome) 혹은 **터너 증후군**(Turner syndrome)이라는 표현형적 변이를 일으킨다(그림 5-6을 보라). 사람의 여성 중에는 여분의 X 염색체를 가지는 경우(예, 47,XXX, 48,XXXX)가 알려져 있으며 어떤 남자들은 여분의 Y 염색체를 갖기도 한다(47,XYY).

그러한 염색체 변화는 **비분리**(nondisjunction)라고 알려진 현상인 감수분열시의 오류에 의한 결과다. 이에 의해 염색체 분리시기에 쌍을 이룬 상동염색체가 분리에 실패하게 된다. 이러한 과정

학습 방법

이 장에서는 염색체 수나 구조의 변화로부터 생긴 염색체 수준에서의 돌연변이에 초점을 맞추고자 한다. 여러분이 이러한 주제를 공부할 때에는 다음과 같은 기본적인 질문에 대답할 수 있어야 한다.

1. 염색체 수나 구조의 변화가 특정 돌연변이 표현형을 일으킨다는 것은 어떻게 알 수 있는가?
2. 염색체 돌연변이가 있을 때 감수분열 과정 중의 연접이 어떻게 일어나는지를 알게 된 방법은?
3. 다운 증후군을 일으키는 부가적인 염색체가 주로 모계 쪽 근원을 가진다는 것은 어떻게 알 수 있나?
4. 초파리에서, 돌연변이 막대 눈 표현형이 중복에 의한 것임을 어떻게 알 수 있나?
5. 유전자 중복이 진화과정에서 새로운 유전자의 근원이라는 것은 어떻게 알 수 있나?

표 6.1 염색체 숫자의 변이를 나타내는 용어들

용어	설명
이수성(Aneuploidy)	$2n \pm x$ chromosomes
일염색체성(Monosomy)	$2n - 1$
이염색체성(Disomy)	$2n$
삼염색체성(Trisomy)	$2n + 1$
사염색체성, 오염색체성 등	$2n + 2$, $2n + 3$, etc.
배수성(Euploidy)	Multiples of n
이배성(Diploidy)	$2n$
다배성(Polyploidy)	$3n$, $4n$, $5n$, ...
삼배성(Triploidy)	$3n$
사배성, 오배성 등	$4n$, $5n$, etc.
동질다배체(Autopolyploidy)	같은 유전체의 배수체들

은 염색체들이 정상적으로 배우자에 배분되는 것을 방해한다. 하나의 염색체가 감수분열 1기와 2기에서 비분리되면 어떠한 결과를 가져오는지 그림 6-1에 나와 있다. 여기서 보이는 것처럼, 이상 있는 염색체에 대해 비정상인 배우자는 염색체 두 개를 갖거나 혹은 하나도 받지 못하게 된다. 이러한 비정상 배우자와 정상 배우자와의 수정은 그 염색체에 대해 삼염색체성 혹은 일염색체성 접합자를 생산하게 된다. 비분리 현상은 사람이나 기타 생물체에서 다양한 이수성 조건을 일으킨다.

이 문제를 풀어보자

146페이지의 14번 문제에서, 터너 증후군을 가진 여성이 혈우병을 발현하며, 그의 아버지도 그러하다. 여러분은 그녀가 증후군을 갖게 된 비분리가 어느 쪽 부모에 기인한 것인지 결정하여야 한다.

힌트: X를 가진 배우자를 기여한 부모는 정상적인 감수분열을 겪었다.

6.3 일염색체성은 염색체 하나가 소실된 것으로 표현형에 심각한 영향을 미친다

이제 상염색체의 숫자가 변한 경우의 유전적 결과에 대한 논의로 넘어가 보자. 가장 흔한 이수성의 예는 염색체 반수 세트가 정확하지 않은 경우, 즉 하나의 염색체가 첨가되었거나 혹은 빠져 있어 정상 배수체 $2n$이 되지 못할 때다. 염색체 한 개의 소실은 $2n-1$로서, **일염색체성**(monosomy)으로 표현된다.

X 염색체에 대한 단일 염색체성이 사람에서 일어난 45,X 터너 증후군에서 발견되긴 하지만, 상염색체에 대해서는 어떤 단일 염색체성도 사람에서나 동물에서 발견되지 않는다. (즉, 하나라도 빠지면 안된다!) 초파리의 경우 매우 작은 염색체인 4번 염색체가 빠져 있는 개체가 발견되는데 이러한 개체들은 몸집이 작고 성장이 느리며 생존력이 떨어진다. 보다 큰 염색체인 2, 3번 염색체의 소실은 치명적이며 따라서 이러한 염색체에 대한 일염색체성 개체는 없다.

많은 동물 개체에서 단일 염색체성 개체가 살아남지 못하는 것은 모든 유전자를 한 벌은 아직 가지고 있다는 점을 생각할 때 상당히 의아한 일이다. 그러나 만약 그러한 유전자 하나가 치사성 대립인자라면, 짝을 이루지 못한 염색체 조건이 개체의 죽음을 가져온다고 할 수 있겠다. 이것은 단일염색체성이, 이형접합성 개체가 또 하나의 야생형 대립인자를 가짐으로써 견딜 수 있는, 열성 치사효과를 가리지 못하기 때문이다.

식물계에서는 이수성에 대해 좀 더 관용적인데(식물은 이러한 이상을 잘 견딘다는 뜻이다) 상염색체에 대한 일염색체성은 옥수수, 담배, 달맞이꽃(*Oenothera*)과 흰독말풀(*Datura*) 및 다른 식물들에서 발견된다. 그러나 그러한 일염색체성 식물들은 일반적으로 생존도가 이배성 식물보다 떨어진다. 수정 전에 상당한 발달과정을 거쳐야 하는 반수체성 화분립은 특히 한쪽 염색체가 없는 것에 매우 민감하며 결국 살아남기 어렵다.

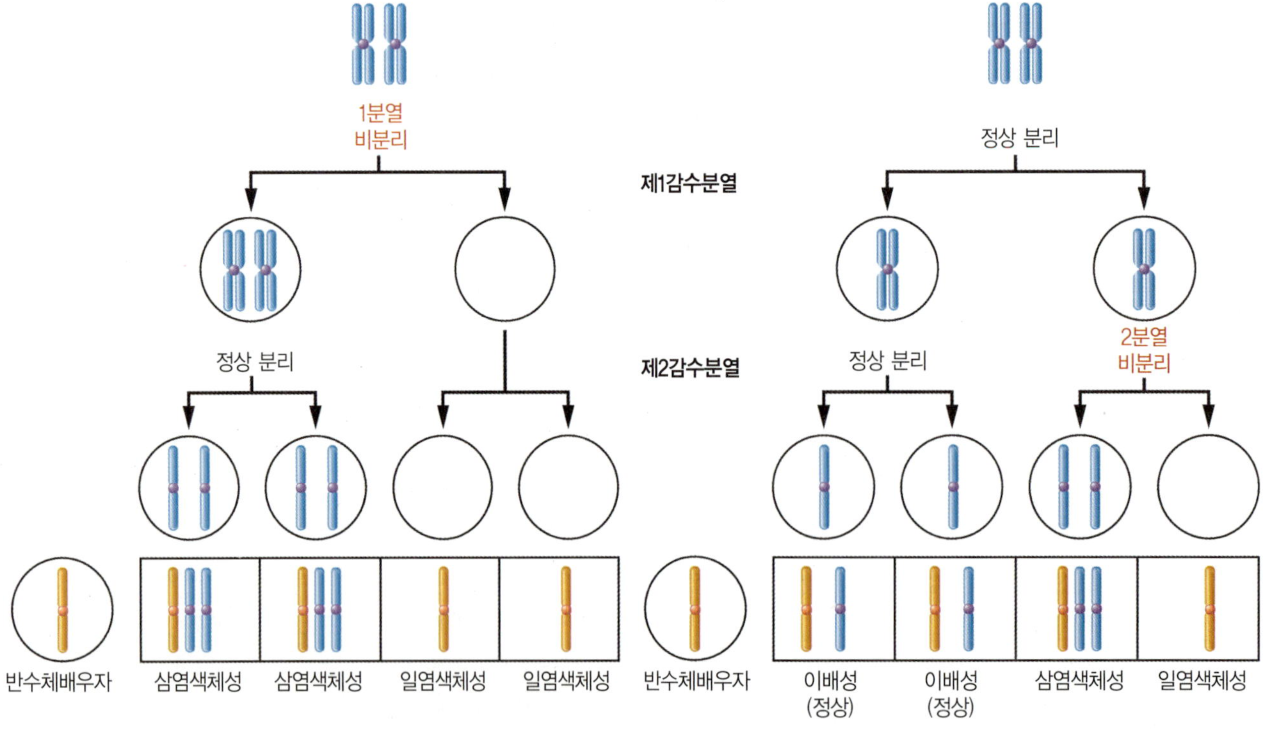

그림 6-1 1, 2차 감수분열 중의 염색체 비분리. 두 경우에서 모두에서, 형성된 배우자 중 몇몇은 특정 염색체 두 개를 모두 가지거나 혹은 둘 다 가지지 않는다. 정상적인 반수체 내용물을 가진 배우자와의 수정으로, 단일 염색체성(monosomic), 이염색체성(disomic–정상), 삼염색체성(trisomic) 접합자들이 생산된다.

묘성 증후군

사람에서 출생 후까지 살아남는 상염색체 일염색체성이 보고된 바는 없다. 그러한 염색체 조성을 가진 개체는 확실히 수태될 수는 있겠지만, 어떠한 경우에서도 배아가 살아남거나 태아 발달을 거치지 못한다. 그럼에도 불구하고 한 염색체의 일부분만을 가지는 생존자의 경우가 있다. 이러한 경우들은 때론 **부분결실**(segmental deletion)이라고 불리기도 한다. 이러한 예가 1963년에 보고된 **묘성 증후군**(cri-du-chat syndrome)이다. **46,5p**－로 표시되는 이 증후군은 염색체 5번의 단완 소실과 연관이 있다(그림 6-2). 즉 이러한 개인은 *p*완의 염색체쌍 형성이 결핍된 상태다.

이러한 증후군을 가진 아기는 내부 소화성 장기나 심장 등이 관여된 해부학적 비정상 및 정신지체를 나타낸다. 비정상적인 성문과 후두 발달이 이 증후군의 특징이다. 결과적으로 이 아기는 비정상적인 울음소리를 내는데, 이것이 고양이의 울음과 비슷하다고 하여 이 증후군의 이름이 되었다.

1963년 이후로, 전 세계적으로 많은 수의 묘성 증후군이 보고되었다. 발병률은 약 50,000대 1의 비율인 것으로 추정된다. 대부분, 염색체 소실은 배우자에서 돌발적으로(sporadic) 발생한다. 소실된 단완의 길이는 다양한데, 단완의 60%까지 발생한다. 길게 결실될수록 살아남은 아기의 육체나 정신에 영향을 크게 미친다. 비록 이 증후군이 심각하기는 하지만 많은 개인들이 훈련 가능한 범위에서 사회적 발달의 성취를 나타낸다. 집에서 도움을 받고 일찍 학교교육을 받은 개인들은 보행을 할 수도 있고 스스로를 보살필 수도 있으며 언어를 통한 의사소통법도 배우게 된다. 2004년에 결실 부분이 *TERT* 유전자를 포함하고 있음이 보고되었는데, 이 유전자는 텔로머라아제 역전사효소(telomerase reverse transcriptase)를 암호화한다. 이 효소는 DNA 복제 중에 텔로미어의 유지에 필수적이다. 하나의 상동체에 이 유전자가 없다는 것이 묘성 증후군 아기에서 나타나는 여러 가지 표현형과 관계가 있는지는 아직 알려지지 않았다.

6.4 삼염색체성은 이배체 유전체에 염색체 하나가 더 추가된 것이다

일반적으로 **삼염색체성**(trisomy)($2n + 1$)의 효과는 일염색체성과 동등하게 볼 수 있으나 부가적으로 염색체가 늘어나는 경우는 식물과 동물 모두에서 염색체 소실보다는 생존력이 있는 것으로 보인다. 관여된 염색체 부분이 작을 경우, 동물에서 이러한 관용은 종종 사실로 드러난다. 그러나 커다란 상염색체가 이배체 염색체 조성에 더해지면 초파리나 사람이나 발생 단계에서 치사를 일으킨다.

식물에서는 삼염색체 개체가 좀 더 생존력이 있으나 그들의 표현형은 변할 수 있다. 고전적인 예로 흰독말풀(jimson weed)인 *Datura*의 경우를 들 수 있는데, 이 생물의 이배체 수는 24이다. 12가지의 1차 삼염색체성이 가능하고 각각의 예가 발견되었다. 각각의 삼염색체성 개체는 이 식물의 꼬투리(capsule) 모양을 특이적으로 바꾸었으며 이 변화는 하나 혹은 그 이상의 돌연변이에 의한 것으로 생각되던 것이었다.

또 다른 예가 볏과 식물(*Oryza sativa*)에서 발견된다. 이 식물의 반수체 수는 12이고 각 염색체에 대해 삼염색체성 품종을 조사하여 이들 중 11개 식물이 다른 야생형 식물과 구별되었다. 긴 염색체들이 3개가 될 때 가장 뚜렷하고 더 천천히 자란다. 이것은 커다란 염색체가 작은 것에 비해 유전정보의 불균형을 더 크게 초래할 것이라는 생각과 일치한다. 성장률뿐 아니라 잎의 구조, 탁엽, 줄기, 낟알 모양 그리고 식물의 키 등이 여러 가지 삼염색체성 개체에서 다양하게 나타난다.

다운 증후군

1866년 랭던 다운(Langdon Down)에 의해 사람에서 생후 1년 이상 생존하는 경우의 삼염색체성이 보고되었고 이러한 조건은 21번 염색체의 삼염색체성에 기인하는 것으로 밝혀졌다. 21번 염색

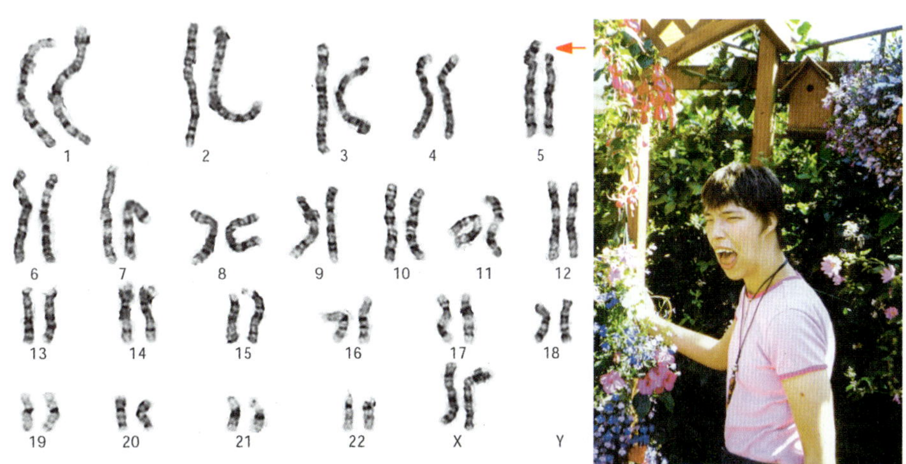

그림 6-2 묘성 증후군(cri-du-chat syndrome)(46,5p−)을 나타내는 아이의 대표적인 핵형과 사진. 이 핵형에서 화살표는 5번 염색체의 상동체 중 하나에서 단완 일부가 없어졌음을 가리키고 있다.

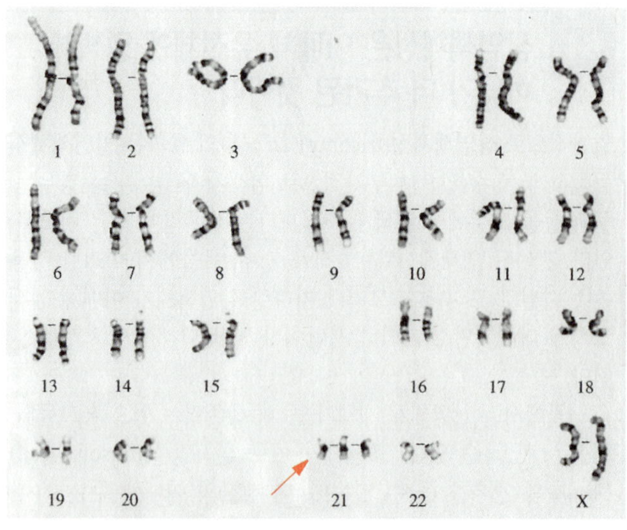

그림 6-3 다운 증후군(Down syndrome)인 아이의 핵형과 사진. 이 핵형에서 G 그룹의 21번 염색체가 3개의 구성원으로 존재하여 47,21+인 상태가 되었다.

체는 G group*의 염색체로(그림 6-3), 위와 같은 다운 증후군 혹은 **trisomy 21(47,21+ 로 표시)**을 일으킨다. 이러한 삼염색체성은 800건의 출생당 1건으로 발견된다.

이러한 개인들에서의 변형된 표현형은 너무나 비슷해서 서로서로 놀랄 정도로 닮아 있다. 그들은 눈매 끝에 뚜렷한 몽고주름을 나타내며 키가 작은 특징이 있다. 또한 얼굴이 평평하고, 둥근 머리에, 튀어나오고 주름진 혀 때문에 통상 입을 벌리고 있으며, 짤막하고 넓은 손에 특징적인 지문 모양을 갖는다. 육체적으로, 신경운동적으로, 또 정신 발달상으로 이들은 발달이 늦으며 낮은 근육 강도가 낮은 것이 특징이다. 다운 증후군 아이들은 호흡기 질환과 심장 이상에 걸리기 쉽고 정상인보다 백혈병에 걸릴 확률이 20배가량 높으며, 수명이 짧아 단지 소수만이 50세 정도까지 산다.

신중한 의학적 관리와 관찰이 지속적으로 이루어지면 그들은 분명히 더 오래 생존할 수 있다. 놀랄만한 관찰 한 가지는 좀 더 나이가 있는 다운 환자의 경우 사망원인이 알츠하이머에 의한 것이라는 사실이다. 물론 이 질병의 발병 시기도 정상인에서보다 훨씬 빠르다.

증후군이라고 언급되는 다른 조건들에서는 많은 표현형적 특징들이 존재하지만 한 명의 환자는 이들 중 일부만을 발현한다. 다운 증후군의 경우에는 12~14가지의 특징이 있고 한 개인은 평균 약 6~8가지의 특징을 나타낸다. 이러한 조건이 우리 인간 집단에서 일반적이기 때문에, 오랫동안 그 증후군에 대한 유전적 기초에 대해 종합적으로 이해하려는 노력이 이루어져 왔다. 여러 연구들로 21번 염색체의 "핵심 지역(critical region)"이 삼염색체성에서 양에 민감한 유전자를 포함하고 있어서 그 증후군과 관련된 많은 표현형들을 일으킨다는 생각이 나오게 되었다. 이러한 가상적 염색체 부분을 **다운 증후군 결정 지역**(Down syndrome critical region, DSCR)이라고 부른다. 2004년에 이 DSCR 부분에 삼염색체성인 생쥐 모델이 만들어졌으나, 그 쥐들은 이 증후군에 특징적인 증상을 발현하지 않았다. 그럼에도 불구하고, 이것은 아직 중요한 탐구적 접근법으로 남아 있다.

이러한 21 삼염색체성의 특징적인 원인은 감수분열 중에 발생하는 염색체 비분리다. 쌍을 이룬 상동염색체의 감수분열 1기 전기 중 혹은 2기 전기 중의 분리 실패는 $n + 1$개의 염색체를 가진 배우자를 형성하도록 한다. 이어 정상 배우자와의 수정에 의해 삼염색체성이 만들어진다. 염색체 분석법에 의해 더 들어온 염색체가 부계 쪽인지 모계 쪽인지 알 수 있으며, 난자가 원인인 경우가 95%이다.

부계와 모계의 상동염색체를 구별하는 기술이 발달하기 전에는 이러한 결과를 지지하는 간접적인 증거가 다운인 아이를 출산하는 임산부의 나이로부터 제공되었다. 그림 6-4는 임산부의 나이와 다운 아이를 출산할 확률 사이의 관계를 보여준다. 30세에는 이 확률이 1,000명당 한 명꼴이지만 40세가 되면 10배 증가하여 100명당 한 명꼴이 된다. 이러한 빈도의 증가는 45세가 되면 50명당 한 명으로 증가한다. 이러한 통계에도 불구하고 전체적으로 이환된 환아의 반수 이상이 35세 미만의 산모로부터 출생하는 것은 이 연령의 여성들이 임신하는 경우가 훨씬 많기 때문이다.

다운 증후군인 아이를 생산하는 비분리 현상이 35~45세 사이의 여성에서 난세포 형성과정 중에 일어나는 반면, 이러한 일이 왜 일어나는지는 모르고 있다. 그러나 한 가지 사실은 사람의 여자는 모든 제1난모세포가 출생시에 이미 형성되어 있다는 점이다. 게다가 일단 배란이 시작되면 난자는 한 달 이상 감수분열을 멈춘 상태에 있다. 30~40세인 여성은 10년 혹은 20년 전에 배란되었던 난자보다 늙은 난자를 생산하게 된다. 그러나 난자의 나이가 다운을 일으키는 염색체 비분리의 원인인지는 아직 밝혀져 있지 않다.

이러한 통계는 늦은 나이에 임신하는 여성들에게 심각한 문제

*염색체의 크기와 동원체의 위치에 기초하여, 인간의 상염색체들은 7개의 그룹으로 나뉜다: A (1-3), B (4-5), C (6-12), D (13-15), E (16-18), F (19-20), 그리고 G (21-22) 그룹이다.

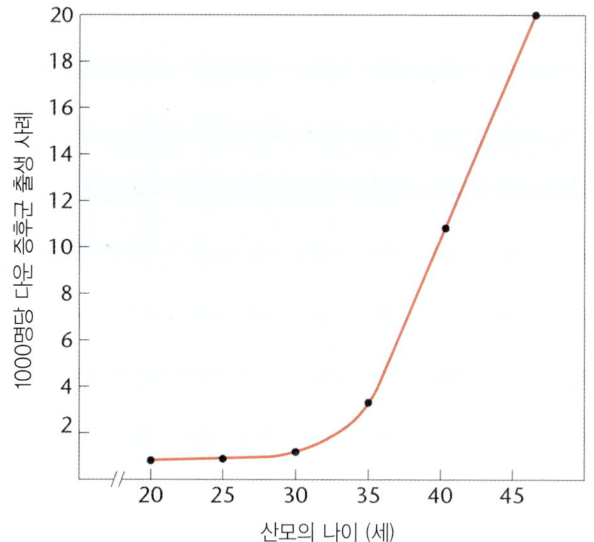

그림 6-4 다운 증후군 출산율과 산모 나이의 비교.

점을 안겨준다. 이러한 임신에 대해 두 가지 목적으로 유전상담(genetic counseling)이 실시된다. 첫째는 부모에게 그들의 아이가 이환될 가능성에 대해 알려주는 것이고, 다운 증후군에 대해 교육을 해주는 일이다. 비록 다운 증후군인 아이들 중에서는 기관에 맡겨지는 경우도 있긴 하지만, 다른 경우에서는 특별교육 프로그램을 이용하여 집에서 보살펴지기도 한다. 더욱이 이러한 아이들은 사랑스럽고 천진한 성격으로 유명하다. 둘째로 유전상담원은 산전 진단 기술, 예를 들어 **양수검사**(amniocentesis)나 **융모막 융모 검사법**(chorionic villus sampling, CVS)에 의한 검사를 추천할 수도 있다. 이러한 기술들로 태아세포를 채취하여 배양한다. 태아의 핵형이 세포학적 분석법에 의해 분석될 수 있다. 만약 태아가 다운 증후군인 경우로 판정되면 부모는 치료적 유산을 고려해 볼 수 도 있는 일이다.

다운 증후군은 모계 혹은 부계에서 생식세포 형성시 일어나는 무작위적 염색체 비분리 현상에 의한 것이기 때문에, 이러한 질병이 유전되지는 않는다. 그럼에도 불구하고 다운 증후군이 가족력을 나타내는, **가족성 다운 증후군**(familial Down syndrome)이 있는데 이것은 염색체 21번의 **전좌**(translocation)에 의한 것이다. 이것은 다른 형태의 염색체 이상이며, 6.10절에서 논의될 것이다.

사람의 이수성 조건에서의 생존도

일염색체성이나 삼염색체성 조건을 가진 개인에서는 생존력 감소 현상이 분명하다. 사람에서는 오직 두 경우만이 출산시까지 살아남는데, **파타우 증후군**(Patau syndrome)과 **에드워드 증후군**(Edward syndrome)이다. 핵형은 각각 **47,13+**와 **47,18+**로 심각한 기형들과 조기 사망을 일으킨다. 그림 6-5는 파타우 유아들에서 특징적으로 나타나는 많은 결함들과 비정상 핵형을 소개한 것이다.

이러한 관찰은 우리들로 하여금, 많은 다른 이수성 조건들도 생길 수 있으나 이환된 태아들은 출산시까지 살아남지 못할 것이라는 생각을 하게 한다. 이러한 생각은 자연 유산된 태아들의 핵형분석으로 더 확실시된다. 모든 임신 중 적어도 15~20%가 자연 유산된다. 모든 자연유산 태아의 대략 30%가 어떤 형태든 염색체 이상을 가지며, 이러한 염색체 이상의 90% 정도가 자연유산의 결과로 출생 전에 사망한다.

그런 뚜렷한 염색체 이상 중 많은 부분이 이수성이다. 유산 중 가장 높은 빈도의 이수성은 45,X 조건으로, 태아가 출산시까지 살아남을 경우 터너 증후군을 나타내게 한다.

데이비드 H. 카(David H. Carr)에 의해 이러한 주제에 대한 광범위한 조사가 행해졌는데, 그에 따르면 유산되는 태아의 상당 부분이 염색체 그룹 중 하나에서 삼염색체성을 가진다고 한다. 사람의 각 염색체쌍에서 삼염색체성이 발견되었다. 그러나 일염색체성은 거의 발견되지 않았다. 염색체 비분리 현상이 $n+1$과 $n-1$의 배우자를 같은 빈도로 만들어 낼 것임에도 불구하고 이들의 발견 비율은 같지 않은 것이다. 이러한 발견은 염색체가 모자라는 배우자는 심각한 정도로 기능적 손상을 가지거나, 혹은 발달 초기에 죽기 때문에 발견되는 빈도가 낮을 것임을 제시하는 것이다. 다양한 형태의 다배성과 기타 소소한 염색체 이상들이 카의 연구에 나타나 있다.

이러한 관찰들은, 정상적인 배아의 발달을 위해서는 유전적 정보의 발현에 있어 미묘한 평형을 유지하기 위해 염색체의 정확한 이배체 조성을 요구한다는 가설을 지지한다. 대부분의 이수성 개체들이 태어나기 전에 사망하는 것은, 일반적 형태의 유전적 이상이 인간 집단으로 도입되지 않도록 하는 장벽을 제공한다.

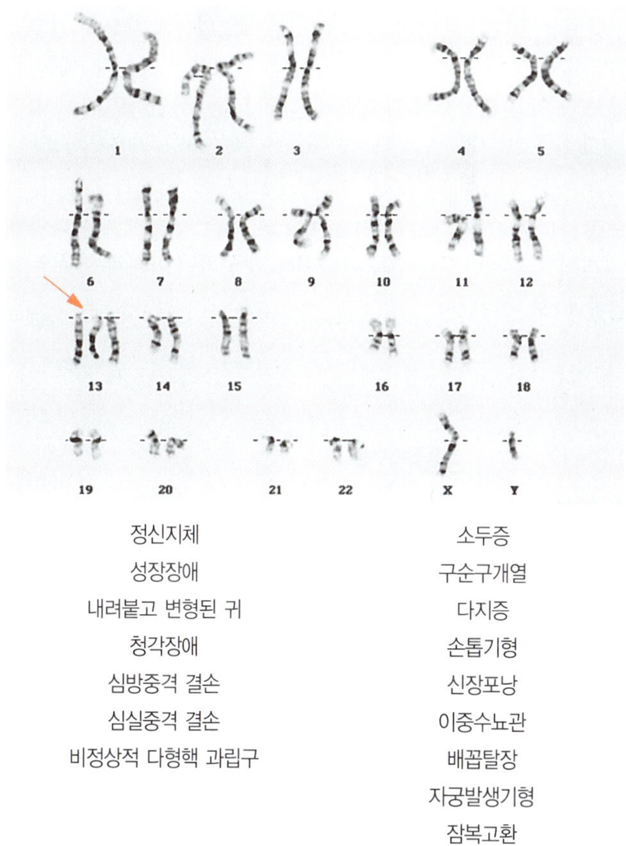

그림 6-5 파타우 증후군(Patau syndrome)인 유아의 핵형과 표현형적 특징들. D 그룹의 13번 염색체가 3개의 구성원으로 존재하여 47,13+인 상태가 된다.

6.5 다배성은 반수의 염색체 세트가 두 벌 이상 존재하는 것으로 식물에서 흔히 발견된다

다배성(polyploidy)이라는 용어는 반수체 염색체 세트가 두 개 이상으로 발견되는 경우를 가리키는 말이다. 다배성의 명칭은 발견되는 염색체 세트의 수에 기초한다; 삼배성(triploid)은 $3n$ 염색체 세트를 가지는 것이고; 사배성(tetraploid)은 $4n$의 염색체 세트, 오배성(pentaploid)은 $5n$의 세트를 가진다. 다배성에 대해 몇 가지 일반적인 언급들을 하고자 한다. 이 조건은 동물종에서는 그다지 흔한 것이 아니다. 그러나 도마뱀, 양서류, 어류 등에서는 잘 알려져 있고 식물에서는 더 흔하다. 홀수의 염색체 세트는 보통 다음 세대로 넘어가기 어려운데, 짝수가 아닌 상동염색체를 가지는 배수성 생물들은 유전적으로 균형이 잡힌 배우자를 생산할 수 없기 때문이다. 이러한 이유로, 삼배성, 오배성 등은 개체의 증가를 위해 유성생식하는 식물들에서는 보통 발견되지 않는다.

다배성은 두 가지 방법으로 생긴다: (1) 같은 종의 정상적인 반수체 조성과 동일한 염색체 세트가 하나 이상 더 부가되면 **동질배수성**(autopolyploidy)을 일으킨다; 그리고, (2) 교잡의 결과로 서로 다른 종에서 기인한 염색체 세트의 조합에 의해 **이질배수성**[allopolyploidy, 그리스 말로 *allo*는 "다르다(other 또는 different)"는 뜻이다]이 나타난다. 이질배수성과 동질배수성의 차이는 여벌의 염색체 세트의 유전적 기원에 기초한 것이다(그림 6-6).

다배성에 대한 우리의 논의에서, 부가된 염색체 세트의 기원을 분명히 하기 위해 우리는 다음과 같은 기호를 사용한다. 예를 들어, A가 어떤 생물체의 염색체 세트 하나를 나타낸다면,

$$A = a_1 + a_2 + a_3 + a_4 + \cdots\cdots + a_n$$

으로 나타낼 수 있다. 여기서 a_1이나 a_2 등은 각 염색체를 나타내는 것이고, n은 반수체 수를 나타낸다. 정상적인 이배체 생물은 간단히 *AA*로 나타낸다.

동질배수성

동질배수성에서 각 염색체 세트는 부모종의 것과 동일하다. 그러므로 삼배성은 *AAA*, 사배성은 *AAAA* 등으로 나타낼 수 있다.

동질삼배체(autotriploid)들은 여러 가지 방법으로 생길 수 있다. 감수분열시 모든 염색체가 분리되는 데 실패한다면 이배성 배우자가 만들어진다. 그러한 배우자가 반수체 배우자에 의해 수정되면 3벌의 염색체 세트를 가지는 접합자가 생성된다. 혹은 드물게, 두 개의 정자가 하나의 난자를 수정시켜 삼배성의 접합자를 만들기도 한다. 삼배성은 또한 사배성과 이배성 개체의 교배를 사용한 실험실 조건에서 만들어지기도 한다. 이배성 개체는 n의 염색체 수를 가진 배우자를 생산하고, 사배성 개체는 $2n$의 염색체 수를 가지는 배우자를 만듦으로 이들의 수정에 의해 삼배체가 생길 수 있다.

동질사배체(autotetraploid, $4n$)들은 짝수의 염색체 수를 가지므로 이론적으로 동질삼배체들보다 자연적으로 더 흔하게 발견될 가능성이 있다. 홀수의 염색체 수를 가지는, 유전적으로 불균형인 배우자를 생성하는 삼배체와는 달리, 사배체들은 유성생식에 관여했을 때 균형 잡힌 배우자를 더 잘 형성할 것이다.

어떻게 자연적으로 다배수체들이 생기는가 하는 것은 매우 흥미로운 것이다. 이론적으로는, 만약 염색체들이 복제되었지만 모세포가 분열하지 않고 다시 간기로 진입했다면, 염색체 숫자는 두 배가 된다. 이렇게 그럴듯한 사건은, 실험적으로 사배체 세포들이 이배체 세포들로부터 생길 수 있다는 사실로부터 지지를 얻는다. 이는 감수분열하는 세포에 열충격 혹은 냉충격을 주거나, 유사분열하는 체세포에 콜히친을 처리함으로써 유발할 수 있다. **콜히친**(colchicine)은 사프란에서 얻어진 알칼로이드로 방추사 형성을 방해하여 복제된 염색체가 후기에 분리되지 못해 양극으로 이동하지 못한다. 콜히친이 제거되면, 세포는 간기로 들어갈 수 있다. 쌍을 이룬 자매염색분체들이 나뉘고 풀려서 핵은 두 배의 이배체 수 염색체를 포함하여 $4n$이 된다. 이 과정이 그림 6-7에 나타나 있다.

일반적으로, 동질배수체들은 그들의 이배체 친척들보다 크기가 크다. 이러한 증가는 세포 수가 많아져서라기보다는 세포의 크기가 더 크기 때문인 것으로 보인다. 비록 이들 동질배수체들이 그들의 이배체 친척들과 비교해서 새로운 유전정보를 획득했거나 혹은 독특한 유전적 조성을 가지는 것은 아니지만, 식물의 꽃과 과일의 크기가 크기 때문에 이러한 변이체들은 원예업이나 상업적으로 더 큰 가치가 있다. 경제적으로 중요한 삼배성 식물에는 가지속(*Solanum*)의 여러 감자종들과, 미국산 겨울사과, 상업적으로 팔리는 바나나, 씨가 없는 수박, 그리고 재배종 참나리(*Lilium tigrinum*) 등이 있다. 이들 식물은 무성생식을 한다. 이배성 바나나는 딱딱한 씨를 가지지만 삼배성인 상업성 바나나는 먹을 수 있는 씨를

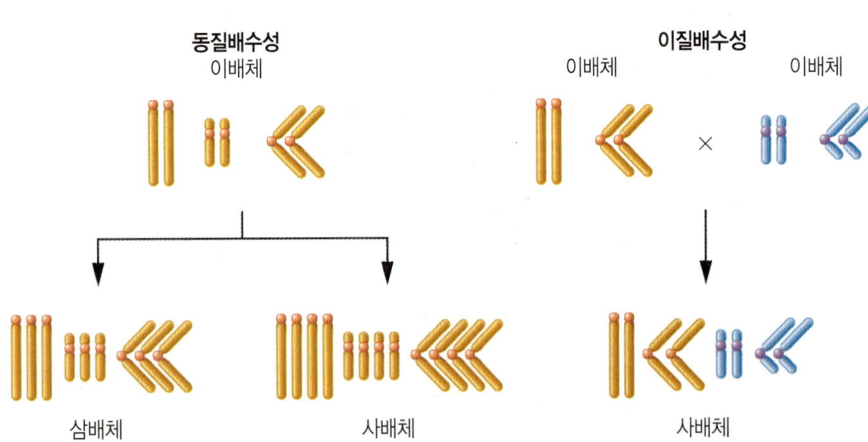

그림 6-6 동질배수체(autopolypolid)와 이질배수체(allopolyploid) 핵형의 염색체 기원에 대한 비교.

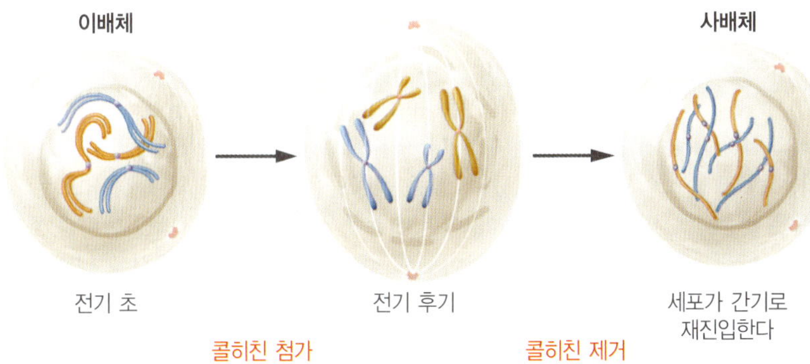

그림 6-7 동질사배체의 생산과정 중에 나타나는 염색체의 배가(doubling)와 이에 관련한 콜히친의 연관성. 두 쌍의 상동염색체를 표시했다. 각 염색체가 간기 전반에 그 DNA를 합성하지만 염색체들이 전기 후반까지는 이중구조로 나타나지 않는다. 후기가 정상적으로 일어나지 않았을 때 세포가 다시 간기로 재진입하게 되면, 염색체들의 숫자는 두 배가 된다.

가진다. 사배성 알팔파와 커피, 땅콩들, 그리고 매킨토시 사과들 또한 같은 종의 이배성이나 삼배성 식물들보다 크기가 크거나 더 잘 자라기 때문에 경제적 가치가 크다. 상업성 딸기는 8배성이다.

우리는 증가된 배수성을 가지는 세포들이 새로운 유전자를 가진 것이 아닌데도 어째서 그들의 이배체성 생물들과 다른 표현형을 보이는지 궁금하게 생각해 왔다. 현대 생물공학을 사용한 유전자 발현의 조사로부터 몇 가지 재미있는 통찰이 얻어졌다. 예를 들어, 제럴드 핑크(Gerald Fink)와 그 동료들은 효모가 유전체를 1, 2, 3, 4 복사체로 가지도록 했다. 그러므로 각 계통들은 배수성 값만 다르고 모든 유전자는 동일하다. 이들 과학자는 이 생물의 세포주기 과정에 걸쳐 유전자 발현의 수준을 조사했다. 핑크와 동료들은 배수성이 증가함에 따라 유전자 발현이 10배 정도 증가하는 경우의 10가지와 10배 정도 감소하는 7가지 경우를 찾을 수 있었다.

이러한 유전자들 중 하나는 어떻게 배수성 세포들이 반수성이나 이배체성 세포들보다 커지는지에 대한 통찰을 제공한다. 다배성 효모에서는 배수성이 증가하면 두 가지 **G1 사이클린**(G1 cyclin)인 Cln1과 Pcl1이 억제되는 반면 효모의 크기는 증가한다. 이것은 G1 사이클린들이 세포를 G1 시기를 통과하도록 촉진하는 것에 기초한 것으로, 이들 유전자가 억제되면, G1 이동이 지연된다. 세포들은 G1기에 더 오래 머물고, 평균적으로 더 크게 자란다. 효모세포들은 배수성이 증가함에 따라 다른 모양을 나타낸다. 배수성이 증가함에 따라 억제되는 다른 유전자들은 모양 변화를 일으킬 수 있는 세포골격의 이동과 연관되어 있다.

이질배수성

다배성은 또한 가까운 식물종들끼리의 교잡에 의해서도 생길 수 있다. 염색체 세트 *AA*를 가지는 식물의 반수체 난자가 염색체 세트 *BB*를 가지는 식물의 정자에 의해 수정되면, 생겨나는 잡종은 *AB*가 된다. 여기서 $A = a_1, a_2, a_3, \ldots a_n$이고, $B = b_1, b_2, b_3, \ldots b_n$이다. 잡종 식물은 생존력 있는 배우자를 생산하지 못해 불임성일 수 있다. 이러한 일들은 *a*와 *b* 염색체가 모두 혹은 부분적으로 상동성이 아니라서 감수분열시에 접합하지 못할 때 가장 흔히 일어난다. 결과적으로 불균형인 유전적 조합이 생기는 것이다. 그러나 새로운 *AB* 유전 조합이 자연적인, 혹은 유도된 염색체 배가를 겪게 되면, *a*와 *b*의 모든 염색체들이 두 벌이 되고 감수분열시 쌍을 이룰 수 있다. 결과적으로, 번식력이 있는 *AABB* 사배체가 생기는 것이다. 이러한 사건이 그림 6-8에 나타나 있다. 이 사배체들은 서로 다른 종에서 유래한 네 개의 반수체 유전체를 균등하게 가지므로, **이질사배체**(allotetraploid)라고도 불린다. 두 가지 원래종이 알려져 있는 이러한 경우, **복이배체**(amphidiploid)라는 말이 이들 이질사배체를 설명하는 데 더 자주 사용된다.

복이배체 식물들은 종종 자연에서도 발견된다. 그들의 생식적 성공은 균형적인 배우자들을 형성할 수 있는 능력에 기초한 것이다. 각 특정 염색체의 두 상동염색체가 존재하므로 감수분열은 정상적으로 일어나고 (그림 6-8), 수정에 의해 식물은 유성적으로 증식할 수 있게 된다. 이 논의는 염색체 세트 *A*와 *B* 사이에 어떤 염색체들도 상동성이 없는 가장 간단한 경우를 알아본 것이다. 가깝게 연관된 종들 사이에서 생긴 복이배체에서는 *a*와 *b* 사이에서 얼마간의 상동성이

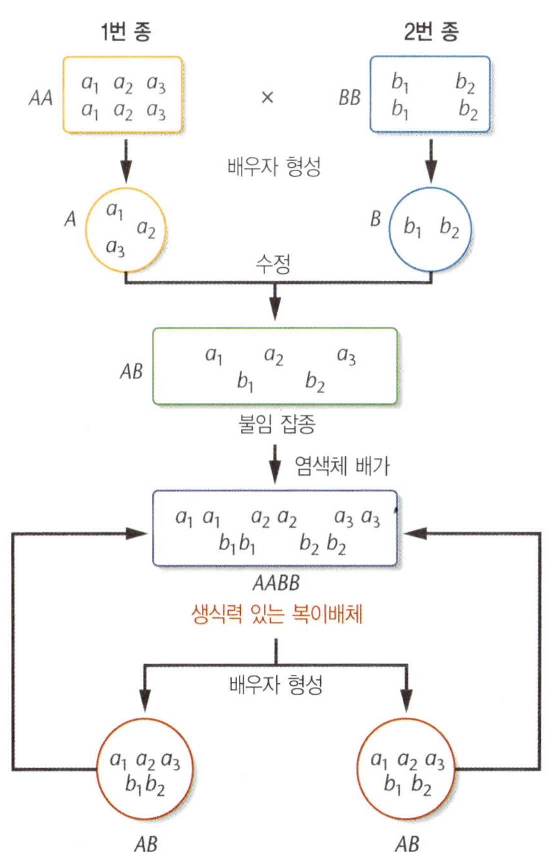

그림 6-8 복이배체(amphidiploid)의 기원과 증식. 1번 종은 세 개의 뚜렷한 염색체들, a_1, a_2, a_3로 구성된 유전체를 가진다. 2번 종은 두 개의 뚜렷한 염색체인 b_1과 b_2로 구성된 유전체를 포함한다. 두 종 사이의 수정과 염색체 배가에 의해 완벽한 이배체 유전체(*AABB*)를 포함하는 생식력 있는 복이배체가 형성된다.

있을 수 있다. 이질배수체들은 대부분의 동물에서는 매우 드문데 그 이유는 짝짓기 행동이 때때로 종 특이적이어서 잡종 형성의 첫 단계부터 일어나지 않기 때문이다.

식물 복이배체의 전형적인 예가 미국 면화 *Gossypium*(그림 6-9)의 재배종이다. 이 종은 26쌍의 염색체를 가진다: 13개는 좀 크고 13개는 좀 작다. 구세계 면화가 13쌍의 커다란 염색체를 갖는 것이 발견되었을 때, 이 식물의 이질배수성이 의심되었었다. 야생의 미국면화를 조사한 결과 이들이 13쌍의 조그만 염색체들을 가짐이 판명되었고 이러한 의심이 확인되었다. J. O. 비즐리(J. O. Beasley)는 구세계종과 야생종을 교배하고, 이 잡종에 콜히친을 처리하여 염색체 수를 배가시킴으로써, 실험적으로 재배면화의 기원을 재구성하였다. 이러한 처리의 결과, 생식력이 있는 복이배체 변종 면화가 얻어졌던 것이다. 이것은 26쌍의 염색체들을 가지고 있었으며 재배 변종과 비슷한 특징들을 나타냈다.

복이배체는 흔히 두 부모종의 형질을 모두 나타낸다. 경제적인 중요성은 없지만 재미있는 예로, 무(*Raphanus sativus*)와 배추(*Brassica olearacea*) 사이에서 생긴 잡종을 들 수 있다. 두 종은 모두 9개의 반수 염색체를 가진다. 처음 잡종은 9개의 무우 염색체(R－염색체)와 9개의 배추 염색체(B－염색체)를 가진다(9R + 9B). 이들 잡종은 대부분 불임성이지만 몇몇 생식력 있는 복이배체들(18R + 18B)이 얻어질 수 있다. 불행하게도 이 식물의 뿌리는 배추를 닮았고, 싹은 무를 더 닮았다. 반대 현상이 일어났다면, 아마도 이 잡종은 경제적으로 매우 중요해졌을 것이다.

훨씬 더 성공적인 상업적 잡종화는 밀과 호밀을 이용한 것이다. 밀(속명 *Triticum*)은 7 염색체의 반수 유전체를 가진다. 정상적인 이배체($2n = 14$)와, 재배종인 이질배수체가 존재하는데 사배체($4n = 28$)와 육배체($6n = 42$) 등이 포함된다. 호밀(속명 *Secale*)은 역시 7 염색체로 구성된 유전체를 가진다. 재배종에는 이배체($2n = 14$)만 존재한다.

그림 6-8에 설명한 것과 같은 기술을 사용하여, 유전학자들은 다양한 잡종들을 만들어 냈다. 사배체 밀이 이배체 호밀과 교배되어 F_1 식물이 콜히친 처리되면, 육배체 변종($6n = 42$)이 생긴다. 라이밀(*Triticale*)이라고 명명된 이 잡종은 새로운 속이 되었다. 다양한 밀과 호밀에서 유래한 생식력 있는 이 변이체들은 교배되거나 역교배될 수 있다. 이러한 교배들로 라이밀 속의 수많은 변이체들이 생겨났다. 잡종 식물들은 밀과 호밀의 특징을 모두 나타낸다. 예를 들어, 어떤 잡종들은 밀의 높은 단백질 함량과 호밀의 높은 라이신 아미노산 함량의 조합이라는 특성을 나타낸다. 밀에서는 라이신 함량이 낮아 이것이 밀의 제한영양 요소로 작용했었다. 밀은 낟알 생산량이 많은 반면 호밀은 환경조건이 나빠도 잘 성장하는 것이 특징이다. 두 형질이 조합된 라이밀 종들은 상당히 증가된 낟알 생산 능력을 가진다. 잡종화를 통한 곡물 생산량 증대 프로그램들이 몇몇 저개발 국가들에서 오랫동안 진행되어 왔다.

그림 6-9 재배성 면화식물인 *Gossypium*의 복이배체 형태에서 나타나는 꼬투리들.

이 문제를 풀어보자

145페이지의 7번 문제에서는, 여러분에게 서로 다른 두 종에서 유래한 잡종 식물(양친 식물들보다 더 화려하다)의 불임성에 대해 고려해 볼 것을 요구한다.

힌트: 이질배수체 식물들은 감수분열시 배우자의 불균형 때문에 종종 홀수의 염색체 수를 가질 때 불임성을 나타낸다.

6.6 염색체 구조와 배열에서 변이가 생긴다

염색체 이상의 두 번째 일반적인 부류는 하나 혹은 그 이상의 염색체에서 상당 부분이 결실, 첨가, 혹은 재배열되는 것을 포함한다. 이 범주에는 유전자나 염색체의 일부가 결실되거나 중복되는 것, 그리고 염색체 단편이 뒤집어지거나, 비상동 염색체들 일부가 교환되거나, 혹은 단순히 다른 염색체로 일부분이 이동하는 등의 유전물질 재배열이 포함된다. 이런 이상들을 논의하기에 앞서, 몇 가지 일반적인 관찰이 적당하리라 생각된다. 이러한 형태의 염색체 변화가 그림 6-10에 설명되어 있다.

대부분의 경우에서 이러한 변화들은 염색체 축을 따라서 하나 혹은 그 이상의 절단이 생기기고, 일부 유전물질이 소실되거나 재배치되기 때문에 일어난다. 염색체들은 자연적으로 절단될 수 있으나 그 빈도는 화학물질이나 방사선에 노출된 세포에서 증가할 수 있다. 비록 텔로미어(telomere)라는 염색체 말단이, 부러진 염색체들의 말단이나 다른 텔로미어에 바로 융합되는 것은 아니지만, 절단 부위의 말단은 "끈끈한(sticky)" 성질이 있어서 절단된 말단들은 다시 붙을 수 있다. 절단과 재결합 사건이 원래의 관계를 회복시키지 못하고, 그 변화가 생식세포에서 일어났다면, 이 배우자는 유전되는 구조적 재배열을 가지게 된다.

만약 이러한 이상이 상동염색체 하나에서 일어나고 다른 하나에서는 일어나지 않았다면, 그 개체는 그 이상에 대해 이형접합성이다. 그러한 경우에는 감수분열의 상동염색체 접합시에, 드물게 나타나는 특징적인 쌍 형성 모양이 관찰된다. 이러한 패턴은 어떠

그림 6-10 다섯 가지의 염색체 획득, 소실, 재조합의 개요.

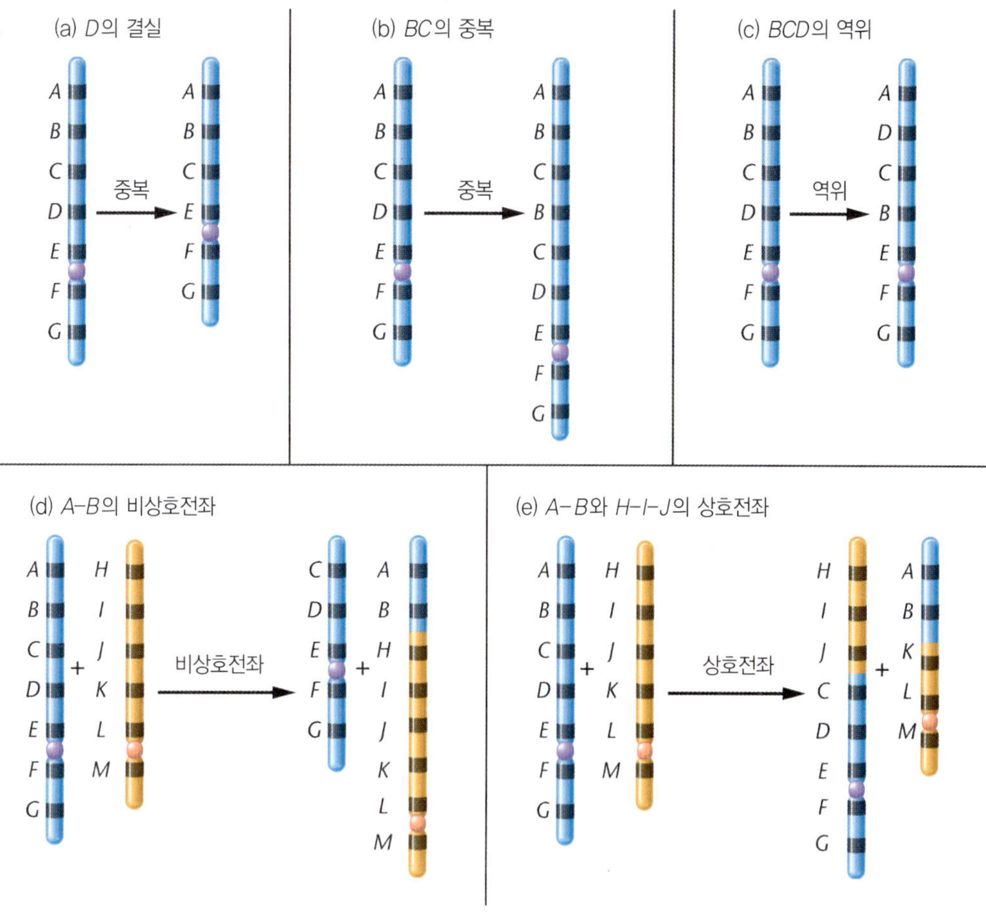

한 종류의 변화가 일어났었는지를 규명하는 데 유용하다. 유전 물질의 소실이나 획득이 일어나지 않았다면 "이형접합성으로(heterozygously)" 이상을 가진 개인들은 표현형적으로는 영향을 받지 않을 것이다. 그러나 비정상적인 염색체쌍 형성 배열은 종종 배우자들을 염색체 일부가 중복되거나 결손되도록 유도한다. 이러한 일이 생기면, 어떤 이상을 가진 자손들에서는 표현형적으로 변화가 나타날 확률이 높다.

6.7 결실은 염색체 일부를 소실한 것이다

한 염색체의 하나 혹은 그 이상의 장소에서 절단이 일어나 일부가 사라졌을 때 그 사라진 조각을 **결실**(deletion) 혹은 **결손**(deficiency)이라고 부른다. 결실은 염색체의 말단이나 중간에서 일어날 수 있다. 이들을 각각 **말단 결실**(terminal deletion) 혹은 **내부 결실**(intercalary deletion)이라고 한다[그림 6-11(a)와 (b)]. 동원체 부분을 포함한 염색체 부분은 통상 세포분열 시 유지된다. 반면, 동원체가 없는 조각은 유사분열이나 감수분열에서 생긴 딸세포에서 결국 사라지게 된다. 커다란 내부 결실을 가지는 상동염색체와 정상 상동염색체가 접합하기 위해서는 쌍을 이루지 못하는 정상 상동염색체의 일부가 튀어나와 **결실고리**(deletion loop) 혹은 **보상고리**(compensation loop)를 만들어야만 한다[그림 6-11(c)].

5번 염색체 단완의 일부만이 소실된 묘성 증후군에 대한 우리의 논의에서 언급한 것처럼, 염색체 일부의 소실은 크지 않아도

(a) 말단 결실의 기원

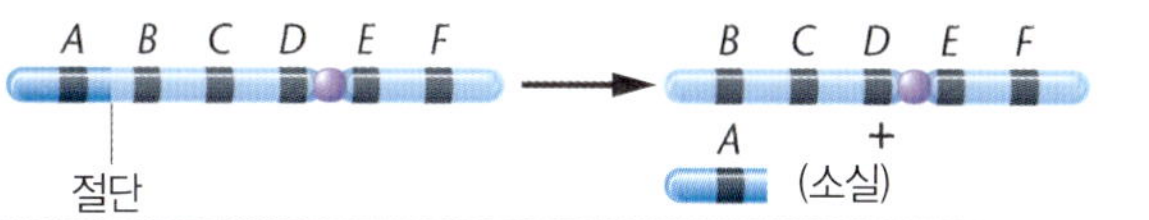

(b) 내부 결실의 기원

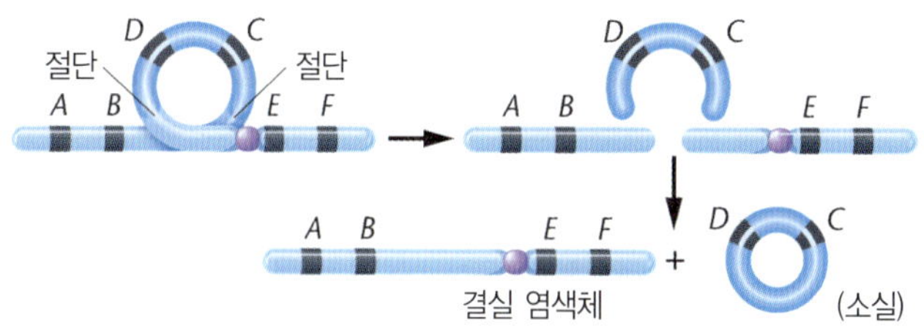

(c) 결실고리의 형성

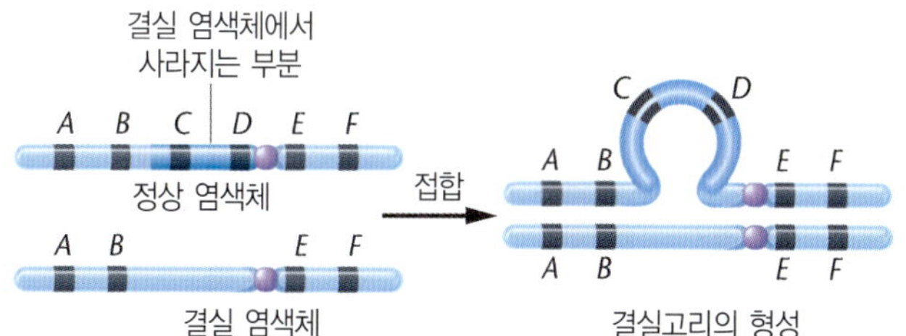

그림 6-11 염색체 말단(a)과 중간 부분(b)에서 생기는 결실의 원인. (c)에서, 정상적인 염색체와 중간 부분에 결실이 있는 염색체 사이의 짝이 이루어지려면, 정상적인 염색체에서의 보상고리(compensation loop) 형성이 요구됨을 보여준다.

그 효과가 매우 심각할 수 있다. 결실의 결과로 더 많은 유전적 정보가 소실되면, 종종 치사가 발생한다. 그러한 염색체 이상은 연구에는 절대로 사용될 가능성이 없다.

6.8 중복은 염색체 일부가 반복된 것이다

유전물질의 어떤 부분-유전자 한 좌위 혹은 염색체의 커다란 일부-이 유전체상에 한 번 이상 나타나는 경우를 **중복**(duplication)이라고 한다. 결실에서와 같이, 이형접합성 상태의 쌍은 보상고리를 형성하게 한다. 중복은 감수분열시 접합한 상동염색체 사이의 불균등한 교차(unequal crossing over)의 결과 혹은 감수분열 이전의 복제 실수에 의해서도 생길 수 있다(그림 6-12). 전자의 경우에는 중복과 결실이 둘 다 생긴다.

우리는 중복에서 3가지 흥미로운 관점에 대해 살펴보려고 한다. 첫째, 유전적 과잉(genetic redundancy)을 초래할 수 있다. 둘째, 결실에서와 마찬가지로, 표현형적 변이를 일으킬 수 있다. 셋째, 설득력 있는 한 가설에 따르면 진화에 있어 유전적 다양성의 주요한 원천이 되어왔다는 것이다.

유전자의 과잉 및 증폭-리보솜 RNA 유전자

비록 많은 유전자 산물들이 한 개체의 모든 세포에서 필요한 것은 아니지만, 어떤 유전자 산물은 세포의 필수 구성성분으로 알려져 있다. 예를 들어, 리보솜 RNA(rRNA)는 단백질 합성을 유지하기 위해 다량으로 존재해야만 한다. 세포가 대사적으로 더 활성적일수록 이 분자들에 대한 요구는 많아진다. rRNA를 만드는 유전자가 한 카피만 있는 것은 많은 세포에서 부적당할 것이라 생각할 수 있다. 분자적인 혼성화 기법을 사용한 실험에서 특정 RNA 서열들을 암호화하는 유전체의 백분율을 결정할 수 있었는데, 이 실험은 위에서 한 우리의 생각이 맞았다는 것을 보여준다. 정말로, rRNA에 대한 유전자 다수가 존재했다. 그러한 DNA를 **rDNA**라고 하며, 이러한 현상을 **유전자 과잉**(gene redundancy)이라고 한다. 예를 들어, 흔한 장내세균인 *E. coli*에서는 반수체 유전체의 약 0.7%가 rDNA를 구성한다. 이것은 이 유전자가 7개 사본으로 존재하는 것이다. 초파리에서는 반수체 유전체의 0.3%로 약 130 유전자 사본으로 존재한다. 같은 유전자에 대한 여러 개의 동일한 복사본이 존재하는 것은 rRNA에만 국한된 것은 아니다. 이 절에서 이들에 초점을 맞추어 보고자 한다.

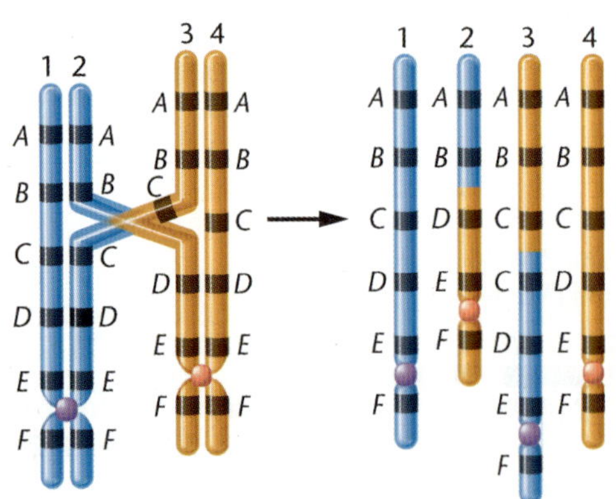

그림 6-12 불균등 교차(unequal crossing over)의 결과로 나타나는 염색체들의 중복과 결실. 왼쪽의 4분체는 시냅스 형성시 짝 이루기가 잘못되었다. 2번 염색체와 3번 염색체 사이의 단일 교차로 염색체 2번에서는 결손이, 염색체 3번에서는 중복이 일어난다(오른쪽). 교차에 관여하지 않은 두 염색체는 유전자 서열이나 내용에 있어서 정상적인 상태로 남아 있다.

몇몇 세포, 특히 난모세포에서는 rDNA의 평균적인 과잉도 충분한 양의 rRNA와 리보솜을 제공하기에는 불충분하다. 난모세포들은 초기 배발생 과정 중에 배아에 의해 사용될 충분한 양의 영양분을 세포질에 저장해야만 한다. 게다가 다른 어떤 형태의 세포에서보다 난모세포들은 더 많은 리보솜들이 포함한다. 어떻게 양서류인 *Xenopus laevis*가 이렇게 많은 양의 리보솜을 충당하는지를 고찰함으로써 rRNA의 양이 증가할 수 있는 두 번째 방법을 알아보도록 하자. 이러한 현상은 **유전자 증폭**(gene amplification)이라고 한다.

rRNA를 암호화하는 유전자들은 **인형성자 부위**(necleolar organizer region, NOR)라고 알려진 염색체 지역에 존재한다. NOR은 리보솜 생산의 중심인 인과 아주 밀접한 관련이 있다. 분자 혼성화 분석은 개구리 *Xenopus*에서 NOR 하나가 rRNA를 암호화하는 유전자의 400개 복사본들을 포함하고 있음을 보여준다. 이 유전자 숫자도 수정 이후에 발달을 지탱하기 위해 이 양서류의 난모세포에 축적되어야 하는 다량의 리보솜을 합성하기에는 분명히 부족하다.

rRNA 유전자들의 숫자를 더 증폭시키기 위해 rDNA는 선택적으로 복제되고 새로운 유전자 세트가 주형으로부터 분리된다. 새로운 복사본 각각이 하나의 NOR에 해당하므로 다수의 작은 인들이 난모세포의 NOR 주위에 형성된다. 약 1,500개의 이러한 "작은 인들(micronucleoli)"이 하나의 난모세포에서 관찰된다. 이 작은 인들의 수(1,500)와 NOR 각각에 존재하는 유전자 복사본의 수(400)를 곱한다면 *Xenopus* 난모세포 내의 증폭으로 50만이 넘는 유전자 복사본을 생긴다는 사실을 알 수 있다. 이론적으로 각 복사본 하나가 난모세포의 성숙과정에서 20번만 전사된다고 해도 120만 개가 넘는 리보솜들을 생산할 수 있는 충분한 수의 rRNA가 만들어진다.

초파리에서의 *Bar* 돌연변이

중복은 언뜻 보면 단순히 단일 유전자 돌연변이에 의해 나타날 것 같은 표현형적 변이들을 유발할 수 있다. 초파리의 막대눈(Bar eye) 표현형(그림 6-13)이 전형적인 예다. 정상적인 달걀형 눈 대신에 막대눈 초파리들은 좁고 가느다란 모양의 눈을 가진다. 이러한 표현형은 우성 X-연관 돌연변이와 같은 방식으로 유전된다.

1920년대 초에 알프레드 H. 스터트번트(Alfred H. Sturtevant)와 토마스 H. 모건(Thomas H. Morgan)은 이 "돌연변이(mutation)"를 발견하여 조사하였다. 정상 야생형의 암컷(B^+/B^+)은 각 눈에 약 800개의 낱눈을 가진다. 이형접합성 암컷들(B/B^+)은 대략 350개의 낱눈을 가지는 반면, 동형접합성 암컷들(B/B)은 70개 정도의 낱눈만을 가진다. 더 적은 수의 낱눈을 가지는 암컷들이 우연히 발견되었는데 이들은 이중 막대(double Bar)(B^D/B^+)로 표시한다.

그림 6-13 초파리의 중복 유전자형과 그에 따른 막대눈 표현형들. 사진은 두 가지 막대눈 표현형과 야생형 초파리(B^+/B^+)를 보여준다.

(a) 유전자형과 표현형

유전자형	낱눈 수	표현형	= 16A 지역
B^+/B^+	779		
B/B^+	358		
B/B	68		
B^D/B^+	45		

B^+/B^+

B/B^+

B/B

(b) 불균형 교차로 인한 B^D 대립인자의 형성

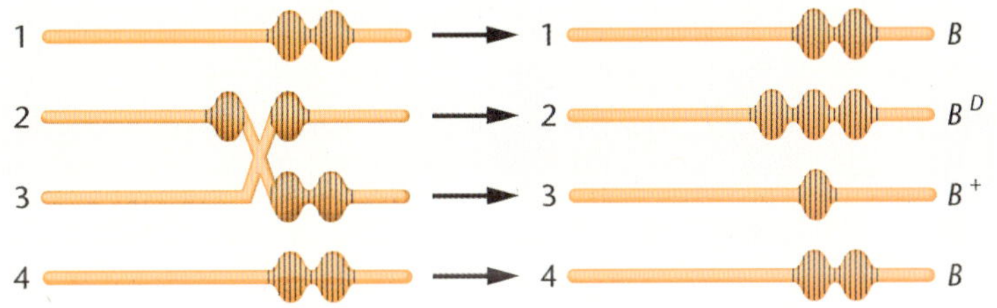

약 10년 후에, 캘빈 브리지스(Calvin Bridges)와 허먼 J. 뮐러(Herman J. Muller)는 이 막대눈 초파리들과 야생형 초파리들의 거대 X 염색체에서 줄무늬 패턴을 비교하였다. 이 염색체들은 지역이 잘 구별되는 줄무늬 패턴을 가진다. 그림 6-13에서 보이듯이, 그들의 연구는 X 염색체의 16A 지역이 야생형에서는 하나의 사본으로 존재하지만 막대눈에서는 두 개가, 이중 막대눈에서는 3개의 사본으로 존재함을 보여주었다. 이러한 관찰들은 막대형 표현형이 단순하게 유전자내의 화학적 변화에 의한 것이 아니고 중복에 의한 것이라는 증거를 제공한다.

진화적 맥락에서의 유전자 중복의 역할

진화를 연구하다 보면, 유전적 다양성을 일으킬 수 있는 기구들에 대한 추측이 상당히 흥미롭다. 최근에 진화된 생물체에서는 독특한 유전자 산물이 발견되지만 조상형태의 생물에서 발견되지 않는다는 것은 특히 흥미로운 주제다. 다시 말해, 어떻게 "새로운" 유전자들이 생겨나는가?

1970년대에 스스모 오노(Susumo Ohno)는 "유전자 중복에 의한 진화(*Evolution by Gene Duplication*)"라는 도발적인 논문 하나를 발표했다. 여기에서 그는, 진화 중 유전자 중복이 새로운 유전자의 기원에 필수적이라는 주장을 폈다. 오노의 논문은 유전체상에 오로지 하나만 존재하는 유전자들의 유전자 산물들은 진화과정 중에서 어떤 종의 구성원의 생존에 없어서는 안 될 것이라는 가정에 기초한 것이다. 따라서 유일한 유전자들은 그들의 1차적 기능을 바꾸어 새로운 유전자들이 생기기에 충분한 만큼의 돌연변이들을 축적할 수 없다.

그러나 어떤 필수적인 유전자가 생식세포에서 중복되어 이 여분의 복사본에 중요한 돌연변이들이 생긴다면, 이것은 원래의 유전자가 필수적인 기능을 위한 유전적 정보를 제공하기 때문에 다음 세대는 그 사건을 견딜 수 있다. 중복된 사본에는 오랜 시간 동안 돌연변이가 자유롭게 축적될 수 있다. 짧은 기간 중에는 이러한 새로운 유전정보는 실질적인 이점이 없을 수도 있다. 그러나 긴 진화적인 기간에 걸쳐서 중복된 유전자는 상당히 많이 변해서 그 산물이 세포 안에서 약간 분화된 기능을 한다고 추측할 수 있다. 이 새로운 기능은 개체에게 그들의 적응도를 높이는 "적응적(adaptive)"인 이점을 줄 수 있다. 오노는 유전적 변이를 유지할 수 있는 기작의 기원에 대한 개요를 말했던 것이다.

오노의 논문은 그들의 DNA 서열이 상당히 유사하지만 유전자 산물은 다른 여러 유전자들의 발견에 의해 지지된다. 예를 들어, 미오글로빈과 헤모글로빈처럼 트립신과 키모트립신은 이러한 설명에 잘 맞는다. 각 경우에 DNA 서열들은 너무나 비슷해서(상동적, homologous) 우리는 각 유전자쌍의 구성원들이 공통조상형의 유전자로부터 중복을 통해 생겨났다는 결론을 내릴 수 있다.

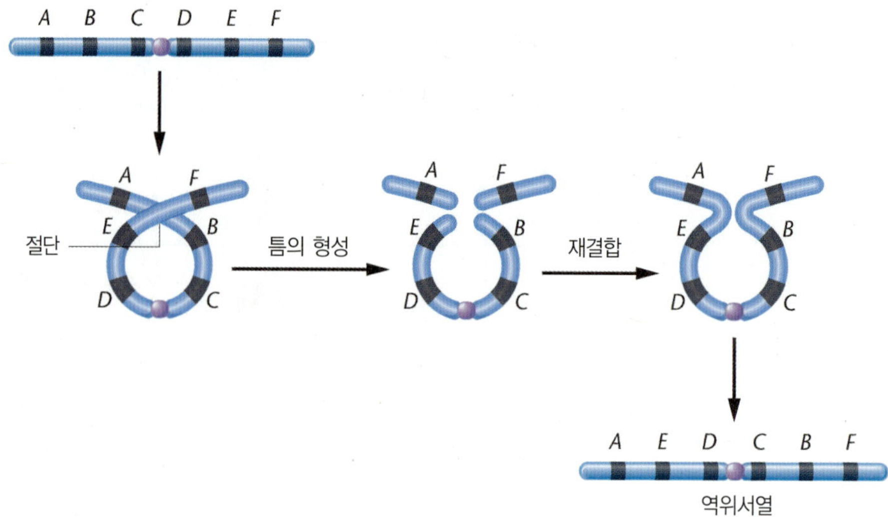

그림 6-14 협동원체성(pericentric) 역위의 형성.

진화과정 중에서 연관된 유전자들은 충분히 분화하여 그들의 산물들이 독특해진다.

또 다른 증거는 **유전자 패밀리**(gene family)들의 존재로, 이들은 유전자 산물이 같은 기능을 수행하는 인접한 유전자들의 그룹이다. 다시 말해서, DNA 서열의 상동성을 보이는 한 가족(family)의 구성원들은 그들이 공동의 기원을 가진다는 결론을 내리기에 충분하다. 면역학적으로 중요한 T 세포 수용체, 주요 조직적합성 복합체에 의해 암호화되는 항원들, 그리고 다양한 형태의 사람 헤모글로빈 폴리펩티드 사슬들이 그 예들이다.

유전체 전체의 서열을 밝힐 수 있었던 능력들에 힘입어 최근의 여러 발견들은 유전자 중복이 진화과정의 공통적 특징임을 지지해 준다. 예를 들어, 저그 스프링(Jurg Spring)은 초파리의 유전자와 사람에서의 해당 유전자들을 비교했다. 연구된 50개의 유전자들에서, 초파리는 하나의 사본만 가진 데 반해, 사람 유전체에는 다수의 사본이 존재했다. 비슷한 결과를 제공한 다른 조사들도 많다.

오노 학설의 두 번째 측면에 대한 새로운 논쟁이 시작되었는데–중요한 진화적 도약(예를 들어, 무척추에서 척추동물로의 전환)은 전체 유전체의 중복과 관련이 있다는 것이다. 오노는 이것이 진화의 과정에서 여러 번 일어났을 것이라고 주장했다. 분명히 유전자나 염색체 부분 일부가 중복되었을 수 있으나 진화생물학자들에게 확신을 줄 만한 증거는 아직 없다. 그러나 유전자 발현이라는 측면에서 볼 때, 모든 유전자들이 중복되는 쪽이 일부만 중복되는 것보다 더 그럴싸하다. 어느 것이 사실이든, 30년 전에 제시된 학설을 검증할 새로운 기술에 기초하여 증거들을 조사하는 것은 흥미로운 일이다.

6.9 역위는 선형 유전자 서열을 재배열시킨다

염색체의 구조적 변화의 또 다른 범주인 **역위**(inversion)는 염색체의 일부가 염색체 내에서 180° 돌려진 상태의 염색체 이상이다. 역위는 유전정보의 소실과는 관계가 없고, 단순하게 유전자 서열의 선상 배열이 바뀐 것이다. 역위는 염색체의 길이를 따라 두 부위의 절단이 있은 후, 뒤집어진 조각이 다시 삽입되는 과정을 요구한다. 그림 6-14는 어떻게 역위가 일어나는지를 보여준다. 절단에 앞서 염색체의 고리가 형성되고, 새로 생긴 "점착성 말단(sticky end)"이 서로 가까이 있게 되어 다시 붙는다.

뒤집어진 조각은 짧거나 혹은 충분히 길어서 동원체를 포함할 수도 있고 포함하지 않을 수도 있다. 동원체가 이 재배열된 염색체 조각에 포함되지 않으면 이 역위를 **편(偏)동원체성**(paracentric)이라고 말한다. 동원체가 뒤집어진 조각의 일부일 경우는 **협(挾)동원체성**(pericentric)이라는 용어가 사용되며 그림 6-14에 나타나 있다.

비록 역위가 그것을 가지는 개체에 최소한의 영향을 가지는 것으로만 나타나더라도, 그 결과들은 유전학자들에게는 상당히 흥미로운 것이다. 역위에 대해 헤테로인 개체들은 그들의 자손에 중요한 영향을 미치는 비정상 배우자를 생산할 수 있다.

배우자 형성 중 일어나는 역위의 결과

상동염색체 중 하나에서만 역위를 가지는 경우, 감수분열시 정상적인 선상의 접합은 불가능하다. 하나의 역위 염색체와 하나의 정상 상동염색체를 가지는 개체를 **역위 이형접합체**(inversion heterozygote)라고 한다. 감수분열에서 그러한 두 염색체의 쌍 형성은 **역위고리**(inversion loop)를 형성할 때만 이루어진다(그림 6-15).

만약 역위고리의 뒤집어진 조각 내에서 교차가 일어나지 않는다면 상동염색체들은 분리될 것이고, 이는 두 개의 정상 염색분체와 두 개의 역위 염색분체를 만들어 배우자로 들어가게 된다. 그러나 교차가 역위고리 내에서 일어난다면, 비정상적인 염색분체들이 생산된다. 편동원체성 역위 내에서 한 번의 교차(SCO)가 주는 영향이 그림 6-15(a)에 그려져 있다.

어떤 감수분열 사분체에서 비자매염색분체들 사이의 교차는 두 개의 부모형 염색분체와 두 개의 재조합형 염색분체를 만든다. 그러나 편동원체성 역위 내에서 교차가 일어났을 때는 하나의 재조합형 염색분체가 **복동원체성**(dicentric)(동원체가 두 개인)이

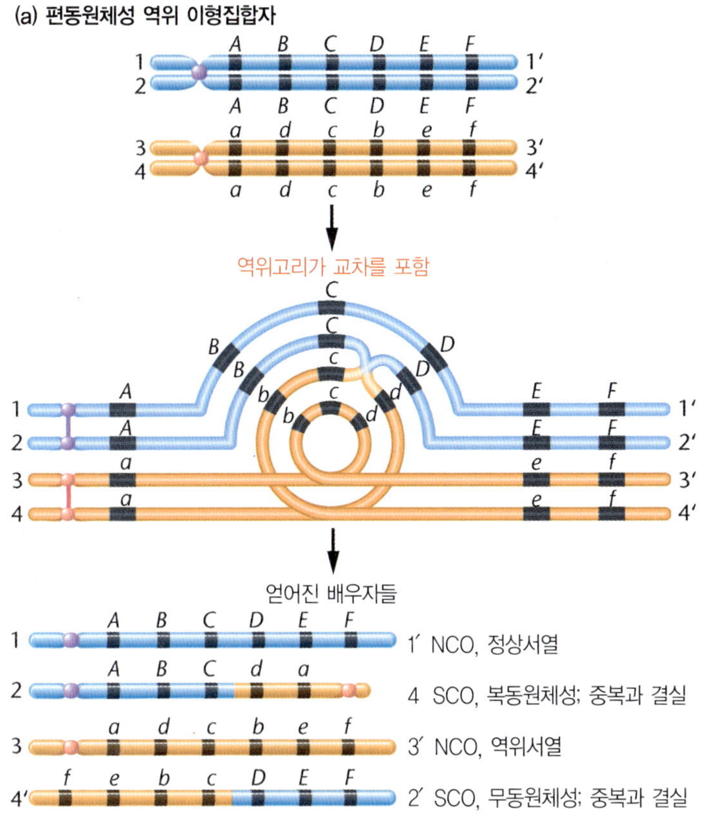

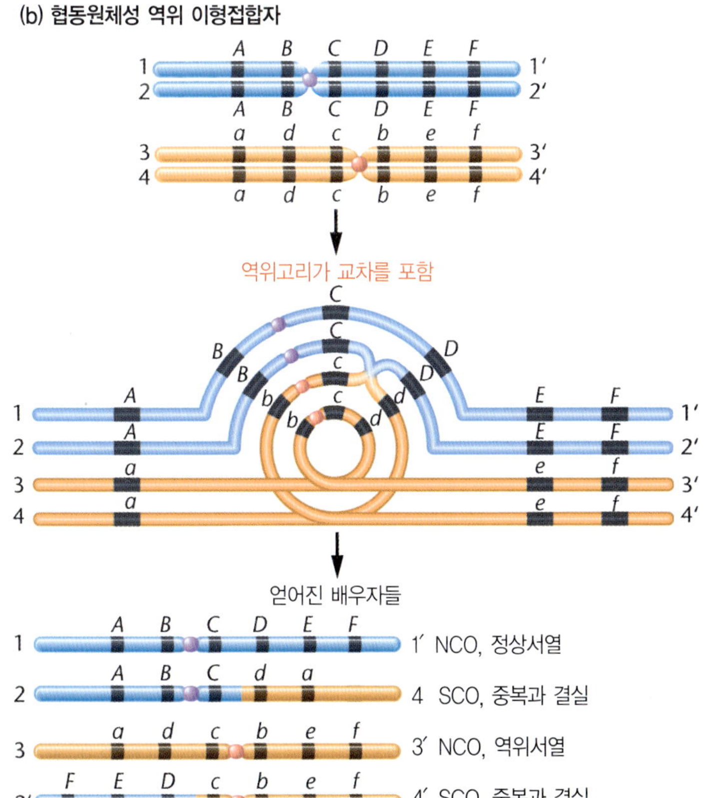

그림 6-15 협동원체성 역위(pericentric inversion)(a)와 편동원체성 역위(paracentric inversion)(b)가 관여된 상황 하에서, 역위고리 내에서 발생한 단일 교차(SCO)의 효과들. (a)에서는 두 가지 변형된 염색체들이 생기는데, 하나는 무동원체성이고 하나는 복동원체성이다. 두 염색체 모두 중복된 부분과 결실된 부분을 포함한다. (b)에서도 역시 변화된 두 염색체가 생기고 이들은 중복부분과 결실 부위를 포함하고 있다.

되고 다른 하나의 재조합형 염색분체는 **무동원체성**(acentric)(동원체가 없는) 염색분체가 된다. 둘 다 염색체 일부 조각들의 중복과 결실들을 포함한다. 세포분열 후기 중에 무동원체성 염색분체는 어느 한쪽 극으로나 끌려가거나 소실되는 반면, 복동원체성 염색분체는 두 방향에서 당겨진다. 이렇게 양극화된 이동은 세포학적으로 인식할 수 있는 복동원체성 다리(dicentric bridge)를 형성한다. 하나의 복동원체성 염색분체는 보통 일부에서 절단이 일어나 감수분열 중에 염색분체 일부는 이쪽 배우자에, 나머지 부분은 또 다른 배우자에 나뉘어 들어가게 된다. 그러므로 재조합형 염색분체를 가지는 배우자들은 유전물질이 결핍된다. 그러한 배우자들이 수정에 참여하게 되면 접합자는 대부분 비정상적으로 발달하게 된다.

비슷한 염색체 불균형이 그림 6-15(b)에서처럼, 협동원체성 역위를 포함하는 염색분체들 사이의 교차 결과로 생길 수 있다. 직접 교환에 참여한 재조합 염색분체들은 중복과 결실을 가진다. 식물에서는 그러한 비정상 염색분체들을 받은 배우자들은 정상적인 발달을 하지 못하므로 화분이나 배주가 중도에 탈락된다. 그러므로 수정 전에 치사가 생기고 생존 불가능한 종자가 된다. 동물에서는, 감수분열 실수에 앞서 배우자가 먼저 발달하므로 염색체 실수에도 불구하고 수정이 일어날 가능성이 많다. 그러나 수정 이후에 생존력이 없는 배를 생산하는 결과는 동일하다. 두 경우에 모두 생존력이 감소한다.

식물에서나 동물에서나 생존력 있는 자손이 생기지 못하므로, 교차를 가진 배우자가 발견되지 않고, 역위는 교차를 억제하는 것처럼 **보인다**(appear). 실제로 역위 이형접합체들에서는 염색체 교환이 역위구역 내에서 발생했을 때 **교차산물의 회수를 억제하는** 효과를 가진다. 만약 교차가 늘 편동원체성 혹은 협동원체성 역위 내에서 발생한다면, 배우자의 50%는 비기능적이다. 그러므로 결과적으로 얻어지는 접합자들의 생존력은 크게 감소한다. 게다가 생존력 있는 배우자들의 1/2 정도까지 역위 염색체들을 가지며, 역위는 이 종 내에서 영속적이다. 이러한 사건은 미래 세대의 감수분열 과정 중에도 계속해서 반복될 것이다.

이 문제를 풀어보자

146페이지의 23번 문제는 사산과 기형아 출산의 가족력을 가진 예비 아버지에 대한 문제다. 그는 1번 염색체 하나에서 70%에 해당하는 염색체물질에 역위를 가진다. 여러분은 사산의 원인을 설명하여야 한다.

힌트: 인간의 1번 염색체는 중부동원체성이므로, 70%의 염색체를 커버하는 역위는 확실히 협동원체성 역위일 것이다.

6.10 전좌는 유전체 내에서 염색체 분절의 위치를 변화시킨다

전좌(translocation)는 이름이 함축하는 것처럼 염색체의 일부가 유전체의 다른 부위로 이동한 것이다. 예를 들어, 상호전좌(reciprocal translocation)는 비상동염색체 간의 염색체 부분 교환을 뜻한다. 이러한 사건이 일어날 수 있는 가장 쉬운 방법은 두 개의 비상동성 염색체들의 팔이 서로 충분히 가까워서 염색체 교환이 촉진되는 것이다. 그림 6-16(a)는 간단한 상호전좌를 보여주는 것으로 여기서는 오직 두 번의 절단만 있으면 된다. 교환사건이 염색체 내부조각을 포함한 것이라면 각각의 염색체상에서 두 번씩, 네 번의 절단이 필요하다.

상호전좌의 유전적 결과는 많은 경우에서 역위의 경우와 유사하다. 예를 들어, 유전적 정보는 소실되거나 획득되지 않는다. 그보다는 단지 유전물질의 재배열만 있는 것이다. 그러므로 전좌의 존재는 그것을 가지는 개체의 생존성을 직접적으로 바꾸지는 않는다.

상호전좌에 이형접합성인 상동염색체들은 감수분열시 비정상 접합을 일으킨다. 그림 6-16(b)에서처럼, 쌍을 이루는 것이 십자 형태를 만든다. 역위에서와 같이, 감수분열 중의 이런 특이한 배열에 의해, 유전적으로 불균형인 배우자들이 생긴다. 그러나 전좌의 경우에서는, 교차의 결과로 항상 비정상 배우자들이 생기는 것은 아니다. 어떻게 불균형 배우자들이 생기는지 보기 위해, 그림 6-16(b)와 그림 6-16(c)에서 상동염색체의 동원체를 잘 살펴보라. 독립적 분리의 원칙에 따라 1번 동원체를 포함하는 염색체는 첫 번 감수분열 후기에 방추체의 한 극 쪽으로 무작위로 이동한다: 그것은 3번 동원체를 가지는 염색체나 동원체 4를 가지는 염색체와 같이 갈 수 있다. 동원체 2를 가지는 염색체는 동원체 3이나 4를 가지는 염색체와 함께 다른 쪽으로 이동한다. 이로써 4가지 가능한 감수분열 결과가 생긴다. 1,4번 조합은 전좌가 관여하지 않은 염색체들을 포함한다. 그러나 2,3번 조합은 전좌 염색체들을 가진다. 이들은 완전한 유전정보 조성을 가지며, 균형이 잡혀 있다. 다른 두 가능성 있는 산물인 1,3과 2,4 조합은 중복과 결실된 조각을 나타내는 염색체들을 포함한다.

배우자들에 통합되었을 때, 결과적으로 얻어진 감수분열 산물들은 유전적으로 불균형적이다. 만약에 그들이 수정에 참여하게 되면, 종종 치사가 나타난다. 상호전좌에 이형접합성인 부모에서 50%의 자손만이 살아남는다. 이러한 조건을 가리켜 **반불임성**(semisterility)이라고 하는데, 개체의 생식적 적응력에 영향을 미쳐 진화에 작용한다. 더불어, 사람의 경우에서 그러한 불균형 조건은 부분적인 일염색체성이나 삼염색체성을 유발하여 다양한 출산 결함을 일으킨다.

사람에서의 전좌: 가족성 다운 증후군

1959년 이후부터 이어진 많은 연구들이 사람의 전좌에 대한 것이었다. 그 중 가장 흔한 형태가 두 개의 비상동 단부동원체성(acrocentric) 염색체들의 단완(short arm) 절단이 관여된 전좌다.

(a) 상호전좌의 기원

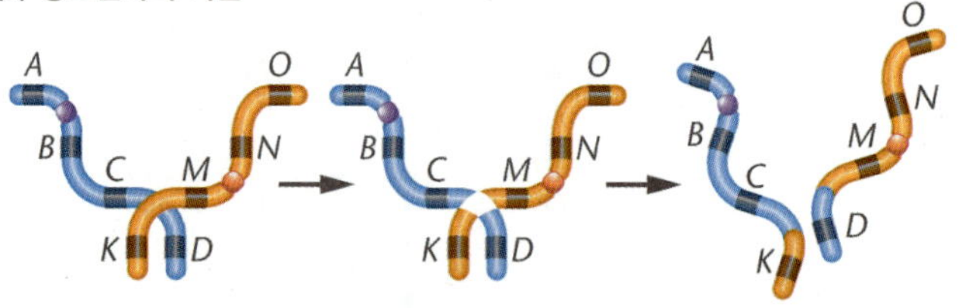

(b) 전좌 이형접합자에서의 염색체 접합

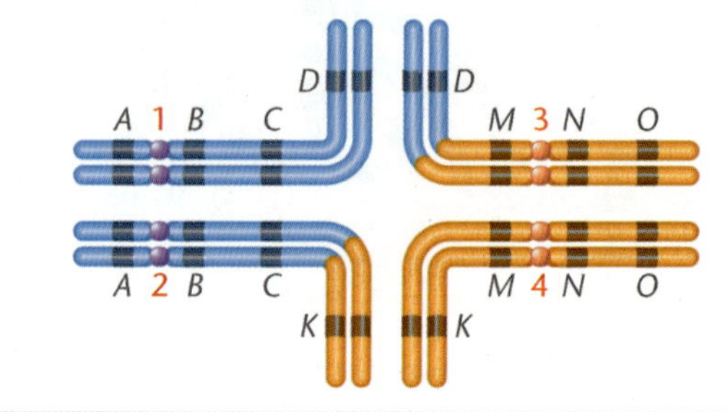

(c) 배우자 형성시의 분리 패턴

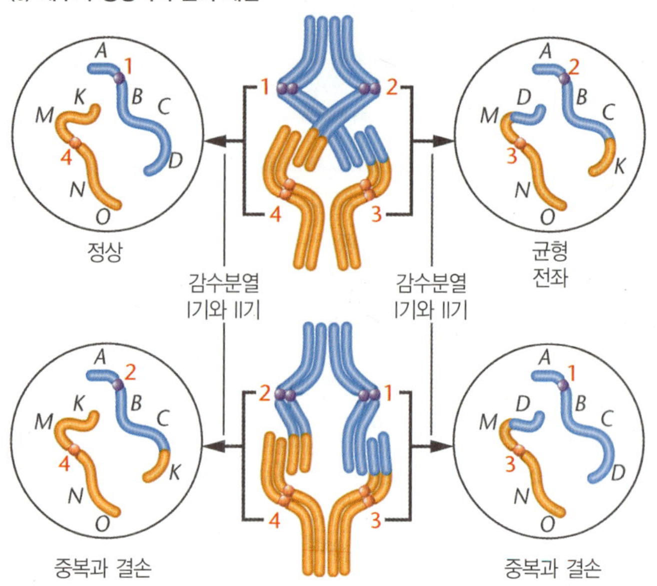

그림 6-16 (a) 상호전좌(reciprocal translocation)의 기원. (b) 상호전좌에 대해 이형접합성인 개체에서 감수분열 과정 중에 형성되는 접합 배열의 구조(synaptic configuration). (c) 두 가지 가능한 분리 양식, 하나는 정상적이고 균형적인 배우자를 형성하는 대체분리(alternate segregation)이고, 다른 하나는 중복과 결실을 포함한 배우자를 형성하는 인접분리(adjacent segregation)이다.

이들 중 짧은 조각들은 소실되고 큰 부분들이 동원체 부위에서 연합하여 크기가 큰 차중부동원체성, 혹은 중부동원체성 염색체를 형성하게 되는데 이러한 전좌를 **로버트손 전좌**(Robertsonian translocation)라고 한다.

이러한 전좌 중 하나는 다운 증후군을 일으킨다. 이전에 우리는 대부분의 다운 증후군이 21번 염색체의 삼염색체성으로 인해 일어난다는 것을 지적했었다. 이 염색체 조성은 부모 중 한쪽의 감수분열 중 염색체 비분리에 의해 일어난다. 삼염색체성은 모든 다운 증후군의 95%를 차지한다. 그러한 경우에는 같은 부모가 두 번째로 또 이환된 아이를 생산할 확률은 지극히 낮다. 그러나 다운 증후군 아기들을 가진 나머지 5% 가족의 경우는 세대를 거쳐 이 증후군이 나타날 확률이 매우 높다.

세포학적 연구로 이러한 **가족성 다운 증후군**(familial Down syndrome)의 원인이 설명될 수 있었다. 한 부모에 대한 분석은 14/21, D/G 전좌(그림 6-17)를 보여준다. 즉, 이 부모는 G그룹인 21번 염색체의 대부분이 D그룹인 14번 염색체에 전이된 형태를 가지는 것이다. 이러한 개인들은 그, 또는 그녀가 45개의 염색체를 가지더라도 표현형적으로는 정상이다. 감수분열 중에 이러한 개인들의 생식세포는 4분의 1이 21번 염색체를 3개 가지게 된다(한 쌍의 정상 염색체와 14번으로 전좌된 또 하나). 그러한 배우자가 정상 반수체 배우자와 수정될 경우, 결과적으로 접합자는 46개의 염색체를 가지지만 21번 염색체는 3개의 사본으로 가지게 된다. 이러한 개인은 다운 증후군을 나타낸다. 다른 생존가능성이 있는 자손은 정상적인 배수체 유전체(전좌가 없는)를 가지거나 균형 전좌(balanced translocation)(부모형)를 가지게 된다. 두 경우 다 정상 표현형을 나타낸다. 전좌에 관한 지식으로, 유전학자들은 정상 배수체의 유전체를 가진 개인에서 나타나는 삼염색체성 형질에 대한 설명을 할 수 있게 되었다.

45개의 염색체를 가지며 정상 표현형을 나타내는 "보인자"가 완전한(complete) 이배체 유전물질의 양을 포함하지는 않는다는 것이 흥미롭다. 14번 염색체와 21번 염색체에서 전좌가 발생하며 약간의 부분을 소실하게 된다. 이러한 사건은 두 염색체의 말단이 융합하기 전에 부러짐으로써 발생한다. 이러한 특정 부위들은 리보솜의 주요 성분인 rRNA를 암호화하는 유전자의 다중 복사본이 있는 곳으로 알려져 있다. 따라서 이들 유전자의 20%를 잃음에도 불구하고 보인자는 영향을 받지 않는다.

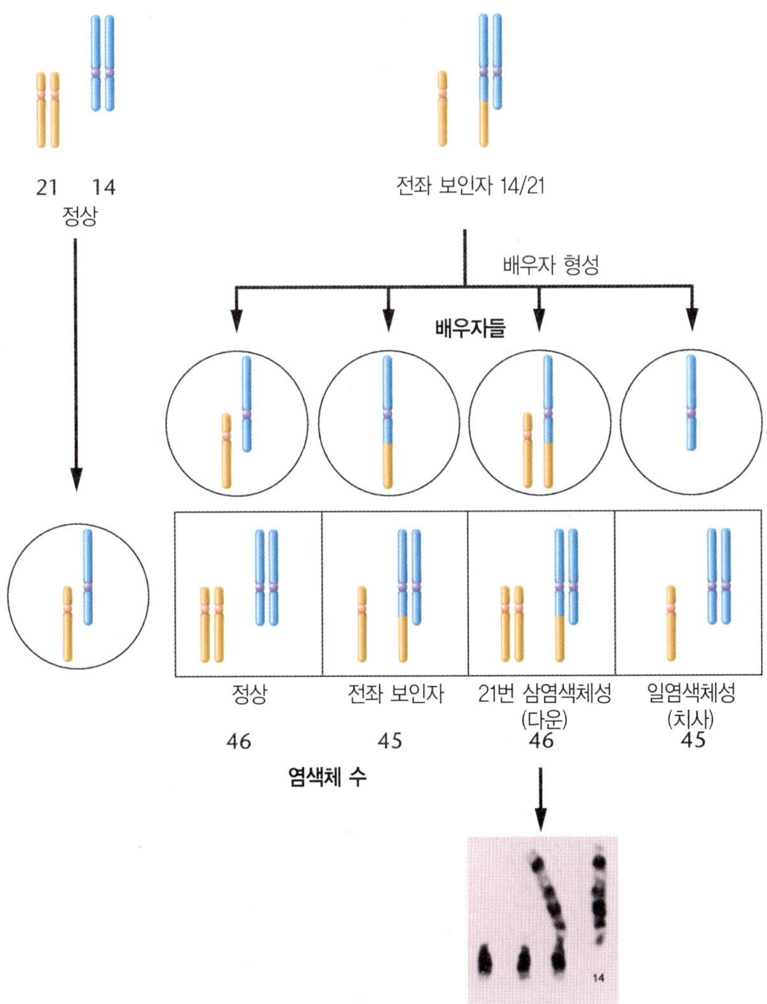

그림 6-17 본문에서 설명된 다운 증후군 가계에서의 염색체들의 관련성. 사진은 전좌 보인자였던 부모에 의해 만들어진, 21번 삼염색체성이 관련된 염색체를 보여준다.

6.11 사람에서의 염색체 취약 부위는 염색체 절단에 민감하다

1970년경 배양된 세포에서 분리된 사람의 중기 염색체를 관찰하면서 발견된 재미있는 결과에 대해 논의하면서 이 장을 끝내고자 한다. 어떤 개인에서 분리된 세포에서는, 염색체의 특정 부분이 염색이 되지 않아 틈을 만든 것처럼 보인다. 이러한 형태는 다른 염색체상에서도 발견되었는데, **취약 부위**(fragile site)로 알려지게 되었으며 이들은 엽산(folic acid)이 결핍된 배지에서 배양될 경우에 염색체 절단에 민감한 것으로 보인다. 취약 부위는 그 중 하나가 어떤 형태의 정신 지체와의 연관성이 밝혀질 때까지는 매우 의아스러운 것이었다.

취약성의 원인은 아직 밝혀져 있지 않다. 이 부분이 염색체가 절단에 민감한 부위를 나타내기 때문에, 이 부위의 크로마틴은 조밀하게 꼬여져 있지 않음을 시사한다. 비록 이들 부위에 대한 거의 모든 연구가 유사분열 중인 세포를 이용하여 시험관 내에서 이루어진 것이라고 하더라도, 이들 몇 부분들이 변형된 형질, 즉 정신지체나 암과 관련이 있다는 것에 주목할 필요가 있다.

취약 X 증후군(마틴-벨 증후군)

대부분의 취약 부위는 다른 임상징후와는 별 관련이 없어 보인다. 그러나 X 염색체상에 있는 엽산 감수성 부위(folate sensitive site)(그림 6-18)는 **취약 X 증후군**(fragile X syndrome), 혹은 **마틴-벨 증후군**(Martin-Bell syndrome)이라는 가장 흔한 형태의 정신지체를 나타낸다. 이 증후군은 남아 4,000명 중 한 명, 여아 8,000명 중에서 한 명꼴로 나타나며, 우성형질이기 때문에 하나의 취약 X 염색체를 가지는 여성이라도 정신지체를 나타낼 수 있다. 다행스럽게도, 이 형질은 완전히 발현되지는 않는다. 즉, 약 30%의 취약 X 여성, 약 80%의 취약 X 남성만이 정신지체를 보인다. 정신지체와 더불어 이환된 남자는 특이적으로 길고 좁은 얼굴에 튀어나온 턱과 커진 귀, 크기가 증가된 고환 등의 특징을 보인다.

이 취약 부위의 한 유전자가 이 증후군의 원인으로 생각되며, *FMR-1*으로 알려진 이 유전자는 세 개의 뉴클레오티드가 여러 번 반복되어 유전자의 크기가 커지는 유전자들의 하나로 밝혀진 바 있다. **세 뉴클레오티드 반복**(trinucleotide repeat)이라 불리는 이 현상은 사람의 다른 질병인 헌팅턴병에서 나타나기도 한다. *FMR-1*에서 이 세 뉴클레오티드는 CGG인데, 유전자의 암호화 부위 근처의 비번역 부위(untranslated area)(상류 부분)에서 반복되어 나타난다. 반복되는 횟수는 사람마다 매우 다르며 많은 반복횟수는 취약 X 증후군의 발현과 연관된다. 정상인은 약 6~54번의 반복횟수를 나타내고, 소위 보인자로 생각되는 개인은 55~ 230번, 230번 이상의 반복은 이 증후군의 발현을 일으킨다.

반복횟수가 이 정도에 이르면 유전자의 CGG부분은 화학적으로 변형되어 근처의 염기가 메틸화됨으로써 유전자의 불활성화를 가져오는 것으로 생각된다. 이 유전자의 정상 산물인 RNA-결합 단백질인 FMRP는 뇌에서 발현되는 것으로 알려져 있다. 이 단백질의 부재와 취약 X 증후군과의 직접적 연관에 관한 많은 증거들이 축적되고 있다.

이 단백질은 발달 중인 뇌세포에서 특징적이며 정상적으로는 핵과 세포질 사이에서 mRNA를 리보솜 복합체로 전달하는데 작용한다. 수상돌기 세포에서 이 단백질의 부재는, 아마도 FMRP에 의해 전달되는 mRNA로부터 생산되는, 뇌의 발달에 필수적인 다른 단백질들의 번역을 방해하는 것으로 보인다. 궁극적으로는 학습과 기억에 관계된 시냅스 활동에 문제를 일으키게 된다. 분자 생물학적 분석에 따르면, FMRP는 구아닌 함량이 많은 mRNA에 특이적으로 결합하는 것으로 보인다. 이들 RNA는 **G-사중체**(G-quartet)라는 독특한 구조를 형성하고 이에 대해 단백질이 강한 결합력을 나타낸다. 그러한 사중체를 가지는 것이 FMRP에 의한 인식에 중요하다는 사실은 이 구조를 방해한 실험(Li^+의 사용)에서 확실해졌다. 이러한 경우에 FMRP와 RNA의 결합은 사라진다.

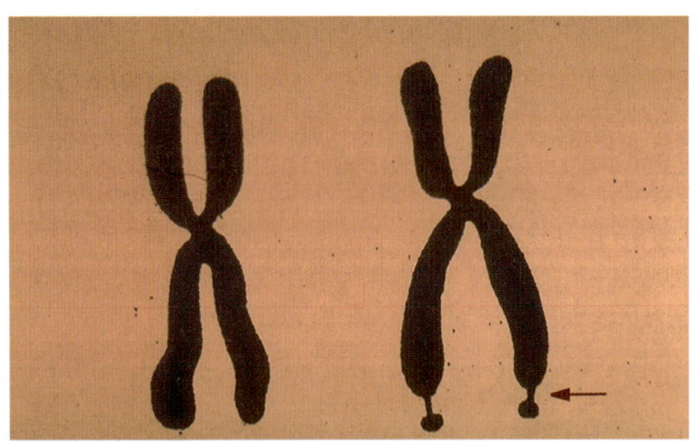

그림 6-18 사람의 정상적인 X 염색체(왼쪽)가 fragile X 염색체(오른쪽)와 비교되어 있다. 염색체 하단부의 "틈새(gap)" 부분이 fragile X 증후군과 관련되어 있다.

사람의 *FRM-1*유전자에 대한 초파리의 상동체(*dfrx*)가 발견되어 실험적 모형으로 연구되어 왔다. 초파리의 이 유전자 산물은 인간의 것과 동일한 기능을 보인다. 돌연변이를 만들어 이 유전자의 과다 발현이나 발현 억제를 유도한 실험들이 행해졌다. 유전자를 비기능화(knock out)시킨 후자의 실험 결과는, 정상 유전자의 기능이 시냅스 형성과정에서 작용하며, *dfrx* 발현이 사라지는 것과 비정상 시냅스 기능이 연관됨을 보여준다. 이 유전자에 대한 녹아웃 생쥐도 비슷한 표현형을 나타낸다. 결과적으로, 이 유전자는 사람, 초파리, 쥐에서 보존되어 있다. 이 세 가지 종에서 이 단백질은 뇌에서 시냅스의 성숙과 적당한 세포 교신을 위해 필수적이라는 것이 밝혀졌다. 사람에서 이 증후군의 신경학적 특징은 이 유전자 발현의 부재와 연관이 있다.

유전학적 견지에서는, 취약 X 증후군에 대한 가장 흥미로운 면이 CGG 반복성의 불안정성이라 할 수 있겠다. 6~54번의 반복을 나타내는 개인은 자손에게 같은 수의 반복을 나타내는 유전자를 전달하지만 55~230번의 반복을 나타내는 보인자는 이 증후군에 이환될 가능성이 없음에도 증가된 반복서열을 전달하기도 한다. 이렇게 세대가 거듭될수록 반복횟수가 증가하는 현상은 **유전적 예상 현상**(genetic anticipation)으로 알려져 있다. 일단 증후군 발현의 역치인 230번을 넘겨 증가하게 되면 세대가 거듭되어 반복이 증가할수록 이 질환의 발현은 점점 심각해진다.

세 뉴클레오티드 반복의 증가를 일으키는 기작이 확실히 알려진 것은 아니지만, 이 불안정성에 영향을 미치는 몇 가지 요인이 존재한다. 가장 중요한 것으로는 보인자 상태(55~230)의 반복에서 질병상태(230 이상)로의 전환이 모계 쪽 유전자의 전달 중에 일어난다는 것이다. 또한 남자 자손이 여자 자손에서보다 증후군을 일으키는 증가된 크기의 유전자를 받을 가능성이 더 높다는 보고가 있다. 분명한 것은 이 DNA 서열의 불안정성과 발현의 유전적 기초에 대해 알아야 할 것이 많다는 것이다.

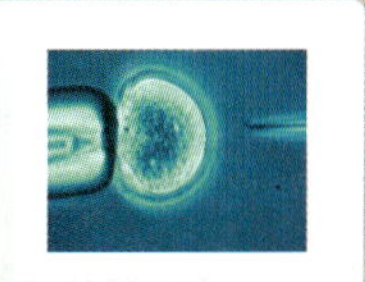

유전학, 기술, 그리고 사회

취약 부위와 암의 연관성

취약 X 증후군에 대한 연구가 처음에는 불안정한 염색체 영역 때문에 유전학자들의 관심을 끌게 되었던 데 반해, 취약 부위와 사람의 질병 간의 두 번째 관련은 1996년에 카를로 크로스(Carlo Croce), K. 헤브너(K. Huebner) 및 동료들에 의해 보고된 것으로, 이들은 상염색체에 존재하는 취약부위와 암과의 연관을 증명한 바 있다. 수 년 간의 조사 끝에 이 연구팀은 취약 부위와 관련된 결손이 다양한 형태의 암들이 생기게 한다는 가설을 제시했다. 크로스와 헤브너는 *FRA3B*라고 표시되는 3번 염색체 단완상의 잘 알려진 취약 부위 내에 위치하는 *FHIT*(*f*ragile *hi*stidine *t*riad) 유전자가 폐암을 가진 사람들의 종양에서 자주 변형되어 있음을 발견했다. 여러 돌연변이에 대한 분자적 분석은 DNA가 극명하게 잘려지고 부적합하게 재결합 되어 있어서 이들 돌연변이가 *FHIT* 유전자 내에서 결실을 일으킴을 보여주었다. 대부분의 경우에서, 이들 돌연변이는 이 유전자에서 정상적인 단백질 산물이 나오지 못하게 한다. 더 광범위한 연구로, 이 단백질이 식도암, 유방암, 자궁경부암, 간암, 신장암, 췌장암, 대장암, 그리고 위암 등 많은 다른 암들에서는 존재하지 않는다는 것이 알려졌다. 취약 부위 내에 존재하는 *FHIT* 같은 유전자들에는 분명히 돌연변이나 결실이 쉽게 발생한다.

우리는 이제 인간 유전체 데이터베이스에서 80개 이상의 그러한 부위를 찾아냈고 취약 부위에 대해 더 잘 알게 되었다. 취약 부위들은 재조합성(recombinogenic)이라고 언급되는데, 이들 염색체 지역 내에서 전좌나 자매염색분체 교환(sister-chromatid exchange, SCE) 같은 변화들, 그리고 염색체들 사이의 다른 재조합들이 잘 일어나는 것을 관찰한 데 따른 것이다. 취약 부위와 연관된 절단이나 틈은 DNA 복제를 저해하는 물질들에 의해 유발된다고 생각된다. 그러한 틈이나 절단은 DNA가 불완전하게 복제되도록 한다. 세포주기의 S기 중에 이들 지역 내의 DNA 합성은 비 취약성 염색체 지역들에 비해 지연된다. 이 가설은 *FRA3B*의 경우에, 이제는 지연된 DNA 복제가 특징이라는 것이 밝혀지면서 더 힘을 얻는다. 결과적으로, 이 지역에서의 DNA는 세포가 G_2기로 진입하여 다음 단계로 분열을 개시하는 시기까지 복제되지 않는다. 여기서 나온 중기 염색체들은 취약 부위 내에 뚜렷한 세포학적 틈과 절단을 나타낸다. 이러한 절단들이 세포주기의 체크포인트에서 부적당하게 수리되면, 그 지역이 세포주기 조절과 관련한 유전자를 포함한 경우, 암-특이적 돌연변이가 생길 수 있다.

*FHIT*는 취약 부위내 돌연변이 유전자이면서 이제는 종양-억제 유전자로 표현되는 좋은 예다. 정상적인 유전자의 산물은 세포에서 유전적 손상을 인식하고 아폽토시스를 유도하여 잠정적인 악성세포를 계획된 세포사멸을 통해 효과적으로 제거하는 것으로 믿어진다. *FHIT* 유전자에서의 돌연변이로 인해 그러한 세포를 없애지 못하면, 사람들은 발암원에 의해 유발된 손상에 특히 민감해져서 암에 대한 감수성이 높아진다. 예를 들어, 폐암을 일으킨 흡연자는 정상 집단에 비해, FRA3B 취약 부위의 발현이 증가되어 있다. 그러나 취약 부위 내에서의 변화가 유전자 불활성화를 일으켜 암을 유발하는지, 혹은 악성세포들의 행동이 어떻게든 취약 부위의 절단을 유발하여 결과적으로 이 유전자를 불활성화시키거나 결실시키는 것인지는 아직 의문이다. 연구되고 있는 또 하나의 중요한 문제는 인간 집단 내에서, 취약 부위의 분자적 다형성의 정도가, 일부 사람들이 다른 사람들보다 발암물질의 영향에 대해 더 감수적이 되도록 한다는 것이다.

최근, 뮐러 패브리(Muller Fabrii)와 케이 헤브너(Kay Huebner)는 크로스(Croce)의 실험실 동료들과 함께 또 다른 취약 부위를 발견하여 연구하면서 아주 재미있는 결과를 얻었다. 16번 염색체상의 FRA16D 내에서 *WWOX* 유전자가 발견된 것이다. *FHIT* 유전자처럼, 인간의 여러 암과 연관되어 있는 것으로 보였다. 특히, *FHIT*와 마찬가지로, 폐암, 유방암, 난소암, 전립선암, 방광암, 식도암, 그리고 췌장암 등에서 대부분 이 유전자가 소실되었거나 유전적으로 닫혀져(silenced) 있음이 발견되었다. 유전자가 존재하지만 닫히게 되면, 그 DNA는 상당히 메틸화되어 불활성화된 것으로 생각된다. 그리고 그 유전자도 역시 암세포를 인식하고 아폽토시스를 유도하는 망보기 기능을 함으로써 악성종양들이 시작되는 것을 효과적으로 막는 종양 억제자로 행동하는 것으로 생각된다.

패브리와 헤브너, 그리고 그 동료들은 DNA 재조합 기술을 이용하여 암세포에 이 유전자를 전달하고 아폽토시스 활동을 살펴봄으로써 정상 유전자들의 종양억제자들로서의 역할을 증명하고자 했다. 그들은 이 유전자를 성공적으로 바이러스 벡터에 삽입하여 배양한 여러 암세포주를 감염시킬 수 있었다. 기능적인 유전자를 포함하고 있던 대다수는 세포 자살을 유도했지만 비기능적 사본을 가졌던 것들은 그렇지 못했다. 이러한 결과에 고무되어, 그들은 생체 실험으로 전환했다. 기능적인 면역계가 결여되어 있어서 이러한 형태의 실험에 적합한 "누드" 생쥐의 피부에, 처리된 암세포와 처리되지 않은 암세포들을 이식하였다. 결과는 놀라웠다. 대조군 생쥐들은 *WWOX* 유전자가 결여된 바이러스를 포함했던 세포들로 감염되었던 반면, 활성 *WWOX* 유전자를 가진 세포를 받았던 생쥐들은 약 70%가 종양을 일으키지 않았다. 이러한 발견들은 이미 그 기능이 사라진 세포에서 유전자 기능의 회복이 암세포들의 증식을 막을 뿐만 아니라 그것을 파괴했음을 보여주는 것이다.

이것은 유전자 치료의 선구적인 연구로서 중요한 예이며 특히 암치료에 중요하고 획기적인 연구임을 보여준다. 이러한 연구의 응용들이 암을 처음부터 막는 것은 아니지만, 취약 부위에서 발견되는 유전자를 사용한 접근법은 언젠가는 다른 암치료와 연합하여 다양한 악성종양들을 치료하는 데 중요한 역할을 하게 될 것이다.

참고문헌

Fabbri, M. et. al. 2005. WWOX gene restoration prevents lung cancer growth *in vitro* and *in vivo*. *Proc. Nat. Acad. Sci.* 102: 15611-15616.

Huebner, K., and Croce, C. (2003). Cancer and the *FRA3B/FHIT* fragile locus: it's a HIT. *British J. Cancer* 88: 1501-1506.

단원 요약

1. 각 생물체들에서 염색체 조성의 특이성에 대한 연구들은 유전적 변이에 대한 우리의 이해를 더욱 증진시킨다. 염색체의 정확한 이배체 구성성분이 변화하는 것을 염색체 이상(chromosome aberration), 혹은 염색체 돌연변이(chromosomal mutation)라고 한다.
2. 예상되는 염색체 수가 달라지거나 염색체의 구조가 바뀌는 것은 예상 가능하게 멘델식으로 유전된다; 이들은 종종 생존할 수 없는 개체를 만들거나 표현형적으로 상당한 변형을 일으킨다.
3. 이수성(aneuploidy) 이배체 염색체 조성은, 염색체 한두 개가 더 늘어나거나 소실된 상황으로서 일염색체성, 삼염색체성, 혹은 사염색체성 등을 일으킨다. 일염색체성과 삼염색체성 질병들은, 정상적인 발달을 가능하게 하는 미묘한 유전적 균형에 대한 우리의 지식을 증진시켜 준다.
4. 완전한 한 벌의 염색체들이 이배체 유전체에 첨가될 때 다배성이 발생한다. 이들 세트는 동일한 혹은 서로 다른 유전적 기원을 가질 수 있어 각각 동질다배체나 이질다배체를 만든다.
5. 염색체들의 많은 부분들이 중복이나 결실에 의해 변형될 수 있다. 결실은 사람에서 묘성 증후군과 같은 심각한 질병을 일으킬 수 있다. 반면, 중복은 새로운 유전자나 여분의 유전자를 만드는 근원으로서 매우 중요하다.
6. 역위와 전좌들은 염색체상의 유전자 순서가 바뀐 것으로, 유전적 정보의 소실이나 혹은 유해한 효과는 적거나 별로 없다. 그러나 이형접합성 조성은 감수분열 결과 유전적으로 비정상적인 배우자를 만들어 종종 치사를 일으킨다.
7. 사람의 염색체에서 발견된 취약성 부분(fragile site)은 X 염색체상의 그러한 부분들이 흔한 형태의 유전성 정신지체와 관련되어 있기 때문에 탐구적 흥미들을 매우 촉발시켰다. 또 다른 취약 부분은 3번 염색체 위에 위치하며 폐암과 연관이 있다.

주요 용어

21번 삼염색체성(trisomy 21)
FHIT 유전자(*FHIT* gene)
FMR-1 유전자(*FMR-1* gene)
FRA3B 취약 부위(FRA3B fragile site)
G1 사이클린(G1 cyclins)
G-사중체(G-quartet)
rDNA
가족 다운 증후군(familial Down syndrome)
결손(deficiency)
결실(deletion)
결실고리(deletion loop)
내부 결실(intercalary deletion)
다배성(polyploidy)
다운 증후군(Down syndrome) (47,21+)
다운 증후군 결정지역(Down syndrome critical region, DSCR)
동질배수성(autopolyploidy)
동질사배체(autotetraploid)
동질삼배체(autotriploid)
로버트손 전좌(Robertsonian translocation)
마틴-빌 증후군(Martin-Bell syndrome)
말단 결실(terminal deletion)
묘성 증후군(cri-du-chat syndrome) (46, 5p-)
무동원체성 염색분체(acentric chromatid)
배수성(euploidy)
보상고리(compensation loop)
복동원체성 염색분체(dicentric chromatid)
복이배체(amphidiploid)
부분 결실(segmental deletion)
비분리(nondisjunction)
삼염색체성(trisomy)
세 뉴클레오티드 반복(trinucleotide repeat)
양수검사(amniocentesis)
에드워드 증후군(Edwards syndrome) (47,18+)
역위(inversion)
역위고리(inversion loop)
염색체 돌연변이(chromosome mutation)
염색체 이상(chromosome aberration)
유전자 과잉(gene redundancy)
유전자 증폭(gene amplification)
유전자 치료(gene therapy)
유전자 패밀리(gene family)
유전적 예상현상(genetic anticipation)
융모막융모검사(chorionic villus sampling, CVS)
이수성(aneuploidy)
이질배수성(allopolyploidy)
이질사배체(allotetraploid)
인형성자 부위(nucleolar organizer region, NOR)
일염색체성(monosomy)
전좌(translocation)
취약 부위(fragile site)
취약 X 증후군(fragile X syndrome)
콜히친(colchicine)
클라인펠터 증후군(Klinefelter syndrome)
터너 증후군(Turner syndrome)
파타우 증후군(Patau syndrome) (47, 13+)
편동원체성 역위(paracentric inversion)
협동원체성 역위(pericentric inversion)

통찰과 해법

1. a, b, c 세 유전자가 관여된 옥수수를 이용한 교배에서, 이형접합자 *abc*/+++ 가 *abc*/*abc*와 검정교배 되었다. 세 유전자가 염색체에 흩어져 있어 교차형 배우자들과 그로 인한 표현형이 관찰될 것으로 기대되었으나, 오로지 두 가지, *abc*와 +++ 표현형만이 얻어졌다. 게다가, 이 교배는 심각한 정도로 기대치보다 적은 수의 식물만이 생존력이 있었다. 왜 다른 표현형들이 나오지 않았으며, 왜 생존력 있는 개체가 줄어들었는지 설명해 보라.

해법: 두 상동염색체 중 하나가 세 유전자 모두를 포함하는 역위를 가져 교차형 자손의 생산을 효과적으로 미리 막는 것일 수 있다. 만약 이것이 편동원체성(paracentric) 역위였고 유전자들이 분명히 떨어져 있었다면(즉, 그들 사이에서 충분한 숫자의 교차들이 일어날 수 있도록), 많은 무동원체성, 복동원체성 염색체들이 형성되어 결과적으로 생존력 감소가 관찰된다.

2. 야생형 초파리 저장용 계통에서 한 마리의 수컷 초파리가 7개의 염색체를 갖는 것이 발견되었다. 정상 2*n* 숫자는 8이다. 자세한 조사 결과 가장 작은 염색체인 IV가 염색체 II에 전좌된 것이 확인되었고 그 동원체를 상실하여 염색체 숫자가 줄어든 것으로 밝혀졌다. (a) 염색체 II와 IV들이 감수분열 I기에 접합하는 것을 그려보라.

해법:

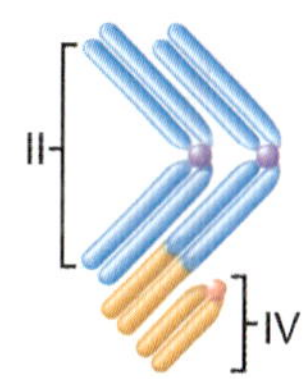

(b) 만약 이 수컷이, 염색체 IV에 열성 동형접합성 돌연변이 "눈이 없는(*eyeless*, *ey*)"를 가진 정상 염색체 조성의 암컷과 교배되었다면, 염색체 I 및 IV와 관련하여 자손에서 생기는 염색체 조성은 어떠할까?

해법:

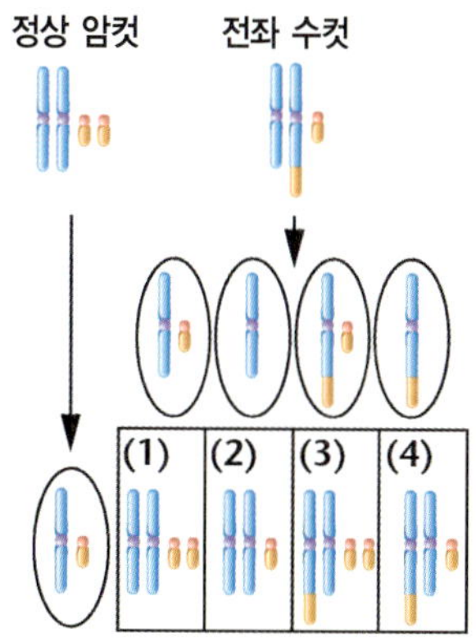

(c) (b) 문제의 답과 관련하여 눈의 표현형에 있어서 모든 비정상 염색체 조성도 살아남는다고 가정하면 자손의 표현형 비는 어떻게 될까?

해법:

(1) 정상(이형접합성),
(2) eyeless(일염색체성, 모계에서 얻은 염색체 IV 포함)
(3) 정상(이형접합성; 삼염색체성으로 아마 죽을 것),
(4) 정상(이형접합성; 균형 전좌)
최종 표현형비는 '3/4 정상: 1/4 눈 없음' 이다.

연습문제 및 토론문제

1. 이배체 수가 18인 어떤 생물종에서, 반수체, 삼배체, 사배체, 삼염색체성, 그리고 단일염색체성인 개체의 체세포 핵에서 발견되는 염색체 수는 각각 얼마인가?

2. 다음 단어 쌍들을 정의하고 이 둘을 구별해 보라.
   이수성(aneuploidy)/배수성(euploidy)
   일염색체성(monosomy)/삼염색체성(trisomy)
   동질배수성(autopolyploidy)/이질배수성(allopolyploidy)
   동질사배체(autotetraploid)/복이배체(amphidiploid)
   편동원체성 역위(paracentric inversion)/협동원체성 역위(pericentric inversion)

3. 다운, 파타우, 그리고 에드워드 증후군을 가진 사람들의 상대적 생존도를 비교하라. 그러한 차이가 왜 생기는지 예상해 보라.

4. 다운 증후군이 정세포 형성시기보다는 난세포 형성시기의 비분리현상 결과로 더 빈번히 발생함을 시사하는 증거는?

5. 수태시에 이수성 핵형을 가진 사람이 생기지만 보통은 생존할 수 없음을 시사하는 증거는 무엇인가?

6. 이질 사배체와 동질 삼배체, 동질 사배체의 생식력(fertility)을 비교하라.

7. 같은 속에 속하지만 종은 다른 두 식물이 교배되었을 때, F_1 잡종은 좀 더 생존성이 있고 더 화려한 꽃을 피운다. 불행히도, 이 잡종은 불임이어서 영양생식을 통해서만 증식할 수 있다. 이 식물의 불임성을 역전시키기 위해 화훼업자는 어떠한 시도를 할 수 있겠는가?

8. 재배종 미국 면화의 기원에 대해 서술하라.

9. 한 염색체는 정상이고 다른 한 염색체에는 결실 혹은 중복이 있는 경우, 두 상동염색체의 접합시 생기는 모양을 예측하라.

10. 역위는 "교차를 억제한다"고 말한다. 이러한 언급이 맞는 것일까? 만일 그렇지 않다면 이 설명을 옳게 바꾸어 보라.

11. 편동원체성으로 발생한 역위와 협동원체성 역위로 발생한 역위에서, 교차가 발생한 이형접합자의 사분체로부터 유래된 배우자의 유전적 조성을 비교하라.

12. 진화의 과정에서 유전자 중복의 역할에 대한 오노의 가설에 대해 논해 보라.

13. 진화과정에서 역위와 전좌의 역할은?

14. 터너 증후군을 가진 여자가 그녀의 아버지와 마찬가지로 X 연관 형질인 혈우병을 발현한다. 그녀의 부모 중 어떤 쪽이 이 증후군을 일으킨 배우자를 생산하도록 감수분열 중의 비분리를 겪었을 것인가?

15. 달맞이꽃인 *Primula kewensis*는 36개의 염색체를 가지며, 이들은 연관된 두 종(*P. floribunda*: $2n = 18$ & *P. verticillata*: $2n = 18$)의 염색체들과 외양이 비슷하다. 이들 종으로부터 어떻게 *P. kewensis*가 생겨났을까? *P. kewensis*는 유전학적 용어로 어떻게 설명되는가?

16. 국화의 어떤 변이들은 18, 36, 54, 72, 그리고 90개의 염색체들을 가진다; 모두 9개의 기본 염색체 세트의 배수들이다. 이들 변이는 유전적으로 어떻게 설명할 수 있을까? 각 변이의 핵형에 의해 공유되는 특징은? 27개의 염색체를 가진 변이가 발견되었는데 불임이라면 그 이유는 무엇일까?

17. 초파리는 4번 염색체에 대해 단일염색체성일 수 있는데, 그래도 생식이 가능하다. 4번 염색체의 열성 돌연변이 형질인 굽은(bent) 강모가 관여된 다음 교배들에서 F_1과 F_2 결과를 비교하라.
(a) 단일염색체성 IV, 굽은 강모 × 이배체, 정상 강모
(b) 단일염색체성 IV, 정상 강모 × 이배체, 굽은 강모

18. 멘델비들은 동질 사배체가 관여된 교배에서 변형된다. 어떤 식물이 우성 형질인 녹색 씨앗을 발현하고, 동형접합성이라고 하자(*WWWW*). 이 식물이 흰 씨앗이면서 역시 동형접합성인 식물(*wwww*)과 교배되었다. 만일 한 개의 우성 대립인자가 녹색 씨앗을 발현하는 데 충분하다고 하면, 이 교배에서의 F_1과 F_2의 결과를 예상해 보라. 염색체쌍 사이의 접합은 감수분열 때 무작위로 이루어진다고 가정한다.

19. 18번 문제에서 F_2 비율이 올바르게 정해졌다면, 두 개의 독립적으로 분배되는 특징들(예, $P_1 = WWWWAAAA \times wwwwaaaa$)이 관여된 “이중잡종” 교배의 F_2 비율은 어떨지 예상해 보라.

20. 옥수수의 변종인 $gl_1gl_1Ws_3Ws_3$(난자 제공) × $Gl_1Gl_1ws_3ws_3$ (화분 제공)의 교배에서 $Gl_1Gl_1gl_1Ws_3ws_3ws_3$인 삼배성 자손이 얻어졌다. 어떤 부모 쪽에서 $2n$의 배우자가 생겼는가? 다른 설명은 가능한가?

21. 다음 경우에서의 드문 이중교차의 효과는 무엇인가?
(a) 이형접합성으로 존재하는 협동원체성 역위 내에서
(b) 이형접합성으로 존재하는 편동원체서 역위 내에서

22. 역위 이형접합자의 역위고리 내에서 발생한 비자매염색분체들 사이에서 단일 교차의 결과는 그 역위가 편동원체성이냐, 아니면 협동원체성이냐에 따라 다르다. 어떤 차이를 예상할 수 있는가?

23. 아이를 가지려는 부부가, 남편 쪽에서 3세대에 걸쳐 상당수의 사산과 수차례의 기형아가 태어났다가 어렸을 때 사망한 적이 있었다는 사실을 알게 되었다. 부인은 유전학을 공부했었고, 남편에게 유전상담소를 찾을 것을 권유했다. 거기서 남편은 핵형 분석 및 밴딩 분석을 받았다. 검사 결과, 남편은 정상적인 숫자인 46개의 염색체를 가지고 있었지만, 1번 염색체(A 그룹) 하나에서 염색체 길이의 70%에 달하는 역위를 가지고 있었다. 나머지 1번 염색체와 다른 염색체들은 모두 정상 밴딩 패턴을 나타냈다. (a) 과거에 일어났던 높은 사산빈도는 어떻게 설명될 수 있는가? (b) 그들의 아이가 정상/비정상일 확률은? (c) 여러분이라면 여자에게 아이가 정상인지 보기 위해 산달까지 기다려야 한다고 말하겠는가? 아니라면, 다른 어떤 제안이 가능할까?

24. 식물과 동물에서 비정상적인 염색분체와 불균형한 염색체 조성을 가진 배우자의 운명을 간단하게 비교하라.

25. 유전상담을 원하는 한 여자가 있다. 그녀는 2번째와 3번째 염색체 사이의 염색체 재배열에 대해 이형접합성이다. 그녀의 염색체들을 정상적인 핵형과 비교하면 다음과 같다.
(a) 어떤 종류의 염색체 이상이 발견되는가?
(b) 그림을 사용하여 어떻게 이들 염색체가 감수분열 중에 짝을 짓게 될지 설명하여라. 염색체의 다른 부분을 분명히 표시하도록 하라.
(c) 이 여인은 표현형적으로는 정상이다. 이것은 놀랄만한 일인가? 이유는? 이러한 재배열의 표현형적 효과가 예상되는 조건은 어떤 것인가?

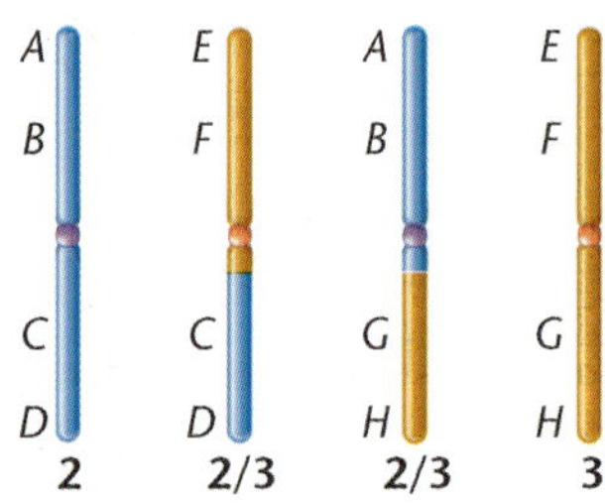

26. 25번 문제에서의 여자는 이미 두 번의 유산을 경험했다. 그녀는 잘 알려진 유전상담사인 여러분에게 와서 다음과 같은 질문들을 하였다: (a) 그녀의 잦은 유산에 대해 유전적인 설명이 가능한가? (b) 그녀가 아이를 갖는 것을 포기해야만 할까? (c) 그렇지 않다면, 그녀가 정상적인 아이를 가질 확률은 얼마인가? 그녀의 근심에 대해 정보를 제공해 보라.

27. 1,021건의 다운 증후군에 대한 최근의 연구에서 46건이 전좌[t(14;21)로 표시]에 의한 것으로 가장 흔한 것이었다. 이 기호가 나타내는 것은 무엇이며 t(14;21) 다운 증후군인 개인들에 몇 개의 염색체들이 존재하겠는가?

28. 클라인펠터 증후군인 한 소년이 표현형적으로 정상인 어머니와, X-연관성인 무한성 외배엽 이형성증이라고 불리는 피부조건을 가진 아버지와의 사이에서 출생하였다. 어머니의 피부는 완전히 정상이어서 피부가 비정상이라는 어떤 표시도 없었다. 반대로 그녀의 아들은 정상과 비정상 피부가 드문드문 패치를 이루고 있었다. (a) 어느 쪽 부모가 비정상적 배우자를 기여했는가? (b) 적절한 유전적 용어를 사용하여, 발생했던 감수분열 실수를 설명하라. 어느 분열에서 실수가 생겼는지 확실히 하라. (c) 적당한 유전적 용어를 사용하여, 소년의 피부 표현형을 설명하라.

29. 비분리의 기원을 설명하기 위해 시험관 수정에 실패한 직후 200

개의 난모세포들을 조사하였다. 이들 난모세포들은 제1감수분열을 마치고 제2감수분열 중기(MII)에서 멈춰 있었다. 대부분(67%)이 정상적인 MII-중기 조성인 23개의 염색체들을 가지고 있었고 각각은 2개의 염색분체가 동원체에 결합되어 있었다. 나머지 난모세포들은 모두 비정상적인 염색체 조성을 가지고 있었다. 놀랍게도, 어떤 비정상 난모세포도 24개의 염색체를 가지고 있지는 않았다. (a) 삼염색체성이 염색체 비분리와 관련이 있다면 이것의 기원과 관련하여 위 결과를 해석하고 언제 이러한 사건이 생길지 생각해 보라. 왜 이러한 결과가 놀라운 것인가? (b) 많은 수의 비정상 난모세포들이 22와 1/2의 염색체를 가지고 있었다; 즉 22개의 염색체와 염색체 반쪽을 나타내는 한 개의 염색분체를 포함하고 있었던 것이다. 그러한 난모세포들이 감수분열을 거쳐 정상 정자와 수정된다면 염색체 조성은 어떻게 되겠는가? (c) 22와 1/2의 염색체 조성은 어떻게 생긴 것일까? MII 염색체쌍을 포함한 그림으로 설명해 보라. (d) 여러분의 답은 그림 6-1에 설명된 비분리와 삼염색체성에 관한 일반적인 학설을 지지하는가, 아니면 그 반대인가?

30. 인간의 유전학적 연구에서, 표현형적으로 정상인 5명의 아기들이 19번 염색체와 20번 염색체가 관계된 로버트슨 전좌에 대해 조사되었다(이들은 두 개의 동일한 사본인 융합 염색체들을 포함하고 있다). 이들 어린이들은 오로지 44개의 염색체를 가지고 있었지만 유전적 조성은 완전했다. 그 중 3명은 그 전좌에 대해 이형접합성이고 45개의 염색체를 가지는데, 하나의 전좌염색체와, 19번 및 20번 염색체 둘 다 정상인 것 하나씩을 가진다. 나머지 둘은 결국 사산되었다. 나중에 그 부모들이 사촌지간임이 밝혀졌다. 이러한 자료들에 기초하여, 부모의 염색체 조성을 결정하라. 무엇이 사산을 일으켰는가? 이 가족의 유전을 이해하는데 부모가 사촌이라는 것이 왜 중요한 정보가 되는가?

정답 Solutions to Problems and Discussion Questions

4. 다운 증후군과 관련하여 심각한 모계 효과가 존재한다는 사실은 더 나이든 여성에서의 염색체 비분리가 다운 증후군 환자들의 수가 급격히 늘어나는 데 기여하고 있음을 시사하는 것이다. 그리고 어떤 유전적, 세포학적 마커 자료들은 여성에서의 비분리 영향을 보여준다.

6. 이질사배체가 감수분열 I기에 2가의 염색체들을 만들 가능성이 있기 때문에, 셋 중 가장 생식력이 높을 것으로 생각된다. 중기 I 판에서 짝수의 염색체가 짝을 이룰 수 있으므로, 동질사배체는 동질삼배체보다 더 생식력이 높을 것으로 생각된다.

8. 종간 잡종화 이후에 염색체 배가 현상이 일어났을 것이다. 이러한 사건으로 인해 생식력 있는 복이배체(이질사배체)가 생겼을 수 있다.

10. 역위 "이형접합자"에서 교차가 억제되는 현상이 나타나는 것처럼 보이지만, 이것은 교차형 염색분체들의 유전적 함량이 비정상이기 때문에 발생하는 것이다. 그들은 생존력 있는 배우자를 생산할 수 없으며, 따라서 접합자나 배아 치사를 유발할 수 있다.

12. 유전자 중복에 의한 진화(*Evolution by Gene Duplication*)라는 그의 논문에서, 오노(Ohno)는 새로운 유전자의 기원에 있어 유전자 중복이 필수적임을 제시했다. 만약 유전자 산물이 필수적인 기능을 수행한다면, 돌연변이나 그에 따른 진화는 이들 유전자 산물이 중복된 정상 유전자에서의 산물에 의해 보상되지 않은 한 불가능할 것이다. 중복된 유전자, 혹은 원 유전자들 자체는 생물체의 생존을 위협하지 않고도 돌연변이적 "실험"을 겪을 수 있기 때문이다.

14. 터너 증후군 여성은 성염색체 조성이 XO이다. 만약 아버지가 혈우병을 갖고 있었다면, 그 터너 증후군 여성은 아버지로부터 X 염색체를 물려받았고, 어머니로부터는 성염색체를 물려받지 못했을 것이다. 만약 비분리가 어머니 쪽에서 발생했다면, 감수분열 I기나 감수분열 II기 중 어느 때에 X를 포함하지 않은 난자가 생겨서 그렇게 된 것일 수 있다.

16. 9개의 독특한 염색체들이 기본적인 염색체 세트(반수체 조성)를 형성하므로, "*n* 배수체"들의 다배체들이 형성된다. 27개의 염색체들(3*n*)을 가지는 생물들은 감수분열 I기에 3가 염색체들이 존재하게 되어 비교적 많은 수의 불균형 배우자들이 생기도록 하기 때문에 불임일 가능성이 높다.

18. 교배는 다음과 같을 것이다: *WWWW* × *wwww*

F_1: *WWww*

F_2: 34*W*과 1*w*

20. 두 개의 Gl_1대립인자와 세 개의 ws_3대립인자들이 삼배체에 존재하므로, 이들은 분명히 화분을 제공한 부모에서 온 것이다. 문제의 언급에 의해, 화분쪽 부모가 감소되지 않은(2*n*) 배우자를 기여했음을 알 수 있다; 그러나 또 다른 설명으로, 두 개의 정자에 의한 수정도 가능하다. 이 경우 두 개의 Gl_1ws_3 배우자들이 배주를 수정시켰을 수 있다.

22. 편동원체성 역위에서는, 하나의 재조합 염색분체는 이중동원체형(두 개의 동원체를 가지는)이고, 다른 하나는 무동원체성(동원체가 없는)이다. 협동원체성 역위에서는, 재조합 염색분체들이 중복과 결실을 포함한다; 그러나 무동원체성이나 이중동원체성 염색분체들은 생기지 않는다.

24. 식물에서, 비정상적인 불균형 유전 조성을 가지는 배우자들은 보통 발생에 실패하여 화분이나 배주를 만들지 못한다. 그러므로 유전적 불균형은 수정 전에 나타나고 생존하지 못하는 종자

가 만들어진다. 동물에서는, 비정상이거나 불균형한 배우자들도 기능을 하는 경향이 있으나, 심각한 배아 발생(그리고 이후의 발생) 이상이 나타날 가능성이 높다.

26. (a, b, c) 전좌가 그 유산의 원인이었을 것이다. 염색체 요소들의 분리로 대략 절반의 불균형 배우자들이 생길 것이다. 정상인 아이가 나올 확률은 대략 절반 정도이지만, 정상인 아이들 중 절반은 전좌 보인자가 될 것이다. 그녀는 아이 갖기를 포기해야 할까? 이 질문에 대한 답은 과학보다는 개인적인 선택 중 하나가 될 것이다. 기술의 한계 내에서 정확한 정보를 제공하는 것은 과학의 업무이다. 일반적으로 말해, 이러한 정보는 개인들에 제공되어 개인들이 잘 이해한 상태에서 결정을 내릴 수 있도록 해야 한다. 이 문제에서는, 그녀가 자신의 상황에 맞는 정보를 얻었다. 어떻게 할 것인가에 대한 개인적 선택은 그녀에게 달려 있다.

28. (a) 그 아버지가 비정상 X-연관 유전자를 기여했을 것이다.

    (b) 아들이 XXY 이고 무한성외배엽 이형성증에 대해 이형접합자이므로, 그는 결손 유전자와 Y 염색체 모두 아버지로부터 받았을 것이다. 그러므로, 비분리는 감수분열 I기에 발생했을 것이다.

    (c) 이 아들의 표현형은 X 염색체 불활성화에 의한 것으로, 이것은 포유류의 양적 보상 현상 중 하나이다.

30. 아래는 절단/재결합 사건에 대한 설명으로, 비교적 작고 비슷한 크기인 19번 염색체(중부 동원체성)와 20번 염색체(중부/차중부 동원체성)에서의 전좌를 보여준다. 여기에서 설명된 사례는 S 시기의 복제 이전에 발생한 것을 보여준다. 동일한 현상이 S 기 이후에 발생한 것으로 책에 나와 있다. 그러한 전좌의 가능성이 일반 집단에서는 비교적 작기 때문에, 아마도 근친 교배가 그런 전좌들이 "자신들을 만나게" 했을 가능성이 있다.

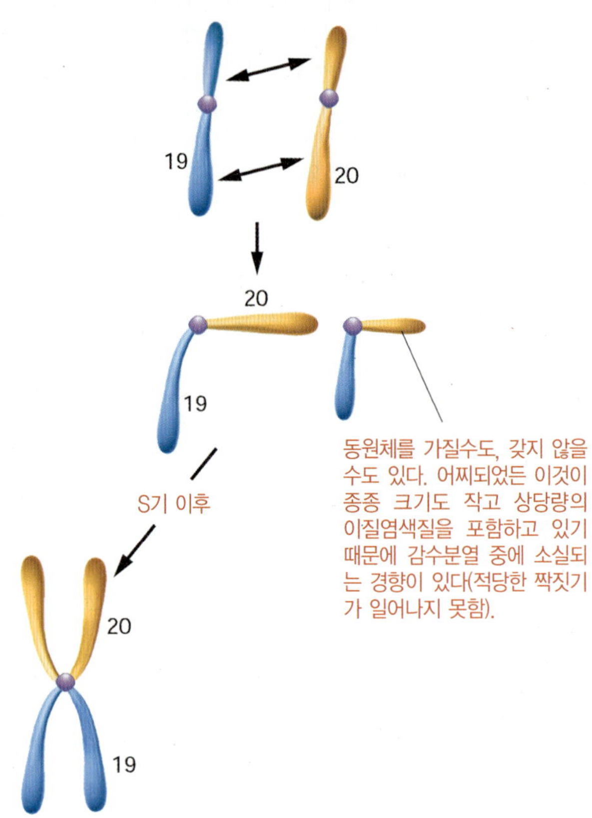

CHAPTER

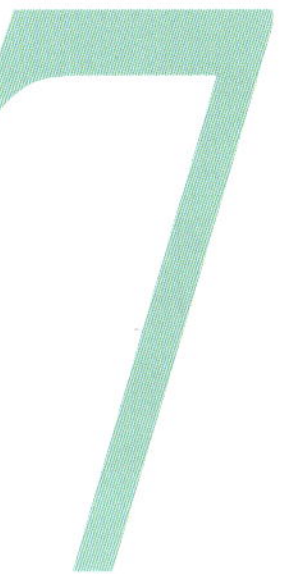

진핵생물의 연관과 염색체 지도

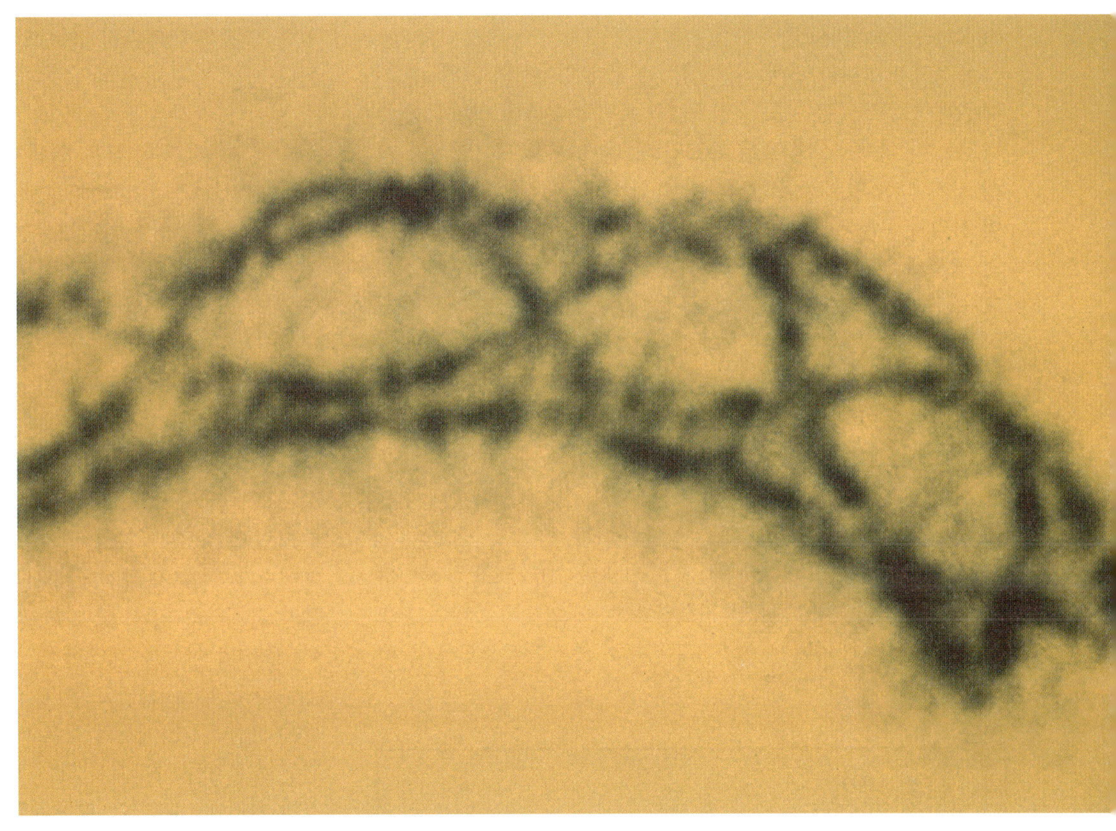

제1감수분열 전기 중에, 접합한 상동염색체들 사이에 형성된 교차점들(키아즈마타)

단원 개념

- 진핵세포의 염색체는 염색체 길이를 따라 자리가 정해진 많은 유전자들을 포함하고 있다.
- 교차로 인해 분리되지 않는 한, 한 염색체상에 존재하는 대립인자들은 배우자 형성시 한 단위로 나뉜다.
- 감수분열시 상동염색체들 사이의 교차는 서로 다른 조합의 재조합 배우자들을 만들어 유전적 변이를 증가시킨다.
- 상동염색체 사이의 교차는 염색체 지도 작성을 위한 기초로 작용한다.
- 유전적 지도는 한 종의 염색체상에 존재하는 유전자들의 상대적 위치를 나타낸 것이다.

월터 서턴(Walter Sutton) 경과 테오도어 보베리(Theodor Boveri)는 세포학과 유전학을 접목시킨 중요한 인물들이다. 1903년에 서턴은 대부분의 생물체들에서 유전현상을 일으키는 염색체 이상의 어떤 "단위인자"들이 많이 있으리라는 점을 지적했다. 이후의 유전학적 연구들은 어떤 유전자들은 그들이 어떻게든 연결되어 있는 것처럼 몰려다닌다는 것을 보여주었다. 지금 우리는 하나의 염색체가 많은 유전자를 가지고 있다는 사실을 알고 있다. 같은 염색체상의 일부를 이루는 유전자들은 **연관되었다(linked)**고 말하며, 이들은 유전적 교배에서 **연관**(linkage)을 보인다.

유전자가 아니라 염색체들이 감수분열에 있어서의 단위들이기 때문에, 연관된 유전자들은 염색체의 독립적 분배에 영향을 받는다. 즉, 한 염색체상의 모든 유전인자들은 이론상으로 배우자 형성 시기에 한 단위로 전달된다. 그러나 많은 경우에 있어서 이것이 지켜지지 않는데, 감수분열 전기 중에 상동염색체가 짝을 이루면 염색체 조각 간에 상호교환이 일어나기 때문이다. 이 사건을 **교차**(crossing over)라고 하며 상동염색체상의 대립인자들이 섞이게 되거나 재조합을 일으킨다.

한 염색체 위, 두 좌위 사이에서 일어나는 교차의 정도는 그 좌위 사이의 거리에 비례한다. 그러므로 연구되는 좌위에 따라서 배우자들이 재조합되는 정도는 다양하다. 이러한 상관관계는 염색체 지도(chromosome map)를 만들 수 있게 하며 염색체상에서 유전자의 상대적 위치를 설정할 수 있도록 한다.

이 장에서는 연관과 교차, 그리고 염색체 지도에 대해 논의하려 한다. 마지막으로 7가지 유전형질과 7개의 염색체를 가지고 연구를 수행했던 멘델이 왜 연관을 몰랐을까 하는 질문으로 끝을 맺고자 한다. 그가 연관을 알고 있었을까?

학습 방법

이 장에서는 진핵생물에서, 같은 염색체에 위치하는 유전자들, 즉 연관에 대한 개념에 초점을 맞추고자 한다. 특히, 연관된 유전자들이 자손에 어떻게 전달되고 그러한 전달이 이 유전자들을 지도화(mapping)하는 데 어떻게 이용되는지에 대해 알아보도록 하자. 여러분이 이러한 주제를 공부할 때는 다음과 같은 몇 가지의 기본적인 질문에 대답할 수 있도록 해야 한다.

1. 특정 유전자들이 독립된 염색체에 존재하는 것과는 대조적으로, 동일한 염색체에 존재한다는 것은 어떻게 알 수 있는가?
2. 상동염색체들에 연관되어 있는 유전자들이 감수분열 과정 중에 재조합된다는 것은 어떻게 알 수 있었나?
3. 같은 염색체상에서 발견되는 유전자들의 순서나 이들 사이의 거리는 어떻게 알 수 있는가?
4. 계획적인 교배가 불가능한 생물들(예를 들어, 사람)에서는 유전자들이 연관되어 있다는 것을 어떻게 알 수 있으며 이들은 어떻게 지도화되는가?
5. 교차가 두 염색분체 사이의 물리적 교환의 결과라는 것을 어떻게 알 수 있는가?

7.1 같은 염색체상에 연관되어 있는 유전자들은 함께 분리된다

그림 7-1에 이 장의 주요 테마인 생식세포분열 결과에서 (a) 독립적 분리와 (b) 교차 없는 연관, (c) 교차가 일어난 연관이 표현되어 있다. 그림 7-1(a)에서는 두 쌍의 염색체들이 독립적으로 분리한 결과를 보여준다. 각각은 이형접합성인 염색체쌍들을 포함하고 있다. 연관은 나타나지 않는다. 많은 수의 감수분열 사건이 관찰된다면, 네 가지 유전적으로 다른 배우자들이 동등한 비율로 형성될 것이다. 각각은 두 유전자의 대립유전자 조합이 다르다.

이제 이 결과를, 같은 염색체상에 위의 유전자들이 연관되어 있을 때의 결과와 비교해 보자. 두 유전자 사이에 교차가 발생하지 않는다면[그림 7-1(b)], 유전적으로 다른 배우자는 두 가지만 생긴다. 각 배우자는 분리의 결과로 온전하게 전달되는 한 가지 상동염색체상에 존재하는 대립인자들을 받게 된다. 이 경우는 **완전 연관**(complete linkage)을 보여주는 것으로 오로지 **부모형**(parental), 즉 **비교차 배우자**(noncrossover gamete)를 생산하는 경우다. 이 두 가지 부모형 배우자는 동일한 비율로 생긴다. 두 유전자 사이에서 완전 연관은 드물지만, 그렇게 생각하는 것이 이론적 결과들을 고려하기는 더 쉽다.

그림 7-1(c)는 두 연관된 유전자 사이에 교차가 발생한 결과를 보여준다. 이 교차 사건에는 사분체 중에서 두 개의 비자매염색분체만 관계하고 있다. 이 교환으로 두 가지 새로운 대립인자 조합이 생기며, 이들을 **재조합형**(recombinant) 혹은 **교차형 배우자**(crossover gamete)라고 한다. 교환에 참여하지 않은 두 염색분체들은 그림 7-1(b)에서와 같은 비교차형 배우자들을 만든다. 두 연관된 유전자들 사이에서 일어나는 교차의 빈도는 보통 관련 유전자의 거리에 비례한다. 이론적으로, 무작위로 선택된 유전자들이 너무 가까워서 교차가 쉽게 관찰되지 않을 만큼 낮을 수도 있다. 그림 7-1(b)에서처럼 이러한 경우를 완전 연관이라고 하며 부모형의 배우자만 같은 비율로 생긴다(비교차형). 반대로 적더라도 분명히 떨어진 두 유전자가 있다면 적은 수의 재조합형과 많은 수의 부모형 배우자가 만들어질 것이다. 두 유전자 사이의 거리가 증가함에 따라 재조합 배우자의 비율이 증가하며 부모형 배우자는 감소한다.

이 문제를 풀어보자

173페이지의 9번 문제는 두 유전자가 연관되어 있을 때와 연관되어 있지 않을 때, 그리고 연관되어 있지만 멀리 떨어져 있을 때와 가까이 붙어 있을 때 검정 교배의 결과를 대조하는 것이다.

힌트: 두 유전자가 연관되어 있지 않을 때는, 두 유전자가 연관되어 있지만 멀리 떨어져 있어서 감수분열 과정 중에 교차가 항상 두 유전자 사이에서 발생할 때의 결과와 구분되지 않는다.

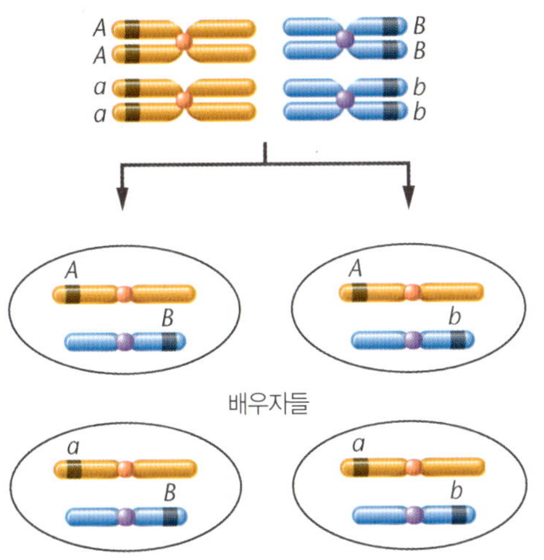

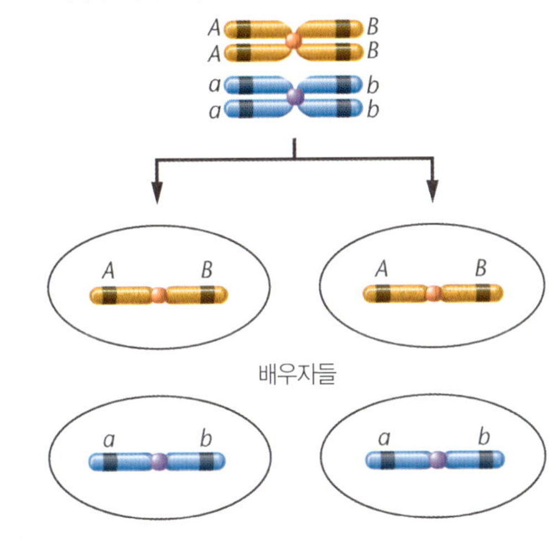

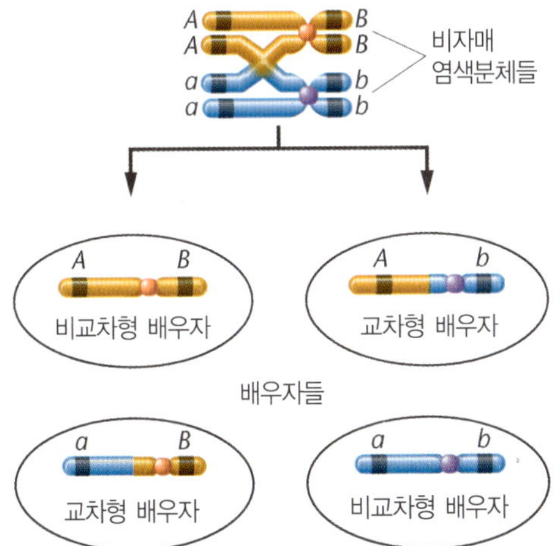

그림 7-1 두 개의 이형접합성 유전자가 (a) 두 개의 서로 다른 염색체상에 존재하는 경우에서의 배우자 형성 결과; (b) 같은 상동염색체쌍에 존재하지만 이들 사이에 교환이 일어나지 않은 경우; (c) 같은 상동염색체쌍에 존재하고 두 비자매염색분체 사이에서 교환이 일어난 경우.

이 장의 뒷부분에서 다루게 되겠지만 두 연관된 유전자가 충분히 떨어져 있을 경우라도 재조합 배우자의 숫자는 50%를 넘어서지 못한다. 만약 50%의 재조합형이 생겼다면 1:1:1:1의 비율로 네 가지 형태가 생겼다는 뜻이다(둘은 재조합형, 둘은 부모형). 그러한 경우 두 연관된 유전자의 전달은 두 개의 연관되지 않은 독립적인 분리를 나타내는 유전자의 유전양상과 구별할 수 없게 된다. 즉, 4가지 가능한 유전자형의 비는 그림 7-1의 (a)와 (c)가 동일하다.

연관율

만약 두 유전자가 너무 가까워서 이들이 완전 연관이 되어 있고, 또 이 유전자들에 대해 헤테로인 생물이 교배를 하게 되면 F_2의 표현형의 비가 독특한 결과로 나타나는 **연관율**(linkage ratio)이 나온다. 이 비율을 설명하기 위해 초파리에서 가깝게 연관된 두 열성 유전자 *bw*와 *hv*를 생각해 보자(그림 7-2). 정상적인 대립인자는 bw^+와 hv^+로 나타내며 둘 다 우성이고 각각 붉은 눈과 가는 시맥을 표현한다.

이 교배에서, 갈색 눈에 정상 시맥을 가진 초파리와 정상 눈에 돌연변이인 두꺼운 시맥을 가진 초파리가 사용되었다. 좀 더 정확한 용어로 말하자면, 갈색 눈 초파리들이 두꺼운 시맥의 초파리들과 교배되었다. 만약 우리가 4장에서 배웠던 유전적 기호들을 사용한다면 연관된 유전자들은 그들의 대립유전자를 가로선 위와 아래에 위치시킴으로써 표시된다. 선의 위에 나타낸 것들은 하나의 상동염색체상에 위치하는 것들을 나타낸 것이고, 아래쪽은 다른 상동염색체 위에 있는 것을 나타낸 것이다. 그러므로 교배 P_1은 다음과 같이 나타낸다:

$$P_1: \ \frac{bw\ hv^+}{bw\ hv^+} \times \frac{bw^+\ hv}{bw^+\ hv}$$

brown, thin   red, heavy

두 유전자는 상염색체 위에 있으므로 암컷, 수컷의 구별은 필요치 않다.

F_1 세대에서 각 초파리들은 각 부모로부터 하나의 염색체씩을 받게 되고 모든 파리들은 양쪽 유전자 모두에 대해 헤테로가 되며 붉은 눈과 얇은 시맥을 나타낸다:

$$F_1: \ \frac{bw\ hv^+}{bw^+\ hv}$$

red, thin

그림 7-2(a)에서처럼, F_1 세대가 교배되면 이 유전자들이 완전 연관되어 있으므로 각 F_1 개체들은 오직 부모형 배우자만 형성한다. 수정이 이루어짐에 따라 F_2 세대는 1:2:1의 표현형 분리비로 생산된다. 이 세대의 1/4는 갈색 눈과 얇은 시맥을 보이며 1/2은 둘 다 야생형, 즉 붉은 눈과 얇은 시맥, 그리고 1/4는 붉은 눈과 굵은 시맥을 보인다. 좀 더 간략하게 표현하자면 1 brown: 2 wild: 1 heavy이다. 이러한 비율은 완전 연관의 특징이다. 완전 연관은 오직 두 유전자가 매우 가깝게 위치하고 자손수가 비교적 적을 때 관찰된다.

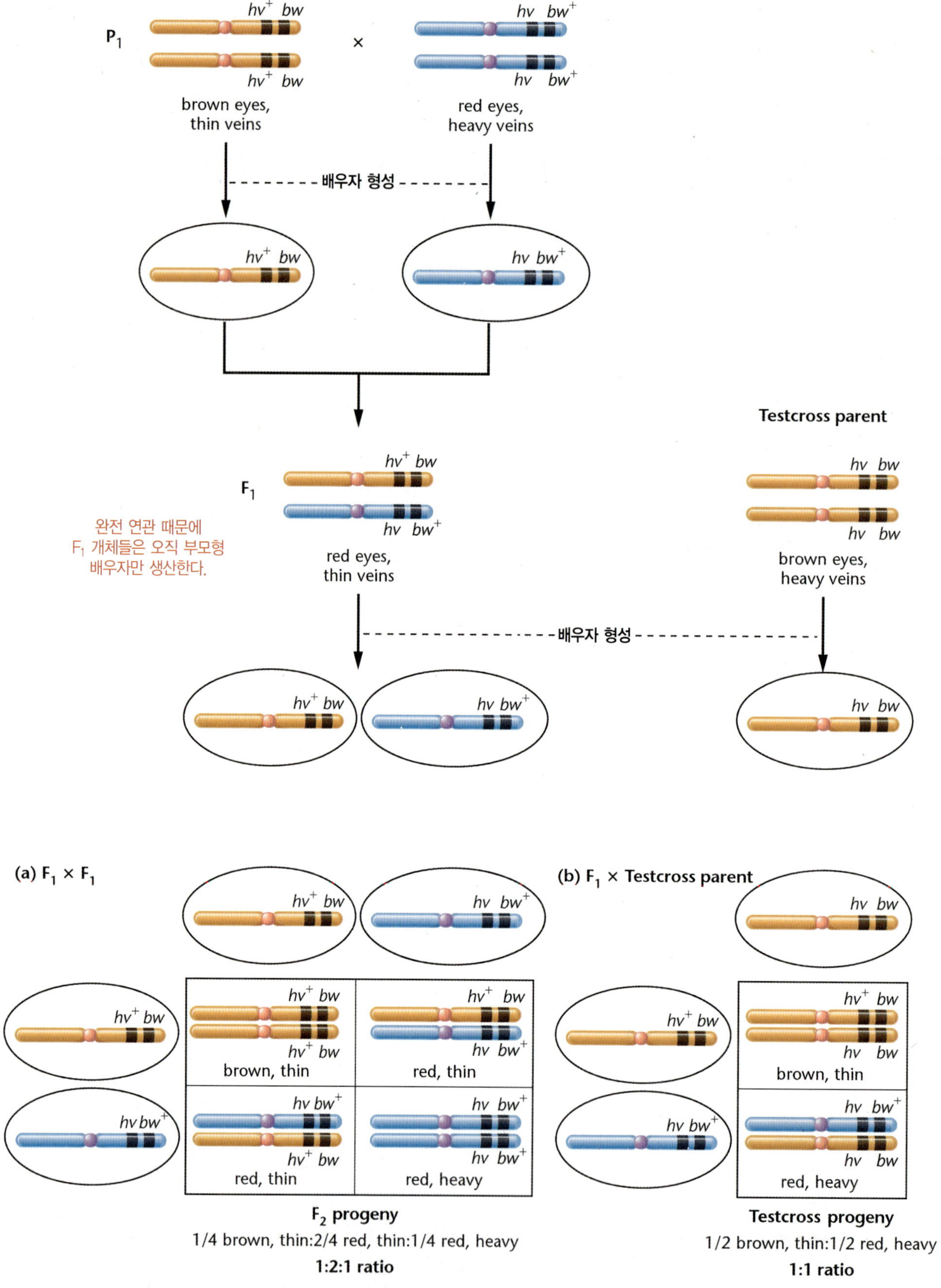

그림 7–2 같은 염색체상에 위치한 두 유전자가 관여된 교배의 결과. 여기서는 완전 연관이 증명된다. (a) 교배에서 얻어진 F_2 결과. (b) F_1을 이용한 검정 교배의 결과.

그림 7-2(b)는 또한 F_1 초파리의 검정 교배 결과를 보여준다. 이 교배에서는 1:1의 비율로 brown, thin과 red, heavy인 초파리들이 생산된다. 만약 이러한 형질들을 조절하는 유전자들이 불완전하게 연관되어 있거나, 완전히 다른 상염색체 위에 위치한다면 검정 교배는 두 종류가 아닌 4종류의 표현형을 생산할 것이다.

주어진 종에서 많은 수의 돌연변이 유전자가 조사될 때 같은 염색체에 위치한 유전자들은 서로 연관된 증거를 보인다. 결과적으로 각 염색체 하나당 "**연관군**(linkage group)"이 성립한다. 이론적으로, 연관군의 수는 염색체 수의 반수에 해당한다. 이배체 생물에서 많은 수의 유전자가 유전적 연구에 사용되며 이러한 관계가 확인되었다.

7.2 교차는 염색체 지도 작성시 유전자들의 거리를 결정하는 기초가 된다

선택된 두 유전자 사이가 너무나 가까워서 완전 연관을 보이기란 쉬운 일이 아니다. 그보다는 선택된 두 유전자 사이에서 교차가 일어나 어느 정도의 재조합 배우자가 만들어지는 일이 훨씬 많은데, 이렇게 재조합형이 나올 비율은 두 유전자 사이의 거리와 비례한다. 이러한 현상은 1910년, 토마스 H. 모건(Thomas H. Morgan)과 그의 학생이었던 알프레드 스터트번트(Alfred H. Sturtvant), 두 초파리 유전학자에 의해 밝혀졌다.

모건, 스터트번트, 그리고 교차

모건은 그의 연구에서 초파리 X 염색체상의 여러 가지 돌연변이들을 조사하였다. 오직 한 형질만 관여된 교배를 분석했을 때, X-연관 유전의 양식을 추론할 수 있었다. 그러나 그가 두 가지 X-연관 유전자에 대한 교배를 했을 때 결과는 매우 당황스러웠다. 예를 들어, 노랑 체색(y)을 나타내는 돌연변이와 흰 눈(w) 돌연변이를 가진 암컷 초파리, 그리고 야생형 수컷(회색 체색, 빨강 눈)을 교배했을 때, F_1 암컷은 야생형인 반면, F_1 수컷은 두 가지 돌연변이 형질을 나타냈다. F_2에서는 대부분의 자손이 예상대로 부모형이었지만(노랑 체색에 흰 눈이거나 야생형), 나머지 1% 미만의 파리들은 노랑 체색에 빨강 눈을 가지거나, 회색 몸에 흰 눈이었던 것이다. 그것은 마치 유전자가 F_1 암컷 파리에서 배우자를 만들 때 어떤 방식으로든 떨어지는 것처럼 보였던 것이다. 이 교배가 그림 7-3의 A 교배에 설명되어 있고 이 자료는 후에 스터트번트에 의해 정리된 것을 이용한 것이다.

모건이 X-연관된 다른 유전자들을 교배했을 때, 기본적으로는 같은 양상이 관찰되었다. 그러나 예상치 못한 F_2의 표현형(교차형) 비율은 달랐다. 예를 들어, 돌연변이인 흰 눈(*white* eye, w), 미소날개(*miniature* wing, m) 대립인자가 관여된 교배에서 또 다시 대부분의 F_2는 부모형이었지만, 이번엔 훨씬 많은 비율의 자손이 배우자 형성기에 마치 떨어졌었던 것처럼 나타났다. 이것이 그림 7-3의 교배 B에 나타나 있다. 이것은 나중에 스터트번트에 의해 정리된 것이다.

모건은 두 가지 질문에 부딪혔다: (1) 유전자가 무엇 때문에 떨어지는가? (2) 유전자에 따라 분리 현상의 비가 달라지는 이유는 무엇인가? 그의 첫 번째 질문에 대한 해답은 초기 세포학자였던 F.A. 얀센(F. A. Janssens)에 의해 관찰된 결과로 해석될 수 있다. 얀센은 감수분열 중에 두 개의 상동염색체가 접합할 때 서로 감싸서 **키아즈마타**(chiasmata; 단수, *chiasma*)를 형성하는 것을 관찰한 바 있는데 이 점이 바로 교차의 증거가 된다. 모건은 이 키아즈마타가 유전적 교환의 지점을 나타낸다고 제안하였다(139페이지 사진을 보라).

그림 7-3에서 보이듯이 모건은 만약 F_1 암컷 초파리의 두 X 염색체 위의 돌연변이 유전자들 사이에서 배우자 형성과정 중에 교환이 일어난 것이라면, 독특한 표현형이 관찰될 것이라고 생각하였다. 그는 그러한 교환이 *yellow-white* 교배와 *white-miniature* 교배에서 **재조합 배우자**(recombinant gamete)들이 생기도록 했을 것이며, 대조적으로, 교환을 겪지 않은 것들은 **부모형 배우자**(parental gamete)로 남을 것이라 제안했다. 이러한 실험에 기초하여, 모건은 연관된 유전자들이 염색체에 일직선상으로 존재하며, 다양한 정도로 유전자 사이의 교환이 일어난다는 결론을 내렸다.

두 번째 질문에 대한 대답에서 모건은 두 유전자가 상대적으로 서로 가까이 위치하게 되면 그들 사이의 키아즈마는 잘 생기지 않을 것이라는 대답을 내놓았다. 그러므로 두 유전자가 가까울수록 유전적 교환은 덜 일어난다는 것이다. 모건은 재조합을 일으키는 물리적 교환을 설명하기 위해 **교차**(crossing over)라는 단어를 처음 제시한 사람이었다.

스터트번트와 지도 작성

모건의 학생이었던 스터트번트는 스승의 제안이 연관된 유전자들의 위치뿐 아니라 거리를 정하는 데 사용될 수 있다는 사실을 처음으로 깨달았다. 스터트번트에 따르면,

> "모건과 대화를 나누던 중, 나는 연관의 강도 차이—이미 모건이 유전자들의 공간적 분리에 의한 차이 때문이라고 설명했던—가 염색체의 일직선 차원에서의 순서를 결정하는 데 대한 가능성을 제공한다는 사실을 불현듯 깨달았다. 나는 집으로 돌아와 숙제는 무시하고 첫 염색체 지도를 만드는 데 온밤을 보냈다"

스터트번트는 모건에 의해 연구되었던 *yellow*, *white*, *miniature*, 유전자들 사이의 재조합에 관한 데이터를 모아 정리하였다. 각 유전자쌍 사이의 교배에서 교차의 빈도는 다음과 같았다.

(1) *yellow-white*	0.5%
(2) *white-miniature*	34.5%
(3) *yellow-miniature*	35.4%

(1)과 (2)의 총합이 (3)과 대강 비슷하므로 스터트번트는 두 유전자 사이의 재조합 빈도가 부가적이라는 제안을 했다. 이를 바탕으로 X 염색체 위의 유전자의 순서가 *yellow-white-miniature*라는 예상을 내놓았다. 이러한 결론에 도달한 것은 다음과 같은 추론 때문이다: *yellow*와 *white* 유전자는 분명히 서로 매우 가깝다. 왜냐하면 재조합 빈도가 매우 낮기 때문이다. 그러나 이 두 유전자

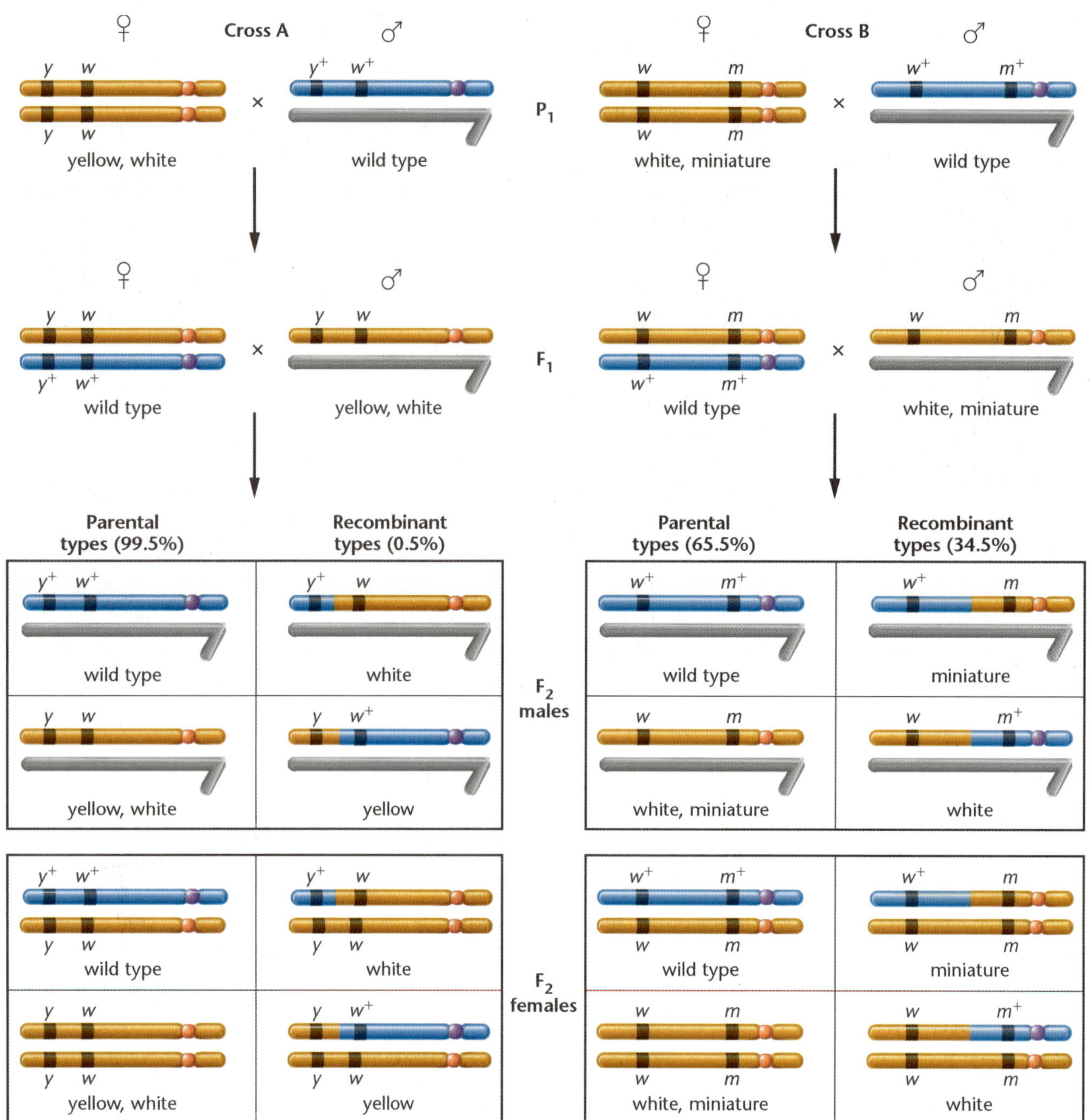

그림 7-3 노랑 체색(*yellow*-body, *y*), 흰 눈(*white*-eye, *w*) 돌연변이들과 흰 눈, 미소날개(*miniature*-wing, *m*) 돌연변이들 사이의 교배에서 얻어진 F_1과 F_2 결과. 교배 A에서는 0.5%의 F_2 초파리들(암컷과 수컷)이 재조합 표현형을 나타내는데, 이들은 흰 눈이거나 혹은 노랑 체색을 보인다. 교배 B에서는 34.5%의 F_2 초파리들(암컷과 수컷)이 재조합 표현형을 나타내며 미소날개이거나 흰 눈 개체들이다.

는 *miniature* 유전자에 대해서는 상당한 정도로 떨어져 있다. 왜냐하면, *white-miniature*, *yellow-miniature* 조합의 빈도는 매우 높기 때문이다. *miniature* 유전자가 *white*보다는 *yellow*와의 사이에서 더 많은 교차를 보였기 때문에(35.4% 대 34.5%), *white* 유전자는 바깥쪽이 아니라 두 유전자 사이에 위치한다.

스터트번트는 모건의 연구로부터 염색체 교환으로 얻어진 재조합 빈도가 두 유전자 좌위의 거리를 추정하는 데 사용될 수 있다는 것을 알았던 것이다. 그는 X 염색체상의 세 유전자의 **염색체 지도**(chromosome map)를 완성하고 1 지도 단위(map unit, mu)를 두 유전자 사이에서 일어나는 1%의 재조합 빈도로 나타내었다*. 앞의 예에서 *yellow*와 *white* 사이의 거리는 결국 0.5 단위(mu), 그리고 *yellow*와 *miniature* 사이는 35.4 mu의 거리가 된다. 그러므로 *white*와 *miniature* 사이의 거리는 35.4 − 0.5에서 나온 34.9 mu의 거리가 된다. 이러한 계산은 *white*와 *miniature* 사이의 실질적인 재조합 빈도와 매우 가까운 값이다. 이 세 유전자의 간략한 지도가 그림 7-4에 있다. 이들이 완벽하게 더해지지 않는 것

* 모건의 업적을 기리기 위해 1 지도단위를 1센티 모건(*cM*)으로 나타낸다.

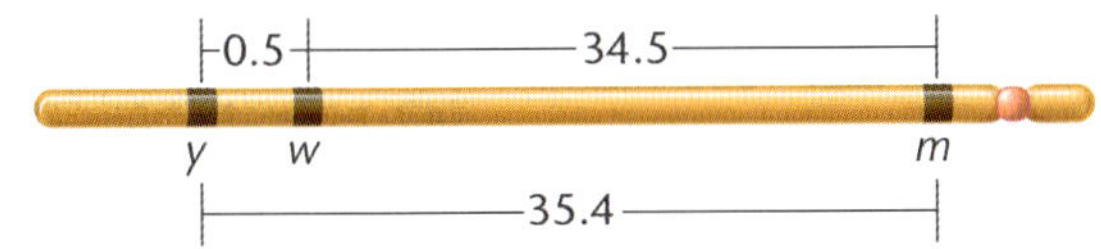

그림 7-4 초파리(*Drosophila melanogaster*)에서 노랑 체색(*yellow, y*), 흰눈(*white, w*), 그리고 미소날개(*miniature, m*) 유전자들의 X 염색체상의 지도. 각 숫자들은 세 가지 교배 중 하나에서 얻어진 재조합형 자손들의 분율을 나타낸 것으로, 이들 교배 각각은 서로 다른 두 유전자에 관한 것이다.

은 독립적으로 수행되는 실험들의 부정확성 때문이다.

이 세 유전자에 더하여 스터트번트는 다른 두 유전자를 더해 총 5개의 유전자를 포함한 X 염색체의 지도를 고려하기에 이르렀고 곧 동료 캘빈 브리지스(Calvin Bridges)와 함께 초파리에서 상염색체의 연관에 관한 연구를 시작하였다. 1923년에 이르러 그들은 X 염색체뿐 아니라 상염색체상에서도 연관을 발견하였고 이를 증명하였다. 이 연구 중에 그들은 또 하나 재밌는 관찰을 했는데, 바로 초파리에서는 교차가 암컷에서만 일어난다는 사실이다. 수컷에서 교차가 일어나지 않는다는 사실은 교차에 관한 연구를 한결 쉽게 해석할 수 있게 해준다. 그러나 다른 생물체에서 교차는 암수에 관계없이 일어난다.

스터트번트 이후에 염색체 지도에 관한 많은 세부연구가 이루어졌지만 그의 기본 원리는 계속 옳았던 것으로 받아들여진다. 그것들은 많은 수의 연관 돌연변이 유전자가 알려진 생물체의 염색체 지도를 만드는 데 사용되었다. 염색체 지도를 제공한 것 외에도 스터트번트의 발견은 유전학사상 역사적으로 중요한데, 1910년에도 **유전의 염색체설**(chromosomal theory of inheritance)이 널리 논쟁거리였기 때문이다. 심지어 모건마저도 그의 연구를 수행하기 전까지는 이 이론에 회의적이었다. 이제 염색체가 일직선상으로 유전자를 포함한 물질이며 이들 유전자가 멘델의 단위요소와 같다는 사실이 확인된 것이다.

단일교차

왜 두 유전자 좌위의 상대적인 거리가 그들 사이의 재조합과 교차에 영향을 미칠까? 감수분열 중에, 제한된 수의 교차가 각 사분체에서 발생한다. 이러한 재조합 사건은 무작위로 사분체의 길이를 따라 발생하므로 두 좌위가 염색체축을 따라 가까이 위치할수록 그들 사이에서 단일교차가 일어날 확률은 줄어든다. 더 멀리 떨어진 좌위 사이의 교차에도 같은 추리가 적용이 된다면 이들 사이엔 무작위적 교차가 더 많이 일어날 것이다.

그림 7-5(a)를 보면, 두 비자매염색분체 사이에서 단일교차가 일어나지만 두 유전자 사이에서는 일어나지 않는다. 그러므로 교차는 발견되지 않는다. 그러나 그림 7-5(b)에서는 유전자가 상당히 떨어져 있고 교차가 그들 사이에서 발생하여 재조합형 배우자를 만들게 된다.

단일교차가 두 비자매염색분체 사이에서 발생할 때 사분체 중 다른 두 염색분체는 이 교환에 관여하지 않고 변함없이 배우자로 나뉘어 들어간다. 비록 교차가 이 시기에 두 연관 유전자에서 100% 발생했다고 하더라도 재조합은 오직 50%의 배우자에서만 발견된다. 이러한 개념이 그림 7-6에 나와 있다. 이론적으로, 20%의 재조합 배우자를 관찰했다면 교차는 실상 이들 사이의 사분체 내의 40%에서 발생한 것이 된다. 이론적으로 두 유전자 사이의 교환에 관여하는 사분체들의 %는 생성된 배우자의 %의 두 배가 된다. 그러므로 교차에 따른 이론적인 재조합 제한점은 50%이다.

두 연관된 유전자가 50 지도단위 이상 떨어져 있을 때 교차는 이론적으로는 이들 사분체 중 100%에서 발생한다. 이러한 예측이 맞는다면 각 사분체는 동등한 비율로 그림 7-6에서처럼 4가지 배우자를 생성한다. 마치 두 유전자가 서로 다른 염색체상에서 독

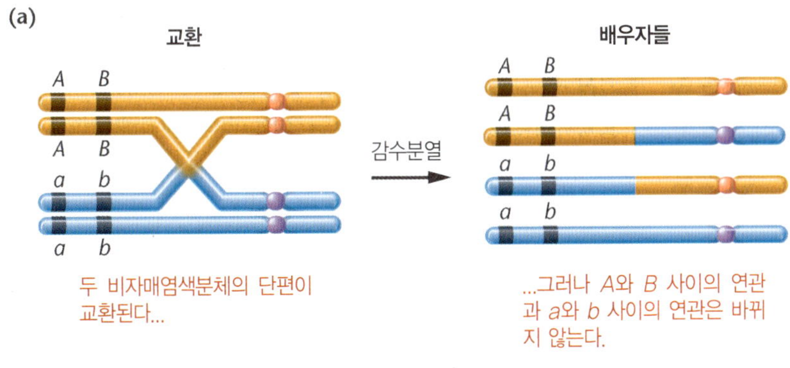

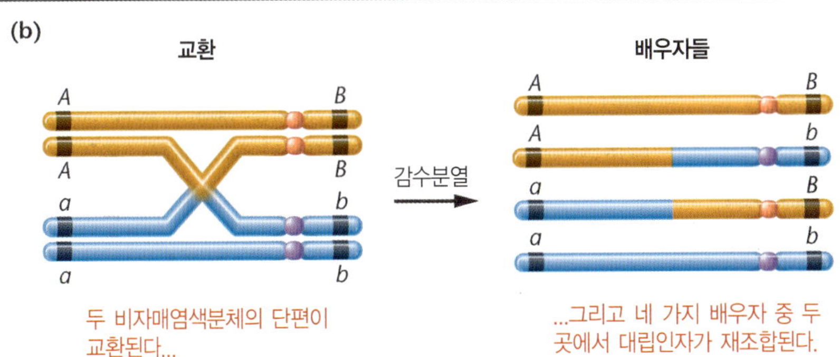

그림 7-5 두 비자매염색분체 사이에서 발생한 단일교차와 이로 인해 생기는 배우자들의 두 가지 예. (a)에서는, 교환이 두 유전자인 대립인자들 사이의 연관 배열을 바꾸지 않으므로 오로지 부모형의 배우자들만 형성된다. 따라서 교환은 추적되지 않는다. (b)에서는, 교환으로 인해 대립인자들이 분리되어 재조합 배우자들이 형성되었고, 이때의 교차는 추적이 가능하다.

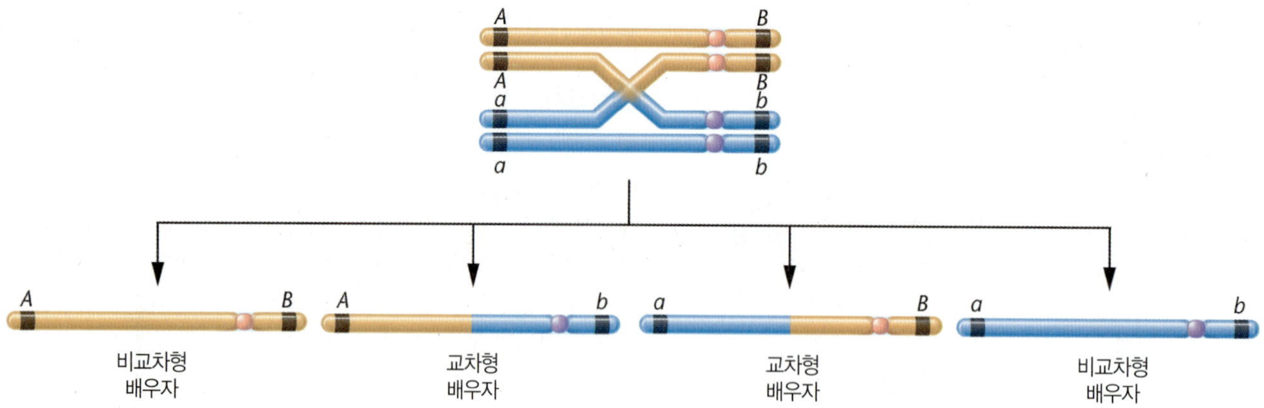

그림 7-6 사분체 시기에서 두 비자매염색분체 사이에서 발생한 단일 교환의 결과. 두 개의 비교차형(부모형, parental)과 두 개의 교차형(재조합형, recombinant) 배우자가 생산된다.

립적으로 분리될 때와 똑같이 말이다. 여러 가지 이유로 인해 이러한 이론적인 제한은 거의 이루어지지 않는다.

7.3 다중교차 분석으로 지도 작성시에 유전자의 순서를 결정할 수 있다

연관된 두 유전자 사이의 단일교차에 대한 연구는 이 두 유전자 사이의 거리(distance)를 결정하는 기초를 제공한다. 그러나 연관된 많은 유전자들이 연구될 때는 염색체 길이를 따라 존재하는 이들 유전자의 순서(sequence)를 결정하는 일이 더 어렵다. 다행스럽게도 사분체의 염색분체들 사이에서 다중의 교차가 발생한다는 사실의 발견은 좀 더 광범위한 염색체 지도작성을 할 수 있도록 해주었다. 다음 절에서는, 세 개 이상의 연관된 유전자들이 동시에 연구될 때, 이들 사이의 순서와 거리를 결정할 수 있음을 알아보도록 한다.

다중교차

한 개의 사분체 내의 두 비자매염색분체 사이에서 두 번, 세 번 혹은 그 이상의 교환이 여러 번의 교차에 의해 발생할 수 있다. 두 번의 유전적 교환은 **이중교차**(double crossover, DCO)의 결과로 생기는데 그림 7-7에 그려져 있다. 이중 교환이 연구되기 위해서는 세 개의 유전자쌍이 조사되어야 한다. 물론 각 대립유전자쌍들은 모두 헤테로 상태여야 한다. 이들 세 유전자좌 사이의 재조합 빈도를 결정하기에 앞서 몇 가지 간단한 확률 계산을 짚고 넘어가자.

이미 보았던 것처럼, 단일 교환이 *A*와 *B*, *B*와 *C* 사이의 유전자 사이에서 일어날 확률은 이들 사이의 거리와 관계가 있다. *A*와 *B*, *B*와 *C* 사이가 가까울수록 단일 교환이 이들 유전자 세트 사이에서 일어날 확률은 적다. 이중교차의 경우에는 두 개의 독립적이고 서로 다른 사건, 즉 교환이 동시에 일어나야 한다. 이 두 독립사건이 동시에 일어날 수학적 가능성은 각 사건이 따로 일어날 확률의 곱과 같다(곱셈의 법칙).

단일 교환으로부터 생긴 교차형 배우자가 *A*와 *B* 사이에서 20%에서 얻어지고($p = 0.20$) *B*와 *C* 사이에서 30%($p = 0.30$) 얻어졌다고 가정해 보자. 이 두 교차로부터 이중교차 배우자가 생길 확률은 $0.20 \times 0.30 = 0.06$ 혹은 6%로 얻어진다. 이러한 계산으로부터 이중교차형 배우자의 빈도는 항상 각 단일교차 배우자들보다 훨씬 낮은 빈도로 생긴다는 사실이 분명해진다.

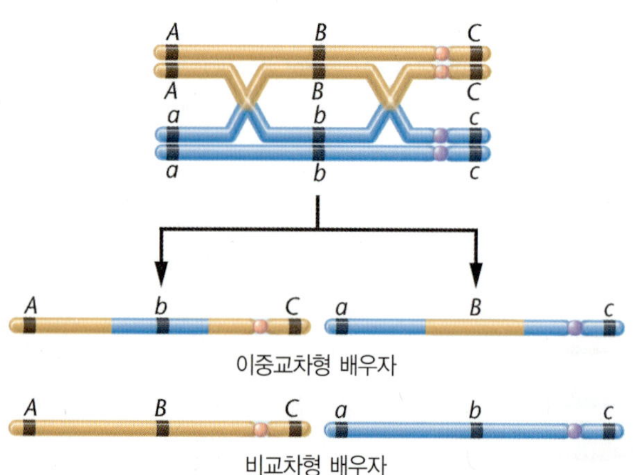

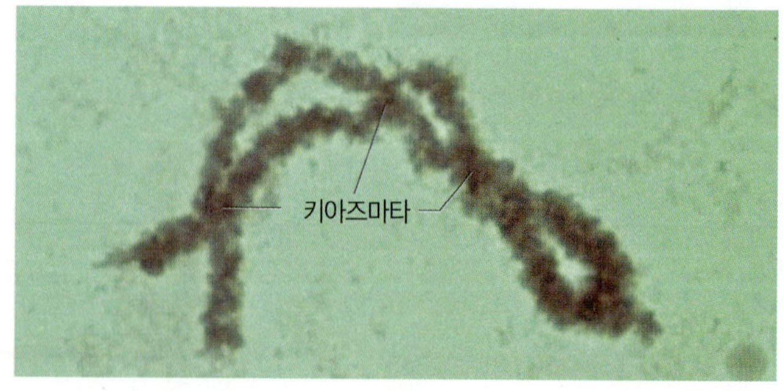

그림 7-7 두 비자매염색분체 사이에서 발생한 이중교차의 결과. 교차가 오직 두 자매염색분체에서만 일어났으므로, 두 개의 비교차 배우자와 두 개의 이중교차형 배우자가 생산된다. 사진은 1차 감수분열 전기 중에 분리된 사분체에서 발견되는 다수의 교차점(키아즈마타, chiasmata)을 보여준다.

만약 세 유전자가 한 염색체상에 비교적 가까이 위치한다면 예상되는 이중교차형 배우자의 빈도는 극도로 낮을 것이다. 예를 들어, *A*–*B* 사이의 거리가 그림 7-7에서처럼 3 지도단위 떨어져 있고 *B*와 *C* 사이의 거리가 2 지도단위 떨어져 있다면 이로부터 생기는 이중교차의 빈도는 $0.03 \times 0.02 = 0.0006$ 혹은 0.06%가 된다. 이것은 10,000번 중 6번의 사건을 의미한다. 즉, 이러한 지도 작성 실험에서 가까이 연관된 유전자가 연구될 때에는 이중교차를 확인하기 위해서는 매우 큰 숫자의 자손을 필요로 한다. 이 예의 경우에서 1,000개의 자손이 조사된다면 단 한 번의 교차도 발견하지 못할 수 있다. 그러므로 4개 혹은 5개의 유전자에 대한 지도가 작성된다면, 삼중 혹은 사중 교차는 훨씬 적은 수로 일어날 것이다.

이 문제를 풀어보자

174페이지의 14번 문제는 세 유전자에 이형접합성인 생물에서 상동염색체의 대립인자 배열이 다를 때 교차의 결과를 비교하는 것이다.

힌트: 비교차 배우자로 들어간 상동체들은 변하지 않으며, 모든 교차 결과는 대립인자들의 비교차형 서열로부터 유도되어야 한다.

초파리에서의 삼점법

이전에 다룬 정보들은 한 번의 교배로 셋 혹은 그 이상의 연관 유전자들의 지도를 작성할 수 있게 해준다. 지도 작성과정을 설명하기 위해 상당히 다른 두 종류의 생물에서 세 가지 연관 유전자가 관여하는 두 가지 상황을 조사해 보자.

성공적인 유전자 지도 작성 교배를 수행하기 위해서는 세 가지 기준이 만족되어야 한다.

1. 교차형 배우자를 생산하는 생물체의 유전자형은 관심 있는 모든 좌위에서 헤테로 상태여야 한다.
2. 교배는 얻어진 자손의 표현형을 관찰함으로써 모든 배우자의 유전자형이 정확하게 결정될 수 있도록 구성되어야 한다. 이는 배우자와 그들의 유전자형이 직접적으로 관찰될 수 없기 때문에 반드시 필요하다. 이 문제를 극복하기 위해 각 표현형적 집단들은 그를 생산한 부모 배우자의 유전자형을 그대로 표현할 수 있어야 한다.
3. 모든 교차 범주들을 나타내는 샘플들이 회수될 수 있도록 충분한 수의 자손이 생산되어야 한다.

이러한 기준들은 그림 7-8에 나타난 초파리 삼점 지도작성법에서 만족된다. 이 교배에서는 3개의 성연관 열성 돌연변이 유전자들[*yellow*(*y*), *white*(*w*), *echinus*(*ec*)]이 사용되었다. 교배를 그릴 수 있도록 일단은 몇 가지 이론적인 순서를 가정하자. 비록 우리가 아직 그 순서가 맞는지 확인은 못했다고 하더라도 말이다. 그림 7-8에서 우리는 처음에 이 세 유전자의 순서를 *y*–*w*–*ec*로 가정했다. 만약 이 순서가 잘못 되었다면 우리의 분석은 이것을 정정할 수 있도록 해 줄 것이다.

P_1 세대에서 수컷은 모든 세 유전자형에 대해 야생형 반접합체(hemizygous)이고 이 모든 유전자에 대해 열성 호모인 암컷과 교배되었다. 그러므로 P_1 수컷은 체색, 눈색, 눈 모양에 대해 야생형 표현형이다. 이들은 야생형 표현형(wild-type phenotype)을 갖는다고 한다. 반대로, 암컷은 세 가지 돌연변이형 표현형—노랑 체색(yellow body), 흰 눈(white eye), 그리고 성게형 눈(echinus eye)을 나타내는 교배가 성사된 것이다.

이 교배로부터 F_1 세대가 나오는데, 모든 암컷은 세 유전자에 대해 헤테로이고 수컷은 세 돌연변이에 반접합성(Y 염색체 때문)이다. 표현형적으로는 모든 F_1 암컷은 야생형이고 F_1 수컷은 돌연변이형이다. F_1 암컷의 유전자형은 연관된 유전자의 지도를 작성하기 위한 첫째 조건을 만족시킨다. 즉, 세 유전자좌에서 모두 헤테로이므로, 교차에 의한 재조합 배우자의 근원으로 작용할 수 있다. P_1 부모의 유전자형 때문에, 세 개의 모든 우성 대립인자들이 한 개의 상동염색체상에, 열성 대립인자들이 모두 다른 상동염색체상에 있다는 데에 주목하라. 다른 배열도 가능하긴 하다. 예를 들어, F_1 암컷이 *y*와 *ec* 유전자를 한 상동염색체에, *w* 유전자를 다른 상동염색체에 가질 수도 있다. 이는 P_1 교배에서 한쪽 부모는 *yellow*이면서 *echinus*이고 다른 한쪽 부모는 *white*일 때 일어날 수 있다.

우리 교배에서는 두 번째 기준 역시 F_1 수컷에서 생긴 배우자에 의해 만족된다. 배우자들은 X 염색체를 가지며 이 염색체들이 세 돌연변이의 모든 대립인자를 포함하거나, 혹은 Y 염색체를 가지게 되어 세 유전자에 대해 유전적으로 불활성화 상태가 된다. 어떤 형이 수정에 참여하게 되든 F_1 암컷에 의해 생산되는 배우자의 유전형은 F_2 수컷과 암컷에서 표현형으로 나타나게 된다. 그러므로 F_1에서 생기는 모든 비교차와 교차형 배우자들은 F_2 표현형을 관찰함으로써 추적이 가능하게 된다.

두 조건을 만족시키면, 우리는 이제 그림 7-8에서처럼 염색체 지도를 구성할 수 있게 된다. 우선, F_2에서 어떤 표현형이 다양한 교차형과 비교차형 범주에 해당하는지를 결정한다. 이들 중 두 개가 당장 결정될 수 있다. 비교차형 F_2 표현형을 결정하기 위해, 우리는 F_1 암컷에 의해 형성된 부모형 배우자로부터 유래한 개체들을 찾아야 한다. 그러한 배우자 각각은 교차에 의해 영향 받지 않은 X 염색체를 가지고 있다. 결국 분리되면, 대략 비슷한 정도로 두 가지 형태의 배우자가 F_2 표현형을 나타낸다. 이들이 헤테로에서 기원했으므로, 두 부모형 배우자의 유전자형이 서로 상보적이다. 예를 들어, 한쪽이 야생형이었으면 다른 한쪽은 완전히 돌연변이형이라는 것이다. 바로 이 경우가 지금 생각하고 있는 교배다. 다른 상황, 만약 한 개의 염색체가 하나의 돌연변이 대립인자나 형질을 보인다면, 두 번째 염색체는 나머지 다른 두 개의 돌연변이 형질을 가지는 식이다. 이들을 **상호 계급**(reciprocal class)들이라 부른다.

두 가지 비교차 표현형이 가장 쉽게 발견될 수 있는데, 이는 그들이 가장 큰 빈도로 존재하기 때문이다. 그림 7-8은 배우자 1과 2가 가장 많이 존재함을 보여준다. 그러므로 *y*–*ec*–*w* 표현형을 가지는 파리들과 야생형을 나타내는 파리들이 비교차 범주를 구성

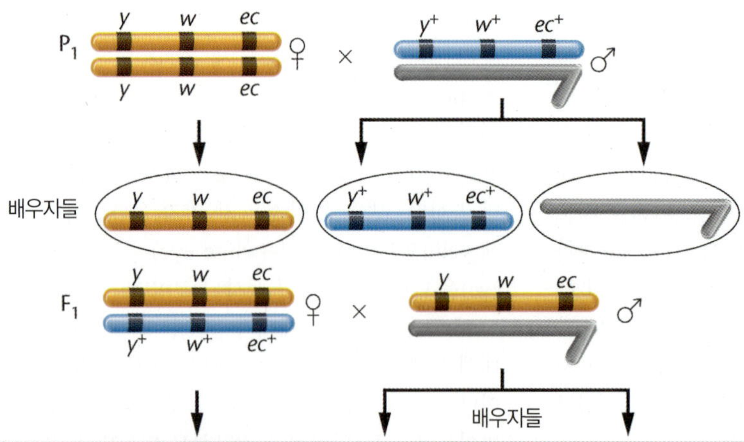

Origin of female gametes	Gametes	y w ec	(Y)	F_2 phenotype	Observed Number	Category, total, and percentage
NCO y w ec y+ w+ ec+	① y w ec	y w ec y w ec	y w ec	y w ec	4685	Non-crossover
	② y^+ w^+ ec^+	y^+ w^+ ec^+ y w ec	y^+ w^+ ec^+	y^+ w^+ ec^+	4759	9444 94.44%
SCO y w ec y^+ w^+ ec^+	③ y w^+ ec^+	y w^+ ec^+ y w ec	y w^+ ec^+	y w^+ ec^+	80	Single crossover between y and w
	④ y^+ w ec	y^+ w ec y w ec	y^+ w ec	y^+ w ec	70	150 1.50%
SCO y w ec y^+ w^+ ec^+	⑤ y w ec^+	y w ec^+ y w ec	y w ec^+	y w ec^+	193	Single crossover between w and ec
	⑥ y^+ w^+ ec	y^+ w^+ ec y w ec	y^+ w^+ ec	y^+ w^+ ec	207	400 4.00%
DCO y w ec y^+ w^+ ec^+	⑦ y w^+ ec	y w^+ ec y w ec	y w^+ ec	y w^+ ec	3	Double crossover between y and w and between w and ec
	⑧ y^+ w ec^+	y^+ w ec^+ y w ec	y^+ w ec^+	y^+ w ec^+	3	6 0.06%

y w ec
Map of y, w, and ec loci
├1.56┼──4.06──┤

그림 7-8 초파리에서 삼점 지도 작성을 위한 교배. 노랑 체색(y나 y^+), 흰 눈(w나 w^+), 그리고 성게형(*echinus*, ec나 ec^+) 유전자들이 관여되어 있다. NCO, SCO, DCO들은 각각 비교차형(noncrossover), 단일교차형(single-crossover), 이중교차형(double-crossover)을 나타낸다. 설명의 복잡성을 피하기 위해 염색체상의 동원체는 표시하지 않았고 두 개의 비자매염색분체만이 처음에 표시되었다. 교차는 항상 사분체 시기에 발생한다.

하며 F_2 자손의 약 94.44%를 차지한다.

두 번째로 쉽게 찾을 수 있는 범주가 이중교차 표현형이다. 그들의 확률이 가장 낮기 때문에 가장 적은 수로 나타난다. 이 그룹은 두 독립적인 단일교차가 동시에 일어난 사건을 표현한다는 것을 기억하라. 두 개의 상호적 표현형을 찾을 수 있는데 배우자 (7)은 *yellow*에 *echinus*이지만 정상 눈 색이고 배우자 (8)은 흰 눈이지만 정상 체색에 정상 눈 모양을 가진다. 이러한 이중교차 표현형을 모두 합하면 0.06%의 F_2 자손을 차지한다.

나머지 네 개의 표현형적 집단들은 단일교차에 의한 두 개의 범주를 이루는 것이다. 배우자 (3)과 (4)는 상호표현형 계급으로 *yellow*와 *white* 사이의 단일교차를 나타내며 1.5%의 F_2를 차지하고 배우자 (5)와 (6)은 4%의 F_2에서 나타나며 *white*와 *echinus* 사이의 단일교차를 나타낸다.

세 유전자가 떨어져 있는 거리를 계산하면 다음과 같다. *y*와 *w* 유전자 사이의 거리는 그들 사이의 교환과 동일하다. 고려 대상인 어떤 두 유전자에 대해서도 이 사건은 단일교차뿐 아니라 이중교차까지도 포함한다. 이중교차는 두 교차가 동시에 일어난 것을 뜻하므로 계산에 포함된다. *y*와 *w* 유전자에 대해 배우자 (3), (4), (7), (8)을 모두 합하면 1.5% + 0.06%으로 1.56 지도 단위가 나온다. 비슷한 방법으로 *w*와 *ec* 사이의 유전자 거리는 배우자 (5), (6), (7), (8)을 합해 4% + 0.06%로 4.06 지도 단위가 된다. 이 세 좌위의 X 염색체상의 지도는 이러한 자료를 바탕으로 그림 7-8에 나타나 있다.

유전자 순서의 결정

앞선 예에서 세 유전자의 순서는 *y*–*w*–*ec*로 가정했었다. 우리의 분석은 이러한 서열이 자료와 맞아떨어지는 것을 보여준다. 그러나 대부분의 지도작성 실험에서 유전자 서열은 모르는 채로 시작하게 되고, 이러한 구성은 분석의 또 다른 변수로 작용한다. 우리의 예에서 만약 유전자 서열을 몰랐다고 하면 다음과 같은 방법으로 결정될 수 있다.

이 방법은 오직 세 가지 순서만이 가능하다는 사실에 바탕을 둔다. 즉 세 유전자의 순서가 다음과 같은 경우다:

(I)	*w*–*y*–*ec*	(*y*가 가운데)
(II)	*y*–*ec*–*w*	(*ec*가 가운데)
(III)	*y*–*w*–*ec*	(*w*가 가운데)

다음과 같은 순서를 사용하면, 유전자의 순서를 결정할 수 있다.

1. 셋 중 어느 하나를 대립인자들의 순서라고 가정하고, 우선 비교차형과 교차형 배우자를 만든 이형접합성 부모(우리 예에서 F_1 암컷)에 있는 각 상동염색체를 따라 존재하는 대립인자들의 배열(arrangement of alleles)을 결정하라.
2. 그 배열 내에서 발생한 이중교차 사건이 관찰된 이중교차 표현형(observed double crossover phenotypes)을 생산할 수 있겠는지 확인한다. 이중교차는 가장 낮은 빈도로 생긴다는 것에 유의하라.
3. 이러한 순서가 예상된 표현형을 만들지 못한다면 나머지 두 순서에 대해서도 생각해 본다.

이러한 과정이 그림 7-9에 나와 있다. 이 세 가지 가능한 순서를 I, II, III이라고 하면 *y*, *ec*, *w* 중 어느 하나가 가운데 오게 된다.

1. *w*와 *ec* 사이에 *y*가 가운데 있다고 가정하면, F_1 이형접합자에서 상동체상의 대립인자 배열(I)은 다음과 같다:

$$\frac{w \quad y \quad ec}{w^+ \quad y^+ \quad ec^+}$$

우리는 P_1 세대가 교배된 방식 때문에 이것을 알 수 있다: P_1 암컷은 *w*, *y*, 그리고 *ec* 대립인자를 포함한 X 염색체를 제공한 반면, P_1 수컷은 w^+, y^+, 그리고 ec^+ 대립인자들을 포함하고 있는 X 염색체를 제공했다.

2. 이러한 배열 내에 이중교차가 일어났다면,

$$\underline{w \quad y^+ \quad ec} \text{ 와 } \underline{w^+ \quad y \quad ec^+}$$

의 배우자가 생길 것이고, 수정이 일어남에 따라, *y*가 가운데 있다면, F_2 이중교차 표현형은 이러한 배우자 유전자형과 상응하여, echinus–white를 표현하는 자손과 yellow를 표현하는 자손이 생길 것이다. 그러나 실제로는 이중교차형이 yellow–ehinus 자손과 white 초파리로 나타났으므로, 우리의 순서는 틀린 것이 되므로 수정해야 한다.

3. 다른 순서에 대해 고려해 보면, ec/ec^+ 대립인자가 가운데 있거나(II), w/w^+ 인자가 가운데 있을 경우(III)는 다음과 같다:

$$\text{(II)} \ \frac{y \quad ec \quad w}{y^+ \quad ec^+ \quad w^+} \quad \text{혹은} \quad \text{(III)} \ \frac{y \quad w \quad ec}{y^+ \quad w^+ \quad ec^+}$$

(II)배열은 실제 관찰된 이중교차 표현형과 맞지 않는 예상 이중교차 표현형을 만든다. 예상 표현형은 F_2에서 yellow–white 초파리와 echinus 초파리들이다. 그러므로 이 순서 역시 맞지 않다. 그러나 배열 III은 관찰된 표현형–yellow–echinus 파리와 white 파리들을 만든다. 그러므로 이 배열, 즉 w가 가운데 있는 순서가 맞다.

요약하자면, 이 방법은 아주 직접적이다: 첫째로는 교차형 배우자를 생산하는 상동염색체상의 유전자 배열을 결정하는 것으로, 이것은 비교차 표현형을 결정함으로써 알 수 있다. 다음 각 세 가지 가능한 순서에 따라 관찰되는 이중교차형의 표현형–맞는 순서를 표현하도록 되어 있는 것–으로 유전자 순서를 결정하는 것이다.

옥수수에서의 지도 만들기 문제

염색체 지도 작성에 관한 기본 원리가 확립되었으므로, 이제 옥수수(maize)에서의 관련 문제에 대해 생각해 보도록 하자. 여기에서는 유전자 순서와 좌위간 거리를 모른다.

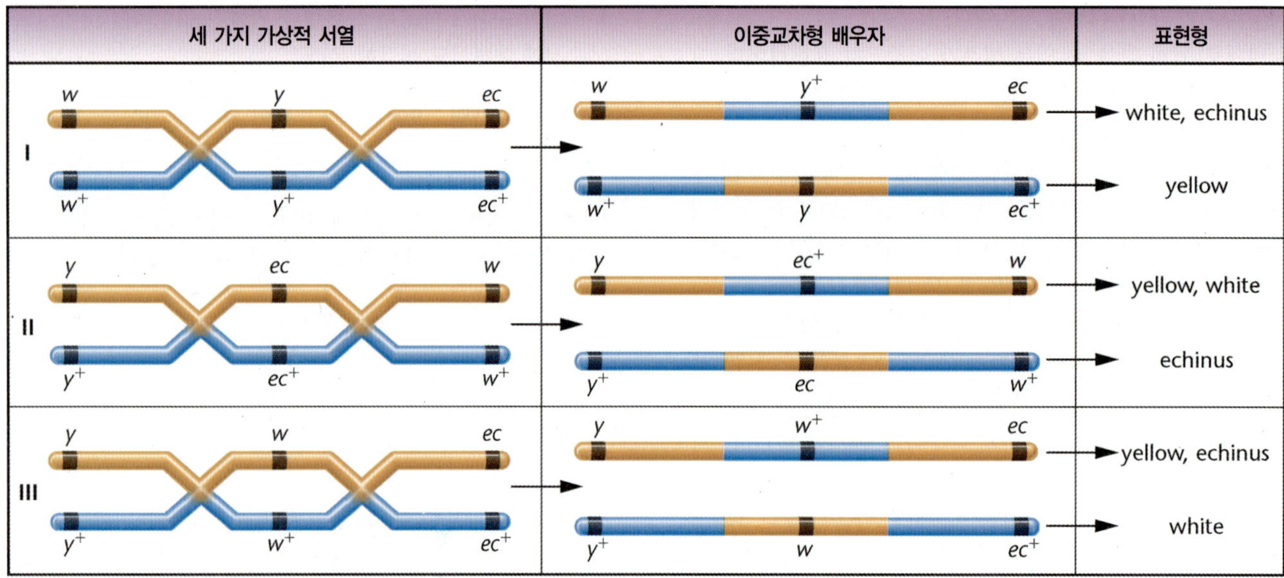

그림 7-9 *white, yellow, echinus* 유전자의 세 가지 가능한 순서. 각 경우에서 이중교차의 결과와 검정 교배에서 나타나는 표현형들이 나타나 있다. 단순하게 하기 위해서 사분체의 두 비교차 염색분체는 빠져 있다.

이런 분석은 두 가지 점에서 앞의 문제들과 다르다. 첫째, 이전의 지도 작성 교배는 X-연관 유전자였지만 여기서는 상염색체에 존재하는 유전자들이라는 점이고, 둘째로는 앞의 교배를 논의할 때는 4장에서 배운 기호(예, bm^+, v^+, 그리고 pr^+)를 사용했지만 여기서는 첨자가 아니라 단순히 +로 야생형을 표현한다는 점이다. 이 시스템은 다루기도 쉽고 지도 작성을 좀 더 쉽게 한다.

옥수수에서 연관된 세 유전자를 생각할 때 교배실험은 초파리에서 X-연관 유전자의 경우와 마찬가지 기준을 만족해야 한다. 즉, (1) 한쪽 부모는 모든 형질에 대해 헤테로여야 하고, (2) 헤테로에 의해 생기는 배우자의 유전자형은 자손의 표현형을 관찰함으로써 분명히 알 수 있어야 한다. 그리고 (3) 샘플의 크기는 충분히 커야 한다.

옥수수에서, 열성 돌연변이 인자인 갈색 주맥(*brown* midrib, *bm*), 녹변하는 싹(*virescent* seedling, *v*), 자주색 호분(*purple* aleurone, *pr*) 유전자들이 5번 염색체상에 연관되어 있다. 암 그루가 이 세 형질에 대해 이형접합성이라고 가정하면, (1) 우리는 아직 이 돌연변이 유전자들이 부계 상동염색체와 모계 상동염색체상에 어떻게 배열되어 있는지 모른다. (2) 유전자 순서도 모른다. (3) 세 유전자 사이의 거리도 모른다. 성공적인 지도 작성을 위해, 어떤 유전자형의 수 그루를 써야 할까? 두 번째 기준을 만족하려면 수 그루는 세 돌연변이 유전자에 대해 호모여야 한다. 그렇지 않다면 이 교배의 자손들은 그 유전자에 대해, 한 유전자형 이상의 표현형을 나타낼 것이고 정확한 지도 작성이 불가능해진다.

그림 7-10의 그림은 이러한 교배에 관한 것이다. 우리는 헤테로인 암컷의 좌위 서열도 모르고 배열 상태도 모른다. 몇 가지 가능성이 나타나 있지만 이 중 어느 하나가 맞는다고 결정을 내려야 한다. 검정 교배에서 수컷 부모는(아직 순서는 모른다) 무작위로 표현된다. 처음에 *v*를 가운데 놓고 시작했음에 유의해라. 이것은 맞을 수도, 틀릴 수도 있다.

자손들은 상호계급들의 쌍들로 정리된다. 두 계급이 교차가 일어나지 않은(NCO) 것에서 유래한 것이고, 두 계급은 단일교차가 일어난(SCO) 두 개 중 하나, 그리고 나머지 두 계급은 이중교차(DCO)로부터 생긴 것이다.

이 문제를 풀기 위해서 다음 문제를 고려할 때, 그림 7-10와 그림 7-11을 참고하라.

1. 암컷 부모에서 헤테로 대립인자의 구성은 어떤 것이 맞을까? 두 개의 비교차 계급을 결정하라. 그들은 가장 높은 빈도로 나타난다. 이 경우에서 그들은 + *v bm*과 *pr* + + 이다. 그러므로 암컷 부모의 상동염색체상의 대립인자는 그림 7-11(a)에서처럼 되었을 것이다. 이들 상동체는 어떠한 재조합 사건에 의해서도 영향을 받지 않고 배우자들로 분리되어 들어간다. 다른 어떤 대립인자 배열도 관찰된 비교차 계급들을 생산하지 못할 것이다. (즉, 하나의 상동염색체만 고려해 본다면, 돌연변이 인자인 *v*와 *bm*이 연관되어 있고, *pr*에 대해서는 야생형 유전자를 가질 것이지만 이들의 순서는 아직 모른다.) (+ *v bm*은 pr^+ *v bm*과 같은 것이고, *pr* + +가 *pr* v^+ bm^+와 같음을 기억하라.)

2. 유전자의 바른 순서는? 우리는 이제 대립인자의 배열이 다음과 같다는 것을 알고 있다.

$$\frac{+ \quad v \quad bm}{pr \quad + \quad +}$$

그러나 유전자 순서는 이것이 맞을까? 즉, 이 배열이 수정 후에 생산된 이중교차형의 표현형(관찰된 것)을 만들 수 있겠는가 하는 것이다. 그림 7.11(b)를 보면 그렇지 않다는 것을 알 수 있다. 이제 다른 두 순서에 대해 생각을 해보라[그림 7-11(c) 와 (d)]. 같은 배

(a) 이형접합성 암컷에서의 가능한 대립인자 배열과 유전자 순서들

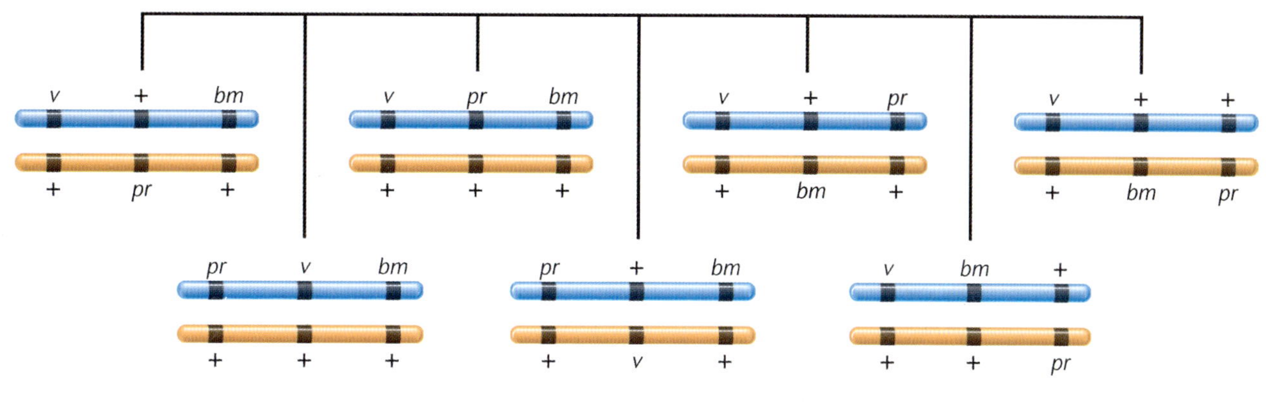

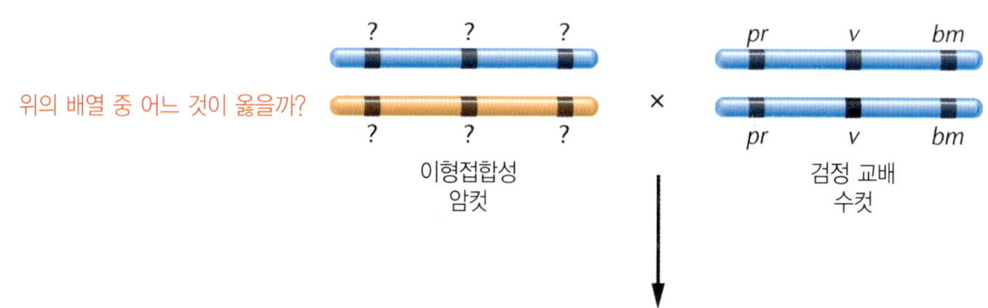

(b) 실제 지도 작성 교배의 결과*

자손의 표현형들	수	총 수와 백분율	교환 계급
+ v bm	230	467 42.1%	비교차형 (NCO)
pr + +	237		
+ + bm	82	161 14.5%	단일교차형 (SCO)
pr v +	79		
+ v +	200	395 35.6%	단일교차형 (SCO)
pr + bm	195		
pr v bm	44	86 7.8%	이중교차형 (DCO)
+ + +	42		

* *pr*–*v*–*bm*의 유전자 순서는 아직 정확한 것이 아니다.

그림 7-10 (a) 이형접합성 암컷에서의 가능한 대립인자 배열과 유전자 순서. 삼점 지도 작성 교배로부터 얻어진 자료들은 (b)에 그려진 것과 같이 암컷이 검정 교배된 상황으로서 어떤 배열의 조합과 서열이 맞는 것인지를 결정할 수 있게 해준다.

열을 유지하면서 말이다:

$$\frac{+\ bm\ v}{pr\ +\ +} \quad \text{혹은} \quad \frac{v\ +\ bm}{+\ pr\ +}$$

가 될 것이다. 오른쪽 순서만이 관찰된 이중교차형 배우자들을 생산할 수 있다[그림 7-11(d)]. 그러므로 *pr* 유전자가 가운데 있는 순서가 맞는 것이다. 이제 *pr* 유전자가 가운데 있는 이러한 배열과 순서를 가지고 작업을 계속할 수 있다.

3. 각 유전자 사이의 거리는? 유전자 좌위의 순서는 이제 *v*–*pr*–*bm*으로 확정되었으므로, *v*와 *pr* 사이의 거리, 그리고 *pr*과 *bm* 사이의 거리를 결정할 수 있다. 지도 거리는 그들 사이의 재조합 빈도에 의해 계산될 수 있다. 이것은 단일교차와 이중교차 사건 둘 다를 포함한다.

그림 7-11(e)는 $\underline{v\ pr\ +}$ 와 $\underline{+\ +\ bm}$이 *v*와 *pr* 사이의 단일교차에 의해 생긴 것으로 14.5%의 자손을 차지한다는 것을 보여준다[그림 7-10(b)를 보라]. 7.8%인 이중교차형까지 합하면 *v*와 *pr* 사이

	대립인자 배열과 순서	검정 교배 표현형들	설명
(a)	+ v bm / pr + +	+ v bm and pr + +	비교차형 표현형으로 상동염색체상의 대립인자 배열을 알 수 있다
(b)	+ v bm / pr + +	+ + bm and pr v +	*v*가 가운데 있을 경우 예상되는 이중교차 표현형
(c)	+ bm v / pr + +	+ + v and pr bm +	*bm*이 가운데 있을 경우 예상되는 이중교차 표현형
(d)	v + bm / + pr +	v pr bm and + + +	*pr*이 가운데 있을 경우 예상되는 이중교차 표현형 (이것이 실제 상황임)
(e)	v + bm / + pr +	v pr + and + + bm	(a)와 (d)가 맞는 경우 *v*와 *pr* 사이의 교환이 일어났을때 생기는 단일교차 표현형
(f)	v + bm / + pr +	v + + and + pr bm	(a)와 (d)가 맞는 경우 *pr*과 *bm* 사이의 교환이 일어났을 때 생기는 단일교차 표현형
(g)	Final map: v — 22.3 — pr — 43.4 — bm		

그림 7-11 그림 7-10의 교배에서 세 유전자의 지도 작성. 이 교배에서는 이형접합성 암컷 부모의 대립인자 배열이나 유전자 순서는 알지 못하는 상황이다.

의 거리는 22.3 mu가 된다.

그림 7-11(f)에서는 *v* + + 와 + *pr bm*이 *pr*과 *bm* 사이의 단일교차로부터 생긴 것임을 보여준다. 이 두 유전자 사이는 35.6%와 이중교차형의 7.8%를 더하여 43.4 mu 떨어져 있음을 나타낸다. 그림 7-11(g)에 세 유전자의 지도가 나와 있다.

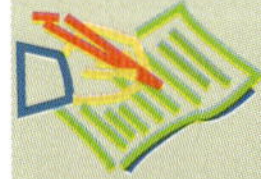

이 문제를 풀어보자

175페이지의 20번 문제는 삼점 검정법 지도 작성 문제로, 그런 교배에서는 보통 8개의 표현형 범주가 전형적인데, 6개의 표현형적 범주만 관찰되는 것이다.

힌트: 만약 각 유전자쌍들 사이의 거리가 비교적 작다면, 단일교차의 상호적 쌍들은 분명히 나타날 것이지만, 예상된 이중교차형을 얻기에는 샘플 크기가 너무 작을 수 있고 이들이 관찰되지 않을 수도 있다. 여러분은 사라진 배우자들을 적고 그들을 이중교차형으로 지정하라. 그리고 그들의 출현빈도를 0으로 기록하라.

7.4 두 유전자 사이의 거리가 멀어질수록 지도 작성의 정확성은 떨어진다

여태까지 우리는 염색체를 따라 존재하는 두 좌위 사이의 거리가 교차율과 직접적으로 비례한다고 가정했었다. 그러나 교차를 항상 관찰할 수 있는 것은 아니다. 이중교환이 두 좌위 사이에서 일어났는지 의문일 때가 있다. 그림 7-12(a)에서 보는 것처럼 만약 이중교차가 일어나도 각 비자매염색분체상의 원래 대립인자 배열이 변하지 않으면, 교차를 알아내기란 불가능하다. 이러한 요인이 두 좌위 사이의 모든 짝수 교차에 적용된다.

게다가 **다중가닥 교환**(multiple strand exchange)에 의해 야기되는 복잡한 결과로, 지도 작성 결과는 보통 두 유전자 사이의 실제 거리를 과소평가하는 경향이 있다. 두 유전자가 멀리 있을수록 추적되지 않는 교차의 가능성도 증가한다. 물론 두 유전자가 상당히 가까이 있으면 이러한 차이는 최소화되겠지만 거리가 멀어질수록 부정확성의 정도가 증가한다. 이러한 경향을 그림 7-12(b)에 지도거리 대 재조합 빈도의 그래프로 나타냈다. 가장 정확한 지도는 유전자들이 상대적으로 가까이 있을 때 얻어진다.

간섭과 병발계수

옥수수의 예에서 본 것처럼, 일단 유전자 사이의 거리가 확정되면 이중교차에서와 마찬가지로 다중교차의 빈도를 예상할 수 있다. 예를 들어, 옥수수의 교배에서 *v*와 *pr* 사이의 거리가 22.3 mu이고 *pr*과 *bm*의 거리가 43.4 mu라고 하자. 만약 두 번의 단일교차가 독립적으로 일어나 이중교차를 이루었다고 하면, 예상되는 이중교차율(DCO_{exp})은:

$$DCO_{exp} = (0.223) \times (0.434) = 0.097 = 9.7\%$$

이다. 지도작성 실험에서는 자주, 관찰된 DCO 빈도가 예상된 DCO값보다 작다. 옥수수의 교배를 예로 들면 오직 7.8%만의 DCO가 관찰되었지만 예상된 값은 9.7%이다. 이러한 현상을 **간섭**(interference, *I*), 즉 한 부위의 한 교차가 근처에서 일어나는 두 번째 교차를 방해하는 현상이라 하고, 이러한 감소의 원인이 된다.

간섭 때문에 일어나는 이러한 불일치를 정량화하기 위해 **병발률**(coefficient of coincidence, *C*)을 계산한다.

$$C = \frac{\text{관찰된 DCO}}{\text{예상되는 DCO}}$$

옥수수의 교배에서,

$$C = \frac{0.078}{0.097} = 0.804$$

일단 *C*값을 알아내면 간섭은 다음 식으로 간단히 알아낼 수 있다.

$$I = 1 - C$$

이 옥수수의 실험에서 간섭은,

$$I = 1.000 - 0.804 = 0.196$$

만약 간섭이 완벽하여 어떠한 이중교차도 일어나지 않는다면, *I* = 1.0이다. 만약 예상치보다 적은 DCO가 나온다면 *I*는 양수이고 양성 간섭이 있었다고 말한다. 만약 더 큰 수의 DCO가 관찰되었다면 *I*는 음수이고 음성 간섭이 있었다고 말한다. 옥수수의 예에서 *I*는 양수인 0.196이었고 이것은 예상치보다 19.6% 적은 이중교차가 일어났다는 것을 뜻한다.

양성 간섭은 진핵세포계에서 빈번히 관찰된다. 일반적으로 유전자가 가까이 있을수록 더 큰 양성 간섭이 일어난다. 초파리에서 간섭은 실상 10 지도단위 내에서는 종종 완벽하게 일어나 다중교차는 생기지 않는다. 이러한 관찰은 물리적 긴장이 가까이 배열된 키아즈마타 사이에서 간섭을 일으킨다는 것을 제시하는 것이다. 이러한 해석은 간섭이 유전자 사이의 거리가 멀수록 줄어든다는 점에서도 일치하는 것이다. 그림 7-10, 7-11에서의 옥수수 교배에서 세 유전자는 상당히 떨어져 있으며, 예상된 이중교차의 80%만 관찰되었다.

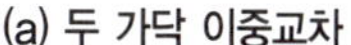

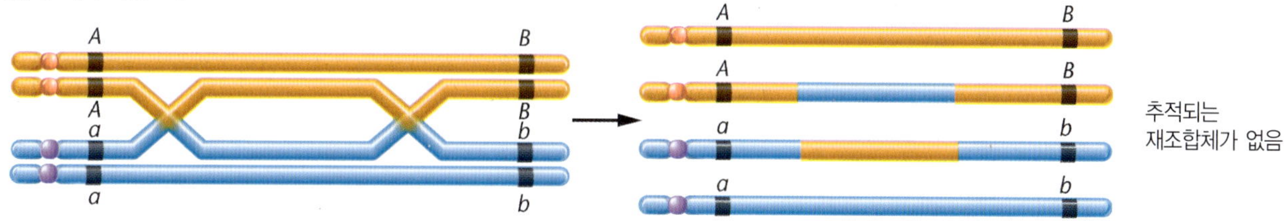

(b)

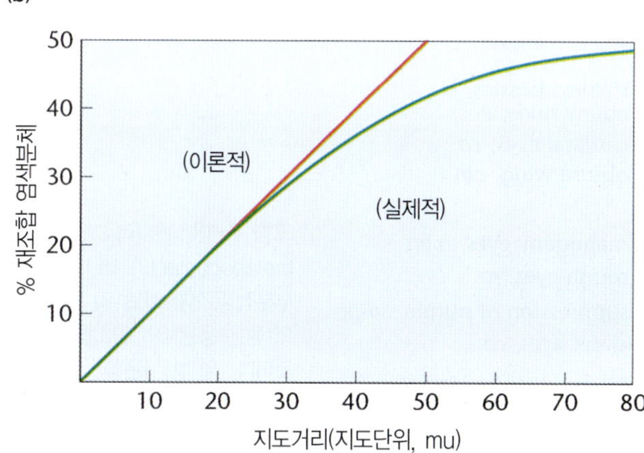

그림 7-12 (a) 대립인자 재배열이 일어나면 이중교차는 추적되지 않는다. (b) 지도 거리와 재조합 염색분체 분율 사이의 이론적, 실제적 관계. 직선은 재조합과 지도거리 사이에 직접적인 관계가 성립할 경우의 이론적 관계를 나타낸다. 곡선은 실제적 관계를 나타낸 것으로 초파리(*Drosophila*), 빵곰팡이(*Neurospora*), 그리고 옥수수(*Zea mays*)를 이용한 연구들로부터 얻어진 것이다.

7.5 초파리의 유전자는 많이 지도화되었다

초파리, 옥수수 그리고 쥐 등의 생물체에서는 많은 돌연변이가 발견되며 지도 작성 교배도 가능하므로 광범위한 염색체 지도가 만들어졌다. 그림 7-13은 초파리의 네 염색체(I, II, III, IV) 중 일부의 유전자 지도를 나타낸 것이다. 실제로 초파리의 모든 외형적 특성이 돌연변이에 종속적이다. 각 돌연변이 유전자의 좌위는 처음에는 네 염색체(혹은 연관군) 중 하나에 위치되었다가 그 다음 다른 유전자들과의 관계에 의해 그 염색체상에서의 위치가 결정된다. 세포학적 증거에 기초하면 이러한 유전적 지도의 상대적인 거리는 대체로 해당 염색체들의 물리적 길이와 비례한다.

7.6 로드 스코어 분석과 체세포 혼성화 기법은 사람의 염색체 지도를 만드는 데 역사적으로 중요하게 사용되었다

사람에서는 의도된 결혼이나 많은 수의 자손을 가지고 연구하기란 불가능하므로, 초기의 연관 연구는 가계도 분석에 기초하고 있었다. 처음엔 어떤 형질이 X-연관인지, 상염색체 연관인지를 밝히고자 하는 노력이 있었고, 상염색체성 형질에 대해서 유전학자들

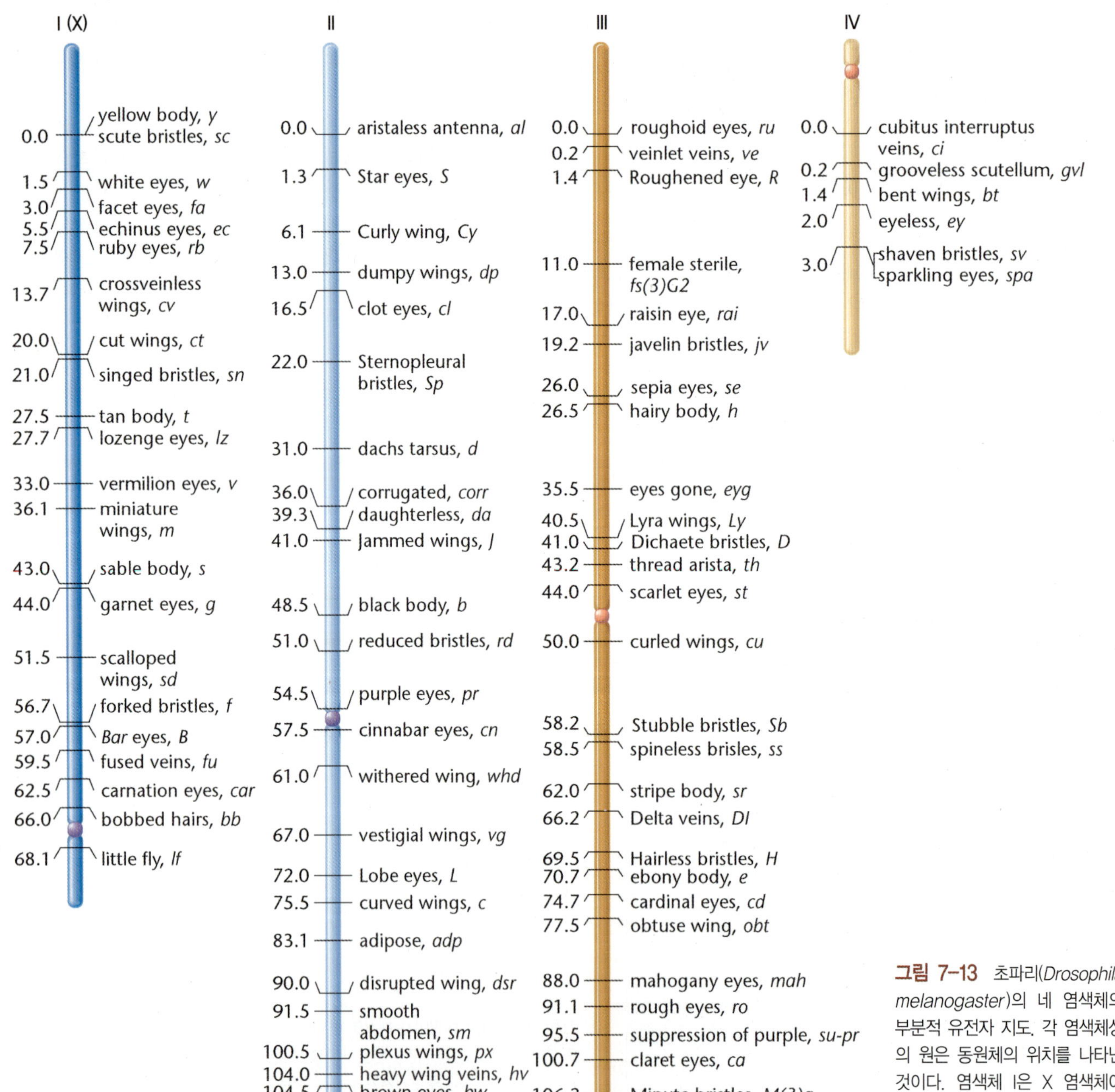

그림 7-13 초파리(*Drosophila melanogaster*)의 네 염색체의 부분적 유전자 지도. 각 염색체상의 원은 동원체의 위치를 나타낸 것이다. 염색체 I은 X 염색체이다. 염색체 IV는 크기 비율대로 그려진 것은 아니다.

은 연관인지 혹은 독립적인 분리인지를 증명하고자 하였다. 이런 노력으로 사람의 유전자 지도가 완성될 수 있었다.

그러나 어려운 점들이 있을 수 있는데, 연구되는 두 유전자가 하나의 염색체상에서 떨어져 있어서 재조합형 배우자가 형성되면 가계에서 연관은 불분명해진다. 그러한 경우에는 연관의 증명은 확률에 의존한 접근으로 해결될 수 있는데 바로 **로드 스코어 방법**(lod score method)이라는 것이다. J. B. S. 홀데인(J. B. S. Haldane)과 C. A. 스미스(C. A. Smith)에 의해 1947년에 처음 고안된 방법으로, lod값(*lo*g of *od*ds favoring linkage)은 1955년 뉴턴 모턴(Newton Morton)에 의해 재정비되어 두 가지 형질이 관여된 가계가 연관을 나타내는지 그렇지 않은지 가능성을 측정한다. 우선 둘 혹은 그 이상의 형질에 대한 가계 자료가 연관없이 전달될 가능성이 계산된다. 그 다음 동일한 가계 자료가 특정 재조합 빈도로 연관된 결과로 인한 것일 가능성이 계산된다. 이 두 가능성의 비율이 연관에 긍정적인 혹은 부정적인 가능성을 표현한다.

로드값의 정확도는 가계자료의 범위에 의해 제한되지만 그럼에도 불구하고 특정 염색체상에 유전자를 결정해 놓고 예비적으로 인간 유전자 지도를 만들 수 있는 매우 중요한 발전이었다. 초기 결과들은 이 방법의 유전적 제한점과, 상대적으로 높은 사람 염색체의 반수(23) 때문에 매우 실망스러운 것이었다. 1960년대까지는 어떤 연관이나 유전자 지도에 대한 정보도 유용한 것이 없었다.

1960년대에, 새롭게 등장한 **체세포 혼성화**(somatic cell hybridization)는 관련 염색체에 유전자를 지정하는 데 큰 도움이 되었다. 이 방법은 조지 바스키(George Barsky)에 의해 처음 발견된 것으로 두 세포가 배양되어 융합이 유도된 후 하나의 혼성화 세포로 될 수 있다는 사실에 기초한 것이다. 바스키는 두 종류의 쥐세포를 사용했지만 곧 서로 다른 종의 생물체로부터 얻어진 세포가 융합될 수 있음이 분명해졌다. 융합이 일어나면 세포는 처음에 **이핵체**(heterokaryon)라고 불리는 상태가 된다. 이 혼성화 세포는 두 개의 공유한 세포질에 두 개의 핵을 가진다. 적당한 기술을 사용하면 사람세포와 쥐의 세포가 융합될 수 있고 모세포들로부터 이 혼성화세포를 분리할 수 있다.

이핵체들은 시험관에서 배양되어 두 가지의 재미있는 변화를 겪는다. 핵들은 결국 융합되어 **융합핵**(synkaryon)을 만든다. 다음 배양이 몇 세대 동안 계속되면 두 부모종에서 기원한 한 종의 염색체들이 점차적으로 사라진다. 사람-쥐 혼성화에서는 사람 염색체들이 무작위로 소실되어 결국 융합핵은 쥐의 염색체와 사람 염색체 몇 개만을 가지게 된다. 앞으로 보게 될 테지만, 사람 염색체의 선택적 소실(생쥐 것이 아니라)은 그 염색체에 위치하는 사람 유전자들을 지정할 수 있도록 해준다.

실험적 근거는 아주 분명하다. 만약 특정 유전자 산물이 1~3개의 사람 염색체를 가진 융합핵에서 만들어진다면, 그 유전자는 세포 안에 남아 있는 사람의 염색체 위에 있을 것이다. 한편, 어떤 유전자 산물이 혼성화 세포에서 만들어지지 않는다면 이들 남아있는 염색체들 위에는 그 유전자가 없을 것이다. 이상적으로는 23개의 혼성화 세포주, 즉 한 개의 사람 염색체를 가진 융합세포가 사람의 유전자를 그 염색체로 지정하는데 바로 사용될 수 있을 것이다.

실제로는 세포주의 한 패널들은 몇 개의 사람 염색체를 가진 것들이 실험에 사용된다. 각 염색체들의 유무와 유전자 산물의 유무 관계를 밝히는 것을 **신테니 테스트**(synteny testing)라고 한다. 예를 들어, 그림 7-14에 제공된 가상의 자료에서처럼, 4개의 유전자 산물 A, B, C, D와 8개의 염색체들과의 관계가 검증된다고 생각해 보라. A를 만들어 내는 유전자의 분석은 다음과 같다.

1. 산물 A는 23번 세포 계통에서는 만들어지지 않지만, 염색체 1, 2, 3, 4가 이 세포에 포함된다. 그러므로 우리는 유전자 *A*를 이들 염색체들로부터 배제하고 5, 6, 7, 8 상에 있음을 확신할 수 있게 된다.
2. 산물 A는 34번 세포에서 만들어지고 이 세포가 염색체 5, 6만을 포함하므로, 유전자 *A*는 5, 6 염색체상에는 있을 수 있지만 7, 8염색체상에는 있을 수 없다.
3. A 산물은 41번 세포에서 만들어지고 이 세포가 염색체 5번을 포함하고 6번은 가지지 않으므로, 비슷한 추리에 의해 유전자 *A*는 5번 염색체상에 존재할 것이다.

비슷한 접근을 사용하여 유전자 *B*가 염색체 3번에 지정된다.

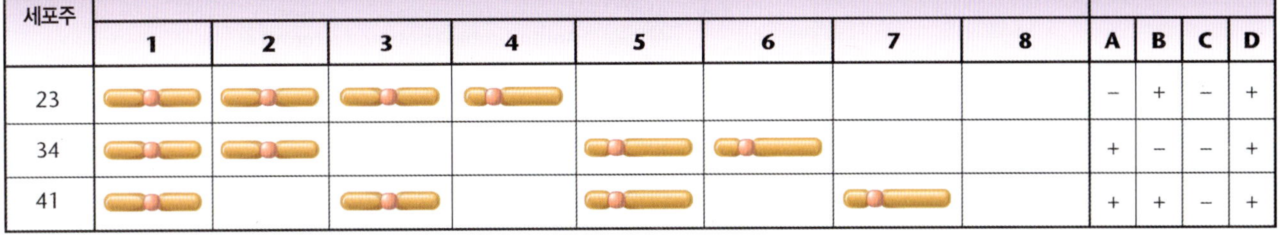

혼성화 세포주	포함되어 있는 인간 염색체								발현된 유전자 산물			
	1	2	3	4	5	6	7	8	A	B	C	D
23	●	●	●	●					−	+	−	+
34	●	●			●	●			+	−	−	+
41	●		●		●		●		+	+	−	+

그림 7-14 신테니 테스트(synteny testing)에 사용되는 가상적인 자료 표. 해당 인간 염색체에 유전자를 배정하는 방법이다. 23, 34, 41로 표시된 3가지 체세포 혼성 세포주가 가상적인 사람의 유전자 산물인 A, B, C, D를 생산할 수 있는 능력과 사람의 1~8번 염색체의 유무에 대해 조사되었다.

이러한 분석은 맞는 결론인지 확인이 필요하다.

유전자 C는 좀 특이한 경우다. 1~7까지의 어느 염색체상에도 존재하지 않으니 8번 염색체에 있다는 결론을 내릴 수는 없다. 보다 직접적인 자료를 얻기 위해 또 다른 패널이 필요할 것이다. 유전자 D의 경우는 어떠한가? 생각해 보라.

이 방법을 이용하여 문자 그대로 수백 개의 사람 유전자들이 그림 7-15에서 보이는 것처럼 특정 염색체 위로 지정되었다. 그러나 아직도 많은 유전자 산물에 대한 유전자 지도를 만들기 위해 연구자들은 또 다른 접근을 사용한다. 재조합 DNA 기법과 가계 분석법을 조합하여 **헌팅턴병**(Huntington disease)과 **낭포성 섬유증**(cystic fibrosis) 그리고 **신경섬유종**(neurofibromatosis)과 같은 질병 유전자들을 염색체 4번, 7번, 17번으로 지정할 수 있었다.

7.7 연관 및 지도 작성 연구들은 반수체 생물에서도 이루어질 수 있다

많은 수의 단세포 진핵생물들이 그들의 생활사 중에서 반수체 영양체 시기를 지난다. 조류인 클라미도모나스(*Chlamydomonas*)와 곰팡이인 뉴로스포라(*Neurospora*, 붉은 빵곰팡이)는 이러한 유전적 조건을 보여준다. 이들 생물은 물론 수정 중에 세포 융합에 의해 생식세포를 만들어 이배체 접합자를 만들기도 한다. 그러나 이 구조는 곧 감수분열을 지나 반수체 영양체 세포를 만들며 유사분

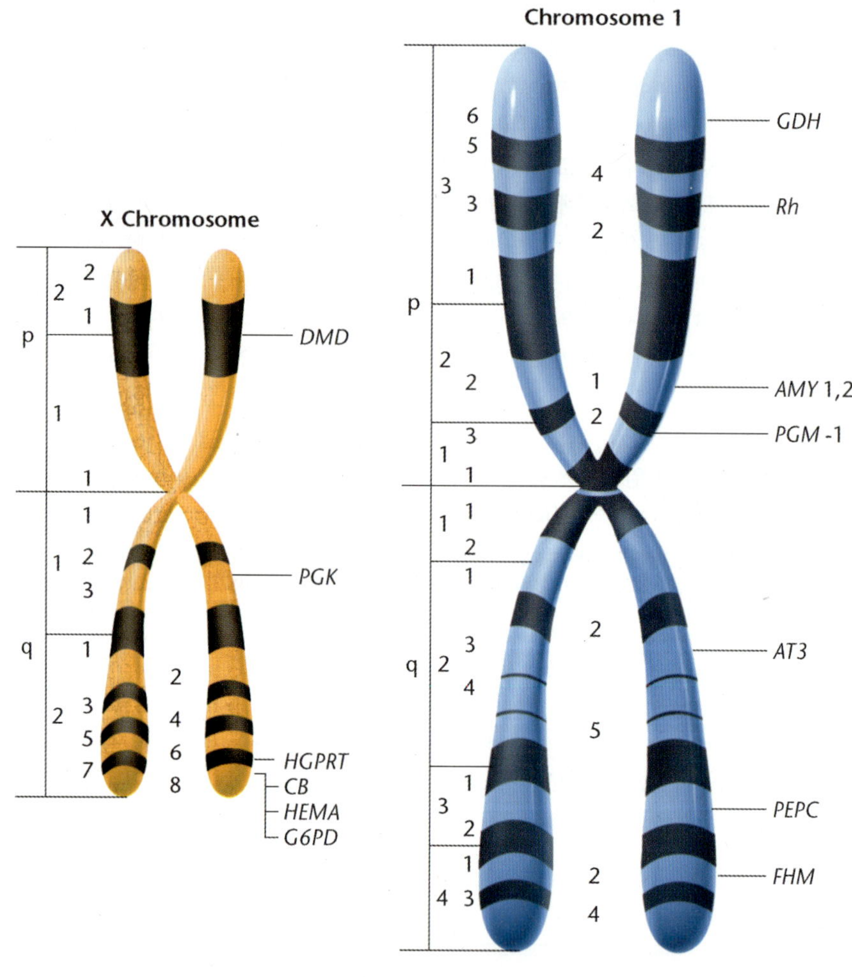

Key

AMY	Amylase (salivary and pancreatic)
AT3	Antithrombin (clotting factor IV)
CB	Color Blindness
DMD	Duchenne Muscular Dystrophy
FHM	Fumarate Hydratase (mitochondrial)
GDH	Glucose Dehydrogenase
G6PD	Glucose-6-Phosphate Dehydrogenase
HEMA	Hemophilia A (classic)
HGPRT	Hypoxanthine-Guanine-Phosphoribosyl Transferase (Lesch–Nyhan syndrome)
PEPC	Peptidase C
PGK	Phosphoglycerate Kinase
PGM	Phosphoglucomutase
Rh	Rhesus Blood Group (erythroblastosis fetalis)

그림 7-15 사람의 1번 염색체와 X 염색체에 대한 대표적인 유전자들의 위치 결정. 많은 할당 작업들이 처음에는 체세포주 혼성화 방법(somatic cell hybridization technique)을 이용하여 이루어졌다.

열에 의해 세포수가 늘어난다. 작고 반수체인 생물체들은 유전적 연구에서 이배체 진핵세포들에 비해 몇 가지 중요한 이점을 가진다. 이들은 좀 더 쉽게 배양될 수 있고 유전적 교배에 의해 조작될 수 있으며, 각 유전자에 대해 한 대립인자만을 가지므로 그 표현형을 직접적으로 나타낸다. 이러한 사실은 유전적 분석을 아주 간단하게 만든다. 결론적으로 클라미도모나스나 뉴로스포라는 연관과 지도작성 연구를 포함한 유전학의 많은 분야에서 재료로 사용된다.

이러한 재료들을 가지고 유전적 연구를 수행할 시에는 일단 교배를 하고 수정을 거친 감수분열 구조물이 분리된다. 네 가지 감수분열 산물이 각 구조물 내에서 포자를 형성하는데 이 포자들은 **사분체**(tetrads)라고 불린다. 이미 염색체 구조물에서 감수분열시 염색분체를 가리키는 데 사용되었던 사분체하고는 의미가 좀 다르다. 각 사분체가 분리되어 얻어진 세포들을 키워 다른 사분체 등과 함께 분석되고 비교된다. 결과적으로 이 자료들은 유전형의 한 조합을 나타낸다. 다른 조합과의 비율 등을 살피는 이러한 실험을 **사분체 분석법**(tetrad analysis)이라고 한다.

동원체에서 유전자까지의 지도 작성

뉴로스포라에서 하나의 유전자를 분석할 때(그림 7-16) 자료들은 유전자와 동원체 사이의 지도 단위를 계산할 때도 사용될 수 있는데 이러한 과정을 **동원체를 지도화한다**(mapping the centromere)고 한다. 이는 사분체 자료를 사용하여 실험적으로 재조합 빈도를 결정함으로써 얻을 수 있다. 일단 네 개의 감수분열 산물이 얻어지면 체세포분열이 일어나 8개의 자낭포자(ascospores)를 만든다. 만약 유전자와 동원체 사이에서 교차가 일어나지 않았다면 자낭들의 포자는 그림 7-16(a)에서 보듯이 (*aaaa*++++)가 된다*.

이러한 패턴은 두 대립인자가 처음 감수분열 중에 나뉘었기 때문에 **1분열 분리**(fist division segregation)라고 한다. 그러나 교차가 일어나면 이러한 패턴이 그림 7-16(b)에서처럼 바뀌게 되는데 *aa*++*aa*++나 그림 7-16(c), ++*aaaa*++처럼 나오게 된다. 실상 두 개의 다른 재조합 패턴은 두 번째 감수분열 중의 염색분체의 방향에 따라 ++*aa*++*aa*와 *aa*++++*aa* 등이 결정된다. 나중에 언급한 이 네 가지는 **2분열 분리**(second division segregation)라고 하는데 이것은 두 대립인자가 두 번째 감수분열까지 나뉘지 않았기 때문이다. 일반적으로 이 사분체 자료는 동일한 자낭포자쌍들의 유전자형을 나타내는 것으로 축약되어 표시된다. 다음 6가지가 가능하다.

1분열 분리	2분열 분리	
aa++	*a*+*a*+	+*aa*+
++*aa*	+*a*+*a*	*a*++*a*

유전자와 동원체 간의 거리를 계산하기 위해 많은 수의 자낭들(asci)이 교배에서 세져야 한다. 이러한 자료를 사용하여 거리(*d*)를 계산하면,

$$d = \frac{1/2\ (\text{2분열 분리 자낭 수})}{\text{총 자낭 수}}$$

여기서 거리 *d*는 재조합된 %를 나타내며 2분열 분리된 자낭 수의 반수이다. 이는 감수분열 때 교차가 네 염색분체 중 2개에서만 일어났기 때문이다.

알비노에 대해 *a*, 야생형에 대해 +를 사용하여 나타내기로 하고, 두 유전자형 사이의 교배에서 65개의 1분열 분리, 70개의 2분열 분리 자낭이 얻어졌다면, 여기서 *a*와 동원체와의 거리 *d*는

$$d = \frac{(1/2)(70)}{135} = 0.259$$

약 26 mu 떨어져 있다.

거리는 50 지도단위까지 증가할 수 있으며 이때는 이론적으로 모든 자낭들이 2분열 분리를 나타냈다고 할 수 있다. 그러나 많은 수의 요인이 이러한 사건을 방해한다. 이배체 생물에서처럼 교차 사건에 기초하는 지도작성의 정확성은 유전자와 동원체와의 거리가 비교적 가까울 경우에 가장 크다.

우리는 이러한 반수체 생물들을 두 유전자 사이의 연관과 독립적 분리를 구별하는 데 사용할 수도 있다. 유전자 좌위의 거리는 일단 연관이 확정되면 계산이 가능하다. 결과적으로 뉴로스포라나 클라미도모나스의 자세한 지도가 얻어질 수 있었다.

7.8 유전적 교환의 또 다른 측면

배우자 형성시기의 교차를 자세히 분석해 보면 이배체와 반수체 생물에서 염색체 지도를 작성할 수 있다. 그러나 교차의 생물학적 중요성은 배우자에서 유전적 다양성을 증가시킨다는 것이다. 다양성 생산이라는 점에서 교차가 중요한 역할을 하므로 유전학에서 유전적 교환은 아주 중요한 연구 주제가 되어왔다. 많은 중요한 질문들이 남아 있는데, 예를 들어 교차는 실제로 염색체 팔의 교환을 동반하는지? 이러한 교환이 체세포분열시 쌍을 이룬 자매 염색분체 사이에서도 일어나는지? 이러한 문제를 간단히 짚고 넘어가자.

교차에 대한 세포학적 증거

일단 유전자 지도가 이해되었으면 감수분열 전기의 키아즈마타와 교차 사이의 관계를 조사해 보는 것도 재밌다. 예를 들어, 키아즈마타는 교차의 가시적 발현인가? 만약 그렇다면 고등생물에서 교차는 상동염색체 사이의 물리적인 교환 결과로 보인다. 이러한 사실은 1930년대 옥수수에서 해리엇 크레이튼(Harriet Creighton)과 바버라 맥클린톡(Barbara McClintock), 초파리에서 쿠르트 슈테른(Curt Stern)에 의해 간접적으로 증명되었다. 실험들이 비슷하므로 옥수수 하나만 살펴보기로 하자. 크레이튼과 맥클린톡은 염색체 9번의 연관된 두 유전자를 연구했다. 한 좌위에서 대립인

* (++++*aaaa*)의 패턴도 역시 형성될 수 있다. 그러나 이것은 (*aaaa*++++)과 구별이 불가능하다.

그림 7-16 뉴로스포라(*Neurospora*)에서 생산될 수 있는 3가지의 서로 다른 자낭 포자의 패턴. 이들 패턴에 대한 분석이 유전자-동원체 지도 작성의 기초가 된다. 사진은 뉴로스포라 자낭들 안에서의 다양한 포자 배열을 보여 준다.

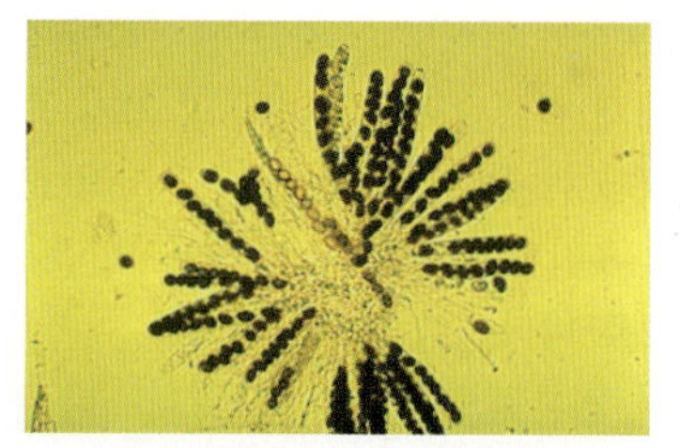

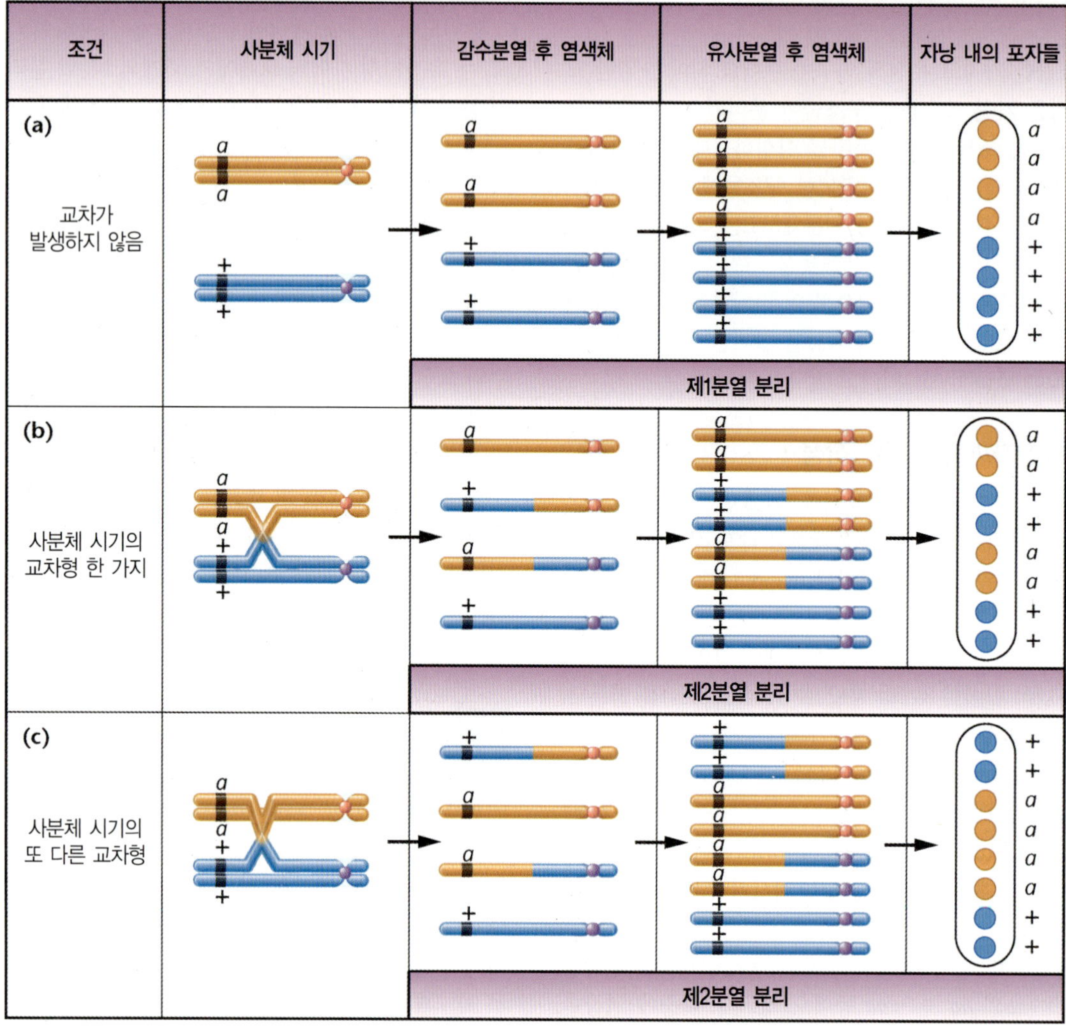

자인 *c*와 *C*는 배젖(endosperm)의 색깔을 조절한다. 또 다른 좌위에서 *starchy*(*Wx*)와 *waxy*(*wx*)가 배젖의 탄수화물 특성을 조절한다. 이 두 좌위에서 헤테로인 옥수수가 연구된다. 하나의 상동염색체는 두 개의 독특한 세포학적 마커를 포함하는데 이것이 실험에서 매우 중요하다. 이 마커는 염색체 말단의 짙게 염색된 말단(knob)과 또 다른 염색체 8번의 말단에 전좌된 조각(translocated piece)으로 나타난다. 대립인자들과 이 마커들 사이의 배열은 그림 7-17에서처럼 추적 가능하다.

크레이튼과 맥클린톡은 이 식물을 *c*에 대해 동형접합성이고 배젖인자에 대해 이형접합성인 식물과 교배실험을 했다. 여러 가지 표현형의 자손을 얻을 수 있었지만, 그들은 이 마커들이 관여된 염색체들의 교차에 가장 관심이 있었다. 그들은 무색(*colorless*)이고 왁스를 가지는(*waxy*) 표현형을 가진 식물들의 염색체(그림 7-17의 1번 사례)를 조사했다. 만약 상동염색체들 사이에서 물리적인 교환이 일어났다면, 전좌된 염색체 조각은 계속 거기 있어야 하고 자루(knob)는 없어야 한다. 그런데 이런 일이 실제로 일어났던 것이다. 두 번째 식물(사례 II)에서 색(colored)이 있고 전분성(starchy)인 표현형은 비교차형 배우자로부터 온 것이거나 아니면 교차형 배우자로부터 얻어진 것이어야 한다. 그렇다면 이들 중 몇은 짙은 자루(knob)를 가진 염색체를 포함하지만 전좌된 염색체는 갖지 않아야 한다. 이러한 조건이 발견되었고 물리적인 염색체 교환이 실제로 일어난다는 사실이 지지되었다. 슈테른의 초파리에서의 발견과 더불어 이 연구는 교차가 세포학적 근거를 가진다는 사실을 확인해 주었다.

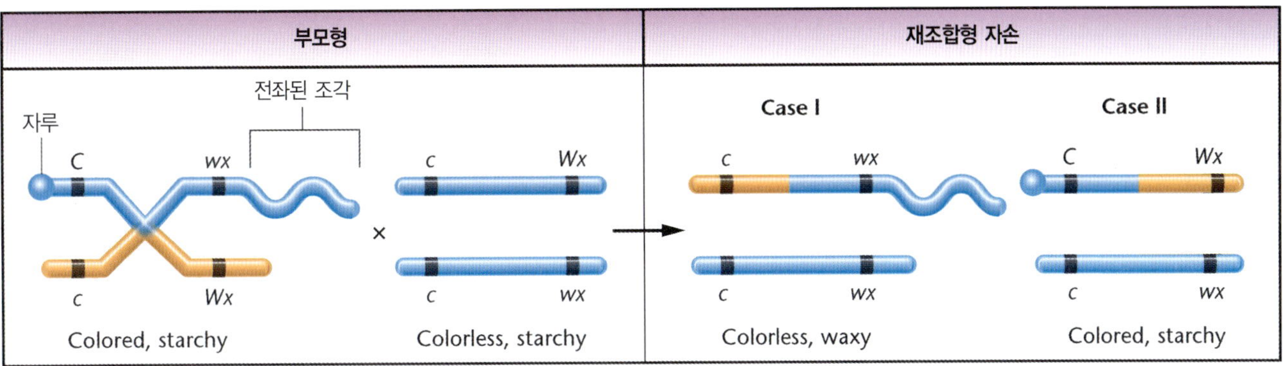

그림 7-17 크레이튼과 맥클린톡의 옥수수 실험에서 얻은 재조합형 자손과 부모의 염색체 조성 및 표현형. 꼭지와 전좌된 조각은, 교차에 실제적인 염색체 팔들의 교환이 관여됨을 보여주는 세포학적 표식자가 된다.

자매염색분체의 교환

감수분열시 접합된 상동염색체의 교차를 알고 있으니, 우리는 그러한 물리적인 교환이 체세포분열 시의 염색분체 사이에서도 일어나는지 질문할 수 있겠다. 상동염색체들은 체세포분열하는 세포에서는 쌍을 이루지 않는다. 전기의 각 염색체들은 두 개의 동일한 염색분체들을 포함하는데 동원체를 공유하면서 붙어 있다. 놀랍게도 몇몇 연구들이 이 자매염색분체들 사이에서 상호교환이 일어남을 증명하였다. 이러한 **자매염색분체 교환**(sister chromatid exchange, SCE)들은 새로운 대립인자 조합을 만들지는 않지만 이러한 사건의 중요성이 밝혀지고 있다.

SCE에 대한 증거와 연구들이 몇 가지 현대적인 염색 방법에 의해 이루어지고 있는데, 그 중 하나가 세포를 두 세대 동안 티미딘 유사체인 **브로모데옥시우리딘**(bromodeoxyuridine, BUdR)* 의 존재 하에서 복제시키는 것이다. 복제가 두 번 일어나면 각 염색분체쌍 중 한쪽은 DNA 한 가닥만 BUdR에 의해 표지가 되고 또 한쪽은 DNA 두 가닥이 모두 표지되어 차이 나는 염색 상태를 보인다. 이를 이용하면 한쪽 염색분체는 다른 쪽보다 더 밝게 보인다. 결과적으로 SCE가 일어난다면 이를 추적할 수 있게 된다. 그림 7-18은 많은 수의 SCE 사건이 분명함을 보여준다. 누더기 모양의 염색분체는 종종 **할리퀸 염색체**(harlequin chromosome)라고 불린다.

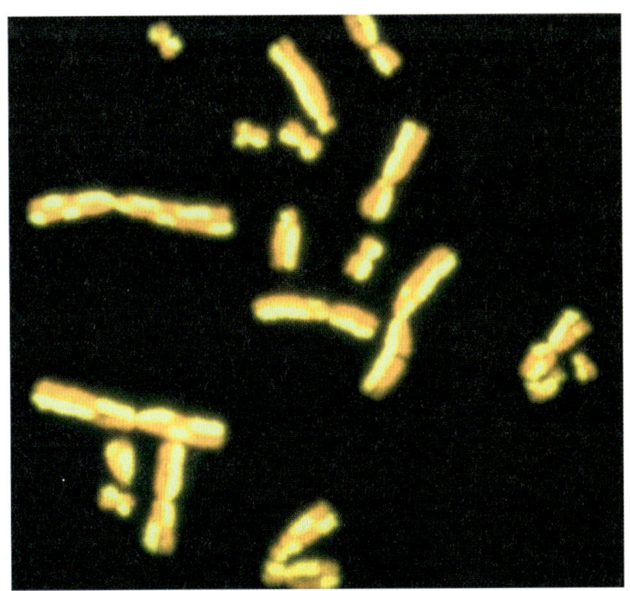

그림 7-18 분열 중인 염색체들에서 자매염색분체 교환(sister chromatid exchanges, SCEs)을 보여주는 광학현미경 사진. 때론 그 모양 때문에 얼룩이 염색체(harlequin chromosome)라고도 불린다. 두 개의 DNA 가닥에 모두 티민 유사체인 BUdR을 가지고 있는 염색분체는 한쪽 가닥에만 이 물질을 가지고 있는 경우보다 형광성이 적다. 이들 염색체는 33258-Hoechst 시약과 아크리딘 오렌지로 염색한 후 형광현미경 하에서 검경한 것이다.

SCE의 중요성은 아직 불명확하지만 몇 가지 관찰들이 이러한 현상과 관련이 있다. 예를 들어, 염색체 손상을 일으키는 것들(바이러스, X-ray, UV,....)들은 이러한 SCE 빈도를 높인다. SCE 빈도는 **블룸 증후군**(Bloom syndrome)에서도 역시 증가하는데 이 질환은 15번 염색체의 *BLM*의 돌연변이에 의해 야기되는 병이다. 이 희귀하고 열성으로 유전되는 질병은 태 내에서 혹은 생후에도 성장의 지연과 햇빛에 약한 피부, 면역결핍, 비정상행동양식, 양성 혹은 악성종양 등이 특징이다. 이 유전자에 동형접합성인 사람으로부터 얻어진 혈액세포, 골수세포, 피부세포 등을 배양하여 염색체들을 살펴보면 매우 손상되기 쉽고(fragile) 불안정한 특성을 나타낸다. 증가된 염색체 절단이나 재배열 등이 과다한 양의 SCE와 함께 관찰된다. 제임스 저먼(James German)과 그 동료들의 연구에 따르면 *BLM* 유전자는 DNA 헬리카아제(DNA helicase)라는 효소, 즉 DNA 복제에 관여하는 것으로 알려진 단백질을 암호화하고 있는 것으로 보고되었다.

7.9 멘델이 연관을 알고 있었을까?

우리는 이 장을 전달 유전학의 초석이 된 실험들-멘델의 완두교배 실험-에 대한 현대의 해석을 다루면서 마치고자 한다.

몇몇 관찰자들은 멘델이 그의 전형적인 실험에 있어서 극단적으로 운이 좋았다고 믿는다. 그는 그의 어떠한 교배들에서도 7가

* 이 약자는 BrdU로도 사용되며 역시 bromodeoxyuridine을 나타내는 데 쓰인다.

지 돌연변이 형질들 사이에서 이렇다 할 연관을 만나지 않았던 것이다. 만약에 멘델이 연관과 교차의 특징인 매우 변화가 많은 자료들을 얻었더라면, 이러한 비정상적인 비율은 그의 성공적인 분석이나 해석을 방해했을 것이다.

아래에 실린 스틱 블릭스트(Stig Blixt)의 기사 전문은 이러한 가설의 부적절함을 보여준다. 앞으로 보게 되겠지만, 멘델 유전자의 일부는 정말로 연관되어 있었다. 왜 멘델이 연관을 찾아내지 못했는가를 여러분에게 밝혀주는 것은 스틱 블릭스트에게 맡기려고 한다.

왜 멘델이 연관을 발견하지 못했을까?

멘델이 복잡스러운 연관을 만나지 않았다는 것은 참으로 행운이었다고들 한다. 그는 7개의 유전자를 사용했고, 완두는 7개의 염색체를 가진다. 어떤 이들은 그가 한 개의 유전자라도 더 선택했더라면, 문제에 부딪혔을 것이라고들 이야기해 왔다. 그러나 이것은 과도한 단순화이다. 아마도 실제 상황은 표 7.1에서와 같을 것이다. 이 표는 멘델이 염색체 4번 위의 세 유전자, 염색체 1번 위의 두 유전자, 그리고 염색체 5번과 7번에서 각각 하나씩의 유전자를 가지고 실험했음을 보여준다. 21가지의 양성잡종 조합들 중에서 멘델은 이론적으로 연관을 보여야 되는 4개나 되는 조합들(즉, *a*−*i*, *v*−*fa*, *v*−*le*, *fa*−*le*)을 연구했었을 수 있다. 그러나 수백 쌍의 완두 교배와 염색체 지도에서 보여주듯이, *a*와 *i*는 1번 염색체상에서 너무 멀리 떨어져 있어서 정상적으로는 연관이 추적되기가 힘들다. 이러한 상황은 한쪽에 *v*와 *le*, 4번 염색체상의 다른 쪽에 *fa*가 있는 경우에 대해서도 마찬가지이다. 따라서 연관을 보여야 되는 조합은 *v*−*le*가 남는다.

그러나 멘델은 이 특정 조합에 대해서는 논문을 발표하지 않은 것 같다. 그러므로 아마도 이 두 유전자가 동시에 분리되는 교배는 수행되지 않았을 것이다. 따라서 멘델이 각 염색체에서 하나씩의 유전자를 선택함으로써 연관을 피한 것이 아니라고 하더라도, 연관의 복잡성을 만나지 못한 것은 놀랄만한 일이 아니다.

Stig Blixt
Weibullsholm Plant Breeding Institute,
Landskrona, Sweden,
and Centro Energia Nucleate na Agriculturea, Piracicaba, SP, Brazil.

표 7. 1 현대의 유전 용어와 멘델에 의해 사용된 형질들의 쌍

멘델에 의해 사용된 형질쌍	현대적인 용어에 의한 대립인자들	염색체상의 위치
씨앗 색깔, 황색–녹색	*I*–*i*	1
종피와 꽃들, 유색–흰색	*A*–*a*	1
콩깍지, 부드럽게 확장–주름져 들어간 것	*V*–*v*	4
화서, 엽액–식물 꼭대기의 산형화서	*Fa*–*fa*	4
식물의 키, 0.5~1 m	*Le*–*le*	4
미성숙 깍지, 녹색–황색	*Gp*–*gp*	5
성숙한 종자들, 둥근 것–주름진 것	*R*–*r*	7

단원 요약

1. 같은 염색체상에 위치하는 유전자들을 연관되어 있다고 한다. 그러므로 같은 상동염색체상에 위치한 대립인자들은 배우자 형성 중에 함께 전달될 수 있다. 그러나 감수분열 중에 일어나는 상동염색체들 사이의 교차는 대립인자들의 뒤섞임을 유발하고 따라서 배우자들 내에서의 유전적 변이를 증가시킨다.
2. 20세기 초 유전학자들은, 교차가 한 염색체상에 연관되어 있는 유전자들의 위치를 지도화할 수 있는 실험적 기초를 제공한다는 사실을 깨달았다.
3. 체세포 혼성화 기법은 사람 유전자들의 연관과 지도 작성 분석을 가능하게 해주었다.
4. 클라미도모나스와 뉴로스포라(빵곰팡이) 같은 반수체 생물들에서도 지도 작성 연구가 행해질 수 있다.
5. 옥수수와 초파리에서의 세포학적 연구들은 교차에 비자매염색분체간의 물리적인 단편 교환이 관여하고 있음을 보여주었다.
6. 자매염색분체 사이의 유전물질의 교환은 체세포분열 중에도 일어날 수 있다. 이러한 사건들은 자매염색분체 교환(SCEs)이라고 불린다. 사람의 블룸 증후군(Bloom syndrome)에서는 SCE의 빈도가 매우 증가하는 것으로 보인다.
7. 멘델에 의해 연구되었던 몇 유전자들은 실상은 연관되어 있었다. 그러나 이들 유전자가 충분히 떨어져 있었기 때문에 연관이 발견되지 않았다.

주요 용어

간섭(interference, I)
교차(crossing over)
교차점(chiasmata)
교차형 배우자(crossover gametes)
낭포성 섬유증(cystic fibrosis)
다중가닥교환(multiple-strand exchange)
동원체 지도 작성(mapping the centromere)
로드 스코어 방법(lod score method)
병발률(coefficient of coincidence, C)
부모형 배우자(parental gametes)
브로모데옥시우리딘(bromodeoxyuridine, BUdR)
블룸 증후군(Bloom syndrome)
비교차형 배우자(noncrossover gametes)
사분체(tetrad)
사분체 분석(tetrad analysis)
상호계급(reciprocal classes)
신경섬유종(neurofibromatosis)
신테니 테스트(synteny testing)
연관(linkage)
연관군(linkage group)
연관율(linkage ratio)
염색체 지도(chromosome map)
완전연관(complete linkage)
유전의 염색체설(chromosomal theory of inheritance)
융합핵(synkaryon)
이중교차(double crossover, DCO)
이형핵(heterokaryon)
자매염색분체 교환(sister chromatid exchanges, SCEs)
재조합 배우자(recombinant gametes)
제1분열 분리(first-division segregation)
제2분열 분리(second-division segregation)
체세포 융합법(somatic cell hybridization)
할리퀸 염색체(harlequin chromosomes)
헌팅턴병(Huntington disease)

통찰과 해법

1. 토끼에서, 검정(*black, B*)은 갈색(*brown, b*)에 대해 우성이고, 단일색(*full color, C*)은 얼룩이(*chinchila*, c^{ch})에 대해 우성이다. 이들 형질을 조절하는 인자들은 연관되어 있다. 두 형질에 대해 이형접합성이고, 검정에 단일 색을 나타내는 토끼가, 갈색 얼룩이 토끼와 교배되어 다음과 같은 자손을 만들었다.

31마리 갈색 얼룩이
34마리 검정 단일색
16마리 갈색 단일색
19마리 검정 얼룩이

이형접합성인 부모에서의 대립인자 배열을 결정하고 이 두 유전자 사이의 거리를 구하라.

해답: 이것은 2점 유전자 지도 작성 문제다. 여기서는 가장 흔하게 나타나는 두 상호 표현형들이 비교차형이다. 덜 빈번한 상호 표현형들이 단일교차에 의해 생긴 것이다. 대립인자들의 배열은 교차가 일어나기 전의 비교차형으로부터 구하면 된다. 단일 교차들이 35%의 자손에서 나타났으므로 두 유전자 사이의 거리는 35 지도단위만큼 떨어져 있다.

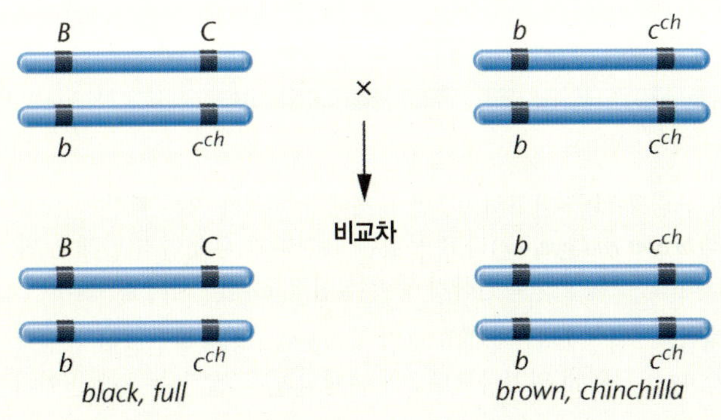

단일교차

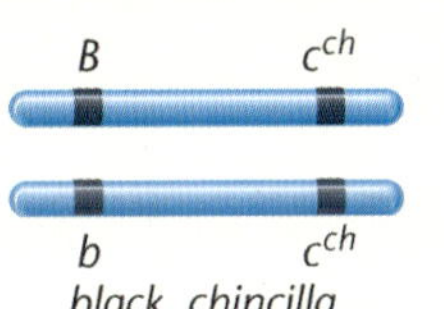

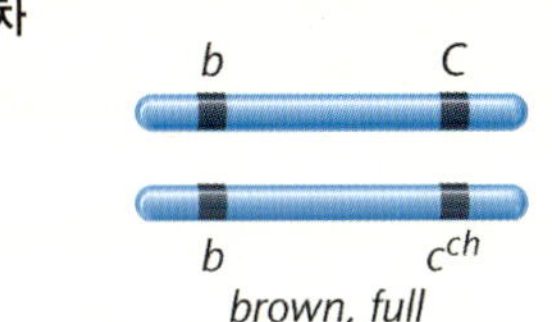

2. 초파리에서 *Lyra(ly)*와 *Stubble(Sb)*은 각각 3번 염색체의 좌위 40과 58에 위치하는 우성 돌연변이들이다. 밝은 빨간 눈(*bright-red, br*) 열성 돌연변이가 발견되어 염색체 3번에 위치하는 것으로 보였다. 세 유전자 모두에 대해 이형접합성인 암컷을 밝은 빨간 눈 돌연변이에 동형접합성인 수컷과 교배하여 지도를 밝히고자 하였고 다음과 같은 자료가 얻어졌다. 염색체 3번에서의 *br* 돌연변이의 좌위를 결정하여라.

표현형			개체수
(1) *Ly*	*Sb*	*br*	404
(2) +	+	+	422
(3) *Ly*	+	+	18
(4) +	*Sb*	*br*	16
(5) *Ly*	+	*br*	75
(6) +	*Sb*	+	59
(7) *Ly*	*Sb*	+	4
(8) +	+	*br*	2
		Total =	1000

해법: 먼저 이형접합성인 교차를 만드는 부모의 상동염색체상에서 대립인자들의 배열을 결정하라(여기서는 암컷). 이것을 하기 위해서는 가장 빈번한 상호표현형 계급들을 찾는다. 이것이 비교

차 배우자로부터 생긴 것이다. 여기서는 (1)과 (2)가 된다. 각각은 상동염색체 한 개에서의 대립인자 배열을 나타내는 것이다. 그러므로 다음과 같은 배열이 된다.

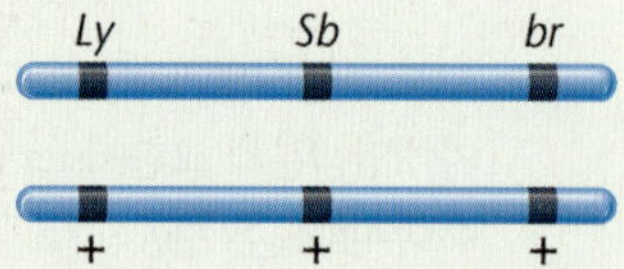

둘째로, 염색체를 따라 존재하는 세 좌위의 옳은 순서를 결정하는 것이다. 이것은 어떠한 순서가 관찰된 이중교차 표현형–가장 덜 빈번한 상호표현형으로 나타나는–을 나타내는지를 결정함으로써 얻어진다(7과 8). 만약 이 서열이 쓰여진 것과 맞다면 여기서 그려진대로 이중교차를 시켜본다.

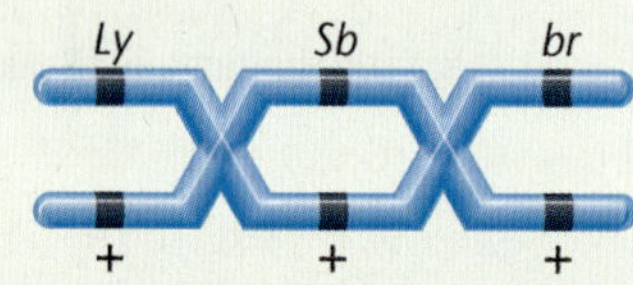

이것은 *Ly* + *br*과, + *Sb* + 를 표현형으로 나타낼 것이다. 이들 범주들 (5와 6)을 자세히 보면 실제로는 이들이 단일교차라는 것을 알 수 있다. 그러므로 쓰여진 순서는 틀렸다. 이제 나머지 두 가지 순서가 가능하다. *br* 유전자가 *Ly*의 왼쪽이나 혹은 *Ly*와 *Sb* 사이에 올 수 있다.

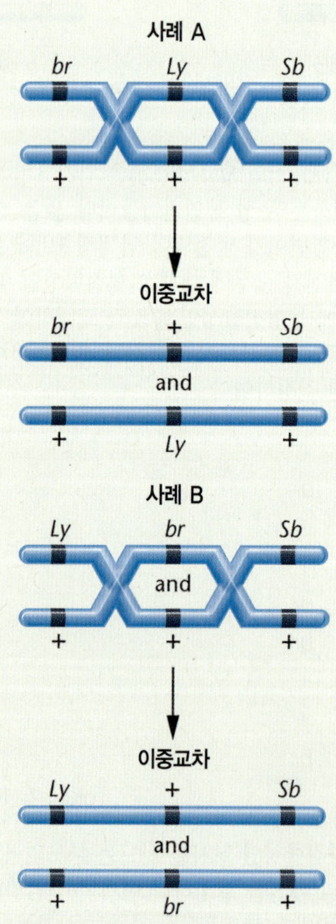

실제 자료와 비교해 보면 사례 B가 맞다는 것을 알 수 있을 것이다. 이중교차 배우자에서 생긴 초파리는 *Ly*와 *Sb*를 나타내지만 *br*을 나타내지 않는 것과, 혹은 *br*을 나타내긴 하지만 *Ly*와 *Sb*를 나타내지 않는 것으로 결정된다. 그러므로 옳은 배열순서는 다음과 같다.

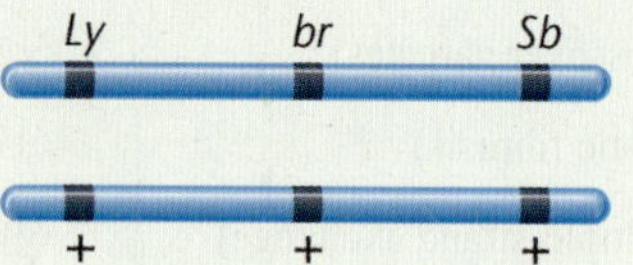

일단 서열이 만들어졌으면, *br*의 *Ly*와 *Sb*에 대한 상대적인 좌위를 결정한다. *Ly*와 *br* 사이의 단일교차는 다음과 같다.

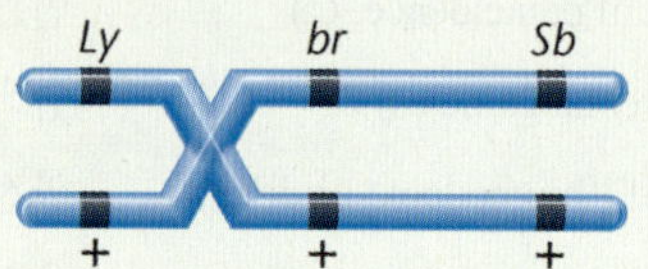

이것은 *Ly* + + 와, + *br Sb*(3번과 4번 범주들)인 초파리들을 만든다. 그러므로 *Ly*와 *br* 사이의 거리는

$$(18 + 16 + 4 + 2)/1000 = 40/1000 = 0.04 = 4 \text{ 지도단위(mu)}$$

가 된다. 이중교차의 경우 동시에 두 가지의 교차가 일어난 것이므로 이를 더해주어야 함을 기억하라. *Ly*와 *br* 사이의 모든 교차의 빈도를 알 필요가 있으며, 둘 사이의 거리 계산이 이들에 포함되어야 한다.

같은 방법으로 *br*과 *Sb* 사이의 거리가 이들 사이의 교차들로부터 구해질 수 있다.

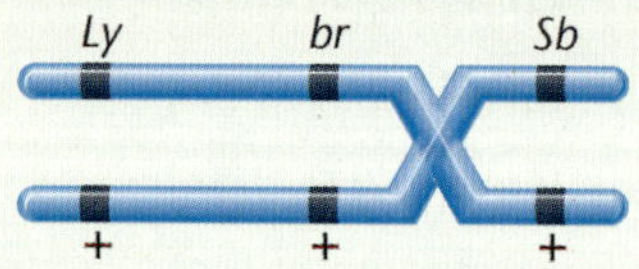

이러한 사건은 *Ly br* + 와 + + *Sb* 표현형들(5번과 6번 범주들)을 만든다. 그러므로 거리는,

$$(75 + 59 + 4 + 2)/1000 = 140/1000 = 0.14 = 14 \text{ 지도단위(mu)}$$

가 된다. 마지막으로 지도는 *br* 유전자가 좌위 44에 위치하는 것으로 나타나는데, 이유는 *Lyra*와 *Stubble*이 각각 40과 58에 위치함을 알고 있었기 때문이다.

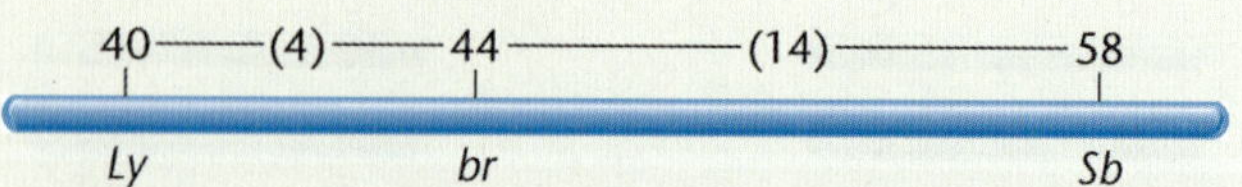

3. 그림 7-13을 참고하여 2번 문제에서 우리가 밝은 빨간 눈 초파리(*bright red eye, br*)라고 불렀던 유전자가 무엇인지 말해 보라. 그리고 이 예상을 확인하기 위한 실험적 교배를 제시해 보라.

해법: 그림 7-13을 자세히 보면, *scarlet*(*st*)라는 돌연변이 유전자가 44.0 좌위에 위치하므로 2번 문제의 밝은 빨간 눈 돌연변이가

이 좌위의 대립인자라고 가정할 수 있다.

이러한 가정을 확인하기 위해서는 밝은 빨간 눈인 암컷과 알고 있는 *scarlet* 수컷을 교배하는 상보성 검정(4장을 보라)을 수행하는 것이다. 두 돌연변이가 대립인자라면, 상보성은 일어나지 않을 것이다. 그리고 모든 자손들이 밝은 빨간 눈 돌연변이 표현형을 나타낼 것이다. 만약 상보성이 일어난다면, 모든 자손들은 벽돌색의 붉은 눈(야생형)을 나타내게 되는데, 이것은 밝은 빨간 눈 인자와 *scarlet*이 서로 다른 좌위에 있기 때문이다(아주 가깝긴 하겠지만). 그러한 경우에는 모든 자손들이 밝은 빨간 눈 좌위와 *scarlet* 좌위 모두에 대해 이형접합성이 되며 이 돌연변이들이 모두 열성이므로 어떠한 돌연변이도 표현되지 않을 것이다. 이러한 형태의 상보성 검정을 **대립성 검정**(allelism test)이라고 한다.

연습문제 및 토론문제

1. 진화의 과정에서 교차(유전적 재조합을 일으키는)의 중요성은 무엇인가?

2. 교차가 감수분열 전기과정 중에 발생함을 시사하는 세포학적 관찰에 대해 설명하라.

3. 가깝게 연관되어 있는 두 유전자 사이에서보다 멀리 떨어져 연관된 두 유전자 사이의 교차가 더 이상 관찰되지 않는 이유는 무엇인가?

4. 왜 단일교차 산물은 두 유전자 사이에서 항상 교차가 발생한다고 할 때에도 최대 50%를 넘지 못하는가?

5. 왜 이중교차 사건은 단일교차 사건보다 덜 빈번할 것으로 예측되는가?

6. 양성 간섭이 일어나는 이유는?

7. 성공적인 지도화 교배를 수행하기 위해서 지켜져야 하는 필수적인 기준 세 가지는?

8. *dumpy* 날개(*dp*), *clot* 눈(*cl*), 그리고 *apterous* 날개(*ap*) 유전자들은 초파리의 염색체 2번에 연관되어 있다. 2점 지도 작성 교배에서 다음과 같은 유전적 거리가 결정되었다. 세 유전자의 순서는?

dp-ap	42
dp-cl	3
ap-cl	39

9. 가상적인 두 개의 열성 상염색체성 유전자인 *a*와 *b*에 대해, 이형접합자가 이중-동형접합성 돌연변이와 검정교배되었다. 다음과 같은 조건에서 표현형의 비율을 예측하라.
   (a) *a*와 *b*가 서로 다른 상염색체상에 존재한다.
   (b) *a*와 *b*가 같은 상염색체에 존재하지만 멀리 떨어져 있어서 두 유전자 사이에서 항상 교차가 발생한다.
   (c) *a*와 *b*가 같은 상염색체상에 연관되어 있지만 너무 가까이 있어서 교차는 거의 일어나지 않는다.
   (d) *a*와 *b*가 10 mu 떨어져 있으며 같은 상염색체상에 연관되어 있다.

10. 옥수수의 낟알에서 유색의 호분은 우성 유전자 *R*에 의한 것이다. 열성 대립인자 *r*은 동형접합성일 때는 무색의 호분을 만든다. 식물의 색깔(낟알 색이 아님에 주의)은 또 다른 대립인자인 *Y*와 *y*에 의해 조절된다. 우성인 *Y* 인자는 녹색을 만들고 열성 *y* 대립인자가 동형접합성일 때는 노란색 식물이 생긴다. 이 두 형질에 대해 표현형과 유전자형을 모르는 옥수수를 열성 동형접합성 옥수수와 교배해서 다음과 같은 결과를 얻었다.

유색 호분, 녹색	88
유색 호분, 노란색	12
무색 호분, 녹색	8
무색 호분, 노란색	92

교배된 이 식물의 정확한 유전자형과 표현형을 결정하여 이 결과를 설명하여라. (상동체상의 두 유전자의 정확한 관계를 포함할 것. 즉, 배열 포함)

11. 다음 두 연관 유전자가 관여된 교배에서, 초파리의 *ebony*(*e*)와 *claret*(*ca*)은 수컷에서는 교차가 발생하지 않는다. 얻어진 자손은 (2 +: 1 *ca*:1 *e*)로 표현형 비율이 얻어졌다.

$$\begin{array}{ccc} \text{♀} & & \text{♂} \\ \dfrac{e \quad ca^{+}}{e^{+} \quad ca} & + & \dfrac{e \quad ca^{+}}{e^{+} \quad ca} \end{array}$$

이들 유전자는 3번 염색체(III)상에서 30 mu 떨어져 있다. 암컷에서의 교차는 이러한 표현형에 어떤 기여를 했는가?

12. 두 쌍의 유전자(*P*, *p*와 *Z*, *z*)를 사용하여, 검정 교배용 부모(*ppzz*)가 불확실한 유전자형의 생물체와 교배되었다. 자료 분석 결과 배우자들은 다음과 같은 비율로 얻어졌다.

$PZ = 42.4\%$; $Pz = 6.9\%$; $pZ = 7.1\%$; $pz = 43.6\%$

이 자료로부터 모든 가능한 결론들을 말해 보라.

13. 초파리의 2번 염색체(II)에 위치한 5개의 유전자가 관여한 일련의 2점 지도 작성 교배에서, 다음과 같은 재조합(단일교차) 비율들이 관찰되었다.

pr–adp	29
pr–vg	13
pr–c	21
pr–b	6
adp–b	35
adp–c	8
adp–vg	16
vg–b	19
vg–c	8
c–b	27

(a) *adp* 유전자가 2번 염색체의 말단 근처(좌위 83)에 위치한다면 이들 유전자의 지도는 어떻게 구성되는가?

(b) 또 다른 실험에서, 6번째 유전자인 *d*가 *b* 및 *pr*에 검사되어 *d–b* = 17%, *d–pr* = 23%가 나왔다. *d*와 *c*, *d*와 *vg*, 그리고 *d*와 *adp* 사이의 2점 지도 작성 결과를 예측하여라.

14. 두 가지의 서로 다른 암컷 초파리가 분리되었는데, 각각은 상염색체 연관된 유전자 *b*(*black body*), *d*(*dachs tarsus*), 그리고 *c*(*curved wings*)에 대해 이형접합성이다. 이들 유전자들은 *d-b-c*의 순서로 배열되어 있고, *b*는 *c*보다 *d*에 더 가깝다. 아래 표는 각 암컷들에서 형성된 다양한 배우자들의 유전자 배열을 나타낸 것이다. 어느 범주가 비교차형(NCO)인지, 단일교차형(SCO)인지, 혹은 이중교차형(DCO)인지 규명하여라. 그리고 각각이 생산되는 상대적 빈도를 표시하라.

암컷 A $\frac{d\ b\ +}{+\ +\ c}$		암컷 B $\frac{d\ +\ +}{+\ b\ c}$	
↓	*배우자 형성*	↓	
(1) *d b c*	(5) *d* + +	(1) *d b* +	(5) *d b c*
(2) + + +	(6) + *b c*	(2) + + *c*	(6) + + +
(3) + + *c*	(7) *d* + *c*	(3) *d* + *c*	(7) *d* + +
(4) *d b* +	(8) + *b* +	(4) + *b* +	(8) + *b c*

15. 초파리에서, 세 개의 X-연관 열성 형질, 즉 *scute* 강모(*sc*), *sable* 몸(*s*), 그리고 *vermilion* 눈(*v*)을 나타내는 암컷과 정상 수컷이 교배되었다. F_1의 모든 암컷들은 정상 표현형인 반면, 모든 수컷들은 세 형질에 돌연변이 표현형을 나타냈다. F_2 세대를 얻은 교배에서는 1,000마리의 자손을 세었는데, 다음 표와 같이 얻어졌다. F_2 자료에서는 성을 고려하지 않았다. (a) 적당한 이름을 사용하여 P_1과 F_1 교배에 쓰인 부모들의 유전자형을 결정하여라. (b) 세 유전자의 배열과 이들 사이의 거리를 결정하라. (c) 예상보다 이중교차가 적거나 더 많았는가? (d) 병발률을 계산하라; 간섭은 양인가 음인가?

표현형			자손
sc	*s*	*v*	314
+	+	+	280
+	*s*	*v*	150
sc	+	+	156
sc	+	*v*	46
+	*s*	+	30
sc	*s*	+	10
+	+	*v*	14

16. 초파리의 교배들 중 열성이면서 X-연관 유전자인 *yellow*(*y*), *white*(*w*), 그리고 *cut*(*ct*) 유전자가 관여된 것이 있다. 노랑 체색에 흰 눈이지만 정상 날개를 가진 암컷이, 체색과 눈 색은 정상이지만 날개가 *cut*인 수컷과 교배되었다. F_1의 암컷들은 세 형질에 대해 모두 야생형을 나타낸다. 반면, F_1 수컷들은 노랑 체색에 흰 눈인 형질을 나타낸다. F_2가 얻어졌고 오직 수컷들만 계산되었다. 유전자 지도는 다음과 같은 자료를 이용하여 얻어졌다.

표현형			수컷 자손
y	+	*ct*	9
+	*w*	+	6
y	*w*	*ct*	90
+	+	+	95
+	+	*ct*	424
y	*w*	+	376
y	+	+	0
+	*w*	*ct*	0

(a) F_1 부모들의 유전자형을 그려보라.

(b) *white* 유전자가 X 염색체의 1.5 부위에 있다고 가정하고 유전자 지도를 작성해 보라.

(c) 이중교차형의 자손을 예상할 수 있는가?

(d) F_2의 암컷이 유전자 지도를 작성하는 데 사용될 수 있는가? 그 이유는?

17. 초파리에서, *Dichaete*(*D*)는 염색체 III에 위치한 돌연변이로, 날개의 모양에 우성 효과를 나타낸다. 이것은 동형접합성일 때 치사성이다. *ebony*(*e*) 체색 유전자와 *pink*(*p*) 눈 유전자는 염색체 III에 위치한 열성 돌연변이들이다. Dichaete 저장 계통의 초파리들이 동형접합성의 ebony 체색에 pink 눈인 초파리들과 교배되었고, Dichaete를 나타내는 F_1 자손은 다시 ebony와 pink에 동형접합성 개체와 역교배되었다. 역교배 결과는 다음 표에 나와 있다. 이 자료를 이용하여, (a) 두 교배의 부모와 자손들의 유전자형이 나타나도록 교배를 그려보라. (b) 이들 세 유전자 사이의 유전자간 거리와 배열은?

표현형	수
Dichaete	401
ebony, pink	389
Dichaete, ebony	84
pink	96
Dichaete, pink	2
ebony	3
Dichaete, ebony, pink	12
wild type	13

18. 3번째 염색체 유전자인 분홍 눈(*pink eye*, *p*)과 에보니 체색(*ebony body*, *e*)에 동형접합성인 초파리의 암컷이 2번 염색체 유전자인 덤피 날개(*dumpy wing*, *dp*) 유전자에 동형접합성인 수컷과 교배되었다. 이들 유전자는 모두 열성이므로 자손들의 표현형은 모두 야생형이다. F_1 암컷들을 세 유전자에 모두 동형접합성 열성인 수컷과 교배했다. *p*와 *e*가 연관되었고 20 mu 떨어져 있다고 가정하고 이 교배의 결과를 예상해 보라. 만일 상반교잡이 행해지면(F_1 수컷과 3중 열성 동형접합성 암컷) 이 결과는 어떻게 변할까?

19. 초파리에서, 두 돌연변이 유전자인 *Stuble* 강모(*Sb*)와 *curled* 날개(*cu*)는 염색체 III에 연관되어 있다. *Sb*는 우성이고 동형접합성일 때 치사를 일으키며, *cu*는 열성 유전자이다. 만약 암컷의 유전자형이

$$\frac{Sb\ \ cu}{+\ \ +}$$

인 초파리가 재조합을 검사하기 위해 자손들과 교배된다면, 그 짝으로 어떤 유전자형의 수컷을 골라야 할까?

20. 초파리에서 X-연관 열성 형질인 *a*, *b*, *c*에 이형접합성인 암컷을 표현형적으로 *a*, *b*, *c*인 수컷과 교배했다. 아래 표는 자손들의 표현형 비를 나타낸 것이다. (a) 이 암컷의 X 염색체상에 존재하는 유전자들의 배열은? (b) X 염색체상의 이들 유전자 지도를 완성하여라. (c) 자손에서 어떤 표현형이 빠져 있는가? 그리고 그 이유는?

+	*b*	*c*	460
a	+	+	450
a	*b*	*c*	32
+	+	+	38
a	+	*c*	11
+	*b*	+	9

21. 자매염색분체 교환이 한 개인에서 유전적 다양성을 나타내는데 효과적일까? 그런 개인의 자손에서는 어떠한가?

22. 초파리의 수컷에서는 감수분열시 교차가 발견되지 않으며 접합복합체(synaptonemal complex; 감수분열시 접합한 상동체들 사이에서 발견되는 초미세구조)도 발견되지 않는다는 사실로부터 어떤 결론을 얻을 수 있는가?

23. 유전자형이 *AaBbCc*인 생물이 삼중열성 생물(*aabbcc*)과 검정교배되었다. 자손의 유전자형들은 다음 표에 제시되어 있다.

AaBbCc	20	*AaBbcc*	20
aabbCc	20	*aabbcc*	20
AabbCc	5	*Aabbcc*	5
aaBbCc	5	*aaBbcc*	5

(a) 각 유전자쌍에 단순한 우열 관계를 가정하고, 이들 세 유전자가 독립적으로 분배된다면, 자손들에서 유전자형과 표현형의 범주들은 몇 개가 나올 것인가? 그 비율은?
(b) 세 유전자가 한 염색체상에 강하게 연관되어 있어서 자손에서 교차 배우자가 발견될 수 없다면 (a)문제에 대한 답은 어떻게 바뀌는가?
(c) 실제 자료로부터는 이들 세 유전자 사이의 관계에서 어떤 결론을 내릴 수 있는가?

24. 지도 작성에 있어서의 잠재적 부정확성에 대한 논의(그림 7-12를 보라)에 근거하면, 문제 23(c)에서의 여러분의 답을 수정하겠는가? 만약 그렇다면 어떻게 고칠 것인가?

25. 한 식물에서, 과일의 색은 붉거나(red) 노랗고(yellow), 모양은 달걀형(oval)이거나 길쭉(long)하다. 붉은 것과 달걀형이 우성이다. 이 형질에 모두 이형접합성인 두 식물이 검정교배되었다. 결과는 다음과 같다. 이 유전자들의 상대적 위치를 결정하고 이 두 식물의 유전자형을 결정하라.

	자손	
표현형	**Plant A**	**Plant B**
red, long	46	4
yellow, oval	44	6
red, oval	5	43
yellow, long	5	47
Total	100	100

26. 두 유전자쌍에 이형접합성인 식물(*Ab*/*aB*)에서, 두 유전자좌는 연관되어 있고 25 mu 떨어져 있다. 이러한 두 식물을 교배하였다. 암컷과 수컷 모두에서 감수분열시 교차가 일어나고 *A*나 *B*가 우성이라고 하면, 자손들의 표현형 비를 결정해 보라.

27. 두 대립인자인 *B*와 *b*가 관여한 빵곰팡이(*Neurospora*)의 교배에서, 사분체 패턴이 다음 표에서와 같이 관찰되었다. 유전자와 동원체 사이의 거리를 계산하라.

사분체 양상	수
BBbb	36
bbBB	44
BbBb	4
bBbB	6
BbbB	3
bBBb	7

28. 교차가 염색체들 사이의 물리적 교환에 관여한다는 것을 보여준 크레이튼과 맥클린톡의 연구들(7.8절을 보라)에서, 실험적 논리가 가능하도록 하는 세포학적 표식자(꼭지와 전좌 단편)들의 중요성을 설명해 보라.

29. 수많은 인간-생쥐 체세포 혼성화 클론들이 특수한 인간 유전자의 발현과 인간 염색체의 존재여부에 대해 조사되었다. 결과는 아래 표와 같다. 각 유전자가 어느 염색체에 있는지 정하라.

	혼성 세포주					
	A	B	C	D	E	F
Genes (expressed or not)						
ENO1 (*enolase-1*)	−	+	−	+	+	−
MDH1 (*malate dehydrogenase-1*)	+	+	−	+	−	+
PEPS (*peptidase S*)	+	−	+	−	−	−
PGM1 (*phosphoglucomutase-1*)	−	+	−	+	+	−
Chromosomes (present or absent)						
1	−	+	−	+	+	−
2	+	+	−	+	−	+
3	+	+	−	−	+	−
4	+	−	+	−	−	−
5	−	+	+	+	+	+

30. 가상적인 이배체 생물에서

$$\frac{a\ b\ c}{+\ +\ +}$$

인 유전자형의 암컷이 100개의 감수분열성 사분체를 생산했다. 이들 중에서 68개는 교차가 일어나지 않았다. 남은 32개 중 20개가 *a*와 *b* 사이에서 교차를 일으켰고, 10개가 *b*와 *c* 사이의 교차, 그리고 2개가 *a*와 *b* 그리고 *b*와 *c* 사이의 이중교차형이었다. 400개의 감수분열 산물들 중에서는 8가지의 서로 다른 유전자형이 몇 개씩 얻어질까? 순서는 *a*−*b*−*c*이고 배열은 위에 보인 것과 같다고 가정하자. 좌위들 사이의 지도 거리는?

31. 초파리(*D. melanogaster*)는 한 쌍의 성염색체(XX 혹은 XY)와 세 개의 상염색체쌍(II, III, IV)을 가진다. 한 유전학과 학생이 매우 짧은 다리(*sh*)를 가진 수컷 초파리를 발견했다. 이 수컷을 이용하여 그 학생은 이 돌연변이에 대해 순계를 만들 수 있었고 그것이 열성이라는 것을 발견했다. 그녀는 이 돌연변이를, 염색체 II에 존재하는 열성 *black* 유전자(*b*, 체색)와 *pink* 유전자(*p*, 눈 색, 염색체 III 위에 존재)를 가진 저장 계통으로 도입하였다. 검은 체색에 분홍 눈, 그리고 짧은 다리를 가진 동형접합성 계통에서 암컷 하나를 야생형 수컷과 교배시켰다. 이 교배에서 F_1 수컷은 모두 야생형이었고, 이를 다시 *b*, *p*, *sh*에 동형접합성인 암컷과 역교배하였다. F_2의 결과는 아래 표와 같고, 다른 표현형은 관찰되지 않았다. (a) 이 자료에 기초하여, 그 학생은 *sh*를 연관군(한 염색체)으로 지정할 수 있었다. 어떤 염색체였을지 한 단계씩 추론하여 결정하라. (b) 그 학생은 상반교잡 실험을 다시 하였다: F_1 암컷을 동형접합성인 *b*, *p*, *sh* 수컷과 교배하는 것. 그녀는 이들 자손의 85%가 주어진 범주로 떨어지지만, 나머지 15%는 모두 동등하게 *b*+*p*, *b*++, +*shp*, 그리고 +*sh*+ 표현형의 암컷과 수컷으로 나뉜다. 이러한 결과를 어떻게 설명하겠는가? 그리고 이들 자료로부터 얻을 수 있는 정보는?

표현형	암컷	수컷
wild	63	59
pink*	58	65
black, short	55	51
black, pink, short	69	60

*Pink indicates that the other two traits are wild type (normal). Similarly, black, short offspring are wild type for eye color.

32. 초파리에서 암컷 파리가 다음 세 돌연변이에 대해 이형접합성이다. 막대 눈(*Bar* eye, *B*), 미소날개(*miniature* wing, *m*), 그리고 에보니 체색(*ebony* body, *e*). (막대 눈은 우성돌연변이다.) 이 파리를 정상 눈에 미소날개, 그리고 에보니 체색을 나타내는 수컷과 교배했다. 이 교배의 결과가 아래에 나타나 있다. 이 교배의 결과를 해석해 보라. 이들 유전자 사이에서 연관을 발견했다면 이들 사이의 지도거리를 결정해 보라.

miniature	111	Bar	117
wild	29	Bar, miniature	26
Bar, ebony	101	ebony	35
Bar, miniature, ebony	31	miniature, ebony	115

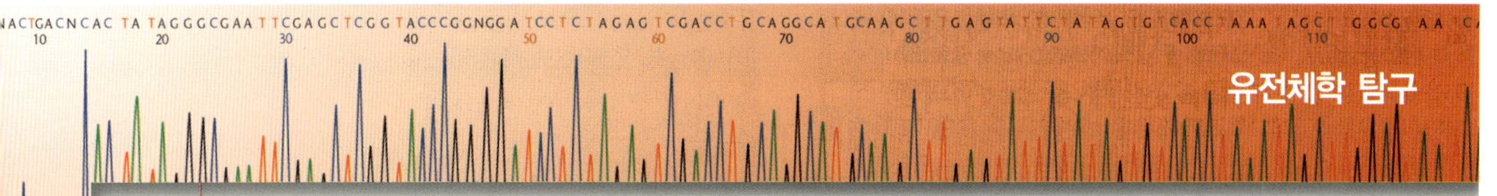

유전체학 탐구

인터넷의 인간 염색체지도

우리는 이 장에서 어떻게 재조합 데이터가 연관에 기초한 염색체지도 개발에 사용될 수 있는지 논의했다. 비록 연관 분석과 염색체지도 작성이 유전학에서 지속적으로 중요한 접근법이기는 하지만, 점차로 많은 종들의 염색체지도들이 전체 염색체들을 서열화하는 유전체학 기술들을 사용하여 개발되고 있다. 인간 유전체 프로젝트의 결과로, 인간 염색체들의 지도는 이제 인터넷에서 무료로 얻을 수 있다. 여러분은 마우스를 몇 번 클릭하는 것만으로도 당장 엄청난 정보들에 접근할 수 있다. 이번 연습문제는 **국립 생명공학 정보센터(National Center for Biotechnology Information, NCBI)**의 **유전자와 질병(Genes and Diseases)** 사이트를 탐색하여 인간의 염색체지도에 대해 좀 더 많은 것을 얻도록 하는 것이다.

■ 연습 1: NCBI의 유전자와 질병 사이트

NCBI 웹사이트는 유전체 데이터를 위한 뛰어난 재원이다. 여기서는 유전자와 질병 사이트를 탐색해보기로 하자. 여기는 특정 질병 유전자들의 위치를 보여주는 인간 염색체지도를 제공한다.

1. 다음 주소(**http://www.ncbi.nlm. nih.gov/bookshelf/br.fcgi?book=gnd**)를 방문하여 이 사이트에 접속하면 주제별 혹은 기관별 목록들이 제시되어 있을 것이다.
2. 목록의 제일 아래 오른쪽에서 "염색체 지도(Chromosome Map)"를 클릭하라. 염색체들에 대한 설명과 염색체 사진이 나타날 것이다. 오른쪽 칼럼에는 각 번호별 염색체 목록이 제시되어 있다. 목록이나 염색체 사진이 제시된 상자에서 아무 염색체나 클릭하여 유전질병과 관련된 염색체에서 특정 유전자를 나타내는 지도를 찾아보라. 예를 들어, 7번 염색체를 클릭하고 OB 유전자를 클릭하면 비만(obesity)에 대한 이 유전자의 역할을 알 수 있다. 각 염색체 페이지의 상단에 염색체 상의 유전자 숫자와 그 염색체가 포함하고 있는 염기쌍의 수가 표시되어 있음에 유의하라.
3. 7번 염색체를 살펴보라. 초기 화면이 선택된 질병 유전자들만 보여주기 때문에 처음엔 이 염색체 위에 단 5개의 질병유전자만 있다고 생각할 수 있다. 그러나 여러분이 그림 바로 위에 있는 "지도 보기(Map Viewer)" 링크를 누르면 유전자들의 이름에 사용되는 표식(symbol)들을 포함하여 그 염색체가 포함하고 있는 유전자들의 완전한 "마스터맵(Master Map)" 등 그 염색체에 대한 자세한 정보를 볼 수 있을 것이다.

   인간의 유전자에 대해 좀 더 자세한 정보를 보려면 http://www.ncbi.nlm.nih.gov/projects/genome/guide/human/로 가서 인간 유전체 정보(Human Genome Resources)로 접속해 보라. 페이지 왼편의 염색체 그림에서 7번 염색체를 클릭하라. 7번 염색체의 마스터맵 페이지로 이동할 것이다. 이 페이지의 상단에 검색 상자에 "OB"라고 입력한 후 오른쪽에서 "Find in this View" 상자를 클릭하면 이 유전자가 위치한 염색체 부분이 붉게 표시된다. 쥐에서의 상동 유전자인 Leptin의 이름인 LEP라고 표시된 부분을 클릭하면 이 유전자의 유전체 정보가 나타난다.

   이와 같이 유전자 표식(Gene Symbol)을 클릭하면 여러분은 **NCBI의 유전자 데이터베이스 입구(NCBI Enterz Gene database)**로 이동할 것이다. 이것은 NCBI 데이터베이서에 있는 유전자들의 정보를 검색하는 도구다.

   마스터맵 페이지의 링크들: "링크(Links)" 칼럼에 있는 아이템들은 단백질 정보(protein information, *pn*)나, 상동유전자들(homologous genes, *hm*; 비슷한 서열을 가진 다른 유전자들)과 같이 특정 유전자들에 대한 OMIM(3장 유전체 탐구 참조) 데이터베이스에 접속할 수 있도록 해준다.
4. 지도 위의 링크들을 클릭하여 관심 유전자에 대해 더 많은 것을 알아보라.
5. 지도 내의 염색체 지도들을 훑어보면 "이론적 유전자 혹은 단백질(hypothetical gene or protein)"이라고 묶인 유전자들 중 하나를 볼 수 있을 것이다.
   a. 어떤 유전자나 단백질이 '이론적(hypothetical)'이라는 것은 무슨 뜻인가?
   b. 유전체 과학자들이 이론적인 단백질을 암호화하는 어떤 유전자에 대해 그 위치를 지정하는 데는 어떤 정보를 사용할 것이라고 생각하는가?

NCBI Map Viewer 홈페이지(**http://www.ncbi.nlm.nih.gov/ projects/mapview/**)를 방문하여 다양한 생물들의 염색체지도들을 포함하고 있는 훌륭한 데이터베이스를 살펴보라. 이 데이터베이스를 검색하여 여러분이 관심을 가지고 있는 생물들의 염색체지도에 대해 더 많은 것을 공부해 보라.

정답 Solutions to Problems and Discussion Questions

2. 우선, 염색체들이 교체에 관여하기 위해서는 그들이 가깝게 위치해야 한다. 염색체가 나란히 쌍 형성을 하는 접합 시기는 세포주기 중 염색체가 근접할 수 있는 가장 이른 시기이다. 둘째로, 교차점들은 감수분열의 전기 I기 중에 나타나며 이러한 구조들은 교차라는 유전적 사건과 밀접한 관련이 있다.

4. 교차는 세포주기 중 4가닥 시기(즉 S기 이후)에 발생하기 때문에 한 번의 교차는 4개의 염색분체 중 오직 2개만 관여하는 것임에 주의하라.

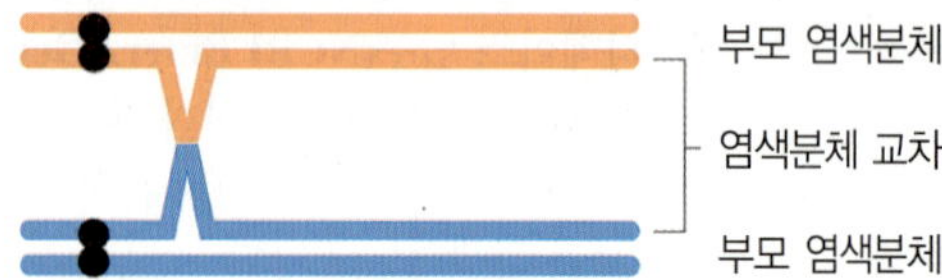

6. 양의 간섭은 염색체 상의 교차가 근처의 다른 교차를 방해할 때 발생한다. 간섭의 범위는 0(간섭 없음)에서 1.0(완전 간섭)까지이다. 간섭은 종종 서로 가까이 인접하여 교차가 또 발생할 만큼 염색분체들이 충분히 굽어지지 못하는 물리적 견고함에 의한 것으로 설명된다.

8. *dp* - - *cl* - - - - - - - - - - - - - - - *ap*
   3 39

10. 이 질문은 부모에서의 배열이 상인(*RY/ry* × *ry/ry*)인지, 상반(*RY/rY* × *ry/ry*)인지를 묻는 것이다. 자손에서 가장 빈번한 표현형은 부모형으로, 색이 있는 녹색(colored, green) 88개체와 92개체의 색이 없고 노란 개체(colorless, yellow)임에 주목하라. 이것은 검정 교배에서의 이형접합성 부모가 상인(*RY/ry* × *ry/ry*)임을 가리킨다. 좌위들은 10 지도단위 만큼 떨어져 있다.

12. 교배는 *PZ/pz* × *pz/pz*일 것이다. 교차 확률을 더하면, 14%가 나오며 이것이 두 유전자 간의 지도거리가 된다.

14.

	female A	female B	Frequency
NCO	3, 4	7, 8	first
SCO	1, 2	3, 4	second
SCO	7, 8	5, 6	third
DCO	5, 6	1, 2	fourth

16. (a) *yw* +/++*ct* × *yw*/*Y*
   (b) *y* - - - - - - - - - - *w* - *ct*
   0.0 1.5 20.0
   (c) 0.185 × 0.015 × 1000 = 2.775로 이중교차가 예상된다.
   (d) F_1 수컷과의 교배에 *cut wings*에 대한 정상(야생형)적인 유전자가 포함되므로, F_2의 표현형으로부터 모든 유전자형을 확실히 결정할 수는 없을 것이다.

18. 수컷에서 교차가 없기 때문에 결과가 바뀔 것이다.

20. (a,b)

$$a - b = \frac{32 + 38 + 0 + 0}{1000} \times 100$$

= 7 map units

$$b - c = \frac{11 + 9 + 0 + 0}{1000} \times 100$$

= 2 map units

(c) 자손 표현형에서 빠진 것들이 ++*c*와 *ab*+로, 1000개의 자손 중 1.4개체가 예측될 것이다. 기회적 편차나 혹은 모르는 다른 선택 요인 때문에 이들이 관찰되지 않았을 것이다.

22. 다른 실험 결과들뿐 아니라 이러한 관찰들은 접합 복합체가 교차에 필요함을 시사한다.

24. 유전적 지도는 비교적 작은 거리에 대해 많은 수의 자손들이 검사될 때 정확하므로, 이 지도는 그렇게 적은 크기의 샘플로는 매우 부정확할 수 있다.

26. *A_B_* 33/64
   A_bb 15/64
   *aaB_* 15/64
   aabb 1/64

28. 염색체 상에서 관찰 가능한 현미경적 표식자들을 사용하여 Creighton과 McClintock은 상동염색체들이 교차 중에 물리적으로 분절을 교환한다는 것을 증명하였다.

30. *a b c* = 168
   + + + = 168
   a + + = 20
   + *bc* = 20
   + + *c* = 10
   ab + = 10
   + *b* + = 2
   a + *c* = 2

지도 거리는 다음과 같이 계산된다:

$$a - b = \frac{20 + 20 + 2 + 2}{400} \times 100$$

= 11 지도단위

$$b - c = \frac{10 + 10 + 2 + 2}{400} \times 100$$

= 6 지도단위

32. B^+ = wild-type eye shape
   B = Bar eye shape
   m^+ = wild-type wings
   m = miniature wings
   e^+ = wild-type body color
   e = ebony body color

*B*와 *m* 사이의 지도 거리는 다음과 같다:

$$\frac{(57 + 64)}{(226 + 218 + 57 + 64)} \times 100 = \frac{121}{565} \times 100 = 21.4 \text{ 지도 단위}$$

따라서 *ebony* 좌위는 *B* 및 *m*와 멀리 떨어져 있거나(50 단위나 그 이상), 서로 다른 염색체에 존재하는 것으로 결론지을 수 있다. 사실 *ebony*는 다른 염색체 상에 존재한다.

CHAPTER 8

세균과 박테리오파아지의 유전자 지도 작성

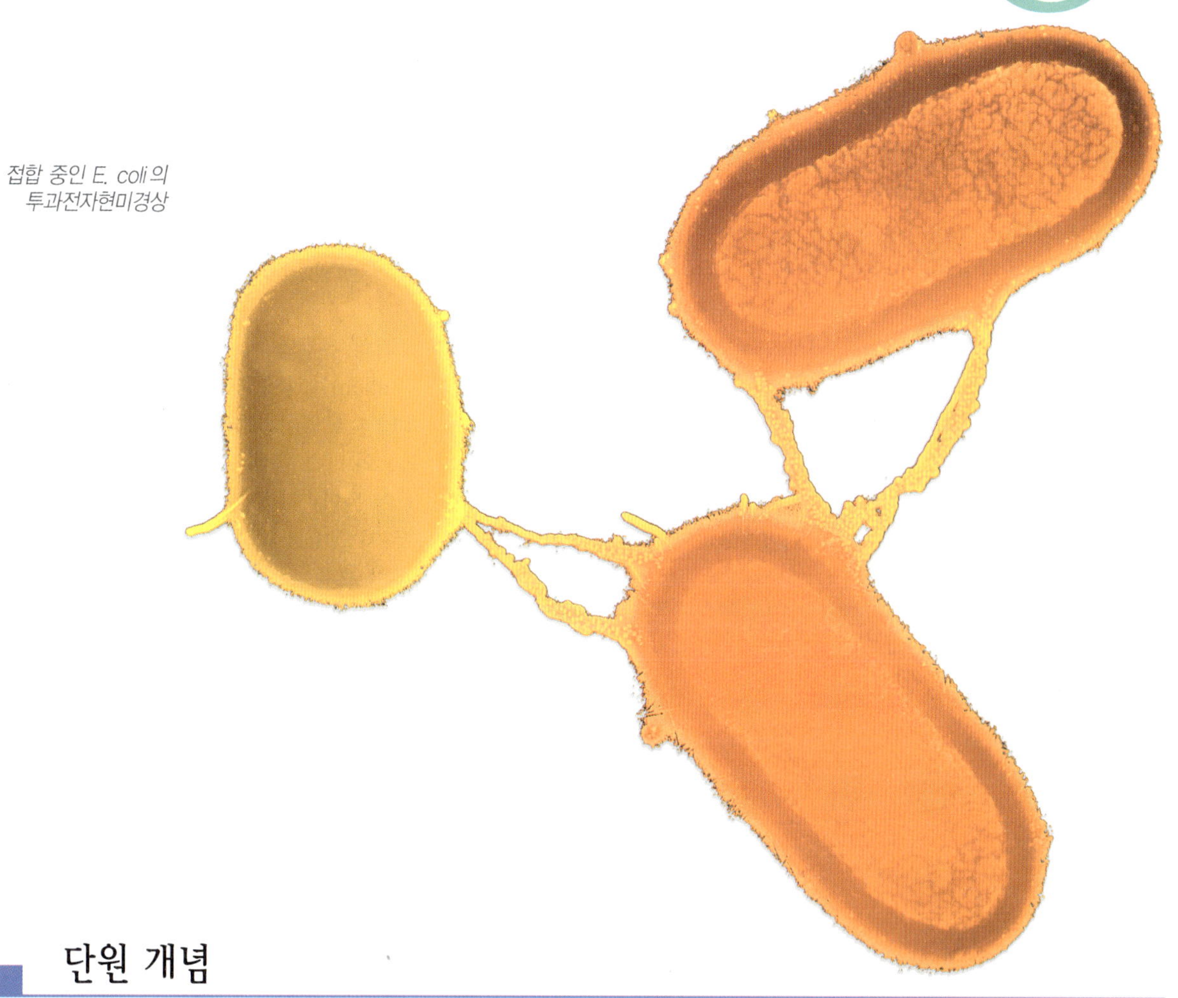

접합 중인 E. coli의 투과전자현미경상

단원 개념

- 세균 유전체들은 대부분 원형의 단일 염색체이다.
- 접합, 형질전환, 그리고 형질도입을 포함하여, 세균들은 세포들 사이에서의 유전적 교환과 재조합에 대한 여러 가지 기작을 발달시켰다.
- 접합을 하고 세균 염색체를 한 세포에서 다른 세포로 전달하는 능력은, '생식(fertility)' DNA, 혹은 F 요소라는 DNA에 포함된 유전정보의 존재에 의해 조절된다.
- F 요소는 세균 세포질 내에 플라스미드 형태로 독립적으로 존재할 수도 있고, 세균 염색체 내로 통합될 수도 있다. 세균 유전체에 통합되면, 숙주의 염색체를 수용체 세포에 전달하도록 촉진하여 유전적 재조합을 일으킨다.
- 접합과정에서 유전적 재조합은 세균 유전자들을 지도화할 수 있는 기초를 제공한다.
- 박테리오파아지들은 세균을 그들의 숙주로 사용하는 바이러스다.
- 세균 숙주를 감염시키는 과정에서, 박테리오파아지 DNA가 숙주세포로 주입되며 여기에서 복제되어 박테리오파아지의 증식을 지시한다.
- 박테리오파아지 감염과정 중에는 복제 후에 파아지 DNA가 재조합을 일으키므로, 유전자간 지도 작성의 기초로 사용될 수 있다.

이 장에서는 우리의 관심을 진핵생물의 유전정보 전달에서, **세균**(bacteria)과 그들을 숙주로 삼는 세균성 바이러스인 **박테리오파아지**(bacteriophage)로 옮겨 논의해 보자. 세균과 박테리오파아지에 대한 연구는 유전학 연구의 많은 분야에서 지식을 축적하는 데 아주 필수적인 역할을 해왔다. 예를 들어, 우리가 분자유전학에 대해 아는 많은 부분, 재조합 현상이나 유전자의 구조 같은 내용들이 처음엔 이들 생물을 가지고 한 실험들로부터 얻어진 것이었다. 나아가, 세균과 그 기생물인 플라스미드에 대한 광범한 우리의 지식이 DNA 클로닝과 기타 재조합 DNA 연구들에 어떻게 다양하게 사용되는지 보게 될 것이다.

세균과 그 바이러스들은 많은 이유로 해서 유전학에서 특별히 유용한 연구 생물들이다. 그들은 정말 생식주기가 짧다 – 문자 그대로 아주 짧은 기간 내에 수백 세대가 수억의 유전적으로 동일한 세균과 파아지들을 생산해 낸다. 게다가 순수 배양을 통해 그들을 연구할 수 있다. 즉, 단일종이나 돌연변이 세균 균주, 혹은 한 가지 형태의 바이러스가 다른 비슷한 생물들과는 달리 독립적으로 분리되어 조사될 수 있다.

이 장에서는 우리의 초점을 유전자 지도 작성법과 유전적 재조합에 맞추고 있다. 그들 군집 내에서 유전적 재조합을 일으키도록 하는 복잡한 과정이 세균과 파아지에서 진화했다. 이러한 과정은 세균과 그들에 침입하는 바이러스들에 대한 분자유전학적 연구의 초석을 구성하며, 염색체 지도 작성의 기초가 되었다.

8.1 세균은 자발적으로 변이를 일으키며 기하급수적으로 생장한다

독특한 환경 조건 하에서의 성장과 관련하여, 세균의 순수배양이

학습 방법

이 장에서는 세균과, 세균을 숙주로 하는 바이러스(박테리오파아지)의 유전체계에 초점을 맞추고자 한다. 특별히 세균과 파아지들에서 염색체 지도 작성의 기초가 되는 재조합의 기구에 대해 논하고자 한다. 여러분이 이러한 주제들을 공부할 때는 다음과 같은 기초적인 질문에 답할 수 있도록 노력해야 한다.

1. 세균과 박테리오파아지에 유전자들이 존재한다는 것을 어떻게 알 수 있는가?
2. 세균이 한 생물에서 다른 생물로 유전자들을 이동시키는 것을 가능하게 하는 유전적 재조합을 겪는다는 것은 어떻게 알 수 있는가?
3. 세균들 사이의 유전적 재조합에 세포의 접촉이 필요하며 그러한 세포 접촉이 유전자 전달에 선행한다는 것은 어떻게 알 수 있는가?
4. 세균과 박테리오파아지는 유전적 재조합 기작이 서로 다르다는 것은 어떻게 알게 되었나?
5. 박테리오파아지가 형질도입을 통해 유전물질을 재조합하며, 그러한 도입과정이 일어나는 데는 세포간 접촉이 요구되지 않는다는 것은 어떻게 알 수 있는가?

유전적인 변이체를 생성한다는 것은 오랫동안 알려져 왔었다. 1943년 이전에는 이 변이들의 근원에 대해 논쟁이 뜨거웠다. 대부분의 세균학자들은 환경요소가 어떤 세균들을 변하게 하여 새로운 조건에 그들이 적응하도록 유도하는 것이라고 믿었다. 예를 들어, 대장균 균주들은 T1 박테리오파아지에 감수적이라고 알려져 있다. 이 파아지는 감염을 통해 세균세포를 사용하여 T1 파아지를 재생산하며 새로운 파아지의 방출로 세균의 용균이 발생한다. 만약 대장균을 균일하게 키운 배지에 T1 파아지를 골고루 뿌려주면 대부분의 대장균들은 용균을 일으킨다. 드물게 대장균의 세포들이 이러한 감염을 견디며 용균을 일으키지 않는 경우가 있다. 만약 이러한 세균들을 분리하여 순수배양하면, 모든 세균 자손은 T1 감염에 저항적이 된다. **적응 가설**(adaptation hypothesis)이 이런 종류의 관찰을 해석하는 데 사용되었으며, 파아지와 세균의 세포가 상호작용하는 것이, 이런 면역을 획득하는 데 필수적임을 내포한다. 즉, 다른 말로 파아지는 세균의 저항성을 "유도"한 것이다.

한편, T1 파아지의 유무와 관계없이 일어나는 **자연 돌연변이**(spontaneous mutation)들의 출현으로 대장균에서의 저항성 근원을 설명하는 또 다른 모델이 제시되었다. 1943년 살바도르 루리아(Salvador Luria)와 막스 델브뤼크(Max Delbruck)는 세균이 진핵생물체처럼 임의 돌연변이를 일으킬 수 있다는 확고한 증거를 제시하였다. **부동 시험**(fluctuation test)이라고 알려진 이 실험은 근대 세균 유전학의 시초가 되었다. 자연 돌연변이는 이제 세균에서 유전적 다양성의 1차적인 근원이라고 받아들여진다.

순수배양에서 생겨난 돌연변이 세포들은 선택 기법을 사용하여 모집단의 세균으로부터 독립적으로 분리 배양될 수 있다. 결과적으로, 현재는 요구되는 어떤 성질을 가진 돌연변이라도 대부분은 유도, 분리될 수 있다. 세균과 바이러스들은 통상 하나의 염색체만을 가지므로 그들은 반수체들이다. 모든 돌연변이는 변이 세포들의 모든 자손에서 직접 표현되므로, 이들 미생물의 연구를 더욱 용이하게 해준다.

세균들은 액체배지 혹은 반고체 상태의 한천배지 표면에서 자랄 수 있다. 만약 배지의 영양성분이 매우 단순하여 유기탄소원(포도당이나 젖당 같은)과, Na^+, K^+, Mg^{++}, Ca^{++}, NH_4^+를 포함한 이온들을 무기염 상태로 포함하고 있다면 이를 **최소배지**(minimal medium)라고 부른다. 이러한 배지에서 자라기 위해서는 세균은 모든 필수 유기영양 성분(예를 들어, 아미노산, 퓨린, 피리미딘, 설탕, 비타민, 그리고 지방산)들을 합성할 수 있어야 한다. 우리는 도저히 따라할 수 없는 이러한 놀라울 만한 생합성 능력을 가진 세균들을 **원영양체**(prototroph)라고 한다. 혹은 모든 영양 요구성에 대해 야생형(wild type)이라고 한다. 한편, 어떤 세균이 돌연변이에 의해 하나나 혹은 그 이상의 유기 영양성분을 합성할 능력을 잃어버린 경우 이를 **영양 요구체**(auxotroph)라고 한다. 예를 들어, 세균이 히스티딘 합성능을 소실한 경우 이 세균이 성장하기 위해서는 최소배지에 이 아미노산이 반드시 첨가되어야 한다. 이때 이 세균을 *his*$^-$ 영양요구주라고 표시하며, 상대적으로 원영양체는 *his*$^+$ 라고 표기한다.

정량적으로 돌연변이 세균을 연구하기 위해 세균접종은 액체

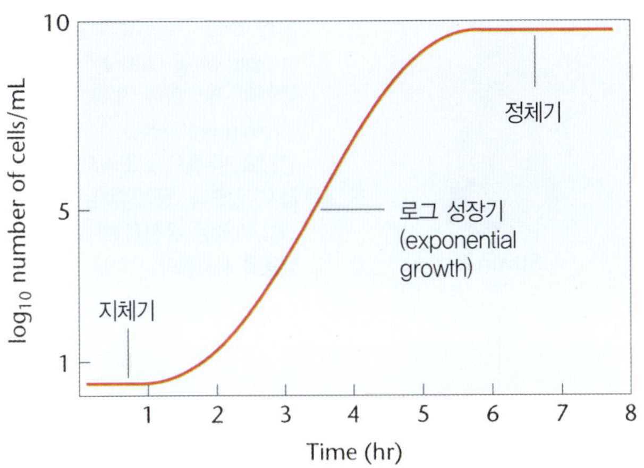

그림 8-1 세균 집단의 전형적인 생장곡선. 처음 지체기(lag phase)에 이어 기하급수적 성장이 일어나는 로그 성장기(log phase), 영양물질이 고갈될 때 나타나는 정체기(stationary phase)를 보인다.

배지에서 이루어진다. 특징적인 성장패턴이 그림 8-1에 나와 있다. 처음 **지체기**(lag phase) 동안에는 성장이 매우 느리다. 다음에 아주 빠른 성장 기간이 있는데 이를 **로그 성장기**(logarithmic phase, log phase)라고 한다. 이 시기 중의 세포는 세포분열에 걸리는 시간이 일정하게 유지되면서 계속 분열 증식하는 상태가 되므로 지수적 성장(exponential growth)을 나타낸다. 세포의 농도가 약 10^9 cell/mL에 도달하게 되면, 영양분과 산소가 제한되어 세포는 분열을 멈춘다. 이 지점을 일컬어 세포가 **정체기**(stationary phase)에 들어섰다고 말한다. 로그 성장기 중의 세포 배가 시간(doubling time)은 약 20분 정도로 매우 짧아, 첫 접종에서 수천 마리의 세균이 있었다고 해도 하룻밤 배양 중의 세포 농도는 쉽게 최고에 도달하게 된다.

액체배지에서의 세포 성장은 평판접시 내의 반고체 배지에 옮김으로써 쉽게 정량화될 수 있다. 지체기와 많은 세포분열을 거쳐 각 세포들은 배지 표면에 눈에 보이는 집락(colony)을 형성한다. 만약 집락의 수가 너무 많아 셀 수가 없다면, 원 배양액을 **연속적으로 희석**(serial dilution)한 용액들을 사용하여 평판접시에 편 다음 집락을 셀 수 있는 희석액의 희석배수를 사용한다(그림 8-2). 이러한 기술로 원 배양액에 존재하는 세균의 수를 계산할 수 있다.

예를 들어, 그림 8-2처럼 3개의 배양접시가 있으며, 이들은 왼쪽에서 오른쪽으로 각각 10^{-3}, 10^{-4}, 10^{-5}의 연속 희석을 나타낸 것이라고 하자. 여기서 우리는 어느 배지에서 집락이 가장 정확하게 세어질 수 있는지만 결정하면 된다. 하나의 집락이 하나의 세균에서 생겨난 것이므로, 집락의 수에 희석배수를 곱하면, 연속 희석을 시작하는데 사용했던 초기 접종액 1 mL 당 세균의 수를 구할 수 있다. 그림 8-2에서는, 가장 오른쪽 접시에 15개의 집락을 보인다. 희석 배수는 10^{-5}이므로, 초기 세균 수는 1 mL 당 15×10^5가 된다.

8.2 접합은 세균에서 일어나는 유전적 재조합의 한 방편이다

세균의 돌연변이를 규명하고 연구할 수 있도록 하는 기술들의 발달은 세균 염색체상의 유전자 배열에 대한 자세한 조사를 가능하게 했다. 그러한 연구는 1946년, 조슈아 레더버그(Joshua Lederberg)와 에드워드 테이텀(Edward Tatum)이, 세균은 하나의 세균에서 유전물질을 다른 세균으로 전달하여 그 세균의 유전물질과 재조합을 일으킬 수 있는 의사 유성생식(parasexual process) 과정인 **접합**(conjugation)을 거친다는 것을 보여줌으로써 시작되었다. 진핵세포들의 감수분열 교차와 같이, 세균의 **유전적 재조합**(genetic recombination)은 염색체 지도 만들기를 위한 방법론을 발달시켰다. 세균이나 세균성 파아지에 적용될 때는, 유전적 재조합은 하나의 균주에서 다른 균주의 유전물질로 하나 혹은 그 이상의 유전자를 대체(replacement)하는 효과를 일으킨다. 이것은 진핵세포의 유전적 재조합이라는 말이 상호적인 유전물질 교환(reciprocal exchange events)을 일으킬 때 사용되는 것과는 조금 다르지만, 전체적인 효과는 동일하다: 유전정보가 한 염색체에서 다른 염색체로 옮겨져 유전자형을 바꾼다. 두 가지 현상에 의해 세균은 유전물질을 다른 세균으로 전달하게 되는데, **형질전환**(transformation)과 **형질도입**(transduction)으로 알려진 이 과정들은 세균 염색체의 유전자 배열을 결정할 수 있도록 한다. 이 장의 후반부에서 이에 대해 논의할 것이다.

레더버그와 테이텀의 초기 실험들은 두 가지 다중 영양요구주 대장균인 K12 균주를 이용했다. A 균주는 자라기 위해서 메티오닌과 비오틴을 요구하지만, B 균주는 트레오닌과 류신, 그리고 티아민을 요구한다(그림 8-3). 어떤 균주도 최소배지에서는 자라지

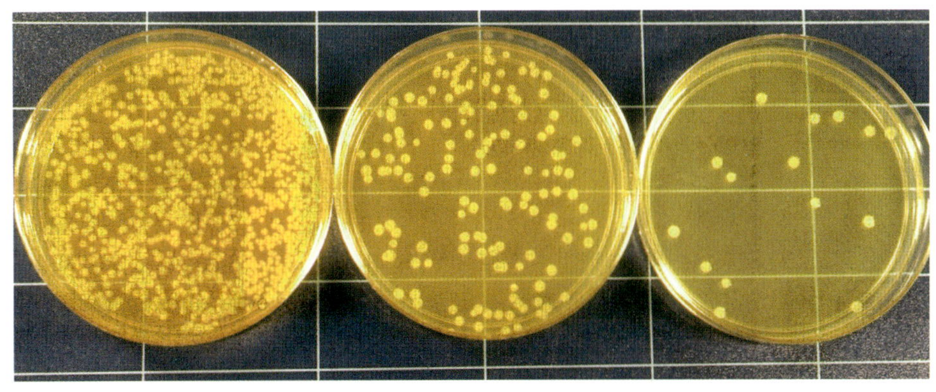

그림 8-2 연속 희석법의 결과 자란 세균상. 희석은 10배수로 이루어졌다. 각 집락은 하나의 세균세포에서 유래한 것이다.

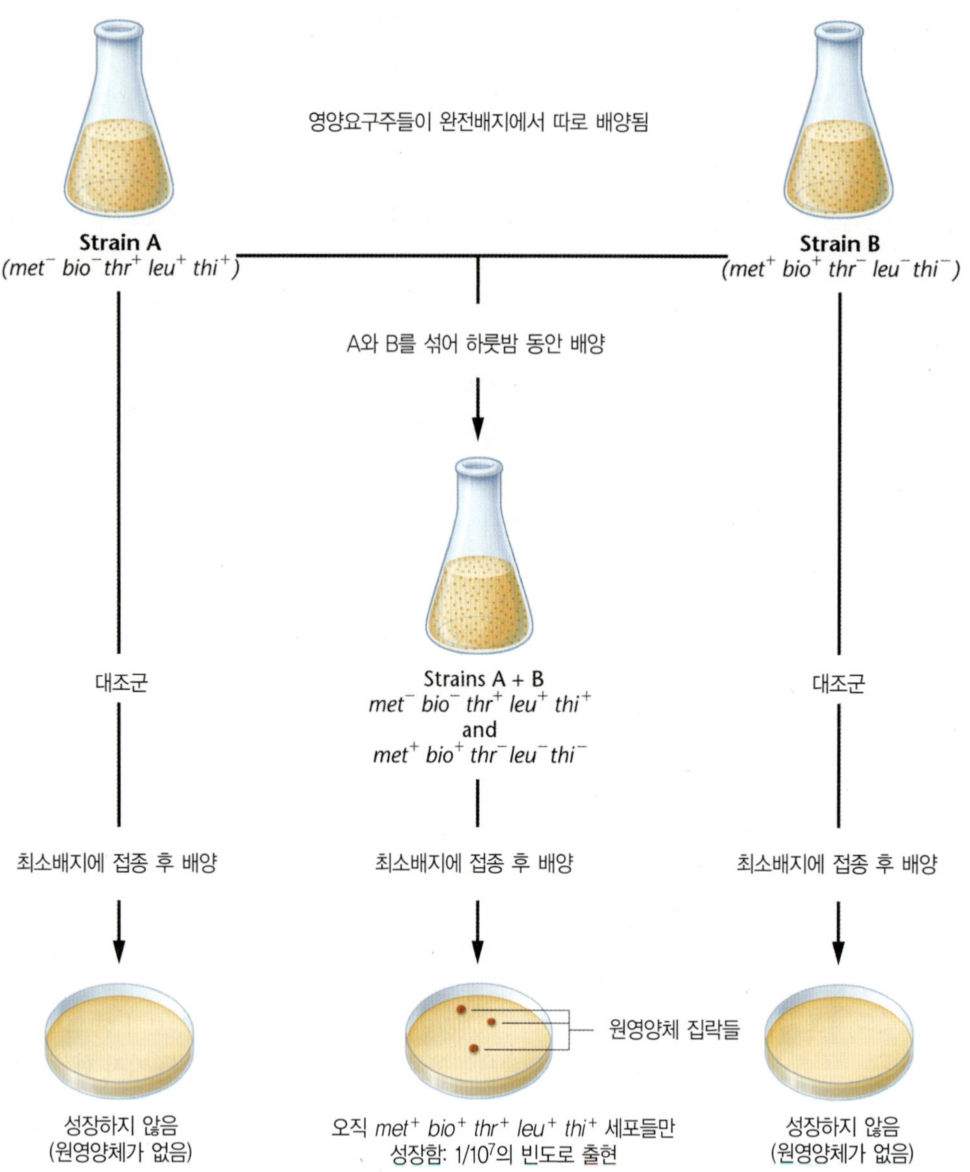

그림 8-3 두 종류의 영양요구주(auxotrophic strain)에서 일어난 유전적 재조합에 의해 원영양체(prototroph)가 생길 수 있다. 어떤 영양요구주들도 최소배지에서는 자라지 않으나 원영양체는 자랄 수 있다. 이것은 유전적 재조합이 일어났음을 시사한다.

않는다. 두 균주는 처음에는 보충배지(supplemented media)에서 각각 키워졌고, 양쪽 배지의 균들을 몇 세대 섞어 기른 다음에 최소배지의 평판배지에서 키웠다. 최소배지에서 자라는 어떤 세균이라도 원영양성이다. 둘 혹은 셋의 돌연변이 유전자를 가진 균주가 자발적 돌연변이로 야생형 균주를 만들기는 거의 불가능한 일이다. 그러므로 연구자들은 두 균주 사이에서 어떤 형태로든 유전물질의 교환과 재조합의 결과로 원영양체가 생겼으리라고 생각했다.

이 실험에서 원영양체는 약 $1/10^7(10^{-7})$의 비율로 생겨난다. 대조군으로 A와 B 균주가 각각 평판 배양되었으나 어떠한 형태의 원영양체도 생기지 않았다. 이러한 관찰을 기초로, 레더버그와 테이텀은 유전물질의 교환이 일어났을 것으로 제안했다.

F^+와 F^- 세균

레더버그와 테이텀의 발견은 곧 수많은 실험들을 촉발시켰고 접합의 유전적 기초가 밝혀졌다. 곧 서로 다른 균주가 유전물질을 일방적으로 전달하는 데 관여하고 있다는 것이 확실시 되었다. 세균이 그들의 염색체 일부를 주는 경우에 그들은 **F^+ 세포**로 표시된다[F는 "생식(fertility)"을 뜻한다]. 수용체 세균들은 공여된 염색체 물질(현재는 DNA라고 알려진)을 받고, 그것을 자신의 염색체 일부로 재조합한다. 그 세포들은 **F^- 세포**로 표시된다.

곧이어 세포간 접촉이 염색체 전달이 일어나는 데 필수적이라는 것이 밝혀졌다. 이러한 생각은 F^+ 세포와 F^-세포를 배양하기 위해 U자 관을 고안한 버나드 데이비스(Bernard Davis)에 의해 지지되었다(그림 8-4). 이 U자 관의 아래쪽에 배지는 통과할 수 있지만 세포는 통과할 수 없는 정도의 구멍이 많은 필터를 장착했다. F^+ 세포들은 필터의 한쪽에 넣었고, F^-세포들은 다른 한쪽에 넣었다. 배지가 필터를 통과해서 양쪽으로 움직일 수 있으므로, 세포들은 성장할 때 배지를 공유하게 된다. 데이비스는 관의 양쪽에서 세균을 채취하여 최소배지에서 길렀으나 원영양체는 발견되

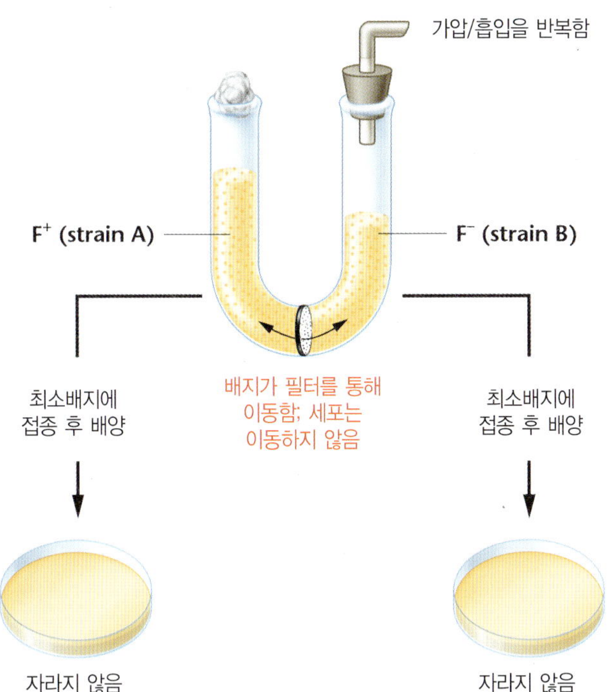

그림 8-4 A와 B 영양요구주들을 필터로 나누어진 데이비스의 U자 관에서 공통의 배지에서 자라게 하면, 유전적 재조합이 발생하지 않으며 원영양체도 생기지 않는다.

지 않았다. 그는 논리적으로 두 종류의 세균세포 사이에서 물리적인 접촉이 유전적 재조합에 필수적이라는 결론을 내렸다. 지금 우리는 접합의 첫 과정이 이러한 물리적인 상호작용이라는 것을 알고 있으며, 이때 생기는 구조는 **F 선모(F pilus**, 혹은 **성선모**, 복수:. **sex pili**)라 불린다. 세균은 종종 많은 선모들을 가지며, 이는 세포의 관 모양 신장물이다. 짝짓는 쌍들 사이에 처음 접촉(그림 8-5)이 생긴 후에, 염색체 이동이 시작된다.

F^+ 세포들이 접합시에 염색체 일부를 제공할 수 있는 **성요소(fertility factor, F 요소**로 불린다)를 가진다는 증거가 확립되었다. 조슈아 레더버그(Joshua Lederberg)와 에스더 레더버그(Esther Lederberg), 윌리엄 헤이스(William Hayes), 그리고 루카 카발리-스포르차(Luca Cavalli-Sforza)들은 어떠한 조건들이 생식력 있는 세포들의 F 요소를 없앤다는 것을 보여주었다. 그러나 이들 "비생식" 세포들은 생식력 있는 세포들과 같이 자라면, F 요소를 다시 얻게 된다.

F 요소가 움직일 수 있는 요소라는 결론은 접합과 유전적 재조합을 거치면 항상 수용체 세포들이 F^+가 된다는 관찰로 더욱 지지를 얻게 되었다. 그러므로 세균 염색체로부터의 유전자 전달(유전적 재조합)이라는 드문 경우들과 더불어, F 요소 자체가 모든 수용체 세포들에 전달된다. 이러한 기초 위에서 레더버그와 테이텀의 첫 교배들(그림 8-3을 보라)이 다음과 같이 고안되었다.

A 균주		**B 균주**
F^+	×	**F^-**
공여체		**수용체**

F 요소의 분리는 이들 결론들을 확인시켜 주었다. 세균의 염색체처럼, 그것과는 분리되어 있지만, F 요소는 원형의 이중가닥 DNA 분자로 구성되며, 세균 염색체의 약 2%를 차지한다(100,000 염기쌍). F 요소에 포함된 여러 유전자 중에 19 유전자가 유전정보의 전달에 관여하며, 이들은 성선모의 형성에 필수적인 것들을 포함한다.

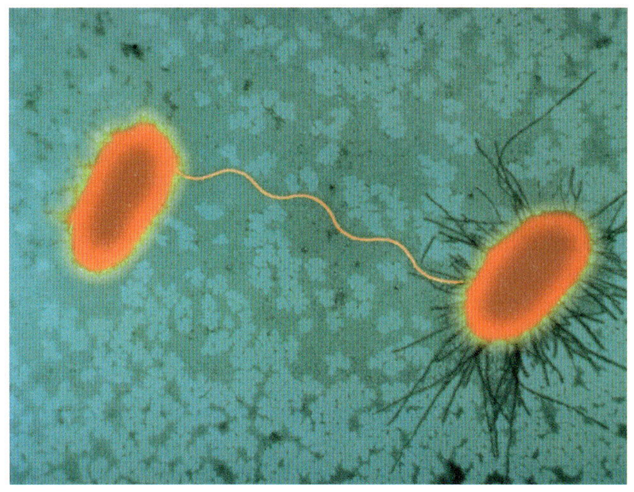

그림 8-5 F^+형인 *E. coli*와 F^-형인 세포 사이의 접합을 전자현미경으로 관찰한 것. 두 세포를 잇는 성선모(sex pilus)가 뚜렷하게 나타난다.

유전학자들은 접합 중 F 요소의 전달은 이중나선인 두 가닥의 분리가 요구되며 수용체 세포로 한 가닥만이 전달되는 것으로 믿고 있다. 하나는 접합관을 통해 움직이며 다른 하나는 공여체 세포에 남아 있게 되는 방식으로, 두 가닥 모두 복제된다. 결과적으로 공여체 세포와 수용체 세포 모두가 F^+가 된다. 그림 8-6에 이 과정이 도식화되어 있다.

요약하면, *E. coli* 세포는 F 요소를 포함할 수도 있고 그렇지 않을 수도 있다. 이 요소가 존재하면, 세포는 성선모를 형성할 수 있고, 유전정보의 공여체로 작용할 수 있다. 접합시에 이 요소의 한 카피가 거의 항상 F^+ 세포에서 F^- 세포로 이동하여 F^-세포를 F^+ 세포로 전환시킨다. 남는 질문은 왜 이렇게 이들 짝짓기에 관여하는 소수의 세포들(10^{-7})에서만 유전적 재조합이 일어나는가 하는 것이다. 여러 실험이 수행된 후에야 해답이 얻어졌다.

곧 살펴보게 되겠지만, F 요소는 플라스미드(plasmid)라고 불리는 자동성인 유전적 단위체의 실체이다. 그러나 그 발견의 역사적인 가치를 따져서 앞으로도 계속 "요소"라고 언급할 것이다.

Hfr 세균과 염색체 지도 작성

연이은 발견들은 어떻게 유전적 재조합이 일어나는지를 밝혀주었을 뿐 아니라, 이로 인해 *E. coli* 염색체의 지도 작성까지도 가능하게 했다. 우선 염색체 지도 작성에 대해 알아보자.

1950년에 카발리-스포르차는 F^+ 균주 *E. coli*인 K12를 돌연변이를 유도하는 것으로 알려진 질소머스터드 가스로 처리하였다. 이들 처리된 세포로부터 그는 공여체 세균의 균주 중 $1/10^4$(또는 10^{-4})의 빈도로 원 공여체 세포보다 1,000배나 더 자주 재조합을 일으키는 균주를 발견했다. 1953년에 헤이스(Hayes)는 한층 더 잦은 빈도로 재조합을 일으키는 균주를 분리

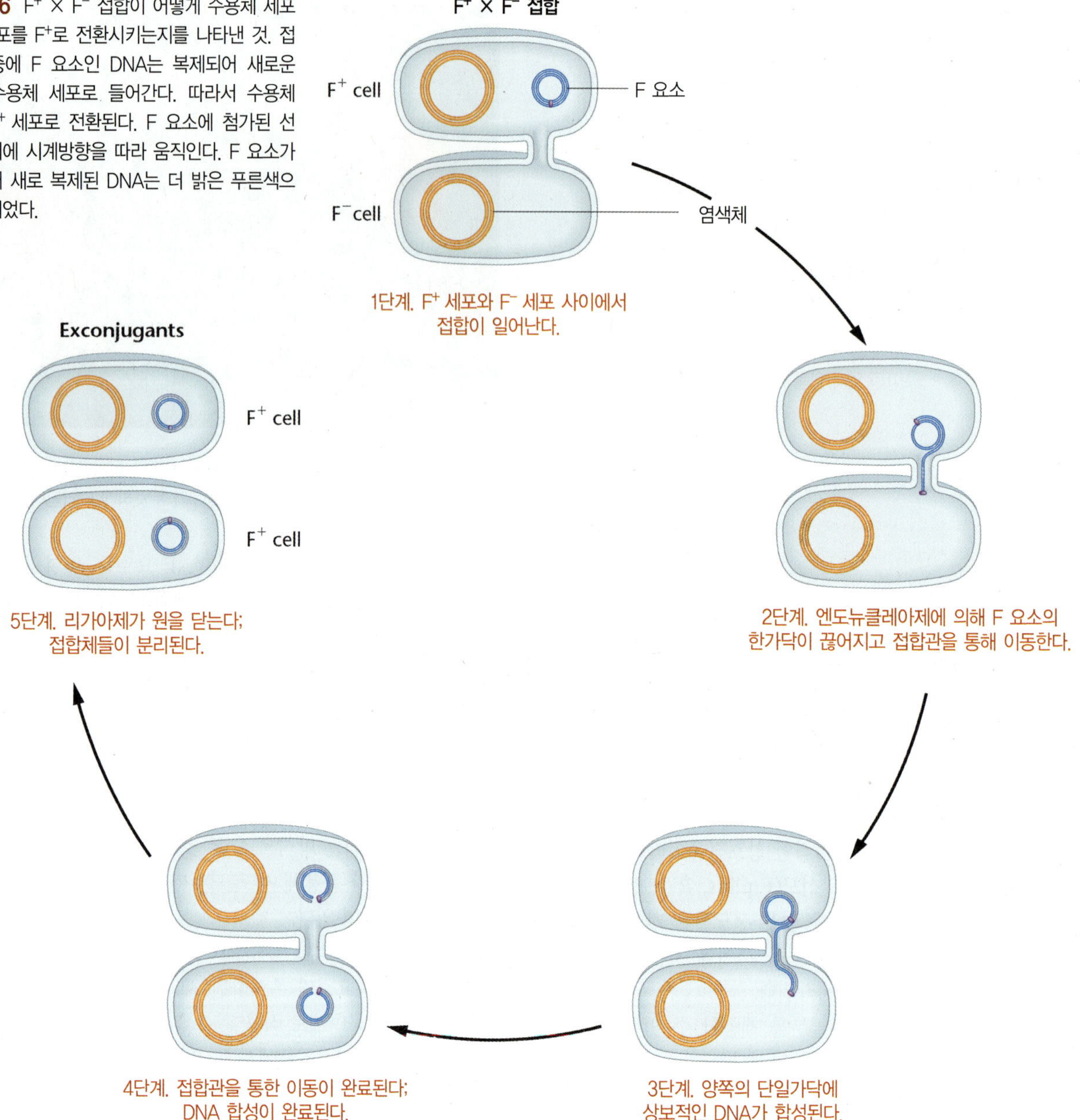

그림 8–6 $F^+ \times F^-$ 접합이 어떻게 수용체 세포인 F^- 세포를 F^+로 전환시키는지를 나타낸 것. 접합과정 중에 F 요소인 DNA는 복제되어 새로운 사본이 수용체 세포로 들어간다. 따라서 수용체 세포는 F^+ 세포로 전환된다. F 요소에 첨가된 선은 복제시에 시계방향을 따라 움직인다. F 요소가 전달될 때 새로 복제된 DNA는 더 밝은 푸른색으로 표시되었다.

한다. 두 균주 모두 **Hfr**로 표시되며 **고빈도 재조합**(high-frequency recombination)이라는 뜻이다. Hfr 세포들이 공여체로 행동하므로 이들은 특별한 F^+ 세포들이라고 볼 수 있다.

원래의 F^+ 세포와 이들 Hfr 세포 사이의 또 다른 중요한 차이점이 주목되었다. 만약 공여체 세포가 Hfr 균주였다면 수용체 세포는 때때로 유전적 재조합이 일어난다고 하더라도 Hfr이 되지는 않는다. 즉, 그대로 F^- 세포로 남아 있는 것이다. 즉 비교해 보자면,

$$F^+ \times F^- \longrightarrow F^+ \text{ (낮은 빈도의 재조합)}$$
$$\text{Hfr} \times F^- \longrightarrow F^- \text{ (고빈도의 재조합)}$$

아마도 Hfr 균주의 가장 중요한 특징은 재조합의 성질(nature of recombination)을 갖는다는 것이다. 주어진 균주에서 어떤 유전자들은 다른 것들보다 훨씬 자주 재조합되고, 다른 것들은 그렇지 않다. 이러한 비무작위적(nonradom) 패턴은 Hfr 균주들끼리에서도 다양한 것으로 나타난다. 이러한 결과는 매우 혼란스러운 것이었으나 헤이스는 F 요소의 물리적인 변화가 *E. coli* 균주의 Hfr을 만들었을 것이라고 해석했다.

1950년대 중반, 엘리 월만(Ellie Wollman)과 프랜시스 제이콥(François Jacob)은 Hfr과 F^+ 사이의 차이를 설명하고 Hfr 균주가 어떻게 *E. coli* 염색체 지도 작성을 가능하게 하는지를 보여주었다. 그들의 실험에서는 적절한 표식유전자를 가진 Hfr과 F^-균주들이 섞여져 시간을 달리하면서 특정 유전자의 재조합이 나타나는지 분석되었다. 이를 위해서, Hfr과 F^-균주를 섞어 배양할 때, 시간 간격을 두고 교반기를 돌리면서 그 사이에 샘플을 채취하였다. 교반기에서 생기는 힘 때문에 접합 중인 세균들은 서로 분리되어 염색체 전달이 효과적으로 중단된다. 그런 후에 세포들은 유전적 재조합 상태가 어떠한지 분석되었다.

짝짓기 교란 기법(interrupted mating technique)이라고 알려진

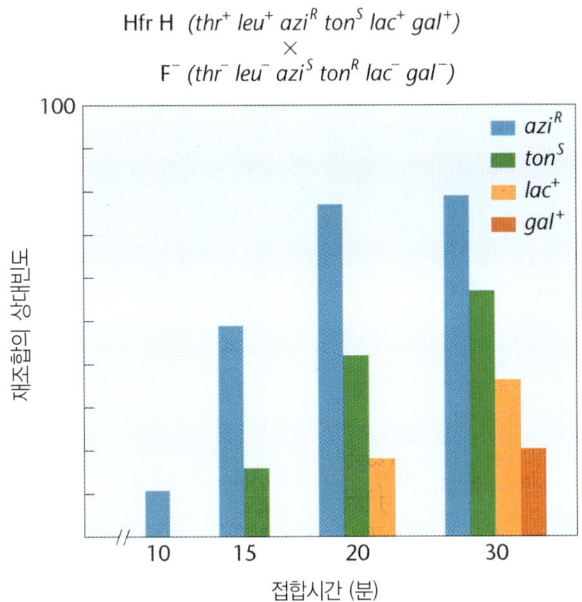

그림 8-7 특정한 Hfr 균주에서 F^- 균주와의 접합시 다양한 유전자가 점진적으로 전달된다. 어떤 유전자들(*azi*와 *ton*)은 다른 유전자들보다 빨리 전달되며 빈번하게 재조합을 일으킨다. 반면 다른 것들(*lac*과 *gal*)은 전달되는데 항상 오랜 시간이 걸리며 낮은 빈도로 재조합을 일으킨다.

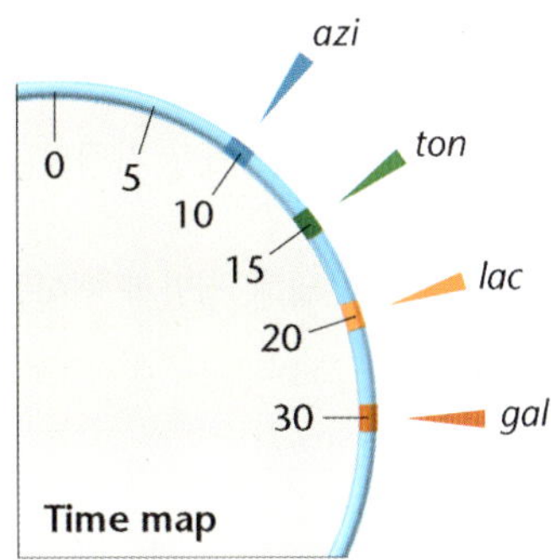

그림 8-8 그림 8-7에 나타난 실험에서 연구된 유전자들의 시간 지도(time map).

이 과정은 주어진 Hfr 균주의 특정 유전자가 다른 것들보다 먼저 옮겨져 재조합된다는 것을 보여준다. 그림 8-7은 이러한 시점을 설명한 것이다. 두 균주가 섞이고 8분 후에는 어떠한 재조합도 관찰되지 않았다. 10분이 지나면 *azi* 유전자의 재조합이 관찰되며, ton^S, lac^+, 혹은 gal^+등의 유전자 재조합은 관찰되지 않는다. 15분에는 50%의 재조합체들이 azi^R가 되며, 15%는 ton^S였다; 그러나 lac^+와 gal^+는 없었다. 20분 내에 lac^+가 재조합체 중에서 관찰되며; 25분 내에 gal^+ 역시 옮겨졌다. 월만과 제이콥은 접합과정이 시간 길이에 비례하는 **"유전자의 정렬된 이동"**임을 보여준 것이다.

Hfr 세균의 염색체는 일직선상으로 움직이므로, 유전자의 순서나 유전자 사이의 거리는 시간으로 측정될 것으로 예상될 수 있다 (그림 8-8). 이 정보는 *E. coli* 염색체의 첫 유전자 지도를 작성하는 데 기초가 되었다. 세균의 유전자 지도 작성에 있어서 "분"은 진핵세포들의 "지도 단위(map unit)"에 상응한다.

월만과 제이콥은 다른 Hfr 균주들로 같은 형태의 실험을 반복하여 한 가지만 다르고 비슷한 결과를 얻었다. 그들의 원래 실험에서와 같이 유전자들은 항상 직선으로 시간에 따라 전달되는 반면, 어떤 유전자가 가장 먼저 들어가고 그 다음에 어떤 유전자가 따라 들어가는지는 Hfr 균주마다 다른 것으로 보였다[그림 8-9(a)]. 그러므로 그들이 유전자 진입의 비율을 다시 조사했을 때

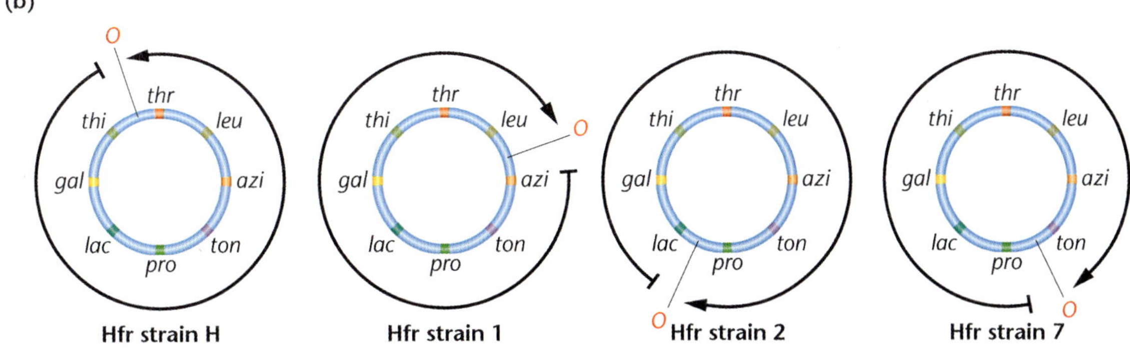
(a)

Hfr strain	전달 순서 (earliest → latest)							
H	*thr*	*leu*	*azi*	*ton*	*pro*	*lac*	*gal*	*thi*
1	*leu*	*thr*	*thi*	*gal*	*lac*	*pro*	*ton*	*azi*
2	*pro*	*ton*	*azi*	*leu*	*thr*	*thi*	*gal*	*lac*
7	*ton*	*azi*	*leu*	*thr*	*thi*	*gal*	*lac*	*pro*

그림 8-9 (a) *E. coli*의 염색체가 원형임을 보여주는 4종류의 Hfr 균주들에서의 유전자 전달 순서. (b) 전달이 시작되는 곳(*O*)이 각각의 균주에서 표시되어 있다. 전달은 균주에 따라 오른쪽이나 왼쪽 중 한 방향으로 진행됨에 유의하라. 개시지점은 F 요소가 염색체에 통합되는 자리에 의해 결정되고, 전달의 방향은 F 요소가 통합되는 방향에 따라 결정된다.

는 서로 다른 균주에 대해서는 다른 유전자 지도가 얻어져 확실한 패턴을 구할 수 있었다. 각 균주 간의 가장 큰 차이는 단순히 시발점(origin, *O*)과 시작점으로부터 진입이 진행되는 방향에만 차이가 있었다[그림 8-9(b)].

이러한 결과들을 설명하기 위해, 월만과 제이콥은 *E. coli*의 염색체가 환형(닫힌 원, 끝이 없다)이라는 가설을 세웠다. 시발점(*O*)이 균주마다 다르다면 각 경우마다 유전자들의 순서가 달리 전달될 것이다. 그러나 무엇이 *O*를 결정하는가? 그들은 다양한 Hfr 균주들에서 F 요소가 염색체 내의 서로 다른 부위에서 통합되었을 것이라고 제안했다. 그것의 위치가 *O*의 위치를 결정한다. 그러한

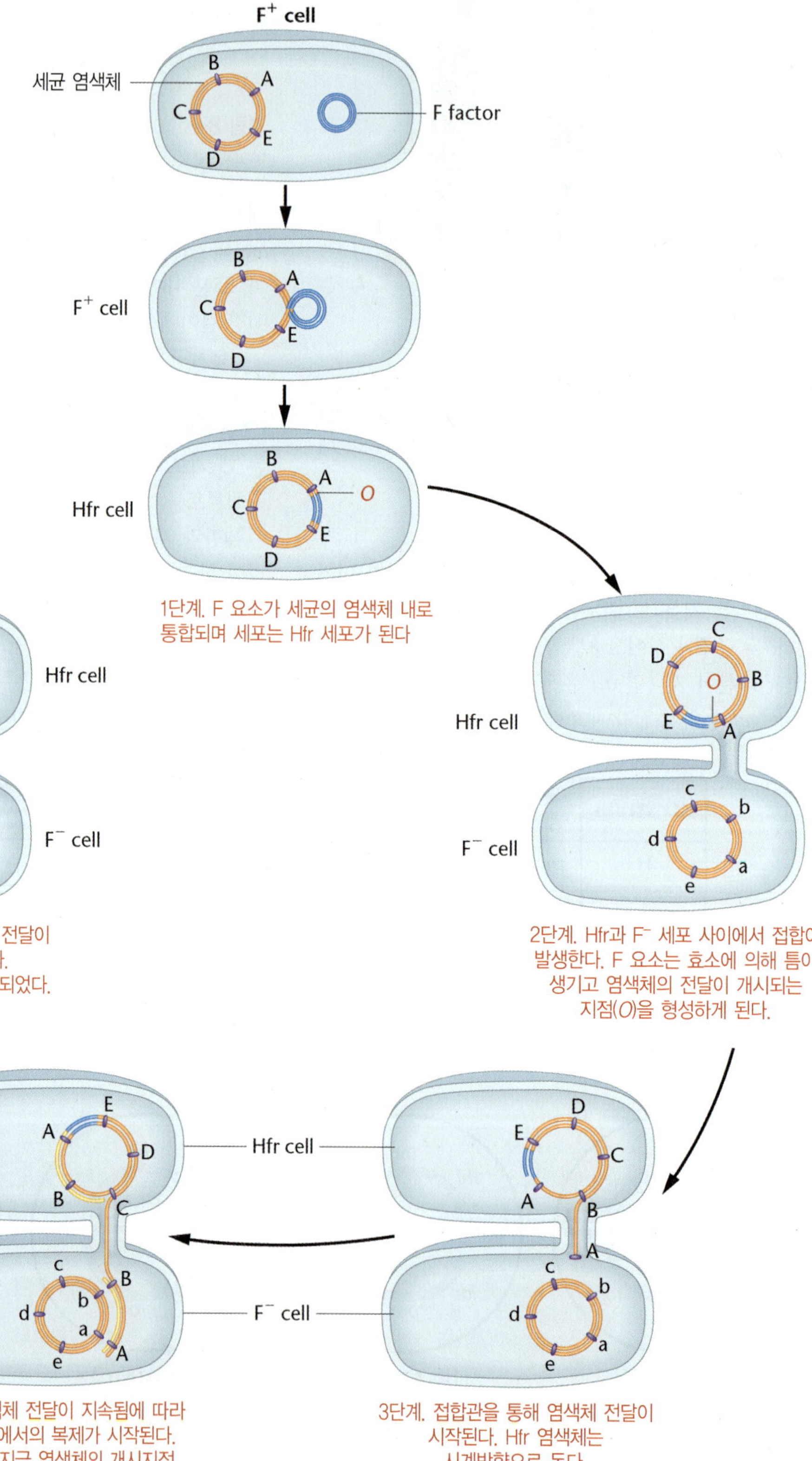

그림 8-10 F⁺에서 Hfr 상태로의 전환은 F 요소가 세균의 염색체로 통합될 때 발생할 수 있다. 통합지점이 전달 개시지점(origin, *O*)을 결정한다. 접합과정에서 효소가 F 요소에 틈새를 만들면 숙주 염색체로 통합되며 그 지점에서 염색체의 전달이 시작된다. 접합은 보통 완결되기 전에 방해를 받게 되어 중단된다. 위 그림에서는 오로지 A와 B 유전자들만이 F⁻ 세포로 전달되어 숙주 염색체와 재조합을 일으킬 수 있게 되었다. 새로 복제된 염색체 DNA는 더 밝은 오렌지색으로 그려졌다.

통합의 한 경우가 그림 8-10에 나와 있다(1단계). Hfr과 F^- 세포 사이의 접합 중에 F 요소의 위치가 처음 전달시점을 결정한다(2, 3단계). *O*에 가까이 있는 유전자들은 먼저 전달이 된다. F 요소는 가장 나중에 전달된다(4단계). 그러나 접합은 염색체 전체가 접합관을 통해 전달될 만큼 오래 유지되는 일이 거의 없다(5단계). 이것이 왜 수용체 세포가 Hfr 세포와 짝짓기를 하고 나서도 F^-세포로 남아 있는지를 설명해 준다.

그림 8-10은 하나의 DNA 분자를 이루는 두 가닥이 어떻게 전달되는 동안 풀려서 DNA 한 가닥이 수용체 세포로 진입하게 되는지 보여준다(3단계). 복제를 거치고 나면 이제 진입한 DNA는 숙주 염색체와 상동부분에서 재조합이 이루어질 수 있다. 공여세포에 남아 있던 DNA 가닥도 복제를 거친다.

서로 다른 Hfr 균주에서의 짝짓기 교란 기법의 사용은 *E. coli* 염색체의 전체 유전자 지도 작성을 가능하게 했다. 시간 단위별로 지도화되면, K12(혹은 *E. coli* K12)균주는 100분 길이의 지도가 된다. 대장균에 대한 현대적인 유전체 분석으로 현재 4,000개가 약간 넘는 단백질 암호화 서열들이 존재한다는 것을 알아낸 반면, 원래의 이 지도 작성법으로는 대략 1,000개 이상의 유전자들의 위치를 결정할 수 있었다.

이 문제를 풀어보자

201페이지의 25번 문제는 세균의 염색체가 어떻게 접합과정 중에 전달되어 재조합과 지도작성을 가능하게 하는지에 관한 것이다. 여러분은 세균 염색체를 지도화해야 한다.

힌트: 염색체 전달은 계통 특이적이며, F 요소가 통합되는 염색체 내의 위치에 의존적이다.

$F^+ \times F^-$ 짝짓기에서의 재조합: 다시 살펴보기

이러한 모델은 유전학자들이 $F^+ \times F^-$ 짝짓기 과정 중에 어떻게 재조합이 일어나는지를 좀 더 잘 이해할 수 있도록 도와준다. 이때의 재조합은 무작위적 전달이 관여하는 Hfr × F^- 짝짓기에서보다 덜 빈번하게 일어남을 기억하라. 현재는 F^+ 세포와 F^- 세포가 섞이면 접합이 바로 일어나고 F^+ 세포와 접합에 관여한 F^- 세포는 F 요소 한 복사본을 받는다고 믿어진다. 그러나 유전적 재조합은 일어나지 않는다. 그러나 극단적으로 낮은 빈도지만 F^+ 세포 집단들에서 F 요소가 저절로 세포질에서 세균의 염색체로 통합되어 F^+ 세포를 우리가 그림 8-10에서 본 것과 같은 Hfr 균주로 전환시킨다. 그러므로 $F^+ \times F^-$ 짝짓기에서, 매우 낮은 빈도의 유전적 재조합(10^{-7})이, 바로 드물지만 새로 생겨나는 Hfr 균주의 원인이며, 이들은 다시 F^- 세포들과 접합을 일으킬 수 있다. F 요소가 끼어드는 자리가 무작위적이므로 어떠한 유전자들이 새로 생긴 Hfr 공여체에 의해 전달될지 역시 F^+/F^- 집단 내에서 무작위적인 것으로 나타난다. 수용체 세균세포들은 재조합체이지만 아직 F^- 세포로 남아 있다. 만약 연속적으로 F^+ 세포와 접합을 거친다면, F^+ 세포로 전환이 된다.

F′ 상태와 부분접합자

1959년에 *E. coli* Hfr 균주를 가지고 하던 실험 중에 에드워드 아델버그(Edward Adelberg)는 F 요소가 통합된 상태에서 벗어나 세포를 다시 F^+ 상태로 전환시킴을 발견했다(그림 8-11, 1단계). 이러한 일이 일어날 때는 F 요소가 자주 근처의 세균 유전자를 들고 나오게 된다(2단계). 아델버그는 이를 F^+나 Hfr 상태와 구별하기 위해 F′로 표시하였다. F′는 Hfr처럼, 또 다른 특별한 F^+이다. 이러한 전환은 Hfr에서 F′로의 변화로 설명된다.

세포질내 F 요소에 들어 있는 세균의 유전자들은 재미있는 상황을 연출한다. 한 F′ 세균은 F^+ 세포로 행동하여 F^- 세포와 접합을 일으킬 수 있다(그림 8-11, 3단계). 이런 일이 일어나면, 염색체의 유전자를 포함한 F 요소가 F^- 세포로 전달된다(4단계). 결과적으로 F 요소가 어떠한 염색체 유전자를 가져오더라도 수용체 세포에서는 아직 완전한 염색체를 가지므로, 유전자가 중복되어 존재하게 된다(5단계). 이것은 부분적으로 이배체 세포를 만들게 되는데 이를 **부분접합자**(merozygote)라고 한다. F′ 부분접합자들을 순수 배양하는 것이 가능하다. 이들은 세균 유전학 연구에 매우 유용하며 특히 유전적 조절을 연구하는 데 아주 가치가 있다.

8.3 Rec 단백질은 세균의 재조합에 필수적이다

일단 연구자들이 DNA가 세균 사이에서 일방적으로 전달된다는 것을 확인하자, 그들은 어떻게 실제 재조합이 수용체 세포에서 일어나는지에 관심을 갖게 되었다. 어떻게 공여된 DNA가 수용세포 염색체의 상응하는 부분을 대체하는 것일까? 많은 계에서 그러하듯이, 재조합이 일어나는 생화학적 기작은 유전학적 연구들을 통해 해석된다. ***rec* 유전자**(*rec* gene)들을 나타내는 일단의 돌연변이들을 분리한 결과 중요한 통찰이 얻어졌다.

이와 연관된 첫 관찰은 *recA*, *recB*, *recC* 그리고 *recD*로 표시되는 일련의 돌연변이들을 포함한다. 첫 돌연변이 *recA*는 세균에서 유전적 재조합을 1,000배 감소시켜 거의 일어나지 않도록 한다. 다른 *rec* 돌연변이들은 약 100배 정도 재조합을 감소시킨다. 분명히, 정상적인 야생형 유전자 산물이 재조합의 과정에 필수적인 역할을 할 것으로 생각된다.

정상 세포에는 존재하지만 돌연변이 세포에서는 없는 기능적인 유전자 산물을 찾기 위해, 연구자들은 연속적으로 몇 개의 유전자 산물을 분리하여, 유전적 재조합에서의 그들의 기능을 보여주었다. 첫 번째가 **RecA 단백질***이고, 두 번째가 약간 복잡한 단백질로 **RecBCD 단백질**인데, 3개의 다른 *rec* 유전자에 의해 암호화되는 폴리펩티드 소단위들로 구성되는 효소이다. 이들 단백질들은 현재 시험관 내에서 그 기능이 입증되었다. 이러한 유전학적 연구들은 재조합의 과정에 대한 우리 지식을 넓혀주며 돌연변이

*세균의 유전자 이름은 소문자를 써서 나타내고 이탤릭체로 한다. 반면, 이에 상응하는 유전자 산물의 이름은 대문자로 시작하고 이탤릭체로 나타내지는 않는다. 예를 들면 *recA*는 유전자, RecA는 단백질이다.

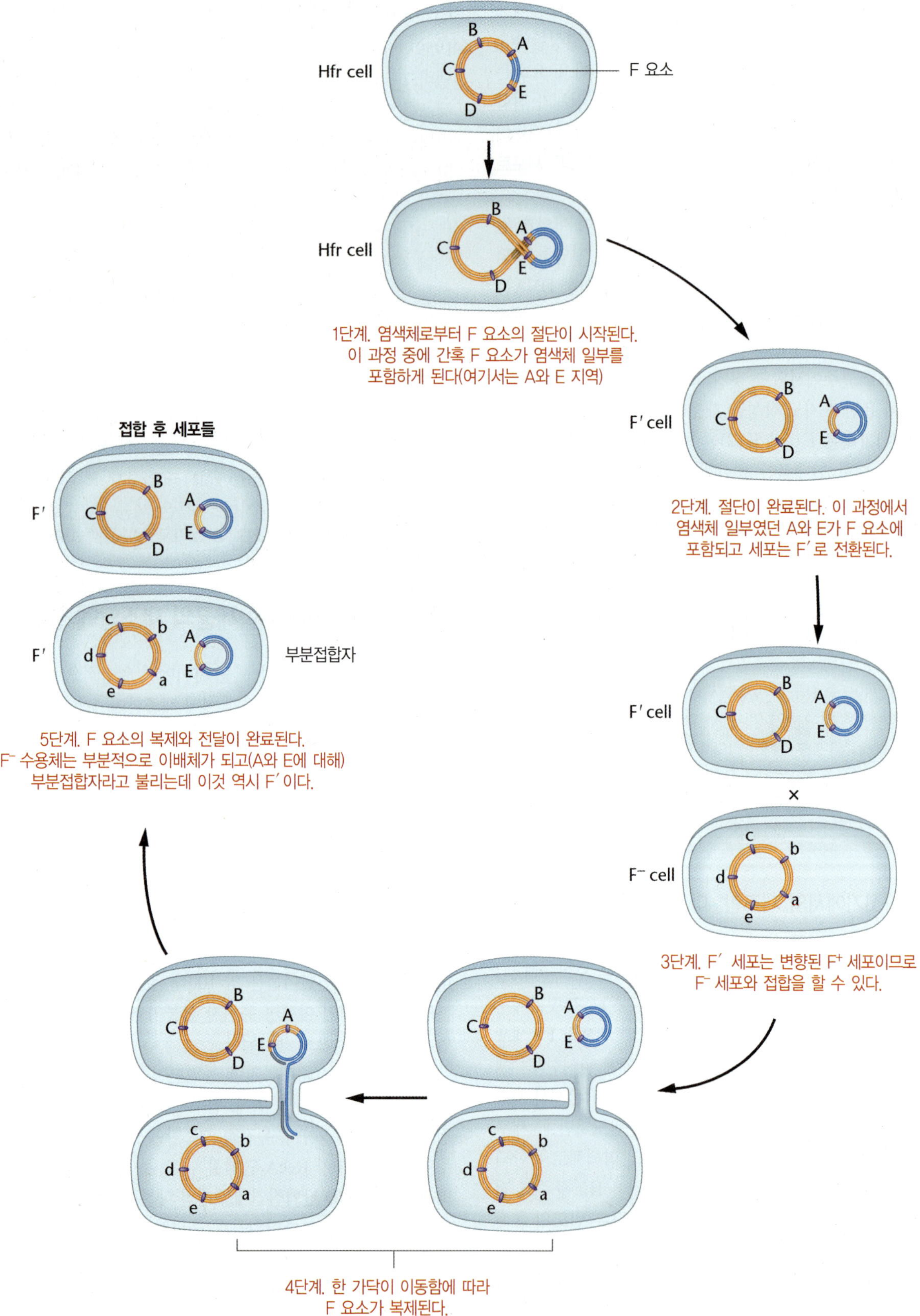

그림 8-11 Hfr 균주가 F′ 상태로 전환된 후 F^- 균주와 접합한 경우. 이러한 전환은 F 요소가 통합된 상태를 잃었을 경우에 발생한다. 염색체의 절단과정에서 F 요소가 염색체의 유전자 *A*와 *E*를 함께 이동시켰다. F^- 세포와의 접합이 이루어짐에 따라 수용체 세포는 부분적인 이배체 상태가 되며 이를 부분접합자(merozygote)라고 부른다. 이 세포는 F^+ 공여세포로 행동한다.

주의 분리, 표현형의 확인, 그리고 정상 야생형 유전자의 생물학적 기능의 중요성을 강조한다.

8.4 F 요소는 플라스미드다

앞 절에서 우리는 F 요소라고 불리는 염색체 외의 유전요소(extrachromosomal heredity unit)를 살펴보았다. 세균의 세포질에 자율적으로 존재할 때 F 요소는 이중가닥의 닫힌 환형 DNA로 구성된다[그림 8-12(a)]. 이러한 특징들이 F 요소를 **플라스미드**(plasmid)라고 불리는 좀 더 일반적인 유전적 구조물의 범주에 넣도록 한다. 이러한 구조물들은 하나 혹은 좀 더 많은 유전자-때때로 상당히 많이 가진다-를 포함하고 있다. 그들의 복제는 숙주의 염색체를 복제하는 효소들에 의해 이루어지며, 세포가 분열함에 따라 숙주 염색체를 따라 딸세포로 나뉘어 들어간다.

플라스미드들은 보통 그들 DNA에 존재하는 유전정보에 따라 분류된다. F 요소는 생식성(fertility)을 제공하고 성선모 형성에 필수적인 유전자들을 포함하며, 유전적 재조합은 이에 의존적이다. 다른 플라스미드들의 예로 R과 Col 플라스미드가 있다.

대부분의 **R 플라스미드**(R plasmid)는 두 요소로 구성된다: **RTF**(저항성 전달 요소, resistance transfer factor)와 하나 혹은 그 이상의 **r-결정인자**(r-determinants)[그림 8-12(b)]이다. RTF는 세균들 사이에서 플라스미드를 전달하는 데 필수적인 유전정보를 암호화하며, r-결정인자들은 항생제나 수은 저항성을 나타내는 유전자들이다. RTF들은 서로 다른 세균종에서 온 여러 가지 플라스미드들에서 매우 비슷한 반면, r-결정인자들은 매우 다양하여 각각이 항생제의 한 종류에 대한 저항성을 나타내는 특이성을 가진다. 테트라사이클린(tetracycline), 스트렙토마이신(streptomycin), 암피실린(ampicillin), 설폰아미드(sulfonamide), 카나마이신(kanamycin), 혹은 클로람페니콜(chloramphenicol)에 대한 저항성은 가장 빈번하게 나타나는 것들이다. 때론 이들이 하나의 플라스미드에 있어서 몇 가지 항생제에 다중 저항성을 나타나게 하기도 한다[그림 8-12(b)]. 그러한 플라스미드를 가지는 세균들은 그들의 다중 저항성 때문만이 아니라 그것들이 쉽게 다른 세균으로 전이되기 때문에 의학적으로 매우 중요성을 갖는다. 때때로, 하나의 세균세포가 r-결정인자는 포함하면서도 RTF는 포함하지 않을 수도 있는데, 그러한 세포들은 항생제에 저항적이지만, 수용체 세포에 그러한 유전정보를 전달할 수는 없다. 그러나 가장 흔하게 연구되는 플라스미드들은 하나 이상의 r-결정인자들뿐 아니라 RTF를 포함한다.

Col 플라스미드는 *E. coli*에서 유래한 ColE1으로 R 플라스미드들과 확실히 구분된다. 이는 한 개 혹은 그 이상의 높은 독성을 가지는 단백질들을 암호화하며 이들은 같은 종류의 플라스미드를 가지지 않는 세균종들에 독성을 나타낸다. 이들 단백질은 **콜리신**(colicin)으로 불리며 이웃하는 세균들을 죽일 수 있다. 그러한 플라스미드를 가지는 세균들은 콜리시노제닉(colicinogenic)하다고 말한다. 세포당 10~20 카피 정도로 존재하며 플라스미드상에 존재하는 한 유전자는 숙주세포를 독소로부터 보호하는 면역 단백질을 암호화한다. R 플라스미드와는 달리, Col 플라스미드는 통상 다른 세포로 전이되지 않는다.

플라스미드에 대한 관심은 재조합 DNA 연구라고 알려진 유전적 기술에서의 역할 때문에 매우 고조되어 왔다. 17장에서 살펴보게 될 것처럼, 특정 유전자들이 플라스미드에 삽입되어 세균세포로 도입된다. 이 변형된 세포들이 자신의 DNA를 복제하고 분열을 일으킴에 따라 외부의 유전자도 복제되므로 외래 유전자들을 클로닝할 수 있다.

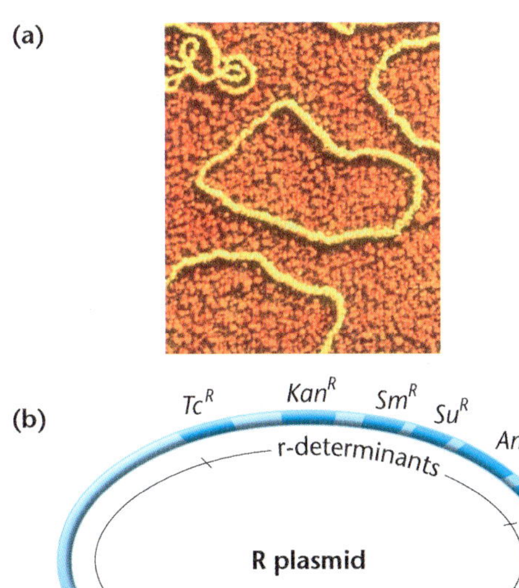

그림 8-12 (a) *E. coli*에서 분리한 플라스미드의 전자현미경 사진. (b) 저항성 이동 요소들(resistance transfer factors, RTFs)을 포함하고 있는 R 플라스미드와 다중 저항성 요소들(Tc, 테트라사이클린; Kan, 카나마이신; Sm, 스트렙토마이신; Su, 설폰아미드; Amp, 암피실린; 그리고 Hg, 수은).

8.5 형질전환은 세균에서 유전적 재조합을 일으키는 또 다른 과정이다

형질전환도 몇몇 세균에서는 유전정보를 재조합하는 기구를 제공한다. 형질전환에서는, 작은 조각의 외부 DNA가 살아 있는 세균에 의해 삼켜지고 결국에는 수용체 세포에서 안정적인 유전적 변화를 일으키게 된다. 우리가 이 장에서 형질전환에 관심을 갖는 이유는, 형질전환이 일어나는 세균들에서 이 과정이 접합에서보다는 좀 제한적이긴 하지만 세균의 유전자 지도를 작성할 수 있도록 하기 때문이다. 형질전환은 DNA가 유전물질이라는 증거를 제공한 실험들에 있어서 핵심적인 역할을 한다.

이 과정(그림 8-13)은 두 가지 주요 범주로 나뉘는 여러 단계로 이루어진다: (1) DNA가 수용체 세포로 들어가기, 그리고 (2) 공여 DNA가 수용세포의 염색체와 상동부위에서 재조합되는 것이다. 세균세포 집단에서는 **수용능**(competence)이 있다고 말해지는 특정한 생리적 상태의 세포들만이 DNA를 받아들인다. DNA의

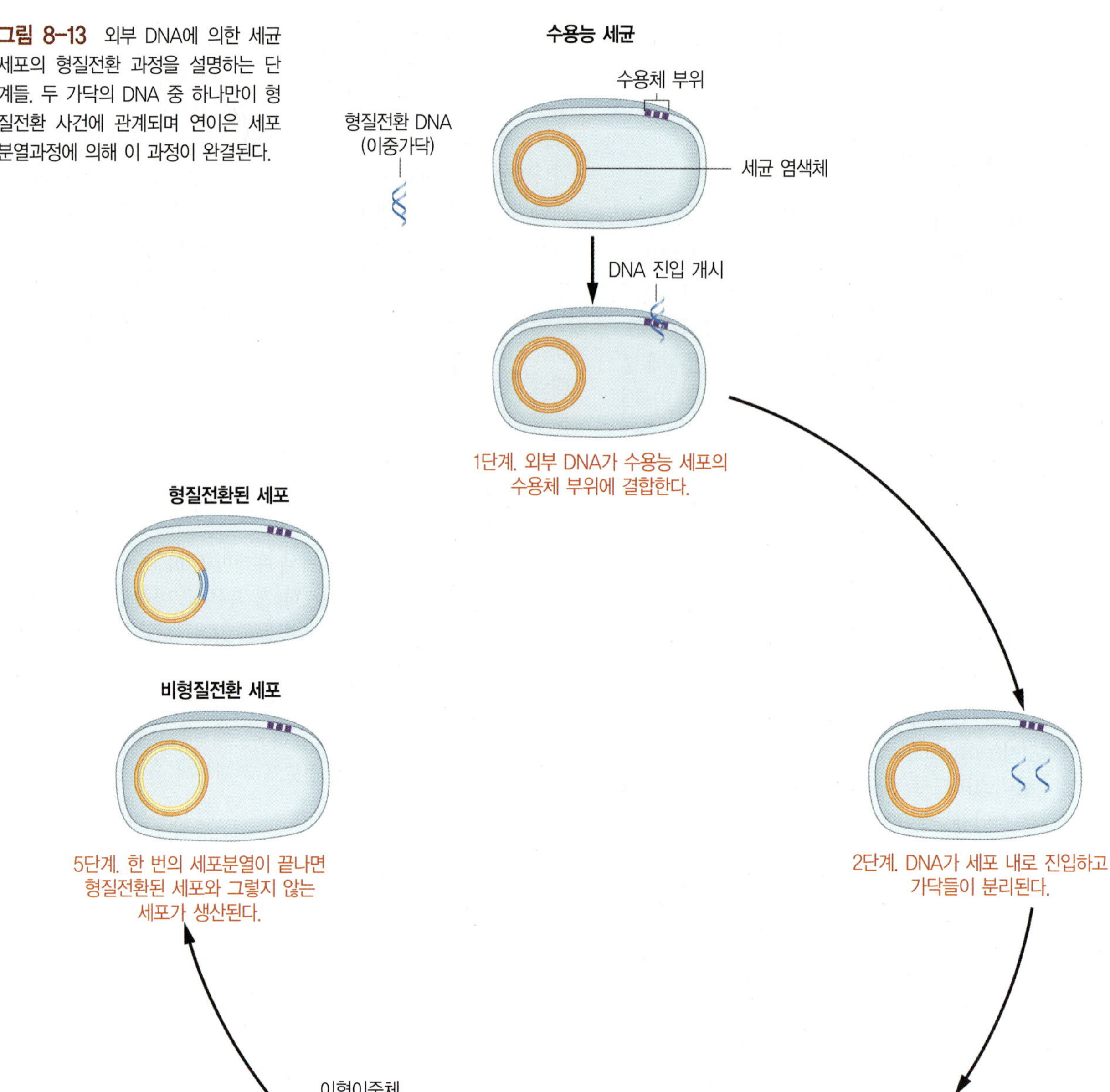

그림 8-13 외부 DNA에 의한 세균 세포의 형질전환 과정을 설명하는 단계들. 두 가닥의 DNA 중 하나만이 형질전환 사건에 관계되며 연이은 세포 분열과정에 의해 이 과정이 완결된다.

도입은 세균세포의 표면에 있는 제한된 수의 수용체 부위(receptor site)에서 일어나는 것으로 생각된다(그림 8-13, 1단계). 세균의 세포벽과 세포막을 가로지르는 것은 에너지와 특정 운반자를 필요로 하는 능동적 과정이다. 이 모델은 에너지 생산이나 단백질 합성을 방해하는 물질이, 수용체 세포에서 형질전환 과정 역시도 방해한다는 사실로 지지를 얻는다.

DNA가 들어온 직후에, 이중나선의 한 가닥은 핵산 분해효소들(nucleases)에 의해 분해되고 남은 가닥만이 형질전환에 참여한다(그림 8-13, 2단계와 3단계). 남은 DNA 가닥은 세균의 염색체와 상보적인 부분에 의해 나란히 배열된다. 여러 효소들이 관여하는 과정에서 염색체의 해당 부분이 잘려져 분해됨으로써 이 조각이 염색체 부분을 대체하게 된다(4단계).

재조합이 추적되기 위해서는, 형질을 전환시키는 DNA가 돌연변이와 같은 어떠한 유전적 변이를 가지는, 서로 다른 세균 계통에서 유래한 것이어야 한다. 일단 세균 염색체로 통합되면, 재조합 부분은 한쪽 가닥은 숙주세포의 가닥, 다른 한쪽은 돌연변이 가닥을 포함하게 된다. 이 가닥들의 기원이 서로 다르므로 이 나선부분은 **"이형이중체**(heteroduplex)"라고 한다. 반보존적 복제가

1회 진행되면 한 개의 염색체는 원래의 형태로 회복되고, 또 다른 하나는 돌연변이 유전자를 포함하게 된다. 세포분열이 진행됨에 따라 하나의 형질전환이 안 된(비돌연변이) 세포와 하나의 형질전환된(돌연변이) 세포들이 생성된다(5단계).

형질전환, 그리고 연관 유전자들

DNA가 형질전환에 효과적이기 위해서는 10,000에서 20,000 염기쌍 정도, 즉 대략 1/200의 대장균(*E. coli*) 염색체 크기에 해당하는 것이어야 한다. 이러한 크기는 몇 개 정도의 유전자를 포함하기엔 충분하다. 세균의 염색체에서 연이어 있거나 매우 가깝게 존재하는 유전자들은 이 크기에서는 한 조각으로 전달이 가능하다. 이러한 사실 때문에 하나의 사건이, 여러 유전자의 **동시형질전환**(cotransformation)을 일으킬 수 있다. 이렇게 동시형질전환을 일으킬 정도로 가까이에 위치하는 유전자들을 **연관**되어 있다(to be linked)고 한다. 진핵세포에서의 **연관군**(linkage group)이 하나의 염색체 위에 존재하는 모든 유전자들을 가리키는 것과는 대조적으로, 여기서 말하는 연관(linkage)은 유전자들의 근접성을 말하는 것임에 유의하라.

만약 두 유전자가 연관되어 있지 않다면, 동시적인 형질전환은 두 독립적인 DNA 조각이 관여된 두 번의 독립적인 사건들의 결과로만 생길 수 있다. 진핵세포의 이중교차에서처럼, 두 개의 독립 사건이 동시에 일어날 가능성은 각 사건이 일어날 확률을 곱한 것과 같다. 그러므로 연관되지 않은 유전자들이 동시에 형질전환되는 빈도는 그들이 연관되어 있을 때보다 훨씬 낮다.

연이은 연구들은 다양한 종류의 세균들이 형질전환을 겪는다는 것을 보여준다(예, *Hemophilus influenzae, Bacillus subtilis, Shigella paradysenteriae*, *Diplococcus pneumoniae* 그리고 *E. coli*). 어떤 일정한 조건 하에서 행해진 연구는 연관된 유전자들 사이의 상대적인 거리가 형질전환 자료로부터 결정될 수 있음을 보여주기도 하였다. 분석이 좀 복잡하지만, 그러한 자료들은 진핵세포에서의 염색체 지도 작성과 유사한 방식으로 해석될 수 있다.

이 문제를 풀어보자

201페이지의 9번 문제는 어떻게 형질전환이 세균에서 가까이 연관되어 있는 유전자들을 결정하는 데 사용될 수 있는지를 이해하는 문제다. 여러분은 두 유전자의 상대적 위치를 결정하여야 한다.

힌트: 동시형질전환은 가능성의 법칙에 따라 일어난다. 두 "비연관" 유전자는 독립적인 두 사건의 결과로 형질전환을 일으킬 수 있다. 그런 경우에는, 발생의 확률이 각각의 가능성들의 곱과 같다.

8.6 박테리오파아지는 세균성 바이러스다

박테리오파아지(bacteriophage), 혹은 보통 알려져 있는 것처럼 **파아지**(phage)는 세균을 그들의 숙주로 삼는 바이러스들이다. 증식과정 중에, 그들은 **형질도입**(transduction)이라고 하는 세균의 또 다른 유전적 재조합 과정에 관여한다. 이 과정을 이해하기 위해서는, 그들 스스로가 재조합을 겪는 박테리오파아지들의 유전학을 고려해야 한다.

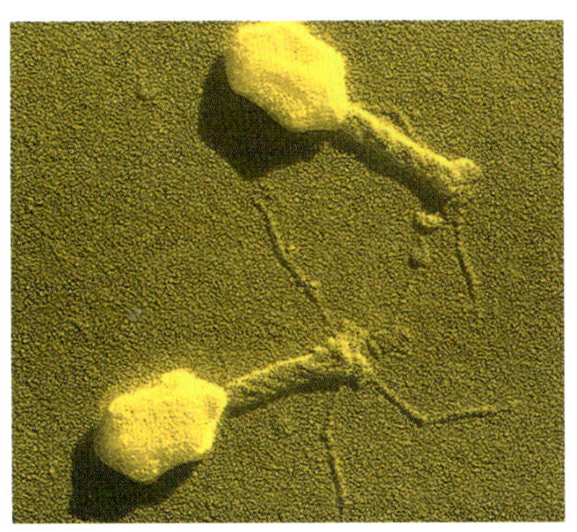

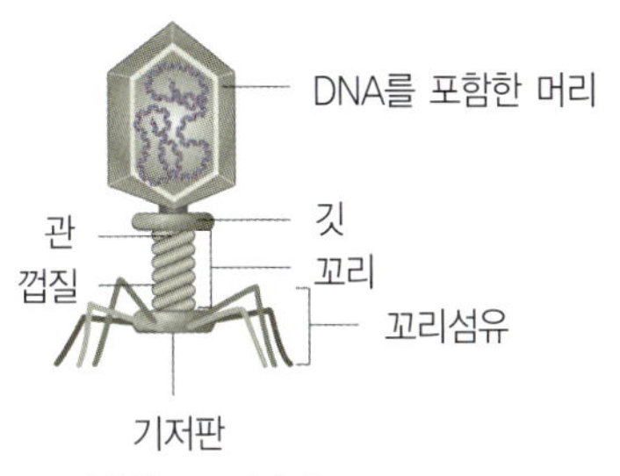

성숙한 T4 파아지

그림 8-14 박테리오파아지 T4의 구조. 20면체로 이루어진 머리 부분은 DNA로 차 있고, 꼬리 부분은 깃(collar), 관(tube), 껍질(sheath), 기저판(base plate), 꼬리섬유(tail fiber)로 구성되어 있다. 조립과정에서 꼬리 구성성분들이 머리에 첨가된 후 섬유들이 그 후에 부착된다.

많은 유전학적 연구들이 박테리오파아지를 모델 시스템으로 사용하여 이루어졌기 때문에 이들에 대해서도 언급할 가치가 있겠다. 이 절에서는, 우선 한 가지 형태의 박테리오파아지에 대해 그 구조와 생활사를 자세히 살펴볼 것이다. 그리고 세균 감염 중에 어떻게 이들 파아지들이 연구되었는가 하는 것을 논의하고자 한다. 이러한 정보는 **형질도입**(transduction)과 **박테리오파아지의 재조합**(bacteriophage recombination)이라는 우리의 연속적인 논의의 바탕이 된다.

파아지 T4: 구조와 생활환

박테리오파아지 T4는 T-짝수 파아지라고 일컬어지는 연관된 세균성 바이러스들의 한 그룹이다. 이들은 그림 8-14에서 보이는 것처럼 복잡한 구조를 하고 있다. 이들의 유전물질은 DNA로, 20면체(icosahedron, 20면의 다각형)의 단백질 껍질 안에 포장되어 바이러스의 머리 부분을 구성한다. 이 DNA는 양적으로는 평균 크기의 유전자 150개 이상을 암호화하기에 충분하다. 중심핵을 둘러싸는 수축성 껍질(contractile sheath)과 깃(collar)을 포함하는 꼬리 부분에 머리 부분이 연결되어 있다. 꼬리로부터 뻗어 나온 꼬리섬유들은 그 끝에 세균성 숙주인 *E. coli*의 세포벽 외부에서 특정 부분을 특이적으로 인식하는 접착 부위를 가진다.

T4 파아지의 생활환(그림 8-15)은 바이러스가 세균 숙주세포에 흡착에 의해 붙음으로써 개시된다. 그러면 ATP 사용으로 꼬리

그림 8-15 박테리오파아지 T4의 생활사.

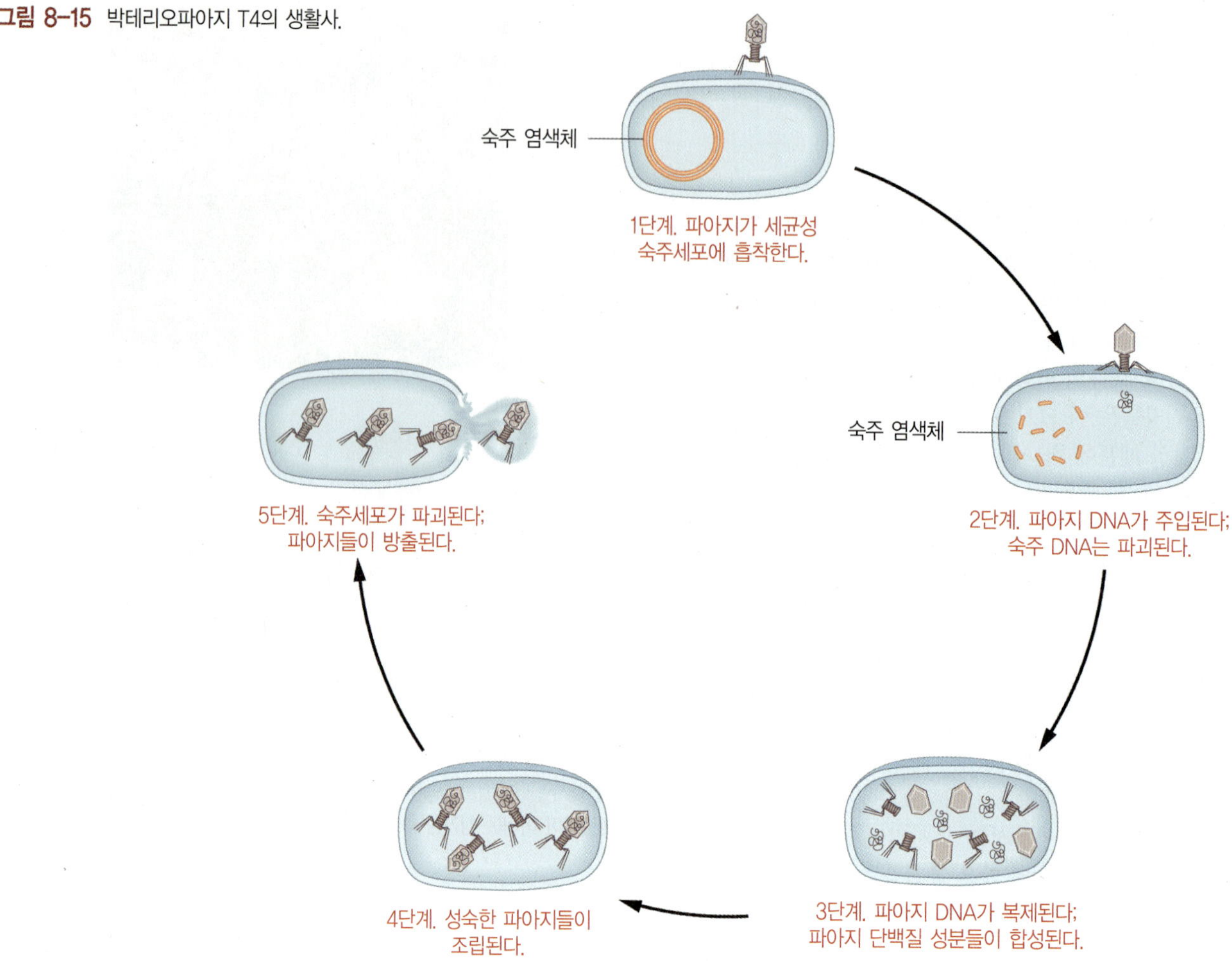

의 껍질이 수축되며 중심핵이 세포벽을 뚫고 들어가도록 한다. 머리 부분의 DNA는 빼어져 나와서 세포막을 가로질러 세균의 세포질 안으로 들어가게 된다. 수 분 안에 모든 세균성 DNA, RNA, 그리고 단백질 합성이 저해되고, 바이러스 분자들의 합성이 시작된다. 동시에 숙주의 DNA가 파괴되기 시작한다.

감염기에는 바이러스 유전자들의 강력한 활성이 나타나는 것이 특징이다. 처음에 파아지 DNA 복제가 시작되어 한 세트의 바이러스 DNA 분자들이 만들어진다. 다음에 머리, 꼬리, 그리고 꼬리섬유들의 요소들이 합성된다. 성숙한 바이러스로의 조립은 윌리엄 우드(William Wood), 로버트 에드가(Robert Edgar), 그리고 다른 연구자들에 의해 잘 연구된 복잡한 과정이다. 세 개의 연속적인 경로가 발생한다: (1) 바이러스 머리가 조합되는 DNA 포장, (2) 꼬리 조합, (3) 꼬리섬유 조립. 일단 DNA가 머리 안에 포장되면, 꼬리요소들과 연결되고, 여기에 꼬리섬유가 첨가된다. 스스로 조립되는(self assembly) 과정과 효소에 의해 지시되는 과정들의 조합으로 모든 구성이 이루어진다.

약 200개의 바이러스가 만들어지면, 리소자임(파아지 유전자 산물)의 활동에 의해 세균세포가 터지고, 성숙된 바이러스들이 숙주로부터 방출된다. 200개의 새로운 파아지들이 다른 세균세포들을 감염시키고 이 과정이 계속해서 반복된다.

용균반 분석법

박테리오파아지와 기타 여러 바이러스들은 분자 유전학에 대한 우리의 이해에 중요한 역할을 담당해왔다. 세균의 감염과정 중에서 연구를 위해 상당량의 박테리오파아지들이 얻어질 수 있다. 때론 배양용액 1 mL당 10^{10} 이상의 바이러스들이 생산되기도 한다. 많은 유전학적 연구들에서는 특정한 배양조건 하에서 감염 이후에 생산되는 파아지의 수를 정량화해야 하는데, 일반적으로 **용균반 분석법**(plaque assay)이 사용된다.

그림 8-16의 이 방법에서 실제 용균반의 모양이 함께 나와 있다. 바이러스에 감염된 원래 세균 배양액을 연속적으로 희석한다. 그리고 희석액들에서 0.1 mL의 시료(an aliquot)를 채취하여 약 3 mL 정도의 녹인 영양 한천배지에 첨가하고 여기에 다시 몇 방울의 건강한 세균 배양액을 첨가해 준다. 이 용액(바이러스 희석액 + 한천배지 녹인 것 + 건강한 세균 용액)을 평판접시의 고체 영양 한천배지에 평평하게 부어주고 굳혀서 항온 보관한다. 하나의 바이러스가 하나의 세균을 감염시킨 곳마다 항온 보관시 자라난 세균층에 투명한 부분이 생기는데 이를 **용균반**(plaque)이라고 한다. 용균반은 파아지의 증식 회로가 반복되어 형성된, 하나의 감염 박테리오파아지의 클론들을 표시하는 것이다. 희석 배수가 너무 낮다면, 용균반들이 너무 많아 서로 융합되어 세균층 전체가 투명해질 수도 있다. 그림 8-16에서 10^{-3}으로 희석한 상태에서 이러한

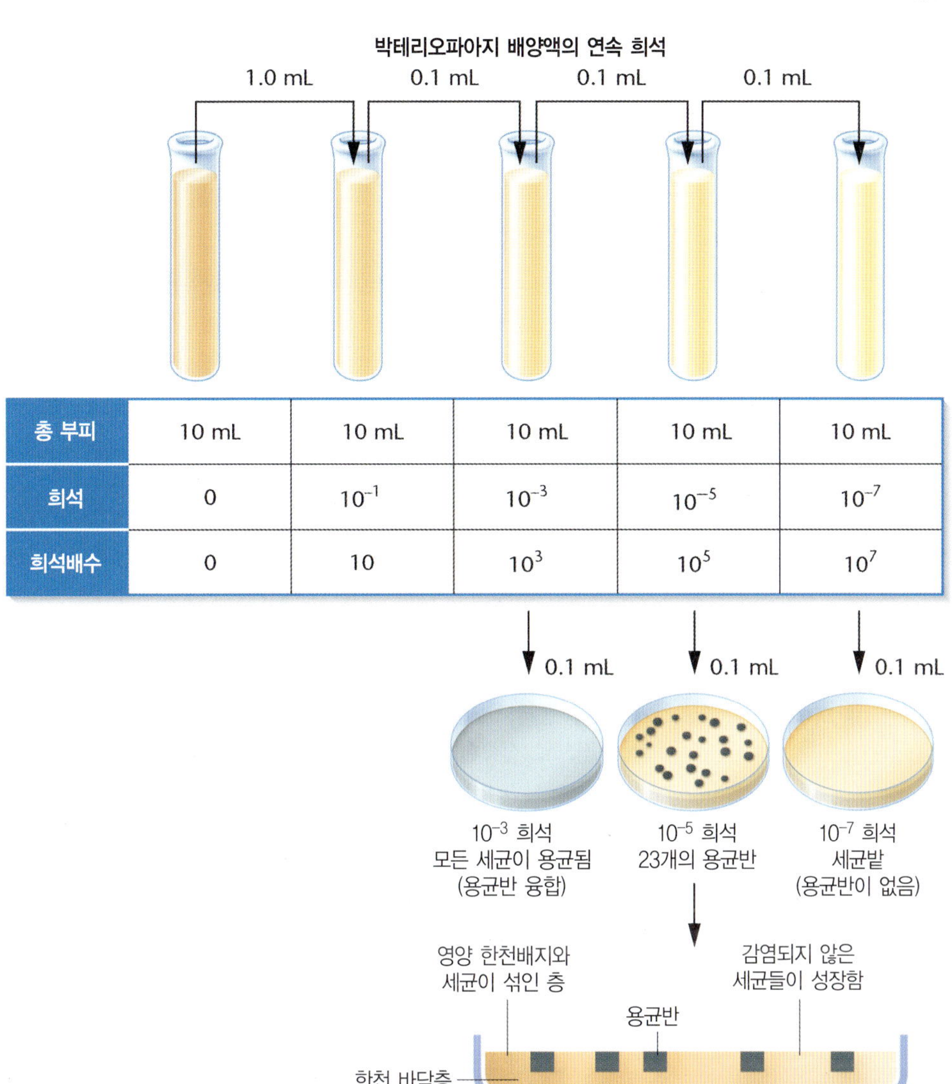

그림 8-16 박테리오파아지 분석을 위한 용균반 분석법(plaque assay, 플라크 에세이). 박테리오파아지로 감염시킨 배양세균의 연속 희석법을 이용한다. 세 가지 희석액(10^{-3}, 10^{-5}, 10^{-7})을 용균반 분석법으로 분석한다. 각 경우에서 0.1 mL의 희석액이 사용되었다. 각 용균반은 하나의 세균이 처음에 하나의 박테리오파아지에 의해 감염되었음을 나타낸다. 10^{-3} 희석에서는 너무 많은 용균반들의 존재 때문에 거의 모든 세균들이 용균된다. 10^{-5} 희석에서는 23개의 용균반들이 생겼다. 10^{-7} 희석에서는 희석배수가 너무 커서 0.1 mL의 시료에는 파아지가 존재하지 않았고 용균반이 생기지 않았다. 10^{-5} 희석된 시료 0.1 mL에서 원래의 박테리오파아지 농도는 $23 \times 10 \times 10^5$ 파아지/mL(23×10^6 혹은 2.3×10^7)이다. 사진은 *E. coli* 평판에서 자란 T2 파아지를 보여준다.

일이 일어났다. 한편, 희석 배수가 증가되면 용균반들은 그 수를 셀 수가 있게 되고, 최초 배양액 속의 바이러스 밀도를 추정할 수 있다:

최초의 파아지 밀도 = (용균반 수/mL) × (희석 배수)

그림 8-16에서 나타난 결과를 사용하면, 10^{-5}으로 희석한 용액의 시료 0.1 mL가 23개의 파아지 용균반을 나타냈으므로, 이 희석액 속에는 230 파아지/mL가 있다고 추정할 수 있다. 0.1 mL 속에 23개의 바이러스가 있었으므로, 희석되지 않은 시료의 초기 파아지 밀도는 다음과 같이 계산된다.

최초의 파아지 밀도 = (230/mL) × (10^5) = 230 × 10^5/mL

이 숫자가 10^{-5}에서 유도된 것이므로 우리는 10^{-7}의 희석액에는 0.23 파아지/0.1 mL가 있다고 추정할 수 있다. 결론적으로, 이 시험관에서 0.1 mL의 용액이 분석되면, 파아지 입자가 존재하지 않을 것이라는 추정이 가능하다. 그림 8-16에 온전한 세균층의 그림으로 이 가능성을 설명한다. 간단히 말해, 너무 많이 희석된 것이다.

용원성

바이러스와 세균 사이의 관계가 항상, '바이러스 증식과 세균의 용해'라는 결과만을 초래하는 것은 아니다. 1920년대에도 바이러스가 세균 안으로 들어가 세균과 공생하는 관계를 성립시키는 것이 알려져 있었다. 현재 이 공생에 대한 자세한 분자적 기초가 잘 알려져 있다. 바이러스 DNA의 도입 후, 세균의 세포질 내에서 복제되는 대신에 이 DNA는 세균의 염색체 내로 통합되어 **용원성**

(lysogeny)이라고 불리는 특징적인 발달 단계를 일으킨다. 곧이어 세균 염색체가 복제될 때마다 바이러스의 DNA도 복제되어 새로 만들어지는 딸세포로 전달된다. 어떠한 새로운 바이러스도 생겨나지 않으며, 세균세포의 용해 현상도 일어나지 않는다. 그러나 특정 화학 약품이나 자외선 같은 자극이 주어지면, 바이러스 DNA는 통합성을 잃고 복제, 증식, 그리고 세균의 용해를 개시하게 된다.

이러한 관계를 설명하는 몇 가지 용어들이 있다. 세균의 염색체로 통합된 바이러스 DNA를 **프로파아지**(prophage)라고 한다. 세균을 용해시키거나 혹은 프로파아지로 행동하는 바이러스들을 **용원성**(temperate) **파아지**라고 하고, 세포를 용해시키기만 하는 파아지를 **용해성**(virulent, 혹은 독성) **파아지**라고 한다. 프로파아지를 가지고 있는 세균을 **용원상태**(lysogenic)에 있다고 하는데, 즉 유도된 바이러스 증식의 결과 용해될 가능성이 있음을 뜻한다. 세균의 세포질에 있거나 세균 염색체 내의 일부분으로 복제되는 바이러스의 DNA는 **에피솜**(episome)으로 분류된다.

8.7 형질도입은 바이러스에 의해 매개되는 세균 DNA의 전달이다

1952년에, 노턴 진더(Norton Zinder)와 조슈아 레더버그(Joshua Lederberg)는 살모넬라균(*Salmonella typhimurium*)에서 가능한 유전자 재조합을 조사하였다. 두 가지 서로 다른 영양요구주를 혼합한 것으로부터 원영양체를 얻었음에도 불구하고, 연이은 조사로부터 이 재조합은 *E. coli*에서와 같은 F 요소에 의한 것과는 다른 방식으로 일어났음을 알아냈다. 이들이 발견한 박테리오파아지에 의한 세균의 재조합 과정은 이제 **형질도입**(transduction)이라고 불린다.

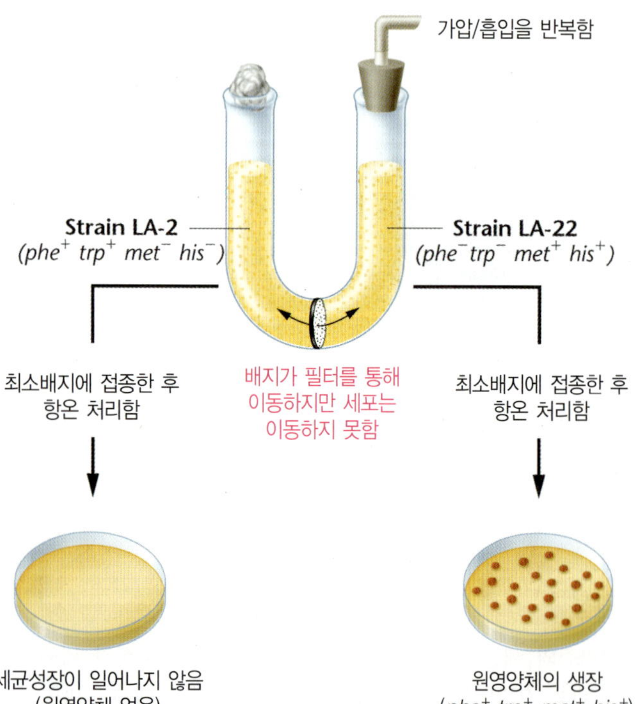

그림 8-17 살모넬라균을 이용한 레더버그-진더의 실험. 데이비스의 U자 관 양쪽에 서로 다른 영양요구주들을 넣은 후, 레더버그와 진더는 LA-22를 포함한 쪽에서 원영양체를 분리할 수 있었으나 LA-2 쪽에서는 원영양체가 나타나지 않았다.

레더버그-진더의 실험

레더버그와 진더는 살모넬라의 영양요구주인 LA-22와 LA-2를 혼합하고, 이 혼합물을 최소배지에 깔아 원영양체 세포들을 얻을 수 있었다. LA-22 균주는 아미노산인 페닐알라닌과 트립토판을 합성하지 못한다(phe^-, trp^-). 그리고 LA-2 균주는 메티오닌과 히스티딘을 합성하지 못한다(met^-, his^-). 원영양체(phe^+, trp^+, met^+, his^+) 세포들은 약 $1/10^5(10^{-5})$의 빈도로 얻어졌다.

이러한 관찰들이 처음에는 이미 접합성 *E. coli*에서 관찰되었던 형태의 재조합이라고 생각되었으나, 데이비스의 U자 관 실험 결과는 다른 양상을 나타냈다(그림 8-17). 두 가지 영양요구주를 유리섬유 필터로 가운데가 막힌 U자 관의 양쪽에 위치시켜, 세포 간의 접촉은 막았으나 공통의 배지를 사용하여 성장할 수 있도록 했다. 놀랍게도, 필터의 양쪽에서 시료를 취해 최소배지에 각각 독립적으로 접종한 결과, 원영양체는 LA-22 세균을 포함한 관 쪽의 시료에서만 얻어졌다. 만약 접합이 일어나는 것이었다면, 데이비스의 U자 관 실험에서는 모든 재조합이 방해를 받는다(그림 8-4를 보라)는 것을 기억하라.

LA-2 세포가 새로운 유전정보(phe^+와 trp^+)를 제공한 원인으로 보이기 때문에, 어떻게 이 정보가 필터를 통과하여 LA-2 세포에서 LA-22 세포로 이동하여 재조합이 일어나게 했는지는 미스터리였다. 이 모르는 물질은 **필터를 통과하는 물질**(filterable agent, FA)로 단순히 표시되었다.

세 가지 연속적인 관찰이 FA를 규명하는 데 유용하게 사용되었다:

1. FA는 LA-2 세포가 LA-22 세포와 연관되어 자랄 때에만 생산된다. 만일 LA-2 세포가 독립적으로 배양되면, 그 배지를 LA-22에 첨가하여도 재조합은 일어나지 않는다. 그러므로 LA-22 세포들은 LA-2 세포들이 FA를 생산하도록 하는데 어떤 작용을 하며, 이는 두 세포가 공동의 배지를 공유할 때만 일어난다.
2. 효소적으로 DNA를 분해하는 DNase의 존재는 FA를 불활성화시키지 못한다. 그러므로 FA는 노출된 DNA가 아니며, 따라서 형질전환은 배제된다.
3. FA는 데이비스의 U자 관에 사용된 필터의 구멍 크기를 박테리오파아지 크기보다 작게 하면 필터를 통과하지 못한다.

이러한 관찰과, 용원성 파아지들이 살모넬라균들을 용원화시킬 수 있다는 사실에 힘입어, 연구자들은 이 유전적 재조합 사건이, LA-22 살모넬라 균주의 염색체에 원래 프로파아지 상태로 존재하는 박테리오파아지 P22에 의해 매개되는 것으로 제안했다. 다음과 같은 가설이 세워졌다. P22 프로파아지는 드물게 영양성 혹은 용해성 상태로 돌입하여 증식한 후 LA-22 세포에서 방출된다. 그러한 파아지들은 세균보다 훨씬 작기 때문에 U자 관의 필터

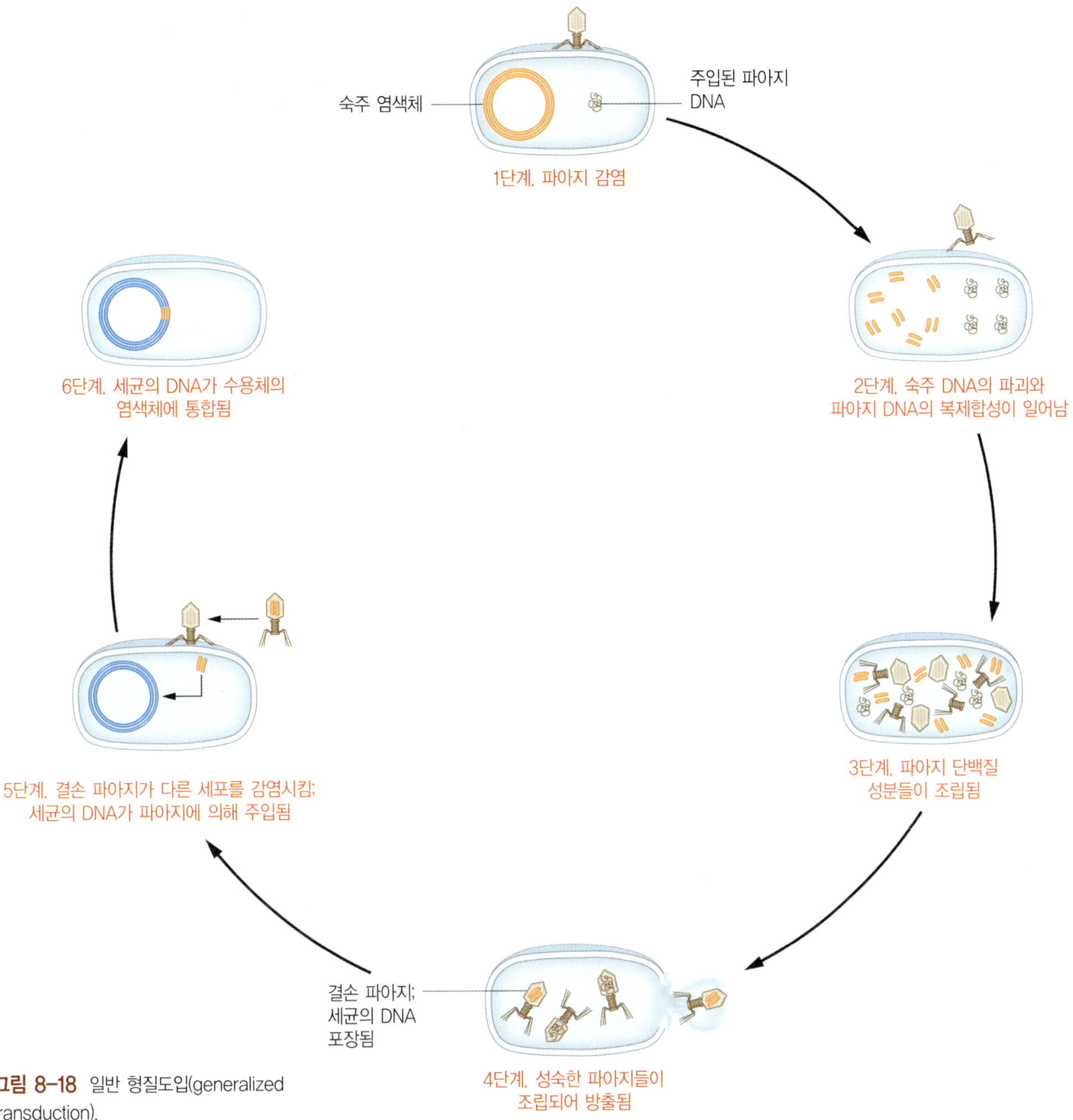

그림 8-18 일반 형질도입(generalized transduction).

를 통과하여 LA-2 세포들을 감염, 용해시킨다. LA-2 세포의 용해 과정에서 이들 P22 파아지는 우연히도 그들 머리에 LA-2 세포의 염색체 일부를 포장하게 된다. 만일 이 부분이 *phe*$^+$와 *trp*$^+$ 유전자를 포함하고 있었다면, 그리고 그 파아지들이 다시 필터를 통과하여 LA-22 세포를 감염시킨다면, 이들 새로운 용원성 세균들은 원영양체로 행동하게 될 것이다. 박테리아 P22에 의해 매개되는 세균의 재조합을 형질도입(transduction) 과정이라 하며 그림 8-18에 도식화하였다.

형질도입의 성질

심층적인 연구로 다른 세균종들에서도 형질도입 파아지들이 존재함이 밝혀졌다. 예를 들어, *E. coli*는 파아지 P1과 λ에 의해 형질도입될 수 있다. *Bacillus subtilis*와 *Pseudomonas aeruginosa*는 파아지 SPO1과 F116에 의해 각각 형질도입이 가능하다. 몇 가지 다른 양식의 형질도입이 자세하게 밝혀졌다. 비록 형질도입의 첫 발견은 용원성 파아지와 용원성 세균에 관한 것이었지만, 동일한 과정이 바이러스의 정상적인 용해 회로 중에도 발생할 수 있다. 때때로 작은 크기의 세균 DNA가 바이러스 염색체를 따라 포장되어, 형질도입 파아지는 바이러스와 세균의 DNA를 모두 포함하게 된다. 이러한 경우에는 아주 일부의 세균 유전자들만이 형질도입 파아지에 존재한다. 그러나 세균의 DNA만 포장되는 경우에는, 세균 염색체의 약 1% 정도까지 바이러스 머리로 포장될 수 있다. 어떤 형태의 DNA가 바이러스 머리에 포장되었는지는 바이러스의 감염능에 영향을 미치지 않는다. 즉, 두 경우 모두 형질도입이 가능하다.

바이러스 DNA가 아닌, 세균의 DNA가 다른 세균으로 주입되면, 그것은 세포질에 남든지, 아니면 세균 염색체의 상동 부분과 재조합을 일으키게 된다. 만약 세균의 DNA 조각이 세포질에 남는다면 복제는 일어나지 않으며 세포분열이 일어남에 따라 딸세포 중의 어느 하나로 들어가게 된다. 이런 일이 일어나게 되면, 한 개의 세포만이 형질도입된 유전자에 대해 부분적인 이배체가 되는데 이러한 현상을 **비진행성 형질도입(abortive transduction)**이라고 한다. 세균의 DNA 조각이 염색체 내의 상동 부분과 재조합을 일으키면, 형질도입된 유전자들은 염색체의 일부로 복제되어 모든 딸세포로 전달된다. 이러한 과정은 **완전 형질도입(complete transduction)**이라고 한다.

비진행성, 완전 형질도입 모두 **일반적인 형질도입(generalized transduction)**이라는 큰 범주에 속하며, 이 일반적 형질도입은 DNA 조각과 형질도입되는 유전자들의 무작위성이 특징이다. 세균의 염색체 조각들 각각은 파아지 머리에 포장될 확률이 매우 적다. 대부분의 일반적인 형질도입은 비진행성이며, 완전 형질도입은 10~20배 정도 낮은 빈도로 일어남을 제시하는 자료들이 있다.

형질도입과 유전자 지도 작성

형질전환처럼, 일반적인 형질도입도 세균 염색체의 연관과 유전자 지도 작성 연구에 사용되었다. 세균의 형질도입 사건에 관여하는 세균의 DNA 조각은 상당수의 유전자를 포함할 만큼 크다. 결과적으로 세균 염색체에서 아주 가까이 위치한 두 개의 유전자는 동시에 도입될 수 있는데 이를 **동시형질전환(cotransduction)**이라고 한다. 염색체상에서 상당히 떨어져 있는 두 유전자가 하나의 DNA 조각 안에 포함되기 위해서는 하나의 세포에 대한 두 번의 독립적인 도입 사건이 발생해야 한다. 이것은 공동형질도입보다 훨씬 낮은 확률로 일어나기 때문에, 연관 정도가 결정될 수 있다.

두 개 혹은 세 개의 연관 유전자에 초점을 맞추면, 형질도입 연구는 이들 유전자의 정확한 순서를 결정할 수 있게 해준다. 유전자들이 서로 가까이 연관되어 있을수록, 공동형질도입의 빈도는 증가한다. 세 개의 아주 연관이 높은 유전자들을 사용한 지도 작성 연구가 행해질 수 있고, 그러한 실험에 대한 분석은 다른 지도 작성 기법에 깔려 있는 것과 동일한 근본원리에 의해 예상될 수 있다.

8.8 박테리오파아지는 유전자간 재조합을 겪는다

1947년쯤에 몇몇 연구팀이 박테리오파아지에서도 유전적 재조합이 추적될 수 있음을 보여주었다. 이로써 이들 바이러스에서도 유전자 지도 작성이 행해질 수 있었다. 그러한 연구들은 눈으로 확인할 수 있거나 검사가 가능한 많은 수의 파아지 돌연변이를 찾는데 의존한다. 세균이나 진핵생물에서처럼, 이 돌연변이들은 유전자를 규명하고 유전자 지도 작성 실험을 가능하게 해준다. 그러므로 이들 세균성 바이러스에서의 재조합이나 지도작성을 고려하기에 앞서, 연구가 되었던 몇 가지 돌연변이를 간단히 소개하려고 한다.

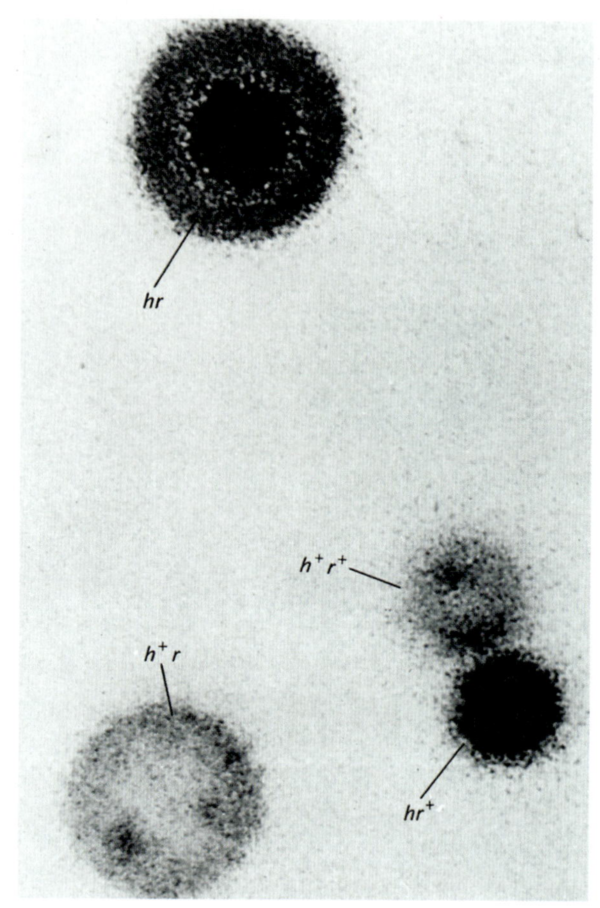

그림 8-19 *E. coli*에 두 종류의 T2 파아지인 h^+r과 hr^+로 동시에 감염시킨 후 관찰한 용균반 모양의 표현형들. 부모의 유전자형뿐 아니라, 재조합형 용균반인 *hr*과 h^+r^+도 얻어졌다.

박테리오파아지 돌연변이들

파아지 돌연변이들은 종종 세균세포들을 용해시킴에 따라 형성되는 용균반의 모양에 영향을 미친다. 예를 들어, 1946년 알프레드 허시(Alfred Hershey)는 대장균 균주 B가 자란 접시에서 특이한 T2 용균반을 관찰하였다. 정상적인 T2 용균반은 작고 투명한 중간부분 주위가 거의 눈에 안 보이는 퍼짐에 의해 둘러싸여 있는데 반해(따라서 가장자리가 뚜렷하다), 비정상적인 용균반은 더 크고 뚜렷한 외부 주위를 가진다(그림 8-19). 이러한 용균반에서 바이러스들을 분리하여 다시 *E. coli*에 깔아주었을 때 생기는 용균반은 동일한 것이었다. 그러므로 용균반의 표현형은 이 돌연변이 파아지의 증식에 의해 나오는 유전성 형질인 것이다. 허시는 이 돌연변이를 '*rapid lysis*(*r*)' 이라고 명명하였는데 그 이유는 더 빠르거나 아니면 더 효과적인 파아지 생활사로부터 기인한 더 큰 용균반이 생기기 때문이다. 지금은 야생형 파아지에서의 증식이 일단 방해를 받으면 특정 크기의 용균반이 생성된다는 것이 알려져 있다. *r* 돌연변이 T2 파아지는 이러한 방해를 극복할 수 있으며 따라서 더 큰 용균반이 생성된다.

살바도르 루리아(Salvador Luria) 역시 다른 박테리오파아지 돌연변이를 발견했는데, '*host range*(*h*)' 이다. 이 돌연변이는 파아지가 감염시킬 수 있는 숙주의 범위를 넓혀준다. 야생형 T2 파

표 8.1 T-짝수 파아지들의 몇 가지 돌연변이 형태

이름	설명
minute	작은 용균반
turbid	*E. coli* B 균주에서 혼탁한 용균반 형성
star	불규칙한 용균반
UV-sensitive	UV 감수성 변화
acriflavin-resistant	아크리플라빈 포함 한천배지에서 용균반 형성
osmotic shock	증류수에서 빠르게 희석되지 않음
lysozyme	리소자임 없음
amber	*E. coli* K12에서는 크지만 B 균주에서는 자라지 못함
temperature-sensitive	25°C에서는 자라나 42°C에서는 성장하지 않음

아지는 *E. coli* B 균주를 감염시킬 수 있으나 정상적으로는 *E. coli* B-2의 표면에는 달라붙지도 못하고 흡수되지도 못한다. 그러나 *h* 돌연변이는 흡착의 기초를 제공함으로써 *E. coli* B-2 균주를 감염시킬 수 있다. *E. coli* B 균주와 B-2 균주를 섞은 접시에서 길러지면 *h* 용균반의 중앙은 h^+ 용균반보다 더 어둡다(그림 8-19).

표 8.1은 T-짝수 시리즈의 파아지(예를 들어, T2, T4, T6)들에서 분리되어 연구되었던 여러 형태의 돌연변이 목록이다. 이들 돌연변이는 박테리오파아지에서의 유전현상을 연구하는 데 매우 중요하다.

유전자간 지도 작성

박테리오파아지에서의 유전적 재조합은 두 가지 뚜렷한 돌연변이주를 동시에 같은 세균 배양에 감염되도록 하는 **혼합 감염 실험**(mixed infection experiment) 중에 발견되었다. 이들 연구는 대부분의 세포들이 두 종류의 바이러스에 의해 동시에 감염이 될 수 있도록 바이러스 입자들의 수가 세균 수보다 훨씬 많게 한다. 두 좌위가 관여하기 때문에, 재조합은 유전자 사이에서 일어나는 것으로 간주된다.

예를 들어, T2/*E. coli* 시스템을 사용하는 연구에서 부모 바이러스들은 h^+r(야생형의 숙주 범위, 빠른 용균)이거나 hr^+(늘어난 숙주 범위, 정상 용균) 유전자형이었다. 재조합이 일어나지 않았다면, 기대되는 자손 바이러스의 유전자형은 오로지 두 가지의 부모 형태일 것이다. 그러나 부모형 외에도 재조합체인 h^+r^+와 hr 들이 발견되었다(그림 8-19를 보라). 진핵세포에서와 같이, 재조합 용균반들의 백분율(%)을 총 용균반 수로 나눈 것은 두 유전자 사이의 상대적인 거리를 나타낸다.

재조합 빈도 = $(h^+r^+ + hr)$/총 용균반 수 × 100

*h*와 *r* 좌위에 대한 예시 자료가 표 8.2에 나와 있다.

여러 종류의 박테리오파아지에서 많은 수의 돌연변이 유전자

표 8.2 파아지 T2에서, *h*와 *r* 유전자들을 포함한 교배의 결과 ($hr^+ \times h^+r$)

유전자형	용균반 수	의미
$h\ r^+$	42	부모형 자손 76%
$h^+\ r$	34	
$h^+\ r^+$	12	재조합형 자손 24%
$h\ r$	12	

출처: Data derived from Hershey and Rotman, 1949.

들을 가지고 비슷한 재조합 연구들이 수행되었다. 자료들은 진핵세포에서의 지도 작성 자료에서와 거의 같은 방식으로 분석된다. 둘 혹은 세 개의 지점을 이용한 지도 작성 교배들이 가능하고, 총 자손 파아지 수 중 재조합체들의 백분율이 계산된다. 이 값은 염색체를 구성하는 DNA 분자를 따라 존재하는 두 유전자 사이의 상대적인 거리에 비례한다.

파아지 재조합에 대한 조사들은 진핵세포의 교차와 유사한 모델-바이러스 염색체들 사이의 절단과 재결합 과정-을 지지한다. 지금은 바이러스 재조합의 역학에 대한 상당히 뚜렷한 그림이 나오고 있다. 감염 초기를 지나, 파아지의 염색체들이 복제되기 시작한다. 이 단계가 진행되면서 한 무더기의 염색체들이 세균의 세포질에 축적된다. 두 유전자형의 파아지에 의해 이중으로 감염이 일어났다면, 그 한 무더기의 염색체들은 처음엔 두 부모 형태의 염색체들의 혼합일 것이다. 이들 두 형태 사이에서 유전적 교환은 복제 전에, 복제 중에, 그리고 복제 후에도 일어날 것이며 재조합 형태의 염색체를 생산하게 된다.

여기서 논의하고 있는 h^+r와 hr^+의 예에서, 재조합 형태인 h^+r^+와 hr 염색체가 생성된다. 이들 염색체 각각은 서로서로 교환한 새로운 복제품들과 부모형 염색체들을 가지고, 복제를 일으킬 수 있다. 게다가, 재조합은 두 염색체 사이로 한정된 것이 아니며, 셋 혹은 그 이상의 염색체들이 동시에 관여할 수도 있다. 파아지 발달이 진행됨에 따라 염색체들은 무작위로 집단에서 추출되어 파아지 머리로 포장되어 성숙한 파아지 입자를 만든다. 그러므로 다양한 부모형과 재조합형 유전자형들이 자손 파아지들에서 표현될 수 있다.

이 문제를 풀어보자

201페이지 21번 문제는 박테리오파아지에서 수행되는 유전자간 지도 작성 이해에 관한 것이다. 여러분은 재조합 자료들로부터 지도를 그려야 한다.

힌트: 지도 작성은 둘 혹은 그 이상의 계통-특이적 박테리오파아지에 의한 한 세균의 동시감염 중에 발생하는 재조합에 기초한다. 파아지들에서의 지도 작성은 진핵세포에서의 3점 지도 작성과 비슷하다. 재조합 확률은 파아지 염색체상에 존재하는 두 유전자 사이의 거리에 따라 다르다.

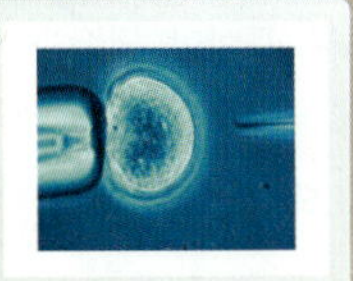

유전학, 기술, 그리고 사회

세균 유전자들과 질병: 유전자 발현에서 먹는 백신들까지

분자 유전학적 도구들이 들어 있는 도구상자를 확장시켜 사용함으로써, 과학자들은 우리 인간들에 영향을 미치는 대부분의 심각한 세균성 질병들 중 일부를 억제하고 있다. 앞으로 살펴볼 것과 마찬가지로, 우리가 새로 습득한 세균 유전자에 대한 이해는 직접적으로, 먹는 백신들에 기초한 놀랍고 새로운 처방을 이끌어 내었다. 콜레라와 B형 간염에 대한 백신 이야기는 이러한 연구들의 모델이다. 콜레라에 초점을 맞추어 보자.

콜레라의 원인물질인 *Vibrio cholerae*는, 굽어져 있으며 막대 모양을 가진 세균으로 강이나 바다에서 주로 발견된다. 대부분의 *V. cholerae* 계통들은 무해하다; 오직 몇 종류들만이 병원성이다. 사람이 병원성인 *V. cholerae*로 오염된 물이나 식품을 먹었을 때 감염이 발생한다. 일단 소화기 내로 들어오면, 이 세균들은 소장에서 번식하여 엔테로톡신이라는 단백질을 생산하는데, 이것은 장 내벽을 싸고 있는 점막세포 내로 침입한다. 콜레라의 엔테로톡신은 이들 세포에서 다량의 수분과 용해된 염들을 분비하도록 한다. 이 결과로 심한 설사가 나타나는데, 만약 손을 쓰지 않으면, 심한 탈수, 근육경련, 혼수상태, 그리고 종종 사망까지도 일어날 수 있다. 엔테로톡신은 A와 B 소단위라고 불리는 두 종류의 폴리펩티드로 구성되며 독립된 두 유전자에서 암호화된다.

콜레라는 기초 공중 보건이 모자라고 수원이 자주 오염되는 제3세계들 전체에서는 유아와 어린이 사망의 주요 원인이다. 1994년 7월에 7만 건의 콜레라가 자이레의 고마 피난민 촌에서 보고되었고 12,000명의 르완다 사람들이 죽었다. 100년 이상 발병하지 않다가, 1991년 라틴 아메리카에서도 콜레라가 페루에서 멕시코로 번져 1만 명 이상이 사망한 것으로 보도되었다. 2001년에 28개 나라에서 40건 이상의 콜레라가 발생한 것으로 국제 보건기구에 보고된 바 있다.

콜레라를 퇴치하기 위한 새로운 유전학적 기술이 출현하고 있다. 이러한 기술은 백신으로 작용하는 유전적으로 조작된 식물들에 초점을 맞추고 있다. 외래 유전자를 식물 유전체로 삽입시켜 전사, 번역되도록 하면, 외래 유전자 산물을 포함한 유전자 조작(형질전환) 식물이 생성된다. 항원이 세균 감염에 대한 항체의 생산을 촉진시키기 때문에 면역화를 위해서는 이러한 식물들을 먹는 것이 필요하다. 콜레라 엔테로톡신의 B 소단위가 소장세포에 결합하기 때문에, 이 폴리펩티드가 항원 폴리펩티드로 주목을 받았다. 이것에 대한 항체는 독소의 결합을 방해하여 세균을 무해하게 할 수 있을 것으로 생각되었다.

식물에서 먹는 백신을 개발하는 노력을 이끄는 사람은 찰스 안첸(Charles Arntzen)과 코넬 대학의 협력자들이다. 이 시스템을 검사하기 위해, 안첸은 대장균의 엔테로톡신을 구성하는 B 소단위를 이용하였다. 이것은 구조적으로나 면역학적 성질이 콜레라의 단백질과 유사하다. 첫 단계는 B 소단위를 암호화하는 유전자의 DNA 클론을 얻어 이것을 식물의 모든 조직에서 전사될 수 있도록 하는 프로모터와 연결시키는 것이었다. 두 번째는 이 혼성 유전자를 아그로박테리아 매개성 형질전환으로 감자로 도입하는 것이었다. 안첸과 그 동료들은 식물의 먹을 수 있는 부분인 괴경(감자)에서 항원의 효율성을 쉽게 확인할 수 있도록 하기 위해 감자를 선택했다. 분석을 거쳐 조작된 식물들이 새로운 유전자를 발현하여 엔테로톡신 B 소단위를 생산하는 것을 확인할 수 있었다. 세 번째 단계는 이 유전적으로 조작된 감자 몇 밀리그램을 쥐에게 먹이는 것이었다. 안첸은 이 쥐들이 B 소단위에 대한 특정 항체를 생산했으며, 이들을 소장으로 분비한다는 것을 발견했다. 그리고 가장 중요한 것은, 나중에 정제된 엔테로톡신을 먹은 쥐들은 독소의 효과에서 보호를 받았으며 콜레라의 증상도 나타내지 않았다. 1998년에 사람에 대한 임상 실험이 수행되었는데, 지원자 거의 모두가 면역반응을 일으켰으며, 아무도 부작용을 나타내지 않았다.

안첸 그룹은 또한 바나나와 토마토에서 먹는 백신을 생산하고 있다. 바나나는 감자보다 몇 가지 이점을 가진다. 바나나는 감자와는 달리, 열대 혹은 아열대 개발 도상국가들 전체 아무데서나 재배가 가능하고, 날것으로 먹을 수 있어서 요리로 인한 항원의 잠재적 불활성화를 피할 수 있다. 마지막으로, 바나나는 유아와 어린이들이 좋아하므로 이러한 면역적 접근법이 보다 용이해진다. 모든 것이 계획대로 된다면, 언젠가는 제3세계 어린이들이 콜레라에 대해 면역성을 갖게 될 것이다.

안첸의 실험은 인간의 다양한 질병들에 관한 다른 연구 노력들의 모델이 되었다. 캐나다 온타리오에 있는 존 P. 로바츠 연구소(John P. Robarts Institute)의 한 연구팀은 감자에서 생산된 백신이 쥐에서 소아형 당뇨를 억제할 수 있음을 보여주었다. 프랑스의 메리스템 쎄라퓨틱스(Meristem Therapeutics)는 낭포성 섬유증(cystic fibrosis)의 효과를 완화하기 위해 옥수수를 사용하는 임상 실험 중에 있다. 오스트레일리아의 한 연구팀은 홍역(measles) 바이러스에서 발견되는 단백질을 생산하는 담배를 성공적으로 만들어 냈다. 쥐에게 담배잎 추출물을 먹여 면역성을 유도하는 것이 증명된 후에 이 홍역 백신은 영장류에 대한 검사가 시작되었다. 담배 식물은 크론병(Crohn' s disease)을 치료하기 위해 항바이러스 단백질인 인터루킨 10을 생산하는 데도 사용되고 있다. 광견병(rabies), 탄저병(anthrax), 파상풍(tetanus), 그리고 AIDS에 대한 백신을 만들기 위해 비슷한 노력들이 진행되고 있다.

비록 먹는 백신들이 미래를 약속하는 것처럼 보이긴 하지만, 아직도 다루어져야 할 많은 문제들이 남아 있다. 한 가지 문제는 양(dosage)에 관한 것이다. 식물들은 항원의 농도가 다양하다. 소화되는 감자나 바나나의 양 역시 다양할 수 있어서 소비되는 양을 변화시킨다. 한 가지 방법은 식물 추출물을 포함하는 캡슐로 바꾸어 이 항원의 양을 표준화하는 것이다. 또 다른 걱정은 형질전환 작물을 키우는 것과 관련된 잠재적 환경 재앙에 관한 것이다. 특히, 이동 유전자들이 원래 식물 집단으로 들어가지 않도록 조치가 취해져야 할 것이다. 그리고 일부 국가의 사람들은 유전적으로 조작된 식품에 대해 도덕적으로 반대한다. 이러한 장애가 극복될 수 있다면, 먹는 백신은 인간의 많은 질병들을 고치는 데 훌륭한 약속을 하게 될 것이다.

참고문헌

Ariza, L. M. 2005. Defensive eating. *Scien. Amer*. May 2005, p. 25.

Haq, T. A., Mason, H. S., Clements, J. D., and Arntzen, C. J. 1995. Oral immunization with a recombinant bacterial antigen produced in recombinant bacterial antigen produced in transgenic plants. *Science* 268: 714-776.

Mason, H. S., Warzecha, H., Mor, T., and Arntzen, C. J. 2002. Edible plant vaccines: Applications for prophylactic and therapeutics molecular medicine. *Trends Mol. Med*. 8: 24-329.

단원 요약

1. 세균에서의 유전성 표현형 변이는 자연 돌연변이에 의해 생긴다.
2. 세균에서의 유전적 재조합은 3가지 방식: 접합, 형질전환, 형질도입에 의해 일어날 수 있다.
3. F 요소라고 불리는 플라스미드를 가지고 있는 세균에 의해 접합이 시작된다. 공여세포의 세포질에 F 요소가 존재하면(F^+), 수용체 세포인 F^- 세포는 F 요소의 사본 하나를 받게 되어 F^+ 상태로 바뀐다.
4. F 요소가 공여세포의 염색체로 통합되고(Hfr), 수용체인 F^- 세포와의 재조합이 개시되면 유전정보가 단일 방향으로 흐르게 된다. 세균 염색체의 시간 지도 작성(time mapping)은 공여자 염색체내 F 요소의 위치와 방향에 기초한 것이다.
5. *rec*이라는 유전자 그룹의 산물들은, 들어간 DNA와 수용체 세균의 염색체 사이의 재조합에 직접적으로 관여한다.
6. F 요소와 같은 플라스미드들은 스스로 복제가 가능한 DNA 분자로서 세균세포의 세포질에서 발견된다. 플라스미드는 항생제 저항성과 같은 독특한 유전자들뿐 아니라 접합시에 이 DNA의 전달에 필요한 유전자들을 포함하고 있다.
7. 세포의 접촉을 필요로 하지 않는 형질전환 현상에서는 외부의 DNA가 수용체 세균세포의 염색체 내로 들어가게 된다. 가까이 위치한 유전자들의 연관 지도 작성은 이 과정을 이용하여 이루어진다.
8. 박테리오파아지(세균을 감염시키는 바이러스들)는 숙주세포 내에서 증식하는 과정의 생활사를 나타낸다. 이들은 용균반 분석법(plaque assay)을 이용하여 연구된다.
9. 박테리오파아지들은 용균성일 수 있는데 이때에는 감염된 후 증식하고 숙주세포를 터뜨리게 된다; 혹은 숙주세포 내에서 용원성일 수 있는데 이 경우에는 감염된 후 자신들의 DNA를 숙주세포의 염색체에 통합시킨 후 증식하지 않는 상태로 존재한다.
10. 형질도입(transduction)은 바이러스에 의해 매개되는 세균성 DNA의 재조합이다. 용원성인 상태의 세균들이 용균성 회로로 들어가게 되면, 새로운 박테리오파아지들은 숙주(세균)의 DNA를 전달하는 운반체로 작용하게 된다. 일반 형질도입의 과정에서는 세균 염색체의 임의의 부분이 전달된다.
11. 형질도입은 세균의 연관과 지도 작성 연구에도 사용된다.
12. 용균반 모양새나 숙주 범위 등 다양한 돌연변이 표현형이 박테리오파아지 연구에 이용된다. 이들은 바이러스에서의 유전적 교환과 지도 작성 연구의 기초가 된다.

주요 용어

Col 플라스미드(Col plasmid)
F 선모(F pilus)
F^+ 세포(F^+ cell)
F^- 세포(F^- cell)
F' 세포(F' cell)
F 요소(F factor)
R 플라스미드(R plasmids)
r-결정인자(r-determinants)
rec 유전자들(*rec* genes)
RecA 단백질(RecA protein)
RecBCD 단백질(RecBCD protein)
고빈도 재조합(high-frequency recombination, Hfr)
공동형질도입(cotransduction)
공동형질전환(cotransformation)
독성 파아지(virulent phage)
로그 성장기(logarithmic (log) phase)
먹는 백신(edible vaccines)
박테리오파아지(bacteriophage)
부동 시험(fluctuation test)
부분접합자(merozygote)
생식력 요소(fertility factor)
성선모(sex pilus)
세균(bacteria)
수용능(competence)
에피솜(episome)
연속희석법(serial dilution)
영양요구주(auxotroph)
용균반(plaque)
용균반 분석법(plaque assay)
용원(lysogeny)
용원성 파아지(temperate phage)
용원성의(lysogenic)
원영양체(prototroph)
유전적 재조합(genetic recombination)
이형이중체(heteroduplex)
자연 돌연변이(spontaneous mutation)
저항성 전달 요소(resistance transfer factor, RTF)
적응가설(adaptation hypothesis)
접합(conjugation)
정체기(stationary phase)
지체기(lag phase)
짝짓기 교환기술(interrupted mating technique)
최소배지(minimal medium)
콜리신(colicin)
콜레라(cholera)
파아지(phage)
프로파아지(prophage)
플라스미드(plasmid)
필터를 통과하는 물질(filterable agent, FA)
형질도입(transduction)
형질전환(transformation)
혼합감염실험(mixed infection experiments)

통찰과 해법

1. 유전자 *his*, *leu*, *mal* 그리고 *xyl*이 관여된 세균 접합에서 시간 지도 작성법이 행해졌다. 수용체 세포들은 이 모든 유전자들에 대해 영양 요구성이었다. 25분이 지난 후에 접합이 방해되었고 다음과 같은 수용체 세포들이 나타났다. F 요소의 시작점(origin, *O*)에 대해 이들 유전자의 상대적이 위치들은 어떠하겠는가?

90%의 수용체 세포들이 xyl^+
80%의 수용체 세포들이 mal^+
20%의 수용체 세포들이 his^+
0% leu^+

해법: *xyl* 유전자가 가장 높은 빈도로 이동되었으므로 이것이 *O*에 가장 가깝다. *mal* 유전자가 그 다음으로 *xyl* 유전자에 가깝게 위치하고 *his* 유전자가 따라 온다. *leu*에 대한 어떠한 재조합체도 회수되지 않은 것으로 보아 *leu* 유전자는 이들 세 유전자보다 훨씬 떨어져 있을 것으로 생각된다.

2. 여러 달 동안 배양했던 원래의 F^+로부터 유래한, 4가지 Hfr 균주에서 일단의 가상적인 유전자들이 연구되었고 다음과 같은 순서로 이동하는 것으로 보여졌다.

(a) 염색체상에서 B가 제일 앞에 있다고 가정하고, 이들 유전자의 서열을 결정해 보라. (b) 하나의 균주가 분명히 문제점을 일으킬 것이다. 어떤 문제인가? 왜 이 딜레마가 분명히 있지만 실제로는 일어나지 않는 것인지 설명해 보라.

Hfr 균주	이동 순서					
1	*E*	*R*	*I*	*U*	*M*	*B*
2	*U*	*M*	*B*	*A*	*C*	*T*
3	*C*	*T*	*E*	*R*	*I*	*U*
4	*R*	*E*	*T*	*C*	*A*	*B*

해법:

(a) 각 균주의 유전자들이 옮겨지는 순서대로 겹쳐봄으로써 답을 얻을 수 있다.

균주 2: *U M* ***B A C T***
균주 3: ***C T E R*** *I U*
균주 1: ***E R I U M*** *B*

*B*로부터 시작하면, 유전자들의 서열은 *BACTERIUM*이 된다.

(b) 4번 균주가 모순이 되는데 F 요소가 반대 방향으로 통합되어 있다면 문제가 풀린다. 그러므로 유전자가 반대 방향으로 있으면서 *R*부터 시작되었으므로,

$$\xrightarrow{RETCAB}$$

가 된다.

3. 세 개의 세균 균주가 각각 서로 다른 돌연변이들인 a^-, b^- 또는 c^- 들을 가지고 있으며 형질전환 실험에서 공여세포로 작용한다. 수용체 세포는 이들 유전자에 대해서는 야생형이지만 d^-를 발현한다.

(a) 다음 자료를 바탕으로, *d* 유전자가 *a*, *b*, *c* 유전자에 선행한다고 가정하고 연관지도를 제안해 보라. (b) DNA 공여세포가 야생형이고 수용체 세포가 a^-b^-, a^-c^-, 혹은 b^-c^-라고 한다면 어떤 경우의 야생형 재조합체가 가장 많이 나타날 것으로 예상되는가?

DNA 공여세포	수용체 세포	형질전환 결과	형질전환 빈도
a^-d^+	a^+d^-	a^+d^+	0.21
b^-d^+	b^+d^-	b^+d^+	0.18
c^-d^+	c^+d^-	c^+d^+	0.63

해법:

(a) 이 자료는 *a*, *b*, *c*, *d* 유전자 사이들의 상대적인 거리를 나타낸다. *a*와 *b* 유전자들은 *d* 유전자로부터 거의 같은 거리만큼 떨어져 있으므로 상당히 연관이 높다. *c* 유전자는 좀 멀리 떨어져 있다. *d* 유전자를 다른 것들보다 선행한다고 놓았으므로 지도는 다음과 같이 그려진다.

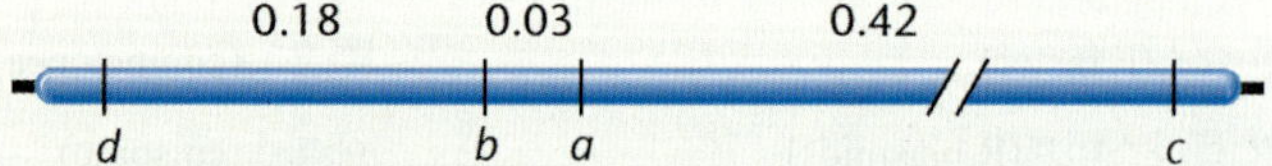

(b) *a*와 *b* 유전자가 밀접하게 연관되어 있으므로 한 번의 사건으로 공동 전달될 가능성이 높다. 그러므로 수용체 세포가 a^-b^-인 경우가 야생형으로 바뀔 가능성이 가장 높다.

연습문제 및 토론문제

1. 세균의 재조합 방식 세 가지를 구별하여 설명하여라.

2. F^+와 F^- 세균의 접합과 관련하여 다음 질문에 답하라: (a) 물리적인 접촉이 필수적이라는 것을 어떻게 증명했나? (b) 염색체 전달이 단일 방향성이라는 것은 어떻게 확인될 수 있었나? (c) F^+ 세균의 유전학적 기초는 무엇인가?

3. $F^+ \times F^-$와 Hfr $\times F^-$ 세균 교배 사이의 차이를 모두 나열하라.

4. F^+, F^-, Hfr, F' 세균들 사이의 차이점을 열거해 보라.

5. Hfr $\times F^-$ 교배에서 염색체 지도 작성의 기초에 대해 설명하라.

6. Hfr $\times F^-$ 접합에서 F^+가 별로 나오지 않는 이유는?

7. F' 세균과 부분이배체(merozygote)의 기원에 대해 설명하라.

8. 형질전환의 기구에 대해 설명하라.

9. 한 형질전환 실험에서 수용체 세균의 유전자형은 a^-b^-였고 결과는 아래와 같이 얻어졌다. a와 b 유전자의 상대적인 위치에 대해 내릴 수 있는 결론은 무엇인가?

	형질전환체 (%)		
형질전환 DNA	a^+b^-	a^-b^+	a^+b^+
a^+b^+	3.1	1.2	0.04
a^+b^- and a^-b^+	2.4	1.4	0.03

10. 형질전환 실험에서 공여 DNA가 원영양성 균주($a^+b^+c^+$)로부터 얻어졌고, 수용체는 이 세 유전자에 대해 영양 요구성($a^-b^-c^-$)이다. 다음 자료들이 얻어졌다. 이들 세 유전자 사이의 연관관계에 대해 어떠한 결론을 끌어낼 수 있겠는가?

$a^+b^-c^-$	180
$a^-b^+c^-$	150
$a^+b^+c^-$	210
$a^-b^-c^+$	179
$a^+b^-c^+$	2
$a^-b^+c^+$	1
$a^+b^+c^+$	3

11. 박테리오파아지 유전체는 주로 머리, 깃, 그리고 꼬리와 꼬리섬유를 구성하는 단백질을 암호화하는 유전자들로 구성된다. 감염 후에 이들 유전자가 전사될 때, 이들 파아지 유전체에는 리보솜 구조에 필수적인 유전자들이 결핍되어 있는 데도 이들 단백질이 합성될 수 있는 이유는?

12. 박테리오파아지의 생활사를 단계적으로 설명하라.

13. 용균반 분석에서 단일 용균반의 정확한 기원은 무엇인가?

14. 용균반 분석법에서 하나의 용균반을 구성하는 것은 무엇인가?

15. 박테리오파아지를 포함한 1.0 mL의 용액으로 용균반 분석을 실시하였다. 이 용액은 연속적으로 3번 희석되었는데, 각 희석은 9.9 mL의 배지 용액에 0.1 mL의 원 용액을 취하여 섞음으로써 이루어졌다. 마지막 희석액에서 17개의 용균반이 생겼다. 원래의 1.0 mL에서 박테리오파아지의 초기 밀도는 얼마인가?

16. 박테리오파아지의 감염시 용균 회로와 용원 회로 사이의 차이점은?

17. 프로파아지를 설명하라.

18. 레더버그와 진더가 그들의 형질도입 실험에서 회복된 원영양성이 F 요소에 의해 매개된 접합이 아니라는 결론을 내린 관찰에 대해 설명하여라.

19. 일반형질도입에 대해 설명하고 비진행성 형질도입과 완전형질도입을 구분하라.

20. 일반형질도입이 어떻게 세균의 염색체 지도 작성에 사용될 수 있는지 설명하라. 공동형질도입은 지도작성에 어떤 역할을 하는가?

21. 두 가지 가상적인 바이러스($a^-b^-c^-$와 $a^+b^+c^+$)가 숙주세균을 공동 감염시키는 데 사용되었다. 10,000개의 용균반을 세었고 아래와 같은 유전자형들이 관찰되었다. 바이러스 유전체에서 이들 세 유전자의 유전지도를 결정하라.

$a^+b^+c^+$	4100	$a^-b^+c^-$	160
$a^-b^-c^-$	3990	$a^+b^-c^+$	140
$a^+b^-c^-$	740	$a^-b^-c^+$	90
$a^-b^+c^+$	670	$a^+b^+c^-$	110

22. 박테리오파아지에서 유전적 재조합이 발생하는 조건에 대해 설명하라.

23. 하나의 박테리오파아지가 배양액에서 하나의 대장균을 감염시켜 용균을 일으키고 200개의 생존력이 있는 바이러스를 생산했다면, 세 번의 감염 회로가 더 일어났을 경우 얼마나 많은 파아지들이 존재하겠는가?

24. 파아지가 감염된 세균 배양액을 연속적으로 희석하여 각 희석액에 대해 용균반 분석법을 수행하였고 다음과 같은 결과를 얻었다. 각 희석액에 대해 어떠한 결론을 얻을 수 있겠는가?

희석 배수	분석 결과
10^4	모든 세균이 용해됨
10^5	14개의 용균반
10^6	0개의 용균반

25. 다섯 가지의 서로 다른 Hfr 세균 균주를 사용한 짝짓기 교란 기법 실험에서, 재조합 중의 유전자 진입 순서는 아래 표와 같이 관찰되었다. 이러한 자료에 기초하여 세균 염색체의 지도를 그려라. 자료는 환형(circularity) 개념을 지지하는가?

Hfr 균주	순서				
1	*T*	*C*	*H*	*R*	*O*
2	*H*	*R*	*O*	*M*	*B*
3	*M*	*O*	*R*	*H*	*C*
4	*M*	*B*	*A*	*K*	*T*
5	*C*	*T*	*K*	*A*	*B*

26. *B. subtilis*에서, 형질전환을 이용하여 두 가지 아미노산(트립토판, 티로신)의 합성에 영향을 미치는 돌연변이 유전자(trp_2^-, tyr_1^-)에 대한 연관 분석이 수행되었다. 다음 표의 결과를 잘 살펴보고 연관과 관련하여 가능한 결론을 유도해 보라.

	공여 DNA	수용체 세포	형질전환체	형질전환체의 수
Part A	$trp_2^+tyr_1^+$	$trp_2^-tyr_1^-$	trp^+tyr^-	196
			trp^-tyr^+	328
			trp^+tyr^+	367
Part B	$trp_2^+tyr_1^-$ 와 $trp_2^-tyr_1^-$	$trp_2^-tyr_1^+$	trp^+tyr^-	190
			trp^-tyr^+	256
			trp^+tyr^+	2

27. 26번 문제의 실험에서 Part B의 역할은 무엇인가?

28. 짝짓기 교란 기법을 사용하여 Hfr 균주가 3개 유전자의 지도 작성에 이용되었다. 교배는 $Hfr/a^+b^+c^+rif^s \times F^-/a^-b^-c^-rif^r$ (대립인자의 순서는 임의적인 것이다. *rif* = 항생제인 리팜피신). 유전자 a^+는 A 영양물질의 생합성에 요구되는 것이고, b^+는 B 영양물, c^+는 C 의 합성에 요구되는 유전자들이다. 마이너스로 표시된 인자들은 이 영양물질들의 요구성을 뜻한다. 0시에 교배가 시작되어 다양한 시간 간격으로 교배혼합물을 세 가지 배지에 도말하였다. 각 평판들은 최소배지(MM)에 리팜피신과 특정 영양물질들을 넣은 것으로 아래 표와 같다(각 시점의 결과들이 평판에 자란 집락 수로 표시되어 있다).
(a) 이 실험에서 리팜피신의 사용목적은?
(b) 이들 자료를 바탕으로 F 요소와 *a*, *b*, *c* 유전자의 관계 및 이들의 상대적 위치를 결정하라.
(c) *rif* 유전자의 위치를 결정할 수 있겠는가? 만일 그렇지 않다면, F 요소나 *a* 혹은 *b* 유전자에 대한 *rif* 유전자의 상대적 위치를 결정할 수 있는 실험을 고안해 보라.

최소배지에 첨가된 영양물질	짝짓기 방해 시간(분) 5	10	15	20
A와 B	0	0	4	21
B와 C	0	5	23	40
A와 C	4	25	60	82

29. 다양한 유전자 조합을 이용한 공동형질전환 실험에서, 한 실험에 2회씩 실험하여 다음 표와 같은 자료가 얻어졌다. 어떤 유전자가 어떻게 연관되어 있는지 결정하라.

공동형질전환 성공	공동형질전환 실패
a and *d*; *b* and *c*; *b* and *f*	*a* and *b*; *a* and *c*; *a* and *f*
	d and *b*; *d* and *c*; *d* and *f*
	a and *e*; *b* and *e*; *c* and *e*
	d and *e*; *f* and *e*

30. 29번 문제에서, 또 다른 유전자 *g*가 역시 연구되었다. 이것은 *f* 유전자와의 검사에서 양성으로 공동형질전환됨을 보였다. 이것이 *a*, *b*, *c*, *d*, 그리고 *e*에 대해 검사되었을 때의 실험 결과를 예측하라.

31. 주로 F와 같은 접합성 플라스미드에 의해 매개되는 세균의 접합은 병원성이나 항생제 저항성 유전자들의 공유를 통해 잠재적인 건강 위협이 될 수 있음을 시사한다. 400종 이상의 세균들이 건강한 사람의 장에 공생하며, 200종 이상의 세균들이 인간의 피부에 공생한다고 한다. 디오니시오(Dionisio)와 동료들은 접합이동 세균 균주 사이에서 플라스미드가 이동하는 능력을 조사였다. 자료(Dionisio et al. 2002. *Genetics* 162: 1525-1532)는 장내세균 속인 *Escherichia*에 관한 것으로 아래 표와 같다. 자료는 밑수를 10으로 하는 로그값으로 표시된 것이다. 예를 들면, −2.0은 10^{-2}의 이동률을 나타낸다. 값들 사이의 모든 차이가 의미가 있다고 가정하라. (a) 이들 자료로부터 일반적으로 얻을 수 있는 결론은? (b) 어떤 종에서 종내 전달이 가장 잘 일어나는 것으로 보이는가? (c) 인간의 건강 문제라는 관점에서 이러한 발견의 중요성은 무엇인가?

	공여체			
수용체	*E. chrysanthemi*	*E. blattae*	*E. fergusonii*	*E. coli*
E. chrysanthemi	−2.4	−4.7	−5.8	−3.7
E. blattae	−2.0	−3.4	−5.2	−3.4
E. fergusonii	−3.4	−5.0	−5.8	−4.2
E. coli	−1.7	−3.7	−5.3	−3.5

32. 특정한 접합성 전달 유전자(*tra1*)의 기능적 부분을 결정하기 위한 시도에서 *Salmonella enterica*의 R27 플라스미드의 전달을 조사하였다. R27 플라스미드는 장티푸스에 대한 다수의 항생제 저항성을 나타낼 수 있는 성질 때문에 의료적으로 매우 중요하다. 기능적인 부분을 규명하기 위해 접합 실험이 수행되었는데 (Lawley et al.의 자료를 변형함. 2002. *J. Bacteriol.* 184: 2173-2180), *tra1* 유전자의 특정 부분이 돌연변이된 것을 사용하여 접합에 영향을 미치는지가 검사되었다. 아래 그림에 나타난 부분이 *tra1* 유전자 부분으로 R27 플라스미드의 접합시 전달에 관여하는 것으로 보인다. 비슷한 색깔은 연관된 기능을, 숫자는 돌연변이된 부분이다. 지도 위의 표는 이들 돌연변이가 R27 접합에 미치는 영향을 나타낸 것이다.
(a) 주어진 자료에서 모든 기능적 부분들이 접합성 전달에 비슷하게 영향을 미치는 것으로 보이는가?
(b) 어느 부분이 접합에 가장 크게 영향을 미치는가?
(c) 어느 부분이 접합에 가장 제한적인 영향을 미치나?
(d) 이들 자료에서 얻을 수 있는 일반적인 결론은 무엇인가?

전달영역 1 유전자(*tra1*)의 기능적 부위에서의 돌연변이가 R27 접합에 미치는 영향

R27 돌연변이	접합전달	접합상대빈도 (%)
1	+	100
2	+	100
3	−	0
4	+	100
5	−	0
6	−	0
7	+	12
8	−	0
9	−	0
10	−	0
11	+	13
12	−	0
13	−	0
14	−	0

1 2 3 4 5 6 7 8 9 10 11 12 13 14

정답

Solutions to Problems and Discussion Questions

2. (a) 접합(conjugation)시 세균세포들 사이의 물리적 접촉이 필요하다는 것은, 배지는 통과할 수 있지만 세균끼리는 접촉하지 못하도록 중간에 필터를 둔 U자관 실험으로 증명할 수 있다. 이런 조건 하에서는 접합이 일어나지 않는다.
   (b) 세포를 항생제인 스트렙토마이신으로 처리함으로써, 두 세균 균주 중 하나가 불활성화되었을 경우 재조합이 발생하지 않음을 보여주었다. 그러나 다른 것도 비슷하게 처리되었지만 재조합이 발생했다. 따라서 한 균주는 공여주로, 다른 하나는 수용주로 직접적인 관계가 드러난다.
   (c) 세균은 직접 재조합에 참여할 수 있는 환형의 이중가닥으로 된, 구조적으로 독립적인 DNA 분자를 포함한다.

4. F^+ 세균은 F 요소를 가지는 반면, F^-은 F 요소가 결여되어 있다. Hfr 세포에서는 F 요소가 세균 염색체 내로 통합되어 있으며 F' 세균에서는 F 요소가 세균 염색체와 떨어져 있으나 세균 염색체 일부를 포함하고 있다.

6. Hfr × F^-의 접합에서, F 요소는 공여 염색체의 이동을 지시한다. 전체 염색체가 모두 이동하는 데는 적어도 90분이 소요된다. F 요소는 마지막으로 이동하고 접합관이 약하기 때문에 전체가 이동할 가능성은 낮다.

8. 형질전환은 수용세균에서의 수용능(competence)을 필요로 한다. 즉, 특정 조건 하에서만 세균세포들이 형질전환될 수 있다는 뜻이다. 형질전환 DNA는 반드시 이중가닥으로 시작되어야 하지만 숙주세포로 삽입됨에 따라 단일가닥 구조로 바뀐다. 형질전환에 있어 가장 효율적인 DNA 길이는 주 염색체의 약 1/200 크기이다. 형질전환은 에너지를 요구하는 과정이고 세균세포 표면에서의 부위 수도 제한적이다.

10. a^+나 b^+ 좌위의 통합은 b^+와 c^+가 함께 통합되는 경우보다 훨씬 빈번하다(210 대 1). 그리고 이 세 유전자 모두($a^+b^+c^+$)의 통합은 훨씬 적게 발생한다. 만약 a와 b 좌위가 서로 가깝고 이 둘이 c 좌위와 멀리 존재한다면 이 세 좌위 모두에 비해 가까이 존재하는 두 연관 좌위가 통합되는 데 훨씬 적은 수의 교차가 요구된다. 만약 세 좌위 모두가 서로 가깝게 있다면 이 세 좌위 모두의 통합의 빈도는 어느 두 좌위의 통합 빈도와 비슷할 것이지만, 여기서는 그렇지 않다.

14. 하나의 용균반은 많은 수의 박테리오파아지들의 용균활동으로 세균이 없어진 곳이다.

16. 용해회로(lytic cycle)는 박테리오파아지가 세균 숙주로 들어와 비교적 짧은 기간 후에 자손 파아지들을 만들어내는 과정에서 생긴다. 용원성(lysogeny)은 용원성 파아지가 세균 세포로 들어가 용해회로를 밟는 대신 DNA를 세균 염색체 내로 통합시키게 되는 복잡한 과정이다.

18. 그들의 실험에서는 두 영양요구주 사이에 필터를 위치시켜 접촉을 막도록 했다. F 매개성 접합은 접촉을 필요로 하고, 접촉이 없으면 접합은 일어날 수 없다. DNase 처리는 필터 통과인자가 순수한 DNA는 아님을 입증해준다.

20. 일반형질도입에서 유전자들의 공동 형질도입은 이들의 연관 관계를 결정할 수 있도록 한다. 두 유전자가 서로 가까울수록 이들이 물리적으로 "연결"되어 있어서 형질도입시 하나의 DNA 조각에 위치할 가능성이 높아진다.

22. 바이러스의 재조합은 충분히 많은 수의 감염 바이러스들이 존재하여 한 가지 이상의 파아지가 특정 세균을 감염시킬 때 발생한다. 이러한 조건 하에서는 파아지 염색체들이 교차에 의해 재조합될 수 있다.

24. (a) 초기 농도는 10^5 이상이다.
   (b) 초기 농도는 약 1.4×10^7 정도이다.
   (c) 용균반 분석에 일반적으로 1.0 ml가 사용되므로, 파아지의 초기 농도는 미만이다. 이 정보를 위의 (b) 계산과 연결시키면 파아지의 초기 농도는 약 1×10^7 정도로 보이며, 이 실험에서 시료 추출 오류로 인해 용균반을 얻지 못할 수도 있음이 예상된다.

26. 이중 형질전환의 빈도가 꽤 높으므로(A와 B 실험에서의 trp^+ tyr^+ 형질전환에 비해), 유전자들이 상당히 근접해 있다고 결론지을 수 있다.

28. (a) 리팜피신(rifampicin)은 rif^s 인 공여균주를 없앤다.
   (b) *b a* ——————— *c* F
   (c) 어떤 것이 감수성인지 결정하기 위해서는 추가적인 항생제 선별이 이루어져야 하므로 재조합체들을 리팜피신 배지에 다시 깔아야 한다.

30. g가 f와 동시 형질전환되므로, f "연관군(linkage group)"에 있어서 서로 동시 형질전환시키는 것일 수 있다. a, d 혹은 e와는 동시 형질전환을 기대할 수 없다.

32. (a) 아니다, R27의 접합 전달에 모든 기능 그룹들이 영향을 미치는 것은 아니다. 1, 2, 4는 전달이 100%에 달하므로 돌연변이에 가장 영향을 덜 받는다.
   (b) 3, 5, 6, 8, 9, 10, 12, 13, 그리고 14 지역은 이들이 돌연변이 되었을 때 접합이 안되는 것으로 보아 가장 접합에 영향을 많이 미치는 것으로 보인다.
   (c) 7과 11 지역은 돌연변이되면 일부의 접합을 없앤다. 그러므로 이들은 아마도 (b) 부분에 나열된 것들보다 접합에 영향을 덜 미친다.
   (d) 이 문제의 자료들은 세균 접합에 관여하는 유전적 과정의 복잡성에 몇 가지 통찰을 제공한다. 접합에 가장 영향을 미치는 지역은 3가지의 기능 그룹들로 나뉜다. 그리고 1, 2, 4, 7, 11 지역은 그들의 미미한 차이에 의해 알 수 있는 바와 같이 기능적 연관이 거의 없는 것으로 보인다.

CHAPTER

DNA의 구조와 분석

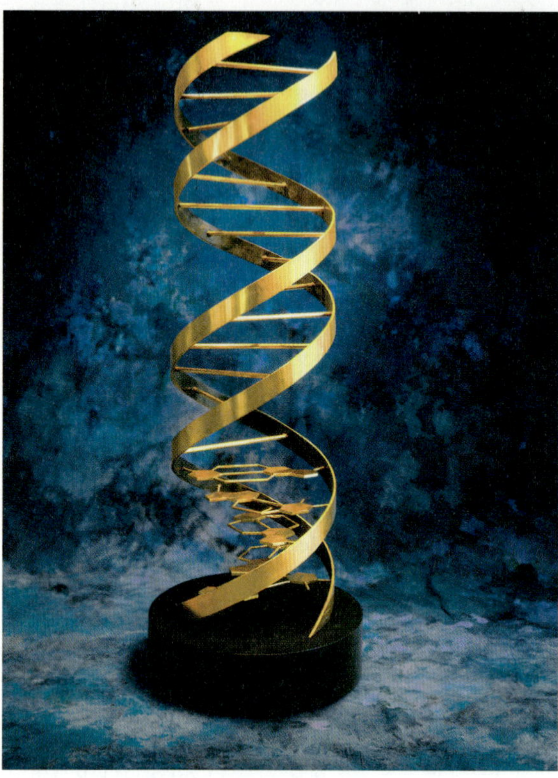

왓슨-크릭의 이중나선 DNA의 동상

단원 개념

- 일부 바이러스들을 제외하면, DNA는 지구상의 모든 살아 있는 생명체의 유전물질로 작용한다.
- 왓슨-크릭의 모형에 따르면, DNA는 오른쪽 꼬임의 이중나선 구조로 존재한다.
- 이중나선의 가닥들은 역평행하고, 질소를 포함하는 상보성 염기들 사이의 수소결합에 의해 서로 붙들고 있다.
- DNA의 구조는 유전정보의 저장과 발현에 대한 기초를 제공한다.
- RNA는 DNA와 매우 유사하지만 대부분은 단일가닥 분자로 존재한다.
- 일부 바이러스에서는 RNA가 유전물질로 행동한다.

이 책의 초반에서 우리는 표현형적 형질을 조절하는 염색체상의 유전자들의 존재와 또 배우자를 통해 다음 세대의 자손들로 이들 염색체가 전해지는 방법에 대해서 논의했었다. 논리적으로, 유전자들은 일종의 정보를 포함해야만 하고 이들 정보는 새로운 세대로 전달되어 자손의 형태와 특징에 영향을 미친다; 우리는 이것을 **유전물질**(genetic material)이라고 부른다. 우리는 또한 동일한 유전정보가 성체를 형성하는 복잡한 과정들을 지시하는 것이라고 결론 내릴 수도 있다.

1944년까지, 염색체의 어떤 화학적 조성이 유전자를 이루고 있고, 또 유전물질을 구성하고 있는지 확실치 않았다. 염색체들은 핵산과 단백질 성분을 모두 포함하는 것으로 알려져 있었으므로, 이 둘 모두 유전물질의 후보자였던 것이다. 그러나 1944년에, 핵산인 DNA가 유전에 대한 정보의 기초로 작용한다는 직접적인 증거가 나타나기 시작했다.

유전적인 과정에서 DNA의 중요성이 인식되자, 이 분자의 구조적 기초를 밝히는 것뿐 아니라, 이들 구조와 기능의 관계를 알아내고자 하는 희망으로 연구가 증대되었다. 1944년과 1953년 사이에는 많은 과학자들이 생물학사에서 가장 중요하고 흥미로운 문제에 대해 해답을 줄 수 있는 정보–즉, 어떻게 DNA가 생명활동을 위한 유전적 근거로 작용하는가? 라는–를 추구했다. 연구자들은 이 해답이 복잡하지만 체계적인 기능을 만들어 내는 DNA의 구조에 기인하는 것이라고 믿었다.

이러한 노력들은 1953년, DNA의 이중나선 구조 가설을 제시한 제임스 왓슨(James Watson)과 프란시스 크릭(Francis Crick)에게 노벨상을 안겨주었다. 일단 그 일반적인 구조가 결정이 되면, 분자의 기능이 밝혀지리라는 가정은 옳은 것이었다. 이 장에서는 우선 DNA가 유전물질이라는 증거들을 살펴보고, 그 구조에 대해 논의해 보도록 하자.

학습 방법

이 장에서는 모든 생물체에서 유전정보를 저장하는 물질인 DNA에 초점을 맞추려고 한다. 여기서는 그 구조를 자세히 알아보고, 이 분자에 대해 어떻게 분석하는지 살펴보기로 하자. 여러분이 이러한 주제에 대해서 공부할 때는 다음과 같은 기본적인 질문에 답할 수 있도록 노력해야 한다.

1. 어떻게 다른 물질이 아니라 바로 DNA가 세균과 박테리오파아지에서 유전물질로 작용한다는 것을 알 수 있었는가?
2. 사람과 같은 진핵생물에서도 역시 DNA가 유전물질로 기능한다는 것은 어떻게 알 수 있는가?
3. DNA의 구조가 오른쪽 꼬임의 이중나선 분자 형태임을 어떻게 알 수 있는가?
4. DNA에 상보적 염기쌍이 존재한다는 것은 어떻게 알 수 있나?
5. 어떻게 G와 C가, A와 T가 상보적 염기쌍을 형성함을 알 수 있는가?
6. 진핵세포에 반복성 DNA가 존재한다는 것을 어떻게 알 수 있는가?

9.1 유전물질은 네 가지 특성을 나타내야 한다

어떤 분자가 유전물질로 작용하려면 다음과 같은 4가지 주요 특성을 가지고 있어야 한다: **복제**(replication), **정보의 저장**(storage of information), **정보의 발현**(expression of information), 그리고 **돌연변이에 의한 변화**(variation by mutation). 유전물질의 복제는 세포주기의 한 단면으로, 모든 살아 있는 생물의 기본적인 성질이다. 세포들의 유전물질이 복제되어 양적으로 2배가 되면, 동등하게 딸세포들로 분배되어야 한다. 배우자형성과정 중에도 유전물질은 복제되지만 유전물질 원래 분량의 절반씩이 세포들로 나뉘어 들어가게 된다–감수분열(meiosis)과정. 체세포분열(mitosis; 유사분열)과 생식세포분열(감수분열)의 결과는 다르지만, 이 두 과정은 모두 일반적인 세포 재생 현상의 일부분이다.

저장이라는 특징은 유전정보가 발현되든 되지 않든지 간에, 모든 유전정보를 보관해놓는 것으로 볼 수 있다. 대부분의 세포들이 완전한 DNA 조성을 가지는 반면, 어느 한 시점에서는 유전적 능력의 일부만이 발현된다는 것이 분명하다. 예를 들어, 세균은 특정 환경 조건에 반응하여 많은 유전자들을 "켠다(turn on)". 그리고 그러한 조건이 바뀌면 이들 유전자를 "끄는(turn off)" 것이다. 척추동물에서, 피부세포들은 활성적인 멜라닌 유전자를 나타낼 수 있지만, 헤모글로빈 유전자는 절대로 활성화시키지 않을 것이고; 소화기의 세포들은 그들의 기능에 특이적인 많은 유전자를 활성화시키지만 그들의 멜라닌 유전자는 활성화시키지 않는다.

저장된 유전정보의 발현은 세포 내에서 **정보의 흐름**(information flow)이라는 복잡한 과정이다(그림 9-1). 처음 사건은 DNA의 **전사**(transcription)로, 3가지 형태의 RNA가 합성된다: 전령 RNA(messenger RNA, mRNA), 운반 RNA(transfer RNA,

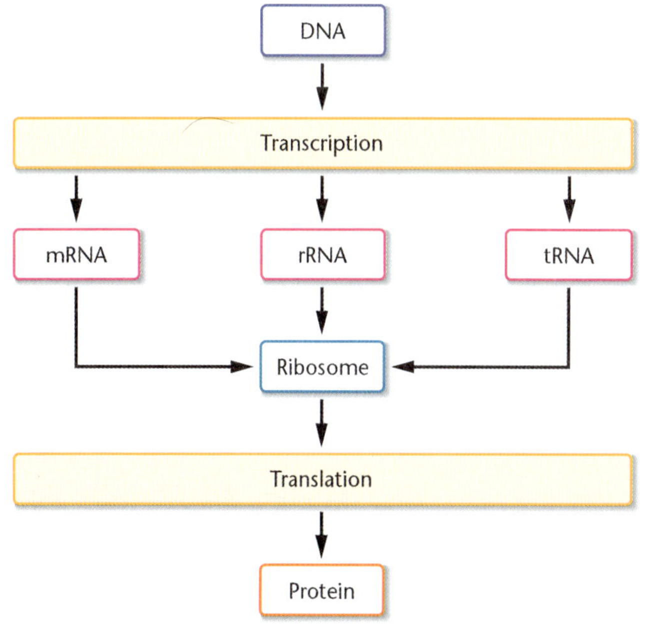

그림 9–1 세포 내에서 DNA, RNA, 그리고 단백질을 포함한 정보의 흐름을 단순화하여 나타낸 것.

tRNA), 그리고 리보솜 RNA(ribosomal RNA, rRNA)이다. 이들 중에서 mRNA는 단백질로 **번역**(translation)된다. mRNA 각각은 특정 유전자들의 산물로, 서로 다른 단백질들을 합성하도록 지시한다. 번역은 리보솜과 연계되어 일어나며 tRNA도 관여한다. tRNA가 mRNA의 화학정보를 받아들여 아미노산으로 바꾸어 줌으로써 단백질이 형성된다. 종합하면, 이들 과정은 **분자 유전학의 중심원리**(central dogma of molecular genetics)를 형성한다: "DNA는 RNA를 만들고, RNA는 단백질을 만든다."

유전물질은 또한 돌연변이를 통해 생물간 다양성을 만드는 원천이다. 하나의 돌연변이–DNA의 화학조성 변화–가 생기면, 이러한 변화는 전사와 번역에 반영되고 특정 단백질에 영향을 미친다. 하나의 돌연변이가 배우자에 존재하면, 이것은 다음 세대로 전달되고, 시간이 흐르면 집단 내에 퍼지게 된다. 유전적 변이는 염색체들 사이의 재배열을 포함하며, 진화과정에 재료를 제공한다.

9.2 1944년까지도 유전물질로서는 단백질이 선호되었다

유전물질이 부모로부터 자손에게 물리적으로 전달된다는 생각은 유전이라는 개념이 존재하는 내내 받아들여져 왔다. 19세기 말부터 생물학적 분자의 구조에 대한 연구가 상당히 진행되어 유전물질을 화학적인 용어로 설명할 수 있는 토대가 마련되었다. 1940년대까지도 단백질과 핵산이 둘 다 유전물질로서의 역할에 주요한 후보물질들이었지만, 많은 유전학자들이 단백질을 더 선호했다. 이것은 세포내 단백질들의 다양성이 상당한 것으로 알려져 있었고, 단백질 화학이 더 많이 알려져 있었기 때문에 당연한 일이었다.

DNA는 1868년에 스위스의 화학자인 프리드릭 미셔(Friedrick Miescher)에 의해 처음 연구되었다. 그는 세포의 핵을 분리하여, 그가 **뉴클레인**(nuclein)이라고 불렀던 DNA를 함유한 산성물질을 추출했다. 그러나 연구가 지속되면서, DNA는 염색체에 존재하는 것으로 알려졌고, 광범위한 유전정보를 저장하는 데 필요한 화학적 다양성이 결여되어 있는 것으로 보였다. 이러한 결론은 주로 1910년, DNA가 **뉴클레오티드**(nucleotide)라고 불리는, 대략 동등한 양의 비슷한 4가지 물질을 포함한다는 피버스 A. 레빈(Phoebus A. Levene)의 관찰에 기초한 것이다. 레빈은 네 가지 구성성분으로 이루어진 동일한 그룹들이 계속해서 반복된다고 잘못 가정했으며, 이것이 DNA 구조에 대한 **4가지 뉴클레오티드 가설**(tetranucleotide hypothesis)의 기초가 되었다. 따라서 관심은 DNA에서 멀어져 후보물질에서 DNA를 제외시킴으로써 단백질 쪽으로 기울었다. 그러나 1940년대에 어윈 샤가프(Erwin Chargaff)가 대부분의 생물들이 정확히 동일한 비율로 4가지 뉴클레오티드를 가지는 것이 아님을 보여줌으로써, 레빈의 제안이 틀렸음을 밝혔다. 우리는 뒤에 샤가프의 관찰을 설명할 수 있는 DNA의 구조에 대해 살펴볼 것이다.

표 9.1 프레데릭 그리피스가 그의 형질전환 실험에서 원래 사용했던 폐렴 쌍구균(*Diplococcus pneumoniae*) 균주들

혈청형	집락모양	피막	독성
II*R*	Rough	없음	무독성
III*S*	Smooth	있음	독성

9.3 세균과 박테리오파아지에서 DNA가 유전물질이라는 증거들이 확보되었다

1944년, 오스왈드 에이버리(Oswald Avery), 콜린 맥리오드(Colin MacLeod), 그리고 매클린 매카티(Maclyn MacCarty)에 의한, 세균에서의 '형질전환 원리'에 관한 논문은 DNA를 유전물질로 받아들이게 한 사건이었다. 다른 연구팀의 연이은 발견과 함께, 그들의 실험은 단백질이 아니라 DNA가 유전을 맡고 있는 생물분자들이라는 것을 직접 실험적으로 증명한 것이었다. 이것은 분자유전학 시대의 개막을 알리는 것으로, 생물공학을 가능하게 하며 생명의 기초를 이해하는데 더욱 가까워지도록 하는, 생물학에 있어서 발견의 시기를 이끌었다. 미래의 연구와 사고에 대한 이들 초기 발견의 영향은, 다윈의 진화론 발표나, 전달유전학에 대한 멘델의 가설이 연이어 재발견된 것과 비견되었다. 종합해 보면, 이들 사건은 생물학의 세 가지 거대한 변혁을 이루는 것이다.

형질전환 연구

에이버리, 맥리오드, 그리고 매카티의 연구에 기초를 제공했던 연구는, 1927년에 프레데릭 그리피스(Frederick Griffith)에 의해 시작된 것으로, 영국 위생부의 의료 공무원이었던 그는 세균인 폐렴 쌍구균(*Diplococcus pneunoniae*)*의 여러 균주를 가지고 실험했다. 몇몇은 **유독성 균주**(virulent strain)들로, 척추동물에서는(쥐와 사람에서는 분명히) 폐렴을 일으키는 반면, 어떤 것들은 **무독한 균주**(avirulent strain)로 병을 유발하지 않는 것이었다.

독성의 차이는 다당류 피막의 존재에 기인한 것이다. 독성 균주들은 이 피막을 가지고 있는 반면, 무독한 균주는 피막을 가지지 않는다. 피막이 없는 세균들은 동물의 순환계에 존재하는 대식세포에 의해 금세 삼켜져 파괴된다. 독성 세균은 다당 껍질을 가지고 있어서 쉽게 삼켜지지 않으며 증식하여 폐렴을 일으킨다.

피막의 존재나 부재는 독성 균주와 무독성 균주 사이에 가시적인 차이를 만든다. 즉, 피막에 싸인 세균은 한천 평판배지에서 자랄 때, 표면이 **부드럽고**(smooth) **빛나는 군락(*S*)**을 형성하며, 피막이 없는 균주들은 **거친**(rough) **표면의 군락(*R*)**을 만든다(그림 9-2). 그러므로 독성 균주와 무독성 균주들은 평균적인 미생물학적 배양기술로도 쉽게 구분될 수 있다.

*Diplococcus*의 각 균주들은 **혈청형**(serotype)이라고 불리는 여러 가지 형태 중 하나일 수 있다. 각 혈청형의 특이성은 두껍고 미끄러운 피막을 이루는 다당류 구성성분의 자세한 화학적 구조에 기인한 것이다. 혈청형은 면역학적 방법으로 규명이 되며, 보통 로마 숫자로 표시된다. 그리피스는 무독성 균주형 II*R*과 독성 균주형인 III*S*를 그의 결정적인 실험에 사용했던 것이다. 표 9.1은

* 이 생물은 지금은 *Streptococcus pneumoniae*로 표기된다.

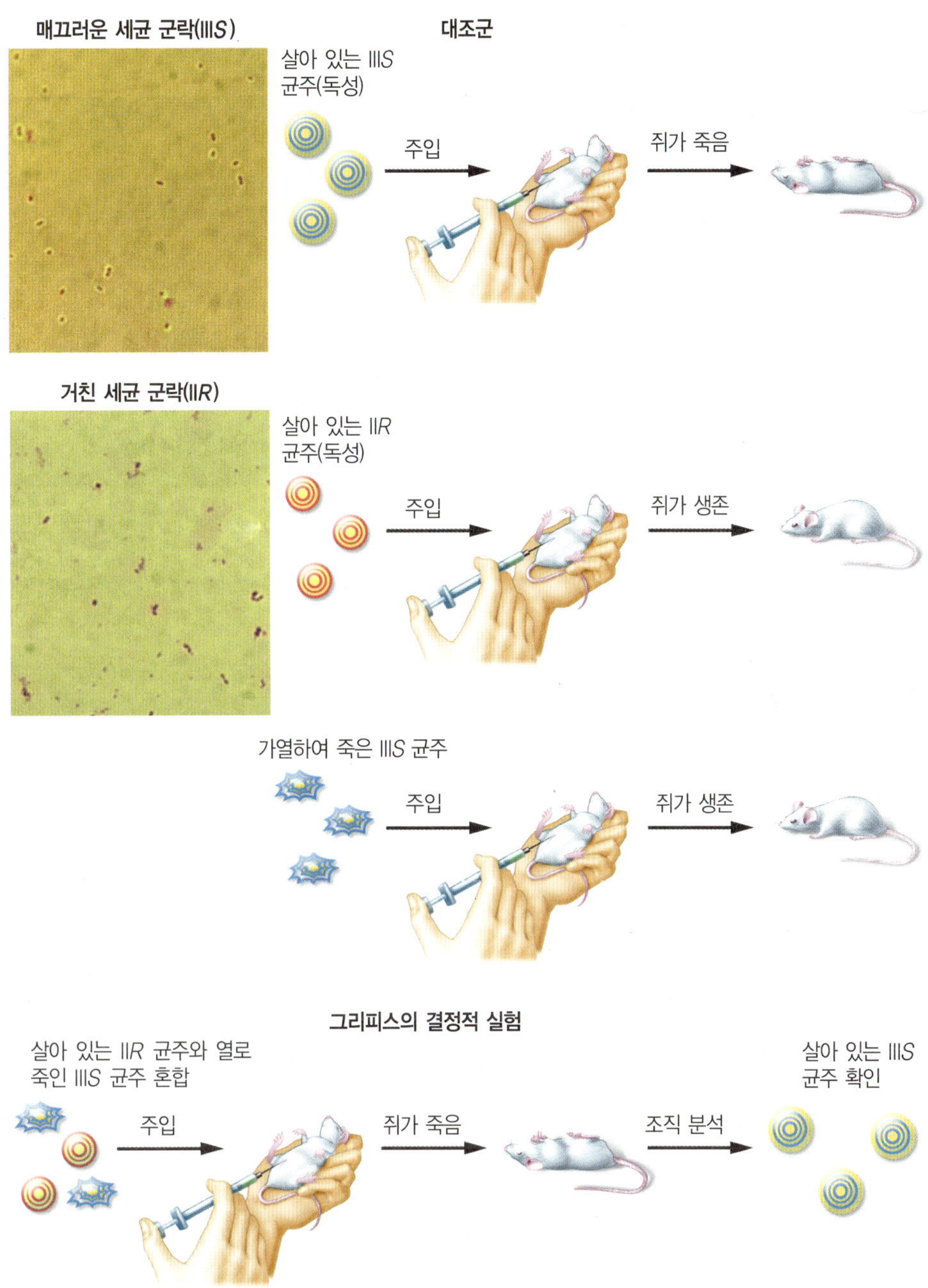

그림 9-2 그리피스의 형질전환 실험. 사진은 협막(capsule)을 가진 세균 군락(IIIS형)과 협막이 없는 세균(IIR형)을 보여준다.

이들 균주의 성격을 요약한 것이다.

그리피스는 다른 사람들의 연구로부터, 오직 살아 있는 독성 세균들만이 쥐에서 폐렴을 일으킨다는 것을 알고 있었다. 만약 가열해서 죽인 독성 세균들을 쥐에 주사하면, 살아 있는 무독성 세균들이 질병을 일으키지 못하는 것과 마찬가지로, 폐렴은 생기지 않는다. 그리피스의 결정적 실험(그림 9-2)은 살아 있는 IIR(무독성) 세균을 열로 죽인 IIIS(독성) 균주와 섞어서 쥐에 주사하는 과정이었다. 두 가지 세포 중 어떤 것도 각기 홀로 주사되었을 때에는 병을 일으키지 못하므로, 그리피스는 이러한 이중의 주사가 쥐를 죽일 수는 없을 것으로 예상했다. 그러나 5일 후에 두 종류의 혼합 세포가 주사된 쥐가 모두 죽었다. 이들의 피를 분석해 본 결과 다량의 살아 있는 IIIS 세균들이 발견되었다.

만약 그가 더 자세한 세균 동정을 할 수 있었다면, 이들 IIIS 세균들은, 열로 죽인 세포가 준비되었던 바로 그 균주와 동일한 것으로 나타났을 것이다. 오직 살아 있는 무독성 균주만 주사된 대조군의 쥐들은 폐렴이 생기지 않았고 건강하게 살아남았다. 이러한 발견은 무독성 IIR 세포들이 열로 죽인 IIIS와 상관없이 스스로 바뀌어서(혹은 돌연변이 되어서) 독성 IIIS로 전환될 가능성을 배제한다. 대신에 어떤 형태의 상호작용이 살아 있는 IIR 세포와 열로 죽인 IIIS 사이에서 일어났음을 시사한다.

그리피스는 가열해 죽인 IIIS 세균이 어떻게든 살아 있는 IIR 세포를 독성이 있는 IIIS 세포로 전환시켰을 것으로 결론지었다. 이러한 현상을 **형질전환**(transformation)이라고 부르면서, 그는 비록 다당 피막이 혼자서는 폐렴을 일으키지 못할지라도, **형질전환 요소**(transforming principle)가 다당 피막이나 혹은 피막을 합성하는 데 요구되는 어떤 물질들의 일부분일 것으로 제안했다. 그

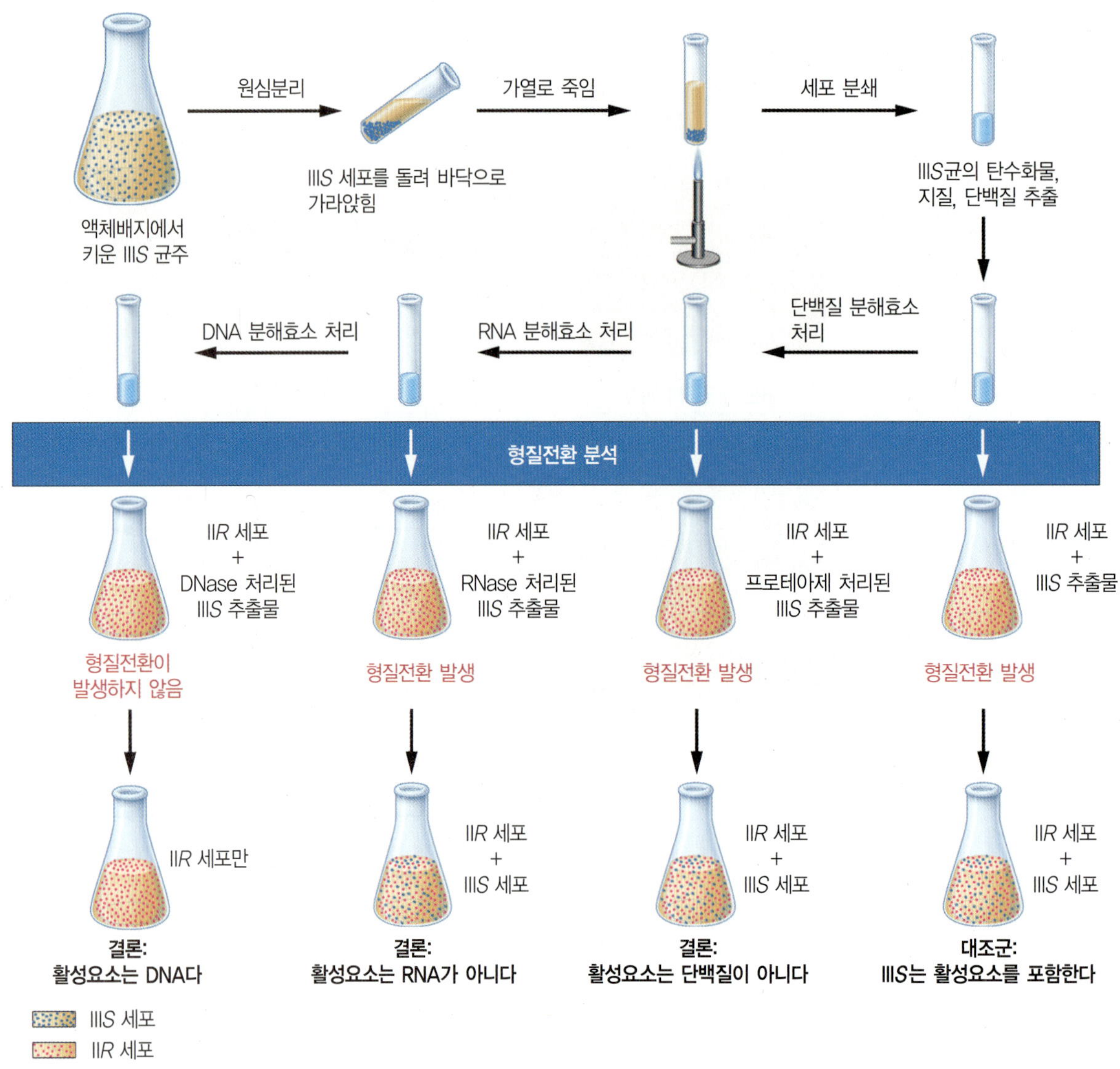

그림 9-3 에이버리, 맥리오드, 그리고 매카티의 실험을 요약한 것. DNA가 형질전환의 본체임을 증명하였다.

리피스의 용어를 빌리자면, 죽은 III*S* 세포들로부터 나온 형질전환 요소는 II*R* 세포들을 위한 "영양물(pabulum)"로 작용한 것이다.

그리피스의 연구는 다른 의사들과 미생물학자들로 하여금 형질전환 현상을 연구하도록 이끌었다. 1931년까지 헨리 도슨(Henry Dawson)과 그의 공동연구자들은 형질전환이 시험관(세균세포만 들어 있는 시험관) 내에서도 일어날 수 있음을 보여주었다; 즉, 쥐에 주사하는 과정이 형질전환이 일어나는데 꼭 필요한 것은 아니라는 것이다. 1933년에는 라이오넬 J. 앨러웨이(Lionel J. Alloway)가 *S* 세포로부터 얻은 추출물을 살아 있는 *R* 세포들에 첨가하여 이 실험관내 실험을 더욱 정교화했다. 가열해서 죽인 III*S* 세포들로부터 얻어진 용해성 여과물은 손상되지 않은 세포들과 마찬가지로 형질전환을 일으키는 데 효과적이었다! 앨러웨이와 그 밖의 사람들은 형질전환을 유전적인 사건으로 본 것이 아니라 일종의 물리적인 변형으로 보았다. 그럼에도 불구하고, 화학물질이 형질전환을 일으킨다는 실험적 증거는 꽤 확실한 것이었다.

그리고 1944년, 10년의 연구 끝에 에이버리, 맥리오드, 매카티 등이 지금은 분자 유전학 분야에서는 고전으로 간주되는 그들의 연구 결과를 발표했다. 그들은 자신들이 형질전환 요소를 매우 정제된 상태로 얻었으며, 이것은 의심할 바 없이 DNA였다고 보고했다.

그들의 연구가 그림 9-3에 설명되어 있다. 이들 연구자는 III*S* 독성 균주세포들을 대용량(50~75리터)으로 액체 배양하여 정제 과정을 시작하였다. 세포들을 원심분리하여 모으고 열로 죽였다. 여러 가지 화학적 처리를 하고, 이들 세포로부터 아직 II*R* 무독성 세포들의 형질전환을 일으킬 수 있는 능력을 보유한 용해성 여과액을 얻었다. 계속된 검사는 이 형질전환 요소가 DNA임을 확인해 주었다. 이 용해성 여과액은 단백질 소화효소인 프로테아제(protease)로 처리되었고, 리보뉴클레아제라는 RNA-소화효소로도 처리되었다. 이러한 처리는 혹시라도 남아 있을 단백질이나 RNA들을 없애준다. 그럼에도 불구하고, 형질전환능은 여전히 남아 있었다. 그들은 단백질도, RNA도 아닌 것이 형질전환 요소라고 결론을 내렸다. 마지막 확인은 정제되지 않은 시료를 개와 토끼의 혈청에서 분리해낸 DNA 분해효소인 **데옥시리보뉴클레아제**(deoxyribonuclease)로 처리함으로써 수행되었다. 이 효소의 처리로 여과액에 존재하던 형질전환능이 없어졌다. 에이버리와 협동연구자들은 이러한 실험으로 형질전환 요소가 DNA라는 것을 확인할 수 있었다.

이들 세 과학자의 실험에 기울여진 상당한 노력과, 결론의 확인 및 재확인 그리고 실험 디자인의 논리는 진정으로 인상적인 것이었다. 그러나 1944년에 발표된 그들의 결론은 매우 단순하게 언급되었다: "제시된 증거는 데속시리보오스(desoxyribose)* 형태로 이루어진 핵산이 *Pnuemoncoccus* Type III의 형질전환 기본 요소라는 믿음을 지지한다."

그들은 그들의 연구가 가지는 유전적이고 화학적인 영향을 곧 인식할 수 있었다. 그들은 이 형질전환 요소가 II*R* 세포와 상호작용하여 III*S*형의 피막 다당들의 합성을 완성시키는 일련의 협동적인 효소반응을 일으켰을 것이라고 제안했던 것이다. 그들은 일단 형질전환이 일어나면 피막 다당들은 다음에 이어지는 세대에서 생산된다는 것을 강조했다. 그러므로 형질전환은 유전되는 것이며 이 과정은 유전물질에 영향을 미친다는 것이다.

이미 8장에서 소개되었던 이 형질전환은, 다른 많은 미생물들 중에서도 *Hemophilus influenzae*, *Bacillus subtilis*, *Shigella paradysenteriae*, 그리고 *Escherichia coli*에서 일어나는 것으로 보인다. 군락의 모양새를 제외하고도 항생제 저항성이나 다양한 영양물질의 대사를 포함한 많은 유전적 형질들의 변화가 발견되었다. 이러한 관찰들은 DNA에 의한 형질전환이 단순한 물리적인 전환이 아니라 주로 유전적인 사건이라는 믿음을 점점 강화시켰다. 이러한 생각을 이 장의 마지막 "통찰과 해법"에서 다시 한 번 생각해 보기로 하자.

허시와 체이스의 실험

유전물질로서의 DNA를 지지하는 두 번째 증거는, 대장균 *E. coli*와 이들 세균의 감염성 바이러스인 박테리오파아지(bacteriophage) T2에 대한 연구를 하던 중에 제공된 것이다. 간단히 파아지 (phage)로 불리는 이 바이러스는 DNA 핵심(core of DNA)을 둘러싸는 단백질 껍질로 이루어진다. 전자현미경은 이들 파아지의 외부 구조가 육각형의 머리와 꼬리로 이루어져 있음을 보여준다. 그림 9-4는 1952년에 알려진 T2와 같은 T-짝수 파아지의 생활사를 보여준다. 간단히 말해, 파아지는 세균세포에 흡착되고 파아지의 어떤 구성분이 세균세포에 들어가게 된다. 이러한 감염 시기를 거치면, 이제 바이러스의 정보는 숙주세포의 세포내 기구들을 "징집"함으로써 바이러스의 증식이 일어나도록 한다. 아주 짧은 시기 동안 많은 새로운 파아지들이 합성되고 세균세포는 용해되어 자손 바이러스들이 방출된다.

1952년에 알프레드 허시(Alfred Hershey)와 마사 체이스(Martha Chase)는 파아지 증식을 일으키는 사건을 규명하기 위해 고안된 실험들의 결과를 발표했다. 실험 중 몇 가지는 세균세포의 증식과정에서 단백질과 핵산의 독립적인 기능을 분명하게 확립시켜 주는 것이었다. 허시와 체이스는 자료로부터 다음을 알 수 있었다:

* Desoxyribose는 현재는 deoxyribose로 표기된다.

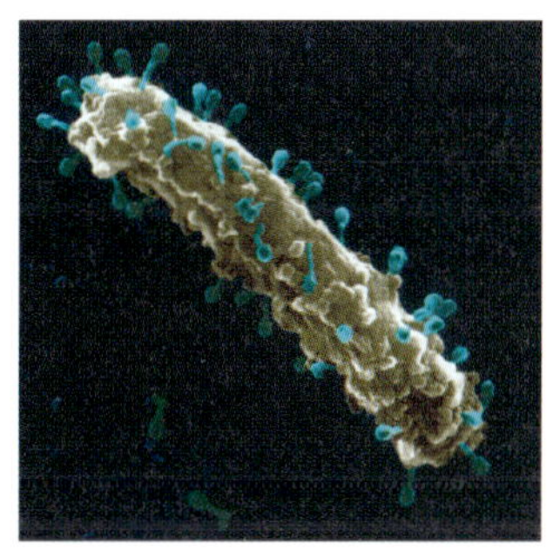

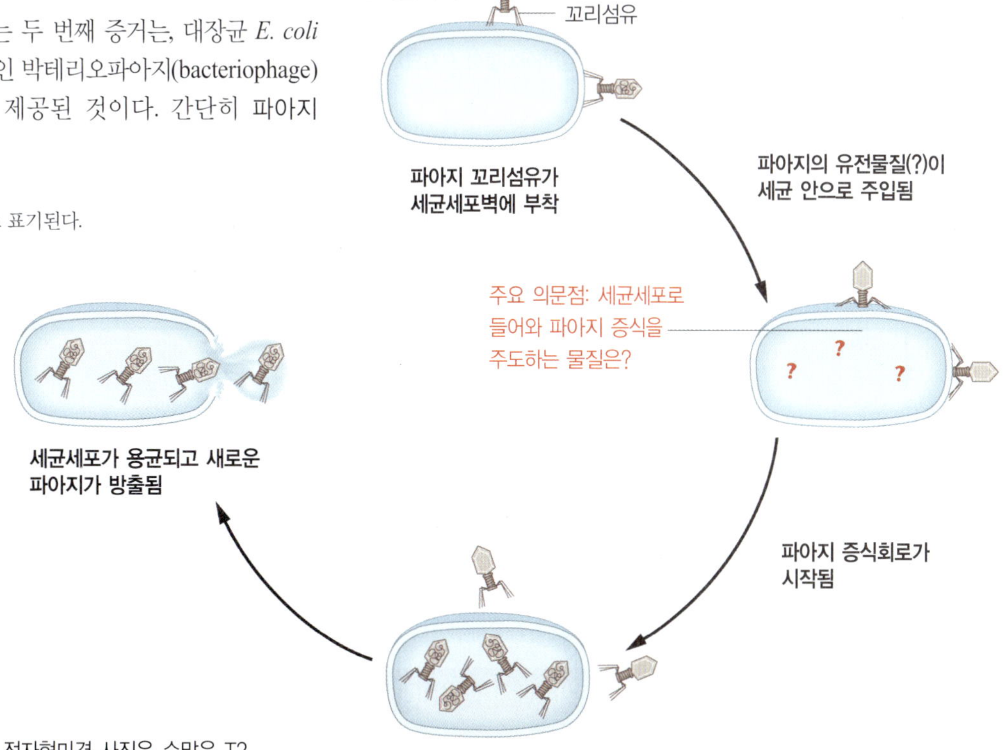

그림 9-4 T-짝수 파아지의 생활사. 전자현미경 사진은 수많은 T2 파아지들(청색)에 의해 감염 중인 *E. coli*를 보여준다.

1. T2 파아지들은 대략 50%의 단백질과 50%의 핵산으로 구성된다.
2. 파아지 꼬리가 세균세포에 흡착됨으로써 감염이 시작된다.
3. 새로운 바이러스들의 생산은 세균세포 내에서 일어난다.

파아지의 어떤 구성성분–DNA 혹은 단백질, 아니면 둘 다–이 세균세포로 들어가 바이러스 생산을 일으킨다. 그것이 무엇일까?

허시와 체이스는 방사성 동위원소를 사용하여 감염시 파아지의 분자 구성성분들을 추적했다. ^{32}P와 ^{35}S는 인(phosphorus)과

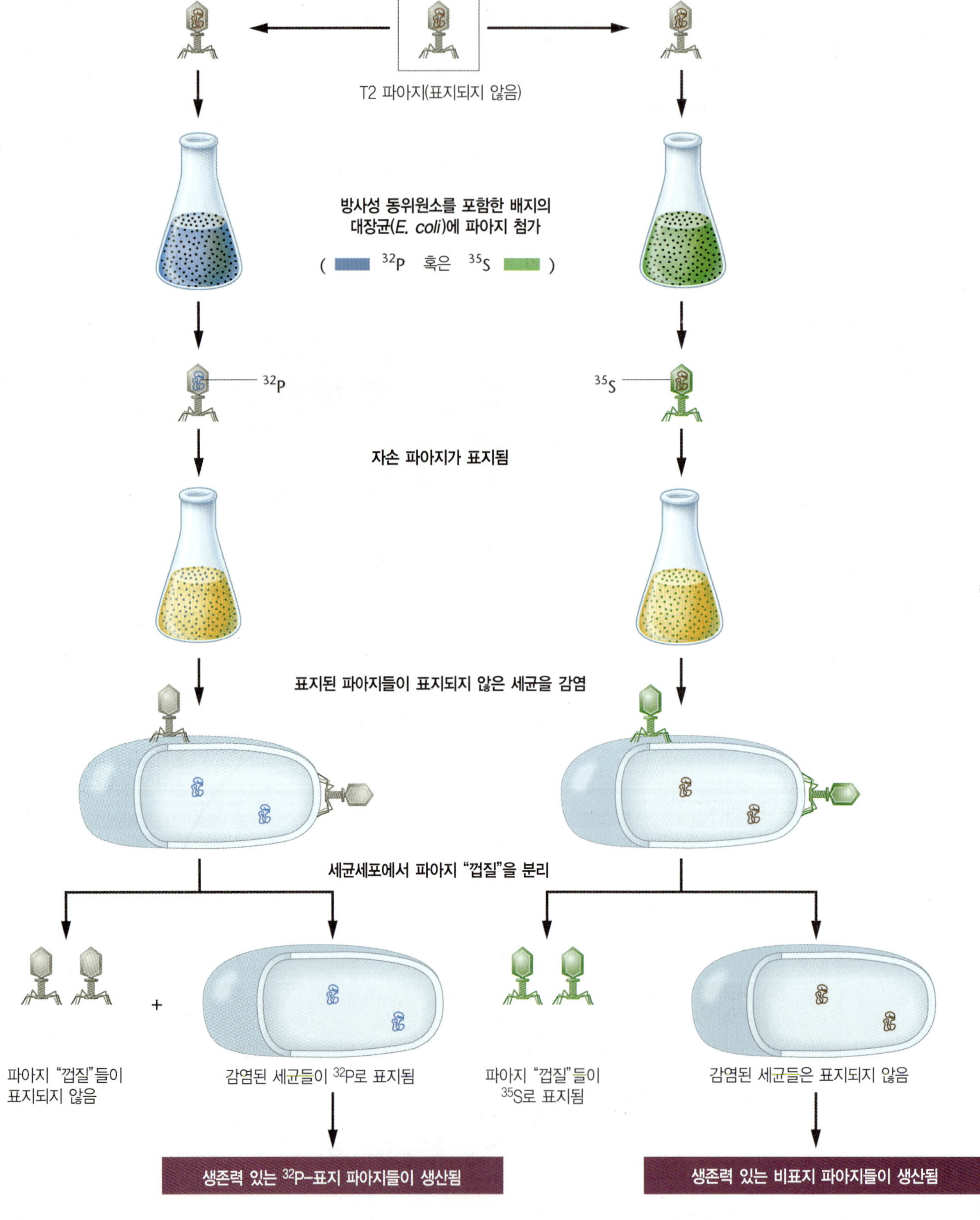

그림 9–5 허시와 체이스 실험의 요약. *E. coli*의 감염 중에 T2 파아지의 증식을 지시하는 것이 단백질이 아니라 DNA임을 증명하였다.

황(sulfer)의 방사성 형태로 이들의 실험에 사용되었다. DNA는 인은 포함하고 있지만 황은 포함하지 않으므로 ^{32}P는 효과적으로 DNA를 표지할 수 있다. 마찬가지로, 단백질은 황을 포함하지만 인은 포함하지 않으므로 ^{35}S는 단백질을 표시한다. 이것이 이들 실험의 핵심요소이다. 만약 *E coli*세포들을 처음에 ^{32}P나 ^{35}S가 포함된 배지에서 자라게 한 후 T2로 감염시키면, 후손 파아지들은 표지된 DNA 핵심(labeled DNA core)이나 표지된 단백질 껍질(labeled protein coat)을 가지게 될 것이다. 이들은 이러한 방사성 파아지들을 분리하여 표지되지 않은 세균을 감염시키는 데 다시 사용했다(그림 9-5).

표지된 파아지와 표지되지 않은 세균들을 섞게 되면, 파아지의 꼬리섬유들이 세균의 세포벽에 붙어 흡착복합체(adsorption complex)가 형성된다. 이들 복합체를 블렌더에 넣고 돌린다. 블렌더가 도는 힘에 의해 흡착된 파아지가 떨어지게 되는데, 이제 이들을 따로 분리하여 분석한다(그림 9-5). 방사성 동위원소를 따라감으로써 허시와 체이스는 ^{32}P로 표지된 대부분의 DNA가 흡착 후에 세균세포 안으로 이동했음을 보여주었다; 한편 ^{35}S로 표지된 대부분의 단백질들은 세균세포 밖에 남아서 파아지 "껍데기(ghost)"로 회수되었다. 이러한 분리 후에 이제 바이러스 DNA를 포함하게 된 세균의 세포들은 결국 용균되어 새로운 바이러스를 생산했다. 이들 후손 바이러스는 ^{32}P를 포함하고 있었지만 ^{35}S는 포함하고 있지 않았다.

허시와 체이스는 이러한 결과를 숙주세포 바깥에 남아 있는 파아지의 단백질 껍데기는 새로운 파아지의 생산에 관여하지 않는다는 것을 시사하는 것으로 해석했다. 한편, 가장 중요한 것은 파아지의 DNA가 숙주세포로 들어가 파아지의 증식을 지시한다는 것이다. 허시와 체이스는 T2 파아지의 유전물질은 DNA이지, 단백질은 아니라는 것을 증명하였다.

이러한 실험들은 에이버리와 그 동료들의 실험과 함께, DNA가 유전을 책임지는 분자라는 확실한 증거를 제공하는 것이다. 이 결론은 이후 분자 유전학의 초석이 되었다.

이 문제를 풀어보자

228페이지의 7번 문제는 형질전환을 조사하는 데 허시-체이스 실험 방법을 적용한 것에 관한 것이다. 여러분은 그런 시도가 성공할 수 있을지 답해야 한다.

힌트: 허시-체이스 방법을 적용하려 할 때는 외부의 DNA가 형질전환될 세포에 들어가는 것으로 세포와 세포 사이의 접촉이 관여되어서는 안된다.

트랜스펙션 실험

허시와 체이스의 실험 발표 후 8년 동안, 바이러스와 세균을 사용한 부가적인 연구들이 DNA가 유전물질이라는 확고한 증거들을 제공하였다. 1957년에 몇몇 보고들이 *E. coli*를 리소자임(lysozyme)으로 처리하면 세포를 파괴하지 않고도 세포의 바깥 벽을 제거할 수 있음을 증명했다. 효소로 처리된 세포들은 소위 '벌거벗은' 상태가 되어 세포의 외부 경계엔 세포막만이 존재하게 된다. 그러한 구조들을 **원형질체**(protoplast) 혹은 **스페로플라스트**(spheroplast)라고 한다. 존 스피지젠(John Spizizen)과 딘 프레이저(Dean Fraser)는 각기 독립적으로, 이 원형질체를 사용하여 망가진 T2 입자가 세균에서 증식을 시작하게 할 수 있다고 보고했다. 즉, 원형질체가 사용된다면, 바이러스가 감염을 일으키기 위해 꼭 완전한 상태일 필요는 없다는 것이다.

1960년에 박테리오파아지로부터 순수하게 정제된 DNA만을 사용하여 비슷하지만 좀 더 세련된 실험들이 보고되었다. 오직 바이러스의 핵산만을 이용한 이 감염과정은 **트랜스펙션**(transfection)이라고 불리며, 파아지 DNA 혼자서도 완전한 바이러스 생산에 필요한 모든 정보를 가진다는 것을 확실하게 증명해 준다. 그러므로 비록 직접적인 증거들이 세균과 바이러스 연구에서 얻어지긴 했지만, 모든 생물들에서 DNA가 유전물질로 작용한다는 증거가 더욱 강화되었다.

9.4 진핵생물에서도 DNA가 유전물질이라는 직 · 간접적인 증거들이 얻어졌다

1950년에는 세균과 바이러스에서 DNA가 유전물질이라는 것을 증명한 것과 같은 형태의 실험이 진핵생물들에 대해서는 가능하지 않은 것이었다. 그럼에도 불구하고, 유전물질이 공통적인 물질이고 진핵생물에서도 같은 역할을 할 것이라는 추측이 널리 받아들여졌다. 처음 이러한 가정에 대한 지지는, 진핵세포에서도 DNA가 역시 유전물질이라는 몇 가지의 정황적(간접적)인 관찰들이 모여져 이루어졌다. 그러나 곧이어 유전적 과정들에서 DNA의 중심 역할에 대한 증거들이 명확하게 확립되었다.

간접적인 증거: DNA의 분포

유전적 재료는 그것이 작동하는 장소-핵 내부에서 염색체의 일부로-에서 발견되어야만 할 것이다. DNA와 단백질 모두 이 기준을 만족시킨다. 그러나 단백질은 세포질에도 풍부한 반면 DNA는 그렇지 않다. 미토콘드리아와 엽록체 둘 다 유전적 기능을 수행하는 것으로 알려져 있고 이들 세포소기관 내에도 DNA가 존재한다. 그러므로 DNA는 주요 유전적 기능이 알려져 있는 장소

표 9.2 다양한 종들에서 반수체 세포와 배수체 세포의 DNA 양 (picogram으로 나타냈다)

생물*	*n*	2*n*
인간	3.25	7.30
닭	1.26	2.49
송어	2.67	5.79
잉어	1.65	3.49
청어	0.91	1.97

*정자(*n*)와 적혈구 세포(2*n*)의 전구 유핵세포들이 배수성 수준 비교에 사용되었다.

에서만 발견되는 것이다. 그러나 단백질은 세포의 어디서나 발견된다. 이러한 관찰들은 유전물질로서 DNA가 단백질보다 더 적합하다는 해석을 낳게 하였다.

이미 핵 안에 존재하는 염색체들이 유전물질을 포함한다는 것이 알려져 있었기 때문에, 세포의 배수성(n, $2n$ 등)과 유전물질로서 기능하는 분자들의 양 사이의 관계가 예상되었다. 배우자(정자와 난자)들과 체세포들 사이에서 의미심장한 비교가 행해질 수 있다. 체세포들은 이배체($2n$)로 간주되고, 반수체(n)인 배우자들보다 두 배가 되는 숫자의 염색체들을 포함한다.

표 9.2는 반수체 정자에서 발견되는 DNA의 양과, 여러 생물에서 나온 이배체인 적혈구 전구세포들의 DNA 양을 비교한 것이다. DNA의 양과 염색체 세트의 수가 매우 연관성이 높다. 그러나 배우자와 이배체 세포들의 단백질 양에서는 일관성 있는 관계가 성립하지 않는다. 그러므로 진핵생물의 유전물질로 다시 한 번 DNA가 단백질보다 더 적당하다고 간주된다.

간접적인 증거: 돌연변이화(Mutagenesis)

자외선(UV)은 유전물질에서 돌연변이를 유발할 수 있는 많은 요인 중 하나다. 효모나 곰팡이 같은 단순한 생물들을 다양한 파장의 UV로 쬐어주고, 이것이 유발한 돌연변이체의 수로 각 파장의 효율성을 측정할 수 있다. 자료가 그래프로 그려지면, 돌연변이원으로서의 UV 광선의 **활동 스펙트럼**(action spectrum)이 얻어진다. 이 활동 스펙트럼은 유전물질로 의심되는 어떤 분자들의 **흡수 스펙트럼**(absorption spectrum)과 비교될 수 있다(그림 9-6). 유전물질로 작용하는 분자들은 돌연변이성으로 알려진 파장을 흡수할 것으로 예상된다.

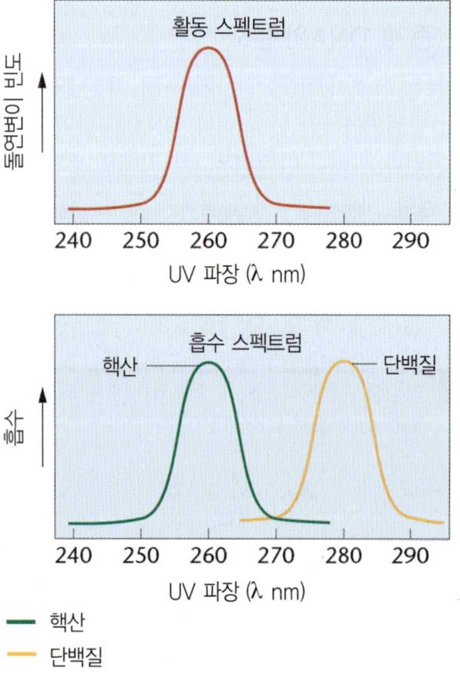

그림 9-6 가장 효과적인 돌연변이성 UV 파장을 결정짓는 활동 스펙트럼과, 핵산과 단백질이 흡수하는 UV광의 파장 범위를 나타내 주는 흡수 스펙트럼의 비교.

UV 광선은 260 nm의 파장(λ)에서 가장 돌연변이를 잘 일으킨다. DNA와 RNA 모두 260 nm의 파장을 가장 강하게 흡수한다. 한편, 단백질은 280 nm의 파장을 강하게 흡수한다. 그러나 280 nm의 파장은 돌연변이 효과가 그다지 높지 않다. 이러한 간접적인 증거들은 핵산이 유전물질이고 단백질은 아닐 것이라는 생각을 지지한다.

직접적인 증거: 재조합 DNA 연구

비록 위에서 언급한 정황적인 증거들이 DNA가 진핵생물의 유전물질이라는 직접적인 증거를 구성하는 것은 아니지만, 이들 관찰은 연구자들로 하여금 이러한 가설에 근거하여 연구를 할 수 있도록 촉진시켰다. 오늘날, 이 결론의 진위에 대한 의심은 없다. DNA는 진핵생물의 유전물질이다. 가장 강력한 증거는 **재조합 DNA 기술**(recombinant DNA technology)을 이용한 분자적 분석법에 의해 제공되었다. 이 과정에서는, 진핵세포의 특정 유전자에 해당하는 DNA 단편이 글자 그대로 '잘려져' 세균 DNA에 연결될 수 있다. 그러한 복합체는 세균세포로 옮겨지고 그 유전적 발현이 검사된다. 만약 진핵성 DNA가 도입되면, 해당하는 유전자 산물이 생기게 되는데, 이것은 세균세포 안에 DNA가 존재하고 또 기능적이라는 사실을 직접 증명하는 것이다. 이것은 수없이 많은 경우에서 사실로 드러난다. 예를 들어, 사람에서 인슐린을 지정하는 유전자와 인터페론을 지정하는 유전자의 산물들은 인간 유전자를 세균에 넣어 단백질을 해독하게 함으로써 생산된다. 세균이 분열함에 따라 진핵성 DNA는 숙주세포의 DNA와 함께 복제되어 딸세포들로 퍼진다. 이들 모든 후손 세포들은 사람의 유전자를 발현하고 해당 단백질을 합성한다. 재조합 DNA 연구 결과, 특정 유전자를 암호화하는 많은 유전자들의 사용이 용이해졌으며 이것은 DNA가 유전물질로 작용한다는 직접적인 증거가 된다. 베아트리체 민츠(Beatrice Mintz)의 연구실에서 행해진 연구는 사람의 β-글로빈 유전자를 암호화하는 DNA가, 수정된 쥐의 난자에 미세관으로 주입되어 나중에 성체가 된 쥐의 조직에서 발견되고 발현될 뿐 아니라, 이 쥐의 자손으로 전달되는 것을 확인해 주었다. 이들 쥐는 **유전자 조작 동물**(transgenic animals; **형질전환 동물**)의 일례이다. 또 다른 연구에서는 쥐(rat)의 성장호르몬을 암호화하는 DNA를 생쥐(mouse)의 수정란에 도입시켰다. 얻어진 생쥐들의 1/3이 정상 크기보다 크게 자랐다. 이것은 실험용 생쥐에 존재하는 외래 DNA가 작동함을 가리키는 것이다. 생쥐의 다음 세대들도 이러한 유전정보를 유전 받았으며, 커다란 크기로 자랐다. 이것은 진핵생물에서도 마찬가지로, DNA가 유전정보의 발현에 필요하다는 것을 증명한다. 어떻게 DNA가 저장되고, 복제되며, 발현되고, 돌연변이를 일으키는지에 대해서는 나중에 살펴보기로 하자.

9.5 어떤 바이러스에서는 RNA가 유전물질로 기능한다

몇몇 바이러스들은 DNA로 구성된 핵심이 아니라 RNA를 포함한다. 이들 바이러스에서는, RNA가 유전물질로 작용하는 것으로 보인다–DNA가 이러한 기능을 수행한다는 일반적인 법칙에 예외이다. 1956년에 **담배 모자이크 바이러스**(tobacco mosaic virus, TMV)로부터 RNA가 분리되어 담배 잎에 뿌려졌고, 바이러스 감염에 의해 유발되는 병변이 잎에 나타났을 때 이러한 사실이 증명되었다. RNA가 이들 바이러스의 유전물질이라는 결론이 내려진 것이다.

1965년과 1966년에 노만 페이스(Norman Pace)와 솔 슈피겔만(Sol Spiegelman)은 더 나아가 파아지 Qβ로부터 분리된 RNA가 시험관 안에서도 복제될 수 있음을 증명하였다. 이러한 복제는 **RNA 복제효소**(RNA replicase)라는 효소에 의존적이며, 이 효소는 정상적으로 감염된 숙주세포 *E. coli*에서 분리되었다. RNA가 시험관 내에서 복제되어 *E. coli*의 원형질체에 첨가되면 감염과 함께 바이러스의 증식(트랜스펙션)이 일어난다. 그러므로 시험관 안에서 합성된 RNA는 복제에 필요한 모든 요소들의 생산을 지시함으로써, 이들 파아지에서 유전물질로 작용한다.

마지막으로, RNA를 포함하는 바이러스들의 또 다른 그룹이 논의되어야 한다. 이들은 **레트로바이러스**(retrovirus)인데, 희귀한 방법으로 복제한다. 그들의 RNA는 상보적 DNA 분자를 합성하는데 주형으로 작용한다. **역전사**(reverse transcription)라고 불리는 이 과정은 **역전사효소**(reverse transcriptase)라는, RNA-의존성 DNA 중합효소(RNA-dependent DNA polymerase)의 지시로 일어난다. 여기서 얻어진 DNA 중간체는 숙주세포의 유전체로 들어가 숙주의 DNA가 전사될 때, 원래의 바이러스 RNA 염색체들이 여러 사본으로 얻어진다. 레트로바이러스들에는 사람에서 에이즈를 일으키는 면역결핍바이러스(human immunodeficiency virus, HIV), RNA 종양 바이러스들이 포함된다.

9.6 DNA의 구조는 그 기능을 이해하는 열쇠다

DNA가 모든 생물(어떤 바이러스들은 빼고)의 유전물질임이 확인되었으니, 이제 이들 핵산의 구조에 대해 생각해 보도록 하자. 1953년에 제임스 왓슨(James Watson)과 프랜시스 크릭(Francis Crick)은 DNA의 구조가 이중나선의 형태라고 주장했다. 이들의 주장은 과학잡지 네이처(*Nature*)에 짧은 논문으로 실렸으며 이 장의 말미(212페이지)에 전문을 실어두었다. 어떤 의미에서, 이 발표는 생물학의 역사에서 가장 중요한 발견을 이루기 위해 매우 경쟁적이었던 과학적 경주에 종말을 고한 것이기도 하다. 왓슨의 책 「이중나선(*The Double helix*)」에 설명된 것처럼, 이 '경주'는

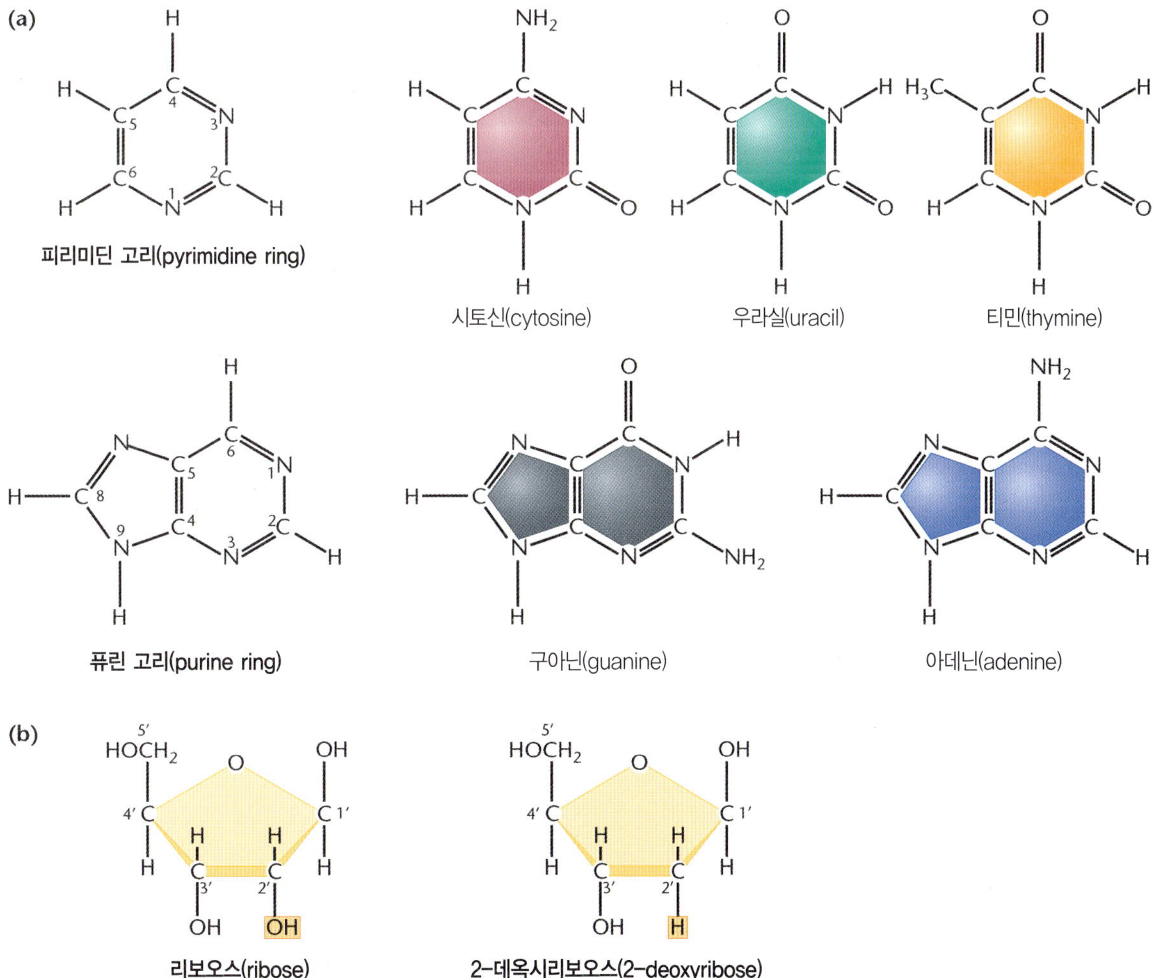

그림 9-7 (a) RNA와 DNA에서 질소화된 염기로 작용하는 피리미딘과 퓨린의 화학적 구조. (b) RNA와 DNA에서 각각 5탄당으로 작용하는 리보오스와 2-데옥시리보오스의 화학적 고리 구조.

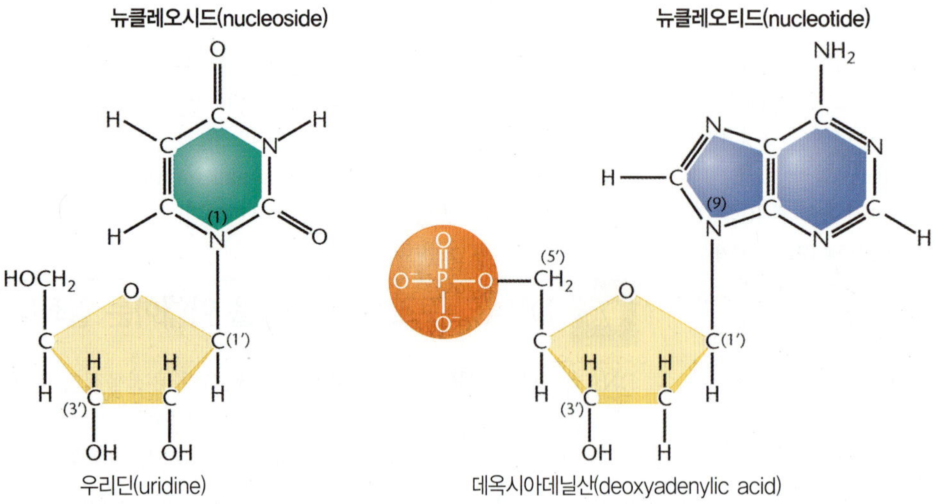

뉴클레오시드(nucleoside)

우리딘(uridine)

뉴클레오티드(nucleotide)

데옥시아데닐산(deoxyadenylic acid)

그림 9-8 RNA와 DNA의 뉴클레오시드와 뉴클레오티드의 구조와 이름.

리보뉴클레오시드(ribonucleosides)	리보뉴클레오티드(ribonucleotides)
아데노신(adenosine) 시티딘(cytidine) 구아노신(guanosine) 우리딘(uridine)	아데닐산(adenylic acid) 시티딜산(cytidylic acid) 구아닐산(guanylic acid) 우리딜산(uridylic acid)
데옥시리보뉴클레오시드(deoxyribonucleosides)	**데옥시리보뉴클레오티드(deoxyribonucleotides)**
데옥시아데노신(deoxyadenosine) 데옥시시티딘(deoxycytidine) 데옥시구아노신(deoxyguanosine) 데옥시티미딘(deoxythymidine)	데옥시아데닐산(deoxyadenylic acid) 데옥시시티딜산(deoxycytidylic acid) 데옥시구아닐산(deoxyguanylic acid) 데옥시티미딜산(deoxythymidylic acid)

과학적 노력에 관여되어 있는 사람들간의 상호작용, 천재, 약점, 그리고 전력투구 등이 결국엔 DNA구조를 밝히게 했다는 것을 보여준다.

왓슨과 크릭이 사용할 수 있었던 자료들은 주로 두 가지 원료에서 얻어진 것들이다: (1) 수화된 DNA 시료의 염기조성 분석과, (2) DNA의 X-선 회절 연구. 왓슨과 크릭이 분석에 성공한 것은 이러한 자료들에 맞는 모형을 세웠기 때문으로 볼 수 있다. 만약 DNA의 구조에 대한 옳은 해석이 퍼즐이었다면, 영국 캠브리지의 캐번디시 연구소(Cavendish Laboratory)에서 일하던 왓슨과 크릭은 처음으로 조각들을 성공적으로 맞춘 사람들일 것이다.

핵산의 화학

이들의 연구에 앞서 간단하게 핵산의 화학을 알아보는 것이 순서일 것이다. 왓슨과 크릭에게 알려져 있던 이들 화학적 정보는 그들이 모형을 세우는 기초가 되었다.

DNA는 핵산의 한 종류이며, 뉴클레오티드들이 모든 핵산 분자의 구성 단위가 된다. 때때로 모노뉴클레오티드(mononucleotide)라고 불리는 이들 구조적 단위체들은 세 가지 요소로 구성되어 있다: **질소가 포함되어 있는 염기**(nitrogenous base), **오탄당**(pentose sugar), 그리고 **인산기**(phosphate group)이다. 두 가지 종류의 염기들이 존재한다: 9개의 원소로 이루어져 있으며 두 개의 고리 구조인 **퓨린**(purine)들과, 6개의 원소로 된 고리 하나로 이루어진 **피리미딘**(pyrimidine)들이다.

퓨린 염기에는 두 가지, 피리미딘 염기에는 3가지 형태가 핵산에서 흔하게 발견된다. 두 가지 형태의 퓨린은 **아데닌**(adenine)과 **구아닌**(guanine)으로 A와 G로 간략히 표시한다. 피리미딘의 세 가지 형태는 **시토신**(cytosine), **티민**(thymine), **우라실**(uracil)이며, 각각 C, T, 그리고 U로 표시한다. C, T와 U의 화학적 구조가 그림 9-7(a)에 나타나 있다. DNA와 RNA 모두 A, G, 그리고 C를 포함하며, 염기 T는 DNA에서만 나타나고, U는 RNA에서만 나타난다. 퓨린 염기의 고리 구조 내에서 질소와 탄소원자들은 프라임 부호가 없는 숫자로 표시된다. 퓨린과 피리미딘 염기의 고리에서는 해당 원자들이 다르게 번호가 붙여지는 것에 유의하여야 한다.

핵산에서 발견되는 오탄당이 그들의 이름을 결정한다. 즉, **리보핵산**(ribonucleic acid, RNA)은 **리보오스**(ribose)를 포함하고 있으며, **데옥시리보핵산**(deoxyribonucleic acid, DNA)은 **데옥시리보오스**(deoxyribose)를 포함한다. 그림 9-7(b)는 이들 두 오탄당의 구조를 보여주는 것이다. 각 탄소원자는 프라임 부호가 붙은 번호(C-1′, C-2′, 등)로 표시된다. 그림에서처럼, 리보오스와 비교하면 데옥시리보오스는 C-2′ 위치에 수산기가 아니라 수소 원자를 가진다. C-2′ 위치에서의 수산기의 존재는 RNA와 DNA를 구분할 수 있게 해준다. C-2′ 위치에 수신기가 없으므로 DNA의 당은 좀 더 자세하게 **2-데옥시리보오스**(2-deoxyribose)라고 불린다.

어떤 분자가 퓨린이나 피리미딘 염기, 그리고 리보오스나 데옥시리보오스로 구성된다면, 이 화학 단위체는 이제 **뉴클레오시드**(nucleoside)로 불린다. 만약 인산그룹이 이 뉴클레오시드에 첨가되면, 분자는 이제 **뉴클레오티드**(nucleotide)로 불린다. 뉴클레오시드나 뉴클레오티드는 그 분자의 일부분인 특정 염기들(A, G, C,

데옥시뉴클레오시드 이인산
(deoxynucleoside diphosphate, dNDP)

데옥시티미딘 이인산(deoxythymidine diphosphate, dTDP)

뉴클레오시드 삼인산
(nucleoside triphosphate, NTP)

아데노신 삼인산(adenosine triphosphate, ATP)

그림 9-9 뉴클레오시드 이인산과 삼인산들의 기본 구조. 티미딘 이인산과 아데노신 삼인산을 예로 나타냈다.

T, 혹은 U)에 따라 이름이 붙여진다. 뉴클레오티드의 구조와, DNA 뉴클레오티드 및 뉴클레오시드를 부르는데 사용되는 이름은 그림 9-8에 나와 있다.

뉴클레오티드의 구성성분들 사이의 결합은 매우 특이적이다. 당의 C-1′ 원자는 질소가 포함된 염기와의 화학적 결합에 관여한다. 만약 염기가 퓨린이라면, N-9 원자가 당과 공유결합을 하게 된다. 만약 피리미딘 염기라면, 결합에는 N-1원자가 관여한다. 하나의 뉴클레오티드에서 인 그룹은 당의 C-2′, C-3′, C-5′에 결합할 수 있다. 그림 9-8에 C-5′-인산 형태가 나와 있다. 이것은 생물계에서 가장 흔한 것으로 DNA와 RNA에서도 발견된다.

뉴클레오티드는 **뉴클레오시드 일인산**(nucleoside monophosphate, NMP)이라는 용어로 기술되기도 한다. 하나나 두 개의 인 그룹이 더 첨가되면, 그림 9-9에 보이는 바와 같이 **뉴클레오시드 이인산**(nucleoside diphosphate, NDP)과 **뉴클레오시드 삼인산**(nucleoside triphosphate, NTP)이 된다. 삼인산 형태는 이들이 세포 내에서 핵산 합성과정의 전구체로 사용되기 때문에 매우 중요하다. 첨언하자면, 삼인산 형태인 아데노신 삼인산(adenosine triphosphate, ATP)과 구아노신 삼인산(guanosine triphosphate, GTP)은 세포의 생물 에너지학에서 매우 중요한데, 다량의 에너지가 말단의 인을 첨가하거나 유리시키는 데 관여하기 때문이다. ATP나 GTP가 무기인산(inorganic phoshate, P_i)과 함께 ADP나 GDP로 가수분해되면, 세포 내에서 다량의 에너지가 방출된다. 이러한 화학적 변환은 다른 반응들과 연계되어 있어서, 생산된 에너지는 이들 반응들을 진행시키는 데 사용된다. 결과적으로, ATP와 GTP는 수많은 세포 활동에 관여하고 있다.

두 개의 단일 뉴클레오티드들 사이의 결합은 인이 관여된 두 개의 당들 사이의 연결로 이루어진다. 인산이 두 개의 알코올(두 개의 당에 존재하는 수산기)에 에스테르 결합에 의해 양쪽으로 연결되어 있으므로 **인산이에스테르 결합**(phosphodiester bond)이 형성된다. 그림 9-10은 결과적으로 DNA에서 발견되는 인산이에스테르 결합을 보여준다. 각각의 구조는 C-3′ 말단과 C-5′ 말단을 가진다. 두 개의 뉴클레오티드가 결합되면 디뉴클레오티드(dinucleotide)가 형성되고, 3개가 결합되면 트리뉴클레오티드(trinucleotide)가 형성되는 식이다. 약 20개의 뉴클레오티드로 이루어진 짧은 사슬은 **올리고뉴클레오티드**(oligonucleotide)라고 부른다. 더 긴 사슬들은 그냥 **폴리뉴클레오티드**(polynucleotide)라고 불린다.

긴 폴리뉴클레오티드 사슬들이 되면 분자량도 커지고 DNA의 가장 중요한 성질–방대한 양의 유전정보를 저장하는 것–을 설명

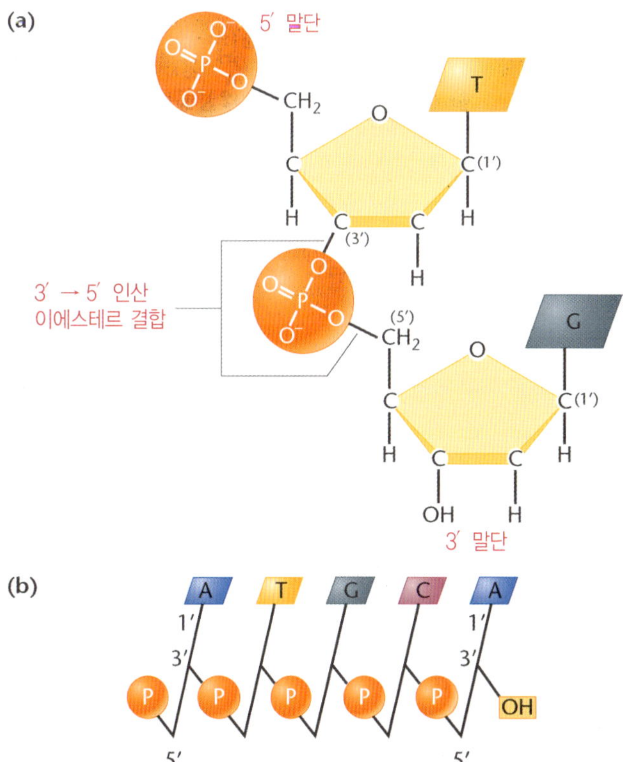

그림 9-10 (a) C-3′과 C-5′ 사이의 인산이에스테르 결합의 형성에 의해 두 뉴클레오티드가 연결되어 디뉴클레오티드를 이룬다. (b) 폴리뉴클레오티드 사슬을 간략히 표시한 것.

표 9.3 DNA 염기조성 자료

(a) 샤가프의 자료*

	몰분율†			
	1	2	3	4
원료	*A*	*T*	*G*	*C*
황소 흉선	26	25	21	16
황소 이자	25	24	20	15
효모	24	25	14	13
조류 결핵균	12	11	28	26
인간 정자	29	31	18	18

(c) 여러 생물체에서의 *G* + *C* 함량

생물	*G* + *C* (%)
T2 파아지	36.0
초파리	45.0
옥수수	49.1
유글레나	53.5
빵곰팡이	53.7

(b) 다양한 생물의 DNA에서 관찰된 염기조성

	염기조성				염기비율		염기조합 비율	
	1	2	3	4	5	6	7	8
원료	*A*	*T*	*G*	*C*	*A*:*T*	*G*:*C*	(*A* + *G*):(*C* + *T*)	(*A* + *T*):(*C* + *G*)
인간	30.9	29.4	19.9	19.8	1.05	1.00	1.04	1.52
성게	32.8	32.1	17.7	17.3	1.02	1.02	1.02	1.58
대장균	24.7	23.6	26.0	25.7	1.04	1.01	1.03	0.93
Sarcina lutea	13.4	12.4	37.1	37.1	1.08	1.00	1.04	0.35
T7 파아지	26.0	26.0	24.0	24.0	1.00	1.00	1.00	1.08

*출처: Chargaff, 1950.
†Moles of nitrogenous constituent per mole of P (often, the recovery was less than 100%).

할 수 있게 된다. 길다란 뉴클레오티드 사슬에서 각 뉴클레오티드의 자리는, 특이한 변형체도 가능하긴 하지만, 네 개의 뉴클레오티드 중 하나가 차지하게 된다. 예를 들어, 1,000개의 뉴클레오티드로 이루어진 폴리뉴클레오티드는 4^{1000} 가지 다른 방법으로 배열될 수 있는 것이다. 분자 구조 내에서의 이러한 변이능은 DNA가 세포활성을 지시하는 데 필요한 방대한 양의 화학적 정보를 저장하는 데 필수적인 것이다.

염기조성에 관한 연구

1949년에서 1953년 사이에 어윈 샤가프(Erwin Chargaff)와 그의 동료들은 다양한 생물들로부터 얻은 DNA를 크로마토그래피 방법을 사용하여 4개 염기들로 분리했다. 그리고 정량적인 방법을 사용하여 각 재료들로부터 얻은 4가지 염기의 양을 측정하였다. 표 9.3(a)는 샤가프의 원래 자료에서 몇 가지를 추려 나열한 것이다. (b)와 (c)부분은 샤가프의 발견을 다시 한 번 강조하는 최근의 정보들을 보여준다. 앞으로 보게 될 것처럼, 샤가프의 자료들은 왓슨과 크릭이 제안했던 성공적인 DNA의 모델에 결정적인 자료였다. 이들 자료에 기초하여 다음과 같은 결론들이 유도된다.

1. DNA에서 아데닌의 양은 티민의 양에 비례한다(1, 2, 5열). 그리고 마찬가지로 구아닌의 양도 시토신의 양에 비례한다(3, 4, 6열).
2. 이러한 비례에 근거하여 퓨린의 합(A + G)은 피리미딘들의 합(C + T)과 같다(7열).
3. G + C의 분율은 A + T의 분율과 반드시 같을 필요는 없다. (c)부분의 8열에서 보듯이, 이 비율은 생물들마다 매우 다르다.

이러한 결론은 DNA 분자들의 염기 조성에 있어서의 결정적인 패턴을 시사하는 것이다. 자료들은 "수수께끼"의 초기 단서를 제공했다. 게다가 이들은 4개의 염기가 모두 동일한 양으로 존재한다는 레빈의 네 가지 뉴클레오티드 가설(tetranucleotide hypothesis)을 정면으로 부정하는 것이었다.

X-선 회절 분석

DNA 분자의 섬유가 X-선 조사에 사용되면, X-선들은 이 분자들의 원자 구조에 따라 흩어지게 된다. 이러한 산란 패턴은 사진건판에 점으로 남게 되고 이것이 분석된다. 특히 전체적인 모양이나 분자 내의 규칙성 같은 성질이 분석되는 것이다. 이러한 과정은 **X-선 회절 분석**(X-ray diffraction analysis)이라고 하는데, 라이너스 폴링(Linus Pauling)이나 다른 화학자에 의해 단백질 구조 분석에 성공적으로 적용되었었다. DNA 분자에 대해서도 이 기법이 시도된 것은 1938년에 윌리엄 에츠버리(William Astbury)에 의

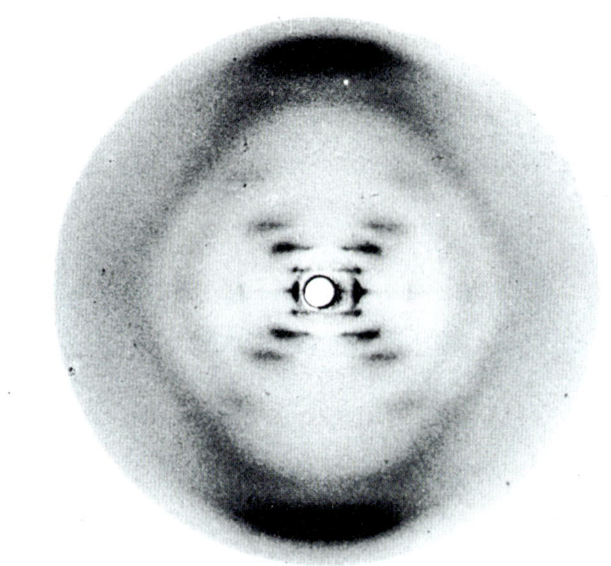

그림 9-11 정제된 B형 DNA 섬유의 X-선 회절 사진. 주변의 짙은 원호들은 3.4 Å 떨어져 있는 질소화된 염기들의 간격을 추정하게 해주는 것으로, 가까이 위치한 분자들의 측면을 보여준다. 내부의 십자 모양 점들은 분자들의 더 커다란 측면을 보여주는 것으로 이 분자가 나선으로 이루어졌음을 시사한다.

해서였다. 1947년, 그는 DNA 분자 내에 3.4 옹스트롬(Å)*의 간격이 존재함을 발견했고 이것은 그로 하여금 염기들이 동전을 쌓아 올린 듯한 모양일 것이라고 제안하게 했다.

1950년과 1953년 사이에 로잘린드 프랭클린(Rosalind Franklin)은 모리스 윌킨스(Maurice Wilkins)의 연구실에서 일하던 중에, 정제된 DNA로부터 좀 더 향상된 X-선 자료를 얻을 수 있었다(그림 9-11). 그녀의 연구는 에츠버리가 발견한 3.4 Å의 간격을 확인시켜 주었고, DNA의 구조가 어떤 종류의 나선일 것으로 제안하게 했다. 그러나 그녀는 결정적인 모형을 제시하지는 않았다. 폴링은 에츠버리와 다른 연구자들의 결과로부터 DNA가 삼중나선일 것이라는 잘못된 제안을 하였다.

왓슨-크릭 모델

왓슨과 크릭은 1953년에 DNA의 구조에 대한 분석 결과를 발표했다. 논의된 정보들 사이의 갈등 속에서 모형을 세움으로써 그들은 그림 9-12(a)에 보이는 바와 같은 이중나선 형태의 DNA를 제시했다. 이 모형은 다음과 같은 주요 특징을 가진다.

1. 두 개의 긴 폴리뉴클레오티드 사슬들이 중심축을 돌아 감겨서 오른쪽으로 꼬인 이중나선을 형성한다.
2. 두 사슬은 역평행하다; 즉, 그들의 C-5′에서 C-3′로의 방향이 서로 반대로 향한다.
3. 두 사슬의 염기들은 평평한 구조로 축에 수직으로 놓인다; 그들은 서로서로 "쌓아 올려져(stacked)" 있으며 3. 4 Å(0.34 nm) 떨어져 있다. 그리고 이들은 전체 구조의 안쪽에 위치한다.
4. 반대 사슬들의 질소화된 염기들은 수소결합 결과, 쌍을 이루고 있다(아래 논의되어 있다); DNA에서는 A ═ T와 G ≡ C 쌍만 존재한다.
5. 나선의 완전한 회전은 34 Å(3.4 nm)길이로, 각 사슬의 1회전 내에는 10개의 염기가 존재한다.
6. 분자의 어떤 부분에서도 좀 더 큰 **주 홈**(major groove)과 좀 작은 **부 홈**(minor groove)이 축을 따라 번갈아 나타난다.
7. 이중나선은 지름이 약 20 Å(2.0 nm) 정도이다.

염기쌍(base pairing, 요점 4)의 성질은 이 모형에서 가장 중요한 것이다. 자세히 설명하기에 앞서 몇 가지 다른 중요한 특징들을 강조할 필요가 있겠다. 첫째로, 두 사슬의 역평행성은 이중나선 모형의 열쇠이다. 한 사슬이 5′-3′ 방향으로 놓인다면(오른쪽이 위로 가도록), 다른 사슬은 3′-5′ 방향(오른쪽이 아래로 가도록)으로 놓인다. 이것이 그림 9-12(b)와 (c)에 설명되어 있다. 다양한 염기 구성성분들의 결합각 때문에 생기는 힘을 생각하면, 두 사슬이 서로 평행하게 달릴 때는 이중나선이 쉽게 구성될 수 없을 것이다.

왓슨과 크릭이 제시한 모형의 열쇠는 염기쌍 형성에 있어서의 특이성이다. 샤가프의 자료들은 A의 양이 T와 같고, G의 양이 C와 같다고 제시했었다. 왓슨과 크릭은 만일 A가 T와, C가 G와 쌍을 이룬다면 이들 구성비를 설명할 수 있으며, 그러한 염기쌍의 각 구성원들이 수소결합[그림 9-12(c)]을 형성한다면, 두 사슬을 붙들어 두는 화학적 안정성을 제공할 것이라는 것을 인식했다. 이런 식으로 정리가 되자, 주 홈과 부 홈이 축을 따라 분명하게 되었다. 나아가, "나선계단의 가로대" 상에서 하나의 퓨린(A나 G)이 하나의 피리미딘(T나 C)을 마주하고 있는 것은 X-선 회절 연구에 의해 제시되었던 20 Å(20 nm)을 설명할 수 있었다.

특이적인 A ═ T와 G ≡ C 염기쌍은 **상보성**(complementarity)의 근본이다. 이 용어는 염기들 사이의 수소결합에 의해 제공되는 화학적 친화력을 설명하는 말이다. 앞으로 보게 될 것처럼, 상보성은 DNA 복제와 유전자 발현에서 매우 중요하다.

수소결합(hydrogen bond)의 성질이나, 그것이 나선을 안정시킬 만큼 강한 것이냐에 대한 의문은 적절한 것이다. 수소결합은 공유적으로 결합된 수소 원자와 비공유 전자쌍을 가진 원자 사이에 형성되는 매우 약한 정전기적 인력이다. 수소 원자는 부분적인 양전하를 가지는 반면, 공유적으로 결합된 산소나 질소 원자의 특징인 비공유전자쌍은, 부분적으로 음전하를 가질 것으로 생각된다. 이들 반대 전하가 약한 화학적 인력을 일으킨다. 이중나선에 놓이게 되면, 아데닌은 티민과 두 개의 수소결합을, 구아닌은 시토신과 3개의 수소결합을 형성한다. 비록 2개나 3개의 수소결합은 에너지가 매우 약한 것이지만, 나란히 놓인 2,000~3,000개의 결합(두 개의 긴 폴리펩티드 사슬들에서 발견될 수 있는)은 이중나선에 커다란 안정성을 제공하게 된다.

또 하나의 안정화 요소는 축을 따라 놓인 당과 염기의 배열에 있다. 왓슨-크릭의 모형에서는 **소수성**(hydrophobic, 또는 "water-fearing")인 질소화 염기들이 안쪽의 축에 거의 수평으로 쌓여 있

* 현재는 nm 단위가 더 선호된다(1 nm = 10 Å).

그림 9-12 (a) 왓슨과 크릭에 의해 제안된 DNA 이중나선. 리본 모양의 가닥들은 당-인산 골격을 나타낸 것이고, 가로의 걸이들은 질소화된 염기들을 구성한다. 한 회전당 10개의 염기쌍들로 구성된다. 주 홈(major groove)과 부 홈(minor groove)이 뚜렷하게 나타난다. 중앙의 세로선은 중심축을 나타낸 것이다. (b) 염기, 당, 인산들, 그리고 나선의 수소결합을 세부적으로 나타낸 것. (c) 나선의 역방향성(antiparallel nature)과 염기들의 수평적 쌓임 상태를 보여준다.

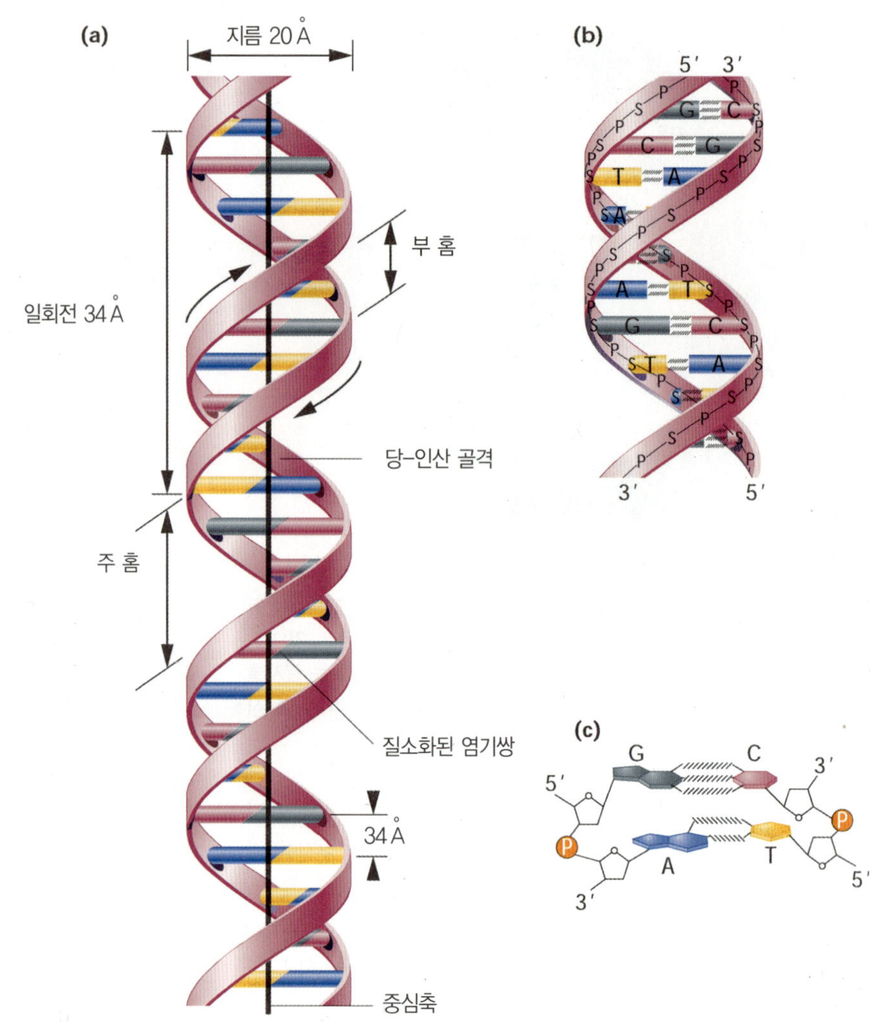

으며 이들은 물로부터 보호된다. **친수성**(hydrophilic 또는 "water-loving")인 당-인산 골격은 축의 바깥쪽에 있어서 두 요소가 물과 상호작용할 수 있다. 이러한 분자적 배열은 나선에 상당한 화학적 안정성을 제공한다.

최근의 정확한 분석들은, 왓슨-크릭 모형의 기초로 작용했던 DNA의 구조에 약간의 구조적 차이가 있음을 드러냈다. 한 회전당 염기쌍의 수를 정확히 측정한 결과 이 값은 왓슨과 크릭이 예상한 10.0 bp이 아니라 10.4 bp임이 밝혀졌다. 고전적인 모형에서는 각 염기쌍이 나선축 주위로 인접한 염기쌍과 36° 회전해서 위치하는 것으로 알려져 있으나 새로운 발견에 따르면 이 회전 각도는 34.6°여야 한다. 그러므로 한 회전당 10 bp보다 약간 더 많은 수가 존재하게 된다.

왓슨-크릭의 모형은 분자 생물학이라는 새로운 학문에 즉각 영향을 끼쳤다. 1953년의 초기 논문에서도 저자들은 "우리가 지금 제시한 특이적인 염기쌍들은 유전물질의 복사를 설명하는 가능한 기작을 제시한다는 사실은 확실하다"라고 언급했다. 두 달 후에, 네이쳐에 실린 두 번째 논문에서 왓슨과 크릭은 이 생각을 쫓아 DNA 복제의 양식-**반보존적 모형**(semiconservative model)을 제시하기에 이른다. 이 두 번째 논문은 두 가지의 새로운 개념들을 제시하고 있다: (1) 염기서열에 유전정보가 저장되고, (2) 돌연변이나 유전적 변이는 염기들의 변화에 따른 것이다. 이러한 생각은 1953년 이후 방대한 양의 실험적 지지를 받았고 지금도 널리 받아들여지고 있다.

왓슨과 크릭에 의한 아이디어의 "합성"은 유전학과 생물학의 차기 연구들에 대해서는 매우 중요한 것이다. 유전적 기구들에서의 유전자와 그들의 역할은 이제 생화학적 용어들로 비쳐져 연구될 수도 있다. 이들은 윌킨스의 연구와 함께 그들의 연구를 인정받아 1962년 노벨 생리의학상을 수상했다. 불행히도 로잘린드 프랭클린(Rosalind Franklin)은 1958년에 37세의 나이로 사망했고, 노벨상은 사후에는 주어지지 않기 때문에 수상자로 지목되지 못했다. 이후에도 분자 유전학 분야에서의 연구에는 많은 노벨상이 수여되었다.

9.7 다른 형태의 DNA들도 존재한다

분리 조건이 다르면, DNA의 형태가 몇 가지로 나타날 수도 있다. 왓슨과 크릭이 그들의 분석을 수행했던 때에는, 두 가지 형태-**A-DNA**와 **B-DNA**-가 알려져 있었다. 왓슨과 크릭의 분석은 프랭클린에 의한 B형의 X-선 연구에 기초한 것이었다. B형은 수용액 상태이고, 낮은 염 농도 하에서 존재하는 것으로 생물학적으로 중

핵산의 분자 구조: 데옥시리보핵산의 구조

우리는 데옥시리보핵산(deoxyribose nucleic acid, DNA)의 구조에 대한 한 가지 제안을 하고자 한다. 이 구조는 고려할 만한 생물학적 관심사라 할 수 있는 새로운 특징들을 가지고 있다. 핵산의 구조는 이미 폴링(Pauling)과 코레이(Corey)[1]에 의해 제시된 바 있다. 그들은 친절하게도 그들의 논문을 발표하기 전에 미리 우리가 볼 수 있게 해주었다.

그들의 모형은 3줄의 서로 감겨진 사슬로 이루어져 있으며 인산기가 이 섬유의 축 근처에 위치하고 염기가 바깥쪽에 있는 구조로 되어 있다. 우리의 견해로는 이 구조는 다음 두 가지 이유에서 불만족스럽다: (1) 우리는 X-선 도해가 나타내는 이 물질이, 자유로운 산(free acid)이 아니라 염(salt)이라고 믿는다. 산성 수소 원자가 없다면 어떠한 힘이 이들을 서로 붙들고 있는가 하는 것이 명확지 않을 것이다. 특히, 축 근처의 음성 인산기가 서로 배척할 것이기 때문이다. (2) 반데르발스 거리의 몇몇은 너무 작은 것으로 보인다.

또 다른 3중 사슬 구조가 프레이저(Fraser)에 의해 제시되었다(인쇄 중). 그의 모델에서는 인산이 바깥쪽에, 염기들이 안쪽에 있으며 수소결합에 의해 서로 연결되어 있다. 이 구조는 다소 불명확하게 설명되어 있으며, 이러한 이유로 거기에 대해서는 언급하지 않기로 하겠다.

우리는 DNA 염에 대한 현격히 다른 구조를 제시하고 싶다. 이 구조는 같은 축을 중심으로 서로 꼬여 있는 두 줄의 사슬을 포함한 것이다. 우리는 일반적인 화학적 가정, 즉 3′에서 5′ 연결을 가진 β-D-deoxyribofuranose들이 인산-2-에스테르 결합으로 연결되어 있다는 가정을 내렸다. 이들 두 사슬(염기들이 아니라)은 이 섬유축에 쌍으로 서 있는 관계에 있다. 두 사슬은 오른편 나선이지만 쌍으로 된 서열 때문에 두 사슬의 원자들은 반대 방향으로 놓인다. 각 사슬은 퍼버그(Furberg)[2]의 모형 1번과 닮아 있다; 즉, 염기들이 나선의 안쪽에 위치하고 인산들이 바깥쪽에 위치한다. 당과 그에 가까운 원자들의 구조는 퍼버그의 "표준 구조(standard configuration)"에 가까워서, 당이 부착되어 있는 염기에 대략 수직인 상태이다. 각 사슬의 잔기(역주-뉴클레오티드)들은 매 3.4Å마다 z-방향으로 존재한다. 우리는, 같은 사슬에서 인접한 잔기들 사이에는 36°의 각이 이루어져 이 구조가 10 잔기들마다, 즉 34Å마다 반복된다고 생각한다. 섬유의 축에서 인산기까지의 거리는 10Å이다. 인산들이 바깥쪽에 있으므로, 양이온들이 쉽게 접근할 수 있다.

이 구조는 열린 것이어서 그 함수량은 상당히 높다. 수분이 낮으면 염기의 각도가 기울어서 이 구조가 더 촘촘한 구조가 될 수 있을 것으로 예상한다.

이 구조의 새로운 점이라면, 두 사슬이 퓨린과 피리미딘 염기들에 의해 서로 붙잡혀 있는 방식이다. 염기들이 놓인 평면은 섬유의 축에 수직이다. 이들은 서로 쌍으로 연합되어 있어, 한 사슬에서 하나의 염기가 다른 사슬의 염기 하나와 수소결합을 하고 있다. 따라서 두 염기가 나란히 동일한 z-모양새로 놓여진다. 결합이 생성되기 위해서는 한 쌍의 염기 하나는 반드시 퓨린이고 다른 하나는 피리미딘이어야만 한다. 수소결합들은 다음과 같이 만들어진다: 피리미딘 위치 1에 대해 퓨린 위치 1; 피리미딘 위치 6에 대해 퓨린 위치 6이다.

만일 염기들이 가장 가능한 호변체 형태들(즉, 에놀 형태보다는 케토형인 상태로)로만 존재한다면, 특정 염기쌍들로만 결합할 것이다. 이들 쌍은: 아데닌(퓨린)은 티민(피리미딘)과, 그리고 구아닌(퓨린)은 시토신(피리미딘)과 쌍을 형성할 것이다.

다시 말해, 아데닌이 염기쌍의 구성원이라면 다른 사슬에는, 이 가정대로라면, 그 구성원이 반드시 티민이라는 것이다; 비슷한 방식으로 구아닌과 시토신이 배열된다. 한 사슬 내의 염기 서열은 어떤 식으로든 제한을 받지는 않는다. 그러나 특정 염기쌍들만이 형성된다면, 한 사슬의 염기 서열이 주어지는 경우 다른 사슬의 서열들이 자동적으로 결정된다.

실험적으로[3, 4], DNA에 대하여, 티민에 대한 아데닌의 비율과 시토신에 대한 구아닌의 비율들이 항상 일치한다는 것이 밝혀져 있다.

데옥시리보오스 대신에 리보오스로 대치한다면 이 구조가 형성되기는 불가능할 것이다. 왜냐하면 부가적인 산소 원자가 반데르발스 접촉에 너무 가깝기 때문이다.

DNA에 대하여 이미 발표된 X-선 자료들[5,6]로 우리의 구조를 정밀하게 조사하기는 부족하다. 우리가 말할 수 있는 것은, 이 구조가 실험 자료들과 대강 잘 맞지만 좀 더 정확한 결과들에 대해 검사되기까지는 아직 증명되지 않은 것으로 간주되어야만 한다는 것이다. 전부는 아니지만 발표된 실험적 자료들과 입체화학적 논쟁들에 많은 부분을 의존했던 우리의 구조를 고안했을 때는 제시되었던 결과들에 대해 자세히는 알지 못했었다.

지금 가정한 특정 염기쌍이 유전물질의 가능한 복사 기구를 제시한다는 것이 우리를 사로잡았다. 이 구조를 세운 조건들, 원소들의 전체 구성을 포함하여 이 구조의 완벽한 세부 구조가 어디선가 발표될 것이다.

지속적인 충고와 비판, 특히 원자간 거리에 대해 많은 조언을 해준 제리 도노휴(Jerry Donohue) 박사에게 많은 감사를 드리는 바이다. 또한 런던 킹스 컬리지의 M.H.F. 윌킨슨(M. H. F. Wilkins) 박사와 R. E. 프랭클린(R. E. Franklin) 박사 및 그 동료들의 미발표 실험 결과들과 아이디어에 의해 많은 자극을 받았음을 밝히는 바이다. 우리들 중 한 명(J.D.W)은 소아장애 국립기금으로부터 보조를 받았다.

J. D. 왓슨

F. H. C. 크릭

Medical Research Council Unit for the Study of the Molecular Structure of Biological Systems, Cavendish Laboratory, Cambridge, England

----

[1]Pauling L., and Corey, R. B., *Nature*, 171, 346 (1953); *Proc. U.S. Nat, Acad. Sci.*, 39, 84 (1953).

[2]Furberg, S., *Acta Chem. Scand.*, 6, 634 (1952).

[3]Chargaff, E., for references see Zamenhof, S., Brawerman, G., and Chargaff, E., *Biochim. et Biophys. Acta*, 9, 402 (1952).

[4]Wyatt, G. R., *J. Gen. Physiol.*, 36, 201 (1952).

[5]Astbury, W.T., *Symp. Soc. Exp. Biol. 1, Nucleic Acid*, 66 (Camb. Univ. Press, 1947).

[6]Wilkins, M. H. F., and Randall, J. T., *Biochim. et Biophys. Acta*, 10, 192 (1953).

요한 형태라고 믿어진다.

1950년대의 DNA 연구들이 X-선 회절을 사용한 것에 근거하는 반면, 좀 더 최근의 연구들은 **단결정 X-선 분석법**(single crystal X-ray analysis)을 사용하여 수행되었다. 더 초기의 연구들이 5 Å 정도의 제한 해상도를 가지지만, 단결정들은 X-선을 원자 수준의 해상력에 가까운 정도인 약 1 Å 정도로 산란시킨다. 결과적으로 모든 원자가 "보이는" 것이고, 더 세밀한 구조가 얻어질 수 있다.

이러한 현대적인 기술들을 사용하여, A형태의 DNA가 조사되었다. A-DNA는 고농도의 염이나, 혹은 탈수조건에서 흔하게 형성된다. B-DNA에 비하면(그림 9-13), A-DNA는 좀 더 밀집한 구조로 나선의 한 회전당 11 bp를 가지며, 지름은 23 Å(2.3 nm)이다. 이것도 역시 오른쪽 꼬임의 나선이긴 하지만 염기들의 방향은 약간 다르다. 이들은 기울어져 나선의 축에 대해 옆으로 비껴져 있다. 결과적으로 주 홈과 부 홈의 모습은 B-DNA 것보다 변형된다. A-DNA가 생물학적인 조건에서도 생기는지에 대해서는 의문이다.

또 다른 형태의 DNA들(예를 들어 C-, D-, E-와 가장 최근의 P-DNA)이 알려져 있지만, 가장 관심을 끄는 것은 **Z-DNA**이다. 앤드류 왕(Andrew Wang), 알렉산더 리치(Alexander Rich), 그리고 다른 공동연구자에 의해 1979년에 발견된 것으로, 이때 이들은 오직 C ≡ G쌍만을 포함한 소량의 합성 DNA 조각들을 연구하던 중에, Z-DNA가 **왼쪽 꼬임의 이중나선**(left-handed double helix)을 형성하는 것을 발견했다(그림 9-13). A-나 B-DNA처럼 Z-DNA도 두 개의 역평행인 사슬들이 왓슨-크릭 염기쌍에 의해 붙어 있는 구조로 이루어진다. 이러한 특징들 외에도, Z-DNA는 상당히 다른 점들을 가진다. 왼쪽 꼬임 나선은 지름이 18 Å(1.8 nm)이고 회전당 12 bp이며 지그재그 모양을 할 것으로 추정되었다(그래서 이름이 지어졌다). B-DNA에서 나타나는 주 홈은 거의 사라진다.

살아 있는 생명체의 염색체 내에서 Z-DNA 부분이 존재할 가능성에 대해 추측이 분분하다. 독특한 나선배열은 다른 분자들과의 상호작용에 사용되는 중요한 인식지점이 될 수 있다. 그러나 Z-DNA가 생체에서 발견되는지에 대해서는 아직 확실치 않다.

이 문제를 풀어보자

229페이지의 34번 문제는 새로 발견된 원료에서 DNA를 분석하기 위한 방법을 고안하는 것이다.

힌트: 모르는 DNA의 질소성 염기의 상대적 조성과 성질에 대한 분석이, 특히 중요한 실험적 정보를 제공할 것이다.

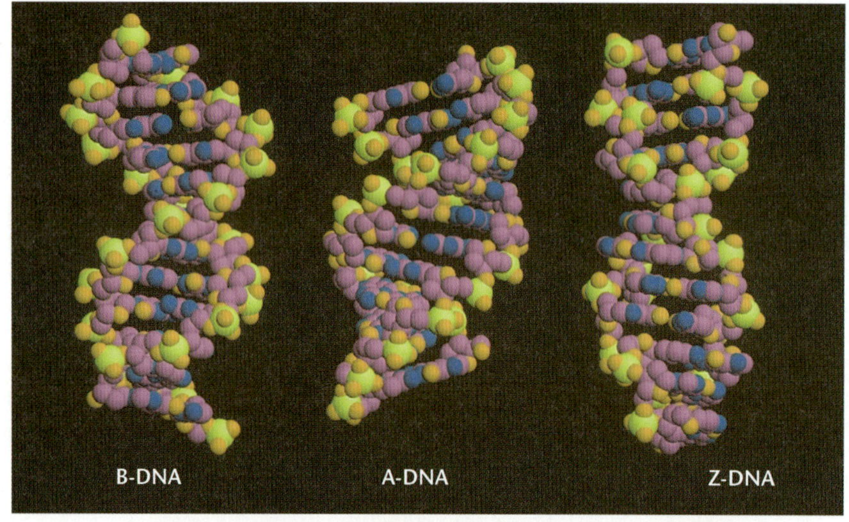

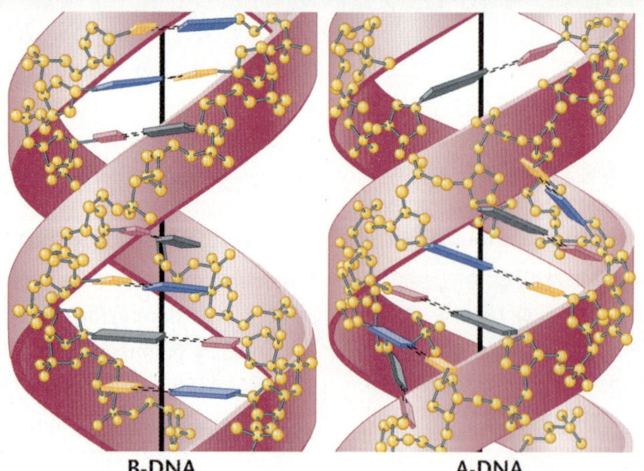

그림 9-13 상단의 그림은 B-DNA(왼쪽), A-DNA(중앙), 그리고 Z-DNA(오른쪽)의 공간 충전 모형을 보여준다. 하단의 그림은 B-DNA와 A-DNA의 염기쌍 방향을 나타낸 그림이다. B-DNA에서 염기쌍들은 나선에 직각인 반면, A-DNA 에서는 기울어져 나선에서 비껴나가 있다.

P-DNA를 포함하여, 연구 중인 또 다른 형태의 DNA들은 라이너스 폴링(Linus Pauling)의 이름을 따른 것이다. 이것은 인위적으로 "잡아당긴(stretching)" DNA에 의해 형성되는데, 더 길어지고 좀 더 좁은 것으로 안쪽에 인산기가 존재한다.

9.8 RNA의 구조는 DNA와 화학적으로 유사하지만 단일가닥이다

RNA 분자의 구조는 DNA를 닮았으나 몇 가지 중요한 예외가 있다. 비록 RNA가 폴리뉴클레오티드 형태로 연결된 뉴클레오티드를 구성단위체로 가지기는 하지만, 당인 리보오스가 데옥시리보오스를 대신하고 있으며, 질소화된 염기인 우라실이 티민을 대체한다. 또 하나 중요한 차이는 대부분의 RNA가 단일가닥이라는 것이다. 물론 두 가지의 예외가 존재하긴 한다. 첫째, RNA 분자들은 때때로 그들 자신의 분자를 접어서 상보적인 염기쌍들 사이에서 이중가닥을 형성하기도 한다. 둘째, RNA를 유전물질로 가지는 몇몇 동물 바이러스들은 이중가닥 나선 분자를 가진다.

이미 이야기했던 것처럼(그림 9-1을 보라), 세 가지 종류의 주요 세포내 RNA 분자들이 존재하며 유전적 정보의 발현과정에서 작용한다: **리보솜 RNA**(rRNA), **전령 RNA**(mRNA), 그리고 **운반 RNA**(tRNA)이다. 이 분자들은 모두 전사과정 중에, 두 가닥 DNA 부분의 한 가닥에 대한 상보적 사본으로 생겨난다. 즉, 그들의 뉴클레오티드 서열은 DNA의 데옥시리보오스 서열에 상보적이며, 여기서 DNA는 이들의 합성에 주형으로 작용한다. RNA에서는 우라실이 티민을 대체하고 있기 때문에 우라실은 전사나 RNA 염기쌍 형성 중에는 아데닌과 상보적이다.

표 9.4는 원핵세포와 진핵세포에서 발견되는 주요 형태의 RNA들의 특징을 보여준다. 서로 다른 RNA들은 원심분리에서 침강되는 정도가 다르며, 그들이 포함하는 뉴클레오티드 숫자에 의해 결정되는 크기에 따라서도 구분된다. 침강의 정도는 분자의 밀도, 질량, 그리고 모양에 따라 달라지며, 이것의 측정은 **스베드베리 계수**(Svedberg coefficient, *S*)로 나타낸다. *S*값이 클수록 더 큰 분자량을 나타내기는 하지만, 이들 간의 관계는 직접적인 것이 아니다; 즉, 분자량이 두 배 증가하는 것이 *S*값에서의 두 배 증가를 의미하지는 않는다. 이것은 분자의 질량뿐 아니라 분자의 크기와 모양이 침강률(*S*)에 영향을 미치기 때문이다. 표 9.4에서 보는 것처럼, 세 종류의 RNA 크기 사이에는 상당히 큰 변이가 존재한다.

리보솜 RNA는 일반적으로 이들 분자 중에 가장 크고(*S*값에서도 나타나는 것처럼) 보통, 세포 내의 모든 RNA 중 80%를 차지한다. 리보솜 RNA들은 **리보솜**(ribosome)의 중요한 구성요소로서, 번역과정인 단백질의 합성 중에 비특이적인 작업대로 기능한다. 원핵생물에서도 다양한 형태의 rRNA가 발견되는데, 진핵생물에서는 그 크기가 확실히 다르다.

전령 RNA 분자는 유전자의 DNA로부터 리보솜으로 유전정보를 나르고 리보솜에서는 번역이 일어난다. 이들은 크기가 배우 다양한데, 이것은 mRNA 전사를 위해 주형으로 작용한 유전자뿐 아니라, mRNA에 의해 암호화되는 단백질 크기의 다양성을 반영하는 것이다.

운반 RNA는 가장 작은 RNA 분자들로, 번역과정 중에 아미노산을 리보솜으로 운반해 준다. 한 개 이상의 tRNA 분자가 리보솜과 동시에 상호작용하기 때문에, 이들 분자의 작은 크기는 이러한 상호작용을 촉진한다.

이들 RNA는 유전적 발현에 관여하는 주요 분자형태들을 나타내는 것이다. 그러나 다른 독특한 RNA들도 역시 존재하며 특히 진핵생물들에서 다양한 역할을 수행한다. 예를 들어, **소형 핵 RNA**(small nuclear RNA, snRNA)는 mRNA들의 성숙과정 중에 참여한다. **텔로머라제 RNA**(telomerase RNA)는 염색체 말단에서 DNA의 복제에 관여하고, **안티센스 RNA**(antisense RNA), **마이크로 RNA**(microRNA), 그리고 **짧은 방해성 RNA**(short inferfering RNA, siRNA)는 유선사 조절에 관여한다. DNA는 유전정보를 저장한다. 반면, RNA는 대부분 그 유전적 정보가 발현될 때 기능한다.

9.9 많은 분석 기술이 DNA와 RNA를 조사하는 데 사용된다

수소결합의 독특한 성질 때문에, 실험 및 생리적 조건 하에서 핵산들의 화학적 행동들에 있어 흥미롭고 중요한 성질들이 나타난다. 예를 들어, DNA가 분리되어 천천히 가열되면, 이중나선이 변

표 9.4 RNA의 분류와 특징

RNA 종류	총 RNA* (%)	조성 (스베드베리 계수)	진핵성(E) 혹은 원핵성(P)	뉴클레오티드 수
리보솜 RNA(rRNA)	80	5*S*	P and E	120
		5.8*S*	E	160
		16*S*	P	1542
		18*S*	E	1874
		23*S*	P	2904
		28*S*	E	4718
운반 RNA(tRNA)	15	4*S*	P and E	75~90
전령 RNA(mRNA)	5	varies	P and E	100~10,000

*In *E. coli.*

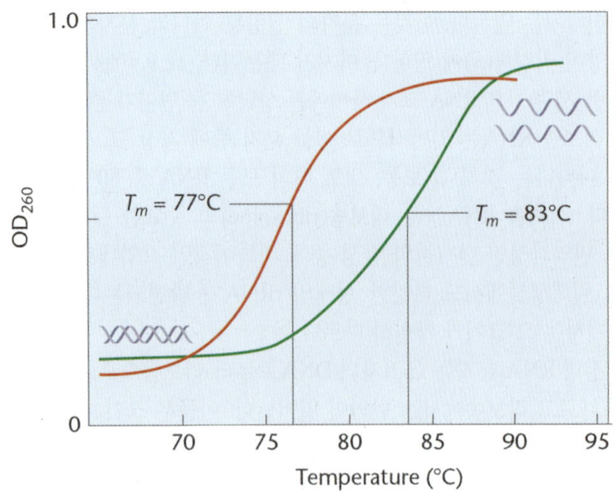

그림 9-14 서로 다른 G ≡ C 함량을 가지는 두 DNA 분자에 대한 UV 흡수도의 증가와 온도의 증가. 83°C의 녹는점(melting point, T_m)을 가지는 분자는 77°C의 T_m을 가지는 분자보다 더 높은 G ≡ C 함량을 포함한다.

성되어 풀리게 된다. 만약, 서로 상보적인 단일가닥들이 섞인 혼합물을 천천히 식히면, 그들은 다시 재결합하여 나선을 형성한다. 이러한 변화과정은 실험실에서 분광기(spectrophotometer)를 사용하여 260 nm 파장(OD_{260})에서 UV광 흡수(혹은 광학밀도, optical density)를 측정함으로써 '추적' 될 수 있다.

풀리는 과정 중에는 DNA의 점도(viscosity)가 감소하고 UV 흡수는 증가한다[이것은 **흡광도 상향 전이**(hyperchromic shift)라고 불린다]. 온도에 대한 OD_{260}를 그래프로 그린 용해 분석표가 그림 9-14에서 두 가지 DNA 분자들에 대해 나타나 있다. 각 곡선의 중간점을 **용해온도**(melting temperature, T_m)라고 하며, 이 지점에서는 가닥들의 50%가 풀린다. 높은 T_m값을 가지는 분자는 더 낮은 T_m값을 가지는 분자에 비해 A = T 염기쌍보다 G ≡ C 염기쌍을 더 많이 포함하는데, 이것은 G ≡ C쌍이, A = T쌍 사이에 존재하는 두 개의 수소결합에 비해, 3개의 수소결합을 공유하기 때문이다.

분자 혼성화 기술

핵산의 변성/재생(denaturation/renaturation)의 특징은 분자 유전학에서의 가장 강력하고 유용한 기술 중의 하나인 **분자 혼성화**(molecular hybridization)의 기초가 된다. 상당한 정도의 염기 상보성이 존재한다면, 적정 온도조건 하에서 서로 다른 원료로부터 추출된 두 핵산가닥끼리도 재결합이 일어난다. 결과적으로, 분자 혼성화는 서로 다른 종들에서 얻어진 DNA 사이에서, 혹은 DNA와 RNA 사이에서 모두 다 가능하다. 예를 들어, 어떤 RNA 분자는 뉴클레오티드 서열이 거의 동일하다면, 그것이 전사되어 나온 DNA 단편이나, 혹은 다른 종에서 얻어진 DNA와도 혼성화될 것이다.

이 기술은 혼성체 형성을 위한 표적으로 세포학적 시료에 존재하는 DNA를 사용하여 수행될 수도 있다. 이 과정은 **원위치 분자 혼성화**(*in situ* molecular hybridization)라고 불린다. 분열기나 간기의 세포들을 슬라이드에 고정한 후 혼성화 조건에 사용한다. 단

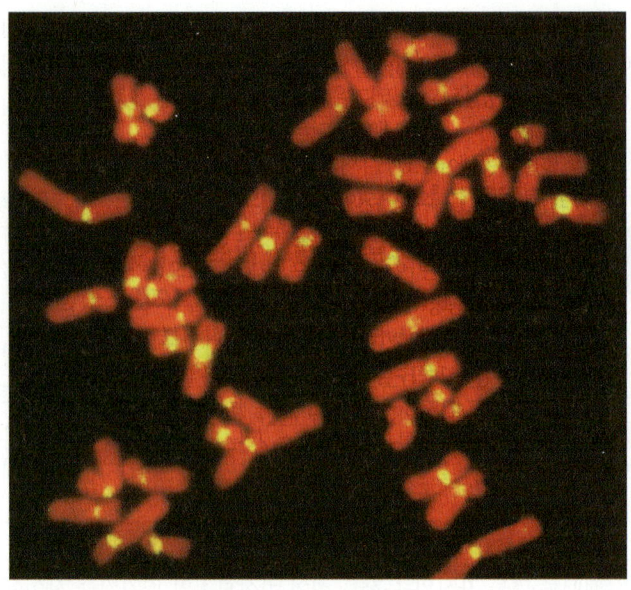

그림 9-15 형광 기법(FISH)을 이용하여 사람의 중기 염색체들을 원위치 혼성화(*in situ* hybridization)한 것. 동원체 DNA에 특이적인 탐침자들이 혼성화 되었음을 나타내는 노란색 형광신호를 나타낸다. 빨간색 형광성은 염색체의 DNA를 프로피디움 요오드(propidium iodide)의 배색(counterstaining)에 의해 나타난 것이다.

일가닥 DNA나 RNA가 첨가되고 혼성화 정도를 측정한다. 첨가된 핵산들은 방사성이거나 혹은 형광성 표지를 포함하고 있어 이들의 추적이 가능하다. 방사성 동위원소를 사용하는 경우 자동방사법(autoradiography)이 사용된다.

그림 9-15는 형광성 표지를 사용한 것이다. "탐침자(probe)"는 짧은 DNA 단편으로 이루어진 것으로, 염색체의 동원체에 존재하는 DNA에 상보적인 것이었는데, 혼성화에 사용되었다. 형광성은 동원체 부분에서만 발견되며, 따라서 염색체를 따라 한 개씩 존재하는 이들 부위를 나타내 준다. 형광성이 사용되었기 때문에, 이 기술은 앞글자만 따서 **FISH**(fluorescent *in situ* hybridization)라고도 한다. 특정 유전자를 가지고 있는 염색체의 위치를 규명하는데 이러한 기술을 사용하는 것은, 유전학자들의 실험 기법들에 많은 도움을 주었다.

재결합 동력학과 반복성 DNA

분자 혼성화 과정의 한 가지 연장으로, 상보적인 단일 DNA 가닥들의 재결합 속도(reassociation rate)가 분석된다. 이 기술은 **재결합 동력학**(reassociation kinetics)으로, 로이 브리튼(Roy Britten)과 데이비드 커니(David Kohne)에 의해 처음으로 다듬어지고 연구된 것이다.

이러한 연구에 사용되는 DNA는 우선 DNA를 분리하는 과정 중에 사용된 힘에 의해 작은 조각으로 단편화된다. 결국 얻어진 DNA는 평균 크기가 수백 염기쌍 정도이다. 이 단편들은 가열하면 단일가닥들로 분리된다. 그 다음 온도를 낮추면서 재결합 정도를 관찰한다. 재결합 과정 중에, 단일가닥 DNA 조각들은 무작위로 충돌한다. 만약 이들이 상보적이었다면 안정한 이중가닥이 형성된다; 상보적이 아니었다면, 이들은 분리되어 다른 DNA 조각

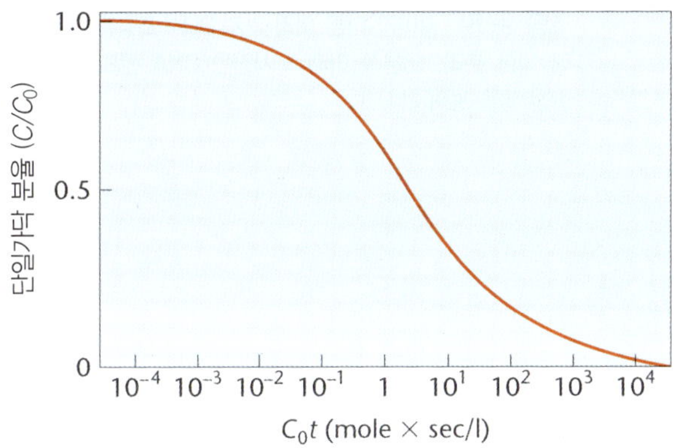

그림 9-16 DNA의 재결합(C/C_0)에 대한 이상적인 시간 경로. 시간이 0인 지점에서는 모든 DNA들이 독특한 서열의 단일가닥으로 이루어진다. 가로축(C_0t)은 대수적으로 좌표가 표현되어 있음에 유의하라.

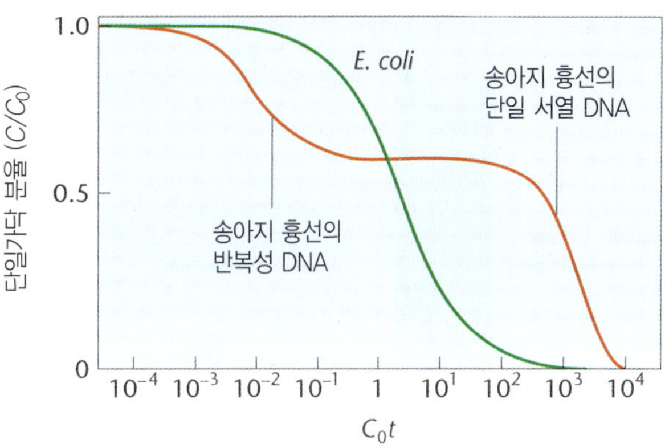

그림 9-18 송아지 흉선 DNA의 C_0t 곡선이 *E. coli*의 것과 비교되었다. 송아지 DNA의 반복성 DNA 부분은 *E. coli* DNA보다 빠르게 재결합한다. 반면, 복잡하고 독특한 송아지의 DNA는 재결합하는데 *E. coli* 보다 더 오랜 시간이 걸린다.

들과 자유롭게 만난다. 이러한 과정은 모든 가능한 짝이 만들어질 때까지 계속된다.

그러한 실험 결과가 그림 9-16에 나타나 있다. DNA 단편들의 재결합 정도는 표준화된 시간의 로그값에 대하여 그래프로 그려지며 C_0t로 나타나는 함수다. 여기에서 C_0 값은 DNA 단일가닥의 초기 농도이고, t는 시간이다.

서로 다른 생물에서 얻어진 DNA의 재결합을 비교하는 연구에서, 많은 정보가 얻어질 수 있다. 예를 들어, DNA의 절반이 이중가닥 단편으로 존재하는 반응지점을 비교할 수 있다. 이 지점은 **반반응 시간**(half reaction time; $C_0t_{1/2}$)으로 불린다. 모든 DNA 단편들이 독특한 뉴클레오티드 서열들을 포함하며, 길이도 같다고 가정하면, $C_0t_{1/2}$은 DNA의 총 길이에 따라 변한다.

그림 9-17은 세 종의 파아지 혹은 세균에서 뽑은 DNA를 비교한 것으로, 각각은 유전체의 크기가 모두 다르다. 유전체 크기가 커짐에 따라 얻어진 곡선의 모양은 비슷하지만 좀 더 오른쪽으로 옮겨지는데 이것은 재결합에 더 긴 시간이 걸린다는 것을 의미하는 것이다. 재결합은 큰 유전체일수록 늦게 일어나는데, 이는 독특한 DNA 단편들이 많을수록 첫 결합이 생기는 데 더 긴 시간이 걸리기 때문이다. 이것은 충돌이 무작위로 일어나기 때문인데; 더 많은 서열이 존재할수록 모든 옳은 짝짓기가 생기기 전에 발생하는 잘못된 짝짓기의 숫자도 커지기 때문이다.

유전체의 크기가 더 큰 진핵생물에서 DNA 재결합 동력학이 처음 연구되었을 때, 놀라운 관찰이 얻어졌다. 점점 감소하는 재결합 속도가 나타난 것이 아니라, 어떤 DNA 단편들은 대장균에서 나온 DNA들보다도 더 빨리 재결합하는 것으로 드러났다. 남은 DNA들은 예상되었던 바와 같이 크기도 크고 더 복잡하기도 해서 재결합에 더 많은 시간이 걸린다.

예를 들어, 브리튼과 커니는 송아지의 흉선조직에서 뽑은 DNA를 조사하였다. 그들은 관찰에 근거하여(그림 9-18), 빨리 재결합하는 부분들이 송아지의 유전체 내에 여러 번 반복적으로 존재하는 서열을 나타낼 것으로 가설을 세웠다. 이러한 해석은 왜 이들 단편이 그렇게 빨리 재결합하는지를 설명할 수 있다. 같은 서열이 여러 사본으로 존재하면 그들은 더 쉽게 쌍을 형성할 것이다. 그러므로 재결합은 단일 사본들보다는 빨리 일어난다. 한편, 남은 DNA 단편들은 독특한 뉴클레오티드 서열로 유전체 내에 단 한번만 존재하는 것을 나타낸다. 송아지의 흉선 DNA는 대장균보다 훨씬 많은 독특한 서열을 포함하고 있으므로, 그들의 재결합은 더 긴 시간을 요구한다.

유전체 내에 많은 수로 존재하는 사본들을 모두 합해 **반복성 DNA**(repetitive DNA)라고 부른다. 반복성 DNA는 진핵생물의 유전체에 흔히 존재하며 어떻게 유전정보가 염색체에 정리되어 있는지를 이해하는 열쇠다. 주의 깊은 연구에 의해 반복되는 정도가 다양하다는 것이 알려졌다. 어떤 경우에는 짧은 DNA 서열들이 100만 번 이상 반복되기도 하고, 다른 경우에는 좀 더 긴 서열

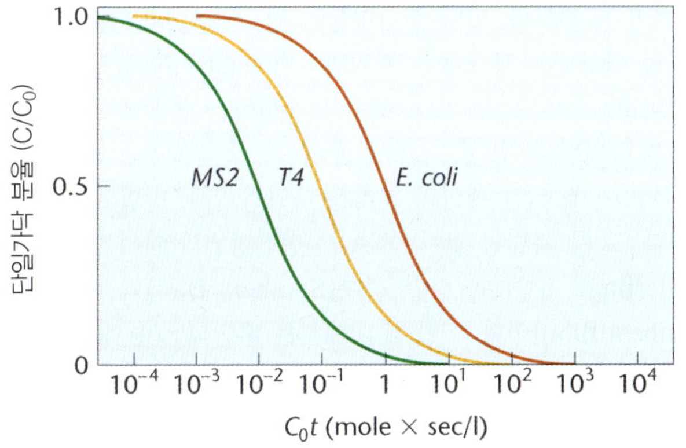

그림 9-17 파아지 MS2, T4, 그리고 *E. coli*에서 얻어진 DNA의 재결합률(C/C_0). T4의 유전체는 MS2의 유전체보다 크고, *E. coli*의 유전체는 T4보다 크다.

이 문제를 풀어보자

228페이지의 28번 문제는 전체 DNA의 크기에 비례해 C_0t 분석법에 대한 정보를 연장시켜 생각해 보라는 것이다.

힌트: 정확한 C_0t 값은 DNA 분자를 구성하는 염기쌍 수에 직접적으로 비례한다.

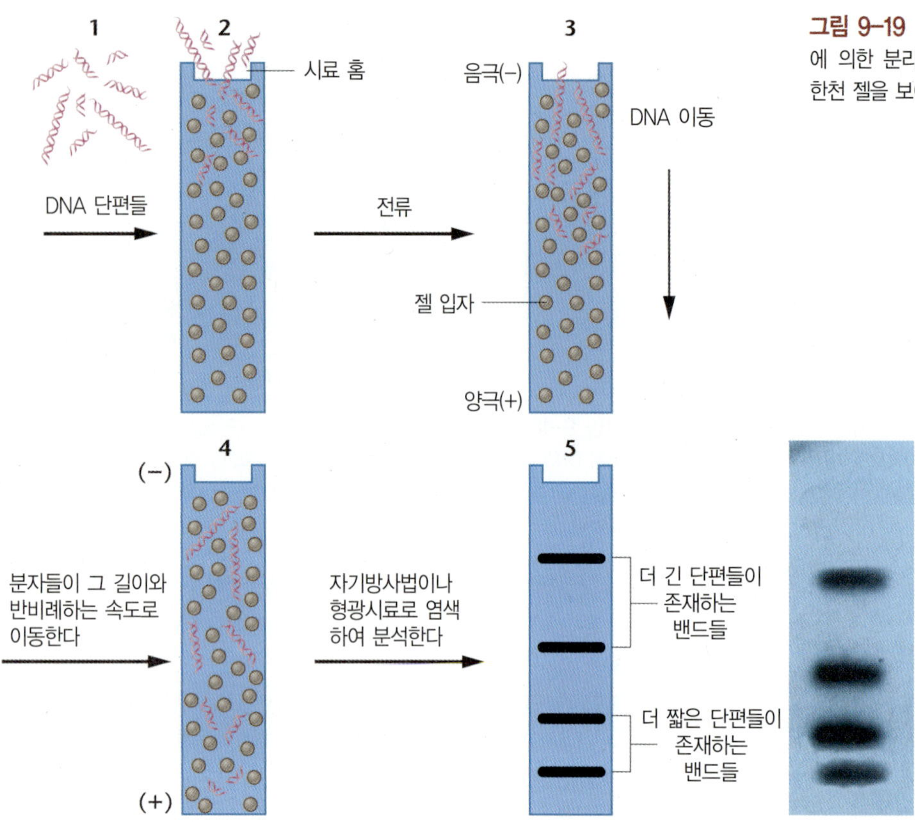

그림 9-19 길이가 다른 여러 가지 DNA 조각들의 전기영동에 의한 분리. 오른쪽 아래의 사진은 DNA 밴드들을 포함한 한천 젤을 보여준다.

이 단지 몇 번 반복되기도 한다. 혹은 중간 정도의 서열 중복성이 존재하기도 한다. 반복성 DNA의 발견은 진핵생물의 DNA 대부분이 단백질을 생산하는 유전자에 포함되지 않는다는 첫째 증거가 된다.

9.10 핵산들은 전기영동법으로 분리될 수 있다

우리는 이 장을 핵산을 분석하는 필수적인 기술인 **전기영동**(electrophoresis)을 살펴보는 것으로 마치고자 한다. 이 기술은 서로 다른 크기의 DNA 조각들이나 RNA들을 분리하는 것으로, 현재 분자 유전학의 연구에 없어서는 안 될 방법이다.

일반적으로, 전기영동은 혼합물에 존재하는 분자들을 전기장하에서 이동하게 함으로써 분리하는 것이다. 전기를 전도시키는 용액 안에 들어 있는 다공성 물질(종이 필터 조각이나 혹은 반고체성 젤)에 시료가 놓인다. 만약 두 분자가 같은 모양과 질량을 가진다면, 순전하가 큰 것이 더 빨리 상대 전극 쪽으로 이동하게 된다.

단백질 분리에 처음으로 적용되었던 것으로부터 전기영동 기술이 계속 개발됨에 따라, 연구자들은 흡수공의 크기가 서로 다른 젤을 사용하여 이 기술의 해상도를 크게 증가시켰다. 이러한 발전은 특별히 비슷한 전하:질량 비를 가지지만 크기는 다른 분자들의 혼합물에 유용하다. 예를 들어, 길이가 다른 두 개의 폴리뉴클레오티드 사슬들(예, 10 vs 20 뉴클레오티드)은 모두 뉴클레오티드들의 인산 그룹에 기초한 음전하를 가진다. 두 분자 모두 양전하의 극(양극)쪽으로 이동하는 반면, 각 사슬에 대한 전하:질량 비가 동일하므로, 완전히 전장에만 기초한 분리는 최소가 된다. 그러나 다양한 구멍 크기로 만들어질 수 있는 **폴리아크릴아미드 젤**(polyacrylamide gel)이나, **한천 젤**(agarose gel) 같은 다공성 매체를 사용하면, 이들 두 분자를 쉽게 분리할 수 있다. 이러한 경우에는, 작은 분자일수록 젤을 통과하여 이동하는 속도가 더 빠르다(그림 9-19). 분리의 열쇠는 젤의 구멍 크기에 있다. 매질의 구멍은 작은 분자들보다는 큰 분자들의 이동을 더 제한한다. 해상력은 단지 한 개의 뉴클레오티드 차이가 나는 분자까지도 선명하게 분리할 수 있는 정도다. 일단 전기영동이 완료되면, 다양한 크기들의 분자를 나타내는 밴드들은 자기방사법(autoradiography)(분자의 구성이 방사성일 경우)이나, 핵산에 결합하는 형광염료를 사용함으로써 규명될 수 있다.

전기영동에 의한 핵산의 분리는 다양한 연구 방법 중 핵심 기술이다. 그 중 특별한 것이 DNA 서열화 방법과 여러 가지 "블로팅(blotting)" 기술[예, 서던 블롯(Southern Blot)과 노던 블롯(Northern Blot)]이다. 이들에 대해서는 후반의 장들에서 자세히 논의하도록 하자(17장을 보라).

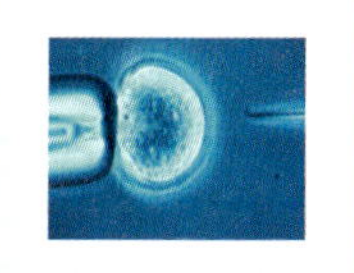

유전학, 기술, 그리고 사회

꿈틀대는 나선혁명

서구 문명은 새로운 과학적 사고들에 의해 자주 변화를 겪는다. 이들 과학적 사고들은 우리의 자아를 바꾸고 우리 서로와 나머지 생물계의 관계를 영원히 변화시킨다. 50년 동안 우리는 다윈의 진화론이나 프톨레마이오스의 천동설에 대한 코페르니쿠스의 반박 등과 견줄 만한 혁명의 중심에 있어왔다.

이 혁명은 1953년 4월에 왓슨과 크릭의 DNA 분자 구조에 대한 발견으로부터 시작되었다. DNA 분자가 꼬여진 이중나선으로 구성되어 있으며 특정 염기쌍들 사이의 약한 결합에 의해 서로 붙들려 있다는 그들의 발견은 곧 유전, 돌연변이, 그리고 진화의 기구에 있어 오래된 질문들에 대한 해답을 제공하였다. 생명의 가장 위대한 수수께끼 중 일부가, 생명의 암호를 복제하고 섞이게 할 수 있는 화학물질이 가지는 미학과 간결함으로 당장에 설명될 수 있었다.

1953년 이후, 이중나선은 급속히 현대 과학의 중심부로 자리잡게 되었다. DNA의 나선 구조에 대한 지식을 이용하여 분자 생물학자들은 시험관 안에서 DNA를 정제하고, 돌연변이화시키며, 자르고 붙이는 방법들을 고안해냈다. 그들은 DNA 분자를 한 생명체로부터 오려내어 다른 생물의 DNA에 붙인 후 이 잡종 분자를 배양 중인 세균이나 세포들에 도입했다. 그들은 또, 유전자의 뉴클레오티드 서열을 읽어내고, 유전자를 돌연변이화하거나 제거하고, 혹은 다른 생물의 유전자들을 도입함으로써, 세균, 곰팡이, 초파리, 그리고 쥐들의 형질들을 변형시켰다. 왓슨과 크릭의 이중나선 DNA 모형에 대한 50주년 기념식에서, 인간 유전체 프로젝트는 지금까지 가장 거대한 사업이었던 인간의 전 유전체를 모두 서열화하는 것이 완료되었음을 발표했다.

단 50년 만에, 나선 혁명은 수백만의 생명을 건드리고 있다. 우리는 이제 테이-삭스병, 낭포성 섬유증, 그리고 겸상 적혈구 빈혈증과 같은 단순한 유전질환을 검사할 수 있다. 또한 DNA 기술을 사용하여 인슐린이나 성장호르몬과 같이 의료적으로 중요한 단백질들을 대량으로 제조할 수도 있다. DNA 법의학은 범죄자들을 색출하고, 무고한 사람을 풀어주는 데 도움을 줄 뿐 아니라, 친자확인에도 이용된다. DNA 서열을 분석함으로써 고인류학자들은 이제 인류의 기원의 시기와 장소를 추적할 수 있다.

나선 혁명은 우리 자신과 우리 세계에 대한 관점을 크게 변화시켰다. 비록 과학자들이 인간을 단순한 유전자들의 산물로 생각하지는 않지만, 대중문화는 DNA에 마술에 가까운 힘을 부여하고 있다. 유전자들은 인성, 직업 선택, 범죄성향, 지적 능력, 심지어는 유행에 대한 기호나 정치적 성향까지도 설명하기에 이르렀다. 광고들은 무생물에 "혈통"이나 "유전적 이점"이니 하는 유전적인 용어들을 차용한다. 이중나선은 우리 미래를 만드는 힘을 지닌 생명의 정수로 주장된다. 우리 행동에 대한 단순한 유전적 설명은 사회적인, 혹은 경제적인 요인들이나 우리 자유의지를 포함한 설명들보다 더 공감을 준다. 이중나선의 아름다움, 대칭, 그리고 생물학적 중요성은 자신을 예술, 영화, 광고, 그리고 음악에 교묘히 녹아들도록 했다. 미술이나 조각, 그리고 '쥬라기 공원'이나 '브라질에서 온 소년' 등과 같은 영화, 심지어는 게임이나 향수들까지 DNA 분자에 대한 현대 기술의 힘과 공포를 부여하는 유전적 이미지들의 용어를 사용한다.

그러나 미래는 어떠한가? 우리는 이중나선과 유전학이 다음 50년간의 우리 세계를 어떻게 만들어 낼지 예상할 수 있는가? 비록 그 예언이 확실히 위험한 일이긴 해도, 몇몇 과학적 발달은 상당 부분 확실해 보인다. 인간 유전체 프로젝트의 완료와 함께 우리는 이제 정상 혹은 비정상적인 과정들을 통제하는 유전자들을 더 많이 확실히 알게 될 것이다. 즉, 이것은 유전질환을 진단하고 예상하는 우리의 능력을 더 증대시킬 것이다. 다음 50년에 걸쳐 우리는 유전자 치료, 산전진단, 그리고 암이나 심장병에 대한 감수성을 조사하는 프로그램 등과 같은 복잡한 생명공학을 기대하고 있다. 생산성 증대, 질병 저항성, 그리고 맛을 위해 식물이나 동물을 조작함으로써 우리는 계속해서 농업에 대한 유전공학의 응용을 확장해 나갈 것이다.

나선 혁명은 또한, 우리 자신과 다른 생명체에 대한 우리의 생각을 계속해서 변화시킬 것이다. 인간의 유전체가 다른 동물의 유전체와 비교되면서, 우리가 동물계의 다른 생물들과 유전적으로 매우 가깝다는 것이 점점 확실해지고 있다. 인간 유전체의 뉴클레오티드 서열은 침팬지의 그것과 1% 정도만 다를 뿐이며, 우리의 어떤 유전자들은 식물, 동물, 그리고 세균의 상동유전자들과 실질적으로 동일하다. 우리가 우리의 유전적 혈연관계 정도를 깨달아, 지구상의 첫 생명체로부터 이어 온 유구한 역사로 확대해 나감에 따라, 이 지식은 동물이나 다른 여러 생물과 우리의 관계를 변화시킬 것이다. 눈의 색과 같이 단순한, 혹은 지적 능력이나 성적 취향과 같은 복잡한 표현형적 특징들에 기여하는 더 많은 유전자들이 발견되면, 이것은 우리가 우리 자신을 유전적 존재보다는 좀 더 낫고, 자유의지를 가진 생명체보다는 좀 못한, 혹은 우리 환경의 산물로 정의하게 할 수도 있다.

다음 50년간에 걸쳐, 우리는 불가피하게 DNA 혁명의 실질적이고 철학적인 결과를 맞이해야만 할 것이다. 사회가 DNA를 모두의 이익을 위해 사용할 수 있을까? 혹은 이 새로운 유전적 지식이 차별의 도구가 되지는 않을까? 동시에 현대 유전학이 우리에게 생명에 대한 통치권을 줄 수 있을까?, 아니면, 우리에게 무기력한 감정을 증폭시키지는 않을까? 우리의 새로운 DNA 중심적 자아관이 모든 생명체에 대한 우리의 연민을 증가시킬 수 있을까? 아니면, 자연계에 대해 우리의 지각적 괴리를 더 증가시킬까? 우리는 선택을 할 것이고, 인류의 역사는 계속 진행될 것이다.

참고문헌

Dennis, C., and Campbell, P. 2003. The eternal molecule. (Introduction to a series of feature articles commemorating the 50th anniversary of the discovery of DNA structure). *Nature* 421: 396.

웹사이트

A Revolution at 50. [*The New York Times* article, on the 50th anniversary of the discovery of DNA structure.]
http://www.nytimes.com.indexes/2003/02/25/health/genetics/index.html

단원 요약

1. 복제, 저장, 발현 그리고 돌연변이가 가능한 유전물질의 존재는 생물체들의 유전 양식을 관찰함으로써 추론될 수 있다. 초기에는 단백질과 핵산 모두가 가능성 있는 유전물질의 후보로 생각되었다. 초기에는 유전물질로 단백질이 더 선호되었다.
2. 박테리오파아지에 의한 세균의 감염을 이용한 실험뿐 아니라, 형질전환에 대한 연구들은 DNA가 세균과 대부분의 바이러스들에서 유전물질로 작용함을 시사하는 것이었다.
3. 처음에는 간접적인 관찰들만이 DNA가 진핵세포에서의 유전현상을 조절한다는 가설을 지지했다. 이들 중에는 세포에서의 DNA 분포, DNA의 양적인 분석, 그리고 UV에 의해 유발되는 돌연변이 현상 등이 있다. 유전자 조작 쥐를 사용한 실험들과 함께, 최근의 재조합 DNA 기법은 진핵세포의 유전물질이 DNA라는 직접적인 실험적 증거를 제공한다.
4. 어떤 바이러스들에서는 RNA가 유전물질로 작용한다. 이들에는 몇몇 식물 및 동물바이러스들뿐 아니라 박테리오파아지도 포함된다.
5. 1950년대까지 많은 과학자들이 DNA의 구조를 결정하려고 노력했었다. 이러한 노력은 1953년 왓슨과 크릭의 제안이 나오게 하였다. 염기쌍에 대한 정보와 X-선 회절 자료에 기초하여 이들은 DNA의 모형을 만들 수 있었다. 그 중요한 특징은 두 개의 역평행한 폴리뉴클레오티드 사슬이 상보적인 염기 사이에 형성되는 수소결합에 의해 함께 오른손 방향의 이중나선을 이루는 것이다. 오늘날에도 이중나선의 이러한 기본적 원리는 사실로 받아들여진다.
6. RNA는 거의 항상 단일가닥으로 이루어지며, 티민이 아니라 우라실을 포함하고, 그 구성 당으로는 데옥시리보오스가 아니라 리보오스를 포함한다는 점에서 DNA와는 다르다.
7. DNA의 구조는 여러 가지 형태의 분석법을 가능하게 하며, 이들은 또한 유전적 기구의 기능적 측면에 대한 연구를 이끌어낼 수 있었다. UV광의 흡수, 변성-재결합, 그리고 전기영동 과정들은 핵산의 연구에 있어서 중요한 도구가 된다. 재결합 동력학 분석법은 유전학자들로 하여금 진핵세포에서 반복성 DNA의 존재를 가늠할 수 있게 해주었다. 반복성 DNA에서는 일정 뉴클레오티드 서열들이 유전체 안에서 매우 여러 번 존재하게 된다.

주요 용어

2-데옥시리보오스(2-deoxyribose)
A-DNA
B-DNA
RNA 복제효소(RNA replicase)
X-선 회절 분석법(X-ray diffraction analysis)
Z-DNA
거친 군락(rough colonies, R)
구아닌(guanine, G)
네 가지 뉴클레오티드 가설(tetranucleotide hypothesis)
뉴클레오시드 삼인산(nucleoside triphosphate, NTP)
뉴클레오시드 이인산(nucleoside diphosphate, NDP)
뉴클레오시드 일인산(nucleoside monophosphate, NMP)
뉴클레오시드(nucleoside)
뉴클레오티드(nucleotide)
뉴클레인(nuclein)
단결정 X-선 분석법(single-crystal X-ray analysis)
담배모자이크 바이러스(tobacco mosaic virus, TMV)
데옥시리보뉴클레아제(deoxyribonuclease)
데옥시리보오스(deoxyribose)
데옥시리보핵산(deoxyribonucleic acid, DNA)
레트로바이러스(retrovirus)
리보솜(ribosome)
리보솜 RNA(ribosomal RNA, rRNA)
리보오스(ribose)
리보핵산(ribonucleic acid, RNA)
마이크로 RNA(micro RNA, miRNA)
매끄러운 군락(smooth colonies, S)
반반응 시간(half reaction time)
반보존적 복제 양식(semiconservative mode of replication)
반복성 DNA(repetitive DNA)
번역(translation)
복제(replication)
부 홈(minor groove)
분자 유전학의 중심원리(central dogma of molecular genetics)
분자 혼성화(molecular hybridization)
상보성(complementarity)
소형핵 RNA(small nuclear RNA, snRNA)
수소결합(hydrogen bond)
스베드베리 계수(Svedberg coefficient, S)
스페로플라스트(spheroplast)
시토신(cytosine, C)
아데닌(adenine, A)
안티센스 RNA(antisense RNA)
역전사(reverse transcription)
역전사효소(reverse transcriptase)
오탄당(pentose sugar)
올리고뉴클레오티드(oligonucleotide)
용해온도(녹는점, melting temperature)
우라실(uracil, U)
운반 RNA(transfer RNA, tRNA)
원위치 분자 혼성화(*in situ* molecular hybridization)

원형질체(protoplast)
유전물질(genetic material)
유전자 조작 동물(transgenic animal)
인산기(phosphate group)
인산이에스테르 결합(phosphodiester bond)
자외선광(ultraviolet (UV) light)
재결합동력학(reassociation kinetics)
재조합 DNA 기술(recombinant DNA technology)
전기영동(electrophoresis)
전령 RNA(messenger RNA, mRNA)
전사(transcription)
정보 흐름(information flow)
정보의 저장(storage of information)
주 홈(major groove)
질소포함 염기(nitrogenous base)
짧은 방해성 RNA(short interfering RNA, siRNA)
텔로머라아제 RNA(telomerase RNA)
트랜스펙션(transfection)
티민(thymine, T)
폴리뉴클레오티드(polynucleotide)
폴리아크릴아미드 젤(polyacrylamide gels)
퓨린(purine)
피리미딘(pyrimidine)
한천 젤(agarose gels)
혈청형(serotypes)
형광 원위치 혼성화(fluorescent *in situ* hybridization, FISH)
형질전환(transformation)
형질전환 원리(transforming principle)
활동 스펙트럼(action spectrum)
흡광도 상향 전이(hyperchromic shift)
흡수 스펙트럼(absorption spectrum)

통찰과 해법

이 전의 장들과는 대조적으로, 이번 장에서는 유전학 문제 풀기에 대한 강조는 없다. 대신에, 분자 유전학의 시대를 도래하게 했던 최초의 분석들 몇 가지를 열거했다. 그러면 이제 통찰과 해법에서는 나머지 장들을 통해 계속될 접근법인 실험적 근거들이나 분석적인 사고에 대한 강조로 전환하는 것이 적당할 것이다.

1. 에이버리, 맥리오드, 그리고 매커티의 형질전환 분석에 기초하면, DNA가 유전물질이라는 결론에 어떠한 반대가 만들어질 수 있겠는가? 어떠한 결론이 고려되어야 할까?

해법: 그들의 결과들에만 의존하면 우리는 DNA가 형질전환에 필수적이라는 결론에 이른다. 그러나 DNA는 비협막 세포들을 직접 협막세포들로 전환시킴으로써 협막의 형성을 일으킨 물질이었다. 즉, DNA는 협막 합성에 단순한 촉매역할을 하여 세포가 매끄러운 형태 III 군락들을 나타나게 했을 수도 있다.

2. 어떠한 관찰이 이 반대에 논쟁점을 제공할 수 있겠는가?

해법: 우선은, 형질전환된 세포들이 그 형질을 그들의 자손세포들로 전달했으므로 DNA가 당 껍질을 직접 생산한 것이 아니라 유전을 책임지고 있다는 결론을 지지한다. 둘째로, 5년간의 연속적인 형질전환 연구들은 다른 형질들, 예를 들어 항생제 저항성과 같은 특징들이 바뀔 수 있음을 보여주었다. 그러므로 형질전환 인자들은 당 합성에 특이적인 한 가지 효과가 아니라 넓고 일반적인 효과를 가진다.

3. 만약 RNA가 일반적인 유전물질이라면 이것이 어떻게 에이버리의 실험이나 허시-체이스의 실험에 영향을 미쳤을까?

해법: 에이버리의 실험에서는 DNase가 아니라 RNase가 형질전환 효과를 없앴을 것이다. 만약 이랬더라면, 에이버리와 그 동료들은 RNA가 형질전환 인자라고 결론지었을 것이다. 허시와 체이스는 동일한 결과를 얻었을 것인데, ^{32}P는 단백질은 아니지만 RNA도 표지 가능하기 때문이다.

4. 성게 DNA는 이중가닥으로서, 17.5%의 염기가 시토신(C)이다. 이 DNA에서 다른 세 염기들의 예상 비율은 어떠한가?

해법: C와 G는 동량이므로, 구아닌(G) 역시 17.5% 존재한다. 나머지 염기인 A와 T 역시 동량 존재하므로 남은 부분(100~35)이 이들이 차지하는 비율이다. 그러므로 A = T = 65/2 = 32.5%이다.

연습문제 및 토론문제

1. 유전물질에 속하는 기능은 복제, 발현, 저장 그리고 돌연변이다. 이들 단어들이 뜻하는 바는?
2. 1940년 이전에는 왜 단백질이 DNA보다 더 유전물질일 가능성이 높은 것으로 간주되었는지 토론해 보라. 이 논쟁에서 네 가지 뉴클레오티드 가설의 역할은 무엇이었나?
3. 형질전환에 대한 우리의 이해에 미친 그리피스, 앨러웨이, 에이버리 등의 공헌을 비교해 보라.
4. 에이버리와 동료들이 IIIS 독성 세포로부터 형질전환 요소라고 결론내린 것을 얻었을 때, 그들은 세포 추출물을 단백질분해효소, RNA 분해효소, 그리고 DNA 분해효소로 처리하면서 형질전환능의 보유와 손실에 대한 분석을 하였다. 이 실험들의 목적과 결과는 무엇이었나? 이로부터 얻은 결론은?
5. 허시와 체이스의 실험에서 왜 ^{32}P와 ^{35}S가 사용되었나? 이 실험의 논리와 결과에 대해 논해 보라.

6. 허시-체이스 실험은 유전물질로 작용하는 분자로서 DNA와 RNA를 구분하도록 고안된 것인가? 이유는?

7. 만약 기본적인 디자인이 형질전환 현상에 적용된다면, 그 결과는 허시-체이스에 의해 수행된 것과 유사하겠는가? 이유를 설명하라.

8. 진핵생물에서 '유전물질로 작용하는 DNA'에 부합하는 관찰들은 무엇이 있나? 나열하고 논해 보라. 어떤 직접적 증거가 존재하는가?

9. 모든 생물체에서 DNA가 유전물질이라는 법칙에 예외가 되는 것은? 어떠한 증거들이 이들 예외를 지지하는가?

10. 뉴클레오티드의 3가지 구성성분들의 화학적 구조를 그려보고 이들을 연결해 보라. 결합이 형성될 때 이 구조에서 어떠한 원자들이 제거되는가?

11. 당, 퓨린, 그리고 피리미딘의 탄소와 질소 원소들은 어떻게 번호가 붙여지는가?

12. 아데닌은 6-amino purine으로 불린다. 이 체계를 이용하여 다른 네 가지 염기를 이름 붙여 보라(=O는 oxy이고 $-CH_3$는 methyl이다).

13. A와 G로 구성된 두 뉴클레오티드의 화학적 구조를 그려보라. 이 구조의 맞은편에 T와 C로 구성된 두 뉴클레오티드를 역평행하게(뒤집어서) 그려보라. 가능한 수소결합을 만들어라.

14. DNA에 대한 왓슨-크릭 이중나선 모델의 다양한 특징들을 설명해 보라.

15. 왓슨과 크릭의 1953년도 제안에서는 어떠한 증거들이 제시되었나? DNA의 구조를 위한 그들의 접근법은 어떠한 것이었나?

16. 한 종류에서 얻어진 샤가프의 자료가 다음과 같다. 왓슨과 크릭이 어떠한 결론을 내렸을까?

	A	*T*	*G*	*C*
%	29	19	21	31

왜 이러한 결론이 윌킨스와 프랭클린의 자료와는 상반되는 것이었을까?

17. 공유결합은 수소결합과 어떻게 다른가? 염기 상보성을 정의하라.

18. DNA와 RNA의 주요 차이점을 3가지만 나열해 보라.

19. RNA 분자의 주요 형태 3가지는? 정보의 흐름이라는 개념과 이들 각각이 어떤 관련을 가지는가?

20. 뉴클레오티드의 어떤 성분이 UV광을 흡수하는가? 이러한 기술은 핵산 분석에 어떤 중요성을 가지는가?

21. 열에 의해 변성된 후, DNA의 물리적 상태는?

22. 흡광증가 효과(hyperchromic effect)란 무엇인가? 이것은 어떻게 측정되는가? T_m이 뜻하는 바는 무엇인가?

23. 왜 T_m이 염기 조성과 관계되는가?

24. 재결합동력학을 나타내는 아래 그래프를 비교하여라. *E. coli*와 각 자료를 비교하면, 각 세트의 DNA에 대해 어떻게 말할 수 있는가?

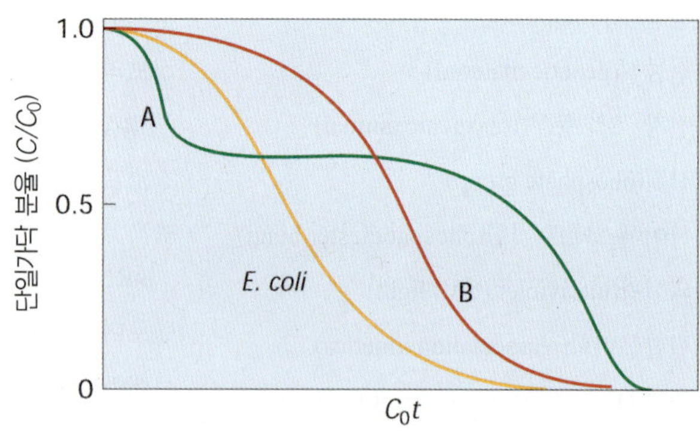

25. 분자 혼성화의 화학적 기초는?

26. 왓슨과 크릭 모형이 DNA의 복제에 대해서 시사하는 바는 무엇인가?

27. 한 유전학 교실 학생이 DNA에서 얻어진 아데닌과 티민을 포함한 dinucleotide의 화학적 구조를 그려보라는 요청을 받았다. 이 학생은 6가지 이상의 중요한 실수를 했다. 그의 답안이 여기 나타나 있다. 한 가지 실수 (1)이 동그라미로 표시되어 설명이 부가되어 있다. 나머지 다섯 가지는 어떠한 것인가? 다음의 예와 같이 동그라미를 그리고 2~6번까지 번호를 붙인 후 간단하게 각각을 설명하여라.

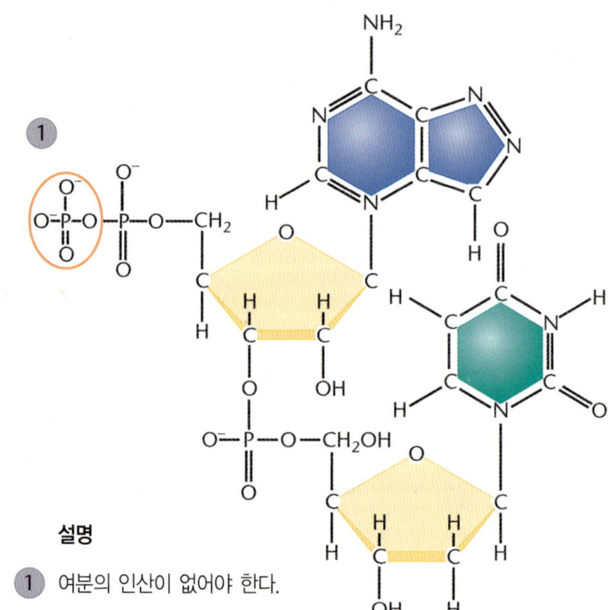

28. 세균 바이러스인 T4의 DNA는 $C_0t_{1/2}$ 값이 약 0.5이며 유전체에 10^5 뉴클레오티드를 포함하고 있다. 대장균 바이러스인 MS2의 DNA가 0.001과 10.0의 $C_0t_{1/2}$값을 나타낸다면 이 바이러스 유전체에는 몇 뉴클레오티드가 존재하는가?

29. 원시적인 진핵생물체가 발견되었는데 그 유전물질로 독특한 핵산을 가지고 있었다. 분석을 통해 다음과 같은 사실이 드러났다:

(a) X-선 회절 연구는 DNA와 유사한 일반 패턴을 나타냈지만, 약간 다른 차원을 가지며 더 불규칙함이 드러났다.

(b) 가열에 의한 DNA의 260 nm의 UV 흡광에 의한 변화가 분명했다.

(c) 염기 조성 분석에 따르면 4가지 염기가 다음과 같은 비율로 존재한다:
아데닌(Adenine) = 8% 구아닌(Guanine) = 37%
크산틴(Xanthine) = 37% 하이포크산틴(Hypoxanthin) = 18%

(d) 약 75%의 당이 데옥시리보오스였고, 25%는 리보오스였다.

이 관찰들과 일치하는 모형을 가정하여 이 분자들의 구조를 풀어보라.

30. B-DNA와 Z-DNA, 그리고 나선의 성질에 대해 이 장에서 주어진 정보를 이용하여, 아래 보여준 구조를 분석하고 (a) 영역과 (b) 영역의 나선성에 대해 결론을 도출하라. 어느 것이 오른쪽 꼬임이고, 어느 것이 왼쪽 꼬임인가?

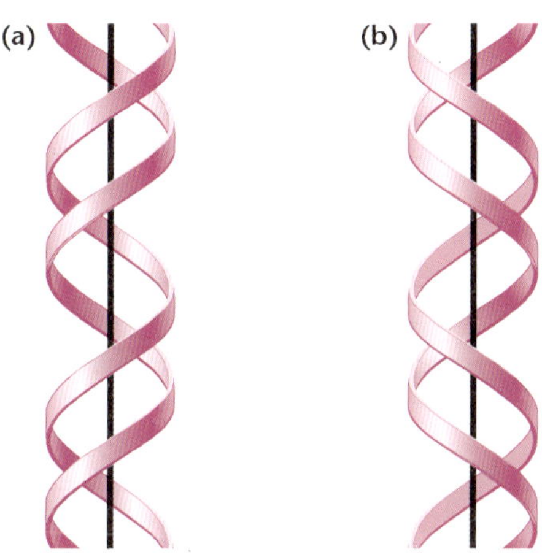

31. 일부 생물체에서, 생리적인 조건의 DNA에 가장 흔히 발생하는 자연적인 손상 중의 하나는, 시토신의 아미노기가 가수분해되어 우라실로 변화되는 것이다. 만일 DNA에서 우라실이 시토신을 대체한다면 어떤 영향이 나타날까?

32. 어떤 생물체들에서는 시토신이 DNA에 통합된 후 피리미딘 고리의 C-5 부위가 메틸화된다. 만일 5-메틸 시토신이 문제 18번에서와 같이 가수분해된다면 어떠한 염기가 나타날 것인가?

33. 뉴스데이트; 2005년 3월 1일, 독특한 생물이 우주에서 발견되었다. 그 유전물질이 분리되어 분석되었다. 어떤 점에서는 이 물질은 DNA와 비슷한 화학적 조성을 가진다. 풍부한 4탄소 당인 에리스로오즈(erythrose)와 동량의 인산 그룹을 포함하고 있다. 부가적으로 6가지의 질소를 포함하는 염기를 포함한다: adenine(A), guanine(G), thymine(T), cytosine(C), hypoxanthine(H), 그리고 xanthine(X) 이다. 이들 염기는 다음과 같은 상대적인 비로 존재한다.

$$A = T = H \text{ 와 } C = G = X$$

X-선 회절 분석에 따르면, 이 분자의 규칙성과 30 Å의 일정한 두께를 알 수 있다. 종합하면, 이 자료들은 이 분자의 구조에 대한 모델을 제공해 준다.

(a) 일반적인 모형을 제시하고 간단히 설명하라.

(b) 이 모델에서 H와 X를 위해 어떠한 염기쌍의 성질이 필요한가?

(c) 지름을 30 Å라고 하면, H와 X는 둘 다 퓨린이거나, 둘 다 피리미딘이거나 혹은 퓨린과 피리미딘 중 어느 것일까?

34. 여러분은 새로 발견된 두 종의 세균 바이러스 DNA들을 받았다. 이 장에서 설명한 여러 가지 기술에 기초하여, 두 바이러스의 DNA를 분석하고 비교할 수 있는 연구 계획을 세워보라. 실험에 포함된 각 기술들에 대해 여러분이 얻고자 하는 정보의 형태를 표시하라.

35. 전기영동 중에, DNA 분자들은 모두 동일한 전하-질량 비를 가지며 같은 모양(긴 막대형)을 갖기 때문에, 크기에 따라 쉽게 분리될 수 있다. RNA 분자도 전기영동 중에 DNA와 같이 행동할까? 이유는?

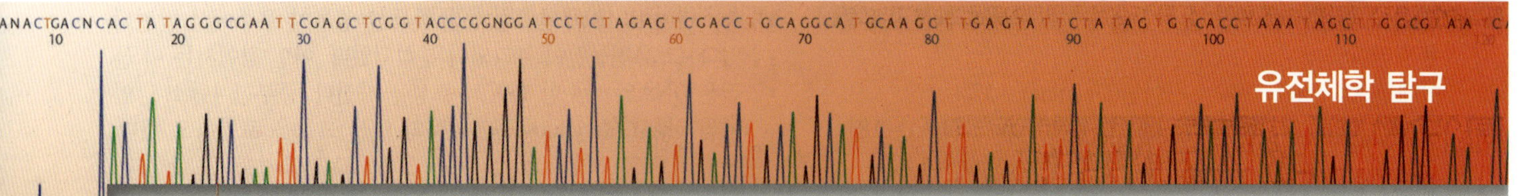

생물정보학에 대한 소개: BLAST

이 장에서는 생물의 유전물질인 DNA의 구조에 대해 자세히 다루었다. 17장에서 여러분은 어떻게 과학자들이 DNA를 복제하고 서열화할 수 있는지 배우게 될 것이다. 이것은 분자생물학과 유전학 실험실에서 일상적으로 이루어지는 작업들이다. 지난 15년 동안 DNA와 단백질 서열 정보가 폭발적으로 증가하면서 **생물정보학(bioinformatics)** 분야가 나타나게 되었다. 이것은 수학과 컴퓨터 계산학을 적용하여 핵산과 단백질 서열 자료들을 저장하고 공유하며, 비교하고, 분석하는 하드웨어 및 소프트웨어들을 개발하는 통섭과학(interdisciplinary science)이다.

생물정보학을 이용하는 많은 수의 데이터베이스들이 개발되었다. 한 예가 **유전자은행(GenBank:www.ncbi.nlm.nih.gov/Genbank/index.html)**인데, 이것은 미국 국립 보건원(National Institutes of Health, NIH)의 서열 데이터베이스다. 세계적으로 사용되고 있는 이것은 유럽과 일본에 있는 데이터베이스에 대한 접속까지 감안하면 현재 650억 개 이상의 염기서열 정보를 포함하는 방대한 것이다!

7장의 유전체학 탐구에서 연습한 바 있으니, 여러분은 NCBI의 유전자와 질병(Genes and Disease) 사이트에 대해 알고 있을 것이다. 이제 BLAST라고 불리는 NCBI 응용 프로그램을 살펴보려고 한다. 이것은 **기초적인 국소 배열 탐색 도구(Basic Local Alignment Search Tool, BLAST)**로서, 유전자은행과 기타 여러 데이터베이스로부터, 클론화된 물질들 사이의 DNA 혹은 단백질 유사성을 발견하는 데 없어서는 안되는 중요한 프로그램이다. 이것은 다른 연습문제에서도 이용하게 될 많은 부가기능들을 가지고 있다.

■ 연습 1: BLAST 소개

1. NCBI 웹사이트(**www.ncbi.nlm.nih.gov/BLAST/**)에서 BLAST에 접속한다.
2. "nucleotide blast"를 클릭하라. 이것은 여러분들이 입력한 서열과 데이터베이스 내의 다른 서열 사이에 유사성이 있는지를 검색할 수 있도록 해준다.
   다음 서열로 검색을 실행해 보라.
   CCAGAGTCCAGCTGCTGCTCATACT
   ACTGATACTGCTGGG
3. 이 서열이 여러분의 실험실에서 직접 클론화한 어떤 유전자의 일부 서열이라고 가정해 보자. 여러분은 이 유전자나 혹은 다른 비슷한 서열의 유전자가 이미 발견된 것인지 궁금할 것이다. 이 서열을 페이지 상단의 "Enter Query Sequence(의문 서열을 넣으세요)" 문자 박스에 입력하라. 페이지 아래, "Program Selection" 카테고리 아래에서 "blastn"을 고르고 "BLAST" 버튼을 클릭하여 탐색을 수행하라. BLAST는 수십억 염기쌍의 서열 자료들을 모두 검색하는 강력한 알고리즘을 사용하기 때문에 결과를 얻기까지는 몇 분이 걸릴 수 있다. 여러분이 탐색한 결과는 새로운 페이지에 나타날 것이다.
4. 이 페이지의 윗부분에서 여러분이 찾은 서열(query sequence)과 가장 비슷한 서열들의 표를 볼 수 있을 것이다. BLAST는 문제 서열의 길이, 데이터베이스 내의 유사서열 수, 그리고 다른 여러 요소들을 고려한 통계적 방법에 기초하여 가장 잘 맞는 서열을 결정해준다. 의미 있는 정렬(significant alignment)이란, 문제의 서열(검사 서열)과 해당 서열들(데이터베이스 내)에서 상당한 정도의 유사성을 보이는 부분으로서 대체적으로 1.0 미만의 E값을 갖는다.
5. 표의 윗부분에서는 전사체(mRNA 서열)와 맞는 것들의 목록을, 그리고 아랫부분에서는 유전체 DNA 서열과 맞는 것들의 목록을 높은 점수에서 낮은 점수 순으로 보여준다. 이 표 맨 오른쪽의 "Links" 칼럼을 이용하면 맞는 서열들과 관련 있는 유전자와 염색체 데이터베이스들을 검색할 수 있다.
6. 배열상태는 가로선으로 표시된다. BLAST는 서열 내의 틈, 즉 비슷한 서열들이지만 염기가 빠져 있는 부분들 때문에 나타나는 영역들을 맞춰준다. 테이블 아래로 스크롤을 내리면 탐색에서 얻어진 서열들의 배열을 볼 수 있고 다음 질문에 답할 수 있을 것이다.
   a. 여러분이 찾은 서열과 가장 잘 맞는 서열 3개는 무엇인가?
   b. 각 배열에서 BLAST는 일치율(identity, %)과 서열들(문제서열과 해당서열) 사이의 틈 수를 표시해 준다. 제일 잘 맞는 세 서열의 일치율은 얼마인가? 각 서열들의 몇 %가 서열 차이를 나타내는 틈을 보이는가?
   c. 첫 번째 일치서열에 대해 링크를 클릭하라. 그러면 이 서열의 길이; 그 서열이 유래한 종; 이 서열을 포함한 논문들의 PubMed 링크 연표; 전체 서열; 그리고 그 서열이 폴리펩티드를 암호화하는 경우 그 유전자에 의해 암호화되는 예상 아미노산 서열 등 풍부한 정보들을 얻을 수 있다. 이 페이지에서 제공되는 정보들을 훑어보라. 이 유전자의 기능은 무엇인가?
7. 어떤 서열에 대한 **접속번호(accession number)**를 가지고도 BLAST 검색을 수행할 수 있다. 이것은 그 서열이 데이터베이스에 입력되기 전에 부여된 고유의 구별번호이다. 예를 들어, NM_007305라는 접속번호로 검색해 보라. 무엇이 나오는가?
8. 아래 나와 있는 서열 혹은 접속번호로 BLAST 검색을 수행하라. 각 경우에서, "Enter Query Sequence" 상자에 접속번호를 입력하거나 서열을 입력한 후에는 "Choose Search Set" 상자로 가서 "Others" 데이터베이스 버튼을 누르도록 하라. 그런 다음, 실행에 앞서 "Program Selection" 상자로 가서 "megablast"를 클릭하라. 이것은 문제의 서열들을 다른 종들의 비슷한 유전자들과 비교배열 하도록 해준다. 탐색이 완료되면 BLAST가 제공하는 정보들을 살펴 그 서열이 암호화하는 유전자들에 대해 학습해 보도록 하라.
   a. NM_001006650. 이 접속번호의 서열과 가장 잘 맞아 100% 일치율을 보이는 서열은 무엇인가?
   b. DQ991916. 어떤 유전자 서열인가?
   c. NC_007596. 이 서열과 비슷한 서열을 가진 살아 있는 동물은?

정답

Solutions to Problems and Discussion Questions

2. 몇몇 연구들이 유전물질의 가능한 성질에 대해 조사했지만, 단백질의 구조와 효소적 성질에 대한 많은 연구들은 유전물질로서의 단백질을 더욱 선호하도록 하는 편견들을 만들었다. 그리고, 단백질들은 20가지의 서로 다른 소단위(아미노산)로 구성되기 때문에 유전물질이 갖춰야만 하는 여러 기능들을 위한 충분한 구조적/기능적 변이를 만들어 낼 수 있었다. 네 뉴클레오티드 가설(구조)은 핵산이 유전물질의 다양한 역할을 위해 요구되는 충분한 다양성을 제공하지 못한다고 주장했다.

4. 형질전환은 세균에서 추출되어 정제될 수 있는 거대분자(DNA)에 의존적이다. 그러나 그러한 정제과정 중에 다른 종류의 거대분자가 DNA를 오염시킬 수 있다. 특수한 분해효소들-프로테아제, RNase, DNase-이 세포 추출물에서 특정 요소를 선택적으로 제거하는 데 사용되었으며, 만약 형질전환이 동시에 사라지면 그때 제거된 분자가 형질전환 요소가 된다. DNase는 DNA와 형질전환을 동시에 사라지게 한다. 따라서 이것이 형질전환 요소일 것이다.

6. 실질적으로, 인은 RNA와 DNA에서 동일한 양으로 발견된다. 그러므로 ^{32}P로 DNA와 RNA를 둘 다 표지할 수 있다. 그러나 T2 파아지는, 성숙한 상태에서 RNA를 거의 포함하지 않는다. 그러므로 DNA가 T2 파아지의 유전물질이라고 해석될 수 있다.

8. 세균의 형질전환 실험에서처럼 한 생물의 유전정보가 DNA를 통해 이동되는 실험이 이루어시지 못했다는 점에서 초기의 증거는 간접적인 것으로 간주될 수 있다. 오히려, 여러 종류의 세포들(정자세포와 체세포)에서 DNA의 양을 비교하거나, 자외선 광의 **흡수** 및 **활동** 스펙트럼이 연관되어 있음을 관찰함으로써 DNA가 유전물질이라고 생각할 수 있었다. 이러한 제안은 세균과 파아지에서 DNA가 유전물질이라는 사실로 지지를 얻었다. DNA가 유전물질이라는 직접적인 증거들은 재조합 DNA 기술에 의해 유전자 이동이 촉진되는 등 여러 관찰로부터 얻어진다.

10. 세 요소들이 연결되기 위해서는 물이 제거되어야 한다.

12. Guanine: 2-amino-6-oxypurine
   Cytosine: 2-oxy-4-aminopyrimidine
   Thymine: 2,4-dioxy-5-methylpyrimidine
   Uracil: 2,4-dioxypyrimidine

16. 이중가닥 DNA에는 A = T와 G = C로 존재하기 때문에(실험 오류의 한계 내에서), 제시된 자료는 단일가닥 구조나 혹은 다른 비수소결합성 구조에 맞는, 염기 짝짓기가 결여되어 있음을 시사하는 것일 수 있다. 반대로, 반대전하 관계가 존재하지 않기 때문에, 전형적인 수소결합 기회를 부정하도록 자료로부터 A = C와 T = G가 짝짓는 것으로 보일 수도 있다. 그러므로 단단한 나선 구조가 형성될 것 같지는 않다.

18. RNA 와 DNA 사이에는 다음과 같은 주된 차이가 존재한다:
   1. RNA에서는 우라실이 DNA의 티민을 대체한다.
   2. RNA에서는 리보오스가 DNA의 데옥시리보오스를 대체한다.
   3. RNA는 종종 단일가닥이거나 일부가 이중결합을 이루는 상태로 존재하지만, DNA는 대체로 이중가닥 형태로 존재한다.

20. 핵산(뉴클레오시드, 뉴클레오티드, 그리고 단일 또는 이중 가닥 폴리뉴클레오티드)의 질소성 염기는 파장 254에서 260 nm에서 가장 많이 UV광을 흡수한다. 이러한 현상을 이용하면 혼합물 내에서의 핵산의 농도나 존재를 측정할 수 있다. 단백질이 280 nm의 파장에서 가장 많은 자외선을 흡수하기 때문에, 생물학적으로 중요한 분자들의 혼합물을 다루는 데 있어 이것은 비교적 간단한 방법이 된다. UV 흡수는 이중가닥 구조일 때보다 단일가닥 분자일 때 더 크다(흡광도 증가 전이). 그러므로 변성 조건을 적용하면 핵산이 단일가닥인지 이중가닥 형태에 있는지 쉽게 결정할 수 있다. 그리고 A-T가 풍부한 DNA는 G-C가 풍부한 DNA보다 더 쉽게 변성된다. 그러므로 변성 동역학에 의해 염기 함량을 추정할 수 있다.

22. **흡광도 상향 전이 효과(hyperchromic effect)**는 이중가닥 DNA(혹은 RNA)가 단일 가닥 DNA로 전환됨에 따라 UV광의 흡수가 증가하는 것이다. 만약 변성과정 중에 흡광도로 UV 흡수를 측정한다면, 흡광도 전이가 관찰될 수 있다. T_m은 시료의 절반(50%)이 변성된 지점에서 프로파일 상의 온도이다.

24. A곡선에 대해, 빠르게 재생되는 것(반복서열)과 느리게 재생되는 것(독특한 서열)이 있음이 드러난다. 대장균보다 빠르게 재결합되는 부분은 매우 반복성인 것이고 나머지 부분(가장 높은 $C_o t_{1/2}$ 값을 가진)은 주로 독특한 서열을 포함한다. B 부분은 대부분이 단일 서열들로 비교적 복잡한 DNA를 포함한다

26. 네이처에 실린 그들의 한 논문에서 왓슨과 크릭은 다음과 같이 언급했다: 우리가 가정했던 특수한 염기 짝짓기가 유전물질의 가능한 복사 기작을 제시할 수 있다는 생각이 떠올랐다.

28. MS-2 = 200 염기쌍
   E.coli = 2 × 10^6 염기쌍

30. Left side (a) = right, right side (b) = left.

32. 이러한 조건 하에서는 가수분해된 5-메틸 시토신은 티민이 된다.

34. (a) 만일 DNA가 이중가닥이었다면 가열로 흡광도 상향 전이가 발생할 것이다. 또한 변성 동력학으로부터 대강의 CG 함량을 추정할 수도 있고, 재결합 실험을 비교함으로써 서열 복잡성 정도도 유추할 수 있다.
   (b) 가수분해와 크로마토그래피에 의한 염기의 결정이 비교 목적으로 사용될 수 있으며, DNA의 가닥이 이중이냐 단일이냐에 관한 증거도 제공할 수 있다.
   (c) 만약 존재한다면, Z-DNA에 대한 항체를 이용하여 왼쪽 꼬임 구조가 어느 정도인지를 결정할 수 있을 것이다.
   (d) 두 바이러스로부터 DNA를 서열화하는 것이 서열 유사성을 나타내줄 수 있을 것이다. 그리고 인터넷에서 사용이 가능한 다양한 전자 탐색 기법들(예를 들어, 웹사이트: **blast @ ncbi.nlm.nih.gov**)을 이용하여 다른 생물들 혹은 다른 바이러스들에 비슷한 서열이 존재하는지를 결정할 수 있을 것이다.

CHAPTER

10 DNA의 복제와 합성

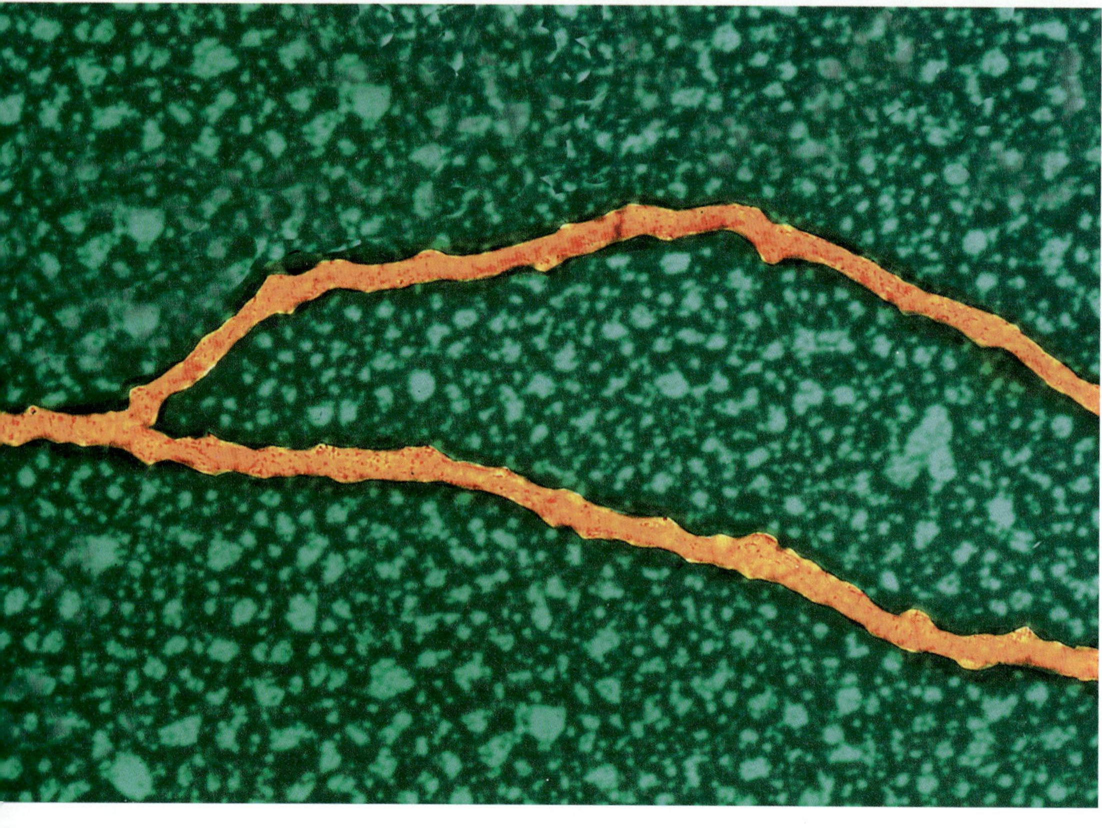

HeLa 세포로부터 얻어진 인간 DNA를 투과전자 현미경으로 관찰한 것. 활성인 DNA 복제에서 특징적으로 나타나는 복제 분기(replication fork)를 보여주고 있다

단원 개념

- 모세포와 딸세포 사이의 유전적 지속성은, 왓슨과 크릭의 모델에서 예상되었던 대로, DNA의 반보존적 복제에 의해 유지된다.
- 반보존적 복제는 부모 분자인 이중나선의 각 가닥들을 주형으로 이용하며, 새로 복제된 이중나선은 하나의 "예전(old)" 가닥과 "새로운(new)" 한 가닥의 DNA를 포함한다.
- DNA 합성은 복잡하지만, 수많은 효소들과 여러 단백질의 지시 하에 정돈된 방식으로 일어나는 과정이다.
- DNA 합성은 뉴클레오티드들이 폴리뉴클레오티드 사슬로 중합되는 과정을 포함한다.
- DNA 합성은 원핵세포와 진핵세포에서 비슷하게 일어나지만 진핵세포에서 좀 더 복잡하다.
- 진핵세포에서는, 염색체 말단(텔로미어)의 DNA 합성이 특별한 문제를 일으키지만 독특한 RNA-포함 효소인 텔로머라아제에 의해 이 문제가 극복된다.
- 유전적 재조합은 DNA 분자들 사이의 단편을 교환하는 중요한 과정으로, 일군의 효소들에 의해 이루어진다.

DNA의 구조에 대한 왓슨과 크릭의 제안이 있은 후, 과학자들의 관심은 이들 분자가 어떻게 복제되는지에 쏠렸다. 복제는 유전물질의 필수적인 기능이고, 계속적인 세포분열을 통해서도 유전적 지속성이 유지되기 위해서는 정확하게 수행되어야만 한다. 이는 매우 거대하고 복잡한 임무다. 사람의 유전체에는 30억(10^9) 염기쌍이 23개의 염색체로 존재함을 상기하라. 이 정도 크기의 분자를 정확하게 복제하기 위해서는 극단적인 정확성을 갖춘 기구가 필요하다. 오류가 생기는 비율이 100만분의 일(10^{-6})이라고 하더라도, 이 정도의 크기면 3,000번의 실수가 생기며, 이것은 분명히 각 복제 회로 중에서는 과도한 숫자일 것이다. 한편, 실수가 전혀 발생하지 않는 것은 아니며, 더군다나 그랬다면 대부분의 진화는 일어나지 않았겠지만, 모든 생물체에서는 극단적인 정확성을 가지는 복제 기구들이 진화했다.

왓슨과 크릭이 1953년 그들의 논문에 썼던 것처럼, 이중나선 모형은 그들에게 복제가 어떻게 발생하는지에 대한 초기의 통찰을 제공했다. 이러한 양식은 '반보존적 복제(semiconservative replication)'라 불리는 것으로 바이러스, 원핵생물, 그리고 진핵생물에 대한 수많은 연구들로부터 강력하게 지지를 받는다. 일단 일반적인 복제양식이 분명해지자, DNA 합성에 대한 세세한 부분을 결정하고자 하는 연구들이 증가했다. 이후로 발견된 것은 DNA 나선을 복사하는 데 필요한 수많은 효소들과 단백질들이다. 합성과정에서 발생하는 화학적 사건들의 복잡성 때문에, 이러한 주제는 아직도 활발한 연구 분야로 남아 있다.

이 장에서는 DNA의 합성에 대한 특정 세부사항과 더불어, 복제의 일반양식에 대해 논의하고자 한다. 이러한 지식을 이끌어내는 연구는 우리가 분자수준에서 생명의 과정을 이해하는 또 다른 연결고리가 된다.

학습 방법

이 장에서는 어떻게 DNA가 복제되고 합성되는가에 초점을 맞추고 있다. 복제의 일반적인 기작과 복제시에 DNA가 어떻게 합성되는지에 대해 밝혀보기로 하자. 여러분이 이러한 주제를 공부할 때는, 다음과 같은 기본적인 질문에 답할 수 있어야 한다.

1. DNA가 원핵세포와 진핵세포에서 모두 반보존적으로 복제된다는 결론에 대한 실험적 기초는 무엇인가?
2. DNA 합성이 DNA 중합효소의 작용으로 일어난다는 것은 어떻게 밝혀졌는가?
3. DNA 합성을 지시하는 데 있어서 DNA 중합효소가 요구하는 것들은 어떻게 알 수 있는가?
4. 생체 내의 DNA 합성이 5′에서 3′방향으로 일어난다는 것은 어떻게 알 수 있나?
5. DNA 중합효소 I(콘버그 효소)은 대장균과 같은 세균에서 생체내 DNA 합성을 일으키는 일반적인 효소는 아니라는 결론의 기초가 된 발견은 어떤 것이었나?
6. DNA 합성의 주형으로 쓰이는 두 가닥 중 한 가닥은 불연속적으로 복제된다는 것은 어떻게 알 수 있는가?
7. 어떤 관찰이 진핵성 DNA 합성 중에 "텔로미어 문제"가 있음을 드러냈으며, 이 문제에 대한 해결 방법은 어떻게 알게 되었나?

10.1 DNA는 반보존적 복제로 재생산된다

질소화된 염기들의 배열과 성질 때문에, DNA 이중나선의 각 가닥은 그것과 상보적인 가닥을 합성하는 데 주형으로 작용할 수 있다는 것이 왓슨과 크릭에게는 분명해 보였다(그림 10-1). 그들은 만약 나선이 풀리면 부모가닥을 따라 존재하는 각 뉴클레오티드는 그것과 상보성인 뉴클레오티드에 대해 인력을 가질 것으로 제안했다. 9장에서 배웠던 것처럼, 상보성은 그들이 형성하는 수소결합에 기인한 것이다. 만약 티미딜산(thymidylic acid, T)이 존재하면 그것은 아데닐산(adenylic acid, A)을 "끌어당길"것이다; 반면에, 구아닐산(guanidylic acid, G)이 존재하면 시티딜산(cytidylic acid, C)을 "끌어당길"것이다; 마찬가지로, A는 T를, C

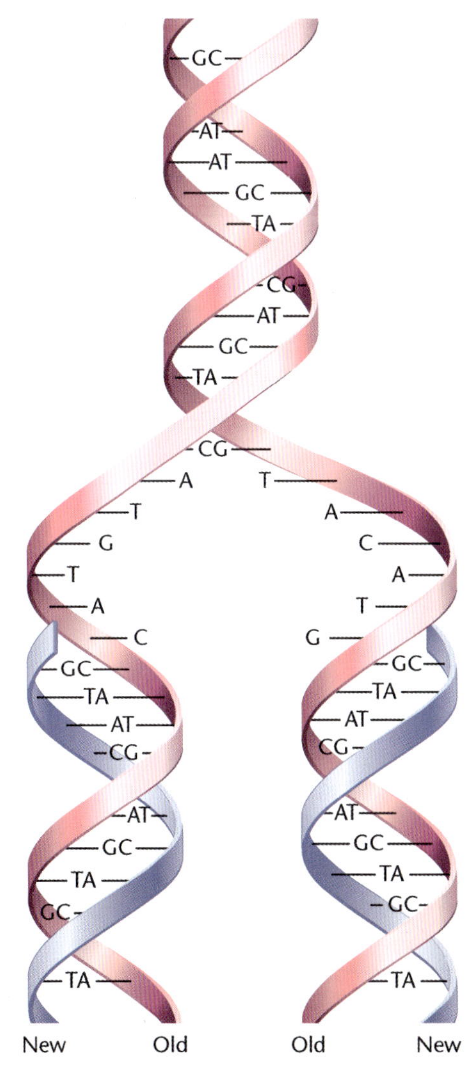

그림 10-1 DNA의 반보존적 복제를 나타내는 일반화된 모형. 새로 합성되는 것은 보라색으로 표시되어 있다.

는 G를 끌어당긴다. 그리고 두 주형을 따라 뉴클레오티드들이 공유결합으로 연결되어 폴리뉴클레오티드 사슬이 되면, 결과적으로 새롭지만 동일한 이중가닥의 DNA가 생기게 된다. 각각의 복제된 DNA 분자는 한쪽 가닥은 "원래의, 오래된(old)" 가닥이고 다른 한쪽 가닥은 "새로운(new)" 가닥으로 이루어진다. 그러므로 **반보존적 복제**(semiconservative replication)라는 이름이 붙게 되었다.

두 가지 또 다른 가능한 복제양식도 부모가닥들을 주형으로 사용하는 것에 근거한다(그림 10-2). **보존적 복제**(conservative replication)에서는, 상보성 폴리뉴클레오티드 사슬들의 합성이 위에서 설명한 바와 같이 만들어지지만 합성이 끝나면 새로 합성된 가닥들이 같이 나오고 원래의 모 가닥(mother strand)들이 재결합한다. 따라서 원래의 나선이 그대로 "보존된다."

분산적 복제(dispersive replication)라고 불리는 두 번째 양식에서는, 모 가닥들이 복제를 거쳐 새로운 이중나선으로 퍼져 들어가는 것으로 보인다. 그러므로 각 가닥들은 예전 것과 새로운 DNA가 섞여서 구성된다. 이러한 양식은 복제 중에 모 가닥들이 잘려지는 과정을 포함한다. 이것은 세 가지 가능성 중에서 가장 복잡하며, 따라서 가장 일어날 것 같지 않은 양식이다. 그러나 실험적 모형에서는 제외될 수 없다. 그림 10-2는 세 가지 양식에 의한 1회의 이론적 복제 결과를 나타낸 것이다.

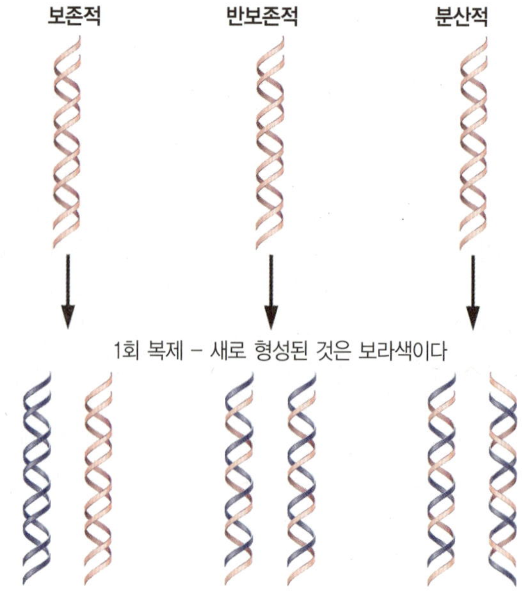

그림 10-2 복제가 이루어지는 가능한 3가지 방식들에서 DNA 복제가 한 번씩 일어났을 때의 결과들.

메셀슨과 스탈의 실험

1958년에 매튜 메셀슨(Matthew Meselson)과 프랭클린 스탈(Franklin Stahl)은 세포가 새로운 DNA 분자를 합성하는 데 반보존적 복제 방법을 사용한다는 강력한 증거를 제공하는 실험 결과를 발표했다. 대장균(*Escherichia coli*) 세포들이 많은 세대 동안 $^{15}NH_4Cl$(염화 암모늄)이 질소원으로 제공된 배지에서 배양되었다. 질소의 "무거운" 동위원소인 ^{15}N은 자연적으로 발견되는 ^{14}N 동위원소보다 중성자 하나가 더 많다. "방사성(radioactive)" 동위원소들과는 달리, ^{15}N는 안정하다. 수 세대 후에, DNA의 질소화된 염기를 포함한 모든 질소 함유 분자들은 대장균 세포 내에서 무거운 동위원소를 포함하게 된다. ^{15}N를 포함한 DNA는 **침강평형 원심분리법**(sedimentation equilibrium centrifugation)을 사용하여 ^{14}N를 포함하는 DNA와 구분될 수 있는데, 원심분리는 시료

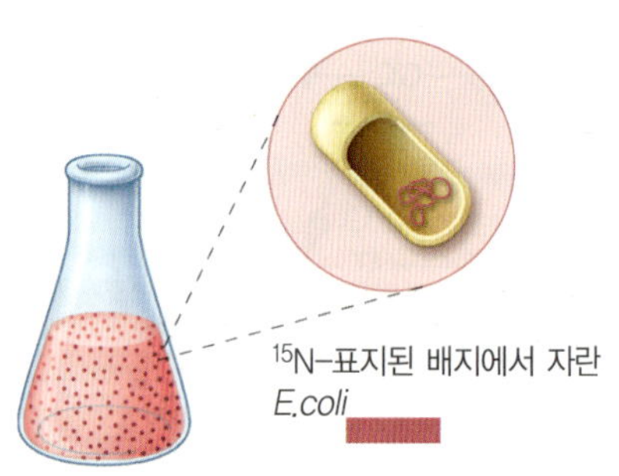

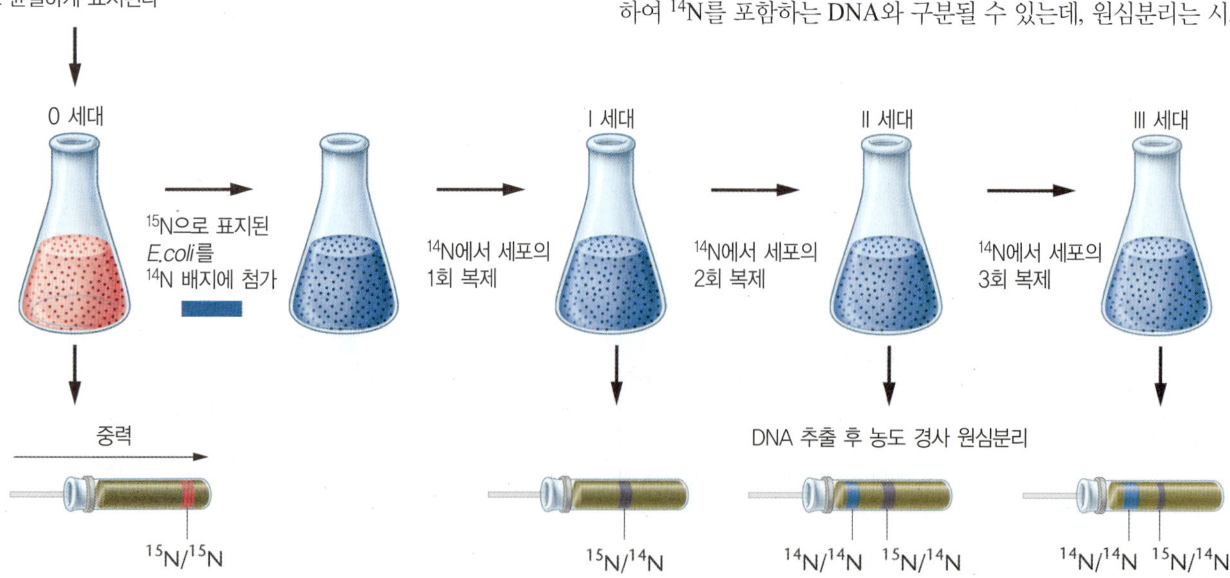

그림 10-3 메셀슨(Messelson)–스탈(Stahl)의 실험.

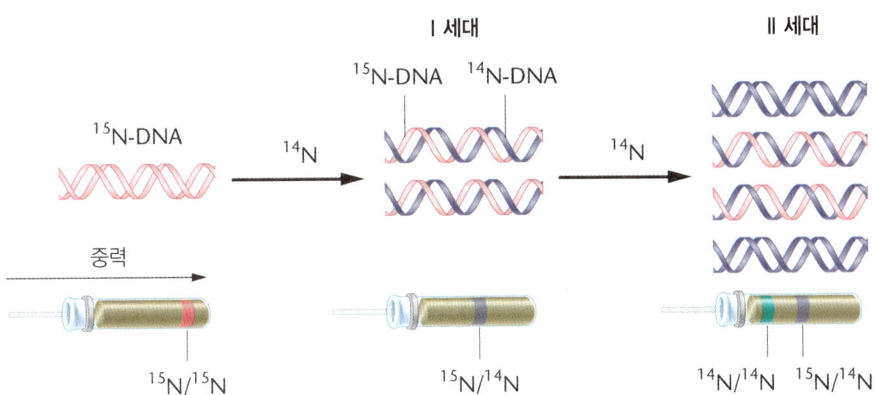

그림 10-4 메셀슨(Messelson)-스탈(Stahl)의 실험에서 반보존적 복제를 두 세대 거쳤을 때 예상되는 결과.

를 염화세슘 같은 중금속염의 밀도 차이를 통과시켜 "강제로" 분리되도록 한다. 좀 더 밀도가 큰 ^{15}N-DNA는 ^{14}N-DNA보다 바닥에 가까운 지점(밀도가 더 큰)에서 농도구배 평형에 도달한다.

이러한 실험(그림 10-3)에서, 균일하게 표지된 ^{15}N세포들은 $^{14}NH_4Cl$만을 포함한 배지로 옮겨진다. 그러면 복제과정에서 "새로" 합성되는 모든 DNA는 질소 동위원소 중 "가벼운" 것만을 포함하게 된다. 새로운 배지로 옮겨진 시간을 0으로($t = 0$) 잡는다. 대장균 세포들은 다시 수 세대 동안 복제를 시키면서 세포 시료를 각 복제주기마다 채취한다. DNA를 각 시료로부터 분리하고 침강평형 원심분리를 실시한다.

한 세대 후에는 분리된 DNA가 중간 밀도에서 오직 하나의 밴드로 존재한다 – 이것은 복제된 분자가 하나의 새로운 ^{14}N-가닥과 또 한 가닥의 예전 ^{15}N-가닥으로 이루어진다는 반보존적 복제의 예상과 부합하는 것이다(그림 10-4). 이 결과는 각각 2개의 밴드가 생길 것이라고 예상했던 보존적 복제의 예상과는 맞지 않는다. 따라서 보존적 복제 양식은 거부된다.

두 번의 세포분열 후에는, DNA 시료가 다시 2가지 밀도의 밴드로 나타난다 – 하나는 중간 밴드이고 다른 하나는 좀 더 가벼운 밴드로 ^{14}N의 위치에 해당하는 것이다. 밴드의 비율이 증가한다는 것만 제외하면 3세대 후에도 비슷한 결과가 나타난다. 이러한 결과는 반보존적 복제 양식의 설명과 한 번 더 부합하는 것이다.

여러분은 중간 밀도를 나타내는 분자가 분산적 복제 양식과 맞는다고 생각할 수도 있겠다. 그러나 메셀슨과 스탈은 다음과 같은 두 가지 관찰에 기초하여 그와 같은 복제 양식을 배제했다. 첫째, ^{14}N-포함 배지에서의 처음 복제 후에, 그들은 혼성 분자를 얻어 그것을 열로 변성시켰다. 열이 이중나선을 단일가닥으로 분리시킨다는 9장의 내용을 기억할 것이다. 혼성 분자에서 얻어진 단일가닥의 밀도를 조사해보니 그것들은 ^{15}N이거나 ^{14}N 프로파일들을 나타냈으며 그 중간 밀도가 아님을 확인할 수 있었다. 이 관찰은 반보존적 복제 양식과는 부합하지만 분산적 복제와는 맞지 않는 것이다.

이 문제를 풀어보자

253페이지의 2번 문제는 메셀슨-스탈의 실험 중에 ^{15}N의 역할을 설명하라는 것이다.

힌트: ^{15}N은 안정하며, 질소의 무거운 동위원소로, 원심분리법에 의해 ^{14}N과 구분될 수 있음을 기억하라.

나아가, 만약 복제가 분산적으로 이루어진다면 $t = 0$ 이후의 모든 세대에서 얻어진 DNA들이 중간 밀도를 나타낼 것이다. 즉 첫 세대 이후의 각 세대에서는 ^{15}N/^{14}N의 비율이 감소할 것이고, 혼성 분자는 점 가벼워져 결국에는 ^{14}N 밴드에 접근할 것이다. 이러한 결과는 관찰되지 않았다. 메셀슨과 스탈의 실험은 세균에서의 반보존적 복제 양식을 결정적으로 잘 보여주었으며 또한 보존적 복제 양식이나 분산적 복제 양식의 가능성을 배제할 수 있도록 해준다.

진핵생물의 반보존적 복제

메셀슨과 동료들이 그들의 연구를 발표하기 바로 전 해인 1957년, J. 허버트 테일러(J. Herbert Taylor), 필립 우즈(Philip Woods), 그리고 월터 휴즈(Walter Hughes)는 진핵생물에서도 반보존적으로 복제가 일어난다는 증거를 제시했다. 그들은 세포분열이 매우 활발한 *Vicia faba*라는 잠두의 뿌리 끝을 실험에 사용했다. 이들 연구자는 DNA 복제 후에 이 세포들의 염색체를 조사했다. 그들은 DNA를 ^{3}H-thymidine으로 표지하여 복제과정을 검사했다. ^{3}H-thymidine은 DNA의 방사성 전구체이므로 이를 이용해 자기방사법을 수행할 수 있다.

자기방사법(autoradiography)은 세포 내에서 동위원소의 위치를 파악할 수 있도록 하는 세포학적 기술이다. 이 과정에서는 사진 감광 유제(photographic emulsion)를 세포물질 절편(이 실험에서는 뿌리 끝) 위에 올려놓은 후 암실에 보관한다. 그 다음, 사진 필름이 처리되는 것과 마찬가지로 슬라이드가 현상된다. 방사성 동위원소가 에너지를 발산하기 때문에, 감광 유제는 방사지점에서 검게 변한다. 마지막으로 얻어지는 결과는 절편 표면에서 발견되는 "좁쌀" 같은 검은 점들로, 이들은 세포 내에서 새로 합성된 DNA가 있는 위치를 표시한다.

테일러와 그의 동료들은 뿌리 끝을 약 한 세대 동안 방사성 동위원소가 있는 상태에서 기른 후에 이것을 표지자가 없는 배지로 옮겨 여기서 세포분열이 지속되도록 하였다. 각 세대의 말미에서의 배양은 콜히친(크로커스에서 얻어진 화학물질로 분열 방추사의 형성을 억제한다)을 첨가함으로써 중기로 억제되고, 염색체들

그림 10-5 테일러(Taylor)-우즈(Woods)-휴즈(Hughes)의 실험. *Vicia faba*의 뿌리 끝에서 DNA 복제의 반보존적 양식을 증명해 준다. 상단의 사진은 이 식물의 일부를 보여주고 있다. (a) ^{3}H-thymidine의 존재 하에서 표지되지 않은 염색체가 세포주기를 거쳤다. 핵분열에 들어감에 따라 염색체의 두 자매염색분체가 자기방사법(autoradiography)에서 보이는 바와 같이 표지된다. 두 번째 복제를 거친 후에는(b), 이제 ^{3}H-thymidine는 존재하지 않는 상태인데, 각 염색체에서 오직 하나의 염색분체만이 검은 점으로 둘러싸일 것으로 예상된다. 자매염색분체 사이에서 발생한 상호교환이 일어난 곳을 제외하면(c), 이러한 예상은 잘 맞는다. 현미경상은 실험에서 얻어진 실제 자기방사 사진이다.

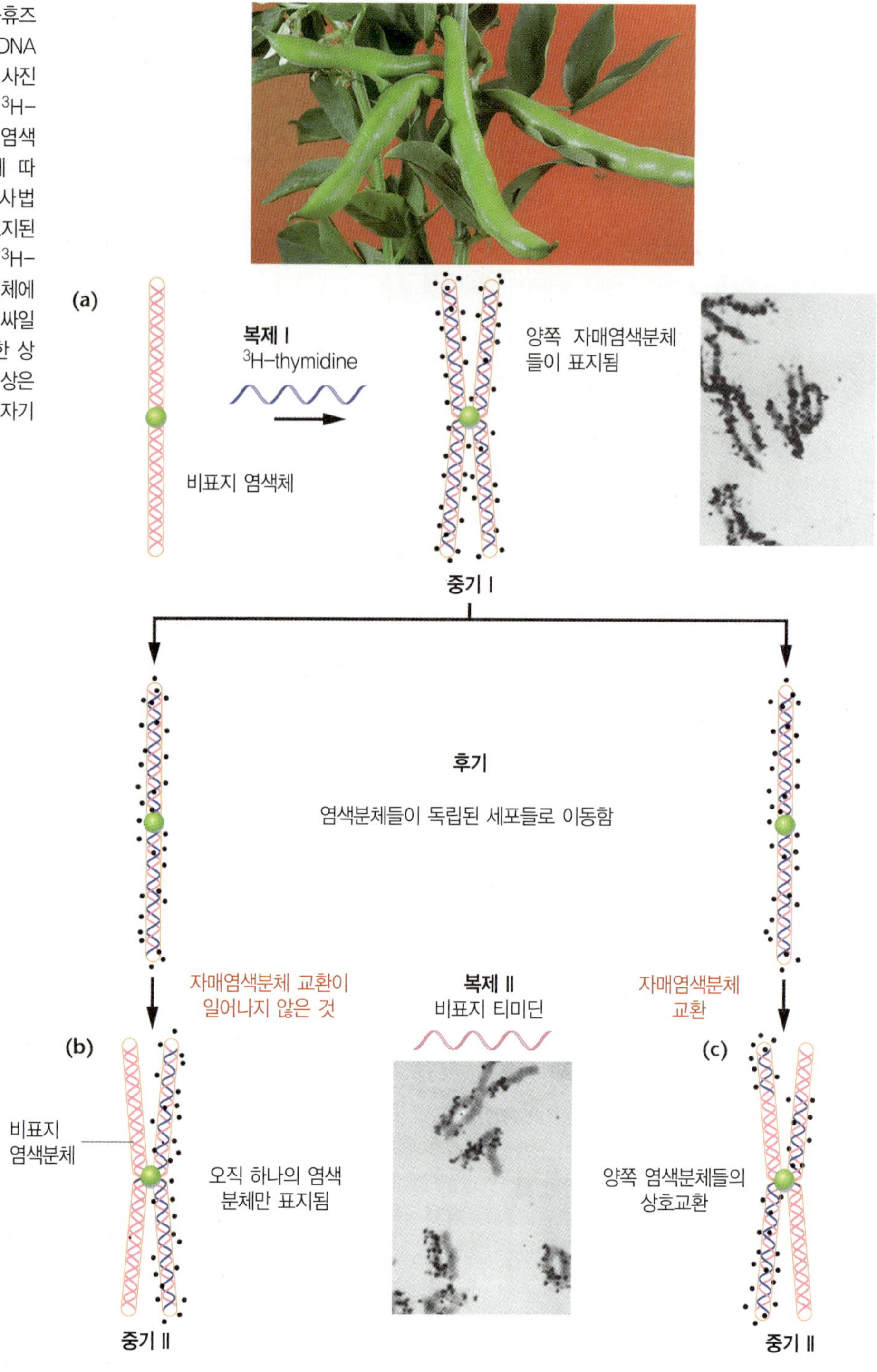

은 자기방사법으로 조사된다. 이 실험에서 표지된 티미딘들은 새로 합성된 DNA를 포함하는 염색분체와 관련해서만 발견되었다. 그림 10-5는 두 번의 분열주기를 거치는 하나의 염색체를 좁쌀 무늬의 분포와 함께 보여주는 것이다.

이 결과들은 복제의 반보존적 양식과 잘 들어맞는다. 첫 복제주기가 끝나면 방사능은 두 자매염색분체에서 발견된다. 이러한 발견은 각 염색분체들이 한 가닥의 "새로운" 방사성 DNA 가닥을 포함할 것이며 또한 가닥은 "이전의" 비표지 가닥을 가질 것이기 때문에 예상될 수 있었다. 두 번째 복제가 끝나고 나면, 이것이 비표지 배지에서 이루어졌으므로, 두 개의 자매염색분체 중에서 오직 한 개만 방사능을 가지게 되는데, 이것은 모 가닥들의 절반이 비표지 상태였기 때문이다. 자매염색분체 교환(sister chromatid exchange)(7장에서 논의)이라는 작은 예외도 관찰되었다.

종합하면, 메셀슨-스탈, 그리고 테일러-우즈-휴즈의 실험들은 복제에서 반보존적 양식을 일반적으로 받아들이게 하는 데 공헌했다. 다른 생물들을 가지고 한 연구에서 같은 결과가 얻어진 것이다. 이러한 실험들은 왓슨과 크릭의 DNA의 이중나선 모형을 강하게 지지하는 것들이다.

복제원점, 복제분기, 그리고 복제의 단위들

반보존적 복제는 DNA가 복제되는 일반적인 양식이다. 이러한 패턴에 대한 우리의 이해를 높이기 위해 몇 가지 관계된 주제들에 대해서 간단히 고찰해 보도록 하자. 첫 번째 논점은 **복제원점**(origin of replication)에 관한 것이다. 염색체의 어느 부분에서 DNA의 복제가 시작되는가? 오직 한 개의 복제원점만 있는 것인가? 아니면 한 군데 이상에서 DNA 합성이 이루어지는가? 복제 시작점은 무작위적인 것인가, 아니면 특정 지역에 위치하고 있는 것인가? 둘째는, 일단 복제가 시작되면 한쪽 방향으로만 진행되는가 아니면 원점에서 양쪽으로 멀어지게 되는가? 즉, 복제가 **단일방향성**(unidirectional)인가, 아니면 **양방향성**(bidirectional)인가?

이러한 논점을 다루기 위해 우선 두 개의 용어를 도입하고자 한다. 첫째는 염색체상에서 복제가 실제로 발생하는 지점에서는 나선의 가닥들이 풀려져 **복제분기**(replication fork)가 형성된다. 그러한 분기는 처음에는 원점에서 생겨나 복제가 진행됨에 따라 DNA를 따라 이동한다. 만약 복제가 양방향성이라면, 그러한 분기는 2개가 존재할 것이며, 복제원점에서 반대방향으로 멀어지게 될 것이다. 둘째, 하나의 원점에서 한 번의 개시사건에 의해 복제되는 DNA의 길이가 **레플리콘**(replicon)이라는 복제 단위이다. 대장균에서는, 레플리콘이 전체 유전체인 4.2 Mb(420만 bp)로 구성된다.

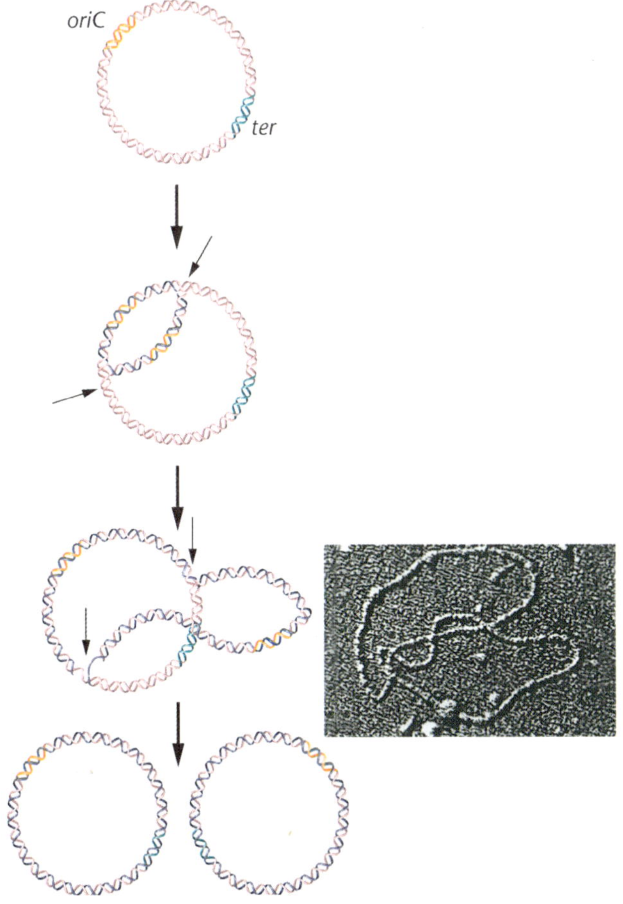

그림 10-6 *E. coli* 염색체의 양방향성 복제. 얇은 검은 화살표는 복제분기점의 진행을 가리킨다. 그림 옆의 전자현미경 사진은 복제가 진행 중인 세균의 염색체를 비교하여 놓은 것이다.

복제원점이나 복제의 방향에 관한 증거는 매우 뚜렷하다. 존 케언즈(John Cairns)는 대장균에서의 복제를 방사성 동위원소와 자기방사법을 사용하여 추적했다. 그는 복제가 오직 한 부위에서 시작됨을 증명했다. 대장균에서 이 부위는 *oriC*라는 특정 부위인데, 염색체상의 위치가 알려져 있다. 원형의 염색체를 한 개만 가지고 있는 박테리오파아지나 세균에서, DNA 합성은 한 지점에서 시작되고 전체 염색체가 하나의 레플리콘을 이룬다.

자기방사법을 이용한 다른 연구자들의 결과는 복제가 양방향성으로 *oriC*에서 양쪽 방향으로 움직임을 증명해 준다(그림 10-6). 이로써 두 개의 복제분기가 만들어지며, 복제가 진행될수록 점점 멀어지게 된다. 이들 분기들은 전체 염색체의 반보존적 복제가 종결 부위인 *ter* 부분에서 완료됨에 따라 결국 합쳐지게 된다.

이 장의 후반부에 각 염색체가 다수의 시작점을 가지는 진핵세포의 복제에 대해서도 알아보기로 하자.

10.2 세균의 DNA 합성에는 다섯 가지 중합효소와 여러 효소들이 관여한다

복제가 반보존적이고 양방향성으로 일어난다는 결론은 DNA 복제의 패턴이나 일단 복제가 완성된 후 각 가닥들의 관계만을 가리키는 것이다. 이제 좀 더 복잡한 문제는 주형가닥에서 일어나는 긴 상보성 폴리뉴클레오티드 사슬들의 실제 합성이 어떻게 일어나는가 하는 것이다. 분자생물학의 대부분의 연구들에서처럼, 이러한 질문도 미생물을 사용하여 처음으로 접근이 이루어졌다. 연구는 메셀슨-스탈 연구들과 거의 같은 시기에 시작되었지만, 이러한 주제는 아직도 활동적인 연구영역으로 남아 있다. 이러한 연구들에서 가장 분명한 것은 DNA의 생물학적인 합성이 엄청난 화학적 복잡성을 가진다는 것이다.

DNA 중합효소 I

DNA 복제의 효소학에 대한 연구들은 아더 콘버어그(Arthur Kornberg)와 그의 동료들에 의해 1957년에 처음 보고되었다. 그들은 대장균으로부터 시험관 체계(cell free system, *in vitro*)에서 DNA 합성을 주도하는 효소들을 분리했다. 분리되어야 할 몇 가지 효소 중 처음 발견되었기 때문에 이 효소는 현재 **DNA 중합효소 I**(DNA polymerase I)이라고 불린다.

콘버어그는 이 효소의 지시로 시험관 내에서 DNA를 합성하기 위해서는 다음과 같은 두 가지가 필요하다고 결정했다: (1) 네 종류의 데옥시리보뉴클레오시드 삼인산(dNTP)과, (2) 주형 DNA. 만약 4종의 데옥시리보뉴클레오시드 삼인산 중 어느 하나라도 반응에서 빠지게 되면, 반응은 일어나지 않는다. 뉴클레오시드 삼인산 대신에 이들 전구체 분자의 유도체(뉴클레오티드나 뉴클레오시드 이인산)가 사용되어도 반응이 일어나지 않는다. 주형 DNA가 없으면 DNA 합성은 발생하지만 급격히 줄어든다.

콘버어그의 효소에 의해 발생하는 이러한 주형 의존적인 합성은 반보존적 복제에 요구되는 바로 그 형태다. 그림 10-7에 반응이 요약되어 있다. 이 효소는 928개의 아미노산을 포함하는 단일 폴리펩티드로 구성되어 있음이 밝혀졌다.

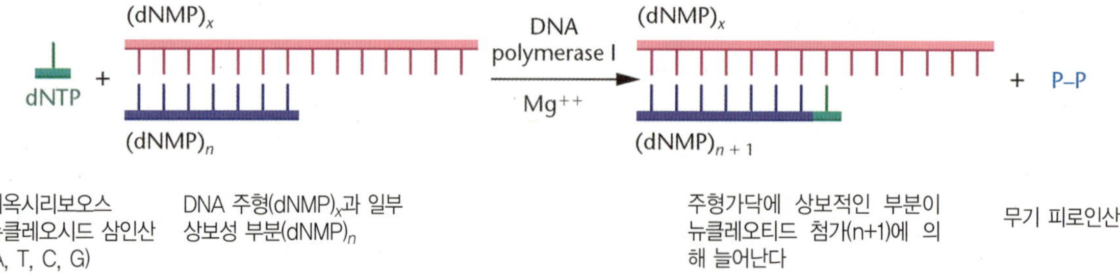

그림 10-7 DNA 중합효소 I에 의해 촉매되는 화학반응. 각 단계에서 하나의 뉴클레오티드가 뉴클레오시드 삼인산을 기질로 이용하여 DNA 주형에 상보적으로 늘어나는 가닥에 첨가된다. 무기 피로인산의 방출로 반응이 쉽게 진행된다.

각 뉴클레오티드가 신장되는 사슬에 첨가되는 방식은 DNA 중합효소 I의 특이성에 기인한 것이다. 그림 10-8에서 보이는 것처럼, 전구체 dNTP는 데옥시리보오스의 5′-탄소에 부착된 3개의 인 그룹을 포함하고 있다. 말단의 두 인산 그룹이 합성과정 중에 떨어져나감에 따라 5′-탄소 쪽에 붙어 있는 남은 인산이 새로 첨가되는 데옥시리보오스의 3′-OH 그룹에 공유결합으로 연결된다. 그러므로 **사슬의 신장**(chain elongation)은 하나의 뉴클레오티드가 신장되는 사슬의 3′-말단에 첨가됨으로써, **5′-에서 3′-방향**으로 일어난다. 각 첨가 단계는 DNA 합성이 진행될 때 다음 뉴클레오티드의 첨가에 참여하게 되는 새로운 3′-OH 그룹을 제공한다.

어떻게 DNA가 합성되는지를 알게 되자, 콘버어그는 이 효소가 얼마나 정확하게 DNA 주형을 복제하는가를 보여주고자 하였다. 주형의 뉴클레오티드 서열과 합성된 산물의 서열이 1957년에는 결정될 수 없었기 때문에 그는 여러 가지 간접적인 방법들에 의존했다.

콘버어그의 접근 중 하나는 DNA 주형의 질소화된 염기조성을 회수된 DNA 산물의 것과 비교하는 것이었다. 표 10.1은 3개의 DNA 주형에 대한 염기조성의 분석을 보여준다. 이들은 각 경우에서 합성된 DNA 산물의 것과 비교될 수 있다. 실험적 오류가 있다고 해도, 각 산물의 염기조성은 실험에 사용된 주형 DNA의 것과 일치한다. 주형과 산물에 대한 다른 형태의 비교와 함께, 이러한 자료들은 주형들이 정확하게 복제됨을 시사하는 것이다.

생물학적으로 활성적인 DNA의 합성

콘버어그의 광범위한 연구에도 불구하고, 모든 연구자들이 DNA 중합효소 I이 세포 내에서(*in vivo*) DNA를 복제하는 효소라는 것을 확신한 것은 아니다. 이들의 의혹은 다음과 같은 관찰들에 기인한 것이다: 시험관 내에서의 합성률이 생체 내에서의 합성률보다 매우 느리며, 이 효소가 이중가닥 DNA보다는 단일가닥 DNA를 복사하는 데 훨씬 효율적이고, 이 효소가 합성(synthesize)뿐 아니라 DNA를 분해하는(degrade), 즉 **엑소뉴클레아제 활성**(exonuclease activity)을 나타낸다.

DNA 중합효소 I의 세포내 기능이 불명확했으므로, 콘버어그는 또 다른 접근을 추구했다. 그는 만약 이 효소가 **생물학적으로 활성인 DNA**(biologically active DNA)를 합성하는 데 사용될 수 있다면, DNA 중합효소 I은 세포 내에서 DNA 합성을 위한 주요

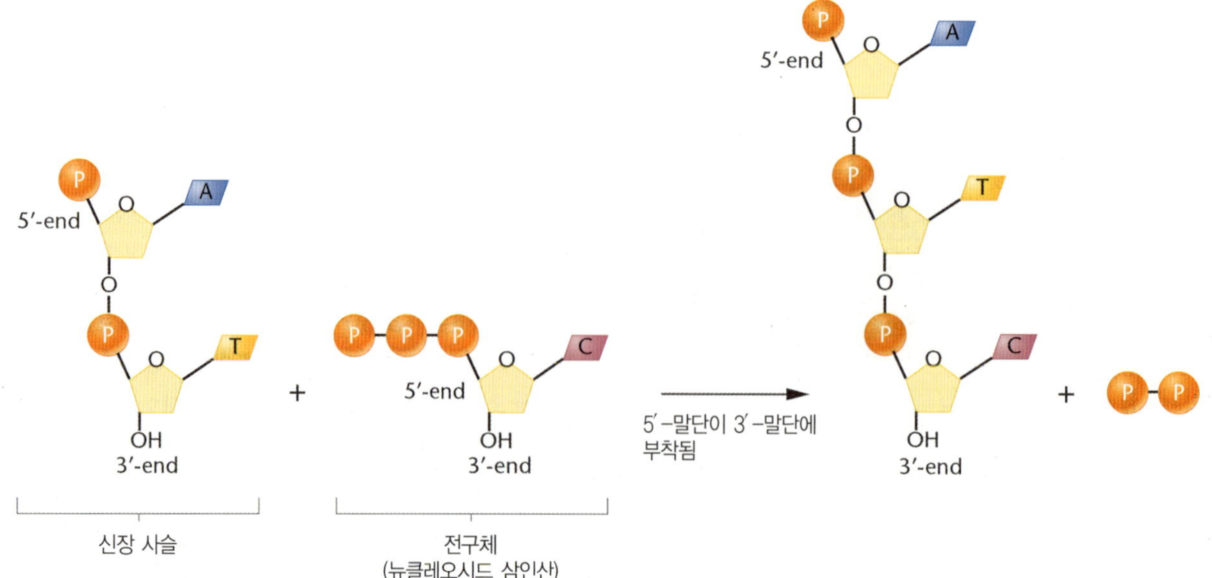

그림 10-8 5′에서 3′ 방향으로 일어나는 DNA의 합성.

표 10.1 콘버어그(Kornberg)의 초기 실험에서 얻어진 복제 산물과 DNA 주형의 염기조성

생물	주형 혹은 산물	%A	%T	%G	%C
T2	주형	32.7	33.0	16.8	17.5
	산물	33.2	32.1	17.2	17.5
E. coli	주형	25.0	24.3	24.5	26.2
	산물	26.1	25.1	24.3	24.5
Calf	주형	28.9	26.7	22.8	21.6
	산물	28.7	27.7	21.8	21.8

출처: Kornberg (1960).

촉매력이 될 것임에 틀림없다고 추정했다. **생물학적으로 활성**이라는 말의 뜻은 합성된 DNA가 대사적 활성을 지지하고 그것이 원래 복제되었던 생물의 증식을 지시한다는 뜻이다.

1967년에, 콘버어그(Kornberg), 메란 골리안(Mehran Goulian), 그리고 로버트 신쉐이머(Robert Sinsheimer) 등은 조그만 **박테리오파아지 ϕX174**의 DNA가 시험관에서 DNA 중합효소 I에 의해 완전히 복사될 수 있으며, 얻어진 산물이 분리되어 *E. coli*를 감염시키는 데 사용될 수 있음을 보여주었다. 합성 DNA의 지시 하에서 성숙한 파아지들의 생산이 이루어진 것으로, 결국 생물학적 활성을 증명할 수 있었던 것이다.

이러한 생물학적 활성의 증명은 정확한 복사의 일면으로도 보일 수 있다. 만약 하나의 실수라도 발생하여 ϕX174 염색체를 구성하는 5386 뉴클레오티드가 변화했다면, 이러한 변화는 돌연변이를 일으켜 살아 있는 파아지들의 생산을 방해하였을 것이기 때문이다.

DNA 중합효소 II, III, IV, 그리고 V

비록 중합효소 I에 의해 합성된 DNA가 생물학적 활성을 나타내긴 했지만, 이 효소의 진짜 생물학적 역할에 대한 좀 더 심각한 의심이 1969년에 제기되었다. 파울라 델루시아(Paula DeLucia)와 존 케언스(John Cairns)가 중합효소 I의 활성이 결여된 *E. coli* 돌연변이주의 발견을 보고했던 것이다. 이 돌연변이는 *polA1*으로 명명되었다. 기능적인 효소의 부재에도 불구하고 이 돌연변이주는 DNA를 복제하고 성공적으로 증식하는 것이었다. 그러나 그 세포들은 DNA 수선 능력이 결여되어 있었다. 예를 들어, 돌연변이주들은 자외선과 방사능에 매우 민감한데, 이 둘 모두 DNA에 손상을 입히고 따라서 돌연변이를 일어나게 하는 것이다. 비돌연변이인 세균 균주는 상당량의 자외선-유도성 손상을 수선할 수 있다.

이러한 관찰은 다음 두 결론을 이끌어 낸다:

1. 생체내 DNA 복제를 책임지는 적어도 하나의 다른 효소가 더 *E. coli*에 존재한다.
2. DNA 중합효소 I은 생체 내에서는 2차적인 기능을 수행할 것이다. 이 기능은 이제 콘버어그나 다른 연구자들이 제시한 DNA 합성의 **정확성**(fidelity)에 결정적이라고 믿어지지만, 이 효소는 실제로 복제 중에 전체 상보가닥을 합성하지는 않는다.

표 10.2 세균의 DNA 중합효소 I, II, 그리고 III의 특징

Properties	I	II	III
사슬 합성의 개시	−	−	−
5′−3′ 중합	+	+	+
3′−5′ 엑소뉴클레아제 활성	+	+	+
5′−3′ 엑소뉴클레아제 활성	+	−	−
세포당 중합효소 분자 수	400	?	15

현재까지 네 개의 다른 독특한 DNA 중합효소들이 중합효소 I의 활성이 결핍된 세포들이나 혹은 정상적으로 중합효소 I을 가지는 세포들로부터 분리되었다. 표 10.2는 DNA 중합효소 I을 비롯하여 **DNA 중합효소 II**와 **DNA 중합효소 III**라고 불리는 두 효소들의 여러 가지 특징을 대조적으로 보여준다. 셋 중 어떤 것도 주형에서 DNA 합성을 **시작**(initiate)하지는 못하는 반면, 이들 모두 **시발자**(primer, **프라이머**)라고 불리는 기존 DNA 가닥의 **신장**(elongate)을 일으킬 수 있다.

DNA 중합효소들은 모두 다 매우 커다란 단백질로, 분자량이 100,000달톤(Da)이 넘는다. 셋 모두 3′에서 5′ 엑소뉴클레아제(exonuclease) 활성을 가지는데, 이는 이들이 한쪽 방향으로 중합을 일으키는 능력과 함께, 중합을 멈추고 방금 첨가된 뉴클레오티드를 잘라낼 수 있다는 뜻이다. 이 장의 후반에 논의되어 있듯이, 이러한 활성은 효소들이 새로 합성한 DNA를 교정하고 맞지 않는 뉴클레오티드를 제거하여 대체할 수 있도록 한다.

DNA 중합효소 I은 또한 5′에서 3′ 엑소뉴클레아제 활성도 가진다. 따라서 이 효소는 합성이 시작되었던 말단 부위에서 뉴클레오티드를 잘라낼 수 있고, 합성 방향으로 진행하여 RNA 시발자를 제거할 수 있다. 두 가지 마지막 관찰이 아마도 왜 콘버어그가 중합효소 III가 아니라 중합효소 I을 분리했는지를 설명할 수 있을 것이다: 중합효소 I은 중합효소 III보다 다량으로 존재하며, 훨씬 안정하다.

그렇다면 과연 세 중합효소의 생체내 역할은 무엇인가? 중합효소 III는 생체내 합성에 필수적인 5′에서 3′ 방향으로의 중합을 책임지는 효소다. 그것의 3′에서 5′ 방향의 엑소뉴클레아제 활성은 부정확한 뉴클레오티드가 삽입되었을 때 활성화되는 교정기능을 제공한다. 이런 일이 발생하면, 합성은 잠시 멈추고 중합효소가 "역과정"으로 잘못 들어간 뉴클레오티드를 잘라낸다. 그리고 다시 5′에서 3′ 방향으로의 합성이 진행되어 주형가닥에 상보적인 가닥을 합성한다. 중합효소 I은 시발자를 제거하고 공백(gap)을 채우는 합성을 맡고 있는 것으로 생각된다. 이것의 엑소뉴클레아제 활성은 DNA 수리과정에도 참여할 수 있도록 한다. 중합효소 II는 **중합효소 IV와 V**(polymerase IV and V)와 마찬가지로, 자외선 같은 외부 힘에 의해 손상된 DNA를 수선하는 데 관여하는 것으로 보인다. 중합효소 II는 복제분기에서 DNA 합성이 중단되면 활성화되는 유전자에 의해 암호화된다.

표 10.3 DNA 중합효소 III의 전효소(holoenzyme)내 소단위들

소단위	기능	그룹들
α	5′-3′ 중합	핵심효소:
ε	3′-5′ 엑소뉴클레아제	폴리뉴클레오티드 사슬
θ	핵심효소 조립	신장 및 교정
γ, δ, δ′, χ, ψ	주형 위로 효소 올리기 (죔쇠 선적자로 작용)	γ 복합체
β	이동 죔쇠 구조 (진행성 요소)	
τ	핵심효소를 이합체로 결합	

우리는 이제 이 절을 DNA 중합효소 III 분자의 복잡성을 강조하면서 마치고자 한다. 활성적인 형태, 즉 **전효소**(holoenzyme)라고 불리는 상태일 때, 이 분자는 10가지의 독립적인 폴리펩티드 소단위(subunit)(표 10.3)들이 두 세트가 모여서 형성된 것으로, 분자량이 900,000 Da이 넘는다. 가장 큰 소단위인 α는 분자량이 140,000 Da으로 소단위 ε 및 θ와 함께 전효소의 중합활성을 책임지는 핵심효소(core enzyme)를 구성한다. α 소단위는 주형가닥 위에서의 뉴클레오티드의 중합을 맡고 있는 반면, ε 소단위는 3′에서 5′ 방향의 엑소뉴클레아제 활성을 보유하고 있다.

다섯 개의 소단위(γ, δ, δ′, χ, 그리고 ψ)로 이루어진 두 번째 그룹은 소위 γ 복합체를 형성하는데, 이들은 복제분기에서 효소를 주형 위로 "싣는다(loading)." 이러한 효소기능은 에너지를 요구하며 ATP 가수분해에 의존적이다. β 소단위는 핵심효소가 중합 과정 중에 떨어지는 것을 방지하는 "죔쇠(clamp)"로 기능한다. 마지막으로, τ 소단위는 복제분기점에서 두 개의 핵심효소를 이합체로 붙들어두는(dimerize) 역할을 함으로써 두 가닥의 합성이 동시에 일어나도록 한다. 전효소와 그 밖의 여러 단백질이 복제분기에서 거의 리보솜만큼 커다란 복합체를 형성하는데 이것은 **레플리좀**(replisome)이라고 알려져 있다. 이 장의 뒷부분에서 DNA 중합효소 III의 기능에 대해 좀 더 자세히 알아보도록 하자.

10.3 DNA 합성 중에는 다양하고 복잡한 문제들이 해결되어야 한다

우리는 지금까지 복제가 반보존적이며, 세균과 많은 바이러스에서 하나의 레플리콘을 따라 양방향으로 일어난다는 것을 알아보았다. 그리고 합성은 DNA 중합효소 III의 지시에 의해 5′-3′ 방식으로 일어나 두 개의 복제분기를 만든다는 것도 알게 되었다. 이들 복제분기는 복제원점에서 반대방향으로 멀어진다. 아래 제시된 점들을 보다시피, DNA 합성을 포괄적으로 이해하기 위해서는 많은 문제점들이 풀려야만 한다:

1. 처음에 나선을 풀고 이것을 "열린(open)" 상태로 유지시켜 두 가닥을 따라 합성이 진행될 수 있도록 하는 기작이 존재해야만 한다.
2. DNA가 풀리고 연이어 합성이 진행됨에 따라 증가된 감김 현상이 나선의 아래쪽에 장력을 형성하게 되므로 이것을 감소시켜야만 한다.
3. 어떤 종류든 시발자가 합성되어야 DNA 중합효소 III가 중합을 개시할 수 있다. 놀랍게도 DNA가 아니라 RNA가 이러한 시발자로 작용한다.
4. 일단 RNA 시발자들이 합성되면, DNA 중합효소 III는 모 가닥 분자들에 상보적인 두 가닥의 합성을 개시한다. 이들 가닥들이 역평행하기 때문에, 복제분기가 움직이는 방향에서

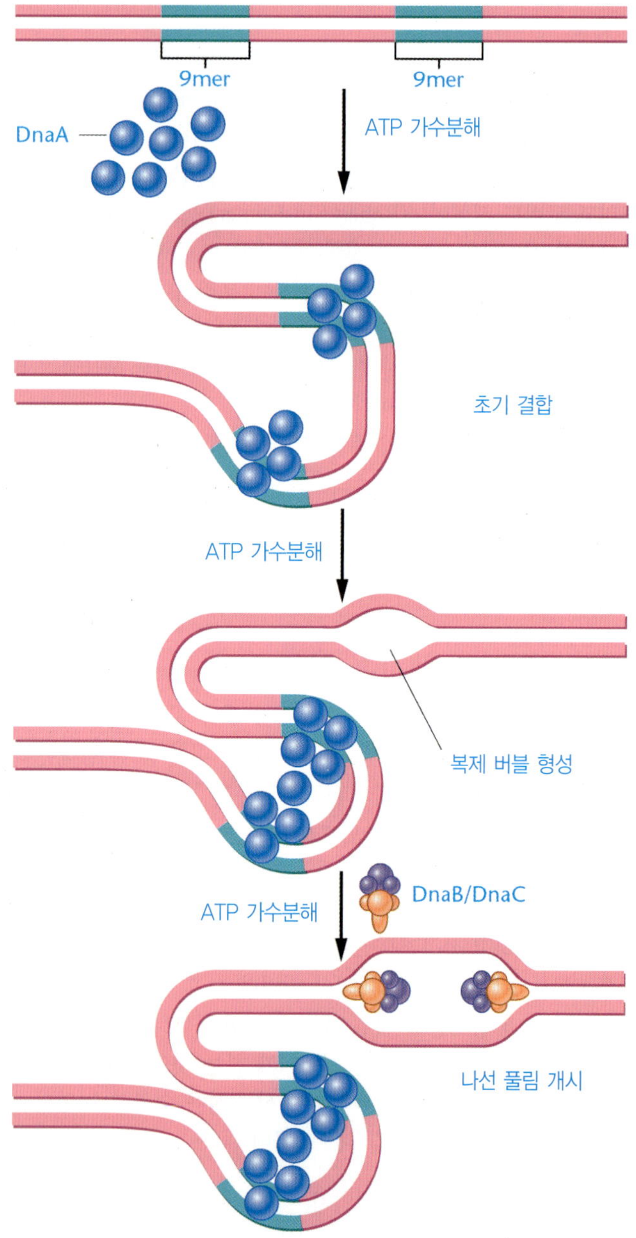

그림 10-9 DnaA, DnaB, DnaC 단백질의 작용으로 일어나는 나선의 풀림. 초기에는 9mer라고 불리는 9개의 뉴클레오티드가 반복된 서열을 포함하는 DNA 부위에 DnaA 단위체들 다수가 결합한다. 그림에 포함되지 않았지만 13mers 역시 관여된다.

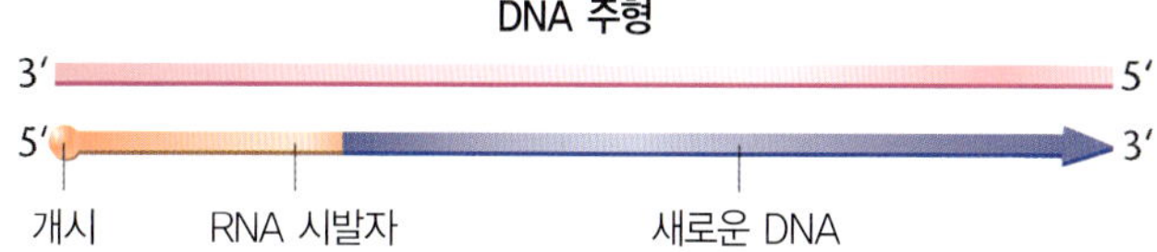

그림 10-10 DNA 합성의 개시. 상보적인 RNA 시발자가 제일 처음 합성되면, 이곳에 DNA가 첨가된다. 모든 합성은 5′에서 3′ 방향으로 일어난다. 나중에 RNA 시발자는 DNA 중합효소 I의 작용에 의해 DNA로 대체된다.

연속적인 합성이 일어나는 것은 한쪽 가닥을 따라서만 가능하다. 한편, 맞은편 가닥에서는 반대쪽으로 불연속적인 합성이 일어나게 된다.

5. RNA 시발자들은 복제가 끝나기 전에 제거되어야만 한다. 이때 생긴 공백들은 그 위치의 주형에 상보적인 DNA로 채워져야 한다.
6. 각 공백들을 채운 새로 합성된 DNA 가닥들은 인접한 DNA 가닥과 연결되어야만 한다.
7. DNA중합효소가 복제시에 정확하게 상보성 염기들을 삽입하는 동안은 이 작업이 완벽하지 않으며, 따라서 가끔 부적당한 염기가 신장 중인 가닥에 첨가된다. 실수를 바로잡는 DNA 합성과정 중에서의 교정기능은 매우 중요하다.

이러한 점들을 고려하면서, 그림 10-9, 10-10, 10-11과 10-12를 잘 보고 어떻게 이러한 문제들이 풀려지는지 보라. 그림 10-13은 DNA 합성의 모형을 요약한 것이다.

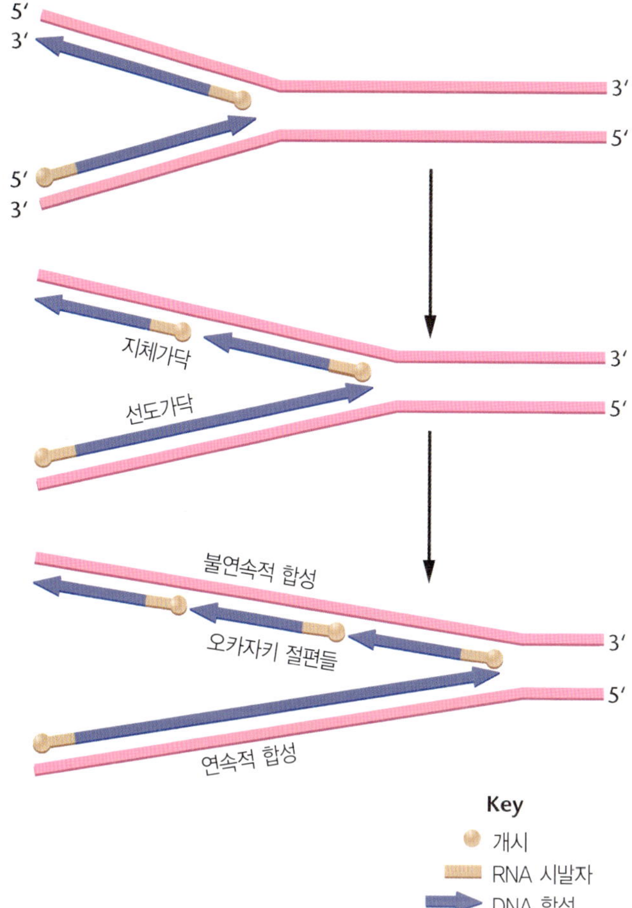

그림 10-11 두 가닥을 따라 일어나는 DNA 합성의 역방향성. DNA의 두 가닥이 서로 반대 방향으로 놓여져 있고 DNA 중합효소 III는 오직 한쪽 방향(5′에서 3′ 방향)으로만 작용하기 때문에 이것은 필수적인 현상이다. 지체가닥(lagging strand)의 합성은 불연속적이므로 오카자키 절편(Okazaki fragment)들을 만든다. 선도가닥(leading strand)에서의 합성은 연속적이다. RNA 시발자들은 양쪽가닥 모두에서 합성을 개시하도록 해준다.

DNA 나선의 풀림

이미 논의한 것처럼, DNA 합성은 대부분의 세균과 바이러스에서 환형 염색체를 따라 한 지점에서 시작된다. *E. coli* 염색체의 이러한 부분은 특별히 잘 연구되어 있다. ***oriC***라고 불리는 이 부분은 245 염기쌍으로 구성되며, 9개와 13개의 염기쌍들이 반복되는 것(**9mers**와 **13mers**)이 특징이다. 그림 10-9에서처럼, 한 가지 특수한 단백질(유전자 dnaA에서 암호화되기 때문에 **DnaA**라고 불린다)이 나선의 풀림을 개시한다. DnaA 단백질의 많은 소단위체들이 여러 개의 9mer들 각각에 결합한다. 이러한 과정은 **DnaB**와 **DnaC** 단백질들이 연이어 결합하여 나선이 열린 채로 유지될 수 있도록 촉진하는 데 필수적이다. 이들과 같은 단백질은 수소결합을 끊고 이중나선을 변성시키기 위해 ATP 가수분해에 의해 정상적으로 공급되는 에너지를 요구한다. 이러한 단백질들을 **헬리카아제**(helicase)라고 부른다. **단일가닥 결합 단백질**(single strand binding protein, SSBP)이라고 불리는 다른 단백질들은 열린 형태를 안정화시킨다.

풀림이 진행됨에 따라, 감김에 의한 장력이 복제분기점 앞에 생기게 되어 종종 **초나선**(supercoiling)을 형성한다. 환형 분자에서는, 초나선은 DNA에 꼬임이나 회전이 더해진 상태로 나타나

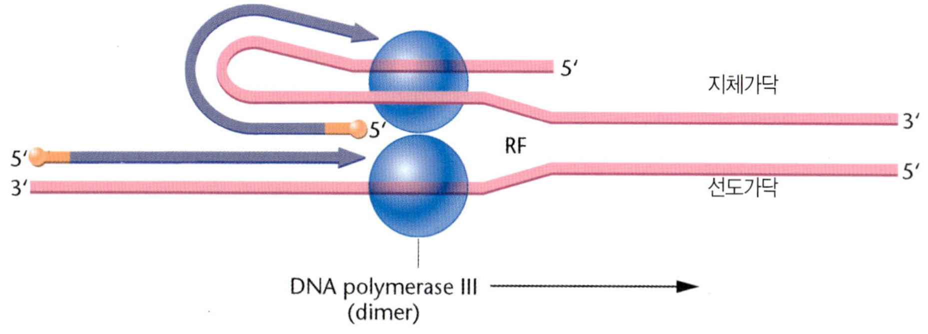

그림 10-12 한 복제분기점(RF)의 양쪽 가닥(선도가닥과 지체가닥)에서 어떻게 동시적인 DNA 합성이 이루어질 수 있는지를 나타낸 그림. 지체가닥은 합성의 물리적인 방향을 역전시키기 위해서(생화학적인 합성 방향은 바뀌지 않는다) 고리를 형성한다. 효소는 이합체로 작용하며 각각의 핵심효소들은 각 가닥들상에서 합성을 진행시킨다.

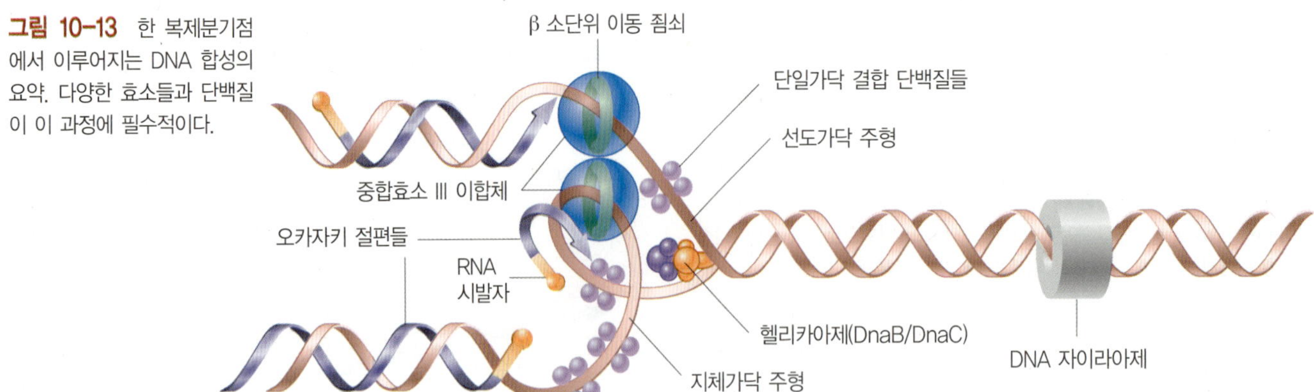

그림 10-13 한 복제분기점에서 이루어지는 DNA 합성의 요약. 다양한 효소들과 단백질이 이 과정에 필수적이다.

는 데, 마치 꼬인 고무줄을 바깥쪽으로 밀면 다른 쪽이 꼬이는 것과 같은 모양이다. 이러한 초나선은 **DNA 자이라아제**(gyrase)에 의해 풀려질 수 있는데, 이 효소는 **DNA 토포아이소머라아제**(topoisomerase)라고 알려진 커다란 효소그룹의 한 구성원이다. 자이라아제는 단일가닥이나 이중가닥을 자르고 초나선 형성 때문에 생긴 꼬임이나 매듭을 풀어주도록 국부적인 이동을 매개하는 효소다. 이로 인해 가닥들이 느슨해진다. 이러한 다양한 반응들은 ATP 가수분해 과정에서 방출되는 에너지에 의해 진행된다.

DNA, 중합효소 복합체, 그리고 연관된 효소들이 모두 함께 DNA 합성에 참여하는 일련의 분자들을 구성하며, 앞서 **레플리좀**(replisome)이라고 불렀던 복제복합체의 일부이다.

RNA 시발자를 이용한 DNA 합성의 개시

일단, 나선의 일부분이 풀리게 되면, 합성이 시작된다. 지금까지 보았던 것처럼, DNA 중합효소 III는 폴리뉴클레오티드 사슬의 신장을 위해서 노출된 3′-말단을 가지는 시발자를 요구한다. 환형 염색체에서는 노출된 3′-말단이 없기 때문에, 연구자들로 하여금 어떻게 첫 뉴클레오티드가 첨가될 수 있는지에 대한 조사를 하도록 촉진했다. RNA는 DNA 합성을 개시할 수 있는 시발자라는 것이 지금은 확실하다.

DNA에 상보적인 짧은 RNA 단편(약 10~12 뉴클레오티드 길이의)이 DNA 주형 위에 처음으로 합성된다. RNA의 합성은 **프리마아제**(primase)라는 RNA 중합효소에 의해 지시된다. 프리마아제는 합성을 개시하기 위해 노출된 3′-말단을 요구하지 않는다. 이 짧은 RNA 단편에 DNA 중합효소 III가 데옥시뉴클레오티드들을 첨가하여 DNA 합성을 시작한다. 그림 10-10은 어떻게 DNA 주형 위에서 합성이 시작되는지를 보여준다. 나중에 RNA 시발자는 잘려져 나가고 DNA로 대체되어야 한다. 이는 DNA 중합효소 I의 지시 하에서 발생한다. 바이러스, 세균, 그리고 여러 진핵생물에서 RNA 시발 현상(RNA priming)이 DNA 합성을 개시하는 과정에서의 공통적인 현상임이 알려졌다.

연속적인 DNA 합성과 불연속적인 DNA 합성

이제는 이중나선의 두 가닥이 서로 **역평행**(antiparallel)하다는 사실을 다시 생각해 보아야만 한다. 즉, 한 가닥은 5′-3′ 방향으로 놓이는 반면, 또 다른 가닥은 반대방향인 3′-5′ 방향으로 놓인다. DNA 중합효소 III는 DNA를 5′-3′ 방향으로만 합성하기 때문에 복제분기의 진행에 따른 합성에 있어서, 한쪽 가닥에서 합성되는 방향과 맞은편 가닥에서 합성되는 방향이 서로 반대다.

결과적으로, 가닥들이 풀리고 복제분기가 나선의 아래로 진행될 때(그림 10-11), 한쪽 가닥만 **연속적인 DNA 합성**(continuous DNA synthesis)을 위한 주형으로 작용할 수 있다. 이러한 가닥을 **선도 DNA 가닥**(leading DNA strand)이라고 부른다. 복제분기가 진행될 때 맞은편 가닥, 혹은 **지체 DNA 가닥**(lagging DNA strand)* 에서는 수많은 개시지점이 필요하게 되며 결과적으로 **불연속적인 DNA 합성**(discontinuous DNA synthesis)이 일어난다. DNA 합성이 불연속적이라는 것을 지지하는 증거는 레이지 오카자키(Reiji Okazaki)와 투네코 오카자키(Tuneko Okazaki) 및 그 동료들에 의해 처음 제공되었다. 이들은 박테리오파아지 DNA가 *E. coli*에서 복제될 때, 주형가닥에 수소결합된 새로 생긴 DNA 일부가 1000~2000 뉴클레오티드를 포함하는 작은 단편으로 존재함을 발견하였다. RNA 시발자들이 이러한 단편들의 일부로 존재한다. 이들 조각은 **오카자키 절편**(Okazaki fragment)들이라고 부르며 합성이 진행됨에 따라 더 큰 분자량을 가지는 점점 긴 DNA 가닥으로 변환된다.

DNA의 불연속적 합성은 RNA 시발자를 없애는 효소와 오카자키 절편들을 연속적인 지체가닥(lagging strand)으로 붙여주는 효소들을 필요로 한다. 이미 지적된 바와 같이 DNA 중합효소 I이 시발자를 제거하고 빠진 뉴클레오티드들을 대체해 준다. 단편들의 연합은 **DNA 리가아제**(DNA ligase)의 작용으로 보이는데, 이것은 불연속적으로 합성된 가닥들 사이의 틈을 채우는 인산이에스테르 결합을 촉매한다. DNA 리가아제가 DNA 합성과정 중에 이러한 기능을 수행한다는 증거는 리가아제가 결핍된 *E. coli* 돌연변이주(*lig*)에서 많은 수의 연합되지 않은 오카자키 절편들이 축적되는 것을 관찰함으로써 더욱 강화되었다.

* DNA 합성이 한쪽 가닥에서는 연속적으로, 다른 한쪽 가닥에서는 불연속적으로 합성되기 때문에, 전체 과정을 설명하는 데 때때로 **반불연속적 합성**(semidiscontinuous synthesis)이라는 용어가 사용되기도 한다.

선도가닥과 지체가닥에서의 동시 합성

방금까지 논의된 모형을 보면, 어떻게 DNA 중합효소 III가 선도가닥과 지체가닥 위에서 DNA를 합성하는지 질문이 나올 수도 있겠다. 두 가닥이 모두 동시에 같은 복제분기에서 합성될 수 있는가? 혹은 두 가지 다른 효소들이 관여하는 독립된 사건일까? 증거에 따르면, 두 가닥은 동시에 합성된다. 그림 10-12에서 보여주는 바와 같이, 지체가닥이 고리를 형성하면, 뉴클레오티드 중합이 두 주형가닥 위에서 효소 이합체의 지시 하에 일어난다. 1,000~2,000 염기쌍이 합성되고 나면, 지체가닥 위의 효소 단량체는 완성된 오카자키 절편을 만나게 되고, 이 지점에서 지체가닥을 놓아준다. 지체 주형가닥에 다시 새로운 고리가 형성되고 이 과정이 반복된다. 고리의 형성은 주형의 방향을 바꾸어주지만, 지체서열상의 실제 합성의 방향은 바뀌지 않고 늘 5′-3′ 방향이다.

복제분기에서 합성을 촉진하는 전효소의 또 하나 중요한 특징은 β 소단위 이합체인데, 이들은 새로 합성된 DNA 중복체 주위에 죔쇠 모양(clamplike)의 구조를 형성한다. 이 β 소단위로 이루어진 죔쇠 구조는 **핵심효소**(core enzyme)(α, ε, 그리고 θ 소단위들로 뉴클레오티드 첨가를 촉매하는 역할을 한다)가 중합과정이 진행될 때 주형가닥으로부터 떨어지는 것을 방지해 준다. 복제분기의 진행과 함께 전효소가 주형 이중체를 따라 이동하기 때문에 β 소단위 이합체는 종종 이동 죔쇠(sliding clamp)라고 불린다.

이 문제를 풀어보자

253페이지의 28번 문제에서는, 가상적 생물에서의 DNA 합성과 관계된 것으로, 여기서는 오카자키 절편이 관찰되지 않았으며 하나의 텔로미어 문제가 존재했다. 여러분은 이러한 두 특징과 부합하는 DNA 모형을 제시하여야 한다.

힌트: 이러한 관찰은 DNA 합성이 두 가닥 양쪽에서 연속적으로 일어난다는 것을 제시해 준다.

DNA 복제 중의 교정과 오류 수정

DNA 복제의 토대는 각 뉴클레오티드 위치에서 주형가닥에 정확하게 상보적인 새로운 가닥을 합성하는 것이라고 볼 수 있다. DNA 중합효소의 활동이 매우 정확하게 이루어진다고 해도, 합성이 완벽할 수는 없으며 따라서 비상보성인 뉴클레오티드가 잘못 끼어들어갈 수 있다. 그러한 부정확성을 보상하기 위해 DNA 중합효소 모두 3′-5′ 엑소뉴클레아제 활성을 가지고 있으며, 이로 인해 잘못 맞춰진 뉴클레오티드를 발견하고 잘라낼 수 있다(3′-5′ 방향으로). 일단 잘못 맞춰진 뉴클레오티드가 제거되면 5′-3′ 합성이 다시 진행된다. 이러한 과정을 **교정**(proofreading)이라고 하고, 합성의 정확성이 증가하게 된다. DNA 중합효소 III의 전효소 형태에는 엡실론(ε) 소단위가 이 교정 단계에 직접 관여한다. ε 소단위가 기능하지 않게 만들어진 *E. coli* 돌연변이 균주에서는 DNA 합성과정에서의 오류율(돌연변이율)이 눈에 띄게 증가한다.

10.4 통일된 모형들로 DNA 합성을 요약할 수 있다

이제는 하나의 복제분기에서 발생하는 DNA 복제의 여러 측면을 종합하여 그림 10-13에서 보이는 것과 같은 모형으로 만들어 볼 수 있겠다. 분기가 진행하는 쪽에서는 헬리카아제(helicase)가 이중나선을 풀어준다. 일단 나선이 풀리면, 단일가닥 결합 단백질(SSBP)들이 DNA 가닥에 결합하여 나선이 다시 형성되는 것을 막아준다. 복제분기에 앞서 DNA 자이라아제(DNA gyrase)가 나선이 더욱 꼬여서 생기는 장력을 감소시켜 준다. 이합체 중합효소의 각 반쪽은 하나의 β-소단위 이동 죔쇠에 의해 한 가닥씩의 주형가닥에 결합되어 있는 핵심효소다. 선도가닥상에서는 지속적인 합성이 일어나는 반면, 지체가닥은 "휘어져(loop)" 양쪽 가닥에서 동시에 합성이 일어나도록 한다. 그림에는 보이지 않지만, 지체가닥상에서의 합성에 필수적인 것은 중합효소 I과 DNA리가아제의 역할로 이들은 RNA 시발자를 DNA로 바꾸어주고 오카자키 단편들을 연결시킨다.

DNA 합성에 대한 연구는 매우 활발한 연구 분야이므로, 이 모형도 미래에는 더 확장될 것이 틀림없다. 동시에, 이것은 우리가 DNA 합성에 기초하여 유전적 현상을 해석할 수 있도록 하는 개요를 제공한다.

10.5 복제는 다양한 유전자들에 의해 조절된다

바이러스나 세균에서의 DNA 합성에 대해 우리가 알고 있는 많은 것들은, 그 과정들에 대한 유전적 분석에 기초하고 있다. 예를 들어, *polA1* 돌연변이가 관계된 연구를 이미 살펴보았었다. 이 돌연변이는 DNA 중합효소 I이 복제를 책임지는 주요 효소가 아니라는 것을 보여주었다. 리가아제 결핍 혹은 교정기능이 결핍된 돌연변이와 같이 복제의 몇몇 측면이 심각하게 망가지는 다른 여러 돌

표 10.4 다양한 *E. coli* 돌연변이 유전자들과 복제에 있어서의 이들의 역할

유전자	산물이나 역할
polA	DNA 중합효소 I
polB	DNA 중합효소 II
dnaE, N, Q, X, Z	DNA 중합효소 III 소단위들
dnaG	프리마아제
dnaA, I, P	개시
dnaB, C	*oriC*에서의 헬리카아제
gyrA, B	자이라아제 소단위들
lig	DNA 리가아제
rep	DNA 헬리카아제
ssb	단일가닥 결합 단백질들
rpoB	RNA 중합효소 소단위

연변이들이 이미 언급되었다. 유전적 분석은 종종 **조건적 돌연변이**(conditional mutation)들을 이용하는데, 이들은 어떤 조건에서는 발현되지만, 다른 조건에서는 발현되지 않는 것을 말한다. 예를 들어, **온도 감수성 돌연변이**(temperature sensitive mutation)는 특정 허용온도(permissive temperature)에서는 발현되지 않는다. 돌연변이 세포들이 제한온도(non-permissive, 또는 restrictive temperature)에서 자라게 되면, 돌연변이가 발현된다. 그러한 온도 감수성 돌연변이들을 조사하는 것은 정상적인, 비돌연변이 유전자와, 그 산물들과 연관된 기능들에 대한 통찰을 제공해 줄 수 있다.

표 10.4에서 보는 바와 같이, *E. coli*의 다양한 유전자들이 DNA 중합효소의 소단위들을 지정하고, 합성 원점의 특수화, 나선풀림과 안정화, 시발자 개시, 초나선의 완화, 수리, 그리고 결합 등에 관여하는 산물들을 만들어 낸다. 저렇게 커다란 집단을 이루는 유전자들의 발견은 비록 단순한 원핵생물에서조차도 복제의 과정이 얼마나 복잡한지를 보여주는 것이다. 매우 짧은 시간에 틀리지 않고 복제되어야 하는 거대한 양의 DNA를 생각한다면, 이 정도의 복잡성은 충분히 예상할 수 있다. 다음에서 볼 수 있듯이, 진핵생물에서는 더 많은 과정들이 관여하며, 따라서 조사하기가 더 어렵다.

이 문제를 풀어보자

253페이지의 21번 문제는 *E. coli*의 몇 가지 온도 감수성 돌연변이들에 관한 것이다. 여러분은 결과의 표현형에 기초하여 변화된 유전자들의 활동이 무엇이었는지 해석하여야 한다.

힌트: 각 돌연변이는 DNA 합성에 필수적인 여러 단계 중 하나를 망가뜨렸다. 각 경우에서, 돌연변이 표현형은 영향을 받은 효소나 기능에 대한 단서를 제공한다.

10.6 진핵생물의 DNA 합성은 원핵생물의 것과 유사하지만 조금 더 복잡하다

여러 연구가 진핵생물의 DNA 복제도 세균의 것과 비슷한 방식으로 이루어짐을 보여주었다. 두 시스템에서, 이중나선 DNA가 복제원점에서 풀리고, 두 복제분기가 생기며, DNA 중합효소의 지시에 따라 선도가닥과 지체가닥에서 DNA가 양방향으로 합성된다. 진핵생물의 중합효소들은 세균 시스템에서 DNA 합성에 작용하는 것과 같은 기본적인 요구사항을 가진다: 4종의 데옥시리보뉴클레오시드 삼인산, 주형, 시발자 등. 그러나 진핵세포들은 세포당 훨씬 많은 DNA를 가지고 있으며, 이들 DNA가 단백질과 복잡하게 얽혀 있으므로, 진핵생물들은 세균에서는 없는 여러 가지 문제점에 봉착한다. 예상할 수 있듯이, 이러한 복잡한 문제들은 진핵세포에서의 DNA 합성과정을 훨씬 더 복잡하게 만들며, 연구하기도 어렵게 한다. 그러나 이 과정들에 대해 지금은 많은 것들이 알려져 있다.

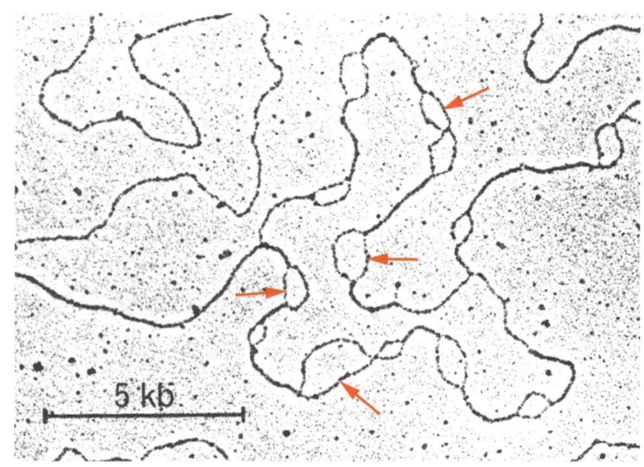

그림 10-14 진핵세포의 염색체를 따라 존재하는 다수의 복제 원점들. 각 복제원점들은 염색체의 축을 따라 형성되어 있는 뚜렷한 복제 버블(replication bubble)들로 확인할 수 있다.

다중 복제원점

진핵생물과 원핵생물의 DNA 복제에 있어 가장 뚜렷한 차이점은 진핵세포의 염색체들이 다중의 복제원점을 가진다는 것인데, 이는 *E. coli* 염색체의 일부인 단일 복제원점과 대조적인 것이다. 다중 복제원점들은 전자현미경 하에서 나선이 열릴 때 형성되는 "복제 버블(replication bubble)"로 뚜렷이 보이며(그림 10-14) 각각은 2개의 복제분기가 될 것이다. 이들은 전형적인 진핵세포들의 전체 유전체가 적당한 시간 내에 모두 복제되도록 하는 데 필수적이다. (1) 진핵세포들은 세균보다 훨씬 많은 양의 DNA를 가지며(예를 들어, 효모는 *E.coli*보다 3배, 초파리는 40배나 많은 DNA를 포함한다); (2) 진핵세포의 DNA 중합효소에 의한 합성률은 훨씬 늦어서 분당 2000 뉴클레오티드 정도로 세균효소에 비해 25배나 늦다는 것을 상기하라. 이러한 조건 하에서 만약 단일 복제원점으로 전형적인 진핵세포의 유전체를 복제한다고 하면, 완성하는데 며칠은 걸릴 것이다! 그러나 복제는 몇몇 진핵생물들에서 수시간 정도 안에 완성된다.

다중원점에 대한 분자적 성격과 이들 부위에서의 DNA 합성의 개시에 관한 많은 통찰들이 알려져 있다. 대부분의 정보가 원래 효모(*Saccharomyces cerevisiae*)의 연구로부터 얻어진 것인데, 효모는 250~400 사이의 레플리콘을 가진다; 포유동물의 세포들에 대한 연구들은 이들 세포들이 25,000개나 되는 레플리콘들을 가진다고 한다. 효모에서의 복제원점들이 분리되었으며 **자동성 복제서열**(autonomously replicating sequence, ARS)이라고 불린다. 이들은 11염기쌍 단위로 구성되며 효과적인 개시에 관여하는 짧은 서열들이 양측에 위치한다. 2장에서 살펴본 것처럼, DNA 합성은 진핵세포 분열주기의 S기에만 일어난다. 여러 연구는 이들 여러 복제원점이 한꺼번에 활성화되는 것은 아님을 보여준다; 대신 인접한 20~80개의 묶음의 레플리콘들이 모든 DNA가 복제될 때까지 S기를 거쳐 순차적으로 활성화된다.

어떻게 중합효소가 그 많은 DNA에서 ARS 서열을 발견할 수 있는가 하는 분명한 '인식'의 문제가 있다. 해답에는 S기 이전에 개시되는 기구들이 포함되는데, 여기서는 모든 ARS 서열들이 일단의 단백질들(효모에서는 6개)과 결합되어 있다; 이러한 기구들은 DNA 중합효소가 결합하는 **원점 인식복합체**(origin recognition complex, ORC)를 형성한다. 효모에서 ARS 서열이나 인식복합체를 암호화하는 유전자 중 어떤 것이라도 돌연변이가 일어나면 DNA 합성이 방해를 받는다. 이들 인식복합체가 G1기에 형성되지만 이들 부위에서의 합성은 S기까지 시작되지 않으므로, 실제 개시 신호에 관여하는 다른 단백질들이 존재할 것이다. 이들 단백질 중 가장 중요한 것들이 특수한 인산화효소들(키나아제, kinase)로서, 세포주기 조절의 전 부분에 관여한다. ORC와의 결합이 일어나면 전-복제복합체(pre-replication complex)가 형성되어 DNA 중합효소에 결합할 수 있게 된다. 이들 키나아제가 활성화 된 후에, 완전한 개시복합체가 형성되고, 국부적인 DNA 풀림과 DNA 합성이 시작된다. 일단 DNA 합성이 하나의 레플리콘에서 완료되기까지는 활성화 단계가 새로운 전-복제복합체의 형성을 억제한다. 이것은 매우 중요한 기작인데, 복제가 완료된 DNA 부분들과 복제되지 않은 DNA를 구별하여 정렬되고 효과적인 복제를 유지할 수 있게 하기 때문이다. 각 세포주기 동안에 DNA의 각 가닥은 오직 한 번만 복제를 일으킬 수 있도록 한다.

진핵생물의 DNA 중합효소

진핵세포의 복제에서 가장 복잡한 것이 DNA 합성지시에 관여하는 일련의 중합효소들이다. 총 6가지의 시로 다른 형태의 효소들이 분리되어 연구되었다. 중합효소들이 DNA에 접근하기 위해서는 나선의 모양새가 먼저 변해야만 한다. 각 원점부위에서 복제가 시작됨에 따라, 이중나선들이 AT가 많은 부위에서 열린다. 이로써 헬리카아제(helicase) 효소가 들어와 이중나선 DNA를 더 잘 풀 수 있도록 한다. 중합효소들이 합성을 시작하기 전에는, DNA와 복합체를 이루고 있는 히스톤 단백질(11장에 논의된 바와 같이, 이들이 크로마틴의 특징적인 뉴클레오좀을 형성한다)들이 벗겨져 나가거나 혹은 변형되어야만 한다. 그리고 DNA 합성이 진행됨에 따라서 히스톤들은 새로 형성된 이중가닥들에 연합하여 특징적인 뉴클레오좀 패턴을 다시 확립시키게 된다(그림 10-15). 진핵생물에서는, 새로운 히스톤 단백질의 합성이 세포주기의 S기 중에 일어나는 DNA 합성과 밀접하게 연관되어 있다.

표 10.5에 6개의 중합효소 이름과 특징들이 요약되어 있다. 이들 중에서 3개(Pol α, Pol δ, Pol ε)가 진핵세포의 핵내 DNA를 복제하는 데 필수적인 것으로 생각된다. 나머지 둘(Pol β와 Pol ζ)은 DNA 수리에 관여하는 것으로 보인다(그리고 또 다른 수리 형태들이 발견되었다). 6번째 형태(Pol γ)는 미토콘드리아 DNA의 합성에 관여한다. 비록 핵 유전자에서 암호화되긴 하지만 이것의 복제기능은 아마도, 이 소기관 내에 한정적인 것 같다. 이들 6가지 형태 중 하나(β형)를 뺀 나머지 모두가 여러 개의 소단위로 구성된다. 서로 다른 소단위는 복제 중에 서로 다른 기능을 수행한다.

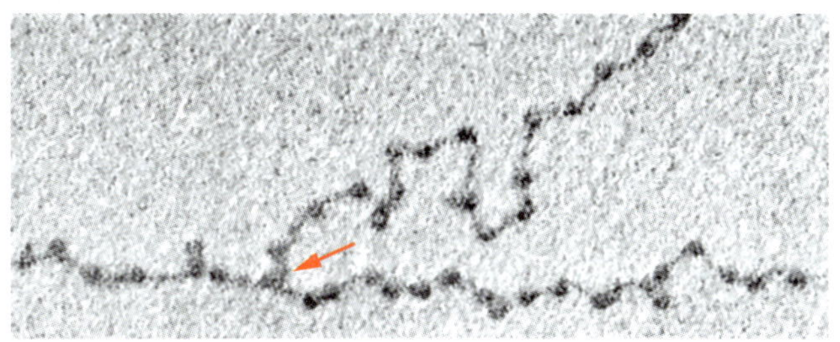

그림 10-15 진핵세포의 복제분기점을 전자현미경 사진으로 촬영한 것. 양쪽 가닥에서 히스톤 단백질을 포함하는 뉴클레오좀들의 존재가 명확히 드러난다.

Pol α와 Pol δ는 핵 DNA 합성을 개시하는 데 관여하는 주요 효소로 생각되므로 이제 이들에 초점을 맞추어 논의하고자 한다. 합성의 개시에는 중합효소 α가 관여한다. 이 효소의 4개 소단위 중 2개가 선도가닥과 지체가닥상에서 RNA 시발자를 합성하는 역할을 한다. 약 10개의 리보뉴클레오티드들을 첨가한 후에, 또 다른 소단위가 20~30개의 상보적인 데옥시리보뉴클레오티드를 첨가함으로써 RNA 시발자를 신장시킨다. Pol α는 낮은 **진행성**(processivity)을 갖는다고 하는데, 이 말은 주형으로부터 분리되기 전에 한 효소에서 합성되는 DNA의 길이를 반영하는 것이다. 일단 시발자가 자리를 잡으면, **중합효소 교체**(polymerase switching)라고 알려진 사건이 일어난다. 이에 의해 Pol α는 주형가닥에서 분리되고 Pol δ에 의해 대체된다. 이 효소는 교정을 가능케 하는 3′-5′ 엑소뉴클레아제 활성과 함께 높은 진행성을 보유하고 있다. 세 번째 필수적인 형태인 Pol ε는 Pol δ와 같은 일반적인 특징을 가지지만, 이것은 조금 다른 세포 조건 하에서 작동하거나 지체가닥의 합성에만 제한적인 것으로 생각된다. 효모에서는, Pol ε를 불활성화시키는 돌연변이는 치사하므로, 이것이 복제에 필수적임을 보여준다.

설명된 과정은 선도가닥이나 지체가닥 모두에 적용된다. 양쪽 가닥 위에서, RNA 시발자들은 DNA로 바뀌어져야 한다. 지체가닥상의 오카자키 단편들은 원핵생물에서보다 진핵생물에서 10배

표 10.5 진핵성 DNA 중합효소들의 특징

	Polymerase α	Polymerase β	Polymerase δ	Polymerase ε	Polymerase γ	Polymerase ζ
Location	Nucleus	Nucleus	Nucleus	Nucleus	Mitochondria	Nucleus
3′ – 5′ Exonuclease activity	No	No	Yes	Yes	Yes	No
Essential to nuclear replication?	Yes	No	Yes	Yes	No	No

나 더 작은데(100~150 뉴클레오티드), 이들도 연결되어야만 한다.

증가된 수의 레플리콘들을 수용하기 위해서, 진핵세포들은 세균보다 훨씬 많은 수의 DNA 중합효소 분자들을 포함하고 있다. *E. coli*가 한 세포당 15 카피의 DNA 중합효소 III를 가지는 반면, 동물세포에는 α형 DNA 중합효소가 50,000 카피나 존재한다. 이미 지적한 바와 같이, 진핵세포에서는 더 작은 레플리콘들이 다수 존재하기 때문에 세균과 비교할 때 낮은 DNA 합성률을 보상할 수 있다. *E. coli*는 염색체를 복제하는 데 20~40분을 요구하지만, 40배나 더 많은 DNA를 가지는 초파리는 배아세포 분열 중에는 같은 일을 하는데 3분밖에 걸리지 않는다.

10.7 선형의 DNA 말단은 복제과정에서 문제가 될 수 있다

원핵생물과 진핵생물 사이의 DNA 합성에 존재하는 마지막 차이는 염색체의 성질에 관한 것이다. 세균이나 대부분의 박테리오파아지들의 끝이 닫혀 있는 원형 염색체와는 달리, 진핵생물의 염색체들은 직선 모양이다. 복제과정에서는 **텔로미어**(telomere)라고 불리는 이들 선상분자의 "말단"에서 특별한 문제에 봉착하게 된다.

이 문제를 다루기에 앞서, 텔로미어에 대해 몇 가지를 확인할 필요가 있겠다. 이러한 구조들은 짧은 DNA의 반복서열로 구성되며 **텔로미어-연관 단백질**(telomere-associated protein)들과 결합하고 있다. 텔로미어의 독특한 성질은 염색체의 완전성(integrity)과 안정성(stability)을 보존하는 기능이다. 텔로미어들은 염색체의 말단들에서 DNA 분자의 이중가닥 "말단"인 텔로미어들은, 염색체가 중간에서 절단되었을 때 생기는 **이중가닥 절단**(double-strand break, DSB)들이라고 부르는 것과 비슷해 보일 가능성이 있기 때문에 매우 중요하다. 만일 DNA 이중가닥 절단이 일어나게 되면, 이들은 그렇게 생긴 다른 것들과 융합하거나 파괴되어 사라질 가능성이 높아진다. 따라서 텔로미어들은 진핵세포의 염색체들을 그렇게 되지 않도록 안전하게 보호해 주는 것으로 생각된다.

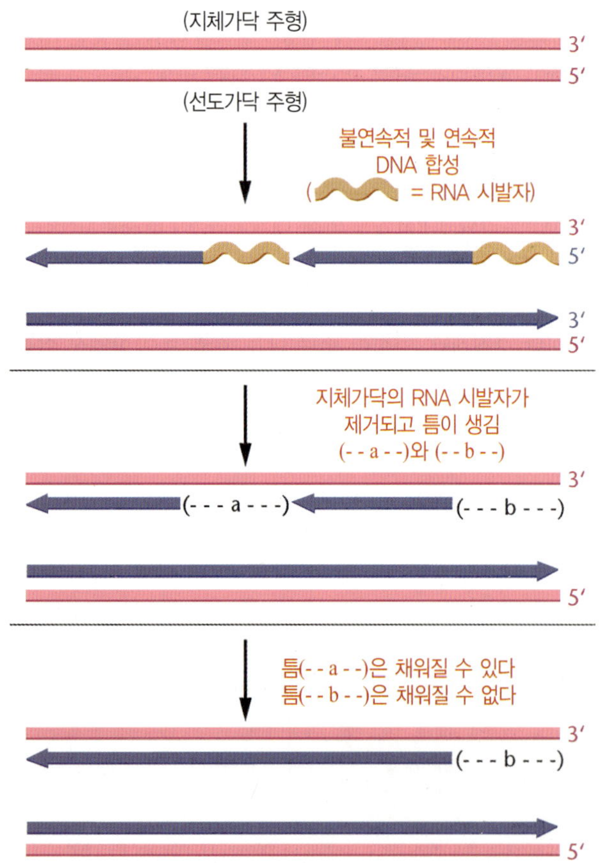

그림 10-16 선형 염색체 말단의 복제과정에서 생기는 난점. 지체가닥의 합성이 진행된 후 틈새(--b--)가 남게 된다.

이제, 이중가닥 DNA 분자의 말단 근처에서 일어나는 반보존적 복제에 대해 고려해 보자. 선도가닥의 끝까지 합성이 정상적으로 진행되는 데 반해, 지체가닥에서는 RNA 시발자가 제거됨에 따라 문제가 발생한다(그림 10-16). 정상적으로, 불연속적 합성에 의해서 새로 생겨난 틈은 기존의 3′-OH기에 뉴클레오티드를 첨가함으로써 채워진다. 그러나 그림 10-16의 틈 (b)는 이것이 염색체의 끝이기 때문에 3′-OH기를 제공해 줄 가닥이 존재하지 않는다. 결과적으로 합성이 여러 회 진행되면 이론적으로는 RNA 시발자의 길이만큼 염색체의 길이가 짧아지게 된다. 이것은 매우 중요한 문제이기 때문에, 짐작할 수 있듯이, 적어도 일부의 세포에서는 이 문제에 대한 분자적 해결책을 이미 진화시켜 모든 진핵생물에 의해 공유되는 기구가 존재할 것이다. 그리고 이것은 실제로도 그렇다.

섬모성 원생생물인 *Tetrahymena*에서 처음 발견된 **텔로머라아제**(telomerase)라고 불리는 독특한 진핵성 효소는 우리가 그 해결 방법을 이해할 수 있도록 도와준다. 그 효소가 실제로 어떻게 작용하는지를 살펴보기에 앞서 어떤 일이 수행되어야 할지 살펴보자. 위에서 지적한 대로, 진핵생물의 텔로미어 DNA는 항상 짧고 반복성인 뉴클레오티드 서열들로 구성되는 것으로 보인다. 예를 들어, *Tetrahymena* 염색체의 말단에서, 지체가닥을 만드는 주형은 여러 번 반복되는 5′-TTGGGG-3′ 서열을 포함하고 있다.

그림 10-17에서 보는 바와 같이, 텔로머라아제는 지체서열의 3′-말단에 이 6 뉴클레오티드 서열을 여러 카피 첨가시킬 수 있어서(5′-3′ 합성을 이용하여) 염색체가 짧아지지 않도록 한다. 이러한 반복서열은 접혀서 "머리핀 고리(hairpin loop)"를 형성하는데, 이 구조는 맞은편의 구아닌 부위(G == G)에서 이루어지는 비정상적 수소결합에 의해 안정화된다. 이것은 머리핀 말단에 자유로운 3′-OH기 말단을 생기게 한다. 이것은 RNA 시발자의 제거 후에 DNA 중합효소가 틈을 채울 수 있도록 기질로 작용한다. 그 다음 이 머리핀 고리 구조는 잘려져 떨어지고, 연속적인 복제에 따라 생길 수 있는 DNA의 손실을 피할 수 있게 한다.

엘리자베스 블랙번(Elizabeth Blackburn)과 캐롤 그레이더(Carol Greider)에 의한 *Tetrahymena*의 텔로머라아제에 대한 자세한 연구로 특이한 점이 발견되었다. 이 효소는 분자 구조 내에 그 촉매 활성에 필수적인 짧은 RNA 조각을 포함하는 RNA 단백질(ribonucleoprotein)이라는 점에서 매우 특이하다. 그 RNA 성분은 그것의 DNA 상보체의 합성을 위한 주형 및 "안내자

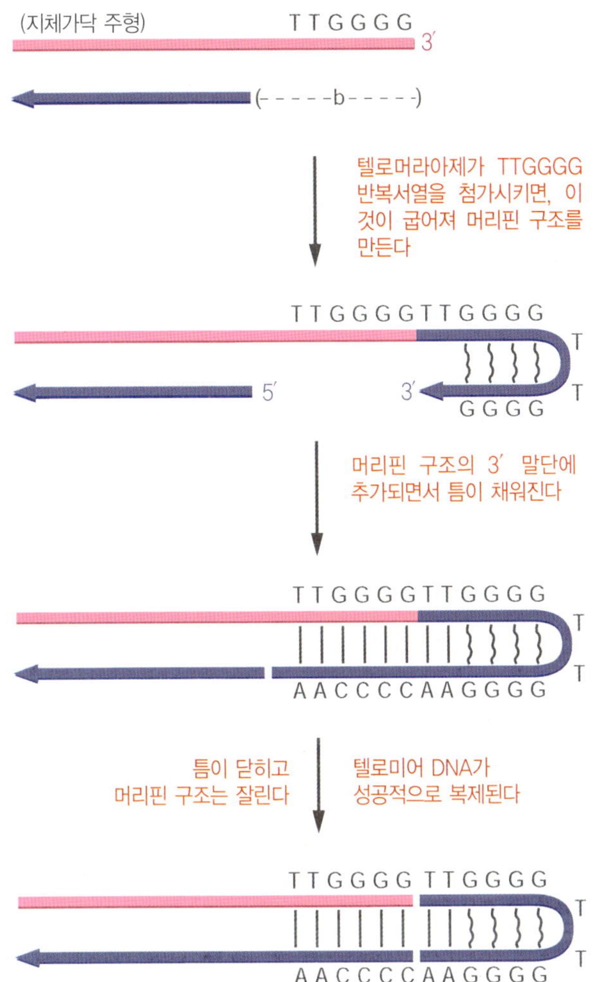

그림 10-17 그림 10-16에서 제기된 문제에 대한 해법. 텔로머라아제라는 효소가 TTGGGG 서열의 합성을 지시하며, 이에 의해 머리핀 구조가 형성된다. 이제 틈새가 채워질 수 있으며, 계속해서 머리핀 구조가 절단된다. 이 과정은 선상 염색체들의 말단을 복제하는 과정에서의 틈새 형성을 피할 수 있게 해준다.

(guide)"로 기능하며, 이 과정은 **역전사**(reverse transcription)로 불린다. *Tetrahymena*에서, 그 RNA는 5′-CCCCAA-3′ 서열을 여러 번 반복해서 가지는데, 이것은 합성되어야 할 반복성 텔로미어 DNA 서열(5′-TTGGGG-3′)들에 상보적이다.

우리는 이 효소의 RNA 서열 일부가 텔로미어 DNA와 염기쌍을 형성하여 나머지 RNA 부분이 지체가닥 주형의 말단을 덮는 것으로 생각할 수 있다. 이런 겹침서열의 역전사는 RNA 주형에서 DNA를 합성시켜 지체가닥 주형의 신장을 일으킨다(그림 10-17). 그런 다음 효소는 지체가닥 주형의 말단으로 자리를 이동하며 이러한 연속적 사건이 반복되는 것으로 생각된다. 효모에서는, 합성과정이 상세히 연구되어 있는데, 특정 단백질들이 합성을 종결시키는 책임을 맡고 있어서 지체가닥의 주형 말단에 첨가되는 반복 단위의 수가 결정된다. 다른 진핵생물에서도 비슷한 단백질들이 같은 방식으로 작용한다.

이제는 연구된 거의 모든 진핵생물에서 비슷한 효소들이 발견되었다. 사람에서는, 지체가닥을 만드는 텔로미어 DNA의 반복서열이 5′-TTAGGG-3′이며 *Tetrahymena*하고는 단 하나의 뉴클레오티드만 차이가 난다.

11장에서 논의된 바와 같이, 텔로미어의 DNA 서열은 진화과정을 통해 매우 보존되어 있다. 이것은 텔로미어의 기능이 매우 중요함을 뜻한다. 이 장의 말미에 실린 글에서, 우리는 텔로미어의 짧아짐이 세포의 노화과정에 관계된 분자적 기구와 관련이 있다는 것을 보게 될 것이다. 대부분의 진핵성 체세포들에서는 사실상 텔로머라아제가 활성적이지 않으며, 따라서 세포의 분열이 진행됨에 따라, 각 염색체의 텔로미어가 짧아지게 된다. 수많은 분열 후에, 텔로미어는 심각하게 부식되고 세포는 더 이상의 분열 능력을 잃게 된다. 한편, 종양세포들은 텔로머라아제 활성을 유지하고 있으며 따라서 불멸성을 가지게 된다.

10.8 DNA 복제와 마찬가지로 DNA 재조합은 특정 효소에 의해 이루어진다

우리는 7장에서 논의했던 주제인 유전적 재조합(genetic recombination)으로 돌아가 이 장을 마치려고 한다. 7장에서 우리는 교차의 과정이 상동체들 사이에서 DNA 가닥들이 끊어지고 다시 연결되는 것에 의존한다는 것을 지적했었다. 이제 DNA의 복제와 화학에 대해 논의를 마쳤으니, 어떻게 분자 수준에서 재조합이 일어나는지 고려해 보도록 하자. 일반적으로, 그것이 바이러스이건 세균이건 아니면 감수분열 중인 진핵세포의 상동염색체이건 간에, 관련 정보들은 두 개의 상동적인 이중가닥 DNA 분자들 사이에서 일어나는 유전적 교환을 일으킨다. 상당한 정도로 DNA 서열이 유사한 두 염색체를 따라 동등한 위치에서 발생하는 유전적 교환을 일컬어, **일반적인** 혹은 **상동성 재조합**(general or homologous recombination)이라고 한다.

교차를 설명하는 몇 가지 모형들이 있으며, 그들은 모두 확실한 공통점을 가진다. 우선, 모두 로빈 할리데이(Robin Holliday)와 해롤드 L. K. 화이트하우스(Harold L. K. Whitehouse)가 1964년에 독립적으로 내놓았던 초기 제안들에 기초하며, 교환의 정확성을 DNA 가닥들 사이의 상보성에 의존한다. 마지막으로, 각 모형은 유전적 재조합을 달성하기 위한 일련의 효소적 과정들을 필요로 한다.

그런 한 모형이 그림 10-18에 있다. 두 쌍의 DNA 이중가닥 혹은 상동체로 시작하여[Step (a)], 각 DNA가 엔도뉴클레아제에 의해 정확히 같은 위치에서 단일가닥에 절단이 생긴다[Step (b)]. 이런 절단에 의해 생긴 가닥들의 말단이 자리를 바꾸어 맞은편의 DNA 이중가닥의 상보적 가닥과 쌍을 짓는다[Step (c)]. 그 다음 리가아제(ligase)가 말단을 붙여주어[Step (d)], **헤테로듀플렉스**(heteroduplex) **DNA 분자**라고 불리는 혼성 이중체를 만든다. 교환에 의해 가로 걸친 다리 구조가 만들어진다. 가지 이동(branch migration)이라고 불리는 과정의 결과, 다리의 위치가 염색체 아래쪽으로 이동한다[Step (e)]. 수소결합이 끊어지고 자리를 바꾼 가닥들 사이의 상보적인 염기쌍들로 인해 다시 수소결합이 생기는데, 이것은 마치 지퍼 모양의 행동으로 나타난다. 이러한 이동으로 두 상동체상의 헤테로듀플렉스 DNA의 길이가 증가한다.

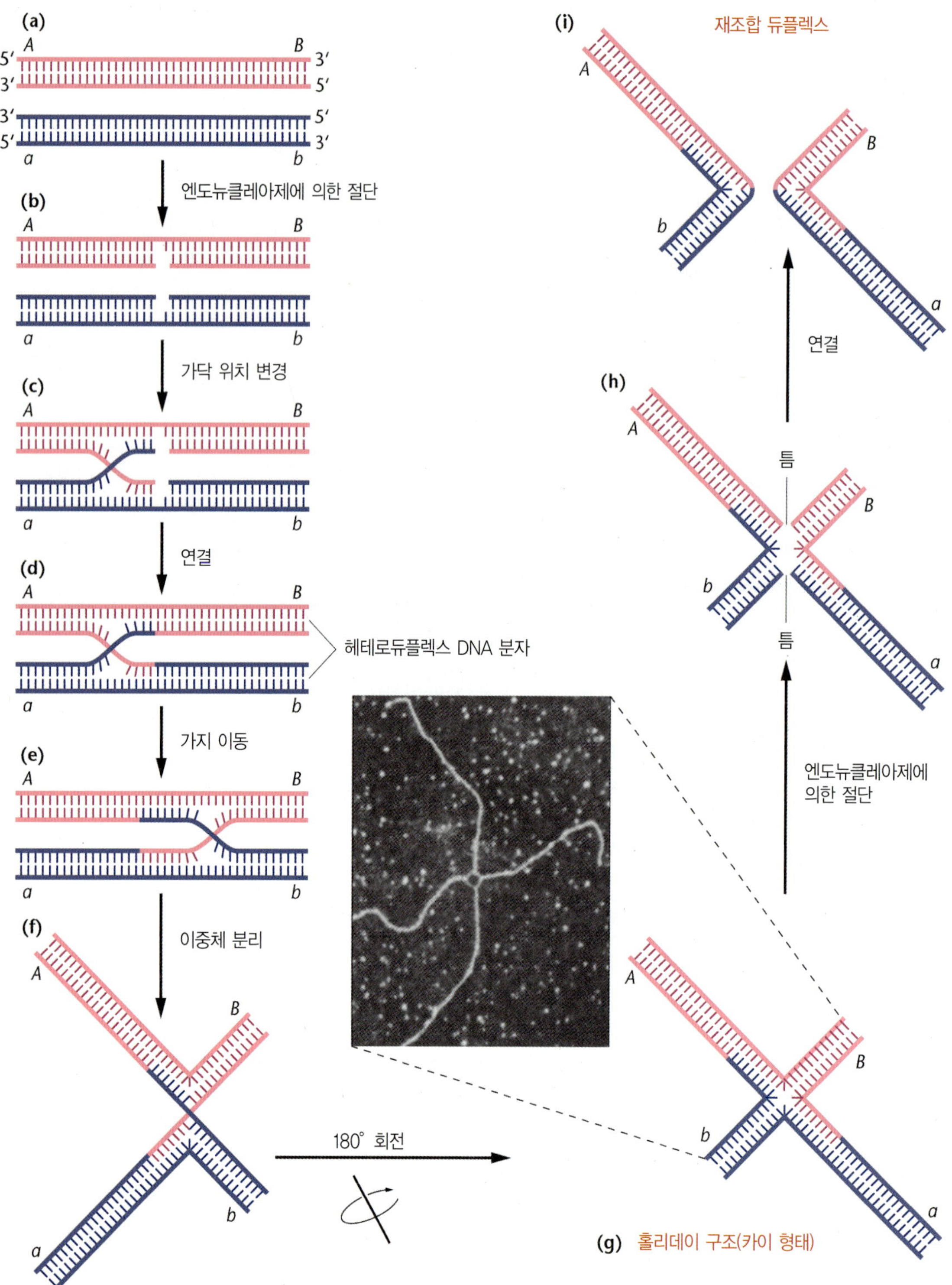

그림 10-18 어떻게 서로 다른 DNA 가닥들끼리의 절단과 재결합의 결과로 유전적 재조합이 발생하는지를 나타내는 모형. 각 단계는 본문에 설명되어 있다. 전자현미경 사진은 모식도 (g)에서의 그림과 비슷한 카이 형태의 DNA를 보여준다; 이 DNA는 *E. coli*의 *Col*E1 플라스미드로부터 얻어진 것으로 확장된 홀리데이 구조를 하고 있다. *David Dressler, Oxford University, England.*

만약에 이중체들이 나눠고[Step (f)] 밑의 부분이 180°를 회전하면[Step(g)], 카이(χ) 형태(chi form)-독특한 **홀리데이 구조**(Holliday structure)-라고 불리는 중간의 평평한 구조가 생긴다. 만약 상대편 상동체들에서 이전에 교환에 관여하지 않았던 두 가닥이 엔도뉴클레아제에 의해 절단이 일어나고[Step (h)] 재결합이 발생하면[Step (i)], 재조합된 이중가닥들이 생긴다. 이제 대립인자들의 배열이 재조합에 의해 바뀌었음에 주의하라.

이 모형을 지지하는 증거들에는 세균에서 형성된 카이 형태의 평면 분자를 전자현미경으로 보여준 것이 포함된다. 여기서는 4개의 이중나선 팔이 하나의 교환지점에서 연결되어 있다[그림 10-18(Step g)]. 더 중요한 증거가 *E. coli*의 **RecA 단백질**의 발견으로부터 얻어졌다. 이 분자는 모형의 (c) 단계에서 생기는 것과 같은, 상호적인 단일가닥 DNA의 교환을 촉진한다. RecA는 또, 가닥이 위치를 바꾸는 과정에서 수소결합의 형성을 촉진하여 헤테로듀플렉스 형성을 시작하게 한다. 마지막으로 틈이 생기고 다시 결합되고 하는 과정에 필수적인 다른 많은 효소들이 발견되어 연구되었다. *recB*, *recC*, 그리고 *recD* 유전자의 산물들은 DNA에 틈이 생기고 풀리게 하는 데 관여하는 것으로 생각된다. 유전적 재조합을 방해하는 수많은 돌연변이들이 바이러스와 세균에서 알려졌다. 이들 돌연변이는 이러한 과정에 필수적인 역할을 하는 유전자를 규명해 줄 것으로 생각된다.

유전자 전환, DNA 재조합의 결과

전술한 모형을 약간 변형하면 **유전자 전환**(gene conversion)이라고 알려진 독특한 유전현상을 더 잘 이해할 수 있다. 칼 린더그렌(Carl Lindegren)에 의해 효모에서, 메리 미첼(Mary Mitchell)에 의해 *Neurospora*에서 처음 발견된 것으로, 유전자 전환은 두 개의 밀접하게 연관된, 따라서 비상호적인(nonreciprocal) 유전자들이 관여하는 유전적 교환이 특징이다. 만약 우리가 각각 독립적인 돌연변이를 가진 두 개의 붉은 빵 곰팡이(*Neurospora*)주를 교배한다면(*a*+ × +*b*), 두 유전자 사이의 상호적인 재조합 사건들은 ++와 *ab* 유전자형의 포자쌍들을 만들어 낼 것이다. 그러나 비상호적인 교환은 다른 것은 가지지 않은 한 쌍만 만들어 낸다. 피리독신(pyridoxin) 돌연변이들을 가지고 연구하는 중에, 미첼은 몇 개의 자낭(asci)들이 ++ 유전자형을 나타내지만 상호적 산물인 *ab*는 나타내지 않는 포자 패턴이 있다는 것을 관찰했다. 이러한 사건들의 빈도가, 이러한 현상을 설명할 수 있는 돌연변이율의 예상치보다 훨씬 높았기 때문에, 그들은 이 현상을 "유전자 전환"이라고 불렀다. 유전적 교환 역시 일어나는 사건의 과정에서 어쨌든 대립인자가 다른 것으로 바뀌는 것으로 나타났기 때문에 이렇게 불려졌다. 비슷한 발견들이 다른 곰팡이에서도 역시 분명히 나타났다.

유전자 전환은 이제 DNA 재조합 과정의 결과로 간주된다. 한 가지 가능한 설명은 그림 10-19에서와 같이, 헤테로듀플렉스 형성 과정 중에 생기는 염기쌍의 미스매치에 의해 변환이 생기는 것으로 설명한다. 혼성화 가닥의 미스매치된 부분들은 한쪽 가닥을 잘라내고 남아 있는 가닥을 주형으로 사용하여 상보적인 것을 합성함으로써 수리될 수 있다. 절제는 양쪽 가닥에서 일어날 수 있는데, 두 가지 "교정(correction)"이 가능하다. 하나는 미스매치된 염기쌍을 수선하여 원래의 서열로 회복하도록 "바꾸는" 것이다. 또 다른 하나는 마찬가지로, 미스매치를 교정하지만, 바뀐 가닥을 복사함으로써 염기쌍 치환을 일으킨다. 전환은 처음에는 서로 달랐던 두 상동체상의 대립인자들을 동일하게 만드는 효과를 가진다.

그림 10-19에 나타난 예에서는 G ≡ C쌍이 한쪽의 상동염색체에 돌연변이 인자로 존재하고, 다른 상동염색체상에 A ═ T쌍이 야생형 인자의 일부로 존재한다고 가정한 것이다. G ≡ C쌍이 A ═ T쌍으로 전환되면 미첼이 원래 관찰했던 것과 같이, 돌연변이 인자는 야생형으로 바뀌게 된다.

유전자 전환 사건은 곰팡이에서 또 다른 당황스러운 유전적 현상들을 설명하는 데 도움을 준다. 예를 들어, 한 유전자의 돌연변이와 야생형 인자가 교차될 때는 자낭들이 동일한 숫자의 돌연변이와 야생형 포자들을 만들어야 한다. 그러나 3:1 혹은 1:3의 비율을 가지는 예외적인 자낭들이 종종 관찰된다. 이러한 비율들은 유전자 전환으로 설명될 수 있다. 이 현상은 곰팡이의 체세포분열 사건들 중에서뿐만 아니라 초파리의 복합염색체(compound chromosome)에 대한 연구에서도 역시 관찰된다.

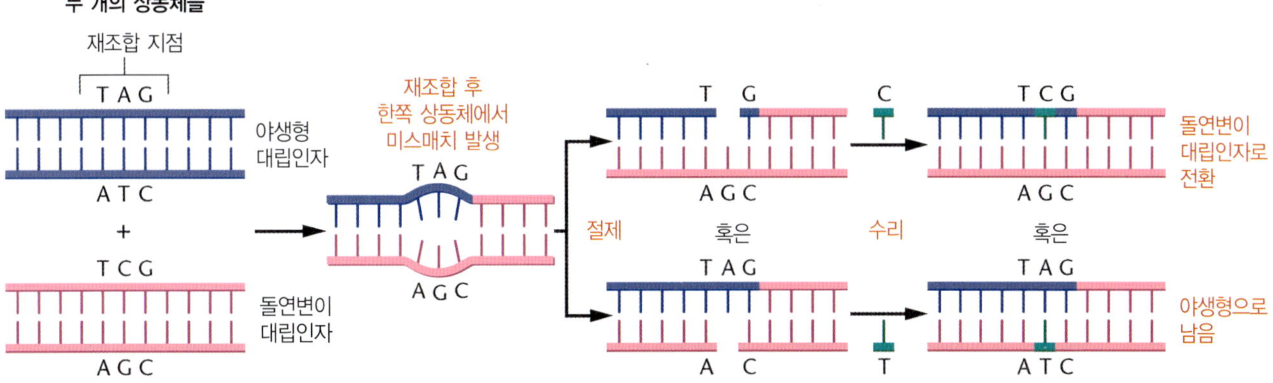

그림 10-19 유전자 전환 현상을 설명하기 위해 제안된 기작. 염기쌍 미스매치가 상동체들 중 하나(돌연변이 대립인자를 포함하는)에서 발생하고, 이것이 감수분열에서 재조합으로 이어진다. 절제 수선과정에서 두 미스매치 중 하나가 제거되고 상보적인 서열들이 합성된다. 한 가지 경우에서는, 이 돌연변이 염기가 그대로 유지된다. 다른 경우에서는 이 돌연변이 염기쌍은 야생형 서열로 전환된다. 이것이 재조합 포자에 포함되는 경우에는, 야생형 유전자형이 발현되어 비상호 교환 비율에 영향을 미친다.

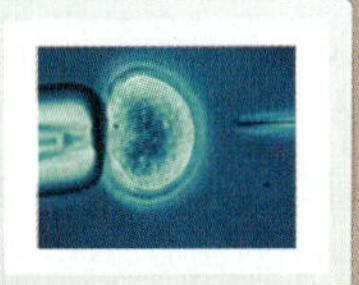

유전학, 기술, 그리고 사회

텔로머라아제: 불멸성의 열쇠인가?

인간은, 다른 모든 다세포 생물들이 그러하듯 나이를 먹고 죽는다. 늙어감에 따라 우리의 면역체계는 점점 효율이 떨어지고, 상처의 재생력도 원활치 않고, 조직과 기관들도 그 견고성을 점점 잃어간다. 왜 우리가 이렇게 노화와 관계된 쇠락을 겪으며, 왜 각 종들은 특정하게 제한된 수명을 가지게 되는가 하는 것이 항상 수수께끼였다. 왜 우리는 늙는가? 이러한 필멸의 행진을 거스를 수 있을까? 최근의 몇몇 연구들은 이들 질문에 대한 답들이 염색체 말단에 있음을 제시한다.

인간 노화에 대한 연구는 배양접시에서 인간의 세포들을 키우면서 시작되었다. 세포가 유래한 개체와 마찬가지로, 배양 중인 세포들도 유한한 수명을 가진다. 이러한 "복제적 퇴화(replicative senescence)"는 헤이플릭(Hayflick)에 의해 30여 년 전부터 주목되어 왔다. 그는 정상적인 사람의 섬유아세포들이 50번 정도 분열한 후에는 그들이 자라고 분열하는 능력을 잃어버린다고 보고했다. 이렇게 노화된 세포들은 대사적으로는 활성이지만 더 이상 분열하지는 못한다. 결국에는 죽는 것이다. 비록 우리는, 세포적 노화가 직접적으로 개체의 노화를 일으키는 것인지는 알 수 없지만, 그 증거는 시사하는 바가 크다. 예를 들어, 젊은이에게서 얻어진 세포들은 더 나이든 사람에서 얻은 세포보다 배양접시에서 더 많이 분열한다; 사람의 태아세포들은 노화를 겪기 전에 60~80회 분열하는 반면, 나이 든 성인의 세포들은 10~20번만 분열한다. 게다가, 수명이 짧은 종에서 얻어진 세포들은 수명이 긴 종에서 얻어진 세포보다 덜 분열한 후 성장을 멈춘다; 쥐의 세포들은 배양시 10~15번 분열하지만 거북이의 세포들은 100번 이상 분열한다. 더군다나, 유전적으로 조로증(Werner 증후군 같은)이 있는 환자의 세포들은 정상인에서 얻은 세포보다 덜 분열한다.

노화 중인 세포의 또 다른 특징은 그들의 텔로미어가 점차 짧아진다는 것이다. 텔로미어는 선형 염색체의 말단으로, 짧은 DNA 서열(사람의 경우 TTAGGG)이 수천 번 반복되어 이루어진다. 텔로미어들은 말단을 보호함으로써 염색체 손상이나 다른 염색체에 융합되지 않도록 하여 염색체의 완전성(integrity)을 유지한다. 텔로미어들은 텔로머라아제–선형 염색체 말단에 말단 서열을 첨가하는 RNA 포함 효소–에 의해 만들어지고 유지된다. 텔로머라아제는 "말단 복제(end-replication)" 문제–DNA 중합효소가 주형가닥의 3′ 말단에서 새로운 DNA를 합성하지 못하기 때문에 각 복제에서 선형 DNA 분자들이 짧아지는 현상–를 해결해 준다. 염색체의 3번 말단에 여러 개의 텔로미어 반복서열을 첨가함으로써, 텔로머라아제는 염색체들이 줄어든 상태로 있는 것을 방지해 준다. 불행하게도 정상적인 체세포들은 소수의 텔로머라아제만을 가진다. 결과적으로 텔로미어의 길이는 매 정상적인 세포분열마다 100 염기쌍 정도씩 줄어들게 된다. 텔로미어의 단축은 세포분열의 횟수를 정하여 세포분열이 멈추도록 하는 시계로 작용하는 것이다.

우리가 우리 텔로미어의 길이를 늘려서 영원한 젊음과 생명을 얻을 수 있을까? 최근의 한 연구는 우리 세포들에 있는 텔로머라아제의 수를 인위적으로 증가시켜서 노화에 역행하는 것이 가능함을 제시한다. 연구자들이 텔로머라아제 유전자들을 배양된 정상 인간세포에 도입하였더니, 텔로미어의 길이가 더 길어졌고 세포들은 그들의 노화지점을 더 지나서도 계속 자랐다. 이러한 관찰들은 텔로미어의 길이가 세포시계로 작용함을 확인시켜 준다. 게다가, 그들은 고령으로 인한 조직의 영양고갈 현상 일부가 텔로머라아제 유전자들을 활성화함으로써 역전될 수 있음을 제시하였다. 그러나 우리는 텔로머라아제라는 약을 사러 달려가기 전에 세포 불멸성의 한 가지 가능성–암–에 대해 고려해야만 한다.

정상적인 세포들은 특정 횟수의 세포분열 후에 노화를 겪어도 암은 일어나지 않는다. 암은 세포 내에 축적되는 몇 가지 유전적 돌연변이 후에 발생하는 것으로 생각되고 있다. 이러한 돌연변이들은 세포의 성장과 분열을 조절하는 정상적인 검사기구와 균형을 망가뜨린다. 그러므로 암세포들은 정상적인 노화시계를 멈춘 것이라고 생각할 수 있다. 만일 그들의 텔로미어들이 각 세포분열 이후에 짧아진다면, 종양세포들은 결국 노화에 굴복하고 성장을 멈출 것이다. 그러나 만일 그들이 텔로머라아제를 합성한다면 그들은 노화시계를 멈추고 불멸화될 것이다. 이러한 생각에 부합하듯 90% 이상의 사람 종양세포들이 텔로머라아제 활성을 유지하고 있었고, 안정된 텔로미어들을 가진 것으로 드러났다. 조절되지 않는 종양세포의 성장과 텔로머라아제 활성 존재 사이의 연관은 너무나 훌륭하여 텔로머라아제 분석법이 암의 진단 표시인자로 개발되고 있다. 텔로머라아제의 존재가 세포 전환(종양세포로의)에 선행 요건인지 혹은 단순히 그 결과인지에 대해서는 현재 논쟁이 있지만, 텔로머라아제의 활성의 획득은 암세포의 발달에 중요한 과정인 것으로 보인다. 이 가설을 지지하는 것으로 최근의 연구들은 종양 억제인자(p16^{INK4a})의 불활성화와 연계하여 텔로머라아제의 활성 유도가 나타나고 세포의 불멸화–종양 발달의 필수 단계–를 초래함을 보여준다. 그러므로 정상 세포들의 텔로머라아제 활성을 증가시키기 위한 어떤 시도도 종양 발달을 촉진시킬 위험을 동반한다.

또 하나, 매력적인 가능성은 텔로머라아제가 항암제를 위한 이상적인 목표물이 된다는 것이다. 텔로머라아제를 저해하는 약물들은 암세포들의 텔로미어가 짧아지도록 하여 노화를 일으킴으로써 암세포들을 파괴한다. 대부분의 정상적인 사람세포들이 텔로머라아제를 발현하지 않으므로, 이러한 치료는 종양세포들에 특이적인 것이 되어 대부분 현재 사용되고 있는 항암제들보다 덜 유독할 수 있다. 그러한 항텔로머라아제 항암제들이 현재 Geron사(Geron Corporation)에 의해 개발 중이다. 아직 이러한 시도가 동물에서 작용할 수 있을지에 대해서는 알지 못하지만, 배양되는 종양세포에서는 제대로 작동하는 것으로 보인다. 항텔로머라아제 인자로 처리된 종양세포들은 텔로미어 서열을 잃어버리고, 약 25번의 세포분열 후에 죽는다.

항텔로머라아제 약품들이 개발되어 사람에 사용되기 전에 몇 가지 질문들이 해결되어야만 한다. 사람의 몇몇 정상적인 세포들(예를 들어, 림프구와 생식세포들)이 텔로머라아제를 요구하는가? 만약 그렇다면, 항텔로머라아제 약제들은 수용불가한 독성을 가지게 될 것이다. 일부 암세포들이 다른 텔로미어-신장 기작(재조합 등의)을 사용함으로써 텔로머라아제의 소실을 보상할 수 있는가? 만일 그러하다면 항텔로머라아제 약제들은 필연적으로 실패하게 될 것이다. 우리가 종양세포에서 텔로머라아제 활성을 저해한다고 하더라도, 종양세포들이 노화에 다다르기 전에 몇 회의 분열을 함으로써 숙주에 해를 끼칠 수 있지 않을까?

텔로머라아제가 암의 정지와 노령으로의 몰락을 역전시킨다는 두 가지를 가능하게 할 수 있을까? 시간이 답해 줄 것이다.

참고문헌

Bodnar, A. G., et al. 1998. Extension of life-span by introduction of telomerase into normal human cells. *Science* 279:349-352.

deLange, T. 1998. Telomeres and senescence: Ending the debatee. *Science* 279:334-335.

Kiyono, T., et al. 1998. Both Rb/p16^{INK4a} inactivation and telomerase activity are required to immortalize human epithelial cells. *Nature* 396:84-88.

단원 요약

1. 이론적으로는, 3가지 양식의 DNA 복제가 가능하다: 반보존적, 보존적, 분산적인 방법. 세 가지 방법이 모두 염기 상보성에 근거하고 있지만, 반보존적 복제가 가장 단순하고 범용적인 것으로, 왓슨과 크릭에 의해 예상되었던 것이다.
2. 1958년에 메셀슨과 스탈은 *E. coli*의 반보존적 복제를 지지하는 것으로 위 문제를 풀었다. 새로 합성된 DNA는 한 가닥의 예전 가닥과 새로운 한 가닥으로 구성된다. 테일러, 우즈, 그리고 휴즈 등은 잠두(broad bean)의 뿌리 끝을 이용하여 진핵세포에서의 반보존적 복제를 증명하였다.
3. 같은 기간에, 콘버그는 *E. coli*로부터 DNA 중합효소 I을 분리하였고, 이것은 주형과 전구체인 뉴클레오시드 삼인산이 공급되면 시험관 내에서도 DNA 합성을 유도할 수 있음을 보였다.
4. *E. coli*에서 중합효소 I이 결여되어 있음에도 DNA 복제가 가능한 *polA1* 돌연변이주가 분리됨으로써 이 효소의 생체내 복제기능에 의구심을 불러일으켰다. DNA 중합효소 II와 III가 그 다음에 분리되었고, 중합효소 III가 곧 생체 내에서 DNA 복제를 맡는 효소인 것으로 판명되었다.
5. DNA 합성과정에서는 이중나선이 풀리고, 복제분기점이 형성되며, 이곳에서 합성이 시작된다. 단백질들이 풀린 나선을 안정화시키며, 복제 활성에 앞서 생기는 감김에 의한 장력을 풀어주는 데 도움을 준다.
6. 프리마아제라는 효소에 의해 각 주형가닥을 따라 특정 부분들에서 합성이 개시된다. 프리마아제는 3′ 말단을 제공하기 위한 짧은 RNA 조각을 만들며, 여기에 뉴클레오티드를 붙임으로써 DNA 중합효소 III가 중합을 시작한다.
7. 이중나선의 역평행성 때문에 중합효소 III는 선도가닥에서는 5′ – 3′ 방향으로 DNA를 연속적으로 합성한다. 지체가닥이라 불리는 반대편 가닥에서는 합성에 의해 짧은 오카자키 단편들이 생기며 나중에 DNA 리가아제에 의해 연결된다.
8. DNA 중합효소 I은 RNA 시발자를 DNA로 대체시키며 이들 DNA는 DNA 리가아제에 의해 인접한 폴리뉴클레오티드에 연결된다.
9. DNA의 복제에 연관된 다수의 분자들에 영향을 미치는 파아지와 세균의 여러 돌연변이 유전자의 분리는 전 과정에서의 복잡한 유전적 조절을 규명하는 데 도움을 주었다.
10. 진핵세포에서의 DNA 복제는 원핵생물의 복제과정과 비슷하지만 좀 더 복잡하다. 다수의 복제원점이 존재하며, 다양한 형태의 DNA 중합효소가 DNA 합성을 지시한다.
11. 선형 DNA 분자의 말단(텔로미어, telomeres) 부분의 복제는 진핵세포에서 특수한 문제를 야기하지만 이것은 텔로머라아제라는 RNA를 포함한 특수한 효소에 의해 해결될 수 있다.
12. 유전 분자들 사이의 동형 재조합은 DNA 가닥들을 자르고, 재배열시키며, 다시 이어주는 일련의 효소들에 의존한다. 유전자 전환이라는 현상은 이러한 교환 중에서의 미스매치 수리 합성이라는 용어로 가장 잘 설명될 수 있다.

주요 용어

5′→3′ 방향(5′ to 3′ direction)

5′→3′ 엑소뉴클레아제 활성(5′ to 3′ exonuclease activity)

9mer

DNA 리가아제(DNA ligase)

DNA 자이라아제(DNA gyrase)

DNA 중합효소 I(DNA polymerase I)

DNA 중합효소 II, III(DNA polymerase II and III)

DNA 중합효소 IV, V(DNA polymerase IV and V)

DNA 토포아이소머라이제(DNA topoisomerase)

DnaA 단백질(DnaA protein)

DnaB 단백질(DnaB protein)

DnaC 단백질(DnaC protein)

RecA 단백질(RecA protein)

교정(proofreading)

뉴클레오좀(nucleosome)

단일 방향 복제(unidirectional replication)

단일가닥 결합 단백질들(single-stranded binding proteins, SSBPs)

레플리좀(replisome)

레플리콘(replicon)

박테리오파아지 φX174(bateriophage φX174)

반보존적 복제(semiconservative replication)

반불연속적 합성(semidiscontinuous synthesis)

보존적 복제(conservative replication)

복제분기(replication fork)

복제원점(origin of replication)

복제에 따른 노화(replicative senescence)

복제원점 인식 복합체(origin recognition complex, ORC)

분산적 복제(dispersive replication)

불연속적 DNA합성(discontinuous DNA synthesis)

사슬 신장(chain elongation)

상동성 재조합(homologous recombination)

생물학적으로 활성인 DNA(biologically active DNA)

선도 DNA 가닥(leading DNA strand)

시발자(primer)

양방향 복제(bidirectional replication)

엑소뉴클레아제(exonuclease activity)

역전사(reverse transcription)

역평행 가닥들(antiparallel strands)

연속적 DNA합성(continuous DNA synthesis)

오카자키 절편(Okazaki fragment)

온도 감수성 돌연변이(temperature-sensitive mutation)

원심분리(centrifugation)

유전자 재조합(genetic recombination)

유전자 전환(gene conversion)

자기방사법(autoradiography)

자동성 복제 서열(autonomously replicating sequences, ARSs)

전효소(holoenzyme)

조건적 돌연변이(conditional mutation)

중합효소 교체(polymerase switching)

지체 DNA 가닥(lagging DNA strand)

진행성(processivity)

침강평형(sedimentation equilibrium)

카이 형태(chi form, χ)

텔로머라아제(telomerase)

텔로미어(telomere)

프리마아제(primase)

핵심효소(core enzyme)

헤테로듀플렉스 DNA 분자(heteroduplex DNA molecules)

헬리카아제(helicase)

홀리데이 구조(Holliday structure)

통찰과 해법

1. 메셀슨-스탈의 실험 조건을 이용하여 DNA 합성에 대한 보존적 혹은 분산적 모형의 이론적 결과를 예상해 보라. 세포가 ^{14}N를 포함한 배지로 옮겨진 후 2세대 복제를 거쳐 다음과 같은 결과를 얻었다.

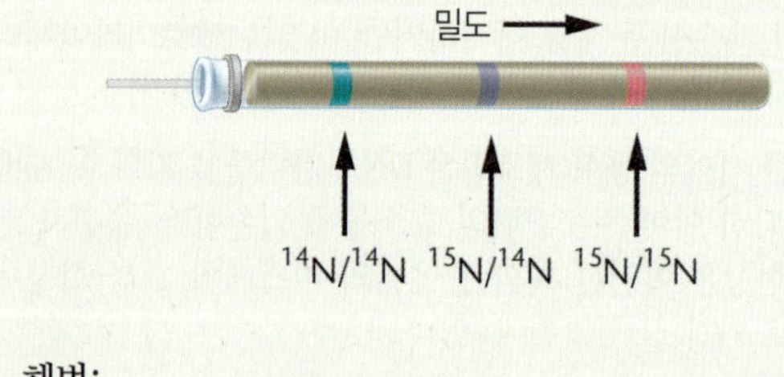

해법:

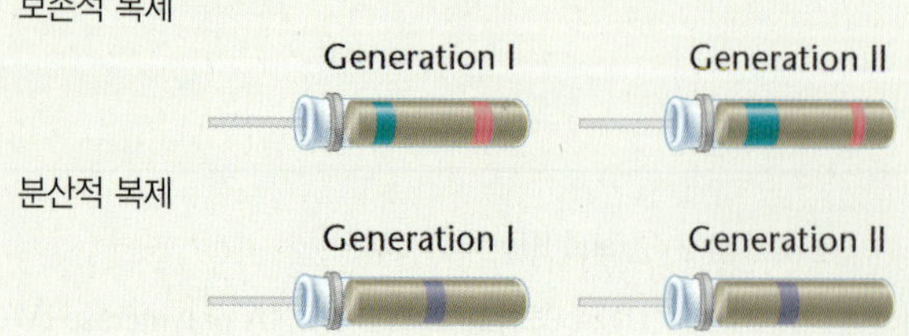

2. *E. coli*의 *dnaA* 유전자에서의 돌연변이들은 치명적이어서, 조건적인 온도 감수성 돌연변이들이 분리된 후에만 연구될 수 있다. 그러한 돌연변이 균주들은 허용적 온도인 18°C에서는 DNA 복제를 하여 잘 자라지만 제한 온도인 37°C에서는 DNA 복제도 잘 못하고 따라서 잘 자라지 못한다. 두 가지 관찰이 DnaA 단백질 산물의 기능을 결정하는 데 도움을 준다. 첫째는, 감기지 않은 DNA 주형을 이용한 시험관 실험으로 여기서는 DnaA 단백질을 필요로 하지 않았다. 둘째는, 훼손되지 않은 세포들을 18°C에서 기르다가 37°C로 옮겨주면 DNA 합성이 이 온도에서도 계속되다가 복제가 완료되면 그때서야 DNA 합성이 중지된다는 것이다. 이러한 관찰들은 *dnaA* 유전자 산물의 역할에 대해 어떠한 제시를 가능하게 하는가?

해법: 18°C인 허용온도에서는, 이 돌연변이가 발현되지 않고 DNA 합성이 시작된다. 제한 온도로 옮긴 후에는, DNA 합성이 이미 시작되어 진행 중이지만 새로운 합성 시작은 가능하지 않았다. DnaA 단백질이, 풀린 DNA의 합성에는 필요치 않았기 때문에 이러한 관찰은 이 단백질이 완전한 나선인 상태의 DNA와 상호작용하여 합성이 진행되는 데 필요한 지역적인 풀림을 촉진할 것이라 예상된다.

연습문제 및 토론문제

1. 보존적, 반보존적, 그리고 분산적 DNA 복제 양식을 비교하라.
2. 메셀슨-스탈의 실험에서 ^{15}N의 역할을 설명하여라.
3. 메셀슨-스탈의 실험에서, 한 번의 복제 후에는 어떤 DNA 복제 양식이 배제될 수 있는가? 두 번째 복제 후에는 어떠한가?
4. 복제가 (a) 보존적일 경우와 (b) 분산적일 경우 테일러-우즈-휴의 실험 결과를 예측하라.
5. 9장의 33번 문제를 다시 생각해 보라. 여러분이 제시한 모형에서, 그 분자는 반보존적으로 복제될 수 있을까? 다른 복제 양식은 작동하겠는가?
6. DNA 중합효소 I의 지시로 DNA가 시험관 안에서 합성될 경우 필요한 것들은?
7. 콘버어그의 초기 실험에서, 그가 앤호이저-부시(맥주 상표) 양조통에서 대장균을 기른다는 소문이 떠돌았다. (그는 세인트 루이스의 워싱턴 대학에서 일하고 있었다.) 이것이 그 실험에 왜 이로울 수 있었을 것이라고 생각하는가?
8. 콘버어그는 DNA 주형을 복사하는 데 중합효소 I의 신뢰성을 어떻게 측정하였는가?
9. 생체 내에서 복제를 완성시키는 DNA 합성기능에 의문을 야기하는 DNA 중합효소 I의 특징은 무엇인가?
10. 콘버어그의 실험은 DNA 중합효소 I이 생체 내에서 ϕX174 DNA의 복제에 사용되는 효소임을 증명하였다. "생물학적으로 활성"인 DNA 란 무엇을 뜻하는가?
11. *polA1* 돌연변이의 중요성은?
12. 중합효소 I, II, 그리고 III의 특징과 기능을 요약해 보라.
13. DNA 중합효소 III을 구성하는 10개의 소단위들을 나열하고 그 기능을 설명하라. 전효소와 핵심효소를 구분하라.
14. (a) 단일 방향성 복제와 양방향 복제를 구별하고, (b) 연속적 복제와 불연속적인 DNA 복제를 구별해 보라.
15. 생체 내의 DNA 합성 중에 DNA를 푸는 단백질들을 나열하라. 그들은 어떻게 기능하는가?
16. 다음을 정의하고 그 중요성을 말해보라. (a) 오카자키 단편, (b) DNA 연결효소(ligase), (c) DNA 합성 중의 RNA 시발자.
17. DNA 합성의 현재 모형을 요약하라.
18. 왜 진핵세포의 DNA 합성은 세균의 그것보다 더 복잡할까? 이 두 생물의 DNA 합성에서 유사점은 어떠한 것들이 있는가?
19. 만일 서로 다른 두 미생물에서 분리된 DNA를 분석한 결과 매우 비슷한 염기조성이 확인되었다면 이들 두 생물의 DNA 서열 역시 거의 동일하게 보일까?
20. 어떤 *E. coli*가 분당 100,000 뉴클레오티드의 속도로 DNA를 합성하며, 그 염색체를 복제하는데 40분이 걸린다고 가정하자.
    (a) 전체 *E. coli* 염색체에는 몇 bp의 염기가 존재하는가?
    (b) 나선 모양인 염색체의 물리적 길이: 즉, 원이 열렸을 때의 원주의 길이는 얼마인가?
21. 몇 가지 온도 감수성 돌연변이 *E. coli*가 다음과 같은 특징들을 나타냈다. 각 돌연변이에 의해 영향을 받는 기능이나 효소를 예측하라.
    (a) 새로 합성된 DNA가 많은 미스매치 염기쌍들을 포함한다.
    (b) 오카자키 절편들이 축적되었고 DNA 합성은 완료되지 못했다.
    (c) 개시가 일어나지 않는다.
    (d) 합성이 매우 늦다.
    (e) 복제 후에도 초나선 가닥이 남는다. 복제가 완료되지 못한다.
22. 유전자 전환(gene conversion)을 정의하고 이 현상이 유전적 재조합과 어떻게 연관이 있는지 설명하여라.
23. DNA 합성에 관여하는 많은 유전자 산물이, DNA 합성을 못하는 돌연변이 *E. coli* 균주들을 연구하면서 처음 발견되었다. (a) *dnaE* 유전자는 DNA 중합효소 III의 α 소단위를 암호화한다. 이 유전자에서의 돌연변이 효과는 어떠할 것으로 기대되는가? 그 균주는 어떻게 유지될 수 있을까? (b) *dnaQ* 유전자는 DNA 중합효소의 ε 소단위를 암호화한다. 이 유전자의 돌연변이에서 기대할 수 있는 효과는?
24. 1994년에는 사람의 암세포주에서 텔로머라아제 활성이 발견되었다. 텔로머라아제는 사람의 체세포 조직에서는 활성이 아님에도 불구하고 이러한 발견은 사람이 텔로머라아제 단백질과 RNA를 가지고 있음을 시사한다. 부적당한 텔로머라아제의 활성화는 암을 일으킬 수 있는데 왜 진화를 통해 사람의 유전체에 이 효소를 암호화하는 유전자들이 유지되고 있다고 생각하는가? 텔로머라아제 활성이 이롭거나 필요하다고 생각되는 사람의 체세포들이 있는가? 설명해 보라.
25. 초파리 *D. melanogaster*의 유전체는 대략 1.7 × 10^8 염기쌍으로 이루어진다. DNA 합성은 초당 약 30 bp의 속도로 일어난다. 초기 배아에서, 전 유전체는 5분 내에 복제된다. 이러한 일이 가능하기 위해서는 몇 개의 양방향 복제원점이 필요한가?
26. DNA 복제가 보존적으로 이루어지는 생물이 있다고 하자. 이러한 사실을 분명히 증명할 수 있도록 테일러, 우즈, 휴즈 등과 비슷한 실험을 고안해 보자. 그림 10-5를 참고로 염색분체를 그려보고 이러한 양식의 복제로 예상되는 결과를 그려보라.
27. 모든 생물에서 DNA 중합효소는 신장되는 DNA 가닥의 3′ 말단에 5′ 뉴클레오티드를 첨가한다. 절대로 5′ 말단에는 첨가하지 않는다. 이에 대한 가능한 이유는 대부분의 DNA 중합효소들이, DNA 합성이 3′ 에서 5′ 방향으로 일어나는 경우라면 에너지역학적으로 가능하지 않은, 교정기능을 가지고 있다는 것이다. (a) 만일 DNA 합성이 3′ 에서 5′ 방향으로 합성된다면, DNA 중합효소가 촉매해야 하는 반응을 그려보라. (b) 왜 교정기능이 문제가 될 수 있을지 예상하고 그림의 정보를 고려하라.
28. 한 외계의 생물체가 조사되었다. 이것은 진핵세포의 특징을 나타낸다. DNA 복제가 조사되었는데 두 가지 독특한 점이 드러났다: (1) 오카자키 절편이 없다; (2) 텔로미어 문제는 있다(즉 텔로미어가 짧아진다). 그러나 염색체의 한쪽 말단에서만 텔로미어가 짧아진다. 이들 두 관찰과 부합하는 DNA 모형을 만들어보라.

29. 아래 주어진 서열이 DNA 이중가닥의 한 뉴클레오티드 사슬이라고 가정하라. 그 사슬은 복제 분기에서 하나의 뉴클레오티드가 열려 있다. RNA 시발자의 합성이 밑줄 친 염기에서 시작되고 있다. (a) 만약 RNA 시발자가 8개의 뉴클레오티드로 구성된다면, 염기서열은 어떤 것인가? (b) 완전한 RNA 시발자에서 어떤 뉴클레오티드가 자유로운 3′-OH 말단을 가질 것인가?

3′.....GGCTACC**T**GGATTCA.....5′

30. 다음 그림을 보라. 여기서는 왼쪽의 G1 염색체가 ^{3}H-thymidine에서 1회의 복제를 겪고 있으며 오른쪽의 중기 염색체는 두 개의 염색분체가 표지되었다. 어떠한 복제 모형(보존적, 분산적, 반보존적)이 제거될 수 있는가?

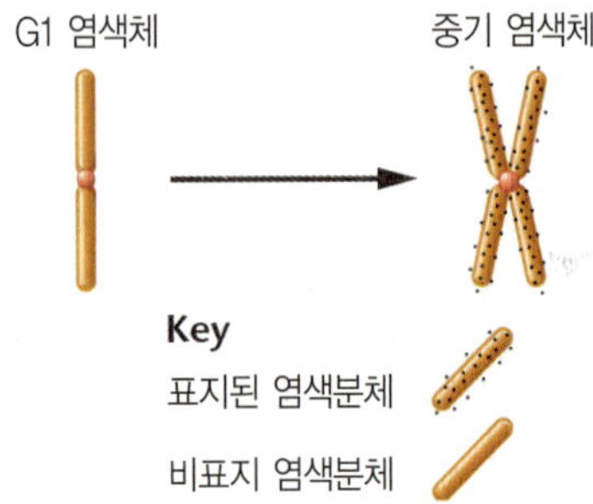

31. 다음에 있는 두 개짜리 뉴클레오티드를 보라. (a) DNA인가, RNA인가? (b) 화살표가 가리키는 곳은 3′ 말단인가, 5′ 말단인가? (c) 그 분자가 비장(spleen)의 디에스테라제(diesterase)에 의해 잘려져 그에 의해 C-5′에 인산기를 연결시키는 공유결합이 파괴되었다고 가정하자. 절단 후에, 어느 뉴클레오티드에 인산기가 붙는가(A 혹은 T)?

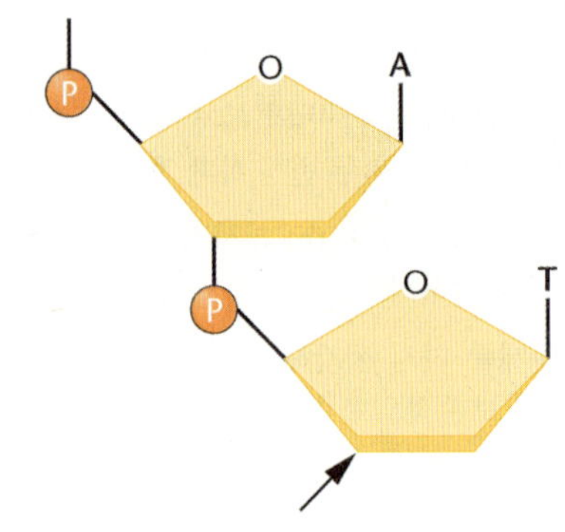

32. DNA가 방사능 ^{3}H-thymidine의 존재 하에서 몇 분 동안에 걸쳐 복제된 후 매우 높은 수준의 방사능을 포함한 배지로 옮겨져 복제가 진행되었다. DNA 합성이 중단되고 DNA는 자기방사법과 전자현미경으로 조사되었다. 다음 제시된 전자현미경상을 보고 DNA 복제와 관련한 가능한 한 많은 해석을 달아보라.

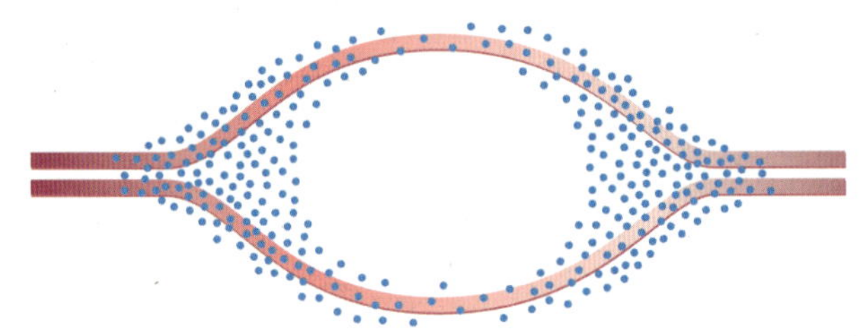

정답 Solutions to Problems and Discussion Questions

2. 대장균의 DNA 중 염기들을 무거운 동위원소 ^{15}N를 이용하여 표지하면, "예전" 가닥의 DNA를 "따라갈" 수 있다.

4. (a) 보존적 복제가 이루어진다면, 새로 표지된 모든 DNA가 하나의 자매염색분체로 들어가는 반면, 다른 자매염색분체는 표지되지 않은 채로 남을 것이다. (b) 분산적 복제 시스템 하에서는, 새로 표지된 모든 DNA가 표지되지 않은 DNA와 함께 섞일 것이다. 두 자매염색분체들은 균등하게 표지된 구조물로 나타날 것이다.

6. 시험관내 복제를 위해서는 DNA 주형, 이중가닥 부분을 만들기 위한 시발자(프라이머), 2가 양이온(Mg^{++}), 그리고 네 가지 데옥시리보뉴클레오시드 삼인산들, 즉 dATP, dCTP, dTTP와 dGTP이 필요하다. 소문자 "d"는 데옥시리보오스 당을 뜻한다.

8. 몇 가지 분석적 접근으로 DNA 중합효소 I의 산물이 주형 DNA의 사본일 것일 수 있음을 알게 되었다. 처음엔 주형과 산물의 염기 조성을 비교하였다. 실험 오류 범위 내에서, 자료들은 DNA가 매우 정확하게 복제되었음을 강하게 시사하는 것이었다.

10. 생물학적으로 활성인 DNA란, DNA가 세포나 생물의 전형적인 대사 활성을 지지할 수 있어야 하고, 신뢰할 수 있는 증식이 가능하도록 해야 함을 뜻한다.

12. 주형 상에서는 어떤 것도 DNA 합성을 개시할 수 없으나, 아래 그림에서와 같이 주형가닥이 있다고 생각하면, 기존의 DNA 가닥을 신장시키는 것은 모두 가능하다. 뉴클레오티드의 중합은 5′에서 3′ 방향으로 일어나고 여기서 5′ 말단의 인산기가 자라나는 폴리뉴클레오티드의 3′ 말단에 추가된다.

세 효소 모두 크고 복잡한 복합체로 분자량이 100,000달톤을 넘고, 3′에서 5′ 방향으로의 엑소뉴클레아제 활성을 갖는다.

DNA 중합효소 I:
- 중합
- 3′-5′ 엑소뉴클레아제 활성
- 5′-3′ 엑소뉴클레아제 활성

다량으로 존재
비교적 안정적
RNA 시발자 제거

RNA 중합효소 II:
중합
3′- 5′ 엑소뉴클레아제 활성
수선 기능에 관여할 것

DNA 중합효소 III:
중합
3′- 5′ 엑소뉴클레아제 활성
복제에 필수적
복합 분자

14.

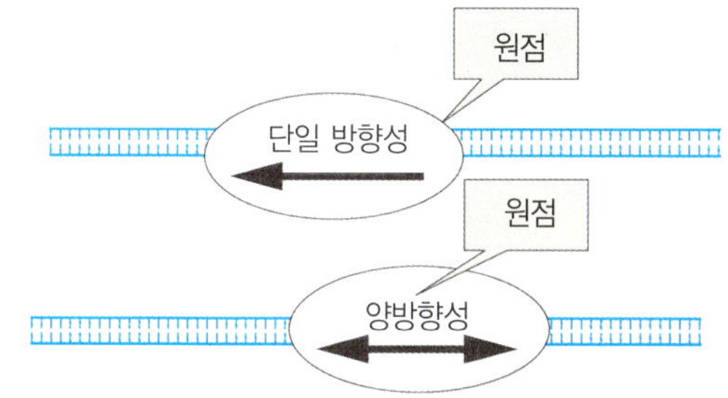

16. 오카자키 절편들은 비교적 짧은(원핵세포에서는 1000~2000 bp) DNA 단편으로 DNA 복제 중에 지체가닥 상에서 불연속적으로 합성된다. DNA 리가아제는 중합효소 I이 RNA 시발자를 제거하여 생긴 틈에서 인산이에스테르 결합을 만들 때 필요하다. 시발자 RNA는 RNA 프리마아제에 의해 형성되어 DNA 주형 상에서 DNA 가닥의 합성 개시 지점으로 작용한다.

18. 진핵성 DNA는 대장균의 것과 비슷한 방식으로 복제된다. 합성은 양방향성이고 한쪽 가닥은 연속적으로, 다른 가닥은 불연속적으로 일어나며, 합성에 필요한 것들(네 가지 데옥시리보뉴클레오시드 삼인산, 2가 양이온, 주형, 그리고 시발자)도 동일하다. 진핵세포의 오카자키 절편들은 세균의 것보다 약 1/10의 크기이다. 복제되어야 할 DNA의 양이 훨씬 많고 DNA 복제가 느리기 때문에, 원핵세포의 단일 복제 시작점과는 대조적으로 진핵세포의 복제 시작점은 여러 곳에 존재한다(그리고 세포당 DNA 중합효소의 양도 많다). 복제는 S기의 서로 다른 시기 중에 서로 다른 지점에서 시작된다.

20. (a) 약 4,000,000 bp.

(b) 1.3 mm

22. 유전자 전환은 지금은 미스매치된 염기에 따른 이형이중체 형성의 결과로 간주된다. 이러한 미스매치들이 교정되면, “전환”이 발생한다.

24. 텔로머라아제 활성은 세대를 거치면서 텔로미어 길이를 유지해야 하는 생식세포에 존재한다.

26. 만약 복제가 보존적이라면 처음 방사 사진은 아래 그림과 같이 중기 염색체의 한쪽 염색분체에서만 균일하게 표지되어 분포하는 것으로 보일 것이다.

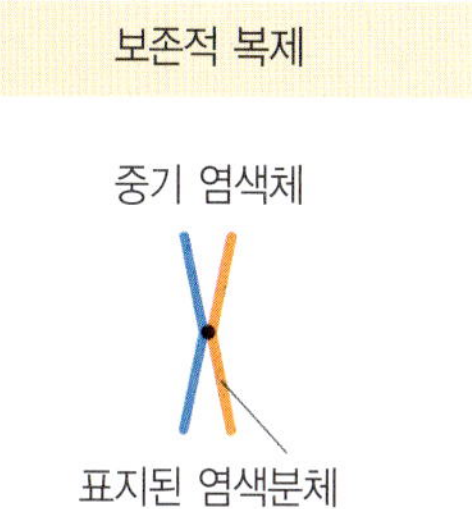

28. 만약 DNA가 이중나선 안에서 평행한 가닥들을 포함하고 있고 중합효소가 그러한 평행가닥들을 수용할 수 있었다면, 연속적 합성만이 이루어지고 오카자키 절편들은 생기지 않을 것이다. 텔로미어 문제는 한쪽 끝에서만 발생할 것이다. 몇 가지 다른 가능성들도 존재한다. 만약 DNA 가닥들이 완전한 단일가닥들로 복제된다면 합성은 반대편의 자유 말단들에서 시작될 수 있을 것이다. 그리고, 만약 DNA가 단일가닥으로만 존재한다면, 같은 결과가 발생할 것이다.

30. 보존적 복제 기구가 제거될 수 있다.

32. 첫째, 표지가 그 구조의 양쪽에 분포하므로, 복제는 양방향성일 것이다. 둘째, 위쪽과 아래 부분 양쪽 모두 표지 부분을 포함하므로, 합성에 대한 제한은 분명하지 않다. 중앙에 낮은 밀도의 입자들이 분포하는 것은 복제가 중앙에서 시작되어 바깥쪽을 향해 양쪽 방향으로 균일하게 진행된다는 것을 시사한다.

CHAPTER

11 염색체 구조와 DNA 서열의 조직화

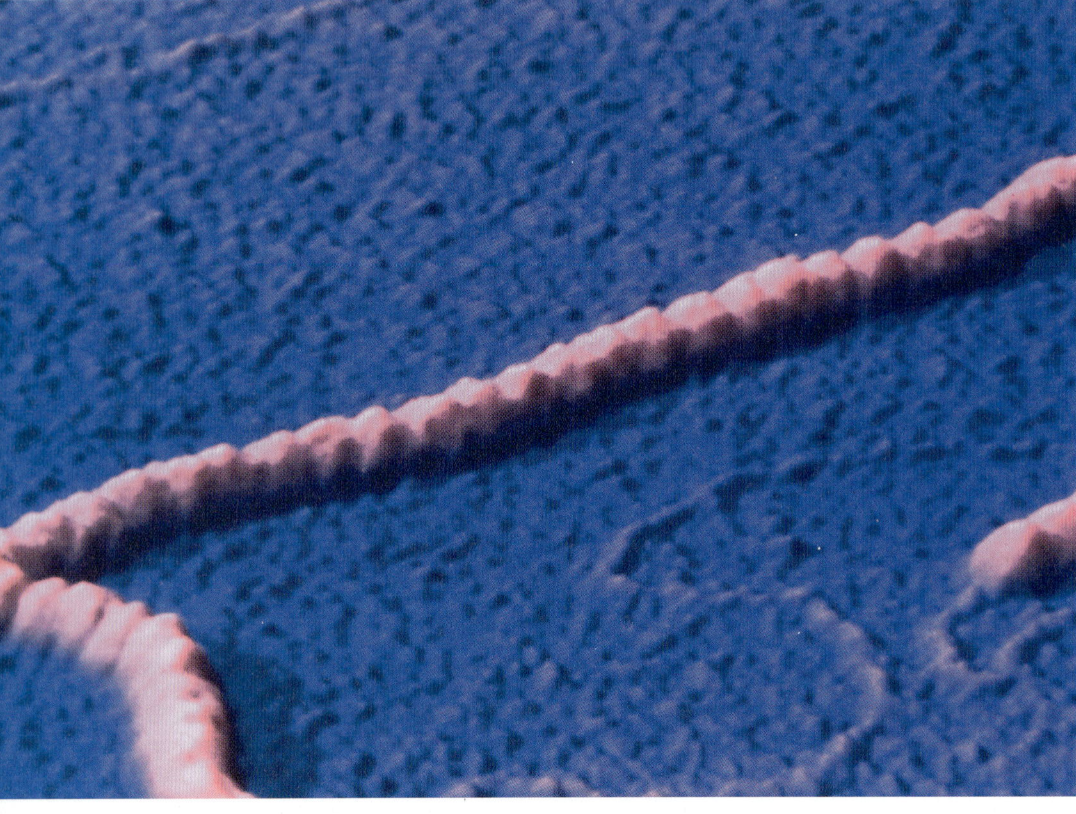

주사전자현미경(STEM)을 사용한 크로마틴 섬유(염색사)의 사진

단원 개념

- 바이러스, 세균, 미토콘드리아, 그리고 엽록체의 유전정보들은 대부분 짧은 환형 DNA 분자들에 포함되어 있으며, 대체로 관련 단백질이 결여되어 있다.
- 세균이나 바이러스들과는 대조적으로, 진핵세포들은 비교적 많은 양의 DNA를 포함하며, 이들 DNA는 뉴클레오좀으로 조직화되어 있고 대부분의 세포주기 중에 염색사로 존재한다.
- 분열과정 중에는, 간기의 특징인 풀린 염색사들이 꼬이고 응축되어 염색체가 된다.
- 진핵성 유전체들은 독특한 서열과 반복성 DNA 서열 두 가지가 특징적이다.
- 대부분의 진핵성 유전체들은 비암호성 DNA 서열들로 구성된다.

일단 유전학자들이 DNA가 유전정보를 함유하고 있다는 것을 이해하게 되자, 어떻게 DNA가 유전자로 조직되며 어떻게 이 기능적인 유전의 기본 요소들이 염색체로 조직화되는지를 결정하는 것이 매우 중요해졌다. 간단히 말해, 주요 질문은 어떻게 유전물질들이 생물들의 유전체로 조직화되느냐에 관한 것이다. 이러한 질문에 지대한 관심이 표명되는 것은, 유전물질의 조직화와 연계 분자들에 대한 지식은 유전학의 다른 많은 분야들을 이해하는 데 있어 매우 중요하기 때문이다. 예를 들어, 유전정보가 저장, 발현되고, 조절되는 방법은 유전 분자인 DNA의 분자적 구조와 반드시 연관되어 있다. 서로 다른 생물체들–바이러스, 세균, 그리고 진핵생물에 이르기까지–에서 유전체의 조직화가 얼마나 다양한가 하는 것은 지구생물의 진화에 대해 더 많은것을 알 수 있게 해준다.

이 장에서는 DNA가 염색체로 조직화되는 다양한 방법들에 초점을 맞추고자 한다. 우선 바이러스 및 세균의 염색체와, 두 가지 세포성 소기관인 미토콘드리아와 엽록체에 대해 알려진 것들을 훑어보도록 하자. 그리고 초파리 침샘의 거대염색체와 램프브러시 염색체라는 거대하게 특수화된 구조에 대해서도 알아보도록 하자. 이 장의 뒷부분에서 우리는 어떻게 진핵세포의 유전체가 구성되는지 논의하게 될 것이다. 예를 들어, DNA와 단백질이 어떻게 크로마틴을 구성하는지, 어떻게 간기에 특징적인 크로마틴 섬유들이 체세포분열과 감수분열시에 눈에 보이는 구조인 염색체로 압축되는지 등이다. 그리고 진핵세포의 유전체에 특징적인 DNA 서열의 조직화에 대해 알아봄으로써 이 장을 마치게 될 것이다.

학습 방법

이 장에서는 염색체의 구조와 DNA가 염색체 내로 조직화되는 방법에 대해 초점을 맞출 것이다. 여러분이 이러한 주제를 공부할 때에는, 다음과 같은 몇 가지의 기본적인 질문에 답하려고 노력해야 할 것이다.

1. 염색체에 대해 어떻게 그렇게 많이 알게 되었는가?
2. 미토콘드리아와 엽록체가 DNA를 포함한다는 것은 어떻게 알 수 있는가?
3. 다사 염색체에서 퍼프가 활동적인 전사부위라는 것은 어떻게 알 수 있는가?
4. DNA가 고작 2 nm의 지름임을 감안한다면, DNA가 염색체로 조직화되는 것에 대해서는 어떻게 알 수 있는가?
5. 진핵생물에서의 부수체 DNA가 반복서열들로 구성되며 동원체 영역으로부터 유래한다는 것은 어떻게 알 수 있는가?

11.1 바이러스와 세균의 염색체들은 비교적 단순한 DNA 분자들이다

진핵세포와 비교하면 바이러스와 세균의 염색체들은 훨씬 덜 복잡하다. 더 높은 수준의 여러 염색체가 유전체를 구성하는 것과는 달리, 그들은 보통 하나의 핵산 분자로 이루어져 있다. 그것들은 보통 연관 단백질들이 결여되어 있으며, 유전정보가 비교적 적은 편이다. 이러한 특징들 때문에 분석하기가 쉬워서, 지금 우리는 바이러스와 세균의 염색체 구조에 대해 상당히 많은 부분을 이해하고 있다.

바이러스의 염색체들은 한 가닥 혹은 두 가닥으로 이루어진 DNA나 RNA로 이루어진다. 그것들은 환형 구조로 존재하거나, 선형 분자의 형태를 취할 수도 있다. **φX174 박테리오파아지**의 한 가닥 DNA와 **폴리오마 바이러스**(polyoma virus)의 이중가닥 DNA들은 환형으로, 성숙한 바이러스 외피 단백질 안에 들어 있다. 한편, **박테리오파아지 람다(λ)**는 감염 전에는 선형의 이중가닥 DNA 분자 형태를 취하고 있으며 숙주세포에 감염되면 링 모양으로 닫힐 수 있다. T-짝수 파아지처럼 어떤 바이러스들은 세균 숙주 안에서 환 구조가 아닌 선형의 이중가닥을 가진다. 그러므로 링을 만드는 것은 어떤 바이러스의 복제에서는 반드시 필요한 것이 아닐 수도 있다.

바이러스의 핵산 분자는 전자현미경 사진으로 볼 수 있다. 그림 11-1은 성숙한 박테리오파아지 λ로, 이중가닥 DNA가 환형 구조를 형성하는 것을 보여준다. 바이러스, 세균, 진핵세포들에 의해 공유되는 한 가지 일정한 특징은 지나치게 긴 DNA를 상대적으로 적은 부피로 포장할 수 있는 능력이다. λ에서는, DNA 길이가 17 μm나 되므로 파아지 머리로 들어가기 위해서는 어느 쪽이든 0.1 μm 미만으로 줄여야 한다. 표 11.1은 몇 가지 바이러스 염색체의 길이와 그들의 머리구조 크기를 비교한 것이다. 각 경우에서, 비슷한 포장기술이 사용되고 있다. 우리는 파아지 T2의 크기와, 그림 11-2의 바이러스 입자와 DNA의 현미경상을 비교할 수 있다. 바이러스 머리의 가능한 공간은 염색체 부피보다 두 자릿수 이상을 거의 넘지 않는다. 많은 경우에서 거의 대부분 공간이 꽉 차게 되는데 이것은 거의 완벽한 포장이 이루어지고 있음을 뜻한다. 일단 머리에 포장이 되면, 유전물질은 숙주세포로 방출될 때까지 기능적으로 불활성화된 상태가 된다.

세균의 염색체들은 형태적으로는 비교적 단순하다. 그들은 항상 두 가닥의 DNA 분자로 구성되며, 때때로 **핵양체**(nucleoid)라는 구조로 압축된다. 대장균(*E. coli*)은 가장 광범위하게 연구된 세균으로, 커다랗고 환형인 염색체를 가지는데 대략 그 길이는 1200 μm(1.2 mm)가 된다. 세포를 부드럽게 녹여서 염색체가 흘러나오도록 하면, 전자현미경으로 그것을 볼 수 있게 된다(그림 11-3).

세균 염색체의 DNA는 여러 가지 형태의 **DNA-결합 단백질**(DNA-binding protein)과 연결되어 있다. **HU**와 **H1 단백질**이라는 두 단백질은 작지만 세포 안에 풍부하게 존재하며, 양으로 하전된 아미노산을 많이 포함하고 있어서, DNA 인산 그룹의 음전하에 전기적으로 달라붙을 수 있다. 이 단백질들은 진핵세포의 DNA에 연계된 히스톤 단백질과 구조적으로 유사하긴 하지만 DNA를 포장하는 데 있어서 비슷한 역할을 하는 것은 아니라는 것이 확실하다. 바이러스 머리에 들어 있는 치밀하게 포장된 염색체와는 달리, 세균의 염색체는 기능적으로 불활성 상태는 아니므로 곧 복제되고 전사될 수 있다.

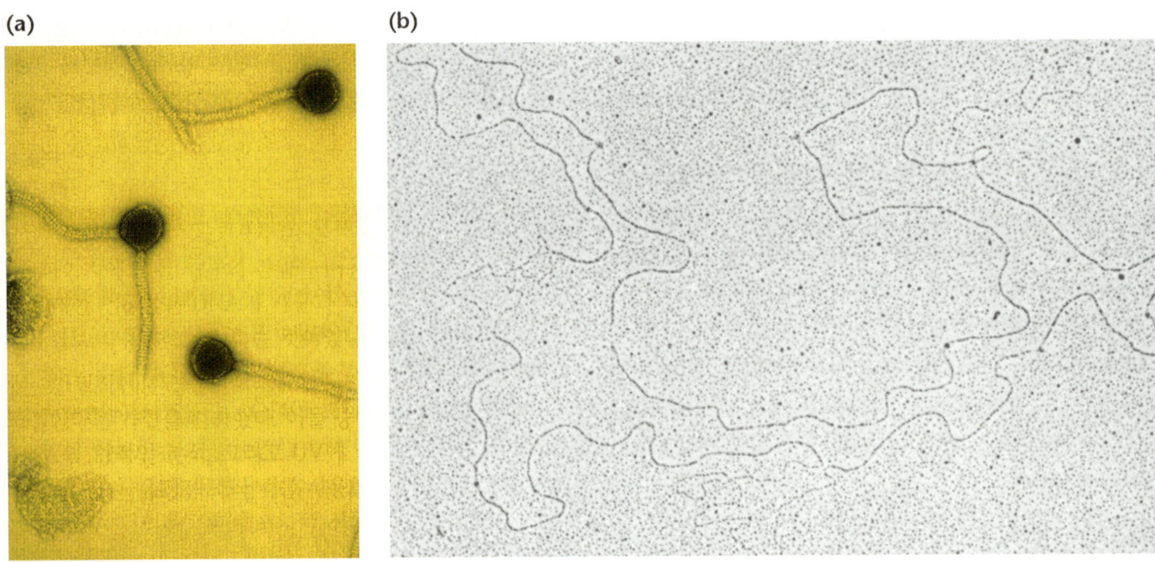

그림 11-1 람다 파아지의 전자현미경 사진(왼쪽)과 그로부터 분리된 DNA(오른쪽). 이 염색체는 17 μm 길이다. 파아지가 이 DNA보다 약 5배 정도 더 확대되어 있음에 유의하라.

표 11.1 대표적인 바이러스와 세균의 유전물질

		핵산			
	생물	형태	SS 혹은 DS*	길이 (μm)	바이러스 머리 혹은 세균의 전체적인 크기 (μm)
바이러스	ϕX174	DNA	SS	2.0	0.025 × 0.025
	Tobacco mosaic virus	RNA	SS	3.3	0.30 × 0.02
	Phage λ	DNA	DS	17.0	0.07 × 0.07
	T2 phage	DNA	DS	52.0	0.07 × 0.10
세균	*Haemophilus influenzae*	DNA	DS	832.0	1.00 × 0.30
	Escherichia coli	DNA	DS	1200.0	2.00 × 0.50

*SS = single-stranded, DS = double-stranded.

이 문제를 풀어보자

272페이지의 2번 문제는 박테리오파아지의 선형 염색체에 관한 것으로 이들은 세균 숙주에 진입하면 환형이 된다. 복제과정에서 선형보다는 환형이 가지는 이점은 무엇인가 생각해 보라.

힌트: 10장에서, 진핵세포의 복제에 텔로머라아제가 필요했음을 상기하라.

11.2 미토콘드리아와 엽록체는 세균이나 바이러스와 유사한 DNA를 포함한다

많은 연구들이 **미토콘드리아**(mitochondria)와 **엽록체**(chloroplast)가 그들 자신의 DNA와, 이 정보를 발현하기 위한 유전적 체계를 갖고 있음을 증명한다. 이러한 사실은 이들 소기관과 관련된 바뀐 표현형을 만들어 내는 효모와 몇몇 곰팡이, 그리고 식물들의 돌연변이들을 발견함으로써 처음 제시되었다(4장을 보라). 그러한 형질의 전달은 핵의 염색체가 아니라 세포질을 통하는 것으로 나타난다. 미토콘드리아와 엽록체 모두가 대부분의 생물들에서 세포질을 통해 유전되므로 이러한 관찰들은 이들 소기관이 자신의 DNA를 가지며, 돌연변이를 일으키고, 나아가 변화된 표현형을 만들 것이라는 주장이 제시되었다.

그러므로 유전학자들은 이들 소기관에서 DNA의 존재에 대한 좀 더 직접적인 증거를 찾기 시작했다. 전자현미경학자들은 이 두 소기관에서 DNA의 존재를 밝혔을 뿐 아니라 이 소기관들이 진핵세포들의 핵에서 관찰되는 것과는 좀 다른 형태의 DNA를 가지고 있음을 보여주었다. 이 DNA들은 바이러스나 세균의 것과 비슷했다. 다른 관찰들과 함께, 이러한 유사성은 미토콘드리아나 엽록체가, 산소호흡과 광합성을 할 수 있었던 원핵생물과 유사한 자유생활체 형태로, 수백만 년 전에 독립적으로 발생한 것이라는 생각을 이끌었다. 이러한 가설은 린 마굴리스(Lynn Margulis)와 그 외 다른 학자들에 의해 옹호되었으며 '**세포내 공생 가설**(endosymbiotic hypothesis)'이라고 불린다. 이 가설은 원핵생물

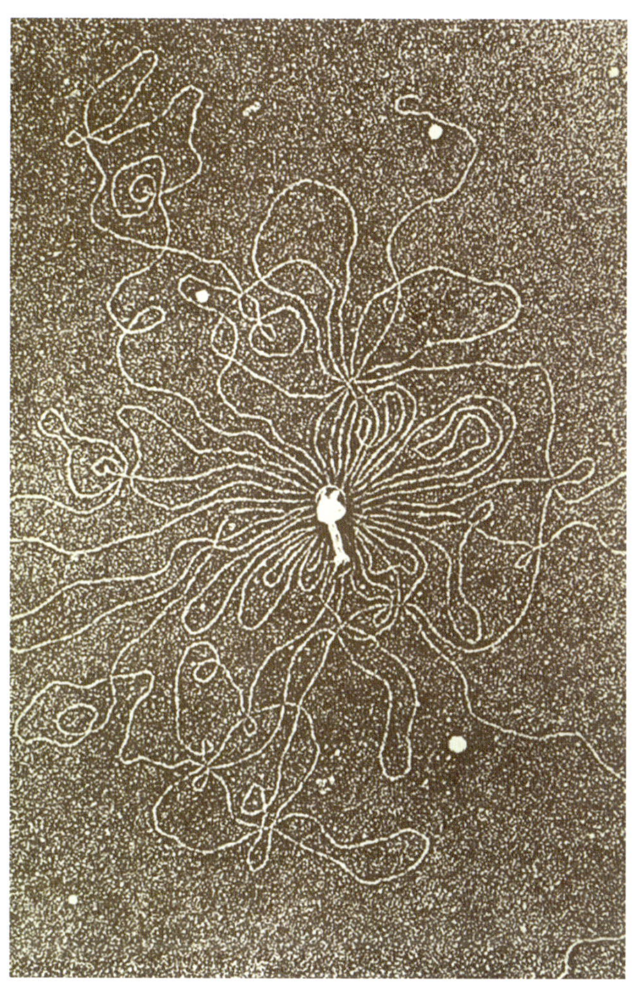

그림 11-2 박테리오파아지 T2의 전자현미경 사진. 삼투 충격으로 DNA가 빠져나와 있다. 이 염색체의 길이는 52 μm 길이다.

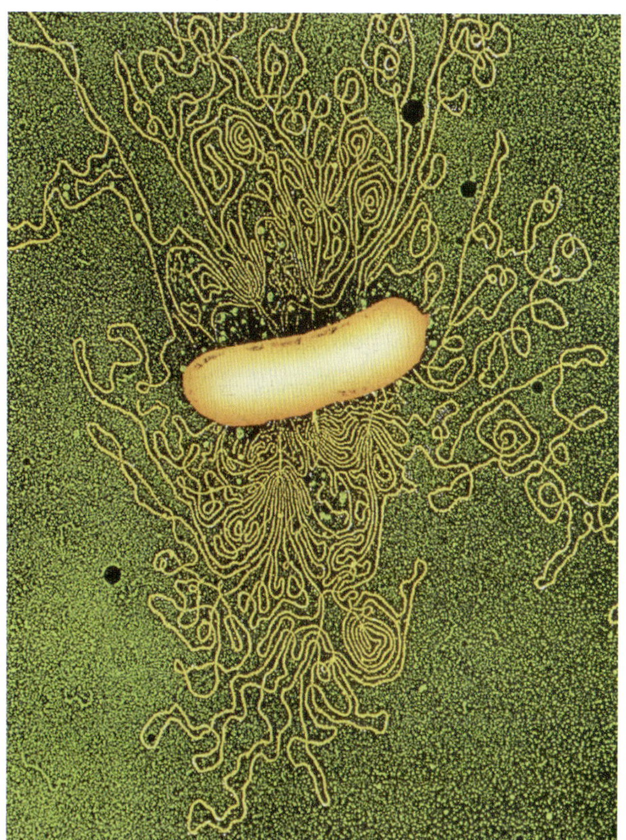

그림 11-3 세균인 *Escherichia coli*의 진자현미경 사진. 삼투 충격으로 그 DNA가 빠져나와 있다. 이 염색체의 길이는 1,200 μm 길이다.

들이 보다 크고 생물에너지 기작이 없는 원시 진핵세포에 삼켜졌다고 주장한다. 공생관계가 이 원핵성 생물체들이 독립적으로 기능할 수 있는 능력을 상실시킨 반면, 진핵성 숙주세포는 산소호흡을 하거나 혹은 광합성을 할 수 있는 능력을 얻게 되었다. 아직 답이 없는 여러 가지 질문이 남아 있기는 하지만, 이 가설의 기본 주장은 널리 받아들여지고 있다.

다음 절에서는 이들 세포 소기관에서 발견되는 DNA에 대해 알려진 것들을 살펴보고, 이 DNA 분자들에 존재하는 유전자들에 대해 무엇을 알고 있는지도 살펴보도록 하자.

미토콘드리아 DNA의 분자적 구성체계와 유전자 산물들

미토콘드리아 DNA(mtDNA)의 분자적 측면과 유전자 산물들에 대해서는 이제 많은 정보가 알려져 있다. 대부분의 진핵세포에서는 mtDNA가 두 가닥의 닫힌 원 모양으로 존재하는데(그림 11-4), 이들은 반보존적으로 복제되고 진핵 DNA에 특징적인 염색체 단백질들이 없다. 크기 면에서 mtDNA는 생물체마다 상당히 다름이 밝혀졌다(표 11.2). 사람을 포함한 다양한 동물들에서, 그것은 16,000~18,000 bp(16~18 kb)의 길이로 구성된다. 그러나 효모(*Saccharomyces*)에서는 75 kb로 구성되며, 겨자과식물(*Arabidopsis*)의 미토콘드리아는 367 kb에 이르기도 한다. 척추동물들은 그러한 DNA 분자를 세포 소기관당 5~10개를 가지며 식물은 소기관당 20~40 복사본을 가진다.

mtDNA에 대해 몇 가지 말해 둘 것이 있다. 극히 일부의 예외를 제외하고 미토콘드리아에 있는 유전자에는 인트론이 나타나지 않으며, 유전자 반복들도 드물거나 없다. 미토콘드리아 유전자들의 발현은 표준 유전자 암호가 약간 변형되어 사용된다. 복제는 핵 DNA에 의해 암호화되는 효소에 의존적이다. 사람에서, mtDNA는 2개의 리보솜 RNA(rRNA), 22개의 운반 RNA(tRNA), 그리고 이 소기관들의 세포호흡 기능에 필수적인 많은 폴리펩티드들을 암호화한다. 대부분의 경우에, 이 폴리펩티드들은 다사슬 단백질(multichain protein)들의 일부분이고, 각 단백질의 다른 폴리펩티드들은 핵 DNA에 의해 암호화된 것이다. 이들은 세포질에서 합성되고 소기관으로 이동된다. 그러므로 단백질 합성 기구와 세포호흡의 분자 구성성분들은 핵과 미토콘드리아 유전자들에서 공동 유래한 것이다.

예상할 수 있듯이, 이 소기관에서 발견되는 리보솜들은 이웃 세포질에 존재하는 것들과는 다르다. 표 11.3은 서로 다른 종들의 미토콘드리아 리보솜이 그 침강계수가 55S에서 80S까지 다양함을 보여준다. 많은 것들이 진핵세포보다는 세균의 것과 그 수가 비슷하므로 이것도 세포내 공생가설을 지지하는 것이 된다.

미토콘드리아 내의 생물학적 활성에 필수적인, 핵에서 암호화

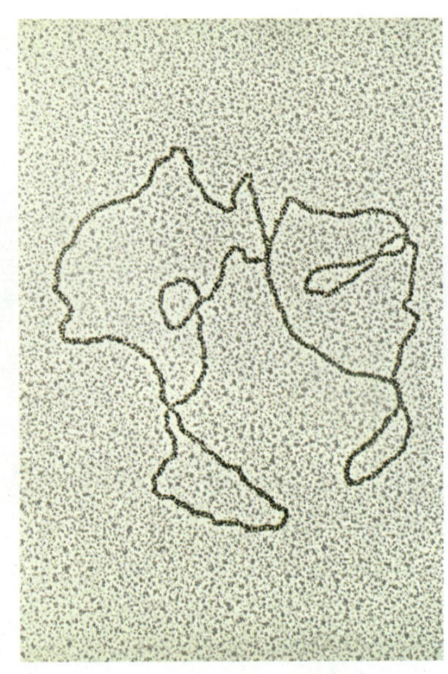

그림 11-4 *Xenopus laevis*로부터 얻은 미토콘드리아 DNA(mtDNA)의 전자현미경 사진.

표 11.2 여러 생물체에서 발견되는 mtDNA의 크기

생물	크기 (kb)
Human	16.6
Mouse	16.2
Xenopus (개구리)	18.4
Drosophila (초파리)	18.4
Saccharomyces (효모)	75.0
Pisum sativum (완두)	110.0
Arabidopsis (애기장대)	367.0

된 유전자 산물들에는, DNA와 RNA 중합효소, 전사를 위한 개시 및 신장인자, 리보솜 단백질, 아미노아실 tRNA 합성효소, 그리고 여러 개의 tRNA 종들이 포함된다. 비록 두 세트(세포질과 미토콘드리아의 것)가 모두 핵 유전자에 의해 암호화된다고 하더라도 이들 소기관 안으로 옮겨지는 구성성분들은 그들의 세포질 대응물과 달리 독특하다. 예를 들어, 미토콘드리아의 tRNA 분자들에 아미노산을 붙이는 합성효소(synthetase)들(번역에 필수적인 과정)은, 세포질의 tRNA보다는 미토콘드리아 tRNA에 대해 특징적인 친화도를 나타난다. 비슷한 친화도가 개시인자나 신장인자에서도 나타난다. 게다가 세균성 혹은 핵의 RNA 중합효소들이 여러 소단위의 복합체인 데 반해, 미토콘드리아의 변형체는 한 개의 폴리펩티드 사슬로 구성된다. 이 중합효소는 보통 세균의 RNA 합성을 저해하는 항생제에는 감수적이지만 진핵세포의 RNA 합성 저해제에는 영향을 받지 않는다. 핵과 미토콘드리아의 유전자 산물의 기여과정이 그림 11-5에 나와 있다.

표 11.3 미토콘드리아 리보솜의 침강계수들

생물계	예	침강계수 (S)
동물계	척추동물	55~60
	곤충	60~71
원생동물계	유글레나	71
	테트라하이메나	80
균계	뉴로스포라	73~80
	효모	72~80
식물계	옥수수	77

엽록체 DNA의 분자 구성체계와 유전자 산물들

엽록체는 미토콘드리아처럼, 핵이나 세포질에서 발견되는 것과는 다른 자동성 유전적 체계를 가진다. 이러한 시스템은 유전정보의 근원으로서의 DNA와, 완전한 단백질 합성 기구들을 포함한다. 그리고 미토콘드리아에서의 상황과 마찬가지로, 엽록체 번역 기구들의 분자 구성성분들은 핵과 이 소기관의 유전정보로부터 공동으로 유래한 것이다. **엽록체 DNA**(cpDNA)가 그림 11-6에 나와 있다. 이들은 미토콘드리아의 DNA보다 훨씬 커서 100~225 kb의 길이로 되어 있다. 그럼에도 불구하고, 이들은 원핵세포에서 발견되는 DNA와 유사점을 공유한다. 환형으로 되어 있고 이중가닥이며 반보존적으로 복제되고 진핵세포 DNA에 특징적인 관련 단백질들이 없다는 것이다. 같은 생물의 핵 DNA와 비교하면, 밀도와 염기 조성에 있어서 항상 다르다.

녹조류인 클라미도모나스(*Chlamydomonas*)에서는 하나의 세포 소기관당 약 75개 사본의 엽록체 DNA가 들어 있다. 각 사본은 195 kb의 길이다. 스위트 피(sweet pea) 같은 고등식물에서도 하나의 소기관 내에 다수의 DNA 분자가 존재하지만 길이는 클라미도모나스 것보다 좀 작은 134 kb이다. 재미있는 것은 클라미도모나스에서 다수의 사본 DNA 간의 유전적 재조합이 관찰된다는 것이다.

엽록체의 몇몇 유전자 산물은 번역과정에 참여한다. 고등식물 다수(콩, 상추, 시금치, 옥수수, 귀리 등)에서 5*S*와 16*S*, 23*S* rRNA의 리보솜 RNA를 암호화하는 두 세트의 유전자가 존재한다. 부가적으로, 엽록체의 DNA는 적어도 25종의 tRNA와, 많은 엽록체 리보솜에 특이적인 리보솜 단백질들을 암호화한다. 이들 리보솜은 70*S*보다 약간 작은 침강계수를 가져 세균의 것과 유사하다. 비록 엽록체 리보솜 단백질들이 핵과 엽록체 DNA 둘 다에 의해 암호화되지만 전부는 아니라도 대부분의 그런 단백질들은 세포질 내의 리보솜을 이루는 상응 단백질들과는 매우 다르다.

광합성 기능에 특수화된 또 다른 엽록체 유전자들이 규명되어 왔다. 이들 유전자에서의 돌연변이들은 이러한 돌연변이를 가진 엽록체의 광합성을 불활성화시킬 수 있다. 주요 광합성 효소 중 하나가 리불로오스-1-5-이인산 카르복실화 효소(ribulose-1-5-bisphosphate carboxylase, RuBP)다. 재미있게도, 이들 효소의 대단위 구성성분이 cpDNA에 의해 암호화되는 반면, 작은 소단위는

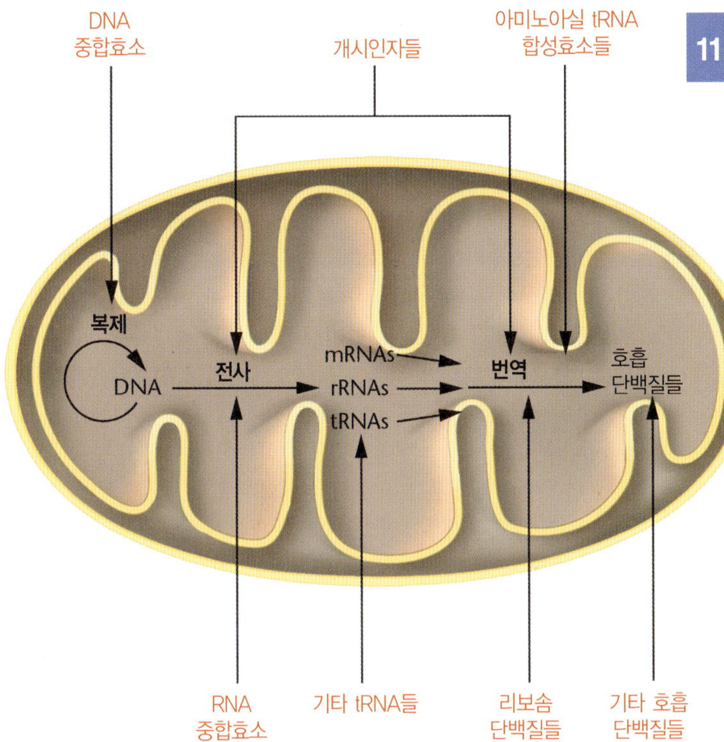

그림 11-5 미토콘드리아의 기능에 필수적인 유전자 산물들. 이 소기관으로 들어오는 것으로 표현된 물질들은 세포질에서 유래한 것으로 핵에 의해 암호화된다.

핵의 유전자에 의해 암호화된다는 것이다.

mtDNA에 비해 cpDNA의 크기가 상대적으로 증가한 것은 유전자 숫자가 많기 때문이다. 그러나 가장 큰 차이는 많은 DNA 서열이 중복되어 있을 뿐 아니라 비암호화 서열이 존재하기 때문인 것으로 생각된다. 이러한 관찰은 엽록체와 미토콘드리아가 원시 진핵세포에 침입한 이후에 서로 독립적으로 진화했음을 시사하는 것이다.

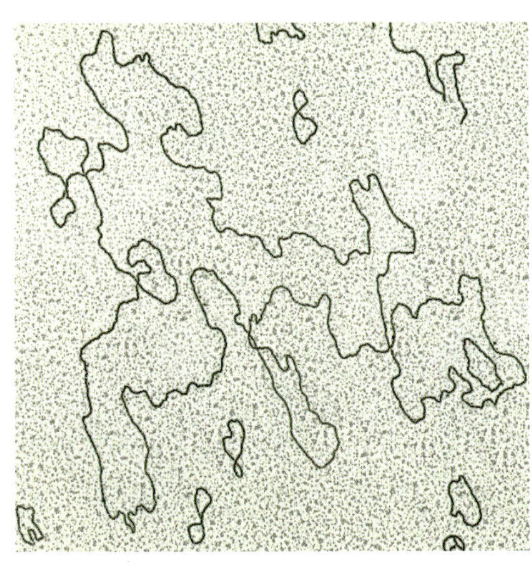

그림 11-6 상추(lettuce)에서 얻은 엽록체 DNA의 전자현미경 사진.

11.3 특수화된 염색체들은 DNA의 다양한 조직화를 보여준다

이제 염색체가 취하는 두 가지 특별한 형태의 유전적 구성에 대해 생각해 보기로 하자. 두 형태란 **다사염색체**(polytene chromosome)와 **램프브러시 염색체**(lampbrush chromosome)를 말하는 것으로, 이들은 굉장히 크기 때문에 간기의 크로마틴과 기타 분열기 염색체들이 어떻게 형성되는지를 이해하기 훨씬 전부터, 그들의 구성을 광학현미경을 사용하여 구별할 수 있을 정도였다. 이 염색체들에 대한 연구는 유전정보의 배열과 기능에 대한 많은 초기 통찰을 제공했다.

다사염색체

거대한 **다사염색체**(polytene chromosome)는 몇몇 파리 유충, 원생동물, 그리고 식물의 다양한 조직들(침샘, 장, 직장, 그리고 말피기 분비소관)에서 발견된다. 그러한 구조는 1881년 E. G. 발비아니(E. G. Balbiani)에 의해 관찰되었다. 이러한 유전적 구조에 대한 연구들로부터 방대한 양의 정보들이 얻어졌으며, 이는 염색체의 관찰을 위한 모델 시스템을 제공하였다. 다사염색체에 대해 특별히 호기심을 자극하는 것은, 그들이 간기세포의 핵에서 보인다는 것이다.

각 다사염색체의 길이는 200~600 μm 정도다. 그리고 광학현미경 하에서 관찰하면, 각 다사염색체는 교대로 나타나는 줄무늬와 줄무늬 사이가 직선으로 늘어서 있음을 보여준다(그림 11-7). 이러한 줄무늬 패턴은 주어진 생물종의 각 염색체에 특징적이다. 각 줄무늬들은 때론 **염색립**(**크로모미어**, chromomere)이라고 불리는데, 이것은 염색체의 축을 따라 일어나는 유전물질들의 후기 응축을 설명하는 좀 더 일반적인 단어다.

전자현미경과 방사성 추적자를 사용한 광범위한 연구를 통해 이들 염색체의 특이한 외형을 설명할 수 있게 되었다. 첫째로, 다사염색체는 쌍을 이룬 상동염색체들이다. 이것은 대부분의 생물체들에서는 상당히 특이한 일인데, 그 이유는 이들이 체세포들에서 발견되고, 체세포는 염색체의 물질이 정상적으로는 크로마틴 상태로 퍼져 있으며 상동염색체들이 쌍을 짓지 않기 때문이다. 둘째, 그들의 커다란 크기와 특이성은 그들을 구성하는 여러 가닥의 DNA에 기인한 것이다. 이들 쌍을 이룬 상동염색체들의 DNA는 여러 번의 복제를 거친 것이지만, 가닥의 분리나 세포질분열을 수반하지 않는다. 복제가 진행됨에 따라 1,000~5,000줄의 DNA 가닥이 이루는 염색체는 나란한 상태로 남아 있게 된다. 분명히, 그 많은 DNA 가닥들이 나란히 있는 것은 염색체 축을 따라 독특한 줄무늬를 형성하게 할 것이다.

다사염색체의 구조와 그들 안에 포함된 유전자들의 관계는 매우 흥미로운 것이다. 줄무늬의 존재는 처음에는 각 유전자들의 눈에 보이는 모양으로 해석되었다. 유전적 활성이 일어날 때 줄무늬에 존재하는 가닥들이 국부적으로 풀리는 현상이 발견되었는데, 이는 이러한 견해를 더욱 확고히 하였다. 그러한 풀림 현상은 그

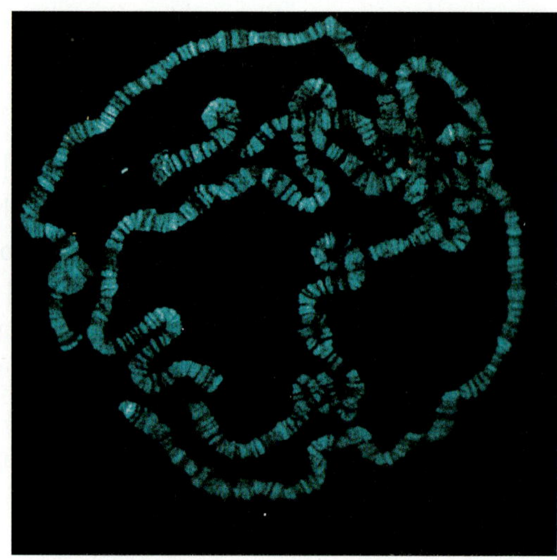

그림 11-7 초파리의 침샘세포에서 얻은 다사염색체.

모양 때문에 **퍼프**(puff)라고 불린다(그림 11-8). 퍼프들이 유전자 활성의 가시적 발현(RNA를 만드는 전사)이라는 것은 자기방사법에 의해 조사되는 바와 같이 방사성 표지된 RNA 전구물질들이 빠른 속도로 통합되는 것으로 확실시된다. 퍼프를 이루지 않는 줄무늬들은 방사성 전구물질들의 통합이 미미하거나 거의 없다.

초파리나 모기붙이(midge fly)인 *Chironomus*와 같이, 곤충의 발달과정 중에 생기는 줄무늬들에 대한 연구는 차등적인 유전자 활성이 있음을 드러내었다. 줄무늬 형성의 독특한 유형은, 유전자 활성화와 동일한 것으로, 발달이 진행됨에 따라 관찰된다. 이러한 쟁점을 풀기 위한 시도들에도 불구하고, 얼마나 많은 유전자들이 각 줄무늬에 포함되어 있는지 아직도 불분명하다. 우리는 하나의 줄무늬가 약 10^7 bp의 DNA 정도를 포함하며, 이는 50~100개의 평균 크기 유전자를 암호화하는 데 충분한 양이라는 것을 알고 있을 뿐이다.

이 문제를 풀어보자

272페이지의 8번은 ^{3}H-thymidine에서 배양된 세포의 다사염색체들을 자기방사법으로 관찰한 것에 관한 문제다. 결과로 나올 검은 점들의 패턴을 예측하여야 한다.

힌트: ^{3}H-thymidine은 DNA 합성 중에만 통합될 것이다.

램프브러시 염색체

염색체 구조에 대한 통찰을 제공하는 또 다른 특수화된 염색체가 바로 **램프브러시 염색체**(lampbrush chromosome)이다. 이 이름은 그 모양이 19세기에 석유등의 굴뚝을 청소하는 데 사용하는 솔을 닮았기 때문에 붙여진 이름이다. 램프브러시 염색체는 상어의 난모세포에서 1892년에 처음 발견되어, 이제는 몇몇 곤충의 정모세포뿐 아니라 대부분의 척추동물 난모세포의 특징으로 알려져 있다. 그러므로 그들은 생식세포의 감수분열성 염색체(meiotic chromosome)인 것이다. 대부분의 실험들이 양서류의 난모세포로부터 얻어진 물질들을 사용하여 수행되어 왔다.

이들 염색체는 감수분열의 첫 전기인 복사기(diplotene) 시기에 쉽게 난모세포에서 분리될 수 있으며, 여기서 이들은 발생 중인 세포의 대사활성을 지시하는 활성화된 상태다. 상동염색체들은 키아즈마타에 의해 서로 붙들려 쌍을 이루고 있는 것으로 보인다. 그러나 대부분의 감수분열 염색체들처럼 응축되는 대신에 이들 램프브러시 염색체는 종종 길이가 약 500~800 μm까지 늘어난다. 감수분열 후기에 이들은 정상적인 길이인 15~20 μm로 바뀐다. 이러한 관찰에 기초하여 램프브러시 염색체들은 정상적인 감수분열 염색체들의 확장 및 풀림 상태로 해석되었다.

램프브러시 염색체들의 두 가지 상이 그림 11-9에 나와 있는데 이것들이 어떻게 생긴 것인지에 형상에 대한 중요한 통찰을 제공한다. (a)부분은 광학현미경 하에서의 감수분열 모양새를 보여준다. 각 구조물의 일직선 축은 많은 수의 응축된 부분을 포함하는데 이것은 다사염색체에서와 같고 일반적인 염색체로 간주될 수 있다. 각 **염색립**(chromomere)에서 뻗어져 나온 것은 한 쌍의 옆쪽 고리들로 이것들 때문에 염색체의 모양이 특이한 형태가 된다. (b)부분의 주사전자현미경 사진은 하나의 염색체 축에 존재하는 **측면 고리**(lateral loop)들을 보여준다. 다사염색체의 줄무늬와 같이 각 고리에는 하나의 유전자를 암호화하는 데 필요한 것보다 훨씬 많은 DNA가 존재한다. 이 주사전자현미경 사진은 염색립들과 그들로부터 뻗어 나온 염색사(크로마틴 섬유)들에 대한 확실한 상을 제공하고 있다. 중심축이 두 개의 DNA 이중나선으로 이루어져 있는 반면, 각 염색사 고리들은 하나의 DNA 이중나

그림 11-8 다사염색체 내의 퍼프(puff) 사진. 옆의 도해는 B 밴드 부위(B) 내의 풀린 가닥들이 다사염색체에서 퍼프(P)를 형성한 것을 나타낸다. 밴드 사이의 부위(IB)도 표지되었다.

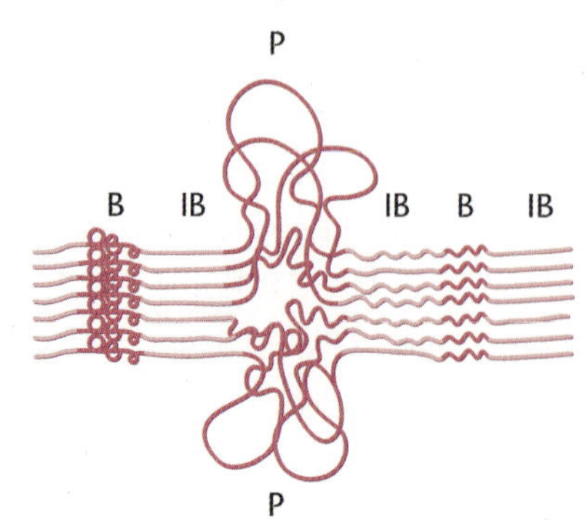

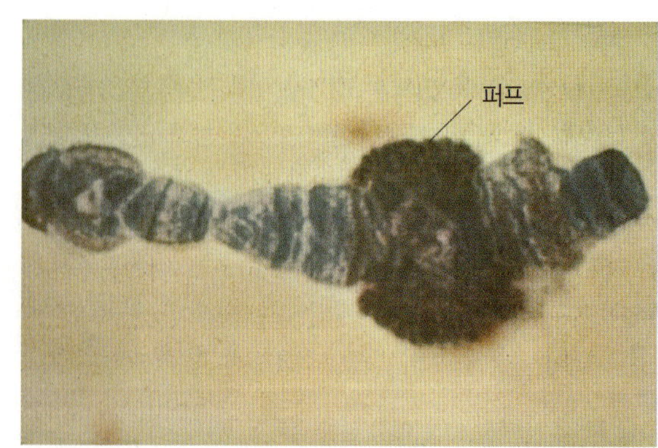

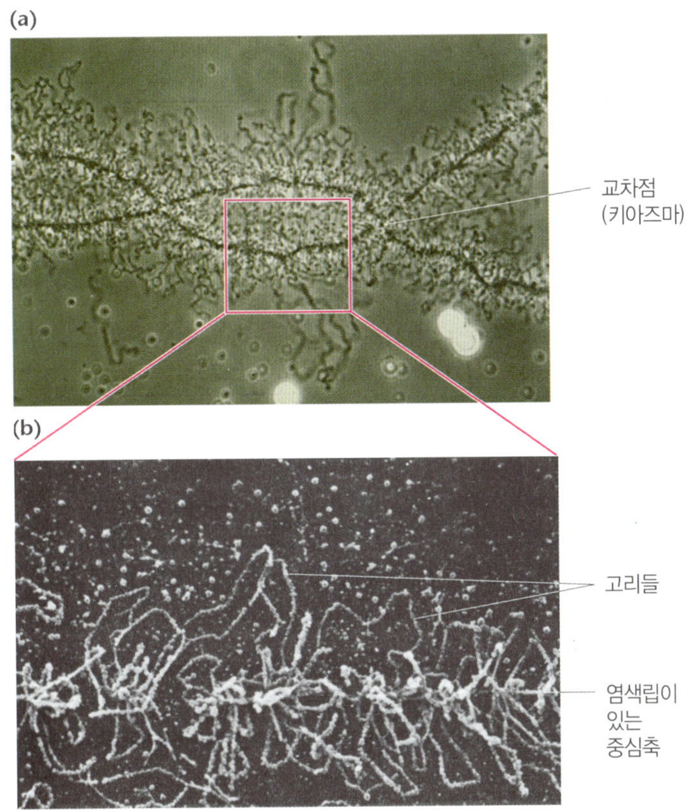

그림 11-9 양서류의 난세포에서 얻은 램프브러시 염색체. (a)부분은 현미경 사진이고; (b)는 주사전자현미경 사진이다.

선으로 구성되어 있을 것으로 생각된다. 이러한 가설은 각 감수분열 염색체들이 한 쌍의 염색분체로 이루어져 있다는 믿음과 부합한다. 방사성 RNA 전구체들을 이용한 연구들은 이 고리들이 RNA 합성에 활성화 상태임을 보여준다. 램프브러시 고리들은 다사염색체들의 퍼프와 비슷한 방식으로 전사과정 중에 중심 염색립의 축으로부터 풀어져 나온 DNA들을 나타내는 것이다.

11.4 진핵세포에서 DNA는 크로마틴으로 조직화된다

이제 관심을 진핵세포의 DNA가 염색체로 조직화되는 방법으로 돌려보자. 우리의 관심은 일반적인 진핵세포, 즉 염색체가 체세포 분열 중에만 관찰되는 세포에 맞춰져 있다. 염색체 분리와 세포 분열 후에, 세포들은 세포주기의 간기로 진입하고 이 과정에서 염색체들은 풀려 핵 전반에 퍼져 **크로마틴**(chromatin, **염색질**)을 구성한다. 간기 중에는 이 크로마틴이 핵 전반에 퍼지고 각 염색체의 DNA가 복제된다. 세포주기가 진행됨에 따라 대부분의 세포들은 핵분열로 재진입한다. 이때, 다시 크로마틴이 꼬여 눈에 보이는 염색체가 된다. 이러한 응축은 각 크로마틴 섬유(염색사)가 10,000배나 짧아진다는 것을 뜻한다.

방금 설명한 전환과정에서, 진핵생물 DNA의 조직화는 핵분열과 유사한 어떤 과정도 나타내지 않는 바이러스나 세균에서보다 훨씬 복잡하다. 이러한 복잡성은 염색체당 훨씬 많은 DNA와, 많은 수의 진핵 DNA 연관성 단백질의 존재 때문에 생긴다. 예를 들어, 대장균의 염색체가 길이 1,200 μm인 데 반해, 사람의 염색체 한 개는 대략 19,000~73,000 μm 길이의 범위에 있다. 하나의 사람세포 핵에는 모두 46개의 염색체가 있으므로 DNA를 펼치면 거의 2미터에 이르기에 충분하다. 이러한 유전물질은 그 연관 단백질들과 함께 보통 5~10 μm 정도의 지름을 가지는 핵 속에 들어 있다.

그러한 복잡성은 다세포 진핵생물에 존재하는 여러 형태의 세포들이 가지는 구조적, 생화학적 다양성과 관계 있다. 서로 다른 세포들은 매우 특수화된 생화학적 활성에 기초하여 특수한 기능을 할 것으로 생각된다. 모든 세포들이 완전한 유전적 조성을 가지므로, 서로 다른 세포들은 서로 다른 세트의 유전자들을 활성화시켜야 하며, 이러한 정보의 해독을 지시하는 고도로 정렬된 조절 시스템이 존재해야 한다. 그러한 시스템은 어떤 면에서는 유전물질의 분자 구조에 들어 있기도 하고, 혹은 관련이 있기도 하다.

광학현미경의 한계 때문에 진핵세포내 유전물질의 구조에 대한 초기 연구들은 완전한 염색체들, 특히 이미 언급했던 다사염색체나 램프브러시 염색체들 같이 커다란 것들에 초점이 맞춰져 있었다. 곧이어 비교적 완전한 진핵세포 크로마틴과 분열 중인 염색체들을 전자현미경 하에서 관찰할 수 있게 됨은 물론, 생화학적 분석을 위한 새로운 기법들이 출현하여, 염색체 구조에 대한 우리의 이해를 매우 촉진시켜 주었다.

크로마틴 구조와 뉴클레오좀

이미 살펴본 바와 같이, 바이러스와 세균의 유전물질은 DNA나 RNA 가닥들로 구성되며 거의 단백질이 없다. 진핵세포의 크로마틴에서는, 상당량의 단백질들이 진핵세포 주기의 모든 단계에서 염색체 DNA와 연계되어 있다. 이러한 연계 단백질들은 염기성이고, 양으로 하전된 **히스톤**(histone)과, 덜 하전되어 있는 비히스톤들로 나뉜다. DNA와 연계된 단백질 중에서 히스톤은 분명히 가장 필수적인 구조적 역할을 한다. 히스톤들은 양으로 하전된 아미노산인 리신과 아르기닌을 많은 양으로 포함하고 있어서, 뉴클레오티드의 인산그룹에 전기적으로 부착하는 것이 가능하다. 비슷한 상호작용이 몇몇 세균 단백질들에서 이미 제시되었었음을 기억할 것이다. 다섯 가지의 주요한 히스톤이 존재한다(표 11.4).

크로마틴 구조에 대한 일반적인 모형은 DNA와 단백질로 구성된 크로마틴 섬유들이 세포의 핵 내에서 응축될 때 광범위한 꼬임

표 11.4 히스톤 단백질들의 범주와 특징들

히스톤 형태	리신-아르기닌 함량	분자량 (Da)
H1	Lysine-rich	23,000
H2A	Slightly lysine-rich	14,000
H2B	Slightly lysine-rich	13,800
H3	Arginine-rich	15,300
H4	Arginine-rich	11,300

(coiling)과 접힘(folding)을 겪는다는 가정에 기초한 것이다. X-선 회절 연구들은 히스톤들이 크로마틴 구조에 중요한 역할을 하고 있음을 보여주었다. 크로마틴은 규칙적으로 빈 공간의 회절 링을 만들어 내는데 이것은 반복되는 구조가 크로마틴 축을 따라 나타난다는 것을 제시하는 것이다. 히스톤 분자들이 크로마틴에서 제거되면, 이러한 회절패턴의 규칙성이 망가진다.

크로마틴 구조에 대한 기본 모형이 1970년대 중반에 얻어졌다. 다음과 같은 여러 가지 관찰로 이 모델이 발달하게 되었다:

1. 단구균의 핵산분해효소(micrococcal nuclease)와 같은 엔도뉴클레아제(endonuclease)에 의한 분해는 약 200 bp 정도 길이의 여러 DNA 조각들을 만든다. 이것은 효소적 분해가 무작위적이지 않다는 것을 보여주는데, 만약 무작위적이라면 우리는 여러 가지 길이의 DNA 조각들을 기대할 수 있을 것이다. 그러므로 크로마틴은 어떤 형태의 반복 단위로 구성되며, 각 구성단위는 두 단위가 연결되어 있는 부분을 제외하면 효소절단에 대해 보호를 받고 있을 것이다. 이 단위체 사이의 지역이 뉴클레아제에 의해 공격받아 잘리게 되는 부분이다.

2. 크로마틴에 대한 전자현미경적 관찰들은 크로마틴 섬유들이 구형 입자들의 선형 배열로 이루어져 있음을 보여준다(그림 11-10). 아다 올린스(Ada Olins)와 도널드 올린스(Donald Olins)에 의해 발견된 이 입자들은 크로마틴 가닥의 축을 따라 규칙적으로 나타나고 있으며, 마치 줄에 꿴 진주 형상을 하고 있다. 이 입자들은 처음에는 υ-소체(υ body; υ는 그리스 문자 nu를 나타낸다)라고 간주되다가 지금은 **뉴클레오좀**(nucleosome)이라고 불린다. 이러한 발견들은 반복 단위들의 존재를 제시한 초기 관찰들을 잘 확인해 주었다.

3. 크로마틴을 구성하는 뉴클레오좀 내의 히스톤 분자들과 DNA의 정확한 상호작용에 대한 연구들은 히스톤 H2A, H2B, H3와 H4가 두 가지 형태의 4합체(tetramer)인 $(H2A)_2 \cdot (H2B)_2$와 $(H3)_2 \cdot (H4)_2$로 나타남을 보여준다. 로저 콘버어그(Roger Kornberg)는 각 반복성 뉴클레오좀 단위들이 각 4합체 중 하나씩(8합체 형성)과 200 bp 길이의 DNA가 연합해 구성되어 있다고 예상하였다. 그러한 구조는 앞서 언급한 관찰들과 잘 부합하며, 히스톤과 DNA가 크로마틴 내에서 상호작용하는 것을 설명하는 모형의 기초가 된다.

4. 핵산분해효소의 소화 시간이 길어지면, 200 bp 길이의 DNA 중 일부가 뉴클레오좀에서 떨어져 **뉴클레오좀 핵심 입자**(nucleosome core particle)라고 불리는 147 bp만 남는다. 이 숫자는 연구된 모든 진핵세포들에서 일관적이다. 연장된 소화에 의해 소실된 DNA는 뉴클레오좀들이 연결된 부분을 나타낸다. 이러한 연결 DNA는 5번째 히스톤인 H1과 연계되어 있다.

5. 이러한 정보들을 바탕으로 존 T. 핀치(John T. Finch), 아론 클룩(Aaron Klug) 등에 의해 결정화된 핵심 입자에 대한 X-선과 중성자 산란 분석이 더해져 뉴클레오좀에 대한 자세한 모형이 1984년에 제시되었다. 이 모형에서는 147 bp의 DNA 핵심 부분이 8합체(octamer) 히스톤들 주위로 왼손 방향의 초나선을 이루며 감고 있어서 뉴클레오좀당 1.7 바퀴를 돌고 있다고 한다.

(a)

100 nm

(b)

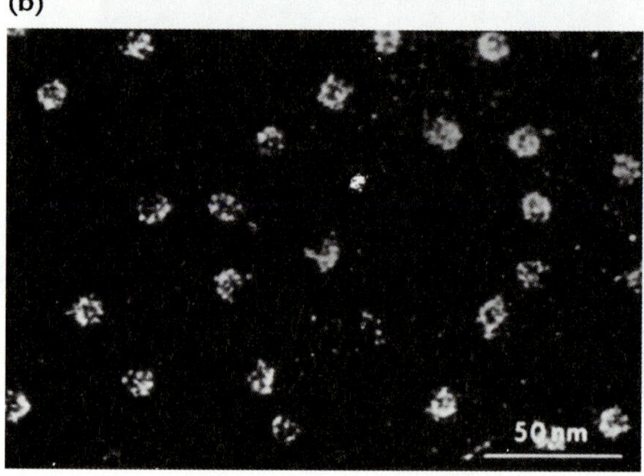

그림 11-10 닭의 적혈구 핵으로부터 얻은 크로마틴에 존재하는 뉴클레오좀을 암시야 전자현미경으로 촬영한 것. (b) 단구균에서 얻은 뉴클레아제로 처리하여 뉴클레오좀의 암시야 전자현미경 사진.

뉴클레오좀에 대한 광범위한 조사로, 이제는 크로마틴 섬유가 핵 내부에서 어떻게 형성되어 있는지, 그리고 어떻게 분열시 염색체들로 감겨 응축되는지를 예상할 수 있는 기초가 마련되었다. 2 nm의 DNA 분자가 처음으로 감겨서 뉴클레오좀이 되고 대략 11 nm 지름이 되는데[그림 11-11(a)], 이는 타원형 뉴클레오좀의 긴 쪽 치수와 잘 들어맞는다. 중요한 것은, 뉴클레오좀의 형성은 포장의 첫 번째 수준을 나타내는 것으로 이에 의해 DNA 나선이 처음 길이의 약 1/3로 줄어들게 된다는 것이다.

핵 안에서는 크로마틴 섬유들이 여기서 설명한 것처럼 펼쳐져 있지는 않다. 대신 11 nm의 크로마틴 섬유들이 더욱 뭉쳐져서 좀 더 두꺼운 30 nm 섬유로 된다. 이것은 처음에는 **솔레노이드**(solenoid)[그림11-11(b)]라고 불렸었다. 이렇게 더 두꺼워진 섬유는 많은 수의 밀접하게 감겨진 뉴클레오좀으로 구성되며 포장 단위의 2차 수준을 이루게 된다. 이 구조의 정확한 세부 구조들이 완전히 알려진 것은 아니지만, 30 nm 크로마틴 섬유들은 전자현미경 하에서 독특하게 관찰된다.

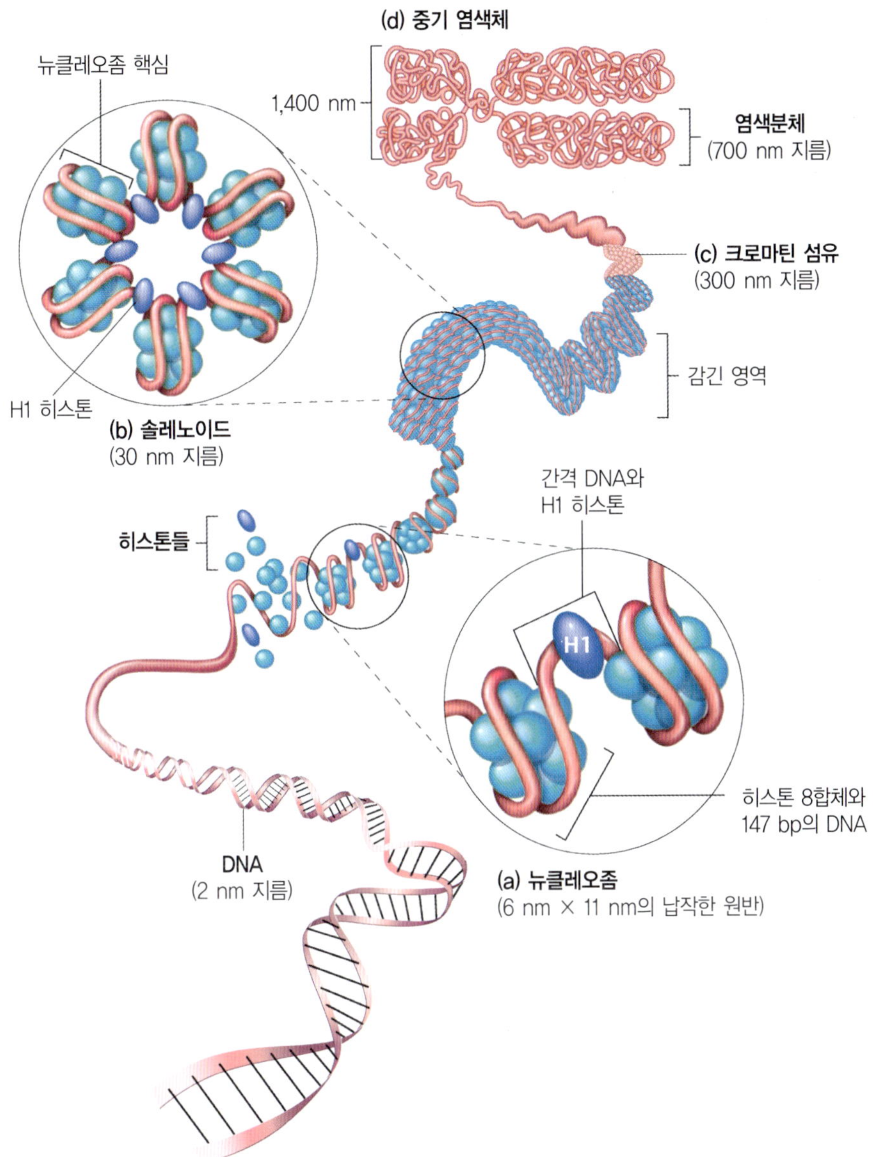

그림 11-11 뉴클레오좀의 히스톤과 DNA의 연합에 대한 일반적인 모델. 어떻게 크로마틴 섬유가 좀 더 밀집된 구조로 감겨서 결국 분열기의 중기 염색체가 되는지를 보여준다.

분열기 염색체들로 돌아오면, 이제 또 다른 수준의 포장이 일어나게 된다. 30 nm 섬유는 일련의 고리 부분을 형성하게 되어 300 nm 지름의 크로마틴 섬유로 더욱 응축된다[그림 11-11(c)]. 이 섬유들은 다시 감겨서 염색분체를 구성하는 염색체의 팔들을 이루게 된다[그림 11-11(d)]. 우리가 관찰하는 염색분체의 한쪽 팔의 지름이 약 700 nm이긴 하지만 분명히 이 값은 서로 다른 생물체들 사이에서는 달리 나타난다. 700 nm라는 값을 가진 한 쌍의 자매염색분체들이 하나의 염색체를 이루게 되며 약 1,400 nm 정도가 된다.

DNA가 크로마틴으로 구조화되고, 분열시 크로마틴이 다시 염색체가 되는 것의 중요성은 지름 5~10 μm 정도의 핵 안에 그 유전물질을 저장하고 있는 사람세포에서 증명되었다. 반수체인 유전체는 3.2×10^9 bp의 DNA가 23개의 염색체에 흩어져 포장되어 이루어진다. 이배체인 세포는 이 양의 두 배를 포함하는 것이다. 염기쌍당 0.34 nm이므로 이러한 양의 DNA는 길이가 2 m에 이르게 한다. 하나의 핵당 대략 25×10^6 개의 뉴클레오좀들이 이러한 길이의 DNA와 복합되어 있는 것으로 추산된다.

완전히 펼쳐진 DNA 나선으로부터 극단적으로 응축된 분열시기 염색체로의 전환에 있어 포장 비율은 (DNA 길이 대 DNA가 포함된 구조물 길이의 비율) 대략 500:1이다. 사실상 우리의 모형은 이러한 포장률의 약 1/10 정도밖에 설명하지 못한다. 분명히, 분열시 염색체를 형성할 때에는 더 응축이 일어남에 따라 더 굵은 섬유가 더욱 구부러지고 꼬이고 포장될 수 있을 것이다.

크로마틴 재구성

유전학에서 이루어진 수많은 중요한 발견들로, 뉴클레오좀에 대한 연구는 몇 가지 중요한 질문에 답을 할 수 있게 되었으나 동시에 새로운 질문들을 만들어 냈다. 예를 들어, 앞의 논의에서 우리는 히스톤 단백질이, 크로마틴을 구성하는 뉴클레오좀으로 DNA를 조직화하는 데 중요한 역할을 한다고 했었다. 어떻게 거대한 양의 DNA가 진핵세포의 핵 내부로 조직화되는지에 대한 구조적 문제를 푸는 것은 또 다른 새로운 문제를 야기한다. **크로마틴 섬유**

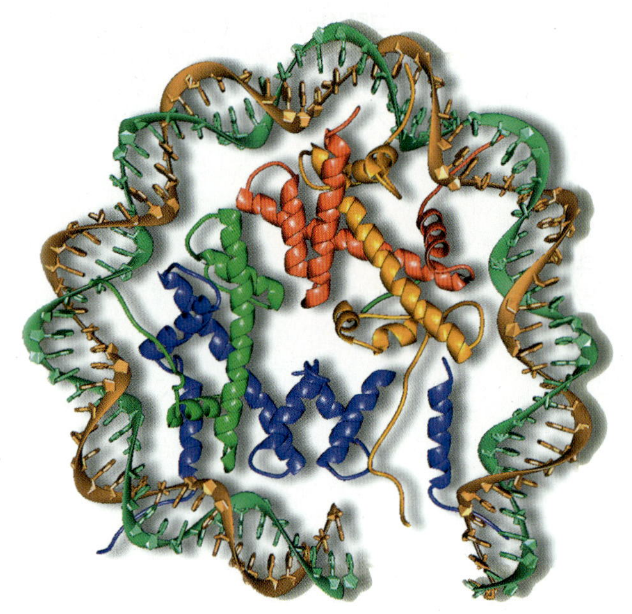

그림 11-12 해상도 2.8 Å의 X-선 결정분석으로 얻어진 뉴클레오좀 핵심부 입자. 이중나선의 DNA가 4개의 히스톤 쌍들을 둘러싸고 있다.

(chromatin fiber, 염색사)들이 히스톤 단백질과 복합체를 이루면서 접혀 여러 단계로 압축되는 것은 DNA로 하여금 중요한 비히스톤성 단백질들과의 상호작용을 방해한다. 복제와 유전자 발현과정 중에서 효소적, 혹은 조절기능을 하는 다양한 단백질들은 DNA와 직접적으로 상호작용해야만 한다. 이들 단백질-DNA 상호작용을 설명하기 위해서는 크로마틴이 그 구조를 변환시켜야만 하고, 이러한 과정을 **크로마틴 재구성**(chromatin remodeling)이라고 한다. 복제와 유전자 발현의 경우에서는 크로마틴이 응축된 구조로부터 풀리지만 불활성화 시기에는 그 반대과정이 진행될 수 있다.

어떻게 크로마틴의 상태가 달라지는가에 대해, 뉴클레오좀의 구조에 대한 최근의 통찰이 1997년 티모시 리치몬드(Timothy Richmond)와 그의 팀 동료들에 의해 이루어졌다. 이들은 뉴클레오좀 결정에 대한 X-선 회절 연구의 해상도를 상당히 개선하여 1984년에 7옹스트롬(Å)이던 것을, 1997년의 연구에서는 2.8 Å까지 낮추었던 것이다. 이러한 해상도에서는 대부분의 원자를 볼 수 있게 되므로, 히스톤을 감고 있는 DNA 초나선 구조의 미묘한 꼬임이나 회전까지도 드러나게 된다. 이들의 연구에 기초한 한 가지 모델이 그림 11-12에 나와 있다. 이중나선 리본은 4쌍의 히스톤 단백질 주위의 147 bp DNA를 나타낸다. 이러한 형상은 크로마틴 섬유 내에서 끊임없이 반복되며 진핵세포의 핵 내에 DNA를 포장해 넣는 주요 단위가 된다.

리치몬드와 동료들의 연구는 2003년에 1.9 Å까지 해상도를 개선하는 데 성공하여 뉴클레오좀 내부에서 히스톤의 실제 위치를 보여주었다. 크로마틴 재구성에 있어 특별히 관심이 가는 관찰은 비구조성 히스톤 꼬리들은 뉴클레오좀 핵심부 안쪽의 접혀진 히스톤 부위로 들어가지 않는다는 것이다. 예를 들어, 히스톤 H3와 H2B로부터 뻗어 나온 꼬리 부분은 2차 구조가 결핍되어 있어서 DNA 나선의 작은 홈(minor groove) 사이를 통과하도록 삐죽 나와 있다. 히스톤 H4의 꼬리는 인접 뉴클레오좀들과의 연결을 형성하는 것으로 보인다. 이들 및 다른 히스톤 꼬리들의 중요성은 그들이 이웃 구조물과 상호작용, 즉 뉴클레오좀-뉴클레오좀 상호작용을 하는 것으로 보인다는 것이다.

현재 강력한 화학적 상호작용 몇 가지가 유전자 기능에 중요한 것으로 인식되고 있다. 가장 잘 연구된 히스톤 변형 중 하나가 **아세틸화**(acetylation)를 포함하는 것으로 **히스톤 아세틸전이효소**(histone acetyltransferase, HAT)의 기능에 의한 것이다. 이 효소는 리신의 곁가지에 존재하는 양전하의 아미노기에 아세틸기를 붙여주어 단백질의 순전하를 양전하에서 중성으로 효과적으로 바꾸어준다. 리신은 히스톤 단백질에 풍부하고, 아세틸화가 유전자 활성과 연관되어 있다는 것이 알려져 있다. 높은 수준의 아세틸화는 염색사를 열리게 하는 것으로 보이며, 이 효과는 활성 유전자 부위에서는 증가하고 불활성 부위에서는 줄어든다. 잘 알려진 예들 중 하나가 포유동물에서 불활성 X 염색체가 바 소체를 형성하는 것인데, 여기서는 H4의 아세틸화 수준이 크게 감소되어 있는 것으로 알려져 있다.

다른 두 가지의 중요한 화학적 변형은 히스톤 단백질 일부 아미노산의 **메틸화**(methylation)와 **인산화**(phosphorylation)이다. 이러한 화학적 과정들은 각각 메틸전이효소(methyltransferase)와 키나아제(kinase)들의 활동으로 일어난다. 메틸 그룹은 히스톤의 아르기닌과 리신에 첨가될 수 있으며 이러한 변화는 유전자의 불활성화와 관련이 있다. 인산그룹은 세린과 히스티딘 아미노산의 수산기(hydroxyl group)에 첨가되어 단백질에 음전하를 추가시킨다. 세포주기 중에 증가되는 인산화, 특히 히스톤 H3의 인산화는 특징적인 시기에 발생하는 것으로 알려져 있다. 이러한 화학적 변화는 DNA 복제과정에서 발생하는 크로마틴 풀림 및 크로마틴 응축의 반복과 연관되는 것으로 믿어진다. 인산화는 간기 중의 유전자 활성화와 연관이 있다고 한다.

흥미롭게도, 뉴클레오좀에서 히스톤의 메틸화는 진핵생물의 유전자 활성과 관계된 반면, DNA의 폴리뉴클레오티드 사슬내 염기인 시토신의 메틸화로 생기는 **5-메틸 시토신**(5-methyl cytosine)은 유전자 불활성화와 관계된다. 즉, 히스톤 메틸화는 유전자 활성을 증가시키고, DNA 메틸화는 유전자 활성을 감소시킨다. 메틸화는 뉴클레오티드인 시티딜산이 뉴클레오티드 구아닐산 옆에 있을 때 주로 발생한다. 이것을 **CpG 섬**(CpG island)이라고 부른다.

이러한 논의는 뉴클레오좀과 크로마틴 조직화에 대한 우리의 지식을 확장시키며, 크로마틴 재구성 개념에 대한 일반적 개요로 작용한다. 크로마틴 재구성이 유전적 과정 중에 어떻게 관련되는지를 밝히기 위해서는 더욱 많은 연구가 필요하다. 특히, 세포 내의 조절인자들에 의해 변형이 어떻게 영향을 받는가 하는 것은 유전자 발현에 대한 우리의 이해에 중요한 통찰을 제공할 것이다. 분명한 것은, 크로마틴이 존재하는 역동적 형태는, DNA가 직접 관여된 유전적 과정들이 일어나는 방식에 절대적으로 중요하다는 것이다. 이제 15장에서 진핵생물의 유전자 발현 조절을 살펴볼 때 크로마틴 재구성에 대해 좀 더 자세히 논의하게 될 것이다.

이 문제를 풀어보자

273페이지의 20번 문제는 인간의 전체 이배체 양에 해당하는 DNA가 핵에 들어맞기 위해서는 어느 정도의 양까지 가능한지 고려하는 문제다.

힌트: 핵을 완전한 구로 생각하고 $V = (4/3)\ \pi r^3$의 공식을 사용할 수 있다.

이질염색질

각 진핵세포의 염색체들이 그 전체 길이를 따라 하나의 연속적인 이중나선 섬유로 구성된다는 증거는 염색체 전체가 구조적으로 일정할 것이라는 제시가 될 수도 있다. 그러나 20세기 초, 간기의 염색체 대부분은 풀리고 염색이 되지 않았지만 일부가 응축되어 진하게 염색되어 남아 있는 것이 관찰되었다. 1928년, **이질염색질**(heterochromatin)과 **진정염색질**(euchromatin)이라는 단어는, 응축되어 남아 있는 곳과 풀려진 곳 각각을 설명하는 말이 되었다.

연이은 조사로 이질염색질과 진정염색질을 구별하는 수많은 차이가 나타났다. 이질염색질 부분은 유전자가 별로 없거나, 있는 유전자라도 억제되어 있기 때문에 유전적으로 불활성화된 부분이다. 또한 이질염색질은 세포주기의 S기 중에 진정염색질보다 나중에 복세된나. 이질염색질의 발견은 진핵세포의 염색체 일부가 항상 단백질을 만드는 것은 아니라는 첫 번째 단서를 제공했다. 대신, 어떤 염색체 부분은 염색체의 구조적 통일성 유지와, 세포분열 중 염색체의 이동과 같은, 그 밖의 기능에 관여하고 있다고 생각된다.

이질염색질은 진핵세포 유전물질의 특징이다. 초기 세포학적 연구들은 동원체 부분이 이질 염색질로 구성되어 있음을 보여주었다. 텔로미어(telomeres)라 불리는 염색체 말단도 역시 이질염색질이다. 사실, 몇 가지 경우에서 염색체 전체가 이질염색질일 수도 있다. 그러한 경우가 포유동물의 Y 염색체에 해당된다. Y 염색체는 대부분이 유전적으로 불활성이다. 그리고 5장에서 논의했던 것처럼, 포유동물 암컷의 불활성 X 염색체는 불활성 이질염색질인 바 소체(Barr body)로 응축되어 있다. 벚나무 깍지벌레(mealy bug, 수액을 먹는 진디의 일종-역주) 같은 몇몇 종에서는 전체 반수체 염색체들의 세트가 모두 이질염색질이다.

어떤 이질염색질 부분이 하나의 염색체로부터 다른 염색체의 새로운 부위로 옮겨지면, 유전적으로 활성이었던 부분이 이제 전좌된 이질염색질 부분 옆에 있게 되어 때론 불활성화되기도 한다. 기존의 진정염색질에 대한 이러한 효과는 좀 더 일반적인 말로 **위치효과**(position effect)라고 한다. 즉, 다른 모든 유전물질에 대한 유전자나 유전자군의 상대적인 위치가 이들의 발현에 영향을 미치게 된다.

11.5 진핵세포의 유전체는 반복성 DNA들이 특징인 복잡한 조직화를 나타낸다

지금까지 우리는 박테리오파아지, 세균, 그리고 진핵세포에서 어떻게 DNA가 염색체로 구성되는지에 대해 살펴보았다. 이제는 우리의 초점을 진핵세포에 두고, 생물의 유전체를 구성하는 염색체 내 DNA 서열의 조직화에 대해 우리가 아는 것을 살펴보도록 하자. 일단 유전체의 구조와 패턴을 숙지하면, 우리의 초점을 옮겨 어떻게 유전자 자신들이 염색체 내부로 구조화되는지 이후의 장(18장)에서 알아보게 될 것이다.

이미 우리는 유전자를 구성하는 독특한 DNA 서열인 하나의 사본들 외에도, 염색체 내에 많은 양의 DNA 서열들이 자연적으로 반복되어 있으며, 생물체의 유전체 내에서 일어나는 반복의 정도도 다양하다는 것을 배웠다. 많은 연구들이 **반복성 DNA**(repetitive DNA)에 대한 통찰을 제공해 왔으며, 다양한 종류의 이러한 서열들과 유전체 내에서의 구조들을 증명해 주었다. 그림 11-13은 반복성 DNA의 다양한 범주들을 대략 나타낸 것이다. 여러분이 보는 바와 같이, 몇몇 기능적인 유전자들은 하나 이상의 사본으로 존재하며, 따라서 자연적으로 반복성을 띤다. 그러나 반복성 서열들의 대부분은 유전자를 가지지 않으며, 실상 대부분에서 알려진 기능이 없다. 우리는 세 가지 주요 범주들에 대해 알아보고자 한다: (1) 동원체나 텔로미어의 형성과 관련하여 발견되는 이질염색질, (2) 짧거나 긴 DNA 서열들의 직렬 반복서열(tandem repeat), 그리고 (3) 진핵세포의 유전체 전반에 흩어져 있는 가동성 서열(transposable element)들이다.

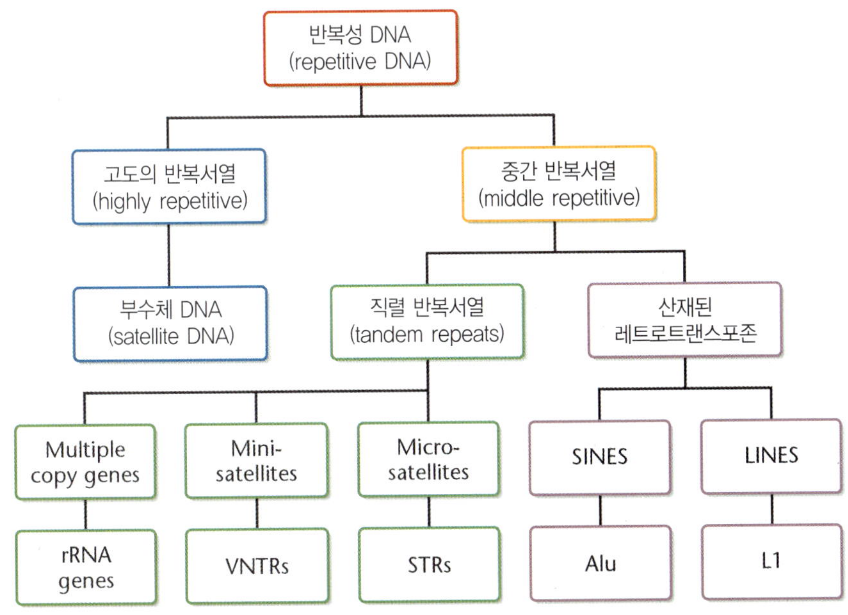

그림 11-13 반복성 DNA의 다양한 범주를 개괄적으로 정리한 것.

반복서열 DNA와 부수체 DNA

특정 생물종의 DNA에서, 뉴클레오티드 조성(예를 들어, G ≡ C 대 A = T쌍의 비율)은 그 밀도로 나타내어지는데, 침강평형 원심분리법(sedimentation equilibrium centrifugation)으로 측정될 수 있다. 진핵세포의 DNA가 이런 방법으로 분석되면, 그 대부분은 상당히 균질한 밀도로 나타나는 단일 주요 피크나 줄무늬에 위치한다. 그러나 하나 혹은 그 이상의 부가적인 피크들이 나오는데 이들은 밀도가 약간 다른 DNA를 나타내는 것이다. 이들 구성성분을 **부수체 DNA**(satellite DNA)라고 부르며, 종에 따라 총 DNA에 대한 이들의 비율이 다양하게 나타난다. 예를 들어, 쥐로부터 얻어진 주요 줄무늬와 부수체 DNA의 프로파일이 그림 11-14에 나와 있다. 비교를 해보자면, 원핵세포들은 오로지 주요 DNA 밴드만 포함한다.

부수체 DNA의 중요성은, 로이 브리튼(Roy Britten)과 데이비드 코니(David Kohne)가 이미 한 가닥으로 분리되었던 DNA의 재결합 동력학을 측정하는 기법을 개발한 1960년대 중반까지 수수께끼로 남아 있었다. 그들은 DNA의 일부분이 다른 부분들보다 훨씬 빠르게 재결합하는 것을 증명하였다. 이들은 이러한 빠른 재결합은, 동일하거나 거의 비슷한 뉴클레오티드 서열로 구성된 다수의 DNA 조각들–**반복성 DNA**(repetitive DNA)–이 나타내는 특징이라고 결론지었다.

부수체 DNA가 재결합 동력학에 의해 분석이 되자, 이들은 **고도로 반복성인 DNA**(highly repetitive DNA) 범주로 분류되었는데, 여러 번 반복된 짧은 서열들로 구성된 것으로 알려진다. 더 나아가, 이러한 서열들이 이질염색질로 알려진 매우 특징적인 염색체 부분–동원체(centromere)들 바로 옆에 위치하는 부분–에 무더기로 한 줄에 나란한 방식으로 존재한다는 증거들이 제시되었다. 이러한 사실은 1969년 메리 루 파듀(Mary Lou Pardue)와 조 갈(Joe Gall)을 포함한 몇몇 연구자들이 '**원위치 분자 혼성화**(*in situ* molecular hybridization)' 라는 기술을 이들 부수체 DNA 연구에 적용함으로써 발견되었다. 이 기법은 방사성으로 표지된 DNA 나 RNA의 분리된 조각 일부와 세포학적 방법으로 준비된 염색체에 포함되어 있는 DNA 사이의 분자 혼성화를 포함한다. 혼성화 과정 이후에 방사능 사진술로 조각 DNA나 RNA가 상보적으로 위치한 염색체 부분을 결정하게 된다.

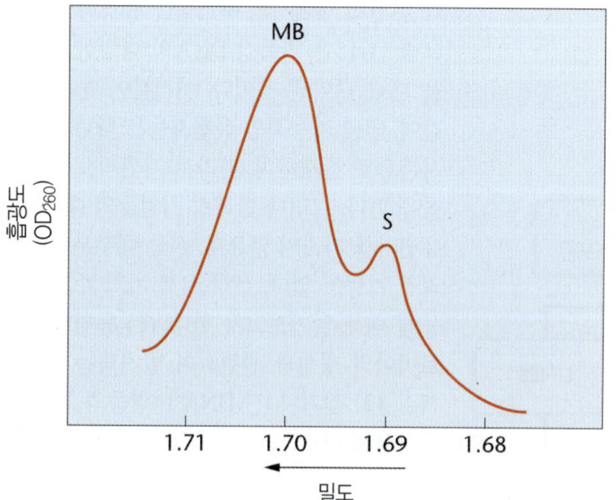

그림 11–14 CsCl 구배에서 초원심분리를 이용하여 쥐의 주밴드(main band, MB)와 부수체 DNA(satellite, S)를 분리한 것.

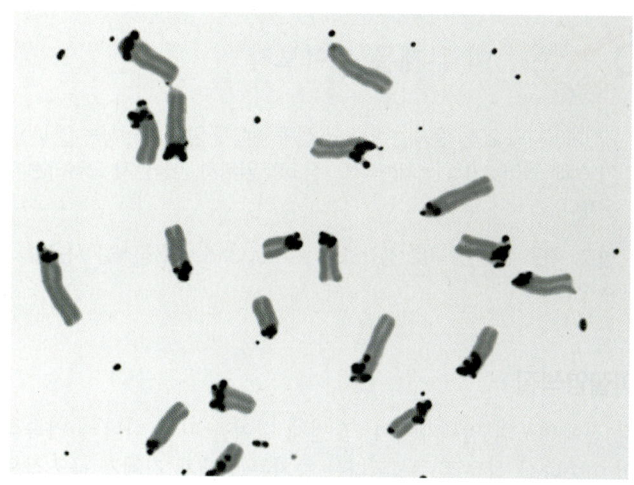

그림 11–15 쥐의 부수체 DNA로부터 전사된 RNA와 분열기 염색체들 사이의 원위치 혼성화(*in situ* hybridization). 사진에서 검은 입자들이 부수체 DNA 서열을 포함하고 있는 염색체 부분(동원체 부분)에 밀집해 있다.

그들의 연구에서 파듀와 같은 쥐의 부수체 DNA로 만들어진 탐침자가 분열 중인 쥐 염색체의 동원체 DNA에 혼성화됨을 증명하였다(그림 11-15). 이로부터 몇 가지 결론이 도출된다. 부수체 DNA는 이미 밀도 연구에서 나타난 바와 같이, 주요 밴드의 DNA와 분자조성이 다르다. 또한 이들은 짧은 반복서열들로 이루어진다. 마지막으로, 부수체 DNA는 염색체의 이질염색질성 동원체 부위에서 발견된다.

동원체와 텔로미어의 DNA 서열

염색분체의 분리는 체세포분열과 생식세포분열 중 염색체 분포의 신뢰성에 필수적이다. 대부분의 체세포분열에서 부정확성은 매우 낮다: $1 \times 10^{-5} \sim 1 \times 10^{-6}$, 혹은 10만 번의 세포분열당 1번의 실수에서 100만 번당 한 번의 실수 정도다. 결과적으로, 동원체 부위의 DNA 서열 분석은 이 염색체 부위의 두드러진 특징에 대한 통찰을 제공한다고 할 수 있겠다. 염색체 분리의 기능을 지지하는 최소한의 동원체 지역은 **CEN 영역**(CEN region)으로 표기되며, 그 기능이 지금은 비교적 확실하게 알려져 있다. 이질염색질 부위내 이들의 구조는, 동원체를 형성하는 단백질 판에 결합하며, 다세포 생물체에서 분열시 방추사가 부착하는 **키네토코어**(kinetochore)를 포함하게 된다.

효모 *Saccharomyces cerevisiae* 염색체의 CEN 부위가 최초로 연구되었다. 각 동원체들이 동일한 기능을 하기 때문에 모든 CEN들이 그들의 구조에서 커다란 유사성을 가진다는 것은 그다지 놀랄만한 일이 아니다. 효모의 CEN 부위는 약 120 bp로 구성되며 세 부분으로 나눌 수 있다. 첫 번째와 세 번째 부분들(I, III)은 비교적 짧고 매우 보존되어 있으며 각각 9 bp와 11 bp로 구성된다. 이

보다 조금 큰 약 100 bp이며, 극단적으로 A-T가 많은(95%까지) 부위 II는 서로 다른 염색체 사이에서는 서열 변화가 나타난다.

돌연변이 분석에 의하면 I, II 영역은 III 영역보다는 동원체 기능에 덜 중요한 것으로 생각된다. I과 II에서의 돌연변이는 종종 동원체 기능의 소실을 동반하지 않지만 III 영역에서의 돌연변이는 동원체 기능을 모두 망가뜨릴 수 있다. 따라서 이 지역의 DNA는 방추사에 결합하는 사건에 필수적인 것으로 보인다(효모는 키네토코어가 없다).

다세포 진핵생물에서는, 동원체와 연관된 DNA의 양은 효모에서보다 훨씬 많고 광범위하다. 고도로 반복성인 부수체 DNA가 생쥐의 동원체 부위에 위치한다는 것을 기억하라. 그러한 서열들은 효모에서는 발견되지 않지만 대부분의 다세포 생물들에서 나타나는 특징이며, 크기도 상당히 다양하다. 예를 들어, 초파리에서는 CEN 영역이 200~600 kb의 DNA 내에서 발견되는데, 그들 중 대다수가 고도로 반복성이다. 사람에서는, 가장 잘 인식되어 있는 부수체 DNA 서열 중 하나는 **알포이드 패밀리**(alphoid family)이다. 동원체 부위에서 주로 발견되는 이들 서열은 각기 약 170 bp의 길이로 나란히 반복되어 100만 bp까지 이르기도 한다. 이러한 반복서열들 내에 묻혀 있는 좀 더 특이적인 서열들은 동원체의 기능에 매우 필수적이다. 동원체 내에서 이렇게 고도로 반복된 서열의 기능은 아직 뚜렷하지 않다.

또 하나, 염색체의 뚜렷한 구조적 구성요소가 바로 **텔로미어**(telomere)이며, 선형 염색체의 끝 부분에서 발견된다. 텔로미어는 일반적으로 염색체 말단을 다른 염색체 말단들과 상호작용하지 못하도록 불활성화시키고, 이중나선 DNA 말단에 결합하는 다른 효소들(수선효소들)과 상호작용하지 못하도록 하여 염색체에 안정성을 제공한다. 텔로미어들의 분자적 구조에 대한 몇몇 관점은 대부분의 다른 염색체 부위들과 비교하여 매우 독특할 것으로 생각된다. 동원체에서와 마찬가지로, **텔로미어 DNA 서열**(telomeric DNA sequence)들에 대한 분석은 간단한 진핵세포들, 예를 들어 원생동물이나 효모 같은 생물의 작은 염색체들을 조사함으로써 처음 얻어졌다. 현재는 특정 생물의 모든 염색체에서 모든 텔로미어들이 공통의 뉴클레오티드 서열을 가진다는 생각이 일반적이다.

앞의 장에서 논의되었던 바와 같이, 텔로미어 DNA 서열은 반복성을 가지며, 짧은 직렬 반복서열들로 구성된다. 섬모충류인 테트라하이메나(*Tetrahymena*)에서는 6개의 뉴클레오티드 서열인 GGGGTT가 50번 이상 반복되기도 한다. 사람에서는, GGGATT가 여러 번 반복된다. 반복 횟수는 생물종마다 다르며 일부 종에서는 1,000번까지 반복되기도 한다.

텔로미어의 DNA 서열에 대한 분석은 이들이 진화를 통해 매우 보존되어 있으며, 염색체들의 통일성을 유지하는 데 결정적인 역할을 한다는 것을 보여준다. 이러한 일이 정확히 어떻게 일어나는지는 아직도 연구 중이다. 한 가지 이론은 시험관 분석에 기초한 것으로, 텔로미어에 특징적인 반복성 GT-rich 서열이 두 가닥 중 하나에서 늘어나, 텔로미어 말단에 단일가닥 꼬리를 형성한다는 것이다. 구아닌은 다른 구아닌 부분과 염기쌍을 형성하는 경향이 있기 때문에, 꼬리 내에서 염기쌍이 형성되어 닫힌 "고리(loop)"를 만드는데 이것이 염색체의 말단을 효과적으로 닫아준다고 믿는다. 만일 이러한 모델이 맞는 것이라면, 자유 말단의 부재가 염색체의 안정성과 통일성에 기여할 것이다.

중간 반복서열(Middle repetitive sequences): VNTR과 STR

또 하나의 뚜렷한 반복성 DNA 그룹에 대한 간단한 고찰이 진핵세포의 유전체 구성을 이해하는 데 도움을 줄 것이다. 사람 유전체의 약 5%를 차지하는(쥐의 유전체에서는 10%) 고도로 반복성인 DNA에 외에도, 2번째 범주가 바로 **중간 반복성**(middle 혹은 moderately repetitive) **DNA**로서, 이것은 C_0t 분석(9장)에 의해 상당히 잘 규명되어 있는 서열이다. 우리는 현재 인간의 유전체에 대해 많은 것을 배우고 있으므로, 우리 자신의 종을 이용하여 유전체의 구조화에 있어서의 이들 범주를 살펴보도록 하자.

중간 반복성 DNA는 대부분 뚜렷하게 계속적으로 나란히 반복된 서열들과, 중간중간 산재되어 있는 반복서열들로 이루어져 있다. 유전체에서의 이들 성분이 어떤 기능을 하는지는 알려져 있지 않다. 한 가지 예가 **가변성 직렬 반복서열**(variable number tandem repeat, VNTR)로 불리는 서열이다. VNTR이라는 이 반복성 DNA는 15~100 bp 길이로 유전자들 사이에서 발견된다. 많은 그러한 군집들은 종종 **소부수체들**(minisatellites)이라고 불리며 유전체 전체에 산재해 있다.

각 좌위에서 이들 특정 서열의 나란한 반복수가 개인마다 달리 나타나므로 약 1~20 kb 정도 길이의 국부적인 부위를 만든다. 개인 사이에서 나타나는 이들 부위의 길이 변화가 **DNA 지문**(DNA fingerprinting)이라고 일컬어지는 법의학적 기법의 기본이 된다.

나란한 반복서열의 또 다른 그룹은 두 개(di-), 세 개(tri-), 네 개(tetra-), 그리고 다섯(penta-) 개의 뉴클레오티드가 반복적으로 나타나는 것으로 **미세부수체**(microsatellite), 혹은 **짧은 직렬 반복서열**(short tandem repeat, STR)이라고 불린다. 예를 들어, 사람에서 가장 흔한 미세부수체는 $(CA)_n$으로 이루어지는 두 뉴클레오티드 반복서열로, 여기서 n은 반복 횟수를 나타내는 것이다. 일반적으로, n은 5와 50 사이의 값이다. 이들 반복서열의 군집들 또한 유전체 분석에 있어 유용한 분자 표식자로 이용되며, 이제는 DNA 지문에서도 선택되는 서열이다.

반복성 이동서열: SINE과 LINE

반복성 DNA의 또 다른 범주는 나란한 반복이 계속 된다기보다는 유전체 전체에 간헐적으로 나타나는 서열로 이루어진다. 그들은 짧은 것도 있고 긴 것도 있으며 **가동성 서열**(transposable sequences)이 된다는 특징을 가진다. 이들은 유전체 내의 다른 좌위로 이동할 수 있다. 진핵세포 유전체들의 많은 부분이 이러한 서열들로 구성되어 있다.

예를 들어, **SINE**이라고 불리는 **짧은 산재요소들**(short interspersed elements)은 100~500 bp 길이로, 인간 유전체에서 150만 번 정도 존재한다. 가장 잘 알려진 인간의 SINE은 ***Alu* 패밀리**(*Alu* family, 이 이름은 제한효소인 *Alu*I에 의해 인식되는

DNA 서열이 존재한다는 데서 기초한 것이다)로 불리는, 밀접히 연관되어 있는 서열들이다. 이 DNA 패밀리의 구성원들은, 다른 포유류에서도 발견되는 것으로, 크기는 200~300 bp로 유전체 전체에 일정치 않게 산재하여, 유전자 내부 혹은 유전자들 사이에 존재한다. 사람에서는 이들 패밀리가 전체 유전체의 5% 이상을 차지한다.

Alu 서열들은 아직 그 기능이 잘 알려진 것은 아니지만 매우 풍미롭다. *Alu* 패밀리의 구성원들은 때때로 전사되기도 한다. 이들 RNA의 역할을 확실한 것은 아니지만 그들의 유전체내 이동과 관련이 있을 것이다. 사실, *Alu* 서열들은 이들 RNA 상보체인 DNA가 역전사효소(RNA 주형으로부터 DNA를 합성하는 효소) 활성의 결과로 유전체내 전체에 산재하게 되었던 어떤 RNA로부터 생겨났을 것으로 생각된다.

긴 산재요소(long interspersed element, LINE) 그룹은 또 다른 범주의 가동성 DNA 서열들을 대표하는 것이다. 이 서열집단의 구성원들은 대략 6 kb 길이로, 사람의 유전체 내에 85만 번 나타난다. 사람에서 가장 뚜렷한 예가 **L1 패밀리**(L1 family)라고 표기되는 서열집단이다. 이 서열 패밀리의 구성원들은 약 6,400 bp 길이로 10만 번까지 나타난다.

L1 요소들의 이동에 관한 근거는 이제 분명하다. L1 DNA 서열은 처음에 RNA 분자로 전사된다. 다음 이 RNA는 역전사효소에 의해 DNA 상보체를 합성하는 데 주형으로 작용한다. 이 효소는 L1 서열의 일부에서 암호화된다. 새로운 L1 사본은 염색체의 새로운 자리에서 DNA로 통합된다. 자리이동(transposition)의 이 기작이 레트로바이러스들에 의해 사용되는 방법과 닮아 있어서 LINE들은 **레트로트랜스포존**(retrotransposons)으로 언급되기도 한다.

이들 반복성 요소는 인간 DNA의 중요한 부분을 나타낸다. SINE들은 인간 유전체의 약 13%를 구성하며, LINE들은 21%를 구성한다. 두 요소 모두 각 본체의 DNA 내에 독특한 서열과 반복 서열이 결합되어 있는 구조적 특성을 공유한다.

중간 반복성 다중 유전자(Middle repetitive multiple copy genes)

몇 가지 경우에서 중간 반복성 DNA는 기능적인 유전자들이 다수의 복사본으로 나란히 존재하는 부분을 포함한다. 예를 들어, 리보솜 RNA를 암호화하는 유전자들은 다수의 복사본으로 존재한다. *Drosophila*는 반수체 유전체당 120개의 사본을 가지고 있다. 이 사본들의 단일 유전자 단위들이 5.8*S*, 18*S*, 28*S* rRNA로 변화될 커다란 전구체 분자를 생산한다. 사람에서는, 이 유전자의 다수 복사본들이 차단부동원체형(acrocentric) 염색체인 13, 14, 15, 21, 22의 단완(p arm)에 뭉쳐 있다. 5*S* rRNA를 만드는 유전자들의 다수 복사본들은, 1번 염색체의 단완 끝부분에서 함께 발견되는 다수의 유전자군들에서 독립적으로 전사된다.

11.6 진핵세포의 유전체 대부분은 기능적인 유전자를 암호화하고 있지 않다

진핵세포에서 나타나는 여러 형태의 반복성 DNA를 포함한 정보를 받아들인다면, 다음과 같은 중요한 질문이 나오게 된다: **진핵세포의 유전체 중 어느 정도의 DNA가 실제로 기능적인 유전자들을 암호화하고 있는가?**

반복성 DNA 에 더하여, 많은 양의 한 카피 DNA 서열들이 비암호화 부분인 것으로 나타났다. 예를 들어, 우리가 **위유전자**(pseudogene)라고 부르는 것들이다. 이들은 유전자 중복의 진화적 흔적을 나타내는 것으로, 충분한 돌연변이로 인해 전사되지 않게 바뀐 것이다. 결과적으로, 이들은 그들의 부모 유전자들과 일부 상동성을 나타내기는 하지만, 보통 구조 내의 삽입과 결실들로 인해 전사되지 않는다.

반복성 DNA를 구성하는 유전체의 비율은 생물마다 다양하지만, 한 가지 공통점이 있다: 유전체의 극히 일부만이 실제로 단백질을 만든다는 것이다. 예를 들어, 성게에서는 단백질을 암호화하는 유전자들은 유전체의 10% 미만을 차지한다. 초파리에서는, 오직 5~10%의 유전체만이 단백질을 암호화하는 유전자들이다. 사람에서는, 20,000~25,000개의 유전자들이 단백질을 만드는 것으로 추정되며 이것은 유전체를 구성하는 전체 DNA 서열의 약 1~3% 정도만을 차지하는 것이다. 18장-유전체학과 단백질체학에서 이 주제에 대해 좀 더 자세히 알아보도록 하자.

단원 요약

1. 염색체를 구성하는 분자요소들의 조직화는 유전물질의 기능을 이해하는 데 필수적이다. 거의 단백질이 없는 박테리오파아지와 세균의 염색체들은 왓슨과 크릭의 모형과 동등한 형태의 DNA 분자를 포함하고 있다.

2. 미토콘드리아나 엽록체들은 그들의 생물학적 활성에 필수적인 산물들을 암호화하는 DNA를 포함하고 있다. 이들 DNA는 그 모양이나 형태에 있어서 세균이나 파아지 DNA와 매우 닮아 있다. 이 때문에 이들 세포소기관이 한때는 원핵세포와 유사한 자유생활 생명체였음을 제시하는 세포내 공생설이 설득력을 얻는다.

3. 다사염색체나 램프브러시 염색체는 유전적 조직화나 기능에 대한 우리의 지식을 늘려주는 특수화된 염색체들이다.

4. 진핵세포의 크로마틴 섬유는 뉴클레오좀이라고 불리는 반복단위로 구성된 핵단백질이다. 147 bp의 DNA와 4가지 형태의 히스톤들의 8합체로 구성된 뉴클레오좀은, 간기의 특징인 광범위한 크로마틴 섬유가 분열기에 나타나는 매우 응축된 염색체로 전환되는 것을 촉진시켜 준다.

5. 염색체 축의 구조적인 이질성이 생화학적, 세포학적 연구에 의해 확립되었다. 이질염색질(heterochromatin)은 간기에 미리 응축되는 것으로 보이며 유전적으로 불활성이다. 동원체와 텔로미어, Y 염색체, 그리고 바 소체 등이 그 예다.

6. 진핵생물의 유전체는 다수의 반복성 DNA 범주들이 특징적으로 나타나는 복잡한 서열 조직화를 보여준다.

7. DNA 분석에 의해 진핵생물체의 동원체와 텔로미어 부분의 독특한 뉴클레오티드 서열을 알 수 있게 되었다. 이들은 분명히 해당 기능을 담당하는 이질염색질적 특징들을 공유할 것이다.

8. 반복성 DNA는 유전체의 다양한 부분에 뭉쳐 있는 나란한 반복서열이나 유전체 전체에 흩어져 있는 단일서열로 구성된다. 전자의 경우, 각 클러스터의 크기는 개인들마다 다양하므로 생화학적 개체 증명(genetic idenetity)에 사용될 수 있는 한 형태를 제공한다. 후자는 *Alu*처럼 짧거나, L1처럼 긴 서열들로서 각각 이동성 인자들이다.

9. 진핵세포 유전체의 대부분이 기능적인 유전자들을 암호화하지 않는다.

주요 용어

5′-메틸 시토신(5-methyl cytosine)
Alu 패밀리(*Alu* family)
CEN 영역(CEN region)
CpG 섬(CpG island)
DNA 지문(DNA fingerprinting)
DNA-결합 단백질(DNA-binding proteins)
HU와 H1 단백질(HU and H1 proteins)
L1 패밀리(L1 family)
ϕX174 박테리오파아지(ϕX174 bacteriophage)
가동성 서열들(transposable sequences)
가변성 직렬 반복서열(variable number tandem repeats, VNTRs)
고도 반복성 DNA(highly repetitive DNA)
긴 산재요소들(long interspersed elements, LINEs)
뉴클레오좀 핵심 입자(nucleosome core particle)
뉴클레오좀(nucleosome)
다사염색체(polytene chromosomes)
램프브러시 염색체(lampbrush chromosome)
레트로트랜스포존(retrotransposons)
메틸화(methylation)
미세부수체(microsatellites)
미토콘드리아 DNA(mitochondrial DNA, mtDNA)
미토콘드리아(mitochondria)
박테리오파아지 람다(bacteriophage lambda (λ))
반복성 DNA(repetitive DNA)
부수체 DNA(satellite DNA)
세포내 공생가설(endosymbiotic hypothesis)
소부수체(minisatellites)
솔레노이드(solenoid)
아세틸화(acetylation)
알포이드 패밀리(alphoid family)
염색소립(chromomeres)
염색질(크로마틴, chromatin)
엽록체 DNA(chloroplast DNA, cpDNA)
엽록체(chloroplast)
원위치 분자 혼성화(*in situ* molecular hybribidation)
위유전자(pseudogenes)
위치 효과(position effect)
이질염색질(heterochromatin)
인산화(phosphorylation)
중간 반복성 DNA(middle repetitive DNA)
진정염색질(euchromatin)
짧은 산재요소(short interspersed elements, SINEs)
짧은 직렬 반복서열(short tandem repeats, STRs)
측면 고리들(lateral loops)
크로마틴 재구성(chromatin remodeling)
키네토코어(kinetochore)
텔로미어(telomere)
텔로미어 DNA 서열(telomeric DNA sequences)
퍼프(puff)
폴리오마 바이러스(polyoma virus)
핵양체(nucleoid)
히스톤(histones)
히스톤 꼬리(histone tails)

통찰과 해법

이전에 알려지지 않았던 단세포 생물이 깊은 바다 속에서 발견되었다. 이 생물의 핵은 단일 선형 염색체를 가지고 있었으며, 7 × 10^6 뉴클레오티드쌍의 DNA가 3종의 히스톤과 유사한 단백질들과 어울려 있었다. 다음 질문에 대해 생각해 보자.

1. 미생물 뉴클레아제에 의해 소화된 짧은 DNA 조각들이 700, 1,400, 2,100 bp로 구성되어 있었다. 이 조각들이 무엇을 나타내는지 예상해 보라. 어떠한 결론이 유추될 수 있는가?

해법: 염색사가 아마도 700 bp의 DNA를 포함하는 다양한 뉴클레오좀으로 구성되어 있을 것이다. 1,400 혹은 2,100 bp의 단편들은 두 개 혹은 세 개의 연합된 뉴클레오좀을 나타낸 것으로 생각된다. 효소적 절단이 불완전하게 이루어져 나머지 두 분절들이 생긴 것이다.

2. 각 뉴클레오좀의 분석 결과, 각 단위가 한 종의 단백질을 포함하고 있었고, 짧은 링커 DNA는 결합 단백질들이 결합되어 있지 않았다. 전체 염색체가 뉴클레오좀들로 이루어져 있다면(링커 부분은 생각하지 않고), 뉴클레오좀은 몇 개가 있으며 이를 형성하는데 필요한 단백질은 총 몇 개인가?

해법: 염색체가 7×10^6의 DNA로 이루어져 있고, 각 뉴클레오좀이 7×10^2 bp의 DNA를 포함하고 있으므로 뉴클레오좀의 숫자는 $7 \times 10^6/7 \times 10^2 = 10^4$ 뉴클레오좀들이다.
따라서 한 종류의 단백질 개수는 10^4 이므로 총 단백질 수는 3×10^4 분자들이다.

3. 이 생물체의 DNA를 더 분석한 결과 이들이 왓슨-크릭 모형과 유사한 이중나선임이 밝혀졌으나 한 바퀴당 20 bp를 포함하고 있음이 드러났다. 뉴클레오좀의 물리적인 크기는 다른 진핵세포들에서 발견된 부피의 정확하게 두 배였다. 이것은 아마도 염색사의 축이 2 자릿수로 거리가 증가한 것 때문으로 생각된다. 이 생물의 뉴클레오좀과 다른 진핵생물에서 발견되는 뉴클레오좀의 압착 정도를 비교해 보라.

해법: 이 독특한 생물체는 35번 회전하는 나선(한 회전당 700 bp 뉴클레오좀/20 bp)의 뉴클레오좀을 가진다. 정상적인 진핵생물들은 20번 회전하는 나선(한 회전당 200 bp 뉴클레오좀/10 bp)으로 밀집한 뉴클레오좀이 이 독특한 생물에서의 것보다 절반 부피를 차지한다. 따라서 밀집의 정도는 독특한 생물체에서 덜하다.

4. 이 독특한 염색체는 더 이상 감기거나 밀집하지 않는다. 이것을 진핵세포 염색체들과 비교해 보라. 간기의 사람 염색체는 7×10^6 bp 염기쌍의 길이인데 이것이 더 짧을까 혹은 더 길까?

해법: 이 독특한 염색체의 길이는 10^4 뉴클레오좀들로 밀집되어 있으며 각 축의 길이는 다른 진핵성 염색사의 2배 길이이다. 진핵세포의 염색사는

$$7 \times 10^6 /2 \times 10^2 = 3.5 \times 10^4 \text{개의 뉴클레오좀}$$

으로 구성되어 이 독특한 생물보다 3.5배 더 응축되어 있다. 그러나 이들이 다시 각 솔레노이드로 5 자릿수로 더 응축되어 있다. 따라서 이 독특한 생물의 염색체는 더 긴 염색사로 보인다.

연습문제 및 토론문제

1. 박테리오파아지 람다 및 T2의 염색체와 대장균의 염색체를 비교하라. 이것이 어떻게 파아지와 세균의 상대적 크기 및 복잡성과 관계되는가?
2. 박테리오파아지와 세균은 거의 항상 원형(닫힌 고리)의 염색체 DNA를 가진다. 파아지 람다는 예외적으로 그 바이러스 입자 내부에 선형의 DNA를 가진다. 그러나 숙주세포로 들어오자마자 복제 전에 환형으로 변한다. 10장의 정보를 종합하면 환형 DNA 분자가 선형 분자에 대해 가지는 복제의 이점은 무엇일까?
3. 미토콘드리아와 엽록체에 관하여 DNA의 모양을 비교하라.
4. 미토콘드리아와 엽록체에서 암호화되는 유전자 산물과 DNA의 크기를 비교하여라.
5. 미토콘드리아와 엽록체 내에서 단백질 합성이 일어나는 동안, 필요한 모든 유전자 산물들이 그 소기관의 DNA에서 암호화되지는 않는다. 이들 소기관 내에서의 유전적 기구들의 기원에 대해 설명하라.
6. 엽록체와 미토콘드리아는 세포질에서 발견되는 rRNA 분자들과 다른 분자들을 함유하고 있음이 발견되었다. 이러한 관찰이 어떻게 내공생설과 연관될 수 있겠는가?
7. 거대 다사염색체가 어떻게 형성되는지 설명하라.
8. 초파리의 침샘세포들이 분리되어 방사성 티미딘산이 존재한 곳에 넣어졌다. 자기방사법을 수행했더니 다사염색체가 드러났다. 염색체에 과립 모양의 분포가 어떠할지 예상해 보라.
9. 다사염색체의 퍼프 안에서는 어떠한 유전적 과정이 일어나고 있는 것인가? 실험적으로 이것을 어떻게 알 수 있는가?
10. LINE 서열의 구조를 설명하라. 왜 LINE들을 레트로포존들이라고 하는가?
11. 어떠한 유전적 과정 중에 램프브러시 염색체가 척추동물에 존재하게 되는가?
12. 왜 우리는 진핵생물의 유전물질이 바이러스나 세균의 유전물질보다 복잡하게 구성되어 있다고 생각하는가?
13. 크로마틴 구조에 대한 모델이 나올 수 있도록 한 연구 결과들에 대해 설명하라.
14. 뉴클레오좀 내부의 분자적 구성성분들과 배열은 어떠한가?
15. 뉴클레오좀이 꼬이고, 접혀져 궁극적으로 염색체가 되기까지의 변화과정을 설명하라.
16. 이질염색질(heterochromatin)에 대한 해석적 정의를 내리고 제시할 수 있는 모든 예들을 나열해 보라.

17. 포유동물들은 적어도 10^9 bp로 구성되는 이배체 유전체를 가진다. 만약 이러한 양의 DNA가 크로마틴 섬유로 존재하고 200 bp의 DNA가 9개의 히스톤들과 연계하여 하나의 뉴클레오좀을 만들고, 6개의 뉴클레오좀들이 하나의 솔레노이드를 구성하며, 최종 포장 비율이 50이라면, (a) 모든 섬유에 존재하는 뉴클레오좀의 총수, (b) 이 이배체 유전체에서 DNA와 연계되어 있는 히스톤 분자들의 총수, (c) 모든 섬유의 길이를 결정하라.

18. 어떤 바이러스 DNA 분자가 50 μm 길이의 일정한 20 Å 지름의 원형 사슬이라고 하자. 만약 이 분자가 하나의 바이러스 머리(0.08 μm 지름의 구라고 하자)에 포함되어 있다면, 이 DNA가 바이러스 머리에 맞겠는가? (이 분자의 완벽한 유연성을 가정한다.) 여러분의 답을 수학적으로 정당화해 보라.

19. 길이가 52 μm인 T2 파아지의 DNA 분자 내에는 몇 개의 염기쌍들이 존재하는가?

20. 인간세포의 핵이 10 μm 지름이고, 완전히 신장되었을 때 지름 11 nm의 뉴클레오좀으로 복잡하게 구성되어 있는 길이 2 m의 DNA를 가지고 있어야만 한다면, 핵 부피의 몇 %가 유전물질로 차지되어야 할까?

21. 선(Sun) 등은(2002. *Proc. Natl. Acad. Sci.* (*USA*) 99: 8695-8700) 초파리를 연구하여, 두 가지 정상적 활성을 가진 유전자 *w*+(흰눈 유전자의 야생형 대립인자)와, *hsp*26(heat shock gene)을 진정염색질 부분과 이질염색질 부위로 도입했다(플라스미드 벡터 사용). 각 유전자의 상대적 활성이 검사되었고, 대략 아래와 같은 자료가 얻어졌다. 이질염색질의 세 가지 특성에 대해 고려해 보고, 어느 것이 실험 자료를 지지하는지 말해보라.

활성(상대 백분율)

유전자	진정염색질	이질염색질
*hsp*26	100%	31%
w^+	100%	8%

22. 형광염료로 염색체를 "표지(label)"할 수 있는 방법을 사용하여 Nagele와 동료들(Nagele et al., 1995. *Science* 270: 1831-1835)은 인간의 섬유아세포에서 체세포분열의 전중기 과정 중에 염색체들의 정확한 위치를 관찰하였다. 아래 그림은 7, 8, 16, X 염색체들의 상대적 위치를 설명한 연구 자료를 변형한 그림이다. 상동염색체들은 같은 색깔로 표시되어 있다. 사람의 다른 세포들에서도 이러한 유형이 발견된다고 가정하면, 간기와 핵분열의 초기과정 중에 염색체들이 핵에서 차지하는 위치에 대하여 어떠한 결론을 도출할 수 있는가? 염색체의 위치가 간기의 유전자 기능에 어떻게 영향을 미치는가?

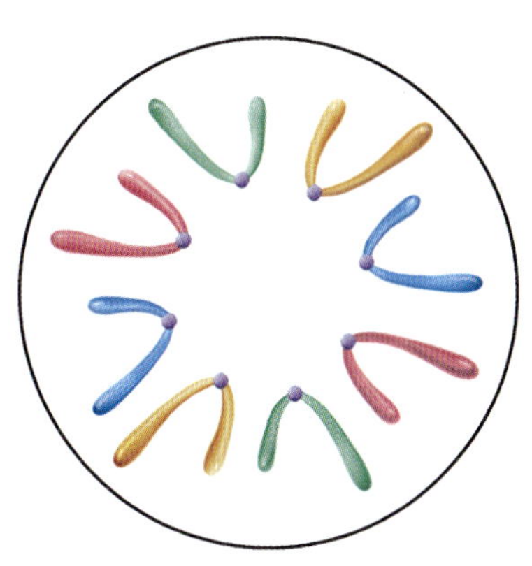

23. 뉴클레오좀과 크로마틴 구조에 대해 아직도 더 많은 것이 알려져야 하겠지만, 최근의 연구는 히스톤의 생체내 화학적 변형이 유전자 활성의 변화와 관련이 있음을 시시한다. 예를 들어, 베른스타인 등(Bernstein et al., 2000. *Proc. Natl. Acad. Sci. (USA)* 97: 5340-5345)은 H3과 H4의 아세틸화가 각각 효모 유전자 활성에서의 21.1%, 13.8% 증가와 관련이 있으며, 효모의 이질염색질은 유전체 전체의 평균보다 덜 메틸화되어 있다고 한다. 뉴클레오좀-DNA 상호작용과 유전자 활성이란 관점에서 이러한 발견의 중요성을 예측해 보라.

24. "복제분기점에서의 뉴클레오좀의 위치(*Nucleosome positioning at the replication fork*)"라는 논문에서 루치니와 동료들(Lucchini et al., 2002. *EMBO* 20: 7294-7302)은 "새로 조립된 히스톤 8합체들뿐 아니라 '기존의(old)' 뉴클레오좀들 모두 새로 복제된 DNA 가닥상에서 자리를 잡는다"라고 언급했다. 이러한 진술을 토대로, 새로 복제된 염색질에서 뉴클레오좀과 DNA의 분포를 어떻게 비교할 수 있을까? 새로 복제된 뉴클레오좀상에서 뉴클레오좀의 분포를 실험적으로 검증할 수 있는 방법은?

25. 인간 유전체는 가장 잘 연구된 SINE 요소인 *Alu* 서열을 가지며, 반수체 유전체상에 대략 10^6 사본을 포함한다. 각 *Alu*들은 3′ 말단에 아데닌이 풍부한 꼬리가 따라 나오는 282 뉴클레오티드의 공통서열을 가진다(Schmid. 1998. *Nuc. Acids Res.* 26: 4541-4550). 인간의 반수체 유전체가 대략 3×10^9 bp 임을 감안하면, *Alu* 서열들 사이에 대략 어느 정도의 bp가 존재하겠는가?

26. 다음은 람다 박테리오파아지 염색체의 일반적인 구조를 그린 것이다. 어떤 기작에 의해 이것이 숙주세포의 감염시 닫힌 원 구조를 형성할지 예상해 보라.

5′ GGGCGGCGACCT — double-stranded region —— 3′
3′ — double-stranded region —— CCCGCCGCTGGA5′

27. 하나에서 6개의 염기가 직렬로 반복되는 DNA 서열을 미세부수체라고 한다. 이들은 진핵생물에서 흔히 나타난다. 한 가지 특징적인 것이 세 뉴클레오티드 반복서열인데, 이들은 인간의 신경퇴행성 질환들(헌팅턴병, 근긴장성 이영양증, 척수-소뇌 근 위축증, 척수소뇌 운동실조증, 그리고 취약 X 증후군 등)에서의 역할 때문에 매우 흥미롭다. 아래 자료는 토스 등(Toth et al., 2000. *Gen. Res.* 10: 967-981)의 자료를 변형한 것으로 유전자 사이와 내부에 존재하는 미세부수체의 위치에 관한 것이다. 이러한 자료에서 얻을 수 있는 일반적인 결론은 무엇인가?

유전자 내부와 유전자 사이의 미세부수체 DNA 서열 (%)

분류 그룹	유전자 내부	유전자 사이
영장류	7.4	92.6
설치류	33.7	66.3
절지동물	46.7	53.3
효모	77.0	23.0
곰팡이	66.7	33.3

28. 27번 문제의 연구로부터 유전자 내에서 나타나는 그러한 반복서열의 길이 양상에 관하여 좀 더 많은 정보가 얻어졌다. 아래 표의 각 값은 1~6 염기 길이의 특정 서열들로 이루어진 미세부수체들이 유전자 내에서 발견되는 횟수를 나타낸다. 예를 들어, 영장류(primate)에서는 두 개의 뉴클레오티드 서열(예, GG)이 10번 출현하며 세 뉴클레오티드는 1,126번 나타난다. 곰팡이에서는, 반복 단위가 6개의 뉴클레오티드(예, GACAGG)로 구성되며 219번 나타나고, 네 뉴클레오티드 반복서열(예, GACA)은 2번밖에 나타나지 않는다. 유전자내 다양한 길이의 미세부수체 길이와 분포에 관해 어떤 일반적 패턴이 드러나는지 자료를 분석하라. 이러한 일반적 패턴의 중요성이라고 할 수 있는 것은?

단위길이에 따른 유전자내 미세부수체의 분포

	반복 단위의 길이 (bp)					
분류 그룹	1	2	3	4	5	6
영장류	49	10	1126	29	57	244
설치류	62	70	1557	63	116	620
절지동물	12	34	1566	0	21	591
효모	36	19	706	7	52	330
기타 곰팡이류	9	4	381	2	35	219

29. 반복성 DNA 서열들의 의학적, 생물학적 중요성에도 불구하고, 그들의 생성이나 유전체에서의 분포를 결정할 수 있는 요인은 아직 밝혀져 있지 않다. 반복성 DNA 가닥들의 잘못된 배열과 DNA 중합효소의 미끄러짐 등이 기존(existing) 반복서열들의 숫자가 변하도록 하는 원인 기작으로 설명된다. 최근까지, 미세부수체 영역의 최초 생성에 대한 정보는 거의 없다. 와일더와 홀로서(Wilder and Hollocher, 2001. *Mol. Biol. Evol.* 18: 384-392)는 두 계통의 초파리에서 다수의 네 뉴클레오티드 미세부수체 주위의 DNA 서열을 결정하여 아래와 같은 자료를 얻었다. (a) 네 뉴클레오티드 반복서열의 단위(모티프)를 결정하라. 그것은 완벽한 모티프들인가? 퓨린과 피리미딘에 각각 Pu, Py 표시를 사용하여 이 네 뉴클레오티드를 $(CPuGpy)_n$처럼 단순하게 표시하라. (b) 미세부수체 영역이 아닌 곳의 서열은 무엇인가? 그것은 조사된 모든 계통에서 모두 완벽하게 보존되어 있는가?

Species (strain)	Base Sequence
D. nigrodunni-1	5′-TCGATATAGCCATGTCCGTCTGTCCGTCTGT
D. nigrodunni-2	5′-TCGATATAGCCATGTCCGTCTGTCCGTCTGT
D. nigrodunni-3	5′-TCGATATAGCAATGTCCGTCTGTCCGTCTGT
D. dunni-1	5′-TCGATATAGCAATGTCCGTCTGTCCGTCTGT
D. dunni-2	5′-TCGATATAGCCATGTCCGTCTGTCCGTCTGT

30. 29번 문제의 분석과 관련하여, 특정 미세부수체 서열 옆에 존재하는, 매우 보존되어 있는 비미세부수체 영역이 가지는 중요성은 무엇이겠는가?

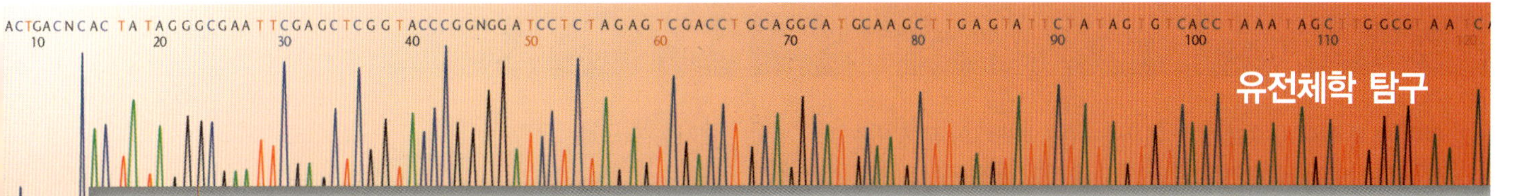

유전체 변이 데이터베이스: 인간 유전체에서의 구조적 변이

이 장에서 우리는 염색체들과 염색체 내의 DNA 서열 조직화에 대해 구조적 측면에서 자세히 논의했었다. 6장에서 살펴본 바와 같이, 우리는 커다란 DNA 분절이나 다수의 유전자들이 중복에 의해 사본 수 차이, 즉 **사본 수 변이(copy number variations, CNVs)**를 나타낸다는 것을 알고 있다. 많은 연구들이 이러한 CNV들을 밝히고 지도화하며 이와 관련된 질병들을 알아내려고 노력하고 있다.

현재까지, 인간 유전체에서 약 2000개의 CNV들이 밝혀졌으며, 인간 집단에서는 수천 개 이상이 더 있을 것으로 추산된다. 이번 연습에서는 **유전체 변이 데이터베이스(Database of Genomic Variants, DGV)**를 살펴보게 될 것이다. 이것은 빠르게 늘어나고 있는 CNV 포함 인간 유전체의 구조적 변이들을 요약한 것이다.

■ 연습 1: 유전체 변이 데이터베이스

1. **http://projects.tcag.ca/variation/**의 주소로 DGV에 접속하라. "About the Projct" 탭을 클릭하여 DGV의 목적에 대해 알아보라.
2. DGV의 정보는 "염색체 정보 보기(View Data by Chromosome)"나 "유전체 정보 보기(View Data by Genome)"를 이용하여 관심 있는 염색체를 클릭하면 쉽게 볼 수 있다.
3. "염색체 정보 보기(View Data by Chromosome)"를 이용하여 관심 염색체를 클릭해 보라. 다음 정보들을 포함한 표가 나타날 것이다.
   - 좌위(locus): 변이 범위에 포함된 염기쌍과 CNV의 좌위를 보여준다.
   - 경계표(landmark): 특정 좌위에 대한 서로 다른 CNV 변이들을 보여준다.
   - 변이 ID(variation ID): 각 변이에 대한 고유의 구별 숫자를 제공한다.
   - 변이 형태(variation type): "사본 수(copy number)"로 나열된다. 이 데이터베이스의 대부분의 변이들이 CNV들이다. 비교적 작은 변화들(몇 개의 염기들)에 기초한 삽입이나 결실로 알려진 변이들은 "InDel"로 표시된다. 역위는 "Inv"로 표시된다.
   - 사이토밴드(cytoband): 그 변이에 대한 염색체 띠 부위를 나타낸다.
   - 위치(position)(Mb): 염색체 상의 상대적 위치를 메가 베이스(Mb)로 보여준다.
   - 그 좌위 내의 알려진 유전자들: 특정 CNV에 위치하고 있는 유전자들의 목록을 보여준다.
4. 어떤 CNV들에 대해 분석해 보자. 많은 CNV들은 그들이 단백질 비암호화 부분이나 비조절성 서열 등과 같은 넓은 영역에 존재하기 때문에 표현형에 거의 영향을 미치지 않는다. 그러나 알츠하이머 질환, 파킨슨병, 그리고 기타 다른 질병들과 관련된 유전자들을 포함하고 있는 변이들처럼, CNV들을 포함하고 있는 유전자들이 밝혀졌다.

디펜신(Defensin, *DEF*) 유전자는 고도로 중복된 유전자들로 이루어진 유전자 집단의 일원이다. DEF 유전자와 CNV들에 대해 좀 더 많이 알기 위해, DEF 유전자에 대한 키워드 탐색 상자(Keyword Search box)를 이용하라(정확한 일치 버튼에 대해서는 "No"를 클릭하라). 결과 페이지에 CNV들의 목록이 나타날 것이다. 보이는 링크 중 하나를 클릭하라. 각 리포트들의 상단에는 염색체 상에 각 CNV 위치가 표시된 그래프가 있다. "Known Genes"가 보일 때까지 페이지 스크롤을 아래로 내려라. 알려져 있는 유전자 카테고리에 나열되어 있는 서로 다른 *DEF* 유전자들을 클릭하면 NCBI Entrez 사이트로 이동하여 이 유전자에 대한 풍부한 정보들을 접할 수 있게 된다. 그러면 다음 질문들에 대해 답을 구할 수 있을 것이다. 서로 다른 염색체 상의 여러 *DEF* 포함 CNV들에 대해 이 과정을 수행하면 답을 얻는 데 필요한 정보들을 발견할 수 있을 것이다.

여러분이 *DEF* 유전자를 포함한 CNV들을 발견한 염색체는 어떤 것인가?

a. *DEF* 유전자 산물의 기능에 대해 무엇을 알 수 있는가? *DEF* 단백질은 어떤 일을 하는가?

b. 인간에서 *DEF* 유전자형이나 *DEF* 유전자 발현에서의 변화는 여러 가지 인간 질병과 관련되어 있다. 어떤 종류의 질병들이 *DEF* 유전자형 변이에 영향을 받는지 예를 들어 보라.

c. DGV를 탐색하여 여러분이 관심있는 염색체들을 찾아보고, 그 염색체들에 지도화된 CNV들에 대해 더 공부해보라. "View Data by Genome"을 이용하여 각 변이들을 표시한 염색체 지도를 찾아보라. CNV들(파란색)에 대해 그 CNV를 클릭하면 염색체 상의 위치를 알 수 있다.

정답 Solutions to Problems and Discussion Questions

2. 원형 염색체를 가지고 있기 때문에 선형 염색체의 문제점을 만드는 말단이 없고 완전한 말단 서열 복제를 하게 된다.

4. 미토콘드리아 DNA는 사람의 경우 16 kb에서 일부 식물들의 350 kb가 넘는 것에 이르기까지 크기가 매우 다양하고, 리보솜 RNA와 운반 RNA 및 전령 RNA를 암호화한다. 단백질 합성 기구와 많은 세포내 호흡 요소들이 핵과 미토콘드리아 유전자들에서 함께 만들어진다. 엽록체의 DNA는 리보솜 단백질과 광합성을 위한 리보솜 RNA, tRNA 그리고 mRNA들을 암호화한다. 핵의 유전자들 역시 엽록체에서의 기능적 단백질들에 기여한다.

6. 리보솜 RNA처럼, 미토콘드리아와 엽록체들은 진핵세포에서 발견되는 것보다는 세균에서 발견되는 단백질과 더 유사한 단백질들을 포함하고 있다. 이러한 발견들은 그러한 세포 소기관들이 세균에서 기원했다고 하는 내공생설을 지지한다.

8. 진핵성 염색체들은 길이를 따라 여러 개의 복제 분기점들이 존재한다는 뜻에서 "다중 복제원점성"이라고 한다. 우리는 여러 곳에서의 방사성 무리들을 볼 수 있을 것이다.

10. 긴 산재 요소들(long interspersed elements, LINEs)은 인간에서의 반복성 가동성 DNA 서열들이다. 가장 뚜렷한 것은 **L1**이라고 표지되는 것으로 6.4 kb 정도의 크기에 대략 100,000번 정도 존재한다. LINE들은 그들의 이동 기작이 레트로바이러스들에 의해 사용되는 것과 닮아 있기 때문에 종종 레트로트랜스포존이라고 불리기도 한다.

12. 다세포성 진핵생물에는 다양한 세포 형태들이 존재하기 때문에, 다양한 유전자 산물들이 요구되며, 이것은 세포당 DNA의 양을 증가시키는 것과 관련이 있다. 그리고 이배체성의 이점 역시 자동적으로 세포당 DNA의 양을 증가시킨다. 그러나 문제를 다른 식으로 살펴보면, 진핵세포에서보다는 원핵세포에서 더 많은 유전체 부분이 표현형 생산에 실제적으로 관여하는 것이라고 할 수 있다.
진핵생물들은 다량의 "여분"(혹은 "쓰레기")로 보이는 DNA를 얻고 유지하는 능력을 진화시켰다. 반대로, 비교적 짧은 생활사를 가지는 원핵생물들은 그들의 유전체를 저장하고 사용하는 데 있어 매우 효율적이다. 그리고 진핵세포의 유전체는 염색체들로 나뉘기 때문에 아마도 유사분열이나 감수분열이 촉진될 수 있을 것이다.

14. 뉴클레오좀들은 각 히스톤(H2A, H2B, H3, H4)이 2분씩 구성된 8합체(H1제외) 이다. 뉴클레오좀들 사이에서 링커 DNA와 복합체를 이루고 있는 것은 H1이다. 146 bp의 DNA 서열이 뉴클레오좀 주위를 감고 있다

16. 이질염색질(heterochromatin)은 진정염색질(euchromatin) 부분들이 염색이 되지 않고 풀리는 경우라도 짙게 염색된 채로 뭉쳐서 존재하는 염색체 물질이다. 이질염색질 영역은 S기에 늦게 복제되며, 유전자가 별로 없거나 억제되어 있다는 점에서 비교적 유전적으로 비활성이라고 볼 수 있다. 텔로미어와 동원체 근처의 영역들도 이질염색질로 구성된다.

18. DNA의 부피:
$3.14 \times 10\text{Å} \times 10\text{Å} \times (50 \times 10^4\text{Å}) = 1.57 \times 10^8\text{Å}^3$
캡시드의 부피:
$4/3(3.14 \times 400\text{Å} \times 400\text{Å} \times 400\text{Å}) = 2.67 \times 10^8\text{Å}^3$
캡시드 머리가 DNA의 부피보다 크므로, DNA는 캡시드 안에 들어갈 수 있을 것이다.

20. 핵의 부피 $= 5.23 \times 10^{11}\ \text{nm}^3$
염색체의 부피 $= 1.9 \times 10^{11}\ \text{nm}^3$
따라서 염색질이 차지하는 핵의 부피는

$$\frac{1.9 \times 10^{11}\ \text{nm}^3}{5.23 \times 10^{11}\ \text{nm}^3} \times 100 = \text{약 } 36.3\%$$

22. 염색체들은 핵 내에 무작위로 분포되어 있는 것이 아니다. 상동염색체들은 서로 반대쪽에 반대 방향으로 분포하는 경향이 있는데, 이것은 그들의 위치가 핵의 양쪽 마주보는 방향으로 놓인다는 뜻이다. 그러한 패턴이 세포주기 내내 유지된다는 것을 고려하면, 염색체의 위치가 유사분열/혹은 감수분열 동안 유전자의 기능이나 염색체의 행동에 영향을 미칠 수 있을 것으로 생각된다. 만약 유전자 기능이 염색체 내의 유전자 위치에 의해서만 영향을 받는 것이 아니라 핵 내의 유전자 위치에 의해서도 영향을 받는다면 위치효과에 대한 또 다른 설명이 존재할 수 있을 것이다.

24. 뉴클레오좀들은 예전 것과 원래의 뉴클레오좀들의 혼합물을 포함하는 각 딸세포들에서 분산적인 패턴을 따른다. 테일러-우즈-휴즈의 실험과 비슷한 자동방사법 실험을 통해 이러한 분포를 검사할 수 있다. DNA 표지에 ^{3}H-thymidine을 쓰는 대신에 뉴클레오좀의 H2A, H2B, H3, 그리고 H4 히스톤들을 표지하면 된다.

26. 박테리오파아지 람다는 닫힌 이중나선의 분자를 형성할 수 있는데, 그것은 5′ 말단의 각 단일가닥이 12 염기쌍으로 이루어진 상보적인 처마 서열인 "오버행(overhang)"을 만들기 때문이다.

28. 다양한 세뉴클레오티드 반복서열 모티프들의 일반적인 빈도와 패턴은 모든 분류군들에서 비슷하다. 유전자 내의 세뉴클레오티드 반복서열들은 모든 분류군들 내에서 6뉴클레오티드 반복서열 앞에 나타나는 것이 가장 빈번하다. 한 가지 가능한 설명은 다양한 미세부수체형(하나, 둘, 혹은 세 개 등)들이 서로 다른 유전체 영역(유전자 내 혹은 유전자 사이)에 다른 속도로 생긴다는 것이다. 두 번째 가능성은 선택인 반복서열들의 형태나 위치에 따라 서로 다르게 작동한다는 것이다. 유전자 내에 3개- 그리고 6개 뉴클레오티드 반복서열이 빈번하게 나타나는 것과 유전자 내에서 트리플렛 암호가 특정 아미노산을 지정한다는 것의 연관성도 우연은 아닐 것이다.

30. 만약 일반적으로 미세부수체들이 보존 서열 옆에 위치한다면, 보존 서열들은 미세부수체의 생성이나 유지에 관여할 수도 있다. 아니면, 미세부수체가 비미세부수체 영역을 만들 수도 있다. 제시된 어떤 가설이라도 결정적인 진술이 되기 위해서는 추가적인 연구가 필요하다.

CHAPTER 12

유전자 암호와 전사

전사과정을 보여주는 전자현미경 사진

단원 개념

- 유전정보는 지구상의 거의 모든 생물에 보편적인 트리플렛 암호를 사용하여 DNA에 저장된다.
- 유전암호는 전사과정 중에 처음으로 DNA에서 RNA로 이동한다.
- 일단 RNA로 옮겨지면, 유전암호는 트리플렛 코돈으로 존재하는데, RNA를 구성하는 네 종류의 리보뉴클레오티드가 사용된다.
- 네 개의 서로 다른 문자에서 세 개를 뽑으면, 64가지의 트리플렛 서열이 만들어질 수 있다. 이들 대부분은, 유전자의 최종 산물인 단백질에 존재하는 20종의 아미노산 중 하나를 지정한다.
- 몇 개의 코돈들은 단백질 합성을 개시하고 종결시키는 신호들이다.
- 전사의 과정은 비슷하지만, 진핵생물에서는 원핵생물 및 박테리오파아지와 비교하여 더 복잡하다.

DNA의 구조는 선상으로 배열된 데옥시리보오스로 이루어진다. 이 서열은 궁극적으로 대부분의 유전자들의 최종 산물인 구성 단백질의 요소들을 지정한다. 중점적인 문제는 어떻게 그렇게 저장된 정보들이 단백질로 해독될 수 있는가 하는 것이다. 그림 12-1은 어떻게 이런 정보의 이동이 일어나는지를 간략하게 보여준다. 유전자 발현의 첫째 단계에서 DNA의 두 가닥 중 하나(주형가닥)에 존재하는 정보가, 전사의 과정을 거쳐 RNA 상보체로 전이된다. 일단 합성이 되면, 이 RNA는 암호화된 정보를 저장하고 있는 "전령(messenger)" 분자로 작용하고, 따라서 이들의 이름도 전령 RNA(mRNA)이다. 그러한 RNA들은 리보솜과 연계되고, 여기에서 단백질로 해독이 된다.

이 장에서는 두 가지 중요 질문들을 다룸으로써 유전자 발현의 첫 단계들에 대해 초점을 맞추게 될 것이다. 첫째는, 어떻게 유전적 정보가 암호화되는가? 둘째는, 어떻게 전사의 과정이라고 정의되는, 'DNA에서 RNA로의 전이'가 발생하는가? 앞으로 보게 될 것처럼, 천재적이고 분석적인 연구들에 의해 유전적 암호가 3개의 문자로 쓰여진다는 것이 밝혀졌다. 따라서 mRNA에 존재하는 리보뉴클레오티드들은 곧 유전자에 저장된 정보를 반영하는 것이다. 각 트리플렛 암호는 단백질이 합성될 때 특정 아미노산의 삽입을 지시한다. DNA의 복제에 대한 이전의 논의에 기초하여 예상할 수 있는 것처럼, 전사 또한 주요 중합효소와 이를 지지하는 여러 단백질에 의존하는 복잡한 과정이다. 이제 세균의 전사에 대해 알려져 있는 것을 살펴보고, 이들 원핵생물의 모형과 진핵생물에서 발견되는 차이를 비교해 보도록 하자. 이 장과 다음 장의 정보들은 모두 분자 유전학에 대한 이해를 돕는 그림을 제공하며, 이들은 생명체에 대한 이해의 가장 기초가 된다. 13장에서는 어떻게 번역이 일어나는지를 설명하고 단백질의 구조와 기능에 대해 논의하게 될 것이다.

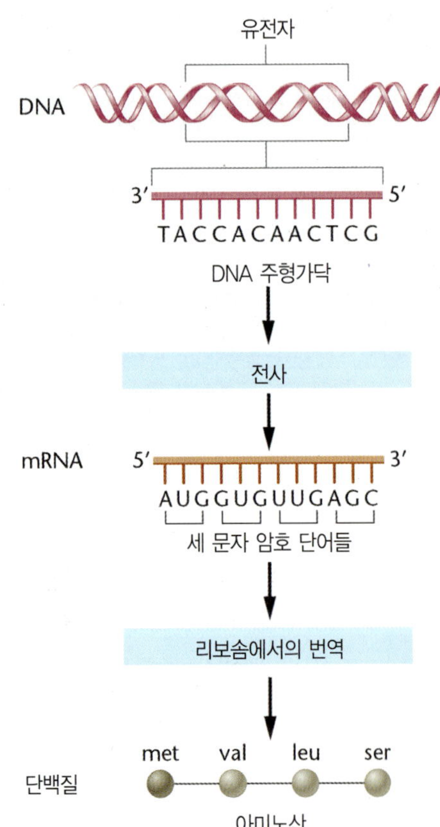

그림 12-1 DNA에 암호화된 유전정보가 어떻게 단백질을 생산하는지를 보여주는 흐름도.

학습 방법

이 장에서는 어떻게 유전정보가 대부분 유전자의 최종 산물인 단백질을 암호화하는 DNA에 저장되는지에 초점을 맞출 것이다. 또한 유전자 암호가 세포 안에서 해독되는 기작에 대해서도 살펴볼 것이다. 여러분이 이러한 주제를 공부할 때에는 다음과 같은 기본적인 질문에 답할 수 있도록 노력해야 한다.

1. 왜 유전학자들은 실험적 증거들이 입수되기 이전에도 유전자 암호가 트리플렛(triplet, 삼중자)일 것이라고 믿었는가?
2. 암호가 트리플렛임이 확실시되자, 어떻게 64개의 가능한 암호가 풀릴 수 있었는가? 어떻게 특정 3 문자암호가 각 아미노산을 지정하는지 알 수 있는가?
3. DNA에 암호화된 정보의 발현이 RNA로 된 중간산물의 개입을 요구한다는 것은 어떻게 알 수 있는가?
4. 유전자 암호가 실험적으로 예상된 후, 어떻게 이러한 예상이 맞다는 결론을 내릴 수 있었는가?
5. 진핵세포의 유전자에서 얻어진 초기 전사체가, 정확한 단백질로의 번역이 일어나기 이전에 제거되어야만 하는 비암호서열을 포함한다는 것을 어떻게 알 수 있는가?

12.1 유전암호들은 여러 가지 특징을 나타낸다

유전암호에 대한 현재의 이해를 가능하게 했던 다양한 분석적 접근들을 고려하기에 앞서, 유전암호의 일반적인 특징들을 요약해 보도록 하자.

1. 유전암호는 mRNA 분자를 구성하는 리보뉴클레오티드 염기들을 "글자들"로 이용한 직선형태(linear form)로 쓰인다.
2. mRNA 내의 각 "단어"들은 세 뉴클레오티드 글자들로 구성된다. 세 개의 리보뉴클레오티드로 이루어진 mRNA상의 단어는 "**코돈**(codon)"이라고 하며, 이것이 하나의 아미노산을 지정하게 된다; 그러므로 코돈은 **트리플렛**(triplet, 삼중자)이다.
3. 암호는 **명확하다**(unambiguous). 이것은 각 트리플렛이 단 하나의 아미노산만을 지정한다는 뜻이다.
4. 암호의 특이성은 **퇴화**(degenerate)되어 있다; 즉, 주어진 아미노산은 하나 이상의 트리플렛 암호에 의해 지정될 수도 있다. 이것은 20개의 아미노산 중 18개에서 그러하다.

5. 유전암호는 "시작(start)"과 "종결(stop)" 신호를 포함하고 있어서, 어떤 트리플렛은 번역을 **시작**(initiate)하도록 하고, 어떤 암호는 번역을 **종결**(terminate)시킨다.
6. 암호 내에서는 내부 구두점(콤마)은 사용되지 않는다. 그러므로 암호는 "구두점이 없다"고 말해지는데, 이것은 일단 mRNA의 번역이 시작되면 코돈들이 **쉼 없이**(commaless) 계속해서 읽힌다는 뜻이다.
7. 암호는 **겹쳐지지 않는다**(nonoverlapping). 일단 번역이 시작되면 mRNA 내의 어떤 뉴클레오티드라도 오직 하나의 트리플렛의 일부가 된다.
8. 암호는 거의 **보편적**(universal)이다. 일부의 예외가 있긴 하지만, 하나의 암호사전은 거의 모든 바이러스, 원핵생물, 고세균, 그리고 진핵생물들에 의해 사용된다.

12.2 초기의 연구들로 암호의 기본적 작동 방법이 밝혀졌다

1950년대 후반, mRNA가 유전암호를 DNA에서 단백질로 매개한다는 것이 아직 분명치 않았을 때는, DNA 자체가 그들의 합성 과정 중에 직접 단백질을 만드는 것이 아닐까 하는 생각이 있었다. 리보솜들이 이미 규명되어 있었기 때문에, 초기의 생각은 DNA 정보가 핵에서 리보솜의 RNA로 옮겨지며, 이들 RNA가 세포질에서 단백질 합성의 주형으로 사용된다는 것이었다. 한편 리보솜의 RNA는 극도로 안정했다. 결과적으로, 1961년 프랑소와 제이콥(François Jacob)과 자크 모노(Jacques Monod)는 **전령 RNA**(messenger RNA, mRNA)의 존재를 가정하기에 이른다. 일단 mRNA가 발견되자, 유전적 정보가 DNA에 저장되어도, 단백질로 번역될 암호는 RNA에 존재하게 된다는 사실이 분명해졌다. 이제 중심 문제는 어떻게 단 네 개의 문자-네 개의 뉴클레오티드-가 20개의 단어, 즉 아미노산을 지정하는가였다.

세 문자로 이루어진 암호

1960년대 초, 시드니 브레너(Sidney Brenner)는 네 개의 문자로 20가지의 아미노산을 지정하기 위해서는 암호가 최소한 세 문자로 이루어져야 하기 때문에 유전암호는 트리플렛(triplet)이어야만 한다는 이론적 주장을 펼쳤다. 4개의 뉴클레오티드로 이루어진 암호는, 예를 들어 한 번에 두 개를 취한다면 16가지의 서로 다른 암호 단어(4^2)를 만들어 낸다. 트리플렛 암호는 64단어(4^3)-필요한 20가지보다 분명히 많다-를 제공하며, 256개의 단어를 지정하는 네 문자 암호(4^4)보다는 훨씬 간단하다.

암호의 트리플렛 성질을 지지하는 실험적 증거는 곧이어 프란시스 크릭(Francis Crick)과 그의 동료들에 의한 연구로부터 얻어졌다. T4 파아지를 이용하여 그들은 **틀이동 돌연변이**(frameshift mutation)를 연구했는데, 이것은 유전자 내에 하나 이상의 뉴클레오티드들이 첨가되거나 결실된 이후 mRNA로 전사되어 생기는 것이다. 하나 이상의 글자들을 잃거나 얻는 것은 번역 중에 **해독틀**(frame of reading)을 변화시킨다. 크릭과 그의 동료들은 한 개

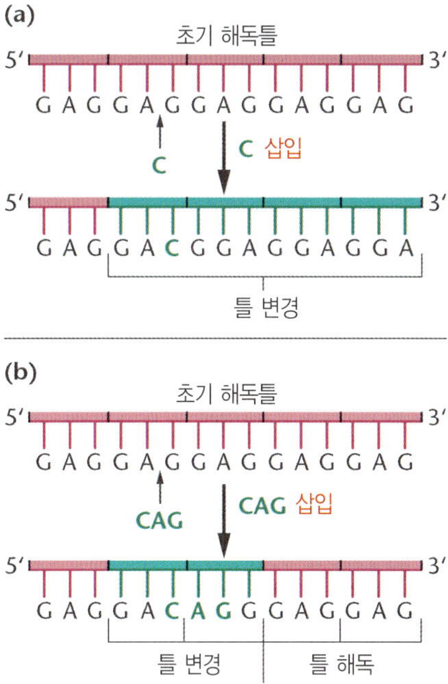

그림 12-2 트리플렛 서열 GAG가 반복되는 DNA 서열상에서 틀(해독틀) 이동 돌연변이의 효과. (a) 단일 뉴클레오티드의 삽입은 이후의 모든 트리플렛 해독틀을 변화시킨다. (b) 세 뉴클레오티드의 삽입은 오로지 두 개의 트리플렛만 변화시킨다. 그러나 해독틀은 원래의 서열대로 다시 재정립된다.

나 두 개의 뉴클레오티드를 얻거나 잃는 것은 돌연변이를 유발하지만 3개의 뉴클레오티드가 관여하면 해독틀이 재정립됨을 발견하였다(그림 12-2). 만약에 트리플렛이 아니라 다른 형태로 암호가 구성되었다면 이런 일은 일어나지 않을 것이다. 이 실험은 대부분의 트리플렛 암호가 텅 빈 것이 아니라 아미노산을 지정하는 것이며, 하나 이상의 암호에 의해서 같은 아미노산이 지정될 수 있다는, 퇴화된 암호의 개념을 지지하는 것이었다.

12.3 니렌버그와 마태, 그 외의 연구자들에 의해 유전암호가 해독되었다

1961년, 마샬 니렌버그(Marshall Nirenberg)와 J. 하인리히 마태(J. Heinrich Mattaei)는 처음으로 특정 암호화 서열들의 성질을 규명하였고 이는 유전암호의 완전한 분석을 위한 토대가 되었다. 암호의 해독에 중요한 기여를 했던 다른 사람들의 연구와 함께, 그들의 성공은 두 가지 실험적 기구의 사용에 의존한 것이었다. 하나는 **시험관내**(*in vitro*) **단백질 합성 기구**(cell free protein synthesizing system)이고, 또 하나는 합성 mRNA를 만들 수 있도록 했던 **폴리뉴클레오티드 가인산분해효소**(polynucleotide phosphorylase)이다. 이 mRNA들은 세포외 시스템에서 폴리펩티드를 합성하기 위한 주형으로 작용한다.

세포 외 시스템에서 폴리펩티드 합성하기

세포 외 시스템에서도, 아미노산들은 폴리펩티드 사슬에 통합된다. 이러한 시험관 시스템은 예상되듯이, 세포 내의 단백질 합성에 필수적인 요소들을 포함하고 있어야만 한다; 리보솜들,

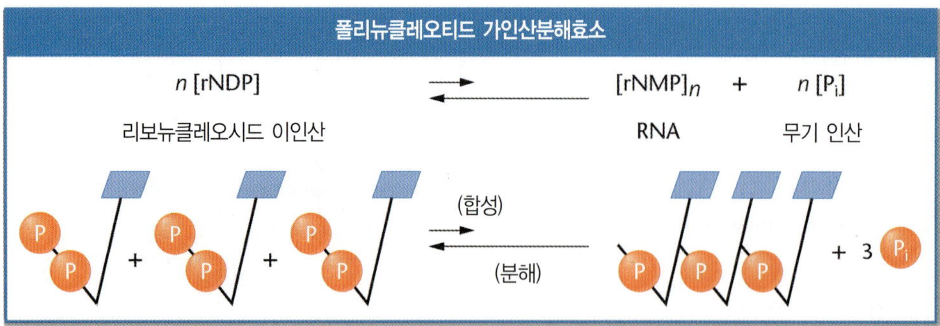

그림 12-3 폴리뉴클레오티드 가인산분해효소(polynucleotide phosphorylase)에 의해 촉매되는 반응. 반응 평형은 RNA의 분해쪽으로 기울지만 합성이 선호되는 방향으로 "강제될(forced)" 수 있다.

tRNAs, 아미노산들, 그리고 번역에 필요한 다른 분자들 등(13장을 보라). 단백질 합성을 추적하기 위해서는, 하나 이상의 아미노산들이 방사성이어야 한다. 마지막으로, 하나의 mRNA가 첨가되어 번역될 주형으로 작용해야만 한다.

1961년, mRNA는 아직 분리되지 않았었다. 그러나 폴리뉴클레오티드 가인산분해효소의 이용으로 RNA 주형들의 인공적 합성이 가능했고, 이들이 세포 외 시스템에 첨가될 수 있었다. 이 효소는 세균에서 분리된 것으로, 그림 12-3에 나타나 있는 반응을 촉매한다. 1955년, 마리엔 그룬버그-마나고(Marianne Grunberg-Manago)와 세베로 오초아(Severo Ochoa)에 의해 발견된 이 효소는 세균의 세포 내에서 대사적으로 RNA를 분해하는 기능을 한다. 그러나 시험관 내에서, 리보뉴클레오시드 이인산의 농도가 높을 때에는 반응이 반대로 RNA를 합성하는 방향으로 일어날 수 있다.

RNA 중합효소와 비교하면, 폴리뉴클레오티드 가인산분해효소는 DNA 주형을 필요로 하지 않는다. 결과적으로, 각 리보뉴클레오티드의 첨가는 무작위적이며, 반응 혼합물에 첨가된 4종의 리보뉴클레오시드 이인산의 상대적인 농도에 의존적이다. 특정 리보뉴클레오티드가 삽입될 가능성은, 다른 가용적인 리보뉴클레오티드들에 대한 그 분자의 효용성에 비례적이다. 이 점은 다음 논의에서 니렌버그와 다른 연구자들의 실험을 이해하는 데 매우 중요하다.

단백질 합성을 위한 이 세포 외 시스템과 합성 mRNA의 유효성은 특정 아미노산들을 암호화하는 다양한 트리플렛들의 리보뉴클레오티드 조성을 해독하는 방법을 제공했다.

동질중합체의 이용

초기의 실험들에서, 니렌버그와 마태는 오직 한 종류의 리보뉴클레오티드로 이루어진 **RNA 동질중합체**(homopolymer)들을 합성했다. 그러므로 시험관 시스템에 첨가된 mRNA는 UUUUUU..., AAAAAA..., CCCCCC..., 혹은 GGGGGG...등이었다. 각 mRNA를 사용한 실험에서 그들은 새로 합성된 단백질에 통합된 아미노산을 결정할 수 있었다. 이를 위해서, 연구자들은 20개의 아미노산 중 하나만 표지한 후, 서로 다른 아미노산이 표지된 각기 다른 시험관 내에서 일련의 실험들을 수행하였다.

예를 들어, ^{14}C-페닐알라닌을 사용한 실험을 생각해 보자(표 12.1). 니렌버그와 마태는 폴리 U(polyuridylic acid)로 이루어진 메시지는 오직 페닐알라닌으로만 이루어진 동질중합체 폴리페닐알라닌(polyphenylalanine)을 합성하도록 한다는 결론을 내렸다. 트리플렛 암호를 가정하여, 이들은 최초의 특정 코돈을 결정한 것이다: UUU는 페닐알라닌을 지정한다. 이와 관련한 실험에서 이들은 AAA 암호가 리신을, CCC 암호가 프롤린을 지정한다는 것을 발견했다. 폴리 G는 적당한 주형이 아니었는데, 아마도 분자들이 스스로 접혀서일 것이다. 그러므로 GGG의 지정은 다른 접근법을 기다려야만 했다.

특정 트리플렛 코돈의 결정은 동질중합체가 사용되었기 때문에 가능한 것이었음을 주목하라. 위 방법은 트리플렛의 조성만 알려주는 것이지 암호가 3글자로 이루어진 것이라든가, 해독이 시작되는 자리 등에 대한 정보는 주지 않는다. 세 개의 U, C, 혹은 A가 만드는 서열은 오직 한 가지만 가능하기 때문에(즉, 어느 부분에서도 UUU, CCC, AAA 등만 생긴다) 실제 코돈이 규명된 것이다.

표 12.1 단백질로의 ^{14}C-페닐알라닌 통합

합성 mRNA	방사능(counts/min)
None	44
Poly U	39,800
Poly A	50
Poly C	38

출처: After Nirenberg and Matthaei (1961).

혼합된 혼성중합체

이러한 기술을 가지고, 니렌버그와 마태, 그리고 오초아와 동료들은 **RNA 이질중합체**(RNA heteropolymer)들을 사용하게 되었다. 이 기술에서는, 두 개 혹은 더 많은 종류의 리보뉴클레오시드 이인산들이 조합되어 인공 메시지를 형성하는 데 이용된다. 연구자들은 그들이 각 형태의 리보뉴클레오시드 이인산의 상대적인 비를 알고 있으면, 합성 mRNA에서 발견되는 어떤 특정한 트리플렛 암호의 빈도를 예측할 수 있을 것이라고 추론했다. 그리고 그들이 이 mRNA를 세포 외 시스템에 첨가하고 새로 생긴 단백질에 존재하는 특정 아미노산의 분율을 조사하면, 그 결과를 해석하여 특정 아미노산을 지정하는 트리플렛의 조성(composition)을 예측할 수 있으리라고 생각했던 것이다.

이러한 접근이 그림 12-4에 나와 있다. A와 C가 1A:5C로 첨가된다고 가정해 보자. 합성과정 중에 RNA 분자상의 어떤 지점에서 리보뉴클레오티드가 삽입되는 것은 A:C의 비율에 의해 결정

그림 12-4 1A:5C의 비율(1/6A:5/6C)이 사용되었을 때의 혼합된 혼성중합체 실험의 결과와 해석.

가능한 조성	가능한 트리플렛	특정 트리플렛이 생길 확률	최종 %
3A	AAA	$(1/6)^3 = 1/216 = 0.4\%$	0.4
1C:2A	AAC ACA CAA	$(5/6)(1/6)^2 = 5/216 = 2.3\%$	3 x 2.3 = 6.9
2C:1A	ACC CAC CCA	$(5/6)^2(1/6) = 25/216 = 11.6\%$	3 x 11.6 = 34.8
3C	CCC	$(5/6)^3 = 125/216 = 57.9\%$	57.9
			100.0

단백질에서 나타난 아미노산의 백분율		가능한 염기 조성
Lysine	<1	AAA
Glutamine	2	1C:2A
Asparagine	2	1C:2A
Threonine	12	2C:1A
Histidine	14	2C:1A, 1C:2A
Proline	69	CCC, 2C:1A

될 것이다. 그러므로 각 지점에서 A가 삽입될 확률은 1/6이고, C가 삽입될 확률은 5/6이다. 이러한 바탕 위에서, 우리는 합성 메시지에서 나타나는 특정 트리플렛의 빈도를 계산할 수 있다.

AAA의 빈도는 $(1/6)^3$, 약 0.4%이다. AAC, ACA, 그리고 CAA에 대해서는 모두 같은 빈도로, $(1/6)^2(5/6)$, 혹은 2.3%이다. 이들 세 가지 모두 2A:1C 트리플렛으로, 합하면 모든 세 글자 서열 중 6.9%를 차지한다. 같은 방식으로, 1A:2C 트리플렛은 $(1/6)(5/6)^2$, 혹은 11.6%(혹은 모두 합하면 34.8%); CCC는 $(5/6)^3$으로 57.9%로 나타날 것이다.

이러한 메시지들의 지도 하에서 합성되는 단백질에 특정 아미노산이 통합되는 %를 조사함으로써 가능한 염기 조성을 예측할 수 있다(그림 12-4). 프롤린이 69%로 나타났기 때문에, 우리는 프롤린이 CCC(57.9%)와 2C:1A로 구성된 트리플렛 중 하나(11.6%)에 의해 암호화된다고 제안할 수 있겠다. 히스티딘(histidine)은 14%로 아마도 2C:1A의 하나(11.6%)와 1C:2A 하나(2.3%)에 의해 암호화될 것이다. 트레오닌(threonine)은 12%로 하나의 2C:1A에 의해서만 암호화될 것이다. 아스파라긴(asparagine)과 글루타민(glutamine)은 각각 하나의 1C:2A 트리플렛에 의해 암호화되고, 리신(lysine)은 AAA에 의해 암호화될 것으로 보인다.

mRNA를 만드는데 모든 4 리보뉴클레오티드를 많이 사용하여, 연구자들은 비슷한 실험들을 아주 여러 번 수행했다. 20개 아미노산 모두에 대해 트리플렛 암호 단어의 조성을 결정한 것은 중요한 큰 발전이긴 했지만, 아직도 트리플렛의 특정 서열들은 미지수였다. 트리플렛의 특정 서열(specific sequences) 결정에는 아직 또 다른 접근들이 필요했다.

이 문제를 풀어보자

300페이지의 24번 문제는 혼합된 혼성중합체 실험의 상호적 쌍들을 분석하는 것과, 그들이 암호화하는 아미노산에 대한 코돈 조성을 예측하는 것이다.

힌트: 첫 자료의 분석이 한 가지 이상의 답이 가능하게 하기 때문에 상호적 실험에서 얻어진 자료들은 문제를 푸는 데 필수적이다. 그러나 두 자료 세트를 모두 사용하면 한 가지 답만 나올 것이다.

트리플렛 결합 분석

좀 더 발전된 기술이 개발되는 데는 그리 오래 걸리지 않았다. 1964년에 니렌버그와 필립 레더(Philip Leder)는 **트리플렛 결합 분석**(triplet binding assay)을 개발했는데, 이것은 트리플렛들의 세부적 지시를 알 수 있는 것이었다. 이 기술은 3개의 리보뉴클레오티드로 이루어진 짧은 RNA 서열이 제시되면, 리보솜은 이것에 달라붙어 생체 내에서 발견되는 것과 같은 복합체를 형성한다는 것을 이용한 것이다. mRNA의 코돈처럼 작용하는 트리플렛은 tRNA 내의 상보적인 서열을 끌어당긴다(그림 12-5). mRNA의 코돈과 상보적인 tRNA 내의 그러한 서열은 **안티코돈**(anticodon)이라고 알려져 있다.

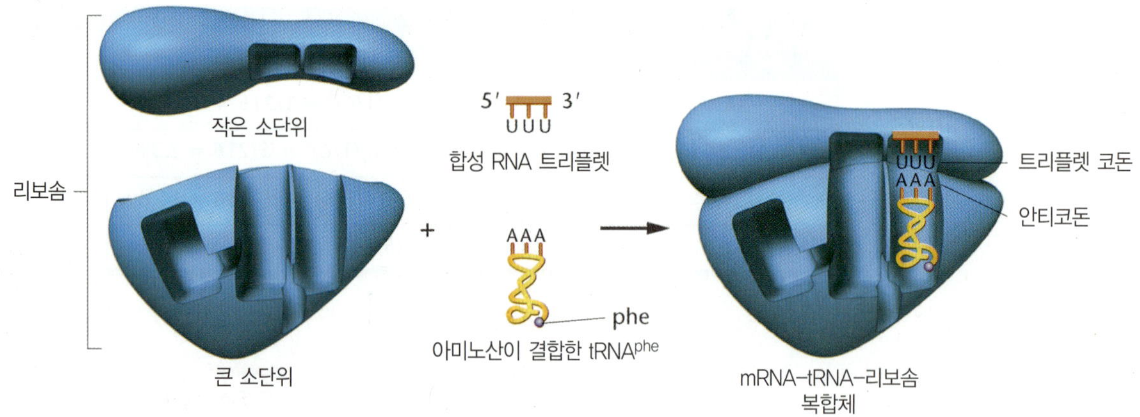

그림 12-5 트리플렛 결합 분석 중 각 요소들의 행동. UUU 트리플렛이 코돈으로 작용하여 상보적인 tRNA^{phe}의 안티코돈 AAA를 끌어당기며 리보솜 소단위에 함께 결합한다.

표 12.2 트리플렛 결합 분석법에 의해 얻어진 특정 트리뉴클레오티드들의 아미노산 지정

Trinucleotides	Amino Acid
AAA AAG	Lysine
AUG	Methionine
AUU AUG AUA	Isoleucine
CCG CCA CCU CCC	Proline
CUC CUA CUG CUU	Leucine
GAA GAG	Glutamic acid
UCA UCG UCU UCC	Serine
UGU UGC	Cysteine
UUA UUG	Leucine
UUU UUC	Phenylalanine

비록 화학적으로 긴 RNA 가닥을 합성할 수는 없었지만, 알고 있는 서열의 트리플렛들이 실험실에서 합성되어 주형으로 쓰일 수 있었다. 필요한 것은 어떠한 'tRNA-아미노산'이 트리플렛 RNA-리보솜 복합체에 붙는지를 결정하는 방법이었다. 니렌버그와 레더가 고안한 실험 체계는 비교적 단순한 것이었다. 검사될 아미노산을 방사성으로 만들고, 충전된 tRNA(아미노산이 붙은 tRNA)를 만든다. 암호의 조성을 이미 알고 있으므로, 연구자들은 각각의 특정 트리플렛에 대해서 어떠한 아미노산들이 검사되어야 하는지 결정을 좁혀갈 수 있었다.

방사성으로 충전된 tRNA(charged tRNA), RNA 트리플렛, 그리고 리보솜이 모두 넣어져, 커다란 리보솜들은 붙어 있지만 tRNA 같은 다른 작은 구성성분들은 붙어 있지 않은 니트로셀룰로오스 필터상에서 반응이 진행되었다. 만약 방사능이 필터상에서 발견되지 않는다면, 잘못된 아미노산이 검사된 것이다. 만약 방사능이 필터에서 발견된다면, 이것은 아마도 충전된 tRNA가 리보솜에 연계된 트리플렛과 결합했기 때문일 것이다. 이러한 경우에는, 특정 코돈 결정이 이루어질 수 있다.

연구는 여러 실험실에서 진행되었고, 많은 경우에 있어 매우 명쾌한 것이어서 모호성은 없었다. 예를 들어, 표 12.2는 26개의 트리플렛이 9개의 아미노산을 결정하는 것을 보여준다. 그러나 몇몇 경우에서는 트리플렛의 결합이 비효율적이어서 결정이 가능하지 않았다. 결국 64개의 트리플렛 중 50개 정도가 결정되었다. 이러한 트리플렛의 특수지정은 다음과 같은 두 가지 주요 결론을 이끌어 낸다. 첫째, 유전자 암호는 **특이성이 결여되어(degenerate)** 있다; 즉, 하나의 아미노산은 하나 이상의 트리플렛에 의해서도 지정될 수 있다. 둘째, 암호는 **명확하다(unambiguous)**; 즉, 하나

표 12.3 반복된 합성 혼성중합체(synthetic copolymer) RNA를 이용하여 통합된 아미노산들

반복되는 혼성중합체	만들어지는 코돈들	폴리펩티드 내의 아미노산
UG	UGU	Cysteine
	GUG	Valine
AC	ACA	Threonine
	CAC	Histidine
UUC	UUC	Phenylalanine
	UCU	Serine
	CUU	Leucine
AUC	AUC	Isoleucine
	UCA	Serine
	CAU	Histidine
UAUC	UAU	Tyrosine
	CUA	Leucine
	UCU	Serine
	AUC	Isoleucine
GAUA	GAU	None
	AGA	None
	UAG	None
	AUA	None

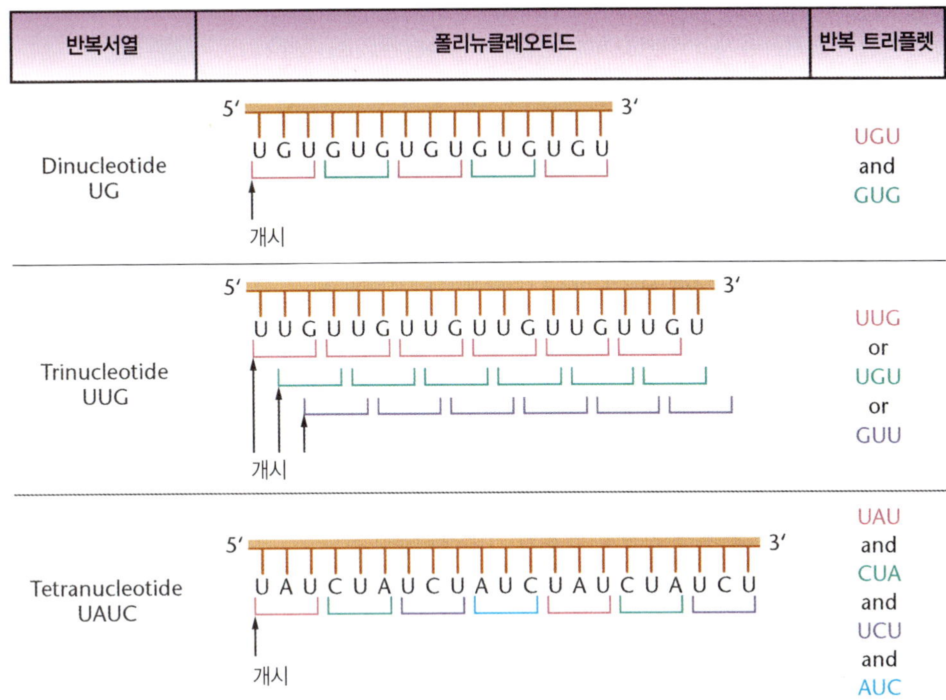

그림 12-6 두 개, 세 개, 그리고 네 개의 뉴클레오티드가 반복된 혼성중합체로 전환되었을 때. 각 경우에서 만들어지는 트리플렛 암호들이 나타나 있다.

의 트리플렛은 오직 하나의 아미노산만을 지정한다. 이 장의 후반에 언급한대로, 소소한 예외들이 있긴 하지만 이러한 결론들은 잘 지지된다. 트리플렛 결합 기술은 유전자 암호의 해독에 주요한 혁신을 가져왔다.

반복적인 혼성중합체

유전자 암호를 해독하는 데 사용된 또 하나의 혁신적인 기술이 1960년대 초, 고빈드 코라나(Gobind Khorana)에 의해 개발되었다. 그는 화학적으로, 짧은 서열이 여러 번 반복되어 있는 긴 RNA 분자를 합성했다. 우선, 그는 더 짧은 서열들(예를 들어, 두 개, 세 개, 네 개짜리 폴리뉴클레오티드들)을 만들고 여러 번 복제시킨 다음, 마지막으로 효소를 사용하여 붙여서 긴 분자의 폴리뉴클레오티드를 형성하도록 했다. 그림 12-6에서 보이는 것처럼, 이런 방법으로 만들어진 디뉴클레오티드(dinucleotide)는 두 개의 반복성 트리플렛을 가진 mRNA로 전환된다. 하나의 트리뉴클레오티드(trinucleotide)는 개시가 일어나는 지점에 따라 3가지 가능한 트리플렛으로 이루어진 mRNA로 전환된다. 그리고 테트라뉴클레오티드(tetranucleotide)는 4가지 반복적인 트리플렛을 만들게 된다.

이러한 합성 메시지가 세포 외 시스템에 첨가되고, 첨가되는 여러 아미노산이 확인되었다. 표 12.3에 몇 가지 예가 나와 있다. 이러한 자료들이 조성 결정과 트리플렛 결합에서 얻어진 자료들과 조합되어, 특수지정(specific assignment)이 가능해졌다.

자료들로부터 얻어진 이러한 특수지정의 한 가지 예는 코라나의 접근법의 가치를 증명해 준다. 서로서로 조화가 이루어지는 다음 3가지 실험을 생각해 보라. 반복된 세 뉴클레오티드 서열 UUCUUCUUC...는 개시 지점에 따라 3가지 가능한 트리플렛을 만든다: UUC, UCU, 그리고 CUU. 세포 외 번역계에 놓여지면, 페닐알라닌(phe), 세린(serine), 그리고 류신(leu)을 포함한 폴리펩티드들이 생산된다. 한편, 반복된 두 개의 뉴클레오티드 서열 UCUCUCUC...는 UCU와 CUC의 트리플렛을 만들고 폴리펩티드에 류신과 세린을 통합시킨다. 이렇게 중첩된 결과들은 트리플렛 UCU와 CUC가 류신과 세린을 지정하지만 어느 트리플렛이 어느 아미노산을 지정하는지는 알 수 없다. 우리는 이제 CUU나 UUC가 류신 혹은 세린 중 하나를 결정하며, 나머지가 페닐알라닌을 암호화한다고 결정할 수 있다.

좀 더 자세한 정보를 끌어내기 위해, 네 개의 뉴클레오티드 UUAC가 반복된 서열을 이용한 결과들을 조사해 보자. 이들은 트리플렛 UUA, UAC, ACU, 그리고 CUU를 만들 수 있다. CUU 트리플렛은 우리가 관심을 가진 두 트리플렛 중 하나다. 이들은 3개의 아미노산을 통합시켰다: 류신, 트레오닌, 그리고 티로신이다. 아까 CUU는 세린이나 류신을 지정할 것이라고 했고, 이 둘 중에서 오직 류신만 나타났으므로, 우리는 CUU가 류신을 지정한다고 결론지을 수 있다.

일단 이것이 확립되면, 논리적으로 모든 다른 결정들을 내릴 수 있다. 남아 있는 두 개의 트리플렛 쌍(첫 번째 실험의 UUC와 UCU, 그리고 두 번째 실험의 UCU와 CUC) 중에서, 두 실험에 공통으로 나타난 트리플렛이 세린을 지정한다. 이것이 바로 UCU이다. 결정된 것을 빼면, 우리는 UUC가 페닐알라닌을, 그리고 CUC가 류신을 지정함을 알 수 있다. 조심스럽게 논리를 따라가는 동안, 이들 실험으로부터 3개의 아미노산을 지정하는 4개의 특정한 트리플렛이 결정되었다.

그러한 해석으로부터 코라나는 이미 해독되었던 트리플렛들을 다시 확인하는 반면, 다른 접근에서 해결되지 않았던 틈을 채울 수 있었다. 예를 들어, 2가지의 네 염기서열인 GAUA, GUAA를 사용한 실험은 적어도 두 개의 트리플렛이 **종결서열**(termination codons)임을 시사했다. 그는 이들 서열이 어떤 아미노산도 폴리펩티드에 통합시키지 않으므로 이러한 결론에 도달했다. 두 메시지에 공통되는 트리플렛이 없었으므로, 그는 각 반복서열들이 단백질 합성을 종결시키는 적어도 하나의 트리플렛을 포함하고 있을 것으로 예상했다. 표 12.3은 poly-(GAUA) 서열에서 가능한 트리플렛들을 보여준다. 이 중 UAG는 종결코돈이다.

이 문제를 풀어보자

299페이지의 4번 문제는 반복 혼성중합체 실험에서 나온 몇 가지 결과들을 고려한 것이다.

힌트: 반복적인 혼성중합체 RNA에서는, 번역 개시가 어느 뉴클레오티드에서든 일어날 수 있다. 각각의 가능한 시작 지점에 의해 만들어지는 트리플렛 코돈의 수를 결정하는 것이 이 문제를 푸는 열쇠다.

첫째 위치(5′ –말단)	두 번째 위치: U	C	A	G	3번째 위치(3′ –말단)
U	UUU phe	UCU ser	UAU tyr	UGU cys	U
	UUC phe	UCC ser	UAC tyr	UGC cys	C
	UUA leu	UCA ser	UAA Stop	UGA Stop	A
	UUG leu	UCG ser	UAG Stop	UGG trp	G
C	CUU leu	CCU pro	CAU his	CGU arg	U
	CUC leu	CCC pro	CAC his	CGC arg	C
	CUA leu	CCA pro	CAA gln	CGA arg	A
	CUG leu	CCG pro	CAG gln	CGG arg	G
A	AUU ile	ACU thr	AAU asn	AGU ser	U
	AUC ile	ACC thr	AAC asn	AGC ser	C
	AUA ile	ACA thr	AAA lys	AGA arg	A
	AUG met	ACG thr	AAG lys	AGG arg	G
G	GUU val	GCU ala	GAU asp	GGU gly	U
	GUC val	GCC ala	GAC asp	GGC gly	C
	GUA val	GCA ala	GAA glu	GGA gly	A
	GUG val	GCG ala	GAG glu	GGG gly	G

개시 (AUG) 종결 (UAA, UAG, UGA)

그림 12-7 암호사전. AUG는 메티오닌을 암호화하며 대부분의 폴리펩티드 사슬에서 첫 아미노산이 된다. UGG에 의해서만 암호화되는 트립토판을 제외하면 다른 모든 아미노산들은 2개에서 6개까지의 트리플렛에 의해 나타난다. UAA, UAG, 그리고 UGA는 종결신호로서 아미노산을 지정하지 않는다.

12.4 암호사전은 64가지 트리플렛의 기능을 보여준다

유전암호를 푸는 데 사용된 다양한 기술들은 61가지의 트리플렛 암호와 지정된 아미노산 사전을 만들어 냈다. 나머지 3개의 트리플렛은 어떤 아미노산도 지정하지 않는 종결신호이다.

특이성의 퇴화와 워블 가설

우리가 유전암호 사전을 보면, 트리플렛 코돈 지정의 일반적인 패턴이 분명해진다. 그림 12-7은 프란시스 크릭(Francis Crick)에 의해 처음으로 제시된 것으로, 도해표에 각 지정들을 나타낸 것이다.

가장 뚜렷한 것은 초기의 연구자들이 예상했던 대로, 암호의 특이성이 감소되어 있다는 것이다. 즉, 거의 모든 아미노산이 2개, 3개, 혹은 4개의 서로 다른 코돈에 의해 지정된다. 3개의 아미노산(세린, 아르기닌, 류신)은 6개의 서로 다른 코돈에 의해 암호화된다. 트립토판과 메티오닌만이 하나의 코돈에 의해 암호화된다.

또 분명한 것은 이러한 퇴화의 **경향성(pattern)**이다. 같은 아미노산을 지정하는 코돈들에서 처음 두 개의 문자는 같고, 3번째 문자만 다른 경우가 많다. 크릭은 3번째 위치에서의 이러한 경향성을 관찰하고 1966년에 **워블 가설**(wobble hypothesis)을 제안했다.

크릭의 가설은 트리플렛 암호에서 처음 2개의 리보뉴클레오티드가 정확한 tRNA를 끌어당기는데 3번째 리보뉴클레오티드보다 훨씬 더 중요하다고 예상했다. 그는 코돈-안티코돈 상호작용에서 3번째 위치에서는 수소결합이 덜 강요되며 따라서 기존의 염기쌍 규칙에 따라 달라붙을 필요가 없다고 가정했다. 그러므로 워블 가설은 코돈의 3번째 위치에서는 염기쌍 규칙에 있어 좀 더 유연한 쌍이 형성됨을 제안하는 것이다(표 12.4).

이런 느슨한 염기쌍 요구 혹은 "워블"은 한 가지 형태의 tRNA 내 안티코돈이 mRNA 내에서 1개 이상의 트리플렛과 쌍을 이루도록 한다. 워블 가설이나 코드의 융통성과 부합하여, tRNA 안티코돈의 첫 번째 위치(5′ 말단)에 있는 U는 mRNA 코돈의 3번째 위치(3′ 말단)에 있는 A나 G와 쌍을 이룬다. 그리고 G는 마찬가지로 U나 C와 짝을 이룬다. tRNA에서 발견되는 변형 염기 중의 하나인 이노신(inosine, I)은 C, U, 혹은 A와 짝을 이룰 수 있다. 이런 워블 가설을 적용하면, 한 개씩의 아미노산을 지정하는 61개의 트리플렛을 수용하는데, 적어도 약 30개의 서로 다른 tRNA 종이 필요하다. 번역의 정확성을 해치지 않는 조건이라면, 워블은 경제성이 높은 방법으로 간주될 수 있다. 현재의 추정으로는 30~40종의 tRNA가 세균에서 존재하며, 동물이나 식물세포에서는 50종까지도 존재할 것으로 생각된다.

암호의 규칙성

코돈서열과 그들의 상응 아미노산의 패턴에서 **정렬된 유전암호**(ordered genetic code)라고 설명되는 또 다른 관찰이 분명해졌다. 화학적으로 유사한 아미노산들은 종종 그들을 암호화하는 서로 다른 트리플렛 내에서 하나 혹은 두 개의 "중간(middle)" 염기들을 공유한다. 예를 들어, U나 C는 다른 여러 아미노산 중에서도 발린(valine)이나 알라닌(alanine)을 포함한 소수성 아미노산들을 지정하는 트리플렛의 2번째 위치에 자주 나타난다. 두 가지 코돈(AAA와 AAG)은 양으로 하전된 아미노산인 리신(lysine)을 지정

표 12.4 안티코돈-코돈의 염기쌍 법칙들

tRNA의 첫 번째 염기(5′ 말단)	mRNA의 세 번째 위치(3′ 말단)
A	U
C	G
G	C or U
U	A or G
I	A, U, or C

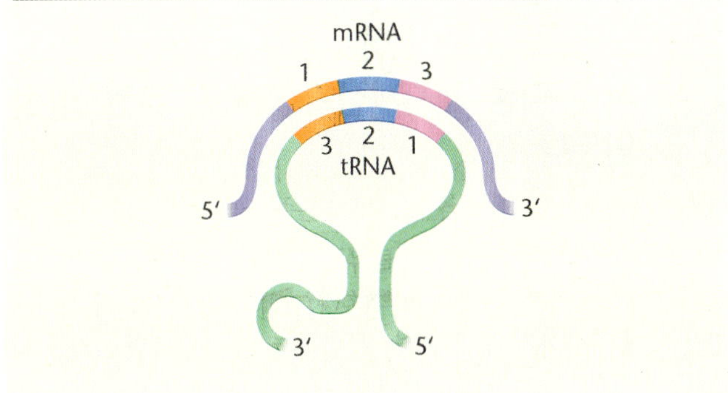

한다. 만약 이들 코돈에서 가운데 글자가 A에서 G로 바뀌면(AGA와 AGG로), 양으로 하전된 아미노산인 아르기닌(arginine)이 지정된다. 세린(serine)이나 트레오닌(threonine) 같은 소수성 아미노산들은 가운데 자리에 G나 C를 포함하는 트리플렛 코돈에 의해 지정된다.

아미노산들의 화학적 성질은 13장에서 보다 자세하게 다룰 것이다. "정렬된(ordered)" 암호의 최종 결과는 단백질 기능에 대한 잠재적인 돌연변이 효과를 중화시키는 것이다. 트리플렛 코돈의 2번째 염기에 나타나는 많은 변화는 아미노산들을 다른 것으로 바뀌게 하지만, 그 변화는 종종 비슷한 성질을 가진 아미노산들을 지정한다. 그러한 경우에는, 단백질 기능이 크게 변하지 않을 수 있다.

개시와 종결

단백질 합성의 개시는 매우 특수한 과정이다. 세균에서는(이전에 언급된 시험관 실험과는 대조적으로), 모든 폴리펩티드 사슬들에 첨가되는 최초의 아미노산은 변형된 형태의 메티오닌–***N*-포밀메티오닌**(*N*-formylmethionine, fmet)이다. 오직 하나의 코돈인 AUG가 메티오닌을 지정하며, 이것은 종종 **개시코돈**(initiator codon)이라고 불린다. 그러나 개시 부위가 아니라 mRNA의 내부에 AUG가 나타날 때는 포밀기가 붙지 않은 메티오닌이 폴리펩티드 사슬에 첨가된다. 드물게, 다른 형태의 트리플렛인 GUG가 개시 중에 메티오닌을 지정하기도 하는데, GUG는 정상적으로는 발린을 암호화하기 때문에, 이런 일이 왜 발생하는지는 명확하지 않다.

세균에서, 단백질 합성의 완성에 있어 개시 메티오닌의 포밀기가 제거되거나 아니면, 포밀메티오닌 전체가 잘려져 나간다. 진핵세포에서는, 단백질 합성에서 메티오닌이 역시 개시 아미노산이다. 그러나 포밀기가 붙지는 않는다.

앞 절에서 언급했던 것처럼, 3개의 다른 트리플렛(UAG, UAA 그리고 UGA)가 **종결코돈**(termination codon)으로 사용되며, 어떠한 아미노산도 지정하지 않는다. 이들은 tRNA분자들에 의해 인식되지 않으며, 이들을 만나게 되면 번역은 중단된다. 유전자 내에서 돌연변이에 의해 이들 트리플렛 중 하나가 생기면 종결이 발생한다. 결과적으로, 리보솜에서 조기에 분리되기 때문에, 불완전한 폴리펩티드가 합성된다. DNA상에서 그러한 변화가 생긴 것을 **무의미 돌연변이**(nonsense mutation)라고 부른다.

12.5 박테리오파아지 MS2에 대한 연구에서 유전자 암호가 확인되었다

지금까지 논의된 유전자 암호의 모든 면들은 상당히 완벽한 그림을 제공한다. 암호는 트리플렛이며, 여러 암호가 한 아미노산을 지정할 수도 있고, 모호하지 않고, 쉼표가 없는, 시작과 종결 신호에 관한 문장부호만 포함한다. 이들 각각의 원리들은 RNA를 포함하는 **박테리오파아지 MS2**(bacteriophage MS2)를 사용한 자세한 분석으로 월터 피어스(Walter Fiers)와 그 동료들에 의해 확인되었다.

MS2는 *E. coli*를 감염시키는 박테리오파아지다. 이것의 핵산(RNA)은 3,500개 정도의 리보뉴클레오티드만을 포함하며 3가지 유전자만을 구성한다. 이들 유전자는 외피 단백질(coat protein), RNA-의존성 복제효소(RNA-directed replicase), 그리고 성숙 단백질(maturation protein, A 단백질)을 지정한다. 작은 유전체와 소수의 유전자로 이루어진 이 단순한 시스템은 피어스와 그 동료들이 유전자들과 그 산물들의 서열화를 가능하게 했다. 외피 단백질의 아미노산 서열은 1970년에 완료되었으며, 이 유전자와 주위의 뉴클레오티드 서열은 1972년에 보고되었다.

이 유전자와 단백질들의 화학적 성질이 비교하면, **대응 일치성**(colinearity)의 관계가 뚜렷하다. 즉, 암호사전에 기초하여 뉴클레오티드로 이루어진 일련의 순서(곧 트리플렛 코돈의 서열)가 단백질의 아미노산 순서와 정확하게 일치한다. 게다가, 첫 아미노산의 코돈은 공통적인 개시코돈인 AUG이다; 그리고 마지막 아미노산을 위한 코돈 뒤에 연속적인 종결코돈들 UAA와 UAG가 따라 나온다.

1976년에 다른 두 유전자와 그들의 단백질 산물이 서열화되어 비슷한 확신을 제공하였다. 이러한 분석들은 분명히 유전암호가 세균 시스템에서 확립된 것과 마찬가지로, 바이러스에서도 동일함을 보여준다. 다른 증거들은 암호가 진핵세포들에서도 역시 동일함을 시사한다.

12.6 유전암호는 매우 보편적이다

1960년과 1978년 사이에는, 유전암호가 바이러스, 세균, 고세균, 그리고 진핵생물들에 동일하게 적용되는 보편적인 것이리라는 추측이 일반적이었다. 확실히, mRNA와 번역 기구의 특징은 이들 생물체들에서 매우 비슷하게 보인다. 예를 들어, 세균에서 유도된 세포추출물 시스템은 진핵생물의 mRNA를 번역할 수 있다. 폴리 U는 번역요소들이 진핵세포에서 유도된 세포 외 시스템에서도,

폴리페닐알라닌으로의 번역을 촉진한다. 재조합 DNA 기술(17장을 보라)이 사용된 최근의 많은 연구들은 진핵성 유전자들이 세균의 세포에 삽입되어 전사되고 번역될 수 있음을 보여준다. 진핵세포 내에서는, 쥐와 토끼에서 얻은 mRNA들이 양서류의 난자에 삽입되고 효과적으로 번역된다. 특히 헤모글로빈 분자들같이, 서열화가 끝난 많은 진핵성 유전자들에 대해, 암호화된 단백질의 아미노산 서열은 세균 연구들에서 확립된 암호사전과 잘 부합한다.

그러나 효모와 사람의 미토콘드리아로부터 얻어진 DNA (**mtDNA**)의 암호화 특성에 대한 1979년의 여러 보고는 유전적 언어의 보편성에 대한 원리를 훼손하는 것이었다. 그 이후로, mtDNA가 여러 다른 생물에서 조사되어 왔다.

클론화된 mtDNA 조각들이 서열화되었고, 다양한 미토콘드리아 단백질들의 아미노산 서열들과 비교되었는데, 이들은 암호사전(표 12.5)에 몇 가지 예외가 있음을 드러냈다. 가장 놀라운 것은 UGA 코돈으로, 정상적으로는 종결을 지시하지만, 효모나 사람의 미토콘드리아에서는 번역 중에 트립토판(tryptophan)을 삽입시킨다. 사람의 미토콘드리아에서는, 정상적으로는 이소류신(isoleucine)을 지시하는 AUA가 메티오닌(methionine)의 내부 삽입을 지시한다.

1985년에 세균인 마이코플라즈마(*Mycoplasma capricolum*)에서 표준 암호와 다른 몇 가지 다른 예외들이 발견되었고, 원생동물인 섬모충들 *Paramecium*, *Tetrahymena*, 그리고 *Stylonychia*의 핵 유전자에서도 예외가 있었다. 예를 들어, 표 12.5에서 보다시피, 한 가지 변형은 종결코돈(UGA)이 트립토판을 지정하는 것이다. 몇 가지 다른 예가 종결코돈(UAA와 UAG)을 글루타민으로 바꾼다. 이러한 변화들은 아주 중요한데, 왜냐하면 원핵생물과 몇몇 진핵생물들이 모두 포함되어 있으므로, 이것은 오랜 기간을 거쳐 독립적으로 진화한 뚜렷한 종들을 나타내기 때문이다.

몇 가지 바뀐 코돈 지정에 있어 분명한 패턴이 있음을 주목하라. 암호화 능력의 변화는 3번째, 즉 워블 위치의 인식이 바뀐 것에 기인한다. 예를 들어, AUA는 세포질에서는 이소류신을 지정하고, 미토콘드리아에서는 메티오닌을 지정한다. 세포질에서 메티오닌은 AUG에 의해 지정된다. 비슷한 방식으로, UGA는 세포질에서는 종결을 일으키지만, 미토콘드리아에서는 트립토판을 지정한다. 세포질에서 트립토판은 UGG에 의해 지정된다. 코돈 인식에 있어서의 그러한 변화는 미토콘드리아에서 필요로 하는 tRNA의 수를 줄이는 방향으로 진화했음을 나타내는 것인지도 모른다; 예를 들어, 사람의 미토콘드리아에서는 22개의 tRNA만이 암호화된다. 그러나 더 많은 예들이 발견될 때까지 이러한 차이들은 기존에 확립된 일반적인 암호규칙들에 대한 예외로 간주되어야만 한다.

표 12.5 암호 보편성의 예외들

Triplet	정상 암호	바뀐 암호	예
UGA	Termination	Tryptophan	Human and yeast mitochondria; *Mycoplasma*
CUA	Leucine	Threonine	Yeast mitochondria
AUA	Isoleucine	Methionine	Human mitochondria
AGA	Arginine	Termination	Human mitochondria
AGG	Arginine	Termination	Human mitochondria
UAA	Termination	Glutamine	*Paramecium; Tetrahymena; Stylonychia*
UAG	Termination	Glutamine	*Paramecium*

12.7 서로 다른 개시지점이 겹쳐진 유전자들을 만든다

앞에서 우리는 유전암호가 겹쳐지지 않는다고 말했었다 – mRNA상의 각 리보뉴클레오티드들은 오직 한 코돈의 일부다. 그러나 암호의 이러한 특징은 하나의 mRNA가 번역에 있어 다중의 개시지점을 가질 확률까지 배제하지는 못한다. 만약 그렇다면 이러한 지점들은 이론적으로 같은 mRNA에 대해 여러 개의 서로 다른 번역틀을 만들게 될 것이고, 따라서 하나 이상의 폴리펩티드를 지정하게 될 것이다. 이것이 **겹쳐진 유전자**(overlapping genes)의 개념을 이끌었다.

이것은 일부 바이러스들에서 실제로 일어난다고 의심되었고, 파아지 ϕX174가 신중하게 조사되었다. 그 환형 DNA 염색체는 5386 뉴클레오티드로 구성되어 있었고, 최대 1795 아미노산을 지정할 수 있는 것이어서, 5개나 6개의 단백질을 만들기에 충분한 것이었다. 그러나 이 작은 바이러스는 사실상 2,300개 이상의 아미노산으로 구성되는 11가지의 단백질을 합성했다. DNA의 뉴클레오티드 서열과 합성된 폴리펩티드의 아미노산 서열 비교는 분명히 역설이 있음을 보여주었다. 적어도 네 건의 다중 개시지점이 발견되었고, 겹치는 유전자를 만들고 있었다.

예를 들어, K, B, C, D, 그리고 E라고 표시되는 폴리펩티드들이 있다. K와 B 폴리펩티드를 지정하는 서열은, A 폴리펩티드를 지정하는 서열 내의 독립된 해독틀에서 개시된다. *K* 유전자 서열은 C 폴리펩티드를 지정하는 근처의 유전자 서열과 겹쳐진다. *E* 유전자는 D 폴리펩티드를 지정하는 유전자 내부에서 시작되지만 해독틀은 서로 다르다. 설명한 바대로, 하나의 DNA 서열에서 6개의 서로 다른 폴리펩티드들이 만들어질 수 있다. 이렇지 않았다면 그 서열은 오직 세 개의 폴리펩티드만 지정할 수 있었을 것이다.

비슷한 상황이 파아지 G4와 동물성 바이러스인 SV40에서도 관찰된다. ϕX174처럼, 파아지 G4는 단일가닥의 환형 DNA 분자를 가진다. 겹쳐지는 해독틀의 이용은 이 작은 바이러스가 제한된 양의 DNA를 사용할 수 있도록 해준다. 그러나 정보를 저장하는 그러한 방식은 분명한 불이익을 가지는데, 하나의 돌연변이가 하나 이상의 단백질에 영향을 미치게 되고, 따라서 그러한 변화가 치명적인 것이 될 확률을 높인다. 방금 논의한 예에서, *A*와 *C* 유전자 접경 지역의 한 돌연변이는 세 가지 단백질(A, C, 그리고 K)에 영향을 미칠 수 있다. 아마도 이런 이유 때문인지 겹치는 유전자는 다른 생물에서는 그리 흔하지 않다.

12.8 전사는 DNA 주형에서 RNA를 합성한다

유전적 암호가 연구되는 중에도, 단백질들이 많은 유전자의 최종 산물이라는 것은 꽤 명백한 것이었다. 그러므로 몇몇 유전학자들이 암호를 밝히려는 시도를 하는 동안, 다른 연구노력은 유전적 발현의 성질에 초점이 맞춰져 있었다. 주요 문제점은 '어떻게 핵산인 DNA가 아미노산으로 구성된 단백질을 결정하는가' 였다.

복잡한 다단계 과정이 DNA에 저장된 정보를 RNA로 전달시킨다. 이 과정에 의해 RNA 분자들이 DNA 주형에 의해 합성되는데, 이것을 **전사**(transcription)라고 부른다. 이 과정으로, 이중나선의 두 가닥 중 하나의 유전자 서열과 상보적인 mRNA 분자가 생긴다. 그리고 mRNA 내의 각 트리플렛 코돈은, 번역 중인 폴리펩티드 사슬에 정확한 아미노산을 끼워 넣는 해당 tRNA의 안티코돈과 상보적이다. 전사의 중요성은 그것이 세포 내에서 정보흐름의 첫 번째 과정이기 때문에 지극히 크다고 하겠다. RNA가 DNA와 단백질 사이의 정보흐름 과정에서 매개 분자로 작용한다는 생각은 다음 관찰들에 의해 제시되었다.

1. DNA는 대부분 진핵세포의 핵에서 염색체들과 연관된다. 그러나 단백질 합성은 핵 밖의 세포질에 위치하는 리보솜과 연계해서 발생한다. 그러므로 DNA는 단백질 합성에 직접적으로 참여하지 않는 것으로 보인다.
2. RNA는 DNA가 발견되는 진핵세포의 핵에서 합성되며, 화학적으로 DNA와 유사하다.
3. 합성이 이루어지면, 대부분의 RNA가 세포질로 이동하고 여기서 단백질 합성(번역)이 일어난다.
4. RNA의 양은 일반적으로 세포 내의 단백질의 양과 비례한다.

종합하면, 이러한 관찰들은 DNA에 저장된 유전암호가 RNA 매개체로 전달되고, 이들이 단백질 합성을 지시한다는 것을 제시해 준다. 분자 유전학에서의 대부분의 새로운 생각들과 마찬가지로, 초기의 실험적 증거들은 세균과 그들의 파아지에 대한 연구에 기초하고 있다. (1) 초기 감염과정 중에는 RNA 합성이 파아지 단백질 합성에 선행한다; 그리고 (2) RNA는 파아지 DNA에 상보적이다.

이러한 실험들의 결과는 전령 RNA(mRNA)가 DNA 주형을 따라 만들어지고, 리보솜과 연계하여 특정 단백질들의 합성을 지시한다는 생각에 부합하는 것이다. 이러한 생각은 이미 프랑소와 제이콥(François Jacob)과 자크 모노(Jacques Monod)가 1961년에 세균에서의 유전자 조절에 대한 모델의 일부로 제시했던 것이다. 그 이후로, mRNA가 분리되었고, 완전하게 연구되었다. 유전적 과정에서 RNA의 역할에 대한 더 이상의 질문은 이제 없다.

12.9 RNA 중합효소는 RNA 합성을 주도한다

RNA가 DNA 주형 위에서 합성될 수 있다는 것을 증명하기 위해, 이러한 합성을 지시하는 효소가 있음을 보여줄 필요가 있었다. 1959년에 사무엘 바이스(Samuel Weiss)를 포함한 몇몇 연구자들은 독립적으로 그러한 분자들을 쥐의 간에서 분리해 냈다. **RNA 중합효소**(RNA polymerase)라고 불리는 이 효소는, DNA 중합효소와 마찬가지의 일반적인 기질을 요구한다. 단지 기질로 쓰이는 뉴클레오티드가 당의 형태로 데옥시리보오스가 아닌 리보오스를 포함한다는 중요한 예외가 있긴 하다. DNA 중합효소와는 달리, 합성을 개시하는데 시발자(프라이머)는 필요하지 않다. 처음 염기는 뉴클레오시드 삼인산(NTP)으로 남게 된다. DNA 주형상에서 RNA가 합성되는 전체 반응식은 다음과 같이 표현될 수 있다:

$$n(\mathrm{NTP}) \xrightarrow[\text{enzyme}]{\text{DNA}} (\mathrm{NMP})_n + n(\mathrm{PP_i})$$

위 식이 나타내는 바와 같이, 뉴클레오시드 삼인산(NTP)들이 이 효소의 기질로 작용하며, 이 효소는 뉴클레오시드 일인산(NMP)들의 중합을 촉매하여 뉴클레오티드들을 폴리뉴클레오티드 사슬 $(\mathrm{NMP})_n$로 변화시킨다. 뉴클레오티드들은 5′−3′ 인산이에스테르 결합(그림 9-10을 보라)에 의해 연결된다. 삼인산 전구체가 일인산 형태로 분해됨으로써 생성되는 에너지가 이 반응을 진행시키고, 무기 인산들(PPi)이 생성된다.

두 번째 식은 전사과정이 진행됨에 따라 각 리보뉴클레오티드가 연속적으로 첨가되는 것을 요약한 것이다:

$$(\mathrm{NMP})_n + \mathrm{NTP} \xrightarrow[\text{enzyme}]{\text{DNA}} (\mathrm{NMP})_{n+1} + \mathrm{PP_i}$$

이 식이 보여주는 바와 같이, 각 전사 단계는 하나의 뉴클레오시드 삼인산(NTP) 전구체로부터 하나의 리보뉴클레오티드(NMP)가, 자라나는 폴리리보뉴클레오티드 사슬$(\mathrm{NMP})_n$에 첨가되는 과정을 포함한다.

*E. coli*의 RNA 중합효소는 광범위하게 연구되어 α, β, β′, 그리고 σ라고 표시되는 소단위들로 구성됨이 밝혀졌다. 이 효소의 활성형태, 즉 **전효소**(holoenzyme)는 소단위들 α_2, β, β′, σ를 포함하며, 분자량이 거의 500,000 Da이다. 이들 소단위 중에서 전사를 위한 촉매 근거와 활성 부위를 제공하는 것은 β와 β′이다. 앞으로 살펴보겠지만, **시그마 인자**(sigma factor, σ)라고 불리는 다른 소단위는 RNA 전사의 개시에 관여된 조절기능을 한다.

*E. coli*에는 한 가지 형태의 효소만 있지만, 시그마 인자는 여러 종류가 있어서 중합효소 전체의 다양성을 만든다. 한편, 진핵생물들은 3가지의 뚜렷한 RNA 중합효소를 나타내며, 각각은 세균의 효소에서보다 많은 수의 폴리펩티드 소단위들로 구성된다.

이 문제를 풀어보자

300페이지의 23번 문제는 DNA에서 RNA로의 상보적 정보전달의 결과와 이 정보에 의해 암호화되는 아미노산에 대해 고려하는 것이다.

힌트: RNA에서는 우라실이 아데닌과 상보적이고, DNA는 유전정보를 세포에 저장하는 반면, 번역되는 암호는 유전자를 구성하는 DNA의 주형가닥에 상보적인 RNA에 담겨진다.

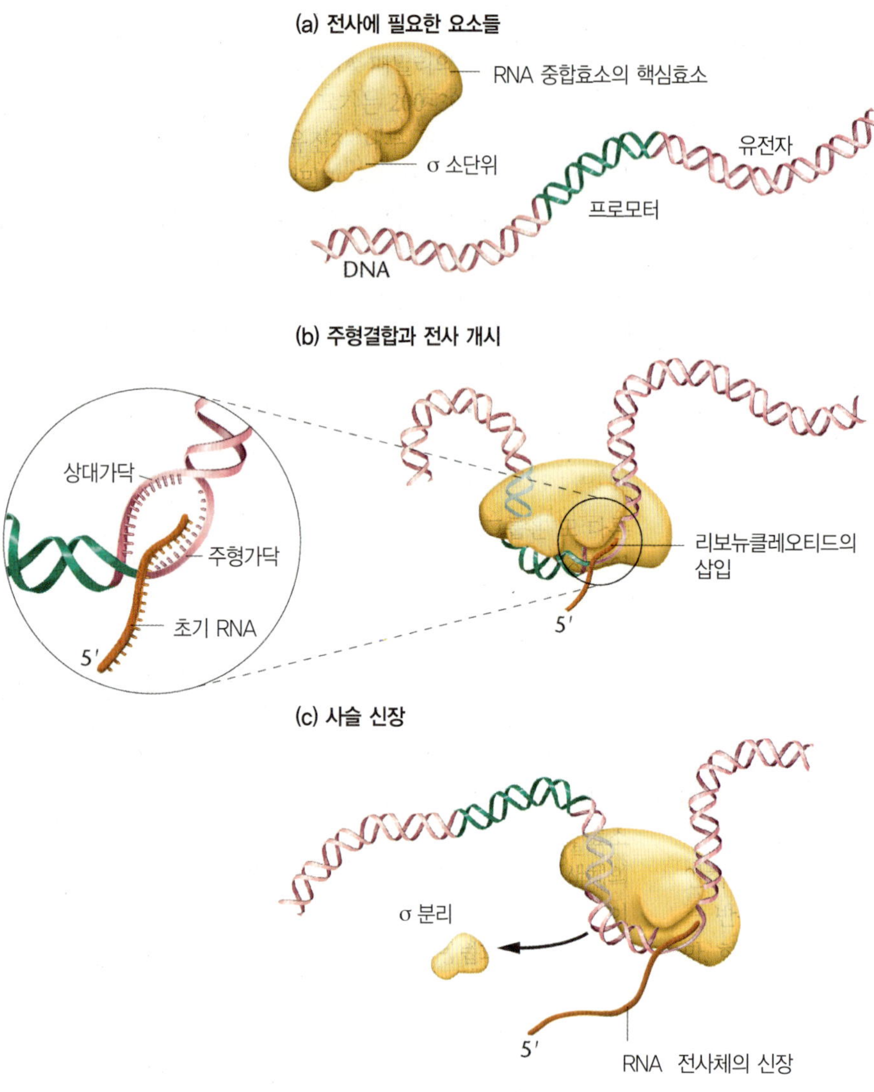

그림 12-8 원핵세포에서의 전사 초기 단계들. (a) 이 과정에서 사용되는 구성원들; (b) RNA 중합효소의 시그마 인자가 관여하는 −10 부위에서의 결합과 연이은 RNA 합성의 개시; (c) 사슬의 신장, 전사복합체로부터 시그마 인자가 분리된 후 효소가 DNA 주형을 따라 움직인다.

프로모터, 주형결합, 그리고 시그마 인자

전사로 인해, DNA의 이중나선 중 한쪽 가닥에서 상보적인 부분에 대해 단일가닥의 RNA 분자가 합성된다. 간단히 하기 위해, 전사되는 DNA 가닥을 **주형가닥**(template strand)이라고 하고, 그 상보가닥을 **상대가닥**(partner strand)이라고 부르겠다.

첫 단계는 **주형결합**(template binding)이라고 불린다(그림 12-8). 세균에서 이러한 초기 결합은 RNA 중합효소의 σ 소단위가 **프로모터**(promoter)라고 하는 특정 DNA 서열을 인식할 때 이루어진다. 이들 부위는 유전자의 초기 전사지점으로부터 상류의 5′ 부위에 위치한다. 효소는 그것이 프로모터 부위를 인식할 때까지 DNA 길이를 따라 "탐색(explore)"하며 DNA 이중나선의 약 60개 뉴클레오티드에 부착하고, 그 중 40개가 첫 전사지점으로부터 상류에 존재하는 것으로 생각된다. 일단 이런 일이 발생하면, 나선이 부분적으로 변성되거나 풀려서, DNA 주형은 효소의 작용이 용이하도록 만들어진다. 전사가 실제로 시작되는 지점을 **전사 개시 부위**(transcription start site)라고 한다.

프로모터 서열의 중요성은 아무리 강조해도 지나치지 않다. 이들은 전사 개시의 효율성을 통제한다. 세균에서 강한 프로모터와 약한 프로모터가 둘 다 발견되었는데, 1~2초당 한 번 개시되는 것에서 10~20분당 1번의 개시에 이르기까지의 다양성을 만든다. 프로모터 서열에서의 돌연변이들은 유전자 발현의 개시를 매우 심각하게 감소시킬 수 있다. 프로모터와 RNA 중합효소 사이의 상호작용이 전사를 통제하기 때문에, 이들 사이 결합의 성격이 유전적 조절에 관한 논쟁의 핵심이다. 이에 관해서는 15장에서 다룰 것이다. 프로모터-효소 상호작용에 관한 정보를 아주 자세하게 다루게 될 것이므로, 여기서는 세 가지만 지적하고자 한다.

첫째는 DNA의 **공통서열**(consensus sequence)에 대한 개념이다. 이들은 같은 생물체의 다른 유전자, 혹은 관련된 생물들에서의 하나 이상의 유전자들에서 발견되는 비슷한(homologous) 서열들이다. 진화를 통한 그들의 보존성은, 생물학적 과정들에서 그들의 역할이 매우 중요함을 증명하는 것이다. 그러한 서열들 두 가지가 세균의 프로모터에서 발견되는데, 하나는 TATAAT로 전사 개시 부위에서 10 뉴클레오티드 상류에 위치한다[**−10 부위**(−10 region) 혹은 **프리브나우 상자**(Pribnow box)]. 다른 하나는 TTGACA로 35 뉴클레오티드 상류에 위치한다(**−35 부위**). 두 부위에서의 돌연변이들은 종종 전사를 심각하게 감소시킨다.

이들과 같은 서열은 **시스 작용요소들**(*cis*-acting elements)이라고 불린다. 시스(*cis*)라는 용어는 유기화학 용어에서 따온 것으로,

다른 기능기의 "바로 옆에(next to)" 혹은 같은 쪽(same side)이라는 뜻인데, "건너 편의(across from)", 혹은 트랜스(*trans*)라는 말과 대조적이다. 따라서 분자 유전학에서는, 시스-요소란 동일한 DNA 분자의 인접 부위를 말한다. 이것은 **트랜스 작용요소들**(trans-acting factors)과 대조적이다. 이것은 이들 DNA 요소와 결합하는 분자들을 뜻한다. 곧 살펴볼 것처럼, 연구된 대부분의 진핵성 유전자들에서 −10 영역과 비견되는 공통서열이 발견된다. 이 부분에 아데닌과 티민 부위가 많기 때문에 이를 **TATA 상자**(TATA box)라고 부른다.

두 번째는, 서로 다른 프로모터라면 RNA 중합효소들이 결합하는 정도가 매우 다르다는 것이다. 이 때문에, 다양한 유전자 발현이 생긴다. 현재는, 이것이 프로모터들의 서열변화에 기인한 것으로 본다.

마지막으로 강조하고 싶은 것은 세균의 σ 소단위에 관련된 것이다. 주요한 형태로는 σ^{70}으로 표시되는 것으로, 이것은 분자량이 70킬로달톤(kilodalton, kDa)임에 근거한 이름이다. 대부분의 세균 유전자들의 프로모터가 이 형태를 인식하는 반면, *E. coli*에 있는 다른 형태의 RNA 중합효소들은 독특한 σ 소단위들을 가지고 있다(예, σ^{32}, σ^{54}, σ^{S}, 그리고 σ^{E}). 이들은 다른 프로모터 서열을 인식하며, 전사 개시에 있어 특이성을 제공한다.

RNA 합성의 개시, 신장, 그리고 종결

일단 중합효소가 프로모터를 인식한 후 결합이 이루어지면[그림 12-8(b)], RNA 중합효소는 DNA 주형에서 시작 부위의 첫째 뉴클레오티드에 상보적인 첫째 5′-리보뉴클레오시드 삼인산을 끼워 넣는 **개시**(initiation)를 촉매하게 된다. 앞서 지적한 바대로, 시발자(프라이머)는 필요하지 않다. RNA 중합이 진행됨에 따라 연속적으로 리보뉴클레오티드들이 삽입되고 인산이에스테르 결합에 의해 연결된다. 이 과정은 **사슬 신장**(chain elongation)이라고 불리며[그림 12-8(c)], 5′-3′ 방향으로 지속되어 일시적으로 서로 역평행한 DNA/RNA 이중체를 형성한다.

자라나고 있는 RNA 사슬에 몇 개의 리보뉴클레오티드가 첨가되고 나면, σ 소단위는 전효소에서 분리되고 핵심효소에 의해 신장이 계속된다. *E. coli*에서는 이 과정이 37°C에서 초당 50 뉴클레오티드 정도의 속도로 진행된다.

결국, 효소는 종결신호로 작용하는 특수한 뉴클레오티드 서열을 만날 때까지 유전자 전체를 지나가게 된다. 그러한 종결서열은 대략 40 염기쌍 정도의 길이로 원핵생물에서 매우 중요한 서열이다. 왜냐하면 이 서열은 한 유전자의 끝에 인접하고 있으며 다음 유전자의 상류에 위치하는 서열이기 때문이다. 몇몇 경우에 있어서, 합성의 종결은 **종결인자**(termination factor)인 **로**(rho, ρ)에 의존적이다. 로는 커다란 육합체(hexamer) 단백질로, 신장하는 RNA 전사체와 물리적으로 상호작용한다. 종결 부위에서 전사된 RNA 분자는 DNA 주형으로부터 떨어져 나오고 핵심 중합효소가 분리된다. 합성된 RNA 분자는 유전자의 주형가닥에 나타나 있는 DNA 서열과 정확하게 상보적이다. A, T, C 혹은 G가 어디에 있든지 간에 해당하는 U, A, G 혹은 C가 각각 RNA 분자에 삽입된다. 그러한 RNA 분자들은 궁극적으로 세포 내에 존재하는 모든 단백질의 합성을 지시하는 정보를 제공하게 된다.

세균에서는, 그 산물이 연관되어 있는 일단의 유전자들이 염색체에 몰려서 존재한다는 것에 주목할 필요가 있다. 그러한 많은 경우에 있어서 그 유전자들은 마지막 유전자만 빼고는 전사 종결 신호가 없이 계속 연결되어 있다. 결과적으로 전사과정 중에 커다란 mRNA가 나오게 되는데 이 전사체는 하나 이상의 단백질을 암호화하게 된다. 세균의 유전자들은 때때로 시스트론이라고 불리기 때문에 이러한 RNA를 **폴리시스트론성 mRNA**(polycistronic mRNA)라고 부른다. 이러한 형태로 전사되는 유전자들의 산물은 보통 동시에 요구되기 때문에, 이것은 필요한 유전정보를 전사하고 번역시키는 효과적인 방법이 된다. 진핵생물에서는, **모노시스트론성 mRNA**(monocistronic mRNA)가 규칙이다.

12.10 진핵세포에서의 전사는 여러 가지로 원핵세포의 전사와 다르다

전사에 관한 우리의 지식 중 많은 부분이 원핵세포의 연구로부터 나온 것이다. 몇 가지 특이하게 다른 점들이 있긴 하지만, 이들 과정의 기구에 관한 여러 가지 측면은 진핵세포에서도 유사하다. 우선 중요한 차이점들을 요약해 보고, 다음 절들에서 하나씩 넓혀서 논의해 보도록 하자.

1. 진핵세포의 전사는 3가지 독립적인 형태의 RNA 중합효소들의 작용에 의해 핵 내에서 이루어진다. 원핵세포와는 달리, 진핵세포의 RNA 전사체는 전사가 완료되기 전에는 리보솜과 연계될 수 없다. mRNA가 번역되기 위해서는 반드시 핵에서 세포질로 이동해야만 한다.

2. 진핵성 유전자의 전사 개시를 위해서는, 뉴클레오좀 감김(nucleosome coiling, 11장을 보라)이라고 불리는 밀집된 크로마틴 섬유들이 풀려야만 하고, DNA는 RNA 중합효소와 기타 다른 조절 단백질들이 접근 가능하도록 변형되어야 한다. 이러한 상변이는 **크로마틴 재구성**(chromatin remodeling)이라고 불리며, DNA 나선이 열림에 따라 발생하는 형태적 변화에 관한 역동성을 반영하는 것이다.

3. 전사의 개시와 조절에는 보다 광범위한 상호작용이 관여하는데, 즉 시스 작용 상류 DNA 서열들과 트랜스 작용 단백질 요소들 사이의 상호작용이 전사를 촉진하고 시작하도록 하는 데 관여한다. 프로모터 외에도, **인핸서**(enhancer, **증폭자**)라고 불리는 또 다른 조절 단위가 개시 시작점 상류의 5′ 조절 부위 내에 존재한다. 그러나 이들은 유전자 내에서 발견되기도 하고, 암호화 부위를 넘어서 3′ 하류 부위에서 발견되는 경우도 있다.

4. 진핵세포에서 1차 RNA 전사체로부터 성숙한 mRNA가 되는 데에는 "프로세싱(processing, 공정)"이라고 불리는 복잡한 단계들이 관여한다. 첫 번째 프로세싱 과정은 5′ 모자 구조(cap)과 3′ 꼬리(tail)가 mRNA가 되어야 할 모든 전사체에 첨가되는 것이다. 또 다른 광범위한 변형이, mRNA로 작용

하게 될 진핵세포의 RNA들이 내부서열에서 발생하게 된다. 1차 전사체들은 거의 모두가 최종적으로 번역되어야 할 크기보다 크다. 때때로 이들은 **pre-mRNA**라고 불리기도 하는데, 오직 핵 안에서만 발견되는 분자 집단의 일부이다−이 집단들을 모두 합해서 **이질성 핵 RNA**(heterogeneous nuclear RNA, hnRNA)라고 부른다. 그러한 RNA 분자들은 다양하며 크기가 매우 크고(10^7 Da에 이르는 것도 있다) 단백질과 연합하여, **이질성 핵 RNA-단백질 입자**(heterogeneous nuclear ribonucleoprotein particle, hnRNP)를 형성한다. 약 25%의 hnRNA 분자들만이 mRNA로 전환된다. 이렇게 전환되는 것들에서도 상당량의 리보뉴클레오티드 서열이 잘려져 나가고, 남아 있는 분절들은 번역되기 전에 다시 접합된다. 이러한 현상은 진핵세포의 **갈라진 유전자**(split gene)와 **스플라이싱**(splicing) 개념을 가져왔다.

이 장의 나머지 부분에서 진핵세포에서의 전사에 관해 이러한 차이를 자세히 설명하고자 한다. 전사는 어떤 DNA 서열이 RNA로 복사될지, 그리고 언제, 얼마나 자주 전사될지 하는 것들이 매우 잘 조절되는 과정이다. 그리고 15장에서는 이와 직접적으로 관련한, 진핵세포의 전사조절에 대한 주제를 다루게 될 것이다.

진핵세포에서의 전사 개시

RNA 중합효소에 의한 특정 DNA 부위의 인식은, 모든 세포에서 규칙적으로 이루어지는 유전적 기능의 기초가 된다. 진핵세포의 RNA 중합효소는 3가지 독특한 형태로 존재하며, 표 12.6에서 나타난 바와 같이 각각 서로 다른 형태의 유전자들을 전사한다. 각 효소들은 원핵세포의 단일 중합효소보다 크고 복잡한데, 10~15개의 작은 소단위와 큰 두 개의 소단위체로 구성된다. 최초로 주형에 결합하는 단계 및 프로모터에 관해서는, 대부분이 중합효소 II에 의한 것이다. 이 효소는 진핵세포에서 모든 mRNA를 전사한다.

진핵성 유전자들에 공통적인 몇 가지 시스 작용요소들은 중합효소 II에 의한 효율적인 전사 개시를 돕는다. 프로모터 부위에서 발견되는 그러한 요소들 중 하나는 **골드버그-호그니스**(Goldberg-Hogness) 혹은 **TATA 상자**(TATA box)라 불리는 것인데, 전사 개시 부위로부터 30 뉴클레오티드 상류(−35)에 위치한다. 공통서열은 7개 뉴클레오티드(heptanucleotide)로 A와 T로만 구성된다(TATAAAA). 이들 서열과 기능은 원핵 유전자의 −10 프로모터 부위에서 발견되는 것과 유사하다. 그러한 부분이 모든 진핵성 유전자들에서 공통적이기 때문에, TATA 상자는 비특이적인 것으로, 나선의 변성을 촉진함으로써 전사 개시 부위를 고정시키는 역할만 하는 것으로 생각된다. 이러한 결론은 A = T쌍이 G ≡ C쌍에 비해 덜 안정하다는 사실로부터 지지를 얻는다.

두 번째의 공통적인 시스 작용요소는 **CAAT 상자**(CAAT box)로, 많은 유전자의 프로모터내 상류 부분에 위치한다. 대략 전사 개시 부위로부터 80 뉴클레오티드 상류이다(−80). 이것은 공통서열인 GGCCAATCT를 포함한다. 다른 상류조절 부위들도 발견되었고, 대부분의 유전자들이 이들 중 하나 혹은 그 이상을 포함한다. TATA 와 CAAT 상자와 함께, 이들은 프로모터의 효율성에 영향을 미친다. 각 요소의 위치는 프로모터의 특정 부분을 결실시켜 이들이 전사의 효율을 감소시키는가를 본 연구들에 기초하여 얻어진 것이다.

인핸서(enhancer)라고 불리는 DNA 부위들은 또 다른 시스 작용요소(*cis*-acting element)들이다. 위치가 매우 다양하긴 하지만, 이들은 종종 이미 언급되었던 부분들보다 훨씬 상류에서 발견되거나, 유전자 내부, 혹은 하류 부분에서 발견된다. 그러므로 이들은 멀리서 전사를 조절할 수 있다. 그들이 비록 직접 주형에 결합하는 데 참여하지는 않더라도, 고도로 효율적인 전사 개시에 있어 필수적이다.

시스 작용 조절서열들을 보완하는 것들이 다양한 **트랜스 작용요소**(*trans*-acting factor)들이다. 이들은 주형결합을 촉진시키고 따라서 전사 개시를 도와준다. 이들 단백질은 **전사인자**(transcription factor)로 불린다. 이들은 RNA 중합효소 II가 혼자서는 직접 프로모터에 붙지 못하고 따라서 전사를 시작할 수 없기 때문에, 매우 필수적인 존재들이다. 사람의 RNA 중합효소 II의 결합에 관여하는 전사인자들이 잘 알려져 있으며, TFIIA, TFIIB 등이 있다. 이들 중 하나인 TFIID는 직접 TATA 상자 서열에 결합하므로, 때론 **TATA 결합 단백질**(TATA binding protein, TBP)이라고 불리기도 한다. TFIID는 10개의 폴리펩티드 소단위로 구성된다. 일단 DNA에 초기 결합이 일어나면, 적어도 7가지의 다른 전사인자가 연속적으로 TFIID에 결합하여 거대한 전개시복합체(pre-initiation complex)가 형성되며, 그 다음에 RNA 중합효소 II가 여기에 부착한다.

비슷한 활성을 가지는 전사인자들이 초파리와 효모를 포함한 다양한 진핵세포에서 발견되었다. 연구된 모든 생물종에서의 뉴클레오티드 서열은 이 부위의 높은 보존성을 말해준다. 전사인자들은 원핵세포 효소의 시그마 인자를 대신하고 있으며, 진핵성 유전자 조절에 중요한 역할을 하는 것으로 보인다.

표 12.6 진핵세포에서의 RNA 중합효소들

형태	산물	위치
I	rRNA	Nucleolus
II	mRNA, snRNA	Nucleoplasm
III	5*S* rRNA, tRNA	Nucleoplasm

이질성 핵 RNA와 프로세싱: 모자(Cap)와 꼬리(Tail)

유전암호는 mRNA상의 리보뉴클레오티드 서열로 쓰여진다. 이 정보는 물론 DNA의 주형가닥에서 기인한 것이다. 세균에서는 DNA와 RNA의 관계가 상당히 직접적인 것으로 보인다. DNA의 염기서열은 mRNA 서열로 전사되어, 유전암호에 따라 아미노산 서열로 번역된다. 대조적으로, 진핵생물에서는 mRNA가 세포질로 이동되어 번역에 참여하기 전에 mRNA에 대한 복잡한 프로세싱이 발생한다.

1970년까지 진핵성 mRNA가 번역될 때보다 더 큰 전구체 상태로 먼저 전사된다는 많은 증거들이 축적되었다. 이러한 생각은 제임스 다넬(James Darnell)과 그 동료들이 포유동물의 세포에서 세포질에 존재하는 좀 더 작은 mRNA 분자들과 공통적인 뉴클레오티드 서열을 가지는 이질적인 핵 RNA(hnRNA)를 발견한 것에 기초한 것이다. 그들은 유전자의 첫 전사로 인해 커다란 RNA 분자들이 생성되며, 성숙한 mRNA로 세포질에 나타나기 전에 먼저 프로세싱을 거쳐야 한다고 제안했다. 다양한 프로세싱 단계가 다음절에 논의되어 있으며 그림 12-9에 요약되어 있다.

진핵성 RNA 전사체들의 첫 **전사 후 변형**(posttranscriptional modification)은 이들 분자의 5′ 말단에 관한 것이다. 여기에서 **7-메틸구아노신**(7-methylguanosine, 7mG) **모자**(cap)가 첨가된다(그림 12-9, 2단계). 모자는 첫 전사체가 완성되기도 전에 첨가되는데 핵산분해효소에 의한 공격으로부터 5′ 말단을 보호함으로써, 핵 내에서의 다음 프로세싱에 중요하게 작용하는 것으로 보인다. 그 후, 모자는 성숙한 mRNA가 핵막을 가로질러 세포질로 이동될 때 관여하는 것으로 생각된다. 모자는 꽤 복잡하며, 모자와 RNA의 첫 리보뉴클레오티드 사이의 5′-5′ 결합이 특징적이다. 어떤 진핵생물은 RNA의 처음 두 리보뉴클레오티드의 당분자 2′ 탄소에 메틸기(CH_3)를 포함하기도 한다.

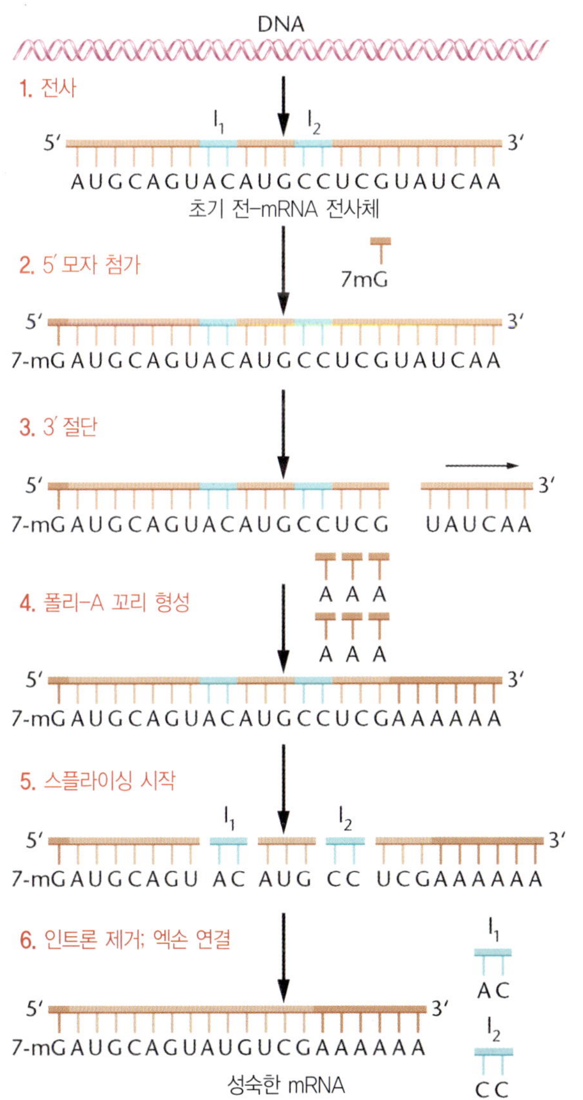

그림 12-9 진핵세포에서의 전사 후 RNA 프로세싱. 이질성 핵 RNA (heterogeneous nuclear RNA, hnRNA)는 5′ 모자와 3′ 폴리-A 꼬리를 포함한 mRNA로 전환된다. 그리고 인트론들이 제거된다.

mRNA의 성숙과정 중에 일어나는 RNA 전사체들의 프로세싱에 대한 더 깊은 통찰이 hnRNA나 mRNA가 모두 3′ 말단에 250개 정도 되는 아데닐산 신장부를 가진다는 발견으로부터 얻어졌다. 그러한 **폴리-A 서열**(poly-A sequence)들은 5′-7mG 모자가 첨가된 후에 mRNA의 3′ 말단에 더해진다. 처음엔, 초기 전사체의 3′ 말단이 효소에 의해 잘려지게 되는데, 이것은 매우 보존된 서열인 AAUAAA 서열로부터 10~35개 가량의 리보뉴클레오티드 지점이다(3단계). 그다음 아데닐산들이 순차적으로 첨가되어 다중아데닐화(polyadenylation)가 일어난다(4단계). 현재 폴리-A는 다양한 진핵생물에서 연구된 거의 모든 mRNA의 3′ 말단에서 발견된다. 예외가 있다면 히스톤 유전자의 산물들 정도다.

AAUAAA 서열이 모든 진핵성 전사체에 발견되는 것은 아니지만, 이 서열을 가지는 전사체에서 이 서열에 돌연변이가 일어나면 폴리-A 꼬리(ploly-A tail)가 붙지 않는다. 꼬리가 없으면, RNA 전사체는 빠르게 분해된다. 그러므로 5′ 모자나 3′ 폴리-A 꼬리는 둘 다 RNA 전사체가 좀 더 프로세싱을 거쳐 세포질로 이동되도록 하는 데 필수적이다.

12.11 진핵세포 유전자의 암호 부위는 인트론이라고 불리는 개재서열들에 의해 나뉘어 있다

분자 유전학의 역사에서 가장 흥미로운 돌파구 중의 하나는 1977년, 수잔 버짓(Susan Berget), 필립 샤프(Philip Sharp), 그리고 리차드 로버츠(Richard Roberts) 등이, 동물 바이러스 유전자가 그들이 암호화하는 단백질의 아미노산 서열로 발현되지 않는 내부(internal) 뉴클레오티드 서열을 포함한다는 직접적인 증거를 제시했을 때 얻어진 것이다. 이들 내부 DNA 서열들은 초기 RNA 전사체들에는 존재하지만 성숙한 mRNA가 번역되기 전에 제거된다(그림 12-9, 5와 6단계). 그러한 뉴클레오티드 단편들은 **개재서열**(intervening sequences, 그림 12-9에서 I_1 과 I_2)이라고 불리며, 이들을 포함하고 있는 유전자는 **갈라진 유전자들**(split genes)이다. 마지막 mRNA 산물에는 존재하지 않는 이들 DNA 서열들은 **인트론**(intron, "*int*"는 intervening을 뜻한다)이라고도 불린다. 그리고 마지막까지 남는 부분을 **엑손**("*ex*"란 발현된다는 expressed의 뜻)이라고 한다.

비슷한 발견이 여러 가지 진핵생물에서도 이루어졌다. 두 가지 접근에서 많은 결실이 있었다. 하나는 잘 정제된, 기능적으로 성숙한 mRNA와, 이 메시지를 지정하는 유전자를 포함하고 있는 DNA를 분자 혼성화시킨 것이다. 완전히 상보적인 것은 아닌 두 핵산 사이의 혼성화로 **이형이중체**(heteroduplex)가 얻어졌는데, DNA에는 존재하지만 mRNA에는 존재하지 않는 인트론들은 고리 모양으로 삐져 나가 쌍을 이루지 않은 채로 남게 된다. 그러한 구조는 그림 12-10에서와 같이 전자현미경에 의해 관찰될 수 있었다. 그러한 이형이중체들은 7개의 고리(A에서 G까지)를 포함하며 이들은 DNA에는 있지만 최종적인 mRNA상에는 존재하지

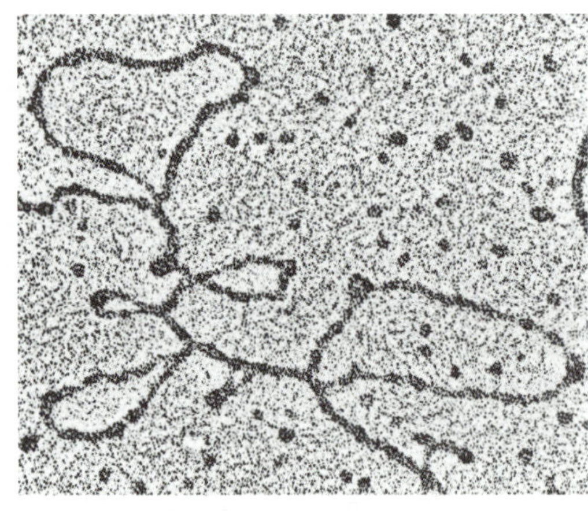

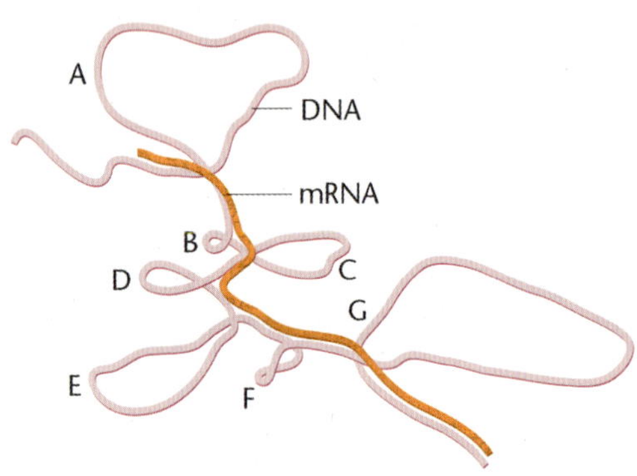

그림 12-10 닭의 오브알부민 유전자의 DNA 주형과 성숙한 mRNA 사이에서 형성된 혼성이중나선(heteroduplex)을 설명한 그림과 전자현미경 사진. A~G가 7개의 DNA 인트론을 나타내며 짝을 이루지 않아 고리 모양으로 보인다.

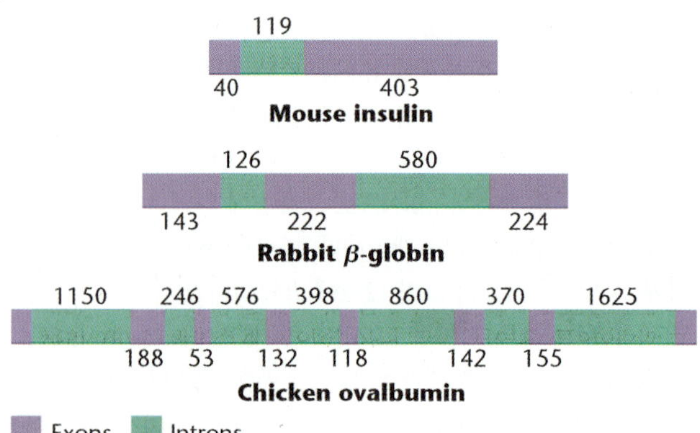

그림 12-11 다양한 진핵세포의 유전자에서 보이는 개재서열들. 숫자들은 여러 인트론과 엑손 부위에 존재하는 뉴클레오티드의 수를 나타낸다.

않는 인트론들을 나타낸다.

두 번째 접근은 좀 더 자세한 정보를 제공했다. 이것은 DNA 뉴클레오티드의 서열과 mRNA의 서열, 그리고 아미노산 서열과의 관계를 비교한 것이다. 그러한 접근은 모든 개재서열에 대한 정확한 규명을 가능하게 했다.

지금까지, 대부분의 진핵성 유전자는 인트론들을 포함하는 것으로 보인다. 그렇게 알려진 것들 중 하나가 필립 레더(Philip Leder)와 리차드 플라벨(Richard Flavell)이 독립적으로 연구한 쥐와 토끼의 **β-글로빈 유전자**(β-globin gene)였다. 쥐와 토끼의 유전자 모두 유전자 내에 거의 같은 크기와 위치를 가진 2개의 인트론을 포함한다. 인트론의 위치를 나타내는 토끼의 유전자가 그림 12-11에 그려져 있다. 조사된 모든 포유동물의 β-글로빈 유전자에서 비슷한 인트론들이 발견되었다.

닭의 **오브알부민**(ovalbumin) **유전자**는 미국의 버트 오멜리(Bert O' Malley)와 프랑스의 피에르 샴본(Pierre Chambon)에 의해 광범위하게 연구되었다. 그림 12-11에 보이는 바와 같이, 이 유전자는 7개의 인트론을 포함한다. 사실상, 보다시피 유전자의 DNA 서열 대부분이 "조용한(silent)" 인트론들을 구성하고 있다. 초기 RNA 전사체는 성숙한 mRNA 길이의 거의 3배에 달한다. 그림 12-10과 그림 12-11의 오브알부민 유전자를 비교해 보라. 그림 12-10의 쌍을 이루지 않은 고리와 그림 12-11의 인트론 서열을 맞출 수 있는가?

개재서열을 포함하는 유전자들의 목록을 들자면 한이 없다. 사실상 소수의 진핵성 유전자들만 인트론을 가지지 않는다. 하나의 유전자 내에 많은 수의 인트론을 가지는 극단적인 예가 척추동물의 주요 연결조직 단백질인 콜라겐의 한 소단위를 암호화하는 유전자에서 발견된다. *pro-α-2(1)* 콜라겐 유전자는 50개의 인트론을 포함하고 있다. 성숙한 mRNA에 실수가 생기지 않게 하기 위해서는 절단과 접합에 있어 고도의 정확성이 요구된다. 마찬가지로 중요하게 짚고 넘어가야 할 것이 인트론이 제거된 최종 mRNA의 크기와 유전자의 크기를 비교하는 것이다. 표 12.7에서 보이는 것처럼, 콜라겐 유전자의 약 15%만이 엑손을 이루며, 마지막 mRNA에 나타나게 된다. 다른 단백질을 들자면, 더 복잡한 그림이 나온다. 알부민 유전자는 약 8%만이 남아 번역되며, 알려진 사람 유전자 중 가장 큰 디스트로핀(dystrophin, 뒤센 근이영양증에서 발견되지 않는 단백질 산물)은 유전자 서열 중 1% 미만이 mRNA에 남는다. 몇 개의 사람 유전자가 표 12.7에 대조되어 있다.

지금까지 조사된 진핵성 유전자의 대부분이 인트론을 포함하는 반면, 몇 가지 예외가 있긴 하다. 히스톤과 인터페론 유전자들은 인트론을 가지지 않는 것으로 보인다. 이 분자들을 암호화하는 유전자들이 왜, 혹은 어떻게 진화과정 동안 거의 다른 모든 유전

표 12.7 사람의 유전자 크기, mRNA 크기, 그리고 인트론들의 숫자 비교

유전자	유전자 크기 (kb)	mRNA 크기 (kb)	인트론의 수
Insulin	1.7	0.4	2
Collagen [*pro-α-2(1)*]	38.0	5.0	50
Albumin	25.0	2.1	14
Phenylalanine hydroxylase	90.0	2.4	12
Dystrophin	2000.0	17.0	50

자들의 특징인 이질적 정보(인트론)를 습득하지 않은 채로 유지되어 왔는지는 확실치 않다.

스플라이싱 기작들: 자가촉매성 RNA들

갈라진 유전자들의 발견은 RNA의 인트론들이 잘려지고 엑손들이 서로 접합하게 되는 기구를 밝히기 위한 집중적인 시도를 이끌어 내었고 곧 많은 발전이 이루어졌다. 홍미롭게도, 미토콘드리아에서 생산된 RNA와 엽록체에서 생산된 RNA뿐 아니라, 서로 다른 형태의 RNA에 대해서는 약간 다른 기구들이 존재하는 것으로 보인다.

인트론들은 그들의 스플라이싱 기구에 기초하여 몇 가지 그룹으로 분류된다. 그룹 I에서는, rRNA의 1차 전사체의 일부가 대표적인 것으로, 이들은 인트론 절단에 부가적인 요소들을 필요로 하지 않는다; 인트론 자체가 자신의 제거에 필요한 효소활성의 근거가 된다. 예상과는 모순된 이러한 놀라운 발견은, 1982년 토마스 체크(Thomas Cech)와 그의 동료들에 의해 섬모성 원생동물인 *Tetrahymena*에 대한 연구 중에 얻어진 것이다. 그들의 자기 촉매적인 성질을 반영하여, 스스로를 이어 붙일 수 있는 RNA들을 종종 **리보자임**(ribozyme)이라고 부른다.

그림 12-12에 이러한 **자기 절단과정**(self-excision process)이 나와 있다. 화학적으로, 두 번의 뉴클레오필릭(nucleophilic) 반응[전이 에스테르화 반응(transesterification reaction)이라고도 불린다]들이 일어나는데, 첫 반응은 이 반응에 보조인자(cofactor)로 작용하는 구아노신과 1차 전사체 사이의 반응에 관계된 것이다[그림 12-12(a)]. 구아노신의 3′-OH 그룹은 인트론의 5′ 말단에 인접한 뉴클레오티드로 전이된다[그림 12-12(b)]. 두 번째 반응은 왼쪽 편의 엑손에 새로 생긴 3′-OH와 오른쪽 인트론의 3′ 말단상의 인산이 상호작용하는 것이다[그림 12-12(c)]. 이 인트론은 잘려져 나가고 두 엑손 부분들이 접합되어 성숙한 RNA를 만들게 된다[그림 12-12(d)].

그룹 I 인트론들의 자기 절단은, 이미 설명한 것처럼, 다른 원생동물에서 얻어진 pre-rRNA들에도 적용되는 것으로 알려져 있다. 자기 절단은, 미토콘드리아와 엽록체에서 생산된 1차 mRNA와 tRNA 전사체들 내의 인트론이 제거되는 것도 통제한다. 이들은 그룹 II 인트론으로 불린다. 그룹 I 분자들처럼, 인트론의 제거를 위한 스플라이싱은 두 가지의 자기 촉매적 반응들을 포함한다. 그러나 구아노신이 그룹 II 인트론에서 보조인자로 작용하지는 않는다.

스플라이싱 기작들: 스플라이소좀

인트론들은 핵에서 유도된 pre-mRNA 전사체들의 주요 성분이다. 지금까지 논의되어 왔던 다른 RNA들과 비교하면, 핵에서 유도된 mRNA 내의 인트론들은 더 크고–2만 뉴클레오티드가 되기도 한다–, 좀 더 풍부하다. 이들의 제거는 정의하기가 어려운 더 복잡한 기구들을 요구한다.

그럼에도 불구하고, 많은 단서가 출현하고 있으며, 그림 12-13에서의 모델이 인트론의 제거를 설명해 준다. 이런 형태의 인트론들 주위는 뉴클레오티드 서열이 비슷하다. 많은 것들이 5′ 말단에서는 GU로 시작하고, 3′ 말단에서는 AG로 된 두 뉴클레오티드로 끝난다. 인트론들이 공유하는 다른 공통서열과 함께, 이들 서열은 스플라이싱에 필수적인 분자 복합체를 구성하는 특수한 분자들을 끌어당긴다. 그러한 복합체를 **스플라이소좀**(spliceosome)이라고 부르며, 포유동물의 세포뿐 아니라 효모의 세포 추출액에서도 발견되었다. 이들은 매우 커서 효모에서는 40*S*, 포유동물에서는 60*S*가 된다. 아마도 가장 필수적인 스플라이소좀 구성성분은 **소형 핵 RNA**(small nuclear RNA, snRNA)의 세트일 것으로 보인다. 이들 RNA는 보통 100~200 뉴클레오티드 정도로, **소형 핵 RNA 단백질**(small nuclear ribonucleoprotein, snRNP, 혹은 snurps)과 복합체를 구성한다. 이들은 모두 핵 안에서만 발견된다. 이들은 우리딘(uridine) 잔기가 풍부하기 때문에, snRNA들은 임의적으로 U1, U2, ..., U6로 표시된다.

U1의 snRNA는 인트론의 5′ 말단과 유사한 뉴클레오티드 서열을 포함한다. 이러한 유사성에 기인한 염기쌍 형성은 스플라이소좀의 형성에서 첫 단계로 나타나는 결합을 촉진한다. 다른 snRNP들(U2, U4, U5, 그리고 U6)이 첨가되면 스플라이싱이 시

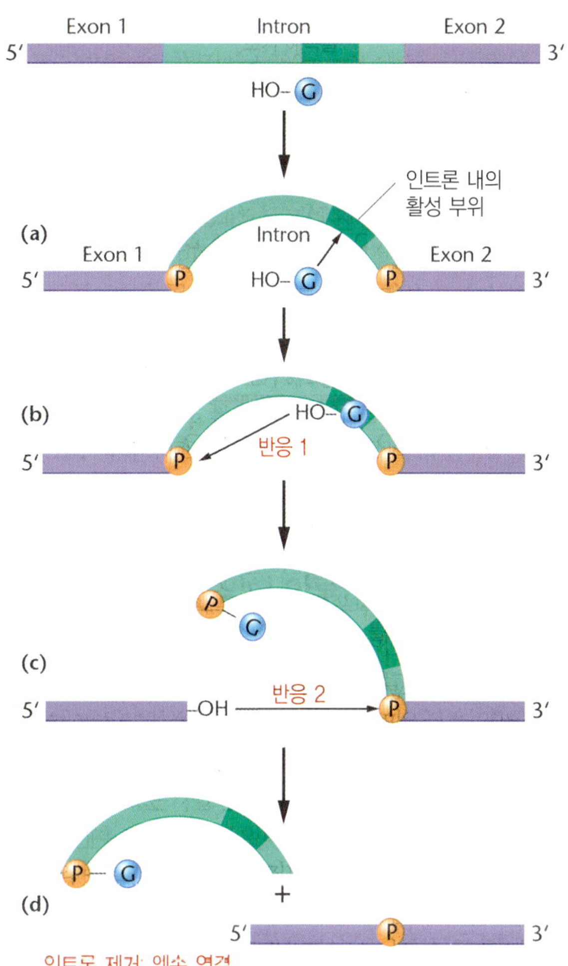

그림 12-12 초기 전사체로부터 제거되는 그룹 I 인트론들이 관여하는 pre-rRNA의 스플라이싱 기작. 이 과정은 두 번의 에스테르화 전이반응(transesterification reaction)을 포함하는 자기 절단(self-excision)과정의 하나다.

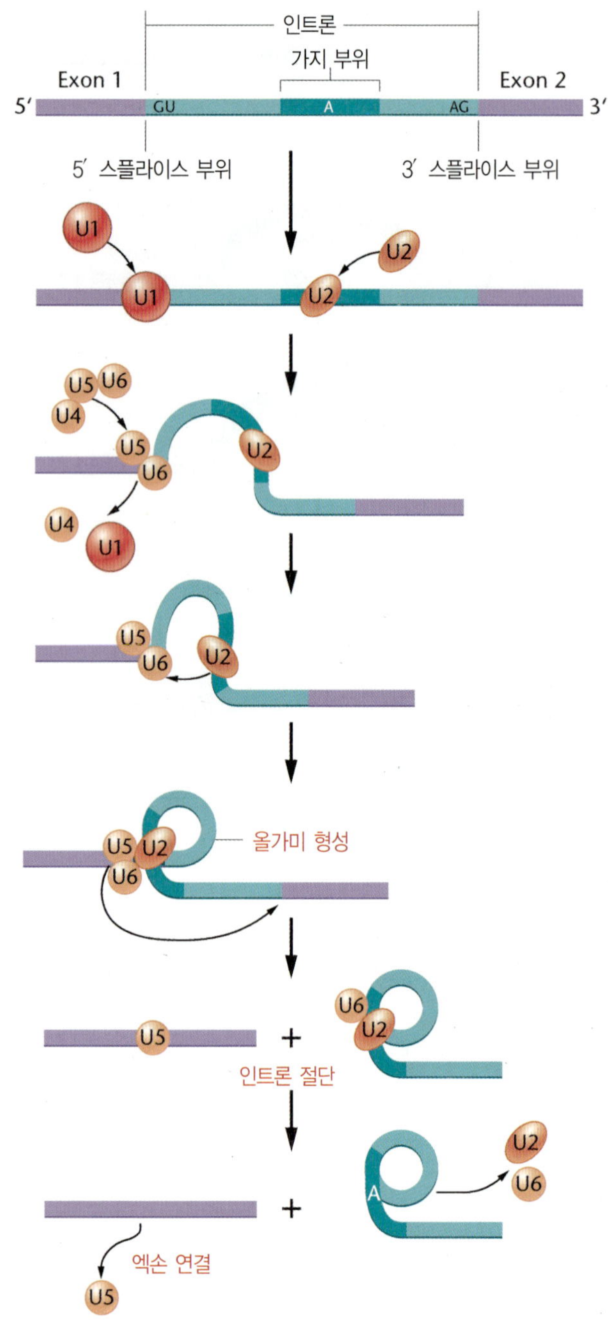

그림 12-13 pre-mRNA로부터 인트론의 제거와 관련된 스플라이싱 기작의 모델. 절단은 다양한 snRNA들(U1, U2, ..., U6)에 의존한다. 이들 snRNA는 단백질과 연합한 snurps를 형성하는데, 이들은 스플라이소좀이라고 하는 커다란 구조물의 일부로 작용한다. 중간 단계의 올가미 구조는 이 기작의 특징이다.

작된다. 그룹 I에서와 마찬가지로 두 번의 전이에스테르화 반응들이 관계한다. 첫 번째는 **가지 부위**(branch point)라고 불리는 인트론 내부에 존재하는 아데닌(A) 잔기의 3′-OH기가 상호작용하는 것이다. A잔기가 5′-스플라이스 부위를 공격하여 RNA 사슬을 자른다. 다른 여러 snRNP가 관계된 다음 단계에서는, 중간 구조가 형성되고 두 번째 반응이 뒤따라 일어나서 인트론의 5′ 말단을 A와 연결시킨다. 이로 인해 올가미(lariat)라고 불리는 특징적인 고리구조가 형성되는데, 이것이 잘려질 인트론을 포함하고 있다. 다음 단계로 엑손들이 연결되고 snRNP는 떨어진다.

스플라이싱에 관계된 과정은 유전자 발현 중의 가능한 조절과정을 나타내는 것이다. 예를 들어, 같은 유전자로부터 유래한 pre-mRNA에 존재하는 인트론들이 한 가지 이상의 방법으로 스플라이싱되어 성숙한 mRNA에서 서로 다른 조합의 엑손들이 모이게 되는 경우가 알려져 있다. 이 과정을 **대체 스플라이싱**(alternative splicing, 혹은 **'선택적 접합'** 으로 번역하기도 한다)이라고 하며, 일단의 mRNA들을 생산하여 번역이 되면, **동위형태**(isoform)인 일련의 연관 단백질들이 생긴다. 수많은 예들이 바이러스, 초파리, 사람에 이르기까지 다양한 생물에서 발견된다. pre-mRNA의 대체 스플라이싱은 하나의 유전자로부터 연관된 단백질들을 생산하는 기초가 된다. 따라서 한 생물의 유전체로부터 생길 수 있는 유전자 산물의 수가 증가한다.

12.12 RNA 편집은 최종 전사체를 변형시킨다

1980년대 후반에, 전사 후에 일어나는 RNA의 변형의 또 다른 형태가 발견되었다. **RNA 편집**(RNA editing)이라고 부르는 이 과정에서는, pre-mRNA의 뉴클레오티드 서열이 번역 전에 바뀌게 된다. 결과적으로, 성숙한 RNA의 리보뉴클레오티드 서열은 RNA가 전사되었던 DNA의 엑손내 서열과 달라진다.

두 가지 형태의 주요한 RNA 편집이 있다-**치환 편집**(substitution editing)에서는 개개의 뉴클레오티드 염기들이 바뀌는 것이고, **삽입/결실 편집**(insertion/deletion editing)에서는 뉴클레오티드들이 첨가되거나 총염기 수가 줄어드는 것이다. 치환 편집은 몇몇의 핵에서 유래한 진핵성 RNA들에서 사용되며, 식물의 미토콘드리아와 엽록체 RNA에서 흔하다. 점균류인 *Physarum polycephalum*은 미토콘드리아의 mRNA들에서 두 가지 방법의 편집을 모두 사용한다.

아프리카 수면병을 일으키는 기생성 트리파노소마(*Trypanosoma*)와, 이와 관련 생물들은 미토콘드리아 RNA에서 광범위한 삽입/결실 편집을 사용한다. 각 전사체에 첨가되는 우리딘(uridine)의 수는 암호서열의 60% 이상에 이르기도 하며, 보통 이들이 개시코돈을 형성하고 나머지 서열들이 적당한 해독틀로 위치된다. 트리파노솜에서의 삽입/결실 편집은 **안내 RNA**(guide RNA, gRNA) **주형**들에 의해 지시되는데, 이들도 역시 미토콘드리아 유전체에서 전사된다. 이들 작은 RNA는 마지막으로 편집된 mRNA의 편집 부위에 상보적이다. 그들은 pre-mRNA들과 염기쌍을 형성하여 편집 기구들이 맞게 변화시킬 수 있도록 지시한다.

치환편집의 가장 잘 연구된 예들이 포유동물의 핵에서 암호화된 mRNA 전사체들에서 일어나는 것이다. 아포리포 단백질 B(apolipoprotein B, apoB)는 하나의 유전자에서 긴 형태와 짧은 형태의 두 가지 형태로 존재하는 두 단백질을 암호화한다. 사람의 장세포에서는, apoB mRNA가 하나의 C가 U로 바뀌는 편집이 일어나 CAA 글루타민 암호를 UAA 종결코돈으로 바꾸어, 유전적으로 암호화된 길이의 약 절반 정도에서 폴리펩티드가 끝나도록 한다. 이러한 편집은, 편집 부위 바로 하류의 mRNA 전사체상에 존재하는 "정박서열(mooring sequence)"에 결합하는 단백질 복합체에 의해 수행된다. 두 번째 시스템에서는, 포유동물의 뇌조직에서 글루탐산 수용체 채널(glutamate receptor channel, GluR)을 구성하는 소단위들의 합성이 이러한 RNA 편집에 의해 영향을 받는다. 이 경우 번역 전의 pre-mRNA에서 아데노신(A)이 이노신(I)으로 변화된다. 여기서 I는 번역 중에 구아노신(G)으로 읽힌다. 세 가지의 ADAR(adenosine deaminase acting on RNA) 효소 집단이 글루탐산 채널 소단위들 내의 다양한 부위에서의 편집을 맡는 것으로 믿어진다. ADAR에 의한 편집에 요구되는 이중가닥 RNA들은 GluR mRNA 전사체들의 인트론/엑손 쌍형성에 의해 제공된다. 편집은 이 소단위들을 포함한 수용체의 생리적인 조건을 변화시킨다[용질 투과도와 탈감작(desensitization) 반응 시간].

ADAR 활성의 결과로 얻어지는 RNA 편집의 중요성은, 이들 효소가 돌연변이로 인해 그들의 기능을 상실했을 때를 조사하면 가장 분명히 알 수 있다. 여러 조사에서 기능상실은 쥐에서 치사 효과를 일으켰다. 한 연구에 따르면, 결손 *ADAR1* 유전자에 이형접합성인 배아는 결함성 조혈 시스템의 결과로 배발생 과정에서 죽었다고 한다. 또 다른 연구는 *ADAR2*의 두 사본이 결함성이었던 쥐가 발생은 정상적으로 마쳤지만 간질발작을 일으키는 경향이 있었으며 이유기 때 죽었다고 한다. 이들의 조직은 GluR 산물의 편집되지 않은 분자를 포함하고 있었다. 사망의 원인은 뇌에 있었다고 믿어진다. 이 돌연변이의 이형접합자들은 정상이었다.

이와 같은 포유동물에서의 발견들은 RNA 편집이 전사 후 변형과정의 중요한 기작이며 미토콘드리아와 같이 작고 무성적으로 증식하는 유전체들에만 한정된 것이 아님을 보여준다. RNA 편집의 몇 가지 새로운 예는 그 발견 이후로 해마다 계속 나타나고 있으며, 이러한 경향은 앞으로도 계속될 전망이다. 나아가 이 과정은 유전적 발현의 조절에 중요한 의미를 가진다.

12.13 전사는 전자현미경으로 관찰된다

우리는 전자현미경적 연구에 기초하여 얻어진 전사과정의 놀라운 시각자료를 제시하면서 이 장을 마치려고 한다. 그림 12-14는 대장균 연구로부터 얻어진 현미경 사진과 이에 대한 설명적 도해를 보여주는 것이다. 여러 가닥의 RNA들이 주형으로 작용하는 DNA의 여러 지점으로부터 뻗어 나오고 있다. 여러 번의 전사가 한 유전자상에서 동시에 발생하므로, 많은 RNA 가닥들이 얻어진다. 전사 시작 부위로부터 하류(그림에서는 오른쪽)로 내려갈수록 점차적으로 길어지는 RNA 가닥들이 발견된다.

또 다른 재밌는 현상이 이 연구에서 발견되었다. 원핵생물들은 핵이 결여되어 있기 때문에, 세포질의 리보솜은 염색체들과 물리적으로 분리되어 있지 않다. 결과적으로, 리보솜은 **부분적으로(partially)** 전사된 mRNA 분자에 자유롭게 부착할 수 있고, 번역을 개시한다. RNA가 길어질수록 다수의 리보솜들이 붙어 있는 것이 보인다.

전사를 직접 관찰하는 것은, 이 과정에 대한 생화학적 분석에 기초해 얻어진 우리의 예상을 확인시켜 준다. 여러분은 259페이지에 있는 이 장 표지의 사진을 참고해도 좋다. 이 사진은 도롱뇽인 *Notophthalmus*의 rRNA를 암호화하는 하나의 유전자를 찍은 것이다. 아래에서 위로의 동시적 전사가 발생한다. 각 rRNA 분자들이 만들어짐에 따라, 이것은 다른 쪽으로 "뒤집히거나(flop)", 세로의 DNA 축을 따라 다른 쪽으로 이동한다.

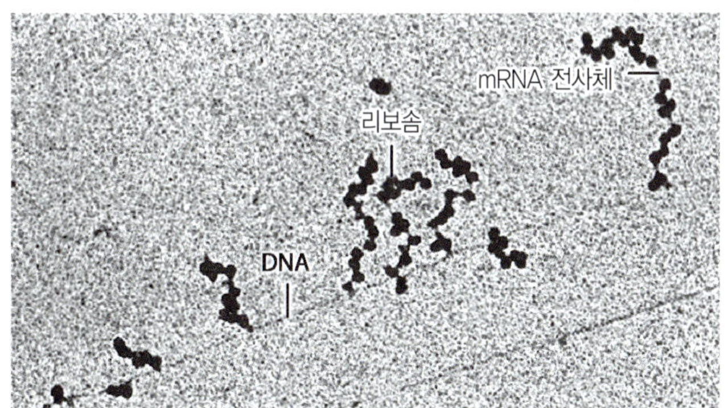

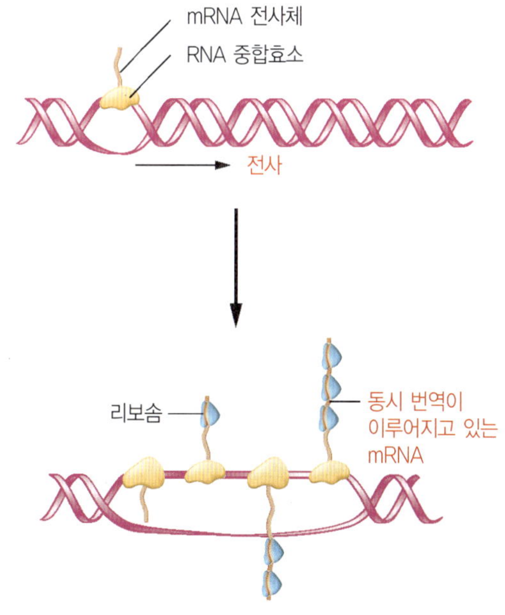

그림 12-14 *E. coli*의 한 유전자에서 일어나는 동시적 전사의 전자현미경 사진과 도해. 전사체가 형성됨에 따라, 리보솜이 결합하여 각 가닥들을 따라 동시적인 번역이 개시된다. O.L. Miller, Jr. Barbara A. Hamkalo, C.A. Thomas, Jr. *Science* 169: 392-395, 1970 *by the American Association for the advancement of Science. F:2*

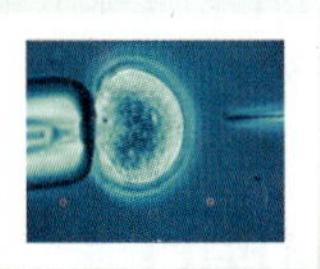

유전학, 기술, 그리고 사회

안티센스 올리고뉴클레오티드: 메신저 공격하기

암이나 AIDS와 같은 질병들에 대한 표준 화학치료는 종종 독성 부작용을 동반한다. 일반적인 치료제들은 정상세포와 병든 세포 모두를 대상으로 하고 있으며, 단지 병들거나 감염된 세포들이 정상 세포에 비해 좀 더 민감할 뿐이다. 과학자들은 오랫동안 정상 세포는 건강하게 살려두고, 바이러스나 암세포만을 찾아내어 파괴하는 마술 탄환을 꿈꾸어 왔다. 지난 10여 년에 걸쳐, 마술 탄환 상태로 사용될 만한 한 가지 특별한 고무적인 후보자가 나타났는데 그것이 바로 안티센스 올리고뉴클레오티드(antisense oligonucleotide)다.

안티센스 치료법들은 유전자 발현의 분자생물학을 이해하면서부터 얻어졌다. 유전자 발현은 두 단계 과정이다. 첫째는 단일가닥의 전령 RNA(mRNA)가 이중의 DNA 분자 중 한 가닥으로부터 복사된다. 둘째는, 이 mRNA는 세포질로 이동되어 리보솜들과 복합체를 이루어 그 유전정보가 폴리펩티드를 이루는 아미노산 서열들로 번역되는 과정이다. 정상적으로는, 하나의 유전자는 DNA 이중가닥의 한 가닥으로부터 RNA 형태로 전사된다. 여기서 얻어지는 RNA를 센스 RNA(sense RNA)라고 한다. 그러나 때때로 다른 DNA 가닥이 RNA로 복사될 수 있다. 소위 "잘못된" 가닥의 DNA로부터 전사되어 생긴 RNA를 안티센스 RNA(antisense RNA)라고 부른다. DNA 분자의 상보성 가닥들과 마찬가지로, 상보성 가닥인 RNA 역시 이중가닥 분자를 형성할 수 있다.

센스가닥과 안티센스 RNA 가닥 사이의 이중 구조 형성은 적어도 두 가지 방법으로 영향을 미칠 수 있다. 센스가닥에 대한 안티센스 RNA의 결합은 물리적으로 리보솜 결합을 저해하거나 폴리펩티드 신장을 억제하여 번역을 방해하게 된다. 혹은, 센스 RNA에 대한 안티센스 RNA의 결합은, 이중가닥 RNA 분자들이 세포내 핵산분해효소들에 의해 공격을 받기 때문에 센스 RNA의 분해를 일으킨다. 양쪽 경우 모두에서 유전자 발현은 억제된다.

이 안티센스 접근법을 그렇게 흥미롭게 하는 것은 바로 그 강력한 특이성이다. 과학자들은 알려져 있는 뉴클레오티드 서열에 대해 안티센스 RNA(혹은 DNA) 분자를 디자인할 수 있으며 이들을 다량으로 시험관에서 합성할 수도 있다. 보통은 20개 정도의 뉴클레오티드로 이루어진 올리고뉴클레오티드가 사용된다. 이론적으로는, 이 합성 안티센스 올리고뉴클레오티드들로 세포를 처리함으로써 올리고뉴클레오티드를 세포 안으로 들여보내 정확히 목표한 mRNA에 결합할 수 있게 하여, 특정 단백질 하나의 합성을 중지시키는 것이 가능하다. 만일 이 단백질이 바이러스 증식에 필수적이거나 암세포의 성장에 요구되는 것이라면, 이 안티센스 올리고뉴클레오티드는 치료적인 효과를 가질 수 있을 것이다.

지난 몇 년 동안 안티센스 약제에 대한 실험실 수준의 실험이 매우 고무적인 것으로 드러나 몇 가지 임상 시도가 지금 진행 중에 있다. 게다가 한 가지 안티센스 약제(Vitravene©, ISIS Pharmaceuticals and CIBA Vision Corp.)가 미국에서 판매 승인을 얻었다. Vitravene은 AIDS 환자에서 cytomegalovirus에 의해 생기는 망막염의 치료에 사용되는 안티센스 뉴클레오티드이다. Cytomegalovirus(CMV)는 대부분의 사람들에 감염을 일으키는 흔한 것이다. 비록 이것이 정상 면역체계를 가진 사람들에게는 소소한 문제를 일으킬 뿐이지만 AIDS 환자와 같이 면역체계에 이상이 생긴 사람들에게는 심각한 증상을 초래할 수 있다. AIDS 환자의 약 40%에 이르는 사람들에서 눈에 감염된 CMV에 의해, 망막염이나 실명이 발생한다. 임상 시도들은 CMV 유도성 망막염이 생긴 AIDS 환자들의 눈에 안티센스 CMV 올리고뉴클레오티드를 도입하는 방법이, 처방되지 않은 그룹에 비해 질병의 진행을 상당히 늦출 수 있음을 보여준다. 실험실 연구들은 이들 안티센스 올리고뉴클레오티드들이 CMV의 RNA를 파괴하도록 할 것이며 숙주세포 표현에 바이러스가 흡착하지 못하도록 할 것이라 제안한다.

안티센스 올리고뉴클레오티드들은 또한 항염증 약제들로 작용할 수도 있다. 천식, 관절염, 건선, 궤양성 대장염, 그리고 이식 거부 등의 치료에 대한 안티센스 화합물을 시험하는 임상 시험들이 현재 진행 중이다. 한 가지 흥미로운 안티센스 올리고뉴클레오티드(이제 ISIS와 Boeringer Ingelheim에 의해 임상시험이 수행되고 있다)는 ICAM-1을 암호화하는 mRNA에 결합하는 것이다. ICAM-1은 세포 표면의 당단백질로 면역체계와 염증세포들을 활성화시키도록 돕는다. 극단적인 염증반응을 겪는 조직에서 이것이 종종 과다발현된다. 연구자들은 ICAM-1의 발현을 감소시켜 염증반응을 낮추는데 이 안티센스 뉴클레오티드가 사용될 수 있을 것으로 희망하고 있다. 최근의 임상시험 결과, ICAM-1은 Crohn's 질병에 탁월한 치료가 될 수 있음이 제시되었다. Crohn's 질병은 미국에서만 20만 명이 겪는 염증성 위장증상이다. 한 임상 시도에서 위약 처방 그룹이 어떠한 증상 개선도 나타내지 않은 것에 반해, 약 50%의 Crohn's 환자들이 안티센스 ICAM-1을 처방받고 증상 완화를 경험했다. 이 시도에서 안티센스 ICAM-1 약제는 견디기 쉽고 안전한 것으로 드러났다.

몇 가지 형태의 암에 대한 처방으로 몇몇 재미있는 임상 시도들이 안티센스 올리고뉴클레오티드를 시험 중이다. 이들 올리고뉴클레오티드는 암세포에서 과다 발현되는 단백질이나 돌연변이 형태로 존재하는 단백질들의 합성을 감소시키기 위해 고안된 것이다. 이 안티센스 약제들은 난소암, 전립선암, 유방암, 뇌암, 대장암, 폐암 등에 대한 처방에도 평가될 것이다. 다른 안티센스 약제들이 B형 간염, C형 간염, 사람의 유두종과 AIDS 바이러스를 공격하기 위해서도 고안되었다. 만일 안티센스 치료가 과학적이고 임상적인 시도에서 심사를 통과하면, 우리는 정말로 다양한 종류의 질병에 대한 전쟁에서 마술적인 분자 총알을 획득하게 될 수도 있다.

보다 최근에, 안티센스 원리와 유사한

또 다른 유전자-침묵화 기술(gene silencing technology)이 출현했다. 이 기술은 RNA 방해(RNA interference, RNAi)라고 알려진 것으로, 짧은 방해 RNA(short interfering RNA, siRNA)라고 불리는 짧고 이중가닥인 RNA 분자(~20 뉴클레오티드 길이)를 이용하여 세포 내의 특정 mRNA를 공격한다. 짧은 RNA의 한쪽 가닥은 mRNA 내의 서열을 인식하여 그 mRNA의 분해나 침묵화를 일으킨다. 비록 RNAi가 시험관 내에서는 매우 효과적으로 실험실 연구에 사용되지만, 인간의 질병에 RNAi를 사용하는 것은 올리고뉴클레오티드에 기초한 안티센스 기술을 사용하는 것보다는 덜 발달해 있다. RNAi는 15장에서 좀 더 자세히 다룬다.

참고문헌

Dykxhoorn, D. M., Novina, D. D., and Sharp, P. A. 2003. Killing the messenger: Short RNAs that silence gene expression. *Nature Revs. Molec. Cell Biol.* 4: 457-467.

Nyce, J. W. and Metzger, W. J. 1997. DNa antisense therapy for asthma in an animal model. *Nature* 385:721-725

Roush, W. 1997. Antisense aims for a renaissance. *Science* 276:1192-1193.

단원 요약

1. DNA에 저장되어 있는 유전암호는 RNA로 복사되며, RNA는 폴리펩티드 사슬들의 합성을 지시하는 데 사용된다. 유전암호는 퇴화되어 있으며(degenerate), 확실하고(unambiguous), 겹쳐 있지 않으며(non-overlapping), 쉬는 부분이 없다(commaless).

2. 여러 가지의 다양한 실험적 접근법으로 결정된 완전한 유전암호 사전은 64개의 가능한 코돈 중 61개가 단백질에서 발견되는 20개의 아미노산을 지정하며, 3개의 트리플렛이 번역을 종결시킴을 보여준다. 61개의 코돈 중 하나가 개시암호로서 메티오닌을 지정한다.

3. 암호 퇴화성에서 관찰되는 특징은 공공 트리플렛의 세 번째 문자와 관련되어 있으며 이로 인해 프란시스 크릭의 "워블 가설(wobble hypothesis)"이 나오게 되었다.

4. 개시암호와 종결암호를 포함하는 암호사전의 확립은 파아지 MS2의 완전한 뉴클레오티드 서열을 해당 단백질들의 아미노산 서열과 비교함으로써 얻을 수 있었다. 미미한 예외를 제외하면 여러 발견들은 암호가 모든 생물체에서 공통적이라는 믿음을 지지해 준다.

5. 일부 박테리오파아지에서, RNA가 전사되는 동안 다중의 개시지점이 발생할 수 있으며, 이로 인해 여러 해독틀이 생기고 겹쳐지는 유전자가 만들어진다.

6. 유전자 발현의 초기 단계인 전사는 RNA 중합효소의 지시에 따라 DNA 주형에 상보적인 RNA 가닥을 합성하는 것으로 설명된다.

7. 전사의 과정은 DNA 복제와 마찬가지로, 개시, 신장, 그리고 종결로 세분화될 수 있다. DNA 복제에서처럼, 이 과정은 상보적인 뉴클레오티드들의 짝짓기에 의존적이다.

8. 전사의 개시는 RNA 중합효소가 처음 결합하는 부위인 프로모터라고 불리는 DNA의 5′ 상류 부분에 의존적이다. 프로모터들은 중합효소의 결합에 필수적인 TATA 상자와 같은 특수한 서열들을 포함한다.

9. 전사는 원핵생물에서보다 진핵생물에서 더욱 복잡하다. 1차 전사체란 효과적으로 번역될 수 있게 하기 위해 여러 가지 방식으로 변형을 거쳐야만 하는 pre-mRNA를 말한다. 공정(프로세싱)은 성숙한 mRNA를 생산하는 과정으로, 7mG 모자와 폴리-A 꼬리, 그리고 스플라이싱을 통한 개재서열(인트론)의 제거 등을 포함한다. 몇몇 시스템에서는 번역전 pre-mRNA의 RNA 편집도 일어난다.

주요 용어

7-메틸구아노신 모자(7-methylguanosine (7mG) cap)
−10 영역(−10 region)
−35 영역(−35 region)
β-글로빈 유전자(β-globin gene)
CAAT 상자(CAAT box)
cis-작용 요소(*cis*-acting elements)
mtDNA
N-포밀메티오닌(*N*-formylmethionine, fmet)
RNA 동질중합체(RNA homopolymer)
RNA 방해(RNA interference, RNAi)
RNA 이질중합체(RNA heteropolymer)
RNA 중합효소(RNA polymerase)
RNA 편집(RNA editing)
TATA 상자(TATA box)
TATA-결합 단백질(TATA-binding protein, TBP)
갈라진 유전자(split gene)
개시코돈(initiator codon)
개재서열(intervening sequence)
겹쳐진 유전자들(overlapping genes)
골드버그-호그니스 상자(Goldberg-Hogness (TATA) box)
공통 서열(consensus sequence)
대응 일치성(colinearity)
대체 스플라이싱(alternative splicing)
대체 편집(substitution editing)
동위형(isoform)
리보자임(ribozyme)
모노 시스트론 mRNA(monocistronic mRNA)
무의미 돌연변이(nonsense mutation)
명확한 암호(unambiguous code)
박테리오파아지 MS2(bacteriophage MS2)
분지점(branch point)
사슬 신장(chain elongation)
삽입/결실 편집(insertion/deletion editing)
상대가닥(partner strand)
소형 핵 RNA(small nuclear RNA, snRNA)
소형 핵 RNA 단백질(small nuclear ribonucleoprotein, snRNP, or snurp)
쉼표가 없는 암호(commaless code)
스플라이소좀(spliceosome)
스플라이싱(splicing)
시그마 인자(σ (sigma) factor)
시험관내 단백질 합성 시스템(*in vitro* (cell-free) protein-synthesizing system)
안내 RNA주형(guide RNA (gRNA) template)
안티센스 올리고뉴클레오티드(antisense oligonucleotide)
안티코돈(anticodon)
암호의 보편성(universality, of the code)
엑손(exon)
오브알부민 유전자(ovalbumin gene)
워블 가설(wobble hypothesis)
이형 리보핵단백질(heterogeneous ribonucleoprotein, hnRNP)
이형 핵 RNA(heterogeneous nuclear RNA, hnRNA)
이형이중체; 헤테로듀플렉스(heteroduplex)
인트론(intron)
인핸서(증폭자, enhancer)
자기 절단과정(self-excision process)
전령 RNA(messenger RNA, mRNA)
전사(transcription)
전사 개시 부위(transcription start site)
전사의 개시(initiation, of transcription)
전사인자(transcription factor)
전사 후 변형(posttranscriptional modification)
전효소(holoenzyme)
전-mRNA(pre-mRNA)
정렬된 유전암호(ordered genetic code)
종결인자(로)(termination factor, ρ, rho)
종결코돈(termination codon)
주형가닥(template strand)
주형결합(template binding)
짧은 방해 RNA(short interfering RNA, siRNA)
코돈(codon)
크로마틴 재구성(chromatin remodeling)
퇴화암호(degenerate code)
트랜스-작용 요소(*trans*-acting factors)
트리플렛 결합 분석(triplet binding assay)
트리플렛 코돈(triplet codon)
틀이동 돌연변이(frameshift mutation)
폴리뉴클레오티드 가인산분해효소 (polynucleotide phosphorylase)
폴리 시스트론 mRNA(polycistronic mRNA)
폴리-A 서열(poly-A sequence)
프로모터(promoter)
프리브나우 상자(Pribnow box)

통찰과 해법

1. DNA 구조 내에서 4가지 염기가 아니라 6개의 염기(3가지 상보적 염기쌍)가 진화적으로 유지되었다면, 얼마나 많은 트리플렛 암호들이 가능할 것인지 계산해 보라. 20개의 아미노산과 시작-끝 암호를 가정할 때, 6염기라면 2문자 암호가 가능했을까?

해법: 6개 중 3개를 선택한다면 $(6)^3$, 즉 216개의 트리플렛 암호가 나올 수 있다. 만약 암호가 두 글자라면, $(6)^2$ 혹은 36개의 두 문자 암호가 나올 것이므로, 20개의 아미노산과 시작-끝 암호를 수용할 수 있는 것보다 충분히 많다.

2. 1/2C:1/4A:1/4G를 이용한 이질중합체(heteropolymer) 실험에서 RNA 분자의 합성시 몇 가지의 서로 다른 트리플렛이 생길 수 있을까? 가장 빈번한 트리플렛은 얼마나 자주 발생할 것인가?

해법: $(3)^3$ 혹은 27의 트리플렛이 생길 것이다. 가장 빈번한 것은 CCC로 $(1/2)^3$ 혹은 1/8회 존재할 것이다.

3. 일반적인 혼성중합체(copolymer) 실험에서, UUAC가 계속 반복해서 나왔다. 몇 가지의 트리플렛이 RNA 합성에서 발생할 수 있을까? 그리고 이 RNA가 번역된다면 폴리펩티드에 몇 가지의 아미노산이 나타날 수 있을까? 그림 12-7을 참고하라.

해법: 합성 RNA는 4가지 트리플렛-UUA, UAC, ACU, 그리고 CUU-을 계속 반복하는 형태로 나타날 것이다. UUA와 CUU 둘 다 류신을 암호화하고, ACU와 UAC는 각각 트레오닌과 티로신을 암호화하므로, 그러한 RNA 조건 하에서 합성되는 폴리펩티드는 leu-leu-thr-tyr의 반복을 포함한다.

4. Actinomycin D는 DNA 의존성 RNA 합성을 방해한다. 이 항생제는 특정 단백질이 조사되어야 하는 세균 배양액에 첨가된다. 항생제가 첨가되지 않은 대조군 배양과 비교해서, 이 단백질의 번역은 20분의 기간 동안 감소하는데 더 이상 단백질이 만들어지지 않을 때까지 감소가 지속된다. 이 결과를 설명하여라.

해법: 단백질 번역의 기초인 mRNA는 약 20분의 수명을 가진다. Actinomycin D가 첨가되면 전사가 방해되고 새로운 mRNA는 만들어지지 않는다. 이미 존재하던 것들이 20분까지의 단백질 번역을 설명해 준다.

연습문제 및 토론문제

1. 유전암호와 관련된 초기의 제안들은 폴리펩티드 합성의 주형으로 DNA가 직접 사용된다는 가능성을 고려하였다. 진핵생물에서, 이러한 시스템은 어떠한 문제를 일으키는가? 그러한 제안에 반대하는 관찰과, 이론적 고찰은 어떤 것들이 있는가?

2. Crick, Barnett, Brenner, 그리고 Watts-Tobin 등은 틀이동 돌연변이에 대한 그들의 연구에서 3(+) 혹은 3(−) 등의 돌연변이들은 옳은 해독틀을 회복하는 것을 발견했다. (a) 암호가 트리플렛이라면 6개의 뉴클레오티드의 첨가나 소실이 해독틀에 미치는 영향은? (b) 암호가 트리플렛으로 이루어진 것이 아니라 6중자(sextuplet)로 이루어졌다면, 세 뉴클레오티드나, 6개, 9개의 첨가나 소실로 이루어진 틀이동 돌연변이들에 의해 해독틀이 회복될 수 있을까?

3. 폴리뉴클레오티드 포스포릴라제를 이용한 섞인 혼성중합체(copolymer) 실험에서, 3/4G:1/4C가 첨가되어 합성 RNA가 만들어졌다. 얻어진 단백질의 아미노산 조성은 다음과 같다. (a) 그러한 메시지에서 가능한 각 트리플렛이 나타나는 횟수의 비율을 정하라. (b) 존재하는 아미노산에 지정되는 한 가지 염기 조성을 결정하라. (c) 워블 가설을 고려하여 가능한 많은 트리플렛을 결정하라.

Glycine	36/64	(56%)
Alanine	12/64	(19%)
Arginine	12/64	(19%)
Proline	4/64	(6%)

4. 반복적인 혼성중합체가 합성 mRNA를 만드는 데 사용되었는데, 두 개의 뉴클레오티드로 된 것은 서로 다른 두 아미노산으로 이루어진 한 종류의 폴리펩티드를 생산하였다. 한편, 세 뉴클레오티드로 된 서열은 세 가지의 서로 다른 폴리펩티드를 만드는데 각각 한 종류의 아미노산으로 이루어져 있었다. 이유를 말해 보라. 반복적인 네 뉴클레오티드가 사용되었을 때는 어떠할 것인가?

5. 반복된 네 뉴클레오티드 UUAC로부터 합성된 mRNA가 오로지 세 개의 아미노산만 통합시키는 반면, UAUC는 네 개의 아미노산을 통합시켰다. 왜 그런가?

6. 반복성 혼성중합체를 사용한 실험에서 AC...는 트레오닌과 히스티딘을, CAACAA...는 글루타민, 아스파라긴, 그리고 트레오닌을 지정했다. 트레오닌의 트리플렛 암호를 결정할 수 있겠는가?

7. 반복적인 혼성중합체를 사용한 암호화 실험에서(표 12.3에서와 같이), 아래와 같은 자료가 얻어졌다. AGG는 아르기닌 암호로 알려져 있다. 워블 가설을 고려하여, 맞는 아미노산에 대한 나머지 네 개의 트리플렛 암호를 결정하라.

혼성중합체	생산된 코돈들	폴리펩티드 내의 아미노산
AG	AGA, GAG	arg, glu
AAG	AGA, AAG, GAA	lys, arg, glu

8. 트리플렛 결합 분석 기법에서, 트리플렛에 해당하는 아미노산이

표지되었을 경우 방사능은 필터에 남게 된다. 이 기술의 기초를 설명해 보라.

9. 서로 다른 생물체에서 분리된 인슐린의 아미노산 서열이 결정되었을 때, 일부 차이가 발견되었다. 예를 들어, 알라닌은 트레오닌으로, 세린은 글리신으로, 발린은 이소류신으로 대체되어 있었다. 이들 아미노산 변화를 만들 수 있는, 트리플렛에서의 단일 염기 변화를 나열해 보라.

10. *E. coli*의 트립토판 합성효소의 야생형과 돌연변이형의 아미노산 서열에 관한 연구에서 다음과 같은 변화가 관찰되었다:

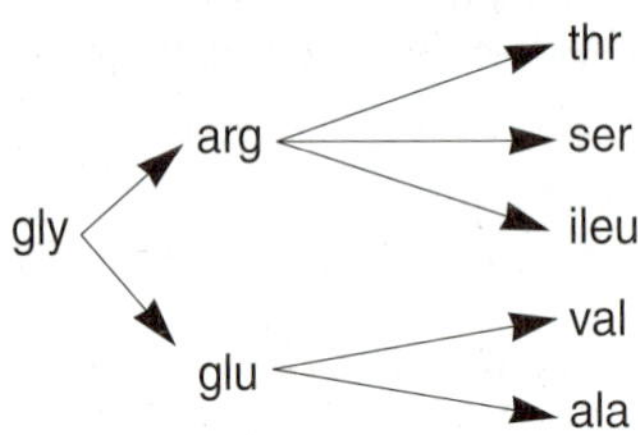

하나의 뉴클레오티드 변화로 각 아미노산 변화를 일으킨 트리플렛 암호들을 결정해 보라.

11. 폴리뉴클레오티드 포스포릴라제(Ochoa's enzyme)는 왜 생체 내에서 RNA를 합성하지 않는가?

12. 표 12.1을 참고하여, (poly U) + (poly A) 혼합물이 ^{14}C-페닐알라닌의 단백질로의 통합을 촉진하지 않는 이유를 설명할 수 있겠는가?

13. 아래의 짧은 가상적 mRNA 서열을 번역하는 중에 만들어지는 아미노산 서열을 예측하라. (두 번째 서열은 첫 번째 서열에서 오직 하나의 뉴클레오티드만 빠진 것임에 주의하라.) 서열 2에 일어난 돌연변이 종류는 무엇인가?

Sequence 1:	5′-AUGCCGGAUUAUAGUUGA-3′
Sequence 2:	5′-AUGCCGGAUUAAGUUGA-3′

14. 짧은 RNA 분자가 분리되어 2차 구조를 나타내는 흡광도 상향전이(hyperchromic shift)를 보였다. 그 서열은 다음과 같다.

5′- AGGCGCCGACUCUACU-3′

(a) 이 분자에 대한 2차원 모형을 제시해 보라.
(b) 전사에 의해 이러한 분자를 만들었을 DNA의 서열은?
(c) 이 분자가 CGA 안티코돈을 가진 tRNA의 일부라면, 해당 코돈은 어떤 것일까?
(d) 이 분자가 어떤 메시지의 일부라면 번역에 의해 얻어지는 아미노산의 서열은? (그림 12-7의 코돈 표를 보라)

15. 야생형 대장균의 트립토판 합성효소는 210번째 부위에 글리신 부위를 가진다. 글리신을 지정하는 코돈이 GGA라면, 얼마나 많은 단일 염기치환이 210 부위의 아미노산 변화를 일으킬 것인가? 그리고 그것들은 어떤 것인가? 야생형 코돈이 GGU라면 몇 개가 얻어지는가?

16. 다음 서열은 가상의 바이러스 mRNA 서열이다:

5′-AUGCAUACCUAUGAGACCCUUGGA-3′

(a) 중첩된 유전자로부터 생길 수 있다는 것을 감안하면 얼마나 많은 폴리펩티드 서열들이 생성될 수 있겠는가? 그림 12-7의 표를 이용하여 폴리펩티드의 서열은 어떠한지 말해보라.

(b) (a)부분의 서열을 바꾸는 염기 치환 돌연변이에 의해 한 종류의 폴리펩티드를 제외한 모든 폴리펩티드의 합성이 사라졌다. 바뀐 서열은 아래와 같다. 표 12-7을 사용하여 왜 바뀌었는지를 말하라.

5′-AUGCAUACCUAUGUGACCCUUGGA-3′

17. 대부분의 단백질은 히스티딘 부위보다는 류신 부위를 더 많이 가지며, 트립토판 부분보다는 히스티딘을 더 많이 갖는다. 이 세 아미노산에 대한 코돈 수를 이들 정보와 연관시켜 보라.

18. 전사의 과정을 정의하라. 분자 유전학의 중심원리(central dogma)의 어느 부분에 해당하는 것인가?

19. mRNA의 존재에 대한 최초의 증거는?

20. 세균의 RNA 중합효소의 구조에 대해 설명해 보라. 핵심효소(core enzyme)란 무엇인가? σ 소단위의 역할은?

21. RNA 중합효소에 의한 전사를 요약하는 간단한 화학식을 문장으로 설명하라.

22. 원핵세포의 전령 RNA 분자들은 빨리 분해되기 때문에 분리하기가 상당히 어렵다. 왜 이러한 일이 일어나는지 이유를 제시할 수 있겠는가? 진핵세포의 mRNA들은 원핵세포의 mRNA들보다 좀 더 안정하고 세포 내에서 더 오래 존재한다. 이러한 사실은 이자세포에서 다량의 인슐린을 합성하는데 이로울까, 해로울까?

23. DNA의 주형가닥에서 유래한 데옥시리보뉴클레오티드 서열이 아래와 같다. (a) 각 DNA 서열에서 전사된 RNA 서열을 결정하라. (b) 그림 12-7을 사용하여 각 mRNA에서 암호화되는 아미노산 서열을 결정하라. (c) 서열 1에 대해, 상대 DNA 가닥의 서열은 어떤 것인가?

Sequence 1:	5′-CTTTTTTGCCAT-3′
Sequence 2:	5′-ACATCAATAACT-3′
Sequence 3:	5′-TACAAGGGTTCT-3′

24. 혼성중합체(copolymer) 실험에서 메신저들이 4/5C:1/5A 혹은 4/5A:1/5C를 섞어 합성되었다. 이들 메신저가 다음과 같은 아미노산 조성의 단백질을 생산했다. 이들 자료를 이용하여 각 아미노산에 대한 가장 정확한 특정 암호조성을 예상해 보라.

4/5C:1/5A		4/5A:1/5C	
Proline	63.0%	Proline	3.5%
Histidine	13.0%	Histidine	3.0%
Threonine	16.0%	Threonine	16.6%
Glutamine	3.0%	Glutamine	13.0%
Asparagine	3.0%	Asparagine	13.0%
Lysine	0.5%	Lysine	50.0%
	98.5%		99.1%

25. 다음은 짧은 단백질의 야생형과 돌연변이형의 아미노산 서열을 나타낸 것이다. (a) 그림 12-7을 이용하여, 변화된 단백질을 만든 돌연변이의 형태를 예측하라. (b) 각 돌연변이가 단백질이 합성되도록 한 특정 리보뉴클레오티드 변화는 무엇이었는지 결정하라. (c) 야생형의 RNA는 9개의 트리플렛으로 구성된다. 9번째 트리

플렛의 역할은 무엇인가? (d) 야생형의 첫 8개 트리플렛에 대해, 돌연변이 단백질의 분석에서 어떤 트리플렛이 변한 것인지 결정할 수 있겠는가? 각 경우에서 왜 그런지 이유를 설명하라. (e) 또 다른 네 번째 돌연변이가 분리되었다. 그것의 아미노산 서열은 바뀌지 않았지만 돌연변이 세포는 비정상적으로 적은 양의 야생형 단백질을 생산하였다. 이 유전자에서 돌연변이가 존재하는 장소를 가능한 자세히 예측하라.

Wild type:	met-trp-tyr-arg-gly-ser-pro-thr
Mutant 1:	met-trp
Mutant 2:	met-trp-his-arg-gly-ser-pro-thr
Mutant 3:	met-cys-ile-val-val-val-gln-his

26. 유전자 암호는 퇴화되어(degenerate) 있다. 아미노산은 1, 2, 3, 4, 6개의 트리플렛 암호에 의해 암호화된다(표 12-7을 보라). 한 가지 재미있는 질문은 트리플렛 암호의 빈도가 단백질들 내에 출현하는 아미노산의 빈도와 관련이 있는가 하는 것이다. 즉, 유전자 암호가 의도된 사용에 최적화되어 있는가? *E. coli*의 단백질에서 9개 아미노산의 출현 빈도값이 다음 표에 나와 있다. (a) 표의 각 아미노산을 암호화하는 암호의 개수는? (b) (a)부분과 표의 자료를 그래프로 표현할 수 있는 방법을 고안해 보라. (c) 단백질을 만드는 아미노산의 상대적인 빈도와 각각을 위한 트리플렛의 수가 관련이 있는지를 결정하기 위해 여러분의 자료를 분석해 보라. 여러분의 결론을 설명하는 한 문단 정도의 글을 써보라. (d) 여러분이 이 문제를 좀 더 추구하고자 한다면 여러분의 분석을 어떻게 진행시킬 수 있겠는가?

아미노산	단백질 내의 출현 분율(%)
met	2
cys	2
gln	5
pro	5
arg	5
ile	6
glu	7
ala	8
leu	10

27. 11장에 설명한 바와 같이, *Alu* 요소들은 레트로트랜스포지션(retrotransposition)이라고 불리는 과정으로 인간 유전체에서 늘어나게 된다. 이 과정에서 *Alu* DNA 서열은 RNA로 전사되고, 이중나선 DNA로 복사되었다가 다시 "부모" *Alu* 유전자에서 멀리 떨어진 곳에서 유전체 내로 통합된다. *Alu* 유전자들은 인간 유전체 내에서 10^6 정도의 사본으로 증폭되어 있으므로, 이 과정은 매우 효율적이었을 것으로 보인다. 이러한 효율성은, *Alu* 요소들이 많은 구조적 RNA들처럼, 그들의 프로모터 서열을 전사 개시 부위의 5′ 상류가 아니라 유전자의 전사 영역 내에 가진다는 사실에 기인한다. 만약, *Alu* 요소들이 단백질 암호화 유전자들과 유사하게 프로모터를 전사 부위의 상류쪽에 가진다면, 그들이 한 번 레트로트랜스포지션을 일으킨 후에는 어떤 일이 발생할 것인가? 전이된 *Alu* 유전자는 증폭될 수 있을까? 설명하라.

28. 어떤 가상적인 세균의 DNA와 RNA 염기 조성을 분석한 결과 아래 표와 같은 결과를 얻었다. (a) 이 자료를 근거로 이 생물의 DNA와 RNA에 대해 내릴 수 있는 결론은? (b) 이 자료는 왓슨과 크릭의 DNA 모형과 일치하는가? (c) RNA는 단일가닥인가, 이중가닥인가? (d) 전체 DNA가 전사된다고 가정하면 RNA가 한 가닥의 DNA 주형으로부터 전사되는지, 양쪽 가닥으로부터 전사된 것인지 이 자료로 알 수 있는가?

비율	DNA	RNA
(A + G)/(T + C)	1.0	
(A + T)/(C + G)	1.2	
(A + G)/(U + C)		1.3
(A + U)/(C + G)		1.2

29. M. Klemke와 여러 연구자들은(2001. *EMBO J.* 20: 3849-3860) 포유류의 신경호르몬 수용체 내의 한 엑손에서 흥미로운 암호화 현상을 발견했다. 이 과정으로 두 개의 단백질(XLαs와 ALEX)이 같은 엑손에서 생산되는 것으로 보인다. 아래는 쥐에서 유래한 이 엑손의 5′ 말단 DNA 서열을 나타낸 것이다. 소문자는 XLαs 단백질의 초기 암호화 부분을 나타낸 것이고, 대문자는 ALEX가 시작되는 부분을 나타낸 것이다. (간단히 하기 위해, 그리고 RNA 암호사전과 맞추기 위해 DNA 절편의 상대 가닥인 비암호화 가닥을 나타냈다.)

5′-gtcccaaccatgcccaccgatcttccgcctgcttctgaagATGCGGGCCCAG

(a) 이 비암호화 DNA 서열을 암호화 RNA 서열로 전환하라.
(b) XLαs 분절 내의 개시코돈의 위치를 정하라.
(c) ALEX 분절 내의 개시코돈의 위치를 정하라.
(d) 각 암호화 서열에 대한 아미노산 서열을 말하라. 겹치는 부분에서 두 아미노산 서열은 같은가?
(e) 같은 DNA 서열이 두 가지 단백질 산물을 만들도록 하는 것이 진화적으로 이점이 있는가? 다른 단점은 있는가?

30. 공통적인 DNA 서열이라는 개념은 이 장에서 소개된 바와 같이 동일 생물 내의 서로 다른 유전자에서 비슷한(동질의) 서열 혹은 서로 다른 생물들에서의 유전자들을 뜻한다. 그 예로, 원핵세포의 프리브나우 상자와 −35 부위, 그리고 진핵세포의 TATA 상자를 들 수 있다. Novitsky와 동료들(2002. Virology. *J. Virol.* 76: 5435-5451)의 연구는 HIV-Type1C(AIDS 감염의 주요 원인) 73개 바이러스주에서 사람의 대식세포내 HIV 전사를 개시하는 데 필수적인 *cis*-acting motif인 NF-κB의 프로모터-인핸서 부위에 GGGNNNNNCC(N은 뉴클레오티드 어떤 것이라도 상관 없음) 공통서열이 존재함을 보고했다. 저자들은 이 서열과 다른 공통서열의 발견이 AIDS 백신의 고안에 가치가 있을 것으로 생각하고 있다. 이러한 공통서열이 가지는 이점과 나쁜 점을 말해보라.

31. 이론적으로, 안티센스 올리고뉴클레오티드(상대적으로 짧은 7~20 뉴클레오티드들, 단일가닥 DNAs)들은 질병 유발 유전자들을 선택적으로 막을 수 있다. 그들은 RNA 전사체의 상보적 부분과 염기쌍을 형성하여 그들의 기능을 막음으로써 그렇게 한다. RNA/DNA 혼성체는 세포내 RNase H에 의해 인식되고, 혼성체의 RNA 부분이 분해된다. 암 유전자들은 안티센스 약품의 잠정적 표적으로 뽑혔다. 조와 그 동료들(2001. *Proc. Natl. Acad. Sci.* (USA) 98: 9819-9823)에 따르면(아래 표를 보라), 전

럽선 암세포주에서 특정 키나아제 mRNA를 표적으로 하는 단일 집단의 안티센스 올리고뉴클레오티드에 대한 반응으로, 관계되지 않은 유전자들에서 20배나 많은 반응(+, −)이 얻어졌다(mRNA 생산으로 측정됨).

(a) 안티센스 올리고뉴클레오티드의 세포내 활성에 대한 개념을 그려보라.

(b) RNase H의 활성에 대한 개념을 그려보라.

(c) 미오신이나 G 단백질에서처럼, 관계되지 않은 유전자 발현이 증가한 이유는 무엇이었겠는가?

(e) 제시된 자료를 고려하여, 유전질병에 대한 안티센스 치료법에서 예측되는 단점은 무엇인가?

분석된 유전자	발현 변화
Myosin light chain	+14.4x
G protein receptor	+3.7x
Collagen	−4.0x
Catalase	−6.7x

32. 최근의 관찰에 따르면, 대체 스플라이싱은 진핵세포가 유전자 기능의 목록을 확장하는 일반적인 기작이라고 한다. Xu와 동료들(2002. *Nuc. Acids Res.* 30: 3754-3766)의 연구는 약 50%의 인간 유전자들이 대체 스플라이싱을 이용하며 약 15%의 질병 관련 돌연변이들이 잘못된 대체 스플라이싱과 관련 있다고 한다. 서로 다른 조직들은 현저하게 다른 대체 스플라이싱 빈도를 보이는데, 뇌는 그러한 사건의 약 18%를 차지한다. (a) 대체 스플라이싱이란 무엇인가? 그리고 동위형태란? (b) 대체 스플라이싱이 제공하는 진화적 전략은? 왜 어떠한 조직은 다른 조직들보다 더 많은 대체 스플라이싱을 일으키는가?

정답 ■■■■■■ Solutions to Problems and Discussion Questions

2. (a) 암호가 트리플렛으로 이루어지기 때문에 (+++)나 (−−−)는 번역틀을 회복시킨다. (+++)나 (−−−)로 번역을 시키면, 세 번째 "+"나 를 만나야만 단백질의 위상이 달라진다. 만약 암호가 6개의 뉴클레오티드를 포함한다면(6중 암호), 번역 시스템은 6번째의 "+"나 "−"를 만날 때까지 달라지지 않는다. 이 경우에는 바뀌는 영역("out of phase" region)이 아마도 더 광범위할 것이고 더 많은 아미노산 변화를 일으킬 것이다; 그러나 번역틀은 결국 다시 확립될 것이다. (b) 6중자 암호를 고려하면, 번역틀의 회복은 6개의 뉴클레오티드들을 첨가했을 때만 나타날 것이다. CATDOGPIGOWLCATDOGPIGOWLCAT...와 같은 서열을 써 놓고 문제의 "a"와 "b"를 검사해 보라.

4. 번역틀을 회복하기 위한 두 가지 가능성이 있다: 첫 염기에서 시작한다면 ACA이고, 두 번째 염기에서 시작한다면 CAC이다. 이것은 두 가지 서로 다른 아미노산을 위한 암호가 될 것이다(ACA = threonine; CAC = histidine) 그리고 *thr-his-thr-his*...나 *his-thr-his-thr*...처럼 반복된 폴리펩티드를 생산할 것이다. CUACUACUACUA 서열이라면, 동일한 아미노산이 반복된 서로 다른 3가지 서열을 만드는 번역틀에 주목하라.

Codons:	CUA	CUA	CUA	CUA...
Amino Acids:	leu	leu	leu	leu...
	UAC	UAC	UAC	UAC...
	tyr	tyr	tyr	tyr...
	ACU	ACU	ACU	ACU...
	thr	thr	thr	thr...

ACGUACGUACGU...와 같은 4중의 테트라뉴클레오티드가 사용된다면

Codons:	ACG	UAC	GUA	CGU	ACG
Amino Acids:	thr	tyr	val	arg	thr
	CGU	ACG	UAC	GUA	CGU
	arg	thr	tyr	val	arg
	GUA	CGU	ACG	UAC	GUA
	val	arg	thr	tyr	val
	UAC	GUA	CGU	ACG	UAC
	tyr	val	arg	thr	tyr

서열은 시작 아미노산이 바뀐다는 것을 제외하면 동일하다는 것에 유의하라.

6. 반복 다중체 ACACA...로부터 트레오닌이 CAC 혹은 ACA라고 말할 수 있다. CAACAA...와 ACACA...로부터는 ACA만이 공통이다. 따라서 트레오닌은 ACA 코돈을 갖는다고 할 수 있을 것이다.

8. 이 기술의 기초는 만약 트리뉴클레오티드가 충전된 tRNA의 안티코돈에 상보적인 염기들(코돈)을 갖는다면, 리보솜, tRNA, 그리고 세뉴클레오티드 등을 포함한 비교적 커다란 복합체가 형성된다는 것이다. 이러한 복합체는 필터에 걸리게 되지만 그 하나 하나 자체로는 걸리지 않는다. 만약 필터에 걸린 충전된 tRNA 상에서 아미노산이 방사성을 띤다면 그 필터도 방사능을 띠게 될 것이다.

10. 가장 보존적인 변화경로를 적용하라.

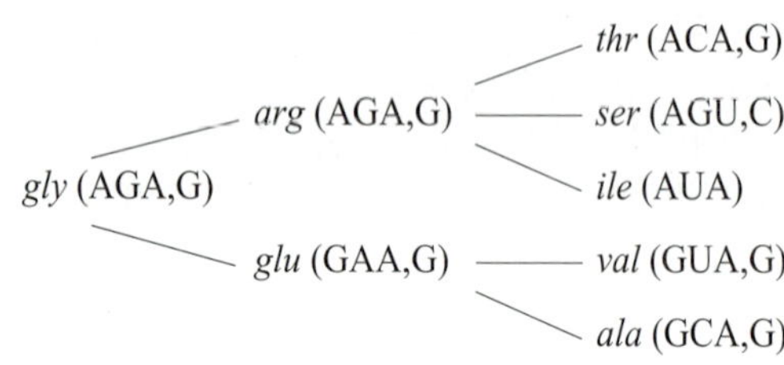

12. Poly U가 Poly A에 상보적이기 때문에, 이중가닥 구조가 형성될 것이다. RNA가 전령 RNA로 기능하기 위해서는 단일가닥이어야 하며, 따라서 리보솜 소단위 및 tRNA와 상호작용이 가능하도록 염기가 노출되어야 한다.

14. (a)

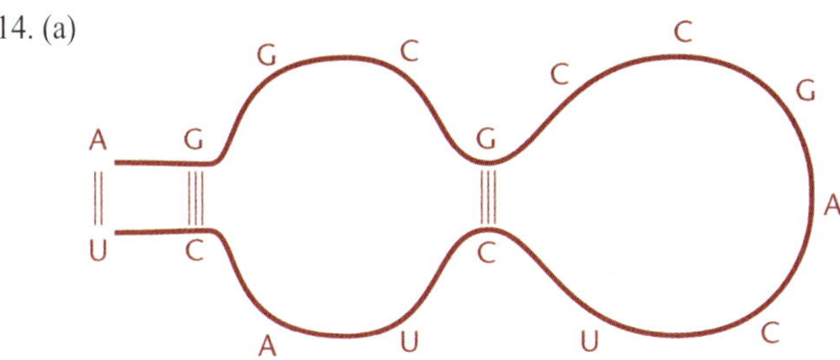

(b) TCCGCGGCTGAGATGA (U대신 T로 대체, 상보적 서열 이용)

(c) GCU

(d) mRNA의 5′ 말단이 AGG…라고 가정하면, 서열은 *arg-arg-arg-leu-tyr*가 될 것이다.

16. (a) 5′ 말단으로부터 시작하고 AUG 트리플렛을 찾으면, 2개의 개시 부위가 다음과 같은 서열들을 만든다:

met-his-thr-tyr-glu-thr-leu-gly
met-arg-pro-leu-asp (or glu)

(b) 두 해독 서열 중 더 짧은 것에서(내부 AUG 트리플렛을 사용한 것), UGA 트리플렛이 2번째 코돈에 생기게 된다. 좀 더 긴 폴리펩티드 서열의 번역틀(첫 AUG 코돈을 사용한 것)에서는 그렇지 않은 반면, UGA 트리플렛이 두 번째 개시 코돈에서 시작되는 산물을 없앤다.

18. 분자 유전학의 중심원리는, 그리고 모든 생물 분야에서 어느 정도까지는, DNA가 전사체인 RNA를 통해 단백질로 번역된다고 진술한다.

20. 대장균(*E. coli*)에서 얻은 RNA 중합효소는 커다랗고 복잡한 분자로 거의 500,000달톤에 이른다. 이들은 α, β, β', σ의 소단위들로 구성되며 α_2, β, β', σ 부분이 전효소로 작용한다. 소단위는 촉매기능을 제공하며 시그마(σ) 소단위는 특정 프로모터의 인식에 관여한다. 핵심 효소는 시그마를 제외한 단백질이다.

22. mRNA 분자에서 어느 정도의 접힘(상보적 염기쌍 형성으로 인해)이 생길 수 있지만 그들은 대체로 단일가닥의 불안정한 구조로 존재한다. 진핵성 mRNA들은 5′ 말단의 "모자"와 3′ 말단의 긴 아데닌 염기들과 같은 공정을 겪는다. 이러한 특징은 mRNA를 분해로부터 보호하는 것으로 생각된다. 진핵성 mRNA들의 그러한 안정성은 아마도 핵과 세포질의 기능 분화와 함께 진화된 것으로 생각된다. 원핵세포들은 다세포 생물체의 많은 세포들보다 덜 안정한 환경(영양적으로나 물리적으로)에 존재하기 때문에, 환경에 대한 빠른 유전적 반응이 더 적응적일 것이다. 그러한 빠른 반응을 획득하기 위해, 부서지기 쉬운 유전자 산물(mRNA)이 더 이점을 갖는다. 발생학적으로 안정하고 상대적으로 안정적인 환경에 존재하는 췌장세포는 특정 전사율에서 안정한 mRNA라야 더 많은 인슐린을 생산할 수 있을 것이다.

24. Proline: C_3, and one of the C_2A triplets
Histidine: one of the C_2A triplets
Threonine: one C_2A triplet, and one A_2C triplet
Glutamine: one of the A_2C triplets
Asparagine: one of the A_2C triplets
Lysine: A_3

26. (a, b) 각 아미노산을 암호화하는 트리플렛의 수를 결정하려면 암호표를 사용하라. 그런 다음 아래 제시된 것과 같은 그래프를 그려보라:

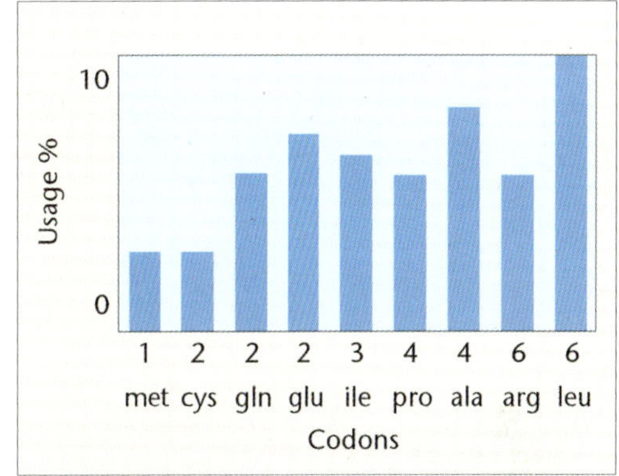

(c) 상대적인 아미노산 사용빈도와 그에 대한 트리플렛의 수 사이에는 거의 연관성이 없어 보인다.

(d) 이 조직에 대한 연구를 지속하기 위해, 추가적인 아미노산을 비슷한 방식으로 더 조사할 수 있다. 그리고 서로 다른 계통 그룹이 동의 암호를 다르게 사용한다. 연관성이 좀 더 극적인 상황을 발견할 수도 있을 것이다. 혹은 그러한 약한 연관성이 다른 단백질에서는 좀 더 강하게 나타나는지 결정하기 위해 더 많은 단백질들을 조사할 수도 있을 것이다.

28. (a, b, c) 두 핵산이 예상 염기들을 포함한다: DNA에서는 A, T, G, C이고, RNA에서는 A, U, G, C이다. DNA 시료는 퓨린/피리미딘 비율이 DNA에서와 같이 1.0이므로 이중나선 구조에 알맞고 따라서 DNA의 왓슨-크릭 모형과 일치한다. 퓨린/피리미딘 비율은 RNA에서는 1.0이 아니므로 RNA는 이중나선 구조가 아닐 것이다.

(d) 문제에서 언급된 것처럼 모든 DNA가 전사된다면, RNA의(A + U)/(C + G) 비율은 DNA의(A + T)/(C + G) 비율과 동일할 것이고 실제로 그렇다(1.2). 한 가닥이 복사되는지 아니면 두 가닥이 복사되는지는 중요하지 않다는 것을 보여주려면(A + T)/(C + G), 비율 1.2인 이중가닥 DNA를 그려보면 된다. 한 가닥 혹은 양쪽 가닥에서 RNA 사본을 만들고 얻어진 (A + U)/(C + G) RNA 비율을 살펴보라. 만약 양쪽 가닥이 모두 복사되었다면, 퓨린/ 피리미딘 비율(A + G)/(U + C)은 1.0이어야 하지만 그렇지 않다. 따라서 두 가닥 중 한 가닥만 복사되며 복사된 가닥은 T나 C의 비율이 A나 G에 비해 더 많다. 이것은 방정식의 분자인 A와 G가 더 많아지게 하고 따라서 1.3의 비율을 만들게 된 것이다.

30. 만일 서열 유사성이 다양한 HIV 분리주들에 대해 확인될 수 있다면 아마도 세계 여러 지역의 다양한 하위 형태들에 대해 소수의 백신만 있어도 될 것이라는 것은 이로운 점이 될 것이다. 달리 말하자면, 백신이 떠도는 감염물에 대해 더 넓게 맞을수록 효율은 높을 것이다. 반대로, 표적에 더 잘 맞는 백신이라면 새롭거나 발견되지 않은 변이체들은 예방접종의 시도에서 더 잘 빠져나갈 것이다.

32. (a) 대체 접합(alternative splicing)은 pre-mRNAs가 한 가지 이상으로 스플라이싱되어 다양한 조합의 엑손으로 구성된 최종 mRNA를 생산하는 것이다. 한 그룹의 대체 접합 mRNA들을 번역하면 일련의 연관 단백질들, 즉 동위형태(isoform)들이 만들어진다.

(b) 대체 접합은 하나의 원료로부터 특정 조직에서 필요한 여러 가지의 기능적으로 연관된 단백질들을 제공하기 위해 진화되었을 것이다.

일부 조직들은 그것이 다수의 연관 단백질 기능에 의존적인 경우 대체 접합을 발달시킬 경향이 더 클 수 있다. 그리고 만약 특정 조직의 유전자들이 활성 유전자 내부에 더 많은 수의 엑손들을 가진다면, 대체 접합이 예측될 수 있다. 일부 정보들이 대체 접합을 확인해 주기는 하지만, 현재는 조직-특이적 대체 접합의 진화를 이끈 힘에 대해서는 별로 알려진 것이 없다.

CHAPTER

13 번역과 단백질

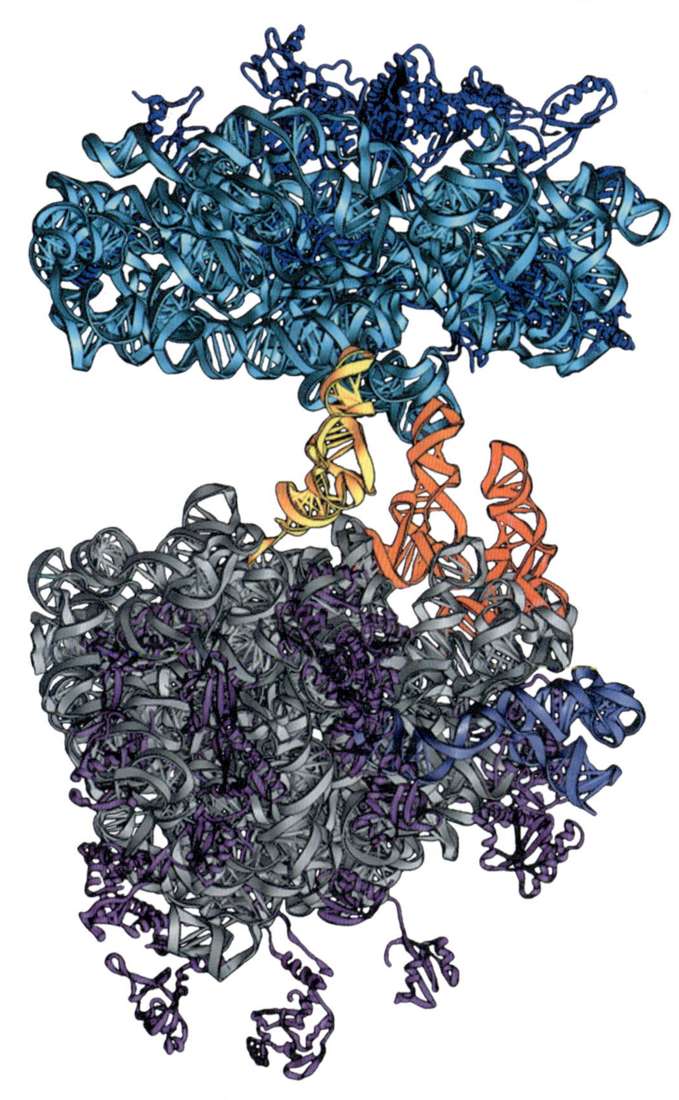

세 개의 tRNA를 포함하고 있는 Thermus thermophilus의 70S 리보솜의 결정 구조

[2001년 5월 4일자 Science(Vol. 292) 표지에서 전재함. Crystal structure of Thermus thermophilus 70S ribosome containing three bound transfer RNAs (top) and exploded views showing its different molecular components (middle and bottom). Image provided by Dr. Albion Baucom(baucom@biology.ucsc.edu). Copyright American Association for the Advancement of Science.]

단원 개념

- 전령 RNA(mRNA)의 리보뉴클레오티드 서열은 유전자를 구성하는 DNA에 저장된 유전정보를 반영하는 것으로서, 이들 유전자에 의해 암호화되는 단백질의 아미노산 서열과 상응하는 것이다.
- 번역의 과정이 mRNA의 정보를 해독하여 폴리펩티드 사슬이 합성되도록 한다.
- 번역에는 mRNA, tRNA, 리보솜, 그리고 폴리펩티드 합성의 개시, 신장, 종결에 필수적인 여러 가지 번역인자의 상호작용이 관여한다.
- 대부분의 유전자에서 그들의 최종산물인 단백질은 3차원적 구조를 형성하며, 이것은 각 단백질을 만드는 폴리펩티드 사슬의 1차적인 아미노산 서열에 기초한다.
- 어떤 단백질의 기능은 그 단백질의 3차원적 구조와 밀접하게 연관되어 있으며, 이것은 돌연변이에 의해 파괴될 수 있다.

우리는 유전적 암호가 DNA에 트리플렛의 형태로 저장되며, 이러한 정보는 DNA 이중나선 중 한쪽 가닥에 상보적인 전령 RNA를 만드는 전사과정을 통해 처음으로 발현된다는 것을 배웠다. 그러나 유전자 발현의 최종산물은, 거의 모든 경우에 있어서, 직선으로 배열된 일련의 아미노산들로 구성된 폴리펩티드들이다. 이들 아미노산의 순서는 유전암호에 이미 그 서열이 지정되어 있었던 것이다. 이 장에서는 어떻게 mRNA에 존재하는 이 정보들이 폴리펩티드를 생산하게 되는지 조사해 보자. 결국 이들 폴리펩티드는 단백질 분자로 접혀지게 된다. 또한 단백질이 유전자의 최종산물임을 확인시켜 준 증거들을 살펴보고, 단백질 구조의 수준과 다양성, 그리고 기능에 대해서도 간략히 논의해 보도록 하자. 이러한 정보들은 유전자 발현에 대한 우리의 이해를 넓혀주며, 어떻게 DNA에 생긴 돌연변이들이 생물체들에서 관찰되는 다양한 표현형들을 만드는지를 해석하는 데 중요한 근거를 제공한다.

학습 방법

이 장에서는 DNA에서 RNA로 옮겨진 유전정보가, 어떻게 유전자 발현의 최종산물인 단백질 생산을 통해 발현되는지에 초점을 맞추려고 한다. 여러분이 이러한 주제를 공부할 때에는 다음과 같은 몇 가지 기본적인 질문에 답할 수 있도록 노력하여야 한다.

1. 번역의 과정이 리보솜과 연계하여 일어난다는 것은 어떻게 알 수 있는가?
2. 번역의 기작은 어떻게 해독되었나?
3. 단백질이 유전자 발현의 최종산물임은 어떻게 알 수 있나?
4. 하나의 유전자가 결국 하나의 폴리펩티드 사슬을 암호화한다는 것은 어떻게 알게 되었는가?
5. 하나의 단백질 구조가 그 단백질의 기능과 밀접하게 연관되어 있다는 것은 어떻게 알 수 있는가?

13.1 mRNA의 번역은 리보솜과 운반 RNA에 의존한다

mRNA의 **번역**(translation)이란 아미노산을 폴리펩티드 사슬로 바꾸는 생물학적 중합(polymerization)을 뜻한다. 12장의 유전암호에 대한 논의에서 암시되었던 이 과정은 리보솜과 연계해서만 발생한다. 리보솜은 비특이적인 작업대다. 번역에 있어 중점적인 문제는 mRNA의 트리플렛 리보뉴클레오티드가 어떻게 특정 아미노산을 폴리펩티드 내의 맞는 자리로 정확히 지정하는가에 관한 것이다. 이 질문은 **운반 RNA**(trasnfer RNA, tRNA)가 발견되면서 풀리게 되었다. 이들 분자는 mRNA 내의 특정 트리플렛을 받아들여 그에 맞는 아미노산을 맞춰준다. tRNA의 이러한 번역 역할은 1957년 프란시스 크릭(Francis Crick)이 어댑터 가설(adaptor hypthesis)에서 이미 가정했던 것이다.

리보솜과의 연계에서 mRNA는 특정 아미노산을 요구하는 트리플렛 코돈을 제시한다. 특정 tRNA 분자는 그 리보뉴클레오티드 서열 내에 코돈과 상보적인 3개의 연속적인 리보뉴클레오티드를 가지는데, **안티코돈**(anticodon)이라고 불리는 이 서열은 코돈과 염기쌍을 형성할 수 있다. tRNA의 다른 부분이 해당 아미노산과 공유적으로 결합되어 있다.

리보솜 내에서는 tRNA와 mRNA의 수소결합에 의해 아미노산들이 근접하게 위치하게 되어 펩티드 결합이 형성될 수 있도록 한다. 이 과정은 mRNA가 리보솜을 통과하여 지나감에 따라 계속해서 발생하고, 아미노산은 폴리펩티드 사슬로 중합된다. 번역의 실제 과정을 논의하기 전에, 리보솜과 tRNA에 구조에 대하여 살펴보도록 하자.

리보솜의 구조

유전암호 발현과정에서의 필수적인 역할 때문에, **리보솜**(ribosome)은 광범위하게 분석되어 왔다. 하나의 세균세포는 대략 1만 개의 리보솜을 가지며, 진핵세포는 이보다 몇 배나 더 많이 포함한다. 전자현미경은 세균 리보솜의 큰 지름이 대략 25 μm 정도이고 두 개의 소단위로 구성되며, 하나는 크고 하나는 작은 분자임을 보여준다. 두 소단위는 하나 이상의 rRNA 분자들과 일련의 **리보솜 단백질**(ribosomal protein)들로 구성된다. 두 개의 소단위가 하나의 리보솜을 형성하기 위해 연합하게 되며 이러한 구조는 종종 **모노솜**(monosome)이라고 불린다.

원핵성과 진핵성 리보솜의 특별한 차이가 그림 13-1에 요약되어 있다. 소단위와 rRNA 구성성분들은 쉽게 분리되며 설탕 농도 경사(sucrose gradient)에서의 침강 정도(이동속도, 스베드베리 계수인 *S*자로 나타냄; 밀도, 질량, 모양을 반영한다)에 의해 구분된다. 원핵생물에서의 모노솜은 70*S* 입자인데, 진핵생물에서는 대략 80*S*가 된다. 침강계수(sedimentation coefficient)들은 서로 다른 크기의 입자나 분자들의 다양한 이동률을 나타내는 것이지만, 부가적인 숫자는 아니다. 즉, 원핵성인 70*S* 모노솜은 50*S*와 30*S* 소단위로 구성되고, 진핵성 80*S* 모노솜은 60*S*와 40*S* 소단위로 구성되어 있다.

원핵생물의 큰 소단위는 23*S* rRNA 분자, 5*S* rRNA 분자, 그리고 31가지의 리보솜 단백질로 구성된다. 진핵생물의 큰 소단위는 28*S* rRNA분자, 5.8*S* rRNA, 5*S* rRNA 및 49개의 단백질로 이루어진다. 작은 소단위의 경우, 원핵생물에서는 16*S* rRNA와 21개의 단백질로 구성되며, 진핵생물에서는, 18*S* rRNA와 33개의 단백질이 발견된다. 대략의 분자량(moleculr weight, MW)과 이들 구성성분들의 뉴클레오티드 숫자가 그림 13-1에 나타나 있다.

리보솜의 구성성분에 관해서는, RNA 분자들이 번역과 관계된 모든 중요한 촉매작용을 수행하는 것으로 알려져 있다. 그 기능이 오랫동안 궁금하게 여겨졌던 많은 단백질들은, 번역에 관계된 다양한 분자의 결합을 촉진시키며, 일반적으로 이들 과정에 대한 세세한 조절을 하는 것으로 생각된다. 이러한 결론은 리보솜의 촉매 기능 일부가 "리보솜 단백질이 결여된" 리보솜을 사용한 실험들에서도 역시 관찰된다는 사실에 근거한 것이다.

분자 혼성화 연구들은 rRNA 구성성분들을 만드는 유전자들의

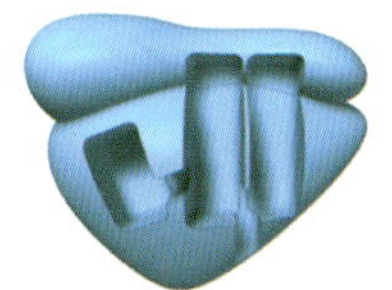

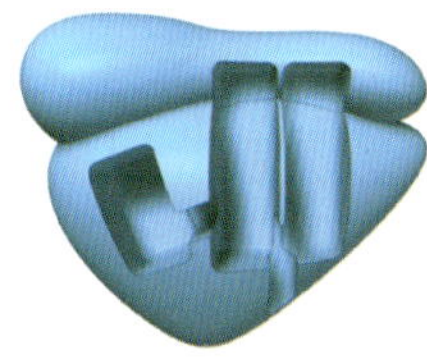

그림 13-1 원핵세포와 진핵세포 리보솜 구성성분들의 비교.

중복 정도를 밝혀주었다. *E. coli*의 유전체는 세 가지 구성성분인 23*S*, 16*S*, 그리고 5*S*를 모두 암호화하는 하나의 서열을 7번 반복해서 포함하고 있다. 이들 유전자의 초기 전사체는 30*S* RNA 분자를 만드는데 이것은 곧 효소에 의해 좀 더 작은 구성성분들로 잘리게 된다. 이들 3가지 rRNA 구성성분을 암호화하는 유전정보의 연계는, 여러 번의 전사가 있은 후에도, 리보솜이 조립될 때 세 구성성분이 동일한 양으로 존재하게 해준다.

진핵생물에서는, 28*S*와 18*S*, 5.8*S* 구성성분을 암호화하는 서열들이 훨씬 많은 수로 존재한다. 초파리에서는, 반수 유전체당 120개의 복사본이 각각 약 34*S* 분자로 전사시킨다. 이들은 공정을 거쳐 28*S*, 18*S*, 그리고 5.8*S* rRNA들이 된다. 이들은 *E. coli*의 세 rRNA 구성성분들과 유사하다. 개구리 *Xenopus laevis*에서는 반수 유전체당 500개 이상의 사본들이 존재한다. 포유동물에서는 초기 전사체가 45*S*이다. rRNA 유전자는 **rDNA**라고 불리며, 중간 반복 DNA의 일부로 염색체의 다양한 부위에 뭉쳐서 존재한다.

진핵생물의 각 유전자 무리(cluster)는 직렬 반복체(tandem repeat)들로 이루어지며, 각 단위는 암호화되지 않는 간격 DNA(spacer DNA) 서열에 의해 분리되어 있다. 사람에서는 이들 유전자 무리들이 염색체 13, 14, 15, 21과 22의 말단 근처에 위치하고 있다. 진핵세포의 독특한 5*S* rRNA는 이들 커다란 전사체의 일부가 아니다. 대신 이 리보솜 구성성분을 암호화하는 유전자들은 별개로 나누어져 위치하고 있다. 사람에서, 이를 암호화하는 유전자 무리는 염색체 1번에 위치하고 있다.

리보솜 구성성분들의 구조와 유전적 기원들에 대한 자세한 지식에도 불구하고 이들 구성성분의 기능에 대한 완전한 이해는 이루어지지 않고 있다. 그도 그럴 것이, 리보솜은 아마도 세포내 구조들 중 가장 복잡한 분자다. 세균에서만도 모노솜은 조합된 분자량이 250만 달톤에 이른다.

tRNA 구조

작은 크기와 세포 내에서의 안정성 때문에, 운반 RNA(tRNA)는 광범위하게 연구되었고 가장 잘 알려진 RNA 분자가 되었다. 이들은 단 75~90개의 뉴클레오티드로 구성되며, 세균이나 진핵생물에서 거의 동일한 구조를 나타낸다. 이 두 형태의 생물에서, tRNA는 좀 더 큰 전구체 분자로 전사되어, 4*S* tRNA 분자로 잘려진다. 예를 들어, *E. coli*에서는 $tRNA^{tyr}$(첨자는 특정 tRNA를 나타내는 것으로 여기에 붙은 아미노산을 나타낸다)가 77개의 뉴클레오티드로 구성되어 있지만 그것의 전구체는 126 뉴클레오티드를 포함하고 있다.

1965년에 로버트 홀리(Robert Holley)와 그의 동료들은 효모

Inosinic acid (I)　1-Methyl inosinic acid (I^m)　1-Methyl guanylic acid (G^m)

NN-dimethyl guanylic acid (G^m)　Pseudouridylic acid (Ψ)　Ribothymidylic acid (T)

그림 13-2 운반 RNA(tRNA)에서 발견되는 특이한 염기들.

에서 분리한 $tRNA^{ala}$의 완전한 서열을 보고하였다. 가장 흥미로운 것은 많은 수의 뉴클레오티드가 tRNA에 독특한 것이라는 사실이었다. 그림 13-2에서 보이는 것처럼, 이들 뉴클레오티드 각각은 RNA에 있었을 것으로 예상되는 네 염기(G, C, A, U)의 변형체다. 여기에 포함되는 것이 이노신산(inosinic acid)으로, 퓨린인 하이포크산틴(hypoxanthine), 리보티민산(ribothymidylic acid), 유사 유리딘(pseudouridine) 및 그 밖의 것들을 포함한다. 이들 변형된 구조물은 일상적이지 않다던가(unusual), 드물다던가(rare), 혹은 이상한(odd) 염기들이라고 일컬어지며, 전사 후에 만들어지는데, **전사 후 변형**(posttranscriptional modification)이라는 좀 더 일반적인 개념으로 설명된다. 이 경우에서, 변형되지 않은 염기가 전사 중에 삽입되고, 이후에 효소반응에 의해 이 염기에 화학적 변형이 일어난다.

홀리는 서열분석으로 2차원적인 **tRNA의 클로버 모형**(cloverleaf model of tRNA)을 제시했다. tRNA가 염기쌍 형성으로 2차 구조를 보인다는 것이 알려진 것이다. 홀리는 선형 모형을 몇 개의 염기쌍 형성 부위가 생기는 형태로 재정돈했다. 이러한 배열은 클로버 잎사귀를 닮은, 염기쌍을 이룬 줄기부분과 짝짓지 않은 고리 구조들을 만든다. 고리들은 일관되게, 일반적으로는 염기쌍을 형성하지 않는 변형된 염기들을 포함하고 있었다. 홀리의 모델이 그림 13-3에 나타나 있다.

트리플렛 GCU, GCC, 그리고 GCA가 알라닌을 지정하기 때문에 홀리는 그의 $tRNA^{ala}$ 분자에서 이들 코돈과 상보적인 안티코돈 서열을 찾았다. 그는 이것을 CGI(3′ 에서 5′ 방향) 형태로 발견했는데, 바로 클로버 이파리 중 하나에 위치한 것이었다. 염기 I(이노신산)은 트리플렛의 3번째 염기의 U, C, 혹은 A와 염기쌍을 형성할 수 있다. 이로써, **안티코돈 고리**(anticodon loop)가 확립되었다.

tRNA에 대한 다른 연구들도 많은 일관성 있는 특징들을 드러냈다. 우선, 모든 tRNA들이 3′ 말단에 ....pCpCpA-3′ 과 같은 서

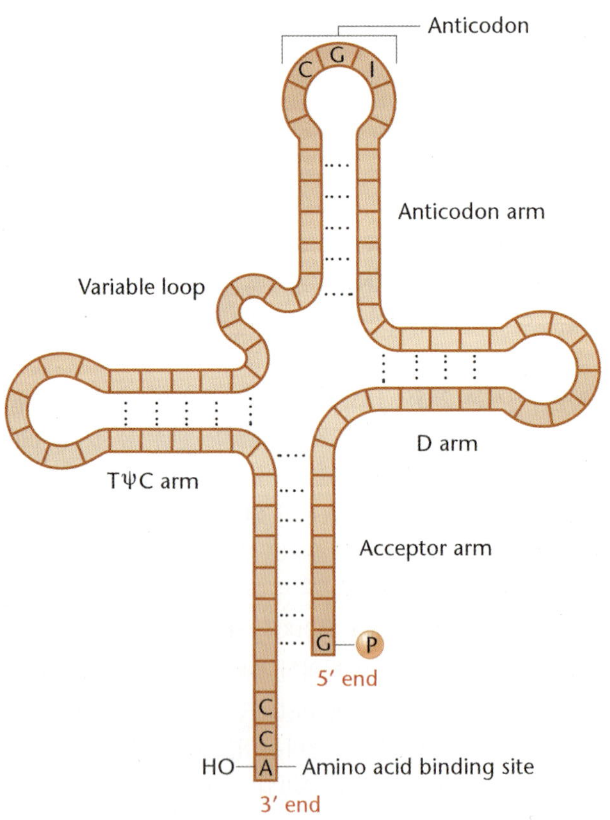

그림 13-3 홀리가 제시한 tRNA의 2차원적 클로버 잎 모형. 각 블록은 염기들을 표시한다.

열을 포함하고 있다. 이것이 바로 아미노산이 이 말단의 끝인 아데노신 잔기에 공유결합으로 붙어 있게 되는 부위다. 모든 tRNA들은 다른 쪽 말단에 5′-Gp...를 포함한다. 더하여, 여러 tRNA에서 여러 가지 줄기의 길이와 고리들이 매우 유사하다. 조사된 각 tRNA 역시 알려진 아미노산의 코돈과 상보적인 안티코돈을 포함하며, 모든 안티코돈 고리들은 클로버 이파리의 같은 위치에 존재한다.

클로버 잎 모델이 완전히 뉴클레오티드 서열에 기초하여 예상된 것이었기 때문에, tRNA의 3차 구조를 나타내 주었던 tRNA에 대한 X-선 결정학 연구가 매우 관심을 끌었다. 1974년에 미국에서는 알렉산더 리치(Alexander Rich)와 그의 동료들, 영국에서는 J. 로버트(J. Robert), B. 클라크(B. Clark), 아론 클룩(Aaron Klug)과 그 동료들이 tRNA를 결정화하는 데 성공했고, 3 Å의 해상도로 X-선 결정학을 수행하였다. 그러한 정도의 해상도라면, 각 뉴클레오티드에 의해 형성된 패턴이 구별 가능하다.

이 연구들의 결과, 지금은 tRNA의 완전한 3차원 모형화가 가능해졌다(그림 13-4). 분자의 한쪽 끝에는 안티코돈 고리와 줄기가 있고, 다른 쪽 끝에는 3′-수용체 부분(acceptor region)이 있어서 여기에 아미노산이 붙어 있다. 이 사이에 존재하는 고리들의 모양은 tRNA에 아미노산을 첨가하는 특수한 효소들에 의해 인식되는 것으로 예측되어 왔으며, 이는 지금 우리가 관심을 가지고 있는 주제다.

tRNA의 충전

번역이 진행되기에 전에, tRNA 분자는 자신에 해당하는 아미노산들과 화학적으로 연계되어야만 한다. 이 활성화 과정은 **충전**(charging)이라고 불리며, **아미노아실 tRNA 합성효소**(aminoacyl tRNA synthetase)라는 효소들에 의해 일어난다. 20개의 서로 다른 아미노산이 존재하기 때문에, 적어도 20개의 서로 다른 tRNA 분자와 또 그만큼의 서로 다른 효소들이 있어야만 한다. 이론적으로는, 61개의 트리플렛이 존재하므로 같은 수의 tRNA와 효소들이 있을 수 있다. 그러나 트리플렛 암호의 3번째 문자의 "워블" 능력 때문에, 지금은 적어도 약 31개의 tRNA가 있을 것으로 생각된다; 또한 해당 tRNA의 숫자가 더 많은 것과 관계없이 오직 20개의 합성효소가 각각의 아미노산에 하나씩 있는 것으로 믿어진다.

충전과정이 그림 13-5에 요약되어 있다. 첫 단계에서 아미노산은 활성화 형태로 바뀌는데, ATP와 반응하여 **아미노아실아데닐산**(aminoacyladenylic acid)이 만들어진다. ATP의 5′-인산 그룹과 아미노산의 카르복시 말단 사이에 공유결합이 형성된다. 이 분자는 합성효소들과 연계되어 남아 있어서 특정 tRNA 분자들과 반응하게 되는 복합체를 형성한다. 다음 단계에서는, 아미노산이 적당한 tRNA로 넘겨지고 3′ 말단에서 아데닌 잔기에 공유적으로 결합된다. 충전된 tRNA는 직접 단백질 합성에 참여할 수 있다. 아미노아실 tRNA 합성효소들은 그들이 오로지 하나의 아미노산들과 **동위수용성 tRNA**(isoaccepting tRNA)들이라고 불리는 tRNA 부분집합들만 인식하는 매우 특이적인 효소다. 이것은 번역의 충실성이 유지되어야 한다는 점에서 매우 중요한 부분이다.

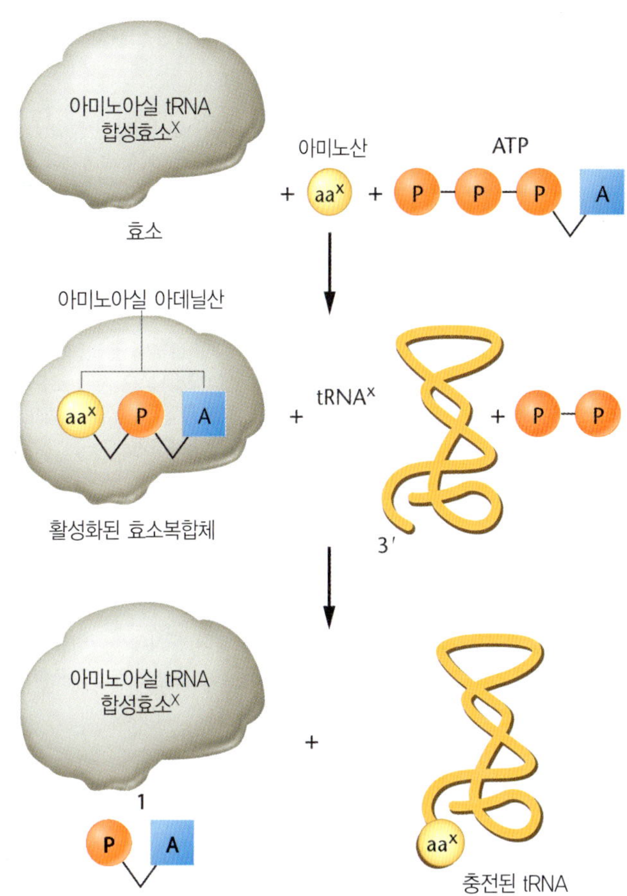

그림 13-5 tRNA의 충전에 관계되는 단계들. 여기서 x는 각 아미노산에 대해 해당하는 특이적인 아미노산과 특이적인 tRNA 합성효소만이 이 충전과정에 관여함을 나타낸다.

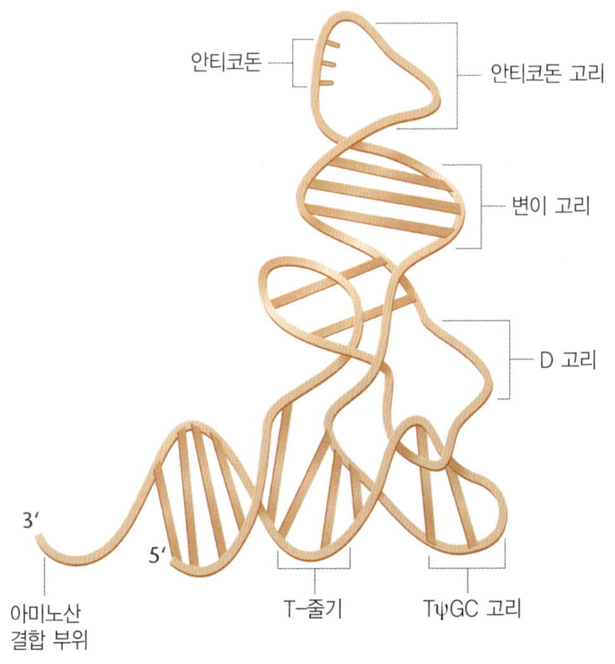

그림 13-4 tRNA의 3차원적 모형.

표 13.1 *E.coli*에서 번역과정 중에 개입하는 다양한 단백질 인자들

과정	인자	역할
번역 개시	IF1	30*S* 소단위의 안정화
	IF2	30*S*-mRNA 복합체에 fmet 부착; GTP와 결합하여 가수분해 촉진
	IF3	mRNA에 30*S* 소단위로 결합
폴리펩티드의 신장	EF-Tu	GTP와 결합; 아미노아실 tRNA를 리보솜의 A 부위로 이동
	EF-Ts	활성 EF-Tu 생성
	EF-G	자리바뀜 촉진; GTP 의존적
번역의 종결과 폴리펩티드의 방출	RF1	tRNA로부터 폴리펩티드 사슬 방출을 촉매하고 복합체의 분리를 도움; UAA와 UAG 종결 코돈에 특이적
	RF2	RF1처럼 행동; UGA와 UAA 코돈에 특이적
	RF3	RF1과 RF2를 자극

이 문제를 풀어보자

330페이지의 27번 문제는 번역의 정확성에 있어, tRNA의 안티코돈이 더 중요한지, tRNA 충전과정에 첨가되는 아미노산이 더 중요한지를 결정하려는 실험적 시도에 관한 것이다.

힌트: 이 실험에서는 mRNA의 트리플렛 코돈이 시스테인을 정할 때, 잘못된 아미노산임에도 불구하고 번역 중에 알라닌이 첨가되었다.

13.2 mRNA의 번역은 3단계로 나눌 수 있다

전사와 비슷한 방식으로, 번역과정도 각각의 단계들로 나누어 설명함으로써 더 잘 기술될 수 있겠다. 각각 설명이 곁들여진 3단계로 나누어 보겠지만, 번역과정은 동적이고 연속적인 과정임을 염두에 두길 바란다. 아래의 논의들과 그림의 각 단계-단계별 특징을 연관시켜 보라. 많은 단백질 요소와 번역에서의 그들의 역할이 표 13.1에 요약되어 있다.

개시

번역의 **시작**(initiation)이 그림 13-6에 그려져 있다. 리보솜은 번역과정에 있어 비특이적 작업대 역할을 한다는 것을 기억하기 바란다. 대부분의 리보솜은 그들이 번역에 관여하지 않을 때에는, 크고 작은 소단위로 분해되어 있다. *E. coli*에서의 번역 개시에는

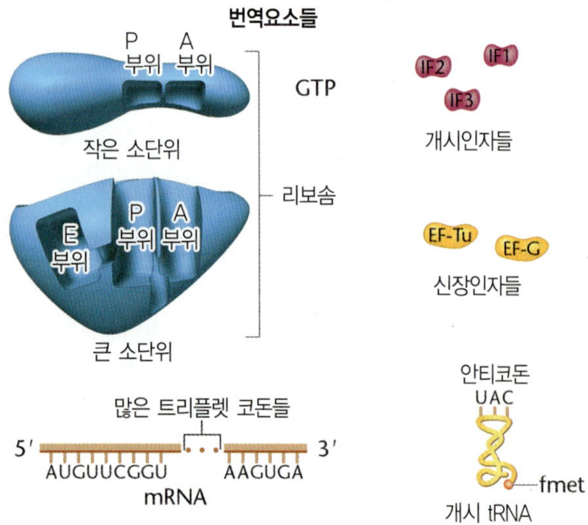

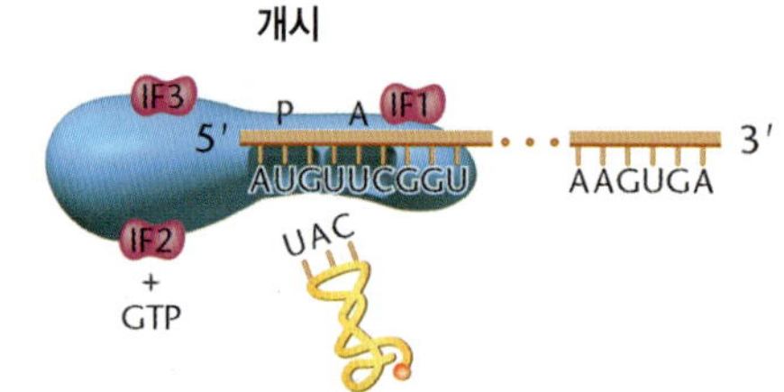

1단계. mRNA가 개시인자들(IF1, IF2, IF3)과 함께 리보솜의 작은 소단위에 결합한다.

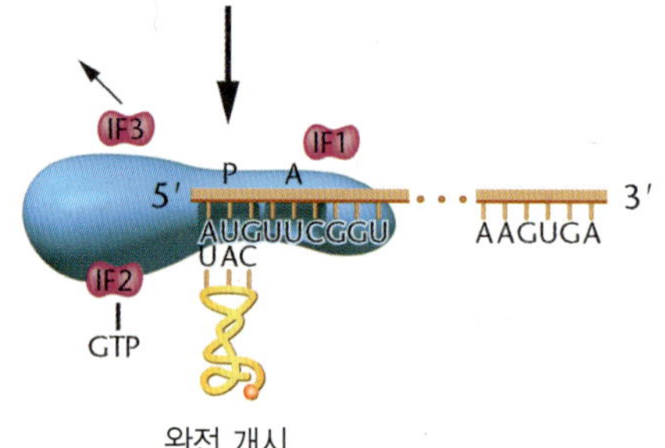

2단계. 개시 $tRNA^{fmet}$가 P 부위에서 mRNA에 결합한다; IF3는 떨어진다.

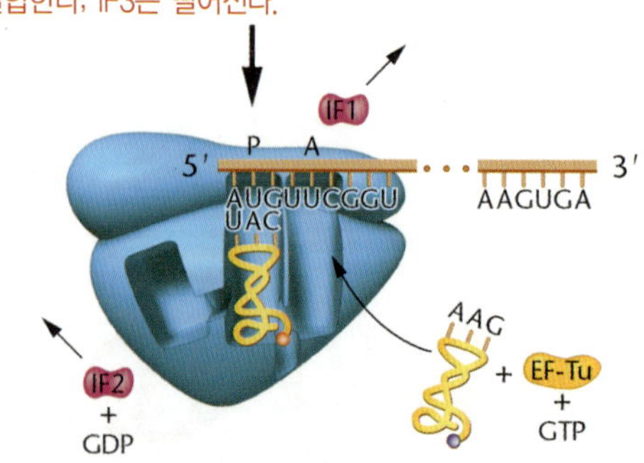

3단계. 리보솜 큰 소단위가 복합체에 결합한다; IF1과 IF2가 떨어진다; EF-Tu가 tRNA에 결합하여 A 부위로의 진입을 촉진시킨다.

그림 13-6 번역의 개시. 구성성분들은 그림의 왼쪽에 표시하였다.

리보솜 작은 소단위, mRNA 분자, 특수한 개시 tRNA(충전된 형), GTP, Mg^{2+}, 그리고 다양한 번역 구성성분들의 결합 친화도를 높이는 적어도 3가지의 단백질성 **개시인자**(initiation factor, IF)가 관여한다. 원핵생물에서는 mRNA의 개시코돈인 AUG가 변형된 아미노산인 **포밀메티오닌**(formylmethionine, fmet)을 가져오게 한다.

리보솜의 작은 소단위는 여러 가지의 개시인자와 결합하고, 이 복합체는 다시 mRNA와 결합한다(1단계). 세균에서는 이 결합에 약 6개의 리보뉴클레오티드 서열(AGGAGG)이 관여하는데, 이것은 개시 AUG 코돈에 앞서서 존재한다. 이 서열[퓨린만 포함하고 있으며 **샤인-달가노 서열**(Shine-Dalgarno sequence)이라고 불린다]은 리보솜 작은 소단위의 16*S* rRNA 부분과 염기쌍을 형성하여 개시를 촉진한다.

다른 개시 단백질은 이제 AUG에 대한 반응으로 충전된 포밀메티오닐-tRNA를 작은 소단위에 결합하도록 한다(2단계). 이 단계는 해독틀(reading frame)을 맞추는 단계로, 이후에 모든 서열이 세 리보뉴클레오티드씩 정확하게 번역되도록 한다. 이러한 덩어리가 **개시복합체**(initiation complex)를 나타내며, 곧 리보솜의 큰 소단위와 결합한다. 이 과정에서는 GTP 한 분자가 가수분해되어 필요한 에너지를 공급하고 개시인자들은 다시 떨어져 나온다(3단계).

신장

전사의 두 번째 현상인 신장은 그림 13-7에 나타나 있다. 일단 리보솜의 두 소단위가 mRNA와 조립되면, 두 개의 충전된 tRNA 분자들이 결합할 자리가 마련된다. 이들은 **P**, 혹은 **펩티딜 부위**(peptidyl site)라고 표시되거나, **A**, 혹은 **아미노아실 부위**(aminoacyl site)라고 표시되는 부분이다. mRNA의 AUG 트리플렛이 리보솜의 작은 소단위의 해당 부위에 자리하게 되면, 충전된 개시 tRNA가 P 부위에 부착한다.

폴리펩티드 사슬들에 하나의 아미노산이 붙어 늘어나는 것을 **신장**(elongation)이라고 부른다. mRNA 내의 2번째 트리플렛 서열은 어떤 충전-tRNA 분자가 A 부위에 오게 될지를 결정하게 된다(1단계). 일단 이 두 번째 트리플렛이 제시되면, **펩티드기 전이효소**(peptidyl transferase)가 펩티드 결합의 형성을 촉매하고, 이 결합은 두 개의 아미노산을 결합시킨다(2단계). 이 효소는 리보솜 큰 소단위의 일부다. 동시에 아미노산과, P 부위를 차지하고 있던 tRNA와의 공유결합은 가수분해된다(잘린다). 이 반응의 산물은 아직 A 부위에 남아 있는 tRNA의 3′ 말단에 달라붙어 있는 디펩티드다.

신장이 반복되기 전에, P 부위에 붙어 있는 tRNA는 이제 아미

신장

1단계. 두 번째 충전 tRNA가 EF-Tu의 도움을 받아 A 부위로 진입한다; 최초의 신장 단계가 시작된다.

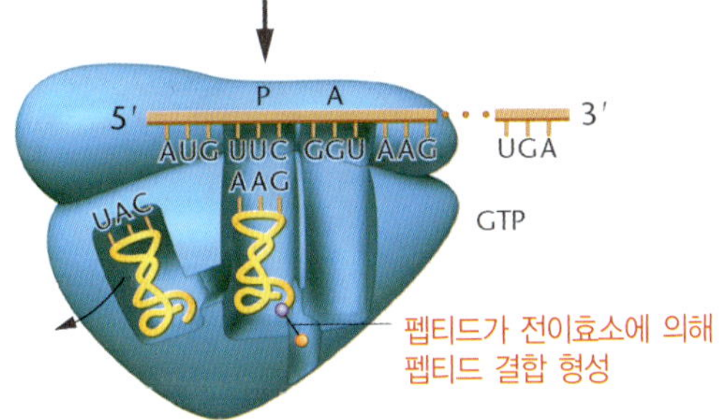

2단계. 펩티드 결합이 형성된다; 충전되지 않은 tRNA는 E 부위로 이동하고 곧이어 리보솜 밖으로 빠져나간다; mRNA는 왼쪽으로 세 염기만큼 이동하여 디펩티드를 가지고 있는 tRNA가 P 부위로 옮겨지도록 한다.

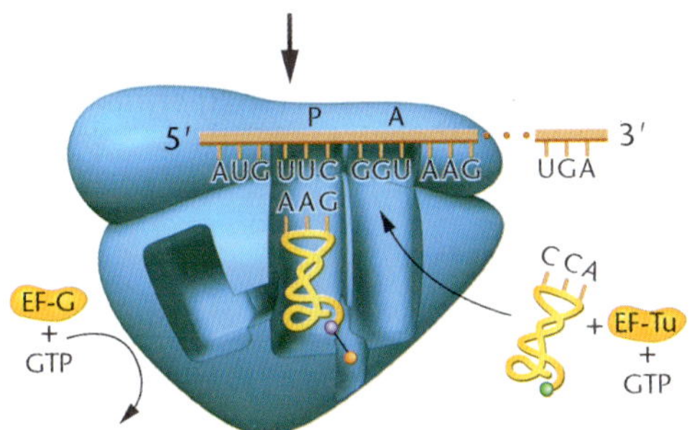

3단계. EF-G의 도움을 받아 최초의 신장 단계가 완료된다. 세 번째 충전 tRNA는 A 부위로 진입할 준비가 되었다.

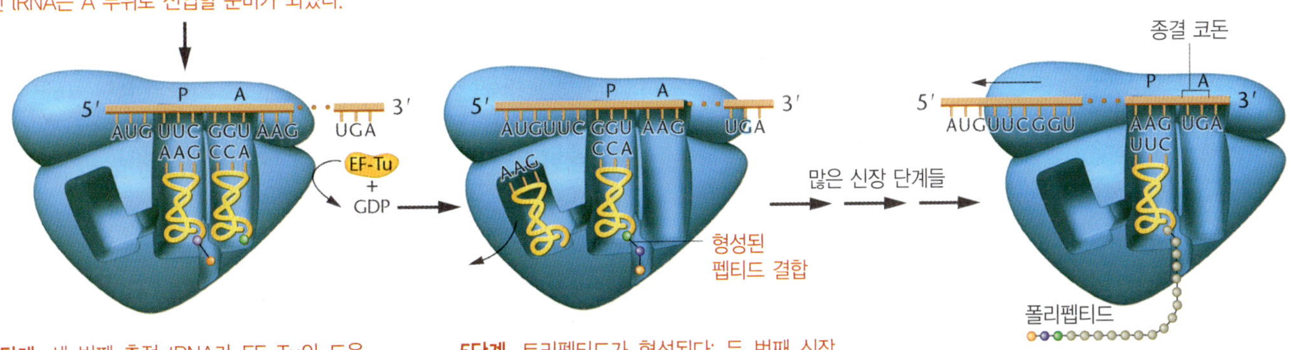

4단계. 세 번째 충전 tRNA가 EF-Tu의 도움으로 A 부위로 진입한다; 두 번째 신장 단계가 시작된다.

5단계. 트리펩티드가 형성된다; 두 번째 신장 단계가 완료된다; 충전되지 않은 tRNA가 E 부위로 이동한다.

6단계. 폴리펩티드 사슬이 합성되어 리보솜 밖으로 빠져나온다.

그림 13-7 번역과정 중 폴리펩티드 사슬의 신장.

노산을 가지지 않으므로 큰 소단위에서 떨어져 나가게 된다. 충전되지 않은 tRNA는 곧 **E 부위**(E는 exit를 뜻한다)로 불리는 리보솜의 세 번째 부위로 이동한다. 전체 mRNA-tRNA-aa_2-aa_1 복합체는 이제 세 뉴클레오티드만큼 P 부위 쪽으로 이동한다(3단계). 이 사건은 몇 가지 단백질 **신장인자**(elongation factor, EF)와 GTP 가수분해로부터 유도되는 에너지를 요구한다. 결과적으로, 이제는 mRNA의 3번째 트리플렛이 또 다른 특정한 충전-tRNA를 A 부위로 받아들이기 위한 자리에 위치하게 된다(4단계). 두 부위를 구별하는 간단한 방법은 다음을 기억하는 것이다. 이동 후에, P 부위는 펩티드 사슬에 붙은 tRNA를 포함하고 있다(P는 펩티드라는 뜻). 반면, A 부위는 부착된 아미노산을 가진 tRNA 하나를 포함한다(A는 아미노산을 뜻함).

신장과정이 계속해서 반복된다(4단계와 5단계). mRNA가 리보솜을 통과할 때마다 부가적인 아미노산이 자라나는 폴리펩티드 사슬에 첨가된다. 알맞은 크기의 폴리펩티드 사슬이 만들어지면(대략 30 아미노산), 6단계에 그려진 것처럼 리보솜의 큰 소단위로부터 돌출되기 시작한다. 터널(tunnel)이 큰 소단위 내에 존재하며, 이를 통과하여 신장된 폴리펩티드가 나오게 된다.

지금까지 살펴본 것처럼, 신장과정 중 큰 소단위가 펩티드 결합을 합성하는 동안 작은 소단위의 역할은 mRNA에 존재하는 트리플렛을 "해독(decoding)"하는 것이다. 이 과정의 효율성은 매우 높다: 관찰된 오류율은 10^{-4} 정도에 불과하다. 부정확한 아미노산은 평균 500개의 아미노산으로 이루어진 20개의 폴리펩티드 당 오직 한 개 정도라는 뜻이다. *E. coli*에서의 신장은 37°C에서 초당 15개의 아미노산 정도의 속도로 일어난다.

종결

번역의 3번째 상황인 **종결**(termination)은 그림 13-8에 나타나 있다. 단백질 합성의 종결은 세 개의 암호 UAG, UAA, 혹은 UGA 중 하나나 혹은 그 이상의 트리플렛들이 A 부위에 옴으로써 신호를 받는다. 이들 코돈은 아미노산을 지정하지도 않고 A 부위에 tRNA를 불러오지도 않는다. 이들 코돈은 **멈춤코돈**(stop codon), **종결코돈**(termination codon), 혹은 **무의미 코돈**(nonsense codon)이라고 불린다. 그러므로 이렇게 합성이 끝난 폴리펩티드는 아직 P 부위의 마지막 tRNA에 붙어 있고, A 부위는 비어 있다. 종결코돈은 **GTP-의존성 방출인자**(GTP dependent release factor)들의 활동 신호를 일으킨다. 이들은 마지막 tRNA로부터 폴리펩티드 사슬을 끊어서 이를 번역 복합체(translation complex)로부터 분리시켜 준다(1단계). 일단 이 절단이 발생하면, tRNA는 리보솜에서 방출되고 리보솜은 소단위들로 해체된다(2단계). 만일 돌연변이의 결과로 종결코돈이 mRNA 분자의 중간에 나타나게 되면, 위와 같은 과정이 발생하고 폴리펩티드 사슬의 합성은 조기에 종결된다.

폴리리보솜

신장이 진행되고 mRNA의 개시 부위가 리보솜을 통과함에 따라 이 mRNA는 다시 다른 소단위들과 자유롭게 결합하여 두 번째의 개시복합체를 형성할 수 있게 된다. 이 과정은 하나의 mRNA 내에서도 여러 번 반복될 수 있어서 소위 **폴리리보솜**(polyribosome)을 구성하는데 이것은 그냥 **폴리솜**(polysome)으로 불리기도 한다.

폴리리보솜들은 세포를 부드럽게 용해시켜서 추출하고 분석할 수 있다. 그림 13-9의 사진은 이러한 복합체들을 전자현미경 하에서 관찰한 것이다. 그림 13-9(a)에서는 각 리보솜들 사이에 가느다란 선으로 나타난 mRNA가 보인다. 그림 13-9(b)에서는 번역 중에 리보솜으로부터 나타나는 폴리펩티드들이 더 뚜렷하게 보인다. 폴리솜 복합체의 형성은 단위시간 동안 단백질 합성을 위한 구성성분들의 효과적 사용을 보여주는 것이다. 테이프와 테이프 레코더에 비유하면 폴리솜 복합체에서는 하나의 테이프(mRNA)가 여러 레코더들(리보솜들)에 의해 동시에 틀어지는 것과 같으나, 어떤 한 순간에는 각 레코딩이 노래(각 리보솜에 의해 합성되는 폴리펩티드)의 서로 다른 지점을 연주하고 있는 것이다.

종결

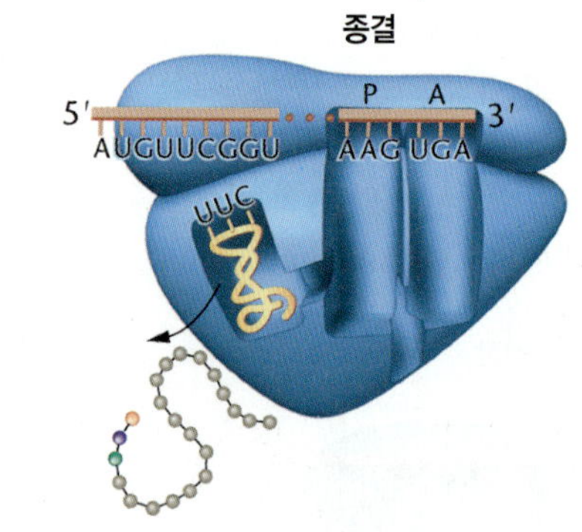

1단계. tRNA와 폴리펩티드 사슬이 방출된다.

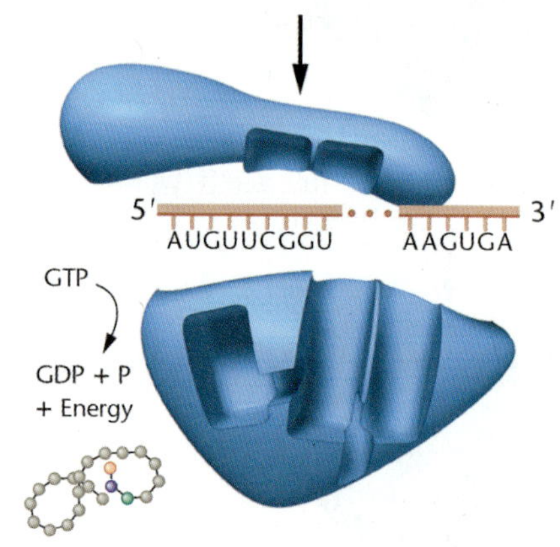

2단계. GTP-의존성 종결인자들이 활성화된다; 각 성분들이 분리된다; 폴리펩티드 사슬이 단백질로 접힌다.

그림 13-8 번역과정의 종결.

13.3 결정구조 분석으로 원핵세포의 리보솜에 대해 자세히 알 수 있었다

번역과정과 리보솜의 구조에 대한 우리의 지식은 주로 전자현미경 하에서의 리보솜 관찰을 비롯한 생화학적이고 유전학적인 관

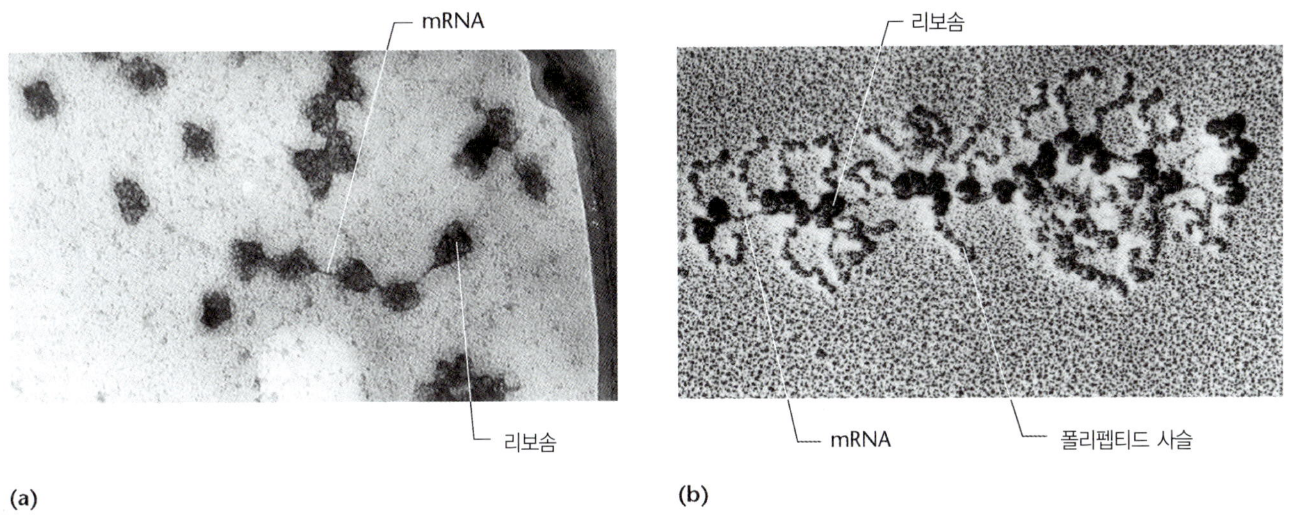

그림 13-9 전자현미경으로 관찰한 폴리리보솜. (a)에서의 폴리리보솜은 토끼의 망상적혈구에서 헤모글로빈 mRNA의 번역과정에서 얻은 것이고, (b)의 폴리리보솜은 모기붙이(*Chironomus thummi*)의 거대 침샘세포들에서 얻은 것이다. 초기의 폴리펩티드 사슬들이 각 리보솜에서 분명하게 드러남에 주목하라. 이들의 길이는 번역이 mRNA의 왼쪽(5′)에서 오른쪽(3′)으로 진행됨에 따라 점점 길어진다.

찰에 기초하고 있다. 활성화된 번역과정에서의 기능적인 리보솜은 대단히 크기 때문에 X-선 결정학을 수행하는 데 필요한 결정을 얻기는 매우 어렵다. 그럼에도 불구하고, 지난 수년간 상당한 발전이 이루어졌다. 첫째로, 개개의 리보솜 소단위들이 결정화되어 V. 라마크리슈난(V. Ramakrishnan)의 실험실을 비롯한 여러 곳에서 조사되었다. 2001년에 mRNA와 tRNA가 연계된 완전한 70*S* 리보솜의 결정 구조가 해리 놀러(Harry Noller)와 그 동료들에 의해 조사되었다. 그 핵심은 전체 번역복합체를 원자 수준으로 볼 수 있었다는 것이다. 라마크리슈난과 놀러 등은 세균인 *Thermus thermophilus*에서 리보솜을 추출하였다.

이러한 조사에서 많은 귀중한 관찰이 이루어졌다. 놀러의 발견에 기초한 한 가지 모형이 이 장의 첫 페이지에 실려 있다. 예를 들어, 원자 수준에서 측정된 소단위의 크기와 모양은 고해상도의 전자현미경에 기초한 이전의 측정값들과 잘 맞는다. 게다가, 리보솜의 모양은 번역과정의 역동적 성질을 입증하듯 기능 상태에 따라 변한다. 이 소단위들에서 RNA 구성성분의 돌출이나 위치에 대해서도 많은 것을 알 수 있었다. 예를 들어, 16*S* RNA의 1/3 가량이 작은 30*S* 소단위 내부로 평평한 돌출부를 만들어 "플랫폼"을 형성하며 이것은 번역과정 중의 mRNA-tRNA 복합체의 이동을 조절한다.

번역과정에서는 RNA가 리보솜의 주요 "선수(player)"라는 생각을 지지하는 많은 정보가 얻어졌다. 두 소단위 사이의 연접부는 아미노산의 중합이 일어나는 리보솜의 위치라고 생각되는데, 대부분 RNA로 구성된다. 반대로, 수많은 리보솜 단백질들은 리보솜의 가장자리에서 발견된다. 이러한 관찰들은 이전의 유전학적 근거에서 예상되었던 생각–번역 중에 이루어지는 아미노산들의 결합은 단백질이 아니라 RNA의 지시로 이루어진다–을 확실시 해준다.

번역 중에 tRNA를 위치시킬 것으로 예상되었던 실제의 세 부위에 대한 발견도 흥미롭다. 세 가지 부위(A, P, E)가 규명이 되었고, 각 경우에서 리보솜의 RNA가 tRNA 분자의 다양한 고리 및 도메인들과 직접적으로 접촉한다. 이러한 발견은 tRNA의 다양한 부위가 왜 중요하며, 진화를 통해서도 왜 그러한 특수한 3차원적 구조가 보존되어 왔는지에 대한 이해를 돕는다.

마지막 관찰은 프란시스 크릭이 워블 가설을 제시했던 50여 년 전으로 되돌아가게 하는 것이다. 라마크리슈난 연구팀은 mRNA와 tRNA 사이의 암호해독 과정에 관여하는 정확한 위치를 30*S* 소단위의 16*S* RNA상에서 규명했다. 16*S* RNA의 이 지점에서는 두 가지 특이한 뉴클레오티드가 뒤집어져 나와 있어서 코돈-안티코돈 부위를 추적하고 이러한 상호작용 과정 중에 염기쌍 형성의 정확도를 검사하는 것으로 여겨진다. 워블 가설에 따르면 이 단계에서의 엄격성은 처음 두 염기쌍에서는 높고, 세 번째 염기쌍(워블 쌍)에 대해서는 덜하다고 한다.

이러한 획기적인 연구는 번역 중의 리보솜 내에서 발생하는 역동적인 변화에 대한 보다 확실한 그림을 제공한다. 그러나 리보솜 구조와 기능에 대해서는 아직도 수많은 질문이 남아 있다. 특히, 리보솜의 수많은 단백질이 어떠한 기능을 하는지는 아직 밝혀져 있지 않다. 그럼에도 불구하고, 놀러, 라마크리슈난, 그리고 많은 연구자의 업적에 기초한 모형들은 번역의 기구에 대해 보다 나은 이해를 제공한다.

13.4 진핵세포에서의 번역은 좀 더 복잡하다

우리가 지금까지 논의한 모형의 일반적인 특징들은 처음에는 세균의 번역과정을 조사한 결과로 얻어낸 것이다. 지금까지 보아 왔던 것처럼, 원핵세포와 진핵세포의 한 가지 중요한 차이점은 진핵세포의 번역은 원핵세포의 것보다 훨씬 크고 복잡한 단백질 구성성분과 rRNA로 구성된 커다란 리보솜에서 일어난다는 것이다 (그림 13-1을 보라).

몇 가지 다른 차이들도 역시 중요하다. 진핵세포의 mRNA들은 원핵세포들의 것보다 훨씬 오랫동안 존재한다. 대부분이 세포 내에서 핵산분해효소에 의해 분해되기 전에 몇 분 단위가 아니라 몇 시간 동안 존재하여 단백질 합성에 더 오랫동안 사용될 수 있다.

진핵세포에서는 번역의 개시에 관여하는 몇몇의 부분이 다르다. 첫째, 12장 mRNA 성숙과정에서 논의한 바와 같이 5′ 말단은 7-메틸구아노신으로 모자가 씌워져 있다. 이 "모자"의 존재는 원핵세포에서는 없는 것으로, 모자가 없는 RNA의 번역이 매우 불량한 것으로 볼 때, 효과적인 번역에 필수적인 것이다. 더하여, 대부분의 진핵성 mRNA들은 개시 AUG 근처의 짧은 인식서열인 5′-ACCAUGG를 포함하고 있다. 발견자인 마릴린 코작(Marilyn Kozak)의 이름을 따서 **코작 서열**(Kozac sequence)로 불리는 이 서열은 원핵성 mRNA의 샤인-달가노 서열과 같은 기능을 할 것으로 보인다. 둘 다 리보솜의 작은 소단위들에 mRNA의 결합을 매우 촉진시킨다.

또 다른 차이는 아미노산 포밀메티오닌이 진핵세포의 번역에는 요구되지 않는다는 것이다. 그러나 원핵세포에서와 마찬가지로, 메티오닌을 암호화하는 AUG 트리플렛은 번역복합체를 형성하는데 필수적이고, 독특한 tRNA($tRNA_i^{met}$)가 개시 중에 사용된다.

원핵세포의 것들과 비슷한 단백질 요소들이 진핵세포에서도 개시, 신장, 그리고 종결을 안내한다. 이들 진핵성 요소 중 많은 것이 원핵세포들의 해당 요소들과 분명한 유사성을 가진다. 그러나 더 많은 수의 요소가 각 단계에서 요구되며, 몇몇은 원핵생물에서보다 훨씬 복잡하다.

마지막으로, 진핵세포에서는 대다수의 리보솜들이 소포체를 구성하는 막들과 연계해서 발견된다(거친 ER-조면 소포체-을 형성한다고 말한다). 그러한 막들은 원핵세포에서는 없는 것들이다. 진핵세포에서의 이러한 연계는 리보솜에서 새로 합성된 단백질의 분비를 촉진시켜 직접 소포체의 채널로 들어가게 한다. 동결-전자현미경법(cryo-electron microscopy)을 사용한 최근의 연구들은 이것이 어떻게 형성되어 있는지를 보여준다. 리보솜 큰 소단위 내의 **터널**(tunnel)은 두 소단위의 경계 근처에서 시작되며 큰 소단위의 뒤쪽에 출구가 있다. 큰 소단위 내의 이 터널의 위치는 그것이 새로 합성된 폴리펩티드 사슬이 리보솜에서 움직이도록 도관을 제공한다는 믿음의 기초가 된다. 효모의 연구에서 새로 합성된 폴리펩티드들은 Sec61이라는 특수한 단백질에 의해 형성된 막 채널을 통해 ER로 들어간다. 이 채널은 리보솜의 터널과 정확한 지점에서 완벽하게 맞춰져서 배열된다. 원핵세포에서는, 폴리펩티드들이 리보솜에 의해 떨어져 나와 직접 세포질로 방출된다.

13.5 선천성 대사질환 연구로 단백질들이 유전 현상에 중요하다는 처음 통찰이 얻어졌다

이제 어떻게 단백질들이 유전자 발현의 최종산물인지를 알게 되었는지 살펴보자. 유전적 과정에서 단백질의 역할에 대한 최초의 통찰은 20세기 초 아치볼드 개로드 경(Sir Archibald Garrod)과 윌리엄 베이트슨(William Bateson)에 의해 이루어진 관찰에 근거한다. 개로드는 영국인 의사 가문에서 태어났다. 그의 아버지는 관절염(rheumatoid arthritis)의 화학적 기초에 매우 관심을 가진 의사였고 그의 형은 런던의 저명한 동물학자였다. 견습의로서 개로드가 유전성으로 보이는 몇 가지 인간질환들에 관심을 가지게 된 것은 놀랄 일이 아니다. 그가 비록 백색증(albinism)과 시스틴뇨증(cystinuria)에 대해서도 연구를 했지만, 여기서는 **알캅톤뇨증**(alkaptonuria)이라는 질환에 대한 그의 연구를 설명하고자 한다. 이 질환에 이환된 개인들은 호모겐티신산(homogentisic

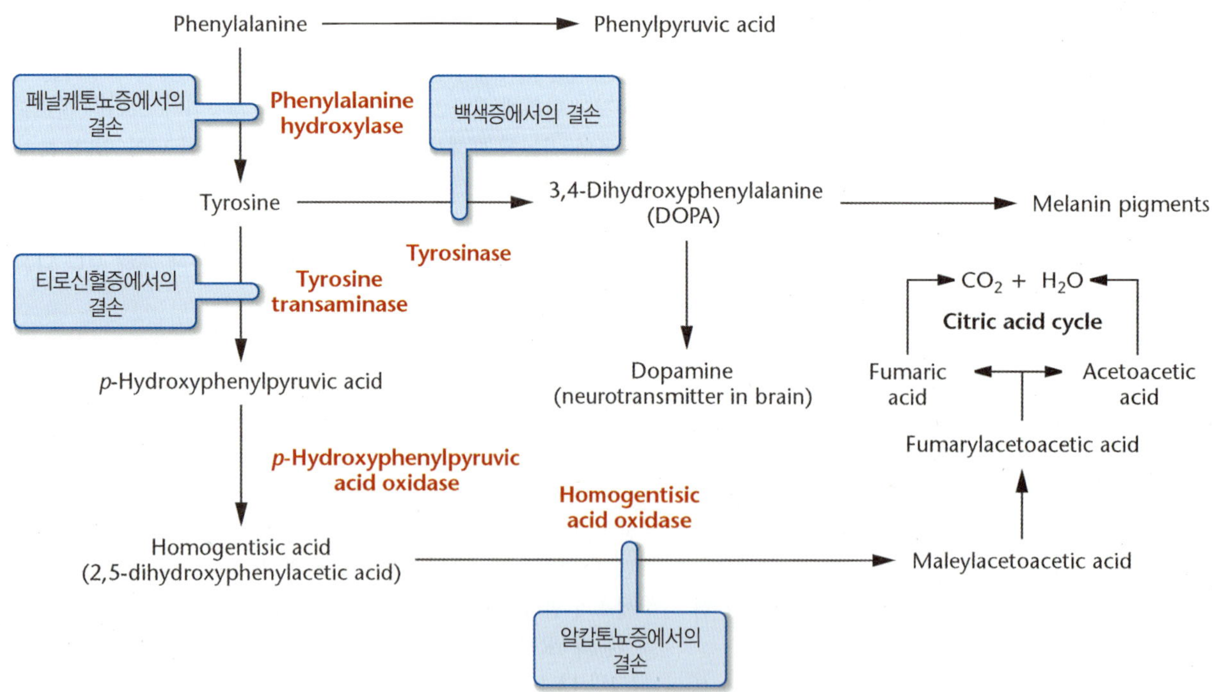

그림 13-10 페닐알라닌과 티로신이 개입하는 대사경로. 돌연변이에 의한 다양한 대사과정의 차단은 페닐케톤뇨증(phenylketonuria), 알캅톤뇨증(alkaptonuria), 백색증(albinism), 티로신혈증(tyrosinemia)과 같은 질병을 일으킨다.

acid)이라고도 알려져 있는 2,5-디히드록시-페닐-아세트산(2,5-dihydroxyphenylacetic acid)을 대사하지 못한다. 결과적으로 중요한 대사 경로(그림 13-10)가 막힌 것이다. 호모겐티신산은 세포와 조직 내에 축적되고 오줌으로 분비된다. 이 분자의 산화물은 검은색이어서 신생아의 기저귀에서 쉽게 발견된다. 이 산물들은 연골조직 부위에 축적되는 경향이 있어서 귀와 코를 검게 만든다. 관절에서의 이러한 축적은 양성의 관절염 증상을 일으킨다. 이러한 희귀질환은 심각하지는 않지만, 개인 삶의 전 생애 동안 지속된다.

개로드는 식이 단백질을 늘리거나 페닐알라닌 혹은 티로신 등 호모겐티신산과 화학적으로 연관되어 있는 아미노산을 식사에 첨가함으로써 알캅톤뇨증을 연구하였다. 그러한 조건 하에서는 오줌의 호모겐티신산의 수준이 증가하지만 정상인에서는 영향을 미치지 않는다. 개로드는 정상인은 이 알캅톤을 대사할 수 있지만 이환된 개인들은 그렇지 못하다는 결론을 내렸다. 이 질환의 유전 패턴을 연구함으로써, 개로드는 알캅톤뇨증이 단순한 열성 형질로 유전되는 것으로 결론지었다.

이 결론들에 기초하여, 개로드는 유전정보가 체내의 화학반응을 조절한다는 가설을 세우고, 그가 연구했던 유전질환들은 대사의 또 다른 양식에 따른 결과라고 주장했다. 개로드의 시대에는 유전자(gene)나 효소(enzyme)라는 용어가 익숙지 않았으므로, 그는 해당 개념에 단위요소(unit factor)와 발효제(ferment) 등을 사용했다. 개로드는 그의 최초 관찰을 1902년에 발표했다.

베이트슨을 포함한 단 몇몇의 유전학자들만이 개로드의 연구에 익숙했고 관심을 가졌다. 개로드의 생각은 실병을 나타내는 유전적 조건들이 일종의 결정적 물질의 결여에 의한 것이라는 베이트슨의 믿음과 잘 일치했다. 1909년에, 베이트슨은 「유전에 대한 멘델의 원리(*Mendel's Principles of Heredity*)」를 출판하고 여기에서 발효제들과 유전을 연결시켰다. 그러나 거의 30년 동안 대부분의 유전학자들이 유전자와 효소 사이의 관계를 알아보지 못했다. 개로드와 베이트슨은 멘델처럼 시대를 앞선 사람들이었다.

페닐케톤뇨증

사람의 유전성 대사질환인 **페닐케톤뇨증**(phenylketonuria, PKU)은 그림 13-10에서 나타난 경로에서 또 다른 반응이 봉쇄된 경우에 발생한다. 1934년에 처음으로 기술된 이 질환은 정신지체를 일으키며 상염색체 열성질환으로 유전된다. 이환된 개인은 페닐알라닌을 티로신으로 전환시키지 못한다. 이들 분자들은 티로신에는 있지만 페닐알라닌에는 없는 오직 하나의 수산기(OH)만 다를 뿐이다. 이 반응은 효소인 **페닐알라닌 히드록시화효소**(phenylalanine hydroxylase)에 의해 촉매되며, 이 효소는 이환된 개인들에서는 불활성 상태이지만 이형접합성인 사람들에서는 약 30%의 수준으로 활성화되어 있다. 이 효소는 간에서 기능한다. 페닐알라닌의 정상혈액 수준이 약 1 mg/100 mL인 데 반해, 페닐케톤뇨증 환자에서는 50 mg/100 mL 정도로 높게 나타난다.

페닐알라닌이 축적됨에 따라, 이것이 페닐피루브산(phenylpyruvic acid)으로 전환되고, 곧이어 다른 유도체들로 바뀌게 된다. 이들은 신장에서 흡수가 잘 되지 않으므로 페닐알라닌보다 더 빠르게 오줌으로 흘러나오는 경향이 있다. 페닐알라닌이나 그 유도체들이나 모두 뇌척수액으로 들어가 뇌에서 매우 증가된 상태가 된다. 초기 발생 중 이 물질들이 뇌에 존재하면 정신 지체를 일으키는 것으로 생각된다.

신생아의 PKU 검사에 기초한 초기의 진단이 이루어지면, 정신 지체는 방지될 수 있다. 유아의 혈액에서 이러한 조건이 분석되면, 엄격한 식이 섭생이 실시된다. 페닐알라닌이 낮은 식품들로 페닐피루브산 같은 부산물을 낮출 수 있고, 이에 따라 질병의 비정상 소견도 감소될 수 있다. 신생아 검사는 미국 전역에서 일상적으로 실시된다. 페닐케톤뇨증은 11,000명당 1명꼴로 발생한다.

알캅톤뇨증이나 페닐케톤뇨증과 같은 유전성 대사질환에 대한 지식은 의학적 사고와 치료에 혁명을 일으켰다. 예전에는 오로지 미생물이나 바이러스, 혹은 기생충의 침입에 의해서만 발생한다고 믿었던 인간의 질병은 분명한 유전적 근거를 가질 수 있게 되었다. 우리는 이제 수천 가지의 병적 조건이 돌연변이 유전자에 의한 대사작용의 결함에 의해 유발될 수 있다는 것을 알고 있다. 이들 인간의 생화학적 질환은 모든 유기 생물분자들의 범주를 포함한다.

13.6 붉은빵곰팡이에 대한 연구는 일유전자-일효소 가설로 이어졌다

1933년에 시작된 두 개의 독립적인 연구들에서, 조지 비들(George Beadle)은 유전자들이 직접적으로 효소의 합성에 책임을 가진다는 확실한 실험적 증거를 제공하게 되었다. 보리스 에프러시(Boris Ephrussi)와의 공동연구로 행해진 첫 번째 연구는 초파리의 눈 색깔에 관한 것이었다. 이들은 초파리의 눈 색깔을 바꾸는 유전자가 효소의 기능을 잃는 생화학적 실수와 연관될 수 있다고 확신했다. 이들 발견에 힘입어, 비들은 이후 에드워드 테이텀(Edward Tatum)과 협력하여 붉은빵곰팡이인 *Neurospora crassa*에서의 영양 돌연변이를 연구하게 된다. 이 연구는 **일유전자-일효소 가설**(one-gene:one-enzyme hypothesis)을 이끌어 내었다.

비들과 테이텀: 붉은빵곰팡이 돌연변이

1940년대 초반, 비들과 테이텀은 그 생화학에 대해서 상당히 많이 알려져 있고, 돌연변이들의 유도나 분리가 상대적으로 쉬운 붉은빵곰팡이(*Neurospora*)를 선택하여 연구하였다. 돌연변이들을 유도함으로써, 그들은 이 생물의 생장에 필수적인 반응들이 유전적으로 불가능한 곰팡이 계통들을 만들었다.

비들과 테이텀은 이 곰팡이가 정상적인 발달에 필요한 거의 모든 것을 생산할 수 있다는 것을 알고 있었다. 예를 들어, 이 곰팡이는 기본적인 탄소원과 질소원만 가지고도 9종의 수용성 비타민과 20종의 아미노산, 다수의 카로티노이드계 색소들 그리고 모든 필수 퓨린과 피리미딘들을 합성할 수 있다. 비들과 테이텀은 무성포자들에 X-선을 쪼여 돌연변이의 빈도를 높이고 이들을 모든 필수 성장인자(예, 비타민과 아미노산 등)를 포함하고 있는 "완전배지(complete medium)"에서 자라게 했다. 이러한 조건 하에서는

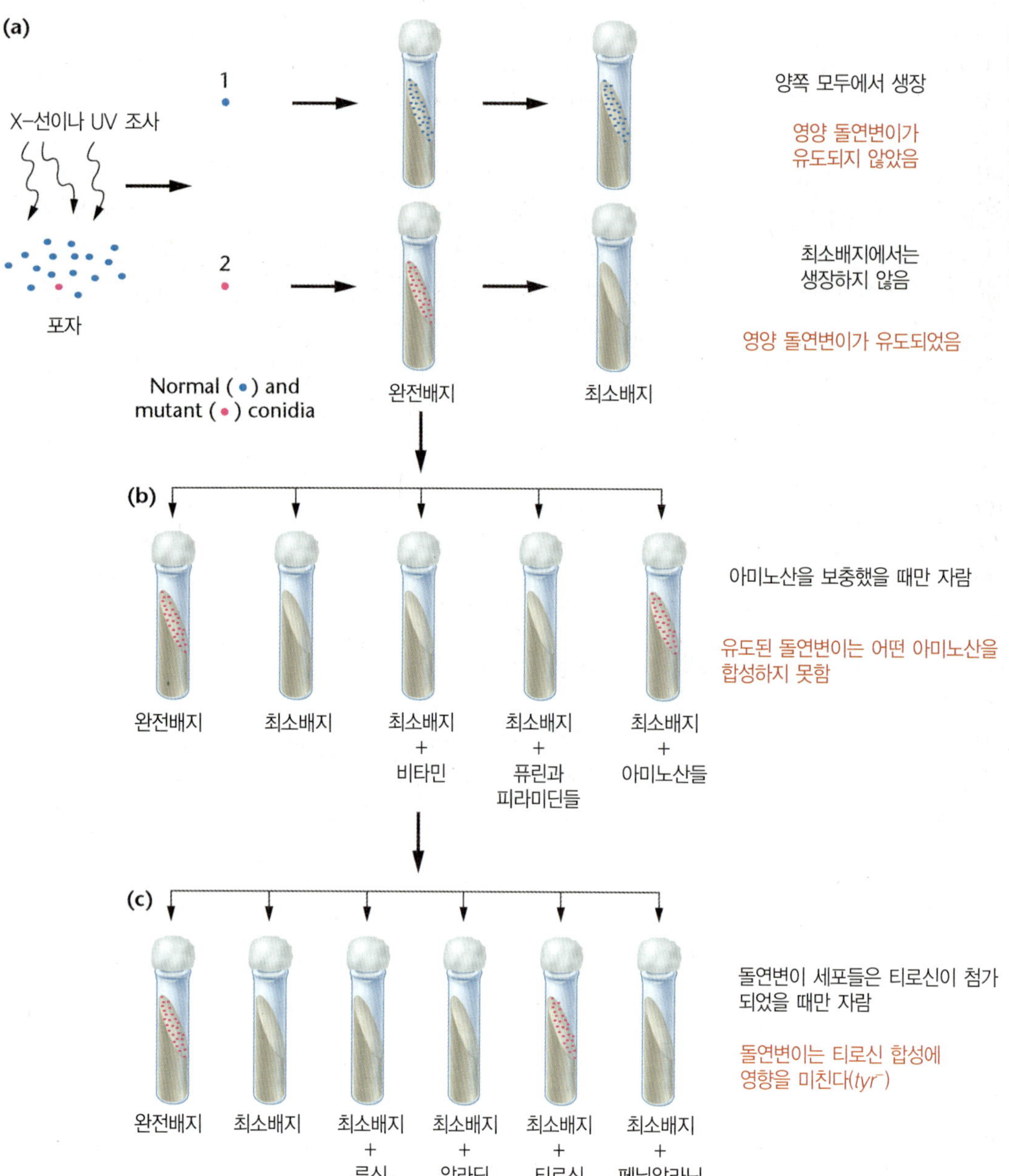

그림 13-11 붉은빵곰팡이(*Neurospora*) 영양요구주의 유도, 분리, 그리고 동정. (a) 대부분의 포자들이 영향을 받지 않았으나, 하나의 포자(붉은색)만 돌연변이를 포함한다. (b)와 (c)에서는 돌연변이의 정확한 성질이 티로신 생합성에 관계되어 있는 것으로 드러난다.

최소배지에서는 자랄 수 없는 돌연변이주들도 배지에서 충분히 공급되는 영양물질을 이용하여 잘 자랄 수 있다. 그 다음 모든 배양주를 최소배지로 옮겨주었다. 만약 성장이 최소배지에서도 일어난다면, 이 생물은 모든 필요한 성장인자는 스스로 합성하는 것이다. 그러면 연구자들은 그 배양주가 돌연변이를 포함하지 않는 것으로 결론지을 수 있다. 만약 성장이 일어나지 않는다면 이들은 영양 돌연변이를 포함한 것으로 결정할 수 있으며 남은 일은 어떤 형태인지만 결정하는 일이다. 두 가지 경우가 **그림 13-11(a)**에 나타나 있다.

이 과정으로부터 나온 수천 개의 포자들이 분리되어 완전배지에서 키워졌다. 다음 검사는 최소배지에서 이루어졌고, 많은 배양주들이 자라지 못했는데 이것은 영양 돌연변이가 유도된 것을 가리키는 것이다. 이들 돌연변이의 형태를 규명하기 위해 돌연변이주들은 일련의 서로 다른 최소배지들에서 검사되었다[**그림 13-11(b)**]. 각각엔 일단의 영양분들을 넣고, 연속적으로 배지에 한 가지의 비타민, 아미노산 , 퓨린, 혹은 피리미딘을 넣어가며 성장을 가능하게 하는 특정 성분을 찾았다. 비들과 테이텀은 성장을 회복시키는 영양성분이 그 돌연변이주가 합성하지 못하는 분자라고 추론했다[**그림 13-11(c)**].

처음으로 분리된 돌연변이주는 배지에 비타민 B_6(피리독신)를 요구했고, 두 번째 것은 비타민 B_1(티아민)을 요구했다. 같은 방법을 이용하여, 비들과 테이텀은 결국 비타민, 아미노산, 혹은 다른 물질을 합성하는 능력이 결여된 수백 종의 돌연변이주를 분리하고 연구할 수 있었다.

8만 개 이상의 포자들에 대한 검사로부터 얻어진 발견들로 비들과 테이텀은 유전학과 생화학이 많은 공통점을 가진다는 것을 확신했다. 각 영양돌연변이는 야생형 생물체에서 필수적인 반응들을 촉진시키는 효소적 활성을 잃게 하는 것으로 보였다. 또한, 돌연변이는 효소적으로 조절되는 어느 반응과도 연관되어 발견되는 것으로 나타났다. 비들과 테이텀은 30년 이상 개로드와 베이트는에 의해 암시되었던 생각인, 하나의 유전자가 하나의 효소를 지정한다는 가설에 대한 확고한 실험적 증거를 제공했던 것이다. 일부의 변형이 있었지만, 이러한 개념은 유전학의 주요 원리로 자리를 잡았다.

유전자와 효소들: 생화학적 경로의 분석

일유전자-일효소 개념과 그에 따른 방법들은 *Neurospora*, *Escherichia coli*, 그리고 수많은 다른 미생물에서의 대사를 자세히 밝혀내는 데 오랫동안 이용되어 왔다. 대사 경로가 자세하게 조사된 것들 중 하나가 *Neurospora*에서의 아르기닌 아미노산 합성을 일으키는 과정이었다. 각각의 돌연변이들의 성장에 아르기닌을 요구하는(arg^-) 7개의 돌연변이주를 연구함으로써, 아드리안 사브(Adrian Srb)와 노먼 호로비츠(Norman Horowitz)는 이 분자의 합성을 유도하는 부분적인 생화학적 경로를 확인했다. 그들의 연구는 어떻게 유전적 분석이 생화학적 정보를 확인하는 데 사용될 수 있는지를 증명하는 것이었다.

사브와 호로비츠는 아르기닌과 매우 유사한 두 물질인 시트룰린이나 오르니틴이 최소배지에 영양소로 사용되었을 때의 각 돌연변이 균주의 성장 회복능을 조사했다. 둘 중 하나가 아르기닌을 대체할 수 있다면, 이것은 분명히 아르기닌 생합성 경로에 관여하는 것이라고 그들은 추정했다. 그들은 두 분자가 하나 혹은 그 외 균주들에서 아르기닌을 대체할 수 있음을 발견했다.

7개의 돌연변이주 중에서 4개(*arg4-7*)가 시트룰린, 오르니틴 혹은 아르기닌을 공급할 경우 성장을 회복했다. 7개 중의 둘은(*arg2*와 *arg3*) 시트룰린이나 아르기닌을 공급받게 되면 자랄 수 있었다. 한 변이주(*arg1*)는 오직 아르기닌이 공급되어야만 자라고 시트룰린이나, 오르니틴 중 어떤 것도 아르기닌을 대체하지 못했다. 이들 실험적 관찰로부터 다음과 같은 경로 및 대사적 저해가 유도되었다:

$$\text{전구체} \xrightarrow[\text{Enzyme A}]{arg4\text{-}7} \text{오르니틴} \xrightarrow[\text{Enzyme B}]{arg2\text{-}3} \text{시트룰린} \xrightarrow[\text{Enzyme C}]{arg1} \text{아르기닌}$$

이러한 결론을 지지하는 추리는 다음과 같은 논리에 기초하고 있다. 만약 *arg4*부터 *arg7*까지의 돌연변이들이 세 가지 분자의 어떤 것이 최소배지에 공급되든 상관하지 않고 자랄 수 있다면, 성장을 방해하는 돌연변이들은 경로 중 오르니틴, 시트룰린, 아르기닌의 세 분자의 개입 **이전**에 발생한 대사 저해를 일으킬 것임에 틀림없다는 것이다. 이들 세 분자의 어느 하나라도 첨가되면, 이들의 존재는 이 대사 저해를 우회하여 진행할 수 있다. 결과적으로, 시트룰린과 오르니틴 둘 다 아르기닌 생합성에 관여하는 것으로 보인다. 그러나 이들이 경로에 참여하는 순서는 이들 자료를 근거로 결정될 수 있다.

한편, *arg2*와 *arg3* 돌연변이들은 시트룰린이 공급될 때는 자라지만, 오르니틴만 공급되면 자라지 못한다. 그러므로 오르니틴은 저해에 앞선 경로에 존재해야 한다. 오르니틴의 존재는 경로 저해를 극복하지 못할 것이다. 그러나 시트룰린은 대사 저해를 극복하게 할 수 있으므로, 대사 저해지점을 지나서 관여할 것이다. 그러므로 오르니틴이 시트룰린으로 전환되는 것이 경로에서의 바른

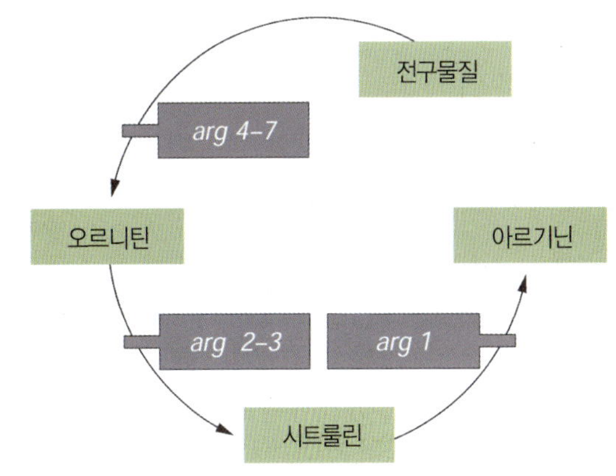

그림 13–12 붉은빵곰팡이에서 아르기닌이 생합성되는 간략한 대사과정.

순서일 것이다.

마지막으로, 우리는 *arg1*이 시트룰린을 아르기닌으로 바꾸는 것을 방해하는 돌연변이를 나타낸다고 결론지을 수 있다. 오르니틴이나 시트룰린 어느 것도 대사 저해를 극복하지 못하는 것은 이 둘이 경로의 앞에 관여하기 때문이다.

종합하면, 이러한 추론은 여기서 요약한 생합성의 순서를 지지해 준다. 1994년, 사브와 호로비츠의 연구에 의해 자세한 경로가 드러났고 각 단계를 조절하는 효소들이 밝혀졌다. 그림 13-12에 이것을 요약한 대사 경로가 나타나 있다.

이 문제를 풀어보자

329페이지의 12번 문제는 세균인 살모넬라(*Salmonella*)에서 생화학적 경로를 확인하려는 자료를 해석하는 것이다.

힌트: 붉은빵곰팡이의 생화학적 경로를 밝히는 데 사용되었던 원리와 방법을 그대로 적용하라.

13.7 인간의 헤모글로빈에 대한 연구는 하나의 유전자가 하나의 폴리펩티드를 암호화한다는 것을 확립시켰다

1940년대 초에 발달된 일유전자-일효소의 개념이 모든 유전학자들에게 당장 받아들여진 것은 아니었다. 어떻게 돌연변이 효소들이 그 많은 표현형적 형질에 있어 차이를 나타나게 하는지에 대해 확실히 알려진 바가 없었기 때문에 이것은 별로 놀라운 일은 아니다. 예를 들어, 초파리 돌연변이들은 눈의 크기, 날개의 모양, 날개의 시맥 패턴 등에서의 차이를 나타낸다. 식물들은 씨의 조직, 키, 과실의 크기 등에 있어 돌연변이를 나타낸다. 어떻게 불활성화된 돌연변이 효소가 그러한 표현형을 나타내는지는 많은 유전학자들의 궁금증을 자아냈다.

두 가지 요소가 곧 일유전자-일효소 가설을 변화시켰다. 첫째는, 거의 모든 효소가 단백질인 반면, 모든 단백질이 효소는 아니라는 것이다. 생화학 유전학의 연구가 진행됨에 따라 모든 단백질들

(a)

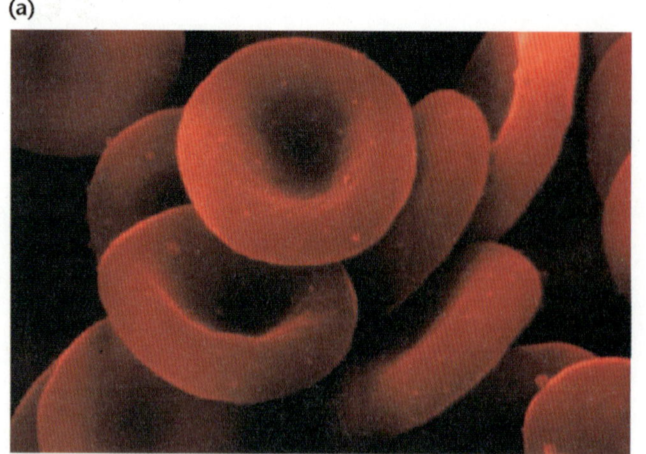

(b)

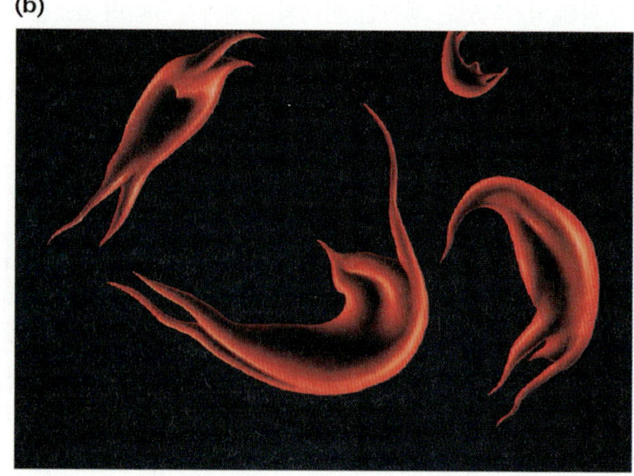

그림 13-13 정상인에서의 적혈구(a)와 겸상 적혈구 빈혈증인 사람의 적혈구(b)를 비교한 것.

이 유전자에 저장된 정보에 의해 지정된다는 것이 분명해지면서 좀 더 정확한 표현인 **일유전자-일단백질 가설**(one-gene:one-protein hypotheis)로 발전했다. 둘째, 단백질들은 종종 두 개 혹은 그 이상의 폴리펩티드 사슬로 구성되는 상위 구조를 나타낸다는 것이다. 이것은 단백질의 4차 구조에 대한 기초가 되며 후에 다시 논의하게 될 것이다. 각각의 독립된 폴리펩티드 사슬이 독립된 유전자에 의해 암호화되기 때문에 비들과 테이텀의 기본 가설은 좀 더 현대적인 **일유전자-일폴리펩티드 사슬 가설**(one-gene:one polypeptide chain hypothesis)로 되었다. 원 가설에 대한 이러한 변화는 겸상 적혈구 빈혈증(Sickle cell anemia)에 이환된 개인들의 헤모글로빈 구조를 분석하면서 더욱 분명해졌다.

겸상 적혈구 빈혈증

유전자들이 효소가 아니라 단백질을 지정한다는 직접적인 첫 증거는 **겸상 적혈구 빈혈증**(sickle-cell anemia)이라는 질환에 걸린 사람들의 돌연변이 헤모글로빈에 대한 연구로 얻어졌다. 이환된 환자들은 헤모글로빈의 중합 때문에 산소 압력이 낮은 경우 길쭉하게 늘어나 휘는 적혈구를 가진다. 적혈구의 이러한 "낫" 모양은 정상인에서 나타나는 양쪽이 오목하게 들어간 적혈구 모양과 매우 대조적이다(그림 13-13). 이러한 질환을 가진 사람들은 산소 분압이 매우 낮은 곳에서 적혈구들이 모세관계의 정맥 쪽에 뭉쳐지게 되면 발작을 겪게 된다. 결과적으로 여러 조직들에 산소가 결핍되고 심각한 손상을 초래한다. 이러한 일이 일어나는 경우 이 개인은 겸상세포 위기(sickle cell crisis)를 겪는다고 한다. 치료를 하지 않으면, 이 위험은 치명적일 수 있다. 신장, 근육, 관절, 뇌, 소화관, 그리고 폐에 영향을 미친다.

발작 외에도, 이러한 개인들에서는 정상 적혈구들보다 더 빨리 적혈구들이 파괴되기 때문에 빈혈증이 나타난다. 보상적인 생리 반응으로 골수에서 적혈구의 생산이 증가되고 심장 활동도 늘어난다. 이러한 기작들로 인해 심장의 확장 및 비정상적인 뼈의 크기가 나타나기도 한다.

1949년에 제임스 닐(Jame Neel)과 E. A. 비트(E. A. Beet)는 이 질환이 멘델 형질로 유전됨을 보여주었다. 가계도 분석으로 3가지 유전자형과 한 쌍의 대립인자인 Hb^A와 Hb^S에 의해 조절되는 표현형들이 드러났다. 정상인과 이환된 사람은 각각 유전자형 Hb^AHb^A와 Hb^SHb^S에 의한 결과다. 이형접합자의 적혈구는 **겸상 세포 형질**(sickle-cell trait)을 나타내지만 질병의 상태까지는 아닌데, 그들에서 절반 이상의 헤모글로빈이 정상이기 때문에 겸상화 현상은 훨씬 적다. 비록 대부분이 이환되지는 않는다고 해도 그런 이형접합자들은 결손 유전자의 "보인자(carriers)"가 되어 유전자는 평균 50%의 자손으로 전달된다.

같은 해에 라이너스 폴링(Linus Pauling)과 그의 동료들은 이 질환에 대한 분자적 기초에 대한 첫 번째 통찰을 제공하였다. 그들은 환자와 정상인으로부터 분리한 헤모글로빈들이 전기영동시 이동도가 다르다는 것을 보여주었다. 이 기법에서는 하전된 분자들이 전기장을 이동하게 된다. 만약 두 분자의 순전하가 서로 다른 경우, 이동 속도가 달라진다. 이것을 바탕으로, 폴링과 그 동료들은 정상 헤모글로빈과 겸상 적혈구 헤모글로빈이 화학적으로 차이가 있다는 결론을 내렸다. 이 두 분자는 지금은 **HbA**와 **HbS**로 각각 표시된다.

그림 13-14(a)는 3가지의 유전자형을 가진 사람들로부터 얻어진 헤모글로빈이 전분(starch)으로 이루어진 젤에서 전기영동되었을 때의 이동 양상을 보여준다. 젤은 이동하는 동안 분자들을 지지해 주는 매체로 작용한다. 이 실험에서 시료들은 음극(−)과 양극(+) 사이의 한 지점에 위치되고, 전기장을 걸어준다. 이동의 양상은 모든 분자들이 양극 쪽으로 이동하는 것으로 나타나 순전하가 음성임을 시사해 준다. 그러나 HbA는 HbS보다 멀리 이동하므로 이의 순전하가 더 크다는 것을 알 수 있다. 보인자에서 얻어진 헤모글로빈의 전장 이동 패턴은 HbA와 HbS의 두 가지 모두를 보여주며 이들이 이형접합성 유전자형임을 확인시켜 준다.

폴링의 발견은 두 가지 가능성을 시사한다. 헤모글로빈은 비단백질성으로 철을 포함한 4개의 헴그룹(heme group)과 4개의 폴리펩티드 사슬로 이루어진 글로빈 단백질(globin protein) 부분으로 이루어져 있다는 것이 알려져 있었다. HbS의 순전하 변화는 이론적으로 이들 구성성분의 화학적 변화에 기인한 것이다.

버논 잉그램(Vernon Ingram)에 의해 1954년과 1957년에 이루

그림 13-14 전기영동법, 단백질 지문분석, 아미노산 분석법 등을 사용하여 Hb^AHb^A와 Hb^AHb^S인 개인들에서 얻은 헤모글로빈을 조사한 것. (a) 겸상 적혈구 빈혈증인 개인(Hb^SHb^S)에서 얻은 헤모글로빈은 전기장에서 다르게 이동한다. (b) 단백질 지문분석 결과 바뀐 폴리펩티드가 발견되며, (c)는 β 사슬의 6번째 아미노산이 발린으로 변화되어 있음을 보여준다. 전기영동과정에서 이형접합자들은(Hb^AHb^S) 두 가지 형태의 헤모글로빈을 나타낸다.

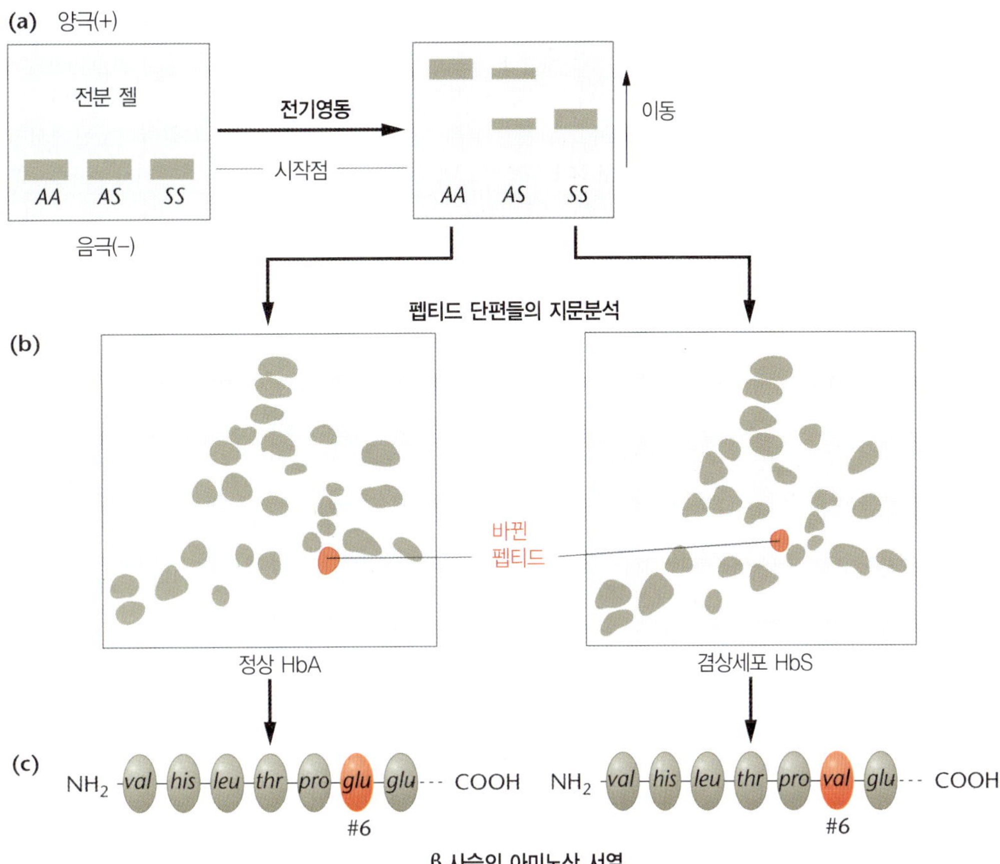

어진 연구가 이 질문에 대한 답을 주었다. 그는 헤모글로빈 분자 내 글로빈 부분의 1차 구조에서 화학적 변화를 증명했다. **단백질 지문기술법**(protein fingerprinting technique)을 이용하여 잉그램은 HbS가 HbA와 아미노산 조성에 차이가 있는 것임을 보여주었다. 사람의 성인에서 헤모글로빈은 동일한 두 개의 α 사슬(141 아미노산)과 두 개의 β 사슬(146 아미노산)이 4차 구조를 이룬다.

지문기술법(fingerprinting technique)에서는 단백질을 펩티드 조각들로 효소적 절단을 일으킨다. 혼합물은 흡수용지에 옮겨지고 전장에 노출되어 여기에서 순전하에 따라 이동하게 된다. 그 다음 종이를 오른쪽으로 돌려 유기용매에 넣고 크로마토그래피에 의해 펩티드를 두 번째 방향으로 이동시키게 된다. 마지막으로 얻어지는 결과는 펩티드 조각들을 독특한 점들 혹은 "지문들"로 2차원 분리를 한 것이다. 잉그램의 실험은 HbS와 HbA가 오직 하나의 펩티드 조각만 차이가 나는 것임을 보여주었다[그림 13-14(b)]. 분석을 진행한 결과 이것은 하나의 아미노산 차이, 즉 β 사슬의 6번째 위치에서 발린이 글루탐산을 대체하여 펩티드 차이를 일으킨 것임을 알게 되었다[그림 13-14(c)].

이러한 발견의 중요성은 여러 측면을 가진다. 하나의 유전자는 하나의 폴리펩티드 사슬에 대한 정보를 제공한다는 것이 확실해졌다. HbS에 대한 연구 역시 하나의 돌연변이가 하나의 아미노산 치환에 의해 표현형에 영향을 미칠 수 있다는 것을 증명했다. 또한 겸상 적혈구 빈혈증을 설명함으로써 **유전되는 분자질환**(inherited molecular disease)의 개념이 확고해졌다. 마지막으로, 이러한 연구는 귀중한 유전적 통찰들을 제공하였던, 사람의 헤모글로빈들에 대한 자세한 연구를 유도하게 되었다.

미국에서 겸상 적혈구 빈혈증은 거의 대부분이 아프리카 미국인 집단에서 발견된다. 대략 625명의 아프리카 미국인 신생아당 1명이 영향을 받는다. 현재, 약 5만~7만 5,000명의 환자들이 있다. 약 145쌍의 부부당 1쌍에서 두 배우자 모두 이형접합성 보인자라는 뜻이다. 이러한 경우에 그들의 아이들은 각각 질병에 걸릴 확률이 25%나 된다.

인간의 헤모글로빈

인간의 헤모글로빈을 역사적 맥락에서 소개했으니, 우리의 논의를 인간의 헤모글로빈 분자들로 확장해 보자. 분자적 연구로 인간의 생애주기의 서로 다른 단계에서 다양한 헤모글로빈 분자들이 생산된다는 것이 밝혀졌다. 이들 모두는 7가지의 독특한 폴리펩티드 사슬을 여러 조합으로 하여 구성되는 사합체(tetramer)들이다. 각 폴리펩티드는 독립된 유전자들에서 암호화된다. 이 다양한 유전자들의 발현은 발달 단계에 따라 조절된다.

거의 모든 성인의 헤모글로빈은 **HbA**로 구성되는데, 두 개의 α 사슬과 2개의 β 사슬이 포함된다. 겸상 적혈구 빈혈증에서의 돌연변이가 β 사슬과 관련된 것임을 기억하라. HbA는 6개월 이후의 성인 적혈구(erythrocyte)에서 발견되는 모든 헤모글로빈의 98%를 나타낸다. 나머지 2%는 **HbA_2**로 구성되는데, 부수적인 성인형 구성성분이다. 이 분자는 두 개의 α 사슬과, 두 개의 **δ 사슬**(delta chain)로 구성된다. δ 사슬은 146개의 아미노산으로 구성되어 있어서 β 사슬과 매우 유사하다.

배아 발생과 태아 시기에는 완전히 다른 세트의 폴리펩티드들이 헤모글로빈에서 발견된다. 가장 먼저 배아에서 추적되는 세트는 **고우어 1**(Gower 1)이라고 불리는 것이다. 이것은 α 사슬과 유사한 두 개의 **ζ 사슬**(zeta chain)들과, β 사슬과 유사한 두 개의 **ε 사슬**(epsilon chain)들을 포함한다. 임신 8주가 되면 이 배아형태는 점차 또 다른 폴리펩티드로 대체된다. 이 분자는 **HbF**, 혹은 **태아 헤모글로빈**(fetal hemoglobin)이라고 불리며, 두 개의 알파 사슬과 두 개의 **γ 사슬**(gamma chain)로 구성된다. 두 가지 형태의 γ-사슬이 있는데 각각 $^{G}\gamma$와 $^{A}\gamma$로 표시된다. 둘 다 β 사슬과 유사하고 단 하나의 아미노산에서만 차이가 난다. 이들은 출생시까지 지속되다가 점차 HbF가 HbA와 HbA_2로 대체된다.

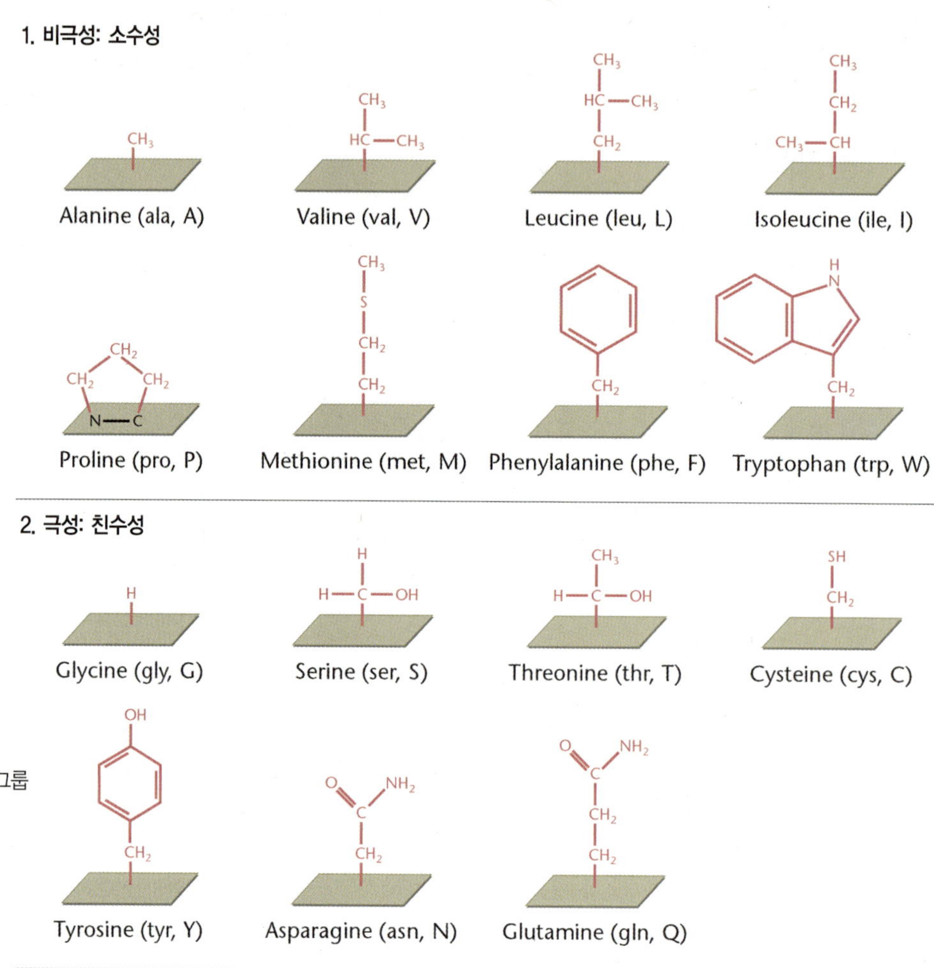

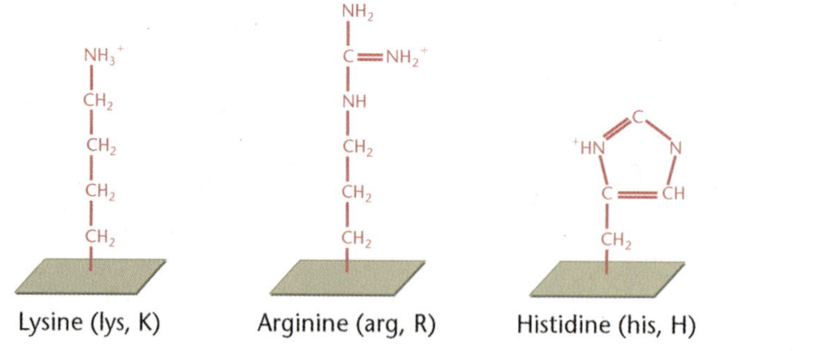

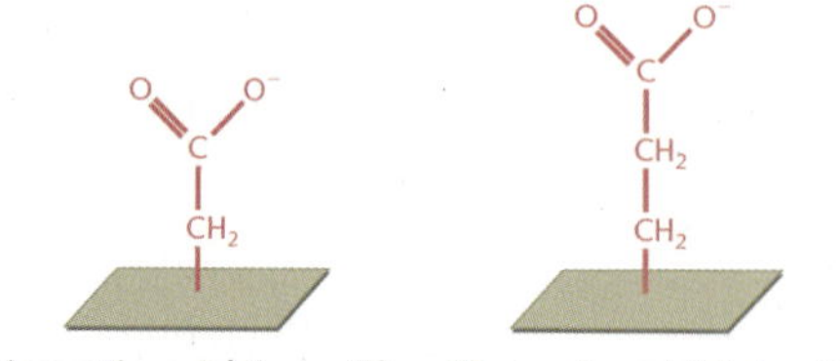

그림 13-15 살아 있는 생물체에서 발견되는 20개 아미노산의 화학적 구조와 명칭. 4개의 주요 범주로 나누어 배열하였다.

13.8 단백질의 구조는 생물학적 다양성의 기초가 된다

유전정보가 DNA에 저장되고 그것이 암호화하는 단백질에 의해 세포에 영향을 미친다는 것을 알게 되었으니, 이제 단백질의 구조에 대한 간단한 논의로 돌아가 보자. 어떻게 이들 분자가 세포활성의 복잡성을 결정짓는 결정적인 역할을 할 수 있는 것일까? 앞으로 살펴보게 될 것처럼, 바로 단백질들의 구조들이 믿을 수 없을 정도의 복잡성과 다양성의 기초를 제공한다. 시작에 앞서 우리는 **단백질**(protein)이라는 말과 **폴리펩티드**(polypeptide)라는 말을 구분해야 한다. 둘 다 아미노산으로 구성된 분자를 설명하는 말이다. 그러나 이들 분자는 조립 상태나 기능적 능력에 있어서 다르다. 폴리펩티드들은 단백질의 전구체들이다. 번역과정 중에 리보솜에서 조립됨에 따라 아미노산 중합체들은 이제 폴리펩티드라고 불린다. 번역 후에 리보솜에서 분리되면 폴리펩티드들은 접혀지고 고차원의 구조를 형성하게 된다. 이러한 일이 일어나면, 공간상의 3차원 구조가 나타난다. 많은 경우에 있어, 여러 가지 폴리펩티드는 이러한 형태를 형성하도록 상호작용한다. 마지막 형태가 완성되면 이제 분자는 완전히 기능적이 되며 단백질이라고 불리게 된다. 이것은 분자의 기능에 필수적인 3차원 구조를 이루고 있다.

단백질의 폴리펩티드 사슬들은, 핵산처럼 가지가 없는 선상의 중합체들이다. 20개 아미노산이 단백질의 기본단위(building block)들로 기능한다. 각각의 아미노산은 **카르복시 그룹**, **아미노 그룹**, 그리고 **중앙 탄소원자(C)**에 공유결합으로 붙어 있는 **R(radical) 그룹**(곁가지)을 가진다. R 그룹은 아미노산의 정체성을 결정한다. 그림 13-15는 20개의 R 그룹을 보여주며, 이들은 다양한 형태를 나타내므로 4종류의 집단으로 구분될 수 있다: (1) 비극성(nonpolar, 소수성), (2) 극성(polar, 친수성), (3) 음전하를 띤 것, 그리고 (4) 양전하를 띤 것. 폴리펩티드들이 종종 기다란 중합체를 이루며, 각 자리는 20가지의 독특한 아미노산들 중 어떤 것에 의해서도 차지될 수 있으므로, 화학적 구성이나 활성에 있어서 거대한 다양성이 얻어질 수 있다. 예를 들어, 평균적인 폴리펩티드가 200개의 아미노산(분자량 2만 Da)으로 이루어진다면, 20개의 구성단위들을 사용하면 각각의 독특한 서열을 가진 20^{200}개의 서로 다른 분자들이 생겨날 수 있다.

1900년경, 독일의 화학자 에밀 피셔(Emil Fischer)는 아미노산들이 서로 붙는 방식을 결정했다. 그는 탈수과정 중에서 아미노산의 아미노 그룹이 다른 아미노산의 카르복시 그룹과 반응할 수 있어서 한 분자의 H_2O를 내놓는다는 것을 보여주었다. 결과적으로 생기는 공유결합은 **펩티드 결합**(peptide bond)(그림 13-16)이라고 알려져 있다. 두 개의 아미노산이 서로 결합되면 **디펩티드**(dipeptide)를 이루고, 세 개가 모이면 **트리펩티드**(tripeptide)가 되는 식이다. 일단 10개 이상의 아미노산이 펩티드 결합으로 연결되면 이 사슬은 이제 폴리펩티드라고 불린다. 일반적으로, 폴리펩티드가 얼마나 길건 간에 이들은 한쪽 끝에는 자유로운 아미노 그룹(N-말단)을, 다른 한쪽에는 카르복시 그룹(C-말단)을 가진다.

단백질 구조의 4가지 수준이 알려져 있다: 1차, 2차, 3차, 4차

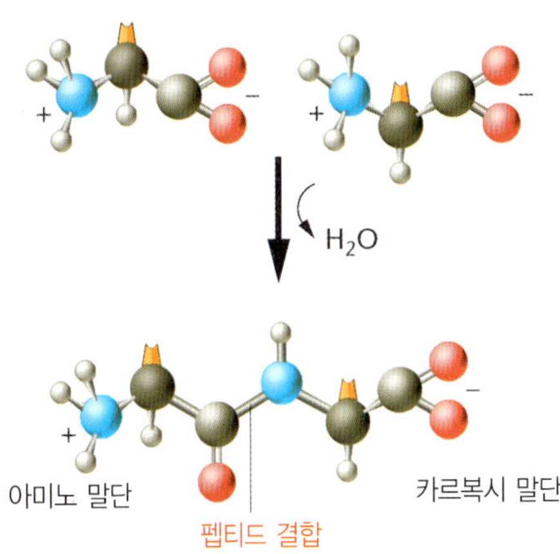

그림 13-16 두 아미노산 사이에 형성되는 펩티드 결합. 탈수반응에 의한다.

구조다. 폴리펩티드의 선상 골격을 이루는 아미노산의 순서는 **1차 구조**(primary structure)를 형성한다. 이것은 DNA의 데옥시리보오스뉴클레오티드 서열에 의해 mRNA 중간체를 거쳐 지정된다. 폴리펩티드의 1차 구조는 단백질이 형성될 때 높은 수준으로 조직화되는 특성을 결정짓게 한다.

2차 구조(secondary structure)는 폴리펩티드 사슬 내에서 인접하게 배열된 아미노산들에 의해 점유되는, 공간에서 규칙적 혹은 반복적으로 나타나는 모양새를 뜻한다. 1951년에 라이너스 폴링(Linus Pauling)과 로버드 코레이(Robert Corey)는 이론을 바탕으로 하여 **α-나선**(α-helix) 모양이 2차 구조 중 하나일 것으로 예상한 바 있다. α-나선 모형[그림 13-17(a)]은 이후로 X-선 결정학(X-ray crystallography) 연구로 확인되었다. 막대 모양의 이 구조는 이론적으로 가장 안정한 형태다. 이 나선은 수소결합에 의해 안정화된 소용돌이꼴의 아미노산 사슬 하나로 이루어진다.

아미노산의 곁가지(R기)는 나선의 바깥쪽으로 빠져나와 있으며, 각 아미노산 잔기들은 나선에서 세로축으로 1.5 Å의 거리를 차지하고 있다. 한 바퀴당 3.6개의 아미노산 잔기들이 존재한다. 이론적으로 왼쪽 꼬임도 가능하지만 모든 단백질에서 나타나는 α-나선들은 오른쪽으로 꼬여 있다.

역시 1951년에 폴링과 코레이는 **β-병풍**(β-pleated sheet) 모양의 두 번째 구조를 제안했다. 이 모형에서는, 하나의 폴리펩티드 사슬들이 접혀 있고, 이러한 여러 개의 사슬들이 평행 혹은 역평행으로 나란히 놓이게 된다. 이러한 구조 각각은 인접한 사슬들에 존재하는 원자들 사이에 형성된 수소결합에 의해 안정화된다[그림 13-17(b)]. 하나의 구불구불한 평면이 형성되며 아미노산은 약 3.5 Å 떨어져 있다.

일반적으로, 대부분의 단백질에서는 알파 나선과 베타 병풍 구조가 혼합되어 나타난다. 구형의 단백질들은 대부분이 둥근 모양으로 친수성이며 보통 베타 병풍핵과 여러 부분의 나선 구조들을 포함하고 있다. 좀 더 단단한 구조의 단백질들은 다수가 물에 잘 녹지 않으며 더 확장된 β-병풍구조 부분을 가진다. 예를 들어, **피브로인**(fibroin)은 실크 나방에 의해 만들어지는 단백질로 대부분이 이러한 형태의 2차 구조로 이루어져 있다.

2차 구조가 폴리펩티드 사슬의 일정 부분에서 나타나는 아미

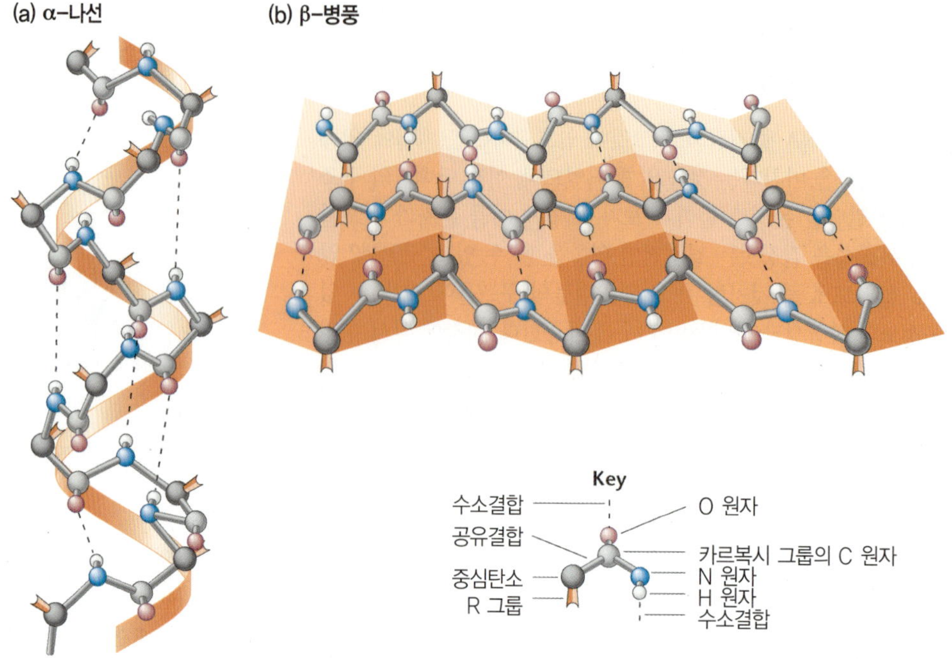

그림 13-17 (a) 오른손 방향으로 꼬인 α-나선(α-helix). 폴리펩티드 사슬의 2차 구조 중 하나다. (b) β-병풍(β-pleated sheet) 구조. 폴리펩티드 사슬의 또 다른 형태다. 명료함을 위해서 모든 원자를 다 나타내지는 않았다.

노산의 배열을 설명하는 데 반해 **3차 구조**(tertiary structure)는 전체 사슬이 공간에서 나타내는 3차원적 구조를 규정한다. 각 단백질은 매우 특정한 방법으로 스스로 접히거나 꼬여 특정 단백질의 특성을 나타낸다. 호흡색소인 미오글로빈의 3차 구조에 대한 3차원 모형이 그림 13-18에 나타나 있다. 3가지 관점들이 이 구조를 결정하고 분자를 안정화시키는 데 매우 중요하다.

1. 공유성 이황결합(disulfide bond)이 가깝게 배열된 시스테인 잔기들 사이에서 형성된다.
2. 대부분의 극성 친수성 R 그룹들은 3차원 구조의 표면에 존재하며 여기서 물과 상호작용한다.
3. 비극성 소수성 R 그룹들은 보통 분자의 안쪽에 위치하며 여기에서 서로서로 상호작용하여 물과의 접촉을 피한다.

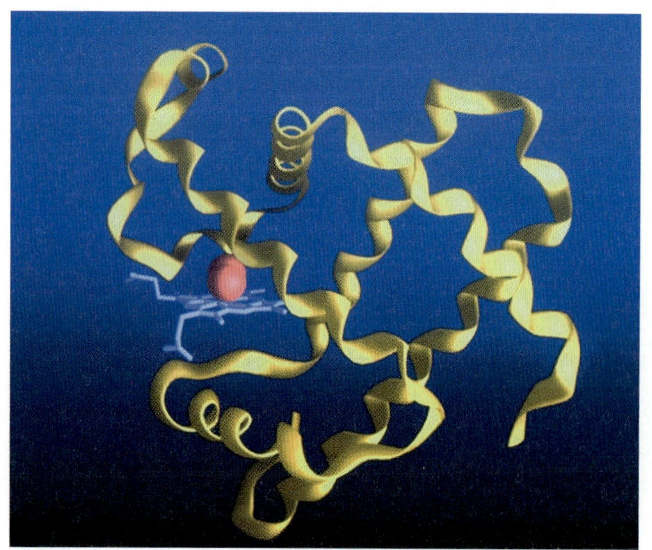

그림 13-18 호흡색소인 미오글로빈에서 나타나는 3차 구조. 결합된 산소 원자가 붉은색으로 표시되어 있다.

단백질에서 형성된 3차원적 구조는 폴리펩티드의 1차 구조(primary structure)의 산물임을 강조할 필요가 있겠다. 그러므로 궁극적으로 단백질의 최종 조립을 이끌어 내기 위한 정보를 암호화하기 위해 유전자 암호는 아미노산 서열을 지정하기만 하면 된다. 세 가지 안정화 요소들은 각 아미노산이 사슬 내에서 다른 아미노산들과 상대적으로 어느 위치에 존재하는가에 의존적이다. 접힘 현상이 일어날 때에는 열역학적으로 가장 안정한 형태가 얻어질 것이다. 이러한 차원의 구성은 매우 중요한데, 그 이유는 어떤 단백질의 특수한 기능은 그것의 3차 구조와 직접적으로 관련되어 있기 때문이다.

단백질의 **4차 구조**(quaternary structure)는 하나 이상의 폴리펩티드 사슬로 이루어지는 단백질에만 적용되는 것으로, 다양한 사슬들 간의 구성을 나타내는 것이다. 이러한 형태의 단백질은 **소수중합체**(oligomeric)라고 불리며, 각 사슬은 **프로토머**(protomer), 혹은 그냥 **소단위**(subunit)라고 하기도 한다. 각각의 프로토머는 특별히 상보적인 형태로 서로서로 잘 맞는 구조를 가진다. 헤모글로빈은 4개의 폴리펩티드 사슬로 이루어진 소수중합성 단백질로

이 문제를 풀어보자

330페이지의 30번 문제는 인간의 헤모글로빈을 구성하는 사슬 중 하나를 암호화하는 유전자에서, 돌연변이에 의해 생긴 몇 가지 아미노산 치환의 잠재적 영향을 고려하라는 것이다.

힌트: 세 아미노산(글루탐산, 리신, 발린)을 고려할 때는 각 R 그룹의 순전하를 고려하라.

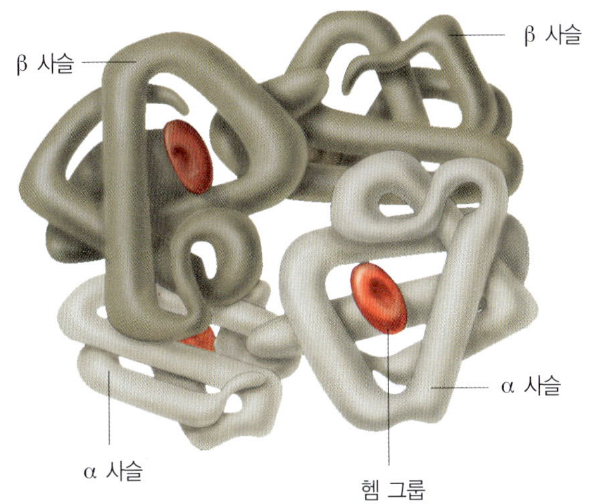

그림 13-19 헤모글로빈에서 나타나는 단백질의 4차 구조. 네 개의 사슬(2α와 2β)이 4개의 헴 그룹과 상호작용하여 기능적인 분자를 구성한다.

자세히 연구되어 있다. 그림 13-19에 그 4차 구조가 나와 있다. DNA와 RNA 중합효소를 포함하는 대부분의 효소들은 4차 구조를 나타낸다.

13.9 번역 후 변형은 최종 단백질 산물을 변화시킨다

단백질들의 기능에 대한 논의로 들어가기에 앞서 RNA 전사체들처럼 폴리펩티드 사슬들도 일단 합성된 후에 종종 변형되곤 한다. 이런 부차적인 과정은 일반적으로 **번역 후 변형**(posttranslational modification)으로 설명된다. 비록 이러한 변화의 많은 부분이 세세한 생화학적 변형으로서 논의의 범주를 벗어나는 것이지만, 여러분은 이러한 변형이 발생하며 최종 단백질 산물들의 기능에 매우 중요하다는 것을 알아두어야 할 것이다. 번역 후 변형에 대한 몇 가지 예가 아래에 제시되어 있다.

1. N-말단과 C-말단의 아미노산들은 보통 제거되거나 변형된다. 예를 들어, 세균성 폴리펩티드의 첫 N-말단 포밀메티오닌 잔기는 보통 효소에 의해 제거된다. 진핵성 폴리펩티드 사슬들에서는 종종 첫 메티오닌의 아미노 그룹은 제거되고 N-말단 잔기의 아미노 그룹은 화학적으로 변형된다(아세틸기가 첨가된다).

2. 개개의 아미노산 잔기들은 때때로 변형된다. 예를 들어, 티로신 같은 어떤 아미노산들의 수산기에 인이 첨가될 수도 있다. 이러한 변형들은 음으로 하전된 잔기들을 만들어 다른 분자들과 이온결합을 형성하게 만들기도 한다. 인산화의 과정은 세포내 활성을 조절하는 데 극히 중요하며, **키나아제**(kinase)라는 효소에 의해 이루어진다. 다른 단백질에서는 효소에 의해 메틸기가 첨가되기도 한다.

3. 가끔씩은 탄수화물 곁가지들이 부착되기도 한다. 이들은 공유결합으로 첨가되어 **당단백질**(glycoprotein)을 만드는데, 사람에서 ABO 혈액형의 항원을 결정하는 것과 같은 많은 항원결정소(antigenic determinant)를 포함하는 중요한 분자 집단이다.

4. 폴리펩티드 사슬들이 잘려나가기도 한다. 예를 들어, 인슐린은 처음 번역된 하나의 긴 분자가 효소에 의해 잘려서 51개의 아미노산들로 이루어진 최종 형태가 된다.

5. 신호서열들이 제거된다. 몇몇 단백질들의 N-말단 끝에는 30개 정도까지의 아미노산 서열들이 세포 내에서 단백질들이 기능할 위치를 지정하는 데 중요한 역할을 한다. 이것을 **신호서열**(signal sequence)이라고 부르며, 이것이 세포 내에서 단백질의 최종적인 위치를 결정한다. 이 과정은 **단백질 표적화**(protein targeting)라고 한다. 예를 들어, 단백질의 운명이 분비될 것인지 혹은 세포막의 일부가 될 것인지는 그들이 소포체 내강으로 처음 이동하기 위한 특정 서열에 따라 달라진다. 같은 목적지를 가진 다양한 단백질들의 신호서열은 1차 아미노산 서열은 달라도 많은 화학적 성질을 공유한다. 예를 들어, 분비되는 단백질들은 모두 신호서열의 N-말단에 양으로 하전된 아미노산 15개까지의 소수성 아미노산들이 따라온다. 일단 폴리펩티드가 이동되면, 단백질들로서 기능적인 상태를 획득하기에 앞서 신호서열은 효소에 의해 이들 폴리펩티드로부터 제거된다.

6. 폴리펩티드 사슬들은 종종 금속들과 결합된다. 단백질 구조의 3, 4차 수준은 종종 금속원자를 포함하고 있으며 이에 의존적이다. 그러므로 단백질의 기능은 폴리펩티드 사슬과 금속원자들을 포함하는 분자복합체에 의해 결정된다. 헤모글로빈은 4개의 폴리펩티드 사슬과 함께 4개의 철원자를 포함하는 좋은 예다.

이러한 형태의 번역 후 변형들은 분명히 어떤 단백질에 특이적인 기능적 상태를 획득하는 데 중요하다. 분자의 마지막 3차원 구조가 특수 기능과 매우 연관되어 있으므로, 어떻게 폴리펩티드 사슬들이 최종적으로 접혀서 마지막 구조를 형성하게 될지도 역시 중요한 주제가 된다. 수년 동안, 단백질의 접힘 현상은 분자가 가지는 열역학적인 안정성에 의해 생기는 자발적인 과정으로, 주로 단백질을 구성하는 폴리펩티드 사슬의 아미노산 서열에 내재한 화학적 성질에 기인하는 것으로 생각되어 왔다. 그러나 많은 연구들이 여러 가지 단백질에 대해 접힘 현상이 **샤페론**(chaperone)이라는 다른 단백질에 의존적임을 보여주었다. 샤페론 단백질들은 [때론 분자 샤페론(molecular chaperones) 혹은 샤페로닌(chaperonin)이라고 불린다] 다른 단백질의 접힘을 촉진시키는 기능을 한다. 어떤 기작에 의해 샤페론들이 작용하는지는 아직 명확하지 않지만, 효소와 마찬가지로 이들은 최종산물의 일부분이 되지는 않는다. 초파리에서의 **열충격 단백질**(heat shock protein, HSP)로 불렸던 처음 발견된 샤페론들은 이제 세균, 동물, 그리고 식물들을 포함한 다양한 생물체에서 발견되었다. 궁극적으로, 단백질의 접힘은 단순히 잘못 접힌 단백질들이 기능을 하지 않기 때문이 아니라, 이들이 위험할 수도 있기 때문에 매우 중요하다. **해면상 뇌병증**(spongiform encephalopathy)이라고 불리는 일부 질병들[소에서는 **광우병**(mad cow disease), 사람에서는 **크로이츠펠트-야콥씨 병**(Creutzfeldt-Jacob disease)]은 부적절하게 접힌 신경 단백질들의 존재에 의한 것이다. 현재, 많은 연구실들에서 어떻게 단백질 접힘이 정상적으로 일어나며, 어떻게 잘못 접힌 단백질들이 정상 단백질들을 "망치는지", 그래서 결국 세포 사망이나 병을 일으키게 하는 것인지를 이해하기 위해 노력을 집중하고 있다.

13.10 단백질 기능은 분자 구조와 직접적으로 관련된다

지구상의 생명의 본질은 다양한 세포기능의 수준에 있다. 혹자는 DNA나 RNA가 단순히 유전적 암호를 저장하고 발현하기 위한 담체로서 기능한다고 주장할 수도 있겠다. 그러나 단백질들은 세포기능의 핵심에 존재한다. 그리고 세포는 대부분의 진핵세포들을 진화적으로 덜 발달한 세균과 같은 생물들과 구별하게 해주는 것과 같은 다양한 구조나 기능을 발휘한다. 그러므로 단백질의 기능을 앞서 이해하는 것은 유전적 과정들에 대한 완전한 개관을 살피는 데 필수적이다.

단백질들은 세포 내에서 가장 풍부하게 발견되는 거대분자들이다. 유전자들의 마지막 산물로서 이들은 많은 역할들을 수행한다. 예를 들어, 호흡 색소들인 **헤모글로빈**(hemoglobin)과 **미오글로빈**(myoglobin)은 산소를 운반하며, 세포 대사에 필수적이다. **콜라겐**(collagen)과 **케라틴**(keratin)은 구조 단백질로서 피부, 결합 조직, 그리고 생물의 털 등에 연계되어 있다. **액틴**(actin)과 **미오신**(myosin)은 수축성 단백질로 근육조직에서 풍부하게 발견된다. 또 다른 예가 바로 척추동물의 면역계에서 기능하는 **면역글로불린**(immunoglobulin)들; 막을 가로지르는 분자의 이동에 관여하는 **수송 단백질**(transport protein)들; 다양한 형태의 화학적 활성을 조절하는 몇몇 **호르몬**(hormone)과 그들의 **수용체**(receptor); 그리고 진핵생물의 DNA에 결합하는 **히스톤**(histone) 등이다.

연관된 기능들을 가지는 가장 큰 단백질 그룹이 바로 **효소**(enzyme)들이다. 이 장을 통해 지속적으로 이 분자들에 대해 언급해왔기 때문에, 우리의 논의를 넓혀 이들의 생물학적 역할에 대해 좀 더 자세한 설명을 포함시키는 것이 유용할 것이다. 이 분자들은 살아 있는 세포 안에서 화학반응을 촉매하도록 특수화되어 있다. 효소들은 화학반응이 평형에 도달하는 속도를 증가시키지만 화학평형의 최종 지점을 변화시키지는 않는다. 놀랍도록 고도로 특이적인 이들의 촉매활성은 주어진 세포 형태의 대사 능력을 결정한다. 세포들의 유전적인, 그리고 세포적인 과정들에 관여하는 많은 효소의 특정 기능들은 교재 전반에 걸쳐 설명되어 있다.

생물학적 촉매과정(biological catalysis)이란 이것에 의해 주어진 반응의 **활성화 에너지**(energy of activation, E_a)가 낮아지도록 하는 것이다(그림 13-20). 활성화 에너지는 보통 분자들이 서로 반응하기 전에 도달하게 되는 증가된 운동에너지 상태를 말한다. 이러한 상태는 온도 상승에 의해서도 이루어질 수 있지만, 효소들은 낮은 생리학적 온도에서도 생물학적 반응이 일어날 수 있도록 해준다. 이러한 방법으로, 효소들은 우리가 아는 것과 같은 생명을 가능하게 한다.

한 효소의 촉매능과 특이성은 분자내 **활성 부위**(active site)의 화학적 구성에 의해 결정된다. 이 부위는 효소 표면에 존재하는 균열, 혹은 틈이나 홈으로 이루어져 있으며 반응물이나 기질이 여기에 부착하게 되고 그들의 상호작용이 촉진된다. 각 반응은 **이화적**(catabolic)이거나 혹은 **동화적**(anabolic)이다. 이화작용이란 커다란 분자들이 더 작거나 단순한 것으로 에너지를 방출하면서 분해되는 과정이다. 동화작용이란 대사의 합성 기작으로서, 핵산, 단백질, 지질 그리고 탄수화물을 만드는, 다양한 요소의 생산을 말한다.

13.11 단백질은 기능적 도메인으로 구성된다

이제 특정 아미노산 서열들이 단백질 분자의 특정 기능에 중요한 부분이라는 것을 간략히 논의함으로써 단백질에 관한 우리의 논제를 마무리하고자 한다. 그러한 서열들은 보통 50~300아미노산

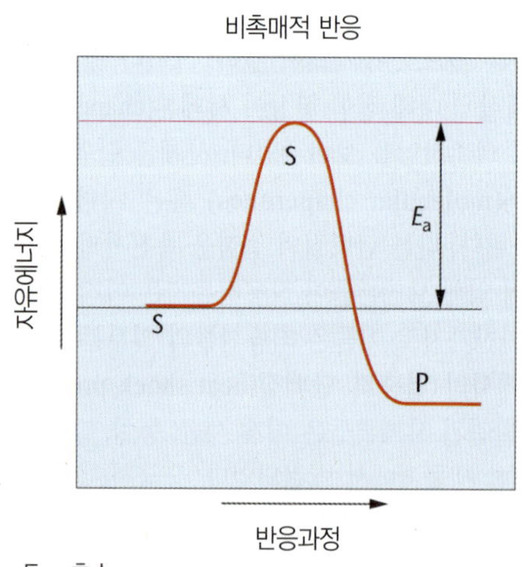

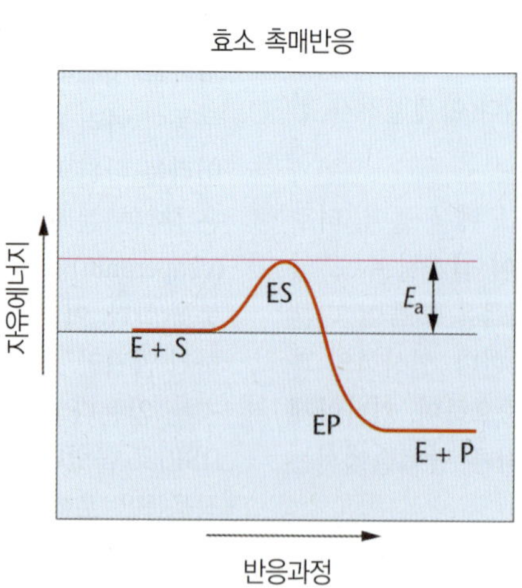

E = 효소
S = 기질
P = 산물

그림 13-20 비촉매반응과 효소적으로 촉매되는 반응들 사이의 에너지 요구. 반응을 시작하는 데 필요한 활성화 에너지(E_a)는 촉매과정에 의해 현저하게 낮아진다.

그림 13-21 LDL 수용체 단백질을 암호화하는 유전자의 18개의 엑손. 이들은 5가지의 기능성 도메인들과 하나의 신호서열로 구성되어 있다.

으로 이루어지며, **단백질 도메인**(protein domain)이라고 불리고, 분자의 나머지 부분과는 독립적으로 안정적이고 독특한 모양을 하도록 접히는 단백질의 모듈 부위에 의해 나타난다. 서로 다른 도메인들은 서로 다른 기능을 가진다. 어떤 단백질들은 오직 하나의 도메인을 포함하기도 하고 또 다른 것들은 두 개 혹은 그 이상을 가지기도 한다.

도메인들의 중요성은 단백질의 3차 구조에 의거한다. 그러한 모듈 단위 각각은 2차 구조들과 혼합될 수 있어서 α-나선과 β-병풍 구조들을 가질 수 있다. 하나의 도메인에서 나타나는 독특한 구성은 단백질에 특수한 기능을 부과한다. 예를 들어, 하나의 도메인은 효소의 촉매적 기초로 작용할 수 있고, 혹은 막의 일부로서 특정 리간드에 붙거나 혹은 다른 분자에 부착하는 능력을 부여할 수도 있다. 그러므로 단백질들의 연구에서 여러분은 촉매성 도메인(catalytic domain) 혹은 DNA 결합 도메인(DNA-binding domain) 등의 말을 듣게 될 것이다. 결론적으로, 단백질은 일련의 구조적, 기능적 모듈들로 이루어진 것으로 간주되어야 한다는 것이다. 분명히, 한 단백질 내에 존재하는 여러 도메인은 개개 분자의 융통성을 증가시키며 기능적 복잡성을 더하게 될 것이다.

엑손 셔플링

단백질 도메인들의 유전적 기원을 설명하는 흥미로운 제안이 1977년 월터 길버트(Walter Gilbert)에 의해 제시되었다. 길버트는 고등 생물 유전자의 기능적인 부분이 원래는 조상 유전자-진화과정 중에 재조합을 통해 모여진-에 존재하던 엑손들의 집합으로 이루어져 있다고 제안했다. 이러한 과정을 **엑손 셔플링**(exon shuffling)이라고 언급하면서, 그는 단백질 도메인과 마찬가지로 엑손들 역시 모듈식으로 되어 있다고 주장했다. 길버트는 진화과정 중에 엑손들이 진핵세포 내의 유전자들 사이에서 다시 섞여서 서로 다른 유전자들이 비슷한 도메인들을 공유하게 되었다고 주장했다.

1977년 이후, 유전자 구조를 분석하기 위한 일련의 연구 노력이 이루어졌다. 1985년에는 엑손 모듈에 대한 길버트의 제안을 지지하는 좀 더 직접적인 증거들이 제시되었다. 예를 들어, 저밀도 지질 단백질(low density lipoprotein, LDL)에 대한 막 수용체를 암호화하는 인간의 유전자가 분리되고 서열화되었다. **LDL 수용체 단백질**(LDL receptor protein)은 혈장 내의 콜레스테롤을 세포 내로 수송하는 데 필수적이다. 이것은 세포내 흡수작용(endocytosis)을 매개하며, 수많은 기능적 도메인들을 가질 것으로 예상된다. 이들 도메인은 이 단백질이 LDL 기질에 특이적으로 결합하도록 하여 막을 가로질러 수송되는 동안 다른 차원의 막에 존재하는 다른 단백질과 상호작용하도록 하는 능력에 관여한다. 그리고 이 수용체 분자는 탄수화물의 첨가에 의해 번역 후 변형된다; 따라서 하나의 도메인은 반드시 이 탄수화물과 연계되어 존재한다.

이 단백질을 암호화하는 유전자에 대한 자세한 분석은 엑손 모듈에 대한 개념이나 진화 중의 셔플링을 지지한다. 이 유전자는 꽤 크며(45,000 뉴클레오티드), 18개의 엑손들을 포함한다. 이들은 2,600개의 뉴클레오티드보다 약간 작은 크기임을 나타낸다. 이 엑손들은 단백질의 기능적인 도메인들과 연관되어 있으며, 진화과정 중에 다른 유전자들로부터 추출되어 왔을 것으로 보인다.

그림 13-21은 이러한 관계들을 보여주고 있다. 첫 번째 엑손은 신호서열로서 LDL 수용체가 막의 일부로 되기 전에 단백질로부터 제거되는 부분을 보여준다. 다음 5개 엑손은 콜레스테롤이 붙는 결합 부위를 지정하는 도메인들을 나타낸다. 이 도메인은 40개의 아미노산이 7번 반복되는 서열로 이루어져 있다. 다음 도메인은 쥐의 펩티드성 호르몬인 외피성장인자(epidermal growth factor, EGF)와 놀라울 정도로 유사성을 가지는 400개의 아미노산 서열로 이루어진다. 이 부분은 8개의 엑손에 의해 암호화되며, 40개의 아미노산 서열이 3번 반복되는 부분을 포함한다. 비슷한 서열이 3개의 혈액 응고 단백질에서도 역시 발견된다. 15번째 엑손은 탄수화물이 첨가되는 번역 후 변형을 위한 도메인을 지정한다. 남은 2개는 막의 일부 단백질 부위로서 수용체를 세포 표면의 특별한 위치에 머물도록 한다.

LDL 엑손들과 관련된 이러한 관찰들은 진화과정 중의 엑손 셔플링 이론을 잘 지지해 준다. 분명히, 단백질 도메인들이 특정 분자 상호작용을 맡는다는 데에는 이견이 없다.

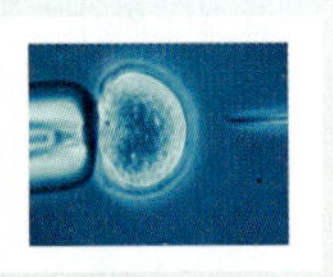

유전학, 기술, 그리고 사회

광우병: 프리온 이야기

1996년 3월 20일, 영국 정부는 새로운 뇌 질환이 10명의 젊은 영국인들을 죽였으며, 이 희생자들은 감염된 쇠고기를 먹었기 때문이라고 발표했다. 소 해면상뇌병증(bovine spongiform encephalopathy, BSE) 혹은 "광우병(mad cow disease)"이라고 더 잘 알려져 있는 이 질환은, 서서히 뇌세포들을 파괴하는 치명적 질환이다. 최근의 연구들은 BSE와 새로운 형태의 크로이츠펠트-야곱씨 병(new variant Creutzfeldt-Jacob disease, nvCJD)으로 알려진 사람의 질환들이 분자 수준에서와 병리학적 수준에서 너무나 유사하여 이들이 동일한 질병인 것으로 보인다고 보고했다. 광우병은 유럽에서 정치적인 혼란을 야기했는데, 영국산 쇠고기가 전 세계적으로 금지되고, 거의 89억 달러의 영국 쇠고기 산업이 붕괴되었다. 유럽연합은 470만 마리의 영국 소들을 도살하여 소각할 것을 요구했으며, 이 캠페인으로 정부는 농민들에게 보상하고, 우유 수입, 그리고 새 소를 사들이기 위해 120억 달러 이상을 지불해야 했다. 중동, 일본, 그리고 캐나다를 비롯한 대부분의 유럽 국가들은 적어도 한 마리 이상의 소에서 BSE를 발견했다. 비록 대부분의 nvCJD 사례들이 영국에서 발생했지만, 유럽, 이탈리아, 아일랜드, 남미, 캐나다, 그리고 미국에서도 역시 발생했다. 이제 125명 이상이 이 질병으로 사망했고 역학자들은 다음 20년 동안 더 많은 사례들이 발생할 것이라고 추정한다.

BSE, nvCJD, 그리고 크로이츠펠트-야콥씨 병(CJD)은 모두 전염성 해면상뇌병증(transmissible spongiform encephalopathy, TSE)이라고 알려져 있는, 사람과 동물에 영향을 미치는 신경질환이다. 이 그룹의 질병들에서는, 영향을 받은 뇌조직이 결국 스펀지처럼 되고(그래서 해면상이라고 불린다), 알 수 없는 단백질성 침착물들이 쌓인다. 이 병의 희생자들은 운동기능을 상실하며, 치매가 오고, 결국은 죽게 된다. nvCJD에 걸린 사람은 떨림이나 마비 같은 신경학적 증상이 나타나기에 앞서, 우울감이나 초조함 같은 정서적 증상을 나타낸다는 점에서 CJD와 증상이 다르다. 또한 nvCJD 환자는 보통 16~40세로 젊은 반면, CJD는 보통 55세가 넘은 사람에게 영향을 미친다. 다수의 CJD 사례가 자연발생적으로 무작위로 발생하는데, 세계적으로 1년에 100만 명당 한 명꼴이다. 그렇지만 CJD는 상염색체성 우성 조건으로 유전될 수도 있다.

CJD는 각막이나 신경조직 이식을 통해 전달되거나 사람의 뇌하수체로부터 얻어진 성장호르몬 주사에 의해서 전염될 수 있다. 뉴기니아의 포레족에서 발병하는 쿠루(Kuru)라고 하는 CJD-유사성 질환은 식인 의식을 통해 사람에서 사람으로 전달된다. 동물에서의 전염성 해면상뇌병증에는 스크래피(scrapie)(양과 염소에서), 만성 소모성 질환(사슴과 엘크), 그리고 BSE가 포함된다. 쿠루와 마찬가지로, BSE와 스크래피도 병에 걸린 동물성 잔해, 특히 신경조직들을 먹음으로써 동물에서 동물로 전달된다. 영국에서의 BSE 유행은 병에 걸린 소들과 양들을 가공하여 단백질 보충원으로 소들에게 먹였기 때문에 발생한 것이다. 1998년에, 영국 정부는 소와 양들을 다른 소와 양들에게 먹이는 것을 금지했고, BSE 유행은 진정되고 있다. 유럽 연합은 이제 모든 가축들에게 동물성 사료를 먹이는 것을 금지 조치했다. 대조적으로, 미국과 캐나다는 아직 비반추동물들에게 반추동물들의 고기를 포함한 사료를 먹이로 사용하는 것을 허가하고 있으며, 반추동물들 역시 비반추동물들의 부산물, 즉 혈액, 젤라틴, 지방 등과 같은 것을 포함한 사료를 먹이로 하도록 한다. 그러나 이러한 조치는 2003년 캐나다에서 발생한 BSE 사례의 발견으로 변화될 것이다. 그리고 최근의 연구는 BSE가 혈액이나 동물성 수지를 통해 전파될 수 있음을 제시하고 있다.

수년 동안, 해면상 뇌병증에 대한 분석은 과학자들의 노력을 무시해왔다. 이 질병은 여러 가지 이유로 연구가 어렵다. 우선, 영향 받은 뇌물질을 실험동물의 뇌로 주사해야 할 뿐 아니라, 병이 발생하기까지 수개월에서 수년이 걸린다. 그리고 감염성 물질은 바이러스나 세균이 아니므로 영향을 받은 동물들은 그 이상한 물질에 대해 항체를 만들지도 않는다.

이 병에 대한 처방은 현재 없으며, 진단의 확인도 사후 뇌조직을 검사하는 것뿐이다. 이 감염성 물질은 핵산에 손상을 유발하는 방사선이나 핵산분해효소에 영향을 받지 않는다; 그러나 단백질을 가수분해시키거나 변화시키는 몇몇 시약들에 의해 파괴된다. 1980년대 초반에 미국 과학자인 스탠리 프러시너(Stanley Prusiner)는 이 감염성 요소를 분리하여 이것이 단백질만으로 이루어진 것임을 확인했다. 그는 스크래피가 프리온(prion)이라고 불리는 감염성 단백질 입자에 의해 전파되는 것이라고 제안했다. 그의 가설은 유전물질로 DNA나 RNA를 포함하지 않는 감염성 요소라는 것 때문에 대부분의 과학자들에 의해 외면당했다. 그러나 프러시너나 다른 사람들은 프리온 가설을 지지하는 증거를 제시하였으며, 이 질병이 유전물질을 포함하지 않는 감염성 입자들에 의해 전파될 수 있다는 생각이 받아들여지고 있다.

만약 프리온들이 오직 단백질로만 이루어진다면 어떻게 이들이 질병을 유발하는 것일까? 그 답은 그 질병만큼이나 괴상하다. 프리온(PrP)을 구성하는 단백질은 모든 성체동물들의 뇌에서 발견되고 신경세포들에서 합성되는 정상 단백질의 한 형태라는 것이다. 정상 PrP와 프리온 PrP 사이의 차이는 그들 단백질의 2차 구조에 있다. 정상적인, 비감염성 PrP는 α-나선 구조로 접혀 있는 데 반해, 감염성인 PrP는 β-병풍 구조로 접힌다. 정상적인 PrP 분자들이 프리온의 PrP와 접촉하면, 정상 단백질은 어떻게든 펼쳐져서 비정상적인 PrP 형태로 다시 접힌다. 일단 정상 PrP 분자가 비정상적인 PrP 분자로 전환되면, 이것은 그 치명적인 구조를 근처의 정상 PrP 분자들에 퍼뜨리게 되며, 그 과정은 연속적으로 일어나게 된다. 정상적인 PrP는 수용성 단백질로서, 단백질을 소화시키는 효소나 열에 의해 쉽게 파괴된다. 그러나 비정상적인 감염성 PrP는 세제에도 녹지 않으며, 열과 단백질분해효소에도 저항적이어서 거의 파괴 불능이다. 그러므로 해면상뇌병증은 단백질의 2차 구조 질환으로 간주될 수 있다.

많은 급한 질문들이 해결되어야만 한다. BSE가 세계 음식 시장을 얼마나 오염시켰는가? nvCJD에 감염되었지만 증상을 나타내지 않는 사람들의 수는 얼마나 되는가? 사람이나 동물들이 이 프리온 질환의 무증상 보인자가 될 수 있는가? 프리온들이 뇌나 척수 외 신체의 다른 부분에도 존재할 수 있는가? 만일 그렇다면, CJD는 수혈에 의해서도 전파될 수 있으며, 엄마에서 아기로, 혹은 소독된 수술 기구들에 의해서도 전파될 수 있는 것인가? 우리는 BSE와 nvCJD에 대하여 진단법과 치료법을 개발할 수 있을까? 우리는 BSE 이야기의 끝에 와 있는 것인가, 아니면 이제 겨우 시작인 것인가?

참고문헌

Balter, M. 2000. Tracking the human fallout from "md cow disease." *Science* 289:1452-1454.

Belay, E. D. 1999. Transmissible spongifrom encephalopathies in humans. *Annu. Rev. Microbiol.* 53:283-314.

Spencer, C. A. 2004. Mad Cows and Cannibals: *A Guide to the Transmissible Spongiform Encephalomathies*. Upper Saddle River: Pearson/Prentice-Hall.

웹사이트

광우병에 대한 뉴스들의 온라인 모음집
http://organicconsumers.org/madcow.htm

공식적인 광우병 홈페이지(뉴스 보고 모음집)
http://www.mad-cow.org

단원 요약

1. 번역은 mRNA와 리보솜들의 연합된 지시 하에서 세포 안에서 폴리펩티드 사슬이 만들어지는 것이다. 이 과정은 궁극적으로, 유전자를 구성하는 DNA에 유전자 암호로 저장된 정보가 폴리펩티드를 구성하는 아미노산의 해당 서열로 전환되는 것이다.
2. 번역은 충전된 tRNA 분자와 수많은 단백질 요소들에 의존적으로 진행되는 복잡한 에너지 요구 반응들이다. 운반 RNA (transfer RNA, tRNA)는 mRNA 트리플렛과 적절한 아미노산 사이의 어댑터 분자로 작용한다.
3. 전사와 마찬가지로 번역의 과정은 개시, 신장, 그리고 종결의 3단계로 나눌 수 있다. 이 과정은 뉴클레오티드들의 상보성에 의존하며, 원핵생물에서보다 진핵생물에서 더 복잡하다.
4. 단백질이 유전자의 최종산물일 것이라는 최초의 통찰은 20세기 초반에 사람에서 발견된 유전성 대사질환에 대한 개로드(Garrod)의 연구로부터 제공되었다. 시스틴뇨증(cystinuria), 백색증(albinism), 그리고 알캅톤뇨증(alkaponuria)을 일으키는 대사의 선천성 오류가 그 연구의 기초가 되었다.
5. 비들(Beadle)과 그의 동료들에 의한 붉은빵곰팡이의 영양요구성에 대한 연구는 돌연변이들이 효소 활성의 결핍을 일으킨다는 사실을 밝혀주었다. 그들의 연구는 일유전자-일효소 가설의 개념을 이끌어 내었다.
6. 일유전자-일효소 가설은 후에 개정되었다. 겸상 적혈구 빈혈증인 환자의 헤모글로빈에 대한 폴링(Pauling)과 잉그램(Ingram)의 연구는, 하나의 유전자가 오로지 하나의 폴리펩티드를 합성한다는 사실을 밝혀주었다.
7. 유전자의 최종산물인 단백질은 4가지의 구조적 체제를 나타낸다. 이것은 분자기능의 기초가 되는 3차원 구조를 위한 화학적 기초를 제공하는 것이다.
8. 단백질에 의해 수행되는 수많은 기능들 중에서 가장 영향을 미치는 역할은 효소에 의한 것이다. 이들은 매우 특이적인 세포내 촉매자로, 생체의 모든 분자들을 생산하는 데 중추적인 역할을 한다.
9. 단백질들은 서로 다른 분자에 의해 공유되는, 하나 이상의 기능적인 도메인으로 구성된다. 이들 도메인의 기원은 아마도 진화 과정에서 일어난 엑손 셔플링(exon shuffling)의 결과일 수 있다.

주요 용어

A 부위(A(aminoacyl) site)
α-나선(α-helix)
β-병풍(β-pleated sheet)
E 부위(E(exit) site)
GTP 의존성 방출인자(GTP-dependent release factor)
HbA
HbA2
HbF
HbS
LDI 수용체 단백질(LDL receptor protein)
P 부위(P(peptidyl) site)
R 그룹(R(radical) group)
rDNA
tRNA의 충전(charging, of tRNA)
tRNA의 클로버잎 모형(cloverleaf model of tRNA)
감마 사슬(gamma(γ) chains)
개시(initiation)
개시 복합체(initiation complex)
개시인자(tRNA(initiation factors, IFs)
겸상세포 빈혈증(sickle-cell anemia)
겸상세포 형질(sickle-cell trait)
고우어 1(Gower 1)
광우병(mad cow disease)
넌센스 코돈(nonsense codon)
단백질(protein)
단백질 도메인(protein domain)
단백질 지문분석 기술(protein fingerprinting technique)
단백질 표적화(protein targeting)
단백질의 구조(structure of protein)
단백질의 1차 구조(primary structure of proteins)
단백질의 2차구조(secondary structure of proteins)
단백질의 3차구조(tertiary structure, of proteins)
단백질의 4차구조(quaternary structure of proteins)
당단백질(glycoprotein)
델타 사슬(delta(δ) chains)
동위 수용성(isoaccepting tRNA)
동화(anabolism)
디펩티드(dipeptide)
리보솜(ribosome)
리보솜 단백질(ribosomal proteins)
면역글로불린(immunoglobulin)
모노솜(monosome)
미오글로빈(myoglobin)
미오신(myosin)
번역(translation)
번역 후 변형(posttranslational modification)
생물학적 활성(biological catalysis)
샤인-달가노 서열(Shine-Dalgarno sequence)
샤페론(chaperone)
소의 해면상 뇌병증(bovine spongiform encephalopathy, BSE)
수송 단백질(transport protein)
수용체(receptors)
스크래피(scrapie)
신장(elongation)
신장인자(elongation factors, EFs)
신종 크로이츠펠트-야콥씨 병(new variant Creutzfeldt-Jacob disease)
신호서열(signal sequence)
아미노 그룹(amino group)
아미노아실 아데닐산(aminoacyladenylic acid)
아미노아실 tRNA 합성효소(aminoacyl tRNA synthetase)
안티코돈(anticodon)
안티코돈 고리(anticodon loop)
알캅톤뇨증(alkaptonuria)
액틴(actin)
엑손 셔플링(exon shuffling)
엡실론 사슬(epsilon(ε) chains)
열충격 단백질(heat-shock protein, HSP)
운반 RNA(transfer RNA, tRNA)
유전성 분자 질병(inherited molecular disease)
이화(catabolism)
일유전자-일단백질 가설(one-gene:one-protein hypothesis)
일유전자-일폴리펩티드 가설(one-gene:one-polypeptide chain hypothesis)
일유전자-일효소 가설(one-gene:one-enzyme hypothesis)
전분 젤 전기영동(starch gel electrophoresis)
전사 후 변형(posttranscriptional modification)
제타 사슬(zeta(ζ) chains)
종결(termination)
종결코돈(termination codon)
중심 탄소원자(central carbon(C) atom)
중지 코돈(stop codon)
카르복시 그룹(carboxyl group)
케라틴(keratin)
코작 서열(Kozak sequence)
콜라겐(collagen)
쿠루(kuru)
크로이츠펠트-야곱씨 병(Creutzfeldt-Jakob disease)
키나아제(kinase)
태아 헤모글로빈(fetal hemoglobin)
터널(tunnel)
트리펩티드(tripeptide)
페닐알라닌(phenylalanine hydroxylase)
페닐케톤뇨증(phenylketonuria, PKU)
펩티드 결합(peptide bond)
펩티드기 전이효소(peptidyl transferase)
포밀메티오닌(formylmethionine, fmet)
폴리리보솜(polyribosome)
폴리솜(polysome)
폴리펩티드(polypeptide)
프리온(prion)
피브로인(fibroin)
해면상 뇌병증(spongiform encephalopathies)
헤모글로빈(hemoglobin)
호르몬(hormone)
활성 부위(active site)
활성화 에너지(energy of activation, E_a)
효소(enzyme)
히스톤(histone)

통찰과 해법

1. 4종의 붉은빵곰팡이(*Neurospora*) 돌연변이주와 연관 화합물 A, B, C, D를 이용하여 다음과 같은 성장 반응을 얻었다. 어떠한 돌연변이주도 최소배지에서는 자라지 않는다. 가능한 모든 결론들을 유추해 보라.

	성장 보충제			
돌연변이	A	B	C	D
1	−	−	−	−
2	+	+	−	+
3	+	+	−	−
4	−	+	−	−

해법: 첫째로는, *1*번 돌연변이주에 대해서는 이것이 어떤 필수 성장요소가 결핍되었다는 것을 제외하면 아무런 결론을 내릴 수 없다. 심지어 *2~4*번 돌연변이주들에 의해 표현되는 생화학 경로와 상관이 없을 수도 있다; 화합물 C에 대해서도 역시 어떠한 결론도 내릴 수 없다. 만약 이것이 이 경로에 관여한다면, A, B, 그리고 D의 합성에 앞서서 합성된 산물이다.

이제 이들 세 화합물을 분석하고, 유전자 *2*, *3*, 그리고 *4*에 의해 암호화되는 효소에 따른 이 화합물의 합성 조절을 분석할 수 있다. 산물 B가 세 경우 모두에서 성장을 일으켰으므로, 아마도 이것이 '최종산물' 일 것이다. 이것은 세 경우의 저해를 모두 통과할 수 있다. 비슷한 추리를 사용하면, 산물 A는 이 경로에서 B에 앞선다. 이것이 세 단계 중 두 경우의 저해를 통과시켰기 때문이다. 산물 D는 B에 선행하므로 좀 더 완전한 풀이는

$$C(?) \longrightarrow D \longrightarrow A \longrightarrow B$$

가 된다. 이제 어떠한 돌연변이들이 각 단계들을 조절하는지 결정해 보자. 돌연변이 *2*는 산물 D, B, 그리고 A에 의해 효과가 없어지므로, 모든 세 가지 산물의 이전 단계를 조절할 것이다. 아마도 확실하진 않지만 D로의 직접적 전환을 촉매할 것이다. 돌연변이 *3*은 B와 A에 의해 완화되므로 이 경로에서 그 효과가 선행해야만 한다. 그러므로 우리는 D를 A로 전환시키는 조절과정에 위치시킬 수 있다. 같은 방법으로 돌연변이 *4*는 A를 B로 전환시키는 것으로 지정할 수 있으며 좀 더 확실한 분석이 얻어진다:

$$C(?) \xrightarrow{2(?)} D \xrightarrow{3} A \xrightarrow{4} B$$

연습문제 및 토론문제

1. 기능적인 폴리리보솜에 존재하는 모든 분자 구성물을 나열하고, 이들의 역할을 설명하라.

2. 번역과정 중의 tRNA와 mRNA의 역할을 비교하고 전사와 번역 과정에 참여하는 모든 효소의 이름을 나열해 보라.

3. 프란시스 크릭(Francis Crick)은 tRNA의 기능에 대해 어댑터 가설을 제안했다. 그가 이러한 설명을 선택한 이유는 무엇인가?

4. 번역과정 중의 어떤 분자가 안티 코돈을 가지고 있나? 코돈은 어디에 있나?

5. 진핵성 헤모글로빈의 α 사슬은 141개의 아미노산으로 구성된다. 이 폴리펩티드 사슬을 암호화하는 mRNA의 최소 뉴클레오티드 수는 얼마인가?

6. tRNA와 그에 해당하는 아미노산이 결합하는 데 관여하는 단계들을 요약해 보라.

7. 각 운반 RNA는 적어도 네 가지 특이한 인식 부위를 요구하는데, 이것은 자신의 역할을 수행하기 위한 3차원적 단백질 구조와 유사하다. 이러한 부위들은 어떤 것인가?

8. 페닐케톤뇨증의 증상을 완화시키기 위한 식단를 꾸미는 데 대한 잠정적인 어려움들을 논해보라.

9. 페닐케톤뇨증 환자들은 페닐알라닌을 티로신으로 전환시키지 못한다. 왜 이러한 사람들이 티로신 결핍증을 나타내지 않는가?

10. 페닐케톤뇨증 환자들은 종종 정상인들보다 약간 덜한 색소침착을 나타낸다(피부가 하얗다). 왜 그러한지 이유를 제시할 수 있겠는가?

11. 꽃에서의 색소 합성은 효소에 의해 조절되는 생화학적 경로에 의존적이라고 알려져 있다. 다음 교배에서 관찰된 표현형을 만들어 내는 돌연변이 유전자의 역할과 그들의 산물을 예측해 보라.

(a) P_1 : white strain A × white strain B
F_1 : all purple
F_2 : 9/16 purple: 7/16 white

(b) P_1 : white × pink
F_1 : all purple
F_2 : 9/16 purple: 3/16 pink: 4/16 white

12. 세균 *Salmonella typhimurium*의 돌연변이들은 성장하기 위해 트립토판이나 그와 연관된 물질들을 요구하게 된다. 아래 표의 자료를 이용하여, 트립토판 합성 경로를 제시해 보라.

	성장 보충제				
돌연변이	Minimal Medium	Anthranilic Acid	Indole Glycerol Phosphate	Indole	Tryptophan
trp-8	−	+	+	+	+
trp-2	−	−	+	+	+
trp-3	−	−	−	+	+
trp-1	−	−	−	−	+

13. 붉은빵곰팡이와 같은 생물체의 생화학적 돌연변이에 대한 연구는 일부 생화학 경로들이 분지되어 있음을 증명했다. 다음 자료는 티아민 합성 경로의 분지된 성질을 설명하는 것이다. 이 자료가 직선상의 경로를 지지하지 않는 이유는? 붉은빵곰팡이의 티아민 합성에 대한 경로를 예측할 수 있겠는가?

	성장 보충제			
돌연변이	Minimal Medium	Pyrimidine	Thiazole	Thiamine
thi-1	−	−	+	+
thi-2	−	+	−	+
thi-3	−	−	−	+

14. 왜 일유전자:일효소 가설이 오늘날에는 정확하게 맞지 않는지를 설명하여라.

15. 전기영동상 이동의 차이가 해당 단백질의 1차 구조 변화로 해석되는 이유는?

16. 헤모글로빈은 두 개의 알파 소단위와 두 개의 베타 소단위 사슬들로 이루어진 사합체(tetramer)이다. 어떻게 이러한 정보가 단백질의 4가지 수준에서의 구조와 연관되는가?

17. 겸상세포 빈혈증을 기초로, 유전성 분자질환이 뜻하는 바가 무엇인지 설명하여라. 침입성 미생물에 의한 질병과 이런 형태의 질병 사이에 존재는 유사성과 차이점은?

18. 겸상 적혈구 빈혈증에 대한 유전적 기초를 이해하는 데 있어서 폴링과 잉그램의 기여를 비교하라.

19. 두 사람으로부터 얻은 헤모글로빈을 전분 전기영동법으로 비교하고 단백질 지문을 비교하였다. 전기영동은 이동도에서의 차이는 보이지 않았으나, 지문은 아미노산 차이를 보였다. 이것이 어떻게 가능한가?

20. mRNA에서 한 뉴클레오티드가 0.34 nm의 길이라고 하자. 지름이 20 nm인 리보솜 내에 동시에 몇 개의 트리플렛 암호들이 위치할 수 있겠는가?

21. 12.5절의 대응 일치성(colinearity) 개념(267페이지)을 다시 읽고 다음 문제를 생각해 보라: 세균과 바이러스에서 앰버(amber)라고 불리는 어떤 돌연변이는 번역 중에 폴리펩티드 사슬합성을 조기 종결시킨다. 파아지 T4의 머리 단백질을 암호화하는 유전자에서, 서로 다른 지점의 여러 앰버 돌연변이가 추적되었다. 이 시스템을 어떻게 더 연구하면 일치성 개념을 증명하고 지지할 수 있겠는가?

22. 여러분 의견으로는 여러 수준의 단백질 구성 중에서 단백질의 기능에 가장 중요하다고 생각되는 것은 어떤 것인가? 여러분의 의견을 변호해 보라.

23. 진핵생물에서 효소가 아닌 단백질들을 될 수 있는 대로 많이 나열해 보라.

24. 효소는 어떻게 기능하는가? 생명체에 효소가 필수적인 이유는?

25. 아래 표는 사람의 헤모글로빈 α-사슬과 β-사슬에서 나타나는 여러 가지 아미노산 치환을 나타낸 것이다. 암호사전(그림 12-7)을 이용하여 이들 중 몇 개가 단일 뉴클레오티드 변화의 결과로 발생할 수 있는지 결정해 보라.

Hb 형태	정상 아미노산	치환된 아미노산
HbJ Toronto	ala	asp (α-5)
HbJ Oxford	gly	asp (α-15)
Hb Mexico	gln	glu (α-54)
Hb Bethesda	tyr	his (β-145)
Hb Sydney	val	ala (β-67)
HbM Saskatoon	his	tyr (β-63)

26. 조기 발견과 엄격한 제한 식이는 페닐케톤뇨증(PKU)에 영향을 받은 사람에게서 정신지체의 양상을 상당히 완화시켜줄 수 있다. 시간이 지나 환자들은 종종 정상 식사를 하게 되고 점차 나이가 들수록 그들의 식사에 대한 주의를 기울이지 않는다. 이러한 식사 불찰이 PKU를 가진 모체에서 태어날 신생아에 미치는 영향은 어떨지 예측하라.

27. 1962년에 F. 세퍼빌(F. Chaperville)과 다른 몇몇 연구자들(1962. *Proc. Natl. Acad. Sci.* (*USA*) 48: 1086-1093)은 방사성 ^{14}C-cystenyl-tRNA^{cys}(충전된 tRNA^{cys} + cysteine)를 분리한 실험을 보고했다. 여기서 이들은 다시 cystein에서 황을 제거하여 alanyl-tRNA^{cys}(충전된 tRNA^{cys} + alanine)을 만들었다. alanyl-tRNA^{cys}이 alanine이 아니라 cystein을 요구하는 합성 mRNA에 첨가되면, 폴리펩티드는 alanine을 포함한 채로 합성된다. 이 실험에서 어떤 결론을 도출할 수 있는가?

28. 세 개의 독립적으로 분배되는 유전자가 다음 생화학 경로를 조절하여 가상의 식물에서 꽃 색깔을 나타내도록 한다.

$$\text{colorless} \xrightarrow{A^-} \text{yellow} \xrightarrow{B^-} \text{green} \xrightarrow{C^-} \text{speckled}$$

각 단계를 방해하는 동형접합성 열성 돌연변이들이 알려져 있다. 다음 교배의 F_1과 F_2 세대에서 표현형적 결과를 말하라. P_1 교배는 아래 주어진 순계 식물들이 관여된 것이다.

(a) speckled (*AABBCC*)	×	yellow (*AAbbCC*)
(b) yellow (*AAbbCC*)	×	green (*AABBcc*)
(c) colorless (*aaBBCC*)	×	green (*AABBcc*)

29. 28번 문제에서 (a) 교배의 결과는, 유전자 *A*와 *B*가 교차 없이 연관되어 있다고 하면 어떻게 달라지는가? 유전자 *A*와 *B*가 20 지도 단위 떨어져 있다면 (a) 교배 결과는 어떻게 달라지는가?

30. HbS는 인간의 헤모글로빈 β-사슬의 6번째 아미노산이 글루탐산에서 발린으로 치환되어서 생긴 것이다. HbC는 동일한 위치의 변화지만, 글루탐산 대신에 리신이 들어간 것이다. 그림 12-7의 암호표로 돌아가 단일 뉴클레오티드 변화가 이들 돌연변이들을 설명할 수 있는지 결정하라. 그리고 그림 13-15로 가서, 발린과 리신의 R-그룹을 조사하라. 세 아미노산 사이의 화학적 차이를 설명하고, 그러한 변화가 그 분자의 구조에 어떻게 변화를 미쳐서 헤모글로빈 기능이 바뀌게 하는지 예측하라.

31. HbS는 빈혈을 일으키며 말라리아에 저항성을 부여한다. 반면, HbA를 가진 사람들은 기생충인 *Plasmodium falciparum*이 적혈구 내로 들어와 병을 일으킨다. HbC를 가진 사람들이 빈혈에 잘 걸릴지, 혹은 말라리아에 저항성을 나타낼지 예측하라.

32. 미개발 지역인 남미의 우림 깊숙한 곳에서 순계의 변이들을 가

진 식물이 발견되었다. 이 식물의 꽃은 핑크색, 장미색, 오렌지색, 혹은 자주색이다. 매우 예리한 한 식물유전학자가 단일 교배를 실시하여 다음과 같은 F_2를 얻었다. 이 자료에만 기초하여 이 학자는 꽃 색소의 유전 양식과 생화학적 경로를 제안했다. 다음 자료를 세심하게 관찰하여라. 유전 양식에 대한 여러분 자신의 가설을 만들어 보라. 그리고 여러분의 가설과 부합하는 생화학적 경로를 제시해 보라. 다른 교배를 실시하여 어떻게 가설을 검증할 수 있겠는가?

P_1 :	purple × pink
F_1 :	all purple
F_2 :	27/64 purple
	16/64 pink
	12/64 rose
	9/64 orange

33. 항생제 저항성인 장내세균 균주(*Enterococci*)의 출현과 다른 세균성 병원체로의 저항성 유전자 전달은 심각한 감염성 질환들과 싸울 신세대 항생제를 요구하였다. 현존하는 항생제들의 작용 부위를 결정하기 위해 번역 기구의 요소들을 그리고(그림 13-6을 보라), 숫자 지시자들을 사용하여 다음 표의 항생제들이 어느 부위에 작용하는지 표시하라.

항생제	작용
1. Streptomycin	리보솜의 30*S* 소단위에 결합
2. Chloramphenicol	리보솜 70*S*의 펩티드기 전이효소 저해
3. Tetracycline	충전된 tRNA가 리보솜에 붙는 것을 방해
4. Erythromycin	자유 50*S*에 붙어 70*S* 리보솜 형성을 방해
5. Kasugamycin	$tRNA^{fmet}$의 결합 방해
6. Thiostrepton	EF-G를 억제하여 자리이동을 방해

34. 병원균에 의해 생기는 항생제 저항성은 주요한 건강문제를 일으킨다. 새로 나온 한 가지 강력한 항생제가 에버니마이신(evernimicin)인데, *Micromonospora carbonaceae*에서 분리된 것이다. 에버니마이신은 올리고당 항생제로 넓은 범주의 그람 양성 병원성 세균에 항균성 효과를 나타낸다. 이 약의 작용 방식을 결정하기 위해 아드리안(Adrian)을 포함한 여러 연구자들은 에버니마이신에 감수성을 덜 나타내는 세균들의 23*S* 리보솜 DNA 돌연변이를 분석했다(2000. *Antimicrob. Ag. and Chemo*. 44: 3101-3106). 이들은 저항성을 부여하는 두 범주의 돌연변이를 발견했다: 23 rRNA 뉴클레오티드 2475-2483과 리보솜 단백질 L16. 이것은 이들 두 리보솜 구성성분이 구조적, 기능적으로 연결되어 있음을 시사하는 것이다. 이러한 발견은 tRNA의 아미노아실 줄기 구조를 리보솜의 A 부위로 끌어당기는 데 관여할 것으로 생각되는 L16의 기능을 확인시켜 준다. 번역 기구들의 작용을 참고하여 에버니마이신의 항균성이 어떻게 발생하는지를 설명해 보라.

35. DNA에서 단백질로의 정보 전달은 mRNA에 의해 매개된다. 여러분이 mRNA에 상보적인 짧은 DNA 가닥(안티센스 올리고뉴클레오티드라고 불리는)을 도입한다면, 수소결합으로 생긴 DNA/RNA 혼성체는 RNA 분해효소인 ribonuclease-H 작용을 위해 표지된다. 로이드와 다른 연구자들은(Lloyd et al. 2001. *Nuc. Acids Res*. 29: 3664-3673) 여러 길의 안티센스 올리고뉴클레오티드가 ribonuclease-H 매개성 TNF α-mRNA의 분해에 미치는 영향을 비교하였다. TNFα(tumor necrosis factor α)는 항암성과 전염증 작용을 보인다. 아래 그래프는 다양한 길이의 안티센스 올리고뉴클레오티드가 ribonuclease-H 절단에 미치는 효능을 나타낸 것이다. (a) 안티센스 올리고뉴클레오티드가 어떻게 세포 내에서 유전적 정보의 흐름을 방해하는지 설명하라. (b) 다음 그래프에서 얻을 수 있는 일반적 결론은? (c) 생체 내에서는 올리고뉴클레오티드 길이 외에 어떤 요인들이 안티센스 효능에 영향을 미치겠는가?

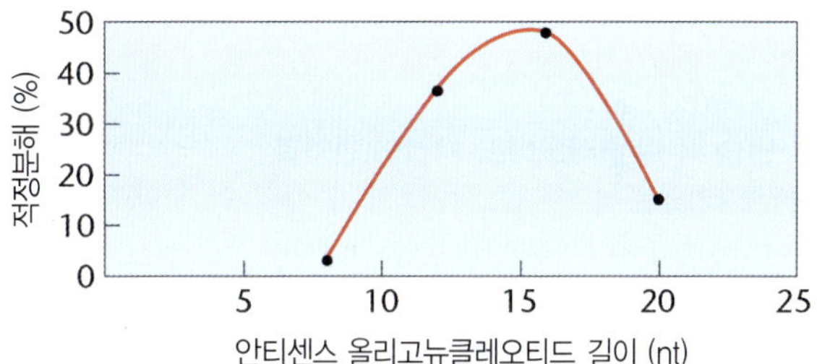

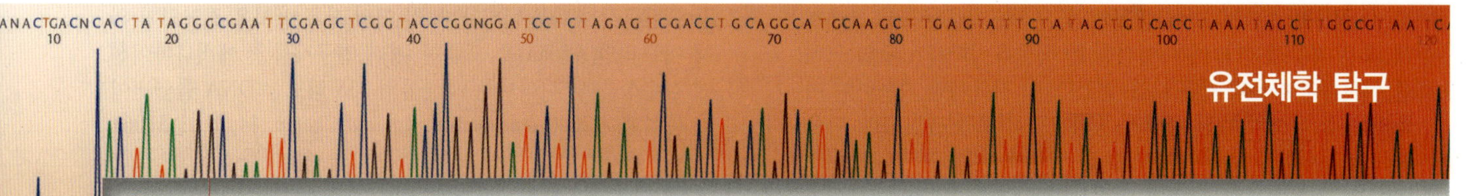

유전체학 탐구

단백질 서열 연구를 위한 번역 도구들과 Swiss-Prot

우리가 유전체학 탐구 연습에서 사용한 많은 데이터베이스들과 생물정보학 프로그램들이 DNA나 RNA 서열을 조작하는 데 초점이 맞추어져 있었다. 그러나, 다양한 측면의 번역 관련 분야 혹은 단백질 구조 및 기능을 연구하는 과학자들 역시 그들이 인터넷이 내놓은 여러 가지 생물정보학 도구들과 데이터베이스를 사용한다. 이들 사이트 중 다수가 세포나 조직 내에서 발현되는 모든 단백질들에 대해 연구하는 새로운 학문인 **단백질체학(proteomics)**의 결과로 개발되었다. 우리는 18장에서 이에 대해 좀 더 자세히 논의하게 될 것이다.

이번 유전체학 탐구의 연습은 **ExPASy (Expert Protein Analysis System)**에서 프로그램을 사용하여 유전자 일부를 가능한 폴리펩티드로 번역하는 것이다. 그 다음, 이 폴리펩티드에 대해 좀 더 많은 것을 알기 위해 데이터베이스들을 탐색할 것이다.

■ 연습 1: 뉴클레오티드 서열의 번역과 폴리펩티드 분석

ExPASy(Expert Protein Analysis System)는 스위스의 생물정보학 연구소(Swiss Institute of Bioinformatics)에서 주관하며 단백질체학 연구를 위한 많은 자료들을 제공한다. 이번 연습문제에서는 **번역도구(Translate Tool)**이라고 불리는 ExPASy 프로그램을 사용하여 뉴클레오티드 서열을 폴리펩티드 서열로 번역해 보도록 하자. 이러한 목적을 위해서는 웹 상에서 여러 다른 프로그램들을 사용할 수 있지만 ExPASy는 어떤 것보다도 더 학생-친화적인 도구들 중 하나로 인정받는다. 번역도구로 여러분은 클론화된 유전자에서 예상되는 폴리펩티드 서열을 얻을 수 있으며 가능한 폴리펩티드에서의 열린해독틀(open reading frame, ORF)이나 변이들을 찾을 수 있다.

1. 아래 서열은 상보적 DNA 서열(cDNA)에 근거한 인간 유전자의 일부 서열이다. 17장에서 여러분은 cDNA가 어떤 세포에서 발현된 mRNA 분자에 상보적인 DNA 사본이라는 것을 배우게 될 것이다. 이 서열을 ExPASy에서 번역하기에 앞서, NCBI 웹사이트에서 BLAST 탐색을 수행해보라 (http://www.ncbi.nlm.nih.gov/BLAST). 이 서열은 어떤 유전자인가? 도움이 필요하면 9장의 유전체학 탐구 연습을 참고하라.

ACATTTGCTTCTTCTGACACAATTG
TGTTCACTAGCAACCTCAAACAGA
CACCATGGTGCATCTGACTCCTGAG
GAGAAGTCTGCCGTTACTGCCCTGT
GGGGCAAGGTGAACGTGGATGAAG
TTGGTGGTGAGGCCCTGGGCAG

2. ExPASy Translate Tool(http://us.expasy.org/tools/dna.html)에 접속하라. 위 cDNA 서열을 복사하여 붙여 넣고 "서열 번역하기(Translate Sequence)"를 클릭하여 이 cDNA에서 암호화될 수 있는 폴리펩티드 서열을 만들어보라.
3. 번역 결과를 살펴보고 다음 질문에 답하라.
   a. 번역도구가 하나의 폴리펩티드 혹은 여러 폴리펩티드 서열을 보여주는가?
   b. 만약 번역결과가 여러 폴리펩티드 서열들을 제시했다면, 그것은 무슨 뜻인지 설명해보라.
   c. 13장의 단백질 분석법에 대한 그림을 참고하여 번역도구가 제시한 것 중 어떤 번역틀이 옳은 것인지 말해보라.
4. ExPASy는 또한 UniProt KB/Swiss-Prot 같은 커다란 다른 데이터베이스들과의 연계를 통해 이 폴리펩티드들에 대한 방대한 정보에 접속할 수 있도록 해준다. 이것은 스위스의 생물정보학 연구소(Swiss Institute for Bioinformatics, SIB)와 유럽 생물정보학 연구소(European Bioinformatics Institute, EBI)가 운영하는 단백질 서열 데이터베이스들로, 단백질 데이터 뱅크(Protein Data Bank)라고 불린다. UniProt KB/Swiss-Prot는 세계의 과학자들이 널리 사용하는 데이터베이스이다. http://ca.expasy.org/sprot/hpi/에서 UniProt KB/Swiss-Prot을 방문하면 인간 유전체와 단백질체학에 대한 풍부한 정보를 얻을 수 있다.
5. 이 폴리펩티드의 특징에 대해 좀 더 많은 것을 알기 위해서는, 완전한 서열을 얻는 것이 가장 좋은 방법이다. 완전한 서열을 얻으려면, 여러분이 맞는다고 생각하는 번역틀을 클릭하라.
6. 전체 폴리펩티드에 대한 아미노산 서열을 얻기 위해 폴리펩티드 내에 첫째 아미노산으로 "메티오닌(methionine, m)"을 클릭하고 페이지 다음 하단 근처의 "BLAST" 링크를 이용하라. BLAST 결과 페이지에서 UniProtKB/Swiss-Prot 엔트리 P68871을 찾아라. 이것이 그 단백질 서열의 접속 번호로, DNA나 RNA 서열에 부여된 접속 번호와 비슷한 것이다. 이 링크를 누르면 그 단백질에 대한 좀 더 이해하기 쉬운 리포트가 보일 것이다. 이 단백질이 1단계에서 여러분이 찾은 것과 같은지 확인하라.
7. SwissProt 리포트에서 참고문헌을 지나 스크롤을 내리면 다음 특징들을 살펴볼 수 있다.
   a. 3D 구조 데이터베이스 – 폴리펩티드 접힘 배열을 보여주는 3D 모형을 제시한다.
   b. 2D 젤 데이터베이스에서는 Swiss-2D PAGE 링크를 이용하여 서로 다른 조직 시료에서 얻은 이 폴리펩티드의 2D 젤을 볼 수 있다. 2D 젤 이미지를 볼 때 "Map Locations"아래의 링크를 클릭하면 이 폴리펩티드에 해당되는 특정 스팟을 확인할 수 있다.
   c. Family and Domain database 링크들은 이 폴리펩티드와 관련 폴리펩티드 및 단백질에 대한 풍부한 정보들에 접속할 수 있도록 해준다.
   d. "Other" 카테고리를 탐색하고 DrugBank 링크를 방문하면 이 폴리펩티드에 결합하여 영향을 미치는 약물들에 대한 정보를 얻을 수 있다.
   e. 그 페이지의 맨 아래에 "서열 분석 도구(Sequence analysis tool)" 아래의 "ProtParam"을 이용하면 이 폴리펩티드가 만드는 예상 2차 구조들에 대해 좀 더 자세히 알 수 있다.

정답

Solutions to Problems and Discussion Questions

2. 운반 RNA들은 그들이 핵산의 염기서열과 상호작용하여 아미노산을 제공한다는 점에서 "어댑터" 분자들이라고 할 수 있다. 아미노산들은 하나씩 특이적으로 tRNA의 3′ 말단에 첨가되는데, 이때 tRNA는 3염기서열(안티코돈)이 mRNA의 세 염기와 염기쌍을 형성할 수 있도록 하는 부분을 가진다. 한편 전령 RNA는 DNA에 저장된 트리플렛 암호들의 사본을 포함한다. mRNA의 염기서열은 한 번에 3개씩 tRNA의 안티코돈과 상호작용한다.
전사에 관여하는 효소들은 다음과 같다: RNA 중합효소(*E. coli*)와 RNA 중합효소 I, II, III (eukaryotes). 번역에 관여하는 것들은 다음과 같다: 아미노아실 tRNA 합성효소들(aminoacyl tRNA synthetases), 펩티드기 전이효소(peptidyl transferase), 그리고 GTP-의존성 방출인자들(GTP-dependent release factors)이다.

4. mRNA의 트리플렛 염기서열은 코돈 서열을 구성한다. tRNA의 세 염기 부분은 안티코돈을 구성한다.

6. ATP, Mg^{++}, 그리고 특정한 아미노아실 합성효소가 있으면 아미노산들은 아미노산-AMP 효소복합체를 형성한다(+PP_i). 이 복합체는 특정 tRNA와 상호작용하여 아미노아실 tRNA를 만든다.

8. 페닐알라닌이나 그 유도체가 너무 많으면 페닐케톤뇨증 환자의 PKU를 유발하겠지만 또 너무 적으면 단백질 합성이 제한을 받을 것이다.

10. 티로신은 피부 색소인 멜라닌의 전구물질이다. PKU를 가진 사람들은 페닐알라닌을 티로신으로 전환시키지 못하고, 음식으로부터 티로신을 얻는다고는 해도, 전체 인구집단 수준에서 보면 PKU를 가진 사람들은 피부의 색소침착이 덜 나타나는 경향이 있다.

12.

trp-8, *trp*-2, *trp*-3, *trp*-1

precursor ---→ AA ---→ IGP ---→ I ---→ TRY

14. 효소들은 일반적으로 **단백질**의 하위 범주에 속하므로, **일-유전자:일-단백질**이라는 언급은 좀 더 적당한 것처럼 보일 수 있다. 그러나 일부 단백질들은 소단위들로 구성되며 그 각각의 서로 다른 소단위들(폴리펩티드 사슬)은 서로 다른 유전자의 조절하에 있다. 이런 상황을 고려하면, **일-유전자:일-폴리펩티드**라는 말이 더 논리에 맞는다. 세포나 생물체의 많은 기능들이 단백질 산물을 만들지 않는 일정 길이의 DNA(작동자 서열이나 프로모터 서열 같은)에 의해 조절되며, 혹은 겹치는 유전자 혹은 차등적 mRNA 스플라이싱 등에서와 같이 하나 이상의 기능을 가지는 것으로 밝혀졌다. 간결한 말로 DNA와 그 생리적 관계를 언급하는 일은 상당히 어렵다.

16. 각 사슬은 펩티드 결합으로 연결된 아미노산들의 1차 구조를 나타낸다. 2차 구조는 펩티드 결합들 사이의 수소결합에 의해 결정된다. 알파 나선들과 병풍 구조가 만들어진다. 3차 구조는 아미노산의 곁사슬들의 상호작용으로 형성되며, 4차 구조는 사슬들 사이의 연합에 의해 형성된다.

18. 1940년대 말 폴링은 HbA와 HbS(겸상 적혈구 빈혈증 헤모글로빈)의 전기영동 이동도가 다름을 발견하고 그 차이는 화학적 근거를 갖는다고 결론지었다. 잉그램은 그 화학적 변화가 지문 기술을 사용한 글로빈 분자 일부의 1차 구조에서 생긴 것임을 알아냈다. 그는 β사슬의 6번째 아미노산에서의 변화를 발견했다.

20. 20을 0.34로 나누면 리보솜이 차지하는 뉴클레오티드 수(약 59)가 나온다. 59를 3으로 나누면 대략 20개의 트리플렛 암호 수가 나온다.

22. 모든 상위 수준의 단백질 구조가 아미노산의 서열(1차 구조)에 의존적이므로, 단백질 구조와 기능에 가장 영향을 미치는 것은 1차 구조이다.

24. 효소는 세포의 이화적, 동화적 활성을 조절한다. 그들은 **활성화 에너지**를 낮추므로 화학반응이 생체 시스템에 적합한 조건에서 일어나도록 한다.

26. 예비 엄마가 음식으로 페닐알라닌 소비를 하게 되면 그녀는 아기가 발생하는 동안 정상보다 높은 수준의 페닐알라닌 환경을 제공하게 된다. 증가된 페닐알라닌이 독성을 가지므로, 많은 수의 신생아(대략 90%)가 출생시 심각하고 비가역적으로 퇴화된다.

28. 비록 세 쌍의 유전자가 관여했지만, 돌연변이의 패턴 때문에 각 교배가 단성잡종(a) 혹은 양성잡종(b, c)으로 처리될 수 있음에 유의하라.

(a) F_1:		*AABbCC* = specked	
F_2:	3	*AAB_CC* = specked	
	1	*AAbbCC* = yellow	
(b) F_1:		*AABbCC* = specked	
F_2:	9	*AAB_C_* = specked	
	3	*AAB_cc* = green	
	3	*AAbbC_* = yellow	} 4
	1	*AAbbcc* = yellow	
(c) F_1:		*AaBBCc* = specked	
F_2:	9	*A_BBC_* = specked	
	3	*A_BBcc* = green	
	3	*aaBBC_* = colorless	} 4
		aaBBcc = colorless	

30. 정상적인 글루탐산은 음으로 하전된 아미노산인 반면에 발린은 전하를 띠지 않으며 리신은 양으로 하전된 것이다. 이렇게 심각한 전하 변이를 고려한다면, 심각하지는 않다고 해도 단백질의 구조와 기능에 얼마간의 영향을 미칠 것으로 예상할 수 있다. 그러한 변화는 접힘 구조 내부의 변화나 RBC에서 다른 분자, 특히 다른 헤모글로빈 분자와 상호작용에서의 변화에 기인할 수 있다.

32.

c, *b*, *a*

pink ---→ rose ---→ orange ---→ purple

상기 가설은 다음에 주어진 역교배를 통해 검증될 수 있을 것이다:

AaBbCc × *aabbcc*

교배는 다음과 같은 비율을 만들어야 한다:

4(pink):2(rose):1(orange):1(purple) ratio

34. 에버니마이신(evernimicin)의 항세균 활동은 아마도 리보솜의 A 부위에서 작용할 것이다.

CHAPTER

14 유전자 돌연변이, DNA 회복, 그리고 가동성 인자

겸상 적혈구 빈혈증인 개인으로부터 얻어진 돌연변이 적혈구

단원 개념

- 돌연변이는 유전적 변이의 근원이며 자연선택의 기초이다. 그들은 세포 사멸, 유전적 질병, 그리고 암을 일으키는 유전적 손상의 원인이다.
- 돌연변이들은 생물체에 넓은 범위의 영향을 미치는데, 이는 유전체와 유전자내 뉴클레오티드 변화의 형태나 위치에 의존적이다.
- 돌연변이들은 자연적인 생물학적, 화학적 과정에 의해 스스로 발생하거나, 혹은 화학적 요인이나 방사선 등과 같은 외부 요인들에 의해 유도될 수도 있다.
- 자발적 돌연변이율은 생물마다, 그리고 한 생물체 내에서도 유전자마다 다르다.
- 생물들은 돌연변이에 대항하기 위해 많은 DNA 수리 기구들을 이용한다. 이들 기작은 복제 오류를 교정하는 것에서부터 염기 절단이나 상동성 재조합 수리까지 다양하다.
- 그 산물이 DNA 수리를 조절하는 유전자들의 돌연변이는, 유전체의 과도한 돌연변이 가능성을 유발하고 색소성 건피증과 같은 DNA 수리 질병을 일으킬 수 있다.
- 가동성 요소들은 염색체 안으로 들어오거나 빠져나감으로써 돌연변이를 일으킨다. 이들은 유전자의 암호화 영역 내부와 조절 영역 내에 돌연변이를 유발하고 염색체 절단을 일으킬 수 있다.
- 돌연변이를 유도하는 것은 유전학자들이 유전을 분석하는 고전적 방법에서의 첫 과정이다.

DNA가 정보를 저장하고, 복제하고, 전달하는 능력과, 그 정보를 해독하는 것은 기본적인 유전적 기능이다. 그러나 똑같이 중요한 것이 바로 DNA가 실수하는 능력이다. DNA 서열에서 생기는 변화가 없다면, 표현형적 다양성이나, 환경 변화에 대한 적응, 그리고 진화 등은 생기지 못할 것이다. 유전자 돌연변이는 대부분의 새로운 대립인자들이 생기는 근원이며 집단내 유전적 다양성의 기원이다. 나쁜 쪽으로는, 돌연변이들이 세포 사멸, 유전병, 그리고 암을 일으키는 유전적 변화의 근원이 되기도 한다.

돌연변이들은 또한 유전적 분석의 기초를 제공하기도 한다. 돌연변이로 인한 표현형적 다양성은 유전학자들이 변이형질을 만드는 유전자를 찾아 연구할 수 있도록 한다. 유전학 연구에서, 돌연변이들은 해당 유전자에 대한 분리 "표식자(마커)"로 작용하므로, 그들이 부모에서 자식으로 전달되는 동안 추적될 수 있다. 표현형적 다양성이 없다면, 유전적 분석은 불가능할 것이다. 예를 들어, 완두 식물들이 모조리 동일한 표현형을 가지고 있었다면, 멘델은 그 연구에서 아무런 발견도 하지 못했을 것이다.

6장에서, 우리는 염색체의 큰 영역에서 일어나는 돌연변이-염색체 돌연변이-에 대해 다루었었다. 이 장에서는, 주로 개별 유전자 내부의 DNA에 존재하는 염기쌍 서열들에서의 변화라는 수준에서 돌연변이-**유전자 돌연변이**(gene mutation)-를 다루고자 한다. 또한 어떻게 세포들이 다양한 DNA 수리 기구들을 사용하여 돌연변이에 대항함으로써 스스로를 보호하는지도 다룰 것이다. 그리고 때때로 "뛰어 다니는 유전자(jumping gene)", 혹은 트랜스포존(transposon)이라고 불리는 가동성 요소들에 대해서도 살펴보자. 이러한 요소들은 유전자 기능을 망가뜨리고 DNA 분자 사이에서 유전정보를 이동시키기도 한다. 이 장에서는 유전학자들이 유전자 기능을 연구하고 유전자를 찾는 데 어떻게 돌연변이를 이용하는지에 대해서도 살펴보게 될 것이다.

학습 방법

이 장에서는 유전적 다양성의 주요 원인인 유전자 돌연변이에 대해 초점을 맞출 것이다. 우리는 여기서 어떻게 돌연변이들이 발생하고 이들을 어떻게 연구하는지에 대해 논의하고자 한다. 또한 표현형 변화를 일으키는 DNA 손상을 막기 위해 진화된 수선 기구들에 대해서도 알아보도록 하자. 여러분이 이러한 주제를 공부할 때에는, 다음과 같은 기본적인 질문에 답할 수 있어야 한다.

1. DNA 서열의 변화가 표현형 변이를 일으킨다는 것을 어떻게 알 수 있는가?
2. 돌연변이들이 자발적으로 발생한다는 것을 어떻게 알 수 있는가?
3. 특정 화학물들과 방사 파장이 DNA에서 돌연변이를 유발한다는 것을 어떻게 알 수 있는가?
4. DNA 수리 기구들이 자발적 돌연변이와 유도 돌연변이 대부분을 추적하고 수리한다는 것을 어떻게 알 수 있는가?
5. 가동성 요소들이 유전체 내에 존재한다는 것을 어떻게 알 수 있는가?
6. 인간의 일부 유전적 질병들이 세뉴클레오티드 반복서열의 확장에 의해 유발된다는 것을 어떻게 알 수 있는가?

14.1 돌연변이들은 여러 가지 방법으로 분류된다

돌연변이는 DNA 서열에서의 변화로 정의될 수 있다. DNA상의 어느 부분, 어떠한 염기 변화라도 돌연변이로 간주된다. 어떤 돌연변이는 단일 염기쌍 치환으로 이루어진 것일 수도 있고, 하나 이상의 염기쌍들이 관여된 결실이나 삽입, 혹은 염색체의 구조에서 생긴 중요한 변화로 구성될 수도 있다.

돌연변이들은 단백질을 암호화하는 유전자 내부에서 발생할 수도 있고, 인트론이나 조절서열들과 같은 비암호화 영역에서 발생할 수도 있다. 돌연변이들은 추적이 가능한 표현형 변화를 유발할 수도, 그렇지 않을 수도 있다. 돌연변이가 어떤 생물의 특징을 어느 정도 바꾸는가 하는 것은, 돌연변이가 발생한 위치와 그 돌연변이가 유전자의 기능을 어느 정도나 변화시켰는가 하는 것에 의존한다.

돌연변이들은 체세포에서도, 혹은 생식세포 내에서도 발생할 수 있다. 생식세포 내에서 발생한 돌연변이들은 유전될 수 있으며, 유전질병뿐 아니라 유전적 다양성의 전달과 진화의 기초가 된다. 체세포에서 발생한 돌연변이들은 다음 세대로 전달되지는 않지만 세포기능을 변화시키거나 종양을 일으킬 수 있다.

돌연변이의 형태와 영향의 범위가 넓기 때문에, 유전학자들은 몇 가지 서로 다른 체계에 따라 돌연변이들을 분류한다. 이러한 조직적 체계들은 서로 배타적이지 않다. 이 절에서는 유전자 돌연변이가 분류되는 방법들에 대해 알아보도록 하자.

자연 돌연변이와 유도 돌연변이

범위가 어느 정도 겹치기는 하지만, 모든 돌연변이는 자연발생적(spontaneous)이거나 아니면 유도(induced)된다. **자연발생적 돌연변이**(spontaneous mutations)들은 자연에서 그냥 발생한 것이다. 어떠한 특정 요소들도 그들의 발생과 관련되지 않으며 일반적으로, 유전자의 뉴클레오티드 서열이 무작위로 변화하는 것으로 생각된다. 그러한 돌연변이 대부분은, 개체 내부의 정상적인 화학적, 생물학적 과정들과 연관되어 원래 유전자의 일부인 질소화 염기들의 구조가 바뀌는 것이다. 대부분의 자연발생 돌연변이들은 종종 DNA 복제시의 효소적 과정 중에 일어나는 것으로 생각되며, 이 생각에 대해서는 이 장의 후반에서 다룰 것이다.

그러한 자연발생적인 사건과는 대조적으로, 외부 요소에 의한 영향의 결과로 생기는 변화는 **유도 돌연변이**(induced mutations)로 간주된다. 유도 돌연변이들은 자연적이거나, 혹은 인위적인 요인의 결과로 발생할 수 있다. 예를 들어, 우주에서 오는 방사선과 광물, 태양으로부터의 자외선 등은 대부분의 생물체들이 노출되는 에너지원이고 그러한 것들은 자연돌연변이를 일으키는 요소들이 될 수 있다. 다양한 형태의 방사선에 더하여, 넓은 범주의 화학적 인자들이나 자연적 인자들이 돌연변이를 일으킬 수 있다.

돌연변이의 위치에 따른 분류

돌연변이들은 그들이 발생한 세포의 형태나 염색체에서의 위치에 따라 분류될 수 있다. **체세포성 돌연변이**(somatic mutation)들은 생식세포를 제외한 신체에서 생길 수 있다. **생식세포 돌연변이**(germ-line mutation)들은 배우자에서 발생한다. **상염색체성 돌연변이**(atosomal mutation)들은 상염색체상에 존재하는 유전자에서 발생한 것이고, **X-연관 돌연변이**(X-linked mutation)들은 X-염색체상에 존재하는 유전자에서 발생한 변화다.

체세포에서 발생한 돌연변이들은 미래의 세대로 전달되지는 않는다. 열성 상염색체성 돌연변이들이 이배체 생물의 체세포에서 발생했다면, 이것은 눈에 띄는 표현형을 나타낼 가능성이 별로 없다. 대부분 그러한 돌연변이의 발현은 그 세포의 야생형 대립인자에 의해 가려진다. 체세포성 돌연변이들은 그들이 우성이거나, X-연관성인 경우 남성에서 발생했을 때 훨씬 영향력이 클 것이다. 그러한 돌연변이들은 당장에 발현될 가능성이 크기 때문이다. 비슷하게, 우성이거나 X-연관성 체세포 돌연변이의 효과는 그들이 여러 분화된 조직이나 기관을 만드는 데 사용되는 미분화 세포들의 수가 소수인 발생 초기 단계에 일어났을 때 더 크게 작용한다. 성체의 조직세포에서 발생한 우성 돌연변이들은 종종 정상적인 기능을 수행하는 동일 조직 내의 수많은 비돌연변이 세포들에 의해 그 효과가 가려진다.

배우자들에서의 돌연변이들은 그들이 자손에게 전달되기 때문에 더욱 중요하다. 그들은 자손의 모든 세포들에서 발현될 잠재력을 갖는다. 유전되는 우성 상염색체성 돌연변이들은 첫 세대에서 표현형적으로 발현될 것이다. 동형배우자성 여성의 배우자에서 생긴 X-연관성 열성 돌연변이들은, 반접합성인 남성 자손에서 발현될 것이다. 이러한 일은 남자 자손이 문제의 X 염색체를 받는다는 가정 하에 발생하게 된다. 이형접합성 때문에, 남자든 여자든, 생식세포에서의 상염색체 열성 돌연변이의 발생은 집단 내에서 이 대립인자가 많아질 때까지 발견되지 않고 많은 세대가 지나갈 수도 있다. 보통, 이 새로운 대립인자는 우연한 짝짓기에 의해 두 사본 모두가 동형접합성인 조건이 되었을 때 분명해진다.

분자적 변화 형태에 기초한 분류

유전학자들은 종종 돌연변이를 만든 뉴클레오티드 변화의 관점에서 유전자 돌연변이를 분류한다. DNA 분자 내에서 한 염기쌍이 다른 것으로 변화한 것을 **점 돌연변이**(point mutation) 혹은 **염기치환**(base substitution)이라고 한다(그림 14-1). 유전자의 단백질 암호화 영역 내부의 트리플렛에서 하나의 뉴클레오티드 변화는 새로운 트리플렛을 만들어 그 단백질 산물에 다른 아미노산이 통합되도록 암호화할 수 있다. 그러한 돌연변이를 **과오 돌연변이**(missense mutation)라고 한다. 두 번째 가능한 결과는 그러한 트리플렛이 중지코돈으로 변화하여 단백질의 번역 종결을 초래하는 것이다. 이것은 **무의미 돌연변이**(nonsense mutation)로 알려져 있다. 만약 점 돌연변이에 의해 코돈이 바뀌었으나 단백질의 그 위치에서 아미노산이 변하지 않을 경우 그것은 **침묵 돌연변이**(silent mutation)로 간주된다.

여러분은 종종 염기 치환을 설명하기 위해 사용되는 다른 용어들을 보게 될 것이다. 만약 피리미딘이 피리미딘을, 퓨린이 퓨린을 대체하면 **전이**(transition)가 발생한 것이다. 만약 피리미딘과 퓨린이 서로를 대체한 경우는 **전환**(transversion)이 발생한 것이다.

다른 형태의 변화는 유전자 내에서 뉴클레오티드가 하나 이상 삽입되거나 결실되는 것이다. 그림 14-1에 설명한 바와 같이, 단일 글자의 소실이나 첨가는 이후의 세 문자 단어를 모두 바뀌게 한다. 이러한 것들을 **틀이동 돌연변이**(frameshift mutation)라고 하는데, 번역 중에 트리플렛의 틀이 바뀌기 때문이다. 첨가되거나 결실되는 염기의 수가 초기의 해독틀을 다시 확립시키는 3의 배수가 아닐 때, 틀이동 돌연변이가 발생할 것이다. 그림 14-1의 비유는 삽입과 결실이 유전자의 이후 트리플렛을 모두 변화시킬 수 있는 가능성을 갖고 있음을 보여준다. 변화된 많은 트리플렛들 중 하나가 UAA, UAG, 혹은 UGA처럼 번역 종결코돈 중 하나일 가능성도 있다. 이러한 트리플렛들 중 하나가 번역 중에 생기게 되면, 폴리펩티드 합성은 그 지점에서 종결된다. 분명히, 틀이동 돌연변이의 결과는 매우 심각할 수 있으며, 특히 그들이 암호화 서열의 앞쪽에서 생겼다면 더욱 문제가 될 수 있다.

표현형적 영향에 기초한 분류

그들의 형태와 위치에 의존하여 돌연변이들은 침묵 돌연변이에서부터 우성 치사성 표현형에 이르기까지 넓은 범주의 표현형적 효과를 가질 수 있다.

4장에서 논의한 바와 같이, **기능상실 돌연변이**(loss-of-function mutation)는 유전자 산물의 기능을 없애는 것이다. 점 돌연변이에서 전체 유전자의 결실에 이르기까지 어떤 형태의 돌연변이라도 기능상실을 초래할 수 있다. 이들 돌연변이는 **영 돌연변이**(null

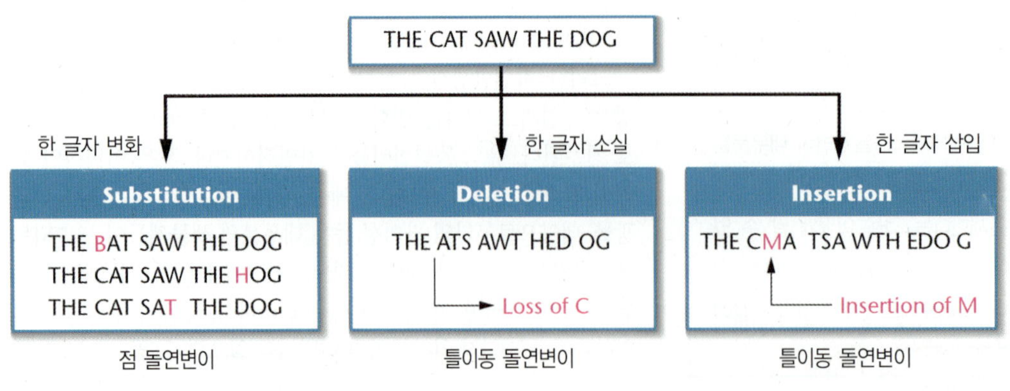

그림 14-1 세 문자 단어로 이루어진 한 문장에서 하나의 글자가 치환되거나, 결실되거나, 첨가되었을 때의 효과에 대한 비유. 점돌연변이와 틀이동 돌연변이가 나타난다.

mutation)라고 알려져 있다. 기능상실 돌연변이는 우성일 수도, 열성일 수도 있다. 우성 기능상실 돌연변이는 같은 생물체에 존재하는 정상적인 유전자 산물에 결합하거나, 혹은 그것의 활동을 방해하는 결손 단백질의 존재에 기인한 것일 수 있다. **기능획득 돌연변이**(gain-of-function mutation)는 새로운 기능을 가진 유전자 산물을 만든다. 이것은 새로운 기능을 부여하는 단백질의 아미노산 서열 변화에 기인하거나, 혹은 유전자 조절 서열에서의 돌연변이가 그 유전자의 발현을 비정상적인 수준으로, 비정상적 시기에, 혹은 비정상적 장소에서 발현시키기 때문인 것일 수 있다. 대부분의 기능획득 돌연변이들은 우성이다. 진핵성 유전체들이 주로 비암호화 영역으로 구성되어 있기 때문에, 대다수의 돌연변이들은 유전자를 포함하고 있지 않은 큰 지역에서 일어날 가능성이 많다. 이러한 것들은 유전자 산물에 영향을 미치지 않기 때문에 **중립 돌연변이**(neutral mutation)로 간주된다.

가장 쉽게 관찰되는 돌연변이들은 **형태적 특징**(morphological trait)에 영향을 미치는 것들이다. 이들 돌연변이는 **가시적 돌연변이**(visible mutation)이라고도 알려져 있으며, 정상 혹은 야생형 표현형을 변화시키는 능력에 의해 인식된다. 예를 들어, 멘델의 완두들이 가진 모든 특징과 초파리에서 만나게 되는 많은 유전적 변이들은, 그 생물의 형태에 뚜렷한 변화를 유발하기 때문에 이러한 정의에 잘 맞는 것들이다.

추가적인 돌연변이 범주들에는 영양적 효과나 생화학적 효과를 나타내는 것들이 포함된다. 세균과 곰팡이에서 특성 아미노산이나 비타민을 합성하지 못하는 것은 이러한 **영양성 돌연변이**(nutritional mutation)의 전형적인 예다. 사람에서 겸상 적혈구 빈혈증과 혈우병 등은 **생화학적 돌연변이**(biochemical mutation)들이다. 이런 돌연변이들은 형태적 특징에 영향을 미치지 않아도, 영향을 받은 개체의 생존이나 건강에 영향을 미칠 수 있다.

또 다른 돌연변이 범주는 개체의 행동패턴에 영향을 미치는 것이다. 예를 들어, 동물들의 짝짓기 행동이나 24시간 리듬이 바뀔 수 있다. **행동 돌연변이**(behavioral mutation)의 주요 영향은 종종 가늠하기가 매우 어렵다. 예로, 초파리가 날갯짓을 하지 못하는 경우 짝짓기 행동에 문제가 생길 수 있다. 그러나 이 결함은 비상근에 있거나, 비상근으로 가는 신경들, 혹은 날개의 움직임이 기원하는 신경충격을 만드는 뇌에 있을 수 있다.

다른 돌연변이는 유전자의 조절에 영향을 미치는 것이다. 예를 들어, 15장에서 논의된 *lac* 오페론에서처럼, 조절 유전자는 다른 유전자의 전사를 조절하는 유전자 산물을 생산할 수 있다. 조절 유전자나, 한 유전자의 조절 영역에 생긴 돌연변이는 정상적인 조절 과정을 망가뜨리거나, 유전자를 부적절하게 활성화시킬 수도, 혹은 부적절하게 불활성화시킬 수 있다. 유전적 조절에 관한 우리의 지식은 그러한 **조절 돌연변이**(regulatory mutation)들에 대한 연구에 의존해 왔다.

어떤 돌연변이들은 개체의 생존에 필수적인 과정을 방해할 수 있다. 이러한 경우는, **치사성 돌연변이**(lethal mutation)라고 불린다. 예를 들어, 특정 아미노산을 합성하지 못하여 그것을 필요로 하는 돌연변이 세균은 그 아미노산이 결핍된 배지에 놓이게 되면 자라지도, 분열하지도 못하게 된다. 인간의 다양한 생화학적 질병들, 테이-삭스병이나 헌팅턴병 등은 사람의 일생에서 서로 다른 시기에 치사를 일으킨다.

돌연변이의 흥미로운 면 중 하나는 그들의 발현이 그 생물체가 존재하는 환경에 의존적으로 발현될 수 있다는 것이다. 그러한 돌연변이들은 **조건적 돌연변이**(conditional mutation)라고 불리는데, 그 이유는 돌연변이가 그 생물의 유전체에 존재하지만, 오직 어떤 특정 조건 하에서만 추적될 수 있기 때문이다. 조건적 돌연변이 중 가장 훌륭한 것은 **온도-감수성 돌연변이**(temperature sensitive mutation)다. 특정 '허용(permissive)온도'에서는 돌연변이 유전자 산물이 정상적으로 기능하지만, '제한(restrictive)온도'에서는 기능적 활성을 잃게 된다. 그러므로, 그 생물은 허용온도에서 제한 온도로 이동되면 돌연변이의 효과가 뚜렷해진다.

14.2 자연 발생적 돌연변이율은 생물마다 매우 다르다

여러 생물에서 자연 돌연변이율에 대한 몇 가지 일반적인 결론들이 얻어질 수 있다. 첫째, 자연 돌연변이율은 모든 생물에서 매우 낮다. 둘째, 발생률은 생물마다 매우 다르다. 셋째, 같은 종이라고 해도, 자연 돌연변이율은 유전자마다 다르다.

바이러스와 세균의 유전자들은 평균 1억 회의 세포분열당 하나(10^{-8}) 정도로 자연 돌연변이를 겪는다. *Neurospora*가 비슷한 빈도를 나타내는 반면, 옥수수, 초파리, 그리고 사람은 몇 차수로 더 높은 빈도를 나타낸다. 이러한 그룹들에서 연구되는 유전자는 배우자당 평균 1/1,000,000에서 1/100,000 (10^{-6}에서 10^{-5}) 사이의 돌연변이를 형성한다. 생쥐의 돌연변이는 자연 돌연변이율에 있어 또 다른 차수로 증가된 양상을 나타내는데, 평균 1/100,000에서 1/10,000(10^{-5}에서 10^{-4})의 빈도다. 왜 이렇게 돌연변이율이 다양한지는 확실치 않다. 이러한 변이는 아마도 복제시에 생겨나는 실수를 수리하는 효소계의 상대적 효율성을 반영하는 것 같다. 이 장의 뒷부분에서 수리 기구에 대해 논의할 것이다.

이 문제를 풀어보자

359페이지의 17번 문제는 아미노산인 류신의 생합성을 방해하는 돌연변이에 관한 자료를 제공하고 있다. 여러분은 자연 돌연변이율을 계산하여야 한다.

힌트: 우선 두 조건 하에서 배양한 원배양액 1 mL당 세균 수를 결정하여야 한다. '희석' 자료를 '비희석' 자료로 전환시켜서 이것을 결정할 수 있다. 예를 들어, 1,000배 희석한 후에 1 mL의 배양액에서 6개의 군락을 발견했다면, 원래의 세포 농도는 6 x 10^3/mL이다.

14.3 자연 돌연변이는 복제 오류나 염기 변형에 의해 발생한다

이 절에서는 자연 돌연변이를 일으키는 과정들에 대해 간단히 살펴볼 것이다. 그러나 자연 돌연변이 발생과정에서 생기는 여러 가지 염기 변형들은, 유도 돌연변이화 과정에서도 높은 빈도로 생길 수 있음을 기억하도록 하라.

DNA 복제 오류

10장에서 배웠던 바와 같이, DNA 복제의 과정은 불완전하다. 가끔, DNA 중합효소는 DNA의 복제가닥에 잘못된 뉴클레오티드를 삽입시킨다. 비록 DNA 중합효소가 3′ → 5′ 엑소뉴클레아제 활성을 이용하여 이러한 복제 오류들을 대부분 교정할 수 있지만, 잘못 삽입된 뉴클레오티드들은 복제가 끝난 이후까지 잔존할 수 있다. 만일 이러한 오류들이 DNA 수리 기구에 의해 감지되어 교정되지 않으면, 이들은 돌연변이가 될 수 있다. 염기들이 **호변체**(tautomer)라고 알려져 있는 여러 형태를 취할 수 있다는 사실 역시 DNA 복제과정 중에 잘못된 염기쌍 형성의 확률을 증가시킨다. 호변 변환은 아래 논의될 것이다. 잘못된 염기쌍 형성에 기인한 복제 오류는 주로 점 돌연변이를 일으킨다.

복제시 미끄러짐

점돌연변이 외에도, DNA 복제는 작은 삽입이나 결실들을 도입하는 계기가 될 수 있다. 이들 돌연변이는 주형 DNA의 한 가닥이 고리를 형성하여 복제 위치를 벗어났거나, DNA 중합효소가 미끄러지거나, 띄엄띄엄 복제를 했을 때 발생할 수 있다. 만약 복제 중에 주형가닥에서 고리가 형성되었다면, DNA 중합효소는 고리로 빠져나간 부분의 뉴클레오티드들은 복제하지 못하고, 새로운 가닥에 작은 결실을 만들게 된다. 만약 DNA 중합효소가 주형가닥에 존재하지 않는 뉴클레오티드들을 반복적으로 도입하게 되면, 한 개 이상의 뉴클레오티드 삽입이 만들어져 새로 합성된 가닥에 짝짓지 않은 고리가 생긴다. 삽입과 결실은 틀이동 돌연변이를 유발하여, 유전자 산물에서의 아미노산 첨가나 결실을 일으킨다.

복제시 미끄러짐(replication slippage)은 DNA의 어느 곳에서도 발생할 수 있지만, 반복서열을 포함하는 곳에서 자주 발생한다. 반복서열은 DNA 돌연변이가 자주 발생하는 지점(hot-spot)이며, 일부 유전성 질병들을 일으키기도 한다(14.5절을 보라). 유전체내 비암호화 영역에서 반복서열들의 과도 돌연변이능(hypermutability)은 현재 법의학적 DNA 분석을 위한 기초를 제공하기도 한다.

호변 변환

퓨린과 피리미딘들은 호변체 형태-질소를 포함하고 있는 염기가 다른 화학적 형태로 존재하는 것으로, 분자 내의 단일 원자들만 차이가 난다-로 존재할 수 있다. 생물학적으로 중요한 호변체들에는 티민과 구아닌의 케토-에놀 형태(keto-enol form)와, 시토신과 아데닌의 아미노-이미노 형태(amino-imino form)가 있다. 이들의 변화는 분자의 결합 구조를 바꾸어 비상보성 염기들 사이에 수소결합이 생성되도록 한다. 따라서 **호변 변환**(tautomeric shift)은 영구적인 염기쌍 변화와 돌연변이를 유발할 수 있다. 그림 14-2는 정상적인 염기쌍과 드물게 발생하는 잘못된 염기쌍을 비교한

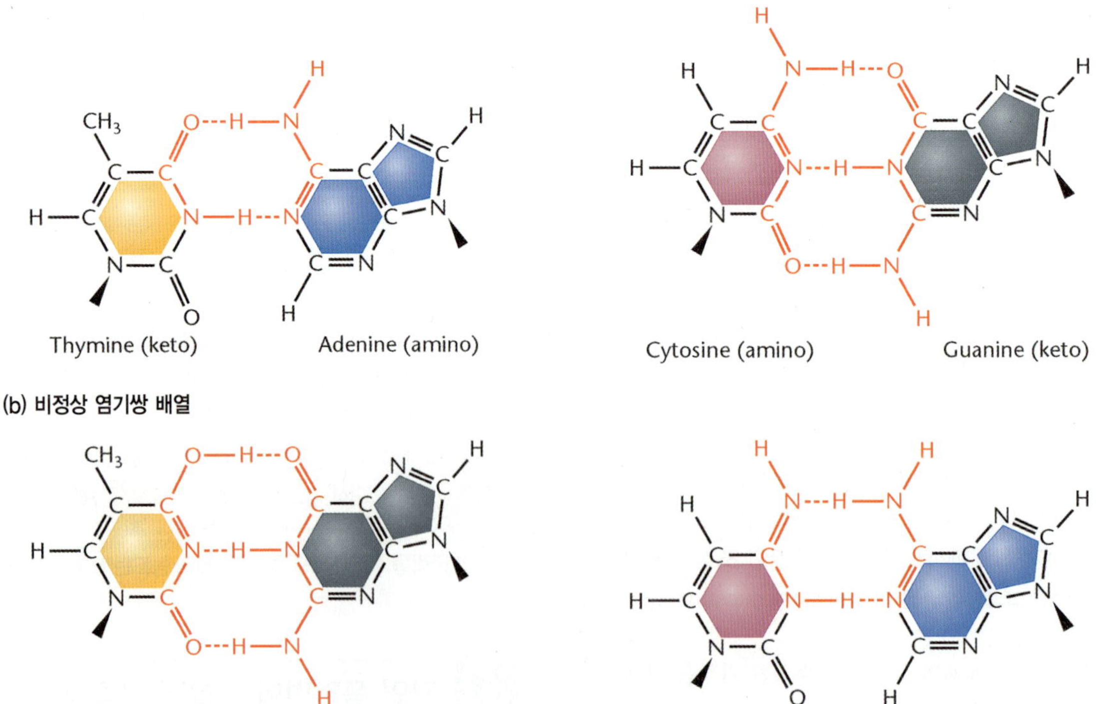

그림 14-2 표준 염기쌍 관계(a)가 호변 변환의 결과 잘못된 염기쌍 형성(b)과 비교되었다. 긴 삼각형 표시는 이 염기가 오탄당에 결합한 지점을 표시한다.

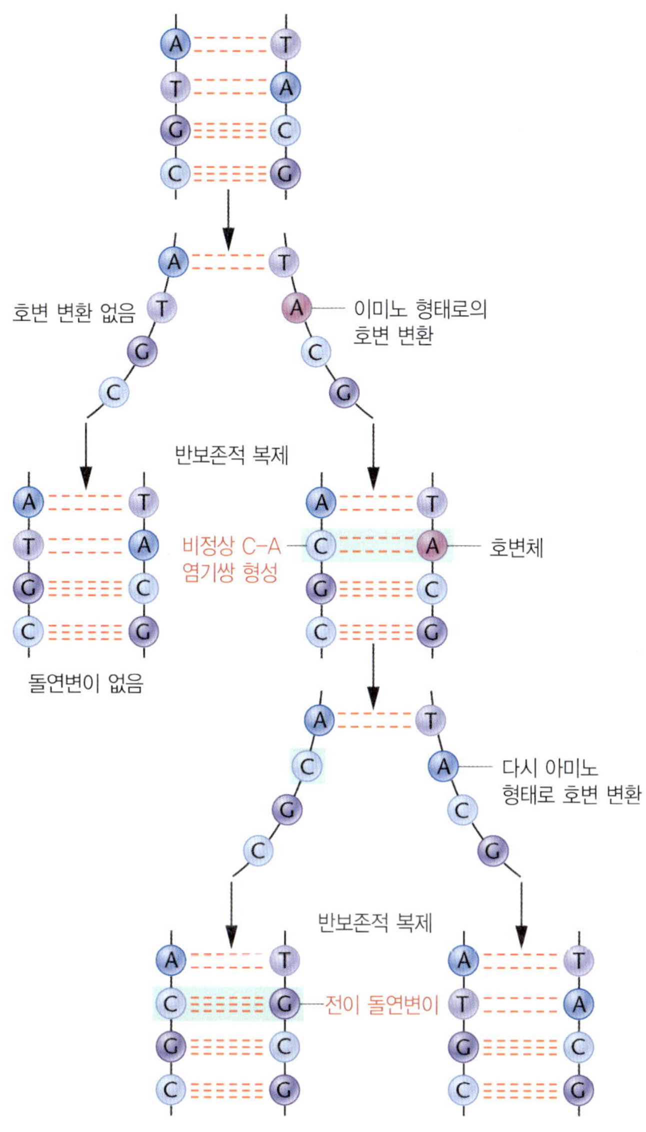

그림 14-3 아데닌에서의 호변 변화 결과로 A = T에서 G ≡ C 염기 전이가 발생한다.

것이다. 잘못된 T ≡ G와 C = A 쌍이 만들어질 수 있다.

주형가닥에 일시적으로 형성된 호변체가 비상보성 염기와 짝을 이루었을 때, DNA 복제 중 돌연변이가 발생할 수 있다. 그 다음 복제시에 그 "잘못 짝지어진(missmatched)" 염기쌍들이 나뉘었다가 각각 주형으로 작용하여 정상적인 상보적 염기쌍을 만든다. 결과적으로 점 돌연변이가 형성된다(그림 14-3).

탈퓨린화와 탈아민화

자연 돌연변이의 가장 흔한 원인은 DNA의 염기 손상에 따른 것이다. **탈퓨린화**(depurination)는 완전한 이중나선 DNA 분자 내에서 염기 하나가 빠진 것이다. 그러한 사건은 퓨린–구아닌이나 아데닌–에서 가장 자주 발생한다. 이들 염기들은 데옥시리보오스의 1′-C와 퓨린 고리의 9번 위치를 연결시키는 글리코시드 결합이 끊어질 때 소실된다. 이러한 사건으로 DNA의 한 가닥에 **탈퓨린 부위**(apurinic site 또는 AP site)가 만들어진다. 유전학자들은 배양 중인 포유동물 세포에서는 그러한 자발적 상처들이 매일 수천 건씩 발생하는 것으로 추정한다. 만약 AP 부위들이 수선되지 않는다면, DNA 복제 중에 주형으로 작용하는 부위에 염기가 사라지게 된다. 결과적으로 DNA 중합효소는 그런 부위에서 무작위로 아무 염기나 도입할 수 있다.

탈아민화(deamination) 과정에서는 시토신과 아데닌에서 하나의 아미노 그룹이 케토 그룹으로 바뀐다(그림 14-4). 이들 두 경우에서 시토신은 우라실로, 그리고 아데닌은 하이포크산틴(hypoxanthine)으로 변화된다. 이러한 변화의 가장 큰 효과는 DNA 복제시에 이들 두 분자의 염기쌍 형성 특이성을 바꾼다는데 있다. 예를 들어, 시토신은 보통 구아닌과 짝을 이룬다. 이것이 우라실로 변화되면 짝은 아데닌과 이루게 되고, 원래의 G ≡ C 쌍은 A = U 쌍으로 변화를 일으켜 복제가 진행됨에 따라 A = T 쌍으로 바뀌게 된다. 아데닌이 탈아민화되는 경우에는 하이포크산틴이 시토신과 짝을 이루기 때문에 원래의 A = T 쌍이 G ≡ C 쌍으로

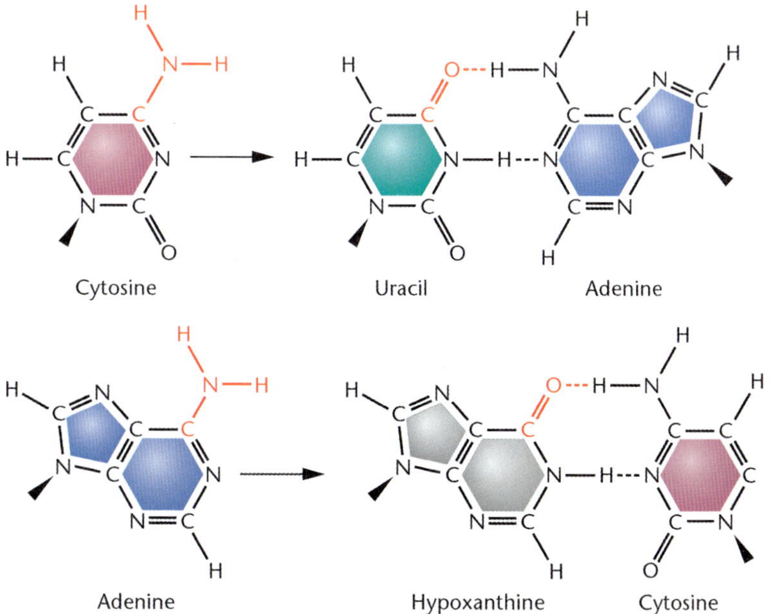

그림 14-4 시토신과 아데닌의 탈아민화는 새로운 염기쌍을 만들고 돌연변이를 일으킨다. 시토신은 아데닌과 염기쌍을 형성하는 우라실로 전환된다. 아데닌은 시토신과 짝을 이루는 하이포크산틴으로 바뀐다.

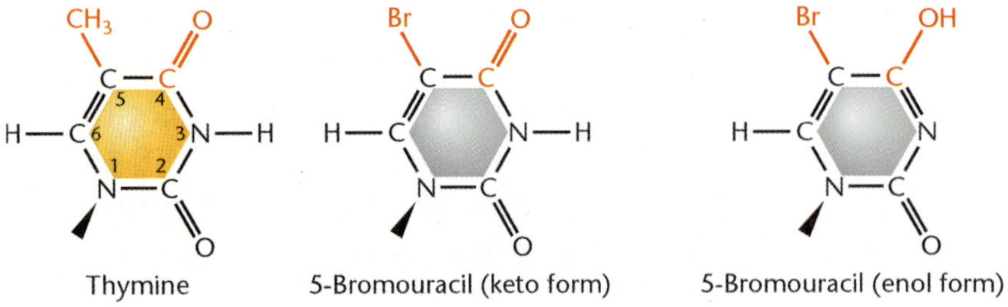

그림 14-5 5-브로모 우라실(5-BU)과 티민 사이의 구조적 유사성. 일반적인 케토형에서 5-BU는 아데닌과 쌍을 이루어 유사물로 행동한다. 드물게 형성되는 에놀 형태에서는 비정상적으로 구아닌과 짝을 이룬다.

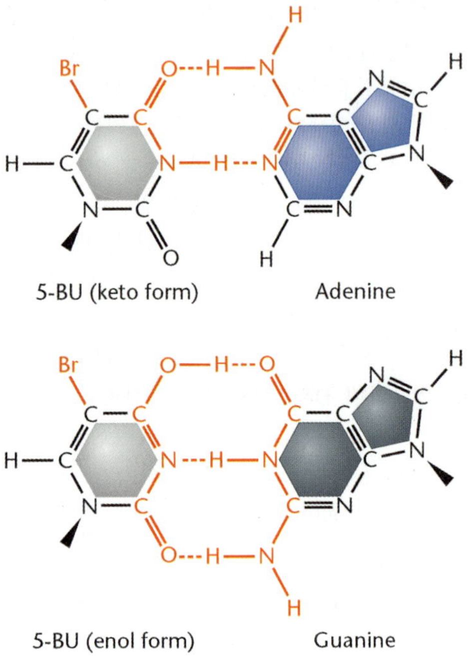

변화된다. 탈아민화는 질산(HNO_2) 같은 화학적 돌연변이원에 의하거나, 혹은 자발적으로 발생할 수 있다.

산화적 손상

DNA는 정상적인 세포과정의 부산물에 의해 손상을 입을 수 있다. 이들 부산물에는 정상적인 산소호흡 과정 중에 생기는 활성 산소들(전자 친화성 산화제들)이 포함된다. 예를 들어, 과산화물 (O2$^{\bullet -}$), 수산화 라디칼(•OH), 그리고 과산화수소(H_2O_2) 등이 세포 대사 중에 만들어지며 지속적으로 DNA의 완전성을 위협한다. **활성 산화제**(reactive oxidant)들은 고에너지 방사에 대한 노출에 의해서도 생길 수 있으며, DNA에서 복제시 염기쌍 오류를 일으키는 염기들을 포함하여 100가지 이상의 화학적 변화를 유발할 수 있다.

트랜스포존

가동성 유전인자(트랜스포존)들은 자주 유전자 내부로 삽입되어 정상적인 암호화 서열을 망가뜨린다. 따라서 이러한 인자들은 진핵세포와 원핵세포 모두에서 자발적 돌연변이원이 될 수 있다. 트랜스포존은 이 장의 후반에 논의될 것이다(14.8절).

14.4 유도 돌연변이들은 화학약품과 방사선에 의해 유발된 DNA 손상에 기인한다

지구상의 모든 세포들은 **돌연변이원**(mutagen)이라고 불리는 수많은 요인들에 노출되어 있다. 이들은 DNA에 손상을 일으켜 돌연변이를 만든다. 이러한 요인들 중에 일부인 곰팡이 독소, 우주선(cosmic ray), 그리고 자외선 등은 우리 환경의 자연적 성분들이다. 일부 산업 독성물질이나 의학용 X-선, 그리고 담배연기에 들어 있는 화학물질을 포함한 다른 것들은 비자연적이거나 인위적으로 현대의 세계에 첨가된 것들이다. 긍정적인 측면에서는, 유전학자들은 14.9절에서 논의한 바와 같이, 유전자와 유전자의 기능을 분석하는 데 이러한 돌연변이원을 사용하기도 한다. 이러한 자연적, 비자연적 요인들이 돌연변이를 일으키는 기작을 이 절에서 다루고자 한다.

염기 유사체들

염기 유사체(base analog)란 돌연변이를 일으키는 화학물질로 핵산 합성시에 피리미딘이나 퓨린을 대체할 수 있는 분자들이다. 우라실 피리미딘 고리의 5번 위치에 할로겐화가 일어난 유도체인 **5-브롬화 우라실**(5-bromouracil, 5-BU)이 좋은 예다. 만약 5-BU가

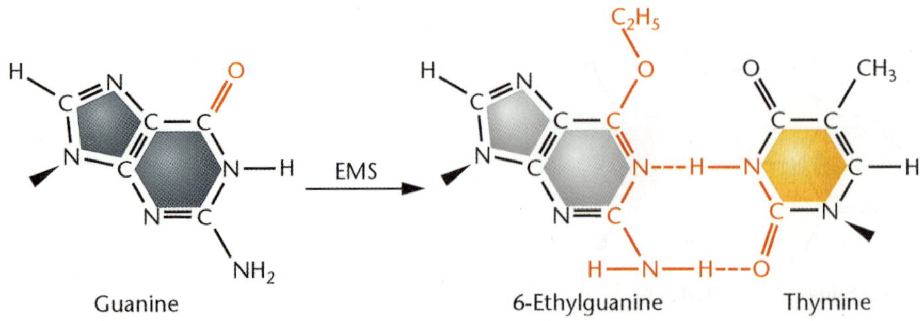

그림 14-6 알킬화제인 에틸메틸설폰산(EMS)에 의해 구아닌이 6-에틸구아닌(6-ethylguanine)으로 전환된다. 이것은 티민과 짝을 이룬다.

데옥시리보오스와 화학적으로 연결되면, 뉴클레오시드 유사물인 **브로모데옥시우리딘**(bromodeoxyuridine, BrdU)이 생성된다. 그림 14-5는 이 티민 유사체와 티민의 구조를 비교하여 보여준다. 메틸기 대신 들어간 브롬 원자의 존재로 호변 변환을 할 가능성이 더욱 증가한다. 만약 5-BU가 티민 대신 DNA로 통합되고 호변 변환으로 에놀형이 된다면 5-BU는 구아닌과 짝을 이룬다. 한 번의 복제가 끝나면 A = T가 G ≡ C로 바뀌어 염기전이(transition)의 결과가 나타난다. 게다가, DNA내 5-BU의 존재는 그 자체로도 돌연변이를 일으킬 수 있는 자외선(UV)에 이 분자가 더욱 취약해지도록 한다.

돌연변이를 일으키는 염기 유사체들이 있는데 그 중 하나가 **2 아미노 퓨린**(2-amino purine, 2-AP)이다. 이것은 아데닌 유사체로 티민과 염기쌍을 형성하는 것뿐 아니라, 시토신과도 짝을 이룰 수 있다. 결과적으로 복제 이후에 A = T 쌍이 G ≡ C쌍으로 염기전이를 일으킨다.

알킬화 물질과 아크리딘 염료

황을 포함한 미란성 가스(mustard gas)는 처음으로 밝혀진 화학 돌연변이원 중 하나였다. 이것은 1차 세계대전 중에 화학전에 관한 연구를 하면서 발견되었다. 이 가스들은 **알킬화물질**(alkylating agents)인데: 즉, CH_3나 CH_3CH_2를, 뉴클레오티드의 아미노 그룹이나 케토 그룹에 공여하는 것이다. 예를 들어, 에틸메틸설폰산(ethylmethyl sulfonate, EMS)은 가장 흔하게 실험 돌연변이원으로 사용되는 것으로 구아닌의 6번과 티민의 4번 케토 그룹을 알킬화시킨다. 염기유사체와 마찬가지로, 염기쌍 형성 친화력이 바뀌고 염기전이 돌연변이가 생긴다. 6-에틸구아닌(6-ethylguanine)의 경우에는 아데닌의 유사체로 작용하여 티민과 짝을 이룬다(그림 14-6).

아크리딘 염료(acridine dye)라고 불리는 화학적 돌연변이원들은 틀이동 돌연변이를 유발한다. 그림 14-1에 설명한대로, 틀이동 돌연변이들은 유전자 내의 폴리뉴클레오티드 서열에서 하나 이상의 염기쌍들이 첨가되거나 소실되어 생긴다. 프로플라빈(proflavin)이나 아크리딘 오렌지(acridine orange) 같은 아크리딘 염료들은 염기쌍들과 크기와 모양이 비슷해서 완전한 DNA의 퓨린과 피리미딘들 사이에 **끼어들**(intercalate) 수 있다. 이러한 삽입으로 DNA 나선의 왜곡이 발생하면 DNA의 복제나 수리시에 결실 및 삽입을 일으켜 틀이동 돌연변이가 생길 수 있다.

자외선

지구상의 모든 에너지들은 다양한 파장의 전자기적 구성성분으로 이루어진다(그림 14-7). **전자기 스펙트럼**(electromagnetic spectrum)에 관해서는, 다양한 구성성분들과 관계된 에너지가 파장에 따라 반비례한다. 가시광선을 포함하여 이보다 긴 파장은 대부분의 유기분자들과 관계할 시 유익하다. 그러나 가시광선보다 짧은 파장의 모든 구성성분들은 에너지가 높으며, 생체를 구성하고 있는 유기물에 파괴적인 영향을 미친다. 알다시피, 퓨린과 피리미딘들은 약 260 nm 정도에서 가장 강하게 **자외선(UV) 방사**를 흡수한다. 자외선 방사의 가장 주요한 효과는 특히 두 개의 티민이 존재하는 부위에서 **피리미딘 이합체**(pyrimidine dimer) 형성을 유도한다는 것이다(그림 14-8). 이합체들은 DNA형태를 왜곡시키며 정상적인 복제를 방해한다. 결과적으로 복제시 DNA 염기서열 내에서 실수가 일어나게 되고, 광범해질 경우, 이들은 적어도 부분적으로는, 자외선 방사로 인한 미생물의 사멸효과까지도 일으킬 수 있다.

이온화 방사선

전자기 스펙트럼 내에서, 에너지는 파장과 반비례한다. 그림 14-7에서 보이듯이 **X-선**(X-ray)과 **감마선**(gamma ray), 그리고 **우주선**(cosmic ray) 등은 자외선보다 더 짧은 파장들을 가지며 따라서 에너지도 더 많다. 결과적으로, 이들은 조직 깊숙이 뚫고 들어와 분자들의 이온화를 유발시킨다.

X-선이 세포를 관통함에 따라, 방사능을 만난 분자의 원자들로부터 전자들이 튀쳐나온다. 그러므로 안정된 분자들과 원자들은,

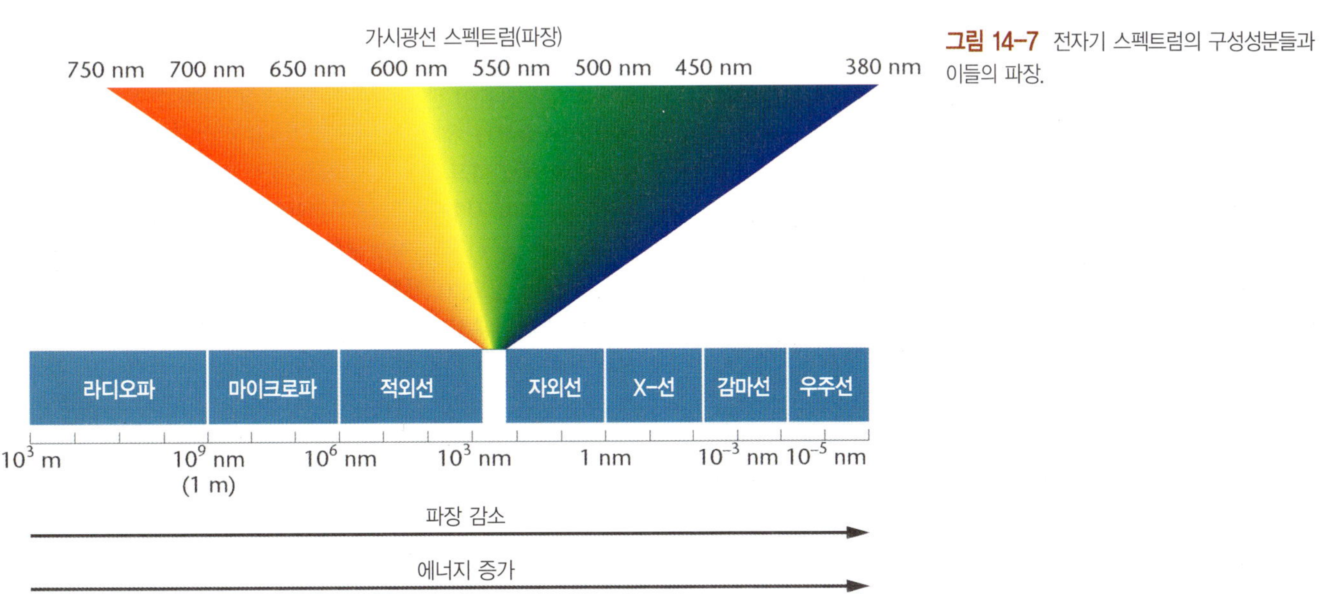

그림 14-7 전자기 스펙트럼의 구성성분들과 이들의 파장.

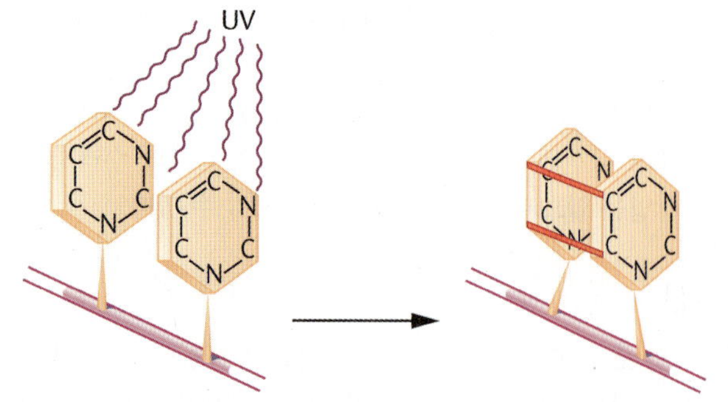

그림 14-8 UV 방사에 의한 티민 이합체의 유도. 이것은 DNA의 왜곡을 초래한다. 피리미딘 고리의 원자들 사이에서 공유결합이 형성된다.

자유라디칼(free radical)과 반응성 이온으로 변하게 되는 것이다. 고에너지 방사선이 지나간 길을 따라 남겨진 이온들은 다양한 화학반응을 일으킬 수 있게 된다. 이들 반응은 직간접적으로 유전물질에 영향을 주어 DNA 내의 퓨린과 피리미딘을 변화시키고 점돌연변이를 일으킨다. **이온화 방사선**(ionizing radiation) 또한 인산이에스테르 결합을 파괴할 수 있어서 염색체의 온전성을 망쳐 결실, 전좌, 염색체 절단 등 여러 가지 이상을 만들어 낼 수 있다.

이 문제를 풀어보자

359페이지의 23번 문제는 화학치료제인 멜팔란(melphalan)이 암세포를 죽이는 기작과 이들 세포가 이 약품으로 유발된 DNA 손상을 수리하는 방법을 설명하라는 것이다.

힌트: 이 문제에 답하기 위해서는, DNA 복제 중에 염기쌍의 구아닌에 발생한 알킬화의 효과를 고려해야 한다. 14.7절에서 여러분은 세포가 알킬화제에 의해 유발될 돌연변이들을 수리하는 방법에 대해서 공부하게 될 것이다.

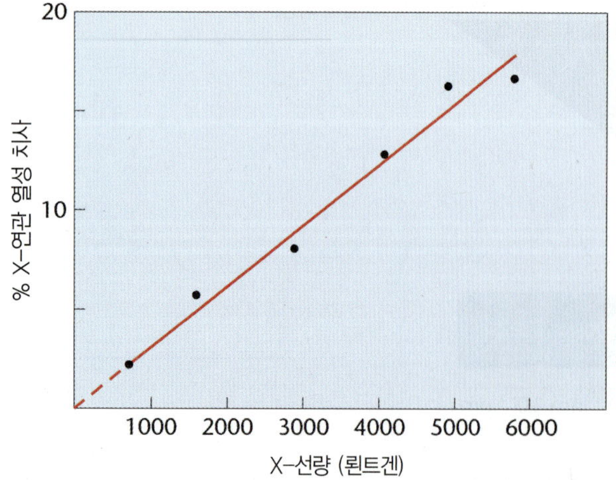

그림 14-9 초파리에서 증가하는 X-선량에 의해 유도된 X-연관 열성 돌연변이의 분율을 그래프로 나타낸 것. 외삽하면 그래프는 축의 영점과 만난다.

그림 14-9의 그래프는 유도된 X-연관 열성 치사 돌연변이들의 백분율 대 X-선의 양을 나타낸 것이다. X-선량과 돌연변이 발생 사이의 직선 관계가 뚜렷하다: 선량이 두 배가 될 때마다 돌연변이도 두 배로 많이 유도되었다. 이 직선이 축의 영점 근처에서 교차하므로 아주 적은 양의 방사선이라도 돌연변이를 일으킨다는 것을 제시한다.

14.5 유전체학과 유전자 서열화는 인간의 돌연변이에 대한 우리의 이해를 증진시킨다

여태까지 우리는 주로 핵산의 화학에 관련한 돌연변이의 분자적 기초에 대해 논의를 해왔다. 역사적으로, 과학자들은 상당한 다양성을 보이는 개체군에서 단백질의 아미노산 서열을 분석함으로써 돌연변이에 대해 많은 것을 배웠다. 이러한 다양성은 진화 중에 생긴 것으로, 단백질을 암호화하는 유전자의 DNA 서열 내에서 하나 혹은 그 이상의 뉴클레오티드가 치환, 삽입, 혹은 결실된 것을 반영한다.

이제 DNA를 직접 분석하는 기술이 발전함에 따라, 우리들은 유전자의 실제 뉴클레오티드 서열을 더욱 구체적으로 관찰할 수 있으며, 또한 돌연변이에 대한 더 큰 통찰을 얻을 수 있게 되었다. DNA 서열 분석을 더욱 정확하고 빠르게 할 수 있는 여러 가지 기법들은 분자 유전학에 대한 우리의 이해를 더욱 넓게 해주었다. 이 절에서는 어떻게 여러 형태의 돌연변이들이 인간의 건강에 영향을 미치는지에 대해 살펴볼 것이다.

ABO식 혈액형

ABO식 혈액형 체계(ABO blood group system)는 적혈구와 다른 세포들, 특히 상피세포 형태에서 발견되는 일련의 항원결정체들에 기초한 것이다. 이미 4장에서 논의된 바와 같이, 3개 대립유전자들이 하나의 I 유전자좌에 존재하는데, **글리코실전이효소**(glycosyltransferase)를 암호화한다. H 기질은 I^A나 I^B 대립인자에서 암호화되는 이 효소의 활성에 의해 A나 B 항원으로 바뀐다. H 기질의 변형에 실패하는 경우는 I^O 대립인자의 결과인 것이다. I^A와 I^B 대립인자의 DNA 서열을 비교해 보니, 4개의 일관적인 뉴클레오티드 치환이 관찰되었다. 글리코실전이효소 유전자 산물의 아미노산 변화가 유전자 산물의 기능을 변화시켰고 결과적으로, H 기질에 서로 다른 두 가지 변형을 일으키도록 한다.

I^O 대립인자 상황은 독특하고 재미있다. 이 대립인자에 동형접합성인 개인은 O형의 혈액형을 가지며, 글리코실전이효소 활성이 결여되어 있고, H 기질의 변형을 일으키지 못한다. 이 대립인자에 대한 서열분석은 다른 대립인자와는 다른 한 가지 일관적 변화를 보여주는데, 바로 암호화 서열내 앞쪽에서 뉴클레오티드 한 개의 결실로 틀이동 돌연변이가 생겼다는 것이다. 완전한 전령 RNA가 전사되지만, 번역에 있어서는, 결실이 있었던 자리에서 발생한 해독틀 변화가 종결암호를 만나기 전 약 100 염기쌍 이전까지만 계속된다. 이 지점에서 폴리펩티드 사슬이 조기 종결되어 비활성형의 산물이 나오게 된다.

이러한 발견은 ABO식 체계에 대한 직접적인 분자적 설명과 더불어 관련 항원들의 생합성에 대한 기초를 제공한다. 항원적 표현형에 대한 분자적 기초는 분명히, 글리코실전이효소를 암호화하는 유전자의 뉴클레오티드 서열의 구조적 변화나 돌연변이의 결과인 것이다.

근이영양증

근이영양증(muscular dystrophy)은 심한 진행성 근육 퇴화와 약화가 특징이다. 여러 가지 형태의 근이영양증이 있고, 그 심각성이나 발병시기, 유전적 원인들이 다양하다. 두 가지 연관 형태의 근이영양증–**뒤셴 근이영양증**(Duchenne muscular dystrophy, DMD)과 **베커 근이영양증**(Becker muscular dystrophy, BMD)–은 열성이며 X-연관 조건을 가진다. DMD는 두 질병 중에서 더 심각한데, 근육 퇴화가 빠르게 일어나며, 심장과 폐도 관여된다. DMD를 가진 남자는 보통 약 12세에 보행능력을 상실하며 20대 초반에 사망한다. 발병률은 5,000명당 한 명으로, 가장 흔한 생명단축형 유전성 질환이다. 반대로, BMD는 폐나 심장은 관여되지 않고 진행이 느려서 사춘기에 시작되어 50세 이상까지 생존한다.

DMD와 BMD를 일으키는 유전자–디스트로핀(dystrophin) 유전자–는 유별나게 커서 250만 염기쌍으로 이루어져 있다. 정상적인(이환되지 않은) 개인들에서는 전사와 프로세싱에 의해 약 14,000 염기쌍(14 kb) 정도의 전령 RNA가 얻어지며 3,685개의 아미노산으로 이루어진 **디스트로핀**이라는 단백질로 번역된다.

최근에, 유전학자들은 BMD와 DMD를 일으키는 돌연변이의 분자적 기초를 밝혔다. 몇몇 예외를 빼면, DMD 돌연변이들은 디스트로핀 유전자의 번역틀을 변화시킨다. 반면, BMD 돌연변이들은 번역틀을 바꾸지는 않는다. 연구들은 DMD와 BMD를 일으키는 디스트로핀 유전자 돌연변이들 중 2/3 정도가 결실과 중복이었음을 보여주었다. 단 1/3만이 점돌연변이였다. 대부분의 DMD 돌연변이들이 번역 중에 조기 종결을 일으킨다. 이것은 곧, 부적당하게 번역되는 디스트로핀 전사물이 파괴되도록 하여 디스트로핀 단백질들이 거의 존재하지 않도록 한다. 반대로, BMD 유전자 돌연변이들 대부분은 디스트로핀 전사체와 단백질의 내부 서열을 변화시키지만 번역틀을 바꾸지는 않는다. 결과적으로, 변형된 디스트로핀 단백질이 생기고, DMD처럼 심각한 결과가 생기는 것을 막는다.

취약 X 증후군, 근경직성 이영양증, 그리고 헌팅턴병

1990년대 초반, 사람에서 유전질환을 나타내는 일부 유전자들에 대한 분자적인 분석들은, 놀라울 만한 관찰들을 제공했다. 연구자들은 일부 돌연변이 유전자가 단순히 **세 뉴클레오티드 반복서열**(trinucleotide repeat sequence)이 늘어난 것을 포함하고 있음을 발견했다. 이들 돌연변이는 보통, 정상인에서는 15회 미만으로 반복되지만, 이환된 환자들에서는 아주 많은 수까지 늘어나는 것으로 보였다. 많은 수의 발달 및 퇴화성 질병들을 포함하여 약 20가지의 인간 질병이, 특정 유전자에서의 반복서열이 비정상적으로 크게 늘어나는 것에 의해 유발되는 것으로 보인다.

예를 들어, 취약 X 증후군, 근경직성 이영양증, 그리고 헌팅턴병의 원인 유전자들은 각각 특정한 세 뉴클레오티드 DNA 서열이 여러 번 반복되어 있는 부분을 포함한다. 돌연변이가 아닌(정상의) 대립인자에도 반복서열들이 있긴 하지만, 돌연변이들은 반복된 세 뉴클레오티드의 수가 상당히 증가되어 있다.

6장에서 자세히 다루었던 **취약 X 증후군**(fragile X syndrome)에 관한 짧은 논의로 시작해 보자. 관련 유전자는 *FMR-1*으로, 5′ 방향의 비번역 부위에 CGG로 이루어진 서열을 수백에서 수천 번 반복해서 포함할 수 있다. 55회까지의 반복 수를 가진 개인들은 정상이고 이 증후군과 관련된 정신지체를 보이지 않는다. 55~230의 반복 수를 가지는 개인들은 '보인자'로서 간주된다. 이들은 정상이지만 그들의 자손은 더 증가된 반복 수를 가질 수 있어 증후군을 나타낼 수 있다. 유전자의 조절 부위에 있는 커다란 CGG 영역은, 뇌세포의 기능에 영향을 미치는, RNA 결합 단백질로 생각되는 FMRP 단백질의 발현이 나타나지 않도록 한다.

근경직성 이영양증(myotonic dystrophy)은 가장 흔한 형태의 성인성 근이영양증으로 8,000명당 한 명꼴로 영향을 미친다. 우성으로 유전되는 이 질병은 DMD만큼 심하지는 않으며, 증상이나 발병 연령이 매우 다양하다. 얼굴과 말단 근계에서 나타나는 경증의 근경직증(퇴화와 약화)이 가장 흔하다. 백내장, 감소된 인지능력, 그리고 피부와 장의 종양들 역시 이 증상의 일부로 나타난다.

영향을 받은 유전자는 *MDPK*로, 세린-트레오닌 단백질 키나아제인 MDPK를 암호화한다. 이 단백질은 유전자내 15 엑손들의 산물인데, 마지막 엑손은 mRNA의 3′-말단 비번역 부위를 암호화한다. 바로 이 서열이 여러 번 반복된 CTG 세 뉴클레오티드를 갖는 부분이다. 5번에서 35번까지 CTG를 포함한 사람은 정상이고, 이 숫자가 세대를 거쳐도 안정적이다. 150번 이상 반복된 서열을 가지는 사람은 경증에서 중증까지의 증상을 나타내며, 출생시부터 60세에 이르기까지의 발병시기를 나타낸다. 중증도나 발병시기는 반복서열의 크기와 직접적으로 관련이 있다. 이들 반복부위가 근경직성 근이영양증을 일으키는 기작에 대해서는 아직 불명확하다.

헌팅턴병(Huntington's disease, HD)은 치명적인 신경 퇴화성 질환으로, 상염색체성 우성으로 유전된다. HD에 대한 책임 유전자는 염색체 4번에 위치한다. 이 유전자는 CAG 세 뉴클레오티드 반복 부위를 포함하고 있으며, 정상인에서는 11~34번까지 반복된다. CAG 반복서열은 유전자의 암호화 부위 내에 위치하며, 폴리글루타민 부위를 만든다. CAG 반복서열은 환자에서 매우 증가되어 있다(120번까지). 반복 횟수가 증가할수록 발병시기가 빨라진다.

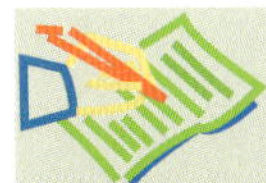

이 문제를 풀어보자

359페이지의 24번 문제는 어째서 디스트로핀 유전자가 많은 수의 돌연변이들을 겪는 것으로 드러나는지를 예측하는 것이다.

힌트: 이 문제에 답하기 위해서는, 이 유전자의 크기와 인트론과 엑손의 구성에 대해 생각해야 한다.

14.6 에임즈 검사법은 화합물의 돌연변이 유발력을 검사하는 데 이용된다

피부를 통하거나, 소화기계를 통해, 혹은 호흡기관을 통해 인체에 들어오는 화학물질들의 잠재적인 돌연변이 유발성에 관한 관심이 크다. 공기와 물의 오염물질들, 식품 보존제와 첨가물, 인공감미료, 제초제, 살충제, 그리고 약품들이 그러한 예다. 돌연변이 유발력(mutagenicity)은 균류, 식물, 그리고 배양된 포유동물 세포 등을 포함한 다양한 생물체들에서 검사될 수 있다; 그러나 가장 일반적인 검사법은 세균을 사용하는 것이다.

에임즈 검사법(Ames test)**(그림 14-10)**은 특정 형태의 돌연변이에 대해 감수성을 가진 것으로 선택된 네 가지 계통의 돌연변이 세균 *Salmonella typhimurium*을 이용한다. 예를 들어, 한 계통이 염기쌍 치환을 추적하는 데 사용되며, 다른 세 가지는 다양한 틀이동 돌연변이를 추적하는 데 사용된다. 각 돌연변이 계통은 히스티딘을 합성하지 못하며, 따라서 성장에 히스티딘을 요구한다(his^-). 검사법은 역돌연변이의 빈도를 측정하는 것인데, 이로써 야생형(his^+) 세균이 나온다. 이들 살모넬라 계통은 DNA 절단 수리 기구와 세균의 표면을 둘러싸 보호하는 지질다당층(lipopolysaccharide barrier)을 만드는 유전자에 돌연변이를 가지고 있기 때문에 외부의 돌연변이원에 상당한 감수성이 나타난다.

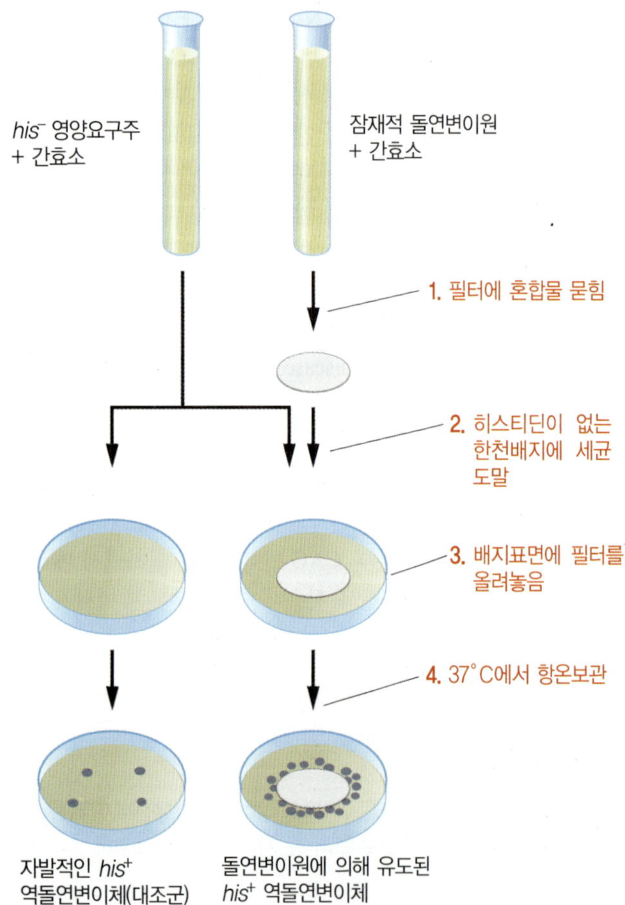

그림 14-10 에임즈 검사법. 가능성 있는 화합물의 돌연변이 유발력을 검사하는 방법이다.

신체로 들어오는 많은 물질들이 보통은 간에서 대사를 통해 화학적으로 반응성 산물들이 되기까지는 상당히 무해하다. 그러므로 에임즈 검사법은 검사 화합물이 시험관 안에서 포유동물의 간 추출액과 함께 보존되는 단계를 포함한다. 혹은 검사화합물을 쥐에 주사하여 간효소에 의한 변형을 유도한 다음 다시 회수하여 검사에 사용하기도 한다.

1970년대에 에임즈 검사가 초기에 사용되었을 당시에는 많은 수의 알려진 **발암물질**(carcinogen)들이 검사되었고 80% 이상이 강력한 돌연변이원인 것으로 드러났다. 이것은 놀랄 일이 아닌데, 세포를 암 상태로 전환시키는 것은 돌연변이의 결과로 발생하는 것이기 때문이다. 물론 돌연변이원 양성반응이 이 화합물이 발암성이라는 것을 제공하는 것은 아닐지라도, 에임즈 검사법은 아주 유용한 초기 검사 기구로 사용될 수 있다. 이 검사법은 산업적 화학합성물이나 약품의 개발과정에서 아주 널리 사용된다.

14.7 생물들은 돌연변이를 중화시키기 위해 DNA 수리 기구를 사용한다

생체 시스템은 자연발생적인 DNA 손상이나 유도된 DNA 손상에 대항하는 다양하고 정교한 수리 시스템을 진화시켜 왔다. **DNA 수리**(DNA repair) 시스템은 생체의 유전적 완전성을 유지하고, 지구상에서 생물체가 생존하도록 하는 데 필수적이다. 돌연변이와 수리 사이의 균형은 각 유전자와 생물체에서 관찰되는 돌연변이율로 나타난다. 인간에서의 가장 큰 관심은 유전질병과 암을 일으키는 유전적 손상을 중화시킬 수 있는 능력이다. 결손 DNA와 암 감수성 사이의 연관은 16장에서 다뤄질 것이다.

이제 DNA 수리 시스템 몇 가지를 살펴보는 것으로 시작하자. 이 분야는 빠르게 발전하고 있기 때문에, 여기에서는 간단히 유전적 손상을 중화시키는 데 생체가 사용하는 주요 방법들만 살펴보기로 하자.

교정과 미스매치 수리

DNA 복제시에 잘못된 뉴클레오티드가 DNA 중합효소에 의해 삽입될 때 가장 흔한 형태의 돌연변이들이 발생한다. 세균에서의 효소(DNA 중합효소 III)는 매 100,000번의 뉴클레오티드 삽입시마다 1번의 실수를 일으키므로, 오류율은 10^{-5}이다. 다행스럽게도, 이 효소는 각 스텝을 **교정**(proofreading)함으로써 그러한 오류를 99%까지 바로잡는다. 중합과정 중에 잘못된 뉴클레오티드가 삽입되면, 그 효소는 오류를 인식하고 "거꾸로(reverse)" 방향을 돌려 3′→5′ 방향의 엑소뉴클레아제로 행동하여 잘못된 뉴클레오티드를 잘라내고 맞는 것으로 대체한다. 세균 시스템에서 교정과정은 DNA합성 복제의 효율성을 두 자릿수 이상 증가시켜 $1/10^7$의 미스매치만 만들며, 최종적으로 DNA 복제 직후에 미스매치는 $1/10^7(10^{-7})$ 정도가 된다.

교정 이후에도 남아 있는 실수들에 대처하기 위해 **미스매치 수리**(mismatch repair)라는 또 다른 기작이 활성화될 수 있다. 다른 DNA 손상에서와 마찬가지로, 변형이나 미스매치가 추적되면, 부적당한 뉴클레오티드들은 제거되고 올바른 것으로 대체된다. 그러나 미스매치를 교정하는 데는 특별한 문제가 있다. 어떻게 수리 기구가 두 가닥 중 어느 것이 올바른 것(복제 중의 주형)이며, 어떤 가닥이 미스매치 염기를 포함한 것(새로 합성된 가닥)인지 인식할 수 있는가? 미스매치가 인식되었는데 어떠한 구별도 없으면, 절단은 무작위로 일어나 맞는 염기를 가진 가닥의 반이 잘려져 나갈 가능성이 있다. 그러므로 수리효소에 의한 가닥 분별은 상당히 중요한 과정이다.

적어도 대장균을 포함한 몇몇 종의 세균에서 이 분별과정이 밝혀져 있으며 **DNA 메틸화**(DNA methylation)에 기초하는 것으로 알려져 있다. 이들 세균은 아데닌 메틸화 효소(adenine methylase)를 가지고 있으며 이들은 기질로 다음과 같은 DNA 서열을 인식한다.

5′...GATC...3′
3′...CTAG...5′

인식이 되면, 메틸기가 각각의 아데닌 부위에 첨가된다.

복제가 진전됨에 따라 새로이 합성된 가닥은 당분간은 메틸화되지 않은 상태로 남아 있다. 바로 이 지점에서 수리효소가 미스매치를 인식하고 메틸화하지 않은 가닥에 더 잘 부착하게 된다. 메틸화되지 않은 가닥의 미스매치에 대해 3′ 쪽이나 5′ 쪽에 엔도뉴클레아제에 의해 절단이 생긴다. 이 절단된 DNA 가닥은 풀리고 엑소뉴클라아제에 의해 미스매치에 도달할 때까지 제거된다. 마지막으로, DNA 중합효소는 올바른 DNA 가닥을 주형으로 사용하여 엑소뉴클라아제에 의해 생긴 틈을 채운다. DNA 리가아제(연결효소)가 마지막 틈을 연결한다.

일련의 대장균 유전자 산물들인, MutH, MutL, 그리고 MutS가 이 미스매치 수리과정에 관여한다. 이들 각각의 돌연변이들은 미스매치 수리에 있어 결함을 가지는 균주를 만든다. 여기서는 대장균에 기초하여 이러한 기구들이 설명되었지만, 상동 단백질들을 포함하는 비슷한 기구가 효모와 포유동물에 존재한다.

복제 후 수리와 SOS 수리 시스템

이외에도 여러 가지 형태의 수리 기구가 발견되었으며 이러한 사실은, DNA 손상을 극복하도록 진화되어 온 기구들의 다양성을 반영한다. 한 가지 시스템은 **복제 후 수리**(postreplication repair)로, 손상된 DNA가 수리 기구를 빠져나가 완전히 복제된 이후에 반응하기 때문에 이름이 이렇게 붙었다. 그림 14-11에서 보이듯이 어떤 종류의 손상(피리미딘 이합체 같은)을 가진 DNA가 복제될 때는, DNA 중합효소가 먼저 이 손상 부분에서 멈추었다가 그것을 뛰어넘어 합성을 진행하므로, 새로 합성되는 가닥에 틈을 남기게 된다. 이것을 교정하기 위해 RecA 단백질은 재조합 교환과정을 일으켜 여기에 손상되지 않은 원래의 상보성 가닥의 일부를 끼워 넣음으로써 이 틈을 메워준다. 이 과정은 '공여' 가닥에 새로운 틈을 남기게 되고 이는 복제가 진행됨에 따라 수리합성에 의해 채워질 수 있다. 재조합 사건이 관여하기 때문에 복제 후 수리는 좀 더 일반화하여 **상동성 재조합 수리**(homologous recombination repair)라고 언급되기도 한다.

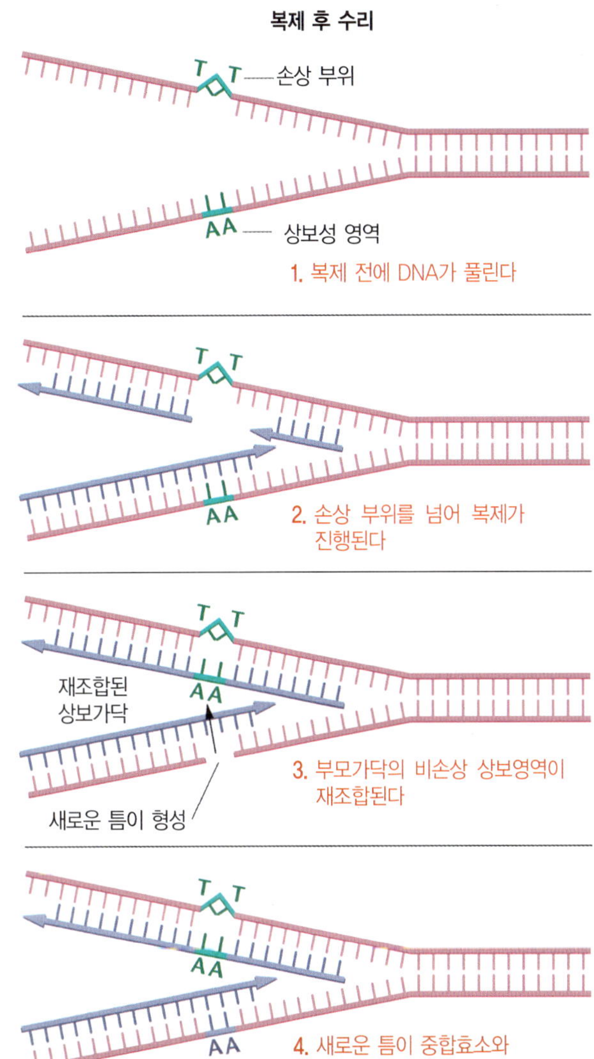

그림 14-11 DNA 복제가 티민 이합체와 같은 병변 부위를 건너뛰었을 경우 생기는 복제 후 수리(postreplication repair). 알맞은 상보적 서열이 재조합의 과정을 통해 부모가닥으로부터 정보가 얻어져 병변부의 반대편 틈새를 채운다. 새로 생긴 틈새는 DNA 중합효소와 DNA 리가아제에 의해 채워진다.

SOS 수리 기구(SOS repair system)라고 불리는, 대장균에서의 또 다른 수리 경로가 존재하는데 이 역시 손상된 DNA에 반응하는 완전히 다른 경로다. 복제 중에 많은 수의 미스매치나 틈들이 존재하면, 세균은 약 20가지의 유전자들(*lexA*, *recA*, 그리고 *uvr* 등을 포함하는)의 발현을 유도하는데, 이들의 산물은 이런 형태의 손상들이 있어도 DNA 복제가 그냥 일어나도록 한다. 이런 형태의 수리는 DNA 손상에 대한 최후 수단이기 때문에, SOS 수리라고 알려져 있다. 이러한 수리과정 중의 DNA 합성은, 정상적이라면 DNA 복제가 멈추어 있어야 할 자리에 무작위로 맞지 않을 수도 있는 뉴클레오티드를 삽입함으로써 실수하는 경향(error prone)을 나타낸다. 결과적으로, 비록 세포를 죽일 수도 있었을 DNA 손상으로부터 살아남게 할 수 있을지 몰라도, SOS는 그 자체로 돌연변이성이다.

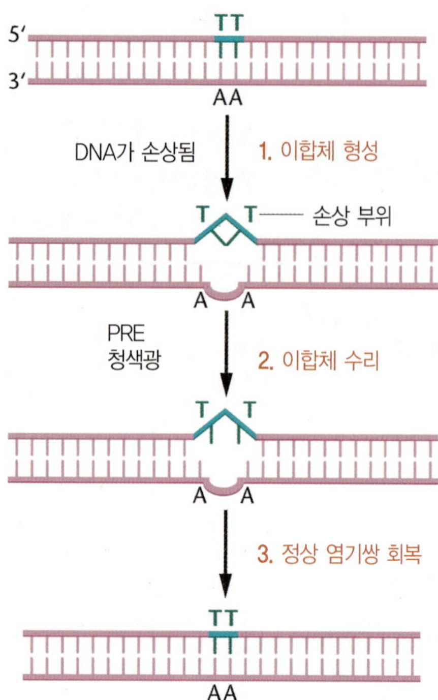

그림 14-12 광재활성화 수리 기작에 의한 손상 DNA의 수리. 티민 이합체를 만든 결합이 광재활성화 효소(PRE)에 의해 잘려지는데, 이 효소는 가시광선 스펙트럼의 푸른 빛에 의해 활성화된다.

광재활성화 수리: 원핵세포에서의 UV 손상 수리

그림 14-8에서 보이는 것처럼 자외선은 피리미딘 이합체를 형성하므로 돌연변이를 일으킨다. 자외선으로 유도된 대장균의 DNA 손상은, 세포를 잠깐 동안 가시광선 스펙트럼의 푸른색 파장에 노출시킴으로써 부분적으로 역전될 수 있다. 이 과정은 **광재활성화 효소**(photoreactivation enzyme, PRE)로 불리는 단백질의 활성에 의존적이다. 이 효소의 활성화 양식은 티민 이합체 사이의 결합을 끊는 것으로, DNA에 대한 UV의 효과를 직접적으로 역전시킨다 (그림 14-12). 이 효소가 암 상태에서의 이합체와 연관된 것이지만 이합체를 끊기 위해서는 빛의 광자를 흡수해야만 한다. 자외선에 의해 유도된 돌연변이를 감소시키는 능력에도 불구하고, 광재활성화는 대장균에서 필수적이지 않은 것으로 보이는데, 그 이유는 PRE를 암호화하는 유전자의 영돌연변이가 치사를 일으키지 않기 때문이다. 그럼에도 불구하고, 이 효소는 세균, 곰팡이, 식물, 그리고 일부 척추동물을 포함한 많은 생물들에서 발견되는데 사람에서는 발견되지 않았다. 그러므로 이 효소계가 결여되어 있는 인간이나 다른 진핵생물에서는 자외선 방사에 의한 효과를 막는 다른 수리 기구에 의존해야만 한다.

염기와 뉴클레오티드의 절제 수리

PRE 외에도, 광비의존성 수리 기구(light-independent repair system)가 모든 원핵생물과 진핵생물에 존재한다. **절제 수리**(excision repair)라고 알려진 이러한 형태의 수리에 관여하는 기초적 메커니즘은 다음 3가지 기본 단계로 이루어지며, 일반적으로 "자르고-붙이기(cut-and-paste)" 시스템으로 설명될 수 있다.

1. 왜곡이나 실수가 인식되고 핵산 분해효소에 의해 잘려져 나온다. 인산이에스테르 기둥에서의 이러한 '절제(excision)'는 보통 오류뿐 아니라 많은 수의 인접 뉴클레오티드를 포함하며 나선의 한쪽 가닥에 틈을 남기게 된다.
2. DNA 중합효소는 손상이 없는 상대가닥을 복제 주형으로 사용하여 이에 상보적인 데옥시리보뉴클레오티드를 끼워 넣음으로써 이 틈을 메운다. 이 효소는 잘려진 DNA의 자유 3′-OH 말단에 이들 염기들을 첨가한다. 대장균에서 이 과정은 DNA 중합효소 I에 의해 수행된다.
3. 결합효소인 DNA 리가아제가 마지막으로 삽입된 염기의 말단 3′-OH에 남아 있는 절단(nick)을 붙여 틈을 닫아준다.

두 가지 형태의 절제 수리 기구가 알려져 있다: 염기절제 수리와 뉴클레오티드 절제 수리다. **염기절제 수리**(base excision repair, BER)는 DNA 염기를 화학적으로 바꾸는 물질들에 의해서 뿐 아니라 이들 염기들의 우발적인 가수분해로 생긴 염기들의 손상을 교정하는 데 관여한다. 대장균에서 BER 경로의 첫 번째 단계는 다른 형태의 DNA 손상에 특이적인 **DNA 글리코실라아제**(DNA glycosylase)가 화학적으로 변형된 염기들을 인식하는 것이다(그림 14-13). 예를 들어, 우라실-DNA 글리코실라아제는 DNA상에서 뉴클레오티드의 일부인 우라실이 비정상적으로 존재하는가를

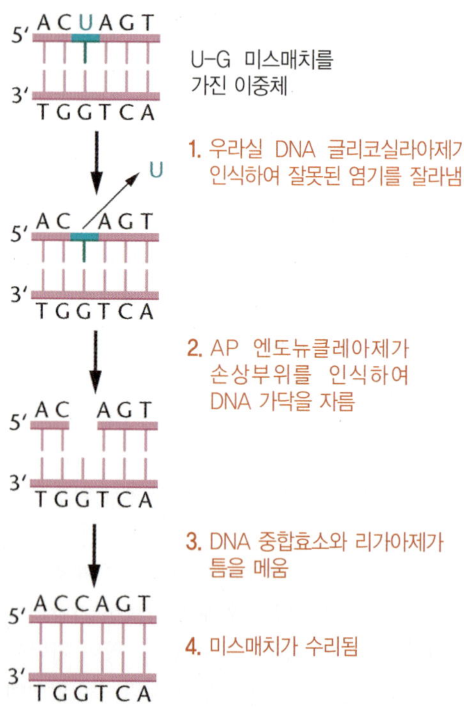

그림 14-13 우라실 DNA 글리코실화 효소, AP 엔도뉴클레아제, DNA 중합효소, 그리고 리가아제에 의한 염기 절제 수리(base excision repair, BER). 우라실은 비상보성 염기로 인식되어 잘려지고 상보적인 염기(C)로 대체된다.

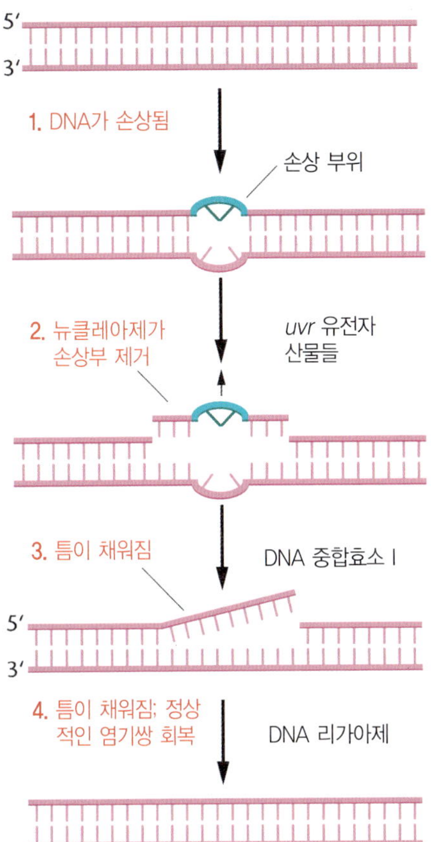

그림 14-14 UV에 의해 유도된 티민 이합체의 뉴클레오티드 절제 수리(nucleotide excision repair, NER). 실제 수리과정에서, 원핵세포에서는 13 염기들이 절제되며 진핵세포에서는 28 염기들이 절제된다.

인식한다. 이 효소는 우선 염기와 당 사이의 글리코시드 결합을 끊어 피리미딘 결핍 부위(apyrimidinic, AP site)를 생성한다. 염기를 잃은 당은 **AP 엔도뉴클레아제**(AP endonuclease)라고 불리는 효소에 의해 인식된다. 이 엔도뉴클레아제는 AP 부위에서 당 골격을 자른다. 이는 절제 수리 기구에 의해 인식되는 DNA 나선의 왜곡을 일으키고 이들이 활성화되면 결국 실수를 정정하도록 한다.

비록 대장균에서의 DNA 글리코실라아제들에 대해 많은 것이 알려졌지만, 진핵세포에서의 DNA 글리코실라아제에 대해서는 알려진 것이 훨씬 적다. 게다가 우리가 다음에 논의할 뉴클레오티드 절제 수리 경로와는 달리, 결손된 BER 경로들을 가지는 사람이나 동물 모델이 없기 때문에 진핵세포에서의 BER의 중요성을 가늠하는 것을 어려운 일이다.

뉴클레오티드 절제 수리(nucleotide excision repair, NER) 경로는, 이전에 언급한 자외선에 의해 유도된 피리미딘 이합체처럼 정상적인 DNA 이중나선을 바꾸거나 왜곡시키는 DNA 내의 "큰(bulky)" 상처를 수리한다. NER 경로(그림 14-14)는 폴 하워드 플랜더(Paul Howard-Flanders)와 동료들에 의해 대장균에서 처음으로 발견되었다. 이들은 자외선에 민감성을 나타내는 몇 가지 돌연변이를 분리해 내었다. 한 그룹의 유전자를 *uvr*(UV repair)로 명명하였고, 여기에는 *uvrA*, *uvrB*, *uvrC* 돌연변이들을 포함된다. NER 경로에서 *uvr* 유전자 산물들은 DNA 내의 손상을 인식하고 잘라내는 데 관여한다. 보통, 매우 특정한 수의 뉴클레오티드들이 손상의 양쪽 근처에서 잘려 나간다. 대장균에서는 손상을 포함한 총 13 뉴클레오티드가 제거된다. 이 수리는 BER에서 일어나는 것과 유사하게, DNA 중합효소 I과 DNA 리가아제에 의해 완성된다. 손상 부위 맞은 편의 비손상 가닥은 복제의 주형으로 사용되어 수리가 일어나도록 한다.

색소성 건피증과 뉴클레오티드 절제 수리

진핵세포에서 잘 알려진 뉴클레오티드 절단 수리(nucleotide excision repair, NER)의 기작은 원핵생물의 NER보다 훨씬 복잡하며, 약 30개의 유전자에서 암호화되는 더 많은 단백질들이 관여한다. 사람에서는 **색소성 건피증**(xeroderma pigmentosum, XP)이라고 하는 개인들을 자세히 연구함으로써 이 수리 기구에 대해 많은 것을 알 수 있었다. 이것은 희귀한 유전질환으로, 심각한 피부 이상의 소인을 유발한다. 이러한 사람들은 NER을 가동할 능력을 잃은 것이다; 결과적으로, XP로 고통 받는 사람들은 햇빛에 포함된 자외선에 노출되어 처음에는 주근깨와 피부 궤양에서 곧 피부암으로 발전하는 반응을 보인다.

비록 조기 발견과 햇빛으로부터의 보호가 질병을 막을 수 있다고 하더라도 이러한 유전적 조건은 매우 심각하여 치명적일 수 있다(그림 14-15). XP 환자와 정상인들로부터 나온 인간의 섬유아

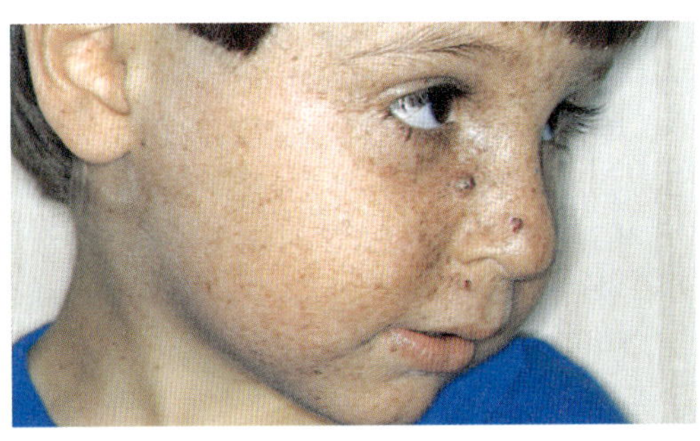
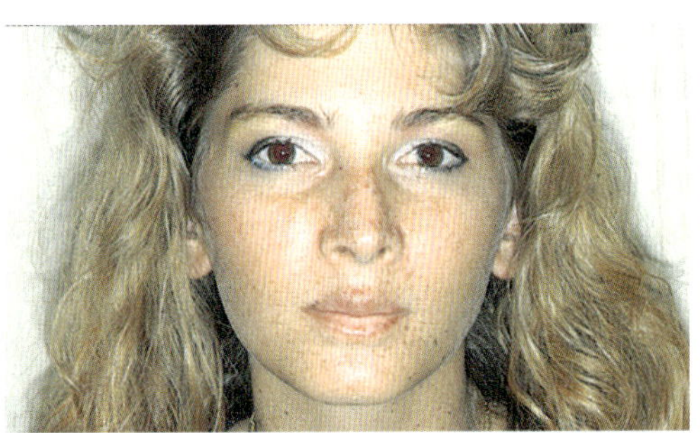

그림 14-15 색소성 건피증(xeroderma pigmentosum)인 두 사람. 왼쪽의 4세 소년은 햇빛에 의해 유도된 피부병변이 뚜렷하다. 세포의 상해에 반응한 얼룩얼룩한 홍반과 불규칙적인 색소변화가 나타난다. 코에 두 개의 종양성 암이 있다. 오른쪽의 18세 소녀는 유아기에 색소성 건피증을 진단받은 후에 햇빛으로부터 세심하게 보호되었다. 여러 암이 제거되었고 성공적인 모델로 일해왔다.

세포 배양에서 자외선에 의해 유도된 손상의 수리가 조사되었다(섬유아세포는 미분화된 결합조직 세포들이다). 결과는 XP 표현형이 하나 이상의 돌연변이 유전자에 의해 생기는 것임을 시사한다.

1968년에 제임스 클리버(James Cleaver)는 XP 환자들의 세포가 자외선 방사에 의해 정상적인 세포에서 촉발되는 **비예약 DNA 합성**(unscheduled DNA synthesis)(염색체 복제 중에 일어나는 DNA 합성이 아닌 경우의 DNA 합성)이 결여되어 있다는 것을 보여주었다. 이러한 형태의 합성은 절제 수리 기구의 활성을 나타내는 것으로 생각되므로 XP 세포들은 절제 수리 기구가 결손된 것으로 제시되었다.

색소성 건피증과 부적절한 절제 수리 기구 사이의 관계는 **체세포 혼성화**(somatic cell hybridization) 연구들에 의해 강화된다. 연관관계가 없는 두 명의 XP 환자로부터 배양된 섬유아세포들이 융합되어 **이핵세포**(heterokaryon)를 형성하고 두 개의 핵이 세포질을 공유하게 된다. 융합 이후에, 비예약 합성에 의해 조사되었던 것처럼, 절제 수리가 이 이핵세포에서 측정될 수 있다. 만약 두 XP 세포 각각의 돌연변이가 같은 유전자에서 일어난 것이라면, 이 이핵체 세포는 계속 절제 수리를 하지 못할 것이다. 이것은 이핵체 세포에 관련 유전자의 정상 사본이 존재하지 않기 때문이다. 그러나 만약 절제 수리가 이핵체 세포에서 발생한다면, 두 XP 세포는 두 개의 서로 다른 유전자에 돌연변이를 가진 것이다. 그러므로 두 돌연변이체는 **상보성**(complementation)을 나타낸다. 상보성은 이핵세포가 각 유전자에 대해 적어도 하나의 정상 사본을 가지기 때문에 발생하는 것이다. 많은 XP 환자들에서 얻은 XP세포들을 융합함으로써, XP 표현형에 얼마나 많은 유전자들이 기여하는지를 밝힐 수 있었다.

많은 연구에 따르면, 환자들은 7개의 **상보성 그룹**(complementation group)으로 나뉘는데 이는 적어도 7개의 서로 다른 유전자가 절제 수리에 관여함을 시사한다. *XPA*에서 *XPG*까지 이들 일곱 유전자(*X*eroderma *P*igmentosum 유전자 *A*부터 *G*)는 이제는 규명이 되었고, 효모에서 각 유전자의 상동체가 발견되었다. XP 환자들의 약 20%는 이 7 그룹 어디에도 속하지 않는다. 그들은 비슷한 증상을 나타내지만 그들의 섬유아세포들은 결함 있는 절제 수리 기구를 나타내지는 않는다. 이와 관련해서는 정상적인 DNA 복제에 있어서 이 XP세포들이 덜 효율적이라는 몇 가지 증거가 있다.

색소성 건피증에서의 결함 유전자에 대한 연구 결과로, 정상 세포에서 어떻게 NER이 DNA 손상을 중화시키는지에 대해 많은 것을 알게 되었다. 인간에서의 처음 단계는 *XPC*, *XPE*, 그리고 *XPA* 유전자에 의해 암호화되는 단백질에 의해 손상된 DNA가 인식되는 것이다. 이들 단백질은 이제 나머지 수선 단백질을 DNA 손상 부위로 끌어 모은다. *XPB*와 *XPD* 유전자들은 헬리카아제들을 암호화하며 기본적 전사인자인 TFIIH의 요소가 되기도 한다. *XPF*와 *XPG* 유전자들은 뉴클레아제를 암호화한다. 절제 수리 복합체는 이들과 기타 다른 요소들을 포함하는 것으로, 손상 부위를 포함하고 있는 DNA로부터 28개의 뉴클레오티드 길이의 조각을 잘라낸다.

이 문제를 풀어보자

359페이지 27번 문제는 색소성 건피증 환자들로부터 얻은 7가지 세포주에 대한 이핵세포 검사 결과에 관한 것이다. 여러분은 이들 자료로부터 상보성 그룹의 수를 결정하여야 한다.

힌트: 상보성(+) 결과는 두 돌연변이가 서로 다른 상보성 그룹(유전자)에 있을 때만 얻어진다.

진핵생물에서의 이중가닥 절단 수리

여태까지 우리는 DNA의 한 가닥 내에 생긴 손상이나 오류와 관련한 수리과정들을 논의했었다. 이제 이 논의를, 이온화 방사선 등에 대한 노출의 결과 DNA 나선의 이중가닥이 끊어졌을 때 발생하는 수리 기구를 살펴봄으로써 마치고자 한다. 이것은 소위 이중가닥 절단을 일으킨다. 그러한 손상은 세균에서도 발생하지만, 우리는 진핵세포에 초점을 맞추어 논의하려고 한다.

이러한 경우에는 특수화된 형태의 DNA 수리인 '**DNA 이중가닥 절단 수리**(DNA double strand break repair, DSB repair)' 경로가 활성화되어 결국 두 DNA 조각의 재연결을 책임진다. 최근 들어 DNA DSB 수리 기구에 대한 관심이 증가했는데, 그 이유는 이 경로의 결함이 X-선 과민성 및 면역 결핍과 연관되어 있기 때문이다. 이러한 결함은 가족성 소인을 나타내 유방암이나 난소암을 일으키기도 한다.

이중가닥 절단 수리에 관여하는 한 가지 경로는, 상동적 재조합 수리 기구(homologous recombinational repair)이다. 복제 후 수리 기구와 유사한 과정으로, 손상된 DNA가 재조합되고 상동적인 비손상 DNA로 대체된다. 이러한 경우에, 첫 과정은 이중 절단을 인식하는 효소의 활성이 관여하는 것이고, 다음에 DNA 나선의 5′ 말단쪽이 거꾸로 잘려나가 3′ 말단에 단일가닥 말단이 남게 된다. 이렇게 튀어나온 3′ 말단은 손상되지 않은 자매염색분체와 상호작용하여 상동적 서열이 배열되고, 손상된 DNA는 손상되지 않은 DNA와 교환된다. 두 자매염색분체의 이러한 상호작용은 필수적인 것인데, 왜냐하면 하나의 DNA 나선에서 두 가닥에 모두 절단이 일어나면, 수리과정 중에 상보적 DNA 서열의 재료로 사용할 비손상 주형가닥이 없기 때문이다. 그러므로 자매염색분체의 상동 부위에 존재하는 유전정보가 손상된 이중가닥 절단을 대체하기 위해 "차용(recruited)"되는 것이다. 교환 후에 남은 틈들은, 그 지역의 잘리지 않고 제대로 된 DNA를 주형으로 사용함으로써 DNA 중합효소와 리가아제에 의해 채워진다. 이 과정은 보통 세포주기 중 늦은 S/G2 시기 중에 일어난다. DNA 복제 후에 발생함으로써 손상되지 않은 자매 염색체가 이용될 수 있도록 하는 것이다.

두 번째 경로는 **비상동성 재조합 수리 기구**(nonhomologous recombinational repair) 혹은 **말단결합**(end joining)이라 불리는 것으로 역시 이중가닥 절단을 수리한다. 그러나 이름이 의미하는 바와 같이, 수리 중에 상동적인 DNA 부분을 이용하는 것이 아니다. 이 시스템은 G1기, 즉 DNA 복제 전에 활성화된다. 말단결합에는 DNA-의존성 키나아제를 포함하는 세 개의 단백질 복합체가 관여한다. 이 단백질들은 잘려진 DNA의 자유 말단에 결합하여 끝을 다듬은 다음 다시 서로 붙인다. 이 과정 중에 일부 뉴클레오티드 서열이 손실되기 때문에, 이것은 실수하는 경향이 있는 수리계이다. 그리고 하나 이상의 염색체들이 이중가닥 절단을 일으키면, 잘못된 말단들이 서로 붙어서 6장에서 논의했던 바와 같이 비정상적인 염색체 구조가 생길 수 있다.

14.8 가동성 인자들은 유전체 내에서 이동하여 유전자 기능을 망칠 수 있다

가동성 유전요소(transposable element)들은 때때로 **트랜스포존**(transposon) 혹은 "도약 유전자(jumping gene)"라고 불리는 것으로, 염색체 사이를 이동하거나 유전체 내에서 다양한 장소로 스스로를 삽입시킬 수 있다.

트랜스포존은 세균에서 인간까지 모든 생물의 유전체 내에 존재한다. 도처에 존재할 뿐 아니라, 일부 진핵성 유전체의 상당 부분을 구성하고 있기도 하다. 예를 들어, 최근의 유전체 서열화 작업들은 인간 유전체의 거의 50%가 가동성 요소들로부터 유래한 것임을 보여준다. 도롱뇽(salamander)이나 보리(barley)같이 커다란 유전체를 가지는 일부 생물들은, 여러 형태의 가동성 요소들을 수십만 개나 포함하고 있다. 비록 이들 요소의 기능이 밝혀져 있지 않지만, 인간 유전체 서열화 작업으로 얻어진 자료들은 일부 유전자들이 트랜스포존으로부터 진화했고 트랜스포존의 활성이 유전체를 변형시키고 재구성하는 데 도움을 줄 수 있음을 시사한다. 이런 의미에서, 일부 가동성 인자들은 그들의 숙주에 이익을 줄 수도 있다. 가동성 인자들은 유전학적 연구들에서도 귀한 도구가 되어 왔다. 유전학자들은 트랜스포존을 돌연변이원으로, 클로닝 표지로, 그리고 외래 유전자를 모델 생물체에 도입하는 전달체로 사용해왔다.

이 절에서는, 자연적으로 존재하는 돌연변이원으로서의 가동성 인자를 논의할 것이다. 트랜스포존이 유전체의 한 장소에서 다른 장소로 이동하는 것은, 이중가닥 절단과 같은 염색체 손상뿐 아니라, 유전자를 망가뜨리고 돌연변이가 생기도록 한다.

삽입서열

세균에는 두 종류의 가동성 인자가 존재한다: 삽입서열과 세균성 트랜스포존들이다. **삽입서열**(insertion sequence; IS element)들은 한 장소에서 다른 장소로 이동할 수 있으며, 이들이 유전자 내부나 유전자 조절 부위에 삽입되면 돌연변이를 일으키기도 한다.

IS 인자들은 대장균의 *gal* 오페론에서 돌연변이를 분석하던 중에 처음으로 발견되었다. 연구자들은 이 오페론에서의 어떤 돌연변이가 오페론의 시작 부위로 삽입된 수백 염기쌍의 부가적 DNA 때문임을 발견했다. 놀랍게도, 이 돌연변이성 DNA 조각은 스스로 그 위치에서 잘려져 나와 *gal* 오페론의 야생형 기능을 회복시킬 수 있었다. 연이은 연구로 몇 가지 다른 DNA 인자들도 비슷한 방식으로 행동한다는 것이 드러났다. 즉 세균 염색체상에 끼어들어가 유전자 기능에 영향을 미치는 것이다.

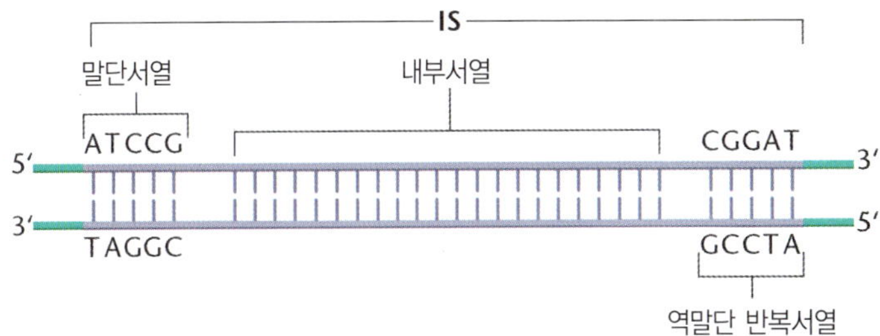

그림 14-16 삽입서열(insertion sequence, IS)이 보라색으로 표시되어 있다. 말단서열은 서로 완벽하게 역반복되어 있다.

IS 인자들은 비교적 짧아서 2,000 bp(2 kb)를 넘지 않는다. 대장균에서 밝혀진 최초의 삽입서열은 IS1으로, 약 800 bp 길이이다. 다른 IS 인자들인 IS2, IS3, IS4, IS5 등은 약 1,250 bp ~ 1,400 bp 정도의 길이를 나타낸다. IS 인자들은 세균 염색체상에 여러 번 존재한다. 예를 들어, 대장균 염색체는 IS1을 5~8번, IS2와 IS3은 각각 5번을 포함하고 있는데, F 요소라고 불리는 플라스미드상에도 IS 인자들을 갖는다.

모든 IS 인자는 두 가지 특징을 갖는데, 이들은 그들의 이동성에 필수적이다. 첫째는 **전이효소**(transposase)라고 불리는 효소를 암호화하는 유전자이다. 이 효소는 염색체 DNA에 매끈하지 않은 절단을 만들고, 그 자리로 IS 인자가 끼어들어갈 수 있도록 한다. 둘째는, IS 인자의 말단이 **역말단 반복서열**(inverted terminal repeat, ITR)을 포함한다는 것이다. ITR들은 같은 뉴클레오티드 서열이 방향만 반대로 되어 있는 짧은 DNA 조각이다(그림 14-16). 비록 그림 14-16에는 몇 개의 뉴클레오티드만 표시되어 있지만, IS의 ITR은 보통 20~40 뉴클레오티드 쌍들을 포함하고 있다. ITR들은 이동에 필수적이며 전이효소의 결합을 위한 인식 부위로 작용한다.

세균성 트랜스포존

세균성 트랜스포존인 **Tn 인자**(Tn element)는 IS인자보다 크며, 그들의 이동과는 관계가 없는 단백질 암호화 유전자들을 포함하고 있다. Tn10과 같은 일부 Tn 인자들은, 반대 방향으로 놓인 두 개의 IS 인자와 그 사이에 놓인 하나의 약물 저항성 유전자로 구성된다. IS 인자들은 이 Tn 인자의 이동에 필수적인 전이효소를 암호화한다. Tn3과 같은 다른 형태의 인자들은 말단에 좀 더 짧은 역반복서열을 가지며 가운데에 위치하는 전이효소 유전자로부터 자신의 전이효소를 암호화한다. IS 인자처럼, Tn 인자들은 세균의 염색체와 플라스미드에서 이동이 가능하며, 이들이 유전자나 유전자 조절 부위로 삽입되었을 때 돌연변이를 유발할 수 있다.

Tn 인자들은 현재 특별한 관심을 받고 있는데, 그 이유는 이들이 세균성 플라스미드상으로 다중의 약물 저항성을 도입할 수 있기 때문이다. R 요소(R factor)라고 불리는 이들 플라스미드는 여러 개의 Tn 인자를 포함하여 중금속, 항생제, 그리고 기타 약물들에 대한 동시 저항성을 부여할 수 있다. 이들 인자는 플라스미드에서 세균의 염색체로 이동할 수 있으며 서로 다른 종류의 세균들 사이에서 다중의 약물 저항성을 퍼뜨릴 수 있다.

옥수수에서의 *Ac–Ds* 시스템

원핵생물에서 트랜스포존이 발견되기 약 20년 전에 바바라 매클린톡(Barbara McClintock)은 옥수수에서 가동성 유전요소를 발견했다. 그녀는 두 종류의 돌연변이들, ***Dissociation***(*Ds*)과 ***Activator***(*Ac*)의 행동을 분석함으로써 이들을 발견하게 되었는데, 이들은 배젖이나 호분층에서 발현된다. 그녀는 자신의 관찰과 옥수수 염색체들의 세포학적 연구를 연결시켰다. 처음, 매클린톡은 *Ds*가 염색체 9번에 있다고 결정을 내렸다. 만약 *Ac*가 유전체내에 존재하면, *Ds*는 염색체상에서 자신의 위치 근방에서 절단을 유도한다. 이러한 절단이 발생과정 중의 체세포에서 발생하게 되면, 그 세포들의 자손은 염색체 9번의 일부를 종종 잃어버리게 되어 여러 가지 다양한 표현형 효과를 나타낸다.

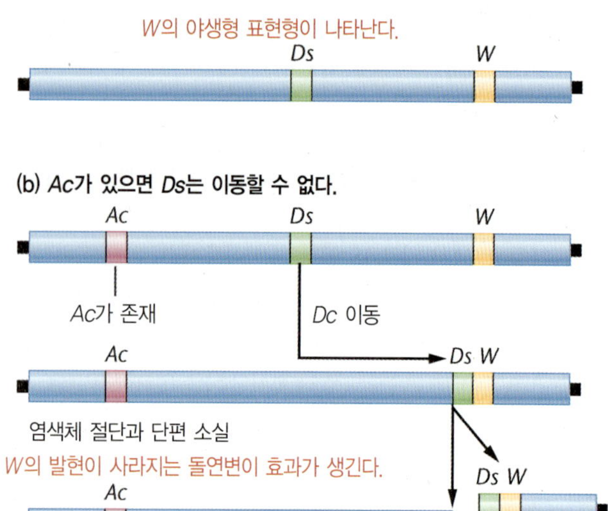

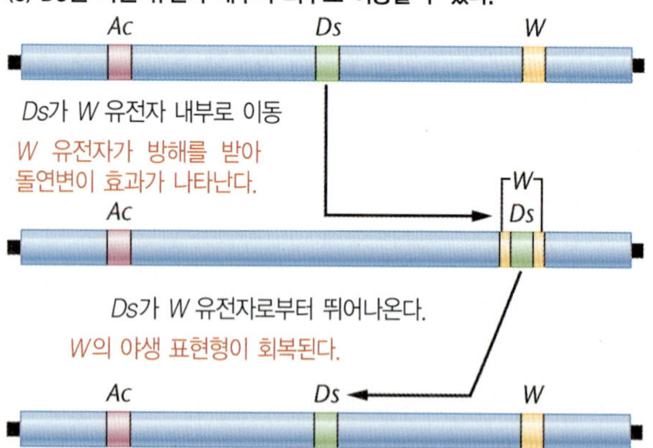

그림 14-17 *Ac*와 *Ds* 인자가 유전자 발현에 미치는 영향. (a) 만약 *Ds*가 *Ac* 없이 존재하면, 멀리 떨어져 있는 가상적 유전자 *W*는 정상적으로 발현된다. (b) *Ac*의 존재 하에 *Ds*는 *W* 근처로 이동한다. *Ds*는 염색체 절단을 일으키고, *W* 유전자가 포함된 유전자 조각이 소실될 수 있다. (c) *Ac*의 존재 하에, *Ds*는 *W* 유전자 내부로 이동하여 *W* 유전자의 발현을 망친다. 만약 *Ds*가 *W* 유전자 밖으로 이동하면 *W* 유전자 발현이 정상으로 돌아올 수 있다.

계속된 분석으로 매클린톡은 *Ds*와 *Ac* 유전자가 가끔 다른 염색체로 이동하는 것을 알게 되었다. *Ds*는 *Ac* 유전자가 존재할 때에만 이동하는 데 반해, *Ac* 유전자는 자동적으로 이동할 수 있다. *Ds*가 위치하는 자리에서 유전적인 효과가 결정된다–즉, 그것은 염색체 절단을 일으키거나 유전자 발현을 방해할 수 있다. 유전자의 발현이 저해된 세포에서 *Ds*가 다시 이동하면 이 저해가 풀려 야생형이 될 수 있다.

그림 14-17은 설명된 *Ds*와 *Ac* 요소들의 이동과 효과를 보여준다. 매클린톡의 원래 관찰에서는, *Ds* 요소는 9번 염색체에서 뛰어나왔고 색소 합성이 회복되었다. 매클린톡은 *Ds*와 *Ac* 유전자가 **가동성 조절인자**(transposable controlling element)라고 결론지었다. 우리는 이제 이들을 일반적으로 가동성 인자라고 부르는데, 이 용어는 또 다른 위대한 옥수수 유전학자였던 알렉산더 브링크(Alexander Brink)에 의해 붙여진 것이다.

몇 가지 *Ac*와 *Ds* 요소들이 분리되어 신중히 분석되었고, 두 요소의 관계가 밝혀졌다(그림 14-18). *Ac* 요소의 서열은 4,563 bp 길이로, 알려져 있는 세균성 트랜스포존 중의 하나와 매우 유사하다. 이 서열은 두 개의 11 bp짜리 불완전한 ITR 서열과 두 개의 개방해독틀(ORF), 그리고 세 개의 비암호화 부위를 포함한다. 두 ORF 중 하나가 *Ac* 전이효소를 암호화한다. 처음에 연구된 *Ds* 요소(*Ds-a*)는 전이효소 유전자에서 194 bp가 결실되어 있는 것을 제외하면 *Ac* 서열과 거의 동일한 구조를 가진다. *Ds-a*에서 이 유전자의 일부가 결실된 것은, 왜 이 인자가 이동하기 위해 *Ac* 요소를 요구하는지를 설명해 준다. 다른 몇 가지 *Ds* 인자들에 대한 서열화로 이들이 각각 전이효소 내부에 결실을 포함하고 있음이 밝혀졌다. 그러나 모든 경우에서 ITR들은 유지되고 있었다.

비록 바바라 매클린톡이 제안한 가동성 인자에 대한 진위가 그녀가 처음 관찰을 제시했을 때는 매우 의문시되었으나, 분자적인 분석들은 그녀의 결론을 확인시켜 주었다. 이 연구로 그녀는 1983년에 노벨생리의학상을 수상했다.

초파리에서의 *Copia* 인자

1975년 데이비드 호그니스(David Hogness)와 동료들이었던 데이비드 피니간(David Finnegan), 제럴드 루빈(Gerald Rubin), 그리고 마이클 영(Michael Young) 등은 초파리(*Drosophila melanogaster*)에서 일단의 유전자들을 분리하여 ***Copia***라고 명명하였다. 이들 유전자들은 "막대한(copious)" 양의 RNA를 만들어 낸다(그래서 이름이 붙여졌다). *Copia* 인자들은 초파리 세포의 유전체들에 10~100개의 사본으로 존재한다. 유전자 지도 작성 연구들은 이들이 서로 다른 염색체 위치로 이동할 수 있으며 유전체 전체에 흩어져 있음을 보여준다.

각 *copia* 인자들은 약 5,000~8,000 bp의 DNA 서열로 구성되며 양 끝에 267 bp의 긴 **정말단 반복서열**(direct terminal repeat, DTR)을 포함한다. 각 DTR 내에는 17 bp 길이의 역 말단 반복서열이 존재한다(그림 14-19). 짧은 ITR 서열은 *copia* 인자의 특징이다. DTR 서열은 다른 생물들의 트랜스포존에서도 발견되만 보편적인 것은 아니다.

*Copia*의 삽입은 ITR 서열에 의존적이며, 유전체 내의 특정 목

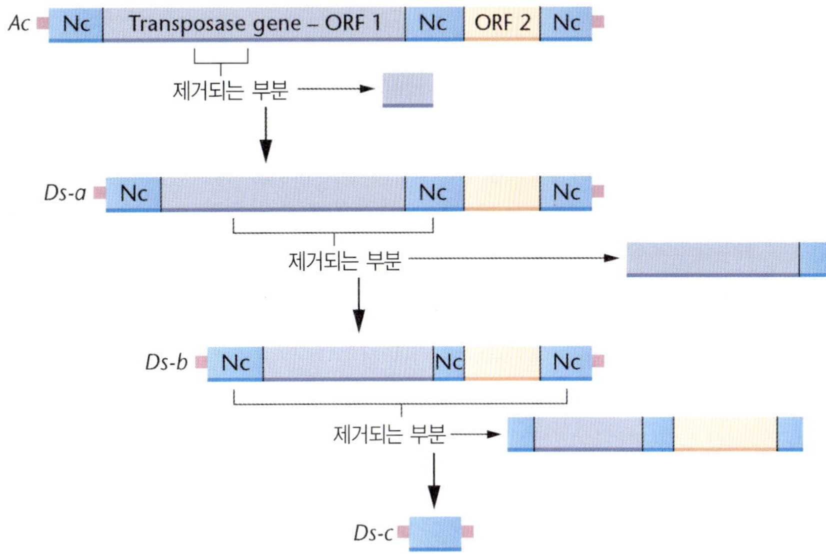

그림 14-18 *Ac* 인자와 세 가지 *Ds* 인자의 구조 비교. 모두 분리하여 서열을 결정하였다. *Ac* 인자 말단에 불완전한 역반복서열들이 존재한다(분홍색). 전이효소(transposase) 유전자는 하나의 ORF 1 내에 있다. ORF 2는 아직 기능이 밝혀져 있지 않다. 비암호화 부분은 Nc로 표시되어 있다. 이 그림이 보여주는 바와 같이 *Ds-a*는 단지 *Ac* 인자의 전이효소를 암호화하는 유전자에 작은 결실을 포함한 것으로 보인다.

표 부위에서 더 잘 발생하는 것으로 보인다. *Copia*-유사 인자들은 염색체 내의 삽입지점에서 조절 효과를 나타낸다. 눈 색과 체절 형성에 영향을 미치는 것을 포함하여 어떤 돌연변이들은 유전자 내의 *copia* 삽입에 기인한 것이다. 예를 들어, 눈 색 돌연변이인 *white-apricot*는 *white* 유전자 내에 *copia*가 삽입된 것이다. *Copia* 인자가 *white-apricot* 대립인자에서 빠져나오면 이 대립인자는 야생형으로 회복될 수 있다.

초파리에서의 *P* 인자

아마도 가장 중요한 초파리 가동성 인자는 ***P* 인자**(*P* element)들일 것이다. 이들은 **잡종퇴화**(hybrid dysgenesis) 현상을 연구하는 중에 발견된 것으로, 이 현상은 두 계통 사이의 초파리 자손에서 불임성, 증가된 돌연변이율, 그리고 염색체 재조합 등이 특징적으로 발생하는 것이다. 잡종퇴화는 생식세포에서 *P* 인자들이 높은 빈도로 이동하기 때문에 발생하는 것인데, 여기서 이들 가동성 DNA 요소들은 그 자신을 근처의 다른 유전자에 삽입시켜 돌연변이를 유발한다. *P* 인자들은 31 bp의 ITR을 가진 0.5~2.9 kb 길이의 DNA이다. 완전한 크기의 *P* 인자는 적어도 두 개의 단백질을 암호화하며, 그 중 하나는 그들의 이동에 요구되는 전이효소이고 다른 하나는 이동을 방해하는 억제 단백질이다. 전이효소 유전자는 생식세포에서만 발현되는데, 이것이 *P* 인자 이동의 조직 특이성을 설명해 준다. 완전한 크기의 *P* 인자들을 유전체에 포함하고

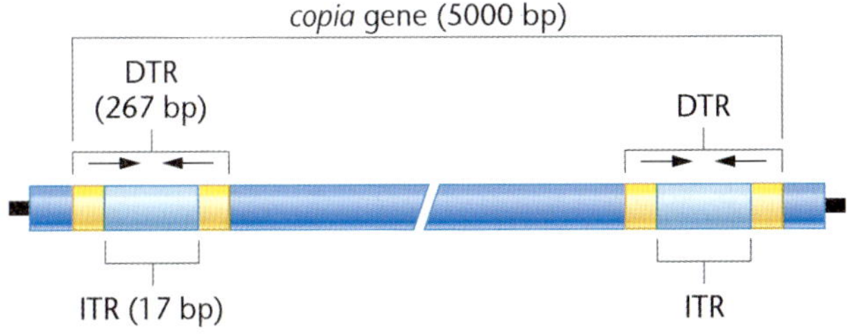

그림 14-19 초파리에 존재하는 *copia* 가동성 인자의 구조. 말단에 반복서열이 존재한다.

있는 초파리 계통들은 *P* 인자에 의해 암호화되는 억제 단백질로 인해 더 이상 *P* 인자가 이동하지 않도록 한다.

돌연변이들은 여러 가지 종류의 삽입 사건에 의해 일어난다. *P* 인자가 어떤 유전자 내의 암호서열에 삽입되었다면, 그것은 정상적인 유전자 산물을 파괴할 수 있다. 또 만약 유전자의 프로모터 부위에 삽입된다면, 그 유전자의 발현 수준에 영향을 미칠 수 있다. 인트론에 삽입되는 경우 스플라이싱에 영향을 미치거나 전사의 조기 종결을 유도할 수 있다.

유전학자들은 *P* 인자를 유전적 분석의 도구로 사용해왔다. 가장 유용한 응용 중 하나는 *P* 인자를 벡터로 사용하여 외부 유전자를 초파리에 도입하는 것이다. 이러한 기술은 **생식세포 형질전환**(germ-line transformation)이라고 알려져 있다. *P* 인자들은 돌연변이를 만들고 돌연변이 유전자를 클론화하는 데도 사용된다. 그리고 연구자들은 단일 염색체 부위로 정확하게 *P* 인자가 삽입될 수 있도록 방법을 개선하여 유전자 활성의 분석을 위한 생식세포 형질전환의 정확성을 높이고 있다.

사람에서의 가동성 인자

인간의 유전체도 다른 생물과 마찬가지로 트랜스포존에서 유래한 알 수 없는 DNA들로 가득 차 있다. 최근의 유전체 서열화 자료는 인간 유전체의 약 절반이 가동성 인자 DNA로 구성된다는 것을 보여준다.

우리가 11장에서 살펴보았던 것처럼, 인간의 트랜스포존 중 중요한 패밀리들은 **긴 산재요소**(long interspersed element, **LINE**)들과 **짧은 산재요소**(short interspersed element, **SINE**)들이다. LINE들은 약 6 kb 길이의 DNA로 구성되며, 850,000개까지의 사본으로 존재한다. 모두 합하면, 인간 유전체 DNA의 약 21%를 차지한다. SINE들은 100~500 bp 길이로, 인간세포에서 약 150만 개의 사본으로 존재한다. SINE들은 인간 유전체의 약 13%를 구성한다. 기타 가동성 요소들이 인간 유전체의 약 11%를 이룬다. 인간 유전체의 약 1%만이 암호화 서열로 구성되기 때문에 인간의 유전체 DNA에는 기능적인 DNA보다 40~50배 더 많은 가동

성 요소 DNA가 존재한다.

비록 대부분의 인간 트랜스포존이 불활성인 것으로 보이지만, 이들과 다른 요소의 잠재적 이동성 및 돌연변이 효과들은 "활동함으로써 잡히는(caught in the act)" 트랜스포존의 최근 예에서 나타나듯이 매우 많은 암시들을 해준다. 한 사례가 혈우병을 가진 소년의 경우다. 혈우병의 한 가지 원인은 사람의 X-연관 유전자 산물인 혈액응고요소 VIII 결핍에 의한 것이다. 헤이그 카자지안(Haig Kazazian)과 그의 동료들은 그 유전자의 두 지점에 삽입되어 있는 LINE들을 발견했다. 연구자들은 환아 엄마의 두 X 염색체 중 하나가 이러한 LINE을 포함하는지 결정하는 것을 매우 흥미로워 했다. 만약 그렇다면, 이환되지 않은 엄마는 이형접합성일 것이고, LINE을 포함하는 염색체를 아들에게 물려주었을 것이다. 놀라운 결과는 이 LINE 서열이 그녀의 어떤 X에도 존재하지 않았으며 양쪽 부모의 염색체 22번에서 추적되었다는 것이다. 이는 이 가동성 인자가 아들에게 물려지기 이전에 한 염색체에서 다른 염색체로 엄마의 생식세포 형성시 이동했을 것이라는 사실을 시사한다.

인간의 *dystrophin* 유전자 내로 삽입된 LINE은 적어도 두 가지 독립된 형태의 뒤센 근이영양증을 일으킨다. 한 가지 예는, 하나의 트랜스포존이 48번 엑손에 삽입된 것이고, 다른 하나는 44번 엑손에 삽입된 것이다. 둘 다 틀이동 돌연변이를 일으키고 디스트로핀 단백질 번역의 조기 종결을 유발한다. 또한, *APC* 유전자와 *c-myc* 유전자에 LINE이 삽입되어 일으킨 돌연변이가 일부 대장암과 유방암의 발생에 기여한다는 보고도 있다. 후자의 경우에서, 인자의 이동은 일부 체세포에서 발생한 것이었다.

SINE 삽입은 여러 가지 인간의 질병을 일으킨다. 한 가지 경우는 *BRCA2* 유전자에 삽입된 ***Alu* 인자**(Alu element)로, 이 종양억제 유전자를 불활성화시켜 가족성 유방암을 발생시켰다. *Alu* 통합에 의해 돌연변이화되는 다른 유전자들은 *factor IX* 유전자(B형 혈우병을 일으킴), *NF1* 유전자(신경섬유종을 일으킴) 등이 있다.

14.9 유전학자들은 유전자를 찾고 유전자 기능을 연구하기 위해 돌연변이를 이용한다

이제 유전학의 주요 목표-유전자가 무엇이고 어떻게 작용하는가-에 대해 고려하면서 이 장을 마치고자 한다. 전통적 유전 분석에서, 유전학자들은 우선 관심 표현형에 영향을 미치는 돌연변이 개체들을 수집함으로써 이러한 질문에 답하려고 한다. 그로부터 그들은 그 표현형이 하나 혹은 그 이상의 유전자에 의해 조절되는 것인지, 그러한 표현형을 나타내도록 하는 경로의 어느 지점에서 어떤 유전자가 영향을 미치는지, 그리고 어떻게 각 유전자 산물들이 생화학적 수준에서 그 표현형을 조절하는지 등을 결정하게 된다. 일련의 돌연변이들로부터 시작하여, 유전학자들은 유전자를 찾고, 클로닝하고, 그 유전자의 기능을 밝히게 된다.

유전자와 생물학적 기능들을 조절하는 과정들을 밝히기 위해, 유전학자들은 다양한 모델 생물에서 돌연변이들을 유도한다. 좋은 **모델 생물**(model organism)이란 쉽게 자라고, 세대가 짧아야 하며, 많은 자손을 생산하고, 쉽게 돌연변이를 일으키며 교배가 용이해야 한다. 가장 광범위하게 이용되는 모델 생물로는 세균(*E. coli*), 출아 효모(*Saccharomyces cerevisiae*), 초파리(*Drosophila melanogaster*), 선충류(*Caenorhabditis elegans*), 애기장대(*Arabidopsis thaliana*), 그리고 생쥐(*Mus musculus*)다.

이 절에서는 유전학자들이 완전한 유전적 분석을 위해 첫 단계로 사용하는, 돌연변이를 만들고 그것을 추적하는 방법들 몇 가지에 대해 살펴볼 것이다.

방사, 화학약품, 그리고 트랜스포존 삽입을 통한 돌연변이 생성

유전학자들은 때때로 자연 돌연변이를 조사한다; 그러나 14.2절에서 살펴본 바와 같이, 돌연변이들은 자연적으로 매우 드물다. 연구자들은 하나의 연관 자연 돌연변이를 추적하기 위해서 수백만 개의 개체들을 살펴야 했다. 돌연변이 검색에 앞서 모델 생물들을 돌연변이화시킴으로써, 돌연변이 사냥의 효율이 매우 증가할 수 있었다. 목표는 한 집단 내의 각 개체들이 무작위로 유전체에 하나의 돌연변이를 갖도록 함으로써, 각 개체는 하나의 유전자 산물만 망가지고 나머지 다른 유전체는 야생형으로 남게 되는 것이다.

앞에서 살펴본 바와 같이, DNA 서열을 변화시키는 어떤 물질들은 돌연변이를 일으킨다. 유전적 분석에서, 연구자들은 요구되는 돌연변이의 형태에 기초하여 돌연변이원을 선택한다. 예를 들어, 이온화 방사선은 염색체 절단, 결실, 전좌, 그리고 커다란 재배열을 유발한다. 방사능에 의한 돌연변이들은 영 돌연변이일 가능성이 높으며, 표현형에 심각한 영향을 미친다. 대조적으로 자외선광과, 에틸메틸설폰산(EMS)이나 니트로소구아니딘(nitrosoguanidine) 같은 일부 화학물질들은 단일 염기쌍 변화나 작은 결실, 그리고 작은 삽입 등을 유발한다. 이러한 돌연변이원들을 사용하면, 유전자의 어느 부위에 손상이 생겼는지에 따라 약한 것부터 심각한 표현형을 가진 것까지 다양한 돌연변이들이 생길 수 있다. 단일 염기쌍 돌연변이들은 온도 감수성 돌연변이 같은 조건적 돌연변이들을 일으킬 가능성이 높은데, 이들은 특히 필수적인 유전자들의 기능을 연구하는 데 매우 유용하다.

유전학자들은 또한 돌연변이를 만들기 위해 트랜스포존을 사용하기도 한다. 초파리의 *P* 인자 등에 의한 유전체내 트랜스포존들의 무작위 삽입은 유전자 기능을 망가뜨릴 수 있다. 이러한 큰 크기의 삽입은 보통, 이들이 유전자의 ORF에 삽입되었을 경우 영돌연변이를 만든다. 만약 이들이 어떤 유전자의 조절 부위 서열로 삽입된 경우에는, 이들이 유전자 근처의 옆인지 아니면 유전자의 인트론에 삽입되었는지에 따라 유전자 발현에 다양한 효과를 나타낼 수도 있다.

돌연변이의 검색

유전적 분석에서의 다음 단계는 돌연변이화를 유도한 집단 내에서 관심 표현형에 영향을 미치는 유전자에 돌연변이를 가지는 개체들을 추적하는 것을 포함한다. 돌연변이를 추적하는 데 가장 빈번하게 사용되는 방법은 **유전적 검색**(genetic screen)이다. 유전적 검색법은 다수의 돌연변이화 생물들을 시각적으로나 생화학적으로 조사하는 것을 포함한다. 예를 들어, 멘델은 눈에 보이는 표현형적 특징들에 대해 수천 개의 완두를 검사함으로써 전달 유전학의 기초를 마련하였다. 마찬가지로, 옥수수의 배젖에 포함되어 있는 단백질들에 대한 현대의 생화학적 분석은 비돌연변이 종들에서보다 라이신(lysine)을 훨씬 많이 가지고 있는 옥수수 돌연변이(*opaque-2*) 계통을 분리할 수 있게 했다. 옥수수 단백질은 보통 라이신 함량이 낮은데, 이 돌연변이 계통은 이 식물의 영양 가치를 증대시켜 준다.

반수체 생물이나 배수체 생물에서 어떻게 우성 돌연변이가 추적될 수 있는가를 살펴보는 것은 어렵지 않다. 이들 우성 돌연변이가 배발생 초기에 치사성을 나타내지 않는 한, 어떤 생물에서든 그 우성 돌연변이를 가진 생물에서 해당 유전자의 표현형이 관찰될 수 있다. 그 돌연변이는 교배되어 이형접합성이나 동형접합성 저장 계통이 유지될 수 있다.

그러나 대부분의 돌연변이들은 유전자 기능의 소실을 초래하며, 이러한 기능상실 돌연변이 대부분은 열성이다. 효모같이 그들의 생활사에서 반수체 시기를 가지는 생물들은 열성 돌연변이 탐색에 있어 아주 중요한 장점을 갖는데, 돌연변이 표현형이 돌연변이화된 반수체 개체에서는 당장에 뚜렷해지기 때문이다. 그러면 이 돌연변이는 교배되어 생활사의 이배체 시기에서 분석될 수 있다.

열성 대립인자에 이형접합성인 이배체 생물들은 돌연변이 표현형을 나타내지 않을 것이다. 유전학자들은 이배체 생물들에서 열성 돌연변이를 추적하고 회수할 수 있는 복잡한 방법을 고안해 냈다. 그러한 방법 중 한 가지 예가 **부착-X**(attached-X)법으로, 초파리에서의 X 염색체상에 존재하는 열성 돌연변이를 추적하는 데 사용한다. 이 방법은 X-선이 초파리에서 돌연변이를 일으킨다는 것을 증명하기 위해 1920년대에 헤르만 멀러(Hermann Muller)에 의해 개발된 것이다.

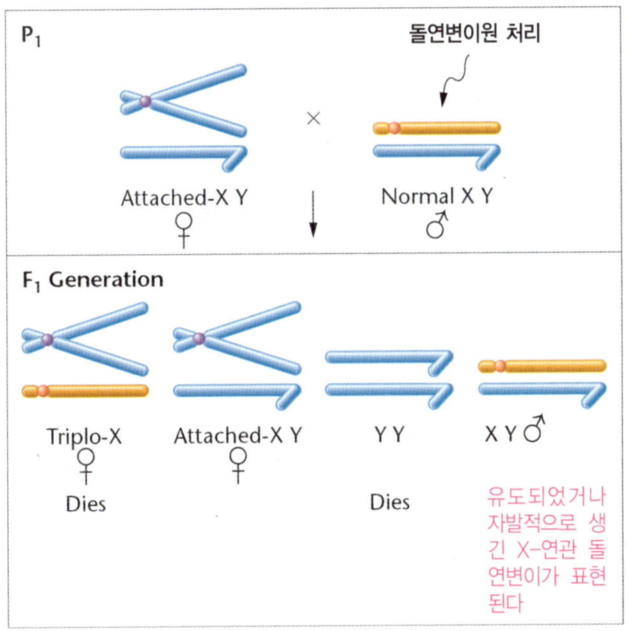

그림 14-20 초파리에서 유도된 형태 돌연변이 추적을 위한 부착-X법(attached-X method).

부착-X 암컷은, 정상적인 이배체의 상염색체들 외에, 동원체 하나에 붙어 있는 두 개의 X 염색체와 하나의 Y 염색체를 가진다. 부착-X 암컷이 정상적인 성염색체 조성의 수컷(XY)과 교배되면, 네 가지 형태의 자손이 생성된다: 치사성인 3중-X 암컷, 생존력이 있는 부착-X 암컷, 치사성 YY 수컷, 그리고 생존력 있는 XY 수컷이다. 그림 14-20은 돌연변이원으로 처리된 P_1 수컷이 어떻게 X 염색체상에서 유도된 열성 돌연변이를 표현하는 F_1 수컷 자손을 생산하게 되는지를 설명하고 있다. 이 검색과정에서는, 돌연변이 표현형이 첫 세대에서 발현된다.

유전학자들은 초파리와 기타 이배체 생물에서 상염색체의 열성 돌연변이를 추적하는 비슷한 기술을 개발했다. 이러한 방법은 돌연변이화된 개체들을, 특정한 결실을 포함하고 있는 염색체들을 가지고 있거나, 혹은 가시적 치사성 유전자 표식자를 가지고 있는 특수한 계통들과 교배시키는 것을 포함한다. 3세대 혹은 그 이상의 세대 후에 열성 치사성 돌연변이가 드러날 수 있지만, 그 돌연변이 계통은 이형접합성 상태로 유지하는 것이 가능하다. 비록 이들 기술은 수행하기 아주 번거로운 것이지만 상당히 효율적이다. 20장에서 논의되는 초파리에서의 여러 발생 돌연변이가 이러한 기술로 발견된 것들이다.

돌연변이체의 선발

유전적 검색과정에서, 각 생물들은 관심 표현형에 대해 하나씩 조사되어야 한다. 흔히, 요구되는 수만큼의 돌연변이체를 얻기 위해서는 수만 개의 개체들을 검색해야만 한다. 효과적이긴 하지만, 이러한 전략은 분명히 매우 느리고, 노동력이 많이 드는 것이다. 일부 경우에서, 시간과 노동을 줄이기 위해 **선택**(selection)법이 사용될 수 있다. 선택의 목표는 야생형이나 관계없는 돌연변이형 생물체들을 제거할 수 있는 조건을 만들어, 오직 추구하는 돌연변이만 남도록 하는 것이다. 보통, 이것은 상관없는 표현형을 가진 개체들을 죽이거나 생장하지 못하도록 방해함으로써 이루어진다.

선택은 그 돌연변이 표현형이 특정 조건 하에서 생존을 증진시킬 때 가장 쉽다. 예를 들어, 어떤 약품에 저항성을 부여하는 돌연변이 유전자는 그 약품을 포함하는 배지에서 돌연변이화 군락을 자라게 함으로써 선택할 수 있다. 또한 갈락토오스를 대사하지 못하는 것과 같이, 어떤 대사 경로의 결함을 수정하는 돌연변이는, 그 생물을 탄소원으로 갈락토오스만 포함하고 있는 배지에 자라게 함으로써 선발할 수 있다.

인간에서의 탐색

인간은 분명히 실험적 생물로는 부적당하기 때문에, 세균이나 식물 같은 생물에서 개발된 돌연변이 추적 기술은 인류유전학자들에게는 실용성이 없다. 사람의 특징이나 질병의 유전적 기초를 결정하기 위해서 유전학자들은, 우선 가능한 한 오래된 조상까지의 가족력을 추적할 수 있는 **가계도**(pedigree)를 분석한다. 만약 한

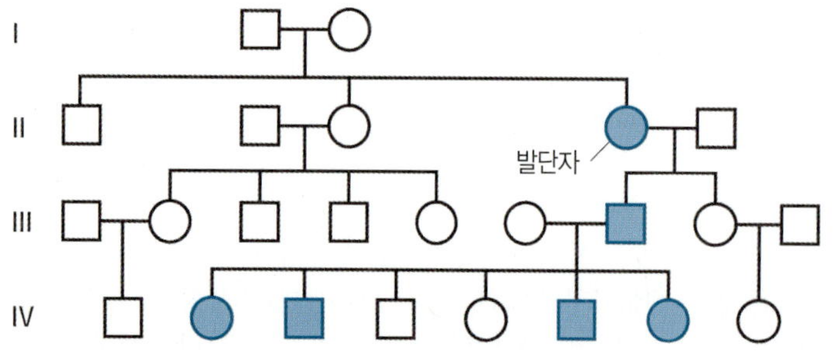

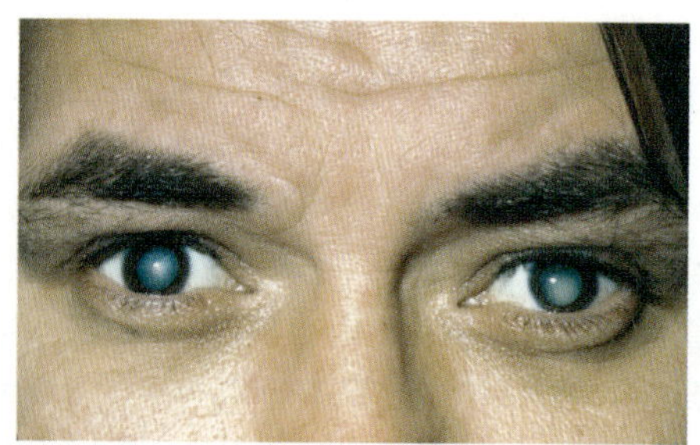

그림 14-21 사람의 눈에서 나타나는 유전성 백내장에 대한 가상적인 가계도.

형질이 유전되는 것으로 보이면, 그 돌연변이 인자가 우성이냐 혹은 열성이냐, 그리고 X-연관이냐 혹은 상염색체성이냐 하는 것을 예측하는 것이 가능하다.

우성 돌연변이들은 추적하기가 가장 쉽다. 만약 이 돌연변이가 X 염색체 위에 있다면, 이환된 아버지는 그 표현형적인 특징을 모든 딸들에게 물려줄 것이다. 만약 우성 돌연변이들이 상염색체 위에 있다면, 자손 중 50%의 이형접합성 개인들이 이 형질을 보일 것으로 기대된다. 그림 14-21은 눈의 백내장에 대한 상염색체 우성 돌연변이의 첫 발생을 설명하는 가계도를 보여준다. 1세대의 부모들은 이환되지 않았으나, 세 자손 중의 한 명(2세대에서)이 백내장을 일으켰고, 따라서 원래의 돌연변이는 부모중 한 명의 생식세포에서 발생한 것으로 생각된다. 발단자였던 이 여성은 두 명의 아이를 낳았고, 그들 중 아들이 이환되었다(3세대). 이 아들의 6 자손들 중 네 명(4세대)이 백내장에 걸렸다. 이러한 관찰들은 확정적인 것은 아니지만, 이 유전이 상염색체 우성이라는 것에 부합한다. 그리고 4세대에서 이환된 환자의 비율이 높은 것은 이러한 결론을 지지하는 것으로 보인다. 또한 이 세대의 이환되지 않은 딸은 그녀가 이환된 아버지로부터 X 염색체를 받았을 것이기 때문에 이 유전이 X-연관은 아니라는 것을 증명한다. 이러한 결론은 이 돌연변이 대립인자가 완전한 유전도를 보인다고 가정하면 매우 견실한 것이다.

X-연관 열성 돌연변이들도 4장에서 논의된 바와 같이 가계도

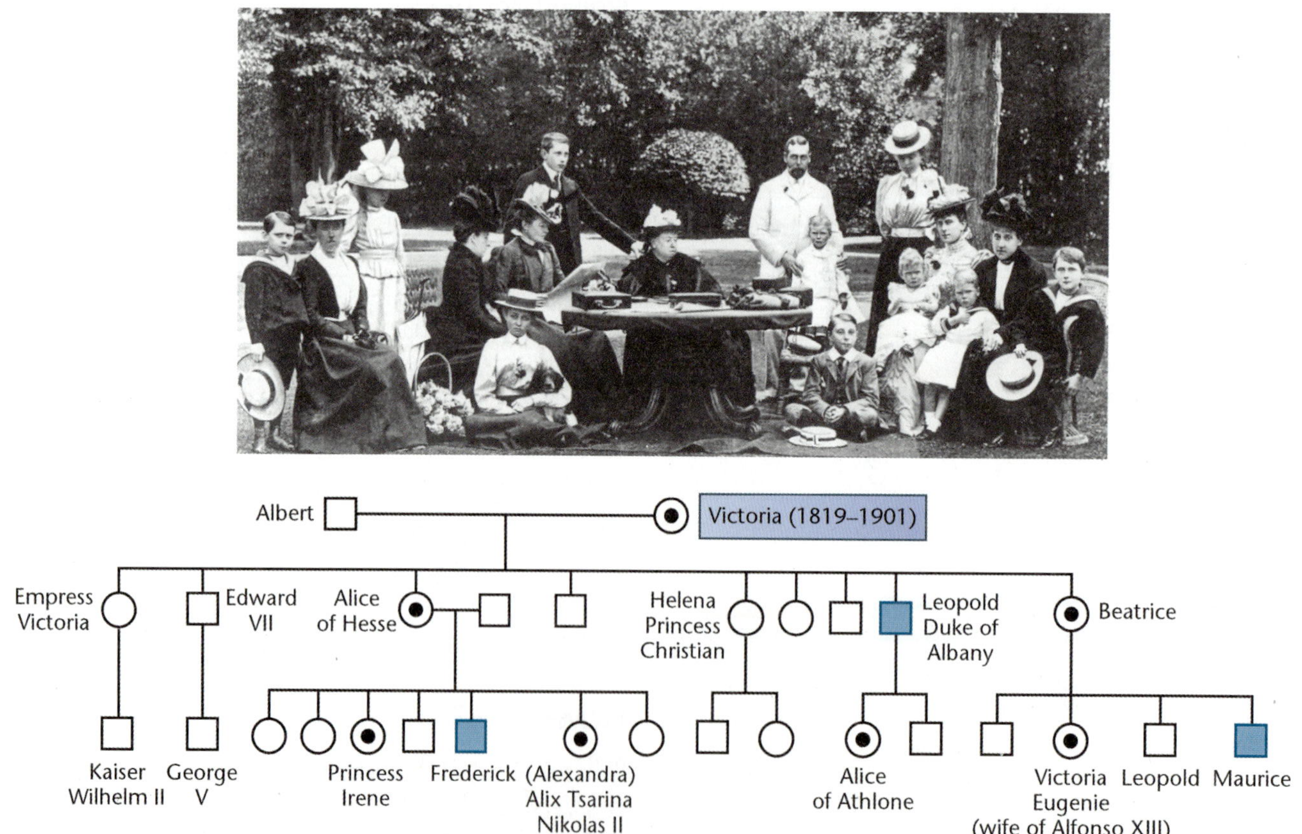

그림 14-22 빅토리아 여왕의 자손들인 영국 왕가의 혈우병에 대한 부분적인 가계도. 이 가계도는 전형적인 X-연관 열성 형질의 전달을 보여준다. 점이 들어 있는 원은 이 형질에 대해 보인자일 것으로 추정되는 여성이다. 사진 속에 빅토리아 여왕이 그녀의 직계 가족들 몇 명과 함께 앞쪽 중앙에 앉아 있다.

분석에 의해 추적될 수 있다. 사람의 X-연관 돌연변이 예들 중 가장 유명한 것이 **혈우병**(hemophilia)일 텐데, 이는 빅토리아 여왕의 자손들에서 발견되었다. 그림 14-22의 가계도를 잘 조사해 보면 빅토리아 여왕이 이 형질에 대해 이형접합성(*Hh*)이었음이 확실하다. 그녀의 아버지는 이환되지 않았으며, 그녀의 어머니도 빅토리아처럼 보인자였다는 것을 믿을 만한 증거는 없다. 혈우병을 일으키는 열성 돌연변이가 인류 집단에서 여러 번 발생했지만, 왕족에서 발생한 이 돌연변이의 정치적인 영향은 매우 광범위한 것이었다. 빅토리아 여왕의 두 딸은 보인자들이었고, 그들은 혈우병을 러시아와 스페인 왕족에 전달했다. 많은 역사가들은 러시아의 황제비였던 알렉산드라가 아들의 혈우병을 치료하기 위한 시도 때문에 라스푸틴을 황가에 머무르게 했고, 이것이 러시아 혁명의 발발에 기여했음을 지적한다.

가계도 분석으로 상염색체 열성 대립인자를 추적하는 것도 가능하긴 하다. 이런 형태의 돌연변이들은 이형접합성일 때 "감추어(hidden)"지므로 이러한 형질이 수세대를 거쳐 띄엄띄엄 나타나는 것은 이상한 일이 아니다. 이환된 개인과 동형접합성 정상 개인 간의 결혼은 이환되지 않은 이형접합성의 보인자 아이들을 낳게 한다. 이들 보인자 사이의 결혼은 평균 1/4의 이환된 자손을 만든다.

가계도 분석 이외에도, 이제는 실험실에서 일상적으로 사람의 세포를 시험관 안에서 배양할 수 있다. 이러한 방법은 다른 어떤 분석법보다도 많은 돌연변이를 추적할 수 있게 해준다. 효소 활성의 분석, 전기영동에서의 단백질 이동, 그리고 DNA와 단백질의 직접적인 서열 분석 등은 인류 집단의 개인 사이에서 나타나는 광범위한 유전적 변이를 증명해 준다. 이 장의 초반에서 살펴본 바와 같이, 인간 질병인 색소성 건피증에 대한 초기의 연구들은 **시험관내 세포 배양**(*in vitro* cell culture) 기술에 의한 것이다. 보다 최근에는, 유전체학과 역유전학 기술들이 인간의 돌연변이를 연구하는 유전학자들이 사용할 수 있는 기술을 더 확대시켜 주었다. 일단 한 돌연변이가 발견되어 클론화되면, 정상인과 환자에서 얻은 정상 유전자와 돌연변이 유전자에 대한 서열 분석이 이루어지고, 이것은 질병과 돌연변이 표현형의 분자적 기초를 제공할 수 있다. 그리고, 돌연변이 유전자 서열에 대한 지식은 유전자 검사와 유전자 기반 치료법들을 개발할 수 있는 길을 열어준다.

이 문제를 풀어보자

359페이지의 26번 문제는 어떻게 X-연관 혈우병이 영국의 왕족들에게 발생했는지를 설명하는 문제다.

힌트: 이 질문에 답하기 위해서는, 돌연변이가 발생하는 방법, 어떤 형태의 세포에서 발생했는지, 그리고 이들이 어떻게 유전되는지에 대해 고려해야 한다.

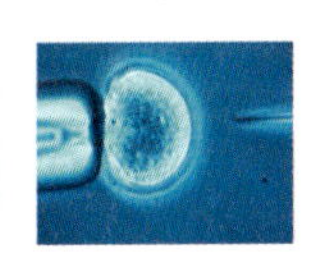

유전학, 기술, 그리고 사회

체르노빌의 그림자

1986년 4월 26일, 체르노빌 핵발전소의 4호 원자로가 폭발했고, 6.7톤의 방사능 물질들이 주변국들과 북반구로 누출되었다. 이 사건으로 30명의 임시 인부들이 사망했고 200여 명의 사람들에게서 급성 방사능 질환이 발생했다. 첫 폭발 후 9일 만에 반응기의 온도가 떨어짐에 따라, 방사능 요오드, 제논, 스트론튬 그리고 세슘 등을 포함한 핵분열물질들이 대기로 방출되었다. 방사성 낙진 가루들은 첫 폭발 후 3일 만에 북서쪽 방향으로 중앙 유럽을 통과하여 핀란드와 스웨덴에 도착했고, 일주일이 되자 영연방과 북미에 도착하였다. 수백만의 인구가 측정가능한 정도의 상당한 방사능에 노출되었다. 체르노빌에서 30킬로미터(약 18마일) 안쪽에 살았던 사람들은 사건이 나고 36시간 후 대피하기 전에 높은 수준의 방사능에 피폭되었다. 이 지역에 떨어진 반응기 잔해를 석관에 담아 체르노빌의 오염을 제거하기 위해 보내졌던 200,000명의 군인과 공무원들에게도 같은 정도의 방사능 피폭이 일어났다. 지금까지 총 62명이 체르노빌 사고로 사망했다.

체르노빌은, 방사능 물질이 사고로 누출된 세계적으로 가장 큰 사건이었다. 남은 질문은 체르노빌의 방사능 오염이 직접적으로 수백만 인구의 장기적 건강을 위협하느냐 하는 것이다.

다른 어떤 물질보다도(담배 연기를 제외하면) 이온화 방사능은 인간의 건강에 미치는 영향이 잘 알려져 있다. 이온화 방사선(X-선과 감마선 같은)은, 원자로부터 전자를 떼어 낼 수 있는 충분한 에너지를 가진 방사선의 한 종류다. 이온화 방사선은 어떠한 세포내 구성성분들에 손상을 입히거나, 뉴클레오티드를 변형시키거나, DNA 가닥의 절단을 유도할 수 있다. 이러한 DNA 손상은 돌연변이와 염색체 전좌를 일으킬 수 있다.

높은 정도의 이온화 방사능은 특정 형태의 암을 발달시킬 위험을 증가시킨다. 히로시마와 나가사키의 원폭 생존자들은 폭발 후 2년 내에 백혈병 발병률이 크게 증가했음을 보여주었다. 폭발 후 10년 후엔 폐, 갑상선, 대장, 난소, 위, 그리고 신경들에서와 마찬가지로 유방암도 증가했다. 이온화 방사선이 DNA 손상을 일으키기 때문에 원폭 생존자들의 자손들은 출생결함이 증가할 것으로 예상되었으나 아직 이러한 증가는 추적되지 않고 있다.

히로시마의 예를 체르노빌에 비교하는 것의 문제점은 그 방사능의 차이에 있다. 원폭 생존자들에서는, 발암률이 적어도

200밀리 시버트 정도에 노출된 사람들 중에서 증가했다(밀리 시버트 mSv= 흡수된 방사선의 단위량). 체르노빌에 가까운 가장 오염된 지역에서 살던 사람들이 약 50 mSv 정도를 흡수했을 것으로 예상되며 몇몇 청소요원이 약 250 mSv 정도에 노출되었을 것으로 생각된다. 체르노빌 외곽 지역의 경우, 독일과 핀란드에서는 방사능 양이 약 0.4~0.9 mSv, 영연방에서는 0.01 mSv, 미국에서는 0.0006 mSv로 추정되었다.

이러한 숫자들의 의미를 읽어보자면, 의료 진단과정에 쓰이는 평균량이(흉부, 치아 X-선 같은) 연당 약 0.39 mSv이다. 개인이 자연적인 환경원(우주선, 암석들, 라돈 가스)으로부터 피폭되는 양이 약 1년에 2~3 mSv 정도다. 흡연자들에게는 담배연기로부터 자연적으로 생기는 방사능 물질을 흡입함으로써 1년에 평균 2.8 mSv에 피폭된다.

체르노빌의 방사능 쓰레기에 노출되었던 식물과 동물들에서 돌연변이율은 정상보다 2~10배 많은 것으로 나타난다. 또한 체르노빌의 청소요원들은 *HPRT* 좌위에서 25% 높은 돌연변이 빈도를 보인다. 오염된 지역에서 태어난 아이들의 소부수체에서의 돌연변이율은 영연방의 정상 아동들보다 두 배가 높다. 그러나 이들 증가된 돌연변이율이 건강문제로 해석될 수 있을까? 지금까지 우리는 이 질문에 답을 할 수가 없다.

체르노빌로부터 피난한 11만 5,000명의 사람들에서는 자연발생적인 25~30건보다 26건이 더 많은 백혈병이 발생한 것으로 추산되었다. 또한 정상적 수준인 123,000,000건인 유럽의 암들에서보다 17,000건이 더 발생했다. 그러나 현재 백혈병이나 고형암들이 구소련, 핀란드, 스웨덴 혹은 20만 명의 청소요원들에서 이렇다 하게 증가했음은 발견되지 않았다. 그리고 생식문제나 출생 기형의 증가도 관찰되지 않았다. 낮은 선량의 방사능 효과에 대한 불확실성 때문에, 체르노빌로 인한 미래의 암사망률 추정은 4,000에서 50,000까지 다양하다.

백혈병이나 고형암들의 뚜렷한 증가가 없음에도 불구하고, 한 가지 형태의 암이 체르노빌 지역에서 증가되었다. 아동기의 갑상선 암 빈도가 1년에 100만 명의 아동당 100건이 넘었는데, 이 암의 정상 빈도는 1년, 100만 명당 0.5~3건 정도다. 사고 시기에 어린이었던 사람들 중에서 4,000명이 갑상선암을 발달시켰다. 이러한 사례들은 방사성 요오드로 오염된 우유를 마신 결과로 발생했을 가능성이 크다. 다행스럽게도, 갑상선암으로부터의 생존율은 약 99%이며 5명의 아이만이 이 질병으로 사망했다.

체르노빌의 가장 심각한 영향들은 심리적인 것이다. 체르노빌 청소 요원들에서 자살율이 50% 증가했으며 뚜렷한 흡연 및 음주관련 질환이 증가했음을 보여준다. 이는 체르노빌에서 반경 300 km 내에 사는 사람들의 45%가 그들이 방사능관련 질환을 갖고 있다고 믿는다는 또 다른 연구 결과를 반영한다. 우울증, 불면증, 고혈압 그리고 인지 감각의 변화 등 건강에 대한 영향이 보고되었다. 원폭 이후, 정신적 외상 후 스트레스는 사고로 인한 실제적 방사능 피폭보다 더 건강을 크게 위협할 수 있다. 실제적인 위험에 대한 확실한 정보가 없음에도 사람들은 그들이 계속적인 위험 속에 살고 있으며 암 "제비뽑기(lottery)"의 결과를 기다리고 있는 중이라고 느끼는 것이다. 발암률이나 유전질환의 빈도가 심각하게 증가한 것이 아님에도 불구하고, 체르노빌 원전 폭발로 인한 간접적인 건강에 대한 영향은, 계속해서 크나큰 것으로 남아 있다.

참고자료

Peplow, M. 2006. Counting the dead. *Nature* 440: 982-983.

Williams, D. and Baverstock, K. 2006. Too soon for a final diagnosis. *Nature* 440:993-994.

The Chernobyl Forum: 2003-2005. Chernobyl's Legacy: Health, Environmental, and Socio-economic Impacts. Report from eight UN Agencies including International Atomic Energy Agency, World Health Organization and the UN Development Program. September, 2005.

웹사이트

http://www.iaea.org/Publications/Booklets/Chernobyl/chernobyl.pdf

단원 요약

1. 돌연변이는 유전적 변이, 진화 , 그리고 유전 분석법들의 기초를 제공한다.
2. 돌연변이는 DNA 서열에서의 변화로 정의된다. 돌연변이는 관찰 가능한 표현형을 만들 수도 있고 그렇지 않을 수도 있다.
3. 돌연변이들은 자연적이거나 유도될 수 있고, 체세포성이거나 생식세포성일 수 있다. 그리고 상염색체에서나 성염색체에서 발생할 수도 있다.
4. 돌연변이들은 그것을 구성하는 뉴클레오티드 변화의 형태에 의존적으로 유전자의 기능에 여러 가지 다른 영향을 미칠 수 있다. 유전자의 암호화 영역 내의 점돌연변이들은 과오 돌연변이나 무의미 돌연변이를 만들 수 있다. 암호화 영역 내의 삽입이나 결실들은 틀이동 돌연변이를 일으키고 번역을 조기에 종결시킬 수 있다.
5. 돌연변이들의 표현형적 효과는 기능상실 돌연변이와 유전자 녹아웃부터 유전자 산물에 새로운 활성을 부여하는 기능획득 돌연변이까지 다양하게 나타날 수 있다.
6. 자발적 돌연변이(자연 돌연변이)율은 생물마다 다양하며, 같은 생물에서도 유전자마다 매우 다를 수 있다.
7. 자발적 돌연변이들은 여러 기작에 의해 발생할 수 있으며, DNA 복제 중에 생기는 오류들이나, 혹은 정상적인 세포내 대사의 결과로 인한 DNA 손상에 기인한다.
8. 돌연변이들은 여러 가지 형태의 화학물질이나 방사선에 의해 유발될 수 있다. 이들 요인은 DNA의 염기나 당-인산 골격에 손상을 줄 수 있다.
9. 인간의 ABO식 혈액형은, H 기질을 변형시키는 효소 유전자에 생긴 점돌연변이와 틀이동 돌연변이에 의해 나타난다.

10. 대부분 심각한 형태의 근이영양증은 디스트로핀 유전자의 해독틀 변화를 일으키는 결실이나 중복 등에 의한 것이다.

11. 일부 유전자의 세 뉴클레오티드 반복서열에서 반복횟수 돌연변이는 취약 X 증후군, 근경직성 이영양증, 그리고 헌팅턴병 등의 인간 질병을 유발한다.

12. 에임즈 검사법은 특정 세균 계통에서의 돌연변이율을 이용하여 화학물질들의 돌연변이 유발력과 암 발생력을 검사할 수 있도록 한다.

13. 생물들은 DNA 수리 시스템을 사용하여 자연 돌연변이나 유도 돌연변이들을 중화시킨다. DNA 합성시의 오류는 복제 중에 작용하는 교정과정이나, 미스매치 수리, 그리고 복제 후 수리 기구에 의해 고쳐질 수 있다.

14. 다른 형태의 DNA 손상들은 광재활성화 수리, SOS 수리, 염기 절제 수리, 뉴클레오티드 절제 수리, 그리고 이중가닥 절단 수리 등에 의해 고쳐진다.

15. 인간에서, 뉴클레오티드 절제 수리를 조절하는 유전자에서의 돌연변이들은 색소성 건피증과 같은 질병을 일으킬 수 있다.

16. 가동성 인자들은 유전체 내에서 이동할 수 있으며, 유전자 내부나 근처로 이동하여 돌연변이를 유발할 수 있다. 이들은 또한 돌연변이를 만들고, 유전자를 클론화하며, 외래 유전자를 모델 생물에 도입하게 함으로써, 유전적 설명을 가능하게 하는 도구로 사용되어 왔다.

17. 여러 가지의 유전적, 생화학적 기술들이 모델 생물에서의 돌연변이를 유도하고 분석하는데 사용된다. 대조적으로, 인간의 돌연변이에 대한 연구는 종종 가계도 분석을 통해 시작된다.

주요 용어

2-아미노 퓨린(2-amino-purine, 2-AP)
ABO식 혈액형(ABO blood group system)
activator (*Ac*)
Alu 요소(*Alu* element)
AP 엔도뉴클라아제(AP endonuclease)
dissociation (*Ds*)
DNA 글리코실화 효소(DNA glycosylase)
DNA 메틸화(DNA methylation)
DNA 수리(DNA repair)
DNA 이중가닥 절단 수리(DNA double-strand break repair, DSB repair)
LINES
P 인자(*P* element)
SINES
SOS 수리 시스템(SOS repair system)
Tn 인자(Tn elements)
X-선(X-rays)
X-연관 돌연변이(X-linked mutations)
가동성 인자(transposable elements)
가시적 돌연변이(visible mutations)
감마선(gamma ray)
과오 돌연변이(missense mutation)
광재활성화(photoreactivation enzyme, PRE)
교정(proofreading)
근긴장성 이영양증(myotonic dystrophy)
글리코실기 전이효소(glycosyltransferase)
기능상실 돌연변이(loss-of-function mutation)
기능획득 돌연변이(gain-of-function mutation)
뉴클레오티드 절제 수리(nucleotide excision repair, NER)
돌연변이원(mutagens)
뒤셴 근이영양증(Duchenne muscular dystrophy, DMD)
디스트로핀(dystrophin)
말단 결합(end joining)
모델 생물(model organism)
무의미 돌연변이(nonsense mutation)
미스매치 수리(mismatch repair)
발암물질(carcinogen)
베커 근이영양증(Becker muscular dystrophy, BMD)
복제 후 수리(postreplication repair)
복제시 미끄러짐(replication slippage)
부착 X(attached-X)
브로모데옥시우리딘(bromodeoxyuridine, BrdU)
브로모우라실(5-bromouracil, 5-BU)
비상동성 재조합 수리기구(nonhomologous recombination repair)
비예약 DNA 합성(unscheduled DNA synthesis)
삽입(intercalate)
삽입서열(insertion sequences, IS element)
상동성 재조합 수리(homologous recombination repair)
상보성(complementation)
상보성 그룹(complementation groups)
상염색체 돌연변이(autosomal mutations)
색소성 건피증(xeroderma pigmentosum, XP)
생식세포 돌연변이(germ-line mutations)
생식세포 형질 전환(germ-line transformation)
생화학적 돌연변이(biochemical mutations)
선택(selection)
세 뉴클레오티드 반복서열(trinucleotide repeat sequence)
시험관 내 세포배양(*in vitro* cell culture)
아크리딘 염료(acridine dyes)
알킬화제(alkylating agent)
에임즈 테스트(Ames test)
염기 유사체(base analogs)
염기 절제 수리(base excision repair, BER)
염기 치환(base substitution)
영 돌연변이(null mutation)
영양 돌연변이(nutritional mutation)
온도 감수성 돌연변이(temperature-sensitive mutation)
우주선(cosmic rays)
유도 돌연변이(induced mutation)
유전자 검사(genetic screen)
유전자 돌연변이(gene mutation)
이동 조절 효소(mobile controlling elements)
이온화 방사선(ionizing radiation)
이형핵(heterokaryon)
자연 돌연변이(spontaneous mutations)
자외선 방사(ultraviolet (UV) radiation)
자유라디칼(free radical)
잡종 퇴화(hybrid dysgenesis)
전이(transition)
전이효소(transposase)
전자기 스펙트럼(electromagnetic spectrum)
전환(transversion)
절제 수리(excision repair)
점 돌연변이(point mutation)

정말단 반복서열(direct terminal repeat, DTR)
조건적 돌연변이(conditional mutations)
조절 돌연변이(regulatory mutations)
중립 돌연변이(neutral mutations)
체세포 돌연변이(somatic mutations)
체세포 혼성화(somatic cell hybridization)
취약 X 증후군(fragile X syndrome)
치사 돌연변이(lethal mutation)
침묵 돌연변이(silent mutation)
코피아(*copia*)
탈아민화(deamination)
탈퓨린화 부위(apurinic (AP) site)
탈퓨린화(depurination)
트랜스포존(transposons)
틀이동 돌연변이(frameshift mutation)
피리미딘 이합체(pyrimidine dimers)
행동 돌연변이(behavioral mutations)
헌팅턴병(Huntington disease, HD)
혈우병(hemophilia)
형태학적 형질(morphological trait)
호변 변환(tautomeric shifts)
호변체(tautomer)
활성 산화제(reactive oxidants)

통찰과 해법

1. 염기 유사물인 2-amino purine(2-AP)은 DNA 복제과정에 아데닌을 대체한다. 그러나 이것은 시토신과 염기쌍을 형성한다. 염기유사물인 5-bromouracil(5-BU)은 티민을 대체하지만 구아닌과 염기쌍을 이룬다. 여기에 보이는 이중가닥의 뉴클레오티드 서열이 3번의 복제를 한다. 첫 번째 복제에서 두 유사물이 존재하여 가능한 모든 자리에 삽입되었다. 두 번째와 세 번째 복제에서는 이들이 제거되었다. 마지막에 얻어진 서열은 어떠한 것인가?

해법:

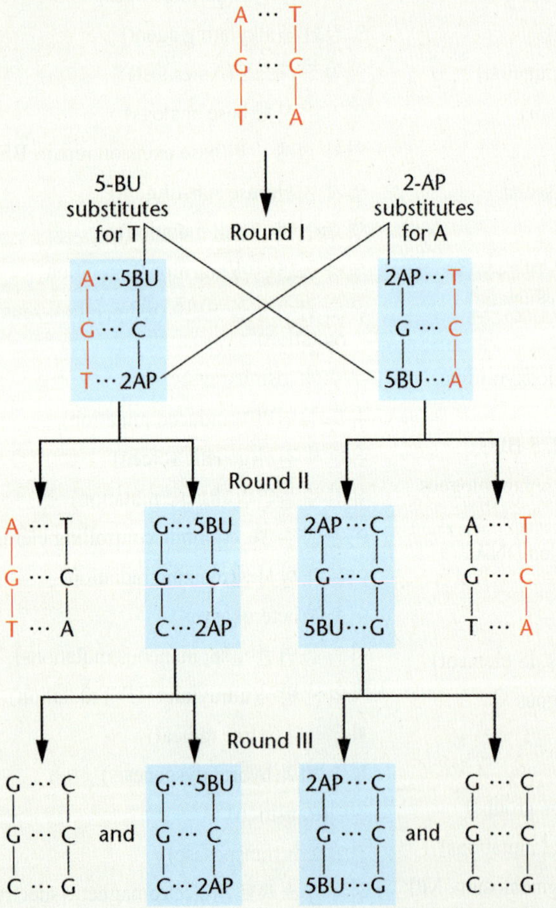

A ··· T
G ··· C
T ··· A

Round I

5-BU substitutes for T: A···5BU / G···C / T···2AP

2-AP substitutes for A: 2AP···T / G···C / 5BU···A

Round II

A···T / G···C / T···A
G···5BU / G···C / C···2AP
2AP···C / G···C / 5BU···G
A···T / G···C / T···A

Round III

G···C / G···C / C···G and G···5BU / G···C / C···2AP
2AP···C / G···C / 5BU···G and G···C / G···C / C···G

2. 사람에서 희귀한 우성 돌연변이가 발견되었다. 기록에 따르면 4만 명당 6 경우가 출생한다고 한다. 2건에서의 가족력을 조사한 결과, 이 돌연변이가 이미 부모 중 한 명에 존재한다는 것이 밝혀졌다. 이 돌연변이의 자연 돌연변이율을 계산해 보라. 우리 결론에 영향을 미칠 수 있는 가정들은 어떤 것인가?

해법: 6 경우 중 4건만이 새로운 돌연변이에 의한 것임이 밝혀졌다. 한 번의 출생은 2 배우자를 나타내는 것이므로, 표본의 크기는 8만이 된다. 이 비율은 다음과 같다.

$$\frac{4}{80{,}000} = \frac{1}{20{,}000} = 5 \times 10^{-5}$$

우리는 돌연변이 유전자가 완전한 유전도를 가지며 그것을 가진 각 개인에서 완전히 발현되는 것으로 가정했다. 만약 이것이 완전한 유전성이 아니라면, 하나 이상의 돌연변이들이 추적되지 않았을 것이므로, 우리 계산은 저평가되었을 것이다. 또한 우리는 우리 검색이 100% 정확한 것으로 생각했다. 한 명 이상의 돌연변이 개인들이 빠질 수 있으므로, 다시 한 번 우리의 계산은 작아지게 된다. 마지막으로, 돌연변이와 비돌연변이 개인들이 동등한 생존력을 가지며, 이들이 자궁에서 살아남는 확률도 동일한 것으로 가정했다. 따라서 우리의 가정은 돌연변이 개인의 출생률이 수태시와 동일한 것으로 가정한다. 만약 이것이 사실이 아니라면, 우리의 계산은 다시 한 번 더 저평가된 것으로 나타난다.

3. 다음 추산들에 대해 고려해 보라:
(a) 5.5×10^9의 인간이 지구상에 살고 있다.
(b) 각 개인들은 약 30,000(0.3×10^5)개의 유전자를 가진다.
(c) 각 좌위에서 평균 돌연변이율은 10^{-5}이다.

인간집단에는 현재 얼마나 많은 자연돌연변이가 존재하겠는가? 이들 돌연변이가 모든 유전자들에 고르게 분포한다면, 인간 집단에서 각 유전자에는 얼마나 많은 새로운 돌연변이가 생겨났겠는가?

해법: 우선 각 개인들은 이배체이므로, 사람마다 각 2개의 유전자 사본을 가진다. 이들은 서로 다른 배우자에서 온 것이다. 그러므로, 총 자연돌연변이의 수는

$$\begin{aligned}&(2 \times 0.3 \times 10^5 \text{ 유전자/개인}) \\ &\quad \times (5.5 \times 10^9 \text{ 개인들}) \times (10^{-5} \text{ 돌연변이/유전자}) \\ &= (0.6 \times 10^5) \times (5.5 \times 10^9) \times (10^{-5}) \text{ 돌연변이} \\ &= 3.3 \times 10^9 \text{ 집단내 돌연변이}\end{aligned}$$

$$\begin{aligned}&3.3 \times 10^9 \text{ 돌연변이}/0.3 \times 10^5 \text{ 유전자들} \\ &= 11 \times 10^4 \text{ 집단내 유전자당 돌연변이}\end{aligned}$$

연습문제 및 토론문제

1. 유전적 연구에서 돌연변이의 중요성에 대해 논하라.
2. 어째서 다세포 생물의 체세포에서 발생한 돌연변이는 잘 추적되지 않는가?
3. 대부분의 돌연변이들은 해롭다. 그런데 왜 돌연변이가 진화과정에 필수적이라고 하는 것이 당연시되는가?
4. 무작위 돌연변이는 왜 이롭다기보다는 해로운가?
5. 이배체 생물체에서 대부분의 돌연변이들은 열성이다. 왜 그럴까?
6. 조건적 돌연변이란 무슨 뜻인가?
7. 호변 변환(tautomeric)을 설명하고 이 화학적 사건이 어떻게 돌연변이를 일으키는지 설명하여라.
8. 탈아민화제, 알킬화제, 그리고 염기 유사물들의 돌연변이 유발성을 비교하여라.
9. 아크리딘 염료는 틀이동 돌연변이(frameshift mutation)를 일으킨다. 이러한 돌연변이는 단일 피리미딘이나 퓨린이 치환된 점 돌연변이보다 더 해로울까? 만약 그렇다면 그 이유는?
10. 어째서 X-선이 자외선보다 더 강력한 돌연변이원이 되는가?
11. UV 조사와 X-선에 의한 돌연변이의 유도 기작을 비교하여라.
12. UV 조사의 효과를 중화시키는 것으로 알려진 다양한 형태의 DNA 수리 기구들을 비교하라. UV-유도성 돌연변이를 수리하는 데 가시광선의 역할은 무엇인가?
13. 유방 X-선 사진촬영(mammography) 기법은 사람의 유방암을 초기에 진단하기 위한 정확한 검사방법이다. 이 기법은 X-선을 진단에 이용하기 때문에 강한 논란이 되어 왔다. 그 이유를 설명할 수 있겠는가? 어떠한 이유가 이런 형태의 의학적 진료를 위한 X-선의 이용을 정당화 시킬 수 있겠는가?
14. 취약 X 증후군, 근경직성 이영양증, 그리고 헌팅턴병의 분자적 기초에 대해 설명하고, 어떻게 각각의 질병과 연관된 돌연변이의 형태들이 이 질병들의 중증도와 연관되는지 설명하라.
15. 어떻게 에임즈 검사법이 환경의 돌연변이원을 검색해낼 수 있는지를 설명하라, 에임즈 검사에서 양성으로 나온 화합물이 발암성일 것이라 생각하는 이유는?
16. 어떠한 유전적 결함이 인간에서 색소성 건피증을 일으키는가? 이들 결함이 어떻게 이 질병과 관련된 표현형을 만드는가?
17. 세균 배양에서 모든 세포주들이 류신을 합성할 수 없는(leu^-) 것이었는데, 강력한 돌연변이원을 첨가한 후 한 번의 복제를 허용하고 시료를 취하여 희석액을 최소배지나 류신을 강화한 최소배지에 접종하였다. 첫 배양 조건(최소배지)은 leu^-에서 leu^+으로 돌연변이를 일으킨 것을 추적하는 것이고, 둘째 배양 조건(최소배지 + 류신)은 총 세포 수를 알아내기 위한 것이다. 아래 표의 결과로부터 (a) 돌연변이 세포의 빈도를 결정하라. (b) 류신 생합성에 관련된 좌위에서의 돌연변이율은?

배양 조건	희석 배수	세균 집락
최소배지	10^{-1}	18
최소배지 + 류신	10^{-7}	6

18. 세균, 옥수수, 초파리, 그리고 인간에서의 다양한 가동성 유전 요소들을 비교하라. 이들이 공유하는 특징들은?
19. 세균에서 IS 인자를 최초로 발견했을 때, 갈락토오스 대사를 조절하는 세 유전자의 상류(5′)에 이러한 인자가 존재하는 것으로 드러났다. IS 삽입은 한번 뿐이었는데도, 세 유전자는 모두 동시에 영향을 받았다. 왜 이런 일이 발생했는지 설명하라.
20. 효모의 가동성 인자인 *Ty*는 역전사효소를 암호화하는 하나의 ORF를 포함하고 있다. 이 효소는 RNA 주형으로부터 DNA를 합성한다. 효모 유전체 내에서 *Ty*의 전이에 이 유전자 산물이 어떠한 역할을 할지 예상해 보라.
21. 인간과 기타 생물체들에 존재하는 대부분의 트랜스포존들은 유전체의 비암호화 영역에 위치한다 – 즉, 인트론이나 위유전자, 특정 형태의 반복성 DNA 서열 등. 이러한 관찰을 해석하는 몇 가지 방법들이 있다. 두 가지 가능한 해석을 설명하라. 어떤 설명이 더 선호되는가? 이유는?
22. 선진국의 개선된 생활 조건들과 건강관리가 어떻게 인간의 돌연변이율(중립적인 것과 해로운 것)에 영향을 미칠지 예상해 보라.
23. 항암제인 멜팔란(melphalan)은 미란성 독가스 계열의 알킬화제이다. 이것은 두 가지 방식으로 작용한다: 구아닌 염기에 알킬화를 유발하는 것과 DNA 가닥들을 서로 연결시키는 것이다. 멜팔란이 암세포를 죽이는 두 가지 기작을 설명하라. 암세포들이 멜팔란의 DNA 손상효과를 수리할 수 있는 두 가지 방법은 무엇인가?
24. 근경직성 이영양증은 인간에서 가장 흔한 유전성 질환 중 하나로, 디스트로핀 유전자에서의 여러 가지 돌연변이에 의해 유발된다. 이 유전자가 어째서 그렇게 많은 돌연변이를 겪는지 예측해 보라.
25. DNA 복제의 과정이 어떻게 헌팅턴병 유전자에서 세 뉴클레오티드 반복 영역을 확장시킬 수 있는지에 대해 설명하라.
26. 빅토리아 여왕 가계에서 혈우병을 일으켰던 돌연변이의 근원은 논쟁이 많다. 그녀의 아버지가 X-연관 혈우병을 가지고 있지 않았고, 그녀의 어머니 가족들 누구도 그러한 조건이었다는 증거가 없다. 이 돌연변이가 어떻게 생겼을지를 설명하는 가능성들에는 어떤 것들이 있을까? 어떤 형태의 돌연변이가 이 질병을 일으킬 수 있는가?
27. 다음 제시된 것은 7명의 색소성 건피증 환자의 세포주로부터 형성된 이핵세포들에 대한 연구에서 얻어진 가상적 발견이다: 이들 자료는 융합된 이핵세포에서 비예약 DNA 합성의 얼마나 일어나는지를 측정한 것이다. 어떤 세포주들도 혼자서는 비예약 DNA 합성을 보이지 않는다. 비예약 DNA 합성은 무엇을 나타내는가? 어떤 계통들이 같은 상보성 그룹에 속하는가? 이들 자료에 기초하면 몇 개의 그룹들이 나타나는가? 이들 자료로부터 XP의 유전적 기초에 대해 우리가 내릴 수 있는 결론은 무엇인가?

	XP1	*XP2*	*XP3*	*XP4*	*XP5*	*XP6*	*XP7*
XP1	–						
XP2	–	–					
XP3	–	–	–				
XP4	+	+	+	–			
XP5	+	+	+	+	–		
XP6	+	+	+	+	–	–	
XP7	+	+	+	+	–	–	–

Note: + = complementing; – = noncomplementing

28. 여러분이 1945년 히로시마와 나가사키의 원자폭탄 공격에서 살아남은 일본인들에 대한 고에너지 방사선의 유전적 영향을 연구하는데 투입된 유전학자들의 일원이라고 생각하고 염색체 돌연변이와 유전자 돌연변이에 대한 여러분의 통찰을 증명해 보라. 이 주제를 설명할 수 있는 단기적, 장기적 연구를 계획해 보라. 체세포와 생식선 조직 모두에 대한 효과를 감안하여 전략을 구상하도록 하라.

29. 낭포성 섬유증(CF)은 인간의 심각한 상염색체 열성질환으로, 상피세포에서의 염소이온 통로 결함에 의해 발생한다. 해당 유전자(*CFTR*)의 24개 엑손에서 500개 이상의 돌연변이들이 밝혀졌고, 여기에는 수십 개의 과오 돌연변이, 틀이동 돌연변이, 그리고 스플라이스 자리 돌연변이들이 포함된다. 비록 모든 CF 환자들이 만성 허파 폐색질환을 나타내지만, 이자효소 불충분성(pancreatic enzyme insufficiency, PI)도 다양하게 나타난다. 관찰된 돌연변이 중 어떤 형태가 약한 PI만을 포함한 약한 CF 증상을 일으킬지 예측해 보라. *CFTR* 유전자의 엑손 영역 내에서 발견된 300가지 서열 변화들 중 몇몇은 낭포성 섬유증을 유발하지 않았다. 비록 유전학에 통달한 것은 아니겠지만, 여러분이 배운 유전자 암호, 유전자 발현, 단백질 기능, 그리고 돌연변이에 대한 지식을 감안하여, 왜 이러한 일이 가능한지 설명하라.

30. 7,8-디하이드로-8-옥소구아닌(7,8-dihydro-8-oxoguanine, oxoG)이라 불리는 전자친화성 산화제는 높은 빈도로 DNA에 상처를 내는 것으로 알려져 있다. 정상적으로는 구아닌은 시토신과 짝을 이루지만, oxoG은 시토신이나 아데닌과 짝을 이룬다.
    (a) 세포 내에서 이러한 형태의 손상을 일으키는 반응성 산화제의 근원은 무엇인가?
    (b) 핵산 화학에 대한 여러분의 지식을 활용하여 옥소구아닌의 구조를 그려보고 밑에 구아닌도 그려보라. 구아닌 옆에 시토신을 그리되 두 분자들이 수소결합을 한 형태로 그려보라. oxoG의 구조는 구아닌과 비교할 때 어떤 이유로 아데닌과 결합하게 되는가?
    (c) DNA에서 시토신과 짝을 이루는 oxoG가 복구되지 않았다면, 여러 번의 복제 후에 생기는 돌연변이의 유형은 어떠한 것일지 예상해 보라.
    (d) DNA 수리 기구에 대한 여러분의 지식을 활용하여 oxoG 상처 부위를 중화할 수 있는 세포수준의 접근은 어떠한 것일지 생각해 보고, 이들 수리 기구 중 어떤 것이 가장 효과적일지 말해 보라.
    (참고: Bruner, S. D., et al. 2000. *Nature* 403: 859-862)

31. 스타트렉(*Star Trek*®)의 세계에 사는 베타조이드들(Betazoids)에서는 마음을 읽은 능력이 독심술사(*mindreader; mr*) 유전자의 조절 하에 놓여 있다. 대부분의 베타조이드들은 마음을 읽지만, *mr* 유전자에서 발생한 일부 열성 돌연변이들은 두 가지 표현형이 나타나도록 한다: 지연된 수용자(delayed-receiver)와 무감각자(insensitives)들이다. 지연된 수용자들은 마음을 읽기는 하지만 보통의 베타조이드들보다 이 작업이 매우 느리다. 무감각자들은 전혀 마음을 읽을 수 없다. 베타조이드 유전자들은 인트론이 없으며, 따라서 유전자는 암호화 DNA만 포함하고 있다. 이 유전자는 3332 뉴클레오티드 길이이고, 베타조이드인들은 4 문자 유전암호를 사용한다.
    다음 표는 5가지의 서로 관련 없는 *mr* 돌연변이들에 대한 자료를 보여주는 것이다.

돌연변이 설명		표현형
mr-1	Nonsense mutation in codon 829	delayed-receiver
mr-2	Missense mutation in codon 52	delayed-receiver
mr-3	Deletion of nucleotides 83-150	delayed-receiver
mr-4	Missense mutation in codon 192	insensitive
mr-5	Deletion of nucleotides 83-93	insensitive

각 돌연변이들에 대해 왜 그러한 표현형이 생겼고 다른 표현형은 생기지 않았는지 가능한 설명을 제시하라. 예를 들어, 왜 829번째 코돈에서의 *mr-1* 무의미 돌연변이가 보다 심각한 무감각증을 일으키지 않고 경증의 지연된 수용자 표현형을 나타나게 했겠는지 가설을 세워보라. 다른 돌연변이에 대해서도 같은 분석을 수행하라. (한 가지 이상의 설명이 가능하다면 가능성이 있는 한 모두 제시해 보라.)

32. 피부암은 다른 암들과 마찬가지로 일생 동안의 위험 요인을 갖는다. 아래 그래프[modified from Kraemer. 1997. *Proc. Natl. Acad. Sci.* (*USA*) 94:11-14]는 XP를 가지지 않은 사람과 XP를 가진 사람들에서 피부암의 발생 시기를 나타낸 것으로, 나이에 따라 피부암 발생의 퍼센트를 누적하여 나타낸 것이다. 비XP 곡선은 국립 암연구소가 29,757명의 피부암 환자들을 기초로 작성한 것이다. 그리고 XP의 곡선은 XP로 등록된 63명의 피부암 환자들을 기초로 작성한 것이다. (a) 이 그래프에 포함된 정보를 개략적으로 제시하라. (b) XP 환자들이 왜 그렇게 이른 나이에 발병하는지에 대해 설명하라.

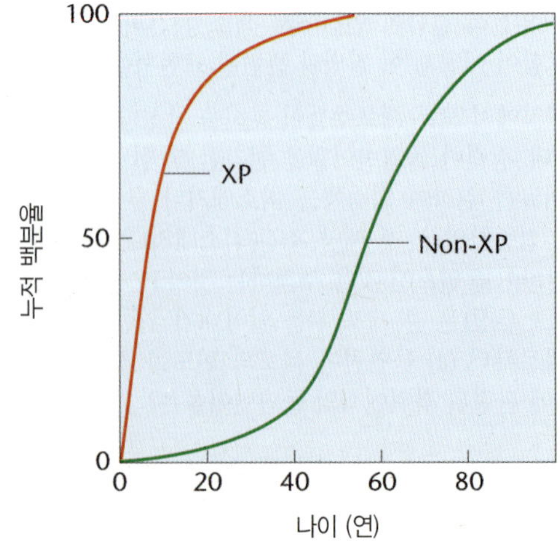

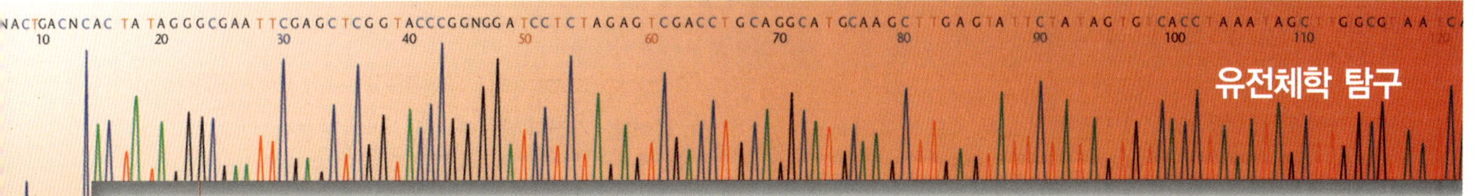

돌연변이를 규명하는 서열 비교 분석

이 장에서는 여러 형태의 돌연변이를 일으키는 원인들이 무엇이고, 어떻게 돌연변이들이 단백질의 구조와 기능을 바꿈으로써 표현형에 영향을 미치는지에 대해 알아보았었다. 유전체학, 생물정보학, 그리고 단백질체학이 현대 유전학의 주요 분야로 자리잡게 되면서 과학자들은 유전자에서 돌연변이를 찾고 단백질 서열을 분석하기 위한 새로운 도구들을 사용하게 되었다.

이번 연습에서도 **ExPASy(Expert Protein Analysis System)** 사이트를 이용하게 될 것이다. 이것은 스위스의 생물정보학 연구소가 단백질 연구를 위해 많은 정보를 제공하는 것이다. 여기서는 SIM(서열에서의 "similarity"를 위한)이라고 불리는 ExPASy의 프로그램을 이용하여 두 개의 폴리펩티드 서열을 비교하여 돌연변이를 찾게 될 것이다. 일단 돌연변이가 발견되면, 이 폴리펩티드를 암호화하는 유전자에 대해 찾아보고 이 유전자와 관련된 질병 조건에 대해서도 공부하게 될 것이다.

■ 연습 1: 인간의 단백질에 영향을 미치는 과오 돌연변이(Missense mutation) 찾기

1. **http://www.expasy.ch/tools/sim-prot.html**에서 ExPASY에 접속한 후 시작하라. SIM은 알고리즘 기반 소프트웨어로서 서열 내의 아미노산 유사성을 찾아 다수의 폴리펩티드 서열들을 비교할 수 있도록 해준다.
2. 다음은 서로 다른 두 사람에서 발현된 폴리펩티드에 대한 아미노산 서열을 나타낸 것이다.

개인 A

MGAPACALALCVAVAIVAGASSESLGTEQ
RVVGRAAEVPGPEPGQQEQLVFGSGDAV
ELSCPPPGGGPMGPTVWVKDGTGLVPSE
RVLVGPQRLQVLNASHEDSGAYSCRQRLT
QRVLCHFSVRVTDAPSSGDDEDGEDEA
EDTGVDTGAPYWTRPERMDKKLLAVPA
ANTVRFRCPAAGNPTPSISWLKNGREFR
GEHRIGGIKLRHQQWSLVMESVVPSDRG
NYTCVVENKFGSIRQTYTLDVLERS
PHRPILQAGLPANQTAVLGSDVEFHC
KVYSDAQPHIQWLKHVEVNGSKVG
PDGTPYVTVLKTAGANTTDKELEVLSLH
NVTFEDAGEYTCLAGNSIGFSHHSAWLVV
LPAEEELVEADEAGSVYAGILSYGVGFFL
FILVVAAVTLCRLRSPPKKGLGSPTVHK
ISRFPLKRQVSLESNASMSSNTPLVRIARL
SSGEGPTLANVSELELPADPKWELSRARL
TLGKPLGEGCFGQVVMAEAIGIDKDRAA
KPVTVAVKMLKDDATDKDLSDLVSEMEM
MKMIGKHKNIINLLGACTQGGPLYVLVEY
AAKGNLREFLRARRPPGLDYSFDTCKPPE
EQLTFKDLVSCAYQVARGMEYLASQKCI
HRDLAARNVLVTEDNVMKIADFGLARD
VHNLDYYKKTTNGRLPVKWMAPEALFD
RVYTHQSDVWSFGVLLWEIFTLGGSPYPG
IPVEELFKLLKEGHRMDKPANCTHDLYMI
MRECWHAAPSQRPTFKQLVEDLDRVLT
VTSTDEYLDLSAPFEQYSPGGQDTPSSSS
GDDSVFAHDLLPPAPPSSGGSRT

개인 B

MGAPACALALCVAVAIVAGASSESLGTEQ
RVVGRAAEVPGPEPGQQEQLVFGSGDAV
ELSCPPPGGGPMGPTVWVKDGTGLVPSE
RVLVGPQRLQVLNASHEDSGAYSCRQRLT
QRVLCHFSVRVTDAPSSGDDEDGEDEAE
DTGVDTGAPYWTRPERMDKKLLAVPAA
NTVRFRCPAAGNPTPSISWLKNGREFRGE
HRIGGIKLRHQQWSLVMESVVPSDRGNY
TCVVENKFGSIRQTYTLDVLERSPHRPILQ
AGLPANQTAVLGSDVEFHCKVYSDAQPHI
QWLKHVEVNGSKVGPDGTPYVTVLKTA
GANTTDKELEVLSLHNVTFEDAGEYTCL
AGNSIGFSHHSAWLVVLPAEEELVEADEA
GSVYAGILSYRVGFFLFILVVAAVTLCRLR
SPPKKGLGSPTVHKISRFPLKRQVSLESNA
SMSSNTPLVRIARLSSGEGPTLANVSELEL
PADPKWELSRARLTLGKPLGEGCFGQVV
MAEAIGIDKDRAAKPVTVAVKMLKDDAT
DKDLSDLVSEMEMMKMIGKHKNIINLL
GACTQGGPLYVLVEYAAKGNLREFLRAR
RPPGLDYSFDTCKPPEEQLTFKDLVSCAY
QVARGMEYLASQKCIHRDLAARNVLVT
EDNVMKIADFGLARDVHNLDYYKKTTN
GRLPVKWMAPEALFDRVYTHQSDVWSF
GVLLWEIFTLGGSPYPGIPVEELFKLLKEG
HRMDKPANCTHDLYMIMRECWHAAPSQ
RPTFKQLVEDLDRVLTVTSTDEYLDLSAP
FEQYSPGGQDTPSSSSSGDDSVFAHDLLP
PAPPSSGGSRT

3. 이 서열들을 복사하여 SIM의 "SEQUENCE" 문자 박스에 입력하라. (힌트: 동료 웹사이트에서 이 서열에 접속하여 SIM에 복사 및 붙이기를 수행할 수 있다.) 개인 A의 서열을 1번 서열, 개인 B의 서열을 2번 서열이라고 하자. 각각에 대해 "User-entered sequence"를 클릭하라. A와 B 서열에 대해 적당한 이름을 부여하라. 비교를 위해 서열들을 제출하고 다음 질문에 답하라:
   a. 분석된 각 폴리펩티드 서열에 몇 개의 아미노산이 존재하는가?
   b. 정렬 결과를 자세히 살펴보라. 이들 두 폴리펩티드 서열이 비교되었을 때 차이를 발견할 수 있는가? 어떤 것인가?

■ 연습 2: 인간의 유전병에 대한 유전적 기초 확인

1. ExPASy 홈페이지로 가서 BLAST 링크를 찾아라. 단백질 BLAST(blastp) 탐색을 실시하여 여러분이 연구 중인 폴리펩티드를 찾아라. 여러분의 탐색 서열과 같이 정렬된 서열 중 위에서 3개의 서열들의 링크를 클릭하여 BLAST 리포트를 살펴보라. 각 리포트의 "Comment" 섹션을 주의깊게 살펴 다음 질문에 답하라.
2. 이제 여러분이 어떤 유전자를 가지고 작업하는지 알았을 것이니 PubMed (**http://www.ncbi.nlm.nih.gov/entrez/query.fcgi?db=PubMed**)로 가서 Vajo, Z., Francomano, C. A., Wilkin, D. J. 등이 발표한 논문을 찾아보라.
3. 다음 질문에 답하라:
   a. 여러분이 작업한 폴리펩티드는 어떤 유전자의 산물인가?
   b. 그 단백질의 기능은 무엇인가?
   c. 연습 1에서 얻은 정렬 결과, BLAST 리포트, 그리고 PubMed 탐색으로부터 얻은 지식에 기초하면, 연습 1에서 찾은 돌연변이에 의해 나타나는 인간의 질병은 무엇인가? 여러분의 답에 대해 설명하고 이 질병과 관련된 표현형을 간단히 기술하라.

정답 Solutions to Problems and Discussion Questions

2. 유전자 검사를 실시할 때는, 한 생물체의 모든 세포가 유전적으로 동일할 것으로 가정한다. 그러므로 생물체는 그 검사에 반응하고 추적이 가능하다. 만약 다세포 생물의 한 체세포가 돌연변이 되었다면, 그 생물체가 그 검사에 충분히 반응할 가능성이 적다.

4. 각 유전자와 그 산물은 진화된 환경 혹은 공진화된 환경에서 기능한다. 각 유전자의 통합적 결과가 생명체에 필요하다. 돌연변이에 의해 생기는 정상 수준에서의 편차는 각 유전자 산물이 기능하는 복잡하고 상호작용적 환경 때문에 분산될 것이다.

6. 조건적 돌연변이(conditional mutation)란 한 환경조건에서는 야생형 표현형을 만들고, 또 다른 조건에서는 돌연변이 표현형을 만드는 것이다.

8. 그들이 염기 치환을 일으켰기 때문에 세 물질 모두 돌연변이원이다. 탈아민화물(deaminating agent)들은 염기를 산화적으로 탈아민화시켜 시토신을 우라실로, 아데닌을 하이포크산틴으로 전환시킨다. 우라실은 아데닌과 쌍을 이루고, 하이포크산틴은 시토신과 짝을 이룬다. 알킬화물(alkylating agent)들은 뉴클레오티드의 아미노 그룹이나 케톤 그룹에 알킬기를 공여하여 염기쌍 친화도를 바꾼다. 6-에틸 구아닌(6-ethyl guanine)은 아데닌처럼 행동하여 티민과 짝을 이룬다. 5-브로모우라실과 2-아미노퓨린 같은 염기 유사물들은 티민과 아데닌 자리에 삽입되며 각각 구아닌 및 시토신과 짝을 이룬다.

10. X-선은 UV광보다 에너지가 높으며 짧은 파장을 가진다. 이것은 투과율이 높아 DNA를 더 잘 파괴한다.

12. 광재활성화(photoreactivation)는 UV-유도성 손상을 수선할 수 있다. 광재활성화 효소는 빛의 광자를 흡수하여 티민 이합체를 자른다. 절제 수리(excision repair)는 UV-유도성 이합체들을 잘라내고 틈이 생긴 부분을 채워 넣고 인산이에스테르 골격을 결합시키기 위해 DNA 중합효소 I, 그리고 DNA 리가아제 등 여러 유전자 산물들을 포함한다. 절제 수리과정은 DNA 나선을 왜곡시키는 손상에 의해 활성화될 수 있다. 재조합 수리(recombinational repair)는 복제시의 다른 수리기구를 빠져 나온 DNA에 대해 반응하는 시스템이다. 만약 틈이 새로운 가닥에 생겼다면, "구조작업" 혹은 "SOS 반응"이 틈을 메울 수 있다. 여러 가지 유전자 산물들이 이 수리과정에 참여한다: *recA*, *lexA*. SOS 수리에서는, DNA 중합효소 III에 의한 교정작업이 억제되므로, 이것은 "실수하는 경향의 시스템"이라고도 불린다.

14. 각각 세뉴클레오티드 반복서열의 증폭과 관계된다. 증폭 정도가 증가함에 따라 비정상 표현형의 발현 정도도 커진다.

16. 색소성 건피증(xeroderma pigmentosum)은 손상 DNA의 수리를 방해하는 몇 개의 희귀한 상염색체성 유전자들에 의해 생기는 일종의 피부암이다. 상보성에 대한 증거를 제시해주는 이핵세포(heterokaryon)에 대한 연구들은 적어도 7개의 유전자들이 관여할 것이라고 제시한다. 광재활성화 수리 효소가 관여하는 것으로 보인다.

18. 문제에 언급된 각 생물들은 다양한 전이인자들을 가진다. 세균은 좀 더 큰 트랜스포존뿐 아니라 삽입서열(약 800~1500 염기쌍 길이)을 가진다. 둘 다 세균, 바이러스, 그리고 플라스미드 DNA에서 이동이 가능하며, 모두 말단에 반복적인 염기서열을 가진다. 옥수수에서는 바버라 매클린톡(Barbara McClintock)이 이동성 인자들(*Ds*와 *Ac*)의 유전적 행동을 기술한 바 있다. *Ac*가 존재하면 *Ds*가 이동할 수 있다. 따라서 전이조절인자(transposable controlling elements)가 존재한다.
*Ac*인자는 4563 염기쌍 길이고 구조적으로 세균의 트랜스포존과 유사한 점이 있다. 트랜스포존들은 종종 트랜스포사아제(transposase, 전이효소)라는 효소를 암호화하는데, 이것은 이동에 필수적이다. 초파리의 코피아(*Copia*)인자는 유전체에 많은 사본으로 존재할 수 있고 말단에 정 · 역반복서열을 가진다. *P* 인자는 역시 초파리에 존재하는 것으로 잡종 퇴화(hybrid dysgenesis)라 불리는 현상을 일으킨다.
인간은 짧은 산재 요소(SINE)들인 *Alu* 패밀리를 포함한 다양한 전이인자들을 가진다. SINE들은 200~300 염기쌍 길이로 유전체당 300,000개의 사본으로 존재한다. 긴 산재 서열(LINE)들 또한 인간의 유전체에 존재하며 이동할 수 있다. 그러한 요소들은 공통적이 구조적 특징을 가지며 종종 이동할 수 있고 유전자 활동에 영향을 미친다.

20. 다른 형태의 DNA가 한다고 알려져 있는 것과 마찬가지로, DNA를 만드는데 있어서 역전사효소가 효모의 염색체 내로 통합될 수 있는 DNA 분절을 제공했을 것이다.

22. 돌연변이를 일으키는 특정 환경인자들의 감소를 통해 돌연변이율이 감소한 것일 수 있다. 한편으로는 어떤 산업적, 의학적 활동이 실제로 돌연변이원들(방사성 물질과 해로운 화학물질들)을 농축시킨다. 인간 집단이 그러한 물질들로부터 보호되지 않는 한, 돌연변이율은 증가할 것이다. 만약 개선된 생활조건과 의료적 치료 결과로 인간 집단에서 생기는 돌연변이의 축적(속도가 아니라)에 대해 묻는다면, 환경이 점차 덜 가혹해짐에 따라(발전에 힘입어), 선택압이 줄어들어 돌연변이들이 더 살아남게 될 것이다. 그러나 개인들이 더 오래 살고 아이를 늦게 가지므로, 일부 연구들은 더 나이든 남성들이 더 많은 배우자 돌연변이들을 축적하게 된다고 주장한다.

24. 디스트로핀(dystrophin) 유전자는 매우 커서 97개의 엑손으로 이루어지고 2.6 Mb 길이에 이른다. 이 유전자의 길이와 엑손/인트론의 수를 고려하면, 돌연변이가 일어날 확률이 높다.

26. 예상치 못한 돌연변이 유전자가 가계도 안으로 들어오는 방법은 여러 가지가 있다. 만약 한 유전자가 불완전 유전도를 가지면(incompletely penetrant), 그것은 집단 내에 존재하면서 특정 조건 하에서만 발현할 수 있다. 혈우병 유전자가 그런 식으로 행동할 가능성은 적다. 만약 한 유저자의 발현이 그 개체의 다른 돌연변이에 의해 억제된다면, 자손이 주어진 그 유전자는 물려받고 억제자는 물려받지 않을 가능성도 있다. 그러한 자손은 혈우병을 갖게 될 것이다. 모든 유전적 변이들이 어떤 지점에서 발생하기 때문에, 빅토리아 여왕의 가족 내 돌연변이는 아버지에서 발생한 새로운 것이었을 수 있다.
마지막으로, 엄마가 이형접합성이고 우연히도 운 좋게 가족 내 다른 개인들은 돌연변이 유전자를 아무도 받지 않았을 가능성도 있다.

28. 여러분의 연구는 다음과 같은 단기적 측면에 대한 조사들을 포함해야 한다: 피폭에 의한 방사능을 받지 않은 기준 지역 및 피폭지점의 매트릭스에 퍼진 방사능의 양에 대한 즉각적인 측정, 방사능 질병으로 측정되는 방사능 노출 및 조직시료, 유산율, 출생률, 그리고 염색체 연구를 통한 방사능 독성의 증거 등이다.

장기적 측정은 성비 불균형(남성들은 X-연관 열성 치사에 대해 여성들보다 더 영향을 많이 받는다), 염색체 연구, 출생률과 유산율, 암 발병률과 형태, 그리고 유전적 이상 등을 포함해야만 한다. 각 경우에서 자료는 대조군 지역과 비교하여 변화가 폭탄과 관련한 것인지 살펴야 한다. 그리고 인과관계를 결정하기 위해서는 정량적인 반응을 살피는 것도 도움이 된다. 따라서 방사능 양의 매트릭스에 피폭된 시기에 개인들의 지역을 비교함으로써 가장 많이 피폭된 사람들이 가장 생리적으로 유전적으로 고통을 받는지를 결정할 수 있다. 만약 양의 연관관계가 관찰된다면 통계적으로 유의한 결과가 도출될 수 있을 것이다.

30. (a) 호기성 호흡에 의해 에너지를 생산하는 생물체들에게는, 산소분자의 환원에 관계된 과정이 일어난다. 그러한 활동에 의해 일시적으로 혹은 부산물로 부분적으로 환원된 분자들이 생성된다: O_2^-, H_2O_2와 OH^- 이들은 강력한 전자 친화성 산화제들로, 미토콘드리아를 빠져나가 많은 세포내 성분들을 공격한다. 종합적으로, 이것을 활성산소들(reactive oxygen species, ROS)이라고 한다.

(b)

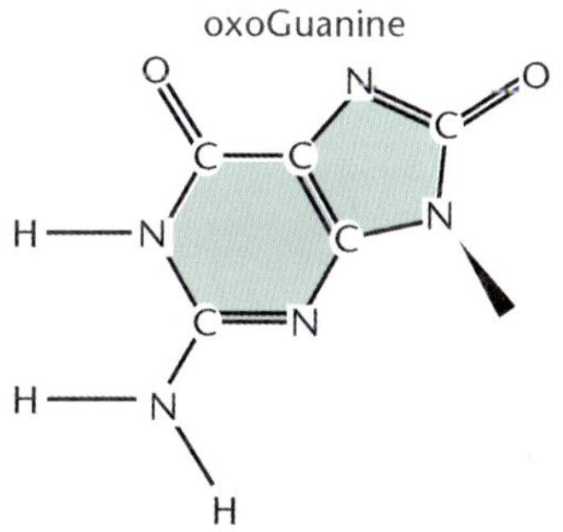

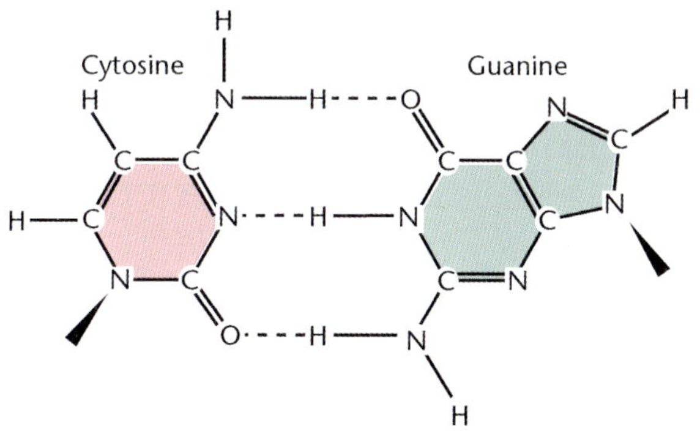

그림의 구조를 언뜻 살펴보면, oxoG:A쌍이 생긴다는 것이 그다지 뚜렷하지 않다. 그러나 수소결합은 그 자신과의 쌍을 포함하여 다른 어느 염기에도 발생할 수 있다. 호모퓨린(A:A, G:G)이나 헤테로퓨린(A:G)쌍들은 바뀌지 않은 염기와도 비정상 염기쌍이 만들어질 가능성이 있음을 보여준다. 물론 G:C쌍이 가장 안정하긴 하지만, 몇몇 잘못된 쌍들 역시 A:T쌍보다 실제로 더 강하다. 염기쌍은 퓨린들이 2개의 수소결합 면, 즉 아데닌의 고리 위치 1번, 6번, 구아닌의 1, 2, 6번을 포함하는 왓슨-크릭 면(Watson-Crick face)과, 고리 위치 6, 7번을 포함하는 훅스틴 면(Hoogsteen face)을 가진다는 사실 때문에 복잡해진다. 전형적인 쌍 양식은 *wc*로 표시(즉 왓슨-크릭 면에서 정상적인 방향으로 이루어짐, A:G로 잘못된 쌍에 대해서 조차도)한다. 쌍 형성의 변화나 훅스틴 면의 선호는 옥소구아닌(oxoGuanine)에 의해 생기는 변화에 의해 발생할 수 있다. 실제로, 삼중나선 형태는 흔히 훅스틴 면이 관여한다.

(c) 고쳐지지 않는다면(아래를 보라), 첫째 복사과정은 oxoG와 아데닌의 쌍을 포함한다(30번 문제의 (b)를 보라). 반면에, 다음 복사과정에서는 아데닌이 정상적으로 티민과 짝을 이룬다. 그러므로 G:C쌍으로 시작하면 A:T쌍으로 끝나게 된다.

(d) 인간의 암에서 G:G>T:A 전환(transversion)이 흔히 발견되며 특히 종양억제 유전자인 *p53*에서 많이 발생하는 것으로 드러났다. 따라서 세포의 방어 시스템이 광범위하게 연구되어 왔다. 한 가지 성분은 트리포스파타제(triphosphatase)로, oxo-dGTP로부터 가장 바깥의 2개 인산기를 제거함으로써 뉴클레오티드 전구체 풀을 청소한다. 다른 하나는 DNA 글리코실라제(DNA glycosylase)를 포함하는 것으로, 당과 아데닌 염기를 연결하는 글리코시드 결합을 가수분해함으로써 잘못 복제된 oxoG:A쌍의 수리를 개시하는 것이다. 또 다른 하나는 DNA 글리코실라제/리아제 시스템(DNA gycosylase/lyase system)으로, 시토신 반대편의 oxoG를 인식한다. 세 시스템 중에서 DNA 글리코실라제들이 가장 효율적일 것이다.

32. 색소성 건피증(xeroderma pigmentosum, XP)을 가진 개인은 그렇지 않은 사람보다 젊어서 피부암에 걸릴 가능성이 높다. 약 20세까지, XP 집단의 약 80%가 피부암에 걸린 반면 그렇지 않은 집단에서는 약 4%만이 병에 걸린다. XP 개인들은 DNA 수리에 관여하는 하나 이상의 유전자들이 결핍되어 있다.

CHAPTER

15 유전자 발현의 조절

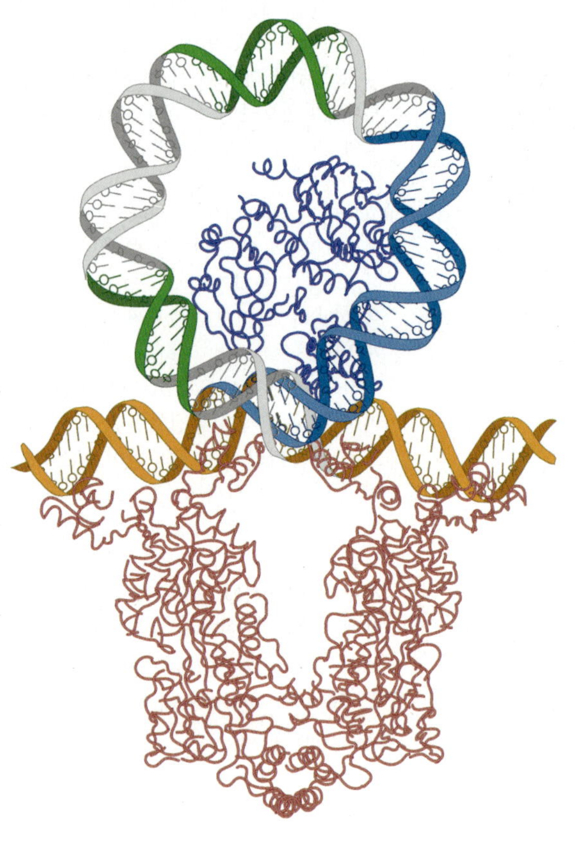

lac 억제자(붉은색)와 대사물 활성화 단백질 (DNA 루프 가운데의 어두운 파랑)이 lac 오페론의 조절 영역에 어떻게 결합하여 93 bp의 억제 고리를 만드는지를 보여주는 모형

단원 개념

- 유전정보의 발현은 전사, mRNA 안정성, 번역, 그리고 번역 후 변형 등에 대한 제어를 담당하는 복잡한 조절 기작들에 의해 조절된다.
- 원핵세포에서, 연관 단백질들을 암호화하는 유전자들은 한 곳에 뭉쳐서 구성되는 경향이 있으며, 종종 한꺼번에 조절된다. 조절서열을 포함한 그러한 한 덩어리의 유전자들을 오페론이라고 부른다.
- 오페론 내에서의 전사는 유도적이거나 억제적이며, 종종 대사기질이나 대사 경로의 최종산물에 의해 조절된다.
- 진핵성 유전자들의 조절은 원핵성 유전자들의 조절보다 훨씬 복잡하다.
- 진핵성 크로마틴이 핵 내에 조직화되는 것은 유전자 발현 조절에 중요한 역할을 한다. 크로마틴은 그 내부의 조절 DNA 서열에 접근이 가능하도록 재구성되어야 한다.
- 진핵세포에서의 전사 개시에는, 인핸서에서 전사조절자들이 조립되고, 프로모터 부위에서 기본적 전사복합체가 조립되는 것이 필요하다.
- 진핵성 유전자 발현은 전사 후에도 여러 단계에서 조절되며, mRNA의 대체 스플라이싱과 mRNA의 안정성 조절 등의 방법이 이용된다.

이전의 장들에서 우리는 어떻게 DNA가 유전자를 구성하고, 어떻게 유전자들이 유전정보를 저장하며, 어떻게 이들 정보가 전사와 번역을 통해 발현되는지를 살펴보았었다. 이제 분자 유전학의 가장 기초적인 주제에 대해 생각해 보자: 어떻게 유전적 발현이 조절되는가? 모든 유전자들이 항상 모든 조건에서 발현되는 것이 아니라는 것은 분명하다. 예를 들어, 대장균의 단백질들에 대한 자세한 분석은, 어떤 단백질들은 한 세포당 5~10개 정도의 분자만 존재하는 반면, 다른 것들, 예를 들어 리보솜 단백질이나 해당과정에 관여하는 여러 단백질의 경우에는 세포당 100,000개의 사본까지 그 수가 증가할 수 있음을 보여준다. 비록 많은 원핵성 유전자 산물들이 기본적 수준(몇 개 사본 정도)으로 지속적으로 존재하지만, 이들의 수준은 필요시 극적으로 증가할 수 있다. 다세포성 진핵생물들에서, 차별적 유전자 발현은 배발생과 성체의 유지에 있어 필수적이며 핵심적인 것이다. 예를 들어, 이자의 세포들은 망막색소를 합성하지 않으며, 망막세포들 또한 인슐린을 합성하지 않는다. 유전자 발현의 활성화와 억제는 생물에게는 미묘하게 균형을 맞추는 작업이다; 잘못된 시기나 잘못된 세포 형태에서, 혹은 비정상적 양으로 어떤 유전자가 발현되는 것은 해로운 표현형이나 암, 혹은 세포 사멸 등을 일으킬 수 있다−비록 그 유전자 자체로는 정상일 때도 말이다. 분명히, 유전정보의 발현을 조절하기 위한 기초적인 조절 기작들이 존재해야만 한다.

이 장에서는, 원핵생물과 진핵생물에서의 유전자 발현 조절에 대해 살펴볼 것이다. 전사 조절에 영향을 미치는 시스-작용 DNA 요소들과 트랜스-작용 인자들을 포함하여 유전자 발현의 일반적 특징 몇 가지를 살펴보고, 어떻게 이런 요인들이 상호작용하는지도 알아보도록 하자. 또한 진핵세포에서 유전자 발현을 조절하는 전사 후 조절 기작들의 역할에 대해서도 고려하도록 한다.

학습 방법

이 장에서는 원핵세포와 진핵세포에서 어떻게 DNA에 저장된 유전정보의 발현이 조절되는지에 초점을 맞출 것이다. 여기서는 전사가 활성화되거나 억제되는 여러 과정을 자세히 살펴보기로 하자. 그리고 진핵세포에서의 전사 후 조절 기작 몇 가지에 대해서도 알아보자. 여러분이 이러한 주제를 공부할 때에는 다음과 같은 기본적인 질문에 답할 수 있도록 노력해야 한다.

1. 원핵세포와 진핵세포에서, 프로모터 영역이 전사 개시를 조절한다는 것을 어떻게 알 수 있는가?
2. 원핵세포와 진핵세포의 전사 조절 단백질들이, 프로모터 내의 DNA와 유전자의 전사를 조절하는 인핸서에 결합한다는 것을 어떻게 알 수 있는가?
3. 세균이 그들의 환경 변화에 반응하여 특정 유전자의 발현을 조절한다는 것을 어떻게 알 수 있는가?
4. 세균 유전자들이 종종 함께 조절되는 유전자 묶음으로 배열된다는 것은 어떻게 알 수 있는가?
5. 대장균의 *lac* 오페론을 조절하는 *lac* 억제자와 유도자 사이에서 일어나는 물리적 상호작용은 어떻게 알 수 있는가?
6. 진핵성 유전자들에 프로모터와 인핸서가 존재한다는 것을 어떻게 알 수 있는가?

15.1 원핵생물은 환경 조건에 반응하여 유전자 발현을 조절한다

유전자 발현의 조절은 원핵생물에서 널리 연구되었는데, 특히 *Escherichia coli*에서의 조절이 잘 알려져 있다. 매우 효과적인 기구가 진화되어 특정 환경에서 세포의 대사적 요구에 부응하여 유전자를 켜고 끌 수 있음이 밝혀졌다. 세균들은 환경의 변화에 반응할 뿐만 아니라, 다양한 정상적 세포활성(DNA의 복제, 재조합, 수리 등을 포함하는)과 세포분열에 필요한 산물들을 합성하기 위해 유전자 전사를 조절한다. 이 장에서는 전사의 수준에서 원핵세포의 유전자 조절이 어떻게 일어나는지에 초점을 맞출 것이다. 전사는 원핵세포에서 대부분의 조절을 담당한다. 그러나 세균에서도 전사 후 조절이 일어난다는 것을 기억하라. 전사 후 유전자 조절에 관해서는 진핵성 유전자의 조절을 다루는 부분 이후에 다루기로 한다.

미생물이 유전자 산물의 합성을 조절할 것이라는 생각은 새로운 것이 아니다. 이미 1900년에 젖당(갈락토오스와 포도당이 포함된 이당류)이 효모의 성장 배지에 존재할 때, 이 생물이 젖당 대사에 필요한 효소를 합성한다는 것이 밝혀졌다. 젖당이 없으면, 효소는 만들어지지 않는다. 이후에 곧, 연구자들은 세균도 특정 화학적 기질이 존재할 때만 특정 효소를 생산함으로써 환경에 적응한다는 일반화를 할 수 있게 되었다. 그러한 효소들은 **유도적**(inducible)이라고 하며, 기질에 반응하는 역할을 표현한 것이다. 이때 기질은 효소생산의 **유도자**(inducer)로 작용한다. 반대로, 환경의 화학적 조성에 관계없이 계속적으로 생산되는 효소들을 **지속적**(혹은 **구성적**, constitutive)이라고 표현한다.

보다 최근의 연구들은 또한 특정 분자들의 존재가 유전적 발현을 억제할 수도 있다는 대조적 시스템의 존재를 보여주었다. 이는 종종 생합성 경로의 마지막 산물인 분자들의 경우에 해당된다. 예를 들어, 아미노산인 트립토판은 세균세포에서 합성될 수 있다. 환경이나 배지에 존재하는 트립토판이 충분하면, 트립토판 생산에 필요한 효소들은 에너지학적으로 비효율적인 것이 된다. 트립토판이 해당 생합성효소들을 암호화하는 유전자들의 전사를 억제하는 역할을 하도록 하는 기작이 진화했다. 젖당 대사를 조절하는 유도적 체계와는 대조적으로, 트립토판이 통제하는 이 시스템은 **억제적**(repressible)이라고 한다.

그것이 유도적인 것이든 억제적인 것이든 간에, 조절과정은 **음성적**(negative) 혹은 **양성적 조절**(positive control) 하에 있게 된다. 음성적 조절 하에서는, 몇몇 형태의 조절 분자에 의해 그것이 닫혀 있지 않으면 유전적 발현이 일어난다. 반대로, 양성적 조절 하에서는 조절 분자가 RNA 생산을 직접적으로 촉진할 때에만 전사가 일어난다. 이론적으로는, 어느 한 가지 조절 시스템이 사용되거나 혹은 둘의 조합에 의해 억제적 혹은 유도적 체계가 통제된다.

15.2 *E. coli*에서의 젖당 대사는 유도적 체제에 의해 조절된다

1946년 초의 자크 모노(Jacques Monod), 그리고 다음 10여 년에 걸쳐 조슈아 레더버그(Joshua Lederberg), 프랑소와 제이콥(François Jacob), 그리고 앙드레 르워프(Andre L' woff) 등은 젖당 대사에 관련된 상당한 유전적, 생화학적 증거들을 수집하였다. 유전자 활성이 어떻게 젖당이 없을 때는 억제되다가 그것이 필요할 때는 발현이 유도되는지에 대한 많은 통찰이 제공되었다. 젖당이 존재할 때는 해당 대사에 관련된 효소들의 농도가 세포당 수 분자에서 수천 분자까지 빠르게 증가한다. 젖당 대사에 관련한 효소들은 그러므로 **유도적이고(inducible)**, 젖당은 **유도자(inducer)**로 작용한다.

원핵생물에서는 연관된 기능을 가지는 효소를 암호화하는 유전자들(예를 들어, 젖당 대사에 관여하는 유전자들)은 뭉쳐서 구성되려는 경향이 있고, 그들은 종종 하나의 조절단위에 의한 통합된 유전적 조절 하에 있는 경우가 많다. 이러한 조절단위들이 있는 자리는 거의 대부분 그것을 조절하는 유전자군의 상류에 연관되어 있으며, 우리는 이것을 **시스-작용 부위**(*cis*-acting site)라고 한다. 시스-작용 조절 부위는, 그 유전자군의 전사를 조절하는 분자들과 결합한다. 그러한 분자들을 **트랜스-작용 분자**(*trans*-acting molecule)라고 부른다. 시스-작용 조절 부위에서의 작용은 그 유전자가 RNA로 전사될지를 결정하며, 따라서 그 mRNA로부터 해당 효소나 다른 단백질 산물들이 합성될지를 결정한다. 시스-작용 요소에 트랜스-작용 인자들이 부착하는 것은 그 유전자 군을 음성적으로(유전자의 작동을 꺼줌으로써) 조절하거나 혹은 양성적으로(유전자군 내의 유전자들을 켜 줌으로써) 조절하게 된다. 이 절에서는 어떻게 그러한 세균 유전자들이 협동적으로 조절되는지를 논의할 것이다.

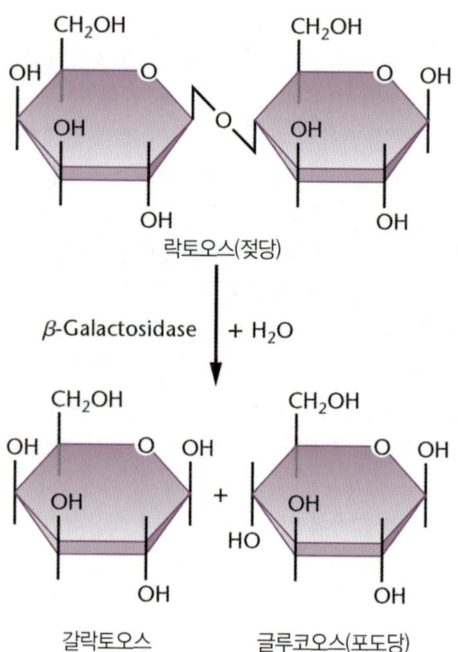

그림 15-2 이당류인 락토오스가 그 단위체들인 단당류 갈락토오스와 글루코오스로 전환되는 과정.

구조 유전자

그림 15-1에서 나타낸 것처럼 세 유전자와 그에 인접한 조절 부위가 **젖당 오페론**(lactose operon) 혹은 ***lac* 오페론**(*lac* operon)을 구성한다. 유전자군 전체가 모두 함께 통합된 형태로 젖당의 존재 유무에 대한 빠른 반응을 만들어 낸다.

효소들의 1차 구조를 암호화하는 유전자를 **구조 유전자**(structural gene)라고 한다. *lac* 오페론 내에는 3개의 구조 유전자들이 있다. *lacZ* 유전자는 **베타-갈락토시다제**(β-galactosidase)를 암호화하는데, 이는 이당류인 젖당을 단당류인 포도당과 갈락토오스로 전환시킨다(그림 15-2). 이 전환은 만약 젖당이 해당과정의 주요 에너지원으로 작용한다면 매우 필수적인 것이 된다. 두 번째 유전자인 *lacY*는 **퍼미아제**(permease)를 지정하며, 이 효소는 세균세포 안으로 젖당이 들어오는 것을 촉진시킨다. 세 번째 유전자인 *lacA*는 효소인 **트랜스아세틸라제**(transacetylase)를 암호화한다. 생리적인 역할이 완전히 밝혀진 것은 아니지만, 젖당에 의해 생긴 유해물을 세포로부터 제거하는 데 기여할 것으로 생각된다.

이들 세 효소를 암호화하는 세 유전자에 대해 알아보기 위해, 연구자들은 한두 개 효소의 기능이 사라진 많은 돌연변이들을 분리하였다. 조슈아 레더버그에 의해 lac^- 같은 돌연변이들이 가장 먼저 분리되어 연구되었다. 활성적인 β-갈락토시다제를 생산해 내지 못하는 돌연변이나($lacZ^-$) 퍼미아제를 생산하지 못하는 돌연변이($lacY^-$)들은 젖당을 에너지원으로 사용하지 못한다. 레더버그에 의한 지도작성 결과 세 개의 유전자가 세균 염색체상에 아주 가깝게 연관되어 붙어 있으며 순서는 *Z-Y-A*임이 밝혀졌다(그림 15-1을 보라). 세 유전자는 모두 하나의 단위체로 전사되어 폴

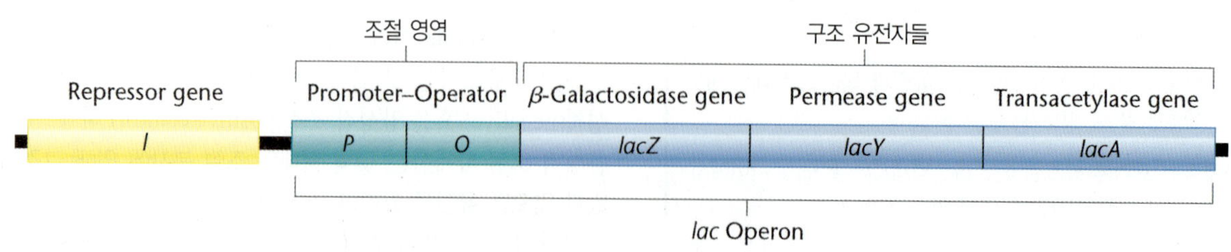

그림 15-1 락토오스 대사 조절에 관여되는 유전자들과 조절단위의 개요(DNA 부분이 크기대로 그려진 것은 아니다).

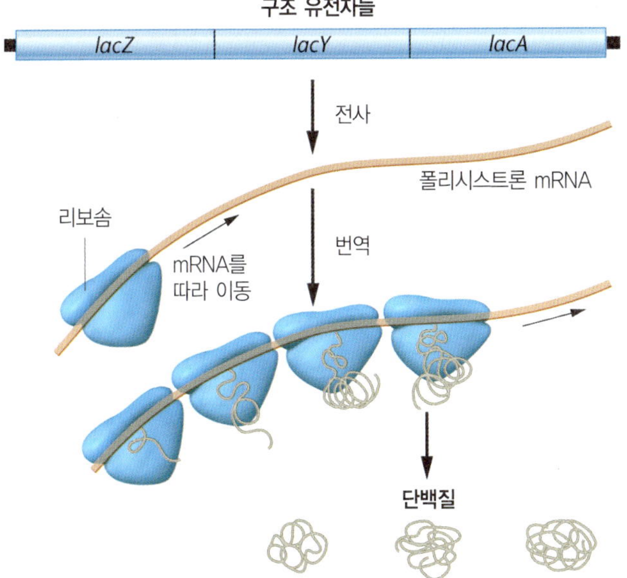

그림 15-3 *lac* 오페론의 구조 유전자들이 하나의 폴리시스트론 mRNA로 전사되어, 여러 리보솜에 의해 오페론이 암호화하는 3개의 효소로 동시에 번역된다.

리시스트론 mRNA(polycistronic mRNA)를 만든다(그림 15-3). 하나의 메시지가 세 유전자 산물의 번역에 사용되므로 이들 세 유전자의 조절은 한꺼번에 일어난다.

조절 돌연변이의 발견

어떻게 젖당이 구조 유전자들을 활성화시키고 연관된 효소들의 합성을 유도할까? 부분적인 해답이 **무상 유도자**(gratuitous inducer)의 발견과 연구로부터 얻어졌다. 이들은 황 유도체인 **이소프로필티오갈락토시드**(isopropylthiogalactoside, IPTG) 같은 젖당의 화학적 유사체들로 그림 15-4에 나와 있다. 무상 유도자들은 자연적인 유도자들처럼 행동하지만, 합성된 효소들의 기질로 작용하지는 못한다.

그렇다면 유도에 있어서 젖당의 역할은 무엇인가? 이 질문에 대한 해답은 **구성적 돌연변이**(constitutive mutant)라고 불리는 또 다른 종류의 돌연변이에 대한 연구들을 필요로 했다. 이런 형태의 돌연변이들에서는 효소들이 젖당의 유무와 관계없이 생산된다. 구성적 돌연변이인 $lacI^-$의 유전자 지도는 그것이 구조 유전자들에 가깝지만 *lacZ*, *lacY*, *lacA*와는 좀 떨어진 독립적인 DNA 부위에 존재한다는 것을 보여주었다. 이 돌연변이는 *lacI* 유전자를 지정하였으며, 이는 **억제 유전자**(repressor gene)로 불린다. 동일한 효과를 나타내는 두 번째 구성적 돌연변이가 구조 유전자들 바로 근처 부위에서 발견되었다. 이러한 돌연변이 집단은 $lacO^C$로 표시되며, 오페론의 **작동 부위**(operator region)로 지정되었다. 두 가지 구성적 돌연변이들에서는 효소가 계속 생산되며 유도성은 사라지고 유전자 조절이 없어진다.

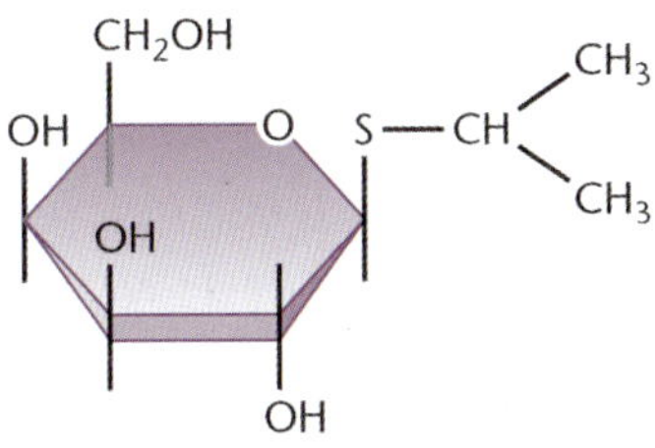

그림 15-4 무상 유도자(gratuitous inducer)인 이소프로필티오갈락토시드(isopropylthiogalactoside, IPTG).

오페론 모델: 음성 조절

1960년 즈음에 제이콥과 모노는 음성적 조절(negative control)을 포함하는 기제인 **오페론 모델**(operon model)을 제시하였는데, 이에 따르면 일단의 유전자들이 하나의 단위로 조절되고 발현된다는 것이다. 그림 15-1에서 본 것처럼, 그들은 *lac* 오페론이 *Z*, *Y*, *A*의 세 구조 유전자와 인접한 **작동 부위**라고 일컬어지는 DNA 서열로 구성되어 있다고 제안했다. 그들은 *lacI* 유전자가 **억제 분자**(repressor molecule)에 의해, 이들 구조 유전자의 전사를 조절하며, 억제자는 **다른자리입체성**(allosteric, 알로스테릭)이라고 주장했다. 알로스테릭하다는 말은 어떤 분자가 3차원적인 모양새의 변화와, 그 화학적 활성에 있어서의 변화 모두를 일으킬 수 있어서 가역적으로 다른 분자들과 상호작용할 수 있다는 뜻이다. 그림 15-5는 젖당이 있을 때와 없을 때의 *lac* 억제자의 활성과 *lac* 오페론의 구성성분들을 표현한 것이다.

제이콥과 모노는 억제자가 정상적으로는 작동 부위의 DNA서열과 상호작용한다고 제안했다. 그러한 일이 일어나면, RNA 중합효소의 활동이 억제되고, 구조 유전자들의 전사가 효과적으로 저해된다[그림 15-5(b)]. 그러나 젖당이 있을 때에는 젖당이 억제자에 붙어 다른자리입체성 모양 변화를 유발한다. 이러한 변화는 억제자의 결합 부위를 변화시키고 그것이 작동인자인 DNA와 상호작용을 방해한다[그림 15-5(c)]. 억제자-작동자의 상호작용이 없으면, RNA 중합효소는 구조 유전자들의 전사를 일으키고 젖당 대사에 필요한 효소들이 생산된다. 여기서의 전사는 억제자가 작동 부위에 **붙지 못했을 때에만** 일어나므로 **음성적 조절**이 행해지고 있는 것이다.

이러한 오페론 모델은 구조 유전자들의 효과적인 조절을 설명하기 위해 단백질, 유도자, 그리고 DNA 사이의 분자적 상호작용을 이용한다. 젖당이 없을 때에는 이들 유전자에 의해 암호화되는 효소들이 필요치 않으며 따라서 억제된다. 젖당이 존재하면 이들은 억제자와 결합함으로써 간접적으로 유전자들의 활성화를 유도한다*. 만약 모든 젖당들이 대사되어 억제자와 결합할 분자들이 없어지고 억제자들이 자유로워지면, 억제자들은 작동자 DNA에 결합하여 전사를 억제한다.

I^-와 O^C 두 구성적 돌연변이 모두 이들 분자적 상호작용을 방

* 실질적으로는 젖당(lactose)의 이형체인 알로락토오스(allolactose)가 유도자이다. 젖당이 세균세포 안으로 들어오면, 알로락토오스는 β-갈락토시다제에 의해 젖당의 대사과정 첫 단계에서 생산된다.

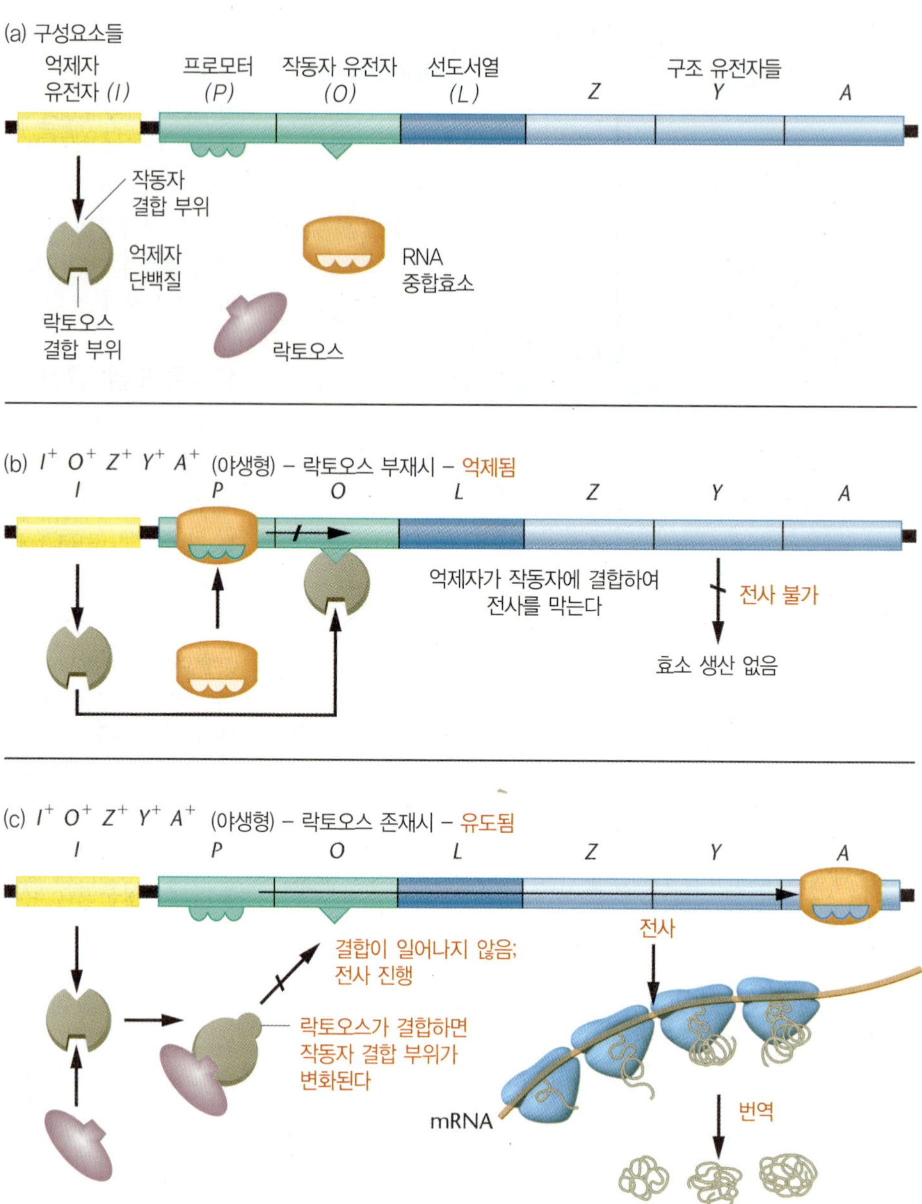

그림 15-5 야생형 *lac* 오페론의 구성 성분들과 락토오스 존재시와 부재시에 일어나는 반응.

해하여 구조 유전자들의 지속적인 전사를 일으킨다. I^- 돌연변이의 경우에는 그림 15-6(a)에서 보이는 것처럼, 억제자 단백질이 변화되어 작동자 부위에 결합하지 못하고 구조 유전자들은 언제나 켜져 있는 상태가 된다. O^C 돌연변이의 경우에는[그림 15-6(b)] 작동자의 뉴클레오티드 서열이 변화하여 정상적인 억제 분자가 결합하지 못하는 것이다. 결과는 동일하다: 구조 유전자들이 항상 전사된다.

오페론 모델의 유전적 증거

오페론 모델은 그것의 유효성을 검증할 수 있도록 하는 세 가지 주요 예상을 가능하게 한다. 검증될 세 가지 예상은 (1) *I* 유전자가 확산 가능한 세포내 산물들을 생산한다, (2) *O* 부위는 조절에 관여하지만 유전자 산물을 만들지는 않으며, (3) *O* 부위는 전사를 조절하기 위해서 구조 유전자들에 연접해 있다.

부분적으로 이배체인 세균들을 만들어 이러한 가정들을 검증할 수 있는데, 특히 이들은 트랜스-작용 조절인자들에 대한 예상을 검토할 수 있도록 한다. 예를 들어, 8장에서 소개되었던 F 플라스미드는 세균의 염색체 일부를 포함할 수 있는데, 이러한 경우에 F′로 표시한다. F^- 세포들이 그러한 플라스미드를 얻었을 때는 이제 그들 자신의 염색체에 더하여 플라스미드상에 존재하는 하나나 그 이상의 유전자들을 더 가지게 되므로 숙주세포는 그 해당 유전자들에 대해서 이배체 상태가 된 **부분 접합자(부분 이배체, merozygote)**가 된다. 그러한 플라스미드의 사용은, 예를 들어, I^+ 유전자를 그 유전자형이 I^-인 세포로 도입할 수 있도록 하기도 하고, O^+ 유전자를 O^C 세포로 도입할 수 있도록 한다. 제이콥과 모노의 오페론 모델은 어떻게 그러한 세포에서의 조절이 영향을 받는지를 예상할 수 있게 한다. I^- 세포에 I^+ 유전자를 첨가하는 것은 트랜스-작용 요소인 정상적인 억제자들을 다시 생산할 수 있게 하므로 세포의 유도성을 회복시킨다. O^C 세포에 O^+ 유전자를 첨가하는 것은 오페론의 조절이 구조 유전자들 바로 옆의 O^+ 유전자에 의존하기 때문에, 지속적인 효소 생산에 아무런 영향을 미치지 못한다: 즉, O^+는 시스-작용 조절자다.

(a) $I^- \ O^+ \ Z^+ \ Y^+ \ A^+$ (돌연변이 억제자 유전자) – 락토오스 없음 – 지속적 합성

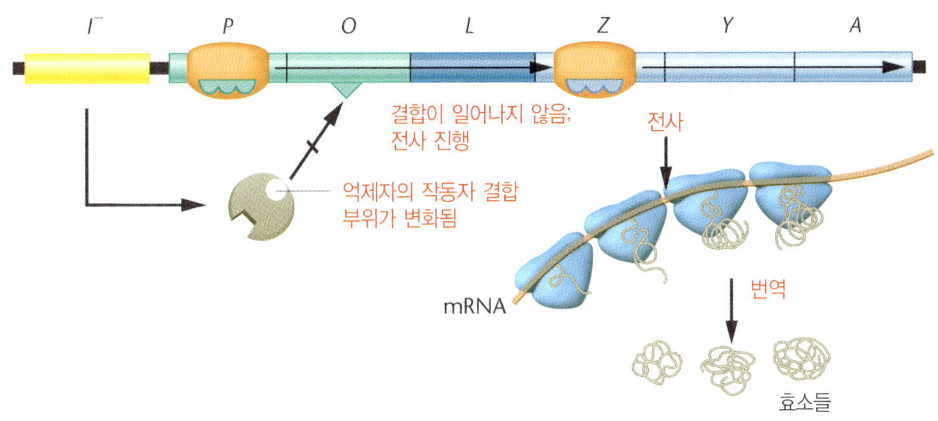

(b) $I^+ \ O^c \ Z^+ \ Y^+ \ A^+$ (돌연변이 작동자 유전자) – 락토오스 없음 – 지속적 합성

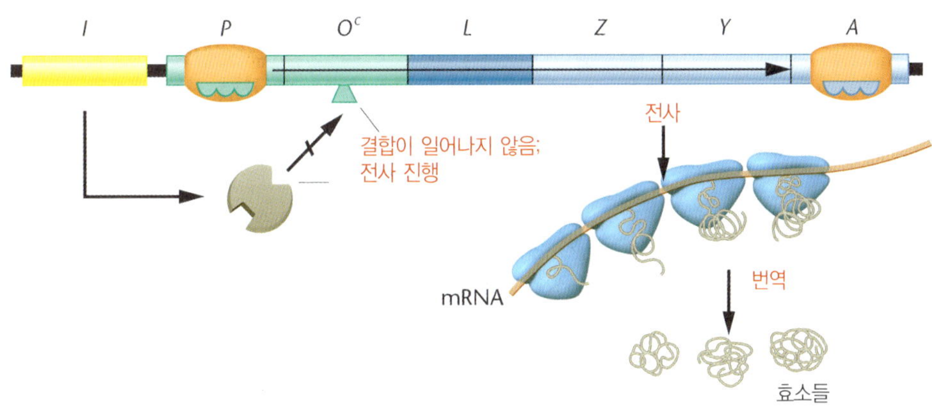

그림 15-6 락토오스 부재시 I^- 돌연변이(a)나 O^c 돌연변이(b)를 가진 세포들의 반응.

이러한 실험들의 결과가 표 15.1에 나와 있다. 여기서는 *Z*가 구조 유전자들을 대표한다. 삽입된 유전자들은 F′ 표기 이후에 표기되었다. 위에 설명된 두 경우에서 제이콥과 모노의 모델은 잘 지지된다(표 15.1의 B부분). C부분은 반대의 실험으로서, I^- 유전자나 O^C 부위가 정상적으로 유도 가능한 유전자형의 세포에 도입되었다. 모델이 예상한 것처럼, 유도성은 이들 부분 이배체들에서 계속 유지되었다.

오페론 모델의 또 다른 예상은 *I* 유전자에서의 어떤 돌연변이는 I^-의 반대효과를 가질 수도 있다는 것이다. 즉, 작동자와의 상호작용 실패에 의해 구성적 돌연변이로 변하는 대신, 유도자인 젖당과 상호작용을 못하는 돌연변이 억제 분자들이 생산될 수도 있다는 것이다. 결과적으로 그러한 억제자들은 항상 작동자 부위에 결합한 상태로 존재하며, 구조 유전자들은 영원히 억제된다(그림 15-7). 만약 이런 일이 있게 되면, 부가적인 I^+ 유전자들이 첨가되어도 억제 효과에 거의 영향을 미치지 않는다.

이 문제를 풀어보자

389페이지의 6번 문제는 다양한 유전자형과 세포 조건에서 유전자 발현의 결과를 예측하라는 것이다.

힌트: 암호화 유전자가 야생형인지 돌연변이형인지에 기초하여 일단 억제자가 활성인지 불활성인지를 결정하라. 그 다음, 젖당의 유무 효과를 판단하라.

사실상, 그러한 돌연변이는 I^S로 표현되며, 표 15.1의 D부분에서 보인 것처럼, 오페론이 "과하게 억제된(superrepressed)" 것으

표 15.1 다양한 *E. coli* 유전자형에서 락토오스 존재 혹은 부재 시의 유전자 활성(+나 –) 비교

		Presence of β–Galactosidase Activity	
	Genotype	Lactose Present	Lactose Absent
	$I^+O^+Z^+$	+	–
A.	$I^+O^+Z^-$	–	–
	$I^-O^+Z^+$	+	+
	$I^+O^CZ^+$	+	+
B.	$I^-O^+Z^+/F'\ I^+$	+	–
	$I^+O^CZ^+/F'\ O^+$	+	+
C.	$I^+O^+Z^+/F'\ I^-$	+	–
	$I^+O^+Z^+/F'\ O^C$	+	–
D.	$I^SO^+Z^+$	–	–
	$I^SO^+Z^+/F'\ I^+$	–	–

참고: B에서 D까지는 대부분의 유전자형들이 부분이배체인데 F요소에 부착된 유전자들을 포함한다(F′).

$I^S\ O^+\ Z^+\ Y^+\ A^+$ (돌연변이 억제자 유전자) – 락토오스 있음 – 억제됨

I^S P O L Z Y A

억제자가 항상 작동자에 결합하고 있으므로 전사가 억제된다.

락토오스 결합 부위가 바뀜; 락토오스와 결합하지 못함

그림 15-7 I^S 돌연변이를 가진 세포에서 락토오스 존재시 *lac* 오페론의 반응.

로 발견되었다. 하나의 부가적인 I^+ 유전자는 유전자 발현의 억제를 풀어주는 데 별 효과가 없다. 이러한 관찰은 억제자가 DNA 결합 영역과 유도자 결합 영역을 모두 가지고 있다는 생각과 일치한다. 유도자 결합 영역에 젖당이 결합하는 것은 이 단백질의 DNA 결합 부위에 다른자리입체성 변화가 생기도록 한다.

억제자의 분리

제이콥과 모노의 오페론 이론이 원핵세포에서의 유전적 조절에 대한 많은 측면을 설명하는 데 성공하긴 했지만, 1961년에 그들의 탁월한 논문이 발표되었을 때에는 억제 분자의 성질이 알려지지 않았었다. 그들은 다른자리입체성 억제자가 단백질일 것으로 예상한 한편, RNA 역시 후보자로 생각했었는데 그 이유는 이 분자의 활성이 DNA에 결합하는 성질을 요구하기 때문이었다. 이 가상적인 억제 분자를 분리하고 연구하기 위한 여러 시도에도 불구하고 당장은 어떤 직접적인 화학적 증거도 얻어지지 않았다. 하나의 대장균 세포는 *lac* 억제자를 10개 정도만을 포함할 뿐이어서, 한 세포 내에서 수백만 개의 단백질 중 10개의 단백질 분자나 RNA를 직접 화학적으로 규명한다는 것은 너무나 큰 도전이었다. 그럼에도 불구하고, 1966년에 월터 길버트(Walter Gilbert)와 베노 뮐러-힐(Benno Müller-Hill)이 *lac* 억제자를 분리했음을 보고했다. 일단 억제자가 정제되자, 그것은 단백질로서의 여러 가지 성질을 가지고 있음을 보였다. 따라서 억제자의 분리는 오페론 모델을 확인시켜 주었고, 확고한 유전적 근거들을 제시했다.

15.3 이화물 활성화 단백질(CAP)은 *lac* 오페론에 양성 조절 효과를 발휘한다

lac 오페론에 대한 앞의 논의에서와 같이, β-갈락토시다제의 역할은 젖당을 절단하여 그 구성물인 포도당과 갈락토오스로 만드는 것이다. 그리고 세포에 의해 갈락토오스가 사용되기 위해서는 포도당으로 전환되어야 한다. 만약 세포가 젖당과 포도당이 모두 풍부한 환경에 있음을 발견했다면 어떨까? 대장균이 탄소원으로 포도당을 더 선호한다는 것을 감안하면, 세포가 *lac* 오페론의 전사를 유도하고, β-갈락토시다제를 만들고, 젖당을 대사하여, 이제 정말로 필요한 포도당–이미 세포에 존재하는–을 만든다는 것은 에너지적으로 효율적인 것이 못된다. 우리가 이제 살펴볼 것처럼, 포

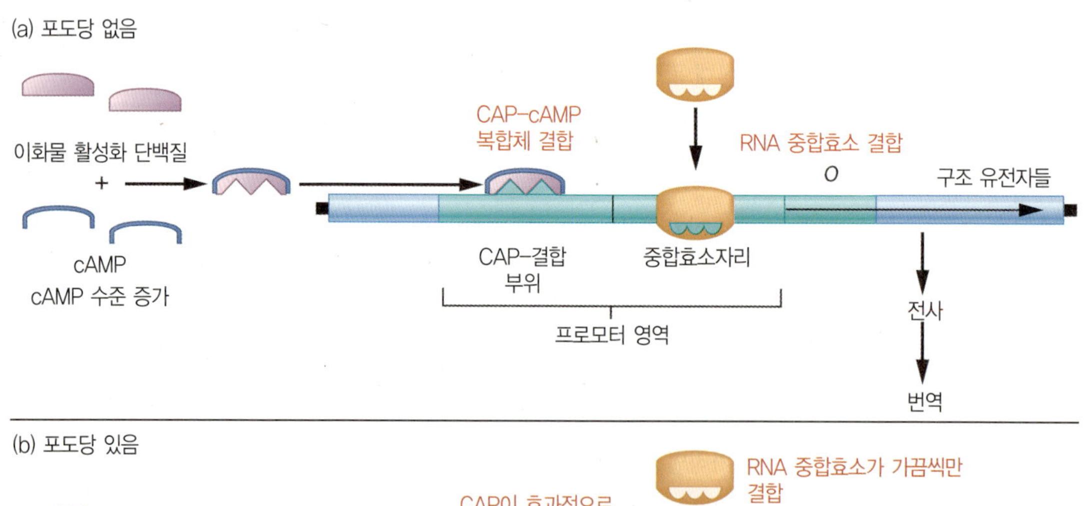

그림 15-8 이화물 억제(catabolite repression). (a) 포도당 부재시 cAMP 수준이 증가하면 CAP–cAMP 복합체가 형성된다. 이들이 프로모터의 CAP 부위에 결합하여 전사를 촉진시킨다. (b) 포도당 존재시 cAMP 수준이 감소하면 CAP–cAMP 복합체가 형성되지 않고 전사는 촉진되지 않는다.

ATP

아데닐 고리화 효소

고리형 AMP(cAMP)

그림 15-9 ATP로부터의 cAMP 형성. 아데닐 고리화효소(adenyl cyclase)에 의해 촉매된다.

도당이 존재할 때는 **이화물 활성화 단백질**(catabolite activating protein, CAP)이라고 불리는 또 다른 분자요소가 *lac* 오페론의 효과적인 발현 억제에 관여하고 있다. 이러한 억제를 **이화물 억제**(catabolite repression)라고 한다.

CAP과, 조절에 있어서의 이들의 역할을 이해하기 위해, 잠깐 뒤로 돌아가 보자. *lac* 억제자가 유도자와 결합하고 있으면, *lac* 오페론은 활성화되며, RNA 중합효소는 구조 유전자들을 전사한다. 이미 배운 바와 같이, 전사란 RNA 중합효소와 첫 암호서열로부터 5′ 상류에서 발견되는 프로모터 부위의 뉴클레오티드 서열 사이에서 일어나는 결합의 결과로 시작된다. *lac* 오페론 내에서 프로모터는 *I* 유전자와 *O* 사이에서 발견된다(그림 15-1을 보라). 자세히 살펴보면, CAP이 존재하여 함께 이 과정을 촉진시키지 않는 한 중합효소의 결합이 매우 비효율적이라는 것을 알게 된다.

이 기작이 그림 15-8에 요약되어 있다. 포도당이 없고 유도적인 상황에서, CAP은 RNA 중합효소가 프로모터에 붙는 것을 촉진하며, 따라서 전사가 양성적으로 촉진(positive control)된다. 그러므로 최대의 전사는 억제자가 젖당과 결합해야 하고(그래서 오페론 억제가 일어나지 않도록), CAP이 CAP 결합 부위에 결합되어야만 일어날 수 있다.

이것은 CAP에 대한 중요한 질문을 야기한다. 포도당이 존재할 때 그것은 CAP 결합의 방해에 어떤 작용을 하는 것인가? 해답을 위해서는 또 하나의 분자가 필요한데, 바로 **고리화아데노신 일인산**(cyclic adenosine monophosphate, cAMP)으로, CAP 결합은 이에 의존적이다. 프로모터에 결합하기 위해서는 CAP은 반드시 cAMP와 연계되어야 한다. cAMP의 농도 자체가 아데닐 고리화 효소(adenyl cyclase)라는 효소에 의존적인데, 이것은 ATP를 cAMP로 전환시키는 과정을 촉매한다(그림 15-9).

이화물 억제에서 포도당의 역할은 아데닐 고리화 효소의 활성을 억제하여, 세포 내에서 cAMP의 수준을 낮추는 것이다. 이러한 조건 하에서는 CAP이 *lac* 오페론 전사의 양성 조절에 필수적인 CAP-cAMP 복합체를 형성하지 못한다.

X-선 결정학을 이용하여 CAP과 CAP-cAMP에 대한 조사가 이루어져 중요한 정보들이 얻어졌다. CAP은 이합체로 프로모터를 구성하는 특정 뉴클레오티드 서열에 결합한다. CAP-cAMP 복합체가 DNA에 결합하면, DNA가 굽어지고 새로운 형태를 만드는 것으로 생각된다.

용액 속에서 발생하는 결합에 대한 연구는 유전자 활성화 기구를 좀 더 명확히 해주었다. CAP-cAMP나 RNA 중합효소는 단독으로는 *lac* 프로모터 DNA에 강하게 결합하지 못한다. 이들 두 분자가 서로 강하게 결합하지도 않는다. 그러나 이들 두 분자는 *lac* 프로모터 DNA의 존재 하에서는 강하게 결합된 복합체를 형성한다. 이것은 생화학적인 용어로 표현하자면 **협동적 결합**(cooperative binding)의 한 예다. CAP-cAMP와 *lac* 오페론의 경우에서는, 이러한 현상은 하나의 작은 유전자군의 유전적 조절에 관여하는 높은 수준의 특이성을 잘 설명해 준다.

이화물 억제에 의한 *lac* 오페론의 조절은 세포에서 젖당이 사용 가능하다고 할지라도 포도당의 존재가 젖당 대사의 필요를 능가하기 때문에 효과적인 에너지 사용을 가능하게 한다. *lac* 억제자에 의한 음성 조절과는 대조적으로, cAMP-CAP는 양성 조절을 구성한다. 따라서 음성 조절과 양성 조절의 조합이 *lac* 오페론의 전사 수준을 결정한다. CAP을 포함하는 이화물 억제는 갈락토오스나 아라비노오스 등의 대사를 조절하는 다른 유도적 오페론에서도 관찰된다.

이 문제를 풀어보자

390페이지의 10번 문제는 젖당과 포도당의 있고 없음에 대한 다양한 조합을 고려하여 *lac* 오페론의 유전자 활성 수준을 측정하라는 것이다.

힌트: 젖당에 관한 조절은 음성 조절 시스템이고, 포도당 관련 조절은 양성 조절 시스템임을 기억하라.

15.4 *E. coli*에서의 트립토판(*trp*) 오페론은 억제적 유전자 체계다

유도과정이 어느 정도 알려지긴 했지만, 1953년 모노와 그 동료들이 억제적 오페론을 발견하기까지는 잘 이해되지 못했다. 필수

그림 15-10 (a) 트립토판 오페론의 조절에 관여하는 구성성분들. (b) 조절 조건들은 구조 유전자들의 활성화나, (c) 억제에 관여한다. 트립토판 부재시에는 불활성 억제자가 만들어져 작동자(operator, O)에 결합할 수 없고, 따라서 전사가 진행된다. 트립토판이 존재할 때는 트립토판이 억제자에 결합하여 알로스테릭 변환을 일으킨다. 이 복합체가 작동자 부위에 결합하여 오페론의 억제를 일으킨다.

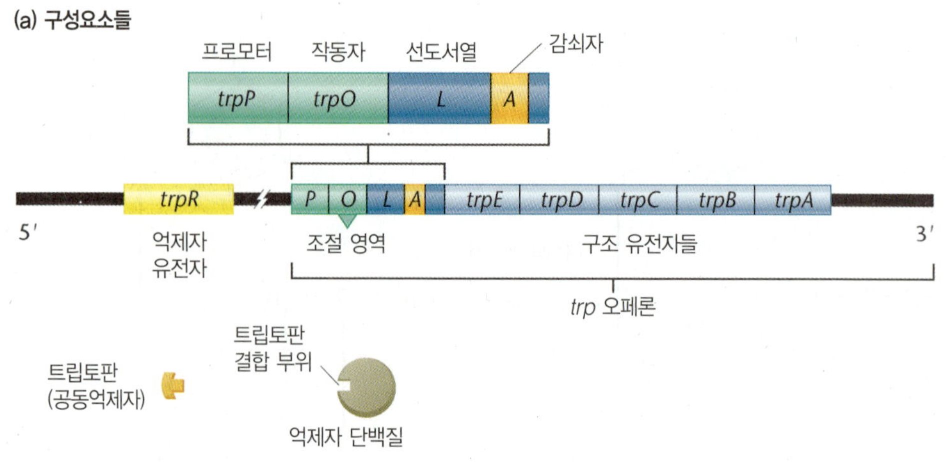

(b) 트립토판 없음

R P O L A E D C B A

억제자 혼자서는 작동자에 붙지 못한다

전사 진행

폴리시스트론 mRNA

(c) 트립토판 있음

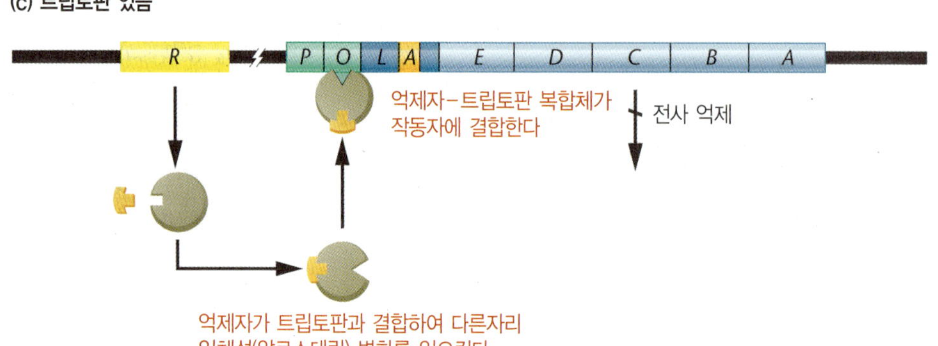

아미노산인 트립토판 합성에 대한 연구에서 모노는 트립토판이 성장배지에 충분하게 있을 경우에는 이를 합성하는 데 필요한 효소-**트립토판 합성효소**(tryptophan synthase)와 같은-가 생산되지 않는다는 것을 발견하였다. 에너지 면에서 볼 때, 이들 효소를 생산하는 데 관여하는 유전자들의 억제는 충분한 트립토판이 존재하는 경우에는 세포에는 매우 경제적인 것이 된다.

연이은 조사에서 대장균 염색체상에, 5개의 인접한 유전자에 의해 암호화되는 일련의 효소들이 트립토판 합성에 관여하고 있음이 밝혀졌다. 이들 유전자는 오페론의 일부로 트립토판이 존재하면 모든 유전자들이 협동적으로 억제되어 어떤 효소들도 생산되지 않는다. 이러한 억제와 젖당 대사에서의 효소 유도과정 사이의 놀라운 유사성 때문에 제이콥과 모노는 *lac* 시스템과 유사한 유전자 조절 모델을 제안하였다(그림 15-10).

이 모델은, 단독으로는 오페론의 작동 부위에 상호작용하지 못하는 **정상적 불활성 억제자**(normally inactive repressor)의 존재를 제안했다. 그러나 이 억제자는 다른자리입체성 분자로 트립토판과 결합할 수 있다. 이 아미노산이 존재할 때는, 이 억제자와 트립토판으로 이루어진 복합체가 새로운 모양을 얻게 되어 작동인자에 결합하여 전사를 억제하게 된다. 그러므로 트립토판이 동화경로의 최종산물로 존재할 때는 이 시스템은 억제되고 효소들은 만들어지지 않는다. 조절 복합체가 오페론의 전사를 억제하기 때문에 이 억제계는 음성 조절 하에 있게 된다. 그리고 트립토판이 억제에 참여함으로, 이 조절 기구에서는 **공동 억제자**(corepressor)라고 불린다.

trp 오페론에 대한 유전적 증거

두 범주의 독특한 구성적 돌연변이의 분리에 기초하여, 억제적인 오페론의 개념에 대한 지지가 곧 확고해졌다. 첫 번째는 *trpR*⁻로,

해당 유전자는 구조 유전자들로부터 상당한 거리에 위치한다. 이러한 좌위는 이 유전자가 억제자를 암호화한다는 것을 나타낸다. 아마도, 그 돌연변이는 억제자와 트립토판의 상호작용을 방해하거나 완전히 억제자를 생산하지 못하도록 할 것이다. 어느 쪽이든 간에, *trpR*⁻ 돌연변이를 가진 세포에서는 어떠한 억제도 나타나지 않는다. 예상되듯이, 만약 *trpR* 유전자가 억제자를 만든다면 부가적인 *trpR*⁺ 유전자들의 존재는 억제능을 회복시킬 것이다.

두 번째 구성적 돌연변이는 그 위치가 구조 유전자들에 바로 인접해 있기 때문에 락토오스 오페론의 작동자 돌연변이인 O^C와 유사하다. 게다가, 야생형의 유전자를 돌연변이 세포에 넣어준다고 해도(외부적 요소로), 효소 억제를 회복시키지 못한다. 이것은 이 돌연변이 작동자가, 더 이상 억제자-트립토판 복합체와 상호작용할 수 없다면 예상 가능한 현상이다.

전체 *trp* 오페론은 아직 완전히 밝혀지지 않았지만, 그림 15-10에서와 같이 나타낼 수 있다. 5개의 인접 구조 유전자(*trp E, D, C, B, A*)는 트립토판 생합성을 촉매하는 효소들의 번역을 지시하는 폴리시스트론의 메시지를 전사한다. *lac* 오페론에서처럼, 프로모터 부위(*trpP*)는 RNA 중합효소가 붙는 자리를 나타내며, 작동 부위(*trpO*)는 억제자가 결합하는 부위를 표시한다. 결합이 일어나지 않았을 때는 겹치는 *trpP-trpO* 부위 내에서 전사가 시작되고 첫 구조 유전자(*trpE*) 앞의 162 뉴클레오티드로 이루어진 **리더 서열**(leader sequence)을 따라 진행된다. 이 리더 서열 내에서 또 하나의 조절 부위가 밝혀졌는데 감쇠자(attenuator)라 부르는 것으로 다음 절의 주제다. 앞으로 살펴보게 되겠지만 이 소절 단위는 이 오페론의 조절 기작에 있어 매우 중요한 부분이다.

15.5 감쇠는 대장균에서 *trp* 오페론을 조절하는 중요한 과정이다

찰스 야노프스키(Charles Yanofsky)와 그의 동료인 케빈 버트란드(Kevin Bertrand), 그리고 이들의 동료는 트립토판이 존재해서 *trp* 오페론이 억제되는 경우라도, 오페론의 리더 서열의 전사 개시는 통상적으로 계속 일어난다는 것을 관찰했다. 그러므로 활성화된 억제자가 작동자 부위에 결합하는 동안에 오페론의 초기 발현(initial expression)이 강하게 저해받지 못하며, 이것은 트립토판이 효소 합성을 방해하는 연속적인 기구가 또 있을 것이라는 사실을 시사해 준다. 야노프스키는 트립토판이 고농도로 존재할 때는 오페론의 리더 서열까지는 전사가 진행되지만 mRNA의 전사는 보통 약 140 뉴클레오티드 부분에서 종결된다는 것을 발견했다. 이 과정을 **감쇠**(attenuation)*라고 부르며, 오페론의 유전적 발현이 매우 심각하게 감소되도록 영향을 끼친다는 것을 가리킨다.

트립토판이 없거나 매우 낮은 농도로 존재할 때, 전사는 시작되지만 종결되지 않고 리더 서열을 지나 *trpE*로 시작되는 구조유전자까지 진행된다. 결과적으로 폴리시스트로닉 mRNA가 전사되고 트립토판의 생합성에 필수적인 효소가 연속적으로 번역된다. 감쇠에 관여하는 부위의 규명은 리더 서열로 진입하는 115에서 140 뉴클레오티드 영역이 결실된 돌연변이의 분리로 가능했다. 그러한 돌연변이들은 감쇠 현상이 없다. 그러므로 이 부위를 **감쇠자**(attenuator)라고 부른다. 야노프스키와 그 동료들에 의해 제안된, 어떻게 감쇠가 발생하고 어떻게 극복되는가에 대한 설명은 그림 15-11에 요약되어 있다. mRNA 분자로 전사되는 초기의 DNA 서열은 "머리핀(hairpin)"이라고 불리는 두 가지의 서로 배타적인 줄기-고리(stem-loop) 구조를 형성할 수 있는 능력을 가진다. 트립토판이 충분할 때는, 형성된 머리핀 구조가 **종결자**(terminator)로 행동하여 전사가 거의 항상 조기에 종결된다. 반대로, 만약 트립토판이 거의 없다면, **항종결자 머리핀**(antiterminator hairpin)이라고 불리는 대체 구조가 형성된다. 전사는 항종결자 머리핀 구조를 지나 진행되고 전체적인 mRNA가 계속 만들어진다. 이러한 머리핀들이 그림 15-11(c)에 설명되어 있다.

물론 궁금한 것은, 어떻게 저농도의 트립토판 혹은 트립토판의 부재가 감쇠를 일어나지 않게 하는가에 관한 것이다. 야노프스키 모델의 요점은 반드시 선도 전사체(leader transcript)가 번역되어 항종결자 머리핀 구조를 형성해야 한다는 것이다. 야노프스키는 선도 전사체가 리보솜에 의한 번역 개시를 촉진하는 첫 AUG 보다 상류에 트립토판을 암호화하는 두 개의 트리플렛(UGG)을 포함한다는 것을 발견했다. 적정량의 트립토판이 존재하면, 충전된 $tRNA^{trp}$ 역시 존재한다. 결과적으로 번역 기구는 이들 두 트리플렛을 지나가고 그림 15-11(d)에 설명한 바와 같이 종결자 머리핀(terminater hairpin) 구조가 형성된다. 세포 내에 트립토판이 부족하게 되면, 충전된 $tRNA^{trp}$ 역시 부족하게 된다. 리보솜은 충전된 $tRNA^{trp}$를 요구하지만 트립토판 부족으로 이를 사용할 수 없기 때문에, 번역 기구는 트리플렛의 번역을 잠시 "중단(stall)"하고 멈추어 있게 된다. 이러한 사건은 전사체 내에 항종결자를 형성하도록 한다[그림 15-11(d)를 보라]. 결과적으로 감쇠가 극복되고 전사가 진행되므로 구조 유전자의 전체 세트가 발현되도록 한다.

감쇠는 대장균에서 트레오닌, 히스티딘, 류신, 그리고 페닐알라닌 대사에 관여하는 것들을 포함하여 아미노산의 생합성에 필수적인 효소들을 조절하는 다른 오페론에도 공통적인 기작으로 보인다. *trp* 오페론과 마찬가지로, 이들 오페론에서의 감쇠는 조절되어야 할 아미노산을 요구하는 다중의 코돈들을 포함하고 있고, 적당한 아미노산이 없다면, 그 자리가 번역이 "지체(stalling)"되는 장소다. 예를 들어, 히스티딘 오페론에서의 리더 서열에는 7개의 히스티딘 자리가 한 줄로 나타난다.

15.6 진핵생물에서의 유전적 조절은 원핵세포와는 다르다

원핵성 유전자 조절과는 대조적으로, 진핵생물에서의 유전자 발현 조절은 수많은 추가적 수준에서도 발생할 수 있다(그림 15-12). 이러한 조절 수준은 유전자 전사 개시를 조절하는 단계뿐 아니라 최초의 mRNA를 완전히 변형되고 기능적인 유전자 산물로 바꾸는 수많은 기작들에까지 확장된다.

* "감쇠(attenuation)"라는 단어는 "힘을 줄이다. 약하게 하다. 혹은 불능화시킨다"는 뜻의 동사 attenuate에서 유래한 것이다.

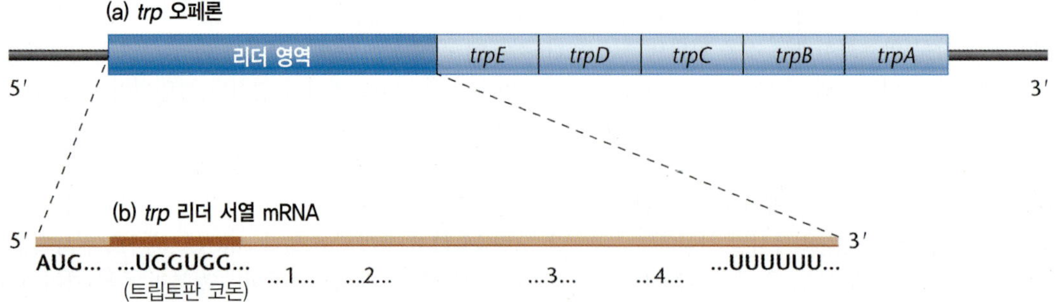

(c) *trp* 리더 서열 내에서는 두 가지의 줄기-고리 구조가 형성될 수 있다.

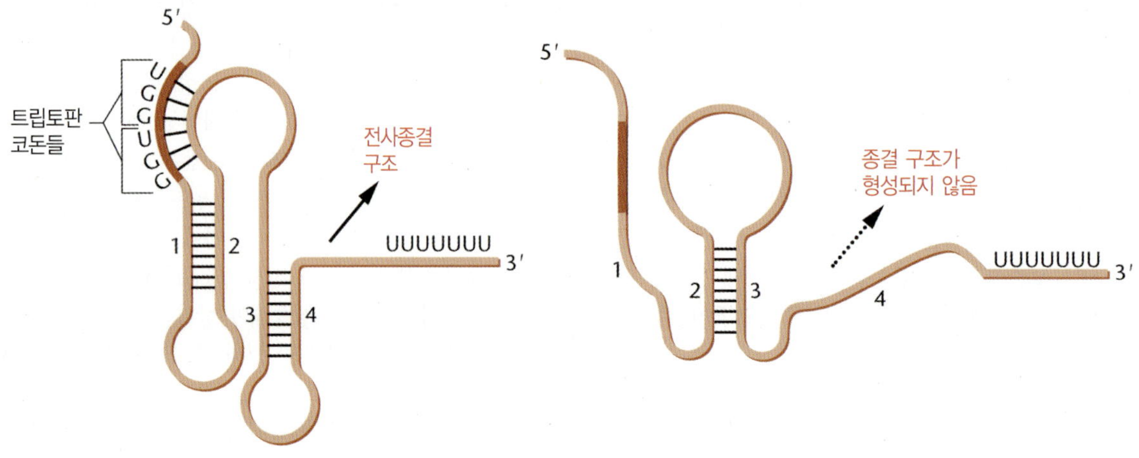

(d) 리보솜의 위치가 어느 줄기-고리 구조를 형성할 것인지 결정한다.

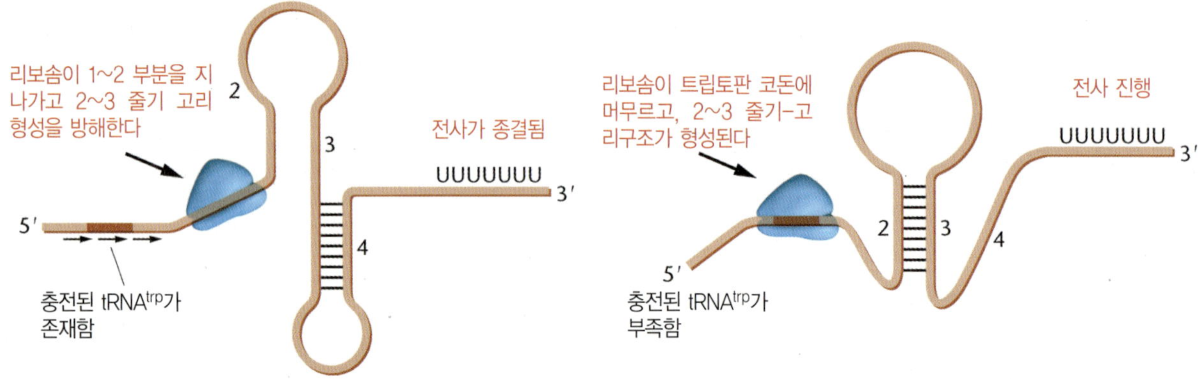

그림 15-11 *trp* 오페론에서의 감쇠. (a) *trp* 오페론에는 5개의 *trp* 유전자들 앞에 리더 영역을 가진다. (b) mRNA의 리더 영역이 번역 개시 코돈(AUG), 2개의 트립토판 코돈(UGGUGG), 그리고 리서 서열 끝의 U 잔기들을 보여주기 위해 확대되어 있다. 1, 2, 3, 4라고 표시된 부분은 염기쌍으로 줄기 구조를 형성할 수 있는 네 개의 서열 부위를 나타낸다. (c) mRNA의 리더 서열 내부에서 형성될 수 있는 두 가지 가능한 줄기-고리(stem-loop) 구조들. 첫째 구조는 3과 4가 관여된 줄기-고리로 뒤에 U 잔기들이 따라 나온다. 이러한 구조는 RNA 중합효소가 이 부위를 지날 때 전사 종결을 일으킨다. 두 번째 구조는 2번과 3번 서열이 관여된 것으로, 종결 신호 형성을 방해한다. (d) 번역 중에, 리보솜은 tRNA^{trp}의 존재에 따라 트립토판 코돈을 지나가거나, 머무르게 된다. 리보솜의 위치는 종결자 구조가 형성될 것인지, 아니면 전사가 이 부위를 지나 계속될 것인지를 결정한다.

진핵생물 유전자 조절에서의 복잡성은 고등생물체로서의 존재를 위해서는 필수적이다. 많은 진핵생물들이 다세포 생물이며, 이들은 다양한 기능을 가지는 여러 가지 특수화된 세포 형태들을 포함하고 있다. 진핵생물의 모든 세포들이 완전한 유전체를 포함하고 있는 것은 사실이지만, 특정 세포 형태에서는 일부 유전자 세트들만이 발현된다. 예를 들어, 일부 백혈구 세포들은 면역글로불린들을 암호화하는 유전자들을 발현하여, 이들 세포들이 외래 물질들과 감염으로부터 자신을 보호하는 항체를 합성할 수 있도록 한다. 그러나 피부, 신장, 그리고 간의 세포들은 면역글로불린을 발현시키지 않는다. 이자섬 세포들은 혈당의 존재에 반응하여 인슐린을 합성하고 분비한다; 그러나 이들 세포는 면역글로불린을 만들지는 않으며, 인슐린이 필요하지 않을 때는 인슐린도 합성하

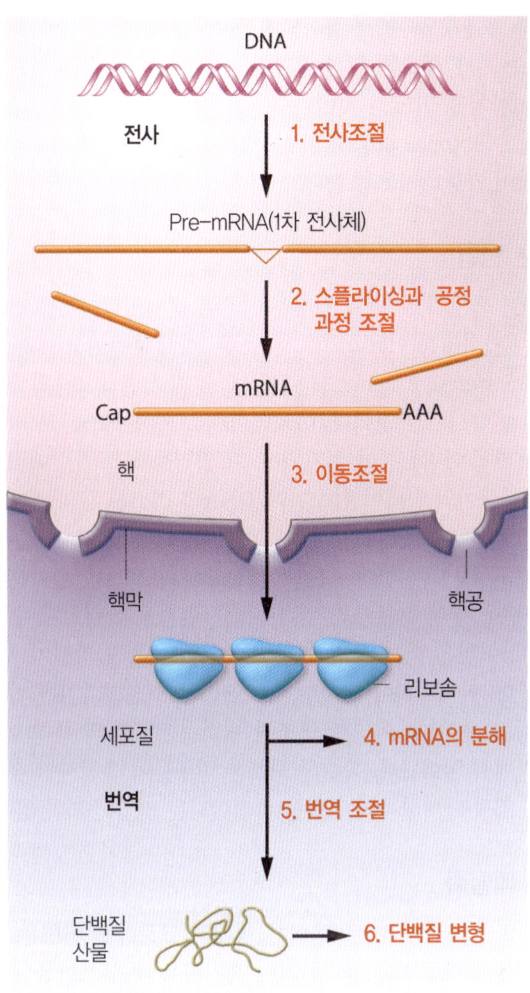

그림 15-12 진핵생물에서 유전물질의 발현 중에 일어날 수 있는 다양한 수준의 조절.

지 않는다. 진핵성 세포들은 다세포 생물체의 일부이며, 영양물질의 가용성에 반응하여 혼자 자라지도 않는다. 대신, 그들은 그들의 세포분열을 세심하게 조절할 수 있도록 하는 정확한 시간적, 공간적 조절 방식에 따라 유전자들을 발현시킨다. 세포 성장과 분열에 대한 조절을 잃게 되면, 발달 기형이나 암, 죽음을 초래할 수 있다.

왜 원핵세포에서보다 진핵세포의 유전자 조절이 더 복잡해야 하는지 몇 가지 이유가 있다:

1. 진핵성 세포들은 원핵세포들보다 훨씬 많은 양의 유전정보를 포함하고 있으며, 이 DNA는 히스톤 및 다른 단백질과 복합체를 이루어 매우 밀집된 크로마틴을 형성한다. 진핵세포들은 유전자 발현에 영향을 미치기 위해 이러한 구조적 조직화를 변화시킨다.
2. 대부분의 진핵성 유전자들의 mRNA는 핵 밖으로 이동되기에 앞서 스플라이싱을 거쳐야 하며(spliced), 모자 구조를 갖춰야 하며(capped), 폴리아데닐화(polyadenylated)를 겪어야 한다; 따라서 번역에 사용될 mRNA의 수와 형태에 영향을 미치기 위해서 이러한 공정 각각이 조절될 수 있다.
3. 진핵세포의 유전정보는 많은 염색체들(하나 이상)에 나뉘어 저장되며, 이들 염색체는 이중막에 의해 세포질과 분리된 핵 안에 들어 있다. 그러므로 번역을 위한 mRNA의 수요를 맞추기 위해 RNA가 세포질로 이동되는 것이 조절될 수 있다.
4. 진핵세포의 mRNA는 다양한 범위의 반감기($t_{1/2}$)를 가진다. 반대로, 대부분의 원핵성 mRNA들은 매우 빠르게 붕괴된다. mRNA가 빠르게 바뀌는 것은 원핵생물이 환경 변화에 빠르게 반응하도록 한다. 진핵생물에서는, 더 큰 범위에 걸쳐 mRNA 붕괴율을 변화시킴으로써 각 세포형에서의 mRNA 조성이 보다 미묘하게 조절될 수 있다.
5. 진핵생물에서는, 단백질이 공정을 거치고 변형되는 것뿐 아니라, 번역의 속도가 조절될 수 있다.

다음 절들에서는 진핵성 유전자들의 발현이 조절되는 주요 방법들 몇 가지에 대해서 대략적으로 살펴볼 것이다. 대부분의 진핵성 유전자들이 적어도 부분적으로는 전사의 수준에서 조절되기 때문에, 비록 다른 수준의 조절도 다루긴 하겠지만, 우리는 주로 전사 조절에 초점을 맞추게 될 것이다. 그리고 우리의 논의를 RNA 중합효소 II가 전사하는 유전자들로 제한하려고 한다. 12장에서 이미 논의한 바와 같이, 진핵성 유전자들은 전사에 3가지 RNA 중합효소를 사용한다. (원핵생물의 유전자들은 모두 하나의 RNA중합효소에 의해 전사된다.) RNA 중합효소 II는 모든 mRNA와 일부 작은 핵 RNA들을 전사한다. 반면, RNA 중합효소 I과 III는 리보솜 RNA들, 일부 작은 핵 RNA들, 그리고 tRNA를 전사한다. 각 형태의 중합효소를 위한 프로모터들은 뉴클레오티드 서열이 다르며, 다른 전사인자들과 결합한다.

15.7 진핵성 유전자 발현은 염색체 조직화와 크로마틴 변형에 의해 영향을 받는다

세포주기의 간기 중에는, 염색체들이 풀려서 광학현미경으로는 똑똑한 구조로 보이지 않는다. 간기의 핵에서, 염색체들은 **염색체 구역**(chromosome territory)이라고 불리는 분리된 영역을 차지하고 있어서, 각기 다른 염색체와는 차지하는 부분이 다르다. 일반적으로, 유전자가 별로 없는 염색체들은 핵의 주변부에 위치하고, 유전자가 많은 염색체들은 안쪽으로 위치한다. 염색체들 사이의 통로들은 **염색체간 구획**(interchromosomal compartment)이라고 불린다. 각 구획은 DNA가 거의 없거나 존재하지 않는 염색체들 사이의 공간이다.

염색체 조직화는 지속적으로 재편성되어 전사적으로 활성인 유전자들이 돌아가며 염색체들 사이의 공간에서 경계 부분인 염색체 구역 가장자리로 위치하게 한다. 비록 모두는 아니라도, 많은 유전자들의 전사가 이들이 염색체와 염색체간 구획 사이의 경계에 접촉했을 때 발생한다는 증거들이 제시되지만, 다른 증거들은 염색체 구역 내에서도 전사가 일어남을 보여준다. 일단 한 유전자가 염색체 구역 가장자리로 이동하면, 크로마틴 구조는 재편성되어 프로모터 자리에 전사 기구들이 접근할 수 있도록 한다.

(a) DNA-단백질 접촉의 변화

ATP ADP

크로마틴 변형자

미끄러져서 DNA가 노출된다

(b) DNA 경로의 변화

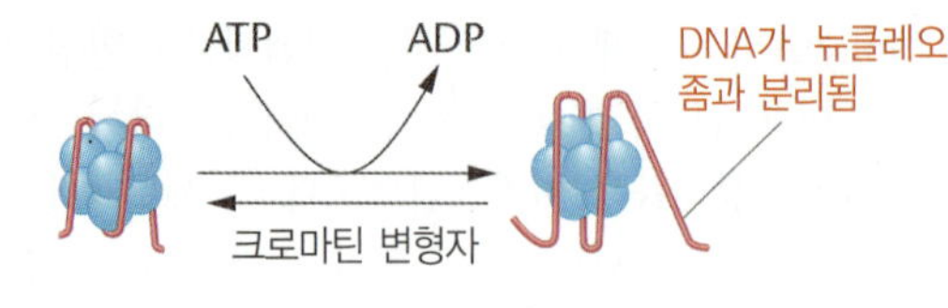

(c) 뉴클레오좀 핵심입자의 재구성

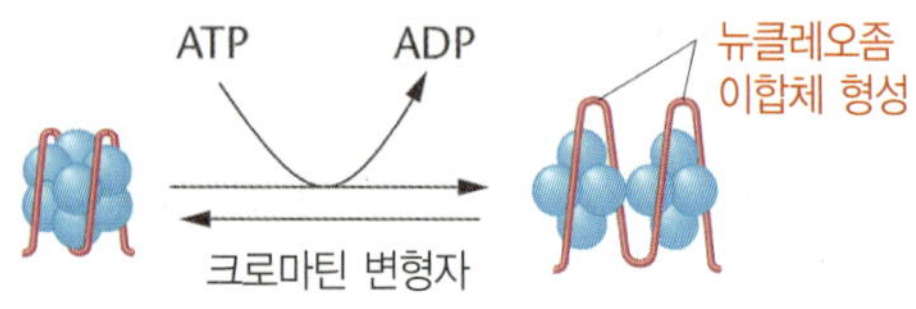

그림 15-13 ATP 가수분해-의존성 재구성 복합체에 의해 발생하는 뉴클레오좀 구조 변화의 세 가지 기작. (a) DNA-히스톤 접촉이 느슨해질 수 있다. (b) 변형되지 않은 뉴클레오좀 핵심 입자 주위의 DNA 경로가 바뀔 수 있다. (c) H2A와 H2B 같은 특수한 히스톤들의 소실로, 뉴클레오좀 핵심 입자의 조성이 바뀔 수 있다.

크로마틴의 재구성

진핵성 염색체들에서 DNA는 히스톤 및 비히스톤성 단백질들과 연합하여 크로마틴(염색질)을 형성한다. 11장에서 설명한 바와 같이, 크로마틴에는 뉴클레오좀이라고 불리는 반복적 구조물이 존재하는 것이 특징이다. 뉴클레오좀 DNA는 더 밀집되어 30 nm 섬유와 더 높은 차원의 구조를 형성한다. 이러한 밀집된 크로마틴 구조의 존재는 전사, 복제, 그리고 DNA 수리 등을 포함하여 여러 가지 과정을 방해한다. 세포가 크로마틴 구조와 DNA의 결합을 변화시키는 능력은 조절 단백질들이 DNA에 접근하도록 하는 데 필수적이다. 따라서 **크로마틴 재구성**(chromatin remodeling)이라고 불리는 크로마틴의 변화는 유전자 조절에서 중요한 단계다. 크로마틴 재구성은 비록 그것이 전사 개시 및 신장과 동시에 발생하기는 하지만, 진핵성 유전자들의 전사에 있어 선행되는 필수조건으로 보인다.

크로마틴 재구성은 ATP-ase 활성을 가지는 다양한 그룹의 단백질 복합체들에 의해 수행된다. 이러한 재구성 복합체들은 특정 유전자로 몰려들어 그들의 프로모터 영역에 전사 활성자들을 두거나 아세틸화된 히스톤들을 두어 전사의 표지를 한다.

뉴클레오좀 재구성 복합체들은 몇 가지 기작을 사용하여 뉴클레오좀 구조를 변화시킬 수 있다. 그림 15-13에서와 같이, 이것은 DNA와 뉴클레오좀 히스톤 단백질들 사이의 접촉 변화를 일으키고, 따라서 뉴클레오좀이 DNA 분자를 따라 멀리 이동하도록 한다. 다른 방법으로는, 뉴클레오좀 주위의 DNA가 바뀔 수 있는데, DNA를 뉴클레오좀에서 잡아당겨 떨어지도록 한다. 또 다른 가능성으로는, 뉴클레오좀 핵심 입자의 구조 자체가 변화하여 뉴클레오좀 이합체를 만드는 것이다. 이들 변형 중 어느 것이든, DNA 주형을 "개방(open up)"시켜 전사인자가 전사를 개시하고 RNA의 신장이 가능해지도록 한다.

히스톤 변형

크로마틴 변형의 두 번째 기작은 히스톤 변형이다. 그 중 한 가지가 아세틸화(acetylation)로, **히스톤 아세틸전이효소**(histone acetyltransferase enzyme, HAT)들에 의해 뉴클레오좀의 히스톤 성분을 변화시키는 것이다. 아세테이트 그룹이 히스톤 꼬리의 특수한 염기성 아미노산에 첨가되면, 그 염기성 히스톤 단백질과 산성 DNA 사이의 인력이 감소된다. DNA와 히스톤 간의 연계 완화는, ATP-의존성 크로마틴 재구성 복합체들에 의해 촉매되는 크로마틴 재구성을 촉진한다. 위에서 배운 것처럼, 크로마틴 재구성은 크로마틴을 열어 프로모터 영역이 전사인자들과 결합할 수 있도록 하며, 이것은 다시 유전자 전사를 위한 연속적 과정이 시작되도록 한다. 아세틸화에 더하여, 히스톤들은 인산화나 메틸화에 의해 변형될 수 있다. 이러한 구조적 변화는 히스톤의 특정 아미노산 자리에서 일어난다. 특수한 히스톤 변형들이 유전자 조절에 관여하는 조절 단백질들의 결합을 촉진한다는 몇몇 증거가 있다.

DNA 메틸화

유전자 조절에 작용하는 또 다른 형태의 크로마틴 변형은, DNA의 염기들에 메틸기를 첨가하거나 제거하는 것을 포함한다. 대부분의 진핵생물 DNA는 복제 후에 효소에 의해 메틸그룹이 염기나 당에 첨가되어 변형된다. **DNA 메틸화**(DNA methylation)는 시토신에 가장 많이 일어난다. 주어진 진핵생물종들의 유전체에서 시토신 잔기의 대략 5%가 메틸화된다. 그러나 메틸화의 정도는 조직 특이적일 수 있으며, 2% 미만에서 7% 이상까지 다양하게 나타날 수 있다.

진핵성 유전자 발현에서 메틸화의 역할에 대한 증거는 약간 간접적인 것으로, 다수의 관찰에 기초한 것이다. 첫째는, 메틸화의 정도와 발현 정도 사이에 반비례 관계가 존재한다. 즉, 낮은 메틸화 정도가 높은 유전자 발현 수준과 관계되며, 고도의 메틸화는 낮은 수준의 유전자 발현과 관계가 있다. 포유류의 암컷에서, 불활성화된 X 염색체들은, 거의 전부 불활성화 상태인데, 활성적인 X 염색체보다 훨씬 높은 정도로 메틸화되어 있다. 불활성 X 염색체 내에서, 불활성화되지 않는 부분은 근처의 불활성 지역보다 훨씬 메틸화가 덜 되어 있다.

둘째로, 메틸화 양상은 조직 특이적이며, 일단 확립되면, 그 조직의 모든 세포에 유전된다. 아마도 유전자 발현에서 메틸화의 역할에 대한 가장 강한 증거는 염기 유사체를 사용한 연구에서 나온 내용일 것이다. 뉴클레오티드인 5-azacytidine은 cytidine 대신에 DNA에 삽입되지만, 메틸화가 불가능하며, 따라서 그것이 통합된 부분에서 저메틸화(undermethylation)를 유발한다. 통합된 5-azacytidine은 유전자 발현의 패턴에 영향을 미치고 불활성 X 염

그림 15-14 진핵성 유전자의 발현은, 프로모터 같이 유전자에 근접한 조절 요소들 뿐 아니라, 인핸서나 사일런서 같이 전사 단위와 멀리 떨어져서 있을 수 있는 서열들에 의해서도 조절된다.

색체상에 존재하는 대립인자의 발현을 촉진시킬 수 있다.

비록 사용 가능한 증거들이, DNA의 메틸 그룹 부재가 유전자 발현을 증가시키는 것과 관련됨을 시사하고 있지만, DNA 메틸화가 모든 진핵생물들에 존재하는 것은 아니기 때문에, 유전자 조절을 위한 일반적인 기구라고 평가될 수는 없다.

어떻게 메틸화가 유전자 조절에 영향을 미칠 수 있을까? 한 가지 가능성은 DNA 서열과는 관계없이 어떤 단백질이 5-methyl cytosine에 결합한다는 관찰에서 나온 것이다. 이들 단백질은 전사 억제 단백질들을 끌어 모으거나, 억제적 크로마틴 복합체들을 끌어들인다. 메틸화는 전사 활성자들의 결합을 방해함으로써 전사를 직접 억제할 수도 있다.

이 문제를 풀어보자

392페이지의 28번 문제는 유전자 발현에 대한 DNA 메틸화의 영향을 해석하는 것이다.

힌트: 유전자 밖의 여러 가지 조절 서열들의 위치가 이러한 결과에 영향을 미칠 것이라는 점을 기억하라.

15.8 진핵생물의 전사는 특수한 시스-작용 부위들에서 조절된다

진핵성 유전자들은 전사를 조절하는 몇 가지 형태의 시스-작용 조절 서열들을 포함한다. 이들은 프로모터(promoter; 촉진자)와 인핸서(enhancer; 증폭자), 그리고 사일런서(silencer; 침묵자)다(그림 15-14). DNA에서 RNA 분자를 전사하는 것은 매우 복잡하며, 고도로 조절되는 과정으로, 여러 가지 형태의 DNA 서열, 많은 단백질들과의 상호작용, 크로마틴 재구성, 그리고 DNA 서열들의 굽어짐과 접힘 등이 관여한다. 우리는 진핵생물의 유전자 전사를 조절하는 데 관여하는 DNA 서열들 몇 가지에 대한 논의로 이 절을 시작하고자 한다.

프로모터

프로모터(promoter)는 전사 기구들에 의해 인식되는 자리로 사용되는 뉴클레오티드 서열이다. 이들은 기초적인 수준으로 전사가 시작될 수 있도록 하는 데 필수적이다. 프로모터들은 그들이 조절하는 유전자에 바로 근접해서 위치한다. 이런 영역들은 보통 수백 뉴클레오티드 길이이며, 전사가 시작되는 곳을 지정하고 DNA를 따라 일어나는 전사의 방향을 결정한다.

대부분의 진핵성 유전자들의 프로모터들은 몇 가지 요소들을 포함하는데, 전사 개시 부위 외에도, TATA, CAAT, 그리고 GC box라고 하는 것들이다(그림 15-15). **TATA box**는, 전사 개시 부위와 함께 **핵심 프로모터**(core promoter)라고 불린다. 전사 개시 부위의 25~30 bp 상단에 위치하는 것으로(−25에서 −30으로 표시한다), 7~8 bp의 공통 서열(연구된 거의 모든 유전자에서 보존되어 있는)로 구성되는데 T = A쌍으로만 이루어져 있으며, 종종 그 옆에 GC가 풍부한 부위들이 존재한다. TATA box에 대한 유전적 분석은 TATA 서열 내부의 돌연변이가 전사를 감소시키며,

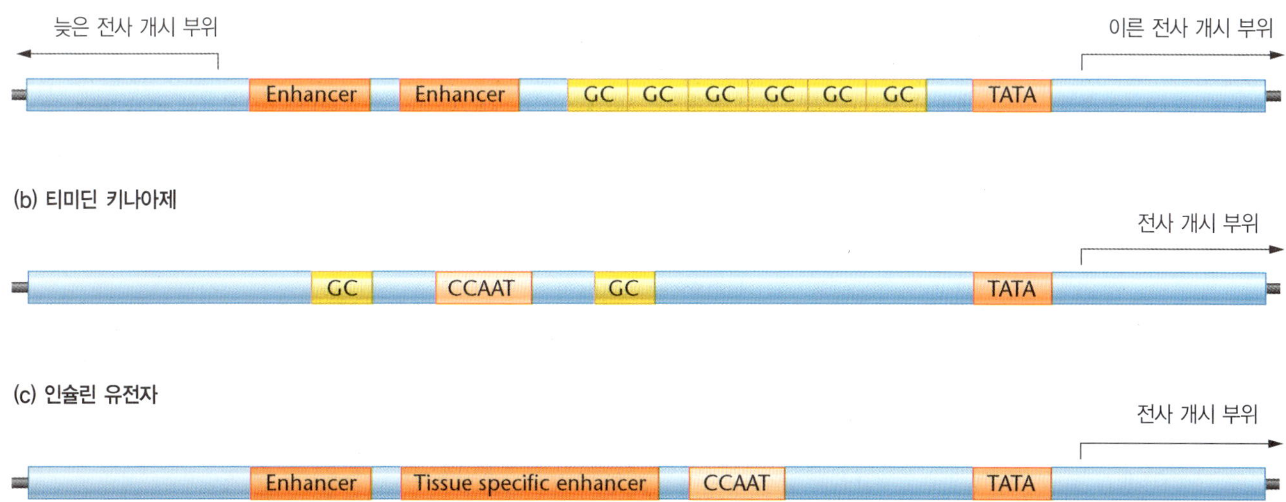

그림 15-15 진핵세포들에서 발현되는 몇 가지 유전자들의 전사 조절 부위 구성. 조절요소들의 성질이나 수, 그리고 배열들이 다양하다.

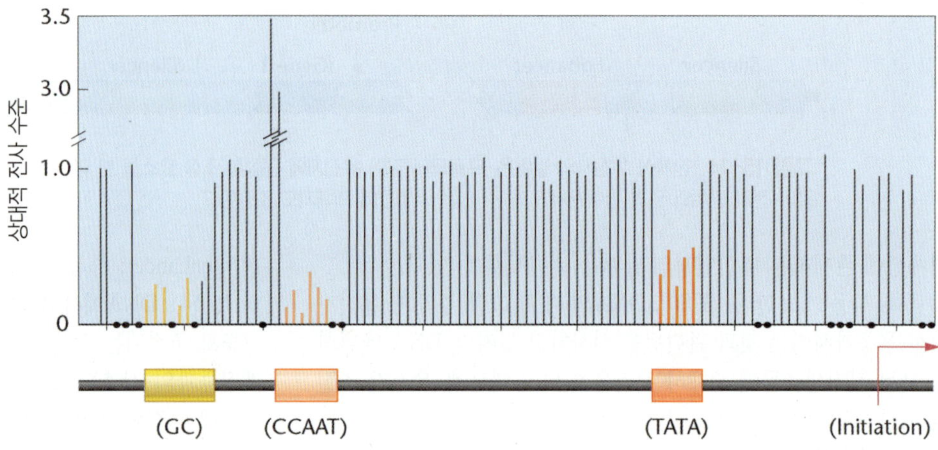

그림 15-16 β-글로빈 유전자의 프로모터에서 생긴 점돌연변이가 전사에 미치는 효과를 요약해 놓은 것. 각 실선은 독립된 실험들에서 얻어진 것으로, 단일 뉴클레오티드 돌연변이에 의한 전사의 수준(야생형에 대한)을 표시한 것이다. 점들은 돌연변이가 얻어지지 않은 뉴클레오티드를 나타낸다. 프로모터의 특정 요소들 내의 돌연변이들이 전사 수준에 크게 영향을 미친다는 것에 유의하라.

결실은 전사 개시 부위를 변형시킴을 보여준다(그림 15-16).

많은 프로모터 영역들은 **CAAT box** 역시 포함한다. 이들 요소들은 CAAT나 CCAT 공통서열을 가진다. CAAT box는 전사 개시부의 70~80 bp 상류에서 자주 나타난다. 돌연변이 연구들은 CAAT box들이 전사를 촉진시키는 능력에 필수적임을 보여준다. 이 요소 양측의 돌연변이들은 영향이 없거나 미미한 반면, CAAT box 서열들의 돌연변이들은 전사를 심각하게 감소시킨다(그림 15-16). 프로모터 영역에 자주 나타나는 또 다른 요소는 **GC box**라 불리는 것으로, 종종 −110 부위에서 발견되는 GGGCGG 공통서열을 갖는다. CAAT와 GC 요소들은 전사인자들과 결합하고 다음 절에서 살펴볼 인핸서들처럼 작용한다.

이들을 모두 합하면 각 진핵성 유전자는 그 유전자의 전사를 기본 수준으로 지정하는 여러 개의 프로모터 요소들을 포함하고 있다. 서로 다른 유전자들은 이들 프로모터 요소들의 서로 다른 조합을 가지며, 유전자마다 위치와 구성에서 차이가 난다.

인핸서와 사일런서

프로모터 부위 외에도 진핵성 유전자의 전사는 **인핸서**(enhancer, 증폭자)라고 불리는 DNA 서열들에 의해 영향을 받는다. 인핸서들은 유전자의 어느 쪽이든 위치할 수 있으며, 멀리 떨어져 있거나, 심지어 유전자 내부에 존재하기도 한다. 이들은 그들이 조절하는 구조 유전자에 인접하여 있을 때 기능하기 때문에, 다른 염색체상에 존재하는 유전자를 조절할 수 있는 트랜스 조절자(예, 결합 단백질)와는 달리, 시스 조절자라고 불린다. 프로모터 서열들이 기본 수준의 전사에 필수적인 반면, 인핸서들은 완전한 수준의 전사에 필수적이다. 그리고 인핸서들은 시간-특이적, 조직-특이적인 유전자 발현에 대한 책임을 맡는다.

인핸서들은 전형적으로 여러 조절 단백질 및 전사인자들과 상호작용하며, 관련된 프로모터로부터의 전사 효율을 증가시킨다. 인핸서 내부에서는, 종종 음성 유전자 조절뿐 아니라 양성 조절을 위한 결합 부위도 발견된다. 그러므로 인핸서와 원핵생물의 작동자(operator) 서열 사이에는 어느 정도 유사점이 존재한다. 그러나 인핸서들은 구조나 기능 면에서 훨씬 복잡한 것으로 나타난다. 인핸서를 프로모터와 구분하는 몇 가지 특징은 다음과 같다:

1. 인핸서의 위치는 고정될 필요가 없다; 이것은 조절하는 유전자의 상류, 하류, 혹은 내부에 존재하기도 한다.
2. 인핸서의 방향이 바뀌어도 그 활성에 큰 변화를 일으키지 않는다.
3. 하나의 인핸서가 실험적으로 유전체 내의 다른 부위로 이동되거나, 관계없는 유전자가 인핸서 부위에 위치하게 되면, 근접한 유전자는 활성이 증가하는 방향으로 조절된다.

인핸서가 조절하는 유전자의 내부에 위치하는 예는 면역글로불린의 중쇄(heavy chain) 유전자에서 발견되는 것으로, 인핸서가 두 개의 암호화 영역 사이의 인트론에 존재한다. 이 인핸서는 면역글로불린 유전자를 발현하는 세포에서만 활성이어서, 조직 특이적인 유전자 발현이 인핸서들을 통해 조절될 수 있음을 시사한다. 내부의 인핸서들은 면역글로불린 경쇄(light chain)를 포함하여 다른 진핵성 유전자에서도 발견된다. 하류에 존재하는 인핸서의 예로는 β-글로빈 유전자를 들 수 있다. 닭에서는, β-글로빈과 ε-글로빈 유전자들 사이에 위치하는 인핸서가 배아 발달 중에는 한쪽 방향으로 ε-글로빈 유전자의 전사를 조절하고, 성체의 생활사 중에는 반대 방향으로 β-글로빈 유전자의 발현을 조절한다.

프로모터와 마찬가지로, 인핸서들은 모듈식이며 종종 여러 가

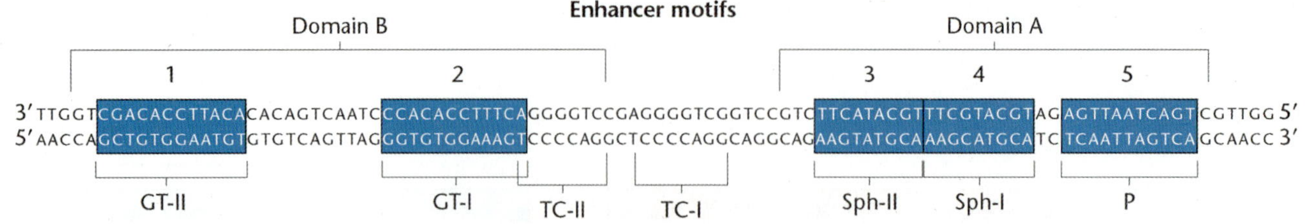

그림 15-17 SV40 인핸서의 DNA 서열. 푸른 상자들의 서열은 최대 인핸서 효과를 위해 요구되는 것들이다. 서열 아래에서 괄호로 묶인 부분은 이 영역 내의 다양한 서열 모티프들이다. 인핸서의 두 영역(도메인) A와 B가 표시되어 있다.

지 서로 다른 짧은 DNA 서열들을 포함한다. 예를 들어, SV40 바이러스의 인핸서(진핵세포 내에서 전사된다)는, 전사 개시 지점의 약 200 bp 상류에 위치하는 두 개의 근접한 72 bp 서열들로 구성되는 복잡한 구조를 가진다. 이 중 하나가 그림 15-17에 나타나 있다. 각각의 72 bp 서열은 최고 전사율에 기여하는 다수의 서열 모티프들을 포함하고 있다. 만약 이러한 영역들 중 하나가 제거되면, 전사에 영향을 미치지 않지만, 두 개가 모두 결실되면 시험관에서의 전사는 매우 감소한다.

또 다른 형태의 전사 조절요소는 **사일런서**(silencer, 침묵자)로, 진핵성 유전자의 전사 개시 수준을 억제한다. 인핸서와 마찬가지로, 사일런서들은 짧은 DNA 요소이며, 프로모터 주위의 영역에 위치하고 프로모터로부터의 전사율에 영향을 미친다. 이들은 종종 조직-특이적(tissue-specific) 혹은 시기-특이적(temporal-specific)인 방법으로 유전자 발현을 조절한다. 사일런서의 요소의 예는 인간의 갑상선자극호르몬(thyrotropin)-β 유전자에서 발견되는 것이다. 갑상선자극호르몬-β 유전자는 갑상선자극호르몬의 한 소단위를 암호화하며, 이 유전자는 뇌하수체의 갑상선자극호르몬 생산세포에서만 발현된다. 이 유전자의 전사는 전사 개시 지점의 상류인 −140 bp에 위치하는 사일런서의 활동에 의해 갑상선호르몬 생산세포로만 제한된다. 이 사일런서는 Oct-1으로 알려져 있는 세포내 인자와 결합하는데, 이것은 갑상선자극호르몬-β 프로모터가 이 호르몬 생산세포를 제외한 나머지 모든 세포에서의 전사를 억제하는 것과 맥락을 같이 한다. 갑상선호르몬 생산세포에서는, 사일런서의 활동이 프로모터의 1.2 kb 상류에 위치하는 인핸서에 의해 극복된다.

15.9 진핵성 유전자의 전사는 시스-작용 부위에 결합하는 전사인자들에 의해 조절된다

시스-작용 조절 부위들−프로모터, 인핸서, 그리고 사일런서를 포함하는−은 특정 전사 조절 단백질들의 결합 부위로 작용함으로써 전사 개시에 영향을 미친다. 이들 전사 조절 단백질들은 **전사인자**(transcription factor)라고 알려져 있으며, 전사에 다양하고 복잡한 영향을 미칠 수 있다. 일부 전사인자들은 조직 특이적 방법으로 발현되어 거기서 그들의 표적 유전자들을 조직 특이적으로 발현되도록 한다. 비슷하게, 일부 전사인자들은 발달 중의 특정 시기에 세포에서 발현되거나, 표적 유전자의 일시적 발현을 조절하는 외부의 생리적 신호에 반응하여 발현된다. 일부의 경우에는, 시스-작용 부위에 결합하여 특정 유전자를 조절하는 어떤 전사인자는 세포 안에 존재하고 심지어 알맞은 시스-작용 부위에 결합할 수도 있지만, 구조적으로 변화되었을 때에만 활성화될 수 있다(예를 들어, 호르몬 같은 공동 활성자에 결합하거나 인산화됨으로써). 전사인자에 대한 이러한 변형들은 조직-특이적이고 시기-특이적인 방법으로 조절될 수 있다. 그리고 서로 다른 전사인자들이 주어진 DNA 서열이나 겹치는 서열에 결합하기 위해 경쟁할 수 있다. 이러한 경우에는, 전사인자의 농도와 각 인자들이 DNA에 결합하는 강도가, 어느 인자가 결합할 것인지를 지정한다. 같은 DNA 부위라도, 서로 다른 두 조직에서는 다른 전사인자와 결합할 수 있다. 마지막으로, 유전자 조절 영역 내의 여러 인핸서와 프로모터 요소들에 결합하는 다수의 전사인자가 서로 상호작용하여 전사 개시가 세밀한 수준으로 정확한 시간에 일어나도록 미세하게 조절할 수 있다.

인간의 메탈로티오네인 IIA 유전자: 다중의 시스-작용 요소와 전사인자

인간의 메탈로티오네인(metallothionein) IIA 유전자(hMTIIA)는 어떻게 하나의 유전자가 다수의 프로모터 및 인핸서 요소들과, 그에 결합하는 전사인자들의 상호작용으로 조절될 수 있는지를 잘 보여준다. hMTIIA 유전자의 산물은 아연이나 카드뮴 같은 중금속과 결합하는 단백질이고, 고농도의 이러한 중금속들이 나타낼 수 있는 독성 효과로부터 세포를 보호한다. 이 유전자는 모든 세포에서 낮은 수준으로 발현되지만, 중금속이 존재하거나 글루코코르티코이드 같은 스테로이드호르몬이 존재하면 높은 수준까지 전사가 유도될 수 있다.

hMTIIA 유전자를 조절하는 시스-작용 조절요소들은 프로모터, 인핸서, 그리고 사일런서들을 포함한다(그림 15-18). 각 시스-작용 요소들은 하나 이상의 전사인자들과 결합할 수 있는 특이성을 가진 짧은 서열이다.

hMTIIA 유전자는 전사 개시를 지정하는 핵심 프로모터 요소들인 TATA box와 전사 개시 지점을 포함한다. 기본 요소인 GC는 대부분의 진핵세포에 존재하는 SP1인자와 결합하여, 대부분의 세포에서 낮은 수준으로 전사를 촉진한다. 기본적 발현 수준은 또한 BLE(basal element)와 ARE(AP factor response element) 영역에 의해서도 조절된다. 이러한 시스-요소들은 활성자 단백질들

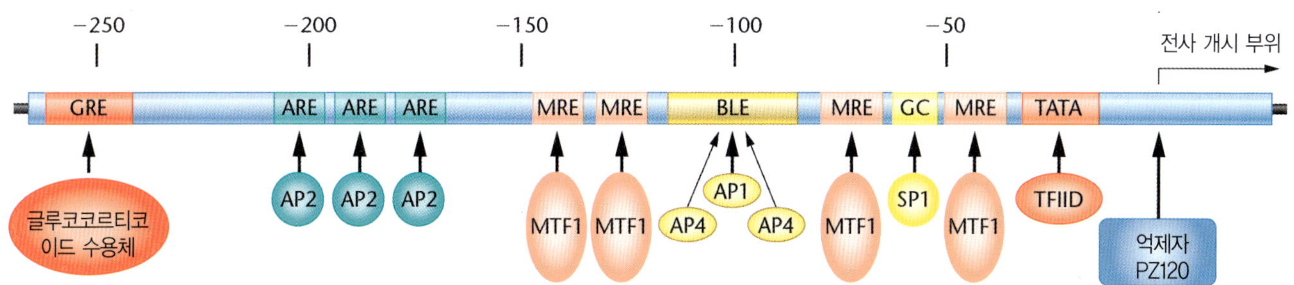

그림 15-18 인간의 메탈로티오네인 IIA 유전자의 프로모터와 인핸서 영역. 여러 개의 시스-작용 조절 자리들을 포함하고 있다. MTIIA 전사의 기본전사와 유도 수준의 전사를 조절하는 전사인자들, 그리고 결합부위들이 유전자 아래에 표시되어 있다.

인 1, 2, 4(AP1, AP2, AP4) 전사인자와 결합하는데, 이들 인자는 서로 다른 세포형에서 다양한 수준으로 존재하며 세포 외부에서 성장 신호에 반응하여 활성화될 수 있다. BLE 요소는 AP1과 AP4 인자들에 대한 중복된 결합 부위를 포함하므로, 서로 다른 세포에서 이들 인자가 BLE에 결합할 때 어떻게 hMTIIA의 전사를 자극하는지에 대한 어느 정도의 선택성를 제공한다. 높은 수준의 전사 유도는 MRE(metal response element)와 GRE (glucocorticoid response element)에 의해 나타난다. 금속-유도성 전사인자(metal-inducible transcription factor, MTF1)가 중금속의 존재에 반응하여 MRE 요소에 결합한다. 글루코코르티코이드 수용체 단백질은 GRE에 결합하지만, 수용체가 글루코코르티코이드 스테로이드호르몬과 결합해 있을 때만 결합이 발생한다. 글루코코르티코이드 수용체는 정상적으로는 세포질에 위치한다; 그러나 글루코코르티코이드 호르몬이 세포질로 들어오면, 수용체와 결합하여 모양 변화를 일으키게 되고, 수용체는 핵 안으로 들어가 GRE에 결합한 후 hMTIIA 유전자의 전사를 촉진한다. 유도 외에도, hMTIIA 유전자의 전사는 PZ120이라는 억제자 단백질의 활성에 의해 억제될 수 있다. PZ120은 전사 개시 지역 위에 결합한다.

여러 개의 조절요소들과, 그에 결합하는 전사인자들의 존재는 hMTIIA 유전자가 세포 내외부의 미묘한 환경 변화에 반응하여 전사적으로 유도되거나 억제되도록 한다.

진핵성 전사인자들의 기능적 도메인

전사인자들은 DNA에 결합하고 전사 개시를 활성화(또는 억제)시키는 단백질들이다. 이를 위해, 이들은 두 개의 기능적 도메인(특정 기능을 수행하는 아미노산들의 집단)을 가진다. **DNA 결합 도메인**(DNA binding domain)은 조절 부위의 DNA 서열에 결합하고, **트랜스-활성화 도메인**(*trans*-activating domain) 혹은 **트랜스-억제 도메인**(*trans*-repression domain)은 단백질-단백질 상호작용에 의해 전사를 활성화시키거나 억제한다. 트랜스-활성화 도메인이나 트랜스-억제 도메인은 다음 절의 설명에서 RNA 중합효소에 결합하거나 혹은 프로모터의 다른 전사인자들과 결합한다.

진핵성 전사인자의 도메인들은 여러 가지 형태를 가진다. DNA-결합 도메인들은 특징적인 3차원 구조 혹은 모티프(motif)를 가진다. 이러한 모티프들에는 몇 가지 부류가 있는데, 나선-꺾임-나선, 아연 손가락, 그리고 류신 지퍼 모티프들이다.

최초로 발견된 DNA-결합 도메인은 **나선-꺾임-나선**(helix-turn-helix, HTH) 모티프였다. 이 모티프는 원핵성 전사인자에도 역시 존재하는데, 아미노산 서열이 독특하다기보다는 기하학적 구조가 특징적이다(그림 15-19). 두 개의 인접한 α-나선들이 몇 개의 아미노산들로 구성된 "꺾임(turn)" 구조에 의해 나뉘어 있어서 이 단백질이 DNA에 결합할 수 있도록 한다(따라서 이 모티프의 이름이 지어졌다). HTH 모티프 밖의 아미노산 잔기들도 DNA의 인식과 결합을 조절하는 데 중요하다. HTH 모티프들은 호메오박스-포함 전사인자들의 중요한 특징이다. **호메오박스**(homeobox)는, 180 bp 길이의 DNA가 **호메오도메인**(homeodomain)이라고 알려진 60개의 아미노산 서열을 암호화한다. 호메오도메인을 포

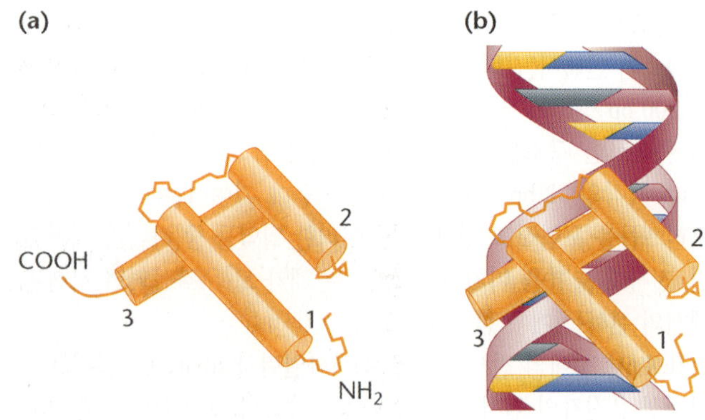

그림 15-19 (a) 단백질에서 3개의 α-helix 면들이 형성된 경우의 HTH (*helix-turn-helix*) 모티프. (b) 이들 도메인들은 DNA 분자의 홈들에 결합한다.

함하는 전사인자들은 진핵생물 전체에서 보존적이며 동물의 발생에 있어 중요한 조절자다.

아연 손가락(zinc finger) 모티프는 넓은 범주의 전사인자들에서 발견되며 세포성장, 발달, 그리고 분화에 관련된 유전자들을 조절한다. 예를 들어, 앞 절에서 설명한 MTF1 금속-유도성 전사인자는 이 인자의 DNA 결합 부분을 구성하는 6개의 아연 손가락 구조를 포함하고 있다. 전형적인 아연 손가락 단백질은 두 개의 시스테인과 두 개의 히스티딘으로 이루어진 무리를 반복해서 포함한다(그림 15-20). 공통되는 아미노산 반복은 $CysN_{2\text{-}4}CysN_{12\text{-}14}HisN_3His$(N은 불특정 아미노산)이다. 이렇게 중간에 끼인 시스테인과 히스티딘 잔기들은 아연 원자와 공유결합하여, 아미노산들을 아연 손가락이라고 부르는 접힘 구조로 만든다. 각 손가락은 대략 23 아미노산을 포함하며(한 루프 내의 시스테인과 히스티딘 잔기 사이에 12~14개의 아미노산이 존재), 루프들 사이의 연결 부위는 7~8개의 아미노산으로 이루어진다. 루프 내의 아미노산들은 특정 DNA 서열과 상호작용하여 결합한다.

세 번째 DNA 결합 도메인은 **염기성 류신 지퍼**(basic leucine zipper, bZIP) 모티프다. 이 DNA-결합 도메인은 **류신 지퍼**(leucine zipper)를 포함하는데, 이것은 단백질-단백질 이합체를

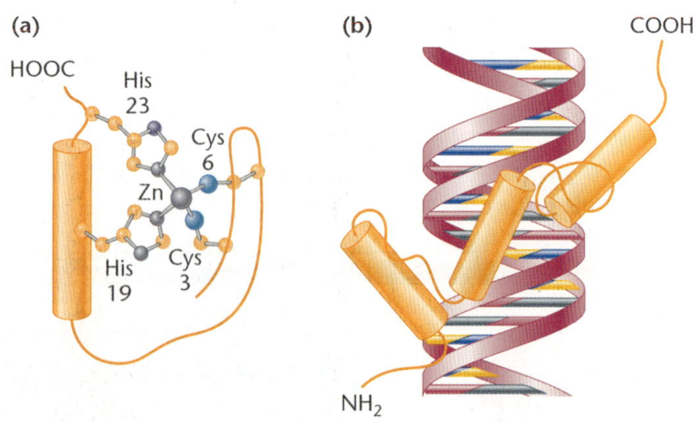

그림 15-20 (a) 시스테인과 히스티딘 부위가 Zn^{2+} 원자에 결합한 아연 손가락(zinc finger). (b) 이것은 아미노산 사슬을 접어 손가락 모양의 구조물인 고리를 형성하게 함으로써 DNA 나선의 주홈과 결합한다.

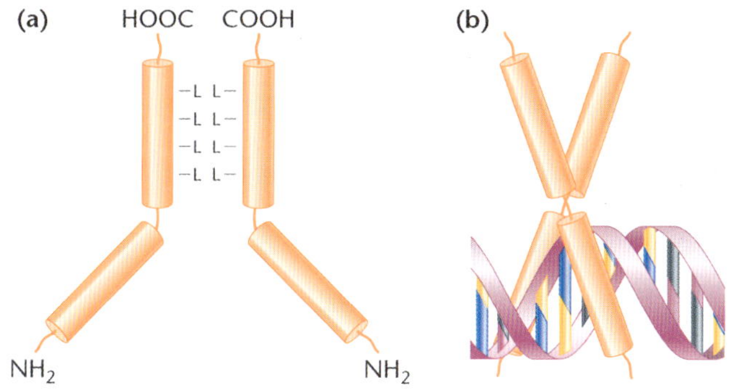

그림 15-21 (a) 류신 지퍼. α-helix의 두 바퀴마다 존재하는 류신이 두 폴리펩티드 사슬들에서 서로 마주보고 있게 되므로 이합체가 형성된다. (b) α-나선 부분이 류신 지퍼를 형성할 때, 지퍼의 윗부분이 Y 모양을 형성하여 가위처럼 DNA를 붙잡고 있게 된다.

형성하게 하는 부분이다. 류신 지퍼는 염기성 아미노산 옆에 네 개의 류신 잔기들을 포함한다. 두 개의 그런 분자가 이합체가 되면, 류신 잔기들을 "서로 결합(zip)"한다(그림 15-21). 이 이합체는 인산 잔기와 DNA의 특정 염기들에 결합하는 지퍼 인접 부분에 두 개의 α-나선 부분을 가지는데, 마치 이합체들이 한 쌍의 가위같이 보이게 한다. 전사인자인 AP1은 bZIP의 한 예다. AP1은 두 개의 서로 다른 단백질인 c-fos와 c-jun 패밀리들로 이루어진 이형이합체(heterodimer)이다. AP1의 활성은 이 분자를 만드는 두 단백질 패밀리들이 어떻게 섞이느냐에 의해 조절될 수 있다.

전사인자들은 또한 기본 전사 복합체의 단백질들과 상호작용하고 전사 개시 수준을 조절하는 영역을 포함하고 있다. 이들 트랜스 활성 도메인들은 DNA-결합 도메인들과는 뚜렷이 구분되며 30~100개의 아미노산으로 구성된다. 그리고 많은 전사인자들은 또한 **공동활성자**(coactivator)와 결합하는 부위들도 포함한다. 이러한 공동활성자는 호르몬이나 작은 대사물질들 같이 이들의 활성을 조절하는 것들이다.

15.10 진핵성 전사인자들은 기본 전사인자들과의 상호작용을 통해 전사를 조절한다

이제 진핵생물에서의 전사 조절에서 기본적 단계들을 복습해 보자. 우선, 크로마틴이 재구성되어 전사인자들이 특수한 시스-작용 부위에 결합할 수 있는 방식으로 변형되어야 한다. 둘째, 전사인

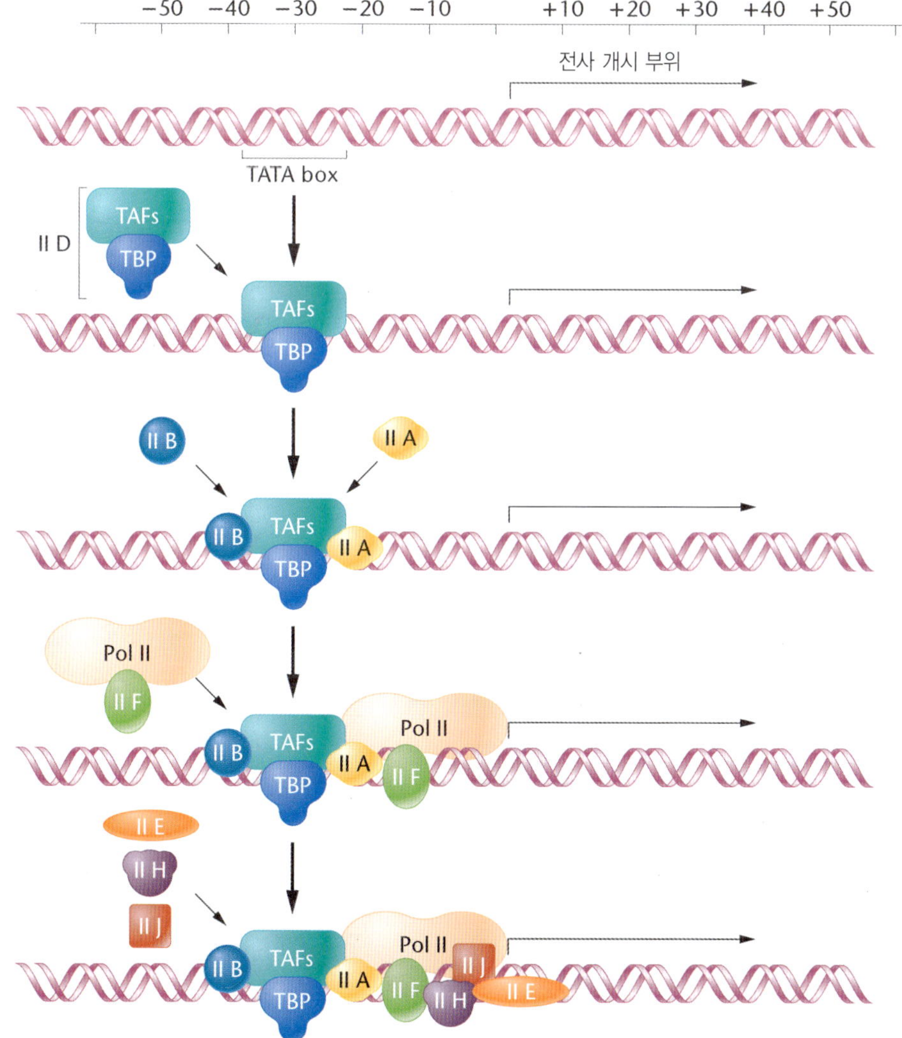

그림 15-22 RNA 중합효소 II의 전사 개시에 요구되는 기본 전사인자의 조립.

자들이 시스-작용 부위들에 결합하고 전사율에 광범위한 양성, 혹은 음성적인 영향을 일으킨다－이것은 종종, 세포 외 신호에 대한 반응으로 일어나거나, 조직 특이적, 시기-특이적인 방법으로 발생한다. 그러나 남는 문제가 있는데; 전사 개시에 영향을 미치기 위해서는 어떻게 이들 시스-작용 조절요소들과 그들의 DNA 결합 전사인자들이 작용하는가－라는 것이다. 이 문제에 대답하기 위해서는 진핵성 RNA 중합효소 II가 어떻게 프로모터에서 기본 전사 복합체들과 조립되는지를 논의해야 한다.

전사 개시 복합체의 형성

기본 전사인자(basal transcription factor), 혹은 **일반 전사인자**(general transcription factor)라고 불리는 일련의 단백질들은 전사를 기본 수준으로 개시하거나 유도 수준까지 시작하도록 하는 데 필수적이다. 이러한 단백질들은 RNA 중합효소 II의 일부는 아니지만 프로모터에 특별한 순서대로 조립되어 **전 개시 복합체**(pre-initiation complex, PIC)를 형성함으로써 중합효소가 이 프로모터를 인식하고 결합할 수 있도록 하는 플랫폼으로 작용한다(그림 15-22). PIC 형성을 개시하기 위해서는 **TFIID**라고 불리는 복합체가 그 소단위인 **TBP**(*T*ATA *b*inding *p*rotein, TATA 결합 단백질)를 통해 TATA box에 결합한다. TFIID 복합체는 TBP와 TAF(*T*ATA *a*ssociated *f*actor)라고 불리는 약 13개의 단백질로 구성된다. TFIID는 TFIIB, TFIIA, TFIIF, TFIIH, 그리고 TFIIJ 등과 같은 부가적 인자들과의 결합에 의해 전사활성자 단백질들과의 접촉에 반응한다. RNA 중합효소 II는 TFIIF와 함께 이 복합체로 끌려온다. 일단 모든 기본 전사인자들이 프로모터에 조립되고 RNA 중합효소 II가 이들 전사 개시 부위에 접촉하게 되면, DNA 이중나선은 개시 부위에서 변형되고 RNA 중합효소가 전사를 시작한다.

기본 전사인자들과 전사 활성자들의 상호작용

비록 기본 전사인자들이 RNA 중합효소 II의 결합을 위한 플랫폼을 형성하면 기본 수준으로 전사가 개시되지만, 유전자 조절 부위에 결합하는 전사인자들은 전사율을 변화시킬 수 있다. 전사인자들이 전사율을 변화시키는 몇 가지 가능한 기작들이 존재한다. 많은 경우에, 첫 단계는 조절 요소 DNA에 결합하는 활성자 단백질들의 조립을 포함한다. 복합체의 다른 단백질들과 함께, 이것은 **인핸소좀**(enhanceosome)이라고 알려져 있다. 두 번째 단계는 전사율을 조절하는 데 필수적인 것으로 보이는 것으로, 프로모터나 인핸서에 결합한 전사인자들이 PIC의 기본 전사인자들의 구성원들과 상호작용하는 것이다(그림 15-23). 이 지역의 단백질들이 상호작용하기 위해서는 프로모터와 인핸서 지역 사이의 DNA가 고리를 형성하거나 굽어진다. PIC 조립 속도에 영향을 줌으로써, 전사인자들은 전사 개시를 촉진(혹은 억제)한다. PIC 형성 외에도, 전사활성자들은 크로마틴 재구성을 촉진하고, 기본 인자들의 DNA에의 결합을 안정화시키며, 유전자 내부의 DNA 풀림의 속도를 증가시키고, 프로모터로부터 DNA 중합효소가 빨리 이동해 나가도록 한다.

요약하면, 진핵생물에서의 전사 조절에 대한 그림은 매우 복잡하지만, 몇 가지 중요한 일반화가 가능하다. 우선, 크로마틴 구조에서의 변화가 전사인자들의 결합을 가능하게 한다. 둘째, 전사인자에 의한 전사의 조절은, 전사 억제자들도 전사 조절요소의 하나이긴 하지만, 대체로 긍정적으로 작용한다. 그리고 다른 전사인자들이 주어진 DNA 서열이나 두 개의 겹치는 서열을 두고 경쟁할 수 있다. 서로 다른 조직이거나, 다른 시기, 혹은 다른 세포외 신호에 대한 반응에서는 같은 서열도 다른 인자들과 결합할 수 있다. 전사인자의 농도나, 이들이 DNA에 결합하는 강도 역시 어느 인자가 결합할 것인지를 결정한다. 마지막으로, 전사 개시율은 여러 인핸서, 사일런서, 그리고 서로 다른 상황에서 이들 요소에 결합하는 여러 인자에 의해 동시에 영향을 받을 수 있다.

이 문제를 풀어보자

391페이지의 25번 문제는 유전자 프로모터의 다양한 부위를 포함하고 있는 여러 DNA 조각들을 이용하여 시험관내 전사 시스템 두 가지에서 수행된 실험 결과를 해석하는 것이다.

힌트: 진핵성 유전자의 조절 영역에 존재하는 프로모터와 인핸서 요소의 형태 및 그들의 위치에 대해 고려하라. 또한 이들 요소에 어떤 형태의 단백질들이 결합하는지, 시험관내 전사 시스템이 이들 단백질들을 포함하고 있을지에 대해 생각해 보라.

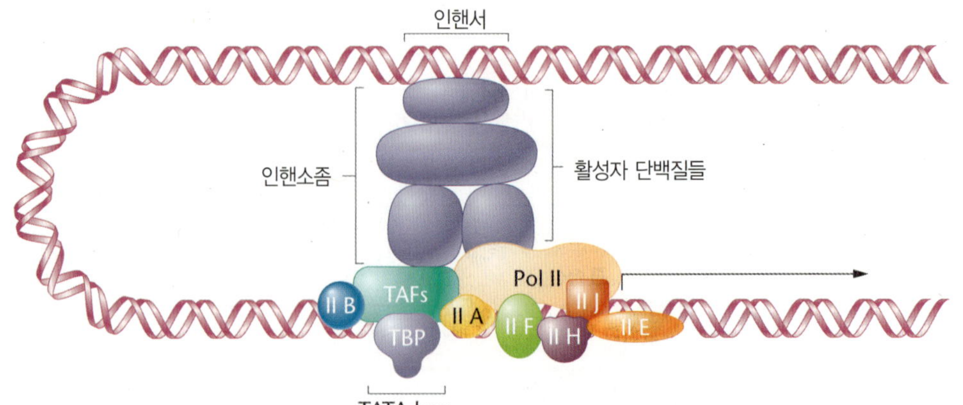

그림 15-23 DNA의 루프 형성으로 인해, 프로모터로부터 멀리 떨어져 있는 인핸서에 결합한 인자들이 전 개시 복합체의 조절 단백질들과 상호작용하고 전사를 극대화할 수 있다.

15.11 전사 후에 일어나는 사건들이 유전자 발현을 조절하기도 한다

유전자 발현의 조절은 DNA에서 단백질로 이르는 경로의 어느 지점에서든 일어날 수 있다. 비록 진핵생물에서도 전사의 조절이 주된 유전자 조절 형태이긴 하지만, **전사 후 조절**(posttranscriptional regulation) 역시 널리 사용된다. 진핵성 핵 RNA 전사체들은 번역 전에 변형된다. 비암호성 인트론들이 제거되고, 남은 엑손 부분들이 정확하게 접합되고 mRNA는 5′ 말단에 모자 구조가 붙고, 3′ 말단에는 폴리 A-꼬리가 첨가된다. 그러면 전령 RNA는 세포질로 이동하여 거기에서 번역된 후 분해된다. 이러한 공정의 각 단계는 단백질 산물 합성에 사용될 수 있는 기능적인 mRNA의 양을 맞출 수 있도록 조절될 수 있다. 우리는 이제 진핵세포에서 필수적인 두 가지 유전자 조절 기작–동일한 1차 전사체가 여러 mRNA를 만들 수 있는 대체 스플라이싱과 mRNA 자체의 안정성 조절–에 대해 조사해 보도록 하자. 다음 절에서는 새로 밝혀진 전사 후 유전자 조절–RNA 침묵화(RNA silencing)–에 대해 논의하도록 하자.

mRNA의 대체 스플라이싱 경로

대체 스플라이싱(혹은 선택적 접합, alternative splicing)은 동일한 전 mRNA 분자로부터 서로 다른 형태의 mRNA가 형성될 수 있도록 함으로써, 한 유전자의 발현에 의해 비슷하거나 다른 기능을 하는 다수의 단백질들이 생기게 한다. 스플라이싱 패턴의 변화는 번역되는 단백질에 여러 가지 영향을 미칠 수 있다. 작은 변화들이 효소 활성, 수용체 결합 능력, 세포내 단백질의 위치 등을 변화시킬 수 있다. 스플라이싱 패턴에서의 변화는 발생, 아폽토시스, 신경세포에서의 축삭-축삭 연결, 그리고 기타 많은 과정들에서 중요한 사건으로 작용한다. 스플라이싱의 조절에 영향을 미치는 돌연변이들은 여러 유전질환의 기초가 되기도 한다.

대체 스플라이싱은 각 유전자에서 만들어지는 단백질의 숫자를 증가시킨다. 결과적으로, 한 생물이 만들 수 있는 모든 단백질(즉, **프로테옴**, proteom)의 수는 그 생물이 가지는 유전체의 유전자 수와 같지 않으며, 단백질의 다양성은 유전자의 수보다 10배 이상 초과할 수 있다. 대체 스플라이싱은 모든 후생동물에서 발견되지만, 특히 인간을 포함한 척추동물에서 흔하다. 인간 유전체 유전자들의 30~60%가 대체 스플라이싱을 사용하는 것으로 추산된다. 따라서 인간은 반수 유전체에 존재하는 25,000~30,000개의 유전자들로부터 수십만 개의 서로 다른 단백질(아마 더 많을 수도)을 생산할 수 있다.

그림 15-24는 칼시토닌/칼시토닌 유전자-연관 펩티드 유전자(calcitonin/calcitonin gene-related pepetide gene, *CT/CGRP* gene)로부터 전사된 전 mRNA의 대체 스플라이싱의 예를 보여준다. 갑상선 세포에서, *CT/CGRP* 유전자의 1차 전사체는 성숙한 mRNA가 처음 네 개의 엑손만을 포함하는 방식으로 스플라이싱된다. 이들 세포에서는, 엑손 4의 폴리 아데닐화 신호가 mRNA 공정 중 폴리 A-꼬리를 만드는 데 사용된다. 이 mRNA는 칼슘을 조절하는 데 관여하는 32개 아미노산의 펩티드성 호르몬인 칼시토닌 펩티드로 번역된다. 뇌와 말초신경계에서는, *CT/CGRP* 1차 전사체는 엑손 5, 6을 포함하지만 4번 엑손은 빠지게 된다. 이들 세포에서는, 6번 엑손의 폴리 아데닐화 신호가 인식된다. *GCRP* mRNA는 여러 조직에서 호르몬 활성을 나타내는 37개의 아미노산으로 이루어진 펩티드로 번역된다. 대체 스플라이싱을 사용함으로써, 서로 다른 구조와 기능, 위치를 나타내는 두 가지의 펩티드성 호르몬이 동일한 유전자에서 합성된다. 일부 유전자에서는 심지어 더 복잡한 대체 스플라이싱 패턴들이 발생한다(그림 15-25).

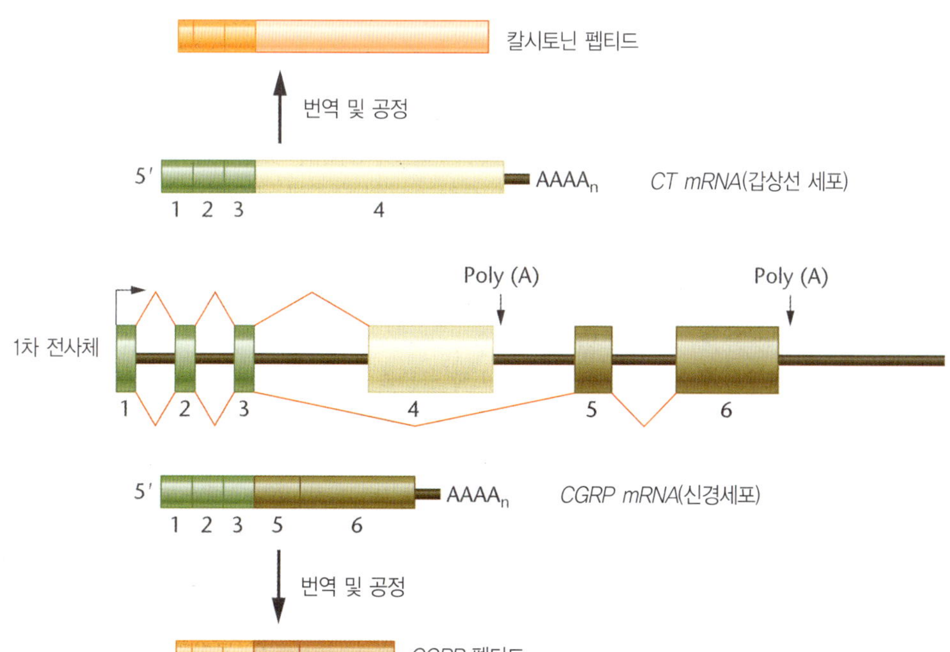

그림 15-24 *CT/CGRP* 유전자 전사체의 대체 스플라이싱. 1차 전사체는 그림 중앙에 있으며 6개의 엑손을 포함하고 있다. 1차 전사체가 2가지의 서로 다른 mRNA로 스플라이싱되며, 둘 다 처음 3개의 엑손들을 포함한다. *CT* mRNA는 4번 엑손을 포함하고 네 번째 엑손의 말단에서 폴리 아데닐화가 일어난다. *CGRP* mRNA는 5, 6번 엑손을 포함하고 6번 엑손의 끝에서 폴리 아데닐화가 발생한다. 갑상선 세포에서는, mRNA 공정 후에 *CT* mRNA가 번역되고, 단백질은 칼시토닌 펩티드가 된다. 신경세포에서는, *CGRP* mRNA가 번역되고, 단백질 산물은 공정을 거쳐 *CGRP* 펩티드가 된다.

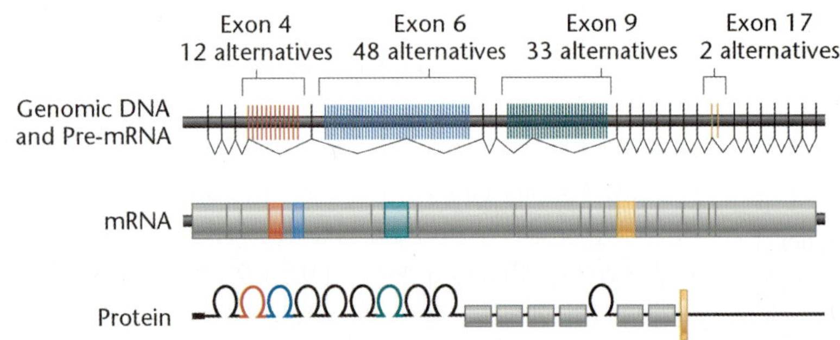

그림 15-25 (위) 초파리에서의 *Dscam* 유전자의 구성과, 여기서 전사된 pre-mRNA. *Dscam* 유전자는 발생 중의 축삭 성장을 안내하는 단백질을 암호화한다. 각 mRNA는 엑손 4(붉은색)에서는 12개의 가능한 엑손들 중의 하나를 포함하고, 엑손 6(푸른색)에 대해서는 48개 중 하나, 엑손 9(녹색)에 대해서는 33가지 중 하나, 엑손 17(노란색)에 대해서는 2가지 중 하나를 포함할 것이다. 만일 모든 가능한 조합들이 사용된다면 *Dscam* 유전자는 38,016개의 서로 다른 버전의 DSCAM 단백질을 암호화할 것이다.

mRNA 안정성의 조절

mRNA 전구체들이 공정을 거치고 이동되면, 이들은 세포질성 mRNA 분자들의 집단으로 들어와 번역에 참여한다. 모든 mRNA 분자들은 특징적인 수명(반감기라고 불림, 또는 $t_{1/2}$)을 가진다. 이들은 합성되고 얼마 후에 세포질에서 분해된다. 서로 다른 mRNA 분자의 수명은 매우 다양하다. 어떤 것들은 합성 후 수분 내에 분해되는 반면, 다른 것들은 수시간, 혹은 심지어 몇 달이나 몇 년(난자에 저장되는 mRNA의 경우) 동안 지속되기도 한다. RNA의 안정성은 단백질 산물의 수준에 영향을 미치도록 조절될 수 있다.

mRNA 안정성이 조절되는 방식 하나는 번역의 안정성을 통한 것이다–메시지의 번역은 그 안정성에 영향을 미친다. 번역 안정성 조절에서 가장 잘 연구된 예는 α-튜불린과 β-튜불린의 합성이다. 이들은 진핵성 미세소관의 소단위들이다. 이 시스템에서는, 자유로운 세포질 튜불린 소단위들이 번역될 튜불린 mRNA의 분해를 통해 튜불린의 번역을 막는다. 자유 튜불린 소단위들은 이들이 미세소관으로 조립되지 않으면 세포질에 존재하게 된다.

돈 클리블랜드(Don Cleveland)와 동료들의 연구는 번역 중에 어떻게 튜불린 mRNA의 안정성이 조절되는지를 제시한다(그림 15-26). 이들은 튜불린 유전자 산물의 첫 네 개 아미노산이 조절인자인 α-와 β-튜불린이 붙는 인식요소를 구성한다고 제안했다. 튜불린 소단위와 처음 합성된 단백질 사슬과의 상호작용은 리보솜 성분이나 비특이적 세포질 RNase들인 RNA 분해효소들을 활성화시킨다. RNase는 번역 중인 튜불린 mRNA를 분해시켜 튜불린 생합성이 멈추게 한다.

번역과 연관된 mRNA 분해는 히스톤, 일부 전사인자, 림포카인(lymphokines) 및 사이토카인(cytokines) 등을 포함한 다른 유전자들에 대한 조절 기작으로도 제안된다.

이 문제를 풀어보자

392페이지의 30번 문제는 대체 스플라이싱으로 인한 부가적 엑손 하나의 결실이 디스트로핀 유전자로부터 나오는 단백질 생산을 회복시킬 수 있다는 자료를 해석하는 것이다.

힌트; 이 질문에 답하기 위해서는, DNA에서 특정 숫자의 염기쌍들이 빠지거나 추가되는 것이 결과적으로 얻어지는 mRNA의 번역틀에 어떻게 영향을 미치는지 고려해야 한다. 여러분은 또한 틀이동 돌연변이로부터 생길 수 있는 mRNA와, 해독되는 단백질 모두에서의 다양한 결과들에 대해서도 고려해야 한다.

15.12 RNA 침묵화는 여러 방법으로 유전자 발현을 조절한다

지난 수년 동안, 조절성 RNA 분자가 유전자 발현을 조절하는 데 중요한 역할을 한다는 발견이 새로운 연구 분야를 탄생하게 했다. 식물에서 처음 발견된 약 21 뉴클레오티드 길이의 짧은 RNA 분

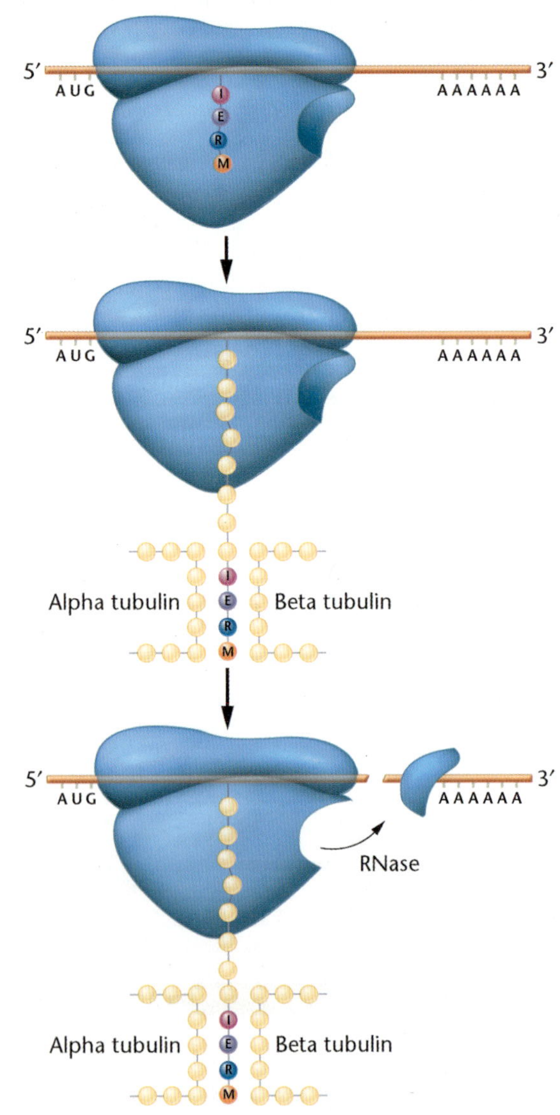

그림 15-26 튜불린 mRNA 안정성 조절을 통한 튜불린 생합성의 조절 모델.

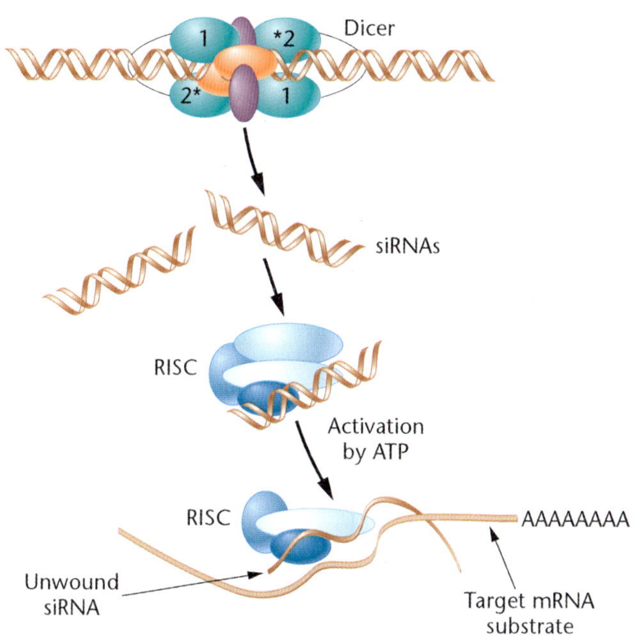

그림 15-27 Dicer와 RISC(RNA-induced silencing complex)의 작용. Dicer는 이중가닥의 RNA 분자에 결합하고 이들을 절단하여 ~21 뉴클레오티드의 분자를 만든다. 이들은 작은 방해 RNA(siRNA)라고 불린다. 이들은 다시 여러 단백질 복합체인 RISC에 결합하고 풀려서 단일가닥 분자를 형성한다. 이들은 상보적 서열을 가진 mRNA들을 표적화하여 분해를 촉진한다.

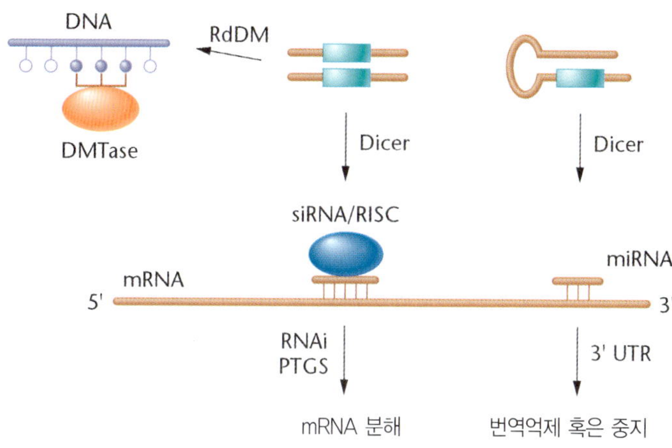

그림 15-28 RNA 유전자 침묵화에 의한 유전자 조절 기작. 세포질에서, 두 가지 시스템이 유전자를 침묵시킨다. (중간) siRNA 매개성 침묵화에서는, 전구체 RNA 분자가 Dicer에 의해 공정된다. Dicer는 RNA 분해효소 활성을 가진 단백질로 엔도뉴클레아제 활성을 가진 단백질 복합체와 연합하는 안티센스 단일가닥 RNA를 형성한다. siRNA/RISC는 상보적 서열을 가진 mRNA와 결합하고 mRNA를 잘라 분해시킨다. 이 과정은 동물에서는 RNAi라고 불리고, 식물에서는 전사 후 유전자 침묵화(PTGS)라고 불린다. (오른쪽) 부분적으로 이중가닥인 전구체가 Dicer에 의해 microRNA(miRNA)가 되고, 이것은 mRNA의 3′-비번역 부위(UTR)에 결합하여 번역을 방해한다. (왼쪽) 작은 RNA들은 Dicer에 의해 변형되며 RNA에 의한 DNA 메틸화(RdDM)에서 중요한 역할을 담당한다. 이들 RNA는 DNA 메틸전이효소(DMTase)와 연합하여 프로모터 지역(자주색 원)의 시토신을 메틸화시켜 유전자를 침묵시킨다.

자들은 mRNA의 번역을 억제하고 mRNA를 분해함으로써 세포질에서의 유전자 발현을 조절한다고 알려졌다. 좀 더 최근에, 비슷한 RNA들이 핵에서 작용한다는 것이 밝혀졌는데, 크로마틴 구조를 변형시켜 **유전자 침묵화**(gene silencing)를 일으킨다.

가장 잘 연구된 RNA 침묵화는 동물에서의 **RNA 방해**(RNA interference, RNAi)와 식물에서의 **전사 후 유전자 침묵화**(posttranscriptional gene silencing, PTGS)라고 불리는 것이다. 이 과정은 유전자 특이적인 이중가닥 RNA(약 70 뉴클레오티드 정도의 길이)가 이중가닥 RNase 활성을 가진 다이서(Dicer)라고 불리는 단백질에 의해 잘리는 것으로부터 시작한다. 다이서는 두 개의 촉매 도메인을 가지며, 이합체 효소로 기능한다(그림 15-27). 각 단위체의 촉매 도메인 중 하나는 불활성이며, 활성 도메인들에 의해 배열되어 잘리면 약 21-뉴클레오티드 간격으로 절단이 발생한다. 이 산물은 짧은(~21 뉴클레오티드) RNA로, **짧은 방해 RNA**(short interfering RNA, siRNA)라고 불린다. siRNA는 센스가닥과 안티센스 단일가닥으로 풀린다. 안티센스 가닥은 단백질 복합체인 **RISC**(*R*NA-*i*nduced *s*ilencing *c*omplex)와 연합하여, siRNA의 안티센스 가닥에 상보적인 서열을 포함하는 mRNA를 인식하고 결합하여 절단한다. RISC는 siRNA와 짝지어진 영역의 중간이나 그 근처에서 mRNA를 자르고, mRNA 조각들은 분해된다.

RNAi는 바이러스의 침입으로부터 세포를 보호하고, 트랜스포존들을 억제하는 데 중요한 역할을 담당한다. 예비적 결과들은 RNAi가 발생의 조절에도 역시 중요하게 작용할 것임을 시사한다.

두 번째 형태의 RNA 침묵화는 **마이크로 RNA**(micro RNA, miRNA)라고 불리는 짧은 RNA 분자들에 의해 매개되는 것이다. miRNA들은 짧은 단일가닥 RNA로, 약 20~25 뉴클레오티드 길이다. 이들 RNA는 머리핀 구조를 형성하는 약 100 뉴클레오티드 길이의 긴 전구 RNA에서 유래한 것이다. 이들 RNA 전구체들은 다이서에 의해 절단되고, 여기서 나온 miRNA들은 다른 mRNA 분자의 내부 서열이나 3′-비번역 부위(UTR)와 짝을 이룬다. 이러한 짝 형성은 번역을 막거나 mRNA 분해의 표식이 된다(그림 15-28).

*C. elegans*와 척추동물에서, miRNA 유전자들은 0.2~0.5%의 유전체를 구성하며, 수백 개의 유전자들로부터 전사된다. 많은 miRNA 유전자들의 발현 양상은 발생 조절에서 이들 RNA의 역할과 부합한다. *Arabidopsis* miRNA들의 표적은 대부분, 발생 중인 식물에서 세포 운명을 결정하는 중요한 전사인자들을 만드는 RNA들이다.

보다 최근에는, 짧은 RNA들이 크로마틴 변형을 위해 유전체의 특정 부분을 표적화할 수 있음이 밝혀졌다. siRNA와 miRNA들은 RNA-RNA 인식과 결합에 의존한다. 그러나 RNA는 DNA와도 결합할 수 있으며, 짧은 RNA들은 유전자 발현을 조절하는 몇 가지 형태의 유전체 변형에도 관여한다. 이들은 시토신의 **RNA에 의한 DNA 메틸화**(RNA-directed DNA methylation, RdDM)를 포함한다(그림 15-28). RdDM은 매우 특이적인 과정이며, RNA-DNA 짝 형성 영역에 제한된다. RdDM에서는, 프로모터의 CG 두 뉴클레오티드와 그 밖의 C 잔기들이 메틸화되어 유전자 침묵화를 일으킨다.

몇 가지 다른 형태의 작고 내생적인 RNA들이 발견되어, 기능적으로 독특한 부류의 작은 RNA들이 유전체 구조와 기능에 중요한 역할을 하고 있음을 발견하게 될 것으로 보인다.

생명공학에서의 RNA 침묵화

최근에 유전학자들은 강력한 연구 도구로서 RNAi를 적용하고 있다. RNAi 기술로 인해 연구자들은 유전적인 돌연변이에 의존하지 않고도 단일 인자 결함을 만들 수 있게 되었다. 그들의 특이성 외에도, RNAi-매개성 유전자 침묵화 기술은 비교적 저렴하고, 유전자 기능을 빠르게 분석할 수 있도록 한다. 연구자들은 RNAi 기술을 이용하여 특정 모델 생물들에서 각 유전자의 기능을 조직적으로 없애려고 하고 있다. 이 기술은 또, 특정 질병 유전자를 침묵화 시킴으로써 유전자 치료에도 유용하게 사용될 수 있다.

RNAi를 연구 도구로 사용하기 위해, 연구자들은 짧은 합성 이중가닥 RNA 분자를 세포에 도입한다. 이러한 분자들은 자연적인 RNA 저해 중에 작동하는 동일한 RNA-분해 경로를 촉발시킨다. 이중가닥 RNA의 안티센스 가닥은 세포의 상보적 mRNA에 혼성화되어 mRNA를 분해하고 번역을 저해한다.

RNAi 방법은 유전적으로 조작하기가 어려운 생물에서의 유전자 기능 탐구에 성공적으로 사용되어 왔다. 이들 생물에는 모기, 트리파노조마, 그리고 포유동물 세포들이 포함된다. RNAi는 암세포에서 부적절하게 발현되는 유전자들의 발현을 막는 데도 사용된다. 쥐에 도입되었을 때 이들 암-관련 유전자들이 침묵화되면, 암세포들은 종양 형성능을 잃는다. 때로는 "돌연변이 없는 유전학"이라고 불리는 RNAi 기술은, 이제 막 개발되기 시작한 것이지만, 이들은 연구나 치료목적에 있어 큰 가능성을 갖는다.

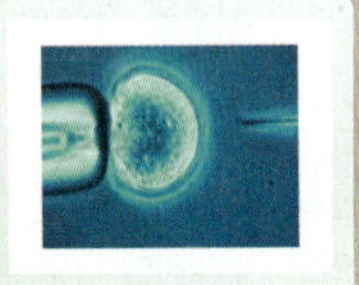

유전학, 기술, 그리고 사회

유전자 조절과 인간의 유전병

우리가 인간의 유전병에 대해 생각할 때는, 보통 유전자의 암호화 부분을 바꾸거나, 유전자 발현의 미묘한 균형을 파괴하는 염색체 숫자에서의 변화, 혹은 구조 변화를 떠올리게 된다. 그러나 유전자 발현은 많은 수의 연속적 과정들을 필요로 하는 복잡한 과정이다. 유전자를 암호화하는 DNA와 유전자의 mRNA 산물은 둘 다 유전자 기능을 변화시키는 후생적 변형(epigenetic modification)을 거친다. 이러한 변화는 다시 다양한 유전질환을 만들 수 있다.

예를 들어, DNA 메틸화는 후생적 과정의 핵심적인 예로서, 유전자 침묵화를 유발할 수 있으며, 잘못된 메틸화는 종종 암과 연관된다. 결과적으로, DNA 메틸화의 측정은 이제 암진단과 가능한 치료에 있어 떠오르는 분야가 되었다. 최근의 발달은 소변이나 가래, 그리고 대변 시료에 떨어져 나오는 세포들로부터 메틸화 상태를 비침습성으로 진단할 수 있도록 한다. 소변 분석으로부터 얻어진 *laminin-5* 유전자의 비정상 메틸화는 비침윤성 방광암과 침윤성 방광암을 구별하는 유용한 표지자로 보인다. 이 유전자는 핵으로부터의 분자 이동에 필수적이다. 가래에서 얻은 DNA에서 *p16*, *MGMT*, 그리고 *RASSF1A*의 메틸화는 폐암을 진단하는 예민한 표지자로 나타난다. 유전학자들은 또한 대변 시료를 이용하여 종양억제 유전자들에서의 점돌연변이를 분석하며, 이 유전자들에 대한 DNA 메틸화를 결정하는 데에도 사용할 수 있을지를 조사해 왔다.

암세포에서 DNA 메틸화를 변화시키는 기작은 불분명한데, 아마도 메틸화 기구들의 손상에 관여하는 체세포성 돌연변이의 결과일 것으로 생각된다. 유전체의 광범위한 탈메틸화(hypomethylation)는 암 형태를 가리지 않고 발견되는 현상이며, 유전적 불안정성의 증가와, 종양의 성장과 전이 능력에 관여하는 어떤 유전자들의 활성화와 관련이 있는 것으로 보인다. 특정 염색체 부분에서 DNA의 과메틸화(hypermethylation) 역시 다양한 암들과 관련이 있으며, 각각 망막아종, 유방암, 대장암에 관계된 *pRB*, *BRCA1*, 그리고 *APC* 유전자와 같은 종양억제 유전자들의 침묵화를 일으키는 것으로 보인다.

종양세포들에서의 메틸화 변이를 결정하기 위한 분자적 기술들은 암진단의 정확성을 증가시킬 수 있다. 예를 들어, 윌름 종양(Wilms Tumor)이라고 불리는 소아 신장암은 정상적으로는 발달 중인 신장에서의 세포분열을 정지시키는 한 유전자가 변화했을 때 발생한다. 신사구체의 세포들이 태아 때처럼 계속 자라면 신장암을 일으킨다. 정상적인 신장세포들은 신장이 정상크기가 될 때까지 증식하고 다 자라면 성장을 멈춘다. 정상적인 조직과 종양조직은 DNA 메틸화 정도에 따라 구별이 가능하다. 정상적인 신장조직 세포의 DNA는 특정 염색체 지역이 고도로 메틸화되어 있다; 그러나 종양세포의 DNA는 이 지역의 메틸화가 심각하게 감소되어 있거나 없다.

일단 잘못된 메틸화 패턴이 진단되면, 치료법들은 항암치료제를 이용하여 비정상적인 DNA 메틸화를 역전시키도록 할 수 있다. 그리고 담배연기에 대한 노출과 비소세포성 폐암에 관련된 특정 유전자의 메틸화와의 연관에서 보듯이, 잠재적인 암 예방법이 있다. 미래에는 DNA 메틸화에 기반한 진단들이, 의사의 암진단법과 환자의 치료법을 매우 변화시킬 것이다.

유전자 조절의 과정에 대해 우리가 배운 것처럼, 그 과정에서 모든 단계에 영향을 미치는 돌연변이들이 유전질병을 일으킬 수 있다는 것은 분명하다. 예를 들어, 진핵성 유전자 발현의 첫 단계 중 하나는 전사가 용이하도록 크로마틴을 재형성하는 것과 관계가 있다.

이러한 재형성에는 ATP-의존성 SWI/SNF 단백질 복합체가 관여한다. SWI/SNF 복합체의 효소를 암호화하는 유전자에서의 돌연변이는 넓은 범위의 표현형을 가지는 질병을 일으킨다. 여기에는 윌리암스 증후군(Williams syndrome)이

속하는데, 이것은 성장 결핍증뿐 아니라, 심장과 폐의 결함을 유발할 수 있는 상염색체성 우성 질병이다. 이 경우에서, 영향을 받은 유전자는 특정 프로모터의 크로마틴 재형성을 표적으로 하는 *Daxx* 공동 전사인자를 암호화하며, 반복성 DNA 서열의 잘못된 메틸화를 일으킴으로써 작용할 수 있다.

히스톤 아세틸화와 기타 후생적 변형들 역시 유전자 발현의 조절에 중요하게 기여한다. 히스톤 아세틸전이효소(histone acetyltransferase, HAT)와 히스톤 탈아세틸화효소(histoen deacetylase, HDAC)들은 SWI/SNF 인자와 상호작용하여 전사의 첫 단계로 크로마틴을 재구성한다. 히스톤 아세틸화효소 유전자 *CREB*(*cAMP-responsive element binding protein*)에서의 돌연변이는 루빈슈타인 타이비 증후군(Rubinstein Taybi syndrome)의 원인이며, 이것은 상염색체성 우성 질병으로 성장지연, 안면과 손 기형, 그리고 정신지체를 나타낸다. 일반적으로, 히스톤 아세틸화와 탈아세틸화효소들의 불활성화는 광범위하고 복잡한 표현형을 나타내는 발달 장애와 관련된다. HAT 혹은 HDAC들의 비정상적 활성화 역시 여러 가지 형태의 암과 관련이 있다.

인간의 유전병에 대한 분자적 기작들에 대해 우리가 알고 있는 것으로부터, 후생적 공정과정, 크로마틴 재구성, 그리고 유전자 발현과 관련한 유전자에서의 돌연변이가 복잡하고 비정상적인 표현형을 일으킨다는 것이 점차 분명해진다. 모델 생물을 이용한 연구는 유전적 요소와 후생적 요소가 어떻게 질병의 복잡한 표현형에 기여하는지 밝혀주고 있으며, 인간 유전체 프로젝트와 연계되고 있어, 우리는 이제 인간의 유전적 연구에 있어 새롭고 흥미로운 시대로 진입하고 있다.

참고문헌

Cho, K.S., Elizondo, L.I., and Boerkoel, C.F. 2004. Advances in chromatin remodeling and human disease. *Curr. Opin. Genet. Develop.* 14: 308-315.

Gabellini, D., Green, M.R., and Tupler, R. 2004. When enough is enough: genetic disease associated with transcriptional depression. *Curr. Opin. Genet. Develop.* 14: 301-307.

Kisseljova, N.P., and Kisseljova, F.L. 2005. DNA demethylation and carcinogenesis. *Biochemistry* (Moscow) 70: 743-752.

Laird, P.L. 2005. Cancer epigenetics. *Hum. Mol. Genet.* 14: R65-R76.

단원 요약

1. 유전적 조절이 존재하기 때문에, 모든 조건에서, 모든 세포의, 완전한 유전체가, 지속적으로 전사되지는 않는다.
2. 대장균에서의 *lac* 오페론에 대한 연구는 세균에서의 유전자 발현 조절 연구에 대한 선구적 역할을 했다. 젖당 대사에 관여하는 유전자들은, 젖당의 있고 없음에 반응하는 음성 조절 시스템에 의해 조화롭게 조절된다.
3. 이화물 활성화 단백질(catabolite-activating protein, CAP)은 *lac* 유전자 발현에 양성 조절을 발휘한다. 이것은 세균세포 내의 cAMP 수준에 반응하여 *lac* 프로모터에서 RNA 중합효소와 상호작용함으로써 조절작용을 수행한다.
4. 대장균에서의 트립토판 합성은 한 오페론 내에 존재하는 유전자들에 의해 암호화되는 여러 효소들이 관여하여 이루어진다. 젖당 대사를 조절하는 유도적 오페론과는 대조적으로, *trp* 오페론은 억제적이다. 트립토판이 존재하면, 억제자가 트립토판 오페론의 조절 부위에 결합하고 전사 개시를 방해한다.
5. 감쇠(attenuation)라고 알려진 추가적 조절 단계가 *trp* 오페론을 조절한다. 이 기작은 서로 다른 조건 하에서, mRNA의 리더 서열에서 형성되는 선택적 머리핀 구조에 의존적이다. 감쇠는 트립토판이 충분할 때 발생하여 구조 유전자의 전사에 앞서 리더 서열에서 전사가 조기에 종결되도록 한다.
6. 진핵세포에서의 유전자 조절은 크로마틴 재구성에서 전사 개시, 그리고 전사 후 공정에 이르기까지 유전자 발현에 관계된 어떤 단계에서도 발생할 수 있다.
7. 크로마틴 수준에서의 진핵성 유전자 조절은 유전자-특이적 크로마틴 재구성, 히스톤 변화, 혹은 DNA 변형 등을 포함한다. 이러한 변형들은 프로모터와 인핸서에 전사인자들이 접근하거나 혹은 접근하지 못하도록 하여, 전사 개시의 수준을 높이거나 감소시키게 된다.
8. 진핵성 전사는 유전자-특이적 프로모터와 인핸서 요소들의 수준에서 조절된다. 이러한 시스-작용 DNA 부위들은 지속적으로 작용할 수도 있고, 조직-특이적이거나 일시적으로 작용할 수도 있다.
9. 전사인자들은 유전자 프로모터 내부나 근처에 위치하는 시스-작용 조절 부위들에 결합하여 전사율에 영향을 미친다. 이들은 핵심 프로모터에서 기본적인 전사인자들의 연합을 촉진하거나 억제함으로써 작용하는 것으로 생각된다. 이들은 크로마틴 재구성도 보조한다.
10. 전사 후 유전자 조절에는 초기 RNA의 대체 스플라이싱, RNA 수송, 혹은 mRNA 안정성에서의 변화 등이 포함될 수 있다. 대체 스플라이싱은 하나의 유전자에서 암호화되는 유전자 산물의 수를 증가시킨다. mRNA 안정성에서의 변화는 번역에 사용될 mRNA의 양을 조절한다.
11. RNA 침묵화는 유전자 조절의 전사 후 조절 기작으로, mRNA의 번역능력이나 안정성에 영향을 미친다. 이것은 작은 안티센스 RNA가 mRNA의 특정 영역에 결합함으로써 작용한다.

주요 용어

β-갈락토시다아제(β-galactosidase)
CAAT 상자(CAAT boxes)
DNA 결합 도메인(DNA-binding domain)
DNA 메틸화(DNA methylation)
GC box
lac 오페론(*lac* operon)
RNA 방해(RNA interference, RNAi)
RNA 유도성 침묵화 복합체(RNA-induced silencing complex, RISC)
RNA 유도성 DNA 메틸화(RNA-directed DNA methylation, RdDM)
TATA box
TBP
TFIID
감쇠(attenuation)
감쇠자(attenuator)
고리형 아데노신 일인산(cyclic adenosine monophosphate, cAMP)
공동 억제자(corepressor)
공동활성자(coactivator)
구성적 돌연변이(constitutive mutants)
구성적, 지속적(constitutive)
구조 유전자(structural gene)
기본 전사인자(basal transcription factor)
나선-꺾임-나선(helix-turn-helix, HTH)
대체 스플라이싱(alternative splicing)
락토오스, 젖당(lactose)
루빈슈타인 타이비 증후군(Rubinstein-Taybi syndrome)
류신 지퍼(leucine zipper)
리더 서열(leader sequence)
마이크로 RNA(microRNAs, miRNAs)
무상 유도자(gratuitous inducers, 332)
부분 접합자(merozygote)
사일런서, 침묵자(silencer)
시스 활성 부위(*cis*-acting site)
아데닐 고리화효소(adenyl cyclase)
아세틸기 전이효소(transacetylase)
아연-손가락(zinc-finger)
알로스테릭, 다른자리입체성(allosteric)
양성 조절(positive control)
억제 분자(repressor molecule)
억제자 유전자(repressor gene)
억제적(repressible)
염기성 류신 지퍼(basic leucine zipper, bZIP)
염색체 구역(chromosome territory)
염색체간 구획(interchromosomal compartments)
오페론 모델(operon model)
윌름 종양(Wilms tumor)
윌리암스 증후군(Williams syndrome)
유도자(inducer)
유도적(inducible)
유전자 침묵화(gene silencing)
음성 조절(negative control)
이소프로필 티오갈락토시드(isopropylthiogalactoside, IPTG)
이화물 억제(catabolite repression)
이화물 활성화 단백질(catabolite-activating protein, CAP)
인핸서(enhancer)
인핸소좀(enhanceosome)
일반 전사인자(general transcription factor)
작동자 영역(operator region)
전개시 복합체(pre-initiation complex, PIC)
전사인자(transcription factor)
전사 후 유전자 침묵화(posttranscriptional gene silencing, PTGS)
전사 후 조절(posttranscriptional regulation)
종결자(terminator)
짧은 방해 RNA(short interfering RNA, siRNA)
크로마틴 재구성(chromatin remodeling)
트랜스 작용 분자(*trans*-acting molecules)
트랜스-억제 도메인(*trans*-repression domain)
트랜스-활성 도메인(*trans*-activating domain)
트립토판 합성효소(tryptophan synthase)
퍼미아제(permease)
프로모터(promoter)
프로테옴(proteome)
항종결자 머리핀(antiterminator hairpin)
핵심 프로모터(core promoter)
협동적 결합(cooperative binding)
호메오도메인(homeodomain)
호메오박스(homeobox)
히스톤 아세틸 전이효소(histone acetyltransferases, HATs)

통찰과 해법

1. *E. coli*의 가상적인 오페론(*theo*)이 어떤 아미노산의 생합성에 순차적으로 관여하는 효소들을 암호화하는 여러 구조 유전자를 포함하고 있다. 억제자 유전자가 오페론과 분리되어 있었던 *lac* 오페론과는 달리, 조절 분자를 암호화하는 유전자가 *theo* 오페론에 포함되어 있다. 최종산물(그 어떤 아미노산)이 존재할 때는, 이것이 조절 분자와 결합하고 이 복합체가 작동자(operator)에 결합하여 오페론을 억제한다. 이 아미노산이 없을 때는 조절 분자들은 작동자에 결합하지 못하며 전사가 진행된다.

이 오페론을 분류해 보라; 그리고 다음과 같은 돌연변이들 혹은 상황에서 야생형 유전자가 부분적 이배체 세포(F′)로 이 돌연변이 유전자들과 함께 한다고 가정해 보자.

(a) 작동자(operator) 내의 돌연변이
(b) 프로모터(promoter) 부분의 돌연변이
(c) 조절자(regulator) 유전자의 돌연변이

각 경우에서 돌연변이가 *theo* 오페론의 조절에 영향을 미친다고 가정하면 이 오페론은 전사적으로 활성일까, 불활성일까? 각 반응을 *lac* 오페론에서의 동일 상황과 비교해 보라.

해법: 이 오페론은 음성 조절 하에 있으며, 억제적이다. 배지(혹은 환경)에 아미노산이 없을 때 조절자 유전자의 산물은 작동자 영역에서 결합할 수 없고, RNA 중합효소에 의한 전사가 진행된다. 조절 분자와 마찬가지로 아미노산 합성에 필요한 효소들이 생산된다. 만약 아미노산이 존재하거나 충분히 합성된 이후라면, 그 아미노산이 조절자와 결합하여 복합체를 형성하고 이것이 작동자 영역과 상호작용하여 그 오페론내 유전자의 전사를 억제하게 된다.

theo 오페론은 조절자 유전자가 오페론 밖이 아니라 오페론 내에 존재한다는 것만 빼면 트립토판 체계와 유사하다. 그러므로 *theo* 오페론에서는 조절자 유전자 자체가 아미노산의 유무에 의해 조절된다.

(a) *lac* 오페론에서와 마찬가지로, *theo* 작동 유전자의 돌연변이는 억제 복합체와의 결합을 방해하여 전사가 지속적으로 일어나게 한다. 야생형 대립인자를 포함한 F′ 플라스미드의 존재는 그것이 구조 유전자와 인접해 있지 않으므로 아무런 효과가 없을 것이다.

(b) *theo* 프로모터의 돌연변이는 RNA 중합효소의 결합을 방해하므로 전사는 저해된다. 이것은 *lac* 오페론에서도 마찬가지다. F′ 플라스미드에 존재하는 야생형 대립인자는 효과가 없을 것이다.

(c) *theo* 조절자에서의 돌연변이는 *lac* 시스템에서와 같이 억제자와의 결합을 방해하거나 혹은 작동 유전자와의 결합을 저해한다. 두 경우 모두에 있어 전사는 지속적으로 일어나는데, *theo* 시스템이 억제적이기 때문이다. 두 경우에서 조절 분자가 작동자에 붙지 못하며 전사가 진행된다. *lac* 시스템에서는 락토오스가 억제자와 결합하지 못할 경우 지속적으로 시스템이 억제된다. 야생형 대립인자의 첨가는 유전자가 지속적으로 전사된다고 가정하면 억제성을 회복시킬 수 있다.

2. 진핵세포 유전자들의 조절 부위들은 보통, 전사 개시 부위를 이루는 수백 뉴클레오티드 내에 존재한다. 그러나 이들은 수 kb까지 멀리 떨어져서 위치할 수도 있다. DNA 서열-특이적 결합 분석법은 핵 추출물에 낮은 농도로 존재하는 단백질 인자들을 추적하여 분리하는 데 사용된다. 이러한 실험에서는, DNA-결합 서열을 포함하고 있는 짧은 DNA 분자가 컬럼상의 물질에 부착되고, 핵추출물은 이 컬럼을 통과하게 된다. 만약 그 DNA 서열에 특이적으로 결합하는 단백질이 그 핵산 추출물에 존재한다면, 그들은 DNA에 결합할 것이고, 나머지 붙지 않는 물질들을 모두 닦아 버린 후에 컬럼으로부터 회수될 수 있을 것이다. 일단 DNA-결합 단백질이 분리되고 규명되면, 문제는 그 DNA-결합 인자들을 암호화하는 유전자에 대한 클론 도서관들을 검색하는 일반적 방법을 고안하는 것이다. 그 단백질의 아미노산 서열을 결정하거나, 합성 올리고뉴클레오티드를 제작하는 것은 시간을 많이 소비하는데다 한 번에 하나의 인자를 검사할 때나 유용하다. 단백질과 그 DNA-인식 서열 사이의 강한 인력을 알고 있다면, 이 결합인자들을 암호화하는 유전자들을 어떻게 검색할 수 있겠는가?

해법: 몇 가지 일반적인 전략이 개발되어 있다. 그 중 가장 촉망받는 것은 프레드 허친슨 암 센터(Fred Hutchinson Cancer Center)의 스티브 맥나잇(Steve McKnight)의 실험실에서 고안된 것이다. 그 결합인자를 발현하는 세포로부터 분리된 cDNA를 람다 벡터인 gt11에 클론화한다. 이 도서관의 용균반들은 그 cDNA 삽입물의 발현으로부터 유래한 단백질들을 포함하고 있는 것인데, 이것을 니트로셀룰로오스 필터에 흡착시키고, 결합 부위에 해당하는 이중가닥의 방사성 DNA로 탐침하여 검색한다. 만약 결합인자에 해당하는 융합 단백질이 존재하면, 그것은 DNA 탐침자에 결합할 것이다. 결합하지 않은 탐침자들을 세척한 후에 니트로셀룰로오스 필터에 자기방사법을 실시한다. 이로써 DNA-결합 단백질을 가지고 있는 용균반을 찾을 수 있다. 이 방법의 장점은 필터에서 결합 DNA를 떼어 내고 이것을 재사용할 수 있다는 것이다. 이 똑똑한 방법은 17장에서 설명할 콜로니-혼성화나 용균반-혼성화 방법과 유사한 것이며, DNA-결합인자들을 암호화하는 유전자를 검색하는 일반적인 방법이다.

연습문제 및 토론문제

1. 젖당과 트립토판이 (a) 존재할 때와 (b) 없을 때, 세균에서 젖당과 트립토판 대사에 관여하는 효소들의 필요성을 대조하라.

2. 양성 조절 시스템과 음성 조절 시스템을 비교해 보라.

3. 유도적 체계와 억제적 체계에서의 억제자의 역할을 비교하라.

4. *lacZ*, *lacY*, *lacA* 구조 유전자들이 단일한 폴리시스트로닉 mRNA로 전사되지만 각 유전자들은 번역에 필요한 적당한 개시 신호와 종결 신호를 포함하고 있다. 젖당의 존재 하에서 자라는 세균이 다음과 같은 부위에 하나의 뉴클레오티드 결실을 가졌다면 어떤 일이 발생할지 예상해 보라.
   (a) *lacZ* 유전자의 초반
   (b) *lacA* 유전자의 초반

5. 다음과 같은 *lac* 유전자형에 대해 오페론의 구조 유전자들이 지속성(constitutive)인지, 계속 억제되어 있는지, 아니면 젖당의 존재 하에서 유도적인지 예상해 보라.

유전자형	구성적	억제됨	유도적
$I^+O^+Z^+$			X
$I^-O^+Z^+$			
$I^+O^CZ^+$			
$I^-O^+Z^+/F'\,I^+$			
$I^+O^CZ^+/F'\,O^+$			
$I^SO^+Z^+$			
$I^SO^+Z^+/F'\,I^+$			

6. 유전자형과 조건(젖당의 있고 없음)이 다음 표와 같을 때, 기능적 효소가 만들어지는지, 비기능적 효소가 생산되는지, 혹은 효소들이 생산되지 않는지를 예측하라.

유전자형	조건	기능적 효소 생산	비기능적 효소 생산	효소가 생산되지 않음
$I^+O^+Z^+$	No lactose			X
$I^+O^CZ^+$	Lactose			
$I^-O^+Z^-$	No lactose			
$I^-O^+Z^-$	Lactose			
$I^-O^+Z^+/F'\ I^+$	No lactose			
$I^+O^CZ^+/F'\ O^+$	Lactose			
$I^+O^+Z^-/F'\ I^+O^+Z^+$	Lactose			
$I^-O^+Z^-/F'\ I^+O^+Z^+$	No lactose			
$I^SO^+Z^+/F'\ O^+$	No lactose			
$I^+O^CZ^+/F'\ O^+Z^+$	Lactose			

7. 여러 *lacI*$^-$와 *lacI*^{S} 돌연변이들의 위치가 *lacI* 유전자의 DNA 서열 내에서 결정되었다. 이들 중에서 *lacI*$^-$ 돌연변이들은 이 유전자의 5′-상류 지역에서 발견되었다. 반면에 *lacI*^{S} 돌연변이들은 이 유전자의 먼 하류 지역에서 발견되었다. 유전자 내에서 두 형태의 돌연변이 위치가 *lacI* 유전자의 산물인 억제자의 역할에 대해 우리가 알고 있는 것과 부합하는가?

8. 어째서 이화물 억제가 *lac* 오페론의 조절에 사용되는지, 그리고 그것이 어떻게 β-갈락토시다제 합성을 미세하게 조절하는지 설명하라.

9. 두 개의 전사 조절 분자들이 협동적 결합 기작을 통해 작용하는지를 확인할 수 있는 실험에 대해 설명하라.

10. 세포내 환경이 아래 표와 같을 때, *lac* 오페론의 유전적 활성과, *lac* 억제자와 CAP 단백질의 상태를 예측하라.

	Lactose	Glucose
(a)	−	−
(b)	+	−
(c)	−	+
(d)	+	+

11. 다음 기능을 망가뜨린 돌연변이들의, *lac* 오페론의 유도능에 대한 효과를 예측하라.
(a) *crp* 유전자, 이것은 CAP 단백질을 암호화한다.
(b) 프로모터내 CAP 결합 부위

12. 트립토판 생합성에서 감쇠의 역할에 대해 설명하라.

13. *trp* 오페론의 감쇠는 처음 발견되었을 당시인 1970년대에는, 유전적 조절을 위해서는 상대적으로 비효율적인 것으로 보였다. 그러나 그 이후로, 감쇠는 상대적으로 흔한 조절 전략임이 밝혀졌다. 감쇠가 유전적 조절에서 비교적 비효율적인 방법임을 가정하면, 그것이 그렇게 널리 사용되도록 하는 이유는 무엇일까?

14. 가상적인 세균의 오페론에서 유전자 *A*, *B*, *C*, *D*는 각각 억제 유전자, 프로모터 서열, 그리고 작동 유전자, 구조 유전자를 나타낸다. 그러나 순서가 반드시 이러한 것은 아니다. 이 오페론이 가상적인 분자(theoretical molecule, tm)의 대사에 관여한다. 아래 제시된 자료로부터 이 오페론이 유도적인지 억제적인지 결정하라, 그리고 *A*, *B*, *C*, *D* 유전자를 오페론의 각 부위에 할당해 보라(AE는 활성적인 효소, IE는 불활성 효소, NE는 효소가 없음을 나타낸다.)

유전자형	tm 있음	tm 없음
$A^+B^+C^+D^+$	AE	NE
$A^-B^+C^+D^+$	AE	AE
$A^+B^-C^+D^+$	NE	NE
$A^+B^+C^-D^+$	IE	NE
$A^+B^+C^+D^-$	AE	AE
$A^-B^+C^+D^+/F'\ A^+B^+C^+D^+$	AE	AE
$A^+B^-C^+D^+/F'\ A^+B^+C^+D^+$	AE	NE
$A^+B^+C^-D^+/F'\ A^+B^+C^+D^+$	AE + IE	NE
$A^-B^+C^+D^-/F'\ A^+B^+C^+D^+$	AE	NE

15. 하나의 세균 오페론이 가상적인 아미노산인 티소페인(tisophane, tis)의 생합성에 필요한 생합성 효소들을 만든다고 한다. 이 오페론은 분리된 유전자의 산물인 *R*에 의해 조절된다. *R* 유전자의 결실은 이들 효소의 합성 결함을 일으킨다. 야생의 조건에서, tis가 존재하면 효소가 만들어지지 않는다. tis가 없으면 이 효소들이 만들어진다. 작동 유전자의 돌연변이(O^-)는 tis 유무와 관계없이 억제를 일으킨다. (a) 이 오페론은 양성 조절 하에 있는가, 음성 조절 하에 있는가? (b) 야생의 세포에서 tis가 있을 때 유전자의 억제와 (c) O^- 돌연변이들에 대한 모형을 제시해 보라.

16. 한 바다 세균종이 분리되었고, 환경에 존재하는 기름을 대사할 수 있는 유도적 오페론을 가지고 있음이 밝혀졌다. 조사 결과 이 오페론은 양성 조절 하에 있으며 *sg*라는 구조 유전자들을 조절하는 작동 부위(*o*)와 상호작용하는 *reg* 유전자를 가지고 있음이 밝혀졌다.

이 오페론이 어떻게 작동하는지를 이해하기 위해 구성적 돌연변이(constitutive mutation) 균주와 몇 가지의 부분적 이배체 균주들이 분리되어 검사된 결과, 다음과 같은 자료들이 얻어졌다.

숙주 염색체	F′ 요소	표현형
wild type	none	inducible
wild type	*reg* gene from mutant strain	inducible
wild type	operon from mutant strain	constitutive
mutant strain	*reg* gene from wild type	constitutive

이 오페론 조절의 특징과 이들 돌연변이에 대해 가능한 많은 결론을 도출해 보라. 이 구성적 돌연변이는 *trans*-acting *reg* 요소에 있는가 아니면 *cis*-acting *o* 작동자 요소에 있는가?

17. 대장균에서의 SOS 수리 유전자들은, LexA 억제자라고 불리는 *lexA* 유전자 산물들에 의해 음성적으로 조절된다. 어떤 세포가 그 DNA에 광범위하게 손상을 입으면, LexA 억제자는 *recA* 유전자 산물(RecA)에 의해 불활성화되고, SOS 유전자들의 전사는 극적으로 증가된다.

SOS 유전들 중 하나는 *uvrA* 유전자다. 여러분은 DNA 수리에서 *uvr* 유전자 산물의 기능을 연구 중이다. 여러분은 UvrA 단백질을 지속적으로 발현하는 돌연변이 균주를 분리했다. 그리고 이 돌연변이 균주의 이름을 *uvrA*^C^라고 정했다. 다음 그림은 *lexA*와 *uvrA* 오페론을 간단히 나타낸 것이다.

(a) *uvrA* 구성적 표현형을 나타낼 수 있는 두 가지 서로 다른 돌연변이를 설명하라. 그리고 관여한 실제의 유전자형을 표시하라.

(b) 부분 이배체 균주를 사용하여, 여러분이 분리한 두 가지 가능한 돌연변이 중 어느 것인지를 결정할 수 있는 일련의 유전 실험을 설명하라.

18. 17번 문제를 고민하던 한 학생이 두 돌연변이 균주를 구별할 수 있는 간단하고 직접적이며 비유전적인 실험이 있다고 주장한다. 그 실험은 대단한 유전학을 요구하는 것은 아니지만, 여러분은 SOS 유전자들의 산물을 쉽게 분석할 수 있었다. 그러한 실험에 대해 제안해 보라.

19. 왜 다세포 진핵생물의 유전자 조절이 원핵생물에서 보다 복잡해야 한다고 가정하는가? 왜 진핵생물에서의 이러한 현상을 연구하는 것이 더 어려운가?

20. 이 장에서 논의된 유전자 조절의 수준을 나열하고 정의하라.

21. 프로모터와 인핸서라고 불리는 조절요소들을 구별하라.

22. 해당 DNA 인식 부위에 전사인자가 결합하는 것이, 조절되는 유전자에서 전사를 개시하는 데 필수적이며 충분한 것인가? 이 과정에서 작용하는 또 다른 것들은?

23. 진핵세포와 원핵세포에서의 유전자 조절을 전사 개시 수준에서 비교하는 에세이를 작성하라. 조절 기작은 어떻게 작동하는가? 조절 기작의 특정 성분들에 관해, 이 두 생물 사이의 유사점과 차이점은 무엇인가? 이러한 유사점과 차이점이 어떻게 유전자 발현 조절이라는 생물학적 맥락과 관계되는지 설명하라.

24. 튜불린 합성의 자가 조절과정에 대해 두 가지 기작이 제시되었다: (1) 튜불린 소단위들이 mRNA에 결합하는 것과 (2) 그 소단위들이 초기 튜불린 폴리펩티드와 상호작용하는 것이다. 이 두 모형을 구별하기 위해, 클리블랜드 등은 β-튜불린 유전자의 13 bp 조절요소에 돌연변이들을 도입했다. 일부 돌연변이는 아미노산 치환을 일으켰고, 다른 것들은 그렇지 않았다. 그리고 그들은 완전한 13 염기서열의 해독틀을 변화시켰다. 다음 표는 mRNA의 돌연변이화 연구 결과를 나타낸 것이다.

Wild type	met AUG	arg AGG	glu GAA	lys ATC	*Autoregulation* +
Second	______	UGG	______		−
codon	______	GGG	______		−
mutations	______	CGG	______		+
	______	AGA	______		+
	______	AGC	______		−
Third	______		GAC	______	+
codon	______		AAC	______	−
mutations	______		UAU	______	−
	______		UAC	______	−

이 결과에 따르면 어떤 모델이 지지되는가? 이것을 확인하기 위해 여러분은 어떤 실험을 하겠는가?

25. 여러분은 전사인자를 연구하는 데 관심이 있고 진핵세포의 프로모터 조절을 받아 전사되는 DNA 조각을 이용하여 시험관내 전사 시스템을 개발했다. 여러분이 정제된 RNA 중합효소 II, TFIID(TATA binding factor), 그리고 TFIIB와 TFIIE(RNA 중합효소에 결합한다)를 첨가하면 이 DNA의 전사가 발생한다. 여러분은 이 체제와 핵 추출물의 효율성을 비교하는 일련의 실험을 진행 중이다. 여러분은 주형 DNA와 다양한 결실을 포함하는 DNA 주형을 만들어 두 시스템을 검사하고자 한다. 아래에 여러분의 연구 결과가 나와 있다.

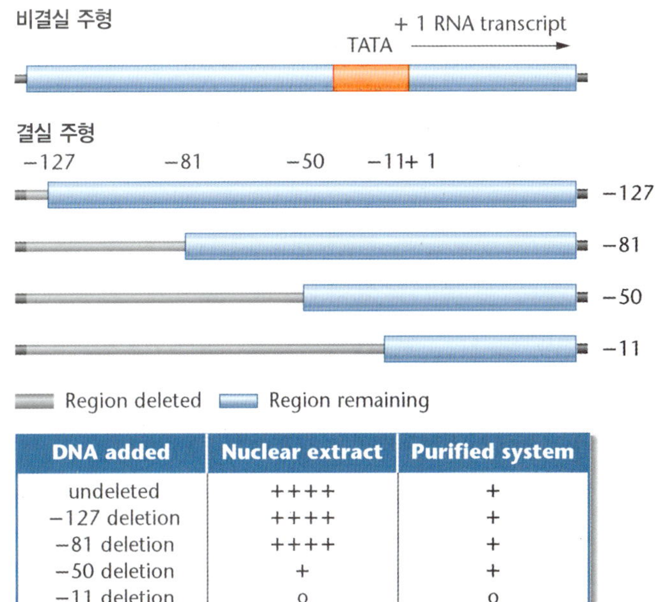

DNA added	Nuclear extract	Purified system
undeleted	++++	+
−127 deletion	++++	+
−81 deletion	++++	+
−50 deletion	+	+
−11 deletion	o	o

+ Low efficiency transcription
++++ High efficiency transcription
o No transcription

(a) −11 결실 주형으로부터 전사가 발생하지 않는 이유는?
(b) 결실이 없는 주형에서 핵 추출물과 정제 시스템의 결과는 어떠한가? 이 결과를 어떻게 해석할 수 있는가?
(c) 다양한 결실 주형에 대해 양 시스템의 결과를 비교하라. 이들 결실 주형에서의 결과를 어떻게 해석할 수 있는가? 내린 결론에 대해 자세하게 설명하라.

26. 진핵세포에서의 전사조절이 DNA에 결합하는 여러 전사인자의 음성적, 양성적 영향에 의한 것이라는 생각이 일반적이지만, 보다 복잡한 그림이 출현하고 있다. Ducret과 동료들(1999. *Mol. and Cell. Biol.* 19: 7076-7087)은 핵에서의 방출에 의해 조절되는 전사 억제자(Net)의 작용을 설명했다. 중립적 조건 하에서는, Net는 표적 유전자의 전사를 방해한다; 그러나 인산화되면, Net는 표적 유전자의 전사를 촉진한다. 세포 내에 스트레스 상황이 존재하면(UV나 열충격 등), Net가 핵 밖으로 방출되고, 표적 유전자는 전사된다. 이런 세 가지 상황에 대한 설명을 제공할 수 있는 그림을 그리고 모델을 고안해 보라.

27. 복제 분기의 앞에서 감김 장력이 생기면 DNA 초나선화(supercoiling)가 발생하고 이것은 DNA 지라아제(gyrase)에 의해 해소된다. 초나선화는 전사조절에도 관여할 수 있다. Liu와 동료들(2001. *Proc. Natl. Acad. Sci.* [*USA*] 98: 14883-14888)은 짧은 거리(110 bp)에서 작용하는 전사 인핸서들은 DNA 초나선에 그렇게 의존적이지 않은 반면, 멀리 떨어져(2.5 kb) 작동하는 전사 인핸서들이 DNA 초나선에 의존적임을 발견했다. 도표를 사용하여, 초나선이 먼 거리의 인핸서에 긍정적으로 영향을 줄 수 있는 방법을 제시하라.

28. DNA 메틸화는 보통 전사의 감소와 관계된다. Irvine과 동료들(2002. *Mol. and Cell. Biol.* 22: 6689-6696)은 사람세포에서 유전자 활성에 대한 DNA 메틸화 위치의 영향을 연구했다. 아래의 자료는 전사 부위 외부와 내부의 다양한 DNA 메틸화와 리포터 유전자(루시퍼라제)의 상대적 발현도를 비교한 것이다. 이 자료에서 얻을 수 있는 일반적인 결론은 무엇이겠는가?

DNA 분절	메틸화 부위의 크기 (kb)	메틸화된 CpGs의 수	루시퍼라아제의 상대적 발현도
외부 전사 단위 (0~7.6 kb 떨어짐)	0.0	0	490X
	2.0	100	290X
	3.1	102	250X
	12.1	593	2X
내부 전사 단위	0.0	0	490X
	1.9	108	80X
	2.4	134	5X
	12.1	593	2X

29. 포유류를 포함한 일부 생물에서는 CpG 서열에서의 5-메틸시토신(m^5C) 존재와 유전자 활성 사이에 역관계가 있다. 그리고 m^5C는 크로마틴을 억제하는 단백질들을 모으는 것에 관계될 수도 있고, 따라서 유전체를 전사적으로 활성인 부분과 비활성인 부분을 분리시킨다. 전체적으로, 유전체 DNA는 티민 전이에 비해 m^5C의 축적으로 CpG 서열이 많지 않다; 그러나 메틸화되지 않은 CpG 섬들은 종종 유전자와 관계된다. Oakes와 동료들(2003. *Proc. Natl. Acad. Sci.* 100: 1775-1780)은 쥐의 나이에 따라 정충의 DNA 메틸화가 다양함을 발견하고, 그러한 나이-관련 DNA 메틸화 변화가 포유류에서의 나이-관련 이상을 일으키는 하나의 기작이라고 제안했다. 위의 정보를 고려하여, 부계의 나이-관련 DNA 메틸화 변화와 출생 결함을 연결시키는 설명을 제안해 보라.

30. Philips와 Cooper(2000. *Cell. Mol. Life Sci.* 57:235-249)는 대략 15%의 질병 유발 돌연변이들이 대체 스플라이싱에서의 오류와 관련된다고 추정한다. 그러나 DMD(뒤센형 근이영양증) 환자의 근육세포에서 엑손 결실이 디스트로핀의 생산을 증가시키는 흥미로운 사례가 있다. 45번 엑손의 결실은 가장 흔한 DMD 유발 돌연변이로 드러난다. 그러나 베커형 근이영양증(BMD)을 가진 일부 사람들은 좀 더 경증의 근이영양증을 보이는데, 45번과 46번 엑손의 결실을 포함하며, 이 조건은 van Deutekom과 van Ommen(2003. *Nat. Rev. Genetics* 4: 774-783)에 의해 실험적으로 증명되었다. 결실이 흔히 틀이동 돌연변이를 유발함을 고려하여, BMD 환자에서 45번과 46번 엑손 결실이 존재할 때 디스트로핀의 생산이 증가하는 것에 대해 대한 가능한 설명을 제시하라.

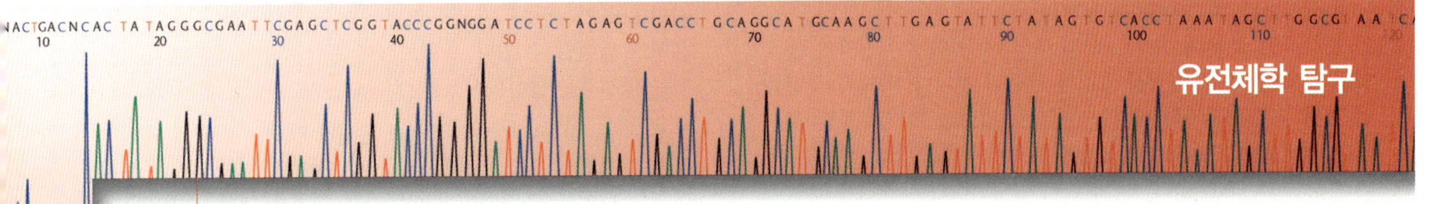

조직 특이적 유전자 발현

이 장에서 우리는 어떻게 유전자 발현이 여러 가지 복잡한 방법으로 조절되는지에 대해 논의했다. 우리가 고려했던 유전자 발현 조절의 한 가지 방법은 프로모터, 인핸서, 그리고 사일런서 서열들이 조직 특이적인 유전자 발현이 이루어지도록 전사를 통제하는 것이었다. 한 생물체의 모든 세포와 조직들은 동일한 유전체를 가지고 있고 많은 유전자들이 모든 세포와 조직에서 발현된다. 그러나 근육세포, 혈액세포, 그리고 많은 다른 조직 형태들이 대체로 조직-특이적(즉, 그 조직에만 제한되어 다른 조직형태에서는 발현되지 않는)인 유전자 발현을 나타낸다. 이번 연습에서는 BLAST를 이용하여 조직-특이적 유전자 발현 패턴에 대해 좀 더 자세히 알아보도록 하자.

■ 연습 1: 조직-특이적 유전자 발현

이번 연습에서는 NCBI로 돌아가 9장의 유전체학 탐구에서 소개했던 **BLAST** 도구를 이용해 보기로 하자.

1. NCBI 웹사이트(**http://www.ncbi.nlm.nih.gov/BLAST/**)에서 BLAST에 접속하라.
2. 다음은 조직 특이적인 발현 패턴을 가지는 네 유전자에 대한 유전자은행 접속 번호들이다. 다음 유전자들에 대한 탐색을 수행하라.
   NM_021588.1
   NM_00739.1
   AY260853.1
   NM_004917
3. 각 유전자에 대해 접속 번호로 뉴클레오티드 BLAST 탐색을 수행하라. 9장에서 연습했던 것을 참고하라. 접속 번호가 뉴클레오티드 서열을 위한 것이므로 "nucleotide blast(blastn)"을 사용하도록 유의하라. 일단 "Choose Search Set" 카테고리 아래에 있는 "blastn"으로 들어가 "Others(nr etc)"에 대한 데이터베이스로 세팅하여 생물 특이적 데이터베이스를 찾지 않도록 한다.
4. 각 유전자에 대해 최상단의 정렬 서열에 대해 "Links" 칼럼(맨 오른쪽)에는 U(for UniGene expression data), E(Gene Expression Profile), 그리고 G(Gene Information)로 표시된 색깔 박스가 있을 것이다. 이들 박스는 그 유전자에 대한 정보로 링크되어 있다. 단일 유전자 링크(UniGene link)는 UniGene 리포트를 보여줄 것이다. 일부 유전자들에 대해서는 UniGene으로 들어가 UniGene 리포트를 얻기 위해 유전자 이름 위의 링크를 클릭해야 할 수도 있다. 각 UniGene 리포트에서 "Gene Expression" 카테고리 아래의 "Expression Profile" 링크를 꼭 탐색하도록 하라. 발현 프로파일(Expression profile)들은 서로 다른 조직의 유전자 발현 테이블을 보여준다.

   가능하면 UniGene 리포트의 "Gene Expression" 카테고리 아래 "GEO profiles" 링크도 살펴보라. 이 링크들은 각 관심 유전자들과 관련된 유전자 발현 연구들로 연결해준다. 각 유전자들에 대한 이들 자료를 탐색한 후에 다음 질문에 답하라:

   a. 정렬 분석에 기초한 서열들의 정체는 무엇이었나? 이것을 어떻게 알게 되었는가?
   b. 각 클론들은 어떤 생물체로부터 얻어진 것인가?
   c. 각 유전자들을 발현하는 것으로 알려진 조직은?
   d. 이 유전자는 발생의 서로 다른 시점에서 발현이 조절되는가?
   e. 가장 적은 조직에서 제한된 발현 패턴을 보이는 유전자는 어느 것인가?

정답 ■ ■ ■ ■ ■ ■ Solutions to Problems and Discussion Questions

2. 음성 조절 하에서는, 조절 분자가 전사를 방해하는 반면, 양성 조절에서는, 조절 분자가 전사를 촉진한다. 음성 조절에서 전사가 일어나기 위해서는 조절 분자를 DNA로부터 제거하는 것이 필요하다. 양성 조절에서는 전사가 일어나기 위해 DNA에 분자를 추가해야 한다.

4. (a) *lacZ* 유전자에서 앞에 하나의 염기가 결실되었기 때문에, 그 결실 이후의 번역틀이 모두 바뀔 것이다. 조기 사슬 종결이 발생(번역틀에 넌센스 트리플렛이 생겨서)하던가, 아니면 정상적인 사슬 종결이 이루어지지 않을 가능성이 있다. 여하튼, *Z* 유전자의 돌연변이 상태가 나타날 것이다. 만약 그러한 세포가 젖당 배지에 놓이면, β-galactosidase를 사용할 수 없기 때문에 성장하지 못할 것이다. (b) 만약 결실이 *A* 유전자 앞에서 발생한다면, A 유전자 산물의 기능이 비정상적일 것이지만, 탄소원으로 젖당을 사용하는 데 영향을 미치지는 않을 것이라고 예측할 수 있다.

6. $I^+O^+Z^+$ = I^+유전자로부터 활성인 억제자가 기능할 것이기 때문에, 젖당이 없으면 **효소가 생산되지 않는다.**
   $I^+O^cZ^+$ = *Z* 유전자의 *cis* 인자인 구성적 작동자(constitutive operator) 때문에 **활성적인 효소가 생산될 것이다.** 배지의 젖당은 구성적 작동자 때문에 영향을 미치지 못할 것이다. 억제자는

돌연변이 작동자에 결합하지 못한다.

$I^-O^+Z^- = I^-$ 때문에 이 시스템은 구성적이지만 Z 유전자가 돌연변이 되었으므로 **비정상 효소가 생산될 것이다**. 배지에 젖당이 없는 것은 억제자가 비기능적이므로 영향을 미치지 못할 것이다. 돌연변이 억제자는 작동자에 결합하지 못한다.

$I^-O^+Z^- = I^-$ 때문에 이 시스템은 구성적이지만 Z 유전자가 돌연변이 되었으므로 **비정상 효소가 생산될 것이다**. 배지에 젖당이 있어도 억제자가 비기능적이므로 영향을 미치지 못할 것이다. 돌연변이 억제자는 작동자에 결합하지 못한다.

$I^-O^+Z^+/F'\,I^+ =$ 젖당이 없고 I^+ 유전자의 억제자 산물이 작동자에 결합하여 전사를 방해할 것이기 때문에 **효소는 만들어지지 않을 것이다**.

$I^+O^cZ^+/F'\,O^+$ 정상적인 Z 유전자와 구성적인 작동자가 *cis* 형태를 유지하고 있으므로, **기능적인 효소가 만들어질 것이다**. 배지의 젖당은 돌연변이 작동자 때문에 영향을 미치지 못할 것이다.

$I^+O^+Z^-/F'\,I^+O^+Z^+ =$ 배지에 젖당이 있기 때문에, 억제자 단백질은 작동자에 결합하지 못할 것이고 전사가 발생할 것이다. 정상적인 유전자의 존재로 **기능적인 효소가 만들어질 것이며, 비기능적인 효소도 만들어질 것이다**. 억제자 단백질은 확산 가능하므로 *trans*로 작용한다.

$I^-O^+Z^-/F'\,I^+O^+Z^+ =$ 배지에 젖당이 없기 때문에, 억제자 단백질(I^+로부터 나온)이 작동자를 방해하고 따라서 **효소가 만들어지지 않을 것이다**.

$I^sO^+Z^+/F'\,O^+ = I^s$의 산물로 인해 억제자가 작동자에 결합하여 **효소가 합성되지 않을 것이다**. 돌연변이 억제자가 젖당에 반응하지 않기 때문에 젖당이 없는 것은 원인이 되지 못한다.

$I^+O^cZ^+/F'\,O^+Z^+ =$ 구성적 작동자(O^c)와 Z 유전자의 배열로 인해 **기능적인 효소가 만들어질 것이다**.

8. 이화물질 억제현상(catabolite repression)은 포도당, 즉 젖당의 분해산물이 β-galactosidase의 합성을 저해하는 것이다. 포도당과 젖당이 모두 존재하면, 포도당이 에너지원으로 선호된다. 포도당이 고갈되면, β-galactosidase 합성이 일어나 젖당이 대사된다. 따라서 이화물질 억제는 β-galactosidase 합성을 조절함으로써 포도당과 젖당 사용의 균형을 맞춰준다.

10. (a) 젖당과 포도당이 모두 없으면, CAP이 그 자리에 결합해도 *lac* 억제자가 작동자에 결합하고 있기 때문에 오페론은 작동하지 않는다.
(b) 젖당을 배지에 첨가하면 *lac* 억제자가 불활성화되고 오페론은 구조유전자들을 전사한다. 포도당이 없으면 CAP가 결합하므로 전사가 촉진된다.
(c) 배지에 젖당이 없으므로, *lac* 억제자가 작동자 영역에 결합하고 포도당이 아데닐산 고리화효소(adenyl cyclase)를 억제하므로 CAP 단백질이 그 결합 부위와 상호작용할 수 없다. 따라서 오페론은 꺼진다.
(d) 젖당이 존재하고, *lac* 억제자가 불활성화된다; 그러나 포도당 역시 존재하므로 CAP이 결합 부위와 상호작용하지 않을 것이다. 이러한 조건 하에서는 전사가 매우 감소되므로 오페론은 "꺼진"것으로 생각될 수도 있다.

12. 감쇠는 트립토판의 공급이 충분할 때 트립토판의 합성을 감소시키도록 기능한다. 이것은 **트립토판** 오페론의 전사 감소에 의해서도 일어날 수 있다. 트립토판이 트립토판 오페론의 전사를 막는 억제자를 활성화시켰을 때도 같은 현상이 관찰된다.

14. 우선, 자료 첫 줄에서 배지의 *tm* 존재가 야생형 배열의 유전자에서 활성적인 효소의 생산을 유발한 것에 주의하라. 이로부터 이 시스템이 **유도적**(inducible)이라는 결론을 내릴 수 있다. 어느 유전자가 구조유전자인지 결정하기 위해서는 *IE*의 기능을 찾아 그것이 *C*와 관련되어 있는지를 살펴라. 그렇다면 *C*는 **구조유전자(structural gane)**를 암호화한다. *B*가 돌연변이되면, 효소가 생산되지 않으므로, *B*가 **프로모터(promoter)**일 것이다. *A*와 *D*가 돌연변이 되었을 때, 구성적 합성이 발생했음을 주목하라; 따라서 하나는 작동자이고 다른 하나는 억제자 단백질을 암호화할 것이다. 이들의 기능을 구별하기 위해, 억제자가 확산 가능한 물질이며 숙주의 염색체에서나 F 요소에서 둘 다 기능할 수 있다는 것(트랜스로 작용)을 명심하라. 그러나 작동자는 오직 시스 상태에서만 작동한다. 그리고 시스 상태라면 구성적 작동자가 야생형 대립인자에 우선하며, 돌연변이 억제자는 야생형 대립인자에 대해 열성이다.
돌연변이 *A* 유전자는 그 야생형 대립인자에 대해 우성이고 반면에, 돌연변이 D^- 대립인자는 열성(첫 줄에서 야생형처럼 행동)임에 주목하라. 따라서 A좌위는 **작동자(operator)**이고, D 좌위는 **억제자(repressor)** 유전자이다.

16. 오페론 단독으로 (#3 균주에서와 같이 돌연변이 되었을 때) 구조유전자들의 구성적 합성을 일으켰기 때문에, 시스작용 시스템이 지지된다. 시스-작용 요소는 오페론에서 가장 가능성 있는 부분이다.

18. 균주를 이용해 SOS 조절 하에서 다른 유전자 산물들에 대한 검사를 할 수 있다면 그 다른 유전자 산물들은 유도된 수준으로 존재해야 한다.

22. 전사인자들은 전사 개시에 필요한 단백질들이다. 그러나 이들은 전사 개시를 일으키지는 못한다. 전사가 활성화되기 위해서 RNA 중합효소 II는 다수의 전사인자들을 요구한다. 전사인자들은 적어도 두 가지 기능적 부분들을 가진다: 하나는 DNA의 프로모터 서열에 결합하는 것이고, 다른 하나는 RNA 중합효소와 상호작용하거나 아니면 다른 전사인자들과 상호작용한다. 일부 전사인자들은 DNA에 결합하지 않고도 스스로 다른 전사인자들과 결합하기도 한다.

24. 클리블랜드와 그 동료들의 연구에서 *met-arg-glu-lys* 서열에서 선택적으로 변화를 일으켰다. 아미노산 치환을 일으키는 조작 mRNA만이 자동 조절 현상을 없앴으며 이것은 이 아미노산 서열(mRNA가 아니라)이 자동조절 과정에 필수적임을 시사한다. 최초의 폴리펩티드 사슬에 결합하는 요소들을 설명하는 모델이 지지된다. 한 가지가 제시된 MREI-단백질과 "크로스링커" 복합체를 안정화시키고 RNAse로 mRNA를 잘라 폴리좀으로 분해한 후 각 리보솜을 분리하는 것이다. 특수 항체를 사용하거나 혹은 다른 방법으로 튜불린 소단위가 리보솜 집단을 오염시켰는지를 결정할 수 있다.

26.

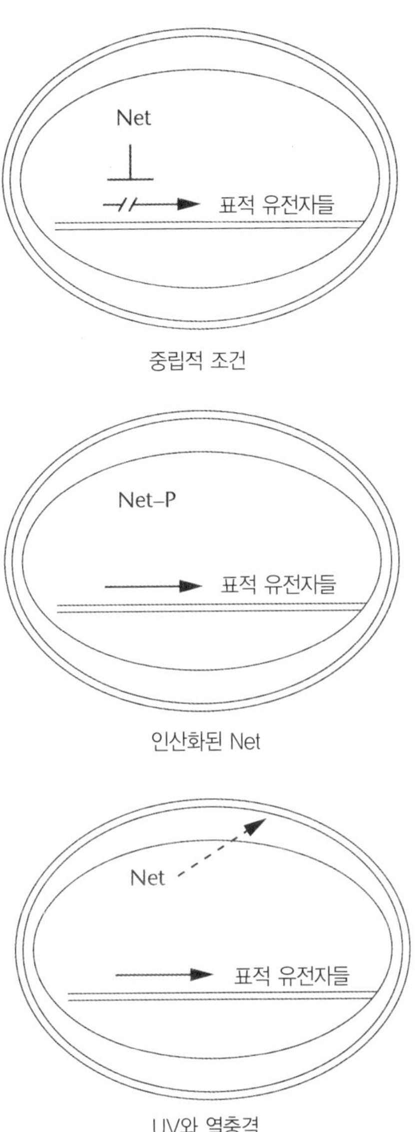

28. CpG들의 메틸화는 루시퍼라제 발현을 감소시키는데, 이것은 다소 메틸화와 패치 크기에 비례적이다. 전사 단위 내의 메틸화는 전사 단위 밖의 메틸화에 비해 훨씬 극적으로 루시퍼라제 발현을 감소시킨다. 전사 단위 밖에서 높은 정도로 메틸화되는 것(593 CpGs)은 전사 단위 내에서 메틸화되는 것과 같은 정도의 전사 억제 효과를 가진다.

30. 만약 45번 엑손의 결실이 번역틀 이동을 유발하여 디스트로핀 생산을 감소시키고, 46번 엑손의 제거가 번역틀을 다시 재확립시킨다면, 디스트로핀의 생산이 증가할 것으로 예상할 수 있다.

CHAPTER

16 세포주기 조절과 암

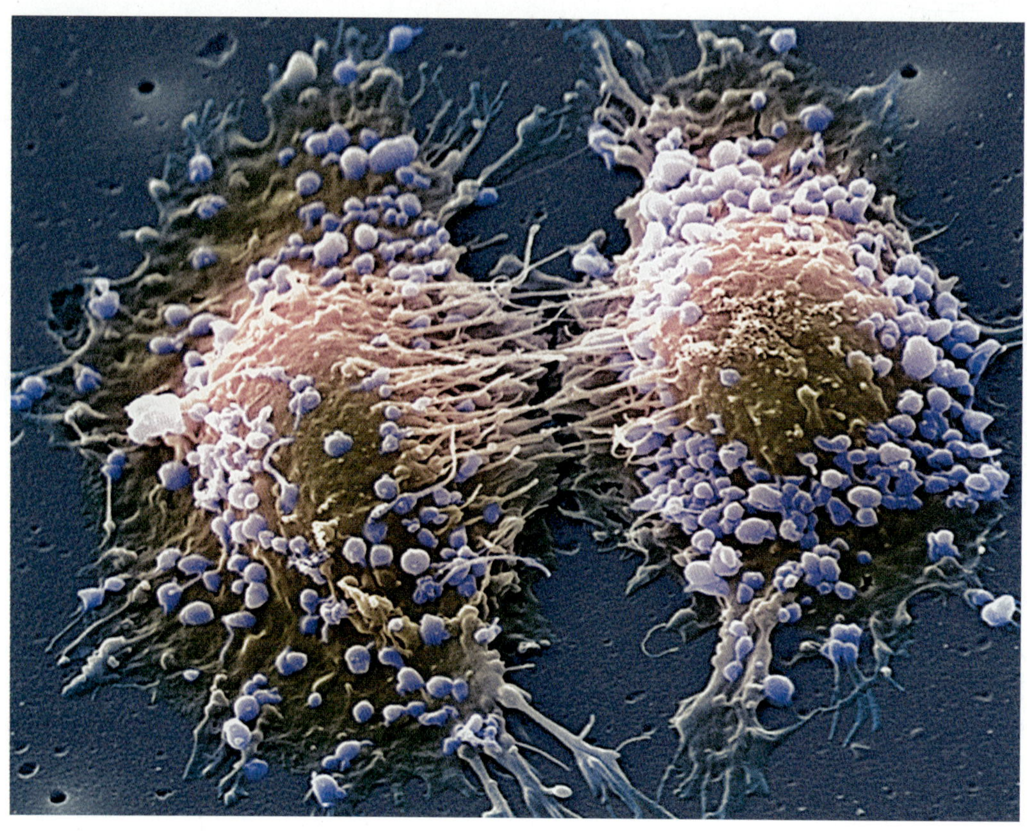

세포분열의 마지막 단계 (세포질 분열)에 있는 두 개의 전립선암 세포 (채색 주사 전자현미경). 세포들은 아직 세포질 다리로 연결되어 있다

단원 개념

- 암은 DNA 수리, 세포주기, 아폽토시스, 분화, 세포 이동, 그리고 세포-세포 접촉 등을 포함하여 세포기능의 기본적 측면에 영향을 미치는 일종의 유전적 질병이다.
- 대부분의 발암 돌연변이들은 체세포에서 발생한다; 암의 약 1%만이 유전성 요소를 갖는다.
- 암관련 유전자에서의 돌연변이들은 비정상적 증식을 유발하며, 세포의 분산과 주변 조직으로의 침투에 대한 조절 능력을 상실한다.
- 암의 발달은 다단계로 일어나며, 세포증식과 전이를 조절하는 유전자들에서의 돌연변이를 필요로 한다.
- 암세포는 높은 수준의 유전체 불안정성을 보이며, 암관련 유전자들에서 여러 돌연변이의 축적을 유발한다.
- 원암 유전자와 종양억제 유전자들에서의 돌연변이는 암의 발달에 기여한다.
- 암 바이러스들은 감염된 세포에 암유전자를 도입하여 세포의 증식을 촉진한다.
- 환경인자들은 DNA 손상을 일으켜 암에 기여한다.

암은 서방 국가에서는 심장병 다음으로 사망률이 높은 질병이다. 모든 연령대의 사람들에게 영향을 미치며, 세 명 중 한 사람은 일생에 한 번 암을 경험하게 된다. 미국에서는 해마다, 100만 건 이상의 암 진단이 내려지고 있고, 50만 명 이상의 사람들이 암으로 사망한다(표 16.1).

지난 30여 년에 걸쳐 과학자들은 암이 유전적 질병이며 암유전자와 종양억제 유전자들의 돌연변이형들에 의한 상호작용이 통제되는 않은 암세포 성장을 일으켜 퍼지게 한다는 사실을 발견했다. 이러한 돌연변이들 중 일부는 유전될 수 있지만, 대부분 암을 일으키는 돌연변이들은 체세포에서 발생하여 세포분열을 유도하고 종양을 일으킨다. 인간 유전체 사업은 세포를 암화시키는 돌연변이들에 대해 많은 정보를 제공하기 시작했다. 암 유전학에 대한 이런 새로운 이해는 새로운 유전자-특이적 치료법을 이끌었고, 그 중 몇몇은 이제 임상 시험에 돌입하고 있다. 일부 과학자들은 향후 25년 내에 유전자 치료가 화학치료를 대체할 것이라고 예상한다.

이 장의 목표는 암의 원인과 성격에 대한 현재의 이해를 조명하는 것이다. 앞으로 살펴보게 되겠지만, 암은 기초적 세포기능을 통제하는 유전자들에서 발생한 돌연변이들에 의한 유전적 질환이다. 유전자와 암 사이의 관계를 살펴보고, 어떻게 돌연변이들과 염색체 변화, 그리고 환경적 요인들이 암의 발생에 기여하는지에 대해서도 조사해 보도록 하자.

16.1 암은 체세포 수준에서의 유전질병이다

아마도 암의 원인에 대한 이해에서 가장 중요한 발달은 암이 유전적 질병이라는 것을 알게 되었다는 것이다. 암과 관계된 유전체적 변화는 단일 뉴클레오티드 치환에서부터 거대한 크기의 염색체 재배열, 증폭, 그리고 결실에 이르기까지 매우 다양하고 넓다(그림 16-1). 그러나 다른 유전질병과는 달리, 암은 체세포에서 주로 발생하는 돌연변이에 의해 발생한다. 암의 오직 1% 정도만이, 어떤 형태의 암에 대한 개인의 취약성을 높이는 생식세포성 돌연변이와 관계된다. 암과 다른 유전질환과의 또 다른 중요한 차이는 암이 단일 돌연변이에 의해서는 거의 발생하지 않고 여러 돌연변이들–6~10개–의 축적에 의해 발생한다는 것이다. 암을 일으키는 돌연변이들은 세포의 다양한 기능, 예를 들어 DNA 수리, 세포분열, 아폽토시스, 세포 분화, 세포 이동, 그리고 세포-세포 접촉 등에 영향을 미친다.

학습 방법

이 장에서는, 암과 DNA 손상 사이의 관계와 암을 이끄는 다단계의 유전적 단계들에 초점을 맞추어, 유전질병으로서의 암에 대해 다루고자 한다. 또한 우리는 어떻게 암세포들이 세포주기 조절에 결함을 나타내는지도 논의할 것이다. 마지막으로, 발암원으로서 바이러스와 환경의 역할에 대해서 살펴볼 것이다. 여러분이 이러한 주제를 공부할 때에는 다음과 같은 몇 가지 기본적 질문에 답할 수 있어야 한다.

1. 암이 돌연변이를 가진 하나의 세포에서 생긴다는 것을 어떻게 알 수 있는가?
2. 암 발생은 하나 이상의 돌연변이를 필요로 한다는 것은 어떻게 알 수 있는가?
3. 암세포는 DNA 수리에 결함을 가진다는 것은 어떻게 알 수 있는가?
4. 대부분의 암이 유전적이지 않다는 것은 어떻게 알 수 있는가?
5. 일부 바이러스들이 암 발달에 기여하는 유전자를 가진다는 것은 어떻게 알 수 있는가?

암이란 무엇인가?

임상적으로, 암은 100가지에 육박하는 아주 다수의 복잡한 질병으로서, 발생한 세포 형태에 따라 다르게 행동하는 것으로 정의된다. 암은 발병연령, 성장 속도, 침투력, 예후, 그리고 처방에 대한 반응성 등이 매우 다양하다. 그러나 분자적 수준에서는, 모든 암이 그들을 한 가족으로 묶는 공통점을 나타낸다.

모든 암세포는 두 가지 기본적 특징을 공유한다: (1) 비정상적 세포 성장과 분열(**세포 증식**, cell proliferation), 그리고 (2) 세포들이 퍼져 나가 신체의 다른 지역에 침투하는 데 대한 정상적인 제제력 손실(**전이**, metastasis)이다. 정상적인 세포에서는, 이러한

(a)

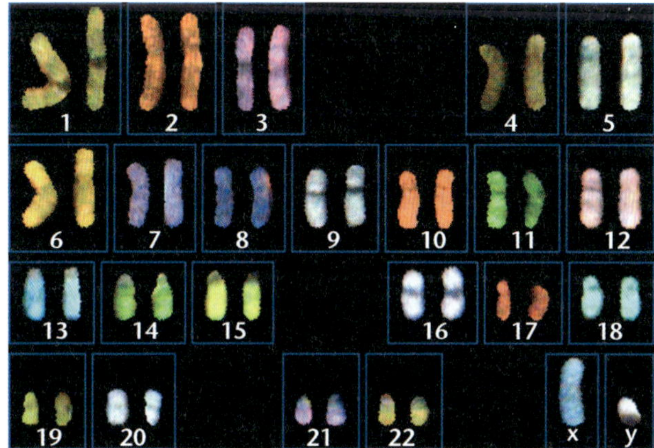

(b)

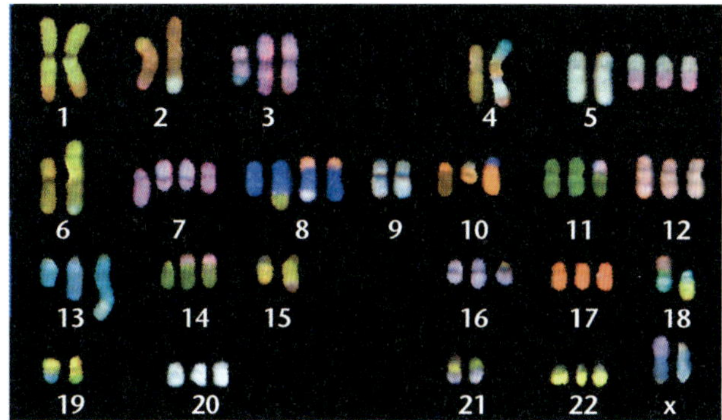

그림 16-1 (a) 정상 세포의 분광 핵형(spectral karyotype). (b) 암세포의 핵형은 전좌, 결실, 그리고 암세포에 특징적인 이수성(aneuploidy)을 나타낸다.

표 16.1 미국에서의 암 발생 확률

암 발생 부위	성	나이 출생~39세	40~59세	60~79세	출생~사망
All sites	Male	1 in 62	1 in 12	1 in 3	1 in 2
	Female	1 in 52	1 in 11	1 in 4	1 in 3
Breast	Female	1 in 235	1 in 25	1 in 15	1 in 8
Prostate	Male	<1 in 10,000	1 in 53	1 in 7	1 in 6
Lung, bronchus	Male	1 in 3300	1 in 92	1 in 17	1 in 13
	Female	1 in 3180	1 in 120	1 in 25	1 in 17
Colon, rectum	Male	1 in 1500	1 in 124	1 in 29	1 in 18
	Female	1 in 1900	1 in 149	1 in 33	1 in 18

출처: American Cancer Society

기능들이 시간과 공간에 알맞게 발현되는 유전자들에 의해 매우 엄격하게 통제된다. 암세포에서는, 이러한 유전자들이 돌연변이 되었거나 부적당하게 발현된다.

통제되지 않은 세포증식과 전이의 조합이 암세포를 위험한 것으로 만든다. 세포가 단순히 세포 성장에 대한 유전적 통제를 상실하면, 그것은 여러 개의 세포 덩어리로 자라며, 이것을 **양성종양**(benign tumor)이라고 한다. 그러한 종양은 종종 수술로 제거될 수 있으며 심각한 해를 입히지는 않는다. 그러나 만약 종양 세포들이 혈류 속으로 들어가 다른 조직에 침투하는 능력을 얻게 되면, 2차 종양들을 형성한다(**전이**). 이들은 악성이다. **악성종양**(malignant tumor)들은 치료하기가 어렵고 생명을 위협하기도 한다. 이 장의 후반에 살펴볼 것과 같이, 양성종양이 위험한 악성종양으로 변화하게 하는 유전적 돌연변이들과 여러 단계들이 존재한다.

암세포 클론들의 기원

비록 악성종양들이 수십억의 세포들을 포함할 수 있고, 신체의 다양한 부분들로 침투하여 자랄 수 있지만, 모든 1, 2차 종양의 암세포들은 클론들이다. 즉, 그들은 여러 가지의 특수한 돌연변이들을 축적한 공동의 조상세포로부터 기원한 것이다. 이것은 암의 분자적 원인에 대한 이해에 있어 중요한 개념이며 암의 치료에 있어서도 의미가 깊다.

여러 자료가 암의 클론성에 대한 개념을 지지한다. 예를 들어, 상호전좌들은 백혈병(leukemia)과 림프종(lymphoma)을 포함하여 많은 암의 특징이다. **버킷 림프종**(Burkitt's lymphoma) 환자의 암세포들은 8번 염색체(*c-myc* 유전자 근처의 전좌 절단지점)와 2번, 14번, 혹은 22번 염색체(면역글로불린 유전자들의 근처에서 생긴 전좌 절단지점) 사이의 상호전좌를 나타낸다. 버킷 림프종 환자들은 *c-myc* 유전자와 면역글로불린 유전자 DNA 서열에 독특한 절단지점을 나타낸다; 그러나 한 환자의 모든 림프종 세포들은 동일한 전좌 절단지점을 포함하고 있다. 이것은 버킷 림프종의 각 사례에서 모든 암세포들이 단일세포에서 기원했으며, 이 세포가 자손에게 자신의 유전적 이상을 전달했음을 증명해 준다.

암세포가 클론들이라는 또 다른 증거는 그들의 X 염색체 불활성화 패턴이다. 5장에서 설명한 바와 같이, 여성들은 일부 세포에서는 부계 X 염색체를 불활성화시키고, 다른 세포들에서는 모계의 X 염색체를 불활성화시키므로 모자이크를 이룬다. X 염색체 불활성화는 발생 초기에 무작위로 일어난다. 한 종양 내의 모든 세포들은, 여성의 경우 1, 2차 종양 모두에서 동일하게 불활성화된 X 염색체를 포함하고 있다. 이것은 환자의 모든 암세포가 공동의 조상세포에서 기인한 것이라는 생각을 지지한다.

여러 돌연변이를 요구하는 다단계 과정으로서의 암

비록 암이 조절되지 않는 세포 증식과 전이를 일으키는 돌연변이에 의해 시작되는 유전질환이라고 알고 있지만, 하나의 돌연변이는 정상세포를 종양을 형성하는(tumorigenic) 악성세포로 만들기에는 충분치 않다. 만약 그 정도로 충분하다면, 암은 아마 지금보다 훨씬 흔했을 것이다. 인간에서는 세포분열할 때마다 한 유전자당 10^{-6} 정도로 자연 돌연변이가 발생하는데, 주로 DNA 복제의 내생적 오류율 때문이다. 인간의 일생 동안 약 10^{16}번의 세포분열이 발생하므로, 한 사람은 일생 동안 신체 어느 부분에선가는 유전자당 10^{10}번의 돌연변이를 겪을 수 있다. 그러나 3사람당 한 명 정도만이 암으로 고생한다.

노화와 관련해 암이 나타나는 현상은 암이 하나의 세포에서 발생하는 여러 돌연변이 사건의 축적으로 인한 것이라는 또 다른 시사점이다. 대부분의 암 발생은 나이와 함께 기하급수적으로 증가한다. 만약 하나의 돌연변이가 정상세포를 악성세포로 만들기에 충분하다면 암의 발생은 나이와 무관하게 나타날 것이다. 암의 노화 관련 발병은, 한 세포가 악성 암세포로 전환되기에 앞서 가능성은 낮지만 무작위로 발생하는 약 10개까지의 독립적인 돌연변이들이 필수적임을 제시한다. 암이 다단계 과정이라는 또 다른 시사점은 **발암원**(carcinogen)에의 노출과 암의 출현 사이에 생기는 지연 현상이다. 예를 들어, 히로시마와 나가사키의 원자탄 폭발로 인해 방사능에 노출된 사람들이 백혈병을 발병시킬 때까지는 약 5~8년까지의 잠복기가 있었다.

암 발생의 다단계성은 암이 종종 조금 잘못된 세포들을 포함하고 있는 종양으로부터 점차 종양을 만드는 악성세포로 가는 진행성 단계를 보인다는 점으로도 설명된다. 이 같은 암의 진행성은 이

후에 논의될 대장암의 발달에 의해 잘 설명된다(16.6절을 보라).

종양형성(tumorigenesis; 악성종양의 발달)의 각 단계는 세포를 점차 정상적인 증식을 위한 통제로부터 벗어나게 하여 악성으로 만드는 하나 혹은 그 이상의 유전적 변화에 기인하는 것으로 보인다. 다음 절에서 다룰 것처럼, 암으로 이끄는 돌연변이를 겪는 유전자들(암유전자와 종양억제 유전자라고 불림)은 DNA 손상을 수리하고, 세포주기를 조절하며, 예정된 세포 사멸을 조절하는 유전자들이다.

이제 이러한 기본적 과정과 이들을 조절하는 유전자에 대해 살펴보고, 어떻게 이 유전자들에서의 돌연변이들이 암을 일으키는지 알아보도록 하자.

16.2 암세포는 유전체 안정성과 DNA 수리에 영향을 미치는 유전적 결손을 가진다

암세포들은 정상세포들보다 더 높은 돌연변이율과 염색체 이상, 그리고 유전적 불안정성을 가진다. 사실, 많은 연구자들은 암세포에서의 기본적 결손은 DNA 손상을 수리하는 정상적인 능력의 교란이라고 믿고 있다. 이러한 유전체적 완전성의 소실은 세포증식, 예정 세포 사멸, 그리고 세포-세포 접촉 등을 조절하는 특수한 유전자들에서뿐만 아니라, 모든 유전자에서의 일반적인 돌연변이율을 증가시킨다. 그리고 이러한 과정을 조절하는 유전자들에서의 돌연변이 축적은 암을 유발한다. 암세포에서 나타나는 높은 수준의 유전체 불안정성은 **돌연변이 유발자 표현형**(mutator phenotype)이라고 알려져 있다.

암세포에서의 유전체적 불안정성은 전좌, 이수성, 염색체 소실, DNA 증폭, 그리고 염색체 결실 등과 같은 대규모의 결함으로 잘 드러난다(그림 16-1, 16-2). 실험실에서 배양되는 암세포들 역시 대량의 유전체 불안정성을 보인다–중복, 소실, 염색체 전체나 부분 전좌 등. 종종 암세포들은 특수한 염색체 결손을 보이는데, 이것은 암의 형태와 단계를 진단하는 데 사용된다. 예를 들어, **만성 골수성 백혈병**(chronic myelogenous leukemia, CML)에 걸린 환자의 백혈구 세포들은 특수한 전좌를 가지고 있는데, 9번 염색체의 *C-ABL* 유전자가 22번 염색체의 *BCR* 유전자로 전좌되어 있다. 이러한 전좌로 인해 **필라델피아 염색체**(Philadelphia chromosome)라고 알려져 있는 구조가 생긴다(그림 16-3). *BCR-ABL* 융합 유전자는 키메릭 BCR-ABL 단백질을 암호화한다. 정상적인 ABL 단백질은 **단백질 키나아제**(protein kinase)로, 신호전달 경로에서 외부의 환경에서 온 성장 신호를 핵으로 전달한다. BCR-ABL 단백질은 CML 세포에서 잘못된 신호 중계 분자로 작용하여, 외부의 성장 신호가 없어도 지속적으로 성장 신호를 촉발시킨다.

(a) 이중 미세염색체

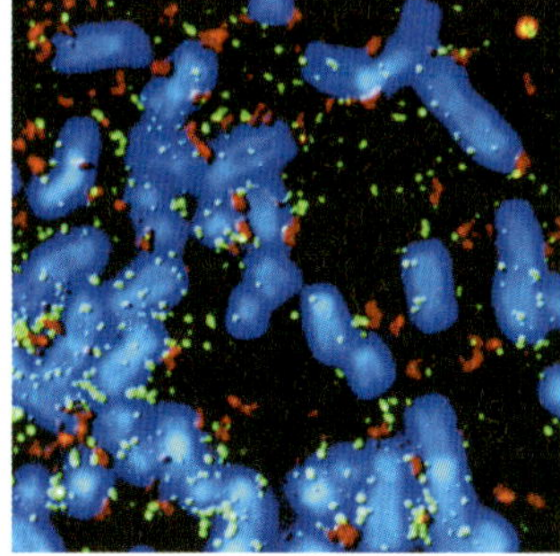

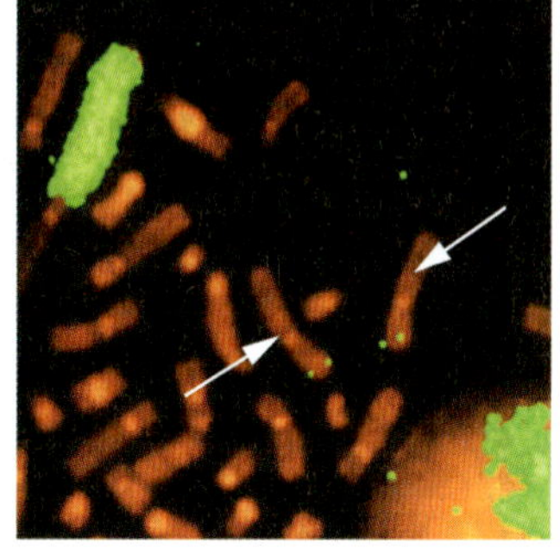

그림 16-2 신경아세포종 세포들에서의 DNA 증폭현상. (a) 두 개의 암유전자들(붉은색의 *MYCN*과 녹색의 *MDM2*)이 작은 DNA 단편들로 증폭된다. 이들은 핵 내의 염색체 DNA와는 독립된 채 있다. 이들 증폭된 DNA 단위체들은 이중 미세염색체(double minute chromosome)라고 알려져 있다. 정상적인 염색체들은 푸르게 염색된다. (b) *MYCN* 유전자의 다중 사본이 커다란 영역 내에서 증폭되었다. 이것을 이질성 염색 영역(heterogenous staining region)(녹색)이라고 한다. *MYCN* 유전자의 단일 사본이 정상적인 부모 염색체들(흰색 화살표) 말단에 녹색 점으로 보인다. 정상 염색체들은 붉은색으로 염색되었다.

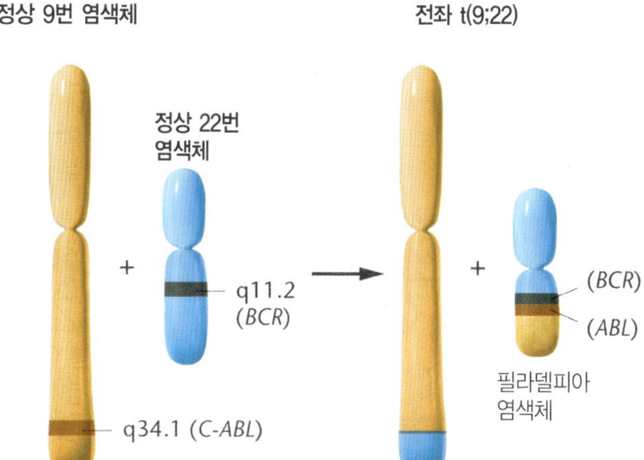

그림 16-3 필라델피아 염색체. 9번과 22번 염색체의 장완이 관계된 상호전좌는 필라델피아 염색체라고 하는 특징적인 염색체를 만들게 한다. 이것은 만성 골수성 백혈병(chronic myelogenous leukemia)과 연관되어 있다. t(9;22) 전좌는 9번 염색체의 *C-ABL* 발암 유전자와 22번 염색체의 *BCR* 유전자 사이의 융합을 일으킨다. 융합 단백질은 세포가 주기 통제를 빠져나오도록 하는 강력한 혼성 분자로서 백혈병을 일으킨다.

암돌연변이 유발자 표현형 개념과 같이, 다수의 유전성 암들은 DNA 수리를 조절하는 유전자에서의 결손에 의해 발생한다. 예를 들어, 색소성 건피증(Xeroderma pigmentosum, XP)은 자외선과 기타 다른 암유발원에 극도로 민감한 것이 특징인 희귀한 유전병이다. XP 환자들은 종종 피부암을 발달시킨다. XP 환자들에서 나온 세포들은 DNA 수리를 위해 필요한 7개의 유전자 산물 중 하나에서의 돌연변이 때문에 뉴클레오티드 절제 수리에서의 결함을 가진다. XP 세포들은 UV 유도성 티민 이합체 같은 DNA 손상을 수리하는 능력이 결여되어 있다. XP와 뉴클레오티드 절제 수리 사이의 관계는 14장에도 설명되어 있다.

또 다른 유전성 암인 **유전성 비용종성 대장암**(hereditary nonpolyposis colorectal cancer, HNPCC)도 DNA를 수리하는 유전자에서의 돌연변이에 의해 발생한다. HNPCC는 상염색체성 우성 증상으로, 약 200명당 한 명에 영향을 미친다(그림 16-4). HNPCC에 영향을 받은 환자들은 대장암, 난소암, 자궁암, 그리고 신장암의 위험성이 증가된다. HNPCC 환자들에서 나온 세포들은

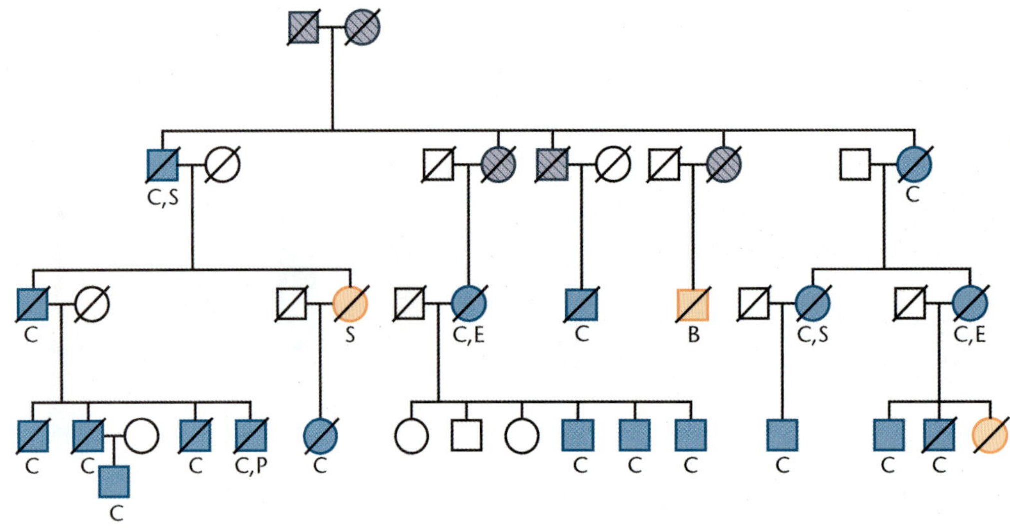

그림 16-4 HNPCC 가족의 가계도. HNPCC를 가진 이 가족은 적어도 두 세대에서 세 명의 친척들이 대장암으로 진단을 받았으며 그 중 한 사람은 50세 이전에 진단을 받은 것으로 나타난다. 대장암: C; 위암: S; 자궁내막암: E; 췌장암: P; 방광암/비뇨기암: B; 푸른 표시는 대장암을 가진 가족 구성원을 표시한다; 빗줄은 진단이 불명확한 경우를 뜻한다; 오렌지색 표시는 다른 종양을 표시한 것이다; 긴 사선은 사망한 사람을 가리킨다. Aaltonen 등의 허락을 얻어 전재함(*Science* 260: 812–816. Copyright 1993 AAAS).

정상보다 높은 돌연변이율과 유전체 불안정성을 보인다. 적어도 8개의 유전자가 HNPCC와 관련이 있으며, 이들 중 네 개가 DNA의 미스매치 수리에 영향을 미친다. 이들 네 유전자–*MSH2*, *MSH6*, *MLH1*, 그리고 *MLH3*–의 불활성화는 유전체 전체에서 빠르게 돌연변이가 축적되도록 하며, 대장암을 비롯한 여러 암들의 연속적 발생을 일으킨다.

뉴클레오티드 절제 수리와 DNA 미스매치 수리를 조절하는 유전자들에서의 유전적 결함들이 높은 빈도로 암을 유발한다는 관찰은, 돌연변이 유발자 표현형이 암발생에 중요한 기여요인이라는 생각을 지지한다.

이 문제를 풀어보자

413페이지의 17번 문제는 CML의 백혈구 세포들에서 발견되는 BCR-ABL 융합 단백질이 어떻게 암치료에 대한 표적이 되는지를 묻고 있다.

힌트: 방사능치료와 화학치료를 포함해, 대부분의 암치료들은 지속적으로 분열하는 세포를 죽이는 것을 목적으로 한다. 그러나 신체의 많은 정상세포들 또한 지속적으로 분열하며 암치료에 의해 죽게 되어 부작용을 일으킨다. 여러분이 이 문제에 답하려 할 때는 글리벡(Gleevec)이라는 약에 대해 좀 더 알기를 원할 수도 있다. (http://www.nci.nih.gov/newscenter/qandagleevec)

16.3 암세포들은 세포주기 조절에 영향을 미치는 유전적 결함을 가진다

모든 암세포들에서의 기본적 이상 중 하나는 세포 증식에 대한 통제를 잃는다는 것이다. 세포 증식은 세포 성장과 분열과정으로, 다세포 생물체에서 모든 발달과 조직 수리에 필수적이다. 비록 피부의 상피세포들이나, 골수의 조혈세포들이 생물의 일생을 통해 지속적으로 분열하고 성장하지만, 다세포 생물체의 성체세포들은 대부분 분열하지 않으며, 잠잠하게 분화되어 있는 상태로 조용히 존재한다. 분화된 세포들은 특수한 기능을 위해 특수화된 세포들로, 망막의 광수용체 세포나 심장의 근육세포 같은 것들이다. 비증식성 세포들의 가장 극단적인 예가 바로 신경세포들인데, 조직 손상 시에도 이들은 거의, 또는 전혀 분열하지 않는다. 대조적으로, 간 세포나 신장의 세포들처럼, 많은 분화된 세포들은 외부 성장인자나 신호에 의해 촉발되면 자라고 분열할 수 있다. 이러한 방법으로, 다세포 생물들은 죽거나 손상된 조직들을 대체할 수 있다. 그러나 세포의 성장이나 분화는 매우 엄격하게 통제되어야 한다; 그렇지 않으면, 부적당한 형태의 세포나 이들 세포의 비정상적인 증가로 기관과 조직의 통일성이 손상을 입을 수 있다. 세포 증식에 대한 정상적인 조절에는 세포주기의 각 단계, 예정된 세포사멸, 그리고 외부 성장 신호에 대한 반응 등을 조절하는 많은 유전자 산물들이 개입한다. 암세포에서는, 이 기능들을 조절하는 많은 유전자들이 돌연변이화되거나 부적절하게 발현되어 통제되지 않는 형태의 세포 증식을 유발한다.

이 절에서는, 세포주기의 각 단계와, 이들을 조절하는 일부 유전자, 그리고 이 유전자들이 돌연변이되었을 때 어떻게 암을 일으키는지에 대해서 살펴보도록 하자.

세포주기와 신호전달

한 세포가 분열하여 다음 분열이 이루어질 때까지 일어나는 세포의 사건들이 세포주기를 구성한다(그림 16-5). 세포주기의 간기는 유사분열기(mitotic division) 사이의 간격을 말한다. 이 시기 중에는, 세포가 성장하고 DNA를 복제한다. G1기 중에는 세포들이 DNA 복제에 필요한 효소와 분자들을 축적함으로써 DNA 합성

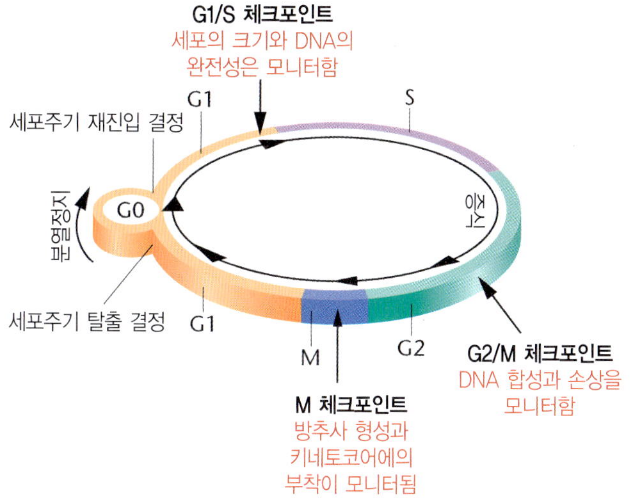

그림 16-5 체크포인트와 증식 결정지점들은 세포의 세포주기 진행을 감시한다.

을 준비한다. 그 다음 S기가 이어진다. 이 시기 중에는 세포의 염색체 DNA가 복제된다. G2기에는 세포가 계속 자라고 분열을 준비한다. M기 중에는, 복제된 염색체들이 응축되고 자매염색체들은 양극으로 나뉘어, 세포는 둘로 분리된다.

G1기 초~중반에는, 세포가 다음 세포주기로 진입할 것인지 아니면 세포주기에서 빠져나와 잠잠한 상태로 있을 것인지를 결정한다. 지속적으로 분열하는 세포들은 세포주기를 빠져나오지 않고 성장 중지신호를 받을 때까지 G1, S, G2, 그리고 M기를 지속한다. 만약 세포가 증식을 중단하면, 세포주기의 G0로 진입한다. G0기의 세포들은 대사적으로는 활성 상태이지만 성장하거나 분열하지는 않는다. 다세포 생물체에서 대부분의 분화된 세포들은 G0 상태를 무한정으로 지속할 수 있다. 뉴런 같은 신경세포들은 다시는 세포주기로 진입하지 않는다. 반대로, 암세포들은 G0 상태로 들어갈 수 없으며 지속적으로 세포주기를 반복한다. 증식 속도가 반드시 정상적인 세포의 증식보다 빠를 필요는 없지만; 암세포들은 적당한 장소에서 적당한 시간에 잠잠한 상태가 되지 못한다.

G0 상태의 세포들은 종종 외부의 성장 신호에 의해 다시 세포주기로 재진입하도록 자극을 받을 수 있다. 이들 신호는 세포 표면 수용체에 결합하는 성장인자나 호르몬과 같은 분자들에 의해 세포로 전달되며, 이러한 신호는 세포막으로부터 세포질에 존재하는 **신호전달**(signal transduction) 분자들에 의해 중계된다. 궁극적으로, 신호전달은 세포를 G0 상태에서 나와 다시 세포주기로 돌아오도록 촉진하는 유전자 발현 프로그램을 개시하도록 한다. 암세포들은 종종 이러한 신호전달 경로에서 결함을 갖는다. 때때로, 부적당한 신호전달 분자들은 외부 성장 신호가 없는데도 핵에 지속적으로 성장 신호를 보낸다. 그리고 악성세포들은 세포 주위로부터 오는 외부 신호에 반응하지 않을 수도 있다 – 즉, 성숙한 조직 내에서 정상적으로 세포 증식을 방해하는 신호에 반응하지 않는다.

세포주기 조절과 체크포인트(검문점)

정상적인 세포에서는, 세포주기의 진행은 엄격하게 조절되며, 다음 단계가 시작되기 전에 반드시 그 전이 단계가 완료되어야 한다. 세포가 세포주기의 다음 단계로 진행하기에 앞서 외부의 성장 신호와 내부적 평형 상태를 감시하는 세포주기의 지점이 적어도 세 곳에 존재한다. 이들은 **G1/S**, **G2/M**, 그리고 **M 체크포인트**(그림 16-5)이다. G1/S 체크포인트에서, 세포들은 자신의 크기를 감시하고 DNA가 손상되지 않았는지를 검사한다. 만약 그 세포가 적당한 크기에 도달하지 않았거나, 혹은 DNA가 손상되었다면, 더 이상의 세포주기 진행은 이러한 상태가 교정될 때까지 멈춰진다. 만약 세포의 크기와 DNA의 완전성이 정상이라면, G1/S 체크포인트는 통과되어 세포는 S기로 진행한다. 두 번째 체크포인트는 G2/M 체크포인트로, 분열기로 진입하기에 앞서 세포의 생리적 조건이 검사된다. 만약 DNA 복제나 수리가 완료되지 않았다면, 세포주기는 이들 과정이 완결될 때까지 중지된다. 세 번째의 주요 체크포인트는 M 체크포인트라고 불리는 것으로, 분열이 진행될 때 발생한다. 이 지점에서는 방추사 시스템의 성공적 형성과, 동원체와 연계된 키네토코어에 방추사가 잘 부착되었는지가 검사된다. 만약 방추사가 적절하게 형성되지 않았거나 부착이 부적절하면 분열이 중지된다.

체크포인트에서의 세포주기 조절 외에도, 세포는 두 가지 종류의 단백질들을 통해 세포주기의 진행을 조절한다: **사이클린**(cyclin)과 **사이클린-의존성 키나아제**(cyclin-dependent kinase, CDK)이다. 세포는 세포주기 동안, 정확한 방식으로 사이클린 단백질들을 합성하고 분해한다(그림 16-6). 사이클린이 존재하면, 이것은 특정한 CDK에 결합하여 CDK/cyclin 복합체의 활성을 개시하도록 한다. CDK/cyclin 복합체는 세포주기 진행에 필요한 변화를 촉발하는 여러 단백질들을 선택적으로 인산화시켜 활성화한다. 예를 들어, G1기에는 CDK4/cyclin D 복합체가 S기의 DNA 복제에 필요한 산물들(DNA 중합효소 δ와 DNA 리가아제)의 유전자 전사를 촉진시킬 수 있다. 또 다른 CDK/cyclin 복합체인 CDK1/cyclin B는 초기 분열기의 사건들(핵막 분해, 염색체 응축, 세포골격 재구성 등)을 일으키는 데 필요한 많은 수의 단백질들을 인산화시킨다. 그러나 분열은 사이클린 B가 분해되고, M기에 특징적인 단백질 인산화가 역전되었을 때만 완성된다. 비록 많은 수의 서로 다른 단백질 키나아제들이 세포에 존재하지만, 세포주기 조절에 관여하는 것은 소수다.

세포주기 체크포인트들과 세포주기 조절성 분자들은 모두 유전적으로 조절된다. 일반적으로, 세포주기는 세포주기를 촉진하거나 억제하는 산물을 만드는 유전자들의 상호작용에 의해 조절된다. 돌연변이 혹은 세포주기를 조절하는 유전자들의 잘못된 발현은 여러 가지 방법으로 암을 발달시키는 데 기여하게 된다. 예를 들어, 만약 G1/S 혹은 G2/M 체크포인트들을 조절하는 유전자가 변이되면, 세포는 DNA 손상을 수리하기도 전에 세포가 주기를 지속하게 할 수도 있다. 이것은 세포 증식이나 전이를 조절하는 산물들의 유전자에 돌연변이가 축적되게 할 수 있다. 마찬가지로, 세포주기 진행을 조절하는 유전자, 예를 들어 사이클린을 암

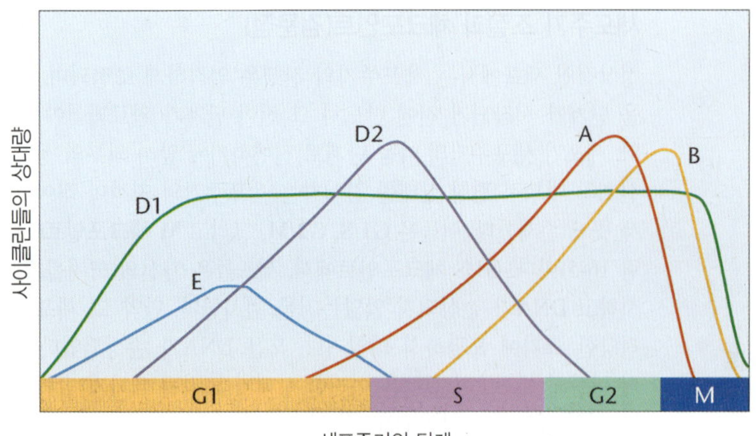

그림 16-6 세포주기 중 사이클린(cyclin)이 발현되는 상대적 시간과 양. 사이클린 D1은 G1 초기에 축적되고 주기 대부분을 통해 일정하게 발현된다. 사이클린 E는 G1에서 축적되어 최고조에 이르렀다가 S기 중기에 떨어진다. 사이클린 D2는 G1 후반에 축적되기 시작하여 S기 시작 직후에 최고조에 달했다가 G2기 초기에 감소한다. 사이클린 A는 G1기 후반에 나타나 S기를 통해 축적되며 G2/M 전환기에 최고조에 달했다가 빠르게 감소한다. 사이클린 B는 G2/M 전환기에 가장 높았다가 재빨리 감소한다.

호화하는 유전자 등이 부적절하게 발현되면, 세포는 계속하여 주기를 돌거나, 세포주기에서 탈출하여 G0로 들어갈 수 없게 될 수도 있다.

이미 설명한 바와 같이, 만약 DNA 복제, 수리, 혹은 염색체 조립이 부적절하면, 정상세포들은 그들의 세포주기 진행을 멈추고 이 조건이 교정될 때까지 기다린다. 이것은 정상적으로 증식하는 세포들에서 돌연변이의 축적이나 염색체 이상이 누적되는 것을 감소시켜준다. 그런, 만약 DNA나 염색체 손상이 너무 심각하여 수리가 불가능하면, 그 세포는 두 번째 보호 대책을 시작한다–즉, **아폽토시스**(apoptosis), 혹은 **예정 세포 사멸**(programmed cell death)이라고 불리는 과정이다. 아폽토시스는 세포가 자살을 감행하는 유전적 조절과정이다. 이것은 또한 정상 다세포 생물의 발생에서 최종적인 성체에 기여하지 않는 일부 세포들이 제거되기 위해서도 발생한다. 아폽토시스의 단계들은 손상된 세포들이나 발생 중에 제거되어야 할 세포에서 동일하다: 핵 DNA들이 단편화되고, 내부 세포 구조들이 파괴되어, 세포가 아폽토시스 소체(apoptotic body)라고 불리는 작은 구형 구조물로 분해된다(그림 16-7). 마지막 단계에서는, 아폽토시스 소체들이 면역계의 대식세포에 의해 삼켜진다. **카스파제**(caspase)라고 불리는 일련의 단백질분해효소들이 아폽토시스의 개시와 세포내 성분들의 소화를 일으킨다. 아폽토시스는 Bcl2이나 BAX 단백질과 같은 특수한 유전자 산물들의 조절이 이 과정을 일으키거나 저해할 수 있는 방식의 유전적 조절과정이다. 예정 세포 사멸은 손상세포들을 제거함으로써, 암유발 유전자를 가진 세포뿐 아니라, 다음 세대에서 숫자가 늘어날 수 있는 돌연변이의 수를 감소시킨다. 세포주기 체크포인트를 조절하는 동일한 유전자들이 아폽토시스를 개시한다. 아래 논의와 같이, 여러 가지 암들에서 이들 유전자가 돌연변이를 일으킨다.

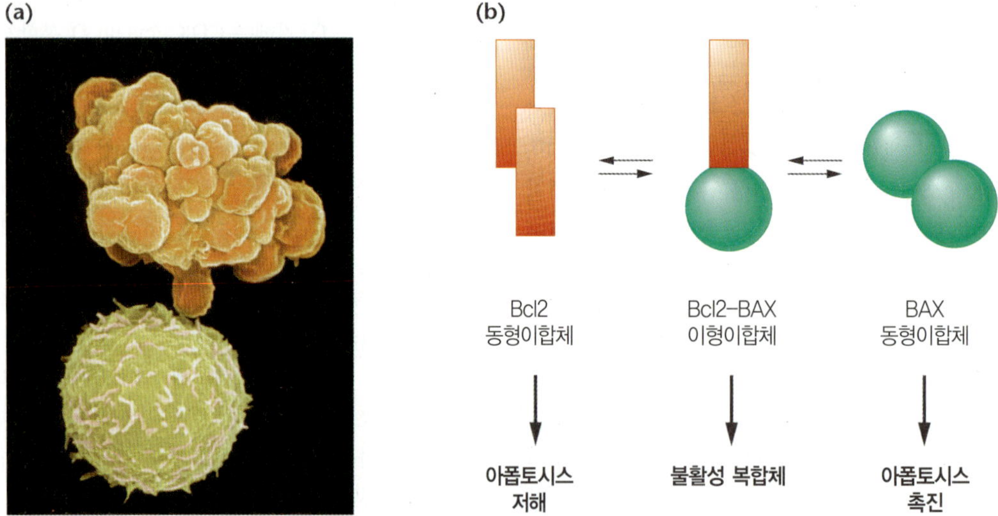

그림 16-7 (a) 정상적인 백혈구 세포(아래)와 아폽토시스를 겪는 백혈구(위). 아폽토시스 소체들이 포도 모양 덩어리로 세포 표면에 나타난다. (b) Bcl2와 BAX 단백질들의 상대적 농도가 아폽토시스를 조절한다. 정상적인 세포는 Bcl2와 BAX를 균형있게 포함하고 있고, 이로 인해 불활성 이형이합체가 형성된다. Bcl2의 상대적 초과는 Bcl2의 동형이합체를 만들게 하고 아폽토시스를 저해한다. Bcl2를 과도하게 갖고 있는 암세포들은 화학치료와 방사선 치료에 저항적이다. BAX의 상대적 초과는 BAX 동형이합체를 만들게 하고 아폽토시스를 유발한다. 정상세포에서는, 활성화된 p53이 BAX의 전사를 유도하고 Bcl2의 전사는 방해함으로써, 세포사멸을 이끈다. 많은 암세포들에서는 p53이 결손되어 있으며 아폽토시스 경로가 차단되어 있어 암세포 제거를 방해한다.

16.4 많은 암-유발 유전자들이 세포주기 조절을 파괴한다

암세포에서는 두 가지 일반적인 유전자 범주들이 변이되거나 잘못 발현된다-원암 유전자와 종양억제 유전자들이다(표 16.2). **원암 유전자**(proto-oncogene)는 그 산물들이 정상적인 세포기능에 중요하고, 특히 세포 성장과 분열에 필수적인 유전자들이다. 이들은 다른 유전자의 발현을 촉진하는 전사인자, 세포분열을 촉진하는 신호전달 분자들, 혹은 세포주기를 진행하도록 하는 세포주기 조절자들을 암호화함으로써 이런 기능을 수행한다. 정상세포들이 잠잠해지거나 분열을 멈추면, 대부분의 원암 유전자 산물들의 발현이나 활성은 억제된다. 암세포에서는, 하나나 혹은 그 이상의 원암 유전자들이 변화되어 그들의 활성이 정상적인 양식으로 조절되지 않는다. 때로 이것은 비정상적으로 행동하는 단백질 산물을 만드는 원암 유전자에서의 돌연변이에 기인한다. 다른 사례에서는, 원암 유전자들이 과발현되거나, 적절한 때에 전사적으로 억제될 수 없다. 이러한 경우에는, 원암 유전자가 지속적으로 "켜진(on)" 상태로 있어서 계속 세포를 분열하도록 촉진할 수 있다. 원암 유전자가 변이되었거나 비정상적으로 발현되어 암의 발달에 기여할 때, 이것을 **암유전자**(oncogene)(암유발 유전자)라고 한다. 암유전자들은 기능획득 변화를 겪은 유전자들이다. 결과적으로, 원암 유전자 중 하나의 대립인자만이 변화되거나 잘못 발현되어도 조절되지 않는 성장을 일으킬 수 있다. 그러므로 암유전자들은 우성의 암 표현형을 나타낸다.

종양억제 유전자(tumor suppressor gene)들은 그 산물이 정상적으로는 세포주기 체크포인트를 조절하고, 아폽토시스를 개시하는 것들이다. 정상세포에서는 종양억제 유전자들에 의해 암호화되는 단백질들이 DNA 손상이나 외부 환경에서의 성장-억제 신호에 반응하여 세포주기를 정지시킨다. 종양억제 유전자들이 변이되거나 불활성화되면, 세포들은 정상적으로 세포주기 체크포인트에 반응할 수 없거나, 혹은 DNA 손상이 심각해도 예정 세포 사멸을 진행할 수 없다. 이것은 돌연변이를 더 증가시키고 세포가 가만히 있어야 할 때 세포주기를 탈출할 수 없도록 한다. 종양억제 유전자의 두 대립인자가 모두 불활성화되고, 세포에서의 또 다른 변화가 세포를 계속 자라고 분열하도록 하면, 세포들은 종양형성능을 갖게 된다.

아래의 예들은 돌연변이가 되었을 때 암의 발생에 기여하는 원암 유전자와 종양억제 유전자들이다. 200개 이상의 암유전자들과 종양억제 유전자들이 알려져 있으며, 암 연구가 지속됨에 따라 더 많아질 것으로 보인다.

표 16.2 원암 유전자와 종양억제 유전자들

원암유전자	정상 기능	암에서의 변화	관련 암
Ha-ras	신호전달 분자, GTP/GDP에 결합	점돌연변이들	대장, 방광, 기타 여러가지 암
c-erbB	막관통 성장인자 수용체	유전자 증폭, 점돌연변이	교세포종, 유방암, 자궁경부암
c-myc	전사인자, 세포주기 조절, 분화, 아폽토시스	전좌, 증폭, 점돌연변이	림프종, 백혈병, 폐암, 기타 여러가지 암
c-kit	티로신 키나아제, 신호전달	돌연변이	육종
RARa	호르몬 의존성 전사인자, 분화	PML 유전자를 수반한 염색체 전좌, 융합 산물	급성 전골수성 백혈병
E6	인간 유두종 바이러스(HPV)에 의해 암호화되는 암유전자, p53을 불활성화	HPV 감염	자궁경부암
Cyclins	CDK들에 결합, 세포주기 조절	유전자 증폭, 과다발현	폐, 식도, 기타 여러 가지 암
CDK2, 4	사이클린 의존성 키나아제, 세포 주기 단계의 조절	과다발현, 돌연변이	방광, 유방, 기타 여러 가지 암
종양억제 유전자	**정상 기능**	**암에서의 변화**	**관련 암**
p53	세포주기 체크포인트, 아폽토시스	돌연변이, 바이러스성 암유전자 산물에 의해 불활성화	뇌, 폐, 대장, 유방, 기타 여러 가지 암
RB1	세포주기 체크포인트, E2F에 결합	돌연변이, 결실, 바이러스성 암유전자 산물에 의해 불활성화	망막아종, 골육정, 기타 여러 가지 암
APC	세포-세포 상호작용	돌연변이	대장암, 뇌암, 갑상선암
Bcl2	아폽토시스 조절	과다발현이 아폽토시스 억제	림프종, 백혈병
BRCA2	DNA 수리	점돌연변이	유방, 난소, 전립선암

ras 원암 유전자

인간의 종양에서 가장 흔히 변이되는 유전자들 중 일부는 ***ras* 유전자 패밀리**(*ras* gene family)에 속하는 것들이다. 이 유전자들은 인간의 암 중 40% 이상에서 변이를 일으킨다. *ras* 유전자 패밀리들은 세포막과 관련한 신호전달 분자들을 암호화하며, 성장과 분열을 조절한다. Ras 단백질들은 정상적으로는 외부의 성장 신호에 반응하여 세포를 분열하도록 촉진하는 신호를 막에서 핵으로 전달한다. Ras 단백질들은 구아노신 이인산(guanosine diphosphate, GDP)이나 구아노신 삼인산(guanosine triphosphate, GTP)의 결합에 따라 불활성(꺼짐) 형태와 활성(켜짐) 형태가 교체된다. 세포가 성장 신호(혈소판 성장인자나 표피 성장인자 등)를 만나면, 세포 표면의 성장인자 수용체가 성장인자와 결합하여 수용체의 세포질 부분에 자가 인산화를 유발한다. 이것은 뉴클레오티드 교환인자(nucleotide exchange factor)라고 알려진 단백질들이 세포막에 모이도록 한다. 이들 뉴클레오티드 교환인자들은 Ras가 GDP를 방출하고 GTP와 결합하게 함으로써, Ras를 활성화시킨다. 이제, 활성화된 GTP-결합 형태의 Ras는 세포질에서 순차적인 인산화를 통해 신호를 보낸다(**그림 16-8**). 이러한 순차적 사건의 마지막 지점은 세포를 조용한 상태에서 분열주기로 유도하는 산물들의 유전자를 촉진하는 핵내 전사인자들의 활성화다. 일단 Ras가 그 신호를 핵으로 보내면, GTP는 GDP로 가수분해되고, 불활성화된다. 원암 유전자 *ras*가 암유전자로 바뀌게 되면, Ras 단백질이 GTP를 GDP로 가수분해되지 못하도록 하며, 따라서 Ras 단백질을 "켜진" 형태로 고정시킴으로써 지속적으로 세포를 분열하도록 촉진한다.

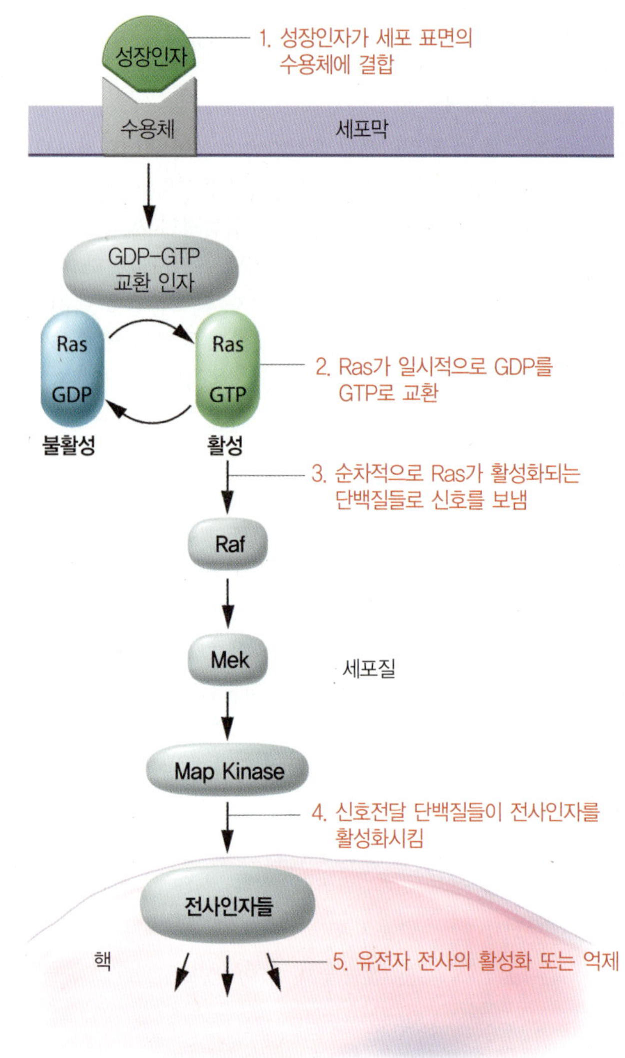

그림 16-8 Ras에 의해 매개되는 신호전달 경로.

p53 종양억제 유전자

인간의 암에서 가장 흔하게 변이되는-모든 암의 50% 이상에서 발생하는-유전자는 ***p53* 유전자**이다. 이 유전자는 50가지 이상의 유전자들에서 전사를 억제하거나 촉진할 수 있는 핵내 전사인자를 암호화한다.

정상적으로, p53 단백질은 지속적으로 합성되지만 빠르게 분해되므로 세포 내에는 아주 낮은 수준으로 존재한다. 그리고 p53 단백질은 정상적이라면 Mdm2라고 불리는 다른 단백질과 결합하고 있어서, 이것이 p53 단백질을 불활성 상태에서 활성 상태로 바꾸는 인산화나 아세틸화를 저해한다. 여러 가지 형태의 사건들이 핵 내에서 활성화된 p53 단백질의 수준을 빠르게 증가시킨다. DNA에 대한 화학적 손상, 이온화 방사선에 의한 DNA에서의 이중가닥 절단, 자외선에 대한 노출로 생긴 DNA-수리 중간체의 형성 등이 이를 촉발한다. 활성화된 p53 단백질 수준이 증가되는 원인은 단백질 인산화, 아세틸화, 그리고 p53 단백질의 안정성 증가에 따른 것이다.

p53 단백질은 DNA 손상에 대해 두 가지 반응을 촉발한다: DNA 손상 이후의 세포주기 정지, 혹은 DNA가 수리되지 못하는 경우의 아폽토시스와 세포사멸이다. 각 반응은 p53 단백질이 각 반응들에 관여하는 유전자들의 발현을 촉진시키거나 억제하는 전사인자로 작용함으로써 이루어지는 것이다.

정상적인 세포에서 p53은 여러 상태에서 세포주기를 정지시킬 수 있다. G1/S 체크포인트에서 세포주기를 억제하기 위해서는 활성화된 p53 단백질이, p21 단백질을 암호화하는 유전자의 전사를 촉진시킨다. p21 단백질은 CDK4/cyclin D1 복합체를 억제하는데, 이로써 세포는 G1기에서 S기로의 이동이 방해를 받는다. 활성화된 p53 단백질은 DNA 복제 진행을 늦추는 유전자들의 발현을 조절한다. 따라서 DNA 손상이 S기에 수리될 시간을 얻는다. 활성화된 p53은 S기 중에 DNA 손상이 발생한 경우, 다른 유전자의 발현을 조절함으로써, G2/M 체크포인트에서 세포를 저해할 수 있다.

활성화된 p53은 또한 손상된 세포가 아폽토시스에 의해 자살할 수 있도록 이끌 수도 있다. 이것은 *Bax* 유전자의 전사를 활성화시키고, *Bcl2* 유전자의 전사를 억제함으로써 이루어진다.

정상적인 세포에서, BAX 단백질은 Bcl2 단백질과 이형이합체(heterodimer)로 존재하며 이 경우 세포는 생존한다. p53에 의한 *Bax* 유전자의 전사 활성화에 대한 반응으로 BAX 단백질의 수준이 증가하면, BAX의 동형이합체(homodimer)가 형성되고 이들 동형이합체는 세포가 스스로를 파괴하도록 하는 변화를 활성화시킨다(그림 16-7). 암세포에서는 p53 기능의 결함으로, 세포 손상에 대해서도 BAX 단백질 수준이 증가하지 않으며, 아폽토시스는 발생하지 않을 수 있다.

그러므로 p53의 기능 소실은 세포주기 체크포인트에서의 억제를 불가능하게 하며, 혹은 DNA 손상에 대한 반응으로 아폽토시스로 들어가는 것도 불가능하게 만든다. 결과적으로, 이들은 세포의 DNA 상태와 상관없이 검사되지 않은 채로 세포주기를 진행한다. p53이 결손된 세포들은 높은 돌연변이율을 가지며, 암을 일으키는 돌연변이들을 축적하게 된다. p53 단백질의 유전체 안정성에 대한 중요성 때문에, 종종 이 단백질은 "유전체의 수호자(guardian of genome)"라고 불린다.

RB1 종양억제 유전자

RB1(retinoblastoma 1) 종양억제 유전자의 돌연변이나 소실은, 유방암, 골암, 폐암, 방광암 등을 포함하여 많은 형태의 암들에 기여한다. *RB1* 유전자는 원래 **망막아종**(retinoblastoma)에 대한 연구 결과 밝혀진 것이다. 이것은 어린이의 눈에서 종양이 발생하는 유전병이다. 망막아종은 약 14,000~20,000명당 1명의 빈도로 발생한다. 가족성 망막아종에서는, *RB1* 유전자의 대립인자 하나가 돌연변이 된 것을 물려받으며, 85%의 확률로 망막아종을 발달시킬 뿐 아니라, 다른 암의 발생 가능성도 증가한다. 유전성 망막아종 환자들의 모든 체세포는 *RB1* 유전자 중 하나의 인자가 돌연변이 되어 있다. 그러나 어떤 망막세포에서 *RB1*의 나머지 정상 대립인자가 소실되었거나 돌연변이 되었을 때만 망막아종이 발생한다. 유전성 조건을 갖지 않은 사람들에서는 망막아종이 매우 드문데, 그 이유는 *RB1* 유전자의 두 사본을 모두 불활성화시키기 위해서는 체세포성 돌연변이가 독립적으로 두 번 일어나야 하기 때문이다(그림 16-9).

망막아종 단백질(retinoblastoma protein, pRB)은 G1/S 세포주기 체크포인트를 조절하는 종양억제 단백질이다. pRB는 세포주기의 모든 단계에 있는 모든 세포의 핵에서 발견된다. 그러나 세포주기에서의 활성은 인산화 상태에 따라 다르다. 세포가 G0기에 있으면, pRB는 인산화되어 있지 않으며 E2F 같은 전사인자들과 결합하여 이들을 불활성화시킨다(그림 16-10). 세포가 성장인자에 의해 자극을 받으면, 세포는 G1기로 들어가 S기로 접근한다. G1기를 거치면서, pRB 단백질은 CDK4/cyclin D1 복합체에 의해 인산화된다. 인산화된 pRB는 불활성화되어 결합하고 있는 조절성 단백질들을 방출한다. E2F와 다른 조절자들이 pRB로부터 방출되면, 이들은 G1기에서 S기로의 이동에 필요한 30여 개 유전자들의 발현을 자유롭게 유도할 수 있다. 세포가 S, G2, M기를 지난 후에는, pRB는 비인산화 형태로 전환되고 E2F 등 조절 단백질들과 다시 결합하여 다음 세포주기에 이들이 필요할 때까지 잡고 있게 된다. 정상적으로 잠잠한 상태의 세포에서는, pRB 단백질

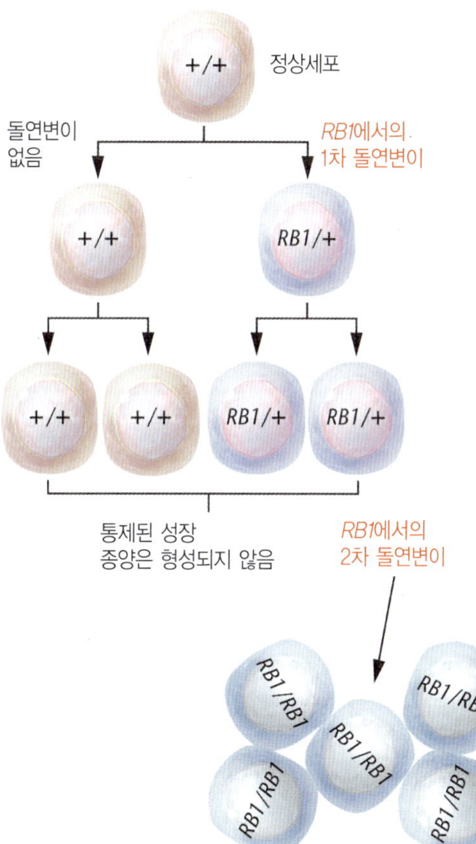

그림 16-9 (a) 유전성 망막아종(familial retinoblastoma)에서는 하나의 돌연변이가 유전되어 모든 세포들에 존재한다. 어떤 망막세포에서 망막아종 좌위에 두 번째 돌연변이가 발생하면 세포분열이 조절되지 않고 종양이 형성된다. (b) 특발성 망막아종(sporadic retinoblastoma)에서는 하나의 세포내 망막아종 유전자에서 두 번의 돌연변이가 순차적으로 일어나야 하며, 이로써 세포분열과 성장이 조절되지 않아 종양이 형성되게 한다.

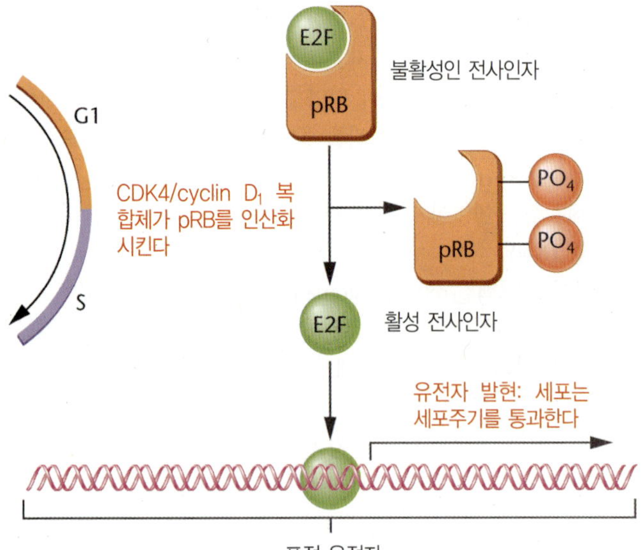

그림 16-10 G0기와 G1기 초에, pRB가 전사인자인 E2F와 상호작용하여 이를 불활성화시킨다. 세포가 G1에서 S기로 이동함에 따라, CDK4/사이클린 D1 복합체가 형성되어 pRB에 인산기를 붙인다. pRB가 인산화 되면, E2F가 빠져나와 전사를 활성화시킬 수 있게 되고, 세포는 S기를 지날 수 있게 된다. pRB의 인산화는 일시적이다; CDK/사이클린 복합체가 분해되고 세포가 G1초기로 이동하면, pRB 인산화도 감소하게 된다.

은 활성화 상태로, S기의 통과를 방해한다. 망막아종을 포함한 많은 암세포에서는 *RB1* 유전자의 두 사본에 모두 결함이 있거나, 불활성이고, 혹은 아예 없어서 세포주기의 진행이 조절되지 않는다.

이 문제를 풀어보자

413페이지의 23번 문제는 어떻게 유전성 Li-Fraumeni 증후군에서, *p53* 유전자의 대립인자 하나에서 발생한 돌연변이가 광범위한 여러 가지 암을 일으킬 수 있는지를 설명하라는 것이다.

힌트: 이 질문에 대답하기 위해서는, 정상적인 *p53* 종양억제 유전자에 의해 조절되는 세포내 기능을 살펴보아야 한다. *p53* 유전자 산물이 없거나 결함이 있다면, 어떻게 이 각 기능들이 영향을 받을 수 있는지 고려하라. 종양억제 유전자의 한 대립인자에서 발생한 돌연변이가 어떻게 두 대립인자 모두의 변이를 포함하는 종양을 일으키게 되는지는 16.6절의 이형접합성 소실(loss of heterozygosity) 부분을 참고하라.

16.5 암은 세포 부착에 영향을 미치는 유전적 질병이다

이 장의 첫머리에 언급했던 바와 같이, 통제되지 않는 성장 자체만으로는 악성 암이나 생명을 위협하는 암을 만들 정도로 충분치 않다. 암세포들은 전이의 특성을 획득해야 하는데, 이것은 원래의 종양 부위로부터 탈출하여 혈액이나 림프계로 들어가 주위의 다른 조직을 침범하고 2차 종양을 형성할 수 있는 능력을 포함한다. 1차 종양 부위를 떠나 다른 조직을 침범하기 위해서는, 정상적이라면 자신들을 포함하고 있고 다른 조직과 분리시키는 **세포외기질**(extracellular matrix)과 **기저막**(basal lamina) 성분을 분해하여 종양세포들이 다른 세포들과 떨어져야 한다. 세포외기질과 기저막은 단백질과 탄수화물로 구성된다. 이들은 조직의 성장을 위한 뼈대를 형성하고, 정상적으로는 세포의 이동을 저해한다.

세포외기질을 침범할 수 있는 능력은 일부 정상적인 세포 형태의 특징이기도 하다. 예를 들어, 임신 중에 자궁 내벽에 배아가 착상하는 것은 세포외기질을 가로지르는 세포 이동을 필요로 한다. 그리고 백혈구 세포가 감염 부위로 도달하기 위해서는 모세혈관벽을 관통해야 한다. 침범의 기작은 아마도 정상세포나 암세포에서 비슷할 것으로 생각된다. 차이는 정상세포의 경우 침범 능력이 엄격하게 조절되는 반면, 종양세포에서는 이러한 조절이 상실되었다는 것이다.

비록 전이를 조절하는 유전자들에 대해서는 세포주기를 조절하는 것에 비해 별로 알려진 것은 없지만, **세포부착 분자**(cell-adhesion molecule), 세포골격 조절자, 그리고 단백질분해효소를 암호화하는 유전자들을 포함하여 다수의 유전자에 의해 전이가 조절되는 것으로 보인다. 예를 들어, 상피세포 종양들은 정상보다 낮은 수준의 E-카드헤린(E-cadherin) 당단백질을 갖는데, 이것은 정상적인 조직에서 세포-세포 부착을 맡고 있는 단백질이다. 그리고 고도 악성종양에서는 **메탈로프로티나아제**(metalloprotienase)와 같은 단백질분해효소들이 정상보다 높은 수준으로 존재하고, **메탈로프로티나아제의 조직억제물질**(tissue inhibitors of metalloproteinase) 같은 조절성 물질들에 의한 정상적 조절에도 반응하지 않는다. 암의 공격성은 그 종양에 의해 발현되는 단백질분해효소의 수준과 관계가 있음이 알려져 왔다. 그러므로 부적절하게 발현되는 세포부착 단백질 및 단백질분해효소들은 세포 위치에 대한 정상적인 억제를 느슨하게 함으로써, 악성 종양 세포들을 도울 뿐 아니라, 종양세포가 순환계를 통해 진입하고 진출하는 장소에 구멍을 만들게 된다.

이 문제를 풀어보자

413페이지의 25번 문제는 전이성 종양에서 돌연변이된 유전자의 분리에 관한 것이다. 이 유전자는 세린 프로테아제 패밀리(serine protease family)의 하나다. 여러분은 어떻게 이 유전자가 매우 침습성인 암을 발달시킬 수 있는지에 대해 설명하여야 한다.

힌트: 이 절에서 배운 바와 같이, 전이성 암세포들은 다른 세포들과의 연대를 탈출하여 순환계를 통해 이동하고, 멀리 떨어진 조직까지 침투할 수 있는 능력을 갖는다. 여러분은 정상적인 조절이 결여된 단백질분해효소 분자를 가짐으로써 어떤 형태의 전이과정이 촉진될 것인지에 대해 생각해 보라. 그리고 이들 유전자에서 어떤 형태의 돌연변이가 전이를 증가시킬 수 있을지에 대해서도 생각해 보라.

16.6 일부 암에 대한 소인은 유전될 수 있다

비록 대다수의 인간 암들이 특발성(sporadic)이지만, 일부(1~2%)

표 16.3 암의 유전적 소인

종양의 유전적 소인을 보이는 증후군들	염색체
Early-onset familial breast cancer	17q
Familial adenomatous polyposis	5q
Familial melanoma	9p
Gorlin syndrome	9q
Hereditary nonpolyposis colon cancer	2p
Li-Fraumeni syndrome	17p
Multiple endocrine neoplasia, type 1	11q
Multiple endocrine neoplasia, type 2	22q
Neurofibromatosis, type 1	17q
Neurofibromatosis, type 2	22q
Retinoblastoma	13q
Von Hippel-Lindau syndrome	3p
Wilms tumor	11p

는 유전적이거나 혹은 가족성 요소를 갖는다. 현재 약 50가지 형태의 유전성 암들이 알려져 있다(표 16.3).

대부분의 유전성 암-감수성 유전자들은, 멘델식 우성 양식으로 유전되지만, 그 자체만으로 암을 발달시키기에는 충분치 않다. 유전자의 다른 사본에서 생기는 체세포성 돌연변이가 적어도 하나 더 있어야 세포를 악성종양성으로 진행시킬 수 있다. 그리고 완전히 암 표현형을 나타내기 위해서는 보통 다른 유전자에서의 돌연변이들도 필요하다. 위에 언급한 바와 같이, *RB1* 유전자에서의 유전된 돌연변이는 개인이 다양한 암을 발달시킬 소인(predisposition)을 제공한다. 이들 환자의 정상 체세포가 *RB1* 유전자의 돌연변이에 대해 이형접합성이라고 해도, 종양내 세포들은 이 유전자의 두 사본에서 모두 돌연변이를 포함한다. 종양에서 두 번째로 생기는, 야생형 대립인자의 돌연변이화 현상은 **이형접합성 소실**(loss of heterozygosity)이라고 알려져 있다. 이형접합성 소실이 이들 유전성 암들의 발현에 필요한 첫 단계이긴 하지만, 종양세포들이 완전한 악성으로 변화되기 위해서는 다른 원암 유전자와 종양억제 유전자에서의 돌연변이들이 더 필요하다.

유전성 대장암의 발달은 한 유전자에서 돌연변이 대립인자를 물려받는 것이 어떻게 악성으로 가는 다단계 경로의 한 단계에 기여하는지를 잘 설명해 준다.

약 1%의 대장암 사례는 **가족성 선종 폴립증**(familial adenomatous polyposis, FAP)이라고 알려진 암에 대한 유전적 소인에 기인한 것이다. FAP에서, 개인들은 *APC*(adenomatous polyposis) 유전자에서 하나의 돌연변이 대립인자를 물려받는다. 이 유전자는 5번 염색체의 장완에 위치한다. 돌연변이로는 결실, 틀이동, 그리고 점돌연변이들이 나타난다. *APC* 유전자의 정상적인 기능은, β-카테닌(β-catenin) 단백질과의 상호작용으로 세포-세포 접촉을 조절하고 성장을 저해하는 종양억제 유전자로 작용하는 것이다. 이형접합성 *APC* 돌연변이의 존재는 장의 상피세포들이 부분적으로 세포주기 조절을 탈출하여 세포분열을 하게 허용함으로써, **폴립**(polyp) 혹은 용종(adenoma)이라고 불리는 작은 세포 덩어리를 만들게 한다. 이러한 조건에 이형접합성인 사람들은 젊은 나이에 장과 직장에 수백~수천 개의 폴립을 형성한다. 폴립들에서 이 시기에 두 번째 돌연변이가 꼭 일어나야 하는 것은 아니지만, 대부분의 사례에서는, 두 번째 *APC* 대립인자가 암 발달 후기에 돌연변이를 일으킨다. FAP의 발달에서 나타나는 돌연변이의 상대적 순서가 그림 16-11에 나타나 있다.

하나의 *APC* 돌연변이를 포함하고 있는 폴립세포들에서의 두 번째 돌연변이는 *ras* 원암 유전자에서 발생하는 것이다. *APC*와 *ras* 유전자 돌연변이들의 조합은 중간 용종의 발달을 일으킨다. 이들 용종내 세포들은 정상적인 세포 분화에 결함이 있으며, 배양 시에는 다른 세포와의 접촉이 없어도 잘 자라서 **형질전환된**(transformed) 것으로 설명된다. 악성종양으로 가는 세 번째 단계는 *DCC*(deleted in colon cancer) 유전자 두 사본의 기능이 모두 소실되는 것이다. *DCC* 유전자 산물은 세포부착과 분화에 관여할 것으로 생각된다. *DCC* 유전자의 두 대립인자에서 생긴 돌연변이는 후기 선종(adenoma) 단계인 손가락 모양의 융모돌기들(villi)이 형성되도록 한다. 후기 선종이 암 선종으로 진입할 때, 보통 *p53* 유전자의 기능을 잃게 된다. 악성종양으로 가는 마지막 단계들에는 전이와 관련된 다수의 알려지지 않은 유전자들이 관여한다.

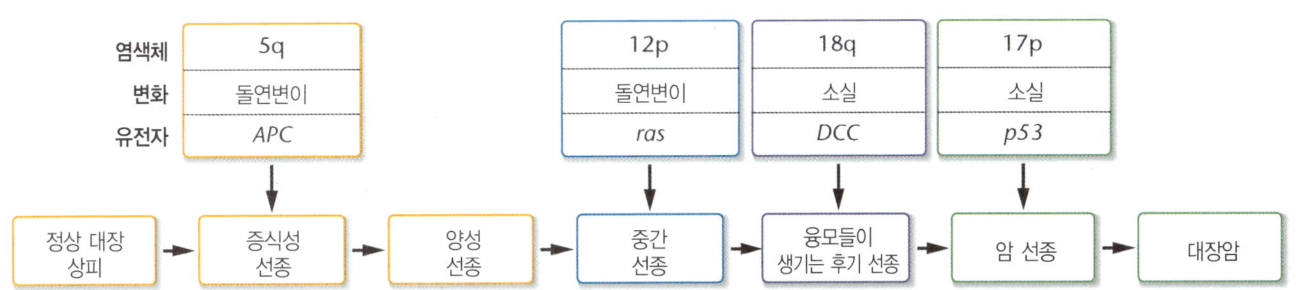

그림 16-11 대장암의 다단계 생성 모델. 첫째 단계에서는 5번 염색체의 *APC* 유전자의 한 대립인자가 없어지거나 불활성화된다. FAP의 경우에는, *APC* 유전자의 한 돌연변이가 유전된다. 양성 선종의 세포들에서 12, 17, 18번 염색체상의 유전자가 관여된 연속적 돌연변이가 발생하면, 대장암을 일으키는 악성 전이를 일으킬 수 있다. 12, 17, 18번 염색체에서의 돌연변이는 보통 5번 염색체의 돌연변이보다 나중에 발생하지만, 총 변화 수가 이들이 변화된 순서보다 중요하다.

이 문제를 풀어보자

413페이지의 7번 문제는 왜 일부 흡연자들과, 암관련 유전자들의 돌연변이를 물려받은 사람들 중 일부는 암을 발달시키지 않는지를 설명하는 것이다.

힌트: 유전적, 혹은 환경적 조건들의 필연적 결말이 암이 아닌 이유에 대해 생각할 때는 암의 다단계성, 자발적 돌연변이의 무작위성, 암세포에서 망가진 유전적 조절 기능의 형태 등에 대해 고려해야 한다. 또한 각 개인들의 유전적 배경이 돌연변이율과 DNA 수리기능에서의 차이에 어떻게 영향을 미칠지도 고려하는 것이 필요하다.

16.7 바이러스들이 인간과 동물에서의 암에 기여한다

동물에서 암을 일으키는 바이러스들은 인간의 암 유전학에 대한 지식 축적에 중요한 역할을 담당했다. 대부분의 발암성 동물 바이러스들은 RNA 바이러스들로, **레트로바이러스**(retrovirus)라고 알려져 있다. 이들이 세포를 암세포로 전환시키기 때문에, 급성 형질전환 레트로바이러스들이라고 한다. 이들 **급성 형질전환 레트로바이러스**(acute transforming retrovirus)들 중 최초의 것은 프란시스 페이튼 루스(Francis Peyton Rous)에 의해 1910년에 발견된 것이다. 루스는 닭의 육종(sarcoma; 근육, 뼈, 지방에서의 고형 종양)에 대해 연구하고 있었는데, 이들 종양에서의 추출물을 암이 없는 닭에 주사하였을 때 새로운 육종이 형성될 수 있음을 관찰하였다. 몇십 년 후에, 육종을 발달시켰던 그 추출물 내의 요인이 레트로바이러스임이 밝혀졌고, 그의 이름을 따서 **루스 육종 바이러스**(Rous sarcoma virus, RSV)라고 불리게 되었다.

레트로바이러스들이 어떻게 동물에서 암을 일으킬 수 있는지를 이해하기 위해서는, 이들 바이러스들이 어떻게 세포 내에서 복제되는지를 알아야 한다. 레트로바이러스가 세포 내로 감염되면, 그것의 RNA 유전체는 바이러스가 세포 내로 가져온 **역전사효소**(reverse transcriptase)에 의해 DNA로 복사된다. 그러면 DNA 사본은 감염된 세포의 핵으로 들어와 여기에서 무작위로 숙주세포의 유전체에 통합된다. 이렇게 통합된 레트로바이러스 RNA 유전체의 DNA 사본을 **프로바이러스**(provirus)라고 부른다. 프로바이러스의 DNA는 말단부의 U5와 U3 서열 내에 강력한 인핸서와 프로모터 요소들을 포함하고 있다(그림 16-12). U5 프로모터는 숙주세포의 전사 단백질을 이용하여 바이러스 유전자들(*gag*, *pol*, 그리고 *env*)의 전사를 지시한다. 이들 유전자의 산물들은 새로운 레트로바이러스 입자들을 구성하는 단백질과 RNA 유전체들이다. 프로바이러스가 숙주 유전체에 통합되어 있기 때문에, 세포의 정상적인 주기에 따라 숙주의 DNA가 복제할 때 바이러스의 DNA도 복제된다. 레트로바이러스는 세포를 죽이지 않을 수도 있지만, 세포를 더 많은 바이러스를 만드는 공장으로 사용하여 주위의 세포들을 감염시키게 된다.

레트로바이러스들은 두 가지 방법으로 암을 일으킬 수 있다. 첫째는, 프로바이러스 DNA가 우연히 세포의 정상적인 원암 유전자 근처로 통합될 수 있다. 프로바이러스 내의 강한 프로모터와 인핸서가 원암 유전자의 전사를 부적당한 시기에 고도로 촉진함으로써, 숙주세포의 증식이 발생할 수 있다. 둘째로, 레트로바이러스가 숙주의 원암 유전자를 싣고 나와 자신의 유전체에 통합시키는 것이다(그림 16-12). 새로운 바이러스 원암 유전자는 바이러스로 이동되는 과정에서 돌연변이화되거나, 바이러스 프로모터의 조절 하에 있게 되어서 비정상 수준으로 발현될 수 있다. 이들 바이러스 원암 유전자들을 싣고 있는 레트로바이러스들은 정상세포를 감염시켜 종양세포로 형질전환을 일으킬 수 있다. RSV의 경우, 닭의 유전체에 붙잡힌 원암 유전자는 *c-src* 유전자다. 동물의 여러 가지 급성 형질전환 레트로바이러스에 대한 연구로부터 과학자들은 10여 가지의 원암 유전자들을 찾아내었다.

지금까지 사람에서는 급성 형질전환 바이러스가 발견된 적이 없다. 그러나 RNA와 DNA 바이러스들은 여러 가지 방법으로 인간에서의 암 발생에 기여한다. 세계적으로 약 15%의 암들이 바이러스와 관련이 있다고 생각되며, 바이러스 감염은 담배 연기 다음으로 암에 대한 가장 큰 위험 요인이다.

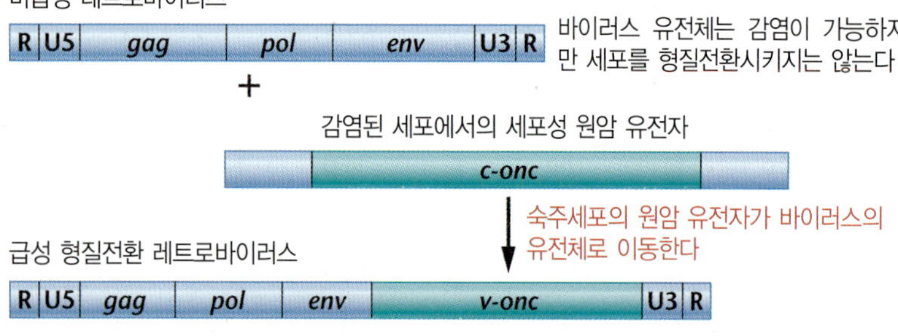

그림 16-12 전형적인 레트로바이러스의 유전체가 상단에 나타나 있다. 유전체는 말단에 반복서열(R)과, 프로모터와 인핸서를 포함하는 U5, U3 영역을 갖는다. 그리고 세 개의 주요 유전자가 바이러스의 구조 단백질들(*gag*와 *env*)과 역전사효소(*pol*)를 암호화한다. 바이러스 유전체의 RNA 전사체는 새로운 바이러스 유전체를 이룬다. 만약 레트로바이러스가 숙주세포의 원암 유전자(*c-onc*)나 그 일부를 갖게 되면 이 유전자(이제는 *v-onc*가 됨)는 바이러스 유전자에 따라 발현되며, *v-onc* 유전자의 과발현이나 부적절한 발현이 유발된다. *v-onc* 유전자는 형질전환능을 높이는 돌연변이를 일으킬 수 있다.

바이러스 유발성 암들에 대한 가장 중요한 기여자는 **유두종 바이러스**(papillomavirus, HPV 16, 18), **인간 T-세포 백혈병 바이러스**(human T-cell leukemia virus, HTLV-1), **B형 간염 바이러스**(hepatitis B virus), 그리고 **엡스타인-바 바이러스**(Ebstein-Barr virus) 등이다(표 16.4). 특정 암에 대한 유전적 소인을 포함하여, 다른 암 위험 요인들과 마찬가지로, 바이러스 감염 자체로는 인간에서 암을 유발하기에 충분하지 않다. DNA 손상이나, 세포들의 원암 유전자와 종양억제 유전자에서의 돌연변이 축적 등을 포함하는 다른 요인들이 암 발생의 다단계 경로로 세포를 이동시키는 데 필요하다.

바이러스들은 단백질 외피로 둘러싸인 핵산만으로 구성되기 때문에, 자신들을 복제하기 위해서는 숙주세포의 생합성 기구들을 이용해야만 한다. 대부분의 바이러스들은 숙주의 DNA 합성효소들에 접근하기 위해 숙주세포가 활발하게 성장하는 상태에

표 16.4 암과 관련된 인간의 바이러스들

바이러스	암	암유전자	기작
Human papillomavirus 16, 18	Cervical cancer	*E6, E7*	p53과 pRB 종양억제자를 저해
Hepatitis B virus	Liver cancer	*HBx*	신호전달, 세포주기 촉진
Epstein–Barr virus	Burkitt's lymphoma, naso–pharyngeal cancer	Unknown	Unknown
Human herpesvirus 8	AIDS–related Kaposi's sarcoma	Several possible	Unknown
Human T–cell leukemia virus	Adult T–cell leukemia	*pX*	세포주기 촉진

있도록 해야 한다. 이들 바이러스는 종종 세포주기를 촉진하는 물질을 암호화하는 유전자들을 갖고 있다. 만약 바이러스들이 숙주세포를 죽이지 않는다면, 세포주기 통제의 소실과 악성종양화가 시작될 가능성이 존재한다.

16.8 환경 요인들은 인간의 암에 기여한다

DNA에 손상을 일으킬 수 있는 어떤 물질과 사건이라도 암을 일으킬 가능성을 갖는다. 수리되지 못했거나, 잘못 수리된 DNA는 돌연변이를 유발하고 그것이 원암 유전자나 종양억제 유전자에서 발생한 것이라면, 세포주기의 비정상적 조절이나, 세포 접촉과 침윤에 대한 조절을 파괴할 수 있다.

우리의 환경은, 자연적인 것과 인위적인 환경 모두, 많은 발암물질을 포함하고 있다. 이들에는 화학물질, 방사능, 일부 바이러스, 그리고 지속적 감염 등이 포함된다. 아마도 가장 심각한 발암원은 담배연기일 것이다. 역학자들은 인간에서의 암사망 중 약 30%가 흡연과 관련된다고 추정한다. 담배연기는 다수의 암-유발 화학물질들을 포함하고 있으며, 그들 중 일부는 *ras* 같은 원암 유전자나 *p53* 같은 종양억제 유전자들에서의 돌연변이를 잘 일으킨다.

음식물도 종종 암 발달과 연루된다. 붉은 고기와 동물성 지방의 섭취는 대장암, 전립선암, 그리고 유방암과 관계된다. 이들 물질이 발암에 기여하는 기작은 분명치 않지만, 호르몬을 통한 세포분열의 촉진이나, 조리과정 중에서 생기는 발암성 물질과 관계있는 것으로 보인다. 알코올은 간에서의 염증을 유발하여 간암에 기여할 수 있다.

비록 우리들 대다수가 인위적이고 산업적인 환경들이 암의 발달에 중요한 기여인자라고 인식하고 있지만, 이것은 전체 암들의 일부에 관한 것으로, 특수한 상황에만 적용된다. 대부분의 돌연변이 사건들 중 일부, 따라서 가장 발암성이 크다고 할 수 있는 것은, 자연적인 물질과 자연적인 과정들에 의한 것이다. 예를 들어, 땅콩에서 자라는 곰팡이의 성분인 **아플라톡신**(aflatoxin)은 가장 강력한 발암성 화학물질 중 하나로 알려져 있다. **니트로사민**(nitrosamine) 같은 대부분의 화학 발암원들은 합성된 물질의 성분이다; 그러나 많은 것들이 자연적으로도 존재한다. 예를 들어, 식물에서 발견되는 자연 살충제와 항생제들은 암을 유발할 수 있으며, 사람의 신체 자체도 장의 산성 환경에서 알킬화제를 만든다. 그럼에도 불구하고, 이러한 관찰이 합성 살충제나 석면 등 인간이 만든 발암원들에 노출되는 특정 집단의 사람들에 대한 심각한 암 위험성을 평가절하하는 것은 아니다.

자연적인 방사(X-선, 자외선), 자연적인 식품, 그리고 암을 유발하는 환경-유발 돌연변이들에 기여하는 외부 환경 등은 DNA 손상을 일으킬 수 있다. 정상적인 대사과정이 산화적 최종산물을 만들고 이것이 DNA나 단백질, 지질 등에 손상을 유발할 수 있다. 인간의 신체는 산소 자유 라디칼에 의해 하루에 약 10,000번의 DNA 손상을 경험한다고 한다. DNA 수리효소들은 이러한 손상에 성공적으로 대처한다; 그러나 일부 손상은 영구적 돌연변이를 유발할 수 있다. DNA 복제과정 자체도 돌연변이성이다. 그러므로 세포분열을 촉진하는 성장인자나 호르몬들은 궁극적으로 돌연변이성이며 아마도 암을 유발하는 것일 수 있다. 감염에 의한 만성 염증 역시 조직 수리와 세포분열을 촉진함으로써, 결과적으로 복제 중에 DNA 손상을 누적시킬 수 있다. 이러한 돌연변이들이 지속될 수 있으며, 특히 *p53*, *RB1* 같은 종양억제 유전자의 불활성화나 돌연변이에 의해 세포주기 체크포인트들이 변화된다.

자외선(UV)광과 이온화 방사능(X-선과 감마선)은 모두 DNA 손상을 유도한다. 햇빛의 UV에 의한 손상은 피부암의 유발자로 잘 알려져 있다. 이온화 방사선은, 히로시마와 나가사키에서의 원자탄 폭발에 기인한 중성자와 감마선에 노출된 집단들에 대한 연구에서, 분명히 그 자체로 발암성임이 밝혀졌다. 또 다른 중요한 환경요소는 라돈 가스인데, 미국인 집단에서 이온화 방사선 노출에 대한 50%의 책임을 가지는 것으로, 일부 집단에서의 폐암에 기여한다.

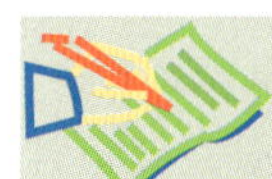

이 문제를 풀어보자

413페이지의 16번 문제는 암을 예방하기 위해 어느 정도의 예산이 교육과 암 연구에 지출되어야 하는지, 또 어느 정도가 암 치료에 사용되어야 할지 여러분 자신의 추산을 제시하라는 것이다.

힌트: 이 질문에 대답하기 위해서는, 환경적으로 유발되는 암과 자연적으로 유발되는 암의 상대적 비율에 대해 생각하라. 둘째로, 환경적으로 유발되는 암 중 어느 정도가 개인의 생활 선택에 기인하는 것인지도 고려하라. (이 주제에 관한 정보를 얻을 수 있는 흥미로운 출처: Ames, B. N. et al. 1995. The causes and prevention of cancer. *Proc. Natl. Acad. Sci. USA* 92: 5258–5265.)

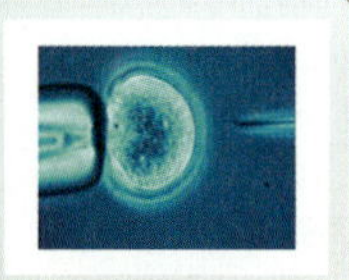

유전학, 기술, 그리고 사회

유방암: 유전자 검사, 양날의 칼

지금은 유전학과 생명공학에 대해서는 신나는 때가 아닐 수 없다. 인간 유전체 프로젝트의 완성을 앞두고 유전학의 미래 응용성에 대한 낙관들이 봇물처럼 흘러나온다. 과학자들과 대중 매체는 유전자 기술이 당뇨, 천식, 심장병, 그리고 파킨슨병과 같은 다양한 병들을 진단하고 치료할 수 있게 될 것으로 예언한다.

현존하는 모든 질환을 방지하고 치료하는데 유전학을 사용한다는 기대는 흥분되는 일이다. 그러나 우리는 종종 열광하느라 이 새로운 기술들이 심각한 한계들을 가지며 깊은 윤리적 문제들을 가지고 있다는 사실을 잊곤 한다. 유방암에 대한 유전자 검사 이야기는 불확실성과 관련하여 어떻게 우리가 우리의 높은 기대를 조절해야 하는지를 설명해 준다.

유방암은 여성에서 매우 흔하며, 모든 암 사망에서 폐암에 이어 두 번째로 큰 원인이다. 해마다 미국에서는 19만 건 이상의 새로운 진단이 내려진다. 유방암은 비단 여자들에게만 한정된 것이 아닌데, 대략 1,400명의 남자들이 해마다 유방암 진단을 받는다. 여성은 일생 동안 약 12%의 유방암이 발생할 위험성이 있으며 이 수치는 나이에 따라 증가한다.

대략 5~10%의 유방암이 가족성인데, 이른 발병과 가까운 친척들 사이에서 유방암이나 난소암이 여러 사례 나타나는 것으로 정의된다. 특정 가계에서 유방암과 난소암이 같이 나타나는 것은 유전적 돌연변이가 이들 암의 발생에 관여한다는 것을 시사한다. 1994년에 두 유전자가 규명되어 가족성 유방암과 연관이 있음이 드러났다. 이들 유전자(*BRCA1*과 *BRCA2*)에서의 생식세포 돌연변이들이 대부분의 가족성 유방암과 연관이 있다. *BRCA1*과 *BRCA2*의 분자적 기능은 아직 확실치 않지만, 손상된 DNA의 수리에 관여하는 종양억제 유전자일 것으로 보인다. *BRCA1*나 *BRCA2*에 돌연변이를 가진 여자는 일생에 유방암에 걸릴 확률이 36~85%, 난소암에 걸릴 확률이 16~60%이다. *BRCA2*에 생식세포 돌연변이를 가진 남자는 유방암에 걸릴 확률이 6%로 일반적인 남성 집단에 비해 100배나 높다.

*BRCA1*과 *BRCA2*의 유전자 검사는 이 유전자의 암호 부위 내에서 발생한 2,000가지 이상의 서로 다른 돌연변이 중 어떤 것도 추적할 수 있다. 그러나 이 검사에는 한계가 있다. 이 검사는 이들 유전자의 발현 이상을 초래할 수도 있는, 암호화 부위 바깥의 조절 부위에서 발생한 돌연변이는 추적하지 못한다. 또한, 다른 감수성 유전자들과 상호작용하는 것으로 인해, 어떤 특정 돌연변이가 암과 관련하여 어떤 형태로 나타나는지에 대해서도 거의 아는 바가 없다.

몇몇 가족성 유방암 환자들과 그들의 가족은 유전자 검사를 받고자 한다. 이들 환자들은 검사 결과가 유방암이나 난소암의 발생을 예방할 수 있게 도울 것이며, 임신 결정에 도움을 주고, 위험성이 있는 가족 구성원들에게 정보를 줄 수 있을 것으로 생각한다. 그러나 이러한 장점들 중 어느 것도 분명한 것은 없다.

BRCA 검사에서 음성으로 나온 여자들은 "그들이 가족성 유방암에 연루되지 않았다"는 사실에 안심한다. 그러나 그들이 유방암에 걸릴 위험성은 아직도 12%(집단 발병률)에 달하며 이 질병에 대해 지속적으로 감시해야 한다. 또한, 음성의 *BRCA* 유전자 검사가 이 환자들이 가족성 유방암의 다른 돌연변이를 가질 확률을 배제하는 것도 아니다. 알려지지 않은 유전자 혹은 그 *BRCA1* 혹은 *BRCA2* 돌연변이가 존재하지만, 유전자의 암호 부위가 아니라서 현재의 유전자 검사로는 알 수 없는 것일 수도 있다.

검사에서 양성으로 나타난 사람들은 어려운 선택에 직면한다. 선택할 수 있는 치료법은 빈약한 것이어서, 자세한 감시, 예방 차원의 유방 절제와 난소적출(유방과 난소를 제거하는 것), 피임약이나 타목시펜(tamoxifen)을 복용하는 것 등이다. 예방 차원에서 이루어지는 수술은 위험을 감소시킬 수 있는 것이지만 수술 후에 남은 조직에서 암이 또 발생할 수도 있는 것이어서 위험이 아주 없어지는 것은 아니다. 타목시펜과 같은 약도 역시 위험을 감소시키지만 심각한 부작용을 나타낸다. 유전자 검사들은 환자들에게뿐 아니라 환자의 가족 전체에 영향을 미친다. 사람들은 종종 공포, 불안감, 그리고 그들이 유전적 질병의 보인자라는 사실에 죄의식을 느낀다. 연구에 따르면 심지어 유전자 검사를 거부한 사람들도 검사 결과를 받은 사람들보다 더 증가된 불안감에 시달린다고 한다. 비밀 유지는 여기에서 주요한 관심사다. 환자들은 그들의 유전적 정보가 보험회사나 고용인들에게 알려져 그들의 직장에 대한 전망과 건강보험 수급에 생길 수 있는 불이익을 걱정한다. 한 연구에 따르면 *BRCA* 검사를 거부한 사람들의 25%가 검사비용, 비밀유지, 그리고 잠재적 차별 때문이었던 것으로 드러났다.

유전자 검사는 너무나 새로운 것이어서 우리 건강 시스템은 과학의 뒤에서 끌려 다니고 있다. 유전자 검사 결과가 심리적 부작용과 의학적 모호성 둘 다를 가지고 있기 때문에, 환자와 그 가족들에게는 유전적 상담은 부득이한 것이다. 그러나 유전자 검사 경험이 있는 숙련된 유전 상담원이 부족하고, 가장 유능한 자의 손에서도 이 문제들은 아직도 복잡하고 어려운 것으로 남아 있다. 의사들은 종종 사람의 임상 유전학에 대한 지식이 부족하고, 그들의 환자들에게 조언하는 것을 부담스럽게 느낄 뿐더러, 연방정부와 보험회사는 유전자 검사와 유전적 정보를 다루는 정책들을 아직 개발하지 못하고 있다. *BRCA* 유전자 검사의 불명확한 해석, 논리적으로 비효과적인 치료 선택, 그리고 심리적이고 사회적인 부작용 가능성들을 고려한다면, 겨우 60% 정도의 가족성 유방암 환자와 그 가족들만이 유전자 검사를 받기로 결정했다는 것은 놀라운 일이 아니다.

BRCA1/2 유전자 검사에 대한, 답해지지 않은 질문들은 매우 많고 또 중요하다. 어떤 돌연변이와 어떤 위험이 관련되어 있는가? 모든 사람들이 *BRCA1/2* 검사를 하도록 해야 할까? 아니면 고위험도의 사람들에게 한정해야 할까? 우리는 이 질병에 대해 효과적인 처방을 개발할 수 있는가? 우리는 유전자 검사와 상담에 드는 고 비용이 이 신기술을 집단 내의 단지 일부 사람들만을 위한 것이 아니라는 것을 어떻게 확신시킬 수 있는가? 우리가 다음 수십 년에 걸쳐 더 많은 질병에 대한 유전자 검사를 개발하게 될 것이므로, 이러한 비슷한 질문들에 대한 우리의 고민은 계속 커질 것이다.

참고문헌

Surbone, A. 2001. Ethical implications of genetic testing for breast cancer susceptibility. *Crit. Rev. in Onc./Hem.* 40:149-57

웹사이트

Genetic testing for *BRCA1* and *BRCA2*: It's Your Choice [on line]. National Institutes of Health.

http://cis.nci.nih.gov/fact/3_62.htm

단원 요약

1. 암은 주로 체세포에서 발생하는 유전적 질병이다. 약 1%의 암만이 일부 암에 대한 감수성을 증가시키는 생식세포 돌연변이와 관련된다.
2. 암세포들은 두 가지 기본적 특징을 가진다: 비정상적 세포증식과 신체의 다른 부분으로 침투하는 능력(전이). 암세포에서는 이러한 세포기능을 조절하는 유전자들이 돌연변이 되거나, 부적절하게 발현된다.
3. 암들은 클론성인데, 즉 한 종양의 모든 세포들은 다수의 돌연변이를 축적한 단일 조상세포에서 기원한다는 뜻이다.
4. 암의 발달은 여러 단계로 일어난다. 따라서 암과 관련된 여러 유전자들에서의 돌연변이가 요구된다.
5. 암세포들은 높은 돌연변이율, 염색체 이상, 그리고 유전체 불안정성 등이 증가함을 보인다. 이것은 세포 증식, 아폽토시스, 분화, DNA 수리, 세포 이동과 세포-세포 접촉 등을 조절하는 특정 유전자들에서의 돌연변이를 축적시킨다.
6. 암세포들은 세포주기 진행, 세포주기 체크포인트, 그리고 신호전달 경로에서의 결함을 나타낸다.
7. 원암 유전자들은 세포 성장과 분열을 촉진하는 정상 유전자이다. 암세포에서는 이들이 변이되거나 잘못 발현되는데 이때 이들을 암유전자라고 한다.
8. 종양억제 유전자들은 정상적으로 세포주기 체크포인트와 아폽토시스를 조절한다. 종양억제 유전자들이 변이되거나 불활성화되면, 세포들은 DNA 손상을 바로잡을 수 없다. 이것은 암을 유발하는 돌연변이들의 축적을 초래한다.
9. 암-감수성 유전자들에서의 유전된 돌연변이들은 암을 일으키기에는 충분치 않다. 유전자의 다른 사본에서 발생하는 두 번째 체세포성 돌연변이가 종양형성에 필요하다. 그리고 유전성 암의 발생에는 암과 관련된 다른 유전자들에서의 돌연변이들이 요구된다.
10. RNA와 DNA 종양 바이러스들은 새로운 암유전자를 도입하거나, 세포 증식을 촉진하거나, 혹은 세포의 정상적인 종양억제 유전자 산물을 방해하거나, 세포의 원암 유전자의 발현을 촉진시킴으로써 암에 기여한다.
11. 화학물질, 방사선, 바이러스, 그리고 만성 염증과 같은 환경인자들은 암의 발생에 기여한다. 인간에서의 암 발생에 가장 중요한 환경요인은 담배연기, 음식, 그리고 자연적인 방사다.

주요 용어

B형 간염 바이러스(hepatitis B virus)
G1/S 체크포인트(G1/S checkpoint)
G2/M 체크포인트(G2/M checkpoint)
M 체크포인트(M checkpoint)
p53 유전자(*p53* gene)
ras 유전자 패밀리(*ras* gene family)
RB1(망막아종 1, retinoblastoma 1)
가족성 선종 폴립증(familial adenomatous polyposis, FAP)
급성 형질전환 레트로바이러스(acute transforming retroviruses)
기저층(basal lamina)
니트로소아민(nitrosamines)
단백질 키나아제(protein kinase)
돌연변이 유발자 표현형(mutator phenotype)
레트로바이러스(retrovirus)
루스 육종 바이러스(Rous sarcoma virus, RSV)
만성 골수성 백혈병(chronic myelogenous leukemia, CML)
망막아종(retinoblastoma)
망막아종 단백질(retinoblastoma protein, pRB)
메탈로프로티나아제(metalloproteinases)
메탈로프로티나아제의 조직 억제자(tissue inhibitors of metalloproteinase, TIMP)
발암원(carcinogen)
버킷 림프종(Burkitt's lymphoma)
사이클린 의존성 키나아제(cyclin-dependent kinase, CDK)
사이클린(cyclin)
세포 증식(cell proliferation)
세포부착 분자(cell adhesion molecules)
세포외기질(extracellular matrix)
신호전달(signal transduction)
아폽토시스(apoptosis)
아플라톡신(aflatoxin)
악성종양(malignant tumors)
암유전자(oncogene)
양성종양(benign tumor)
엡스타인-바 바이러스(Epstein-Barr virus)
역전사효소(reverse transcriptase)
예정 세포 사멸(programmed cell death)
용종(polyp)
원암 유전자(proto-oncogenes)
유두종 바이러스(papilloma viruses, HPV 16, 18)
유전성 비용종형 대장암(hereditary nonpolyposis colorectal cancer, HNPCC)
이형접합성 소실(loss of heterozygosity)
인간 T세포 백혈병 바이러스(human T-cell leukemia virus, HTLV-1)
전이(metastasis)
종양억제 유전자(tumor suppressor genes)
종양형성(tumorigenesis)
카스파제(caspases)
프로바이러스(provirus)
필라델피아 염색체(Philadelphia chromosome)
형질전환된(transformed)

통찰과 해법

1. 망막아종(retinoblastoma)과 같은 질환에서는, 망막아종 유전자(*RB1*)의 한 대립인자에서 일어난 돌연변이가 생식세포를 통해 유전되어 망막아종의 발달에 대한 상염색체성 우성 소인(autosomal dominant predisposition)을 일으킨다. 망막아종이 발달하기 위해서는 *RB1* 유전자의 두 번째 사본에서의 체세포성 돌연변이가 필수적인데 이는 돌연변이 자체는 열성 형질로 작용함을 시사한다. 처음의 돌연변이가 유전될 수 있다고 한다면, 어떠한 방법으로 두 번째 돌연변이 사건이 발생할 수 있겠는가?

해법: 어떻게 이 두 번째 돌연변이가 발생하였는지를 고려함에 있어 뉴클레오티드 서열의 변화나 전체 염색체 혹은 염색체 일부의 변화 등을 포함한 여러 가지 수준의 돌연변이 발생 사건을 살펴보아야 한다. 망막아종은 *RB1* 좌위의 두 사본이 모두 없어지거나 불활성화되었을 때 발생한다. 이것을 염두에 두는 것이, 아마도 유전자의 돌연변이적 상실이나 불활성화를 일으킬 수 있는 현상들을 나열하는 가장 훌륭한 방법이 될 것이다.

두 번째 *RB1* 돌연변이가 일어나는 한 가지 방법은 남아 있는 정상 *RB1* 대립인자가 돌연변이 형태로 바뀌게 되는 뉴클레오티드 변화에 의한 것일 수 있다. 이러한 변화는 뉴클레오티드 치환이나 혹은 복제 중의 뉴클레오티드 삽입이나 결실에 의한 해독틀 돌연변이에 의해 발생할 수 있다. 두 번째 기작은 정상 대립인자를 가지고 있는 염색체의 소실을 포함한 것이다. 이러한 사건은 체세포분열 중에 발생할 수 있는데, 13번 단일 염색체성(13 monosomy)을 일으켜 돌연변이 *RB1* 유전자만을 남겨놓게 된다. 이러한 기작이 전 염색체에 걸쳐 일어날 필요는 없다; 염색체 장완의 결실(*RB1* 유전자는 13번 q완에 있다)이나 *RB1* 좌위를 포함하고 있는 일부분의 결실도 같은 결과를 나타낼 수 있다. 또 다른 방법으로는, 돌연변이 *RB1* 유전자를 가지고 있는 염색체의 중복에 의하여 정상 *RB1* 유전자가 소실되는 염색체 이상이다. 13번 염색체가 *RB1*를 두 개 가지는 것으로 복구될 수 있지만 정상 *RB1* 유전자는 없다. 마지막으로, 염색체 분리 후의 재조합이 돌연변이 *RB1* 대립인자들의 동형접합성 조합을 만들어낼 수 있다.

2. 원암 유전자들은 여러 가지 방법으로 암유전자가 된다. 일부 경우에는, 원암 유전자 자체가 암세포에서 수백 번까지 증폭된다. 한 예는 *cyclin D1* 유전자로, 일부 암에서 증폭된다. 다른 예에서는, 원암 유전자가 유전자 산물의 구조를 변형시키는 몇 가지 방법으로 변이될 수 있다. *ras* 유전자는 유전자의 특정 지역에서 발생하는 점돌연변이로 인해 암유전자로 전환되는 한 예다. 이들 두 가지 원암 유전자(*cyclin D1*과 *ras*)가 왜 암유전자가 되기 위해 그러한 변화를 겪는지 설명하라.

해법: 이 문제를 푸는 첫 단계는 이들 원암 유전자의 정상적인 기능을 이해하는 것이고, 어떻게 증폭이나 돌연변이가 이러한 기능들에 영향을 미칠 수 있는지 생각해야 한다.

사이클린 D1 단백질은 CDK4와 결합하여 이들 키나아제를 활성화시켜 세포주기를 G1에서 S기로 진행시킨다. 사이클린 D1/CDK4 복합체는 pRB를 비롯하여 많은 단백질들을 인산화시키고, 이것은 다시 연쇄적으로 S기의 DNA 복제에 필요한 유전자들의 전사를 활성화시킨다. 사이클린 D1의 활성을 증가시키는 가장 간단한 방법은 사이클린 D1분자의 수를 늘려 세포의 내생적 CDK4 분자에 결합하도록 하는 것이다. 이것은 *cyclin D1* 유전자의 증폭을 포함하여 여러 방법으로 이루어질 수 있다. 대조적으로, *cyclin D1*의 점돌연변이는 CDK4 에 결합하는 사이클린 D1의 능력을 방해할 가능성이 크다; 그러므로 이 유전자 내의 돌연변이는 세포주기 진행을 촉진한다기보다는 억제하게 될 것이다.

ras 유전자 산물은 성장인자들에 의한 외부적 촉진에 반응하여 켜짐/꺼짐 스위치로 작용하는 신호전달 단백질이다. 이것은 GTP(켜진 상태) 혹은 GDP(꺼진 상태)와 결합함으로써 이루어진다. *ras* 유전자에서의 암돌연변이들은 Ras 단백질들이 GDP와 GTP를 교환하는 능력을 변화시키는 특정 부분에서 발생한다. 암 Ras 단백질은 "켜진" 형태로 고정되어 GTP와 결합한다. 이 방법으로 지속적인 세포분열 자극이 일어난다. *ras* 유전자의 증폭은 정상 Ras 단백질들을 좀 더 많이 제공하게 될 것이지만, 아직도 켜고/끄는 조절이 가능하다. 따라서 *ras* 유전자의 단순한 증폭은 암을 일으킬 가능성이 적다.

3. 왜 많은 암바이러스들이 종양억제 유전자들과 상호작용하는 유전자 산물들의 유전자를 포함하는지 설명하라.

해법: 이 질문에 답하기 위해서는 바이러스가 세포 내에서 성취하고자 하는 것이 무엇이며, 정상세포에서 종양억제 유전자의 역할이 무엇인지 고려해야 한다.

암바이러스들의 목적은 암을 일으키기 위한 것이 아니라 바이러스의 증식을 최대로 하는 것이다. 바이러스들은 비교적 단순한 구조물로서 핵산-DNA 혹은 RNA-과 소수의 구조 단백질 및 효소로 이루어진다. 이들은 바이러스 유전체를 복제하고 바이러스 입자들을 조립하는 데 숙주의 생합성 기구와 숙주의 세포 구조물에 의존한다. 예를 들어, 많은 바이러스들이 바이러스 유전자를 전사하기 위해 숙주세포의 RNA 중합효소 II, 전사인자, 그리고 리보뉴클레오티드 전구체들을 필요로 한다. 그들은 또한, 바이러스 유전체를 복제하기 위해 숙주세포의 DNA 복제 기구 성분들을 요구한다. 그러므로 바이러스 감염에 이상적인 숙주세포는 세포주기 내에서 G1 후기에서 초기 S기에 있는 세포들이다.

인간과 같은 고등 진핵생물들의 대다수 세포들은 잠잠한 상태(G0기)다. 감염된 세포를 자극하여 세포주기로 들어가게 하고 DNA 복제를 시작하도록 하기 위해, 많은 바이러스들은 성장촉진 단백질을 암호화하는 유전자를 포함하고 있다. 이 장의 초반에 배운 것처럼, 종양억제 단백질들은 체크포인트에서 세포주기를 억제하거나 예정 세포사멸을 일으키는 데 관여한다. 이런 기능은 전형적인 바이러스의 목적을 방해한다; 따라서 많은 바이러스들은 종양 억제자를 불활성화시키는 기작을 진화시켰다. 바이러스 단백질이 종양 억제자를 불활성화시키는 한 가지 방법은 이들과 결합하여 그들의 기능을 방해하는 것이다. p53과 pRB 등의 종양 억제자들은, HPV 16과 18의 E6나 E7과 같은 바이러스 조절 단백질들의 공통 표적이다. 종양 억제자들을 불활성화시킴으로써, 이들 바이러스는 세포들이 세포주기 내에 있도록 한다. 그러나 숙주에서는 기능적인 세포주기 체크포인트가 없는 이러한 성장 촉진이 돌연변이 축적을 증가시키고 종양형성능을 증가시킬 수 있다.

연습문제 및 토론문제

1. 유전 상담자로서, 여러분은 임신 계획 중이며 망막아종 가족력을 가진 한 부부로부터 위험성을 평가해 달라는 질문을 받았다. 남편과 부인 모두 표현형적으로 정상이다. 그러나 남편은 양안에 가족성 망막아종이 발생한 누이를 가졌다. 이 부부가 망막아종에 걸린 아이를 가질 위험성은 얼마인가? 이러한 평가를 돕기 위해 추천할 만한 유전자 검사가 있는가?

2. 세포주기의 각 단계에서 일어나는 사건들은 어떤 것이 있는가? 길이의 변화가 가장 심한 시기는?

3. 세포주기에서 주된 조절지점은 어디인가?

4. 인산화효소(kinase)와 사이클린(cyclin)의 기능들을 나열하고 이들이 어떻게 상호작용하여 세포주기를 진행시킬 수 있도록 하는지 말해보라.

5. (a) 어떻게 pRB가 세포를 G1 체크포인트에 머무르게 하는가? (b) 세포는 어떻게 G1 체크포인트를 지나 S기로 이동하는가?

6. 암이 유전된다는 말과 암에 대한 경향(소인)이 유전된다는 말의 차이점은 무엇인가?

7. 담배연기가 사람에서 여러 가지 암을 일으키지만, 모든 흡연자들이 암에 걸리지는 않는다. 마찬가지로, 종양억제 유전자인 *p53*이나 *RB1*에 유전적인 돌연변이를 가진 사람들 중 일부도 암에 걸리지 않는다. 이러한 관찰에 대한 이유를 설명하라.

8. 아폽토시스란 무엇인가? 그리고 어떤 조건 하에서 세포가 이러한 과정을 진행시키나?

9. 종양억제 유전자를 정의하라. 왜 종양억제 유전자의 한 사본에서 생긴 돌연변이가 열성 유전자로 행동할 것으로 기대하는가?

10. 루스 육종 바이러스(RSV)의 유전체에서 숙주세포의 원암 유전자가 암유전자로 전환된다. 그러한 전환을 일으킬 수 있는 방법들을 말해보라.

11. Ras 단백질의 일부는 세포막과 연계되어 있다. 그리고 일부는 세포질로 돌출되어 있다. Ras 단백질은 어떻게 세포 외부의 신호를 세포 내로 전달하는가? *ras* 유전자가 변이되면 어떤 일이 발생하는가?

12. 한 세포가 S기에 그 DNA에서 손상을 겪는다면 어떻게 세포가 분열을 일으키기 전에 이 손상이 수리될 수 있는가?

13. 암유전자와 원암 유전자를 구분하라. 원암 유전자가 암유전자로 변화될 수 있는 방법은?

14. 암과 관련되어 있는 두 집단의 유전자인 종양억제 유전자와 원암 유전자 중에서, 어떤 그룹에서의 돌연변이가 기능 획득 돌연변이로 간주되는가? 어떤 그룹에서의 변이가 기능상실로 생각되는가? 설명하라.

15. 필라델피아 염색체 같은 전좌가 어떻게 암에 기여하는가?

16. 암은 환경적으로 유도될 수 있고, 일부 환경적 요인들은 흡연이나 햇빛에 대한 노출, 식이 등과 같은 생활 습관의 결과다. 여러분은 암치료법을 찾는 게 아니라 암을 예방하기 위한 교육과 연구에 어느 정도의 예산이 쓰여져야 한다고 생각하는가?

17. CML에서, 백혈병 백혈구들은 BCR-ABL 융합 단백질의 존재로 인해 다른 체세포들과 구분될 수 있다. 어떻게 이러한 특징이 CML 치료에 대한 접근 가능성을 제공하게 되었는가?

18. 정상세포는 어떻게 유전체에 암을 일으킬 수 있는 돌연변이가 축적되는 것으로부터 자신을 보호하는가? 암세포들은 이러한 과정에서 어떻게 다른가?

19. 급성 형질전환 바이러스와 암을 일으키지 않는 바이러스의 차이를 설명하라.

20. 화학물질이나 방사선과 같은 환경요인이 어떻게 암을 일으킬 수 있는지 설명하라.

21. 방사선 치료(이온화방사선을 사용한 치료)는 현재 암을 치료하는 가장 효과적인 방법 중 하나다. 이것은 DNA와 기타 세포성분들을 파괴함으로써 작용한다. 방사선 치료는 어떤 방법으로 암을 치료하거나 혹은 통제하는가? 왜 방사선 치료가 심각한 부작용을 일으키는가?

22. 유방암 가족으로 의심되는 젊은 여자가 *BRCA1*과 *BRCA2* 유전자 검사를 받고 음성 결과가 나왔다고 가정하자. 즉 이 여인은 *BRCA1*이나 *BRCA2* 돌연변이 인자에 대해 양성 결과가 나오지 않았다. 그녀가 유방암에서 자유롭다고 할 수 있겠는가?

23. Li-Fraumeni 증후군이라고 알려진 유전 조건을 가진 사람들은 *p53* 유전자의 한 사본에 돌연변이를 물려받았다. 이들은 유방암, 백혈병, 골암, 부신피질 종양, 그리고 뇌암 등 여러 가지 암을 일으킬 위험성이 높다. 어떻게 암과 연관된 유전자 하나에서의 돌연변이가 이렇게 다양한 종양들을 일으킬 수 있는지 설명하라.

24. 양성종양과 악성종양의 차이를 설명하라.

25. 암 연구 프로젝트의 일부로, 여러분은 많은 전이성 종양에서 변이를 일으키는 한 유전자를 발견했다. 이 유전자의 DNA 서열을 결정한 후, 여러분은 이 서열을 인간 유전체 데이터베이스의 다른 유전자들과 비교했다. 여러분의 유전자는 일부 세린 프로테아제에서 발견되는 것과 비슷한 아미노산 서열을 암호화하고 있었다. 어떻게 여러분의 새로운 유전자가 고도의 침투성 암을 발달시키는 데 기여하는지에 대해 예측해 보라.

26. 보즈(Bose)와 동료들(1998. *Blood* 92: 3362-3367)의 연구 및 그 이전의 버낙스(Biernaux)와 다른 사람들(1996. *Bone Marrow Transplant* 17: (Suppl. 3) S45-S47)의 연구에 따르면 *BCR-ABL* 융합 유전자의 전사물은 만성 골수성 백혈병(CML)에 걸리지 않은 건강한 사람들에서도 추적될 수 있다고 한다. 어떻게 이러한 개인들이 그러한 융합 유전자를 가지게 되었으며 전사적으로는 활성이지만 CML을 일으키지 않는 상태가 되었는지 설명해 보라.

27. *RB1*에 대해 하나의 돌연변이 대립인자를 물려받은 사람들은 골육종(osteosarcoma)이라고 불리는 뼈암을 발달시킬 위험성이 높다. 여러분은 이 경우에서 골육종이 두 번째 *RB1* 대립인자에서의 돌연변이를 요구할 것이라 의심하고, 일부 골육종 세포들을 배양하였고, 인간의 정상 *RB1* 유전자 cDNA 클론을 얻었다. 한 동료가 여러분에게 연구논문을 보내왔는데, 암이 발생하기 쉬운 쥐 계통에 골육종 세포들을 주입하면 악성종양이 발생한

표 16.5 *BRCA1*에서 유전적 소인을 유발하는 돌연변이들

가족	돌연변이 코돈	뉴클레오티드 변화	번역에 대한 효과	대조군 염색체에서의 빈도
1901	24	−11 bp	Frameshift or splice	0/180
2082	1313	C → T	Gln → Stop	0/170
1910	1756	Extra C	Frameshift	0/162
2099	1775	T → G	Met → Arg	0/120
2035	NA*	?	Loss of transcript	NA*

출처: 1994. *Science* 266: 66–71.

*NA indicates not applicable, as the regulatory mutation is inferred, and the position has not been identified.

다는 것이었고 여러분은 이 쥐를 얻을 수 있었다. 이들 세 가지 자원을 이용하여 다음을 결정하기 위해 어떤 실험을 할 수 있겠는가? (a) 골육종 세포들이 두 개의 *RB1* 돌연변이를 갖는지, (b) 골육종 세포들이 pRB 단백질을 생산하는지, 그리고 (c) 만약 정상적인 *RB1* 유전자를 제공한다면 골육종 세포들의 암 유발력이 변화할 것인지 하는 것이다.

28. 벤조피렌(benzo[a]pyrene)이라는 화합물은 담배 연기에서 발견된다. 이 화합물은 DNA의 구아닌 염기를 화학적으로 변형시킨다. 이렇게 변형된 염기들은 보통 이들을 가수분해시켜 퓨린이 없는 부분(apurinic site)을 만드는 효소들에 의해 제거된다. 만약 이러한 부분이 수리되지 않고 남아 있게 되면, 이 퓨린 없는 부분의 상대가닥에는 아데닌이 주로 삽입된다. 폐암환자에 대한 한 연구(Harris, A. 1991. *Nature* 350: 377-378)에서, 25명의 환자 중 15명으로부터 얻은 종양세포들이 *p53* 유전자에서 G가 T로 바뀐 염기 전환이 발견되는데, 이것이 이 암의 형성원이라고 알려져 있다. 여러분은 전문가로서 다음과 같은 법정 문제를 심의중이다. 폐암으로 죽은 한 남자의 부인이 자기 남편(평생 담배를 피웠다)을 죽였다며 담배를 판 사람을 고소한 것이다. 여러분은 법정에서 무슨 말을 하겠는가? (과학적인 언급만 허가된다; 변호사나 법정 시스템에 대한 사적인 감정은 허용되지 않는다.)

29. 표 16.5는 조기에 발생하는 유방암과 난소암이 둘 다 높은 빈도로 발생하는 가족들에서 *BRCA1* 돌연변이들에 대해 수집된 정보 일부를 정리한 것이다. 표 16.6은 대조군 가족들에서 나타나는 중립다형을 보여준다(유방암이나 난소암 증가가 관찰되지 않는다). (a) 표 16.5에서 2082 그룹의 가족에서 발견되는 돌연변이의 암호화 효과에 주목하라. 이것은 단일 염기 치환에 의한 것이다. 이 코돈에 대해 정상적인 이중가닥 DNA 서열을 그리고 (5´ 말단과 3´ 말단을 표시), 이 돌연변이를 발생시킨 사건의 서열을 표시하라. 이것은 DNA 복제중에 부적당한 미스매치에 의한 것이라고 가정한다. (b) 표 16.5에 나열된 돌연변이의 종류를 잘 보고 *BRCA1* 유전자가 종양억제 유전자일지 원암 유전자일지 결정하라. (c) 표 16.5의 돌연변이가 분명히 해로운 것이고 젊은 나이의 여성에서 유방암을 일으키지만 각 그룹의 친족들은 돌연변이를 가지고 있지만 80세까지 살았던 여성들을 한 사람 이상 포함하고 있다. 돌연변이 표현형에서의 이러한 다양성과 이들 돌연변이의 불완전 유전도를 설명할 수 있는 기구(변수) 2가지를 말해보라.

30. 표 16.6을 잘 보고 (a) 중립 다형이란 무엇을 뜻하는지 설명해보라. (b) 개인의 암 소인을 높이는 *BRCA1* 돌연변이들에 대하여 한 집단이나 가족을 조사함에 있어 이 표의 중요성은? (c) PM2 다형은 중립 과오 돌연변이를 일으킬까, 아니면 침묵 돌연변이를 일으킬까? (d) PM3에 대해서도 생각해 보라.

표 16.6 *BRCA1*에서의 중립다형

이름	코돈 위치	코돈 내의 염기 위치†	대조군 염색체에서의 빈도* A	C	G	T
PM1	317	2	152	0	10	0
PM6	878	2	0	55	0	100
PM7	1190	2	109	0	53	0
PM2	1443	3	0	115	0	58
PM3	1619	1	116	0	52	0

* The number of chromosomes with a particular base at the indicated polymorphic site (A, C, G, or T) is shown.

정답 Solutions to Problems and Discussion Questions

2. G1시기는 유사분열기 이후에 시작되어 세포질 요소들을 합성하는 시기이다. DNA 합성은 S기에 발생한다. G2기는 분열기를 위해 성장과 준비를 하는 시기이다. 대부분의 세포주기에서 나타나는 시간의 변이는 G1기의 기간 변화에 의한 것이다. G0는 비분열 상태를 뜻한다.

4. 키나아제들이 인산기를 첨가함으로써 다른 단백질들을 조절한다. 사이클린들은 키나아제들과 결합하여 그들을 켜거나 끈다. CDK4는 사이클린 D와 결합하여 세포를 G1기에서 S로 이동시킨다. G2/분열기의 경계에서는 CDK1(사이클린 의존성 키나아제)이 또 다른 사이클린(사이클린 B)와 결합한다. 인산화가 일어나고, 칼데스몬(caldesmon), 세포골격, 그리고 히스톤 H1 등을 통한 핵막에서의 변화들이 발생한다.

6. 특정 형질이 유전된다는 것은 특정 유전적 환경이 존재한다는 가정을 포함하고 있어서 그것이 표현형으로 드러나게 될 것임을 뜻한다. 유전되는 소질에 대해 논의할 때는, 보통 특정 표현형이 가족들에서 일관성 있는 패턴으로 나타나는 조건을 뜻한다. 그러나 표현형이 항상 발현되거나 서로 다른 방식으로 발현되는 것은 아니다.

8. 아폽토시스(apoptosis) 혹은 예정 세포사멸(programmed cell death)은 세포를 죽음으로 이끄는 유전적 조절과정이다. 이것은 형태형성이나 암의 형성에 대한 보호 기작에 관여하는 자연적인 과정이다. 아폽토시스 중에는 핵의 DNA가 단편화되고, 세포의 구조가 파괴되며, 세포가 분해된다.

10. 원암유전자가 암유전자로 전환되는 여러 가지 방법이 있나: 점돌연변이에서는 변이된 유전자가 세포주기에서 양성의 "스위치"로 행동하며, 전좌에서는 혼성화 유전자가 형성되고, 과다발현에서는 한 유전자가 새로운 프로모터나 인핸서를 획득할 수 있다. RSV의 경우에서는 암유전자(*c-src*)가 닭의 유전체에 들어오게 되어 발생한다.

12. 다양한 키나아제들이 DNA에서의 절단에 의해 활성화될 수 있다. ATM 혹은 Chk2라고 불리는 키나아제들은 BRCA1과 p53을 인산화시킨다. 활성화된 p53은 S기 중에 복제를 멈추고 DNA 수리가 일어나도록 촉진한다. 활성화된 BRCA1 단백질은 BRCA2, mRAD51 및 다른 핵단백질들과 연합하여 DNA 수리에 관여한다.

14. 원암유전자들은 정상적으로는 세포분열을 촉진하도록 기능하는 것들이다. 돌연변이 상태(암유전자)에서는, 통제되지 않는 세포분열을 유도하여 지속시킬 수 있다; 즉, 기능-획득(gain-of-function) 상태가 되는 것이다. 일반적으로 이러한 기능-획득은 유전자 발현 결과를 증가시키거나 비정상적으로 지속시킨다. 한편, 기능-소실(loss-of-function)은 일반적으로, 종양 억제 유전자들에 기인한 것인데, 이들은 세포주기의 진행을 막는다. 그러한 유전자들이 변이되면 세포주기를 막을 능력을 잃게 된다.

16. 불행히도, 질병의 예방에 집중하기보다는 질병이 발생한 후에 그것을 다루느라 더 많은 돈을 쓰는 것이 일반적이다. 너무나 자주 특정 이익집단의 압력이나 정치적 자극의 결여로 인해 교육과 예방에서의 발전이 저해된다. 분명한 것은, 인간의 고통이나 금전 양쪽 면 모두에서 가능하면 많은 질병에 대한 예방책을 찾는 것이 더 경제적이라는 것이다. 그러나 암이라는 이들 질병에 대한 이해가 깊어지면서, 어떤 예방책이 시행되어도 인간 집단에서 이 질병을 완전하게 뿌리뽑을 수는 없다고도 말할 수 있게 되었다. 그러나 정말로 중요한 것은 가능한 많은 해로운 환경적 요소들로부터 인간을 보호하고 교육하는 데 더 노력해야 한다는 것이다.

18. 정상적인 세포들은 종종 그들이 점검지(체크포인트)와 DNA 수리 기구를 정상적으로 가지고 있기 때문에 돌연변이의 공격을 막아낼 수 있다. 암세포에서는 돌연변이를 통해 그러한 보호 기작이 작동하지 않고 결과적으로 정상세포보다는 빠른 속도로 돌연변이나 염색체 이상, 혹은 유전체 불안정성을 일으킨다.

20. 화학약품이나 X-선 같은 특정 환경요소가 돌연변이를 유발한다. 유전자들이 세포주기를 조절하기 때문에, 세포주기 조절 유전자 혹은 여기에 영향을 미치는 유전자에서의 돌연변이는 암을 유발할 수 있다.

22. 아니다. 그녀는 아직 약 10%의 일반 집단 위험도를 가질 것이다. 유전자 검사가 모든 유방암 돌연변이를 추적할 수 있는 것은 아니다.

24. 양성종양은 보통 정해진 해부학적 위치에 자리잡은 다수의 세포 덩어리이다. 악성종양은 한 곳 이상으로 전이하는 세포들에 의해 생긴다.

26. 많은 형태의 암들에서, 단일 유전자의 변화가 유일한 요구조건은 아니다. Bose 등에 따르면, "아주 드물게 세포들이 인간에서의 백혈병을 일으키는데 추가적인 변화를 요구한다"고 한다. 일부 연구들은 절단 지역에서의 변이(종종 결실)가 CML의 발현에 영향을 미칠 수 있음을 시사한다.

28. 세포주기 조절이 유전자(DNA) 산물, 단백질에 의해 유지되기 때문에 DNA에 손상을 일으키는 어떤 인자라도 강력한 발암원이다. 담배연기는 DNA를 변화시키는 물질을 포함한다고 알려져 있기 때문에, 전환(transversions)에 의한 이 사례에서는 다수의 변형 유전자 산물들(세포주기 조절 단백질을 포함한)이 생성되었을 수 있다. 많은 암 환자들이 *p53*에서 그러한 전환을 가진다는 사실은 담배연기의 물질들에 의해 암이 생긴다는 의견에 힘을 실어준다.

30. (a, b) *BRCA1* 유전자에 변이가 있어도, 그들이 항상 생리적인 결과를 초래하는 것은 아니다. 그러한 중립적인 다형들은 돌연변이가 환자에서 항상 문제를 일으킬 것이라는 확신을 주는 것은 아니기 때문에 검사를 더욱 어렵게 한다.

    (c) *PM2*에서의 다형성은 아마도 코돈의 세 번째 염기가 관여했기 때문에 침묵 돌연변이일 것이다.

    (d) *PM3*에서의 다형성은 첫째 염기가 관여했기 때문에 아마도 중립적인 과오 돌연변이일 수 있다.

CHAPTER

17 재조합 DNA 기술

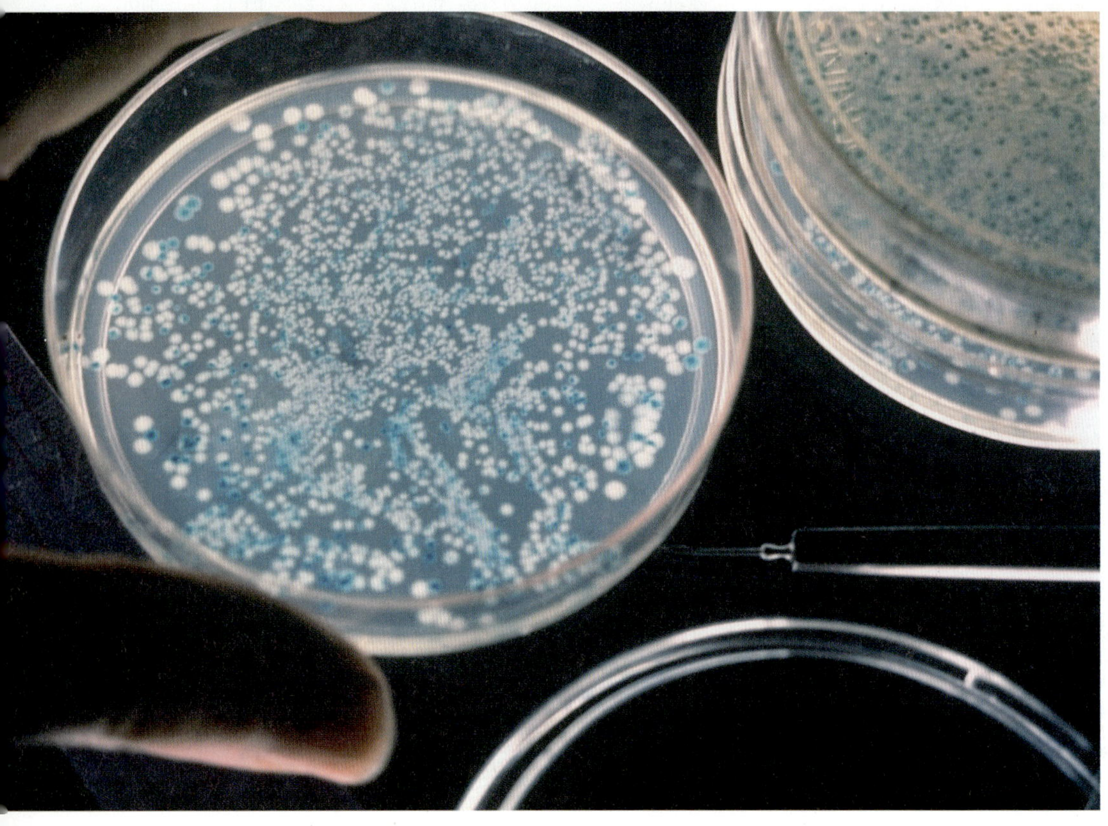

재조합 플라스미드를 포함하게 된 일부 숙주세포들의 성장을 보여주는 평판 접시

단원 개념

- 재조합 DNA 기술은 DNA 서열들을 인위적으로 조합하는 것이다.
- 재조합 DNA 기술은 특정 염기서열에서 DNA 조각들을 자르고 재결합시키는 능력에 의존한다.
- 재조합 DNA 기술의 가장 유용한 응용은 DNA를 클로닝하는 것이다.
- 클로닝에서는, DNA 절편들이 벡터(플라스미드 같은)에 삽입되고 숙주세포(세균세포 등)로 옮겨져, 숙주세포가 분열할 때 재조합 분자도 복제된다.
- 재조합 분자들은 원핵세포나 진핵세포 숙주에서 클론화(복제)될 수 있다.
- 중합효소연쇄반응(PCR)을 이용하여, DNA 절편들이 빠르고 효과적으로 수천 배 증폭될 수 있다.
- 클론화된 DNA는 여러 가지 방법으로 확인되지만 가장 자세한 것은 DNA를 서열화하는 것이다.

재조합 DNA(recombinant DNA)라는 용어는 유전적으로 두 가지라는 의미를 갖는다. 좀 더 구체적으로, 두 가지란 서로 다른 원료에서 얻어진 DNA를 실험실에서 서로 결합시켜 만든다는 것을 뜻한다. 그러한 분자들은 인위적으로 실험실에서 창조되는 것으로, 자연에서는 발견되지 않는다. 재조합 DNA라는 용어는 또한 좀 더 넓게는, 서로 다른 생물학적 자원에서 얻어진 이들 혼성 분자들을 만들고 연구하는 데 사용되는 기술을 뜻하기도 한다. 그러한 기술, 즉 **클론**(clone; 복제물)을 만들고 재조합 DNA 분자를 만드는 기술들은 특정 DNA 서열을 분리하고 연구하기 위한 연구 방법으로 1970년대에 개발된 것이다. 재조합 DNA 기술의 힘은 놀라워서 유전체 안에 존재하는 수만 개의 유전자들 중에서 관심 있는 한 유전자나 DNA 단편을 찾아내고 분리하는 것을 가능하게 했다. 연이어, 클로닝을 통해 특정 DNA 분자의 동일한 사본을 막대한 양으로 생산할 수 있었다. 이렇게 만들어진 사본들은 여러 목적으로 조작되어, DNA의 구조 및 조직화 연구나, 거기서 암호화되는 단백질의 상업적 생산에 사용될 수 있었다. 이 장에서는 재조합 DNA 기술의 기초에 대해 살펴보게 될 것이다. 이 소개 뒤의 18장에서는 비교 유전체학 분석에 대해 고려해 볼 텐데, 이것은 재조합 DNA 기술에 의해 가능해진 것이다. 19장에서는 이들 기술이 연구, 의료, 법적인 체계, 농업, 그리고 산업에 어떻게 적용되는지 알아보자.

학습 방법

이 장에서는 DNA 분자를 복제하고 관심 있는 클론들을 찾아 분석하는 데 사용되는 방법을 비롯한 핵심적인 재조합 DNA 기술에 초점을 맞출 것이다. 여러분이 이러한 주제를 공부할 때에는 다음과 같은 몇 가지의 기본적인 질문에 답할 수 있도록 노력해야 한다.

1. 제한효소가 DNA 분자의 상보적인 가닥들이 반대 방향으로 위치하는 회문서열을 인식한다는 것을 어떻게 알 수 있는가?
2. DNA 단편이 플라스미드와 같은 벡터들에 성공적으로 통합되었다는 것은 어떻게 알 수 있는가?
3. PCR 반응이 시발자(프라이머)와 중합효소를 요구한다는 것을 어떻게 알 수 있는가?
4. 클론화된 DNA 조각이 특정 유전자를 포함하는지는 어떻게 알 수 있는가?

17.1 재조합 DNA 기술의 개요

재조합 DNA 기술은 핵산 생화학에서 나온 방법들을 사용하는데, 이들은 원래 세균과 바이러스들의 연구를 위해 개발되었던 유전적 기법들과 연계되어 있다. 재조합 DNA 기술은 무한한 양의 유전자를 분리하는 강력한 도구다. 재조합 DNA 분자를 만들고 클로닝하는 기본적 과정은 다음과 같은 단계를 이용한다:

1. DNA가 세포나 조직으로부터 정제된다.
2. **제한효소**(restriction endonuclease 또는 restriction enzyme)라는 효소들이 특정 DNA 단편을 만든다. 이들 효소는 DNA 분자에서 특정 뉴클레오티드 부분을 인식하고 자를 수 있다.
3. 제한효소로 처리되어 생긴 단편들을 **벡터**(전달체, vector)로 쓰일 DNA 분자와 결합시킨다. DNA 단편과 결합된 벡터들은 이제 **재조합 DNA 분자**(recombinant DNA molecule)가 된다.
4. 재조합 DNA 분자는 삽입된 DNA 단편을 가진 벡터로 구성되며, 숙주세포로 전달되어 복제됨으로써, 클론이라는 동일한 복사본을 다량으로 만들어내게 된다.
5. 숙주세포가 복제함에 따라 그 안의 재조합 DNA 분자들도 세포의 모든 자손들에게 옮겨지므로 숙주세포 집단이 형성된다. 이들 각각은 클론화된 DNA 서열들의 사본을 가지고 있다.
6. 클론화된 DNA는 이들 숙주세포로부터 회수되어 정제되고 연구용이나 상업적 응용에 사용된다.

17.2 재조합 DNA 분자는 여러 성분을 이용하여 만들어진다

재조합 DNA와 유전자 클로닝 기술은 과학자들에게 커다랗고 복잡한 유전체로부터 특정 유전자 혹은 DNA 서열들을 다량으로 분리할 수 있도록 해주었다. 예를 들어, 인간의 유전체는 30억 뉴클레오티드 이상으로 구성되며, 20,000 25,000개의 유전자들을 포함하고 있다. 제한효소는 유전체를 더 작은 조각으로 나누어 조작하고, 분리하며, 복사하고, 하나씩 연구할 수 있도록 해준다. 이로써 연구자들은 유전자의 구성과 기능의 여러 측면을 탐구하고, 유전자 발현을 조절하는 인자들을 찾아내며, 암호화되는 단백질들의 성질과 기능을 연구할 수 있었다. 우리는 이제 재조합 DNA 분자를 만드는 데 사용되는 단계들을 고려함으로써, 이 기술에 대한 논의를 시작하려고 한다.

제한효소

제한효소들은 침입한 바이러스 DNA를 파괴함으로써 바이러스 감염을 제한하거나 방해하기 위해 세균이 생산하는 것이다. 400가지 이상의 제한효소가 발견되었으며, 약 100가지는 연구에 흔하게 사용된다. 제한효소들은 DNA에 결합하여 **인식서열**(recognition sequence)이라고 불리는 특정 뉴클레오티드 서열을 인식하고 이들 서열 내의 DNA 양 가닥을 자른다. 클로닝에서 이들의 유용성은 그들이 DNA를, **제한 단편**(restriction fragment)이라고 하는, 정확하게 늘 같은 형태로 단편화할 수 있다는 것에 기인한 것이다. 제한 단편의 크기는 주어진 제한효소가 DNA를 얼마나 자주 절단하는지에 따라 결정된다. 네 개의 염기를 인식하는 *Alu*I과 같은 효소(AGCT 인식)들은 만약 뉴클레오티드들이 동일한 비율로 존재한다면 평균적으로 256($4^n = 4^4 = 256$) 염기쌍마다 한번씩 DNA를 자르게 되므로 많은 수의 작은 조각들을 만들 것

인식 부위
5′ G-A-A-T-T-C 3′
3′ C-T-T-A-A-G 5′
EcoRI으로 처리
5′ G
3′ C-T-T-A-A
상보적 꼬리
A-A-T-T-C 3′
G 5′

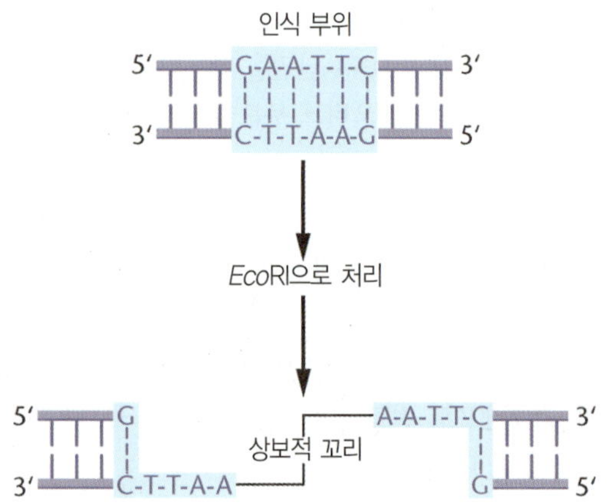

그림 17-1 제한효소인 *Eco*RI은 회문 구조인 뉴클레오티드 서열 GAATTC를 인식하여 결합하게 된다. 이 부위의 DNA가 잘림으로써 상보적인 단일가닥 꼬리들이 생긴다. 이들 단일가닥 꼬리들은 다른 DNA 조각에 생긴 단일가닥 꼬리들과 결합하여 재조합 DNA 분자들을 만들게 된다.

이다. *Not*I과 같은 효소는 8 염기 인식서열(GCGGCCGC)을 가지며, 평균 65,500 염기($4^n = 4^8$)마다 한 번 DNA를 자를 것이므로 소수의 더 큰 조각들을 만들 것이다. 실제 주어진 제한효소에 의한 DNA 절단으로 생기는 조각들의 크기는, 인식서열의 위치나 빈도가 DNA에 균등하게 존재하지 않기 때문에 매우 다양하다.

처음으로 발견되어 분리된 효소들 중 하나는 대장균(*E. coli*)의 R 계통에서 얻어진 것으로 *Eco*RI(에코 알 원 혹은 이코 알 원으로 발음한다)으로 명명된 것이다. 이것의 인식서열과 절단지점이 **그림 17-1**에 나와 있다. 흔히 사용되는 제한효소들과 인식서열들은 **그림 17-2**에 실려 있다. 가장 흔한 인식서열들은 4개 혹은 6개의 뉴클레오티드 길이지만, 일부 효소들은 8개 혹은 그 이상의 뉴클레오티드 서열을 인식한다. *Eco*RI이나 *Hin*dIII 같은 효소들은 DNA 가닥에 계단형 절단을 일으키므로, 말단에 한 가닥으로 된 꼬리가 생기지만, *Alu*I이나 *Bal*I 같은 효소들은 두 가닥 모두 같은 뉴클레오티드에서 자르므로 무딘 말단(blunt end)을 만든다.

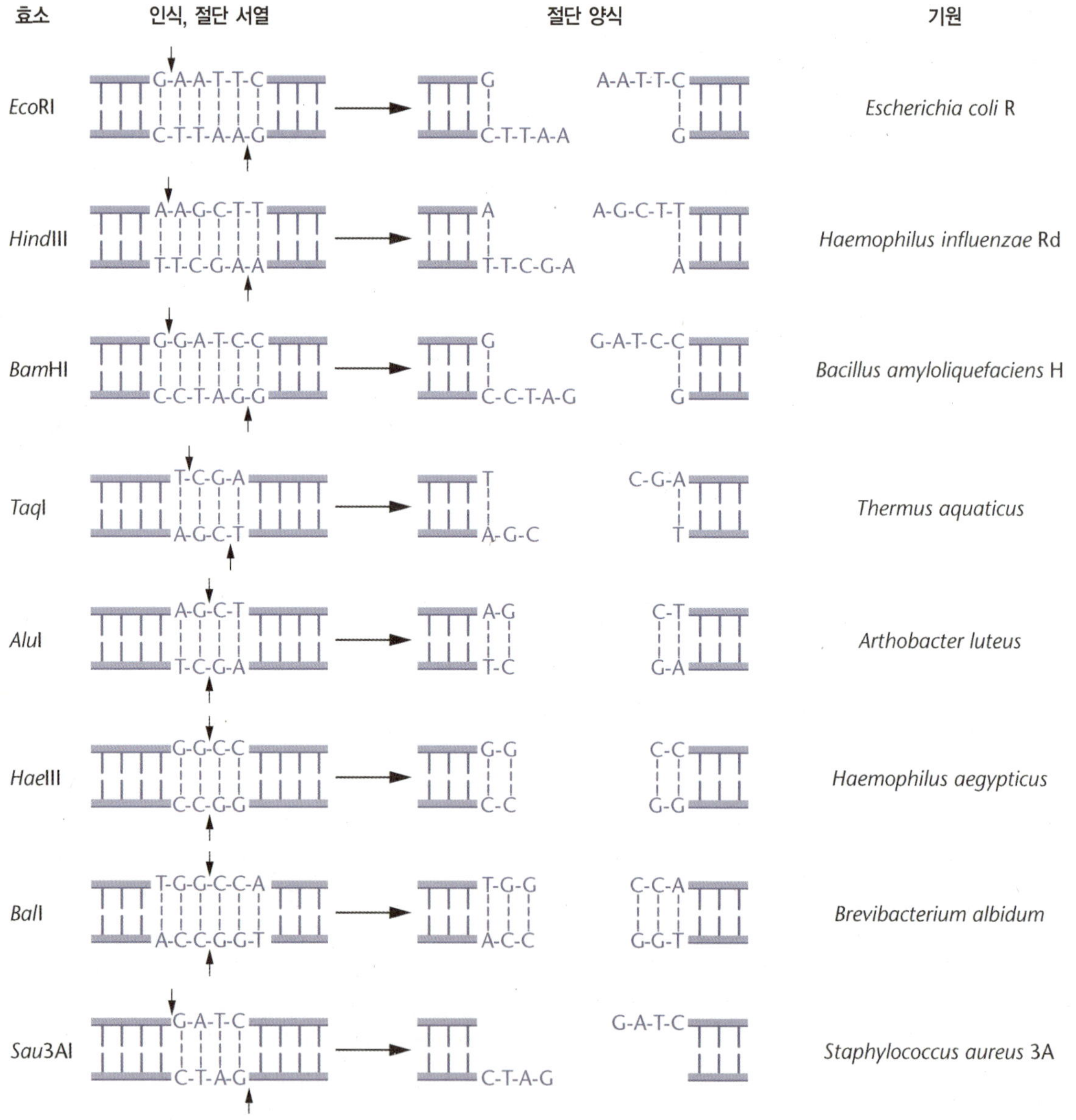

효소
인식, 절단 서열
절단 양식
기원
EcoRI
G-A-A-T-T-C
C-T-T-A-A-G
G
C-T-T-A-A
A-A-T-T-C
G
Escherichia coli R
HindIII
A-A-G-C-T-T
T-T-C-G-A-A
A
T-T-C-G-A
A-G-C-T-T
A
Haemophilus influenzae Rd
BamHI
G-G-A-T-C-C
C-C-T-A-G-G
G
C-C-T-A-G
G-A-T-C-C
G
Bacillus amyloliquefaciens H
TaqI
T-C-G-A
A-G-C-T
T
A-G-C
C-G-A
T
Thermus aquaticus
AluI
A-G-C-T
T-C-G-A
A-G
T-C
C-T
G-A
Arthobacter luteus
HaeIII
G-G-C-C
C-C-G-G
G-G
C-C
C-C
G-G
Haemophilus aegypticus
BalI
T-G-G-C-C-A
A-C-C-G-G-T
T-G-G
A-C-C
C-C-A
G-G-T
Brevibacterium albidum
Sau3AI
G-A-T-C
C-T-A-G
C-T-A-G
G-A-T-C
Staphylococcus aureus 3A

그림 17-2 일부 상용 제한효소들과 그들의 인식서열, 절단 양식, 그리고 효소의 출처.

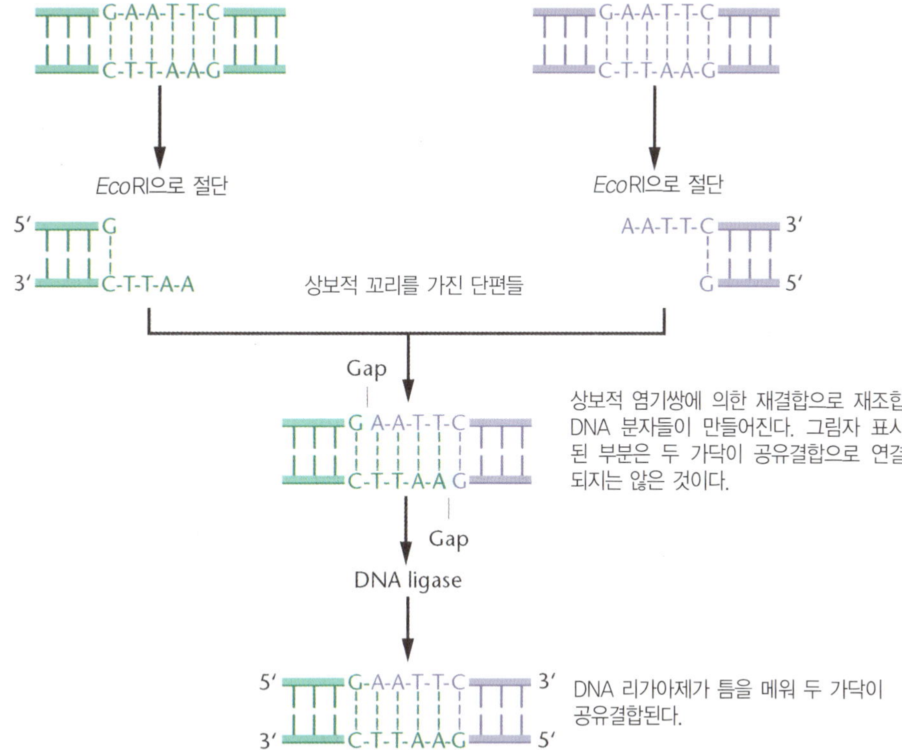

그림 17-3 서로 다른 종류의 DNA가 *Eco*RI으로 잘려진 후 섞여서 재결합하여 재조합 분자를 만든다. 그 다음 DNA 리가아제라는 효소가 결합한 조각들을 화학적으로 연결시켜 완전한 재조합 DNA 분자를 만든다.

*Eco*RI 효소작용에 의해 만들어진 DNA 단편은 한쪽으로 튀어나온 단일가닥 꼬리["점착 말단(sticky end)"이라고 불린다]를 가지는데 이 부분이 다른 DNA 단편의 상보적인 단일가닥 꼬리들과 쌍을 이룰 수 있다. 적당한 비율로 섞이게 되면, 기원이 다른 두 DNA 단편들은 점착 말단의 염기쌍들 사이의 수소결합에 의한 **재결합**(anneal)에 의해 재조합 분자를 만들게 된다. **DNA 리가아제**(DNA ligase)라고 불리는 연결효소들은 이 단편들을 공유결합으로 연결시켜서 재조합 분자를 완성시킨다(그림 17-3).

벡터

제한효소 처리에 의해 생긴 DNA 단편들을 복제하기 위해 그 상태로 직접 세균세포로 넣을 수는 없다; 그러나 DNA 단편이 벡터에 연합되면, 이들은 숙주세포로 들어가 복제되거나 많은 수의 사본으로 클론화될 수 있다. 핵심적으로 말하자면, 벡터들은 운반용 DNA 분자들이다.

벡터로 사용되려면, DNA 분자는 일단 숙주세포 내로 들어가, 자신과 그 안에 실린 DNA 절편을 스스로 복제할 수 있어야 한다. 벡터는 또한 제한효소 절단 부위를 포함하고 있어서 DNA 단편을 그 내부로 삽입시켜 클론화할 수 있어야 한다. 벡터를 받아들였거나 그렇지 않은 숙주세포를 구별하기 위해서 벡터는 보통 선별 표식자 유전자(selectable marker gene: 항생제 저항성 유전자 등)를 가진다. 마지막으로, 벡터와 거기에 삽입된 DNA는 숙주세포로부터 쉽게 회수되어야 한다.

최초의 벡터들은 유전적으로 조작된 **플라스미드**(plasmid)들이었으며, 아직도 클로닝에 널리 사용된다. 클로닝 벡터로 사용되는 플라스미드들은 자연적으로 존재하는 염색체 밖의 이중가닥 DNA 분자로서 세균 세포 내에서 자동적으로 복제된다(그림 17-4). 플라스미드의 유전학과 그들의 숙주세포에 대해서는 8장에서 논의된 바 있다. 이 절에서는 DNA를 클로닝하는 벡터로서의 플라스미드 사용에 관해 강조하게 될 것이다. 플라스미드들은 유전공학에 의해 광범위하게 변형되어 클로닝 벡터로 사용된다. 현재 유전적으로 조작된 많은 플라스미드들이 사용되고 있으며 여러 가지 유용한 특징들을 가진다. 예를 들어, 비록 오직 하나의 플라스미드가 숙주세포 내로 들어가지만, 일단 안에 들어가면, 일부 플라스미드들은 그들의 복사 수를 증가시켜 수백 개의 사본이 세포 내에 존재할 수 있도록 한다. 벡터로서, 이러한 플라스미드들은 클론화된 DNA도 다수 복제되도록 한다. 편의를 위해, 이들 벡터들은 다수의 편리한 제한효소 인식 부위 서열과 표식자 유전자를 갖도록 변형된다.

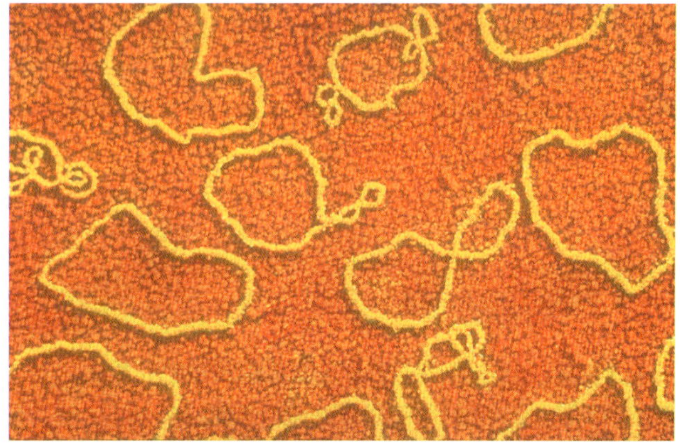

그림 17-4 세균 *E.coli*에서 분리된 원형의 플라스미드 분자. 고화질 전자현미경상이다. 유전적으로 조작된 플라스미드들은 DNA 클로닝을 위한 운반자(벡터)로 사용된다.

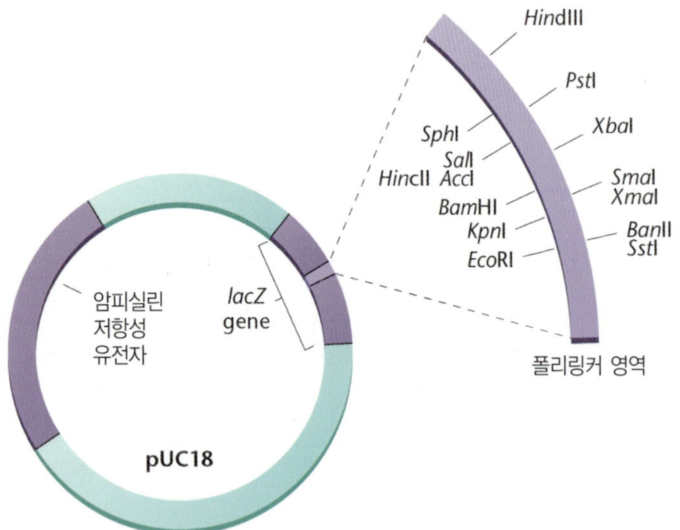

그림 17-5 *lacZ* 유전자 내의 폴리링커 영역을 보여주는 pUC18 플라스미드. 외부 DNA는 이 폴리링커 부위로 삽입되어 *lacZ* 유전자를 파괴하는데, 이것은 흰색 콜로니를 생겨나게 함으로써 클론화된 외부 DNA 삽입부를 가진 세균 집락을 직접 구분할 수 있도록 해준다.

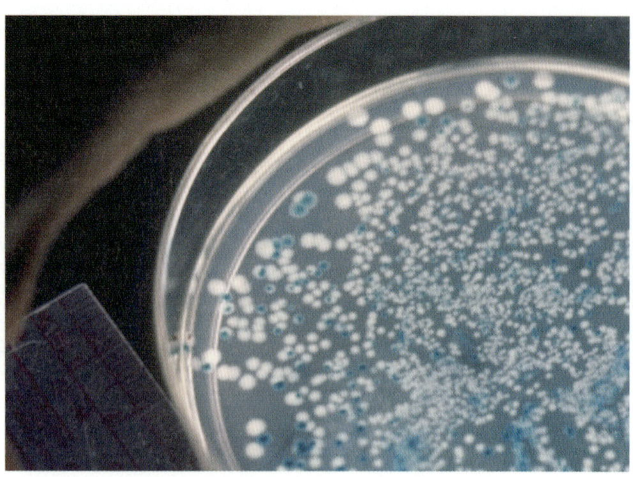

그림 17-6 재조합 플라스미드를 받아들인 세균세포의 성장을 보여주는 평판 접시. 접시의 배지는 Xgal이라 불리는 화합물을 포함하고 있다. pUC18 벡터에 삽입된 DNA는 푸른색 군락을 형성하도록 하는 유전자를 깨뜨리게 된다. 결과적으로, 클론화된 DNA 삽입물을 가진 군락을 쉽게 구별할 수 있다. 푸른색의 군락에 있는 세포들은 클론된 DNA 삽입물을 가지지 않는 반면, 흰색의 군락들은 DNA가 삽입된 벡터를 가진다.

그러한 플라스미드 중 하나인 pUC18(그림 17-5)은 벡터로서 유용한 여러 특징을 가진다.

1. 매우 작으면서도(2686 bp) 비교적 큰 DNA 단편들을 삽입시킬 수 있다.
2. 숙주세포에서 한 세포당 500 복사본까지 복제되므로 삽입된 DNA 단편을 많은 수로 생산할 수 있다.
3. 조작된 pUC18로 많은 수의 제한효소 부위가 도입되어 편리하게 한 부위에 모아져 있도록 했으며, 이들은 **폴리링커 부위**(polylinker site)라고 불린다.
4. 재조합 DNA가 구별될 수 있는 선별체계를 가지고 있다. 이것은 세균성 *lacZ* 유전자 단편을 가지고 있는데 이 유전자 단편 내부에 폴리링커가 삽입되어 있다. *lacZ* 유전자의 활동을 통해서 pUC18을 가지고 있는 세균 숙주는 Xgal이라고 불리는 화합물을 포함하고 있는 배지에서 자랄 때 푸른색 군락을 형성하게 된다. 이 폴리링커 부위에 DNA 단편이 삽입되면 *lacZ* 유전자가 불활성화되고, 삽입된 DNA 조각을 가진 pUC18을 포함하는 세균세포는 흰색의 군락을 형성하여 쉽게 구별된다(그림 17-6).

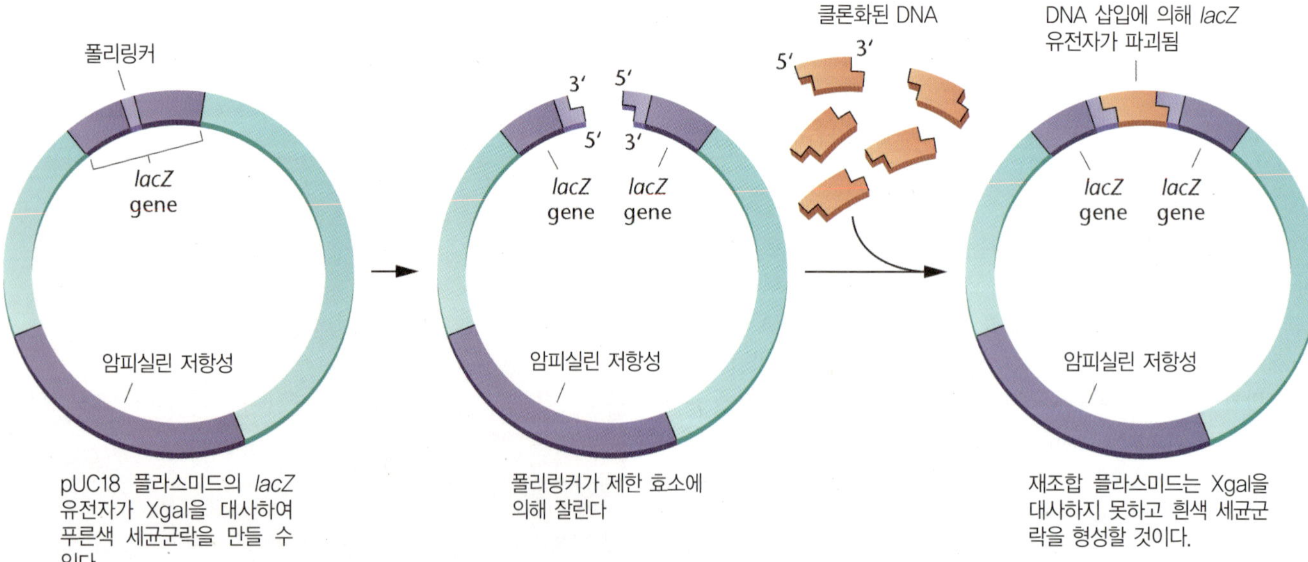

그림 17-7 플라스미드 벡터인 pUC18은 *lacZ* 유전자 내부에 있는 폴리링커 영역 내에 독특한 제한효소 절단 부위를 가지고 있다. 플라스미드와 클론화될 DNA를 동일한 효소로 절단, 그리고 DNA 단편의 폴리링커내 삽입은 *lacZ* 유전자를 파괴하여 Xgal을 대사하지 못하도록 한다. 결과적으로 Xgal을 포함한 영양 배지상에 흰색 군락이 생긴다.

pUC18을 사용하여 재조합 DNA 분자를 만드는 방법은 그림 17-7에 설명되어 있다.

비록 많은 형태의 플라스미드 클로닝 벡터들이 사용되지만, 좀 더 특수화된 벡터들이 개발되어 바이러스 유전체 및 세균 유전체와 효모 플라스미드 등을 벡터로 이용하게 되었다. 일부 특수화된 벡터들로는 **발현 벡터**(expression vector)를 들 수 있는데, 이것은 삽입된 조각이 발현되도록 조절서열을 포함하고 있는 것이다. **세균 인공 염색체**[bacterial artificial chromosome, BAC; "백(back)"이라고 발음함], 혹은 **효모 인공 염색체**(yeast artificial chromosome, YAC; '약' 이라고 발음함) 등은 매우 긴 DNA 단편을 클론화할 수 있도록 고안된 것들이다.

자연적 염색체들처럼, YAC(그림 17-8)은 각 말단에 텔로미어를 가지며, 복제원점(DNA 합성이 개시된다), 그리고 동원체를 포함하고 있다. 이들 성분은 선별 표식자 유전자들(*TRP1*, *SUP4*, 그리고 *URA3*) 및 DNA 삽입을 위한 제한 부위 집단들과 연결된다. 효모 염색체들은 230 kb에서 1,900 kb까지의 크기인데, YAC에는 100~1,000 kb 길이의 커다란 DNA 단편들을 삽입할 수 있다.

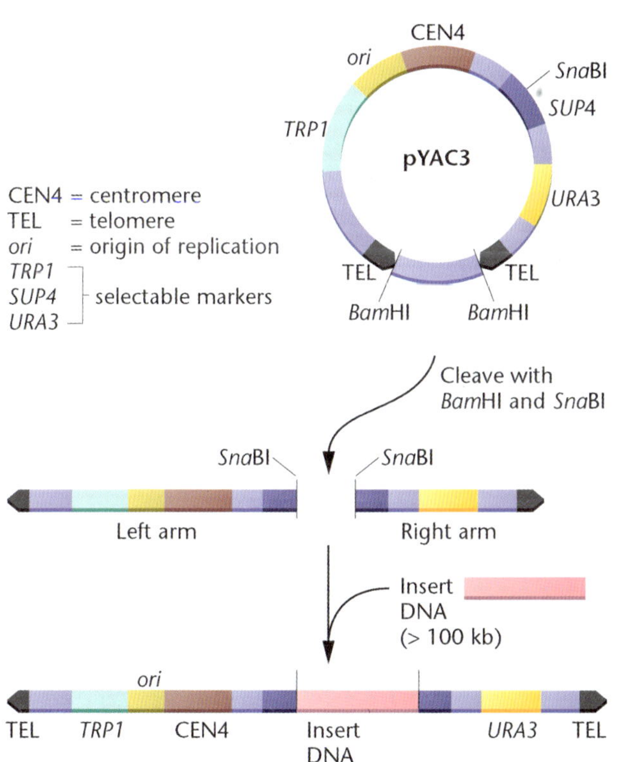

그림 17-8 효모의 인공 염색체(yeast artificial chromosome, YAC). 이 합성 염색체는 텔로미어 서열(TEL), 효모의 4번 염색체에서 얻은 동원체(CEN4), 그리고 복제 원점(ori)을 포함하고 있다. 이러한 요소들은 이 클로닝 벡터에 염색체와 같은 성질을 부여하게 된다. 염색체 양 팔의 *TRP1* 그리고 *URA3* 등의 효모 유전자들의 선택 표식자이다. *SUP4* 유전자 내부에는 제한 효소 *Sna*B1의 제한 부위가 존재한다. 두 개의 *Bam*H1 부위가 스페이서 절편(spacer segment) 옆에 위치한다. *Sna*B1과 *Bam*H1의 절단 부위는 이 인공 염색체를 두 개의 팔로 절단시킬 수 있다. 같은 효소로 처리된 클론화될 DNA 조각들이 준비된다. 염색체 팔들과 조각 DNA가 서로 연결되고, 인공 염색체가 효모세포 안으로 이동된다. 효모의 염색체들은 매우 크기 때문에 인공 염색체는 백만 염기쌍(Mb=megabase) 크기의 삽입물을 받아들일 수 있다.

이 벡터들에 커다란 DNA 절편을 클론화할 수 있는 능력은, 인간 유전체 프로젝트 등을 포함한 여러 유전체 사업에서 이들을 중요한 도구로 만들었다. 이것에 대해서는 18장에서 논의하도록 하자.

비록 효모 벡터에서의 클로닝과 숙주세포로 효모를 사용하는 것이 현재 사용되는 가장 발전된 진핵성 체계이긴 하지만, 인간의 인공 염색체 벡터와 숙주세포로 포유동물 세포를 사용하는 다른 방법도 개발 중이다.

17.3 숙주세포에서의 클로닝

이전에 논의했던 것처럼, 과학자들은 재조합 DNA 분자들을 만들고 복제하여 많은 수의 복사본, 즉 클론을 생산하는 데 재조합 DNA 기술을 사용한다. 이것은 재조합 분자를 숙주세포에 전달하여 여기서 복제가 일어나도록 함으로써 이루어진다. 첫 클로닝 방법은 세포에 기반을 둔 클로닝(cell based cloning)으로 DNA 단편들을 복사하고 유전자 구성과 기능을 연구하는 데 널리 사용되었다.

여러 가지 원핵세포와 진핵세포들이 재조합 벡터들의 복제를 위한 숙주세포로 사용된다. 가장 흔하게 사용되는 숙주 중 하나가 K12라고 알려진 *E. coli*의 실험실 균주다. K12와 같은 이 대장균 균주는 유전적으로 매우 잘 알려져 있으며, 다양한 범주의 벡터들을 위한 숙주로 사용된다. 대장균 균주를 숙주로 하여 재조합 DNA 분자들을 만드는 데는 다음과 같은 단계가 사용된다(그림 17-9).

1. 클론화될 DNA를 분리, 제한효소로 처리하여 특정 서열로 이루어진 단편을 만든다.
2. 같은 제한효소로 처리하여 잘린 플라스미드 분자에 단편들을 붙여서 재조합 벡터를 얻는다.
3. 재조합 벡터를 *E. coli* 숙주세포로 옮기고 다수의 복사본을 형성하도록 복제시킨다.
4. 세균세포들을 영양배지에 키워서 군락을 형성하도록 한 다음 재조합 플라스미드들을 가진 숙주세포만을 선별하도록 한다.

각 군락의 세포들은 한 조상세포에서 기원한 것이므로, 군락의 모든 세포와 그들이 가진 플라스미드는 유전적으로 동일한 클론들이다.

비록 *E. coli*가 가장 자주 사용되는 원핵성 숙주세포이긴 하지만, 효모인 *Saccharomyces cerevisiae*는 몇 가지 이유 때문에 진핵성 유전자들의 클로닝과 발현에 널리 사용된다. (1) 진핵성 생물체임에도 불구하고, 효모는 세균세포와 거의 같은 방식으로 배양되고 조작될 수 있다. (2) 효모에 대한 유전학은 매우 잘 연구되어 있어서 돌연변이의 목록들과 유전자 지도가 잘 확립되어 있다. (3) 일부 진핵성 단백질들의 기능을 연구하기 위해서는 번역후 변형을 거쳐 그 단백질을 기능적인 형태로 전환시킬 수 있는 숙주세포를 사용하여야 한다—세균 숙주세포들은 이러한 변형을 수행할

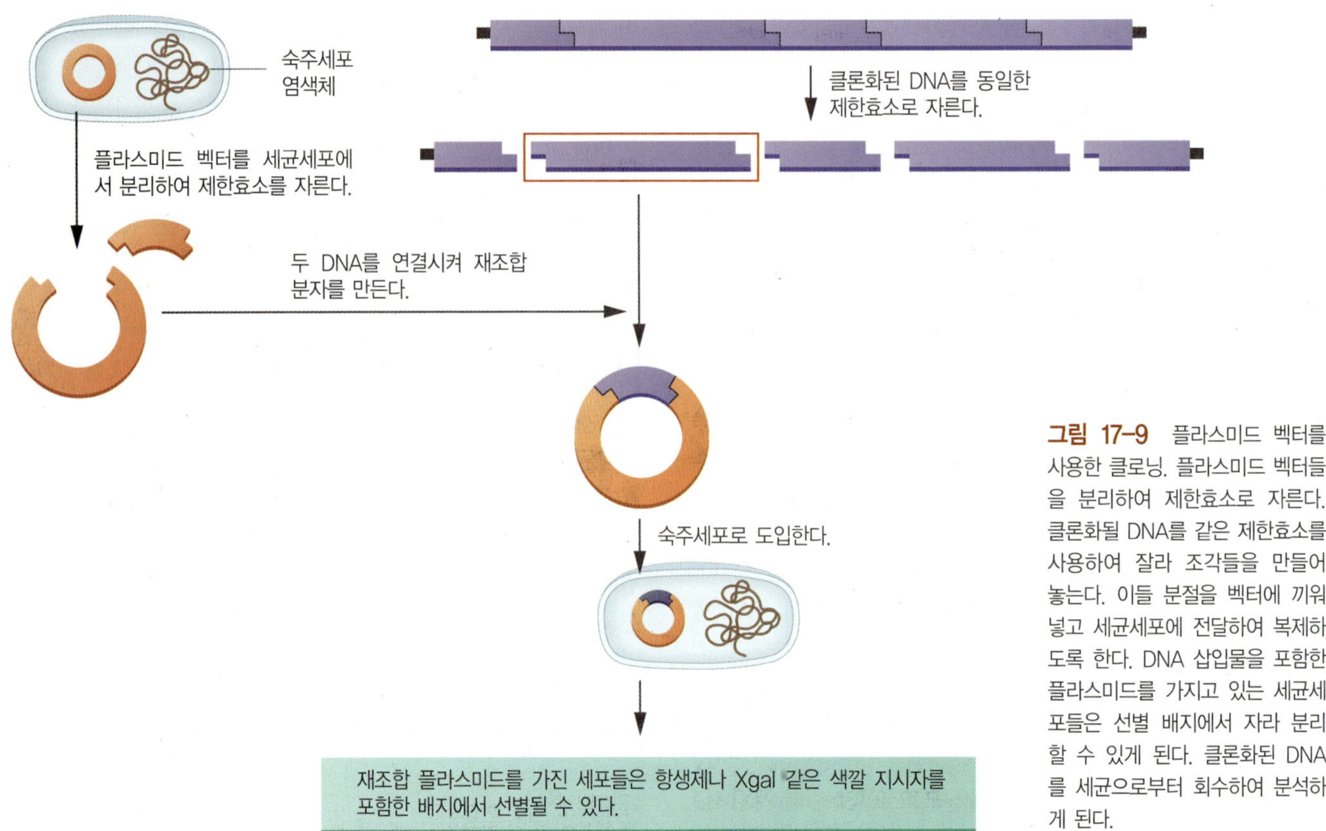

그림 17-9 플라스미드 벡터를 사용한 클로닝. 플라스미드 벡터들을 분리하여 제한효소로 자른다. 클론화될 DNA를 같은 제한효소를 사용하여 잘라 조각들을 만들어 놓는다. 이들 분절을 벡터에 끼워 넣고 세균세포에 전달하여 복제하도록 한다. DNA 삽입물을 포함한 플라스미드를 가지고 있는 세균세포들은 선별 배지에서 자라 분리할 수 있게 된다. 클론화된 DNA를 세균으로부터 회수하여 분석하게 된다.

수 없다. (4) 효모는 오랫동안 제빵과정과 양조 산업에 사용되어 왔으며 백신과 치료용 단백질을 생산하기 위한 안전한 숙주라고 평가된다. 표 17.1은 효모에서 생산되는 산물들의 일부 목록이다.

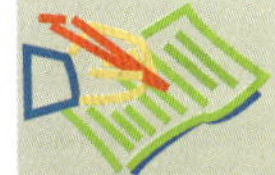

이 문제를 풀어보자

436페이지 12번 문제는 두 개의 항생제 저항성 유전자를 가지고 있는 벡터들의 도서관을 구성하는 데 관한 문제다.

힌트: 외래 DNA를 벡터에 삽입하는 것은 플라스미드의 항생제 저항성 유전자 중 하나를 파괴한다. 재조합 플라스미드를 획득한 세균은 파괴되지 않은 유전자에 의해 처리될 수 있는 항생제를 포함한 배지에서만 자라게 될 것이다.

17.4 중합효소연쇄반응은 숙주세포 없이도 DNA를 복제한다

1970년대 초기에 개발된 재조합 DNA 기술은 유전학자들과 분자생물학자들이 연구하는 방식을 혁신시켰으며, 생명공학 산업의 급격한 발전을 가져왔다. 그러나 벡터와 숙주세포를 이용한 DNA 클로닝은 종종 노동 강도가 높고 시간이 많이 걸리는 일이었다. 1986년에, **중합효소연쇄반응**(polymerase chain reaction, PCR)이라고 불리는 또 다른 기술이 개발되었다. 이 발전은 재조합 DNA 기술들에 다시 한 번 변혁을 가져왔으며, 생물학적 연구의 속도를 가속화시켰다.

표 17.1 숙주세포인 효모에서 합성되는 재조합 단백질들

Hepatitis B virus surface protein
Malaria parasite protein
Insulin
Epidermal growth factor
Platelet-derived growth factor
α1-Antitrypsin
Clotting factor XIIIA

PCR은 재조합 DNA 연구의 힘을 증대시킨 빠른 DNA 클로닝 방법으로 DNA 단편들의 클로닝을 위한 매체로서의 숙주세포를 필요로 하지 않는다. 아직도 숙주세포 클로닝 방법이 널리 쓰이고 있긴 하지만, PCR은 이제 분자생물학, 인간 유전학, 진화학, 발생생물학, 보전학, 그리고 법의학 등을 포함한 많은 적용들에서 선택되는 방법이다.

PCR은 시험관 안에서(*in vitro*) 일련의 반응을 통해 특정 DNA 서열을 많은 수로 복사하도록 함으로써, 다른 DNA 분자들과 섞여 아주 극미한 양으로 존재하는 표적 DNA 서열을 증폭시킬 수 있다. 이를 위해서는 목표로 하는 DNA의 뉴클레오티드 서열에 대한 어느 정도의 정보가 요구된다. 이 정보는 두 개의 올리고뉴클레오티드 프라이머(시발자, primer)들을 합성하는 데 사용된다: 하나는 표적 DNA의 5′ 말단에 상보적인 것이고, 다른 하나는 3′ 말단에 상보적인 것이다. 이들 시발자는 단일가닥 DNA로 변성된 시료에 첨가된다. 이 반응에서 시발자들은 증폭될 서열의 옆 뉴클레오티드들에 혼성화된다. 내열성 형태의 DNA 중합효소

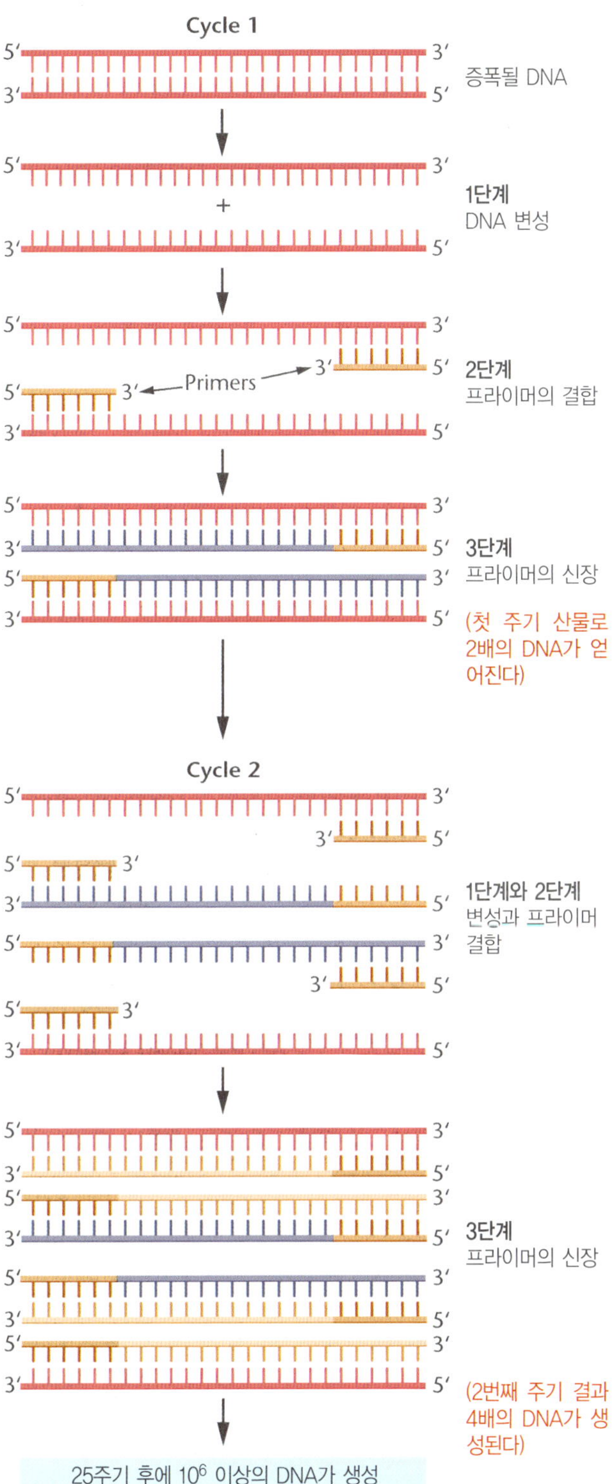

그림 17-10 PCR 증폭. 중합효소연쇄반응(polymerase chain reaction)에서 표적 DNA는 한 가닥으로 변성된다; 각 가닥은 짧고 상보적인 시발자들과 쌍을 이룬다. 시발자들은 합성 올리고뉴클레오티드로서 증폭될 부위 옆의 서열들에 상보적이다. DNA 중합효소와 뉴클레오티드들이 단일가닥의 DNA를 주형으로 하여 시발자를 3′ 방향에서 신장시킨다. 결과적으로 시발자가 통합되어 새로 생긴 가닥과 함께 이중나선 DNA가 얻어진다. 두 번째 PCR 주기(cycle)에서는 첫 번째 회로의 산물들이 단일가닥으로 변성되고 시발자들이 첨가되어 DNA 중합효소들이 새로운 가닥들을 합성하게 된다. 반복된 주기들에 의해 원래의 DNA 서열은 100만 배 이상으로 증폭될 수 있다.

(*Taq* polymerase)가 표적 DNA의 두 번째 가닥을 합성하게 된다 (그림 17-10). 이런 과정들이 반복되면 많은 수의 DNA 사본이 생성된다.

실제로, PCR 반응은 세 개의 기본 단계를 포함하며, 증폭되는 DNA의 양은 이론적으로는 이 단계들이 반복되는 횟수에 의해 결정된다.

1. 클론화될 DNA가 단일가닥으로 **변성된다(denatured)**. 이 DNA는 순수 분리될 필요는 없으며, 유전체의 DNA, 혈흔이나 정액 같은 과학 수사용 시료, 의료기록의 일부로 보관되는 건조 시료, 머리카락 한 올, 미라의 잔해, 혹은 화석 등 어떤 종류의 시료라도 괜찮다. 가열(90~95°C)에 의해 이중가닥 DNA가 변성되어 단일가닥으로(보통 약 1분 정도 걸린다) 분리된다.
2. 반응의 온도를 50°C와 70°C 사이의 온도로 낮추는데, 이 냉각 온도(annealing temperature)에서는 시발자들이 변성된 DNA에 결합한다. 이들 시발자는 합성 올리고뉴클레오티드(15~30 뉴클레오티드 길이)들로, 목표하는 단편의 바로 옆 서열에 특이적으로 결합한다. 시발자들은 표적 DNA에 상보적인 새로 합성될 가닥의 시작점으로 작용한다.
3. 내열성 DNA 중합효소(*Taq* polymerase*)가 반응물에 첨가된다. DNA 합성은 70~75°C 사이에서 수행된다. *Taq* 중합효소는 5′-3′ 방향으로 뉴클레오티드를 첨가함으로써 시발자들을 신장(extend)시켜 목표 DNA의 이중가닥 복사본을 만든다.

세 가지 단계-이중가닥 산물의 **변성**(denaturation), 시발자의 **결합**(annealing), 그리고 중합효소에 의한 **신장**(extension)-로 이루어진 하나의 반응 세트는 사이클(반응주기, cycle)이라고 불린다. PCR은 새로운 DNA 가닥들의 수가 각 사이클마다 2배가 되는 연쇄반응으로, 새로운 가닥과 기존 가닥들이 다음 사이클에서 모두 주형으로 작용한다. 각 사이클은 2~5분이 걸리며, 계속 반복되어 25~30 사이클(3시간 내로 완료될 수 있다)이 되면 DNA의 양은 100만 배 이상으로 증가한다(그림 17-10을 보라). **열순환기(thermocycler)**라는 기계가 이 반응을 자동화시켰다. 이 기계는 미리 정해진 수의 사이클을 수행하도록 프로그램화되어 많은 양의 표적 DNA를 생산해 줌으로써, 이 DNA들의 클로닝, 서열화 작업, 임상 진단, 그리고 유전자 선별 작업 등에 이용할 수 있도록 한다.

PCR에 근거한 DNA 클로닝(PCR-based cloning)은 숙주세포에 근거한 클로닝에 비해 몇 가지 이점을 가지고 있다. PCR 반응은 기존 방법의 클로닝이 몇 주씩을 요구하는데 반해 몇 시간 안에 수행될 수 있다. 게다가 PCR 시발자들을 디자인하는 데는 컴퓨터 프로그램을 사용하며, 올리고뉴클레오티드의 상업적 합성 또한 빠르고 경제적이다. 원한다면, PCR 산물을 다른 목적을 위해 플라스미드 벡터에 클로닝할 수도 있다.

*온천에서 사는 *Thermus aquaticus*라는 세균으로부터 얻은 효소다.

PCR은 매우 예민하여, 한 개의 세포에서 얻어진 DNA와 같이 극미한 양의 DNA 시료에서 나온 표적 DNA를 증폭시킬 수 있다. PCR의 이러한 특징은 유전자 감식, 과학 수사, 그리고 분자 고생물학 등을 포함한 여러 분야에서 매우 값진 것이다. 세심하게 고안된 시발자들을 사용하면, 일부가 손상되었거나, 다른 물질과 섞인 것, 매질(호박 등)에 묻힌 DNA 등 일반적인 클로닝이 어렵거나 불가능한 것에도 이용할 수 있다.

PCR의 한계

PCR이 비록 매우 유용한 기술이긴 하지만, 제한점 역시 가지고 있다: 표적 DNA의 뉴클레오티드 서열에 대한 몇몇 정보들이 반드시 필요하며, 다른 DNA로 인한 아주 사소한 오염이 있다고 하더라도 문제를 야기할 수 있다. 예를 들어, PCR 작업 중에 실험자의 피부에서 떨어진 세포들이 범죄 현장에서 혹은 화석에서 수거된 시료를 오염시킬 수 있다. 그러한 오염은 정확한 결과를 얻는 것을 어렵게 한다. PCR 반응은 항상 조심스럽게 고안된 적절한 대조군들과 함께 수행되어야만 한다.

PCR의 다른 응용

PCR은 이제 유전학과 분자생물학에 있어 가장 널리 사용되는 기술 중 하나다. PCR과 다양한 PCR의 변형들은 여러 가지에 적용이 가능하다. 제한효소 부위 변이체들을 신속하게 알아낼 수도 있고, 유전자 지도 작성 연구에 유전자 표식자로 사용될 수 있는 나란한 반복서열들의 변화도 빠르게 규명할 수 있다. 유전자 특이적인 시발자들을 사용하여, PCR은 유전질환의 돌연변이를 검색하고, 이 돌연변이의 위치와 성격을 빠르게 결정해 줄 수 있다. 시발자들은 오직 한 개의 뉴클레오티드 서열만이 차이가 나는 표적 DNA를 구별할 수 있도록 고안될 수도 있는데, 이것은 유전자 검사를 위한 대립인자 특이적 탐침자(allele specific probe) 개발을 가능하게 한다. 무작위 시발자(random primer)들은 무차별적 DNA 증폭을 가능하게 한다. 이러한 방법은 한 개의 세포, 화석, 혹은 머리카락 한 올이나 침 발린 우표 한 장에서 나온 타액과 같은 연구 시료에서 DNA를 얻어야 하는 경우에 특별히 유용하다. 연구자들은 또한 기존에 알려진 유전자 부위 근처의 미지의 DNA 영역들을 조사하며, 심지어 DNA를 서열화 하는 데에도 PCR을 사용한다. PCR은 어떤 고래 고기 판매에 대한 세계적인 금지를 강화하는데도 사용되고, 순종 개의 계보에 대한 논쟁을 잠재우기도 한다. 간단히 말해, PCR은 현대 유전학에서 가장 다재다능한 기법 중의 하나다.

17.5 재조합 도서관은 클론화된 서열의 집합이다

일반적인 플라스미드 벡터에 클론화된 DNA 단편은 비교적 작은 것이어서, 단일 유전자나 혹은 유전자의 일부만을 나타낸다. 결과적으로, 생물의 유전체 중 작은 부분을 조사할 때에라도, 많은 수의 독립된 클론들이 필요하다. 한 개체 혹은 한 생물집단에서 유래한 DNA클론들의 한 세트를 **클론화된 도서관(cloned library)**라고 부른다. 이들 도서관들은 전체 유전체를 대표하거나, 한 개의 염색체, 혹은 한 종류의 세포에서 발현된 유전자들의 세트를 나타낼 수 있다.

유전체 도서관

이상적이라면, **유전체 도서관**(genomic library)은 한 개체의 유전체에 존재하는 모든 서열을 적어도 한 카피는 포함하고 있다. PCR로 클론화된 DNA 단편들은 비교적 작기 때문에, 유전체 도서관들은 숙주세포 클로닝법으로 만들어진다. 이 과정에서는 세포나 조직으로부터 DNA를 추출하고, 제한효소로 자른 다음, 이들 단편들을 벡터에 붙인다. 플라스미드 같은 벡터들은 수천 개의 염기쌍(kb)으로 이루어진 삽입 DNA만을 포함할 수 있으므로, 가장 적은 수의 클론들로 한 유전체를 포함하도록 하는 벡터를 선정하는 일은 유전자 도서관 제작에서 중요하게 고려되어야 할 사항이다.

유전체 도서관이 한 유전체 내의 모든 서열을 95~99% 확률로 포함하기 위해서는 얼마나 커야 하는가? 한 유전체 내에 존재하는 모든 서열을 포함하도록 하는데 필요한 클론들의 수는 클론화될 삽입 DNA의 평균 크기에 의존적이다. 한 도서관에 존재하는 클론의 수는 다음과 같이 계산될 수 있다.

$$N = \frac{\ln(1 - P)}{\ln(1 - f)}$$

여기에서 N은 요구되는 클론의 수이고, P는 주어진 서열을 커버할 가능성, 그리고 f는 각 클론들에서의 유전체 분율을 나타낸 것이다.

우리가 인간 유전체의 도서관을 만드는데, 99%의 확률로 유전체의 모든 서열을 포함할 수 있도록 충분히 크게 만들고 싶다고 하자. 인간의 유전체는 너무 커서 벡터 선정은 도서관을 만드는데 1차적 고려 대상이 된다. 만약 우리가 플라스미드 벡터를 사용하고 평균 삽입 단편 크기를 5 kb로 만든다면, 240만 개 이상의 클론들을 얻을 수 있어야 유전체의 어떤 서열을 회수할 가능성이 99%가 된다. 이러한 크기 때문에 이 도서관은 효율적으로 사용되기 어렵다. 그러나 만약 도서관이 YAC 벡터를 사용하여 만들어지고 평균 삽입 크기가 1 Mb라면(1 Mb는 100만 염기쌍이다), 도서관은 약 14,000개의 YAC 클론들만 포함하고 있으면 되므로, 사용하기가 비교적 쉬워진다. YAC 같은 대용량의 클로닝 벡터들은 인간 유전체 프로젝트에 필수적인 요소다.

이 문제를 풀어보자

436페이지의 13번 문제는 플라스미드 벡터를 이용하여 초파리의 유전체 도서관을 만드는데 얼마나 많은 클론이 필요한지를 묻는 것이다.

힌트: 이러한 계산에는 3가지 변수가 있음을 기억하라: 유전체의 크기, 클론 삽입물의 평균 크기, 그리고 그 도서관에 유전자가 포함되어 있을 확률이다.

cDNA 도서관

발생, 세포사멸, 암, 그리고 기타 특수한 생물학적 사건들을 연구하기 위해서, 주어진 시간에 주어진 세포형태에서 발현되는 유전체 일부만으로 구성되는 도서관은 매우 귀중한 도구가 될 수 있다. 유전체 도서관은 유전체의 모든 유전자들을 포함하고 있지만, 이들은 한 세포에서 전사적으로 활성인 유전자를 찾는 데는 직접 사용될 수가 없다.

cDNA 도서관(cDNA library)은 주어진 시간에 한 세포군에 존재하는 mRNA들로부터 만들어진 DNA 사본들을 포함하며, 도서관이 만들어진 시기에 그 세포형에서 발현된 유전자들을 나타내는 것이다. DNA가 mRNA의 뉴클레오티드 서열에 상보적이기 때문에 이것은 cDNA 도서관이라고 불린다.

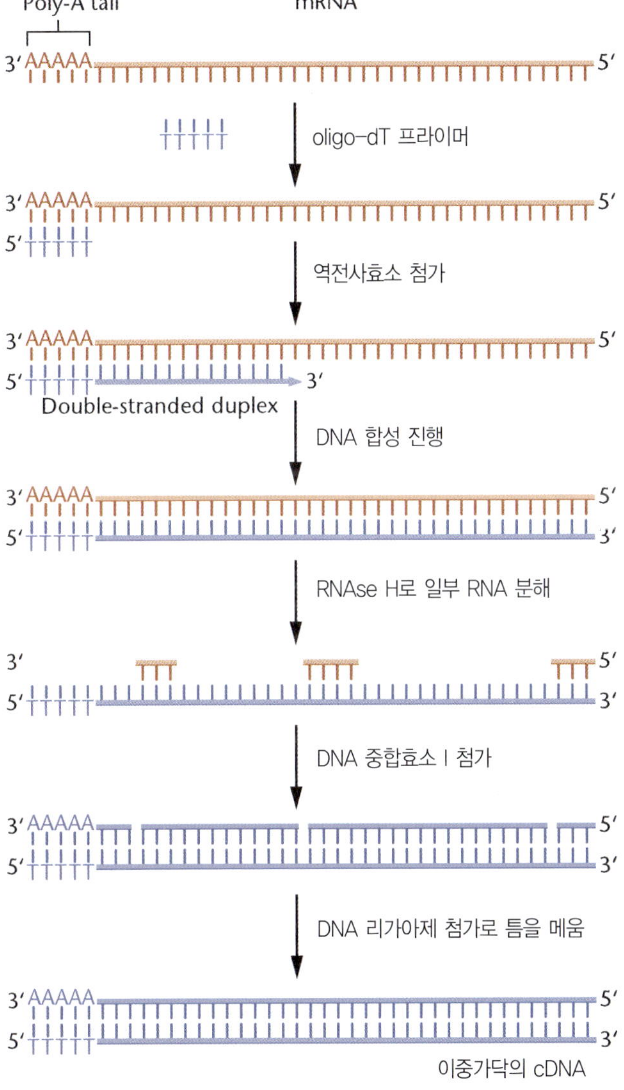

그림 17-11 mRNA에서 cDNA 합성하기. 많은 진핵성 mRNA들이 3′ 말단에 다양한 길이의 폴리 아데닐화된 꼬리(A)를 가지고 있기 때문에, 짧은 길이의 올리고-dT는 이 꼬리에 결합하고 역전사효소를 위한 시발자로 작용한다. 역전사효소는 mRNA를 주형으로 하여, 상보적인 DNA 가닥(cDNA)을 합성하므로, mRNA/cDNA 이중가닥 이중체가 만들어진다. RNAse H로 효소처리를 하면 mRNA가 소화되므로 RNA 가닥에 틈들이 생긴다. 남은 RNA의 3′ 말단이 DNA 중합효소의 시발자로 작용하여 두 번째 DNA 가닥이 만들어진다. 결과적으로 얻어진 이중가닥 cDNA 분자는 적당한 벡터로 클론화되거나, 도서관 검색을 위한 탐침자로 사용될 수 있다.

cDNA 도서관에 있는 클론들은 유전체 도서관의 클론들과 같지 않다. 진핵성 mRNA들은 pre-mRNA 전사체로부터 공정과정을 거친다; 인트론 서열들이 제거되고, 분자의 3′ 말단에 폴리-A 꼬리가 첨가된다. 그리고, mRNA 분자는 그 활성을 조절하는 유전자 옆 서열들을 포함하고 있지 않다.

cDNA 도서관은 세포군으로부터 mRNA를 분리하여 만들어진다. 거의 모든 진핵성 mRNA 분자들이 3′-말단에 폴리-A 꼬리를 가지고 있기 때문에 이것이 가능하다. 폴리-A 꼬리를 가지고 있는 mRNA들은 분리되어 **상보적 DNA**(complementary DNA, cDNA) 분자들을 합성하는 데 사용된다. 이 cDNA 분자들은 이어서 벡터로 클론화되어 주어진 시기에 전사적으로 활성화되었던 유전자들을 포함하고 있는 cDNA 도서관으로 만들어진다.

cDNA 도서관을 만들기 위해서는, mRNA가 oligo-dT 시발자와 섞이고, 이들은 폴리-A 꼬리에 결합하여 부분적으로 이중가닥 산물을 만든다(그림 17-11). **역전사효소**(reverse transcriptase)가 시발자를 신장시켜 mRNA와 상보적인 DNA 사본을 만든다. 이 반응의 산물인 mRNA-DNA는 이중가닥의 혼성 분자이다. **RNAse H**가 RNA를 부분적으로 파괴하여 RNA 가닥에 틈을 만든다. 남은 RNA 조각들이 DNA 중합효소 I의 작용을 위한 시발자로 작용한다. (이 상황은 원핵생물의 DNA 합성시 지체가닥의 합성과 유사하다.) DNA 중합효소 I은 두 번째 DNA 가닥을 합성하고 RNA 시발사들을 제거하여 이중가닥의 cDNA가 형성된다.

cDNA는 양 말단에 링커 서열을 붙여 벡터로 클론화될 수 있다. 링커 서열들은 짧은 이중가닥 올리고뉴클레오티드로, 제한효소 인식서열(예, *Eco*RI 부위)들을 포함한다. cDNA에 부착된 후 이들 링커들은 *Eco*RI과 같은 효소로 절단되고, 같은 효소로 처리된 플라스미드 벡터에 연결된다. 여러 종류의 cDNA 도서관들이 사용되는데, 특정 발생 단계에서 얻어진 세포나 조직으로부터 만들어지기도 하고, 혹은 뇌, 근육, 신장 등 서로 다른 기관으로부터 만들어지기도 한다. 이러한 도서관들은 특정 시기에 한 세포에서 활성이었던 순간의 모든 유전자들에 대한 목록을 제공한다.

cDNA 도서관은 **역전사효소 PCR**(reverse transcriptase PCR, RT-PCR)이라고 불리는 변형 PCR을 이용하여 만들어질 수도 있다. 이 과정에서는 이미 설명했던 바와 같이, mRNA에서 단일가닥의 cDNA를 만드는 데 역전사효소가 사용된다. 이 반응 후에 PCR을 이용하여 단일가닥 DNA를 이중가닥 DNA로 복사하며, 이후에 이것을 많은 사본으로 증폭시킨다. 증폭된 cDNA는 플라스미드 벡터에 클론화하여 cDNA 도서관을 만들게 된다. RT-PCR은 일반적인 cDNA 도서관 제작법보다 더 민감하여, 한 세포당 한두 사본으로 존재하는 mRNA를 찾을 수 있는 강력한 도구다.

17.6 특정 클론들은 도서관으로부터 회수될 수 있다

유전체 도서관은 수십만 개까지의 클론들을 포함할 수 있다. 관심 있는 유전자를 이 도서관에서 선별해내기 위해서는 그 유전자를

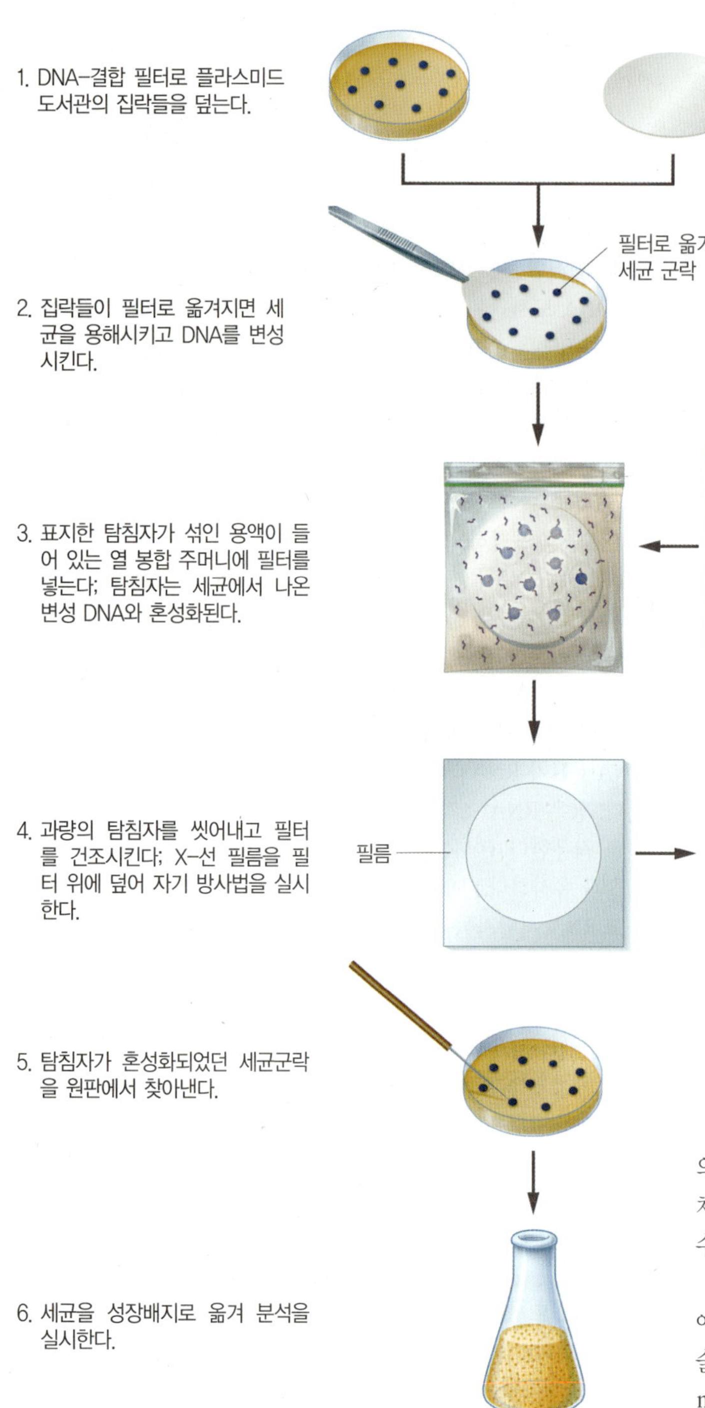

그림 17-12 클론화된 유전자를 회수하기 위한 플라스미드 도서관의 검색. 유전자 도서관이 존재하는 세균들이 있는 평판 접시 위에 DNA 결합 필터를 살짝 덮으면 세균 군락들이 필터 위로 옮겨진다. 필터에 옮겨진 세포 군락들을 용균시키고 DNA를 단일가닥으로 변성시킨다. 이 필터를 완충액과 표지된 단일가닥 DNA 탐침자가 들어 있는 주머니에서 혼성화시킨다. 온도를 유지해 주는 동안 탐침자는 필터상의 상보적인 서열들과 혼성 이중나선을 형성한다. 필터를 주머니에서 꺼내어 과량의 탐침자를 씻어낸다. 필터 위에 X-선 필름을 덮어 단시간 노출시킴으로써 혼성체들을 추적한다. 필름을 현상하면, 필름 위의 검은 점으로 혼성화가 일어난 곳을 알아낼 수 있다. 삽입 DNA를 포함한 군락들은 탐침자와 혼성화를 일으키고 점의 위치를 통해 규명이 가능하다. 이 군락으로부터 얻어진 세포들을 키워 더 이상의 분석에 사용할 수 있다.

가지고 있는 클론들을 규명하고 분리할 필요가 있다. 그리고 한 클론이 그 유전자의 모든 부분을 포함하는지 일부만을 포함하는지도 결정할 수 있어야만 한다. 몇 가지 방법들이 유전자 도서관을 정리하고 관심 있는 클론을 회수할 수 있도록 해준다; 종종 실험 여건이나 찾아지는 유전자에 대해 알고 있는 정보들에 의해 어떤 방법이 선택될지 결정된다.

탐침자는 특정 클론을 찾아준다

도서관을 검색하거나 특정 유전자를 회수하기 위해서는 탐침자들이 사용된다. 탐침자(probe)란 DNA나 RNA 조각으로서, 도서관 내에 존재하는 클론화된 서열 일부와 상보적이고 어떤 방식으로든 표지가 되어(labeled) 있다.

혼성화 반응에 사용되면, 탐침자는 하나 혹은 그 이상의 클론에 존재하는 상보적인 DNA 서열에 결합한다. 탐침자들은 방사성 동위원소나, 화학반응 혹은 발색반응을 일으켜 도서관내 특정 클론의 위치를 나타내는 화합물로 표지될 수 있다.

탐침자들은 다양한 원료로부터 만들어질 수 있다-DNA 서열이 충분히 보존적이라면, 다른 종에서 얻은 관련 유전자를 사용할 수도 있다. 예를 들어, 발톱 개구리 *Xenopus laevis*에서 리보솜 유전자들의 염색체 외 사본들은 원심분리법으로 추출되어 플라스미드 벡터에 클론화될 수 있다. 리보솜 유전자 서열은 진화과정 동안 매우 보존되어 왔기 때문에, *Xenopus*의 클론화된 리보솜 DNA 단편을 탐침자로 사용하여, 사람 유전체 도서관으로부터 사람의 리보솜 유전자를 가지는 클론들을 회수할 수 있다.

만약 유전체 도서관으로부터 선별될 유전자가 어떤 세포 형태에서 발현되는 것이라면, cDNA 탐침자를 사용할 수 있다. 이 기술은 특히 그 유전자에 대하여 정제된 혹은 증폭된(enriched) mRNA를 얻을 수 있을 때 유용하다. 예를 들어, β-글로빈 mRNA는 적혈구 세포의 발달과정 중 특정 단계에서 매우 높은 농도로 존재한다. 이들 세포로부터 정제된 mRNA는 역전사효소를 사용하여 cDNA 분자로 복사되어 탐침자로 사용될 수 있다. 사실, 클론화된 cDNA 탐침자는 클론화된 유전체 도서관에서 사람의 β-글로빈 유전자의 구조 유전자를 찾는 데 처음 사용되었다.

도서관의 검색

유전체 플라스미드 도서관(genomic plasmid library)을 검색하기 위해, 도서관 클론(대장균 세포)들은 영양 배지에서 배양되어 수십만 개의 군락을 형성하도록 한다(그림 17-12). 평판 배지 표면에 나일론이나 니트로셀룰로오스 필터를 살짝 덮어서 군락들의 복사판을 제작한다; 이것으로 세균 군락들의 패턴을 평판배지에서 필터로 옮기는 것이다. 필터는 세균을 녹이는 용액, 이중가닥 DNA를 단일가닥으로 변성시키는 용액을 통과한 후, 이들 핵산가닥들이 필터에 달라붙도록 처리된다.

필터의 DNA는 핵산 탐침자와 혼성화시켜서 조사된다. 탐침자는 가열되어 단일가닥으로 변성된 후 재빨리 냉각되어 필터가 담겨 있는 용액에 첨가된다. 만약 필터상의 클론화 DNA 중 어떤 서열이 탐침자와 상보적이라면, 탐침자와 클론화 DNA 서열 사이의 이중가닥 DNA-DNA 혼성화 분자가 생기게 된다(한 가닥은 탐침자의 것이고, 다른 가닥은 필터의 클론 DNA이다). 예를 들어, 만약 β-글로빈의 cDNA 탐침자가 사용된다면, 이것은 β-글로빈을 암호화하는 클론화된 DNA에 결합할 것이다. 탐침자와 필터를 보온한 후에, 결합되지 않았거나 과량의 남은 탐침자 분자는 닦여 제거되고, 필터는 혼성 분자가 남아 있는 곳에 대해 검사된다. 만약 방사성 탐침자가 사용되었다면, 필터는 X-선 필름 위에 놓인다. 필터상에서 DNA에 혼성화된 분자 내의 방사성 붕괴가 필름에 노출되어 필름상에 검은 점으로 나타난다; 이들은 관심 있는 클론화된 유전자를 포함하고 있는 평판 접시상의 세균 군락을 나타내는 것이다(그림 17-12). 필름상의 위치를 이용하여, 평판 접시 위의 해당 클론을 찾아 회수한다. 이들이 포함하고 있는 DNA는 이후의 실험에 사용한다. 비방사성 탐침자의 사용에서는, 빛의 광자를 발산하는 화학발광반응(chemiluminescence)이 사진 필름에 노출되어 관심 있는 유전자를 가진 군락의 위치를 나타내 준다.

이 문제를 풀어보자

436페이지의 18번 문제는 cDNA 도서관으로부터의 클론화된 유전자 선별에 관한 것이다.

힌트: cDNA 클론들은 유전체 도서관의 모든 서열을 포함하고 있지 않다. 그러나 암호화 서열들을 가지고 있으며, 적당한 탐침자로 선별될 수 있다.

17.7 클론화된 서열들은 여러 가지 방법으로 분석된다

클로닝이나 PCR에 의해, 유전자나 다른 특별한 DNA 서열들을 회수하고 규명하는 것은 유전체적 구조와 기능을 분석하는 강력한 도구다. 사실, 인간 유전체 프로젝트의 대부분이 이러한 기술들에 근거하고 있다. 다음 절에서는 이들 방법 중 클론화 서열들의 구성과 기능에 대한 질문에 답을 제공하는 몇 가지 방법에 대해 고려해 보고자 한다.

제한지도 작성

DNA 클론을 규명하는 첫 단계 중 하나가 **제한지도**(restriction map)를 작성하는 것이다. 제한지도란 클론화된 DNA 단편을 따라 존재하는 제한효소 절단 부위의 수와 이들의 순서, 그리고 이들 사이의 거리를 표시한 것이다. 서로 다른 클론화 DNA에 대한 제한지도는 보통 충분히 다르기 때문에 그 클론에 대한 이름표(identity tag)로 사용될 수 있다. 제한지도 단위는 **염기쌍**(base pair, bp)으로 표현되거나 좀 더 길게 **킬로 염기쌍**(kilobase pair, kb)으로 나타낸다. 제한지도는 클론화된 삽입 DNA의 길이와 DNA 내의 제한효소 부위의 위치에 대한 정보를 제공한다. 이들 자료는 유전자의 단편들을 다시 클론화하거나, 다른 클론화 서열들의 제한효소지도와 내부 구조를 비교하는 데 사용된다.

제한효소로 DNA를 잘라 생긴 단편들은 젤 전기영동(gel electrophoresis)에 의해 분리될 수 있다. 이것은 작은 조각일수록 빨리 이동하게 함으로써 DNA를 크기별로 분리할 수 있도록 하는 방법이다. 단편들은 일련의 밴드들로 나타나며 에티디움 브로마이드(ethidium bromide)로 DNA가 염색된 후 자외선 조사를 통해 보이게 된다.

그림 17-13은 클론화된 DNA 단편으로부터의 제한효소지도 작성을 보여주는 것이다. 이 지도에 대해, 7 kb 길이의 클론화된 DNA 단편으로부터 시작해 보자. 제한효소로 처리된 클론화 DNA가 세 가지 있는데-하나는 *Hind*III로, 또 하나는 *Sal*I으로, 마지막 하나는 *Hind*III와 *Sal*I으로 동시에 처리된 것이다. 얻어진 단편은 전기영동에 의해 서로 분리된다(9장에서 논의됨). 얻어진 밴드들은 사진으로 찍거나 스캔하여 분석한다. 이 단편들은 이웃하여 동시에 전기영동된 일련의 표준 분자들과 비교하여 크기가 측정된다. 이들 단편의 수와 크기를 분석함으로써 지도가 얻어진다. DNA가 *Hind*III로 잘려지면, 두 개의 단편(0.8 kb와 6.2 kb 짜리)이 생긴다; 이들은 클론화 삽입물의 길이가 총 7.0 kb였음을 확인해 주며, 이 서열 내에 이 효소절단 부위가 한 개 있음을 알려준다(한쪽 끝에서 0.8 kb 되는 위치에). DNA가 *Sal*I으로 잘리면, 두 개의 단편(1.2 kb와 5.8 kb)이 생기며, 이것은 이 효소가 삽입 DNA의 한쪽 끝에서 1.2 kb 되는 지점에 한 번의 절단 부위를 가진다는 것을 뜻한다.

이러한 결과들은 각 효소가 한 번의 제한 부위를 가짐을 보여주지만, 두 위치 사이의 상대적 관계는 알 수가 없다. 가능한 정보로부터, 두 종류의 서로 다른 지도가 만들어질 수 있다. 그림 17-13에서, 하나는(모형 1), *Hind*III 부위가 한쪽 끝에서 0.8 kb 되는 곳에, *Sal*I 부위가 같은 말단의 1.2 kb 되는 곳에 있는 것이다. 또 다른 지도에서는(모형 2), *Hind*III 부위가 한쪽 끝의 0.8 kb 되는 곳에 위치하고 *Sal*I 부위는 다른 쪽 말단의 1.2 kb 되는 곳에 위치한다.

*Hind*III와 *Sal*I으로 동시에 처리된 시료로부터의 결과를 고려함으로써 올바른 모형이 선택될 수 있다. 모형 1은 두 가지 효소로 동시에 처리할 경우 세 개의 단편이 나올 것으로 예상한다: 0.4, 0.8, 5.8 kb 길이의 단편들이다; 반면, 모형 2는 0.8, 5.0, 1.2 kb 길이의 단편들이 나올 것으로 예상한다. 실제로, 두 효소를 사용하여 절단한 후에 관찰되는 단편화 패턴은 모형 1이 맞는 것임을 시사한다(그림 17-13을 보라).

제한효소 지도작성은 클론화된 DNA 단편을 규명하는 중요한 방법이며, 지도화된 DNA의 기능이나, 암호화 용량에 대한 정보가 없는 상태에서도 만들어질 수 있다. 다른 기술들과 연계하여

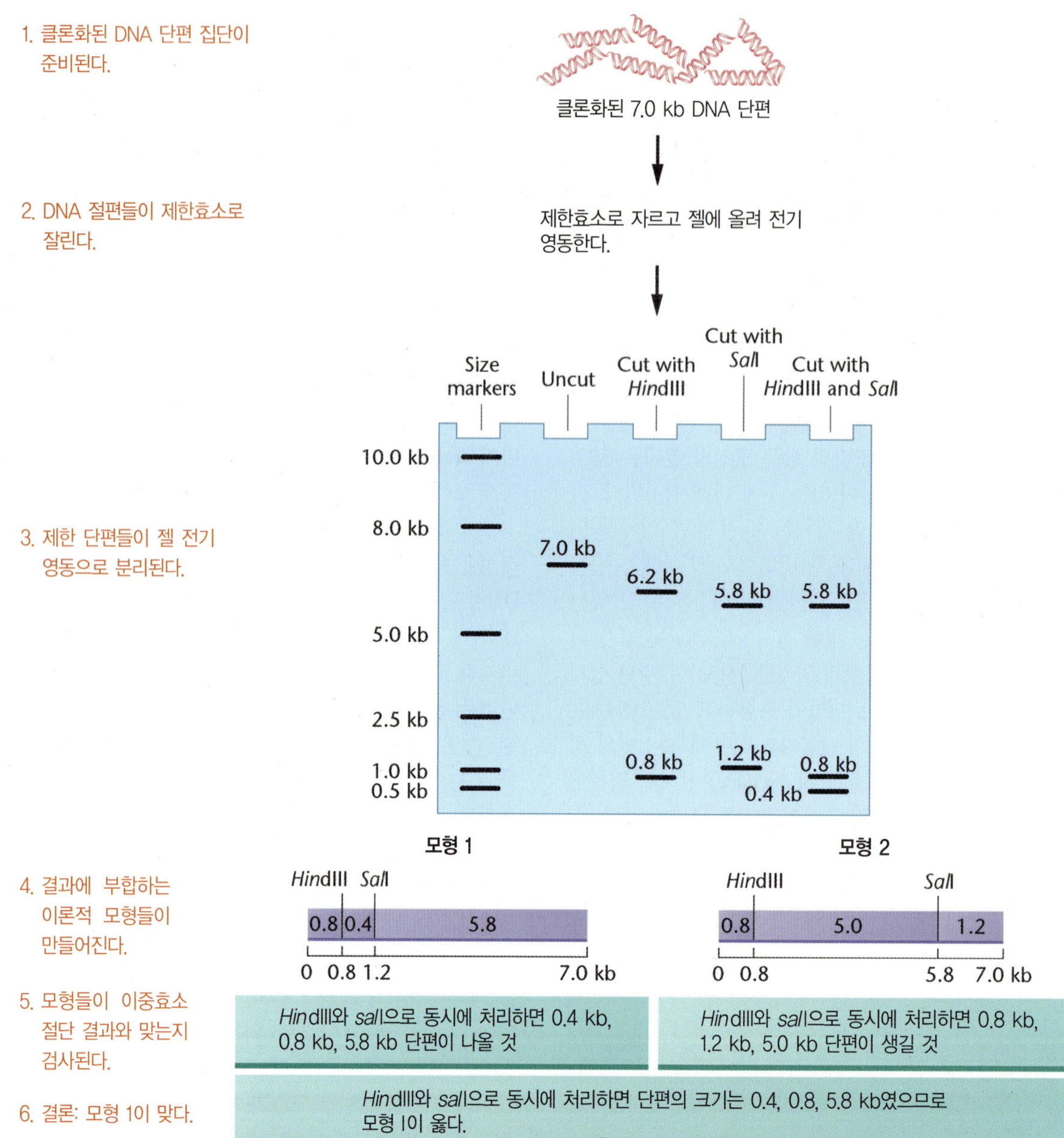

그림 17-13 제한효소지도의 확립. 7 kb DNA 절편 시료를 제한효소로 처리한다: 하나의 시료는 *Hind*III로 자르고, 다른 하나는 *Sal*I, 또 다른 하나의 시료는 *Hind*III와 *Sal*I으로 동시에 처리한다. 얻어진 절편들을 젤 전기영동으로 분리한다. 분리된 단편들은 인접한 레인의 분자량 표준 단편들과 비교하여 측정될 수 있다. *Hind*III로 잘려진 DNA는 두 개의 단편을 만든다: 0.8과 6.2 kb. *Sal*I 효소로의 절단 역시 두 개의 단편을 만든다: 1.2 kb와 5.8 kb. *Hind*III와 *Sal*I으로 잘려서 나온 단편 길이를 예측할 수 있는 모형을 만든다. 모형 1에서는 0.4, 0.8, 5.8 kb의 단편들이 두 효소 처리로 얻어질 수 있다. 모형 2는 0.8, 1.2, 5.0 kb의 절편이 나올 것으로 예상한다. 예상된 단편의 길이와 젤 상에서 관찰된 단편 길이를 비교하면 모형 1이 정확한 제한효소지도임을 알 수 있다.

이용하면, 제한지도 작성으로 유전자의 경계를 결정하고, 한 유전자와 그 측면의 구조에 대한 분자적 구성을 자세히 알아볼 수 있으며, 유전자 내의 돌연변이 부위들의 위치도 알아낼 수 있다.

클론들의 제한 단편화는 사람의 특정 염색체나 각 염색체의 특정 지역에 유전자를 지정할 때 중요한 역할을 담당한다. 그리고 어떤 제한 부위가 돌연변이 유전자와 가까이 위치하면, 이 서열은 열성으로 유전되는 질병의 보인자를 찾아내는 유전자 검사의 표식자(마커)로 사용될 수도 있고 혹은 태아의 유전자형을 출산 전에 진단하는 데도 사용될 수 있다. 이러한 주제는 19장에서 논의될 것이다.

핵산의 블로팅

이 장에서 설명한 기술들 중 많은 수가 상보적인 핵산(DNA 혹은 RNA) 분자에 의존적이다. 그러한 혼성 분자들을 추적하는 데 가장 널리 사용되는 방법 중의 하나는 **서던 블로팅**(Southern Blotting; **서던 흡착법**)이라고 불린다[이 방법을 고안한 에드워드 서던(Edward Southern)의 이름을 딴 것이다]. 서던 블로팅 방법은 도서관에서 주어진 서열(리보솜 유전자나 β-글로빈 유전자 등)을 포함하고 있는 클론을 찾고, 단편의 크기를 알아내, 클론화된 DNA의 제한지도를 추정하는 데 사용될 수 있다. 이것은 또한 제한효소로 처리된 유전체 DNA에서 특정 유전자를 포함하고 있는 단편을 찾아내는 데도 사용될 수 있다.

서던 블로팅 기술은 두 가지 요소를 갖는다: DNA 단편들을 전기영동으로 분리하고, 이것을 필터에 옮겨 표지가 달린 탐침자로 검색하는 것이다. 젤 전기영동은 제한효소 처리로 생긴 단편들의 수와 그들의 분자량을 결정하는 데 사용된다. 인간 유전체같이 30억 뉴클레오티드 이상의 커다란 유전체를 제한효소로 처리하면, 아주 많은 단편들이 생겨서 이러한 단편들은 모두 젤상에서 연속적으로 퍼져 있는 것처럼 나타나게 된다. 특정 단편을 찾아내는 것은 다음 단계에서 이루어진다. 혼성화 과정은 단편들에 존재하는 DNA 서열을 규명해 준다. 서던 블롯 혼성화로 분석될 DNA는 도서관의 클론들이나 유전체 DNA 등을 포함하여 여러 곳에서 얻

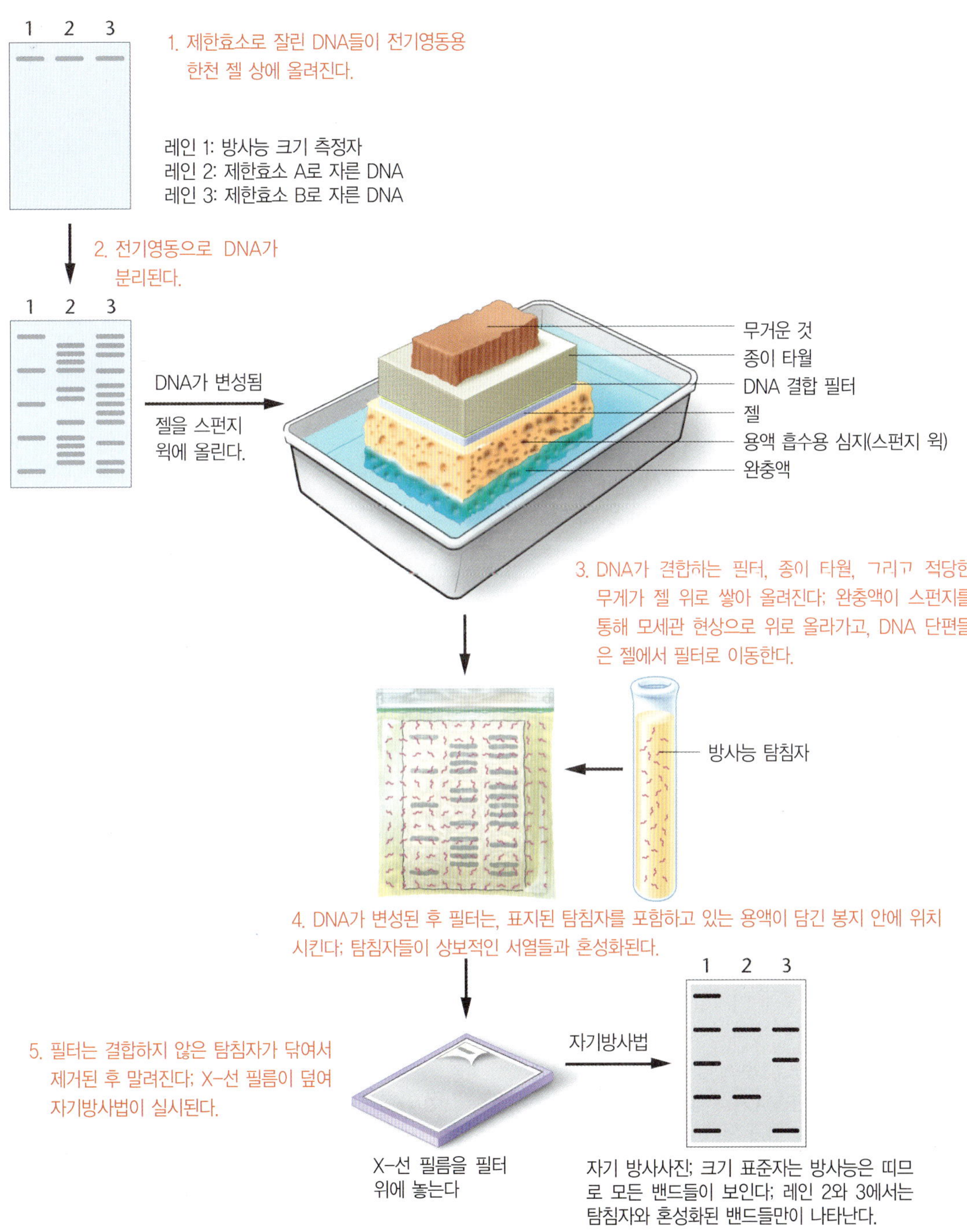

그림 17-14 서던 블로팅 기법. 탐침될 DNA 시료들을 제한효소로 자른 후 얻어진 단편들을 젤 전기영동을 통해 분리한다. 단편의 패턴은 에티디움 브로마이드(ethidium bromide)로 염색 후 자외선으로 조사한 상태에서 사진으로 찍어 시각화될 수 있다. 이 젤을 완충액과 접촉이 가능한 윅(wick)에 올려놓고 DNA가 결합할 수 있는 필터로 덮는다. 겹겹의 종이 타월이나 블로팅 페이퍼를 필터 위에 올리고 약간의 무게로 눌러준다. 모세관 현상으로 완충액이 젤을 통과하여 DNA 단편들을 젤에서 필터로 옮겨준다. 단일가닥으로 변성되어 필터에 옮겨진 DNA는 표지된 DNA 탐침자에 의해 혼성화된다. 필터에 붙은 과량의 탐침자를 닦아내고 X-선 필름을 덮어 자기방사 사진(autoradiography)을 만든다. 혼성화된 단편들은 X-선 필름에서 밴드로 나타난다.

을 수 있다. 우리의 논의는 두 가지 재료를 사용하여 어떻게 서던 블롯들이 DNA 단편들의 수, 크기, 구성, 그리고 서열 내용을 분석하는 데 사용되는지에 관한 것이다.

서던 블롯을 만들기 위해서는 클론화된 DNA를 한 종류 혹은 그 이상의 제한효소로 단편화한 후, 이들 단편을 젤 전기영동법으로 분리한다(그림 17-14). 그리고 혼성화를 위해 염기성 용액으로 처리, 젤 안의 DNA를 변성시켜 단일가닥의 단편들로 만든다. 그 다음, 젤을 DNA 결합성 필터-보통 니트로셀룰로오스나 나일론 유도체들-와 겹쳐 놓는다. 일반적으로 스펀지로 만들어진 심지(wick)를 완충액에 넣고 그 위에 젤과 필터를 놓음으로써 젤 속의 DNA 단편들이 필터로 이동하도록 한다. 종이 수건이나 흡착용 종이를 필터 위에 올려놓고 무거운 것으로 눌러 놓는다. 모세관 현상에 의해 완충액이 젤을 통해 위로 이동하고 DNA 단편들은 필터로 이동하게 된다.

필터는 방사성 표지된 단일가닥의 DNA 탐침자들과 함께 혼성화를 위해 밀봉된 주머니에 안에 놓인다. 탐침자의 뉴클레오티드 서열과 상보적인 필터 위의 DNA 단편들은 이중가닥 혼성체를 형성한다. 과량의 탐침자는 닦여서 제거되고 혼성화된 단편들은 필름 위에서 보일 수 있게 된다(그림 17-14).

그림 17-15에서, 연구자들은 DNA 시료를 여러 제한효소로 잘랐다. 각 제한효소로 얻어진 단편 패턴은 그림 17-15(a)에 있는 것이다. 이 젤의 서던 블롯은 그림 17-15(b)에 나타나 있다. 탐침자는 상보적인 서열을 포함하고 있는 밴드에만 혼성화되었고 관심 단편을 보여준다.

클론화된 DNA를 규명하는 것 외에도, 서던 블롯은 한 유전자 내부나 근처의 제한 부위를 지도화하고, 단편들의 혼합물에서 한 유전자나 혹은 그 일부를 가지고 있는 DNA 단편을 찾아내는데 사용될 수 있다. 서던 블롯은 또, 정상세포에서 얻어진 밴드 양상과 암 환자나 유전질병을 가진 사람들로부터 얻어진 밴드 양상을 비교함으로써, 사람의 유전질환이나 암과 연관된 유전자들의 재배열이나 중복 등을 추적할 수 있도록 한다.

주어진 세포나 조직에서 어떤 클론화된 유전자가 전사적으로 활성 상태인지를 결정하기 위해, 비슷한 블로팅 기술을 사용하여 클론화 유전자와 상보적인 mRNA가 존재하는지를 알아낼 수 있다. 이 기술은 우선 세포나 조직에서 mRNA를 추출하고, 젤 전기영동으로 RNA들을 골고루 펼친 후에 여기서 얻어진 RNA들의 패턴을 서던 블로팅에서처럼 한 장의 필터로 옮긴다. 이제 필터를 클론화된 DNA에서 준비한 단일가닥 DNA 탐침자와 혼성화시킨다. 만약 DNA 탐침자와 상보적인 RNA가 존재한다면, 이들은 필름상에서 줄무늬(band)로 나타나게 된다. 원래의 방법(DNA가 필터에 결합함)이 서던 블롯이라고 알려졌기 때문에, 이 방법은 (RNA가 필터에 결합) **노던 블롯**(nothern blot)이라고 불린다. [조금 고집스러운 논리를 따르는 것 같긴 하지만, 단백질이 막에 결합하는 또 다른 방법은 **웨스턴 블롯**(western blot)이라고 알려져 있다.]

노던 블롯은 특정 유전자의 발현에 대한 정보를 제공하며, 배아 조직, 암, 그리고 유전적 질병 등에서 유전자 발현의 패턴을 연구하는 데 사용된다. 노던 블롯은 또, 하나의 유전자에서 유래한 것이지만 선택적으로 접합되는 RNA들과 여러 가지 형태의 전사체들을 추적하는 데도 사용되며, 전사된 mRNA에 대한 다른 정보들을 얻어내는 데에도 사용된다. 만약 길이를 알고 있는 표지 RNA들을 옆 줄에 같이 전기영동하게 되면, 유전자의 mRNA의 크기를 측정할 수 있다. 또한 연구된 세포나 조직에 존재하는 전사체 RNA의 양은, 필름상의 RNA 줄무늬의 진한 정도와 관련이 있다. 줄무늬의 농도를 측정하여 상대적인 전사활성도를 알 수 있다. 그러므로 노던 블롯은 서로 다른 세포, 조직, 그리고 생물체들에서 유전자의 전사를 규명해 주는 한편 그 활성의 정량화도 가능하게 해준다.

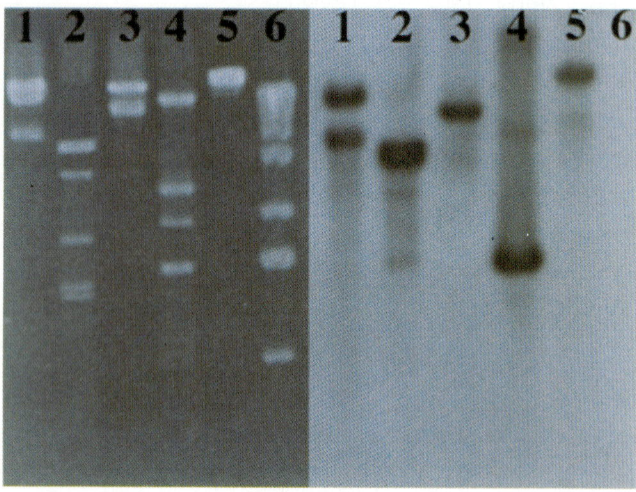

그림 17-15 (a) 에티디움 브로마이드로 염색된 한천 젤이 DNA 단편들을 보여준다. (b) 이 한천 젤(a)의 서던 블롯. 탐침자에 상보적인 서열을 포함한 DNA 서열을 가진 밴드만이 눈에 보여진다.

17.8 DNA 서열화: 클론을 설명하는 궁극적인 방법

어떤 의미로는 클론화된 DNA 서열, 혹은 그게 아니라 유전체에서 유래된 어떤 DNA라도, 그 뉴클레오티드 서열이 알려져야만 완벽하게 규명된다고 할 수 있다. DNA를 서열화 하는 능력은 유전자 구조, 유전자 기능, 그리고 조절 기작에 대한 우리의 이해를 한층 높여주었다.

가장 흔하게 사용되는 DNA 서열화 방법은 제임스 생거(James Sanger)와 동료들에 의해 개발된 것이다. 이 과정에서는 서열이 결정되어야 할 DNA 분자가 단일가닥으로 변환된 후 상보적 가닥을 합성하는 데 주형으로 사용된다. 합성되는 가닥들은 서로 다른 특정 뉴클레오티드에서 무작위로 끝난다. 이 과정에서 일련의 DNA 단편들이 생산되고, 이들은 젤 전기영동에 의해 분리되어 DNA의 서열을 나타내도록 분석된다. 이 반응의 첫 단계에서는, DNA가 가열되어 단일가닥으로 변성된다. 단일가닥의 DNA는 시발자들과 섞이고, 이들은 DNA의 3′ 말단에 결합한다. 시발자가 결합된 시료는 네 시험관으로 나뉜다. 다음 단계에서는 네 가

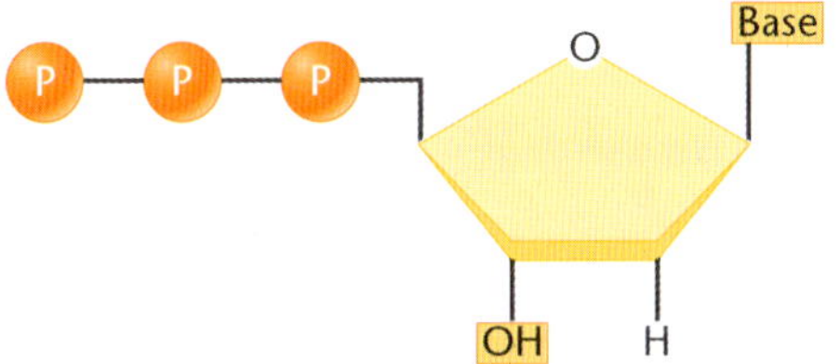

데옥시뉴클레오티드(Deoxynucleotide)

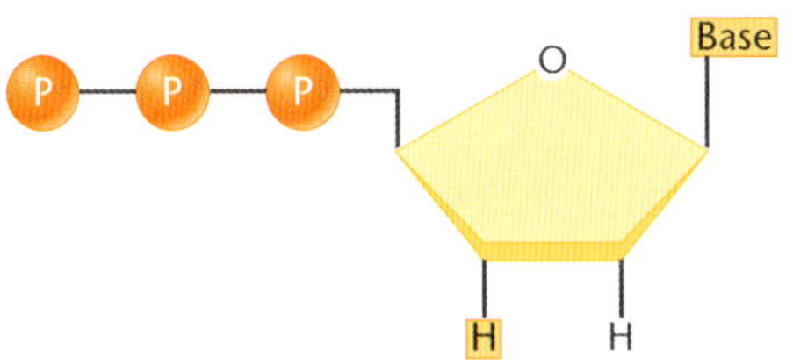

디데옥시뉴클레오티드(Dideoxynucleotide)

그림 17-16 데옥시뉴클레오티드(위)는 리보오스 분자의 3′ 위치에 OH기를 갖는다. 디데옥시뉴클레오티드(아래)는 이 위치의 OH기가 없어서 다른 뉴클레오티드와 인산이에스테르 결합을 하지 못하고 결국 더 이상의 신장을 일으키지 못한다.

지 데옥시리보뉴클레오티드 삼인산(dATP, dCTP, dGTP, dTTP)이 각 시험관에 첨가된다. 그리고 각 시험관에 소량의 변형 데옥시뉴클레오티드 한 가지가 첨가되는데, 이것은 **디데옥시뉴클레오티드**(dideoxynucleotide)(예, ddATP, ddCTP, ddGTP, ddTTP)라고 한다(그림 17-16). 디데옥시뉴클레오티드들은 3′-OH기 대신에 3′-H를 가진다. 이후의 분석을 위해 시발자나 데옥시리보뉴클레오티드 중 하나를 방사능으로 표지한다. DNA 중합효소를 각 시험관에 넣으면, 시발자가 5′-3′ 방향으로 늘어나 주형에 상보적인 가닥이 만들어진다.

DNA 합성이 일어남에 따라, DNA 중합효소는 자라나는 DNA 가닥에 우발적으로 디데옥시뉴클레오티드(데옥시뉴클레오티드 대신)를 끼워 넣는다. 이 유사체는 3′-OH기가 결여되어 있으므로, 다른 뉴클레오티드와 3′ 결합을 하지 못하고 DNA 합성이 종결된다. 예를 들어, 한 시험관 내에 ddATP가 존재했다면, 중합효소는 dATP 대신에 ddATP를 삽입시켜 가닥 신장의 종결을 유발하게 된다(그림 17-17). 반응이 진행됨에 따라, ddATP가 포함된 시험관 안에는 A가 포함된 모든 다른 위치에서 종결된 DNA 분자들이 축적된다. 다른 시험관들 내에서는 반응이 G, C, 그리고 T

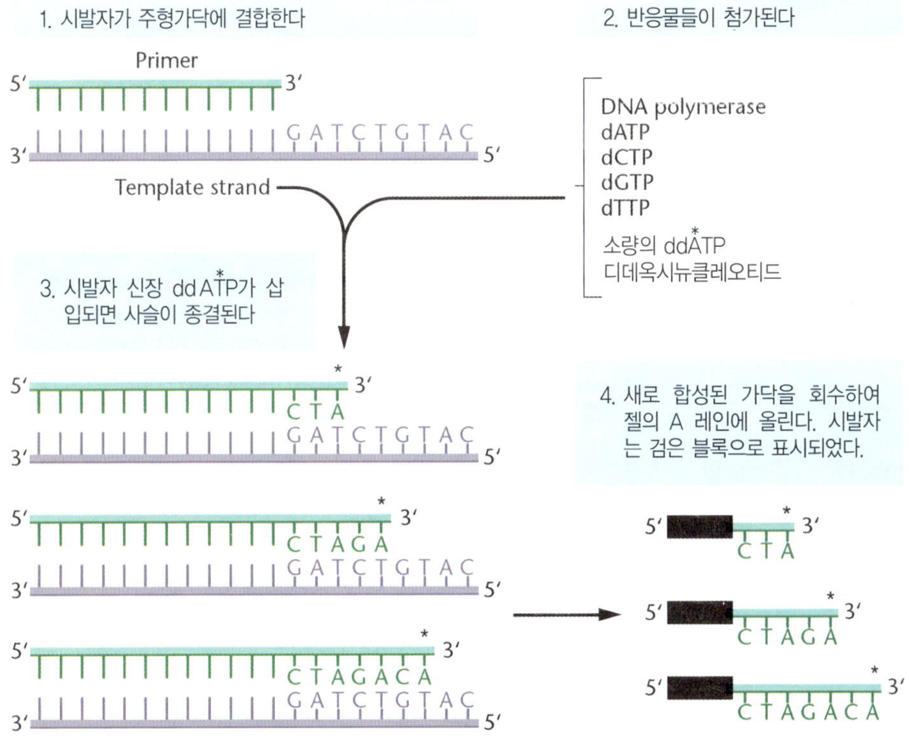

그림 17-17 사슬 종결법(chain termination)을 사용한 DNA 서열결정. (1) 시발자가 서열화될 DNA 근처(보통은 클로닝 벡터의 삽입 부위)에 결합한다. (2) 반응 혼합물이 이 시발자/주형 DNA 복합체에 첨가된다. 이것은 DNA 중합효소, 네 가지 dNTPs(그 중 하나가 방사성으로 표지된)와 소량의 한 가지 디데옥시뉴클레오티드를 포함한 것이다. 네 개의 시험관이 사용되고, 각각은 서로 다른 디데옥시뉴클레오티드(ddATP, ddCTP 등)를 포함하고 있다. (3) 시발자의 신장과정에서 중합효소는 dNTP 대신에 ddNTP를 끼워 넣는 사건을 일으킬 수 있으며, ddNTP는 다음 뉴클레오티드가 첨가될 3′-OH기를 제공하지 못하므로 이때에 사슬의 신장은 종결된다. 그림에서는 ddATP와 이 디데옥시뉴클레오티드로부터 삽입된 A가 별표로 표시되었다. 전 반응과정을 통해 모든 가능한 종결 부위가 ddNTP를 가지게 된다. (4) 새로 합성된 사슬들이 주형으로부터 분리되고, 혼합물은 젤에서 분리된다. A에서 종결된 사슬은 A 레인에, C에서 종결된 사슬은 C 레인에서 각각 분리된다.

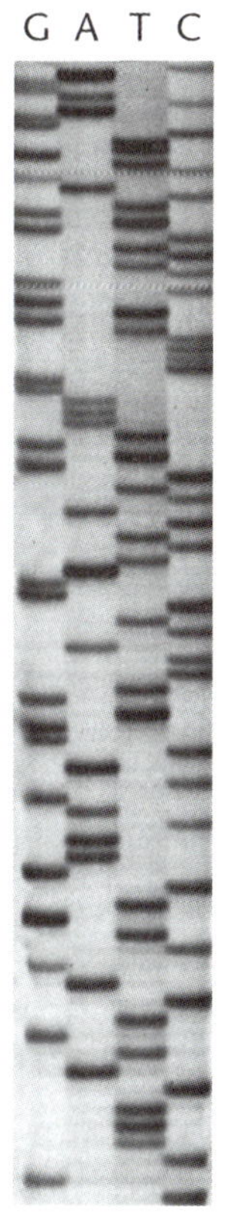

그림 17-18 네 개의 서열화 반응(각 레인당 하나의 반응)에서 새로 합성된 단편들의 분리를 보여주는 DNA 서열화 젤. 이 젤을 제일 바닥의 밴드로부터 시작하여 하나씩 차례로 읽어야 한다. 예를 들어, 이 젤의 DNA 서열은 5′-CG로 시작하여 계속 위로 올라가면, 5′-CGCTTTCATGTCA로 읽힌다.

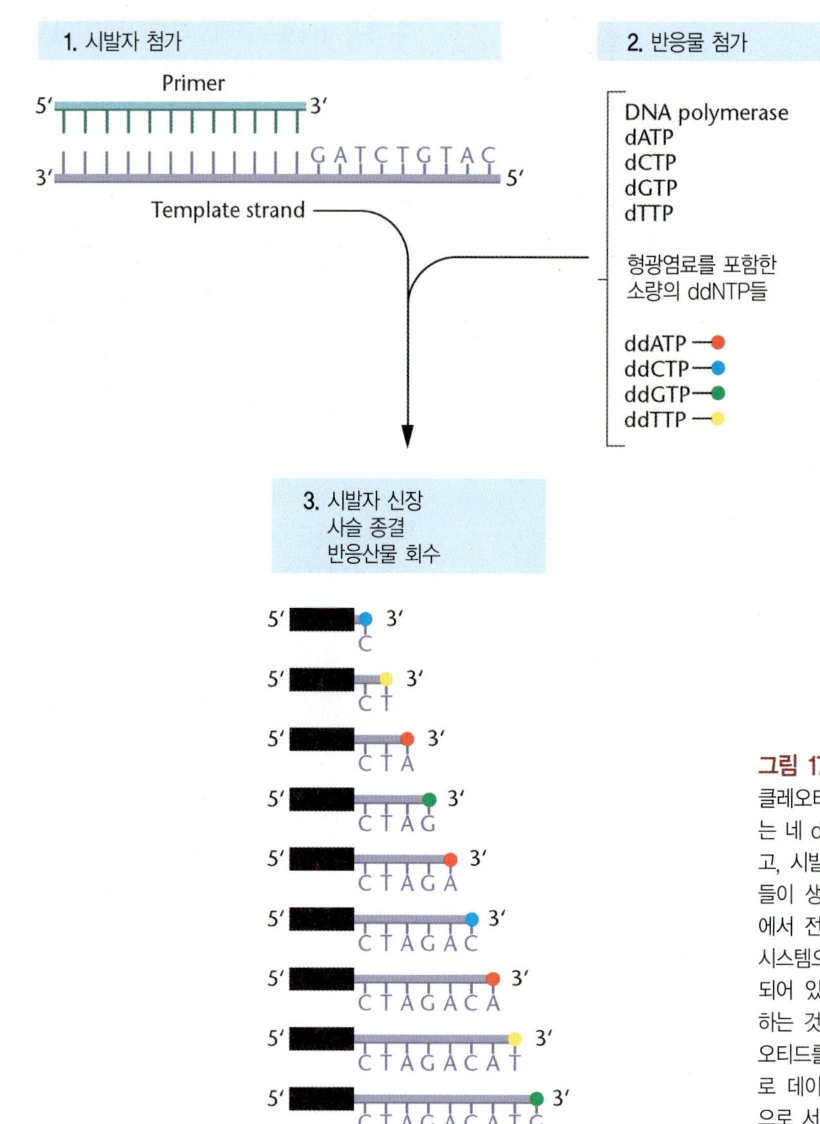

그림 17-19 형광 염료로 표지된 디데옥시뉴클레오티드를 사용한 DNA의 서열 결정법에서는 네 ddNTP들 모두가 같은 시험관에 첨가되고, 시발자 신장 후에는 사슬들의 모든 복합물들이 생산된다. 반응산물들은 젤의 단일 레인에서 전기영동으로 분리되고 검출기와 이미징 시스템으로 읽혀진다. 이 과정은 이제 자동화되어 있으며, 인간 유전체 프로젝트에서 사용하는 것과 같은 로봇 기계들이 수십만 뉴클레오티드를 24시간 간격으로 서열화하여 자동으로 데이터를 저장하고 분석한다. 시발자 신장으로 서열이 얻어지며 주형가닥이 아니라 새로 합성된 가닥에서 읽힌다. 따라서 얻어진 서열은 5′-CTAGACATG로 읽힌다.

에서 각각 종결된다. 각 반응 시험관의 DNA 단편들은 4개의 인접한 줄로 전기영동된다(각 시험관당 한 줄). 전기영동에 의해 DNA 단편들이 한 뉴클레오티드 차이에 따라 길이별로 나뉜다. 결과적으로 사다리 모양의 줄무늬들이 형성된다(그림 17-18). DNA의 뉴클레오티드 서열은 바닥에서 위쪽으로 직접 읽혀지며 이것은 주형과 상보적인 DNA 가닥의 5′-3′ 방향의 서열이다.

유전체 서열화는, 이제 대부분 자동화되어 하루에 수십만 뉴클레오티드를 서열화할 수 있는 자동화 기계를 사용한다. 이 과정에서는 4개의 디데옥시뉴클레오티드 유사체들이 서로 다른 형광염료로 표지되는데(그림 17-19), A에서 끝난 사슬은 어느 한 가지 색으로 표시되고, C에서 끝난 사슬은 다른 색, T와 G도 각각 다른 색으로 표지된다. 반응은 하나의 시험관에서 수행되며, DNA 중합효소에 의한 시발자 신장반응 후에 젤 위에 한 줄로 전기영동된다. 젤은 레이저로 스캔되어 각 밴드가 서로 다른 색을 내도록 한다. 서열화 기계의 형광추적자는 각 줄무늬의 색을 읽어서 그것이 A인지 C인지, 혹은 G인지, T인지를 결정한다. 자료들은 일련의 색깔 피크들로 표시되며 각각은 그 서열 내의 뉴클레오티드에 해당되는 것이다(그림 17-20).

DNA 서열화와 유전체 프로젝트

DNA 서열화는 유전체 프로젝트의 핵심이다. 재조합 DNA 기술들과 뉴클레오티드 서열화를 조합하여 사용함으로써, 연구자들은 375종 이상의 원핵생물들의 유전체를 서열화했고, 수백 가지도 더 되는 서열화 사업들이 진행 중이다. 연방 에너지국(U.S. Department of Energy)과 국립보건원(National Institute of Health)의 지원을 받은 인간 유전체 프로젝트와 생명공학회사인 셀레라(Celera)에 의해 지원을 받은 사기업의 유전체 사업들은 2003년 인간 유전체의 암호화 영역에 대한 서열화를 마치기 위해 유전체 특이적 도서관 및 염색체 특이적 도서관을 사용했다. DNA 서열화 기술을 사용하여 많은 다른 진핵생물에 대한 유전체 사업들이 완료되었으며, 더 많은 사업들이 지금 진행되고 있다.

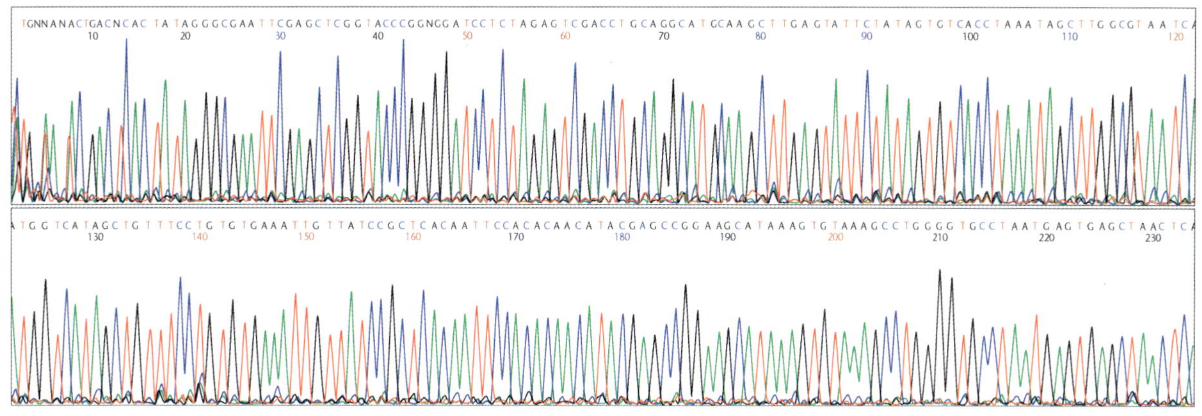

그림 17-20 각 염기당 한 종류의 형광 염료를 사용한 자동화 DNA 서열화. 각 피크는 서열 내의 뉴클레오티드를 나타낸다. 시발자(여기에는 보이지 않음)로부터 신장된 서열은 표에서 왼쪽 위부터 시작하고 오른쪽으로 늘어난다. N이라고 표시된 염기들은 모호한 것으로 확실히 규명될 수 없는 것이다. 이들 모호한 염기들은 신장자 근처에서 주로 발생하는데, 서열 종결의 품질이 좋지 않아 신장자에 가까운 서열들을 왜곡시키기 때문이다. 분리된 각각의 염기들은 왼쪽에서 오른쪽으로 축을 따라 읽히게 된다. 따라서 이 서열은 5′-TGNNANACTGACNCAC로 시작된다. 염기 아래의 숫자는 이 염기쌍들에서의 서열 길이를 나타내는 것이다.

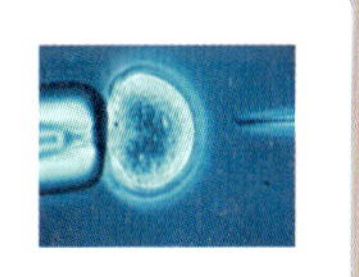

유전학, 기술, 그리고 사회

돌리를 넘어서: 인간 복제

2003년 2월 복제양 돌리의 죽음은 인간 복세 논쟁의 시작에 통렬한 종지부를 찍었다.

6년 전 돌리의 탄생은 세계를 놀라게 했었다. 돌리 이전에는 다 자란 동물의 세포에서 동물 복제를 한다는 것은 공상과학-용감한 신세계(*Brave New World*)나 브라질에서 온 소년 등(*Brave New World, The boys from Brazil*)-에서나 가능한 것이었을 것이다. 10년 동안, 과학자들은 포유동물을 복제한다는 것은 성체세포의 DNA가 새로운 발생, 즉 완전한 생물체를 만들도록 재계획(reprogram)될 수 없기 때문에 불가능하다고 믿어왔다. 그러나 돌리가 태어났다.

오랫동안 죽어 있었던 양의 동결 유선 세포로부터 복제된 돌리는 스코틀랜드의 로슬린 연구소(Roslin Institute)에서 이안 윌무트(Ian Wilmut)와 케이트 캠벨(Keith Campbell)이 이끄는 일단의 발생학자들에 의해 태어났다. 그들의 목적은 혈액 응집 요소들이나 인슐린 같은 약학 산물들을 그들의 젖에 분비하는 유전자 조작 동물들을 똑같이 복제하는 것이었다. 이러한 방법으로 한 떼의 똑같은 동물들이 의료적으로 중요한 단백질들을 대량으로 합성하는 생물발효기(바이오리액터, bioreactor)로 사용될 수 있을 것이다.

윌무트와 캠벨이 돌리를 만드는 데 사용한 복제 방법은 **핵이식(nuclear transfer)**이라고 불리는 것으로, 1938년 발생학자인 한스 슈페만(Hans Spemann)이 처음으로 제안했던 것이다. 이 방법은 단순히 난자의 핵을 다 자란 세포의 핵으로 바꾸는 과정을 포함하고 있다. 그러므로 재형성된 혼성 접합자는 한 동물의 핵을 포함하며, 난자의 세포질은 다른 동물에서 온 것이다. 이론적으로, 공여체 핵의 유전정보는 모든 배 발생을 지시할 것이고, 새로운 개체는 핵을 공여한 성체의 유전적 복사본이 될 것이다. 이 방법이 단순하게 들리겠지만 성체의 핵은 배 발달에 필요한 유전자 세트를 아주 일부만 발현하고 있기 때문에 극단적으로 어려운 일임이 드러났다. 윌무트와 캠벨은 성체의 공여세포를 수용체 난자의 핵에 이동시키기 전에 재프로그램 함으로써 이 불가능한 일을 해냈다. 그들은 성장한 암양의 젖에서 공여세포를 떼어 내어 기아 상태를 만들었고, 이에 따라 세포들은 분열을 정지하고 세포주기의 G0 단계로 진입한다. 이유는 모르지만, 이러한 기아 상태 처리는 침묵하고 있는 유방세포 핵 내의 유전자들을 활성화시키게 된다. 돌리를 만들기 위해 유방세포를 사용하여 200번이 넘는 핵이식이 수행되었다. 이 중에서 29개가 배로 발생했으며 13개가 대리모 암양에 이식되었다. 한 마리가 임신에 성공하였고 돌리를 낳게 되었다. 돌리가 성체세포로부터 태어난 첫 번째 포유동물이긴 하지만, 이 방법은 이후로 쥐, 돼지, 소, 토끼, 염소, 소, 당나귀, 말 그리고 고양이 등을 복제하는 데 사용되었다.

돌리의 탄생은 과학자들의 포유동물 복제에 대한 관점을 깨뜨렸을 뿐 아니라, 커다란 논란을 불러일으켰다. 사람도 복제될 수 있다는 생각은 비도덕적이고, 불쾌하며 윤리적으로 옳지 못하다는 비판을 받는다. 돌리의 탄생 발표와 함께 사람의 복제에 대한 연구를 금지하는 법안이 미 의회에 상정되었고, 세계적인 금지가 요청되었다. 놀라운 시나리오가 제기 되기도 했다-돈 많고 힘 있는 사람들은 허영심으로 자신들을 복제하고, 심각한 병에 걸린 사람들은 기관 공여자로서 활용하기 위해 복제 사본을 만들 것이며, 자율성과 개인성이 결여되고 이상한 혈연관계로 묶여 고통 받는 복제 인간 군단이 출현할 것이라는 등.

사람을 복제하는 것이 정말로 가능한가?

그리고 만약 그렇다면, 우리는 복제 인간을 만들어도 될 것인가? 첫 번째 질문에 대한 대답은 간단하다; 돌리를 만드는 데 사용한 것과 같은 방법이 사람을 복제하는 데도 사용될 수 있다. 대부분의 기술적인 단계들이 이미 사람의 시험관 수정에 사용되는 것들이고 성인의 핵이 돌리를 만든 방법과 유사하게 재프로그램될 수 있다. 그러나 복제과정이 극단적으로 비효율적이다. 한 건의 완전한 출산을 위해서는 수백 개의 인간 난자에 핵을 이식하는 것이 필요하다. 몇몇 의사들과 종교계의 명백한 비난에도 불구하고 아직까지는 사람을 복제하기 위해 공인된 성공적 시도는 없었다.

두 번째 질문에 대한 대답은 간단하지 않다. 우선, 두 가지 복제의 차이를 이해할 필요가 있다 – 생식적 복제와 치료적 복제. 생식적 복제는 돌리와 같은 하나의 동물을 만드는 것이다. 대조적으로, 치료적 복제는 줄기세포 – 다양한 질병 치료의 가능성을 가진 세포 – 를 모을 목적으로 초기 단계의 배아를 만드는 것이다. 입법자들이나 대중은 이 두 형태의 복제를 동일시하려는 경향이 있기 때문에, 인간의 치료적 복제에 대한 연구는 생식적 복제를 표적으로 하는 사방의 금지 규약들에 의해 제한을 받아왔다.

대부분의 과학자들이 치료적 목적의 복제에 대한 연구가 계속되어야 한다고 믿고 있지만, 이들 역시도 과학적 윤리적 이유 때문에 사람의 생식적 복제는 금지되어야 한다고 결론 내린다. 가장 심각한 우려는 많은 복제동물들이 발달 장애를 겪는 것으로 보인다는 것이다. 복제된 쥐의 12%와 복제 염소의 38% 정도가 과도한 크기의 내부 장기나 호흡, 순환, 면역 결손과 같은 선천성 장애를 나타낸다. 인간의 생식적 복제에 반대하는 윤리적 주장들은 기술의 남용 가능성과, 인간 출생의 존엄성에 대한 위협에 대해 걱정한다. 어떤 이들은 복제인간들이 차별을 받을 수도 있으며 신체의 일부를 위해 살육될지도 모른다고 걱정하며, 심지어는 그들이 복제인간이 아닌 다른 사람들처럼 동일한 개성을 가질 수 있겠는가 하는 질문을 한다. 대조적으로, 인간 복제의 지지자들은, 기술이 시험관내 수정–불임의 부부들이나 부모 중 한 명이 유전적 질환을 가진 경우, 자신들과 유전적 연대를 갖는 아이를 갖도록 한다 – 과 같은, 단순히 또 다른 임신 치료 방법으로 고려되어야 한다고 주장한다.

인간 복제에 대한 논쟁이 지속됨에 따라 돌리는 현대 과학의 역사에서 중요한 위치를 차지하게 될 것이다. 돌리의 유물은 이제 에딘버러의 스코틀랜드 국립박물관에 보존되어 전시되어 있다. 돌리는 6마리의 새끼양과 그 암양을 알고 돌보았던 사람들의 슬픔 속에 살아남아 있다.

참고문헌

Jaenisch, R., and I. Wilmut, 2001. Don't clone human! *Science* 291: 2552.

단원 요약

1. 재조합 DNA 기술의 바탕이 된 것은 제한효소라 불리는 일군의 효소들이라고 할 수 있다. 이들은 DNA의 특정 부위를 인식하여 자른다. 이렇게 만들어진 단편들은 DNA 벡터에 연결되어 재조합 DNA 분자를 형성할 수 있다.
2. 벡터들은 숙주세포에서 자동적으로 복제하며 새로 만들어진 재조합 DNA 분자들의 조작을 손쉽게 해준다. 벡터들은 세균성 플라스미드를 포함한 많은 원료에서 얻을 수 있다.
3. 재조합 DNA 분자들은 숙주로 전달되고, 숙주세포의 복제과정에서 클론화된 복사본들이 생산된다. 세균과 효모를 포함한 다양한 숙주세포들이 복제에 사용된다. 외부 DNA 서열들의 클론화된 사본들은 다시 수거되어 정제, 분석된다.
4. 중합효소연쇄반응(PCR)은 유전체 DNA와 같이 복잡한 DNA 집단에 존재하는 특정 DNA 서열을 증폭하는 방법이다. PCR 방법은 DNA를 숙주세포 없이 클론화할 수 있도록 하며, 빠르고, 적용범위가 넓은 예민한 방법이다.
5. 일단 클론화되면, DNA 서열들은 제한효소지도 작성이나 DNA 서열화 등을 포함한 다양한 방법으로 분석될 수 있다. 서던 블로팅 혼성화법과 같은 다른 방법들은, 효소로 절단된 DNA 서열 내부에 존재하는 유전자와 근처의 조절 부위를 규명하는 데 사용된다.

주요 용어

cDNA 도서관(cDNA library)
DNA 리가아제(DNA ligase)
RNAse H
냉각, 재결합(anneal)
노던 블롯(northern blot)
디데옥시뉴클레오티드(dideoxynucleotide)
발현 벡터(expression vector)
벡터(vector)
변성(denaturation)
상보성 DNA(complementary DNA, cDNA)
서던 블로팅(Southern blotting)
세균 인공 염색체(bacterial artificial chromosome, BAC)
시발자 결합(primer annealing)
신장(extension)
역전사효소(reverse transcriptase)
역전사효소 PCR(reverse transcriptase PCR, RT-PCR)
염기쌍(base pair, bp)
웨스턴 블롯(western blot)
유전체 도서관(genomic library)

인식 서열(recognition sequence)

재조합 DNA(recombinant DNA)

재조합 DNA 분자(recombinant DNA molecule)

제한 단편(restriction fragments)

제한 지도(restriction map)

제한효소(restriction enzyme)

중합효소연쇄 반응(polymerase chain reaction, PCR)

클론(clone)

킬로 염기쌍(kilobase, kb)

탐침(probe)

폴리링커 부위(polylinker site)

플라스미드(plasmid)

효모 인공 염색체(yeast artificial chromosome, YAC)

통찰과 해법

제한효소인 *Sau*3AI의 인식 부위는 GATC이다(그림 17-3을 보라); *Bam*HI 효소의 인식 부위는 GGATCC이고, 이 서열의 안쪽 네 염기가 *Sau*3AI과 동일하다. 그러므로 두 효소에 의해 생긴 단일가닥 말단이 동일할 수 있다. 여러분이 *Bam*HI 부위를 가진 벡터와 *Sau*3AI으로 잘린 외래 DNA를 가지고 있다고 가정하자. (a) 이 외래 DNA들이 벡터의 *Bam*HI 부위로 연결될 수 있을까? 이유는? (b) 이 부위에 클로닝된 DNA 단편은 *Sau*3AI로 잘려진 벡터로부터 다시 잘려 나올 수 있겠는가? *Bam*HI으로는 어떨까? *Bam*HI을 사용하는 데 있어서의 잠정적 문제는 어떤 것인가?

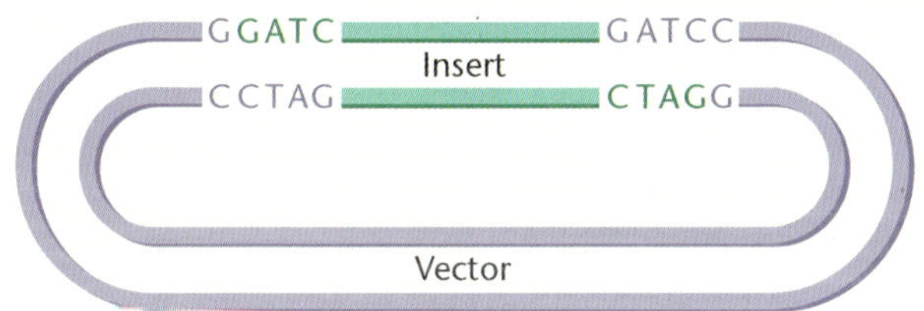

해법:

(a) *Sau*3AI로 잘려진 DNA는 벡터의 *Bam*HI 부위로 연합될 수 있다. 이 두 효소에 의해 생긴 단일 말단이 동일하기 때문이다.

(b) 이 DNA는 *Sau*3AI로 다시 벡터에서 잘려 나올 수 있다. 이 효소의 제한 부위(GATC)가 삽입 양쪽에 그대로 유지되어 있기 때문이다. 클론화된 삽입 단편을 *Bam*HI으로 회수하는 것은 좀 더 문제가 있다. 연합된 벡터에서, 보존된 서열은 GGATC(왼쪽)와 GATCC(오른쪽)이다. 약 25%의 확률로 맞는 염기가 보존 부위에 올 수 있고(왼쪽에 GGATCC형성), 마찬가지로 25%의 확률로 오른쪽도 형성될 수 있다. 그러므로 약 6%의 확률($0.25 \times 0.25 = 0.0625$)로 *Bam*HI의 사용이 가능하게 된다.

연습문제 및 토론문제

1. 재조합 DNA 연구에서 제한효소, 벡터, 그리고 숙주세포들의 역할은 무엇인가?

2. 왜 oligo-dT가 역전사에서 효과적인 시발자로 작용하는가?

3. 인간의 인슐린 유전자는 여러 개의 인트론을 포함하고 있다. 세균세포들이 mRNA로부터 인트론을 제거할 수 없음에도 불구하고, 어떻게 이와 같은 유전자들이 세균 세포에서 클론화되어 인슐린을 생산하는 데 사용될 수 있는지 설명하라.

4. 제한효소들은 DNA 분자의 회문서열(palindromic sequence)을 인식하고 이들 부위에서 이중나선을 자른다. 염기들은 DNA 이중나선의 안쪽에 위치하는데, 이러한 인식이 어떻게 이루어질 수 있을까?

5. 고등 식물에서의 클로닝이 잠재적 이득이 분명하다고 해도, 이러한 분야의 개발은 세균, 효소, 그리고 포유동물 세포에서의 클로닝보다 뒤처진다. 이것에 대한 이유는?

6. 클론화된 DNA 단편의 DNA 서열화를 이용하여, 다음과 같은 뉴클레오티드 서열을 얻었다: 이 분절은 제한효소를 위한 회문서열을 가지고 있는가? 이 회문 구조의 이중나선 서열은? 어떤 효소가 이 부위를 자를 수 있을까? (그림 17-3의 제한효소 부위 자료를 이용하라.)

   CAGTATCCTAGGCAT

7. 제한효소 부위는 회문서열이다; 즉, 그들은 5′-에서-3′ 방향으로는 각 DNA 서열이 동일하게 읽힌다. 이러한 방식으로 제한 부위가 구성되는 것의 이점은 무엇인가?

8. 클로닝 벡터로 플라스미드와 YAC를 사용하는데 대한 장점과 단점들을 나열해 보라.

9. 다음은 네 개의 염기와 여섯 개의 염기를 인식하는 몇몇 제한효소에 대한 절단 부위들이다. 잘려야 할 DNA에 네 뉴클레오티드가 무작위로, 고르게 분포한다고 하면, 평균적으로 다음 제한 부위들은 각각 얼마나 떨어져 있겠는가?

*Taq*I	TCGA	*Hind*III	AAGCTT
*Alu*I	AGCT	*Bal*I	TGGCCA
*Hae*III	GGCC	*Bam*HI	GGATCC

10. 어떤 제한효소들은 특정하고 확실한 인식 부위를 가지지만, 어떤 것들은 아무 퓨린이나 피리미딘 혹은 절단 부위의 주어진 자리에 뉴클레오티드가 존재하는 등의 애매한 부위를 인식 부위로 갖는 것들도 있다. 다음 예에서, *Not*I은 확실한 절단 부위를

가지지만, *Hinf*I은 애매한 절단 부위(N = 아무 뉴클레오티드나 괜찮음)를 가지며, *Xho*II 역시 애매한 절단 부위(Pu = 아무 퓨린이나 괜찮음, 그리고 Py = 아무 피리미딘이나 상관없음)를 가진다. 잘라야 할 DNA에 각 뉴클레오티드가 같은 양으로 무작위 분포한다면 이들 제한 절단 부위는 서로 얼마나 떨어져 있겠는가?

Not I GCGGCCGC
Hinf I GANTC
Xho II PuGATCPy

11. 비교적 적은 절단 부위를 가지는 효소들을 사용하는 것은 장점은? 그러한 효소는 언제 사용하는가?

12. 암피실린 저항성, 테트라사이클린 저항성인 플라스미드 pBR322가 암피실린 유전자 내부를 자르는 *Pst*I으로 처리되었다. 이렇게 잘린 프라스미드가 역시 *Pst*I으로 처리된 초파리의 DNA와 연결되어 유전체 도서관을 구성하는 데 사용되었고, *E. coli*의 K12 균주의 형질전환에 이용되었다. (a) 통합된 플라스미드를 가진 세포를 선별하기 위해 배지에 첨가해야 할 항생제는 무엇인가? (b) 초파리의 유전자를 포함하는 플라스미드를 얻기 위해서는 어떠한 생장 패턴을 보이는 세포가 선별되어야 하는가? (c) 두 가지 모두의 항생제에 저항성을 나타내는 세균 군락의 존재를 어떻게 설명할 수 있겠는가?

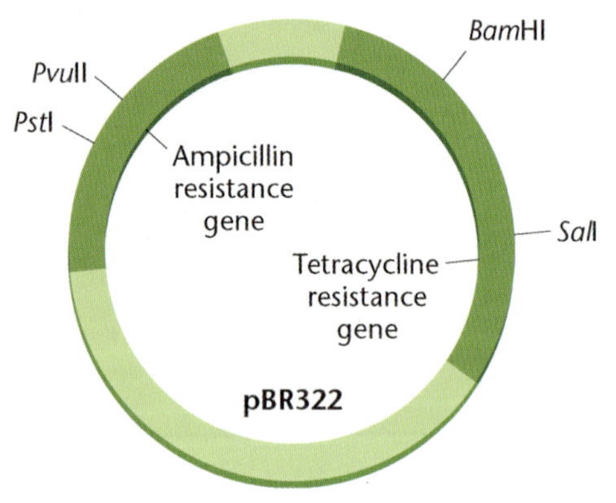

13. 12번 문제의 클론에서 분리된 플라스미드들은 평균 약 5 kb 길이의 삽입물을 가지고 있음이 밝혀졌다. 초파리의 유전체가 1.5×10^5 kb 길이라고 하면, 이 도서관이 모든 유전체 서열들을 99% 확률로 포함하려면 몇 개의 클론들이 필요한가?

14. 대조군 실험에서 카나마이신 저항성 유전자 부위에 *Hin*dIII 부위를 포함하는 플라스미드를 *Hin*dIII로 처리하고 다시 붙여 *E. coli*의 K12 균주를 형질전환 시키는데 사용했고 이들 세균 집락에서 다시 플라스미드 DNA를 뽑아 전기영동하였다. 대부분의 집락들이 플라스미드를 가지고 있었고 원래의 플라스미드와 같은 속도로 이동하는 단일한 밴드를 형성했다. 그러나 몇몇 집락들에서는 두 개의 밴드가 나타났는데, 하나는 원래의 크기와 같은 것과 또 하나는 훨씬 큰 것이었다. 결합산물로서 이렇게 느리게 이동하는 밴드의 기원을 그려보라.

15. 여러분은 이제 막 세계 최초로, 기린의 친척인 아프리카 오카피(okapi)의 유전체 도서관을 만들었다. 이 유전체로부터는 어떤 유전자도 이전에 분리되었거나 설명된 바가 없다. 여러분은 산소-운반 단백질인 β-글로빈을 암호화하는 유전자를 이 오카피 도서관에서 분리하고자 한다. 이 유전자는 사람으로부터는 분리되었고 그 뉴클레오티드 서열과 아미노산 서열들은 데이터베이스에서 사용이 가능하다. 인간의 β-글로빈 유전자에 대한 가능한 정보를 이용하여, 오카피 도서관에서 이 유전자를 분리하는데 사용할 수 있는 두 가지 전략은 무엇인가?

16. cDNA를 만들 때 역전사효소에 의해 생긴 단일가닥의 DNA는 DNA 중합효소 I 처리로 이중가닥이 될 수 있다. 그러나 이 중합효소의 역할에 시발자는 필요치 않다. 왜 그런가?

17. 진핵성 DNA의 도서관을 만들 때 어떤 벡터가 사용되어야 할지를 결정하는 데 고려해야 할 것은?

18. 세균의 플라스미드 벡터에 넣어진 사람의 cDNA 도서관을 받았다. 그리고, 진핵세포들에서 매우 보존된 서열을 가지는 단백질인 EF-1a를 암호화하는 효모의 클론화된 유전자도 함께 받았다. 이 재료들을 이용하여 사람의 EF-1a를 암호화하는 사람의 cDNA를 어떻게 규명할 수 있을지 설명해 보라.

19. 일단, 여러분은 18번 문제의 EF-1a의 인간 cDNA 클론을 분리하여 서열화함으로써 1384 뉴클레오티드 길이라는 것을 알았다. 이 cDNA 클론을 탐침자로 사용하여 인간의 유전체 도서관에서 EF-1a를 암호화하는 DNA를 찾았다. 이 유전체 클론을 서열화한 결과 5282 뉴클레오티드 길이임을 발견했다. cDNA 클론과 유전체 클론 사이에서 관찰되는 길이의 차이는 무엇 때문인가?

20. 여러분이 관심있는 DNA 절편을 클론화했다. 그리고 그 삽입 길이가 1300 염기쌍임을 알았다. 이 클론화된 단편의 규명을 위해 삽입단편을 분리하여 제한효소지도를 만들기로 했다. 효소 I 과 효소 II를 이용한 후 전기영동을 하여 이들 효소들 각각을 처리했을 때와 조합해서 처리했을 때 얻어진 조각들의 수와 크기를 다음과 같이 결정할 수 있었다. 이들 자료로부터 하나의 제한 부위에 대해 다른 제한 부위의 상대적인 위치와 거리를 bp로 나타내는 제한 지도를 작성해 보라.

효소들	제한 단편의 크기들(bp)
I	350, 950
II	200, 1100
I과 II	150, 200, 950

21. cDNA 도서관을 만들기 위해 cDNA가 벡터로 클론화될 수 있다. cDNA 클론의 분석에 있어, 완전한 길이의 클론–즉, mRNA의 5′ 말단까지 확장되어 있는–을 발견하기가 어렵다. 왜 그럴까?

22. 1973년 이후, 유인원의 포획과 매매가 112개국에서 금지되었지만, 약 1,000마리의 침팬지들이 해마다 아프리카에서 유럽과 미국, 그리고 일본으로 밀수된다. 이러한 불법적인 무역은 종종 개인 소장자(동물원이나 서커스의)들의 우리에서 태어난 것처럼 위장된다. 최근까지, 이러한 불법 행위를 밝히기 위한 유전적 동일성 검사가 사용되지 못했는데, 그 이유는 고다형성 표식자(highly polymorphic marker)의 부족과 침팬지 혈액 시료를 얻는 데 있어서의 어려움 때문이었다. 최근 들어 침팬지의 털을 뽑아내어 모근세포에서 추출한 DNA로 중합효소연쇄반응(polymerase chain reaction)을 시키는 데 주형으로 사용할 수 있었다는 연구가 보고되었다. 이 연구에 사용된 시발자는 나란한 서열이 여러 횟수로 반복되는(variable numbers of tandem

nucleotide repeat) 사람의 고 다형성 부위 근처에서 얻어진 것이다. 몇몇 의심되는 침팬지 새끼들이 그들의 잠정적 부모들과 함께 검사되어 이들 자손들이 "합법적인" 자손인지 아니면 불법 매매로 얻어진 것인지 결정되었다. 아래 그 자료가 나와 있다.

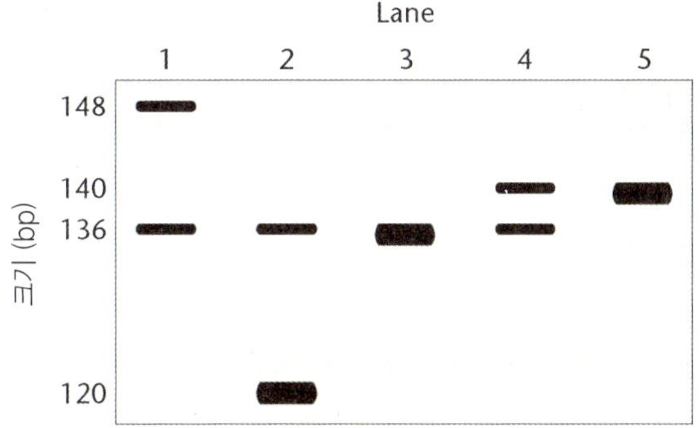

Lane 1: father chimpanzee
Lane 2: mother chimpanzee
Lanes 3–5: putative offspring A, B, C

이들 자료를 세밀히 조사하여 다음 중 가장 적당한 결론을 고르라.

(a) 이 자손들 중 합법적인 것은 없다.

(b) 자손 B와 C는 이들 부모 침팬지의 자손이 아니므로 아마도 암시장에서 구입되었을 것이다. 이 자료들은 자손 A만 합법적임을 지지해 준다.

(c) 자손 A와 B는 위 부모들의 자손이지만 C는 아니다. 그러므로 이것은 암시장에서 거래된 것이다.

(d) 자료 부족으로 어떤 결론도 내릴 수 없다. 부가적인 다형성 부위를 더 조사해야 한다.

(e) 사람의 시발자가 사용되었으므로 어떤 결론도 내릴 수 없다.

23. 다음에 제시된 부분적 제한지도는 재조합 플라스미드인 pBIO220으로, *rosy* 유전자를 pBR322 벡터에 삽입했던 부분을 포함하는 초파리의 DNA 단편을 클로닝하여 만들어진 것이다 (줄친 박스 부분). pBR322 부분은 페니실린 저항성 유전자인 *pen*을 포함하고 있다. 이 플라스미드의 벡터 부분은 오직 2개의 E 부위를 가지며(표시되어 있음), A나 B 자리는 없다. 젤은 pBIO220의 여러 제한 절편을 보여준다.

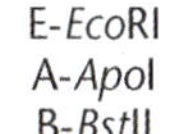

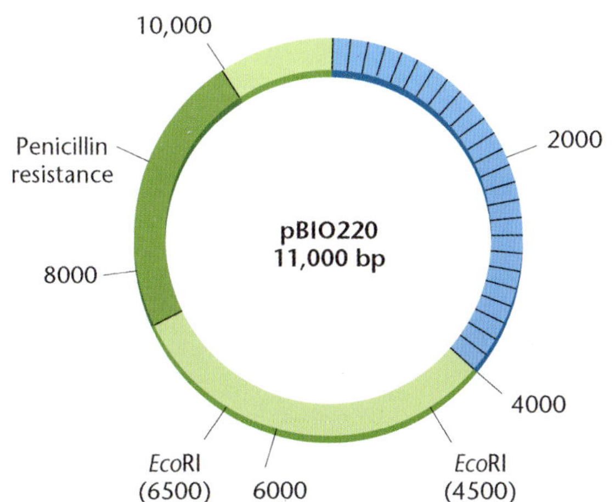

(a) 클론화된 절편의 어디에 제한 부위가 있는지를 추론하기 위해 다음 염색된 젤 패턴을 이용하라.

(b) PCR 증폭된 2000 bp의 *rosy* 유전자 전체가 같은 젤의 서던 블로팅 탐침자로 사용되었다. 클론화된 단편에서 *rosy* 유전자의 위치를 추정하기 위해 서던 블롯 결과를 이용하라. *rosy* 유전자의 위치를 나타내는 지도를 다시 작성하라.

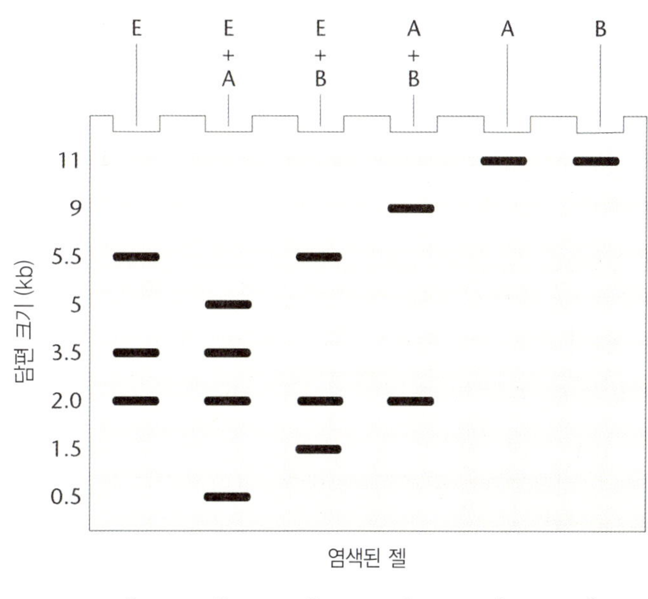

염색된 젤

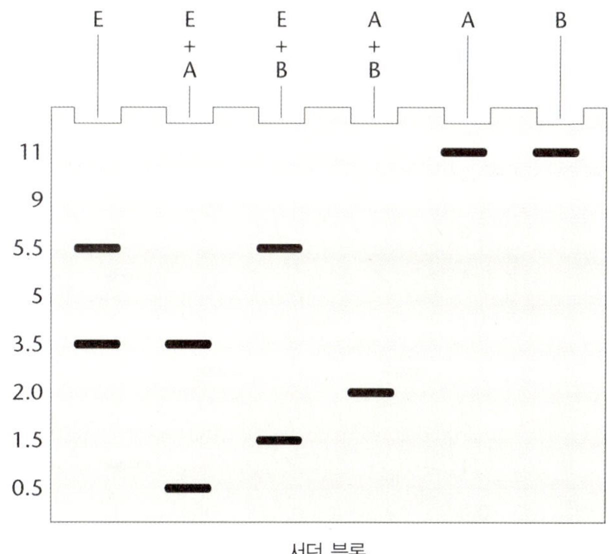

서던 블롯

24. 아래 나타낸 6개의 제한지도 중 하나는 여러 제한효소로 처리한 후 젤에서의 밴드 패턴과 잘 맞는다. 사용된 효소들이 표시되어 있다.

(a) 젤상의 밴드 패턴들에 대한 여러분의 분석으로부터, 맞는 지도를 고르고 추론을 설명하라.

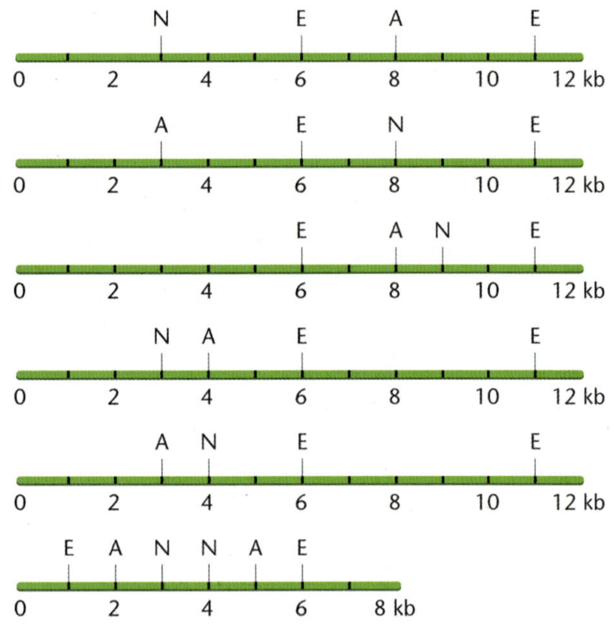

(b) 이 젤로부터 얻은 서던 블롯에서 붉은 밴드들은 *pep* 유전자와 혼성화된 것을 나타낸다. *pep* 유전자는 어디에 위치하는가?

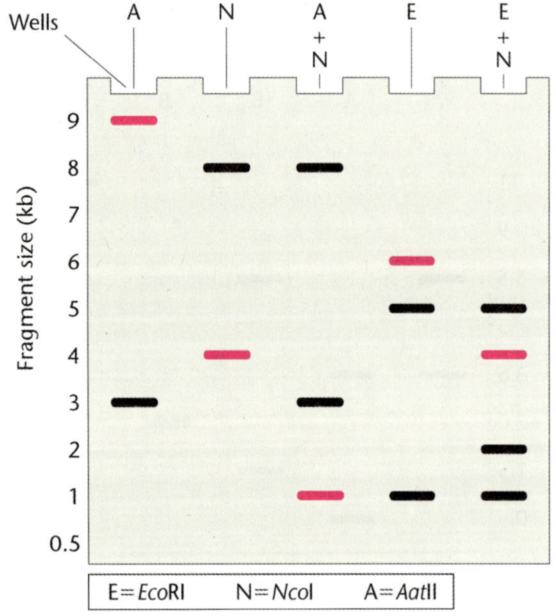

25. 유전체 도서관을 검색하는 단계를 나열해 보라. 그러한 과정을 시작하기에 앞서 먼저 알고 있어야 되는 것은? 그런 과정에서 잠재적으로 문제가 될 수 있는 것들은? 그리고 어떻게 그러한 문제들을 극복하고 최소화할 수 있는가?

26. 알고 있는 크기의 특정 DNA에서 절단 부위의 수를 추정하기 위해 $N/4^n$ 공식을 적용하였다. 여기서 N은 목표 DNA의 염기쌍 수이고, n은 제한효소의 인식서열 염기의 수를 뜻한다. 만일 *Bam*HI의 인식서열이 GGATCC이고 파아지 람다 DNA가 약 48,500 bp라면, 여기에 몇 개의 제한 부위가 존재할 것으로 예상되는가?

27. 전형적인 PCR 반응에서, 다음 온도 범위에서 일어나는 일들은? (a) 90~95°C, (b) 50~70°C, (c) 70~75°C.

28. PCR에 사용되는 시발자의 접합 온도를 계산하는 데 널리 사용되는 방법은 T_m(°C)에서 5도를 낮추는 것이다. 여기서 T_m은 $81.5 + 0.41(\%GC) - (675/N)$의 공식으로 계산되며, 여기서의 %GC란 시발자의 올리고뉴클레오티드 내에서의 GC 뉴클레오티드의 백분율을 뜻하는 것이고, N은 올리고뉴클레오티드의 길이를 나타낸다. 이 식에서 GC 양과 올리고뉴클레오티드의 길이가 변수임에 주목하라. 시발자로 아래와 같은 올리고뉴클레오티드를 가지고 있다면 PCR의 시발자 접합 온도를 어떻게 할 것인지 계산해 보라. T_m(°C)과 %GC 사이에는 어떠한 관계가 있는가? (주의: 실제로는 이러한 계산은 가장 유용한 접합 온도를 결정하는 경험의 시작일 뿐이다.)

5′-TTGAAAATATTTCCCATTGCC-3′

29. 우리는 효소가 37°C 근방에서 가장 활성이라고 생각하지만, PCR에서 DNA 중합효소는 상당히 여러 번 고온에 노출되며, 대략 70~75°C에서 가장 잘 작용하는 것으로 보인다. 전형적으로 PCR에 사용되는 DNA 중합효소의 특별한 점은?

30. DNA 서열화의 사슬 종결에 디데옥시뉴클레오티드(ddNTP)가 어떻게 사용되는가?

31. 여러분이 사슬 종결법을 이용하여 표준적인 DNA 서열화를 수행한다고 하자. 모든 단계들을 맞게 진행했고 결과적으로 얻은 DNA 단편들을 젤에 옳게 전기영동했지만 서열결정 젤을 살펴보니 많은 밴드들이 다른 레인들과 중복되어 있었다. 어떻게 이런 일이 발생했을까?

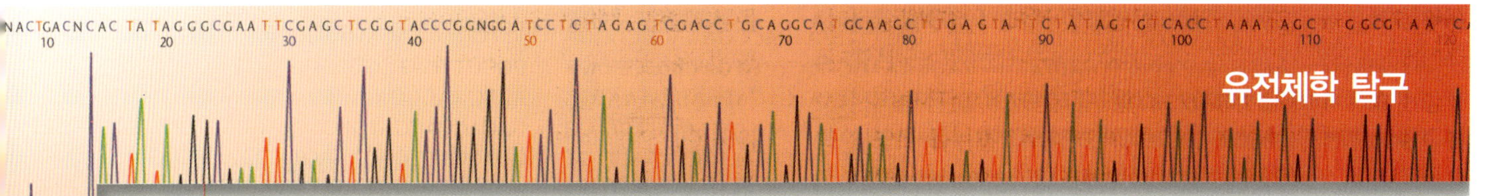

재조합 DNA 조작: 제한 지도작성과 재조합 DNA 실험의 고안

이 장에서는 제한효소가 DNA를 자르는 데 사용되는 미세한 "가위"이며, 이들은 유전학과 분자생물학 실험실에서 재조합 DNA 실험에서 흔히 사용된다고 배웠다. 유전체학의 혁명적 발전이 가져다주는 또 하나의 이점은 제한지도 작성이나 PCR 실험의 프라이머(시발자) 고안과 같이 제한효소나 재조합 DNA 조작을 이용해야 하는 과학자들을 지원하는 다양한 온라인 도구들이 개발되었다는 것이다. 여기서는 **웹커터(Webcutter)**를 탐험해 볼 것인데, 이 사이트는 재조합 DNA 실험을 훨씬 쉽게 만들어준다.

■ 연습 1: 웹커터에서 제한 지도 작성하기

여러분이 어떤 유전자를 클로닝하고 서열화하여 인간의 여러 조직에서 이 유전자의 발현을 분석하는 데 사용할 약 600 bp 길이의 탐침자를 고안하려고 한다고 가정하자. 얼마전까지만 해도, 이 작업을 위해서는 주로 두 가지 접근법을 사용했었다. 냉동고 안에 있는 아무 제한효소나 선택하여 여러분의 DNA를 자르고 한천 젤에 전기영동하여 제한 지도를 만들어 여러분이 원하는 크기의 단편을 얻는 것이다. 아니면, 눈으로 직접 서열을 살펴 관심 제한 부위들을 찾는 것이다–이것들은 모두 시간이 많이 걸리고 눈이 아픈 일들이다! 웹커터(Webcutter) 같은 웹사이트들은 예상되는 제한 지도를 만들어 재조합 DNA 조작 실험을 훨씬 간단하게 해준다. 이번 연습에서는 웹커터를 이용하여 인간의 DNA를 *Eco*RI, *Bam*HI 및 *Pst*I 등의 제한효소로 잘라보도록 하자.

1. **http://ran.lundberg.gu.se/cutter2**에서 웹커터(Webcutter)에 접속하라. 아래에 제시된 인간의 DNA 클론 서열을 복사하여 웹커터의 문자 상자에 입력하라. (힌트: 이 서열은 자매 웹사이트에 접속하여 얻을 수 있으니 복사하여 붙이기 기능을 이용하라).

인간의 DNA 서열

CCCCAGGAGACCTGGTTGTGGAATTCTG
TGTGTGAGTGGTTGACCTTCCTCCATCC
CCTGGTCCTTCCCTTCCCTTCCCGAGGC
ACAGAGAGACAGGGCAGGATCCACGTG
CCCATTGTGGAGGCAGAGAAAAGAGAA
AGTGTTTTATATACGGTACTTATTTAATAT
CCCTTTTTAATTAGAAATTAAAACAGTTA
ATTTAATTAAAGAGTAGGGTTTTTTTTCA
GTATTCTTGGTTAATATTTAATTTCAACTA
TTTATGAGATGTATCTTTTGCTCTCTCTT
GCTCTCTTATTTGTACCGGTTTTTGTATAT
AAAATTCATGTTTCCAATCTCTCTCTCCC
TGATCGGTGACAGTCACTAGCTTATCTTG
AACAGATATTTAATTTTGCTAACACTCAG
CTCTGCCCTCCCCGATCCCCTGGCTCCC
CAGCACACATTCCTTTGAAATAAGGTTT
CAATATACATCTACATACTATATATATATTT
GGCAACTTGTATTTGTGTGTATATATATAT
ATATATGTTTATGTATATATGTGATTCTGA
TAAAATAGACATTGCTATTCTGTTTTTTA
TATGTAAAAACAAAACAAGAAAAAATA
GAGAATTTACATACTAAATCTCTCTCCTT
TTTTAATTTTAATATTTGTTATCATTTATTT
ATTGGTGCTACTGTTTATCCGTAATAATT
GTGGGGAAAAGATATTAACATCACGTCT
TTGTCTCTAGTGCAGTTTTTCGAGATATT
CCGTAGTACATATTTATTTTTAAACAACG
ACAAAGAAATACAGATATATCTTAAAAA
AAAAAAAGCATTTTGTATTAAA GAATTT
AATTCTGATCTGCAGCTCAAAAAAAAAA
AAAA

2. "이 분석에 포함시킬 효소들을 표시하십시오(Please indicate which enzymes to include in the analysis)"라는 부분까지 스크롤을 내린다. "다음 효소들만 사용합니다(Use only the following enzymes"라고 표시된 버튼을 클릭한다. 제시된 리스트에서 *Eco*RI, *Bam*HI, *Pst*I을 선택한 후 "서열 분석(Analyze sequence)"을 클릭하라. (참고: 커맨드, 콘트롤, 혹은 시프트 키를 사용하여 다중의 제한효소를 선택하라.)
3. 웹커터에서 제공하는 결과를 잘 살펴본 후에 각 효소들의 절단 수와 각 효소들에 의해 잘려서 생긴 단편의 크기를 보여주는 테이블을 만들어라. 각 효소에 의해 잘리는 지점과 각 지점들 사이의 거리, 그리고 인간 DNA 조각들의 총 크기를 나타내는 지도를 그려라.

■ 연습 2: 재조합 DNA 실험의 디자인

이제 인간의 DNA 조각을 이용하여 제한효소를 만들었으니 여러분은 플라스미드 DNA 벡터에 이 DNA 조각을 붙여 여러분의 탐침자를 만들 수 있다(분자 생물학자들은 종종 이 과정을 서브클로닝이라고 부른다). 이를 위해서 여러분은 어떤 제한효소가 플라스미드와 인간 DNA를 자르는데 가장 적합할 것인지 결정해야 한다.

1. 아래 제시된 것은 플라스미드 DNA 서열이다. 이 서열을 복사하여 웹커터의 문자 상자에 입력하고 연습 1에서 사용했던 동일한 효소들에 대한 절단 부위를 검색하라. 그런 후에 다음 질문에 답하라:
   a. 웹커터에서 분석된 플라스미드 DNA의 총 크기는 얼마인가?
   b. 이 플라스미드와 인간 DNA의 가장 큰 조각을 연결하는 재조합 DNA 실험을 위해서는 어떤 제한효소들이 사용될 수 있는가? 여러분의 대답을 간략히 설명하라.
   c. 이들 조각의 연결에 의해 생기는 재조합 DNA는 어떤 크기가 되는가?
   d. 플라스미드 DNA에 삽입된 클론 DNA를 보여주는 간단한 그림을 그리고, 이 재조합 플라스미드를 만드는 데 사용한 제한효소들의 절단 부위를 표시하라.

플라스미드 DNA 서열

TATAAATATAGAATAATGAATCATATAAA
ACATATCATTATTCATTTATTTACATTTAA
AATTATTGTTTCAGTATCTTTAATTTATTA
TGTATATATAAAAATAACTTACAATTTTAT
TAATAAACAATATATGTTTATTAATTCATG

```
TTTTGTAATTTATGGGATAGCGATTTTTT
TTACTGTCTGTATTTTTCTTTTTTAATTAT
GTTTTAATTGTATTTTATTTTTATTATTGTT
CTTTTTATAGTATTATTTTAAAACAAAAT
GTATTTTCTAAGAACTTATAATAATAATA
AATATAAATTTTAATAAAAATTATATTTAT
CTTTTACAATATGAACATAAAGTACAACA
TTAATATATAGCTTTTAATATTTTTATTCCT
AATCATGTAAATCTTAAATTTTTCTTTTT
AAACATATGTTAAATATTTATTTCTCATTA
TATATAAGAACATATTTATTAAATCTAGAA
TTCTATAGTGAGTCGTATTACAATTCACT
GGCCGTCGTTTTACAACGTCGTGACTGG
GAAAACCCTGGCGTTACCCAACTTAATC
GCCTTGCAGCACATCCCCCTTTCGCCAG
CTGGCGTAATAGCGAAGAGGCCCGCACC
GATCGCCCTTCCCAACAGTTGCGCAGCC
TGAATGGCGAATGGCGCCTGATGCGGTA
TTTTCTCCTTACGCATCTGTGCGGTATTT
CACACCGCATATGGTGCACTCTCAGTAC
AATCTGCTCTGATGCCGCATAGTTAAGC
CAGCCCCGACACCCGCCAACACCCGCT
GACGCGCCCTGACGGGCTTGTCTGCTCC
CGGCATCCGCTTACAGACAAGCTGTGAC
CGTCTCCGGGAGCTGCATGTGTCAGAGG
TTTTCACCGTCATCACCGAAACGCGCGA
GACGAAAGGGCCTCGTGATACGCCTATT
TTTATAGGTTAATGTCATGATAATAATGG
TTTCTTAGACGTCAGGTGGCACTTTTCG
GGGAAATGTGCGCGGAACCCCTATTTGT
TTATTTTTCTAAATACATTCAAATATGTAT
CCGCTCATGAGACAATAACCCTGATAAA
TGCTTCAATAATATTGAAAAAGGAAGAG
TATGAGTATTCAACATTTCCGTGTCGCCC
TTATTCCCTTTTTTGCGGCATTTTGCCTT
CCTGTTTTTGCTCACCCAGAAACGCTG-
GTGAAAGTAAAAGATGCTGAAGATCAG
TTTGCACAACATGGGGGATCATGTAACT
TTGGGTGCACGAGTGGGTTACATCGAAC
TGGATCTCAACAGCGGTAAGATCCTTGA
GAGTTTTCGCCCCGAAGAACGTTTTCCA
ATGATGAGCACTTTTAAAGTTCTGCTATG
TGGCGCGGTATTATCCCGTATTGACGCC
GGGCAAGAGCAACTCGGTCGCCGCATA
CACTATTCTCAGAATGACTTGGTTGAGT
ACTCACCAGTCACAGAAAAGCATCTTAC
GGATGGCATGACAGTAAGAGAATTATGC
AGTGCTGCCATAACCATGAGTGATAACA
CTGCGGCCAACTTACTTCTGACAACGAT
CGGAGGACCGAAGGAGCTAACCGCTTT
TTTGCACAACATGGGGGATCATGTAACT
CGCCTTGATCGTTGGGAACCGGAGCTG
AATGAAGCCATACCAAACGACGAGCGT
GACACCACGATGCCTGTAGCAATGCCAA
CAACGTTGCGCAAACTATTAACTGGCGA
ACTACTTACTCTAGCTTCCCGGCAACAAT
TAATAGACTGGATGGAGGCGGATAAAGT
TGCAGGACCACTTCTGCGCTCGGCCCTT
CCGGCTGGCTGGTTTATTGCTGATAAAT
CTGGAGCCGGTGAGCGTGGGTCTCGCG
GTATCATTGCAGCACTGGGGCCAGATGG
TAAGCCCTCCCGTATCGTAGTTATCTACA
CGACGGGGAGTCAGGCAACTATGGATG
AACGAAATAGACAGATCGCTGAGATAG
GTGCCTCACTGATTAAGCATTGGTAACT
GTCAGACCAAGTTTACTCATATATACTTT
AGATTGATTTAAAACTTCATTTTTAATTT
AAAAGGATCTAGGTGAAGATCCTTTTTG
ATAATCTCATGACCAAAATCCCTTAACGT
GAGTTTTCGTTCCACTGAGCGTCAGACC
CCGTAGAAAAGATCAAAGGATCTTCTTG
AGATCCTTTTTTTCTGCGCGTAATCTGCT
GCTTGCAAACAAAAAAACCACCGCTAC
CAGCGGTGGTTTGTTTGCCGGATCAAGA
GCTAC
```

정답 Solutions to Problems and Discussion Questions

2. 역전사효소(reverse transcriptase)는 종종 mRNA 분자들로부터 상보적 DNA를 합성하는 데 사용된다. 진핵성 mRNA들은 아래 그림과 같이 전형적으로 3′에 폴리 A 꼬리를 가진다. 폴리-dT 단편 부분이 상보성 가닥의 생산을 위한 시발자로 작용할 수 있다.

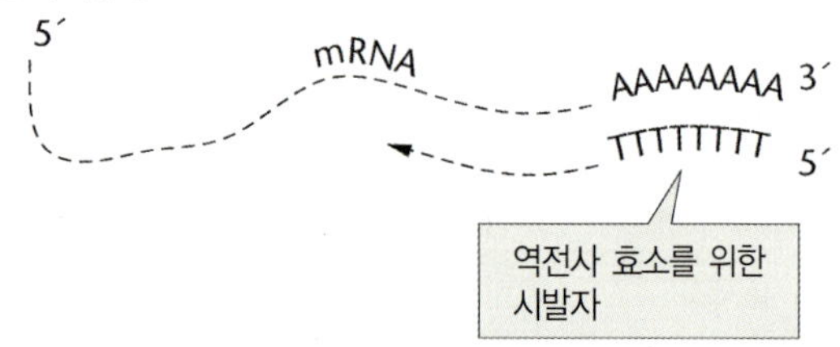

4. 단백질이 DNA 나선의 주홈과 상호작용하는 것으로 생각된다. 이 정보는 단백질의 "손가락" 혹은 돌출부분과 DNA의 주홈이 상호작용의 근거를 형성한다고 제안할 수 있을 정도로 잘 연구된 단백질의 구조로부터 나온 것이다.

6. 이 분절은 GGATCC의 회문서열을 포함한다. 이것은 *Bam*HI 제한효소에 의해 인식되며 이중나선 서열은 다음과 같다.

   CCTAGG

   GGATCC

8. 작은 크기 때문에, 플라스미드는 상대적으로 숙주인 세균 염색체로부터 분리되기가 쉽고 제한 부위도 적게 가진다. 쉽게 조작될 수 있다(즉, 폴리링커와 리포터 유전자가 첨가된다). YAC(효모 인공 염색체)들은 텔로미어, 복제원점, 그리고 동원체를 포함하며 효모에서 클로닝하는 데 널리 사용된다. 선별 마커들(*TRP1* and *URA3*)과 제한 부위 지역을 사용하면 100~1000kb의 DNA를 삽입시켜 효모로 전달할 수 있다. 효모가 진핵생물이고 다른 복잡한 진핵생물들에서 나타나는 RNA 혹은 단백질 공정을 다수 거치기 때문에, 진핵성 유전자를 가지고 작업할 때는 매우 유리한 점이 있다.

10. 이 문제는 다음과 같이 표현하여 풀 수 있다.

    *Not*I 4^8

    *Hin*fI $4 \times 4 \times 1 \times 4 \times 4$

    *Xho*II $2 \times 4 \times 4 \times 4 \times 4 \times 2$

12. (a) 재조합 플라스미드로 형질전환된 세균이 테트라사이클린에 저항성을 가지므로 테트라사이클린이 배지에 첨가되어야 한다.

    (b) 테트라사이클린 배지에서 자라는 콜로니들은 복제평판법이나 그와 비슷한 이동 방법에 의해 암피실린 배지에서도 자라는지 검사되어야 한다. 암피실린 배지에서 자라지 못하는 세균들은 아마도 초파리 DNA 삽입부를 포함하고 있을 것이다.

    (c) 형질전환에 의해 두 항생제에 모두 저항성을 갖는 것은 여러 가지로 설명될 수 있다. 첫째는 만약 *Pst*I으로의 절단이 불완전했다면 잘리지 않은 플라스미드의 생물학적 성질이 바뀌지 않았을 것으로 예상할 수 있다. 마찬가지로, 잘린 플라스미드 말단이 삽입부 없이 다시 연결되었을 수도 있다.

14. 항생제 저항성이 있으므로, 연결에 의해 플라스미드가 원래의 형태로 돌아갔을 것이다. 그러나 플라스미드 중 2개는 서로 하나로 연결되어 이중의 복합체가 되었을 수 있다.

16. 상보성 염기쌍 형성 때문에, DNA 가닥의 3′ 말단은 종종 자신과 결합하여 루프를 만든다. 따라서 DNA 중합효소 I 의 프라이머가 될 수 있다.

18. 필터를 사용하여 재조합 플라스미드를 포함하는 콜로니들로부터 DNA를 결합시킨다. 표지된 탐침자는 EF-1a의 단백질 서열로부터 만들어진다. 그것이 매우 보존되어 있기 때문에, EF-1a cDNA와 상당한 상보성을 보일 것이므로 혼성화를 통해 문제의 DNA를 추적할 수 있다. 원하는 클론을 가진 세포들은 원판 배지에서 골라내고 세포로부터 플라스미드를 분리해내면 된다.

20. 200 | 150 | 950

22. 선택 (b)가 예상과 맞는다. 왜냐하면 자손의 두꺼운 밴드가 양친의 대략 같은 위치에 있는 밴드를 나타내는 것이기 때문이다. 그러한 일치는 일반적인 집단에서는 거의 기대할 수 없는 것이다.

24. (a) 5번이 가장 그럴 듯하다. A + N 반응은 6 kb E 분절을 자른다. (b) 탐침자와 맞는 유일한 자리는 A와 N 사이의 1 kb 단편이다.

26. 위치들 사이에 약 4096 bp가 있을 것이다. 람다 DNA가 대략 48,500 염기쌍을 포함한다고 가정하면, 약 11.8(48,500/4096) 부위가 나온다.

28. T_m(°C) = 약 63°C, 5°C를 뺀 약 정도가 이 프라이머로 PCR을 시작하기 적당한 온도이다. %GC와 길이가 증가함에 따라 T_m (°C)도 증가한다. GC쌍들은 AT쌍이 가진 2개의 수소결합에 비해 3개의 수소결합을 포함한다.

30. ddNTP들은 "정상적인" 데옥시리보뉴클레오티드 삼인산(dNTP)들의 유사물이지만 3′-수산기가 결여되어 있다. DNA 합성이 일어날 때 DNA 중합효소는 우연히 ddNTP를 신장 중인 DNA 가닥에 첨가한다. 3′-수산기가 없기 때문에 사슬 신장은 발생할 수 없으며 따라서 단편들이 형성되어 전기영동에서 분리될 수 있다.

CHAPTER

18 유전체학과 단백질체학

유전학의 모델 시스템으로 연구되고 있는 애기장대 (Arabidopsis thaliana)

단원 개념

- 유전체학은 생물체의 유전체를 정의하고 분석하기 위한 DNA 서열화 기술과 DNA 재조합 기술에 의존한다.
- 유전체학은 구조 유전체학, 기능 유전체학, 그리고 비교 유전체학 등을 포함하는 몇 가지 하위 분야들을 포함한다.
- 유전체 서열 자료의 분석은 원핵생물과 진핵생물 유전체의 크기와 구성에 관한 우리의 생각을 더 상세하게 해준다.
- 인간의 유전체는 20,000~25,000개의 단백질 암호화 유전자들을 포함하며, 그 중 많은 것들이 무리로 구성되어 있고 유전자간 스페이서 DNA로 이루어진 넓은 부분으로 나누어져 있다.
- 비교 유전체학은 유전자간, 유전자 패밀리간, 그리고 생물간의 진화적 관계와 역사를 연구하는 데 유용하다.
- 단백질체학은 세포내 단백질의 양, 구조, 그리고 기능과 세포의 하위 구성성분들에 대한 정보를 제공하는 데 유용하다.

유전체(genome, 게놈)라는 말은 1920년, 유전학자들이 이배체 핵 염색체들의 절반인 한 세트의 염색체들에서 암호화되는 정보들(유전체의 정의 중 하나)에 관심을 갖기 시작하면서부터 만들어진 것이다. 한 생물의 유전체에 있는 모든 유전자들을 조직적으로 규명하고 지도를 작성하기 위해, 유전학자들은 두 가지 접근법을 개발했다: (1) 돌연변이 수집과, (2) 돌연변이 계통들을 사용한 연관 분석으로 유전적 지도를 작성하는 것이다. 이러한 접근법을 사용하여 유전학자들은 점차로 초파리, 옥수수, 생쥐, 그리고 다양한 세균과 효모를 포함한 소수의 생물들에 집중했다.

약 100년 전에 개발된 이러한 전략은 유전적 분석의 중심축이었고, 아직도 널리 사용된다. 그러나 돌연변이 분석은 몇 가지 제한점을 가진다. 유전체 내의 모든 유전자들을 규명하기 위해서는 각 유전자들에 대해 적어도 하나의 돌연변이를 분리할 필요가 있다. 돌연변이를 얻는 것은 시간이 많이 소비되는 일일 수 있고, 이들 중 몇몇은 분명한 표현형이 없어서 변이화된 유전자의 지도를 작성하기가 어렵거나 불가능할 수도 있다.

1980년대에, 인류 유전학자들은 낭포성 섬유증, 신경섬유종, 그리고 십여 가지의 다른 질환들을 포함하여 이들 질병의 유전자를 지도화하고, 분리하고, 클론화하고, 서열화하는데 재조합 DNA 기술을 사용하기 시작했다. 비록 이러한 방법들이 한 번에 하나씩 유전자들을 규명한 것은 아니었지만, 1980년대 중반에 이르자, 3,500가지 이상의 유전자들과 마커들이 인간의 염색체들에 지정되었고, 유전학자들은 인간의 모든 염색체들에 대한 고해상도의 지도를 만들 수 있는 기반을 마련하게 되었다.

재조합 DNA에 기초한 유전적 지도작성에서의 발전이 이루어지는 동안, 프레드 생거(Fred Sanger)와 동료들은 ϕX174 바이러스 유전체 5,400 뉴클레오티드를 서열화함으로써 유전체에 대한 연구라는 뜻의 **유전체학**(genomics) 분야를 출범시켰다. 다른 바이러스 유전체들도 곧 서열화가 되었지만, 그 과정은 느리고 노동이 많이 필요했으며, 작은 유전체에만 한정되어 있었다. 다음 10년에 걸쳐, 발전은 더 빨라져서 자동화된 서열화 방법이 사용되자 ϕX174 유전체보다 약 600,000배나 더 큰 32억 뉴클레오티드로 구성되어 있는 인간의 유전체를 비롯하여, 더 크고 복잡한 진핵성 유전체들의 서열화를 시도할 수 있게 되었다.

원핵생물과 진핵생물로부터 수백 개의 유전체들이 이미 서열화되었고, 2,000개 이상의 추가적 사업들이 진행 중이며, 유전체학은 다각도의 목표를 가진 주요 분야로 성장했다(표 18.1). 유전체학은 몇 가지 하위 분야들을 모두 아우르는 것으로, **구조 유전체학**(structural genomics), **기능 유전체학**(functional genomics), 그리고 **비교 유전체학**(comparative genomics) 등이 포함된다. 구조 유전체학은 유전체 서열 자료, 유전자 발견, 그리고 유전자 지도의 구성과 지역 결정 등에 초점을 맞춘다. 기능 유전체학은 유전자들의 생물학적 기능, 조절, 그리고 그 산물들을 연구한다. 비교 유전체학은 서로 다른 유전체들의 유전자와 단백질 서열들을 비교하여 기능적이고 진화적인 관계를 밝힌다.

유전체 정보를 수집하고 분석하는 것은 큰 규모의 노동력이 많이 드는 노력으로, 많은 실험실들의 협력을 필요로 한다. 이러한 이유 때문에, 유전학자들은 종종 공동연구를 진행하는데, 유전체 프로젝트(genome project)이라고 불린다. 이들 중 가장 규모가 크고 잘 알려진 것이 **인간 유전체 프로젝트**(Human Genome Project)로, 이 장의 후반에 논의될 것이다.

유전체학에서 태동한 것이 **단백질체학**(proteomics, **프로테오믹스**)으로, 이것은 주어진 조건 하에서 주어진 시간에 한 세포 내에 존재하는 모든 단백질들에 대한 연구다. 단백질체학은 (1) 주어진 조건 하에서 세포 내에 존재하게 되는 모든 단백질들 규명, (2) 단백질들의 번역 후 변형의 정도와 그 성질들, (3) 세포 내에서의 단백질-단백질 상호작용의 정도와 성격, 그리고 (4) 다양한 세포내 구획들에 존재하는 단백질들의 세포내 위치 등에 대한 연구를 포함한다.

이 장에서는, 유전체학의 기술들을 설명하고, 원핵생물과 진핵생물들을 다루는 다양한 유전체 프로젝트로부터 얻어진 중요한 발견들을 돌아보고자 한다. 또한 비교유전체학의 몇 가지 응용들과 함께, 생명에 필수적인 유전자의 최소 숫자를 결정하려는 노력, 그리고 유전자 패밀리들의 진화에 대해 논의하도록 할 것이다. 마지막으로, 어떻게 단백질체학이 단백질들의 구조와 기능에

표 18.1 유전체학의 목표

- 생물의 유전체 서열 조립
- 유전체내 모든 유전자들의 위치 설정
- 유전체의 유전자 세트 설명
- 한 유전체의 모든 유전자들의 기능을 밝힘
- 여러 조건 하에서, 세포들의 유전자 발현 프로파일 생성
- 주어진 유전체로부터 생성될 수 있는 모든 단백질들 규명
- 생물들 사이의 유전자와 단백질들을 비교하여 진화 관계 확립
- 같은 종의 집단들에서 나타나는 서열 다형성 목록화

학습 방법

이 장에서는 유전체의 서열화 작업에 사용되는 방법, 서열의 분석, 그리고 유전자 기능의 지정 등에 초점을 맞출 것이다. 또한 원핵세포와 진핵세포 유전체에 대해 현재 우리가 알고 있는 것들에 대해 자세히 살펴보기로 하자. 여러분이 이러한 주제를 공부할 때에는, 다음과 같은 몇 가지의 기본적인 질문에 답할 수 있도록 노력해야 한다.

1. 서열화된 유전체가 정확한지는 어떻게 알 수 있는가?
2. 서열화된 유전체 내에서 모든 유전자들이 규명되었다는 것은 언제, 어떻게 알 수 있는가?
3. 유전체 내에 암호화된 단백질의 기능은 어떻게 알 수 있는가?
4. 생명 현상에 필요한 최소한의 유전자는 어떻게 밝힐 수 있는가?
5. 주어진 시기에 한 세포에서 어떤 단백질이 발현되는가 하는 것은 어떻게 알 수 있는가?

대한 통찰을 제공하며, 서로 다른 세포들의 독특한 성격을 만들어 내도록 단백질들이 어떻게 상호작용하게 되는지 이해하는 데 이러한 정보들이 어떤 도움을 제공하는지도 알아보도록 하자.

18.1 구조 유전체학은 유전체를 연구하기 위해 DNA 서열화를 이용한다

구조 유전체학은 유전체 서열화 정보를 만들고, 저장하고, 분석하기 위해 DNA 서열화 기술과 소프트웨어 프로그램들을 이용한다. 우선, 유전체 서열화에 대한 두 가지 접근법에 대해 알아보고, 이러한 정보들이 어떻게 저장되고 분석되는지에 대해 간단히 살펴보도록 하자.

지도-기반 서열화

유전학자들은 유전체의 서열을 결정하는 데 두 가지 방법을 이용한다. 처음 개발된 것은 **지도-기반 서열화**(map-based sequencing)[그림 18-1(a)]이다. 지도-기반 서열화법은 한 생물의 유전체 일부를 커다란 조각으로 포함할 수 있는 벡터들을 이용하여 유전체 도서관을 만드는 것으로 시작된다. 다음에는, 그 클론들을 모아 재조합 분석을 이용하여 유전적 지도를 만든다.

지도의 해상도를 높이기 위해, 재조합 빈도가 아니라 직접적인 DNA 분석에 기초한 물리적 지도(physical map)가 만들어진다. 물리적 지도 거리는 염기쌍(base pair, bp)으로 측정되며, 보통 1000 염기쌍(1 kb = 1000 bp)이나 100만 염기쌍(1 Mb = 1,000,000 bp)으로 표현된다. 한 가지 형태의 물리적 지도는 일련의 겹치는 클론들을 정렬하여 만드는 것이다[그림 18-1(a)]. 각 클론들은 각자 서열화되고, 겹치는 클론들의 서열을 소프트웨어 알고리듬을 이용하여 조립함으로써 유전체 서열을 만드는 것으로 끝난다. 지도에 기초한 방법은 NIH와 에너지국(Department of Energy)에서 공공적으로 지원을 받았던 인간 유전체 프로젝트에 의해 채택되었던 것이다. 많은 클론들을 만들고 제한지도를 만드는 것은 이 접근법의 제한 요인이었으며, 이 방법을 사용했던 유전체 사업은 완성되기까지 긴 시간을 계획하고 있었다.

샷건 서열화(무작위 서열화)

샷건 서열화법(shotgun sequencing method)[그림 18-1(b)]은 서열화 기술의 발달과 함께, 짧은 겹침 클론들 다수를 하나의 연속된 서열로 만드는 서열 조립 소프트웨어 기술의 발달로 형성된 것이다. 이 방법에서는 DNA를 조각들로 잘라 2~3개의 유전체 도서관을 만든다. 짧은 단편(약 2 kb 길이)들로 이루어진 도서관, 중간 길이 단편(약 15~20 kb)의 도서관, 그리고 긴 단편(200~300 kb) 도서관들이 준비된다. 각 도서관에서 무작위로 클론들이 선발되고 서열화된다. 소프트웨어를 사용하여 도서관의 짧은 겹침 단편들로부터 나온 서열들을 길게 연결하는데, 이때는 더 큰 클론들에서 나온 서열들을 골격으로 이용하게 된다.

이 방법은 크레이그 벤터(Craig Venter)와 그 동료들이 유전체

(a) 지도-기반 서열화 방법

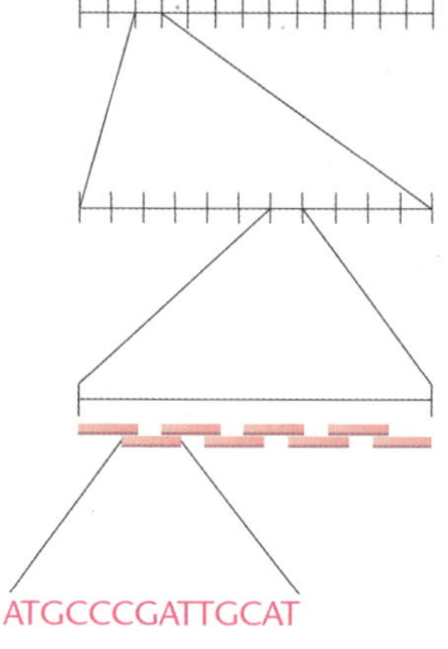

약 1 Mb(백만 염기쌍) 떨어진 표식자(마커)들로 구성된 유전자 지도. 이 지도는 재조합 연구로부터 얻어진 것이다.

염색체상에 표식자들의 순서와 물리적 거리를 나타내주는 물리적 지도. 간격은 약 십만 염기쌍 정도 떨어져 있다.

겹치는 순서대로 놓인 클론들의 집합, 즉 컨티그 형성. 각 클론들은 0.5~1.0 kb 길이를 포함한다.

각 클론들이 서열화되고 겹치는 서열들이 컴퓨터로 조립됨으로써 각 염색체의 최종 서열로 결정된다.

(b) 샷건 서열화 방법

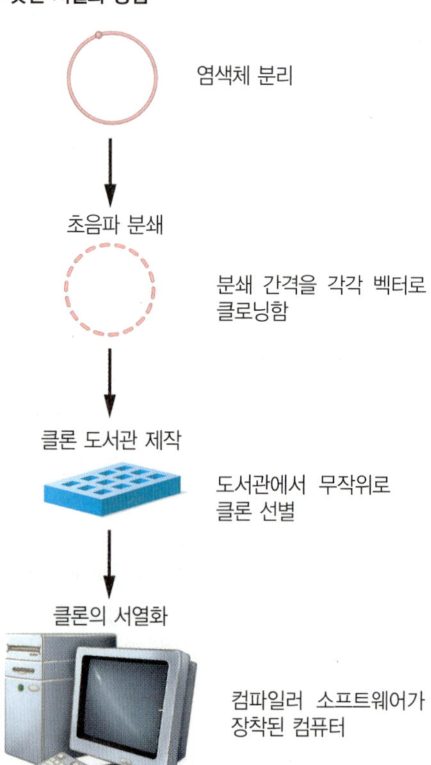

조립 소프트웨어로 서열 조립

그림 18-1 (a) 지도-기반 서열화 방법에서는, 유전체 도서관에서 얻은 클론들이 각 염색체들에 대해 유전적이며 물리적인 지도로 조직화된다. 클론들이 물리적 지도로 배열된 후에는, 더 작게 잘려 각 염색체를 커버하는 컨티그라고 불리는 겹치는 클론들이 된다. (b) 샷건 서열화 방법에서는, 잘려진 유전체 DNA로부터 유전체 도서관이 만들어진다. 클론들은 도서관으로부터 무작위로 선발된다. 클론들 사이에서 겹치는 클론들을 찾아 서열이 조립된다. 이것은 컴퓨터로 이루어지며 유전체 분석을 위해 고안된 조립 소프트웨어를 이용한다.

연구소(The Institute for Genome Research, TIGR)에서 개발한 것으로 1995년, 유전체의 서열이 완전하게 분석된 첫 생물인 *Haemophilus influenzae*의 유전체 서열 분석에 사용되었다. 이것은 자유생활을 하는 생물체로는 최초로 서열화가 완료된 유전체였다. 이 방법은 더욱 개량되어 다른 원핵성 유전체들의 서열화에 사용되었다가 점차 초파리, 개, 그리고 사람 등을 포함한 진핵성 유전체 서열화에도 사용되었다. 이 장의 후반부에는 인간 유전체 프로젝트에 대해 좀 더 자세히 논의하고, 이러한 서열화 방법들로 발견된 인간 유전체의 성질 몇 가지에 대해서도 논의할 것이다.

유전체 분석

유전체 사업들은 많은 양의 DNA 서열 정보들을 생산한다. 그러나 이들 자료들은 그들이 분석되고 해석되었을 때에만 유용하다. 소프트웨어 알고리듬과 데이터베이스를 이용하는 몇 가지 형태의 분석법들은 이름 없는 DNA 서열에서 유전자를 암호화하는 영역을 찾고 분석하는 데 필수적이다. 이러한 분석법은 다음과 같은 목적을 갖는다:

1. 서열이 완성되었으며 정확하다고 확인함.
2. 개방해독틀(open reading frame, ORF)을 발견함으로써 단백질-암호화 유전자들을 찾기.
3. 유전자의 정체를 확인하기 위해 프로모터 부위, 진핵성 인핸서들, 사일런서, 전사 개시 부위, 그리고 번역 개시 부위 찾기.
4. 진핵성 유전체에서, 스플라이스 자리, 인트론, 그리고 엑손 찾기.
5. DNA 서열을 그것이 암호화하는 단백질의 예상 아미노산 서열로 전환하기.

예상 단백질 서열들은 기능을 예측하기 위해 분석된다. 단백질 기능은, 종종 기능이 알려진 상동성 단백질들의 서열을 데이터베이스에서 발견할 수 있을 때 추측이 가능하다. 서열 분석의 궁극적인 목적은 한 생물체가 가지는 모든 유전자들에 대한 완전한 기능적 설명을 이끌어 내고자 하는 것이다.

18.2 주석달기는 DNA 서열 자료에서 유전자를 발견하는 데 사용된다

일단 획득된 유전체 서열 자료는 저장되고 분석되어야 한다. 이것은 엄청난 작업이다: 인간 유전체 서열은 30억 이상의 뉴클레오티드로 이루어져 있으며, 일부 다른 진핵생물의 유전체들은 이것보다 더 크다. **생물정보학**(bioinformatics)은 유전체 서열 자료들을 얻고, 저장하고, 분석하고, 보여주기 위해 컴퓨터의 하드웨어와 소프트웨어를 사용하는 새로운 분야다. 유전체 정보를 저장하고 분석하는 공공의 온라인 데이터베이스는 이제 유전학자들에게는 필수적인 도구가 되었다.

유전체 서열화 자료가 분석되기에 앞서, 그 서열이 정확한지 확인할 필요가 있다. 이것은 유전체 자료를 분석하는 예비단계다.

서열의 검증

한 유전체의 뉴클레오티드 서열이 완전하고, 오류가 없는지를 확인하기 위해 유전체는 한 번 이상 서열화되는데, 이 과정을 다중검사(multiple coverage)라고 한다. 예를 들어, 샷건 방법을 이용하여, 연구자들은 세균인 *Pseudomonas aeruginosa*의 630만 뉴클레오티드를 7번 서열화함으로써 오류가 없음을 확인했다. 이런 수준의 중복성에도 불구하고, 조립 소프트웨어는 더 확인이 필요한 지역을 1,604곳이나 찾아냈다. 이 지역은 다시 분석되고 다시 서열화되어 정확성을 높였다. 마지막으로, 샷건 서열화를 전통적인 클로닝에 의해 얻어진 두 개의 멀리 떨어진 유전체 지역의 서열과 비교하여 유전체 서열의 정확성을 확신할 수 있었다. 이러한 수준의 주의는 특별한 것이 아니다; 모든 유전체 프로젝트에서 비슷한 수준의 주의가 기울여진다. 여러 곳의 서열화로부터 얻어진 유전체 서열의 조립을 **컴파일링**(compiling)이라고 한다.

유전자 찾기

하나의 유전체가 서열화되어 컴파일된 후에는, 컴퓨터 알고리듬을 이용하여 유전자를 탐색하고 기능적 서열들을 발견하기 위해 그 서열이 분석된다. 이러한 단계는 **주석달기**(annotation)라고 불리며, 개시서열을 규명하고, 단백질-암호화 유전자를 찾고, 그들의 조절서열을 밝히며, 종결서열을 찾는 과정이다. 주석달기는 비단백질성 암호화 유전자들(리보솜 RNA, 운반 RNA, 그리고 소형핵 RNA들)도 찾아내며, 유전체에 존재하는 가동성 유전요소들이나 반복서열 패밀리들도 규명한다. 우리는 우리의 논의를 단백질 암호화 유전자의 발견에 집중할 것이다.

유전자들은 DNA 서열(그러나 유전자 암호는 RNA 뉴클레오티드로 쓰여짐을 기억할 것)을 분석하는 소프트웨어에 의해 추적될 수 있는 몇 가지 식별 특징들을 가진다. 예를 들어, 단백질-암호화 유전자들은 하나, 혹은 그 이상의 **개방 해독틀**(open reading frame, ORF)을 가지며, 이것은 단백질의 아미노산 서열로 번역될 수 있는 연속적인 DNA 뉴클레오티드 트리플렛들이다. ORF들은 개시서열(보통은 ATG)로 시작되며 종결서열(TAA, TAG, 혹은 TGA)로 끝난다.

이 문제를 풀어보자

466페이지의 7번 문제는 유전체 서열에서 ORF를 검색하는 데 관한 것이다.

힌트: 유전자를 나타낼 수 있는 ORF의 크기를 지정하는 데 있어, 그 생물 유전체의 평균 유전자 크기가 얼마인지 알고 있어야 한다.

진핵성 유전체(인간 유전체를 포함하여)에서는 유전자들의 조직화 때문에, ORF의 직접적 탐색이 원핵세포들의 유전체에서보다 더 어렵다. 우선, 많은 진핵성 유전자들은 암호화 영역(엑손)들 사이에 끼어 있는 비암호화 영역인 인트론들을 가진다. 결과적으로, 전부 다는 아니라고 할지라도, 많은 진핵성 유전자들이 지속

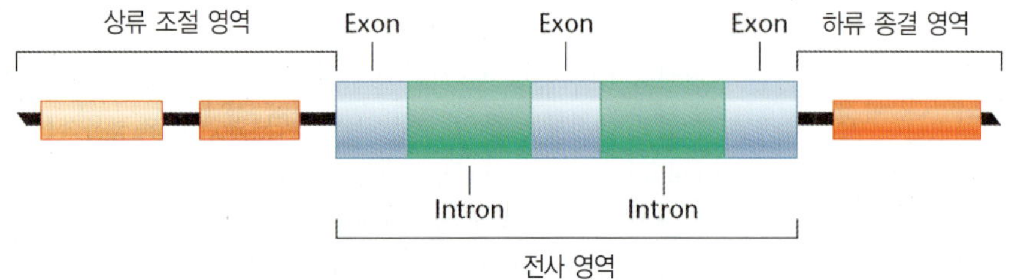

그림 18-2 대부분의 진핵성 유전자들은 암호화 절편(엑손)과 비암호화 절편(인트론)들로 구성된다. 일부 경우에는, 인트론들이 유전자 서열의 대부분을 차지한다. 유전체 서열에 대해 주석을 달 때는 인트론, 엑손, 그리고 유전자들 사이를 구별하는 것이 중요하다.

적인 ORF들로 구성되지 않는다; 대신, 그 서열은 사이사이에 인트론들을 가지는 ORF들(엑손들)로 구성된다(그림 18-2). 둘째, 인간 및 다른 진핵생물들의 유전자들은 종종 간격이 매우 넓어서 유전자 클러스터들 사이의 영역에서 잘못된 ORF를 발견할 확률이 높다.

그림 18-3(a)는 인간 유전체 서열의 일부를 보여준다. 그냥 언뜻 보아서는, 이 서열이 유전자를 가지고 있는지, 가지고 있다면 몇 개나 있는지 등이 분명하지 않다. 이 서열의 분석에서, 동정 가능한 유전자 지문들은 분석 중인 서열이 단백질-암호화 유전자를 포함하는지를 나타내는 단서를 제공한다. 유전자 시작 부위 주변의 조절 영역들은 식별 가능한 서열들에 의해 표시된다. 엑손과 인트론 사이의 스플라이스 자리는 예측 가능한 서열을 가진다(대부분의 인트론은 GT로 시작하여 AG로 끝난다). 그리고 폴리-A 꼬리가 전사체에 첨가되는 유전자의 끝도 마찬가지다. 그 밖에도, 만약 하나의 DNA 서열이 단백질을 암호화한다면, 스플라이싱 후 그 서열은 하나, 혹은 그 이상의 개방 해독틀을 포함하게 된다.

서열의 분석[그림 18-3(b)]은 이것이 조절서열과 세 개의 엑손을 포함하고 있음을 보여준다. 엑손들 사이에 있는 두 개의 밝은 부분은 mRNA 공정시 제거되는 부분이다. 이 서열을 이용하여 유전체 데이터베이스를 검색하면, 이것인 인간의 β-글로빈 유전자[그림 18-3(c)] 서열임을 보여준다.

18.3 기능 유전체학은 유전자들을 분류하고 그들의 기능을 규명한다

유전체의 서열이 설명되고(주석이 달리고), ORF들이 규명된 후의 작업은 그 서열내 모든 유전자(ORF의 형태)들의 기능을 지정하는 것이다. 동정된 유전자들 중 일부는 이미 전통적인 돌연변이화 방법이나 연관지도 작성법에 의해 그 기능이 지정된 것일 수도 있지만, 다른 많은 유전자들은 아직 동정된 기능을 갖고 있지 않다. 이들 유전자에 기능을 부여하는 한 가지 접근법은 **상동성 검색**(homology search)을 이용하는 것이다. 이 분석은 몇 가지 성분으로 이루어진다:

1. BLAST와 같은 프로그램을 사용하여 데이터베이스를 검색함으로써 다른 생물에서 이미 유전자로 밝혀진 비슷한 서열들을 찾는다.
2. ORF의 서열을 다른 생물체에서 잘 분석되어 있는 유전자들의 서열과 비교한다.

(a)

```
gagccacacc ctagggttgg ccaatctact cccaggagca gggagggcag gagccagggc
tgggcataaa agtcagggca gagccatcta ttgcttacat ttgcttctga cacaactgtg
ttcactagca acctcaaaca gacaccatgg tgcacctgac tcctgaggag aagtctgccg
ttactgccct gtggggcaag gtgaacgtgg atgaagttgg tggtgaggcc ctgggcaggt
tggtatcaag gttacaagac aggtttaagg agaccaatag aaactgggca tgtggagaca
gagaagactc ttgggtttct gataggcact gactctctct gcctattggt ctattttccc
acccttaggc tgctggtggt ctacccttgg acccagaggt tctttgagtc ctttggggat
ctgtccactc ctgatgctgt tatgggcaac cctaaggtga aggctcatgg caagaaagtg
ctcggtgcct ttagtgatgg cctggctcac ctggacaacc tcaagggcac ctttgccaca
ctgagtgagc tgcactgtga caagctgcac gtggatcctg agaacttcag ggtgagtcta
tgggaccctt gatgttttct ttccccttct tttctatggt taagttcatg tcataggaag
gggagaagta acagggtaca gtttagaatg ggaaacagac gaatgattgc atcagtgtgg
aagtctcagg atcgttttag tttcttttat ttgctgttca taacaattgt tttcttttgt
ttaattcttg ctttcttttt ttttcttctc cgcaattttt actattatac ttaatgcctt
aacattgtgt ataacaaaag gaaatatctc tgagatacat taagtaactt aaaaaaaaac
tttacacagt ctgcctagta cattactatt tggaatatat gtgtgcttat ttgcatattc
ataatctccc tactttattt tcttttattt ttaattgata cataatcatt atacatattt
atgggttaaa gtgtaatgtt ttaatatgtg tacacatatt gaccaaatca gggtaatttt
gcatttgtaa ttttaaaaaa tgctttcttc ttttaatata cttttttgtt tatcttattt
ctaatacttt ccctaatctc tttctttcag ggcaataatg atacaatgta tcatgcctct
ttgcaccatt ctaaagaata acagtgataa tttctgggtt aaggcaatag caatatttct
gcatataaat atttctgcat ataaattgta actgatgtaa gaggtttcat attgctaata
gcagctacaa tccagctacc attctgcttt tattttatgg ttgggataag gctggattat
tctgagtcca agctaggccc ttttgctaat catgttcata cctcttatct tcctcccaca
gctcctgggc aacgtgctgg tctgtgtgct ggcccatcac tttggcaaag aattcacccc
accagtgcag gctgcctatc agaaagtggt ggctggtgtg gctaatgccc tggcccacaa
gtatcactaa gctcgctttc ttgctgtcca atttctatta aaggttcctt tgttccctaa
gtccaactac taaactgggg gatattatga agggccttga gcatctggat tctgcctaat
aaaaaacatt tattttcatt gcaatgatgt atttaaatta tttctgaata ttttactaaa
```

(b)

```
gagccacacc ctagggttgg ccaatctact cccaggagca gggagggcag gagccagggc
tgggcataaa agtcagggca gagccatcta ttgcttacat ttgcttctga cacaactgtg
ttcactagca acctcaaaca gacaccatgg tgcacctgac tcctgaggag aagtctgccg
ttactgccct gtggggcaag gtgaacgtgg atgaagttgg tggtgaggcc ctgggcaggt
tggtatcaag gttacaagac aggtttaagg agaccaatag aaactgggca tgtggagaca
gagaagactc ttgggtttct gataggcact gactctctct gcctattggt ctattttccc
acccttaggc tgctggtggt ctacccttgg acccagaggt tctttgagtc ctttggggat
ctgtccactc ctgatgctgt tatgggcaac cctaaggtga aggctcatgg caagaaagtg
ctcggtgcct ttagtgatgg cctggctcac ctggacaacc tcaagggcac ctttgccaca
ctgagtgagc tgcactgtga caagctgcac gtggatcctg agaacttcag ggtgagtcta
tgggaccctt gatgttttct ttccccttct tttctatggt taagttcatg tcataggaag
gggagaagta acagggtaca gtttagaatg ggaaacagac gaatgattgc atcagtgtgg
aagtctcagg atcgttttag tttcttttat ttgctgttca taacaattgt tttcttttgt
ttaattcttg ctttcttttt ttttcttctc cgcaattttt actattatac ttaatgcctt
aacattgtgt ataacaaaag gaaatatctc tgagatacat taagtaactt aaaaaaaaac
tttacacagt ctgcctagta cattactatt tggaatatat gtgtgcttat ttgcatattc
ataatctccc tactttattt tcttttattt ttaattgata cataatcatt atacatattt
atgggttaaa gtgtaatgtt ttaatatgtg tacacatatt gaccaaatca gggtaatttt
gcatttgtaa ttttaaaaaa tgctttcttc ttttaatata cttttttgtt tatcttattt
ctaatacttt ccctaatctc tttctttcag ggcaataatg atacaatgta tcatgcctct
ttgcaccatt ctaaagaata acagtgataa tttctgggtt aaggcaatag caatatttct
gcatataaat atttctgcat ataaattgta actgatgtaa gaggtttcat attgctaata
gcagctacaa tccagctacc attctgcttt tattttatgg ttgggataag gctggattat
tctgagtcca agctaggccc ttttgctaat catgttcata cctcttatct tcctcccaca
gctcctgggc aacgtgctgg tctgtgtgct ggcccatcac tttggcaaag aattcacccc
accagtgcag gctgcctatc agaaagtggt ggctggtgtg gctaatgccc tggcccacaa
gtatcactaa gctcgctttc ttgctgtcca atttctatta aaggttcctt tgttccctaa
gtccaactac taaactgggg gatattatga agggccttga gcatctggat tctgcctaat
aaaaaacatt tattttcatt gcaatgatgt atttaaatta tttctgaata ttttactaaa
```

(c)

ORF1 ORF2 ORF3

0.0 0.5 1.0 1.5 kb

그림 18-3 DNA 서열정보의 분석. 관례적으로, 서열은 그것이 진짜로는 계속 이어져 있는 것이라고 하더라도, 10개의 뉴클레오티드씩 제시된다. (a) 인간 DNA 서열 자료. 유전자의 위치는, 만약 있다고 해도, 이 서열 안에서는 분석이 없으므로 뚜렷하지 않다. (b) 상류의 조절서열(녹색)과 세 개의 개방 해독틀(ORF)의 위치(푸른색)를 보여주는 분석된 서열. (c) 도표가 (a) 서열에 의해 암호화되는 인간의 β-글로빈 유전자에서의 세 엑손에 대한 크기와 ORF의 위치를 보여주고 있다.

3. ORF를 검색하여 기능적 모티프들을 찾는다. 이들은 이온 채널, DNA 결합 도메인, 혹은 신호 분비/배출 등과 같은 단백질 부분을 암호화하는 DNA 영역이다.

이제, 이러한 전략이 어떻게 원핵성 유전체의 분석에 사용되는지 살펴보도록 하자.

유전자 기능의 지정

표 18.2는 *Pseudomonas aeruginosa* 유전체의 ORF 분석 결과를 나타낸 것이다. 이 분석에서는, 모든 기능적 유전체 분석들에서와 마찬가지로, ORF들이 확실성 수준(confidence level)에 따라 분류된다. 수준 1의 유전자들은 전통적인 유전적 분석이나 다른 방법 등으로 그 기능이 알려진 것들이다. 수준 2의 유전자들은 다른 생물체들에서 기능이 이미 알려져 있는 유전자들과 강한 유사성을 보이는 것이다. 수준 3은 암호화된 모티프나 다른 생물체의 유전자들과의 제한된 유사성에 기초하여 추측된 기능을 갖는 경우다. 수준 4 유전자들은 알려져 있거나 제안된 기능이 없는 경우이다. *P. aeruginosa* 유전체의 기능적 분석(표 18.3)에서, 약 절반가량의 유전자들이 알려진 기능이나 제안된 기능이 없었다. 이러한 상황은 *P. aeruginosa*에만 국한된 것이 아니다; 지금까지 유전체가 서열화된 대부분의 생물들에서 그들 유전자의 반 정도가 기

표 18.2 *Pseudomonas aeruginosa*의 유전체의 분석

일반적 특징들			
유전체 크기 (bp)	6,264,403		
G + C 함량	66.6%		
암호화 영역	89.4%		

암호화 서열의 확실성 수준	ORFs	(%)	정의
1	372	6.7	증명된 기능을 가진 유전자들
2	1059	19.0	다른 생물에서 기능이 증명된 유전자들과 강한 상동성을 가짐
3	1590	28.5	모티프 탐색이나 제한된 상동성에 기초하여 제안된 기능을 가진 유전자들
4a	769	13.8	기능이 알려지지 않은 것으로 보고된 유전자의 상동성 유전자들
4b	1780	32.0	보고된 어떤 서열과도 유사성이 없는 것
Total	5570	100	

출처: Stover et al. 2000. Complete genome sequence of *Pseudomonas aeruginosa* PA01, an opportunistic pathogen. *Nature* 406: 959–964. Table 1, p. 961.

표 18.3 *Pseudomonas*에서 예상되는 유전자들의 기능적 분류

기능적 분류	ORFs 수	ORFs %
Adaptation, protection (e.g., cold shock proteins)	60	1.1
Amino acid biosynthesis and metabolism	150	2.7
Antibiotic resistance and suspectibility	19	0.3
Biosynthesis of cofactors, prosthetic groups, and carriers	119	2.1
Carbon compound catabolism	130	2.3
Cell division	26	0.5
Cell wall	83	1.5
Central intermediary metabolism	64	1.1
Chaperones and heat shock proteins	52	0.9
Chemotaxis	43	0.8
DNA replication, recombination, modification, and repair	81	1.5
Energy metabolism	166	3.0
Fatty acid and phospholipid metabolism	60	1.0
Membrane proteins	7	0.1
Motility and attachment	65	1.2
Nucleotide bisosynthesis and metabolism	60	1.1
Protein secretion/export apparatus	83	1.5
Putative enzymes	409	7.3
Related to phage, transposon, or plasmid	38	0.7
Secreted factors (toxins, enzymes, alginate)	58	1.0
Transcriptional regulators	403	7.2
Transcription, RNA processing, and degradation	45	0.8
Translation, posttranslational modification, and degradation	149	2.7
Transport of small molecules	555	10.0
Two-component regulatory systems	118	2.1
Hypothetical	1774	31.8
Unknown (conserved hypothetical)	757	13.6
Total	5570	100

출처: Stover *et al.* 2000. Complete genome sequence of *Pseudomonas aeruginosa* PA01, an opportunistic pathogen. *Nature* 406: 959–964.

그림 18-4 (a) 유전학에서의 모델 생명체인 대장균. (b) 대장균 유전체에서 기능적인 유전자가 지정된 상태. 알려진 기능을 가진 단백질들과 3D 구조가 알려진 단백질들 사이의 중복으로 총 100%가 넘는다.

(a)

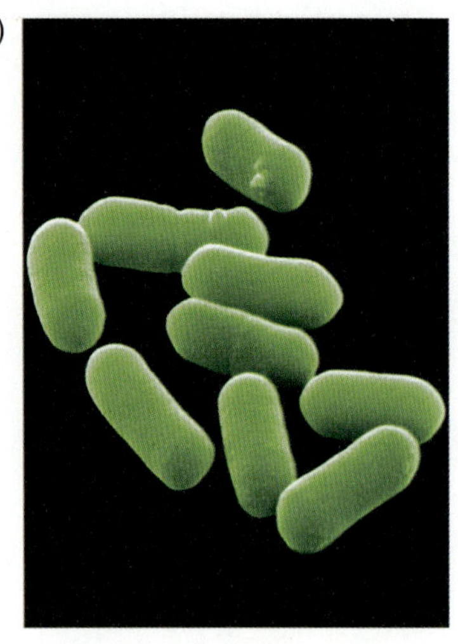

(b)

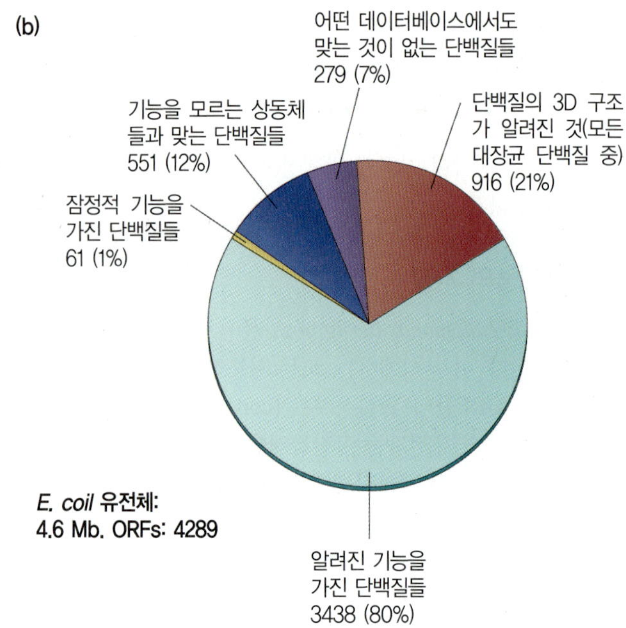

능을 모르는 것이었다. 이것은 잠정적으로 미래의 유전체 분석을 통해 상당 정도의 새로운 정보가 사용 가능해질 것임을 증명해 준다.

대장균 프로젝트

대장균(*E. coli*) K12 계통의 유전체는 1997년에 샷건 방법으로 서열화되어, 두 번째로 서열화된 원핵생물의 유전체가 되었다. 대장균은 4.6 Mb의 유전체를 가지며, 주석에 따르면, 환형 단일 염색체로 조직화된 4,289개의 ORF들을 포함한다. ORF들은 약 88%의 유전체를 차지하며, 조절서열이 11%, 그리고 반복서열은 약 0.7%밖에 되지 않는다. 대장균 유전학이 약 50년 동안 전통적인 유전학적 방법으로 광범위하게 연구되었다는 사실에도 불구하고, 설명된 ORF들의 약 38%는 아직 기능을 모르는 것들이다.

대장균 유전체 분석의 목표는, 다른 모든 유전체 사업에서와 마찬가지로, 모든 유전자들을 수준 1 혹은 2로 올리고, 이들 유전자와 산물이 어떻게 이 생물체 안에서 상호작용하는지를 이해하는 것이다. 대장균의 모든 유전자들에 기능을 부여한다는 목적에 도달하기 위해, 연구자들은 (1) 모든 유전자들에 대해 녹아웃 돌연변이를 만들고, (2) 모든 ORF에 대한 클론을 확보하며, (3) 다양한 생리학적 조건 하에서의 유전자 발현 패턴에 대한 데이터베이스를 만들고, (4) 유전체에서 암호화되는 모든 단백질들의 3D 구조를 조사하고 있다. 그림 18-4는 현재 대장균 유전자들의 분류를 보여준다. 알려진 상동성이나 기능이 없는 유전자들은 현재 이 유전체의 4,289 ORF 중 19%를 차지한다.

18.4 원핵성 유전체들은 몇 가지 예상치 못한 특징을 가진다

400가지 이상의 원핵성, 진핵성·유전체들의 서열화가 완료되었다. 이 결과들은 진핵생물과 원핵생물이 유전체 구성에 있어 상당한 차이가 있음을 시사한다. 그러므로 우리는 이들 유전체의 구성을 따로 고려해야 할 것이다. 대부분의 원핵생물들은 작은 크기의 유전체를 가지며, 샷건 클로닝과 서열화 방법이 유용하게 쓰일 수 있기 때문에, 완료된 사업 대부분은 원핵생물들에 집중되어 있으며, 900가지 이상의 추가적 사업들(원핵생물들)도 진행 중이다. 이미 서열화된 원핵생물의 유전체들로는 콜레라, 결핵균, 그리고 생식기 포진 등과 같이 사람의 질병을 일으키는 생물들이 있다.

세균의 유전체 크기와 유전자 수

유전체 프로젝트의 결과들에 기초하여, 우리는 세균 유전체의 크기에 관해 많은 일반화를 할 수 있게 되었다. 전통적으로, 세균 유전체는 비교적 작고(5 Mb 미만), 단일의 환형 DNA 분자로 존재하는 것으로 생각되어 왔다. 유전학에서 전형적인 세균성 **모델 생물**(model organism)로 사용되는 대장균은 이러한 특징을 가지는 유전체를 가진다. 그러나 사용 가능한 유전체 정보의 홍수는 모든 세균에 전형적인 것이라는 이러한 관점에 도전하고 있다(표 18.4). 비록 원핵생물 유전체들은 대체로 크기가 작지만

표 18.4 몇몇 원핵생물들의 유전체 크기와 유전자 수

	유전체 크기 (Mb)	유전자의 수
Archaea		
Archaeoglobus fulgidis	2.17	2437
Methanococcus jannaschii	1.66	1783
Thermoplasma acidophilium	1.56	1509
Eubacteria		
E. coli	4.64	4289
Bacillus subtilis	4.21	4779
H. influenzae	1.83	1738
Aquifex aeolicus	1.55	1749
Rickettsia prowazekii	1.11	834
Mycoplasma pneumoniae	0.82	680
Mycoplasma genitalium	0.58	483

표 18.5 세균 유전체의 구성

세균종	염색체의 수와 구성	플라스미드 수
Agrobacterium tumefaciens	one linear + one circular	two circular
Bacillus subtilis	one circular	
Bacillus thuringiensis	one circular	six
Borrelia burgdorferi	one linear	>17 circular + linear
Buchnera sp.	one circular	two circular
Deinococcus radiodurans	two circular	two circular
Escherichia coli	one circular	
Rhodobacter sphaeroides	two circular	five circular
Sinorhizobium meliloti	one circular	two megaplasmids
Vibrio cholerae	two circular	

그 크기는 매우 다양하다. 사실상, 거대한 세균 유전체(*Bacillus megaterium*에서 30 Mb)와 조그만 진핵생물의 유전체들(효모의 12.1 Mb) 사이에서는 어느 정도 중첩이 존재한다. 세균 유전체의 유전자 수 역시 다양하다. 유전자 수는 10배 범위에 해당하는 것으로, 500 미만에서부터 5,000개 유전자까지 다양하다. 그리고, 비록 많은 세균들이 단일한 환형 염색체를 가지지만, 염색체 구성과 수에는 세균종마다 상당한 차이가 존재한다.

염색체 수

지금까지 서열화된 대부분의 원핵생물 유전체들은 사실상 환형 DNA 분자이지만, 라임질환을 일으키는 생물인 *Borrelia burgdorferi* 처럼 선형 DNA 분자로 이루어진 유전체가 발견되는 수가 많아지고 있다. 아마 더욱 중요한 것은, 유전체 자료들이 플라스미드와 세균 염색체에 대한 구분을 모호하게 하고 있어서, 단일 DNA 분자라는 세균 유전체에 대한 우리의 관점을 재정립시키고 있다는 점이다(표 18.5). 플라스미드들은 작고, 보통 환형인 DNA 분자로서, 세균 숙주세포에 필수적이지 않은 유전자들을 포함하고 있는 것이다(8장에서 논의됨).

플라스미드는 스스로 복제하며, 세포분열 과정 중에 숙주 염색체와 함께 딸 세포들로 분배된다. 플라스미드들이 필수적이지 않은 유전자들을 가지고 있고 한 세포에서 다른 세포로 이동할 수 있기 때문에, 그리고 같은 플라스미드가 종종 서로 다른 종의 세균에서 발견되기 때문에, 플라스미드 유전자들은 보통 세균 유전체의 일부로 포함시키지 않는다. 그러나 *B. burgdorferi*는 약 17개

(a)

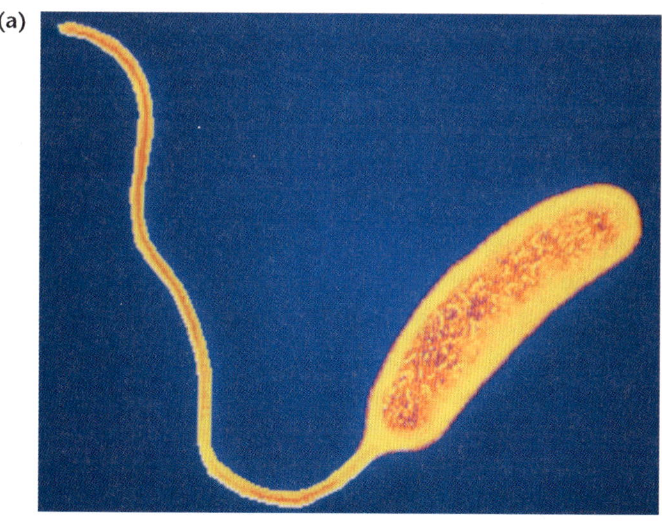

(b)

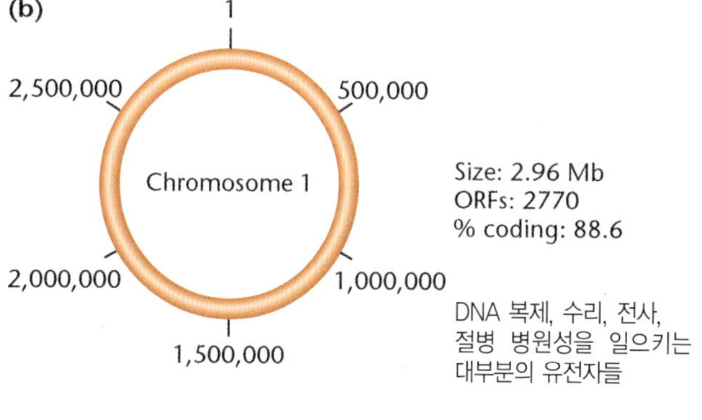

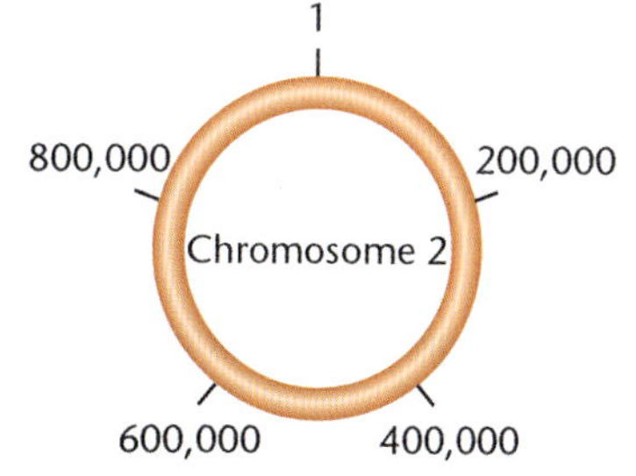

그림 18-5 (a) *Vibrio cholerae*, 콜레라를 일으키는 생물, (b) *Vibrio*의 유전체는 두 개의 염색체를 포함한다. 큰 것(염색체 1번)은 세포의 기능과 감염성에 필수적인 것이다. 염색체 2번상에 존재하는 대부분의 유전자들(1,115개 중 52%)은 기능이 알려져 있지 않다. 유전자 양의 편중과 플라스미드처럼 생긴 염색체 2번의 존재는 이 염색체가 조상 *Vibrio* 종에게 삼켜진 거대 플라스미드이거나, 염색체의 유전자들이 플라스미드로 이동하여 생긴 것임을 시사한다.

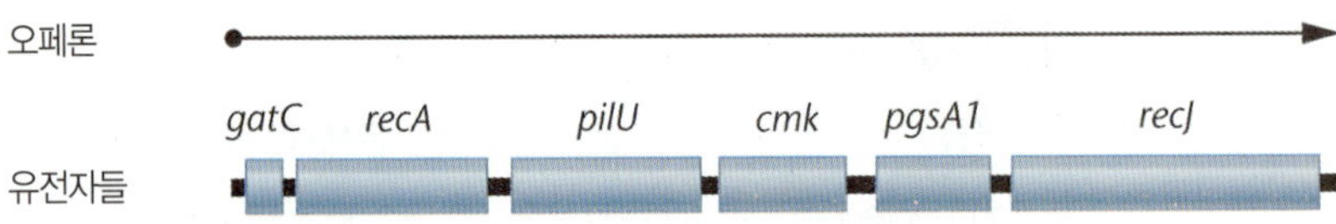

그림 18-7 *A. aeolicus* 유전체의 한 오페론. 이 오페론은 단백질 합성을 위한 유전자(*gatC*), DNA 재조합을 위한 유전자(*recA*와 *recJ*), 이동성 단백질(*pilU*), 뉴클레오티드 생합성(*cmk*), 그리고 지질 생합성(*pgsAI*)을 위한 유전자들을 포함하고 있다. 이러한 조직화는 하나의 오페론에 있는 유전자들이 공통적인 생화학적 경로를 조절하는 산물들을 암호화할 것이라는 일반적인 생각을 뒤엎는 것이다.

의 플라스미드들을 가지며, 여기에 적어도 430개의 유전자들이 포함되어 있는데, 퓨린 생합성과 막 단백질들에 대한 유전자를 비롯한 몇몇은 아주 필수적인 것으로 보인다. 이들 유전자는 대부분 세균 염색체에서 발견되는 것들이다.

콜레라를 일으키는 생물인 *Vibrio cholerae*의 유전체 서열화는, 두 개의 환형 염색체의 존재를 드러냈다(그림 18-5). 염색체 1번(2.96 Mb)은 2,770개의 ORF들을 포함하며, 염색체 2번(1.07 Mb)은 1,115개의 ORF들을 가지고 있는데, 이들 중 몇몇은 리보솜 단백질 같은 필수적인 유전자들을 암호화하고 있다. 뉴클레오티드 서열에 기초하면, 염색체 2번은 조상종들에 의해 붙잡힌 플라스미드로부터 유래한 것이거나, 다수의 염색체 유전자들을 삽입시킨 플라스미드를 나타내는 것이다. 두 개의 염색체들은 다른 비브리오 종들에도 존재한다.

다른 세균들도 2개 이상의 염색체를 가지는데, *Agrobacterium tumefaciens*, *Rhodobacter sphaeroides*, 그리고 *Sinorhizobium meliloti* 등이다(표 18.5). 여러 개의 염색체를 가지는 원핵생물들의 발견은, 세포분열 중에 염색체의 복제와 분리가 어떻게 이루어지며, 밝혀지지 않은 어떤 유전자 조절 기작이 세균에 존재하는지 등에 대한 질문을 야기한다. 상기 제시된 발견들과 더불어 이러한 질문들에 대한 해답은 원핵생물 유전체, 플라스미드의 성질, 플라스미드와 염색체의 차이들에 대한 우리의 생각들 중 많은 부분을 재정립하게 하며, 다수의 염색체를 가지는 진핵생물 유전체들의 진화에 대한 단서를 제공한다.

유전자 분포

우리는 세균의 단백질-암호화 유전자들의 구성에 대해 두 가지 일반화를 할 수 있다. 첫째, 유전자 밀도가 매우 높아서 평균 1 kb의 DNA당 하나의 유전자가 존재한다. 예를 들어, 대장균(*E. coli*)은 4.6 Mb의 유전체에 4,289개의 단백질-암호화 유전자들을 포함한다. *Mycoplasma genitalium*은 483개의 유전자를 포함하는 작은(0.58 Mb) 유전체를 가지며, 역시 kb당 하나 정도의 유전자를 가진다. 이렇게 조밀하게 존재하는 유전자들 때문에 DNA의 대부분이 암호화 DNA로 작용한다(약 85~90%). 전형적으로, 세균 DNA의 아주 일부만이 비암호화 DNA 부분으로, 종종 조절 서열이나 유전체 내에서 자리를 옮길 수 있는 전이인자들의 형태로 존재한다.

우리의 두 번째 일반화는 세균 유전체들이 오페론(여러 유전자를 가지는 하나의 전사체로 이들의 산물은 공통 생화학 경로의 일부가 된다)들로 존재하는 특징을 가진다는 것이다. 그림 18-6은 *E. coli* 유전체 일부의 구성을 나타낸 것이다. 화살표는 전사 단위들을 구성하는 유전자들을 보여준다. 그 중 하나는 하나의 오페론으로 구성되어 있다. 대장균에서는 27%의 유전자들이 오페론들에 포함된다(약 600개 오페론). 다른 세균 유전체들에서는, 전사 단위들로 구성되는 유전자들이 오페론의 성질에 대한 우리 생각에 의문을 던진다. *Aquifex aeolicus*에서는(그림 18-7), 하나의 다유전자성(polygenic) 전사 단위가, 분명한 공통점이 없이 서로 다른 세포내 과정에 관여하는 6개의 유전자를 포함한다: DNA 재조합을 위한 두 개의 유전자, 지방 합성을 위한 한 개의 유전자, 핵산 합성을 위한 유전자 하나, 단백질 합성을 위한 유전자 하나, 그리고 세포의 운동성 단백질 유전자 하나다. 이 종의 다른 다유전자성 전사 단위들 역시 서로 다른 기능을 가지는 유전자들을 포함하고 있다. 이러한 발견과 더불어 비슷한 유전체 프로젝트들에서 나온 결과들은, 오페론이 세균세포 내에서 단일 대사 경로를 조절하는 산물들을 암호화한다는 생각에 의문을 제기한다.

18.5 진핵성 유전체들은 몇 가지 조직화 패턴을 가진다

이제 진핵성 유전체들에 대해 고려해 보도록 하자. 진핵성 유전체들의 기본적 특징들은 서로 다른 종에서도 비슷하지만, 유전체 크기는 매우 다양하다(표 18.6). 유전체 크기는 대략 곰팡이의 10 Mb로부터 몇몇 현화식물들의 100,000 Mb가 넘는 것(10,000배)까지 다양하고; 유전체당 염색체 수의 범위는 2개에서 수백 개까지(약 100배)의 범위로 나타나지만, 유전자의 수는 유전체 크기나 염색체 숫자보다는 훨씬 차이가 덜하다.

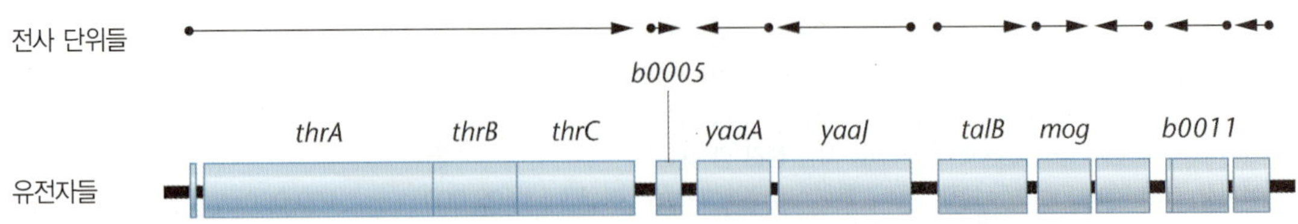

그림 18-6 왼쪽에 세 개의 유전자 오페론 부분과, 독립적으로 전사되는 8개의 유전자가 지속되는 대장균의 염색체 부분. 점은 각 유전자에 대한 프로모터를 가리킨다. 화살표는 전사의 방향을 나타낸다.

표 18.6 몇몇 진핵생물체들의 유전체 크기와 유전자 수

생물	유전체 크기 (Mb)	유전자의 수
S. cerevisiae (yeast)	12.1	≈6600
Plasmodium falciparum (malaria parasite)	30	≈5200
C. elegans (nematode)	97	≈19,000
Arabidopsis thalania (mustard plant)	125	≈25,000
D. melanogaster (fruit fly)	170	≈14,000
Oryza sativa (rice)	400	≈38,000
Canis familiaris (dog)	2400	≈19,000
Zea mays (maize)	2500	≈20,000
Homo sapiens (human)	3200	≈22,000
Horedeum vulgare (barley)	5300	≈20,000

진핵성 유전체의 특징

진핵성 유전체들은 원핵성 유전체들에서 발견되지 않는 몇 가지 특징을 가진다.

- **유전자 밀도.** 원핵생물에서는, 유전자 밀도가 1 gene/kb에 가깝다. 진핵세포의 유전체는 유전자 밀도의 범위가 넓다. 효모에서는 1 gene/2 kb, 초파리에서는 1 gene/13 kb, 그리고 사람에서는 염색체마다 유전자 밀도가 매우 다르다. 인간의 22번 염색체는 1 gene/64 kb, 13번 염색체는 1 gene/155 kb로 나타난다.
- **인트론들.** 대부분의 진핵성 유전자들은 인트론을 포함한다(12장에서 논의됨). 인트론의 수는 유전체마다, 유전자마다 매우 다양하다. 효모의 전 유전체가 239개의 인트론만을 포함하고 있는 데 반해, 인간의 어떤 유전자는 100개가 넘는 인트론을 가지기도 한다.
- **반복성 서열.** 인트론과 반복성 서열의 존재는 진핵생물들의 유전체 크기가 다양해진 중요한 두 가지 이유다. 옥수수 같은 어떤 식물들에서는 반복성 서열들이 유전체의 우세한 특징이다. 옥수수의 유전체는 약 2,500 Mb의 DNA로 되어 있으며, 이 중 2/3 이상이 반복서열로 구성되어 있다. 사람에서는, 유전체의 약 절반이 반복성 DNA이다.

효모의 유전체

효모(*Saccharomyces cerevisiae*) 유전체는 서열화된 최초의 진핵성 유전체다. 17장에서 소개했던 바와 같이, 효모는 일부 원핵생물처럼 배양과 조작이 쉽고, 유전적 지도가 잘 확립되어 있으며, 돌연변이체들이 많이 수집되어 있어서 유전체 서열화를 위한 훌륭한 후보였다.

효모 유전체는 지도-기반 접근법을 이용하여 염색체별로 서열화되었다. 이 유전체는 12.1 Mb의 DNA로 구성되며, 16개의 염색체들로 분산되어 있다(그림 18-8). 효모 유전체가 발표되고 1년 내에, 예상된 ORF의 수는 분석이 진행됨에 따라 여러 번 바뀌었다. 원래는 6,200개 유전자로 생각되었지만, 현재는 6,600개가 조금 못 될 것으로 예상되고 있다. 이 수는 증거가 모일 때마다 바뀔 것이다. 규명된 유전자의 수는 4,300개 이상으로 올랐고, 추가로 1,400개의 유전자가 상동성에 기초하여 수준 2나 3으로 배정되었다. 이러면 800개의 유전자가 분석될 것으로 남게 된다. 이들 중 일부는 유전자가 전혀 아닐 수도 있다. 최근의 효모 유전자 분류가 그림 18-8에 나타나 있다.

애기장대의 유전체

유전학자들에게 작은 현화식물인 애기장대(*Arabidopsis thaliana*)는 식물세계의 초파리다[그림 18-9(a)]. 애기장대는 크기가 작고(이 책장만큼 작은 공간에서 수백 개체를 키울 수 있다), 세대가 짧다. 그리고 5개의 염색체로 나누어져 있는 비교적 작은 유전체를 가진다. 보다 중요한 것은 식물계가 동물계와는 독립적으로 진화했으며, 현화 식물에 대한 분석으로 진화와 공진화적 적응이 이들의 유전체를 어떻게 구성했는지에 대한 통찰을 얻을 수 있다는 것이다. 애기장대 유전체는 지도-기반 서열화법을 이용하여 분석되었다. 약 125 Mb의 작은 유전체는 5개의 염색체로 구성되며, 약 25,000개의 유전자가 5 kb당 하나의 유전자 밀도로 존재할 것으로 추정된다[그림 18-9(b)]. 애기장대 유전자의 적어도 절반은 세균과 인간에서 발견되는 유전자들과 거의 동일하거나 밀접하게 연관되어 있지만, 식물에만 독특한 것으로 보이는 수십 가지의 단백질 패밀리들을 암호화하는 유전자들도 역시 가지고 있다.

(a)

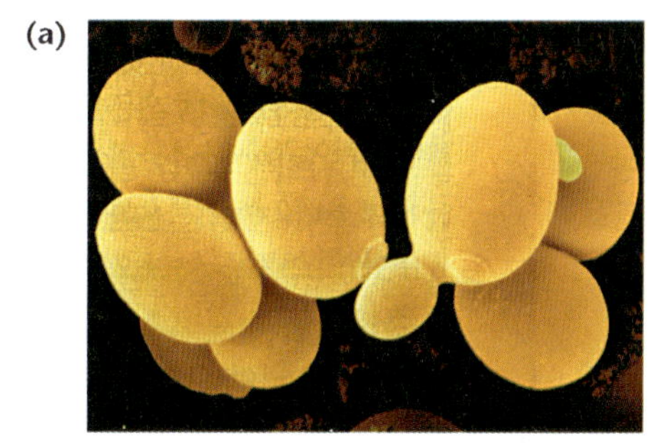

(b)

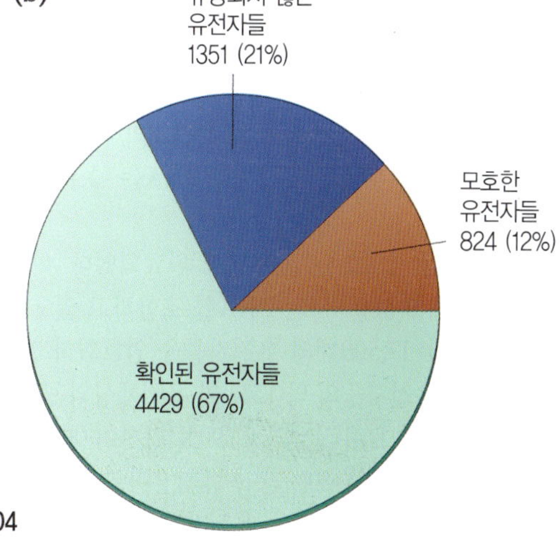

그림 18-8 (a) *Saccharomyces cerevisiae*는 진핵생물을 위한 모델 생물체다. (b) 2006년 9월 6일자로 수행된, 단백질 암호화 유전자들의 기능적 분석.

(a)

(b)

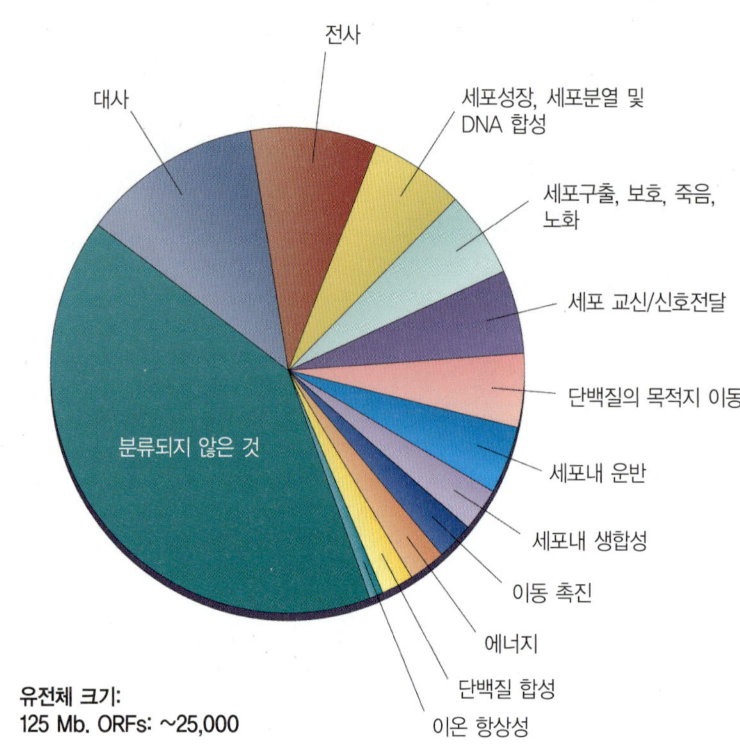

그림 18-9 (a) *Arabidopsis thaliana*는 현화 식물의 유전체 구성과 발생의 연구를 위한 유전적 모델로 사용되는 작은 식물이다. (b) 상동성 검색에 기초하여 *Arabidopsis*의 유전자들이 기능적 범주들로 지정되었다.

유전체 중복과 유전자 중복이 애기장대 유전체의 진화에 큰 역할을 했다. 25,000개 유전자 중 많은 수가 중복되어 있으며, 15,000개 미만이 서로 다른 유전자이다. 예를 들어, 애기장대의 염색체 2번과 4번은 많은 직렬 유전자 중복을 가진다(염색체 2번 위의 239개의 중복, 539 유전자가 포함됨). 그리고 2.5 Mb에 걸쳐 4개의 DNA 서열 블록들이 관여한 더 큰 중복도 포함한다. 염색체간 중복도 존재하는데, 4번 염색체의 유전자들은 5번 염색에도 존재한다.

옥수수, 벼, 그리고 보리 등과 같은 작물들은 애기장대보다 훨씬 큰 유전체를 가지지만, 일부는 대략 비슷한 수의 유전자를 포함한다(표 18.6을 보라). 애기장대에서와는 대조적으로, 커다란 유전체를 가지는 이들 식물들은 유전자들이 뭉쳐서 존재하는 DNA 부분을 가지는 것이 특징인데, 이들 유전자 뭉치(cluster)들은 매우 기다란 유전자간 DNA들에 의해 분리되어 있다. 모두 합하면, 이들 유전자 클러스터들은 유전체의 12~24% 정도만을 점유하고 있다. 옥수수에서 유전자간 DNA는 주로 트랜스포존들로 구성된다.

벼 유전체의 서열화는 2005년에 완료되었다. 이 분석으로, 이 곡물의 유전체가 400 Mb의 DNA를 포함하고 있으며, 12개의 염색체상에 대략 37,500개의 유전자들을 암호화하고 있는 것으로 드러났다. 벼 유전자들의 약 15% 가 유전체상의 중복된 절편에서 발견된다. 애기장대 유전자의 약 90% 가까이가 벼에서도 발견되지만, 벼 유전자의 약 70%만이 애기장대에서 발견된다. 이것은 다른 현화 식물에서 발견되는 유전자들 외에도, 곡물 식물들이 독특한 유전자 세트를 가진다는 것을 시사한다. 벼와 기타 곡물 식물들에서 발견되는 이 유전자들의 발견과 기능 규명은, 증가하는 지구 인구를 부양할 수 있도록 곡물 생산량을 증가시키는 데 매우 도움을 줄 수 있을 것이다.

18.6 인간 유전체 지도화 작업이 인간 유전체 프로젝트에 의해 조성되었다

인간 유전체 프로젝트(Human Genome Project, HGP)는 인간의 반수 유전체의 서열을 결정하고 그것이 포함하고 있는 모든 유전자들을 밝히려는 국제적인 협력 작업이다. HGP는 돌연변이 분석에 의한 유전적 지도 작성의 전통을 확장시켜 한 생물체의 모든 유전자들을 찾고 지도화하고자 하였다. 이것은 HGP를 비롯한 다른 모든 유전체 사업들의 공통 목표로, 이들은 돌연변이 분석 대신에 재조합 DNA 기술과 DNA 서열화법을 이용한다.

HGP는 엄청난 양의 정보를 생산해 냈으며, 이들 중 많은 부분이 아직도 분석 및 해석되고 있다. 지금까지 확실한 것은, 다양한 생물체들에서 얻어진 유전체 정보들이, 인간과 기타 다른 종들이 세포의 기능과 증식에 필수적인 공통의 유전자를 공유한다는 것을 증명하는 것으로, 모든 생물들이 공통조상에서 생겨난 것임을 확인시켜 준다는 것이다. 이러한 진화적 연관관계는 인간 유전체에 대한 분석과, 인간의 유전병을 연구하기 위한 모델 생물들의 발달을 촉진시켰다.

사업의 시작

공공 지원을 받은 HGP는, DNA 이중나선의 구조를 발견했던 제임스 왓슨(James Watson)의 지도 하에 1990년에 시작되었다. 질병 유전자를 발견하고 지도 표식자들을 찾아내는 대신에, HGP는 인간 유전체의 모든 DNA를 서열화하고, 24개 염색체(22개의 상염색체와 X, Y 염색체들)의 수천 개 유전자들을 밝히고 지도화하기로 했다. 그리고 모든 유전자들의 기능을 밝히겠다는 것이었다. 유전적 정보가 사회에 미칠 영향을 고려하여, HGP는 **ELSI 프로그램**(Ethical, Legal, and Social Implication)을 발족시켜, 유전정보가 안전하게 지켜지고, 차별적 방법으로 사용되지 않도록 하였다.

이름에 나타나 있지는 않지만, HGP는 실험 유전학에 사용되는 여러 모델 생물의 유전체를 서열화하는 프로젝트들을 포함하고 있다. 여기에는 대장균, 효모, 예쁜꼬마선충, 초파리, 생쥐 등에 대한 서열화 사업들이 포함된다.

1999년에 사립 회사의 지원을 받는 HGP가 셀레라 사(社)의 크레이그 벤터(Craig Venter)에 의해 발표되었다. 이 사업의 목표는 샷건 방법을 사용하여 더 빠르게 인간 유전체를 서열화하는 것이었다. 이러한 발표는 인간 유전체 서열을 최초로 발표하려는 두 팀 사이의 강한 경쟁을 촉발시켰다.

주요 특징

2000년 6월, 공적 유전체 사업과 사적 유전체 사업의 지도자들이 백악관에서 만나 인간 유전체의 초안이 완성되었음을 공동으로 발표했다. 그림 18-10은 유전자들과 그들의 기능을 요약해 놓은 것이다. 2001년 2월에, 이들은 각각 유전체의 진정염색질 부분 96%에 해당하는 분석 결과를 발표했다. 틈을 채워 서열화를 완성하는 나머지 작업은 2003년 HGP에 의해 완료되었다. 인간 유전체의 주요 특징은 표 18.7에 제시되어 있다. 여러분이 표에서 보는 바와 같이, 여러 가지 흥미롭고 독특한 관찰들이 우리 자신의 유전체에 대한 주요 통찰들을 제공하고 있다.

끝나지 않은 작업

인간 유전체의 99% 이상에 해당하는 진정염색질 부분의 서열화가 끝났다. 진정염색질 부분의 틈(서열화되지 않은 부분)들은 유전체 중복 부분과 관련된 것으로, 조립이 매우 어려운 곳이다. 이질염색질의 틈들은 동원체 주변 지역, 리보솜 DNA 유전자들, 그리고 텔로미어들을 포함한다; 이들은 200 Mb 이상의 서열에 해당한다. 인간 유전체의 이질염색질 부분은 이곳이 광범위한 반복서열들과 소수의 유전자들을 포함한다는 이유로 유전체 프로젝트에서 배제되었었다. 두 가지 형태의 틈이 유전체 전체에 걸쳐 존재하며, 크기와 서열 내용에서의 차이 때문에, 모든 비서열화 부분을 채우기 위해서는 여러 가지의 다른 전략이 필요하다.

침팬지의 유전체

HGP의 일부분은 아니지만, 침팬지(*Pan troglodytes*) 유전체의 뉴클레오티드 서열은 2004년에 완성되었다. 모두 합하면, 침팬지와 인간의 서열은 2% 미만의 차이가 난다. 이들 유전체의 비교는 무

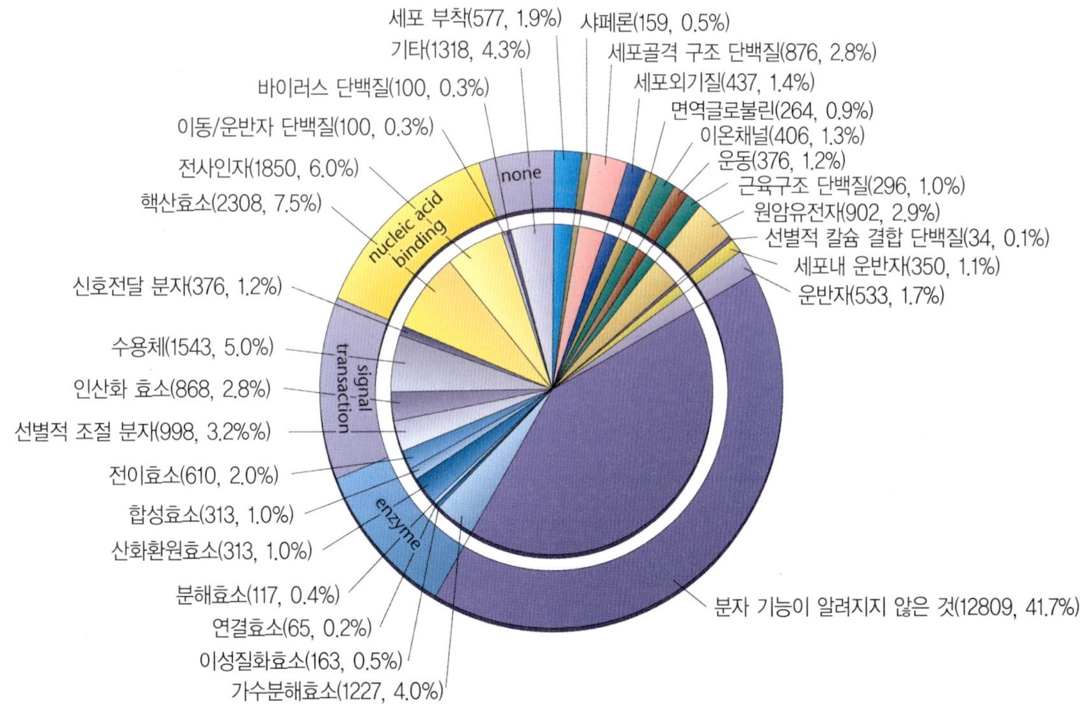

그림 18-10 알려진 기능을 가진 단백질들의 유사성에 기초하여 인간의 유전체에서 유전자들에 부여된 기능들의 예비 목록. 가장 흔한 유전자들로는 핵산 대사에 관여하는 것들(규명된 모든 유전자 중 7.5%), 전사인자(6.0%), 수용체(5%), 단백질 키나아제(2.8%), 그리고 세포골격 구조 단백질(2.8%)이다. 총 12,809개의 예상 단백질들(41%)은 기능이 알려지지 않았으며, 우리 유전체를 완전히 이해하기 위해서는 좀 더 작업이 필요함을 시사한다.

표 18.7 인간 유전체의 주요 특징

- 인간의 유전체는 30억 이상의 뉴클레오티드를 포함하지만 단백질 암호화 서열들은 유전체의 약 5% 정도만 차지한다.
- 적어도 50%의 유전체가 LINE이나 Alu 서열들과 같은 가동성 요소들로부터 유래한 것이다.
- 인간의 유전체는 20,000~25,000개의 단백질 암호화 유전자들을 포함하고 있어서 앞서 추정되었던 50,000~100,000개보다 훨씬 적은 수의 유전자를 갖는다.
- 유전자들의 40% 이상에 대해 분자 기능이 알려져 있지 않다.
- 유전자들은 24개의 염색체들에 골고루 분포하는 것이 아니다. 유전자가 풍부한 클러스터들은 유전자가 거의 없는 "사막"에 의해 분리되어 있으며, 이러한 사막 지역은 유전체의 20%를 차지하고 있다. 이들은 염색체의 염색상에서 나타나는 G 밴드와 관련이 있다. 19번 염색체는 가장 유전자 밀도가 높으며, 13번 염색체와 Y 염색체는 유전자 밀도가 가장 낮다.
- 인간의 유전자들은 크기가 크고, 초파리 같은 무척추동물의 유전체에서 발견되는 것보다 더 크고 많은 유전자들을 포함하고 있다. 가장 큰 것으로 알려진 인간의 유전자는 근 단백질인 디스트로핀을 암호화하는 것이다. 돌연변이형일 때 근이영양증과 관련이 있는 이 유전자는 2.5 Mb 길이로(14장), 세균의 염색체보다도 크다. 이 유전자는 대부분이 인트론으로 구성된다.
- 인간 유전자의 인트론 수는 0개(히스톤 유전자)에서 234개(근 단백질인 타이틴(*titin*) 유전자)까지 다양하다.

엇이 인간과 침팬지를 분화시키는지에 대한 흥미로운 통찰을 제공한다.

인간과 침팬지를 나눈 종분화 사건들은 약 630만 년 전에 발생했으며, 유전체 분석을 통한 최근의 증거는 이들 종이 처음에 분기한 이후에도 완전히 나눠기 전까지 유전자를 교환했음을 시사한다. 종들이 분리된 후에는, 그들의 유전체는 독립적으로 진화했다. 이것은 침팬지의 22번 염색체 서열(침팬지는 48개, 인간은 46개의 염색체를 가지므로, 번호가 다르다)과, 그에 대한 **종간상동체**(ortholog)인 인간의 21번 염색체를 비교함으로써 알 수 있다(종간상동체 유전자나 염색체들은 공통조상을 가지는 것들이다). 이들 염색체는 총 1.44%에 해당하는 뉴클레오티드 치환을 축적했다. 가장 놀라운 차이는 침팬지와 인간 염색체들에서 68,000 뉴클레오티드의 **삽입**이나 **결실**(indel)들을 발견한 것으로, 470 염기마다 1번의 빈도에 해당하는 것이다. 이들 중 다수는 인간의 21번 염색체 내의 *Alu* 삽입들이다. 뉴클레오티드 서열에서의 전체적인 차이는 작은 것이지만, 암호화되는 유전자들에서는 큰 차이가 존재한다. 두 염색체에서 분석된 유전자 중 17%만이 동일한 단백질을 암호화했다; 나머지 83%는 하나 이상의 아미노산 차이가 있는 유전자들을 암호화하고 있었다.

염색체들과 그 유전자들 사이의 차이는 이야기의 일부에 지나지 않는다. 유전자 발현의 시간적, 공간적 차이는 이 두 영장류의 분화에 중요한 역할을 담당한다. DNA 마이크로어레이(19장을 보라)를 이용하여, 연구자들은 인간과 침팬지의 뇌와 간에서 202개의 유전자 발현 패턴을 비교했다. 이들은 간보다는 뇌의 유전자 발현이 더 종-특이적임을 발견했다. 이러한 차이를 더 깊이 조사하기 위해, 스반테 파보(Svante Pääbo)와 동료들은 인간과 침팬지의 뇌에서 10,000개의 유전자에 대해 발현을 비교했다. 이들은 조사된 유전자 중 10%가 뇌의 한 곳 이상에서 발현 차이를 나타냄을 발견했다. 보다 중요한 것은 이러한 차이가 침팬지와 인간이 분기한 이후에 중복된 인간 유전체 부위에 존재하는 유전자들과 관련되어 있다는 것이다. 이것은 유전체 진화, 종분화, 그리고 유전자 발현이 모두 함께 연결되어 있음을 시사한다. 이들 중복 단편들과 여기에 포함되어 있는 유전자들에 대한 앞으로의 연구가 인간을 형성하는 유전자들을 찾는 데 도움을 줄 수 있을 것이다.

표 18.8 인간의 21번 염색체와 침팬지의 22번 염색체 사이의 비교

	Human 21	Chimpanzee 22
Size (bp)	33,127,944	32,799,845
G + C Content	40.94	41.01
CpG Islands	950	885
SINES (*Alu* elements)	15,137	15,048
Genes	284	272
Pseudogenes	98	89

18.7 비교 유전체학은 다재다능한 도구다

비교 유전체학(comparative genomics)은 한 생물의 유전체를 다른 생물의 유전체와 비교한다. 이것은 유전자 발견과 인간의 질병을 연구하기 위한 모델 생물의 개발 등을 포함하여 많은 연구 및 실용적 응용과 관련된 분야다. 또한 유전자와 유전체 진화에 대한 연구 및 생물과 그들의 환경 사이의 관계를 연구하는 것도 포함하고 있다. 비교 유전체학은 넓은 범주의 기술과 자원을 활용한다. 뉴클레오티드와 단백질 데이터베이스를 만들어 활용하는 것뿐만 아니라, 형광 제자리 혼성화(FISH)법 등 실험적 방법을 이용한다. 이러한 자원들은 생물간의 유전적 차이와 유사성을 밝히는 데 이용되는데, 이로써 어떻게 이러한 차이가 표현형, 생활사, 혹은 다른 원인들의 차이에 기여하는지 밝히고, 이들 유전적 차이의 진화 역사를 설명하는지 알아낼 수 있다.

다음 절에서는 모델 생물들과 진화에서의 비교 유전체학 응용에 대해 알아보도록 하자.

모델 생물로서의 개

점점 많은 수의 유전체 서열에 대한 분석이 이루어지면서, 모든 생물들은 관련되어 있으며 공통조상의 후손이라는 것이 확실해졌다. DNA 복제, 전사, 그리고 번역 등, 기본적 세포 기능을 위해 모

(a)

(b)

개의 유전체

Size: 2.47 Gb

염색체: 39

ORFs: 19,300

반복성 DNA: 31%

그림 18-11 개의 유전체. (a) 푸들인 셰도우(Shadow)의 DNA가 개 유전체의 초안을 서열화하는 데 사용되었다. (b) 개 유전체의 특징.

든 생물들에서 비슷한 유전자 세트들이 사용된다. 이러한 발견은 인간의 유전병을 연구하고, 심혈관 질환이나 행동 장애 같은 복잡한 질병들에서 유전자들과 환경과의 상호작용을 연구하기 위해 모델 생물들을 개발하고 사용할 수 있도록 했다. 앞서 언급했던 바와 같이, 이들 모델 생물들에는 효모, 초파리, 생쥐 등이 포함된다. 개(*Canis familiaris*)의 유전체에 대한 개략적인 초안이 2003년에 발표되었고(그림 18-11), 2005년에는 좀 더 전체적인 분석이 이루어져, 우리 인간의 유전체를 연구하는 데 사용할 수 있는 가장 유용한 모델 중 하나를 제공하게 되었다.

개는 인간의 유전병을 연구하는 데 여러 장점을 가진다. 개들은 많은 유전병들을 인간과 공유한다: 400개 이상의 단일인자 질환들과 성염색체 이수성, 발작 같은 다요소적 질환들, 그리고 암에 대한 유전적 소인 등이 공통적이다.

인간의 염색체에 혼성화되는, 개의 유전체에서 유래한 형광 표지된 탐침자를 이용하여, 염색체 비교 채색(comparative chromosome painting)을 수행하면 이 두 종의 염색체 사이의 상동성을 가시적으로 관찰할 수 있다(그림 18-12). 이들 블록은 개와 사람의 염색체에서 높은 정도의 유사성을 가진 서열들을 포함하고 있으며, 두 종 사이의 진화적 관계를 나타내 준다.

유전체 분석은 개에서 적어도 60%의 유전성 질병이 인간에서와 유사하거나 동일한 분자적 원인(점돌연변이나 결실 등)에 의해 발생한다는 것을 시사한다. 그리고 개에서 이들 유전성 질병들의 적어도 50%가 혈통-특이적(breed-specific)이어서, 그 돌연변이 대립인자가 동질적인 유전적 배경에 의해 몰려 있음을 나타낸다. 소수의 창시자를 가지며, 오랫동안 유전적으로 고립되어 있었다는 점에서, 개의 혈통은 고립된 인간 집단과 유사하다. 이러한 특징들은 개의 혈통들을 인간의 유전질환에 대한 모델로 사용하도록 촉진한다.

그 밖에도, 개 혈통들 사이에서 나타나는 생물학적, 행동적 차이가 잘 기록되어 있다. 혈통들 사이의 DNA 서열 차이(다형성)를 지도화하는 것은 생리학적, 행동적 차이에 기여하는 후보 유전자의 발굴에 도움이 될 수 있다.

살아 있는 세포를 위한 최소 유전체

생명을 유지하는 데 필수적인 유전자들의 최소 숫자는 얼마인가? 비록 우리는 아직 자유 생활 생명체를 위해 필요한 유전자들의 최소수를 알고 있진 못하지만, 생명 유지에 필요한 유전자들의 최소수를 추측하기 위해 절대 기생체들의 작은 유전체를 이용할 수는 있다. 이를 위해서는, *Mycoplasma genitalium*과 *M. pneumoniae*의 세균 유전체로부터 얻은 서열정보를 비교할 수 있는데, 이 둘은 모두 인간의 기생성 병원체다. 밀접하게 연관된 이들 두 생물은 가장 간단한 자기 복제성 원핵생물로, 자기복제성 세포에 필수적인 기능들을 이해하기 위한 모델 생물로 사용될 수 있다. *M. genitalium*은 580 kb의 유전체를 가지며, *M. pneumoniae*는 816 kb의 유전체를 가진다. 이들은 곤충, 식물, 그리고 인간을 포함하여 넓은 범위의 숙주에서 병을 일으킨다(인간에서는 생식기와 호흡기 감염을 유발한다).

M. genitalium 유전체는 483개의 단백질 암호화 유전자를 가지며, 현재까지 서열화된 가장 작은 유전체다. 연관종인 *M. pneumoniae*의 유전체는 483개의 유전자에 194개의 유전자가 더 있어서 총 677개의 단백질 암호화 유선사들을 포함한다. 대조적으로, *Haemophilus influenzae*의 1.8 Mb 유전체(최초로 서열화된 세균 유전체)는 1,783개의 유전자를 가진다.

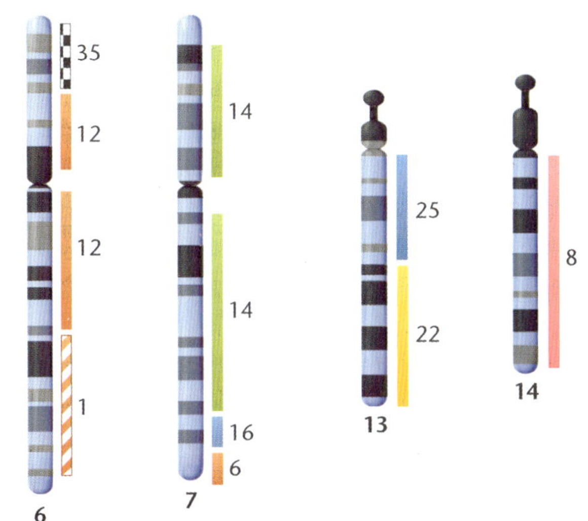

그림 18-12 형광 제자리 혼성화(FISH)의 변형인 염색체 채색법으로 얻어진 설명적 결과가 인간과 개의 염색체 상에서 상동적 조각들을 찾는 데 사용되었다. 이들 상동성은 개와 인간의 유전체에서 이 둘 모두에 존재하는 DNA 서열을 탐색하는 데 사용되어 왔다. 인간의 6번 염색체는 3개의 개 염색체들(1, 12, 35번)에서 발견되는 서열을 가진다. 인간의 7번 염색체는 개 염색체 6, 14, 그리고 16번에서 발견되는 서열들로 구성된다. 차단부 동원체성(acrocentric)인 인간의 13번과 14번 염색체들은 각각 개 염색체 22, 25, 그리고 8번 위에서 발견되는 서열들을 포함한다.

유전체 서열들의 사용 가능성은 우리에게 *M. genitalium*이 가지고 있는 483개의 유전자(*M. pneumoniae*도 공유하는)가 생명에 필요한 유전자 수에 가까운 것인지를 묻게 한다. 다시 말해, 우리는 생명을 특정 유전자의 수로 정의할 수 있을까? 비교 유전체학과 실험을 조합하여 이 질문에 답할 수 있다. 비교학적 접근법은 관계가 먼 생물들이 공유하는 유전자들은 생명에 필수적일 가능성이 높다는 전제에 기초하고 있다. 서로 다른 생물들에서 공유되는 유전자 세트들을 비교함으로써, 공유되는 것들을 목록화하고, 생명에 필요한 유전자들을 뽑을 수 있을 것이다.

*M. genitalium*과 *H. influenzae*는 15억 년 전에 마지막으로 조상을 공유했다. 이들 종에서 공유되는 유전자들은 생명에 필수적인 것을 대표한다. *M. genitalium*과 *H. influenzae*에서 유전자들의 뉴클레오티드 서열을 비교함으로써, 연구자들은 이 두 종 사이에서 240개의 종간 상동 유전자를 찾아냈다. 240개의 공유 유전자 외에도 서열은 다르지만 동일한 기능을 하는 16개의 유전자들도 찾아냈다. 이들은 종간 상동이 아닌 유전자들에 의해 수행되는 필수적 기능을 나타낸다. 따라서 비교 유전체학은 256개의 유전자가 생명에 필수적인 최소 유전자 수라고 추산한다.

크레이그 벤터(Craig Venter)와 그 동료들은 *M. genitalium*의 480개 유전자 중 몇 개가 생명에 필수적인지를 결정하기 위해 실험적 접근법을 사용했다. 그들은 트랜스포존을 사용하여 *M. genitalium*의 유전자들을 선택적으로 돌연변이화 시켰다. 필수적인 유전자들에서 생긴 돌연변이들은 치사성 표현형을 만들 것이다. 그러나 비필수적 유전자에서의 돌연변이들은 생존에 영향을 미치지 않을 것이다. 그들은 480개 유전자 중 많은 수가 비필수적임을 발견하여, *M. genitalium*를 위한 최소 유전자 수는 265~300개 정도라고 주장한다. 이것은 비교 유전체 분석에서 유도된 256개와 유사한 값이다.

이 문제를 풀어보자

467페이지의 20번 문제는 원핵성 생물인 *Buchneria* 속의 구성원들에서 나타나는 차별적 유전자 소실을 설명하라는 것이다.

힌트: 공생생물은 그들의 숙주와 공진화함을 기억하라.

18.8 비교 유전체학은 다중 유전자 패밀리들의 진화와 기능을 밝혀준다

다중 유전자 패밀리(multigene family)의 구성원들은 비슷하지만 똑같지는 않은 DNA 서열들을 공유하는데, 이들은 단일 공동 유전자로부터 중복되어 분화된 것이다. 그들의 유전자 산물은 빈번하게 유사한 기능을 가지며, 항상 그런 것은 아니지만 유전자들은 단일 염색체상의 좌위에서 발견된다. 다중 유전자 패밀리들의 그룹을 슈퍼패밀리(super family)라고 한다. 다중 유전자 패밀리들의 분석이 어떻게 진핵성 유전체 진화와 기능에 대한 통찰을 제공하는지 살펴보기 위해, 우리는 우선 글로빈 유전자의 슈퍼패밀리를 조사해 볼 것이다. 이들은 매우 유사하지만 동일하지 않은, 밀접하게 연관된 기능들을 가지는 단백질들의 일부 폴리펩티드 사슬을 만드는 유전자 그룹이다. 한 개의 유전자가 중복되어 생겨난 다수의 단백질들을 **중복 상동**(paralog, **직렬 상동**)이라고 한다. 헤모글로빈 분자의 폴리펩티드들을 암호화하는 글로빈 유전자는 중복과 타염색체로의 분산에 의해 생겨난 중복 상동성 다중 유전자 패밀리의 전형을 보여준다.

글로빈 유전자 슈퍼패밀리의 기원과 구성

유전체 프로젝트로부터 얻어진 거의 완벽한 서열 자료들은 다중 유전자 패밀리들이 모든 유전체는 아니라도 많은 유전체들에 존재하고 있다는 증거를 제공한다. 분자 계통학 연구는 유전자 패밀리들의 구성원 사이에서, 이들의 조상과 그 관계를 추적했다. 이

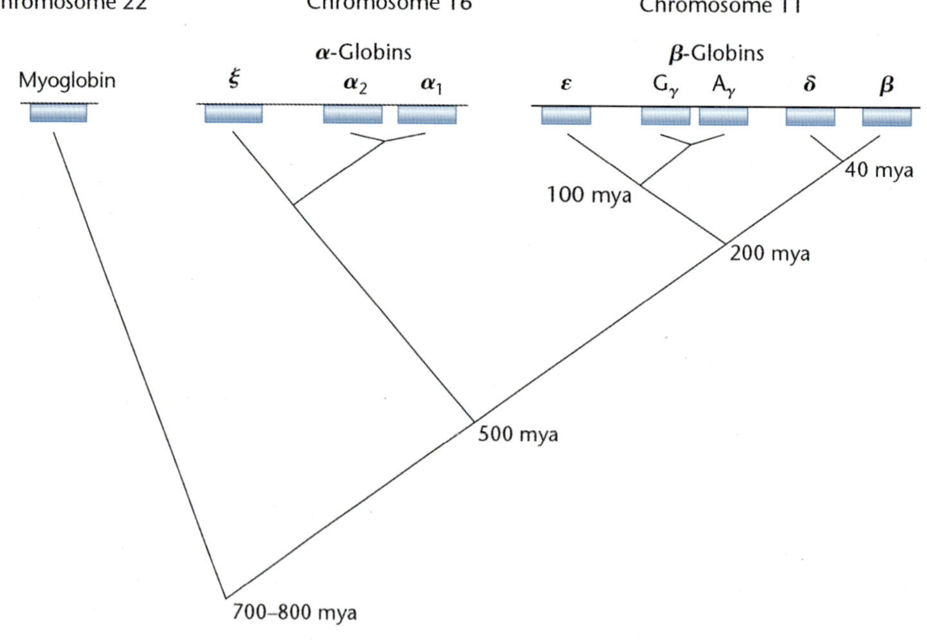

그림 18-13 글로빈 유전자들의 진화역사. 약 7~8억 년 전에 조상 유전자의 중복에 의해 두 계열이 생겼다. 하나는 미오글로빈 유전자가 되었으며 사람 염색체의 22번에 위치한다. 다른 계열은 두 번째 사건이 약 5억 년 전에 발생하여 알파와 베타 하위 그룹의 조상이 되었다. 약 2억 년 전에 발생한 중복은 베타 글로빈 패밀리들을 만들었다. 사람에서는 알파 글로빈 유전자가 16번 염색체에, 베타 글로빈 유전자는 11번 염색체에 위치한다. (mya = million years ago).

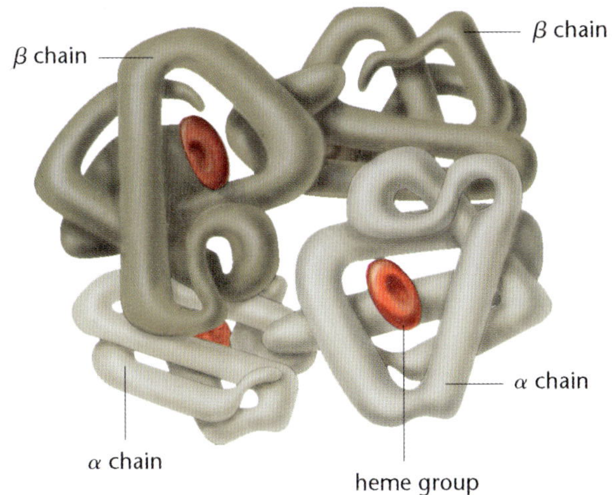

그림 18-14 두 개의 알파와 두 개의 베타 사슬들로 구성되는 기능적 헤모글로빈 한 분자. 각 사슬은 하나의 헴 그룹을 가진다.

러한 분산적 진화에서 가장 잘 연구된 예 중 하나는 **글로빈 유전자 슈퍼패밀리**(globin gene superfamily)(그림 18-13)이다. 이 패밀리 내에서는, 산소를 운반하는 단백질을 암호화하던 조상 유전자가 약 8억 년 전에 중복되어 두 개의 자매 유전자를 만들었고, 그 중 하나가 현대의 미오글로빈(myoglobin) 유전자로 진화했다. (미오글로빈은 근육에서 발견되는 산소-운반 단백질이다.) 다른 유전자는 더 중복되고 분기하여 약 5억 년 전에 현재의 **α-글로빈**(α-globin)과 **β-글로빈**(β-globin) 유전자들의 원형이 되었다. 이들 유전자는 혈액세포의 산소 운반 분자인 헤모글로빈에서 발견되는 단백질들을 암호화한다. 이들 유전자 내에서 약 2억 년 전에 추가적인 중복이 발생했다. 중복 이후에 발생한 사건들이 이들 유전자 서브패밀리(subfamily)들을 서로 다른 염색체로 흩어놓았고, 인간의 유전체에서는 각 유전자가 현재 분리된 염색체상에 자리하고 있다.

비슷한 진화 양상이 다른 유전자 패밀리들에서도 관찰된다. 프로테아제인 트립신-키모트립신(trypsin-chymotrypsin) 유전자 패밀리, 동물의 호메오틱 선별(homeotic selector) 유전자들, 그리고 시각 색소인 로돕신(rhodopsin) 패밀리 등이 그러하다.

성인의 헤모글로빈은 사합체(tetramer)로서, 두 개의 α-폴리펩티드와 두 개의 β-폴리펩티드를 포함하고 있다(그림 18-14). 각 폴리펩티드는 가역적으로 산소와 결합하는 헴 그룹을 포함한다. 16번 염색체상의 α-글로빈 유전자 클러스터와 11번 염색체상의 β-글로빈 유전자 클러스터는 뉴클레오티드 유사성을 공유하지만, 가장 높은 정도의 서열 유사성은 서브패밀리 내에서 발견된다(그림 8-15).

α-글로빈 유전자 서브패밀리[그림 18-16(a)]는 3개의 유전자들을 포함한다: 배발생 초기에만 발현되는 ζ(zeta) 유전자, 두 개의 사본으로 존재하는 α 유전자(태아기 때는 α_1, 성인기에는 α_2)다. 그리고 이 클러스터는 ζ와 α_1의 위유전자(pseudogene) 2개를 포함하고 있다. 위유전자들은 단백질-암호화 유전자의 비기능적인 친척이다. 이 패밀리 내의 위유전자들은 앞에 ψ(psi)를 붙이고 가장 닮은 유전자의 표시를 써서 나타낸다. 따라서 $\psi\alpha_1$은 태아형 α_1 유전자의 위유전자를 나타내는 것이다.

α-글로빈 서브패밀리 유전자들의 구성과, 엑손이나 인트론들의 위치는, 몇 가지 특징을 나타낸다. 첫째, 진핵생물에서 흔한 것처럼, 3개의 기능적인 α 유전자들을 암호화하는 DNA는 그 서브패밀리를 포함하고 있는 30 kb에서 아주 작은 부분만을 차지하고 있다. 이 영역의 대부분의 DNA는 유전자간 스페이서(intergenic spacer)다. 둘째, 이 서브패밀리의 기능적 유전자는 각각 정확하게 같은 자리에서 두 개의 인트론을 포함하고 있다. 셋째, ζ와 α유전자에서 해당 엑손 내의 뉴클레오티드 서열들은 거의 동일하다. 이들 유전자는 141개의 아미노산으로 구성된 폴리펩티드 사슬을 암호화한다. 그러나 그들의 인트론 서열들은 크기는 비슷해도 매우 분기해 있다. 각 유전자의 뉴클레오티드 서열 대부분이 이러한 비암호화 인트론들 내에 포함된다.

인간의 β-글로빈 유전자 클러스터는 60 kb의 DNA에 자리하는 5개의 유전자를 포함한다[그림 18-16(b)]. α-글로빈 유전자 서브패밀리에서와 마찬가지로, 염색체상의 유전자 순서는 발달과정 중의 발현 순서와 동일하다. 다섯 유전자 중에서 3개가 출생 전에 발현된다. ε(epsilon) 유전자는 오직 배발생 중에만 발현되고, 거의 똑같은 2개의 γ 유전자들(Gγ와 Aγ)은 태아 발달 중에만 발현된다. 두 γ 유전자의 폴리펩티드 산물은 오직 한 개의 아미노산만 차이가 난다. 남은 두 유전자인 δ와 β는 출생 후와 전 생애에 걸쳐 발현된다. 하나의 위유전자인 $\psi\beta_1$이 이 서브패밀리 내에 존재한다. 이 클러스터 내의 기능적 다섯 유전자 모두 146개의 아미노산으로 이루어진 폴리펩티드를 만들며, 정확히 동일한 위치에 비슷한 크기의 인트론을 2개 가진다. β 유전자의 두 번째 인트론은 기능적인 α 유전자들 내의 해당 인트론보다 훨씬 크다. 이러한 유

α-globin V – L S P A D K T N V K A A W G K V G A H A G E Y G A E A L E R M F L S F P T T K T Y F P H F – D L S H
β-globin V H L T P E E K S A V T A L W G K V – – N V D E V G G E A L G R L L V V Y P W T Q R F F E S F G D L S T

α-globin – – – G S A Q V K G H G K K V A – D A L T N A V A H V D D – M P N A L S A L S D L H A H K L R V D P V N
β-globin A V M G N P K V K A H G K K V L – G A F S D G L A H L D N – L K G T F A T L S E L H C D K L H V D P E N

α-globin L L S H C L L V T L A A H L P A E F T P A V H A S L D K F L A S V S T V L T S K Y R – 141
β-globin L L G N V L V C V L A H H F G K E F T P P V Q A A Y Q K V V A G V A N A L A H K Y H – 146

그림 18-15 한 문자 아미노산 약자(표 13-5를 보라)를 사용하여 α-글로빈 유전자와 β-글로빈 유전자의 아미노산 서열을 비교한 것. 어두운 부분은 동일한 아미노산을 가리킨다. 두 개의 유전자는 약 5억 년 전에 공통조상에서 분기했다.

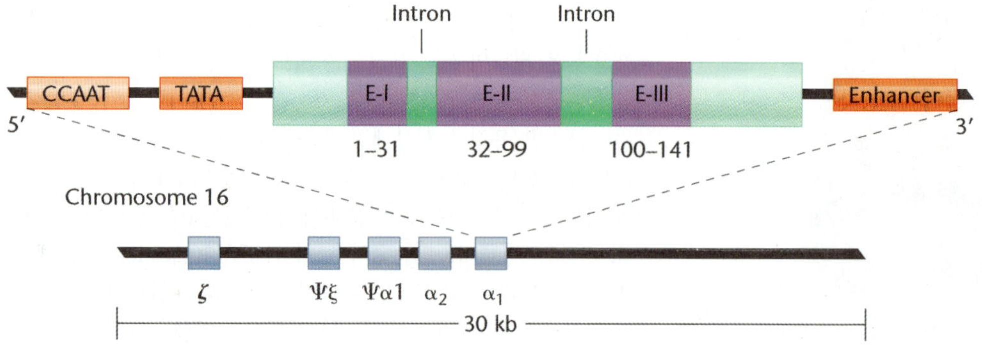

(b) Beta-globin gene subfamily

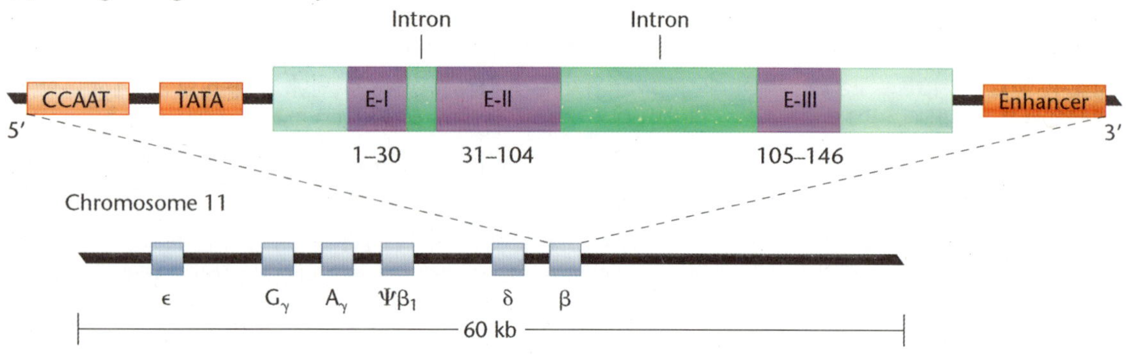

그림 18-16 (a) 염색체 16번 위의 α-글로빈 유전자 서브패밀리의 구성, (b) 염색체 11번 위의 β-글로빈 유전자 서브패밀리의 구성. α_1 유전자와 β 유전자의 내부 구조도 나타나 있다. 각 유전자는 세 개의 엑손(E-I, E-II, E-III)과 두 개의 인트론을 포함한다. 엑손들 밑의 숫자들은 각 엑손에 의해 암호화되는 유전자 산물에서의 아미노산 위치를 표시한 것이다.

사성은 각 서브패밀리의 진화적 역사와, 오늘날 글로빈 슈퍼패밀리를 만든 유전자 중복, 뉴클레오티드 치환, 그리고 염색체 전좌 등의 사건들을 반영하는 것이다.

면역글로불린 유전자 패밀리

면역글로불린 유전자 슈퍼패밀리(immunoglobulin gene superfamily)는 크고, 다양하며, 모든 척추동물에서 발견되는 관련 유전자들의 조상형 그룹에 속한다. 이들의 진화적 계통은 아직 완전히 알려지지 않았다. 많은 패밀리 구성원들이 면역계와 연관되지 않은 기능을 가진다. 면역계 기능을 가지는 단백질을 암호화하는 유전자들은 엑손 셔플링(exon shuffling), 유전자 중복(gene duplication), 그리고 새로운 기능에 대한 적응(adaptation to new function) 등을 통해 진화했다. 면역계 유전자를 암호화하는 서브패밀리들은 척추동물 진화의 초기 단계에 출현했다.

표 18.9 면역글로불린의 분류와 성분

Ig Class	Light Chain	Heavy Chain	Tetramers
IgM	κ or λ	μ	$\kappa_2\mu_2$, $\lambda_2\mu_2$
IgD	κ or λ	δ	$\kappa_2\delta_2$, $\lambda_2\delta_2$
IgG	κ or λ	γ	$\kappa_2\gamma_2$, $\lambda_2\gamma_2$
IgE	κ or λ	ε	$\kappa_2\varepsilon_2$, $\lambda_2\varepsilon_2$
IgA	κ or λ	α	$\kappa_2\alpha_2$, $\lambda_2\alpha_2$

면역계는 잠재적으로 유해한 외부물질의 침입에 대항하는 효과적인 장벽이다. 이러한 침입자들은 비자기(nonself)로 인식되어 면역계에 의해 파괴된다. 고도로 특수화된 지역적인 유전체 변형은 면역계의 성숙과 기능의 특징이다. 300개 미만의 유전자들로 이루어진 세트로부터, 면역계의 미성숙 세포 내에서 발생하는 재조합, 결실, 재결합 DNA 단편들의 미스매칭 등을 포함한 사건들

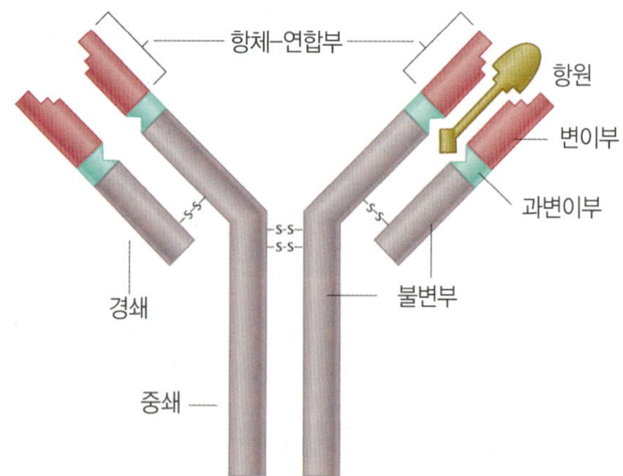

그림 18-17 전형적인 항체(IgG) 분자는 Y자 모양으로 4개의 폴리펩티드 사슬을 포함하고 있다. 더 긴 사슬이 H 사슬, 짧은 것이 L 사슬이다. 이 사슬들은 이황결합으로 연결되어 있다. 각 사슬은 변이부(variable region), 과변이부(hypervariable region)와 불변부(constant region)를 포함한다. 한 쌍의 L과 H 사슬에서 변이부와 과변이부 부분은 특정 항원과 상호작용하는 연합 부위를 구성한다.

이 면역반응을 위한 방대한 가능성을 창조하게 된다.

면역반응의 한 구성요소가 외부물질이나 침입한 생물들에 대한 항체를 생산한다. 항체 생산을 촉진하는 요인들을 **항원**(antigen)이라고 한다. 단백질, 다당류, 그리고 드물게는 핵산과 같은 물질들을 포함하여, 수많은 분자들이 항원이 될 수 있다. **항체**(antibody)들은 면역 시스템의 B 세포들에 의해 생산되고 분비되는 단백질이다. 척추동물은 수많은 종류의 항체들을 생산할 수 있으며, 각 항체는 각 항원과 반응한다. 다음 절에서는 항체 다양성의 분자적 기초에 대해 알아보도록 하자.

항체들은 형질 B 세포(plasma B cell)에 의해 생산되는데, 이 세포들은 일종의 림프구(lymphocyte, 백혈구 세포)다. 다섯 종류의 항체 혹은 **면역글로불린**(immunoglobulin, Ig)이 존재한다; IgM, IgD, IgG, IgE, 그리고 IgA이다(표 18.9). IgG 항체들은 혈액에서 발견되는 항체의 약 80%를 차지하며 가장 광범위하게 연구된 항체 그룹이다.

전형적인 항체 분자(그림 18-17)는 이황결합(disulfide bond)으로 붙어 있는 두 개의 서로 다른 폴리펩티드 사슬로 구성되어 있는데, 각각은 두 카피가 존재한다. 좀 더 긴 사슬인 **중쇄**(heavy chain, H)는 약 440개의 아미노산을 포함한다. N-말단의 아미노산은 긴 사슬들마다 다르며 변이부(variable region, V_H)라고 알려져 있다. 나머지 C-말단 쪽의 아미노산들은 동일하며 중쇄의 불변부(constant region, C_H)를 구성한다. 사람에서 14번 염색체의 장완에 있는 유전자들이 H 사슬들을 암호화한다.

각각의 **경쇄**(light chain, L)는 220개의 아미노산으로 이루어져 있으며, 그 절반이 아미노산이 변이부(V_L)을 구성한다. C-말단의 나머지 아미노산들이 경쇄의 불변부(C_L)를 구성한다. 두 가지 형태의 L 사슬이 존재한다: 사람 염색체 2번에서 암호화하고 있는 κ-사슬과, 22번 염색체의 장완 위에 있는 유전자들에 의해 암호화되는 λ-사슬이다. 중쇄와 경쇄의 변이부들이 모여 **항체 연합 부위**(antibody combining site)를 구성한다. 각 항체 연합 부위는 구조적으로 매우 독특하여 자물통의 열쇠처럼 특정 항원하고만 결합할 수 있다.

항원에 대한 반응으로, 면역계는 독특한 항체를 생산하는 세포들을 만들어 낼 수 있다. 수 억의 다양한 항체들이 만들어질 수 있기 때문에, 이들 각각을 서로 다른 유전자에서 만들어 내기란 불가능하다; 사람 유전체에는 이들 유전자 산물을 모두 만들 만큼 풍부한 DNA가 있지 않다는 뜻이다.

어떻게 수백만 가지의 항체들이 생산될 수 있는가를 이해하기 위한 열쇠는 면역글로불린 유전자 구조를 이해하는 데 있다. 사람에서, κ-사슬의 유전자(그림 18-18)는 몇 가지 요소로 구성된다;

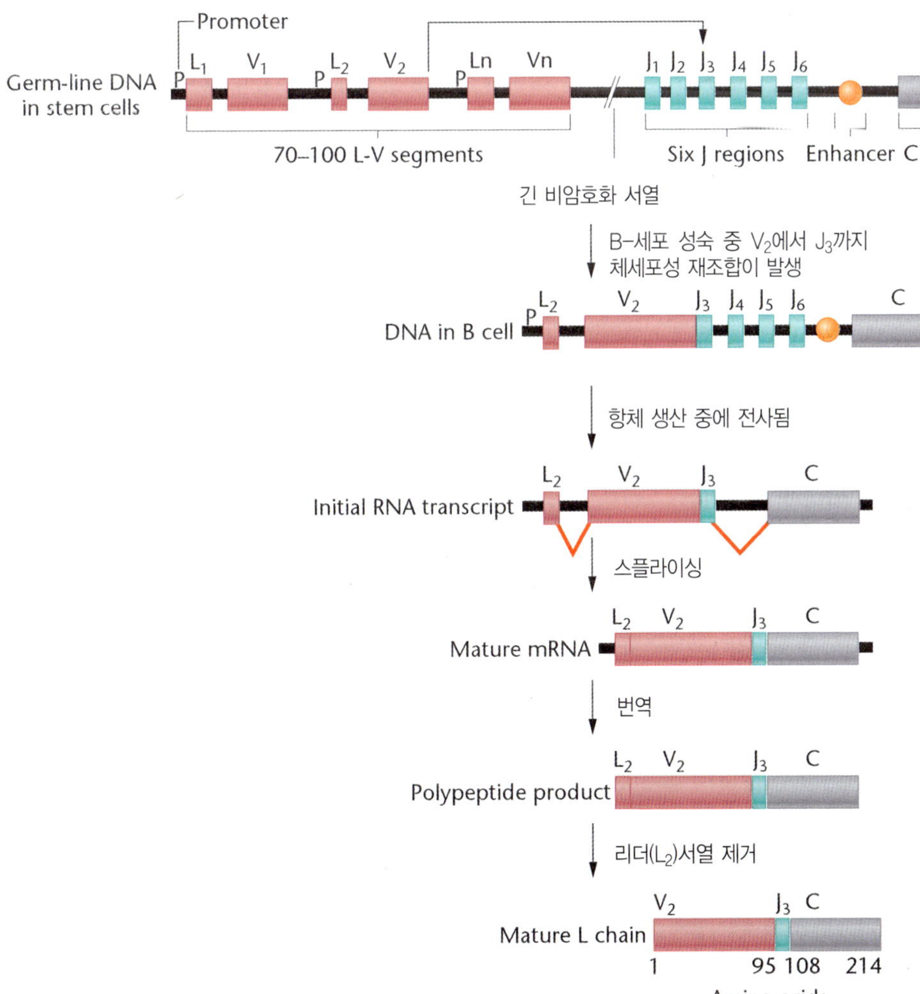

그림 18-18 사람의 카파 사슬(κ-chain)을 암호화하는 유전자 단편의 형성과 이의 전사, mRNA 스플라이싱, 그리고 폴리펩티드 사슬을 만드는 번역과정. 줄기세포의 DNA에는 70~100개의 서로 다른 L-V(leader variable) 단편들이 존재한다. 이들은 긴 비암호 서열에 의해 J 부위로부터 떨어져 있다. J 부위들은 mRNA 전사체로부터 떨어져 나가야 하는 인트론에 의해 하나의 C 단편과 분리되어 있다. 번역 후에는 리더 RNA(leader RNA)로부터 유래된 아미노산 서열들이 떨어져 나가고 성숙한 폴리펩티드 사슬이 세포막을 통과하게 된다.

L-V(leader-variable) 지역, J(joining) 지역, 그리고 C(constant) 지역이다. L-V 지역에는 70~100개 단편들이 있으며, 각각의 단편들은 서로 다른 뉴클레오티드 서열에 하나의 프로모터를 가지지만 인핸서는 없다. J 지역은 6개의 서로 다른 단편들을 포함하고, C 지역은 오직 하나의 C 단편을 포함한다. 프로모터 없이 하나의 인핸서가 마지막 J 단편과 C 단편 사이에 위치하고 있다. 이러한 특징은 각 단편들이 개별적으로 전사될 수 없도록 한다.

B 세포의 성숙기간 중에 재조합 사건에 의해 100개의 L-V 지역들 중 하나(그림 18-18에서 L_2-V_2)와 그 프로모터가 무작위로 6개의 J 지역 중 하나(그림에서는 J_3)와 C 지역(과 그 인핸서)에 연결된다. 이러한 재조합 사건이 기능적인 L 사슬 유전자를 만든다(그림 18-18의 두 번째 줄). 선택된 L-V 분절과 J_3 분절 사이의 모든 DNA는 잘려져서 없어진다. 이러한 형태의 재조합은 감수분열시 발생하는 것과는 다르며 다른 효소가 관여한다. V와 J 사이의 연합은 부정확해서 약 6 염기에 걸쳐 발생할 수 있다. 게다가 이러한 재조합 사건 중에는 DNA 말단에서 **잘리고-떨어져 나가고-다시 첨가되는 기작**(break-nibble-add mechanism)이 일어나며, 여기서 몇 개의 염기들이 무작위로 제거되고, 또 몇 개의 염기들이 무작위로 첨가된다. 이제 새로 생긴 유전자는 3개의 엑손들(L, V-J, 그리고 C)과 두 개의 인트론(하나의 L과 V-J 사이의 간격, 그리고 또 하나의 J_3과 C 사이의 간격)을 포함한다. 선택되지 않은 J 단편(이 예에서는 J_4-J_6)은 두 번째 인트론의 일부가 된다. L-사슬 유전자는 전사되고 변형되고, 번역되어 항체 분자의 일부가 되는 κ-L 사슬 단백질을 만들어 낸다. 재배열된 유전자는 안정적이며, 다음 B 세포 자손들 모두에게 전달된다.

κ-L 사슬 생산에서의 항체 다양성은 L-V 지역의 100개 분절 중 어느 하나가 6개 분절의 J 지역 중 어느 하나와 연합함으로써 생기므로, 약 600종의 κ 유전자가 생산된다. 각각의 연합반응이 몇 염기쌍에 걸쳐 일어나므로 가능한 유전자의 수는 또 몇천 가지로 증가한다. 또 부가적인 다양성이 break-nibble-add 기작에 의해서도 생겨난다. 재조합 사건들은 비슷한 수의 서로 다른 λ 유전자들을 만들어 낸다.

중쇄 유전자들은 커다란 DNA 영역에 펼쳐져 있으며 4가지 형태의 지역들을 포함하고 있다: L-V, D, J, 그리고 C이다. B 세포의 성숙과정 중에, H-사슬 성분의 무작위 재조합이 방대한 수의 H-사슬 유전자를 만든다. 만약 25개의 D 분절을 가정하고, 이들이 300개의 V 단편 및 6개의 J 단편과 연결된다고 하면, 45,000개의 H-사슬 유전자가 만들어진다. 부정확한 연결과 break-nibble-add까지 더하면 서로 다른 유전자의 총 숫자는 놀랄 만할 정도로 커진다.

요약하자면, 항체의 다양성은 면역글로불린 유전자 체계의 4가지 특수한 구조에 기인한다: (1) 변이부 단편들이 여러 개 존재한다, (2) 다양성(diversity) 및 연접(joining) 단편들이 여러 개 존재한다, (3) break-nibble-add joining을 가진 여러 개의 스플라이스 위치가 있다, 그리고 (4) L 사슬과 H 사슬의 여러 조합이 가능하다. 항체를 생산하는 B 세포들이 성숙함에 따라, DNA 재조합은 이들 유전자를 재배열시켜 각각의 성숙한 B 림프구들이 오직 한 종류의 특정 항체만을 암호화하고, 합성하고, 분비하도록 한다. 각각의 성숙한 B 세포들은 한 종류의 경쇄(κ 혹은 λ 사슬)와 한 종류의 중쇄만을 만들 수 있다. 항원이 존재하면, 이는 그 항원에 대항하는 항체를 암호화하는 B 세포를 자극하여 분열 및 분화하도록 한다. 결과적으로, 분화된 형질세포들로 이루어진 집단이 형성되고, 이들 모두는 그 항원과 반응하는 한 종류의 항체만을 합성한다.

18.9 단백질체학은 세포내 단백질을 규명하고 분석한다

유전체 사업이 원핵생물과 진핵생물 유전체에 존재하는 유전자들의 종류와 수에 대한 정보를 제공하면서, 단백질 기능에 대한 질문이 생물학의 주요 문제가 되었다. 앞서 언급했듯이, 현재까지 서열화된 대부분의 유전체에서, 새롭게 발견된 많은 유전자들은 알려진 기능이 없다. 다른 것들도 데이터베이스의 서열에 의해 알려진 유전자들과의 상동성에 근거하여 추정된 기능을 가질 뿐이어서 실험적으로 증거도 없는 것들이다. 예를 들어, 대장균이나 효모에서는 절반 이상의 암호화 유전자들이 알려진 기능이 없으며, 인간의 유전체에서는 약 40%의 유전자들에 대한 기능을 모른다.

유전자의 수와 단백질 수의 조화

진핵생물에 대해 점차 더 많은 유전체 자료를 사용할 수 있게 되면서, 한 생물의 복잡성은 반드시 그것이 가지는 유전체의 수와 관계될 필요는 없다는 것이 분명해졌다. 유전체 이전의 시대에는, 유전자 기능이 유전자 산물들의 기능을 밝히는 것과 동일시되었다. 그러나 서열화는 유전자와 유전자 산물의 연결이 종종 복잡하다는 것을 드러내었다. 유전자들은 여러 개의 전사 개시 부위를 가질 수 있으며, 따라서 여러 가지 서로 다른 형태의 전사체를 만들어 낸다. 대체 스플라이싱과 pre-mRNA 분자의 편집 등은 단 하나의 유전자에서 수십 가지의 서로 다른 단백질이 나올 수 있도록 한다. 모두 합하면, 40~60%의 인간 유전자들이 대체 스플라이싱에 의해 하나 이상의 단백질을 생산한다.

일단 만들어졌어도, 많은 유전자 산물들이 말단 그룹(신호 펩티드, 프로펩티드, 혹은 개시 메티오닌 잔기 등)의 절단, 화학 잔기들의 첨가(예, 메틸기, 에틸기, 인산기), 혹은 당이나 지질 등을 연결시킴으로써 변형된다. 단백질들은 내부적으로나 외부적으로 교차 연결되기도 하고, 일부 경우에서는 **인테인**(intein)이라고 불리는 내부의 아미노산 서열을 가공하여 제거하기도 한다. 번역 후 변형에 대한 100가지 이상의 기작들이 알려져 있다. 단백질 기능에 대한 분석은, 많은 단백질들이 단백질-단백질 상호작용에 의해 기능하며, 보다 커다란 복합체의 일부로 행동한다는 사실 때문에 매우 복잡하다. 따라서 20,000개~25,000개 정도의 단백질-암호화 유전자들을 가지는 인간의 유전체는, 수십만 개의 서로 다른 유전자 산물들을 생산할 수 있는 능력을 갖는다. 단백질체학(proteomics, 프로테오믹스)은 유전체에 존재하는 유전자들의 수와 세포 내에서 관찰되는 단백질들의 수 사이에 나타나는 차이를 조화시키는 데 이용된다. 세포 내의 단백질 세트는 **단백질체**

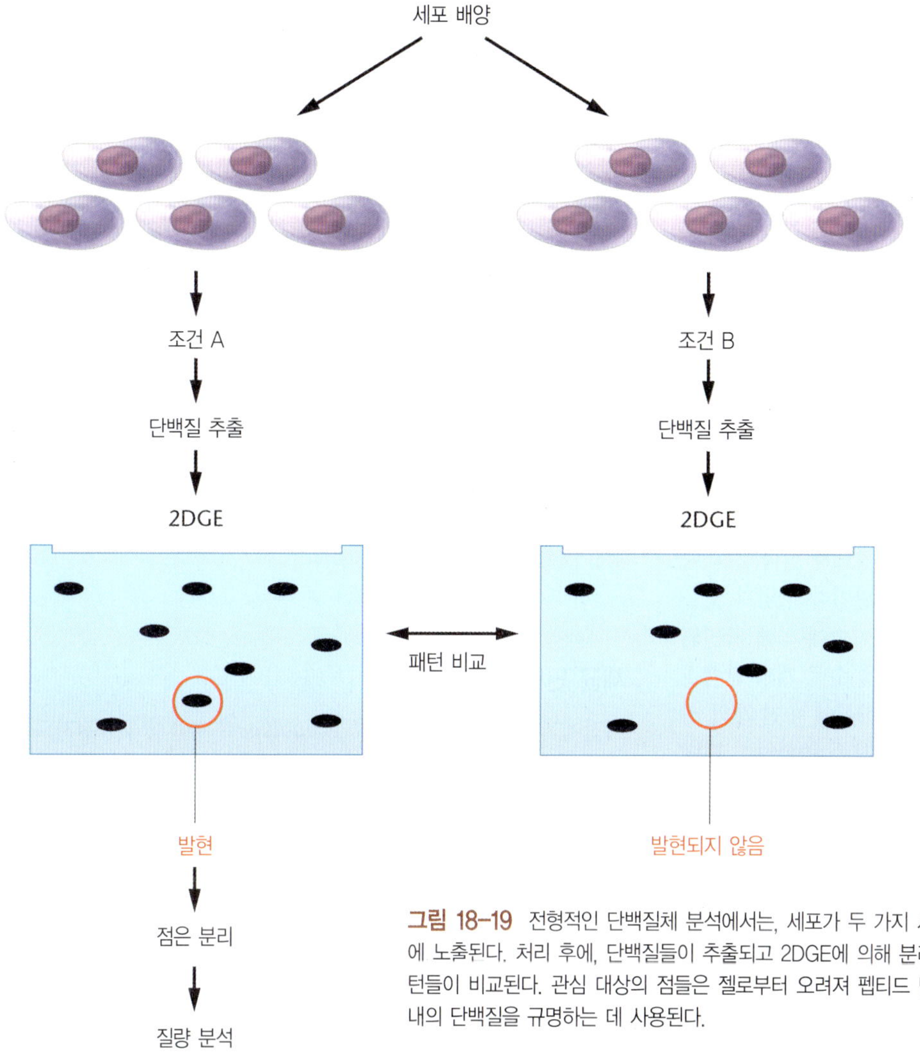

세포 배양

조건 A

단백질 추출

2DGE

조건 B

단백질 추출

2DGE

패턴 비교

발현

점은 분리

질량 분석

발현되지 않음

그림 18-19 전형적인 단백질체 분석에서는, 세포가 두 가지 서로 다른 조건(성장 조건, 약품, 혹은 호르몬들)에 노출된다. 처리 후에, 단백질들이 추출되고 2DGE에 의해 분리된다. 차별적인 유전자 발현의 증거로 점의 패턴들이 비교된다. 관심 대상의 점들은 젤로부터 오려져 펩티드 단편들로 잘린 후에 질량 분석기로 분석되어 점 내의 단백질을 규명하는 데 사용된다.

(proteom, 프로테옴)라고 불린다. 단백질체학은 한 유전체에서 암화화되는 모든 단백질에 대해 기능, 구조, 번역 후 변형, 단백질-단백질 상호작용, 세포내 위치, 변이체들, 그리고 그들의 관계(공유 도메인, 진화 역사 등)에 대한 정보를 제공하는 것이다.

단백질체학의 기술

단백질체학은 세포로부터 단백질들을 분리하고 찾아내기 위해 다양한 기술을 이용한다. 가장 흔히 사용되는 기술들의 조합은 **2차원 젤 전기영동**(two-dimensional gel electrophoresis, 2DGE)과 **질량 분석**(mass spectrometry, MS)이다. 2DGE(그림 18-19)에서는 두 가지의 서로 다른 조건에서 배양된 세포들에서 추출된 단백질들이 폴리-아크릴아미드 젤상에서 젤을 가로질러 형성되는 전장에 놓여져 1차로 그들의 전하에 따라 분리된다. 이것이 완료되면, 젤을 90도 회전시키고, 단백질들이 그들의 질량에 따라 2차원으로 분리되도록 한다. 젤이 염색되면 단백질들은 점으로 드러난다; 전형적인 젤들은 200~10,000개의 점을 보여준다(그림 18-20). 2DGE에 의해 분리된 단백질들은 동정이 되어야 한다. 과거에는 단백질들이 항체와의 결합에 의해 동정되거나, 혹은 단편화시키고 단계적으로 아미노산 서열을 만들어 내도록 하는 분석에 의해 동정되었다. 이들은 시간이 많이 걸리고 노동력을 많이 필요로 하는 방법이어서 한 세포에서 분리될 수 있는 수백, 수천 가지의 단백질들을 분석하는 데는 유용하지 못하다.

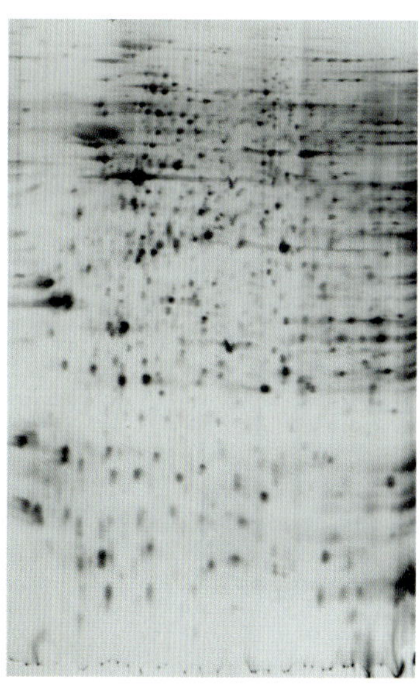

그림 18-20 2차원 단백질 젤. 점들로 분리된 단백질들을 보여준다. 수천 가지의 단백질이 이러한 젤 위에서 펼쳐지게 된다.

이들 과정의 속도를 높이고 자동화화기 위해, 질량 분석은 커다란 분자의 질량이 정확하게 결정되도록 한다(그림 18-21). 한 가지 방법은, **매트릭스-지원 레이저 제거 및 이온화 방법**(matrix-assisted laser desorption and ionization, MALDI)으로, 여러 단계로 이것을 수행한다. 첫째로, 2D 젤에서 분리한 단백질이 트립신 효소로 절단되어 특징적 세트의 펩티드 단편들을 만든다. 각 단편들은 MALDI에 의해 분석되어 펩티드의 질량 지문(mass fingerprint)이 만들어진다. 둘째로, 데이터베이스 검색 알고리듬(예, BLAST)을 이용하여 단백질 데이터베이스를 검사한다. 탐색에서는 알고리듬이 알려져 있는 단백질들을 펩티드 단편(실제 트립신 분해에서와 같이)들로 부수고, 각 단편들의 질량을 계산한다. 예측된 단편들의 질량들이 MALDI에 의해 생산된 값과 비교된다. 탐색 알고리듬은 데이터베이스의 단백질 단편들과 분석된 단백질의 단편들 사이에서 맞는 것들의 목록을 생산해 준다. 완벽한 맞춤은 그 단백질을 확실하게 동정할 수 있도록 한다. 그러나 대체 스플라이싱이나 번역 후 변형 때문에, 완벽하게 맞지 않을 수도 있고, 단백질의 정체는 다른 질량 분석 기술에 의해 확인되어야만 할 수도 있다. 고성능의 기계는 하루에 수백 개의 단백질을 규명할 수 있게 하며, 다수의 분광계들은 하루에 수천 개의 시료를 처리할 수 있도록 한다. 이러한 기술을 모두 종합하여 **대량 조사 기술**(high-throughput technology)이라고 한다.

이 문제를 풀어보자

468페이지의 28번 문제에서는 한 단백질 도메인이 데이터베이스를 검색하고 주어진 서열을 가진 단백질을 찾는 데 사용되었다. 여러분은 질문 서열의 기능이 왜 다른 단백질의 기능과 연관되지 않는지를 설명해야 한다.

힌트: 단백질 도메인은 연관된 기능을 가질 수도 있고, 단백질이 여러 개의 다른 도메인을 포함할 수 있음을 기억해야 한다.

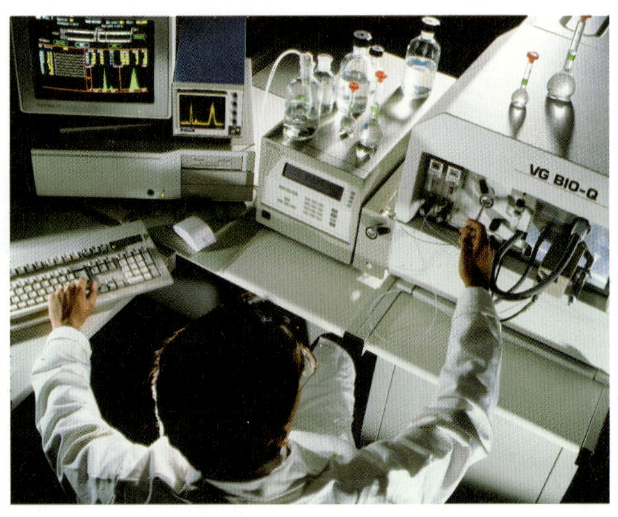

그림 18-21 주어진 시간에 존재하는 유전자 산물을 규명하기 위해, 단백질들이 잘려지고 질량 분석기로 분석된다.

세균 단백질체의 변화

이전에 설명된 바와 같이, *M. genitalium*은 480개의 유전자로 이루어진 작은 유전체를 가지며, 알려져 있는 가장 간단하고 독립적인 생물을 대표한다. 발레리 웨이징거(Valerie Wasinger)와 그녀의 동료들은 단백질체학을 이용하여 *M. genitalium*이 두 가지 배양 조건 하에서 어떤 유전자들을 발현시키는지를 체크하였다: 지수생장기(exponential growth)와 지수생장기 이후의 성장기.

2DGE를 이용하여 그들은 지수생장기의 세포에서 총 427개의 단백질 반점을 찾아냈다. 이들 중 201개의 단백질이 펩티드 절단, 질량 분석, 그리고 알려진 단백질들과의 비교에 의해 분석되었다. 이러한 분석으로 158개의 알려진 단백질(단백질체의 33%)과 17개의 미지의 단백질이 발견되었다. 나머지 반점들은 커다란 단백질들에서 나온 조각들, 같은 단백질의 다른 형태들(isoform), 그리고 번역 후 변형된 산물들을 포함한다. 정체가 밝혀진 단백질들은

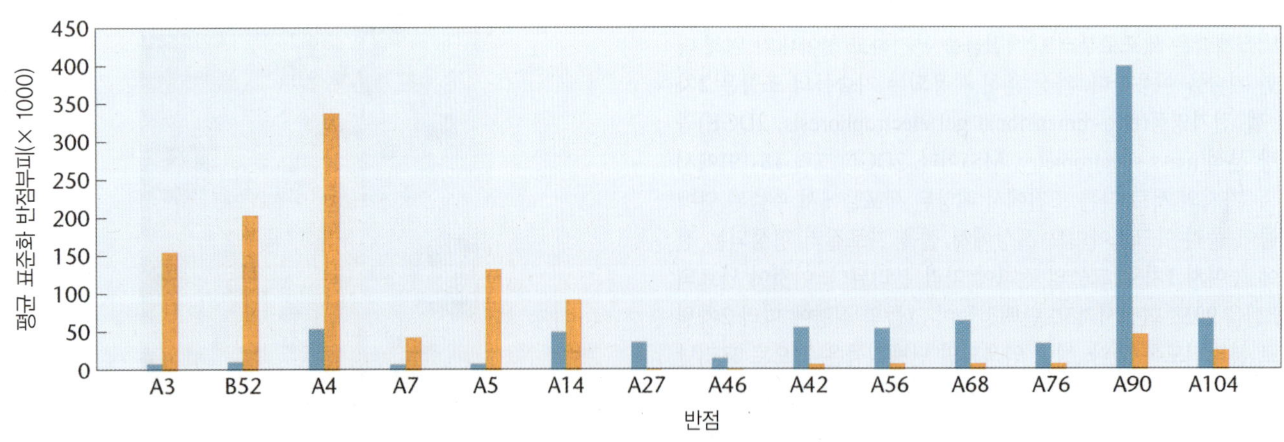

그림 18-22 지수 생장기(exponential growth)에 선택된 단백질들에 대한 점 크기에서의 변화(푸른 막대)와 정체기(stationery growth)에서 선택된 단백질들에 대한 점 크기 변화(오렌지색 막대). 이러한 차이들은, 성장 조건 변화에 따른 유전자 발현에 있어서의 변화와, 각 단백질들의 상향 조절 및 하향 조절을 나타낸다.

에너지 대사, DNA 복제, 전사, 번역, 그리고 세포막을 가로지르는 물질 이동에 관여된 효소들을 포함한다.

지수생장기에서 정체기로의 전환 중에는, 세포분열이 느려지고 곧 정지한다. 이 시기에는 합성된 단백질들의 수가 42% 줄어든다. 그리고 몇 가지 새로운 단백질이 나타났고, 다른 단백질들은 그 양이 현저하게 변화했다. 이러한 변화는 영양분의 고갈, 배지의 산도 증가, 그리고 달라진 환경적 변화에 적응한 결과임이 분명하다(그림 18-22).

웨이징어의 분석은 생존하는 데 요구되는 발현 유전자들의 최소수와, 지수생장기에서 지수생장기 이후의 유전자 발현 변화를 확립하는 데 도움을 준다.

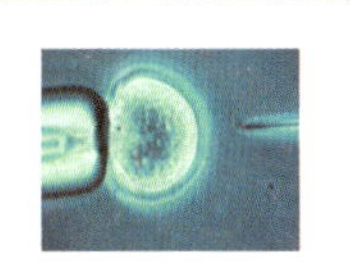

유전학, 기술, 그리고 사회

도대체 누구의 DNA인가?

유전물질만큼 개인적인 것은 거의 없다. 육체적, 정신적, 심지어 감정적 조성까지도 유전자가 만들어 준다. 우리는 유전자를 우리 자손에게 전달하며, 그럼으로써 우리의 유전적 형질들이 미래에도 지속되도록 한다. 우리 정신 깊숙한 곳에는 우리 존재의 중심에 유전물질을 붙들고 있는 무엇인가가 존재한다.

그렇다면, 우리 유전자의 약 20%에서 나온 DNA 서열들을 다른 사람이 소유하고 있으며, 이것이 상업적 이익을 위한 잠재적 근원임을 깨닫는 것은 상당한 심리적 갈등이 될 수 있다.

지난 30년간에 걸쳐, 미국의 특허 상표청은 4,300개 이상의 인간 유전자 서열들에 대한 특허를 발행했다. 이들 특허는 대학, 정부기관, 그리고 개인기업에 주어졌다. DNA-관련 특허들은 클론화된 유전자, 그에 대한 실험실 서열, EST(expressed seqeunce tag) 같은 작은 서열, 그리고 SNP (single nucleotide polymorphism)들에 대한 것과 이 서열들에 기반한 여러 가지 방법 및 진단 도구들까지 포함한다. 인간의 몇몇 유전자는 진단 검사들이나 약품 검색용 탐침자들 같이 미래의 사용까지 포함하는 수많은 잠정적 응용뿐만 아니라, 유전자 변이와 조각들을 포함하는 다중의 특허들과 관련된다. 더 놀라운 것은, 유전자, 유전자 단편, 그리고 기타 유전체 기반 물질들에 대한 특허 원서가 300만 건이 넘게 올라와 있다는 사실이다. 이들 중 몇 개가 실제 특허로 연결되며 어느 범위까지 특허를 받게 될지는 아직 아무도 모른다.

인간 유전체에 대한 점진적 "침탈(land-grab)" 증가는 특허의 성격, 유전적 정보의 의미, 그리고 상업적 이득과 공공의 이익 사이의 균형에 대한 심각한 우려들을 낳게 했다.

유전자 특허에 대해 지지하는 사람들은 특허 보호가 DNA-기반 진단법과 의약품들의 개발에 필수적이라는 점을 지적한다. 배타적 권리 없이는, 아무도 새로운 의약품을 검사하고 개발하는 데 시간과 연구 노력, 그리고 수백만 달러의 돈을 투자하려고 하지 않을 것이다. 그들은 또한 특허권자가 그들의 특허에 대한 자세한 점을 공식화하여 비밀을 감소시킴으로써 관련 분야의 연구 속도를 높인다고 주장한다.

반대로, 많은 사람들은 인간의 유전자들과 유전자 서열이 소유되고 상업적 이익을 위해 쓰인다는 생각에 심기가 불편하다. 그들은 인간 유전체는 자연적으로 생긴 것이고 독창적인 것이어서 다른 쥐덫이나 예술품 같은 발명품과 동일하게 취급될 수 없는 것이라고 주장한다. 일부 사람들은 점점 더 많은 유전자들과 DNA 서열에 기초한 진단 검사와 치료법들이 상업적 이윤에 묶이게 되고, 이들 특허 받은 아이템에 대한 사용료가 소수에 의해 통제되면서, 특허권의 보호가 연구와 의료를 질식시킬 것이라고 걱정한다.

유전자 특허권의 옹호자들은, DNA 서열에 대한 특허가 그것이 유래한 유전자에 대한 소유권과 같은 것은 아니라고 설명하면서 항변한다. 특허는 어떤 사람의 몸에 존재하는 어떤 유전자 – 비록 두 서열이 동일하다고 해도 – 에 대한 것이 아니라 분리되었거나 클론화된 서열에만 해당하는 것이다. 그리고 특허는 제한된 아이템에 대해 제한된 기간 – 보통 20년 – 동안만 어떤 사람이 이익을 취할 수 있는 배타적 권리다. 이 기간 동안에는 특허권자는 그들의 특허를 누구에라도 비용을 받고 양도할 수 있으므로 배타적 권리라는 것도 돌에 새겨지는 것 같이 융통성 없는 개념은 아니라는 뜻이다.

DNA 특허가 기초연구의 발전이나 새로운 진단법과 치료법의 발달을 제한한다는 증거가 있는가?

최근의 일부 자료들은 특허가 기초 연구에 중립적 효과를 가진다는 생각을 지지한다. 국립 과학 아카데미가 2005년에 수행한 연구에 따르면, 약 8%의 대학 연구자들만이 특허를 받은 유전자 서열들에 대해 연구하는 것으로 드러났다. 나머지는 관련 특허에 대해 알지도 못했고 특허 받은 약품들을 사용할 필요도 느끼지 않는다는 것이었다.

기초연구와는 대조적으로, DNA 특허와 의료적 진단 사이의 잠재적 갈등은 좀 더 심각할 수 있다. 유전자 특허에 대해 비판하는 사람들은 유방암 유전자인 *BRCA1*의 사례를 거론하는데, 이에 대한 특허는 유타 주 솔트레이크 시티의 미리아드 제네틱스 사(Myriad Genetics Corp.)가 가지고 있다. 1990년대에 미리아드는 *BRCA1*에서의 특정 돌연변이에 기초하여 유방암을 유전적으로 검사하는 방법을 개발했다. 그들의 최초 특허는 정상적인 *BRCA1* 서열, 여러 가지 돌연변이, *BRCA1* 진단 검사법, 종양 시료 검색에 사용되는 방법, 그리고 *BRCA1*유전자로부터 얻을 수 있는 모든 정보, 그리고 유전성 유방암과 난소암을 진단하고 치료하는 모든 방법들에 관한 권리를 주장하는 것이었다. 미리아드는 다른 연구소들이 더 싼 가격에 그들이 만든 검사법을 제공하지 못하도록 방해하면서 특허권을 여러 모로 강화했다. 예를 들어, 캐나다와 미국에서 미리아드는 모든 검사 시료가 유타에 있는 자신들의 연구소로 보내지도록 요구했다. 캐나다의 공적 지원을 받는 실험실은 더 싼 가격으로 자신들이 직접 만든 *BRCA1* 검사법을 사용해 왔었으나, 법적 조치의 위협을 받고 이러한 관행을 멈추어야 했다. 비록 캐나다의 한 지방이 고소당할 가능성에도 불구하고 자신들만의 *BRCA1* 검사를 계속하고 있지만, 나머지 실험실들은 이제 그들의 시료를 모두 미리아드의 유전학 실험실로 보내고 있다. 일부 과학자들은 미리아드가 세계에서 가장 큰 *BRCA1* 시료 은행을 가지게 될 것이며 그로부터 나온 정보들을 독점할 것이라고 걱정한다. 1994년에 유럽국가들은 미리아드의 특허권 주장에 대한 재판에서 승소하여 *BRCA1* 특허를 비켜갈 수 있는 권리를 획득했다. 최근, ACMG(American College of Medical Genetics)는 미리아드 제네틱스사에 의해 유지되는 것과 같은 특허권 주장이 늘고 있는 것이 유전자 검사 비용을 증가시키며, 품질관리 발달을 늦추고, 관련 유전자 검사의 발달을 제한하게 될 것이라고 우려를 표명했다.

인간 유전체에 대한 특허권 쟁탈전에 의해 제기된 많은 문제들이 해답을 찾지 못한 채 남아 있다: DNA같이 자연적으로 생긴 물질들이 특허를 받을 만한 것인가? DNA 서열에 대한 특허가 비용 효율적인 진단법이나 치료법의 개발과 경쟁을 늦추는가? 미래에는 인간의 전 유전체가 특허를 받아 기초 연구의 비용이 상승하게 될까? 점점 더 많은 DNA 서열들이 특허를 받고 있는데, 우리는 개인사업과 공공사업의 이득 사이에서 타협할 수 있을까?

참고문헌

Stix, G. 2006. Owning the stuff of life. *Scientific American* 294: 76-83.

웹사이트

Genetic and patenting. Human Genome Program, Ethical, Social and Legal Issues, U.S. Department of Energy, 2006.

http://www.ornl.gov/sci/techresources/Human_Genome/elsi/patents.shtml

단원 요약

1. 유전체 서열은 그 서열이 정확한지를 확인하고, 모든 암호화 유전자들을 규명하며, 알려져 있는 유전자들을 기능적으로 분류하기 위해 여러 단계로 분석된다.
2. 세균의 유전자 밀도는 매우 높으며 평균 1 kb DNA당 하나의 유전자를 가진다. 전형적으로, 90%의 염색체가 유전자를 암호화하고 있다. 많은 유전자들이 오페론이라고 정의되는 폴리시스트론의 전사 단위체로 구성되며 인트론은 포함하지 않는다.
3. 진핵세포의 유전체는 세균의 유전체보다는 훨씬 낮은 유전자 밀도를 갖는다. 유전자들은 전형적으로, 오페론으로 구성되지는 않는다; 그보다는 각각이 독립된 전사 단위로 작용한다. 진핵성 유전자들은 종종 인트론들로 인해 끊어져 있다.
4. 복잡한 다세포 진핵생물들은 덜 복잡한 효모와는 여러 가지 면에서 차이가 있다. 이들은 많은 유전자와 많은 양의 DNA를 가진다. 이러한 결과 유전자 밀도는 5 kb당 하나의 유전자까지 떨어지며 심지어는 10~20 kb 이상에 하나의 유전자만을 가지기도 한다. 다세포 진핵생물들의 유전자 중 많은 것이 인트론을 가진다. 유전자당 인트론의 수와 크기는 효모에서 사람으로 가면서 복잡성이 증가함에 따라 점점 증가한다. *Arabidopsis* 같은 식물은 동물과는 뚜렷이 구별되지 않는 유전자 구성과 조직화를 나타낸다. 옥수수와 같은 다른 식물들은 또 다른 조직화를 나타내는데, 유전자들을 분리하는 거대한 블록의 가동성 요소들을 가진다.
5. 사람의 유전체는 32억 뉴클레오티드를 포함하지만, 이들 DNA 중 5% 정도만이 단백질-암호화 유전자들을 포함한다. 인간은 약 20,000~25,000개의 유전자를 가지는 것으로 추산된다.
   다른 염색체들상의 유전자 밀도에는 상당한 차이가 있어서 유전자가 많은 부분과 그렇지 않은 부분이 교대로 나타난다. 인간의 단백질 암호화 유전자들은 초파리 같은 다른 진핵성 생물들의 유전자보다 더 크고 더 많은 수의 인트론들을 가진다.
6. 많은 진핵성 유전자들이 중복을 거쳐 서열 분화를 일으킴으로써 다중 유전자 패밀리(multigene family)를 구성하게 되었다. 글로빈 유전자 클러스터와 면역글로불린 유전자 패밀리들은 이러한 현상의 주된 예다.
7. 프로테오믹스는 서로 다른 성장 조건 하에서 세균세포 유전자의 발현을 연구하는 데 사용되어 왔으며 성장과정에서 세포가 사용하는 유전자 세트에 대한 통찰을 제공해 주고 있다.

주요 용어

2차원 젤 전기영동(two dimensional gel electrophoresis)
α-글로빈 유전자(α-globin gene)
β-글로빈 유전자(β-globin gene)
ELSI 프로그램(ELSI program)
개방해독틀(open reading frames, ORFs)
경쇄(light (L) chain)
구조 유전체학(structural genomics)
글로빈 유전자 슈퍼 패밀리(globin gene superfamily)
기능 유전체학(functional genomics)
다중 유전자 패밀리들(multigene families)
단백질체(proteome)
단백질체학(proteomics)
대량 조사 기술(high-throughput technology)

매트릭스 지원 레이저 제거 이온화 방법 (matrix-assisted laser descripton and ionization, MALDI)

면역글로불린(immunoglobulin, Ig)

면역글로불린 유전자 슈퍼패밀리 (immunoglobulin gene superfamily)

모델생물(model organisms)

반복서열(repetitive sequence)

비교유전체학(comparative genomics)

삽입결실(indels)

상동성 탐색(homology searches)

생물정보학(bioinformatics)

샷건 서열화법(shotgun sequencing method)

유전자 밀도(gene density)

유전체(genome)

유전체학(genomics)

인간 유전체 프로젝트(Human Genome Project, HGP)

인테인(intein)

인트론(intron)

잘리고 떨어져 나가고 다시 첨가되는 기작 (break-nibble-add mechanism)

주석 달기(annotation)

종간상동(ortholog)

중복상동(paralog)

중쇄(heavy (H) chain)

지도 기반 서열화(map-based sequencing)

질량 분석(mass spectrometry)

컴파일링(compiling)

항원(antigen)

항체(antibody)

항체-연합 부위(antibody-combining site)

통찰과 해법

1. 어떻게 유전자 중복이 생기며 어떻게 이것이 유전체 진화에 기여하는가?

해법: 유전자 중복은 불균등 교차와 DNA미끄러짐에 의해 생긴다. 그리고, 역위나 전좌 같은 염색체 이상이 유전자 중복을 유발할 수 있다. 트랜스포존, 플라스미드, 그리고 다른 전달 DNA들이 관여된 수평전달(종간의 전달)을 통해서도 유전자가 중복되는 것이 가능하다. 유전자 중복은 그 유전체를 포함하고 있는 생물의 건강이나 생존성에 영향을 미치지 않고도 돌연변이 성질을 증가시키기 때문에 진화에 기여할 수 있다. 유전자 중복은 돌연변이를 시험할 기회를 제공함으로써 진화를 일으킨다.

2. 초파리 유전체에서 이질 염색질 부분(반복서열이 많고 동원체와 텔로미어 부분에 집중되어 있다)에 대한 최근의 서열결정으로 20.7 Mb 내에 297개의 단백질 암호화 유전자가 있음이 드러났다 (Bergman et al. 2002. *genomebiology3(12) @genomebiology.com/2002/3/12/RESEARCH/0086*). 유전체의 진정 염색질 부분이 116.8 Mb 내에 13,379개의 단백질 암호화 유전자들을 포함하고 있음을 감안하면, 어떤 결론이 분명해지는가?

해법: 초파리 유전체의 진정 염색질 부분의 유전자 밀도는 약 8,730 bp당 하나이고, 이질 염색질 부분은 70,000 bp당 하나가 된다(20.7 Mb/297). 분명히, 주어진 이질 염색질 부분이 동일한 길이의 진정염색질 유전자에 비해 유전자를 포함할 가능성이 낮다.

연습문제 및 토론문제

1. 유전자 주석 달기에 사용되는 유전자 예측 프로그램은 연구자들이 DNA 서열에서 암호화 영역이 있을 가능성이 높은 부분을 찾을 수 있도록 해준다. 유전자가 복잡하고 다수의 개시 부위를 가지며 혹은 다수의 엑손을 가지는 경우 주석 달기 작업은 복잡해진다. 예를 들어, 파비 등(Pavy et al., 1999. *Bioinformatics* 15: 887-899)은 가장 잘 연구된 생물에 대해서조차도, 그러한 프로그램들이 80% 정도만 옳은 엑손 경계를 예측할 수 있다고 결정했다. 이러한 분율을 고려하면, 다섯 개의 엑손을 가진 유전자에서 옳은 엑손 경계를 결정할 수 있는 가능성은 얼마나 되겠는가?

2. 최근의 유전체 서열화 노력들은 생체 시스템의 분자적 성질에 대한 많은 통찰을 제공하고 있다. 그러나 유전체를 종합적으로 이해하기 위해서는 재주석(reannotation), 수작업을 통한 확인, 그리고 보다 진보된 기술 등이 모두 필요하다는 것이 점차 확실해지고 있다. 하스와 그 동료들(Haas et al., 2002. *genomebiology3(6) @genomebiology.com/2002/3/6/RESEARCH/0029*)은 최근, 애기장대 유전체를 다시 분석하여(reannotation) 240개의 새로운 유전자를 발견했는데, 이들 중 92개는 알려진 단백질과 상동성이 있었다. 그리고 마이크로엑손(microexon)이라고 불리는 새로운 종류의 엑손을 발견했다. 이들은 길이가 3~25 bp로 다양했다. 이러한 정보에 기초하여, "DNA의 서열을 아는 것은 생명의 설계도를 아는 것이다"라는 진술을 평가해 보라.

3. 인간 유전체 서열의 주석 초안과 개요에 대한 최근의 연구에서, 라이트 등(Wright et al., 2001. *genomebiology2(7)@genomebiology.com/2001/2/7/RESEARCH/0025*)은 아래와 비슷한 그래프를 제시하였다. 그래프는 각 염색체에서 배아-특이적 유전자들의 대략적 수치를 보여준다. 인간의 염색체 이수성에 관한 교재의 정보를 다시 읽고 이 정보와 다음 결과를 연관시켜라. 이 그래프가 왜 일부 염색체에서는 이수성이 생기는 반면, 다른 것은 그렇지 않은지에 관한 통찰을 제공하는가?

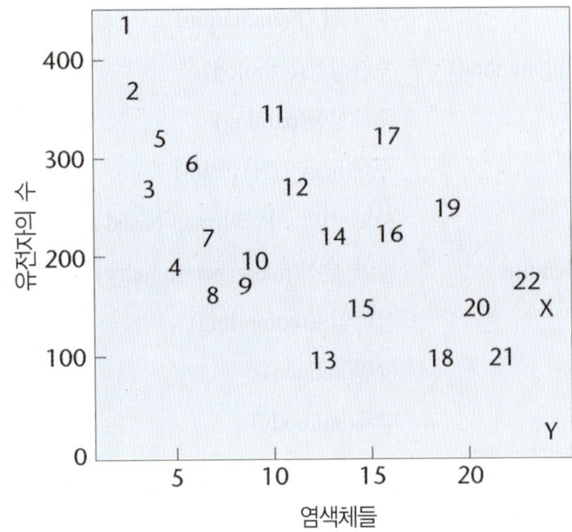

4. 서열화된 유전체의 주석 달기 과정이 지속되고 있다. 2000년 3월에는, 초파리 유전체의 주석 달린 서열들이 처음으로 발표되었는데, 그것은 13,601개의 단백질 암호화 유전자들이 유전체의 진정 염색질 부분 내에 존재하는 것으로 예측하고 있다. 다음 표는 Release 2와 Release 3에서 뽑은 자료들이다. (Modified from Misra et al. 2002. *genomebiology3(12)@genomebiology.com/2002/3/12/RESEARCH/0083.*) (a) Release 3에 대해, 균일한 분포를 가정하면, 초파리에서는 단백질 유전자들 사이에 대략 얼마나 많은 염기들이 존재하는가? (b) Release 3에서, 평균적으로 대략 유전자당 얼마나 많은 엑손들이 존재하는가? (c) 대략 한 유전자당 인트론 수는 얼마인가? (d) Release 2와 Release 3 사이의 가장 중요한 차이로 보이는 것은 무엇인가?

기준	Release 2	Release 3
진정염색질의 총 길이	116.2 Mb	116.8 Mb
단백질 암호화 유전자의 총 수	13,474	13,379
단백질-암호화 엑손들	50,667	54,934
인트론	48,381	48,257
대체 전사체를 가지는 유전자들	689	2729

5. 4번 문제에서 제시된 자료는 연구자들이 점점 더 자세히 유전체를 조사할수록, 자료에 대한 더 복잡한 해석이 나올 것임을 시사한다. Misra 등(2002)은 초파리에서 안쪽에 포함된 유전자(nested gene)나 겹쳐져 있는 유전자(overlapping gene)가 흔한 것임을 발견했다. 그들은 Release 3의 유전자들 중 대략 7.5%가 다른 유전자의 인트론 내에 포함되어 있거나, 대부분이 포함된 유전자의 반대가닥으로부터 전사된다고 결정했다. 그리고, 주석 달린 유전자들의 약 15% 정도가 상대 가닥 상에서 mRNA 겹침과 관계됨을 발견했다. 이러한 정보가 유전체 주석달기에 미치는 영향은 어떤 것이며, 그것이 가지는 임상적 중요성은 어떤 것이겠는가?

6. 2003년 4월에 과학자들은 인간 유전체 프로젝트(HGP)가 그 임무를 완성했으며, 인간의 유전체가 완전히 밝혀졌다고 발표했다. 이 사업의 한 지도자는 "우리는 우리들 각각을 하나의 알세포에서 성인을 지나 무덤까지 데려가는 안내서를 우리 앞에 가지고 있습니다"라고 했다. 그러나 시작부터 HGP는 염색체 말단과 동원체 부위의 이질 염색질 부분을 배제했다. 인간의 유전체는 약 3,000 Mb이고, 이질 염색질 영역은 총 유전체의 15%를 차지하고 있다. 만약 인간의 이질 염색질에서 유전자 밀도가 초파리의 것과 동일하다면, 얼마나 많은 유전자들이 발견되지 않고 남아 있는 것일까? 인간의 모든 유전자들이 발견되었다고 편하게 말할 수 있겠는가? "해법과 통찰"의 2번 문제를 참고하라.

7. 주석 달기의 주요 문제 중 하나는, 하나의 유전자로 받아들여지려면 얼마나 긴 ORF가 있어야 하는지를 결정하는 것이다. 다음에 제시된 그림은 대장균에서 *lacY* 유전자를 포함하고 있는 유전체 영역에 대해 세 가지의 서로 다른 ORF 검사 결과를 나타낸 것이다. 검사는 50, 100, 그리고 300 뉴클레오티드의 ORF를 한 유전자로 하도록 지정했다. 각 검사에서 몇 개의 잠정적인 유전자들이 추적되는가? 가장 긴 ORF는 1,254 bp이고; 다음으로 긴 것은 234 bp; 그리고 가장 짧은 것은 54 bp에 해당한다. 이 영역에 실제로 몇 개의 유전자가 있는지는 어떻게 결정할 수 있겠는가? 이런 형태의 ORF 검색에서, 유전체 내에 존재할 것으로 생각되는 수가 과대평가될 가능성이 높은가, 아니면 과소평가될 가능성이 높겠는가? 이유를 밝혀라.

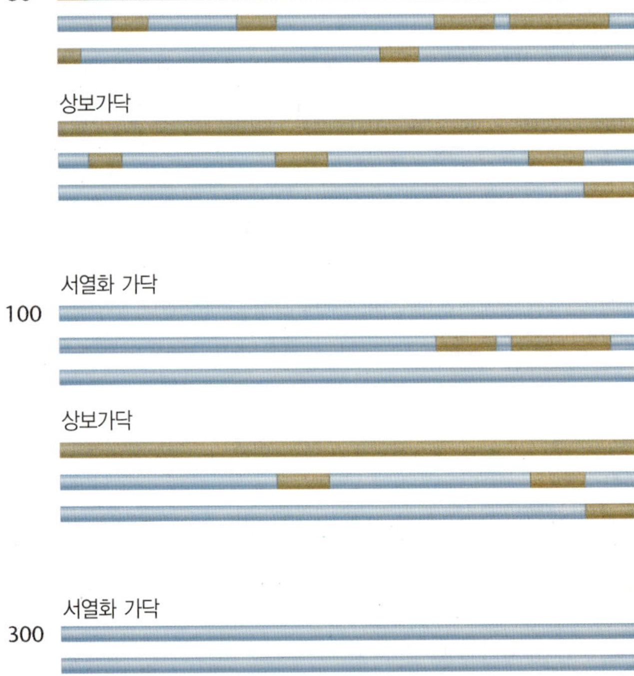

8. 미생물의 유전체에 대한 주석 작업의 문제를 올바르게 다루기 위해 Marie Skovgaard와 동료들(2001. *Trends Genet.* 17: 425-428)은 서열 분석에서 나온 유전체의 주석 달린 유전자들의 숫자를 단백질 데이터베이스에 보고된, 생물체의 알려진 단백질 수와 비교하였다. 그들의 연구 결과는 다음 그래프에 요약되어 있다. 오차 범위는 *M. genitalium*의 경우 수 %에서 *A. pernix*의 경우에서 거의 100 %까지다. 그래프에서 나타나는 일반적인 경향은 유전체의 GC 함량이 증가할수록 오차율도 증가한다는 것이다. 이에 대해 어떤 설명이 가능할까? 높은 GC 함량을 가진 유전체의 주석 작업시 주의해야 할 점은 무엇인가?

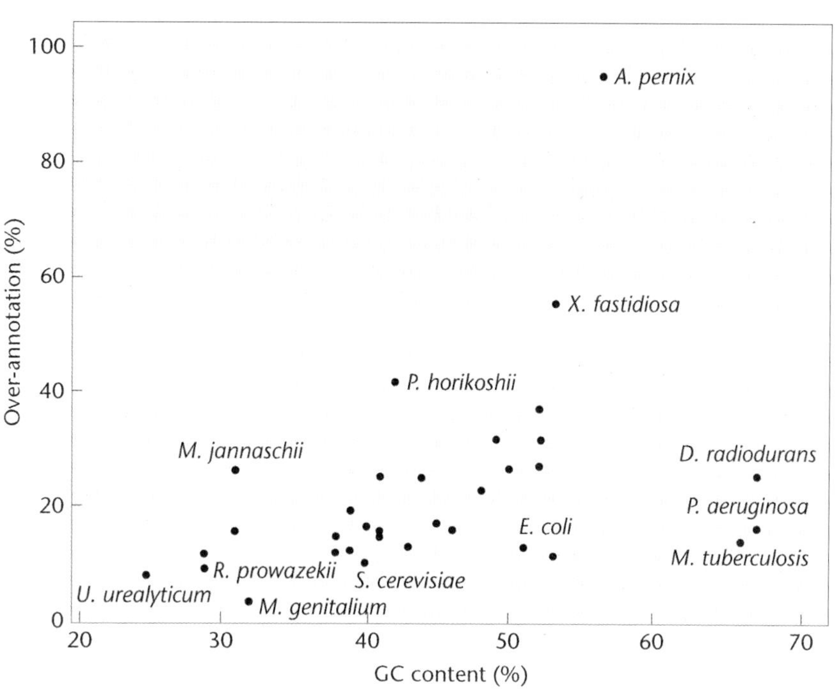

9. 기능유전체학이란 무엇인가? 비교유전체학과는 어떻게 다른가?

10. 세균 유전체와 진핵성 유전체에서 공동적 특징이 있다면 어떤 것인가?

11. 오페론의 정의는 무엇인가? *Aquifex aeolicus*로부터 나온 정보들은 오페론에 대한 우리의 생각을 어떻게 변화시켰는가?

12. 플라스미드는 세균종들 사이를 이동할 수 있고, 대부분 필수적이지 않은 유전자를 담고 있다. 이런저런 이유 때문에, 플라스미드 유전자들은 세균종의 유전체 일부로 포함되지 않는다. 세균인 *B. burgdorferi*는 17개의 플라스미드를 가지며, 이 위에 430개의 유전자를 포함한다. 이들 중 일부는 이들의 생명에 필수적인 것이었다. 필수적인 유전자를 가진 플라스미드들은 유전체의 일부로 생각되어야 할까? 그러한 유전자를 가지지 않은 플라스미드에 대해서는 어떠한가? 다시 말해, 이러한 경우에 생명체의 유전체를 어떻게 정의하여야 하는가?

13. 세균과 효모의 유전물질에 의해 추정된 화학적 성질, 크기, 그리고 형태들을 비교하여라.

14. 왜 진핵세포의 유전물질이 세균이나 바이러스의 것보다 복잡한 구성을 하고 있다고 예상하게 되는가?

15. 세균 유전자의 구성과 진핵세포 유전자의 구성을 비교하여라. 주요 차이점은 무엇이가?

16. 2000년, 애기장대(*Arabidopsis*)의 유전체 서열화 완료에 기초하여, Simillion 등(2002. *Proc. Nat. Acad. Sci. [USA]* 99: 13627-13632)은 애기장대 유전체가 지난 1억 년에 걸쳐 3번의 유전체 중복 혹은 다배수체화를 겪었다고 추정했다. 현재는, 애기장대의 약 25,000 유전자 중에서, 약 80%가 유전체의 중복 지역에 존재한다고 이 연구자들은 추산한다. 표 18.6을 잘 보면, 애기장대, 벼, 옥수수, 그리고 보리가 대략 같은 수의 유전자를 가지지만 애기장대만이 훨씬 적은 DNA를 갖는 것으로 나타난다. 어떤 형태의 유전체 구조화가, 이들 종에서 비슷한 유전자 수에도 불구하고 매우 다른 DNA 함량을 가지게 하는지 설명할 수 있겠는가?

17. 인간 유전체 서열의 주석 작업으로 우리의 유전체가 20,000~25,000개의 유전자를 포함하는 것으로 드러났다. 단백질체에 대한 분석은 인간세포들이 300,000개의 서로 다른 단백질을 합성할 수 있음을 시사한다. 이런 차이가 어떻게 설명될 수 있겠는가?

18. 인간 유전체의 다음 일반적 특징에 대해 설명하라: 크기, 단백질을 만드는 유전자 수, 반복서열로 구성되는 양, 포함되어 있는 유전자의 수.

19. *M. genitalium*이 0.58 Mb의 유전체와 470개의 단백질 암호화 유전자들을 가진다는 사실의 발견은 하나의 세포가 살아가는데 필요한 최소한의 유전자 수를 결정하는 데 있어 흥미를 불러일으켰다. 더욱더 작은 유전체를 가진 생명체에 대한 탐구에서, 새로운 고세균종인 *Nanoarchaeum equitans*이 대양저의 고온열수공에서 발견되었다(Huber et al., 2002. *Nature* 417: 63-67). 이 원핵생물은 지금까지 발견된 중 가장 작은 세포 중 하나이며, 그 유전체는 약 0.5 Mb에 지나지 않는다. 그러나 *M. genitalium*, *N. equitans* 및 다른 미생물들과 같이 작은 유전체를 가진 생물들은 기생성이거나 공생자다. 이것이 어떻게 최소의 유전체 탐색에 영향을 미치는가? 살아있는 세포를 위한 최소 유전체 크기에 대한 정의가 다시 내려져야 할까?

20. 가장 작은 세균성 유전체와 생명에 필수적인 유전자들의 최소 숫자를 찾는 데 있어, *Buchnera*라는 종에 관심이 쏠렸다. 이것은 진딧의 내장세포 내에서 공생자로 산다. 공생자로서, 그들은 기생체나 병원체들처럼 감염이나 숙주의 면역계를 뚫고 들어가는 데 필요한 유전자들을 가질 필요가 없으며, 따라서 더 작은 유전체를 가질 수 있다. APS라고 표시되는 *Buchnera*의 한 종이 가진 유전체가 서열화되었다. 이것은 640 kb의 환형 염색체 상에 564개의 유전자를 가지고 있었다(Shigenobou et al. 2000. *Nature* 407: 81-86). *Buchnera*의 유전체 크기가 서로 다른 진드기 그룹들 사이에서도 보존적인지 결정하기 위하여, Gil과 동료들(Gil et al. 2002. *Proc. Nat. Acad. Sci.* [*USA*] 99: 4454-4458)은 5가지 진드기과(family)에서 분리된 9개의 *Buchnera* 유전체

들에 대해 물리적 지도작성을 수행하였다. 제한효소를 사용한 절단 후 얻어진 단편들을 젤 전기영동으로 분리하여 유전체 크기를 결정하였다. 몇몇 *Buchnera* 종에 대한 자료는 다음 표와 같다. 비록 크기에 차이가 있었지만, 젤 상에서의 단편들의 합은 자르지 않은 염색체들의 크기와 상응하는 것으로 보였다. 이 자료에 대한 여러분의 분석으로부터, *Buchnera*에서의 유전체 감소가 아직도 발견되는가? 이들 종에 대해 얻어진 유전체의 크기는 *M. genitalium*에서의 유전체와 어떻게 비교되는가? APS종은 641 kb 유전체상에 564개의 암호화 유전자들을 포함한다. CCE 종에는 얼마나 많은 유전자가 존재하겠는가? 이것은 *M. genitalium*의 유전자 수와 어떻게 비교되는가? 작은 유전체를 가지는 다른 세균을 찾지 않고 생명에 필요한 최소의 유전체를 결정할 수 있는 다른 방법이 있는가?

	제한효소에 의한 DNA 단편의 크기, (kb)			
Buchnera	*Apa*I	*Rsr*II	*Apa*I + *Rsr*II	총 DNA 길이 (kb)
APS	286, 226, 73, 52, 3.4	277, 264, 99	240, 104, 99, 73, 52, 45, 24, 3.4	640±
THS	545	545	320, 234	544±
CCE	440	450	405, 46	448±
CCU	265, 135, 50, 25	475	200, 136, 64, 50, 30	476±

21. 면역글로불린 구조에서 V_L, C_H, IgG, J, 그리고 D는 무엇을 나타내는 기호인가?

22. 만약 생식세포의 DNA가 10 V, 30 D, 50 J, 그리고 3 C 분절을 가지고 있었다면, 재조합에 의해 얼마나 많은 수의 독특한 DNA 서열이 생길 수 있을까?

23. 만약 5 V, 10 D, 그리고 20 J 부분이 H-사슬 유전자를 형성하는 데 사용되고, 10 V, 100 J의 부분이 L-사슬 유전자의 구성에 사용된다면, 얼마나 많은 독특한 항체들이 생길 수 있을까?

24. 생물들 사이의 계통학적 관계를 결정하기 위하여 뉴클레오티드 서열들을 비교하는 것 외에도, 유전자 순서에 관한 연구는, 유전체 연구를 위해 많은 정보를 주는 원료가 되어왔다. 진화적 관계를 제공할 뿐 아니라, 유전자 순서 자료는 유전자 기능을 예측하고 단백질들의 기능적인 상호작용을 예측하는 데도 이용되어 왔다. Tamames(2001) 등(*Genome Biology 2:RESEARCH0020.* E pub 2001 Jun 01)은 원핵생물에서 계통학적 거리가 증가할 때 유전자 순서가 지켜지지 않는 일이 발생하는지를 결정했다. 그러나 기대와는 반대로, 멀리 떨어진 그룹에서도 상당한 보존이 유지되었다. 어떤 요인이 이렇게 멀리 떨어진 종들 사이에서도 유전자 순서가 지켜지도록 하는 데 기여했을까?

25. 유전체 서열화 작업은 진화적 힘이 생물의 유전적 조성에 어떠한 영향을 미치는지를 더 잘 이해하도록 하는 수많은 연구들의 문을 열어주었다. 25가지 유전체 서열을 포함한 데이터베이스를 이용하여, Kreil과 Ouzounis(2001)(*Nucl. Acids Res*. 29: 1608-1615)는 GC 함량과 전체적인 아미노산 조성 사이의 관계를 조사했다. 그들은 전체적인 아미노산 조성에 기초하여 호열성 종들을 구분할 수 있음을 발견했다. 이것은 뜨거운 환경에서의 진화가 생물 전체의 아미노산 조성을 선택했음을 시사하는 것이다. 극단적인 환경에서의 진화가 어떤 방법으로 유전체와 아미노산 조성에 영향을 미칠 수 있는가? 극단적인 환경에서의 진화가 유전체 서열 자료의 해석에 어떻게 영향을 미칠 수 있는가?

26. 위유전자란 무엇인가? 이들은 어떻게 생겨나는가?

27. β-글로빈 유전자군은 60 kb의 DNA로 구성되어 있으나 오직 5%의 DNA만 β-글로빈 유전자 산물들을 암호화한다. 95%의 나머지 DNA에 대해 설명하라.

28. 단백질체(proteom)의 주석은 각 단백질을 시간과 공간에서의 기능과 연관시키려고 시도한다. 전통적으로, 단백질 주석은 의문의 단백질과 기능을 알고 있는 단백질 사이의 아미노산 서열 비교에 의존한다. 만약 두 단백질이 그들 서열에서 상당한 부분을 공유하면, 문제의 단백질은 주석 달린 단백질의 기능을 공유하는 것으로 가정된다. 다음은 단백질 주석작업에서의 "같아 보인다" 법을 나타낸 것으로, 세 가지 서로 다른 인간 단백질들과 하나의 문제 서열에 관한 것이다(modified from Rigoutsos et al. 2002. *Nucl. Acids Res*. 30: 3901-3916). 문제의 서열이 다른 세 서열들 내의 공통 도메인에 비교 배열되어 있음에 주목하라. 여러분은 문제 단백질의 기능이 나머지 세 단백질의 기능과 관련되지 않음을 시사하는 어떤 주장을 내놓을 수 있겠는가?

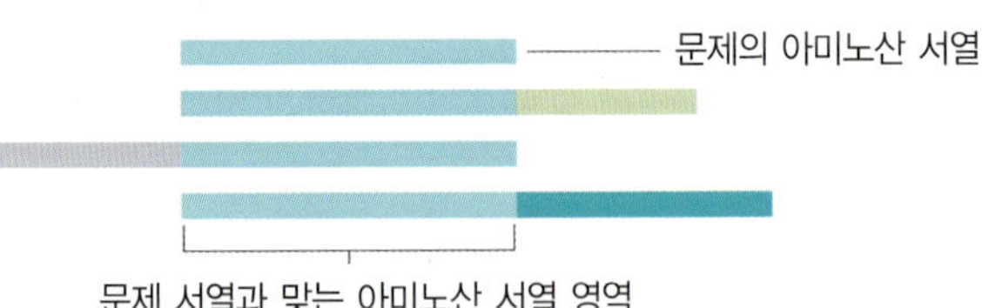

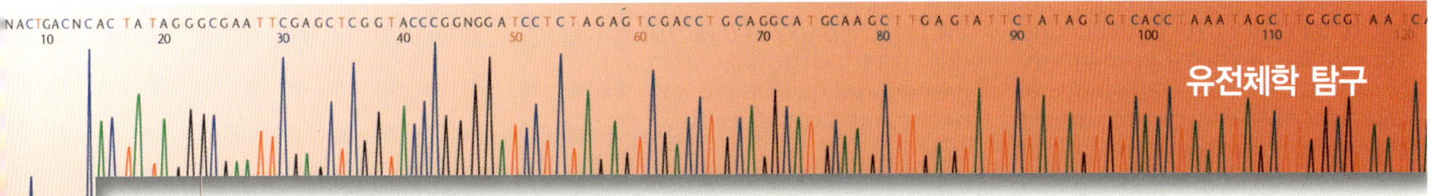

컨티그와 샷건 서열화

이 장에서는 어떻게 전-유전체 샷건 서열화(shotgun sequencing) 방법이 염색체 지도 조립에 사용될 수 있는지 논의했었다. 샷건 클로닝 방법에서는 염색체 DNA가 우선 서로 다른 제한효소들로 잘려, 연속된 서열 혹은 "컨티그(contig)"라고 불리는 일련의 겹쳐지는 DNA 단편들로 만들어진다는 것을 기억하라. 컨티그들은 DNA 서열화 작업을 거치고 생물정보학 기반 프로그램들을 이용하여 컨티그들 말단의 겹치는 뉴클레오티드 서열을 참조하여 이들을 옳은 순서대로 배열하게 된다.

이번 유전체학 탐구에서는 컨티그 배열을 시뮬레이션함으로써 염색체의 서열화 시도 작성법에 대한 논리를 이해하도록 하자. 이를 위해, 여러분은 **NCBI**의 **BLAST** 사이트로 가서 bl2seq라고 불리는 DNA 정렬 프로그램을 적용하여야 한다.

■ 연습 1: 염색체 지도 작성을 위한 컨티그들의 배열

1. NCBI의 BLAST에 접속하라(**http://www.ncbi.nlm.nih.gov/BLAST**). BLAST 홈페이지 아래에서 "BLAST를 이용한 두 서열의 배열(bl2seq)" 카테고리를 찾아라. bl2seq는 한 번에 두 가지 DNA서열의 유사성을 체크하여 비교할 수 있도록 해준다.
2. 아래는 GenBank에 저장된 인간의 실제 염색체 서열들에서 뽑은 8개의 컨티그 서열들이다. 연습을 위해 짧은 것을 사용하였다; 그러나 실제로 컨티그들은 보통 수십만 염기쌍 길이로 이루어진다. 연습을 위해 두 서열을 BLAST의 "Align"에 복사하여 붙이고 클릭한다. (힌트: 동료 웹사이트에서 이 서열에 접근할 수 있으니 복사하여 사용하라.) 다른 조합으로 두 서열씩 짝을 지어 이 과정을 반복하여 어떤 서열들이 서로 겹치는지 결정하라. 그리고 어떤 순서로 컨티그 서열들이 배열되는지 서열 지도를 만들어라. 다음 몇 가지를 고려하라.
   - 모든 컨티그들의 쌍을 조사할 수 있도록 논리적 방법을 만들어라.
   - 겹치는 컨티그들은 100% 서열 유사성을 보여야 한다.

서열 A

CTAATTTTTTTTGTATTTTTAATAGAGAC
GAGGTGTCACCATGTTGGACAGGCTGGT
CTCGAACTCCTGACCTCAGGTGATCTGC
CCACCTCAGCCTCCCAAAGTGCTGGGAT
TACAAGCATGAGCCACCACTCCCAGGCT
TTATTTTCTATTTTTTAATTACAGCCATCC
TAGTGAATGTGAAGTAGTATCTCACTGA
GGTTTTGATTTGCATTTTTCTATGACAAT
GAACAATGTTTCATGTGCTTGTTGGCT
GTTTGTATATCCTTTTTGGAGAAATACCA
ATTCATGTCCTTTGCCCATTTTTAAAGTG
GATTGCATGTCTTTTTGTTGTTTAGTTGT
AAAGATGTGGGTTTTTCTTTTGAGACGG
AGTCTCGCTGTCGCCTAGGCTGGAGTGC
AGAGGCATGATCTCGGCTGACTGCAATC
CCCACCTCCTGGCATCAAGAAGTTCTCC
TGCCTCAGCCTTCCAAGTAGCTGGGTTT
ACAGATGC

서열 B

CTTTATCTCAGGACAATGAACCCGCAAG
GAGAGGAAGAGCCAGTAATTCTATAGAG
ACTCGGAGGCGCAGGGGGCACGCTTAG
TTAGAGTGGTGGTGGTATTTTCAGTGTTT
TCTGGTTTTATGATAAACACAAGCATCA
ATGTCTCAAGACTTTCATCTTTATCTTTT
TTTTTTTTTTTTTTTTTTCTTGAGACAG
GGTTTCCCTCTGTCACCCAGGCTGGAGT
GCATTGGTGGTGTGATCTTGGCTTTCTG
TAACCTCGGGCTTCTGGGCTCAAGCCGT
TCTACTACCTCAGCCTCCCAAATAGCTAG
AACTACAAGCGTGTGCTGCCACACCTG
GCTAATTTGTTGTATTTTATTTATTCATTT
ATTTTTGTGAAGACAAGGTCTTGCCATG
TTGCCCAGGCTGGTCTCAGACTCCTGGG
CTCAAGCAATCCACCCACCTTAGTCTCC
CAAAGTGCTGGGATTACAGGCGTGAGC
CACCACACCCA

서열 C

GGAATTTCACTCTTGTTGCCCAAGTTGG
AGTGCAATGGCGCGATCTCAGCTCACTG
CAACCTCCGCCTCCCAGGTTCAAACGAT
TCTCCTGCTTCACTCTCCCCAGTAGCTG
GGATTACAGGCTGCACCACCACACCTGG
CTAATTTTTTTTGTATTTTTAATAGAGAC
GAGGTGTCACCATGTTGGACAGGCTGGT
CTCGAACTCCTGACCTCAGGTGATCTGC
CCACCTCAGCCTCCCAAAGTGCTGGGAT
TACAAGCATGAGCCACCACTCCCAGGC

서열 D

GCTTCATCTTTCTCTTCACCGTAAAACA
GGAAAGTGTGTGGTGACCAGTATTTTAA
GGGAAAGGCACTTACAGAGAATTAAGC
ATTTGACAAAATTTATTTACAGATATTTG
TCTGTGGACCACTTCCGCACCAGCTGTG
CATGAGAGGGCTCATTGCTCTGAATTTG
CCTCCTTGTCTGCACCCAGGAGACCGTT
TCCCAGATCACGCAAACGCTGCCTTCTC
CCCACACCAGGGCCCTCAGCATGGGAA
TGACCTTCCAGCGCTGCACGTTTCCAAT
CCATGCTCTGTTTTTCAGTTCTGGCTCAC
AGAGGACTGCTGGTTGCAAGCAAACTT
GTATCTGGGTCTTCA

서열 E

CCTTAAGTGATCTACCTGTCTCTGCCTCT
CAAAGTGCTGGGATTGCAGGCATAAGC
CGCCATGCCCGGCCCAAAGTTTCTTTAT
ATGTGCTGGATACTAGGCCCGTAACAGA
TATACAATTTGTAAATATTTTCTCTCATTT
TGAAGATTTTCTTTTCACTTTCTTGATAA
TGTCCTTTGTGTATTTTTTGATAATGTCC
TTTGATACACAAAAGTTTTTAAGTTTGAT
GAAGTTCAATTTACCTATTATTTTCTTTT
GTTGTTCAT

서열 F

TGTTTGTTTGTTTGTTTTGTTTCATTTTG
TTTTTGAGACAGAGTCTTGTTCTGTCGC
CCAGTGTAGAGTGCAGTGGCATAATCTC

GGCTCACCGTAACCTCCGCCTCCCGGG
TTCAAGCAACTCTGCCTGCCTCAGCCTC
CCAAGGAGCTGGGATTATAGACGCCCAC
CACCATGCCTGGTTAATTTTTGTAGTTTT
TTTTAGTAGAGATGGGGTTTTGCCATTTT
GGCCAGGCTGGTCTTGAACTCCTGACCT
CAGGTGATCTGCCCACCCTGGCCTCTCA
AAGTGCTGGGATTACAGGTGTGAGCTGC
CACACTCGGCCACAACAAATTTTTGCAC
CAGTTGCTCACA

서열 G

TCCTTTGATACACAAAAGTTTTTAAGTTT
GATGAAGTTCAATTTACCTATTATTTTCT
TTTGTTGTTCATTCATTTTGTGTCCTATG
TAGGAATCTATTGCCAAATTCAAGGTGA
TAAAGATTTACCCCTATGTTTCCTTCTAA
GAGTTTTATTGTTTTAGCCCTGATATTTA
GCTAAACTTAATTGATTTATTAAGTTTAA
TTTTCCTATGTGGTATGAAGTCATTTATC
TTCTTTAGTTCAGGATCCAAGTGAAAGG
GGCATCTTCTATCTGGGACATGCCATTCT
CATGACAGAGGAAAAAGACAAAAAACT
GACACATACAATGACTTTAAAACTTCAC
TCA

서열 H

GGGTTTTTCTTTTGAGACGGAGTCTCGC
TGTCGCCTAGGCTGGAGTGCAGAGGCAT
GATCTCGGCTGACTGCAATCCCCACCTC
CTGGCATCAAGAAGTTCTCCTGCCTCAG
CCTTCCAAGTAGCTGGGTTTACAGATGC
CCACCACCATGCCTGGCTGGTTTTTGTA
TTTTTAGTAGACACGGGGTTTTACCATGT
TGGCCGGGCTGGTCTGGAACTCCTAAC
CTTAAGTGATCTACCTGTCTCTGCCTCTC
AAAGTGCTGGGATTGCAGGCATAAGCC
GCCATGCCCGGCCCAAAGTTTCTTTATA
TGTGCTGGATACTAGGCCCGTAACAGAT
ATACAATTTGTAAA

3. 여러분의 배열 결과에 기초하여 다음 질문에 답하라. A부터 H까지 문자 암호로 서열을 말하라:
   a. 겹치는 컨티그들의 올바른 순서는?
   b. 뉴클레오티드 수로 측정된 각 컨티그들의 겹침 부위는 어느 정도의 길이인가?
   c. 여러분이 조립한 염색체 분절의 총 크기는 얼마인가?
   d. 다른 것들하고 겹치지 않는 컨티그가 있었는가? 설명하라.
4. 겹치는 컨티그를 아무거나 뽑아서 뉴클레오티드-BLAST 탐색(BLASTn)을 수행하여 이 컨티그가 어떤 염색체에서 유래한 것인지 결정하라.

정답 ■ ■ ■ ■ ■ ■ Solutions to Problems and Discussion Questions

2. 생물의 DNA 서열을 안다는 것은 시작에 불과하다. 그 DNA에 대한 설명은 중요한 도전이다. 어떻게 유전자 산물들이 시공간적으로 상호작용하는지를 아는 것(단백질체학)은 아직까지 고려되지 않은 새로운 기술들을 필요로 한다.

4. (a) 평균 유전자 크기를 5,000 염기쌍으로 가정하면, 6.7×10^7 정도의 염기쌍이 유전자들을 구성할 것이다. 이 값을 116.8 Mb에서 빼면 유전자들 사이에 49.8 Mb가 존재한다. 49.8 Mb를 13,379 유전자들로 나누면, 유전자들 사이에 약 3700 염기들이 존재한다.

   (b) 54,934/13,379 = 4.11 exons
   (c) 48,257/13,379 = 3.61 intrins
   (d) 대체 접합체가 관여하는 유전자들의 수는 매우 증가하고 있다.

6. 아마도 650개 유전자들이 인간의 이질염색질에 존재할 것으로 생각된다; 따라서 아직도 상당수의 유전자들이 규명되어야 한다. 그리고 이 유전자들이 이질염색질에 존재하기 때문에 이들이 독특한 성질을 가지고 있을 수 있다.

8. AT 쌍에 비해 GC 쌍의 분율이 세문자 구두법에서 비교적 낮다는 것에 주의하라. 그러므로 AT가 많은 DNA 서열을 훑어 ORF를 찾을 때 단백질 생산과는 관련이 없는 것으로 보이는 여러 개의 짧은 서열들이 얻어진다. 그러나 DNA에 GC 서열이 많을 때는, 단백질 암호화 크기와 유사한 긴 ORF들을 얻을 가능성이 증가한다. 따라서 그림에서 나타낸대로, GC 함량이 증가할수록 "단백질 암호화" 서열로 잘못 고려하게 될 가능성도 증가한다.

10. 두 유전체들이 이중가닥의 DNA(진핵생물에서 더 크다)로 구성되어 있고 단백질과 연계하여(원핵생물에서는 더 일시적인 사건이다) 존재한다. 둘 다 개방 해독틀을 포함하고 있지만 원핵생물의 것은 더 밀집되게 뭉쳐 있다. 둘 다 뭉쳐서 존재하는 유전자들을 가지지만, 이것은 원핵생물에서 더 뚜렷하다(오페론). 원핵생물에서는 반복 서열들이 적으나, 진핵생물에서는 매우 흔하다. 둘 다 정보 서열을 포함하지만 진핵생물의 것은 종종 끊어져 있다(인트론).

12. 확실히, 한 생물의 유전체는 아마도 안정된 세포내 거주자들로 볼 수 있는 모든 유전적 요소들을 포함하여야 할 것이다.

14. 다세포성 진핵생물들의 다양한 세포 형태들은 다양한 유전자 산물들을 요구하며, 이것은 세포당 DNA 함량을 증가시키는 것과 관련이 있을 수 있다. 그리고 이배성의 장점은 자동적으로 세포당 DNA 함량을 증가시킨다. 그러나 다른 방식으로 문제를 보면, 진핵세포에서 보다는 원핵세포 유전체에서 훨씬 많은 부분이 표현형 생성에 관여하는 것 같다. 진핵세포들은 다량의 "여분" DNA 혹은 "쓰레기" DNA를 획득하고 유지하는 능력을 진화시켰다.
    반대로, 비교적 짧은 생애를 가지는 원핵생물들은 그들의 유전체를 매우 효율적으로 사용한다. 진핵생물에서 세포당 DNA 양이 더 많으며, 세포분열 중에 딸세포로 정렬된 방식으로 넘어가기 위해 분절화되어 있다는 것을 고려하면, DNA를 포장하기 위한 특수한 기작과 구조(유사분열, 뉴클레오좀, 동원체 등)가 진화했음을 알 수 있다.

16. 애기장대의 비교적 작고 조밀한 유전체는 초파리나 예쁜꼬마선충의 유전체와 닮아 있다. 암호화 DNA와 비암호화 DNA 모두의 손실이 애기장대 유전체의 압축성을 설명할 수 있다. 벼, 옥수수, 보리 등과 비교하면, "유전자-공터"인 반복성 DNA 영역이 유전자 간 지역에서 더 적은 수로 발견되며, 전이인자들의 사본도 소실되었다.

18. 인간의 유전체는 30억 개 이상의 뉴클레오티드로 구성되며 그 중 5% 정도가 유전자를 암호화한다. 유전체 중 적어도 50%는 전이요소들로부터 기원한 것이다. 유전자들은 염색체 상에서 유전자가 많은 부분으로 뭉쳐서 유전자가 별로 없는 부분에 의해 분리되어 있는 불균등한 분포 양상을 보인다. 인간의 유전자들은 초파리 같은 무척추 동물들 보다는 더 크며, 더 크고 많은 수의 인트론들을 포함하는 경향이 있다. 수백 개의 유전자들이 세균에서 척추동물로 전이되었다 . 중복 영역들이 공통적이며, 이것은 염색체 재구성을 촉진시켰을 수 있다. 인간의 유전체는 대략 20,000~25,000개의 단백질 암호화 유전자를 가지는 것으로 보인다.

20. APS 계통이 조상형이라고 가정하면, 남은 계통들이 더 작은 유전체 크기를 가지는 것으로 보이므로 유전체 감소 현상을 나타낸다. 가장 작은 *Buchnera* 유전체는 600 kb의 크기에 대략 480개의 단백질 암호화 유전자를 가지는 *M. genitalium*의 유전체와 비교하면 대략 448 kb 정도이다. APS 유전체는 641 kb 크기의 유전체에 564개의 유전자를 암호화하고 있다. 하나의 유전자는 APS에서는 1136 bp마다 암호화되고(641,000/564), *M. genitalium*에서는 1250 bp마다 암호화된다(600,000/480). 이러한 자료에 근거하면, CCE 종들은 대략 다음과 같이 계산된다: (448,000/1193) = 375.5 유전자들(참고: 1193은 위에서 언급된 두 가지 세균의 유전자 거리를 평균한 값으로 얻어진 것이다). 이러한 계산을 이용하면, CCE 계통들은 *M. genitalium* 보다 적은 수의 유전자들을 가질 것이다.

생명을 유지할 수 있는 최소한의 유전체 크기를 결정하는 다른 접근법도 있다. 예를 들면, 생명에 필요한 필수적인 화학반응의 수를 추정할 수 있도록 하는 컴퓨터 연구 등이 그것이다. 아니면, 작은 수의 유전자를 가지는 생물을 이용하여 조직적으로 유전자들을 돌연변이시켜 가면서 유전자들의 제거가 생존을 위협하는지를 관찰할 수도 있다. 하나의 유전자 혹은 한 그룹의 유전자들을 돌연변이시켜 없앰으로써, 생존에 필요한 최소 유전자 수를 얻을 수 있을 것이다.

22. 10 V × 30 D × 50 J × 3 C = 45,000

24. 유전자 순서의 선택은 다음과 같은 사항들의 결과나 그 조합에 의해 발생할 수 있다: 한 유전자 클러스터 내에 암호화된 단백질들의 기능적 혹은 구조적 상호작용, 유전자 전사물이 세포 내에서 비슷한 위치에 존재하는 것, 그리고 오페론 구조나 공통된 조절 기작 등이다. 그리고 형질전환이나 형질도입과 같은 수평적 유전자 전달에 의해, 전형적인 수직 전달(부모에서 자식으로)에 의해 생긴 유전자들과는 다른 형태의 유전자 조합이 퍼지게 된다.

26. 위유전자들은 유전자들의 비기능성 버전으로 유전자 서열은 닮아 있지만 중요한 뉴클레오티드의 변화 때문에 발현이 되지 않는 것이다. 그들은 유전자 중복과 연이은 돌연변이에 의해 형성된다.

28. 그런 단백질의 시험관내 기능이 2, 3차 구조에 의해 결정될 뿐 아니라, 활성 부위나 기능 부위에서 일부 구역의 표면 화학에 의해 결정되기 때문에, 동일하지 않은 서열은 기능에 상당한 영향을 미칠 수 있다. 다른 기능을 나타내는 여러 다른 요인들에는, 다른 분자들(세포내, 세포막, 혹은 세포외의)과의 상호작용, 결합 도메인들의 화학적 성질이나 위치, 번역 후 변형, 그리고 신호 서열 등이 포함된다.

CHAPTER

19 생명공학의 응용과 윤리

GeneChip® Probe Array

혼성화된 탐침자 셀

단일가닥의 형광 표지된 DNA 표적

올리고뉴클레오티드 탐침자

50 μm

각 필드는 특정 올리고뉴클레오티드 탐침자를 다수 포함하고 있다.

1.28 cm

관심 유전정보에 상보적인 50,000가지 이상의 서로 다른 탐침자들

Affymetrix사에서 생산된 이 유전자 칩 같은 DNA 마이크로어레이는 돌연변이를 추적하거나 유전자 발현 패턴을 조사하는 연구 혹은 임상적 적용에 사용된다.

혼성화된 탐침자 어레이의 이미지

단원 개념

- 유전공학은 영양가치가 증대되고, 제초제나 환경조건 그리고 질병에 저항성을 가지는 유전자 조작 작물을 통해 농업을 크게 혁신시켰다.
- 유전적으로 조작된 식물과 동물들은 유용한 제약 산물을 생산한다.
- 유전적 기술은 유전 질병을 진단하고, 특정 질병에 대한 유전적 소인을 검사하는 데 사용된다.
- 유전자 치료는 유전질병을 치료하는 데 사용되어 왔으나 아직까지는 혼란스러운 결과를 얻고 있다.
- 유전적 기술은 새로운 약물의 고안을 촉진하며, 곧 약물 치료에 대한 개인의 반응을 평가하는 데 도움을 주게 될 것이다.
- DNA 지문은 특정 개인의 신원을 확인해 줄 수 있으며, 법의학, 고고학, 그리고 보전 생물학 등의 분야에 널리 사용된다.
- 유전적 기술들과 유전자 조작은 공공 정책과 법의 변화에 의해 다루어져야 하는 윤리적 문제를 야기한다.

1970년대 재조합 DNA 기술의 여명기 이후로, 과학자들은 유전공학을 생물학적 연구뿐 아니라 의학, 농업, 그리고 생물공학에도 직접적으로 적용해 왔다. 시험관에서 DNA를 조작하고 유전자를 살아 있는 세포로 도입하는 능력을 바탕으로, 과학자들은 특정형질들을 가진 새로운 동식물 변종들을 만들고, 유전질병을 진단하고 치료할 뿐 아니라 더 값싸고 효율적인 의약 제품들을 생산할 수 있게 되었다. 산업 분석가들은 2009년까지 유전공학*이 미국의 상업적 생산품들을 450억 달러 이상의 가치로 끌어올릴 것이라고 추산한다.

DNA 기술의 응용력이 점점 더 커짐에 따라서, 유전자를 조작하고 유전자 공학을 응용하는 우리의 능력에 대한 우려도 나타났다. 유전공학은 인간이 자연을 다루는 방법을 크게 변화시킬 수 있는 힘을 가지고 있다; 결국, 이것은 다른 기술들이 촉발하기 어려운 윤리적, 사회적, 그리고 경제적 문제들을 야기한다.

21세기의 유전공학은 입문서 정도의 교재에서 완전히 다루기는 불가능한 주요 주제다. 결과적으로, 이 장은 유전공학의 힘을 보여줄 수 있는 응용들만을 골라 보여주게 될 것이다. 우선 유전공학이 농업적으로 중요한 동식물들을 어떻게 변화시켰는지를 설명하는 것으로부터 시작하도록 하자. 다음으로는 유전적 기술들이 인간의 질병과 진단에 어떠한 영향을 미치는지 살펴보자. 그리고 유전공학이 제약 상품들에 어떻게 영향을 미쳐왔고 DNA기술이 법의학적으로는 어떻게 사용되는지에 대해서도 알아보자. 마지막으로, 새로운 DNA 기술이 가지는 사회적, 윤리적, 그리고 법적 의미에 대해서 탐구해 보도록 하자.

학습 방법

이 장에서는 DNA 기술들의 여러 응용에 대해 초점을 맞추고자 한다. 우리는 유전공학과 유전체학이 농업, 의학, 그리고 법의학을 어떻게 변화시켰는지 살펴볼 것이다. 여러분이 이러한 주제에 대해 공부할 때에는 다음과 같은 몇 가지 기본적인 질문에 답할 수 있도록 해야 한다.

1. 유전적으로 조작된 식물들이 인간이 소비하기에 안전한지 어떻게 알 수 있는가?
2. 우리가 유용한 유전자를 형질전환 생물에 도입했고 그것이 기대한 대로 작동하는지를 확인할 수 있는 실험적 증거들은 어떤 것인가?
3. 식물에서 생산된 백신이 효과적인지를 어떻게 확인할 수 있는가?
4. 인간의 태아가 겸상 적혈구 빈혈증을 가졌는지를 DNA 분석으로 어떻게 알 수 있는가?
5. 특정 유전자가 특정 조직에서 발현되는지는 DNA 마이크로어레이에서 어떻게 알 수 있는가?
6. 법의학적인 DNA 프로파일이 한 사람에서 나온 것인지는 어떻게 알 수 있는가?

*__생명공학__(biotechnology)이나 **유전공학**(genetic engineering)이라는 용어들은 이들의 정의는 비록 다를지라도, 때로는 서로 바꿔서 사용할 수 있다. 유전공학은 재조합 DNA 기술을 이용하여 살아 있는 생명체의 유전적 조성을 변화시키는 것과 관련되어 있다. 유전공학으로 생겨난 생물들은 유전적으로 조작된(genetically modified, GM), 혹은 유전자 도입(transgenic) 생물들이라고 불린다. 생명공학은 좀 더 일반적인 용어로, 살아 있는 생명체를 이용하거나, 그들로부터 유래한 산물을 이용하여 여러 과정, 즉 식품이나 산업적 산물들을 제조하는 것을 포함한 일을 수행하는 것을 모두 아우르는 말이다.

19.1 유전공학은 농업 혁명을 일으켰다

수천 년 동안 농부들은 식량 생산을 위해 동식물들의 유전적 조성을 변화시켜 왔다. 30년 전 유전공학이 출현하기까지, 이러한 유전적 조작들은 우연히 생긴 변이종이나 혹은 돌연변이원에 의해 유도된 변이들에 대한 선택과 교배에 국한되어 있었다. 유전공학은 농업적으로 중요한 생물들의 유전적 조성을 변화시킬 수 있는 새로운 장비를 마련해 주었다. 과학자들은 이제 바람직한 형질을 부여하는 유전자를 찾고, 분리하여 복제함으로써 이들을 생물들에 특이적이고 효율적으로 도입할 수 있게 되었다. 결과적으로, 곤충 저항성, 제초제 저항성, 혹은 영양적 특징들을 농작물들과 동물들에 빠르게 도입하는 것이 가능해졌다. 유전자에 기초한 농업에서의 혁명은 1996년 제초제 저항성 콩의 도입과 함께 시작되었다. 그로부터 수십 가지의 형질전환 농작물과 동물들이 농업적 응용을 위해 도입되었다. 전 세계적으로, 2억 에이커 이상의 땅에 유전적으로 조작된 작물들이 심어졌으며, 특히 제초제 저항성과 해충 저항성 콩, 옥수수, 면화 그리고 카놀라 등이 재배된다. 이들 작물들은 17개국의 800만 명 이상의 농부들에 의해 심어진 것이다.

이 장에서는 농업에서 사용되는 유전자 조작 생물들의 몇 가지 예에 대해 살펴볼 것이다. 이러한 발달에 대한 윤리적, 사회적 우려는 19.6절에서 다루었다.

유전자 조작 농작물들과 제초제 저항성

잡초의 번성으로 인한 손해는 세계적으로 곡물생산의 10%를 망친다. 이러한 문제점을 없애기 위해, 농부들은 밭에 씨를 뿌리기 전에 종종 잡초를 죽이기 위한 제초제를 사용한다. 가장 강력한 제초제는 작물 역시 죽이기 때문에 제초제 사용은 제한적일 수밖에 없다. 제초제 저항성 작물의 탄생은 주요 농작물 생산에서 효과적인 잡초 제거와 생산량 증대를 위한 길을 열어주었다. 현재 미국에서는 75% 이상의 콩들과 면화가 제초제인 글라이포세이트에 저항성이다.

우리는 여기에서 어떻게 제초제 저항성이 콩과 옥수수에 전달되는지를 자세히 알아볼 것이다. 제초제인 **글라이포세이트**(glyphosate)는 낮은 농도로도 매우 효과적이고, 사람에 무해하며, 미생물에 의해 빠르게 분해된다. 글라이포세이트는 **EPSP 합성효소**(EPSP synthase)라고 불리는 엽록체의 효소작용을 방해함으로써 활성을 나타낸다. 이 효소는 세균과 식물에서의 아미노산 생합성에 중요한 효소다. 이들 필수 아미노산을 합성할 수 있는 능력이 없으면 농작물을 포함한 식물들은 시들어서 죽고 만다.

글라이포세이트 저항성 농작물의 개발은 글라이포세이트 저항

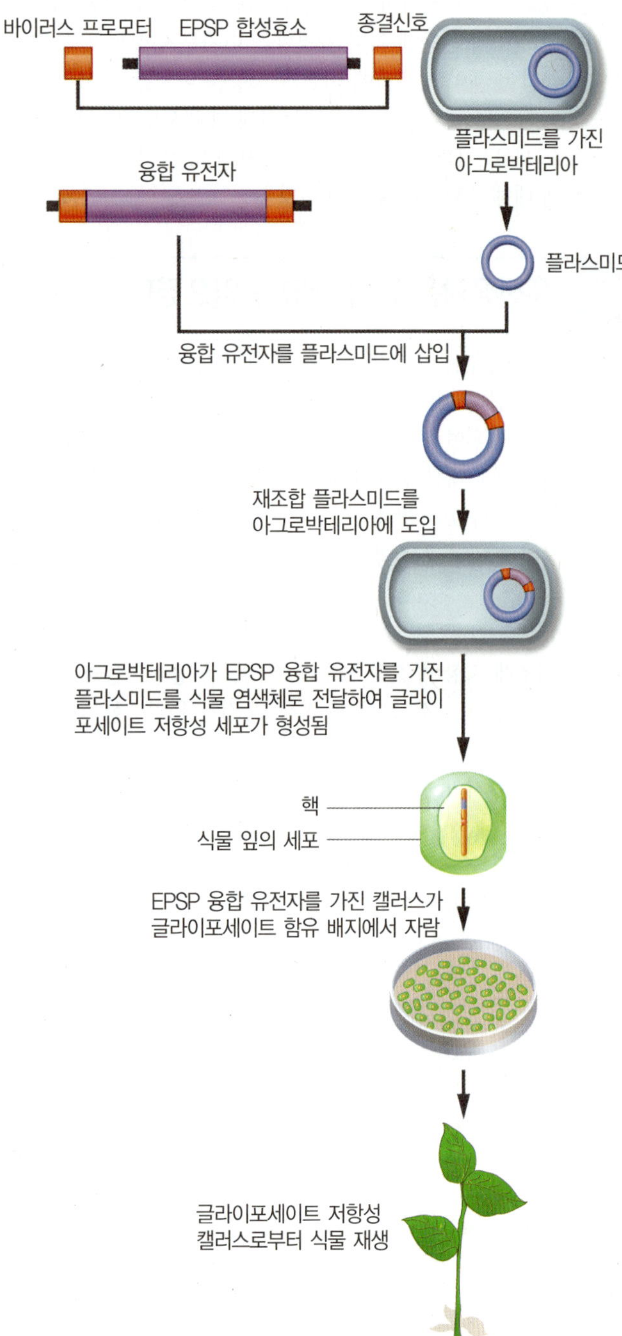

그림 19-1 글라이포세이트 저항성 유전자의 전달에서는, EPSP 유전자가 콜리플라워 모자이크 바이러스로부터 얻어진 프로모터에 융합된다. 이 융합 유전자를 Ti 플라스미드 벡터에 옮기고, 재조합 DNA 벡터는 아그로박테리움(*Agrobacterium*) 숙주에 삽입된다. 배양된 식물 세포에 대한 아그로박테리움의 감염으로 EPSP 융합 유전자는 식물 세포의 염색체 안으로 전달된다. 이 유전자를 획득한 세포들은 이제 다량의 EPSP 합성효소를 만들어 제초제인 글라이포세이트에 저항성이 생긴다. 저항성 세포들은 제초제가 함유된 배지에서 선별된다. 이들 세포로부터 재생된 식물들은 제초제 저항성을 나타낸다.

성 *E. coli* 균주로부터 EPSP 합성효소 유전자가 분리되어 클로닝됨으로써 시작되었다. 이 유전자가 전달 벡터에서 식물 바이러스에서 유래한 프로모터 서열과 식물의 전사 종결 서열 사이에 삽입되었다. 이 재조합 벡터가 세균인 *Agrobacterium tumifaciens*로 옮겨졌다(그림 19-1). 플라스미드를 가진 세균은 이제 식물 잎으로부터 유래된 조직세포들을 감염시키는 데에 사용되었다. *A. tumifaciens*로 감염이 된 후 세포 덩어리(캘러스)들이 형성되었고 글라이포세이트를 첨가한 배지에서 자라는 능력들이 검사되었다. 글라이포세이트 저항성 캘러스들로부터 생산된 유전자 조작 식물들은 야생식물들을 죽이는 데 필요한 농도보다 4배 이상의 글라이포세이트를 뿌려주며 키워졌다. 대조군 식물들이 시들어서 죽는 반면, EPSP 합성효소를 발현하는 유전자 조작 식물들은 성장하고 발달했다.

비슷한 유전자 조작 기술이 사용되어 여러 가지 다른 제초제 저항성 식물들이 만들어졌을 뿐 아니라 바이러스나 해충 같은 병원체들에 저항성을 가지는 식물들도 개발되었다. 이제는 한발과 염성 토양에 대한 저항성이 증대된 식물들도 개발되고 있다.

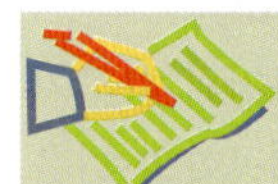

이 문제를 풀어보자

494페이지의 5번 문제는 글라이포세이트에 저항성을 부여하는 유전자가 형질전환 작물에서부터 잡초로 옮겨갈 수 있는지를 묻고 있다.

힌트: 식물이 교배되는 방법과 야생의 식물들과 작물들에 대한 선택압의 형태에 대해 생각해 보라.

농작물의 영양성분 강화

지난 50~100년 동안, 인위적 선택과 유전적 교배라는 전통적 방식에 의한 유전적 개량은 극적인 생산성 증대와 영양성분 강화라는 놀라운 발전을 이루었다. 예를 들어, 옥수수는 60년 동안 4배 이상 수확량이 증가했고, 이 증가의 절반 이상은 인위선택에 의한 유전적 개선에 의한 것이었다.

재조합 DNA 기술에 의한 유전자 전달법은 식물의 영양 가치를 증대시키는 새로운 방법을 제공한다. 많은 작물들이 사람의 영양에 요구되는 일정 영양 성분이 결핍되어 있는데 생명공학은 이러한 영양 요구를 만족시켜 주는 식물을 생산하는 데 사용된다. 한 가지 예가 바로 "**황금쌀**(golden rice)"이라고 알려진 것으로, 비타민 A의 전구물질인 베타카로틴이 강화된 것이다(그림 19-2). 비타민 A 결핍증은 아시아와 아프리카의 여러 지역에서 빈번하며 해마다 50만 명 이상의 어린이가 이 결핍증으로 인해 영구적인 실명상태가 된다. 쌀은 이들 지역에서의 주식이지만 비타민 A를 포함하고 있지는 않다.

황금쌀을 만들기 위해, 과학자들은 재조합 DNA 기술을 이용하여, 카로티노이드 합성을 일으키는 생합성 경로의 효소 유전자 3개를 벼의 유전체로 도입했다. 이들 유전자 중 2개는 나팔수선화에서 온 것이고 나머지 하나는 세균의 것이다. 비록 황금쌀을 만드는 벼들은 현재 재배가 가능하지만, 비타민 A 결핍증을 효과적으로 처리할 만큼 베타-카로틴(β-carotene) 수준이 충분히 높지 않다. 이러한 문제를 해결하기 위해 더 높은 수준의 베타-카로틴을 생산하는 벼의 변종을 개발 중이다. 더 널리 사용되도록 하기 위해 유전적으로 조작된 벼의 변종들을 받아들이게 하고 효율적

그림 19-2 황금쌀. 비타민 A의 전구물질인 β-카로틴을 생산하도록 유전적으로 조작된 품종이다. 쌀을 주식으로 하는 나라의 많은 어린이들은 비타민 A가 결핍된 식사 때문에 시력을 상실하게 된다.

으로 분배하는 일은 또 다른 과제로 남아 있다.

영양 가치가 증대된 여러 변이 작물들이 개발되었거나 현재 개발 중이다. 여기에는 필수 지방산, 항산화제 그리고 기타 여러 비타민들이나 미네랄의 수준을 증가시킨 식물들이 포함된다. 이러한 노력들은 전 세계 인구의 40% 이상에 영향을 미치는 영양결핍을 다루기 위해 진행된 것이다. 미래에는 무카페인 차와 커피, 그리고 풍미, 성장률, 생산량, 색감, 저장능력, 완숙도 같은 특징들이 개선된 작물들이 개발될 것이다.

생산성이 증대된 형질전환 동물

유전적으로 조작된 식물들은 현대 농업에서의 주요 주자인 반면, 형질전환 동물들은 그다지 널리 퍼져 있진 않다. 그렇지만 유전적으로 조작된 가축들이 일부 유명한 선례가 되어 대중들의 관심을 불러일으키고 이 분야에서의 논쟁거리를 만들었다. 최초의 유전자 조작 가축은 1985년에 전핵 주입 기술(pro-nuclear injection method)로 만들어졌다. 이 기술은 클론화된 DNA를 수정란의 전핵에 주입하는 과정을 포함한다. 주입된 DNA는 무작위로 숙주 유전체로 도입되고 수정란은 대리모로 이식된다. 통합된 DNA를 가지고 있는 자손들은 선별되어 동형접합성 계통을 생산하기 위하여 교배된다. 이 기술은 17장에서도 설명한 것이다. 이식된 성장 호르몬 유전자를 가지고 있는 가축을 만들려는 시도는 성공적이지 못했는데, 아마도 성장이라는 것이 복잡하고 다유전자적인 특징이기 때문일 것이다. 눈에 띄는 예외 하나는 형질전환 대서양 연어로, 이들은 구성적 프로모터에 의해 조절되는 치누크 연어의 **성장 호르몬 유전자**(growth hormone gene) 사본을 가지고 있다. 이 연어들은 빠르게 성숙하고 기타 다른 건강상의 부작용을 나타내지 않는다. 현재 형질전환 사육연어들은 식품의약국의 심사를 받고 있다. 성공적인 형질전환 가축에 대한 또 다른 예 하나는 효소 피타아제(phytase)를 암호화하는 유전자를 발현하는 돼지다. 이 돼지들은 식품의 인을 분해할 수 있어서 돼지 농장의 주요 오염원 중 하나인 인 분비를 감소시킬 수 있다. 현재 개발 중인 형질전환 동물들로는 감염에 저항성을 가진 것들이나, 질병 감수성을 유발하는 프리온 단백질 유전자인 *PrP* 유전자 같은 특정 유전자가 결핍되어 있는 동물이다.

현재, 형질전환 가축들은 주로 유용 제약 산물들을 생산하는 생물반응기(bioreactor)로 이용되며, 다음 절에서 계속 논의될 것이다.

19.2 유전자 조작 생물들은 여러 가지 생물학적, 의학적 산물을 합성한다

아마도 재조합 DNA 기술이 가장 성공적이고 널리 사용되는 곳은 **생물의약품**(biopharmaceuticals)의 생산과정일 것이다. 재조합 DNA 시대 이전에는, 인슐린이나 응고인자들, 혹은 성장 호르몬 같은 생물의약품들은 이자, 혈액, 혹은 뇌하수체와 같은 조직들로부터 정제되었다. 분명히, 이 자원들은 공급이 제한적이고 정제과정 또한 경비가 많이 들었다. 그리고 이 자연조직에서 유래한 산물들은 바이러스 등의 질병 요소들에 의해 오염될 수 있었다. 이제는 중요한 치료 단백질들을 암호화하는 인간의 유전자들을 복제하는 것이 가능하며 여러 종류의 비인간 숙주세포 형태에서 이 유전자들이 발현되어 좀 더 다량으로 안전하고 값싼 생물의약품 생산 원료를 얻을 수 있게 되었다.

이 절에서는, 형질전환 세포주와 생물들에서, 클론화된 유전자들의 발현에 의해 생산되는 치료제들의 예를 몇 가지 살펴볼 것이다. 표 19.1의 목록은 현재 형질전환 동식물들에서 합성되고 있는 여러 가지 중요한 의약품들을 보여준다.

세균에서의 인슐린 생산

여러 가지 치료 단백질들이 인간 유전자를 세균에 도입함으로써 생산되어 왔다. 대부분의 경우에, 인간의 유전자가 플라스미드로 클론화되고 재조합 벡터는 세균 숙주로 도입된다. 전달된 유전자가 발현되는 것이 확인되면, 대량으로 형질전환 세균이 배양되고 인간의 단백질은 세균 추출물로부터 회수되어 정제된다.

재조합 DNA 기술로 제조된 최초의 인간 유전자 산물은 인간의 인슐린으로서, 1982년에 치료 목적으로 사용되는 것이 허가를 얻었다. 그 이전에는 도살장에서 얻은 소와 돼지의 이자로부터 화학적으로 인슐린이 추출되었었다. **인슐린**(insulin)은 포도당 대사를 조절하는 단백질성 호르몬이다. 인슐린을 생산하지 못하는 사람들은 당뇨병을 갖게 되는데, 좀 더 심각한 형태(I형)의 당뇨병이 미국에서만 200만 명 이상에 영향을 미치고 있다. 사람의 인슐린은 이제 다른 방법으로 생산되긴 하지만 재조합 DNA 기술의 약속과 어려움 둘 다를 보여주기 때문에 원래의 방식을 살펴보는 것이 도움이 될 것이다.

이자에 묻혀 있는 세포 덩어리들은 프리프로인슐린(preproinsulin)

표 19.1 현재 사용 가능하거나 임상 시험 중인 유전공학 의약품

유전자 산물	치료 조건	숙주 형태
Tissue plasminogen activator tPA	Heart attack, stroke	Cultured mammalian cells
Human growth hormone	Dwarfism	Cultured mammalian cells
Monoclonal antibodies against vascular endothelial growth factor (VEGF)	Cancers	Cultured mammalian cells
Human clotting factor VIII	Hemophilia A	Transgenic sheep, pigs
C1 inhibitor	Hereditary angiodema	Transgenic rabbits
Recombinant human antithrombin	Hereditary antithrombin deficiency	Transgenic goats
Hepatitis B surface protein vaccine	Hepatitis B infections	Cultured yeast cells
Immunoglobulin IgG1 to HSV-2 glycoprotein B	Herpesvirus infections	Transgenic soybeans
Recombinant monoclonal antibodies	Diagnosis and passive immunization against rabies	Transgenic tobacco, soybeans
Norwalk virus capsid protein	Norwalk virus infections	Potato (edible vaccine)
E.coli heat-labile enterotoxin	*E.coli* infections	Potato (edible vaccine)

이라고 알려진 전구체 폴리펩티드를 합성한다. 이 폴리펩티드가 세포로부터 분비될 때, 아미노산들이 사슬의 끝과 중간에서 절단된다. 이러한 절단으로 성숙한 인슐린 분자가 만들어지는데, 이것은 2개의 폴리펩티드 사슬(*A*와 *B*)을 포함하며, 사슬들이 이황결합(disulfide bond)으로 연결된다. *A* 소단위는 21개의 아미노산으로 되어 있고 *B* 소단위는 30개의 아미노산을 가진다.

원래 세균에서의 생산과정에서는, *A*와 *B* 소단위를 위한 합성 유전자가 올리고뉴클레오티드 합성(*A* 폴리펩티드를 위해서는 63

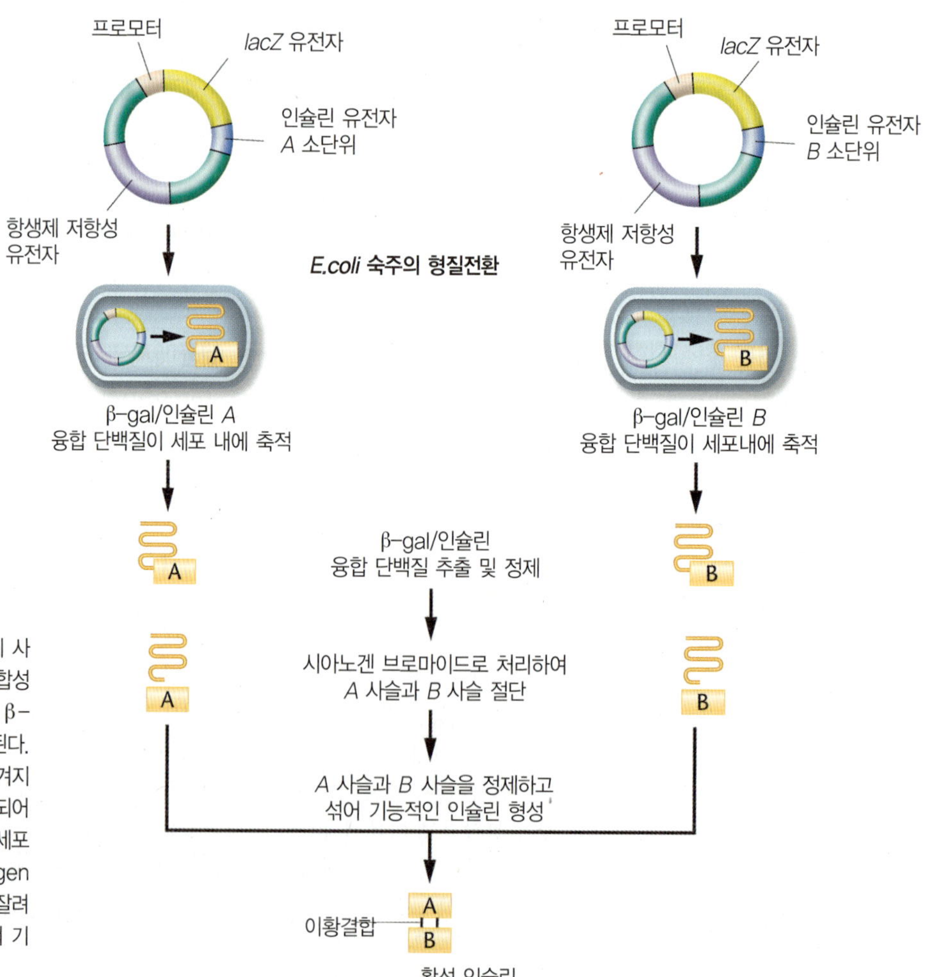

그림 19-3 사람의 재조합 인슐린을 합성하는 데 사용되는 방법. 인슐린 A와 B 사슬을 암호화하는 합성 올리고뉴클레오티드들이 클론된 *E. coli*의 β-galactosidase(β-gal) 유전자의 꼬리 쪽에 삽입된다. 이들 재조합 플라스미드는 *E. coli* 숙주들로 옮겨지고, 여기에서 β-gal/insulin 융합 단백질이 합성되어 숙주세포에 축적된다. 융합 단백질들이 이들 숙주세포에서 추출, 정제된다. 인슐린 사슬들은 cyanogen bromide 처리에 의해 β-galactosidase로부터 잘려지게 된다. 이제 정제된 인슐린 소단위들이 섞여서 기능적인 인슐린 분자를 만들게 된다.

뉴클레오티드가, *B* 폴리펩티드를 위해서는 90 뉴클레오티드가 필요하다)에 의해 만들어졌다. 각 합성 올리고뉴클레오티드는 벡터에서 세균의 효소인 β-갈락토시다아제를 암호화하는 *lacZ* 유전자 옆에 삽입되었다. 세균 숙주에 옮겨졌을 때, *lacZ* 유전자와 옆의 합성 올리고뉴클레오티드가 한 단위로 전사, 번역되었다. **융합 폴리펩티드**(fusion polypeptide)인 이 산물은 한 개의 인슐린 소단위에 해당하는 아미노산 서열에 달라붙은 β-갈락토시다아제에 대한 아미노산 서열도 포함하는 것이다(그림 19-3). 이 융합 단백질들은 세균의 추출물에서 정제되고 시아노겐 브로마이드(cyanogen bromide)로 처리되어 인슐린 소단위로부터 β-갈락토시다아제 부분이 잘린다. 다음 이들이 섞이면 두 소단위는 자발적으로 연합되어 온전하고 활성적인 인슐린 분자가 된다. 정제된 인슐린은 이제 인슐린 주사를 필요로 하는 당뇨 환자들이 사용하도록 포장된다.

유전자 조작 동물숙주와 약품의 생산

치료용 단백질을 생산하기 위해 세균 숙주들이 사용되어 왔지만, 진핵성 단백질을 합성하기 위해 원핵성 숙주를 사용하는 데는 몇 가지 단점이 있다. 한 가지 문제는 세균세포들은 여러 진핵성 단백질들을 공정하거나 변형하지 못한다. 결과적으로, 완전한 생물학적 활성에 필요한 당을 붙이거나 인 그룹을 첨가하지 못하는 것이다. 게다가 원핵세포에서 생산된 진핵성 단백질들은 종종 적당한 3차 구조로 접히지 못하고 결과적으로 불활성화된 상태가 된다. 이러한 문제점들을 극복하고 수율을 높이기 위해, 이제는 많은 생물약제들이 진핵성 숙주들에서 생산된다. 표 19.1에서 보는 바와 같이, 진핵성 숙주들에는 배양된 진핵세포들(식물세포 혹은 동물세포), 혹은 형질전환된 가축들이 포함된다. 이러한 숙주들에서 생산된 치료용 단백질들은 숙주세포들이나 동물의 젖과 같은 산물들에서 추출되어 정제될 수 있다.

형질전환 동물에서 합성되는 생물의약품들의 한 예는 인간의 단백질인 α1-안티트립신(α1-antitrypsin)이다. α1-안티트립신 효소의 결핍은 유럽인 조상을 가진 사람들에서 흔한, 진행성이고 치명적인 호흡기질환인 유전성 폐기종(emphysema)과 관련된다. 이 질병의 치료에 사용할 α1-안티트립신을 생산하기 위해, 사람의 유전자가 벡터에서 유선세포에서만 전사를 활성화시키는 양의 프로모터 서열 옆자리에 삽입되었다. 이 프로모터 옆에 위치한 유전자들은 오직 유선조직에서만 발현된다. 이 융합 유전자가 시험관에서 수정된 양의 접합자에 옮겨졌고, 이 접합자는 대리모에 이식되었다. 여기서 얻어진 유전자 조작 양은 정상적으로 발달했으며 높은 농도의 기능적인 사람 α1-antitrypsin 을 포함한 젖을 생산해냈다. 이 인간 단백질은 양 젖 1리터당 35그램 정도까지의 농도로 존재한다. 수유기의 양 몇 마리만 있으면 이 단백질이 적절하게 공급될 수 있다. 생물 공장으로 작용하는 다른 여러 유전자 조작 동물들이 제약 산업의 통상적인 부분이 되고 있다. 사실상 그 유명한 양 돌리(Dolly)의 클로닝도 높은 수준으로 사람 단백질을 생산하는 양떼를 만들어 내기 위해 행해졌던 것이다.

유전자 조작 동물들에서 생산되는 인간 단백질은, 재조합 인간 단백질의 치료적 사용에 있어 첫 단계로 임상 시험을 거친다. 한 가지 재조합 인간 효소인 알파-글루코시다아제(α-glucosidase)는 토끼의 젖에서 생산되는데, **Pompe 병**에 걸린 아이들을 치료하기 위한 임상 시험에 들어가 있다. 이 질환은 α-글루코시다아제의 결핍으로 유발되는 진행성의 치명적인 대사 장애로서 상염색체 열성으로 유전된다. 일찍 발병하는 Pompe 병의 경우, 유아들은 빈약한 근장력을 가지며 앉거나 서지 못할 수도 있다. 대부분은 2세 이전에 호흡기와 심장 장애로 사망한다. 최초의 검사에서, 아기 환자에게 재조합 효소가 일주일에 한 번 투여되었으며 이렇다 할 부작용은 보이지 않았다. 시도된 모든 어린이들이 조직 검사에서 정상 수준의 효소활성을 보였고, 증상이 모두 개선되었다. 대량의 시도가 성공적이라면, 형질전환 동물에서 생산된 재조합 α-글루코시다아제는 이 질병을 치료하기 위해 더 많이 이용될 것이다.

유전자 조작 식물과 먹는 백신

재조합 DNA 기술의 가장 유용한 적용 중 하나가 바로 백신의 생산이다. 백신들은 면역체계를 자극하여 질병 유발인자들에 대한 항체를 생산하도록 함으로써 질병에 대한 면역력을 제공할 수 있다. 두 가지 형태의 백신들이 흔히 사용된다: 감염성 바이러스나 세균 표본을 죽인 것에서 추출한 불활성화된 백신(inactivated vaccine)들과, 살아 있는 바이러스나 세균이지만 더 이상 증식할 수 없어서 체내에 있어도 병을 일으키지 못하는 약독화 백신(attenuated vaccine)을 사용하는 경우다. 재조합 DNA 기술을 사용하여 **소단위 백신**(subunit vaccine)이라고 불리는 새로운 형태의 백신이 생산되고 있다. 이들 백신은 바이러스나 세균의 하나

그림 19-4 B형 간염 항원을 발현시키는 담배 잎. B형 간염 바이러스의 항원 소단위를 발현하는 유전자 조작 담배 식물들이 처음 생산되고 이 유전자 조작 식물의 잎들이 B형 간염 항원에 대한 항체로 처리된 것이다. 이 결과는 이 식물들이 항원을 생산하고 있다는 것을 보여준다. 가운데 잎은 정상 담배 식물로부터 얻은 것이고 염색되지 않았다. 담배는 식물 분자생물학에서 흔히 사용되는 실험 식물이기 때문에 이 실험에 사용되었다. 백신으로 사용하기 위해서는 항원성 물질들은 먹을 수 있는 작물들로 옮겨져야 한다.

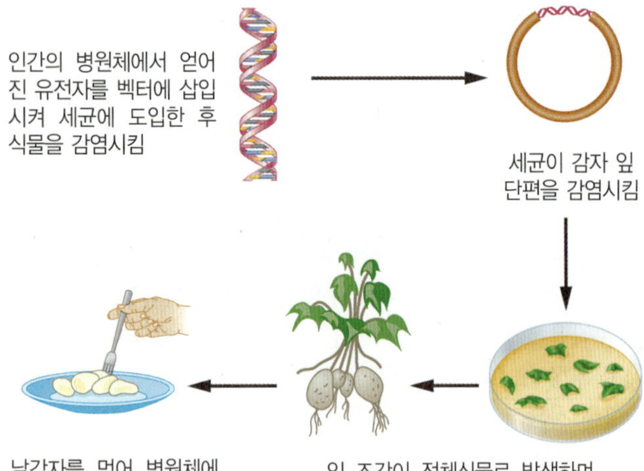

그림 19-5 먹을 수 있는 백신을 만들기 위해서는 병원체(바이러스나 세균 같이 병을 일으키는 요인들)로부터 얻은 유전자가 벡터로 옮겨진 후 세균 숙주세포로 전달되고 다시 이것이 식물을 감염시키게 된다. 감자 잎을 감염시키면 벡터와 병원체 유전자가 감자 잎 세포의 핵으로 이동한다. 감자 잎 단편을 성장시켜, 병원성 유전자를 발현시키는 감자 식물로 성숙시킨다. 이 식물에서 생긴 날감자를 먹음으로써 병원체 유전자에 의해 생산되는 단백질에 대한 면역반응이 시작되는데, 이것은 이 병원체에 의한 감염에 면역성을 제공한다.

혹은 그 이상의 표면 단백질로 구성되며, 전체 바이러스나 온전한 세균이 아니다. 이들 단백질은 면역체계를 자극하여 그것이 유래했던 바이러스나 세균에 대해 항체를 생산하도록 하는 항원으로 작용한다.

최초로 허가를 받은 소단위 백신 중 하나는 **B형 간염 바이러스**(hepatitis B virus)에 대한 것으로 이 바이러스는 간 손상과 간암을 일으킨다. B형 간염 바이러스의 표면 단백질 유전자가 효모의 발현벡터에 클로닝되어 효모를 숙주로 생산되었다. 숙주세포 추출물에서 분리된 이 단백질은 백신으로 사용되도록 포장이 된다.

개발도상국들에서의 예방 프로그램들은 비용, 운송, 그리고 저장이라는 심각한 문제들에 직면해 있다. 백신들은 반드시 냉장 보관되어야 하고 주사하는 동안 무균 조건이 유지되어야 한다. 많은 나라의 외곽 지역에서는 냉장시설이나 살균 기구들을 사용하는 것이 용이하지 않다. 이러한 문제들을 극복하기 위해 과학자들은 생명공학을 사용하여 먹을 수 있는 식물에서 합성되는 저렴한 백신을 개발하고 있다. 그러한 백신들은 생산비가 저렴하고 냉장고를 필요치 않으며, 숙련된 의료 기술자의 무균 관리를 받아야 할 필요도 없다.

이러한 생산의 모델로서 항원성 B형 간염 바이러스 단백질이 담배로 옮겨져 잎에서 발현되었다(그림 19-4). 이를 백신의 원료로 사용하기 위해서는 유전자가 곡물이나 야채 같은 식용 식물로 삽입되어야 할 것이다. 다른 먹을 수 있는 백신들이 임상 시험 중에 있다. 설사를 일으키는 세균에 대한 백신을 사용한 임상 시도에서, 재조합 세균 항원을 가지는 유전자 조작 감자들을 사용해(그림 19-5) 소량(50~100 g)의 감자를 먹은 지원자들에서 효과적으로 항원에 대한 항체를 만들도록 하는 데 성공했다. 또 다른 시도에서는 광견병 바이러스 항원을 발현하는 유전자 조작 시금치가 지원자들에게 먹여졌는데, 지원자들은 광견병 특이적 항체를 상당히 증가시킨 것으로 밝혀졌다. 또한 유전공학 바나나를 이용한 비슷한 검사가 진행 중이다. 그러한 검사가 성공하게 되면, 유전공학으로 만들어진 먹는 식물들이 많은 감염성 질병들에 대해 유아, 어린이, 어른들의 예방 접종에 사용될 것이다. 먹는 백신에 대해서는 183페이지의 GTS 에세이에서 좀 더 길게 다룰 것이다.

이 문제를 풀어보자

494페이지의 4번 문제는 먹는 백신의 개발에 대한 자료를 해석하라는 것이다.

힌트: 항체 형성을 자극할 수 있는 단백질의 가장 작은 부분은 백신의 특이성을 확보하는 데 있어 매우 중요하다.

19.3 유전공학과 유전체학은 의료진단의 형태를 변화시키고 있다

유전학자들은 이제 인간의 유전체에 대한 지식과 질병에 대한 유전적 기초를 넓은 범위의 의료적 응용에 적용하고 있다. 유전자에 기초한 기술들은 이미 질병의 진단에 커다란 영향을 미쳤으며, 곧 의료적 처방을 개혁하고, 특이적이고 효율적인 약품을 개발하도록 할 것이다. 인간 유전체 프로젝트로부터 더 많은 정보들이 얻어지면서, 연구자들은 단일인자 질병뿐 아니라 복잡한 유전적 형질들에 관여하는 유전자들을 점점 더 많이 발견하고 있다. 재조합 DNA 기술에 기초한 방법들은 유전성 질병이나 암과 같은 신체적 질병들을 일으키는 특정 돌연변이를 발견하는 속도를 증가시켰다.

이 절에서는 유전병을 진단하는 데 사용되는 몇 가지 방법들에 대해 간단히 알아본다. 그리고 다음 절에서는 다음 수십 년에 걸쳐 의료적 처방을 변화시킬 흥미로운 기술들 몇 가지에 대해서도 살펴보도록 하자.

제한효소 분석에 기초한 유전자 검사

DNA에 기초한 검사들을 사용하여, 과학자들은 특정 질환과 관련된 돌연변이에 대해 환자의 DNA를 직접 조사할 수 있다. 유전자 검사는 재조합 DNA 기술이 성공적으로 적용된 한 예이며, 현재 900가지 이상의 유전자 검사가 이루어지고 있다. 이들 검사는 보통 멘델 형식으로 유전되는 단일인자 질병과 관련된 DNA 돌연변이들을 검사한다. 그러한 유전자 검사들의 예에는, 겸상 적혈구 빈혈증, 낭포성 섬유증, 헌팅턴병, 혈우병, 그리고 근이영양증을 검사하는 것들이 포함된다. 유방암이나 대장암 같이 복잡한 질병에 대한 유전자 검사도 개발되었다. 유전자 검사는 유전병의 산전 진단이나, 보인자 검사, 성인에서의 질병 발생 예측, 그리고 다른 방법으로 추적된 질병을 확진하는 데 사용된다.

유전자 검사의 전통적 방법 중 하나는 **제한효소 분석**(restriction enzyme analysis)이다. 이 방법을 설명하기 위해서, **겸상 적혈구**

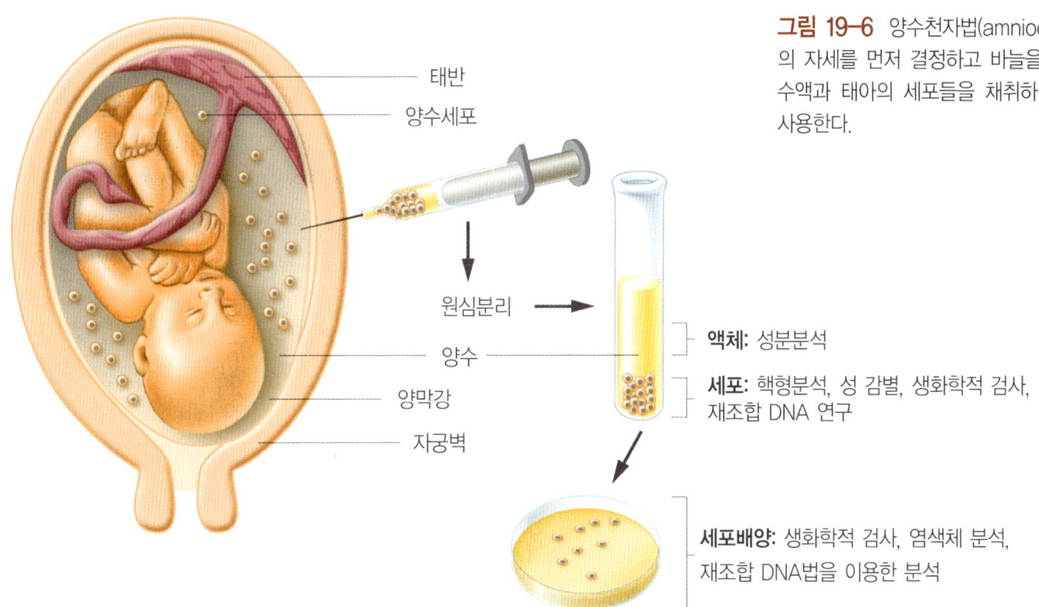

그림 19-6 양수천자법(amniocentesis; 양수검사). 초음파로 태아의 자세를 먼저 결정하고 바늘을 배를 통해 자궁으로 찔러 넣어 양수액과 태아의 세포들을 채취하여 세포학적 혹은 생화학적 분석에 사용한다.

빈혈증(sickle-cell anemia)의 산전 진단에 대해 살펴보도록 하자. 이 질병은 상염색체성 열성 조건으로, 서부 아프리카, 지중해 유역, 그리고 중동과 인도 일부의 지역에서 기원한 가족들에 흔히 나타난다. 이 질병은 β-글로빈 유전자의 단일 뉴클레오티드 치환에 의해 생긴, β-글로빈 단백질에서의 단일 아미노산 치환에 의해 발생한다. 이 단일 뉴클레오티드 치환에 의해 제한효소 *Mst*II와 *Cvn*I에 의한 절단 부위가 없어진다. 결과적으로 이러한 돌연변이는 서던 블롯상에서 나타나는 제한효소 패턴을 변화시킨다. 제한 절단 부위에서의 이러한 차이는 태아에서 겸상 적혈구 빈혈증을 검사하는 데 사용되고, 이러한 유전적 조건에 이형접합성일 수도 있는 가족 구성원이나 부모의 유전자형을 결정하는 데에도 사용된다. 이러한 방법을 **제한 단편 길이 다형성**(restriction fragment length polymorphism, RFLP) 분석법이라고 한다.

산전 진단을 위해서는, 태아의 세포들이 **양수천자법**(amniocentesis)이나 융모막 융모 생검법에 의해 얻어지고(그림 19-6), 성인의 세포들은 혈액 시료에서 얻을 수 있다. DNA는 시료에서 추출되어 *Mst*II로 절단된다. 이 효소는 정상적인 β-글로빈 유전자 내에서 3번 DNA를 자르게 되는데, 2개의 작은 단편들이 만들어진다. 돌연변이 겸상 적혈구 대립인자에서는 중간의 *Mst*II 부위가 파괴되어 이 효소로 처리하면 하나의 큰 조각이 형성된다(그림 19-7). 이 제한 절편 DNA 조각들은 젤 전기영동으로 분리되고 나일론막에 옮겨진 후 이 지역에 대한 탐침자를 이용하여 서던 블롯 혼성화로 눈에 보여지게 된다.

그림 19-7은 한 가족에서 실시된 겸상세포 빈혈증에 대한 유전자 검사 결과를 보여준다. 부모들(I-1과 I-2)은 모두 이 돌연변이에 대해 이형접합성이다. 양쪽의 부모 각각에서 추출된 DNA를 제한효소로 자르면 커다란 하나의 밴드(돌연변이 대립인자)와 작은 두 개의 밴드(정상 대립인자)가 나타난다. 그들의 첫째 아이(II-1)는 그녀가 두 개의 작은 밴드만을 가지는 것으로 보아 정상 동형접합성이다. 두 번째 아이(II-2)는 겸상 적혈구 빈혈증을 가진다; 그는 돌연변이 대립인자인 큰 밴드만을 나타내므로 이 인자에 동형접합성이다. 태아(II-3)는 하나의 큰 밴드와 작은 두 개의 밴드를 가지므로 겸상 적혈구 빈혈증에 이형접합성이다. 태어날 아들, 혹은 딸은 이환되지 않을 것이지만, 이 조건에 보인자가 될 것이다.

대부분의 돌연변이가 제한효소 절단 부위를 포함하지 않는 유전체 지역에서 발생하기 때문에, 모든 뉴클레오티드 치환들 중 오직 5~10% 정도만이 제한효소 분석으로 추적될 수 있다. 그러나 문제의 유전자가 서열화되었고 질병관련 돌연변이들이 알려져 있

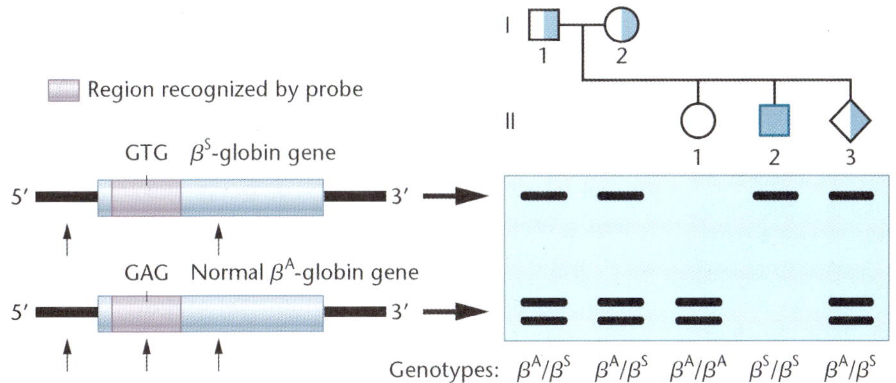

그림 19-7 겸상 적혈구 빈혈증(sickle-cell anemia)의 서던 블롯에 의한 진단. 작은 화살표들은 제한효소 절단 부위를 나타낸다. 돌연변이(β^S) 글로빈 절단 부위에서는 하나의 뉴클레오티드 돌연변이(GAG→GTG)가 제한효소 절단 부위를 망가뜨려 서던 블롯상에서 하나의 큰 단편이 생긴다. 가계도에서 보이는 이 가족은 한 명의 정상 동형접합성 딸(II-1), 이환된 아들(II-2), 그리고 이환되지 않은 보인자 태아(II-3)를 포함한다. 각 구성원의 유전자형은 가계도 아래의 서던 블롯에 의해 직접 읽혀질 수 있다.

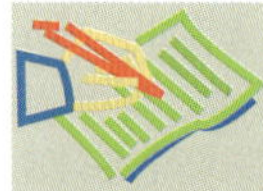

이 문제를 풀어보자

495페이지의 20번 문제는 한 가족의 자매들이 혈우병에 대해 보인 자인지를 결정하기 위해 RFLP를 이용하는 것이다.

힌트: 제한효소 부위들의 수와 위치에서의 차이는 RFLP를 만들고 이것은 유전자형을 결정하는 데 사용될 수 있다.

다면, 유전학자들은 다음 설명과 같이 합성 올리고뉴클레오티드를 사용하여 이 돌연변이들을 추적할 수 있다.

대립인자 특이적 올리고뉴클레오티드를 사용한 유전자 검사

유전자 검사에 사용되는 또 다른 방법은 **대립인자 특이적인 올리고뉴클레오티드**(allele specfic oligonucleotide, ASO)로 알려져 있는 합성 탐침자를 이용하는 것이다. 과학자들은 이런 짧은 길이의 단일가닥 DNA 조각들을 이용하여 하나의 뉴클레오티드 차이만 나는 대립인자들도 구별할 수 있다. 돌연변이가 제한효소 부위를 바꿔야만 알아볼 수 있는 제한효소 분석법과는 대조적으로, ASO들은 제한효소 절단 부위에 영향을 미치지 않는 돌연변이를 포함한 모든 형태의 단일 뉴클레오티드 변화를 추적할 수 있다. 결과적으로 이 방법은 높은 해상력과 넓은 응용력을 제공한다. 조건만 적당히 주어지면, ASO들은 오직 상보적인 서열에만 혼성화되며, 단 하나의 뉴클레오티드 차이가 나는 서열이라도 다른 서열에는 혼성화되지 않는다.

PCR에 의해 증폭된 β-글로빈 유전자 영역

Codon 6

5′ 3′

ASO 탐침자에 혼성화되는 영역

DNA를 결합 필터에 스포팅하고 ASO 탐침자에 혼성화시킨다

(a) 유전자형 AA AS SS

정상(β^A) ASO: 5′ – CTCCTGAGGAGAAGTCTGC – 3′

(b) 유전자형 AA AS SS

돌연변이(β^S) ASO:5′ – CTCCTGTGGAGAAGTCTGC – 3′

그림 19-8 대립 유전자 특이적인 올리고뉴클레오티드(allele specific oligonucleotide, ASO)를 이용한 유전자형 결정. 이 기술에서는 β-글로빈 유전자가 혈액세포에서 추출한 DNA를 이용한 PCR로 증폭된다. 증폭된 DNA를 변성시켜 DNA 결합 필터에 스포팅한다. 각 필터 스트립을 특정한 ASO에 혼성화시키고 X-선 필름에 노출시켜 혼성화 정도를 관찰한다. 만약 세 유전자형 모두가 정상 β-글로빈 유전자로부터 얻어진 ASO에 혼성화된다면, (a)에서와 같은 패턴이 관찰될 것이다. 만약 정상적인 β-글로빈의 두 사본이 존재한다면(AA), 점은 진하게 혼성화될 것이다. 하나의 정상 β-글로빈 유전자와 하나의 돌연변이 유전자 사본이 존재하는 경우(AS) 좀 흐리게 혼성화될 것이다. 정상적인 β-글로빈 유전자가 없는 경우(SS)에는 ASO에 혼성화되지 않을 것이다. (b) 같은 유전자형들을 겸상세포의 β-글로빈 유전자에 대한 탐침자로 혼성화시켰을 경우에는 역전된 패턴을 나타낼 것이다: AA 유전자형에는 혼성화되지 않고, 이형접합성이면(AS) 약한 혼성화, 그리고 겸상세포 유전자형(SS)에 의해서는 강한 혼성화가 나타나게 될 것이다.

ASO와 PCR을 사용한 유전자 검사법은 이제 겸상 적혈구 빈혈증을 포함한 많은 유전질환을 검사하는 데 유용하다. 이 과정에서는 백혈구 세포에서 DNA를 추출하고, 단일가닥으로 변성시킨 후에 β-글로빈 유전자 일부를 PCR로 증폭시킨다. 소량의 증폭된 DNA를 필터에 찍은 후 각 필터를 정상, 혹은 돌연변이 β-글로빈 유전자와 관련 있는 ASO와 혼성화시킨다(그림 19-8). ASO가 방사능이나 형광으로 표지되어 있어서 필터에 혼성화된 ASO를 볼 수 있다. 볼 수 있도록 처리된 후, 유전자형을 필터로부터 바로 읽어낼 수 있다. 빠르고 경제적이며 매우 정확한 이 기술은 점돌연변이에 의해 유발되는 여러 유전질환을 추적하는 데 사용된다.

ASO들은 단일 뉴클레오티드 돌연변이 대신에 결실을 포함하는 질병들을 검색하는 데도 사용할 수 있다. 한 예로 낭포성 섬유증을 들 수 있는데, 이 병은 낭포성 섬유증 막투과 전도 조절자(*CFTR*) 유전자에서 *Δ508*이라고 불리는 작은 결실에 의해 유발된다.

이 문제를 풀어보자

495페이지의 19번 문제는 β-글로빈 유전자의 정상 대립인자와 겸상 적혈구 대립인자에서 얻은 DNA 서열들이 주어진 ASO와 결합할 것인지를 묻고 있다.

힌트: ASO 분석은 오로지 동일한 뉴클레오티드 서열들만이 필터상에서 ASO에 혼성화되도록 하는 조건에서 수행된다.

DNA 마이크로어레이와 유전체 검사를 이용한 유전자 검사

제한효소 분석과 ASO 분석은 모두 유전자의 돌연변이를 검색하는 데 효율적인 방법들이긴 하지만, 이들은 해당 유전자에서의 돌연변이와 그 위치를 알고 있는 소수의 경우에서만 추적이 가능하다. 유전병이나 암과 관련된 유전자에서의 복잡한 돌연변이 패턴이나 이전에 모르는 돌연변이들을 추적할 수 있는 유전자 검사법 역시 필요하다. 예를 들어, 낭포성 섬유증을 일으키는 유전자(*CFTR* 유전자)는 27개의 엑손들을 포함하며 유전체 DNA 250 kb에 걸쳐져 있다. *CFTR* 유전자에서는 점돌연변이, 삽입, 결실 등 낭포성 섬유증과 관련된 500가지 이상의 돌연변이가 알려져 있으며, 이들은 유전자 전체에 넓게 분포하고 있다. 그리고 기타 CFTR 돌연변이들 역시 낭포성 섬유증과 관련이 있을 수 있지만 아직 밝혀져 있지 않다. 마찬가지로, 종양억제 유전자인 *p53*에서도 500가지 이상의 서로 다른 돌연변이들이 알려져 있으며, 이들 중 어느 것이라도 환자의 여러 암에 대한 유전적 소인들과 관련이

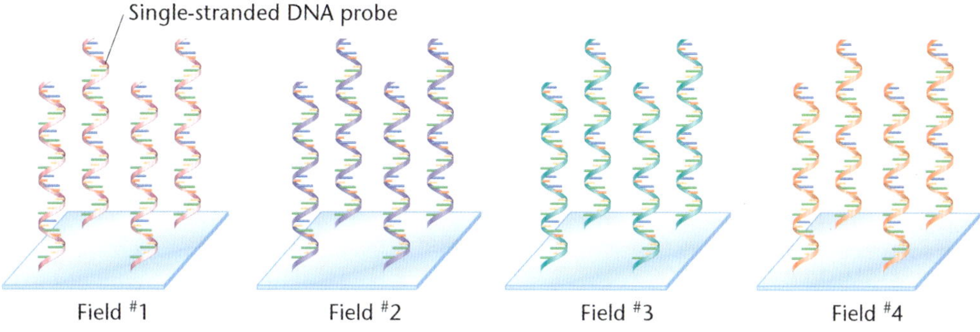

그림 19-9 DNA 마이크로어레이를 만들 때는 짧은 단일가닥 DNA 분자들이 유리 기질에 부착된다. 각 클러스터는 동일한 분자들로 채워지며 마이크로어레이의 필드를 차지한다. 각 필드는 사람의 머리카락 절반 정도의 크기이다.

있을 수 있다. 이들 유전자에서 돌연변이를 검색하기 위해서는 빠르고 종합적인 **대량조사법**(high-throughput method)이 필요하다.

최근에 나온 대량조사법의 한 가지는 DNA 마이크로어레이의 사용에 기초한 것이다. **DNA 마이크로어레이**(DNA microarray; DNA chip)들은 작고 단단한 지지물, 예를 들어 유리나 막에, 알고 있는 DNA 조각들을 정확한 패턴으로 붙인 것이다. DNA 마이크로어레이상의 각 점들을 하나의 **필드**(field)라고 한다. 하나의 DNA 마이크로어레이 필드에 붙어 있는 DNA 조각들-탐침자들-은 단일가닥으로, 보통 시험관에서 합성된 올리고뉴클레오티드, 혹은 클로닝이나 PCR 증폭으로 얻어진 좀 더 긴 DNA 조각일 수 있다. 전형적으로 각 필드 내에는 수백만 분자 이상의 동일한 DNA들이 침적되어 있다(그림 19-9). 마이크로어레이상의 DNA 서열 수나 형태는 요구되는 분석의 형태에 의해 정해진다. 예를 들면, 마이크로어레이상의 각 필드는 하나의 유전자 패밀리에 속하는 각 구성원에서 얻은 DNA 서열을 포함할 수도 있고, 혹은 관심 유전자의 여러 변이 서열 중 하나, 혹은 한 생물의 유전체에서 각 유전자들로부터 나온 서열이 포함될 수 있다. 과학자들은 DNA 마이크로어레이를, 분석할 DNA 혹은 RNA 시료를 혼성화시키는 플랫폼으로 사용한다.

DNA 마이크로어레이의 놀라운 점은 한 번에 하나의 어레이로부터 동시에 나올 수 있는 정보의 양이 어마어마하기 때문이다. DNA 마이크로어레이는 그 크기가 우표(사방 1 cm를 약간 넘는 크기) 정도이지만 50만 개의 서로 다른 필드를 포함할 수 있으며, 각 필드는 서로 다른 DNA 서열을 대표한다(그림 19-10). 과학자들은 DNA 마이크로어레이를 유전체 DNA에서의 돌연변이 추적을 포함한 여러 가지 응용에 사용하기 시작했다.

유전학자들은 종종 **유전자형 결정 마이크로어레이**(genotyping microarray)라고 알려진 형태의 DNA 마이크로어레이를 사용하여 특정 유전자에서의 돌연변이들을 추적한다. 유전자형 결정 마이크로어레이상의 탐침자들은 약 20 뉴클레오티드 정도의 짧은 올리고뉴클레오티드들로 구성되며 마이크로어레이의 필드에서 직접 합성된다. 마이크로어레이의 탐침자들은 관심 유전자들을 한 번에 한 뉴클레오티드씩 질서정연하게 검색하여 그 유전자의 각 위치에서 돌연변이의 존재가 있는지를 검사하도록 고안되어 있다. 이를 위해, 유전자 내의 각 위치는 다섯 올리고뉴클레오티드(즉, 5 필드들)로 구성된 하나의 세트에 의해 검색된다. 여기에서 필드 내의 올리고뉴클레오티드들은 하나의 뉴클레오티드를 제외하면 동일한 서열로 되어 있다. 그 위치에는 A, C, G, T 혹은 결실(deletion)이 존재한다(그림 19-11).

유전자형 결정 마이크로어레이를 이용하기 위해, 검사될 DNA 시료는 작은 단편들로 잘리며 관심 대상의 DNA 영역은 PCR로 증폭되고 형광 염료로 표지되어 마이크로어레이에 혼성화된다. 마이크로어레이 필드에 존재하는 서열과 정확하게 맞는 서열을 가진 DNA 분자는 그 필드에 혼성화될 것이다. 하나 이상의 뉴클레오티드가 차이나는 DNA 분자들은 혼성화 조건에 따라 덜 혼성화되거나 아예 혼성화되지 않는다. 마이크로어레이에 결합되지 않는 물질들을 닦아 낸 후 과학자들은 그 마이크로어레이를 형광 스캐너로 분석하여 어떤 필드에 검사용 DNA 시료가 혼성화되었

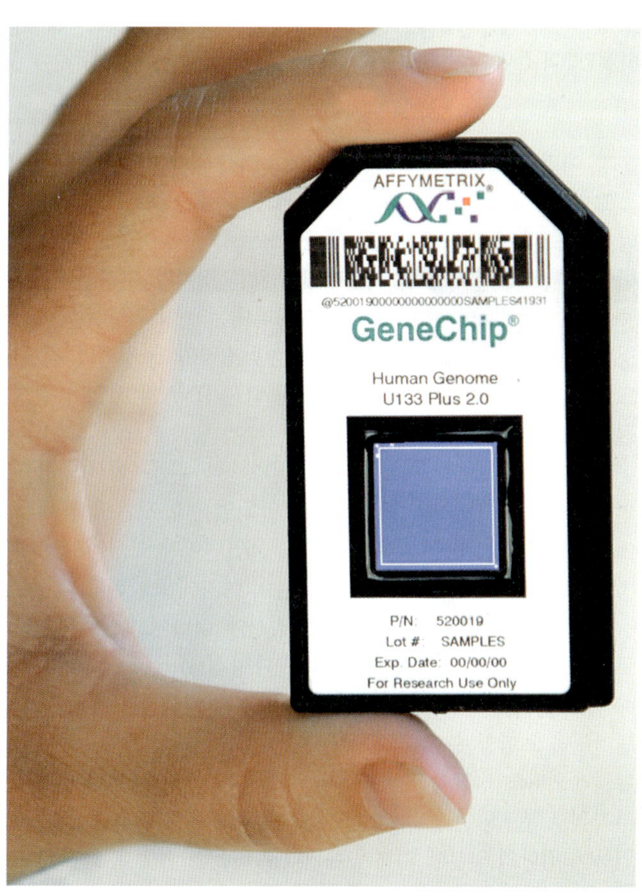

그림 19-10 상업적으로 사용되고 있는 DNA 마이크로어레이. 유전자 칩(GeneChip)이라고 불리며 어피메트릭스 사에서 판매한다. 이 마이크로어레이는 50,000개 이상의 서로 다른 탐침자들을 포함하고 있어서 과학자들이 인간 유전체에서 대부분의 유전자가 어떻게 발현되는지를 한 번에 측정할 수 있도록 해준다.

```
검사된 야생형
p53 유전자 영역       5′ – acttgtcatg gcgactgtcc acctttgtgc – 3′

Set 1  Probe 1       3′ – tgaacagtaa cgctgacagg – 5′
       Probe 2       3′ – tgaacagtac cgctgacagg – 5′
       Probe 3       3′ – tgaacagtat cgctgacagg – 5′
       Probe 4       3′ – tgaacagtag cgctgacagg – 5′
       Probe 5       3′ – tgaacagta- cgctgacagg – 5′

Set 2  Probe 1        3′ – gaacagtac agctgacagg t – 5′
       Probe 2        3′ – gaacagtac cgctgacagg t – 5′
       Probe 3        3′ – gaacagtac tgctgacagg t – 5′
       Probe 4        3′ – gaacagtac ggctgacagg t – 5′
       Probe 5        3′ – gaacagtac -gctgacagg t – 5′

Set 3  Probe 1         3′ – aacagtac cactgacagg tg – 5′
       Probe 2         3′ – aacagtac ccctgacagg tg – 5′
       Probe 3         3′ – aacagtac ctctgacagg tg – 5′
       Probe 4         3′ – aacagtac cgctgacagg tg – 5′
       Probe 5         3′ – aacagtac c–ctgacagg tg – 5′
```

그림 19–11 유전자형 결정 DNA 마이크로어레이에 사용될 올리고뉴클레오티드 탐침자 설계의 예. 각 탐침자는 마이크로어레이상의 다른 필드를 차지하게 된다. 각 세트의 다섯 탐침자는 검사될 뉴클레오티드 자리(푸르게 강조한 것)가 가운데 오도록 한다. 각 탐침자들은 검사 지점에서 A, C, T, G 혹은 한 염기 결실 중에서 하나를 포함한다. 각 세트 내의 한 탐침자는 야생형 DNA 서열과 상보적이다; 나머지 다른 탐침자들은 같은 자리에서의 잠재적 돌연변이 서열과 상보적이다. 유전자 내의 각 뉴클레오티드들은 한 세트의 다섯 탐침자에 의해 검사되며, 각 탐침자 세트는 앞의 세트에서 하나의 뉴클레오티드가 빠진 것이다. 이런 패턴은 유전자의 모든 뉴클레오티드가 검사될 때까지 유전자 전체에 걸쳐 반복된다. 이러한 특수 탐침자들은 사람 p53 유전자에서의 돌연변이 검사에 사용되도록 설계된 것이다.

는지, 어떤 필드에는 혼성화되지 않았는지를 결정하게 된다.

보다 엄격한 혼성화 조건에서는, PCR 증폭된 DNA 조각은 정확히 상보적인 서열에만 가장 효과적으로 붙을 것이며 기타 다른 변이를 가진 서열과는 잘 혼성화되지 않을 것이다. 따라서 5필드 중에서 가장 강력한 혼성화 신호를 나타내는 곳이 검사 위치에서 정확한 뉴클레오티드를 포함하고 있는 탐침자가 될 것이다. 각 필드에 대한 혼성화 강도를 읽음으로써 검사 DNA의 서열이 결정될 수 있다(그림 19-12).

DNA 마이크로어레이들은 많은 질병관련 유전자에서의 돌연변이에 대한 검사를 할 수 있도록 고안되었는데, 모든 암의 60%에서 변이가 발생하는 *p53* 유전자와, 돌연변이가 여성에서의 유방암 소인과 관계된 *BRCA1* 유전자 등이 여기에 포함된다.

단일 유전자 내에서의 돌연변이 검사에 더하여, DNA 마이크로어레이들은 **단일 뉴클레오티드 다형성**(single nucleotide polymorphism, SNP)이라고 알려져 있는 마커들을 추적하는 탐침자들을 포함할 수 있다. SNP들은 인간 유전체 전체에 100~300 뉴클레오티드 정도에서 발견된다. 이들은 유전자 내부나 외부에 무작위로 분포되어 있다. 과학자들은 특정 좌위에서 특정 SNP 서열들이 집단의 일부에 의해 공유된다는 것을 발견했다. 그리고 어떤 SNP들은 일부 질병 조건과 관계된 유전자들과 동시분리된다. 어떤 유전 질병과 특정 SNP의 존재 유무를 관련시킴으로써, 과학자들은 SNP를 그 질병 유전자를 검사하는 마커로 사용할 수 있다. DNA 마이크로어레이상에 SNP를 위치시켜, 과학자들은 단일인자 질병에 관계되었을 수 있는 수천 개의 유전자들을 동시에 검색할 수 있을 뿐 아니라, 다인자적 유전을 보이는 질병들에 관계된 유전자들도 검사할 수 있다. 이 기술은 **유전체 검색**(genome scanning)이라고 알려져 있으며, 한 사람의 DNA에 대해 심장마비, 당뇨병, 알츠하이머병, 그리고 유전적으로 정의된 여러 가지 질병 하위타입들에 대한 유전적 조사를 포함한 수십, 수백 개의 질병 대립인자 검사를 가능하게 한다. 비록 유전체 검색 기술이 아직 개발 중이지만, 수년 내에 실용 가능할 것으로 보인다. 아마도 10년 내에 모든 신생아들이 그들의 인생에서 유전병으로 고생할 확률을 검사받게 될지도 모르겠다.

유전자 발현 마이크로어레이를 이용한 유전자 분석

또 다른 형태의 강력한 DNA 마이크로어레이 응용법은 유전자 발현의 패턴을 검사하는 것이다. 예를 들어, 정상세포 혹은 암이나 유전 질병을 가진 환자의 세포에서 유전자 발현을 조사한다. 이러한 목적으로 사용되는 마이크로어레이를 **유전자 발현 마이크로**

(a)

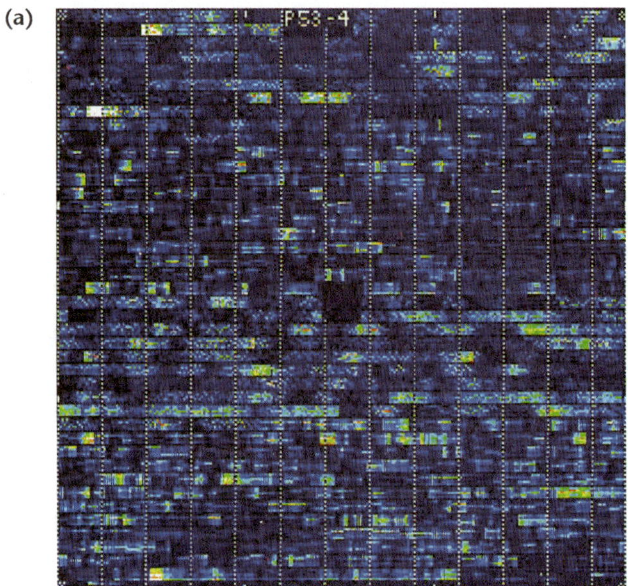

(b)

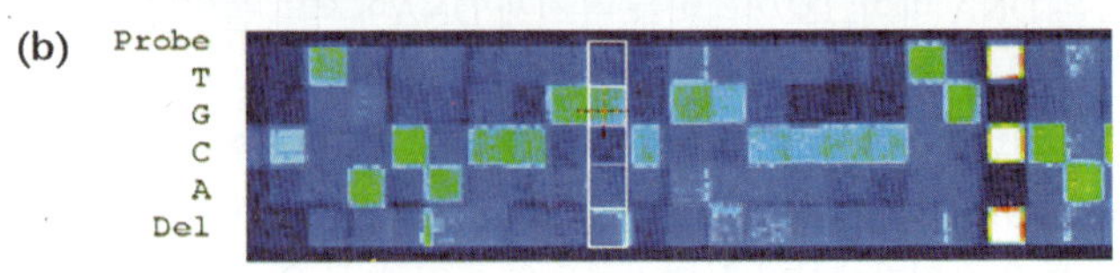

그림 19–12 *p53* PCR 산물들과 혼성화시킨 후의 *p53* 유전자 칩(Affymetrix Inc.). (a) 이 DNA 마이크로어레이는 65,000개 이상의 필드를 포함하며 각 필드는 약 50 μm^2이다. 이 마이크로어레이는 인간의 *p53* 유전자에서 1.2 kb에 해당하는 전체 암호화 서열 내부의 돌연변이들을 검사한 것이다. 점으로 보이는 세로선은 스캐너 분석 중인 DNA 칩의 배열을 위해 설정된 표준 필드에 의해 나타난 것이다. (b) 확대된 *p53* 마이크로어레이의 일부. 각 네모는 검사 DNA가 혼성화된 하나의 필드다. 각 줄은 탐침자의 검사 위치에 있는 네 뉴클레오티드나 결실 중 하나를 나타낸다. 각 컬럼들은 검사 뉴클레오티드를 나타낸다. (*)로 표시된 컬럼은 배열 조정을 위한 것이다. *p53* 유전자의 서열은 사진 아래 나타나 있다.

어레이(gene expression microarray)라고 한다.

유전자 발현 마이크로어레이들은 유전자형 결정 마이크로어레이와는 약간 다르다. 발현 마이크로어레이상의 탐침자들은 cDNA 조각이거나 혹은 검사될 유전자의 암호화 부분을 나타낼 수 있는 합성 올리고뉴클레오티드다. 발현 어레이는 두 세포형에서 서로 다르게 발현될 것으로 생각되는 소수의 특정 유전자들에 대한 탐침자를 포함하거나 유전체 내의 각 유전자를 표시하는 탐침자들을 포함할 수 있다.

전형적인 발현 마이크로어레이 분석에서는 mRNA가 두 종류의 세포에서 분리되는데, 예를 들어 정상세포와 같은 세포형에서 발생한 암세포에서 mRNA가 추출된다. mRNA 시료들은 그 세포에서 발현된 각 유전자에서 나온 전사체들을 포함한다. 일부 유전자들은 다른 유전자들보다 더 효과적으로 발현된다; 따라서 mRNA의 각 형태는 서로 다른 수준으로 존재한다. 각 mRNA의 수준이 그 세포형의 특징이다. mRNA 시료를 이용하기 위해서, 과학자들은 역전사효소를 이용하여 mRNA 분자를 cDNA로 전환시킨다. 정상세포에서 얻어진 이 cDNA는 형광 염료로 표지된다(예, 녹색). 그리고 암세포에서 얻어진 cDNA는 다른 형광염료(예, 붉은색)로 표지된다. 표지된 cDNA들은 섞인 후에, 두 세포에서 모두 발현될 것이라고 생각되는 유전자들을 나타내는 탐침자를 가지고 있는 DNA 마이크로어레이 위로 부어진다. cDNA 분자들을 마이크로어레이상에서 상보적인 단일가닥 탐침자와 결합한다. 결합하지 않은 cDNA들을 닦아낸 후, 과학자들은 레이저로 마이크로어레이를 검색한다. 혼성화 패턴은 색깔 있는 점들로 나타나며 각 점은 마이크로어레이의 한 필드에 해당한다.

마이크로어레이 필드상의 색깔은 혼합된 cDNA들의 상대적인 수준에 대한 민감한 측정치를 제공하게 된다. 만약 어떤 mRNA가 정상세포에서만 존재했다면 그 mRNA를 암호화하는 유전자를 표시하는 탐침자는 오직 "녹색" cDNA하고만 혼성화되었을 것이므로 녹색으로 나타날 것이다. 마찬가지로, 만약 어떤 mRNA가 암세포에만 존재했다면, 그 유전자를 나타내는 마이크로어레이 탐침자는 붉은색 점으로 나타날 것이다. 만약 두 시료가 동일한 cDNA를 같은 정도로 포함하고 있었다면, 두 cDNA들이 같은 필드에 혼성화되었을 것이고 필드는 노란색으로 나타날 것이다 (그림 19-13). 노란색과 양 극단 사이의 색깔은 두 시료에서 같은 cDNA의 양이 서로 다르게 존재함을 시사한다.

발현 마이크로어레이 프로파일링은 어떤 형태의 암들은 유전자 발현 양상이 다르며, 이러한 발현 양상은 암의 단계, 임상적 경로, 혹은 처방에 대한 반응과 같은 요인들과 관련이 있음을 밝혀주었다. 그러한 실험 중 하나에서, 과학자들은 **거대 확산 B 세포 림프종**(diffuse large B-cell lymphoma, DLBCL)이라고 알려진 백혈구 암세포와 정상적인 백혈구 세포에서의 유전자 발현 양상을 조사했다. DLBCL 환자들 중 약 40%는 화학치료에 잘 반응하며 생존기간도 길다. 나머지 60%는 치료에 잘 반응하지 않으며 오래 살지 못한다. 연구자들은 18,000개 유전자의 발현을 조사했고 두 가지 형태의 DLBCL이 있음을 발견했다. 즉, 이 두 형태에서는 유전자 발현이 거의 반대로 나타났던 것이다(그림 19-14). GC-B형이라고 불리는 한 가지 형태의 DLBCL은 활성 B형이라

(a)

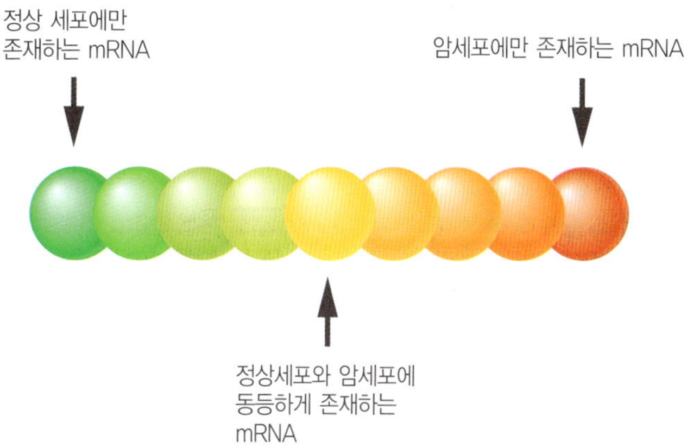

정상 세포에만 존재하는 mRNA

암세포에만 존재하는 mRNA

정상세포와 암세포에 동등하게 존재하는 mRNA

(b)

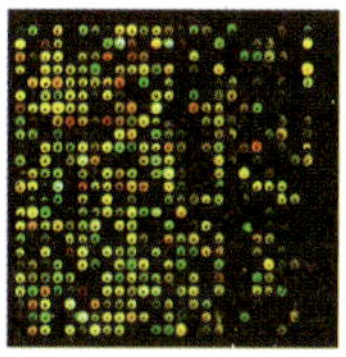

그림 19-13 발현 DNA 마이크로어레이상의 색깔 점들. (a) 녹색 점은 오직 한 가지 세포(예, 정상세포)에서만 발현되는 유전자를 나타내며, 붉은 점은 또 다른 세포형(예, 암세포)에서만 발현되는 유전자를 표시한다. 극단과 가운데 사이의 중간 색깔은 같은 유전자가 두 세포형에서 서로 다른 수준으로 발현됨을 뜻한다. (b) 하나의 DNA 마이크로어레이에서의 일부분으로, 각 필드에 혼성화된 수준이 다름을 보여준다.

고 불리는 두 번째 형태와는 확연히 다른 발현 양상을 가지고 있었다. 활성 B형 형태의 유전자 발현 양상을 가진 환자들은 GC-B형 패턴을 가진 환자들보다 훨씬 생존율이 낮았다. 연구자들은 DLBCL이 실상 다른 결과를 나타내는 다른 두 가지의 질병이라는 결론을 내렸다. 일단 이러한 신기술이 일상적인 임상 목적으로 쓰이게 되면, 각 그룹의 암환자들에 대한 치료에 적용될 수 있고, 이러한 유전자 발현 프로파일에 기초한 새로운 특이적 치료를 찾는 데도 사용될 수 있을 것이다.

19.4 유전공학과 유전체학은 새로운 표적화 치료법을 약속한다

이 장에서 우리는 어떻게 재조합 DNA 기술이 의료적 진단법을 변화시켰으며, 치료 단백질을 풍부하고 효과적으로 제조할 수 있게 했는지에 대해 설명했다. 가까운 미래에는 유전체학과 발전된 DNA 기반 기술들에 기초하여 더 변형된 의료적 치료 방법을 볼지도 모른다. 이 절에서는, 유전질환을 치료하고 특정 약물 처방을 가능하게 하는, 새롭고 흥미로운 두 가지 방법에 대해 살펴보도록 하자.

약물 유전체학과 합리적 약물 설계

해마다 200만 명 이상의 미국인들이 약물복용에 따른 심각한 부작용을 경험하며, 10만 명 이상이 약물 부작용으로 사망한다. 그리고

대부분의 약물들은 인구 중 60% 정도에만 효과적이다. 지금까지, 개인에 대한 효과적 약물처방을 선택하는 것은 무작위로, 시행착오 과정을 거쳐 이루어졌다. **약물 유전체학**(pharmacogenomics)이라는 새로운 분야는 개인의 유전적 조성에 좀 더 특이적이고 효과적이며 잘 맞춰진 약물을 약속한다.

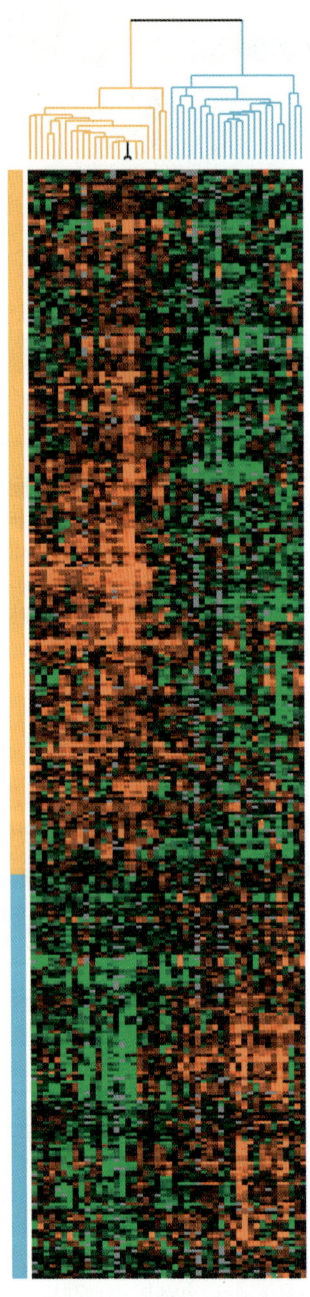

그림 19-14 정상 백혈구와 암 백혈구들에서 18,000개의 유전자 발현을 비교한 유전자 발현 분석. 각 줄은 하나의 특정 유전자로부터 유전자 발현을 요약한 것을 나타낸다; 각 컬럼은 한 명의 암 환자 시료에서 얻은 자료를 나타낸다. 색깔은 정상 기준 세포에 대한 상대적인 유전자 발현 비율을 나타낸다. 붉은색은 대조군에서 평균 수준 이상으로 발현된 것을 나타내고, 녹색은 대조군보다 낮은 수준으로 발현된 것이며, 색의 강도는 평균치와의 차이가 몇 배나는지를 표시한다. 이 분석을 요약하자면, 암 환자의 시료들이 유전자 발현 프로파일이 얼마나 비슷한가에 의해 그룹화된다는 것이다. 그림 상단의 오렌지색으로 표시된 암환자 시료의 묶음은 GC-B형 DLBCL 세포들이다. 푸른 묶음은 활성 B형 DLBCL 그룹 내의 환자 시료들을 포함한다.

약물 유전체학은 과학자들이 약물에 대한 반응이 유전적 요소를 가졌다는 것을 발견한 1950년대부터 시작되었다. 우리는 약물에 대한 개인의 반응에 많은 유전자들이 영향을 미친다는 것을 알고 있다. 이러한 유전자들은 약물에 결합하여 세포 안으로 이동시키는 세포-표면 수용체나 약물을 대사시키는 효소 등을 암호화한다. 예를 들어, 시토크롬 P450 유전자 패밀리에 의해 암호화되는 효소들은 심혈관질환이나 신경질환을 치료하는 데 사용되는 많은 약품을 포함하여 많은 현대적 약물들을 대사하는 데 영향을 미친다. 이들 유전자의 DNA 서열 변이는 약물들을 대사하고 이용하는 능력이 다른 효소를 만들게 한다. 예를 들어, 비활성 형태의 시토크롬 P450 효소를 암호화하는 유전자는 환자가 체내에서 약물을 분해할 수 없게 함으로써 약을 과용하게 한다. 이들 변이 유전자 중 일부를 알아내는 유전자 검사는 현재 새로운 약물을 위한 임상 시도에 차출된 환자들을 검색하는 데 사용되고 있다. 또 다른 예는 소아 백혈병을 치료하는 데 사용되는 약물인 티오퓨린(thiopurine)에 대한 일부 사람들의 반응이다. 어떤 사람들은 티오퓨린을 분해하는 TPMT라는 효소를 암호화하는 유전자에 변이 서열을 가진다. 이런 사람들에서는 티오퓨린 항암제가 독성 수준까지 올라갈 수 있다. 지금은 유전자 검사로 이러한 유전자 변이를 추적할 수 있어서 의사들이 이런 개인들에게는 약물의 양을 조절할 수 있도록 하고 있다.

약물 유전체학이 더 널리 사용되도록 하기 위해 몇 가지 방법이 개발되고 있다. 한 가지 유망한 방법 중 하나는 단일 뉴클레오티드 다형성(SNP)을 검사하는 것과 관련된 것이다. 앞서, 유전체 검사뿐 아니라 ASO에 기초한 검사를 이용한 돌연변이 추적에 SNP를 사용한다는 것을 설명했었다. 연구자들의 희망은 유전적인 약물반응성을 가진 사람들의 DNA에서 이들이 공유하는 SNP 서열을 찾아내는 것이다. 만약 SNP가, 약물반응을 일으키는 유전자를 포함한 유전체 일부와 동시 분리된다면, 해당 유전자를 찾아내지 않고도 그 SNP에 기초한 유전자 검사를 고안할 수 있을 것이다. 미래에는 여러 가지 약에 대해 환자의 유전체를 검사하는 데 DNA 마이크로어레이들이 사용될 수 있을 것이다. 과학자들은 그러한 유전자 검사-일종의 유전체 검색-들이 2010년 정도에는 사용 가능하게 될 것으로 예측하고 있다.

유전학과 분자 생물학에서 얻어진 지식들 역시 특정 질병과 연관된 분자들을 목적으로 한 새로운 약물 개발에 기여하고 있다. 현재까지 대부분의 약물 개발은 문제의 질병에 영향을 미치는 하나의 물질을 발견하려는 목적으로, 화학물질들을 실험동물들에 적용하는 시행착오적 과정에 기초하여 이루어져 왔다. 이와는 대조적으로, **합리적 약물 설계**(rational drug design)는 특정 유전자 산물들에 영향을 미치는 특이적 화학물질들을 합성하는 것을 포함한다. 이러한 약물 고안의 한 예가 바로 새로운 약물인 이마티닙(imatinib; 상품명 **글리벡**)으로, 만성 골수성 백혈병(CML) 치료에 사용된다. 유전학자들은 CML 세포들이 염색체 9번과 22번 사이의 상호전좌로 생긴 필라델피아 염색체를 가지고 있음을 발견했었다. 유전자 클로닝으로, t(9;22) 전좌가 *C-ABL* 원암 유전자와 *BCR* 유전자의 융합을 일으켰음을 알 수 있었다. 이러한 *BCR-ABL* 융합 유전자는 강력한 융합 단백질을 생산하도록 하여 세포가 세포주기 조절에서 탈출하도록 한다. 티로신 키나아제로 작용하는 이 융합 단백질은 CML 환자의 정상세포들에는 존재하지 않는다.

글리벡(Gleevec)을 개발하기 위해, 화학자들은 BCR-ABL 효소와 결합하는 물질을 찾기 위해 화학물질 라이브러리를 대량으로 검색하는 방법을 사용했다. 좀 더 강하게 결합하도록 하는 화학적 변형을 거친 후에, 글리벡이 BCR-ABL 활성을 특이적으로 저해한다는 결과를 얻을 수 있었다. 임상 시험으로 글리벡이 CML에 효과가 있었으며 전통적 치료법보다 더 부작용도 적고 사용 기간도 짧다는 것이 드러났다. 이제 글리벡은 CML 및 기타 암치료에 사용된다. 과학자들이 질병과 관련된 유전자 및 유전자 산물들을 점점 더 많이 발견함에 따라, 합리적 약물 설계법은 향후 10년 내에 강력한 기술로 떠오르게 될 것이다.

유전자 치료

인슐린과 같은 유전자 산물은 20년 이상 유전적 질병의 치료에 사용되어 왔다. 비록 약물 치료가 증상을 제어하는 데 종종 더 효과적이긴 하지만, 의료적 치료의 궁극적 목표는 이들 질병을 낫게 하는 것이다. 유전적 질병을 치료하려는 노력으로, 과학자들은 **유전자 치료**(gene therapy)−환자 세포에 정상적인 유전자를 전달하려는 치료적 기술−를 적극적으로 검토하고 있다. 이론적으로, 정상 유전자들은 전사, 번역되어 기능적인 유전자 산물을 만들고 이들이 정상적인 표현형을 나타나게 한다. 유전자 전달 시스템 혹은 벡터 시스템을 사용하여 정상적인 구조 유전자와 그 조절서열을 전달할 수 있다.

제 1 세대의 유전자 치료 시도에서, 과학자들은 유전적으로 조작된 레트로바이러스를 벡터로 사용하였다. 이들 벡터들은 **Moloney murine leukemia virus**(MLV)라고 불리는 쥐 바이러스에 기초한 것이었다(그림 19-15). 바이러스로부터 세 개의 유전자 뭉치를 제거하고 복제된 인간 유전자를 삽입함으로써 벡터가

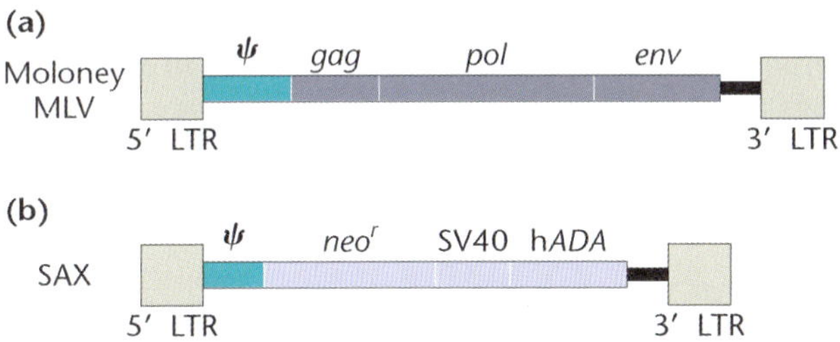

그림 19-15 (a) 원래의 Moloney MLV 유전체는 캡슐화에 필요한 psi 서열(ψ), 바이러스 외피 단백질을 만드는 유전자(*gag*), RNA 의존성 DNA 중합효소(*pol*), 그리고 표면 당단백질(*env*)의 유전자들을 포함하고 있다. 각 말단에서 유전체는 전사와 숙주로의 통합을 조절하는 긴 말단 반복서열(long terminal repeat, LTR)을 가진다. (b) SAX 벡터는 MLV로부터 조작된 것으로 LTR과 ψ서열, 그리고 선택 표지자로 세균의 네오마이신 저항성 유전자(*neo*^{r})를 포함하고 있다. 보이는 바와 같이, 벡터는 클론화된 사람의 아데노신 탈아미노효소(h*ADA*) 유전자를 가지고 있으며 이것은 SV40의 early-region promoter/enhancer에 융합되어 있다. SAX 구조는 현재 사람의 유전자 치료에서 사용되는 전형적인 레트로바이러스 벡터다.

그림 19-16 아샨티 드 실바(Ashanti De Silva), 처음으로 유전자 치료를 받은 사람.

만들어진다. 바이러스의 단백질 껍데기로 포장된 후에 이 재조합 벡터가 세포를 감염시키는 데 사용된다. 일단 세포 내로 들어오면 바이러스는 자신의 유전자를 잃어버렸기 때문에 스스로 복제하지는 못한다. 세포 내에서, 삽입된 인간 유전자를 가진 재조합 바이러스는 핵으로 이동하여 염색체의 일정 지역에서 통합을 일으켜 유전체 일부가 된다. 만약 유전자가 발현되면 그것은 정상 유전자 산물을 만들어 환자가 가진 돌연변이를 교정할 수 있게 된다.

1990년에 시도된 최초의 유전자 치료는 어린 소녀였던, 아샨티 드 실바(Ashanti De Silva)(그림 19-16)를 치료하는 데 사용된 것으로, 그녀는 **중증 복합성 면역결핍증**(severe combined immunodeficiency, SCID)이라는 유전질환을 갖고 있었다. 이 질환에 걸린 사람은 기능적인 면역체계가 없기 때문에, 정상적인 면역체계 하에서는 아주 사소한 정도의 감염에 의해서도 사망할 수 있다. 아샨티는 상염색체에 의한 SCID를 앓고 있었는데, 이것은 **아데노신 탈아미노효소**(adenosine deaminase, ADA)를 암호화하는 유전자에서의 돌연변이에 기인한 것이었다. 아샨티의 유전자 치료는 백혈구, 혹은 T 세포들을 분리하는 것으로부터 시작되었다(그림 19-17). 이 세포들은 면역계의 일부인데, *ADA* 유전자의 정상 복사본을 가지고 있는 유전자 조작 바이러스들과 섞인다. 이들 바이러스는 많은 T 세포들을 감염시키고, 기능적인 *ADA* 유전자를 세포의 유전체로 전달하여 삽입시키게 된다. 유전적으로 조작된 T 세포들은 실험실에서 키워 전달된 유전자가 발현되는지 확인된 다음, 이들 바뀐 다수의 T 세포들이 환자에 주입되거나 혈류로 넣어진다. 이들 T 세포 중 일부가 아샨티의 골수로 이동하여 분열하면서 *ADA*가 생산된다. 치료 후에, 아샨티는 그녀의 T 세포 중 25~30%에서 정상 ADA 단백질을 발현하고 있었으며 이 정도면 정상적인 생활에 충분한 양이다.

그 이후의 시도는 *ADA* 유전자를 T 세포를 만들 수 있는 골수

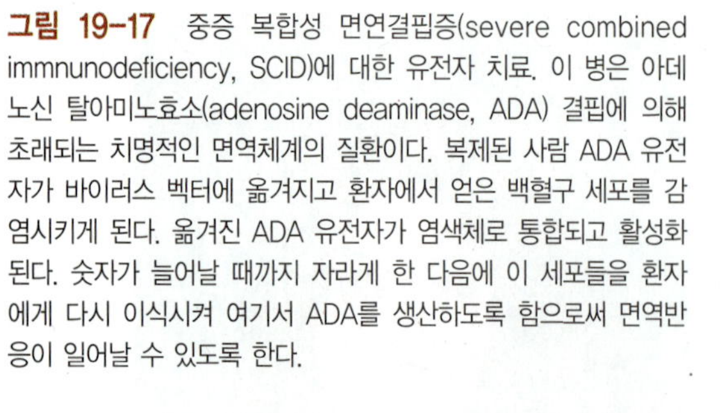

그림 19-17 중증 복합성 면연결핍증(severe combined immnunodeficiency, SCID)에 대한 유전자 치료. 이 병은 아데노신 탈아미노효소(adenosine deaminase, ADA) 결핍에 의해 초래되는 치명적인 면역체계의 질환이다. 복제된 사람 ADA 유전자가 바이러스 벡터에 옮겨지고 환자에서 얻은 백혈구 세포를 감염시키게 된다. 옮겨진 ADA 유전자가 염색체로 통합되고 활성화된다. 숫자가 늘어날 때까지 자라게 한 다음에 이 세포들을 환자에게 다시 이식시켜 여기서 ADA를 생산하도록 함으로써 면역반응이 일어날 수 있도록 한다.

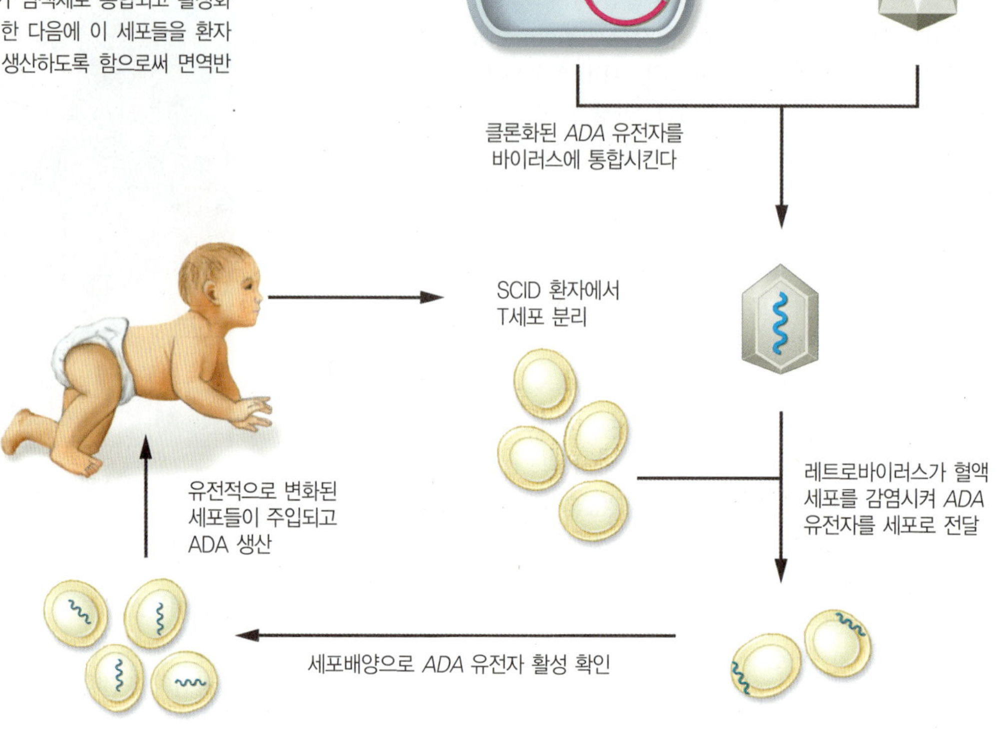

세포로 전달하려는 것이었으나 대부분 성공적이지 못했다. 비록 유전자 치료가 단일 유전자 질환(monogenic inherited disease)을 치료하기 위해 개발되었지만, 이 기술은 암이나, 신경퇴행성 질환, 심혈관질환, 그리고 HIV와 같은 감염성 질환 등의 치료에 빠르게 적용되었다. 결과적으로, 대부분의 유전자 치료나 시도들은 단일 유전자 질환에 대한 것보다는 이들 질환에 관한 것이 되었다[그림 19-18(a)].

레트로바이러스 벡터들에 더하여, 다른 바이러스나 다른 방법이 사람세포에 유전자를 전달하는 데 사용된다[그림 19-18(b)]. 이들 방법에는 바이러스 벡터를 쓰거나, 유전자들이 세포막을 통과하도록 화학적으로 보조를 하거나, 클론화된 DNA 서열을 포함하고 있는 인공 낭포와 세포를 융합시키는 것 등이 포함된다.

1990년에서 1999년의 10년에 걸쳐 4,000명 이상의 사람들이 다양한 유전적 질병들에 대해 유전자 치료를 받았다. 이러한 시도는 종종 실패하여 유전자 치료에 대한 자신감 상실을 초래했다. 1999년 9월 당시 10대였던 제스 겔싱어(Jesse Gelsinger)가 유전자 치료를 받다 사망했을 때 유전자 치료에 대한 희망은 곤두박질쳤다. 그의 죽음은 변형된 **아데노바이러스**(adeonovirus) 벡터에 대한 과도한 염증반응 때문이었다(아데노바이러스는 감기와 호흡기 감염을 일으킨다). 2000년, 프랑스 연구자들이 처음 시도된 대규모의 유전자 치료가 성공했음을 보고했을 때는 이에 대한 전망이 밝아졌다. 치명적인 X-연관성 SCID를 가진 10명의 환자들은 정상 유전자를 가진 레트로바이러스 벡터로 치료된 후 기능적인 면역체계를 발달시켰다. 그러나 세 명의 환자는 후에 백혈병

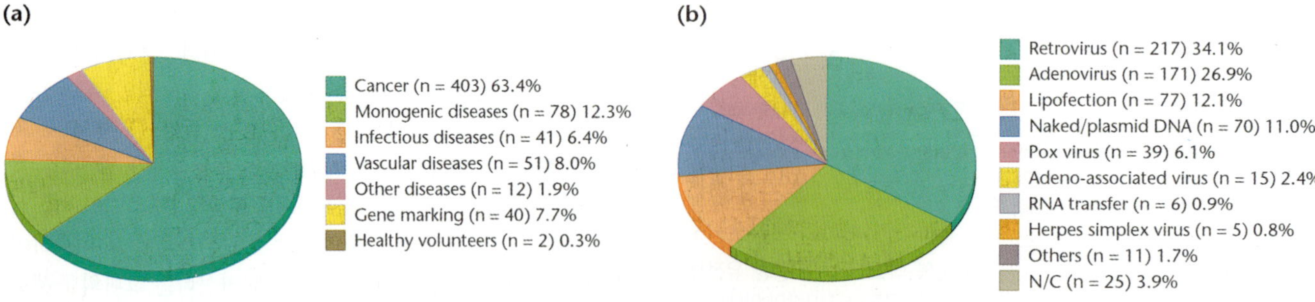

그림 19-18 (a) 전 세계적으로 630건 이상의 유전자 치료 시도가 이루어지고 있음을 질병으로 정리하여 보여주는 원그래프. 대부분의 시도들은 암치료에 관한 것이다. (b) 사용되는 벡터에 따른 유전자 치료 시도. 레트로바이러스들은 가장 널리 사용되는 벡터로 전체의 34%를 차지한다. 아데노-관련 바이러스 같은 새로운 벡터들은 아주 일부분만 차지한다. N/C = 분류되지 않은 것.

비슷한 증상을 일으켰다. 그들의 암세포는 레트로바이러스 벡터를 포함하고 있었으며 이것이 *LMO2*라 불리는 원암 유전자 내부나 그 근처로 삽입되어 있었다. 이러한 삽입에 의해 원암 유전자 *LMO2*가 활성화되었고, 백혈구들이 마구 증식하여 백혈병이 발병하게 된 것이었다. 겔싱어와 프랑스의 X-SCID 환자들의 이야기는 미래의 유전자 치료와 함께 이 장의 마지막 에세이에서 다시 한 번 더 논의될 것이다.

유전자 치료와 관련된 대부분의 문제는, 치료 유전자들을 세포에 전달하는 데 사용되는 벡터와 상관이 있다. MLV와 아데노바이러스를 포함하여 이들 벡터들은 몇 가지 심각한 단점을 가진다. 첫째, 레트로바이러스 유전체(인간의 치료용 유전자를 포함하고 있는)가 숙주의 유전체로 통합되는 것은 숙주의 세포들이 그들의 DNA를 복제할 때만 발생한다. 체내에서는 조직 내의 아주 소수의 세포들만 분열을 하며 그들의 DNA를 복제한다, 둘째, 대부분의 바이러스 벡터들은 겔싱어 사건에서 일어났던 것처럼, 환자에서 면역반응을 유발할 수 있다. 셋째, 프랑스 환자들의 사례에서와 같이 바이러스 유전체가 숙주세포에 통합될 때 필수적인 유전자의 돌연변이를 유발하거나 유전자 활성화를 일으킬 수 있다. 넷째, 레트로바이러스들은 8 kb 이상의 유전자를 운반할 수 없다. 인간의 많은 유전자들이 이보다 크다. 마지막으로, 만일 벡터가 숙주세포 내에 이미 존재하고 있었던 다른 바이러스들과 재조합하여 완전히 감염성을 회복한 바이러스가 생겨날 가능성이 있다.

이러한 문제들을 극복하기 위해, 유전자를 세포에 전달하는 새로운 바이러스 벡터들과 전략들이 개발되었다. 연구자들은 새로운 유전자 전달 시스템이 이전 벡터들에 내재된 문제들을 극복할 수 있을 뿐 아니라, 유전자 삽입 부위를 조절하고, 치료 유전자로부터 유전자 산물이 생성되는 수준을 조절하는 것까지 가능하게 할 것으로 희망하고 있다.

이 문제를 풀어보자

495페이지의 11번 문제는 근이영양증과 같은 질병들이 왜 유전자 치료로 낫기가 어려운지를 설명하라는 것이다.

힌트: 근이영양증 환자들에 영향을 미치고 있는 조직의 형태에 대해 고려하라.

19.5 DNA 프로파일들은 신원확인을 도와준다

이전에 논의했던 것처럼(그림 19-7), 사람 유전체 내에서의 제한효소 부위의 존재 유무가 유전적 마커로 사용될 수 있다. 1980년대 중반에 발견된 또 다른 형태의 마커가 있는데 이들은 반복성 DNA 서열 뭉치의 길이 변화에 기초한 것이다. 이러한 서열 뭉치 내에서의 반복횟수는 개인마다, 또 집단마다 차이가 난다. DNA에서의 이러한 다형성은 **DNA 프로파일링**(DNA profiling) 혹은 **DNA 지문인식**(DNA fingerprinting), 때로는 DNA 타이핑이라고 불리는 기술의 기초가 된다. DNA 프로파일링은 이제 친자확인, 법의학, 사람이나 동물 잔해의 확인, 고고학, 그리고 보존 생물학에 이르기까지 널리 응용되고 있다.

DNA 소부수체(VNTR)에 기초한 DNA 프로파일링

최초의 DNA 프로파일링 기법은 알렉 제프리스 경(Sir Alec Jeffreys)에 의해 영국에서 개발된 것으로, 1986년 두 명의 영국 여학생들을 살해했던 살인범의 유죄확정을 위해 사용되었다. 이 방법은 커다란 DNA 반복 영역을 분석하는 것을 포함하는데, 이 부분은 **소부수체**(minisatellites) 혹은 **가변성 직렬 반복서열**(variable numbers of tandem repeats, VNTR)이라고 불린다.

VNTR들은 10~100개의 뉴클레오티드들이 반복되어 뭉쳐 있는 것이다. 예를 들어, VNTR인

5′-GACTGCCTGCTAAGAT**GACTGCCTGCTAAGAT**-GACTGCCTGCTAAGAT-3′

이 서열은 16개의 뉴클레오티드인 GACTGCCTGCTAAGAT가 나란히 같은 방향으로 3번 반복된 것이다. 그러한 서열 뭉치(cluster)들이 인간의 유전체에 넓게 분포되어 있다. 그러한 좌위에서 나타나는 반복 수는 2~100회 정도이며 각 반복 길이는 그 좌위에서의 하나의 대립인자를 대표하게 된다. 한 인구집단 내에서 어떤 VNTR 좌위에 존재할 수 있는 가능한 대립인자(반복 길이)는 약 30가지나 되므로, VNTR은 DNA 프로파일링에 특히 유용하다. 이 때문에 가능한 유전자형이 아주 많아진다. 예를 들어, 한 집단 내에서 4개의 서로 다른 VNTR들을 조사할 때, 하나의 VNTR이 20가지의 가능한 대립인자를 가진다고 하면, 이들 네 좌위의 프로파일에서는 약 20억 개의 유전자형이 가능하다.

VNTR 프로파일을 만들기 위해서는 DNA를 조직 시료에서 추출하고, VNTR 반복 영역의 양쪽을 자르는 제한효소로 절단한다. 절단된 DNA는 젤 전기영동으로 분리시킨 후 막으로 옮기고 VNTR 영역 내의 서열을 찾을 수 있는 방사성 탐침자와 혼성화시킨다. 막을 X-선 필름에 노출시킨 후에는 밴드들의 양상을 측정할 수 있다. VNTR 반복 수가 많은 큰 대립인자일수록 젤의 상단 근처에 위치하고 작은 VNTR일수록 젤의 하단까지 이동한다(그림 19-19). 밴드들의 양상은 조사된 개인에 대해서는 항상 동일하며, 어느 조직을 사용하여 DNA를 추출하든지 상관없다. 이러한 밴드의 패턴들이 개인마다 다르고 가능한 VNTR 대립인자의 수가 엄청나게 많기 때문에, 만약 VNTR들이 분석된다면 각 개인의 DNA 프로파일은 독특한 것이 될 수 있다(물론 일란성 쌍둥이는 제외한다). 실제로 약 5~6개의 VNTR 좌위들이 분석되어 DNA 프로파일을 만드는 데 사용된다.

VNTR 프로파일링의 중요한 제한점은 그것이 비교적 많은 양의 DNA 시료를 요구한다는 것인데(10,000개의 세포나 50 μg의 DNA가 필요), 이것은 전형적인 범죄현장에서 일반적으로 발견할 수 있는 정도보다 많은 것이다. 그리고 DNA가 비교적 손상되지 않아야 한다. 결과적으로, VNTR 프로파일링은 많은 시료를 얻을 수 있는 경우에만 주로 사용되는데, 예를 들자면 친자확인 검사 같은 것이다. 아이, 어머니, 그리고 잠정적 아버지로부터 얻은 혈

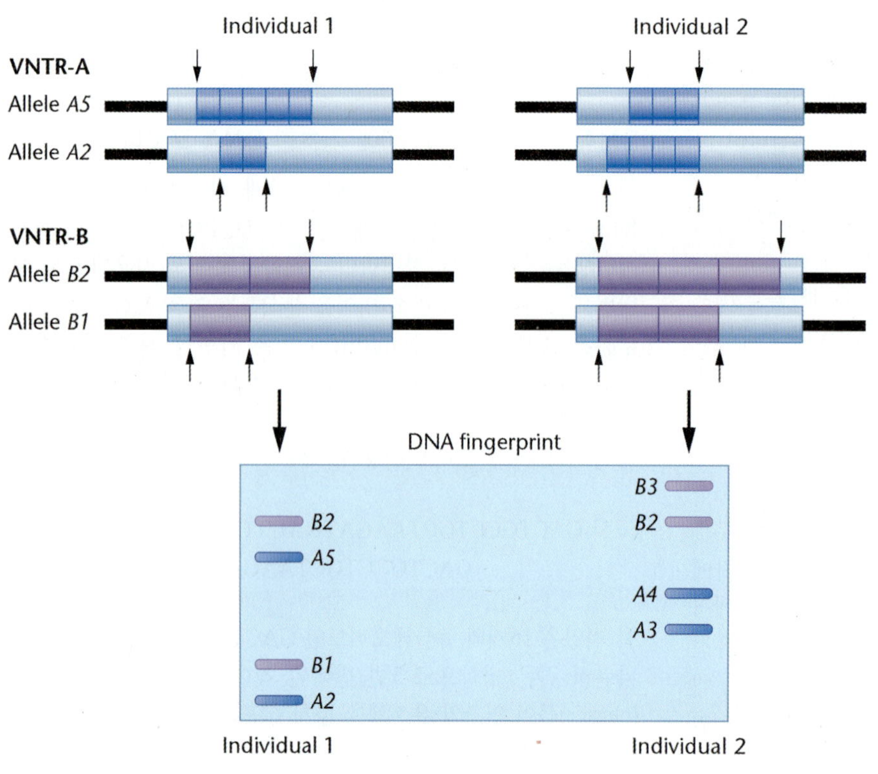

그림 19-19 두 명의 개인에 대하여, 두 좌위(*A*와 *B*)에서의 VNTR 대립인자들이 나타나 있다. (화살표들은 이 VNTR들의 옆에 위치하는 제한효소 절단 부위를 가리킨다.) 제한효소에 의한 절단은 서던 블롯에서 밴드들로 추적될 수 있는 일련의 단편들을 만든다(아래). 각 좌위에서의 반복 수가 다르기 때문에 전체적인 패턴은 각 개인들마다 특징적인 것이 된다. 이 DNA 지문(프로파일)은 두 사람이 하나의 대립인자(*B2*)를 공유하고 있음을 보여준다.

액은 DNA 추출과 분석을 위해 신선한 세포들을 충분히 제공할 수 있다.

DNA 미세부수체(STR)에 기초한 DNA 프로파일링

VNTR 프로파일링에 필요한 DNA 시료의 크기와 조건들이 가지는 문제점을 극복하기 위해, 과학자들은 좀 더 짧은 다형성 DNA 마커들을 증폭하는 PCR에 기반한 대체 기술을 개발했다. 이 방법 중의 하나는 **미세부수체**(microsatellite), 혹은 **짧은 직렬 반복서열**(short tandem repeats, STR)이라고 불리는 서열을 조사한다. STR들은 VNTR과 비슷하지만 반복 단위가 더 짧아서 2~9 bp 정도다. 그리고 그러한 STR 좌위들이 7~40회 정도만 반복된다. 수백 개의 STR 좌위들이 인간 유전체에서 발견되지만, 일부만이 DNA 프로파일링에 사용된다. FBI와 기타 법집행 기관들은 13개의 STR 좌위들을 골라 법의학 분석을 위한 핵심 세트로 사용한다. 이 좌위들에 기초한 DNA 프로파일들은 국립 DNA 데이터베이스에 저장되어 있으며, **통합 DNA 지표 시스템**(Combined DNA Index System, CODIS)이라고 불린다. 실종자나 범죄현장에서 얻어진 시료들뿐 아니라 범죄사건에서 나온 프로파일들은 CODIS에 저장된다.

STR 프로파일을 만들기 위해서는, 시료로부터 DNA를 추출하고, STR 부위 양옆의 DNA 서열과 혼성화되는 적당한 시발자 세트들을 이용하여 DNA를 증폭하여 분석한다. 혼합액 속에 섞여 있는 각 시발자 세트들은 서로 다른 형광염료로 표지되어 각 STR 좌위로부터 증폭된 PCR 산물들이 다른 색깔을 띠게 한다. 증폭된 단편의 크기는 표준 젤 전기영동으로 측정될 수 있다(그림 19-20); 그러나 대부분의 STR 프로파일은 더 빠르고 더 자세한 크기 측정이 가능한 방법을 사용한다. 가장 흔한 방법은 증폭된 혼합액을 젤리 성분으로 충전된 모세관의 상단에 올려놓은 후 전기장이 그 관을 통과하도록 하는 것이다. 큰 DNA들은 모세관 안에 천천히 머무르게 되고, 작은 DNA들은 빠르게 관을 통과하게 된다. 이러한 방법은 **모세관 젤 전기영동**(capillary gele electrophoresis)이라고 불린다. 모세관의 바닥에는 레이저 탐지장치가 있어서 각 형광 DNA 단편들이 모세관을 빠져나올 때 그 크기를 측정하게 된다. 모든 단편들은 그래프상의 봉우리(피크)로 표시된다. STR 프로파일을 만드는 전 과정은 자동화되어 있고, 종종 이동 범죄 조사단이나 실험실에서는 모든 것이 완비된 키트가 사용된다.

STR 프로파일의 가장 큰 장점은 이것이 흔적 시료들에서(예, 머리카락 한 올이나 담배 밑동에 남은 침 등)뿐만 아니라, 오래 되었거나 손상된 지료들(예, 야외에서 발견된 해골이나 고대 이집트의 미라)에서도 만들어질 수 있다는 것이다. 결과적으로, 대부분의 법의학 실험실에서 STR은 VNTR을 대체했다. 그리고, STR 타이핑은 VNTR 분석보다 비용이 적게 들고, 노력도 덜 들며, 훨씬 빨라서, 대부분의 친자확인 실험실에서도 VNTR 타이핑을 빠르게 대체하게 되었다.

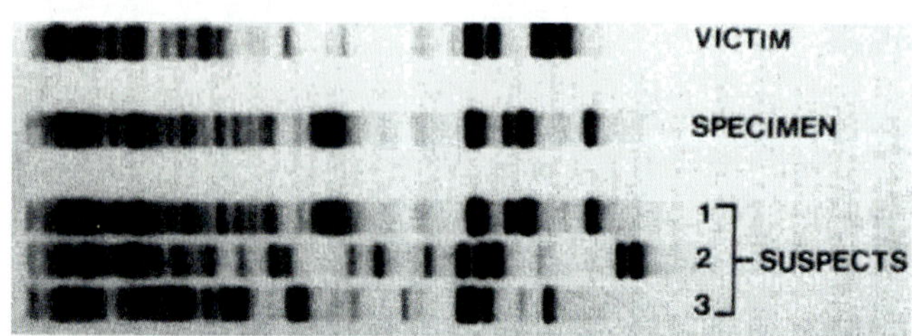

그림 19-20 STR들을 사용한 DNA 프로파일들은 범죄 현장에서 희생자, 증거물, 그리고 세 명의 용의자로부터 나온 패턴들을 보여준다. 이 프로파일에서는 PCR로 증폭된 DNA가 젤 전기영동으로 가시화되었다.

STR 분석의 결과는 통계학, 확률, 그리고 집단 유전학으로 해석된다. 표준 세트에서 각 STR 대립인자의 집단 빈도가 미국과 세계 전역에 걸쳐 여러 집단의 사람들에게서 측정되었다. 이러한 정보를 사용하여, 과학자들은 이들 13 대립인자의 어떤 조합을 가질 확률을 계산한다. 예를 들어, 1번 좌위의 한 대립인자가 333명당 1명꼴로 나타나고, 2번 좌위의 한 대립인자가 83명 중 하나로 나타난다면, 두 대립인자를 어떤 사람이 가질 확률은 각 빈도의 곱인 1/28,000이 된다(1/333 × 1/83). 이러한 전체적 확률은 별로 신빙성은 없으나 여기에 좌위가 추가되어 100명 중 한 명꼴로 3번째 좌위에서의 대립인자가 나타나며, 1/25의 빈도인 네 번째까지 계산에 넣어지면, 총 복합빈도는 7,000만분의 1이 된다. 즉, 미국 인구 중 약 4사람 정도만이 이러한 조합의 대립인자를 가질 것이다. 13가지의 CODIS STR 좌위(모두 26개의 대립인자)를 모두 사용하면, 완전한 STR 프로파일이 만들어지며, 어떤 사람이 같은 조합을 가지게 될 확률은 100억분의 1이다. 지구의 인구가 약 60억에 불과하므로 왜 STR 분석이 서로 다른 개인에서 유래한 시료를 구분하는 능력이 그렇게 뛰어난지 알 수 있다.

DNA 프로파일링의 법의학적 적용

지난 20년에 걸쳐, DNA 프로파일링은 범죄를 확정짓고, 희생자의 잔해를 구분하며, 죄가 없는 사람을 석방하도록 돕는 강력한 도구가 되었다. 그 힘은 이 기술의 극단적인 민감성과 범죄 현장 시료들을 정확하게 구분하는 능력에서 나온다. 이 기술은 낡고 오류가 많은 기술들을 빠르게 대체했고 경찰과 사법부를 변화시키는 데 도움을 주었다. 1992년 이후, 오래된 범죄 현장 시료에 대한 DNA 프로파일 분석에 기초하여, 미국에서 범죄가 확정된 170명 이상의 사람이, 혐의가 있었던 범죄로부터 풀려났다. 이들 중 많은 사람들이 자신들이 저지르지 않은 범죄 때문에 수십 년을 감옥에서 복역했다 – 일부는 사형선고를 받고 투옥되어 있었고, 적어도 한 건은 DNA 프로파일링 증거가 적용되기에 앞서 잘못 사형에 처해졌다. 국립 및 주립 DNA 데이터베이스가 점차 커지면서 이것은 체포된 사람도 없고 용의자도 찾을 수 없었던 사건–소위 **미해결 사건**(cold case)이라고 불리는–을 푸는 데 중요한 도구가 되었다. 범죄현장에서 얻은 DNA와 데이터베이스의 DNA 프로파일들을 비교함으로써, 2000~2003년 사이에 1,600건 이상의 미해결 사건들이 해결되었다.

비록 법의학적 DNA 프로파일링이 강력한 기술이기는 하지만, 그것이 유죄와 무죄에 대해 우리에게 말해줄 수 있는 것과 없는 것이 무엇인지 이해하는 것이 중요하다. 예를 들어, 한 범죄 현장에서, 용의자의 DNA 프로파일이 증거 시료의 것과 맞지 않았다면 그 용의자는 **시료의 원천**에서 제외될 수 있다. 이러한 발견이 무죄를 시사하느냐 그렇지 않느냐는 그 사건의 모든 다른 증거들에 따라 결정된다. 한 예로, 한 명의 강간 용의자는 정액 시료를 남기지 않았어도 희생자를 감금함으로써 그 범죄에 관여했을 수 있는 것이다.

증거 시료와 용의자의 DNA 프로파일이 맞을 때의 해석 역시 불분명할 수 있다. 13개의 모든 핵심 STR 좌위들이 DNA 프로파일을 생성하는 데 사용될 때, 100억분의 1 미만의 확률로 두 개의 맞는 DNA 프로파일들이 서로 다른 두 개인에서 나올 수 있는 것이다. 그럴듯하게 들리진 않겠지만, 어떤 경우에는 그러한 일치가 발생할 수 있다. 예를 들어, 두 프로파일이 아주 우연히 맞는 경우다. 이것이 그럴듯하지 않다고 하더라도, 배제될 수는 없다. 혈연관계가 있는 개인들–형제자매, 부모, 혹은 친척들–사이에서는 그럴 확률이 증가한다. 두 프로파일이 유전체가 같은 일란성 쌍둥이로부터 얻어지는 것도 가능하다. 시료의 혼입이나 오염, 혹은 심지어 의도하지 않았거나 아니면 고의적인 변조 등의 결과로, 범죄현장 시료와 무죄인 사람의 프로파일이 일치할 수 있다. DNA 프로파일링의 바로 그 민감성–머리 한 올이나 우표 뒷면의 침에서도 충분히 프로파일을 만드는–때문에 시료 채취나 분석에 있어서 엄격하게 조건이 통제되지 않으면 오염되기가 매우 쉽다.

19.6 유전공학과 유전체학은 윤리적, 사회적, 그리고 법적 문제를 야기한다

유전학자들은 이제 재조합 DNA 기술을 이용하여 유전자를 분리하고 유전적 질병을 진단하고 치료하며, 상업적 산물과 약품들을 생산하고, 범죄 문제를 해결한다. 인간 유전체의 서열화를 통해 얻어진 지식은 인간의 유전학에 대한 우리의 이해를 매우 발전시킬 뿐 아니라, 생명의학 연구와 건강관리에도 점점 더 영향을 크게 미치게 될 것이다. 그러나 유전공학에 대한 우리의 지식을 응용하는 것은 우리가 반드시 찾아서 토론하고 풀어야 할 윤리적, 사회적, 그리고 법적 문제들을 야기한다. 해법들은 종종 법의 형태를 띠거나 공공 정책으로 나타난다. 우리는 이제 유전자 기술들을 사용하는 것을 둘러싼 현재의 윤리적 논쟁들 몇 가지에 대해 간략하게 제시하고자 한다.

유전자 조작 생물들에 대한 우려

대부분의 유전자 조작 식품들은 바람직한 형질들(예를 들어, 제초제 저항성이나 해충 저항성)을 나타내는 단백질들을 암호화하는 도입 유전자들을 포함하고 있다. 유전적으로 조작된 식물들에 대한 주된 걱정은 안전성 문제와 환경 영향에 대한 것이다. 새로운 단백질을 포함하고 있는 유전적으로 조작된 식물들은 먹기에 안전한가? 일반적으로, 그 단백질이 독성을 띤 것이 아니고 알레르기도 일으키지 않으며, 생리적으로 나쁜 영향을 미치지 않는 것으로 밝혀진다면, 이들이 건강에 커다란 위협이 된다고 생각되지는 않는다. 제초제 저항성 EPSP를 포함한 식품의 경우가 그러한 예다. 이 단백질은 소화액에 의해 바로 분해되며, 사람이 노출될 가능성의 수천 배를 투여한 쥐에서 독성이 없었고, 독소나 알레르기원으로 알려진 어떠한 단백질과도 아미노산 서열상 유사성이 없었다. 유전자 조작된 식품의 단백질을 표준화 방법으로 평가하는 방법이 미국과 유럽에서 개발되고 있다. 유럽에서는 유전적으로 조작된 성분들을 포함하고 있는 식품들을 표시하는 것이 필수적이지만 미국에서는 그러한 표시가 현재는 요구되고 있지 않다.

또 다른 우려는 유전적으로 조작된 생물들이 환경으로 방출되는 것에 의한 환경 위험성을 포함하는 것이다. 환경 위험성에는 야생식물들과의 교잡에 의한 유전자 전달, 독성, 유전자 조작 식물들에 의해 자연의 생물종을 잃게 되는 것(생물다양성이 감소되는 것) 등이 포함된다. 비록 실험실 연구와 야외연구들이 유전자 조작 식물과 야생 친척 식물들 사이에서 타가 수분과 유전자 전달이 가능한 것으로 제시하고 있긴 하지만, 이런 일이 자연에서 발생했다는 증거는 거의 없다. 만약 글라이포세이트 저항성이 카놀라 같은 재배식물에서 야생 친척종들로 전달된다면, 그 제초제 저항성 잡초는 제초제 처리를 비효율적인 것으로 만들 것이다. 생명공학 회사들은 이제 유전자 조작 식물들을 불임 형태로 만들어 그들의 유전자를 다른 식물에 전달하지 못하게 하려고 한다. 내재적 불임성은 농부들이 유전자 조작 식물로부터 그들 자신들의 종자를 얻지 못하게 함으로써, 생명공학회사가 이 종자를 배타적으로 공급할 수 있도록 한다. 이것은 그 자체로 윤리적 문제인데, 특히 제한된 자원을 가진 저개발 국가에서 유전자 조작 종자를 비용을 들여 구입해야 하는 것이다.

유전자 검사와 윤리적 딜레마

지금까지 산전진단, 단일인자 열성질환에 대한 성인의 이형접합성 검사, 그리고 유전체 검사에 대한 예들에 대해 살펴보았다. 비록 이러한 기술들이 의학적 진단에 대한 귀한 발전이긴 하지만, 이들은 쉽게 풀 수 없는 윤리적 문제 역시 야기한다. 예를 들어, 단일인자 질환에 대한 유전자 검사나 유전체 검사를 받겠다고 결정하기에 앞서 개인이 알아두어야 할 것은 무엇인가? 그러한 검사에서 얻어진 정보들을 우리는 어떻게 보호할 수 있을 것인가? 어떻게 유전적 차별을 정의하고 또 그것을 어떻게 예방할 수 있을 것인가? 우리는 겸상 적혈구 빈혈증에 이형접합성인 사람은 정상 대립인자에 동형접합성인 사람들보다 말라리아에 더 저항적이라는 사실을 알고 있다; 이런 형태의 보호는 다른 유전질환에 대해서도 역시 사실일 수 있다. 그러한 경우에, 우리는 어떻게 돌연변이의 파괴적인 측면을 없애려고 노력하는 동시에 좋은 측면을 유지하도록 할 수 있을까?

유전자 검사의 잠재적 위험성과 이득들 대부분이 아직 알려져 있지 않다. 우리는 많은 유전적 질환들을 검사할 수 있지만 이들 질환을 효과적으로 치료할 치료법이나 그 효과를 감소시킬 방법을 가지고 있지 못하다. 우리는 이러한 질병들에 대해 사람들을 검사해야 할까? 현재의 기술로는, 유전자 검사가 음성이라는 것이 앞으로 이 질환이 발생하지 않으리라고 확증해 주는 것도 아닐뿐더러, 양성 결과라고 해서 항상 그 병을 얻게 된다는 뜻도 아니다. 어떻게 검사받는 사람들에게 검사의 결과나 질병의 위험도를 효과적으로 전달할 수 있을까? 정책 입안자들뿐 아니라 과학자, 건강관리 전문가들, 윤리학자, 그리고 소비자로 구성된 단체들은 이들 문제에 대해 논쟁하고 정책적 선택을 하게 된다.

유전자 치료를 둘러싼 윤리적 우려

유전자 치료는 많은 윤리적 걱정들을 야기시키며, 여러 형태의 유전자 치료 역시 격렬한 논쟁의 근원이 된다. 현재, 모든 유전자 치료 시도는 유전자 전달의 표적으로 체세포만을 사용하도록 제한되어 있다. 이러한 형태의 유전자 치료를 **체세포 유전자 치료**(somatic cell gene therapy)라고 한다; 이러한 치료에서는 오직 한 개인만이 영향을 받으며 치료는 환자나 가족의 허락과 동의를 얻어 실시된다.

다른 두 가지 형태의 유전자 치료는 아직 승인되지 않았는데, 주로 그에 대한 풀리지 않는 윤리적 문제 때문이다. 첫째는 **생식세포 치료**(germ line therapy)로 생식세포(배우자를 만드는 세포, 즉 정자나 난자) 혹은 성숙한 배우자들이 유전자 전달의 표적으로 사용되는 경우다. 이러한 접근에서는, 전달된 유전자가 생식세포를 포함한 신체의 모든 세포로 통합된다. 이것은 동의하지 않았음에도 불구하고 미래 세대의 개인 역시 영향을 받는다는 것을 뜻한다. 이것이 윤리적인가? 우리가 미래 세대를 위해 이러한 결정을 할 권리를 가지는가? 그러므로 아직까지는 가능한 이점들보다는 염려가 앞서게 되어 그러한 연구들이 금지되고 있다.

두 번째 형태의 유전자 치료는 **촉진 유전자 치료**(enhancement gene therapy)로 더 심한 윤리적 딜레마를 야기한다. 이러한 치료에서는 몇 가지 바람직한 형질이 더 향상될 수도 있다. 이러한 능력의 사용은 극단적으로 논쟁이 되고 있으며 많은 사람들은 강력하게 반대한다. 유전적 기술이 인간의 능력을 증대시키는 데 사용되어야 할까? 예를 들어, 키를 크게 하기 위해, 운동 능력 향상을 위해, 혹은 지력을 높이기 위해 유전자 치료를 허용해도 될까? 현재까지 대다수의 합의는 생식세포 치료나 마찬가지로 촉진 유전자 치료들은 받아들여질 수 없다는 것이다. 그러나 논의는 진행 중에 있으며, 많은 논쟁들은 아직 풀리지 않고 있다. 예를 들어, 현재 미국 식품의약국은 재조합 DNA 기술로 얻어진 성장 호르몬을 성장 관련 유전 질병을 치료하는 데 사용하는 것뿐 아니라 성장 촉진제로 사용하는 것을 승인했다. 비판론자들은 향상을 위해 유전자 산물을 사용하는 것은, 같은 목적으로 전달 유전자를 사용하게 할 것이라고 주장한다. 이러한 논쟁의 결과는 바로 개인들의 운명뿐 아니라 우리 사회의 방향에도 영향을 미칠 수 있다.

윤리적, 법적, 그리고 사회적 영향 프로젝트

인간 유전체 프로젝트(Human Genome Project, HGP)가 처음 논의되었을 때, 과학자들과 대중은 어떻게 유전체 정보가 사용되어야 하며, 어떻게 개인과 사회 양자의 이익이 보호될 수 있는지에 대한 많은 염려를 제기했다. 이러한 문제들을 다루기 위해 **윤리적, 법적, 그리고 사회적 영향**(Ethical, Legal, and Social Implications, ELSI) 프로그램이 확립되었다. HGP의 분과로 이 프로그램은 유전정보가 개인에 미치는 영향, 유전정보의 프라이버시와 비밀보장, 그리고 의료행위에 미치는 영향, 유전상담, 그리고 출산 결정 등 수많은 문제들을 다룬다. 연구기금, 워크숍, 그리고 대중 공개 강연을 통해 ELSI는 이들 문제를 다루기 위한 정책을 만들어 나가고 있다.

ELSI는 네 가지 분야에 초점을 맞추고 있다: (1) 유전적 정보의 해석과 사용에 있어서의 프라이버시와 공정성에 관한 것, (2) 유전적 지식이 연구실에서 임상실험으로 전달되는 방법, (3) 유전 연구에 참여한 사람들이 자신들의 참여에 따른 잠재적 이득이나 위험성에 대해 이해하도록 하는 것과 동의에 관한 것, (4) 대중적이고도 전문적인 교육에 관한 것들이다. 희망하기로는, HGP가 질병의 유전적 기초에 대한 정보를 생산하는 것으로부터 개선된 처방, 예방 촉진, 그리고 치료법 개발 등으로 이동함에 따라, 이러저러한 윤리적 문제들이 규명되고 적절한 정책과 법에 대한 세계적인 합의가 이루어지기를 바란다.

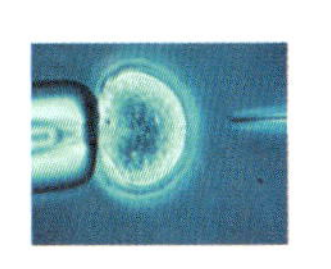

유전학, 기술, 그리고 사회

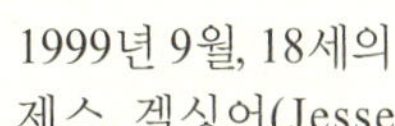

유전자 치료-두 발자국의 진보인가, 두 발자국의 퇴보인가?

1999년 9월, 18세의 제스 겔싱어(Jesse Gelsinger)는 생애 처음으로 유전자 치료를 받았다. 오르니틴 트랜스카바밀라제(ornithine transcarbamylase, OTC) 유전자를 가진 다량의 아데노바이러스 벡터가 그의 간동맥으로 주입되었다. 이 바이러스 벡터들은 그의 간에 모여서 간세포 안으로 들어가 OTC 단백질을 생산할 것으로 기대되었다. 그러면 OTC 단백질은 그의 유전적 결함을 고쳐 그의 간질환을 치료해줄 수 있다. 그러나 수시간 내에 굉장한 면역반응이 제스의 몸을 뒤덮었다. 고열이 나고 폐에 액체가 찼으며, 여러 기관이 멈추어버렸을 뿐 아니라, 급성 호흡 부전으로 4일 후에 사망했다. 이러한 비극이 있은 후 다수의 정부 조사와 과학적 조사가 시작되었다. 조사반들은 임상시도 과학자들이 유전자 치료에 대한 많은 부작용들을 보고하지 않았으며, 과학자들 일부가 이 시도로부터 경제적 이득을 얻을 수 있는 사설 회사들에 소속되어 있었음을 알게 되었다. 그들은 동물 실험에서의 심각한 부작용이 환자와의 보고-동의 과정에서 설명되지 않았으며, 주의를 시사하는 자료에 대응하기에는 임상시도들이 너무나 빨리 진행되었다는 것을 알게 되었다. 미국 식품의약국(FDA)은 전국의 유전자 치료 시도를 자세히 조사하고 상당수의 시도를 유예시켰으며 몇몇 유전자 치료 프로그램은 폐지토록 했다. 다른 연구 그룹들도 자원해서 그들의 유전자 치료 연구를 중단했다.

제스의 죽음은 고분군투하는 유전자 치료 분야에 심각한 타격을 안겨줬고 두 번째 비극이 닥쳤을 때까지도 그 충격에서 벗어나지 못하고 있었다.

2000년 4월, 프랑스 연구팀은 X-연관성 중증 복합성 면역결핍증(X-SCID)에 대한 유전자 치료가 성공했다고 발표했다. 이것은 유전자 치료계의 확실한 첫 성공이었다. 이 연구에서는, 어린 환자들의 골수세포들을 뽑아 γc 막관통 단백질 유전자를 포함한 레트로바이러스로 처리하고 다시 환자에게 이 세포들을 이식했다. 11명의 환자 중 10명이 면역결핍증에서 치료되어 정상적인 삶을 누릴 수 있게 되었다. 이 연구에 대한 보고서는 유전자 치료회에 의해 정열적 축하를 받았다. 그러나 이러한 자신감은 2003년 실망으로 바뀌었는데, 치료된 10명의 아이 중 2명이 유전자 치료의 직접적 결과로 백혈병에 걸린 것이 확실해진 것이다. FDA는 즉각적으로 27건의 비슷한 유전자 치료 임상 시도를 중지시켰고, 유전자 치료는 다시 한 번 심각한 재평가를 받게 되었다.

프랑스의 X-SCID 임상 시도의 분명한 성공이 있기까지, 유전자 치료는 제스의 죽음으로 불거진 불명예와 자세한 조사뿐 아니라, 너무 이른 치료 기술의 가능성에 대한 과학자들과 대중들의 회의론으로 곤란에 처해 있었다.

1990년 첫 유전자 치료 이래로 거의 600건의 유전자 치료 시도가 4,000명 이상의 환자들을 대상으로 시작되었었다. 이러한 시도들은 암과, 혈우병이나 낭포성 섬유증과 같은 유전성 질환, 그리고 AIDS와 같은 감염질환을 치료할 목적을 갖고 있었다. 높은 기대와 평판에도 불구하고, 치료적 이득은 기껏해야 불확실하거나 종종 아주 없기도 했다.

유전자 치료의 가장 중요하고도 긍정적인 결과는 1990년의 첫 임상시도로부터 나온 것이다. 아샨티 드 실바(Ashanti De Silva)는 레트로바이러스로 처리된 T 세포로 중증 복합성 면역결핍증(SCID) 치료를 받았고 지금은 정상적으로 살고 있지만, 그녀의 완치 이유는 완전히 풀리지 않고 있다. 그녀는 유전자 치료 이전과 이후에 그녀에게 없는 ADA라는 효소를 대체할 수 있는 새로운 약치료를 받았었다. 따라서 그녀의 완쾌가 얼마만큼 유전자 치료에 의한 것이고 또 얼마만큼이 약치료에 의한 것인지는 아직도 모른다.

현재까지 어떠한 인간 유전자 치료 산물도 판매 승인을 받지 못하고 있다. 유전자 치료에 대해 비판하는 사람들은 지나친 조급증, 이해의 상충, 위험한 임상 시도와 가져오는 것 별로 없이 과다한 약속을 하는 것 등에 대해 연구 그룹들을 계속 비난한다. 1990년대 중반, 국립 보건원 건강관리위원회는 제스 겔싱어의 죽음과 X-SCID 백혈병-바이러스 벡터에 대한 잘못된 면역 반응과, 바이러스 벡터의 숙주 유전체 통합에 의한 부작용--을 일으킨 측면들을 포함하여 유전자 치료의 모든 기본적 국면에 심각한 문제가 있다는 결론을 내렸다.

유전자 치료가 이러한 단점들을 극복하고 유전적 질병의 치료법으로서 약속을 지킬 수 있게 될는지는 의문으로 남아 있다. 현재, 미국에서 수백 건의 유전자 치료 임상 시도가 수행 중이고 이들 대부분은 암에 대한 것으로서 1상 시도(효능 검사가 아니라 안전성과 투약량 검사이다)에 있다. 겔싱어 사건에서 발생했던 진행상의 문제를 교정하기 위해 임상 시도 프로토콜에 대한 더 엄격한 제제가 마련되었다. 게다가 기초 과학은 안전하고 효과적인 벡터들을 개발 중인데, 예를 들면, 벡터의 서열을 유전체의 특정 부분에 삽입시키는 것(암이나 유전자 발현 억제를 줄이기 위해)이나 표면에 수용체를 가지고 있어서 특정 세포 형태를 감염시키는 것 등이다. 그러나 성공적인 유전자 치료를 위한 단계들은 상당히 많다. 치료 유전자의 조직-특이적인 발현을 맞추고, 배양시 혈액세포에 효과적으로 도입되어야 하며, 벡터들에 대한 면역반응을 예상하고 조절할 수 있어야 하며, 그리고 좀 더 나은 동물 모델을 개발하여 임상 시도 전에 유전자 치료를 검사할 필요가 있다.

많은 과학자들이 고난에도 불구하고 유전자 치료 연구와 임상 시도를 계속해야 한다고 느낀다. 그러나 그들은 이 발전에 좀 더 냉정한 시각을 갖고 있다. 어떤 새로운 유전자 치료를 위한 임상시도라도 잠재적 위험성이 있으며, 종종 동물 실험들은 새로운 약이나 치료과정에 대한 개인의 반응을 정확하게 반영하지 못할 수도 있다. 방법이 더 효과적이 될수록, 필연적으로 유전자 치료에 대한 더 많은 부작용들이 나타날 것이다. 이제 이 분야의 사람들은 이 길이 처음 생각했던 것보다 멀고 험하지만, 불가능한 것은 아니라는 것을 알고 있다. 아마도 우리는 유전자 치료를 항생제나, 기관 이식, 유인 우주여행과 같은 시각으로 보아야 할 것이다. 고난이 있을 것이고 심지어 불행한 일도 발생하겠지만 언젠가는 많은 심각한 유전적 질병을 치료할 수 있는 기술로 조금씩 다가가게 될 것이다.

참고문헌

Thomas, C. E., Ehrhardt, A., and Kay, M. A. 2003. Progress and problems with the use of viral vectors for gene therapy. *Nat. Rev. Gen.* 4: 346~358.

웹사이트

Thompson, L. Sept./Oct. 2000. *Human gene therapy: Harsh lessons, high hopes* [*on-line*]. *FDA Consumer Magazine.* **http://www.fda.gov/fadc/features/2000/500_gene.html**

단원 요약

1. 과학자들은 제초제와 해충 저항성, 향상된 영양가치 등을 부여하는 유전자들을 도입함으로써 작물을 개발하는 데 유전공학 기술을 적용해왔다. 유전자 전달은 가축들의 질을 향상시키는 데도 역시 사용된다.
2. 유전적으로 조작된 생물들은 유용한 생물 약제들을 다량으로 합성한다. 이들 물질을 암호화하는 유전자들은 세균, 식물, 그리고 동물들에 도입되어 왔다.
3. 유전자 검사는 유전 질병들과 관련된 돌연변이를 추적하기 위해 직접 환자의 DNA를 조사한다. 이러한 유전자 검사는 산전 진단, 질병 보인자 확인, 의료적 진단 그리고 유전적 질병의 발병 경로 등을 예측하는 데 사용된다.
4. 약물 유전체학과 합리적 약물 설계는, 약물에 대한 반응에 유전자가 어떻게 영향을 미치며 암과 같은 질병들의 유전적 기초는 무엇인가에 대한 우리의 이해로부터 출발한 것이다. 이제 약을 먹기 전에 환자의 약에 대한 반응을 예측하고, 환자의 조건에 특수하게 잘 맞는 약을 조제하는 것이 가능해질 것이다.
5. 유전자 치료를 사용하여 유전적 결함을 직접 교정하는 것이 곧 가능해질 것이다. 초기의 약점들에도 불구하고, 여러 가지 암과 단일인자 유전질환을 치료하기 위해, 유전자 치료를 위한 임상시도들이 진행 중에 있다.
6. DNA 지문은 친부확인이나 법의학적 분야뿐 아니라, 사람이나 동물의 잔해 확인, 그리고 고고학, 보전 생물학 및 공중 보건 등 다양한 분야에 적용된다.
7. 유전공학과 유전체학은 새로운 기술을 받아들이기에 앞서 반드시 먼저 다루어져야 할 윤리적, 사회적, 그리고 법적 우려들을 야기한다.

주요 용어

B형 간염 바이러스(hepatitis B virus)
DNA 마이크로어레이(DNA microarrays)
DNA 지문분석(DNA fingerprinting)
DNA 프로파일링(DNA profiling)
EPSP 합성효소(EPSP synthase)
Pompe 병(Pompe disease)
가변성 직렬 반복서열(variable numbers of tandem repeats, VNTRs)
거대 확산 B세포 림프종(diffuse large B-cell lymphoma, DLBCL)
겸상 적혈구 빈혈증(sickle-cell anemia)
글라이포세이트(glyphosate)
글리벡(Gleevec)
단일뉴클레오티드 다형성(single-nucleotide polymorphisms, SNPs)
대량 조사법(high-throughput methods)
대립인자 특이적 올리고뉴클레오티드 (allele-specific oligonucleotides, ASOs)
모세관 젤 전기영동(capillary gel electrophoresis)
미소부수체(microsatellites)
미해결 사건(cold cases)
생명공학(biotechnology)
생물의약품(biopharmaceuticals)
생식세포 치료(germ-line therapy)
성장호르몬 유전자(growth hormone gene)
소단위 백신(subunit vaccine)
소부수체(minisatellites)
아데노바이러스(adenovirus)
아데노신 탈아미노산 효소(adenosine deaminase, ADA)
약물유전체학(pharmacogenomics)
양수검사(amniocentesis)
유전공학(genetic engineering)
유전자 검색(genome scanning)
유전자 발현 마이크로어레이(gene expression microarrays)
유전자 치료(gene therapy)
유전자형 결정 마이크로어레이(genotyping microarray)
윤리적, 법적, 사회적 영향 프로그램(Ethical, Legal, and Social Implications (ELSI) Program)

융합폴리펩티드(fusion polypeptide)
인슐린(insulin)
제한 단편 길이 다형성(restriction fragment length polymorphism, RFLP)
제한효소 분석법(restriction enzyme analysis)
중증복합성면역결핍증(severe combined immunodeficiency, SCID)
짧은 직렬 반복서열(short tandem repeats, STRs)
체세포 유전자 치료(somatic gene therapy)
촉진 유전자 치료(enhancement gene therapy)
통합 DNA 지표 시스템(Combined DNA Index System, CODIS)
몰로니 쥐 백혈병 바이러스(Moloney murine leukemia virus, MLV)
필드(field)
합리적 약물 설계(rational drug design)
황금쌀(golden rice)

통찰과 해법

1. DNA 지문인식에 사용되는 탐침자들은 하나의 좌위에서 얻기도 하고 여러 좌위에서 얻을 수도 있다. 두 가지의 다중 좌위 탐침자들(multiple loci probes)–염색체 1번의 소부수체 좌위(1cen-q24)와 염색체 7번(7q31.3)에서 유래한 것–이 형사 문제나 민사 문제에 널리 사용되어 왔다. 이들 탐침자는 매우 개인적인 지문들을 생산하기 때문에 널리 사용되는데 지난 몇 년 동안 수천 건의 생부를 결정하는 데 사용되어 왔다. 엄마(M), 잠정적인 아빠(F), 그리고 아이(C)에 대한 그림의 DNA 지문 결과는 앞서 말한 탐침자들을 이용하여 만든 것이다. 보이는 바와 같이 이 아이는 6개의 엄마쪽 밴드를 가지며 10개의 아빠쪽 밴드 그리고 6개의 밴드에서는 엄마와 아빠라고 생각되는 사람의 서열을 공유한다. 이 지문에 기초하여, 검사된 이 남자가 이 아이의 아버지라고 결론지을 수 있을까?

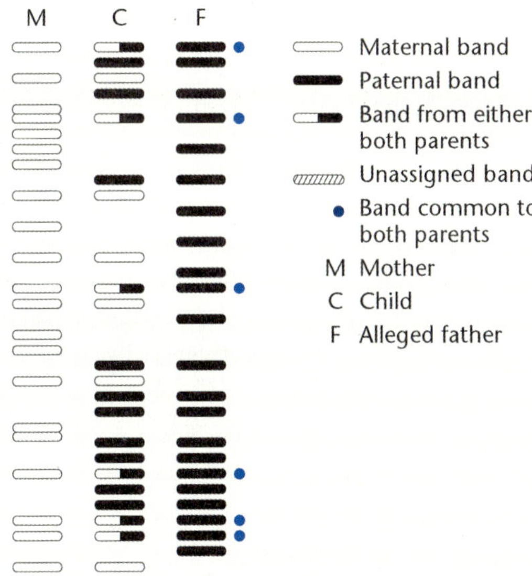

해법: 아이에서 존재하는 모든 밴드들이 어머니나 아버지로부터 온 것으로 지정될 수 있다. 다시 말해, 이 아이 DNA 지문에서 엄마에는 없는 밴드가 아빠에 존재한다. 아버지와 아이가 11개의 밴드를 공유하고, 아이는 출처를 알 수 없는 어떠한 밴드도 가지지 않기 때문에 여기서의 생부는 확실히 결정될 수 있다. 사실상 검사된 이 남자가 아버지가 아닐 확률은 10^{-13} 수준이다.

2. 엄마와 주장되는 아버지, 그리고 아이의 지문이 다음과 같다. 아이는 8개의 모계쪽 밴드, 15개의 부계쪽 밴드, 그리고 6개의 공통 밴드를 가진다. 그리고 엄마뿐 아니라 아빠임을 주장하는 사람과도 다른 1개의 밴드를 가진다. 이 마지막 밴드에 대해서 가능한 설명은 밴드 패턴에 대한 여러분의 분석을 바탕으로 어떠한 설명이 가장 가능할 것인가?

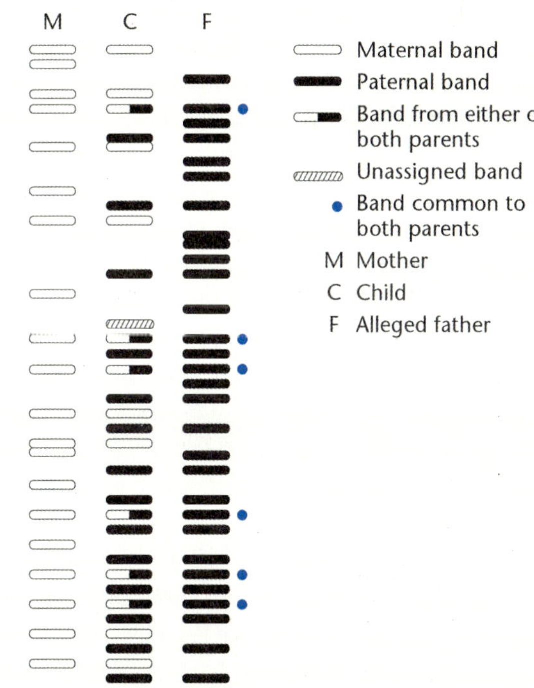

해법: 이 경우에서는 아이에서 발견되는 하나의 밴드가 양쪽 부모의 어느 쪽에서도 규명되지 않는다. 이러한 발견에 대해 두 가지 설명이 가능하다. 아이가 그 하나의 밴드에 대해 돌연변이를 가졌거나, 검사된 남자가 아버지가 아닌 것으로 볼 수 있다. 생부의 가능성 추정에서는, 해석된 밴드의 수(n)의 평균이 결정되고, 개인 A의 한 밴드가 전혀 상관없는 개인 B의 밴드와 맞을 확률(x)이 계산된다. 이 경우에서는 아버지와 아이가 14개의 밴드를 공유하고, 검사된 남자가 아버지가 아닐 확률이 매우 낮다(10^{-7} 이하). 결과적으로 가장 가능한 설명은 아이가 이 한 밴드에 대해 돌연변이를 갖는 것이다. 사실상 염색체 1번과 7번의 소부수체 탐침자에 의해 1419건의 생부 찾기 사건들에서 아이의 한 밴드가 돌연변이였던 기록은 399건으로 약 28%를 차지했다.

3. HIV-1(인간면역결핍바이러스)에 의한 감염은 면역계의 세포

들을 파괴하고 결국 AIDS(후천성면역결핍증)의 증상을 초래한다. HIV는 CD4라고 알려진 세포 표면 수용체를 가지는 면역세포를 감염시켜 죽인다. gp120이라고 알려진 HIV 표면 단백질이 여분의 CD4 수용체에 결합하고 바이러스가 세포 안으로 들어오게 된다. 지금은 CD4 단백질을 암호화하는 유전자가 클로닝되었다. 어떻게 이 클론과 재조합 DNA 기법이 HIV 감염과의 전쟁에 사용될 수 있을까?

해법: HIV 감염과 싸우기 위해 *CD4* 유전자를 이용하는 몇 가지 방법들이 개발 중이다. 첫째로는 HIV 감염이 바이러스의 gp120 단백질과 CD4 단백질과의 상호작용에 기인하므로, 클론화된 *CD4* 유전자를 수용성 형태의 단백질(sCD4)을 생산할 수 있도록 변형하는 것이다. 이 생각은 만약 바이러스의 gp120 단백질이 여분의 sCD4와 결합한다면, 이들이 CD4 단백질에 결합하지 못하게 함으로써 HIV가 세포를 감염시키는 것을 막는다는 것이다. 세포 배양 실험에서의 연구는 sCD4가 효과적으로 HIV의 조직세포 감염을 방해할 수 있음을 시사한다. 그러나 HIV 양성인 사람에 대한 연구는 좀 실망스러운데, 아마도 실험실에서 사용된 HIV 계통이 이 감염된 개인에서 발견된 바이러스와 달랐기 때문일 것으로 보인다. HIV에 감염된 세포들은 gp120 단백질을 그들의 세포 표면에 나타낸다. 그러한 세포들을 죽이기 위한 두 번째 접근은 *CD4* 유전자를 세균성 독소 유전자와 융합시키는 것이다. 얻어진 융합 단백질은 gp120에 결합하는 CD4 부분과 감염된 세포를 죽이는 독소 부분을 가진다. 조직세포 실험에서, 융합 단백질은 HIV 감염 세포를 죽이며 비감염 세포들은 살 수 있었다. 연구자들은 약과 독소의 표적화 전달이 HIV 감염의 치료적 응용에도 사용될 수 있으리라 기대하고 있다.

연습문제 및 토론문제

1. 항원(콜레라 독소 같은)을 먹게 함으로써 질병에 대한 예방을 하려는 시도에서는, 항원이 소장의 세포에 도달하여야 한다. 이러한 방법의 잠재적 문제점은 무엇인가? 왜 흡수된 음식분자들은 면역계를 자극하지 않으며, 여러분은 먹은 음식물에 대해 알레르기를 일으키지 않는가?

2. 유전적으로 조작된 작물에 대한 주된 안전성 문제는, 알레르겐의 도입이나 숙주의 알레르겐 발현 수준이 바뀜으로써 알레르기를 일으킬 수 있다는 데 있다. 일반적인 알레르기 원인 단백질들은 6~7개의 아미노산들이 연결된 동일한 부분을 가지고 있기 때문에, 클레터와 파넨부르크(Kleter and Peijnenburg, 2002. *BMC Struct. Biol*. 2: 8)는 유전자 조작 작물에서의 가능한 알레르기 원인성을 조사하는 방법을 개발했다. 이들이 어떻게 이것을 수행했을까?

3. 미국에는 1,000마리 이상의 복제 가축들이 있다. 가까운 미래에는 복제 소나 그 자손(자연스럽게 태어난)에서 얻은 우유를 슈퍼마켓에서 살 수 있게 될 것이다. 이들 동물은 복제되었지만 유전자가 조작된 것은 아니며 이들은 일란성 쌍둥이와 다를 바 없다. 그러한 동물들이나 그 자손들에서 얻은 우유에 복제 소나 그 자손에서 얻은 것이라고 표시를 해야 할까? 이유는?

4. 소의 축산업에서 질병, 사망 그리고 경제적 손실을 일으키는 주된 이유 중 하나가 *Manheimia haemolytica* 때문인데, 이것은 소의 수송열(shipping fever; 소의 호흡기질환 중 하나)을 일으킨다. 면역원(immunogen)을 발현시키는 유전자 조작 식물을 이용하여 백신을 전달하는 방법은 가축에서 쇼크도 덜 일으키고 노동력도 절감할 수 있도록 한다. 먹는 백신을 개발하기 위한 초기 단계는 주입되는 항원 형태(보통 병원균의 부산물)가 시험 생물에서 항체를 만들 수 있도록 하는지를 판단하는 것이다. 아래의 표는 흰토끼풀에 클론화된 *M. haemolytica*의 독소에서, 유전자 조작 부분(Lkt)이 토끼에서 특정 항체를 발달시킬 수 있는지 그 능력을 조사한 것이다. (표는 Lee et al., 2001. *Infect. and Immunity* 69:5786-5793에서 변형함.) (a) 이 자료에서 어떠한 일반적 결론이 도출될 수 있겠는가? (b) 사용가능한 경구 백신의 개발이라는 점에서 본다면, 어떠한 일들이 남아 있겠는가?

주사된 면역원	혈청에서의 항체 생성
Lkt50*-생리식염수 추출	+
Lkt50-컬럼 추출	+
대조군(가짜) 주사	−
주사 전	−

*Lkt50은 소수성 부분이 없는 Lkt의 작은 부산물이다. +는 Lkt의 독성을 적어도 50% 중화시켰다는 뜻이고; −는 중화능력이 없었음을 나타낸다.

5. 글라이포세이트 저항성을 작물에 전달하는 과정을 간략히 설명하라. 이 형질이 작물에서 탈출하여 잡초를 글라포세이트 저항성으로 만들 수 있다고 생각하는가? 그 이유는 무엇인가?

6. 이제 어떤 한 유전자 산물을 이용한 촉진 치료가 승인되었다. 이것이 촉진 유전자 치료를 정당화시킬 수 있다고 생각하는가?

7. 재조합 아데노바이러스는 류마티스 관절염과 골관절염에 대한 유전자 치료의 효능을 결정하기 위한 많은 전임상 연구에 사용되어 왔다. 유전자는 요구되는 시기에 조직으로 주입되었다. 크리스토퍼 에반스와 그 동료들(Christopher Evans et al., 2001. *Arthrits Res*. 3: 142-146)은 모든 인간 유전자 치료의 20% 정도가 유전자 전달에 아데노바이러스를 사용하는 것으로 추정하고 있다. 1999년 아데노바이러스 벡터를 주입받은 후에 환자가 사망한 것은 큰 우려를 불러일으켰다. 인간의 질병에 사용되는 치료 전달 매체로서 바이러스 벡터를 사용하는 것에 대해 생각할 때, 어떤 요인이 가장 큰 걱정거리라고 생각하는가?

8. 체세포 유전자 치료, 생식세포 유전자 치료, 촉진 유전자 치료에 대해 정의를 내려보라. 현재 어느 것이 사용되고 있는가?

9. 형질도입 표적화(transductional targeting)는 인간의 질병을 위한 치료제의 전달 경로를 일컫는다. 여기에는 바이러스 벡터와 조직 사이의 특수한 조직 특이적 상호작용을 개발하는 것을 포함한다. 포나자간과 동료들(Ponnazhagan et al., 2002. *J. Virol*. 76:12, 900-07)에 의해 시도된 유전적 접근은 아데노-연관 바이러스(2형) 벡터의 캡시드를 조작하여 특정 인간세포를 표적화할 수 있도록 한 것이다. 비유전적 접근 역시 가능하다. 캡시드 변

형이란 유전적 접근과 관련된 문제점은 무엇이며, 형질도입 표적화를 위한 비유전적 접근에는 어떤 문제가 있겠는지 생각해 보라.

10. 1990년 이후로 안전한 유전자 치료 벡터를 개발하는 것이 하나의 목적이 되어 왔다. SV40와 같은 바이러스에 기초한 벡터들과 연관된 다양한 문제들 중에서 p53, 망막암 단백질(pRB) 등과 같은 유전자 산물들과 결합하여 이들 단백질의 기능을 불활성화시켜 세포를 전환시키는 성질이 언급된다. 쿠퍼와 동료들(Mark Cooper et al., 1997, *Proc. Nat. Acad. Sci. (USA)* 94: 6450-6455)은 p53이나 pRB 등과 결합능이 없는 SV40에 기초한 벡터를 개발했다. 특별히 p53, pRB 등의 연관 단백질들을 불활성화시키지 못하도록 한 이유는 무엇인가?

11. 인간의 유전질환에 대한 유전자 치료는 인간의 정상 유전자 사본을 벡터에 넣고 그 벡터를 사용하여 표적조직에 클론화된 유전자를 전달하도록 한다. 그러면 유전자는 표적조직으로 들어가 활성화되고, 유전자 산물은 증상을 개선시킬 것이다. (a) 왜 근이영양증과 같은 질병들은 유전자 치료에 의한 처방이 어려운 것일까? (b) 벡터로 레트로바이러스를 사용하는 것의 잠재적 문제점은 무엇인가? (c) 유전자 치료에 체세포 대신 생식세포를 사용하여야 할까? 이러한 접근과 관련된 잠재적 윤리 문제는 무엇인가?

12. 인간 유전체 서열화와 마이크로어레이 기술의 발달은 정상세포와 비정상적 세포 행동에 대한 이해를 높여주었다. 유방암에 대한 마이크로어레이 기술의 적용을 다룬 한 논문(2001. *Breast Can. Res* 3:158-175)에서, 쿠퍼(Cooper)는 "이러한 연구의 자료들은 암 진단을 혁신할 수 있을 것이다"고 했다. (a) 마이크로어레이 기술이란 무엇인가? (b) 이 기술이 어떠한 방법으로 암에 대한 우리의 이해를 혁신할 수 있겠는가?

13. DNA 프로파일링에 VNTR 대신 STR을 사용하는 것의 이점은?

14. 물리적 지도와 클론화된 서열을 생산하는 데 있어 사람을 포함한 다른 생물들은 제공하지 못하지만 초파리는 제공할 수 있는 이점은 무엇인가?

15. 여러분이 낭포성 섬유증을 일으키는 가장 주된 돌연변이인 *Δ508*과 그 다음으로 빈번한 6가지의 돌연변이를 검사해 낼 수 있는 방법을 개발했다고 가정해 보자. 이 질병에 대해 집단을 검색하는데 이 방법을 사용하기에 앞서 무엇을 고려해야만 할까?

16. 유럽인 조상을 가진 한 부부가 임신 전에 유전 상담을 받기를 원하고 있다. 그 이유는 남편 가계에서 낭포성 섬유증(CF) 가족력이 있기 때문이었다. 두 사람의 CF에 대한 ASO 검사 결과 남편은 *Δ508* 돌연변이에 이형접합성이었고, 부인은 *R117* 돌연변이에 이형접합성이었다. 여러분이 이들의 유전 상담원이라고 가정하자. 만나보니, 그들은 자신이 서로 다른 돌연변이를 가지고 있으므로 절대로 병에 걸린 아기를 갖지는 않을 것이며, 두 돌연변이에 동형접합성인 아이를 가지지는 않으리라 확신하고 있었다. 그들에게 여러분이 해줄 말은 어떤 것이겠는가?

17. 우성 돌연변이는 한 유전자의 활성이나 그 유전자의 산물이 증가하는가 혹은 감소하는가에 따라 분류될 수 있다. 기능상실 돌연변이(유전자 산물을 불활성화시키는 돌연변이)는 보통 열성이기는 하지만, 어떤 유전자들의 경우에는 정상 대립인자 하나에서 나오는 정도의 유전자 산물로는 정상적인 표현형을 만드는 것이 불충분할 수 있다. 이런 경우, 유전자의 기능상실 돌연변이는 우성이 되고, 그 유전자는 반불충분성(haploinsufficient)이라고 불린다. 두 번째 우성 돌연변이는 기능획득 돌연변이로, 유전자나 유전자 산물의 활성을 증가시킨다. 현재 임상 시도에서 사용되고 있는 유전자 치료는 체세포에 정상 유전자 사본을 "추가"시키는 것이다. 다시 말해, 정상 유전자 사본이 돌연변이 체세포의 유전체에 삽입되지만, 그 돌연변이 사본 유전자가 제거되거나 대체되지는 않는다. 이러한 전략은 앞서 언급한 우성 돌연변이들 중 어느 것에 효과를 나타내겠는가?

18. 대부분의 재조합 인간 단백질들이 세균 숙주세포가 아니라 동물이나 식물 세포에서 생산되는 이유는 무엇인가?

19. β-글로빈 유전자의 겸상 적혈구 빈혈증 돌연변이 자리 주위의 DNA 서열은 정상 유전자와 돌연변이 유전자에서 다음과 같다.

5′-GACTCCTGAGGAGAAGT-3′
3′-CTGAGGACTCCTCTTCA-5′
Normal DNA

5′-GACTCCTGTGGAGAAGT-3′
3′-CTGAGGACACCTCTTCA-5′
Sickle-cell DNA

이 두 형태의 DNA를 변성시켜 단일가닥으로 만든 후 필터에 부착시켰다. 그리고 이들 두 점을 가진 필터를 다음과 같은 서열의 ASO와 혼성화시켰다.

5′-GACTTCCTGAGGAGAAGT-3′

만약 혼성화가 발생했다면 어떤 점에 이 탐침자가 결합했을까?

20. 혈우병의 한 형태인 X-연관 혈액응고질환은 혈액응고요소인 VIII의 돌연변이에 의해 유발된다. 서던 블로팅에 의해 돌연변이 유전자들의 추적이 이루어져 이 유전자에서 많은 단일 뉴클

레오티드 돌연변이가 밝혀졌다. 그러나 응고 요소 VIII 유전자의 인트론 내에 포함되어 있는 효소 *Hin*dIII에 대한 RFLP가 종종 검사에 사용될 수 있는데, 다음과 같다.

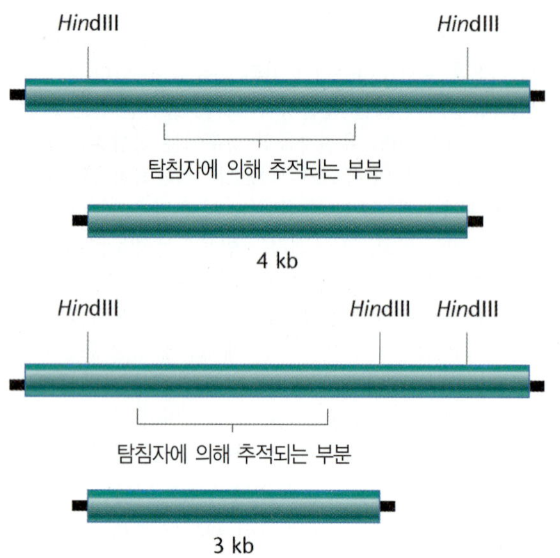

혈우병을 앓는 남자 형제를 가진 한 여자가 이 질병의 보인자일 확률이 50%이다. 그녀의 상태를 검사하기 위해, 그녀의 가족 구성원들로부터 얻어진 백혈구 세포에서 DNA를 추출하여 *Hin*dIII로 자르고 서던 블로팅 하였다. 결과는 다음과 같다. 아래 결과를 이용하여 II세대에서 어느 여자들이 혈우병 보인자인지 결정하여라.

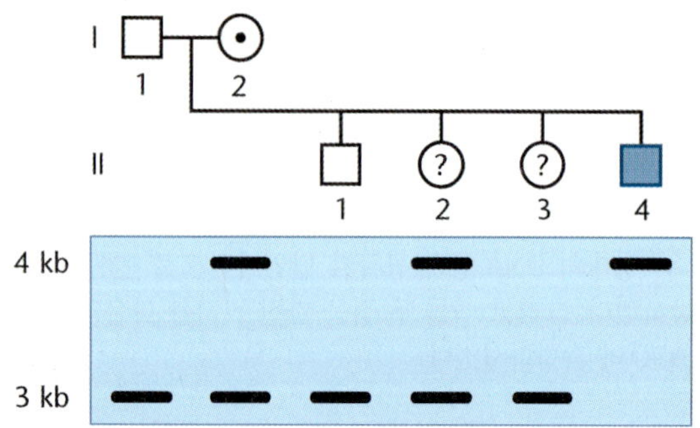

21. 인간의 인슐린 유전자는 인트론들을 포함하고 있다. 세균세포들은 mRNA로부터 인트론들을 제거할 수 없기 때문에, 이러한 유전자들이 인슐린을 생산하도록 하기 위해서는 어떻게 세균세포로 클로닝되어야 할까?

22. 토끼의 β-글로빈 유전자가 주입된 쥐에서 이 토끼 유전자는 이자, 뇌, 그리고 신장 등의 조직을 포함한 많은 수의 조직에서 활성적이다. 게다가 몇몇 쥐들은 α-와 β-글로빈의 생산 조절에서의 불균형으로 유발된 탈라세미아를 앓고 있었다. 이러한 결과로 증명되는 유전자 치료와 관련한 문제점들은 무엇인가?

23. 유전자 검색이 일반화되면, 의료기록들은 그러한 검사 결과들을 포함하게 될 것이다. 이러한 정보에 접근할 수 있는 사람은 누구여야 하겠는가? 고용주 혹은 미래 고용주가 될 사람 혹은 보험회사들이 이러한 정보를 얻을 수 있도록 허락되어야 할까? 정부가 국민들의 유전체 검색 결과를 포함하고 있는 중앙 정보 센터를 설립하고 관리하도록 하는데 있어 여러분은 찬성인가, 혹은 반대입장인가?

24. 사람의 유전자에서 점돌연변이를 추적하는 방법으로 제한효소 자리의 차이를 이용하는 데 있어서의 한계점은 무엇인가?

25. 여러분이 한 부부에 대한 산전 유전자 검사를 지원하도록 요청받았다고 하자. 그 부부는 모두 β-탈라세미아를 일으킬 수 있는 β-글로빈 유전자 결실을 가진 보인자들로 밝혀졌다. 그 부부는 이미 환자도 아니고 보인자도 아닌 아이를 낳았다. 아내는 현재 임신 중이며, 부부는 태아의 상태에 대해 알고 싶어 한다. 여러분은 양수검사로부터 태아의 DNA를, 그리고 가족들의 혈액으로부터 그들의 DNA를 얻었다. 결실에 대한 탐침자를 사용하여 다음과 같은 블롯 결과를 얻었다고 하자. 태아는 영향을 받았는가? β-글로빈 유전자에 대한 태아의 유전자형은 무엇인가?

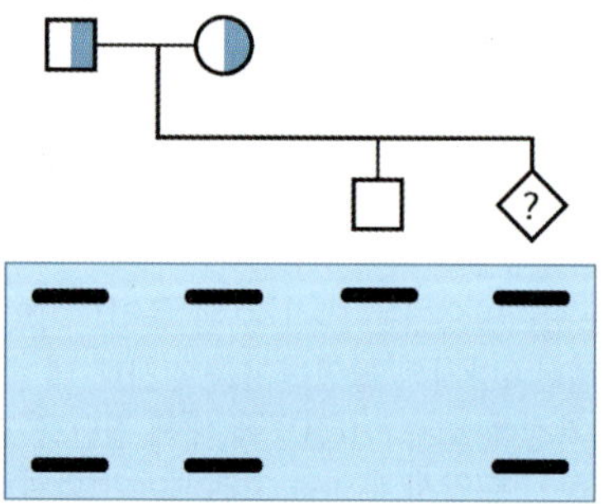

정답 Solutions to Problems and Discussion Questions

2. Kleter와 Peijnenburg는 **http://www.ncbi.nlm.nih.gov/BLAST** 웹사이트의 BLAST 도구들을 이용하여 알레르기를 일으키는 단백질의 유전자 조작 서열들을 비교하였다. 조사된 33가지의 유전자 조작 단백질들 중 22개가 알레르기성 단백질에서 발견되는 아미노산들 중 적어도 6개를 연속해서 가지고 있음을 발견했다.

4. (a) 식염수와 Lkt50 추출물 모두 토끼에 주사했을 때 적어도 50%의 독성 중화효과를 나타냈다. (b) 먹는 백신 개발에 성공하기 위해서는 많은 장애를 극복해야 한다. 우선, 면역원이 안정적으로 숙주 식물의 유전물질에 통합되어야 하고, 숙주는 오직 그 면역원만 발현시켜야 한다. 섭취과정 중에는, 그 면역원이 그대로 장세포벽을 이동하거나 혹은 바람직한 면역반응을 촉발할 수 있는 방식으로 변해 이동해야 한다. 유전자 조작에 의해 잠정적으로 해로운 부산물이 생기지 않는다는 확신도 필요하다. 즉, 광범위한 생태학적, 환경적 문제점이 다루어져 유전자 조작 식물이 의도치 않게 그 식물을 직간접적으로 섭취하는 생물이나 환경에 해를 입히지 않도록 해야 한다.

6. 유전자 산물을 이용한 촉진 치료는 유전체의 변화를 일으키지 않고도 현대 생명공학을 응용함으로써 이득을 취하는 것이다. 그러나 촉진 유전자 치료는 다양한 윤리 문제를 일으킨다. 인간의 능력을 증대시키려고 하는 기관이나 개인에 어떠한 제재가 부과될 수 있는가? 어떠한 능력들이 촉진 혹은 개선되어도 좋은가? 유전자 치료라고 해서 의학적, 윤리적 위험이 없는 것은 아니다.

8. 체세포 유전자 치료는 비생식성 세포들에서 유전물질을 변화시키는 것이다. 현재 임상 시도가 이루어지고 있다. 생식세포 유전자 치료는 더 효율적이긴 해도(물론 기술적으로는 더 어려울 수 있다) 생식세포를 변화시켜 자손으로 유전자를 전달시킨다. 생식세포 치료에는 상당한 윤리적 문제들이 연관되어 있다. 이것은 앞서 선택적 혼인으로 인간의 계통을 정화시키려 했던 우생학 운동을 생각나게 한다. 현대의 일부 생물학자들은 생식세포 유전자 치료가 시도되어서는 안된다고 공식적으로 언급해 왔다.

10. p53과 pRB는 종양 억제 단백질이며 세포가 세포주기를 효과적으로 감시하는 데 필요한 것이다. 이들의 활성 감소는 정상적인 세포주기 조절을 미약하게 하여 암을 일으킬 수 있다.

12. (a) 마이크로어레이는 정렬되어 배열된 DNA 시료를 포함하고 있는 고형 지지물이다. 전형적인 어레이 하나는 수천 개의 DNA 점들을 포함하는데 이 점들은 올리고뉴클레오티드, cDNA, 혹은 짧은 유전체 서열들이다. 표지된 서열들이 표준 염기쌍 형성에 의해 부착된 DNA에 혼성화된다. 이러한 기술들로 어떤 세포 집단들에서도 수천 개 유전자들의 RNA 발현 수준을 모니터링할 수 있게 되었다.
(b) 마이크로어레이 기술을 사용하여 연구자들은 암에서와 정상 세포들에서 전체적인 유전체 양상을 관찰함으로써 다양한 조건 하에서 어떤 유전자가 활성이고 어떤 유전자가 불활성인지를 결정할 수 있게 되었다. 유전자 발현이나 활성 소실을 확인함으로써 각 종양 형태의 성질들을 규명하는 것도 가능하다. 이러한 응용은 정확한 진단을 가능하게 하며 치료법을 정교하게 한다. 그리고 마이크로어레이 프로파일링은 특정 치료의 효율성을 결정하는 데도 사용될 수 있다.

14. 초파리(*Drosophila*)는 그 유전학이 잘 연구된 독특한 실험생물이다. 매우 쉽게 배양되고 유전적 조작이 용이하며, 다사염색체라는 독특한 염색체를 가지고 있어서 유전자의 시각적 표시가 가능하다. 표지자(서열 표지 부위)와 같이 이용하면 가시적인 표식 부위(염색립)와 조작의 용이성 때문에 연구자는 중요한 유전자들이 염색체의 어느 부분에 위치하는지 실제로 볼 수 있다. 또한 초파리들은 P인자를 가지고 있으므로 유전체에 삽입되는 서열 표식자로 이용할 수 있다. 염색체의 미세 해부 역시 서열화를 위한 특수 클론들을 개발하는 데 유용하게 사용된다. 그리고 제자리 혼성화 기법이 개발되어 생물의 모든 조직에서 유전자 활성의 분포를 결정할 수도 있다.

16. 양쪽 부모가 이형접합성이므로 각 아이는 CF를 발달시킬 확률이 25%로 태어날 것이다.

18. 일반적으로, 세균은 진핵성 단백질을 진핵세포와 같은 방식으로 처리하지 못한다. 유전자 조작 진핵세포들이 진핵성 단백질을 올바르게 만들어낼 가능성이 높으므로 그들의 정상적인 생물학적 활성이 나타날 가능성 역시 증가한다.

20. 여기에 제공된 답은 I-2가 보인자이고, 그 아들인 II-4가 질병을 가졌다는 조건에 기초한 것이다. 3 kb 단편은 정상적인 아버지인 I-1과 정상인 아들 II-1에서 나타난다. 병에 걸린 아들인 II-4는 4 kb 단편을 가진다. 딸인 II-2는 보인자이고 또 다른 딸인 II-3은 보인자가 아니다.

22. 첫 번째 문제는 도입된 DNA가 표적 조직의 유전체에서 표적 부위에 도달하도록 하는 것이다. 부적절한 통합은 심각한 문제를 일으킬 수 있다. 그리고 도입된 DNA의 산물을 조절하는 것도 어렵다고 한다. 유전적 조절은 복잡하고, 상류와 하류의 산호를 포함하여 다양한 전사후 공정과정 등에 영향을 받는다. 그러한 요인들을 인위적으로 제어하는 것은 매우 어렵다.

24. 제한효소분석을 사용하여 인간에서 점돌연변이를 추적하는 것은 매우 지루하고 시행착오적인 과정이다. 인간의 유전체 염기서열의 크기와 상대적으로 적은 수의 제한효소 부위를 감안하면, 특정 점돌연변이가 특정 유전자에서 다른 정상 서열 변이를 구분할 수 있는 확률은 매우 낮다.

CHAPTER

20 유전자와 발생

네 개의 날개가 달린 이 특이한 초파리는 호메오틱 돌연변이의 결과로 여분의 날개를 한 세트 더 발생시킨 것이다

단원 개념

- 발생에서의 유전자 작용은 선별된 유전자의 차별적 발현에 기초한다.
- 동물들은 소수의 신호전달 시스템과 조절 네트워크를 이용하여 접합자로부터 성체의 신체 구조를 형성한다. 이들은 인간 발생을 연구하는 데 동물 모델의 사용을 가능하게 하는 특성들을 공유한다.
- 분화는 발생운명의 특수화와 결정에 따른 순차적인 유전자 작용에 의해 조절된다.
- 식물들은 동물들과 마찬가지로 독립적인 발생 기작을 진화시켰다.
- 많은 생물들에서, 세포-세포 신호전달 작용은 근처의 세포와 멀리 떨어져 있는 세포들의 발생 운명들을 프로그램한다.

표 20.1 초파리의 체절화 유전자들

Gap Genes	Pair-Rule Genes	Segment Polarity Genes
Krüppel	*hairy*	*engrailed*
knirps	*even-skipped*	*wingless*
hunchback	*runt*	*cubitis interruptus*[D]
giant	*fushi-tarazu*	*hedgehog*
tailless	*odd-paired*	*fused*
buckebein	*odd-skipped*	*armadillo*
caudal	*sloppy-paired*	*patched*
		gooseberry
		paired
		naked
		disheveled

배아의 체절 패턴에 있어 커다란 틈이 생긴다. *hunchback* 돌연변이들은 머리와 가슴의 구조를 잃어버리고, *Krüppel* 돌연변이는 가슴과 복부의 구조들을 잃으며, *knirps* 돌연변이는 대부분의 복부 구조를 형성하지 못한다. Gap 유전자 전사는 배를 일련의 넓은 구역들(대강 머리, 가슴, 배)로 나눈다. 이러한 구역 내에서 유전자 발현의 또 다른 조합이 결국 유충, 번데기, 그리고 성체의 체절들을 올바른 순서대로 형성하도록 하는 것이다. 배에서 gap 유전자들의 발현은 다른 돌연변이 표현형들: 즉 앞쪽의 *hunchback*, 중간의 *Krüppel*(그림 20-6), 그리고 뒤쪽의 *knirps*와 거의 일치하는 것으로 보인다. Gap 유전자들은 pair-rule 유전자들의 발현을 조절하는 전사인자를 암호화한다.

Pair-Rule 유전자

Pair-rule 유전자는 gap 유전자들에 의해 형성된 머리-가슴-배 영역을 약 두 체절 넓이로 나눈다. Pair-rule 유전자들에서의 돌연변이는 한 체절 건너 하나씩의 체절들을 없애버린다. Pair-rule 유전자의 발현은 원통형의 배아 주위로 퍼져 나간 세포핵들로 이루어진 띠, 혹은 좁은 줄무늬로 나타난다. 이들 유전자 세트의 발현은 처음에는 체절의 경계를 확립시키고, 다음에는 체절 극성 유전자들을 조절함으로써 각 체절내 세포들의 발생 운명을 결정한다. 적어도 8개의 pair-rule 유전자가 일련의 띠 모양으로 배아를 나누도록 활동한다. 그러나 이들 띠의 경계들은 중첩되어 있으며, 이것은 곧 이 띠들 내의 세포들이, 겹쳐지는 양식으로, 서로 다른 조합의 pair-rule 유전자 조합을 나타내는 것임을 뜻한다(그림 20-7). Pair-rule 유전자들의 전사는 gap 유전자 산물과 모계 유전자 산물의 활동에 의해 매개되지만, 그들의 패턴은 pair-rule 유전자 스스로의 산물들 사이에서 나타나는 상호작용에 의한 매우 선명한 줄무늬들로 나뉜다(그림 20-8). 모든 gap 유전자들은 전사인자들을 암호화한다.

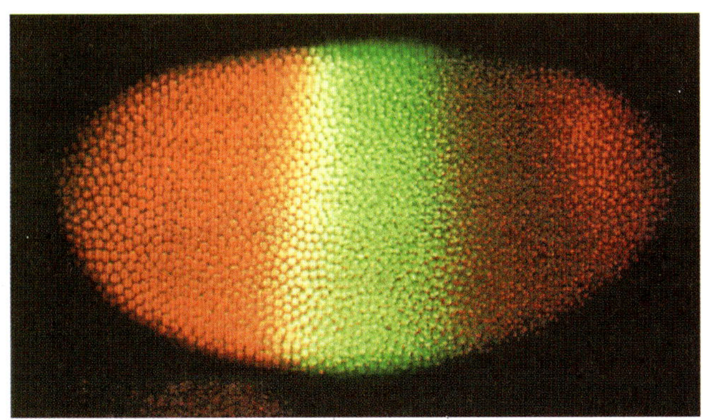

그림 20-6 초파리의 배아에서 나타나는 여러 가지 gap 유전자들의 발현. hunchback 단백질은 오렌지색으로, Krüppel 유전자는 녹색으로 나타나 있다. 세포가 hunchback과 Krüppel 단백질들을 모두 가질 때 노란색의 띠가 형성된다. 배아의 각 점은 세포의 핵이다.

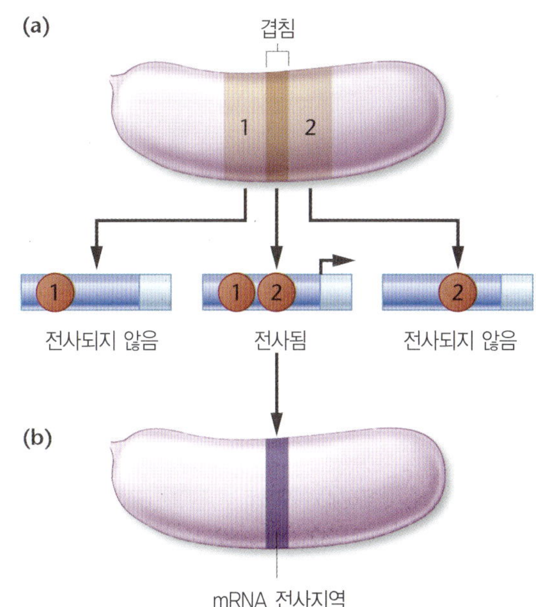

그림 20-7 유전자 산물들을 포함하는 겹침 부분에 의해 새로운 형태의 유전자 발현 패턴이 생길 수 있다. (a) 전사인자 1과 2는 발현의 겹침 부분에 존재한다. 두 전사인자가 표적 유전자의 발현을 시작하게 하는 프로모터 부위에 결합해야 하는 경우에 이 유전자는 두 인자를 포함한 세포에서만(겹치는 부분) 활성화될 것이다. (b) 배아의 제한된 지역에서의 표적 유전자의 발현.

Segment Polarity 유전자

Segment polarity 유전자의 발현은 pair-rule 유전자에 의해 암호화되는 전사인자에 의해 조절된다. 각 segment polarity 유전자들은 하나하나의 체절 내에서 배아의 주위로 퍼져 있는 한 줄의 세포들로 이루어진 띠 모양으로 활성화된다(그림 20-9). 이러한 발현 패턴은 배아를 14개의 체절로 나누며, 유전자 산물은 각 체절 내 세포들의 정체성을 조절한다.

인간과 생쥐에서의 체절화 유전자

초파리에서의 체절 형성은, 체절화 유전자들의 세 가지 하위 유전자 세트들의 활동에 의존한다. 이들과 같은 유전자가 인간 및 다른 포유동물에서도 발견될까? 그리고 이 유전자들이 이들 생물체에서의 배발생을 조절할까? 이러한 질문에 답하기 위해, 초파리에서의 체절화 유전자 하나를 살펴보도록 하자. *runt*는 초파리의 주요 pair-rule 유전자 중 하나다. 그리고 발생 후기에 성별 결정과

(a)

(b)

그림 20-8 초파리 배아에서의 pair-rule 유전자 발현의 줄무늬 패턴. 이 배아는 *even-skipped*와 *fushi-tarazu* 유전자의 발현 패턴을 보여줄 수 있도록 염색되었다. 동일한 배를 저배율로 관찰한 것(a), 고배율로 관찰한 것(b).

파리의 신경계 형성을 조절한다. 이 유전자는 *runt*라고 불리는 단백질을 암호화하는데, 이것은 표적 유전자들의 전사를 조절한다. Runt는 128개의 아미노산으로 이루어진 DNA 결합 영역을 포함하는데, 이것은 인간과 생쥐의 단백질에서도 매우 보존되어 있으며 runt 도메인으로 불린다. 사실, 시험관 내에서의 실험들은 초파리와 쥐의 runt 단백질들이 기능적으로 별 차이가 없이 상호 전환이 가능함을 보여준다. 생쥐에서는, *runt*가 발생 초기에 발현되어 적혈구 생성과정, 골형성, 그리고 생식기 체계의 형성을 조절한다. 각 경우에서, 초파리나 생쥐에서 *runt*의 발현은 배에서 아직 운명이 결정되지 않은 세포를 특수화한다. 설명을 위해, 생쥐와 인간에서 뼈 형성을 조절하는 데 있어서의 runt 도메인 유전자의 역할을 살펴보기로 하자. *CBFA*는 *runt*의 인간형 상동 유전자인데, 돌연변이가 되면 두개 안면 이골증(cleidocranial dysplasia, CCD)이라는 상염색체성 우성 유전 형질을 유발한다. CCD에 걸린 사람들은 두개골의 천문이 닫히지 않아서 두개골 상단에 구멍이 생긴다. 그들의 쇄골은 발달이 안되어 가슴을 가로질러 어깨를 접을 수 있다(그림 20-10). *runt* 상동체 한 사본에 돌연변이를 가진 생쥐는 인

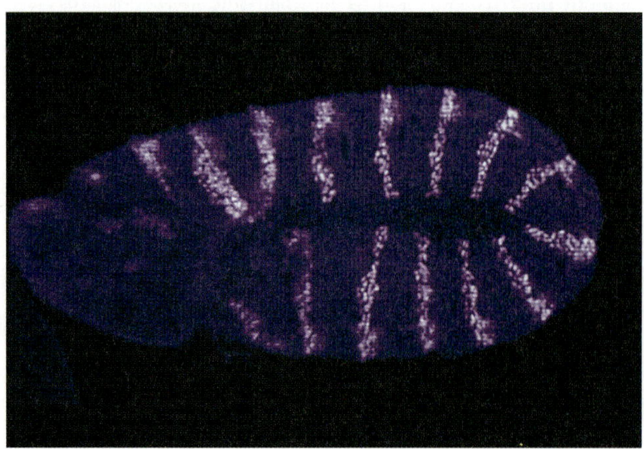

그림 20-9 초파리 배아에서 segment polarity 유전자인 *engrailed*의 발현으로 나타나는 14개의 줄무늬.

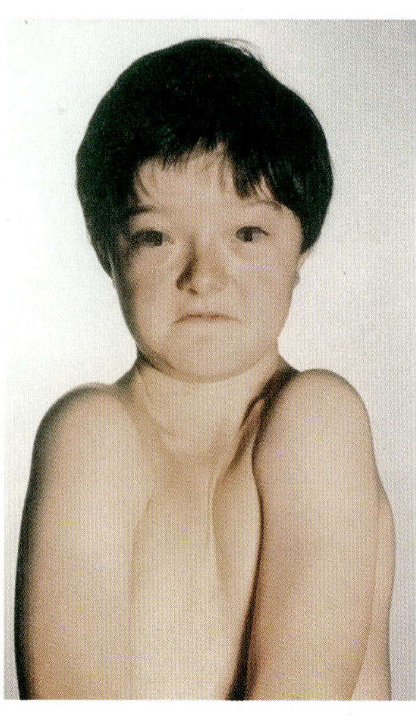

그림 20-10 두개 안면 이골증(CCD)에 걸린 소년. 이 질병은 상염색체성 우성 형질로 유전되며 인간의 *runt* 유전자인 *CBFA*에서 발생한 돌연변이에 기인한다. 영향을 받은 이형접합자들은 여러 가지의 골격 결함을 가지는데, 두개골 상단의 구멍은 신생아의 천문이 닫히지 않은 것 때문이고 쇄골은 발달하지 않거나 작은 흔적만 생긴다. 쇄골이 형성되지 않으므로, CCD 환자들은 그들의 어깨를 가슴 앞으로 접을 수 있다.
[Reprinted by permission from Macmillan Publishers Ltd.: Fig 1 on p244 from: British Dental Journal 195: 243-48 2003. Greenwood, M. and Meechan, J.G. "General medicine and surgery for dental practitioners." Copyright © Macmillan Magazines Limited]

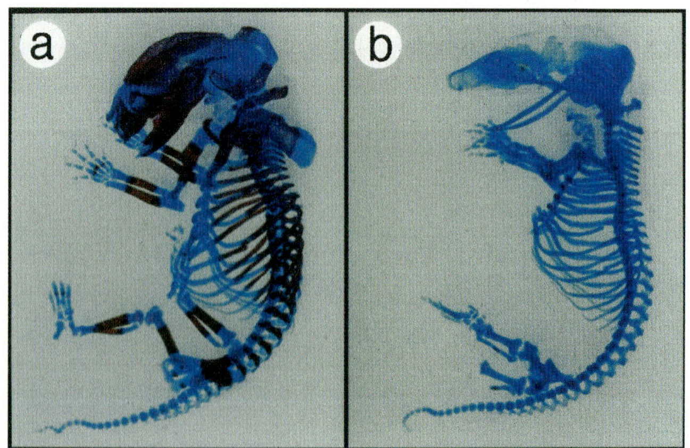

그림 20-11 생쥐에서의 *runt* 유전자인 *Cbfa1*가 정상인 쥐에서의 골격과 돌연변이인 쥐에서의 골격형성. (a) 17.5일 된 정상적인 생쥐 배아는 연골(푸른색)과 경골(갈색)을 모두 나타낸다. (b) 17.5일 된 동형접합성 돌연변이 배아의 골격. 골격에 연골만이 형성되어 있다. 돌연변이 생쥐에서는 경골의 형성이 전혀 나타나지 않는다. *Cbfa1*의 정상 사본이 발현되는 것은 뼈를 생산하는 조골세포의 발달을 결정하는 데 필수적이다.

간에서와 비슷한 표현형을 갖는다; 두 개의 돌연변이 사본을 가진 생쥐는 뼈가 아예 없다. 그들의 골격은 상어처럼 연골로만 이루어진다(그림 20-11). 이러한 사실은 뼈 형성을 조절하는 발달 스위치로서의 *runt* 유전자의 역할을 강조한다.

20.4 호메오틱 선별 유전자들은 성체의 부분을 지정한다

체절 경계들이 체절화 유전자들의 활동에 의해 확립됨에 따라, 호메오틱(그리스어의 "같다"에서 옴) 유전자들이 접합자 유전자들의 표적으로 활성화된다. 호메오틱 유전자들의 발현은 각 체절에 의해 성체의 어떠한 구조물이 형성될지를 결정한다. 초파리에서는 촉각(antennae), 구기(mouth part), 다리(legs), 날개(wings), 흉갑(thorax), 그리고 복부(abdomen) 등을 포함한 구조들이 결정된다. 이들 유전자의 돌연변이는, 한 체절의 정체성이 변형되어 이웃한 체절과 같아지므로, **호메오틱 돌연변이**(homeotic mutant)라고 불린다. 예를 들어, 촉수다리(*antennapedia, Antp*) 유전자의 야생형 대립인자는 두 번째 가슴부 체절(다리를 가짐) 내의 다리가 형성되도록 한다. 우성 기능 획득성 *Antp* 돌연변이(dominant gain of function *Antp* mutation)가 머리와 가슴에서 발현되면 돌연변이 초파리의 촉수가 가슴의 구조에 해당하는 정체성을 획득하게 되므로 다리를 형성하게 된다(그림 20-12).

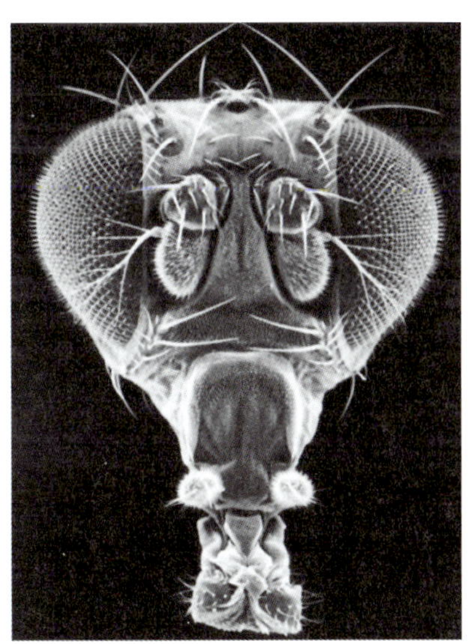
(a)

(b)

그림 20-12 초파리의 촉수다리(*Antennapedia, Antp*) 돌연변이. (a) 촉수와 기타 머리 부분을 나타내는 정상형 초파리의 머리. (b) 정상적인 촉각 구조물이 다리로 전환된 것을 보여주는 *Antp* 돌연변이의 머리 구조. 머리 부분의 *Antp* 유전자의 활성화에 의해 발생한다.

초파리의 *Hox* 유전자

초파리 유전체는 3번 염색체 상에 두 군(cluster)의 호메오틱 선별 유전자들(homeotic selector genes; *Hox* genes)을 포함하고 있다(표 20.2). 한 군은 촉수다리 복합체(Antennapedia complex, ANT-C)로, 다섯 개의 유전자를 포함하며 머리와 가슴의 처음 두 체절에 있는 구조물들을 지정한다[그림 20-13(a)]. 두 번째 군은 이중가슴 복합체(bithorax complex, BX-C)로, 두 번째 가슴 체절의 뒷부분, 3번째 가슴체절 전체, 그리고 복부 체절들에 의해 형성되는 구조를 지정하는 데 필요한 3개의 유전자를 포함한다[그림 20-13(b)].

(a)

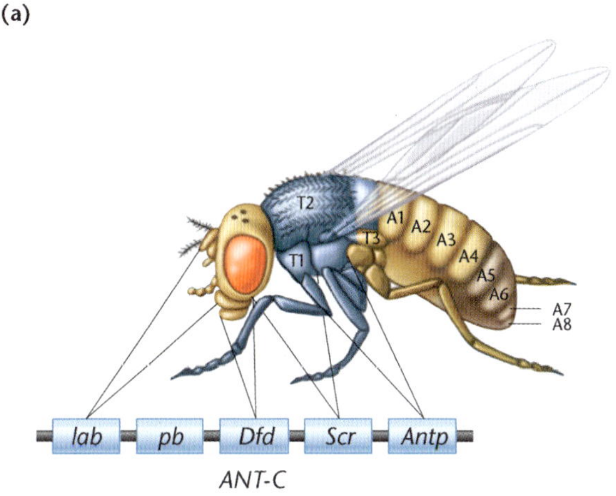

(b)

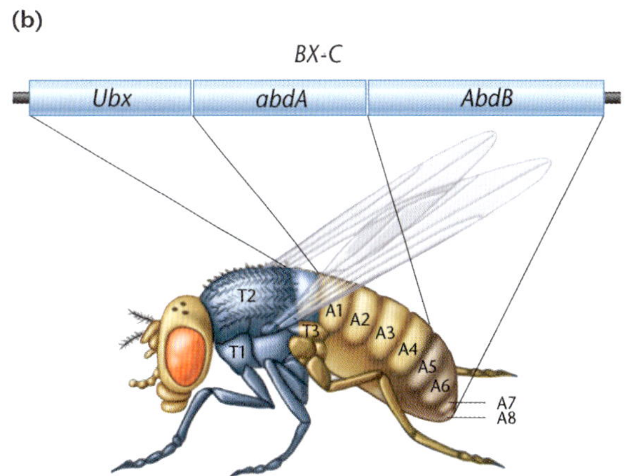

그림 20-13 (a) 촉수다리 복합체(*ANT-C*)의 유전자들과 이들이 지정하는 성체 구조들. *labial*(*lab*)와 *Deformed*(*Dfd*) 유전자들은 머리 분절들의 형성을 조절한다. *Sex comb reduced*(*Scr*)와 *Antennapedia*(*Antp*) 유전자들은 가슴 분절의 처음 두 개를 지정한다. 이 복합체에서 남은 유전자인 *proboscipedia*(*pb*)는 배발생 과정에서 활동하지 않으나 성체에서 분화된 상태를 유지하는 데 요구되는 것으로 생각된다. 돌연변이들에서는, 입술 부분이 다리로 전환된다. (b) *Bithorax* 복합체(*Bx-C*)의 유전자들과 이들이 지정하는 성체의 구조들. *Ultrabithorax*(*Ubx*)는 T2의 뒤쪽 구획과 T3의 구조들을 조절한다. 다른 두 유전자 *abdominal A*(*abdA*)와 *Abdominal B*(*AbdB*)는 8개의 복부 체절(A1–A8)의 정체성을 부여한다.

표 20.2 초파리의 *Hox* 유전자들

Antennapedia Complex	*Bithorax* Complex
labial	*Ultrabithorax*
Antennapedia	*abdominal A*
Sex combs reduced	*Abdominal B*
Deformed	
proboscipedia	

이 *Hox* 유전자들은 두 가지 공통적인 특징을 가진다. 첫째는, 표 20.2에 나열된 각 유전자가 **호메오박스**(homeobox)(*Hox* 는 이 homeobox의 축약형이다)라고 알려진 180 bp의 도메인을 포함하는 전사인자를 만든다는 것이다. 이 호메오박스는 **호메오도메인**(homeodomain)이라고 알려진 60개의 아미노산 서열을 만든다. 둘째, 유전자들의 발현이 공선적(colinear)이다. 유전자 뭉치의 3′ 말단에 있는 유전자들은 배아의 앞쪽에서 발현되고, 유전자 뭉치의 중간에 있는 유전자들은 배아의 중간, 그리고 유전자 뭉치의 5′ 말단에 있는 유전자들은 배아의 뒤쪽 부분에서 발현된다(그림 20-14). 비록 *Hox* 유전자들이 초파리에서 처음 발견된 것이긴 하지만, 이들은 얼룩물고기, 아프리카 발톱 개구리, 닭, 생쥐, 그리고 인간을 포함하여, 체절화된 체구성 계획을 가지는 대부분의 진핵생물 유전체에서 발견된다(그림 20-15).

요약하자면, 초파리에서의 발생을 조절하는 유전자들은 알과 초기 배아의 전-후 축(그리고 배-복 축)을 형성하는 유전자들과 함께 시작하여 시공간적으로 질서 있게 순서대로 작용한다. 전-후

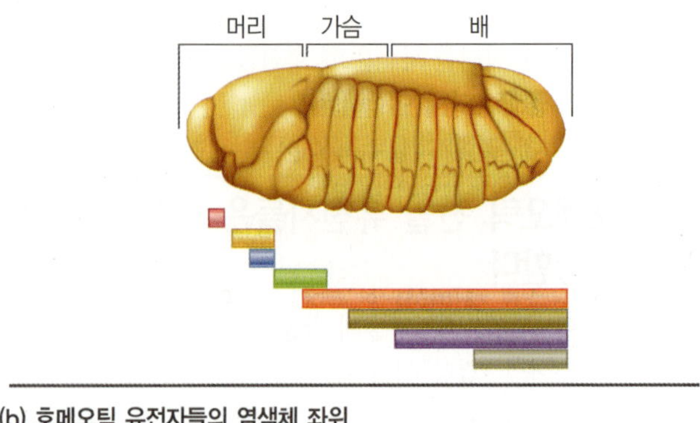

그림 20-14 초파리에서의 호메오틱 유전자들의 염색체상 위치와, 발현의 공간적 패턴 사이에 존재하는 공선적 관계. (a) 초파리 배아와, 배아 표피 및 신경계에서 호메오틱 유전자 발현의 영역들. (b) 호메오틱 유전자들의 염색체상의 위치. 염색체상 유전자들의 순서와 그들의 순차적 발현 영역 사이에 관계가 있음에 유의하라.

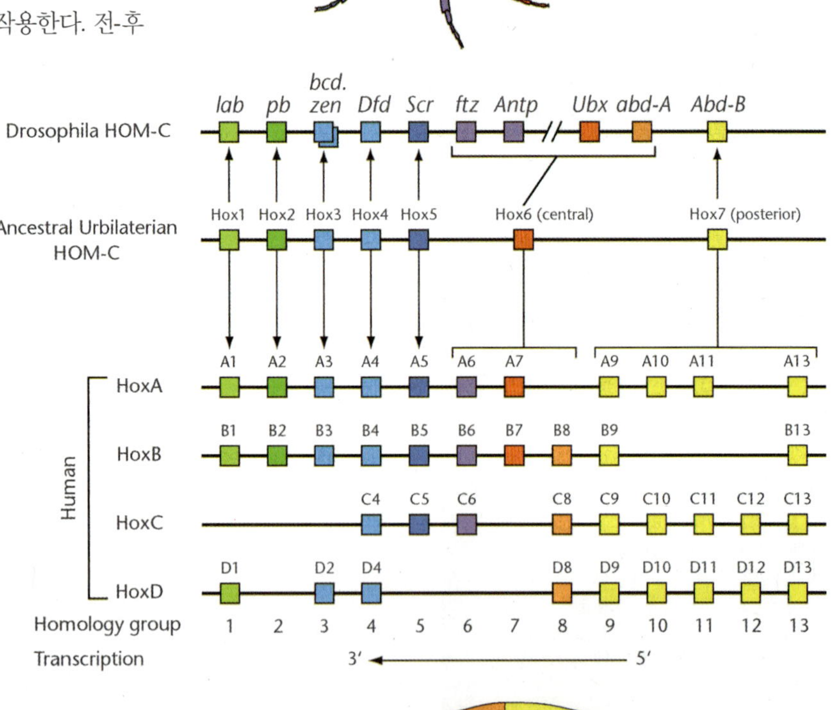

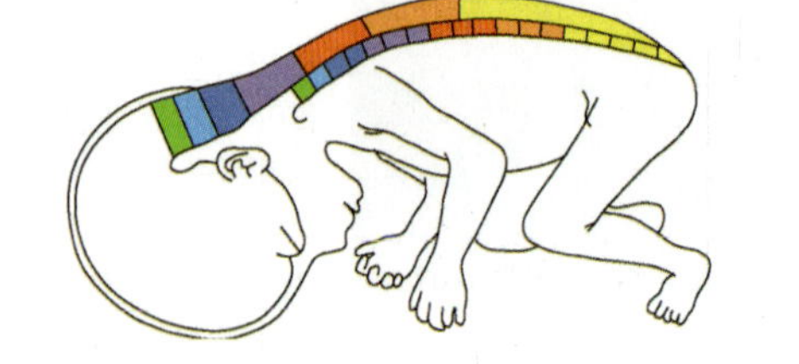

그림 20-15 *Hox* 유전자들의 구성과 발현 패턴에 있어서의 보존상태. (맨 위) 성체 초파리에서 형성되는 구조들이, 그들의 형성을 조절하는 *Hox* 유전자군의 구성원들에 해당되는 색깔대로 나타나 있다. (가운데) 좌우대칭 동물들의 공통조상에서 재구성된 *Hox* 유전자군은 7개의 유전자를 포함하고 있다. (아래) 초기 인간 배아에서 4개의 *Hox* 유전자군들의 구성과 발현 패턴. 뒤쪽 유전자들 중 일부는 사지에서 발현됨에 유의하라. 이 발현 패턴은 생쥐에서 관찰된 것으로부터 추측할 수 있다. 초파리에서처럼, 3′ 말단의 유전자들은 앞쪽 구조를 형성하고 5′ 말단의 유전자들은 뒤쪽 구조를 형성한다. 중복 때문에 조상서열과 동일한 상동성을 가지는 유전자들은 괄호로 표시되었다.

축을 따라 나타나는 모계 mRNA나 단백질들의 구배가 gap 유전자들을 활성화시키며 이것은 배아를 넓은 두 밴드로 나눈다. Gap 유전자들은 다시 pair-rule 유전자들을 활성화하고 이것이 배아를 체절들로 나눈다. 마지막 그룹의 체절화 유전자들인 segment polarity 유전자들은 각 체절들을 앞쪽과 뒤쪽 영역으로 나누어 앞에서부터 뒤쪽으로 차례로 배열시킨다. 체절들은 다시 *Hox* 유전자들에 의해 정체성이 결정된다. 따라서 초파리 배세포들에서의 이러한 발생 가능성의 점진적 제한은 전사, 번역, 그리고 신호전달에 영향을 미치는 조절 단백질과 함께 순차적 유전자 활동에 의한 것이다.

이 문제를 풀어보자

517페이지의 15번 문제는 서로 다른 유전적 배경을 가진 초파리 배아들에서 두 유전자들의 발현 패턴을 분석한 것을 보여준다. 여러분은 어느 유전자가 다른 것을 조절하는지 결정해야 한다.

힌트: 문제에서 발현 시간과 두 유전자의 조절 패턴에 대한 단서를 제공하는 것이 바로 유전적 배경이다.

Hox 유전자와 인간의 유전적 결함

비록 초파리에서 처음 설명된 것이긴 하지만, *Hox* 유전자들은 이들이 신체와 부속지의 형태 형성에 있어 기본적 역할을 하는 모든 동물들의 유전체에서 발견된다. 유전체 중복이 척추동물의 진화와 관련이 있으므로, 인간을 포함한 대부분의 사지동물들은 네 덩어리의 *Hox* 유전자군(*HOXA, HOXB, HOXC, HOXD*)을 가진다. 척추동물들에서, 서열의 보존, *Hox* 유전자군내 유전자들의 순서, 그리고 발현의 양상들은, 이들 유전자 세트가 사람과 초파리를 포함한 좌우대칭 동물들에서 전-후 축을 따라 생기는 구조들의 양상(그림 20-16)과, 부속지의 발달을 조절하는 기능을 맡고 있음을 제시한다. 이에 대한 증거들은 유전자군내 5′ 말단 근처에 있는 *HOXD* 유전자들이 사지 발달에 중요한 역할을 한다는 것을 보여준 생쥐와 닭에서의 돌연변이 연구들로부터 얻어진 것이다. 인간에서 *HOXD*의 이러한 기능은 몇몇 유전성 사지 기형들이 *HOXD* 유전자들의 특수한 돌연변이들에 의해 발생한다는 발견에 의해 확인되었다. 예를 들어, *HOXD13*에서의 돌연변이들은 합다지증(synpolydactyly, SPD)을 유발하는데, 여분의 손발가락이 더 생기는 손과 발뼈에서의 기형이 특징이다(그림 20-17).

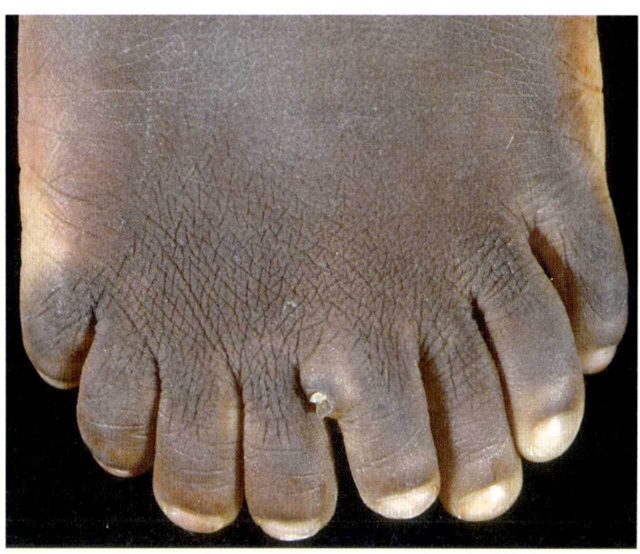

그림 20-17 사람에서의 후부 *Hox* 유전자들에서 생긴 돌연변이(이 경우는 *HOXD13*)는 그림에서처럼 여분의 발가락을 더 생기게 하는 등, 사지에서의 결함을 일으킨다. 이러한 조건은 합다지증(synpolydactyly)이라고 알려져 있다. *HOXD13*에서의 돌연변이는 손과 발에서의 기형과도 연관이 있다.

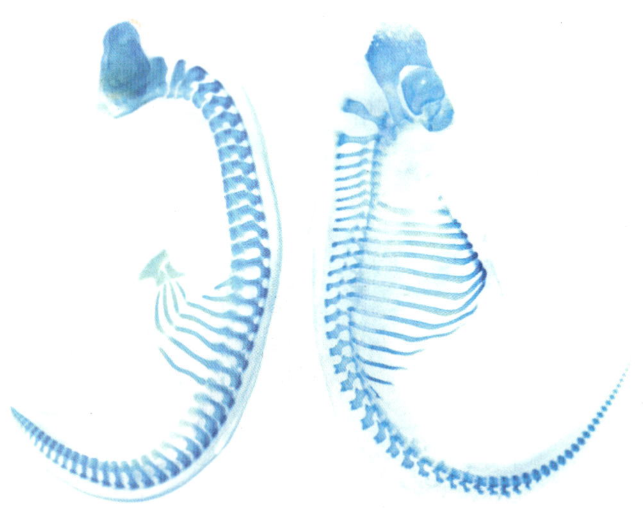

그림 20-16 *Hox* 유전자의 발현 양상은, 좌우대칭 동물들에서 종 특이적인 방식으로 전-후 축을 따라 구조물들이 생기는 것을 조절한다. 닭(왼쪽)과 생쥐(오른쪽)에서 동일한 *Hox* 유전자 세트의 발현은 시간과 공간에 따라 차별적으로 서로 다른 몸 형태들을 만들도록 계획되어 있다.

20.5 순차적 유전자 작용이 분화를 조절한다

Hox 유전자군 내의 호메오박스 유전자들에 더불어, 진핵생물의 유전체들 전체에 흩어져 있는 여러 다른 호메오박스 유전자 패밀리들이 존재한다. 이들 중 하나는 초파리의 *Distal-less*(*Dll*)로, 촉각, 구기, 다리, 그리고 날개 등을 포함한 부속지 발달에 중요한 역할을 한다. 이 유전자는 2번 염색체에 위치하며 전사인자를 암호화하고, 부속지 형성시 가장 먼저 발현되는 유전자 중 하나로 알려져 있다. 촉각에서는, 야생형의 *Dll* 대립인자 발현이 두 가지 역할을 한다: 세포를 다리가 아니라 촉각을 형성하도록 유도하고 촉각을 기부(몸체에 가까운 쪽)에서 말부(몸에서 먼 쪽)까지 특수화시킨다. *Dll*에서의 돌연변이들은 촉각을 다리로 변화시키거나 말단 구조가 사라진 짧은 다리들을 형성하는 것을 포함하여 넓은 범주의 표현형을 만든다.

촉각은 파리의 귀이면서 코다. 그리고 털과 3개의 촉각 분절을 포함하는 몇몇 요소로 이루어져 있다[그림 20-18(a)]. 털은 촉각의 첫째 마디와 둘째 마디를 통해 소리 파장을 촉각신경을 통해 뇌로 전달한다. 촉각의 세 번째 마디는 후각 수용체로 덮여 있다.

냄새에 의한 자극은 첫 두 촉각 분절과 뇌로 연결되어 있는 신경을 따라 뇌로 전달된다.

늦은 3령 유충과 초기 번데기에서 *Dll*의 발현[그림 20-18(b)]은 두 번째와 세 번째 촉각 마디와 촉각의 털에 제한되어 있으며, 이것은 분화와 관련된 순차적 유전자 발현의 첫 단계다. 유충에서 번데기로 바뀔 때, 5개의 유전자가 *Dll*에 의해 활성화되는데, 각각 체절패턴으로 발현된다[그림 20-18(c)]. 이들 유전자 중 네 개, *spalt*(*sal*), *spineless*(*ss*), *bric a brac* (*bab1*), 그리고 *aristaless*(*al*)가 전사인자를 암호화한다. 다섯 번째 유전자인 *dachshund*(*dac*)는 핵에 발현이 국한되는데 아직 기능이 알려지지 않은 단백질을 암호화한다. *Dll* 발현에 의해 활성화되는 유전자들은, 촉각 구조를 지정하고 분화시키기 위한 체절 특이적 유전자 발현을 차례로 시작하도록 한다. 그러나 이것이 어떻게 이루어지는지는 아직 연구 중이다.

인간에서는 *Distaless* 유전자 패밀리에 6개의 유전자(*DLX1*-*DLX6*)가 있으며 초파리의 *Dll* 유전자와 매우 연관성이 높은 호메오박스 서열을 가진다. 초파리 *Dll* 유전자는 발생하는 파리의 머리와 부속지에서 발현된다. 인간의 *DLX3* 유전자는 머리의 발달시 발현되고, 이 유전자에서의 돌연변이는 모상치골 증후군(trichodentoosseous syndrom, TDO)이라고 불리는 유전성 조건을 일으킨다. 이 상염색체성 우성 결손은 두개골 뼈에서의 칼슘 축적이 일어나지 않으며, 치아의 에나멜질에도 결손을 유발한다.

TDO가 호메오박스 유전자에서의 돌연변이에 의해 발생한다는 사실의 발견은 초파리 발생에서의 돌연변이 분석과 함께 시작된 것이며, 인간의 유전적 결함을 이해하는 데 있어서의 모델 생물들의 귀중한 역할을 방증하는 것이다. 인간의 *Distaless* 유전자들은 1995년에 인간의 cDNA 라이브러리를 초파리의 *Dll* 유전자의 호메오박스 서열을 포함하는 탐침자로 검색함으로써 발견되었다. 해당 유전자였던 *DLX3*은 형광 제자리 혼성화법(FISH)을 이용하여 17번 염색체상에 지도화되었다. TDO는 원래 1966년에 기술되었던 것이었지만 유전자의 성격이나 그 위치는 알려져 있지 않았었다. 1997년에 유전학자들이 TDO가 17번 염색체상의 마커와 연관되어 있음을 발견했다. 계속된 연구로 TDO가 *DLX3*와 같은 좌위에 지도화되었으며 1998년에는 환자에서의 돌연변이 분석으로 TDO가 *DLX3*의 4 bp 결실에 의한 것임이 확인되었다.

(a)

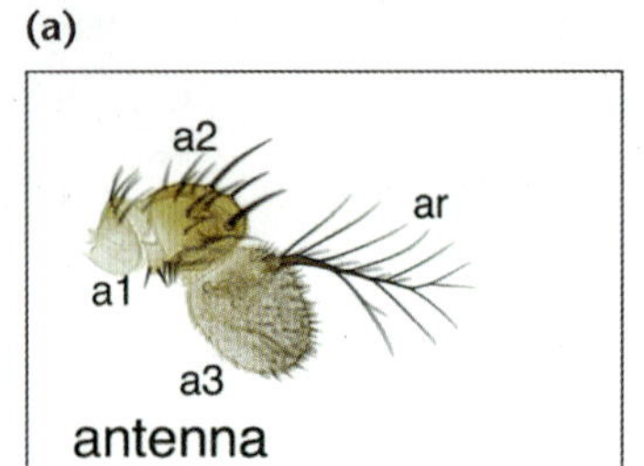

(b)

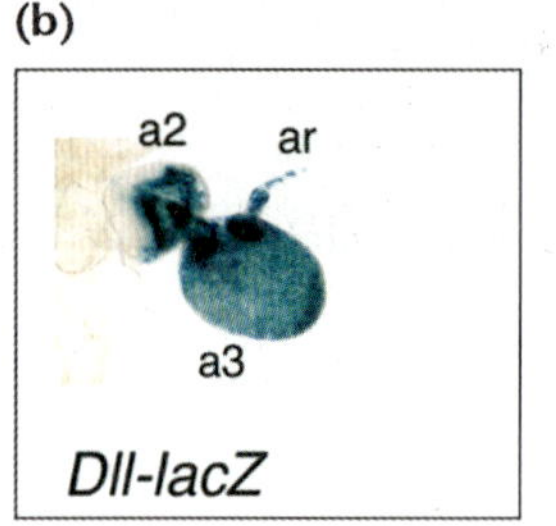

(c)

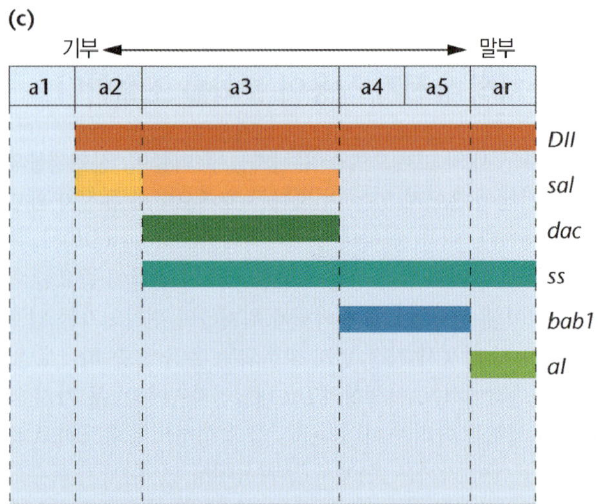

그림 20-18 초파리에서 *Dll* 유전자의 활동이 (a) 야생형의 촉각, 털(ar) 그리고 세 개의 촉각 분절(a1, a2, a3)을 만든다. (b) 늦은 번데기 시기 촉각에서의 *Dll* 발현(파란색으로 표시). 이 시기에서의 발현은 털과 a2, a3에만 국한된다. (c) 번데기 직전의 3령기 중 촉각 분절들에서의 *Dll* 표적 유전자들의 활성화. 이 시기에서는 *Dll*이 a1을 제외한 모든 부분에서 발현된다. *dac*을 제외한 모든 표적 유전자들이 전사인자를 암호화한다. 이 유전자들의 활성화는 다른 유전자들을 순차적으로 활성화시킨다.

20.6 식물들도 동물들에 상응하는 발생 기작을 진화시켰다

식물들과 동물들은 진핵생물이 기원한 후 아마도 다세포 생물의 발생이 있기 전인, 16억 년 전쯤에 공통의 단세포 조상에서 분기했다. 유전체 서열화와 동식물들의 돌연변이에 대한 유전적 분석으로, 동물과 식물에서의 발생 기작은 독립적으로 진화했음이 알려지고 있다. 우리는 이미 초파리를 모델 생물로 하여 동물에서의 발생과 형태 형성을 조절하는 유전적 시스템에 대해 살펴보았다.

겨자과의 작은 식물인 애기장대(*Arabidopsis thaliana*)(그림 20-19)의 꽃 발생은 식물에서의 형태 형성(pattern formation) 연

그림 20-19 현화식물인 *Arabidopsis thaliana*. 식물 유전학의 모델 생물체로 사용된다.

(a)

(b)

그림 20-20 (a) 애기장대의 꽃 부분 꽃의 각 기관은 동심원적으로 배열된다. 가장 바깥쪽 원부터 안쪽으로 꽃받침, 꽃잎, 수술, 그리고 심피가 형성된다. (b) 위에서 본 꽃의 모습.

구에 사용되어 왔다. 꽃 분열조직(floral meristem)이라고 불리는 비분화 세포 덩어리가 꽃들로 발생한다(그림 20-20). 개개의 꽃은 4가지 기관으로 구성되어 있다: 꽃받침(sepal), 꽃잎(petal), 웅예(stamen; 수술, 화분을 만드는 기관); 그리고 심피(carpel; 꽃의 암술을 만드는 구성요소)로 이들은 분열조직 내에 동심원 모양으로 몰려 있는 세포들로부터 발생하게 된다[그림 20-21(a)]. 각 기관은 서로 다른 동심원으로부터 발생한다.

표 20.3 애기장대의 호메오틱 선별(homeotic selector) 유전자들*

Class A	*APETALA1* (*AP1*)
	APETALA2 (*AP2*)
Class B	*APETALA3* (*AP3*)
	PISTILLATA (*P1*)
Class C	*AGAMOUS* (*AG*)

*관례적으로, 애기장대의 야생형 유전자들은 대문자로 쓴다.

애기장대에서의 호메오틱 유전자

이들 기관의 발생을 조절하는 세 가지 범주의 꽃 호메오틱 유전자들이 있다. 꽃받침들을 만드는 A 집단 유전자들, 꽃잎을 만드는 A와 B 집단 유전자들, 수술 형성을 조절하는 B와 C 유전자 집단들, 그리고 심피를 만들도록 하는 C 집단의 유전자들이다[그림 20-21(b)]. 각 범주의 유전자가 표 20.3에 나열되어 있다. A 집단 유전자들은 1번과 2번 동심원(꽃받침과 꽃잎 부분)에서 활성이고, B 집단 유전자들은 동심원 2와 3(꽃잎과 수술 부분), 그리고 C 집단 유전자들은 3, 4번 동심원(수술과 심피 부분)에서 발현된다. 꽃 기관들은 이 세 유전자 집단의 발현 양상에 의존적으로 형성된다.

1번 동심원에서의 A 유전자 발현은 꽃받침을 형성시킨다. 2번 동심원에서의 A와 B 유전자들의 발현은 꽃잎 형성을 유발한다. 3번 동심원에서 B와 C 유전자들의 발현은 수술을 만든다. 4번 동심원에서 C 유전자들의 발현은 심피를 형성시킨다.

초파리에서와 마찬가지로, 호메오틱 유전자들의 돌연변이는 정상적인 기관들이 비정상 부위에서 발생하도록 한다. 예를 들어, *AP2* 돌연변이(class A 돌연변이)는, 정상적인 꽃받침-꽃잎-수술-심피의 배열 대신에 심피-수술-수술-심피의 배열을 가지도록 한다[그림 20-22(a), (b)]. B 집단 유전자에서의 기능상실 돌연변이는 꽃잎을 꽃받침으로 만들고, 수술이 심피가 되도록 하여[그림 20-22(c)] 꽃기관의 순서를 꽃받침-꽃받침-심피-심피가 되게 한다. C 집단 유전자 돌연변이인 AGAMOUS 식물은 3번 동심원에 꽃잎(수술 대신)을 가지며 4번 동심원에서도 꽃받침(심피 대신에)을 가지고 있어서 꽃기관의 순서는 꽃받침-꽃잎-꽃잎-꽃받침이 된다[그림 20-22(d)].

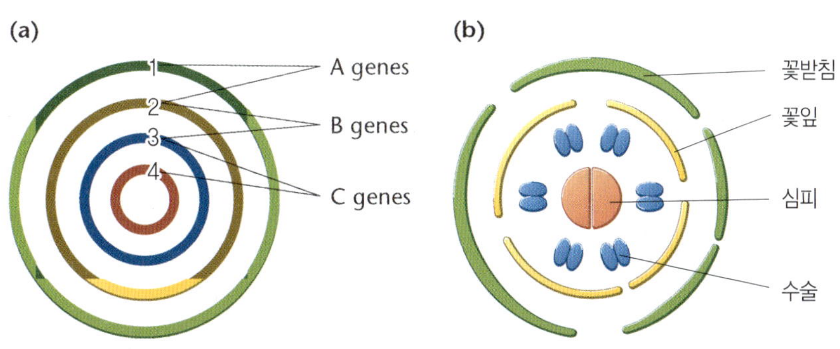

그림 20-21 꽃 분열조직에서의 세포 배열. 1부터 4까지로 표시된 4개의 동심원이 각각 꽃받침, 꽃잎, 수술, 그리고 암술들을 형성한다.

호메오틱 유전자들에서의 진화적 분기

초파리와 애기장대에서의 발생에 대한 유전적 분석으로, 각 생물들이 서로 다른 세트의 마스터

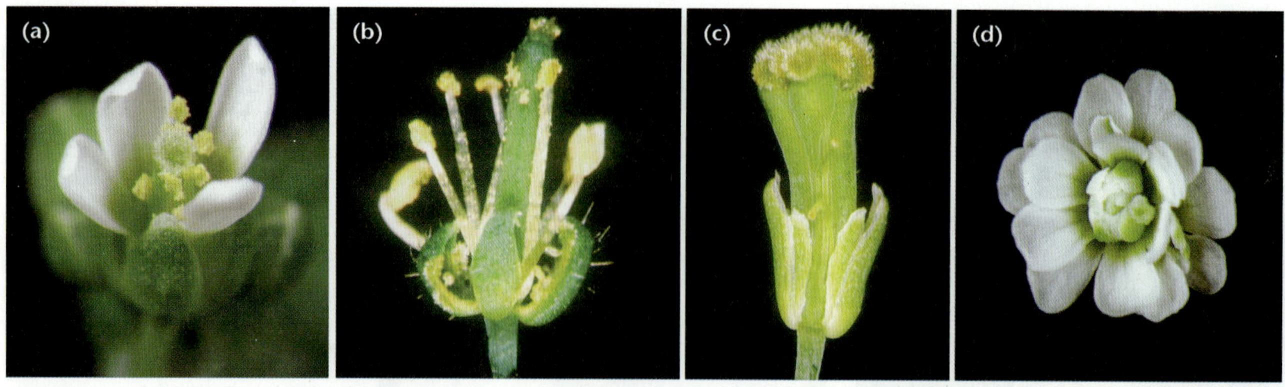

그림 20-22 (a) 애기장대(*Arabidopsis*)의 야생형 꽃은 (밖에서 안으로) 꽃받침, 꽃잎, 수술, 심피를 갖는다. (b) 호메오틱 *APETALA2* 돌연변이 꽃은 심피-수술-수술-심피로 이루어진 꽃을 가진다. (c) *PISTILLATA* 돌연변이들은 꽃받침-꽃받침-심피-심피의 순서로 된 꽃을 가진다. (d) *AGAMOUS* 돌연변이들은 수술과 심피가 형성될 자리에 꽃잎과 꽃받침을 가진다.

조절 유전자들을 이용하여 그들의 체축(body axis)을 확립하고 축에 따른 구조들의 정체성을 지정한다는 것을 알게 되었다. 초파리에서는 이 업무들이 부분적으로 *Hox* 유전자들에 의해 이루어지며, 이들 유전자들은 호메오박스 도메인을 공유하는 전사인자들을 암호화한다. 그러나 애기장대에서, 꽃의 호메오틱 유전자들은 **MADS-box 단백질**이라고 불리는 또 다른 전사인자 패밀리 중 한 구성원이다. 이 패밀리의 구성원들에서는 58개의 아미노산 서열이 공통적이며 *Hox*의 서열이나 단백질의 구조와는 유사성이 없다. 그러나 두 유전자 세트 모두 전사인자를 암호화하며, 겹치는 방식으로 발현되는 발생의 주요 조절자들이고, 생물 구조들의 정체성을 지정한다.

그들의 공통적 진화적 기원을 생각해 보자면, 두 생물에서의 유전체들이 호메오박스(homeobox)와 매즈박스(MADS box) 유전자들의 구성원들을 포함하고 있지만, 이 유전자들은 식물과 동물계에서 서로 다른 목적에 적응했다는 것은 각 그룹에서 독립적으로 발생 기구들이 진화했음을 시사한다.

식물들과 동물들 모두에서, 전사인자들의 활동은 유전자의 발현을 가능하게 하는 크로마틴 구조의 변화에 의존적이다. 초파리와 애기장대에서, 조절 유전자 세트들에 의해 시작되는 발현 양상을 유지시키는 유전자들의 상동성에 반영되어 있는 것처럼, 전사개시의 기작들은 동물과 식물에서 보존되어 있다. 꽃 호메오틱 유전자들의 활동은 *CURLY LEAF*라고 불리는 유전자에 의해 조절된다. 이 유전자는 초파리의 *Polycomb* 유전자 패밀리의 구성원들과 상당한 상동성을 공유하는데, *Polycomb* 그룹의 유전자들은 초파리의 발생 중에 호메오박스 유전자들을 조절한다. 이 유전자들은 둘 다 크로마틴 구조를 변화시켜 유전자 발현을 억제하는 단백질들을 암호화한다. 따라서 발생을 조절하는데 서로 다른 유전자들이 사용되긴 하지만, 식물이나 동물 모두 이 유전자 세트들의 발현을 조절하기 위하여 진화적으로 보존된 기구를 사용한다.

20.7 발생에서의 세포-세포 상호작용은 예쁜꼬마선충에서 모형화되었다

다세포 생물들의 발생과정 중에, 세포-세포 상호작용은 주위 세포들의 전사 프로그램과 발생 운명에 영향을 미친다. 세포-세포 상호작용은 초파리를 포함하여 발톱개구리(*Xenopus*), 생쥐, 사람 등 척추동물에 이르기까지 대부분 진핵생물의 배발생에서 중요한 과정이다.

발생에서의 신호전달 경로

초기 발생에서, 동물들은 발생을 조절하기 위해 많은 신호전달 경로들을 사용한다; 기관형성(organogenesis)이 시작된 후, 이미 사용되고 있는 발생 경로들 외에 다른 많은 신호전달 경로가 추가된다. 이렇게 새로 활성화된 경로들은 독립적으로, 혹은 조화된 네트워크로 작용하여 특정 전사반응을 촉발한다. 신호 네트워크들은 전-후 극성과 신체의 축들을 확립하고, 형태 형성을 조화롭게 발전시키며, 조직과 기관들의 분화를 지시한다. 초기 발생에서 사

표 20.4 초파리의 초기 배발생 과정에 사용되는 신호전달 경로

Wnt Pathway
신체의 배(등쪽)측화 현상
여성 생식기 발생
배-복 축 차이
TGF-β Pathway
중배엽 유도
좌-우 비대칭
뼈 발달
Hedgehog Pathway
척삭 유도
체절형성
장/내장 중배엽
Receptor Tyrosine Kinase Pathway
중배엽 유지
Notch Signaling Pathway
혈액세포 발달
신경형성
망막발달

출처: *Taken from* Gerhart, J. 1999. 1998 Warkany lecture: Signaling pathways in development. *Teratology* 60: 226-239.

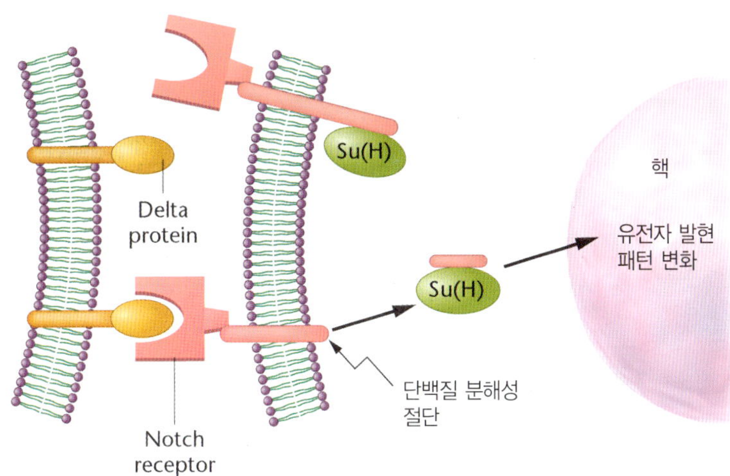

그림 20-23 초파리의 Notch 신호전달의 구성요소들. Delta 막관통 단백질을 가진 세포는 신호를 보내는 세포이고; Notch 막관통 단백질을 가지는 세포는 신호를 받는다. Delta가 Notch와 결합하면 단백질 절단에 의한 전사 활성화가 시작된다. Notch 단백질의 세포질 쪽에서 잘려진 단편은 Su(H) 단백질과 결합하여 핵으로 이동해서 유전자 전사의 프로그램을 활성화시킨다.

용되는 신호전달 경로와 이들이 조절하는 발생과정들이 표 20.4에 정리되어 있다. 이들 시스템 중의 하나-**Notch 신호전달 경로**(Notch signaling pathway)-에서 구성성분과 이들의 상호작용을 소개한 후에, 선충류인 예쁜꼬마선충(*Caenorhabditis elegans*)의 생식공 발달에서 이들이 어떤 역할을 하는지 간단히 알아보자.

Notch 신호전달 경로

Notch 경로의 유전자들은 신호전달 경로의 구성원들을 찾는 데 사용되었던 초파리 돌연변이의 이름을 딴 것이다. Notch는 상호작용하는 세포들의 발생 운명을 조절하는 데 직접적인 세포-세포 접촉을 통해 작용한다. *Notch* 유전자(그리고 다른 생물들에서의 해당 유전자)는 막관통 신호 수용체를 암호화한다(그림 20-23). 신호는 *Delta* 유전자(그리고 그 상동 유전자)에 의해 암호화되는 또다른 막관통 단백질이다. 신호와 수용체가 모두 막에 붙어 있기 때문에, Notch 신호체계는 근접한 세포에서만 작동한다. *Delta* 단백질이 Notch 수용체에 결합하면, Notch 단백질의 세포질쪽 꼬리가 떨어져 나가 *Su(H)*(*Hairless*의 억제자)에 의해 암호화되는 세포질 단백질과 결합한다. 이 단백질 복합체는 핵으로 이동하여 전사 보조요소들과 결합하여 특정 발생 경로를 조절하는 유전자 세트들을 활성화시킨다(그림 20-23).

이와 유사한 경로들이 여러 발생 경로를 조절하는데, 날개 디스크에서의 배-복(등-배) 경계를 확립시키고, 신경계와 근육 및 장 세포들의 운명을 지시한다. Notch 신호체계에서의 주요 역할 중 하나는 발생적으로 동등한 세포집단의 운명을 지정하는 것이다. 가장 단순한 형태는 이러한 상호작용이 발생적으로 동등한 두 개의 이웃세포를 포함하는 것이다. 인간에서는 Notch 패밀리의 4개 구성원(*NOTCH1-NOTCH4*)이 발견되었다. 이 유전자들 및 Notch 경로의 다른 유전자들에서 발생한 돌연변이들은 알라질 증후군(Alagille syndrome, AGS)과 척추늑골 기형(spondylocostal dystosis, SD)을 포함하여 인간의 여러 발생 장애들을 일으킨다.

선충류의 배발생에 대해 간략히 살펴본 후에, 예쁜꼬마선충 생식공 형성에서 Notch 신호전달의 역할에 대해 살펴보자.

예쁜꼬마선충 발생의 개관

선충류인 예쁜꼬마선충(*Caenorhabditis elegans*)은 발생에 대한 유전적 조절을 연구하는데 널리 사용되며, 연구에 유용한 몇 가지 이점들을 가지고 있다: (1) 이 생물의 유전학이 널리 알려져 있으며, (2) 유전체 서열이 밝혀져 있고, (3) 성체는 개개의 세포들에서 변하지 않는 발생 프로그램을 따르는, 아주 적은 수의 세포들로 이루어져 있다. 성체는 약 1 mm의 길이로 약 2일 만에 알에서부터 성숙하게 된다(그림 20-24). 생활사는 배아시기(약 16시간), 4단계의 유충기(L1-L4), 그리고 성체 시기다. 성체들은 두 가지 성을 나타낸다: XX인 자가수정형 자웅동체형(hermaphrodite)으로 난자와 정자를 모두 만드는 것과, XO 수컷이다. 돌연변이원을 처리한 자웅동체형들의 자가수정으로 인해, 동형접합성 돌연변이주들이 빠르게 만들어져 목록화, 지도화되어 있다.

성체인 자웅동체는 959개의 체세포로 이루어진다(그리고 약 2,000개의 생식세포). 알에서부터 성체까지의 정확한 세포의 계

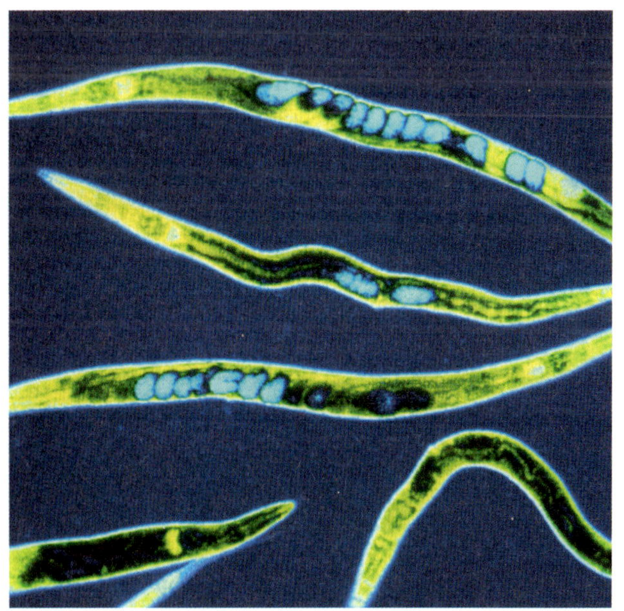

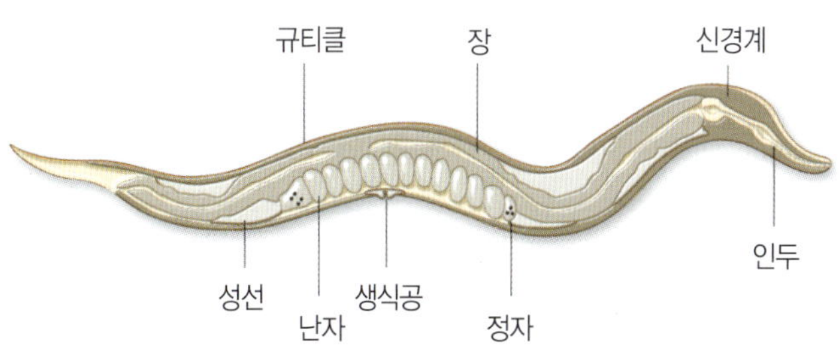

그림 20-24 성체 *C. elegans*인 이 선형동물은 약 1 mm 길이로 959개의 세포로 이루어지며 발생의 유전적 조절들에 대한 많은 분야의 연구에 사용되어왔다.

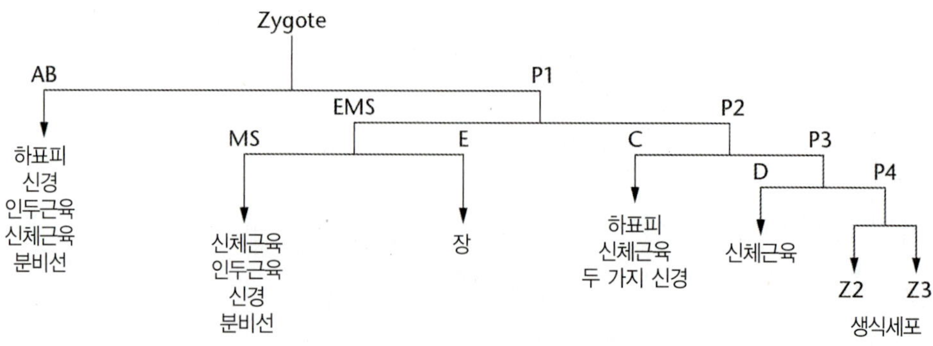

그림 20-25 *C. elegans*의 절단 계보(truncated lineage chart)는 초기의 세포분열과 여기서 형성되는 조직 및 기관들을 보여준다. 각 세로줄은 1회의 세포분열을 나타내며, 가로줄은 생성된 두 세포를 연결시킨다. 예를 들어, 첫 번째 세포분열은 접합자로부터 두 개의 새로운 세포들인 AB와 P1을 형성시킨다. 이 도표의 세포들은 1단계 유충인 L1에 존재하는 것들이다. 연속되는 유충기 동안에 더 많은 세포분열로 인해 자웅동체(hermaphrodite) 벌레의 959개의 체세포가 생긴다.

보가 확립되었으며(**그림 20-25**), 각각의 계보들은 변함이 없다. 각 세포의 계보를 알고 있으므로, 우리는 세포의 운명에서 돌연변이로 인한 결과나 혹은 레이저 마이크로광선 혹은 자외선 조사로 세포를 죽임으로써 일어나는 결과들을 쉽게 알 수 있다. 예쁜꼬마선충의 자웅동체에서 발생하는 생식계내 세포들의 운명은 세포-세포 상호작용에 의해 결정되며, 어떻게 유전자 발현과 세포-세포 상호작용이 발생 경로들을 지정하는데 함께 작용하는지에 대해 이해하도록 해준다.

이 문제를 풀어보자

518페이지의 26번 문제는 예쁜꼬마선충에서의 성결정을 조절하는 두 유전자를 포함하고 있다. 여러분은 성결정의 양식을 분석해야 한다.

힌트: 이 문제를 풀려면, 유전자 산물의 활동 및 기능상실 돌연변이가 다른 유전자의 발현이나 다른 단백질의 작용에 대해 미치는 영향을 고려해야 한다.

생식공 형성에 대한 유전적 분석

성체 자웅동체들은 생식공(vulva)을 통해 알을 낳는데, 이것은 몸체 중앙에 위치한 구멍이다(그림 20-24). 몇 차례의 세포-세포 상호작용에 의해 유충 발생 단계에서 생식공이 형성된다.

예쁜꼬마선충에서는, 두 개의 발생적으로 동등한 이웃세포들인 Z1.ppp와 Z4.aaa가 서로 상호작용하여 하나는 생식선 고정세포(gonadal anchor cell)가 되고, 다른 하나는 자궁 전구체가 된다. 어떤 세포가 무엇이 될 것인가 하는 결정은 두 번째 유충기(L2)에 발생하며 *lin-12* 유전자에 의해 조절된다. 열성 *lin-12(0)* 돌연변이(기능상실 돌연변이)에서는, 두 세포가 모두 고정세포(anchor cell)가 된다. 우성 돌연변이인 *lin-12(d)*(기능획득 돌연변이)는 두 세포가 모두 자궁 전구체들이 되도록 한다. 그러므로 *lin-12* 유전자는 자궁 경로가 선택되도록 하는 것으로 보이는데, 그 이유는 LIN-12(Notch) 수용체가 없으면, 두 세포가 모두 고정세포로 되기 때문이다.

그러나 **그림 20-26**에서 보는 바와 같이 상황은 처음 드러난 것보다 복잡하다. 처음에는 두 이웃세포가 발생적으로 동등하다. 각각의 세포는 낮은 정도로 Notch 신호 단백질(*lag-2* 유전자에서 암호화되는)과 Notch 수용체 단백질을 모두 합성한다. 이 상황은 불안정해서, 두 세포는 발생 신호를 동시에 보내고 받기를 지속할 수 없다. 우연히 그 신호(LAG-2 나 Delta 단백질)를 더 많이 분비하는 세포가 이웃세포의 수용체(LIN-12 단백질) 생산을 더 증가시킨다. 수용체를 더 많이 생산하는 세포는 자궁 전구체가 되고, 신호 단백질을 더 많이 생산하는 다른 세포는 고정세포가 된다. 이러한 세포-세포 상호작용의 첫 단계에서 중요한 요소는 LAG-

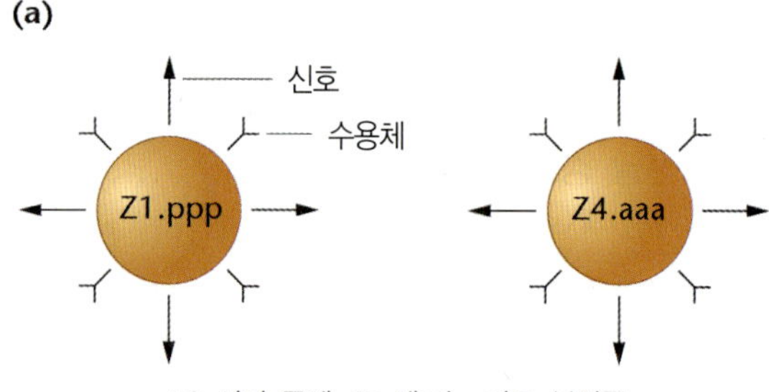

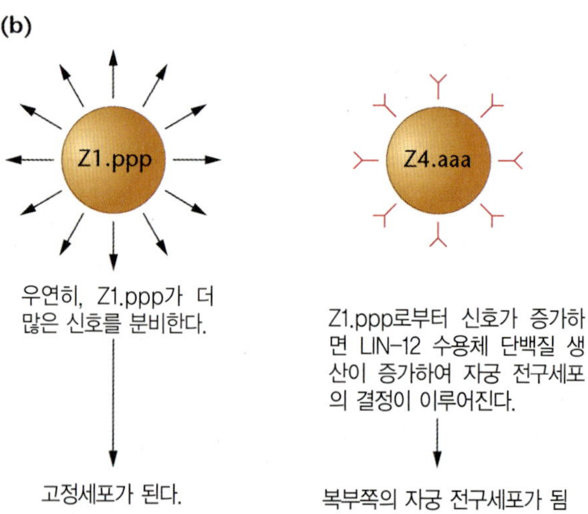

그림 20-26 고정세포 결정에서의 세포-세포 상호작용. (a) L2 동안에 두 개의 이웃세포들이 자궁의 분화를 유도하는 화학신호를 분비한다. (b) 우연히 Z1.ppp 세포가 더 많은 신호를 분비하여 Z4.aaa 세포에서 더 많은 수용체의 생산을 유도할 수 있다. 이러한 증가된 신호들의 활성은 Z4.aaa가 복부의 자궁 전구세포가 되도록 하며 Z1.ppp가 고정세포가 되도록 한다.

2(Delta) 신호 유전자 산물과 LIN-12(Notch) 유전자 산물들 사이의 균형이다.

세포-세포 정보교환의 두 번째 단계가 생식공 형성을 이끌게 된다. 이 상호작용은 고정세포(성선에 위치한)와 성선 근처의 6개의 전구세포들(피부에 위치)이 관여하는 것이다. 전구세포들은 P3.p에서 P8.p까지로 이름이 붙여지고, 집합적으로 Pn.p 세포라고 불린다. 각 Pn.p 세포의 운명은 고정세포에 대한 그들의 상대적 위치에 의해 지정된다. 그림 20-27은 아래 문단에서 설명된 발생 경로를 보여준다.

3단계의 유충기에, 고정세포에서 *lin-3* 유전자가 활성화된다. 이 유전자 산물인 LIN-3는 신호 단백질로서, 척추동물의 표피성장인자(epidermal growth factor, EGF)와 관련이 있다. 6개의 모든 전구세포들은 *let-23* 유전자에 암호화되는 수용체 단백질을 발현하는데, 이 유전자는 척추동물의 EFG 수용체와 상동이다. LIN-3단백질과 LET-23 수용체의 결합은, 세포들이 1차 생식공 전구체 세포가 될 것인지 아니면 2차 생식공 세포들이 될지를 결정하는 세포내 사건들의 흐름을 시작하게 한다. 다시 말해, *let-23* 유전자는 전구체 세포들의 1, 2차 운명을 확립시킨다. *let-23* 유전자의 열성 기능상실 돌연변이들은 모든 Pn.p 세포들이 아무 신호를 못 받은 것처럼 행동하게 하여 결국 생식공이 형성되지 않는다.

정상적으로, 고정세포에 가장 가까운 세포(P6.p)가 LIN-3와 LET-23과의 결합으로 시작된 가장 강한 신호를 받는다. 이 신호는 P6.p 세포 내에서 *Vulvaless*(*Vul*) 유전자의 발현(돌연변이 표현형의 이름을 딴 것이다)을 활성화시키고, 이 세포는 1차 생식공 전구세포가 된다–그런 후에 3회의 분열을 거쳐 생식공 세포를 형성하도록 한다. 두 개의 이웃하는 세포(P5.p와 P7.p)는 낮은 농도의 신호를 받고 2차 운명을 시작한다. 이들 세포는 비대칭 분열로 생식공 세포들을 좀 더 만든다.

이러한 결정을 강화하기 위해, 세 번째 수준의 세포-세포 상호작용이 사용된다. 이 경로에서는 1차 생식공 세포(P6.p)가 두 개의 이웃세포(P5.p와 P7.p)에서 *lin-12* 유전자를 활성화시킨다. 이 신호는 P5.p와 P7.p 세포가 1차 세포의 분열양식을 받아들이지 못하게 한다. 즉, *Vul*과 *lin-12*가 활성적인 세포들은 1차 생식공 세포들이 될 수 없다. 나머지 세 전구세포(P3.p, P4.p, 그리고 P8.p)는 고정세포로부터 신호를 받지 못한다. 이들 세포에서는 *Multivulva*(*Muv*) 유전자가 발현되는데, *Muv*는 *Vul*을 억제하고, 이들 세 개의 세포는 피부세포들로 발달한다.

그러므로 예쁜꼬마선충의 생식공 형성을 유도하는 발생 경로를 지시하는데 3단계의 세포-세포 상호작용들이 사용된다. 첫째로는, 두 이웃하는 세포들이 고정세포의 정체성을 확립하도록 하는 것이고, 둘째로는, 고정세포들이 세 개의 생식공 전구세포와 상호작용하여 1차 생식공 전구세포(보통 P6.p)와 2개의 2차 전구세포(P5.p와 P7.p)를 지정하는 것이다. 셋째로는, 1차 생식공 세포가 2차 세포들과 상호작용하여 그들이 1차 생식공 세포의 경로를 선택하지 못하도록 억제하는 것이다. 각 상호작용에는 분자신호체의 분비와, 이웃한 세포에서 이들 신호를 받아들이고 해석하는 과정들이 수반된다.

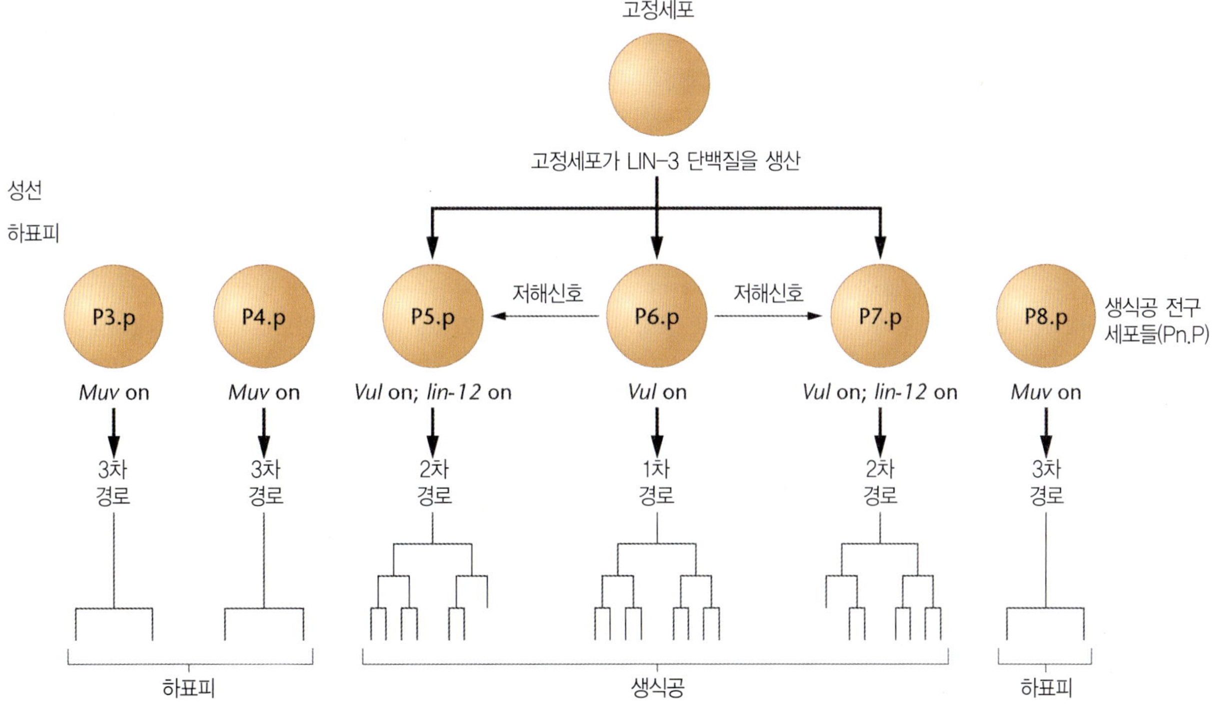

그림 20-27 *C. elegans* 생식공(vulva) 형성에서의 세포 계보의 결정. 고정세포로부터 나온 LIN-3 단백질 형태의 신호는 세 개의 생식공 세포의 전구세포들(Pn.p 세포들)에 의해 수용된다. 고정세포에 가장 가까운 세포는 1차 생식공 전구세포가 되고 근접한 세포들은 2차 전구세포들이 된다. 1차 세포들은 2차 세포들에서 *lin-12* 유전자를 활성화시키는 신호를 분비하여 이들이 1차 세포들이 되는 것을 막는다. 옆의 Pn.p 세포들은 고정세포 *Muv* 유전자로부터 신호를 받지 못하며 생식공 세포 대신 표피세포가 된다.

인간에서의 Notch 신호전달

인간에게는 4개의 Notch 유전자들이 있으며, 이들은 체절화 과정에서 경계면을 결정하고 면역계와 골수 줄기세포들의 생산에 중요한 역할을 담당하는 수용체를 암호화한다. Notch 신호전달에서의 돌연변이들은 알라질 증후군을 포함하여 여러 가지 유전성 장애를 만든다. 이 상염색체 우성질환은 간, 심장과 순환계, 그리고 뼈에서의 발달 기형을 초래한다.

개개 세포의 발생 운명을 지정하기 위해 시공간적으로, 그리고 차례로 작용하는 세포-세포 상호작용이라는 주제는 원핵생물에서 인간에 이르기까지 여러 생물들에서 계속적으로 반복되어 다루어지는 발생학적 주제다.

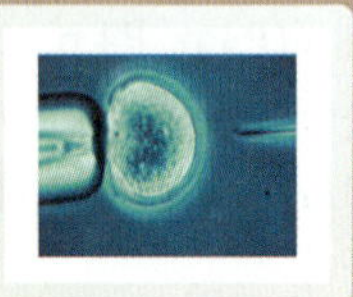

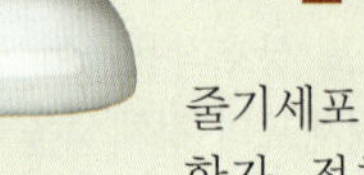

유전학, 기술, 그리고 사회

줄기세포 전쟁

줄기세포 연구는 과학자, 정치인, 변호인, 종교 지도자, 그리고 윤리론자들의 싸움 한 가운데에 있다. 지지자들은 줄기세포 연구를 수행할 권리를 위해 투쟁하며 이것이 당뇨병, 파킨슨병, 그리고 척수신경 손상을 치료하고, 수백만 명의 삶의 질을 높일 수 있는 힘을 가진 혁신적인 것이라고 주장한다. 비판론자들은 이것이 인간 생명을 경시하는 위험한 비탈길 아래로 우리를 밀어버릴 것이라 경고하면서 이러한 연구를 종식시키기 위한 운동을 펼치고 있다. 비록 줄기세포 연구라는 것이 대통령 정책 선언의 중심에 있고, 대중 매체가 매우 열심히 캠페인을 벌이며, 법률이 금지하는 지배적인 문제이기는 하지만 대다수의 사람들은 찬반을 평가할 만한 충분한 이해를 갖고 있지 않다. 줄기세포 연구란 무엇이며, 왜 그렇게 강렬한 논쟁을 불러 일으키는가?

줄기세포들은 무한히 복제하는 원시세포로 심장, 뇌, 간, 그리고 근육 등에서 발견되는 특수화된 기능을 가진 세포들로 분화할 수 있는 독특한 능력을 가지고 있다. 줄기세포들은 우리 몸에서 약 200종의 독특한 조직 형태를 구성하는 모든 세포들의 기원이다. 줄기세포와는 대조적으로, 성숙하고 완전히 분화된 세포들은 더 이상 분열하지 않으며 다른 형태의 세포로 전환되지도 않는다. 어떤 형태의 줄기세포들은 전능성이 있다(totipotent)고 하는데, 이것은 이들이 신체의 어떤 형태의 성숙한 세포로도 분화할 수 있는 능력이 있다는 뜻이다. 다른 형태의 줄기세포들은 다능적(pluripotent)이라 하며, 몇 가지의 성숙한 세포로만 분화할 수 있다. 나머지 세포들은 한 가지 능력(unipotent)만 가지며 한 종류의 세포만 만든다.

지난 몇 년 동안, 여러 연구팀이 사람의 다능성 줄기세포들을 분리하고 배양했다. 이들 세포는 미분화 상태로 남아 배양접시에서 무한히 성장한다. 성장인자나 호르몬이 처리되면, 이들 다능성 줄기세포들은 특징적인 신경, 뼈, 신장, 간장, 심장 혹은 신장 세포들로 분화하게 된다.

다능성 줄기세포들이 배양시 잘 자라며 특수화된 세포들로 분화한다는 사실은 굉장한 흥분을 일으켰다. 어떤 사람들은 줄기세포들이, 손상되고 병에 걸린 조직들의 세포를 대체할 무한한 수의 특수화된 세포를 수확할 수 있는 풍요의 뿔(cornucopia)이 될 날을 예견하기도 한다. 그렇다면 줄기세포들은 파킨슨병, 1형 당뇨, 만성 심장질환, 신장과 간기능부전, 알츠하이머병, 뒤센 타입의 근위축증, 그리고 척수신경 손상 등을 치료하는 데 사용될 수 있을 것이다. 또 어떤 사람들은 줄기세포들을 유전적으로 변화시켜 이식 거부반응을 없애거나 특정 유전자 산물을 전달하도록 하여, 그로써 유전적 질환을 교정하고 암을 치료할 수 있을 것이라고 예상하기도 한다.

줄기세포 치료에 대한 흥분은 동물들에서의 극적으로 성공적인 보고들에 의해 가열되었다. 예를 들어, 척수신경 손상을 가진 쥐들이 사람의 줄기세포를 주사 맞은 후에 다시 운동성을 회복했으며 장과 방광의 조절 능력을 되찾았다. 2005년에 한국의 과학자들은 척수손상, 당뇨, 그리고 면역체계 질병들을 가진 환자들에게서 환자 특이적인 줄기세포주를 확립했다고 주장했다. 2006년, 이 연구가 취소되었고 그 결과가 잘못된 것이라는 발표는 줄기세포 연구에 대한 흥분을 더 격렬하게 했다.

줄기세포 연구에 대한 지지자들이나 비판론자 모두 줄기세포 치료가 혁신적이라는 데에는 동의한다. 그렇다면 왜 줄기세포 연구가 그토록 논쟁거리가 되는가? 이 질문에 대한 대답은 다능성 줄기세포들을 얻는 재료에 있다고 하겠다. 현재까지, 모든 다능성 세포들은 5일 된 배아의 포배기 세포에서 유도된 것들이다. 이 단계의 포배는 약 2,110개의 세포들로 구성되어 있으며, 이들 대부분이 초기 배아를 위한 지지조직과 태반으로 발달한다. 포배의 내부세포 덩어리(inner cell mass)는 약 30~40개의 다능성 줄기세포로 구성되며 이들 세포가 배아의 모든 조직으로 발달한다. 시험관 수정 클리닉에서는 수정란을 5일 동안 포배까지 키워서 자궁으로 옮겨준다. 배아 줄기(embryonic stem, ES)세포주들은 이 5일짜리 포배의 내부 세포 덩어리를 분해하여 배양접시에서 미분화 상태로 자라게 함으로써 얻어진다. 모든 인간 배아 줄기세포주들은 시험관 수정 클리닉에서 폐기되었던, 사용되지 않은 포배로부터 얻어진 것이다.

초기 배아들이 인간의 배아 줄기세포주를 만드는 과정에서 파괴된다는 사실은 착상 전의 배아들도 권리를 가진 인간임을 믿는 사람들의 마음을 혼란스럽게 한다; 그러나 이들 배아가 너무나 미숙하여 생득적 정신세계를 가지지 못한다고 믿는 사람들에게는 별 불편을 야기하지 않는다. 논쟁의 양측 모두 무엇이 인간을 구성하는가에 대한 기본적인 문제들에 대한 끊임없이 긴 주장들을 펼치고 있다.

인간 배아세포 연구에 대한 비판론자들

은 우리가 배아 줄기세포에 의지하지 않고도 줄기세포 치료에서 이익을 챙길 수 있다고 주장한다. 이러한 주장은 성인 줄기세포의 가소성에 관한 최근의 보고에 근거한 것이다. 성인 줄기세포들은 혈액이나 뇌처럼 분화된 조직에 존재하는 비분화세포들이다. 이들은 분화된 조직 내에서 분열하여 이들이 발견되는 조직을 구성하고 있는 성숙한 세포들로 분화한다. 성인의 줄기세포들은 골수, 혈액, 망막, 뇌, 골격근, 간, 피부, 그리고 췌장 등에서 발견되었다. 가장 잘 알려진 성인의 줄기세포들이 바로 조혈성 줄기세포(hematopoietic stem cell, HSC)로서 골수, 말초 혈액, 제대혈(umbilical cord blood)에서 발견된다. HSC들은 적혈구, 림프구, 그리고 대식세포와 같은 혈액세포로 분화한다. HSC들은 암치료나 자가면역성 질환을 겪은 환자들의 면역체계 복원을 위한 이식물로 수년 동안 사용되어 왔다. 흥미롭게도, 최근의 연구는 성인의 줄기세포들이 다른 세포 형태들로도 분화할 수 있는 능력을 가지고 있음을 시사한다.

이러한 보고들이 매우 흥미롭기는 하지만, 성인의 줄기세포들이 배아 줄기세포와 같은 다능성을 약속한다고 하기에는 아직 너무 이르다. 성인의 줄기세포들은 드물고 분리하기도 어려우며 잘 자라지도 않는다. 그러나 이러한 장애물들이 극복된다면, 성인의 줄기세포들은 배아 줄기세포에 대한 윤리적 대안을 제공하여 시끄러운 논쟁을 잠재울 수도 있다. 한편으로는, 새로운 철학적 딜레마가 생길 수 있다. 만일 성인의 줄기세포들이 배아 줄기세포들과 마찬가지로 동일한 다능성을 나타낸다면, 이들 역시도 사람의 배아를 창조할 수 있는 동일한 능력을 가질 수 있지 않을까?－줄기세포 연구에 대한 비판론자나 지지자들을 동일한 도덕적 곤경에 처박는 꼴이다. 현재는 과학자들과 대중 잡지의 예상대로 성인 혹은 배아 줄기세포가 기적 같은 치료제가 될 것이라 예상하는 것은 불가능하다. 그러나 줄기세포 연구가 현재와 같이 빠른 속도로 발전한다면, 우리는 오래 기다리지 않아도 될 것이다.

참고문헌

Chong, S., and Normile, D. 2006. How young Korean researchers helped unearth a scandal. *Science* 311: 22-25.

Freed, C. R. 2002. Will embryonic stem cells be a useful source of dopamine neurons for transplant into patients with Parkinson's disease? *Proc. Nad. Acad. Sci.* (*USA*) 99: 1755-1757.

Robertson. J. A. 2001. Human embryonic stem cell research: ethical and legal issues. *Nat. Rev. Gen.* 2: 74-78.

웹사이트

National Institutes of Health. 2001. "Stem Cells: Scientific Progress and Future Research Directions."

http://stemcells.nih.gov/info/scireport/(or for the .pdf version: **http://stemcells.nih.gov/info/scireport/PDFs/fullrptstem.pdf**)

National Institutes of Health. 2004. "Stem Cell Information." **http://stemcells.nih.gov/index.asp**

단원 요약

1. 발달과 분화과정에서의 유전적 정보의 역할은 생물학에서 주요 연구 주제 중 하나다. 유전학자들은 발달과정의 돌연변이들을 연구하고 발생과정을 조절하는 유전자들을 분리함으로써 이러한 주제들을 탐구한다.

2. 결정(determination)은 세포의 운명이 초기 발달과정 중에 고정되는 조절 사건이다. 결정은 실질적인 분화나 특정 세포 형태의 특수화에 앞서 일어난다.

3. 배발생 과정에서, 세포의 내부환경(국부적인 세포질 조성)이 특정 유전자 활성에 영향을 미치는 것으로 보인다. 초파리에서는 초기 사건의 조절이 모계 세포질에 의해 매개되며, 이것이 다시 접합자의 유전자 발현에 영향을 미친다. 발달이 진행됨에 따라, 세포의 내부, 외부적 환경 등이 초기 유전자 산물의 존재와 다른 세포와의 상호작용에 의해 점점 바뀌게 된다.

4. 초파리에서의 유전학적, 분자생물학적 연구에 의해 알이 유충과 성체의 체구성 계획을 지정하는 정보를 포함하고 있으며, 배아의 핵들과 모계의 세포질 사이의 상호작용이, 점차로 배아를 체절화시키고 체계획을 발달시키는 체절 정체성을 지정하는, 전사 프로그램을 개시한다는 것이 확인되었다.

5. 초파리 배발생에서의 광범위한 유전적 분석은 배아의 전-후 축을 결정하는 모계 영향(maternal effect) 유전자들을 밝혀내었다. 게다가 이들 모계 영향 유전자들은 일련의 접합자 체절 유전자들을 활성화시켜 체절 정체성을 결정하는 호메오틱 선별 유전자들(selector gene)로 이어지는 유전자 조절의 흐름이 시작되도록 한다. 이 동일한 유전자 세트들이 사람을 포함한 모든 좌우대칭 동물들에서의 발생 사건들을 조절한다.

6. 애기장대에서의 꽃 형성은 호메오틱 유전자들에 의해 조절되지만 이들 유전자 세트는 초파리나 다른 동물들의 호메오틱 선별 유전자들과는 다른 유전자 패밀리에 속하는 것이다.

7. *C. elegans*에서 모든 세포들의 정형화된 계보는 발생생물학자들이 기관형성에 필요한 세포-세포 신호작용을 연구할 수 있도록 한다.

주요 용어

gap 유전자들(gap genes)

MADS-박스 단백질(MADS-box protein)

Notch 신호전달 경로(Notch signaling pathway)

pair-rule 유전자들(pair-rule genes)

segment polarity 유전자들(segment polarity genes)

결정(determination)

분화(differentiation)

체절화 유전자들(segmentation genes)

특수화(specification)

호메오도메인(homeodomain)

호메오박스(homeobox)

호메오틱 돌연변이(homeotic mutant)

호메오틱 선별(homeotic selector (*Hox*) genes)

통찰과 해법

1. 점균류인 *Dictyostelium*에서는 cyclic AMP(cAMP)가 포자 형성을 일으키는 발생 프로그램에 중요한 역할을 한다는 실험적 증거가 제시되어 있다. cAMP에 대한 세포 표면 수용체를 만드는 유전자들이 클론화되었고, 그 단백질 성분의 아미노산 서열도 알려졌다. 생식구조를 형성하기 위해, 자유 생활을 하던 각각의 세포들이 모이고 뭉쳐서 두 가지 세포형태로 분화한다: 전포자 세포(prespore cell)와 전줄기 세포(prestalk cell)다. 뭉친 세포들은 cAMP 농도를 높게 혹은 낮게 진동하는 형태로 분비하며 이것이 세포들의 뭉침현상을 강화시킨다. 그리고 지속적인 cAMP 분비는 뭉쳐 있는 세포에서의 후기 발달 단계에서 유전자를 활성화시킨다. 여러 가지 실험적 기술들을 사용하여 이 가설을 검사하는 것이 중요하다. 이 가설을 시험하기 위해 여러분은 어떠한 접근법을 생각해낼 수 있는가? 그리고 이것을 검사하기 위해 여러분이 사용해야 하는 특수한 실험적 체계는 무엇인가?

해법: 생물학의 가장 강력한 분석 방법들 중에서 두 가지는 생화학적 유사체(혹은 저해제)를 사용하여 예측 가능한 방식으로 유전자의 전사를 막거나 유전자 산물의 활동을 억제하는 것과, 유전자나 그들의 산물을 바꾸기 위하여 돌연변이를 사용하는 것을 포함하고 있다. 이들 두 접근법이 이 *Dictyostelium*의 발생 프로그램에서 cAMP의 역할을 연구하는 데 사용될 수 있다. 첫째는 cAMP와 화학적으로 연관 있는 화합물들, 예를 들어 GTP와 GDP 같은 것들이 cAMP에 의해 조절되는 과정에 영향을 미치는지를 검사하는 것이다. 사실, GTP나 GDP는 둘 다 AMP에 대한 세포 표면 수용체의 친화도를 감소시켜, 효과적으로 cAMP의 작용을 방해한다. cAMP 수용체의 합성을 방해하기 위해서는, 안티센스 RNA(mRNA에 상보적인 염기 서열을 가지는 분자)를 전사하는 DNA 서열을 포함한 벡터 제작이 가능하다. 안티센스 RNA는 mRNA와 이중가닥 구조를 형성하여 이것이 번역되지 않도록 한다. 만약 정상적인 세포들을 안티센스 RNA 발현 벡터로 형질전환시키면, cAMP 수용체들은 생산되지 않을 것이다. 그러한 세포들은 cAMP 농도구배에 반응하지 않을 것이며 결과적으로 세포들이 뭉치지도 않게 될 것이다. 사실, 이런 일이 발생한다. 그러한 세포들은 흩어진 채로 존재하고 cAMP가 존재해도 움직이지 않는다. 비슷하게, 이 안티센스 RNA를 발현하는 세포들에서 발생시 조절되는 유전자들의 발현을 측정함으로써, cAMP에 대한 이런 반응이 전사 프로그램이 변화하는 것을 유발하는 데 꼭 필요한지를 결정하는 것도 가능하다.

돌연변이 분석도 cAMP 수용체 시스템의 성분을 분석하는 데 사용될 수 있다. 한 가지 접근법은 야생형의 유전자들로 형질전환시켜 돌연변이 기능이 회복되는지 관찰하는 것이다. 마찬가지로, 수용체 단백질 유전자가 클론화되어 있기 때문에, 구성 단백질 유전자에 알고 있는 변이를 가진 돌연변이들을 만들어 이것을 세포에 전달하여 형질전환시키고 그 효과를 관찰하는 것도 가능하다.

2. 성게에서, 초기 발생은 심지어 actinomycin D가 있어도 일어날 수 있는데, 이것은 RNA 합성을 저해한다. 그러나 만약 actinomycin D가 발생 초기에 존재했다가 수시간 후에 제거된다면, 모든 발생이 멈춘다. 사실상, actinomycin D가 발생과정에서 6~11시간 사이에만 존재하면, 15시간째에는 정상적으로 발생해야 할 사건들이 멈춘다. 6~15시간 사이의 유전자 전사의 역할을 고려하면 어떤 결론을 도출할 수 있는가?

해법: 모계의 mRNA들이 성게의 수정란에 존재한다. 따라서 상당한 정도의 발생은 배아 유전체의 전사 없이도 일어날 수 있다. 이전의 actinomycin D 처리에 의해 15시간 이후에 발생이 저해되기 때문에, 배아의 유전체에서의 전사가 이들 사건을 시작하거나 유지시키는 데 필요한 것으로 보인다. 6~15시간 사이의 발달 시기에 이 전사가 이루어져야만 한다.

3. 초파리의 호메오틱 유전자를, 꽃 호메오틱 유전자에 동형접합성인 애기장대의 배아로 도입할 수 있다면, 이 초파리 유전자가 애기장대의 돌연변이 표현형을 구제할 수 있겠는가? 이유는?

해법: 초파리의 호메오틱 유전자는 *Hox* 유전자 패밀리에 속하는 반면, 애기장대의 호메오틱 유전자들은 MADS-box 단백질 패밀리에 속한다. 두 유전자 패밀리가 초파리와 애기장대 모두에 존재하지만 이들은 동물계와 식물계에서 서로 다른 기능으로 진화해 왔다. 결과적으로, 옮겨진 초파리 *Hox* 유전자는 MADS-box 돌연변이의 표현형을 복원시키지 못할 것으로 보인다. 하지만 실제 실험만이 이것을 확인해 줄 수 있다.

연습문제 및 토론문제

1. 분화(differentiation)와 결정(determination)이라는 두 용어를 구분해 보라. 발생과정에 어떤 현상이 처음으로 발생하는가?

2. 어떤 원료에서 얻은 핵이라도 *Xenopus*의 난자에 주입될 수 있다. 연구에 따르면 이들 핵은 전사적으로, 번역에 있어서도 활성화인 상태로 있다고 한다. 어떻게 그러한 실험 시스템이 발생 유전학 연구에 도움이 될 수 있겠는가?

3. 초파리에서 다핵성 배반엽(syncytial blastoderm) 시기와 세포성 배반엽 시기를 구분해 보라.

4. (a) 모계-효과 유전자란 무엇인가? (b) 이들 유전자의 산물들은 언제 만들어지며 어디에 위치하게 되는가? (c) 모계-효과 유전자는 발생의 어떤 측면을 조절하는가? (d) 모계-효과 돌연변이들의 표현형은 어떤 것들인가?

5. 여러분이 초파리에서 배아의 외부 구조에 영향을 미치는 모계-효과 돌연변이들에 대한 검색을 시작했다고 하자. 이 검사로 외부 구조에 영향을 미치는 100가지 이상의 돌연변이를 발견했다. 비샤우스와 쉬프바흐는 그들의 검사로부터 40가지 정도의 모계-효과 유전자들이 있다고 결론을 내렸다. 이렇게 서로 다른 결과들을 어떻게 조화시킬 수 있겠는가?

6. (a) 접합자 유전자(zygotic genes)는 무엇이며, 이들의 유전자 산물은 언제 만들어지는가? (b) 접합자 유전자 돌연변이들과 관계된 표현형은? 모계의 유전자형이 접합자 유전자들을 포함하는가?

7. 접합자 유전자들의 주요 집단들을 나열해 보라. 이 유전자 집단들의 기능은 무엇인가?

8. 여러 실험은 초파리의 후부 극세포질에 위치하는 어떤 핵들도 생식세포로 발달한다는 것을 보여준다. 극 세포질이 알의 앞쪽 끝으로 옮겨지면, 이 세포질로 옮겨진 핵들에는 어떠한 일이 생길까?

9. 특정 유전자가 서로 다른 형의 세포에서 전사되는지는 어떻게 결정할 수 있는가?

10. 특정 유전자가 발생 중에 전사되는 것을 관찰했다. 이 유전자의 발현이 전사 조절을 받는지 번역 조절을 받는지는 어떻게 알 수 있는가?

11. *Hox* 유전자란 무엇인가? 그들이 공통적으로 가지는 성질은? 모든 호메오틱 유전자는 *Hox* 유전자인가?

12. 호메오틱 돌연변이인 촉수다리(*Antennapedia*)는 촉각 대신에 다리를 가지는 돌연변이 초파리를 만들며 이것은 기능획득(gain of function) 돌연변이에 의한다. 이러한 돌연변이의 특징은 무엇인가? *Antennapedia* 유전자는 어떻게 촉수를 다리로 바꾸는가?

13. 초파리의 호메오틱 돌연변이인 *spinless aristapedia*(ss^a)는 촉수 끝에 작은 발목 구조(정상적으로는 다리의 일부분)를 만든다. 결정과정에서 일어나는 유전자의 기능을 고려하여 ss^a에 의해 어떠한 통찰이 제공될 수 있는지 말해보라.

14. 배발생 과정(embryogenesis)과 암발생 과정(oncogenesis)은 세포분열, 아폽토시스(자발적 세포사멸 과정), 세포의 이동과 침투, 새로운 혈관의 형성, 그리고 순차적 유전자 활성화 등을 포함하는 다수의 특징을 공유한다. 배아세포들은 상대적으로 분화가 안 되어 있는 상태이고, 암세포들 역시 역분화하여(dedifferentiated) 분화가 안 된 것으로 보인다. 호메오틱 유전자 발현은 초기 발생을 지시하며 돌연변이 발현은 분화된 상태를 소실하게 하거나 세포정체성을 변화시킨다. 루이스(M. T. Lewis, 2000. *Breast Can. Res.* 2: 158-69)는 유방암이 호메오틱 유전자 발현이 바뀌어 생기는 것이라는 제안을 했다. 그가 암에서 11개의 그러한 유전자들을 조사했을 때 대조군에 비해 8개는 발현이 떨어져 있는 반면, 3개는 과다 발현되는 것으로 나타났다. 호메오틱 유전자들에 대해 여러분이 알고 있는 것을 고려한다면, 발암에 관계된 것은 무엇이었겠는가?

15. 초파리에서 *fushi tarazu*(*ftz*)와 *engrailed*(*eng*) 유전자들은 호메오박스 전사요소를 암호화하며 다른 유전자들의 발현을 촉진할 수 있다. 두 유전자는 발생 중에 동시에 작용하며 같은 지역에서 체절세포들의 운명을 결정한다. *ftz*가 *engrailed*의 발현을 조절하는지; 혹은 *engrailed*가 *ftz*를 조절하는지; 혹은 둘 다 다른 유전자에 의해 조절되는지를 알아보기 위해, 여러분은 돌연변이 분석을 수행하였다. ftz^- 배아(*ftz/ftz*)에서 *engrailed* 단백질은 존재하지 않는다; $engrailed^-$ 배아(eng/eng)에서 *ftz* 발현은 정상이었다. 이것으로 두 유전자의 조절에 대해 무엇을 알 수 있는가? *engrailed* 유전자가 *ftz*를 조절하는가, 아니면 *ftz* 유전자가 *engrailed*를 조절하는가?

16. 초기 발생은 모계에서 제공된 물질과 mRNA, 그리고 접합자의 유전자 발현 개시 등의 시·공간적 상호작용에 의존한다. 모계적으로 암호화된 mRNA들은 생산된 후 적당한 자리에 위치되었다가 사라진다(Surdej and Jacobs-Lorena, 1998. *Mol. Cell Biol.* 18: 2892-2900). 예를 들어, *bicoid* 유전자의 전사는 초파리에서 전-후 축을 결정하는 모계적인 것이다. mRNA는 난소에서 보조세포(nurse cell)에 의해 합성된 후 난자로 이동되고, 여기에서 난모세포의 앞쪽으로 위치하게 된다. 알을 낳은 후에는 *bicoid* mRNA는 번역되고 bicoid 단백질이 불안정하여 배의 앞쪽에서 뒤쪽으로 갈수록 농도가 점점 낮아지게 된다. 낭배형성이 시작되면, *bicoid* mRNA는 분해되어 버린다. *bicoid* mRNA의 분해를 설명할 수 있는 두 가지 모형을 생각해 보라: (1) mRNA 내의 신호에 따른 것(내부 모형), 혹은 (2) 이 분해가 mRNA의 알 내부에서의 위치에 의한 것(외부 모형)이다. 실험적으로 어떻게 이 두 모형들을 분리할 수 있겠는가?

17. 초파리 및 다른 많은 배아들에서 생식세포의 형성은, 배아에서의 그들의 위치와 세포질에 편재하여 존재하는 결정인자들에 대한 노출에 의존적이다. 초파리 알의 뒤쪽 세포질(극세포질)에 노출된 핵들은 모계에서 유래한 성분들의 지시로 생식세포가 된다. 아미쿠라 등(R. Amikura et al., 2001. *Proc. Ant. Acad. Sci (USA)* 98: 9133-9138)은 초파리 배아의 생식세포질에서 미토콘드리아 밖에 있는 미토콘드리아형 리보솜을 계속 발견할 수 있었다. 그리고 이것이 생식세포의 특수화와 밀접한 관계가 있다고 생각했다. 만약 여러분이 이 같은 현상을 연구한다면, 이 리보솜들의 활성에 대해 무엇을 알고 싶겠는가?

18. 초기 발생의 가장 흥미로운 점 하나는, 세포주기가 변형되어 G1

과 G2기가 결여된 빠른 세포주기가, G1, G2, 그리고 체크 포인트가 측정될 정도로 길어지는 느린 형태로 바뀌는 것이다. 이러한 재형성 과정 중에는 사이클린을 지정하는 모계의 mRNA들은 아데닐기가 없어지며(deadenylated) 접합자 유전자들이 사이클린을 생산하도록 활성화된다. 오딕 등(Audic et al., 2001. *Mol. and Cell. Biol.* 21: 1662-1671)은 이러한 탈 아데닐화가 접합자의 유전자들이 전사되는 데 필요하다고 주장한다. 이러한 발견의 주요 특징을 설명하는 도표를 그려보라.

19. 발달 중의 유전자 활성에 대한 연구에서는, 어떤 유전자가 1차적으로 작용하며, 또 어떤 순서로 유전자들이 작용하는지를 밝히기 위해, 발생 체계나 경로에서 유전자들의 위치를 지정할 수 있는 방법이 필요하다. 이를 위한 몇 가지 방법이 있다. 하나는 이중 돌연변이(double mutant)를 만들고 그 결과를 관찰하는 것이다. 유전자 *fushi-tarazu*(*ftz*)는 7띠 단계의 초기 배에서 발현된다. *gap* 유전자처럼, 전-후 축 패턴 형성에 관여하는 모든 유전자들이 이 유전자의 발현에 영향을 미친다. 그러나 체절 극성 유전자들의 발현은 *ftz*에 의해 영향을 받지 않는다. *ftz*는 체계 중 어디에 위치하는가?

20. 초파리에서 *Hox* 유전자들의 발현을 조절하는 다수의 유전자들이 발견되었다. 이들 중 동형접합성 돌연변이가 *extra sex combs*이다. 여기서는 머리의 일부와 가슴 전부, 그리고 복부 체절이 마지막 복부 체절로 발생한다. 이러한 표현형은 *extra sex combs* 유전자에 의해 *Hox* 유전자의 어떠한 세트가 조절된다는 것을 시사하는가?

21. 초파리에서의 *apterous* 유전자는 날개의 패턴형성과 성장에 필요한 단백질을 암호화한다. 또한 신경 발달, 생식력, 그리고 활동성에도 기능을 나타낸다고 알려져 있다. 이 *apterous*와 매우 닮은 단백질 산물을 만드는 인간과 생쥐 유전자들을 이용하여 형질전환 초파리를 만들었고(Rincon-Limas et al., 1999. *Proc. Nat. Acad. Sci. [USA]* 96: 2165-2170), *apterous* 돌연변이 표현형이 구제될 수 있었다. (a) 이 문장에서 구제되었다는 말의 뜻은? (b) 이 결과는 발생의 분자적 성질에 대해 무엇을 시사하는가?

22. 애기장대에서 꽃의 발달은 호메오틱 유전자들에 의해 조절된다. 여기에는 몇 개의 클래스가 존재하며, 이 유전자들이 각기 혹은 조합된 발현에 의해 어떠한 구조들이 형성되는가?

23. 애기장대의 꽃 호메오틱 유전자들은 MADS-box 유전자 패밀리에 속한다. 반면, 초파리의 호메오틱 유전자들은 호메오박스 유전자 패밀리에 속한다. 애기장대와 초파리에서 *Polycomb* 유전자 패밀리의 구성원들이 이렇게 분기한 호메오틱 유전자들의 발현을 조절한다. *Polycomb* 유전자들이 어떻게, 매우 다른 호메오틱 유전자 세트들의 발현을 조절하는가?

24. *C. elegans*에서 생식공의 발달은 이웃한 두 세포(Z1.ppp와 Z4.aaa)가 세포-세포 신호전달에 의해 상호작용함으로써 시작된다. 이러한 신호작용은 두 가지 성분을 포함하는데; 막에 결합된 신호 분자와 막에 결합된 수용체다. 처음에 세포들은 발생적으로 동일하며 낮은 수준의 신호 분자와 수용체 분자를 생산한다. 어쩌다가, 좀 더 많은 신호 분자를 만드는 세포는 이웃세포들이 더 많은 수용체를 만들도록 한다. 많은 신호 분자를 생산하는 세포는 한 가지 발달 운명(고정세포)을 받아들이고; 좀 더 많은 수용체 분자를 만드는 세포는 다른 운명(자궁 전구체)을 받아들인다. 이러한 형태의 세포-세포 상호작용은 Notch/Delta 신호체계라고 불리는데, 후생동물(metazoa)의 혈관 발달, 신경계 생성, 망막의 발달, 그리고 분화의 여러 경로에서 널리 사용된다. 비록 이것이 신호 기작에서 널리 사용되기는 하지만, 이 경로는 근접한 세포들에서만 작용한다. 왜 그러하며 이 시스템의 장점과 단점은 무엇인지 말해보라.

25. 성결정을 조절하는 유전자를 발견하고 그 성질을 규명하는 것이 예쁜꼬마선충을 연구하는 연구자들에게도 또 다른 연구 초점이었다. 초파리에서와 마찬가지로, 이 생물에서의 성은 상염색체 세트에 대한 X 염색체의 비율에 의해 결정된다. 이배체의 야생형 수컷은 하나의 X 염색체를 가지며, 이배체의 야생형 자웅동체는 2개의 X 염색체를 가진다. 성결정에 영향을 미치는 여러 돌연변이들이 규명되었다. *her-1*이라 불리는 유전자에서의 기능상실 돌연변이는 XO 선충을 자웅동체로 발달시키며 XX 발생에는 영향을 미치지 않는다(즉, XX 선충들은 정상적인 자웅동체가 된다.) 반대로, *tra-1*이라고 불리는 유전자에서의 기능상실 돌연변이는 XX 선충을 수컷으로 발달시킨다. 이러한 정보에 기초하여, 야생형 성결정양식에 대한 이들 유전자들의 기능을 추론하여라.

26. 25번 문제의 정보와 단일 돌연변이 및 이중 돌연변이주들의 표현형 분석에 기초하여 *C. elegans*에서의 성결정 양식이 만들어졌다. 이러한 양식은 *her-1* 유전자가 *tra-1* 유전자의 활성 수준을 결정함으로써, 그리고 *tra-1*은 다시 두 가지 성별 형태의 조직들을 만드는 데 관여하는 여러 유전자의 발현을 조절함으로써 성이 결정된다고 설명한다. 이러한 정보들에 기초하여 (a) *her-1* 유전자 산물은 *tra-1*의 발현에 긍정적인 영향을 미치는가, 아니면 부정적인 영향을 미치는가? (b) *tra-1*과 *her-1*의 이중 돌연변이 표현형은 어떠하겠는가?

정답 Solutions to Problems and Discussion Questions

2. 난자(egg)는 기계적으로나 환경적으로, 그리고 어느 정도 생화학적으로도 조작이 가능한, 고립되어 "닫힌" 시스템을 대표하기 때문에, 연구자가 유전자 조작의 단면들을 연구할 수 있게 해주는 다양한 상태로 조작될 수 있다.

4. (a~d) 초기 발생을 조절하는 유전자들은 종종 그 산물들(mRNA, 전사인자들, 다양한 구조 단백질 등)이 어미에 의해 난자에 축적되어 기능하는 경우가 많다. 그러한 모계 효과 유전자들은 앞-뒤 극성 결정과 같은 초기 사건들을 조절한다. 그러한 산물들은 난자 생성 시기에 알에 축적되어 수정 후에 즉각적으로 활성화된다. 모계 효과 돌연변이들의 표현형은 전체적인 체구성 계획의 결정에서부터 눈의 색깔이나 껍질의 회전 방향에 이르기까지 매우 다양하게 나타난다.

6. (a,b) 접합자의 유전자들은 모계 효과 유전자 산물들에 대한 이들의 반응에 따라 활성화되거나 억제된다. 접합자 유전자 중 3가지 하위 세트들이 배아를 체절들로 나눈다. 이러한 체절화 유전자들은 발생 중인 배아에서 정상적으로 전사되며 이들의 돌연변이들은 배아 치사 표현형을 나타낸다. 어미의 유전자형은 접합자 유전자들을 포함하며 이들은 다른 많은 유전자들과 마찬가지로 배아로 전달된다.

8. 극세포질이 생식세포를 형성하는 정보를 포함하고 있기 때문에 연구자는 앞쪽 영역에 생식세포들을 만들도록 하는 이식 실험을 예측할 수 있다. 1974년에 Illmensee와 Mahowald에 의해 이루어진 실험은 이러한 예측을 확인해준다.

10. 우선, hnRNA 수준들이 관심 세포형들과 일치하는지를 결정할 수 있다. 만약 주어진 한 유전자에 대한 hnRNA 풀이 다양한 세포형들에서 일치한다면 전사조절 가능성을 배제시킬 수 있다. 번역 조절을 지지하는 증거는 서로 다른 형태의 세포들에서 다양한 mRNA들이 공통 서열을 가지는지를 결정하여 얻어낼 수 있다. 이것은 특정 mRNA를 찾거나 표지하기 위한 충분한 지식이 있는 경우에만 가능하다. 교체 접합을 통한 번역 조절에 대한 단서는 단백질의 아미노산 서열을 조사함으로써 얻을 수 있다. 특정 구조/기능 모티프들에서의 유사성은 RNA의 교체 공정을 시사하는 것일 수 있다.

12. "기능-획득" *Antp* 돌연변이는 야생형의 *Antennapedia* 유전자가 머리에서 발현되도록 하여 돌연변이 파리들이 촉수가 생겨야 할 머리 부분에 다리를 가지게 한다. 그러한 돌연변이들은 종종 우성으로 나타난다.

14. 호메오틱 유전자들은 유전자 발현에 영향을 미치는 DNA 결합 도메인들을 암호화하며, 어떤 조건 아래서는 유전자 발현에 영향을 미치는 어떠한 인자라도 세포주기 조절에 영향을 미칠 수 있다. 이 모형이 얼마나 그럴 듯 하건 간에, 유선에서 보고된 호메오틱 변환은 아직 없었으며, Lewis (2000)에 따르면 곤충에서의 돌연변이 호메오틱 유전자들의 전형적인 발현이 유선조직에서 드러나지는 않는다. 호메오틱 유전자 돌연변이와 암의 발생 사이에 기능적인 연관성이 있음을 확립하기 위해서는 상당한 연구들이 더 필요하다. 아마도 돌연변이화와 유전자 전달 실험들이 이러한 인과관계를 밝히는 데 가장 도움이 되는 것들일 수 있다.

16. 두 가지 연합 접근법이 사용될 수 있다. 우선, 한쪽은 *bicoid* mRNA의 모든 부분들에 걸친 일련의 결실들에 대해 유전자 조작 파리들을 만들 수 있다; 즉, 이 결실 돌연변이들은 암호화 영역 및 5′과 3′ 비번역 부위에 걸쳐 존재하는 것들이다. 결실 부분을 가진 mRNA 들의 안정성을 정상 mRNA와 비교하면 mRNA의 어떤 부분이 분해 신호서열을 포함하고 있는지 알 수 있다. 만약 분해감수성인 지역이나 서열이 결실에 의해 발견되면, 동일한 부분을 상관 없는 비분해 mRNA(r-단백질이나 튜불린 mRNA 같은)에 결합시켰을 때, *bicoid* mRNA의 분해 양상과 비슷한 방식으로 분해되도록 할 것이다.

18.

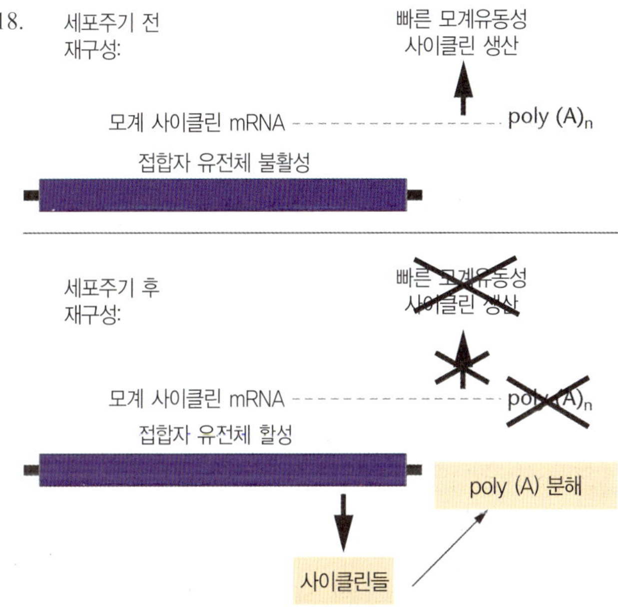

20. 이 유전자는 아마도 정상적으로는 몸의 모든 체절에서 *BX-C* 유전자의 발현을 조절할 것이다. 난자에 저장된 *esc*의 야생형 산물은 난자 피질에 올바로 저장된 정보의 해석에 필요한 것일 수 있다.

22. 꽃의 세 가지 호메오틱 유전자들이 알려져 있는데, 이들은 겹치는 방식으로 꽃 기관을 특수화시킨다. Class *A* 유전자는 꽃 받침이 생기도록 한다. *A*와 *B* 유전자들의 발현은 꽃잎을 지정하고 *B*와 *C* 유전자들은 수술형성을 조절하며 *C* 유전자의 발현은 심피가 형성되도록 한다.

24. 신호-수용체 상호작용이 막에 결합된 구조물에 의존적이므로, 그 경로는 인접한 세포에서만 작동할 수 있다. 그러한 시스템의 장점은 일정 지역의 세포들, 즉 접촉해 있는 세포들에만 영향을 미친다는 것이다. 만약 특정 발생 경로에서 다수의 세포들이 활성화되어야 하거나 혹은 접촉하지 않은 세포들이 유도되어야 할 때는 어려움이 생길 수 있다.

26. (a,b) 만약 *her*-1^+ 산물이 음성 조절자로 작용한다면 그 유전자가 변이되었을 때는 *hra*-1^-에 대한 억제가 없어지고 양성화가 일어날 것이다. 이중 돌연변이는 웅성이 되도록 할 것인데, 왜냐하면 *her*-1^- 때문에 억제가 없다고 해도 *hra*-1^+ 산물이 없어서 양성 발달을 일으킬 수 없기 때문이다.

CHAPTER

21 정량 유전학

호박밭. 호박의 크기는 부가적 대립인자들의 조절을 받는 정량적 형질이다

단원 개념

- 양적 유전현상으로 인해 측정 가능한 표현형 범주들의 다인자적 형질들이 나타난다.
- 대부분의 다인자적 형질들은 연속적 변이를 나타내지만, 모두가 그런 것은 아니다.
- 양적 형질들은 특정 대립인자가 연구되는 형질들에 부가적 효과를 나타내는 멘델 유전학적 용어들로 설명될 수 있다.
- 다인자적 형질에 대한 연구는 통계 분석에 의존한다.
- 유전력은 특정 환경 조건 하에서 표현형적 변이도에 기여하는 유전적 기여도를 평가한다.
- 쌍둥이 연구는 인간에서의 유전력을 측정할 수 있게 해준다.
- 양적 형질 좌위(QTL)들이 규명되어 지도가 작성되었다.

우리는 표현형적 변이들이 뚜렷한 범위로 구분이 되었던 많은 예들을 살펴보았었다; 완두의 키는 크거나 작았고, 호박의 모양은 구형, 원반형, 혹은 길쭉한 모양이었다. 초파리의 눈 색은 빨강이거나 하얀색이었다(4장을 보라). 이처럼 소수의 분명한 표현형들을 가지는 형질들은 **불연속적 변이**(discontinuous variation)를 나타낸다. 비록 불연속적 형질들에서도 다양한 유전도와 발현도, 다면발현, 그리고 상위성 등이 유전자형과 표현형 사이의 관계를 모호하게 하지만, 이들 형질에서는 전형적으로, 한 가지 유전자형이 한 가지의 구분 가능한 표현형을 만든다. 그러나 의학적, 농업적 중요성을 가지는 다른 많은 형질들은 훨씬 복잡하다. 그들은 특정 범주로 분류하기 어려운 연속적 변이 영역들을 가진, 훨씬 다양한 변이들을 나타낸다. **연속적 변이**(continuous varation)를 나타내는 그러한 형질들로는, 사람의 키나 몸무게, 소의 우유 생산량이나 고기 생산량, 작물 생산량, 그리고 종자의 단백질 함량 등을 들 수 있다. 표현형 영역 전체에 걸친 연속적 변이는 정량적인 용어들로 측정되고 기술되므로, 이러한 유전적 현상은 **양적 유전**(quantitative inheritance)이라고 알려져 있다. 다양한 표현형은 여러 좌위에서의 유전자들이 작용하여 생기는 것이므로, 양적 형질들은 때때로 **다인자적**(polygenic, 문자적 뜻은 "많은 유전자")이라고 언급된다. 연속변이를 나타내는 형질들에 대해서, 수정시에 생긴 유전자형이 특정 개체가 나타내는 양적 범주를 결정한다. 그러나 최종적 표현형은 종종 그 개체가 노출되는 환경에 의해서도 영향을 받는다. 사람의 키를 예로 들면, 부분적으로는 유전적으로 결정되지만 이것은 또한 영양과 같은 환경적 요소들에 의해서도 영향을 받는다. 유전자의 활동과 환경적 영향에 의해 얻어지는 그러한 표현형들은 때로는 **복합적 형질**(complex trait) 혹은 **다요소적 형질**(multifactorial trait)이라고 불리기도 한다.

이 장에서는, 양적 유전의 예를 살펴보고, 복합형질을 연구하는 데 사용되는 통계적 기술들에 대해서도 알아보고자 한다. 또한 어떻게 유전학자들이 표현형적 변이에 기여하는 유전적 요소와 환경적 요소의 상대적 중요성을 평가하는지도 고려하게 될 것이다. 그리고 양적 형질들에 영향을 미치는 유전자들을 찾고 지도화하는 데 어떠한 접근법이 사용되는지에 대해서도 논의해 보도록 하자.

학습 방법

이 장에서는 양적인 표현형 변이를 나타내며, 대립인자의 영향이 부가적으로 나타나는 유전적 형질에 초점을 맞추고자 한다. 여러분이 이러한 주제를 공부할 때는 다음과 같은 기본적인 질문에 답할 수 있도록 해야 한다.

1. 초기 유전학자들로 하여금 양적인 형질들이 멘델에 의해 연구된 질적인 형질들과는 다른 유전 양식을 따른다고 확신할 수 있게 했던 관찰은 어떤 것이었나?
2. 유전학자들이 유전 양식을 설명하기 위해 부가적인 대립인자들에 기초한 다요소 가설을 생각하도록 했던 발견은 무엇이었나?
3. 한 가지 양적 형질에 얼마나 많은 유전자가 관여하는지는 어떻게 알 수 있는가?
4. 양적으로 유전되는 형질의 발현에 환경요인이 영향을 미치는지를 결정하기 위해서는 어떻게 환경적 요인들을 측정할 수 있는가?

21.1 모든 다인자적 형질이 연속변이를 나타내는 것은 아니다

하나의 형질이 집단 내에서 연속 변이를 나타낼 때 개체들을 측정하면 분명한 범주들이 없는, 표현형의 단계적 변화가 형성될 수 있다. 대부분 그러한 형질은 다인자적 유전의 결과이며, 이미 언급했듯이, 다인자적 형질들은 흔히 다요소적이어서, 관찰된 표현형 범주에 기여하는 환경요인들을 가진다.

표현형적 변이가 측정치의 눈금을 따라 어느 지점에 위치하게 되는 연속적인 양적 형질들에 더하여, 두 가지 다인자적 형질들이 존재한다. **계수적 형질**(meristic trait)들은 총 숫자를 셈으로써 표현형들이 기록되는 것들이다. 계수적 형질의 예에는 콩깍지 내의 씨앗의 수나 닭이 1년 동안에 낳는 알의 수 등이 포함된다. 이들은 양적 형질이지만 무한정한 표현형 범위를 갖지는 않는다. 예를 들어, 하나의 꼬투리는 2, 4, 혹은 6개의 콩을 포함하는 것이지 5.75개의 콩을 갖지는 않는다. **역치 형질**(문턱 형질, threshold trait)들은 다인자적이지만(그리고 종종 환경적 요소들이 표현형에 영향을 미쳐 다요소적이기도 하다) 소수의 분명한 표현형 집단들을 가진다는 점에서 연속적 형질이나 계수적 형질들과는 구분된다. 역치 형질들은 요즘 점점 많은 수의 질병이 이러한 양상의 다인자적 유전현상을 보이는 것으로 생각된다는 점에서 인류유전학자들의 관심을 사고 있다. 한 가지 예가 **2형 당뇨병**(Type II diabetes)인데, 보통 중년 혹은 그 이후에 발병하므로 성인형 당뇨병으로도 알려져 있다. 하나의 집단은 이 형질에 대해 단 두 가지 표현형 범주로 구분될 수 있다 – 2형 당뇨병인 사람과 아닌 사람. 따라서 첫 눈에 보면, 이것은 단순한 단일인자에 의한 형질과 더 가까운 것으로 보일 수 있다. 그러나 하나의 성인형 당뇨 유발인자가 발견된 적은 없다. 대신에 다수의 관계 좌위들에 존재하는 대립인자들의 조합이, 개인들을 이 질병에 더 잘 걸리게 하거나 혹은 더 덜 걸리게 하는 가능성을 부여한다(그림 21-1). 많은 역치 형질들에 관해서는, 유전적 소인이 상당한 정도 이상으로 높은 사

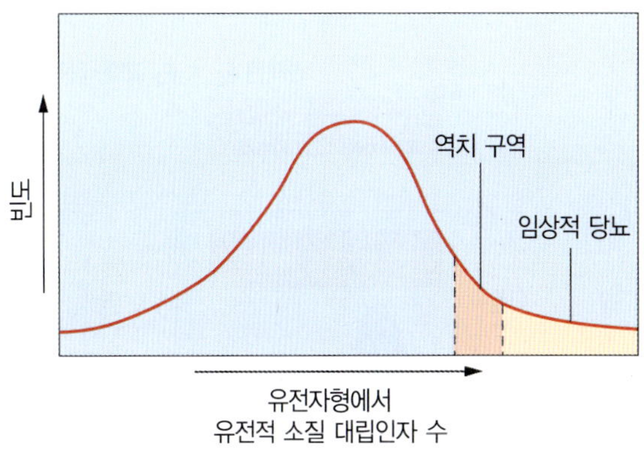

그림 21-1 역치 형질에 대한 설명 – 2형 당뇨병.

람들이 실제로 2형 당뇨병을 발달시킬지 아닐지에 식사나 생활 방식이 영향을 미치는 것처럼, 그 환경요소들 역시 최종 표현형 결정에 영향력을 행사한다.

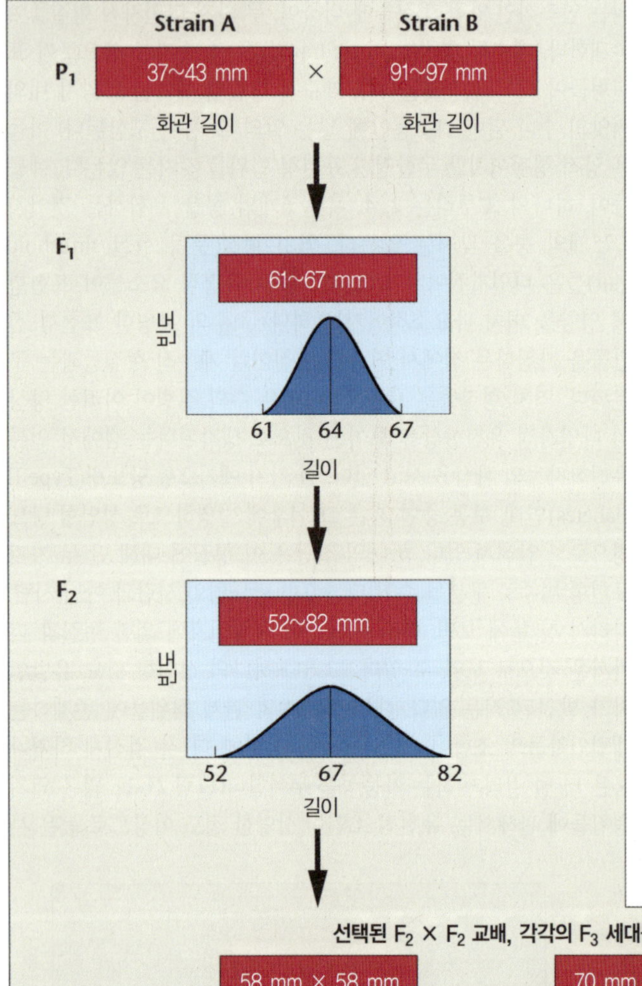

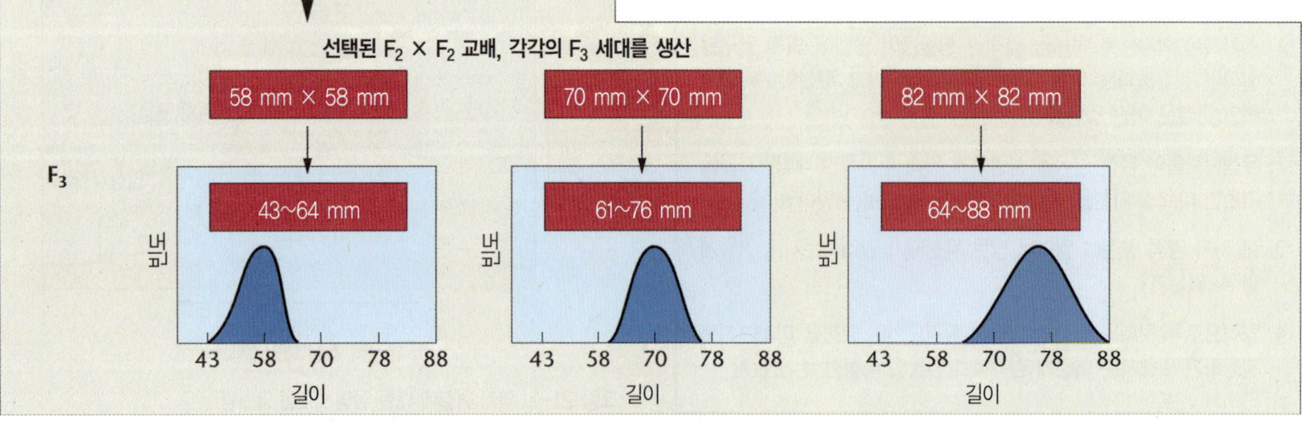

그림 21-2 서로 다른 화관 길이를 가진 *Nicotiana* 종들을 교배한 이스트의 실험 결과. 얻어진 F_1, F_2 그리고 선택된 F_3 결과를 보여준다. A 계통의 식물은 37~43 mm의 변이를 보이는 데 반해, B 계통은 91~97 mm의 변이를 나타낸다. 위의 사진은 이 담배식물의 꽃과 화관을 보여준다.

21.2 양적 형질은 멘델 용어로 설명될 수 있다

연속적 표현형 변이가 멘델의 용어들로 설명될 수 있느냐 하는 문제는 1900년대 초 상당한 논란을 일으켰다. 일부 과학자들은, 멘델의 단위요소 혹은 유전자들이 분명한 표현형 범주들을 가진 불연속적 분리의 양상을 설명할 수는 있지만, 정량적 형태의 유전양상을 보이는 표현형 범위를 설명할 수는 없다고 주장했다. 그러나 윌리엄 베이트슨(William Bateson)과 우드니 율(George Udny Yule) 등의 유전학자들은 멘델의 설명에 기초하여 **다요소 가설**(multiple-factor hypothesis), 혹은 **다인자 가설**(multi-gene hypothesis)을 제안했는데, 여기서는 멘델 양식으로 행동하는 각각의 많은 유전자들이 누적적(cumulative) 혹은 양적(quantitative) 방식으로 표현형에 기여한다.

양적 유전에 대한 다인자 가설

1920년대가 되자, 몇몇 중요한 실험은 이러한 논쟁에 결론을 제공하여 멘델의 요소들이 연속 변이를 설명할 수 있음을 증명했다. 그 중 한 실험은 에드워드 M. 이스트(Edward M. East)의 담배(*Nicotiana longiflora*) 교배 실험이다. 이 식물의 화관은 통꽃인 내부 화피를 가지는데 A종은 매우 짧은 화관을, B종은 긴 화관을 가져서 명확히 구분된다. 차이가 명확한 이 두 순종의 형질은 따라서 유전적 조절을 받는 것으로 생각된다.

두 순종을 교배하면 F_1과 F_2, 그리고 선택된 F_3 자료가 명확한 패턴을 나타내고 있음을 알 수 있다(그림 21-2). F_1 세대는 P_1 변이들과 비교할 때 중간형 화관을 나타냈으며 개체간 변이는 매우 미미했다. P_1 식물의 화관 길이는 약 40 mm와 94 mm인 데 반해 F_1 세대의 식물들은 화관 길이가 64 mm였다. F_2 세대에서는 그 변이가 더 커서 52 mm부터 82 mm까지 다양했다. 대부분의 개체들은 F_1 세대의 부모들(64 mm)과 닮아 있었고, 변이가 증가할수록 더 적은 수의 식물들이 관찰되었다. 자료를 그래프로 그려보면 (빈도 대 길이) 종 모양의 커브가 그려진다.

이스트는 이 집단의 실험을 발전시켜 다양한 화관길이를 갖는 F_2 식물들을 선별한 뒤 교배하여 F_3 세대를 관찰했다. 몇몇 실험이 그림 21-2에 나타나 있다. 각 경우에서 종 모양 분포가 관찰되었고 대부분의 개체들은 F_2 부모형의 길이와 비슷하였으나 이 값을 둘러싼 변이는 상당했다.

이스트의 실험은 화관길이의 변이가 연속적인 것이라 할지라도, 실험적 교배가 독립적인 F_3 카테고리들에서 관찰되는 뚜렷한 표현형적 계급들을 분리할 수 있음을 보여주고 있다. 이 중요한 발견은 다요소 가설의 기초이며, 어떻게 형질들이 그 발현에 있어 상당한 편차를 나타낼 수 있는지를 설명해 준다.

다인자 가설은 헤르만 닐슨-엘르(Hermann Nilsson-Ehle)에 의해 발표된 중요한 실험 결과들에 의해서도 지지를 얻었다. 그는 여러 좌위에서의 대립인자들의 누적적 효과가 양적 형질들에서 나타나는 표현형 범주들을 만든다는 생각을 검사하기 위해, 밀의 낟알 색깔을 이용하였다. 한 세트의 실험에서, 그는 붉은 낟알을 가진 밀을 흰 낟알을 가진 밀과 교배시켰다(그림 21-3). F_1 세대는 중간 색인 분홍색을 나타냈으며, 이것은 언뜻 보기에는 단일 좌위에서 두 대립인자가 불완전 우성을 나타내는 것으로 생각되었다. 그러나 F_2에서 그는 단성잡종 교배의 특징인 3:1의 분리 비율을 관찰하지 못했다. 대신에 대략 15/16 정도의 식물들은 어느 정도의 붉은 색깔을 띠고 있었던 반면, 1/16은 흰색을 나타냈다. F_2 세대에 대한 세심한 조사로, 낟알의 색이 4종류의 서로 다른 붉은 색 집단들로 나뉜다는 것을 알 수 있었다. F_2의 비가 16분수로 드러나므로 이 표현형은 멘델식에 따라 독립적으로 분리되는 두 쌍의 유전자(각각이 2개의 대립인자를 가진)에 의해 조절되는 것으로 보였다.

만약 각 유전자가 낟알의 붉은색에 기여하는 하나의 잠재적 **부가성 대립인자**(additive allele)와, 붉은 색소를 만들지 못하는 하나의 잠재적 **비부가성 대립인자**(nonadditive allele)를 갖고 있었다면, 우리는 어떻게 다요소 가설이 이들 다양한 낟알 색 표현형을 설명하는지를 알 수 있다. P_1에서 양 부모는 호모상태다; 붉은 부모는 오직 부가성 대립인자(그림 21-3에서 *AABB*)만 가지는 반면, 흰 부모는 비부가성 대립인자(*aabb*)만 가진다. F_1 세대에서 태어난 이형접합자들(*AaBb*)은 두 개의 부가성 대립인자(*A*와 *B*)와 두 개의 비부가성 대립인자(*a*와 *b*)를 가지게 되고, 중간형 표현형인 분홍색을 나타낸다. F_2 세대에서 각 자손들은 4, 3, 2, 1, 혹은 0개의 부가성 대립인자를 가진다. 부가성 대립인자들을 가지지 못한 F_2 밀(*aabb*)은 P_1 세대의 부모형인 흰색이 되고, 4개의 부가성 대립인자를 가진 밀(*AABB*)은 붉은색 부모형 색을 띤다. 부가성 대립인자를 3, 2, 1개씩 가진 F_2 식물들이 F_2에서 관찰되는 나머지 3 그룹을 구성한다. 존재하는 개개의 부가성 대립인자가 낟알에서 색소의 생산에 동등하게 누적적으로 작용하므로, 유전자형에 부가적 인자의 수가 많을수록 표현형에서 붉은색이 진하게 나타난다.

닐슨-엘르의 실험 결과는, 다수의 좌위에서 누적적인 대립인자들이 정량적 방식으로 표현형에 영향을 미치지만 개개의 대립인자는 멘델의 규칙대로 분리된다는 것을 이용하여 어떻게 연속적 변이가 멘델 양식으로 설명될 수 있는지를 보여준다. 닐슨-엘르의 초기 교배 실험에서 살펴본 바와 같이, 만약 각기 두 대립인자를 가진 두 좌위가 관여한다면, 5개의 표현형적 범주가 1:4:6:4:1의 비율로 예상될 것이다. 다양한 양적 표현형을 조절하는 3개, 4개, 혹은 그 이상의 좌위들이 비슷한 방식으로 기능하지 않을 이유는 없다. 점점 더 많은 좌위들이 관여할수록, 점점 더 많은 수의 집단들이 F_2에서 복잡한 비율로 나타난다. 5개까지의 유전자쌍에 관해, 표현형의 수와 각 교배에서 예상되는 F_2의 비율을 그림 21-4

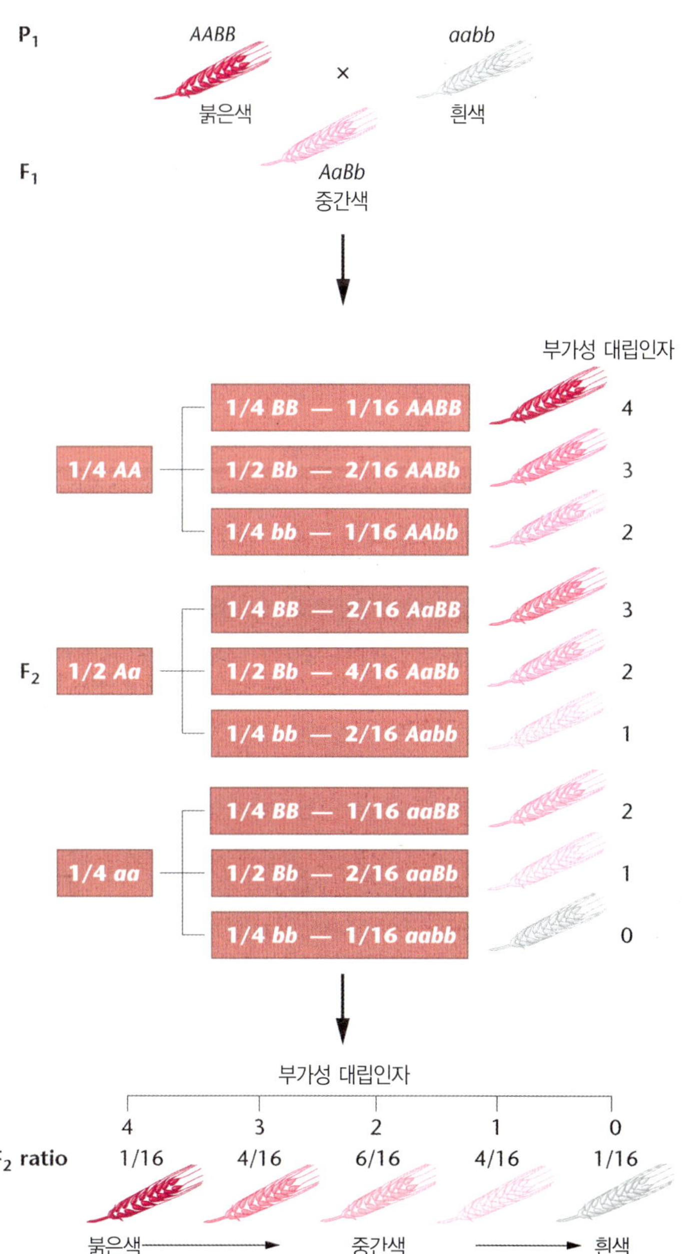

그림 21-3 대문자로 표시된 모든 대립인자가 부가적으로 작용하여 표현형에 동등한 정도로 영향을 미칠 때 어떻게 다인자 가설이 1:4:6:4:1의 낟알 색깔 표현형을 설명해 주는가를 나타낸 것.

에 나타내었다.

부가성 대립인자들: 연속 변이의 기초

이스트와 몇몇 다른 과학자에 의해 제시된 다인자 가설은 다음과 요점들로 이루어진다.

1. 연속적 변이를 보이는 특징들은 보통 측정, 무게재기, 개수 세기 등의 방법으로 정량화될 수 있다.

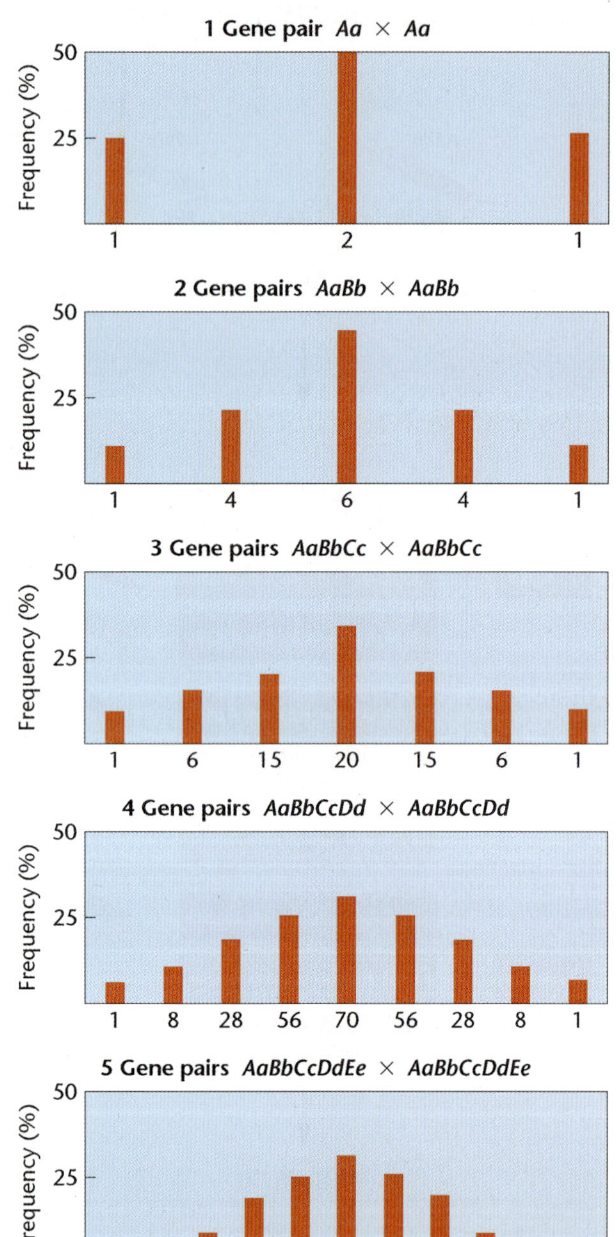

그림 21-4 1~5개의 유전자쌍이 작용하는 다인자적 유전현상에서 두 이형접합자끼리의 교배 결과. 각 막대그래프는 한쪽 극단(왼쪽 끝)에서 다른 극단(오른쪽 끝)에 걸쳐 뚜렷한 표현형 계급들을 나타낸 것이다. 각 표현형 결과는 부가성 대립인자들이 각각 다른 수일 때 얻어진 결과들이다.

2. 두 개 혹은 그 이상의 유전자쌍이 유전체 전체에 위치하며 누적되는 방식으로 표현형에 유전적 영향을 미친다. 많은 유전자가 관여하므로 이러한 형태의 유전은 **다인자적(polygenic)**이라고 칭해진다.
3. 각 유전자 좌위는 표현형에 영향을 미치는 **부가성 대립인자(additive allele)**나 혹은 표현형에 정량적으로 기여하지 않는 **비부가성 대립인자(nonadditive allele)**에 의해 점유될 수 있다.
4. 각 부가성 대립인자들이 표현형에 미치는 효과는, 작지만 대략 동등하게 작용한다.
5. 하나의 양적 특징에 기여하는 부가성 대립인자들은 합쳐져 상당한 표현형적 변이를 생산해 낸다.

다인자의 수 계산하기

양적 형질에 기여하는 다인자의 수를 추정하기 위한 다양한 공식들이 개발되었다. 예를 들어, 어느 한 극단을 닮은(부모형) F_2 개체의 비율이 결정된다면, 관여된 유전자쌍의 수(n)는 다음과 같은 간단한 식으로 계산된다:

$$1/4^n = \text{부모형을 나타내는 } F_2 \text{ 개체의 비율}$$

그림 21-3에 요약되어 있는 붉은 밀과 흰 밀의 예에서는, 1/16의 자손들이 P_1 표현형처럼 붉거나 흰 것이었다. 이 비율로 방정식의 우측 항을 대체하여 n을 풀면,

$$\frac{1}{4^n} = \frac{1}{16}$$

$$\frac{1}{4^2} = \frac{1}{16}$$

$$n = 2$$

표 21.1은 5개까지의 유전자쌍들이 관여하는 교배에서 생산된 F_2 표현형 범주들의 수와 비율을 보여준다.

적은 수의 유전자쌍에 대해서는 $(2n + 1)$ 법칙을 이용하는 것이 더 간단하다. 만약 n이 유전자쌍의 수라고 하면 $2n + 1$은 가능한 표현형적 범주들의 총수가 된다. $n = 2$이면, $2n + 1 = 5$이고, 따라서 각 표현형적 카테고리는 4, 3, 2, 1, 혹은 0개의 부가성 대립인자를 가지게 된다. $n = 3$이면 $2n + 1 = 7$에 의해 각 표현형적 카테고리는 각각 6, 5, 4, 3, 2, 1, 0개의 부가성 대립인자를 가지게 되는 것이다.

그러나 양적 형질에 관여하는 다인자의 수를 추정하는 이들 두 가지 방법은, 관여하는 모든 대립인자가 F_2의 표현형적 발현에 동등하고 부가적으로 기여하며, 환경적 요인에 의해 심각하게 영향을 받지 않는다는 가정을 전제로 한다. 후에 살펴보게 되겠지만, 많은 양적 형질에 대해 이러한 가정은 사실이 아니다.

표 21.1 다인자 교배에 관여한 유전자쌍의 수(n)의 결정

n	극단 표현형을 나타내는 개체들	뚜렷한 표현형 범주의 수
1	1/4	3
2	1/16	5
3	1/64	7
4	1/256	9
5	1/1024	11

이 문제를 풀어보자

536페이지의 3(a)번 문제는 양적 형질에 대한 F_1과 F_2 범주들을 제시한 후 관여하는 다인자의 수를 계산하라는 것이다.

힌트: F_2에서 나타나는 부모형 표현형의 비(숫자가 아니라)가 열쇠라는 것을 기억하라.

21.3 다인자 형질들에 대한 연구는 통계적 분석에 의존한다

양적 형질에 대해 연구하는 유전학자들이 당면하는 중요한 도전 중의 하나는 집단 내에서 관찰되는 표현형적 변이 중에서 어느 정도가 개체들의 유전적 차이에 의한 것이고, 또 어느 정도가 환경적 차이에 의한 것인지를 결정하는 것이다. 변이를 나누는 방법은 다음 절에서 자세히 논의될 것이다. 그러나 우리는 우선, 양적 표현형 변이를 측정해서 나온 자료들을 이용하는 통계학적 도구들에 대해 고려할 필요가 있겠다. 한 집단 내의 모든 개체들에서 다인자적 형질들의 발현을 측정하는 것은 실상 가능한 일이 아니며, 따라서 일부 개체들을 무작위로 추출하여 측정에 사용함으로써 표본을 만든다. 얻어진 정보의 정확성은 그 표본들이 추출된 집단에서 정말로 무작위로 추출되어 그 집단을 대표할 수 있는가에 달려 있다. 예를 들어, 100명의 학생으로 구성된 유전학 수업에서 한 학생이 평균 신장을 결정하고 싶어서 옆자리에 앉은 2명의 학생을 잿는데, 그 두 명이 모두 대학 농구팀의 센터였다고 하자. 아마도 이 표본은 2가지 이유 때문에, 그 수업을 듣는 학생들의 평균 신장에 대한 좋은 측정을 제공할 것 같지는 않다: 첫째는, 표본 크기가 너무 작다; 둘째로, 표본들은 그 클래스의 대표적 하위부분이 되지 못한다(100명의 학생이 모두 농구팀 학생이었다면 모를까).

만약 양적 형질의 발현을 측정하는 데 사용된 표본이 충분히 크고, 추출된 집단을 대표할 수 있다면, 우리는 종종 자료들이 빈도 막대그래프로 그려졌을 때 특징적인 종형 곡선을 가진 **정상분포**(normal distribution)를 형성함을 발견하게 된다(그림 21-5). 종형 분포를 나타내는 형질들을 분석하는 데는 평균값, 분산, 표준편차, 평균의 표준오차, 그리고 공분산 등을 포함한 몇 가지 통계적 방법들이 유용하게 사용된다.

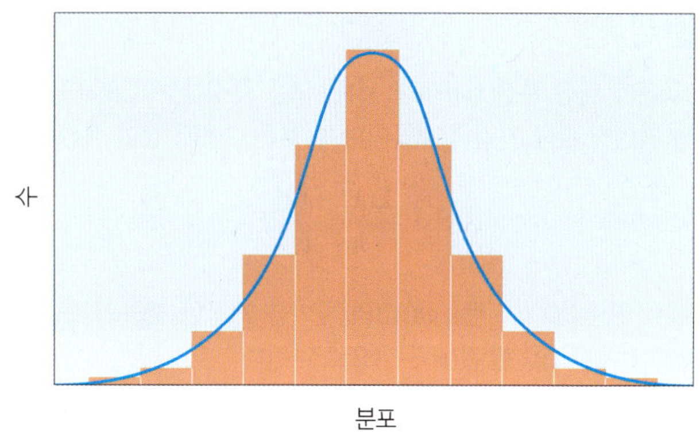

그림 21-5 종 모양의 곡선이 특징인 정상빈도 분포.

평균값

평균값은 양적 형질의 측정 범위에서 어느 지점이 중앙인지를 알려준다. 그림 21-6에서 두 세트의 표현형 측정 그래프가 중앙값 근처에 분포되어 있는 것을 볼 수 있다. 이 뭉침 현상(clustering)을 **중심경향**(central tendency)이라고 하며, 이 중앙 지점이 **평균값**(mean; $\bar{X}$)이다.

평균은 자료들의 측정값 세트의 산술평균으로 다음과 같이 계산한다:

$$\bar{X} = \frac{\Sigma X_i}{n}$$

여기에서 $\bar{X}$는 평균값이고, ΣX_i는 표본 내의 모든 각 수치의 합을 나타내며, n은 각 개체의 수다.

비록 평균값이 표본들에 대해 유용한 설명적 요약을 제공하긴 하지만, 그것은 자료점의 범위나 분포에 대해서는 아무것도 말해주지 못한다. 그림 21-6에 나타난 것처럼, 표본값들은 대칭적 분포 하나에서처럼 평균값 근처에 뭉쳐 있거나, 혹은 다른 세트의 측정값처럼 동일한 평균값 주위에서 더 넓게 퍼져 있을 수 있다. 두 번째 통계값은 분산인데, 평균값 주변의 자료 분포에 대한 정보를 제공한다.

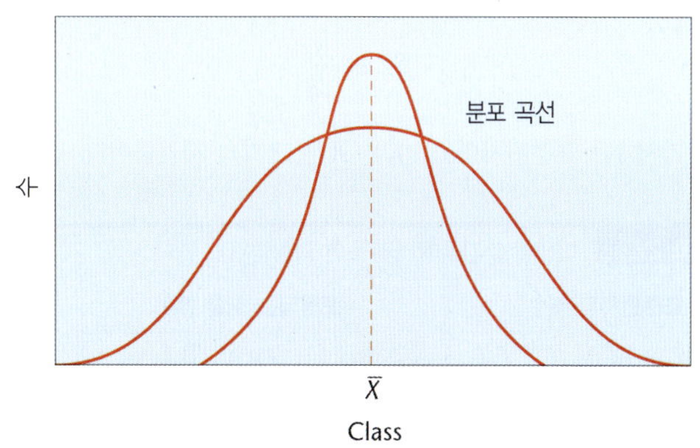

그림 21-6 같은 평균값을 가지지만 변이의 양이 다른 두 정상빈도 분포.

분산

한 표본에 대한 **분산**(variance; s^2)은 모든 측정값들이 평균값으로부터 떨어진 평균 거리의 제곱이다. 이것은 다음과 같이 계산된다:

$$s^2 = \frac{\Sigma(X_i - \bar{X})^2}{n - 1}$$

여기서 평균값($\bar{X}$)과 샘플값(X_i)의 차이를 제곱한 값들의 합(Σ)은 집단크기에서 1을 뺀 값($n - 1$)으로 나뉜다.

그림 21-6에서 보이는 것처럼, 두 개의 분포가 같은 평균을 가지면서도 그 빈도의 분포는 평균 주위로 매우 다를 수 있다. 분산은 측정치와 평균값 사이의 편차제곱의 평균을 나타낸다. 분산의 측정은, 특히 환경 역시 표현형에 영향을 미칠 때 형질에 대한 유전적 조절 정도를 결정할 때 매우 유용하다.

표준편차

분산이 제곱값이기 때문에 측정의 단위 역시 제곱된다(m^2, g^2 등). 측정의 원래 단위로 평균값 주위의 분산을 표시하기 위해 분산의 제곱근을 사용하며 이를 **표준편차**(standard deviation)라고 하고 **s**로 나타낸다.

$$s = \sqrt{s^2}$$

표 21.2는 정상분포 내에서 어느 정도의 개체들이 표준편차의 배수 내에 포함되는가를 나타내고 있다. 평균의 양쪽 1 표준편차(X±1s) 내에는 모든 개체들의 68%를 포함한다. 95% 이상의 모든 개체들이 2표준 편차 범위 내에서 발견된다. 이처럼 표준편차는 중요한 설명도구다. 나아가 표준편차 s는 확률로서도 해석될 수 있다. X±1s는 무작위로 뽑혀진 하나의 값이 그 범위 내에 속하게 될 확률이 68%라는 뜻이다.

평균의 표준 오차

한 집단에서 여러 표본을 뽑아서 동일한 양적 형질들을 측정한다면, 우리는 그 평균값들이 매우 다양하다는 것을 알게 될 것이다. 같은 집단 내에서 뽑혀진 다른 비슷한 표본들의 평균이 어느 정도로 다양할 수 있는지를 측정하기 위해 **평균의 표준 오차**(standard error of the mean)인 $S_{\bar{X}}$를 사용하며 다음과 같이 계산한다:

$$S_{\bar{X}} = \frac{s}{\sqrt{n}}$$

여기서 s는 표준편차이고, $\sqrt{n}$은 표본 크기의 제곱근이다. 평균의 표준 오차가 s를 샘플크기의 제곱근($\sqrt{n}$)으로 나눠 얻어지므로, 항상 표준편차보다는 작은 값으로 나타난다.

표 21.2 다양한 s 값들에서의 표본 포함범위

표준편차의 배수	포함되는 샘플 (%)
$\bar{X} \pm 1s$	68.3
$\bar{X} \pm 1.96s$	95.0
$\bar{X} \pm 2s$	95.5
$\bar{X} \pm 3s$	99.7

공분산

양적 형질들을 연구하는 유전학자들은 종종 두 가지 표현형을 동시에 고려해야 할 경우에 부딪치게 된다. 예를 들어, 어떤 양계업자가 닭에서 체중과 산란율 사이의 관계를 조사하고 싶다고 하자: 더 무거운 닭이 더 많은 알을 낳을까? **공분산**(covariance) 통계는 얼마나 많은 변이가 두 양적 형질에 공통적인지를 측정한다. 이것은 집단내 각 개체의 각 형질에 대한 값을 평균값에서 뺀 편차를 얻어 계산한다. 여기서 한 쌍의 값이 나오면 둘을 곱한다; 각 곱들을 모두 더하고, 표본 수에서 1을 뺀 수로 나눈다. 그러면 이 두 세트의 형질 측정값, X와 Y에 대한 공분산인 $\mathbf{cov}_{XY}$가 나오며 다음과 같이 계산된다:

$$\text{cov}_{XY} = \frac{\Sigma[(X_i - \bar{X})\ (Y_i - \bar{Y})]}{n - 1}$$

공분산은 다시 **연관계수**(correlation coefficient)인 $\boldsymbol{r}$로 표준화될 수 있으며 수식은 다음과 같다:

$$r = \text{cov}_{XY}/S_X S_Y$$

여기에서 S_X는 첫 번째 세트의 양적인 측정값들인 X의 표준편차이고, S_Y는 두 번째 세트의 양적 측정값들 Y의 표준편차이다. 상관계수 r의 값은 −1에서 +1까지다. 양의 수는 한 형질의 측정값들이 증가함에 따라 다른 형질의 측정값들도 증가한다는 의미이고, 음의 r 값은 한 형질값의 증가가 다른 값들의 감소와 연관된다는 뜻이다. 그러므로 만일 더 무거운 암탉이 알을 더 잘 낳는다면 양의 r 값이 기대될 것이고, 음의 r 값이 나왔다면 산란력은 더 가벼운 닭일수록 좋다는 뜻이 된다. 상관계수에서 주목해야 할 점은 r 값이 +1이나 −1에 가깝다고 해서 두 형질 사이에 인과관계가 있다는 뜻을 포함하는 것은 아니라는 것이다. 상관관계는 단순히 한 가지 양적 형질에서의 변이가 다른 형질에서의 변이와 연관이 있는 정도를 말해주는 것이지 변이의 원인을 말해주는 것은 아니다.

이 문제를 풀어보자

537페이지의 15번 문제는 양떼에서 두 가지 양적 형질에 대한 자료들을 주고 여러분에게 그 두 형질이 상관이 있는지를 결정하라는 것이다.

힌트: 우선은 각 형질에 대한 표준편차를 얻은 후 공분산을 계산하라.

양적 형질의 분석

어떤 동형접합성 토마토 변종이 평균 18온스 무게의 과실을 생산하는 반면, 다른 변종은 평균 6온스의 과일을 만든다. 이들 두 변종들을 교배하여 얻은 F_1은 10~14온스 범위에 해당하는 무게의 과일을 생산한다. F_2 집단은 6에서 18온스까지의 과일들을 생산

표 21.3 F_1 자손과 F_2 자손의 빈도 분포

	무게 (온스)												
	6	7	8	9	10	11	12	13	14	15	16	17	18
F_1의 수					4	14	16	12	6				
F_2의 개체들	1	1	2	0	9	13	17	14	7	4	3	0	1

하는 개체들을 포함하고 있다. 두 세대에 대한 결과가 표 21.3에 나타나 있다.

F_1에서의 과일 무게의 평균은

$$\bar{X} = \frac{\Sigma X_i}{n} = \frac{626}{52} = 12.04$$

같은 방식으로 F_2의 과일 무게의 평균은

$$\bar{X} = \frac{\Sigma X_i}{n} = \frac{872}{72} = 12.11$$

이 두 평균값은 비슷하지만 표 21.3의 빈도분포는 F_2 세대에서 훨씬 큰 변이를 보여준다. 이 변이는 표본 분산인 s^2으로 정량화될 수 있으며, 각 값의 평균과의 차이를 제곱한 것을 더한 후 총 관찰 수에서 1을 뺀 값으로 나눔으로써 다음과 같이 계산된다:

$$s^2 = \frac{\Sigma(X_i - \bar{X})^2}{n - 1}$$

F_1의 분산은 1.29이고 F_2의 분산은 4.27이다. 표준편차($s = \sqrt{s^2}$)로 전환되면 각각 1.13과 2.06이 된다. 그러므로 F_1 토마토의 분포가 12.04 ± 1.13, F_2의 경우 12.11 ± 2.06로 나타난다.

두 가지 토마토 변종들이 관계된 좌위들에서 모두 동형접합성이고 무게를 조절하는 대립인자들이 부가적으로 작용한다고 가정하면, 우리는 이 형질에 관계된 다인자들의 수를 추정할 수 있다. F_2의 자손에서 72분의 1이 한 쪽 부모형을 나타냈으므로(총 F_2 자손의 수는 72개체이고, 6온스짜리가 하나, 18온스짜리가 한 개체 있다; 표 21.3을 보라), $1/4^n = 1/72$ 공식에 의해 n은 3과 4 사이의 값이 나오며, 토마토 계통들에서 과일 무게를 조절하는 유전자의 수가 3~4개일 것임을 시사한다.

21.4 유전력은 표현형적 변이에 대한 유전적 기여도를 측정한다

다요소적 형질들을 연구하는 유전학자들이 가장 흔히 가지는 질문들은, 집단 내에서 관찰된 표현형적 변이의 어느 정도가 개체들 사이의 유전자형 차이에 의한 것이며, 또 어느 정도가 환경에 따른 것인지에 관한 것이다. **유전력**(heritability)이란 용어는 집단내 총 표현형적 변이 중에서 유전적 요소에 의한 부분을 설명하는 데 사용된다. 주어진 집단 내에서, 다요소적인 어떤 형질에 대해 높은 유전력은 많은 변이가 유전적 요소에 따른 것임을 시사한다. 즉, 환경은 그 형질의 발현에 덜 영향을 미친다는 것이다. 낮은 유전력은 환경요소들이 집단내 표현형 변이에 더 큰 영향을 미칠 가능성이 크다는 뜻이다.

유전력 개념은 종종 오해되어 잘못 사용된다. 유전력이라는 것이, 한 형질의 얼마만큼이 유전적으로 결정되는지, 혹은 한 개인에서의 표현형에 유전자형이 어느 정도나 영향을 미쳤는지를 가리키는 것은 아니라는 것을 강조할 필요가 있겠다. 최근 들어, 인간의 양적 형질 유전력에 대해 그러한 잘못된 해석이 논쟁을 일으키곤 하는데, 특히 "지능지수(intelligence quotient)" 혹은 IQ라는 측정과 관련한 것이다. 여러 인종에서 검사된 IQ에 대한 유전력에서의 변이 측정값이, 바뀔 수 없는 유전적 요인들이 인종들 사이에서 지적 수준 차이를 조절한다는 뜻으로 해석되는 것이다. 그러한 생각은 유전력의 의미를 잘못 드러내고 있으며, 집단 내의 표현형적 변이에 대한 유전자-환경 상호작용(genotype-by-environment interaction)의 기여를 무시하는 것이다. 게다가, 유전력은 한 형질에 대해 고정된 값이 아니다. 예를 들어, 독립된 우리에서 사육된 한 무리의 닭들에서는 산란율에 대한 유전력이 높을 수 있는데, 그것은 각 닭들의 산란 차이가 그들이 모두 비슷한 환경을 공유하고 있기 때문에 대부분 유전적 차이에 의한 것임을 시사한다. 야외에서 기른 다른 닭들의 산란율에 대한 유전력이 훨씬 낮을 수 있는데, 그것은 닭들 사이의 변이가 각 개체들의 환경 차이도 역시 반영하는 것이기 때문이다. 그러한 차이들에는 닭들이 먹이를 얼마나 잘 발견할 수 있는지, 좋은 둥지를 만들기 위해 성공적으로 경쟁하는지 등이 포함될 수 있다. 따라서 유전력 측정값은 **특정 환경의 특정 집단 내에서** 유전적 변이들에 의한 것이라고 할 수 있는 표현형적 변이의 부분에 대해 말해주는 것이다. 만약 우리가 일정 범위의 환경에서 서로 다른 집단들에 대해 같은 형질들의 유전력을 측정한다면, 계산된 유전력값에서 상당히 큰 표준 오차값을 자주 발견하게 된다. 이것이 바로 우리가 인간의 형질들에 대해 유전력값을 고려할 때 기억해야 할 중요한 부분이다. 사람의 키에 대해 평균 유전력값이 0.65라는 것은, 여러분의 키 65%가 여러분이 가진 유전자들에 의해 결정된 것이라는 뜻이 아니다. 그보다는 평균적으로 보아 표본 집단에서 **키에 대한 전체적 변이의 65%가 개인들 간의 유전자형 차이에 의해 설명될 수 있다는 것이다.**

이렇게 미묘하지만 중요한 차이를 명심하고, 우리는 이제 유전학자들이 어떻게 집단 내에서 관찰되는 표현형적 변이들을 유전적 요소와 환경적 요소로 나누는지에 대해 생각해 보기로 하자. 앞의 절에서 살펴본 바와 같이, 이러한 변이는 표본의 분산으로

정량화될 수 있다: 즉, 집단을 대표하는 표본에서 문제의 형질들에 대한 측정값이 표본의 평균 주위로 퍼져 있는 정도를 결정하는 것이다. 이것은 우리에게 집단의 총 **표현형적 분산**(phenotypic variance, V_P)에 대한 측정값을 준다. 유전력값은 V_P를 **유전자형 분산**(genotypic variance, V_G)과 **환경적 분산**(environmental variance, V_E) 요소로 나누는, 실험적이면서 통계적인 기술들을 사용하여 얻어지게 된다.

표현형적 변이의 전체 수준에 기여하는 중요한 요소 하나는, 개체의 유전자형이 다양한 환경들 사이에서 표현형에 어느 정도나 영향을 미치는가 하는 것이다. 예를 들어, 밀 변종 A는 척박한 땅에서 1에이커당 평균 20부셸의 밀을 생산하며 변종 B는 17부셸을 생산한다. 그러나 비옥한 땅에서 A는 22부셸을 생산하고 B는 25부셸을 평균적으로 생산한다고 하자. 유전적으로 독특한 이 두 변종들이 생산성 차이를 나타내므로 밀의 생산량에 있어서의 변이는 유전적 요소를 갖는다. 두 변종 모두 비옥한 땅에서 더 많이 생산했기 때문에, 생산성은 환경에 의해서도 영향을 받는다. 그러나 우리는 이 두 변종이 토양 조건에 동등하게 반응한 것이 아니라는 것 역시 알고 있다: 변종 B 밀의 유전자형은 A변종 보다 좋은 토양에서 더 많은 생산량을 냈다. 그러므로 우리는 이 밀 식물 집단에서 생산성 변이에 기여하는 유전자형과 환경과의 상호작용에 있어서의 차이를 얻게 된다. 표현형 변이에 대한 이 세 번째 요소는 **유전자형-환경 상호작용 분산**(genotype-by-environment interaction variance, $V_{G\times E}$)이다(그림 21-7).

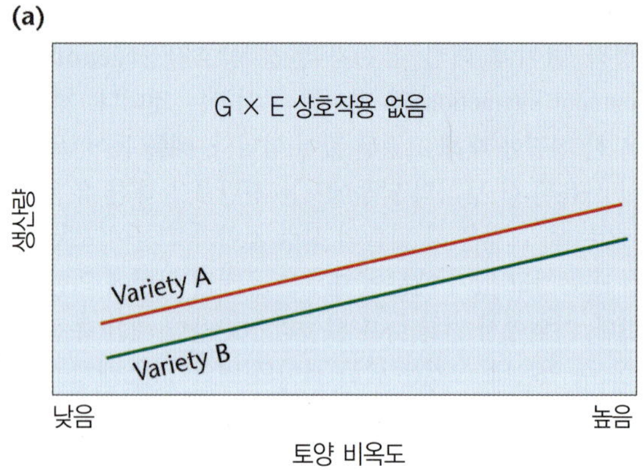

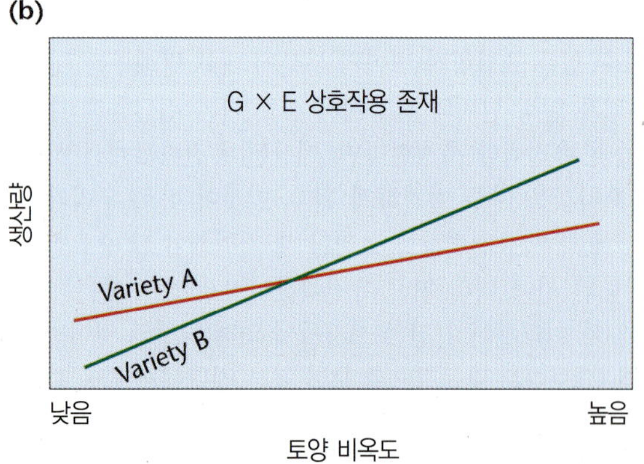

그림 21-7 토양 비옥도 수준이 다른 곳에서 키운 두 밀 변종 사이에서의 생산성 차이. (a) G×E 상호작용이 없다: 변종들은 생산성에 있어 유전적 차이를 보이지만 토양 비옥도를 증가시키는 것에 동등하게 반응한다. (b) G×E 상호작용이 있다: A 변종은 낮은 수준의 토양 비옥도에서 B 변종을 능가했지만, 토양 비옥도 수준이 높을 때는 B가 A보다 더 많이 생산했다.

우리는 이제 총 표현형분산 V_P의 모든 요소들을 다음과 같은 방정식을 사용하여 요약할 수 있다:

$$V_P = V_G + V_E + V_{G\times E}$$

달리 말하자면, 총 표현형 분산은 유전자형 분산, 환경적 분산, 그리고 유전자형과 환경 상호작용 분산으로 세분화될 수 있다. 다요소적 형질에 대해 유전력 측정값을 구할 때, 연구자들은 종종 유전자형-환경 상호작용 분산이 무시될 만큼 적거나 환경적 분산에 통합될 수 있다고 가정한다. 그러나 이런 종류의 추정은 유전력값이 한 형질에 대한 **고정된 특성**(fixed attribute)이 아니라 **추정치**(estimate)가 될 수밖에 없는 이유 중의 하나임을 기억할 필요가 있다.

동식물 육종가들은 일련의 실험적 기술을 사용하여 표현형 분산을 유전자형에 의한 요소와 환경에 의한 요소로 분리함으로써 유전력을 측정한다. 한 가지 방법은 매우 동질한 유전자형을 가진, 유전적으로 동일한 개체들을 포함하는 순종 계통을 이용하는 것이다. 그리고 나서, 일정 범위의 환경 조건들이 표현형적 다양성에 미치는 효과를 검사하는 방식으로 실험이 이루어진다. 일정한 환경에서 키워진 서로 다른 순종 계통들 사이의 변이는 대체로 유전적 요소에 기인한 것이다. 다른 환경 조건 하에서, 같은 순종 계통내 서로 다른 구성원들 사이에서 나타나는 변이는 환경적 요소에 의한 것일 가능성이 높다. 다른 접근법들은, 서로 다른 교배들에서 얻어진 자손들 사이의 정량 형질에 대한 분산을 분석하거나, 같은 환경에서 키워진 자손과 부모들의 형질 발현을 비교하는 것 등을 포함한다. 이러한 실험적 기법들에 대한 자세한 사항에 대해서는 부록 A의 추천 문헌을 참고하기 바란다.

광의의 유전력

광의의 유전력(broad-sense heritability)이란 H^2으로 표시되며, 총 표현형적 분산에 대한 유전자형 분산의 기여도를 측정한다. 즉, 다음과 같은 분율로 측정된다:

$$H^2 = \frac{V_G}{V_P}$$

집단내 한 형질에 대한 유전력값은 0.0에서 1.0 사이의 값이다. 1.0에 근접하는 값은 환경 조건들이 표현형적 분산에 거의 영향을 미치지 않음을 시사하며, 따라서 표현형적 분산은 대체로 집단 내 개체들 사이의 유전자형 차이에 의한 것임을 나타낸다. 0.0에 근접하는 작은 값은 유전자형 차이가 아니라 환경적 요인들이, 연구된 집단 내에서 관찰된 표현형적 변이에 대체로 책임이 있다는 뜻이다. 매우 소수의 양적 형질들만이 아주 높거나 낮은 유전력값을 가지며, 이것은 유전적 요소와 환경적 요소 모두가 대부분의 표현형적 발현에 어느 정도씩 참여를 하고 있음을 제시한다.

광의의 유전력 측정에 사용되는 유전자형 분산요소 V_G는, 집단 내 모든 형태의 유전적 변이를 포함하는 것이다. 이것은 부가적으로 작용하는 대립인자들을 가진 양적 형질 좌위들이나, 상위성이나 우성 효과를 가지는 다른 유전자를 구분하지는 않는다. 광의의 유전력도 유전자형-환경 상호작용 분산요소가 무시할 만하다고 가정한다. 비록, 한 형질에 대한 광의의 유전력 측정치가 일반적인 유전학적 관심사일 수는 있지만, 이러한 한계들은 이러한 종류의 유전력값이 육종 프로그램에는 그다지 유용하지 않다는 뜻이 된다. 개선된 가축종이나 더 높은 생산성을 가진 작물 변이체들을 만들고 싶어 하는 동식물 육종가들은, 집단 내에서 자신들이 조작하고자 하는 형질들에 대해 좀 더 정확한 유전력 측정값을 요구한다.

협의의 유전력

협의의 유전력(narrow-sense heritability)인 h^2은 부가적 유전자형에 의한 분산에 의해서만 나타나는 표현형 분산의 분율을 말한다. 유전자형 분산은 양적 형질 좌위들에서 대립인자가 서로 다른 방식으로 작용하는 것을 나타내는 하위요소들로 구분될 수 있다. 양적 형질에 관여하는 모든 유전자는 표현형에 같은 방식으로 영향을 미치는 것은 아니기 때문에, 이러한 분리는 유전자형 분산에 기여하는 서로 다른 세 종류의 유전자 작용들을 구별한다. **부가적 분산**(additive variance, V_A)은 양적 형질 좌위에서 대립인자들의 부가적 작용에 의해 나타나는 유전자형 분산이다. **우성 분산**(dominance variance)인 V_D는 이형접합자에서의 표현형적 발현이 두 가지 동형접합자 사이의 정확한 중간값이 아닐 때 얻어지는, 부가적 요소들로부터 나온 편차다. **작용 분산**(interactive variance, V_I)은 두 개 혹은 그 이상의 유전자 좌위가 상위적으로(epistatically) 작용할 때 얻어지는, 부가적 요소로부터 나온 편차다. 작용 분산의 양은 종종 무시될 수 있으므로 이 요소는 총 유전자형 분산의 계산에서 배제될 수 있다.

총 유전자형 분산인 V_G의 요소들은 다음과 같은 식으로 요약된다:

$$V_G = V_A + V_D + V_I$$

그리고 협의의 유전력은 부가적 유전자 작용에 의한 유전자형 분산의 분율에만 기초하여 계산되므로,

$$h^2 = \frac{V_A}{V_P}$$

V_I를 빼고 V_P를 유전자형과 환경적 분산요소들로 나누면 다음과 같은 식을 얻는다:

$$h^2 = \frac{V_A}{V_E + V_A + V_D}$$

유전력 측정치는 동식물 육종가들이 양적 형질에 대해 인위선택에 집단이 반응할 가능성을 나타내는 것으로 사용한다. 협의의 유전력인 h^2 값은, 광의의 유전력인 H^2보다 더 정확한 예측을 가능하게 하며, 따라서 h^2은 육종가들에 의해 널리 사용된다.

이 문제를 풀어보자

537페이지의 12번 문제는 돼지 떼에서 두 가지 양적 형질에 대한 자료를 제공하는 것으로, 여러분이 광의의 유전력과 협의의 유전력을 계산하여 선택에 반응하는 형질을 고르라는 문제다.

힌트: 선택에 반응하는 능력을 나타내는 데 어떤 분산요소 분율이 적합한지 생각해 보라.

인위적 선택

인위적 선택(artificial selection)은 미래의 교배 목적을 위하여 처음에는 헤테로 상태였던 집단으로부터 특정 생물체 집단을 선택하는 과정이다. 이론적으로는, 만약 동일한 형질 선호도에 기초하여 인위적 선택이 여러 세대 동안 반복된다면, 한 집단은 바람직한 특징을 가진 개체들을 높은 빈도로 포함하도록 개발할 수 있다. 만약 선택이, 환경적 영향을 거의 받지 않는 단 한두 개의 유전자들에 의해 조절되는 형질들에 호의적으로 이루어진다면, 원하는 동식물 집단 형성은 비교적 빠르고 쉬울 것이다. 그러나 식물에서의 곡식 생산성, 소의 무게 증가나 우유 생산량, 그리고 말의 속도나 힘 같이, 작물이나 가축에서 경제적 중요성을 가지는 많은 형질들은 다인자적이고 흔히 다요소적이다. 그러한 형질들에 대한 선택은 더 느리고 더 복잡하다. 협의의 유전력 측정치들은 동식물 육종가들에게는 매우 중요한데, 방금 살펴본 바와 같이, 이 값이 그 형질에 대해 총 표현형 분산 중에서 부가성 유전적 분산에 의한 분율을 측정하기 때문이다. 부가적으로 작용하는 양적 형질 좌위들은 육종가들에 의해 가장 쉽게 조작되는 것들이다. 우성 효과를 만들거나 상위적으로 상호작용하는(V_D나 V_I에 기여하는) 양적 형질 좌위의 대립인자들은 인위선택에 대한 반응이 약하다. 따라서 협의의 유전력인 h^2은 선택의 효과를 예측하는데 사용될 수 있다. 집단에서 측정된 h^2값이 클수록 육종가가 인위적 선택 후에 다음 세대에서 기대하는 형질에 대한 표현형 범위의 변화량이 크다.

h^2을 계산하고 선택에 대한 반응을 예측하기 위해 유전적 분산요소들을 분해하는 것은 조심스러운 실험 계획과 분석을 요구하는 복잡한 작업이다. 가장 간단한 접근법은 이질적인 집단에서 요구되는 표현형을 가장 많이 나타내는 개체들을 선발하고 이들 개체로부터 자손들을 얻는 것이다. 그 형질에 대한 평균값들이 비교되는데; (1) 원래의 집단(M)과, (2) 부모로 사용된 선발 개체 집단($M1$)과, 그리고 (3) 선발 부모 집단내 교배로 얻어진 자손들의 값($M2$) 등이 비교된다. 이들 세 평균값과 h^2의 관계는 다음과 같다:

$$h^2 = \frac{M2 - M}{M1 - M}$$

이 방정식은 $M2 - M$을 **선택반응**(selection response, R)으로 정의하고, $M1 - M$을 **선택 차이**(selection differential, S)로 정의하여 더 단순화시킬 수 있다. 그러면,

$$h^2 = \frac{R}{S}$$

선택적 교배와 자손에서의 반응 측정에 의한 방법으로 얻어진 협의의 유전력값은 **실현 유전력**(realized heritability) 측정값으로 언급된다.

실현 유전력 측정값의 예로, 우리가 옥수수 집단의 낟알 지름을 측정한다고 가정해 보자. 이 집단은 평균 지름 M이 20 mm이다. 이 집단으로부터 가장 작은 지름들을 가지는 그룹을 선택했는데, 평균값 $M1$은 10 mm이다. 선발된 식물들을 이들끼리 교배하여 얻은 자손 낟알의 평균 지름인 $M2$는 13 mm이다. 우리는 낟알 크기에 대한 인위선택의 잠재력을 측정하기 위해 실현 유전력인 h^2을 계산할 수 있다:

$$h^2 = \frac{M2 - M}{M1 - M}$$

$$h^2 = \frac{13 - 20}{10 - 20}$$

$$= \frac{-7}{-10}$$

$$= 0.70$$

그림 21-8 높은 지질 함유 옥수수와 낮은 지질 함유 옥수수를 76세대에 걸쳐 선택했을 때의 반응. 괄호 안의 숫자는 9, 25, 52, 76세대에서 "높은 기름" 함유 계통이 이 지점에서 나타낸 유전력을 계산한 것이다.

표 21.4 서로 다른 생물에서 측정된 각 형질의 유전력

형질	유전력 (%) (h^2)
쥐	
꼬리 길이	60
몸무게	37
1회 출산 자손의 수	15
닭	
몸무게	50
산란력	20
부화력	15
소	
출생시 몸무게	51
우유 생산량	44
임신율	3

협의의 유전력에 대한 이 값은 낟알 크기에 대한 선택의 힘이 비교적 높다는 것을 시사한다.

가장 오래된 인위 선택 실험은 일리노이의 주립 농업실험실에서 아직까지도 행해지고 있다. 1896년부터 옥수수가 기름이 많은 것과 적은 것으로 선택되었다. 76세대 후에, 지속된 선택으로 기름 함량이 증가했다(그림 21-8). 성공적으로 선택이 진행될수록, 더 많은 옥수수 식물들이 기름 생산에 관여하는 부가성 대립인자들을 더 높은 비율로 축적할 것이다. 결과적으로, 인위적 선택이 기름 생산을 위한 유전적 능력을 최적화하는데 가까워질수록, 연속된 세대에서 증가된 기름 함량의 협의의 유전력 h^2은 감소되었다(그림 21-8에서 9, 25, 52, 76세대에서 괄호 안의 숫자를 보라). 이론적으로, 선택과정은 집단 내의 모든 개체가 기름 함량에 관한 부가적인 대립인자들 모두에 대해 동일한 조성을 가지게 될 때까지 계속될 것이다. 그 시점에서 유전력은 0에 근접하게 되고 인위선택에 대한 반응은 사라질 것이다. 낮은 기름 함량에 대한 선택에서 반응의 감소는 이 형질에 대한 유전력이 이 점에 접근하고 있음을 보여준다.

표 21.4는 여러 생물에서 다양한 형질들에 대한 협의의 유전력을 측정한 값들을 %로 나타낸 것이다. 보다시피 유전력은 형질들 사이에서 꽤나 다양한 값으로 나타나지만, 생존에 필수적인 양적 형질에 대해서는 낮은 경향이 있다. 이것이 그러한 형질들에 대해 관찰되는 표현형에 유전적 기여가 없다는 것을 뜻하지는 않는다는 점을 기억하라. 대신, 낮은 h^2값은 자연선택이 이미 진화과정에서 이러한 형질들에 대한 유전적 요소들을 거의 최적화했다는 것을 보여주는 것이다. 달걀의 생산, 한 번에 새끼를 낳는 정도(litter size), 임신율 등은 선택에 대한 생리적인 제한들이 이미 확립되어 있는 좋은 예다. 몸무게, 꼬리길이, 날개 길이 등 생존에 덜 치명적인 형질들은 좀 더 높은 유전력을 나타내는데, 그러한 형질들

에 대해 좀 더 많은 유전자형 변이들이 아직 집단 내에 존재하기 때문이다. 하나의 유전력값은 특정 환경에서 오직 한 집단에 대한 정보만을 제공한다는 것도 기억하기 바란다. 따라서 많은 집단 내에서 자료가 수집되고 분명한 경향이 확립되어 있을 때는 협의의 유전력은 선택에 대한 반응 지시자로서 매우 유용하다.

21.5 사람에서의 쌍생아 연구

전통적인 유전력 연구들은 사람에 대해서는 분명한 이유들로 인해 불가능하다. 그러나 사람의 쌍생아들은 유전 대 환경의 문제를 연구하는 데 아주 유용한 재료들이다. 수정 후 하나의 세포에서 유래된 **일란성 쌍생아**(monozygotic, identical twins, MZ)들은 그들의 유전적 조성이 동일하다. 한편, **이란성 쌍생아**(dizygotic 또는 fraternal twin, DZ), 혹은 **형제 쌍둥이**(fraternal twin)들은 독립된 두 사건에 기인하며, 쌍둥이가 아닌 형제들과 비슷한 유전적 조성을 가지므로, 평균적으로 그들 유전자의 반을 공유한다. 따라서 주어진 형질에 대해 일란성 쌍둥이들 사이의 표현형적 차이는 환경적 분산인 V_E와 동일할 것이다(왜냐하면 유전자형 변이가 0이므로). 그러나 이란성 쌍둥이들 사이의 표현형적 차이들은 환경적 분산인 V_E와 대략 절반 정도의 유전자형 변이 V_G를 나타내는 것이다. 같은 형질에 대해 일란성 쌍둥이와 이란성 쌍둥이들에서의 표현형적 분산들을 비교하면 그 형질에 대한 광의의 유전력을 얻을 수 있다.

쌍둥이 연구에 사용되는 또 다른 접근법은 같이 자란 일란성 쌍둥이와, 헤어져 다른 환경에서 자란 일란성 쌍둥이 형제들을 비교하는 것이다. 특정 형질들에 대해 평균적 유사성이나 차이점이 조사될 수 있다. 만약 두 명 모두 조사된 형질들을 나타내거나, 아니면 둘 다 나타내지 않는다면 그 주어진 형질에 대해 그 쌍둥이들은 **일치한다**(concordant)고 한다. 한 명은 그 형질을 나타내지만 다른 한 명은 나타내지 않을 경우 그 쌍은 **불일치한다**(discordant)고 언급된다. 같이 자란 MZ와 DZ에서의 일치도값 비교는 유전력 측정을 위한 잠재적 값을 나타내 준다(다음에 나오는 문제 풀이를 참고하라).

그러한 자료들은 결론을 도출하기에 앞서 매우 신중하게 조사되어야만 한다. 만약 일란성 쌍둥이들에서의 일치도값이 90~100의 값에 육박하면, 우리는 이것을 그 형질들의 발현에 유전적 기여도가 큰 것을 나타내는 것으로 해석하려고 할 수 있다. 일부 경우에, 예를 들어 혈액형이나 눈의 색깔에 대해서는 이것이 정말 사실임을 알고 있다. 그러나 홍역에 걸리는 경우에서는, 높은 일치도 값은 단순히 이 형질이 거의 언제나 바이러스라는 환경적 요소에 의해 유도되는 것임을 나타낸다.

일란성 쌍둥이와 이란성 쌍둥이들에서 일치도값들 사이의 차이를 비교하는 것이 더 의미가 있다. 만약 이러한 값들이 이란성에서보다 일란성 쌍생아에서 더 높게 나타난다면 더 강한 유전적 조성이 이 결정에 기여하고 있는 것일 수 있다. 우리는 동일한 유전자형을 가지는 일란성 쌍생아가, 유전적으로는 연관이 있지만 동일하지는 않은 이란성 쌍생아들보다 높은 유전적 일치도를 보일 것으로 기대하기 때문에 이런 결론에 도달할 수 있다. 두 형태의 쌍둥이들에서 모두 높은 일치도를 보이는 홍역의 경우에서는, 환경이 심각하게 기여를 하고 있는 것으로 추정된다. 그러한 분석은 매우 유용한데, 서로 다른 환경에서도 비슷하게 나타나는 표현형적 특징들은 강한 유전적 요소를 가질 것이기 때문이다.

그것들이 흥미로운 만큼이나, 인간 쌍둥이에 대한 연구는 피할 수 없는 오류의 근원을 포함하고 있다. 예를 들어, 일란성 쌍둥이들은 자주 부모나 선생님들에게 다른 쌍둥이들, 특히 성별이 다른 쌍둥이들보다 훨씬 더 비슷하게 취급을 받는다. 이것은 일란성이 아닌 쌍둥이들에 대한 환경적 분산들을 부풀릴 수 있다. 또 다른 가능한 오류의 근원은 유전자형-환경 상호작용으로, 이것은 같은 환경에서 자란 일란성 쌍둥이들과 비교할 때, 일란성 쌍둥이가 아닌 사람들에 대한 총 표현형 분산을 증가시킬 수 있다. 따라서 쌍둥이 연구에 기초한 인간의 형질에 대한 유전력 측정값은 추정값으로만 고려되어야 하며 결론을 내리기에 앞서 매우 신중하게 검토되어야 한다.

이 문제를 풀어보자

539페이지의 24번 문제는 서로 다른 형질들에 대해 같은 표현형을 나타내는 일란성 쌍둥이(MZ)와 이란성 쌍둥이(DZ)의 백분율을 기록한 것으로, 여러분에게 유전적 요소와 환경적 요소의 상대적 중요성을 측정하라는 질문이다.

힌트: MZ가 DZ와 유전적으로 어떻게 다른지 생각하라. 만일 각 쌍둥이들이 같은 환경에서 양육되었다면, 유전적으로 결정되는 것과 환경적으로 결정되는 표현형 발현에 어떻게 영향을 미치겠는지 생각해 보라.

21.6 양적 형질의 좌위가 지도화될 수 있다

이 책의 앞에서 살펴본 가계도 분석(3, 4장을 보라)과 같은 종류의 분석은 양적 형질에 관여하는 다수의 유전자들을 찾는 데는 별 소용이 없다. 환경적 영향들, 분리되는 대립인자들 간의 상호작용, 그리고 다인자적 표현형에 기여하는 많은 유전자들은 각 유전자들의 영향을 분리하는 것을 어렵게 한다. 그러나 많은 양적 형질들이 경제적으로나 의학적으로 중요하기 때문에, 관여하는 유전자들을 찾아내고 유전체상에서의 위치를 결정하는 것은 매우 유용하다. 양적 형질에 기여하는 다수의 유전자들은 **QTLs**이라고 알려져 있다. 하나의 **양적 형질 좌위**(quantitative trait locus)는 **QTL**로 표시된다. 이 좌위들을 찾아내고 연구함으로써, 하나의 양적 형질에 관여하는 유전자가 몇 개인지, 그 형질에 모든 유전자들이 동등하게 기여하는지, 혹은 일부 유전자들이 그 형질에 다른 것들보다 더 강하게 영향을 미치는지 등을 알 수 있다. 지도작성은 한 형질과 관련된 QTLs이 하나의 염색체상에 뭉쳐 있는지 혹은 유전체 전체에 흩어져 있는지를 알려준다.

QTLs을 발견하고 지도화하기 위해, 연구자들은 유전체 내의 특정 DNA 서열과, 양적 형질의 어느 특정 영역에 속하는 표현형 사이의 관계를 추적한다. 이렇게 하는 한 가지 방법은 관심 대상의 형질에 대해 서로 다른 극단의 표현형을 나타내는 동형접합성 순계를 교배시켜, 그 형질에 기여하는 모든 좌위들이 이형접합성이 되는 F_1을 얻도록 하는 것이다. F_1 개체들 사이나 F_1과 순계 사이의 추가적 교배들로, 서로 다른 QTL 유전자형과 관련 표현형들에 대해 높은 정도로 분리된 F_2 세대를 얻을 수 있다. 이렇게 분리된 F_2들을 **QTL 지도작성집단**(QTL mapping population)이라고 부른다. 연구자들은 지도작성 집단의 개체들에 의한 형질 발현을 측정하고, **제한단편 길이 다형성**(restriction fragment length polymorphism, RFLP)이나 미세부수체들 같은 DNA 마커들을 사용하여 서로 다른 유전자형을 찾아낸다. 그 후에 컴퓨터에 기반한 통계적 분석으로 형질의 표현형적 변이와 마커 유전자형 사이의 관계를 조사한다. 만약 하나의 DNA 마커가 하나의 QTL과 연관되어 있지 않으면, 그 형질에 대한 표현형 평균값은 그 마커 좌위가 서로 다른 개체들 사이에서 차이가 없을 것이다. 그러나 만약 하나의 DNA 마커가 하나의 QTL과 연관되어 있다면, 그 마커 좌위가 다른 유전자형들은, 그 형질을 발현하는 것도 다를 것이다. 이런 일이 발생하면, 그 마커 좌위와 QTL은 **동시분리**(cosegregate)된다고 한다. 동시분리가 지속적으로 나타나면, QTL이 염색체상에서 DNA 마커 위나 그 근처에 존재한다는 뜻이다: 즉, QTL과 마커는 연관되어 있다. 주어진 형질들에 대해 다수의 QTLs이 위치하고 있다면, 서로 다른 염색체상에 존재하는 관련 유전자들의 위치를 알려주는 유전자 지도가 작성된다.

농업적으로 중요한 여러 생물들에 대해 이제 DNA 마커들이 확립되어 있어서 QTL에 대한 조직적 지도작성이 가능해졌다. 예를 들어, 토마토에서는 수백 개의 RFLP 마커들의 위치가 정해졌다. 극단적 표현형을 가진 식물들을 교배하고, 수 세대 동안 교배를 계속함으로써 QTL 분석이 수행된다. 과일의 크기, 모양, 수용성 고형성분, 산도 등 양적 형질들을 나타내는 많은 좌위들이 규명되었다. 이들 좌위는 이 식물의 반수체 유전체를 나타내는 12개의 염색체상에 분포되어 있다. 몇몇 염색체는 다수의 형질들에 대한 좌위를 포함하고 있다.

코넬 대학의 스티븐 탱슬리(Steven Tanksley)와 그 동료들에 의해 토마토에서 QTLs을 지도화하고 분석하는 작업이 성공적으로 이루어졌다. 그들의 연구는 약 30개의 QTLs이 토마토의 크기와 무게에 기여함을 보여준다. 그러나 이들 QTLs은 그 효과가 동일하지 않다: 7개의 염색체에 흩어져 있는 10개의 유전자는 이 형질에서 관찰되는 표현형적 변이 대부분을 책임진다. 이 좌위들 중 2번 염색체상에 있는 단 하나의 좌위 *fw*2.2에서의 서로 다른 대립인자가 과일 크기를 30%까지 변화시킬 수 있다. 이 *fw*2.2 유전자는 분리, 복제되어 다른 식물로 옮겨졌을 때 흥미로운 결과를 보여주었다. 재배된 토마토는 약 1,000 g까지 나가는 반면, 현대 토마토의 선조라고 생각되는 관련 야생종에서 얻어진 과일은 수 g 밖에 나가지 않는다. RFLP 지도작성 연구로 얻어진 두 가지 형태의 *fw*2.2 대립인자들이 재배되는 토마토의 발달에 중요한 역할을 하는 것으로 보인다. 하나의 대립인자는 연구된 모든 야생형(작은 과일) 변이 품종에 존재했다. 다른 대립인자는 모든 재배종(큰 과일) 변이종에 존재했다. 작은 과일 품종에서 분리된 *fw*2.2 대립인자를 정상적으로는 큰 토마토를 생산하는 식물에 옮겨주자, 형질전환된 식물은 심각하게 무게가 줄어든 과일을 생산했다(그림 21-9). 탱슬리 연구팀에 의해 연구된 변이품종들에서, 감소율은 평균 17 g이었고, 이것은 단일 QTL의 활동에 의해 나타난 상당한 표현형 변화다. *fw*2.2에 대한 연이은 분석으로 큰 과일을 만드는 대립인자는 세포분열의 음성 억제자로 작용하는 단백질을 만들어, 과일을 형성하는 피층조직의 체세포분열을 증가시킨다는 것을 알게 되었다. 작은 과일의 *fw*2.2 대립인자는 같은 단백질을 암호화하지만 프로모터 영역에 돌연변이가 있어서 전사수준을 감소시킨다. 결과적으로 세포분열 속도가 떨어지고 훨씬 작은 과일이 만들어진다.

마커에 기초한 지도작성은, QTLs이 발견되는 염색체 영역을 찾아줄 수 있지만, 각 양적 유전자들을 찾는 데는 부가적 기술들이 더 필요하다. 한 가지 방법은 관심 유전자와 강하게 연관된 마커를 개발하고, 그 유전자 자체를 찾기 위해 재조합 DNA 기술을 이용하는 것이다. 분명히, 양적 형질에 관여하는 모든 유전자를 찾고 기능을 밝히는 작업은 시간이 오래 걸리고 복잡한 일이다. 현재, *fw*2.2는 분리되어 복제되고 자세히 연구된 몇 안 되는 양적 유전자들 중 하나다. 그러나 농업적으로 중요한 식물들에서 QTLs을 지도화하고 이들 부위 내에 존재하는 유전자들의 기능을 결정하는 것은 작물 생산성을 증가시키려는 계획들을 크게 고취시켰다. 이러한 연구는 동물 유전자에 대한 비슷한 연구를 위한 초석이 될 것이다.

그림 21-9 토마토에서 *fw*2.2 유전자 전달이 표현형에 미치는 효과. 작은 과일을 만드는 대립인자가 정상적으로는 큰 과일을 만드는 식물에 전달되면 과일의 크기는 감소한다(+). 일반적으로 더 큰 대조군 과일(–)이 비교를 위해 제시되어 있다.

단원 요약

1. 양적 유전현상으로 한 형질에 대한 일정 범위의 표현형들이 나타나는데, 이것은 환경적 요인들과 복합된 여러 유전자의 활동에 의한 것이다.
2. 다인자에 의한 여러 가지 양적 형질은 분명한 표현형적 집단으로 분류하기가 어려운 연속적 변이를 나타낸다. 일부 역치 형질들은 뚜렷한 표현형 집단들의 수가 제한적이긴 해도 역시 다인자적이다.
3. 양적 형질들을 분석하는 데는 통계적인 방법들이 사용되며, 여기에는 평균, 분산, 표준편차, 표준 오차, 그리고 공분산 등이 포함된다.
4. 유전력은 특정 집단에서의 양적 형질들에 나타나는 표현형 변이 범주에 대한 유전적 요인 대 환경적 요인들의 상대적 공헌도를 측정한다.
5. 쌍둥이 연구들은 인간에서의 다인자적 형질들에 대한 유전력을 측정하는 데 사용된다.
6. 양적 형질들에 기여하는 여러 유전자들은 양적 형질 좌위, 혹은 QTL이라고 알려져 있다. DNA 마커를 이용한 지도작성 기술은 QTLs의 위치를 정하고 이들의 성격을 규명하는데 사용될 수 있다.

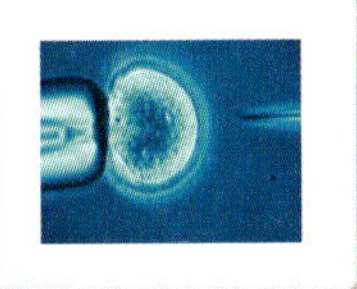

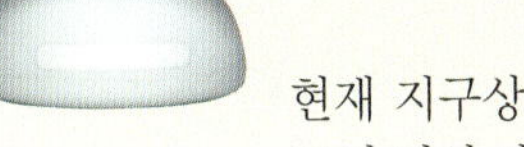

유전학, 기술, 그리고 사회

다시 시작된 녹색혁명

현재 지구상에 사는 60억 명의 사람들 중에서 약 7억 5,000만 명이 충분히 먹지 못하고 있다. 인구 억제의 노력에도 불구하고, 다음 수십 년 동안 매해 100만 명의 사람들이 더 기아에 허덕이게 될 것으로 예상된다.

우리가 이 문제를 해결할 수 있게 될 것인가? 과거에는 낙관적인 이유들이 있었다. 1950년대와 1960년대에, 서서히 시작된 인구증가를 맞이해서 세계의 식물학자들은 밀, 쌀, 그리고 옥수수 등 3가지 주요 곡물을 포함한 농작물의 생산을 늘리기 시작했다. 이러한 노력은 녹색혁명(Green Revolution)이라고 알려져 있다. 이러한 접근은 3가지 내용을 가진다: (1) 비료, 살충제, 그리고 관개용수를 사용을 늘리며, (2) 더 많은 땅을 경작에 이용하고, (3) 집중적인 식물의 품종개량으로 작물 변이를 개발한다는 것이다. 매우 성공적이었던 반면, 근래 들어서 곡물생산의 증가율은 둔화되었다. 식량생산이 예상되는 세계의 인구증가를 따라잡으려면, 식물 육종학자들은 더 많이 생산하는 작물의 유전적 개발에 더욱 의존해야만 할 것이다. 그러나 이것이 가능한 일일까? 주요 작물 생산의 이론적인 극한에 다다르고 있는 것은 아닌가? 최근의 벼 연구는 이 질문에 대해 '아니오' 로 답하는 것으로 보인다.

쌀은 밀과 옥수수 다음으로 전 세계 생산량의 3위를 차지한다. 아시아 인구의 1/3인 약 20억 명의 인구가 그들의 기초 영양을 쌀에 의존하고 있다. 세계 쌀 작물의 대부분이 아시아에서 키워지고 소비되지만, 아프리카와 중앙아메리카에서도 쌀은 주요 식품공급원이다. 쌀의 녹색혁명은 필리핀의 로스 바뇨스에 본부를 두고 있는 국제 쌀 연구 기구(International Rice Research Institute, IRRI)의 설립과 함께 1960년도에 시작되었다. 목표는 높은 질병 저항성과 더 많은 생산량을 내는 쌀의 품종개량이었다: 육종학자들은 거의 너무나 성공적이었다: 처음 얻어진 고수확 변종들은 곡식이 달린 꼭대기가 너무 무거워서 떨어지는 경향이 있었다[식물 육종학자들은 이것을 "셋방살이(lodging)"라고 불렀다]. 셋방살이 현상을 줄이기 위해 IRRI의 연구자들은 고수확 종을 자연 변종인 키가 작은 식물에 교배하여 중간 왜소종을 개발하였고 이것은 1966년 농부들에게 소개되었다. 중간 왜소종의 차용에 힘입어 세계 쌀 생산이 다음 25년간 두 배로 늘어났다.

그러나 쌀 육종학자들은 새로운 쌀 품종의 수확이 최근 그다지 증가되지 않자 더 이상 그들의 승리에 도취해 쉬고 있을 여유가 없어졌다. 다음 30년 동안의 예상된 인구 증가를 따라잡으려면 1년 쌀 생산량을 70% 증가시켜야 한다는 예상이 제시되었다. 육종학자들은 이제 더 이상의 작물 개발을 위해 야생의 쌀 변이체들을 찾고 있다. 이를 이끌고 있는 사람들은 수잔 맥커치(Susan McCouch), 스티븐 탱슬리(Steven Tanksley), 그리고 코넬 대학의 공동연구자들이다. 야생의 벼 종이, 재배된 변종들의 생산량을 개선할 수 있을 것이라는 가설을 시험해 보기 위해, 그들은 재배종 벼(*Oryza sativa*)를, 수확이 낮은 야생형 조상 벼(*Oryza rufipogon*)와 교배하였고, 여기서 얻어진 중간 잡종을 재배종과 성공적으로 3세대 동안 역교배하였다. 이론적으로 이 과정은 유전체의 95%는 *O. sativa*에서, 나머지 5%는 *O. rufipogon*인 품종을 만든다. 이 역교배된 식물종의 곡물 생산을 시험해 본 결과 이들 중 몇몇은 재배종의 약 30%를 능가하는 생산성을 보였다. 이러한 결과는 비록 야생종이 수확량이 낮고 재배종 친척들보다 열등해 보일지라도, 그들은 아직도 우량종의 생산을 증가시킬 수 있는 유전자를 가지고 있다는 놀라운 사실을 보여주는 것이다. 이제 야생 벼 친척들을 개발하는 일은 육종학자들 손에 달려 있다.

그러나 전통적인 교배법으로 야생형 친척들에서 재배종으로 이로운 유전자를 도입하는 것은 오랜 시간이 걸리고 많은 과정들을 거치므로 교배, 선택, 역교배 그리고 다시 선택을 하는데 종종 10년 이상을 요구하기도 한다. 곡물 생산이 인구증가를 따라잡기 위해서는 미래의 재배 품종 개량은 더욱 빨라져야 한다. 다행스럽게도 현대적인 유전자 지도작성 기술들은 생산량이나 질병 저항성 같은 복잡한 형질을 조절하는 양적 형질 좌위(quantitative trait loci, QTL)의 규명을 이끌어 내고 있다. 이것은 작물 개발에 대한 좀 더 직접적인 접근을 가능하게 하므로, **진보된 역교배 QTL 방법(advanced backcross QTL method)**이라고 불린다.

첫째, *O. sativa*가 *O. rufipogon* 등과 종간 교배되는 것처럼, 재배품종은 야생종과 교배된다. 이 잡종은 재배품종과 다시 역교배되어 일부분의 유전체만 야생종의 것을 가지는 계통으로 만들어진다. 가장 훌륭한 품질을 가지는 역교배 계통들이(예를 들어, 생산량이 높다든가 질병에 가장 저항적이라든가 하는) 선택되고, 우수한 형질을 나타내도록 하는 야생 QTL들이 자세한 분자 연관 지도를 이용하여 규명된다. 일단 이로운 QTL이 이러한 방법으로 발견되면, 다른 재배종들로 도입될 수 있다. 이러한 전략이 성공하기 위해서는 야생 작물 친척들은, 가능성 있는 유용한 유전자들의 창고로서 보존될 필요가 있다. 많은 식물 중 현존하는 작물 친척들을 그들의 자연 서식처에서 보호하고 종자 은행에서 보존하려는 노력이 1970년대에 시작되었다. 맥커치, 탱슬리 외 다른 연구자들의 연구가 보여주는 것처럼, 어떤 야생 변이들이 지금으로부터 수십 년 혹은 수세기 안에 그들의 유용한 대립인자를 재배종들에게 기여하게 될 필요가 생길지 예측할 수 없다. 우수한 유전자들의 소실을 막기 위해서는 비록 그들이 이렇다 할 유용한 형질을 가지지 않는다고 하더라도 가장 넓은 범주의 야생형들을 보존해야만 한다.

약 60년 전에 위대한 러시아의 식물 유전학자였던 N. I. 파빌로프(N. I. Vavilov)는 작물의 야생형 친척들이 농작물 개선을 위한 유전자들의 원천이 될 수 있다고 제안했었다. 오랫동안 무시되어 왔던 야생 작물 친척들의 유전자들이 분자적인 방법에 의해 규명되어 새로운 녹색혁명에 불을 붙임에 따라, 오는 세기에는 파빌로프의 예견이 실현될 수도 있다.

참고문헌

Mann, C. 1997. Reseeding the green revolution. *Science* 277:1038-43.

Ronald, P. C. 1997. Making rice disease resistant. *Sci. Am.*(Nov.)277:98-105.

Tanksley, S. D., and McCouch, s. R. 1997. seed banks and molecular maps: Unlocking genetic potential from the wild. *Science* 277:1063-1066.

Xiao, J. et al. 1996. Genes from wild rice improve yield. *Nature* 384:223-224.

주요 용어

2형 당뇨(Type II diabetes)
QTL 지도작성 집단(QTL mapping population)
계수적 형질(meristic trait)
공분산(covariance)
광의의 유전력(broad-sense heritability)
녹색혁명(Green Revolution)
다요소 가설(multiple-factor hypothesis)
다요소적 형질(multifactorial traits)
다유전자 가설(multiple-gene hypothesis)
다인자적 유전(polygenic inheritance)
복합 형질(complex traits)
부가성 대립인자(additive allele)
부가적 분산(additive variance)
분산(variance)
불연속적 변이(discontinuous variation)
불일치하는(discordant)
비부가성 대립인자(nonadditive allele)
선택반응(selection response)
선택차이(selection differential)
실현 유전력(realized heritability)
양적 유전(quantitative inheritance)
양적 형질 좌위(quantitative trait loci, QTLs)
역치 형질(threshold traits)
연관계수(correlation coefficient)
연속변이(continuous variation)
우성분산(dominance variance)
유전력(heritability)
유전자형 분산(genotypic variance)
유전자형-환경 상호작용 분산(genotype-by-environment interaction variance)
이란성 쌍둥이(dizygotic (fraternal) twins)
인위선택(artificial selection)
일란성 쌍둥이(monozygotic (identical) twins)
일치하는(concordant)
작용분산(interactive variance)
정상분포(normal distribution)
제한 단편 길이 다형성(restriction fragment length polymorphisms, RFLPs)
중앙 경향(central tendency)
평균(mean)
평균의 표준오차(standard error of the mean)
표준편차(standard deviation)
표현형 분산(phenotypic variance)
협의의 유전력(narrow-sense heritability)
환경적 분산(environmental variance)

통찰과 해법

1. 어떤 식물에서, 키는 6 cm에서 36 cm까지 다양하지만, 6 cm와 36 cm인 식물들을 교배하면 모든 F_1 식물들은 21 cm가 된다. F_2세대에서는 연속적인 변이의 키들을 나타내는 식물들이 관찰된다. 대부분 식물의 키가 21 cm이고 P_1의 부모만큼 작은 6 cm를 나타내는 식물은 3/200 정도다.

(a) 어떤 유전 양식이 관찰되며, 얼마나 많은 수의 유전자쌍이 관여하는가?

해법: 연속적인 형질이 관여하는 것은 다인자 유전이며 여기서는 대립인자들이 표현형을 나타내는데 부가적으로 기여한다. F_2 식물의 3/200이라는 비율이 유전자쌍의 수를 결정하는 데 핵심이 된다. 이 비율이 약 1/66.7로 1/64에 가까우므로 $1/4^n = 1/64$의 공식을 이용하여 $n = 3$이 나온다. 따라서 세 쌍의 유전자가 관여한다.

(b) 각 부가성 대립인자는 어느 정도로 키의 형질에 기여하는가?

해법: 부모의 두 극단형 사이의 변화가 36 − 6 = 30 cm이므로, 6개의 가능한 인자(*AABBCC*) 각각 하나가 기여하는 것은 30/6 = 5 cm 정도씩이 기본형 6 cm(*aabbcc*로 부가성 인자 우성형을 아무것도 가지지 않을 때)에 첨가된다.

(c) 31 cm를 나타내는 식물의 유전자형은 모두 어떤 것들일까?

해법: 5개의 부가성 인자를 가지는 모든 유전자형이 31 cm가 될 것이므로(5인자 × 5 cm/인자 + 6 cm 기본 키 = 31 cm), 유전자형은, *AABBCc*, *AABbCC*, 그리고 *AaBBCC*가 31 cm를 나타낼 것이다.

(d) 앞서 언급한 F_1을 사용한 한 교배에서, 표현형과 유전자형을 모르는 어떤 식물을 검정교배하여 다음과 같은 결과를 얻었다.

1/4 11 cm
2/4 16 cm
1/4 21 cm

눈치빠른 유전학과 학생은 이 미지의 식물이 오직 하나의 표현형을 가지지만 유전자형은 3가지 중 하나일 가능성이 있다는 것을 깨달았다. 왜 그랬을까?

해법: 검정교배(*aabbcc*와)가 되면, 그 미지의 식물은 자손에서 3가지 표현형을 산출하기 위해서 자신의 배우자에 하나, 두 개, 혹은 세 개의 부가적 대립인자들을 기여해야만 한다. 6 cm의 자손들이 없었으므로, 미지의 식물은 모든 비부가성 대립인자들(*abc*)을 기여하진 못한다. 하나의 좌위가 동형접합성이고 나머지 두 좌위가 이형접합성인 식물만이 이 기준을 만족시킨다. 따라서 그 미지의 식물은 다음 3가지 유전자형 중 어느 하나가 될 것이고 모두는 표현형이 26 cm이다:

AABbCc
AaBbCC
AaBBCc

예를 들어, 처음 유전자형(*AABbCc*)에서는, *AABbCc* × *aabbcc*의 교배는

1/4 *AaBbCc* 21 cm
1/4 *AaBbcc* 16 cm
1/4 *AabbCc* 16 cm
1/4 *Aabbcc* 11 cm

와 같은 표현형이 관찰되도록 할 것이다.

2. 아래 결과는 옥수수 한귀(자루)의 길이에 대한 기록이다: 각 부모 계통의 옥수수 길이에 대한 평균을 계산하여라. F_1에 대해서도 평균을 계산해 보라.

옥수수 자루의 길이 (cm)	5	6	7	8	9	10	11	12	13	14	15	16	17	18	19	20	21
Parent A	4	21	24	8													
Parent B									3	11	12	15	26	15	10	7	2
F_1					1	12	12	14	17	9	4						

해법: 평균값은 다음과 같이 계산한다.

$$X = \frac{\Sigma X_i}{n} \qquad P_A: \bar{X} = \frac{\Sigma X_i}{n} = \frac{378}{57} = 6.63$$

$$P_B: \bar{X} = \frac{\Sigma X_i}{n} = \frac{1697}{101} = 16.80$$

$$F_1: \bar{X} = \frac{\Sigma X_i}{n} = \frac{836}{69} = 12.11$$

3. 2번 문제에서, F_1과 부모계통의 평균값을 비교해 보라. 이것은 어떤 형태의 유전자 활동으로 볼 수 있는가?

해법: F_1의 평균값이 (12.11) 부모 계통의 평균값 6.63과 16.80의 중간값이므로, 문제의 유전자는 그 효과가 부가적으로 나타나는 것으로 생각된다.

4. 매우 근친교배된 두 가지 화관 길이의 담배계통에서 부모형과 자손의 화관 길이에 대한 평균과 분산이 다음과 같다.

계통	평균값(mm)	분산(mm)
P_1 short	40.47	3.12
P_2 long	93.75	3.87
$F_1(P_1 \times P_2)$	63.90	4.74
$F_2(F_1 \times F_1)$	68.72	47.70

한쪽 부모(P_1)는 짧은 화관 길이를 가지며, 다른 한쪽 부모는(P_2) 긴 화관을 가진다. 이 식물에서 화관 길이의 유전력(H^2)을 계산하여라.

해법: 유전력을 구하는 공식은 $H^2 = V_G/V_P$ 이고, 여기서 V_G와 V_P는 각각 분산에 있어 유전자형, 표현형적 요소들이다. 이 문제의 초점은 표현형적 분산의 두 요소인 유전자와 환경요소를 계산하는 것이다: V_P가 유전자 및 환경 분산의 조합임을 기억하라. 두 부모계통이 순종이므로 이들은 유전적으로 동형접합성이고 3.12와 3.87이라는 분산은 모두 환경요소의 결과로 생각될 수 있다. 이 두 값의 평균은 3.50이다. F_1 세대 또한 유전적으로 모두 동일하다. 따라서 여기 환경요소가 하나 더 추가된다. 이를 부모값과 평균하면,

$$\frac{4.74 + 3.50}{2} = 4.12$$

로, 표현형에 대한 환경의 효과에 대한 비교적 나은 정보를 얻는다. F_2의 표현형적 분산이 유전적인 것(V_G)과 환경적인 것(V_E)의 합이므로 환경에 의한 수치 4.12를 넣으면, 47.70 − 4.12로 V_G가 43.58로 얻어진다. 유전력은 43.58/47.70으로 0.91이다. 이 값은 약 91%의 화관 길이 분산이 유전적 영향 때문이라는 것을 시사한다.

연습문제 및 토론문제

1. 불연속적 변이와 연속적 변이 사이의 차이는 무엇인가? 어떤 것이 정량적인 성질의 유전과 관계있는가?

2. 다음 제시어들을 정의하고 설명해 보라: (a) 다인자(polygene), (b) 부가적 대립인자(additive allele), (c) 연관관계(correlation), (d) 일란성 및 이란성 쌍생아(monozygotic and dizygotic twins), (e) 유전력(heritability), (f) QTL.

3. 20 cm 지름의 꽃을 가지는 동형접합성 식물을 40 cm 지름의 꽃을 가진 동일종의 동형접합성 식물과 교배시켰다. F_1 식물들은 모두 지름이 30 cm인 꽃을 피웠다. 512개체의 F_2 세대 식물들 중에서 1개체는 20 cm 지름의 꽃을 피웠고, 1개체는 40 cm의 꽃을, 그리고 나머지 510개체의 식물들은 그 둘 사이의 범위 내 크기의 꽃을 가졌다.
   (a) 관여한 모든 대립인자가 부가적이라고 가정하면, 이 식물의 꽃 크기를 조절하는 유전자는 몇 개인가?
   (b) F_1 식물과 큰 꽃을 가진 부모종과의 역교배에서 나온 자손의 꽃 지름 빈도 분포는?
   (c) 문제 (b)의 역교배 자손에서 꽃 크기에 대한 평균, 분산, 그리고 표준편차 값들을 계산하라.

4. 짙은 붉은색의 밀과 흰색의 밀을 교배하여 중간 형태인 중간 붉은색의 F_1을 얻었다. 이 F_1들끼리 교배하면 F_2 세대의 비가 (짙은 붉은 것: 중간으로 어두운 붉은색: 중간 붉은색: 옅은 붉은색: 흰색) = (1:4:6:4:1)로 얻어진다. 추가적으로 교배를 더하여 짙은 붉은색과 흰색의 F_2 식물들은 순종임을 알았다.
   (a) F_2에서의 비율에 기초하면 얼마나 많은 유전자가 이 색깔을 나타내는 데 관여하는가?
   (b) 각 표현형을 산출하기 위해서는 몇 가지의 부가적인 대립인자들이 필요한가?
   (c) 이들 대립인자의 기호를 정하고 중간 붉은색과 밝은 붉은색의 표현형을 나타낼 수 있는 가능한 유전자형들을 나열해 보라.
   (d) 순종의 중간 붉은색 식물과 흰색 식물 간의 교배에서 F_1과 F_2 세대의 결과를 예상해 보라.

5. 사람의 키는 유전자의 부가적인 활동에 의해 결정된다. 이 형질이 네 가지 좌위 R, S, T, U에 의해 조절되고 환경의 효과는 무시할 수 있다고 가정하자. 부가적인 대립인자 대 비부가적 대립인자 대신에, 부가적 인자와 부분적으로 부가성인 대립인자들이 존재한다고 하자. 부가적인 인자들은 두 단위, 부분적 부가성인 대립인자들은 한 단위로 키에 영향을 미친다.
   (a) 중간키인 두 개인들이 그들의 부모보다 훨씬 크거나 작은 자손을 낳을 수 있을까? 만약 그렇다면 어떻게 그것이 가능할까?
   (b) 이들 유전자에 의해 지정되는 가장 작은 키를 가진 개인이 중간키의 사람과 결혼한다면, 그들의 아이 중 누구라도 큰 쪽의 부모보다 더 클 수 있을까? 그 이유를 말해보라.

6. 근친교배된 식물종의 평균 키가 24 cm이다. 같은 종의 두 번째 식물은 다른 지방에서 온 것으로 평균 키가 역시 24 cm였다. 이 두 식물이 교배되었을 때 F_1 식물들은 부모식물의 키와 동일했다. 그러나 F_2 세대는 키에 상당한 변이를 나타냈다; 대부분은 P_1과 F_1식물들과 같았지만, 약 4/1000는 12 cm에 불과했고, 4/1000은 36 cm의 키를 나타냈다.
   (a) 여기서 발생한 유전 양식은?
   (b) 몇 개의 유전자들이 관여했는가?
   (c) 각 유전자는 식물의 키에 얼마나 공헌하는가?
   (d) 이러한 결과를 나타낼 수 있는 원래의 P_1식물과 F_1식물의 가능한 유전자형을 지적해 보라.
   (e) 18 cm의 F_2 식물을 나타낼 수 있는 3가지의 유전자형과 33 cm의 F_2 식물을 나타낼 수 있는 유전자형 3가지를 지적해 보라.

7. 에르마(Erma)와 하비(Harvey)는 교배가 가능한 종이지만 흥미로운 광경을 연출한다. 하비의 꼬리는 6 cm인 반면, 에르마의 꼬리는 30 cm에 달한다. 이들의 F_1 새끼 돼지는 모두 18 cm의 꼬리를 가진다. 이들끼리 교배되어 F_2 세대가 많은 돼지들을 생산하게 되면(따라서 Erma와 Harvey는 조부모 돼지가 된다), 이들의 꼬리는 6 cm부터 4 cm 간격으로 30 cm까지 변이를 나타낸다(6, 10, 14, 18, 22, 26, 30). 대부분이 18 cm의 꼬리를 가지지만, 1/64는 6 cm의 꼬리를, 1/64는 30 cm의 꼬리를 가진다.
   (a) 몇 개의 유전자쌍이 작용하고, 하비와 에르마, 그리고 이들의 18 cm 꼬리를 가진 자손들의 유전자형을 지정하여 어떻게 꼬리의 길이가 유전되는지 유전 양식을 설명하여라.
   (b) 만일 18 cm 꼬리를 가지는 F_1 돼지가 6 cm 꼬리의 F_2 돼지와 교배되고, 많은 자손을 생산한다고 할 경우 표현형의 비는 어떻게 될 것인가? 이 교배를 그려보라.

8. 아래 표는 일란성 쌍생아(같이 자란 경우와 따로 자란 경우), 이란성 쌍생아, 그리고 형제자매들에서의 평균 키와 몸무게를 비교한 것이다. 이 자료에 근거하면, 어떤 양적 형질이 가장 높은 유전력값을 가지는가?

형질	MZ 함께 양육	MZ 따로 양육	DZ 함께 양육	Sibs 함께 양육
키 (cm)	1.7	1.8	4.4	4.5
몸무게 (kg)	1.9	4.5	4.5	4.7
지문의 융선 수	0.7	0.6	2.4	2.7

9. 사람의 쌍둥이 연구로부터는 어떤 종류(광의 혹은 협의)의 유전력값을 얻을 수 있는가?

10. 다인자적 유전양식의 조절 하에 있을 것으로 생각되는 사람의 형질들을 가능한 많이 나열해 보라.

11. 시험 경작지에서 자란 옥수수 식물을 측정한 결과, 키의 분포가 10 cm 간격으로 기록되었다.

키(cm)	식물(no.)
100	20
110	60
120	90
130	130
140	180
150	120
160	70
170	50
180	40

다음을 계산하여라. (a) 평균 키, (b) 분산, (c) 표준편차, (d) 평균의 표준 오차.

식물의 키와 빈도에 대한 대략의 그래프를 그려보라. 이 값들은 정상 분포를 나타내는가? 여러분의 계산에 근거하면, 어떻게 이 집단의 변이를 측정할 수 있겠는가?

12. 다음 분산은 한 돼지 떼에서 두 형질에 대하여 계산된 것이다.

형질	V_P	V_G	V_A
등의 지방	30.6	12.2	8.44
몸 길이	52.4	26.4	11.7

(a) 각 형질들에 대해 광의의 유전력(H^2)과 협의의 유전력(h^2)을 비교해 보라.
(b) 두 형질 중 어떤 것이 육종가의 선택에 더 잘 반응하겠는가? 그 이유는?

13. 고도로 근친 교배된 식물(P_1과 P_2)과 그들의 자손(F_1과 F_2)에서의 평균 키와 분산이 나타나 있다. 이 종의 식물에서 키에 대한 광의의 유전력(H^2)을 계산하라.

계통	평균(cm)	분산
P_1	34.2	4.2
P_2	55.3	3.8
F_1	44.2	5.6
F_2	46.3	10.3

14. 가상적인 연구에서, 큰 집단의 닭에서 얻어진 달걀의 비타민 A 함량과 콜레스테롤 함량이 조사되었다. 분산(V)이 계산되었고 다음과 같다:

분산	형질: 비타민 A	콜레스테롤
V_P	123.5	862.0
V_E	96.2	484.6
V_A	12.0	192.1
V_D	15.3	185.3

(a) 두 형질에 대한 협의의 유전력(h^2)을 계산하여라.
(b) 어느 형질이 선택에 반응할 것으로 생각되는가?

15. 아래의 표는 8마리의 양으로 구성된 소집단에서 섬유의 길이와 양털의 무게에 대해 측정한 값을 보여준다.

	양모 섬유 길이(cm)	양모 무게(kg)
1	9.7	7.9
2	5.6	4.5
3	10.7	8.3
4	6.8	5.4
5	11.0	9.1
6	4.5	4.9
7	7.4	6.0
8	5.9	5.1

(a) 이 양떼의 각 형질에 대한 평균값, 분산, 그리고 표준편차는 얼마인가?
(b) 두 형질의 공분산은?
(c) 섬유 길이와 양모 무게의 상관 계수는?
(d) 섬유 길이의 증가가 양모 무게 증가의 원인이라고 생각하는가? 이유는?

16. 젖소 집단에서, 유단백질 함량에 대한 협의의 유전력 측정값은 0.76이고 유지방에 대한 값은 0.82이다. 유단백질 함량과 유지방 함량 사이의 연관계수는 0.91이다. 만약 농부가 우유에 더 많은 지방을 포함하고 있는 소를 선택한다면, 다음 세대에서 유단백질에 대해 기대되는 효과는 무엇인가?

17. 초파리의 학습을 측정하는 연구에서, 파리들은 특정 후각 신호들을 피하게 훈련될 수 있다. 한 집단에서는 이를 위해 평균 8.5회의 시도가 요구되었다. 이 모집단에서 얻어진 하위 그룹 중 가장 빠르게 훈련된(평균 = 6.0번의 시도) 집단 내의 교배로부터 자손들을 얻어 조사하였다. 이들 파리는 평균 7.5회의 시도를 나타낸다. 초파리에서 이 후각자극의 학습에 대한 실현 유전력을 계산하라.

18. 파리가 냄새로 알 수 있는 어떤 물질을 빠르게 피하도록 하는 초파리 집단을 만들고 싶다. 17번 문제에서 얻어진 유전력에 기초하면, 인위선택을 하는 것이 효과가 있겠는가? 그 이유는?

19. 토마토 식물 집단에서 평균 과일 무게가 60 g이고 h^2이 0.3인 것

으로 연구되었다. 만일 평균 80 g의 과일무게를 나타내는 토마토들을 모집단에서 선택하여 교배하였다면, 인위 선택의 결과(자손들의 평균 무게)를 예상하여라.

20. 유전자형이 동일한 벼 100개체로 이루어진 순종에서 곡식 생산량에 대한 분산은 4.67이다. 생산량에 대한 유전력은 얼마인가? 여러분은 벼 재배자에게 선택에 의해 생산량이 증가할 것이라고 조언하겠는가?

21. 초파리의 돌연변이종이 분리되었는데, 실험적 살충제에 대한 내성을 나타내며, 정상 초파리들은 이 물질에 대해 감수성이다. 내성 초파리와 감수성 초파리들의 교배 후에, 분리된 집단들은 이들 두 종 염색체들의 다양한 조합을 가지게 된다. 각 그룹들이 저항성에 대해 검사되어 다음 그림과 같은 결과를 나타냈다. 이 자료를 분석하고, 어떤 염색체가 이 살충제에 대한 내성을 유전시키는지에 대한 적당한 결론을 도출해 보라.

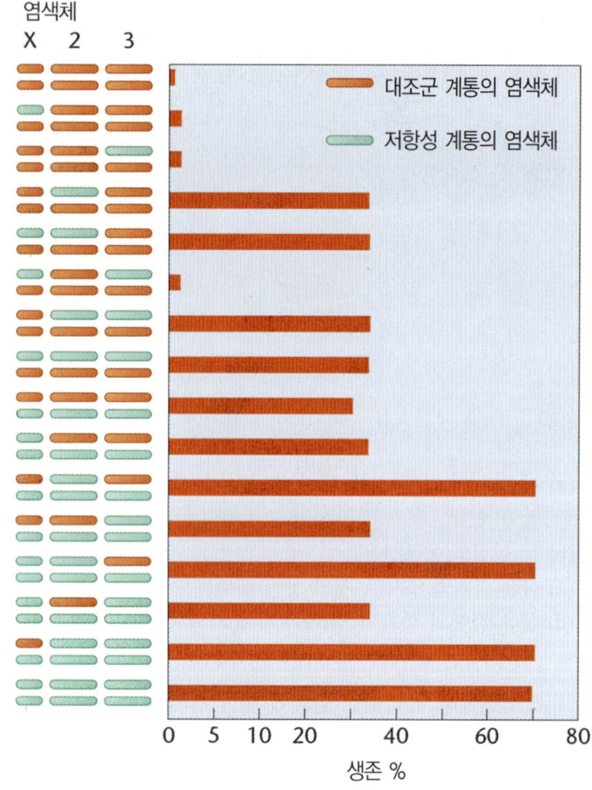

22. 1988년에 홀스트 윌킨스(Wilkens, H. 1988. *Ecol. Biol*. 23:271-367)는 장님 동굴 물고기를 연구하여 이들을 호수에서 발견되는 정상 시각의 자매종과 비교했다. 윌킨스는 동굴 물고기의 눈이 호수 물고기의 눈보다 약 7배 정도 작은 것을 발견했다. F_1 잡종은 중간 크기의 눈을 가진다. $F_1 \times F_1$ 교배의 자료와 역교배 결과(F_1 × 동굴 물고기, F_1 × 호수 물고기)가 다음에 나와 있다.

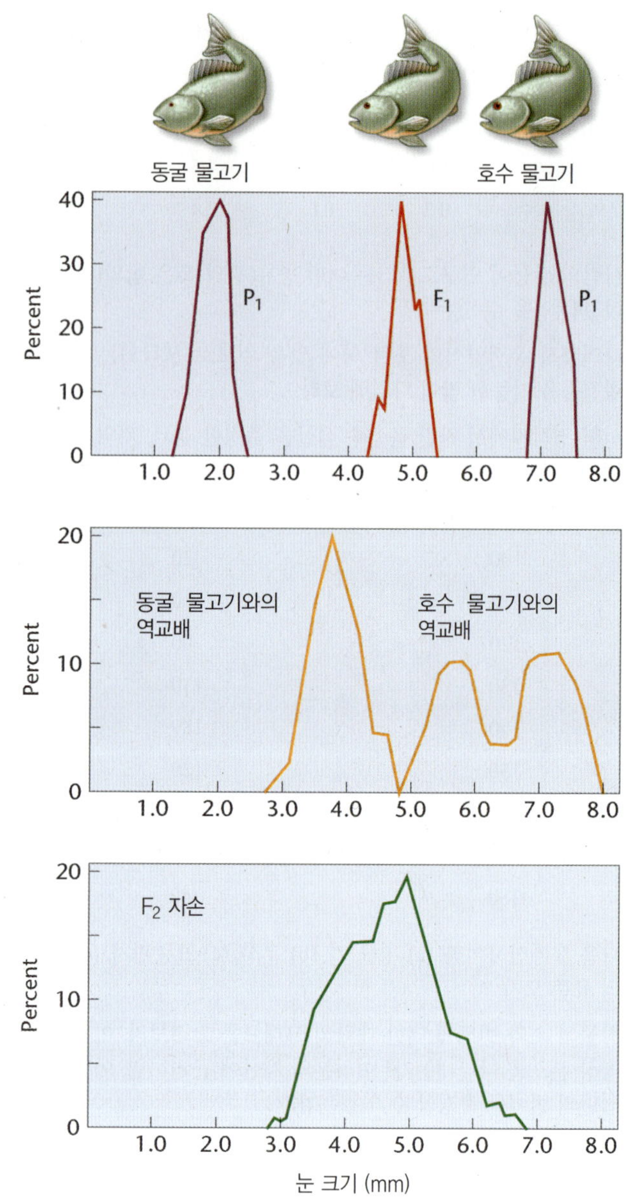

윌킨스의 결과를 잘 살펴보고 다음 질문에 답하라:

(a) 윌킨스의 결과에 기초하여 F_1과 F_2 결과에 대한 눈 크기의 유전과 관련하여 가장 가능한 설명은?

(b) 동굴 물고기와 F_1 사이의 역교배에 의해 지지되는 설명은?

(c) F_1과 호수 물고기와의 역교배 결과에 의해 지지되는 설명은?

(d) 윌킨스는 1,000개체의 F_2 자손을 조사하고 6개 내지 7개의 유전자가 눈 크기를 결정하는 데 관여한다고 추정했다. 이러한 결론을 정당화하기 위해 적당한 샘플의 크기는? 이 가설을 검정하기 위한 실험적 프로토콜을 제안해 보라.

(e) 동굴 물고기와 호수 물고기의 배아 눈을 비교하면 둘 다 지름이 약 4 mm라는 것을 알 수 있다. 그러나 호수 물고기의 눈은 계속 자라는 반면, 동굴 물고기의 눈 크기는 매우 줄어든다. 이 문제와 관련한 유전자들의 역할을 추측해 보라. [참고문헌: Wilkens, H. (1988). *Ecol. Biol*. 23:271-367.]

23. 3인치의 식물이 15인치의 식물과 교배되었다. 그리고 F_1세대는 오직 9인치의 식물들로만 구성되어 있다. F_2 세대는 3, 4, 5, 6, 7, 8, 9, 10, 11, 12, 13, 14, 그리고 15인치 식물들에 의한 "정상분포"를 나타내었다.
(a) F_2에서의 "정상 분포"는 어떤 비율로 구성될까?
(b) F_1 식물을 모든 비부가성 대립인자들에 대해 동형접합성인 식물과 검정 교배하면 결과는 어떻게 나올까?

24. 다음 표는 쌍둥이들이 같은 형질을 발현하는(일치성) 정도를 연구한 결과다. 일란성 쌍둥이와 이란성 쌍둥이에서 서로 다른 형질들에 대한 일치성 정도가 백분율로 제시되어 있다. 두 형태의 쌍둥이가 모두 같은 환경에서 함께 자랐다고 가정하면, 각 형질에 대한 유전적 요소와 환경적 요소의 상대적 중요성에 대해 어떤 결론을 내릴 수 있겠는가?

형질	MZ%	DZ%
혈액형	100	66
눈 색	99	28
정신지체	97	37
홍역	95	87
머리털 색	89	22
손잡이	79	77
특발성 간질	72	15
정신분열증	69	10
당뇨병	65	18
동일한 알레르기	59	5
구순열	42	5
기형족	32	3
유방암	6	3

25. 큰 기니피그와 작은 기니피그 사이의 교배에서 F_1은 표현형적으로 동일한 부모형들 사이의 중간 크기를 나타낸다. 1,014마리의 F_2 중에서 3마리는 작은 부모형과 같은 크기였고 5마리는 큰 부모형과 같은 크기였다. 기니피그의 이 계통에서 크기 유전에 관여하는 유전자의 수는?

26. A1B형의 단지증(brachydactyly; 가운데 손가락이 짧다)은 사람의 5번 염색체 단완에 존재하는 유전형질이다. 한 개인이 단지증이냐 아니냐를 구분한다면, 이 형질은 단일 좌위에, 불완전 우성 양식으로 나타난다. 그러나 만약 이환된 개인의 손가락이나 발가락을 조사한다면, 약간 짧은 것에서 아주 짧은 것까지 발현의 정도가 다양함을 알 수 있다. 단지증의 발현에서 그러한 변이는 어떻게 해서 생기는가?

27. 순종의 복숭아들에 대한 일련의 교배에서, F_1 세대는 모두 동일하였고 30 g의 복숭아를 생산했다. F_2의 과일 질량은 38~22 g까지 2 g씩 차이가 났다. (a) 이 자료를 이용하여 복숭아 무게의 유전에 관여하는 다인자의 수를 결정하라. (b) 유전자 기호를 이용하여 부모식물과 F_1 식물의 유전자형을 말하라.

28. 유전학 실험실의 학생들이 초파리의 두 계통에서 열 저항성을 증가시키려는 시도로 실험을 시작했다. 한 계통은 실험을 시작하기 6주 전에 야생에서 잡은 것이고; 다른 계통은 대학 실험실에 보관된 초파리들이다. 어떤 계통이 열 저항성 선택에 빠르고 넓게 반응할 것으로 기대되는가?

29. 순계의 식물인 *AABBCC*를 *aabbcc*와 교배하였고, 그 자손들 *AaBbCc*가 얻어졌다. 만약 독립적 분리가 작동하는 F_1들끼리 교배한다면, 표현형에 의해 나타날 것으로 기대되는 범주들의 비율은 $N!/[M!(N - M!)]$인데, 여기서 N은 총 대립인자의 수(여기서는 6)이며, M은 대문자 대립인자의 수다. $AaBbCc \times AaBbCc$의 교배에서, 두 가지 대문자 대립인자를 포함하는 자손들은 어떠한 비율로 나올 것인가?

30. 개의 둔부 위축증(canine hip dysplasia)은 40년 동안 이 조건을 완화시키려는 노력에도 불구하고 대부분의 혈통에 지속적으로 영향을 미치고 있는 양적 형질이다. 개 육종가들과 전문가들은 이 질병의 발현을 줄이기 위한 교배 전략을 개발하는데 사진촬영과 세계적 등록 작업에 의존하고 있다. 최근의 자료(Wood and Lakhani. 2003. *Vet. Rec.* 152:69-72)는 래브라도 리트리버와 고든 세터에서 "출생달(month-of-birth)" 효과가 있으며 이 질병의 발현빈도와 정도가 강아지가 태어난 시기에 의존한다는 것을 시사한다. 어떻게 육종학자들이 이 질환을 선별해 내려고 하겠는가? 그리고 출생달 효과현상은 다인자 형질의 발현에 대해 무엇을 시사하는가?

정답 Solutions to Problems and Discussion Questions

2. (a) 다인자들(polygenes)은 연속적 변이 형질이나 다요소적 형질들의 결정에 관여하는 유전자들이다.
   (b) 부가적 대립인자들(additive alleles)은 더해지는 방식으로 표현형에 영향을 미치는 대립인자들이다.
   (c) 연관계수(correlation)는 −1에서 +1까지의 값이며 한 형질에서의 변이가 다른 변이와 연관된 정도를 설명해준다. 이것이 두 형질 사이에 원인과 결과 관계가 있음을 뜻하는 것은 아니다.
   (d) 일란성 쌍생아(monozygotic twins)는 하나의 수정란에서 기원한 것이므로 유전적으로 서로 동일하다. 이란성 쌍생아(dizygotic twins)는 두 개의 난자와 2개의 정자에서 기원한 것이다. 그들의 유전적 관계는 형제자매와 같다
   (e) 유전력(heritability)은 주어진 형질이 유전적 요소들 때문에 표현형적으로 차이가 나는 정도를 측정한다.
   (f) QTL은 양적 형질 좌위(Quantitative Trait Loci)의 약자로, 정량적 형질에 기여하는 다수의 유전자들을 뜻한다.

4. 그 비율에 대해 주어진 수를 모두 더하면 16이라는 수를 얻게 된다. 이것은 양성잡종 교배를 시사한다. 분포는 부가적 효과를 가진 양성 잡종 교배로 나타난다.

   (a) 양성잡종 결과가 확인되었으므로, 두 좌위들이 색의 생성에 관여한다. 각 좌위당 두 대립인자들이 있으므로 총 4개 대립인자들이 존재한다.

   (b, c) 빨강(red), 중간 빨강(medium-red) 등의 설명은 어떤 단위체들의 어느 형태가 나타내는 정량적인 시사점이 없으므로, 색에서의 변화량을 실제로 정량할 수 없을 것이다. 다만, 각 유전자(부가성 대립인자)가 표현형에 동일한 단위량을 기여하며 그 단위량의 수에 따라 색깔이 다르다고 말할 수는 있을 것이다. 각 표현형을 나타내는 데 필요한 부가적 대립인자들의 수는 다음과 같다:

   1/16 = dark red = *AABB*
   4/16 = medium-dark red = 2*AABb*
   2*AaBB*
   = *AAbb*
   6/16 = medium red = *AAbb*
   4*AaBb*
   aaBB
   4/16 = light red 2*aaBb*
   2*Aabb*
   1/16 = white = *aabb*

   (d) F_1 = all light red
   F_2 = 1/4 medium red
   2/4 light red
   1/4 white

6. (a, b) 네 개 유전자쌍이 관여한다.
   (c) 3 cm
   (d) "전형적인" F_2 분포를 나타내는 전형적인 F_1 교배는 모든 유전자쌍들이 이형접합성(*AaBbCcDd*)이며, 독립적으로 분배되고 부가적일 때일 것이다. 이러한 형태의 들로는 여러 부모쌍들이 가능하다. 한 가지 가능한 부모 세트의 예는: *AABBccdd* × *aabbCCDD*이다.
   (e) *aabbccdd* 유전자형이 12 cm의 키를 나타내고, 각 대문자 대립인자들이 키에 3 cm 씩의 기여를 하므로, 18 cm 짜리 식물에 대해서는 여러 가능성이 존재한다:
   AAbbccdd,
   AaBbccdd,
   aaBbCcdd 등이다.
   7개의 대문자 대립인자를 가진 어떤 식물은 33 cm일 것이다:
   AABBCCDd,
   AABBCcDD,
   AABbCCDD 등의 유전자형을 가지는 식물들.

8. 융기의 수와 높이가 가장 높은 유전도 값을 갖는다.

10. 키, 일반적인 몸의 형태, 피부색, 그리고 아마도 지능을 포함한 가장 일방적인 행동적 특징들

12. (a) 등지방:
    광의의 유전력 = H^2 = 12.2/30.6 = 0.398
    협의의 유전력 = h^2 = 8.44/30.6 = 0.276
    신체 길이:
    광의의 유전력 = H^2 = 26.4/52.4 = 0.504
    협의의 유전력 = h^2 = 11.7/52.4 = 0.223
    (b) 두 형질 중에서, 등지방에 대한 선택이 더 큰 반응을 나타낼 수 있다.

14. (a) 비타민 A에 대한 것:
    $h_A^2 = V_A/V_P = V_A/(V_E + V_A + V_D) = 0.097$
    콜레스테롤에 대한 것:
    $h_A^2 = 0.223$
    (b) 콜레스테롤 함량은 선택에 의해 더 큰 정도로 영향을 받을 것이다.

16. 양쪽의 협의의 유전력 값들이 비교적 높은 것을 감안하면, 농부는 유단백질 함량과 버터지방을 선택에 의해 변화시킬 수 있을 것이다. 단백질 함량과 버터지방 사이의 연관계수가 0.91이라는 것은 버터지방을 선택하면 단백질 함량도 같이 증가할 것임을 제시해준다. 그러나 연관계수는 하나의 양적 형질에서 어느 정도의 변이가 다른 형질의 변이와 관계된 것인지 설명해주기는 하지만, 그러한 변이의 원인을 드러내주는 것은 아니다. 과거에 젖소들이 고지방 형질에 대해 선택되었고, 단백질 함량이 따라서 증가했음을 생각하면, 지방에 대한 선택이 증가된 단백질 함량과 계속 연관될 가능성이 높다. 그러나 고지방에 대한 선택에 의해 생리적인 조건이 변화하고, 단백질 함량이 줄어드는 지점이 존재할 수 있다.

18. 실현 유전력 값이 0.4이므로, 선택 실험이 빠르고 중요한 선택 반응을 일으킬 것 같지는 않다. 강한 선택에 의한 부분적 반응이 나올 것이다.

20. 벼가 유전적으로 동일하므로, V_G는 0이고, $H^2 = V_G/V_P = 0$이다. 광의의 유전력은 어느 정도의 표현형적 변이가 유전적 요소들에 기인한 것인지를 측정한다. 이 경우에는, 유전적으로 동일

한 식물을 사용하였으므로 H^2는 0이고 따라서 낟알 생산량에서 관찰된 분산은 환경에 기인한 것이다. 이 벼 작물에서의 선택은 효과가 없을 것이다.

22. (a) 가장 직접적인 설명은 각각이 부가성인 유전자 2쌍이 그 표현형에 약 1.2 mm씩 기여하는 것이다.
    (b) 역교배와의 일치는 원래 가설을 지지한다.
    (c) 이 자료들은 (a) 부분에서 제시된 단순한 가설을 지지하지 않는다.
    (d,e) 이 자료들로는 환경이 눈의 발달에 중요한 역할을 한다거나 혹은 더 많은 유전자가 관여함을 제시하는 뚜렷한 표현형적 집단들을 발견할 수 없다.

24. 혈액형, 눈의 색, 그리고 정신지체를 포함한 형질들에 대해, MZ와 DZ 그룹 간의 상당한 차이가 있으며 따라서 높은 수준의 유전적 요소가 존재함을 알 수 있다. 그러나 홍역에 대해서는 그 차이가 크지 않은데, 이것은 환경 요인이 더 크게 작용함을 시사하는 것이다. 머리 색은 상당한 유전 요소를 가지며 특발성 간질, 정신분열, 당뇨, 알레르기, 언청이, 기형족 형질도 마찬가지다. 유방암에 대한 유전적 요소는 존재하지만 이들 자료로는 그 효과가 미미한 것으로 보인다

26. 여러 좌위의 부가적 활동으로 유발되는 여러 형질들에서와 마찬가지로, 몇몇 유전자들은 다른 유전자들보다 더 많은 영향을 미친다. 그리고, 몇몇 다인자 형질들에서 환경 요인들이 매우 중요한 역할을 담당하기도 한다. 단지증의 경우에는, 유전체 내의 여러 변형 유전자들이 단지증 발현에 영향을 미칠 수 있다. **http://www.ncbi.nlm.nih.gov/**에서 OMIM(*Online Mendelian Inheritance of Man*)을 찾아보면 이러한 점을 잘 알 수 있을 것이다.

28. 야생 집단에서의 선택에 대한 반응이 더 클 것으로 예상할 수 있다.

30. 육종가들은 우선 이렇게 영향을 받은 계통들에 대해 완전하고 자세한 교배 기록을 유지함으로써 이 질병을 "골라"내려고 시도한다. 둘째로, 이들은 가까운 친족이 병에 걸렸던 개들하고의 교배를 피한다. 개들의 고관절 이형성증에서 "출생달" 효과를 일으키는 분자 발생학적 기작은 알려져 있지 않다. 그러나 많은 양적 형질들로 미루어볼 때, 표현형의 유전율과 발현율 두 가지 모두에 상당한 영향을 미치는 환경 요인이 있는 것이 분명하다. 표현형에 여러 가지 방법으로 영향을 미치는 많은 유전자들 때문에, 다양한 분자 발생학적 생체내 미소환경이 존재할 수 있다. 달리 말하자면, 유전체에서 표현형에 이르는 거리가 길고 복잡할수록, 환경인자가 발현에 관여할 가능성이 더 커진다는 것이다.

CHAPTER

22 집단 유전학

애리조나의 치리카후아 (Chiricahua) 산맥의 무당벌레들은 상당한 표현형적 변이들을 나타낸다

단원 개념

- 집단의 유전자 풀에서 대립인자의 빈도는 시간에 따라 다를 수 있다.
- 이상적인 집단에서, 대립인자 빈도와 유전자형 빈도 사이의 관계는 하디-바인베르크 법칙으로 설명된다.
- 자연선택은 대립인자 빈도 변화와 집단의 진화를 이끄는 주요 힘이다.
- 이주와 유전적 부동 역시 대립인자 빈도에서의 변화를 유발할 수 있다.
- 비무작위적 교배는 대립인자 빈도가 아니라 집단의 유전자형 빈도를 변화시킨다.
- 돌연변이는 집단의 유전자 풀에서 새로운 대립인자를 생산한다.

알프레드 러셀 윌레스(Alfred Russel Wallace)와 찰스 다윈(Charles Darwin)이 19세기 중반에 적응적 진화의 기구로 자연선택을 처음 발견했을 때는 변이와 유전을 설명할 수 있는 기작에 대한 정확한 모형이 없었다. 그레고르 멘델(Gregor Mendel)은 1866년에 형질의 유전에 대한 그의 논문을 발표했으나 당시엔 별반 관심을 끌지 못했다. 1900년, 멘델의 연구가 재발견되었을 때 생물학자들은 곧 그것의 중요성을 깨달았고 유전자와 대립인자에 대한 멘델의 생각을 진화설에 조화시키기 위한 30년 노력을 시작하게 된다. 핵심을 살펴보자면 생물학자들은 '서로 다른 표현형적 형질의 상대적 풍부도'에 있어서의 변화는 '그 형질에 영향을 미치는 대립인자들의 상대적 풍부도'의 변화에 따른 것이라는 사실을 깨달았던 것이다. 이것은 **집단 유전학**(population genetics)-즉 집단내 유전적 변이와, 시간에 따른 변화를 연구하는 학문-이 출현하는 토대를 마련하였다. 집단유전학자들은 교배하는 개체들로 이루어진 집단 내에서와 집단 간에서의 **유전적 구조**(genetic structure)나 유전적 변이의 양상을 조사한다. 유전적 구조에서의 변화가 집단의 진화를 위한 기초를 형성하기 때문에 집단 유전학은 진화 생물학의 중요한 하위 분야가 되었다.

20세기 초 G. 우드니 율(G. Udny Yule), 윌리엄 캐슬(William Castle), 고드프리 하디(Godfrey Hardy) 그리고 빌헬름 바인베르크(Wilhelm Weinberg) 들을 포함한 상당수의 연구자들이 집단유전학의 기본 원리를 공식화하였다. 이론 유전학자들인 시월 라이트(Sewall Wright), 로널드 피셔(Ronald Fisher), J.B.S. 할데인(J.B.S. Haldane) 등은 집단의 유전적 구조를 기술할 수학적 모델 개발에 집중했다. 좀 더 최근에는, 야외 연구자들이 단백질과 DNA 수준에서 직접적으로 변이를 측정할 수 있는 생화학적, 분자적 기술들을 이용하여 이들 모델을 검사할 수 있었다. 이러한 실험들은 대립인자 빈도와 선택, 돌연변이, 이주, 그리고 무작위적 유전자 부동 등과 같이, 빈도를 바꾸는 힘에 대해 조사하였다. 이 장에서는 집단 유전학의 일반적 관점들에 대해 고찰해 보고 진화와 관련한 또 다른 유전학 분야에 대해 논의하고자 한다.

? 학습 방법

집단 유전학자들은 시간의 흐름에 따른 집단내 유전자 풀에서의 대립인자 빈도 변화, 집단내 유전적 다양성의 정도, 그리고 서로 다른 유전자형들의 분포양상 등을 연구한다. 여러분은 이 장을 읽으면서 아래의 문제에 대해 생각해 보기 바란다.

1. 유전학자들은 어떻게 집단 내에서 서로 다른 대립인자의 존재를 추적할 수 있는가?
2. 서로 다른 유전자형들은 어떻게 찾아지는가?
3. 형태적 표현형에서의 차이(개체의 신체적 외형)들만이 집단 내에서 유전적으로 독특한 개체들을 발견할 수 있는 유일한 방법인가?

22.1 집단내 유전자 풀의 대립인자 빈도는 시간에 따라 변한다

하나의 **집단**(population, 개체군)이란 같은 지리적 범위에 사는, 같은 종 내의 구성원으로 이루어졌으며, 실질적으로 혹은 잠재적으로 서로 교배 가능한 개체들의 그룹이라고 할 수 있다. 이들 개체에 의해 공유되는 모든 대립인자가 집단의 **유전자 풀**(**유전자 급원**, gene pool)에 기여한다. 만약 우리가 이러한 집단에서 한 유전자 좌위를 고려한다면, 집단 내에서 서로 다른 유전자형을 가지는 개개 구성원들을 발견하게 될 것이다. 집단 유전학의 주요 요소는, 유전자 풀 내의 다양한 대립인자에 대한 계산, 유전자 풀에서의 서로 다른 유전자형의 빈도에 대한 계산 및 이러한 빈도들이 어떻게 한 세대에서 다음 세대로 가며 바뀌게 되는지 하는 계산이다. 집단 유전학자들은 다음과 같은 질문을 받을 때 이들 계산을 이용한다: 얼마나 많은 유전적 다양성이 한 집단 내에 존재하는가? 유전자형들은 시간과 공간에 있어 무작위로 분포하는가, 아니면 구분할 수 있는 양상으로 존재하는가? 어떤 과정들이 한 집단의 유전자 풀 구성에 영향을 미치는가? 이러한 과정들은 집단들 사이에서 유전적 분기가 일어나도록 하는가?

집단은 역동적이다; 즉, 출생률과 사망률의 변화에 따라, 혹은 다른 집단과의 접촉을 통해, 자라고 팽창하며 사라지고 혹은 축소된다. 종종 한 집단의 일부 개체들은 다른 개체들보다 더 많은 자손을 생산하여 다음 세대에 자신의 대립인자들을 더 많은 비율로 기여한다. 따라서 집단의 이러한 역동성은 시간이 지나면서 집단의 유전자 풀에 있어서의 변화를 일으킬 수 있다.

22.2 하디-바인베르크 법칙은 이상적인 집단에서 대립인자 빈도와 유전자형 빈도 사이의 관계를 설명한다

유전자 풀에서 대립인자들의 상대적인 비율과 그 집단에서 나타나는 서로 다른 유전자형의 빈도들 사이의 이론적 관계는 1900년대 초기에 영국의 수학자였던 고드프리 H. 하디(Godfrey H. Hardy)와 독일의 의사였던 빌헬름 바인베르크(Wilhelm Weinberg)에 의해 개발된 수학적 모형으로 아주 잘 설명되었다. **하디-바인베르크 법칙**(Hardy-Weinberg law)이라고 불리는 이 모형은 "이상적인(ideal)" 집단, 즉 무한대로 크며, 무작위로 교배가 일어나고, 돌연변이나 이주, 혹은 선택과 같은 어떤 종류의 진화적 힘에도 영향을 받지 않는 집단에서 대립인자와 유전자형에 발생하는 일을 설명하는 것이다. 이러한 조건 하에서, 하디-바인베르크 모형은 다음과 같은 두 가지 예측을 내놓는다.

1. 유전자 풀 내에서의 대립인자 빈도는 시간이 지나도 변하지 않는다.
2. 만약 한 좌위에서, A와 a의 두 대립인자에 대해 고려한다면, 무작위 교배가 일어난 한 세대 후에는 AA:Aa:aa 유전자형의 빈도는 다음과 같이 계산될 수 있다.

$$p^2 + 2pq + q^2 = 1$$

여기에서, p는 대립인자 A의 빈도이고, q는 대립인자 a의 빈도다. 이러한 기준을 만족시키며, 그 집단에서 한 좌위의 두 대립인자의 빈도인 p와 q가 예상된 유전자형 빈도로 나타나는 집단은 하디-바인베르크 평형에 있다고 언급된다. 이 장의 후반에 살펴보게 되겠지만, 실제 집단이 하디-바인베르크 모형을 완전히 만족시키는 경우는 드물며, 모든 대립인자와 유전자형 빈도가 세대를 거쳐도 변화하지 않은 채 남아 있는 경우도 거의 없다.

하디-바인베르크 모형은 멘델의 분리 법칙과, 집단내 대립인자와 유전자형 빈도 사이의 관계를 설명하는 단순한 가능성을 이용한다. 우리는 하나의 상염색체 좌위에 두 대립인자인 A와 a가 존재하며 한 집단 내에서 A의 빈도가 0.7이고, a의 빈도는 0.3이라는 예를 고려하여 이것이 어떻게 작용하는지를 증명할 수 있다. 0.7 + 0.3 = 1임에 유의하라. 이것은 유전자 풀 내에 존재하는 A 유전자에 대한 모든 대립인자가 고려되었음을 뜻하는 것이다. 우리는 하디-바인베르크 법칙이 요구하는 바에 따라 집단내 개체들이 무작위로 교배한다고 가정하며, 따라서 어떤 접합자에 대해서도 암 배우자가 A를 포함할 확률은 0.7이고 수 배우자가 A를 포함할 확률도 역시 0.7이다. 두 배우자가 모두 A를 포함할 확률은 0.7 × 0.7 = 0.49이다. 따라서 우리는, 주어진 시간에 AA유전자형은 49%로 출현할 것이라고 예상할 수 있다. 접합자가 A를 가지는 난자와 a를 가지는 정자에 의해 만들어질 가능성은 0.7 × 0.3 = 0.21이고 접합자가 a를 가지는 난자와 A를 가지는 정자로부터 만들어질 확률은 0.3 × 0.7 = 0.21이다. 그러므로 Aa 유전자형의 빈도는 0.21 + 0.21 = 0.42로 42%이다. 마지막으로 a를 가진 난자와 a를 가진 정자로부터 접합자가 만들어질 확률은 0.3 × 0.3 = 0.09로 aa 유전자형의 빈도는 9%로 예측할 수 있다는 뜻이 된다. 우리 계산을 점검하는 의미에서 0.49 + 0.42 + 0.09 = 1.0이 되는데 이것은 모든 접합자가 계산에 포함되었음을 확인해 주는 것이다. 이러한 계산들이 **그림 22-1**에 요약되어 있다.

우리는 특정 유전자 풀의 특정 대립인자 빈도로부터 시작하여 이 풀에서 산출되는 어떤 유전자형의 가능성을 계산하였다. 접합자가 성체로 발달하여 생식을 한다면, 새로운 유전자 풀에서 대립인자의 빈도는 어떻게 될까? 하디-바인베르크 법칙 하에서 우리는 모든 유전자형이 동일한 정도의 생존과 생식을 한다고 가정했었다. 이것은 다음 세대에서 모든 유전자형이 새로운 유전자 풀에 동등하게 공헌함을 뜻한다. AA인 구성원들은 이 집단에 49%로 공헌할 것이고 따라서 우리는 이들의 배우자가 유전자 풀에 49%를 차지할 정도로 배우자를 만든다고 예상할 수 있다. 이들 배우자는 A 대립인자를 가질 것이다. 마찬가지로, Aa인 구성원들은 집단에 42%의 공헌을 하게 될 테고 그들의 배우자는 새로운 유전자 풀의 42%를 구성하게 될 것으로 예상할 수 있다. 이들 배우자의 반이 A 대립인자를 가지므로 유전자 풀의 A 대립인자 빈도는 0.49 + (0.5)0.42 = 0.7이 된다. Aa 개체의 또 다른 반수의 배우자가 a 대립인자를 가진 것들이다. aa 개인들은 이 집단의 9%를 구성하므로 그들의 배우자 역시 이 새로운 유전자 풀에서 9%를 차지하게 될 것이다. 이들 배우자는 모두 a 대립인자를 가진다. 그러므로 우리는 새로운 유전자 풀에서 a 유전자 빈도를 (0.5)0.42 + 0.09 = 0.3으로 예상할 수 있게 된다. 우리 계산을 점검하는 차원에서 두 대립인자의 빈도를 더해보면 0.7 + 0.3 = 1.0 이 되는데 이는 새로운 세대의 유전자 풀 내 모든 배우자가 계산된 것임을 뜻한다.

우리는 다시 시작점으로 돌아왔다. 즉, A 대립인자의 빈도가 0.7이고, a 대립인자의 빈도는 0.3인 유전자 풀이다. 하디-바인베르크 법칙에 대한 일반화로, 우리는 대립인자 빈도에 대한 숫자값 대신에 다른 변수를 이용할 수 있다. 대립인자 A의 빈도를 p라고 하고, a 대립인자 빈도를 q라고 하여 $p + q = 1$이 되는 집단을 생각해 보자. 이러한 유전자 풀에서 난자와 정자를 무작위로 추출하여 짝을 지워 접합자를 만든다면, 난자 정자 모두 A 대립인자를 가질 확률은 $p \times p$ 이다. 그러므로 접합자들 중 AA 유전자형의 빈도는 p^2이 된다. 난자가 A, 정자가 a를 가질 가능성은 $p \times q$이고, 난자가 a, 정자가 A를 가질 가능성은 $q \times p$ 이다. 그러므로 Aa 유전자형인 접합자의 빈도는 $2pq$가 된다. 마지막으로, 난자와 정자 둘 다 a 대립인자를 가질 확률은 $q \times q$로 접합자 중 aa 유전자형을 만들 확률은 q^2이 된다. 그러므로 접합자들 중 유전자형의 분포는

$$p^2 + 2pq + q^2 = 1$$

이다. **그림 22-2**은 이러한 계산을 요약한 것이다.

이러한 계산은 하디-바인베르크 법칙의 두 가지 주된 예측을 증명해 준다: 즉, 이 집단의 모든 대립인자 빈도들은 한 세대에서 다음 세대로 넘어가도 변화하지 않으며, 무작위적 교배로 한 세대가 지나도 유전자형의 빈도는 대립인자의 빈도들로부터 예측 가능하다는 것이다. 다시 말해, 이러한 집단은 우리가 조사한 좌위에 관련해서는 진화하지 않는다. 그러나 하디-바인베르크 모형에 의해 설명되는 이상적인 집단에는 몇 가지 가정이 있었음을 기억해야만 한다:

1. 모든 형태의 유전자형으로 이루어진 개인들은 생식과 생존에 있어서 동등한 정도의 성공률을 가진다. 즉, 여기에 선택

		정자	
		fr(A) = 0.7	fr(a) = 0.3
난자	fr(A) = 0.7	fr(AA) = 0.7 × 0.7 = 0.49	fr(Aa) = 0.7 × 0.3 = 0.21
	fr(a) = 0.3	fr(aA) = 0.3 × 0.7 = 0.21	fr(aa) = 0.3 × 0.3 = 0.09

그림 22-1 대립 유전자 빈도로부터 얻어지는 유전자형 빈도의 계산. 유전자 풀에서 나온 배우자들은 다음 세대의 유전자형을 구성하게 된다. 이 집단에서는, A 대립인자의 빈도는 0.7이고 a 대립인자의 빈도는 0.3이다. 다음 세대의 유전자형의 빈도는 AA는 0.49, Aa는 0.42, aa는 0.09가 된다. 하디-바인베르크 법칙 하에서는 A와 a의 빈도가 세대를 계속해도 그대로 유지된다.

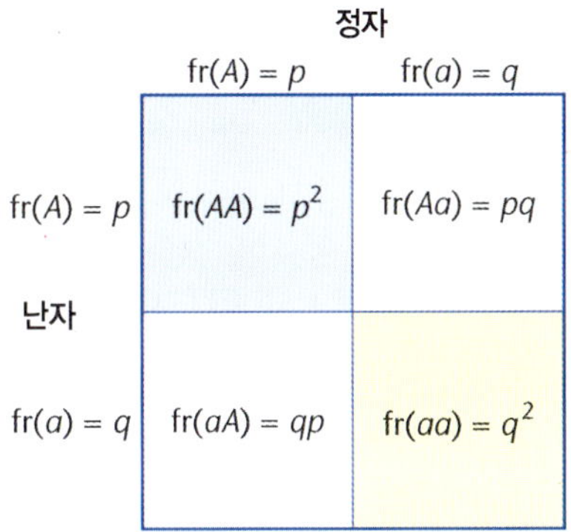

그림 22-2 하디-바인베르크 가정들 하에서의 대립인자와 유전자형 빈도의 일반적인 예. 대립인자 A의 빈도는 p이고 대립인자 a의 빈도는 q이다. 교배 후에는 세 유전자형 AA, Aa, aa의 빈도가 각각 p^2, $2pq$, q^2이 된다.

은 작용하지 않는다.

2. 돌연변이에 의한 한 인자에서 다른 인자로의 변화나 새로운 대립인자의 생성은 일어나지 않는다.
3. 개인들은 집단 안이나 밖으로 이주하지 않는다.
4. 집단은 무한히 크며, 이것은 실질적인 용어로 집단이 충분히 커서 표본 오차나 다른 무작위적인 영향이 무시될 수 있음을 뜻한다.
5. 집단의 개인들은 무작위적으로 교배한다.

이러한 가정들은 하디-바인베르크 법칙이 집단 유전학적 연구들에 왜 그렇게 중요한지 그 이유가 된다. 집단이 진화하지 않는 조건을 규정함으로써, 하디-바인베르크 모형은 대립인자 빈도를 변화시키는 실제 세계의 힘을 찾아낸다. 다시 말하자면, 특정 조건을 일정하게 유지함으로써, 하디-바인베르크 모형은 진화를 일으키는 힘을 분리시켜 그것을 정량화하는 것이라고 볼 수 있다. 하디-바인베르크 모형의 적용은 한 집단의 유전자 풀 내에서 "중립 유전자(neutral gene)"가 드러나도록 할 수도 있다. 이들은 진화의 힘들에 의해 움직이는 것들이 아니기 때문이다.

하디-바인베르크 법칙에서 중요한 결론이 세 가지 더 있다. 첫째는, 이 법칙이 우성 형질들이라고 해서 세대를 거칠수록 반드시 더 증가하는 것은 아니라는 것을 보여준다. 둘째는, 일단 이상 집단에서 확립된 대립인자 빈도는 변치 않고 유지됨으로써 **유전적 다양성**(genetic variability) 역시 유지될 수 있음을 증명해준다는 것이다. 셋째는, 하디-바인베르크 가정에 의지하여 단 한 유전자형의 빈도만을 알고 있어도, 그 좌위에서의 모든 유전자형의 빈도들을 계산할 수 있다는 것이다. 이것은 인류 유전학에 있어 특히 중요한데, 우리가 환자의 빈도만 알고 있는 상황에서도 열성 유전병의 이형접합성 보인자 빈도를 계산할 수 있도록 하기 때문이다.

이 문제를 풀어보자

526페이지의 1번 문제는 표현형 빈도를 알고 있는 한 집단에서 우성과 열성 대립인자의 빈도를 계산하라는 것이다.

힌트: 여러분은 언제 동형접합성 우성과 이형접합성 유전자형이 같은 표현형을 가지는가를 우선 평가하여 어떤 대립인자 빈도가 각각 p와 q인지를 결정하라.

22.3 하디-바인베르크 법칙은 인간 집단에 적용될 수 있다

실제의 집단에서 어떻게 대립인자 빈도가 측정되는지를 살펴보기 위해, 그리고 집단 유전학자들이 질문하는 종류의 문제를 증명하기 위해, 전 세계적으로 AIDS를 일으키는 바이러스인 HIV-1 감염에 대한 개인의 감수성에 영향을 미치는 유전적 요인들을 찾아내는 연구들로부터 인간 집단에 대한 예를 살펴보기로 하자. 특히 ADIS 연구자들의 흥미를 자극하는 것은 소수의 사람들이 고위험도의 선택을 했음에도(예를 들어, HIV-양성 상대자들과 보호기구 없이 성교를 했거나 하는 등의) 감염되지 않는다는 것이었다. 1996년에 롱 리우(Long Liu)와 그 동료들은 바이러스에 노출되었지만 감염되지 않은 두 사람이 *CCR5*라는 돌연변이 대립인자에 대해 동형접합성임을 발견했다.

CCR5 유전자는 3번 염색체에 위치하며 C-C 케모카인 수용체-5(chemokine receptor-5)를 만들어 종종 CCR5로 표현된다(그림 22-3). 케모카인(chemokine)들은 면역계 세포들에서 발견되는 세포 표면 신호전달 분자들이다. CCR5 수용체 단백질을 가지는 세포가 케모카인 신호들과 부착하게 되면 세포들은 감염에 저항하기 위해 염증반응이 일어나고 있는 조직으로 이동하게 된다.

CCR5 단백질은 HIV-1에 대한 공동수용체(co-receptor)이기도 하다. 세포 안으로 들어오기 위해 Env라고 불리는(바이러스의 껍질 단백질 envelope의 약자) HIV-1의 표면 단백질이 숙주세포의 CD4 단백질에 부착한다. CD4 단백질에 부착함으로써 Env는 모양을 바꾸어 두 번째 접촉 장소를 형성하고 이 두 번째 접촉 장

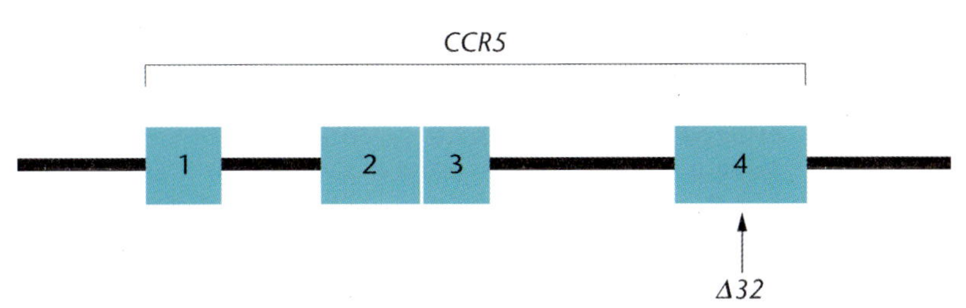

그림 22-3 3p21.3부위에서의 *CCR5* 유전자의 구성. 이 유전자는 4개의 엑손과 2개의 인트론으로 구성된다. 화살표는 엑손 4의 32 bp 결실을 표시한 것으로 이것이 HIV-1의 감염에 저항성을 부여한다.

(a) *Allele 1*

AGC TCT CAT TTT CCA TAC AGT CAG TAT CAA TTC TGG AAG AAT TTC CAG ACA TTA AAG ATA GTC

Ser Ser His Phe Pro Tyr Ser Gln Tyr Gln Phe Trp Lys Asn Phe Gln Thr Leu Lys Ile Val

170 (Ser), 180 (Trp)

(b) *Allele Δ32*

AGC TCT CAT TTT CCA TAC ATT AAA GAT AGT CAT CTT GGG

Ser Ser His Phe Pro Tyr *Ile Lys Asp Ser His Leu Gly* . . . . . Stop (+24 aa)

170 (Ser)

그림 22-4 (a) *CCR5* 유전자의 정상 대립인자(*1/1*)에서 엑손 4 부위의 뉴클레오티드 서열과 아미노산 서열. (b) *Δ32* 염기쌍의 결실에 의해 번역틀을 벗어나 암호화되는 처음 일곱 개 아미노산은 이탤릭체로 표시했다. 세린에 대한 아미노산 번호(170)는 방향성을 표시하기 위해 나타낸 것이다. *Δ32* 대립인자의 잘려진 단백질은 세포막에 삽입되지 않으며 따라서 HIV-1의 공동 수용체로 작용할 수 없다.

표 22.1 *CCR5* 유전자형과 표현형

유전자형	표현형
1/1	성적으로 전파되는 HIV-1에 감수성
1/Δ32	감수성이지만 AIDS로의 진행이 느리다
Δ32/Δ32	대부분의 성 전염성 HIV-1 계통에 저항성이다

소에 CCR5가 붙게 되는데 이것이 바이러스 단백질과 숙주세포막이 융합하도록 하는 시발사건이 된다. 바이러스 표면 단백질과 세포막의 융합은 HIV의 핵심입자(core)를 숙주 세포질로 이동시킨다.

CCR5 유전자의 돌연변이 대립인자는 번역 부위에 32 bp 염기가 결실되어 있다(그림 22-4). 결과적으로 이 돌연변이 인자에서 생산된 단백질은 정상보다 짧으며 비기능적이다. 이 단백질은 막으로 가지 않으므로 HIV-1은 이들 세포로 들어올 수 없다. 유전자의 정상 대립인자는 *CCR51*로 대립인자 표시), 32 bp 결실이 있는 대립인자는 *CCR5-Δ32*(*Δ32*로 대립인자 표시)로 표현한다. 리우에 의해 기술된 두 명의 비감염 개인들은 유전자형이 *Δ32/Δ32*였다. 결론적으로 그들은 그들 세포의 표면에 CCR5를 가지지 않으며 CCR5를 공동 수용체(co-receptor)로 요구하는 HIV-1 바이러스주에 의한 감염에 저항적이었던 것이다.

적어도 세 명의 *Δ32/Δ32* 개인이 HIV-1에 감염되지 않는 것으로 발견되었다. 의문스러운 것은 연구자들이 이 유전자형과 관련한 어떠한 부작용도 발견하지 못했다는 것이다. *1/Δ32*의 유전자형을 가진 이형접합자들은 HIV-1 감염에 감수적이지만 AIDS로 발병하기까지 더딘 진행을 보인다. 표 22.1은 *CCR5* 좌위의 가능한 유전자형과, 이들과 연관된 표현형을 정리한 것이다.

CCR5-Δ32 대립인자와 그것이 AIDS에 대한 보호를 제공할 수 있다는 사실의 발견은 두 가지 중요한 질문을 하게 한다: 어떤 인류 집단이 *Δ32* 대립인자를 가지는가? 그리고 그것은 얼마나 흔한가? 이다. 이 질문에 대한 답을 찾기 위해 몇몇 연구팀은 여러 인류 집단의 사람들을 조사하였다. 유전자형은 직접적인 DNA 서열 분석으로 결정되었다(그림 22-5). 브리트니(Brittany)의 조사에서 얻어진 100명의 프랑스인 집단에서 얻어진 한 샘플을 살펴보자. 이 집단에서는, 79명이 *1/1*, 20명이 *1/Δ32*, 그리고 한 명이 *Δ32/Δ32* 유전자형을 나타냈다. 이 표본은 *1/1*인 개인에서 온 158개의 *1*유전자와 *1/Δ32* 개인에서 온 20개의 유전자 *1*을 보유하므로 총 178개의 유전자 *1*을 가진다. 이 집단에서 *CCR51*의 대립인자 빈도는 178/200 = 0.89 = 89%가 된다. *CCR5-Δ32* 대립인자는 *1/Δ32* 개인에서 온 20개의 *Δ32* 인자와 *Δ32/Δ32* 개인에서 온 2개를 포함하여 총 22개가 된다. 그러므로 *CCR5-Δ32*의 빈도는 22/200 = 0.11 = 11%이다. $p + q = 1.0$이 됨에 유의하라. 이것은 우리가 전체 유전자 풀을 고려하였음을 의미하는 것이다. 표 22.2는 브리트니의 표본에서 대립인자 *1*과 *Δ32*의 빈도를 계산하는 두 가지 방법을 보여준다.

그림 22-6는 18개 유럽인 집단에서 *CCR5-Δ32* 대립인자의 빈도를 나타낸 것이다. 이 연구들은 발트해 주변의 북유럽 집단이 *Δ32* 대립인자를 가장 많이 가지고 있음을 보여준다. 북쪽에서 남쪽으로 갈수록 급격한 빈도 차이를 나타나고, 사르디니아와 그리스 집단들은 매우 낮은 빈도를 갖는다. 유럽인 조상을 가지지 않는 집단에서 이 유전자는 발견되지 않았다. 고도로 정형화된 *Δ32* 대립인자의 지구적 분포는 우리가 이 장에서 다룰 진화적 의문점을 나타내고 있다.

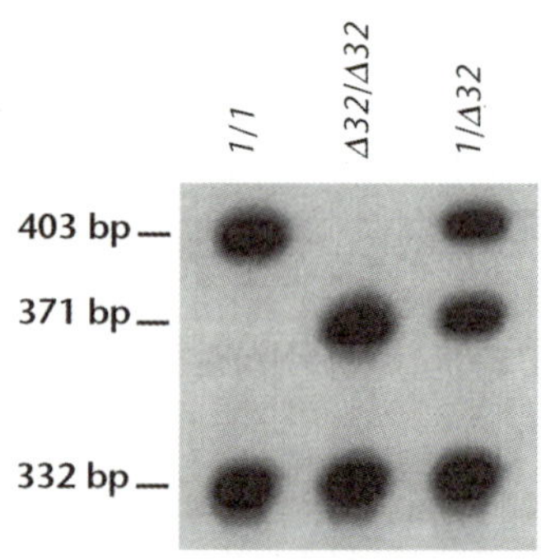

그림 22-5 *CCR5* 유전자에서의 대립인자 변이. 미첼 샘슨(Michel Samson)과 동료들은 PCR을 사용하여 32 bp 결실 부위를 포함한 *CCR5* 유전자의 일부를 증폭하여 제한효소로 절단하였다. 사진은 이 단편들을 전기영동하여 분리 전개한 것이다. 각 레인은 한 개인의 유전자형을 나타낸다. 대립인자 *1*은 332 bp의 단편과 403 bp의 단편을 만든다; *Δ32*인자는 332 bp 단편과 371 bp 단편을 만든다. 이형접합인 사람들은 세 가지 단편들을 모두 만든다.

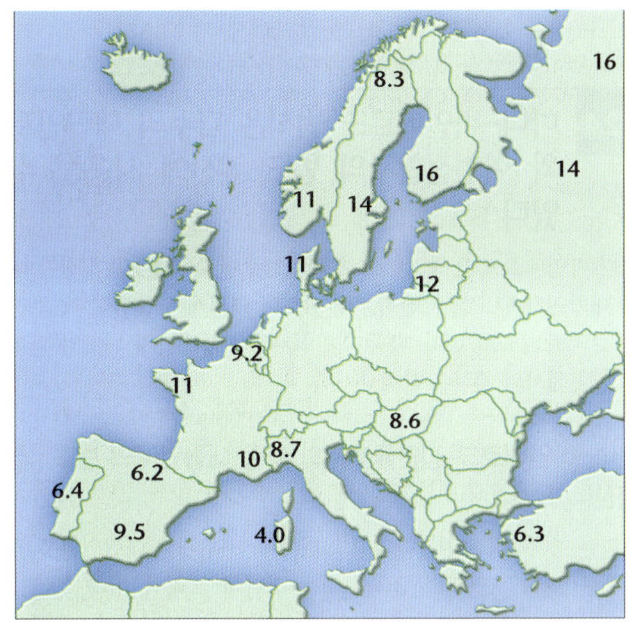

그림 22-6 18개의 유럽 집단에서의 *CCR5-Δ32* 대립인자들의 빈도(백분율).

우리는 *CCR5-Δ32* 대립인자가 인간 집단에서 현재는 희귀하지만 앞으로 증가할 것이라고 예상할 수 있을까? 하디-바인베르크 법칙에 대해 알고 있는 것으로부터, 우리는 (1) 모든 유전자형의 개인들이 동등한 정도로 생존하고 생식하며, (2) 돌연변이가 없고, (3) 집단 내외로의 이주가 없으며, (4) 집단이 충분히 크고, (5) 집단 내의 개인들이 관심 유전자좌와는 상관없이 무작위로 배우자를 고른다면, 인간 집단 내의 *Δ32* 대립인자의 빈도는 변하지 않을 것이라고 말할 수 있다. 그러나 이 장의 후반부에 살펴보게 되겠지만, 자연선택, 돌연변이, 이주, 혹은 유전적 부동 때문에 하디-바인베르크 법칙의 가정들이 만족되지 못한다면, 집단 내의 대립인자 빈도는 세대를 거치면서 변화하게 된다. 비무작위적 교배는 그 자체로는 대립인자(allele) 빈도를 바꾸진 않지만 유전자형(genotype)의 빈도를 바꿈으로써 진화 경로에 간접적으로 영향을 미칠 수 있다. 하디-바인베르크 법칙은 유전학자가 실제 집단들의 진화 원인을 어디에서 찾아야 할지를 말해준다. 이 장의 후반부에는 다시 *CCR5-Δ32*로 돌아와 집단 유전학적 시각이 어떻게 연구를 진행시키기 위한 유효한 가설들을 만들어 내는지 살펴보도록 하자.

하디-바인베르크 평형의 검증

하나 혹은 그 이상의 하디-바인베르크 가정들이 주어진 집단 내에서 지켜지지 않는지를 결정하는 한 가지 방법은 집단의 유전자형들이 평형에 있는가를 결정하는 것이다. 이를 위해서는 가장 먼저 표현형으로부터 직접(만약 이형접합자를 쉽게 구분할 수 있다면) 혹은 DNA나 단백질 분석에 의해 유전자형의 빈도를 결정한다. 그 다음, 유전자형의 빈도로부터 이전에 증명했던 것처럼 대립인자의 빈도를 계산한다. 마지막으로, 자손의 유전자형 빈도를 예상하기 위해 부모의 대립인자 빈도를 이용한다. 하디-바인베르크 법칙에 따르면 유전자형의 빈도들은 $p^2 + 2pq + q^2 = 1$ 관계에 맞게 예상된다. 만약 그렇지 않다면 하나 혹은 그 이상의 가정들이 문제의 집단에서 무효한 것이 된다.

우리는 하디-바인베르크 법칙을 증명하기 위해 영국인 집단에서의 *CCR5* 유전자형을 사용할 것이다. 이 집단은 283명으로 이루어져 있으며 그 중 223명이 유전자형이 *1/1* 이고, 57명이 *1/Δ32*, 그리고 3명이 *Δ32/Δ32* 유전자형을 가진다. 이들 숫자는 유전자형 빈도가 각각 223/283 = 0.788, 57/283 = 0.201, 3/283 = 0.011임을 말해준다. 이 유전자형 빈도로부터 우리는 *CCR5*의 대립인자 빈도를 0.89로, 그리고 *CCR5-Δ32*의 빈도를 0.11로 계산할 수 있다. 이들 대립인자 빈도로부터 하디-바인베르크 법칙을 사용하

표 22.2 유전자형에 대한 자료로부터 대립인자 빈도를 결정하는 방법

대립인자 계산

유전자형	*1/1*	*1/Δ32*	*Δ32/32*	Total
인원 수	79	20	1	100
1 대립인자의 수	158	20	0	178
Δ32 대립인자의 수	0	20	2	22
총 대립인자 수	158	40	2	200

*CCR51*의 빈도: 178/200 = 0.89 = 89%

*CCR5-Δ32*의 빈도: 22/200 = 0.11 = 11%

유전자형 빈도 사용

유전자형	*1/1*	*1/Δ32*	*Δ32/32*	Total
인원 수	79	20	1	100
유전자형 빈도	79/100 = 0.79	20/100 = 0.20	1/100 = 0.01	1.00

*CCR51*의 빈도: 0.79 + (0.5) × 0.20 = 0.89

*CCR5-Δ32*의 빈도: (0.5)0.20 + 0.01 = 0.11

여 이 집단이 평형에 있는지 알아보자. 대립인자 빈도는 다음과 같이 유전자형 빈도를 예상한다:

유전자형의 예상 빈도

$$1/1 \ = p^2 = (0.89)^2 = 0.792$$

유전자형의 예상 빈도

$$1/\Delta 32 \ = 2pq = 2 \times 0.89 \times 0.11 = 0.196$$

유전자형의 예상 빈도

$$\Delta 32/\Delta 32 \ = q^2 = (0.11)^2 = 0.012$$

이들 예상된 빈도들은 관찰된 빈도와 거의 동일하다. 이 집단에 대한 우리의 검사는 하디-바인베르크 가정들이 위반되었다는 증거를 제공하지 못한다. 이 결론은 χ^2 분석법(3장을 보라)으로 확인된다. 이 경우의 χ^2 값은 매우 작아서 0.00023인데, 영가설이 기각되기 위해서는 가장 덜 엄격한 점인 $p = 0.05$에서도 3.84는 되어야 한다. (하디-바인베르크 평형의 검사에서 자유도는 $k - 1 - m$으로 주어지며, 여기서 k는 유전자형의 수이고 m은 자료에서 추정된 독립적 대립인자 빈도의 수다. 여기서는 $k = 3$, $m = 1$인데 오직 1개의 대립인자 빈도의 계산은 빼기에 의해 다른 하나를 결정할 수 있게 하기 때문이다. 따라서 우리는 $3 - 1 - 1 = 1$인 자유도를 가진다.)

반대로, 하디-바인베르크 검사가 이 집단이 평형에 있지 않음을 증명했다면 그것은 하나 이상의 가정들이 지켜지지 않았음을 뜻한다. 한 연구팀은 하디-바인베르크 평형에 있지 않은 실제의 인류 집단을 보고한 바 있다. 이 연구자들은 미국 남서부의 작고 고립된 원주민 집단에 대해 연구하였다. 그들은 주조직 적합성 복합체(MHC)의 두 좌위에서 각 개인의 유전자형을 결정하였다. 이 유전자 *HLA-A*와 *HLA-B*는 각각 면역체계에서 자신(self)과 비자신(non-self)을 구별하는 데 관여하는 단백질을 생산한다. MHC 좌위에서 이형접합자인 개인의 면역체계는 더 다양한 침입자를 인식할 수 있고 따라서 병과 더 잘 싸울 수 있게 한다. 이 연구의 결과, 두 좌위에서 하디-바인베르크 법칙 하에서 예상된 수보다 이형접합자는 훨씬 많았고 동형접합자는 훨씬 적음이 드러났다. 하나나 둘, 혹은 둘 모두의 하디-바인베르크 가정들이 위배되었다고 보는 것이 이들 집단에 존재하는 과도한 수의 이형접합자들을 설명할 수 있다. 첫째는, *HLA-A*와 *HLA-B*에 이형접합자인 태아나 어린이들, 그리고 성인들은 동형접합인 사람들보다 높은 정도로 생존한다는 것이다(즉, 선택이 발생했다). 둘째, 그들은 배우자를 무작위로 고른다기보다는 그들 자신의 MHC 유전자형과는 다른 배우자를 선호할 수 있다(비무작위 교배).

이 문제를 풀어보자

565페이지의 6번 문제는 유전자형에 기초하여, 이 두 집단이 하디-바인베르크 평형에 있는가를 결정하라는 것이다.

힌트: 자료에 기초하여 대립인자 빈도를 결정하는 것에서부터 시작하라.

22.4 하디-바인베르크 법칙은 다수의 대립인자와 이형접합자의 빈도 계산에 사용될 수 있다

하디-바인베르크 법칙의 기초를 확립했으면, 우리는 이제 집단 내의 대립인자 빈도를 계산하는데 이것이 어떻게 사용될 수 있는지를 고려해 보도록 하자. 다중 대립인자와 이형접합자 빈도가 관여된 상황에서의 계산을 살펴보자.

하디-바인베르크 집단들에서의 다중 대립인자의 빈도 계산

우리는 종종 한 집단내 하나의 좌위에서 여러 개의 대립인자를 발견하게 된다. 사람의 ABO 혈액형 집단이 그러한 예다. 좌위 I (isoagglutinin)는 세 가지 대립인자(I^A, I^B, I^O)를 가지며 6종류의 가능한 유전자 조합(I^AI^A, I^BI^B, I^OI^O, I^AI^B, I^AI^O, I^BI^O)을 나타낼 수 있다. 이 경우에 I^A와 I^B가 우성 대립인자이고 둘 다 I^O에 대해서는 우성을 나타낸다. 동형접합성인 I^AI^A와 이형접합성인 I^AI^O는 표현형적으로 동일하고, I^BI^B와 I^BI^O 역시 마찬가지이므로 우리는 오직 4가지 조합형만 구분할 수 있다.

또 다른 하나의 변수를 하디-바인베르크 방정식에 추가하면 우리는 세 가지 대립인자가 관여하는 유전자형과 대립인자 빈도를 계산할 수 있다. p, q, r 이 각 대립인자 I^A, I^B, I^O의 빈도를 표현한다고 놓자. 세 대립인자가 있으므로

$$p + q + r = 1$$

임에 유의하자. 하디 바인베르크 가정들 하에서 각 유전자형들의 빈도들은

$$(p + q + r)^2 = p^2 + q^2 + r^2 + 2pq + 2pr + 2qr = 1$$

로 주어진다. 만약 집단 내의 혈액형 빈도를 알고 있다면, ABO 시스템의 3대립인자의 빈도를 추정할 수 있게 된다. 예를 들어, 추출된 한 집단에서 아래와 같은 빈도로 혈액형이 관찰되었다: A = 0.53, B = 0.13, O = 0.26. I^O 대립인자는 열성이므로 집단내 O형의 빈도는 열성 유전자형 r^2과 같게 된다. 그러므로

$$r^2 = 0.26$$
$$r = \sqrt{0.26}$$
$$r = 0.51$$

r값을 이용하여 I^A와 I^B의 대립인자 빈도를 추정할 수 있다. I^A 대립인자가 I^AI^A와 I^AI^O의 두 유전자형에 존재하므로 I^AI^A 유전자형의 빈도는 p^2이고 I^AI^O 유전자형의 빈도는 $2pr$로 나타난다. 그러므로 A형과 O형의 빈도는

$$p^2 + 2pr + r^2 \ = 0.53 + 0.26$$

으로 나타난다. 만약 방정식의 왼쪽을 완전제곱식으로 바꾸고 오른쪽을 계산하면,

$$(p + r)^2 = 0.79$$
$$p + r = \sqrt{0.79}$$
$$p = 0.89 - r$$
$$p = 0.89 - 0.51$$
$$= 0.38$$

을 얻게 된다. 추정된 p와 r, 대립인자 I^A와 I^O의 빈도를 알게 되었으므로 I^B 대립인자의 빈도는 이제 다음과 같이 계산될 수 있다:

$$p + q + r = 1$$
$$q = 1 - p - r$$
$$q = 1 - 0.38 - 0.51$$
$$= 0.11$$

이 집단의 유전자형 빈도와 표현형 빈도가 표 22.3에 요약되어 있다.

이형접합자 빈도의 계산

하디-바인베르크 법칙의 또 다른 응용에서 우리는 집단내 이형접합자의 빈도를 추정할 수 있다. 열성 형질은 통상 추출된 집단내에서 그러한 개인의 수를 세면 알 수 있다. 하디-바인베르크 법칙과 이러한 정보를 가지고 이제 대립인자와 유전자형의 빈도를 계산할 수 있다.

낭포성 섬유증(cystic fibrosis)은 상염색체 열성 형질로 북유럽인 조상을 가지는 집단에서 1/2500 = 0.0004의 빈도로 나타난다. 낭포성 섬유증을 가진 사람들은 염분이 다량 함유된 땀, 폐에 두꺼운 점액층의 과다 분비, 세균 감염에 대한 높은 감수성 등의 증상으로 쉽게 구분된다. 이것이 열성 형질이므로 낭포성 섬유증을 가진 사람은 반드시 동형접합자다. 그들의 집단내 분포는 그 이전 세대의 무작위 교배에 의해 제공된 q^2으로 나타낼 수 있다. 그러므로 열성 대립인자의 빈도는

$$q = \sqrt{q^2} = \sqrt{0.0004} = 0.02$$

이고, $p + q = 1$이므로, 따라서 p의 빈도는

$$p = 1 - q = 1 - 0.02 = 0.98$$

이다. 하디-바인베르크 공식에서 이형접합자의 빈도는 $2pq$ 이므로

$$2pq = 2 \times 0.98 \times 0.02$$
$= 0.04$ 또는 4%, 혹은 1/25로 나타낼 수 있다.

그러므로 낭포성 섬유증의 이형접합자는 집단내 4%로, 비록 동형접합성 열성의 빈도가 1/2500 즉, 0.04%로 매우 낮다고 할지라도 다소 흔한 편이라고 할 수 있다. 이런 계산들은 모두 추정치인데, 왜냐하면 집단이 모든 하디-바인베르크 가정을 만족시키지는 것은 아닐 수도 있기 때문이다.

일반적으로, 일단 한 대립인자의 빈도를 알고 하디-바인베르크 가정이 작용한다면 세 유전자형 모두 계산될 수 있다. 유전자형과

이 문제를 풀어보자

566페이지의 17번 문제는 인간 집단에서 열성 형질인 백색증에 대한 이형접합자 보인자의 빈도를 계산하라는 것이다.

힌트: 우선은 이 집단에서의 백색증 대립인자 빈도를 결정해야 한다.

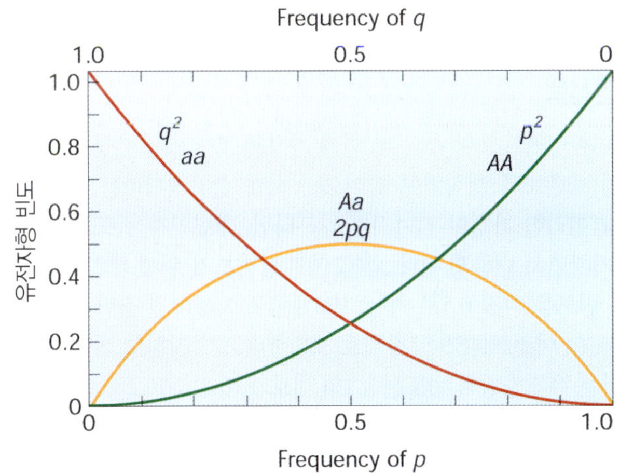

그림 22-7 하디-바인베르크 방정식에서 유도된, 유전자형 빈도와 대립인자 빈도 사이의 관계.

표 22.3 대립인자 I^A의 빈도가 0.38, 그리고 대립인자 I^B의 빈도가 0.11, 대립인자 I^O의 빈도가 0.51인 경우 다중 대립인자들의 유전자형 빈도 계산하기

유전자형	유전자형 빈도	표현형	표현형 빈도
I^AI^A	$p^2 = (0.38)^2 = 0.14$	A	0.53
I^AI^O	$2pr = 2(0.38)(0.51) = 0.39$		
I^BI^B	$q^2 = 0.11^2 = 0.01$	B	0.12
I^BI^O	$2qr = 2(0.11)(0.51) = 0.11$		
I^AI^B	$2pq = 2(0.38)(0.11) = 0.084$	AB	0.08
I^OI^O	$r^2 = 0.51^2 = 0.26$	O	0.26

대립인자 빈도 사이의 관계가 그림 22-7에 그려져 있다. 이형접합체는 p와 q의 값이 0 혹은 1에서 0.5로 움직임에 따라 매우 빠르게 증가함에 주목할 필요가 있다. 이 관찰은 낭포성 섬유증 같은 열성 형질이 드물 때라도 이 인자를 가지는 사람 대다수가 이형접합자로 존재함을 확인해 준다. p, q가 0.33, 0.67 사이의 빈도일 때 집단에서는 이형접합자 빈도가 양쪽 동형 접합자 빈도보다 더 높게 나타난다.

22.5 자연선택은 대립인자 빈도 변화를 일으키는 주된 힘이다

우리는 하디-바인베르크 법칙이 집단내 특정 좌위에서의 대립인자와 유전자형의 빈도 계산을 가능하게 하는 이상 집단을 설정한다는 것을 배웠다. 이상 집단에서의 가정은 커다란 집단 크기, 이주 없음, 무작위 교배, 선택과 돌연변이의 부재, 그리고 동등한 생식력 등이 유지된다는 것이다. 분명히, 이 모든 가정이 모든 좌위에서 유지되는 자연 집단을 발견한다는 것은 불가능하다. 실제 집단은 역동적이어서 집단 크기나 유전자 풀에서의 변화란 매우 흔한 일이다. 하디-바인베르크 법칙은 이상 집단에서 매우 벗어난 집단을 조사할 수 있게 해준다. 다음에서 집단이 하디-바인베르크 평형에 도달하지 못하게 하는, 혹은 집단을 또 다른 평형으로 몰고 가는 요인들과, 이들 요인의 진화적 변화에 대한 상대적 기여도에 대해 논의해 보도록 하자.

자연선택

하디-바인베르크 법칙의 첫 번째 가정은 모든 유전자형의 구성원들이 생존도와 생식력에 있어 동등하게 성공적이라는 것이었다. 만약 이러한 가정이 지켜지지 않는다면, 대립인자 빈도들은 세대를 거치면서 변하게 된다. 왜 그런지 살펴보기 위해 대립인자 A와 a의 빈도를 각각 0.5로 하는, 100개체로 이루어진 집단을 가정해 보자. 그 이전 세대가 무작위로 교배했다고 가정하면 집단내에 존재하는 유전자형의 빈도는 AA의 빈도가 $(0.5)^2 = 0.25$, Aa의 빈도가 $2 \times 0.5 \times 0.5 = 0.5$, 그리고 aa의 빈도가 $(0.5)^2 = 0.25$ 가 된다. 우리 집단이 100개체로 이루어져 있으므로 25 AA, 50 Aa, 25 aa의 개체가 존재한다. 이제 서로 다른 유전자형이 모두 다른 정도로 생존도를 가진다고 가정하면; 모든 25개 AA는 생식에 성공하고, Aa의 90%인 45개체가 생식, aa는 80%인 20개체만이 생식에 성공한다. 생존자들이 생식한다면 새로운 유전자 풀에 대해 각자 두 배우자의 생성에 공헌한다. 모두 $2(25) + 2(45) + 2(20) = 180$의 배우자가 생긴다. 이 생존 집단에서의 두 대립인자의 빈도는 어떻게 되는가? AA 개체들로부터 50개의 A 배우자와 Aa 개체로부터 45개의 A 배우자를 구할 수 있으므로 A 인자의 빈도는 $(50 + 45)/180=0.53$이고, Aa로부터 얻어진 45개 a 배우자와 aa 개체로부터 얻어진 40개 a 배우자로부터 a의 빈도는$(45 + 40)/180 = 0.47$이 된다.

이것은 우리가 출발했던 빈도와 다르다. A 인자는 증가했고 a 인자는 감소했다. 개체들 사이에 존재하는 생존이나 생식도의 차이를 **자연선택**(natural selection)이라고 한다. 자연선택은 커다란 집단 내에서 대립인자의 빈도를 바꾸는 주요한 힘이며, 진화적 변화를 일으키는 가장 중요한 요소 중 하나다.

적응도와 선택

선택이란 한 유전자형을 가진 구성원이 다른 유전자형의 구성원보다 생식적 혹은 생존에 있어 더 이득을 누릴 때마다 발생한다. 그러나 선택은 그 이득의 크기에 비례적으로, 약하거나 혹은 강하게 작용할 수 있다. 위 예에서 선택은 강했다. 약한 선택은 서로 다른 유전자형의 생존도에 극히 일부의 차이만 관여하는 것이다. 생존이나 생식의 이득은 결국 미래 세대들에 있어 증가된 유전적 공헌도로 나타난다. 미래 세대에 대한 이러한 개체의 유전적 공헌도를 **적응도**(fitness)라고 한다. 그러므로 높은 생존이나 생식 성공률을 가지는 유전자형은 높은 적응도를 가지는 반면, 낮은 생식 혹은 생존력과 관계된 유전자형은 낮은 적응도를 가진다고 한다.

하디-바인베르크 분석은 적응도에 대한 조사도 가능하게 한다. 전통적으로 집단 유전학자들은 이 적응도를 w로 나타낸다. 따라서 w_{AA}는 AA 유전자형의 상대적 적응도를, w_{Aa}는 Aa 유전자형의, w_{aa}는 aa 유전자형의 상대적 적응도를 표현하는 것이다. 위의 예에서 $w_{AA} = 1$, $w_{Aa} = 0.9$, $w_{aa} = 0.8$로 표현하게 되면 AA 개체는 모두 생존, Aa 개체는 90%, aa 개체는 80%가 생존한다는 뜻이다.

유해한 대립인자에 대한 선택을 생각해 보자. 적응도 값이 $w_{AA} = 1$, $w_{Aa} = 1$, 그리고 $w_{aa} = 0$이라는 뜻은 a가 치사 열성 대립인자인 상황을 말한다. 동형접합성 열성 개체는 자손 없이 죽게 되며 a 인자의 빈도는 감소할 것이다. a 인자 빈도의 감소는 다음과 같은 식으로 설명된다.

$$q_g = \frac{q_0}{1 + gq_0}$$

여기서 q_g는 g 세대에서 a 인자의 빈도이고, q_0는 초기 a 인자의 빈도(즉, 0세대에서의 a 인자 빈도), 그리고 g는 지나간 세대 수를 나타낸다.

그림 22-8은 처음 빈도가 0.5였던 치사 열성 대립인자에 어떠한 일이 일어나는지를 보여준다. 처음에는 aa 유전자형의 백분율이 높았기 때문에, 대립인자 a의 빈도는 빠르게 감소한다. a의 빈도는 단 2세대 만에 절반이 된다. 6세대에 이르면 빈도는 다시 절반이 된다. 그러나 이제 a 대립인자들의 다수가 이형접합자들에 의해 전달된다. a가 열성이기 때문에, 이들 이형접합자들은 도태되지 않는다. 이것은 시간이 계속 흐를수록 a 인자의 빈도가 점점 느리게 감소함을 뜻한다. 이형접합자들이 계속 교배를 하는 한, 집단 내에서 하나의 열성 대립인자를 완벽하게 제거하도록 선택이 작용하기란 매우 힘든 일이다.

물론, 하나의 유해한 대립인자가 완전히 열성이 아닐 수도 있다: 다른 많은 시나리오가 가능하다. 하나의 유해한 대립인자가 공우성이어서 이형접합자들은 중간의 적응도를 가질 수도 있다. 혹은 겸상 적혈구 빈혈증에서처럼, 한 대립인자가 동형접합성일 때에는 유해하지만, 이형접합성인 상태에서는 이로울 수도 있다. 그림 22-9는 하나의 유해한 대립인자가 공우성이지만 선택의 강도는 강한 것에서 약한 것까지 다양한 경우의 예를 보여준다. 각

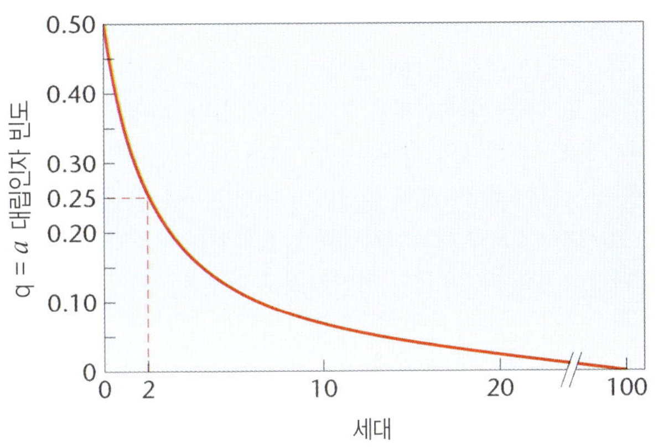

세대	p	q	p^2	$2pq$	q^2
0	0.50	0.50	0.25	0.50	0.25
1	0.67	0.33	0.44	0.44	0.12
2	0.75	0.25	0.56	0.38	0.06
3	0.80	0.20	0.64	0.32	0.04
4	0.83	0.17	0.69	0.28	0.03
5	0.86	0.14	0.73	0.25	0.02
6	0.88	0.12	0.77	0.21	0.01
10	0.91	0.09	0.84	0.15	0.01
20	0.95	0.05	0.91	0.09	< 0.01
40	0.98	0.02	0.95	0.05	< 0.01
70	0.99	0.01	0.98	0.02	< 0.01
100	0.99	0.01	0.98	0.02	< 0.01

그림 22-8 열성 치사 대립인자인 a의 빈도 변화. a의 빈도는 두 세대 만에 절반으로 감소하고 6세대 후에는 또다시 절반으로 줄어든다. a 대립인자 대부분이 이형접합자에 의해 전달되므로 연속적인 감소의 속도는 느려지게 된다.

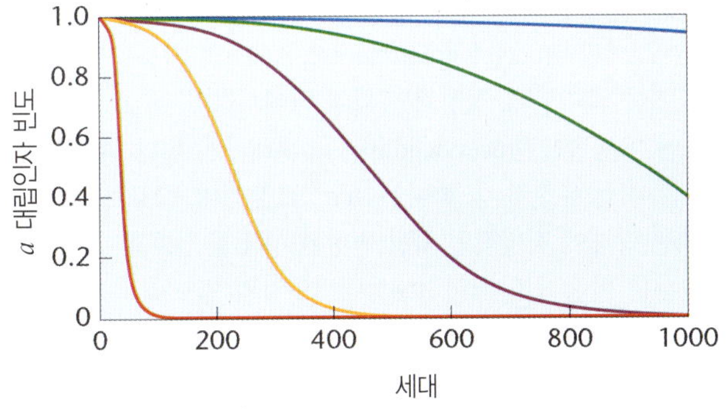

Selection Against Allele a					
	Strong ← → Weak				
w_{AA}	1.0	1.0	1.0	1.0	1.0
w_{Aa}	0.90	0.98	0.99	0.995	0.998
w_{aa}	0.80	0.96	0.98	0.99	0.996

그림 22-9 대립인자 빈도에 대한 선택의 효과. 유해한 대립인자가 집단으로부터 제거되는 속도는 선택의 강도에 매우 의존적이다.

경우에서 유해한 대립인자 a의 빈도는 0.99에서 시작하여 시간이 흐를수록 감소한다. 그러나 감소율은 선택의 강도에 매우 의존적이다. 이형접합자의 90%와 aa 동형접합자의 80%만이 살아남을 때는(붉은 선) a 대립인자의 빈도는 85세대 안에 0.99에서 0.01 이하로 떨어진다. 그러나 이형접합자의 99.8%, aa 동형접합자의 99.6%가 살아남을 때는(파란 선), a의 빈도가 0.99에서 0.93으로 떨어지는데 1,000세대가 걸린다. 이 그래프로부터 두 가지 중요한 결론이 얻어진다. 첫째는, 수천 세대가 지나면 약한 선택이라도 대립인자 빈도들에 상당한 변화를 일으킬 수 있다는 것이다: 진화는 오랜 시간에 걸쳐 일어나므로 선택은 진화의 강력한 힘이 된다. 둘째, 선택이 대립인자 빈도에서 빠른 변화–사람의 수명 기간 내에 측정 가능한 변화–들을 일으키려면, 유전자형들의 적응도에서의 차이들이 매우 크거나 세대가 매우 짧아야만 한다.

선택이 대립인자 빈도에 영향을 미치는 방법은 우리가 이미 언급했던 *CCR5-Δ32* 대립인자에 대한 몇 가지 추론을 가능하게 한다. 유전자형이 *1/1*와 *1/Δ32*인 사람들이 HIV 감염에 감수성인데 반해, 유전자형이 *Δ32/Δ32*인 개인들은 대부분의 성 감염성 HIV-1에 저항성을 가지므로, 우리는 AIDS가 *Δ32* 인자에 대해 선택력을 행사하여 시간이 흐를수록 빈도를 높일 것이라 예상할 수 있다. 정말 그럴 수도 있지만, 빈도의 증가는 사람의 수명 내에서는 매우 느릴 것이다.

다음과 같이 대강의 계산을 해 볼 수 있겠다. 현재 *Δ32* 대립인자의 빈도가 0.10인 집단을 가정해 보자. 하디-바인베르크 가정 하에서, 이 집단내 대립인자의 빈도는 *1/1*이 0.81, *1/Δ32*가 0.18, 그리고 *Δ32/Δ32*가 0.01이 된다. *1/1*인 사람들과 *1/Δ32*인 사람들 중 1%가 HIV에 감염되어 AIDS로 죽는다고 가정해 보자.

우리 가정들에 기초하여, 각 유전자형의 적응도를 다음과 같이 지정하도록 하자: $w_{1/1} = 0.99$, $w_{1/\Delta 32} = 0.99$, $w_{\Delta 32/\Delta 32} = 1.0$으로 지정된 적응도를 고려하면, 우리는 다음 세대에서 *CCR5-Δ32* 대립인자의 빈도가 0.100091이 될 것이라고 예상할 수 있다. 사실상, *Δ32* 대립인자가 단 0.11에 도달하기까지 약 100세대(대략 2,000년)가 걸릴 것이다(그림 22-10). 다시 말해, *Δ32* 인자의 빈도는 현재 그 인자를 가진 대부분의 집단 내에서 다음 수세대 동안 그다지 변하지 않을 것이다. 집단 유전학적 시각은 또 다른 방

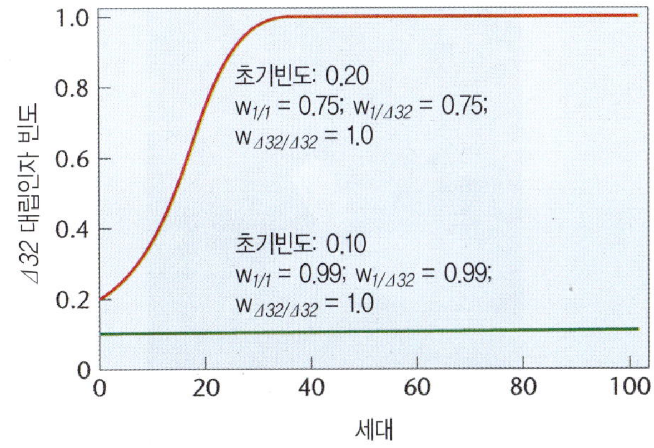

그림 22-10 서로 다른 초기 빈도와 서로 다른 적응성을 가진 가상적인 집단들에서 *CCR5-Δ32* 대립인자의 빈도 변화율.

법으로 *CCR5-Δ32* 이야기에 빛을 던진다. 두 연구팀이 *CCR5* 유전자에 가깝게 연관되어 있는 표식자 좌위에서 유전적 변이를 분석했다. 이 두 그룹은 모두는 아니라도, 거의 대부분의 현존하는 *Δ32* 대립인자 사본들이 수천 년 전에 북동부 유럽에 나타났던 하나의 사본으로부터 유래된 것이라는 결론을 내렸다. 사실상, 한 연구팀은 모든 *Δ32* 대립인자의 그 공통조상은 단지 700년 전에 존재했었다고 추정한다. 어떻게 하나의 새로운 대립인자가 거의 0의 상태에서 단 30세대 만에 20%나 빈도가 증가할 수 있었을까?

*Δ32*에 매우 호의적인 강력한 선택이 있었을 것이다. 선택 요인은 HIV-1이었을 리가 없다. 왜냐하면 HIV-1 은 매우 최근에 침팬지로부터 사람으로 옮겨온 것이기 때문이다. 선택이 700년 전에 발생했기 때문에 J. C. 스테픈스(J. C. Stephens)는 서혜 림프선종의 대유행이 선택 요인이었다고 주장한다. 이 흑사병이 창궐했던 1346~1352년 동안에 모든 유럽인의 1/4 내지 1/3이 이 병으로 죽었다. 서혜 림프선종의 대유행(bubonic plague)은 세균인 *Yersinia pestis*에 의해 발생한다. 이 세균은 어떤 종류의 백혈구 세포들을 죽이는 단백질을 만들어 낸다. 스테픈스는 이 세균이 백혈구를 죽이는 기작에 *CCR5* 유전자 산물이 관여되어 있다는 가설을 내놓았다. 만약 사실이라면, 어떤 기작에 의해 *Δ32* 대립인자가 동형접합성인 개인들이 대역병에서 좀 더 잘 살아남을 수 있게 할 것이다.

또 다른 연구에서 윌리엄 클리츠(William Klitz)와 그 동료들은 *Δ32* 대립인자가 8세기에 생겼을 수도 있다고 결론을 내렸다. 이들은 유태인과 유럽 집단에서의 *CCR5* 좌위를 연구한 결과 천연두(smallpox)가 이 대립인자의 빠른 확산을 일으킨 선택요인이었을 것으로 제시했다. HIV와 천연두 바이러스는 둘 다 감염세포의 *CCR5* 수용체를 이용한다. 또한 치사율 25%의 천연두 창궐은 강력한 선택 요인이었을 수 있다.

과거 흑사병의 만연이 유럽 집단에서의 *CCR5-Δ32*인자의 빈도 증가에 책임이 있는 것이라면, 비유럽 집단에서 이 대립인자가 없다는 것은 처음엔 좀 의아한 것이었다. 아마도 대역병은 다른 어느 곳에서보다 유럽에서 더 흔한 것이었을 수 있다. 한편으로는, 다른 집단은 이렇게 대역병에 저항할 수 있도록 하는 *CCR5* 유전자의 또 다른 대립인자를 가질 수도 있다. 다양한 집단에서 이러한 *CCR5* 유전자의 다른 대립인자를 찾던 연구팀들은 *Δ32* 인자를 포함하여 총 20개의 돌연변이 대립인자를 발견하였다. 이들 중 16개가 *CCR51* 대립인자에서 암호화되는 구조와 다른 형태의 단백질을 만든다. *Δ32*와 마찬가지로 이들은 기능상실(loss of function) 대립인자다. 이들 중 몇몇은 아시아 집단에 국한되어 나타나며, 다른 몇몇은 아프리카 집단에서만 나타난다. 이들 대립인자의 빈도는 3~4% 정도까지 높아져 있다. 종합해 보면, 이러한 발견들은 CCR5 단백질의 변형이나 손실이 아직 밝혀지지 않은 감염성 질환이나 그 밖의 다른 질병에 대해 보호기능을 할 것이라는 가설에 부합하는 것이다.

이 문제를 풀어보자

565페이지의 8번 문제는 서로 다른 유전자형이 가지는 다양한 적응도가 대립인자의 빈도에 미치는 영향을 계산하라는 것이다.

힌트: 우선 다음 세대의 유전자형 빈도를 계산하라.

그림 22-11 곤충을 제어하는 데 사용되는 살충제는 선택인자로 작용하여 집단들 내에서 살충제에 대한 저항성 유전지의 대립인자 빈도를 변화시킨다.

자연집단에서의 선택

유전학자들은 실험실집단과 자연집단에서 유전자 빈도의 변화에 대한 자연선택의 영향에 대해 많은 연구들을 해왔다. 자연집단에서 이루어진 가장 자세한 연구 중의 하나가 살충제에 노출된 곤충들에 대한 것이다. 예를 들어, 크리스틴 셰빌론(Christine Chevillon)과 동료들은 살충제인 클로르파이리포스(Chlorpyrifos)가 집안 모기 *Culex pipiens*(그림 22-11) 집단에서의 유전자 빈도에 미치는 영향을 연구하였다. 클로르파이리포스는 효소인 아세틸콜린에스테라제(acetylcholinesterase, ACE)의 기능을 방해함으로써 모기를 죽이는데, 정상적인 환경 하에서라면, 이 효소는 신경전달자인 아세틸콜린(acetylcholine)을 분해하게 된다. ACE를 암호화하는 대립 유전자 중 하나는 Ace^R로 불리며, 클로르파이리포스에 의한 방해에 저항적인 약간 변형된 ACE를 암호화한다.

셰빌론은 아홉 집단에서 Ace^R 대립인자의 빈도를 측정하였다. 처음 4개 지역에서 클로르파이리포스는 22년 동안 모기 구제를 위해 사용되어 왔다: 나머지 5지역에서는 이 약품이 전혀 사용된 적이 없었다. 셰빌론은 Ace^R 대립인자의 빈도가 약물 노출 집단에서 더 높을 것이라고 예상했다. 연구자들은 또한 클로르파이리포스의 생리적인 효과와 무관한 효소 대립인자의 빈도는 그러한 패턴으로 나타나지 않을 것이라고 예상했다. 연구된 대조군 효소는 아스파르트산 아미노기 전이효소 1(aspartate amino transferase 1)였다. 이 결과가 그림 22-12에 나타나 있다. 연구자들이 예상한 바와 같이 Ace^R 대립인자의 빈도는 노출 지역에서 유의하게 높았다. 그러나 대조군 효소 유전자들의 가장 흔한 대립인자들에서의 빈도는 그러한 경향을 보이지 않았다. 이에 대한 설명은, 22년 동안 살충제에 노출되는 동안 모기들은 그들이 Ace^R 대립인자를 가

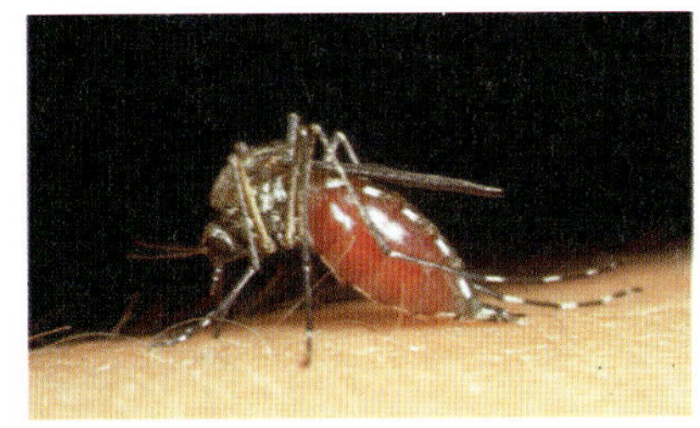

집모기

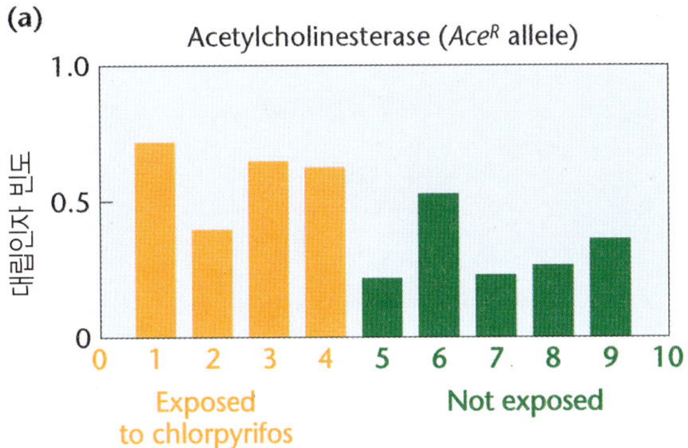

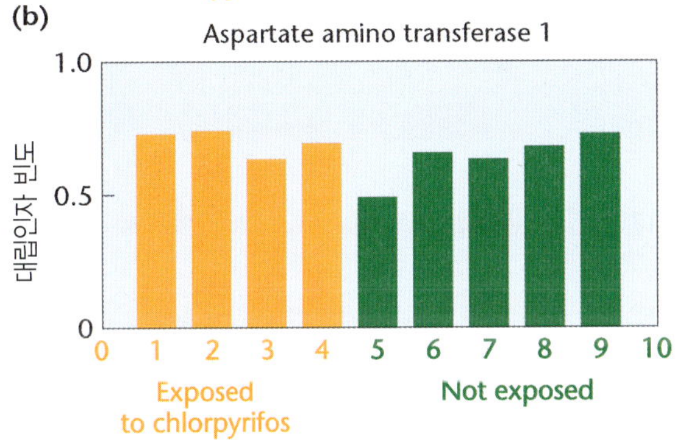

그림 22-12 자연집단에서의 대립인자 빈도에 대한 선택의 효과. (a) *Ace*^{R} 대립인자의 빈도. 이 인자는 살충제인 클로르파이리포스(chlorpyrifos)에 대한 저항성을 부여하는 것으로 클로르파이리포스에 노출된 집모기에서 높은 빈도로 나타난다. (b) 클로르파이리포스 대사와 무관한 효소의 대립인자 빈도(aspartate amino transferase I)는 이러한 패턴을 보이지 않는다.

지는 경우 높은 생존율을 갖게 되었다는 것이다. 다시 말해, *Ace*^{R} 대립인자는 자연선택에 의해 선호되어 왔다고 할 수 있다.

클로르파이리포스에 노출된 모기 집단의 경우, ACE 좌위에서의 대립인자 빈도 변화율은 *Ace*^{R} 대립인자를 가지지 않는 모기들에 대한 음의 선택 강도에 의존적일 것이다. 만약 선택이 최초의 빈도인 q를 가진 집단에서의 한 대립인자에 음으로 작용했다면, 한 세대 후에 새로운 빈도인 q'는 다음과 같은 방정식을 이용하여 계산될 수 있다.

$$q' = \frac{q(1 - sq)}{1 - sq^2}$$

여기에서 s는 q에 동형접합성인 개체들에 작용하는 선택계수(selection coefficient)다. 선택계수는 상대적 적응도가 바뀌는(증가하거나 감소하는) 양에 대한 측정값이다. 그러므로 *Ace*^{R} 대립인자를 가지지 않고 클로르파이리포스에 저항성이 없는 모기의 상대적 적응도는 0.75이고 ACE 대립인자의 정상 사본의 최초 빈도는 0.95라면, 그 후 이 살충제에 노출된 한 세대 후에는 정상 대립인자의 새로운 빈도인 q'는 다음과 같다:

$$q' = \frac{0.95(1 - 0.25 \times 0.95)}{1 - 0.25 \times 0.95^2} = 0.935$$

이것은 상대적으로 강한 호의적 선택을 가진 경우라도, 낮은 빈도를 가진 새로운 대립인자의 출현이 유전자 풀에서 상당한 변화를 일으키려면 여러 세대가 필요하다는 것을 보여준다.

이 문제를 풀어보자

566페이지의 22번 문제는 형질전환 옥수수 작물로 사육된 곤충 종에서, 저항성 대립인자 빈도 변화를 계산하라는 것이다.

힌트: 우선 다음 질문에 답해보라: 어떤 대립인자가 비호의적 선택을 당할 것인가? 그 대립인자에 동형접합성인 개체들의 상대적 적응도는 얼마인가? 선택계수는 얼마인가?

자연선택과 양적 형질들

21장에서 살펴본 것과 같이, 대부분의 표현형적 형질들은 하나의 유전자 좌위에서의 대립인자들에 의해서 조절되는 것이 아니라 정량적이다: 표현형은 개체의 많은 유전자 좌위에서의 유전자형과 환경에 의한 종합적인 영향에 의해 조절된다. 단일인자들에 의해 조절되는 형질들과 마찬가지로, 선택은 이들 양적 형질들에 다음과 같이 작용한다: (1) 방향성을 나타내거나(directional), (2)안정적이거나(stabilizing), (3) 분열적(disruptive)이다.

방향성 선택(directional selection)에서는(그림 22-13), 하나의 극단적인 표현형을 나타내는 유전자형이 선택되며, 결과적으로 시간이 흐르면서 집단의 평균값이 변화하게 된다. 이러한 형태의 선택은 동식물 재배자들 사이에서 널리 활용된다. 만약 이러한 형질들이 다인자적인 것이라면, 그 유전자형이 발현할 수 있는 가장 극단의 표현형은 오랜 선택 후에나 집단 내에 나타나게 될 것이다. 방향성 선택의 한 예는 21장에서 설명했던 바와 같이 일리노이 주립 농업실험실에서 오랫동안 수행된 것으로, 옥수수 낟알에서의 고지방 및 저지방 함유 계통을 선택해 온 실험이다.

자연에서는, 표현형적 극단이 호의적으로 혹은 그 반대로 선택되는 경우에 방향성 선택이 나타날 수 있으며, 보통은 환경의 변화에 의해 일어난다. 주의 깊게 수행된 한 예가 바로 페터(Peter)와 로즈메리 그랜트(Rosemary Grant) 및 그의 동료들에 의한 연구로, 갈라파고스 군도에서 대프니 큰섬(Daphne Major Island)의 핀치(medium ground finches; *Geospiza fortis*)를 사용한 것이다. 이 새의 부리 크기는 매우 다양하다. 1976년에 개체군 내의 몇몇 새들은 7 mm 이하의 부리를 가지고 있었던 반면 다른 새는 12 mm 이상의 부리를 가지기도 하였다. 부리 크기는 유전적인 것으로, 이는 큰 부리의 부모는 큰 부리의 자손을 낳으며, 작은 부리의

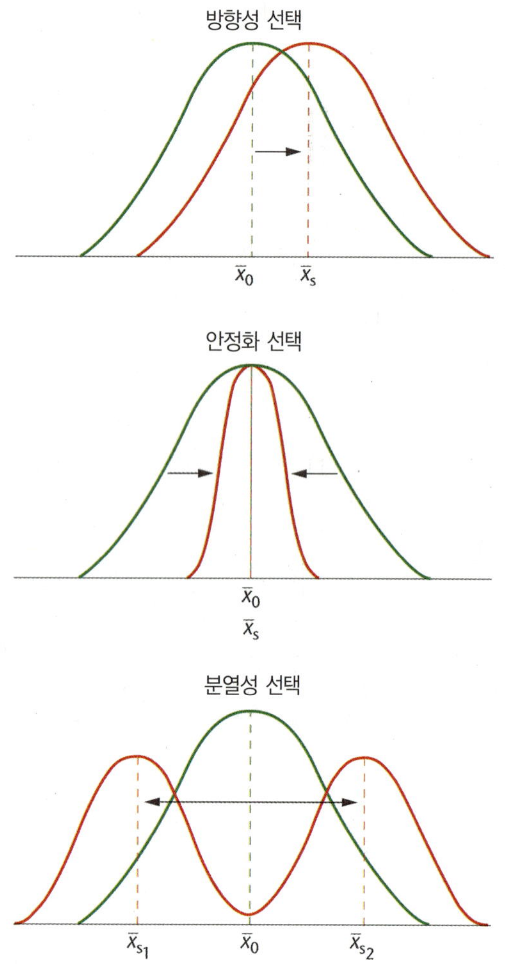

그림 22-13 방향성 선택, 안정화 선택, 그리고 분열성 선택. 각 경우에서 원 집단(녹색)의 평균값과 선택 후 집단에서의 평균값(붉은색)이 나타나 있다.

부모새는 작은 부리의 새들을 낳는다는 뜻이다. 1977년에 심각한 가뭄 때문에 대프니 섬에서 이들 핀치새 80%가량이 죽었다. 큰 부리의 새들은 작은 부리의 새들보다 더 높은 빈도로 살아남았는데, 그 이유는 먹이가 귀해지면, 큰 부리의 새들이 더 다양한 종자들을 먹을 수 있었기 때문이었다. 1978년 한발이 끝나자 생존자들은 짝짓기를 하였고, 그들은 큰 부리를 물려받은 자손을 낳았다. 1976년과 1978년 사이에 대프니 섬의 핀치새들 집단에서 평균 부리 크기는 0.5 mm 이상 증가하여 평균 부리 크기를 한쪽의

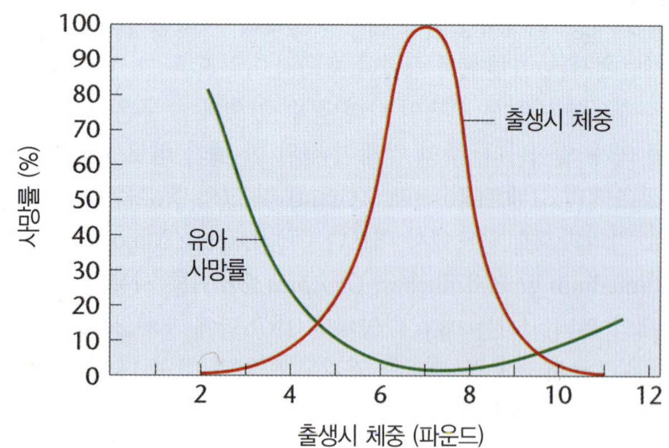

그림 22-14 인간에서 출생시 몸무게와 사망률의 관계.

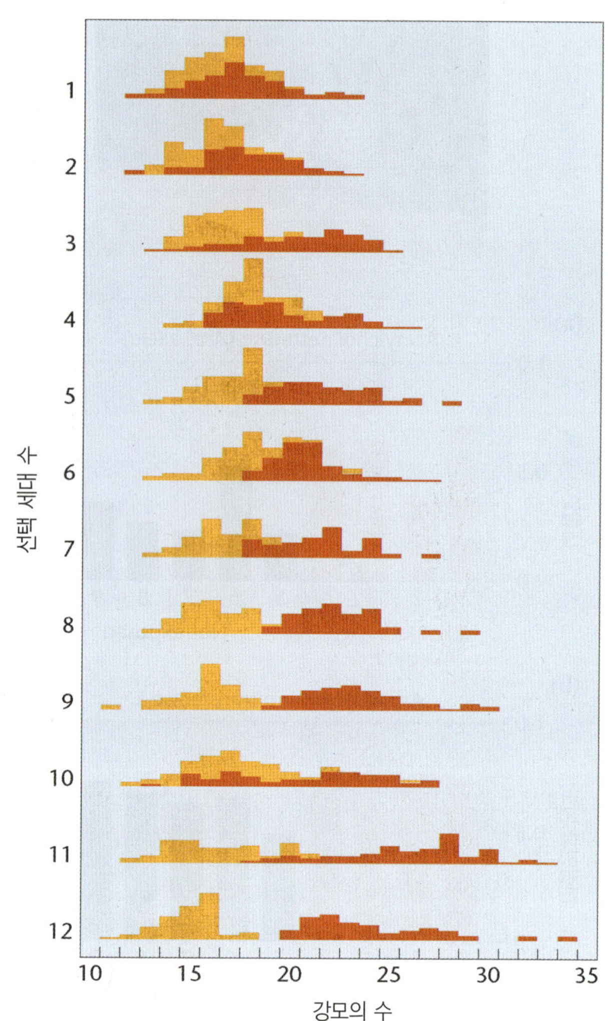

그림 22-15 초파리에서 강모 수에 대한 선택의 효과. 가장 많은 수의 강모와 가장 적은 수의 강모를 가진 개체들이 선택되면, 집단은 12세대 후에는 겹치지 않는 분기를 나타낸다.

표현형적 극단으로 더 옮겨놓게 되었다.

안정화 선택(stabilizing selection)은 이와는 반대로, 중간형을 선호하는 경향으로, 양쪽 극단적인 표현형들이 도태된다. 안정화 선택의 가장 분명한 증명은 메리 칸(Mary Karn)과 쉘던 펜로즈(Sheldon Penrose)의 인간 출생시 몸무게와 13,730명의 아동들에서의 향후 11년간의 생존도에 대한 자료에 의해 제공된다. 그림 22-14는 출생시 몸무게의 분포와 4주째의 사망률을 보여준다. 유아사망률은 적정 몸무게인 7.5파운드의 양쪽에서 증가한다. 안정화 선택은 유전적인 수준에서 집단을 환경에 가장 잘 적응하도록 유지시키는 역할을 한다. 이러한 상황이라면 개인들은 주어진 형질에서 평균에 가장 근접하는 경우 가장 큰 적응도를 가질 것이다.

분열성 선택(disruptive selection)은 중간형에 대항해서 선택이 이루어지고 양쪽 표현형적 극단이 선택되는 경우다. 이것은 중간형태가 도태되기 때문에 안정화 선택의 반대로 보일 수도 있겠다. 이것은 그림 22-15에서처럼, 그 형질에 대해 점점 두 가지 형태의 분포가 나타나도록 할 것이다. 존 토데이(John Thoday)는 한 실험에서 강모 숫자에 기초하여 분열성 선택을 초파리 집단에 적용하였다. 매 세대에서 그는 강모가 가장 많은 것과 적은 것들을 골

라 교배하였다. 몇 세대 후에 대부분의 파리들은 많거나 아주 적은 수의 강모를 가지는 범주로 쉽게 고착되었다. 자연집단에서 그러한 상황은 이질적인 환경에 한 개체군이 존재할 때 발생할 수 있다.

22.6 돌연변이는 유전자 풀에 새로운 대립인자를 만들어준다

한 개체군 내의 유전자 풀은 각 세대마다 섞여서 자손들에서는 새로운 유전자형이 형성된다. 가능한 유전자형 조합의 수가 굉장히 크기 때문에, 주어진 시기에 생존하는 각 개체군의 구성원들은 모든 가능한 유전자형의 오직 일부분만을 나타낼 뿐이다. 유전자 풀 내에 존재하는 거대한 유전적 보유고는 멘델의 분리나 재조합으로 계속하여 새로운 유전자형의 조합들을 만들어 내도록 한다. 그러나 분리와 재조합은 새로운 대립인자를 만들어 내지는 않는다. **돌연변이**(mutation)만이 새로운 대립인자를 만들어 낸다. 돌연변이가 되는 사건들은 무작위로 일어난다는 것을 명심하도록 하자. 즉, 개체에 가능한 유리함이나 불리함은 고려되지 않는다. 이 절에서는 돌연변이 자체가 유전자 빈도를 변화시키는 중요한 요소인지 알아보게 될 것이다.

돌연변이가 대립인자 빈도의 변화에 중요한 힘인가를 결정하기 위해, 돌연변이가 생기는 비율을 측정한다. 대부분의 돌연변이들이 열성이므로, 이배체 생물에서 돌연변이율을 직접적으로 관찰한다는 것은 어려운 일이다. 확률과 통계, 혹은 대규모의 검사 프로그램을 사용한 간접적인 방법들이 사용된다. 그러나 어떤 특정 돌연변이에 대해서는 직접적인 측정법이 사용될 수도 있다. 정확을 기하기 위해, 몇 가지 조건들이 충족되어야 한다:

1. 대립인자가 열성 대립인자들에 의해 만들어지는 비슷한 표현형들과 구별될 수 있는 뚜렷한 표현형을 나타내야 한다.
2. 형질이 완전히 표현(fully expressed)되거나 완전히 유전되어(completely penetrant) 돌연변이 개체가 구별될 수 있어야 한다.
3. 약이나 화학물질들 같은 비유전성 물질에 의해 동일한 표현형이 나타나서는 안 된다.

돌연변이율은 주어진 수의 배우자들에 대한 새로운 돌연변이 인자의 수로 언급될 수 있다. 주어진 유전자가 돌연변이를 겪어 우성 대립인자가 되었으며, 100,000건의 출생당 2명이 돌연변이 표현형을 나타냈다고 가정하자. 이들 두 경우에서 부모들은 표현형적으로 정상이다. 이러한 출생을 만들어 낸 접합자들이 각각 두 사본의 유전자를 가지고 있으므로, 우리는 실상 200,000개의 유전자 사본(혹은 200,000 배우자)을 조사하는 것이 된다. 영향을 받은 출생들이 각각 이형접합성이라고 가정하면, 200,000개 중 2개의 돌연변이가 나타난 것이 된다. 그러므로 돌연변이율은 2/200,000, 즉 1/100,000으로, 과학적 표기로 기술하면, 1×10^{-5}이다. 사람에서, **선천성 연골발육부전증**(achondroplasia)이라고 알려진 우성형태의 왜소증이 돌연변이율을 측정하기 위한 조건들을 충족시킨다. 골격계 질환을 가진 이 개인들은 확장된 두개골과 짧은 사지를 가지며, 출생시 X-선 검사로 진단될 수 있다. 250,000건의 출생을 조사하여 이 연골발육부전증의 돌연변이율(μ)이 다음과 같이 계산되었다:

$$\mu = 1.4 \times 10^{-5} \pm 0.5 \times 10^{-5}$$

돌연변이율을 알면, 돌연변이가 한 세대에서 다음 세대로 넘어갈 때, 대립인자의 빈도를 어느 정도로 바꾸는지 추정할 수 있다. 정상 대립인자를 d, 연골발육부전증 돌연변이 인자를 D라고 나타낸다.

500,000명으로 구성된 집단에서 모든 사람들의 유전자형이 dd라고 가정하자. 처음 d의 빈도는 1.0이고, D의 빈도는 0이다. 각 개인이 유전자 풀에 2개의 배우자를 기여하게 되면, 유전자 풀은 1,000,000개의 배우자를 포함하게 되며 모두 d 대립인자를 가진다. 배우자들이 유전자 풀에 있는 동안, 매 100,000개의 d 대립인자당 1.4번의 돌연변이로 D 대립인자가 생긴다. 이제 d 인자의 빈도는 (1,000,000 − 14)/1,000,000 = 0.999986이고, D의 빈도는 14/1,000,000 = 0.000014이다. 이러한 숫자들로부터 돌연변이 자체가 집단 내에서 대립인자의 빈도를 상당한 정도로 변화시키려면 상당히 오랜 시간이 걸리리라는 것이 확실해진다.

좀 더 일반적으로, 우리가 두 개의 대립인자를 가지고 있다고 해보자. A인자를 p 빈도로, a 인자를 q 빈도로, 그리고 μ가 A에서 a로 바뀌는 돌연변이율을 나타낸다고 하면, 다음 세대의 대립인자의 빈도는 다음과 같이 나타난다.

$$p_{g+1} = p_g - \mu p_g \text{ 그리고 } q_{g+1} = q_g + \mu p_g$$

여기에서 p_{g+1}과 q_{g+1}은 각각 다음 세대에서 대립인자의 빈도를 나타내며, p_g와 q_g는 현 세대의 대립인자 빈도를 나타내는 것이다.

그림 22-16은 처음 A의 빈도가 1.0이고, A에서 a로 바뀌는 돌연변이율(μ)이 1.0×10^{-5}였던 집단에서 대립인자 A의 치환율(시간에 따른 변화)을 보여준다. 이러한 돌연변이율에서는, A의 빈도가 0.5가 되기 위해서는 약 70,000세대가 걸린다. 돌연변이율이 높은 수준의 방사능이나 화학적 돌연변이원에 대한 노출로 더 증가한다고 하더라도, 대립인자의 빈도에 대한 돌연변이의 효과

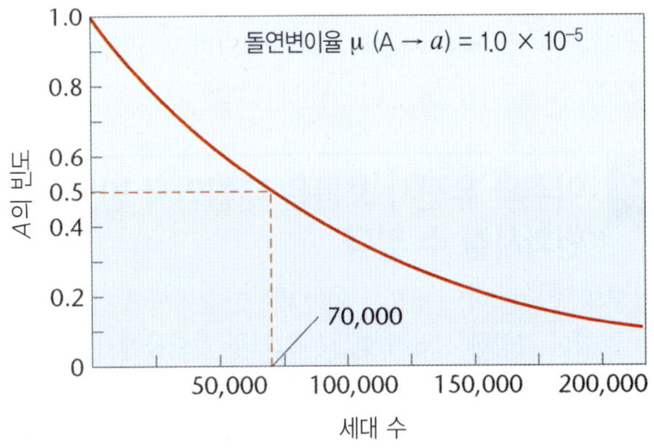

그림 22-16 돌연변이에 의한 대립인자의 치환율, 평균 돌연변이율은 1.0×10^{-5}이라고 가정한다.

는 매우 약한 것이 된다. 유전적 다양성의 궁극적 기원인 돌연변이가 진화의 재료를 제공하긴 하지만, 그 자체로는 대립인자 빈도의 변화에 비교적 덜 중요한 요소가 된다. 대신에 돌연변이에 의해 생겨나는 대립인자의 운명은 자연선택(이전에 논의된)과 유전적 부동(다음에 논의될)에 의해 결정되는 것으로 보인다.

돌연변이에 대한 진화론적 견해가 다음과 같은 의학적 발견들로 이어질 수 있다. 이형접합자 빈도 계산에서 이전에 논의되었던 상염색체 열성 질환인 낭포성 섬유증은 cystic fibrosis transmembrane conductance regulator(CFTR)라고 불리는, 세포 표면 단백질 유전자의 기능상실 돌연변이에 의해 유발된다.

유럽인 집단에서 낭포성 섬유증을 일으키는 이 돌연변이 대립인자의 빈도는 약 2%이다. 최근까지, 두 개의 돌연변이 대립인자를 가지는 대부분의 개인들은 생식연령에 이르기 전에 죽었으며, 이는 동형접합성 열성들에 대한 도태가 강력함을 시사한다. 이것은 수수께끼를 만든다: 그들에 대한 선택(도태)에 직면해 있다면, 돌연변이 유전자의 빈도를 2%로 유지시키는 것은 무엇인가?

한 가지 가설은 돌연변이와 선택의 균형 가설(mutation-selection balance hypothesis)로, 돌연변이가 지속적으로 새로운 대립인자를 만들어 선택에 의해 제거된 것들을 대체한다는 것이다. 그러나 이러한 시나리오가 작용하기 위해서는, 새로운 대립인자를 만드는 돌연변이율이 5×10^{-4} 정도로 높아야 선택의 효과를 상쇄할 수 있게 된다. 많은 진화 유전학자는 이형접합자들의 우월성 가설(heterozygote superiority hypothesis)을 선호하는데 이 가설에 따르면, 동형접합성 돌연변이 개인들에 대한 부정적 선택은 이형접합자들에 대한 호의적인 선택에 의해 상쇄된다는 것이다. 이형접합자를 선호하는 가장 흔한 선택요인은 아직 발견되지 않은 질환에 대한 저항성이다.

최근의 연구에 따르면, 낭포성 섬유증에 이형접합자인 사람들은 장티푸스 열에 높은 저항성을 가진다는 것이 밝혀졌다. 장티푸스 열은 *Salmonella typhi*라는 세균에 의해 발생하며, 이들 세균은 장의 내피세포를 통과한다. 실험실 연구에서, 사람의 가장 흔한 낭포성 섬유증 상태를 묘사한 *CFTR-Δ508*에 이형접합성인 쥐의 장세포들은 야생형 유전자를 가진 쥐들의 세포들에서보다 86%나 덜 감수적이었다. 사람에서도 *CRTR-Δ508*에 대한 이형접합성이 장티푸스열에 대해 저항성을 갖는지는 알아봐야 될 일이다. 만약 그렇다면 낭포성 섬유증은 겸상 적혈구 빈혈증과 같은 이형접합자 우세(heterozygote superiority)의 한 예에 포함될 것이다.

22.7 이주와 유전자 흐름은 대립인자 빈도를 변화시킬 수 있다

대부분의 종들은 어느 정도는 지리적으로 격리되어 있다. 자연선택을 포함한 다양한 진화적 힘들은 그러한 집단들에서 서로 다른 대립인자 빈도를 만들 수 있다. **이주**(migration)는 개체군 사이에서 개체가 이동할 때 일어난다. 하나의 좌위에 두 대립인자(A와 a)가 있는 한 종을 상상해 보자. 이 종은 두 개체군을 이룬다. 하나는 본토(mainland)에, 다른 하나는 섬에 거주한다. 본토의 A인자의 빈도는 p_m이라고 나타내고, 섬의 A인자 빈도는 p_i로 표시하기로 하자. 본토에서 섬으로 이주가 있는 상황에서 한 세대 후, 섬에서의 A인자의 빈도(p'_i)는 다음과 같다.

$$p'_i = (1 - m)p_i + mp_m$$

여기서 m은 본토에서 섬으로의 이주자들을 표시한다.

이러한 조건 하에서, 다음 세대에 섬에서의 A인자의 빈도(p'_i)는 이주에 의해 영향을 받는다. 예를 들어, $p_i = 0.4$이고 $p_m = 0.6$, 그리고 10%의 부모가 본토로부터 이주했다(그래서 $m = 0.1$)고 가정하자. 다음 세대에서 섬의 A인자 빈도는 다음과 같이 될 것이다.

$$\begin{aligned} p'_i &= [(1 - 0.1) \times 0.4] + (0.1 \times 0.6) \\ &= 0.36 + 0.06 \\ &= 0.42 \end{aligned}$$

이 경우에 본토로부터의 이주는 섬의 A인자 빈도를 한 세대 만에 0.40에서 0.42로 바꿀 수 있었다.

m이 상당히 크거나 혹은 p_m이 p_i와 상당히 다르다면, A인자의 빈도에 굉장히 큰 변화가 한 세대 만에 발생할 수 있다. 만약 이주가 섬의 대립인자 빈도를 바꾸는 유일한 힘이라면, 평형은 $p_i = p_m$일 때에만 이루어질 수 있다.

이러한 계산은 이주에 의한 대립인자 빈도의 변화가 수용집단과 공여집단 사이에서의 인자 빈도 차이에 비례적이며 이주율에 비례함을 드러내는 것이다. m이 넓은 범위의 값들을 가질 수 있기 때문에, 이주의 효과는 그림 22-17에서의 ABO 혈액형 집단의 B 대립인자에 대한 분포가 보여주는 것처럼 실질적으로 집단 내의 유전자 빈도를 바꿀 수 있다. 이주를 정량화하는 것은 어렵지만 종종 측정될 수 있다.

이주는 한때는 지리적으로 고립된 개체군이었으나 더 이상은 고립되어 있지 않은 개체군들 사이의 유전자 흐름으로 간주될 수도 있다. 에스테반 파라(Esteban Parra)와 동료들은 아프리카미국인 집단과 유럽미국인 집단들에서 여러 개의 서로 다른 DNA 서열 다형성에 대해 대립인자의 빈도를 측정하였다. 아프리카와 유럽 집단들은 두 미국 집단이 기원한 조상형 집단을 대표한다. 그들이 연구한 하나의 좌위는, *FY-NULL*이라고 불리는 곳으로 제한부위 다형성 때문에 두 가지 대립인자인 *FY-NULL*1*과 *FY-NULL*2*로 나타난다. 그림 22-18은 각 집단에서 *FY-NULL*의 빈도를 보여주는 것이다. 이 대립인자의 빈도는 세 곳의 아프리카

이 문제를 풀어보자

566페이지의 24번 문제는 다른 집단에서 개체들을 인위적으로 도입하여 개체군 증대를 이루었던 큰뿔양 집단에서, 돌연변이 대립인자의 빈도가 변화한 것을 계산하라는 것이다.

힌트: 만약 도입된 양들이 그 돌연변이가 없는 집단에서 온 것이라면 증대된 개체군에서의 대립인자 빈도는 증가할까, 감소할까?

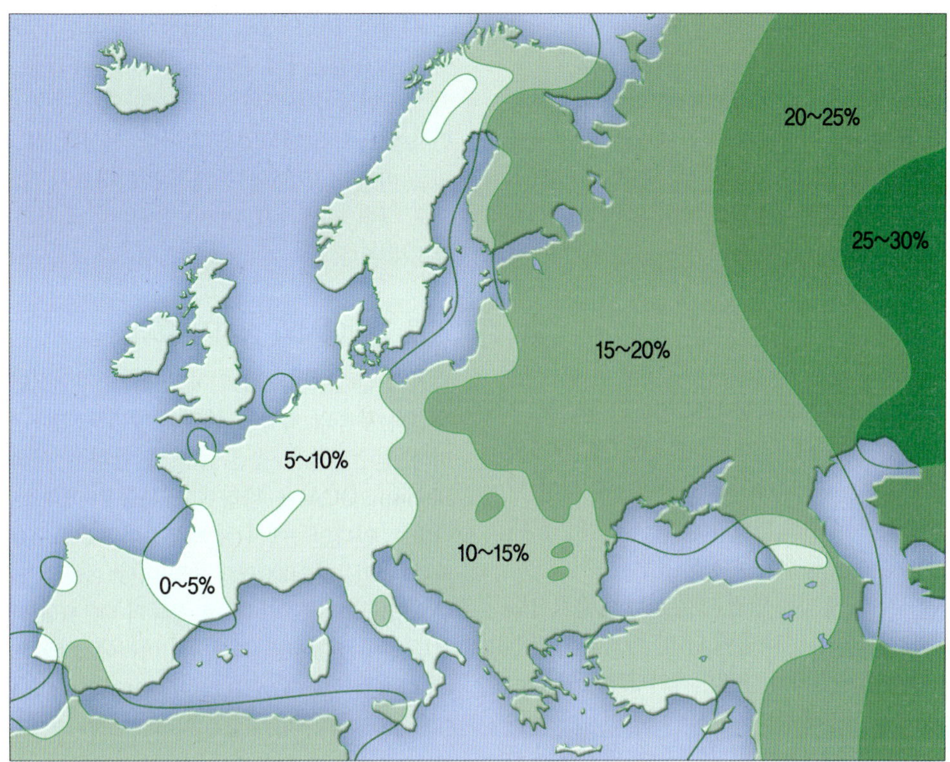

그림 22-17 진화의 한 힘으로 작용하는 이주. ABO 좌위의 *B* 대립인자는 동쪽에서 서쪽으로 갈수록 점진적인 차이를 나타낸다. 이 대립인자는 중앙아시아에서 가장 높은 빈도를 나타낸다; 그리고 북동 스페인에서 가장 낮다. 이러한 점진적 차이는 로마제국 멸망 후 유럽으로 향한 몽고인들의 이주와 비교되는 인류 역사의 유전적 산물이다.

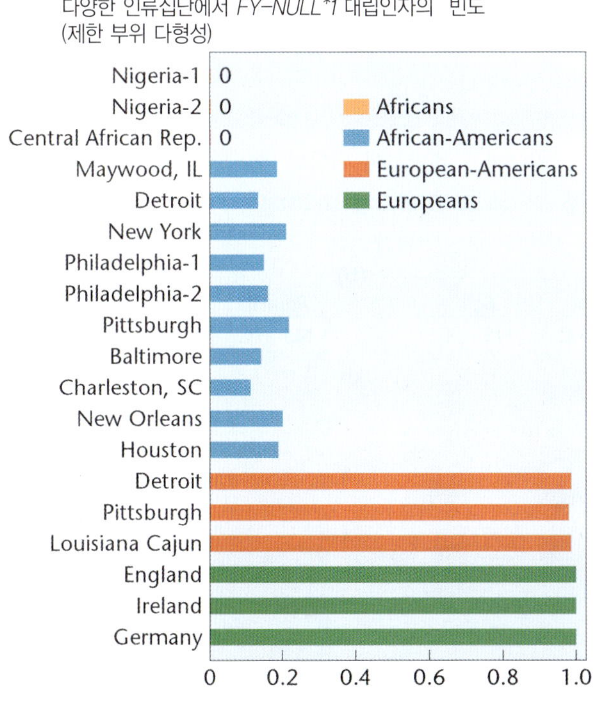

그림 22-18 여러 집단에서의 제한효소 부위 다형현상에 대한 빈도 히스토그램. 이와 함께 다른 자료는 아프리카계 미국인과 유럽계 미국인 집단이 혼합된 조상을 가짐을 증명해 준다.

집단에서는 0으로, 세 곳의 유럽 집단에서는 1로 나타난다. 그러나 모든 아프리카미국인 집단과 유럽미국인 집단들은 이들 양 극단의 사이에 놓여 있다. 이들 자료에 대한 가장 간단한 설명은 유전자들이 미국인 집단들 사이에서 서로 섞여 아프리카 조상형이 주로 섞이거나 유럽조상들이 주로 많이 섞이게 되었다는 것이다. *FY-NULL* 및 다른 좌위들에 기초하여, 연구자들은 아프리카 미국인 집단이 유럽인 조상들로부터 11.6~22.5%만큼, 그리고 유럽미국인집단들은 아프리카 조상들로부터 0.5~1.2%만큼 유래했다고 추정한다.

22.8 작은 크기의 집단에서 유전적 부동은 대립인자 빈도를 무작위로 변화시킨다

작은 개체군 내에서는, 기회편차에 의해 대립인자의 빈도에 심각한 정도의 무작위적 동요가 생길 수 있다. 동요의 정도는 개체군의 크기가 감소할수록 증가하게 되는데, 이러한 상황은 **유전적 부동**(genetic drift)이라고 알려져 있다. 작은 개체군 크기에 더하여, 한 개체군이 적은 수의 개체들로부터 기원했을 때 **창시자 효과**(founder effect)에 의해 유전적 부동이 발생할 수도 있다. 개체군이 나중에 그 크기가 증가하여도, 모든 구성원에 전달된 유전자는 창시자의 것에서 기원한 것이다(돌연변이나 이주를 가정하지 않는다면). 부동은 또한 **유전적 병목**(genetic bottleneck)에 의해서도 발생할 수 있다. 병목은 커다란 집단이 심각하지만 일시적인 숫자의 감소를 겪고 다시 그 숫자를 회복했을 때 발생한다. 개체군은 회복되어도, 유전적 다양성은 대단히 감소된다.

유전적 부동은 집단내 생식개체들의 수가 너무 작아서 유전자 풀의 모든 대립인자가 현존하는 빈도대로 다음 세대로 모두 전달된다는 확신이 불가능할 때 발생한다. 부동은 무작위적 배우자 추출로 인한 대립인자 빈도의 변화로 정의된다. 이것을 살펴보려면, 25마리의 암컷과 25마리의 수컷으로 이루어진 이배체 집단을 상상해 보라. 그 집단의 모든 개체들로 25쌍을 형성하여 25마리의 자손을 생산했다고 할지라도(실제 집단에서는 불가능한 시나리오지만), 다음 세대의 유전자 풀을 구성하는 배우자들의 수는 단 50개뿐이다. 그렇게 적은 수의 배우자들이 부모 집단의 유전적 구조를 정확하게 대표하기는 불가능할 것이다. 결과적으로, 개개의 대립인자는 배우자 풀에서 숫자가 많아지거나 줄어들게 되어 세대를 거치면서 인자 빈도는 무작위로 변한다. 만약 A와 a의 두 대립인자만을 가진 하나의 좌위를 생각해 본다면, 유전적 부동은 결국 대립인자 중 하나를 사라지게 하는 반면 다른 하나는 고정시킬 것이다. 즉, 부동 때문에 집단의 유전자 풀에 단 한 가지의 대립인자만 존재하게 된다. 단순한 연관성이 대립인자의 고정(fixation)이나 소실(loss)의 가능성을 설명해 준다. 하나의 대립인자가 부동에 의해 고정될 확률은 그 인자의 초기 빈도와 같다. 따라서 $p(A) = 0.8$이라면, A인자가 고정될 확률은 0.8, 즉 80%이다; A인자가 부동으로 사라질 확률은 $(1 - 0.8) = 0.2$로 20%이다.

실험실 초파리(*D. melanogaster*) 집단에서 유전적 부동을 연구하기 위해 워윅 커(Warwick Kerr)와 시월 라이트(Sewal Wright)는 4마리의 암컷과 4마리의 수컷을 각 계통(line)의 부모로 사용하여 100개가 넘는 계통의 초파리 집단을 확립시켰다. 각 계통 내에서 성연관인 강모 돌연변이 *forked*(f)와 그 야생형(f^+)은 0.5의 빈도였었다. 각 세대에서 4마리의 수컷과 4마리의 암컷을 무작위로 선택하여 다음 세대의 부모로 사용하였다. 16세대가 지나고 나니, 70계통의 초파리 집단에서 한쪽 대립인자가 소실되어 다른 쪽 대립인자로 고정되는 현상이 발생했다 - 그 중 29계통이 *forked*였고 41계통에서 야생형 대립인자가 고정되었다. 남은 계통에서는 아직 두 대립인자의 분리가 지속되거나 계통 자체가 소멸했다. 만약 고정현상이 무작위로 발생했다면, 동등한 수의 계통이 각 대립인자에 대해 고정되었을 것이다. 사실상, 이 실험 결과들은 예상되는 비율인 35:35와 통계적으로 다르지 않으며, 대립인자는 개체군 내에 퍼질 수도 있고, 그저 우연히 사라지기도 한다는 것을 증명해 준다.

인간 집단에서의 창시자 효과

특정 인간집단의 대립인자 빈도가, 자연집단들에서의 진화력인 유전적 부동의 역할을 증명해 주기도 한다. 남서부 미국에 사는 미국 원주민들은 높은 빈도로 안피부 백색증(oculocutaneous albinism, OCA)을 나타낸다. 북동부 애리조나에 주로 거주하는 나바호 인디언들에서는, 백색증이 1,500~2,000명당 1명꼴로 나타나 백인들(36,000명당 1명)이나 아프리카계 미국인(10,000명당 1명)들과 대조된다. 네 종류의 OCA(OCA1-4)가 존재하는데, 모두 다양한 정도로 피부, 눈, 머리에서 멜라닌 색소 결핍을 보인다. 나바호들의 OCA 표현형은 OCA2와 OCA4가 겹쳐진 것이다. OCA2는 P 유전자의 돌연변이에 의한 것으로, 이 유전자는 세포막 단백질을 만든다; OCA4는 *MAPT*라고 불리는 유전자의 돌연변이에 의한 것이다. 나바호들의 백색증에 대한 유전적 기초를 조사하기 위해 머레이 브릴리언트(Murray Brilliant)와 그의 동료들은 P와 *MAPT* 유전자들의 돌연변이를 조사하였다. 이들의 연구에 따르면, *MAPT* 유전자의 돌연변이는 발견되지 않았다. 백색증을 보이는 모든 나바호는 P 유전자의 122.5 kb 결실(엑손 10~20에 걸친)에 대해 동형접합성이었다(**그림 22-19**). 이 결실 유전자는 다른 미국 원주민들 집단에 속한 34명에게서는 존재하지 않는 것이었다.

절단지점에 대한 분자적 분석을 거쳐, 연구자들은 한 세트의 PCR 프라이머를 개발하여 이환된 개인과 이형접합성 보인자를 알아낼 수 있도록 했다(**그림 22-20**). 이 프라이머를 사용하여 134

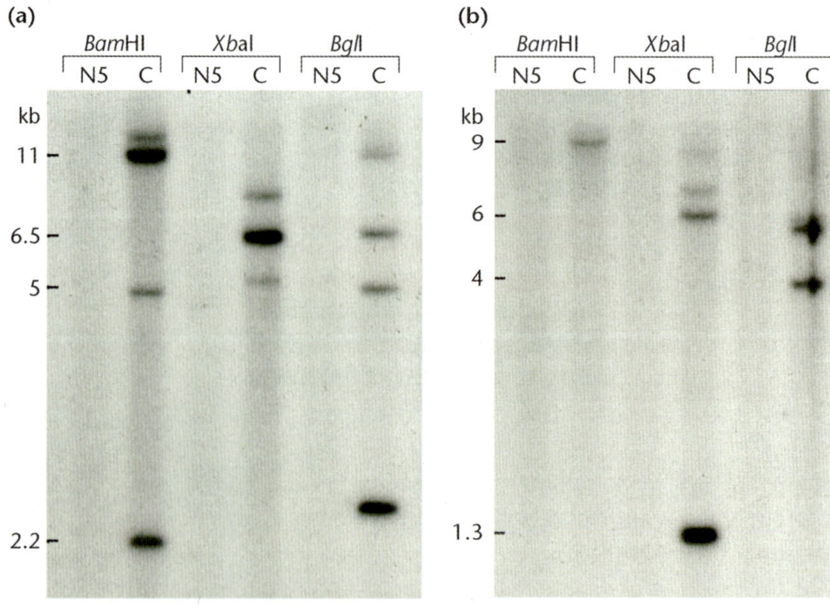

그림 22-19 백색증 나바호들의 유전체 DNA(N5)와 정상인의 DNA(C)가 효소로 절단되었다. (a) 11~15번 엑손에 해당하는 탐침자로 P 유전자를 혼성화한 것: N5에서는 혼성화 단편이 보이지 않는다. 이것은 이환된 개인에게서 결실이 존재함을 증명해준다. (b) P 유전자의 15~20번 엑손을 커버하는 탐침자로 혼성화한 것; N5에서는 혼성화 조각이 나타나지 않는다. 이것은 이 환자에서 결실이 있음을 확인시켜 준다. (*Murray Brilliant, "A 122.5 kb deletion of P gene underlie the high prevalence of occulocutaneous albinism type 2 in the Navajo population." American Journal Human Genetics 72; 62-71, fig 1, p65. Published by University of Chicago Press.*)

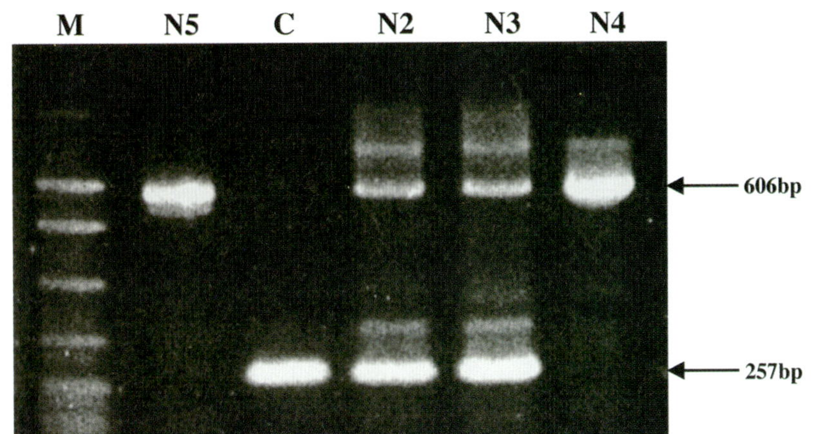

그림 22-20 백색증에 이환된 나바호(N4와 N5)와 N4의 부모(N2와 N3)들의 PCR 검사. 이환된 개인들(N4와 N5), 이형접합성 보인자(N2와 N3), 그리고 동형접합성 정상인(C)은 각각 뚜렷한 밴드 패턴을 나타내며, 이 집단에서 이형접합성 보인자들을 추적할 수 있게 해준다. 분자 크기 마커가 첫째 줄에 나타나 있다. (*Murray Brilliant, "A 122.5 kb deletion of P gene underlie the high prevalence of oculocutaneous albinism type 2 in the Navajo population." American Journal Human Genetics 72: 62–71, fig 3, p67. Published by University of Chicago Press.*)

명의 정상 나바호들과, 나바호족과 연관이 깊은 아파치족의 42명을 조사하였다. 이 샘플에 기초하면, 나바호족에서 이형접합자의 빈도는 4.5%로 추정된다. 연구된 아파치족에서는 보인자가 발견되지 않았다.

OCA2를 일으키는 122.5kb의 결실은 나바호족을 제외한 미국 남서부 인디언들의 어느 부족에서도 발견되지 않았다. 이것은 이 돌연변이 대립인자가 나바호족에 특이적인 것이며 아마도 나바호 집단을 세운 소수의 구성원들 중 한 사람에 의해 생겨났을 가능성을 제시해 준다. 그러한 창시자 돌연변이는 하나의 염색체에서 기원하며, 밀접하게 연관된 측면 마커들을 가진다. 시간이 흐름에 따라 돌연변이와 재조합이 이러한 마커 세트들을 변화시키거나 대체시킨다. 유전체의 이 부위에서 재조합률과 돌연변이율을 알고 있으므로 창시자 돌연변이의 기원 시기를 추정할 수 있다. 이러한 기준들을 이용하고, 결실 염색체와 비결실 염색체의 측면 대립인자들을 연구함으로써, 돌연변이의 나이는 약 400년에서 11,000년 사이로 추정되었다. 이 범위를 줄이기 위해 브릴리언트와 그 동료들은 부족의 역사를 이용하였다. 나바호들의 구전에 따르면 나바호와 아파치는 약 600년에서 1000년 전에 분리되었다고 한다. 결실이 아파치족에서는 발견되지 않으므로, 아마도 이것은 부족이 분리된 후에 나바호 집단에서 발생했을 것으로 생각된다. 이러한 근거로 볼 때 이 결실은 약 400~1000년쯤 되었을 것이며, 아마도 창시자 돌연변이의 결과로 생겼을 것이다.

병목과정 중의 대립인자 소실

많은 개체군들이 유전적 다양성이 소실되었을 것으로 생각되는 잘 기록된 병목현상을 겪었지만, 병목현상 전의 집단에 존재했던 유전적 다양성의 양과 병목현상 후의 유전적 다양성의 양을 측정하기는 쉽지 않다. 일리노이에서는 큰초원평 집단이 1860년대에는 수백만 마리로 추정되었었다. 인간의 활동 결과 이 개체군은 1933년에는 25,000마리로 줄었고 1993년에는 50마리 미만으로 감소했다. 부화율로 측정된 적응성 역시 1935년에는 93%였던 것이 1990년에는 56%로 줄어들었다. 병목 전과 후의 대립인자 변화를 측정하기 위해 쟝 브와즈(Juan Bouzat)와 그의 동료들은 6개의 미세부수체 좌위를 PCR로 증폭했다. 박물관과 현재의 일리노이 개체군으로부터 시료를 얻었다. 그리고 대립인자 빈도는 병목현상을 겪지 않은 것으로 알려진 캔사스, 미네소타, 그리고 네브라스카의 초원평 개체군들로부터 추정했다. PCR 분석은 그림 22-21에 나와 있고, 대립인자 조사 결과는 표 22.4에 실려 있다.

각 좌위에 대해 병목 전 일리노이 집단의 대립인자들은 다른 집단들에 나타나는 대립인자들의 일부였다. 현재의 일리노이 집단에 존재하는 모든 대립인자들이 다른 집단에서도 나타나므로, 이 대립인자들은 아마도 병목 전의 일리노이 집단에 존재했을 것이다. 박물관 시료에서 나타나는 4개 좌위의 6 대립인자는 이 일리노이 개체군에 존재하지 않는다. 손실된 대립인자는 병목현상에 의해 생긴 심각한 유전적 다양성의 소실을 나타내는 것이다. 이러한 대립인자 소실에 더하여, 일리노이 집단은 심각할 정도로 낮은 수준의 이형접합성을 보인다. 병목과정 중의 작은 집단 크기와 이로 인한 근친교배가 현재 일리노이 집단에서 관찰되는 적응성의 감소를 일으킨 것으로 생각된다.

22.9 비무작위 교배는 대립인자 빈도가 아니라 유전자형 빈도를 변화시킨다

우리는 지금까지 하디-바인베르크 법칙의 네 가지 가정이 선택, 돌연변이, 이주, 유전적 부동이라는 형태로 깨어져 대립인자의 빈도를 변화시키는 것을 살펴보았다. 다섯 번째 가정은 집단 구성원들이 무작위로 교배한다는 것인데, 어떤 유전자형이 집단 내에서 다른 유전자형과 교배할 확률이 동등하다는 것이다. 비무작위 교배(non-random mating)는 집단의 유전자형 빈도를 변화시킬 수

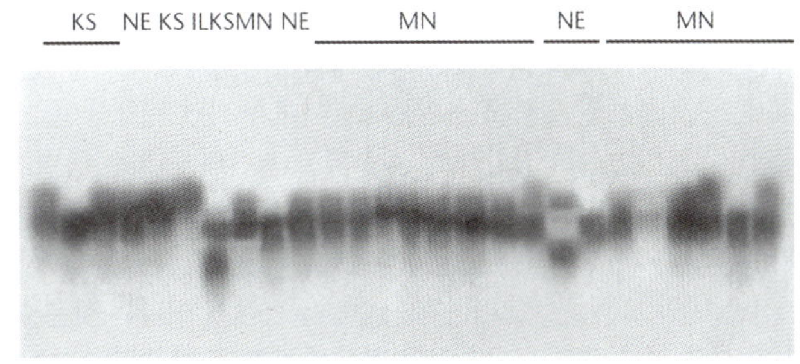

그림 22-21 캔사스(KS), 네브라스카(NE), 일리노이(IL), 그리고 미네소타(MN)의 큰 초원평들의 DNA 시료에서 미세부수체 좌위인 *ADL42* 대립인자를 조사한 것.

표 20.4 초원평 집단에서의 미세부수체 대립인자

집단	미세부수체 좌위					
	ADL42	*ADL23*	*ADL44*	*ADL146*	*ADL162*	*ADL230*
Illinois	ABC	ABCD	ADFH	ABC	BE	CEFGHI
Kansas	ABCD	BCDEF	ACDEFGH	ABCDE	ABCDE	ABCDEFGHI
Minnesota	ABCD	ABCD	ABCDEFGH	ABCE	BCDE	BCDEFGHI
Nebraska	ABCD	ABCDE	ABCDEFGH	BCEF	BCDE	BCDEFGHIJK
Museum specimens	AB	BCDE	ADF	ABCE	BCDEFG	BCDEFG *I L*

Note: 밝게 처리한 글자들은 초원평 집단의 크기가 감소한 결과 사라진 박물관 시료의 대립인자를 나타낸다. 이탤릭체의 글자들은 병목 전의 일리노이 집단에 독특한 것이었던 대립인자를 표시한 것이다.

있다. 연이어 어떤 유전자형에 대한 선택이 일어나면 그들이 가진 대립인자들의 전체 빈도에 영향을 미치게 된다. 그러나 비무작위 교배 자체는 대립인자 빈도를 직접적으로 바꾸지는 않는다는 사실을 명심하는 것이 중요하다.

비무작위 교배는 여러 형태 중 하나를 택할 수 있다. **긍정적 동류교배**(positive assortive mating)에서는, 비슷한 유전자형이 서로 다른 것보다 더 잘 교배한다. 이것은 사람에서 종종 발생한다: 수많은 연구들은 많은 사람이 신체적으로 그들과 닮은 사람(따라서 유전적으로도 역시 비슷할 가능성이 있다)들에게 더 끌린다는 것을 보여준다. **부정적 동류교배**(negative assortive mating)는 닮지 않은 유전자형들이 교배할 가능성이 높다. 일부 식물종들은 내재된 화분/주두 인식 시스템(pollen/stigma recognition system)이 주요 유전자좌에서 동일 대립인자를 가진 개체들 사이의 수분을 방해한다. 그러나 집단내 유전자형의 빈도에 가장 흔하게 영향을 미치는 무작위 교배의 형태는 **근친교배**(inbreeding)다.

근친교배

근친교배는 교배 개체들이 그냥 무작위로 집단에서 뽑힌 두 개체들보다 더 밀접하게 연관되었을 때 발생한다; 넓게 정의하자면, 근친교배는 친척들 사이의 교잡이다. 특정 대립인자에 대하여, 근친교배는 집단 내에서 동형 접합자의 비율을 증가시킨다. 시간이 흘러 완전한 근친교배가 이루어지면 집단 내에는 오로지 동형접합자들만이 남게 되다. 이러한 개념을 증명하기 위해, 우리는 **자가수정**(self fertilization)이라는 극단적인 형태의 근친교배에 대해 생각해 보기로 하자. 동물집단에서는 드문 이러한 교배방식은 식물종에서는 매우 흔하게 나타난다. 그림 22-22는 한 쌍의 대립인자에 대해 이형접합자였던 하나의 개체에서 시작된 자가수정이 4세대 동안 행해진 결과를 보여준다. 4세대가 되면 개체들 중 오직 6% 정도만이 이형접합자로 남게 되고 집단의 94%는 동형접합자가 된다. 그러나 대립인자 *A*와 *a*는 아직 50%씩으로 남아 있음에 주목하라.

집단 내의 모든 근친교배가 자가수정을 통해 일어나는 것은 아니며, 서로 다른 정도의 근친교배 역시 존재한다. 한 집단 내에서 근친교배의 강도를 설명하기 위해 유전학자인 시월 라이트(Sewall Wright)는 **근친교배 계수**(coefficient of inbreeding; *F*)를 고안했다. *F*는 한 개인에서 특정 유전자의 두 대립인자들이 한 조상에서의 그 대립인자를 동일하게 물려받았기 때문에 똑같을 확률을 정량화한 것이다. 만약 $F = 1$이라면 모든 개인들은 동형접합성이고 모든 개인들의 두 대립인자는 같은 조상형 복사본으로부터 유래된 것이다. 만약 $F = 0$이라면 어떤 개인도 같은 조상형 사본으로부터 유래한 두 대립인자를 갖지 아니한다.

한 집단에서 *F*를 추정하는 한 가지 간단한 방법은 이형접합자의 빈도와 근친교배 사이의 역관계에 기초한 것이다: 근친교배의 수준이 증가할수록 이형접합자의 분율은 감소한다. 따라서 *F*는 다음과 같이 계산될 수 있다:

$$F = \frac{H_e - H_o}{H_e}$$

여기에서 H_e는 하디-바인베르크 법칙에 기초하여 예상되는 이형접합성이고 H_o는 집단 내에서 관찰되는 이형접합성이다. 완전하게 무작위 교배가 일어나는 집단에서는 예상되는 이형접합성과 관찰되는 이 값이 동일하므로 $F = 0$이 될 것이다.

한 개인에 대해서는 *F*값을 계산하는데 다른 방법이 사용될 수 있다. 그림 22-23는 사촌간의 결혼에 대한 가계도를 보여준다. 4번째 세대의 여성(분홍색)은 사촌들(노란색)의 딸이다. 그녀의

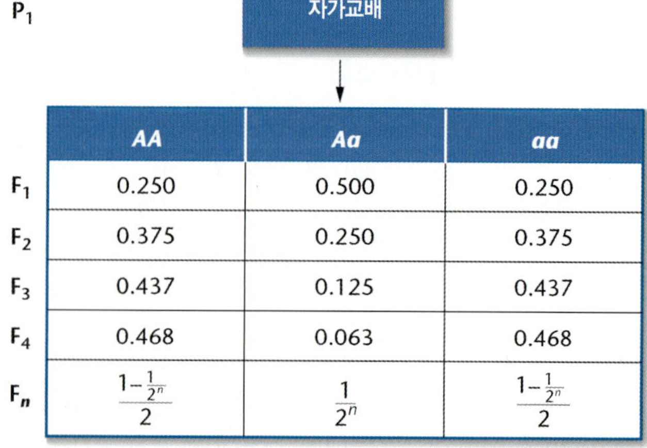

	AA	*Aa*	*aa*
F_1	0.250	0.500	0.250
F_2	0.375	0.250	0.375
F_3	0.437	0.125	0.437
F_4	0.468	0.063	0.468
F_n	$\frac{1-\frac{1}{2^n}}{2}$	$\frac{1}{2^n}$	$\frac{1-\frac{1}{2^n}}{2}$

그림 22-22 자가교배에 의한 이형접합자 빈도의 감소. *n* 세대 후의 이형접합자의 빈도는 맨 아랫줄의 공식으로 계산할 수 있다.

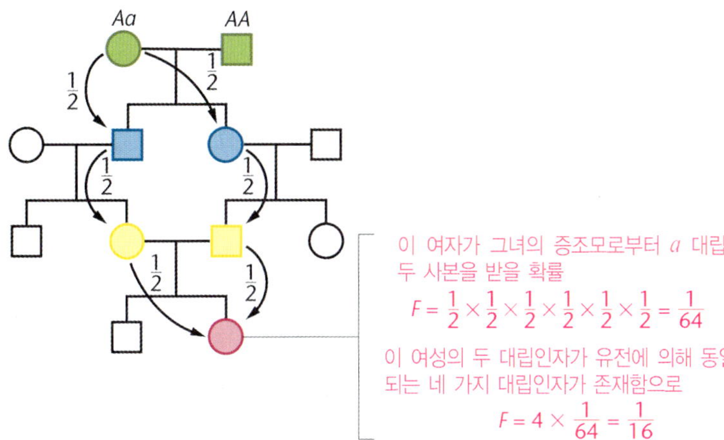

그림 22-23 사촌지간의 혼인에서 얻은 자손들의 근친교배 계수(F)의 계산.

증조모(녹색)가 열성 치사 대립인자인 a의 보인자라고 가정해보자. 이 4세대 여성이 그녀 증조모가 가졌던 치사 대립인자를 두 개 가질 확률은 어떻게 될까? 이런 일이 일어나기 위해서는 (1) 증조모가 그녀의 아들에게 이들 대립인자 하나를 주어야 하고, (2) 그녀의 아들은 이 대립인자를 그의 딸에게 전달해야 하며, (3) 그의 딸은 이것을 또 그녀의 딸(분홍)에게 전달해야 한다. 또한, (4) 증조모는 이 대립인자를 그녀의 딸에게도 전달시켜야 하며, (5) 그녀의 딸은 이것을 그녀의 아들에게, (6) 그녀의 아들은 다시 그의 딸(분홍)에게 전달해야 한다. 6건의 필수적인 사건 각각의 확률은 1/2이고 그들이 모두 한꺼번에 일어나므로 분홍색의 여자가 그녀의 증조모로부터 이 치사 대립인자 두 복사본들을 모두 받게 될 확률은 $(1/2)^6 = 1/64$이 된다. 이것은 사촌간의 결혼에서 F값을 계산하는 방법을 제공해준다. 우리는 4번째 세대의 여성이 또한 다른 3개의 대립인자(그녀의 조부모들에 존재하는)의 어떤 것에 대해서도 마찬가지로 두 개의 복사본을 가질 수도 있음을 주목할 필요가 있다. 4가지 가능성 중 어떤 것에 의해서도 이 분홍 여자는 조상형 복사본으로부터 동일한 두 대립인자를 받을 수 있기 때문에

$$F = 4 \times (1/64) = 1/16$$

이 된다.

이 문제를 풀어보자

566페이지의 21번 문제는 DNA 마커 자료들에 기초하여 한 집단의 근친교배 계수를 계산하라는 것이다.

힌트: 우선, DNA 마커 대립인자들의 빈도를 계산하라. 만약 이 집단이 하디-바인베르크 평형에 있다면 얼마나 많은 이형접합자들이 관찰될 수 있겠는가?

근친교배의 유전적 효과

근친교배는, 이전에는 이형접합자 안에 숨겨져 있었던 열성 대립인자에 대해 동형접합자들로 이루어진 개인을 만든다. 많은 열성 대립인자들이 동형접합성일 때에는 해롭기 때문에, 근친교배의 한 가지 결과는 해로운 대립인자를 동형접합성으로 가지는 개인들이 나타날 확률을 높인다는 것이다. 근친교배된 집단은 종종 평균 적응도가 낮다. **근교 약세**(inbreeding depression)는 근친교배에 의해 야기되는 적응도의 소실을 측정하는 것이다. 재배되는 식물이나 가축들에서 근친교배와 선택은 수천 년 동안 사용되어 온 방법이고, 이들 생물은 이미 많은 좌위에서 높은 정도로 동형접합성인 상태다. 더 이상 근친교배를 하더라도 적응도는 조금밖에 잃지 않을 것이다. 그러나 집단이 크고 무작위로 교배되던 곳에서의 개체들 사이의 근친교배는 높은 수준의 근교 약세를 일으킬 수 있다. 이 효과는 동물원 집단의 근친교배된 동물들에서 태어난 자손의 사망률을 조사해 보면 알 수 있다(표 22.5). 멸종위험종이나 위협을 받고 있는 종들의 집단에 대한 근친교배의 잠재적 영향은 24장에서 좀 더 논의하게 될 것이다.

사람에서 근친교배는 자연유산이나, 태아의 죽음, 선천성 기형, 그리고 열성 유전 질환 등의 위험성을 증가시킨다. 비록 과거보다는 덜 흔하지만, 근친교배는 사회적 관습이 사촌간의 결혼에 호의적인 여러 지역에서 종종 이루어진다. 알란 비틀스(Alan Bittles)와 제임스 닐(James Neel)은 다양한 문화에 대한 많은 연구를 분석하였다. 그들은 유아 사망률(즉, 태어나서 몇 년 안에 죽는 경우)이 문화마다 매우 다양하다는 것을 발견했다. 그러나 친척이 아닌 부모들 사이에서 태어난 아이들의 기본 사망률이 어찌되었든, 사촌지간의 아이들은 항상 높은 사망률-전형적으로 4.5% 정도 더 높다-을 나타낸다.

근친교배가 항상 나쁜 것만은 아니라는 사실 또한 중요하다. 실제로, 근친교배는 가축이나 재배식물들을 사육하는 사람들에게는 오랫동안 유용한 방법으로 인식되어 왔다. 근친교배 프로그램이 시작되면, 동형접합성은 증가하고, 몇몇 교배주(breeding stock)가 원하는 대립인자들에 대해 고정되는 반면 다른 것은 원

표 22.5 근친교배된 동물원 집단에서 자손의 사망률

종	n		무작위 교배	근친교배	근친교배 계수
Zebra	32	Lived:	20	3	0.250
		Died:	7	2	
Eld's deer	24	Lived:	13	0	0.250
		Died:	4	7	
Giraffe	19	Lived:	11	2	0.250
		Died:	3	3	
Oryx	42	Lived:	35	0	0.250
		Died:	2	5	
Dorcas gazelle	92	Lived:	36	17	0.269
		Died:	14	25	

치 않는 유전자들에 의해 고정된다. 더 활력 있고 튼튼한 식물이나 동물들을 선택함으로써 유용한 형질을 가진 개체들의 비율이 증가할 수 있다.

두 종류의 유용한 근친교배주(순종)의 구성원 간에 교배가 되면, 잡종 자손은 부모보다 더 유용한 형질을 가지며 활력적인 경우가 많다. 이러한 현상을 **잡종강세**(hybrid vigor)라고 한다. 그러한 접근이 옥수수에 행해졌던 교배 프로그램에 사용되었을 때, 작물 생산량이 크게 증가했었다. 불행하게도, 잡종강세는 첫 세대에만 효과가 있었다. 많은 잡종 교배주들이 불임이었고, 생식력 있는 것들도 계속 생산량이 감소했다. 결론적으로, 잡종들은 원래 부모로 사용되었던 교배주 사이의 자손에서만 생산되어야 했다.

잡종강세는 두 가지 방법으로 설명된다. 첫 번째는, **우성가설**(dominance hypothesis)로 근교약세의 분명한 반대현상을 포함하는 것으로 반드시 원교배(outcrossing)에서만 발생한다. 다음과 같은 유전자형으로 된 옥수수 식물 사이의 교배를 생각해보자:

Strain A		Strain B		F_1
aaBBCCddee	×	*AAbbccDDEE*	⟶	*AaBbCcDdEe*

F_1 잡종들은 위에서 나타난 모든 좌위에서 이형접합성이다. 유해한 열성 대립인자들이 부모에서는 동형접합성인 상태로 존재하던 것이 잡종에서는 보다 좋은 우성 대립인자들에 의해 가려진다. 그러한 가림 효과가 잡종강세로 생각된다.

두 번째 가설은 **과우성**(overdominance)으로, 많은 경우에 이형접합자들이 부모형 동형접합자들보다 우수하다는 것이다. 이것은 이형접합자에서 두 가지 형태의 유전자 산물이 존재할 수 있으며, 따라서 생화학적으로 더 다양성을 제공할 수 있다는 사실과 관련된 것이다. 그러므로 많은 유전자 좌위에서 이형접합성의 누적된 효과가 잡종강세를 설명할 수 있다. 가장 그럴듯한 것은 잡종강세가 두 가설에 의해 설명되는 현상들의 조합에 기인한다는 것이다.

우리는 비무작위 교배가 집단 내의 유전자형 빈도를 하디-바인베르크 법칙 하에서 예상되는 값으로부터 멀어지게 할 수 있음을 알아보았다. 이것은 진화의 경로에 간접적으로 영향을 미친다. 동식물 사육자들에 의해 의도적으로 근친교배된 저장 종자들에서처럼, 자연군집에서의 근친교배는 유해한 열성 대립인자에 대한 동형접합자의 빈도를 증가시킬 수 있다. 가축화된 종자들에서와 마찬가지로, 이러한 증가는 집단으로부터 유해한 대립인자들을 제거하는 선택의 효율 역시 증가시킨다. 결과적으로, 일단 유해 유전자가 제거되면 근친교배는 더 이상 문제를 일으키지 않는다.

단원 요약

1. 개체군(집단)들은 오랜 시간에 걸쳐 상당수 좌위들의 대립인자 빈도가 변화하는 결과로 진화하는 것이다. 집단 유전학자들은 한 집단 내에서의 대립인자 빈도의 변화와, 유전적 변이의 분포 및 양에 있어서의 변화를 일으키는 요인들에 대해 연구한다.
2. 하디-바인베르크 법칙은 집단 내의 대립인자 빈도와 유전자형 빈도 사이의 관계를 설명하는 수학적 모형을 제공한다. 이것은 일련의 단순한 가정들 하에서, 한 집단의 주어진 좌위에 대한 대립인자와 유전자형 빈도에 대한 예측을 가능하게 한다. 만약 선택, 돌연변이, 이주가 없고 집단이 충분히 크며, 개개 구성원들이 무작위로 교배를 한다면, 유전자 빈도는 세대를 거치는 동안에도 변하지 않는다.
3. 하디-바인베르크 공식은 한 집단이 진화적으로 평형인지 아닌지를 조사하는 데 사용할 수 있으며, 동형접합자 열성의 빈도로부터 집단 내의 이형접합체의 빈도를 구하는 데도 사용될 수 있다.
4. 대립 유전자 빈도가 변하지 않을 조건들을 규정함으로써, 하디-바인베르크 법칙은 진화를 일으키는 힘을 찾아낸다. 선택, 돌연변이, 이주, 유전적 부동은 대립인자 빈도를 변화시켜 진화를 일으킬 수 있는 힘이다.
5. 비무작위 교배는 집단 내에서 유전자형의 빈도를 변화시키지만 대립인자의 빈도를 바꾸지는 않는다. 근친교배, 혹은 친족 간의 교배는 비무작위 교배의 한 형태로 가장 중요한 영향력을 갖는다: 이것은 집단 내에서 동형접합자들의 빈도를 증가시키며 이형접합자의 빈도는 감소시킨다.
6. 자연선택은 집단 내의 유전자 빈도를 변화시킬 수 있는 가장 강력한 힘이다. 자연선택 하에서 진화율은 서로 다른 유전자형의 초기 대립인자 빈도, 선택 강도, 그리고 서로 다른 형태의 유전자형들이 가지는 적응도에 의존적이다.
7. 돌연변이와 이주는 집단 안으로 새로운 대립인자를 도입하지만, 그 자신만으로는 대립인자 빈도에 미미한 영향만을 미친다. 대체로, 집단내 새로운 대립인자의 빈도는 그것이 부여하는 적응도와 선택의 작용에 의존적이다.
8. 유전적 부동은 배우자 선택의 결과로 대립인자 빈도에서의 무작위적 변화를 만든다. 이것은 소집단에서는 매우 큰 힘을 발휘한다.

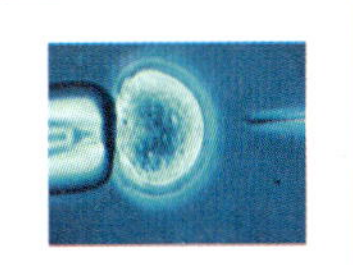

유전학, 기술, 그리고 사회

아프리카에서 나온 우리의 유전적 발자취에 대한 추적

우리는 어디서 왔는가? 소소한 차이를 가진 하나의 인간 과(family)인가, 아니면 깊고 오랜 뿌리로부터 갈라진 종족들인가? 수 세기 동안 이러한 질문에 대답하기 위한 우리의 노력은 전설과 신화, 그리고 많은 종교적 창조설들을 생겨나게 했다. 지난 세기에 걸쳐, 고인류학자들은 우리의 기원과, 인간의 친척관계를 조사하기 위해 여러 가지의 정교한 과학적 도구들을 적용해왔다. 현대 유전학에 기초한 인간의 기원에 대한 진화사는 어떤 창조 신화만큼이나 매혹적이다.

육체적인 특징과 사람의 화석분포에 기초하여, 대부분의 고인류학자들은 호모 에렉투스(*Homo erectus*)로 불리는, 큰 뇌와 도구를 사용하는 사람이 200만 년 전에 동아프리카에 출현했다는데 의견을 같이한다. 단순한 석기를 사용했던 이 종은 물고기를 제외한 사냥을 했으며, 집을 짓거나 불을 피운 것은 아니고, 매장 의식이 결여되었던 것으로 보인다. 약 170만 년 전 쯤에 호모 에렉투스는 유라시아와 남부 아시아로 퍼져 나갔다. 대부분의 과학자들은 호모 에렉투스들이 네안데르탈인(유럽), 북경원인, 자바원인(아시아)을 비롯한 여러 원인 형태의 인간으로 발달했을 것이라고 생각한다. 이들 원인은 해부학적으로 튼튼했으며 커다란 골격과 두개골을 가졌다. 네안데르탈인과 다른 원인 그룹은 5만~3만 년 전에 사라졌으며, 비슷한 시기에 해부학적 현대인(*H. sapiens*)이 세계 도처에 출현했다.

논란이 생기는 것은 바로 언제, 고대 원인이 더 약한 뼈대의 현대인들에게 자리를 내주었는가 하는 시기다.

현재, 인간의 기원을 설명하는 두 가지 가설이 있다; 아프리카 발생설(out-of-Africa hypothesis)과 여러 지역 가설(multiregional hypothesis)이다. 여러 지역 가설은 주로 고고학적 자료와 화석자료에 근거한 것이다. 이 가설은 기존의 네안데르탈인을 포함한 호모 에렉투스로부터 호모 사피엔스가 세계 도처에서 동시에 점진적으로 발달했을 것으로 제안한다. 이들 그룹 사이의 근친교배가 호모 사피엔스를 점점 유전적으로 동질한 종으로 만들었다. 150만 년에 걸친 자연선택은 오늘날 우리가 보는 지역적 변이(종족)를 만들었다. 여러 지역 가설의 입장에서 보면, 우리의 유전적 구성은 네안데르탈인과 다른 호모 에렉투스 그룹들에서의 기여를 포함해야만 한다. 반대로, 아프리카 발생설은 주로 현대 인간 집단의 유전적 분석에 기초하고 있으며, 호모 사피엔스가 사하라 사막 이남의 아프리카에서 약 20만~40만 년 전에 호모 에렉투스의 후손에서 진화했을 것으로 주장한다. 일군의 호모 사피엔스 무리(1만 명 미만)가 아프리카를 떠나 퍼져나가서 10만 년 전에 유럽과 아시아로 이주했다. 약 6만 년 전에 호모 사피엔스 집단들은 오스트레일리아에 도착했고, 나중에 북미로 이주했다. 아프리카 발생설에서는, 호모 사피엔스가 잡종 형성 없이 모든 기존의 호모 에렉투스 형태를 대체했다고 한다. 이런 점에서 보면, 호모 사피엔스는 이 속(genus)에서 약 3만 년 전에 생긴 유일한 종이 되었다.

아직 논쟁의 여지가 있긴 하지만, 대부분의 유전적 증거들은 아프리카 발생설을 지지한다. 모든 지구상의 인간들은 유전적으로 매우 비슷하다. 무작위로 두 사람을 뽑으면 99.9%의 DNA 서열이 동일하다. 침팬지 집단에서 두 마리의 침팬지를 뽑았을 때보다 인간집단에서 두 사람을 뽑았을 때 유전적 동일성이 더 크다. 흥미롭게도, 개인들 사이에 존재하는 약 90% 정도의 유전적 차이는 집단들 사이의 차이라기보다는 개인들 사이에 존재하는 것이다. 세계의 모든 사람들 사이에 존재하는 이렇게 높은 정도의 유전적 연관성은 인간종이 최근에 작은 그룹의 사람 집단에서 발생했을 것이라는 생각을 지지한다.

현존 사람 집단들에서의 미토콘드리아 DNA 서열에 대한 연구는, 아프리카 집단들 내에 가장 높은 정도의 유전적 변이가 존재함을 보여준다. 아프리카인들은 비아프리카인들에서보다 2배 정도로 높은 미토콘드리아 DNA 서열 다양성을 나타낸다. 이것은 호모 사피엔스의 가장 초기 분지가 아프리카에서 분화했으며, 장시간에 걸쳐 일정한 속도로 축적되는 것으로 생각되는 미토콘드리아 DNA 돌연변이를 오랜 시간 동안 축적해왔음을 시사하는 것이다.

미토콘드리아, Y 염색체, 그리고 21번 염색체의 마커들로부터 얻어진 DNA 서열은 우리의 뿌리가 동부 아프리카에 있으며, 아프리카로부터 에티오피아를 거쳐 아라비아 반도의 해안, 그리고 유라시아와 남동부 아시아를 따라 이주했음을 지지한다. 핵의 미세부수체내 DNA 서열의 다양성에 기초한 최근의 자료들은 인류가 아프리카로부터 이주해 나와 하나의 작은 창시자 집단에서 흩어졌다는 생각에 힘을 실어준다. 사하라 남부의 아프리카 집단들은 가장 높은 정도의 미세부수체 이형접합성을 보이고, 그 다음이 중동, 유럽, 동아시아, 오세아니아와 미국의 순서다. 미국 원주민 집단들은 아프리카인들보다 약 15% 적은 미세부수체 이형접합성을 보인다.

집단들 사이의 DNA 서열 차이를 비교하고, 모든 서열이 동일했던 시기를 계산하여 고인류학자들은 현대의 호모 사피엔스가 약 20만~40만 년 전에 아프리카의 작은 집단에서 발생했을 것으로 생각한다. 아프리카 탈출의 시기는 대략 5만~10만 년 전으로 계산된다.

최근에 얻어진 네안데르탈인의 미토콘드리아 DNA 서열은 우리와 네안데르탈인의 서열이 매우 달라서 서로 다른 종으로 간주될 정도이며 네안데르탈인과 호모사피엔스는 약 60만 년 전에 분지했을 것으로 생각된다. 그러므로 네안데르탈인과 북경원인 같은 다른 호모 에렉투스 그룹이 호모 사피엔스의 유전자 풀에 크게 기여했을 것 같지는 않다.

호모 사피엔스의 이동 경로를 추적하고 우리 인간종에 대한 여러 문제의 해답을 찾기 위해 제노그래픽 프로젝트(Genographic Project)라고 불리는 사업을 위한 사립 기금이 마련되었다. 고인류학자인 스펜서 웰스(Spencer Wells)의 지도하에, 이 사업은 10만 명의 개인들로부터 DNA 시료를 얻으려고 하고 있다. 관심 있는 사람들은 DNA 추출용 구강 상피세포 수집을 위한 볼 세척 면봉이 들어 있는 키트를 구매할 수 있다. 어떻게 지구상에 우리 종들이 정착하게 되었는지를 알려주는 Y 염색체와 미토콘드리아 마커들에 분석이 집중될 것이다. 결과는 면봉을 제출한 후 약 4~6주가 지나면, 이 사업의 웹사이트에서 다운로드해 확인할 수 있다.

따라서 만일 모든 지구상의 사람들이 그렇게 유전적으로 비슷하다면 우리는 왜 민족간의 차이로 기술되는 그렇게 다른 신체적인 특성을 나타내는 것일까? 많은 유전학자들은 피부색이나 얼굴 모양과 같은 특징을 나타내는 유전적 차이는, 특히 이들 특징이 기후나 지리적 조건에 적응적인 것일 경우, 짧은 시간에 축적될 수 있는 것으로 믿는다.

인류의 기원에 대한 어떠한 설명에 대해서도, 아프리카 발생설은 활발하게 토의되며, 변화하고 오랜 시간에 걸쳐 사라질 수도 있다. 고대의 화석에서 DNA를 얻는 방법이 개선되면, 아프리카에서 우리를 끌어낸 유전적 경로의 틈을 메꿔 인류의 기원에 대한 오랜 질문을 풀 수 있게 될지도 모른다.

참고문헌

Cavalli-Sforza, L. L., and Feldman M. W., 2003. The application of molecular genetic approaches to the study of human evolution. *Nat. Gen.* (*Suppl.*) 33: 266-275.

Wells, S. 2003. *The Journey of Man: A Genetic Odyssey*. Princeton, N.J.: Princeton University Press.

웹사이트

Johanson, D. 2001. *Origins of modern humans: Multiregional or out of Africa?* [on-line]
http://www.actionbioscience.org/evolution/johanson.html

주요 용어

과우성(verdominance)
근교약세(inbreeding depression)
근친교배 계수(coefficient of inbreeding)
근친교배(inbreeding)
긍적적 동류교배(positive assortive mating)
돌연변이(mutation)
방향성 선택(directional selection)
병목현상(genetic bottleneck)
부정적 동류교배(negative assortive mating)
분열성 선택(disruptive selection)
선천성 연골발육 부전증(achondroplasia)
안정화 선택(stabilizing selection)
우성 가설(dominance hypothesis)
유전자 풀(gene pool)
유전적 구조(genetic structure)
유전적 다양성(genetic variability)
유전적 부동(genetic drift)
이주(migration)
자가교배(self-fertilization)
자연선택(natural selection)
잡종강세(hybrid vigor)
적응도(fitness)
집단(개체군)유전학(population genetics)
집단(개체군, population)
창사자 효과(founder effect)
하디-바인베르크 법칙(Hardy-Weinberg law)

통찰과 해법

1. 테이-삭스(Tay-Sachs)병은 15번 염색체상의 리소좀 효소를 암호화하는 유전자의 돌연변이에 의해 발생한다. 상염색체 열성 조건으로 유전된다. 유태인들과 중앙유럽인을 조상으로 둔 집단에서는 약 3,600명당 한 명꼴로 이 질환이 발생한다. 이 집단에서 보인자들의 비율은 얼마나 될까?

해법: 만약 p가 야생형 효소인자의 빈도를 나타낸다고 하면, q는 열성의 기능 없는 대립인자의 빈도를 나타내고, 이 집단이 하디-바인베르크 평형상태라고 가정하면, p^2에 의해 동형접합성 야생형의 유전자 빈도가 주어지고, $2pq$로 보인자, 그리고 q^2으로 테이-삭스병인 개인들의 빈도가 얻어진다. 그러므로 테이-삭스 대립인자의 빈도는

$$q = \sqrt{q^2} = \sqrt{\frac{1}{3600}} = 0.017$$

$p + q = 1$이므로,

$$p = 1 - q = 1 - 0.017 = 0.983$$

그러므로 보인자의 비율은 다음과 같이 추정할 수 있다.

$$2pq = 2(0.983)(0.017) = 0.033 \text{ 혹은 30명 중 1명}$$

2. 우생학(eugenics)이란 사람에서 선택적 교배를 통해 인간을 개선하고자 하는 데 사용되는 말이다. 우생학적 측면에서는, 심각한 유전질환으로 고통 받는 개인들은 생식을 억제하여(때론 강제적 혹은 법적으로, 필요하다면 불임을 시켜서라도) 미래 세대에서 이 질환의 빈도를 감소시키도록 해야 한다고 주장해왔다. 그러한 열성 형질이 약 4만 명당 1명꼴로 존재한다고 가정하고, 환자들이 생식하지 않는다고 하면, 10세대 혹은 약 250년 후에는 이 조건의 빈도가 어떻게 될까? 우생학적 측정들이 이 경우에 효과적인가?

해법: q를 이 열성 질환 대립인자의 빈도라고 가정하자. 이 질환이 열성이기 때문에 다음과 같은 계산이 가능하다.

$$q = \sqrt{\frac{1}{40,000}} = 0.005$$

만약 모든 환자들이 생식하지 못하도록 하면, 즉 진화론적인 면에서 이 질환이 치사를 일으킨다고 하면; 이환된 개인들은 0의 적응도를 가진다. 다음 방정식을 이용하여 미래 10세대 후의 열성 대립인자의 빈도를 예상할 수 있다.

$$q_g = q_0/(1 + gq_0)$$

이 경우에서 $q_0 = 0.005$, $g = 10$ 이므로,

$$q_{10} = \frac{(0.005)}{[1 + (10 \times 0.005)]} = 0.0048$$

만약 q_{10}이 0.0048이라면 동형접합성 열성 개인의 빈도는 대략

$$(q_{10})^2 = (0.0048)^2 = 0.000023 = \frac{1}{43,500}$$

이 질환의 빈도는 약 4만분의 1에서 10세대 만에 43,500분의 1로 감소하며, 이것은 우생학적 계산이 제한적 효과를 가진다는 것을 시사한다.

연습문제 및 토론문제

1. PTC 화합물의 맛을 느끼는 능력은 우성 대립인자 T에 의해 조절된다. 열성 t 대립인자에 동형접합성인 개인은 PTC의 맛을 느낄 수 없다. 유전학 수업시간에 125명의 학생 중 88명이 PTC 맛을 느낄 수 있었고, 37명은 그렇지 못했다. 이 집단의 T와 t 대립인자의 빈도를 계산하고 유전자형의 빈도를 구하여라.

2. 초기 집단이 0.2 *AA*, 0.6 *Aa*, 0.2 *aa*인 유전자형의 빈도로 이루어져 있고 하디-바인베르크 관계식의 조건들을 충족시킨다면, 한 세대 후의 *AA*, *Aa*, 그리고 *aa* 유전자형의 빈도를 계산하라. 두 번째 세대 후에는 유전자형 빈도가 어떻게 변할까?

3. 상염색체 열성 돌연변이에 의해 한 집단에서 희귀한 질병이 발생한다고 가정하자. 주어진 집단의 질병빈도로부터 이형접합성 보인자들의 빈도를 계산하여라.
   (a) 0.0064 (b) 0.000081 (c) 0.09 (d) 0.01 (e) 0.10

4. 3번 문제에서 답이 유효하기 위해서는 어떠한 가정이 있어야 하는가?

5. 우성 표현형을 가진 개인들의 수만 알고 있는 집단에서, 어떻게 보인자와 동형접합성 열성의 백분율을 결정할 수 있는가?

6. 다음 두 세트의 자료가 하디-바인베르크 평형을 나타내는지 결정하라. (필요하다면 χ^2 분석법을 사용하라.)
   (a) *CCR5* 유전자형: *1/1*, 60%; *1/Δ32*, 35.1%; *Δ32/Δ32*, 4.9%
   (b) 겸상 적혈구 빈혈증: *AA*, 75.6%; *AS*, 24.2%; *SS*, 0.2%

7. 평형상태인 집단의 4%가 어떤 열성 형질을 표현한다면, 이러한 형질을 나타내지 않는 개인들 사이에서 얻어진 자손이 이 형질을 나타낼 확률은 얼마인가?

8. 대립인자 A의 빈도가 $p = 0.7$이고 a 대립인자의 빈도 $q = 0.3$인 집단을 가정하고, 여기에서 이 대립인자들이 공우성이라고 하

면, 다음과 같은 일이 일어난 경우 한 세대 후의 대립인자 빈도는?

(a) $w_{AA} = 1, w_{Aa} = 0.9, w_{aa} = 0.8$
(b) $w_{AA} = 1, w_{Aa} = 0.95, w_{aa} = 0.9$
(c) $w_{AA} = 1, w_{Aa} = 0.99, w_{aa} = 0.98$
(d) $w_{AA} = 0.8, w_{Aa} = 1, w_{aa} = 0.8$

9. 초기 대립인자의 빈도가 $p = 0.5$, $q = 0.5$, 그리고 a 대립인자가 치사 열성 대립인자라고 한다면, 1, 5, 10, 25, 100, 그리고 1,000 세대 후의 빈도는 어떻게 될까?

10. 어떤 환경 하에서 치사성 우성 돌연변이 대립인자가 집단에 계속 유지되는가?

11. 다음과 같은 조건에서 본토(mainland)로부터 섬(island)으로 이주(migration)한 후 한 세대 만에 대립인자 *A*의 빈도가 어떻게 되는지 결정하여라.

(a) $p_i = 0.6$; $p_m = 0.1$; $m = 0.2$
(b) $p_i = 0.2$; $p_m = 0.7$; $m = 0.3$
(c) $p_i = 0.1$; $p_m = 0.2$; $m = 0.1$

12. 어떠한 상염색체 열성 질환이 1만 명당 1명(0.0001)꼴로 발생한다고 하자. 이 집단에서 약 2%(0.02)의 개인들이 이 질환의 보인자라고 하면, 사촌끼리의 혼인에서 자녀가 이 질환에 연루될 확률이 얼마인지 계산해 보라. 집단이 더 클 때 이 가능성들을 비교해 보라.

13. 근교약세(inbreeding depression)의 근거는 무엇인가?

14. 동식물의 사육에 어떻게 근친교배가 사용되는지 설명하여라. 이들 기술 뒤에 숨어 있는 이론들에 대해 논의하라.

15. 다음 진술을 평가하라: 근친교배는 집단내 열성 대립인자의 빈도를 증가시킨다.

16. 농작물을 개선하기 위한 육종 프로그램에서, 가장 짧은 시간에 동형접합성 계통을 얻기 위해 사용되는 교배 시스템은 어느 것인가?

(a) 자가 교배 (self-fertilization)
(b) 형제-자매간 교배 (brother-sister matings)
(c) 사촌간 교배(first cousin matings)
(d) 무작위 교배(random matings)

가계도를 이용하여 답을 설명하라.

17. 백색증(albinism) 표현형이 평형상태의 집단에서 1만 명의 개인당 1명꼴로 나타나며 상염색체의 열성 대립인자인 *a*에 의해 발생하는 것이라면, 다음의 빈도를 계산하여라.

(a) 이 열성 돌연변이 대립인자
(b) 정상 우성 대립인자
(c) 집단 내의 이형접합자
(d) 이형접합자들 사이의 결혼

18. 사람에서 멘델 형질로 규명된 최초의 형질 중 하나가 단지증(brachydactyly)라고 알려진 우성 조건이다. 이 유전자는 손가락이나 발가락 혹은 두 가지 모두가 비정상적으로 짧아지는 현상을 일으킨다. 한때는 이 우성 형질이 이 집단의 75%까지 영향을 받는 정도로 늘어날 것이라 예상되기도 했다(왜냐하면 우성과 열성의 표현형 비가 3:1이므로). 이러한 추론이 틀리다는 것을 설명하여라.

19. 선천성 연골발육부전증(achondroplasia)은 우성 형질로, 특징적인 왜소증(dwarfism) 형태를 만든다. 5만 명의 출생을 조사한 결과, 5명의 신생아가 이 질환임이 판명되었다. 이환된 신생아 중 3명의 부모가 이환된 상태였고, 나머지 둘의 부모는 정상이었다. 연골 발육부전증에 대한 돌연변이율을 계산하여라. 그리고 이것을, 주어진 배우자 수당 주어진 돌연변이 유전자 수로 나타내어 보라.

20. 예비 신랑이 한 사람 있다. 이 사람은 정상인데 낭포성 섬유증(CF)을 가진 누이가 한 사람 있다. 이 병은 상염색체 열성 질환이다. 그들의 부모는 정상이다. 이 예비 신랑은 낭포성 섬유증에 가족력이 없는 어떤 여자와 결혼하려고 한다. 이들 예비부부가 낭포성 섬유증인 아이를 가질 확률은? 이들은 모두 코카서스인이고, 코카서스 집단의 낭포성 섬유증 발병 빈도는 1/2,500이다. 즉, 2,500명의 아이당 한 명에서 이 질환이 발견된다. (이 집단이 하디-바인베르크 가정을 따른다고 가정하라.)

21. 고립된 연못의 수련(water lily)을 연구하는 한 식물학자가 그 집단에서 세 가지 잎의 모양을 발견했다: 둥근 것, 화살촉형, 그리고 조개껍질 모양. 125 개체들에 대한 DNA 마커 분석으로 둥근 잎 모양의 식물들이 대립인자 *r1*에 대해 동형접합성임을 알 수 있었다. 반면, 화살촉형 잎을 가진 식물들은 또 다른 대립인자인 *r2*에 대해 동형접합성이었다. 조개껍질 모양의 잎을 가진 식물들은 *r1*과 *r2* 마커들을 모두 가진 DNA 프로파일을 나타냈다. *r1* 마커의 빈도는 0.81로 추정되었다. 만약 이 식물학자가 이 연못에서 20개체의 조개껍질 모양 잎 수련을 발견했다면 이 집단에서 근친교배 계수인 *F*는 얼마인가?

22. 한 농부가 유전적으로 변형되어 스스로 살충제를 생산하는 Bt 옥수수를 심었다. Bt 살충제에 저항성을 부여하는 우성 저항성 대립인자 *B*를 적어도 한 개 가지지 않는다면, 이 Bt 옥수수를 먹은 조명충 나방 애벌레들 중에서 10%만이 살아남는다. 그 농부가 처음 Bt 옥수수를 심었을 때 조명충 나방에서의 *B* 저항성 대립인자의 빈도는 0.02였다. Bt 옥수수에서 자란 조명충 나방에서 1세대 후에 이 저항성 대립인자의 빈도는 어떻게 될까?

23. 큰뿔양 50개체로 이루어진 사막의 고립 개체군에서 하나의 돌연변이 열성 대립인자인 *c*가 발견되었고 이것이 수컷과 암컷 모두에서 곱슬곱슬한 털가죽을 만든다는 사실을 알았다. 정상 우성 대립인자인 *C*는 반듯한 털가죽을 만든다. 이들 양을 연구하는 한 생물학자가 곱슬곱슬한 털가죽을 가진 양 네 마리를 발견했으며, 양들로부터 DNA 마커 분석을 위해 혈액을 채취했다. 이 분석 결과는 직모를 가진 양 중 17마리가 *c* 대립인자를 가지고 있음을 말해주었다. 이 집단에서 근친교배 계수 *F*는 얼마인가?

24. 23번 문제에 기술한 큰뿔양 집단의 유전적 다양성을 증가시키기 위해, *c* 돌연변이 대립인자가 없는 다른 지역에서 10마리의 양들을 도입했다. 원래 양들과 도입된 양들 사이에서 무작위 교배가 있었다고 가정하고, *c* 대립인자가 선택적으로 중립이라면, 다음 세대에서의 *c* 대립인자의 빈도는 어떻게 되겠는가?

25. 엘리스 반 크레벨트 증후군(Ellis-van Creveld syndrome)이라고 알려져 있는 왜소증(dwarfism)은 1930년대 말에 발견되었다. 리차드 엘리스(Richard Ellis)와 시몬 반 크레벨트(Simon van Creveld)는 소아과학회에 가는 기차 칸에서 대화를 나누던 중 자신들이 이 질환을 가진 환자를 돌보고 있음을 발견했다. 이들은 1940년에 이 질환을 발표했다. 이환된 환자들은 짧은 사지와 다지증을 나타냈으며 입술과 이에 결함이 있었다. 이러한 조건

을 가진 가장 큰 가계도가 바로 1964년에 빅터 맥쿠직(Victor McKusick)과 그 동료들에 의해 기술된 동부 펜실베이니아의 Old Order Amish 집단이다. 이들 사회에서는 대략 1,000명 출생당 5명의 아이가 이환되며, 8,000명의 집단에서는 이 질환의 빈도가 1,000명당 2명꼴로 관찰된다. 이환된 개인들 모두가 이환되지 않은 부모를 두고 있으며, 이환된 사람들은 그들의 조상들이 1774년에 이 지역에 도착한 사무엘 왕과 그의 부인까지 거슬러 올라간다. 왕이나 왕비 누구도 이 질환에 걸리지는 않은 것으로 알려져 있다. 오하이오나 인디애나 등의 다른 아만파 공동체들에서는 이 질환이 발견되지 않는다.

(a) 이러한 정보로부터 이 질환의 유전양상을 추론해 보라. 하디-바인베르크 법칙과 가정들을 이용하여 이 집단에서의 이 돌연변이 인자의 빈도와 이형접합자의 빈도를 계산하여라.

(b) 펜실베이니아 아만파 공동체에서 이 질환의 빈도가 이렇게 높게 나타나는 반면, 다른 아만파 집단에서는 나타나지 않는 이유는 무엇일까?

26. 아래 그래프는 매우 비슷한 환경 조건에 노출되어 있는, 상대적으로 작고 고립된 개체군들에서, 오랜 시간에 걸쳐 나타나는 특정 대립인자 (A)의 빈도 변화를 나타낸 것이다. 한 학생이 이 그래프를 분석하여, 이 자료에 대한 가장 훌륭한 설명은 1번 집단에서 대립인자 A에 대한 선택이 있었다는 것이라고 결론을 내렸다. 이 학생의 결론은 옳은 것일까? 설명하라.

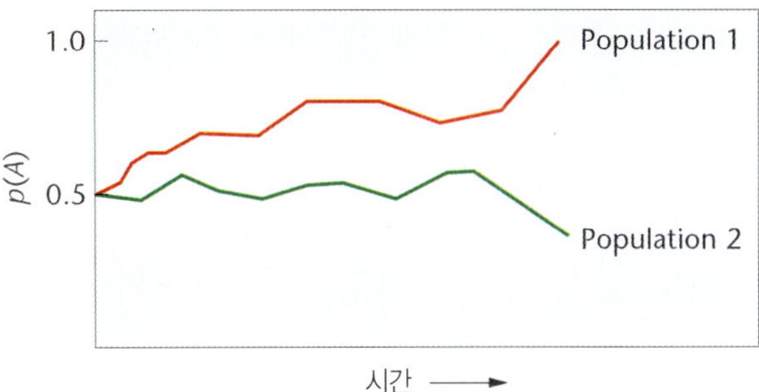

정답 Solutions to Problems and Discussion Questions

2. $p = 0.5$

$q = 1 - p = 0.5$

Frequency of AA = 0.25 or 25%
Frequency of Aa = 0.5 or 50%
Frequency of aa = 0.25 or 25%

4. 하디-바인베르크 공식을 적용하려면, 집단은 평형 상태에 있어야 한다.

6. (a) 평형값은 다음과 같을 것이다:

Frequency of $l/l = p^2$ = 0.6014 or 60.14%
Frequency of $l/\Delta32 = 2pq$ = 0.3482 or 34.82%
Frequency of $\Delta32/\Delta32 = q^2$ = 0.0504 or 5.04%

이 평형값을 관찰값과 비교해 보면 관찰값들이 평형집단에서 유래했음이 분명히 드러난다.

(b) 평형값들은 다음과 같을 것이다:

Frequency of $AA = p^2$ = 0.7691 or 76.91%
Frequency of $AS = 2pq$ = 0.2157 or 21.57%
Frequency of $SS = q^2$ = 0.0151 or 1.51%

이 평형값들을 관찰값과 비교해보면, 평형에 있지 않은 집단에서 관찰값들이 얻어졌다고 생각할 수 있다. 예상보다 많은 이형접합자와 예상보다 적은 SS형이 존재함에 주목하라. 하디-바인베르크 평형에 대해 검사하기 위해 다음과 같이 카이 제곱 검사를 실시하면,

$$\chi^2 = \frac{\Sigma(\text{o} - \text{e})^2}{\text{e}}$$

$$= 1.47$$

이 얻어진다.

유전자 빈도의 검사에서 자유도를 계산하는 데 있어 "자유 변수(free valuables)는 추가된 자유도에 의해 줄어든다. 왜냐하면 우리가 예상값들을 결정하는 데 사용했던 한 매개변수(p 또는 q)를 추정할 수 있었기 때문이다. 따라서 3개의 집단임에도 불구하고 자유도 값은 1이다. χ^2 표에 1의 자유도 값을 넣으면 0.05 확률 수준에서 3.84가 나온다. 여기서 계산된 χ^2값이 더 작으므로, 영가설(관찰값들은 기회적으로 평형값에서 진동한 것)이 기각될 수 없다. 따라서 AA, AS, SS의 빈도는 평형집단에서 추출된 것이다.

8. 다음 공식은 어떤 선택 시나리오에 대해 다음 세대에서의 한 대립인자 빈도를 계산한다. 이번 세대에서 α와 A의 빈도와, 세 유전자형에 대한 적응도는 주어진다.

$$q_{g+1} = [w_{Aa}p_gq_g + w_{aa}q_g^2]/[w_{AA}p_g^2 + w_{Aa}2p_gq_g + w_{aa}q_g^2]$$

여기에서, q_{g+1}는 다음 세대에서 a 대립인자의 빈도이고, q_g는 이번 세대에서 a 대립인자의 빈도이다. p_g는 이번 세대에서 A 대립인자의 빈도이고, 각 "w"는 해당 유전자형들의 적응도를 나타낸다.

(a)

$q_{g+1} = [.9(.7)(.3) + .8(.3)^2/[1(.7)^2 + .9(2)(.7)(.3) + .8(.3)^2]$

$q_{g+1} = 0.278$ $p_{g+1} = 0.722$

(b) $q_{g+1} = 0.289$ $p_{g+1} = 0.711$

(c) $q_{g+1} = 0.298$ $p_{g+1} = 0.702$

(d) $q_{g+1} = 0.319$ $p_{g+1} = 0.681$

10. 우성 치사성 유전자가 매우 높게 음의 선택을 당하기 때문에 그

것이 매우 높은 수준으로 있을 가능성은 적다. 그러나 그 유전자가 불완전 유전도를 보이거나 발병 시기가 늦은 경우(생식 시기 이후에 발병), 집단 내에 잔존할 수 있다.

12. 집단 내 그 질병의 빈도를 1/10,0000(즉, 0.0001)이라고 하면, $q^2 = 0.0001$, 그리고 $q = 0.01$이다. 이형접합성 빈도는 문제에서 언급된 바와 같이 $2pq$ 혹은 대략 0.02이다. 그러므로 조부모 중 한 명이 이형접합성일 확률은 0.02 + 0.02 혹은 0.04 즉 1/25이다. 만약 조부모 중 한 명이 보인자라면, 사촌 간의 결혼의 의해 자손이 열성 유전자에 동형접합성이 될 확률은 1.16이다. 두 가능성 값을 곱하면 1/6 × 1/25 = 1/400이다.
재종형제(second cousin)와의 결혼에도 같은 분석을 사용하면, 1/64 × 1/25 = 1/1600이 된다. 큰 크기의 집단은 동형접합자의 빈도가 1/10,000이므로, 어떻게 근친교배가 동형접합성의 가능성을 증가시키는지 쉽게 알 수 있다.

14. 이형접합성이 가축이나 작물에서 바람직할 수도 있는 열성 유전자의 발현을 가리는 경향이 있기 때문에, 근친교배는 주로 그러한 열성 유전자를 발현시키기 위해 해당 계통들을 동형접합성으로 만드는 데 사용한다. 그리고 특별히 바람직한 형질들이 가축이나 작물에 나타났다고 가정해 보자. 그러한 형질을 가진 개체들의 빈도를 증가시키는 가장 좋은 방법은 자가수정(종종 불가능하다), 혹은 친족끼리의 교배(근친교배)가 될 것이다. 이론적으로, 다양한 교배 계획에 의해 한 유전자가 "자신과 만날 수 있도록" 하는 가능성을 증가시킨다. 근친교배에 의해 동형접합성의 정도가 증가하는 데는 불이익이 따른다. **근교약세(inbreeding depression)**는 동형접합성의 증가에 수반되는 적응도의 감소를 말한다.

16. 한 생물에서 동형접합성 계통을 가장 빠르게 얻을 수 있는 방법은 **자가수정(self-fertilize)**이다. 이 방법이 언제나 가능한 것은 아니기 때문에, 남매간의 교잡(brother-sister mating)이 종종 사용된다.

18. 한 집단이 평형에 있을 때는 유전자형들의 분포가 $p^2 + 2pq + q^2$로 표현될 수 있다. 평형이 25% *AA*, 50% *Aa*, 그리고 25% *aa*를 뜻하는 것은 아니다. 이러한 혼동은 멘델 교배에서 보여졌던 1:2:1(또는 3:1) 비에 기인한다.

20. 그 부부가 CF 아이를 낳을 전체 확률은 98/2500 × 2/3 × 1/4.

22. Bt 옥수수를 먹고 자란 조명충 나방에서 한 세대 후 *b* 대립인자의 빈도는 다음과 같이 계산된다:
$q' = q(1-sq)/(1-sq^2)$
$q' = 0.98[1-(0.9)(0.98)]/1-[(0.9)(0.98)(0.98)]$
$q' = 0.852$
그러므로 $p' = 0.148$(*B* allele)이다.

24. 현존 집단의 유전자 풀에 대한 이주의 영향을 결정하기 위한 방정식은 다음과 같다:
$p_i' = (1-m)p_i + mp_m$
$p_i' = (1-0.2)(0.75) + (0.2)(1.0)$
$p_i' = 0.8$

26. 소집단이고 매우 비슷한 환경 조건이 주어졌으므로, "표본 추출 오류(sampling error)"나 유전적 부동이 작용했을 가능성이 높다. 같은 유전자가 비슷한 환경 조건 하에서 다르게 행동하기 때문에, 선택은 적절한 설명이 아니다.

CHAPTER

진화 유전학 23

밝은 색의 나무껍질에 앉아 있는 후추나방 Biston betularia의 밝은 형태와 어두운 형태. 이들 나방은 영국의 산업화 과정에서 선택적 압력에 의해 빠르게 진화적 변화를 나타낸 예로 자주 언급된다

단원 개념

- 종분화는 시간의 흐름에 따른 한 종의 변화나, 한 종이 둘 혹은 그 이상의 신종으로 진화하는 유전자 풀의 갈라짐에 의해 발생할 수 있다.
- 개체군 수준과 종 수준에서 유전적 변이가 존재한다.
- 개체군들의 유전적 구조는 시간이 흐르면서 변한다. 이러한 변이 중 일부는 자연선택의 산물이다.
- 유전자 흐름의 감소, 선택, 혹은 유전적 부동을 포함하는 몇 가지 요인이 종분화를 일으킬 수 있다.
- 개체군이나 종들 간의 유전적 차이를 연구함으로써 종종 진화적 역사가 재구성될 수 있다.

22장에서는 어떻게 개체군이 대립인자 빈도의 변화에 의해 진화하는지 살펴보았었다. 또한 대립인자 빈도의 변화를 일으키는 힘에 대해서도 정리해 보았다. 돌연변이, 이주, 선택, 유전적 부동들이 각각 혹은 함께 작용하여 진화적 분화와 종 형성을 일으킨다. 이 과정은 유전적 분화뿐 아니라 환경적 혹은 생태적 다양성을 포함한다. 만약 개체군이 많은 수의 작은 환경, 혹은 생태적 지위(niche)에 분포한다면, 이들을 차지하는 개체군은 이들 생태적 지위의 조건에 적응하게 되고 유전적으로 분화될 것이다. 분화된 개체군은 역동적이다: 그들은 계속 존재하거나, 사라지기도 하고, 부모 개체군과 혼합될 수도 있으며 혹은 생식적으로 고립되어 부모집단에서 분지됨으로써 새 종을 형성하기도 한다. 이러한 과정은 시간이 지남에 따라 종을 변형시켜 다른 종으로 변화시키거나, 한 종을 둘 혹은 그 이상의 종으로 분리시킬 수 있다.

한 **종**(species)이란 자연계에서 그러한 모든 다른 그룹과 생식적으로 격리된 교배그룹 혹은 잠정적으로 교배하는 집단이다. 유성생식을 하는 생물체에서 **종 분화**(speciation)는 하나의 유전자 풀을 둘 이상의 유전자 풀로 나눈다. 모양새나, 생리, 그리고 생태적 지위에 대한 적응에 있어서의 변화가 일어날 수 있지만 이런 것들은 종 분화의 필수요소는 아니다. 종 분화는 점진적으로 일어날 수도 있고, 단 몇 세대 만에 발생할 수도 있다. 그러나 언제 새로운 종이 형성되는지를 정확하게 지정하기는 어렵다.

개체군과 종의 분기에 유전적 분화가 동반되므로 진화사를 재구성하기 위해서는 유전적 차이를 이용할 수 있다. 개체군들의 유전적 구조, 시공간에 걸친 그들의 분기, 그리고 종 분화의 과정들을 탐색하고 나서, 어떻게 유전적 자료가 진화적 맥락에서의 질문에 답을 구하는 데 사용될 수 있는지 논의해 보자.

23.1 종을 정의하는 것은 진화 생물학의 한 과제다

어떻게 유전적 분기가 종 분화를 일으키는지 고려하기에 앞서, 다양한 분야의 생물학자들이 어떻게 종을 정의하는지 조사해 보자. 19세기 후반, 찰스 다윈(Charles Darwin)과 여러 박물학자들은 종을 구분하기 위해 형태에 의존했었다. 밀접하게 연관된 종들이 종종 형태적 특징에 있어서의 뚜렷한 차이에 의해 나뉜다. 이러한 접근법은 살아 있는 종들이나 화석 기록으로부터 나온 종들에도 유용하지만 몇 가지 문제점을 제기한다. 인지된 종 내부에서조차 종종 특징에 차이가 크게 나타나기도 하고, 그 반대로, 형태적으로 매우 비슷한 종인데도 불구하고 교배가 불가능하여 서로 다른 종으로 분리되어야만 하는 여러 예가 존재한다. 게다가, 분류에 있어서의 논쟁은 종을 분류하는데 어떤 특징들이 사용되어야 하는지 명확치 않다는 것이다.

20세기 중반에 집단 유전학과 진화에 대한 우리의 이해가 증가하여 생물학적 종(biological species)개념이 나오게 되었다. 생물학적 종이란 생식적으로 그러한 다른 그룹들과 생식적으로 고립되어 있는, **자연계에서 교배하는 집단 혹은 잠재적으로 교배할 수 있는 집단**으로 정의된다. 따라서 이들 종은 독특한 유전자 풀을 가지며, 하나의 유전자 풀이 둘 혹은 그 이상의 분리된 유전자 풀로 나뉠 때 종 분화가 발생한다. 형태, 생리, 그리고 생태적 지위에 대한 적응에서의 변화 역시 나타날 수 있지만 이들은 종 분화의 필수요소가 아니며, 이러한 종 분화는 점진적으로 일어날 수도 있고, 혹은 수 세대 만에 일어날 수 있다.

특히 동물학자들은 생물학적 종개념을 선호하는 데 그것이 동물에 쉽게 적용되고, 이들 동물 대부분이 뚜렷한 성별을 가지며 유성생식에 의해 유전자를 교환하기 때문이다. 그러나 이 정의 역시 문제점을 갖는다. 대부분의 원핵생물과 같은 많은 종들은 유성적으로 생식하지 않으며 종 내의 개체들도 서로 교배하지 않는다. 그러나 분명히 이들 개체가 모두 다른 종은 아니다. 그리고 식물의 약 20%, 새와 나비 종들의 10%가 서로 교배하지만 뚜렷이 다른 종으로 인식된다. 수평 유전자 전달로 인한 유전자들의 존재 역시 종 사이의 잡종화가 드물지 않음을 제시하며, 생식적 격리에 의해서만 종을 정의하는 것에 대한 반대 논리를 제공한다. 그리고 화석에서는 생식적 격리의 존재 여부를 판단할 수 없으므로 이미 멸종한 종에 대해서 생물학적 종개념을 사용하기는 불가능하다. 살아 있는 종이라고 하더라도, 밀접하게 연관된 잠재적 종의 무리 내에서 생식적 격리를 검사하는 것 역시 불가능할 수 있다. 분자 수준의 정보와 유전체 서열 정보를 풍부하게 포함하고 있는 데이터베이스가 확립됨에 따라, 특정종을 구분하는 우리의 능력은 매우 발전했다. 이것은 계통학에 근거하여 종을 구분하는 세 번째 방법이 나오게 했다. 이러한 정의에 따르면, 한 종은 단일계통(같은 분류 그룹에 속하는)이며 하나 이상의 독특한 파생 형질들을 공유하는 생물들로 구성된다. 이러한 접근 역시 자체의 문제점을 가지는데, 이들 단일 계통의 그룹들(분기군들)을 찾기 위해 한 계통 내의 모든 가능한 친척들 사이의 관계를 올바로 결정했다고 확신할 수 없기 때문이다.

마지막으로, 일부 생물학자들은 생태학적인 종(ecological species)개념을 사용하는데, 여기에서는 종들이 같은 형태의 환경에서 살며 생태학적 요구를 공유하는 개체들의 집단으로 정의된다. 여기서의 주된 문제는 같은 종으로 보이는 개체군들(즉, 이들

학습 방법

이 장에서는 선택이나 유전적 부동과 같은 힘이 어떻게 집단 내에서 진화적 변화를 일으키고 새로운 종을 형성하게 하는 유전적 변이들에 작용하는지에 초점을 맞출 것이다. 이러한 주제를 공부할 때에는 다음과 같은 기본적인 질문에 답할 수 있어야 한다.

1. 한 개체군 내의 유전적 다양성이 얼마나 되는지는 어떻게 알 수 있나?
2. 서로 다른 두 종이 분기한 시점은 어떻게 알 수 있는가?
3. 한 개체군의 유전적 구조가 안정된 상태인지 역동적인 상태인지는 어떻게 알 수 있는가?
4. 한 종이 생성되는데 요구되는 시간은 어떻게 알 수 있는가?
5. 두 종이 공유했던 마지막 공통조상의 시대를 알 수 있는 방법은?

이 서로 서로 교배할 것으로 보이는)이 매우 독특한 생태적 요구를 나타내는 경우가 있다는 것이다.

과학계는 한 종을 어떻게 정의할 것인가에 대해 지속적으로 논의 중이다. 이것은 진화 생물학에서 가장 중요하고 도전적인 질문이지만 현재로서는 명백한 답이 없다. 생물학적 종개념은 진화를 연구하는 집단 유전학자들에 의해 자주 사용되며, 종 형성의 과정에 대한 아래의 논의들에도 사용될 것이다. 생식적 격리에 대한 강조는 종을 정의하는 데 도움을 줄 뿐만 아니라, 종 분화의 과정에 대한 사고에 초점을 제공한다.

이 문제를 풀어보자

590페이지의 문제 4번은 표현형적으로 비슷한 종이 어떻게 일부 표현형적 변이를 가진 같은 종으로 인식되지 않고 서로 다른 종으로 규명되는지 묻고 있다.

힌트: 여러분이 근거로 삼을 종 개념이 이 문제에 대한 답에 영향을 미칠 것이다.

23.2 종 분화는 형태변화나 유전자 풀의 분리에 의해 일어날 수 있다

그림 23-1은 몇 가지 가상적인 도마뱀 종의 역사를 설명하는 **계통**(phylogeny), 즉 진화의 나무(evolutionary tree)를 보여준다. 시간의 경과는 도마뱀들의 표현형 변화가 발생하고 계통이 분기되어 나뉘는 것을 따라 수평으로 표시되었다.

이들 도마뱀의 역사는 종 1에서 시작한다. 얼마동안 종 1은 **정체**(stasis) 상태를 경험한다: 즉 변하지 않는다. 그 다음 종 1은 완만한 형태 변화, 즉 **계통적 진화**(phyletic evolution) 혹은 **계통발생**(anagenesis)[1]을 겪고 종 2가 된다. 이 과정 중에서는 계속 한 종만이 존재하는데, 정확히 어느 시기에 종1이 종2로 변했는지를 파악하는 것이 매우 어려워진다. 종 2는 **분계발생**(cladogenesis)[2]을 지나 두 개의 분명하고 독립적인 딸 종을 만든다. 이들 딸 종은 더욱 형태 변화를 겪어 오늘날 우리가 보는 도마뱀 종 3, 4가 된다. 이들 현존종은 많은 경우에 있어 실험적으로 증명이 가능하다. 즉, 그들은 그들의 생식적 화합성(한 종)이나 불화합성(두 종)을 결정하기 위해 검사될 수 있다.

1. anagenesis'라는 단어는 '뒤에, 나중에'라는 뜻의 ana와 '생긴다'는 뜻의 genesis가 합쳐진 말이다. 여기서는 하나의 종이 점차 새로운 종으로 바뀐다는 뜻으로 계통의 생성, 즉 **계통발생**이라고 번역했지만 진화과정을 이해하기 쉽도록 **계통진화**라고 번역하면 좋을 것 같다. '향상진화' 혹은 '상향진화'라고 쓰기도 하지만 더 좋아지는 것이라 오해할 소지가 있어서 채택하지 않았다. 간혹 '서행진화'라고 번역하는 사람도 있다. – 역주

2. 'cladogenesis'라는 단어는 공통의 선조에서 진화한 생물군을 뜻하는 단어인 clade(분기군)와 '생긴다'는 뜻의 genesis가 합쳐진 말이다. 여기서는 **분계발생**이라고 번역했지만 진화과정을 이해하기 쉽도록 **분계진화**라고 하면 좋을 것 같다. '분지진화', '분기진화', 혹은 '파행진화'라고 번역하는 분들도 계시니 참고하기 바란다. – 역주

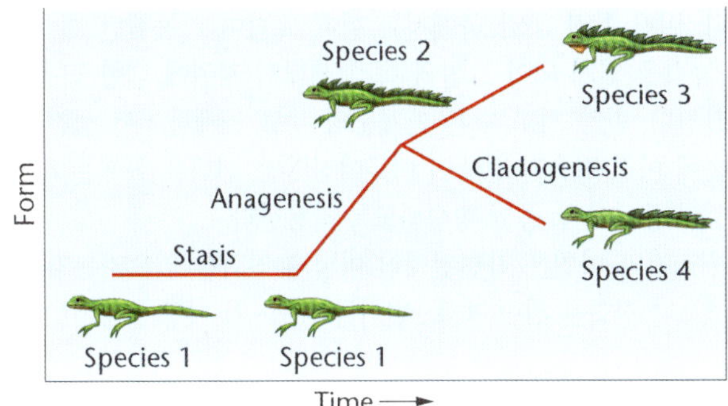

그림 23-1 계통진화(anagenesis)에서는 한 종이 오랜 시간을 거쳐 다른 종으로 변화한다. 어느 시기든 오직 한 종만이 존재한다. 분계진화(cladogenesis)에서는 한 종이 둘 혹은 그 이상의 종들로 나뉜다.

1859년 「종의 기원(*On the Origin of Species*)」에서 찰스 다윈은 모든 종들이 하나의 공통조상으로부터 형태 변화와 종 분화에 의해 갈라져 나왔다는 많은 증거를 제시하였다:

> "모든 생물은 공통점을 많이 가진다. 화학적 조성에서나, 생식소포(germinal vesicle), 세포구조, 그리고 성장하고 생식하는 원칙에 있어서도 상당히 닮아 있다. 따라서 나는 아마도 지구상에서 살아왔던 모든 유기체들이 어떤 하나의 원시 형태로부터 나왔다고 추측할 수 있다."

생물학자들이 지금까지 알게 된 모든 것은 오직 하나의 생명의 나무가 존재한다는 다윈의 결론을 뒷받침해 준다. 진화를 이해하기 위해서는, 하나의 종을 다른 종으로 변형시키며, 하나의 종이 둘 혹은 그 이상의 신종으로 나뉘도록 하는 기작들을 이해해야만 한다.

22장에서 종이 변화하는 기작을 조사했었다. 그들 중 주요한 것은 다윈과 알프레드 러셀 월리스(Alfred Russel Wallace)에 의해 독립적으로 발견된 자연선택(natural selection)이다. 월리스-다윈의 자연선택에 대한 개념은 다음과 같이 요약될 수 있다:

1. 한 종의 개체들 중에는 표현형에 있어서 변이가 존재한다. 이들은 크기나, 활력, 혹은 먹이를 얻는 능력 등에 있어 차이가 난다.
2. 사소하고 중요하지 않아 보이기는 해도 이들 변이 중의 많은 것들이 유전적이며 자손들에게 전달된다.
3. 생물들은 기하급수적으로 늘어나는 경향이 있다. 살아남을 수 있는 수보다 많은 자손들이 출생한다. 이것은 한 종을 생존을 위한 투쟁에 몰아넣어 부족한 자원을 놓고 종들의 구성원들을 경쟁하게 한다.
4. 생존을 위한 투쟁에서 특정 표현형을 가진 개체가 다른 개체들보다 성공적이라면 이들은 좀 더 높은 비율로 살아남아 생식할 수 있다.

자연선택의 결과로 종은 시간이 흐름에 따라 변하게 된다. 생존과 생식에 있어서 향상된 능력을 제공하는 표현형은 좀 더 흔해지게 되고, 생존과 생식에 낮은 성공률을 부여하는 표현형은 사라

진다. 어떤 특정 조건 하에서는 한때 교잡이 가능했던 개체군이 그 능력을 잃게 되어 그들의 특정 생태적 지위에 대한 적응도가 달라진다. 만약 서로 다른 개체군의 부모 개체들에서 생긴 잡종 자손에 이런 적응적 선택이 이루어진다면, 선택은 한때는 하나뿐이었던 종에서 두 종이 형성되도록 작용한다.

월리스와 다윈은 자연선택이 어떻게 진화를 일으키는지를 제안했으나 진화를 위한 재료–변이들 자체–가 어떻게 생기는지 또 그러한 변이들이 어떻게 부모에서 자손으로 전달되는지는 설명하지 못했다. 20세기에 생물학자들이 멘델의 유전학을 집단에 적용시키면서 변이의 근원(돌연변이)과 유전의 기구(대립인자의 분리)가 분명해졌다. 우리는 이제 진화를 오랜 시간에 걸쳐 일어나는 집단내 대립인자 빈도의 변화로 본다. 집단 유전학과 자연선택의 만남은 진화과정의 새로운 관점을 만들게 되었는데 바로 **신 다윈주의(neo-Darwinism)**라고 불린다.

이 장에서는 종 분화를 일으키는 기구들을 고려하고자 한다. 자연선택과 함께 종 분화에 대한 이해는 유전적 다양성에 대한 주요 통찰 위에서 이루어진다.

23.3 대부분의 개체군과 종에는 유전적 다양성이 존재한다

언뜻 보면, 잘 적응된 개체군은 각 유전자좌에서 가장 좋은 대립인자가 고정될 것이기 때문에 동형접합성 정도가 매우 높을 것으로 생각된다. 분명히 대부분의 동식물들에 대한 조사들은 개체들 사이에서 많은 표현형적 유사성을 드러내곤 한다. 그러나 상당한 증거들은 대부분의 개체군들이 높은 정도로 이형접합성임을 시사한다. 말하자면, 내재된 유전적 다양성이 숨겨져 있는데, 그것은 표현형에서 뚜렷할 필요가 없기 때문이다. 이런 숨겨진 유전적 다양성을 추적하는 것은 쉬운 일이 아니다. 그래도 그러한 조사들은 다음에 논의되는 기술들을 사용하여 성공적으로 수행되어 왔다.

인위선택으로 변이가 드러난다

유전적 변이가 표현형적 특징에 영향을 미치는가를 결정하는 한 가지 방법은 그 특징에 인위적 선택(artificial selection)을 가하는 것이다. 유전적 변이가 없는 표현형은 이러한 선택에 반응하지 않을 것이다; 만약 유전적 변이가 있다면, 그 표현형은 수 세대를 거쳐 변화할 것이다. 이에 대한 한 가지 극적인 예는 집에서 기르는 개다. 여러 가지 다양한 혈통의 개에서 나타나는 다양한 수준의 크기, 모양, 색깔, 그리고 행동은 모두, 모든 개의 조상인 늑대에 존재했던 유전적 변이들에 대한 선택에 의해 나타난 것이다. 유전학적이고 고고학적 증거들은 집 개가 적어도 14,000년 전이나 혹은 더 일찍 생겨났음을 시사한다. 좀 더 짧은 시간 규모로 보자면, 초파리(*Drosophila melanogaster*)에 대한 실험실에서의 선택 실험을 예로 들 수 있는데, 수 세대 만에 크기, 모양, 발생 속도, 생식력, 그리고 행동을 포함한, 상상할 수 있는 거의 모든 표현형에 상당한 변화를 초래할 수 있다.

아미노산 서열에서의 변이

젤 전기영동(gel electrophoresis)은 단백질 분자들을 크기와 전하에 따라 분리한다. 어떤 구조 유전자 내에서 하전된 아미노산(예를 들어, 글루탐산 같은)을 비하전 아미노산(글리신 같은)으로 바꾸는 뉴클레오티드 변이가 있었다면, 단백질의 전체 전하가 바뀔 것이다. 이러한 전하의 차이는 어떤 단백질이 전기장에서 이동하는 데 생기는 속도 차이로 측정될 수 있다. 1960년대 중반, 존 허비(John Hubby)와 리차드 르원틴(Richard Lewontin)은 젤 전기영동법을 이용하여 초파리의 자연집단 내에서 단백질 변이를 측정하였고 해리 해리스(Harry Harris)는 같은 방법을 사용하여 인간에서의 변이를 측정하였다. 연구자들은 연이어 개발된 DNA 기술이 단백질 전기영동의 사용을 많은 경우에서 대체했음에도 불구하고, 다양한 생물체에서의 유전적 변이를 연구하는데 이 방법을 사용했다(표 23.1).

서로 다른 대립인자에 의해 생긴 단백질의 전기영동상의 다른 형태들을 **알로자임(allozyme)**이라고 한다. 표 23.1에서 보여주듯이 다양한 종들로부터 조사된 좌위 중 놀라운 정도로 많은 수가 뚜렷한 알로자임(이형효소)들을 생산한다. 표 23.1에서 보여주는 개체군들은 종당 약 30개의 좌위가 조사되었고 좌위 중 약 30%가 다형적인데, 각 대립인자에 대해 이배체 유전체당 평균 약 10%의 이형접합성을 가지는 것이다. 이것은 생물들의 유전자형이 상당한 정도로 DNA 수준의 다양성을 갖고 있다는 생각을 지지하는 것이다.

이러한 값들은 전장에서 변화된 단백질 이동에 의해 추적될 수 있는 유전적 변이에만 적용된다. 전기영동법은 아미노산 치환에 의한 실제 변이의 약 30%만 추적할 수 있는데, 많은 치환이 분자의 순 전하량을 바꾸지는 않기 때문이다. 리차드 르원틴은 집단

표 23.1 분자적 수준에서의 알로자임 이형접합성

종	연구된 개체군	조사된 좌위	개체군당* 다형성 좌위 (%)	좌위당 이형접합자 (%)
Homo sapiens (humans)	1	71	28	6.7
Mus musculus (mouse)	4	41	29	9.1
Drosophila pseudoobscura (fruit fly)	10	24	43	12.8
Limulus polyphemus (horseshoe crab)	4	25	25	6.1

*다형성 좌위는 개체군이 그 좌위에 대해 하나 이상의 대립인자를 갖는 것이다.
출처: From R.C. Lewontin, New York. Columbia University Press. *The Genetic Basic of Evolutinary Change*, copyright 1974, p. 117.

내의 모든 좌위의 약 2/3 정도가 다형적이며 집단 내의 어떤 개체에서는 1/3의 좌위가 이형접합성 상태의 유전적 변이를 나타낸다고 추정한 바 있다. 전기영동에 의해 추적되는 유전적 변이의 중요성은 논란의 여지가 있다. 혹자는 알로자임들이 생화학적으로 동등한 것이므로 적응적 진화에 이렇다 할 역할을 하지 못한다고 주장한다. 이 절의 뒤에서 이 논쟁에 대해 알아보기로 하자.

뉴클레오티드 서열에서의 변이들

유전적 변이를 가장 직접적으로 측정하는 방법은 집단 내의 개체들이 가지는 유전자들과 유전자 사이 영역의 뉴클레오티드 서열을 비교하는 것이다. PCR 기술 및 DNA 클로닝과 서열화 기술의 발달, 그리고 유전체 사업들의 증가로, 늘어나는 유전체와 유전자들의 수에 맞춰 뉴클레오티드 서열의 변이들이 점차 목록화되어 왔다. 알렉 제프리스(Alec Jeffreys)는 제한효소를 사용하여 60명의 비연관 개인들에서 DNA의 다형성을 조사하였다. 그의 목적은 인간에서 DNA 변이의 총 수를 측정하는 것이었다. 그의 결과는 β-글로빈 유전자군의 유전자들 내에서 100 염기당 하나의 염기 다형성 변이가 있음을 보여준다. 만약 이 부위가 유전체를 대표한다면, 유전체당 적어도 3×10^7 뉴클레오티드 변이들이 가능함을 시사한다.

또 다른 연구에서 마틴 크레이트만(Martin Kreitman)은 초파리에서 **알코올탈수소화 효소**(*Adh*) 좌위를 조사하였다(그림 23-2). 이 좌위는 2개의 알로자임 변이체들을 만들어 내는데 *Adh-f*와 *Adh-s* 대립인자들에서 만들어진다. 이 둘은 아미노산 1개에서만 차이가 난다(192번째 코돈에서 트레오닌 대 리신). 단백질 수준(1개의 아미노산 차이)에서의 유전적 변이가 뉴클레오티드 수준의 변이와 상응하는지 알아보기 위해 크레이트만은 5개의 초파리 자연집단에서 *Adh* 좌위를 클론화하여 서열을 분석하였다.

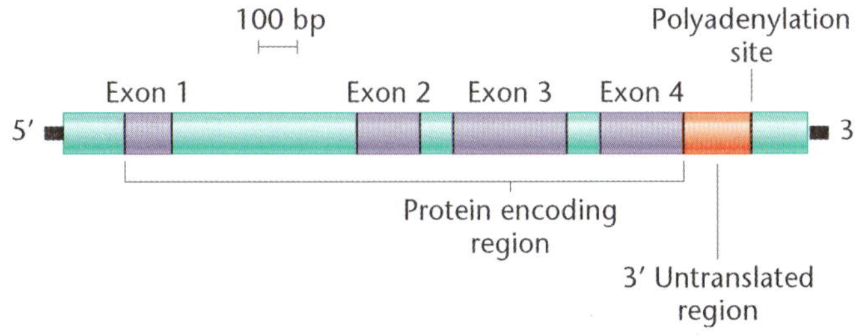

그림 23-2 초파리 *Drosophila melanogaster*에서의 *Adh* 좌위의 구성.

2,721 염기의 공통 *Adh* 서열로부터 클론화된 11개의 좌위는 43개의 뉴클레오티드 변이체들을 포함하고 있었다. 이들 변이체들은 좌위 전체에 걸쳐 퍼져 있었는데, 14개의 변이는 암호화 부위의 엑손 내에, 18개는 인트론에, 그리고 11개는 번역되지 않는 가장자리에 있었다. 암호화 부위의 14개 변이 중 192번째 코돈 내의 오직 1개만 아미노산이 치환되는 결과를 가져와 두 개의 전기영동 변이체로 관찰되었다. 나머지 13개의 암호화 영역 뉴클레오티드 치환은 아미노산 변화를 일으키지 않았다. 알로자임과 뉴클레오티드 변이체들에서의 수적 차이는 자연선택의 결과인가? 그렇다면 이것의 중요성은 무엇인가? 다음에서 이에 대해 논의하고자 한다.

인간에서 가장 집중적으로 연구된 좌위 중 하나는, 낭포성 섬유증 막통과 전도 조절자(cystic fibrosis transmembrane conductance regulator, CFTR)을 암호화하는 좌위다. *CFTR* 좌위에서의 열성 기능상실(recessive loss-of-function) 돌연변이는 **낭포성 섬유증**(cystic fibrosis)을 일으키는데, 이것은 염분이 많은 피부와 폐 내 과량의 점액질, 그리고 세균 감염에 감수성이 높은 등의 징후를 나타내는 질병이다. 유전학자들은 낭포성 섬유증을 가진 개인들로부터 *CFTR* 좌위를 분석하여 1,500개 이상의 서로 다른 돌연변이가 이 질환을 일으킬 수 있음을 발견하였다. 이들에는 과오 돌연변이, 아미노산 결실, 무의미 돌연변이, 틀이동 돌연변이(frame shift), 그리고 스플라이스 결함(splice defect) 등이 포함된다.

그림 23-3은 *CFTR* 좌위에서 27개 엑손의 지도를 보여주는데 대부분 엑손의 기능은 알려져 있다. 지도 위의 막대그래프는 알려진 질병 유발 돌연변이의 위치와 각각에서 발견된 사본 수를 나타낸다. 하나의 돌연변이인 엑손 10의 3 bp 결실 돌연변이는 *Δ508*이라고 불리는데, 알려진 낭포성 섬유증 돌연변이 대립인자 중 70%를 차지한다. 유럽인 조상을 둔 집단에서는 44명당 한 명에서 20명당 한 명 정도 사이의 빈도로 낭포성 섬유증 대립인자에 대해 이형접합성 보인자들이 존재한다. 그림 23-3은 CFTR 단백질

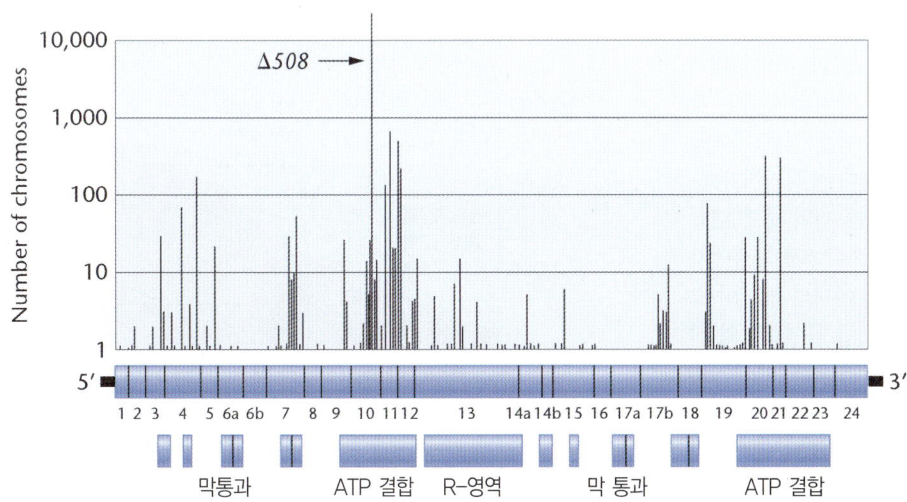

그림 23-3 낭포성 섬유증 유전자에서 질병을 유발하는 돌연변이의 위치. 이 히스토그램은 유전학자들이 발견한 각 돌연변이의 사본 수를 보여준다. (세로축은 로그 단위로 되어 있다.) 히스토그램 하단의 유전적 지도는 *CFTR* 좌위의 27개 엑손의 위치와 상대적인 크기를 나타낸다. 하단의 상자들은 CFTR 단백질에서 서로 다른 도메인들의 기능을 나타낸 것이다.

의 기능을 변화시키는 서열 변이체들만을 포함한 것임에 유의하라. 분명히 단백질의 구조나 기능에 영향을 미치지 않는 '침묵 서열(silent sequence)' 변이를 가진 더 많은 *CFTR* 대립인자가 존재한다.

쥐, 생쥐, 그리고 겨자과 식물인 애기장대(*Arabidopsis thaliana*)를 포함한 다른 생물체에 대한 연구 역시 뉴클레오티드 다양성에 대한 비슷한 추산을 내놓는다. 이러한 연구는 대부분의 집단들 내에는 거대한 유전적 다양성 창고가 존재하며, DNA 수준이라면 아마도 모든 유전자들이 개인마다 차이를 보일 것이라는 사실을 시사한다.

이 문제를 풀어보자

590페이지의 11번 문제는 단백질의 전기영동에 의해 추적되지 않는 형태의 뉴클레오티드 치환은 어떤 것이겠는가를 묻고 있다.

힌트: 효소들은 그들의 자연적 기질을 추적 가능한 산물로 전환시키는 능력에 의해 추적된다. 젤 매트릭스상에서 다른 속도로 이동하는 알로자임들 역시 아미노산 서열의 차이로 인한 그들의 다양한 전하 때문에 추적이 가능하다.

23.4 높은 수준의 유전적 변이를 어떻게 설명할 수 있는가?

이전에 언급했듯이, 개체들이 아미노산과 뉴클레오티드 수준에서 상당한 유전적 다양성을 포함한다는 사실은 진화 유전학자들에게는 매우 놀라운 것이었다. 초기의 의견은 선택이 각 좌위에서 하나의 최적 대립인자를 선호할 것이며 결과적으로 집단들은 매우 높은 정도의 동질성을 가질 것이라고 예측했었다. 이러한 예상은 분명히 틀린 것이었고 많은 연구와 논쟁은 유전적 다양성을 유지시키는 힘에 대한 관심을 집중시켰다.

모투 기무라(Mottoo Kimura)에 의해 제안된 분자 진화의 **중립설**(neutral theory)은 아미노산 치환을 일으키는 돌연변이들은 거의 대부분이 이롭지 않으며 이로운 것은 그 중 아주 일부에 지나지 않는다고 주장한다. 일부 돌연변이는 중립적이거나 기능적으로 바뀐 대립인자와 동등하다. 자연선택에 의해 이로운 다형은 집단 내에서 보유되고 해로운 다형들은 제거된다. 그러나 집단 내에서 중립 대립인자의 빈도는 돌연변이율이나 무작위적 유전적 부동에 의해 결정될 것이다. 일부 중립적 돌연변이는 집단 내에서 부동하다 고정될 수도 있고, 다른 중립 돌연변이는 사라질 수도 있다. 주어진 시간에 집단은 특정 좌위에서 여러 개의 중립 대립인자를 포함할 것이다. 그러나 가장 다형적인 좌위에서 대립인자의 다양성은 자연선택의 활동을 반영하는 것이 아니라 집단의 크기(큰 집단일수록 더 많은 변이를 갖는다)와 중립 돌연변이의 비율에 대한 함수다.

높은 수준의 다양성에 대한 또 다른 설명은 **자연선택**(natural selection)이다. 어떤 환경 조건에 대한 적응으로 효소나 단백질의 다형성이 유지되는 많은 예들이 존재한다. 말라리아 기생충에 감염되었을 때 겸상 적혈구 빈혈증 이형접합자에서 나타나는 잘 알려진 이점들과, 22장에서 논의한 바와 같이 *CFTR* 좌위에서의 다형성이 장티푸스 열이 흔한 지역에서 우세한 적응성을 나타낸다는 것이 이러한 형태의 적응을 보여주는 좋은 예들이다.

1%의 적응성 차이도 다형성을 유지하기에 충분하지만, 이것을 측정하는 것은 쉽지 않다. 따라서 현재의 자료들은 어느 정도의 분자 유전학적 변이가 중립이며, 어느 정도가 선택에 영향을 받는지를 결정하기에 불충분하다. 그럼에도 불구하고 중립설은 중요한 기능을 한다: 일부 유전적 변이가 단순히 돌연변이나 부동의 결과로 예측된다는 것을 지적함으로써, 중립설은 분자 진화학 연구에 있어 작업가설을 제공하고 있다. 다시 말해, 생물학자들은 돌연변이와 부동만이 작용한다는 더 단순한 가정을 거부하기에 앞서, 특정 좌위에서 대립인자 빈도에 선택이 작용한다는 긍정적 증거를 찾아야만 할 것이다.

23.5 한 종의 유전적 구조는 집단마다 다양할 수 있다

유전학자들이 대부분의 개체군이 상당한 유전적 다양성을 보유한다는 사실을 발견하면서, 이와 함께 개체군의 유전적 구조가 시간과 공간에 따라 다양함을 알게 되었다. 이러한 아이디어를 설명하기 위해, 테오도시우스 도브잔스키(Theodosius Dobzhansky)와 그 동료들에 의해 수행된 초파리(*Drosophila pseudoopscura*)에 대한 연구를 살펴보자. 이 종은 서부와 남서부 미국을 포함한 넓은 범주의 환경서식지에 걸쳐 발견된다. 도브잔스키 연구팀은 이 범위 전체에 걸쳐 초파리들이 모양은 비슷하지만, 다른 지역의 개체군들은 염색체 3번의 유전자 배열에 차이가 있음을 발견하였다. 그들은 이 염색체에서 여러 가지 서로 다른 역위를 발견하였는데 그것은 유충시기의 거대 다사염색체에서 루프를 형성하는 것으로 관측될 수 있다. (다사 염색체에 대해서는 6장의 설명을 참고하라.) 각 역위 서열은 처음 발견된 장소의 이름을 따서 지었다(예를 들어, AR은 Arrowhead, British Columbia이고, CH는 Chiricahua Mountains, Arizona이다). 역위 서열들은 ST라고 표

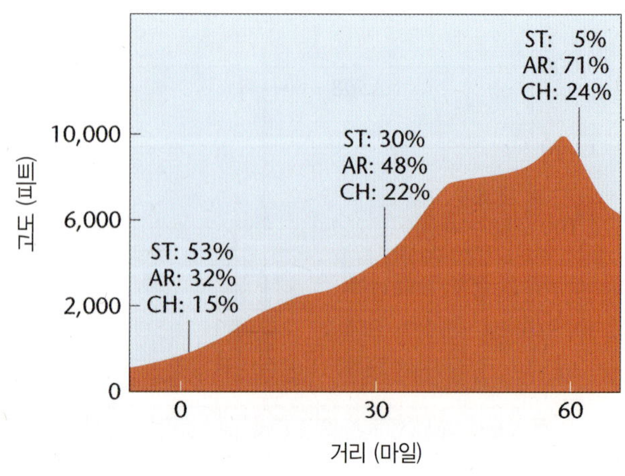

그림 23-4 요세미티 국립공원 근처 시에라네바다 산의 서로 다른 고도에서 *D. pseudoobscura*의 3번 염색체 역위.

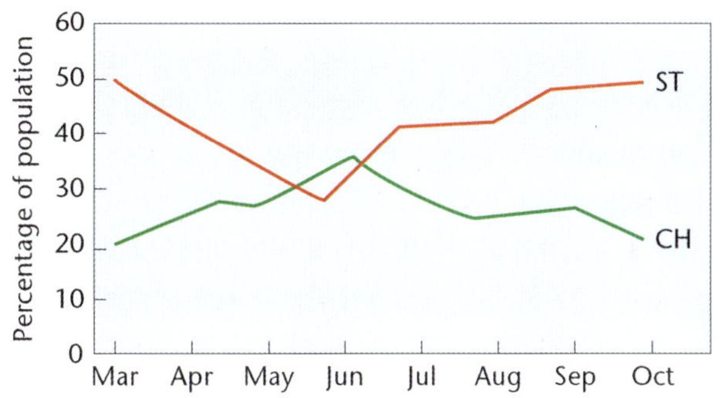

그림 23-5 1년 동안 관찰된 *D. pseudoobsucura*의 ST와 CH 배열의 변화.

시된 하나의 표준 서열과 비교되었다.

그림 23-4는 캘리포니아 시에라네바다 산맥의 3군데 고도 집단에서 발견된 배열을 비교한 것이다. ST 배열은 가장 낮은 고도에서 제일 흔했고, 8,000피트에서는 AR이 제일 흔한 반면, ST는 제일 드물었다. 이들 집단에서 CH 배열의 빈도는 고도에 따라 점차로 증가한다. 역위 빈도에서의 점진적 변화는 아마도 자연선택의 결과이고, 기온처럼 증가하는 고도에 따라 발생하는 점진적 환경변화에 따른 것일 수 있다.

도브잔스키 팀은 또한 어떤 개체군들이 1년에 걸쳐 계속 한 장소에서 채집된다고 해도 역위 빈도가 역시 변한다는 사실을 발견했다. 즉 그림 23-5에서 보이는 바와 같이 염색체 배열에서의 순환적 변이가 계절에 따라 일어나는 것이다. 그러한 변이는 수년 동안 지속적으로 관찰되었다. ST의 빈도는 봄에는 늘 줄어들었고 CH의 빈도는 증가했다.

이러한 순환적 변화가 자연선택에 대한 반응이라는 가설을 검증하기 위해 도브잔스키 연구팀은 다음과 같은 실험실 연구를 고안하였다. 커다란 개체군 상자를 만들고 그로부터 *D. pseudoopscura*를 주기적으로 꺼내어 연구하였는데, 알려져 있는 역위 빈도(즉 88%의 CH와 12%의 ST)를 가진 개체군을 가지고 연구를 시작하였다. 그들은 사육 온도 25°C에서 1년 이상 표본을 추출하여 검사하였다. 그림 23-6에서 보이는 것처럼 ST는 12%에서 70% 수준까지 계속적으로 증가하였다. 이 지점에서 ST와 CH가 평형에 도달하였다. 같은 실험이 16°C에서 수행되었을 때는 역위 빈도에 변화가 일어나지 않았다. 그들은 25°C에서 도달하는 평형은 이 실험에 유일한 변수인 상승한 온도에 대한 반응이라는 결론을 내렸다.

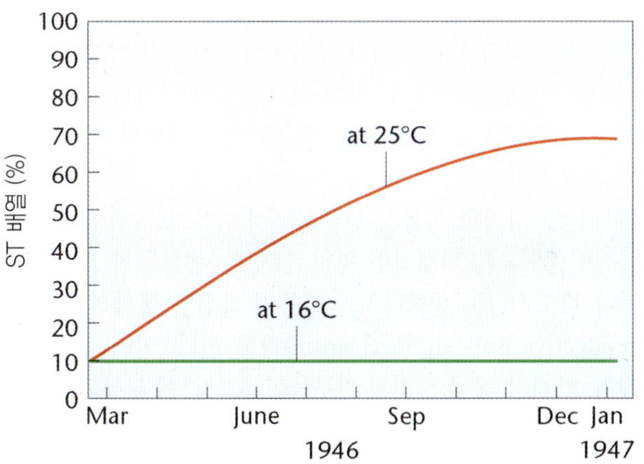

그림 23-6 실험실 조건 하에서의 개체군 상자에서 *D. pseudoobscura*의 ST 배열의 증가.

이 결과는 개체군 내의 두 역위 빈도와 또 각각의 유전자 배열에 있어서의 균형이 두 가지 역위 자체들보다 더 우선함을 시사한다. 이것이 지속적으로 증가하지 않는 이유다. 도달된 평형은 아마도 조절된 실험실 조건 하에서 가장 높은 평균 적응도를 반영할 것이다. 실험의 이러한 해석은 자연선택이 3번 염색체 역위의 다형성을 유지시키는 동력이라는 것을 제시한다.

좀 더 광범위한 연구에서 도브잔스키와 그의 동료들은 더 넓은 지리적 범위에서 초파리(*D. pseudoopscura*) 개체군 표본을 추출하였다. 그들은 12지역의 개체군으로부터 22개의 서로 다른 염색체 배열을 발견하였다. 그림 23-7은 지리적 위치에 따른 이들 역위 중 5개의 상대적인 빈도를 보여준다. 대부분의 집단은 역위의 상대적 빈도에서만 차이가 난다. 종합해 보면, 도브잔스키의 자료들은 초파리 개체군들의 유전적 구조가 장소에 따라, 시간에 따라 변한다는 것을 보여준다. 적어도 개체군의 유전적 구조에 있어서

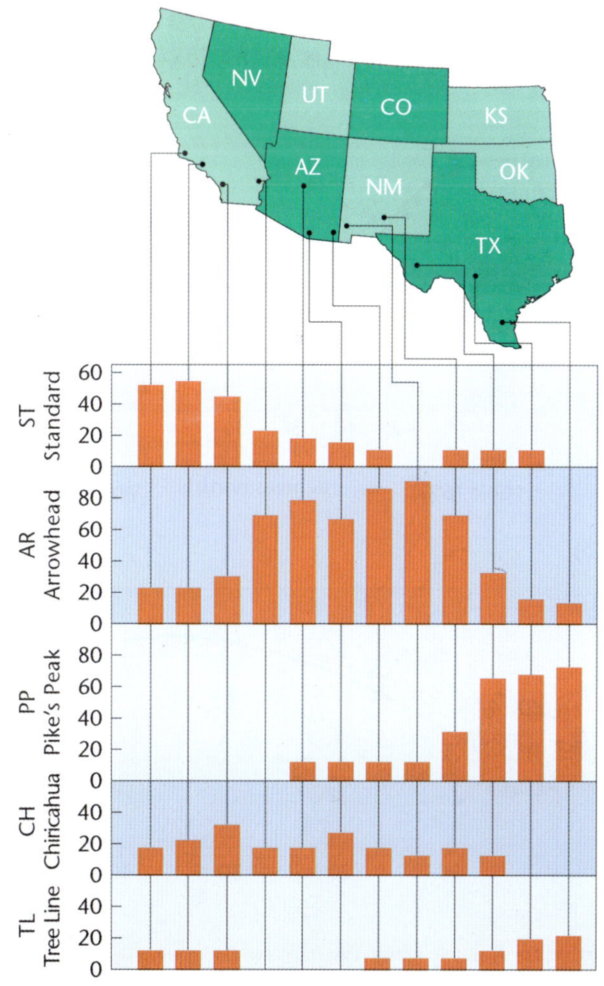

그림 23-7 서로 다른 지리적 지역의 *D. pseudoobscura*에서 발견되는 5가지 염색체 역위의 상대적 빈도(백분율).

이들 변이 중 일부는 자연선택의 결과다.

한 종의 유전적 구조가 개체군들 사이에서 얼마나, 또 어떻게 다양할 수 있는지에 대한 예가 데니스 파워스(Dennis Powers)와 패트리샤 슐트(Patricia Schulte)에 의해 행해진 머미쵸그 송사리(*Fundulus heteroclitus*)에 대한 연구에 의해 제공되었다. 머미쵸그(mummichog)는 길이 약 5~10 cm 정도의 작은 물고기로 플로리다에서 뉴펀들랜드까지 북미 대서양 연안을 따라 강어귀, 만, 강 입구 등에 서식한다. 이들 연구자는 젖산탈수소 효소인 LDH-B(lactate dehydrogenase-B)를 암호화하는 좌위의 대립인자 빈도를 조사하였다. LDH-B는 간, 심장, 적색골격근에서 만들어진다. 이 효소는 젖산을 피루브산으로 전환시키는 작용을 함으로써 당 합성이나 호기성 대사에 있어 필수적인 효소다. LDH-B는 두 가지 알로자임이 전기영동법으로 구분가능한데 이들은 두 개의 아미노산 위치에서 차이를 보인다. 이들 이형효소를 만드는 대립인자는 *Ldh-B*^{a}와 *Ldh-B*^{b}이다.

*Ldh-B*의 대립인자의 빈도는 머미쵸그 집단들마다 매우 다양하다[그림 23-8(a)]. 평균 수온이 약 6°C 정도인 북쪽 집단에서는, *Ldh-B*^{b} 인자가 우세하다. 평균 수온이 약 21°C인 남쪽 집단에서는 *Ldh-B*^{a}가 우세하다. 두 지리적 극단 사이에서의 대립인자의 빈도는 중간을 나타낸다.

Ldh-B 대립인자 빈도에 있어서의 지리적 변이가 자연선택에 의한 것인지 알아보기 위해 파워스와 슐트는 *LDH-B* 알로자임들의 생화학적 성질들을 조사하였다. 그들은 *Ldh-B*^{b}에 의해 만들어지는 효소가 낮은 온도에서 더 높은 촉매활성을 나타낸 반면, *Ldh-B*^{a}의 유전자 산물은 높은 온도에서 더 효과적임을 발견하였다[그림 23-8(b)]. 두 형태를 혼합한 경우 모든 온도에서 중간 정도의 효율을 보였다.

LDH-B 알로자임들 사이의 기능적 차이 외에도 *Ldh-B* 대립인자는 그 조절부위의 유전자 서열이 다르다. *Ldh-B*^{b} 대립인자의 상대적 전사율은 *Ldh-B*^{a} 인자보다 2배 이상 높다. 결과적으로 북쪽의 물고기가 그들의 세포에 더 높은 농도의 LDH-B 효소를 가지게 된다.

Ldh-B 대립인자와 관련한 효소 촉매 활성이나 전사율에서의 차이는 이 머미쵸그 개체군들이, 그들이 서식하는 장소의 온도에 적응했다는 가설에 부합하는 것이다. 물고기는 변온동물이다: 그들의 체온은 환경에 의해 결정된다. 일반적으로, 낮은 체온은 변온동물들의 대사율을 느리게 한다. *Ldh-B*^{b}대립인자의 높은 전사율과 저온에서 높은 효소활성을 보이는 유전자 산물은 추운환경의 북쪽 물고기에서 일어날 수 있는 대사율 저하를 보완해 주는 것으로 보인다. 고온에서 효소활성이 높고 전사율이 낮은 *Ldh-B*^{a} 대립인자는 남쪽의 물고기들로 하여금 당 생산과 호기성 대사에 쓰이는 기구들을 위한 자원을 절약할 수 있게 하는 것으로 보인다. 이러저러한 증거들을 바탕으로, 파워스는 머미쵸그 개체군들 사이의 *Ldh-B*인자 빈도의 차이가 자연선택의 결과임을 제안한다.

(a)

1.0
0.8
0.6
0.4
0.2
LDH-B^{b} 대립인자 빈도
▲ Coastal populations
△○□ Chesapeake Bay/ tributary populations
44 42 40 38 36 34 32 30
North Cold (6°C)
위도 (degrees north)
South Warm (21°C)

(b)

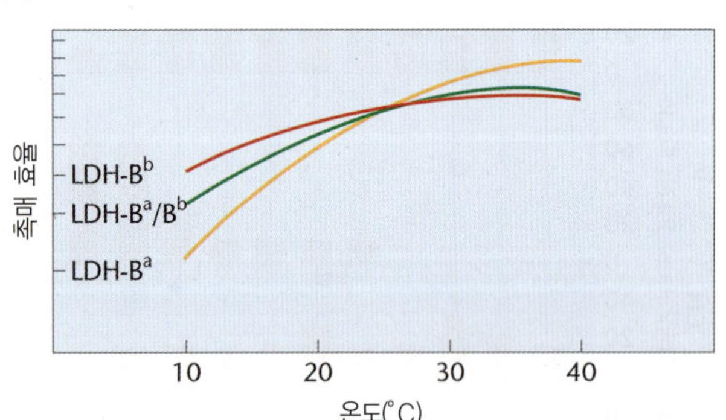

그림 23-8 머미쵸그 집단들 사이의 유전적 구조의 변이. (a) 북아메리카의 대서양 연안을 따라 분포하는 집단들에서의 *Ldh-B*^{b} 대립인자의 빈도. 검은 표시는 연안집단이고 흰 표시는 체사피크만과 그 지류에서 얻어진 집단을 표시한다. (b) 온도에 따른 LDH-B 알로자임의 촉매활성.

23.6 감소된 유전자 흐름, 선택, 그리고 부동은 새로운 종을 형성시킬 수 있다

우리는 대부분의 개체군들이 상당한 정도의 유전적 변이를 가지며, 한 종 내의 서로 다른 개체군들은 여러 유전자좌에서 서로 다른 대립인자, 혹은 대립인자 빈도를 가질 수 있음을 살펴보았다. 한 종 내의 개체군들이 분지하는 것은 자연선택이나, 유전적 부동, 혹은 둘 다에 의해 일어날 수 있다. 22장에서는 개체군 사이의 개체 이주와 이주에 따른 유전자 흐름이 개체군 사이의 유전자 빈도를 동일화시키는 경향이 있음을 살펴보았었다. 다시 말해, 이주는 개체군이 분화하는 경향에 반대로 작용한다.

개체군 간의 유전자 흐름이 줄거나 없어지면, 개체군은 나누어져 한 개체군의 구성원이 다른 개체군의 구성원과 더 이상 교배를 할 수 없는 지점에 이를 수 있다. 개체군들이 생식적으로 다른 개체군으로부터 고립되었을 때는 생물학적 종개념에 따라 그들은 다른 종이 된다.

개체군들 사이의 교잡을 방해하는 장벽은 생리적인 것이거나, 행동적인 것, 혹은 기계적인 것일 수 있다. 생물들의 교잡을 방해하거나 감소시키는 생물학적인 행동적 특성을 **생식적 격리 기구**(reproductive isolating mechanism)라고 한다. 이러한 생태학적, 계절적, 기계적, 혹은 생리적 기구들이 표 23.2에 분류되어 있다.

수정 전 격리 기구(prezygotic isolating mechanism)는 개체가 처음부터 교잡을 하지 않도록 하는 것으로, 서로 다른 집단의 개체들은 적당한 시기에 서로를 발견할 수 없다던가, 서로를 적당한 짝으로 인식하지 않거나, 혹은 짝짓기를 시도해도 그것이 가능하

표 23.2 생식적 격리 기구

수정 전 기작(수정과 접합자 형성의 억제)

1. **지리적이거나 생태학적인 것:** 개체군들이 같은 지역에 살지만 다른 서식지를 점유한다.

2. **계절이나 시간에 의한 것:** 개체군들이 같은 영역에 살지만 성적으로 성숙하는 시기가 다르다.

3. **행동적인(동물에서만) 것:** 개체군들이 교미에 앞서 다른 행동이나 불화합성인 행동을 함으로써 분리된다.

4. **기계적인 것:** 생식구조의 차이(동물에서의 성기, 식물에서의 꽃)에 의해 교잡이 방해받거나 제한된다.

5. **생리적인 것:** 배우자들이 다른 종의 생식관 내에서 생존하지 못하거나 두 배우자가 만나도 수정이 발생하지 못한다.

수정 후 기작(수정이 발생하고 잡종 접합자가 형성되지만 이들이 생존 불가능하거나 약하고, 혹은 불임이다)

1. **잡종 생존 불능 혹은 허약**

2. **잡종의 발생적 불임:** 성선의 발달이 비정상적이거나 감수분열이 완료되지 못하므로 잡종은 불임이다.

3. **잡종의 세포분열성 불임:** 전체 염색체 혹은 염색체 단편이 배우자로 분리되어 들어가는 것이 비정상적이거나 유전자의 조합이 비정상적이어서 잡종은 불임이다.

4. **F_2 파괴:** F_1 잡종은 정상적이고 활력이 있으며 생식력을 갖지만 F_2가 많은 약점과 불임 개체들을 포함하고 있다.

출처: From G. Ledyard Stebbins, *Processes of organic evolution*, 3rd ed., copyright 1977, p. 143. Reprinted by permission of Prentice Hall, Upper Saddle River, NJ.

지 않은 경우를 말한다.

수정 후 격리 기구(Postzygotic isolating mechanism)는 두 개체군의 구성원이 서로 짝짓기를 하고 또 그것이 가능한 경우에라도 생식적 격리가 일어나도록 한다. 아마도 유전적 분기가 잡종의 생존도나 생식력을 감소시키는 지점에 도달했기 때문으로 생각된다. 잡종 접합자가 형성될 수는 있지만 모두 혹은 내부분이 살아남지 못한다. 혹은 잡종이 살아남아도 불임이거나, 감소된 생식력을 가지게 된다. 또 다른 가능성으로는 잡종 자신은 생식력이 있으나 그 자손이 낮은 생존도 혹은 생식력을 가질 수도 있다. 이러한 수정 후 장벽들은 접합자 수준 혹은 그 이상에서 작용하는 것으로 유전적 분기에 의해 생긴다.

종 분화의 몇몇 모델에서는 수정 후 격리가 먼저 발달하고, 이어 수정 전 격리가 뒤따르게 된다. 수정 후 격리 기구는 배우자와 접합자를 낭비하고 잡종 생존자의 생식적 적응도를 낮춘다. 그러므로 선택은 잡종 형성을 감소시키는 대립인자의 확산에 우호적으로 작용하여 수정 전 장벽의 발달을 일으킨다. 이러한 기구들은 교잡 및 잡종 접합자와 자손형성을 방해한다. 동물의 진화에서, 가장 효율적인 수정 전 장벽은 구애행동을 포함한 행동적 격리이다.

종 분화의 관찰

이 절에서는, 종 분화의 두 가지 예를 살펴보기로 하자. 하나는 실험실 연구에서, 또 하나는 야외 연구로부터 얻은 예들이다. 다이앤 도드(Diane Dodd)와 그녀의 동료들은 초파리의 소화 생리의 진화에 관심을 가졌다. 그들은 야생집단에서 파리들을 채집하여 실험실에서 몇 개의 개체군을 만들었다. 실험실 집단 중 몇몇은 전분(starch) 배지에서 기르고, 다른 몇몇은 맥아당(maltose) 배지에서 길렀다. 두 배지 모두 파리들에겐 스트레스성이다. 단지 몇 달 만에 개체군들은 자연선택에 의해 합성 배지에 적응하며 번성하게 되었다.

도드는 전분 적응성 개체군과 맥아당 적응성 개체군들이 유전자 흐름 없이 강한 선택 하에서 분기하여 서로 다른 종이 되는지 알고 싶었다. 약 1년 후에 개체군들이 확립되었고, 일련의 교잡 실험이 수행되었다. 각 시도에서 48마리의 파리들이 한 병에 넣어졌다: 전분 적응 집단에서 나온 12마리의 수컷과 12마리의 암컷, 그리고 맥아당 적응 집단에서 나온 12마리의 암컷과 12마리의 수컷. 그리고 어느 파리들이 교배하는지 관찰하였다.

도드는 만약 서로 다른 배지에 적응한 개체군들이 분화했다면 파리들은 짝짓기에서 자신들의 집단에서 나온 구성원들을 선호할 것이라 예상했다. 만약 각 개체군들이 분화하지 않았다면 무작위로 짝짓기를 할 것이다. 그 결과가 표 23.3에 나타나 있다. 900회의 짝짓기 중 약 600회가 같은 집단의 암수 사이에서 일어났다. 즉, 서로 다르게 적응된 파리 집단은 부분적인 짝짓기 전 격리를 나타낸 것이다. 그들은 개체군이 종 분화를 이미 시작했지만, 그 과정이 완전히 끝난 것은 아니라는 결론을 내렸다.

표 23.3 초파리 *Drosophila pseudoobscura* 집단에 대한 실험실에서의 초기 종 분화

	암컷	
	전분 적응	**맥아당 적응**
수컷		
전분 적응	290	153
맥아당 적응	149	312

출처: Compiled from Dodd, D.M.B. 1989. Reproductive isolation as a consequence of adaptive divergence in *Drosophila pseudoobscura*. *Evolution* 43: 1308–1311.

그림 23-9 딱총새우 *Alpheus* 속.

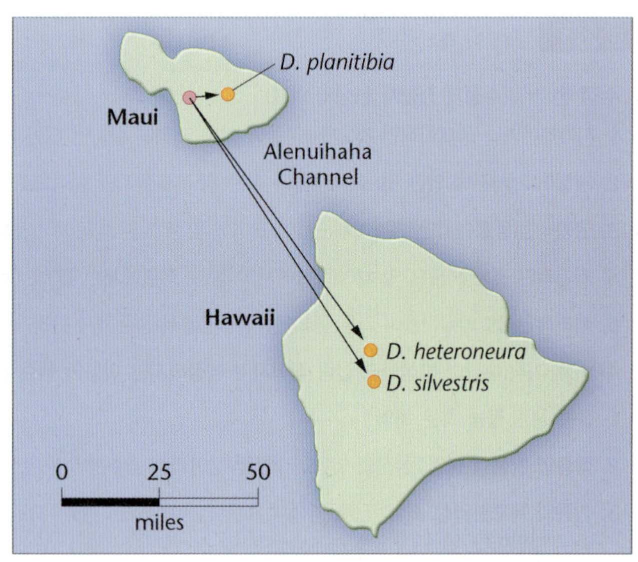

그림 23-10 *D. planitibia* 종들에서 이들 구성원의 하와이 군락형성에 대해 제기된 경로. 분홍색 원은 현존하는 3종의 조상집단을 나타낸다.

남북미를 연결하는 육로이며 동시에 카리브해와 태평양을 나누는 파나마의 이스트무스(Isthmus)는 약 300만 년 전에 형성되었다. 낸시 놀튼(Nancy Knowlton)과 동료들은 몇몇 딱총새우 종들에게 어떤 일이 일어났는지를 연구하는데 파나마의 이스트무스 형성이 일으킨 자연실험을 이용하였다(그림 23-9). 7종의 카리브해 종을 동정하여 태평양의 종들과 매치시키는 실험을 하였다. 각 종 쌍의 구성원들은 모양이나 구조면에서 같은 바다의 서로 다른 종보다 더 비슷하였다. 알로자임과 대립인자 빈도 분석, 미토콘드리아 DNA 서열을 분석한 결과 각 쌍의 구성원들이 서로 가장 가까운 유전적 친척 연관자임을 확인할 수 있었다.

이들 자료에 대한 놀튼 팀의 해석은 이스트무스 형성에 앞서 각 종 쌍의 조상들은 한 종이었다는 것이다. 그런데 이스트무스로 인해 바다가 닫히자 7개의 조상종은 두 개의 개체군, 즉 캐리비언과 태평양 집단으로 나뉘었다.

300만 년 만에 놀튼 실험실의 실험접시에서 이루어진 이들의 만남은 카리브해와 태평양 종의 구성원들이 서로를 알맞은 짝짓기 상대로 인식할 수 있도록 했을까? 놀튼은 암컷과 수컷을 함께 넣고 그들이 서로에게 하는 행동을 관찰하였다. 다음에 그녀는 카리브해-태평양, 카리브해-카리브해, 태평양-태평양 쌍의 상대적 경향을 계산하였다. 7종의 쌍 중에 3쌍이 바다를 건넌 커플을 형성하지 않았다. 나머지 4종의 쌍에 대해서는 각각 33, 45, 67, 86%가 같은 바다의 쌍들처럼 짝짓기를 하는 것으로 보였다. 같은 바다 쌍의 60%가 부화하여 살아났으나 바다를 건넌 쌍에서는 오직 1%만이 부화하였다. 우리는 여기 이들 자료로부터 다음과 같은 결론을 내릴 수 있다. 300만 년이라는 단절은 완전히 혹은 거의 완전한 종분화를 유도하였으며 7종의 쌍 모두에서 강력한 수정 전, 수정 후 격리 기구가 작동한다는 것이다.

종 분화에 필요한 최소한의 유전적 분기

두 개체군이 서로 다른 종이 되려면 어느 정도의 유전적 분기가 필요한가? 우리는 곤충에서와 식물에서 각각 하나씩 두 가지 예를 살펴보려고 한다. 이것은 일부 경우에서는 해답이 썩 많지 않다는 뜻이다.

연구자들은 하와이에서만 발견되는 초파리 *D. heteroneura*와 *D. silvestris*가 약 30만 년 전에 공동의 조상에서 분지했다고 추정한다. 그들은 더 오래된 섬인 마우이(Maui)에서 이주한 *D. planitibia*에서 나온 후손으로 생각된다(그림 23-10). 이 두 종은 서로 다르고 불화합성인 구애행동과 짝짓기 행동, 모양새, 몸체와 날개 색깔 등에 의해 확실하게 서로 나누어진다(그림 23-11).

그들의 형태적, 행동적 차이에도 불구하고, 이들 두 종 사이에서 염색체 역위 양상이나 단백질 다형에 있어서의 심각한 차이를

(a)

(b)

그림 23-11 *D. sylvestris*(왼쪽)와 *D. heteroneura*(오른쪽)의 착색 차이. (b) *D. sylvestris*(왼쪽)와 *D. heteroneura*(오른쪽)의 머리 모양.

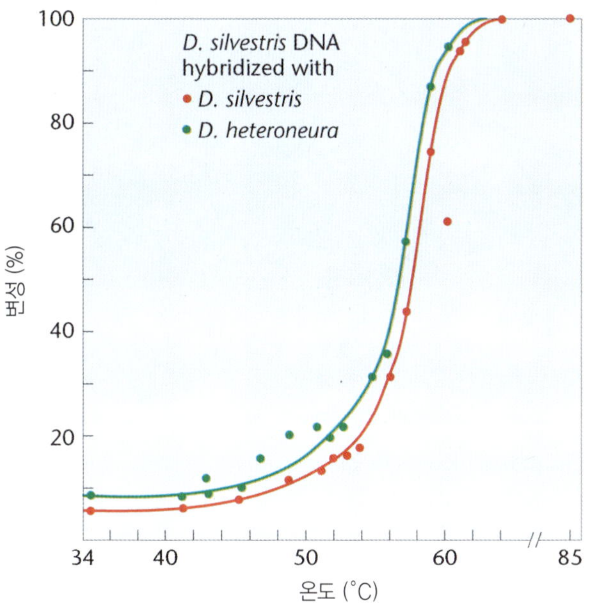

그림 23-12 *Drosophila planitibia* 후손종들에서의 뉴클레오티드 서열 다양성. 이형의 잡종 DNA가 왼쪽으로 이동하는 정도는 뉴클레오티드 서열 분기의 정도를 나타내준다.

증명하는 것은 어렵다. 이들 종에 대한 DNA 혼성화 실험이 수행되었을 때 이 둘 간의 서열 차이는 약 0.55%에 지나지 않았다(그림 23-12). 그러므로 뉴클레오티드 차이는 단백질이나 염색체 다형에 우선한다.

(a)

(b)

그림 23-13 물꽈리아재비(monkey flower)의 가까운 두 종, (a) *Mimulus cardinalis*와 (b) *Mimulus lewisii*.

유전적 증거는 *D. heteroneura*와 *D. silvestris* 사이의 차이가 상대적으로 적은 수의 유전자들에 의해 좌우됨을 제시한다. 예를 들어, 15~19 정도의 적은 수의 주요 좌위들이 두 종 사이의 형태적 차이를 일으킬 수 있는데, 이는 종 분화의 과정이 작은 수의 유전자 개입으로도 가능함을 증명하는 것이다.

로키산맥의 시에라네바다와 서부 미국의 캐스케이드 산악 지역에서 자라는 물꽈리아재비(monkey flower) 중에서 상당히 연관된 두 가지 꽃에 대한 연구는 종들이 단 몇 가지 유전적 차이에 의해서 분리될 수 있음을 증명해 준다. 한 종인 *Mimulus cardinalis*는 벌새에 의해 수분이 되며, 호박벌에 의해 수분이 되는 *M. lewisii*와는 교잡되지 않는다. H. D. 브래드쇼(H. D. Bradshaw)와 동료들은 이 두 종의 생식과 연관된 유전적 차이 즉, 꽃의 모양, 크기, 색깔, 그리고 꿀 생산 등에 대해 연구하였다. 각 형질에 대해 한 유전자의 차이(실험실에서 만들어진 *M. cardinalis* × *M. lewisii* 잡종들 사이에서 관찰되는)가 적어도 25%의 변이를 생산할 수 있다. *M cardinalis*는 *M. lewisii*보다 80배나 많은 꿀을 생산하며, 하나의 유전자가 이 차이의 적어도 반 정도의 책임을 진다. 하나의 유전자는 또한 두 종의 꽃 색깔에 있어 상당 부분의 차이를 조절한다(그림 23-13). 이 경우에는 하와이의 초파리에서나 마찬가지로 종의 차이가 상대적으로 적은 수의 유전자 때문일 수 있다.

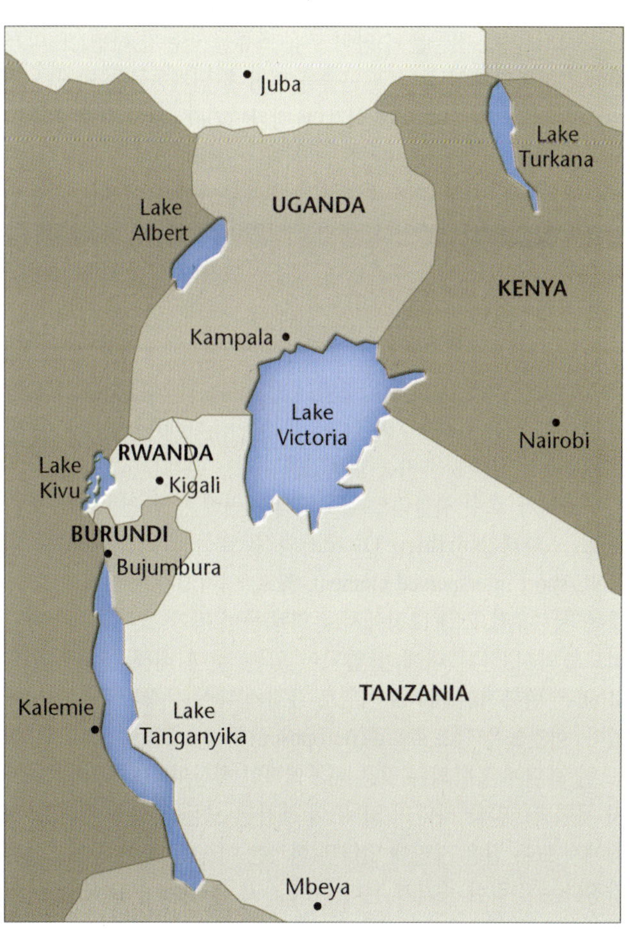

그림 23-14 동아프리카 리프트 밸리의 빅토리아 호수에는 400종 이상의 시클리드가 서식한다.

그림 23-15 시클리드(cichlid)는 다양한 생태적 지위를 점유하며 각 종은 특정 먹이원에 적응되어 특수화되어 있다.

종 분화의 속도

종 분화에 얼마나 시간이 필요한가? 많은 경우에 있어서 종분화는 오랜 기간에 걸쳐 서서히 발생한다. 그러나 다른 경우엔 놀라울 정도로 빠르게 일어나기도 한다.

동아프리카의 리프트 밸리(Rift Valley)의 호수들엔 수백 종의 시클리드(cichlids) 물고기 종들이 서식한다. 일례로, 빅토리아 호수(그림 23-14)는 400종 이상의 물고기 종을 포함하고 있다. 시클리드들은 서로 매우 다른 생태적 지위에 맞게 특수화되어 있다(그림 23-15). 어떤 것들은 수면의 부유 조류를 먹는가 하면, 또 다른 것들은 물바닥에서 살거나, 곤충을 먹거나, 연체동물을 먹거나 혹은 다른 물고기 종들의 포식자다. 탕가니카(Tanganyika) 호수는 비슷한 종들의 물고기 편성을 가진다. 유전적 분석을 해보니 그 호수의 종들은 서로 다른 호수에서 나온 종들보다 더 밀접하게 연관되어 있음을 보여주었다. 이것은 탕가니카 호수의 대부분의 종이 하나의 공통조상의 후손이며 그들은 그들의 서식 호수 내에서 진화한 것이라는 뜻이다.

빅토리아 호수는 25만 년 전에서 75만 년 전 사이에 만들어졌으며 14,000년 전에 거의 완전히 말랐었다는 증거가 있다. 오늘날 이 호수에 사는 400종 가량의 물고기들이 14,000년 내에 모두 한 조상형에서 진화했을 가능성이 있을까?

탕가니카 호수 시클리드 물고기의 기원에 관한 연구에서 노리히로 오카다(Norihiro Okada)와 동료들은 새로운 종류의 SINE(short interspersed element; 짧고, 여기저기 흩어져 있으며, 반복되는 유전요소)(12장에서 논의됨)들이 탕가니카 호수의 시클리드들의 유전체 내에 삽입되어 있는 것에 대해 조사하였다. SINE은 반복적인 DNA 서열로 유전체 내에 무작위로 삽입되어 있다. 이것들은 레트로포존(retroposon)의 한 종류로 SINE이 어느 한 좌위에 통합되는 것은 비가역적인 현상이다(다시 빠져나가지 못한다). 만약 하나의 SINE이 조사된 모든 물고기 종의 유전체에서 모두 같은 자리에 있다면 이것은 이 모든 종이 공통조상을 가진다는 강력한 증거가 된다. AFC라고 불리는 이 SINE들을 연구함으로써 오카다 팀은 4그룹["족(tribe)"이라고 부르기로 하자]에 속하는 33종의 시클리드를 검색하였다. 각 족에서 SINE은 조사된 모든 부위에 존재했는데, 이는 각 족에 속하는 종들이 하나의 공통조상종에서 유래했음을 나타내는 것이다(그림 23-16). SINES와 다른 분자 표식자를 이용해 더 연구를 한 것이 빅토리아 호수종들에서와 비슷한 결과를 내놓는다면, 그것은 이 호수내 400종의 시클리드가 14,000년 내에 진화했다는 뜻이 된다. 확인되기만 하면, 이러한 발견은 척추동물에서 보고된 가장 빠른 진화적 방산(evolutionary divergence)을 대표하는 예가 될 것이다.

다배수성(polyploidy) 기작을 통하면 더욱 빠른 종 분화가 가능하다. 다배수성에 의한 동물종의 형성은 거의 없지만 이러한 기작은 식물의 진화에 있어서는 중요한 요소가 된다. 거의 모든 현화

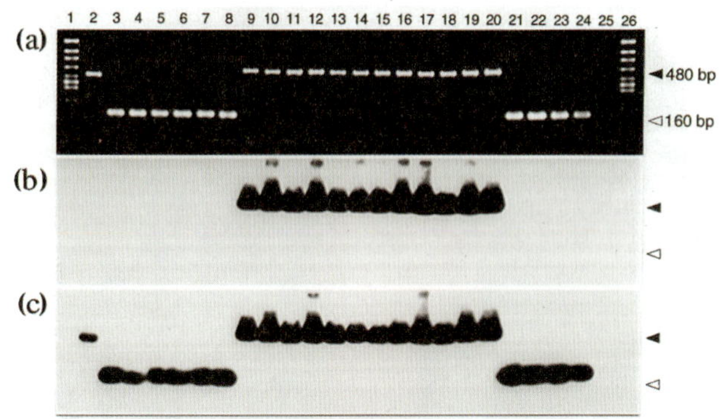

그림 23-16 반복성 DNA 요소들을 이용하여 탕가니카 호수의 시클리드들의 종 연관관계를 추적한 것. (a) 사진은 SINE 중의 AFC 패밀리 근처에서 PCR 프라이머를 이용하여 얻은 PCR 단편들을 보여준다. SINE을 포함하고 있는 큰 단편들은 램프롤로기니(Lamprologini) 시클리드의 유전체 DNA 시료 모두에서 발견된다(9~20번 레인). 2번 레인의 종에서 나온 DNA는 이와 유사하지만 약간 짧은 단편을 포함하고 있다. 이것은 아마도 다른 반복 DNA를 나타낼 것이다. 다른 종들의 DNA(3~8번 레인과 21~24번 레인)는 짧고 SINE을 포함하지 않는 단편들을 나타낸다. (b) (a)에서 얻은 젤을 서던 블롯한 것. SENE들을 AFC 패밀리 탐침자로 분석하였다. 이 SINE은 램프롤로기니 족(9~20번 레인)의 모든 종에 존재하지만, 다른 종들의 DNA에서는 발견되지 않는다(2~8, 21~24번 레인). (c) (a)의 젤을 SINE이 삽입된 부분의 유전체 서열로 탐침하여 2번째 서던 블롯팅한 것. 조사된 모든 종(2~24번 레인)이 삽입부 서열을 가지고 있다. 1차 서던 블롯에서 나타난 램프롤로기니 DNA의 더 큰 단편(9~20번 레인)은 모든 종에서 같은 위치에 SINE가 삽입되었음을 보여준다. 요약하자면, 이 자료들은 AFC SINE은 오로지 이들 족의 구성원에만 존재하며 모든 경우에서 같은 위치에 삽입되어 있음을 나타낸다. 이 결과는 이 족의 종들이 공통의 기원을 가지는 것으로 해석된다.

식물의 절반가량이 이 방법을 통해 진화한 것으로 추정된다. 다배수성의 한 형태가 이질배수성(allopolyploidy)인데(6장을 보라), 종간 잡종의 염색체가 두 배로 늘어나 생기게 된다.

연관된 두 식물종의 유전적 조합이 SS와 TT라고 하면(여기서 S나 T라고 한 것은 각 종에서의 총 염색체의 반수로 된 세트를 표시하는 것이다), 이들의 잡종은 염색체 조성이 ST가 될 것이다. 정상적으로 이러한 식물은 불임성인데, 왜냐하면 상동염색체쌍이 없어 감수분열 중에 탈락되기 때문이다. 그러나 이 잡종의 염색체가 자연적으로 두 배로 늘어난다면, 사배체 SSTT인 식물이 생산된다. 이 염색체 이상은 체세포 조직에서 체세포분열 중에 발생할 수 있는데 이 식물체의 어떤 꽃은 사배체가 되기도 한다. 또는 다른 방법으로 비정상적인 감수분열이 ST 배우자를 만들어 이것이 수정되면 SSTT 접합자가 생길 수도 있다. SSTT 식물은 그들이 상동염색체를 가질 수 있게 되었으므로 생존력 있는 ST 배우자를 생산하며 불임성에서 벗어날 수 있게 된다. 이 새로운 순종의 사배체는 조상종들에서 기인한 특성들의 조합을 가질 것이다. 또한 조상종들과의 잡종은 삼배체로 불임성이 되므로 생식적으로는 그들과 격리될 것이다.

담배 *Nicotiana tabacum*($2n = 48$)은 *N. otophora*($2n = 24$)와 *N. silvestris*($2n = 24$)의 잡종에서 염색체가 두 배로 늘어난 식물이다(그림 23-17). *N. tabacum*의 기원은 실제로 한 세대 만에 일어나는 즉각적인 종분화의 한 예다.

이 문제를 풀어보자

591페이지의 26번 문제는 아프리카 호수의 시클리드 종들 사이에서 발견되는 중립적인 서열 다형성이 그들의 진화를 설명하는 데 도움이 될지를 묻고 있다.

힌트: 만약 서열이 중립적이라면, 이것은 시간에 따른 어떤 형태의 선택에도 영향을 받지 않고 오로지 무작위 돌연변이와 유전적 부동에 의해서만 영향을 받을 것이다.

그림 23-17 재배되는 담배 식물인 *Nicotinana tabacum*은 다른 두 종들 사이의 잡종화 결과로 얻어진 것이다.

23.7 유전적 차이는 진화사를 재구성하는 데 사용될 수 있다

이 장의 초반에서 우리는 진화란, 한 종이 다른 종으로 변화하는 것과, 한 종이 다른 둘 이상의 새로운 종으로 나누어지는 것을 포함하는 것임을 지적했었다. 이러한 예들은 종 분화가 집단의 유전적 구조에 있어서의 변화나, 유전적 분기와 연관됨을 보여주었었다. 따라서 우리는 그들의 진화사를 구성하는데 종 들 사이의 유전적 차이를 이용할 수 있을 것이다.

계통 구성에 있어서의 중요한 초기 예는 W. M. 피치(W.M. Fitch)와 E. 마골리아시(E. Margoliash)에 의해 연구된 것으로, 이들은 1960년대에 다양한 종의 생물로부터 시토크롬 c에 대한 아미노산 서열의 자료를 모았다. **시토크롬 c**(cytochrome c)는 진핵생물의 미토콘드리아에서 발견되는 호흡색소로, 그 아미노산 서열은 매우 천천히 진화해왔다. 예를 들어, 사람과 침팬지의 아미노산 서열은 똑같고, 사람과 붉은털원숭이에서는 한 개의 아미노산만이 차이가 난다. 우리는 적응에 필수적인 기능을 가진 단백질에서는 진화가 적다고 예상하게 되겠지만, 화석기록이 사람과 원숭이가 약 2000만 년 전에 분기했음을 시사한다는 점을 생각한다면, 그러한 밀접한 유사성은 매우 놀라운 것이다..

표 23.4의 (a)열은 사람과 여러 다른 종의 생물에서 시토크롬 c

표 23.4 사람과 다른 생물들에서 시토크롬 c의 아미노산 차이와 최소 돌연변이 거리(minimal mutational distance)

생물	(a) 아미노산 차이	(b) 최소 돌연변이 거리
인간	0	0
침팬지	0	0
붉은털 원숭이	1	1
토끼	9	12
돼지	10	13
개	10	13
말	12	17
펭귄	11	18
나방	24	36
효모	38	56

출처: From W.M. Fitch and E. Margoliash, Construction of phylogenetic trees, Science 155: 279–284, January 20, 1967. Copyright 1967 by the American Association for the Advancement of Science.

사이에서 차이가 나는 아미노산 수를 나열한 것이다. 표는 사람이 다른 종들과 어느 정도 연관이 있는지에 대한 우리의 직관과 대강 부합한다. 예를 들어, 우리는 곤충보다는 다른 포유류와 더 가깝게 연관되어 있으며 곰팡이보다는 곤충에 더 가깝다. 마찬가지로, 우리의 시토크롬 c는 개하고는 아미노산 10개가 다르고, 나방하고는 24개, 효모하고는 38개의 아미노산 차이를 보인다.

그러나 주어진 아미노산에 영향을 미치기 위해서는 한 개 이상의 뉴클레오티드 변화가 필요하다. 관찰된 단백질에서 모든 아미노산 차이를 일으키는 데 필요한 뉴클레오티드 변화를 합한다면, 두 종의 유전자 사이에서의 **최소 돌연변이 거리**(minimal mutational distance)를 구할 수 있다. 표 23.4의 열 (b)는 시토크롬을 암호화하는 유전자들에 대해 그러한 분석을 한 것이다. 예상했던 것처럼, 이 값들은 각 아미노산의 수보다 더 크며 나머지 9개의 생물과 사람을 확연히 나눈다.

피치는 그들의 진화사를 재구성하기 위해 19 생물의 시토크롬 c 유전자 사이의 최소 변이 거리에 대한 자료를 이용하였다. 결과는 진화의 나무, 즉 계통수에 대한 추정으로 이들은 이 모든 종들을 통합하여 나타낸다(그림 23-18). 각 가지 끝의 까만 점들은 오늘날 존재하는 종들을 나타낸다. 이들은 빨간 점으로 표시된 추측된 공통조상으로 연결된다. 조상종들은 진화하고 분기하여 현대 생물들을 생산하였다. 공통조상은 역시 이전의 공통조상들로 연결되어 결국에는 나무의 모든 종의 공통조상에 이르게 되는데 이것이 가장 왼쪽의 붉은 점으로 표시된 것이다.

진화수의 구성

많은 방법들이 계통을 추정하기 위해 유전적 차이에 대한 자료를 이용한다. 이들 모두를 살펴보는 것은 이 장의 범위 밖의 일이므로 대신 산술 평균을 사용하는 비가중 쌍 단위법(*u*nweighted *p*air *g*roup *m*ethod) 혹은 UPGMA라는 한 가지 방법에 대해서만 알아보기로 한다. UPGMA는 유전적 자료로부터 계통수를 추정하는 가장 강력한 방법은 아니지만 그 이름에도 불구하고 직관적으로 단순하다. 게다가 UPGMA는 많은 상황 하에서도 상당히 잘 작용한다. 이 방법에서의 중요한 가정은 두 연관종이 유전적으로 더 가까울수록 그들이 공통조상을 공유할 가능성이 많다는 것이다.

UPGMA의 시작점은 일단의 종들 사이에서 유전적 거리표를 만드는 것이다[그림 23-19(a)]. UPGMA를 시도해 보기 위해 찰스 시블리(Charles Sibley)와 존 알퀴스트(Jon Alquist)에 의해 이루어진 DNA 혼성화 연구에서 얻은 자료를 이용해 보자. 그들은 사람과 4종의 원숭이(보통 침팬지, 고릴라, 큰긴팔원숭이, 긴팔원숭이)의 유전적 거리를 계산했다.

방법은 다음과 같은 과정으로 이루어진다:

1. 가장 적은 차이가 나는 종들의 쌍을 찾는다. 그림 23-19(a)에서 이 값은 1.628로 사람과 침팬지 사이의 거리다. 일단 규명이 되고 나면 이 종들의 쌍은 진화수의 가지에서 이웃하게 위치된다[그림 23-19(b)]. 각 가지의 길이는 두 종 사이의 유전적 거리의 절반이 된다(0.628/2). 그러므로 사람과

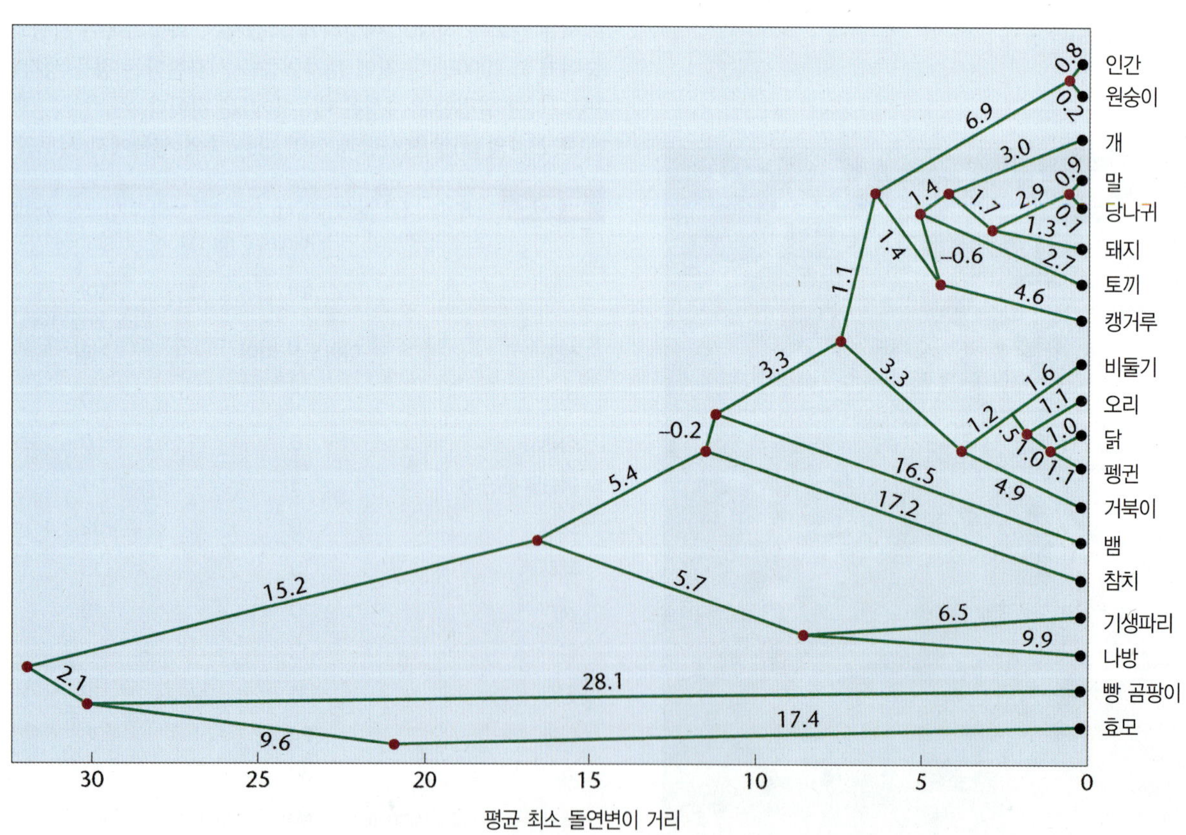

그림 23-18 시토크롬 c 아미노산 서열의 공통성 비교에 의해 구성된 계통. [*Reprinted with permission from Fitch, W.M., and Margoliash E. 1967. Construction of Phylogenetic trees. Science 279:279–84. Figure 2. Copyright 1967 AAAS.*]

침팬지를 공통조상에 연결시키는 가지의 길이는 대략 0.81이 된다.

2. 이 종들의 쌍과 다른 종 사이의 유전적 거리표를 다시 계산한다[그림 23-19(c)]. 사람과 침팬지(Hu-Ch) 묶음(cluster)* 사이의 유전적 거리와 다른 종들 사이의 유전적 거리는 각 묶음의 구성원과 다른 종들 사이의 거리에 대한 평균이다. 예를 들어, 사람-침팬지 묶음과 고릴라의 유전적 거리는 사람-고릴라 거리와, 침팬지-고릴라 사이의 거리의 평균이다. 즉,

$$(2.267 + 2.21)/2 = 2.2385$$

가 된다.

3. 모든 종들이 나무에 첨가될 때까지 1번과 2번의 과정을 반복한다.

계산된 표에서 가장 작은 거리값은 1.95이고 긴팔원숭이(siamang)와 큰긴팔원숭이(gibbon)들 간의 거리다[그림 23-19(c)]. 나무의 다음 부분을 구성하기 위해 긴팔원숭이와 큰긴팔원숭이를 옆 가지에 위치시켜 가지 길이가 1.95의 1/2인 0.98이 되도록 한다[그림 23-19(d)].

표를 다시 계산하게 되면 두 묶음(사람-침팬지, 긴팔원숭이-큰긴팔원숭이)과 고릴라가 남게 된다[그림 23-19(e)]. 사람-침팬지 그룹과 긴팔원숭이 그룹 사이의 유전적 거리는 4개의 거리, 즉 사람-긴팔원숭이, 사람-큰긴팔원숭이, 침팬지-긴팔원숭이, 그리고 침팬지-큰긴팔원숭이들의 평균이다.

이제 가장 작은 유전적 거리는 2.239로 사람-침팬지 그룹과 고릴라 사이의 값이다. 그러므로 우리는 고릴라를 나무의 가지에 첨가하여 사람-침팬지 그룹과의 공통조상으로 연결할 수 있게 된다[그림 23-19(f)]. 이 가지들은 모아져서 사람-침팬지-고릴라 그룹에서 어떤 두 가지 끝들의 사이 거리가 2.239가 되도록 그려진다.

마지막으로 표를 한 번 더 만들면[그림 23-19(g)], 우리는 사람-침팬지 그룹과 긴팔원숭이-큰긴팔원숭이 그룹 사이의 거리를 6개 유전적 거리: 사람-긴팔원숭이, 사람-큰긴팔원숭이, 침팬지-긴팔원숭이, 침팬지-큰긴팔원숭이, 고릴라-긴팔원숭이, 그리고 고릴라-큰긴팔원숭이들의 평균으로 계산하게 된다. 이 거리는 4.778이고 이것으로 우리의 진화수가 완성된다[그림 23-19(h)]. 우리의 진화수는 사람과 침팬지가 서로 가장 가까운 친척임을 제시한다. 그러나 이것은 사람이 침팬지로부터 진화했다고 말하는 것은 아니다. 이 분석은 사람과 침팬지가 진화수 상의 다른 종들보다 좀 더 최근의 공통조상을 공유한다는 것이다.

* 우리는 묶음, 즉 클러스터라는 표현을 단 두 개로 이루어진 쌍에 대해서도 사용한다. 그 이유는 더 큰 그룹이 형성될 수도 있고 각 그룹을 모두 동등하게 부르는 것이 편리하기 때문이다.

(a)

	Human	Chimp	Gorilla	Siamang	Gibbon
Human	–				
Chimp	1.628	–			
Gorilla	2.267	2.21	–		
Siamang	4.7	5.133	4.543	–	
Gibbon	4.779	4.76	4.753	1.95	–

(c)

	Hu-Ch	Gorilla	Siamang	Gibbon
Hu-Ch	–			
Gorilla	2.2385	–		
Siamang	4.9165	4.543	–	
Gibbon	4.7695	4.753	1.95	–

(e)

	Hu-Ch	Gorilla	Si-Gi
Hu-Ch	–		
Gorilla	2.239	–	
Si-Gi	4.843	4.648	–

(g)

	Hu-Ch-Go	Si-Gi
Hu-Ch-Go	–	
Si-Gi	4.778	–

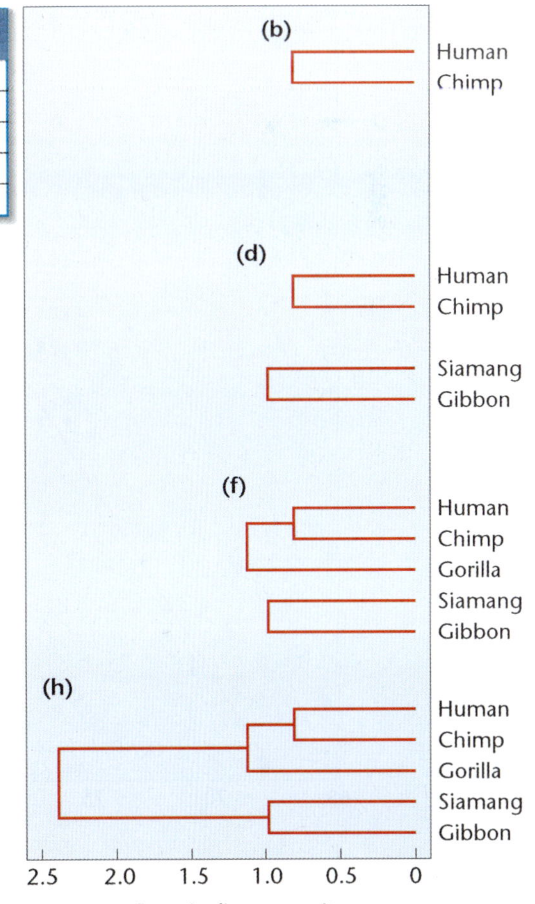

그림 23-19 UPGMA에 의한 계통 재구성.

UPGMA의 가장 중요한 단점은 다른 가능한 나무들보다 그것이 만들어 낸 나무가 얼마나 잘 자료들을 맞추는가를 결정할 수 있는 방법을 제공하지 못한다는 것이다. 예를 들어, 우리가 이렇게 만든 진화의 나무가 침팬지와 고릴라를 가장 가까운 친척으로 나타내는 나무보다 얼마나 더 잘 우리의 자료들과 맞는가?

진화 유전학자들은 일단의 종들을 연결시키는 모든 가능한 나무들을 찾고 각각에 대한 상대적인 성과를 계산할 수 있는 다양한 기법들을 발달시켜왔다. **단순성**(parsimony) 방법은 각각이 요구하는 최소한의 진화적 변이 숫자를 사용하여 나무들을 비교한다. 그리고 가장 단순한, 가능성 있는 나무를 선발한다. 다른 분석 기법은 **최대 가능성 방법**(maximum likelihood methods)으로 불리는 것으로, 진화과정의 모형을 가지고 시작하여 진화가 이 모형 아래서 각각의 가능한 나무들을 만들어 낼 가능성이 얼마나 있는가를 계산하고 가장 가능성 있는 나무를 선택한다. 유전적 거리에 대한 자료로부터 나온 계통들은 종들이 실질적으로 진화한 꼭 그 방법일 필요는 없지만, 사용된 방법에 기초한 그 진화의 합리적인 추정이라고 할 수 있다는 점을 기억하는 것이 중요하다. 보통은 여러 좌위로부터 얻어진 조합된 자료에 기초한 계통들이 하나의 좌위나 단백질에 기초한 것보다는 좀 더 믿을 만하다.

분자시계

많은 경우에 있어 우리는 어떠한 종들이 가장 근연관계이며 또 그들의 공통조상이 언제 살았는가를 추정하고 싶어 한다. 때때로 이러한 일이 가능한데 바로 **분자시계**(molecular clock)의 덕분이다. 분자시계란 오랜 시간에 걸쳐 일정한 비율로 진화적 변화들이 축적되는 아미노산이나 뉴클레오티드의 서열을 말한다.

월터 M. 피치(Walter M. Fitch)와 그 동료들에 의한 인플루엔자에 대한 연구는 어떻게 분자시계가 사용되는지를 보여준다. 그들은 20년 동안 서로 다른 시기에 분리된 이 독감 바이러스들로부터 헤마글루티닌(hemagglutinin) 유전자의 일부를 서열분석했다. 그들은 이 서로 다른 바이러스들 간에 뉴클레오티드 차이의 수를 계산하여 진화수를 구성하였다[그림 23-20(b)]. 대부분의 바이러스주가 절멸했으며, 더 최근에 분리된 바이러스 중에 그들의 자손이 있는 것도 아니었다. 피치의 연구팀은 그 바이러스주가 분리되었던 해에 대해 처음 분리된 것과 나중에 분리된 바이러스 주들 사이에서 뉴클레오티드의 치환의 숫자를 점으로 표시하였다[그림 23-20(a)]. 점들은 모두 직선에 가깝게 떨어지는데 이것은 이 유전자에서 뉴클레오티드 치환이 일정한 속도로 축적됨을 시사한다. 그러므로 헤마글루티닌 유전자는 분자시계로 사용될 수 있다. 분자시계는 그들이 각 해에 나타났을 때 새 독감 바이러스

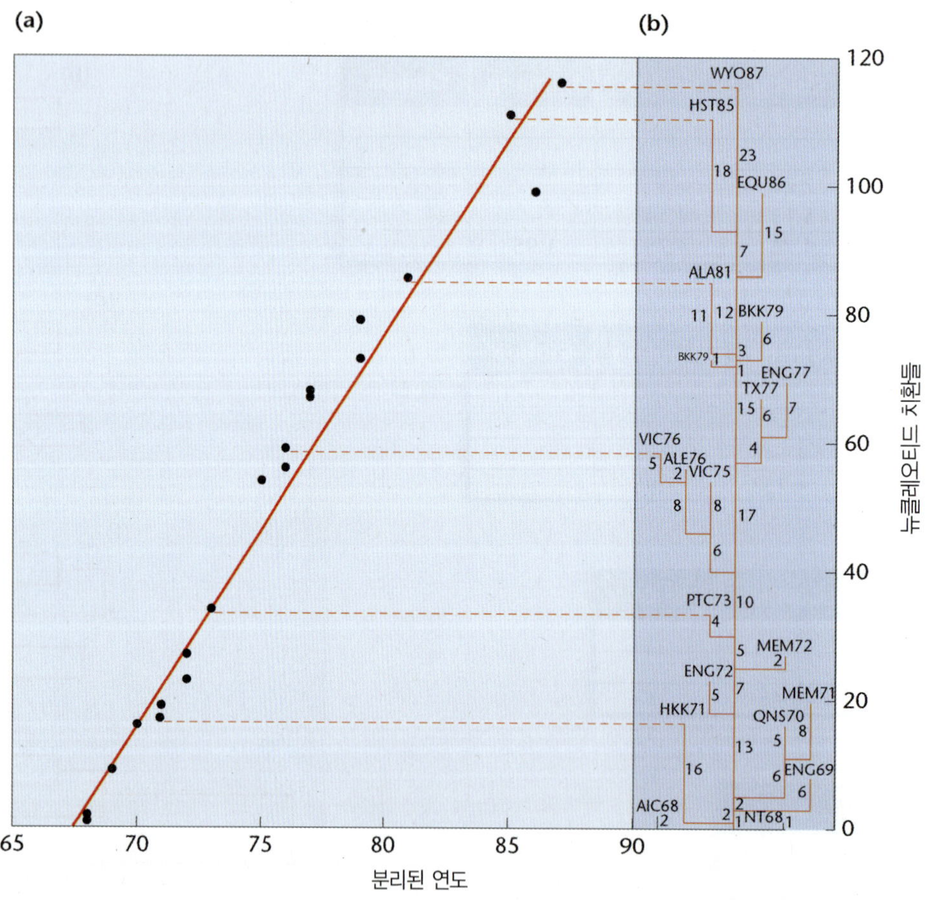

그림 23-20 인플루엔자 A 헤마글루티닌(influenza A hemagglutinin) 유전자의 분자시계. (a) 분리한 연도의 함수로 나타낸 첫 번 분리와 연속된 분리 사이의 뉴클레오티드 차이의 숫자. (b) 분리의 계통을 추정한 것.

서열을 비교하여 그들의 공통조상으로부터 분지한 후로 얼마나 시간이 지났는지를 추정하는 데 사용된다.

분자시계는 아주 주의 깊고 조심스럽게 측정되어야 한다. 예를 들어, 피치의 자료들은 새에서 사람으로 옮아 온 인플루엔자 A 바이러스가 조류에 남아 있던 바이러스들보다 더 빠르게 진화하고 있음을 가리킨다. 그러므로 분자시계는 사람의 바이러스에서 계산된 것을 새의 바이러스에 적용할 때는 매우 오도된 결과를 낳기 쉽다.

23.8 진화사의 재구성은 많은 질문에 대한 해답을 제공한다

진화적 분석은 넓은 범주의 의문점을 다룬다. 그들 중 어떤 것은 직접적으로 진화와 관계된 것이고, 다른 것들은 현대의 쟁점과 심지어는 범죄 활동까지 다루기도 한다.

HIV의 전염

1986년 후반에 플로리다의 한 치과의사가 HIV 양성 판정을 받았다. 몇 달 후 그는 AIDS로 진단받았다. 그 후 그는 그의 환자 중 하나였던 젊은 여성이 위험인자를 가지지 않았음에도 HIV에 감염된 것이 판명되었을 때까지 2년 동안 더 치과 일을 했다. 이 치과의사가 그의 다른 환자들이 스스로 검사 받도록 공식적으로 요청했을 때 몇몇의 사람들이 HIV 양성임이 판명되었다. 이 치과의사가 그들의 환자에게 HIV를 전염시켰을까? 아니면 환자들은 어떤 다른 방법에 의해 감염되었던 것일까?

언뜻 보면, 이러한 상황은 진화의 문제와 동떨어진 것처럼 보인다; 그러나 한 개인에서 다른 사람으로 바이러스가 옮겨가는 것은 작은 수의 이주자들이 새로운 섬으로 정착하는 것과 다르지 않다. 조상형 집단과 새로운 집단 사이의 유전자 흐름은 존재하지 않는다. 개체군들은 유전적 부동의 결과로, 달라진 환경에 대한 적응으로 혹은 둘 다에 의해 자유롭게 분지된다.

만약 치과의사가 그의 HIV를 환자에게 옮긴 것이라면 환자들에서 분리된 이 HIV들은 같은 지역에 사는 다른 개인에서 분리된 바이러스들보다는 서로서로 또, 치과의사의 바이러스들과도 연관성이 클 것이다. 친이 오우(Chin-Yi Ou)와 그 동료들은 치과의사, 10명의 그 환자들, 그리고 지역 대조군인 몇몇 HIV 감염 개인들로부터 수집된 바이러스의 외피 단백질 유전자 일부에 대한 서열분석을 수행하였다.

서열분석 자료로부터 얻어진 이들 분리된 HIV에 대한 진화수가 그림 23-21에 나타나 있다. 연구에 참여한 사람들에서 분리된 바이러스들은 나무의 바깥쪽 주위의 가지 끝에 위치되고, 추론된 공동조상들은 중심쪽에 위치한다. 환자 A, B, C, E, G와 I로부터 얻은 바이러스주들은 모두 지역 개인에서 나온 바이러스보다는 환자들끼리의 바이러스나 치과의사의 바이러스들과 더 최근의 공통조상을 공유하고 있었다. HIV들 간의 진화적인 관계는 그 치과의사가 정말로 그 감염을 다른 사람에게 옮긴 것임을 가리킨다. 대조적으로, 환자 D, F, H와 J의 HIV들은 치과의사의 바이러스보다는 지역 대조군(local control, LC)들과 더 닮아 있었다. 이들 환자는 치과의사가 아닌 다른 사람으로부터 감염되었을 것으로 보인다. 환자 J는 두 가지의 다른 경로로 감염되었을 것으로 보인다. HIV 사건을 조사했던 질병통제센터는 어떻게 치과의사-환자 감염이 발생했는지 결정하지 못하고 있다. 건강관리 기관에서 제공자-환자 사이의 감염 사건이 보고된 다른 경우는 없다.

네안데르탈인과 현대인

고생물학적 증거는 네안데르탈인 *Homo neanderthalensis*가 30만~3만 년 전에 유럽과 서아시아에 살았었음을 가리킨다. 적어도 3만년 동안 네안데르탈인들은 해부학적으로 현대인(*H. sapiens*)과 여러 지역에 공존했다. 네안데르탈인과 현대인에 대한 몇 가지 질문이 풀리지 않고 있다: (1) 네안데르탈인은 현대인의 직접적인 조상으로 간주될 수 있는가? (2) 네안데르탈인과 *H. sapiens*는 교잡하여 네안데르탈인의 후손들이 현재 살고 있는 것인가? 혹은 (3) 네안데르탈인이 죽어 절멸한 것인가?

이러한 질문들을 풀기위해 몇몇 연구팀은 네안데르탈인의 뼈에서 추출한 DNA를 찾아 분석하는 데 관심을 집중시켰다. 1997년 스반테 파보(Svante Pääbo), 마티아스 크링스(Matthias Krings)와 그의 동료들은 독일의 뒤셀도르프 근처 펠트호퍼(Feldhofer) 동굴에서 발견된 네안데르탈인의 골격으로부터 미토콘드리아 DNA 조각들을 추출하였다. 그들이 실제로 네안데르탈인의 유전자 조

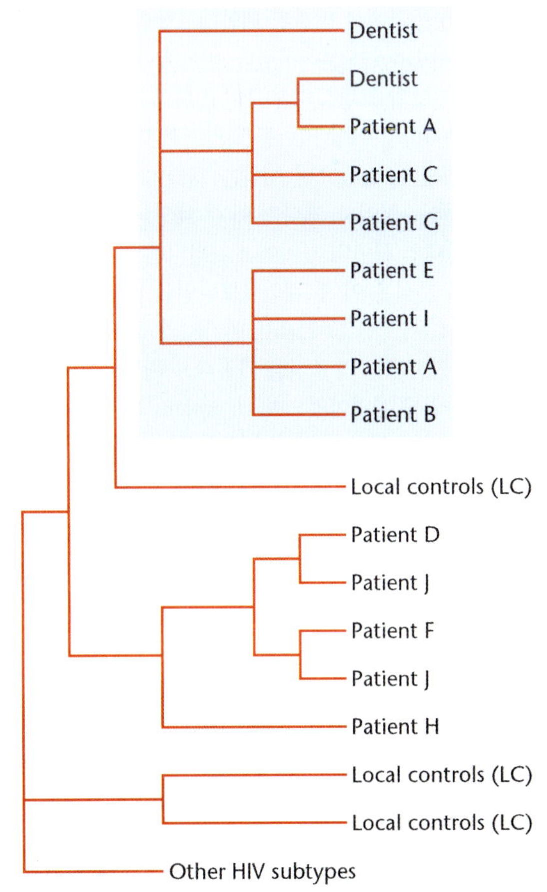

그림 23-21 한 치과의사, 그의 환자들, 그리고 여러 지역적 대조군(LC)들로부터 얻어진 HIV주들의 계통. 어둡게 칠한 부분의 바이러스 계통 집단들은 공통의 조상에서 유래한 것이다.

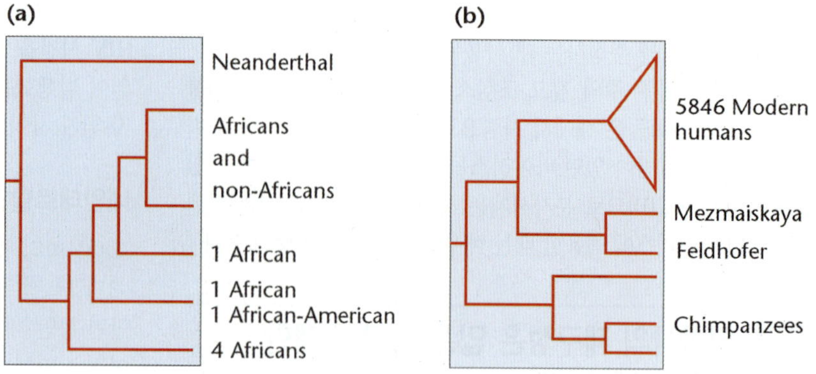

그림 23-22 (a) 서부 독일(펠트호퍼)에서 나온 한 명의 네안데르탈인과 2,000명의 현대인에서 얻어진 미토콘드리아 DNA 서열로부터 추정된 계통. (b) 흑해 동부의 한 동굴에서 얻어진 메즈마이스카야(Mezmaiskaya)의 네안데르탈인 DNA를 분석한 것.

각들을 분리했음을 확인한 후에 연구팀은 네안데르탈인의 서열을 2,000명의 현대인과 함께 계통을 세워보았다[그림 23-22(a)]. 이 분석에 기초하면, 네안데르탈인은 현대인의 먼 친척인 것으로 보인다. 침팬지와 인간에서 계산된 분자시계를 이용하여 연구자들은 네안데르탈인과 현대인들 사이의 최종 공통조상이 대략 60만 년, 즉 모든 현대인의 최종 공통조상보다 4배나 더 오래 전에 살았었을 것으로 계산하였다. 그러나 하나의 네안데르탈인 표본으로부터 결론을 끌어내는 데는 상당한 주의가 요구된다.

좀 더 최근에, 이고르 오프치니코프(Igor Ovchinnikov)와 그의 동료들은 흑해의 동쪽 코카서스 산맥의 메즈마이스카야(Mezmaiskaya) 동굴에서 발견된 네안데르탈인의 잔해에서 수거된 미토콘드리아 DNA를 분석하였다. 비록 두 네안데르탈인의 서열(즉, 한편은 파보와 크링스의 연구이고 다른 한편은 오프치니코프의 것)이 1,000마일 이상 떨어진 지역에서 나온 것이었지만 그들은 3.5% 정도만이 달랐으며 이것은 그들이 하나의 유전자 풀 출신임을 시사하는 것이다. 게다가 이 두 네안데르탈인의 서열 사이의 차이는 현대인 사이의 차이에서 나타나는 것과 견줄 만한 것이다. 계통학적 분석은 이 두 네안데르탈인을 현대인들과는 다른 집단에 위치시킨다[그림 23-22(b)]; 여기서의 결론은 비록 네안데르탈인과 현대인이 공동의 조상을 가진다고 해도 네안데르탈인들은 독립된 원시인류 계열이었으며, *H. sapiens*의 미토콘드리아 유전자에 기여한 바가 없다는 것이다. 종합하면, 이들 두 연구는 네안데르탈인들이 사라졌을 때 그들의 계보도 역시 사라졌음을 제시해 준다. 그러나 일부 네안데르탈인 남성과 인간 여성이 교잡했을 가능성이 있지만 그 반대는 아니다. 이 문제를 풀기 위해 네안데르탈인 핵 유전자 조각 서열들을 얻어 서열을 밝히려는 노력이 이루어지고 있다.

미토콘드리아의 기원

미토콘드리아는 원형의 DNA 분자로 된 그들 자신의 유전체를 가지는 세포 소기관이다. 사람에서, 미토콘드리아의 유전체는 산화적 인산화와 ATP 생산에 요구되는 13개의 단백질들과 22개의 tRNA 분자들, 그리고 2개의 rDNA 유전자들을 암호화하고 있다. 미토콘드리아 유전체는 구성과 기능에 있어서 세균의 유전체와 유사점을 공유한다. 그러므로 미토콘드리아는 세균에서 기원했을 것으로 생각되는데, 즉 그들은 자유생활을 하던 원핵생물이, 핵이 있는 숙주세포 내에서 세포 내 공생을 하게 된 세균의 자손이라는 것이다. 일단 세포 내로 통합되자 미토콘드리아의 유전체는 시간이 흐를수록 작아졌으며, 지금 우리가 보는 축소된 유전체는 유전자 소실과 숙주세포로의 유전자 전이 결과라고 생각된다. 그러나 미토콘드리아의 기원과 진화에 대해서는 많은 문제점이 남아 있다: 미토콘드리아가 기원한 세균은 어떠한 세균 그룹이었나?

이러한 문제를 조사하는 연구자들은 작은 소단위 rRNA(SSU rRNA, small-subunit ribosomal RNA)의 유전자들에 대한 미토콘드리아의 뉴클레오티드 서열로부터 얻어진 정보를 이용한다. 이들 서열은 강한 기능적 압박 하에 있으며 따라서 매우 보존되어 있다. 이들 서열에 대한 계통학적 분석은 α-프로테오박테리아(홍색세균)라고 알려진 일단의 세균그룹을 미토콘드리아의 살아 있는 가장 가까운 친척으로 지정해 준다. 최근의 연구들은 이들 α-프로테오박테리아를 두 아문으로 나누는데, 그 중 하나가 리케챠 아문(rickettsial subdivision)이다.

SSU 계통학에 근거하여, 리케차는 미토콘드리아와 가장 가까운 친척으로 규명되었다. 재미있게도, 미토콘드리아처럼, 리케챠도 진핵세포 내에서만 살 수 있다.

그러나 미토콘드리아와는 달리, 리케챠는 우리 종의 역사에서 가장 심각한 질병 중의 하나인 티푸스 같은 질병을 일으키는 기생성 생물이라는 것이다. 리케챠 중의 하나인 *Richettsia prowazekii*의 유전체 분석은 이들 세균과 미토콘드리아의 연관성에 대한 부가적 통찰을 제공한다. *R. prowazekii*, 다른 세균들, 그리고 여러 생물에서 얻어진 미토콘드리아들로부터 ATP 합성에 관여하는 유전자들에 대한 유전체 서열정보를 이용하여 시브 안더슨(Siv Andersson)과 동료들은 하나의 계통수를 작성하였다(그림 23-23). 그들의 나무는 *R. prowazekii*와 미토콘드리아 사이의 진화적 관계를 가장 가까운 것으로 나타낸다. SSU 분석으로부터 나온 증거도 비슷한 나무를 나타냈었다. 그러므로 SSU와 ATP 합성에 관여한 단백질로부터 얻어진 이 두 가지의 증거들은 우리 세포가 가지고 있는 미토콘드리아가 리케챠의 고대조상으로부터 나왔다는 강력한 증거를 제공한다.

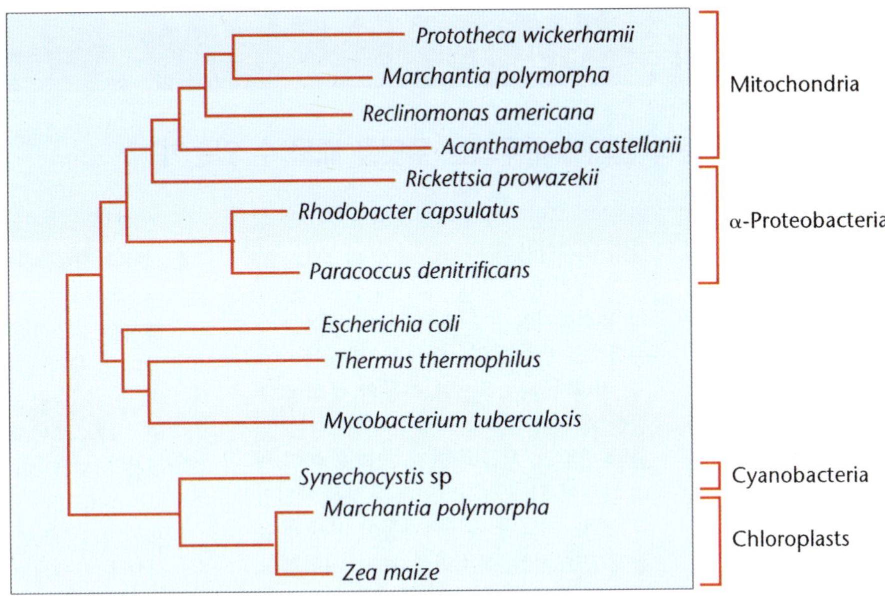

그림 23-23 미토콘드리아, α-프로테오박테리아, 시아노박테리아, 그리고 엽록체의 진화적 관계. *R. prowazekii*는 α-프로테오박테리움이지만, 다른 α-프로테오박테리아들보다 가장 미토콘드리아와 가깝다.

단원 요약

1. 오늘날의 생물들은 계통의 변화, 분리, 분지 등을 포함하는 진화적 역사의 산물들이다. 알프레드 러셀 월리스(Alfred Russel Wallace)와 찰스 다윈(Charles Darwin)은 자연선택설을 제창하였으며 이것은 계통 변화의 기구를 제공한다. 대립인자 빈도의 변화에 있어서 진화의 유전적 기초와 자연선택의 역할은 20세기에 발견되었다.

2. 유전학자들이 집단의 유전적 구조를 연구하기 시작했을 때, 이들은 대부분의 집단이 상당한 유전적 다양성을 보유하고 있음을 발견했다. 이러한 다양성은 단백질의 전기영동 연구나 DNA 서열의 수준에서도 뚜렷하게 나타난다. 집단의 유전적 다양성이 돌연변이와 유전적 부동에 의해 주로 유지되는가 아니면 자연선택에 의한 것인가 하는 것이 주요 토론점이다.

3. 대부분의 종에서 지리적 영역은 환경적 다양성을 포함하고 있다. 서로 다른 환경에 대한 적응과 유전적 부동의 결과로 한 종 내의 다른 집단들은 많은 좌위에서 서로 다른 대립인자 빈도를 가질 수 있다.

4. 집단간의 유전자 흐름은 그들의 유전적 조성을 동일화시키는 경향이 있다. 유전자 흐름이 감소되면 유전적 부동과 환경에의 적응현상이 집단의 분기를 초래할 수 있다. 결국에는 집단들이 너무 달라져서 한 집단의 개체가 다른 집단의 개체들과 교배하지 못하거나 교배하지 않게 된다. 이 시점에서 분기한 집단들은 서로 다른 종이 된다.

5. 종 분화는 유전적 분지와 관계되어 있으므로, 우리는 그들의 진화사를 추정하기 위해 종들 간의 유전적 차이를 이용할 수 있다. 아미노산과 뉴클레오티드 서열을 비교함으로써, 종들 사이의 유전적 거리를 결정할 수 있다. 유전적 거리는 진화수(evolutionary tree)를 재구성하는 데 사용될 수 있다. 계통을 재구성하기 위한 가장 간단한 방법은 가장 덜 분기된 종들이 가장 가까운 친척이라고 가정하는 것이다.

6. 진화수를 재구성하는 것은 놀라운 다양성에 대한 해답을 얻는 주요 기술이다. 질병 전달에서의 전달 경로를 추적하는 것을 포함하여 인간의 진화에 대한 최근의 사건들을 해석하고 모든 생물 사이의 진화적 관계를 결정하는 것이 이러한 예들이다.

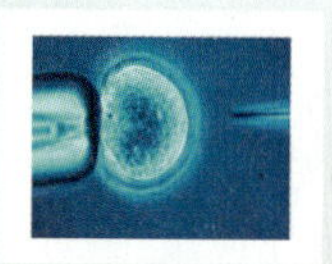

유전학, 기술, 그리고 사회

우생학 운동의 실패에서 우리는 무엇을 배울 수 있는가?

우생학 운동은 영국의 과학자 프랜시스 갈톤(Francis Galton)의 생각에서 기원한 것이다. 그는 가계들(자신의 가계를 포함한)에서 천재들의 출현에 대한 연구로부터 지적 능력이 유전적이라는 확신을 얻게 되었다. 갈톤은 1869년 그의 책 「유전성 천재(*Hereditary Genius*)」에서, "수 세대 동안의 현명한 결혼에 의해 높은 재능의 종족을 생산하는 것은 상당히 실현성 있는 일이다"라고 결론을 내렸다. 우생학(eugenics)이라는 말은 1883년 갈톤에 의해 만들어졌으며 선택적 혼인에 의한 인간 종의 개발을 뜻하는 것이었다. 1900년, 멘델의 원리가 재발견되자, 우생학 운동이 꽃을 피웠다.

우생학자들은 행동, 지능, 그리고 도덕적 특징 등을 포함한 다양한 인간의 속성들이 멘델 형질로 유전된다고 믿었다. 그들의 주된 걱정은 유전적으로 "약한 정신(feebleminded)"이며 비도덕적이라고 추정되는 사람들이 유전적으로 우수한 사람들보다 더 빨리 생식하여, 이러한 출생률의 차이가 인간 종족의 지적 능력과 도덕적 성향을 점진적으로 퇴보시킨다는 것이었다. 몇몇 치료책이 제안되었다. '긍정적 우생학(positive eugenics)'은 특히 "적합한(fit)" 부모들이 더 많은 아이들을 출산하도록 장려하는 것이다. 그러나 우생학자들이 가진 목표의 핵심은 '부정적 우생학(negative eugenics)'적 접근으로서, 유전적으로 열등한 사람들의 생식을 억제하거나 혹은 더 나아가 이들을 완전히 없애는 데 그 목적을 두었다.

미국에서는, 우생학 운동이 한때 널리 대중들의 지지를 받아서 공공 정책에 심각한 영향을 미쳤다. 부분적으로는 저명한 우생학자들의 요구에 의해 30개의 주가 범죄자, 간질 환자, 정신병원 수감자들의 강제 불임법을 통과시켰다; 대부분의 주가 "약한 정신의" 사람들, 그리고 우생학적으로 부적합하다고 생각되는 사람들 사이의 결혼을 무효화시키는 법률을 만들었다. 그러나 우생학 운동의 정점에 있던 법률적 업적은 1924년 이민 제한법의 통과다. 이 법은 뚜렷한 정신적 열등함을 이유로 동부와 남부 유럽에서의 이민자들의 입국을 심각하게 제한했다.

그 세기의 첫 20년 동안에 걸쳐 대부분의 유전학자들은 우생학자들의 관점을 수동적으로 받아들였으나, 1930년대에 이르자, 비판자들은 우생학 운동의 목적이 건전한 유전학자들에 의해서라기보다는 인종 차별주의, 계급적 편견, 그리고 이민 반대 감정에 의해 결정되었다는 것을 깨달았다. 점차, 저명한 유전학자들이 우생학 운동에 반대하는 목소리를 내기 시작했고, 그들 중에는 윌리엄 캐슬(William Castle), 토마스 헌트 모건(Thomas Hunt Morgan), 그리고 허먼 멀러(Hermann Muller) 등이 있었다. 그 끔찍한 극단이 나치(Nazis)가 우생학을 채택했던 것이라는 사실이 밝혀지자, 우생학 운동을 종식시키자는 강한 운동이 발생했다.

역설적이게도, 우생학 운동은 기초적인 멘델 원리들에서 생겨났지만 동시에 멘델 원리들은 우생학의 이론적 토대를 부정하고 있다. 오늘날 유전학에서 입문 코스를 완료한 학생이라면 우생학자들이 저질렀던 기본적인 실수들을 규명할 수 있어야 한다.

1. 그들은 지능이나 개성과 같이 복잡한 인간의 형질들이 반드시 유전되는 것으로 간주하여 표현형에 대한 환경의 기여를 완전히 무시했다. 그들의 논리는 특정 형질이 유전되므로, 그 형질은 유전적으로 결정될 것이라는 주장이다.
2. 그들은 이러한 복잡한 형질이 우성과 열성 대립인자를 가진 하나의 유전자에 의해 결정된다고 생각하였다. 이러한 믿음은 여러 유전자쌍이 많은 표현형에 기여함을 보여주는 연구에도 불구하고 계속되었다.
3. 그들은 하나의 이상적인 유전자형이 사람에 존재한다고 생각했다. 아마도 그러한 유전자형이 유지되기 위해서는 매우 동형접합성이어야 할 것이라는 생각이다. 이러한 생각은 높은 수준의 동형접합성이 종종 매우 해로우며 이형접합자들의 우수성을 입증하는 현재의 증거들로 반대에 부딪힌다.
4. 그들은 집단 내에서 열성으로 유전되는 결함의 빈도를, 동형접합자들의 생식을 저해함으로써 매우 낮출 수 있다고 생각했다. 사실상 열성 형질은 상대적으로 매우 드물며, 집단 내에서 대부분의 열성 대립인자들은 그러한 선택을 피해갈 수 있는, 증상이 나타나지 않는 이형접합자들에 의해 유지된다. 부정적 우생학은 그것이 아무리 강하게 작동해도 그러한 형질들을 없애는 데에는 상당히 비효과적이다.
5. 그들은 집단 내에서 유전적으로 부적합한 사람들이 유전적으로 적합한 사람들보다 더 생식을 많이 한다고 생각했지만, 이것은 생식력과 적응도를 동일한 것으로 간주했던 다윈의 적응 개념과 정반대되는 것이다. 즉, 생식력이 높을수록 더 잘 적응한 개체다. (갈톤은 이것을 이해했어야만 한다. 그는 다윈의 사촌이 아니던가!)

우생학 운동이 꽃을 피운 지 70년 이상이 지났다. 우리는 이제 유전학에 대해 좀 더 자세히 이해하고 있고, 유전학의 오용 가능성에 대해서도 잘 알고 있다. 그러나 현대 유전학 기술들의 적용은 프랜시스 갈톤이 상상도 못했던 범주와 능력으로 "새로운 우생학"을 가능하게 하고 있다. 특히 태아의 유전자 검사와 시험관 수정은 아이를 그들의 유전자형에 따라 선택하는 것을 가능하게 하며, 유전병, 심지어는 행동과 연관된 점점 더 많은 유전자들을 극적으로 증가시키는 힘을 가능하게 한다.

새로운 유전학의 시대로 들어옴에 따라, 우리는 초기 우생학자들이 저지른 실수를 잊지 말아야 할 것이다. 표현형은 유전자형과 환경 간의 복잡한 상호작용이며, 인간을 단순히 유전자의 집합체로 간주하는 도덕적 과실을 범하지 않도록 해야 할 것이다. 많은 유전자들이 질병이든 행동이든, 특정 표현형에 기여하며, 이들 유전자의 대립인자들이 예측할 수 없는 방식으로 서로 상호작용할 수 있다는 사실을 명심해야 할 것이다. 이상적인 유전자형이 존재할 것이라는 생각의 희생물이 되지 않도록 해야 할 것이다. 자연에 존재하는 모든 집단들의 성공은 유전적 다양성과 연관되어 있다. 그리고 무엇보다도, 이념적인 목표를 발전시키는 데 유전적인 정보를 이용해서는 안 될 것이다. 우리는 우생학 실험처럼, 건강한 아이를 가지는 것과 유전학적 기술의 합법적 사용들 사이에 일종의 선이 있음을 발견할 수 있을 것이다. 이 선을 정확히 어디에 놓을지를 결정하는 것은 우리에게 달려 있다.

참고문헌

Allen, G. E., Jacoby, R., and Glauberman, N. (eds.). 1995. Eugenics and American social history, 1880-1950. *Genome* 31: 885-889.

Hartl, D. L. 1988. A primer of population genetics. 2nd ed. Sunderland, MA: Sinauer.

Kevles, D. J. 1985. In the name of eugenics: Genetics and the uses of human heredity. Berkeley: Univ. of California Press.

주요 용어

계통(phylogeny)
계통발생(anagenesis)
계통 진화(phyletic evolution)
낭포성 섬유증(cystic fibrosis)
단순성(parsimony)
분계발생(cladogenesis)
분자시계(molecular clock)
생식적 격리 기구(reproductive isolating mechanisms)
시토크롬 c(cytochrome c)
자연선택(natural selection)
접합 전 격리 기구(prezygotic isolating mechanisms)
접합 후 격리 기구(postzygotic isolating mechanisms)
정체(stasis)
젤 전기영동(gel electrophoresis)
종(species)
종 분화(speciation)
중립설(neutral theory)
최대 가능성(maximum-likelihood)
최소 돌연변이 거리(minimal mutational distance)

통찰과 해법

1. DNA의 서열분석은 여러 가지 방법으로 수행될 수 있다. 한편, 단백질 서열분석은 DNA의 4염기에 비해 20개의 소단위가 확실하게 열거되어야 한다는 점 때문에 훨씬 복잡하다. 그들의 독특한 성질 때문에, 단백질의 N 말단이나 C 말단은 규명하기가 쉽지만 그 사이의 서열들은 보통 많은 단백질이 수백 개의 아미노산으로 이루어지기 때문에 상당한 도전을 필요로 한다. 그러면 어떻게 단백질 서열화 작업이 완성될 수 있을까?

해법: 단백질의 서열화 작업의 전략은 DNA 서열화 작업과 같다–나누어서 작업하기. 이를 위해서는 특정 아미노산 사이를 자르는 특정 효소들이 사용된다. 이들 서로 다른 효소들은 겹치는 조각들을 만들어 낸다. 각 조각들을 분리하여 화학적인 방법으로 아미노산 서열을 결정한다. 겹치는 조각들에서 얻어진 서열들을 모아서 전체 단백질의 서열을 조립한다. 또 다른 방법으로, 연구자들은 우선 이 단백질을 암호화하는 유전자를 분리하여 그 유전자 암호로부터 단백질의 아미노산 서열을 유추해 내기도 한다.

2. 같은 개체군 내에서 갑자기 크기가 두 배인 식물이 나타났다. 정상적이라면, 이 종의 식물은 자가 수분(self-fertilization)이나 혹은 이계 교배(타가 수정, cross fertilization)에 의해 생식한다. 이 새로운 식물은 단순한 변이체인가, 아니면 신종인가? 어떻게 이것을 결정할 수 있나?

해법: 고등식물의 종분화 기작에서 가장 흔한 것이 다배수체화(polyploidy)–전체 염색체 한 조 단위의 증가–이다. 다배수체화의 결과로 보통 큰 꽃과 큰 열매를 가지는 거대식물들이 얻어진다. 이 새로운 변이체를 신종으로 할지를 결정하는데 두 가지 방법이 사용된다. 첫째로는, 이 거대식물을 정상 크기의 식물과 교배하여 생존력 있고 생식 가능한 자손이 생기는지를 관찰하는 것이다. 만약 그렇지 못하다면, 이 두 형태의 식물은 생식적으로 격리될 것이다. 둘째로는, 이 거대식물을 세포 유전학적으로 검사하는 것으로 그 염색체 조성을 관찰하는 것이다. 만약 이것이 정상 크기의 다른 식물들보다 두 배의 염색체 숫자를 가진다면, 이것은 저절로 사배체가 일어난 것일 게다. 만약 염색체 숫자가 이 배수로 달라진다면 새로운 식물은 정상식물과는 생식적으로 격리된다. 따라서 이것은 신종이다.

연습문제 및 토론문제

1. 진화에서 신다윈주의(Neo-Darwinism)를 정의해 보라.
2. 종 분화를 정의해 보라. 종 분화와 진화는 어떻게 다른가?
3. 월리스와 다윈은 표현형적 변이에 작용하는 힘인 자연선택을 발견했다. 그들이 설명할 수 없었던 표현형적 변이와 연관된 두 과정은 무엇인가?
4. 아주 가깝게 연관된 두 종은 아주 적은 정도의 표현형적 차이만을 가질 것이다. 그렇게 작은 표현형적 차이로도 이들을 한 종이 아닌 두 종으로 분류하는 것이 어떻게 정당화될 수 있을까?
5. 자연선택은 종 분화를 이끌 수 있다. 이것이 종이 형성되는 유일한 방법인가?
6. 자연 집단에서 알로자임 다양성이 유지되는 것은 아직도 많은 논란의 주제로 남아 있다. 네보(Nevo, 2001. *Proc. Natl. Acad. Sci. [USA]* 98: 6233-6240)는 111종의 지상 포유동물과 132종의 지중 포유동물들을 조사하여, 지중 포유동물들이 지상동물보다 덜 다형적임을 발견했다. 이에 대해 가능한 설명을 제시해 보라.
7. *D. pseudoobscura*의 3번 염색체에 존재하는 역위가 유전적 다양성을 나타낸다는 진술의 뒤에 숨어 있는 이론적 근거에 대해 논하라.
8. 초파리 *D. pseudoobscura*에 대한 도브잔스키의 연구는 ST와 CH 염색체 재배열의 빈도가 해마다 변화하는 것을 보여주었다. 왜 오랜 시간이 지나도 이중 한 가지 재배열이 사라지지 않는 것일까?
9. 어떻게 상당한 수준의 유전적 차이를 가진 개체군이 형성될 수 있는지 설명하라. 자연선택의 역할은 무엇인가?
10. 프라이스 등(Price et al., 1999. *J. Bacteriol.* 181: 2358-2362)은 사람에서 탄저병을 일으킬 수 있는 세균인 *Bacillus anthracis*의 독소 전달 단백질(PA)에 대한 유전학적 연구를 수행했다. 26개 균주의 2,294 뉴클레오티드 내에서 5가지 점돌연변이가 발견되었다−서로 다른 분리 균주에서 발견된 이들 돌연변이는, 2개는 과오(미스센스) 돌연변이이고 3개는 동의코돈(synonym; 코돈은 다르지만 같은 아미노산을 암호화하는 것)−이었다. 1979년의 탄저병 발생 시 얻어진 10명의 부검샘플은 한 가지의 새로운 돌연변이와 5개의 독특한 뉴클레오티드 변화가 있음을 보여준다. 저자들은 이들 자료로 서로 다른 *B. anthracis* 균주 사이에 수평전달이 거의 없거나 아예 존재하지 않았다는 결론을 내렸다. (a) 어떤 형태의 뉴클레오티드 변화(미스센스 혹은 동의코돈)가 아미노산 변화를 일으키는가? (b) 수평전달이란 무슨 뜻인가? (c) 이들 자료로부터 수평전달이 없다는 저자들의 결론은 무엇에 근거한 것인가?
11. 어떤 형태의 뉴클레오티드 치환이 유전자 산물의 전기영동 연구에서 추적되지 않을 수 있는가?
12. 5,669개의 포유동물 유전자(17,208 서열)의 돌연변이율을 조사한 최근의 연구는 매우 다른 세대 길이와 생리적 특징을 가진 계통들의 돌연변이율이 일반적인 믿음과는 반대로 놀라울 정도로 일정하다는 것을 보여준다(Kumar, S., and Subramanian S. 2002. *Proc. Natl., Acad. Sci. [USA]* 99:803-808.). 평균 돌연변이율은 12.2×10^{-9}/bp/year 이다. 포유류의 진화라는 측면에서 이러한 발견의 중요성은 무엇인가?
13. 분자진화의 중립설을 지지하는 주장들에 대해 논하라. 선택론자들에 의해 제시되는 반대 주장은 무엇인가? 중립설과 관련한 논쟁의 가치는?
14. 종 분화과정 중에 일어나는 유전적 변화는 무엇인가?
15. 머미쵸그는 추운 북쪽 지방의 물과 따뜻한 남쪽 지방의 물에 사는 집단에서 *Ldh-B* 대립인자의 빈도가 다르다. (a) 대립인자형이나 대립인자 빈도와 수온과의 사이에 상관관계가 있는가? (b) 적응전략에 있어 촉매 효율성에서의 차이와 전사율의 차이가 왜 중요한가?
16. 종간교배를 방해하는 기구들을 나열해 보라. 그리고 각각의 예를 들어보라.
17. 생식적 격리 기구 두 가지는 무엇인가? 이들 중 어느 것이 더 효과적이며, 왜 그런가?
18. 담배 *N. tabacum*에서 *N. otophora*와 *N. silvestris* 사이의 잡종이 형성되었다. 이 배수체 종에서 이배체 부모형보다 더 높은 수준의 이형접합성을 기대할 수 있겠는가? 이것은 이로울까, 해로울까?
19. 어째서 많은 현화식물이 배수체성을 나타내지만 동물에서는 그런 배수체 종이 드문 것인가?
20. 일부 비평가들은 유전 질병을 고치는 유전자 치료의 사용이 인간의 진화 경로에 영향을 미칠 것이라고 경고한다. 체세포 유전자 치료와 생식 유전자 치료를 구분하여 여러분이 집단유전학과 진화에 대해 알고 있는 것을 동원하여 이러한 비판을 평가해 보라.
21. 다음 자료는 사람의 헤모글로빈에서 알파 사슬과 베타 사슬의 상동적 길이들을 나타낸 것이다. 유전 암호표를 참고하여(그림 12-7) 단일 염기치환에 의해 몇 개의 아미노산이 바뀐 것일지 결정해 보라. 단일 변화 결과로 일어날 수 없는 것에 대해서 최소 돌연변이 거리(minimal mutational distance)를 구해보라.

α : Ala	Val	Ala	His	Val	Asp	Asp	Met	Pro
β : Gly	Leu	Ala	His	Leu	Asp	Asn	Leu	Lys

22. 다양한 생물로부터 얻어진 시토크롬 c의 아미노산 서열들 사이의 최소 돌연변이 거리를 결정하라. 사람과 각 생물들 사이의 거리를 비교하라.

Human:	Lys	Glu	Glu	Arg	Ala	Asp
Horse:	Lys	Thr	Glu	Arg	Glu	Asp
Pig:	Lys	Gly	Glu	Arg	Glu	Asp
Dog:	Thr	Gly	Glu	Arg	Glu	Asp
Chicken:	Lys	Ser	Glu	Arg	Val	Asp
Bullfrog:	Lys	Gly	Glu	Arg	Glu	Asp
Fungus:	Ala	Lys	Asp	Arg	Asn	Asp

```
Human:       A G A G G T T T T T C A G T G A A T G A A G C T A T T T T T A A G G G A G T G T G A T T G C T G C C
Chimpanzee:                                      C
Gorilla:                           T             C                                                         C
Orangutan:     T                 G T       C     C                                   C                     C
Baboon:        C   C     G     G   T             C                 G               G C           C       C   G
```

23. 위 자료는 사람, 침팬지, 고릴라, 오랑우탄, 그리고 긴팔원숭이에서 얻어진 짧은 DNA 서열들로 50 bp의 길이다. 이것은 정소 특이적인 단백질 Y의 유전자 일부를 나타내는데, Y 염색체 위에 존재한다. 사람의 완전한 서열이 주어져 있다. 다른 4종에서는 사람의 서열과 다른 부분만 표시했다. 각 종들 쌍 사이의 유전적 차이를 계산하라. (예를 들어, 침팬지와 고릴라는 50 염기 중 2개가 다르고 4% 차이가 난다. 그러므로 이 두 생물 간의 유전적 차이는 0.04이다.) 다음에 UPGMA를 이용하여 이들 5종의 계통수를 만들어 보라. 여러분의 계통이 그림 23-19와 일치하는가?

24. 두 종의 초파리, *D. heteroneura*와 *D. sylvestris* 사이의 유전적 차이가 뉴클레오티드 다양성으로 측정된 바 1.8%였다. 침팬지(*Pan troglodytes*)와 사람(*Homo sapiens*) 사이의 차이도 대략 비슷하다. 여러분 생각에는 이것이 유효하다고 보는가? 그렇다면 왜 그렇고 아니라면 그 이유는 무엇인가?

25. 유전적 다양성을 측정하는 데 있어 뉴클레오티드 서열의 이용은 고등 진핵생물들의 유전자가 그 구성에 있어서 매우 복잡하고, 인트론뿐 아니라 5′와 3′ 연접 부위를 가진다는 사실에 의해 매우 혼란스럽게 된다. 연구자들은 한 개인으로부터 얻어진 두 개의 클론 대립인자인 감마 글로빈 유전자 서열을 비교하여 1%의 변이를 발견했다. 이러한 차이는 13곳의 단일 염기치환과 3곳이 짧은 DNA 단편들이 삽입되었거나 결실된 것이다. 유전자의 엑손(암호화 서열)에는 어떠한 변화도 일어나지 않았다. 이것이 왜 이러하다고 생각하는가? 또, 이것이 유전적 변이에 대한 우리의 개념을 바꿀 수 있을까?

26. 아프리카의 빅토리아 호수에 서식하는 시클리드 물고기에 대한 최근의 연구에서, 네이글 등(Nagle et al., 1998. *Proc. Natl. Acad. Sci. [USA]* 95:14,238-14,243)은 12종의 호수종에서 비암호화 유전체 부위의 중립적 서열 다형성이 있는가를 조사하였다. 빅토리아 호수에서 잡은 거의 모든 검사종에서는 호수종에서나 강기슭 종 둘 다에서 모든 좌위에서 동일한 다형이 관찰되었다. 그러나 다른 아프리카 호수에서 잡힌 시클리드들에서는 이들 좌위에서 다른 다형이 관찰되었다. (a) 왜 비암호화 부분에 중립적인 다형이 있을 것이라고 생각할 수 있겠는가? (b) 이들 호수에서 시클리드의 조상종을 말한다고 하면 이러한 다형 자료로부터 얻을 수 있는 결론은?

27. 빅토리아 호수에 현재 대략 400가지의 시클리드종이 있고, 그 호수는 14,000년 전에 완전히 말랐었다면, 광범위한 이주가 발생한 것이 아니라 극단적으로 빠른 진화적 적응을 시사하는 것은 어떠한 증거들인가?

28. 네안데르탈인의 미토콘드리아 DNA를 현대인의 mtDNA와 비교하면 이들이 현대인과 관계가 없으며 우리 미토콘드리아 계보에 전혀 기여하지 않았음을 알 수 있다. 그러나 네안데르탈인과 현대인들은 적어도 약 25,000년 전에 분리되었기 때문에, 이것은 네안데르탈인과 초기 인간(크로마뇽인이라고 불리는) 둘 다에서 현대 유럽인 유전자 풀이 유래될 수 있었던 일종의 교잡을 배제하지는 못한다. 이 문제를 풀기 위해, 카라멜리 등(Caramelli et al., 2003. *Proc. Natl. Acad. Sci. [USA]* 100: 6593-6597)은 25,000년 된 크로마뇽인 잔해들로부터 미토콘드리아 DNA 서열을 분석하여 이들을 네안데르탈인의 시료들 및 현대 인간들에서 얻은 많은 자료들과 비교하였다. 결과는 다음 그래프와 같다.

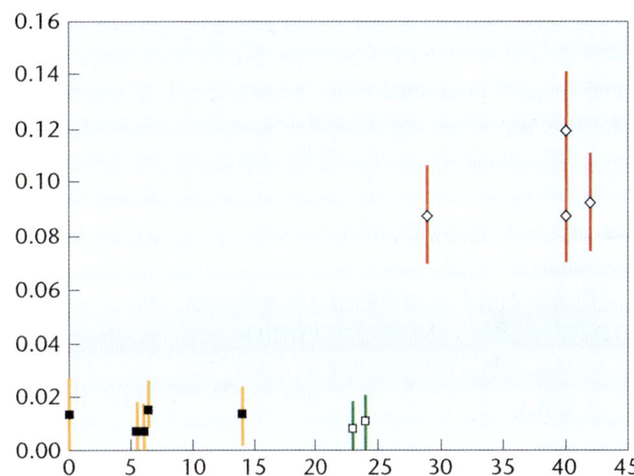

*x*축은 수천 년 전의 시료들의 나이를 나타내고, *y*축은 유전적 거리의 평균값을 나타낸다. 현대인은 검은 네모로 나타냈고, 크로마뇽(Cro-Magnon)인은 흰 네모, 그리고 네안데르탈인은 다이아몬드로 나타냈다. (a) 크로마뇽인과 현대 유럽인 사이의 관계에 대해 어떤 결론을 내릴 수 있는가? 크로마뇽인과 네안데르탈인의 관계에 대해서는 어떠한가? (b)이들 자료로부터 네안데르탈인이 크로마뇽인 유전자 풀이나 현대인의 유전자 풀에 어떠한 기여를 했다고 볼 수 있는가?

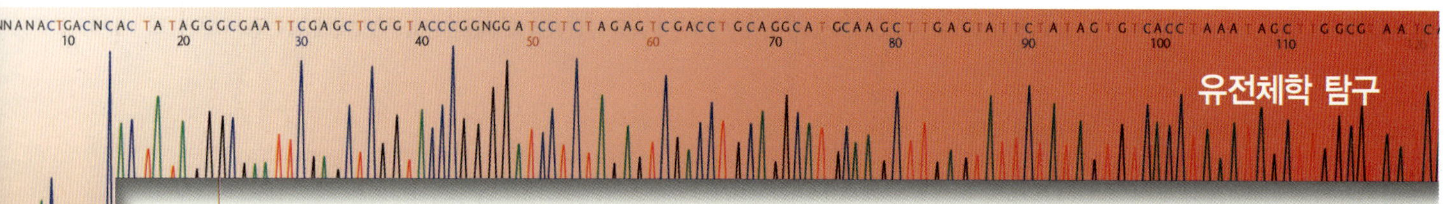

Y 염색체 반수체형 기준 데이터베이스(YHRD)

이 장에서는 인간 집단에서 대립인자 빈도 변이의 예를 포함한 집단유전학 및 진화유전학의 주요 원리들에 대해 살펴보았다. 집단유전학자들에 의해 연구되는 변이 중 짧은 직렬 반복서열(short tandem repeats, STR)이 있는데, 이것은 주로 2~9 bp길이의 짧은 서열이 반복적으로 나타나는 것이다. 종종 STR들은 반수체형(haplotype), 즉 한 염색체 위에 가깝게 연관되어 서열 변이가 떼로 뭉쳐 한 단위로 유전되는 현상을 보인다.

이번 연습에서는 **Y 염색체 반수체형 기준 데이터베이스(Y Chromosome Haplotype Reference Database, YHRD)**를 이용하여 Y 염색체 상의 STR들에 대한 집단내 빈도를 살펴보도록 하자.

■ 연습 1: Y 염색체 반수체형 기준 데이터베이스(YHRD)

Y 염색체 서열은 세계에서 인간의 이주 패턴을 추적하는 데 사용된다. **YHRD**는 Y 염색체 좌위, 특히 Y 염색체 STR들의 반수체형 빈도를 조사하는 굉장한 프로그램이다. Y 염색체의 STR 반수체형은 범죄 현장 시료의 남성 DNA 확인이나 가계 검사에서 부계쪽 계통을 추적하는 데 유용하게 사용된다.

1. YHRD(**www.yhrd.org/index.html**)을 방문하라. 이 사이트의 링크들을 탐색하여 YHRD의 목적에 대해 알아보고, 계통학과 법의학에 사용될 수 있는 Y 염색체의 특징에 대해 많은 것을 학습하라.
2. "Haplotype" 링크를 이용하여 Y 염색체상의 STR들에 대해 좀 더 학습하라.
   a. 최소 반수체형(minimal haplotypes, minHts)이란 무엇인가?
   b. DYS390 좌위는 Y 염색체의 p완에 위치하는가, 아니면 q완에 위치하는가?
3. "Population analysis" 링크를 이용하여 서로 다른 집단 내에서 minHt의 빈도에 대해 공부하라. "Per population feature"는 서로 다른 선택들에 대한 드롭다운 메뉴(주 메뉴 하위에 나란히 배열하는 메뉴 형태)를 보여준다. 예를 들어, 이탈리아의 베로나에서는 어떤 mintHt가 가장 흔한가? 관심 있는 다른 인구 집단에 대해서도 살펴보자.
4. "데이터베이스 탐색(Search database)" 링크인 "GeoSearch"를 사용하여 여러분이 선택한 특정 반수체형의 빈도를 찾아보라.
   a. 특정 집단이 DYS390과 같은 특정 STR 좌위에 대해 "10"을 갖는다는 것은 무슨 뜻인가?
   b. 여러분이 선택한 반수체형 조합을 입력하여 "GeoSearch"를 탐색하라. 무엇을 발견하였는가? YHRD의 어떤 반수체형과도 맞지 않는 반수체형 조합을 발견할 수 있는가?
5. "집단분석(Population Analysis)"을 수행하기 위한 "Compar Population"을 이용하여 USA[유럽계 미국인] 집단에서 나타나는 minHt의 빈도와 영국(UK)의 버밍햄(Birmingham) 집단에서의 빈도를 비교해 보라. "USA[유럽계 미국인]" 집단과 "USA[히스패닉계 미국인]의 버지니아(Virginia)" 집단에 대해서도 동일한 비교 분석을 실시해 보라. "USA[유럽계 미국인]" 집단을 "서아프리카" 집단과 비교해 보라. 이러한 결과들은 이들 집단의 조상에 대해 어떤 것을 알려주는가? 이러한 자료들은 여러분들이 이주와 유전자 이동에 관해 배운 내용들과 일치하는가? 이 결과들은 Y-minHts에 기초한 이들 집단의 연관성에 대해 무엇을 말해주는가?
6. 사이트를 탐험하여 여러분이 관심을 가지고 있는 다른 집단에서의 Y-STR들에 대해 더 공부해 보자.

정답 ■■■■■■ Solutions to Problems and Discussion Questions

2. 종분화는 종의 형성을 이끄는 과정이다. 진화는 시간이 흐름에 따라 집단 내에서 일어나는 변화이다. 종분화는 진화로 인한 여러 결과 중의 하나이다.

4. 생물체들은 비슷해 보여도 그들의 종 정체성을 만드는데 충분한 기간을 거치면 생식적으로 격리될 수 있다.

6. 생태적 지위는 지하가 지상보다 덜 넓으며 역동성도 떨어진다. 땅 밑의 미세 서식지는 기후 변화의 범위가 좁고, 따라서 그에 대한 유전적 다형성이 선택되지 않는다. 이러한 결론은 유전적 다양성이 서식처의 넓이와 양의 관계를 갖는다는 연구들에 의해 지지된다.

8. 실험실 연구들에서 얻은 결과들은 하나보다는 두 개의 역위를 모두 갖는 것에 선택적 이점이 있음을 시사한다. 따라서 자연선택은 두 역위를 모두 유지하는 것을 선호한다.

10. (a) 과오 돌연변이들(missense mutations)은 아미노산 변화를 유발한다.
    (b) 수평전달은 유전정보가 한 생물에서 자손의 생산과정 없이

다른 생물로 전달되는 과정이다. 세균에서는, 플라스미드 전달이 수평전달의 예가 된다.

(c) 분리주들의 어느 것도 동일한 뉴클레오티드 변화를 공유하지 않는다는 사실은 서로 다른 계통 사이에 유전정보의 교환이 거의 없음을 시사하는 것이다. 각 변화는 독특하며, 대부분 조상 계통에서 기원하여 그 계통의 자손들에만 유지된 것으로 보인다.

12. 유전자와 계통들 사이에서의 돌연변이율이 대략적으로 유사한 것은 종들의 분기 시점을 보다 믿을만하게 추정할 수 있도록 해주며, 서열 비교를 더 넓게 해석할 수 있도록 한다. 또한 포유동물 유전체들 사이의 진화를 일으킨 돌연변이 과정에 대해 더 잘 이해할 수 있도록 해준다. 예를 들어, 더 빠른 교체시간을 나타내는 계통이나 세포들이 비교적 일정한 돌연변이율을 갖는다면, 이것은 복제와 연관된 실수가 돌연변이율에 크게 영향을 미치지는 않는다는 것을 시사하는 것이다.

14. 일반적으로, 종분화는 생식적 격리가 발생하는 지점까지 점진적인 유전적 변화가 축적되는 것을 포함한다. 환경적인, 혹은 지리적인 조건에 따라, 유전적 변화는 느릴 수도 있고 빠르게 일어날 수도 있다. 이러한 유전적 변화는 점돌연변이나 염색체 돌연변이를 포함할 수 있다.

16. 생식적 격리 기구는 수정 전 격리 기구와 수정 후 격리 기구로 묶이며 다음과 같은 기작들을 포함한다. 특정 예와 설명을 보려면 본문을 참조하라.

- 지리적 혹은 생태학적 요인
- 계질적 혹은 시간적 요인
- 행동적 요인
- 기계적 요인
- 생리적 요인
- 잡종의 생존 불가 혹은 허약
- 잡종의 발생적 불임
- 잡종의 세포분열시 염색체 분리에 따른 불임성
- F_2 쇠퇴

18. 두 종 사이의 잡종으로 인한 다배수체성 식물들은 두 종의 서로 다른 유전체가 혼합된 것이므로 이배체 부모종보다 더 이형접합성이 클 것으로 예상될 수 있다. 일반적으로, 유전적 변이는 그것이 수용 가능한 생리적 내구성 밖의 것이 아니라면 이득이 될 수 있다.

20. 다른 치료와 마찬가지로, 체세포 유전자 치료는 일부 개인들이 좀 더 정상적인 생활을 영위할 수 있도록 해준다. 그렇기 때문에, 그러한 개인들이 유전자 풀에 기여할 수 있게 되고, 덜 적응적인 유전자들이 유전자 풀에 들어와 유지될 가능성을 증가시킨다. 유전적이든 아니든, 이것은 치료의 정상적인 결과이며, 질병통제와 방제에 대해 사회는 이러한 결과들을 일반적으로 받아들여왔다. 생식세포 치료는, 만약 성공적이라면, 한 유전적 계통으로부터 어떤 유전자를 제약하고 고립시켜 가끔은 제거할 수도 있다. 그러나 현재 과학으로는, 인간의 진화경로에 대한 그러한 영향은 인류를 괴롭히는 다른 주 요인들에 의해 희석되고 무효화될 것이다.

22. 인간의 시토크롬 c에 대해 모든 아미노산(Arg와 Asp는 제외, 이들은 변화를 보이지 않는다)들의 가능한 코돈들을 적어봄으로써 이 문제에 접근할 수 있다. 그런 다음 다양한 생물들에서의 각 변화에 필요한 뉴클레오티드 치환의 최소수를 결정하라. 일단 목록을 작성했으면, 각 생물들에 대한 숫자들을 세라: 말은 3, 돼지는 2, 개는 3, 닭은 3, 황소개구리는 2, 곰팡이는 6이다.

24. 생물을 다른 종으로 분류하는 것은 증거(형태적, 유전적, 생태학적 등)들에 의해 이루어진다. 즉, 서로 다른 종이라고 불리는 집단들 사이에 유전자 흐름이 일어나지 않는다는 증거가 있어야 한다. 종 수준 이상의 분류(속, 과 등)는 그러한 경험적 자료에 기초하지는 않는다. 실제로, 종 이상의 분류는 DNA 서열 정보 이상의 다소 임의적이고 전통에 기초한 것이다. 그리고 DNA 서열 분기가 형태적, 행동적, 혹은 생태학적 분기와 늘 직접적으로 비례하는 것은 아님을 기억하라. 이러한 문제를 감안하면 속의 분류가 유효하지 않은 것처럼 보이지만, 단순한 DNA 서열 비교 이상의 다른 요인들이 분류 실제에서 고려되어야만 한다. 형태적 요소들과는 대조적으로, DNA 서열 차이(ΔT_m)가 가지는 의미에 대해 더 많은 정보들이 얻어지면서, 많은 계통학적 관계들이 다시 고려될 것이고 일부 분류 방법에 대한 조정이 필요하게 될 것이다.

26. (a) 비암호화 유전체 지역이 유전적으로 아무 기능도 하지 않을 수 있기 때문에, 그러한 지역은 표현형에 거의 영향을 미치지 않는 것으로 보인다. 선택이 표현형에 주어지는 것이므로, 그러한 비암호화 영역은 아마도 선택적으로 중립이다. (b) 이 다형성 자료들은 빅토리아 호수 지역의 시클리드들이 최근 조상과 연계되어 있으며, 반면 이웃한 호수 종들과는 훨씬 멀다는 것을 시사한다. 그리고 빅토리아 호수가 약 14,000년 전에 모두 말랐었기 때문에, 비교적 적은 크기의 시클리드들에 의해 집단이 재구성되었을 가능성이 있다.

28. 현재부터 약 25,000년 전까지의 시간을 통해 나타나는 유전적 거리의 패턴은 현대인과 크로마뇽인에서 대략 일정 수의 차이를 보인다. 반대로, 현대인과 크로마뇽인을 네안데르탈인과 비교했을 때는 유전적 거리가 급격하게 증가한다. 이러한 결과는 미토콘드리아 DNA에서의 변이와 관련하여 현대인, 크로마뇽인, 그리고 네안데르탈인 사이에 분명한 불연속성이 있음을 시사한다. 자료가 얻어지는데 사용되었던 시료채취와 분석 기술을 유효하다고 가정하면, 이것은 네안데르탈인들이 크로마뇽인이나 현대 유럽인의 유전자 풀에 거의 기여하지 않았음을 드러내는 것이다. 현대인의 mtDNA 계통에 네안데르탈인의 mtDNA가 없는 것이 네안데르탈인의 절멸 이후에 발생한 무작위 부동이나 계통 소실의 결과라고 주장할 수도 있겠다. 그러나 고대 크로마뇽인의 mtDNA에 대한 조사는 어떠한 역사적 연관성도 보여주지 못하며, 따라서 네안데르탈인들이 현대인의 조상들과 유전적 연관성이 없음을 제시한다.

CHAPTER

24 보전 유전학

유전자원 보전을 위해 미국의 국립농업센터에 초저온으로 보관되고 있는 희귀작물 변이체의 종자들

단원 개념

- 생물종의 장기적인 생존과 적응을 위해서는 유전적 다양성이 필요하다.
- 작고 고립된 개체군은 유전적 영향에 특히 취약하다.
- 멸종 위험종은 개체군 크기를 회복했어도 유전적 다양성을 확보하지 못했을 수 있다.
- 보전 노력과 번식을 위한 노력은 종들의 장기적인 생존에 필요한 유전적 다양성 유지에 초점이 맞춰진다.

21세기가 지나면서 지구상의 생명 다양성은 폭발적 인구 증가의 직간접적인 영향 증가라는 압력 하에 놓여 있다. 10,000년 전에는 대략 1,000만 명의 인간이 지구에 살았었다. 이 숫자는 2,000년 전 1억 명에서 1950년도에 25억 명까지 증가했다. 한 세대 동안 세계의 인구는 두 배 이상 증가하여 1993년에 55억 명이 되었고, 2100년까지는 190억 명까지 증가할 전망이다(그림 24-1).

급격한 인구의 증가가 다른 종들에 미친 영향은 매우 극적이었다. 세계보전연합(World Conservation Union, IUCN)의 2006년 멸종 위험종들의 목록에 따르면, 전체 지구의 모든 포유동물 종 23%와 12%의 조류, 51%의 파충류, 31%의 양서류, 그리고 어류의 40%가 장기적으로 생존을 위협받고 있다고 한다. 이 상황은 식물에 있어서도 나을 것이 없는데; 2006년 IUCN의 위험목록에는 전 세계 8,300종 이상의 유관속식물이 포함되어 있다. 비단 야생종들만 위험에 처한 것은 아니다. 많은 전통적 농작물과 가축계통이 사라짐에 따라 경작되는 식물과 가축들의 유전적 다양성 역시 감소하고 있다. 식량농업기구(Food and Agriculture Organization, FAO)는 1900년 이후 농작물에서 유전적 다양성이 75%나 소실되었으며, 전 세계 농장에서 사육되는 동물계통의 1/3 이상인 약 5,000 품종들이 소실될 위험에 처해 있다고 추산한다.

왜 우리가 **생물 다양성**(biodiversity), 즉 서로 다른 식물과 동물들에 의해 표현되는 생물적 변이에 관심을 가져야 하는가? 화석 기록에서 보이는 것처럼, 인간의 영향과는 무관하게 한때는 지구에 생존했던 수많은 식물과 동물들이 수백만 년에 걸쳐 사라졌고, 또 다른 많은 것들이 그들의 자리를 차지하였다. 그러나 생물학자들은 우리가 현재 목격하고 있는 종 절멸의 증가율–모두 직간접적인 인류의 영향 때문–에 대해 걱정하고 있다. 인간에 의해 고의적으로 이루어지는 동물과 식물의 사냥과 수확, 인간의 개발 활동에 의한 서식지 파괴, 지구 환경변화의 간접적인 영향들은 많은 생물 개체군을 감소시켜 왔다. 또한 세계 여러 곳에서의 추가적 문제는 인간에 의해 고의적이거나 혹은 우발적으로 고유종을 잡아먹거나 이들과 경쟁하는 침입 외래종이 도입되어 그들의 생존을 위협하게 되는 것이다. 예를 들어, 갈색 나무뱀인 *Boiga irregularis*(그림 24-2)는 1940년대 후반에 우연히 선박에 의해 괌으로 이송되었다. 공격적인 포식자인 갈색 나무뱀은 전에는 괌의 고유종이었던 생물 중 지금까지 12종의 새와 4종의 도마뱀을 멸종시켰다. 이 도입종은 이 섬의 고유 생물 다양성을 지속적으로 위협하고 있다.

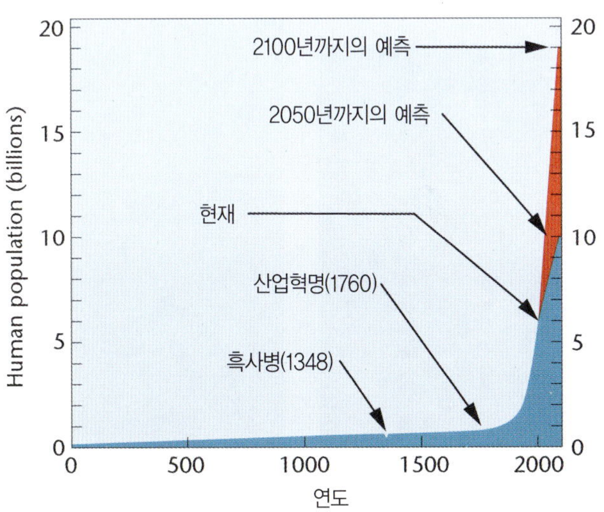

그림 24-1 지난 2000년간의 인구 증가와 2100년까지의 예측.

그림 24-2 갈색 나무뱀(*Boiga irregularis*).

그러나 생물 다양성을 위협하는 가장 큰 요인 중 하나는 아마도 지구 온난화에 따른 기후 변화일 것이다. 과학자들은 이것이 많은 종, 특히 추운 환경에 적응하여 살고 있는 종들을 멸종시킬 것이라고 점점 더 우려하고 있다. 예를 들어, 2006년 IUCN은 22,000마리 남은 북극곰(그림 24-3)을 지구 온난화에 따른 서식지 소실의 위협에 취약한 동물로 재분류하였다.

생물학자들은 종 절멸의 결과 주요 지지종이 사라질 경우, **생태계**(ecosystem), 즉 같은 환경에서 발견되는 상호 의존적이지만 다양한 동식물의 복잡한 그물망이 파괴될 수 있음을 걱정하고 있다. 이것은 우리들 자신의 장기적 생존에 미칠 잠재적 결과들을 뜻하는 것이기도 하다. 다른 과학자들은, 우리가 멸종하도록 놔둘 경우 잃어버리게 될 비개발 식물이나 동물들이 가진 알려지지 않은 경제적 가능성을 지적해 왔다. 희귀한 종들은 때론 매우 가치 있는 것으로 드러나곤 한다. 예를 들어, 기묘한 세균인 *Thermus aquaticus*는 옐로스톤 국립공원(Yellowstone National Park)의 온천에서 처음 발견된 것으로, 세계적으로 일부 온천수에만 존재하는 것으로 알려져 있다. 이 미생물에서 분리된 DNA 중합효소(DNA polymerase)는 매우 높은 온도에서 기능을 나타내며 중합효소연쇄반응(polymerase chain reaction, PCR)에 필수적이다. 이 연구 기술은 수십억 달러의 세계적 생물공학 산업에 없어서는 안 될 기술 중 하나다. 실용적인 이로움을 떠나 만약 우리가 우리와 이 행성을 공유하는 매력적이고 아름다운 다양성을 유지하기 위해 노력하지 않는다면, 인류의 삶은 정신적으로나 심미적으로 매우 위축될 것이라는 사실에 과학자들이나 비과학자들 할 것 없이 모두가 동의한다.

보전 생물학자들은 종의 감소를 야기하는 요소들과 종들이 보전될 수 있는 방법에 대한 연구를 함으로써 생물 다양성을 이해하

그림 24-3 북극곰(*Ursus maritimus*).

고 유지하기 위한 작업을 한다. 이 새로운 분야인 **보전 유전학**(conservative genetics)은 과학자들이 '유전학이 개체군의 생존력을 유지하고 회복시키는 데 중요한 도구가 될 것'이라는 인식을 함으로써 지난 20년 동안 출현하게 된 분야다. 보전 생물학에 대한 유전학의 적용은 다방면에 걸쳐 있지만 이 장에서는 그 중 몇 가지만 살펴보기로 하자. 보전 생물학에서 유전학의 중요성이 강조되는 것은 생물 다양성이 유전적 다양성에 근거하며 유전적 다양성이 소실된다면 장기적인 생물다양성의 유지도 불가능하다는 인식 때문이다.

학습 방법

이 장에서는 보전 노력에 사용되는 유전적 접근법에 초점을 맞추려고 한다. 보전 유전학자들은 유전적 다양성을 측정하고, 장기적인 생물종들의 생존을 위한 개체 수를 유지하기 위해 일한다. 여러분이 이러한 주제를 공부할 때는 다음과 같은 기본적인 질문에 답할 수 있도록 노력하기 바란다.

1. 한 종 내에서의 유전적 다양성의 정도는 어떻게 알 수 있는가?
2. 감소된 유전적 다양성이 종의 생존에 나쁜 영향을 미친다는 것은 어떻게 알 수 있는가?
3. 감소된 개체군 크기를 측정하는 가장 효과적인 방법은 어떻게 결정되는가?
4. 현존하는 유전적 다양성을 "보전"하기 위해 어떠한 시도를 할 수 있는가?

24.1 유전적 다양성은 보전 유전학의 핵심이다

생명 다양성이 주어진 시기에 지구상에 존재하는 모든 동물과 식물종에 의해 나타나는 변이들을 총망라한 것인 데 반해, **유전적 다양성**(genetic diversity)은 정의하고 연구하기가 쉽지 않다. 유전적 다양성은 다음 두 가지 수준에서 고려될 수 있다; **종간 다양성**(interspecific diversity)과 **종내 다양성**(intraspecific diversity).

종들 사이의 다양성(종간 다양성)은 한 생태계 내에 존재하는 서로 다른 동식물들의 숫자로 표현된다. 어떤 생태계는 수백 가지의 서로 다른 동식물들이 수 평방미터에서 발견되는 열대 우림과 같이 매우 높은 정도의 종 다양성을 가진다[그림 24-4(a)]. 특별히 척박한 환경에 동식물들이 적응해야 하는 어떤 생태계는 매우 낮은 정도의 종간 다양성을 가지기도 한다[그림 24-4(b)]. 특정 환경에서 발견되는 서로 다른 동식물종의 목록들은 종일람표(species inventory)들을 만드는 데 사용된다. 그러한 종 목록들은 다양성이 매우 높은 지역(diversity hotspot)들-특별히 높은 수준으로 종간 다양성을 지녀 보전 노력이 경주되어야 할 곳-을 찾는데 사용된다. 생태계 수준에서 작업을 하는 보전 생물학자들의 관심은 종 소실을 막거나, 한때는 생태계의 일부였으나 지금은 더 이상 존재하지 않는 종들을 회복시키는 것이다. 옐로스톤 국립공원의 회색늑대(*Canis lupus*)의 재확립, 포획되어 길러진 캘리포니아 콘도르(*Gymnogyps californianus*)를 예전 그들이 점유했던 남서부 미국 산악지역으로 방출하는 작업 등은 사라져가는 종들을 그들의 생태계로 돌려보내 회복시키고자 하는 보전 생물학자들의 현 시도다.

종내 다양성(intraspecific diversity; 한 종 내에서 나타나는 다양성)은 한 종으로 구성된 하나의 집단내 개체들 사이에서 나타나는 유전적 변이의 수준(개체군내 다양성, intrapopulation diversity), 혹은 같은 종으로 이루어진 서로 다른 개체군 사이에서 나타나는 유전적 변이의 수준(개체군간 다양성, interpopulation diversity)으로 표현된다. 개체군들 내에서의 다양성은 개체군 내에서 주어진 좌위에 이형접합성인 구성원들의 빈도로 측정되거나, 집단내 유전자 풀에 존재하는 특정 좌위에서의 서로 다른 대립인자 수로 측정될 수 있다. DNA 프로파일링 기술이 사용될 때는 다형성 좌위들의 백분율-서로 다른 개체의 DNA 프로파일에서 다양한 밴드로 표현되는-이 개체군 내에서 유전적 다양성의 정도를 나타내는 것으로 계산될 수 있다. 근친교배를 하지 않는 원교배(outbred) 종들은 개체군내 수준에서 대부분의 유전적 다양성을 갖는다.

그림 24-4 (a) 열대 우림은 고도의 종간 다양성을 가진 생태계다. (b) 노스캐롤라이나의 연안 늪지는 낮은 종간 다양성을 가진 생태계의 전형이다.

개체군들이 지리적으로 분리되고 그들 사이에 배우자의 교환 혹은 이주가 없다면 상당한 정도의 개체군간 다양성이 생겨날 수 있다. 마찬가지로, 자가 수정 식물들처럼 근친교배(inbreeding)가 빈번한 종들은 개체군내 다양성보다는 훨씬 높은 수준의 개체군간 다양성을 가진다. 각 개체군 내에서는 제한된 수의 유전자형들이 우세한 반면, 개체군들 사이에서는 분화의 정도가 크다. 위험에 처한 종들의 교배체계와 유전적 다양성을 이해하는 것은 계속적으로 자손의 생산이 이루어지도록 할 뿐 아니라 종내 다양성을 유지하기 위한 최상의 전략을 결정하여 종을 보전하는 데 매우 중요하다. 예를 들어, 소수의 큰 개체군을 유지하는 것이 효과적인가, 아니면 많은 수의 작고 독특한 개체군을 유지하는 것이 효과적인 것인가? 이러한 정보는 보전과 회복 노력을 위한 지침으로 사용될 수 있다.

유전적 다양성의 소실

재배되지 않은 종들의 유전적 다양성 소실은 보통 개체군의 크기 감소와 연관이 있다. 이것은 과도한 사냥과 수확에 의한 것일 수 있다. 예를 들어, 생물학자들은 뉴펀들랜드 연안의 심해 대구 개체군이 1990년대 초 심하게 타격을 받은 것에 대해 상업적 어획을 비난한다. 한때 가장 생산적인 어장의 하나였지만, 1992년 이후로 어획 금지로 보호받았음에도 불구하고 이 대구 개체군은 완전히 회복되지 못했다. 전 세계 인구가 증가하면서 더 많은 땅이 주택과 교통체계를 위해 개발되거나 농업생산에 쓰여, 한때는 야생 농식물들의 서식지였던 지역을 감소시키거나 없애버리게 되었다. 사용가능한 서식지의 감소는 야생종들의 개체군을 감소시킬 뿐 아니라, 농업지로, 도시개발로, 혹은 인간의 사용 등으로 전환된 지역에 둘러싸인 비개발지역 주머니에 각 개체군들을 가두게 되어 서로 고립시킨다. 이러한 과정은 **개체군 단편화**(population fragmentation)로 알려져 있다. 개체군들이 더 이상 서로 접촉하지 않는 곳에서는 그들 사이의 이주 혹은 배우자 교환을 통한 유전자의 흐름이 중단되고, 유전적 다양성을 위한 중요한 기작이 소실된다.

길들여진 종들의 유전적 다양성 소실은 보통, 서식지의 소실이나 개체군 수의 감소에 의한 결과가 아니다. 종으로서의 소나 옥수수가 곧 사라질 위험은 거의 없다. 길들여진 종들 내에서의 다양성은 농업실무나 소비자의 요구 변화 때문일 수 있다. 현대 농업기술은 생산 수준을 크게 향상시켰으나 유전적 동일성 역시 훨씬 증가시켰다. 농부들이 대규모로 새로운 작물의 변이체나 개량된 가축품종으로 바꾸면서, 많은 옛날 지역 품종들의 재배를 포기하게 되었고 이들은 보존 노력이 없다면 곧 사라지게 될 것이다. 예를 들어, 1900년대에는 100종 이상의 감자를 미국 내에서 구할 수 있었지만 오늘날에는 상업적 감자 생산의 3/4이 오직 아홉 개의 변종들에 의존하고 있다. 그 중 하나인 러셋 버뱅크(Russet Burbank)는 총 감자 재배지역의 45%를 차지하며, 많은 농부들은 레인저 러셋(Ranger Russet)이나 러셋 노르코타(Russet Norkotah) 같은 연관 감자종들을 키우고 있다. 이들 현대적 작물 변이체들이나 가축 품종들은 현대적인 농업생산의 요구에 더 잘 부합할 수 있겠지만 옛날 품종들은 질병, 한파, 혹은 가뭄에 저항적인, 아직도 생존에 필수적인 역할을 할 수 있는 유용한 유전자들을 보유하고 있다. 실제로, 상업적으로 재배되는 미국 감자들에서의 유전적 다양성 소실이 잎마름병을 일으키는 치명적인 신종 곰팡이(*Phytophthera infestans*)에 취약하게 한다는 우려가 있다. 이 곰팡이는 1840년대에 아일랜드의 감자 농사를 망쳐 세계적인 기아를 유발했던 전적이 있다. 농업 연구자들은 이제 보존되어 온 예전의 감자 변종들에서 잎마름병에 저항성을 부여하는 유전자들을 찾고 있다.

유전적 다양성의 규명

수년 동안 집단 유전학자들은 종자나 씨의 색깔, 혹은 얼룩과 같이 개체들 사이의 표현형적인 차이에 따라 종내 다양성을 측정해 왔다(그림 24-5). 유전자와 유전자 산물들을 분자 수준에서 분석할 수 있는 기술들이 개발되면서, 유전적 다양성을 규명하는 것이 더 정확해졌다. 예를 들어, 널리 사용되어 온 단순한 분자적 방법은 알로자임 분석법(allozyme analysis)이다. **알로자임**(allozyme)들은 한 종 내에서 나타나는 단일 효소의 여러 가지 형태를 말한다. 알로자임들은 동일한 반응을 촉매하지만 분자 덩어리를 이루는 폴리펩티드 사슬들 내에서의 차이가 나타나는데, 그 이유는 그 효소의 소단위들을 암호화하는 좌위에서의 대립인자 DNA 서열들에 약간씩 변이들이 존재하기 때문이다. 이 때문에 단백질의 형태는 크기나 순전하에 있어서 차이가 나타나고 전기영동상에서 다르게 분리될 수 있다. 집단 내에서 알로자임 변이의 존재는 유전적 변이의 하한선을 나타내는 지표로 사용될 수 있는데, 서로 다른 버전의 분자들이란 곧 한 좌위에서 서로 다른 대립인자가 존재한다는 것을 시사하기 때문이다.

DNA 분석은 개체들 간의 유전적 차이를 추적하고 정량화하는 데 사용되는 좀 더 현대적이고 직접적인 분자적 접근법이다. 핵이나 미토콘드리아, 엽록체 DNA는 모두 유전적 다양성 수준을 측정하기 위해 분석될 수 있다. 우리는 이미 19장에서 분석 중에 제한효소와 PCR을 사용하는 이러한 기술들의 여러 가지 응용에 대해 설명을 했었다. 보전 유전학자들은 개체군내 혹은 개체군 간의 유전적 변이 분포와 그 수준을 조사하기 위해, 그리고 그에 따른

그림 24-5 보통의 콩(*Phaseolus vulgaris*)에서 나타나는 씨앗 색깔이나 점들의 표현형적 변이는 높은 수준의 종내 다양성을 드러낸다.

보존노력이 어떻게 이루어져야 할지를 결정하기 위해 이와 유사한 기술들을 사용한다.

동식물 집단에서 유전적 다양성을 분석하는 데 널리 사용되는 한 가지 기술은 **미세부수체**(microsatellite)라고도 알려져 있는 **짧은 직렬 반복서열**(short tandem repeat, STR)에 초점을 맞추고 있다. STR들은 2개에서 9개 정도의 염기로 구성된 짧은 서열로 여러 번 반복적으로 나타나지만 반복횟수는 다양하며 전 유전체에 걸쳐 발견된다. 특정 STR 좌위에서 반복되는 수는 개인마다 다르게 나타난다. STR 지역 자체는 발현 유전자를 포함하고 있지 않지만 보전 유전학자들은 집단들 내에서 개체들 사이의 미세부수체 변이를 전체적인 유전적 변이의 양이 어느 정도로 존재하느냐에 대한 간접적인 측정치로 이용할 수 있다.

예를 들어, 애리조나 대학의 연구자들은 최근 미세부수체 분석을 이용하여 하와이에서만 발견되는 멸종 위험 식물인 마우나 로아 은검초(Mauna Loa silversword)의 현존 3개체군 내에서의 유전적 변이를 비교하였다. 이 식물을 보전하기 위해 일하는 생물학자들은 개체군들 사이에서 종자를 재분배시켜 유전적 다양성을 증가시켜야 하는지를 알 필요가 있었다. 그러나 STR 분석은 아직이 개체군들 내에 기대 이상의 유전적 다양성이 유지되고 있을 뿐 아니라 이들 세 개체군은 각기 유전적으로 상당히 다르다는 것을 보여주었다. 종자 재분포 계획은 각 개체군의 유전적 특이성을 보존하기 위해 폐지되었다.

DNA 표식자(마커)를 이용한 또 다른 최근 연구에서는, 단 하나의 개체군만 남아 있으며 스페인의 지중해 연안에서 자라는 심각한 멸종 위험 식물인 *Limonium cavanillesii*에서 **제한 단편 길이 다형성**(restriction fragment length polymorphism, RFLP)이 분석되었다. 연구자들은 매우 낮은 정도의 다양성을 발견했지만 개체군 내에서 유전적으로 독특한 식물개체들을 찾아낼 수 있었고 그로부터 종자를 수집할 수 있었다.

최근의 또 다른 RFLP 연구에서, 남서부 버들 솔딱새(willow flycatcher)−미국 남서부에서 둥지를 트는 멸종위기의 철새종−의 DNA 마커 분석은, 서로 다른 교배지에서는 상당한 정도의 유전적 다양성을 보이지만 개체군간 다양성은 아주 적다는 사실을 보여주었다. 이는 이 버들 솔딱새들의 경우, 연구하는 과학자들에게 교배 개체군 사이에서 각 새들 개체의 이주가 종의 다양성을 유지하는 데 매우 중요하며, 새들이 둥지를 트는 장소를 보존하는 방향으로 보전노력이 전개되어야 함을 시사해 주는 것이다.

DNA 마커들이 보전 연구에 적용되는 또 다른 예는 **DNA 지문**(DNA fingerprinting)에 관한 것이다. 법의학에서의 그러한 DNA 프로파일링 기술의 사용에 대해서는 19장에서 논의하였다. 비슷한 기술들이 법으로 보호되고 있는 멸종 위험 동식물들의 불법 매매를 적발하는 데 이용될 수 있다. 예를 들어, 1986년 이후로 허가된 몇 종에 대한 사냥을 제외하면 상업적 포경업이 세계적으로 금지되었다. 1994년에 뉴질랜드와 하와이의 과학자들은 PCR을 사용하여 고래 고기가 상등품으로 인정받고 있는 일본의 시장에서 판매되는 고기들로부터 추출한 미토콘드리아 DNA(mtDNA)를 증폭하였다. DNA 지문감식은 몇 가지 고기 표본이 종 보호를 받고 있는 혹등고래와 긴수염고래에서 유래한 것임을 밝혀냈다. 그중 두 표본은 고래 고기도 아닌 돌고래 고기였다! 이러한 정보들은 일본 세관이 불법적인 고래 고기 수입을 근절하는 데 도움을 주었다.

불법적인 동물 생산품들의 매매가 미국에서도 역시 일어나고 있다. 플로리다 대학의 과학자들에 의한 최근의 연구에서 플로리다와 루이지애나에서 팔리는 거북이 고기에서 mtDNA 서열을 증폭한 결과 표본의 1/4이 실제로는 악어였다. 나머지 대부분이 작은 담수 거북이였다는 것은 대형 담수거북의 개체군들이 과도하게 채취되고 있으며 보호를 필요로 한다는 것을 시사해 준다. DNA의 출처를 더 세밀하게 구분하고 프로파일링하는 기술이 발달하면 불법적으로 노획되어 식당에서 요리되어 제공되는 바다거북의 알들을 정확하게 규명하고 밀렵군들을 기소하는 일이 가능해질 것이다.

DNA 마커 자료들을 분석하는 새로운 방법들은, 또한 mtDNA의 해당 위치에서 자발적 점돌연변이가 축적된다고 알려진 속도에 기초하여 개체군들 내에서 일어났던 과거의 변화를 추정하도록 할 수도 있다. 최근의 한 논쟁적 연구에서는 스테판 팔럼비 박사(Dr. Stephen Palumbi)가 이끄는 스탠포드의 과학자들이 혹등고래의 mtDNA내 주요 부위들에서의 서열 다양성을 측정하여 특정 개체군 크기에서 예상되는 다양성의 정도와 비교하였다. 스탠포드의 연구자들은 예상보다 훨씬 큰 mtDNA 서열 다양성을 발견할 수 있었고, 19세기와 20세기에 거의 멸종에 가까운 정도로 사냥되기 전에 세계의 혹등고래 개체의 수가 백만 이상이었을 것으로 결론을 내렸다. 이 수치는 예전에 포경선들로부터 얻어진 자료들에 근거한 역사적 추산치의 10배가 넘는 수다. 원래의 수용력이라고 생각되는 54%로 개체군이 회복되면서 현재 국제적 공조가 고래사냥 개시를 허용하도록 할 수도 있기 때문에, 팔럼비의 발견은 이 종의 차후 관리에 절대적으로 중요하다.

24.2 개체군 크기는 종 생존의 주요 요인이다

어떤 종들은 한 번도 숫자가 많았던 적이 없다. 특히 희귀한 서식처에서 살아남도록 적응된 종들에서 그러하다. 생물학자들은 그렇게 자연적으로 희귀한 종들을 '자연적으로 희귀하다(naturally rare)'고 칭한다. 한편, 새로운 희귀종(newly rare species)들은 서식지 소실과 같은 압력 때문에 숫자가 감소하는 것들이다. 그러한 종들의 집단은 숫자가 적을 뿐만 아니라 단편화되어 다른 개체군들로부터 고립되어 있다. 개체군 크기 감소와 개체군 고립의 증가는 다양성의 소실 위험성을 증가시키는 중요한 유전적 결과를 초래한다.

위험종으로 간주되지 않으려면 개체군 크기가 얼마나 커야 하는가? 이것은 종마다 다양하지만 개체군 크기가 작으면 멸종 위험성을 증가시키는 유전적 현상들에 빠르게 취약해질 수 있다. 일반적으로, 100개체 미만의 개체군은 유전적 부동(genetic drift), 근친교배(inbreeding), 그리고 유전자 흐름 감소(reduction in gene flow) 등과 같은 문제들에 극단적으로 영향을 많이 받는다. 이러한 문제들이 종 생존에 미치는 영향들은 상당히 크다. 예를 들어,

로키산 양(bighorn sheep)에 대한 연구들은 50개체 미만으로 이루어진 이 개체군이 50년 내에 절멸할 가능성이 매우 높음을 보여준다. 컴퓨터 모델에 근거한 예측으로는 10,000개체 미만의 집단으로 구성된 모든 종은 적응적 유전적 변이에서 제한을 받을 가능성이 크며 한 개체군이 장기간의 보존력을 보여주기 위해서는 적어도 100,000개체가 존재해야만 함을 시사한다.

한 집단이 개체들을 장기적으로 유지할 수 있게 하기 위한 개체들의 수를 결정하는 것은 개체군 내의 모든 구성원이 똑같은 정도로 자손을 생산하는 것이 아니라는 사실 때문에 복잡해진다; 몇몇은 불임성이거나, 너무 어리거나, 혹은 너무 늙었을 수 있다. **유효 개체군 크기**(effective population size, N_e)는 한 개체군 내에서 동등한 가능성으로 다음 세대에 배우자를 공헌할 수 있는 개체들의 수로 정의되며 N_e는 언제나 **절대 개체군 크기**(absolute population size, N)보다는 작다. 유효 개체군 크기는 여러 가지 방법으로 계산될 수 있지만, 개체군 내의 모든 개체를 다음 세대에 동등하게 공헌할 수 없게 하는 요소들에 의존적이다. 예를 들어, 서로 다른 수의 암컷과 수컷을 포함하는 유성생식 개체군에서는 유효집단의 크기가 다음과 같이 계산된다:

$$N_e = \frac{4(N_m N_f)}{N_m + N_f}$$

여기에서 N_m은 수컷의 수이고 N_f는 집단내 암컷의 수다. 따라서 암수가 각각 100개체씩으로 이루어진 개체군의 유효집단 크기는 $[4(100 \times 100)]/(100 + 100) = 200$이 된다. 반대로 180개체의 수컷과 단 20개체의 암컷으로 구성된 집단의 유효집단 크기는 $[4(180 \times 20)]/(180 + 20) = 72$이다.

유효 개체군 크기는 한 세대에서 다음 세대로의 절대 개체군 크기 변동에 의해서도 영향을 받는다. 여기에서는 유효 개체군 크기가 각 세대 집단 크기의 조화평균이 되므로,

$$N_e = 1 \Big/ \frac{1}{t}\left(\frac{1}{N_1} + \frac{1}{N_2} \cdots + \frac{1}{N_t}\right)$$

이 된다. 여기서 t는 고려되는 총 세대 수이다. 예를 들어 한 개체군이 2 세대에 일시적인 수적 감소를 겪어 $N_1 = 100$, $N_2 = 10$, $N_3 = 100$이었다고 하면,

$$N_e = 1 \Big/ \frac{1}{3}\left(\frac{1}{100} + \frac{1}{10} + \frac{1}{100}\right) = \frac{1}{0.04} = 25$$

가 유효 개체군 크기가 된다.

이 경우에 3세대를 거친 개체군의 개체 수는 평균 70이지만 유효집단 크기는 25밖에 되지 않는다. 이와 같이 심각한 정도의 일시적 크기 감소현상은 **개체군 병목**(population bottleneck)이라고 알려져 있다. 병목현상은 한 개체군이나 종이 소수의 생식개체로 줄어들었다가 그들의 자손이 다음 세대에 개체군을 회복했을 때 발생한다. 비록 개체들의 수가 건강한 수준으로 회복되었다고 해도 새로 팽창된 개체군의 유전적 다양성은 심각하게 감소되는데, 부모가 된 생존개체에서 나온 소수의 배우자들은 원래 집단의 유전자 풀에 존재했던 일부분의 대립인자들만 대표하기 때문이다.

이 문제를 풀어보자

609페이지의 13번 문제는 위험종인 고릴라 개체군에서의 유효 개체군 크기 N_e를 계산하는 문제다.

힌트: 고릴라 집단의 어떤 독특한 사회적 특징이 N_e에 영향을 미치는지 생각해 볼 것.

멸종 위험종에서 살아남은 개체들을 잡아서 그들의 새끼를 보호된 환경에서 길러 개체군을 재확립하려는 포획 번식프로그램(captive breeding program)은 필연적으로 개체군 병목현상을 만든다. 병목현상은 소수의 개체들이 개체군에서 이주를 하여 다른 곳에서 새로운 개체군을 이루었을 때는 자연적으로도 발생할 수 있다. 소수의 개체들에서 유래된 새로운 집단이 원래의 집단보다는 상당히 적은 유전적 다양성을 가지게 될 때를 일컬어 '**창시자 효과**(founder effect)'를 보인다고 한다. 창시자 효과에 의한 유전적 다양성의 감소 수준은 두 종의 남극 털가죽물개(*Arctocephalus gazella*와 *A. tropicalis*)에 대한 연구에서 보이듯이 오랜 세대 동안 지속될 수 있다. 18~19세기에 물개 사냥꾼들이 이들 종의 집단을 심각하게 감소시켜 남극해*의 자연서식지에서 물개들이 모두 사라져버렸다. 남극털가죽 물개의 숫자는 다시 증가하여 두 종이 원래 그들의 서식지 대부분에 다시 개체군을 이루게 되었지만 소수의 생존개체들로부터 얻어진 자손들인 현 개체군에서는 매우 감소된 유전적 다양성을 나타내는데, 미토콘드리아 DNA 지문분석은 아직도 *A. gazella*에서 창시자 효과가 존재함을 드러낸다.

치타(*Acinonyx jubatus*)(그림 24-6) 역시 최근의 역사에서 적어도 한 번의 심각한 개체군 병목현상을 겪은 결과 감소된 유전적 다양성을 보이는 아주 잘 연구된 예다. 남아프리카 치타에 대한 알로자임 연구는 이 동물의 유전적 변이 수준이 다른 포유동물들에서 나타나는 유전적 변이 수준의 10% 미만임을 보여주었다. 비록 언제 어떻게 개체군 병목현상이 이 종에 일어났는지는 아직 불

* 2000년에 이 다섯 번째 대양은 대서양, 인도양, 태평양의 남쪽부분으로 경계가 정해졌다.

그림 24-6 치타(*Acinonyx jubatus*)는 군락 병목현상 후에 감소된 유전적 변이를 나타내는 종이다.

확실하지만, 치타에서 관찰되는 비정상 정자와 낮은 생식률은 유전적 다양성 부족과 관계된 것으로 생각된다.

이 문제를 풀어보자

610페이지의 22번 문제는 치타 개체군에 대한 알로자임 자료를 다른 고양이과 종에서 얻은 비슷한 자료들과 비교하라는 것이다.

힌트: 자료에 반영된 유전적 변이의 수준을 감소시키는 잠재적인 유전적 요인들을 생각해 보라. 이러한 요인들에 의해 어떤 종이 가장 영향을 받을까?

24.3 유전적 영향들은 작고 고립된 개체군에서 더 뚜렷하다

멸종 위험종들에서와 같이 고립된 작은 집단은 특별히 유전적 부동, 근친교배, 그리고 유전자 흐름의 감소 등에 취약하다. 이러한 현상들은 유전자 풀에 여러 가지 방법으로 영향을 미치지만 궁극적으로는 그것들이 모두 유전적 다양성과 장기적 종 생존력을 감소시킨다는 점에서는 비슷한 영향을 미친다.

유전적 부동

한 집단 내에서 생식 개체의 수가 감소한다면 더 적은 수의 배우자들이 다음 세대를 구성하게 될 것이다. 이러한 배우자에 의해 전달되는 대립인자들은 집단 내에 존재하는 모든 대립인자의 대표 표본이 아닐 수 있다: 순전히 기회적으로 어떤 대립인자들은 적게 나타날 수도 있고, 혹은 전혀 그렇지 못할 수도 있다. 이는 시간이 흐름에 따라 **유전적 부동**(genetic drift)이라고 알려진 대립인자의 빈도 변화를 초래할 것이다. 작은 유효집단 크기의 개체군들에서 나타나는 유전적 부동의 심각한 결과는 바로 유전적 다양성의 소실이라는 것이다. 유전적 부동은 무작위적 과정이므로 해로운 인자든 이로운 인자든 작은 개체군 내에서는 고정될 수 있다. 이는 유용한 대립인자가 적응을 증가시키는 힘을 가진다거나 장기적으로 적응성을 증가시킨다고 하더라도 곧 소실될 수 있음을 의미한다. *A*와 *a* 두 대립인자를 나타내는 한 좌위에 대해 고려해 본다면, 유전적 부동으로 한 유전자가 결국 사라지고 다른 인자로 고정되는, 즉 개체군 내에 오직 한 인자만 남는 결과를 초래할 수 있다. 단순한 관계식이 대립인자의 고정이나 소실 가능성을 설명할 수 있다. 한 대립인자가 부동을 통해 고정될 확률은 그 인자의 초기 빈도와 같다. 즉 $p(A) = 0.8$이라면 *A*가 고정될 확률은 0.8 혹은 80%이고, *A*가 부동을 통해 소실될 확률은 $(1 - 0.8) = 0.2$ 즉 20%이다. 유전적 부동의 이론적 영향이 그림 24-7에 조사되어 있다.

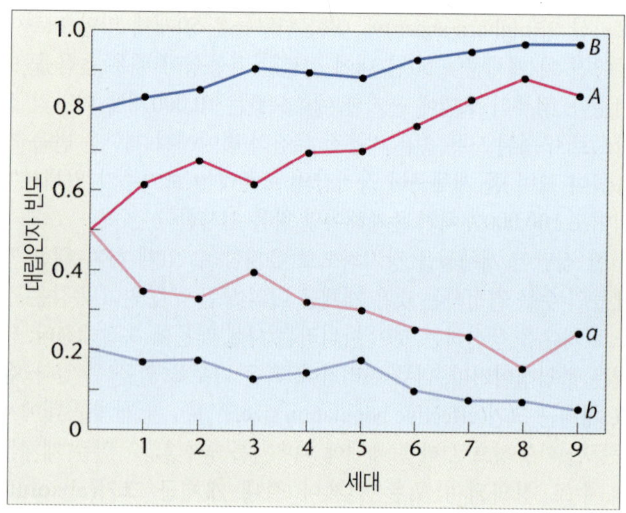

그림 24-7 두 세트 대립인자의 10세대에 걸친 빈도 변화. 가상적인 집단의 *A*/*a*, *B*/*b* 인자들이 유전적 부동을 일으킨다.

근친교배

작은 개체군에서 **근친교배**(또는 내교배, 가까운 관계의 개체들끼리 교배하는 것, inbreeding)의 가능성은 증가한다. 22장에서 설명했던 것처럼, 근친교배는 집단 내에서 동형접합자의 비율을 증가시켜 개체가 해로운 대립인자에 대해 동형접합성이 될 가능성을 증가시킨다. **근친교배 계수**(inbreeding coefficient, *F*)는 한 개체군 내에서 나타나는 근친교배의 정도를 나타내는 것이다; *F*는 한 개체에서 주어진 유전자의 두 대립인자가 동일 공통조상 대립인자로부터 유래할 가능성을 측정하는 것이다. 근친교배 계수는 개체군내 이형접합체의 빈도와 역의 관계에 있으며 다음과 같이 계산된다:

$$F = \frac{2pq - H}{2pq}$$

여기서 $2pq$는 하디-바인베르크 원리에 기초한 이형접합체의 예상 빈도이고 H는 집단에서의 이형접합자의 실제 빈도다.

유전적 부동이 일어날 정도로 크기가 줄어드는 집단에서 이형접합성(H)은 세대에 따라 감소할 것이다. 유효집단 크기가 작아질수록 H는 점점 빨리 줄어들고 따라서 F는 증가하게 되는데 다음과 같은 방정식이 성립한다:

$$H_t/H_0 = \left(1 - \frac{1}{2N_e}\right)^t$$

여기에서 H_0는 이형접합자의 초기빈도이고, H_t는 t 세대 후의 이형접합자의 빈도, 그리고 N_e는 유효 개체군 크기다. 그림 24-8은 서로 다른 유효 개체군 크기에 대한 F의 증가율을 비교한 것이다.

이 문제를 풀어보자

609페이지의 1번 문제는 매우 크기가 줄어들었다가 다시 회복된 자칼 개체군에 대한 유효 개체군 크기, 이형접합자 빈도, 그리고 근친교배 계수를 계산하라는 것이다.

힌트: 우선 각 세대에서의 N_e를 계산하고 이형접합자 빈도와 근친교배 계수는 서로 반대의 관계에 있음에 유의하라.

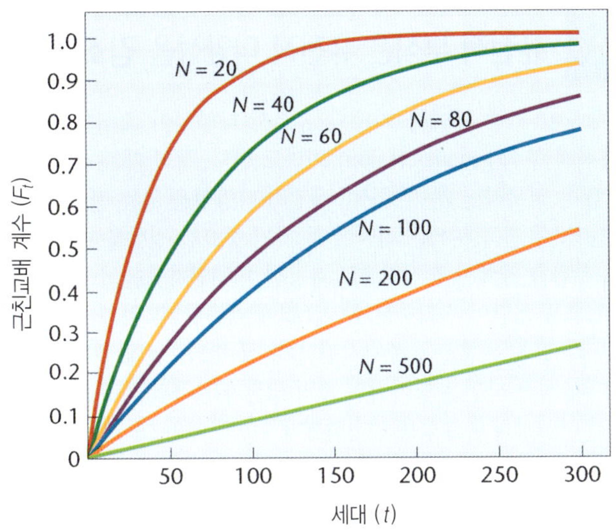

그림 24-8 개체 수에 따른 근친교배 계수의 증가.

근친교배는 개체군의 장기적 생존에 어떠한 영향을 미치는가? 어떤 경우에는 근친교배가 개체 수가 많은 종의 전체 유전자 풀에 존재하는 유전적 변이의 양을 당장 감소시키거나 하지 않을 수 있다. 예를 들어, 자가수분하는 식물들은 한 집단 내에서는 높은 수준의 동형접합성과 상대적으로 낮은 유전적 변이를 나타내지만 각 집단이 약간씩 다른 지역적 환경 조건에 적응한 서로 다른 집단들 사이에서는 상당한 변이를 나타낸다. 한편 포유동물을 포함한 대부분의 원교배(outbreeding, 외교배: 근친교배를 하지 않은) 종들에서의 근친교배는 자손들 사이에서의 감소된 적응도나 낮은 생존율과 관계된다. 이러한 현상을 일컬어 **근교 약세**(inbreeding depression)라고 하는데, 해로운 대립인자들의 동형접합성이 증가하기 때문에 생긴다. 한 개체군 내의 유전자 풀에 존재하는 해로운 대립인자의 수를 **유전적 하중**(genetic load)이라고 한다.

어떤 종들에서는, 근친교배 이후에 해로운 유전자에 동형접합성인 덜 적응적 개체들을 도태시키는 선택이 뒤따르는 경우 유전자 풀에서 이들 대립인자를 제거하는 결과가 초래되는데 이러한 과정을 "유전적 하중의 청소(purging the genetic load)"라고 한다. 그들의 유전적 하중을 성공적으로 청소한 종들은 많은 세대의 근친교배를 포함하고 있는 경우에라도 더 이상의 적응도 감소를 보이지 않는다. 이것은 수많은 길들여진 종들에 있어서도 마찬가지인데, 특히 밀처럼 자가수분하는 식물들이 그러하다. 그러나 컴퓨터 모의실험들은 이러한 청소과정에 50세대 혹은 그 이상의 시간이 걸린다는 것을 보여주는데, 그 동안은 근교약세 현상이 계속 나타날 것이다.

한편, 근교약세 현상은 대응하는 대립인자들의 동형접합자보다 높은 적응도를 가지는 이형접합성 개체들에 의해서도 발생할 수 있다. 이 경우에 개체군이 장기적으로 생존하기 위해서는 근친교배가 피해지는 상황이나 유전자 풀의 모든 대립인자 수준이 유지되는 상황을 요구하게 된다. 이 두 조건 모두 심각한 개체군 크기 감소를 경험한 종들에서는 매우 어려운 조건이다.

작은 고립 개체군 내에서의 근교약세 및 유전적 변이의 소실이 로열 섬의 회색늑대(그림 24-9)에서 보고된 바 있다. 1950년 경 한 쌍의 늑대가 캐나다 본토를 떠나 얼음 다리를 건너 슈페리어 호의 로열섬으로 이주한 것이 확실하다. 이 섬에는 이전에 늑대가 없었으며 늑대의 주식이 된 고라니들이 매우 많았다. 1980년까지 로열섬의 늑대 군집은 50마리까지 증가했지만 풍부한 식량과 특별한 질병의 징후가 없었음에도 다음 10년간 늑대 숫자는 점점 감소하여 12마리 이하로 줄었고 새로운 새끼가 태어나지 않는 것으로 보인다. 미토콘드리아와 핵의 DNA지문 감식법으로 남아있는 늑대의 유전적 변이를 조사해보니, 로열섬의 회색늑대들에서 동형접합성은 근처의 보통 늑대들보다 2배나 높았다. 게다가 모든 늑대가 같은 미토콘드리아 유전자형을 가지는 것으로 보아 이들은 모두 같은 암컷으로부터 유래된 자손이며 이들 사이의 연관도는 완전한 형제자매들과 동일한 것으로 생각된다. 이것은 늑대들의 생식실패가 근교약세에 의한 것이며 이는 포획된 늑대 집단에서도 나타나는 현상임을 시사한다.

유전자 흐름의 감소

유전자 흐름(gene flow), 즉 두 집단 사이에서 일어나는 대립인자들의 점진적인 교환은 배우자의 방산이나 개체의 이주에 의해 발생한다. 이것은 유전자 풀에 새로운 대립인자들을 도입하여 유전적 변이를 증가시키는 중요한 기작이다. 이주는 동물 사이에서 일어나는 유전자 흐름의 주된 경로다. 식물에서의 유전자 흐름은 개체의 이주에 의해서라기보다는 서로 다른 개체군 사이의 교차수분의 결과로 발생한다. 그리고 어느 정도는 종자의 산포에 의해서도 발생할 수 있다. 희귀하고 개체 수가 감소하는 종으로 이루어진 개체군의 고립이나 단편화는 유전자 흐름과 유전적 다양성을 유지할 수 있는 능력을 심각하게 감소시킨다. 이미 위에서 살펴보았듯이 서식지의 소실은 종 생존의 위협요인이 된다. 멸종위기에 처한 종들이 남아 있는 서식지의 분리된 주머니에 갇혀 있게 되는 일은 드문 일이 아니다. 이것이 살아남은 개체군을 고립시키고 단절화시켜 개체들의 이동이 집단간에 더 이상 일어나지 않게 되면 유전자 흐름은 저해된다.

메타개체군(metapopulation)이라는 용어는 제한된 유전자 흐름을 가진 지역적으로 분리된 아개체군(subpopulation)들로 구성된 하나의 개체군, 특히 시간이 흐르면서 아개체군 일부가 지역적

그림 24-9 로열섬의 회색늑대(*Canis lupus*).

으로 사라지거나 대체되는 일이 발생하는 개체군을 설명할 때 사용된다. 잘 연구된 메타개체군은 위험종인 붉은벼슬 딱따구리(*Picoides borealis*)(그림 24-10)로, 한때는 남동부 미국 전역의 소나무 숲에서 흔히 발견되던 것이다. 벌목으로 인한 서식지의 소실이 남은 이 새들 집단을 흩어진 고립지역으로 감소시켰고 이들 간의 실질적 이동은 없다. 알로자임과 DNA 프로파일링을 이용한 연구들은 가장 작은 생존 딱따구리 개체군들(여기서는 $N \leq 100$)이 더 큰 $N \geq 100$인 집단과 비교할 때 가장 큰 유전적 다양성 소실을 경험하고 있으며 근교약세 위험성이 가장 높다는 것을 보여준다. 붉은벼슬 딱따구리의 관리는 이제 가장 작은 집단들에 다른 더 큰 집단들로부터 인위적으로 새를 도입함으로써 유전적 다양성을 증가시켜 이주에 의한 유전자 흐름(원래의 비단편 집단에서는 존재했을)을 만들어 주는 노력을 포함하고 있다.

유전자 흐름 감소의 영향이 연구된 또 다른 종이 북아메리카 갈색곰(*Ursus arctos*)이다. 캐나다와 미국의 연구자들로 이루어진 연구팀이 각 곰들에서 증폭된 미세부수체 표식자를 사용하여 DNA 프로파일을 만듦으로써 서로 다른 갈색곰 집단에서 이형접합성을 측정하였다. 연구자들은 옐로스톤 공원과 그 근처에 살고 있는 갈색곰 집단의 이형접합성 정도가 캐나다와 본토 알래스카의 갈색곰 집단의 2/3밖에 되지 않음을 관찰했다. 그들은 이것이 옐로스톤 곰들의 고립과 이주의 감소에 의한 것이라는 결론을 내렸다. 캐나다와 알래스카 곰 집단의 거주지는 덜 단편화되어 개체의 이주가 가능하고 집단 간의 유전자 흐름이 일어날 수 있었던 것이다. 연구자들은 또한 알래스카 해안에서 떨어져 있는 코디악 아치펠라고(Kodiak archipelago)라는 섬의 갈색곰 집단도 조사하였는데 여기서는 이형접합성이 더 낮아 본토집단의 절반 수준 이하로 나타났다. 이것은 제한된 이주와 유전자 흐름의 감소가 유전적 다양성을 감소시킨다는 증거를 제공한다.

그림 24-10 붉은 벼슬 딱따구리(*Picoides borealis*).

24.4 유전적 부식은 유전적 다양성을 감소시킨다

개체군이나 종 내에서 기존의 유전적 다양성이 소실되는 것을 **'유전적 부식**(genetic erosion)' 이라고 한다. 특히 개체 수가 아직도 많은 경우라면 왜 개체군이 유전적 다양성을 잃는 것이 문제가 되는가? 유전적 부식은 집단에 두 가지 중요한 영향을 미친다. 첫째, 유전자 풀에서 잠정적으로 유용한 대립인자들을 소실시킬 수 있으므로 집단이 변화하는 환경조건에 적응할 수 있는 능력을 떨어뜨려 멸종 위험성을 증가시킨다. 수십 년 전 현대 유전학의 여명기에 찰스 다윈은 장기적인 종의 생존과 진화적 성공을 위한 유전적 다양성의 중요성을 인식하였다. 「종의 기원(*On the Origin of Species*, 1859년)」에서 다윈은:

> 어떤 종이든 후손이 다양해질수록.... 많은 자연의 조직에서 널리 다양화된 장소를 그만큼 더 잘 점유할 수 있고 또 그 숫자를 늘릴 수 있다.

변화하는 환경 조건 하에서의 개체군 생존을 위한 대립인자 다양성의 중요성은 위험종들에 대해서는 추정될 수 있겠지만, 화학 제초제에 저항성을 부여하는 대립인자를 가진 유전자 풀로 구성된 몇몇 잡초종에 대해서는 이것이 실제로 증명될 수 있다. 만약 제초제를 뿌리지 않는다면, 이들 저항성 대립인자를 가진 식물들은 아무런 선택적 이점도 누릴 수가 없으며, 저항성 대립인자들은 종종 상대적으로 낮은 빈도로 유지되곤 한다. 그러나 제초제가 뿌려지면, 저항성 대립인자를 가진 개체들은 훨씬 생존할 가능성이 높아져 새로운 저항성 집단을 만들게 된다. 반면 저항성 인자가 없는 유전자 풀을 가진 집단은 사라질 것이다.

둘째로, 대립인자 소실을 가져오는 유전적 부식은 이형접합성의 수준을 감소시킬 것이다. 개체군 수준에서는 주어진 좌위에서의 동형접합성 개체의 수가 증가함에 따라 감소된 이형접합성이 관찰될 것이다. 개체 수준에서는 특정 동식물에서의 유전자형 내에서 이형접합성 좌위들의 수가 감소할 것이다. 지금까지 살펴본 바와 같이, 이형접합성의 소실은 감소된 개체군 크기의 일반적 결과다. 대립인자들은 유전적 부동을 통해 사라질 수도 있고 혹은 그 대립인자를 가진 개체들에서는 생식하지 않고 죽기 때문에 사라질 수도 있다. 더 작은 개체군들은 근친교배의 확률 역시 높아지며 이것은 필연적으로 동형접합성을 증가시킨다.

분명히, 일단 한 대립인자가 유전자 풀에서 사라지면, 이형접합성의 가능성은 매우 감소하거나, 문제의 좌위에서 오로지 두 대립인자만 존재하여 하나가 고정되는 경우 다른 하나는 완전히 사라지게 된다. 감내할 수 있는 동형접합성의 수준은 종마다 다르다. 정상 이상의 동형접합성을 보이는 개체군들에 대한 연구들은 다양한 수준의 해로운 영향을 보고하고 있는데, 아프리카 사자에서의 감소된 정자 생존능력이나 생식 기형을 포함하여, 코끼리 물개에서의 자손 사망 증가, 그리고 딱따구리에서의 감소된 둥지틀기 등이 알려졌다.

현재까지는, 야외 연구로부터 야생 개체군의 멸종을 유전적 부식과 연관지을 만한 결정적인 증거는 없다. 그러나 진화적 사건을

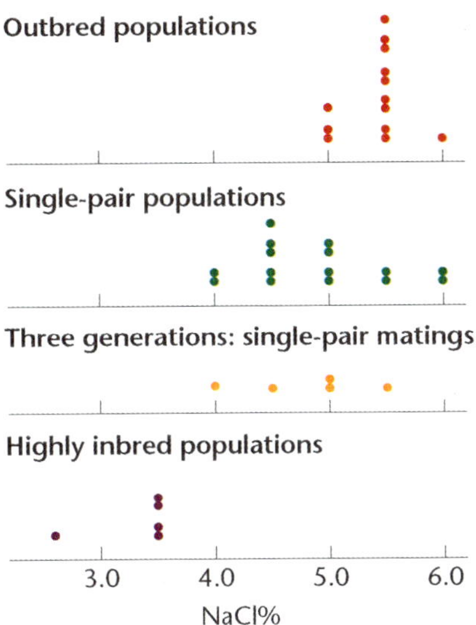

그림 24-11 다양한 집단의 초파리들에서의 진화력에 미치는 병목현상의 영향. 초파리들이 모두 죽는 NaCl 농도의 분포로 내염성을 나타내었다.

모형화하기 위해 초파리(*Drosophila melanogaster*)를 사용한 실험실 연구들은 유전적 다양성의 상실이, 변화하는 조건에서 개체군의 적응 능력을 정말로 감소시킨다는 것을 보여준다. 크기가 매우 작고 10~14일의 짧은 세대기간을 가지는 초파리들은 커다란 개체군들을 금방 형성하며 다수의 세대를 거쳐 유지될 수 있기 때문에 진화 역사를 연구하는 데 유용한 모델 생물체이다.

호주 시드니의 매쿼리 대학(Macquarie University) 연구자들에 의해 행해진 일련의 연구들에서 초파리 집단들은 개체군 병목을 모방하기 위해 3세대 만에 한 쌍의 초파리까지 감소되었다 다시 숫자가 늘어나도록 처리되었다. 병목현상을 거친 집단이 점점 증가하는 염 농도를 견디는 능력 어느 정도나 되는지 알아보기 위해 정상적으로 원교배된 초파리 집단의 능력과 비교하였고, 연구자들은 병목현상을 거친 집단이 더 낮은 염 농도에서 절멸했음을 발견하였다(그림 24-11). 근친교배 및 정상적 원교배 초파리 집단을 고온이나 에탄올 같은 환경 스트레스에 노출시켜 비교하는 실험들도 마찬가지로, 비교적 낮은 수준의 근친교배 집단이라고 해도 정상적인 원교배 집단보다 낮은 수준의 환경스트레스에서 절멸할 확률이 훨씬 크다는 사실을 보여준다. 이와 같은 실험적 결과들은 유전적 부식이 변화하는 환경조건에 대한 개체의 적응 능력을 감소시켜 장기적 생존력을 떨어뜨린다는 것을 시사하는 것이다.

24.5 유전적 다양성의 보전은 종 생존에 필수적이다

생물학적 다양성을 유지하기 위한 연구를 하는 과학자들은 여러 가지 난관에 직면한다. 개개의 집단들을 보존하는데 초점을 둘 것인가, 아니면 한 종뿐 아니라 생태계 내에서 상호의존적인 모든 동식물을 보전하기 위한 좀 더 넓은 접근 방법을 택해야 할 것인가? 숫자가 줄어들고 있는 종들에서 유전적 다양성을 어떻게 유지할 것인가? 집단 내에서 소실된 유전적 다양성은 회복될 수 있는 것인가? 초기의 보전 노력은 종종 단순하게 멸종 위험종들의 집단 크기에 초점이 맞춰져 있었다. 생물학자들은 이제 보전 노력에 장기적 생존을 위한 유전적 변이의 중요성뿐 아니라, 생태계 내에서의 종의 역할과 서식지에 대한 요구 조사 등을 포함하여 서로 다른 요소들의 복잡한 상호작용이 고려되어야 한다는 것을 인식하고 있다.

현장 외 보전

현장 외 보전(*ex situ* conservation의 문자 뜻은 원래의 위치에서 떨어진)은 식물이나 동물을 그들의 원래 서식처에서 채취하여 동물원이나 식물원같이 인공적으로 유지되는 장소로 옮겨주는 과정을 포함한다. 이러한 생물수집(living collection)은 포획-번식 프로그램의 기초를 구성할 수 있다.

위험에 빠진 종들로부터 소수의 생존 개체들을 야생에서 데려와 그들의 자손을 보호되는 환경에서 길러 개체군을 재확립하는 이들 프로그램은 멸종의 위기에서 다수의 종들을 회복시키는 수단이다. 그러나 그러한 프로그램들은 개체군 수가 회복된 후에라도 종의 장기적 생존을 잠재적으로 위협하는 바람직하지 않은 유전적 효과를 나타낼 수 있다. 포획-번식 프로그램은 생물종의 원래 유전적 다양성이 이미 고갈된 경우, 즉 아주 소수의 개체만이 야생에 남은 경우가 아니면 잘 시도되지 않는다. 번식 프로그램은 종종 소수의 포획 개체들에 기초하고 있으며 따라서 유전적 다양성은 창시자 효과에 의해 더 감소된다. 포획-번식 기관들은 종종 생식 그룹의 개체들을 적은 수로만 수용할 수 있기 때문에 근친교배를 피하기가 어려운데, 특히 동물의 경우 하렘(harem, 하나의 수컷에 의해 지배되는 생식 그룹)들을 형성하여 N_e가 N보다 상당히 적다. 마지막으로, 오랜 시간에 걸쳐 포획-번식 조건에 맞는 의도하지 않은 유전자형 선택이 발생해, 회복된 개체군이 야생에서 적응하고 생존하는 능력을 감소시킬 수 있다.

이러한 유전적 효과를 최소화하기 위해서는 이런 프로그램들을 어떻게 관리해야 할까? 이미 살펴본 바와 같이, 유전적 다양성의 소실은 t 세대 동안의 이형접합성으로 측정된다:

$$H_t/H_0 = \left(1 - \frac{1}{2N_e}\right)^t$$

이 방정식은 유전적 다양성의 소실(H_t/H_0)이 유효 개체군 크기(N_e)가 작아질수록, 그리고 더 많은 세대(t)가 지날수록 더 커진다는 것을 시사한다. 우리는 이 방정식을 확장시켜 포획-번식 개체군에 대해 다음과 같이 나타낼 수 있다:

$$H_t/H_0 = [1 - (1/2N_{fo})]\{1 - 1/[2N(N_e/N)]\}^{t-1}$$

여기에서 N_{fo}는 창시 집단의 유효 개체군 크기다. N은 t세대 동안에 걸친 평균 절대 개체군 크기다. 이 방정식을 잘 살펴보면, 포획-번식 프로그램 집단 내에서의 최대 유전적 다양성은 (1) 가능한 창시자 개체들의 수를 크게하여 N_{fo}의 수를 최대화하거나; (2) N_e/N를 최대화하여 각 세대마다 가능한 한 많은 수의 개체들이 자손을 생산하도록 하며; (3) 포획 세대의 수인 t를 최소화하는 것

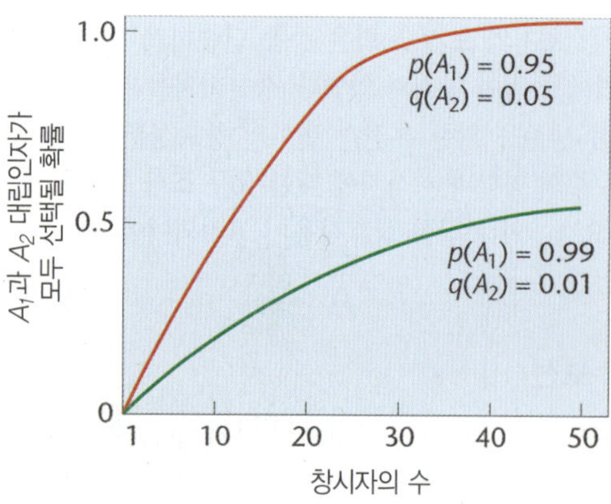

그림 24-12 포획 집단의 창시자 개체 수에 따라 한 좌위에서 A_1과 A_2 대립인자가 유지될 확률.

으로 유지될 수 있음을 알 수 있다. 창시자 집단의 대립인자 다양성을 증가시키기 위해 N_{fo}를 최대화하는 것의 중요성은 그림 24-12에 잘 나타나 있다. 위험종들을 위한 이런 종류의 성공적 프로그램은 위의 세 가지 목표를 염두에 두고 관리된다. 더하여, 가계도 자료를 잘 관리하여 친족들 간의 교배를 피하며, 가능하면 서로 다른 번식 프로그램들 사이에서 개체들을 교환하는 것이 근친교배를 감소시킬 것이다.

이 문제를 풀어보자

609페이지의 14번 문제는 희귀종인 붉은 팬더의 포획 집단에서 유전적 부식의 가능성을 추정하는 것이다.

힌트: 만약 N_e/N가 0.42로 유지되고 실제 개체군 크기가 50이라면 N_e의 계산이 가능하다. 그런 후에 앞의 방정식을 이용하라.

포획-번식: 검은발 흰족제비

검은발 흰족제비(black-footed ferret)인 *Mustela nigripes*(그림 24-13)는 포획-번식을 통해 구조된 아주 훌륭한 예이다. 이들은 한때 미국 서부의 평지에 널리 분포했었지만 족제비와 그들의 주식인 프레리독(prairie dog)들이 모두 포획과 독살에 의해 줄어들자, 1970년대 이르러 절멸한 것으로 생각되었다. 그러나 1981년에 와이오밍 미티체(Meeteetse) 근처의 한 농장에서 작은 검은발 흰족제비 군락이 발견되었다. 보전 생물학자들은 처음에는 이들 흰족제비 개체군을 현장에서 보전하려고 노력했지만 1985년에 그 군락은 개 전염병에 걸려 거의 몰살하였다. 구조되어 포획번식 기관으로 옮겨진 18마리 중 8마리가 창시자로 사용되어도 좋을 만큼 충분히 연관관계가 먼 것으로 생각되었다. 이 포획-번식 프로그램으로 3,000마리 이상의 족제비가 생겨났고, 이 종은 이제 원래 서식지 일부로 다시 재도입되었다. 목표는 2010년까지 야생에서 지속 가능한 1,500마리의 집단을 확립하는 것이다. 2006년 초까지 400마리 이상의 흰족제비가 방출되었고, 야생에서 태어난 첫 족제비 새끼들이 콜로라도의 재도입 부지에서 발견되었다.

그림 24-13 검은발 흰족제비(*Mustela nigripes*).

검은발 흰족제비의 회복이 성공적인 것으로 보이지만, 8마리라는 적은 수의 창시자 집단은 이 종에 심각한 병목현상을 일으켰다. 포획-번식 프로그램에서의 추가적인 유전적 다양성 소실은 유전적 부동이나 소수의 창시자 암컷들을 통한 제한적 생식, 그리고 한 마리의 수컷에 의한 높은 생식률 때문에 발생했다. 이런 형태의 프로그램에서는 근친교배의 위험과 그에 따른 유전적 부식이 아직도 문제로 남아 있다.

유전적으로 가장 다양한 개체들을 찾기 위해 DNA 마커 등을 사용하고, 주의 깊게 계보 기록을 유지하여 연관 동물들 사이의 교배를 피하며, 인공수정과 정자 동결보존을 위한 기술을 개발하는 일은 이들 종에 남아 있는 유전적 다양성을 보전하는 데 도움을 준다. 회복 프로그램에 대한 작업을 하는 보전 유전학자들은 모든 검은발 흰족제비가 오늘날에는 약 12%의 유전체를 공유하는데 이것은 이들이 대략 사촌지간과 같은 정도라고 추산한다. 늘어난 족제비 군집의 이러한 유전적 유사성 정도가 장기적으로 어떠한 영향을 미치는지 알아봐야겠지만 아직까지 근친교배로 인한 적응성 감소의 뚜렷한 증거는 나타나지 않고 있다.

과학자들은 검은발 흰족제비의 장기적 미래가 이 종이 경험했던 심각한 병목현상과 그에 따른 유전적 다양성의 소실에 의해 위협받을 것이냐에 대해서는 동의하지 않는다. 일부 유전학자들은 하나의 생존 군락인 미티체 집단이 상당히 고립되어 있었기 때문에, 이미 충분히 근친교배가 발생하여 해로운 대립인자들을 청소했을 수 있다고 제안한다. 다른 연구자들은, 박물관 시료에서 추출한 검은발 흰족제비 DNA에 대한 연구에 따르면 병목현상 이전의 집단과 비교해서 오늘날 살아 있는 흰족제비들의 유전적 다양성이 상당히 소실되었음을 알 수 있으며, 시간이 흐름에 따라 근친교배로 인한 적응성 소실이 필연적으로 나타날 것이라고 주장한다.

현장 외 보전과 유전자 은행

현장 외 보전의 또 다른 형태는 **유전자 은행**(gene bank)에 의해 제공될 수 있다. 동물이나 식물 전체를 보호하는 것과는 대조적으로 이들 유전자 은행에서의 수집은 동물의 경우 정자, 난자, 그리고 냉동배아, 식물의 경우에는 종자, 화분, 그리고 배양조직 등과 같은 재생성 부위의 보존과 장기적 저장을 주로 한다. 수많은 개체의 유전자형이 생물수집에서보다 더 오랜 기간 동안 유전자 은행에서 보관될 수 있다. 저온 냉동 배우자나 종자들은 소실되거나 위험에 처한 동물들, 식물들을 수 년 동안 보관했다가 이후에 다시 만들어 내는 데 사용될 수 있다(이 장의 첫 페이지에 실려 있는 사진을 보라). 이러한 방법은 설립하고 유지하는 데 비용이 상당히 소비되기 때문에 대부분의 유전자 은행들은 경제적 가치가 있는 길들여진 종들의 상기 재생성 부위들을 보관하는 데 사용된다.

유전자 은행은 이제 많은 나라에 설립되어 더 이상 길러지지 않는 전통작물이나 이제는 희귀해진 가축종들과 같이 농업적 중요성이 있는 유전물질을 보전하는 데 도움을 주고 있다. 미국에서 가장 중요한 현장 외 보전을 위한 수집 장소 중 하나인 국립종자보관연구소(National Center for Genetic Resources Preservation)는 콜로라도 포트콜린스에 있는 미국 농무성(USDA) 기관이다. 여기에서는 350,000종류 이상의 작물 변이체와 연관 야생종을 유지하고 있다. 어떤 것들은 종자상태로, 또 어떤 것들은 식물전체로 재생 가능한 세포조직들 상태로 보관되기도 한다. 멸종 위험종인 가축 계통들에서 얻은 냉동 정액이나 배아들도 이런 기관에 보존된다.

유전자 은행을 이용한 현장 외 보전은 필수적이긴 하지만 동시에 많은 약점을 가진다. 유전자 은행과 연관된 주요 문제는, 아무리 큰 수집이라고 해도 한 종의 모든 유전적 변이를 다 포함할 수는 없다는 데 있다. 보전 유전학자들은 각 종에 대한 **핵심집합**(core collection)을 찾음으로써 이 문제를 풀려고 하고 있다. 핵심집합이란 한 종 내에서 가능한 많은 유전적 변이를 나타내는 각 유전자형들의 부분집합이다; 핵심집합을 보존하는 것이 무작위로 많은 수의 유전자형을 보전하는 것보다 우선시 된다. 현장 외 보전의 또 다른 약점은, 생물수집 혹은 유전자 은행에 보관되는 인공 조건이 종종 그들에게 선택 압력으로 작용할 수 있다는 사실이다. 예를 들어 희귀 식물종의 종자들이 저온에서 보관될 때 낮은 온도에 더 잘 적응하는 유전자형들에 선택이 작용해서, 자연 환경이었다면 실제로 더 적응성이 높았을 유전자형이 소실될 수도 있다. 또한 현장 외 보전에 의해 나타나는 부가적인 문제점 하나는 재배종과 비재배종 둘 다에서 최대의 생물 다양성이 저개발국가에서 발견되고 있는데, 대부분의 현장 외 수집들은 그들을 건설하고 유지하는 자원을 가진 선진국에서 개발되었다는 것이다. 이것은 그러한 수집에서 유지되는 잠재적으로 귀중한 유전적 자원들의 소유나 접근권을 누가 가지느냐에 대한 분쟁을 일으킬 수 있다.

현장 보전

현장 보전(*in situ*, conservation 문자의 뜻은 "제 자리에")은 한 종의 개체군 크기와 생물 다양성을 유지할 때 그 원 서식지에서 유지하고자 하는 시도다. 우리가 이미 배운 것처럼 다양성이 높은 지역을 규명하기 위한 종 목록의 이용은 공원을 만들 최적 장소를 결정하는 중요한 도구이고 어느 곳의 동식물들이 사냥이나 채집으로부터 보호되어야 하며, 어느 서식처가 유지될 수 있는지를 지정하는 데 중요하다.

재배종에 대해서는 '농장에서의' 보존에 관심이 커지고 있는데 여기서는 농부들에게 전통작물변이들과 가축종들을 유지하기 위해 추가자원이나 경제적인 장려금을 지급함으로써 그들을 격려한다. 경제적 가치가 있는 비재배종들도 역시 현장보전의 목표가 된다. 1998년에 미국 농무성(USDA)은 야생식물에 대한 첫 현장보전을 확립하여 동부 여러 주에서의 천연 바위포도(*Vitis rupestris*) 군락을 보호하였다. 바위포도는 열매 때문이 아니라 뿌리 때문에 양조업자들에 의해 귀하게 여겨진다; 야생 바위포도의 뿌리 둥치에 이식된 포도넝쿨은 포도주용 포도의 심각한 병충해인 포도나무 뿌리진디(phylloxera)에 저항성을 가지게 된다.

바위포도의 현장 보전의 이점은 다른 종들과 마찬가지로, 커다란 유전적 다양성을 가진 더 큰 개체군들이 유지될 수 있다는 것이다. 현장 보전되는 종들은 또한 그들이 적응했던 환경에 계속 살아남아 자손을 생산함으로써 새로운 선택압이 대립인자 빈도에서 바람직하지 않은 변화를 만들 가능성을 감소시킨다. 그러나 전지구적으로 인간 개체군이 지속적으로 커지고 있기 때문에, 현장보전에 적당한 장소를 따로 마련하는 것은 점점 더 어려워지고 있다. 예를 들어, 북미 갈색곰의 경우에서처럼 옐로스톤 국립공원같이 커다란 보전장소라고 해도 한 종의 이주와 유전자 흐름이 제거되어 유전적 다양성의 소실이라는 결과를 초래할 수도 있다. 이 문제는 보호되는 서식지가 더 작고 단편화된 상태일 때 더욱 심각하다.

개체군의 증대

감소하는 개체군이나 종들을 재생시키는 노력에 어떠한 유전적 고려가 병행되어야 할까? 이미 보았던 것처럼 병목현상을 경험한 개체군들은 그들의 수가 완전히 회복된 뒤라고 하더라도 계속적으로 낮은 수준의 유전적 다양성으로 고생한다. 우리는 이미 근친교배와 유전적 부동이 소집단에서 유전적 부식에 기여하며 개체군의 단편화가 이주와 유전자 흐름을 방해하고 나아가 다양성을 감소시킨다는 것을 알아보았다. 소수의 생존자들을 이용해 아주 심각하게 위험에 처한 종들을 회복시키려는 포획-번식 프로그램들은 검은발 흰족제비의 경우에서처럼 창시자 효과와 근친교배로 인해 새로운 개체군들에서의 유전적 부식을 일으킬 위험이 있다.

보전 생물학자들에 의해 사용되는 또 하나의 대안 전략은 **개체군 증대화**(population augmentation)-여기저기에서 포획되거나 수집된 같은 종들의 개체들을 옮겨주거나 재방출함으로써 감소하는 개체군의 숫자를 늘리는 것-이다. 심각하게 단편화된 빨간모자 딱따구리(red-cockaded woodpecker)의 가장 작은 집단에서 개체군 증대를 이용하여 유전자 흐름을 재확립하려는 시도가 앞서 설명되었었다. 또한 플로리다 팬더(*Felis coryi*)(그림 24-14)에도 역시 사용되었는데, 이들은 남부 플로리다의 커다란 삼나무 습지와 에버글레이즈 국립공원(Everglades National Park)주위에만 50여 마리 미만으로 구성된 고립 집단이었다. 이 장의 말미 에세이에서 논의된 것처럼 DNA 프로파일링 패턴은 플로리다 팬더에서 높은 수준의 근친교배를 나타내는데 이들은 심각한 생식기형과 기생충 감염에 대한 감수성이 높아서 감소된 적응력을 가진다. 이러한 노력으로, 1960년대 미국 남부와 북부의 포획 개체군에서 서로 연관이 없는 7마리의 개체가 에버글레이즈에 방출되어 플로

그림 24-14 플로리다 팬더(*Felis coryi*).

리다 집단과 교배되었고, 좀 더 유전적으로 다양한 기존 그룹이 만들어졌다. 플로리다 팬더의 예는 이주된 개체들이 도입될 개체군과 연관성이 없다면, 개체군 증대가 어떻게 개체군 수와 유전적 다양성을 모두 증가시킬 수 있는지를 잘 보여준다. 그러나 플로리다 팬더는 또한 개체군 증대에 따른 가능한 위험, 즉 유전적 침몰(genetic swamping)이라 불리는 문제 역시 잘 보여준다. 이것은 원래 집단의 유전자 풀이 이주된 개체들의 다른 유전자형에 의해 압도되어 그 정체성을 잃게 될 때 발생한다. 플로리다 팬더에 대한 더 이상의 증대작용은 논란으로 남아 있는데, 일부 생물학자들이 플로리다 팬더를 독립된 종으로 구분 짓게 하는 독특성이 다른 팬더들과의 교배에 의해 소실될 것이라고 주장하고 있기 때문이다.

개체군 증대화에 일어날 수 있는 또 다른 문제점은 바로 최근에 알려진 **원교배 약세**(outbreeding depression)라는 현상으로 여기서는 유전적으로 다양한 개체들 사이의 교배로부터 얻어진 자손들의 적응성이 떨어지게 된다. F_1 세대에서 일어나는 원교배 약세는 부모보다 환경조건에 덜 적응적인 자손이 생겨남으로써 일어나는 것으로 보인다. 이 현상은 서로 다른 지역에서 온 같은 종자가, 손상된 지역을 다시 재활시키는 데 사용되어 해당 지역의 종들과 타가교배되었던 한해살이 식물종들에서 보고되었었다. F_2 세대 혹은 그 후의 세대에서 원교배 약세는 동시적응 유전자 복합체(coadapted gene complex)－개체 내에서 함께 작용하여 최적의 적응 수준을 생산하도록 진화된 대립유전자들의 집단－의 파괴 때문일 것으로 생각된다. 이런 형태의 원교배 약세는 알래스카의 서로 다른 연어 집단 사이의 교배로 얻어진 F_2 잡종 자손들에서 보고된 바 있다. 이러한 연구들은 개체군 내에서 유전적 다양성의 가장 유익한 형태와 양을 회복시키는 것은 이전에 생각했던 것보다 훨씬 복잡하다는 것을 시사하며, 종 생존을 위한 최적의 장기 전략은 처음부터 다양성을 잃지 않도록 보호하는 것임을 강조한다.

단원 요약

1. 많은 수의 식물과 동물들이 점점 절멸의 위험에 처하면서 생물다양성이 소실되어 가고 있다. 보존 유전학은 집단 유전학의 원리를 위험에 처한 종들의 보존과 회복에 적용한다. 보존 유전학의 주요 관심은 유전적 다양성의 유지에 있다.
2. 유전적 다양성은 환경계의 수많은 다른 종에 의해 표현되는 종간의 차이와 같은 종들의 집단 내부에서나 집단들 사이에서 나타나는 유전적 변화인 종 내의 차이를 포함한다. 유전적 다양성은 집단들의 서로 다른 표현형을 조사함으로써, 혹은 분자 수준에서 알로자임 분석이나 DNA 프로파일링 기법을 이용하여 측정될 수 있다.
3. 한 종의 개체군 수가 줄어드는 것은 유전적 다양성을 감소시켜 유전적 부동, 근친교배 혹은 유전자 흐름의 소실 등에 의한 종의 절멸 위험성에 기여하게 된다. 유효 숫자의 크기가 심각하게 감소했던 개체군이 다시 회복되는 것을 병목현상을 겪었다고 말하며 이들은 종종 감소된 유전적 다양성을 나타낸다.
4. 유전적 다양성의 소실은, 유용한 대립인자들이 유전자 풀에서 사라짐에 따라 개체군이 변화하는 환경 조건에 적응하는 능력을 감소시킨다. 감소된 유전적 다양성은 또한 집단의 동형접합성 정도를 크게 증가시켜 종종 유해한 대립인자들의 발현과 근교 약세를 일으킨다.
5. 유전적 다양성의 보존은 생체 수집과 같은 *ex situ* 방법과 포획-교배 프로그램, 유전자 은행, 그리고 공원의 건설이나 보존지구의 확립과 같은 *in situ* 방법들에 의존한다.
6. 개체군 증대화(population augmentation)에서는 같은 종의 개체들이 좀 더 많은 수의 개체군으로부터 감소하는 개체군으로 이식되는데, 숫자와 유전적 다양성을 증가시키는 데 사용될 수 있다. 그러나 원교배 약세(outbreeding depression)의 위험성이 이 과정에 동반될 수 있다.

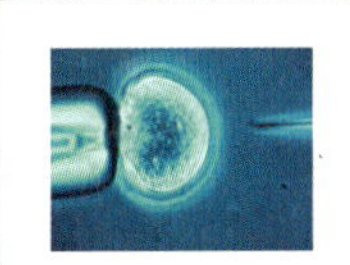

유전학, 기술, 그리고 사회

유전자 풀과 위험에 빠진 종들: 플로리다 팬더의 곤경

지난 400년 동안 지구상의 동식물 700종 이상이 사라졌다. 미국에서만 적어도 30종이 지난 10년 동안에 사라졌다. 게다가, 유전적으로 독특한 수백의 식물과 동물종들이 이제 절멸 위기에 처해 있다. 이러한 극적인 생물 다양성의 소실은 인간 활동의 직접적 결과다. 인간의 숫자가 늘어나 지구 여러 곳으로 흩어지면서 우리 인간은 더 많은 지구의 자원들을 우리 목적에 따라 사용했다. 이러한 활동의 결과 우리는 삼림을 없애고, 물을 오염시켰으며, 지구의 자연적 균형을 가차 없이 영원히 바꿔놓았다.

파괴가 지속되었지만, 우리는 우리 활동의 결과를 이해하기 시작했고, 지구상의 절멸 위험종들을 보호하려는 노력을 하고 있다. 그러나 위험종들을 구하려는 우리의 노력에도 불구하고, 우리의 개입은 종종 개체군 숫자가 심각하게 줄어들었거나 중요한 생태계가 영원히 기능을 못하게 된 다음에서야 이루어지곤 한다. 이것은 종내에 존재하던 유전적 다양성의 많은 부분이 이미 소실되었으며, 개체군은 감소된 유전자 풀에서 다시 재건되어야 한다는 것을 의미한다. 유전적 동일성은 유전적 질병에 대한 노출뿐 아니라 적응성을 떨어뜨릴 수 있다. 이렇게 감소된 적응도는 위험종의 식물이나 동물들 숫자를 더욱 감소시키고, 개체군은 절멸의 소용돌이에 빠지게 된다.

플로리다 팬더의 이야기는 멸종의 위기에 있던 동물과 그들을 생태계의 건강한 장소로 되돌리기 위해 어떠한 어려움들이 극복되어야 했는지에 대한 극적인 예를 제공한다. *Felis concolor coryi*, 즉 플로리다 팬더는 코가(cougar, 퓨마나 산악 사자)에 속하는 30 아종 중의 하나로, 세계에서 가장 위험에 처한 동물들 중 하나다. 플로리다 팬더는 한때 사우스 캐롤라이나와 아칸사스에서 플로리다의 남쪽에 이르는 북미의 남동쪽에 살았었다. 사람들이 남부와 동부의 주들에 정착하면서, 팬더들은 가축과 인간의 강력한 위협요소로 간주되었다. 그래서 팬더들은 사냥이나 독살, 고속도로에서의 충돌, 그리고 그들의 먹잇감(주로 야생 사슴과 돼지들)들이 살 수 있는 서식지들의 소실 등에 의해 죽임을 당했다. 1967년이 되자, 플로리다 팬더들은 위협받고 있는 종으로 분류되었고, 약 30마리 정도만이 남게 되었다. 개체군 추정에 의하면 2055년이 되면 이들이 멸종할 것이라고 한다.

약 20세대 동안의 지역적 격리와 근친교배 때문에, 플로리다 팬더들은 다른 어떤 코가 아종들보다 가장 낮은 유전적 이형성을 보인다. 결과적으로, 이러한 유전적 다양성의 소실은 몇몇 심각한 유전적 결함을 보임으로써 발현된다. 예를 들어, 빅 사이프러스 지역에서 1989년 이후에 태어난 팬더 수컷 중 거의 80%가 크립토키디즘(cryptorchidism)이라고 불리는 희귀한 유전성(상염색체성 우성이거나 성연관 열성) 조건임을 보여주는데, 이는 한 쪽 혹은 양쪽의 고환이 작아지는 것으로 표현된다. 이러한 결함은 낮은 테스토스테론 수치와 감소된 정자 수와 연관이 있다. 생명을 위협하는 선천성 심장질환 역시 플로리다 팬더 집단에 나타나는데, 이것은 아마도 상염색체성 우성 유전자 결함 때문인 것으로 생각된다. 더하여, 몇몇 면역 결함들도 나타나며 이들 역시 유전적 요인을 가진다고 생각된다. 감소된 면역력은 작은 팬더 개체군을 더욱 질병에 취약하게 만들어 개체군을 없앨 지경이다. 꼬리가 휜다든지 등의 털이 빠지는 등 다른 덜 심각한 유전적 특징들 역시 나타난다.

지난 20년에 걸쳐, 이들 팬더에게 희미한 희망의 빛이 비추기 시작했다. 일반 개인들뿐 아니라 미연방 및 주의 기관들이 "플로리다 팬더 회복 프로그램"을 발족시켰던 것이다. 이 계획의 목표는 2010년까지 500마리 이상의 교배동물을 확보하는 것이다. 만약 성공적이라면, 이 계획은 팬더들에게 그들의 유전적 다양성을 90% 보유시키면서 95%의 생존도를 부여할 수 있을 것이다. 이 계획은 다방면으로 이루어져, 포획-번식 프로그램, 엄격한 보호, 팬더 거주지의 증대와 개선, 그리고 공공 및 개인적 땅 소유주에 대한 교육 등을 포함하고 있다. 팬더 지역의 고속도로에 야생동물 통로를 건설하였고, 이것은 고속도로에서 팬더가 사망하는 것을 매우 감소시켰다(이 고속도로 사망은 대부분 팬더 사망의 절반을 차지하고 있었다). 2002년까지 플로리다 팬더 수는 약 100마리까지 증가했다.

근친교배의 악영향을 줄이기 위해 1995년, 8마리의 야생 텍사스 팬더(서부 텍사스의 연관 아종)들이 플로리다 팬더 지역에 방사되었다. 세 마리의 암컷이 교배 전에 죽었지만 나머지들은 건강한 새끼 팬더들을 낳았다. 이제 남부 플로리다의 100마리 팬더 중 약 40~ 70마리 정도는 텍사스 팬더와 플로리다 팬더 사이의 잡종으로 추정된다. 이들 새끼 중 어느 것도 근친교배된 플로리다 팬더가 보이는 "구부러진" 꼬리를 가지지 않았으며, 성체까지 생존할 가능성도 3배나 높아졌다. 이들 잡종 새끼들은 순종의 플로리다 팬더보다 유전적으로 훨씬 다양하며 그들의 유전물질 중 20~30% 정도를 텍사스 팬더로부터 물려받아 가지고 있다. 이것은 일부 생물학자들에게 텍사스 팬더들이 유전적으로, 독특한 플로리다 팬더 개체군을 압도할지도 모른다는 걱정을 안기고 있다.

역설적이게도, 회복 프로그램의 성공은 문제가 되기도 했다. 이제 그 개체군은 약 100개체에 도달했고 플로리다 팬더들은 현 서식지의 수용능력에 거의 다다르고 있다. 생물학자들은 이들이 스스로 생존할 수 있기 위해서는 적어도 250마리의 개체수에 도달해야 한다고 추산하고 있다. 이 숫자에 도달하기 위해서는 그들의 영역을 넓혀야 하는데, 이것은 다시 플로리다의 인구 증가와 직접적으로 충돌을 일으킨다. 생물학자들은 이제 루이지애나, 아칸사스, 그리고 남부 캘리포니아를 비롯하여 플로리다 팬더들을 위한 새로운 영토를 찾고 있다.

회복 프로그램의 최근 성공에도 불구하고, 플로리다 팬더의 생존은 전혀 확실치 않다. 이들의 회복은 수년 동안의 감독과 잦은 개입을 요구할 것이다. 게다가, 사람들은 당장 앞으로 별 이익도 되지 않고 위험하기까지 한 야생의 동물들과 땅을 기꺼이 나누어야만 할 것이다. 그러나 플로리다 팬더의 회복을 위하여 공공의 지원이 강하게 이루어진다면 이 독특하고 인상적인 동물들에게도 희망은 있다.

참고문헌

Maehr, D. S., and Lacy, R. C. 2002. Avoiding the lurking pitfalls in Florida panther recovery. *Wildlife Soc. Bull.* 30(3): 971-978.

Mansfield, K. G., and Land, E. D. 2002. Cryptorchidism in Florida panthers: Prevalence, features and influence of genetic restoration. *J. of Wildlife Disease* 38(4): 693-698.

Pimm, S. L., Dollar, L., and Bass., O. L. 2006. The genetic rescue of the Florida panther. *Anim. Conserv.* 9:115-122.

웹사이트

Florida Panther Net [online]

http://www.panther.state.fl.us/

주요 용어

DNA 지문(DNA fingerprinting)
개체군 단편화(population fragmentation)
개체군 병목(population bottleneck)
개체군 증대화(population augmentation)
근교약세(inbreeding depression)
근친교배(inbreeding)
근친교배 계수(inbreeding coefficient)
메타 개체군(metapopulation)
미세부수체(microsatellites)
보전 유전학(conservation genetics)
생물다양성(biodiversity)
생태계(ecosystem)
알로자임(allozyme)
원교배 약세(outbreeding depression)
유전자 은행(gene bank)
유전자 흐름(gene flow)
유전적 다양성(genetic diversity)
유전적 부동(genetic drift)
유전적 부식(genetic erosion)
유전적 하중(genetic load)
제한단편길이 다형성(restriction fragment length polymorphisms, RFLPs)
종간 다양성(interspecific diversity)
종내 다양성(intraspecific diversity)
짧은 직렬반복서열(Short tandem repeats, STRs)
창시자 효과(founder effect)
핵심 집합(core collection)
현장 외 보전(*ex situ* conservation)
현장보전(*in situ* conservation)

통찰과 해법

1. 여러 개의 조각난 군집으로 존재하는 희귀한 종들이, 이와 마찬가지의 희귀성을 가지지만 큰 하나의 집단으로 존재하는 집단보다 절멸에 더 취약한가? 조각난 희귀종 군집들을 다룰 때 고려해야 할 요인은 어떠한 것들이 있는가?

해법: 남은 개체들이 작고 고립된 군집으로 존재하는 희귀종인 경우가 덜 취약하게 보일 수 있다. 만약 그러한 소집단 하나가 질병이나 거주지 상실로 인해 절멸한다고 해도 남아 있는 소집단들은 계속 생존할 수 있다. 그러나 유전적 부동은 이러한 소집단에서 큰 집단들에 비해 시간이 지남에 따라 더 빠르게 동형접합성을 증가시킬 수 있다. 비록 무작위 교배가 이루어지더라도, 유전적 부동에 의한 한 세대에서 다음 세대로의 이형접합성 변화는 다음과 같이 계산될 수 있다:

$$H_1 = H_0(1 - 1/2N)$$

여기서 H_0는 현 세대에 존재하는 이형접합체의 빈도이고, H_1은 다음 세대에서의 이형접합체 빈도다. 그리고 N은 집단 내의 개체들의 수다. 그러므로 초기 이형접합체 빈도가 0.5이고 50개체들로 이루어진 작은 집단 내에서는, 단 한 세대 안에 이형접합성이 0.5(1 − 1/100) = 0.495로 감소하여 0.5%가 줄어든다. 같은 정도의 초기 이형접합체 빈도를 가진 500개체로 이루어진 좀 더 큰 집단에서는, 한 세대 이후 이형접합성은 0.5(1 − 1/1000) = 0.4995가 되고, 약 0.05%의 손실이 있게 된다.

이것은 집단이 작을수록 유해한 대립인자들에 대한 동형접합성의 효과가, 큰 집단에서보다 더 영향을 크고 빠르게 미칠 수 있다는 뜻이다. 비록 무작위 교배가 이루어진다고 하더라도 말이다. 만약 군집들이 조각나서 그들 사이에 개체들의 이동이나 배우자의 이동이 이루지지 않는다면, 관리 항목에 한 소집단에서 다른 소집단으로 유전자 흐름이 일어날 수 있도록 하는 개체 이식을 넣어야 한다. 조각난 집단들을 연결시키는 훼손되지 않은 "야생동물 통로(wildlife corridor)"의 확립도 고려되어야 할 것이다. 포획된 집단들 내에서는 교배용 성체의 교환(혹은 보존된 정액이나 화분 수송을 통한 배우자의 교환)이 수행될 수도 있다. 그러나 무엇보다도, 개체군 수 증대를 위한 관리는 유전자 부동을 통한 유전적 부식을 막기 위해 필수적이다.

연습문제 및 토론문제

1. 야생생물을 연구하는 생물학자들은 희귀한 에티오피아 자칼 개체군을 수 세대 동안 연구했다. 이들이 연구를 시작했을 때는 개체군 내에 47마리의 자칼이 있었고 이들 동물로부터 얻어진 미세부수체 좌위의 분석은 이형접합자 빈도가 0.55임을 나타냈었다. 두 번째 세대에서 이 개체군에 급성 전염병이 발생해 오직 17마리만이 성체까지 살아남을 수 있었다. 이들은 20마리의 새끼들을 나았고 이들은 다시 4세대에 35마리의 자손을 생산하였다. (a) 이 연구에서 4세대를 위한 유효개체군 크기는 어떤 것이었나? (b) 유효개체군 크기에 기초하여 4세대의 자칼 개체군의 이형접합자 빈도를 구하여라. (c) 연구 시작 당시의 근친교배 계수를 0으로 하여 이 유전자 풀에서 미세부수체 대립인자 빈도에 변화가 없고, 모든 세대에서 무작위적 교배가 이루어졌다고 하면 4세대에서 근친교배 계수는 어떻게 될까?

2. 연골이영양증(chondrodystrophy)은 왜소증의 치명적 형태 중 하나인데, 포획된 캘리포니아 콘도르 개체군에서 최근 169개 수정란 중 5개의 배아를 죽이는 질병으로 보고된 바 있다. 콘도르의 연골이영양증은 이 종의 유전자 풀에서 0.09의 빈도를 가지는 상염색체 열성 유전자에 의해 발생하는 것으로 보인다. (a) 이 치사 대립인자의 영향을 향후 최소화하기 위해 어떠한 캘리포니아 콘도르의 유지가 필요하다고 생각하는가? (b) 유전자 풀에서 이 대립인자를 없애려는 시도의 이익과 불이익은 어떤 것이 있을 수 있겠는가?

3. 한 유전학자가 세 유전자 좌위를 연구하고 있다. 희귀한 식물종으로 이루어진 작은 개체군 내에서 이들은 각각 우성과 열성 대립인자들로 구성된다. 그녀는 이들 좌위들의 대립인자 빈도를 다음과 같이 추산하였다: $A = 0.75$, $a = 0.25$; $B = 0.80$, $b = 0.20$; $C = 0.95$, $c = 0.05$. 유전적 부동에 의해 모든 열성 대립인자가 개체군 내에서 사라질 가능성은 얼마인가?

4. 유전적 부동과 근친교배가 한 개체군에 미치는 영향의 유사점은 무엇이고 둘의 차이점은 무엇인가?

5. 여러분은 현재 세계적으로 위험에 처한 종인 검은 코뿔소 한 무리를 보유한 아프리카의 놀이공원 매니저다. 이들 검은 코뿔소 무리를 이 공원 내에서 생존력 있는 개체군으로 확립하기 위해 취할 관리에 대해 설명해 보라. 어떠한 유전적 요소들이 여러분의 관리 계획에 고려될 것인가?

6. 근교 약세와 원교배 약세의 원인과 결과를 비교해 보라.

7. 복제양 돌리를 개발한 스코틀랜드의 과학자가 사용했던 것과 비슷한 기술을 사용한 클로닝 방법이 매우 고도로 위험에 처한 종들의 숫자를 늘리기 위해 사용될 것이 제안되었다. 장기적 종 보존을 돕기 위한 이러한 접근을 사용함에 있어 장점과 단점은 어떠한 것이 있을 수 있겠는가?

8. 동부 멕시코 산지의 외딴 지역에서 한 무리의 야생 양귀비들이 발견되었는데, 거의 모든 것들이 밝은 노랑색 꽃을 갖고 있었지만, 교배실험들은 이들 밝은 노랑이 짙은 오렌지색에 대해 열성임을 보여준다. 이 장에서 설명되었던 보전 유전학자들이 사용하는 방법들을 사용한다면, 여러분은 동부 멕시코산 양귀비에서의 밝은 노랑 표현형이 우세한 이유를 실험적으로 어떻게 결정할 수 있겠는가? 이것은 자연선택에 의한 것일까, 아니면 단순히 유전적 부동이나 근친교배에 의한 것일까?

9. 현장 외 보전과 현장 보전 기술을 비교하라.

10. 포획-번식을 이용한 현장 외 보전 방법이 어떻게 여러 위험종에 적용되고 있는지 설명하라.

11. 왜 낮은 정도의 유전적 다양성이 그 종의 생존에 나쁜 영향을 미치는지 설명하라.

12. 유전적 다양성을 측정하는 방법으로 사용되는 RFLP 분석법과 알로자임 분석법을 비교하라.

13. 멸종 위험종인 로랜드 고릴라(lowland gorilla) 개체군이 야생에서 보전 생물학자에 의해 연구되었다. 그 생물학자는 15마리의 고릴라를 세었지만 그 개체군은 2개의 하렘으로 구성되어 있음을 관찰했다. 각 하렘들은 서로 다른 두 수컷에 의해 점령되고 있었다. 하나의 하렘은 8마리의 암컷들로 구성되어 있었고, 다른 하나는 5마리의 암컷들을 포함하고 있었다. 이 고릴라 개체군의 유효 개체군 크기 N_e는 얼마인가?

14. 생식그룹을 만들기 위해 20마리의 붉은 팬더가 포획지로 도입되었다. (a) 만약 $p(B_1) = 0.99$라면, 포획된 팬더 중 적어도 한 마리가 B_1/B_2 유전자형을 가질 확률은 얼마인가? (b) 세심한 관리로 붉은 팬더 생식 개체군의 N_e/N 비율을 0.42로 유지했다. 만약 포획집단의 전체 크기가 50마리로 유지된다면, 창시자 집단에 존재하는 이형접합성의 어느 정도가 포획 후 5세대 이후에도 계속 존재할 수 있을 것인가?

15. 14번의 붉은 팬더 문제에 대한 여러분의 분석을 이용하여, 붉은 팬더 포획 생식 집단의 관리에 있어 가능한 많은 유전적 다양성을 유지하기 위한 여러분의 제안은 무엇인가?

16. 몽고마(Przewalski' s horse, *Equus przewalskii*)는 현대 사육말들의 조상이라고 생각되며, 비록 두 말이 교배하여 생식력 있는 자손을 생산하긴 하지만, 현존 사육말들과는 다른 종으로 분류된다. 몽고마는 1920년 대에 이르러 사냥에 의해 아시아 스텝지역의 자연 서식지에서 멸종했다. 오늘날 남아 있는 수백 마리의 몽고말은 포획되어 관리되었던 생존 몽고마 12마리의 후손이다. 창시자 번식 그룹에는 사육용 암말 역시 포함되어 있다. 현재, 몽고마를 원래 지역으로 재도입하는데 관심이 일고 있다. (a) 이 결정을 내리기에 앞서 재도입되는 동물들에 관해 어떤 유전적 요인들이 고려되어야 한다고 생각하는가? (b) 여러분은 재도입 사업을 관리하는 보전 유전학자들에게 어떤 조언을 줄 수 있겠는가?

17. 서로 다른 종류의 분자 마커들에 기초한 DNA 프로파일들은 점차로 위협받고 있거나 멸종 위험종들의 유전적 다양성 수준을 측정하는 데 사용되고 있다. 여러분은 이렇게 마커에 기초한 유전적 다양성의 측정치가 자연 서식 환경에서의 개체군 생존 능력이나 적응능력을 믿을 만큼 잘 나타내 준다고 생각하는가? 그 이유를 말하라.

18. 종자 은행들은 경제적으로 혹은 비경제적으로도 중요성을 가진 종들의 보존을 위해 잘 관리된 보호를 제공하는 곳이다. 쉐엔(Scheon)과 그 동료들(*1998. Proc. Natl. Acad. Sci. [USA]* 95: 394-399)은 장기 저장된 종자들에서 상당 정도의 적응성 감소

가 나타남을 측정했다. 발아율이 65~85% 이하로 떨어질 때는 저장 종자들의 재생(다시 심어 종자를 재수확함)이 추천된다. 여러분은 장기 저장 종자와 재생이라는 이러한 보전 관행에서 어떠한 유전적 결과를 예상할 수 있겠는가?

19. 홈즈(Holms, 2001. *Proc. Natl. Acad. Sci. [USA]* 98: 5072-5077)에 따르면, "위협받고 있거나 멸종 위험종에 대해 자원관리자가 묻는 한 가지 질문은 "그것이 얼마나 나쁜가이다"라고 한다. 좀 더 공식적으로, 이 질문은 멸종 위험도 측정을 포함하는 개체군 생존능 분석을 추구한다. 여러분이라면 한 종의 멸종 위험도를 측정하는 데 있어 어떤 요인들을 중요하다고 고려하겠는가?

20. 미세부수체 좌위는 짧고(2~5 bp), 같은 방향으로 반복되는데, 모든 진핵생물의 염색체들에 풍부하고 무작위로 분포되어 있다. 이들은 매우 높은 돌연변이율을 보여 단백질을 암호화하는 일반적인 유전자들보다 새로운 대립인자가 더 자주 만들어진다. 대부분의 미세부수체는 자연집단에서 선택적으로 중립이고 고도로 이형접합성인 것으로 보인다. 치타는 약 12,000년 전에 개체군 병목현상을 겪었고, 북미 퓨마들은 10,000년 전에, 그리고 인도사자(Gir Forest lion)는 1,000년 전에 각각 이 현상을 경험했다. 이들 종에서 미세부수체 다형성이 가장 큰 종으로 예측되는 것은? 반대로 가장 작은 것은?

21. 20번 문제에서 설명된 미세부수체의 행동과 진화를 고려하여 종이 병목현상을 겪은 후의 시간에 대한 미세부수체 다형성(변이)의 그래프를 그려라. 변이의 증가가 다형성 증가를 나타내는 변이값은 1.0에서 9.0까지로 하고 10,000년에서 50,000년 사이를 병목 후 시간 영역으로 설정하라.

22. 알로자임들은 특정 단백질들이 전기영동상 이형체들인 반면, 미세부수체들과 소부수체들은 지금까지 연구된 모든 진핵생물에서 발견되는 반복성 DNA 서열이다. 그러한 반복성 서열들은 암호화 DNA 서열들과는 별 연관성이 없다. 다음 실린 자료는 네 종의 고양이과 동물의 유전체에서 알로자임의 이형성 정도와 미세부수체 및 소부수체 DNA의 이형성을 나타낸 것이다(드리스콜 등의 논문에서 변형하여 발췌함: Driscoll et al., *Genome Res.* 2002. 12: 414-423). (a) 어떤 종이 가장 큰 유전적 다양성을 갖는가? 왜 이 종이 그렇게 다양할 수 있을까? (b) 어떤 종이 가장 낮은 유전적 다양성을 갖는 것으로 보이는가? (c) 왜 알로자임들은 미세부수체나 소부수체 DNA보다 덜 다양한가?

	% 이형접합성			
마커	치타	사자	퓨마	애완용 고양이
알로자임	1.4	0.0	1.8	8.2
소부수체	43.3	2.9	10.3	44.9
미세부수체	46.7	7.9	14.7	68.1

23. 22번 문제의 한 종이 최근에 개체군 위기를 겪어 유효 생식 숫자가 매우 심각한 수준까지 낮아졌었다면 그 종은 어떤 종이겠는가?

24. 여러 보전 노력에서, 과학자들은 결정적인 보전 결정을 내리는데 충분한 자료가 모자란다고 한다. 그러나 그러한 자료를 얻을 때까지 보전을 위해 서식지를 지정하는 것이 미뤄질 수는 없다. 이러한 경우들에서의 보전 노력은 종종 세 가지 생물종을 향해 이루어진다: 플래그십(flagship, 대표종), 엄브렐러(umbrella, 가장 넓은 서식지를 점유하는 종, 우산종), 그리고 생물 다양성 지시자(biodiversity indicator, 다양하고 생산적인 서식지를 나타내는 지표종)다(Andelman and Fagan, 2000. *Proc. Natl. Acad. Sci. [USA]* 97: 5954-5959). 위협받고 있는 종들을 보호하는 것과 관련하여 이들 각 그룹에 모자란 자원과 자본을 투자하는 것에 따른 장점과 단점은 무엇인가?

정답 ■■■■■■ Solutions to Problems and Discussion Questions

2. 우선, 포획된 새의 교배 파트너에 대한 자세한 기록이 유지된다면, 이형접합자에 대한 정보가 사용될 수 있을 것이다. 번식 프로그램으로 치사 유전자를 가진 개체들 간의 교배를 제한할 수 있다. 그러한 "친족관리(kinship management)"는 포획 개체군에 종종 사용된다. 만일 친족 기록을 사용할 수 없다면 DNA 미세부수체 다형성같은 유전적 마커들을 이용하여 친족관계를 재확립할 수 있다. 그러한 마커들을 사용하면 교배파트너와 자손들간의 연관성을 파악할 수 있다. 치사성 유전자 조합의 가능성과 교배 파트너에 대한 지식을 합해서 선택적인 교배를 수행하므로써 유해한 유전자들의 영향을 최소화할 수 있다. 그리고 그러한 마커들은 유전적 혼합을 최적화하는 교배를 수행하는 데 사용될 수 있고, 따라서 근교약세를 줄일 수 있다.

4. 유전적 부동과 근친교배 모두 개체군을 동형접합성으로 몰아가는 경향이 있다. 유전적 부동은 유효 교배 집단의 크기가 작을 때 더 흔히 발생한다. 이러한 조건이 만연할 때는 근친교배의 가능성 역시 훨씬 증가한다. 근친교배는 유효개체군 크기와는 상관없이 어떤 집단의 구조나 개체군의 행동이 친족간의 교배를 선호할 때 발생한다는 점에서 다르다. 근친교배는 이형접합자들 대신 양쪽의 동형접합성 집단을 증가시키는 경향이 있다. 유전적 부동은 이쪽 혹은 저쪽 대립인자를 고정시키도록 작용할 수 있으므로, 단일한 동형접합성 집단이 형성되도록 한다.

6. 시간이 흐름에 따라 근교약세는 이형접합성, 보통 한 종의 선택적 장점을 감소시킨다. 동형접합성이 증가하면(이형접합성 소실을 통해), 해로운 대립인자들이 개체군에 더 많은 하중을 가할 가능성이 크다. 원교배 약세는 유전적으로 다양한 개체들에서 나온 자손들의 적응도가 감소할 때 발생한다. 이것은 주로 자손이 어버이의 지역 환경 조건에 덜 적응적이기 때문이다. 비록 강제적인 원교배가 개체군 크기가 적은 위험종을 살리는데 필수적이긴 하지만, 그것은 종의 유전적 조성을 심각하고 장기적으로 변화시키게 된다.

8. 종종 전체적인 이형접합성에 대한 분자적 검사로 근친교배 혹은/그리고 유전적 부동의 정도를 측정할 수 있다. 그 빈도가 근

친교배에 의해 좌우되는 대립인자는 단독으로 영향을 받지는 않을 것이다. 즉, 감소하는 이형접합성과 마찬가지로 다른 대립인자도 영향을 받는다. 그러므로 만약 유전체가 비교적 높은 수준의 이형접합성을 가진다면, 그 유전자는 아마도 근친교배나 유전적 부동보다는 선택에 의해 영향을 받을 것이다.

10. 일반적으로, 멸종위험종은 포획되어 충분한 개체군 수가 확보되어 종의 생존을 확신할 수 있을 때까지 인위적 환경 하에서 교배된다. 그런 다음, 유전적 관리 전략이 자손 개체들에 적용되어 가능한 유전적 이형접합성을 증가시킬 수 있도록 한다. 만약 식물들이라면, 종종 장기적 생존을 위해 종자 은행이 사용되곤 한다.

12. 알로자임들은 종종 전기영동으로 추적되는 주어진 대립인자의 변이체들이다. 그러한 변이들은 개체의 적응도에 영향을 미칠 수도, 그렇지 않을 수도 있다. 알로자임의 변이가 많을수록, 유전적으로 이형접합성인 개체가 많다. 그러한 유전적 다양성은 장기적인 종생존에 필수적이라는 데 거의가 동의한다. 다른 모든 요인들과 마찬가지로, 알로자임 변이는 RFLP 지역이 유전체의 단백질 암호화 영역에서 발견될 필요는 없는 것이기 때문에, RFLP보다는 생리적 변이를 더 잘 나타낼 수 있을 것이다. RFLP는 개체군 내에 존재하는 적은 정도의 유전적 다양성도 추적할 수 있게 해주며, (종 내, 혹은 종 간에서)다른 생물체들과 비교하여 어떤 방식으로든 다양하지 않은 한 생물체를 접하게 될 가능성을 낮춘다.

14. (a) 0.396 (b) 0.886
그러므로 5세대 후에는 약 11.4%의 이형접합성 소실이 있게 된다.

16. (a, b) 우선, 1920년대의 아시아 초원지내에서의 자연 시식지가 도입에 적당한지를 결정할 필요가 있을 것이다. 만약 원래 지역이 재도입에 적절하다면, 가능한 한 최대의 유전적 다양성을 가진 말들을 도입하도록 주의를 기울여야 한다. 이렇게 하기 위해서는, RFLP 패턴을 조사할 수도 있다. 창시 교배 집단이 사육용 암말을 포함하고 있기 때문에, 이러한 종자와 유전적으로 가장 유사하지 않은 것을 재도입에 선택하는 것이 바람직할 것이다. 또한 최종적인 유전적 다양성을 증대시키기 위해 지역 내의 독립된 장소들로 적당한 크기의 교배 집단들을 방출하는 것도 좋을 것이다.

18. 생리학적인 관점에서, 액체 질소에 냉동 보관하는 것은 일부 종들의 종자를 100년 이상 보관할 수 있도록 한다. 그러나 그렇게 정교한 보관은 세계 종자들의 아주 일부분에만 제공될 수 있다. 그러므로 대다수 종들의 종자는 보관 중에 소실될 수 있고 이 때문에 유전적 다양성이 감소하게 된다. 열대 식물들의 종자는 차가운 저장법을 다소 견디지 못하며 따라서 자주 재생과정을 거쳐야 한다. 그러한 관행은 유전적 부동에 의한 유전적 다양성의 소실을 초래할 가능성이 높다. 오직 일정 숫자의 종자만 각 재생과정에 사용되며, 샘플 수의 제한(종종 100개체 미만)이 유전적 다양성을 감소시킬 수 있다. 이러한 문제점을 다소 완화시키기 위해 식물들은 선택을 줄이기 위한 최적 조건에서 길러진다. 저장 종자에 관한 또 다른 문제는 종자의 저장과 재생 과정에 의해 해로운 돌연변이들이 축적되는 것이다. 몇몇 연구들은 장기간의 종자 저장과 관련하여, 핵과 미토콘드리아의 DNA 손상, 엽록소 결핍 돌연변이, 그리고 감소된 DNA 중합효소 활성 감소 등의 빈도가 증가함을 시사한다.

20. 현재까지 가장 긴 병목 기간을 거친 것은 치타인데, 우리는 치타가 매우 높은 정도로 미세부수체 다형성을 보일 것으로 예상할 수 있다. 가장 짧은 기간의 병목을 거친 것은 기르 보호구역의 인도사자(Gir Forest lion)이므로, 이들이 가장 작은 다형성을 보유할 것으로 예상할 수 있다. Driscoll 등의 자료에 따르면 (Driscoll et al., 2002, Genome Research, 12: 414-423), 상기 언급된 세 그룹의 고양이과의 미세부수체 다형성을 다음과 같이 측정했다: 치타(84.1%), 퓨마(42.9%), 그리고 인도사자(19.3%).

22. (a) 이들 마커에 의해 추정된 대로 가장 큰 유전적 다양성을 가진 종은 애완용 고양이다. 애완용 고양이들은 크고 다양한 유전자 풀을 공유한다. 그들의 압도적인 숫자와 원교배성 행동들은 이들이 높은 정도로 유전적 다양성을 유지할 수 있도록 한다.
(b) 사자가 가장 유전적 다양성이 적다.
(c) 알로자임들이 종종 한 생물체 내에서 중요한 기능을 가진 단백질들을 암호화하기 때문에, 선택은 강하고 돌연변이들은 크게 영향을 미친다. 선택은 기능과 연관된 DNA 단편에 더 강하게 작용할 것으로 예상될 것이다. 그리고 그들의 성질 때문에, 미세부수체들과 소부수체들은 더 돌연변이가 쉽게 일어난다.

24. 대표종(종종 거대 포유류들)은 상당한 정도로 공공의 지원과 재원을 모으는 것이 가능한 반면, 이들 때문에 종 군집에 더 큰 영향을 미칠 수 있는 지표종들을 위한 지원이 줄어들 수 있다. 1차 생산자(식물들)는 다양하고 건강한 서식지에 필수적인 요소다. 만약 한 지역 내에서 하나의 대표종에만 초점을 맞춘다면, 다른 지역은 근간이 되는 종들을 소실함으로써 매우 고통을 받게 될 수 있다. 그 지역의 다른 종들을 보호하려는 목적으로 커다란 지역을 보호하고자 우산종(umbrella species)을 이용하는 것이 합리적인 접근이다. 그러나 종의 성공을 결정하는 데 지역의 크기가 1차 요소일 필요는 없다. 서식지의 다양성과 생산성이 종 성공의 주요 기여인자다. 땅이 귀하므로, 장기적으로는 땅의 크기에 기반을 둔 것이 아니라, 다양하고 생산적인 서식지에서 우산종을 선별하는 것이 더 현명한 방법일 수 있다. 상당한 생물다양성을 보이는 종들의 세트를 선택함으로써, 많은 종들을 지지할 수 있는 충분히 풍요로운 서식지를 보호할 가능성을 증가시킬 수 있다. 그러한 서식지들은 종종 경제적 가치가 높으며 따라서 보호 가능성이 제약을 받는다.

Appendix A

Selected Readings

Chapter 1 Introduction to Genetics

Barnum, S. R. 2005. *Biotechnology*, 2nd ed. Belmont, CA: Brooks-Cole.

Bilen, J., and Bonini, N. M. 2005. *Drosophila* as a model for human neurodegenerative disease. *Annu. Rev. Genet.* 39: 153–171.

Dale, P. J., Clarke, B., and Fontes, E. M. G. 2002. Potential for the environmental impact of transgenic crops. *Nature Biotech.* 20: 567–574.

Fortini, M., and Bonini, N. M. 2000. Modeling human neurodegenerative diseases in *Drosophila. Trends Genet.* 16: 161–167.

Lonberg, N. 2005. Human antibodies from transgenic animals. *Nature Biotech.* 23: 1117–1125.

Lurquin, P. 2002. *High tech harvest.* Boulder, CO: Westview Press.

Pearson, H. 2006. What is a gene? *Nature* 441: 399–401.

Potter, C. J., Turenchalk, G. S., and Xu, T. 2000. *Drosophila* in cancer research: An expanding role. *Trends Genet.* 16: 33–39.

Pray, C. E., Huang, J., Hu, R., and Rozelle, S. 2002. Five years of Bt cotton in China—The benefits continue. *The Plant Journal* 31: 423–430.

Primrose, S. B., and Twyman, R. M. 2004. *Genomics: Applications in human biology.* Oxford: Blackwell Publishing.

Weinberg, R. A. 1985. The molecules of life. *Sci. Am.* (Oct.) 253: 48–57.

Wisniewski, J-P., Frange, N., Massonneau, A., and Dumas, C. 2002. Between myth and reality: Genetically modified maize, an example of a sizeable scientific controversy. *Biochimie* 84: 1095–1103.

Chapter 2 Mitosis and Meiosis

Alberts, B., et al. 2002. *Molecular biology of the cell*, 4th ed. New York: Garland.

Brachet, J., and Mirsky, A. E. 1961. *The cell: Meiosis and mitosis*, Vol. 3. Orlando, FL: Academic Press.

DuPraw, E. J. 1970. *DNA and chromosomes.* New York: Holt, Rinehart & Winston.

Glover, D. M., Gonzalez, C., and Raff, J. W. 1993. The centrosome. *Sci. Am.* (June) 268: 62–68.

Golomb, H. M., and Bahr, G. F. 1971. Scanning electron microscopic observations of surface structures of isolated human chromosomes. *Science* 171: 1024–1026.

Hartwell, L. H., and Karstan, M. B. 1994. Cell cycle control and cancer. *Science* 266: 1821–1828.

Hartwell, L. H., and Weinert, T. A. 1989. Checkpoint controls that ensure the order of cell cycle events. *Science* 246: 629–634.

Mazia, D. 1961. How cells divide. *Sci. Am.* (Jan.) 205: 101–120.

———. 1974. The cell cycle. *Sci. Am.* (Jan.) 235: 54–64.

McIntosh, J. R., and McDonald, K. L. 1989. The mitotic spindle. *Sci. Am.* (Oct.) 261: 48–56.

Westergaard, M., and von Wettstein, D. 1972. The synaptinemal complex. *Annu. Rev. Genet.* 6: 71–110.

Chapter 3 Mendelian Genetics

Bennett, R. L., et. al. 1995. Recommendations for standardized human pedigree nomenclature. *Am. J. Hum. Genet.* 56: 745–752.

Carlson, E. A. 1987. *The gene: A critical history*, 2nd ed. Philadelphia: Saunders.

Dunn, L. C. 1965. *A short history of genetics.* New York: McGraw-Hill.

Henig, R. M. 2001. *The monk in the garden: The lost and found genius of Gregor Mendel, the father of genetics.* New York: Houghton-Mifflin.

Miller, J. A. 1984. Mendel's peas: A matter of genius or of guile? *Sci. News* 125: 108–109.

Olby, R. C. 1985. *Origins of Mendelism*, 2nd ed. London: Constable.

Orel, V. 1996. *Gregor Mendel: The first geneticist.* Oxford: Oxford University Press.

Peters, J., ed. 1959. *Classic papers in genetics.* Englewood Cliffs, NJ: Prentice-Hall.

Sokal, R. R., and Rohlf, F. J. 1987. *Introduction to biostatistics*, 2nd ed. New York: W. H. Freeman.

Stern, C., and Sherwood, E. 1966. *The origins of genetics: A Mendel source book.* San Francisco: W. H. Freeman.

Stubbe, H. 1972. *History of genetics: From prehistoric times to the rediscovery of Mendel's laws.* Cambridge, MA: MIT Press.

Sturtevant, A. H. 1965. *A history of genetics.* New York: Harper & Row.

Tschermak-Seysenegg, E. 1951. The rediscovery of Mendel's work. *J. Hered.* 42: 163–172.

Welling, F. 1991. Historical study: Johann Gregor Mendel 1822–1884. *Am. J. Med. Genet.* 40: 1–25.

Chapter 4 Modification of Mendelian Ratios

Bartolomei, M. S., and Tilghman, S. M. 1997. Genomic imprinting in mammals. *Annu. Rev. Genet.* 31: 493–525.

Brink, R. A., ed. 1967. *Heritage from Mendel.* Madison: University of Wisconsin Press.

Bultman, S. J., Michaud, E. J., and Woychik, R. P. 1992. Molecular characterization of the mouse *agouti* locus. *Cell* 71: 1195–1204.

Carlson, E. A. 1987. *The gene: A critical history,* 2nd ed. Philadelphia: Saunders.

Cattanach, B. M., and Jones, J. 1994. Genetic imprinting in the mouse: Implications for gene regulation. *J. Inherit. Metab. Dis.* 17: 403–420.

Choman, A. 1998. The myoclonic epilepsy and ragged-red fiber mutation provides new insights into human mitochondrial function and genetics. *Am. J. Hum. Genet.* 62: 745–751.

Dunn, L. C. 1966. *A short history of genetics.* New York: McGraw-Hill.

Feil, R., and Kelsey, G. 1997. Genomic imprinting: A chromatin connection. *Am. J. Hum. Genet.* 61: 1213–1219.

Foster, M. 1965. Mammalian pigment genetics. *Adv. Genet.* 13: 311–339.

Freeman, G., and Lundelius, J. W. 1982. The developmental genetics of dextrality and sinistrality in the gastropod *Lymnaea Peregra. Wilhelm Roux Arch.* 191: 69–83.

Grant, V. 1975. *Genetics of flowering plants.* New York: Columbia University Press.

Harper, P. S., et al. 1992. Anticipation in myotonic dystrophy: New light on an old problem. *Am. J. Hum. Genet.* 51: 10–16.

Howeler, C. J., et al. 1989. Anticipation in myotonic dystrophy: Fact or fiction? *Brain* 112: 779–797.

Morgan, T. H. 1910. Sex-limited inheritance in *Drosophila. Science* 32: 120–122.

Peters, J. A., ed. 1959. *Classic papers in genetics*. Englewood Cliffs, NJ: Prentice-Hall.

Phillips, P. C. 1998. The language of gene interaction. *Genetics* 149: 1167–1171.

Race, R. R., and Sanger, R. 1975. *Blood groups in man*. 6th ed. Oxford: Blackwell.

Sapienza, C. 1990. Parental imprinting of genes. *Sci. Am.* (Oct.) 363: 52–60.

Siracusa, L. D. 1994. The *agouti* gene: Turned on to yellow. *Cell* 10: 423–428.

Sturtevant, A. H. 1923. Inheritance of the direction of coiling in *Limnaea. Science* 58: 269–270.

Wallace, D. C. 1997. Mitochondrial DNA in aging and disease. *Sci. Am.* (Aug.) 277: 40–59.

———. 1999. Mitochondrial diseases in man and mouse. *Science* 283: 1482–1488.

Wallace, D. C., et al. 1988. Familial mitochondrial encephalomyopathy (MERRF): Genetic, pathophysiological and biochemical characterization of a mitochondrial DNA disease. *Cell* 55: 601–610.

Watkins, M. W. 1966. Blood group substances. *Science* 152: 172–181.

Yoshida, A. 1982. Biochemical genetics of the human blood group ABO system. *Am. J. Hum. Genet.* 34: 1–14.

Chapter 5 Sex Determination and Sex Chromosomes

Amory, J. K., et al. 2000. Klinefelter's syndrome. *Lancet* 356: 333–335.

Avner, P., and Heard, E. 2001. X-chromosome inactivation: Counting, choice, and initiation. *Nature Reviews* 2: 59–67.

Burgoyne, P. S. 1998. The mammalian Y chromosome: A new perspective. *Bioessays* 20: 363–366.

Carrel, L., and Willard, H. F. 1998. Counting on Xist. *Nature Genetics* 19: 211–212.

Court-Brown, W. M. 1968. Males with an XYY sex chromosome complement. *J. Med. Genet.* 5: 341–359.

Davidson, R., Nitowski, H., and Childs, B. 1963. Demonstration of two populations of cells in human females heterozygous for glucose-6-phosphate dehydrogenase variants. *Proc. Natl. Acad. Sci. USA* 50: 481–485.

Erickson, J. D. 1976. The secondary sex ratio of the United States, 1969–71: Association with race, parental ages, birth order, paternal education and legitimacy. *Ann. Hum. Genet.* (London) 40: 205–212.

Hodgkin, J. 1990. Sex determination compared in *Drosophila* and *Caenorhabditis. Nature* 344: 721–728.

Hook, E. B. 1973. Behavioral implications of the humans XYY genotype. *Science* 179: 139–150.

Irish, E. E. 1996. Regulation of sex determination in maize. *BioEssays* 18: 363–369.

Jacobs, P. A., et al. 1974. A cytogenetic survey of 11,680 newborn infants. *Ann. Hum. Genet.* 37: 359–376.

Jegalian, K., and Lahn, B. T. 2001. Why the Y is so weird. *Sci. Am.* (Feb.) 284: 56–61.

Koopman, P., et al. 1991. Male development of chromosomally female mice transgenic for *Sry. Nature* 351: 117–121.

Lahn, B. T., and Page, D. C. 1997. Functional coherence of the human Y chromosome. *Science* 278: 675–680.

Lucchesi, J. 1983. The relationship between gene dosage, gene expression, and sex in *Drosophila. Dev. Genet.* 3: 275–282.

Lyon, M. F. 1972. X-chromosome inactivation and developmental patterns in mammals. *Biol. Rev.* 47: 1–35.

———. 1988. X-chromosome inactivation and the location and expression of X-linked genes. *Am. J. Hum. Genet.* 42: 8–16.

———. 1998. X-chromosome inactivation spreads itself: Effects in autosomes. *Am. J. Hum. Genet.* 63: 17–19.

McMillen, M. M. 1979. Differential mortality by sex in fetal and neonatal deaths. *Science* 204: 89–91.

Penny, G. D., et al. 1996. Requirement for Xist in X chromosome inactivation. *Nature* 379: 131–137.

Pieau, C. 1996. Temperature variation and sex determination in reptiles. *BioEssays* 18: 19–26.

Westergaard, M. 1958. The mechanism of sex determination in dioecious flowering plants. *Adv. Genet.* 9: 217–281.

Whiting, P. W. 1939. Multiple alleles in sex determination in *Habrobracon. J. Morphology* 66: 323–355.

Witkin, H. A., et al. 1996. Criminality in XYY and XXY men. *Science* 193: 547–555.

Chapter 6 Chromosome Mutations: Variation in Number and Arrangement

Antonarakis, S. E. 1998. Ten years of genomics, chromosome 21, and Down syndrome. *Genomics* 51: 1–16.

Ashley-Koch, A. E., et al. 1997. Examination of factors associated with instability of the *FMR1* CGG repeat. *Am. J. Hum. Genet.* 63: 776–785.

Beasley, J. O. 1942. Meiotic chromosome behavior in species, species hybrids, haploids, and induced polyploids of *Gossypium. Genetics* 27: 25–54.

Blakeslee, A. F. 1934. New jimson weeds from old chromosomes. *J. Hered.* 25: 80–108.

Boue, A. 1985. Cytogenetics of pregnancy wastage. *Adv. Hum. Genet.* 14: 1–58.

Carr, D. H. 1971. Genetic basis of abortion. *Ann. Rev. Genet.* 5: 65–80.

Croce, C. M. 1996. The *FHIT* gene at 3p14.2 is abnormal in lung cancer. *Cell* 85: 17–26.

DeArce, M. A., and Kearns, A. 1984. The fragile X syndrome: The patients and their chromosomes. *J. Med. Genet.* 21: 84–91.

Feldman, M., and Sears, E. R. 1981. The wild gene resources of wheat. *Sci. Am.* (Jan.) 244: 102–112.

Galitski, T., et al. 1999. Ploidy regulation of gene expression. *Science* 285: 251–254.

Gersh, M., et al. 1995. Evidence for a distinct region causing a cat-like cry in patients with 5p deletions. *Am. J. Hum. Genet.* 56: 1404–1410.

Hassold, T. J., et al. 1980. Effect of maternal age on autosomal trisomies. *Ann. Hum. Genet.* (London) 44: 29–36.

Hassold, T. J., and Hunt, P. 2001. To err (meiotically) is human: The genesis of human aneuploidy. *Nat. Rev. Gen.* 2: 280–291.

Hassold, T., and Jacobs, P. A. 1984. Trisomy in man. *Annu. Rev. Genet.* 18: 69–98.

Hecht, F. 1988. Enigmatic fragile sites on human chromosomes. *Trends Genet.* 4: 121–122.

Hulse, J. H., and Spurgeon, D. 1974. *Triticale. Sci. Am.* (Aug.) 231: 72–81.

Jacobs, P. A., et al. 1974. A cytogenetic survey of 11,680 newborn infants. *Ann. Hum. Genet.* 37: 359–376.

Kaiser, P. 1984. Pericentric inversions: Problems and significance for clinical genetics. *Hum. Genet.* 68: 1–47.

Lewis, E. B. 1950. The phenomenon of position effect. *Adv. Genet.* 3: 73–115.

Lewis, W. H., ed. 1980. *Polyploidy: Biological relevance.* New York: Plenum Press.

Lynch, M., and Conery, J. S. 2000. The evolutionary fate and consequences of duplicate genes. *Science* 290: 1151–1154.

Madan, K. 1995. Paracentric inversions: A review. *Hum. Genet.* 96: 503–515.

Ohno, S. 1970. *Evolution by gene duplication.* New York: Springer-Verlag.

Oostra, B. A., and Verkerk, A. J. 1992. The fragile X syndrome: Isolation of the *FMR-1* gene and characterization of the fragile X mutation. *Chromosoma* 101: 381–387.

Patterson, D. 1987. The causes of Down syndrome. *Sci. Am.* (Aug.) 257: 52–61.

Shepard, J., et al. 1983. Genetic transfer in plants through interspecific protoplast fusion. *Science* 21: 683–688.

Shepard, J. F. 1982. The regeneration of potato plants from protoplasts. *Sci. Am.* (May) 246: 154–166.

Strickberger, M. W. 2000. *Evolution,* 3rd ed. Boston: Jones and Bartlett.

Sutherland, G. 1985. The enigma of the fragile X chromosome. *Trends Genet.* 1: 108–111.

Taylor, A. I. 1968. Autosomal trisomy syndromes: A detailed study of 27 cases of Edwards syndrome and 27 cases of Patau syndrome. *J. Med. Genet.* 5: 227–252.

Tjio, J. H., and Levan, A. 1956. The chromosome number of man. *Hereditas* 42: 1–6.

Wilkins, L. E., Brown, J. X., and Wolf, B. 1980. Psychomotor development in 65 home-reared children with cri-du-chat syndrome. *J. Pediatr.* 97: 401–405.

Yunis, J. J., ed. 1977. *New chromosomal syndromes.* Orlando, FL: Academic Press.

Chapter 7 Linkage and Mapping in Eukaryotes

Allen, G. E. 1978. *Thomas Hunt Morgan: The man and his science.* Princeton, NJ: Princeton University Press.

Chaganti, R., Schonberg, S., and German, J. 1974. A manyfold increase in sister chromatid exchange in Bloom syndrome lymphocytes. *Proc. Natl. Acad. Sci.* 71: 4508–4512.

Creighton, H. S., and McClintock, B. 1931. A correlation of cytological and genetical crossing over in Zea mays. *Proc. Natl. Acad. Sci.* 17: 492–497.

Douglas, L., and Novitski, E. 1977. What chance did Mendel's experiments give him of noticing linkage? *Heredity* 38: 253–257.

Ellis, N. A. et al. 1995. The Bloom's syndrome gene product is homologous to RecQ helicases. *Cell* 83: 655–666.

Ephrussi, B., and Weiss, M. C. 1969. Hybrid somatic cells. Sci. Am. (Apr.) 220: 26–35.

Latt, S. A. 1981. Sister chromatid exchange formation. *Annu. Rev. Genet.* 15: 11–56.

Lindsley, D. L., and Grell, E. H. 1972. *Genetic variations of* Drosophila melanogaster. Washington, DC: Carnegie Institute of Washington.

Morgan, T. H. 1911. An attempt to analyze the constitution of the chromosomes on the basis of sex-linked inheritance in *Drosophila. J. Exp. Zool.* 11: 365–414.

Morton, N. E. 1955. Sequential test for the detection of linkage. *Am. J. Hum.* Genet. 7: 277–318.

———. 1995. LODs—Past and present. *Genetics* 140: 7–12.

Neuffer, M. G., Jones, L., and Zober, M. 1968. The mutants of maize. Madison, WI: Crop Sci. Soc. of America.

Perkins, D. 1962. Crossing over and interference in a multiply marked chromosome arm of *Neurospora. Genetics* 47: 1253–1274.

Ruddle, F. H., and Kucherlapati, R. S. 1974. Hybrid cells and human genes. *Sci. Am.* (July) 231: 36–49.

Stahl, F. W. 1979. *Genetic recombination.* New York: W. H. Freeman.

Stern, C. 1936. Somatic crossing over and segregation in *Drosophila melanogaster. Genetics* 21: 625–631.

Sturtevant, A. H. 1913. The linear arrangement of six sex-linked factors in *Drosophila*, as shown by their mode of association. *J. Exp. Zool.* 14: 43–59.

———. 1965. *A history of genetics.* New York: Harper & Row.

Voeller, B. R., ed. 1968. *The chromosome theory of inheritance: Classical papers in development and heredity.* New York: Appleton-Century-Croft.

Wolff, S., ed. 1982. *Sister chromatid exchange.* New York: Wiley-Interscience.

Chapter 8 Genetic Analysis and Mapping in Bacteria and Bacteriophages

Adelberg, E. A. 1960. *Papers on bacterial genetics.* Boston: Little, Brown.

Birge, E. A. 1988. *Bacterial and bacteriophage genetics—An introduction.* New York: Springer-Verlag.

Brock, T. 1990. *The emergence of bacterial genetics.* Cold Spring Harbor, NY: Cold Spring Harbor Press.

Broda, P. 1979. *Plasmids.* New York: W. H. Freeman.

Bukhari, A. I., Shapiro, J. A., and Adhya, S. L., eds. 1977. *DNA insertion elements, plasmids, and episomes.* Cold Spring Harbor, NY: Cold Spring Harbor Press.

Cairns, J., Stent, G. S., and Watson, J. D., eds. 1966. *Phage and the origins of molecular biology.* Cold Spring Harbor, NY: Cold Spring Harbor Press.

Campbell, A. M. 1976. How viruses insert their DNA into the DNA of the host cell. *Sci. Am.* (Dec.) 235: 102–113.

Fox, M. S. 1966. On the mechanism of integration of transforming deoxyribonucleate. *J. Gen. Physiol.* 49: 183–196.

Hayes, W. 1968. *The genetics of bacteria and their viruses.* 2nd ed. New York: Wiley.

Hershey, A. D., and Rotman, R. 1949. Genetic recombination between host range and plaque-type mutants of bacteriophage in single cells. *Genetics* 34: 44–71.

Hotchkiss, R. D., and Marmur, J. 1954. Double marker transformations as evidence of linked factors in deoxyribonucleate transforming agents. *Proc. Natl. Acad. Sci. (USA)* 40: 55–60.

Jacob, F., and Wollman, E. L. 1961. Viruses and genes. *Sci. Am.* (June) 204: 92–106.

Kohiyama, M., et al. 2003. Bacterial sex: Playing voyeurs 50 years later. *Science* 301: 802–803.

Kruse, H., and Sorum, H. 1994. Transfer of multiple drug resistance plasmids between bacteria of diverse origins in natural microenvironments. *Appl. Environ. Microbiol.* 60: 4015–4021.

Lederberg, J. 1986. Forty years of genetic recombination in bacteria: A fortieth anniversary reminiscence. *Nature* 324: 627–628.

Luria, S. E., and Delbruck, M. 1943. Mutations of bacteria from virus sensitivity to virus resistance. *Genetics* 28: 491–511.

Lwoff, A. 1953. Lysogeny. *Bacteriol. Rev.* 17: 269–337.

Miller, J. H. 1992. *A short course in bacterial genetics.* Cold Spring Harbor, NY: Cold Spring Harbor Press.

Miller, R. V. 1998. Bacterial gene swapping in nature. *Sci. Am.* (Jan.) 278: 66–71.

Morse, M. L., Lederberg, E. M., and Lederberg, J. 1956. Transduction in *Escherichia coli* K12. *Genetics* 41: 141–156.

Novick, R. P. 1980. Plasmids. *Sci. Am.* (Dec.) 243: 102–127.

Smith-Keary, P. F. 1989. *Molecular genetics of* Escherichia coli. New York: Guilford Press.

Stahl, F. W. 1987. Genetic recombination. *Sci. Am.* (Nov.) 256: 91–101.

Stent, G. S. 1963. *Molecular biology of bacterial viruses.* New York: W. H. Freeman.

———. 1966. *Papers on bacterial viruses.* 2nd ed. Boston: Little, Brown.

Wollman, E. L., Jacob, F., and Hayes, W. 1956. Conjugation and genetic recombination in *Escherichia coli* K12. *Cold Spring Harb. Symp. Quant. Biol.* 21: 141–162.

Zinder, N. D. 1958. Transduction in bacteria. *Sci. Am.* (Nov.) 199: 38–46.

Chapter 9 DNA Structure and Analysis

Adleman, L. M. 1998. Computing with DNA. *Sci. Am.* (Aug.) 279: 54–61.

Alloway, J. L. 1933. Further observations on the use of pneumococcus extracts in effecting transformation of type *in vitro*. *J. Exp. Med.* 57: 265–278.

Avery, O. T., MacLeod, C. M., and McCarty, M. 1944. Studies on the chemical nature of the substance inducing transformation of pneumococcal types: Induction of transformation by a desoxyribonucleic acid fraction isolated from pneumococcus type III. *J. Exp. Med.* 79: 137–158. (Reprinted in Taylor, J. H. 1965. *Selected papers in molecular genetics*. Orlando, FL: Academic Press.)

Britten, R. J., and Kohne, D. E. 1968. Repeated sequences in DNA. *Science* 161: 529–540.

Chargaff, E. 1950. Chemical specificity of nucleic acids and mechanism for their enzymatic degradation. *Experientia* 6: 201–209.

Dawson, M. H. 1930. The transformation of pneumococcal types: I. The interconvertibility of type-specific *S. pneumococci*. *J. Exp. Med.* 51: 123–147.

Dickerson, R. E., et al. 1982. The anatomy of A-, B-, and Z-DNA. *Science* 216: 475–485.

Dubos, R. J. 1976. *The professor, the Institute and DNA: Oswald T. Avery, his life and scientific achievements*. New York: Rockefeller University Press.

Felsenfeld, G. 1985. DNA. *Sci. Am.* (Oct.) 253: 58–78.

Franklin, R. E., and Gosling, R. G. 1953. Molecular configuration in sodium thymonucleate. *Nature* 171: 740–741.

Griffith, F. 1928. The significance of pneumococcal types. *J. Hyg.* 27: 113–159.

Guthrie, G. D., and Sinsheimer, R. L. 1960. Infection of protoplasts of *Escherichia coli* by subviral particles. *J. Mol. Biol.* 2: 297–305.

Hershey, A. D., and Chase, M. 1952. Independent functions of viral protein and nucleic acid in growth of bacteriophage. *J. Gen. Phys.* 36: 39–56. (Reprinted in Taylor, J. H. 1965. *Selected papers in molecular genetics*. Orlando, FL: Academic Press.)

Levene, P. A., and Simms, H. S. 1926. Nucleic acid structure as determined by electrometric titration data. *J. Biol. Chem.* 70: 327–341.

McCarty, M.. 1985. *The transforming principle: Discovering that genes are made of DNA*. New York: W. W. Norton.

Olby, R. 1974. *The path to the double helix*. Seattle: University of Washington Press.

Pauling, L., and Corey, R. B. 1953. A proposed structure for the nucleic acids. *Proc. Natl. Acad. Sci. USA* 39: 84–97.

Rich, A., Nordheim, A., and Wang, A. H.-J. 1984. The chemistry and biology of left-handed Z-DNA. *Annu. Rev. Biochem.* 53: 791–846.

Spizizen, J. 1957. Infection of protoplasts by disrupted T2 viruses. *Proc. Natl. Acad. Sci. USA* 43: 694–701.

Stent, G. S., ed. 1981. *The double helix: Text, commentary, review, and original papers*. New York: W. W. Norton.

Varmus, H. 1988. Retroviruses. *Science* 240: 1427–1435.

Watson, J. D. 1968. *The double helix*. New York: Atheneum.

Watson, J. D., and Crick, F. C. 1953a. Molecular structure of nucleic acids: A structure for deoxyribose nucleic acids. *Nature* 171: 737–738.

———. 1953b. Genetic implications of the structure of deoxyribose nucleic acid. *Nature* 171: 964.

Wilkins, M. H. F., Stokes, A. R., and Wilson, H. R. 1953. Molecular structure of desoxypentose nucleic acids. *Nature* 171: 738–740.

Chapter 10 DNA Replication and Synthesis

Blackburn, E. H. 1991. Structure and function of telomeres. *Nature* 350: 569–572.

Davidson, J. N. 1976. *The biochemistry of nucleic acids*, 8th ed. Orlando, FL: Academic Press.

DeLucia, P., and Cairns, J. 1969. Isolation of an *E. coli* strain with a mutation affecting DNA polymerase. *Nature* 224: 1164–1166.

Gilbert, D. M. 2001. Making sense of eukaryotic DNA replication origins. *Science* 294: 96–100.

Greider, C.W. 1996. Telomeres, telomerase, and cancer. *Sci. Am.* (Feb.) 274: 92–97.

———. 1998. Telomerase activity, cell proliferation, and cancer. *Proc. Natl. Acad. Sci. (USA)* 95: 90–92.

Holliday, R. 1964. A mechanism for gene conversion in fungi. *Genet. Res.* 5: 282–304.

Holmes, F. L. 2001. *Meselson, Stahl, and replication of DNA: A history of the "most beautiful experiment in biology."* New Haven, CT: Yale University Press.

Kim, J., Kaminker, P., and Campisi, J. 2002. Telomeres, aging and cancer: In search of a happy ending. *Oncogene* 21: 503–511.

Kornberg, A. 1960. Biological synthesis of DNA. *Science* 131:1503–1508.

Kornberg, A. 1974. *DNA synthesis*. New York: W. H. Freeman.

Kornberg, A., and Baker, T. 1992. *DNA replication*, 2nd ed. New York: W. H. Freeman.

Meselson, M., and Stahl, F. W. 1958. The replication of DNA in *Escherichia coli*. *Proc. Natl. Acad. Sci. (USA)* 44: 671–682.

Mitchell, M. B. 1955. Aberrant recombination of pyridoxine mutants of *Neurospora*. *Proc. Natl. Acad. Sci. (USA)* 41: 215–220.

Okazaki, T., et al. 1979. Structure and metabolism of the RNA primer in the discontinuous replication of prokaryotic DNA. *Cold Spring Harbor Symp. Quant. Biol.* 43: 203–222.

Radman, M., and Wagner, R. 1988. The high fidelity of DNA duplication. *Sci. Am.* (Aug.) 259: 40–46.

———. 1987. Genetic recombination. *Sci. Am.* (Feb.) 256: 90–101.

Taylor, J. H., Woods, P. S., and Hughes, W. C. 1957. The organization and duplication of chromosomes revealed by autoradiographic studies using tritium-labeled thymidine. *Proc. Natl. Acad. Sci. (USA)* 48: 122–128.

Wang, J. C. 1982. DNA topoisomerases. *Sci. Am.* (July) 247: 94–108.

———. 1987. Recent studies of DNA topoisomerases. *Biochim. Biophys. Acta* 909: 1–9.

Whitehouse, H. L. K. 1982. *Genetic recombination: Understanding the mechanisms*. New York: Wiley.

Chapter 11 Chromosome Structure and DNA Sequence Organization

Angelier, N., et al. 1984. Scanning electron microscopy of amphibian lampbrush chromosomes. *Chromosoma* 89: 243–253.

Beerman, W., and Clever, U. 1964. Chromosome puffs. *Sci. Am.* (Apr.) 210: 50–58.

Carbon, J. 1984. Yeast centromeres: Structure and function. *Cell* 37: 352–353.

Chen, T. R., and Ruddle, F. H. 1971. Karyotype analysis utilizing differential stained constitutive heterochromatin of human and murine chromosomes. *Chromosoma* 34: 51–72.

DuPraw, E. J. 1970. *DNA and chromosomes*. New York: Holt, Rinehart & Winston.

Gall, J. G. 1981. Chromosome structure and the *C*-value paradox. *J. Cell Biol.* 91: 3s–14s.

Hewish, D. R., and Burgoyne, L. 1973. Chromatin substructure. The digestion of chromatin DNA at regularly spaced sites by a nuclear deoxyribonuclease. *Biochem. Biophys. Res. Comm.* 52: 504–510.

Korenberg, J. R., and Rykowski, M. C. 1988. Human genome organization: *Alu*, LINES, and the molecular organization of metaphase chromosome bands. *Cell* 53: 391–400.

Kornberg, R. D. 1975. Chromatin structure: A repeating unit of histones and DNA. *Science* 184: 868–871.

Kornberg, R. D., and Klug, A. 1981. The nucleosome. *Sci. Am.* (Feb.) 244: 52–64.

Lorch, Y., Zhang, N, and Kornberg, R. D. 1999. Histone octamer transfer by a chromatin-remodeling complex. *Cell* 96: 389–392.

Luger, K., et al. 1997. Crystal structure of the nucleosome core particle at 2.8 resolution. *Nature* 389: 251–256.

Moyzis, R. K. 1991. The human telomere. *Sci. Am.* (Aug.) 265: 48–55.

Olins, A. L., and Olins, D. E. 1974. Spheroid chromatin units (*n* bodies). *Science* 183: 330–332.

———. 1978. Nucleosomes: The structural quantum in chromosomes. *Am. Sci.* 66: 704–711.

Singer, M. F. 1982. SINES and LINES: Highly repeated short and long interspersed sequences in mammalian genomes. *Cell* 28: 433–434.

Wolfe, A. 1998. *Chromatin: Structure and Function*, 3rd ed. San Diego: Academic Press.

Chapter 12 The Genetic Code and Transcription

Barrell, B. G., Air, G., and Hutchinson, C. 1976. Overlapping genes in bacteriophage ϕX174 *Nature* 264: 34–40.

Barrell, B. G., Banker, A. T., and Drouin, J. 1979. A different genetic code in human mitochondria. *Nature* 282: 189–194.

Bass, B. L., ed. 2000. *RNA editing*. Oxford: Oxford University Press.

Brenner, S., Jacob, F., and Meselson, M. 1961. An unstable intermediate carrying information from genes to ribosomes for protein synthesis. *Nature* 190: 575–580.

Brenner, S., Stretton, A. O. W., and Kaplan, D. 1965. Genetic code: The nonsense triplets for chain termination and their suppression. *Nature* 206: 994–998.

Cattaneo, R. 1991. Different types of messenger RNA editing. *Annu. Rev. Genet.* 25: 71–88.

Cech, T. R. 1986. RNA as an enzyme. *Sci. Am.* (Nov.) 255(5): 64–75.

———. 1987. The chemistry of self-splicing RNA and RNA enzymes. *Science* 236: 1532–1539.

Chambon, P. 1981. Split genes. *Sci. Am.* (May) 244: 60–71.

Cramer, P., et al. 2000. Architecture of RNA polymerase II and implications for the transcription mechanism. *Science* 288: 640–649.

Crick, F. H. C. 1962. The genetic code. *Sci. Am.* (Oct.) 207: 66–77.

———. 1966a. The genetic code: III. *Sci. Am.* (Oct.) 215: 55–63.

———. 1966b. Codon–anticodon pairing: The wobble hypothesis. *J. Mol. Biol.* 19: 548–555.

Crick, F. H. C., Barnett, L., Brenner, S., and Watts-Tobin, R. J. 1961. General nature of the genetic code for proteins. *Nature* 192: 1227–1232.

Darnell, J. E. 1983. The processing of RNA. *Sci. Am.* (Oct.) 249: 90–100.

———. 1985. RNA. *Sci. Am.* (Oct.) 253: 68–87.

Dickerson, R. E. 1983. The DNA helix and how it is read. *Sci. Am.* (Dec.) 249: 94–111.

Dugaiczk, A., et al. 1978. The natural ovalbumin gene contains seven intervening sequences. *Nature* 274: 328–333.

Fiers, W., et al. 1976. Complete nucleotide sequence of bacteriophage MS2 RNA: Primary and secondary structure of the replicase gene. *Nature* 260: 500–507.

Gamow, G. 1954. Possible relation between DNA and protein structures. *Nature* 173: 318.

Hall, B. D., and Spiegelman, S. 1961. Sequence complementarity of T2-DNA and T2-specific RNA. *Proc. Natl. Acad. Sci. (USA)* 47: 137–146.

Hamkalo, B. 1985. Visualizing transcription in chromosomes. *Trends Genet.* 1: 255–260.

Khorana, H. G. 1967. Polynucleotide synthesis and the genetic code. *Harvey Lectures* 62: 79–105.

Miller, O. L., Hamkalo, B., and Thomas, C. 1970. Visualization of bacterial genes in action. *Science* 169: 392–395.

Nirenberg, M. W. 1963. The genetic code: II. *Sci. Am.* (Mar.) 190: 80–94.

O'Malley, B., et al. 1979. A comparison of the sequence organization of the chicken ovalbumin and ovomucoid genes. In *Eucaryotic gene regulation*, R. Axel et al., eds., pp. 281–299. Orlando, FL: Academic Press.

Reed, R., and Maniatis, T. 1985. Intron sequences involved in lariat formation during pre-mRNA splicing. *Cell* 41: 95–105.

Sharp, P. A. 1994. Nobel lecture: Split genes and RNA splicing. *Cell* 77: 805–815.

Steitz, J. A. 1988. Snurps. *Sci. Am.* (June) 258(6): 56–63.

Volkin, E., and Astrachan, L. 1956. Phosphorus incorporation in *E. coli* ribonucleic acids after infection with bacteriophage T2. *Virology* 2: 149–161.

Watson, J. D. 1963. Involvement of RNA in the synthesis of proteins. *Science* 140: 17–26.

Woychik, N. A., and Jampsey, M. 2002. The RNA polymerase II machinery: Structure illuminates function. *Cell* 108: 453–464.

Chapter 13 Translation and Proteins

Anfinsen, C. B. 1973. Principles that govern the folding of protein chains. *Science* 181: 223–230.

Bartholome, K. 1979. Genetics and biochemistry of phenylketonuria—Present state. *Hum. Genet.* 51: 241–245.

Beadle, G. W., and Tatum, E. L. 1941. Genetic control of biochemical reactions in *Neurospora. Proc. Natl. Acad. Sci. USA* 27: 499–506.

Beet, E. A. 1949. The genetics of the sickle-cell trait in a Bantu tribe. *Ann. Eugenics* 14: 279–284.

Brenner, S. 1955. Tryptophan biosynthesis in *Salmonella typhimurium. Proc. Natl. Acad. Sci. USA* 41: 862–863.

Doolittle, R. F. 1985. Proteins. *Sci. Am.* (Oct.) 253: 88–99.

Frank, J. 1998. How the ribosome works. *Amer. Scient.* 86: 428–439.

Garrod, A. E. 1902. The incidence of alkaptonuria: A study in chemical individuality. *Lancet* 2: 1616–1620.

———. 1909. *Inborn errors of metabolism*. London: Oxford University Press. (Reprinted 1963, Oxford University Press, London.)

Garrod, S. C. 1989. Family influences on A. E. Garrod's thinking. *J. Inher. Metab. Dis.* 12: 2–8.

Ingram, V. M. 1957. Gene mutations in human hemoglobin: The chemical difference between normal and sickle-cell hemoglobin. *Nature* 180: 326–328.

Koshland, D. E. 1973. Protein shape and control. *Sci. Am.* (Oct.) 229: 52–64.

Lake, J. A. 1981. The ribosome. *Sci. Am.* (Aug.) 245: 84–97.

Maniatis, T., et al. 1980. The molecular genetics of human hemoglobins. *Annu. Rev. Genet.* 14: 145–178.

Neel, J. V. 1949. The inheritance of sickle-cell anemia. *Science* 110: 64–66.

Nirenberg, M. W., and Leder, P. 1964. RNA codewords and protein synthesis. *Science* 145: 1399–1407.

Nomura, M. 1984. The control of ribosome synthesis. *Sci. Am.* (Jan.) 250: 102–114.

Pauling, L., Itano, H. A., Singer, S. J., and Wells, I. C. 1949. Sickle-cell anemia: A molecular disease. *Science* 110: 543–548.

Ramakrishnan, V. 2002. Ribosome structure and the mechanism of translation. *Cell* 108: 557–572.

Rich, A., and Houkim, S. 1978. The three-dimensional structure of transfer RNA. *Sci. Am.* (Jan.) 238: 52–62.

Rich, A., Warner, J. R., and Goodman, H. M. 1963. The structure and function of polyribosomes. *Cold Spring Harbor Symp. Quant. Biol.* 28: 269–285.

Richards, F. M. 1991. The protein-folding problem. *Sci. Am.* (Jan.) 264: 54–63.

Rould, M. A., et al. 1989. Structure of *E. coli* glutaminyl-tRNA synthetase complexed with $tRNA^{gln}$ and ATP at 2.8 resolution. *Science* 246: 1135–1142.

Scott-Moncrieff, R. 1936. A biochemical survey of some Mendelian factors for flower colour. *J. Genet.* 32: 117–170.

Scriver, C. R., and Clow, C. L. 1980. Phenylketonuria and other phenylalanine hydroxylation mutants in man. *Annu. Rev. Genet.* 14: 179–202.

Srb, A. M., and Horowitz, N. H. 1944. The ornithine cycle in *Neurospora* and its genetic control. *J. Biol. Chem.* 154: 129–139.

Warner, J., and Rich, A. 1964. The number of soluble RNA molecules on reticulocyte polyribosomes. *Proc. Natl. Acad. Sci. USA* 51: 1134–1141.

Wimberly, B. T., et al. 2000. Structure of the 30*S* ribosomal subunit. *Nature* 407: 327–333.

Yusupov, M. M., et al. 2001. Crystal structure of the ribosome at 5.5A resolution. *Science* 292: 883–896.

Chapter 14 Gene Mutation, DNA Repair, and Transposition

Ames, B. N., McCann, J., and Yamasaki, E. 1975. Method for detecting carcinogens and mutagens with the *Salmonella*/mammalian microsome mutagenicity test. *Mut. Res.* 31: 347–364.

Bates, G., and Leharch, H. 1994. Trinucleotide repeat expansions and human genetic disease. *BioEssays* 16: 277–284.

Cairns, J., Overbaugh, J., and Miller, S. 1988. The origin of mutants. *Nature* 335: 142–145.

Cleaver, J. E. 1990. Do we know the cause of xeroderma pigmentosum? *Carcinogenesis* 11: 875–882.

Comfort, N. C. 2001. *The tangled field: Barbara McClintock's search for the patterns of genetic control*. Cambridge, MA: Harvard University Press.

Friedberg, E. C., Walker, G. C., and Siede, W. 1995. *DNA repair and mutagenesis*. Washington, DC: ASM Press.

Jiricny, J. 1998. Eukaryotic mismatch repair: An update. *Mutation Research* 409: 107–121.

Landers, E. S. et al., 2001. Initial sequencing and analysis of the human genome. *Nature* 409: 860–921.

Miki, Y. 1998. Retrotransposal integration of mobile genetic elements in human disease. *J. Human Genet.* 43: 77–84.

O'Hare, K. 1985. The mechanism and control of *P* element transposition in *Drosophila. Trends Genet.* 1: 250–254.

Radman, M., and Wagner, R. 1988. The high fidelity of DNA duplication. *Sci. Am.* (Aug.) 259: 40–46.

Chapter 15 Regulation of Gene Expression

Becker, P. B., and Hörz, W. 2002. ATP-dependent nucleosome remodeling. *Annu. Rev. Biochem.* 71: 247–273.

Beckwith, J. R., and Zipser, D., eds. 1970. *The lactose operon.* Cold Spring Harbor, NY: Cold Spring Harbor Laboratory Press.

Bertrand, K., et al. 1975. New features of the regulation of the tryptophan operon. *Science* 189: 22–26.

Black, D. L. 2000. Protein diversity from alternative splicing: a challenge for bioinformatics and postgenomic biology. *Cell* 103: 367–370.

Black, D. L. 2003. Mechanisms of alternative pre-mRNA splicing. *Annu. Rev. Biochem.* 72: 291–336.

Butler, J. E. F., and Kadonaga, J. T. 2002. The RNA polymerase II core promoter: A key component in the regulation of gene expression. *Genes Dev.* 16: 2583–2592.

Dillon, N., and Sabbattini, P. 2000. Functional gene expression domains: Defining the functional unit of eukaryotic gene regulation. *Bioessays* 22: 657–665.

Gilbert, W., and Müller-Hill, B. 1966. Isolation of the *lac* repressor. *Proc. Natl. Acad. Sci. USA* 56: 1891–1898.

———. 1967. The *lac* operator is DNA. *Proc. Natl. Acad. Sci. USA* 58: 2415–2421.

Jackson, D. A. 2003. The anatomy of transcription sites. *Curr. Opin. Cell Biol.* 15: 311–317.

Jacob, F., and Monod, J. 1961. Genetic regulatory mechanisms in the synthesis of proteins. *J. Mol. Biol.* 3: 318–356.

Lee, T. I., and Young, R. A. 2000. Transcription of eukaryotic protein-coding genes. *Ann. Rev. Genet.* 34: 77–137.

Meister, G., and Tuschl, T. 2004. Mechanisms of gene silencing by double-standard RNA. *Nature* 431: 343–349.

Mello, C. C., and Conte, D., Jr. 2004. Revealing the world of RNA interference. *Nature* 431: 338–342.

Turner, B. M. 2000. Histone acetylation and an epigenetic code. *Bioessays* 22: 836–845.

Yanofsky, C. 1981. Attenuation in the control of expression of bacterial operons. *Nature* 289: 751–758.

Yanofsky, C., and Kolter, R. 1982. Attenuation in amino acid biosynthetic operons. *Annu. Rev. Genet.* 16: 113–134.

Chapter 16 Cell-Cycle Regulation and Cancer

Ames, B. N., Gold, L. S., and Willett, W. C. 1995. The causes and prevention of cancer. *Proc. Natl. Acad. Sci. USA* 92: 5258–5265.

Bernards, R., and Weinberg, R. A. 2002. A progression puzzle. *Nature* 418: 823.

Brown, M. A. 1997. Tumor suppressor genes and human cancer. *Adv. Genet.* 36: 45–135.

Cavenee, W. K., and White, R. L. 1995. The genetic basis of cancer. *Sci. Am.* (Mar.) 272: 72–79.

Compagni, A., and Christofori, G. 2000. Recent advances in research on multistage tumorigenesis. *Brit. J. Cancer* 83: 1–5.

Cornelis, J. F., et al. 1998. Metastasis. *Am. Scient.* 86: 130–141.

Fearon, E. R. 1997. Human cancer syndromes: Clues to the origin and nature of cancer. *Science* 278: 1043–1050.

Futreal, P. A., et al. 2004. A census of human cancer genes. *Nature Reviews Cancer* 4: 177–183.

Hartwell, L. H., and Kastan, M. B. 1994. Cell cycle control and cancer. *Science* 266: 1821–1827.

Lengauer, C., Kinzler, K. W., and Vogelstein, B. 1997. Genetic instability in colorectal cancer. *Nature* 386: 623–627.

Nurse, P. 1997. Checkpoint pathways come of age. *Cell* 91: 865–867.

Raff, M. 1998. Cell suicide for beginners. *Nature* 396: 119–122.

Sherr, C. J. 1996. Cancer cell cycles. *Science* 274: 1672–1677.

Vogelstein, B., and Kinzler, K.W. 1993. The multistep nature of cancer. *Trends in Genetics* 9: 138–141.

Weinberg, R. A. 1995. The retinoblastoma protein and cell cycle control. *Cell* 81: 323–330.

———. 1996. How cancer arises. *Sci. Am.* (Sept.) 275: 62–70.

Chapter 17 Recombinant DNA Technology

Burger, S. L., and Kimmel, A. R. 1987. *Guide to molecular cloning techniques. Methods in enzymology*. Vol. 152. San Diego: Academic Press.

Flotte, T. R. 2005. Adeno-associated virus-based gene therapy for inherited disorders. *Pediatr. Res.* 58: 1143–1147.

McKusick, V. A. 1988. The new genetics and clinical medicine. *Hosp. Pract.* 23: 177–191.

Metzker, M. L. 2005. Emerging technologies in DNA sequencing. *Genome Res.* 15: 1767–1776.

Mullis, K. B. 1990. The unusual origin of the polymerase chain reaction. *Sci. Am.* (Apr.) 262: 56–65.

Pingoud, A., Fuxreiter, M., Pingoud, V., and Wende, W. 2005. Type II restriction endonucleases: structure and mechanism. *Cell Mol. Life Sci.* 62: 685–707.

Sambrook, J., and Russell, D. 2001. *Molecular cloning: A laboratory manual*, 3rd ed. Cold Spring Harbor, NJ: Cold Spring Harbor Press.

Southern, E. 1975. Detection of specific sequences among DNA fragments separated by gel electrophoresis. *J. Mol. Biol.* 98: 503–507.

Chapter 18 Genomics and Proteomics

Andersen, J., et al. 2002. Directed proteomic analysis of the human nucleolus. *Curr. Biol.* 12: 1–11.

Butler, J. M. 2006. Genetics and genomics of core short tandem repeat loci used in human identity testing. *J. Forensic Sci.* 51: 253–265.

Chandonia, J. M. 2006. The impact of structural genomics: expectations and outcomes. *Science* 311: 347–351.

Domon, B., and Aebersold, R. 2006. Mass spectrometry and protein analysis. *Science* 312: 212–217.

Feuk, L., Carson, A. R., and Scherer, S. W. 2006. Structural variation in the human genome. *Nat. Rev. Genet.* 7: 85–97.

Fleming, K., et al. 2006. The proteome: structure, function and evolution. *Philos. Trans. R. Soc. Lond. B Biol. Sci.* 361: 441–451.

Harrison, P. M., et al. 2002. A question of size: the eukaryotic proteome and the problem in defining it. *Nucl. Acids Res.* 30: 1083–1090.

International Chimpanzee Chromosome 22 Consortium. 2004. DNA sequence and comparative analysis of chimpanzee chromosome 22. *Nature* 429: 383–388.

International Human Genome Sequencing Consortium. 2001. Initial sequencing and analysis of the human genome. *Nature* 409: 860–921.

Joyce, A. R., and Palsson, B. O. 2006. The model organism as a system integrating "omics" data sets. *Nat. Rev. Mol. Cell Biol.* 7: 901–909.

Lonberg, N. 2005. Human antibodies from transgenic animals. *Nat. Biotechnol.* 23: 1117-1125.

Nei, M., and Rooney, A. P. 2005. Concerted and birth-and-death evolution of multigene families. *Annu. Rev. Genet.* 39: 197–218.

Ochman, H., and Davilos, L. M. 2006. The nature and dynamics of bacterial genomes. *Science* 311: 1730–1733.

Rabinowicz, P. D., and Bennetzen, J. L. 2006. The maize genome as a model for efficient sequence analysis of large plant genomes. *Curr. Opin. Plant Biol.* 9: 49–56.

Switnoski, M., Szczerbal, I., and Nowacka, J. 2004. The dog genome map and its use in mammalian comparative genomics. *J. Appl. Physiol.* 45: 195–214.

Venter, J. C., et al. 2001. The sequence of the human genome. *Science* 291: 1304–1351.

Chapter 19 Applications and Ethics of Genetic Engineering

Atherton, K. T. 2002. Safety assessment of genetically modified crops. *Toxicol.* 81/182: 421–426.

Cavanna-Calvo, M., et al. 2000. Gene therapy of severe combined immunodeficiency (SCID)-XI disease. *Science* 288: 669–672.

Dale, P. J., Clarke, B., and Fontes, E. M. G. 2002. Potential for the environmental impact of transgenic crops. *Nat. Biotechnol.* 20: 567–574.

Engler, O. B., et al. 2001. Peptide vaccines against hepatitis B virus: From animal model to human studies. *Mol. Immunol.* 38: 457–465.

Friend, S. H., and Stoughton, R. B. 2002. The magic of microarrays. *Sci. Am.* (Feb) 286: 44–50.

Hunter, C. V., Tiley, L. S., and Sang, H. M. 2005. Developments in transgenic technology: applications for medicine. *Trends Mol. Med.* 11: 293–300.

Leung, Y. F., Lam, D. S. C., and Pang, C. P. 2001. When drug development meets genomics. *Pharmacogenomics Journal* 1: 237–238.

O'Connor, T. P., and Crystal, R. G. 2006. Genetic medicines: treatment strategies for hereditary disorders. *Nature Reviews Genetics* 7: 261–276.

Pray, C. E., Huang, J., and Rozelle, S. 2002. Five years of Bt cotton in China: The benefits continue. *The Plant J.* 31: 423–430.

Schillberg, S., Fischer, T., and Emans, N. 2003. Molecular farming of recombinant antibodies in plants. *Cell Mol. Life Sci.* 60: 433–445.

Shastry, B. S. 2006. Pharmacogenetics and the concept of individualized medicine. *Pharmacogenetics Journal* 6: 16–21.

Varsha, M. S. 2006. DNA fingerprinting in the criminal justice system: An overview. *DNA Cell Biol.* 25: 181–188.

Chapter 20 Developmental Genetics

Goodman, F. 2002. Limb malformations and the human *HOX* genes. *Am. J. Med. Genet.* 112: 256–265.

Gridley, T. 2003. Notch signaling and inherited human diseases. *Hum. Mol. Genet.* 12: R9–R13.

Krizek, B. A., and Fletcher, J. C. 2006. Molecular mechanisms of flower development: An armchair guide. *Nat. Rev. Genet.* 6: 688–698.

Kumar, J. P., and Moses, K. 2001. EGF receptor and Notch signaling act upstream of eyeless/PAX6 to control eye specification. *Cell* 104: 687–697.

Lall, S., and Patel, N. H. 2001. Conservation and divergence in molecular mechanisms of axis formation. *Annu. Rev. Genet.* 35: 407–437.

Moens, C. B., and Selleri, L. 2006. Hox cofactors in vertebrate development. *Dev. Biol.* 291: 193–206.

Nüsslein-Volhard, C., and Weischaus, E. 1980. Mutations affecting segment number and polarity in *Drosophila. Nature* 287: 795–801.

Reyes, J. C. 2006. Chromatin modifiers that control plant development. *Curr. Opin. Plant Biol.* 9: 21–27.

Rudel, D., and Sommer, R. J. 2003. The evolution of developmental mechanisms. *Dev. Biol.* 264: 15–37.

Stathopoulos, A., and Levine, M. 2005. Genomic regulatory networks and animal development. *Dev. Cell* 9: 449–462.

Sundaram. M. V. 2005. The love-hate relationship between Ras and Notch. *Genes Dev.* 19: 1825–1839.

Tickle, C. 2006. Making digit patterns in the vertebrate limb. *Nat. Rev. Mol. Cell Biol.* 7: 45–53.

Verakasa, A., Del Campo, M., and McGinnis, W. 2000. Developmental patterning genes and their conserved functions: from model organisms to humans. *Mol. Genet. Metabol.* 69: 85–100.

Wang, M., and Sternberg, P. W. 2001. Pattern formation during *C. elegans* vulval induction. *Curr. Top. Dev. Biol.* 51: 189–220.

Chapter 21 Quantitative Genetics

Browman, K. W. 2001. Review of statistical methods of QTL mapping in experimental crosses. *Lab Animal* 30: 44–52.

Crow, J. F. 1993. Francis Galton: Count and measure, measure and count. *Genetics* 135: 1.

Dudley, J. W. 1977. 76 generations of selection for oil and protein percentage in maize. In *Proc. Intern. Conf. on Quant. Genet.,* E. Pollack, O. Kempthorne, and T. Bailey, eds. pp. 459–473. Ames: Iowa State University Press.

Falconer, D. S., and Mackay, F. C. 1996. *Introduction to quantitative genetics,* 4th ed. Essex, England: Longman.

Farber, S. 1980. *Identical twins reared apart.* New York: Basic Books.

Feldman, M. W., and Lewontin, R. C. 1975. The heritability hangup. *Science* 190: 1163–1166.

Frary, A., et al. 2000. *fw2.2*: A quantitative trait locus key to the evolution of tomato fruit size. *Science* 289: 85–88.

Haley, C. 1991. Use of DNA fingerprints for the detection of major genes for quantitative traits in domestic species. *Anim. Genet.* 22: 259–277.

———. 1996. Livestock QTLs: Bringing home the bacon. *Trends Genet.* 11: 488–490.

Lander, E., and Botstein, D. 1989. Mapping Mendelian factors underlying quantitative traits using RFLP linkage maps. *Genetics* 121: 185–199.

Lander, E., and Schork, N. 1994. Genetic dissection of complex traits. *Science* 265: 2037–2048.

Lynch, M., and Walsh, B. 1998. *Genetics and analysis of quantitative traits.* Sunderland, MA: Sinauer Associates.

Macy, T. F. C. 2001. Quantitative trait loci in *Drosophila. Nature Reviews Genetics* 2: 11–19.

Newman, H. H., Freeman, F. N., and Holzinger, K. T. 1937. *Twins: A study of heredity and environment.* Chicago: University of Chicago Press.

Paterson, A., Deverna, J., Lanini, B., and Tanksley, S. 1990. Fine mapping of quantitative traits loci using selected overlapping recombinant chromosomes in an interspecific cross of tomato. *Genetics* 124: 735–742.

Tanksley, S. D. 2004. The genetic, developmental and molecular bases of fruit size and shape variation in tomato. *Plant Cell* 16: S181–S189.

Zar, J. H. 1999. *Biostatistical analysis*, 4th ed. Upper Saddle River, NJ: Prentice Hall.

Chapter 22 Population Genetics

Ansari-Lari, M. A., et al. 1997. The extent of genetic variation in the *CCR5* gene. *Nature Genetics* 16: 221–222.

Ballou, J., and Ralls, K. 1982. Inbreeding and juvenile mortality in small populations of ungulates: A detailed analysis. *Biol. Conserv.* 24: 239–272.

Bauduer, F., Feingold, J., and Lacombe, D. 2005. The Basques: Review of population genetics and Mendelian disorders. *Hum. Biol.* 77: 619–637.

Bittles, A. H., and Neel, J. V. 1994. The costs of human inbreeding and their implications for variations at the DNA level. *Nature Genet.* 8: 117–121.

Carrington, M., Kissner, T., et al. 1997. Novel alleles of the chemokine-receptor gene *CCR5*. *Am. J. Hum. Genet.* 61: 1261–1267.

Chevillon, C., et al. 1995. Population structure and dynamics of selected genes in the mosquito *Culex pipiens. Evolution* 49: 997–1007.

Dudley, J. W. 1977. 76 generations of selection for oil and protein percentage in maize. In *Proc. Intern. Conf. on Quant. Genet.*, E. Pollack et al., eds., pp. 459–473. Ames: Iowa State University Press.

Fisher, R. A. 1930. *The genetical theory of natural selection*. Oxford: Clarendon Press. (Reprinted Dover Press, 1958)

Freeman, S., and Herron, J. C. 2001. *Evolutionary analysis*. Upper Saddle River, NJ: Prentice Hall.

Freire-Maia, N. 1990. Five landmarks in inbreeding studies. *Am. J. Med. Genet.* 35: 118–120.

Grant, P. R. 1986. *Ecology and evolution of Darwin's finches*. Princeton, NJ: Princeton University Press.

Karn, M. N., and Penrose, L. S. 1951. Birth weight and gestation time in relation to maternal age, parity and infant survival. *Ann. Eugen.* 16: 147–164.

Kerr, W. E., and Wright, S. 1954. Experimental studies of the distribution of gene frequencies in very small populations of *Drosophila melanogaster. Evolution* 8: 172–177.

Kwiatkowski, D. P. 2005. How malaria has affected the human genome and what human genetics can teach us about malaria. *Am. J. Hum. Genet.* 77: 171–192.

Laikre, L., Ryman, N., and Thompson, E.A. 1993. Hereditary blindness in a captive wolf (*Canis lupus*) population: Frequency reduction of a deleterious allele in relation to gene conservation. *Conservation Biol.* 7: 592–601.

Leibert, F., et al. 1998. The *DCCR5* mutation conferring protection against HIV-1 in Caucasian populations has a single and recent origin in northeastern Europe. *Hum. Molec. Genet.* 7: 399–406.

Liu, R., et al. 1996. Homozygous defect in HIV-1 coreceptor accounts for resistance in some multiply-exposed individuals to HIV-1 infection. *Cell* 86: 367–377.

Markow, T., et al. 1993. HLA polymorphism in the Havasupai: Evidence for balancing selection. *Am. J. Hum. Genet.* 53: 943–952.

Parra, E. J., et al. 1998. Estimating African American admixture proportions by use of population-specific alleles. *Am. J. Hum. Genet.* 63: 1839–1851.

Pier, G. B., et al. 1998. *Salmonella typhi* uses CFTR to enter intestinal epithelial cells. *Nature* 393: 79–82.

Woodworth, C. M., Leng, E. R., and Jugenheimer, R. W. 1952. Fifty generations of selection for protein and oil in corn. *Agron. J.* 44: 60–66.

Chapter 23 Evolutionary Genetics

Adcock, G. J., Dennis, E. S., Easteal, S., Huttley, G. A., Jermiin, L. S., Peacock, W. J., and Thorne, A. 2001. Mitochondrial DNA sequences in ancient Australians: Implications for modern human origins. *Proc. Nat. Acad. Sci.* 98: 537–542.

Anderson, W., Dobzhansky, T., Pavlovsky, O., Powell, J., and Yardley, D. 1975. Genetics of natural populations: XLII. Three decades of genetic change in *Drosophila pseudoobscura. Evolution* 29: 24–36.

Ayala, F. J., 1984. Molecular polymorphism: How much is there, and why is there so much? *Dev. Genet.* 4: 379–391.

Bradshaw, H. D., Jr., Otto, K. G., and Frewen, B. E. 1998. Quantitative trait loci affecting differences in floral morphology between two species of monkey flower (*Mimulus*). *Genetics* 149: 367–382.

Dobzhansky, T. 1947. Adaptive changes induced by natural selection in wild populations of *Drosophila. Evolution* 1: 1–16.

Freeman, S., and Herron, J. C. 2001. *Evolutionary analysis*. Upper Saddle River, NJ: Prentice Hall.

Hardison, R. 1999. The evolution of hemoglobin. *Amer. Scient.* 87: 126–137.

Ke, Y., et al. 2001. African origin of modern humans in East Asia: A tale of 12,000 Y chromosomes. *Science* 292: 1151–1153.

Kimura, M. 1989. The neutral theory of molecular evolution and the world view of the neutralists. *Genome* 31: 24–31.

King, M. C., and Wilson, A. C. 1975. Evolution at two levels: Molecular similarities and biological differences between humans and chimpanzees. *Science* 188: 107–116.

Knowlton, N., Weigt, L. A., Solorzano, L. A., Mills, D. K., and Bermingham, E. 1993. Divergence in proteins, mitochondrial DNA, and reproductive compatibility across the Isthmus of Panama. *Science* 260: 1629–1632.

Kreitman, M. 1983. Nucleotide polymorphism at the alcohol dehydrogenase locus of *Drosophila melanogaster*. *Nature* 304: 412–417.

Lamb, R. S., and Irish, V. F. 2003. Functional divergence within the *APETALA3/PISTILLATA* floral homeotic gene lineages. *Proc. Natl. Acad. Sci.* 100: 6558–6563.

Lewontin, R. C., and Hubby, J. L. 1966. A molecular approach to the study of genic heterozygosity in natural populations: II. Amount of variation and degree of heterozygosity in natural populations of *Drosophila pseudoobscura. Genetics* 54: 595–609.

Ou, C.-Y., et al. 1992. Molecular epidemiology of HIV transmission in a dental practice. *Science* 256: 1165–1171.

Relethford, J. H. 2001. Ancient DNA and the origin of modern humans. *Proc. Nat. Acad. Sci.* 98: 390–391.

Stiassny, M. L. J., and Meyer, A. 1999. Cichlids of the Rift Lakes. *Sci. Am.* (Feb.) 280: 64–69.

Storz, J. F. 2005. Using genome scans of DNA polymorphism to infer adaptive population divergence. *Mol. Ecol.* 14: 671–688.

Takahashi, K., 1998. A novel family of short interspersed repetitive elements (SINES) from cichlids: The pattern of insertion of SINES at orthologous loci support the proposed monophyly of four major groups of cichlid fishes in Lake Tanganyika. *Mol. Biol. Evol.* 15: 391–407.

Chapter 24 Conservation Genetics

Baker, C. S., and Palumbi, S. R. 1994. Which whales are hunted? A molecular genetic approach to monitoring whaling. *Science* 265: 1538–1539.

Daniels, S. J., and Walters, J. R. 2000. Inbreeding depression and its effects on natal dispersal in red-cockaded woodpeckers. *Condor* 102: 482–491.

Dobson, A., and Lyles, A. 2000. Black-footed ferret recovery. *Science* 288: 985.

Frankham, R. 1995. Conservation genetics. *Ann. Rev. Genet.* 29: 305–327.

Friar, E. A., Boose, D. L., LaDoux, T., Roalson, E. H., and Robichaux., R. H. 2001. Population structure in the endangered Mauna Loa silversword, *Argyroxiphium kauense*, and its bearing on reintroduction. *Molecular Ecology* 10: 1657–1663.

Gharrett, A. J., and Smoker, W. W. 1991. Two generations of hybrids between even-year and odd-year pink salmon (*Oncorhynchus gorbuscha*): A test for outbreeding depression? *Canadian J. Fish. Aquat. Sci.* 48: 426–438.

Hedrick, P. W. 2001. Conservation genetics: Where are we now? *Trends Ecol. Evol.* 16: 629–636.

Lacy, R. C. 1997. Importance of genetic variation to the viability of mammalian populations. *J. Mammalogy* 78: 320–335.

Moore, M. K., Bemiss, J. A., Rice, S. M., Quattro, J. M., and Woodley, C. M. 2003. Use of restriction fragment length polymorphisms to identify sea turtle eggs and cooked meats to species. *Conserv. Genet.* 4: 95–103.

Paetkau, D., et al. 1998. Variation in genetic diversity across the range of North American brown bears. *Conserv. Biol.* 12: 418–429.

Ralls, K., et al. 2000. Genetic management of chondrodystrophy in California condors. *Animal Conserv.* 3: 145–153.

Roman J., and Bowen, B. W. 2000. The mock turtle syndrome: Genetic identification of turtle meat purchased in the southeastern United States of America. *Animal Conserv.* 3: 61–65.

Roman, J. and Palumbi, S. R. 2003. Whales before whaling in the North Atlantic. *Science* 301: 508–510.

Wayne, R. K., et al. 1991. Conservation genetics of the endangered Isle Royale gray wolf. *Conserv. Biol.* 5: 41–51.

Wilson, E. O., ed. 1988. *Biodiversity*. Washington, DC: National Academy of Sciences.

Wynen, L. P., et al. 2000. Postsealing genetic variation and population structure of two species of fur seal. *Mol. Ecol.* 9: 299–314.

Glossary

abortive transduction An event in which transducing DNA fails to be incorporated into the recipient chromosome. See also *transduction*.

acentric chromosome Chromosome or chromosome fragment with no centromere.

acquired immunodeficiency syndrome (AIDS) An infectious disease caused by a retrovirus named the human immunodeficiency virus (HIV). The disease is characterized by a gradual depletion of T lymphocytes, recurring fever, weight loss, multiple opportunistic infections, and rare forms of pneumonia and cancer associated with collapse of the immune system.

acridine dyes A class of organic compounds that bind to DNA and intercalate into the double-stranded structure, producing local disruptions of base pairing. These disruptions result in nucleotide additions or deletions in the next round of replication.

acrocentric chromosome Chromosome with the centromere located very close to one end. Human chromosomes 13, 14, 15, 21, and 22 are acrocentric.

active site That portion of a protein, usually an enzyme, whose structural integrity is required for function (e.g., the substrate binding site of an enzyme).

adaptation A heritable component of the phenotype that confers an advantage in survival and reproductive success. The process by which organisms adapt to the current environmental conditions.

additive genes See *polygenic inheritance*.

additive variance Genetic variance that is attributed to the substitution of one allele for another at a given locus. This variance can be used to predict the rate of response to phenotypic selection in quantitative traits.

A-DNA An alternative form of the right-handed double-helical structure of DNA in which the helix is more tightly coiled, with 11 base pairs per full turn of the helix instead of 10. In the A form, the bases in the helix are displaced laterally and tilted in relation to the longitudinal axis. It is not yet clear whether this form has biological significance.

albinism A condition caused by the lack of melanin production in the iris, hair, and skin. It is most often inherited as an autosomal recessive trait in humans and can be caused by mutations at a number of loci.

aleurone layer In seeds, the outer layer of the endosperm.

alkaptonuria An autosomal recessive condition in humans caused by the lack of the enzyme homogentisic acid oxidase. Urine of homozygous individuals turns dark upon standing because of oxidation of excreted homogentisic acid. The cartilage of homozygous adults blackens from deposition of a pigment derived from homogentisic acid. Affected individuals often develop arthritic conditions.

allele One of the possible mutational states of a gene, distinguished from other alleles by phenotypic effects.

allele frequency Measurement of the proportion of individuals in a population carrying a particular allele.

allele-specific oligonucleotide (ASO) Synthetic nucleotides, usually 15 to 20 bp in length, that under carefully controlled conditions will hybridize only to a perfectly matching complementary sequence. Under these conditions, ASOs with a one-nucleotide mismatch will not hybridize.

allelic exclusion In a plasma cell heterozygous for an immunoglobulin gene, the selective action of only one allele.

allelism test See *complementation test*.

allolactose A lactose derivative that acts as the inducer for the *lac* operon.

allopatric speciation Process of speciation associated with geographic isolation.

allopolyploid Polyploid condition formed by the union of two or more distinct chromosome sets with a subsequent doubling of chromosome number.

allosteric effect Conformational change in the active site of a protein brought about by interaction with an effector molecule.

allotetraploid Diploid for two genomes derived from different species.

allozyme An allelic form of a protein that can be distinguished from other forms by electrophoresis.

alpha fetoprotein (AFP) A 70-kDa glycoprotein synthesized during embryonic development by the yolk sac. High levels of this protein in the amniotic fluid are associated with neural tube defects such as spina bifida; lower-than-normal levels may be associated with Down syndrome.

alternative splicing Generation of different protein molecules from the same pre-mRNA by changing the number and order of exons in the mRNA product.

***Alu* sequence** An interspersed DNA sequence of approximately 300 bp found in the genome of primates that is cleaved by the restriction enzyme *Alu*I. These sequences are composed of a head-to-tail dimer. The first monomer is approximately 140 bp and the second, approximately 170 bp. In humans, they are dispersed throughout the genome and are present in 300,000 to 600,000 copies, constituting some 3 to 6 percent of the genome. See *short interspersed elements*.

amber codon The codon UAG, which does not code for an amino acid but for chain termination.

Ames test An assay developed by Bruce Ames to detect mutagenic and carcinogenic compounds, using reversion to histidine independence in the bacterium *Salmonella typhimurium*.

amino acid Any of the subunit building blocks that are covalently linked to form proteins.

aminoacyl tRNA Covalently linked combination of an amino acid and a tRNA molecule.

amniocentesis A procedure used to test for fetal defects in which fluid and fetal cells are withdrawn from the amniotic layer surrounding the fetus.

amphidiploid See *allotetraploid*.

anabolism The metabolic synthesis of complex molecules from less complex precursors.

anagenesis The transformation of one species into another species over evolutionary time.

analog A chemical compound structurally similar to another, but differing by a single functional group (e.g., 5-bromodeoxyuridine is an analog of thymidine).

anaphase Stage of cell division in which chromosomes begin moving to opposite poles of the cell.

anaphase I The stage in the first meiotic division during which homologous chromosome separate from one another.

aneuploidy A condition in which the chromosome number is not an exact multiple of the haploid set.

angstrom (Å) Unit of length equal to 10^{-10} meters.

annotation Analysis of genomic nucleotide sequence data to identify the protein-coding genes, the nonprotein-coding genes, their regulatory sequences, and their function(s).

antibody Protein (immunoglobulin) produced in response to an antigenic stimulus with the capacity to bind specifically to an antigen.

anticipation A phenomenon first observed in myotonic dystrophy, where the severity of the symptoms increases from generation to generation and the age of onset decreases from generation to generation. This phenomenon is caused by the expansion of trinucleotide repeats within or near a gene.

anticodon The nucleotide triplet in a tRNA molecule that is complementary to and binds with the codon triplet in an mRNA molecule.

antigen A molecule, often a cell-surface protein, that is capable of eliciting the formation of antibodies.

antiparallel Describing molecules in parallel alignment but running in opposite directions. Most commonly used to describe the opposite orientations of the two strands of a DNA molecule.

apoptosis A genetically controlled program of cell death, activated as part of normal development or as a result of cell damage.

ascospore A meiotic spore produced in certain fungi.

ascus In fungi, the sac enclosing the four or eight ascospores.

asexual reproduction Production of offspring in the absence of any sexual process.

assortative mating Nonrandom mating between males and females of a species. Selection of mates with the same genotype is positive; selection of mates with opposite genotypes is negative.

ATP Adenosine triphosphate. A nucleotide that is the main energy source in cells.

attached-X chromosome Two conjoined X chromosomes that share a single centromere.

attenuator A nucleotide sequence between the promoter and the structural gene of some operons that regulates the transit of RNA polymerase, reducing transcription of the related structural gene.

autogamy A process of self-fertilization resulting in homozygosis.

autoimmune disease The production of antibodies that results from an immune response to one's own molecules, cells, or tissues. Such a response results from the inability of the immune system to distinguish self from nonself. Diseases such as arthritis, scleroderma, systemic lupus erythematosus, and juvenile-onset diabetes are examples of autoimmune diseases.

autonomously replicating sequences (ARS) Origins of replication, about 100 nucleotides in length, found in yeast chromosomes. ARS elements are also present in organelle DNA.

autopolyploidy Polyploid condition resulting from the duplication of one diploid set of chromosomes.

autoradiography Production of a photographic image by radioactive decay; used to localize radioactively labeled compounds within cells and tissues.

autosomes Chromosomes other than the sex chromosomes. In humans, there are 22 pairs of autosomes.

autotetraploid An autopolyploid condition composed of four similar genomes. In this situation, genes with two alleles (*A* and *a*) can have five genotypic classes: *AAAA* (quadraplex), *AAAa* (triplex), *AAaa* (duplex), *Aaaa* (simplex), and *aaaa* (nulliplex).

auxotroph A mutant microorganism or cell line that requires a substance for growth that can be synthesized by wild-type strains.

backcross A cross involving an F_1 heterozygote and one of the P_1 parents (or an organism with a genotype identical to one of the parents).

bacteriophage A virus that infects bacteria (also, *phage*).

bacteriophage λ A member of the lambdoid family of viruses that attach to, infect, and replicate within bacterial cells, destroying the host cell in the process. Genetically modified lambda phages are used as vectors in recombinant DNA research.

bacteriophage μ A group of phages whose genetic material behaves as an insertion sequence that can inactivate host genes and rearrange host chromosomes.

balanced lethals Recessive, nonallelic lethal genes, each carried on different homologous chromosomes. When organisms carrying balanced lethal genes are interbred, only organisms with genotypes identical to the parents (heterozygotes) survive.

balanced polymorphism Genetic polymorphism maintained in a population by natural selection.

Barr body Densely staining nuclear mass seen in the somatic nuclei of mammalian females. Discovered by Murray Barr, this body represents an inactivated X chromosome.

base analog See *analog*.

base substitution A single-base change in a DNA molecule that produces a mutation. There are two types of substitutions: *transitions*, in which a purine is substituted for a purine or a pyrimidine for a pyrimidine; and *transversions*, in which a purine is substituted for a pyrimidine, or vice versa.

β-galactosidase A bacterial enzyme encoded by the *lacZ* gene that converts lactose into galactose and glucose.

bidirectional replication A mechanism of DNA replication in which two replication forks move in opposite directions from a common origin of replication.

biodiversity The genetic diversity present in populations and species of plants and animals.

bioinformatics The use of computer hardware and software in the storage, management, and visualization of biological information such as genome sequence data.

biometry The application of statistics and statistical methods to biological problems.

biotechnology Commercial and/or industrial processes that utilize biological organisms or products.

bivalents Synapsed homologous chromosomes in the first prophase of meiosis.

Bombay phenotype A rare variant of the ABO system in which affected individuals do not have A or B antigens and thus appear as blood type O, even though their genotype may carry unexpressed alleles for the A and/or B antigens.

bottleneck Fluctuation in allele frequency that occurs when a population undergoes a temporary reduction in size.

BrdU (5-bromodeoxyuridine) A mutagenically active analog of thymidine in which the methyl group at the 5 position in thymine is replaced by bromine; also abbreviated BUdR.

BSE (bovine spongiform encephalopathy) A fatal, degenerative brain disease of cattle caused by prion infection. This infection is transmissible to humans and other animals. Also known as mad cow disease.

buoyant density A property of particles (and molecules) that depends upon their actual density, as determined by partial specific volume and degree of hydration. It provides the basis for density gradient separation of molecules or particles.

CAAT box A highly conserved DNA sequence found in the untranslated promoter region of eukaryotic genes. This sequence is recognized by transcription factors.

CAP Catabolite activator protein; a protein that binds cAMP and regulates the activation of inducible operons.

carcinogen A physical or chemical agent that causes cancer.

carrier An individual heterozygous for a recessive trait.

catabolism A metabolic reaction in which complex molecules are broken down into simpler forms, often accompanied by the release of energy.

catabolite activator protein See *CAP*.

catabolite repression The selective inactivation of an operon by a metabolic product of the enzymes encoded by the operon.

***cdc* mutation** A class of cell division cycle mutations in yeasts that affect the timing of and progression through the cell cycle.

cDNA DNA synthesized from an RNA template by the enzyme reverse transcriptase.

cDNA library A collection of cloned cDNA sequences.

cell cycle Sum of the phases of growth of an individual cell type; divided into G1 (gap 1), S (DNA synthesis), G2 (gap 2), and M (mitosis).

cell-free extract A preparation of the soluble fraction of cells, made by lysing cells and removing the particulate matter, such as nuclei, membranes, and organelles. Often used to carry out the synthesis of proteins by the addition of specific, exogenous mRNA molecules.

CEN In yeasts, fragments of chromosomal DNA, about 120 bp in length, that when inserted into plasmids confer the ability to segregate during mitosis. These segments contain at least three types of sequence elements associated with centromere function.

centimeter (cm) A unit of length equal to 10^{-2} meter.

centimorgan (cM) A unit of distance between genes on chromosomes. One centimorgan represents a value of 1 percent crossing over between two genes.

central dogma The concept that information flow progresses from DNA to RNA to proteins. Although exceptions are known, this idea is central to an understanding of gene function.

centric fusion See *Robertsonian translocation*.

centriole A cytoplasmic organelle composed of nine groups of microtubules, generally arranged in triplets. Centrioles function in the generation of cilia and flagella and serve as foci for the spindles in cell division.

centromere Specialized region of a chromosome to which sister chromatids remain attached after replication and the site to which spindle fibers attach during cell division. Location of the centromere determines the shape of the chromosome during the anaphase portion of cell division. Also known as the primary constriction.

centrosome Region of the cytoplasm containing a pair of centrioles.

chaperone A protein that regulates the folding of a polypeptide into a functional three-dimensional shape.

character An observable phenotypic attribute of an organism.

charon phages A group of genetically modified lambda phages designed to be used as vectors (carriers) for cloning foreign DNA. Named after the ferryman in Greek mythology who carried the souls of the dead across the River Styx.

chemotaxis Negative or positive response to a chemical gradient.

chiasma (pl., chiasmata) The crossed strands of nonsister chromatids seen in diplonema of the first meiotic division. Regarded as the cytological evidence for exchange of chromosomal material, or crossing over.

chi-square (χ^2) analysis Statistical test to determine if an observed set of data fits a theoretical expectation.

chloroplast A cytoplasmic self-replicating organelle containing chlorophyll. The site of photosynthesis.

chorionic villus sampling (CVS) A technique of prenatal diagnosis that intravaginally retrieves chorionic fetal cells and uses them to detect cytogenetic and biochemical defects in the embryo.

chromatid One of the longitudinal subunits of a replicated chromosome; it is joined to its sister chromatid at the centromere.

chromatin The complex of DNA, RNA, histones, and nonhistone proteins that make up uncoiled chromosomes characteristic of the eukaryotic interphase nucleus.

chromatography Technique for the separation of a mixture of solubilized molecules by their differential migration over a substrate.

chromocenter An aggregation of centromeres and heterochromatic elements of polytene chromosomes.

chromomere A coiled, beadlike region of a chromosome most easily visualized during cell division. The aligned chromomeres of polytene chromosomes are responsible for their distinctive banding pattern.

chromosomal aberration Any change resulting in the duplication, deletion, or rearrangement of chromosomal material.

chromosomal mutation See *chromosomal aberration*.

chromosomal polymorphism Alternative structures or arrangements of a chromosome that are carried by members of a population.

chromosome In prokaryotes, one or more DNA molecules containing the genome; in eukaryotes, a DNA molecule complexed with RNA and proteins to form a threadlike structure containing genetic information arranged in a linear sequence and visible during mitosis and meiosis.

chromosome banding Technique for the differential staining of mitotic or meiotic chromosomes to produce a characteristic banding pattern, or selective staining of certain chromosomal regions such as centromeres, the nucleolus organizer regions, and GC- or AT-rich regions—not to be confused with the banding pattern present in polytene chromosomes, which is produced by the alignment of chromomeres.

chromosome map A diagram showing the location of genes on chromosomes.

chromosome puff A localized uncoiling and swelling in a polytene chromosome, usually regarded as a sign of active transcription.

chromosome theory of inheritance The idea put forward independently by Walter Sutton and Theodore Boveri that chromosomes are the carriers of genes and the basis for the Mendelian mechanisms of segregation and independent assortment.

chromosome walking A method for analyzing long stretches of DNA, in which the end of a cloned segment of DNA is subcloned and used as a probe to identify other clones that overlap the first clone.

***cis* configuration** The arrangement of two genes or two mutant sites within a gene on the same homolog, such as

$$\frac{a^1 \quad a^2}{+ \quad +}$$

Contrasts with a *trans* arrangement, where the mutant alleles are located on opposite homologs.

***cis–trans* test** A genetic test to determine whether two mutations are located within the same cistron.

cistron That portion of a DNA molecule coding for a single polypeptide chain; defined by a genetic test as a region within which two mutations cannot complement each other.

cladogenesis The transformation of one species into two distinct and independent daughter species over evolutionary time.

cline A gradient of genotype or phenotype distributed over a geographic range.

clonal selection Theory of the immune system that proposes that antibody diversity precedes exposure to the antigen and that the antigen functions to select the cells containing its specific antibody to undergo proliferation.

clone Identical molecules, cells, or organisms derived from a single ancestor by asexual or parasexual methods, such as a DNA segment that has been enzymatically inserted into a plasmid or chromosome of a phage or a bacterium and replicated to form many copies.

cloned DNA library A collection of cloned DNA molecules representing all or part of an individual's genome.

code See *genetic code.*

codominance Condition in which the phenotypic effects of a gene's alleles are fully and simultaneously expressed in the heterozygote.

codon A triplet of nucleotides that specifies or encodes the information for a single amino acid. Sixty-one codons specify the amino acids used in proteins, and three codons called stop codons signal termination of growth of the polypeptide chain.

coefficient of coincidence A ratio of the observed number of double crossovers divided by the expected number of such crossovers.

coefficient of inbreeding The probability that two alleles present in a zygote are descended from a common ancestor.

coefficient of selection (*s*) A measurement of the reproductive disadvantage of a given genotype in a population. For example, if for genotype *aa* only 99 of 100 individuals reproduce, then the selection coefficient is 0.01.

colchicine An alkaloid compound that inhibits spindle formation during cell division. It is used in the preparation of karyotypes to collect a large population of cells inhibited at the metaphase stage of mitosis.

colinearity The linear relationship between the nucleotide sequence in a gene (or the RNA transcribed from it) and the order of amino acids in the polypeptide chain specified by the gene.

comparative genomics Analysis of genomic information from different species. It is used to study the origin and evolution of organisms and genomes, and the evolution of gene function.

competence In bacteria, the transient state or condition during which the cell can bind and internalize exogenous DNA molecules, making transformation possible.

complementarity Chemical affinity between nitrogenous bases as a result of hydrogen bonding; responsible for the base pairing between the strands of the DNA double helix.

complementation test A genetic test to determine whether two mutations occur within the same gene. If two mutations are introduced into a cell simultaneously and produce a wild-type phenotype (i.e., they complement each other), they are often nonallelic. If a mutant phenotype is produced, the mutations are noncomplementing and are often allelic.

complete linkage A condition in which two genes are located so close to each other that no recombination occurs between them.

complexity The total number of nucleotides or nucleotide pairs in a population of nucleic acid molecules as determined by reassociation kinetics.

complex locus A gene within which a set of functionally related pseudoalleles can be identified by recombinational analysis (e.g., the *bithorax* locus in *Drosophila*).

complex trait A trait whose phenotype is determined by the interaction of multiple genes and environmental factors.

concatemer A chain or linear series of subunits linked together. The process of forming a concatemer is called concatenation (e.g., multiple units of a phage genome produced during replication).

concordance Pairs or groups of individuals identical in their phenotype. In twin studies, a condition in which both twins exhibit or fail to exhibit a trait under investigation.

conditional mutation A mutation that expresses a wild-type phenotype under certain (permissive) conditions and a mutant phenotype under other (restrictive) conditions.

conjugation Temporary fusion of two single-celled organisms for the sexual transfer of genetic material.

consanguineous Related by a common ancestor within the previous few generations.

consensus sequence A basically common, though not necessarily identical, sequence of nucleotides in DNA or amino acids in proteins.

conservation genetics The branch of genetics concerned with the preservation and maintenance of wild species of plants and animals in their natural environments.

continuous variation Phenotype variation exhibited by quantitative traits distributed from one phenotypic extreme to another in an overlapping or continuous fashion.

cosmid A vector designed to allow cloning of large segments of foreign DNA. Cosmids are composed of the *cos* sites of phage λ inserted into a plasmid. In cloning, the recombinant DNA molecules are packaged into phage protein coats, and after infection of bacterial cells, the recombinant molecule replicates and can be maintained as a plasmid.

coupling conformation See *cis configuration.*

covalent bond A nonionic chemical bond formed by the sharing of electrons.

Creutzfeldt-Jakob disease (CJD) A progressive degenerative and fatal disease of the brain and nervous system caused by mutations in the prion protein gene on chromosome 20 that produce aberrant forms of the encoded protein. CDJ is inherited as an autosomal dominant trait.

cri-du-chat syndrome A clinical syndrome in humans produced by a deletion of a portion of the short arm of chromosome 5. Afflicted infants have a distinctive cry that sounds like that of a cat.

crossing over The exchange of chromosomal material (parts of chromosomal arms) between homologous chromosomes by breakage and reunion. The exchange of material between nonsister chromatids during meiosis is the basis of genetic recombination.

cross-reacting material (CRM) Nonfunctional form of an enzyme, produced by a mutant gene, that is recognized by antibodies made against the normal enzyme.

C-terminal amino acid The terminal amino acid in a peptide chain that carries a free carboxyl group.

C terminus The end of a polypeptide that carries a free carboxyl group of the last amino acid. By convention, the structural formula of polypeptides is written with the C terminus at the right.

***C* value** The haploid amount of DNA present in a genome.

***C* value paradox** The apparent paradox that there is no relationship between the size of the genome and the evolutionary complexity of species. For example, the *C* value (haploid genome size) of amphibians varies by a factor of 100.

cyclic adenosine monophosphate (cAMP) An important regulatory molecule in both prokaryotic and eukaryotic organisms.

cyclins A class of proteins found in eukaryotic cells that are synthesized and degraded in synchrony with the cell cycle and regulate passage through stages of the cycle.

cytogenetics A branch of biology in which the techniques of both cytology and genetics are used to study heredity.

cytokinesis The division or separation of the cytoplasm during mitosis or meiosis.

cytological map A diagram showing the location of genes at particular chromosomal sites.

cytoplasmic inheritance Non-Mendelian form of inheritance involving genetic information transmitted by self-replicating cytoplasmic organelles such as mitochondria and chloroplasts.

cytoskeleton An internal array of microtubules, microfilaments, and intermediate filaments that confers shape and the ability to move on a eukaryotic cell.

dalton (Da) A unit of mass equal to that of the hydrogen atom, which is 1.67×10^{-24} grams. A unit used in designating molecular weights.

Darwinian fitness See *fitness.*

deficiency A chromosomal mutation involving the loss or deletion of chromosomal material.

degenerate code The genetic code, where a given amino acid may be represented by more than one codon. For example, some amino acids (leucine) have six codons, whereas others (isoleucine) have three.

deletion See *deficiency*.

deme A local interbreeding population.

denatured DNA DNA molecules that have been separated into single strands.

de novo Newly arising; synthesized from less complex precursors rather than having been produced by modification of an existing molecule.

density gradient centrifugation A method of separating macromolecular mixtures by the use of centrifugal force and solutions of varying density. In buoyant density gradient centrifugation using cesium chloride, the cesium solution establishes a gradient under the influence of the centrifugal field and a mixture of macromolecules such as DNA sediment in the gradient until the density of the cesium chloride solution equals their own, separating them by differences in density.

deoxyribonuclease A class of enzymes that breaks down DNA into oligonucleotide fragments by introducing single-stranded breaks into the double helix. *See DNase.*

deoxyribonucleic acid (DNA) A macromolecule usually consisting of antiparallel polynucleotide chains held together by hydrogen bonds, in which the sugar residues are deoxyribose. DNA is the primary carrier of genetic information.

deoxyribose The five-carbon sugar associated with the deoxyribonucleotides found in DNA.

dermatoglyphics The study of the surface ridges of the skin, especially of the hands and feet.

determination A regulatory event that establishes a specific pattern of future gene activity and developmental fate for a given cell.

diakinesis The final stage of meiotic prophase I in which the chromosomes become tightly coiled and compacted and move toward the periphery of the nucleus.

dicentric chromosome A chromosome having two centromeres.

dideoxynucleotide A nucleotide containing a dexoyribose sugar lacking a 3′ hydroxyl group. Stops further chain elongation when incorporated into a growing polynucleotide; used in the Sanger method of DNA sequencing.

differentiation The process of complex changes by which cells and tissues attain their adult structure and functional capacity.

dihybrid cross A genetic cross involving two characters in which the parents possess different forms of each character (e.g., yellow, round × green, wrinkled peas).

diploid A condition in which chromosomes exist in pairs; having two of each chromosome.

diplonema A stage of meiotic prophase immediately after pachynema. In the diplotene stage, one pair of sister chromatids begins separating from the other, and chiasmata become visible. These overlaps move laterally toward the ends of the chromatids (terminalization).

directional selection A selective force that changes the frequency of an allele in a given direction, either toward fixation or toward elimination.

discontinuous replication of DNA The synthesis of DNA in discontinuous fragments on the lagging strand of the replication fork. The fragments, known as Okazaki fragments, are joined by DNA ligase to form a continuous strand.

discontinuous variation Phenotypic data that fall into two or more distinct, nonoverlapping classes.

discordance In twin studies, a situation where one twin expresses a trait but the other does not.

disjunction The separation of chromosomes at the anaphase stage of cell division.

disruptive selection Simultaneous selection for phenotypic extremes in a population, usually resulting in the production of two phenotypically discontinuous strains.

dizygotic twins Twins produced from separate fertilization events; two ova fertilized independently. Also known as fraternal twins.

DNA See *deoxyribonucleic acid.*

DNA fingerprinting A molecular method for identifying an individual member of a population or species. The pattern of DNA fragments is obtained by restriction enzyme digestion, followed by Southern blot hybridization using minisatellite probes. See also *STR sequences.*

DNA footprinting See *footprinting*.

DNA gyrase One of the DNA topoisomerases that acts during DNA replication to reduce molecular tension caused by supercoiling. DNA gyrase produces, then seals double-stranded breaks.

DNA ligase An enzyme that forms a covalent bond between the 5′ end of one polynucleotide chain and the 3′ end of another polynucleotide chain. It is also called polynucleotide-joining enzyme.

DNA microarray An ordered arrangement of DNA molecules of known sequence on a substrate, such as glass or silicon. DNA or RNA target molecules labeled with fluorescent dyes are added to arrays, allowing analysis of thousands of target molecules in a single experiment. Also called DNA chips®.

DNA polymerase An enzyme that catalyzes the synthesis of DNA from deoxyribonucleotides and a template DNA molecule.

DNase Deoxyribonuclease; an enzyme that degrades or breaks down DNA into fragments or constitutive nucleotides.

dominance The expression of a trait in the heterozygous condition.

dominant suppression A form of epistasis in which a dominant allele at one locus suppresses the effect of a dominant allele at another locus, resulting in a 13:3 phenotypic ratio.

dosage compensation A genetic mechanism that regulates the levels of gene products at certain loci on the X chromosome in mammals such that males and females have equal amounts of a gene product. In mammals, this is accomplished by random inactivation of one X chromosome.

double crossover Two separate events of chromosome breakage and exchange occurring within the same tetrad.

double helix The model for DNA structure proposed by James Watson and Francis Crick, involving two antiparallel hydrogen-bonded polynucleotide chains wound into a right-handed helical configuration, with 10 base pairs per full turn of the double helix. Often called B-DNA.

Duchenne muscular dystrophy An X-linked recessive genetic disorder caused by a mutation in the gene for dystrophin, a protein found in muscle cells. Affected males show a progressive weakness and wasting of muscle tissue. Death ensues by about age 20 caused by respiratory infection or cardiac failure.

duplication A chromosomal aberration in which a segment of the chromosome is repeated.

dyad The products of tetrad separation or disjunction at the first meiotic prophase. It consists of two sister chromatids joined at the centromere.

dystrophin A protein that attaches to the inside of the muscle cell plasma membrane and stabilizes the membrane during muscle contraction. Mutations in the gene encoding dystrophin cause Duchenne and Becker muscular dystrophy. See *Duchenne muscular dystrophy.*

effective population size The number of individuals in a population with an equal probability of contributing gametes to the next generation.

effector molecule Small, biologically active molecule that regulates the activity of a protein by binding to a specific receptor site on the protein.

electrophoresis A technique that separates a mixture of molecules by their differential migration through a stationary medium (such as a gel) in an electrical field.

endocytosis The uptake by a cell of fluids, macromolecules, or particles by pinocytosis, phagocytosis, or receptor-mediated endocytosis.

endomitosis Chromosomal replication that is not accompanied by either nuclear or cytoplasmic division.

endonuclease An enzyme that hydrolyzes internal phosphodiester bonds in a polynucleotide chain or nucleic acid molecule.

endoplasmic reticulum A membranous organelle system in the cytoplasm of eukaryotic cells. The outer surface of the membranes may be ribosome-studded (rough ER) or smooth ER.

endopolyploidy The increase in chromosome sets that results from endomitotic replication within somatic nuclei.

endosymbiont theory The proposal that self-replicating cellular organelles such as mitochondria and chloroplasts were originally free-living prokaryotic organisms that entered into a symbiotic relationship with eukaryotic nucleated cells.

enhancer Originally identified as a 72-bp sequence in the genome of a virus, SV40, that increases the transcriptional activity of nearby structural genes. Similar sequences that enhance transcription have been identified in the genomes of eukaryotic cells. Enhancers can act over a distance of thousands of base pairs and can be located upstream, downstream, 5', 3', or internal to the gene they affect, and thus are different from promoters.

environment The complex of geographic, climatic, and biotic factors within which an organism lives.

enzyme A protein or complex of proteins that catalyzes a specific biochemical reaction.

epigenesis The idea that an organism develops by the appearance and growth of new structures. Opposed to preformationism, which holds that development is the growth of structures already present in the egg.

episome A circular genetic element in bacterial cells that can replicate independently of the bacterial chromosome or integrate and replicate as part of the chromosome.

epistasis Nonreciprocal interaction between genes such that one gene interferes with or prevents the expression of another gene. In *Drosophila* for example, the recessive gene *eyeless*, when homozygous, prevents the expression of eye color genes present in the genome.

epitope That portion of a macromolecule or cell that acts to elicit an antibody response; an antigenic determinant. A complex molecule or cell can contain several such sites.

equational division A division of each chromosome into longitudinal halves that are distributed into two daughter nuclei. Chromosome division in mitosis is an example of equational division.

equatorial plate See *metaphase plate.*

euchromatin Chromatin or chromosomal regions that are lightly staining and are relatively uncoiled during the interphase portion of the cell cycle. Euchromatic regions contain most of the structural genes.

eugenics The improvement of the human species by selective breeding. Positive eugenics refers to the promotion of breeding of people with favorable genes, and negative eugenics refers to the discouragement of breeding among those with undesirable traits.

eukaryotes Organisms having true nuclei and membranous organelles and whose cells demonstrate mitosis and meiosis.

euphenics Medical or genetic intervention to reduce the impact of defective genotypes.

euploid Polyploid with a chromosome number that is an exact multiple of a basic chromosome set.

evolution The origin of plants and animals from preexisting types; descent with modifications.

excision repair Removal of damaged DNA segments followed by repair. Excision can include the removal of individual bases (base repair) or a stretch of damaged nucleotides (nucleotide repair). The gap created by excision is filled by DNA polymerase, and the ends are ligated to form an intact molecule.

exon (extron) The DNA segments of a gene that are transcribed and translated into proteins.

exonuclease An enzyme that breaks down nucleic acid molecules by breaking the phosphodiester bonds at the 3′- or 5′-terminal nucleotides.

expressed sequence tags (ESTs) All or part of the nucleotide sequence of cDNA clones; used as markers in construction of genetic maps.

expression vector Plasmids or phages carrying promoter regions designed to cause expression of inserted DNA sequences.

expressivity The degree or range in which a phenotype for a given trait is expressed.

extranuclear inheritance Transmission of traits by genetic information contained in cytoplasmic organelles such as mitochondria and chloroplasts.

F^- cell A bacterial cell that does not contain a fertility factor and that acts as a recipient in bacterial conjugation.

F^+ cell A bacterial cell containing a fertility factor and that acts as a donor in bacterial conjugation.

F factor An episome in bacterial cells that confers the ability to act as a donor in conjugation (also, *fertility factor*).

F′ factor A fertility factor that contains a portion of the bacterial chromosome.

F_1 generation First filial generation; the progeny resulting from the first cross in a series.

F_2 generation Second filial generation; the progeny resulting from a cross of the F_1 generation.

F pilus See *pilus*.

familial trait A trait transmitted through and expressed by members of a family.

fate map A diagram of an embryo showing the location of cells whose development fate is known.

fertility factor See *F factor*.

filial generations See *F_1 generation*; *F_2 generation*.

fingerprint The unique pattern of ridges and whorls on the tip of a human finger. Also, the pattern obtained by enzymatically cleaving a protein or nucleic acid and subjecting the digest to two-dimensional chromatography or electrophoresis. See also *DNA fingerprinting*.

FISH See *fluorescence* in situ *hybridization*.

fitness A measure of the relative survival and reproductive success of a given individual or genotype.

fixation In population genetics, a condition in which all members of a population are homozygous for a given allele.

fluctuation test A statistical test developed by Salvadore Luria and Max Delbrück to determine whether bacterial mutations arise spontaneously or are produced in response to selective agents.

***fluorescence* in situ *hybridization* (FISH)** A method of *in situ* hybridization that utilizes probes labeled with a fluorescent tag, causing the site of hybridization to fluoresce when viewed in ultraviolet light under a microscope.

flush–crash cycle A period of rapid population growth followed by a drastic reduction in population size.

f-met See *formylmethionine*.

folded-fiber model A model of eukaryotic chromosome organization in which each sister chromatid consists of a single fiber, composed of double-stranded DNA and protein, which is wound like a tightly coiled skein of yarn.

footprinting A technique for identifying a DNA sequence that binds to a particular protein, based on the idea that the phosphodiester bonds in the region covered by the protein are protected from digestion by deoxyribonucleases (also, *DNA footprinting*).

formylmethionine (f-met) A molecule derived from the amino acid methionine by attachment of a formyl group to its terminal amino group. This is the first amino acid inserted in all bacterial polypeptides. Also known as *N*-formyl methionine.

founder effect A form of genetic drift. The establishment of a population by a small number of individuals whose genotypes carry only a fraction of the different kinds of alleles in the parental population.

fragile site A heritable gap or nonstaining region of a chromosome that can be induced to generate chromosome breaks.

fragile X syndrome A genetic disorder caused by the expansion of a CGG trinucleotide repeat and a fragile site at Xq27.3 within the *FMR-1* gene. Fragile X syndrome is the most common form of mental retardation. Affected males have distinctive facial features and are mentally retarded. Carrier females lack physical symptoms but as a group have higher rates of mental retardation than normal individuals.

frameshift mutation A mutational event leading to the insertion of one or more base pairs in a gene, shifting the codon reading frame in all codons that follow the mutational site.

fraternal twins See *dizygotic twins*.

functional genomics The study of the functions and interrelationships among all the genes and nongene components in a genome.

G1 checkpoint A point in the G1 phase of the cell cycle when a cell becomes committed to initiate DNA synthesis and continue the cycle or withdraw into the G0 resting stage.

G0 A point in the G1 phase where cells withdraw from the cell cycle and enter a nondividing but metabolically active state.

gamete A specialized reproductive cell with a haploid number of chromosomes.

gap genes Genes expressed in contiguous domains along the anterior–posterior axis of the *Drosophila* embryo that regulate the process of segmentation in each domain.

gene The fundamental physical unit of heredity whose existence can be confirmed by allelic variants and which occupies a specific chromosomal locus. A DNA sequence coding for a single polypeptide.

gene amplification The process by which gene sequences are selected and differentially replicated either extrachromosomally or intrachromosomally.

gene conversion The process of nonreciprocal recombination by which one allele in a heterozygote is converted into the corresponding allele.

gene duplication An event in replication leading to the production of a tandem repeat of a gene sequence.

gene flow The gradual exchange of genes between two populations; brought about by the dispersal of gametes or the migration of individuals.

gene frequency The percentage of alleles of a given type in a population.

gene interaction Production of novel phenotypes by the interaction of alleles of different genes.

gene mutation See *point mutation*.

gene pool The total of all alleles possessed by reproductive members of a population.

gene therapy The transfer of normal genes into organisms carrying a defective allele or alleles of a given gene. Somatic gene therapy uses somatic cells as targets, germ cell therapy transfers genes into germ cells, altering the genetic status of offspring.

generalized transduction The transduction of any gene in the bacterial genome by a phage.

genetically modified organism (GMO) A plant or animal that carries a gene from another species transferred to its genome using recombinant DNA technology, and where the gene is expressed to produce a gene product.

genetic anticipation The phenomenon of a progressively earlier age of onset and increasing severity of symptoms in successive generations for a genetic disorder. See also *anticipation.*

genetic background All genes carried in the genome other than the one being studied.

genetic code The nucleotide triplets that code for the 20 amino acids or for chain initiation or termination.

genetic counseling Analysis of risk for genetic defects in a family and the presentation of options available to avoid or ameliorate possible risks.

genetic drift Random variation in allele frequency from generation to generation, most often observed in small populations.

genetic engineering The technique of altering the genetic constitution of cells or individuals by the selective removal, insertion, or modification of individual genes or gene sets.

genetic equilibrium Maintenance of allele frequencies at the same value in successive generations. A condition in which allele frequencies are neither increasing nor decreasing.

genetic erosion The loss of genetic diversity from a population or a species.

genetic fine structure Intragenic recombinational analysis that provides mapping information at the level of individual nucleotides.

genetic load Average number of recessive lethal genes carried in the heterozygous condition by an individual in a population.

genetic polymorphism The stable coexistence of two or more discontinuous genotypes in a population. When the frequencies of two alleles are carried to an equilibrium, the condition is called *balanced polymorphism.*

genetics The branch of biology that deals with heredity and the expression of inherited traits.

genome The set of genes carried by an individual.

genomic imprinting A condition where the expression of a gene depends on whether the gene has been inherited from a male or a female parent.

genomics The study of genomes, including nucleotide sequence, gene content, organization, and gene number.

genotype The specific allelic or genetic constitution of an organism; often, the allelic composition of one or a limited number of genes under investigation.

germ line An embryonic cell lineage that forms the reproductive cells (eggs and sperm).

germ plasm Hereditary material transmitted from generation to generation.

Goldberg-Hogness box A short nucleotide sequence 20 to 30 bp upstream from the initiation site of eukaryotic genes to which RNA polymerase II binds. The consensus sequence is TATAAAA. Also known as TATA box.

graft-versus-host disease (GVHD) In transplants, reaction by immunologically competent cells of the donor against the antigens present on the cells of the host. It is often a fatal condition in human bone marrow transplants.

green revolution A program that resulted in a two- to threefold increase in crop yields generated by the development of new varieties of cereal plants with shorter stems and increased disease resistance.

gynandromorph An individual composed of cells with both male and female genotypes.

gyrase One of a class of enzymes known as topoisomerases. Gyrase converts closed circular DNA to a negatively supercoiled form prior to replication, transcription, or recombination. See also *DNA gyrase.*

haploid A cell or organism having a single set of unpaired chromosomes; the gametic chromosome number.

haplotype The set of alleles from closely linked loci carried by an individual and usually inherited as a unit.

Hardy-Weinberg law The principle that both gene and genotype frequencies will remain in equilibrium in an infinitely large population in the absence of mutation, migration, selection, and nonrandom mating.

heat shock A transient response following exposure of cells or organisms to elevated temperatures. The response involves activation of a small number of loci, inactivation of some previously active loci, and selective translation of heat-shock mRNA. It appears to be a nearly universal phenomenon observed in organisms ranging from bacteria to humans.

helicase An enzyme that participates in DNA replication by unwinding the double helix near the replication fork.

helix–turn–helix motif The structure of a region of DNA-binding proteins in which a turn of four amino acids holds two α helices at right angles to each other.

hemizygous Conditions where a gene is present in a single dose in an otherwise diploid cell. Usually applied to genes on the X chromosome in heterogametic males.

hemoglobin (Hb) An iron-containing, oxygen-carrying protein occurring chiefly in the red blood cells of vertebrates.

hemophilia An X-linked trait in humans associated with defective blood-clotting mechanisms.

heredity Transmission of traits from one generation to another.

heritability A measure of the degree to which observed phenotypic differences for a trait are genetic.

heterochromatin The heavily staining, late-replicating regions of chromosomes that are condensed in interphase. Thought to be devoid of structural genes.

heteroduplex A double-stranded nucleic acid molecule in which each polynucleotide chain has a different origin. These structures may be produced as intermediates in a recombinational event or by the *in vitro* reannealing of single-stranded, complementary molecules.

heterogametic sex The sex that produces gametes containing unlike sex chromosomes.

heterogeneous nuclear RNA (hnRNA) The collection of RNA transcripts in the nucleus, representing precursors and processing intermediates to rRNA, mRNA, and tRNA. Also represents RNA transcripts that will not be transported to the cytoplasm, such as snRNA.

heterokaryon A somatic cell containing nuclei from two different sources.

heterozygote An individual with different alleles at one or more loci. Such individuals will produce unlike gametes and therefore will not breed true.

Hfr A strain of bacteria exhibiting a high frequency of recombination. These strains have a chromosomally integrated F factor that is able to mobilize and transfer part of the chromosome to a recipient F^- cell.

histocompatibility antigens See *HLA.*

histones Proteins complexed with DNA in the nucleus. They are rich in the basic amino acids arginine and lysine, and function in coiling DNA to form nucleosomes.

HLA Cell-surface proteins, produced by histocompatibility loci, involved in the acceptance or rejection of tissue and organ grafts and transplants.

hnRNA See *heterogeneous nuclear RNA*.

Holliday structure An intermediate in bidirectional DNA recombination seen in the transmission electron microscope as an X-shaped structure showing four single-stranded DNA regions.

homeobox A sequence of about 180 nucleotides that encodes a sequence of 60 amino acids called a *homeodomain*, which is part of a DNA-binding protein that acts as a transcription factor.

homeotic mutation A mutation that causes a tissue normally determined to form a specific organ or body part to alter its differentiation and form another structure.

homogametic sex The sex that produces gametes that do not differ with respect to sex chromosome content; in mammals, the female is homogametic.

homologous chromosomes Chromosomes that synapse or pair during meiosis. Chromosomes that are identical with respect to their genetic loci and centromere placement.

homozygote An individual with identical alleles at one or more loci. These individuals will produce identical gametes and will therefore breed true.

homunculus The miniature individual imagined by preformationists to be contained within the sperm or egg.

H substance The carbohydrate group present on the surface of red blood cells. When unmodified, it results in blood type O; when modified by the addition of monosaccharides, it results in types A, B, and AB.

human immunodeficiency virus (HIV) A human retrovirus associated with the onset and progression of AIDS. See *acquired immunodeficiency syndrome*.

hybrid An individual produced by crossing two parents of different genotypes.

hybrid vigor The superiority of a heterozygote over either homozygote for a given trait.

hydrogen bond An electrostatic attraction between a hydrogen atom bonded to a strongly electronegative atom such as oxygen or nitrogen and another atom that is electronegative or contains an unshared electron pair.

hypervariable regions The regions of antibody molecules that attach to antigens. These regions have a high degree of diversity in amino acid content.

identical twins See *monozygotic twins*.

Ig See *immunoglobulin*.

imaginal disc Discrete groups of cells set aside during embryogenesis in holometabolous insects, which are determined to form the external body parts of the adult.

immunoglobulin (Ig) The class of serum proteins having the properties of antibodies.

inborn error of metabolism A genetically controlled biochemical disorder; usually an enzyme defect that produces a clinical syndrome.

inbreeding Mating between closely related organisms.

inbreeding depression A decrease in viability, vigor, or growth in progeny after several generations of inbreeding.

incomplete dominance Expression of heterozygous phenotype that is distinct from and often intermediate to that of either parent.

incomplete linkage Occasional separation of two genes on the same chromosome by a recombinational event.

indel An insertion or deletion of nucleotides in DNA or amino acids in a protein.

independent assortment The independent behavior of each pair of homologous chromosomes during their segregation in meiosis I. The random distribution of maternal and paternal homologs into gametes.

inducer An effector molecule that activates transcription.

inducible enzyme system An enzyme system under the control of a regulatory molecule, or inducer, which acts to block a repressor and allow transcription.

initiation codon The triplet of nucleotides (AUG) in an mRNA molecule that codes for the insertion of the amino acid methionine as the first amino acid in a polypeptide chain.

insertion sequence See *IS element*.

***in situ* hybridization** A technique for the cytological localization of DNA sequences complementary to a given nucleic acid or polynucleotide.

intein An internal stretch of amino acids removed from polypeptides during post-translational processing.

intercalating agent A compound that inserts between bases in a DNA molecule, disrupting the alignments and pairing of bases in the complementary strands (e.g., acridine dyes).

interference A measure of the degree to which one crossover affects the incidence of another crossover in an adjacent region of the same chromatid. Negative interference increases the chances of another crossover; positive interference reduces the probability of a second crossover event.

interphase That portion of the cell cycle between divisions.

intervening sequence See *intron*.

intron A portion of DNA between coding regions in a gene that is transcribed but does not appear in the mRNA product.

inversion A chromosomal aberration in which the order of a chromosomal segment has been reversed.

inversion loop The chromosomal configuration resulting from the synapsis of homologous chromosomes, one of which carries an inversion.

in vitro Literally, *in glass*; outside the living organism; occurring in an artificial environment such as a test tube.

in vivo Literally, *in the living*; occurring within the living body of an organism.

IS element A mobile DNA segment that is transposable to any of a number of sites in the genome.

isoagglutinogen An antigenic factor or substance present on the surface of cells that is capable of inducing the formation of an antibody.

isochromosome An aberrant chromosome with two identical arms and homologous loci.

isolating mechanism Any barrier to the exchange of genes between different populations of a group of organisms. In general, isolation can be classified as spatial, environmental, or reproductive.

isotopes Forms of chemical elements that have the same number of protons and electrons but differ in the number of neutrons contained in the atomic nucleus.

isozyme Any of two or more distinct forms of an enzyme that have identical or nearly identical chemical properties but differ in some property such as net electrical charge, pH optima, number and type of subunits, or substrate concentration.

κ particles DNA-containing cytoplasmic particles found in certain strains of *Paramecium aurelia*. When these self-reproducing particles are transferred into the growth medium, they release a toxin, paramecin, that kills other sensitive strains. A nuclear gene, *K*, is responsible for maintaining kappa particles in the cytoplasm.

karyokinesis The process of nuclear division.

karyotype The chromosome complement of a cell or an individual. Often used to refer to the arrangement of metaphase chromosomes in a sequence according to length and position of the centromere.

kilobase (kb) A unit of length consisting of 1000 nucleotides.

kinetochore A fibrous structure with a size of about 400 nm, located within the centromere. It appears to be the site of microtubule attachment during division.

Klinefelter syndrome A genetic disorder in human males caused by the presence of an extra X chromosome. Klinefelter males are XXY instead of XY. This syndrome is associated with enlarged breasts, small testes, sterility, and occasionally, mild mental retardation.

knockout mice In producing knockout mice, a cloned normal gene is inactivated by the insertion of a marker, such as an antibiotic resistance gene. The altered gene is transferred to embryonic stem cells, where the altered gene will replace the normal gene (in some cells). These cells are injected into a blastomere embryo, producing a mouse that is bred to yield mice homozygous for the mutated gene.

***lac* repressor protein** A protein that binds to the operator in the *lac* operon and blocks transcription.

lagging strand In DNA replication, the strand synthesized in a discontinuous fashion, 5′ to 3′ away from the replication fork. Each short piece of DNA synthesized in this fashion is called an Okazaki fragment.

lampbrush chromosomes Meiotic chromosomes characterized by extended lateral loops, which reach maximum extension during diplonema. Although most intensively studied in amphibians, these structures occur in meiotic cells of organisms ranging from insects to humans.

lariat structure A structure formed by an intron via a 2′ to 5′ bond during processing and removal of that intron from an mRNA molecule.

leader sequence That portion of an mRNA molecule from the 5′ end to the beginning codon; may contain regulatory or ribosome binding sites.

leading strand During DNA replication, the strand synthesized continuously 5′ to 3′ from the origin of replication toward the replication fork.

leptonema The initial stage of meiotic prophase I, during which the chromosomes become visible and are often arranged in a bouquet configuration, with one or both ends of the chromosomes gathered at one spot on the inner nuclear membrane.

lethal gene A gene whose expression results in death.

leucine zipper A structural motif in a DNA-binding protein that is characterized by a stretch of leucine residues spaced at every seventh amino acid residue, with adjacent regions of positively charged amino acids. Leucine zippers on two polypeptides may interact to form a dimer that binds to DNA.

linkage Condition in which two or more nonallelic genes tend to be inherited together. Linked genes have their loci along the same chromosome; they do not assort independently but can be separated by crossing over.

linkage group A group of genes that have their loci on the same chromosome.

linking number The number of times that two strands of a closed, circular DNA duplex cross over each other.

locus (pl., loci) The site or place on a chromosome where a particular gene is located.

lod score A statistical method used to determine whether two loci are linked or unlinked. A lod (log of the odds) score of 4 indicates that linkage is 10,000 times more likely than nonlinkage. By convention, lod scores of 3–4 are signs of linkage.

long interspersed elements (LINES) Repetitive sequences found in the genomes of higher organisms, such as the 6-kb L1 sequences found in primate genomes.

long terminal repeat (LTR) Sequence of several hundred base pairs found at the ends of retroviral DNAs.

Lyon hypothesis The random inactivation of the maternal or paternal X chromosome in somatic cells of mammalian females early in development. All daughter cells will have the same X chromosome inactivated, producing a mosaic pattern of expression of genes on the X chromosome.

lysis The disintegration of a cell brought about by the rupture of its membrane.

lysogenic bacterium A bacterial cell carrying the DNA of a temperate bacteriophage integrated into its chromosome.

lysogeny The process by which the DNA of an infecting phage becomes repressed and integrated into the chromosome of the bacterial cell it infects.

lytic phase The condition in which a temperate bacteriophage loses its integrated status in the host chromosome (becomes induced), replicates, and lyses the bacterial cell.

major histocompatibility (MHC) loci In humans, the HLA complex; and in mice, the H2 complex.

mapping functions Map distance estimates from recombination when the recombination frequency in a region exceeds 15 to 20 percent and double crossovers are undetectable.

map unit A measure of the genetic distance between two genes, corresponding to a recombination frequency of 1 percent. See also *centimorgan*.

maternal effect Phenotypic effects on the offspring produced by the maternal genome. Factors transmitted through the egg cytoplasm that produces a phenotypic effect in the progeny.

maternal influence See *maternal effect*.

maternal inheritance The transmission of traits via cytoplasmic genetic factors such as mitochondria or chloroplasts.

mean The arithmetic average.

median The value in a group of numbers below and above which there are equal numbers of data points or measurements.

meiosis The process in gametogenesis or sporogenesis during which one replication of the chromosomes is followed by two nuclear divisions to produce four haploid cells.

melting profile (T_m) The temperature at which a population of double-stranded nucleic acid molecules is half-dissociated into single strands. This is taken to be the melting temperature for that species of nucleic acid.

merozygote A partially diploid bacterial cell containing, in addition to its own chromosome, a chromosome fragment introduced into the cell by transformation, transduction, or conjugation.

messenger RNA (mRNA) An RNA molecule transcribed from DNA and translated into the amino acid sequence of a polypeptide.

metabolism The sum of chemical changes in living organisms by which energy is generated and used.

metacentric chromosome A chromosome with a centrally located centromere, producing chromosome arms of equal lengths.

metafemale In *Drosophila*, a poorly developed female of low viability in which the ratio of X chromosomes to sets of autosomes exceeds 1.0. Previously called a superfemale.

metamale In *Drosophila*, a poorly developed male of low viability in which the ratio of X chromosomes to sets of autosomes is less than 0.5. Previously called a supermale.

metaphase The stage of cell division in which condensed chromosomes lie in a central plane between the two poles of the cell and during which the chromosomes become attached to the spindle fibers.

metaphase plate The arrangement of mitotic or meiotic chromosomes at the equator of the cell during metaphase.

methylation Enzymatic transfer of methyl groups from S-adenosylmethionine to biological molecules including phospholipids, proteins, RNA, and DNA. Methylation of DNA is associated with reduction in gene expression and with epigenetic phenomena such as imprinting.

MHC See *major histocompatibility loci.*

micrometer (μm) A unit of length equal to 1×10^{-6} meter. Previously called a micron.

micron See *micrometer.*

migration coefficient An expression of the proportion of migrant genes entering the population per generation.

millimeter (mm) A unit of length equal to 1×10^{-3} meter.

minimal medium A medium containing only those nutrients that will support the growth and reproduction of wild-type strains of an organism.

minisatellite Short tandem repeats of 10 to 100 nucleotides widely dispersed in the genome of eukaryotes. The number of repeats at each locus is variable; these loci are known as variable number tandem repeats (VNTRs). Each variation represents a VNTR allele, and many loci have dozens of alleles. VNTRs are used in DNA fingerprinting. See also *STR sequences.*

mismatch repair A process of excision repair, during which an unpaired base or bases is excised, followed by the synthesis of a new segment, using the complementary strand as a template.

missense mutation A mutation that alters a codon to that of another amino acid, causing an altered translation product to be made.

mitochondrial DNA (mtDNA) Double-stranded, self-replicating circular DNA found in mitochondria. mtDNA encodes mitochondrial ribosomal RNAs, transfer RNAs, and proteins used in oxidative respiratory functions of the organelle.

mitochondrion Found in the cells of eukaryotes, a cytoplasmic, self-reproducing organelle that is the site of ATP synthesis.

mitogen A substance that stimulates mitosis in nondividing cells (e.g., phytohemagglutinin).

mitosis A form of cell division resulting in the production of two cells, each with the same chromosome and genetic complement as the parent cell.

mode In a set of data, the value occurring in the greatest frequency.

model organism An organism such as *Escherichia coli* or yeast, with relatively short life cycles whose genetics can be studied in a cost-effective and convenient way.

molecular clock The hypothesis that for a given gene, mutations accumulate at a constant rate in all organisms in a given lineage. By comparing the number of mutations accumulated in a given gene, researchers can construct evolutionary histories among such organisms.

monohybrid cross A genetic cross between two individuals involving only one character (e.g., $AA \times aa$).

monosomic An aneuploid condition in which one member of a chromosome pair is missing; having a chromosome number of $2n - 1$.

monozygotic twins Twins produced from a single fertilization event; the first division of the zygote produces two cells, each of which develops into an embryo. Also known as identical twins.

mRNA See *messenger RNA.*

mtDNA See *mitochondrial DNA.*

multigene family A gene set descended from a common ancestor by duplication and subsequent divergence from a common ancestor. The globin genes are an example of a multigene family.

multiple alleles Three or more alleles of the same gene.

multiple-factor inheritance See *polygenic inheritance.*

multiple infection Simultaneous infection of a bacterial cell by more than one bacteriophage, often of different genotypes.

mu (μ) phage A phage group in which the genetic material behaves like an insertion sequence; capable of insertion, excision, transposition, inactivation of host genes, and induction of chromosomal rearrangements. See also *bacteriophage μ.*

mutagen Any agent that causes an increase in the rate of mutation.

mutant A cell or organism carrying an altered or mutant gene.

mutation The process that produces an alteration in DNA or chromosome structure; the source of most alleles.

mutation rate The frequency with which mutations take place at a given locus or in a population.

muton The smallest unit of mutation in a gene, corresponding to a single-base change.

nanometer (nm) A unit of length equal to 1×10^{-9} meter.

natural selection Differential reproduction of some members of a species resulting from variable fitness conferred by genotypic differences.

neutral mutation A mutation with no immediate adaptive significance or phenotypic effect.

nonautonomous transposon A transposable element that lacks a functional transposase gene.

noncrossover gamete A gamete that contains no chromosomes that have undergone genetic recombination.

nondisjunction An error during cell division in which homologous chromosomes (in meiosis) or the sister chromatids (in mitosis) fail to separate and migrate to opposite poles; responsible for defects such as monosomy and trisomy.

nonsense codon The nucleotide triplet in an mRNA molecule that signals the termination of translation. Three such termination codons are known: UGA, UAG, and UAA.

nonsense mutation A mutation that changes an amino acid codon into a termination codon: UAG, UAA, or UGA. Leads to premature termination during translation of mRNA.

NOR See *nucleolar organizer region.*

normal distribution A probability function that approximates the distribution of random variables. The normal curve, also known as a Gaussian or bell-shaped curve, is the graphic display of the normal distribution.

northern blot A technique in which RNA molecules are separated by electrophoresis and transferred by capillary action to a nylon or nitrocellulose membrane. Specific RNA molecules can be identified by hybridization to a labeled nucleic acid probe.

N-terminal amino acid The terminal amino acid in a peptide chain that carries a free amino group.

N terminus The free amino group of the first amino acid in a polypeptide. By convention, the structural formula of polypeptides is written with the N terminus at the left.

nuclease An enzyme that breaks bonds in nucleic acid molecules.

nucleoid The DNA-containing region within the cytoplasm in prokaryotic cells.

nucleolar organizer region (NOR) A chromosomal region containing the genes for rRNA; most often found in physical association with the nucleolus.

nucleolus A nuclear organelle that is the site of ribosome biosynthesis; usually associated with or formed in association with the NOR.

nucleoside A purine or pyrimidine base covalently linked to a ribose or deoxyribose sugar molecule.

nucleosome A complex of four histone molecules, each present in duplicate, wrapped by two turns of a DNA molecule. One of the basic units of eukaryotic chromosome structure.

nucleotide A nucleoside covalently linked to a phosphate group. Nucleotides are the basic building blocks of nucleic acids. The nucleotides commonly found in DNA are deoxyadenylic acid, deoxycytidylic acid, deoxyguanylic acid, and deoxythymidylic acid. The nucleotides in RNA are adenylic acid, cytidylic acid, guanylic acid, and uridylic acid.

nucleotide pair The pair of nucleotides (A and T or G and C) in opposite strands of a DNA molecule that are hydrogen-bonded to each other.

nucleus The membrane-bound cytoplasmic organelle of eukaryotic cells that contains the chromosomes and nucleolus.

null allele A mutant allele that produces no functional gene product; usually inherited as a recessive trait.

null hypothesis Used in statistical tests, it states that there is no difference between the observed and expected data sets. Statistical methods such as chi-square analysis are used to test the probability of this hypothesis.

nullisomic Describes an individual with a chromosomal aberration in which both members of a chromosome pair are missing.

Okazaki fragments The small, discontinuous strands of DNA produced on the lagging strand during DNA synthesis.

oligonucleotide A linear sequence of about 10 to 20 nucleotides connected by 5′–3′ phosphodiester bonds.

oncogene A gene whose activity promotes uncontrolled proliferation in eukaryotic cells.

open reading frame (ORF) A nucleotide sequence organized as triplets that encodes the amino acids of a protein. Located between an initiation codon and a termination codon within a gene.

operator region A region of a DNA molecule that interacts with a specific repressor protein to control the expression of an adjacent gene or gene set.

operon A genetic unit consisting of one or more structural genes encoding polypeptides, and an adjacent operator gene that controls the transcriptional activity of the structural gene or genes.

origin of replication (ori) Sites along the length of a chromosome where DNA replication begins.

outbreeding depression Reduction in fitness in the offspring produced by mating genetically diverse parents. It is thought to result from a lowered adaptation to local environmental conditions.

overdominance The phenomenon where heterozygotes have a phenotype that is more extreme than either homozygous genotype.

overlapping code A genetic code first proposed by George Gamow in which any given nucleotide is shared by three adjacent codons.

pachynema The stage in meiotic prophase I when the synapsed homologous chromosomes split longitudinally (except at the centromere), producing a group of four chromatids called a tetrad.

pair-rule genes Genes expressed as stripes around the blastoderm embryo during development of the *Drosophila* embryo.

palindrome A word, number, verse, or sentence that reads the same backward or forward (e.g., *tis Ivan on a visit*). In nucleic acids, a sequence in which the base pairs read the same on complementary strands in the 5′ to 3′ direction. For example:

5′-GAATTC-3′
3′-CTTAAG-5′

These often occur as sites for restriction endonuclease recognition and cutting.

pangenesis A discarded theory of development that postulated the existence of pangenes—small particles from all parts of the body that concentrated in the gametes, passing traits from generation to generation, blending the traits of the parents in the offspring.

paracentric inversion A chromosomal inversion that does not include the centromere.

parental gamete See *noncrossover gamete*.

parthenogenesis Development of an egg without fertilization.

partial diploids See *merozygote*.

partial dominance See *incomplete dominance*.

patroclinous inheritance A form of genetic transmission in which the offspring have the phenotype of the father.

pedigree In human genetics, a diagram showing the ancestral relationships and transmission of genetic traits over several generations in a family.

P element Transposable DNA element found in *Drosophila* responsible for hybrid dysgenesis.

penetrance The frequency, expressed as a percentage, with which individuals of a given genotype manifest at least some degree of a specific mutant phenotype associated with a trait.

peptide bond The covalent bond between the amino group of one amino acid and the carboxyl group of another amino acid.

pericentric inversion A chromosomal inversion that involves both arms of the chromosome and thus involves the centromere.

phage See *bacteriophage*.

phenotype The observable properties of an organism that are genetically controlled.

phenylketonuria (PKU) A hereditary condition in humans associated with the inability to metabolize the amino acid phenylalanine. The most common form is caused by the lack of the enzyme phenylalanine hydroxylase.

Philadelphia chromosome The product of a reciprocal translocation that contains the short arm of chromosome 9 carrying the *C-ABL* oncogene and the long arm of chromosome 22 carrying the *BCR* gene.

phosphodiester bond In nucleic acids, the covalent bond between a phosphate group and adjacent nucleotides, extending from the 5′ carbon of one pentose (ribose or deoxyribose) to the 3′ carbon of the pentose in the neighboring nucleotide. Phosphodiester bonds form the backbone of nucleic acid molecules.

photoreactivation enzyme (PRE) An exonuclease that catalyzes the light-activated excision of ultraviolet-induced thymine dimers from DNA.

photoreactivation repair Light-induced repair of damage caused by exposure to ultraviolet light. Associated with an intracellular enzyme system.

phyletic evolution The gradual transformation of one species into another over time; vertical evolution.

phylogenetic tree A diagram summarizing the evolutionary relationship among groups of organisms. Often constructed from amino acid or nucleotide sequence data.

pilus A filament-like projection from the surface of a bacterial cell. Often associated with cells possessing F factors.

plaque A clear area on an otherwise opaque bacterial lawn, caused by the growth and reproduction of phages.

plasmid An extrachromosomal, circular DNA molecule (often carrying genetic information) that replicates independently of the host chromosome.

pleiotropy Condition in which a single mutation simultaneously affects several characters.

ploidy Term referring to the basic chromosome set or to multiples of that set.

point mutation A mutation that can be mapped to a single locus. At the molecular level, a mutation that results in the substitution of one nucleotide for another.

polar body A cell produced in females at either the first or second meiotic division, which contains almost no cytoplasm as a result of an unequal cytokinesis.

polycistronic mRNA A messenger RNA molecule that encodes the amino acid sequence of two or more polypeptide chains in adjacent structural genes.

polygenic inheritance The transmission of a phenotypic trait whose expression depends on the additive effect of a number of genes.

polylinker A segment of DNA that has been engineered to contain multiple sites for restriction enzyme digestion. Polylinkers are usually found in engineered vectors such as plasmids.

polymerase chain reaction (PCR) A method for amplifying DNA segments that uses cycles of denaturation, annealing to primers, and DNA polymerase-directed DNA synthesis.

polymerases Enzymes that catalyze the formation of DNA and RNA from deoxynucleotides and ribonucleotides, respectively.

polymorphism The existence of two or more discontinuous, segregating phenotypes in a population.

polynucleotide A linear sequence of more than 20 nucleotides, joined by 5′–3′ phosphodiester bonds. See also *oligonucleotide*.

polypeptide A molecule made up of amino acids joined by covalent peptide bonds. This term is used to denote the amino acid chain before it assumes its functional three-dimensional configuration.

polyploid A cell or individual having more than two sets of chromosomes.

polyribosome See *polysome*.

polysome A structure composed of two or more ribosomes associated with mRNA, engaged in translation. Formerly called polyribosome.

polytene chromosome A chromosome that has undergone several rounds of DNA replication without separation of the replicated chromosomes, thus forming a giant, thick chromosome with aligned chromomeres producing a characteristic banding pattern.

population A local group of individuals belonging to the same species, which are actually or potentially interbreeding.

position effect Change in expression of a gene associated with a change in the gene's location within the genome.

postzygotic isolation mechanism A factor that prevents or reduces inbreeding by acting after fertilization to produce nonviable, sterile hybrids or hybrids of lowered fitness.

preadaptive mutation A mutational event that later gains adaptive significance.

preformationism The discredited idea that an organism develops by growth of structures already present in the egg or sperm.

prezygotic isolation mechanism A factor that reduces inbreeding by preventing courtship, mating, or fertilization.

Pribnow box A 6-bp sequence upstream from the beginning of transcription in prokaryotic genes, to which the σ subunit of RNA polymerase binds. The consensus sequence for this box is TATAAT.

primary protein structure The sequence of amino acids in a polypeptide chain.

primary sex ratio Ratio of males to females at fertilization.

primer In nucleic acids, a short length of RNA or single-stranded DNA required for the functioning of polymerases.

prion An infectious pathogenic agent devoid of nucleic acid and composed of a protein, PrP, with a molecular weight of 27,000 to 30,000 Da. Prions are known to cause scrapie, a degenerative neurological disease in sheep; bovine spongiform encephalopathy (BSE or mad cow disease) in cattle; and similar diseases in humans, including kuru and Creutzfeldt-Jakob disease.

probability Ratio of the frequency of a given event to the frequency of all possible events.

proband An individual in whom a genetically determined trait of interest is first detected. Formerly known as a propositus.

probe A macromolecule such as DNA or RNA that has been labeled and can be detected by an assay such as autoradiography or fluorescence microscopy. Probes are used to identify target molecules, genes, or gene products.

product law In statistics, the law that holds that the probability of two independent events occurring simultaneously is the product of their independent probabilities.

progeny The offspring produced from a mating.

prokaryotes Organisms lacking nuclear membranes, meiosis, and mitosis. Bacteria and blue-green algae are examples of prokaryotic organisms.

promoter Region having a regulatory function and to which RNA polymerase binds prior to the initiation of transcription.

proofreading A molecular mechanism for correcting errors in replication, transcription, or translation. Also known as editing.

prophage A phage genome integrated into a bacterial chromosome. Bacterial cells carrying prophages are said to be lysogenic.

propositus (female, **proposita**) See *proband*.

protein A molecule composed of one or more polypeptides, each composed of amino acids covalently linked together.

proteomics The study of the expressed proteins present in a cell at a given time.

protooncogene A gene that normally functions to initiate or maintain cell division. Protooncogenes can be converted to oncogenes by alterations in structure or expression.

protoplast A bacterial or plant cell with the cell wall removed. Sometimes called a spheroplast.

prototroph A strain (usually microorganisms) that is capable of growth on a defined, minimal medium. Wild-type strains are usually regarded as prototrophs.

pseudoalleles Genes that behave as alleles to one another by complementation, but can be separated from one another by recombination.

pseudoautosomal inheritance Inheritance of alleles located within the regions of the Y chromosome that are homologous to the X chromosome. Because these alleles are located on both the X and Y chromosome, their pattern of inheritance is indistinguishable from that of autosomal inheritance.

pseudodominance The expression of a recessive allele on one homolog caused by the deletion of the dominant allele on the other homolog.

pseudogene A nonfunctional gene with sequence homology to a known structural gene present elsewhere in the genome. They differ from their functional relatives by insertions or deletions and by the presence of flanking direct repeat sequences of 10 to 20 nucleotides.

puff See *chromosome puff.*

punctuated equilibrium A pattern in the fossil record of long periods of species stability, punctuated with brief periods of species divergence.

quantitative inheritance See *polygenic inheritance.*

quantitative trait loci (QTL) Two or more genes that act on a single polygenic trait.

quantum speciation Formation of a new species within a single or a few generations by a combination of selection and drift.

quaternary protein structure Types and modes of interaction between two or more polypeptide chains within a protein molecule.

race A genotypically or geographically distinct subgroup within a species.

rad A unit of absorbed dose of radiation with an energy equal to 100 ergs per gram of irradiated tissue.

radioactive isotope One form of an element, differing in atomic weight and possessing an unstable nucleus that emits ionizing radiation during decay.

random amplified polymorphic DNA (RAPD) A PCR method that uses random primers about 10 nucleotides in length to amplify unknown DNA sequences.

random mating Mating between individuals without regard to genotype.

reading frame Linear sequence of codons in a nucleic acid.

reannealing Formation of double-stranded DNA molecules from dissociated single strands.

recessive A term describing an allele that is not expressed in the heterozygous condition.

reciprocal cross A paired cross in which the genotype of the female in the first cross is present as the genotype of the male in the second cross, and vice versa.

reciprocal translocation A chromosomal aberration in which nonhomologous chromosomes exchange parts.

recombinant DNA A DNA molecule formed by joining two heterologous molecules. Usually applied to DNA molecules produced by *in vitro* ligation of DNA from two different organisms.

recombinant gamete A gamete containing a new combination of genes produced by crossing over during meiosis.

recombination The process that leads to the formation of new gene combinations on chromosomes.

recon A term coined by Seymour Benzer to denote the smallest genetic units between which recombination can occur.

reductional division The chromosome division that halves the diploid chromosome number. The first division of meiosis is a reductional division.

redundant genes Gene sequences present in more than one copy per haploid genome (e.g., ribosomal genes).

regulatory site A DNA sequence that is involved in the control of expression of other genes, usually involving an interaction with another molecule.

rem Radiation equivalent in man; the dosage of radiation that will cause the same biological effect as one roentgen of X-rays.

renaturation The process by which a denatured protein or nucleic acid returns to its normal three-dimensional structure.

repetitive DNA sequences DNA sequences present in many copies in the haploid genome.

replicating form (RF) Double-stranded nucleic acid molecule-present as an intermediate during the reproduction of certain viruses.

replication The process of DNA synthesis.

replication fork The Y-shaped region of a chromosome associated with the site of replication.

replicon A chromosomal region or free genetic element containing the DNA sequences necessary for the initiation of DNA replication.

replisome The term used to describe the complex of proteins, including DNA polymerase, that assembles at the bacterial replication fork to synthesize DNA.

repressible enzyme system An enzyme or group of enzymes whose synthesis is regulated by the intracellular concentration of certain metabolites.

repressor A protein that binds to a regulatory sequence adjacent to a gene and blocks transcription of the gene.

reproductive isolation Absence of interbreeding between populations, subspecies, or species. Reproductive isolation can be brought about by extrinsic factors, such as behavior, and intrinsic barriers, such as hybrid inviability.

resistance transfer factor (RTF) A component of R plasmids that confers the ability for cell–cell transfer of the R plasmid by conjugation.

resolution In an optical system, the shortest distance between two points or lines at which they can be perceived to be two points or lines.

restriction endonuclease Nuclease that recognizes specific nucleotide sequences in a DNA molecule and cleaves or nicks the DNA at those sites. Derived from a variety of microorganisms, those enzymes that cleave both strands of the DNA are used in the construction of recombinant DNA molecules.

restriction fragment length polymorphism (RFLP) Variation in the length of DNA fragments generated by a restriction endonuclease. These variations are caused by mutations that create or abolish cutting sites for restriction enzymes. RFLPs are inherited in a codominant fashion and can be used as genetic markers.

restrictive transduction See *specialized transduction.*

retrovirus Viruses with RNA as genetic material that utilize the enzyme reverse transcriptase during their life cycle.

reverse transcriptase A polymerase that uses RNA as a template to transcribe a single-stranded DNA molecule as a product.

reversion A mutation that restores the wild-type phenotype.

R factor (R plasmid) Bacterial plasmids that carry antibiotic resistance genes. Most R plasmids have two components: an r-determinant, which carries the antibiotic resistance genes, and the resistance transfer factor (RTF).

RFLP See *restriction fragment length polymorphism.*

Rh factor An antigenic system first described in the rhesus monkey. Recessive r/r individuals produce no Rh antigens and are Rh negative, while R/R and R/r individuals have Rh antigens on the surface of their red blood cells and are classified as Rh positive.

ribonucleic acid (RNA) A nucleic acid characterized by the sugar ribose and the pyrimidine uracil, usually a single-stranded polynucleotide. Several forms are recognized, including ribosomal RNA, messenger RNA, transfer RNA, and heterogeneous nuclear RNA.

ribose The five-carbon sugar associated with the ribonucleotides found in RNA.

ribosomal RNA (rRNA) The RNA molecules that are the structural components of the ribosomal subunits. In prokaryotes, these are the 16*S*, 23*S*, and 5*S* molecules; in eukaryotes, they are the 18*S*, 28*S*, and 5*S* molecules.

ribosome A ribonucleoprotein organelle consisting of two subunits, each containing RNA and protein. Ribosomes are the site of translation of mRNA codons into the amino acid sequence of a polypeptide chain.

RNA See *ribonucleic acid.*

RNA editing Alteration of the nucleotide sequence of an mRNA molecule after transcription and before translation. There are two main types of editing: substitution editing, which changes individual nucleotides, and insertion/deletion editing, in which individual nucleotides are added or deleted.

RNA polymerase An enzyme that catalyzes the formation of an RNA polynucleotide strand using the base sequence of a DNA molecule as a template.

RNase A class of enzymes that hydrolyzes RNA.

Robertsonian translocation A form of chromosomal aberration that involves the fusion of the long arms of acrocentric chromosomes at the centromere.

roentgen (R) A unit of measure of the amount of radiation corresponding to the generation of 2.083×10^9 ion pairs in one cubic centimeter of air at 0°C at an atmospheric pressure of 760 mm of mercury.

rolling circle model A model of DNA replication in which the growing point or replication fork rolls around a circular template strand; in each pass around the circle, the newly synthesized strand displaces the strand from the previous replication, producing a series of contiguous copies of the template strand.

R point The point during the G1 stage of the cell cycle when either a commitment is made to DNA synthesis and another cell cycle or the cell withdraws from the cycle and becomes quiescent. Also known as the restriction point.

rRNA See *ribosomal RNA.*

RTF See *resistance transfer factor.*

S_1 nuclease A deoxyribonuclease that cuts and degrades single-stranded molecules of DNA.

satellite DNA DNA that forms a minor band when genomic DNA is centrifuged in a cesium salt gradient. This DNA usually consists of short sequences repeated many times in the genome.

SCE See *sister chromatid exchange.*

secondary protein structure The α-helical or β-pleated-sheet form of a protein molecule brought about by the formation of hydrogen bonds between amino acids.

secondary sex ratio The ratio of males to females at birth.

secretor An individual having soluble forms of the blood group antigens A and/or B present in saliva and other body fluids. This condition is caused by a dominant, autosomal gene unlinked to the *ABO* locus (*I* locus).

sedimentation coefficient See *Svedberg coefficient unit.*

segment polarity genes Genes that regulate the spatial pattern of differentiation within each segment of the developing *Drosophila* embryo.

segregation The separation of homologous chromosomes into different gametes during meiosis.

selection The force that brings about changes in the frequency of alleles and genotypes in populations through differential reproduction.

selection coefficient (*s*) A quantitative measure of the relative fitness of one genotype compared with another. See also *coefficient of selection.*

selfing In plant genetics, the fertilization of ovules of a plant by pollen produced by the same plant; reproduction by self-fertilization.

semiconservative replication A model of DNA replication in which a double-stranded molecule replicates in such a way that the daughter molecules are composed of one parental (old) and one newly synthesized strand.

semisterility A condition in which a percentage of all zygotes is inviable.

sex chromatin body See *Barr body.*

sex chromosome A chromosome, such as the X or Y in humans, which is involved in sex determination.

sexduction Transmission of chromosomal genes from a donor bacterium to a recipient cell by the F factor.

sex-influenced inheritance Phenotypic expression that is conditioned by the sex of the individual. A heterozygote may express one phenotype in one sex and the alternate phenotype in the other sex.

sex-limited inheritance A trait that is expressed in only one sex even though the trait may not be X-linked.

sex ratio See *primary and secondary sex ratio.*

sexual reproduction Reproduction through the fusion of gametes, which are the haploid products of meiosis.

Shine-Dalgarno sequence The nucleotides AGGAGG present in the leader sequence of prokaryotic genes that serve as a ribosome binding site. The 16*S* RNA of the small ribosomal subunit contains a complementary sequence to which the mRNA binds.

short interspersed elements (SINES) Repetitive sequences found in the genomes of higher organisms, such as the 300-bp *Alu* sequence.

shotgun experiment The cloning of random fragments of genomic DNA into a vehicle such as a plasmid or phage, usually to produce a library from which clones of specific interest can be selected.

sibling species Species that are morphologically almost identical but that are reproductively isolated from one another.

sickle-cell anemia A genetic disease in humans caused by an autosomal recessive gene, fatal in the homozygous condition if untreated. Caused by an alteration in the amino acid sequence of the β chain of globin.

sickle-cell trait The phenotype exhibited by individuals heterozygous for the sickle-cell gene.

sigma (σ) factor A polypeptide subunit of the RNA polymerase that recognizes the binding site for the initiation of transcription.

single-stranded binding proteins (SSBs) In DNA replication, proteins that bind to and stabilize single-stranded regions of DNA that result from the action of unwinding proteins.

sister chromatid exchange (SCE) A crossing-over event that can occur in meiotic and mitotic cells; involves the reciprocal exchange of chromosomal material between sister chromatids joined by a common centromere. Such exchanges can be detected cytologically after BrdU incorporation into the replicating chromosomes.

site-directed mutagenesis A process that uses a synthetic oligonucleotide containing a mutant base or sequence as a primer for inducing a mutation at a specific site in a cloned gene.

small nuclear RNA (snRNA) Species of RNA molecules ranging in size from 90 to 400 nucleotides. The abundant snRNAs are present in 1×10^4 to 1×10^6 copies per cell, associated with proteins, and form RNP particles known as snRNPs or *snurps*. Six uridine-rich snRNAs known as U1–U6 are located in the nucleoplasm, and their complete nucleotide sequence is known. snRNAs have been implicated in the processing of pre-mRNA and may have a range of cleavage and ligation functions.

snurps See *small nuclear RNA*.

solenoid structure A level of eukaryotic chromosome structure generated by the supercoiling of nucleosomes.

somatic cell genetics The use of cultured somatic cells to investigate genetic phenomena by parasexual techniques involving the fusion of cells from different organisms.

somatic cells All cells other than the germ cells or gametes in an organism.

somatic mutation A nonheritable mutational event occurring in a somatic cell.

somatic pairing The pairing of homologous chromosomes in somatic cells.

SOS response The induction of enzymes to repair damaged DNA in *Escherichia coli*. The response involves activation of an enzyme that cleaves a repressor, activating a series of genes involved in DNA repair.

Southern blot A technique developed by Edward Southern in which DNA fragments produced by restriction enzyme digestion are separated by electrophoresis and transferred by capillary action to a nylon or nitrocellulose membrane. Specific DNA fragments can be identified by hybridization to a labeled nucleic acid probe.

spacer DNA DNA sequences found between genes, usually repetitive DNA segments.

specialized transduction Genetic transfer of only specific host genes by transducing phages.

speciation The process by which new species of plants and animals arise.

species A group of actually or potentially interbreeding individuals that is reproductively isolated from other such groups.

spheroplast See *protoplast*.

spindle fibers Cytoplasmic fibrils formed during cell division that are involved with the separation of chromatids at anaphase and their movement toward opposite poles in the cell.

spliceosome The nuclear macromolecule complex within which splicing reactions occur to remove introns from pre-mRNAs.

spontaneous mutation A mutation that is not induced by a mutagenic agent.

spore A unicellular body or cell encased in a protective coat that is produced by some bacteria, plants, and invertebrates; it is capable of survival in unfavorable environmental conditions; and it can give rise to a new individual upon germination. In plants, spores are the haploid products of meiosis.

SRY The sex-determining region of the *Y* chromosome found near the pseudoautosomal boundary of the Y chromosome. Accumulated evidence indicates that this gene is the testis-determining factor (TDF).

stabilizing selection Preferential reproduction of those individuals having genotypes close to the mean for the population. A selective elimination of genotypes at both extremes.

standard deviation A quantitative measure of the amount of variation in a sample of measurements from a population.

standard error A quantitative measure of the amount of variation in a sample of measurements from a population.

sterile The condition of being unable to reproduce. Also, free from contaminating microorganisms.

strain A group with common ancestry that has physiological or morphological characteristics of interest for genetic study or domestication.

STR sequences Short tandem repeats of two to nine base pairs found within minisatellite sequences. These sequences are used to prepare DNA profiles in forensics, paternity identification, and other applications.

structural gene A gene that encodes the amino acid sequence of a polypeptide chain.

structural genomics The identification of genes and their physical mapping done by sequencing an organism's genome.

sublethal gene A mutation causing lowered viability, with less than 50 percent of the individuals that carry the gene dying before maturity.

submetacentric chromosome A chromosome with the centromere placed so that one arm of the chromosome is slightly longer than the other.

subspecies A morphologically or geographically distinct interbreeding population of a species.

sum law The law holding that the probability of one or the other of two mutually exclusive events occurring is the sum of their individual probabilities.

supercoiled DNA A form of DNA structure in which the helix is coiled upon itself. Such structures can exist in stable forms only when the ends of the DNA are not free, as in a covalently closed circular DNA molecule.

superfemale See *metafemale*.

supermale See *metamale*.

suppressor mutation A mutation that acts to completely or partially restore the function lost by a previous mutation at another site.

Svedberg coefficient unit (*S*) A unit of measure for the rate at which particles (molecules) sediment in a centrifugal field. This unit is a function of several physicochemical properties, including size and shape. A sedimentation value of 1×10^{-13} sec is defined as one Svedberg coefficient unit.

symbiont An organism coexisting in a mutually beneficial relationship with another organism.

sympatric speciation Process of speciation involving populations that inhabit, at least in part, the same geographic range.

synapsis The pairing of homologous chromosomes at meiosis.

synaptonemal complex (SC) An organelle consisting of a tripartite nucleoprotein ribbon that forms between the paired homologous chromosomes in the pachytene stage of the first meiotic division.

syndrome A group of signs or symptoms that occur together and characterize a disease or abnormality.

synkaryon The nucleus of a zygote that results from the fusion of two gametic nuclei. Also used in somatic cell genetics to describe the product of nuclear fusion.

syntenic test In somatic cell genetics, a method for determining whether two genes are on the same chromosome.

TATA box See *Goldberg-Hogness box.*

tautomeric shift A reversible isomerization in a molecule, brought about by a shift in the localization of a hydrogen atom. In nucleic acids, tautomeric shifts in the bases of nucleotides can cause changes in other bases at replication and are a source of mutations.

TDF (testis-determining factor) The product of the *SRY* gene on the Y chromosome that controls the developmental switch point for the development of the indifferent gonad into a testis.

telocentric chromosome A chromosome in which the centromere is located at the end of the chromosome.

telomerase The enzyme that adds short, tandemly repeated DNA sequences to the ends of eukaryotic chromosomes.

telomere The terminal chromomere of a chromosome.

telophase The stage of cell division in which the daughter chromosomes reach the opposite poles of the cell and re-form nuclei. Telophase ends with the completion of cytokinesis.

telophase I In the first meiotic division, when duplicated chromosomes reach the poles of the dividing cell.

temperate phage A bacteriophage that can become a prophage and confer lysogeny upon the host bacterial cell.

temperature-sensitive mutation A conditional mutation that produces a mutant phenotype at one temperature range and a wild-type phenotype at another temperature range.

template The single-stranded DNA or RNA molecule that specifies the nucleotide sequence of a strand synthesized by a polymerase molecule.

terminalization The movement of chiasmata toward the ends of chromosomes during the diplotene stage of the first meiotic division.

tertiary protein structure The three-dimensional structure of a polypeptide chain brought about by folding upon itself.

testcross A cross between an individual whose genotype at one or more loci may be unknown and an individual who is homozygous recessive for the genes in question.

tetrad The four chromatids that make up paired homologs in the prophase of the first meiotic division. The four haploid cells produced by a single meiotic division.

tetrad analysis Method for the analysis of gene linkage and recombination, using the four haploid cells produced in a single meiotic division.

tetranucleotide hypothesis An early theory of DNA structure proposing that the molecule was composed of repeating units, each consisting of the four nucleotides containing adenine, thymine, cytosine, and guanine.

theta (*θ*) structure An intermediate in the bidirectional replication of circular DNA molecules. At about midway through the cycle of replication, the intermediate resembles the Greek letter theta.

thymine dimer A pair of adjacent thymine bases in a single polynucleotide strand that have chemical bonds formed between carbon atoms 5 and 6. This lesion, usually caused by exposure to ultraviolet light, inhibits DNA replication unless repaired by the appropriate enzymes.

T_m See *melting profile.*

topoisomerase A class of enzymes that convert DNA from one topological form to another. During DNA replication, these enzymes facilitate the unwinding of the double-helical structure of DNA.

totipotent The ability of a cell or embryo part to give rise to all adult structures. This capacity is usually progressively restricted during development.

trait Any detectable phenotypic variation of a particular inherited character.

***trans* configuration** The arrangement of two mutant sites on opposite homologs, such as

$$\frac{a^1 \quad +}{+ \quad a^2}$$

Contrasts with a *cis* arrangement, where the sites are located on the same homolog.

transcription Transfer of genetic information from DNA by the synthesis of an RNA molecule copied from a DNA template.

transcriptome The set of mRNA molecules present in a cell at any given time.

transdetermination Change in the developmental fate of a cell or group of cells.

transduction The transfer of virally mediated genes from one bacterium to another or the transfer of eukaryotic genes mediated by retrovirus.

transfer RNA (tRNA) A small ribonucleic acid molecule that contains a three-base segment (anticodon) that recognizes a codon in mRNA, a binding site for a specific amino acid, and recognition sites for interaction with the ribosomes and the enzyme that links it to its specific amino acid.

transformation Heritable change in a cell or an organism brought about by exogenous DNA.

transgenic organism An organism whose genome has been modified by the introduction of external DNA sequences into the germline.

transition A mutational event in which one purine is replaced by another or one pyrimidine is replaced by another.

translation The derivation of the amino acid sequence of a polypeptide from the base sequence of an mRNA molecule in association with a ribosome.

translocation A chromosomal mutation associated with the transfer of a chromosomal segment from one chromosome to another. Also used to denote the movement of mRNA through the ribosome during translation.

transmission genetics The field of genetics concerned with the mechanisms by which genes are transferred from parent to offspring.

transposable element A DNA segment that translocates to other sites in the genome, essentially independent of sequence homology. Usually such elements are flanked by short inverted repeats of 20 to 40 base pairs at each end. Insertion into a structural gene can produce a mutant phenotype. Insertion and excision of transposable elements depend on two enzymes, transposase and resolvase. Such elements have been identified in both prokaryotes and eukaryotes.

transversion A mutational event in which a purine is replaced by a pyrimidine or a pyrimidine is replaced by a purine.

trinucleotide repeat A tandemly repeated cluster of three nucleotides (such as CTG) in or near a gene, which undergoes an expansion in copy number, resulting in a disease phenotype.

triploidy The condition in which a cell or organism possesses three haploid sets of chromosomes.

trisomy The condition in which a cell or organism possesses two copies of each chromosome, except for one, which is present in three copies. The general form for trisomy is therefore $2n + 1$.

tRNA See *transfer RNA*.

tumor suppressor gene A gene that encodes a gene product that normally functions to suppress cell division. Mutations in tumor suppressor genes result in the activation of cell division and tumor formation.

Turner syndrome A genetic condition in human females caused by a 45,X genotype. Such individuals are phenotypically female but are sterile because of undeveloped ovaries.

unequal crossing over A crossover between two improperly aligned homologs, producing one homolog with three copies of a region and the other with one copy of that region.

unique DNA DNA sequences that are present only once per genome.

universal code The assumption that the genetic code is used by all life forms. In general, this is true; some exceptions are found in mitochondria, ciliates, and mycoplasmas.

unwinding proteins Nuclear proteins that act during DNA replication to destabilize and unwind the DNA helix ahead of the replicating fork.

variable number tandem repeats (VNTRs) Short, repeated DNA sequences (2 to 20 nucleotides) present as tandem repeats between two restriction enzyme sites. Variations in the number of repeats create DNA fragments of differing lengths following restriction enzyme digestion.

variable region Portion of an immunoglobulin molecule that exhibits many amino acid sequence differences between antibodies of differing specificities.

variance A statistical measure of the variation of values from a central value, calculated as the square of the standard deviation.

variegation Patches of differing phenotypes, such as color, in a tissue.

vector In recombinant DNA, an agent such as a phage or plasmid into which a foreign DNA segment will be inserted.

viability The measure of the number of individuals in a given phenotypic class that survive, relative to another class (usually wild type).

virulent phage A bacteriophage that infects and lyses the host bacterial cell.

VNTRs See *variable number tandem repeats*.

western blot A technique in which proteins are separated by gel electrophoresis and transferred by capillary action to a nylon membrane or nitrocellulose sheet. A specific protein can be identified through hybridization to a labeled antibody.

wild type The most commonly observed phenotype or genotype, designated as the norm or standard.

wobble hypothesis An idea proposed by Francis Crick, stating that the third base in an anticodon can align in several ways to allow it to recognize more than one base in the codons of mRNA.

writhing number The number of times that the axis of a DNA duplex crosses itself by supercoiling.

W, Z chromosomes Sex chromosomes in species where the female is the heterogametic sex (WZ).

X chromosome Sex chromosome present in species where females are the homogametic sex (XX).

X inactivation In mammalian females, the random cessation of transcriptional activity of one X chromosome. This event, which occurs early in development, is a mechanism of dosage compensation. Molecular basis of inactivation is unknown but involves a region called the X-inactivation center (XIC) on the proximal end of the p arm. Some loci on the tip of the short arm of the X can escape inactivation. See also *Barr body; Lyon hypothesis*.

XIST A locus in the X-chromosome inactivation center that may control inactivation of the X chromosome in mammalian females.

X-linkage The pattern of inheritance resulting from genes located on the X chromosome.

X-ray crystallography A technique to determine the three-dimensional structure of molecules through diffraction patterns produced by X-ray scattering by crystals of the molecule under study.

YAC A cloning vector in the form of a yeast artificial chromosome, constructed using chromosomal elements including telomeres (from a ciliate), centromeres, origin of replication, and marker genes from yeast. YACs are used to clone long stretches of eukaryotic DNA.

Y chromosome Sex chromosome in species where the male is heterogametic (XY).

Y-linkage Mode of inheritance shown by genes located on the Y chromosome.

Z-DNA An alternative structure of DNA in which the two antiparallel polynucleotide chains form a left-handed double helix. Z-DNA has been shown to be present in chromosomes and may have a role in regulation of gene expression.

zein Principal storage protein of maize endosperm, consisting of two major proteins, with molecular weights of 19,000 and 21,000 Da.

zinc finger A DNA-binding domain of a protein that has a characteristic pattern of cysteine and histidine residues that complex with zinc ions, throwing intermediate amino acid residues into a series of loops or fingers.

zygote The diploid cell produced by the fusion of haploid gametic nuclei.

zygonema A stage of meiotic prophase I in which the homologous chromosomes synapse and pair along their entire length, forming bivalents. The synaptonemal complex forms at this stage.

찾아보기

한글 찾아보기

ㄱ

ㄴ

ㅇ

ㅎ

기타

영문 찾아보기

A

B

C

D

K

L

M

N

O

P

Q

R

S

T